Mineralöle · Zweiter Teil

Mineralöle · Zweiter Teil

MINERALÖLE
und verwandte Produkte

Ein Handbuch für Laboratorium und Betrieb

Unter Mitarbeit zahlreicher Fachleute
herausgegeben von

Carl Zerbe

Zweite neubearbeitete und erweiterte Auflage

Zweiter Teil

Springer-Verlag Berlin Heidelberg GmbH 1969

Herausgeber:
Prof. Dr. phil. habil. Dr.-Ing. E. h.
CARL ZERBE
Hamburg

Das Werk enthält 582 Abbildungen

ISBN 978-3-642-87510-6   ISBN 978-3-642-87509-0 (eBook)
DOI 10.1007/978-3-642-87509-0

Titel-Nr. 0681

Inhalt

Zweiter Teil

Viertes Kapitel
Schmierstoffe

Fünftes Kapitel
Teer und Teerprodukte

Sechstes Kapitel
Hydrierung in der Erdölverarbeitung, Kohle- und Petrochemie

Siebentes Kapitel
Fischer-Tropsch-Synthese und verwandte Verfahren

Achtes Kapitel

Erdölwachse (Erdwachs, Petrolatum, Ceresin) und Montanwachs

Neuntes Kapitel

Öle und Fette aus Pflanzen- und Tierkörpern

Zehntes Kapitel

Naturharze, Terpentinöle und Wachse

Elftes Kapitel

Bleicherde

Erster Teil

Erstes Kapitel

Allgemeine Prüfmethoden

Zweites Kapitel

Erdöl und Erdölprodukte

Drittes Kapitel

Kraftstoffe

Viertes Kapitel

Schmierstoffe

A. Allgemeines

Von C. ZERBE, Hamburg

Inhaltsübersicht

I. Bedeutung, Art und Herkunft der Schmierstoffe

Die Energieverluste, die durch Reibung und Verschleiß entstehen, werden auf rund $^1/_3$ der gesamten in der Welt erzeugten Energie geschätzt[1]. Für die wertmäßig höheren Werkstoffverluste nimmt NIEMANN[2] allein für Deutschland einen Verlust von mehreren Milliarden DM an. Ihrer Bedeutung entsprechend, befindet sich der Verbrauch an Schmiermitteln im stetigen Anstieg und betrug im Jahre 1964/1965:

---

[1] VOGELPOHL, G.: Schmiertechnik 1 (1954) 113.
[2] NIEMANN, G.: Maschinenelemente, Bd. 1, 5. Aufl., Berlin/Göttingen/Heidelberg: Springer 1961.

Tabelle 1. *Verbrauch von Schmierstoffen in der Bundesrepublik*[1], *unterteilt nach Sortengruppen, in den Jahren 1964/1965.*

	1964		1965	
	Verbrauch t	Anteil %	Verbrauch t	Anteil %
Spindelöl	89 778	11,2	99 729	11,8
Maschinenöl	74 598	9,3	90 109	10,7
Zylinder- und Turbinenöl	21 244	2,6	20 973	2,5
Motorenöl	363 381	45,1	382 521	45,2
Achsenöl	6 237	0,8	3 968	0,5
Dunkelöl	16 985	2,1	17 885	2,1
Weißöl	13 347	1,7	14 398	1,7
Transformatoren- und Kabelisolieröl	29 561	3,7	27 310	3,2
Metallbearbeitungsöl	89 701	11,1	77 552	9,2
Formenöl	—	—	10 653	1,2
Getriebeöl	49 777	6,2	49 637	5,9
Fette	50 356	6,2	50 466	6,0
Schmierstoffe gesamt	804 965	100 %	845 201	100 %

Schmierölbedarf in USA im Jahre 1964: 5,7 Mio t, davon 7000 t Syntheseöl.

II. Zusammensetzung[2]

Die Schmieröle wurden früher in den Vereinigten Staaten von Amerika meist nach der Herkunftsgegend der Rohöle gekennzeichnet, und zwar unterschied man Öle aus Pennsylvanien, Coastal- (Golfküste-Rohöle), Midkontinent-Öle usw. Die pennsylvanischen Öle galten wegen ihrer flachen Viskositätskurven und ihrer hohen Alterungs- und Wärmebeständigkeit als die besten, ihnen folgten die Midkontinent-Öle; die Coastal-Öle mit ihrem hohen spezifischen Gewicht und ihrer steilen Viskositätskurve hielt man dagegen für die schlechtesten. Diese Bezeichnungen blieben bis heute in Ölfachkreisen als allgemeine Qualitätstypisierung haften. Daneben unterscheidet man in Abhängigkeit von der chemischen Zusammensetzung des Rohöls und in Anlehnung an die Vorstellung, die man bezüglich des chemischen Aufbaus niedrigmolekularer Erdöl-Kohlenwasserstoffe gesammelt hat, paraffin-, naphthen- und asphalt-basissche Öle. Bei Ölen, in denen Aromaten oder Naphthene vorherrschen, spricht man wiederum von aromatischen bzw. naphthenischen Produkten. Kurz, es herrscht eine ziemliche Verwirrung in Allgemeinausdrücken und empirischen Bezeichnungen, die dadurch begründet und verständlich ist, daß die Schmieröle aus sehr vielen und verschiedenen Verbindungsgemischen von Kohlenstoff und Wasserstoff bestehen, die vielfache Variationsmöglichkeiten der Klassifikation zulassen.

Die Inhaltsstoffe von rohen Schmierölfraktionen, Destillaten und Rückständen werden nach Vorschlägen der *Union Oil Co. of California* eingeteilt in:

1. Asphaltene.

2. Carbogene, das sind hochmolekulare, ungesättigte, den Aromaten nahestehende Verbindungen, die im Betrieb leicht Schlamm und Kohlenstoffabscheidungen liefern.

3. Naphthene mit vergleichsweise steiler Temperatur-Viskositäts-Kurve und verhältnismäßig niedrigen Flammpunkten.

4. Parathene, eine für die höchste Klasse von Kohlenstoffschmierölen eingeführte Bezeichnung, die weitgehend aus Naphthenringen mit paraffinischen Seitenketten bestehen

---

[1] Einschl. Zweitraffinate.

[2] Erschöpfende Angaben über die Zusammensetzung der Erdöle enthält das Werk von A. SACHANAN: Chemical Constituents of Petroleum, New York: Reinhold 1945.

sollen und flache Viskositäts-Temperatur-Kurve, hohen Flammpunkt, Beständigkeit gegen Schlammbildung und geringe Neigung zur Bildung von Koks in sich vereinigen.

5. Paraffine.

Unter Zugrundelegung der Kennzeichnung von Schmieröl nach ihrer Basis (Paraffin-, Naphthen- und Asphaltbasis) ergibt sich folgende Kennzeichnung:

1. *Paraffinbasische Öle* bestehen vorwiegend aus Kohlenwasserstoffen paraffinischer Struktur mit offenen und verzweigten („sperrigen") Ketten, die in bestimmten sog. selektiven Lösungsmitteln·unlöslich sind. Trotz ihres paraffinischen Verhaltens sind sie jedoch nie frei von Kohlenstoffatomen in aromatischer und naphthenischer Bindung, die selbst bei den stets in gewissen Mengen vorhandenen festen Paraffinen fast nie fehlen[1].

2. *Naphthen- und asphaltbasische Öle* sind reicher an naphthenischen und aromatischen bzw. hydroaromatischen Kohlenwasserstoffen, wobei man unter Naphthenen wasserstoffreichere Ringgebilde, hydrierte Fünfer- und Sechserringe usw. versteht[2].

Da die Erkenntnisse über die chemische Struktur von Schmierölen trotz gewissenhafter und kostspieliger Forschung noch immer sehr gering sind, ist man zu deren Beurteilung in der Praxis auch heute noch vorwiegend auf den Vergleich charakteristischer Eigenschaften, z. B. Beziehungen zwischen Dichte, Molekulargewicht, Brechungsindex usw., angewiesen.

Auch die Beziehungen zwischen Viskosität, spezifischem Gewicht[3] und Siedegrenzen, das Temperatur-Viskositäts-Verhalten (Viskositätsindex bzw. Viskositätspolhöhe), das Oxydationsverhalten (z. B. durch Conradson-Test gekennzeichnet) usw. können zur Beurteilung herangezogen werden. Aus diesen Kennzahlen lassen sich aber nie deutliche Grenzen zwischen asphalt-, naphthen- oder paraffinbasischen Ölen ziehen. Dasselbe gilt für die chemischen Analysenmethoden, aus denen sich auch heute noch keine Erkenntnisse herleiten lassen, die hinreichen, um Wissenschaft und Technik zu befriedigen.

Den Strukturunterschied von Schmierölen verschiedener Herkunft durch Vergleich charakteristischer Eigenschaften zeigt Tab. 2.

Tabelle 2. *Vergleich von Schmierölen gleicher Viskosität ($V_{50} = 10\ °E$), aber verschiedener Herkunft.*

Erdölbasis	d_{20} g/cm³	Viskositätsindex	Viskositätspolhöhe	Conradson-Test %	Anilinpunkt °C	Wasserstoffgehalt %
aromatisch	$>$0,920—950	40— 80	$>$3	$>$1,6	60— 85	12 —12,5
naphthenisch	$>$0,900—930	30— 80	$>$2,2—3,0	$>$0,4	80—100	12,5—13
paraffinisch	$>$0,860—900	90—110	$>$1,6—2,2	$>$0,35	100—130	13,0—14
synthetisch (paraffinisch)	$>$0,840—800	$>$105	$<$1,8	$<$0,05	$>$130	$>$14

Selbstverständlich sind obige Kennzahlen nur Anhaltspunkte, die grundsätzliche Unterschiede deutlich machen sollen; denn durch moderne Raffinationsmethoden, insbesondere z. B. durch selektive Raffination, ist es möglich, auch aus naphthen- bzw. asphaltbasischen Rohölen — allerdings mit entsprechend schlechteren Ausbeuten — Schmieröle herzustellen, die den paraffinbasischen gleichkommen. Mit Hilfe der Waterman-Analyse ist es möglich, in Schmierölen den Gehalt an Kohlenstoff in aromatischer, naphthenischer oder paraffinischer Bindung zu bestimmen; vgl. Teil I, S. 425.

Von den sauerstoffhaltigen Verbindungen der Schmieröle sind nur die Naphthensäuren genauer bekannt, von denen paraffinbasische Öle einen geringen, naphthenbasische einen höheren Gehalt aufweisen. Fettsäuren liegen nur in sehr

[1] Davis u. McAllister: Industr. Engng. Chem. 22 (1930) 1326. — Vlugter, J. C., H. J. Waterman u. H. A. van Westen: J. Instn. Petrol. Technol. 18 (1932) 735. — Mikeska, H. A.: Industr. Engng. Chem. 28 (1936) 970. — Nelson, W. L.: Oil Gas J. 35 (1937) Nr. 46, S. 38.
[2] Zerbe, C., u. K. Folkens: Aromatische Bestandteile von Mineralölen. Brennstoff-Chemie 16 (1935) 161.
[3] Hill, J. B., u. H. B. Coats: Industr. Engng. Chem. 20 (1928) 641.

kleinen Mengen vor; nachgewiesen wurden bisher Myristin-, Palmitin-, Stearin- und Arachinsäure, ebenso methyl- und äthylsubstituierte Phenole.

Von Schwefelverbindungen wurden Mercaptane, Dialkylsulfide, Thiophene usw. isoliert; als Stickstoffverbindungen sind neben wenig Aminen hauptsächlich substituierte Chinoline und Pyridine sowie tricyclische Basen festgestellt. In fast allen Ölen finden sich kleine Mengen roter Farbstoffe, Vanadinkomplexe von Porphyrinen (Grundsubstanz des Chlorophylls) und Porphyrin-Eisen-Komplex (Grundsubstanz des Hämins).

Als Schmiermittel verwendet man auch pulverförmig feste Stoffe, plastische Massen, Flüssigkeiten, Gase und Dämpfe. Die flüssigen Mineralölkohlenwasserstoffe auf Erdölbasis, die mit besonders wertvollen Schmiereigenschaften und relativ hoher Flüchtigkeit in breiter Viskositätsskala zur Verfügung stehen, bestreiten den Hauptanteil des Schmiermittelbedarfs. Schmieröle aus Destillationsprodukten von Stein- und Braunkohle sowie aus Schieferöl werden in der Regel nur für untergeordnete Schmierzwecke eingesetzt. Durch Hydrierung oder durch Synthese hergestellte Schmieröle sowie Festschmierstoffe sind für Sonderzwecke wertvoll. Pflanzliche und tierische Öle werden in reinem Zustande heute nur selten verwendet. Bezüglich Schmierfette sei auf den entsprechenden Abschnitt verwiesen. Gase und Dämpfe, vorwiegend Luft, ändern sich in extrem weiten Temperaturgebieten weder chemisch noch in ihrem Aggregatzustand; sie sind in Sonderfällen bei geringer Belastung und hinreichend hohen Drehzahlen brauchbare Schmiermittel[1].

Ebenso wie die bei der Reibung fester Körper gegeneinander auftretende äußere Reibung tritt auch bei der Bewegung von Flüssigkeiten und Gasen eine sog. innere Reibung auf, die bei Gasen am geringsten ist (Reibungskoeffizient bei trockener Reibung 0,1 bis 10, bei Flüssigkeiten 0,0001 bis 0,005, bei Gasen 0,00001 bis 0,000001).

Bezüglich der Begriffe, die das Gleitverhalten von Werkstoffen kennzeichnen (Schmiegsamkeit, Einbettfähigkeit, Belastbarkeit des Lagerwerkstoffes, Verträglichkeit mit dem Gegenwerkstoff, Freßunempfindlichkeit, Neigung zur Riefenerzeugung, Einlauffähigkeit, Verschleißwiderstand, Notlaufverhalten, Schmierstoffbenetzbarkeit, Tragfähigkeit der Lagerung), sei auf den DIN-Entwurf 50282: Gleitverhalten von Werkstoffen, Eigenschaften, Begriffe, sowie auf DIN 50281: Reibung in Lagerung, Begriffe, Arten, Zustände, physikalische Grenzen, verwiesen.

Für die Wissenschaft und Technologie aufeinander und sich gegeneinander bewegenden Oberflächen und deren Praxis schlägt das Departm. of Education and Science (Her Majesty's Stationery, London) den Namen „Tribologie" (griechisch τριβοσ = Reibung) vor. Die Bezeichnung „Lubrication" soll für einfache allgemeine Schmierbegriffe vorbehalten bleiben[2].

III. Allgemeine Anforderungen an Schmierstoffe[3]

Die Schmiermittel haben die Aufgabe, die bei aufeinander laufenden Metallflächen mit großer Wärmeentwicklung verbundene „trockene Reibung" unter Bildung eines dazwischenliegenden Schmierfilms, der in direkter Beziehung zur Viskosität steht, in „flüssige Reibung" (Vollschmierung mit wesentlich geringerer Reibungswärme) umzuwandeln, und dadurch Kraftaufwand und Abnutzung der Gleitflächen zu vermindern; s. auch Abschnitt „Mech.-physikal. Geräte zur Schmierstoffprüfung", S. 134.

Besonders groß sind die Anforderungen an den Schmierfilm bei der sog. halbflüssigen Reibung (unvollständige Grenzschmierung oder besser Mischreibung[4]

---

[1] Über die Auslegung von hydrostatischen Gaslagern berichtet R. C. TRUMBLADE in ASLE Transactions 5 (1962) 385. — Gleichungen und Diagramme zur Auslegung von hydrostatischen Gaslagern für optimale Belastung bei geringstem Gasdurchsatz bringen C. TANG und W. A. GROSS in ASLE Transactions 5 (1962) 261. Weitere Literatur über Theorie und Praxis der Gasschmierung: ULLMANN: Encycl. Techn. Chemie, 3. Aufl., Bd. 15, Urban und Schwarzenberg, S. 376; FULLER, D. D.: Theorie und Praxis der Schmierung, Stuttgart: Berliner Union 1960; DRECHER, H.: Schmiertechnik 8 (1961) 237.

[2] DOWNSON, P.: Schmiertechn. 14 (1967) 268.

[3] Siehe auch: Lubrication and Wear, 115 Literaturstellen. Caltex Lubrication Vol. 21 (1966), Nr. 1.

[4] WALKER, O.: Z. VDI 76 (1932) 205. — SIBYLLE VON SCHIESZL untersucht die Grenzen der Hydrodynamik in dünnen Schmierölschichten; in Erdöl u. Kohle 18 (1965) 457; 19 (1966) 796; 20 (1967) 354.

genannt), die bei sehr dünnen Schmierfilmen oder bei Berührung der Oberflächen-vorsprünge der Metallflächen, z. B. beim Anlaufen einer Maschine, oder bei sehr kleinen Gleitgeschwindigkeiten und gleichzeitigem hohen Lagerdruck eintreten kann.

Für die verschiedenen Arten der Schmiervorgänge wurden von der Deutschen Versuchs-anstalt für Luftfahrt[1] folgende Begriffsbestimmungen vorgeschlagen:

Schmierung ist die Herabsetzung von Energie- und Stoffverlusten durch Einbringen eines geeigneten Schmiermittels an sog. Schmierstellen von Maschinen, an denen Verluste durch mechanische Reibung auftreten. Es werden mehrere Arten der Schmierung unter-schieden, und zwar:

1. *Vollschmierung*, wobei flüssige Reibung auftritt und die Zähigkeit des Schmiermittels ausschließlich bestimmend ist;

2. *Misch-* oder *Teilschmierung*, wobei Mischreibung auftritt und die Zähigkeit des Schmiermittels teilweise von Einfluß ist;

3. *Grenzschmierung*, wobei Grenzreibung auftritt, die unabhängig von der Viskosität des Schmieröls ist;

4. *keine Schmierung*, wobei trockene Reibung auftritt.

Man muß so viele Schmiereignungen unterscheiden, als es Schmierzustände gibt. Der bisher gebräuchliche, rein empirische Begriff „Schmierfähigkeit" dürfte sich im allgemeinen mit dem jetzigen Begriff der Grenzschmierung decken.

Die *Tragfähigkeit* gibt jeweils für einen bestimmten Maschinenbauteil die höchste Be-lastung für einen bestimmten Schmierzustand bei Dauerbetrieb an.

Die *Druckfestigkeit* gibt die höchste Belastung eines Schmiermittels unter festgesetzten Bedingungen an, ohne daß trockene Reibung oder Fressen eintritt. Unter *Benetzung* wird das Bedecken einer festen Oberfläche mit einer Flüssigkeit verstanden, wobei der Rand-winkel kleiner als 180° ist. Im Zusammenhang mit der Benetzung steht die *Haftarbeit*, die die Arbeit in erg/cm² angibt, die erforderlich ist, um eine Oberfläche zu be- oder entnetzen, während die *Haftkraft* durch den Quotienten: Haftarbeit geteilt durch den Weg, gegeben ist. Die zusammenhängende Schicht auf fester Oberfläche, deren Dicke jeweils angegeben werden soll, wird als *Film* bezeichnet. (Trockene) *Berührung* bezeichnet die Berührung zweier Ober-flächen im physikalischen Sinne, bei der sich zwischen den an der Oberfläche sitzenden Atomen oder Molekeln keine Atome oder Molekeln anderer Art befinden.

Schmierung unter hoher Belastung wird nach der klassischen Methode als „Grenzflächen-schmierung" beschrieben, bei der sich die metallischen Oberflächen berühren und chemische Reaktionen des Schmiermittels mit der Metalloberfläche eine Rolle spielen. Neuerdings werden auf Grund der „elastohydrodynamischen Theorie" (elastische Deformierung der Metalle und die Viskositäts-Druckeigenschaften des Öles) sog. „Dickschicht"-Zustände angenommen. Mehrere der Phänomene, die früher auf Grenzflächenschmierung zurück-geführt worden waren, werden von verschiedenen Seiten nun auf die Dickschicht-Schmierung zurückgeführt. Im Gegensatz dazu beweist J. K. APPELDOORN[2], daß die elastohydrodynami-schen Zustände nicht vorherrschend sind, und daß die chemische Natur des Öles von größerer Bedeutung ist als seine physikalischen Eigenschaften. Bei der Deutung der Vorgänge werden sowohl Gleitreibung als auch Verschleiß, Ermüdungserscheinungen bei rollendem Kontakt und letztlich die Druck-Viskositäts-Eigenschaften berücksichtigt.

Auf die Zusammenhänge zwischen Viskosität und Schmierung sowie auf den gegen-wärtigen Stand der Grenzreibungsschmierung weist VOGELPOHL[3] ausführlich hin. Über die wissenschaftlichen Grundlagen der technischen Schmierung berichtet WOLF[4] unter Defini-tion der Begriffe Schmierfähigkeit, Grenzschmierung, Vollschmierung sowie der Arten der Schmierung und Schmiereignung.

An den Schmierfilm und damit an die Brauchbarkeit des verwendeten Schmier-mittels werden, je nach seiner Aufgabe, ganz bestimmte Anforderungen gestellt, die man in großen Zügen wie folgt zusammenfassen kann:

---

[1] v. PHILIPPOVICH, A.: Z. VDI 86 (1942) 408.

[2] APPELDOORN, J. K.: Physikalische und chemische Aspekte der Grenzflächenschmierung (Elastohydrodynamische Theorie); Erdöl u. Kohle 19 (1966). 795. — VON SCHIESZL, SIBYLLE: Untersuchungen der Mindestschichtdicke von Ölen in Gleitlagern; s. Fußnote 4, S. 4.

[3] VOGELPOHL, G.: Öl u. Kohle 14 (1938) 991; 38 (1942) 341; Betriebssichere Gleitlager, Berlin/Göttingen/Heidelberg: Springer 1967.

[4] WOLF, K. L.: Öl u. Kohle 39 (1943) 403.

1. Viskosität [Zähigkeit (Zähflüssigkeit)[1], Fließwiderstand, innere Reibung]

Nach DIN 1342 (Viskosität bei Newtonschen Flüssigkeiten) ist die Viskosität die Eigenschaft eines flüssigen oder gasförmigen (in gewisser Hinsicht auch eines festen) Stoffes, durch eine Schubverformung eine vom Geschwindigkeitsgefälle abhängige Schubspannung aufzunehmen. Bezüglich Einheiten und Bestimmung s. Teil I, S. 29.

Die Viskosität darf einerseits nicht so groß sein, daß bei großen Gleitgeschwindigkeiten und geringer Belastung ein unnötiger Kraftaufwand erforderlich ist; andererseits darf der Fließwiderstand nicht zu gering sein, damit der Schmierfilm bei hohen Drücken nicht zerquetscht oder zwischen den Reibflächen herausgedrückt wird. Von großem Einfluß ist die Betriebstemperatur, da die Zähigkeit eines Schmiermittels bei steigender Temperatur abnimmt. Die Betriebstemperatur unterliegt stets großen Schwankungen; man bevorzugt deshalb Schmieröle mit flacher Viskositätskurve, ausgedrückt durch den sog. Viskositätsindex oder die Polhöhe nach Ubbelohde und Walther (s. Teil I, S. 34).

Die Viskosität ist das wichtigste Merkmal bei der Auswahl eines Schmieröls für einen bestimmten Verwendungszweck, aber nicht gleichbedeutend mit dem Schmierwert; doch hängt die Filmbildung, von der die Reibung und Lagerwärme bei gegebener Belastung, Geschwindigkeit und Lagerart abhängen, eng mit der Viskosität eines Öles zusammen.

Entscheidend für die Wahl der Öle nach ihrer Viskosität sind Bauart und Werkstoff der Schmierflächen, Lagerdrücke, Temperatur und andere Bedingungen. Mit mäßiger Temperatur und niedrigem Druck bei hohen Gleitgeschwindigkeiten belastete Schmierflächen beanspruchen in der Regel niedrigviskose, stärker und bei hoher Temperatur belastete Schmierstellen dagegen höherviskose Öle.

Davis[2] stellte für die Beziehungen zwischen Oberflächenspannung und Viskosität ein Nomogramm auf. Hirschler[3] entwickelte eine Beziehung zwischen Molekulargewicht, kinematischer Viskosität und Dichte, aus der andere Eigenschaften abgeleitet werden können.

Wie man die Viskosität von Mischungen vorausbestimmt, ist in Teil I auf S. 45 erläutert.

Es ist üblich, die Viskosität dünner Öle (Spindelöle) bei 20 °C, die der Maschinenöle bei 50 °C und die der Zylinderöle bei 100 °C zu messen. Die für die Bestimmung der Viskosität vorgeschriebenen Temperaturen liegen gewöhnlich so hoch über den Stockpunkten der Öle, daß diese homogen flüssig, also frei von ausgeschiedenen Paraffin- und Asphaltteilchen sind. Bei stark paraffinhaltigen Ölen soll die Meßtemperatur 30 bis 50 °C über dem Erstarrungspunkt liegen. Die Zähigkeit aller Schmieröle nimmt mit steigender Temperatur ab und nähert sich mehr oder weniger schnell der Viskosität des Wassers bei Zimmertemperatur. Während bei Betriebsverhältnissen mit geringen Temperaturschwankungen an den Schmierstellen das Viskositäts-Temperatur-Gefälle eines Öles von untergeordneter Bedeutung ist, kann es bei stark schwankenden Betriebstemperaturen z. B. bei Motorenölen für Verbrennungsmotoren von ausschlaggebender Bedeutung sein[4].

Da ferner das von der chemischen Zusammensetzung des Ausgangsmaterials abhängige Viskositäts-Temperatur-Verhalten für das Innengefüge eines Schmieröls typisch und für eingehende Beurteilung wichtig ist, empfiehlt es sich, das

---

[1] Rumpf, K. K.: Abhängigkeit der Viskositäts-Temperaturteilheitsfunktion und der Siedepunkte definierter Kohlenwasserstoffe von ihrer Viskosität; in Erdöl u. Kohle 20 (1967) 276.

[2] Davis, D. S.: Industr. Engng. Chem. 34 (1942) 1231.

[3] Hirschler, A. E.: J. Instn. Petrol. Technol. 32 (1946) 133.

[4] Linke, R.: Z. phys. Chem. 188 (1944) 11 behauptet, daß in erster Linie die Molekülsymmetrie und nicht die chemische Zusammensetzung für das Viskositäts-Temperatur-Verhalten eines Öles verantwortlich ist. Offensichtlich spielt aber die Molekülform (lange, offene Ketten oder geschlossene Ringe) auch eine erhebliche Rolle, so daß die chemische Zusammensetzung bzw. Struktur mittelbar doch von Einfluß ist.

Viskositäts-Temperatur-Gefälle eines Öles als Viskositätskurve aus Messungen von mindestens drei verschiedenen Temperaturen oder aus mindestens zwei Viskositätsmessungen als Viskositätsindex[1] (VI), Viskositätssteilheit (m) oder Viskositätspolhöhe (W_p) auszudrücken; Näheres s. Teil I, S. 29.

Nach E. H. KADMER[2] besteht eine, wenn auch manchmal stark streuende Relation zwischen Dichte und Viskositätssteilheit, die als ungefähre, mathematisch nicht exakte Abhängigkeit zum Ausdruck kommt. Auf ein neues Tabellenwerk zur Ermittlung der Viskositäts-Temperatur-Konstanten von W. ROHRMANN und H. STOLTE[3] zur Auswertung von Viskositätsmessungen sei hingewiesen.

E. THURN[4] berichtet über die rechnerische Ermittlung der Viskositätspolhöhe. Im Gegensatz zu der Auffassung von G. BROCKHANN[5] weisen H. J. HOFMANN und O. AMSEL[6] nach, daß die Viskositätspolhöhe keine additive Größe ist und infolgedessen bei Mischungen aus den Mischkomponenten nicht berechnet werden kann. E. MOLIN[7] entwickelte Zahlentafeln für die Beziehung zwischen Viskositätssteilheit, -polhöhe und -index, aus denen die Umrechnungen der obigen drei Kennziffern mit einer für die Praxis genügenden Genauigkeit abgelesen werden können, wenn die Viskosität bei + 50 °C bekannt ist.

a) Kälteviskosität

Für viele Schmierzwecke, z. B. bei Maschinen, die im Freien arbeiten (Winterbetrieb der Kraftfahrzeuge, Eisenbahn, Flugzeug), bei Isolierölen usw. und insbesondere für die Förderung von Ölen in Leitungen ist neben dem Verhalten der Öle bei steigender Temperatur auch der Einfluß der Kälte auf die Zähflüssigkeit von großer Wichtigkeit, da z. B. die Lagerreibung von der Viskosität des Öles stark beeinflußt wird. Durch Bestimmung des Stockpunktes kommt diese wichtige Eigenschaft nicht genügend zum Ausdruck. Es gibt nämlich Schmieröle, die kurz oberhalb des Stockpunktes noch hinreichend fließen, während andere ein völlig unzureichendes Fließvermögen zeigen[8].

Schmieröle, die bei tiefen Temperaturen benutzt werden, müssen deshalb neben dem für das Starten einer Maschine wichtigen tiefen Stockpunkt bzw. Pourpoint, auch gutes Fließvermögen in der Kälte besitzen. Diesen Forderungen kommt die Bestimmung des Fließpunktes, wie z. B. von der Reichsbahn nach der sog. U-Rohr-Methode vorgenommen wird (vgl. Teil I, S. 67) oder der Setting Point (s. Teil I, S. 68) näher. R. SEUFERT[9] weist jedoch darauf hin, daß zwischen der Kältebeständigkeit im U-Rohr, dem Stockpunkt, dem Fließbeginn und der Zähigkeit kein Zusammenhang besteht[10].

Es ist deshalb zu begrüßen, daß die wichtige meßtechnische Erfassung des Fließverhaltens von Mineralölen und verwandten Stoffen bei tiefen Temperaturen mit einem physikalisch fundierten Verfahren mit Hilfe einer definierten Meßgröße, der Viskosität nach DIN 51 569 festgelegt wurde.

---

[1] GÖTTNER, G. H.: Brennst.-Chemie 30 (1949) 314 weist mit Recht darauf hin, daß der VI nur angewandt werden sollte, wo der Öltyp zu beurteilen ist, und auch dann nur im Bereich, für den er experimentell gesichert und frei von Anomalien ist; vgl. nun auch DIN 51 563 Bl. 3: „Bestimmung des Viskositäts-Indexes von Schmierölen". — RIEMSCHNEIDER, R., u. G. A. HOYER: VT-Verhalten gemäß Umstätter-Gleichung. Erdöl u. Kohle 21 (1968) 540. — Siehe auch W. WEBER: Erdöl u. Kohle 21 (1968) 621.

[2] Öl u. Kohle 14 (1938) 1.   [3] Öl u. Kohle 39 (1943) 224.

[4] Öl u. Kohle 40 (1944) 281.   [5] Öl u. Kohle 40 (1944) 28.

[6] Öl u. Kohle 40 (1944) 367.   [7] Öl u. Kohle 38 (1942) 1223.

[8] BAADER, A., u. H. GRUBER: Stockpunkt und Viskosität. Arch. Eisenhüttenw. 1 (1928) 10. — Siehe auch S. 173. — PAUER, O.: Tieftemperaturverhalten und Viskositätsbestimmung von Schmierstoffen. Schmiertechnik 15 (1968) 139. — GRÜNWALD, A. F., u. Mitarb.: Cold Cranking Behaviour of Motor Oils, Proceedings des Siebenten Welt-Erdöl-Kongresses, Mexico City 1967, Vol. 4.

[9] Öl u. Kohle 40 (1944) 23.

[10] FRITZ, W.: Erdöl u. Kohle 4 (1951) 394 unterwarf die U-Rohr- und die Setting Point-Methode einer Kritik und stellte fest, daß der Setting Point dem Stockpunkt nahezu gleichkommt.

DIN 51 569[1]: Messung der Viskosität mit dem Vogel-Ossag-Viskosimeter
Temperaturbereich: —55 °C bis +10 °C (Nov. 1966)

Meßbereich:

Dynamische Viskosität 10 bis 100 000 cP, Kinematische Viskosität 2 bis 5 000 cSt, Durchflußzeiten über etwa +10 sec, Temperaturbereich —55 bis etwa +10 °C.

R. HEINZE und M. MARDER[2] zeigen, daß das Kälteverhalten von synthetischen Ölen besser ist als das von Naturölen, und daß der Anlaßkraftbedarf bei tiefen Temperaturen nur ungefähr mit der bei 50 °C gemessenen Zähigkeit zusammenhängt. Auch die mit Hilfe der Ubbelohde-Waltherschen Formel für tiefe Temperaturen extrapolierten Werte stimmen nur unbefriedigend mit dem im Kältetunnel praktisch ermittelten Kraftbedarf überein.

Die Messung der Umlauf-Kälteviskosität nach SCHWAIGER[3], läßt auf Grund von Motorenversuchen in der Kältekammer das jeweilige Kälteverhalten eines Schmieröls beurteilen.

H. WILLENBERG und W. FRITZ[4] beschreiben ein einfaches Verfahren und Meßgerät zur Untersuchung des Fließverhaltens sehr zäher Öle bei normalen und tiefen Temperaturen. Der zu untersuchende Stoff befindet sich in zwei Metallzylindern, die durch eine Kapillare verbunden sind. Mit Hilfe von Kolben, die in den Zylindern laufen, wird die Versuchsmasse durch die Kapillare hin und her gedrückt.

Für das Kälteverhalten von Motorenölen im Winter hat VOGEL[5] eine Faustformel aufgestellt.

Bei der Bewertung des Kälteverhaltens eines Öles ist zu berücksichtigen, ob sich das Öl in bewegtem oder unbewegtem Zustand befindet und wie die in Frage kommende Schmierstelle mit Öl versorgt wird; die gemäß den Normblättern Kältemaschinenöl (DIN 51 503), Wasserturbinenöl (s. S. 289) und Isolieröle (DIN 51 507) zulässigen Zähigkeiten (siehe dort) können als Anhaltspunkte für ähnliche Fälle dienen.

J. HENNENHÖFER[6] weist darauf hin, daß das Fließverhalten von Ölen bei tiefer Temperatur nicht mehr durch die Zähigkeit gekennzeichnet werden kann und schlägt vor, das Fließverhalten von Schmierölen im flüssigfesten Übergangsgebiet durch die drei Größen: Anlaufdruck, scheinbare Zähigkeit und Fließgrenze in einem genormten Meßgerät festzulegen.

b) Druckviskosität

Außer von der Temperatur ist die Zähflüssigkeit aller Öle auch vom Druck abhängig, da bei hochbelasteten Lagern und an den Zahnflanken von Getrieben

---

[1] Schmieröle verhalten sich bei tiefer Temperatur wie nicht Newtonsche Flüssigkeiten. Das Meßergebnis ist deshalb vom Gerät abhängig (s. Fußnote 1, S. 174).

[2] Öl, Kohle, Erdöl, Teer 15 (1939) 611.

[3] Öl, Kohle, Erdöl, Teer 13 (1937) 715. — Petroleum 34 (1938), Nr. 45, S. 1.

[4] Öl: J. HENNENHÖFER u. W. FRITZ: Angew. Chem. B 20 (1948) 201. Arbeiten der Physik.-Techn. Bundesanstalt (Braunschweig): ERK, S.: Der Fließwiderstand von Schmierölen bei tiefen Temperaturen. Physik. Z. 38 (1937) 449—453. — HENNENHÖFER, J.: Stockpunktsbestimmung und Viskositäts-Temperatur-Blatt nach UBBELOHDE-WALTHER als Hilfsmittel für die Praxis zur Beurteilung des Fließverhaltens von Schmierölen in der Kälte. Öl u. Kohle 39 (1943) 679—685. — WILLENBERG, H., u. W. FRITZ: Einfaches Verfahren und Meßgerät zur Untersuchung des Fließverhaltens sehr zäher Flüssigkeiten. Angew. Chem. B 20 (1948) 134/139. — HENNENHÖFER, J., u. W. FRITZ: Messung großer Zähigkeiten bei tiefen Temperaturen mit dem Vogel-Ossag-Steigrohr. Angew. Chem. B 20 (1948) 201—205. — HENNENHÖFER, J.: Über die Kältezähigkeit von Schmierölen. Erdöl u. Kohle 2 (1949) 450—456. — FRITZ, W.: Bemerkungen zur Kälteprüfung von Mineralölen. Erdöl u. Kohle 4 (1951) 393/398. — WEBER, W.: Über das Kälteverhalten von Silikonölen (Dimethylpolysiloxanen). Rheol. Acta 1 (1958) 63—69.

[5] Erdöl u. Teer 3 (1927) 534. — Wärme u. Kältetechn. 1930, 5.

[6] Erdöl u. Kohle 2 (1949) 450.

Drücke von mehreren 1000 atü auftreten können. F. Charron[1] weist darauf hin, daß beim Druckstoß die normale Viskositätserhöhung hinter der Drucksteigerung nachhinkt[2].

Der Viskositätsanstieg bei Druckerhöhung wirkt sich bei Schmiervorgängen günstig aus, da dadurch der infolge Temperaturerhöhung eintretende Druckanstieg teilweise ausgeglichen wird. Die Viskositätsdruckfunktion von Mineralölen verschiedener Zusammensetzung bei verschiedenen Temperaturen zeigen die Abb. 1 und 2.

Nach Kieszkalt[3] nimmt die Viskosität mit dem Überdruck p in guter Näherung nach einem logarithmischen Gesetz zu. W. Weber[4] bezweifelt jedoch die Allgemeingültigkeit der von Kieszkalt abgeleiteten Beziehung. Nach Walther[5] hat das Öl mit steilerer Viskositätskurve auch eine steilere Druckviskositätskurve, was verschiedene amerikanische Arbeiten[6]. durch Messungen an paraffinbasischen und aromatenreichen Ölen bis zu 2000 atü bestätigen. Nach Weber[4] besteht ein für technische Zwecke brauchbarer Zusammenhang mit der Viskositätspolhöhe nach Ubbelohde und Walther. Hund, Larsen und Vesper[7] fanden, daß der Druck die Viskosität eines Öles beträchtlich erhöht, daß bei 20 000 lb/sq in ($\cong$ 1400 at) die Viskosität zweihundertmal so groß sein kann, wie bei atmosphärischem Druck. Dieselben Öle, die mit der Temperatur schneller an Viskosität verlieren, zeigen auch bei Druck ein schnelleres Ansteigen der Viskosität. Eine Erhöhung des Druckes um 200 lb/sq

---

[1] Brenst.-Chemie 30 (1949) 372.

[2] Kuss, E.: Materialprüfung 2 (1960) 189. — Ein neues Fallkörperviskositmeter für Drücke bis 2000 at. Naturwiss. 33 (1946) 312. — Über die spez. Viskosität von Lösungen mit blättchenförmigen Molekülen (mit H. A. Stuart). Z. Naturf. 3a (1948) 204—210. — Chemische Reaktionen bei hohen Drücken. Z. angew. Chem. 61 (1949) 33/34. — Ein neues Kapillarviskosimeter für hohe Drücke. Naturwiss. 38 (1951) 102. — The Viscosities of 50 Lubricating Oils under Pressures up to 2000 at. Departm. Sci. Ind. Res. Rep. 17 (1951) 1—30. — Hochdruckuntersuchungen I: Dichten und Schmelzkurven. Z. angew. Phys. 4 (1952) 201 bis 203. — Hochdruckuntersuchungen II: Die Viskosität von komprimierten Gasen. Z. angew. Phys. 4 (1952) 203—207. — Hochdruckuntersuchungen III: Die Viskosität von komprimierten Flüssigkeiten. Z. angew. Phys. 7 (1955) 372—378. — Hochdruckuntersuchungen IV: Das Viskositätsdruckverhalten hochmolekularer Substanzen. Z. angew. Phys. 10 (1958) 566—575. — Einige physikalische Eigenschaften von Erdölen bei hohen Drücken. Erdöl u. Kohle 5 (1952) 699; 6 (1953) 266. — Erzeugung hoher und höchster Drücke im Laboratorium, in Ullmanns Encyklopädie der technischen Chemie, 3. Aufl., Bd. II/1, 1961, S. 974 bis 984. — Substanzen mit extrem hoher Viskositäts-Druckabhängigkeit. Angew. Chem. 74 (1962) 789. — Zur Frage des Viskositäts-Druckverhaltens von Öl. Erdöl Z. (Wien) 78 (1962), 678—688. — Hochdruck-Verfahrenstechnik (2. Sitzung). Chem.-Ing.Techn. 37 (1965) 439—441. — Extremwerte der Viskositäts-Druckabhängigkeit. Chem. Ing. Techn. 37 (1965) Nr. 5, S. 465—471. — Modifications des états de surface sous l'influence de brusques décompressions (mit A. Bartel und Gc. R. schultze); Métaux, Corrosion, Industries 28 (1953) 92.

Arbeiten der Chemisch-Physikalischen Prüfanstalt Braunschweig: Fritz, W., u. W. Weber: Messung der Zähigkeit von Flüssigkeiten bei höheren Drücken, I. Teil, Beschreibung einer Apparatur für den Druckbereich bis 200 at und für Temperaturen bis 150 °C. Angew. Chem. (B) 19 (1947) 123—127. — Fritz, W., u. J. Hennenhöfer: Strömung zäher Öle in Kapillaren bei hohen Schergeschwindigkeiten und hohen Reibungsleistungen. Angew. Chem. (B) 19 (1947) 135—142. — Weber, W.: Messung der Zähigkeit von Flüssigkeiten bei höheren Drücken, Teil II, Untersuchung der Zähigkeit von Ölen im Druckbereich bis 1000 at und für Temperaturen bis 120 °C. Angew. Chem. (B) 20 (1948) 89—96. — Weber, W.: Systematische Untersuchung des Fallkugelviskosimeters mit geneigtem Fallrohr mit besonderer Berücksichtigung eines bisher unbekannten Einflußes des Druckes. Diss. Techn. Hochsch. Braunschweig 1955; Auszug daraus: Weber, W.: Kolloid-Z. 147 (1956) 14—28. — Weber, W.: Messung der Druckabhängigkeit der Viskosität des Wassers im Druckbereich bis 500 kp/cm² und Temperaturen bis 160 °C. Z. Angew. Phys. 15 (1963) 342—352.

[3] VDI-Forsch.-Arb., Heft 291, Berlin: VDI-Verlag 1927. — Z. VDI 73 (1929) 1502; 87 (1943) 321.

[4] Angew. Chem. B 20 (1948) 89.

[5] Erdöl u. Teer 4 (1928) 614.

[6] Dow, R. B.: J. appl. Phys. 8 (1937) 367. — Dibert, Dow u. Fink: J. appl. Phys. 10 (1939). 113 — Dow, R., B. McCartney u. Fink: J. Instn. Petrol. Technol. 27 (1941) 301.

[7] Mech. Engng. 64 (1942) 525—530.

in ($\cong 14$ at) entspricht in ihrer Wirkung auf die Viskosität einem Temperaturabfall von 1 °F. B. W. Thomas, W. R. Ham und R. B. Dow[1] untersuchten in einem Viskosimeter nach Margules, ob die Natur des Ausgangsöls in jedem Falle für das Druck-Viskositäts-

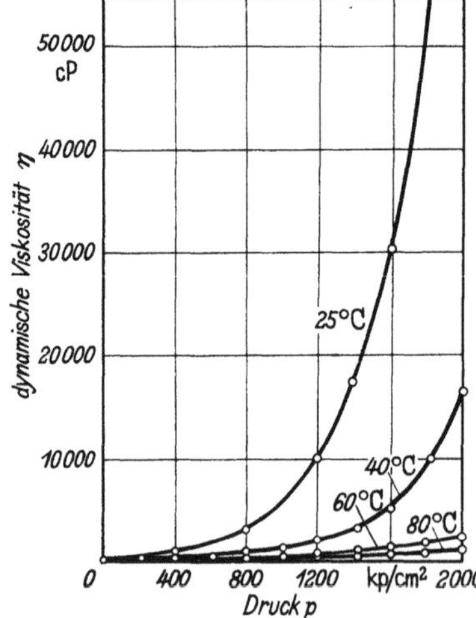

Abb. 1. Viskositätsdruckfunktion von Mineralölen bei verschiedenen Temperaturen (nach Ullmann, Bd. 15, S. 209). $C_{Naphth.} = 1\%$; $C_{Arom} = 22\%$.

Verhalten eines Schmieröls maßgebend ist, oder ob — unabhängig vom Ausgangsöl — hierüber der Gehalt an Paraffinen bzw. Naphthenen oder Aromaten entscheidet. Reihen-

		Öl I	Öl II	Öl III
$C_{Arom.}$	%	9,1	25,4	56
$\frac{\eta_{2000}}{\eta_1}$ bei	25°C	150	610	>4000
	80°C	40	51	128
Brechungsindex n_D^{20}		1,4951	1,5205	1,5845

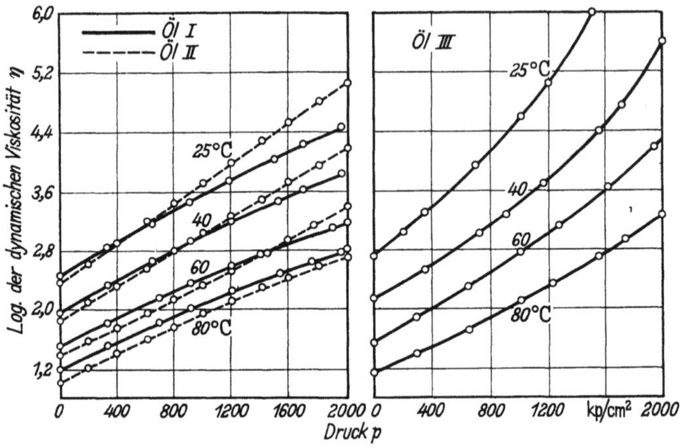

Abb. 2. Viskositätsdruckverhalten von Mineralölen bei 25, 40, 60 und 80 °C und verschiedenen Aromatengehalten. Die Öle I—III haben bei Atmosphärendruck die gleiche Viskosität [nach E. Kuss: Materialprüfung 2 (1960) 189; Ullmann Bd. 15, S. 209].

versuche an drei aus demselben Rohöl durch Raffination bzw. Extraktion mit Aceton erhaltenen Versuchsölen mit verschiedenem Gehalt an Paraffinen bzw. Naphthenen zeigten, daß ein hoher Gehalt an Aromaten und Naphthenen einen hohen Viskositäts-Druck-Koeffi-

---

[1] Industr. Engng. Chem. 31 (1939) 1267.

zienten hervorruft, während ein hoher Gehalt an Paraffinen für einen niedrigen Koeffizienten maßgebend ist.

Als Meßmethoden werden in erster Linie Fallkugel- oder Fallkörper-Viskosimeter angewandt; es wurden jedoch auch Versuche mit Torsions- und Kapillarviskosimetern durchgeführt[1]. Als relative Druckzähigkeit bezeichnet KIESZKALT den Quotienten aus Viskosität bei hohem Druck durch Viskosität bei Normaldruck.

Eine Apparatur für die Messung der Zähigkeit von Flüssigkeiten für den Druckbereich bis 200 atü und für Temperaturen bis 150 °C beschreibt W. WEBER[2]. A. CAMERON[3] und andere entwickelten eine Formel, nach der die Viskosität bei verschiedenen Temperaturen und Drücken berechnet werden kann[4]. HERSEY und HOPKING berichten über den Einfluß von hohem Druck auf die Viskosität; vgl. dazu auch R. LINKE[5]. Interessante rheologische Zusammenhänge zwischen Druck und Viskosität entwickelte auch R. B. DOW[6].

c) Strukturviskosität (Pseudoplastizität[7])

Die Viskositätsabhängigkeit vom Schergefälle ist nur für Newtonsche Flüssigkeiten exakt erfüllt.

Die besonders bei Kolloiden, z. B. auch bei Bitumen[8], beobachtete, als Pseudoplastizität bezeichnete Eigenschaft von Flüssigkeiten, je nach der Lagerungs-

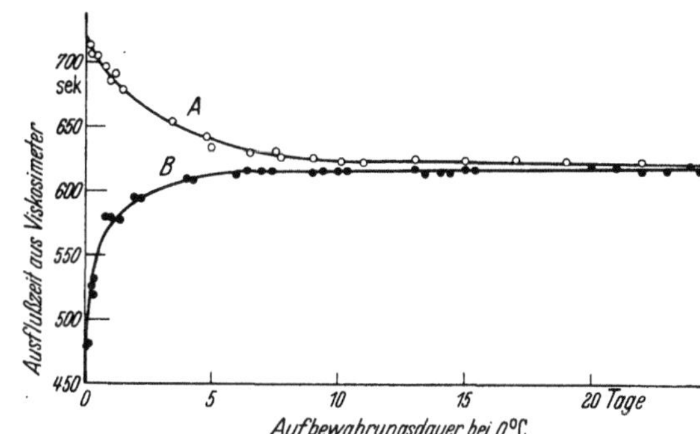

Abb. 3. Änderung der Viskosität mit der Zeit nach vorheriger Lagerung bei Temperaturen, die von der Meßtemperatur abweichen.

A Öl, das bei —80 °C gelagert war;
B Öl, das bei Raumtemperatur gelagert war.

temperatur bei gleicher Meßtemperatur verschiedene Viskositäten zu zeigen, wird in einzelnen Fällen auch bei Schmierölen beobachtet. Infolgedessen kann die Viskositätsbestimmung eines bei tiefen Temperaturen gelagerten Öles zunächst höhere Werte ergeben, die sich durch Lagern bei Meßtemperatur asymptotisch einem Endwert nähern. Wird umgekehrt das Öl bei höherer Temperatur als Meßtemperatur gelagert, so können die Bestimmungen zunächst niedrigere Viskositäten zeigen, die sich im Laufe der Zeit demselben Endwert angleichen; dieses Verhalten ist in Abb. 3 wiedergegeben[9].

[1] LARSON, C. M.: Oil Gas J. 38 (1939) Nr. 11, S. 94. — FRITZ, W., u. A. WEBER: Z. angew. Chem. 19 (1948) 123.
[2] Angew. Chem. B. 20 (1948) 89.
[3] J. Instn. Petrol. Technol. 31 (1945) 401. — KUSS, E., s. Fußnote 2, S. 9.
[4] KIESSKALK, S.: Öl u. Kohle 40 (1944) 444. — ROST, H.: Stahl u. Eisen 80 (1960) 1973. — KUSS, E., s. Fußnote 2, S. 9.
[5] Kraftstoff 17 (1941) Nr. 213.
[6] Rheol. Bull. 14 (1943) (3) 18.
[7] Ausführliche Definition des Begriffes „Thixotropie" s. Abschnitt Schmierfette. — Die Viskosität kolloidal- oder grobdisperser Systeme mit Abnahme der Schubspannung bezeichnet man als „Strukturviskosität", die Zunahme als „Rheopexie". Handelsübliche Motorenöle verhalten sich bei einem Schergefälle bis zu 300000 sec^{-1} wie Newtonsche Flüssigkeiten. Das Verhalten bei sehr hohen Schergefällen ist noch unsicher. BLOK, H.: Der Ingenieur 60 (1948) 58.
[8] KAMPTNER, A., u. E. LUTZENBERGER: Öl u. Kohle 14 (1938) 27.
[9] LOUIS u. JORDACHESCU: Erster Welt-Erdöl-Kongreß London 1933, Bd. II, S. 524.

H. Weisz[1] fand bei vielen untersuchten Autoölen bei längerem Abkühlen auf eine Temperatur, die einige Grade über der des Festwerdens lag, eine allmähliche Änderung ihrer Viskosität, ohne daß dabei etwa irgendwelche Ausscheidung, z. B. von Paraffin, beobachtet werden konnte. So zeigte z. B. ein pennsylvanisches Öl im Laufe von 22 Tagen einen Anstieg der Viskosität bei 0 °C von 44,5 Poise auf einen Endwert von 51,6 Poise. Ausnahmsweise wurde auch die entgegengesetzte Erscheinung beobachtet, z. B. fiel bei einem russischen Öl die Zähigkeit bei achttägigem Abkühlen auf 0 °C um etwa 10%. Die Gesamtheit der Erscheinungen faßt der Verfasser unter dem Ausdruck *„Pseudoplastizität"* zusammen.

Die Pseudoplastizität kommt auch darin zum Ausdruck, daß die Füllungszeit des Pipettenviskosimeters nicht mehr eine genau entgegengesetzte Funktion des Saugunterdruckes ist, vielmehr ergeben sich für niedrige Saugunterdrücke gelegentlich größere scheinbare Viskositätskoeffizienten.

Weitere Beobachtungen beziehen sich auf die mittels Torsionsfaden meßbare Elastizität und Starrheit der pseudoplastischen Öle. Die Erscheinungen der Pseudoplastizität können nicht mehr beobachtet werden, wenn Kapillaren von größerem Durchmesser benutzt werden, da hier die Thixotropie die Pseudoplastizität verdeckt.

Eine hohe Viskosität allein genügt nicht, um die Plastizität hervorzubringen, jedoch wurde sie nur bei zähen Ölen beobachtet. Einem normalen Öl wird bei Zusatz von 1% Vaseline Pseudoplastizität verliehen und reine Vaseline zeigt alle Eigenschaften der Pseudoplasitzität, wenn sie im Gebiet ihres Schmelzpunktes (bei etwa 45 °C) beobachtet wird.

Erk und Vogel fanden, daß bestimmte Schmieröle unterhalb einer gewissen Temperatur eine andere Viskosität zeigten als bei Messungen bei fallender Temperatur.

Ähnliche mit *Thixotropie* bezeichnete Erscheinungen scheinbarer Viskosität zeigen sich bei Stoffen von kolloider Struktur[2]. Eine derartige Struktur in der Flüssigkeitsphase ist naturgemäß sehr labil und kann schon durch Rühren gestört werden. Thixotrope Körper zeigen also, je nachdem, ob sie vor der Messung geruht haben oder bewegt worden sind, höhere oder niedrigere Viskositäten bzw. Plastizität (Beispiel s. auch unter Fette, „worked" und „unworked", S. 387 ff.).

d) Viskositäts-Dichte-Konstante (VDK)

Aus dem Zusammenhang zwischen Viskosität und Dichte entwickelten Hill und Coats[3] die Viskositäts-Dichte-Konstante (Viscosity gravity constant, VGC), die sie auf Grund von Messungen von B. C. Hill und S. W. Ferris[4] an fünf Serien von Ölfraktionen verschiedener Rohöle (Midkontinent, Golfküste und Pennsylvanien) durch das Nomogramm (Abb. 4) darstellen.

Bezüglich der Formeln[5], aus denen dieses Nomogramm entwickelt und abgeleitet wurde, sei auf die Originalarbeit verwiesen.

---

[1] Öl u. Kohle 11 (1935) 811.

[2] In diesem Zusammenhang sei auf die interessanten Arbeiten H. E. Hollemann: Die Technik 5 (1950) 173, über magnetische und elektrische Thixotropie hingewiesen. Die sog. magnetischen Öle, d. h. Mischungen von hochpermeablem Eisenpulver in Öl, nehmen in ihrer Viskosität, wenn man sie einem magnetischen Feld aussetzt, so zu, daß auf dieser Basis die Magnettreibungskupplung (Thixokupplung) entwickelt werden konnte.

[3] Hill, J. B., u. H. B. Coats: Industr. Engng. Chem. 20 (1928) 641, weisen darauf hin, daß brauchbare VDK-Werte nicht erhalten werden, wenn die Viskosität unter 47 Saybolt-Sekunden bei 100 °F liegt, und daß die für eine Viskosität bei 210 °F und die Dichte entwickelte Formel nur annähernd mit den Messungen bei 100 °F übereinstimmt. Messungen bei 210 °C sollen nur herangezogen werden, wenn die Viskosität bei 100 °F nicht befriedigend gemessen werden kann. Die VDK bei paraffinischen Ölen beträgt etwa 0,8; bei naphthenischen Ölen etwa 0,9.

[4] Industr. Engng. Chem. 17 (1925) 1250.

[5] $$\mathrm{VGC} = \frac{G - 0,24 - 0,022\,\lg(V - 35,5)}{0,755}.$$

Hierin bedeuten: V die Viskosität in Saybolt-Universal-Sekunden bei 210 °F,

G das spezifische Gewicht bei 60 °F = 15,6 °C.

Liegt die Viskosität bei 210 °F niedriger als 35,5 Saybolt-Sekunden, so lautet die Formel wie folgt:

$$\mathrm{VGC} = \frac{10\,G - 1,0752\,\lg(V - 38)}{10 - \log(V - 38)}.$$

Siehe auch ASTM D 2140-63 T (Teil I, S. 154).

Eine wertvolle Eigenschaft der Viskositäts-Dichte-Konstante ist ihre Additivität bei Mischungen. Nach MOORE und KEYE[1] ist sie vorhanden, obwohl dies mit der Formel von HILL und COATS bei Viskositäten oberhalb 1000 Saybolt-Sekunden bei 100 °F im Widerspruch steht. Die zuerst Genannten entwickelten eine Formel zur Bestimmung der Konstanten, insbesondere für Dieselöle, in der die Viskosität in Centistokes ausgedrückt wird. Diese Formel stimmt mit den Ergebnissen von HILL und COATS in den Viskositätsgrenzen von 50 bis 1000 Say-

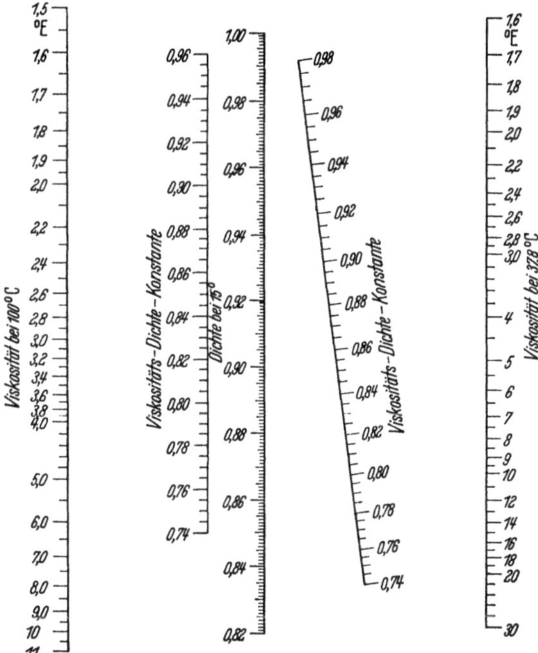

Abb. 4. Nomogramm zur Bestimmung der Viskositäts-Dichte-Konstante (nach Umrechnungen von E. KADMER).

bolt-Sekunden bei 100 °F überein und auch für Viskositäten oberhalb und unterhalb dieser Grenzen. KADMER[2] stellte fest, daß auch ein gewisser Zusammenhang zwischen Viskositätspolhöhe und Dichte besteht, und zwar haben Öle mit niederen Dichten auch niedere Polhöhen und solche mit hohen Dichten hohe Polhöhen bei gleicher Zähigkeit unter vergleichbaren Temperaturen. Eine ähnliche, ungefähre Abhängigkeit besteht auch zwischen Anilinpunkt, Dichte und Zähigkeit sowie zwischen mittlerem Molekulargewicht, Dichte und Viskosität.

A. E. HIRSCHLER[3] hat die Molekulargewichte von Schmierölfraktionen mit Hilfe der Tabellen von KEITSCH und ROSS mit der kinematischen Viskosität bei 100° und 210 °F in Beziehung gebracht, sowie mit der Dichte bei 25 °F und der Viskosität bei 260 °F. Durch Kombination der Ergebnisse wurden Beziehungen zwischen den vier physikalischen Konstanten ermittelt, und daraus wurde eine Gleichung zur Errechnung des Molekulargewichtes aus der Viskosität für Öle mit einem Viskositätsindex zwischen −50 und +120 abgeleitet[4]. Ein Dreiecks-

---

[1] API 15th Anual. Meeting, Nov. 1934, Sec. 3, S. 7.
[2] Öl u. Kohle 14 (1938) 3. — Siehe auch C. WALTHER: Öl u. Kohle 12 (1936) 221.
[3] J. Instn. Petrol. Technol. 32 (1946) 133.
[4] UOP-Bull. 22. V. 1946.

diagramm für die C-Atom Analyse ans VDK und Refraktionsinterzept entwickelten KURTZ u. Mitarbeiter (s. Teil I, S. 428).

2. Oberflächenspannung, Grenzflächenerscheinungen[1]

Die Oberflächenspannung von Schmierölen ist von Interesse, weil sie z. B. das Aufsteigen der Schmieröle in den Schmierdochten bewirkt und auch für das Eindringen der Schmiermittel in die Zwischenräume zwischen den Gleitflächen verantwortlich ist. Von den Oberflächen- und Grenzflächenerscheinungen von Öl gegen Luft oder anderen Gasen sowie gegenüber anderen Flüssigkeiten (z. B. gegen Wasser) und gegenüber festen Grenzflächen (wie z. B. Metallen) kommt für den Schmiervorgang hauptsächlich die Grenzflächenspannung zwischen Öl und Metallen in Betracht, denn ein Schmierfilm bildet sich auf der Grenzfläche um so leichter, je kleiner die Grenzflächenspannung ist.

Die Grenzflächenspannung an der Grenze von Wasser gegen Schmieröl wird durch Zusatz von Fettsäuren oder Fetten stark heruntergedrückt.

Tabelle 3. *Änderung der Grenzflächenspannung an der Grenze von Wasser gegen Schmieröl bei 20 °C infolge des Zusatzes polarer Stoffe.*

Stoff	dyn/cm	Stoff	dyn/cm
Ohne Zusatz	50,4	10% Ölsäure	10,7
1% Ölsäure	30,6	10% Schmalzöl	20,7

Während DUFFING und v. DALLWITZ-WAGNER[2] auf Grund von Randwinkelmessungen die Grenzflächen- und Adhäsionserscheinungen zwischen Öl und Metall für die Schmierergiebigkeit eines Öles verantwortlich machen, bezweifeln DEELEY[3] und ARCHEBUT[4] den alleinigen Einfluß obiger physikalischer Vorgänge, insbesondere, weil bis heute — trotz vieler Anstrengungen — noch keine einwandfreie Methode zur Bestimmung von Oberflächenerscheinungen zwischen Öl und Metall existiert.

L. A. STEINER[5] führte Reihenmessungen der Oberflächenspannungen an Schmierölen zwischen 80 und 320 °C aus und entwickelte eine Methode, bei der der Einfluß der Viskosität auf die Oberflächenspannung eliminiert wird, so daß die Viskosität und die Oberflächenenergie getrennt gemessen werden können. Über Oberflächenspannung im Zusammenhang mit dem Porphyringehalt berichten H. N. DUNNING und Mitarbeiter[6].

Der bei leichtsiedenden Erdöl-Kohlenwasserstoffen interessante, nahezu temperaturunabhängige, von SUDGEN[6] vorgeschlagene Parachor[7] scheint bei Schmierölen bisher ohne wesentliche Bedeutung zu sein.

---

[1] Definition und Bestimmung s. Teil I, S. 295.
[2] Neue Wege zur Schmiermitteluntersuchung, München: Oldenbourg 1919. — Z. techn. Phys. 5 (1924) 378.
[3] Engng. 108 (1919) 788.
[4] J. Soc. chem. Ind. 40 (1921) 287.
[5] Petroleum, Lond. 4 (1941) Nr. 6, S. 123—127.
[6] Ind. Engng. 45 (1958) 759; Ref. Erdöl u. Kohle 6 (1953) 733.
[7] J. chem. Soc. 125 (1924) 1177. — J. NEWTON, FRIEND u. W. D. HARGREAVE: Phil. Mag. 34 (1943) 310, 346, bevorzugen als Funktion an Stelle des Parachors den sog. „Rheochor"; sie setzen an Stelle der Oberflächenspannung die Viskosität in eine enstprechende Formel ein. — Nach einer empirischen Regel ist die 4. Wurzel aus der Oberflächenspannung einer reinen Substanz über einen erheblichen Temperaturbereich der Differenz aus der Dichte des Dampfes D_g und der Dichte der Flüssigkeit D_{fl} proportional. S. SUDGEN multiplizierte den Proportionalitätsfaktor mit dem Molekulargewicht der Substanz und nannte diese Größe den Parachor P:

$$P = M_g \, 1/4 \, (D_{fl} - D_g).$$

(Vgl. dazu B. G. W. THOMSON u. WEISSENGERBER: Physical Methods of Organic Chemistry, 2. Aufl., Vol. 1/1. New York: Interscience 1949, S. 413.)

3. Adsorptions- und Adhäsionserscheinungen

BACHMANN und BRIEGER[1] maßen die Benetzungswärme von Öl an Metallpulver und fanden, daß gute Öle an 100 g eines Kupferpulvers eine Wärmemenge
von 11 bis 15 cal erzeugen, minderwertige dagegen nur 3 bis 6 cal. Ein Zusatz
von wenigen Prozent Fettsäure steigert diesen Wert erheblich. Setzt man dem
Öl Graphit zu, so verschwinden die Unterschiede zwischen den verschiedenen
Ölen. Die Benetzungswärme von Öl mit Graphit ist 7- bis 10mal größer als diejenige von Öl an Metall und ist bei allen Ölen fast gleich groß. Bei der Einwirkung
von 500 cm³ Öl auf 50 g Eisenpulver im Kalorimeter bei 125 °C wurden folgende
Benetzungswärmen (cal/g) gemessen[2]: Mineralöle 7,2 bis 8,8, Rizinusöl 13,4,
Erdnußöl 11,1, Teeröl 5,7.

IRAUTH und NEYMANN[3] bestimmen die Benetzbarkeit, indem sie auf das mit Öl-Benzol-
Lösung benetzte Eisenpulver während 10 Min. eine mit Kohlendioxid gesättigte Schwefelsäure einwirken lassen und die gelöste Eisenmenge mit der bei einem Blindversuch ohne
Öl in Lösung gegangene Eisenmengen durch Titration mit 0,1 n-Kaliumpermanganat vergleichen. Das Netzvermögen z wird dann nach der Formel:

$$z = \frac{a - 20\,b}{a\,g}\,100$$

berechnet. Darin bedeuten:

    a die Gewichtsabnahme des Eisens beim Blindversuch,
    b dasselbe beim Versuch mit Öl in g,
    g die Öleinwaage in g.

Die für das Netzvermögen z für verschiedene Öle erhaltenen Werte zeigt Tab. 4.
Während bei obiger Versuchsanordnung das Netzvermögen z für aromatenreiche Öle
günstiger lag als für paraffinische, ergaben Versuche an schnell bewegten Metallscheiben
oder -bändern, daß saure Öle besser haften als neutrale und daß die Art der Metallfläche
und die Viskosität der Öle von maßgebendem Einfluß sind. Mit dem Sperry-Camen-Adhero-
skop[4] erwiesen sich paraffinische Öle als gut, asphaltbasische Öle als schlecht haftend. Durch
Lösungsmittelraffination wurde die Haftfähigkeit verringert.

Tabelle 4. *Netzvermögen z einiger Öle*[5].

	Dichte bei 15 °C g/cm³	Molekular-gewicht	Viskosität bei 50 °C °E	VI	z
Aromatisches Öl mit Brightstock	0,944	398	12,3	− 45	14,5
Aromatisches Öl mit Brightstock	0,936	430	13,4		11,0
Aromatisches Öl mit Brightstock	0,933	456	16,5		10,0
Pennsylvanisches Öl	0,867	440	3,8	+ 102	4,8
Pennsylvanisches Öl	0,891	710	29,2	+ 100	5,2
Paraffinum liquidum	0,888	408	4,7	+ 32	0
Paraflow	0,900	720	35,1		0
Dampfzylinderöl		570	54,5		7,9
Destillat A	0,928	300	2,5	− 214	16,9
davon Raffinat	0,925	300	2,3	− 111	9,2
Destillat B	0,946	388	18,0	− 49	20,5
davon Raffinat	0,944	398	12,3	− 45	14,5
Destillat C	0,950	457	36,6	+ 1	25,0
davon Phenolraffinat	0,943	464	27,8	+ 25	12,0
Destillat D	0,962	550	139,0		27,6
Schwefelsäureraffinat	0,954	580	86,7		10,1
Phenolraffinat	0,905	640	24,0	+ 95	3,6

[1] Kolloid-Z. 39 (1926) 334.
[2] BÜCHE, V.: Petroleum 27 (1931) 590.
[3] Petroleum, Berl. 31 (1935) 46.
[4] BRETH, F. W., u. L. LIBERTHSON: Oil Gas J. 51 (1936) 34, 42.
[5] Petroleum Berl. 31 (1935) 46.

4. Elektrische Erscheinungen[1]

Elektrische Erscheinungen durch den Einfluß von Tribo- (Reibungs-) Elektrizität (elektrostatische Erscheinungen) können durch Reibung zweier disperser oder nicht dispergierter Phasen entstehen und zur Zerstörung der Metalloberfläche durch Mikrogrübchenbildung, beschleunigter Öloxydation und damit erhöhter Rückstandsbildung führen[2].

5. Einfluß von Zusatzstoffen („Additives", „Dopes")[3]

Von einem Schmieröl, das sich den steigenden Anforderungen bezüglich Gleitgeschwindigkeiten, Temperaturen und Drücken anpassen muß, wird neben sparsamstem Verbrauch bei geringster Rückstandsbildung ein gutes Viskositäts-Temperaturverhalten, Dispergier- und Verteilungsvermögen, gute Korrosionsbeständigkeit und Schmierfähigkeit, ausreichendes Kälteverhalten, geringe Neigung zur Schaum- und Emulsionsbildung, Verschleißfestigkeit, Mischbarkeit, stabile Filmbildung und Lagerfähigkeit verlangt. Dazu kommen gesonderte Anforderungen für Spezialöle, z. B. Hochdruckfestigkeit, statisches und dynamisches Reibungsverhalten, Verträglichkeit mit Dichtungsmaterial usw. Diese Forderungen kann ein Schmieröl aus bestem Ausgangsmaterial bei günstigster Verarbeitungsweise nur bis zu einer bestimmten Grenze erfüllen. Weitere und wesentliche Qualitätsverbesserung erreicht man durch spezielle Zusatzstoffe (Additives, Dopes)[4]. Nach ihrer Wirkungsweise kann man diese Stoffe unterteilen in: Wirkstoffe, die das physikalische Verhalten eines Öles ändern, wie z. B. Stockpunkt, Viskositäts-Temperatur-Verhalten (Viskositätsindex), Schaumverhalten sowie in Wirkstoffe mit Effekten mehr chemischer Natur, wie z. B. Oxydations- und Korrosionsinhibitoren, Verbesserung der Hochdruckeigenschaften, Verschleißfestigkeit usw.

Daneben kann man die Wirkstoffe noch unterteilen in solche mit Einzel- und mit Mehrheitsfunktion. Wie Tab. 5 zeigt, kommt vielen Wirkstoffen eine Wirksamkeit in mehrfacher Richtung zu. Wirtschaftliche Erwägungen und die Verträglichkeit mit dem Öl und den Wirkstoffen verschiedener Art untereinander reduzierten die Menge auf eine überschaubare Zahl, die man nach P. KALI[5] bezüglich Wirksamkeit, Verbindungstyp, Anwendungsart und Wirkungsweise wie folgt unterteilen kann: s. Tab. 5.

Manche Additives sind besonders wirksam bei hohen, andere bei niedrigen Temperaturen[6]. Ein Zusammenhang zwischen Oxydationsinhibitoren, Viskositäts-Temperaturverhalten und Verbesserung des Schlammtragevermögens ist anzunehmen. Sie haben infolgedessen Mehrzweckfunktionen, die teils erwünscht sind (Korrosions- und Rostschutz), teils störend wirken (zunehmende Emulsions- und Schaumneigung). Für Zweitaktmotore bewährten sich bariumhaltige Additives[7].

---

[1] Elektrisch behandelte Öle s. Teil I, S. 99.

[2] SALOMON, T.: Erdöl u. Kohle 17 (1964) 754. — GRUBER, J. M.: Trans. ASME 81 (1959); J. of Engng. for Power, S. 97.

[3] Additiveseinfuhr im Jahre 1965 etwa 49 Mio DM.

[4] MALYNEUX, PH.: Die Anwendung von Wirkstoffen bei Industrie-Schmiermitteln, Sci. Lubrication 15 (1963) Nr. 23, S. 144. — v. HOYNINGEN-HUENE A. W.: Aufbau und Wirkungsweise von Additives. VDI-Ber. 111 (1966) 47.

[5] NLGI Spkoksman 26 (Sept. 1962) 179.

[6] HUGHES, M. A. u. E. C.: Petrol Proc. 7 (1952) 1274; Ref. Erdöl u. Kohle 6 (1953) 734. — v. HOYNINGEN-HUENE: VDI-Ber. 111 (1966).

[7] TEUBEL, J.: Erdöl u. Kohle 17 (1964) 651. — LINOTE, J.: Petrol Inform. Nr. 300 (1961). S. 41. — KADMER, E. H.: Mineralöltechnik 6 (1961) Nr. 16, S. 1. — FÖRSTER, W., u. H. VÖLKEL: Proceedings des Sechsten Welt-Erdöl-Kongresses, Frankfurt/Main, Section V, Paper 6; Erdöl u. Kohle 16 (1963) 582. — KÜBLER, E.: Ebenda 15 (1962) 619. — Siehe auch Abschnitt Motorenöle, S. 170.

Tabelle 5. *Verbindungstyp, Anwendungszweck und Wirkungsweise verschiedener Additives.*[1]

Additiv	Verbindungstyp	Anwendungszweck	Wirkungsweise
Oxydations-inhibitoren	Organische Schwefel-Phosphor- u. Stickstoff-verbindungen (Amine, Hydrosulfide, Phenole oft in Verbindung mit Zink, Zinn, Barium, usw.)	Verhinderung von Lack- und Schlammbildung und Korrosion	Verminderung der Oxydation und Säurebildung durch bevorzugte Eigenoxydation des Wirkstoffes und Bildung öllöslicher Oxydationsverbindungen
Korrosions-inhibitoren	Organische Phosphor-Nitroverbindungen und solche mit aktivem Schwefel, organische Sulfide, Phosphite Metallsalze der Thiophosphorsäure sulfurierte Wachse	Korrosionsschutz aller Art, Verhinderung von Ablagerungen	Oxydationsverzögerung und Verhinderung der Säurebildung, Schutzfilmbildung, katalytische Oxydationsinhibierung
Detergentien	Metallorganische Phosphate, Phenolate, Sulfonate und Alkoholate, hochmolekulare Magnesium-, Barium-, Kalk- und Zinnsalze	Verhinderung von Ablagerung aller Art	Verhinderung der Unlöslichkeit und Ablagerung öllöslicher Oxydationsprodukte durch chemische Umsetzungen
Dispersants	Metallorganische Naphthenate und Sulfonate; organische CO-, Sn- und Ca-Salze; nichtmetallische Dispersantmoleküle	Schlammtragevermögen und Verhindern von Ablagerungen	Verhinderung von Ablagerungen durch Agglomerisierung von Ruß und öllunlöslichen Stoffen durch deren Suspendierung in Öl
Schmierfähigkeit, Hochdruckeigenschaften, Antiverschleiß	Organische Chlor-, Phosphor- und Schwefelverbindungen chlorhaltige Hartparaffine, organische Phosphate und Phosphite, Trikresylphosphat, Zinkdithiophosphate, Bleiseifen und -naphthenate	Verschleiß-Abrieb- und Reibungsverminderung, Verhinderung von Fressen und Ölfilmschädigung	Schutzfilmbildung durch chemische Umsetzung, damit Verhinderung von Fressen und Abrieb, falls Ölfilm zerreißt
Rostschutz-mittel	Sulfonate, Amine, fette Öle und Fettsäuren, phosphatierte und chlorierte Fettsäuren und synthetische Fettsäuren	Verhinderung der Rostbildung bei Lagerung, Stillstand oder Seetransport von Maschinen oder deren Teile	Adsorption von polaren, oberflächenaktiven Stoffen auf der Metalloberfläche, dadurch Verhinderung von Wasserschädigungen. Neutralisation von rostfördernden Säuren
Metalldeaktivatoren	Komplexe Stickstoff- und Schwefelverbindungen sowie Komplexe Amine und Sulfide, gewisse Seifen	Passivierung der Oberfläche, die der katalytischen Oxydation entgegenwirkt	Bildung inaktiver Schutzfilme durch chemische oder physikalische Ab- bzw. Adsorption; katalytische Bildung inaktiver Komplexe mit löslichen bzw. unlöslichen Metallionen

[1] Entwicklung von Zusätzen für den europäischen Markt, Towle, A.: Proceedings: Sechster Welt-Erdöl-Kongreß, Frankfurt/Main 1963, Section VI, Paper 8.

Tabelle 5. (Fortsetzung.)

Additiv	Verbindungstyp	Anwendungszweck	Wirkungsweise
Haftfestig-keits-verbesserer	Bestimmte, hochpolymere Verbindungen, Aluminiumseifen und ungesättigte Fettsäuren	Verstärkung des Haftvermögens von Ölfilmen auf Metalloberflächen	Erhöhung der Viskosität und des Haftvermögens
Wasser-abweisende Stoffe	Organosilicone und andere Polymere, höhere aliphatische Amine und Hydroxyfettsäuren	Wasserabweisung bei Ölen und Schmierfetten	Verminderung der Affinität zu Wasser durch Bildung entsprechender Schutzfilme
Stockpunkts-erniedriger	Kondensationsprodukte von Naphthalin mit gechlortem Paraffin (Paraflow), Kondensationsprodukte von Phenolen mit gechlortem Paraffin (Santopure), Methacrylsäureesterpolymerisate	Stockpunktserniedrigung von Schmierölen	Verhinderung der Zusammenballung von Hartparaffinkristallen und Ölabsorption bei niedrigen Temperaturen
Viskositäts-Index-Verbesserer	Olefin- und Isoolefin-Polymerisate, Butylen- und Isobutylen-Polymere, Metacrylsäureester-Polymere, alkylierte Styrolpolymere	Verbesserung des Viskositäts-Temperatur-Verhaltens von Schmierölen	Die langkettigen Polymerisate verbessern das Temperaturviskositätsverhalten der niedrigen molekularen Ölverbindungen
Schaumver-hinderungs-mittel	Siliconpolymerisate	Schaumverhinderung von Schmierölen auch bei starker Bewegung	Verhindert Entstehung kleiner Luftblasen und fördert Bildung größerer schnell zerfallender Luftblasen
Emulgatoren	Fettsäuren und Fettseifen, Sulfon- und Naphthensäuren	Emulgierung von Öl in Wasser und umgekehrt für Emulsionsschmieröle (Metallbearbeitung)	Oberflächenaktive Stoffe vermindern die Zwischenphasen und fördern dadurch Emulsionsbildung

Wie die Tab. 5 zeigt, sind die meisten Additives Organo-Metallverbindungen, die bei der Verbrennung Asche hinterlassen, die rund 1% des Öles ausmacht. Um den Anfall von Rückständen im Verbrennungsraum zu verringern (90% stammen vom Kraftstoff, 10% vom Öl), wurden aschefreie Detergentien auf organischer Basis entwickelt, die bei geringem Leistungsrückgang weniger Rückstand bilden[1].

Bei aschefreien Detergentien handelt es sich z. B. um copolymere Vinyle mit langkettigen Alkylresten und basischen Stickstoffgruppen[1].

Je nach der Zusammensetzung des Öles, der Art und der Menge verschiedener Additives ist deren Wirkung unterschiedlich. Die Art des Wirkstoffes muß auch auf den Verwendungszweck und die jeweiligen Arbeitsbedingungen abgestimmt werden. Physikalische und chemische Prüfmethoden geben über den Effekt und die Beständigkeit eines Zusatzstoffes nur unzureichende Auskunft. Dasselbe gilt für dynamisch-mechanische Prüfungen auf Prüfgeräten, die als Vorprüfungen wertvoll sind. Enge Zusammenarbeit zwischen Mineralöl- und Additives-

---

[1] BISWELL, C. B. u. Mitarb.: Ind. Engng. Chem. 47 (1955) 1589.

hersteller ist erforderlich. Eine endgültige Beurteilung ist z. B. für Motorenöle nur durch langwierige, kostspielige, praxisnahe motorische Prüfungen möglich.

Da es sich bei motorischen Schmieröl-Güteprüfungen moderner Hochleistungsschmieröle größtenteils um eine Effektprüfung der Additives handelt, verwischt bei Langzeitprüfungen ein Nachfüllen von additiveshaltigem Öl das Prüfergebnis der Additivesbeständigkeit.

Zur Ergänzung der Tab. 5 ist für die wichtigsten Additives noch folgendes zu sagen:

Ebenso wie in der Farbstoff- und pharmazeutischen Chemie haben sich auch bei Schmierstoffen für einen speziellen Effekt wirksame Strukturklassen herausgeschält, deren Wirkungsumfang sich durch Änderung des molekularen Aufbaus abwandeln läßt.

Neben den in der Zusammenstellung genannten Wirkstoffen setzt man den Ölen und Schmierfetten auch Stoffe zu, die an dem Schmiervorgang nicht teilnehmen wie Farbstoffe, Farbstabilisatoren und Geruchsverbesserer.

Voraussetzung für die Wirkung eines Additives ist die Verwendung eines hochwertigen Grundöls (Solvat).

Die Schmierfähigkeit (Filmfestigkeit, Oilness) eines Öles setzt die Aufrechterhaltung eines geschlossenen Schmierfilms von einer bestimmten Festigkeit voraus, der bei allen unlegierten Ölen ungefähr gleich ist. Die natürliche Filmfestigkeit kann man durch Zusatz polarer Verbindungen (Fettstoffe, Diester usw.), die an der Metalloberfläche adsorbiert werden oder damit chemisch reagieren, verbessert werden. Es ist anzunehmen, daß viele Additives mit polaren Gruppen, die zur Verbesserung bestimmter Öleigenschaften zugesetzt werden, in ähnlicher Weise reagieren.

a) Stockpunktserniedriger

Paraffinhaltiges Öl kann man bei tiefer Temperatur durch Stockpunktserniedriger, die den Trübungspunkt nicht verändern, dadurch flüssig erhalten, daß ein Auskristallisieren des Paraffins verzögert oder nur in kleinen Kristallen bewirkt wird. Der Effekt eines Stockpunktserniedrigers ist deshalb von der Art des Öles und dessen Paraffingehalt abhängig und daher stets unterschiedlich. Es kann sogar vorkommen, daß durch steigende Mengen an Stockpunktserniedrigern eine Erhöhung des Stockpunktes eintritt[1]. Viel verwendete Stockpunktserniedriger sind[2]:

Paraflow; Kondensationsprodukt aus Naphthalin und Paraffin (Standard Oil).
Akroleide; Polymerisationsprodukte von Methacrylsäureestern (Röhm und Haas).
Santopour; Kondensationsprodukt aus Paraffin und Phenol bzw. Phthalsäure (Monsanto Chemical Co.).

Da die wirkliche Viskosität von der Viskosität und Art der flüssigen und festen Bestandteile abhängt, verhält sich jedes Öl im Bereich zwischen Trübungs- und Stockpunkt wie eine Nicht-Newtonsche Flüssigkeit.

b) Viskositätsindex-Verbesserer[3]

Nach EVANS und YOUNG[4] ist die Eignung von Polymeren von der chemischen Struktur und Syntheseart des Polymers und dem Viskositätsindex des Grundöls abhängig. Durch den Zusatz öllöslicher Polymeren steigt die Viskosität des Grundöles infolge des höheren Molekulargewichtes des Zusatzstoffes gewöhnlich an.

---

[1] BÖHM, A.: Oil Gas J. 47 (Nov. 1948) Nr. 28, S. 335.
[2] TIEDJE, J. L.: Die Verwendung von Stockpunkt-Verbesserern bei Mitteldestillaten. Proceedings des Sechsten Welt-Erdöl-Kongresses, Frankfurt/Main 1963, Section VI, Paper 1.
[3] Die Wirkungsweise der Viskositätsverbesserer kann darin gesehen werden, daß das bei niedriger Temperatur unvollkommene Lösungsverhältnis mit steigender Temperatur verbessert wird, dadurch wird der Unterschied zwischen der arithmetisch gemittelten Viskosität und der tatsächlichen Viskosität geringer und die Viskositätsabnahme infolge Temperaturerhöhung teilweise ausgeglichen.
[4] EVANS, H. C., u. D. W. YOUNG: Industr. Engng. Chem. 39 (1947) 1676.

In Abhängigkeit von der chemischen Struktur des Viskositätsindex-Verbesserers kann das Gemisch nach längerer Betriebszeit in seiner Viskosität ohne erhebliche Schädigung des Gesamtnutzeffektes absinken[1].

Bei der Wahl der VT-Verbesserer ist auf seine Empfindlichkeit und Stabilität gegenüber hohen Scherbeanspruchungen zu achten, die zu starkem permanentem Viskositätsabfall führen können. Ein temporärer, nur während der hohen Scherbelastung bestehender Viskositätsabfall, kann durch Richtwirkung der langkettigen Polymeren, entsprechend der Strömungsrichtung auftreten.

Durch Überziehen der Oberfläche von Paraffinkristallen auf Grund ihrer Oberflächenaktivität wirken VI-Verbesserer bisweilen auch gleichzeitig als Stockpunktserniedriger.

c) Hochdruckzusätze

Bevor noch der Begriff des „Hochdruckschmiermittels" von Amerika nach Deutschland kam, hatte man bereits in deutschen Walzwerksbetrieben die Fähigkeit bestimmter Stoffe, dem Mineralöl eine größere Druckaufnahmefähigkeit zu verleihen, erkannt und z. B. bei der Schmierung von hochbelasteten Kaltwalzenlagern Zusatzmittel — wie Fettstoffe und elementaren Schwefel — für Zapfenöle verwendet.

Man ist der Auffassung, daß die Hochdrucksätze, die Schwefel-, Chlor- und Phosphorverbindungen enthalten, mit den Gleitflächen chemisch reagieren (s. auch Abschnitt „Festschmierstoffe", S. 279 ff.). So bildet z. B. Schwefel einen Sulfidfilm, der die Aufnahme höherer Drücke gestattet, ohne ein Fressen der aufeinander gleitenden Teile zuzulassen. Ähnlich wirken organische Chlorverbindungen sowie Phosphor- und Arsenverbindungen[2].

Nach W. Davey[3] ist auf Grund von Versuchen im Vierkugelapparat die Eignung von chlorhaltigen Verbindungen von der Labilität des Chlors und vom Grade der Chlorierung abhängig.

Das p-Dichlorbenzol ist wenig wirksam, weil das Chlor am C-Kern nicht labil ist, im Gegensatz zu p-Nitrochlorbenzol, bei dem die Nitrogruppe wirksam ist. Tetrachlorkohlenstoff kann erst bei seiner Zersetzung wirken, Äthylendichlorid, Chloroform usw. bilden Salzsäure und sind korrosiv. Atomares und ionisiertes Chlor sind erwünscht. Benzotrichlorid und Benzylchlorid sind wegen des labilen Chlors sehr geeignet. Über den Vierkugelapparat s. S. 160.

Nach W. Davey[4] sind Bromverbindungen den Chlorverbindungen überlegen, während Jodverbindungen weniger günstige Wirkung haben. Schwefelzusatz verbessert noch die Hochdruckeigenschaften der Jod- und Chlorverbindungen. — E. Edler[5] faßt die Arbeiten von Evans und Elliot zusammen und gibt Meßwerte für den Einfluß von 45 verschiedenen Zusatzstoffen (insbesondere von Chlor-, Nitro-, Chlornitro- und substituierten und nichtsubstituierten, mehrkernigen Aromaten) auf die Zerreißfestigkeit von Ölfilmen bei der Prüfung auf der *Almen*-Maschine an.

B. Knispel[6] untersuchte die Wirkung von Hochdruckzusätzen in Getriebeölen durch Bestimmung des Haftreibungskoeffizienten auf der Reibungswaage nach Apel. F. T. Barcroft[7] beschreibt die Hitzdrahtmethode zum Studium von Reaktionen zwischen EP-Zusätzen und Metalloberflächen. Sie besteht darin, daß man die Änderung eines elektrisch erwärmten in Öl getauchten Drahtes mißt.

d) Schlamm-Inhibitoren (Detergents)

Mineralöle neigen bei hoher Betriebsbeanspruchung zum Ausflocken oder Koagulieren von kolloidalen, durch Alterung, Abrieb oder als Verbrennungsrückstand entstandenen Teilchen, die sich als lackartige Überzüge oder feinster Schlamm in der Maschine ablagern. Zusatzstoffe, die solche Abscheidungen

---

[1] Geoegi, W. C.: Siehe bei A. Böhm, Fußnote 1, S. 19.
[2] Hund, Larsen, Beck u. Vesper: Mech. Engng. 64 (1942) 525.
[3] J. Instn. Petrol. Technol. 33 (1947) 673.
[4] Davey, W.: J. Instn. Petrol. Technol. 33 (1947) 673.
[5] Edler, E.: Öl u. Kohle 40 (1944) 102.
[6] Erdöl u. Kohle 17 (1964) 748.
[7] Erdöl u. Kohle 17 (1964) 1003.

beseitigen oder verhindern, werden im englischen Sprachgebiet als Detergents (Reinigungsmittel) bezeichnet. Diese Bezeichnung ist insofern irreführend, als die Aufgabe der Zusatzstoffe nicht nur darin besteht, die Maschine von solchen Ablagerungen zu reinigen, sondern auch darin, deren Bildung zu verhindern bzw. den Schlamm in Lösung zu halten.

Bei Detergentien[1] unterscheidet man den Dispergiereffekt, durch den Ruß, Schlamm und andere feste Ölverunreinigungen in kolloidaler Suspension gehalten werden, sowie den Detergenteffekt, durch den die an Motorteilen anhaftenden Bestandteile abgelöst werden. Die metallorganischen Detergentien sind unter Betriebsbedingungen bei hoher Temperatur wirksam, während für die beim Kaltbetrieb entstehenden Verunreinigungen (Kaltschlamm, eine mit Schmutzstoffen beladene Wasser-in-Öl-Emulsion) Polymerdetergentien besser geeignet sind. Da bei der Reinigung der Metalloberfläche Korrosionsgefahr besteht, werden die Detergentien oft mit Passivatoren kombiniert[2].

Neben einer guten Dispergierwirkung sollen die Detergentien ein gewisses Lösevermögen für Harze und ein Neutralisationsvermögen für Säuren aufweisen. Durch diese Mehrzweck-funktion nimmt der Wirkstoffgehalt eines Motorenöls während des Betriebes laufend ab. Um die genannten Anforderungen zu erfüllen, enthalten fast alle Detergentien polare, oleophile Gruppen und Metallionen.

Die von GEORGI vorgeschlagene Bezeichnung „Dispersant" wäre treffender oder noch besser die von ZUIDEMA[3] geprägte Bezeichnung „antiflocculants" (Antiausflockungsmittel). ZUIDEMA berichtet auch unter Hinweis auf zahlreiche Literaturstellen ausführlich über die Wirkungsweise und Bewertung der Additives und über die Formen der Ablagerungen in den von Schmieröl und Kraftstoff berührten Maschinenteilen. Neben der Fähigkeit, die Flockung der unlöslichen Anteile zu verhindern, müssen schädliche Wirkungen auf andere Eigenschaften fehlen, die Löslichkeit und Vereinbarkeit mit anderen Zusätzen muß gut sein, ebenso die Beständigkeit gegen Hydrolyse, Oxydation und hohe Temperatur.

Detergentien [H-D- (Heavy Duty-) Additives] enthalten fast stets polare (z. B. Sulfonat-, Hydroxyl-, Mercapto-, Carboxyl-, Carbonamidgruppen) oleophile Gruppen, die die Öl-löslichkeit vermitteln, sowie Metallionen oder Aminogruppen.

Als Detergentien werden verwendet: Naphthenate und Stearate des Cu, Pb, Zn und Mn und Sulfonate als Salze langkettiger Alkyl-Arylsulfosäuren; Sulfonate der Mineralölraffi-nation (Mahagonisulfonate s. Teil I, S. 502); überalkalisierte Sulfonate [z. B. Byrton C 300 (11,5% Ca, 2,2% S) und Byrton M.300 (7,5% Mg, 2,2% S) der Byrton Chem. Co.]; Phenolate, Phenollatsulfide, Salicylate, Phosphate, Thiophosphate, P_2S_5-Umsetzungsprodukte, Car-bamate und Thiocarbamate, s. auch Tab. 5, S. 17.

e) Oxydations-Inhibitoren

Eine katalytische Verhinderung der Peroxidbildung bei Zusatz von Inhibi-toren, wie Thymol, p-Toluidin, Naphthylamin, α-Naphthol, Hydrochinon, Phloro-glucin, Resorcin usw., konnte beobachtet werden. Infolge der ziemlich unauf-geklärten Wirkungsweise ist die Zahl der empfohlenen Stoffe besonders groß. Da ohne Zweifel bei der oxydativen Versäuerung von Schmierölen eine starke Abnutzung der Gleitflächen durch Korrosion eintritt, haben Oxydations-Inhibi-toren auch eine besonders große Bedeutung.

Die meisten Öle enthalten von Natur aus Oxydationsinhibitoren, die durch die Raffi-nation größtenteils verlorengehen, was die geringe Alterungsstabilität überraffinierter Öle bestätigt. Alterungsschutzstoffe greifen als Antioxydants in den Oxydationsmechanismus und als Deaktivatoren in den katalytischen Einfluß der Metalloberfläche ein. Die Zahl der Wirkstoffe ist daher besonders groß, wenn man noch die Verschiedenartigkeit der Öle und den Einfluß der vielfältigen Betriebsbedingungen berücksichtigt, wobei Temperatur und Zeit die Hauptrolle spielen. Unter den Antioxydants spielen die Zinkdialkyldithiophosphate eine besondere Rolle, wobei für deren Wirksamkeit die Zahl und Art der Alkylgruppen, teil-weise auch der Arylgruppen von besonderer Bedeutung sind.

Alle Antioxydantien sind ein Kompromiß zwischen der Notwendigkeit, Oxydationsketten abzubrechen bzw. das Öl gegen Sauerstoffangriff widerstandsfähig zu machen. Peroxyd-zersetzer sind wirksamer als Inhibitoren, Kombinationen zeigen gleichgerichtete Wirkungen[3].

---

[1] KARLL, R. E., et al.: Fortschritte in der Technologie von Detergents in Motorenölen. Proceedings des Sechsten Welt-Erdöl-Kongresses, Frankfurt/Main, Section VI/19.
[2] SCHULTZE, G.: Aerosil zum Nachweis von Detergentien. Erdöl u. Kohle 13 (1960) 829.
[3] Oil Gas J. 46 (Jan. 1948) Nr. 36, S. 58.

Die Oxydationsprodukte sind meist hochmolekulare, sauerstoffreiche Kondensations- und Oxydationsprodukte, in denen sich OH—CO- u. COOH-Gruppen, die über den Zerfall von Hydroperoxyden entstehen, nachweisen lassen. Sie reagieren sauer, sind korrosiv, steigern die Viskosität, neigen zur Schlamm- (Ringstecken) und Lackbildung. Kinetische Untersuchungen machten G. W. KEMENY und W. PATTERSON. J. F. HEDENBERG berichtet über die Inhibierung der Autoxydation durch substituierte Phenole[1].

Oxydationshemmende Eigenschaften haben: Schwefelhaltige Verbindungen, wie z. B. sulfuriertes Spermöl und Ester ungesättigter Fettsäuren, Dialkyl- und Diarylsulfide, Thiophenderivate, Thioglykole und Aldehyde, Alkylphenolsulfide.

Phosphorhaltige Verbindungen wie Alkyl- und Arylphosphide, Ba- Ca- oder Al-Verbindungen (Thiophosphorsäure, Zinkdialkylthiophosphat) Umsetzungen von P_2S_5 mit Terpenen, Polybutenen, Olefinen und ungesättigten Estern. S—P-Verbindungen verwendet man gleichzeitig auch als Korrosionsinhibitoren, Detergentien und EP-Zusätze, das das Metall durch einen P- bzw. S-Film schützt.

Auch Amino- und Phenolderivate[2] wurden als Oxydationsinhibitoren bei niedriger Temperatur vorgeschlagen, ebenso sauerstoffhaltige Verbindungen der Alkyl- und Naphtholreihe. Selenhaltige Verbindungen sind wirksam, aber zu teuer.

f) Schaum-Inhibitoren[3]

Der bei Durchmischung von Schmierölen auftretende Schaum beeinträchtigt die Schmierwirkung und beschleunigt die Oxydation. Nach dem Stokeschen Gesetz ist die Geschwindigkeit, mit der sich Luftblasen abscheiden, proportional dem Quadrat ihres Durchmessers und umgekehrt porportional der Ölviskosität. Der Schaum kleiner Luftblasen in hochviskosen Ölen ist stabiler als der großblasige Schaum niedrigviskoser Öle. Temperaturerhöhung wirkt vermindernd auf die Schaumbeständigkeit, durch Detergentien wird sie erhöht. Schaumverhütungsmittel sollen das Austreten der Luftblasen aus der Ölphase durch Reduzierung der Oberflächenspannung des Öles erleichtern.

Nach S. KEIL und R. RICHTER[4] beeinflussen die in legierten Spezialölen verwendeten Additive in vielen Fällen das Schaumverhalten der Öle negativ. Neben einer Prüfung des Kugel- und Oberflächenschaumverhaltens zur Gebrauchswertbestimmung ist daher die Kenntnis der Grenzflächeneigenschaften der Additive bedeutungsvoll. Da im praktischen Betrieb der Oberflächenschaum vorwiegend durch Koaleszenz von im Ölinnern gebildeten feinen Schaumbläschen (Innen- bzw. Kugelschaum) entsteht und die Grenzflächeneigenschaften sich an der Trennfläche Öl–Gas einer Schaumblase durch Anhäufung von Additivkomponenten äußern können, sollte die Verteilung der verwendeten Additive auf das Ölvolumen und den Oberflächenschaum näher bestimmt werden. Eine Anreicherung im Oberflächenschaum bedeutet dann also einen von den Bläschen vermittelten Transport grenzflächenaktiver Substanzen aus dem Ölvolumen an die Oberfläche.

Nach einem einfachen Verfahren gelang es, durch wiederholte Separation der interlamellaren Flüssigkeit aus dem Oberflächenschaum legierter Öle grenzflächenaktive Stoffe anzureichern und UV-spektroskopisch nachzuweisen. Dadurch ist eine Möglichkeit gegeben, schaumfördernde Inhaltsstoffe in Additiven zu analysieren und Aussagen über die Wirkungsweise von Antischaummitteln zu machen. Bei einem legierten Motorenöl mit einer großen Neigung zur Schaumbildung ist die Wirkungsweise von Dimethylsiliconöl als Antischaummittel konzentrationsabhängig. Noch bei 1 ppm Siliconöl im Motorenöl konnte eine starke Anreicherung im Oberflächenschaum nachgewiesen werden.

Schaumverhütungsmittel sind: flüssige Silikone (Polydimethylsiloxane) in Konzentration von maximal 0,001 %; ferner Polyäthylenglykoläther in Mischung mit Polyäthylenglykolsulfiden. Viele andere Vorschläge wie Phosphate, Thiophosphate, Nitro- bzw. Aminoalkohole usw. haben sich nicht bewährt. Als Schauminhibitoren wirken für Motoren-, Hydraulik- oder Getriebeöle Produkte auf Silikonbasis günstig[5]. In der Praxis beurteilt man die Öle

---

[1] HEDENBERG, J. F.: Erdöl u. Kohle 18 (1965) 392.

[2] Erdöl u. Kohle 9 (1956) 248.

[3] Siehe auch „Prüfung von Schaumbildung und Luftabscheidevermögen", S. 86.

[4] Anreicherungserscheinungen von grenzflächenaktiven Substanzen im Schaum legierter Öle. Erdöl u. Kohle 18 (1965) 850.

[5] ECKHARDT, H.: Freiberger Forschungshefte A 164 (1960) 120. — HATSCH, L. F.: Petrol Refinery 41 (1962) Nr. 6, S. 146. — BEERBOWER u. Mitarb.: Lubrication Engng. 17 (1961) Br. 6, S. 2826. — GROSSE-OETRINGHAUS: 3. int. Kongr. f. grenzflächenaktive Stoffe 1960, Bd. 4, Mainz: Verlag d. Univ.-Druckerei 1961, S. 672.

vorwiegend nach ihrer Neigung zur Bildung von Oberflächenschaum, für den GROSSE-OETRINGHAUS eine Klassifizierung gibt (Prüfung s. S. 60).

g) Rost-Inhibitoren[1]

Man unterscheidet: Rost- bzw. Korrosionsschutz gegen äußere Einflüsse, Schutz gegen die bei der Verbrennung entstehenden sauren Oxydations- und Verbrennungsprodukte, sowie z. B. gegen Chlor und Bromverbindungen aus bleihaltigen Kraftstoffen.

Reine Mineralöle reichen zum Korrosionsschutz in vielen Fällen nicht aus, man setzt ihnen deshalb Korrosionsinhibitoren zu.

Als allgemein wirksame Rostinhibitoren haben sich Stickstoffverbindungen (tertiäre Amine und deren Salze, Ester von Fett-, Naphthen- oder Dicarbonsäuren mit Triäthanolamin, Phthalalkylamide, Aminodicarbonsäuren, Dicyclohexylamin, Diamide usw.) bewährt; ferner Phosphorsäurederivate (Diarylphosphate, Thiophosphorsäureester, Dicarbonsäuren mit öllöslichen sauren Estern der Orthophosphorsäure, sowie Salze von Phosphorsäurediestern mit Aminen usw.). Auch Schwefelverbindungen wie basische Erdalkalisulfonate, Mischungen von Mahagonisulfonaten mit Zinknaphthenaten usw. sind wirksam.

6. Reibung, Verschleiß und Scherfestigkeit[2]

Neben Korrosionsverschleiß führen in erster Linie die zwischen hydrodynamischer Schmierung und metallischer Berührung der Gleitflächen auftretenden Misch- und Festkörperreibungen zum Verschleiß[4]. Der an Gleitflächen auftretende Verschleiß beruht bekanntlich nicht ausschließlich auf mechanischem Abrieb, sondern es können chemische und vor allem elektrochemische Korrosionen infolge der Bildung von Lokalelementen auftreten, die sich auf den Gesamtverschleiß u. U. beachtlich auswirken können. Bei der Bildung solcher Lokalelemente wirkt das Schmieröl als Elektrolyt[5].

Bei Reibung und Verschleiß sind die Rehbinder-Effekte[6] von Bedeutung, unter denen man die Summe aller Einflüsse auf die Oberfläche versteht, die bei Reibung und Verschleiß deren Oberfläche ändern. Eine große Rolle spielt bei diesen Vorgängen die Scherfestigkeit eines Ölfilms und das Verhalten und die Beständigkeit etwa vorhandener Viskositäts-Temperatur-Verbesserer.

---

[1] Siehe auch: Fretting and Fretting Corrosion, 45 Literaturstellen. Caltex Lubrication Vol. 21 (1966) Nr. 9, S. 117.

[2] Siehe Literatursammlung J. MOOS, VDI-Z. 105 (1963) 29. — VOGELPOHL, G.: Betriebssichere Gleitlager. Berlin/Göttingen/Heidelberg: Springer 1958.

[3] BAIST, W.: Beobachtungen an Miniatur-Reibflächen. Erdöl u. Kohle 18 (1965) 294. — Neuere Erkenntnisse der Verschleißforschung durch moderne physikalische Meßmethoden s. W. BAIST, Schmiertechnik 12 (1965) 329. — LUNN, B.: Epilamen- und Mischreibung aus der Sicht des Metallkundlers. VDI-Berichte 20 (1957) 41. — TERRES, E., G. MORLOCK u. K. H. VÖLKER: Untersuchungen über die Filmresistenz von Schmierölen im Gleitlager in Abhängigkeit von Belastung und Umdrehungszahl. Erdöl u. Kohle 9 (1956) 597, 690, 770. — KNAPPWOST, A.: Mechano-chemische Oberflächenreaktionen bei der Schmierung mit Festschmierstoffen; Vortrag auf dem 1. Symposium Festschmierstoffe, 18. bis 19. Juni 1965 in München. — FOWLE, T. I.: Die elasto-hydrodynamische Schmierungstheorie, Sonderdruck der Shell International Petroleum Co. Ltd., London 19. — GRAUE, G., u. W. LÜCKERATH: Die Bedeutung mechano-chemischer Grenzflächenreaktionen bei schmiertechnischen Aufgaben, insbesondere bei sehr hohen Temperaturen. Schmiertechnik 12 (1965) 71—76.

[4] Dieser Verschleißvorgang wird von W. BAIST [Motortechn. Z. (MTZ) 24 (1963) 40] als „Dünnfilmverschleiß" bezeichnet.

[5] AUGUSTIN, I. U., u. A. M. D'ANS: VDI-Z. 99 (1957) 274, 624. — CLAYTON, D.: In: Brit. J. of Appl. Physics, Suppl. I, 25, London 1950.

[6] REHBINDER, P.: Internationaler Kongreß „Grenzflächenaktiver Stoffe", Köln 1960, Bd. II, Verlag der Universitäts-Druckerei, S. 668ff. — BISCHOFF, E.: Ebenda, S. 498ff. — BATEL, W.: Ebenda, S. 493.

L. G. Wood[1] beschreibt ein Gerät zur Bestimmung der Scherfestigkeit, bei dem die Ölprobe mit hoher Geschwindigkeit mehrmals durch eine Einspritzdüse mit kleinstem Querschnitt gepreßt wird. Der Abfall der Viskosität gilt als Maß der Scherstabilität[2]. Über Verschleißminderung in Inertgasatmosphäre s. R. Irving und N. A. Scarlet[3].

7. Schmierungsarten

Gemäß DIN 51500: Ermittlung des Schmierstoff-Bedarfes u. -Verbrauches, unterscheidet man folgende Schmierungsarten:

a) Durchlaufschmierung

Der Schmierstoff wird nur einmal an der Schmierstelle wirksam. Die Schmierung erfolgt durch Öllöcher, Helm-, Klapp-, Stift-, Dochtöler oder durch Druckschmiergeräte, Geräte für Ölvernebelung. Der Vorläufer der Ölnebelschmierung ist die Ölzerstäubung mit Gas, Dampf oder Luft, die mit hohen Drucken arbeitet; bei der Ölnebelschmierung wird das Öl bei niedrigen Luftdrucken (0,35 bis 2,8 atü) zu Nebel zerstäubt und im Luftstrom durch Leitungen an die Schmierstelle gebracht. Über Betriebserfahrungen mit Ölnebeln berichten W. Altpeter[4], R. Hammel,[5] B. Kortzfleisch[6] und E. Gülker[7]. Durchlaufschmierung liegt liegt auch dann vor, wenn der Schmierstoff nach dem Durchgang durch die Schmierstelle aufgefangen, aufbereitet und wieder eingesetzt wird.

b) Umlaufschmierung[8]

Der Schmierstoff wird umgewälzt und an den Schmierstellen wiederholt wirksam. Man unterscheidet Umlaufschmierung ohne besondere Fördereinrichtungen [z. B. Eintauchen von Zahnrädern in Schmierstoff (Tauchschmierung) oder Wälzlagerschmierung durch Einsetzen im Fett (Vorratsschmierung)] und solche mit Fördereinrichtungen. Bei Druckumlaufschmierung wird der Schmierstoff den Schmierstellen unter Druck durch Pumpen, hydraulische Systeme oder Kraftübertragung zugeführt.

c) Schmiergeräte[9]

604 510-61 Wulstschmiernippel, Mundstück und Kupplung,
604 512-63 Langrohr-Stoßpresse,
604 513-61 Flachschmiernippel und Schiebekupplung,
604 514-61 Handhebelpresse, Hochdruckpanzerschlauch und Stahlgliederschlauch.

Schmierungsanlagen
604 530-61 Ölumlaufanlagenrichtlinien.

---

[1] Brit. J. Appl. Plup. 1,2 (1950). — Abbildung des Gerätes bei W. Thönes, Stahleisen Sonderberichte Heft 3. Düsseldorf: Stahleisen 1963, S. 78.

[2] v. Schieszl, S., berichtet über die Grenzen der Hydrodynamik in dünnen Schmierölschichten auf Grund von Abreißversuchen an Plattenpaaren. Erdöl u. Kohle 17 (1954) 879.

[3] Erdöl u. Kohle 18 (1965) 744. Siehe auch Proceedings des Sechsten Welt-Erdöl-Kongresses, Frankfurt/Main, Sektion: VI/28. Vinogradov etal.: Die Eigenschaften von Mineralölen und anderen Schmierstoffen hinsichtlich Verhinderung des Abriebs und der Reibung. — VI/27. Sanin, P. I., et al.: Synthese von Zusätzen zur Verminderung des Abriebs und Untersuchung ihrer Wirkungsweise.

[4] Stahleisen Sonderberichte Heft 3. Düsseldorf: Stahleisen 1963, S. 59.

[5] Schmiertechnik 12 (1965) 145.

[6] Schmiertechnik 12 (1965) 135.

[7] VDI-Bericht 111 (1966).

[8] Sprenger, B.: Anforderung an Umlaufschmierung für Gleitlager. Stahleisen Sonderberichte, Heft 3. Düsseldorf: Stahleisen 1963, S. 64.

[9] Stahleisen-Betriebsblätter. Düsseldorf: Stahleisen. Zusammenstellung der DIN-Normen s. Kotthaus: Betriebstechn. Taschenbuch. Düsseldorf: Hauser 1967.

8. Giftigkeit von Schmierstoffen

Wenn mit Schmierölen ohne Zusatzstoffe sachgemäß umgegangen wird, sind keine Schädigungen zu erwarten. Die Einflüsse wirkstoffhaltiger Schmierstoffe sind nicht eindeutig zu beantworten, weil unterschiedliche Auswirkungen auf den menschlichen Organismus möglich sind[1] (s. auch Abschn. Paraffinum liquidum, S. 316).

Phosphorsäureester, wie Trikresylphosphat, sind giftig. Die manchen Schmierölen zugesetzten Farbstoffe sind ungefährlich.

Die manchmal beobachtete „Ölakne" ist in der Regel neben Allergie auch auf zugesetzte Wirkstoffe, oft aber auf Metallsplitter zurückzuführen.

Als Schutzmaßnahmen sind Reinlichkeit und Hautpflege zu empfehlen.

B. Schmieröle aus Erdöl

Von C. Zerbe, Hamburg

Inhaltsübersicht

Herstellung[2]

Als Ausgangsmaterial für die Herstellung von Erdöl-Schmierölen, die den überragenden Anteil des Schmierölbedarfes decken, verwendet man einen sog.

---

[1] Hopf, P. P.: Sc. Lubrication 15 (1963) Nr. 4, S. 13. — Schneider: Haut und Beruf. Dtsch. med. Wschr. 89 (1964) 229. — Bezügl. Schmieröldämpfe s. N. V. Hendrichs u. Mitarb.: A Review of Exposures to Oilmist. Arch. of Enviromental Health 4 (1962) 139.

[2] Als Feedstock (Einsatzstoff) bezeichnet man alle Arten der aus einem Rohöl hergestellten Produkte, die noch weiter verarbeitet werden müssen.

Topprückstand oder Rückstandsöl, d. h. ein Erdöl, von dem die leicht siedenden, nicht viskosen Fraktionen (Leicht- und Schwerbenzin bis etwa 190 °C, Leuchtöl von etwa 190 bis 280 °C und Gasöl von etwa 230 bis 350 °C) durch Destillation abgetrennt sind[1]. Die Eignung eines Rohöls zur Schmierölherstellung hängt von der Menge und Qualität der darin enthaltenen viskosen Anteile ab, so daß man die Rohöle grob in Schmieröl-Rohöle und Nicht-Schmieröl-Rohöle einteilen kann. Die Trennungslinie ist jedoch unscharf und weitgehend von besonderen Erwägungen, wie Art der Verarbeitungsanlagen, Marktbedarf, Rohölversorgung usw., abhängig. Dazu kommt, daß man in qualitativer Hinsicht Schmieröle durch die S. 16 erwähnten Zusatzstoffe (Additives) beeinflussen und dadurch auch Rohöle, die früher als Schmieröl-Ausgangsstoff untauglich waren, zur Schmierölherstellung verwenden kann.

1. Destillation[2]

Durch kontinuierliche Vakuumdestillation in Röhrenöfen, die heute im Gegensatz zu der früher üblichen Blasendestillation fast ausschließlich angewandt wird, erhält man aus dem Topprückstand mehrere Schmieröl-Destillatfraktionen von steigenden Siedetemperaturen, Viskositäten und spezifischem Gewicht. Das im Topprückstand noch vorhandene Gasöl wird als Kopffraktion abgetrennt. Je nach der Art des Ausgangsstoffes und der Temperaturlage der Schnitte arbeitet man auf flüssigen Rückstand (short residue), aus dem man z. B. in einer Entasphaltierungsanlage mit Propan noch hochviskose Schmieröle (in Amerika cylinder stocks bzw. bright stocks[3] genannt) gewinnen kann, oder auf Bitumen verschiedener Härtegrade. Mitunter kann der flüssige Destillationsrückstand, gegebenenfalls nach Aufmischen mit Destillaten (Stellölen), für untergeordnete Schmierzwecke direkt verwendet werden. Bei dem Lösungsmittel-Entasphaltierungsverfahren werden mittels Propan die darin unlöslichen Bitumenanteile und Harzstoffe der Erdöle ausgefällt, die sich in ihren Eigenschaften wesentlich von dem Destillatbitumen unterscheiden. Propan fällt größere Mengen Weichasphalte als Butan, dieses mehr als Pentan und Benzin. Fügt man dem Propan noch leichtere Kohlenwasserstoffe, wie Äthan und Methan, zu, so werden mit dem Bitumen auch hochviskose Öle ausgefällt.

Moos[4] berichtet ausführlich unter erschöpfender Angabe der Literatur über die Fällung von Asphalt mit den verschiedensten Lösungsmitteln.

Enthält der Topprückstand in nicht zu großer Menge Naphthensäuren, so destilliert man unter Zusatz entsprechender Mengen von Neutralisationsmitteln, z. B. von Kalk, oder man unterwirft die bei einer ersten Destillation (Primärdestillation) erhaltenen Fraktionen einer Redestillation unter Zusatz eines Neutralisationsmittels. Diese Neutralisation kann auch innerhalb einer Kolonne erfolgen, indem man die Dämpfe durch ein Neutralisationsmittel passieren läßt. Wegen Emulsionsgefahr entfernt man aus höher viskosen Destillaten die sauren Anteile nur selten durch eine Alkaliwäsche. Eine Redestillation der Pirmärdestillate kann sich auch empfehlen, um dieselben nach bestimmten Erfordernissen schärfer zu unterteilen.

---

[1] Dieses Abtrennen bezeichnet man auch als ,,abtoppen'' oder ,,skimmen''.

[2] Die chemisch-technischen Grundbegriffe beim Zerlegen flüssiger Gemische durch Destillieren und Rektifizieren sind in DIN 7052 festgelegt; KLAMANN, D.: Erdöl u. Kohle 18 (1964) 80.

[3] Brightstock (helles Rückstandsöl) ist eine wichtige Komponente zur Herstellung von Schmierölen. Es wird als nicht destilliertes Rückstandsprodukt von ausgeprägt paraffinischer Struktur bei der Vakuumdestillation bestimmter Rohöle gewonnen. Durch selektive Extraktion, z. B. mit Propan werden aus dem Rückstand zunächst die Asphaltstoffe ausgefällt, dann folgt eine Entparaffinierung und schließlich eine Bleicherdebehandlung oder milde Hydrofinishing zur Entfernung von färbenden und Harzstoffen sowie von N-, O- und S-haltigen Verbindungen.

Der resultierende Brightstock ist ein helles hochviskoses oxydationsstabiles Öl von hervorragender Schmierfähigkeit, das sich vorwiegend aus Isoparaffinen, Naphthenen und Spuren von stickstoffhaltigen Kohlenstoffverbindungen zusammensetzt; er eignet sich besonders als Komponente für Motorenöle. Wegen seines hohen Preises und seiner hohen Viskosität wird es nur in geringem Ausmaße direkt als Schmieröl (z. B. Heißdampfzylinderöl) eingesetzt.

[4] Moos, J.: Erdöl u. Kohle 2 (1949) 345.

2. Raffination (Extraktion)

Das vorherrschende Raffinationsverfahren für Schmieröle bestand früher in einer Behandlung des Destillates mit Schwefelsäure. Einen besseren Effekt erzielt man jedoch durch Extraktion der den Schmierwert mindernden Anteile mit selektiv wirkenden Lösungsmitteln. Der Vorgang dieser sog. selektiven Lösungsmittelextraktion unterliegt der Gesetzmäßigkeit des Verteilungsgesetztes[1].

Überraffinierte Schmieröle, deren Viskosität bei tiefen Temperaturen unerwartet niedrig liegt, eignen sich in Mischung mit Polymerisaten und mit Esterölen als Hydrauliköle, Esteröle, Gasturbinenöle, Instrumentenöl usw.

Als Lösungsmittel werden verwendet: Schwefeldioxyd allein oder in Mischung mit Benzol (Edeleanu-Verfahren), Phenole, Dichlordiäthyläther ($CH_2Cl \cdot CH_2 \cdot O \cdot CH_2 \cdot CH_2Cl$, Chlorex), Furfurol, Nitrobenzol, Crotonaldehyd, Kresole, Anilin, Propan, Antimontrichlorid und andere[2]. KLAMANN[3] gibt nach einer kurzen Beschreibung der für die Extraktion wichtigen Löslichkeits- und Kohäsionsverhältnisse die Grundbegriffe der Flüssig-Flüssig-Extraktion (Gleichgewichtseinstellung, Stufenzugdiagramm) und behandelt die wichtigsten in Deutschland betriebenen Extraktionsverfahren in verfahrenstechnischer Hinsicht.

Von der großen Zahl der vorgeschlagenen Verfahrensarten verwenden die meisten nur ein Lösungsmittel; das Duosolverfahren dagegen arbeitet mit zwei Lösungsmitteln, nämlich Propan als Ausfällungsmittel für Asphalt (bei niedrigen Temperaturen auch für Paraffin) und Kresol als Extraktionsmittel. Für die Verwendung von Lösungsmitteln, die bei Raumtemperatur und Atmosphäre gasförmig sind, wie Propan und Schwefeldioxid, werden Kälteanlagen und Druckapparaturen benötigt, bei flüssigen Extraktionsmitteln arbeitet man in modernen Anlagen im Gegenstrom. Nach Angaben in der Literatur liegen die Verluste für alle Extraktionsmittel ungefähr auf gleicher Höhe bei etwa 0,1 bis 0,2%.

In den Vereinigten Staaten von Amerika werden Schmieröle nach folgenden Verfahren hergestellt.

Tabelle 1. *Extraktionsverfahren in USA.*

Verfahren	Extraktionsmittel
Duosol (The Milwhite Co. Inc.)	Propan und Selecto (Phenol) Kresolgemisch
Furfurol Refining (Texaco Dev. Co.)[a]	Furfurol
Phenol-Extraktion (The M. W. Kellog)	Phenol
Propan Desasphalting and Fractionation	Propan
Propan-Extraktion (Forster-Weehler Co.)[b]	Propan

[a] Petrol Refiner 29 (1950), Nr. 9, S. 196. Siehe auch Industr. and Eng. Chem. 40 (1948), Nr. 2, S. 220, für Gasöl.

[b] Petrol Refiner 40, (1961), Nr. 9, S. 189.

Die nach dem Abtreiben der Lösungsmittels verbleibenden Anteile bezeichnet man als „Extrakt"[4], das nach der Lösungsmittelbehandlung verbleibende Öl als „Solvat". Der im Solvat verminderte Aromatengehalt steigert den prozentualen Anteil an Paraffinen und Naphthenen ohne nennenswerte Verschiebung des Anteilverhältnisses beider Gruppen. Die Viskosität des Solvates ist durch das Herauslösen zähflüssiger höhermolekularer Anteile etwas geringer, der Flamm-

---

[1] LINKE, R.: Öl u. Kohle 39 (1943) 723.

[2] Fließschemata der modernsten Verfahren sind in: Oil and Gas J. 45 (März 1947) 150; 47 (April 1948) 117 und 49 (März 1950) 178 (Annual Refining Section) übersichtlich zusammengestellt: s. auch Petroleum Refiner 43 (1964) Nr. 8.

[3] Die chemisch-technischen Grundbegriffe beim Zerlegen flüssiger Gemische durch Destillieren und Rektifixieren sind in DIN 7052 festgelegt; KLAMANN, D. Erdöl u. Kohle 18 (1954) 80.

[4] Verwendung s. Teil I, S. 509.

punkt steigt im allgemeinen etwas an. Der Viskositätsindex wird erhöht, der Conradson-Test, Farbe und die Stabilität verbessert, sowie der Schwefelgehalt je nach Bindungsart vermindert.

Da die Lösungsmittel gegen die darin gelösten Erdölbestandteile indifferent sind, werden die extrahierten Bestandteile im Gegensatz zu den Verhältnissen bei der Schwefelsäurebehandlung in unverändertem Zustande wiedergewonnen. Infolge ihrer Abhängigkeit von bestimmten Betriebsvoraussetzungen hat die Lösungsmittelraffination die Schwefelsäureraffination, nach der man in einfacher Weise in ihrer Güte für viele Zwecke ausreichende Schmieröle herstellen kann, jedoch nicht völlig verdrängen können.

3. Entparaffinierung

Sind die zur Schmierölherstellung verwendeten Grundstoffe paraffinhaltig, so müssen die Destillate zur Erzielung eines befriedigenden Stockpunktes der Öle (bei gleichzeitiger Gewinnung wertvoller grob- und mikrokristalliner Paraffine) entparaffiniert werden. Näheres s. Teil I, S. 472.

4. Bleicherdebehandlung

An die Entparaffinierung, die der Selektivextraktion auch vorangeschaltet werden kann, schließt sich gewöhnlich eine Behandlung der Öle mit aktivierter Bleicherde an, die nach dem Mischverfahren (diskontinuierliche, innige Durchmischung in Agiteuren bei niedrigen Temperaturen), dem Kontaktverfahren (kontinuierliche Behandlung mit Bleicherde bei hoher Temperatur) und dem Perkolationsverfahren (absatzweises Durchpumpen des Öles durch eine feste Schicht grobkörniger Erde)[1] vorgenommen werden kann.

Schließlich werden die einzelnen Raffinatfraktionen zu dem Endprodukt mit den gewünschten Analysendaten und Eigenschaften aufgemischt. Die Schmierölausbeute sinkt mit Erhöhung der Qualitätsforderung infolge Ansteigens des Raffinationsverlustes.

5. Kontaktraffination

Bei der Kontaktraffination werden Destillate oder Solvate nach intensivem Vermischen mit Bleicherde — je nach dem Flammpunkt des Öles — in einem Röhrenofen bei Gegenwart von Wasserdampf auf 100 bis 320 °C erhitzt und dann in einen Reaktionsturm überführt, in dem durch Einstellen der Niveauhöhe die Verweilzeit und damit die Reaktionszeit regelbar ist.

Das vom Turmboden abgezogene Öl-Erde-Gemisch wird filtriert. Bei dem *Kontaktdestillationsverfahren* werden von dem Bodengemisch durch Kolonnendestillation ein oder mehrere Fraktionen abgetrennt. Aus einem schweren entasphaltierten Rückstandsöl erhält man dann z. B. neben leichten Fraktionen als schweren Rückstand einen Brightstock (filtered cylinder oil).

Unter dem „Clayless-Verfahren" versteht man eine Destillation des neutralisierten Saueröls nach der Schwefelsäurebehandlung ohne Bleicherdebehandlung.

6. Hydrierende Raffination (Hydrofining)

Die hydrierende Raffination von Schmierölen setzt sich immer mehr durch. Neben Verbesserung gewisser Eigenschaften, geringerem Raffinationsverlust und Arbeitsaufwand fallen auch die Schwierigkeiten der Beseitigung der Abfallprodukte, insbesondere der Abfallsäuren, weg. Einzelheiten und Verfahrenstechnik s. Abschnitt „Hydrofining", Teil I, S. 429.

---

[1] Großtechnische Perkolationsverfahren: Thermophor Continous Perkolation (Socony Mobil Oil Co.), Petrol. Refiner 34 (1955) Nr. 9, S. 209; 32 (1953) Nr. 5, S. 117; 43 (1964) Nr. 9, S. 214. — Percolation Filtration (Minerals and Chemicals Phillips Co.), Petrol Processing 2 (1947) Nr. 9; CRANQUIST, W. T., u. H. D. STREICH: Ind. Engng. Chem. 44 (1952) 2998. ULLMANN: Encyklopädie der techn. Chemie, 3. Aufl., Bd. 6, S. 684. Urban und Schwarzenberg.

Über den Chemismus der Wasserstoffbehandlung berichten die Welterdölkongresse 1963 u. 1967[1]. Verfahrenstechnik s. auch Teil I, S. 429.

Betriebserfahrungen mit einer „Comfining"-Anlage (Gemeinschaftsentwicklung der Wintershall-Raffinerie mit der Lurgi Ffm.), die bei Drücken bis zu 100 atü mit einem Cobalt-Molybdänkontakt arbeitet, geben C. CONRAD und R. HERRMANN[2] bekannt. Das Verfahren läßt die Raffination von Solventraffinaten und naphthenischen Schmieröldestillaten in einem Arbeitsgang zu und ergibt vor allem hinsichtlich der Alterung günstige Raffinate. Die Wasserstofferzeugung erfolgte in einer Pintsch-Bamag-Anlage (Erzschachtverfahren).

Die Kennzahlen eines paraffinbasischen Solventraffinates und eines naphthenbasischen Destillates vor und nach der Hydrierung zeigen die Tab. 2 und 3.

Tabelle 2. *Kennzahlen eines paraffinbasischen Solventraffinates vor und nach der Hydrierung.*

		Einsatzöl	hydriertes Öl
Farbzahl — ASTM		8	2
Dichte bei 15 °C		0,904	0,901
Viskosität bei 50 °C	E	16,9	15,8
Viskositätsindex		85	86
Flammpunkt o. T.	°C	282	280
Stockpunkt	°C	−16	−16
Schwefelgehalt	%	1,1	0,7
Farbstabilität (Farbanstieg in		nicht	
24 Std. bei 100 °C)		feststellbar	0,5
Alterung nach OPEL (24 Std. bei			
150 °C mit Sauerstoff)			
Neutralisationszahl		1,9	0,3
Verseifungszahl		4,9	0,6

Die Umsetzung der im eingesetzten Öl enthaltenen Sauerstoff- und Schwefelverbindungen zu Wasser bzw. H_2S verlief glatt. Die Naphthensäuren ließen sich schon bei relativ milden Bedingungen ohne Wasserstoffverbrauch decarboxylieren. Die Entfernung des basischen Stickstoffs beginnt bei 300 °C. Die olefinischen Doppelbindungen und ein Teil der Aromaten wurden unter Verbesserung der Farbe und des VI hydriert. Die Heißkontaktbehandlung von Solvaten machte mitunter eine Schwefelsäurewäsche nötig, die bei Einsatz naphthenbasischer Destillate nicht erforderlich war.

Die hydrierende Raffination kann die Bleicherdebehandlung voll, nicht aber in jedem Falle die Schwefelsäurewäsche ersetzen, weil die Schwefelsäureraffinate sich von den mit Wasserstoff behandelten Raffinaten so sehr unterscheiden, daß sie bei einer Vielzahl der Verwendungsmöglichkeiten in einigen Fällen Vorteil bringen.

Bei einem mit selektivem Lösemittel vorraffinierten Öl sollen durch die Hydrierung vor allem Farbe und Alterungsbeständigkeit verbessert werden; es wird aber keine Verbesserung des Viskositätsindex erwartet. In diesem Fall genügen eine milde Hydrierung bei Drücken von 50 bis 60 atü und Temperaturen von 250 bis 300 °C. Der Wasserstoffverbrauch beträgt je nach dem Einsatzprodukt etwa 10 bis 20 Nm³/t Einsatzöl. Wesentlich höher kann dagegen der Wasserstoffverbrauch liegen, wenn Destillate eingesetzt werden und neben Farbaufhellung und Alterungsbeständigkeit auch eine Verbesserung des Viskositätsindex erreicht werden soll; die Reaktionstemperatur liegt dann um 50 °C und mehr darüber. Die Ausbeute an flüssigen Produkten beträgt mehr als 99%. Literaturbeiträge zur Hydrofining von Schmierölen[3].

---

[1] Proceedings des Siebenten Welt-Erdöl-Kongresses, Mexico City 1967, Vol. IV, Panel Disc. 31, Paper 2: RYSAKO, M. V. et al.: Experiences in Commercial Production of Lubricating Oils by Hydrogenation. — Panel 20, Paper 4: GILBERT, J. B., u. R. KARTZMARK: Advances in the Hydrogen Treating of Lubricating Oils and Waxes.

[2] Erdöl u. Kohle 17 (1964) 897.

[3] JONES, W. A.: Hydrofining improves low-cost-lube quality. Oil Gas J. 53 (1954) Nr. 26, S. 81—84. — MORETON, A. G.: Prairie lube plant. Wld. Petroleum 27 (1946) Nr. 2, S. 44 bis 49. — McAFFEE, J., u. W. A. HORNE: Hydrogen treating ... Crudes and heavier than gasoline stocks. Petroleum Processing 11 (1956) Nr. 4, S. 47—52. — CARLSMITH, L. E., u.

Tabelle 3. *Kennzahlen eines naphthenbasischen Destillates und verschiedener Hydrierprodukte.*

		naphthen-basisches Destillat	mit Schwefel-säure raff. Maschinenöl	hydriertes Maschinenöl	solventraffi-niertes und hydriertes Motorenöl
Farbzahl — ASTM		>8	2,5	2	1
Dichte bei 15 °C		0,935	0,929	0,905	0,893
Viskosität bei 50 °C	cSt	89,57	73,31	46,0	47,0
	E	11,80	9,66	6,10	6,23
Viskositätsindex		27	35	53	70
Flammpunkt o. T.	°C	240	230	222	238
Stockpunkt	°C	−28	−25	−25	−20
Conradson	%	0,26	0,20	0,02	0,01
Anilinpunkt	°C	+78,7	+81,6	+83,0	+97,8
Gesamtschwefel	%	1,94	1,94	0,10	0,75
bas. Stickstoff	ppm	386	2	150	112
Statistische C-Verteilung					
C-Aromaten	%	22	19	13	6
C-Naphthene	%	20	23	29	32
C-Paraffine	%	58	58	58	62
Farbstabilität		nicht feststellbar	+0,7	+0,6	+0,2
Alterungsfaktor nach					
EISENSTECKEN[a]		27	19	8	2
BAM-Alterung					
Viskositätsverhältnis		2,60	2,38	1,85	1,26
Zunahme CONRADSON	%	4,70	3,36	1,90	0,79
Opel-Alterung					
Neutralisationszahl		>3	0,45	0,16	0,08
Verseifungszahl		>5	1,6	0,60	0,17

[a] GBAG-Test, s. S. 102.

Ähnliche Ergebnisse erzielt man auch nach dem Ferrofining-Verfahren der British Petroleum Co. (s. Abschnitt „Hydrofining", Teil I, S. 429), wie nachfolgender Vergleich der Tab. 4 (Temperatur 250 °C, Wasserstoffdruck 25 atü) zeigt:

Tabelle 4. *Vergleich der Raffination von Solvat-Raffinaten nach dem Säure-Bleicherde-Verfahren mit dem Ferrofining Process.*

Solvat Visc. E/50 °C	Säureraffination		Ferro-Fining	
	ASTM-Farbe	Schwefelgehalt %	ASTM-Farbe	Schwefelgehalt %
3,5	0,5	0,79	0,6	0,78
8,0	1,2	0,86	1,2	0,85

R. R. HAIG: Hydrogen treating helps wide range of stocks. Petroleum Refiner 36 (1957) Nr. 9, S. 233—235. — SHERWOOD, P. W.: Hydrierende Behandlung von Erdölprodukten. Erdöl u. Kohle 10 (1957) 503—508. — BRADLEY, W. E., u. Mitarb.: Hydrogenation of petroleum fractions. Proc. 5th Wld. Petroleum Congr., New York 1959, Sect. III, 55—70. — BUTLER, R. M., u. R. KARTZMARK: Chemical changes in lubricating oil hydrofining. Ibid. 151—160. — ACKER, A., u. B. CHOISNET: L'hydrogénation dans la fabrication du bright stock. Ibid. 169—171. — CHAMPAGNAT, A., J. DEMEESTER u. C. ROUIT: Désaromatisation catalytique des distillats et raffinage hydrogénant des huiles lubrifiantes. Ibid. 173—184. — THONON, C., u. Mitarb.: Le procédé I. F. P. de raffinage hydrogénant de pétrole brut et de fractions pétrolieres. Ibid. 71—82. — DEMEESTER, J.: Mise au point d'un catalyseur spécifique pour l'hydrogénation ménagée des huiles de graissage; Sonderdruck der Association Francaise des Techniciens du Pétrole „Prix Charles Bihoreau 1960". — DARE, F., u. J. DE-MEESTER: Ferrofining — New process for lube oils. Petroleum Refiner 39 (1960) Nr. 11, S. 251—254. — Hydrogen Treating; Sonderdruck des Oil Gas J. 1955. — Advances in Petroleum Chemistry and Refining, Vol. 3, New York 1960.

7. Mischbarkeit von Schmierölen[1]

Beim Herstellen von blanken Schmierölgemischen aus „mischbaren" Komponenten — kurz als Lösungen bezeichnet — entstehen molekulare bis kolloiddisperse Systeme mit deutlichem Tyndall-Effekt; chemische Wärme- oder Volumveränderungen treten nicht auf. Unter „mischbar" versteht man dabei, daß beim Mischen keinerlei Ausfällungen oder Schichtbildungen auftreten. Dies trifft in der Regel für reine, einander ähnliche Mineralöle ohne Wirkstoffe zu.

Bei legierten Mineralölen als Dispersionen flüssiger oder fester Teilchen ist eine Vorhersage des Mischverhaltens schwierig. Es können sich nicht nur die Zusatzstoffe in ihrer Wirkung gegenseitig entscheidend beeinflussen, sondern viele Wirkstoffe sprechen bereits auf ein Grundöl verschieden an. Infolgedessen kann schon die Beimischung eines reinen Mineralöles von anderer Zusammensetzung als die des Grundöles der Legierung zu Veränderungen führen, die über den Verdünnungseffekt hinausgehen. Feststellung der Kenndaten und eingehende praxisnahe Erprobung sind erforderlich.

Die Eigenschaften eines Gemisches aus Mineralölen ohne Zusätze ergeben sich aus denen der Komponenten. Die Dichte, Nz und Vz lassen sich arithmetisch errechnen. Wesentliche Eigenschaften dürfen jedoch nicht einfach anteilig addiert werden.

a) Viskosität[2]

Wenn zwei Öle verschiedener Viskosität gemischt werden, ist die Viskosität der Mischung geringer als das arithmetische Mittel der Ausgangsviskositäten. Die Viskosität einer Mischung läßt sich für die Praxis genügend genau im Walther-Diagramm ermitteln.

Abb. 1 zeigt ein Mischdiagramm im Viskositäts-Temperatur-Blatt nach UBBELOHDE/WALTHER[3]. Eine Mischung M aus 22 Vol.-% des dünneren Öles C mit 5,6 cSt/50 °C und 78 Vol.-% des dickeren Öles D mit 120 cSt/50 °C würde arithmetisch eine Viskosität von 106 cSt oder 14 E bei 50 °C ergeben. Tatsächlich stellt sich bei dieser Mischung eine Viskosität von nur 49 cSt oder 6,5 E bei 50 °C ein.

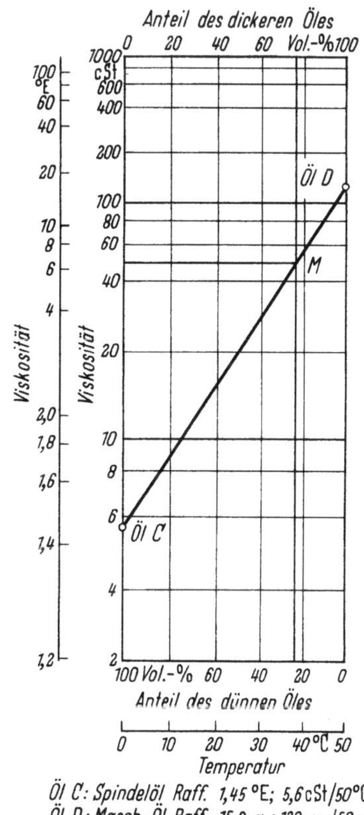

Öl C: Spindelöl Raff. 1,45 °E; 5,6 cSt/50°C
Öl D: Masch.-Öl Raff. 15,8 " ; 120 " /50 "
Öl M:C:D= 22:78 gemischt
6,5 °E; 49 cSt /50°C

Abb. 1. Mischdiagramm
nach UBBELOHDE/WALTHER.

Der Einfluß der dünneren Komponente ist für die Viskosität entscheidend. Zur Bestimmung des Viskositäts-Temperatur-Verhaltens eines Gemisches empfiehlt es sich, das Viskositäts-Mischdiagramm beider Öle bei einer anderen Temperatur zu wiederholen.

---

[1] Ausführlich über die Mischbarkeit von Schmierölen berichtet W. GROSS: VDI-Bericht 111 (1966).

[2] Siehe auch „Allg. phys. Methoden", Teil I, S. 45.

[3] UBBELOHDE, L.: Zur Viskosimetrie, 7. Aufl. (von G. H. GÖTTNER und W. WEBER), Stuttgart: Hirzel 1965, S. 36.

b) Flammpunkt

Auch auf den Flammpunkt einer Mischung hat die dünnere Komponente starken Einfluß. Schon kleine Anteile einer Komponente mit niedrigem Flammpunkt setzen den Flammpunkt einer Mischung stark herab. Gemäß Abb. 2 ergibt die Mischung von 22% des Öles C mit einem Flammpunkt von 164 °C (o. T.) und 78 Vol.-% des Öles D mit 275 °C Flammpunkt nicht den arithmetischen Flammpunkt von 250 °C, sondern nur 197 °C.

c) Stockpunkt

Der Stockpunkt einer Mischung läßt sich nicht einmal einigermaßen vorausschätzen. Überwiegenden Einfluß hat stets die Komponente mit schlechtem Stockpunkt, insbesondere bei Öl-Mischungen von niedriger Viskosität.

d) Alterungsverhalten, Luft- und Wasserabscheidung, Verhalten gegenüber Dichtungen

Das Alterungsverhalten kann besser oder schlechter sein als die Alterung der einzelnen Komponenten, ausgedrückt durch Nz oder Vz, d. h., man kann die bei der Alterung auftretende Nz und Vz einer Mischung nicht aus den unter gleichen

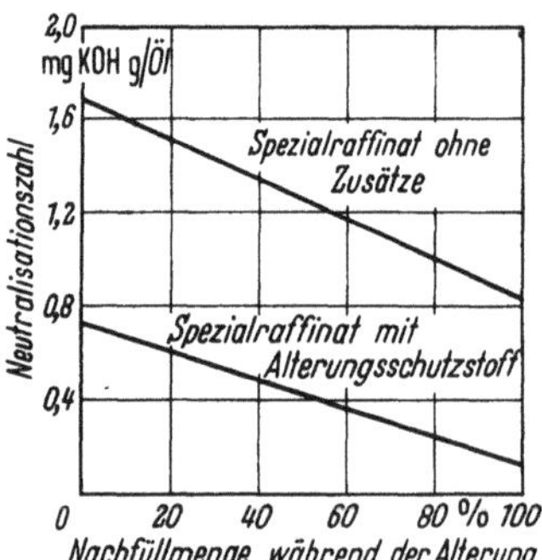
Abb. 3. Alterungsverlauf in Abhängigkeit von der Nachfüllmenge. Baader-Test bei 135 °C und 240 Std. 10 Nachfüllungen gleichmäßig über die Versuchsdauer verteilt.

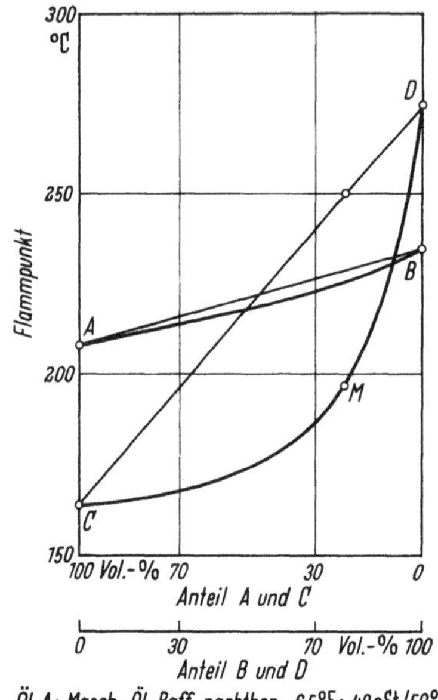

Öl A: Masch.-Öl Raff. naphthen. 6,5 °E; 49 cSt/50 °C
Öl B: Masch.-Öl Raff. paraffin. 6,5 "; 49 " /50 "
Öl C: Spindelöl Raff. paraffin. 1,45 "; 5,6 " /50 "
Öl D: Masch.-Öl Raff. paraffin. 15,8 "; 120 " /50 "
Öl M: C:D = 22:78 gemischt 6,5 "; 49 " /50 "

Abb. 2. Flammpunkt in Abhängigkeit vom Mischungsverhältnis unterschiedlicher Mineralöle.

Alterungsbedingungen ermittelten Nz und Vz der einzelnen Komponenten vorhersagen. Ganz unbestimmt ist das Verhalten einer Mischung hinsichtlich Wasser- und Luft-Abscheidevermögen oder im Verhalten gegenüber Dichtungen. In diesen Punkten haben kleine Anteile selektiv starken Einfluß, und beinahe immer nach der negativen Seite.

Zum Ausgleich des Ölverbrauches muß frisches Öl nachgefüllt werden; dadurch erfolgt eine Mischung von im Betrieb gealtertem mit frischem Öl, die die Alterung der Betriebsfüllung dämpft.

Abb. 3 zeigt den Einfluß des Anteiles regelmäßig zugegebener Frischölmengen auf den Alterungsverlauf bei reinem Solvatraffinat und bei gleichem Öl mit Alterungsschutzstoffen. Die Neutralisationszahl, als Maßstab für die Alterung, hängt in beiden Fällen etwa linear von der regelmäßig nachgefüllten Frischölmenge ab. Dies wird durch Praxisfälle bestätigt.

Bei der Nachfüllung von frischem Öl kann eine Ausflockung von Alterungsprodukten erfolgen, die bei hohem Raffinationsgrad der Öle zunimmt.

e) Inline-Blending-System

Die Mischung der einzelnen Komponenten erfolgte früher in Behältern mit Rührwerken oder Luft. Heute mischt man nach dem sog. „Inline-Blending-

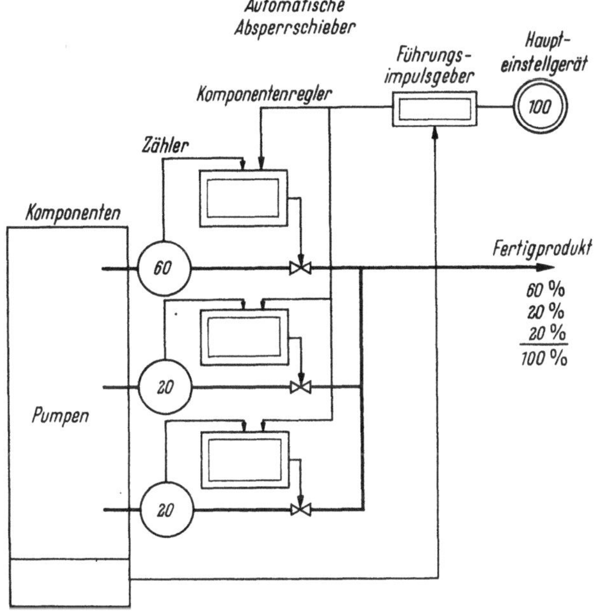

Abb. 4. Beispiel für Inline-Blending. Mischen von drei Produkten mit 60, 20 und 20% in kontinuierlichem Fluß.

System", (Abb. 4) d. h., aus verschiedenen Komponententanks zufließende Produkte werden in einer Rohrleitung (Mischstrecke) spezifikationsgerecht zum Fertigprodukt zusammengemischt. Die Regelung des Mischvorgangs erfolgt elektronisch.

8. Abtrennen von Komponenten aus Erdöl-Kohlenwasserstoff-Gemischen

Die niedrigmolekularen gasförmigen oder die niedrigsiedenden flüssigen Paraffin-Kohlenwasserstoffe lassen sich durch Rektifikation in reinem Zustand isolieren.

Zur Abtrennung von Aromaten, Olefinen, mittel- und höhersiedenden Komponenten eignen sich neben Extraktions-, Ab- und Adsorptionsverfahren (s. auch „Extraktion", S. 27) azeotropische Destillationsverfahren und die Abscheidung durch Adduktbildung mit Harnstoff.

a) Aromaten[1]

Die direkte Abscheidung von Benzol, Toluol und Xylol (BTX-Aromaten) aus den entsprechenden Benzinfraktionen lohnt sich im allgemeinen nicht. Es empfiehlt sich eine Aromatenanreicherung durch Dehydrierungsprozesse, bei denen Naphthene mit fünf und sechs Ringen isomerisiert und zu Aromaten dehydriert werden, vorzuschalten oder gut gereinigte hocharomatische Fraktionen aus der Reformierung oder der Leichtbenzinpyrolyse zu verwenden, s. auch Abschnitt „Benzol", S. 530ff.).

Die Trennung der Aromaten und Nichtaromaten erfolgt am häufigsten durch Extraktion[2], z. B. mit Phenol, SO_2, Glykol-Wassermischungen (Udex-Verfahren), Sulfolan (Shell, 1, 1,-Dioxyhydrothiophen) Monomethylformamid (Kofex-Verfahren[3]), Morpholin[4], N-Methylpyrrolidon (Arosolvan-Verfahren der Lurgi[5]) Dimethylformamid, Propylencarbonat (koppers), Dimethylsulfoxid[6] Nickelcyanammoniakat[7] usw.

Durch Hydrodealkylierung (thermisch oder katalytisch) können aus höhersiedenden Benzol- oder Naphthalinderivaten durch Abspaltung der Alkylgruppen Benzol bzw. Naphthalin gewonnen werden[8]. Ausgangsmaterialien hierfür sind die Rückstände[9] aus der Aromatenfraktion der katalytischen Reformierungsprozesse sowie aromatische Kreisläufe katalytischer Krackanlagen.

b) Niedrigmolekulare Paraffinkohlenwasserstoffe

Die Isolierung der niedrigmolekularen n-Paraffine aus Erdölfraktionen erfolgt durch „Molekularsieb"-Verfahren[10].

c) Molekularsiebe[11]

α) Allgemeines. Während die mehr oder weniger rohen Destillations- und Extraktionsmethoden das Rohmaterial nur grob in einzelne Verbindungsgruppen unterteilen, lassen sich mit Molekularsieben Verbindungen eines bestimmten Konstitutionstypes abtrennen.

---

[1] Proceedings des Sechsten Welt-Erdöl-Kongresses, Frankfurt/Main 1963, Sektion: IV/8. K. H. Eisenlohr: Herstellung von reinen Aromaten durch azeotropische Destillation und Extraktion; Erdöl u. Kohle 16 (1963) 523. — Sektion: IV/20. E. Cinelli u. Mitarb.: Verfahren zur Extraktion von Aromaten aus Ölfraktionen mit selektivem Lösungsmittel. — Sektion: IV/1. P. de Radzitzky: Hochselektive Trennung von aromatischen Petrochemikalien, s. auch Teil I, S. 423ff.

[2] Petrol Refiner 38 (1959) Nr. 9, S. 185. — Voetter, H., u. W. C. Kosters: Sechster Welt-Erdöl-Kongreß, Frankfurt/Main, Sektion: III, Paper 11: Der Sulfolan Prozeß. — H. W. Krekeler u. Mitarb.: Die Isolierung von Monoolefinen mit Hilfe von Metallsalzlösungen, ebenda Sektion: IV, Paper 14. — Erdöl u. Kohle 18 (1965) 850.

[3] Smeykal, K., u. M. Köthnig: Chem. Techn. 13 (1961) 403.

[4] Cinelli, E., P. L. Girotti u. R. Tesei: Hydrocarbon Precessing u. Petroleum Refiner 42 (1963) 141.

[5] Erdöl u. Kohle 17 (1964) 880.

[6] Chemical and Engineering News, 5. 10. 1964, 1950; Chemical and Engineering News, 31. 1. 1966, 1954; Erdöl u. Kohle 20 (1967) 778.

[7] DP 1 193 928 (1965).

[8] 20 bis 30% höher alkylierte Benzole, 10 bis 15% Naphthalin, 50 bis 60% Methylnaphthaline. Der Naphthalinbedarf der USA im Jahre 1963 (290 000 t) wurde zu etwa 80% aus Erdöl gedeckt.

[9] Asinger, F.: Brennst.-Chemie 46 (1965) 328.

[10] Die Entdeckung der selektiven Adsorptionswirkung erfolgte in den Laboratorien der Linde Co. (Union Carbide Co.).

[11] Chachulski, J., u. St. Urbańczyk: Entaromatisierung von Kerosenfraktionen durch Silicagel, Erdöl u. Kohle 19 (1966) 351—354; s. auch Abschnitt „Ottokraftstoffe", Teil I, S. 591ff.; Percolation, s. Abschnitt „Bleicherde", S. 731ff. — Hersh, K.: Molecular Sieves. Amour Res. Fondation, Illinois Inst. of Technology.

Unter Molekularsieb versteht man natürliche oder künstliche Metallaluminiumsilikate aus der Klasse der Zeolithe[1], die imstande sind, ohne oder mit nur sehr geringer Änderung der Kristallstruktur zu dehydratisieren und in den entstandenen Poren andere Stoffe zu adsorbieren. Als Molekularsiebe verwendet man in der Regel synthetische kristalline Zeolithe[2]. Durch Ionenaustauschverfahren können Molekularsiebe mit verschiedenen Porenöffnungen erzeugt werden, in die nur Moleküle entsprechender Größe eindringen können und dann an der aktivierten Oberfläche der Hohlräume adsorbiert werden. Nach Porengröße erfolgt eine Standardisierung. Über Eigenschaften, Herstellung und Anwendung verschiedener Zeolithe berichtet T. L. THOMAS[3]. Molekularsiebe werden für verschiedene Zwecke eingesetzt.

Tabelle 5. *Trennung von n- und iso-Paraffinen nach dem Molekularsiebverfahren.*

Analyse	Ausgangsmaterial	Desorbat
n-Paraffine	42,8	98,8
iso-Paraffine	51,5	1,1
Naphthene	5,7	0,1
Aromaten	—	—
Olefine	—	—

β) Strukturselektive Trennung. In die Poren mit einem Durchmesser von 5 Å, die Kristallzellen von einem Durchmesser von etwa 12 Å als Unterbringungsräume einer großen Zahl von Molekülen verbinden (z. B. synthetischer Ca-Al-Zeolit 5 A), können nur lineare Moleküle eindringen, eine einzige Seitengruppe isomerer Kohlenwasserstoffe verhindert bereits das Durchdringen durch die Blende; es können infolgedessen z. B. n-Paraffine von iso-Paraffinen getrennt werden (s. Tab. 5).

γ) Molekularsiebverfahren. Nach dem obengenannten Verfahren gewinnt man n-Paraffine (C_{10}—C_{18}) von großer Reinheit aus Rohmaterial mit breitem Molekulargewichtsbereich. Eine genaue Beschreibung der Arbeitsweise einer Großanlage des BP-Molekularsiebprozesses, sowohl bezüglich des Absorptionssystems als auch der Produktgewinnung und des Regenerationssystems, geben A. A. YEO und Mitarbeiter[4]. Der *Isosive-Prozeß*[5] der Union Carbide und der *BP-Prozeß* arbeiten bei höherer Temperatur in der Dampfphase, das *Molex-Verfahren*[6] (Universal Oil Products Co.) dagegen isotherm in flüssiger Phase.

δ) Trockenmittel. Von der Union Carbide[7] werden hierzu die verschiedensten Siebtypen hergestellt. In Typ „A" kann z. B. nur Wasser, Ammoniak, Methanol und Kohlendioxid eindringen (Olefintrocknung). Zur Trocknung säurehaltiger Gase und Flüssigkeiten eignet sich Typ AW-500; Typ 13 X mit größeren Öffnungen zum Entschwefeln von Propan und Butan. Daneben gibt es andere Typen zum Trocknen und Rückgewinnung anderer Raffineriegase.

Da andere Stoffe mit ähnlichem Durchmesser wie Normalolefine, Schwefelverbindungen, CO_2 und Wasser ebenfalls absorbiert werden, muß das Ausgangsmaterial vorgereinigt (z. B.

---

[1] Der Name Zeolith entstammt dem Griechischen (Zeo „sieden", Lithos „Stein"), weil das Gestein beim Erhitzen durch Wasserabgabe zu schmelzen bzw. zu sieden scheint; HABERNICKEL, V.: Herstellung von Zeolithen. Chemie-Anlagen-Verfahren Heft 2 (1967) S. 20 (Kohlhammer Heywood Verlag Stuttgart).

[2] SUWAL, M. L.: Erdöl u. Kohle 17 (1964) 457.

[3] THOMAS, T. L.: Proceedings, Sechster Welt-Erdöl-Kongreß, Frankfurt/Main 1963, Sektion: III, Paper 16.

[4] YEO, A. A., J. MATHER, R. J. H. GILBERT u. M. BAKER: Sechster Welt-Erdöl-Kongreß, Frankfurt/M. 1963, Sektion IV, Paper 15.

[5] THOMAS, T. L.: Sechster Welt-Erdöl-Kongreß, Frankfurt/Main 1963, Sektion III, Paper 16. — SUVAL, M. L.: Erdöl u. Kohle 17 (1964) 457.

[6] Petrol Refiner 40 (1961) Nr. 5; 43 (1964) 234. — RITZEN, H., u. G. CREMER: Beschreibung der Gelsenberg-Anlage; SCHMELING, F., u. H. HENEKA: Beschreibung der Frisia-Anlage. Erdöl u. Kohle 21 (Nov. 1968).

[7] WEISZ, P. W.: Erdöl u. Kohle 18 (1965) 525. — Verwendung zum Trocknen: Brennst. — Chemie 47 (1966) T 77.

durch Hydrofining) werden; außer Olefinen werden dadurch auch Wasser und Schwefel entfernt. Durch Temperatur und Druck kann der Adsorptionsvorgang gesteuert werden.

ε) **Selektivkatalysatoren**[1]. Mit Molekularsieben kann man auch selektiv katalytische Reaktionen durchführen, z. B. Dehydratisierung von Normalalkoholen in Gegenwart verzweigter Alkohole, Hydrierung von n-Olefinen bei Gegenwart von Isoverbindungen, die Spaltung gradkettiger Produkte zu nur gradkettigen Verbindungen, indem man katalytisch wirksame Stellen in die interkristalline Struktur von Al-Si-Zeolithen einbaut.

(Synthetische, auf einen bestimmten Einsatzzweck abgestimmte Zeolithe sind für eine Testbettkatalyse zu pulverig und werden deshalb zu „Pellets" von 0,4 cm Durchmesser agglomeriert. Vor Gebrauch werden sie bei 400 °C im Stickstoffstrom dehydratisiert.)

ζ) **Weitere Anwendungsformen.** Die Abtrennung des Hexans von Benzol durch Molekularsiebe beschreiben E. Kehat und Z. Rosenkranz[2].

Molekularsiebe zur Bestimmung des Gehalts an n-Paraffinen in Benzindestillaten beschreibt I. N. Ssamssonowa[3], Molekularsiebe und Gas-Flüssigkeits-Chromatographie als Hilfsmittel zur Bestimmung der Konstitution von Paraffinen A. von der Wiel[1].

d) Höhermolekulare Paraffinkohlenwasserstoffe

Für die Abscheidung der höhermolekularen Paraffinkohlenwasserstoffe mit 20 bis 30 C-Atomen sind Molekularsiebe wegen der erhöhten Krack- und Verkokungserscheinungen während der Desorption weniger geeignet.

Harnstoff-Extraktiv-Kristallisationsverfahren[4]

Dieses Verfahren eignet sich auch für die Herstellung von Ölen mit tiefem Stockpunkt aus Mineralöldestillaten.

Die Entstehung von Addukten aus Harnstoff und unverzweigten Paraffinkohlenwasserstoffen wurde im Jahre 1940 von Bengen entdeckt, die grundlegenden Arbeiten auf diesem Gebiete wurden von Schlenk in den Laboratorien der *Badischen Anilin- und Sodafabrik* durchgeführt. Technisch wird das Harnstoffverfahren vornehmlich zur Abscheidung von Paraffinen aus Gasöl- und leichten Spindelölfraktionen benutzt, die gewonnenen n-Paraffine bis zu C_{22} gehen vornehmlich in die chemische Weiterverarbeitung.

Isoparaffine können mit Thioharnstoff im Thioharnstoffgitter eingeschlossen und als Addukte abgetrennt werden. Cycloparaffine und Aromaten werden hierbei nicht eingelagert. In beschränktem Maße ist es möglich, daß Moleküle mit Seitenketten, sofern die gerade Kette hinreichend lang ist, in das Harnstoffgitter mit eingelagert werden können. Die Adduktbildung ist oberhalb C_{20} für n- bzw. Isoparaffine nicht mehr spezifisch[5], da der Harnstoff einerseits auch leicht schwach verzweigte langkettige Isoparaffine und Thioharnstoff ebenso leicht n-Paraffine einschließt.

Zur Adduktbildung, die unmittelbar nach dem Kontakt der Komponenten bei 40 bis 50 °C eintritt, verwendet man eine gesättigte wäßrige Harnstofflösung. Nach dem *Edeleanu-Verfahren* verdünnt man das zu entparaffinierende Öl mit Methylenchlorid. Nach einem Verfahren der *Shell* bleibt durch Zusatz kapillaraktiver Stoffe das Addukt vollständig in wäßriger Phase suspendiert, so daß es

---

[1] Erdöl u. Kohle 18 (1965) 525, 632.
[2] Ind. Eng. Proc. Des. Devel 4 (April 1965) 217; ref. Brennst.-Chemie 46 (1965) 284.
[3] Erdöl u. Kohle 18 (1965) 216.
[4] Siehe auch Proceedings des Sechsten Welt-Erdöl-Kongresses, Frankfurt/Main 1963, Sektion: IV/34. W. W. Mayes u. Mitarb.: Die Verwendung Wernerscher Komplexe für die Trennung organischer Gemische durch Adduktbildung. — Sektion: III/7. R. Rigamonti u. Mitarb.: Die Wirkung einiger Stoffe auf die Bildung von Harnstoffaddukten. — Siehe auch Abschnitt „Ottokraftstoffe", Teil I, S. 591 ff. — Báthory, J.: Erdöl u. Kohle 12 (1959) 105.
[5] Mamedhi, M. G., u. Mitarb.: Wäßrige Harnstofflösungen. Erdöl u. Kohle 18 (1965) 478.

durch Absetzen und Dekantieren getrennt werden kann. Als Lösungsmittel dient Isopropanol. Der Harnstoff wird in gesättigter wäßriger Lösung verwendet.

Über die Beschleunigung der Reaktion durch mechanische Schwingungen berichten Günter SPENGLER und R. BRAUN[1].

C. Synthetische Schmieröle[2]

Von C. ZERBE, Hamburg

Inhaltsübersicht

I. Allgemeines

Die Verfahren zur Herstellung synthetischer Schmieröle, die selten in Kraftfahrzeugen, dafür vorwiegend in der Luftfahrt, eingesetzt werden (Hydraulik, Gasturbinen, Instrumentenöl, Funktionsflüssigkeit), lassen sich wie folgt unterteilen:

Kohlenwasserstofföle

a) Hydrieröle;

b) Polymerisationsöle (durch Polymerisation von Olefinen mittels Aluminiumchlorid oder Borfluorid als Katalysator) aus:

   α) Äthylen,

   β) Olefingemischen der thermischen Spaltung von Paraffinen,

   γ) Olefinen der Fischer-Tropsch-Synthese;

---

[1] Erdöl u. Kohle 18 (1965) 539.

[2] Siehe auch J. GAYLOR: Petrol. Processing 4 (1949) 431. Bedarf in USA im Jahre 1960 7000 t. — MÖLLER, U. J.: Grenzen und Möglichkeiten für Synthese- und Mineralöl, Erdöl u. Kohle 21 (Nov. 1968).

c) Kondensationsöle (durch Kondensation von Aromaten mit Paraffinen);

d) Nichtkohlenwasserstofföle[1]

Die wichtigsten Gruppen sind:

Polyglykole,
Phosphatester,
Zweibasische Estersäuren,
Adipinsäureester[2],
Oxystearinsäureester[3],
Chlorfluorcarbon-Polymere,
Silikonöle,
Silikatester,
Organozinn-Copolymerisate[4],
Fluorester,
Neopentyl-Polyol-Ester (für Gasturbinen von −54 bis +204 °C),
Polyphenylester,

Tetraalkylsilane (Einsatz bei −14 bis +305 °C),
Ferrocene-Derivate (Ferrocen) Di-Cyclopentadienyl-eisen, $Fe(C_5H_5)_2$, (beständig bis 470 °C)
Tetrasubstituierte Harnstoff Derivate
Heterocyclische Derivate (beständig bis 370 °C)
Aromatische Amine,
Hexafluorbenzole (beständig bis 648 °C),
Hydrofuranöle.

Durch Abwandeln der Molekülstruktur lassen sich die Gebrauchseigenschaften verbessern.

II. Kohlenwasserstofföle

1. Hydrier-Öle

Die Herstellung von Schmierölen durch Hydrierung ist auf S. 558 ff. erwähnt.

2. Polymerisations-Öle

Syntheseöle wurden in Deutschland während des Krieges durch Polymerisation von Olefinen hergestellt, und zwar sowohl aus reinen Olefinen, wie Äthylen (Äthylenöle), als auch aus Olefingemischen von höherer Kohlenstoffzahl (C_5 bis C_{17}), wie sie bei der Dampfphasenspaltung von Hartparaffinen oder bei der Krackung der Gasöle der Fischer-Tropsch-Synthese anfallen. Als Polymerisationskatalysator diente vorwiegend Aluminiumchlorid.

a) Äthylenöle

Durch Polymerisation von reinem Äthylen bei etwa 30 atü und 190 °C unter Zusatz von Aluminiumchlorid erhält man ein Rohpolymerisat, aus dem man nach ZORN[5]

78,4 % Schmieröl,
10,6 % Lösungsmittel,
5   % Schlammöl,
2,3 % nicht umgesetztes Äthylen

[1] GUNDERSON, W. C., u. A. W. HART: Synthetic Lubricants. New York: Reinhold 1962.
[2] KLAMANN, D., u. W. LACHE: Brennst.-Chemie 45 (1964) 11.
[3] COHEN, G., u. C. M. MURPHY; H. M. TEETER: Erdöl u. Kohle 6 (1953) 734.
[4] SPENGLER, G., u. M. KOLL: Erdöl u. Kohle 17 (1964) 107.
[5] ZORN, H.: Z. angew. Chem. A 60 (1948) 185. Die Polymerisation von Propylen mittels Aluminiumchlorid oder Zinkchlorid beschreibt A. P. 2389240.

gewinnen kann. Die Öle hatten folgende Kenndaten:

Tabelle 1. *Äthylenpolymerisationsöle* (I.G. Leuna)[1].

		Spindelöl	Flugmotorenöl	Brightstock
Dichte bei 20 °C	g/cm³	—	0,850	0,860
Viskosität bei 100 °C	cSt	20 bei 20 °C	285	700
Viskosität bei 210 °C	cSt	—	27	44
Viskositätsindex		—	108	108
Erstarrungspunkt	°C	— 80	— 22	— 13
Conradson-Test	%	0,2	0,2	0,2

b) Paraffinöle[2]

Verwendet man an Stelle von Äthylen ein Olefingemisch, wie es bei der Dampfphasenspaltung von Hartparaffin entsteht, so erhält man bei gewöhnlichem Druck — je nach der Reaktionstemperatur — mit einer Ausbeute von etwa 50 bis 60% dünnflüssige bis hochviskose Öle neben geringen Mengen leichtsiedender Anteile.

Tabelle 2. *Paraffinsyntheseöle* (Norddeutsche Mineralölraffinerie Pölitz).

		SS 1103	SS 1106	Dampf-Zylinderöl
Dichte bei 20 °C	g/cm³	—	0,866	0,870
Viskosität bei 20 °C	°E	113	315	550
Viskosität bei 50 °C	°E	18	6 45,5	68
Viskositätsindex		115—124	113—115	108
Flammpunkt	°C	220	312	315
Conradson-Test	%	0,2	0,2	2,0

Die Öle zeichnen sich — wie die Äthylenöle — durch einen über 100 liegenden Viskositätsindex, niedrigen Conradson-Test und so gute Schmiereigenschaften aus, daß sie während des Krieges vorwiegend als Flugmotorenöle verwendet wurden. Die Kenndaten der Öle zeigt Tab. 2.

c) Fischer-Tropsch-Syntheseöle

Die Herstellung von Schmierölen aus Syntheseprodukten wird auf S. 572ff. behandelt.

3. Syntheseöle aus chlorierten Kohlenwasserstoffen[3]

Unterwirft man die Kogasinfraktion der Fischer-Tropsch-Synthese mit Siedebereich von 220 bis 350 °C einer Chlorierung bei 60 bis 90 °C, so erhält man durch Umsetzung des 25% Chlor enthaltenden Produktes mit Aluminiumchlorid und Naphthalin (Friedel-Craft-Kondensation) nach einem Verfahren der Rheinpreußen AG, Homberg, Schmieröle mit den in Tab. 3 wiedergegebenen Eigenschaften[4].

---

[1] Report on the Petroleum and Synthetic Oil Industry of Germany, Ministry of Fuel and Power, London S. 114 (1947). Proceedings des Siebenten Welt-Erdöl-Kongresses, Mexico City 1967, Vol. IV, Panel Disc. 31, Paper 6: ETIENNE, G., u. G. P. DE GAUDEMARIS: Obtention of High Performance Lubricating Base Oils by Radio-Chemical Oligomerization of Olefins.

[2] Diese Öle dürfen jedoch nicht mit den als Paraffinöl bezeichneten Erdölprodukten (Weißöle) oder den Braunkohlenparaffinölen verwechselt werden.

[3] Report on the Petroleum and Synthetic Oil Industry of Germany, Ministry of Fuel and Power, S. 113. London 1947.

[4] Die französische Industrie stellt nach dem Standard-Kuhlmann-Verfahren durch Umsetzung von Aromaten mit chlorierten Paraffinen hochqualifizierte Öle her.

Tabelle 3. *Durch Kondensation nach Friedel und Craft gewonnene Syntheseöle*
(Rheinpreußen AG, Homberg).

	Dichte bei 20 °C g/cm³	Viskosität bei 50° C °E	Polhöhe W_p	Stockpunkt °C	Flammpunkt °C	Conradson-Test %
Transformatorenöl	0,907	1,6	—	—47	170	0,01
Dampfturbinenöl	0,920	3,5	2,39	—40	240	0,02
Wasserturbinenöl	0,921	6,7	2,10	—42	250	0,03
Motorenöl (Winter)	0,926	8,1	1,98	—30	235	0,50
Motorenöl (Sommer)	0,930	12,2	2,06	—16	230	0,54
Dampfzylinderöl[a], leicht	0,963	7,7	—	—	316	1,00
Dampfzylinderöl[a], schwer	0,972	14,0	—	—	351	1,82

[a] Angaben der Viskosität für 100 °C.

Das angewendete Verfahren und die dabei erzielten Ergebnisse sind ausführlich von KÖLBEL[1] beschrieben.

III. Nichtkohlenwasserstofföle

1. Allgemeines

Größere Bedeutung haben die Nichtkohlenwasserstofföle, weil man sie mit Eigenschaften (z. B. Schmierung bei hohen und tiefen Temperaturen für Raketenbetrieb, Astronautik, Kernreaktoren, s. auch Abschnitt „Schmierstoffe für Sonderzwecke", S. 302ff.) ausstatten kann, die man mit Erdölschmierölen nicht erreicht. Man kann sie im Gemisch mit Naturschmierölen verwenden, denen sie den Charakter als Wirkstofföle verleihen. Durch Zusatz von Additives kann man bei Syntheseölen vorhandene Eigenschaften verstärken und fehlende ersetzen. Über einen Vergleich zwischen Mineral- und Syntheseölen bei der Zahnradschmierung, Einfluß des Druckes auf Viskosität und deren Abhängigkeit von der Temperatur, Molekülaufbau und Viskositätseigenschaften von Syntheseölen sowie die Zahnflanken-Tragfähigkeit von Polyätherölen berichtet W. LOHMANN[2].

Bei der Synthese strebt man von vornherein gute Schmiereigenschaften, hohen VI, gute Kälteeigenschaften, hohe thermische Stabilität, und das Vorhandensein polarer Gruppen an. Die Kompressibilität soll niedrig sein, der Flammpunkt möglichst hoch liegen. Nur die Voraussetzungen, im Bunde mit speziellen Eigenschaften, machen sie als „tailor made" Schmieröle geeignet.

Die nachfolgende Zusammenstellung enthält die wichtigsten Eigenschaften und den Verwendungszweck verschiedener Syntheseöle. Da die strukturelle Abwandlung der einzelnen Verbindungstypen auch die Eigenschaften mehr oder weniger verändert, sind Eigenschaften und Verwendungszweck nur als Gruppenmerkmale zu werten. Bezüglich der analytischen Kenndaten der zahlreichen Varianten sei auf das Werk von R. C. GUDERSON und W. HART verwiesen[3].

2. Herstellung

a) Phosphatester[4]

$$R'O-\overset{\overset{\textstyle O}{\displaystyle |}}{\underset{\underset{\textstyle OR'''}{\displaystyle |}}{P}}=OR''$$

(R = organische Gruppe gleicher oder verschiedener Art, oder Wasserstoff)

---

[1] KÖLBEL, H.: Erdöl u. Kohle 1 (1948) 308.
[2] LOHMANN, W.: Stahleisen Sonderbericht H. 3 (1963) 50.
[3] Siehe Fußnote 1, S. 38.
[4] HATTON, ROGER, E., in: Synthetic Lubricants, s. Fußnote 1, S. 38.

Eigenschaften und Verwendung von Syntheseölen[a].

	Eigenschaften	Verwendung
Polyglykole	hoher Flammpunkt u. VI, gute therm. Stabilität u. ausreichende Oxydationsstabilität, niedriger Stockpunkt, geringe Neigung zur Schlammbildung, geringer Angriff von Gummi und Metallen. Viskosität: 8—1959 cSt bei 38 °C; Lastaufnahmevermögen über Mineralöl; Hoch- und Tieftemperaturverhalten ausreichend	Lager- und Getriebeschmierung bei —40 bis 250 °C Carrieröl für Graphit u. MoS_2; Öl für Verbrennungsmaschinen, Vakuumpumpen, Gummi, Textilfasern, Metallbearbeitung, Brems- und Hydraulikflüssigkeit, Schmierfettkomponente
Phosphatester	gute Kälteeigenschaften, Wärmeleitfähigkeit, Feuerbeständigkeit, Schmierfähigkeit, Oxydationsstabilität, niedrige Viskosität, thermisch stabil, nicht korrodierend, strahlenfest, gute Lösungseigenschaften	feuerfeste Hydraulik und Bremsflüssigkeit, Additive, Schmierfettkomponente, Instrumentenschmierung
Zweibasische Ester	gute Kälteeigenschaften, niedriger Dampfdruck und Verdampfungsverlust, hoher Flammpunkt, oxydations-, thermisch- und schaumstabil	Strahlentriebwerkschmierung, Schmierfettkomponente, Hydraulik- und Bremsflüssigkeit, Additive, hochbelastete Lagerschmierung, Gasturbinen und Getriebeschmierung
Chlorfluorkohlenstoff-Polymere	außerordentliche chem. Unempfindlichkeit, hohe Dichte, thermisch stabil, gutes Kälteverhalten	Schmierung, Hydraulik und Bremsflüssigkeit, Flotationsmittel, Sauerstoffkompressorenöl
Silicate-Ester	geringe Flüchtigkeit, gutes Kälteverhalten, geringe Oberflächenspannung, oxydationsstabil, hohe thermische Stabilität, strahlenbeständig	Hochtemperatur-Wärmeüberträger, Hydraulikflüssigkeit, Kühlöl, Waffenöl
Fluorester	hohe Dichte, thermisch- und oxydationsstabil, gutes Kälteverhalten; mäßig strahlenbeständig	Hydraulikflüssigkeit, Gasturbinen, Hochtemperaturschmierung, Unterwasserschmierung, Schmierfettkomponente
Polyphenylester	gutes Kälteverhalten, trotz aromatischer Struktur guter VI, Zersetzungsbeginn bei 480 °C, strahlenbeständig	Hydraulikflüssigkeit, Gasturbinen-, Raketenschmierung, Hochtemperaturschmierung (kurze Zeit bis zu 500 °C)
Siliconöle s. S. 43		

[a] Die in der Tabelle zusammengefaßten Angaben über Eigenschaften und Verwendungszweck sind nur Anhaltspunkte, da die Vielzahl der Typen der einzelnen Verbindungen auf bestimmte Effekte abgestimmt werden können. Die Syntheseöle zeichnen sich durch breiten Temperatureinsatz und Beständigkeit bei hohen Temperaturen aus. Auf die einzelnen Typen abgestimmte Additives wirken wie bei Mineralöl. Lieferbedingungen der Bundeswehr (Instrumentenschmieröl) s. S. 61.

Triarylphosphat wird durch Umsetzung einer Phenolverbindung mit Phosphoroxychlorid hergestellt.

$$3\ ArOH + POCl_3 \rightarrow (ArO)_3PO + 3\ HCl$$

b) Zweibasische Ester[1]

Sie entstehen durch Veresterung langkettiger Dikarbonsäuren (z. B. Sebacin- oder Adipinsäure) mit langkettigen Primäralkoholen (z. B. 2-Äthylhexanol und C_8-C_{10}-Oxoalkohol).

$$OH-\overset{\overset{\displaystyle O}{\|}}{C}-R-\overset{\overset{\displaystyle O}{\|}}{C}-OH + 2ROH \rightarrow R-O-\overset{\overset{\displaystyle O}{\|}}{C}-R-\overset{\overset{\displaystyle O}{\|}}{C}-O-R$$

Durch Veresterung von Säuren des Typs der Adipinsäure mit höheren Alkoholen[2] konnte die IG Farbenindustrie AG. Öle von besonders tiefem Erstarrungspunkt und gutem Viskositätsindex sowie den in Tab. 4 zu findenden Eigenschaften herstellen; sie ließen sich gut mit Natur- oder Syntheseölen mischen.

Amerikanische Forscher[3] geben physikalische und chemische Eigenschaften von reinen Diestern an, die sich als synthetische Schmieröle bei tiefen Temperaturen eignen. Am besten geeignet sind langkettige Diester mit zwei oder mehr kurzen aliphatischen Seitenketten.

Tabelle 4. *Eigenschaften einiger Esteröle*[4].

Ausgangsstoffe		Adipinsäure Iso- und n-Octyl	Beta-Methyl- Adipinsäure n-Octyl	Sebacin- säure Isooctyl
	Säure			
	Alkohol			
Dichte bei 20 °C	g/cm³	0,922	0,920	0,912
Viskosität bei 38 °C	cSt	7,4	0,9	11,8
Viskosität bei 100 °C	cSt	5,9	6,7	8,5
Flammpunkt	°C	207	227	235
Erstarrungspunkt	°C	— 24	— 36	unter — 70
Viskositätsindex		191	228	189

c) Chlorfluorcarbon-Polymere[5]

Chlorfluorcarbon-Polymere erhält man durch Polymerisation von Chlortrifluoräthylen (gewonnen aus 1,1,2,-Trichlortrifluoräthan mit Zink).

$$CF_2Cl-CFCl_2 + 3\ Zn \rightarrow CF_2 = CFCl + ZnCl_2$$

d) Fluorester[6]

Fluorester gewinnt man durch Veresterung von langkettigen Fluorcarbonsäuren mit langkettigen Fluoralkoholen.

---

[1] DUGEK, W. G., u. A. H. POPKIN in: Synthetic Lubricants, s. Fußnote 1, S. 38.

[2] Als Alkohole wurden höhere verzweigte Alkohole mit Siedepunkten von 180 bis 250 °C (C_5 bis C_{17}), die bei der Methanolsynthese als „Isobutylöl" anfallen, sekundäre Alkohole der Oxosynthese (F. P. 860289; A. P. 2327066) oder Synolsynthese nach W. WENZEL: Angew. Chem. B 20 (1948) 255 verwendet; als Dicarbonsäuren benutzt man Bernstein-, Adipin-, Azelain- und insbesondere Sebacinsäure.

[3] BRIED, E. M., H. F. KIDDER, C. M. MURPHY u. W. A. ZISMAN: Industr. Engng. Chem. 39 (1947) 484.

[4] Report on the Petroleum and Synthetic Oil Industry of Germany, Ministry of Fuel and Power, S. 119, London 1947.

[5] ASHTON, W. E., u. C. A. STACK: Synthetic Lubricants s. Fußnote 1, S. 38.

[6] MURPHY, C. M.: Synthetic Lubricants s. Fußnote 1, S. 38.

e) Polyphenyläther[1]

Zur Kurzbezeichnung der zahlreichen Varianten werden in den USA die Substitutionsstellen und die Zahl und Bindung der Phenylkerne und der Äthersauerstoffe angegeben. pmm. m-p-p-m- bedeutet z. B. folgende Äther:

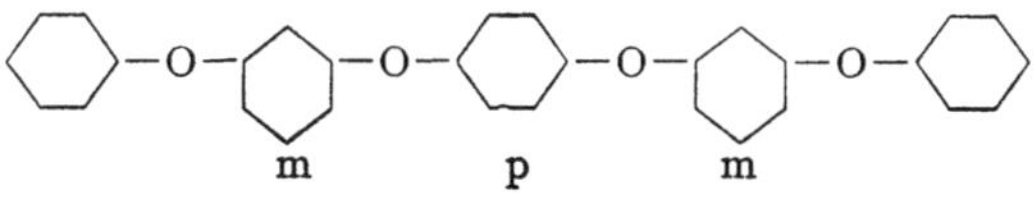

$$\text{—O—} \quad \text{—O—} \quad \text{—O—} \quad \text{—O—}$$
$$m \qquad\qquad p \qquad\qquad m$$

p-bis- (m-phenoxyphenoxy-) Benzol

Darstellung durch Kupplung von Alkaliphenolaten mit aromatischen Halogenverbindungen

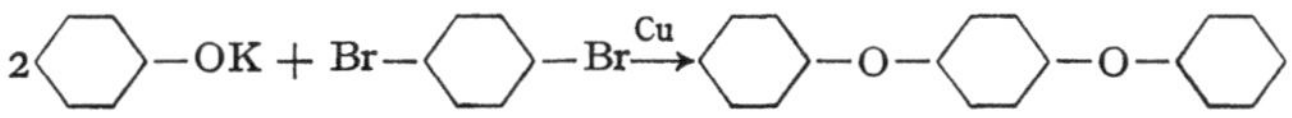

$$2\;\text{—OK} + \text{Br—} \quad \text{—Br} \xrightarrow{Cu} \text{—O—} \quad \text{—O—}$$

f) Polyglykole[2]

$$RO-\left[CH_2-\underset{\underset{R'}{|}}{CH}-O\right]_x-R''$$

Die chemische Basisreaktion zur Herstellung besteht in der Anlagerung eines Alkenoxydes an eine Hydroxylgruppe:

$$ROH + nCH_3-\overset{\overset{R}{|}}{\underset{\diagdown O \diagup}{CH}}- \xrightarrow{catalyt} R-O\left[CH_2-\underset{\underset{R'}{|}}{CH}-O\right]_x-H$$

R und R' können ein Wasserstoff-Alkyl- oder Arylradikal sein. Wenn das hydroxylhaltige Radikal ein Alkohol ist, entstehen Monoäther. Diester können aus Diolen oder Monoäthern hergestellt werden.

$$\left[\begin{array}{l}\left[\begin{array}{l}\text{Diol}\\ \text{Monoäther}\\ \quad\downarrow\\ \text{Diäther}\\ \text{Äther-Ester}\end{array}\right.\\ \text{Diester.}\end{array}\right.$$

g) Siliconöle[3]

Die Siliconöle haben wesentlich höheres Molekulargewicht als die Mineralöle. Ihr Molekülbau zeigt eine Gerüstkette aus Silicium und Sauerstoff mit seitlich und am Ende angehängten Alkylgruppen von folgender typischer Struktur:

$$CH_3-\underset{\underset{CH_3}{|}}{\overset{\overset{CH_3}{|}}{Si}}-O-\underset{\underset{CH_3}{|}}{\overset{\overset{CH_3}{|}}{Si}}-O-\underset{\underset{CH_3}{|}}{\overset{\overset{CH_3}{|}}{Si}}-O\cdots O-\underset{\underset{CH_3}{|}}{\overset{\overset{CH_3}{|}}{Si}}-CH_3.$$

[1] MAHONEY, C. L., u. E. R. BARNUM: Synthetic Lubricants s. Fußnote 1, S. 38.

[2] GUNDERSON, R. C., u. W. H. MILLET: Synthetic Lubricants s. Fußnote 1, S. 38.

[3] Ausführliche Literaturzusammenstellung s. Aufsatzreihe: R. C. GUNDERSON, Synthetic Lubricant, s. Fußnote 1, S. 38. Organic Silicon Compounds. Industr. Engng. Chem. 39 (1947) 1364—1409. — BURKHARD, C. A., E. G. ROCHOW, H. S. BOOTH u. J. HARDT: The Present State of Organosilicone Chemistry. Chem. Rev. 41 (1947) 97—150. — ROCHOW, E. G.: An Introduction to the Chemistry of Silicones. New York: Wiley 1947. — HAUL, R.: Chemie der Silicone. Angew. Chem. A 60 (1948) 225. — GAYLOR, J.: Petrol. Proc. 4 (1949) 431. — Reaktionsmechanismus s. K. STOECKHART: Chemiker-Ztg. 44 (1950) 548. — MÜL-

Die Viskosität nimmt mit der Kettenlänge zu und ist eine Funktion der weitgehend abwandelbaren Zusammensetzung.

Die wichtigsten Eigenschaften der Siliconöle sind nach SODER[1] folgende: gute Wärmebeständigkeit, tiefer Stockpunkt[2], gutes Viskositätsverhalten[3], große chemische Beständigkeit, gute elektrische Eigenschaften (d. h. hohe Durchschlagsfestigkeit und kleiner Verlustwinkel), tiefer Dampfdruck, gute Wärmeübertragungsfähigkeit, vorzügliches Filmbildungsvermögen. Weiterhin werden folgende Werte angegeben:

Oberflächenspannung	20 dyn/cm
Löslichkeit von Luft in Öl (bei 27,8 °C)	21 Vol.-%
Spezifische Wärme (bei 26,7 °C)	0,26 kcal/kg
Wärmeleitfähigkeit	0,194 kcal/h m grd
Flüchtiger Anteil (NV-Öl bei 150 °C)	0,5 %
Viskositäts-Temperatur-Verhalten	0,6
Brechungsindex	1,4 bei 20 °C
Dielektrizitätskonstante	2,58 bei 60 Hz
Verlustfaktor	0,002 bei 60 Hz

Die physikalischen Eigenschaften der Silikonflüssigkeiten hängen von dem Polymerisationsgrad sowie vom Typ und der Menge der organischen Substituenten ab. Wirtschaftlich haben die Dimethylpolysiloxane die größte Bedeutung. (Viskosität von 0,65 cSt bis 1000000 bei 25 °C. Im Vergleich zu Mineralölen haben sie eine sehr niedrige Flüchtigkeit. In Beziehung dazu steht der Flammpunkt (zwischen Zimmertemperatur und 350 °C), die Viskosität kann bis 350 cSt bei 25 °C ansteigen. Die Oberflächenspannung ist sehr klein, die Kompressibilität schwankt mit der Viskosität. Die Schaumneigung ist gering, die Öle sind ungiftig und eignen sich auch als Komponente für Lithiumschmierfette, deren Stabilität sie erhöhen. Die Schmierwirkung — Stahl auf Stahl — ist relativ gering und kann durch Additives erhöht werden (es eignen sich wegen der geringen Lösekraft der Siliconöle nur wenige Verbindungen). Die Oxydationsstabilität und Strahlenbeständigkeit hängen von der Konstitution ab.

Die Siliconöle[4], die auf dem Gebiet der Schmierung eine kleine, aber exklusive Rolle spielen, bewährten sich auf Grund obiger Eigenschaften, insbesondere z. B. als Schmiermittel bei tiefen Temperaturen, als Instrumentenöle, Bremsöle, Hydrauliköle, Isolieröle und wegen des niedrigen Dampfdruckes von Spezial-Siliconöl als Betriebsflüssigkeit in Vakuum-Diffusionspumpen (ähnlich den Apiezonölen). Neuere Entwicklungen führten zu einer Erhöhung der Oxydations- und Strahlenbeständigkeit.

Siliconöle sind sehr lagerungsbeständig und wasserabweisend, unmischbar mit höher siedenden Mineralölen und niedrigen aliphatischen Alkoholen[5], gut mischbar mit Benzol, Homologen, gechlorten Kohlenwasserstoffen, Petroläther usw.; sie sind schwerer brennbar als Kohlenwasserstofföle. Die Endprodukte der Verbrennung sind: Kohlendioxid, Siliciumdioxid und Wasser. Mit gebräuchlichen Metallen reagieren Siliconöle nicht, greifen Kautschuk nicht an, sind auch gegen Sauerstoff unempfindlich und bilden bei 150 °C weder Verfärbun-

---

[1] SODER, R.: Die Silicone. Novelectric AG., Zürich. Publikationsdienst 1947.
[2] Bis zu — 84 und — 90 °C bei LT- und LTV-Siliconölen.
[3] Bei —17,8 °C etwa 350, bei — 37,2 °C etwa 660 cSt gegenüber 100 bzw. 11 000 cSt bei 38 °C eines Mineralöls von einem Viskositätsindex 100.
[4] Infolge des hohen Preises (1947: 80 DM pro kg) ist ihre Anwendbarkeit für technische Aufgaben begrenzt. Vgl. P. M. E. SCHMITZ: Kongreß zur Jahrhundertfeier der Universität Lüttich (Sept. 1947).
[5] Methylsiliconöle sind in Methanol unlöslich, einige von niederer Viskosität werden bereits von Äthanol und viele von Butanol gelöst.

LER, R.: Über Silicone I. Zur angewandten Chemie der Silicone (Synthese). Chem. Techn. 2 (1950) 7, 41. — MARCHAND, R.: Über Silicone II. Zur Nomenklatur der siliciumorganischen Verbindungen. Loc. cit. 139, 197. — REUTHER, H.: Über Silicone III. Thermodynamische Betrachtungen zur Veresterung von Siliciumhalogeniden. Loc. cit. 331.

gen noch Schlamm. Bei Gegenwart von Luft sind sie stabil im Kontakt mit Kupfer, Messing, Aluminium, Magnesium, Eisen, Zink, Zinn, Cadmium und Chrom. Gegenüber verdünnten Säuren sind sie beständig, gegenüber konzentrierten Mineralsäuren und Alkalien dagegen unbeständig.

Die rostschützenden Eigenschaften der Silicone sind infolge der geringen Oberflächenspannung nur wenig ausgeprägt. Aus demselben Grunde bilden sie einen nur mangelhaften Schmierfilm und befriedigen als Schmiermittel für Eisen auf Eisen oder Stahl auf Stahl nur wenig; anderen Metallkombinationen gegenüber ist der Schmiereffekt gut[1]. Es muß deshalb bei Verwendung von Siliconölen als Schmiermittel der physikalischen und chemischen Eigenschaft der Reibungsflächen Rechnung getragen werden.

Siliconfette[2] haben ähnliche Eigenschaften wie die Siliconöle, härten bis —38 °C nicht und können ohne zu fließen auf 250 °C erhitzt werden. Infolge ihres geringen Dampfdruckes eignen sie sich besonders als Hochvakuumhahnfette und für ähnliche Zwecke; s. auch „Schmierstoffe in der Vakuumtechnik", S. 305.

h) Hydrofuranöle

Den Esterölen ähnliche Produkte wurden durch Kondensation von Tetrahydrofuran mit Äthylenoxid hergestellt.

D. Einteilung und Kennzeichnung der Schmierstoffe

Von C. ZERBE, Hamburg

Inhaltsübersicht

I. Allgemeines

1. Ermittlung des Bedarfs und Verbrauchs von Schmierstoffen (DIN 51500)

In DIN 51 500 werden Richtlinien und einheitliche Gesichtspunkte für die Ermittlung des Schmierstoffbedarfs und -verbrauchs festgelegt. Dadurch wird die Möglichkeit geschaffen, Erfahrungswerte und Meßergebnisse zu vergleichen und Vorausberechnungen anzustellen.

---

[1] BROPHY, J. E., R. O. MILITZ u. W. A. ZISMANN: Trans. Amer. Soc. mech. Engrs. 68 (1946) 355.
[2] Interne Mitteilung der General Electric vom Januar 1947.

Nicht nur der Schmierstoffverbrauch im engeren Sinne wird ermittelt, sondern auch der Verbrauch an Isolierölen in Transformatoren, Schaltern und anderen elektrischen Geräten, an Härteölen, Anlaßölen und Ölen für die Metallverarbeitung, sowie an Fabrikationsölen der verschiedensten Art.

Der Schmierstoffbedarf und -verbrauch kann für einzelne Schmierstellen, ganze Maschinen, maschinelle Anlagen und Gesamtbetriebe bestimmt werden. Die einzelnen Begriffe sind in Bl. 1 dieser Norm, der Rechnungsgang und die Bezugseinheiten in Bl. 2 enthalten.

2. Kennzeichnung der Schmierstoffbehälter, Schmierstellen und Schmiergeräte (DIN 51502)[1]

Die Kennzeichnung für die einzelnen Schmierstoffe soll einheitlich am Abfüll- und Vorratsbehälter, am Schmiergerät und an den Schmierstellen nach den im DIN-Blatt festgelegten Übersichten über die Schmierstoffe und ihre Kennzeichnung vorgenommen werden.

Wird die Kennzeichnung auf die Versandbehälter ausgedehnt, sind die gleichen Kennzeichen zu verwenden.

Art, Ausführung und Größe der Symbole und deren Benennung, den Sortenbuchstaben, Kennzahlen mit Kennfarben für Mineral- und Syntheseschmieröle sowie für Mineral- und Syntheseschmierfette sind nach Gruppen geordnet festgelegt.

II. Anforderungen

Im Rahmen schmiertechnischer Rationalisierungsmaßnahmen[2] und der im Interesse der Hersteller, Verbraucher und des Handels liegenden Sortenbeschränkung wurden für vielseitig anwendbare *reine* Mineralöle Gruppen-Mindestanforderungsnormen, die für bestimmte Schmierzwecke ausreichen, aufgestellt, und zwar für:

DIN 51505 Schmieröle A, Dunkelöle. (Öle mit Destillatcharakter, für anspruchslose Schmierung, z. B. Achsgleitlager.)

DIN-Entw. 51513[3] *Schmieröle B, Mindestanforderungen.* (Dunkle, hochviskose, besonders haftfähige bitumenhaltige Mineralöle, in denen das Bitumen stabil gelöst ist.)

DIN-Entw. 51517 Schmieröle C, alterungsbeständige Öle. (Öle mit Solvatcharakter mit guter Alterungsbeständigkeit.)

DIN 51504 Schmieröle D. (Öle mit Destillatcharakter, deren Mindestanforderungen Normalschmierölen nicht entsprechen.) Zurückgezogen 15. 1. 1968.

DIN 51501 Schmieröle N. (Öle mit begrenzter Alterungs- und Kältebeständigkeit für normale Schmierzwecke.)

In den obengenannten DIN-Blättern sind die einzelnen Schmieröltypen nach ihrer Viskosität — in Gruppen unterteilt — zusammengefaßt und neben Begriffsbezeichnung und Eigenschaften die Prüfvorschriften für die jeweiligen Kenndaten festgelegt. In einem besonderen Abschnitt werden auf Grund der Analysendaten die entsprechenden Anwendungsbereiche empfohlen.

---

[1] Neuausgabe geplant. — Siehe auch „Kennzeichnung der Schmierstoffbehälter, Schmiergeräte und Schmierstellen nach den zugehörigen Schmierstoffsorten". Stahleisen-Betriebsblatt 181-03-63 (Stahleisenverlag Düsseldorf). — Bundeswehranforderungen VTLA-032; TL 8100-003-006-016; s. auch S. 61.

[2] KUCKHOFF, N.: Vereinheitlichung von Schmierstoffen. Erdöl u. Kohle 16 (1963) 1009.

[3] Anstelle DIN 51822 „Schmierfette; Haftschmiere, Mindestanforderungen" und Stahleisen-Betriebsblatt SEB 181-219-66 „Schmierstoffe; Mineralöle B." Der Norm-Entwurf berücksichtigt die inzwischen erschienene Norm DIN 21258 „Tränkungsmittel und Schmierstoffe für Treibscheiben-Förderseile."

So gelang es, mit relativ wenig Schmieröltypen einen großen Anwendungsbereich technisch und wirtschaftlich verantwortbar zu umspannen.

Daneben wurden für besondere Anwendungszwecke Mindest-Anforderungsnormen aufgestellt, z. B. für:

Normalschmieröle für Getriebeschmierung	(DIN 51509 s. S. 254)
Zylinderöle für Dampfmaschinen	(DIN 51510 s. S. 275)
Dampfturbinenöle	(DIN 51515 s. S. 295)
Schmieröle für Luftverdichter	(DIN 51506 s. S. 273)
Kältemaschinenöle	(DIN 51503 s. S. 322)
Schmieröle für Großgasmaschinen	(DIN 51508 s. S. 276)
Isolieröle	(DIN 51507 s. S. 358)

Genormt wurden nur die Mindestanforderungen für *reine* Mineralöle; für die vielfältigen Einflüsse und Effekte von einem oder mehreren, in ihrem Aufbau sehr verschiedenen Wirkstoffen in wirkstoffhaltigen Schmierölen, lassen sich in Mindestanforderungsnormen noch keine einheitlichen Grenzwerte zur kennzeichnenden Beurteilung festlegen.

Auch im Österreichischen Normenwerk sind Anforderungsnormen für einige Schmieröltypen festgelegt (s. Anhang). Die IP- und ASTM-Standards beschäftigen sich vorwiegend mit Prüfnormen.

Neben den DIN-Anforderungsnormen schreiben Bundeswehr, Behörden (z. B. Bahn[1]), sowie die Industrie in ihren Lieferungsbedingungen bestimmte Güteanforderungen für Schmieröle vor. Durch Abmachungen zwischen den entsprechenden Verbänden wurde z. B. die zur Schmierung von Baumaschinen benötigten Schmierstoffe auf die unbedingt erforderlichen Öl- bzw. Schmierfettypen beschränkt (s. S. 277).

1. Schmieröle A (Dunkelöle, DIN 51505)

Dunkle Schmieröle sind reine Mineralöle. Bezeichnung eines dunklen Schmieröles z. B. vom Typ A 36: Dunkles Schmieröl A 36 DIN 51505

Schmieröltypen und Eigenschaften.

Schmieröltyp		Eigenschaften				Prüfung nach
		A 36	A 49	A 68	A 92	
Viskosität bei 50 °C mindestens	cSt entspricht im Mittel E	36 ± 5 4,5	49 ± 7 6,5	68 ± 9 9,0	92 ± 12 12	DIN 51550
Flammpunkt mindestens	°C	140		150		DIN 51584
Pourpoint[a] tiefer als	°C	−9		−3	0	DIN 51597
Neutralisationszahl Gesamtsäuregehalt höchstens	mg KOH/g		2,0			DIN 51558
Asche höchstens	Gew.-%		0,3			DIN 51575
Asphaltene[b] höchstens	Gew.-%		2,5			DIN Entw. 51595
Wassergehalt höchstens	Gew.-%		0,2			DIN 51582

[a] Ist der Schmierstoff tiefen Temperaturen nicht ausgesetzt, können auch Öle mit einem Pourpoint von − 5 °C verwendet werden. — [b] Weniger als 1% für Schmierstellen mit höherer Empfindlichkeit gegen Rückstandsbildungen.

---

[1] Die Bundespost hat keine Lieferbedingungen festgelegt.

Verwendung

Dunkle Schmieröle werden überwiegend bei Durchlaufschmierung, in einfachen Achsgleitlagern und in Schmierstellen mit unvermeidlichen Ölverlusten oder mit starker Schmutzeinwirkung verwendet, da ihre Temperatur- und Alterungsfestigkeit begrenzt ist.

2. Schmieröle B (Bitumenhaltige Schmieröle)

Es ist geplant, unter der Bezeichnung „Schmieröle B" Mineralöle mit stabil gelöstem Bitumen zu normen. Zur leichteren Auftragung können diese Öle ein Lösungsmittel enthalten. Sie sollen bei Handdurchlauf und Tauchschmierung an Stellen verwendet werden, bei der hohe Viskosität und großes Haftvermögen verlangt werden, auch bei Getrieben, offenen Zahntrieben, Gleitbahnen, Drahtseilen usw. (s. auch Stahleisenbetriebsblatt 181 219-60, Mineralöl B).

3. Schmieröle C (Alterungsbeständige Schmieröle, DIN-Entw. 51517)

Schmieröle C sind alterungsbeständige Mineralöle ohne Wirkstoffe[1], bevorzugt zu verwenden für Umlaufschmierung. Bezeichnung eines Schmieröles vom Typ C 92: Schmieröl C 92 DIN 51517.

Bei der Entscheidung, ob ein Schmieröl C den Anforderungen dieser Norm entspricht, ist DIN-Entwurf 51848 Blatt 1 anzuwenden. Diese Festlegung gilt für alle Prüfergebnisse, die nach den in der letzten Spalte der Tabelle aufgeführten Prüfnormen erhalten werden, unabhängig davon, ob die Angaben im Abschnitt Prüffehler der Prüfnormen bereits auf die Ausdrucksweise nach DIN 51848 Blatt 1 umgestellt worden sind oder sich noch auf DIN 51849 stützen.

Verwendung

Die Schmieröle C sind zu verwenden, wenn eine bessere Alterungsbeständigkeit als die der Schmieröle N nach DIN 51501 erforderlich ist, sei es um bei Umlaufschmierung eine genügend lange Lebensdauer, oder bei Durchlaufschmierung, eine ausreichende Beständigkeit gegen Veränderungen durch Wärmeeinfluß zu erzielen.

Werden höhere Anforderungen, als sie in dieser Norm genannt sind, gestellt, so sind Sonderöle zu verwenden. Als höhere Anforderungen sind anzusehen:

> Besonders gutes Kälteverhalten,
> besondere Widerstandsfähigkeit gegen Emulsionsbildung,
> gutes Luftabgabevermögen,
> erhöhtes Druckaufnahmevermögen.

Regel-Anwendungsgefälle: Getriebe (siehe z. B. DIN 51509), Triebwerke von Kraft- und Arbeitsmaschinen, Gleit- und Wälzlager[2].

Erläuterungen

Die Praxis verlangt für Maschinen mit Umlaufschmierung Schmieröle, die hinsichtlich Alterungsbeständigkeit mehr bieten, als die Schmieröle N nach DIN 51501 und Schmieröle D nach DIN 51504, ohne jedoch den Anforderungen für Dampfturbinenöle nach DIN 51515 zu genügen.

Derartige Öle werden schon seit längerer Zeit von der Mineralölindustrie hergestellt und den Verbrauchern zur Verfügung gestellt. In der DIN 51502, Ausgabe März 1960, ist für ein hochwertiges unlegiertes Maschinenöl für Getriebe- und Umlaufschmierung bereits der Kennbuchstabe C festgelegt, allerdings noch ohne genaue Festlegung der Mindestanforderungen für dieses Öl. Die Viskositätsabstufung lag aber in etwa schon fest.

Bei den Arbeiten, eine Anforderungsnorm für Schmieröle C aufzustellen, machte die Festlegung eines geeigneten Verfahrens zur Prüfung der Alterungsneigung der Öle besondere Schwierigkeiten. So zeigte es sich, daß die Alterungsprüfung nach BAADER nach DIN 51554 Blatt 1 und 3 nur für die dünnflüssigeren Schmieröle C 2 bis C 16 brauchbar ist und auch das

---

[1] Stoffe, die den Pourpoint verbessern, gelten nicht als Wirkstoffe.

[2] NOACK, G.: Zur Wahl der Viskosität für Wälzlager. VDI-Ber. 111 (1966) 21. — BACHMEIER, H.: Wälzlagerschäden und ihre Ursachen. VDI-Ber. 111 (1966) 39. — NEHLS, H.: Schmierung von Lagern bei hohen Temperaturen. VDI-Ber. 111 (1966) 27. VDI-Richtlinien 2202; Schmierstoffe und Schmierverfahren für Gleit- und Wälzlager.

Tabelle 1. *Mindestanforderung an Schmieröle C.*

Schmieröltyp[a]		C 2	C 4	C 9	C 16	C 25	C 36	C 49	C 68	C 92	C 114	C 144	C 169	C 225	Prüfung nach
								Anforderungen							
Viskosität bei	°C	20			50										
kinematische Viskosität	cSt	6,5 ± 1,5	11 ± 2	25 ± 4	16 ± 4	25 ± 4	36 ± 4	49 ± 5	68 ± 6	92 ± 7	114 ± 8	144 ± 11	169 ± 13	225 ± 25	DIN 51 550 in Verbindung mit
dynamische Viskosität[b] ungefähr	cP	5,5	9	22	14	22	32	44	62	84	104	132	152	207	DIN 51 561 DIN 51 562 oder DIN 53 015
relative Ausflußzeit ungefähr	E	(1,5)	(1,9)	(3,5)	(2,5)	(3,5)	(4,5)	(6,5)	(9,0)	(12)	(15)	(19)	(22)	(30)	DIN 51 560
Flammpunkt im offenen Tiegel nach MARCUSSON mindestens	°C	100	110	130	170	180	190	200	210	215	215	225	235	260	DIN 51 584
oder nach CLEVELAND mindestens	°C	94	104	124	164	174	184	194	204	209	209	219	229	254	ASTM D 92[c]
Pourpoint gleich oder tiefer als	°C	— 9								— 3		0			DIN 51 597
Wasserlösliche Säuren Reaktion		neutral													
Neutralisationszahl (Gesamtsäuregehalt) höchstens mg KOH/g		0,15													DIN 51 558
Verseifungszahl höchstens mg KOH/g		0,2													DIN-Entw. 51 559

Tabelle 1. (Fortsetzung.)

Asche (Oxidasche) höchstens Gew.-%	0,02			DIN 51 575
Gehalt an Asphaltenen	nicht nachweisbar[d]			DIN 51 595
Wassergehalt höchstens Gew.-%	0,1			DIN 51 582
Feste Fremdstoffe	nicht nachweisbar[d]			DIN 51 592
Alterungsneigung nach BAADER: Zunahme der Versei- fungszahl Vz bei 72 h Alterungsdauer höchstens mg KOH/g	1,2	keine Anforderung		DIN 51 554 Blatt 1 u. 3[e]
Alterungsverhalten: Zunahme des Koks- rückstandes nach CONRADSON höchstens Gew.-%	keine Anforderung	1,5	2,0	DIN Vor- norm 51 352

[a] Die Zahlen der Schmieröltypen C 2 bis C 225 entsprechen etwa der mittleren kinematischen Viskosität in Zentistokes bei 50 °C. — [b] Die Zahlenwerte, beginnend bei Schmieröltyp C 9, sind aus DIN 51 502, Ausgabe 1967, Tabelle 1, entnommen. Die Zahlenwerte für die Schmieröle C 2 und C 4 liegen noch im Bereich der dort angegebenen Viskositätsstufen. — [c] Im Rahmen der europäischen Koordinierung der Normen wird der Flammpunkt im offenen Tiegel nach MARCUSSON abgelöst und ersetzt durch den Flammpunkt im offenen Tiegel nach CLEVELAND entsprechend Methode D 92 der American Society for Testing and Materials (ASTM), Philadelphia, Pa. (USA). Eine Norm hierfür ist in Vorbereitung. — [d] Wegen des Prüffehlers des Prüfverfahrens sind zuverlässige Zahlenwertangaben unter 0,05 Gew.-% nicht möglich. — [e] Bei der Prüfung der Alterungsneigung der Schmieröle C 2, C 4, C 9 und C 16 nach DIN 51 554, Blatt 1 und 3 gelten an Stelle des Abschnitts 3.3.5 „Prüffehler" in DIN 51 554 Blatt 3, Ausgabe Oktober 1966, für die Wiederholbarkeit und Vergleichbarkeit nach DIN 51 848 Blatt 1 die Werte folgender Tabelle:

Zunahme der Ver- seifungszahl Vz mg KOH/g	Wiederholbarkeit mg KOH/g	Vergleichbarkeit mg KOH/g
bis 0,6	0,20	0,30
über 0,6	0,25	0,40

nur unter Inkaufnahme eines größeren Prüffehlers. Für die viskoseren Schmieröle C wurde mangels eines besser geeigneten Verfahrens auf das Verfahren nach DIN 51 352 zurückgegriffen, das mit einer Erwärmung des Öles auf 200 °C arbeitet. Dieses Verfahren gestattet eine vergleichsweise Beurteilung des Raffinationsgrades.

Sowie ein besser geeignetes Verfahren zur Bestimmung der Alterungsneigung der Schmieröle C zur Verfügung steht, wird diese Norm hierauf umgestellt werden. Deshalb ist eine Überarbeitung von DIN 51 554 Blatt 3, insbesondere zur Ergänzung des Abschnittes „Prüffehler" entsprechend Fußnote 5 der Tabelle dieser Norm, vorerst nicht vorgesehen.

4. Schmieröle D (Öle mit Destillatcharakter, DIN 51 504)

Im Juli 1967 wurde beschlossen, diese Norm zurückzuziehen, da Öle dieser Art praktisch nicht mehr auf dem Markt sind (zurückgezogen 15. 1. 1968).

5. Schmieröle N (Öle mit begrenzter Alterungsbeständigkeit, DIN 51 501)

Normalschmieröle N sind reine Mineralöle, die Schmierzwecken dienen sollen, welche keine besonderen Anforderungen (Alterungsbeständigkeit, Kältebeständigkeit usw.) an die Schmierstoffe stellen, die Verwendung ausgesprochen minderwertiger Öle jedoch ausschließen. Bezeichnung eines Normalschmieröles vom Typ N 9: Normalschmieröl N 9 DIN 51 501.

Verwendung

Allgemeines

Die Normalschmieröle sind zu verwenden, wenn die Temperatur des aus der Schmierstelle ablaufenden Öles 50 °C nicht übersteigt und die Temperatur des der Schmierstelle zufließenden Öles mindestens 5° höher liegt als der in der Tabelle 2 angegebene Stockpunkt. Wegen der Eigentümlichkeit der Mineralöle, bei höheren Temperaturen schneller zu altern, ist es wirtschaftlicher, dort wo der Schmierstoff erhöhte Temperaturen annimmt, Sonderöle einzusetzen. Ist der Schmierstoff Temperaturen ausgesetzt, die tiefer als die in der Tabelle 2 angegebenen Werte liegen, so ist zu empfehlen, Öle mit besonderer Kältebeständigkeit zu verwenden.

Das Druckaufnahmevermögen ist abhängig von der Viskosität in Verbindung mit den durch die Konstruktion geschaffenen hydrodynamischen Schmierbedingungen. Soweit aber Schmierstellen mit Mischreibung zu bedienen sind, kann in gewissem Umfang das mangelnde Druckaufnahmevermögen durch eine höhere Viskosität ausgeglichen werden.

Die Auswahl der Viskosität richtet sich nach dem Schmiersystem, dem Lagerspiel, der Oberflächenbeschaffenheit, der Gleitstelle, der spezifischen Flächenpressung, der Gleitgeschwindigkeit und der Öltemperatur. Soweit Voraussetzungen für flüssige Reibung bestehen oder geschaffen werden können, läßt sich die erforderliche Viskosität rechnerisch ermitteln.

Es ist sehr schwierig, allgemein gültige Richtlinien für die Viskositätsauswahl zu geben, da hierbei die Gefahr besteht, daß aus Sicherheitsgründen zu zähe Öle gefordert werden, wodurch aber erhebliche Energieverluste, verbunden mit Temperaturerhöhungen, auftreten. Eine zuverlässige Viskositätsauswahl ist nur unter Berücksichtigung der Oberflächengüte, des Lagerspiels, der Belastung, der thermischen Beeinflussung, der Umfangsgeschwindigkeit und des Schmiersystems möglich.

Normalschmieröle sind weiterhin zu verwenden bei Schmierstellen mit Durchlaufschmierung und Umlaufschmierung. Sie sind jedoch nicht zu empfehlen in Fällen niedrigerer oder höherer Anforderungen als sie in dieser Norm genannt sind.

Tabelle 2. *Schmieröltypen und Eigenschaften*[a].

Schmieröltyp[b]	Anforderungen												Prüfung nach
	N 4	N 9	N 16	N 25	N 36	N 49	N 68	N 92	N 114	N 144	N 225	N 324	
Viskosität bei °C	20							50					DIN 51 550
cSt	13 ± 4	25 ± 4	16 ± 4	25 ± 4	36 ± 4	49 ± 5	68 ± 6	92 ± 7	114 ± 8	144 ± 15	225 ± 25	324 ± 35	
entspricht ≈ E	2,1	3,5	2,5	3,5	4,5	6,5	9	12	15	19	30	—43	
entspricht ≈ cP[c]	11	22	14	22	31	44	62	84	104	132	207	308	
Flammpunkt mindestens °C	100	125		150			175		200		225		DIN 51 584
Pourpoint tiefer als °C		—9			—3					0			DIN 51 597
Reaktion (wasserlösl. Säuren)						neutral							
Neutralisationszahl (Gesamtsäuregehalt) höchstens mg KOH/g							0,3						DIN 51 558
Asche höchstens Gew.-%					0,02						0,05		DIN 51 575
Asphaltene					0						0,2		DIN-Entw. 51 595
Wassergehalt höchstens Gew.-%					0,1						0,5		DIN 51 582
Feste Fremdstoffe							0						DIN 51 592

[a] Siehe Stahleisenbetriebsblatt 181 221-60: Schmieröl N. Düsseldorf: Stahleisen.
[b] Die Zahlen der Schmieröltypen N 4 bis N 324 entsprechen etwa der mittleren kinematischen Viskosität in cSt bei 50 °C.
[c] Für die Umrechnung der Mittelwerte der kinematischen Viskosität in die dynamische Viskosität wurden folgende Dichtewerte zugrunde gelegt:

N 4 und N 9	0,890 g/ml,	N 114 und N 144	0,910 g/ml,
N 16, N 25 und N 36	0,895 g/ml,	N 225 und N 340	0,930 g/ml.
N 49, N 68 und N 92	0,900 g/ml,		

Als niedrigere Anforderungen sind anzusehen:
Betriebsbedingungen, bei denen eine Herabsetzung der Lebensdauer des Schmieröles durch Zutritt von Fremdstoffen unvermeidbar und/oder der Gütegrad der Normalschmieröle nicht voll ausnutzbar ist.

Als höhere Anforderungen sind anzusehen:
Besondere Alterungsbeständigkeit,
besondere Widerstandsfähigkeit gegen Emulsions- und Schaumbildung,
besonders niedriger Stockpunkt,
höherer Flammpunkt (geringe Verdampfungsneigung),
erhöhtes Druckaufnahmevermögen,
höherer Viskositätsindex.

Verwendung in Gleitlagern mit Durchlaufschmierung
Unter den in Abschnitt „Allgemeines" aufgeführten Einschränkungen können folgende ungefähren Betriebsbedingungen für die Schmieröltypen N 4 bis N 114 gegeben werden:

Tabelle 3.

Betriebsbedingungen				Schmieröltypen
Belastung		Gleitgeschwindigkeit	Temperatur des aus der Schmierstelle austretenden Öles °C	Normalschmieröl
Benennung	kg/cm²	m/sec		
sehr leicht	bis 2	0,2—10	bis 30	N 4
			über 30 bis 50	N 9
leicht	über 2	0,2— 5		N 36
		über 5 —10	bis 50	N 25
	bis 10	über 10—15		N 16
mittel	über 10	0,2— 5	bis 50	N 49
	bis 80	über 5 —10		N 36
		0,1— 1		N 114
schwer	über 80	über 1 — 2,5	bis 50	N 92
		über 2,5—10		N 68

Verwendung in Gleitlagern mit Umlaufschmierung[1]
Bei Umlaufschmierung erhalten die Schmierstellen in der Regel einen Überschuß an Öl. Daher ist es gerechtfertigt, hierbei die Viskosität etwas niedriger zu wählen.

Verwendung in Wälzlagern
Für Wälzlagerschmierung gilt die ungefähre Richtlinie, daß die Viskosität bei der Betriebstemperatur 12 cSt (entspricht etwa 2 E) haben soll.

III. Bergbau-Betriebsblätter

Vom Maschinenausschuß (Unterausschuß Schmiertechnik beim Verein deutscher Eisenhüttenleute) wurden als „Bergbau-Betriebsblätter" (Verlag Glückauf GmbH Essen) folgende, den obengenannten DIN-Blättern ähnliche Anforderungs-Richtlinien herausgegeben.

---

[1] NOACK, G.: Zur Wahl der Viskosität für Wälzlager. VDI-Ber. 111 (1966) 21. — BACHMEIER, H.: Wälzlagerschäden und ihre Ursachen. VDI-Ber. 111 (1966) 39. — NEHLS, H.: Schmierung von Lagern bei hohen Temperaturen. VDI-Ber. 111 (1966) 27. VDI-Richtlinien 2202: Schmierstoffe und Schmierverfahren für Gleit- und Wälzlager.

Tabelle 4. *Begriff und Anwendungsbeispiele für Bergbau-Betriebsblätter*[a].

Betriebsblatt	Begriff	Kennzeichnung (nach Visk. cSt)						Anwendungsbeispiele
BB-1 Mineralöle ZS, ZB, ZC, ZD	Reine Mineralöle hoher Viskosität, die bei höheren Temperaturen (z. B. in den dampfberührten gleitenden Teilen von Kolbendampfmaschinen) lange Zeit ihre Eigenschaften behalten	ZS 30—50	ZB 30—55	ZC 40—70	ZD >46			Die Abhängigkeit des Einsatzes von den Dampftemperaturen wird durch die Zusatzbuchstaben S, B, C, D gekennzeichnet. ZS für: Sattdampf über 15 atü, überhitzter Dampf bis 310 °C; für darunterliegende Dampfdrucke und Temperaturen genügen Öle mit Flammpunkt von 260 bis 290 °C, Viskosität 20 bis 45 cP/100 °C. ZB für: Dampftemperaturen bis 325 °C (Hochdruckzylinder im Naßdampf). ZC für Dampftemperaturen bis 340 °C (ausgenommen Betriebsbedingungen für ZD). ZD für Dampftemperaturen bis 380 °C; für intermittierend arbeitende Dampfmaschinen bereits bei Dampftemperaturen über 325 °C
BB-2 Mineralöl H	Raffinate mit sehr geringer Schaumfähigkeit und hoher Alterungsbeständigkeit	H 16			H 36			Hydraulikanlagen, Flüssigkeitskupplungen und Wandler, Getriebeschmierung
BB-3 Mineralöl C	Solventraffinate mit geringer Alterungsneigung und Rückstandsbildung, gutem VT-Verhalten, geringer Schaumneigung usw.	C 49	68	92	114	144	225	Verdichter, Vakuumpumpen, Hydraulikanlagen, Umlaufschmierung von Getrieben, Lagern einschließlich Ölflutlager, Verbrennungsmotore soweit nicht HD-Öle erforderlich
BB-4 Mineralöle TD ohne Wirkstoffe TDL mit Wirkstoffen	TD reine Mineralöle, TDL mit Wirkstoffen versehene Solventraffinate, hohe Alterungsbeständigkeit, Schaumfestigkeit, Wasserabscheidevermögen. Die Wirkstoffe in TDL sollen genannte Eigenschaften noch verbessern	TD 25	36	49	TDL 25	36	49	Umlaufschmierung von Turbomaschinen mit und ohne Getriebe. Hydraulikanlagen, Mineralöle TD und TDL verschiedener Hersteller dürfen in Umlaufsystemen nicht vermischt werden

[a] Anforderungen s. Original.

IV. Technische Lieferbedingungen der Bundeswehr

Das Bundesamt für Wehrtechnik und Beschaffung in Koblenz hat auch für Mineralöle vorläufige und endgültige Lieferbedingungen VTL bzw. TL herausgegeben, in denen Anwendungsbereich, Prüfmethoden, technische Anforderungen bzgl. Zusammensetzung, chemische-physikalische Eigenschaften, Güteprüfung,

Probenahme, Gewährleistung, Richtlinien zur Kennzeichnung und Verpackung, usw. festgelegt und für Schiedsanalysen verbindlich sind.

Die VTL sind über den Fachbuchhandel und den deutschen Normenausschuß (Alleinverkauf durch den Beuth-Vertrieb GmbH., Berlin/Köln) erhältlich.

	VTL	Ausgabe
Spezialbenzin	6810-014	September 1960
Molybdänsulfid	6810-015	Februar 1962
technische Benzole	6810-016	August 1963
Korrosionsöl, emulgierbar	6810-014	Dezember 1962
Korrosionsschutzmittel auf Mineralölbasis (allgemeine Bedingungen)	8030-011	Januar 1962
Ottoflugkraftstoff	9130-002003-004/2c	November 1962
Ottokraftstoff	TL 9130-008-0,09	Januar 1965
Düsenkraftstoff für Strahltriebarten	⎰TL 9130-006	Oktober 1965
	⎱ 9130-007	März 1961
Düsenkraftstoff für Turbostrahltriebwerke	9310-010	März 1963
Fahrzeugdieselkraftstoff	9140-001	Juli 1961
Schiffsdieselkraftstoff	9140-002	Januar 1963
Dieselkraftstoff mit erhöhtem Kälteverhalten	9140-003	Januar 1963
Marineheizöl	9140-004	Dezember 1962
Leuchtpetroleum	9140-005	September 1962
Getriebeöl für Flugottomotoren	9150-001-002-043-044	Mai 1962
Getriebeöl für Düsentriebwerke	9150-003-045	Juli 1961
Getriebeöl für Turbinentriebwerke	9150-004	Juli 1961
Getriebeöl SAE 90	9150-010	Januar 1961
Otto- und Dieselmotorenschmieröl (unter −10 °C)	9150-005	März 1960
Otto- und Dieselmotorenschmieröl (−10 bis +30 °C, über +30 °C)	9150-007-006	März 1961
Otto- und Dieselmotorenschmieröl (SAE 40 HD und aller Art)	9150-009-008	März 1961
Flugzeugschmierfett	9150-029	April 1961
Wasserpumpenfett	9150-014	Februar 1961
Artilleriegeräteschmierfett	9150-015	August 1961
Dampfzylinderöl	9150-016-017	Februar 1965
Triebwerke von Kolbendampfmaschinen	TL 9150-021	November 1965
Schiffhydrauliköl	TL 9150-019-022	April 1965
Hydrauliköl	9150-020-035-053	Okt. 1960 bzw. 1962
Motorenschutzöl (SAE 10, 20, 30)	9150-011-024-037	November 1961
Motoren-Hydraulikschutzöl	950-051	Oktober 1961
Korrosionsschutzöl (Mehrzweck)	9150-026-027-028	November 1961
Dampfturbinenöl	9150-025-039	September 1961
Mehrzweckschmieröl	9150-033-028-027-026	Juli 1962
Maschinenschmieröl	9150-034	Oktober 1961
Instrumentenschmieröl	9150-038	Juli 1962
Graphitschmierfett	9150-052	Mai 1961
Instrumentenfett	9150-054	April 1961
Flugzeugschmierfett	9150-056-060	Juni 1961/Mai 1962
Haftschmiere	9150-040-041	Dezember 1961
Vaseline, technische	9150-042	September 1960
Schneidöl	9150-047	Juli 1960
Waffenöl	9150-048	Juli 1960
Nebelöl	9150-049-050	Juli 1960
Compound Schmieröl	TL 9150-021	November 1965
Flugzeugschmierfett	9150-056	Juni 1961
Kältemaschinenöl	TL 9150-057-058-059	Februar 1965
Kennzeichnung von Artikel und Verpackung	TL 8100-003-006	Mai 1965
	A 032-068	April 1963
		August 1965
Pulvergraphit	9620-001	Februar 1961

Gegenüberstellung verschiedener Bundeswehr-Lieferbedingungen[a].

NATO-Symbol	Sortenbezeichnung	VTL (vorläufige techn. Lieferbedingung der Bundeswehr)	Amerikanische Spez.	Englische Spez.	Französische Spez.	Belgische (B), canadische (C) und italienische (I) Spez.
C-608	Korrosionsschutzmittel, Triebwerk		Mil-C-6529			B: BA-PC-507
C-609	Korrosionsschutzmittel, Triebwerk		Mil-C-6529	OX-270		B: BA-PC-507
C-610	Korrosionsschutzmittel, Triebwerk		Mil-C-6529	ZX-12		B: BA-PC-507
C-612	Korrosionsschutzmittel, Triebwerk	6850-012	Mil-C-5545			
C-613	Korrosionsschutzmittel, Triebwerk			DTD 791		B: BA-PC-500
C-614	Korrosionsschutzmittel,			DEF 2331		B: BA-PC-502
C-615	Korrosionsschutzmittel, Triebwerk			DEF 2181	Air 1503	
C-618	Korrosionsschutzmittel, Triebwerk			DTD 279		B: BA-PC-503
C-620	Korrosionsschutzmittel	8030-010	Mil-C-16173		Air 8132	C: 31-GP-3
C-627	Korrosionsschutzmittel	8030-006	Mil-C-11796		Air 8136	C: 31-GP-7
C-628	Korrosionsschutzmittel			DEF 2334		B: BA-PC-506
C-629	Korrosionsschutzmittel			DTD 663	Air 1502	B: BA-PC-501
C-630	Korrosionsschutzmittel	6850-014	Mil-C-4339		Air 8130	
C-632	Korrosionsschutzmittel	8030-009	Mil-C-16173			C: 31-GP-1
C-633	Korrosionsschutzmittel	8030-005	Mil-C-11796			C: 31-GP-5
C-635	Hydrauliköl	9150-051	Mil-H-6083	DTD 5540	Air 1506	B: BA-PC-504
C-637	Hydrauliköl		Mil-H-6083	ZX-19		
C-638	Korrosionsschutzmittel		Mil-C-8188			B: BA-PC-505
C-640	Korrosionsschutzöl	9150-011	Mil-L-21260			B: BT-PC-552
						C: 3-GP-347
C-642	Korrosionsschutzöl	9150-037	Mil-L-21260		DCEA 180	C: 3-GP-367
C-644	Korrosionsschutzöl		Mil-L-21260			B: BT-PC-552
F-12	Ottoflugkraftstoff 80/87	9130-001	Mil-G-5572		Air 3401	C: 3-GP-25
F-15	Ottoflugkraftstoff 91/96	9130-002		D.Eng.R.D. 2485		
F-18	Ottoflugkraftstoff 100/130	9130-003	Mil-G-5572	D.Eng.R.D. 2485	Air 3401	C: 3-GP-250
F-22	Ottoflugkraftstoff 115/145	9130-004	Mil-G-5572	D.Eng.R.D. 2485	Air 3401	C: 3-GP-250
F-34	Düsenkraftstoff	9130-011			Air 3405	C: 3-GP-23
F-35	Düsenkraftstoff			D.Eng.R.D. 2494		
F-40	Düsenkraftstoff	9130-006	Mil-T-5624	D.Eng.R.D. 2454	Air 3407	C: 3-GP-22
F-42	Düsenkraftstoff				Air 3404	
F-44	Düsenkraftstoff	9130-010	Mil-T-5624	D.Eng.R.D. 2498		C: 3-GP-24
F-45	Düsenkraftstoff			D.Eng.R.D. 2486		
F-46	Ottokraftstoff, Combat	9130-009		DEF 2401	DCEA 20	B: BTPF 56

[a] Für die Gegenüberstellung dankt der Verfasser Herrn J. HIMMELREICH, Hamburg.

F-47	Ottokraftstoff				DCEA 2	
F-48	Ottokraftstoff, Combat		Mil-G-3056	DEF 2401		C: 3-GP-7
F-50	Ottokraftstoff, gelb	9130-008		DEF 2401		
F-52	Dieselkraftstoff				95 STM	
F-54	Dieselkraftstoff	9140-001			DCEA 21	C: 3-GP-6
F-56	Dieselkraftstoff		VV-F-800	DEF 2402		C: 3-GP-6
F-58	Petroleum	9140-005	VV-K-211	DEF 2403	DCEA 11	C: 3-GP-2
F-59	Petroleum			DEF 2403		
F-60	Nebelöl				DCEA 131	B: BT-PF-53
F-61	Nebelöl	9150-050	Mil-F-12070			
F-64	Nebelöl				DCEA 131	
F-75	Dieselkraftstoff	9140-003	Mil-F-16884	DEF 2402	95 STM	C: 3-GP-150
F-76	Dieselkraftstoff	9140-002		DEF 2402	95 STM	B: BN-PF-71
F-77	Heizöl für Schiffsdampfkessel		Mil-F-859	DEF 2406	94 STM	C: 3 GP-12c
						B: DN-PF-72
F-78	Dieselkraftstoff			DEF 2402		
F-79				DEF 2402		
F-82	Heizöl für Schiffsdampfkessel	9140-004		DEF 2406	95 STM	
F-84	Heizöl für Schiffsdampfkessel			DEF 2406		
G-350	Schmierfett	9150-054	Mil-G-23827	DTD 825		
G-352	Schmierfett			DTD 866	Air 4226	B: BA-PG-410
G-353	Schmierfett, synthetisch, MoS_2		Mil-G-21164	DTD 5527	Air 4217	B: BA-PG-409
						C: 3-GP-688
G-354	Schmierfett	9150-060	Mil-G-23827	DTD 844	Air 4210	B: BA-PG-411
						C: 3-GP-606
G-355	Schmierfett	9150-052		DTD 806	Air 4206	B: BA-PG-405
						C: 3-GP-641
G-357	Schmierfett, graphitiert			DTD 900/4408		
G-359	Schmierfett, Flugzeug	9150-029	Mil-G-3545	DTD 878	Air 4205	B: BA-PG-406
						C: 3-GP-690
G-361	Schmierfett, Flugzeug		Mil-G-25760	DTD 5579	Air 4207	B: BA-PG-402
						C: 3-GP-689
G-363	Schmier- und Abdichtfett		Mil-G-6032		Air 4214	B: BA-PG-407
						C: 3-GP-686
G-366	Schmierfett		Mil-G-25537	DTD 900/4609		B: BA-PG-413
						C: 3-GP-687
G-372	Schmierfett		Mil-G-25013	DTD 900/4738		B: BA-PG-400
G-382	Schmierfett	9150-056	Mil-G-7711	DEF 2261	Air 4215	B: BA-PG-401
						C: 3-GP-682
G-392	Schmierfett		Mil-L-4343			B: BA-PG-412
						C: 3-GP-605

NATO-Symbol	Sortenbezeichnung	VTL (vorläufige techn. Lieferbedingung der Bundeswehr)	Amerikanische Spez.	Englische Spez.	Französische Spez.	Belgische (B) canadische (C) und italienische (I) Spez.
G-394	Flugzeugschmierfett			DTD 897		B: BA-PG-412
G-400	Wasserpumpenschmierfett	9150-014			DCEA 74	
G-402	Schmierfett					I: E/G 1301
G-403	Schmierfett, Kfz und Artl.	9150-015	Mil-G-10924	CS 3107	DCEA 76	B: BT-PG-453 C: 3-GP-685
G-404	Schmierfett			CS 2985	DCEA 71	
G-405	Schmierfett			CS 2985	DCEA 72	
G-406	Schmierfett			DEF 2221	DCEA 70	
G-408	Schmierfett, graphitiert		VV-G-671			B: BT-PG-452
G-410	Schmierfett, graphitiert		VV-G-761			
G-412	Schmierfett		VV-G-671	CS 1653	DCEA 80	
H-515	Hydrauliköl	9150-020	Mil-H-5606	DTD 585	Air 3520	B: BA-PH-301 C: C-GP-26
H-532	Hydraulikflüssigkeit			DTD 388		
H-533	Flugzeug-Hydraulikflüssigkeit		Mil-H-7644			
H-540	Hydrauliköl	9150-035	Mil-H-13919			B: BT-PH-353
H-570	Schiffshydrauliköl	9150-019			204 STM	
H-572	Schiffshydrauliköl	9150-022		DGS 6922		
H-573	Hydrauliköl		Mil-L-16672			
H-575	Hydrauliköl	9150-053	Mil-F-17111		STM 7221	
H-576	Hydrauliköl			DEF 2007	STM 7310	
O-113	Schmieröl, Kolbentriebwerk	9150-001	Mil-L-6082	D. Eng. R. D. 2472	Air 3560	
O-117	Schmieröl, Kolbentriebwerk	9150-002	Mil-L-6082	D. Eng. R. D. 2472	Air 3560	
O-123	Schmieröl, Kolbentriebwerk		Mil-L-22851	D. Eng. R. D. 2450		C: 3-GP-315
O-125	Schmieröl, Kolbentriebwerk			D. Eng. R. D. 2450		B: BA-PO-114 C: 3-GP-320
O-127	Schmieröl, Kolbentriebwerk	9150-055		D. Eng. R. D. 2472		B: BA-PO-114
O-128	Schmieröl, Kolbentriebwerk		Mil-L-22851	D. Eng. R. D. 2450		B: BA-PO-114 C: 3-GP-321
O-132	Schmieröl, Düsentriebwerk	9150-003	Mil-O-6081			
O-133	Schmieröl, Düsentriebwerk	9150-004	Mil-O-6081			
O-134	Mehrzweckschmieröl	9150-033		DEF 2001	Air 3515	C: 3-GP-38

O-135	Düsentriebwerkschmieröl			D.Eng.R.D. 2490	Air 3515	B: BA-PO-115
O-136	Düsentriebwerkschmieröl			D.Eng.R.D. 2479		B: BA-PO-103
O-138	Düsentriebwerkschmieröl	9150-045		D.Eng.R.D. 2479	Air 3512	B: BA-PO-103
O-140	Flugzeugschmieröl			DTD 417		
O-142	Schmieröl, Maschine	9150-034	Mil-L-7870	DTD 5578		B: BA-PO-102 C: 3-GP-335
O-147	Schmieröl, Instrumente	9150-038	Mil-L-6085	DTD 822	Air 3511	B: BA-PO-105
O-148	Schmieröl, Düsentriebwerk		Mil-L-7808		Air 3513	B: BA-PO-109 C: 3-GP-904
O-149	Schmieröl, Düsentriebwerk			D.Eng.R.D. 2487		C: 3-GP-905
O-153	Schmieröl, Getriebe	9150-043	Mil-L-6086	DTD 581		
O-155	Schmieröl, Getriebe	9150-044	Mil-L-6086	DTD 581	Air 3525	B: BA-PO-107
O-176	Schmieröl, Kolbenmotor	9150-005	Mil-L-2104	DEF 2101	DCEA 54	B: BT-PO-163
O-178	Schmieröl, Kolbenmotor	9150-005		DEF 2101	DCEA 54 PS	B: BT-PO-163
O-180	Schmieröl, Kolbenmotor	9150-005		DEF 2101	DCEA 54 PS	B: BT-PO-163
O-182	Schmieröl, Kolbenmotor	9150-005		DEF 2101	DCEA 54 PS	B: BT-PO-163
O-183	Schmieröl, Kolbenmotor		Mil-L-10295	CS 2994		C: 3-GP-343
O-184	Schmieröl, Getriebe			CS 3000	DCEA 60	
O-186	Schmieröl, Getriebe			CS 3000	DCEA 60	C: 3-GP-340
O-188	Schmieröl, Getriebe		Mil-L-10324	CS 3108		C: 3-GP-336
O-190	Mehrzweckkorrosionsschutzöl	9150-027	VV-L-800	CS 3118		
O-192	Mehrzweckkorrosionsschutzöl	9150-026	Mil-L-3150		DCEA 111	B: BT-PO-159
O-194	Waffenschmier- und -reinigungsöl				Air 1505	B: BT-PO-154
O-196	Maschinenschmieröl		VV-L-820		DCEA 162	B: BA-PO-112
O-197	Haftschmiere					C: 3-G-P-661
O-198	Haftschmiere			DEF 2302	DCEA 170	B: BT-PO-153
O-199	Haftschmiere	9150-040	VV-L-751			
O-200	Haftschmiere			DEF 2302	DCEA 171	
O-202	Haftschmiere					C: 3-GP-662
O-203	Haftschmiere	9150-041	VV-L-751			
O-204	Schmieröl, Eisenbahn		VV-L-822		DCEA 164	
O-206	Eisenbahn, Getriebeschmieröl		Mil-L-13914			
O-208	Kompoundschmieröl			DEF 2122		
O-214	Schneidöl	9150-047	VV-C-846	DEF 2303	DCEA 150	
O-216	Schneidöl		VV-C-850	DEF 2301		
O-218	Schmieröl			CS 1419		
O-224	Kolbenmotorenschmieröl		Mil-L-45199			
O-226	Schmieröl, Getriebe		Mil-L-2105			
O-229	Schmieröl, Instrumente					B: BT-PO-157 C: 3-GP-853
O-240	Dampfturbinenschmieröl	9150-039		DEF 2008		
O-242	Kolbenmotorenschmieröl					B: BN-PO-171

(Fortsetzung.)

NATO-Symbol	Sortenbezeichnung	VTL (vorläufige techn. Lieferbedingung der Bundeswehr)	Amerikanische Spez.	Englische Spez.	Französische Spez.	Belgische (B) canadische (C) und italienische (I) Spez.
O-243	Kolbenmotorenschmieröl					B: BN-PO-171
O-244	Kolbenmotorenschmieröl	9150-032				B: BN-PO-171
O-246	Kolbenmotorenschmieröl					B: BN-PO-171
O-248	Kolbenmotorenschmieröl			E in C O-5		
O-250	Schmieröl, Dampfturbine	9150-025	Mil-L-17331			
O-252	Schmieröl, Dampfzylinder	9150-016	Mil-L-15018		77 STM	
O-254	Schmieröl, Compound	9150-021	Mil-L-15019	DEF 2121		
O-256	Dampfzylinderschmieröl			DEF 2003		
O-258	Dampfzylinderschmieröl	9150-017	Mil-L-15018	DEF 2003	77 STM	
O-272	Schmieröl, Kolbenmotor		Mil-L-9000		7250 STM	
O-273	Schmieröl, Kolbenmotor		Mil-L-9000		7550 STM	
O-282	Kältemaschinenschmieröl	9150-057	VV-L-835			
O-284	Kältemaschinenschmieröl	9150-059	VV-L-875			
O-285	Kältemaschinenschmieröl			DEF 2006	227 STM	C: 3-GP-44
O-286	Kältemaschinenschmieröl					C: 3-GP-44
O-288	Kältemaschinenschmieröl			E in C O-9		
O-289	Kältemschinenschmieröl			DEF 2006		
S-712	Kompaßflüssigkeit		Mil-L-5020	DTD 900/4276		
S-717	Festfreßschutzmittel		Mil-T-5542	DTD 900/4671		
S-718	Festfreßschutzmittel			DTD 900/4042		
S-720	Festfreßschutzmittel		Mil-T-5544	DTD 392		
S-735	Gefrierschutz- und Kühlmittel	6850-010		BS 3150		
S-737	Isopropylalkohol	6810-002	TT-I-735	BS 1595	Air 3660	C: 3-GP-525
S-738	Alkohol, denaturiert	6810-001	Mil-A-6091	DEF 58		
S-740	Molybdändisulfid	6850-015	Mil-M-7866	DEF 2304		
S-742	Enteisungsflüssigkeit	6850-013	Mil-A-8243	DTD 900/4351		C: 3-GP-856
S-743	Vaseline	9150-042	VV-P-236	DEF 2333		
S-745	Enteisungsflüssigkeit	6850-011		DTD 406		
S-747	Methylalkohol	6810-013	O-M-232	D.Eng.R.D. 2491		
S-750	Gefrierschutzmittel	6850-005	O-A-348		DCEA 65	C: 3-GP-854
S-752	Spezialbenzin	6810-012	P-D-680	BS 245		
S-753	Spezialbenzinöl		P-D-680			
S-756	Isolier			BS 148	DCEA 168	C: CSA-C 50-56

V. Technische Lieferbedingungen der Bundesbahn

Übersicht über die bei der Deutschen Bundesbahn vorhandenen und in Bearbeitung befindlichen technischen Lieferbedingungen für Schmier- und Kraftstoffe
(Stand Januar 1965).

DB-TL Nr.	Blatt	Ausgabe	Bezeichnung	Bemerkung
958101	4	VII. 54	Vergaserkraftstoff	Zurückgezogen, Beschaffung nach DIN 51600
958101	5	VII. 54	Dieselkraftstoff	Zurückgezogen, Beschaffung nach DIN 51601. Zusätzlich wird eine Filtrierbarkeit von −15 °C gefordert
958101	9	IV. 65	Heizöl	
958102	1	VII. 53	Spindelöle	
958102	2	VII. 53	Maschinenöle	Diese TL umfassen Maschinenschmieröle und Verdichteröle. In Angleichung an DIN 51506 ist eine Trennung dieser beiden Ölsorten erforderlich. Nach Möglichkeit wird DIN 51506 „Schmieröle für Luftverdichter" übernommen
958102	3	. . .	HD-Motorenschmieröle	Entwurf
958102	3a	VII. 62	Unlegierte Motorenschmieröle	
958102	4	XII. 64	legierte Getriebeöle	
958102	5	III. 61	Achsenöl für Bedarfsschmierlager u. Dunkelöl	
958102	5a	III. 61	Achsenöl für Dauerschmierlager	
958102	6	V. 52	Dampfzylinderöle	
958102	7	I. 60	Fernmelde- u. Feinmechaniköle	
958102	8	XII. 62	Isolieröl	
958102	9	. . .	Metallbearbeitungsöl, wasserlösl. (Bohröl)	Entwurf in Vorbereitung. Evtl. Übernahme einer neuen DIN
958102	10a		Hydrauliköle legiert u. unlegiert	Entwurf zur Genehmigung vorgelegt
958102	10b		Kraftübertragungsöle legiert u. unlegiert für Turbo-, Mekydro- u. EMG-Getriebe	Entwurf in Vorbereitung
958103	1	V. 52	Maschinen, Wasserpumpen, Gefrierfett	Wird demnächst durch eine neue TL ersetzt
958103	2	IV. 65	Getriebefett	Bei lfd. Nr. 3 Erhöhung der Gebrauchstemperatur von −10 bis +90 °C vorgesehen
958103	3	XI. 62	Wälzlagerfett	Änderungen vorgesehen
958105	4	VIII. 59	Graphitfette	Änderungen vorgesehen Aufnahme eines Fettes für Spurkranzschmierung
958104	5	I. 60	Vaseline, Wählerfett	
958103	6	III. 60	Schmiermittel für Drahtseile, Ketten, offene Zahnräder u. Antriebsketten	Änderungen vorgesehen
958103	7	VIII. 61	Bremsenfette für Schienenfahrzeuge	Änderungen vorgesehen

Die Deutsche Bundesbahn schließt sich als Mitarbeiter im Fachausschuß für Mineralöl und Brennstoffnormung weitgehend an die Normen dieses Ausschusses an und gibt nur eigene Bundesbahn-TL heraus, wenn dies für die speziellen Bedürfnisse der Bundesbahn erforderlich ist.

E. Physikalische Prüfungen

Von C. Zerbe, Hamburg

Inhaltsübersicht

I. Farbe

Die Farbbestimmung durch Augenschein nimmt man bei Schmierölen gewöhnlich im durchfallenden Licht in etwa 15 mm weiten Reagenzgläsern vor. Im Gegensatz zu den undurchsichtigen, im auffallenden Licht braun bis grauschwarzen Rückstandsölen, sind Raffinate stets durchsichtig, Destillate dunkler und hochviskose Öle oft kaum durchscheinend.

Die Farbe von Raffinaten kann in Abhängigkeit von der Viskosität und dem Raffinationsgrad zwischen wasserhell (bei Paraffinum liquidum) bis dunkelrotbraun (bei hochviskosen Raffinaten) schwanken und läßt damit bestimmte Rückschlüsse auf den Reinheitsgrad zu. Nach SACHANAN[1] ist sie bei Erdöldestillaten fast ausschließlich durch den Gehalt an Erdölharzen verursacht. Eine Beurteilung der Schmiereigenschaften auf Grund der Farbe ist jedoch nicht möglich. Um bezüglich der Farbbestimmung Klarheit zu schaffen, wurden auf der Tagung des Vereins Deutscher Chemiker 1942 in Frankfurt folgende Begriffsbildungen festgelegt[2]:

Kolorimetrie — Arbeiten mit Vergleichslösungen, z. B. in Kolorimetern,
Photometrie — Schwächung eines Vergleichslichts in definierter Weise.

1. Kolorimetrie

Zur annähernden Farbbestimmung im durchscheinenden Licht, die zur Betriebsüberwachung und zur allgemeinen Kennzeichnung von Verkaufsprodukten ausreicht, wurden die verschiedensten „Kolorimeter" entwickelt.

a) DIN 51578: Bestimmung der Farbe (ASTM-Farbzahl)

Die Farbe von Mineralölprodukten wird in einem Farbvergleichsgerät (ASTM-Colorimeter) mit Farbgläsern verschiedener Farbtönung visuell verglichen. Das Colorimeter besteht aus einer Lichtquelle, Vergleichsfarbgläsern, zwei Aufnahmeglasbehältern für die Probe, einer Abschirmhaube und einem Okular. Einzelheiten s. DIN-Blatt. ASTM D 1500-58 T: ASTM Color, entspricht DIN 51578.

b) IP 17-57: Color by the Lovibond Tintometer s. Teil I, S. 440.

c) Ostwaldsche Farbtafel

Wenn kein Kolorimeter zur Verfügung steht, kann die Farbangabe auch nach der Ostwaldschen Farbtafel, die zehn transparente Farbstreifen gemäß nachfolgender Farbskala enthält, angegeben werden.

Tabelle 1. *Ostwaldsche Farbtafel.*

Farb-Nr.	Farbton	Weiß-gehalt	Schwarz-gehalt	Beschreibung
1	24	77	12	zartgelb, fast farblos
2	1	47	14	blaßgelb
3	2	20	17	zitronengelb
4	3	1,5	22	chromgelb
5	4	—	34	orangegelb
6	5	—	52	orangerot
7	6	—	75	ziegelrot
8	7	—	92	dunkelrot, tief rubinrot
9	7,4	—	98,3	tiefrot, schwarzrot
10	7,6	—	99,9	schwarz, undurchsichtig

Mineralöldestillate und manchmal auch Mineralölraffinate dunkeln beim Lagern, insbesondere bei Gegenwart von Eisen, nach. Der Farbrückgang läßt sich durch mehrstündiges Erwärmen der Probe in einem offenen Glase bei 100 °C und Vergleich mit der Ursprungsprobe in guter Beziehung zur Praxis nachprüfen. Dabei kann man gleichzeitig den Einfluß bestimmter Metalle, wie Eisen, Kupfer usw., auf die Stabilität durch Einbringen entsprechender Metallstreifen in die Ölprobe ermitteln. Durch Zusatz gewisser „Stabilisatoren" läßt sich die Farbstabilität oft verbessern.

Besonders helle Öle werden nach der „WOMA-Farbskala" oder nach der „Saybolt Colorimeter Method" ASTM D 156-64 gemessen (s. Teil I, S. 440).

---

[1] Petroleum 26 (1930) 1618.
[2] KOETSCHAU, R.: Erdöl u. Kohle 1 (1948) 157.

2. Photometrie

Neuerdings finden auch Vorschläge zur Bestimmung absoluter Farbwerte nach Methoden der Photometrie als Ergänzung der konventionellen Methoden immer mehr Berücksichtigung.

Über typische Farbkonstanten viskoser Mineralöle durch Lichtabsorptionsdiagramme berichtet KOETSCHAU[1], nachdem er früher[2] eine absolute Messung der Farbwerte an Stelle der empirischen Farbmessungen von Mineralölen empfahl. Er schlägt vor, vorzugsweise aus den Extinktionskoeffizienten k_{57} (gelb) und k_{47} (blau) die absoluten Farbkurven zu berechnen. Diese verlaufen im Spektralgebiet Gelb—Blau bei Mineralölen praktisch gradlinig und können durch ihre Neigungsdifferenz $\log\log\varDelta$ ausgedrückt werden. Absolute Farbwerte von Mineralölen lassen sich exakt im Pulfrich-Photometer nach den beiden, voneinander unabhängigen Gesichtspunkten der Farbtiefe (k-Werte) und des Farbtyps ($\log\log\varDelta$) bestimmen. Die Kennzeichnung von Schmierölen im Pulfrich-Photometer mit monochromatischem Quecksilberlicht im Spektralbereich Gelb—Grün ergab nach KOETSCHAU[3], daß sich die Farbkonstante K mit Viskositätssteilheit, Polhöhe und Viskositäts-Dichte-Konstante (VDK) in gesetzmäßige Beziehung bringen läßt.

In Verbindung mit anderen analytischen Daten geben die absoluten Farbwerte auch für praktische Zwecke, z. B. im Motorenbetrieb, wertvolle Hinweise.

Über eine einfache Methode der Farbenbestimmung von Mineralölen und ihre Anwendung im Betrieb und Laboratorium berichtet H. SIEBENECK[4].

II. Fluoreszenz

Neben der Eigenfarbe zeigen die meisten Schmieröle — im Gegensatz zu fetten Ölen — im Tages- oder Bogenlampenlicht (weniger im Glühlampenlicht) eine gewisse grüne bis blaue Fluoreszenz. Die Fluoreszenz kann durch Zusatz bestimmter Farbstoffe verstärkt oder durch sog. Entscheinungsmittel (Anilinfarben) vermindert werden. Sie läßt durch Alterungsvorgänge während des Gebrauches nach. Zahlenmäßig wird die Fluoreszenz in der Praxis in der Regel nicht gemessen. F. EVERS[5] beschreibt ein einfaches Verfahren zur quantitativen Messung der Fluoreszenzfarben[6].

III. Dichte[7]

Die Dichte eines Schmieröls ist abhängig von der chemischen Zusammensetzung und der Verarbeitungsweise der verwendeten Rohöle. Bei unvermischten Ölen gibt die Dichte, die bei paraffin-basischen Ölen niedriger ist als bei asphalt- oder naphthenbasischen Ölen, auch einen Hinweis auf den Typ des Ursprungs-Rohöls und ist ein wertvolles Hilfsmittel zur Betriebskontrolle (Abb. 1). Sie ist jedoch kein Kriterium für die Schmierfähigkeit, bei Isolierölen dagegen eine wichtige Kennzahl. Eine besondere Bedeutung hat die geringere Dichte bei Dampfturbinenölen und Isolierölen, da durch schnellere Abtrennung von Wasser die Emulsionsbildung, vorzeitige Alterung und verminderte Durchschlagsfestigkeit vermieden wird. Auch bei Decklölen zum Abschließen von Wasserflächen gegen Lufteinwirkung oder als Geruchsverschluß ist ein niedriges spezifisches Gewicht erwünscht. Im Laufe der Betriebszeit tritt bei Schmierölen durch Oxydation (Bildung zähflüssiger Alterungsstoffe) und durch allmähliches Verdampfen leicht flüchtiger Anteile ein

---

[1] Erdöl u. Kohle 1 (1948) 157.
[2] Öl u. Kohle 11 (1935) 351.
[3] Öl u. Kohle 39 (1943) 575.
[4] Petroleum 32 (1936) Nr. 466.
[5] Öl u. Kohle 11 (1935) 740.
[6] Siehe auch HENDERSON u. COWLES: Industr. Engng. Chem. 19 (1927) 74.
[7] Bestimmung, Definition und Bedeutung s. Teil I, S. 9.

geringer Anstieg der Dichte ein; bei Ölen für Verbrennungskraftmaschinen wird die Dichte durch Aufnahme von Kraftstoff herabgesetzt, allgemein als Schmierölverdünnung bezeichnet.

Zur Kennzeichnung von Erdöl-Kohlenwasserstoffen hat sich in den Vereinigten Staaten von Amerika an Stelle der sog. „Specific gravity" auch der sog. „Correlation-Index" (CI) nach der Formel

$$CI = \frac{48\,640}{T_s} + 473,7\,d - 456,8$$

eingebürgert, wobei

T_s die Siedetemperatur in °F und
d die Specific Gravity bei 60 °F bezogen auf Wasser von 60 °F (= 15,6 °C)
bedeuten.

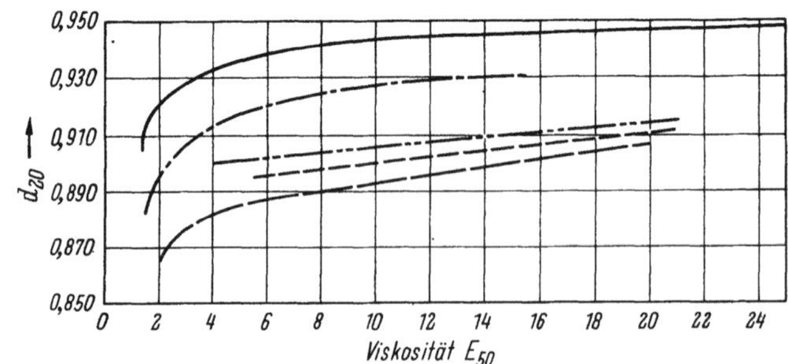

Abb. 1. Beziehung zwischen Dichte und Viskosität von verschiedenen Mineralöltypen.
———— Naphth. Raffinate; — ·· — ·· Naphth. Solvat-Raff.; — · — · — Paraff. Raffinate;
— — — — Paraff. Solvat-Raff. VI 95; ---------- Paraff. Solvat-Raff. VI 85.

Der CI für Normalparaffine beträgt 0, für Benzol 100, während Naphthene zwischen 0 und 100 liegen[1].

MILLS und Mitarbeiter[2] fanden, daß keine für alle Fälle zuverlässigen Relationen zwischen spezifischem Gewicht, Molekulargewicht und Viskosität bestehen. LIPKIN und MARTIN[3] entwickelten komplizierte Formeln für die Beziehungen zwischen Dichte, Refraktionsindex und Molekulargewicht.

Der UOP-Faktor[4] $K_{\mathrm{UOP}} = \sqrt[3]{\dfrac{\text{Durchschnittssiedepunkt}}{d\ 60°\ \mathrm{F}/60°\ \mathrm{F}}}$ (°Rankine)[5], der bei paraffinischen Ölen 12,5 bis 13 und bei aromatischen Ölen 10 und darüber beträgt, konnte sich zur Kennzeichnung von Mineralölen in der Praxis nicht einführen. Er bewährte sich dagegen gut für Wärme- und Materialbilanzen.

In erster Näherung kann man rechnen, daß sich die Dichte von Mineralölen mit der Temperatur um 0,0007 g/cm³ grd ändert.

Für die Änderung des Volumens (V_2) mit der Temperatur gilt folgende Formel:

$$V_2 = V_1 \frac{d_{20} - (t_1 - 20) \cdot 0{,}0007}{d_{20} - (t_2 - 20) \cdot 0{,}0007}.$$

Beispiel: Volumenänderung von 200 l eines Öles ($d_{20} = 0{,}930$ g/cm³) beim Erwärmen von 10 auf 80 °C

$$V_2 = 200\,\frac{0{,}930 + 10 \cdot 0{,}0007}{0{,}930 - 60 \cdot 0{,}0007} = 212.$$

---

[1] SMITH, H. M.: TP 610 Bur. of Mines, Wash., D. C., 1940.
[2] MILLS, I. W., u. Mitarb.: Industr. Engng. Chem. 38 (1946) 422.
[3] LIPKIN, M. R., u. C. C. MARTIN: Industr. Engng. Chem., Anal. Edit. 18 (1946) 380; s. auch Teil I, S. 154.
[4] WATSON, K. K., u. Mitarb.: Industr. Engng. Chem. 25 (1933) 880; 27 (1935) 1460; 29 (1937) 1408; 34 (1942) 590.
[5] °Rankine = °Fahrenheit + 460 (Angabe der absoluten Temperatur in Graden der Fahrenheitteilung).

Die Dichte von Schmierölmischungen kann mit ausreichender Genauigkeit aus Mengen und Dichten der Komponenten nach der Mischungsregel errechnet werden (s. auch S. 31 u. Teil I, S. 11).

Bei hohem Druck steigt die Dichte an, bei 1000 atü um etwa 4,4%, was bei Schmiervorgängen unter hohen Drücken besonders zu beachten ist. Tab. 2 enthält die Faktoren (d_p/d_1), mit denen man die Dichte bei Atmosphärendruck zu multiplizieren hat, um die entsprechenden Werte beim Druck p zu erhalten.

Tabelle 2. *Änderung der Dichte mit dem Druck*[1].

Druck at	50	100	200	300	400	500	600	700	800	900	1000
d_p/d_1	1,0035	1,006	1,011	1,016	1,020	1,024	1,028	1,032	1,036	1,040	1,044

Aus der Gewichtsgleichheit in beiden Zuständen ergibt sich für den Einfluß des Druckes auf das Volumen die Beziehung:

$$v_p = v_1 \cdot d_1/d_p = v_1/(d_p/d_1).$$

Im allgemeinen weisen Schmieröle von niedriger Dichte auch einen niedrigen Wert für Viskositätspolhöhe und Viskositätssteilheit auf, während solche hoher Dichte auch große Polhöhe und große Viskositätssteilheit zeigen. Über den Zusammenhang zwischen Dichte und Anilinpunkt, Molekulargewicht und Refraktion siehe die entsprechenden Abschnitte. Über Charakterisierung von Schmierölfraktionen aus dem Verhältnis von Dichte und Entzündungspunkt berichtet R. WOODLE[2].

M. MARDER[3] beschreibt eine Methode, nach der durch aräometrische Bestimmung analytische Daten, wie Wasserstoff- und Kohlenstoffgehalt, Kohlenstoff-Wasserstoff-Verhältnis, disponibler Wasserstoff sowie oberer und unterer Heizwert von Mineralölen verschiedener Herkunft gemessen werden können.

IV. Viskosität (Zähigkeit)

1. Allgemeines s. S. 6 und Teil I, S. 29 ff.

Definition und Bestimmung s. Teil I, S. 29. Eine Mikro-Viskositätsbestimmung, bei der die Geschwindigkeit des Aufsteigens eines Öltropfens in Filterpapier gemessen wird, beschreibt W. SIMMLER[4].

2. Kälteviskosität

Allgemeines und Bestimmung s. S. 7.

3. Druckviskosität

Allgemeines s. S. 8.

Bestimmung nach KUSS[5]

Für Drucke bis 2000 atü empfiehlt KUSS ein Fallkugelviskosimeter gemäß Abb. 2.

---

[1] HYDE: On the Viscosities and Compressibilities of Liquids at High Pressures. Proc. roy. Soc., Lond., Ser. A 97 (1920).
[2] Erdöl u. Kohle 18 (1965) 35.
[3] Öl u. Kohle 13 (1937) 644.
[4] Chemiker-Ztg. 75 (1951) 252.
[5] Fallkörperviskosimeter für Drücke bis 2000 atü: Z. angew. Phys. 7 (1955) 372; Erdöl Zs. (Wien) 78 (1962) 678.

Der erforderliche Druck wird in einem Druckvervielfältiger erzeugt (Öleintritt mit 100 atü) und das Öl dann in das Hochdruckviskosimeter überführt. Den Vorgang im Viskosimeter erläutern die Bezugsbuchstaben der Abbildung.

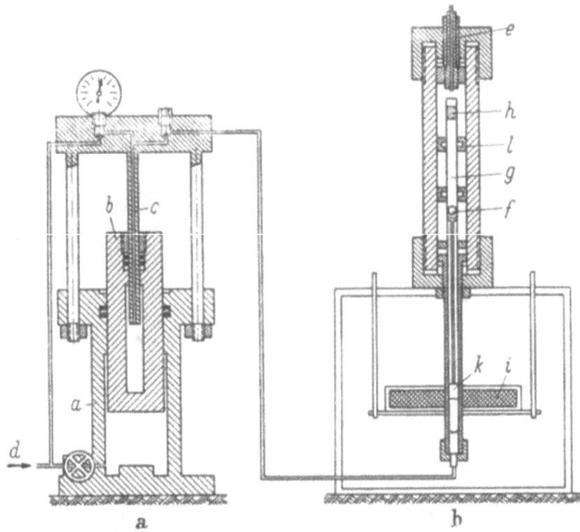

Abb. 2. Schema des Kugelfallviskosimeters nach KUSS für Drucke bis 2000 atü.

a) Druckvervielfältiger; b) Kugelfallviskosimeter.

a Niederdruckzylinder; *b* Niederdruckkolben, gleichzeitig Hochdruckzylinder; *c* Hochdruckkolben, feststehend (Flächenverhältnis *c*:*b* = 1:20, Enddruck 5000 atü); *d* Öleintritt mit 250 atü; *e* elektrische Hochdruck-Durchführungen; *f* Kugel (5 μ Durchmessergenauigkeit); *g* Einsatzrohr aus kalibriertem Glas (KPG-Rohr); *h* Eingeschliffener Glaskolben (2 μ Genauigkeit); *i* Magnet-Steuerspule; *k* Weicheisenkern als Mitnehmer; *l* Hochfrequenz-Registrierspulen.

V. Emulgierbarkeit

1. Allgemeines

Unter Emulgierbarkeit versteht man die von der Zwischenflächenspannung zwischen Öl und Wasser abhängige und oft durch Säuren, Seifen oder Elektrolyte beeinflußte Neigung zur Emulsionsbildung. Über die Beziehungen zwischen Oberflächenspannung und Emulsionsneigung eines Öles berichten H. DIMMIG[1], L. HAMMER[2] und W. CLAYTON[3]. Abgesehen von Spezialanwendungezwecken, z. B. bei Kühlmittelölen, teilweise auch Schiffsmaschinenölen und Dampfzylinderölen, ist die Emulgierbarkeit von Schmierölen unerwünscht, da zur Emulgierung neigende Öle durch Wasseraufnahme dickflüssig werden und zu Schwierigkeiten bei der Ölversorgung der Schmierstellen führen können. In Fällen, in denen eine Emulgierbarkeit der Öle erwünscht ist, kann sie durch Zusatz von öllöslichen Emulgatoren (bestimmten Fetten oder Seifen u. dgl.) erreicht werden[4]. Gefettete Öle dürfen deshalb für Zwecke, bei denen emulgierende Öle gefährlich sind (z. B. in Turbinen, bei denen Emulsionsfestigkeit zu den wichtigsten Anforderungen gehört), nicht verwendet werden.

Durch Alterungsvorgänge im Betrieb, ebenso durch Fremdstoffe, die in das Öl gelangen, wird die Emulgierneigung vieler Öle erhöht, so daß eine laufende Betriebsüberwachung erforderlich ist.

---

[1] Proc. Amer. Soc. Test. Mater. **23** (1) (1923) 363.

[2] Ann. of Comb. liqu. **7** (1932) 589, 859.

[3] Theory of Emulsion and their Technical Treatment, 1928.

[4] BAUM, G.: Emulsionsschmierung von Großgasmaschinen. Öl u. Kohle **40** (1944) 220. — HÜNGSBERG, H.: Emulsionsschmieröle. Öl u. Kohle **40** (1944) 404. — BEUERLEIN, P.: Öl u. Kohle **38** (1942) 209. — MAYER, M.: Öl u. Kohle **38** (1942) 1102. — MARKL, R.: Öl u. Kohle **38** (1942) 176, 839.

2. Prüfung

Bei Schmiervorgängen bei denen man auf die Kühlwirkung des Wassers nicht verzichten will, sowie bei Ölen die sich mit Wasser abwaschen lassen, sollen verwendet man Ölemulsionen bei denen stets eine Kompontente als mikroskopisch kleine Tröpfchen in der andern Komponente enthalten ist.

Man unterscheidet Öl in Wasser-Emulsionen (z. B. Bohröl) und Wasser in Öl-Emulsionen. Die Emulsionsform hängt vom Emulgator und deren Übergewicht von Wasser bzw. Ölmenge ab. Emulgierbare Öle für Korrosionsschutz s. Abschnitt „Korrosionsschutzöle", S. 297 ff.

a) DIN 51 591: Bestimmung der Emulgierbarkeit[1]

Anwendungsbereich

Für alle Schmieröle, die mit Wasserdampf oder dessen Kondensat in Berührung kommen können und hierbei keine haltbare Wasser-Öl-Emulsion bilden dürfen. Die Emulgierbarkeit ist die Eigenschaft der Öle, die angibt, in welchem Maße sich das zu prüfende Öl mit Wasser haltbar vermischen läßt.

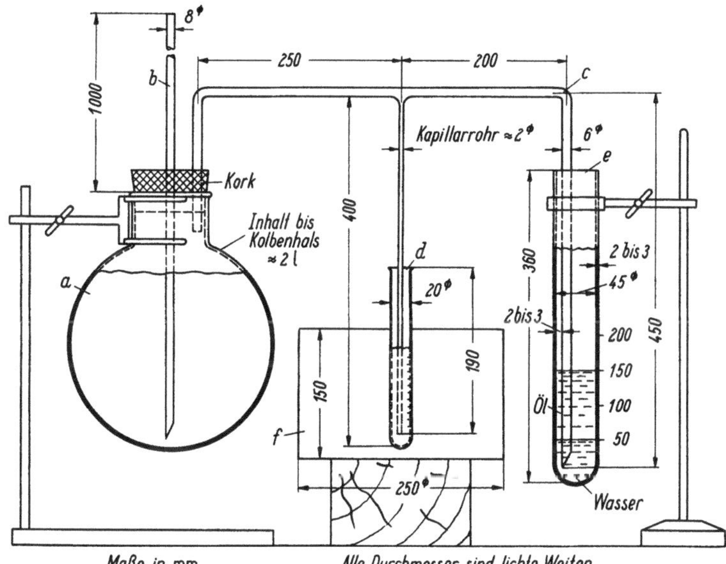

Abb. 3. Gerät zur Bestimmung der Emulgierbarkeit von Schmierölen (DIN 51 591).
a Kurzhalsrundkolben, weithalsig, 1 DIN 12355; *b* Steigrohr; *c* Dampfeinleitungsrohr; *d* Meßzylinder; *e* Emulsionszylinder; *f* Badgefäß.

Prüfgerät. Das Prüfgerät (s. Abb. 3) besteht aus Kurzhals-Rundkolben, weithalsig, 1 DIN 12355 (*a*), Steigrohr (*b*), Dampfeinleitungsrohr (*c*), Meßzylinder (*d*), Emulsionszylinder (*e*), Badgefäß (*f*).

Kurzbeschreibung des Verfahrens

In Zylinder *5* werden 50 ml destilliertes Wasser und 160 ml Öl eingefüllt, 10 Min. auf einem kochenden Wasserbad erhitzt und 10 Min. Dampf eingeleitet. Dann wird der Zylinder wieder 10 Min. in das kochende Wasserbad gesetzt und wie folgt beurteilt:

Das Öl ist nicht emulgierend bei scharfer Trennung zwischen Wasser und Öl, „schwach emulgierend" bei einer feinschaumigen Mischung von Wasser und Öl an der Trennschicht.

---

[1] Weitere Prüfmethoden insbesondere für Korrosionsschutzöle s. S. 241 ff. u. S. 297 ff. DIN 51591 wurde inzwischen zurückgezogen. Es wird empfohlen, nach DIN 51 589 (S. 70) zu aromten.

Ist die gemischte Schicht dicker als 2 mm, ist das Öl emulgierend. Bei Schiedsanalysen sind fünf hintereinander folgende Bestimmungen erforderlich, von denen mindestens 3 übereinstimmende Resultate zeigen müssen.

b) ASTM D 1401-56 T: Test for Emulsion Characteristics of Steam-Turbine Oils (Ersatz für ASTM D 157-36)

Ein 40 ml Muster und 40 ml destilliertes Wasser werden 5 Min. bei 130 °F in einem graduierten Zylinder verrührt. Die Trennzeit der Emulsion wird bestimmt. Nach einstündigem Stehen werden die Volumina Öl, Wasser und Emulsion festgestellt.

c) IP 19/61: Demulsification Number Lubricating Oil

Ähnlich der DIN-Methode werden 20 ml Öl mit Dampf bei 90° emulgiert. Die Emulsion wird dann in ein Wasserbad von etwa 94 °C gebracht und die Zeit, während der sich 20 ml Öl abscheiden, bestimmt.

d) DIN 51589: Bestimmung des Wasserabscheidevermögens von Schmierstoffen nach Dampfbehandlung

Anwendungsbereich

Schmieröle bis zu einer kinematischen Viskosität von 60 cSt bei einer Temperatur von 50 °C, die mit Wasserdampf und heißem Kondenswasser in Berührung kommen können und sich hierbei schnell wieder vom Wasser trennen sollen, z.B. Dampfturbinenöle. Unter Wasserabscheidevermögen (*WAV*) nach dieser Norm versteht man die Fähigkeit der Öle, sich nach Behandlung mit Wasserdampf vom gebildeten Kondensat wieder zu trennen.

Kurzbeschreibung des Verfahrens

In einem zylindrischen Gefäß wird das zu untersuchende Öl durch einen gleichmäßigen Wasserdampfstrom emulgiert, der in einem Rundkolben erzeugt und in einem nachgeschalteten Meßzylinder nach Kondensation gemessen wird. Anschließend wird die Absetzdauer der wäßrigen Phase in der Emulsion bestimmt. Maßeinheit: Sekunden (sec).

VI. Verhalten bei tiefen Temperaturen[1]

1. Allgemeines

Bei fallender Temperatur werden die Fließeigenschaften und damit auch die Viskosität der Schmieröle durch deren kolloidalen Charakter stark beeinflußt; sie neigen bei tiefen Temperaturen zu gelartiger Struktur und — insbesondere bei Gegenwart von Paraffin und anderer sich in kristallisierter oder amorpher Form abscheidende Verbindungen — zum Erstarren. Diese Vorgänge werden neben thermischen Einflüssen und solchen der Struktur durch Gegenwart von natürlichen Inhibitoren, z. B. asphaltartigen Substanzen, noch kompliziert. Von großem Einfluß auf das Kälteverhalten ist bisweilen auch eine etwaige vorherige Wärmebehandlung und die Art der Abkühlung[2].

Bezüglich des Einflusses tiefer Temperaturen auf die Viskosität sei auf S. 7 verwiesen.

Die kennzeichnenden Temperaturpunkte, die ein Öl bis zum Erstarrungspunkt durchläuft, stellt BAADER[3] durch das Schema Abb. 4 anschaulich dar.

---

[1] Siehe auch Abschnitt Kältemaschinenöle, S. 321 ff.

[2] Woog, P.: Ann. Off. Comb. liqu. 3 (1929) 493. — Compt. rend. Acad. Sci. 193 (1931) 850. — Boudriol: Contribution to the Study of Viscosity and Freezing of Oils. Paris 1933. — Erk: Z. VDI 76 (1932) 33. — Louis, Joldachescu u. Thiebault: Soc. of Rheologie, Atlantic City.

[3] Öl u. Kohle 38 (1942) 432.

Die beiden senkrechten Geraden bedeuten, den Pfeilen entsprechend, fallende und steigende Temperaturen.

Sehr treffend ist auch die von BAADER für die zwei Gruppen von Kohlenwasserstoffen, die sich beim Erstarren und Schmelzen unterschiedlich verhalten, vorgeschlagene Gruppierung in „sprunghaft" und „stetig erstarrende" Kohlenwasserstoffe. Die erste Gruppe zeigt beim Abkühlen einen ausgeprägten Erstarrungspunkt, bei dem sich die Zähigkeit und andere Eigenschaften sprunghaft ändern.

Der Kältetest gibt unzuverlässige Werte, wenn das Öl nicht trocken ist. Er hat besonderen Wert für Schmiervorgänge, bei denen die Schmierstellen durch Dochte versorgt werden, ebenso dann, wenn kristallisierbare Verbindungen im Öl nachgewiesen werden sollen.

Die Bestimmung des Kältepunktes von dunklen Ölen ist von C. G. VERVER[1] und von W. R. VAN WIJK[2] beschrieben.

In Zusammenhang mit den verschiedenen Kälteverhalten der einzelnen Schmierölkomponenten unterscheidet man in der Praxis einen durch starke Erhöhung der Viskosität verursachten Viskositätsstockpunkt der stetig erstarrenden Kohlenwasserstoffe und einen in der Regel durch Paraffinabscheidungen verursachten Paraffinstockpunkt der sprunghaft erstarrenden Kohlenwasserstoffe. Bei intensiver Raffination steigt mitunter der Stockpunkt infolge der Entfernung natürlicher Stockpunktserniedriger (Rückstands- und Asphaltkomponenten).

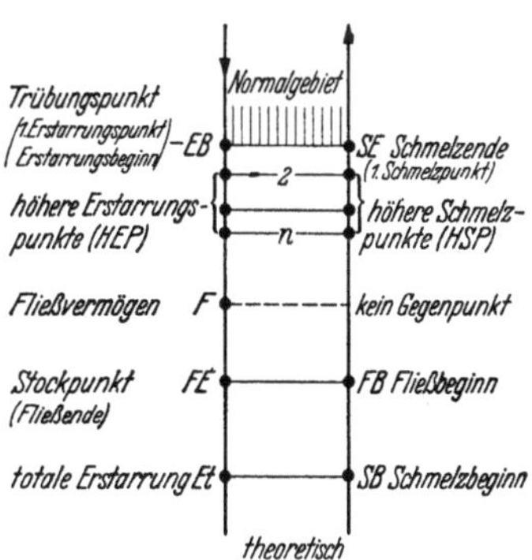

Abb. 4. Kennzeichnende Punkte des Kälteverhaltens nach BAADER.

Über Anomalien bei der Stockpunktsbestimmung und über den Einfluß von Asphaltbildnern auf den Stockpunkt von Ölen berichten B. H. MOERBEEK und A. C. VAN BEEST[3]. J. HENNENHÖFER[4] schlägt vor, in dem Viskositäts-Temperatur-Meßblatt nach UBBELOHDE und WALTHER die Temperaturskala bis —100 °C und die Zähigkeitswerte bis $3 \cdot 10^6$ cSt zu erweitern. Dadurch ergibt sich die Möglichkeit, aus zwei Zähigkeitsbestimmungen etwa zwischen +20 und +100 °C durch zwei Punkte des Meßblattes eine Gerade bis zur Kreuzung mit dem Stockpunktniveau zu ziehen und so den „theoretischen" Stockpunkt zu bestimmen. Weichen der theoretische und experimentell ermittelte Stockpunkt um größere Beträge voneinander ab, so kann daraus abgeleitet werden, daß das Öl strukturviskose Anomalien aufweist. A. PETRIKALN[5] schlägt vor, die Extrapolation mit Hilfe einer von ihm entwickelten Zahlentafel und dem üblichen Ubbelohde-Meßblatt vorzunehmen .

Da es Öle gibt, die wenige Grade über dem Stockpunkt noch gut flüssig sind, während andere Öle selbst viele Grade über dem Stockpunkt das zur Versorgung von Schmierstellen bei tiefen Temperaturen erforderliche Fließvermögen nicht mehr besitzen, hat man — wie bereits erwähnt — an Stelle oder zusätzlich zu dem Stockpunkt die Bestimmung der Zähigkeit bei tiefer Temperatur eingeführt (s. S. 7).

Besonders bei Ölen mit hohem Trübungspunkt muß man mit der Auswahl der Stockpunktserniedriger sehr vorsichtig sein, da bei Lagerung bei stark schwankenden niedrigen Temperaturen die Öle bei Temperaturen erstarren können, die weit über oder unter dem Stockpunkt liegen. Diesen Vorgang bezeichnet man als Stockpunktsreversion oder Stockpunktsrückfall (Pour-Point-Reversion).

---

[1] Erster Welt-Erdöl-Kongreß London 1933. Proc. Bd. II, S. 417.
[2] J. Instn. Petrol. Technol. 22 (1936) 754.
[3] J. Instn. Petrol. Technol. 21 (1935) 155.   [4] Öl u. Kohle 39 (1943) 679.
[5] Öl u. Kohle 40 (1944) 132.

2. Prüfung

a) Trübungs- und Stockpunkt

DIN 51 583: Bestimmung des Trübungspunktes und des Stockpunktes[1];
IP 15/65, 219/67: Cloud and Pourpoints[1];
ASTM D 97-57: Test for Cloud and Pour Points[1];
IP 16/63 T: Cold Test — Aviation Fuel, etc. (Siehe Teil I, S. 725).

b) IP 54/42 (Setting Point)

Diese Methode, die die Temperatur angibt, bei der ein Öl unter bestimmten
Bedingungen zu fließen aufhört, wurde für Öle gestrichen und unter IP 55/66 ent-
sprechend ASTM D 87-57 auf Paraffinwaxes and Scales (s. Teil I, S. 477) beschränkt.
Über den Einfluß und die Wirkungsweise von Asphaltenen auf den Setting Point,
die bei einer Wärmebehandlung vor der Messung auftreten, berichtet D. J. KREU-
LEN[2].

c) Kältebeständigkeit im U-Rohr nach DIN[3]

Der britischen Setting Point-Methode ähnlich ist die unter DIN 51 568 als
Richtlinie empfohlene frühere Reichsbahn-U-Rohr-Methode, die mit kleinen
Änderungen auch in Italien standardisiert wurde. Während die Setting-Point-
Methode mit großer Genauigkeit den Punkt, bei dem ein Öl nicht mehr fließt,
feststellt, bestimmt man nach DIN das für die Praxis wichtigere Temperatur-
intervall, bei dem ein Öl noch fließt.

d) Fließpunkt

Nach WOOG[4] ist die Fließtemperatur die Temperatur, bei der ein Produkt
unter standardisierten Bedingungen zu fließen beginnt, wenn es sorgfältig einer
ganz bestimmten Wärmebehandlung unterworfen und dann durch Kühlen zum
Erstarren gebracht wurde. Die Methode kommt dem als Stockzähigkeit von
BAADER gemachten Vorschlag nahe (vgl. Abschn. e).

Die in Frankreich standardisierte sog. Fließpunktmethode (Flow Point) (AFNOR B 6-26)
verwendet ein Metallrohr, das in einer Hülse gleiten kann, die in einem Behälter für die Ölprobe endet. Die Ölprobe wird dann so weit heruntergekühlt, daß der Behälter von dem
erstarrten Öl gehalten wird. Die Badtemperatur, bei der bei langsamem Erwärmen der
Behälter von der Hülse abfällt, gilt als Fließpunkt.

e) Stockzähigkeit

BAADER[5] schlug vor, an Stelle des Stockpunktes die sog. „Stockzähigkeit"
zu messen. Darunter soll die Zeit in Sekunden verstanden werden, die erforderlich
ist, um ein bei −35 °C in Öl eingetauchtes, fixierbares Kupferrohr mittels eines
Zuggewichtes herauszuziehen. Da die Stockzähigkeit mit dem Viskositäts-Temperatur-Verhalten eines Öles oder dessen Stockpunkt in keinem Zusammenhang
steht, verdient jedoch die Bestimmung der Kälteviskosität den Vorrang.

---

[1] Bestimmung s. Teil I, S. 65. Eine Methode zur Bestimmung des Fließbeginns nach dem
Erstarren s. H. VOGEL: Erdöl u. Teer 3 (1972) 534; in den deutschen Normen soll der Stockpunkt durch den Pourpoint (DIN 51 579) ersetzt werden.
[2] Bestimmung s. Teil I, S. 66.
[3] The Science of Petroleum. London/New York/Toronto: Oxford Univ. Press 1938,
Bd. II, S. 1118.
[4] WOOG, P.: Erster Welt-Erdöl-Kongreß London 1933, Proc. Bd. II, S. 412.
[5] Erdöl u. Kohle 11 (1935) 471.

VII. Optische Eigenschaften[1]

1. Refraktion[2]

Die temperaturabhängige Refraktion (der Brechungsindex) liegt bei normalen Mineralöl-Schmierölen bei 20 °C zwischen 1,475 und 1,535, bei dünnflüssigen Mineralöl-Selektivextrakten zwischen 1,542 und 1,558 und bei hochviskosen Mineralölextrakten oft wesentlich über 1,692[3].

Die Refraktionswerte nehmen mit steigender Temperatur ab, und zwar um 0,004 je Grad. Zwischen Refraktion und Dichte besteht eine, wenn auch mathematisch nicht exakte

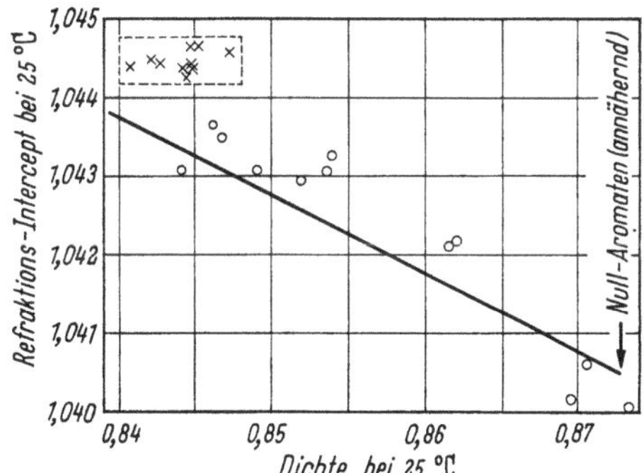

Abb. 5. Vergleich des Refraktions-Interceptes und der Dichte [nach Putscher, R., und M. Fred in: Petrol. Engr., C 13—C 16 (Nov. 1954)].
× Öle aus Pennsylvanien; ○ Öle, die nicht aus Pennsylvanien stammen.

Beziehung, für deren ungefähre Abhängigkeit in Verbindung mit der Zähigkeit bei 50 °C Kadmer[4] die aus Tab. 3 zu entnehmenden Zahlen angibt.

Aus der zwischen den Refraktionswerten von Paraffin und abgepreßtem Öl bestehenden Additivität leitet Freund[5] eine Beziehung zum Paraffingehalt in paraffinreichen Ölen ab[6]. Über Zusammenhänge zwischen Viskositätsindex und Brechungsindex bei Fraktionen desselben Öles berichten C. Zerbe und H. Höter[7].

Tabelle 3. *Ungefähre Abhängigkeit der Refraktion n_D bei 20 °C von der Dichte d_{20} und der Zähigkeit in °E bei 50 °C für Mineralöle.*

Viskosität bei 50 °C °E	Dichte d_{20} g/cm³									
	0,860	0,870	0,880	0,890	0,900	0,910	0,920	0,930	0,940	0,950
2	1,476	1,481	1,487	1,492	1,498	1,503	1,509	1,514	1,520	1,525
3	1,477	1,482	1,488	1,493	1,499	1,504	1,510	1,515	1,521	1,526
5	1,478	1,483	1,489	1,494	1,500	1,505	1,511	1,516	1,522	1,527
10	1,479	1,484	1,490	1,495	1,501	1,506	1,512	1,517	1,523	1,528
20	1,480	1,486	1,491	1,497	1,502	1,508	1,513	1,519	1,524	1,529
30	—	1,487	1,492	1,498	1,503	1,509	1,514	1,519	1,525	1,530
50	—	—	1,493	1,498	1,504	1,510	1,515	1,520	1,526	1,531
100	—	—	—	1,500	1,505	1,511	1,516	1,521	1,527	1,533

[1] Siehe auch Abschnitt Spektroskopie, Teil I, S. 103.
[2] Bedeutung und Bestimmung s. Teil I, S. 103.
[3] Zerbe, C., u. K. Folkens: Brennst.-Chemie 16 (1935) 161.
[4] Öl u. Kohle 14 (1938) 3.
[5] Petroleum 27 (1931) 409.
[6] Bestimmung von Aromaten, Naphthenen und Paraffinen durch Refraktion siehe R. M. Gooding u. Mitarb.: Ref. Chem. Zbl. 1948 I, 542. — Umstätter, H.: Technik 4 (1949) 163, empfiehlt die Refraktion zur Charakterisierung technischer Kohlenwasserstoffgemische, sofern alle Doppelbindungen aromatisch sind und in nicht mehr als drei Ringen vorliegen.
[7] Erdöl u. Kohle 2 (1949) 133.

2. Spezifische Refraktion[1]

Die spezifische Refraktion ist temperaturunabhängig. Das lineare Verhältnis, das zwischen dem Wasserstoffgehalt gesättigter Kohlenwasserstoffe und ihrer spezifischen Refraktion besteht, sowie die Erkenntnis, daß alle Kohlenwasserstoffe mit dem gleichen Wasserstoffgehalt die gleiche spezifische Refraktion zeigen, bilden ein wesentliches Element der Ringanalyse nach WATERMAN. Näheres s. Teil I, S. 151).

3. Refraktions-Intercept

KURTZ und WARD[2] definieren den $R_i = n - 0{,}5\,d$; FRANCIS[3] leitet den R_i bei 20 °C für Paraffine nach folgender Formel ab:

$$n - 0{,}5\,d = 1{,}049 - 0{,}03/c \quad (c = \text{Anzahl der C-Atome}).$$

Gemäß ASTM D -2159-64: Test for Naphthenes in Saturarates Fraktions by Refractivity Intercept, ist es möglich, den Naphthengehalt in Fraktionen oberhalb des Benzinbereiches aus Refraktionsindex und Dichte zu bestimmen. Aus-

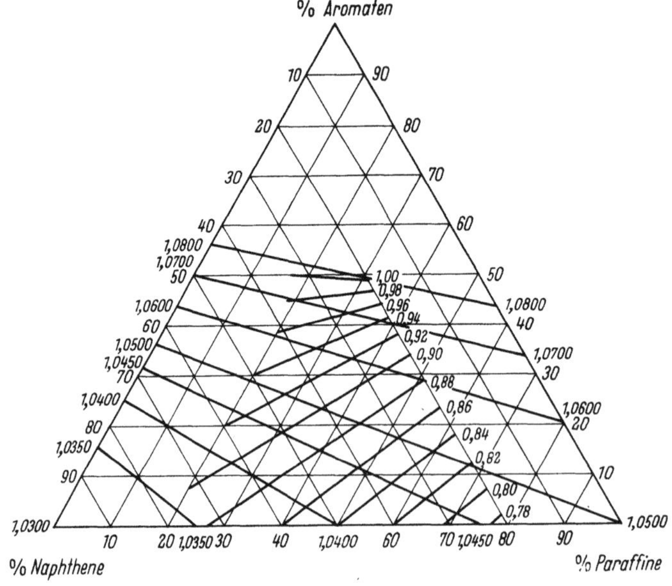

Abb. 6. Viskositätsdichtekonstanten und Refraktions-Intercept Abhängigkeit von der Struktur des Kohlenwasserstoffs.

führliches Tabellenmaterial in der Originalvorschrift. Nach RUTSCHER und FRED[4] kann auf dieselbe Weise auch erkannt werden, ob ein Schmieröl — selbst bei gleichen Eigenschaften — aus Pennsilvanien stammt oder nicht (s. Abb. 5). St. S. KURTZ, R. W. KING, W. J. STOUT, D. G. PARTIKIAN[5] stellen im Dreiecks-

---

[1] Bestimmung s. Teil I, S. 105.

[2] KURTZ, S. S., u. A. L. WARD: J. Franklin Inst. 222 (1963) 563. — KURTZ: Jr. Anal. Chem. 28 (1956) 1928; Petrol. Ref. 40, No. 4 (1961), Copyright Gulf Publ. Co. Houston (Texas).

[3] FRANCIS, A. W.: Ind. Eng. Chem. 36 (1943) 442, s. auch VAN NESS, H. A. VAN WESTEN: Aspects of the Constitution of Mineral Oils. Amsterdam: Elsevier 1951, S. 185, sowie Abschnitt „Graphisch-statistische Konstitutions-Analyse", Teil I, S. 150.

[4] RUTSCHER, R., u. M. FRED: Petrol. Engr. C-13-c 16 (1954).

[5] Relationship between Carbon-type Composition, Viscosity-gravity Constant, and Refractivity Intercept of *Viscous Fractions* of Petroleum. Analytic. Chem. 28 (1956) 12, 1928—1936. Siehe auch Teil I, S. 615.

koordinatensystem (C_A, C_P, C_N) eine Graphik auf (Abb. 6), in der Linien für gleiche VGC und gleichem R_i so eingezeichnet sind, daß sie in Beziehung zu C-Typen-Zusammensetzung stehen. C_P und C_N stimmen gut in Fraktionen mit weniger als 30% Aromaten. Zwischen 30 und 50% Aromaten weichen Werte etwas ab. Bei VGC von 0,95 bis 1,01 kann diese Karte auch nicht benutzt werden (entspricht $C_N < 20\%$ oder $C_P < 20\%$).

Für Proben mit VGC $\leq$ 0,900% weichen C_A um durchschnittlich 1,0%, C_P und C_P um 1,5% ab.

Bei hoch S-haltigen Ölen muß ein Korrekturfaktor verwendet werden;

$$\text{für} \quad \% \ C_N = \frac{- \ G.-\% \ S}{0,288},$$

$$\text{für} \quad \% \ C_P = \frac{+ \ G.-\% \ S}{0,216},$$

$$\% \ C_A = 100 - (\% \ C_N + \% \ C_P).$$

Berechnung von VGC:

$$1. \quad \text{VGC} = \frac{10 \, G - 1,0752 \log (V_1 - 38)}{10 - \log (V_1 - 38)},$$

$$2. \quad \text{VGC} = \frac{G - 0,24 - 0,022 \log (V_2 - 35,5)}{0,755};$$

$$3. \quad \text{VGC} = \frac{d - 0,1384 \, (V_3 - 20)}{0,1526 \, [7,14 - \log (V_3 - 20)]} + 0,579.$$

G spez. Gewicht 60/60 °F,
d Dichte bei 20 °C,
V_1 Saybolt Visk. bei 100 °F,
V_2 Saybolt Visk. bei 210 °F,
V_3 kinem. Visk. in cSt bei 20 °C.

4. Dispersion[1]

Für Mineralschmieröle im Refraktionsbereich $n_D^{20} = 1,48$ bis 1,54 ergeben sich Dispersionswerte von 0,010 bis 0,017; spezifisch schwere Öle zeigen meistens auch hohe Dispersionswerte. R. E. Thorpe und R. G. Larsen[1] entwickelten auf Grund der spezifischen Dispersion Formeln zur Identifizierung von Kohlenwasserstoffen und zum Nachweis von Aromaten in Kohlenwasserstoffgemischen, zur Bestimmung des Hydrierungsgrades von Aromaten sowie zur Bestimmung von Isomerisationen.

M. R. Lipkin und C. C. Martin[2] errechneten die spezifische Dispersion für eine große Anzahl von aromatischen Extrakten aus Erdölfraktionen (darunter thermisch und katalytisch gekrackte Fraktionen).

VIII. Dielektrizitätskonstante

Eine große Reihe von Arbeiten beschäftigt sich mit der Frage, ob bei Messungen der Dielektrizitätskonstanten von Dipolsubstanzen in Lösungen von Mineralölen

[1] Bestimmung s. Teil I, S. 106; Industr. Engng. Chem. 34 (1942) 853.
[2] Industr. Engng. Chem. Anal. Edit. 18 (1946) 433.

eine Dispersion entsprechender Größe auftritt, d. h. ob ein Öl Dipolmoleküle enthält und ob ein vorhandenes Dipolmoment eine kennzeichnende physikalische Größe eines Mineralöls darstellt[1].

REICHE[2] nimmt an, daß Transformatorenöl Dipolmoleküle enthält. R. LINKE[3] hält das dielektrische Verhalten für die Verwendung eines Schmieröls für belanglos; bei Hochdrucköden, bei denen eine an den geschmierten Schichten festhaltende Dipolschicht erzeugt werden soll, bedeutet das Dipolmoment ein gewisses Gütemaß, ohne daß bisher die Frage entschieden ist, ob die Höhe des Moments als entscheidend anzusehen ist. Daneben ist zu vermuten, daß nach kurzem Gebrauch genügend Dipolmoleküle entstehen, um die Oberfläche zu überziehen; deren Konzentration ist so gering, daß sie nicht nachgewiesen werden kann.

E. H. KADMER[4] weist darauf hin, daß die Feststellung eines permanenten Dipolmoments als Querschnittswert eines komplizierten Kohlenwasserstoffgemisches uninteressant ist und keinesfalls als Maßstab der Schmiereignung gewertet werden darf, da auch ausgesprochen schmierwidrige Bestandteile, wie Harzstoffe sowie schwefel- und sauerstoffhaltige Verbindungen, polar sind.

Nach R. HEINZE, M. MARDER und K. H. DÖRING[5], die eine gute Anleitung zur Bestimmung und Berechnung des Dipolmoments von Mineralölen geben, ist das Dipolmoment der Mineralöle stets kleiner als $0{,}4 \cdot 10^{-18}$ cm $\cdot$ el. stat. Einh. und ergibt eindeutig den elektrozentrischen Bau der Schmierölmoleküle; die gefundenen Meßunterschiede fallen bereits in den Fehlerbereich der Methode.

IX. Molekulargewicht[6]

Das Molekulargewicht von Mineralölen steht im Zusammenhang mit den meisten anderen Kennzahlen und nimmt mit der Viskosität beträchtlich zu. Bei gleicher Viskosität haben spezifisch leichte Öle ein relativ sehr hohes, spezifisch schwere Öle dagegen ein relativ niedriges Molekulargewicht.

Bei Schmierölen besteht ein Zusammenhang zwischen dem mittleren Molekulargewicht und der Temperaturabhängigkeit der Viskosität. Die Abhängigkeit zwischen den Viskositätseigenschaften und dem Molekulargewicht in homologen Kohlenwasserstoffreihen haben KÖLBEL, SIEMENS und LUTHER[7] untersucht und eine Beziehung abgeleitet, die die Viskositäts-Temperatur-Kurve für alle Individuen einer Homologenreihe darstellt.

Über die Zusammenhänge zwischen Molekulargewicht und Struktur berichten ZERBE und HÖTER[8], bezüglich der Zusammenhänge zwischen Molekulargewicht, Dichte, Refraktion und Anilinpunkt, s. die Ringanalyse nach WATERMAN, Teil I, S. 151.

X. Flammpunkt, Brennpunkt[9]

Der Flammpunkt eines Schmieröls ist von dem zu seiner Herstellung verwendeten Rohöl und der Verarbeitungsweise abhängig und steigt mit zunehmender Viskosität und spezifischem Gewicht. (Asphaltbasische Schmieröle haben nieddrigere, paraffinbasische höhere Flammpunkte.) Bei Druckerhöhung fällt der Brennpunkt, der Flammpunkt steigt, während der Zündpunkt zunächst ansteigt, so daß die Punkte sich nähern und schließlich zusammenfallen[10].

---

[1] Amour Res. Found. Illinois Inst. of Techn. Anal. Chem. 21 (Aug. 1949) 900.

[2] JOHNSTONE, J. H., u. J. W. WILLIAMS: Phys. Rev. 34 (1939) 1483. — KITCHIN, D. W., u. H. MÜLLER: Phys. Rev. 32 (1928) 979. — PLÖTZE, E.: Ann. Phys. 33 (1938) 226. — LÜTHI, R.: Helv. phys. Acta 6 (1933) 139. — REICHE, H.: Z. Phys. 95 (1935) 158.

[3] Öl u. Kohle 39 (1943) 288.

[4] Öl u. Kohle 39 (1943) 836.

[5] Öl u. Kohle 37 (1941) 8.

[6] Bestimmung und Bedeutung s. Teil I, S. 101.

[7] KÖLBEL, H., W. SIEMENS u. H. LUTHER: Brennst.-Chemie 30 (1949) 362.

[8] Öl u. Kohle 2 (1949) 133.

[9] Definition und Bestimmung s. Teil I, S. 70; In Frankreich ist unter AFNOR/B 6—24 ein dem Cleveland-Prüfer ähnliches Gerät standardisiert.

[10] HASSENBACH: Diss. Techn. Hochschule Breslau 1930.

Da bei Prüfungen im offenen Tiegel flüchtige Anteile verdampfen können, ist für Prüfungen auf Feuersicherheit eine Messung im geschlossenen Tiegel vorzuziehen, wohingegen der offene Tiegel bei Schmierölen oft in engerer Beziehung zu den praktischen Anwendungszwecken eines Schmieröls steht.

Wenn der Flammpunkt auch Hinweise auf Ursprung, Raffinationsart, Schärfe der Fraktionierung und thermische Zerfallsneigung eines Öles gibt und in der Regel bei Ölen desselben Ursprungs mit dem Siedepunkt, der Viskosität und Dichte zunimmt, gibt er nicht über die Gesamtflüchtigkeit eines Öles, sondern nur über dessen flüchtige Anteile Auskunft und läßt auch keine Rückschlüsse auf Selbstzündungsneigung zu.

Die Bedeutung des Brenn-[1] und Flammpunktes wird in der Regel überschätzt[2], da beide bei handelsüblichen Schmierölen, insbesondere bei Spindel- und Lagerschmierölen, in der Regel weit über den Betriebstemperaturen liegen. Auch bei Heißdampfzylinderölen darf der Flammpunkt bis 40° unter den im Zylinder gemessenen Temperaturen betragen, da Überdruck und Dampf die Entflammbarkeit verzögern.

Bei besonders hoch überhitztem Dampf ist die zulässige Temperaturspanne noch größer, da der technisch höchsterrreichbare Flammpunkt von Dampfzylinderöl bei etwa 335 °C liegt, Kolbendampfmaschinen aber mit Heißdampftemperaturen von 400 °C und darüber in Betrieb sind; s. auch S. 274ff.

Durch die relativ schnell eintretende Schmierölverdünnung bei Verbrennungsmotoren fällt der Flammpunkt stark ab und beweist damit seinen geringen Wert für Motorenöle.

Der Flammpunkt von Ölmischungen läßt sich nach E. W. THIELE[3] nach folgender Formel berechnen:

$$F_m = -100\log\left[x'\left(10^{\frac{-F'}{100}}\right) + x''\left(10^{\frac{-F''}{100}}\right)\right];$$

darin bedeuten:

F', F'' die Flammpunkte der zwei Komponenten in °F,
F_m den Flammpunkt der Mischung,
x', x'' die Mengenanteile.

Auf Grund obiger Formel haben E. W. THIELE eine Tabelle und D. S. DAVIS[3] ein Nomogramm entwickelt.

XI. Selbstzündungseigenschaften[4]

1. Allgemeines

Die bei Schmierung von Kompressoren und an anderen Stellen bei Sauerstoffanreicherung auftretenden Explosionen, als deren Ursache irrtümlich ein zu niedriger Flammpunkt angenommen wird, sind oft auf die bei Ölen mit niedrigem und mit hohem Flammpunkt fast in gleicher Höhe liegenden Selbstzündungspunkte zurückzuführen. Die Selbstzündung vollzieht sich ohne Zuführung einer Flamme im Gaszustand als Folge einer Ölzersetzung bei höheren Temperaturen in Abhängigkeit von der chemischen Natur der Öle. Neben der Höhe des Selbstzündungspunktes, der gewöhnlich zwischen 260 und 280 °C liegt[5], spielen die zur Zündung erforderliche Sauerstoffmenge, katalytische Einflüsse, der Druck sowie die Reibungswärme der Schmierschicht eine Rolle. Die Selbstzündungsneigung kann durch Rückstandsbildungen aus der Ölzersetzung katalysiert werden.

Über die Selbstzündung von Kohlenwasserstoffen der verschiedensten Art durch Auftropfen auf erhitzte Bleche berichtet JEUFROY[6], ebenso CH. V. SORTMAN[7], der die von JENTZSCH beobachtete Zündlücke durch Versuche in einem Gerät nach MOORE bestätigte.

---

[1] Der Brennpunkt, der in der Regel etwa 30 °C über dem Flammpunkt liegt, gibt an, wenn ein angezündetes Öl weiterbrennt. Er wird in offenen Geräten bestimmt und hat nur untergeordnete Bedeutung.
[2] ERK, S.: Erdöl u. Teer 9 (1933) 122. Siehe auch Abschnitt „Mischbarkeit", S. 31.
[3] Oil Gas J. 31 (8) (1932) 38.   [4] Bedeutung und Bestimmung s. Teil I, S. 181.
[5] JENTZSCH: Flüssige Brennstoffe. Berlin: VDI-Verlag 1928, S. 98.
[6] Chim. et Ind. 21 (1929) Nr. 2.   [7] Industr. Engng. Chem. 33 (1941) 357.

2. Prüfung

a) ASTM D 286-58 T: Autogenous Ignition Temperatures of Petroleum Products

Man läßt die Ölprobe in einen in einem Metallbad erhitzten Erlenmeyer-Kolben aus hitzebeständigem Glas mit einer Pipette eintropfen und mißt die Zündtemperatur mit einem Thermometer. Es ist geplant, die Methode durch ASTM D 2155-63 T „Test for Autoignition Temperature of Liquid Petroleum Products" zu ersetzen.

DIN 51 794: Bestimmung einer Zündtemperatur

Praktisch identisch mit ASTM D 286-58 T (s. oben).

b) Messung des Zündverzugs und der Brennzeit fallender Kohlenwasserstofftropfen

Eine Meßvorrichtung beschreiben HEINZ MEIER und Mitarbeiter[1].

XII. Verdampfbarkeit und Verdampfungsverlust

1. Allgemeines

Während man früher in erster Linie den Flammpunkt und den Brennpunkt als Maßstab für die Verdampfbarkeit eines Schmieröls heranzog, wurden in neuerer Zeit eine ganze Reihe von Verdampfungstesten zur direkten Bestimmung der Verdampfbarkeit entwickelt. Es kann heute der genaue Grad der Verdampfbarkeit, die nach NOACK[2] in gewisser Relation zum Ölverbrauch steht, bestimmt werden. Öle mit hohem Verdampfungsverlust verursachen nach K. O. MÜLLER[3] steigenden Ölverbrauch. womit nicht gesagt werden soll, daß grundsätzlich Öle mit geringem Verdampfungsverlust auch geringen Ölverbrauch aufweisen. Nach E. BUDDEMEIER[4] ergaben Untersuchungen bei Ölen gleicher Viskosität und verschiedener Herkunft, daß paraffinbasische Öle den niedrigsten Verdampfungsverlust geben, während bei Ölen gemischt- oder naphthenbasischer Natur die Verluste höher liegen. Da mit steigender Viskosität bei Ölen gleicher Herkunft und Verarbeitung die Verdampfungsverluste linear abnehmen, haben Grenzwerte nur in Verbindung mit der Zähigkeit Gültigkeit. Hat ein Öl höherer Viskosität und gleicher chemischer Natur höheren Verdampfungsverlust als Öl niedriger Viskosität, so ist anzunehmen, daß ein Gemisch von Ölen stark unterschiedlicher Zähigkeit vorliegt. C. W. GEORGI[5] stellt fest, daß der Ölverbrauch mit steigendem Viskositätsindex fällt, bezweifelt aber diesen Effekt für Öle mit viskositätsverbessernden Zusätzen.

Die Bestimmung des Verdampfungsverlustes gibt jedoch keine Auskunft über die Gesamtflüchtigkeit eines Öles, die einwandfrei nur durch Destillation ermittelt werden kann, während die Verdampfungsteste in Gegenwart von Luft mehr der Klasse der Oxydationsteste zuzuordnen sind.

Unter Verdampfungsverlust versteht man den auf Einwaage bezogenen Gewichtsverlust, den ein Öl bei Erwärmung auf eine bestimmte Temperatur während einer bestimmten Zeit in einer bestimmten Apparatur erleidet. In Verbindung mit dem Gewichtsverlust durch Verdampfung kann erforderlichenfalls

---

[1] MEIER ZU KÖKER, HEINZ ,u. Mitarb.: Erdöl u. Kohle 17 (1964) 721.
[2] Z. angew. Chem. 49 (1936) 385.   [3] Öl u. Kohle 14 (1938) 365.
[4] Öl u. Kohle 38 (1942) 489.   [5] Petrol. Refiner 28 (1949) Nr. 1, S. 98.

die Änderung der Viskosität, der Neutralisationszahl, der Verseifungszahl und die Asphaltneubildung ermittelt und damit der Verdampfungstest zu Rückschlüssen bezüglich des Alterungsverhaltens herangezogen werden.

Da die früher von HOLDE[1] entwickelte Methode und auch die Verfahren, die die Verdampfbarkeit im Trockenschrank ermitteln[2], zu keinem reproduzierbaren Ergebnis führten, wird die Verdampfbarkeit in Mitteleuropa vorwiegend nach der Noack-Methode, in den Vereinigten Staaten von Amerika gemäß ASTM D 6-64 T (Loss on Heating of Oil and Asphaltic Compounds) und in Großbritannien nach der gegenüber ASTM D 6-39 nur wenig geänderten Vorschrift IP 45/58 (Loss on Heating of Bitumen and Flux Oil) bestimmt. Da sich der Verdampfungsverlust stets auf wasserfreies Öl bezieht, müssen die Ölproben vorher sorgfältig entwässert werden.

2. Prüfung

a) DIN 51 581: Bestimmung des Verdampfungsverlustes von Schmierölen (nach Noack)

Bestimmung des Verdampfungsverlustes von unlegierten und legierten Schmierölen (insbesondere Motorenölen) bei Temperaturen bis zu 350 °C.

Der Verdampfungsverlust spielt insbesondere eine Rolle bei der Motoren- und Zylinderschmierung. Bei den auftretenden hohen Temperaturen kann ein hoher Verdampfungsverlust gleichbedeutend mit einem gesteigerten Ölverbrauch sein und zu einer Änderung der Eigenschaften des Öles führen.

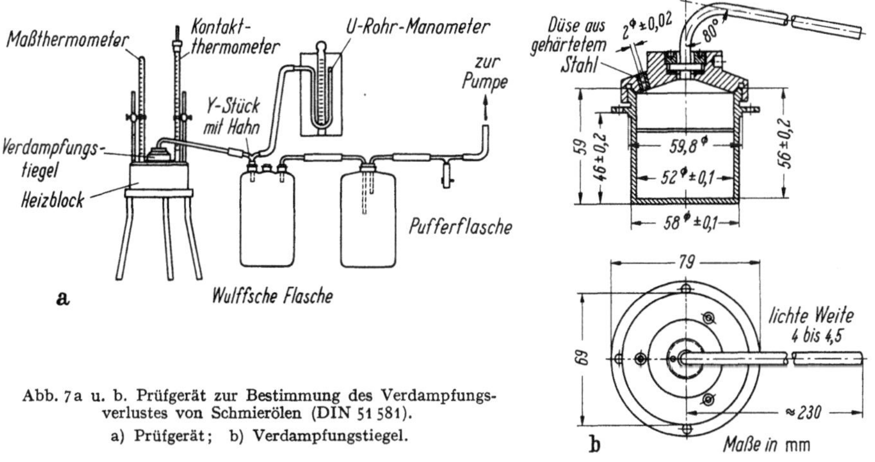

Abb. 7a u. b. Prüfgerät zur Bestimmung des Verdampfungsverlustes von Schmierölen (DIN 51 581).
a) Prüfgerät; b) Verdampfungstiegel.

Unter Verdampfungsverlust versteht man die Gewichtsabnahme des Öles in Prozenten, die unter den Bedingungen dieser Norm auftritt.

Kurzbeschreibung des Verfahrens. Die Ölprobe wird in dem Prüfgerät (Abb. 7 a u. b) erhitzt und 1 Std. lang auf Prüftemperatur gehalten. Die dabei entstehenden Öldämpfe werden durch einen Luftstrom, der durch einen konstanten Unterdruck erzeugt wird, abgesogen. Der Verdampfungstiegel mit dem Öl wird vor und nach dem Erhitzen gewogen. Aus der Differenz ergibt sich der Verdampfungsverlust.

Die Versuchstemperatur beträgt im allgemeinen (besonders bei Motorenölen) 250 °C.

---

[1] HOLDE, D.: Kohlenwasserstoffe und Öle, 6. Aufl. Berlin: Springer 1924, S. 234.
[2] MARCUSSON u. HILDEBRAND: Öl-Organ 1935, 397.

Da sich bei Reihenuntersuchungen mangelnde Reproduzierbarkeit ergeben hatte, weist NOACK[1] ausdrücklich auf die Fehlermöglichkeiten hin, die gewöhnlich auf Ungenauigkeiten in der Temperaturmessung (250 °C), Versuchsdauer (1 Std.) und Luftmenge (Einhaltung der Rohrquerschnitte) zurückzuführen sind.

Nach NOACK[2] soll bei Ölen für neuzeitliche Motoren der „Verdampfungstest" nicht über 15% liegen.

b) ASTM D 6-64 T: Loss on Heating of Oil and Asphaltic Compounds

Zur Bestimmung des Verdampfungsverlustes von Schmieröl und Asphaltbitumen dient ein Spezialgerät gemäß Abb. 6, in dem die Probe 5 Std. auf 163 °C erhitzt wird. Dabei darf auf keinem Fall Öl in einem Apparat geprüft werden, in dem zuvor Asphaltbitumen untersucht worden ist.

In einem elektrisch beheizten Ofen dreht sich eine zentrisch an einer vertikalen Achse hängende Scheibe mit einer Geschwindigkeit von 5 bis 6 Umdrehungen in der Minute. Als

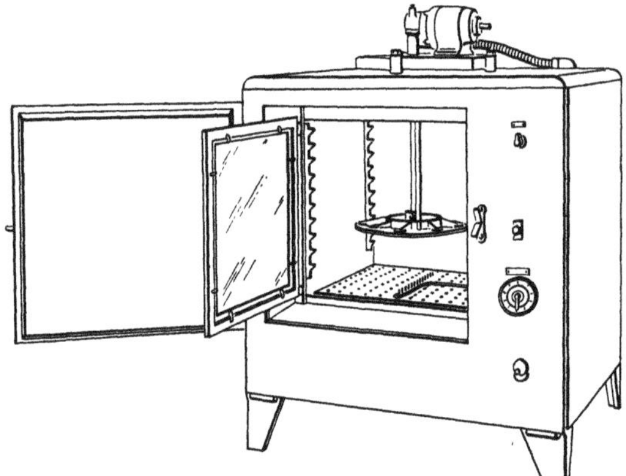

Abb. 8. Ofen zur Bestimmung des Verdampfungsverlustes nach ASTM D 6—39 T bzw. IP—45/42.

Ölbehälter dient ein zylindrisches Gefäß aus Metall oder Glas mit flachem Boden; innerer Durchmesser 55 mm, Höhe 35 mm (Abb. 8).

Es werden $50 \pm 0,5$ g der wasserfreien Probe in den tarierten Ölbehälter eingewogen und bei 163 °C (= 325 °F) in eine der Vertiefungen der rotierenden Scheibe gesetzt und 5 Std. lang auf $163 °C \pm 1 °C$ ($325 °F \pm 1,8 °F$) gehalten. Danach wird das Muster aus dem Ofen genommen, gekühlt, gewogen und der durch Verdampfen verursachte Verlust berechnet.

W. WOLF[3] empfiehlt an Stelle der Noack-Methode die Bestimmung auf der Teststreifen- (TS-) Apparatur.

c) ASTM D 972-56: Evaporation of Lubricating Greases and Oils

empfiehlt für die Bestimmung des Verdampfungsverlustes von leichtviskosen Schmierölen oder Schmierfetten ein Spezialgerät zur Verwendung bei tiefen Temperaturen. Über die Oberfläche des Musters, das in einer geschlossenen Zelle in einem Ölbad auf 210 °F (= 99 °C) gehalten wird, wird 22 Std. in demselben Ölbad erwärmte Luft, mit einer Geschwindigkeit von 2 l/h geleitet und der Gewichtsverlust bestimmt. Die Analysenwerte sollen bei Wiederholung nicht mehr als 2,5% schwanken.

d) IP 45/58: Loss of Heating of Bitumen and Flux-Oils

entspricht mit kleinen Änderungen der Vorschrift ASTM D 6-64 (s. Teil I, S. 542). Die für Transformatoren und Isolieröle üblichen Methoden zur Bestimmung der Verdampfbarkeit nach BESA, BBC sind auf S. 352 ff. erörtert. Das Ölmuster muß wasserfrei sein.

---

[1] Öl u. Kohle 38 (1942) 842.　　[2] Siehe E. BUDDEMEIER: Öl u. Kohle 38 (1942) 489.
[3] Erdöl u. Kohle 18 (1963) 563.

XIII. Destillation[1]

1. Allgemeines

Um sich über die Zusammensetzung und den Siedeverlauf eines Rohstoffes zur Schmierölgewinnung und über das Schmieröl selbst ein Bild zu machen, ist oft eine Destillation im Laboratorium erforderlich. Sie gibt auch über etwa vorhandene hochsiedende Beimischungen (Brightstocks und Rückstandsöle) Auskunft. Die bei normalem Druck bis 300 °C übergehenden Anteile werden in üblicher Weise durch eine Engler-Destillation bestimmt; zur Destillation der Schmierölanteile ist wegen der unter ihren Verdampfungstemperaturen bei 1 at liegenden Zersetzungstemperaturen ein möglichst hohes Vakuum erforderlich.

Die Destillation kann mit und ohne Kolonne ausgeführt werden. Die Destillations-ergebnisse wertet man gewöhnlich in Form einer Kurve aus. Die von F. W. MEIER-GROLMAN und F. WESOLOFSKY[2] vorgeschlagene Darstellung der Engler-Destillation von Mineralölen in Form von rüben- oder zwiebelförmigen Diagrammen gibt dem Auge einprägsame, ver-gleichbare Bilder und gestattet eine einfachere Auswertung. Sehr verbreitet ist bei Schmieröl auch die Methode ASTM D 285-62 (Distillation of Crude Petroleum) — s. Teil I, S. 372 —, nach der man 150 g Öl in einem 300 cm^3-Hempel-Kolben mit Luftkondensator und einem Meß-zylinder als Vorlage destilliert (Vakuum 40 mm, Siedeende 300 °C, elektrische Beheizung). A. G. PETERKIN und S. W. FERRIS[3] schlagen vor, 100 cm^3 Öl unter 10 Torr Vakuum zu destillieren. K. M. WATSON und C. WIRTH[4] empfehlen ein Vakuum unter 0,1 Torr. Über die schwierigere fraktionierte Vakuumdestillation sei auf die Erfahrungen von B. GUTHRIE und R. HIGGINS[5] sowie von G. A. BEISWENGER und W. C. CHILD[6] verwiesen. Eine analytische Dampfdestillation, die mit Ergebnissen einer Vakuumdestillation übereinstimmt, beschreiben R. N. J. SAAL und C. G. VERVER[7]. Apparaturen zur Destillation kleiner Mengen beschreiben auch C. WALTHER[8] sowie F. SPAUSTA[9]. Über die Kontrolle von Schmieröldestillation mit einer Vakuumspezialapparatur berichten L. DAVIS und A. NELSON[10]. Wirklich brauchbare und repräsentative Resultate erhält man jedoch nur durch eine Hochvakuumdestillation mit größeren Mengen (z. B. 15 kg) in einer den Betriebsverhältnissen möglichst angepaßten Apparatur. Die einzelnen Fraktionen werden dabei nach Festlegung ihrer Kennzahlen zu Schmierölen gewünschter Viskositäten für weitere Untersuchungen aufgemischt.

Mit Hilfe des Nomogramms[11] (Abb. 9) nach DIN-Entwurf 51356 (s. S. 83) kann man die Siedetemperaturen bei Drücken, die von 1 at abweichen, auf die Siedetemperaturen bei gewöhnlichem Druck umrechnen.

Bemerkenswert ist die in Abb. 10 gezeigte Darstellung von E. H. KADMER[1]. Darin ist der Siedeverlauf AZ eines Schmieröls eingezeichnet; die Horizontale MN versinnbildlicht einen Querschnitt der Kennzahlen, wie Dichte, Refraktion, Viskosität, Anilinpunkt usw. Der Siede-verlauf der Gesamtfraktion deckt sich nicht mit dem Siedeverlauf der Einzelfraktionen. Die darüber angeordnete Stufung 1 bis 10 soll veranschaulichen, wie sich die Querschnitt-kennzahlen der Fraktionen I bis X ändern.

Versuche, Öle durch deren Siedeverlauf im Vakuum zu kennzeichnen, z. B. durch Be-ziehungen zwischen dem 50%-Siedepunkt im Vakuum und dem Viskositäts-Temperatur-Verhalten[12] oder der Viskositätspolhöhe[13], konnten sich in der Praxis nicht durchsetzen. Dasselbe gilt von dem von der Universal Oil Products Co., Chicago, als Qualitätszahl an-

---

[1] Siehe auch Abschnitt Eigenschaften von Erdöl, Teil I, S. 371.
[2] Öl u. Kohle 37 (1941) 297.
[3] Industr. Engng. Chem. 17 (1925) 1248.
[4] Industr. Engng. Chem., Anal. Edit. 7 (1935) 72.
[5] Nat. Petrol. News 24 (1932) 12, 27.
[6] Industr. Engng. Chem., Anal. Edit. 2 (1930) 284.
[7] J. Instn. Petrol. Technol. 19 (1933) 336.
[8] Öl u. Kohle 12 (1936) 553.
[9] Brennst.-Chemie 18 (1937) 153.
[10] Nat. Petrol. News 31, Nr. 2, Refin. Technol. (1939) 14.
[11] Öl u. Kohle 14 (1938) 2.
[12] HILL, J. B., u. H. B. COATS: Industr. Engng. Chem. 20 (1928) 641.
[13] WALTHER, C.: Öl u. Kohle 12 (1936) 229.

gegebenen sog. UOP-Faktor (Quotient aus der Kubikwurzel des mittleren Siedepunktes durch spezifisches Gewicht), s. Teil I, S. 301, sowie der Siedepunkt-Dichte-Konstante von JACKSON[1].

Es wurde auch vorgeschlagen[2], Motorenschmieröle zu deren Kennzeichnung bei einem Druck von 10^{-3} Torr in einer besonderen Apparatur in Fraktionen zu zerlegen, um sie unterscheiden zu können. An einem Beispiel wird gezeigt, daß zwei Öle von gleicher Dichte und

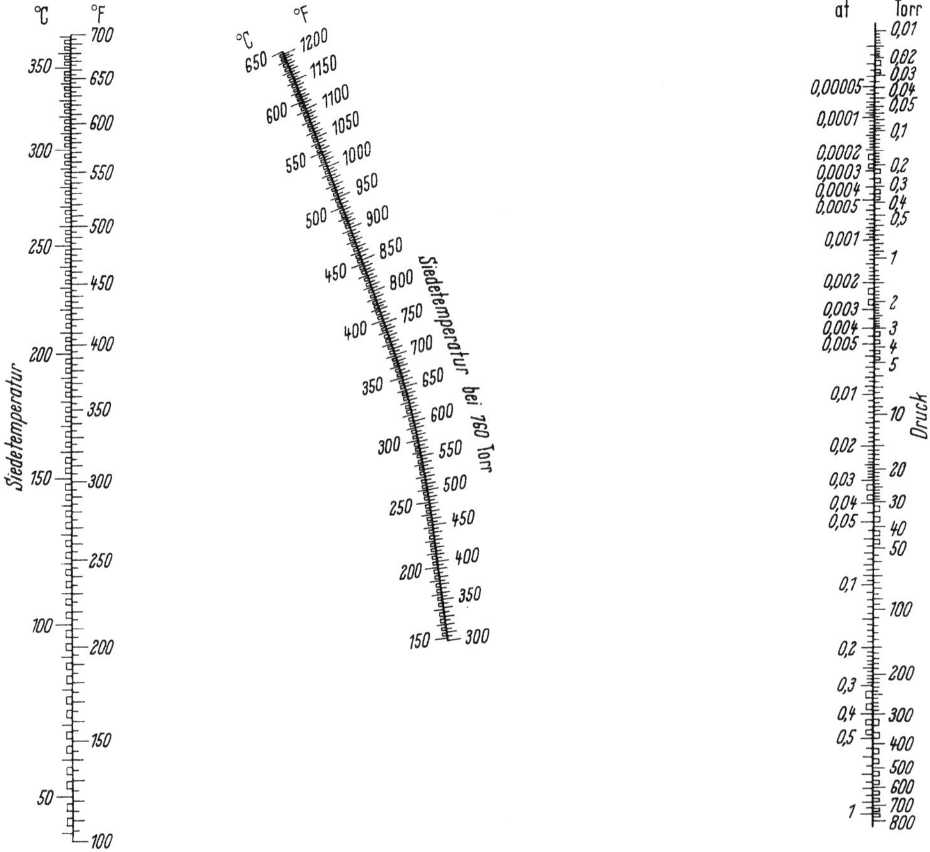

Abb. 9. Nomogramm zur graphischen Ermittlung von Siedetemperaturen bei Normaldruck aus Siedetemperaturen bei vermindertem Druck (nach DIN-Entwurf 51 356) Dampfdrucktabelle für Kohlenwasserstoffe (nach UOP-Methode E-76).

von gleichem Brechungsindex, sehr ähnlichem Viskositätsverhalten und gleichem Zünd-Brenn- und Stockpunkt durch Fraktionierung unter hohem Vakuum ihre Verschiedenheit doch deutlich zu erkennen geben.

Das „Carrier"-Destillationsverfahren (Coubrough Prozeß) verwendet zur Erniedrigung des Partialdruckes von schwersiedenden Kohlenwasserstoffen leichte Destillate („Träger"-Destillation), deren Siedeende 28° unter dem Siedebeginn der Charge liegt, die ein niedriges Molekulargewicht haben und unter technisch erreichten Drücken kondensierbar sein sollen[3].

E. C. DAIGLE und J. B. STRIPLING[4] empfehlen, 4 l des Öles zunächst bis 260 °C bei gewöhnlichem Druck und dann bei möglichst hohem Vakuum zu destillieren und dabei 5%-

---

[1] JACKSON, A. E.: Oil Gas J. 33, No. 44 (1935) 16.
[2] PETIT Y CRIMAIL, R., u. R. DUCHENE: Chim. et Ind. 46 (1941) 304.
[3] KRAFT, W. W., u. W. J. BLOMER: Nat. Petr. 31, No. 8. News Refin Technol. 58 (1939).
[4] Petrol Processing 4 (1949) 286.

Fraktionen aufzufangen. Von jeder Fraktion werden Viskosität bei drei Temperaturen, die Dichte, der Flammpunkt usw. ermittelt und in Diagrammen eingetragen. Mit Hilfe von Diagrammen für die Mischungsviskositäten, für die Flammpunkte von Mischungen und für die Ausbeute kann dann für jede Schmierölqualität angegeben werden, wie das Öl bei der Destillation zu schneiden ist.

Über die an sich aussichtsreiche „Molekular-Destillation" von Schmierölen liegen für eine endgültige Beurteilung bisher noch keine ausreichenden Erfahrungen vor.

2. Prüfung

a) DIN 51 567: Fraktionierte Destillation nach Große-Oetringhaus

Siehe Abschnitt „Erdöleigenschaften" Teil I, S. 101.

b) DIN-Entwurf 51 356: Destillation von Erdölerzeugnissen unter vermindertem Druck nach Große-Oetringhaus

Das Verfahren dient zur Bestimmung des Siedeverhaltens unter vermindertem Druck von Erdölerzeugnissen, die sich bei der Destillation unter Atmosphärendruck zersetzen[1].

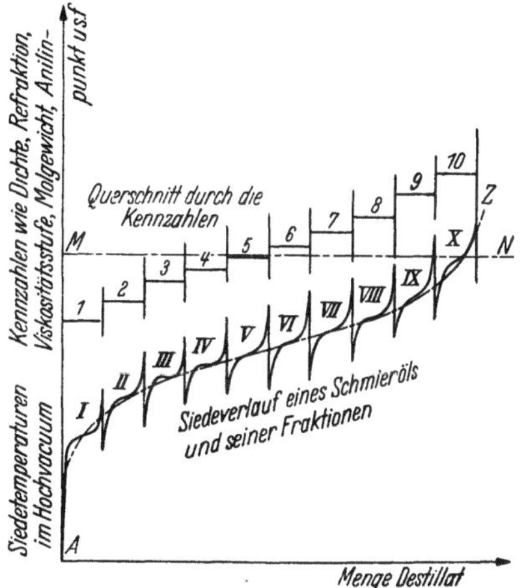

Abb. 10. Siedeverlauf der Fraktionen eines Schmieröls und Verlauf ihrer Kennzahlen nach E. H. KADMER.

Kurzbeschreibung des Verfahrens

200 ml der Probe werden aus einem 500-ml-Destillierkolben über einen besonderen Destillieraufsatz bei einem Druck von 0,01 Torr destilliert, wobei die Fraktionierung etwa einem theoretischen Boden entspricht. Die erhaltenen Destillate in Abhängigkeit von der jeweiligen Siedetemperatur erlauben die Aufstellung einer Destillationskurve bei dem angegebenen Druck.

c) UOP-Methode 76-59: Hochvakuum-Destillation von hochsiedenden Petroleum-Produkten[2]

Die Probe wird in der Spezial-Apparatur gemäß Abb. 9 bei 0,2 bis 0,3 mm Hg unter Bedingungen, die einem theoretischen Boden entsprechen, fraktioniert und die Destillationstemperatur auf 760 mm Hg gemäß DIN-Entwurf 51 356 (s. oben) umgerechnet.

d) ASTM D 1160-61: Distillation at Reduced Pressure of Petroleum Products[3]

Siehe Abschnitt „Eigenschaften von Erdöl", Teil I, S. 376.

---

[1] Die Ergebnisse sind mit ASTM D 86 und DIN 51 751 nicht vergleichbar. Dagegen stimmen sie mit ASTM D 1160-61 (ASA Nr. Z 11.112-1961) praktisch überein, wenn bei beiden Verfahren unter einem Druck von 1 Torr destilliert wird.

Unterhalb des Druckes von 1 Torr liegen die Temperaturen an der Temperaturmeßstelle bei gleichen Drücken unmittelbar an der Saugstelle der Pumpe bei der DIN-Norm niedriger als bei Verwendung des Gerätes nach ASTM D 1160.

Der Anwendungsbereich des DIN-Verfahrens ist daher größer und erlaubt die Prüfung höhersiedender Erdölerzeugnisse.

[2] UOP Labor Test Methods for Petrol. and its Prod.; Universal Oil Products Co., Illinois, 30 Algonquin Road des Plaines (Okt. 1959).

[3] Siehe auch UOP-Method 76-59 die bei 0,2 bis 0,3 mm Hg unter Bedingungen einer theoretischen Plattendestillation arbeitet.

e) Zentrifugal-Molekular-Destillation von Schmierölen[1]

In einem evakuierten glockenförmigen Behälter befindet sich eine heizbare, rotierende Scheibe, auf die das Öl gegeben wird. Ein leichtes und ein schweres Schmieröl werden mit dieser und mit einer normalen Hochvakuum-Apparatur destilliert. Dichte, kinematische Zähigkeit, Schwefelgehalt, Molekulargewicht und Brechungsindex der Destillate und des Rückstandes wurden gemessen, und mit der n-d-M-Methode wurde der Ringtyp der einzelnen Fraktionen errechnet. Weiterhin wurden die Ausgangsprodukte und jene Destillate, die eine Kohlenstoffzahl kleiner als 70 haben, massenspektrometrisch untersucht und ihre Kohlenstoffverteilung in der Alkylbenzol-Reihe bestimmt. Der Vergleich der analytischen Ergebnisse der entsprechenden Fraktionen der Zentrifugalmolekulardestillation und der Hochvakuumdestillation zeigt nur geringfügige Unterschiede bis zu der Fraktion, bei der bei der Hochvakuumdestillation thermische Krackung auftritt. Siehe auch S. 306.

f) Kontinuierliche Vakuumsiedeanalyse

Diese hat sich für Erdölfraktionen Siedebereich 343 bis 538 °C in USA in der Apparatur der Technical Oil Tool Corp. Los Angeles[2] bewährt.

XIV. Extraktion mit selektiven Lösungsmitteln[3]

Die Zerlegung von Schmierölen mit selektiven Lösungsmitteln wird im Laboratorium neben Untersuchungen für Betriebskontrolle auch zu analytischen Zwecken, z. B. zur Bestimmung von extrahierbaren aromatischen und ungesättigten Anteilen, empfohlen. Praktisch können alle Lösungsmittel, die in der Praxis Eingang gefunden haben, für Laboratoriumsuntersuchungen verwendet werden. An Stelle des schwer zu handhabenden flüssigen Schwefeldioxids als Extraktionsmittel hat man bei Schmierölen die Verwendung von Furfurol, das bei einfacher Handhabung die aromatischen und ungesättigten Kohlenwasserstoffanteile mit ähnlicher Trennschärfe herauslöst wie flüssiges Schwefeldioxyd, eingeführt.[4] Über Furfurol als selektives Lösungsmittel berichten ausführlich L. C. KEMP, G. B. HAMILTON H. H. GROSS.[5] In der Regel wird die Arbeitsweise auf Ausgangsmaterial und den gewünschten Effekt und Zweck abgestellt, wobei man sich in Vorversuchen über erforderliche Mengen an Lösungsmittel, Arbeitsbedingungen (einmalige Extraktion oder mehrstufige usw.) orientiert.

Über eine Kaltfraktionierung mit verschiedenen Lösungsmitteln berichten STEINBRECHER und KÜHNE[6]; SCHAAFSMA[7] entwickelte eine Extraktions-Phasen-Analyse.

A. V. KIRSANOW und A. F. NOVIKOWA[8] geben an, daß Anilin vorwiegend Aromaten und bestimmte Schwefelverbindungen löst, und daß Anilin infolge der einfachen Handhabung den meisten handelsüblichen Lösungsmitteln im Laboratorium überlegen ist[9]. Die Extraktionsanalysen geben einen Anhalts-

[1] THOMAS, W. L., Analytical Chemistry 36 (1964) 1047—1054.
[2] Vertretung in Deutschland: F. Leutert, Lüneburg-Erbsdorf.
[3] Siehe auch Teil I, S. 101 ff.
[4] Bestimmung der sog. SO_2-Aromaten s. Teil I, S. 145.
[5] Industr. Engng. Chem. 40 (1948) 220.
[6] Öl u. Kohle 15 (1937) 417.
[7] Can. Pat. 366525; ref. Öl. u. Kohle 13 (1937) 923.
[8] Nat. Petrol. News 30 (1938) Nr. 52, S. 616.
[9] Über die Wirkung verschiedener Lösungsmittel vgl. auch J. Moos: Erdöl u. Kohle 2 (1949) 345. In dieser Arbeit wird auch ausführlich die Zerlegung von Rohölen durch selektive Absorption unter Angabe zahlreicher Literatur beschrieben.

punkt, welche Mengen an Aromaten und ungesättigten Verbindungen man aus einem Öl durch Extraktion gewinnen kann. Den tatsächlichen Gehalt an verschiedenen Verbindungsgruppen kann man durch die im nächsten Absatz beschriebene Inhaltsanalyse ermitteln.

XV. Selektive Adsorption[1]

Mittels der „Erdenmethode" nach H. SUIDA[2] und H. PÖLL kann man aus dem in Petroläther gelöstem Öl durch Schütteln mit sehr viel Bleicherde alle an Bleicherde adsorbierbaren Anteile entfernen, so daß als Rückstand ein sog. „reiner Ölanteil" (Hell-Öl) verbleibt. Die an der Bleicherde adsorbierten Ölbestandteile können durch Extraktion der Bleicherde mit Chloroform als sog. „Erdölharze" und durch anschließende Extraktion mit Pyridin als „Asphaltharze" abgelöst werden. Durch Extraktion mit einer Mischung aus Pyridin und Schwefelkohlenstoff im Verhältnis 1:1 erhält man Hartasphalt als Rückstand.

Mit Lösungsmittel behandelte Öle zeigen mit 1,5 bis 2% den geringsten Gehalt an Erdölharzen, Raffinate liegen mit 1,5 bis 6% dazwischen, während Zylinderöle den höchsten Gehalt von 10 bis 17% aufweisen.

ZERBE und HÖTER[3] beschreiben eine „Inhaltsanalyse" durch adsorptive Zerlegung von Ölen an Bleicherde. Unter „Inhaltsanalyse" wird dabei die analytische Ermittlung der höchsten vorhandenen Menge an Verbindungen von jeweils gesuchter Qualität oder Eigenschaft verstanden.

M. S. BOGUSSLOWSKAJA und A. S. WELIKOWSKI[4] beschreiben ein Verfahren, nach dem bestimmte Ölfraktionen aus Erdöl und Goudron durch Silicagel adsorbiert werden können.

XVI. Löslichkeit von Gasen in Schmierölen

1. Sauerstoff, Stickstoff, Kohlendioxid

Freier Sauerstoff löst sich in Ölen neben Stickstoff bei gewöhnlichem Druck und gewöhnlicher Temperatur nur in untergeordneter Menge (bei Kompressorenölen z. B. in 100 cm³ Öl 4 bis 5 cm³ Luft oder 0,7 bis 1,4 cm³ freier Sauerstoff.)

Mit steigender Gasmenge nehmen Dichte, Viskosität und Grenzflächenspannung eines Öles ab, die Kompressibilität nimmt zu. Je höher der Druck desto mehr Gas geht in Lösung, bei leichten Ölen mehr bei schweren Ölen weniger. Die Lösefähigkeit hängt von der Zusammensetzung des Gases ab und nimmt mit steigendem Molekulargewicht zu. Bei höherer Temperatur sinkt das Gasaufnahmevermögen. Wird der Druck verringert, dehnt sich das Öl zunächst nur aus, erst unterhalb des Sättigungs- bzw. Entlösungsdruckes beginnt die Ent-

---

[1] Mit der chromatographischen Adsorptionsanalyse befassen sich eingehend die folgenden Autoren: SUIDA, H., u. P. MOTZ: Petroleum, Berl. 35 (1939) 527. — GRADER, R.: Öl u. Kohle 38 (1942) 867. — ALIBONE, B. C.: J. Instn. Petrol. Technol. 27 (1941) 94. — Ref. World Petrol. 12 (1941) 60. — MAASZ, W.: Asphalt u. Teer 38 (1938) 679; 42 (1942) 64. — KOSCHARA, W.: Chemiker-Ztg. 61 (1937) 185. — HESSE, G.: Angew. Chem. 49 (1936) 315. — BROCKMANN, H.: Angew. Chem. 53 (1940) 384. — SUIDA, H., u. H. PÖLL: Erdöl u. Teer 27 (1931) 350, 365. — Öl u. Kohle / Erdöl u. Teer 13 (1937) 205. — ELIEL, E. L., Univ. of Havanna: J. chem. Educat. 21 (1944) 583. — BEAVEN, H. B., u. Mitarb.: J. Inst. Petrol. 36, (1950) 89. — LIPKIN, M. R.: Anal. Chemistry 20 (1948) 130, ref. Chem. Zbl. 1948 II, 547. — BEERIDGE, J. MAIR: Industr. Engng. Chem. 42 (1950) 1355; s. auch Abschnitt „Chromatographie", S. 126.
[2] Erdöl u. Teer 27 (1931) 350. — Öl u. Kohle 13 (1937) 205.
[3] Erdöl u. Kohle 2 (1949) 133.
[4] Neft. choz. (Erdöl-Wirtsch. [russ.]) 25 (1947) Nr. 3, S. 52, ref. Chem. Zbl. 1947 II, 92.

lösung der ersten Gasmengen. Die bis zum Atmosphärendruck frei gewordene Gasmenge bezeichnet man als Gas-Öl-Verhältnis (m³ Gas/m³ Öl).

In der Regel wirkt Sauerstoff auf Öle in Abhängigkeit von der Konstitution und der Temperatur oxydierend. Über die Löslichkeit von Sauerstoff, Stickstoff und Kohlendioxid in Mineralölen berichtet Kubie[1].

R. R. Baldwien und S. G. Daniel[2] berichten über die Löslichkeit von O_2, N_2, H_2 und Luft, sowie über den Einfluß von Temperatur, Viskosität und Molekulargewicht und beschreiben eine Apparatur zur Bestimmung der Gasmenge.

Auf Beobachtungen von D. Ju. Gamburg[3], der die Löslichkeit von zwei Schmierölen (einem Kompressorenschmieröl und einem Brightstock-Schmieröl, beide etwa mit 8 °E bei 50 °C) in Stickstoff und in einem Stickstoff-Wasserstoff-Gemisch (Verhältnis 1:3) bei 50, 100 und 150 °C und bei 100 bis 1000 at im strömenden System bestimmte, sei hingewiesen.

Das langsam vor sich gehende Gaslösevermögen für 100 cm³ gasgesättigtes Mineralöl[4] beträgt bei 760 mm Hg und 20 °C bei:

> Luft etwa 9 cm³,
> Stickstoff etwa 8 cm³,
> Sauerstoff etwa 15 cm³,
> Kohlensäure etwa 100 cm³.

Der Einfluß der Temperatur im Bereich von 0 bis 100 °C ist unbedeutend, hochviskose Öle zeigen geringeres Lösevermögen. Das auf den Sättigkeitszustand bezogene Gasvolumen bleibt bis zu Drucken von etwa 200 kp/cm² konstant, das heißt, daß luftgesättigtes Öl unter 200 kp/cm² rund 9 cm³ einer aus 200 kp/cm² verdichteten Luft enthält.

2. Gasförmige Kohlenwasserstoffe

Die Löslichkeit der Paraffinkohlenwasserstoffe Methan bis Pentan in Mineralölen bei verschiedenen Drücken und Temperaturen bestimmte Lindsly[5]. — Sage, Lacey und Schaafsma[6] beschäftigen sich mit der Löslichkeit von Propan im Mineralöl.

Zur Bestimmung der in Öl gelösten Gase erwärmt man die Ölprobe in einem Kolben, aus dem die Luft durch Kohlensäure verdrängt ist, auf 100 bis 150 °C und fängt dabei verdrängte Gase in einem mit Kalilauge beschickten Eudiometer auf. In dem in Lauge nicht absorbierbaren Anteil kann man die Art der Gase gasanalytisch feststellen.

3. Schaumbildung

a) Allgemeines

Schaumbildung in Maschinenanlagen, die in den meisten Fällen durch Dispersion von Luft in Mineralöl entsteht, kann zu Betriebsstörung, Verschleiß und Produktionsausfall führen. Man unterscheidet zwischen Oberflächenschaum (mit dünnsten Ölschichten aneinander gelagerte Luftblasen) und durch größere Ölschichten voneinander getrennte Luftblasen im Öl, die ihrerseits für die Entstehung von Oberflächenschaum und das gesamte Dispersionsverhalten eines

---

[1] J. biol. Chem. 72 (1927) 545.

[2] Baldwin, R. R., u. S. G. Daniel: J. Inst. Petrol 39 (1953) 105; Ref. Erdöl u. Kohle 6 (1953) 734.

[3] Neft. choz. (Erdöl-Wirtsch. [russ.]) 25 (1947) Nr. 9, S. 46; ref. Chem. Zbl. 1947 II, 952.

[4] Beuerlein, P., u. Kara: VDI-Berichte 36 (1957) 55.

[5] Lindsly, B. E.: Oil and Gas J. 29 (1931) Nr. 52, S. 92.

[6] Industr. Engng. Chem. 26 (1934) 874.

Öles von wesentlicher Bedeutung sind. Bei der Bekämpfung von Oberflächenschaum spielen die Schaumbildung[1] und die Schaumbeständigkeit, ausgedrückt durch Zerfallszeit eine wesentliche Rolle. Die Schaumbildung läßt sich durch Maschine, Konstruktion, Cavitation[2] (plötzliche Kondensation von Dampfblasen in einer Flüssigkeit), Betriebszustand und Öleigenschaft beeinflussen, während die Schaumbeständigkeit eine ausschließliche Öleigenschaft und gegebenenfalls deren Zusatzstoffe darstellt. Bei Luftblasen im Öl ist die Zeit bis zu deren Ausscheidung, Luftausscheidevermögen (LAV), entscheidend, die nach GROSSE-OETRINGHAUS[3] mit steigender Raffination abnimmt. E. GÜLKER[4] weist auf die maschinenseitigen Ursachen für Dispersionsbildung hin. Siliconöl, ein wirksames Mittel zur Bekämpfung des Oberflächenschaums, ebenso wie Verschmutzungen, wirken auf das LAV nachteilig.

Das Schäumen von Mineralölen, insbesondere legierten Ölen, wird entscheidend durch die Anwesenheit schaumwirksamer grenzflächenaktiver Inhaltsstoffe beeinflußt. Durch wiederholte Separation der interlamellaren Flüssigkeit des Oberflächenschaums legierter Öle ist es möglich, grenzflächenaktive Substanzen anzureichern. Zum qualitativen und quantitativen Nachweis eignen sich UV-spektroskopische und polarographische Analysenmethoden. Die schaumfördernden Inhaltsstoffe von Additiven werden im Zusammenhang mit dem Schaumvermögen der Öle und dem Anreicherungsprozeß beschrieben, wobei besonders auf den Einfluß der Ölalterung und von Siliconöl als Antischaummittel[5] eingegangen wird[6].

b) Prüfung

α) Schaumverhalten. ASTM D 892-63: Test for Foaming Characteristics of Lubrication Oils. Dieses Verfahren wurde 1958 in Deutschland als DIN-Entw. 51 566: Neigung zur Schaumbildung, und in mehreren anderen Ländern übernommen. Die Schaummenge und deren Beständigkeit wird durch einen gleichmäßigen Luftstrom bei Öltemperaturen von 25 und 95 °C gemessen.

Da durch die Meßeinrichtung, insbesondere durch den Diffusionsstein große Meßfehler entstanden, wurde die DIN-Norm 1963 zurückgezogen. Ein verbessertes Meßverfahren ist in Vorbereitung.

β) Luftauscheidungsvermögen (LAV). Die verschiedenen Verfahren unterscheiden sich in der Dispersionsbildung und der Messung des LAV. Die qualitative Prüfung erfolgt in den verschiedensten auf die jeweilige Praxis abgestuften Getriebeprüfständen. Für Labormessungen wird die Ölprobe durch hohe Umdrehungsgeschwindigkeiten eines Rührflügels oder durch Injektorstrahlpumpen innig durchmischt und die Zeit der Luftausscheidung durch Beobachtung oder photoelektrische Ermittlung der Luftdurchlässigkeit oder Trübung gemessen (TÜV-Methode[7]). GROSSE-OETRINGHAUS[3] ermittelt die Dichteänderung des Öles.

γ) DHHU-Verfahren[8]. 125 ml Öl werden in einem üblichen Rührgerät bei etwa 16000 U/min 2 Min. lang mit Luft durchwirbelt. In einer Probe des Öles wird innerhalb 15 Sek. in einem Reagenzglas (200 m lang, 30 mm Durchmesser) in einem Gestell, dessen Rückseite aus einer beleuchteten Milchglasscheibe besteht, das Aufsteigen der Luftblasen durch Zeitmessung (Festlegung des Sichtbarwerdens der in die Glasscheibe eingeritzten Meßstriche für 10, 50 und 100 mm Höhe) ermittelt. Zusätzlich kann das Volumen des Oberflächenschaumes und seine Zerfallzeit bestimmt werden. Mittelwerte aus 3 Versuchen gelten als relativ gut reproduzierbare LAV und haben sich mit qualitativen praktischen Ölprüfungen bewährt; eine direkte Vergleichbarkeit der qualitativen Größen ist zur Zeit noch erschwert.

---

[1] GÜLKER, E.: VDI-Berichte 85 (1964) 47; er empfiehlt die Begriffsbezeichnung „Dispersionsbildung" und „Dispersionsbeständigkeit".

[2] VOGELPOHL, G.: Z. Forsch. Ing.Wesen 16 (1949) 109.

[3] Vortrag auf dem 3. internationalen Kongreß für grenzflächenaktive Stoffe, Köln.

[4] GÜLKER, E.: VDI-Berichte 85 (1964) 47; er empfiehlt die Begriffsbezeichnung „Dispersionsbildung" und „Dispersionsbeständigkeit".

[5] Schauminhibitoren s. S. 22.

[6] KEIL, G., u. R. RICHTER: Erdöl u. Kohle 19 (1966) 187.

[7] THÖNES, H. W.: Z. Mineralöl Techn. 7 (1962) Nr. 16. — Neue Bestimmungsmethode der Luftabscheidung: Erdöl u. Kohle 21 (1968) 543.

[8] DHHU = Dortmund-Hörder-Hüttenunion.

F. Chemische Prüfungen

Von C. ZERBE, Hamburg

Inhaltsübersicht

I. Neutralisationszahl und Verseifungszahl[1]

Die freien Säuren, die in Mineralschmierölen durch die *Neutralisationszahl* (Nz) erfaßt werden, können aus Mineralsäuren (die in Mineralölen nur selten vorkommen) oder aus organischen Carbonsäuren (Naphthensäuren oder Fettsäuren in gefetteten Ölen) bestehen; durch die *Verseifungszahl* (Vz) werden freie und gebundene Säuren angezeigt. Bei Gegenwart von Schwefel-, Phosphor-, Halogen- oder anderen Verbindungen, die Alkali verbrauchen, fallen die Werte für die Neutralisations- und für die Verseifungszahl zu hoch aus.

Den Gehalt an fettem Öl oder Fett in einem kompoundierten Schmieröl kann man nach folgender Formel berechnen:

$$\text{Gehalt an fettem Öl} = \frac{C}{F} \cdot 100\%.$$

Hierin ist:

C die Verseifungszahl des kompoundierten Öles,
F die Verseifungszahl des fetten Öles.

Ist die Verseifungszahl für das fette Öl nicht bekannt, kann als Faustregel für F der Wert Vz = 190 mg KOH/g als Durchschnittswert für die für eine Kompoundierung in Frage kommenden fetten Öle eingesetzt werden. Für Berechnungen sind die nachstehend angegebenen Verseifungszahlen zu empfehlen:

Fettes Öl	Verseifungszahl mg KOH/g	Fettes Öl	Verseifungszahl mg KOH/g
Specköl	192—198	Sojabohnenöl	189—197
Talg	193—198	Erdnußöl	186—197
Klauenöl	193—204	Baumwollsamenöl	191—197
Fischöl	140—193	Geblasenes Baumwollsamenöl	210—225
Ricinusöl	176—187	Geblasenes Rüböl	195—216
Rüböl	170—179	Dégras	110—210

Die Reproduzierbarkeit der Ergebnisse beträgt bei kompoundierten Ölen, die weniger als 30% fettes Öl enthalten, $\pm 0{,}3$, bei kompoundierten Ölen, die mehr als 30% fettes Öl enthalten, $\pm 0{,}5$, und bei reinen fetten Ölen $\pm 1{,}0$ mg KOH/g Öl.

Bei den mit Wasser mischbaren Kühlmitteln für Metallbearbeitung, den wasserlöslichen Bohrölen und Bohrfetten, hat sich der Begriff „Gesamtfettgehalt" eingebürgert, worunter die Summe von Mineralölen und verseifbaren Anteilen zu verstehen ist. Den Gesamtfettgehalt bestimmt man, indem man die Summe des Gehaltes an Wasser nach DIN 51582 und an Asche nach DIN 51575 von 100 abzieht.

---

[1] Bestimmung s. Teil I, S. 129. — GORDON, P. J., u. Mitarb.: Industr. Engng. Chem., Anal. Edit. 15 (1943) 765, schlagen an Stelle von Benzol einen aromatenreichen White-Sprit vor. Für dunkle Öle wird entweder ein Spezialindikator nach A. E. FAHNOL u. Mitarb.: Industr. Chem., Anal. Edit. 16 (1944) 53, oder die potentiometrische Methode nach A. LYKKEN: Engng. Industr. Engng. Chem., Anal. Edit. 16 (1944) 219, empfohlen.

II. Salzgehalt

DIN 51576: Bestimmung des Salzgehaltes

Schmieröle (z. B .Turbinen- und Schiffdieselschmieröle), die mit Salz- oder Seewasser in Berührung kommen oder damit verunreinigt sind, können anorganische Chloride enthalten, die Korrosionen oder Betriebsstörungen verursachen. Unter „Salzgehalt" sind die wasserlöslichen Chloride, berechnet als Natriumchlorid, zu verstehen.

Das Bestimmungsverfahren gilt nur für Öle, die nicht mehr als 2% emulgiertes Wasser enthalten, ist aber nach entsprechender Berücksichtigung auch bei höheren Wassergehalten anwendbar.

Zur Bestimmung des Salzgehaltes wird die mit Lösungsmittel (Benzol) verdünnte Probe mit Wasser heiß extrahiert; in dem Extrakt werden die wasserlöslichen Chloride maßanalytisch bestimmt. Wenn der Extrakt Sulfide enthält (Prüfung mit Bleiacetatpapier), müssen diese vor dem Titrieren durch Oxydation mit Salpetersäure entfernt werden. Ein Extraktionsgerät mit Außenheizung ist in der Norm beschrieben.

III. Chlorgehalt

1. DIN 51577: Bestimmung des Gesamtchlorgehaltes

Die Bestimmung des Gesamtchlorgehaltes dient im Zusammenhang mit anderen Untersuchungen zur Kennzeichnung und Beurteilung gewisser Schmieröle, die außer Fluor und Chlor keine anderen Halogene enthalten.

Der Gesamtchlorgehalt wird entweder durch Verbrennung der Probe mit Sauerstoff in einer Bombe unter Druck oder nach GROTE-KREKELER durch Verbrennen im luftdurchströmten Quarzrohr bestimmt. Beide Prüfmethoden sind in dem DIN-Blatt ausführlich beschrieben.

2. ASTM D 806-63: Chlorine in New and Used Petroleum Products

ASTM D 806-63 beschreibt die Bestimmung von Chlor nach der „Sodium Alkoholate Method", ASTM D 808-63 nach der „Bomb Method".

IV. Phenolgehalt[1]

In Schmierölen kommen Phenole praktisch nicht oder in Krackprodukten nur in sehr kleinen Mengen vor. Die Prüfung auf Phenole dient in erster Linie dazu, um beigemischte Teeröle zu erkennen. Sie beruht auf der Umsetzung des salzsauren Diazobenzols in alkalischer Lösung zu rotgefärbtem Oxyazobenzolkalium bzw. dessen Homologen[2]. Weitere Nachweise: Umsetzung mit Bromwasser zu Tribrom-Phenol, mit MILLONS Reagens (1 Teil Hg, 2 Teile verdünnter Salpetersäure) erhält man einen gelben Niederschlag, oder durch Umsetzung mit überschüssigem Brom, das überschüssige Brom setzt aus einer zugesetzten Joditlösung Jod frei, das mit Thiosulfat titriert wird.

Ein alkalischer, durch Kochen mit 1 n-Kalilauge bereiteter Auszug des Öles wird in der Kälte mit frisch bereitetem salzsaurem Diazobenzol versetzt. Bei Gegenwart von phenol- oder kresolhaltigen Ölen entsteht intensive Rotfärbung.

Die Bestimmung von Anthrazenölen in Mineralölen durch Chromatographie über Aluminiumoxid beschreiben DANIEL, FLORENTIN und MARG. HEROS[3].

---

[1] Siehe auch Abschnitt Braunkohlenteer, S. 433 ff.

[2] GRAEFE, E.: Laboratoriumsbuch für die Braunkohlen-Industrie. Halle: Knapp 1924, S. 32. — LANDOLD, H.: Ber. Dtsch. chem. Ges. 4 (1871) 770. — VAUBER, W.: Angew. Chemie 13 (1900) 1125. — KOPPENSCHAR, W.: Z. anal. Chem. 15 (1955) 233.

[3] Bull. Soc. chim. Fr. [5] 14 (1947) 210.

L. Lykken und Mitarbeiter[1] beschreiben eine kolorimetrische Methode, nach der das mit Natriumnitritlösung gebildete Nitrosophenol durch alkoholisches Ammoniak in das entsprechende Chinoid übergeführt wird.

V. Wassergehalt[2]

Wasser beschleunigt durch Luftsauerstoffübertragung die Ölalterung, kann Schäumen veranlassen und kann die Ölzufuhr bei Dochtschmierung erschweren. Bei Transformatoren- und Isolierölen wird die Durchschlagsfestigkeit vermindert. Kältemaschinenöle müssen wegen Gefahr von Eiskristallbildung völlig wasserfrei gehalten werden.

Die Löslichkeit von Wasser in Mineralölen ist nur gering. So sind z. B. in 100 g[3] nachstehende Wassermengen löslich: siehe nebenstehende Tabelle.

	Temperatur	
	20 °C	94 °C
Petroleum	0,006 g	0,097 g
Paraffinöl	0,003 g	0,055 g

Transformatorenöl kann etwa dreimal soviel Wasser wie reines Paraffinöl bzw. Petroleum lösen.

VI. Aschegehalt[4]

1. Allgemeines

Aschebildner können sowohl in gelöster (Wirkstoffe) als auch in suspendierter Form in Schmierölen vorhanden sein; Destillate, Dunkelöle und Zylinderöle haben in der Regel einen höheren Aschegehalt als wirkstoffreie Raffinate. Während des Betriebes kann der Aschegehalt von Schmierölen durch Aufnahme öllöslicher Metallseifen aus den Schmierflächen oder durch Metallabrieb steigen. Die Asche von frischen Schmierölen besteht vorwiegend aus Eisenoxid, Natrium bzw. Calciumsulfat und gelegentlich aus Spuren Bleicherde. Durch Wirkstoffe können aber auch Elemente wie Pb, Zn, P, Erdalkalien und andere vorhanden sein; bei gebrauchten Motorenölen kommen Metallabrieb sowie mineralische Staubbestandteile dazu. Durch bestimmte Zusatzstoffe (Additives, s. S. 16) und Eindickungsmittel kann sich der Aschegehalt entsprechend erhöhen.

2. Spezielle Prüfungsmethoden

a) IP 122/62: Spectrographic Analysis of Inorganic Constituents of Ashes

Die Bestimmung des Gehaltes an anorganischen Bestandteilen in gebrauchten Ölen, Schlamm, Maschinenablagerungen und kleinsten Aschenbestandteilen erfolgt durch Zugabe einer bekannten Menge Ferrisulfat zur Asche. Die Mischung wird zu „Pellets" geformt und spektroskopisch unter Verwendung von Cu-Elektroden im DC-Bogen untersucht. CU und Fe können infolge dessen nicht bestimmt werden, ebenso Alkali- und Nichtmetalle.

b) ASTM D 874-63 und IP 163/65: Sulfated Ash from Lubricating-Oils and Additives

Beide Methoden stimmen praktisch mit DIN 51575 (Abschnitt Sulfatasche) überein (s. Teil I, S. 134).

---

[1] Industr. Engng. Chem., Anal. Edit. 18 (1946) 103.
[2] Nachweis und quantitative Bestimmung und *Spratzprobe* s. Teil I, S. 125.
[3] Groschuff: Z. Elektrochem. 17 (1911) 348.
[4] Bestimmung s. Teil I, S. 133.

3. Feste Fremdstoffe

Zentrifugenmethode s. IP 75/64.

DIN 51 592: Bestimmung des Gehaltes an Fremdstoffen

Feste Fremdstoffe sind alle im Schmieröl und Benzol unlöslichen artfremden festen Verunreinigungen.

Kurzbeschreibung des Verfahrens

Die Probe wird, gegebenenfalls unter geringem Erwärmen, in Reinbenzol gelöst und über ein benzolbeständiges feinporiges Membranfilter[1] filtriert. Der Rückstand wird gewaschen, getrocknet, gewogen und als Gehalt an festen Fremdstoffen angegeben.

Erläuterungen

In dem vorliegenden Norm-Entwurf DIN 51 592 ist ein zu DIN 51 588, Ausgabe Oktober 1962, äquivalentes Bestimmungsverfahren vorgeschlagen. Daher mußte das bisher in DIN 51 592 enthaltene Filtermedium Kryolithpulver verlassen und an dessen Stelle das Membranfilter eingesetzt werden. Die durch das Kryolithpulver bedingten Unsicherheiten, wie z. B. die Adsorption von Wirkstoffen (Additives) und damit die Vortäuschung eines zu hohen Gehaltes an Fremdstoffen, werden beim Verwenden des Membranfilters ausgeschlossen. Somit ist die in DIN 51 592, Ausgabe September 1959, Fußnote 1, enthaltene Ankündigung: ,,Ein verbessertes und allgemein anwendbares Prüfverfahren wird zur Zeit ausgearbeitet", erfüllt.

VII. Asphaltene (früher Hartasphalt) und Fremdstoffe (Gesamtverschmutzung)[2]

Als Asphaltene bezeichnet man die beim Lösen eines Öles in n-Heptan (früher Normalbenzin)[3] in mehr oder weniger großen Mengen ausfallenden, in Alkohol unlöslichen Verbindungen. Diese finden sich in Destillaten, Zylinderölen und Dunkelölen. H. Suida[4] weist darauf hin, daß man fälschlicherweise alle mit Normalbenzin bzw. n-Heptan aus dem Schmieröl ausfällbaren Substanzen als Hartasphalte oder als Schlamm bezeichnet. Beides ist unrichtig, weil durch Normalbenzin auch Asphaltharze und andere Stoffe mitgefällt werden und andererseits Stoffe, die gelöst sind, nicht als Schlamm bezeichnet werden dürfen. Als exakte Bestimmungsmethode wird die sog. Erdenmethode nach H. Pöll, vgl. S. 85, empfohlen, nach der unschmelzbare, mattbraune, spröde, zu Pulver verreibbare Hartasphalte von hohem Molekulargewicht gewonnen werden. Sie bleiben in Öl kolloidal gelöst und werden erst durch Verdünnen mit Normalbenzin (n-Heptan) ausgeschieden. Raffinate sollen frei von Asphaltenen sein[5].

Da im Betrieb durch Licht, Wärme und Luftsauerstoffaufnahme in Ölen, die im Anlieferungszustand frei von Asphaltenen sind, diese neu entstehen, werden für bestimmte Zwecke alterungsbeständige Öle bevorzugt; diese zeigen bei Wärmebehandlung in Verbindung mit Luftsauerstoff nur geringe Asphaltenzunahme[6].

Bei Isolierölen (vgl. S. 354) bilden sich im Betrieb Alterungsstoffe, die bei Prüfung auf Asphaltene mit n-Heptan ausfallen, chemisch jedoch anders zusammengesetzt sind als die Asphaltene in Frischöl. Die Summe aus ursprüng-

---

[1] Membranfiltriergerät. Über die Bezugsquellen gibt Auskunft: DIN-Bezugsquellen für normgerechte Erzeugnisse im DNA, 1 Berlin 30, Burggrafenstraße 4—7.

[2] Bestimmung und Definition s. Teil I, S. 136.

[3] Gemäß DIN-Entw. 51 595 (Nov. 1964) wird im Gegensatz zu DIN 51 557 n-Heptan an Stelle von FAM-Benzin als Fällungsmittel verwendet. Die Ergebnisse beider Verfahren können nicht miteinander verglichen werden. Im allgemeinen werden nach dem Normentwurf höhere Ergebnisse erhalten. Da man sich im Rahmen internationaler Zusammenarbeit künftig der Methode IP 143/57 bedienen wird, war der DIN-Entwurf 51 595 erforderlich, s. auch Abschnitt Chemische Prüfung, ,,Prüfung des Asphaltengehaltes", Teil I, S. 136.

[4] Vgl. auch neuere Anschauungen von J. Moos: Erdöl u. Kohle 2 (1949) 345.

[5] Zulässige Höchstwerte für Dunkelöle, Normalschmieröle und alterungsbeständige Schmieröle s. S. 48 ff.

[6] Alterungsneigung s. S. 96.

lichen und neu gebildeten, kolloidal gelösten Asphaltenen in Verbindung mit suspendierten Fremdstoffen wird in der Motorenindustrie unter dem Begriff „Gesamtverschmutzung" zusammengefaßt[1].

VIII. Rückstands- und Schlammbildung

Praktisch alle Schmieröle neigen — insbesondere in der Wärme — nach längerem Betrieb zur Schlamm- und Rückstandsbildung (Ölkohle), die in Abhängigkeit von der Alterungsneigung, dem Schmiervorgang, der Art des Öles, der Temperatur und insbesondere auch von den Betriebsverhältnissen auf die verschiedensten Ursachen zurückzuführen sind.

1. Rückstand (Ölkohle, Verkokungsrückstand)[2]

Während die einen annehmen, daß sich die Ölkohle im Zylinderraum von Verbrennungsmotoren durch unvollständiges Verbrennen des fein zerstäubten Öles bildet, glauben andere, daß Ölkohle durch langsames Abschwelen und Oxydieren des Öles bei örtlichen Überhitzungen oder an heißen Stellen der Maschine entsteht[3].

Die Menge des Verkokungsrückstandes ist von der Viskosität und der chemischen Zusammensetzung der Öle abhängig. Zähflüssige Zylinderöle und Brightstocks haben höhere Verkokungswerte als dünnflüssige Öle; paraffinbasische Öle geben härtere koksartige Rückstände als z. B. asphaltbasische Öle. Die Höhe des Verkokungsrückstandes wird weiterhin in der Regel durch die Intensität der Raffination stark beeinflußt, was auf die noch unbewiesenen Zusammenhänge zwischen Erdöl- und Asphaltharzgehalt eines Öles mit dessen Verkokungsneigung hindeutet.

Im praktischen Betrieb ist auch die Art des Rückstandes von Bedeutung, dessen Härte davon abhängt, ob die Abscheidung im Dampf oder in flüssiger Phase an den Wandungen erfolgt. Straßenteste ergeben nach W. NELSON[4], daß naphthenbasische Öle mit relativ hoher Rückstandsbildung weniger Schwierigkeiten machen als paraffinische Öle mit geringerer Rückstandsbildung.

ROBERTSON und BOWERS[5] fanden, daß paraffinbasische Öle harte, koksartige Ölkohle bilden, während asphalt- oder naphthenbasische Öle weichere, flockige, graphitartige Rückstände bilden. Nach Ansicht dieser Forscher ist die Bildung von Ölkohle außer von den motorischen Bedingungen vorwiegend von der Flüchtigkeit der Öle abhängig. BAHLKE, BARNARD, EISINGER und FITZ-SIMMONS[6] bauten darauf den sog. Verkokungsindex auf (d. h. die Temperatur, bis zu welcher 90% des Öles unter 1 mm Quecksilberdruck übergehen) als Kennzahl für die Verkokungsneigung.

J. MARKUSSEN[7] gelang es, die Ölkohle in Lauge mehr oder weniger aufzulösen und aus der Lösung mit Mineralsäuren sog. Asphaltogene abzuscheiden, während der in Alkali unlösliche Teil nicht aus Kohle oder Kohlenstoff, sondern — gemäß Löslichkeit und Verhalten gegenüber rauchender Salpetersäure — aus einem Gemenge von Karbenen und Karboiden, d. h. aus Körpern besteht, die den Asphaltenen analog gebaut sind. Diese Verbindungen sind als Oxydationsprodukte des Mineralöls anzusehen und finden sich auch in den chloroformlöslichen, mit Benzin fällbaren Anteilen des Rückstandes, die bisher als Asphaltene bezeichnet wurden.

Zur Bestimmung des Verkokungsrückstandes, d. h. der Neigung von Schmierölen, in der Wärme koks- und asphaltartige Rückstände (sog. „Ölkohle") zu bilden, hat sich in Mitteleuropa für Schmieröle neben dem Ramsbottom-Test

---

[1] Gesamtverschmutzung gebrauchter Schmieröle s. S. 386.

[2] Bestimmung s. Teil I, S. 126. Vornorm DIN 51352.

[3] Diesbezüglich sei auf die Arbeiten von HOLDE: Mitt. Mat.-prüfsamt, Berl.-Dahlem 22 (1904) 175. — ALLENSTEIN: Mitt. Mat.prüfsamt, Berl.-Dahlem 12 (1905) 187. — STOLZENBURG: Mitt. Mat.prüfsamt, Berl.-Dahlem 13 (1906) 54, 59. — SCHLÜTER: Chemiker-Ztg. 37 (1913) 221 und A. v. PHILIPPOVICH: Erdöl u. Teer 9 (1933) 236 hingewiesen.

[4] Oil Gas J. 38 (1940) Nr. 35, S. 48.

[5] ROBERTSON, R. G., u. H. J. BOWERS: Oil Gas J. 27 (1928) 22, 139.

[6] J. Soc. automot. Engrs. 29 (1931) 215.

[7] Brennst.-Chemie 2 (1921) 103.

in erster Linie der Conradson-Test eingebürgert. Zwischen den Ergebnissen des Conradson-Testes und Ramsbottom-Testes ergeben sich oft große Differenzen; die höheren Werte erhält man nach CONRADSON, bisweilen kann jedoch auch der Ramsbottom-Test höher liegen[1]. Es muß deshalb stets angegeben werden, nach welcher Methode der Verkokungsrückstand bestimmt wurde. Bezüglich beider Teste s. Teil I, S. 138.

Andere Verkokungsmethoden, wie sie z. B. von v. PHILIPPOVICH[1] und BUTKOW[2] und KOETSCHAU[3] angeführt werden, sowie die in der Kohleindustrie üblichen Verkokungsmethoden haben sich für Schmieröle nicht bewährt. Die Verkokung der Öle in Luft scheint nach PHILIPPOVICH[1] keine grundsätzlich anderen Resultate zu haben wie die Verkokung nach CONRADSON.

Die Verkokungsmethode gibt bei Schmierölen lediglich über die relative Neigung zur Koksbildung Aufschluß. Zuverlässige Beziehungen, z. B. für die motorische Eignung eines Öles, bestehen nicht, da unter normalen Bedingungen andere Faktoren, wie Viskosität des Öles, mechanischer Zustand der Maschine, Gemischbildung usw., einen überwiegenden Einfluß haben. Bei der Auswertung der bei der Bestimmung des Verkokungsrückstandes erhaltenen Ergebnisse für die Praxis sind deshalb stets die Resultate sämtlicher analytischer Kennwerte sowie der Verwendungszweck, für den das Öl bestimmt ist, zu berücksichtigen.

2. Ölschlamm

Im Gegensatz zur Ölkohle soll sich in Abhängigkeit von der Herkunft, Zusammensetzung und Raffination des Öls der Ölschlamm vorwiegend durch Oxydationsreaktionen bilden. Der Ölschlamm bzw. dessen feste Anteile haben in der Regel die gleiche Zusammensetzung wie die Ölkohle; beide enthalten neben den Umwandlungsprodukten des Schmieröls und Metallseifen noch mehr oder weniger große Anteile an anorganischen Bestandteilen, die durch Abrieb und angesaugte Luftverunreinigungen in das Öl gelangen.

Im Gegensatz zur Ölkohle, die sich an heißen Stellen der Maschine absetzt, führt der Ölschlamm zu einer allgemeinen Verschmutzung der Maschine, was zu Betriebsstörungen durch Verstopfen der Schmierkanäle und Leitungen führen kann. Bei Verbrennungsmotoren, Kompressoren, Heißdampfzylindern von Dampfmaschinen usw. bilden sich an Zylinderkopf- und -boden und zwischen den Kolbenringen oft mehr oder weniger lack- bis asphaltartige Überzüge oder pech- bis koksartige Abscheidungen mit weicheren Einschlüssen. Solche Rückstände führen oft nicht nur zu erheblichen Störungen, sondern können bisweilen auch — insbesondere bei Luftkompressoren — zu Explosionen Anlaß geben.

Um schlamm- und lackartige Ablagerungen im kalten Teil der Maschine zu verhindern, wurden den Ölen „Dispersants" bzw. „Detergents", entwickelt, die die Ausflockung des Schlammes verhindern (s. S. 20). Da Alterungsstoffe wahrscheinlich maßgebend an der Schlamm- und Ölkohlebildung beteiligt sind, wirken oxydationshemmende Zusatzstoffe (sog. Antioxydantien) günstig (vgl. S. 22).

3. Analyse der Schlamm- und Koksrückstände

Nach sorgfältiger Trocknung bei 105 °C wird durch Extraktion mit Petroläther das unverändert bzw. schwach oxydierte Schmieröl abgetrennt. Daran schließt sich eine Extraktion mit Benzol, wodurch neben Metallseifen die Oxydationsprodukte der bis zur Asphaltkonsistenz veränderten Ölbestandteile herausgelöst werden. Die Aufarbeitung des Benzol-

---

[1] Vgl. A. v. PHILIPPOVICH: Erdöl u. Teer 9 (1933) 267.
[2] Erdöl u. Teer 3 (1927) 551.
[3] Jb. von den Kohlen u. Mineralölen 3 (1930) 110.

extraktes erfolgt nach dem in nachfolgender Übersicht 1 von Frank und Meyerheim vor geschlagenen Schema.

Der nach der Extraktion verbleibende Rückstand wird durch Lösen in Salzsäure in lösliche Metallchloride (Untersuchung in üblicher Weise) und in unlösliche Anteile, wie Gangart, Sand und Kohle, zerlegt. Der Gehalt an Kohle wird annähernd aus dem Glühverlust bestimmt.

J. Markusson[1] empfiehlt — wie oben erwäht —, die in Benzin und Chloroform unlöslichen kohligen Stoffe durch Lösen in laugelösliche Asphaltogensäuren und laugeunlösliche Bestandteile und Asphaltene zu zerlegen. Diesen sind die im Chloroformextrakt mit Benzin fällbaren Asphaltene zuzuzählen. C. Levin und C. Towne[2] weisen darauf hin, daß bei der üblichen Schlammbestimmung in gebrauchten Ölen durch Lösung in einem Lösungsmittel, Absitzenlassen und Filtrieren nicht nur der ungelöste Schlamm erfaßt wird, sondern gleichzeitig Schlamm, der im Öl gelöst ist, ausgefällt wird. Sie schlagen deshalb vor, das in Pentan Unlösliche einmal im Muster und das andere Mal in dessen Filtrat mittels einer Baumwollschicht zu bestimmen. Der ungelöste Schlamm wird aus der Differenz beider Werte berechnet. Das Filtergerät besteht aus einem Glasrohr von (508 mm Länge und 17 mm Durchmesser) mit einer Baumwollschicht bis zu einer Höhe von 101 bis 127 mm. Gefiltert wird über Nacht in einem Trockenofen bei 60 bis 75 °C.

IX. Alterungsneigung und Oxydation

1. Allgemeines

Schmieröle sind — insbesondere in Verbrennungs- und Dampfmaschinen, Dampfturbinen usw. — oft lange Zeit hohen Temperaturen ausgesetzt und kommen dabei auch mit katalytisch wirkenden Stoffen, wie Metallen oder Metallverbindungen, in Berührung. Sie zeigen dabei Veränderungen, die man als "Altern" bezeichnet. Als Alterungsprodukte bilden sich einerseits durch Oxydationsvorgänge[3] freie und gebundene Säuren, andererseits durch Oxydations- und Polymerisationsreaktionen harz- und asphaltartige Verbindungen, die im ersten Stadium noch öllöslich sind, sich aber bei weiterer Alterung als Schlamm oder Asphaltene ausscheiden. Paraffinkohlenwasserstoffe neigen in der Regel dazu, Säure und viskositätssteigernde Kondensationsprodukte zu bilden, während Aromaten sich zu hochmolekularen, viskositätssteigernden Verbindungen kondensieren.

N. J. Tschernoshukow[4] stellte fest, daß bei der Oxydation von Schmierölen aus paraffinischen und aromatischen Kohlenwasserstoffen mit langen Seitenketten hochmolekulare Carbonsäuren, aus naphthen- oder aromatischen Kohlenwasserstoffen mit kurzen oder verzweigten Alkylketten dagegen niedrigmolekulare Carbonsäuren und aus naphthen- oder naphthen-aromatischen Kohlenwasserstoffen Oxycarbonsäuren entstehen.

Fenske, Stevenson und Mitarbeiter[5] fanden, daß bei der Schmieröloxydation bei 130 bis 180 °C im Sauerstoffkreislauf 90 bis 100% des absorbierten Sauerstoffs in bestimmten Endprodukten wiedergefunden werden. Das Hauptprodukt ist Wasser, das 40 bis 60% des umgesetzten Sauerstoffs enthält; lösliche, verseifbare Produkte stellen einen weiteren beträchtlichen Anteil dar, während Kohlendi- und monooxid, flüchtige und feste Säuren und fällbare Produkte den Rest umfassen. Die Oxydationsgeschwindigkeit schwankt in weiten Grenzen. H. Stäger[6] faßte die wichtigsten Theorien bezüglich Oxydation einfacher Aliphaten und Aromaten zusammen und erklärt die neueren Hydroxyl-Peroxid-Theorien an typischen Schemen. Er veranschaulicht dadurch das verschiedene Oxydationsverhalten von paraffinischen und naphthenischen Transformatorenölen. Kupfer beschleunigt die Bildung von Dicarbonsäuren, Blei und Cadmium die von Oxysäuren. F. Jostes und A. Hann[7] zeigen an Versuchen, daß Erdölharze die Alterungserscheinungen beschleunigen.

---

[1] Siehe Fußnote 7, S. 94.
[2] Amer. Soc. Test. Mater., Milwaukee, Meeting, Sep. 1938.
[3] Luther, H.: Erdöl u. Kohle 12 (1959) 619, 728, 898.
[4] Neft. choz. (Erdöl-Wirtsch. [russ.]) 25 (1947) Nr. 8, S. 40.
[5] Tagung der Amer. Chem. Soc. 1940; ref. Brennst.-Chemie 22 (1941) 118.
[6] Schweizer Arch. angew. Wiss. Techn. 13 (1947) 257. H. Luther (siehe Fußnote 3) stellt auf Grund von Ergebnissen von Oxydationsversuchen eine Sauerstoffbilanz auf.
[7] Öl u. Kohle 15 (1939) 515.

Übersicht 1. *Schema der Rückstandsuntersuchungen*[1].

Die Probe wird zur Entfernung von Wasser und evtl. vorhandenen flüchtigen Betriebsstoffen im Trockenschrank auf etwa 105° erwärmt[2].

Gewichtsverlust: *Wasser und Betriebsstoff*

Getrocknete Probe im Soxhlet- oder Graefe-Apparat mit Petroläther erschöpfend extrahieren.

Rückstand mit Benzol erschöpfend extrahieren.

Petrolätherlösung (A) eindampfen, wägen: *wenig* oder *nicht verändertes* Öl. Öl charakterisieren nach: Aussehen, Geruch, spezifisches Gewicht, Säurezahl, Verseifungszahl, Viskosität usw.; evtl. Trennung nach SPITZ-HÖNIG (vgl. Teil I, S. 132), um festzustellen, ob fette Öle oder kompoundierte Öle benutzt wurden.

Rückstand (Ruß, Fasern, Quarz- und Metallteilchen) mit Magnet auf Eisen prüfen.

Benzolextrakt (B) (verändertes Öl, z. T. Eisenseifen) eindampfen, wägen. Aschegehalt bestimmen.

Aliquoten Teil veraschen.

Rest zerlegen wie (C).

Benzolextrakt (aliquoten Teil) mit Äther-Salzsäure zersetzen, im Scheidetrichter trennen, evtl. filtrieren.

Asche qualitativ prüfen auf Metalle: Eisen, Lagermetalle, wie Kupfer, Antimon, Aluminium usw., und auf Kieselsäure, Gips.

Ätherlösung mit Wasser neutral waschen, eindampfen.

Benzollösliche, ätherlösliche Neutralstoffe (Asphalt) und *Säuren.* Nz und Vz bestimmen.

Salzsäurelösung (HCl, Chloride) evtl. auf Metallionen untersuchen.

In Äther und HCl unlösliche Anteile (C) mit alkoholischer KOH verseifen (1 Stunde am Rückflußkühler erhitzen), Alkohol verjagen, mit Salzsäure ansäuern, mit Äther ausschütteln, evtl. filtrieren.

Ätherlösung neutral waschen, eindampfen, wägen.

Unlöslichen Rückstand mit Wasser waschen, trocknen, mit Alkohol extrahieren.

Als benzolunlösliche Lactone vorliegende *ätherlösliche Säuren.*

Benzolunlösliche, ätherunlösliche, alkohollösliche Stoffe.

In Benzol, Äther und Alkohol unlösliche Säuren, Ruß, Fasern usw.

Als benzollösliche, ätherunlösliche Lactone vorliegende ätherlösliche Säuren.

Alkoholextrakt eindampfen, wägen.

Rückstand trocknen und wägen.

Benzollösliche, ätherunlösliche, alkohollösliche Stoffe (hauptsächlich Oxysäuren).

Benzollösliche, äther- und alkohol-unlösliche Stoffe.

---

[1] Nach F. FRANK und G. MEIERHEIM. — ENGLER, HÖFER, TAUSZ: Das Erdöl. 2. Aufl. Bd. 4, S. 293.

[2] Bei größeren Mengen emulgierten Wassers unter wiederholtem Verrühren mit je 5 cm³ Alkohol.

Sofern die gebildeten Oxydationsprodukte hochmolekulare Säuren in nicht zu großer Menge darstellen, können sie den Schmierwert des Öles durch ihren polaren Charakter günstig beeinflussen; auch ein hoher Gehalt an Polymerisationsprodukten schädigt den Schmiervorgang so lange nicht, als damit keine untragbare Viskositätserhöhung verbunden ist. Oft sind aber die durch Alterung entstandenen Säuren stark korrosiv und bilden infolgedessen mit den anwesenden Metallen Metallseifen, die die z. B. bei Turbinenölen sehr wichtige Emulsionsbeständigkeit beeinträchtigen.

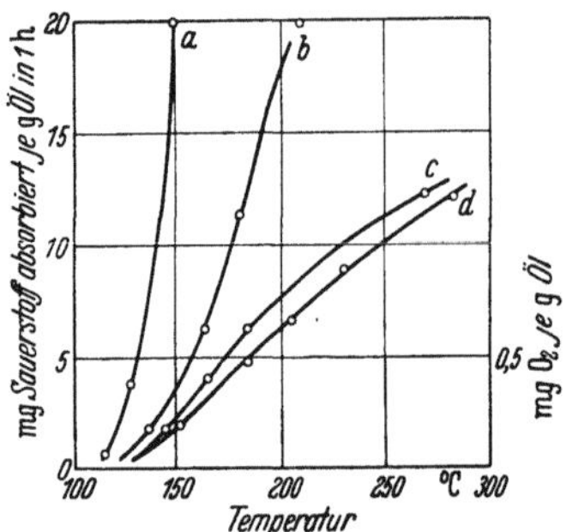

Abb. 1. Sauerstoffaufnahme von Ricinusöl
und drei Mineralölen
in Abhängigkeit von der Temperatur.

a Ricinusöl; *b* Asphaltbasisches Öl;
c Russisches Öl; Pennsylvanischer
Brightstock.

Die Neigung der Öle zur Alterung ist sehr verschieden und hängt zum Teil von der Raffinationsart, dem Raffinationsgrad, weitgehend aber von ihrem chemischen Aufbau ab. Paraffinbasische Öle, die nach S. F. KAPF, J. R. BOWMAN und A. LOWY[1] die beständigsten aller Naturschmieröle sind, zeigen bessere Alterungsbeständigkeit als naphthenbasische Öle. C. KRÖGER[2] fand, daß hydrierte, synthetische Schmieröle oxydationsfester sind als die nicht hydrierten, die Mineralölen entsprechen; ferner, daß Lagermetalle von temperaturabhängigem Einfluß auf die Öle sind, und daß Zusatzstoffe die Oxydationsgeschwindigkeit beeinflussen. Diese Erfahrung bestätigt das Kurvenbild Abb. 1[3], auf dem die Sauerstoffaufnahme von Ricinusöl der Sauerstoffaufnahme von drei Mineralölen verschiedenen Typs bei verschiedenen Temperaturen gegenübergestellt ist. Ricinusöl nimmt bereits bei 125 °C unter starkem Viskositätsanstieg begierig Sauerstoff auf, während bei den drei Mineralölen die Sauerstoffaufnahme erst bei 140 °C anfängt. Bei dem asphaltbasischen Öl steigt sie am schnellsten, bei dem naphthenbasischen (russischen) Öl weniger schnell und bei dem paraffinischen Öl erheblich langsamer. W. KLAY und R. GOTTSCHALK[4] berichten über den Einfluß von Schwefel auf die Bildung von Alterungsstoffen in Mineralölen.

M. R. FENSKE und Mitarbeiter[5] stellen fest, daß sich die Sauerstoffabsorptionsgeschwindigkeit in dem Temperaturintervall von 140 bis 180 °C für je 10° Temperaturerhöhung verdoppelt. Vorhandener Wasserdampf ist ohne Einfluß. Bleicherdebehandlung kann die Stabilität je nach Natur des Öles vergrößern oder verkleinern. Eisen, Kupfer und Blei sind als Metalle oder Salze Katalysatoren, deren Wirkung durch Inhibitoren, wie z. B. Ester der Phosphorsäuren, aufgehoben werden kann; trotzdem können sie aber die Neigung zu Begleitreaktionen, wie Polymerisation, Kondensation usw., beeinflussen.

Rückstandsöle, z. B. Pennsylvanischer Brightstock, zeigen manchmal bessere Oxydationsstabilität als die entsprechenden Destillate, was auf sog. „Inhibitoren", d. h. alterungshemmende Stoffe in den Rückständen, zurückzuführen ist.

Raffination steigert in der Regel die Oxydationsstabilität, sofern durch sie nicht die letzten Reste von natürlichen Inhibitoren entfernt werden. Dasselbe gilt von einer Extraktion mit selektiven Lösungsmitteln, die in der Regel die Oxydationsstabilität verbessert.

Die Erkenntnisse, daß sowohl organische als auch Metallverbindungen die Oxydationsneigung von Schmierölen dämpfen, führte zu der Entwicklung von Oxydationsstabilisatoren (s. S. 21).

2. Prüfung

Zur Prüfung der Alterungsneigung von Schmierölen im Laboratorium wurden die verschiedensten Methoden entwickelt[6], bei denen die Alterung bei Anwesenheit

[1] J. Instn. Petrol. Technol. 31 (1945) 453.   [2] Erdöl u. Kohle 1 (1948) 352.
[3] Vgl. D. R. PYL in: The Science of Petroleum. London/New York/Toronto: Oxford Univ. Press, 1938, Bd. III, S. 2637.
[4] Öl u. Kohle 14 (1938) 220.   [5] Industr. Engng. Chem., Anal. Edit. 13 (1941) 51.
[6] Stabilität von Schmierölen (Work Factor) s. Fed. Test Method Std. 791a, Test 3451.2.

von Sauerstoff durch erhöhte Temperaturen, Druck und katalytische Einflüsse beschleunigt wird. Welcher Test im Einzelfalle am meisten zusagt, hängt von den Anforderungen und dem Anwendungszweck des Öles ab. Durch Variationen der verschiedenen Einflüsse entstanden eine Unzahl von Alterungsmethoden, die man in statische Methoden, bei welchen das Öl in Luft- oder Sauerstoffatmosphäre erhitzt wird, in Bombenmethoden, bei denen man erhöhten Druck anwendet, und in dynamische Methoden, bei denen Luft oder Sauerstoff durch das Öl geblasen wird, unterteilen kann.

Die Neigung zur Alterung wird durch Beobachtung der Sauerstoffadsorption, des Ansteigens der Viskosität oder der Dichte, der Rückstandsbildung, der Asphaltenneubildung und der Säure- oder Verseifungszahl gemessen. In Angleichung an die Schlammbildung in der Maschine wird jedoch hauptsächlich die Asphaltneubildung als Alterungsmaßstab herangezogen; bei dem British Air Ministery Test (BAM-Test) werden die Steigerung der Viskosität und des Verkokungstestes als wesentlich angesehen.

a) Qualitative Prüfung auf Alterung (Verharzungsneigung)

Verreibt man einen Tropfen Öl auf einer Glasplatte von 5 cm × 10 cm und erhitzt die Platte im Luftbad (bei Maschinen- und Achsenöl auf 50 °C und bei Dampfzylinderöl auf 100 °C), so kann man sich durch tägliche Beobachtung der Konsistenz ein annäherndes Bild von der Verharzungsneigung des Öles machen.

Unter Weiterentwicklung der Papiertüpfelprobe wurde ein Verfahren ausgearbeitet, das die Beurteilung der HD-Zusätze auch in ungealterten Ölproben ermöglicht. Der Unterschied zu den anderen Verfahren der Papiertüpfelprobe liegt dabei nur in der Vorbereitung der Ölproben, und zwar werden hier Rußdispersionen verwendet. Es wird die Möglichkeit der Verwendung von mehreren Rußsorten diskutiert. Nach dem neuen Verfahren kann der Legierungsgrad und die Additivqualität beurteilt werden.

b) Quantitative Bestimmung

Die Mehrzahl der Teste wendet eine Oxydation während einer bestimmten relativ kurzen Zeitspanne an. Ein besseres Bild erhält man dagegen, wenn man das Fortschreiten der Alterung auf lange Perioden beobachtet, wie es bei dem sog. Life-Test für Transformatorenöle[1] und bei dem Indiana-Test üblich ist[2].

α) **IP 48/62: Oxidations Test for Lubricating Oils [British Air Ministry Oxidations- (BAM-) Test]** s. DIN-Entwurf 51532.

β) **DIN-Entwurf 51352: Bestimmung des Alterungsverhaltens von Schmierölen** (Juni 1965). Alterungsverhalten unlegierter Schmieröle mit einer kinematischen Viskosität von mindestens 33 cSt bei 50 °C, durch Zunahme des Koksrückstandes nach CONRADSON des gealterten Öles im Vergleich zum nicht gealterten Öl.

Bei Ölen mit Wirkstoffen kann das Verfahren nicht angewendet werden.

Kurzbeschreibung des Verfahrens

Die Probe wird unter Einleiten von Luft bei einer Temperatur von 200 °C zweimal 6 Std. lang gealtert. Nach einer weiteren Standzeit von 15 Std. wird von der gealterten Probe der Koksrückstand nach CONRADSON gemäß DIN 51551 bestimmt und mit dem Koksrückstand nach CONRADSON der nicht gealterten Probe verglichen.

Alterungsgefäß s. Abb. 2.

Erläuterungen

Es besteht ein Bedürfnis, durch ein Alterungsverfahren die Normalschmieröle N nach DIN 51501 von den Schmierölen für Luftverdichter der Gruppe B nach DIN 51506 unterscheiden zu können.

---

[1] IP 114/56 T: Oxidation Test for Turbine Oil (s. S. 295); IP 56/64: Oxidation Test for Transformer Oil (s. S. 352ff.).
[2] Siehe S. 101.

Als genormte Verfahren zur Bestimmung der Alterungsneigung von niedrigviskosen und mittelviskosen Ölen stehen DIN 51 554 Bestimmung der Alterungsneigung nach BAADER und DIN 51 587 Bestimmung des Alterungsverhaltens von wirkstoffhaltigen Dampfturbinenölen zur Verfügung. Beide Bestimmungen werden bei einer Temperatur von 95 °C durchgeführt.

Da die Luftverdichteröle der Gruppe B thermisch hoch beansprucht werden und bei diesen Ölen eine Aussage über die Neigung zur Rückstandsbildung während des Betriebes erwünscht ist, sollte ein Alterungsverfahren gewählt werden, das bei höherer Temperatur durchgeführt wird als nach DIN 51 554 und DIN 51 587 und das auf einer Bestimmung des Koksrückstandes beruht. Für eine Norm bot sich daher die Method IP 48/62 „Oxidation test for lubricating oil" an. Der vorliegende Norm-Entwurf wurde daher in Anlehnung an dieses Verfahren aufgestellt.

Während nach IP 48/62 die Bestimmung des Koksrückstandes nach RAMSBOTTOM (Method D 524 der ASTM bzw. IP 14 des Institute of Petroleum) vorgeschrieben ist, sieht der Norm-Entwurf die Bestimmung des Koksrückstandes nach CONRADSON vor. Diese Bestimmung wurde gewählt, da es sich hierbei um ein bereits genormtes und allgemein angewendetes Verfahren handelt.

Auf die Bestimmung der kinematischen Viskosität, die in IP 48/62 vorgesehen ist, wurde verzichtet.

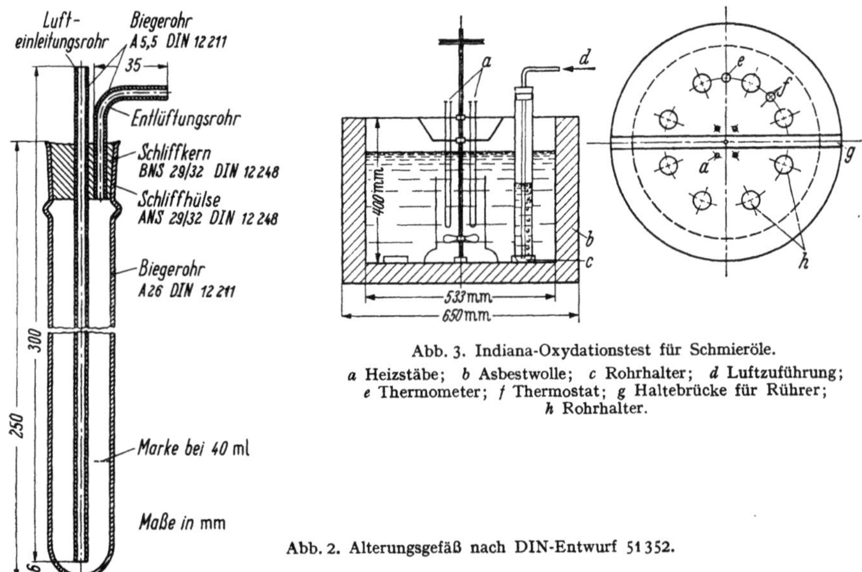

Abb. 3. Indiana-Oxydationstest für Schmieröle.
a Heizstäbe; b Asbestwolle; c Rohrhalter; d Luftzuführung; e Thermometer; f Thermostat; g Haltebrücke für Rührer; h Rohrhalter.

Abb. 2. Alterungsgefäß nach DIN-Entwurf 51 352.

Absolute Zunahme des Koksrückstandes	Relative Streubereiche	
	Wiederholstreubereich (ein Beobachter, ein Gerät) % vom Mittelwert der Ergebnisse	Vergleichstreubereich (mehrere Beobachter, mehrere Geräte) % vom Mittelwert der Ergebnisse
Gew.-%		
bis 1	± 15	± 20
über 1—2	± 10	± 15
über 2	± 10	± 15

γ) **Indiana-Oxydationstest.** *Arbeitsweise:* Die Prüfung wird in einer Apparatur gemäß Abb. 3 vorgenommen.

In einem Becher aus Duran- oder Pyrexglas von 40 bis 44 mm Durchmesser und 450 bis 500 mm Höhe werden mittels eines Belüftungsrohrs, das 6 mm über dem Boden des Ölbehälters steht, 10 l/h Luft durch 300 cm^3 Öl geleitet. Zum Erwärmen dient ein elektrisch heizbares Ölbad mit Rührwerk und thermostatischer Heizregelung, das auf 172 $\pm$ 0,5 °C gehalten wird. Zur Füllung des Ölbades verwendet man ein Heißdampfzylinderöl mit hohem Flammpunkt und guter Alterungsbeständigkeit. Das Reagenzrohr taucht in das Ölbad 300 mm tief ein. Mit dem Einleiten der Luft wird erst begonnen, nachdem sich das Öl eine halbe Stunde zum Temperaturausgleich im Ölbad befand. Werden mehrere Öle gleichzeitig geprüft, so sind die einzelnen Gläser symmetrisch zum Rührwerk und zum Erhitzer aufzustellen.

Meßzahlen. Der Asphaltengehalt wird nach DIN-Entwurf 51 595 bestimmt, und zwar werden alle 24 Std. Proben von 10 bis 15 cm^3 entnommen. Aus den Resultaten der Asphaltenbestimmungen wird der 10 mg-Punkt (Sludging time) ermittelt, d. h. die Zeit, die erforderlich ist, um von 10 g Öl 10 mg Asphalt zu bilden. Außerdem wird, um ein genaues Maß für die Geschwindigkeit der Alterung zu bekommen, der sog. 100 mg-Punkt bestimmt; das ist die Zeit, in der 100 mg Asphalt in 10 g Öl gebildet werden durch Auftragen der mg Asphalt gegenüber der Zeit auf log-Papier.

Die Viskosität wird nach 50, 100, 150 und 200 Std. bestimmt. Falls die Proben nicht zu den festgelegten Zeiten genommen werden können, sollen die Abweichungen so klein wie möglich sein. Die Ergebnisse sind durch Auftragen auf log-Papier zu interpolieren.

Der Versuch ist beendet, wenn die Asphaltenneubildung 100 mg auf 10 g Öl übersteigt oder wenn sich nach 200 Std. kein Asphalt gebildet hat.

Motorenöle zeigen in dieser Hinsicht starke Verschiedenheit. Die Alterungszeiten können zwischen 10 bis 15 und mehreren 100 Std. liegen, und zwar zeigen die leichteren Öle im allgemeinen eine geringere Beständigkeit als die schwereren.

Für bestimmte Ölarten, die geringes oder gar kein Asphaltenbildungsvermögen zeigen, d. h. bei Alterungszeiten über 100 Std., empfiehlt es sich, den Viskositätsanstieg zu messen.

δ) **Indiana-Rührtest.** Da der Indiana-Oxydationstest im Vergleich zu Versuchen in der Maschine für kompoundierte und mit Inhibitoren oder Detergents versehene Öle zu niedrige Werte ergab, entwickelten LAMB, LOANE und GAYNOR[1] den Indiana-Rührtest, der ein schnelles Rühren des Öls bei erhöhten Temperaturen in Gegenwart von Eisen- und Kupferkatalysatoren von bestimmter Menge und Oberflächenausbildung vorsieht.

Ein wichtiges Merkmal dieser Prüfung besteht darin, daß im Vergleich zu den üblichen Prüfverfahren, die mit Durchblasen von Luft arbeiten, die gebildeten flüchtigen Oxydationsprodukte viel länger in dem Öl zurückbleiben und so einen größeren Einfluß auf die Verschlechterung des Öles haben. Das Prüfverfahren ist mit geringen Abänderungen auf die Untersuchung von Lagerkorrosion und der Oxydationsbeständigkeit einer größeren Anzahl von Ölsorten anwendbar.

F. JOSTES und A. HANN[2] beschreiben eine Abänderung des Indiana-Testes, bei dem durch 20 g Öl bei 200 °C eine Menge von 650 cm^3/h Luft durchgeleitet wird und zur Bewertung die Zeit für die Neuasphaltenbildung von 15 mg pro g Öl zugrunde gelegt wird. An Stelle der Asphaltenbildung kann in manchen Fällen auch die Zunahme der Neutralisationszahl, der Verseifungszahl und der Viskosität gemessen werden.

ε) **Opel-Test.** 50 g des zu prüfenden Öles werden in einen Rundkolben von 250 cm^3 mit Aufsatzkühlrohr und Sauerstoffeinleitungsrohr gefüllt. Das Sauerstoffeinleitungsrohr hat eine lichte Weite von 2 mm. Der Kolben wird 24 Std. lang in dem Ölbad auf 150 °C erhitzt. Die Temperatur wird im Ölbad gemessen. Dabei wird Sauerstoff durch das Sauerstoffeinleitungsrohr, das bis zum Boden des Kolbens reicht, eingeleitet, und zwar zwei Blasen je Sekunde. Im gealterten Öl wird Hartasphaltenneubildung und Zunahme der Neutralisations- und der Verseifungszahl bestimmt.

ζ) **MAN-Test.** 50 g Öl werden in einem 100 cm^3 Jenaer Becherglas 50 Std. auf 155 °C erhitzt. Das Becherglas bleibt unverschlossen und wird in ein Ölbad gestellt, das sich in einem Heraeus-Trockenschrank (Abmessungen 37 cm $\times$ 42 cm $\times$ 26 cm) befindet.

Vor und nach der Alterung werden von dem Öl folgende Daten bestimmt:
1. Viskosität bei 50 °C,
2. Neutralisations- und Verseifungszahl nach DIN 51 558 und 51 559,
3. Asphaltene nach DIN-Entwurf 51 595.

---

[1] 1. Ind. Engng. Chem. Anal. Ed. 13 (1941) 317; Nat. Petr. Techn. 33 (1941) 114.
[2] Öl u. Kohle 15 (1939) 515.

Dieser Test eignet sich insbesondere zur Qualitätsbeurteilung von Motorenölen und Brightstocks.

η) Sligh-Oxydationstest. (Sligh-Test)[1]. Der Sligh-Test, der früher hauptsächlich in den Vereinigten Staaten von Amerika angewendet wurde, besteht darin, daß 10 g Öl in einer verschlossenen konischen Flasche von spezieller Form, aus der die Luft verdrängt und durch Sauerstoff ersetzt wird, in einem Ölbad $2^1/_2$ Std. auf 200 °C erhitzt werden. Die Menge der Asphaltenneubildung in mg, bestimmt durch Ausfällen mit n-Heptan und Filtration durch einen Gooch-Tiegel, wird als Oxydationszahl bezeichnet. In Deutschland wird diese Methode selten angewendet.

δ) GBAG-Alterung[2]. Die Ölprobe wird in einem elektrisch beheizten Aluminiumblock 45 Std. unter Durchleiten von trockener Luft (5 l/h) erhitzt. In 5 g der so gealterten und in 100 cm³ n-Hexan gelösten Probe werden 5 g feingepulverter bei 105 °C getrockneter, synthetischer Kryolith eingetragen, 5 Min. kräftig geschüttelt und der Kryolith in einer Glasfilternutsche (11 G 4) abgesaugt. Der trockene Inhalt der Nutsche wird mit 100 cm³ Chloroform gewaschen, das Chloroform auf 30 cm³ abdestilliert, in einer Glasschale auf dem Wasserbad abgedampft und der feste Rückstand (Gesamtharze) bei 50 °C bis zur Gewichtskonstanz getrocknet. Als Ergebnis wird der Mittelwert des Harzanteils aus 4 gealterten Proben angegeben.

Auf Grund von Betriebserfahrungen wird ein Faktor F wie folgt errechnet:

$$F = (XZ + Vz) + (E_H)^2 - (H_A)^2.$$

Es bedeutet: Nz = Neutralisationszahl Vz = Verseifungszahl, E_H = Erdölharze, H_A = Hartasphalte, der für das Öl erfahrungsgemäß folgende Beurteilung zuläßt:

Faktor F	Gruppe	Beurteilung
0—35	I	Öl ist gut
36—55	II	Öl ist einsatzfähig, leichte Schlammabscheidung möglich
56—70	III	Öl ist einsatzfähig, Schlammabscheidungen treten auf, die durch Schleudern oder Filtrieren abgetrennt werden müssen
70	IV	Öl an Grenze der Einsatzfähigkeit, stärkere Schlammabscheidungen zu erwarten; bei Werten über 100 Gefahr der Ausfällung harz- und asphalthaltiger Produkte, die zu Betriebsstörungen führen

ι) Weitere Alterungsteste. Der Hackford-Faktor[3] beruht auf der Zunahme der Säurezahl durch Oxydation, wenn man 10 g Öl in einem Reagenzglas von 30 bis 35 mm Durchmesser unter Durchleiten eines Stromes von trockenem Sauerstoff (1 Blase pro Sekunde) 9 Std. auf 150 °C erhitzt. Die Differenz der zur Neutralisation vor und nach dem Erhitzen benötigten Laugemenge (ausgedrückt in cm³ 0,1 n Lauge) gibt den Hackford-Faktor.

Bei dem Waters-Test[4] erhitzt man 10 g Öl 2 Std. in einer konischen Flasche von 150 cm³ Inhalt und bestimmt die Zunahme der Asphaltene.

Ähnliche Methoden in offenen Gefäßen beschreibt F. H. Garner[5].

Guthrie, Higgins und Morgan[6] haben einen Oxydationstest, der der britischen BAM-Methode ähnlich ist, entwickelt. Sie erhitzen 150 cm³ Öl 5 Std. lang auf 176 °C und leiten 2,21 l/h Sauerstoff durch das Öl.

[1] Oil Gas. J. 24 No. 2 (1925) 125.

[2] Eisenstecken, F.: Erdöl u. Kohle 8 (1955) 75. — GBAG = Gelsenkirchener Bergbau AG.

[3] Hackford: Oil Eng. Techn. 7 (1926) 325. — Frank, F., u. H. Selberg: Petrol. 24 (1928) 641.

[4] Waters, C. E.: Industr. Engng. Chem. 13 (1921) 901.

[5] J. Instn. Petrol. Technol. 7 (1921) 98.

[6] Guthrie, B., R. Higgins u. D. Morgan: Nat. Petrol. News 26 (1934) Nr. 32 S. 22; Nr. 33, S. 22.

Nach Beendigung des Versuches werden die kinematische Viskosität, der Conradson-Test, die Schlammzahl und die Neutralisationszahl bestimmt.

Die von R. KISZLING[1] für Turbinenöle vorgeschlagene Verteerungszahl wird bei Maschinenölen selten angewendet.

Alterungsbestimmungen unter Druck[2] haben relativ wenig Eingang gefunden.

Erwähnenswert ist die Methode von E. C. BURK und Mitarbeiter[3], bei der das Öl unter den im Motor herrschenden Bedingungen mit allen in Frage kommenden Metallen in Verbindung gebracht wird.

L. STANISAVLIEVICI[4] benutzt die Neutralisationszahl als Bewertungsmaßstab für die Alterungsbestimmung und schlägt eine Abänderung des Straßburger Verfahrens[5] vor, indem man 5 cm³ abpipettiert und darin die Neutralisationszahl bestimmt[6].

R. KOETSCHAU[7] zeigt, daß sich die Alterung durch Messung der Extinktionsempfindlichkeit feststellen läßt und weist auf einschlägige Veröffentlichungen hin.

Bestimmung des Alterungsverhaltens von wirkstoffhaltigen Dampfturbinenölen nach DIN 51587 (in Anlehnung an ASTM D 943-54 und für Trafoöl IP 56/64, korrespondierend mit ASTM 1314 54 T) s. S. 295; Oxydationstest für Turbinenöle nach IP 114/56, Tentative, s. S. 295.

X. Jod- und Bromzahlen[8]

Die Frage, ob in hochsiedenden Schmierölen überhaupt Olefine, d. h. Verbindungen mit Doppelbindungen vorhanden sind, ist noch offen. Schmieröle mit einem großen Gehalt an ungesättigten Verbindungen finden heute kaum noch Verwendung, da diese durch die verschiedenen Raffinationsmethoden fast restlos entfernt werden. Infolgedessen sind Prüfmethoden hierfür kaum noch im Gebrauch und fanden einen vollen Ersatz in den Oxydationstesten.

Die Bestimmung von Jod- und Bromzahlen führt infolge von Halogenwasserstoffbildung durch Hydrolyse während der Titration oder durch direkte Abspaltung selten zu reproduzierbaren Werten. Nach H. J. HOFMANN[9] kann sich bei der Verwendung von Tetrachlorkohlenstoff als Lösungsmittel auch Chlorwasserstoff bilden. F. S. BACON[10] beschreibt eine Methode, die für Schmieröle und andere schwere Öle geeignet sein soll. E. GALLE und M. BOHM[11] wenden eine gekürzte Jodzahlmethode nach HUBBEL auf Schmieröle an, bei der das Öl in einer Mischung von Amyl- und Äthylalkohol gelöst und mit einem Überschuß einer alkoholischen Jodlösung in Gegenwart von Wasser behandelt wird.

XI. Schwefelsäurelöslichkeit

Die Löslichkeit eines Schmieröls in Schwefelsäure ist von dem Säurevolumen, der Temperatur und der Behandlungszeit abhängig. Hochviskose Öle müssen vor der Behandlung in aromatenfreiem Benzin gelöst werden. Teste dieser Art wurden — abgesehen von der Sk-Zahl nach DIN 51553 für Isolieröle (s. S. 359) — nicht standardisiert und finden vorwiegend zur Betriebskontrolle bei der Raffi-

---

[1] Chemiker-Ztg. 30 (1906) 932; 31 (1907) 328; 33 (1909) 529.
[2] Siehe erste Auflage dieses Buches.
[3] World Petrol. 12 (1941) Nr. 13, S. 66.
[4] Öl u. Kohle 39 (1943) 313.
[5] Kraftstoff 16 (1940) 380. — MÜLLER, K. O., u. F. GRAF CONSOLATI: Erdöl u. Teer 8 (1932) 525.
[6] Öl u. Kohle 40 (1944) 399.
[7] Öl u. Kohle 39 (1943) 213.
[8] Bestimmung s. Teil I, S. 143.
[9] Z. angew. Chem. 52 (1939) 99.
[10] Industr. Engng. Chem. 20 (1928) 970.
[11] Erdöl u. Teer 8 (1932) 76, 91.

nation Verwendung. C. WALTHER[1] beschreibt einen einfachen Säuretest, bei dem gleiche Mengen Öl und Benzin mit einer diesem Gemisch gleichen Menge 50 vol.-%igen Schwefelsäure geschüttelt werden. Farbe der Säure und Ölschicht sowie Aussehen und Menge einer zwischen Säure und Öl etwa gebildeten Zwischenschicht lassen eine gewisse qualitative Beurteilung auf den Raffinationsgrad eines Öles zu.

XII. Anilinpunkt[2]

Zwischen der Dichte und dem Anilinpunkt eines Schmieröls besteht nach E. H. KADMER[3] ein deutlicher Zusammenhang. Wenn auch dem Anilinpunkt als Kennwert für Schmieröle bei weitem nicht die allgemeine Bedeutung zukommt, wie z. B. für Benzin und Gasöl, so kann der Anilinpunkt doch als wertvolles Hilfsmittel zur Betriebskontrolle, z. B. bei Raffinationsvorgängen, herangezogen werden. Man bedient sich z. B. auch bei der Bestimmung von Kohlenstoff in aromatischer, naphthenischer oder paraffinischer Bindung nach dem Prinzip der Waterman-Ring-Analyse (vgl. Teil I, S. 151) des Anilinpunktes in Verbindung mit der spezifischen Refraktion zur Kennzeichnung der Gemischzusammensetzung. Bei Kabel- und Isolierölen ist der Anilinpunkt als Kennwert für den Naphthengehalt vorgeschrieben. Vgl. S. 352 ff.

XIII. Teerzahl, sog. Sk-Zahl und Harzbestimmung[4]

Die Teerzahl nach KISZLING wird, ebenso wie die Verteerungszahl, hauptsächlich für Transformatorenöl verwendet und hat für die Untersuchung von Schmierölen praktisch keine Bedeutung.

Die sog. Sk-Zahl wird nur von Isolierölen bestimmt. Sie kennzeichnet deren Verhalten gegenüber konzentrierter Schwefelsäure. Die *Harzbestimmung* wird im Teil I, auf S. 84/85 im Zusammenhang mit der selektiven Adsorption und Extraktion behandelt.

XIV. Paraffingehalt[5]

1. Allgemeines

Nach Untersuchungen von SULLIVAN, McGILL und FRENCH[6] steigt die Löslichkeit von n-Paraffin in Öl mit sinkendem Schmelzpunkt und nimmt mit steigender Viskosität des Lösungsmittels ab. Die Löslichkeitsunterschiede nehmen auf Grund von Schmelzpunktdifferenzen mit sinkender Temperatur stark ab.

Zur analytischen Bestimmung des Paraffingehaltes eines Öles sind eine ganze Reihe von Methoden vorgeschlagen worden, die sich in Art und Menge des Lösungsmittels oder Lösungsmittelgemisches bzw. Fällungsmittels sowie der Fällungstemperatur voneinander unterscheiden. Die einzelnen Methoden ergeben erhebliche Unterschiede in der Ausbeute an Paraffin, so daß es nicht möglich ist, die bei einer Methode gewonnenen Ergebnisse auf die nach anderen Arbeitsweisen ermittelten zu übertragen.

---

[1] Erdöl u. Teer 5 (1929) 223.
[2] Definition und Bestimmung s. Teil I, S. 139.
[3] Öl u. Kohle 14 (1938) 1.
[4] Bestimmung s. S. 352 ff.
[5] Siehe auch unter Braunkohlenteer S. 433 ff., sowie Paraffin, Teil I, S. 469. Bei einem Paraffingehalt des Öles über 5% lassen sich auch die Bestimmungsmethoden für den Ölgehalt in Paraffin anwenden.
[6] Industr. Engng. Chem. 19 (1927) 1042.

Bei der Untersuchung eines nach dem Duo-Sol-Verfahren raffinierten Mitcontinent-Bright-Stocks fand K. ENGEL[1] nach der nachfolgend beschriebenen Methode beispielsweise folgende, bei fünf verschiedenen Temperaturen bestimmte Werte für den Paraffingehalt:

Tabelle 1. *Ergebnisse der Paraffinbestimmung nach fünf verschiedenen Temperaturen.*

Fällungs- temperatur °C	Theoretische Ölausbeute %	Öl-Stockpunkt °C	Paraffin %
—40	87,0	—18	13,0
—36	89,1	—14	10,9
—31	91,3	— 9	8,7
—27	92,4	— 6	7,6
—22	94,3	— 1	5,7

Analog sind die Unterschiede der nach anderen Vorschriften ausgeführten Paraffinbestimmungen.

Ein durch Kaltpressen und Auswaschen erhaltener Paraffingatsch gab beispielsweise folgende Ölgehalte:

ENGLER-HOLDE 13,5 %
SCHWARZ-v. HUBER 6,3 %
CHAIKIN 8,6 %

Die mit Benzin ermittelten „theoretischen Ölgehalte" beliefen sich auf:

5,2 % mit Stockpunkt —10 °C
12,0 % mit Stockpunkt — 5 °C
17,2 % mit Stockpunkt 0 °C

Außerdem ist jede Paraffinbestimmung in Erdölprodukten mehr oder weniger willkürlich, weil keine scharfe Grenze zwischen Hart- und Weichparaffin besteht und keine Methode, die ein selektives Lösungsmittel verwendet, quanti-

Tabelle 2. *Methoden zur Paraffinbestimmung.*

Methode		Lösungsmittel	Paraffin
Verfasser	Literatur		%
ENGLER-HOLDE	HOLDE: Chemie der Kohlenwasser- stoffe usw., 7. Aufl., S. 171	Äther-Alkohol (—20°)	7,5
SCHWARZ u. V. HUBER	Chem. Rev. Fett- u. Harzind. 20 (1913) 242	Butanon (—15°)	21,4
McKITTRICK u. Mitarbeiter	J. Instn. Petrol. Technol. 23 (1937) 616	Chloroform (—55°)	18,3
J. M. ABESGAUS	Petrol-Ind. Aserbaidshan (russ.: Aserbaidshanskoe Neftjanoe Chos- jaistwo) 18 (1938) 49	Dichloräthan- Benzol	14,0
HORNE u. HOLLIMAN	U. S. Dep. Commerce, Bur. Mines, techn. Pap. 583	Aceton- Methylenchlorid	14,5
CHAIKIN	Chem. J., Ser. B. J. angew. Chem. (russ.: Chimitscheski Shurnal, Sser. B Shurnal perikladnoi Chimy) 10 (1937) 1674	Dichloräthan	17,5

tativ ist. Es muß infolgedessen bei Paraffinbestimmungen stets angegeben werden, nach welcher Methode der Paraffingehalt ermittelt wurde.

Der Paraffingehalt der im Handel befindlichen Schmieröle ist gewöhnlich sehr niedrig, weil die meisten paraffinhaltigen Schmieröle im Interesse eines einwandfreien Stockpunktes der Öle entparaffiniert werden. In der Regel ergeben

---

[1] Öl u. Kohle 37 (1941) 23.

Erstarrungs- und Kältepunkt sowie die Kälteviskosität einen hinreichenden Aufschluß über den Einfluß des Paraffingehaltes eines Öles für die meisten Verwendungszwecke. Wichtiger ist die Öl- bzw. Paraffinbestimmung in Paraffinmassen (Gatsche usw.). Die hierfür angewendeten Methoden (vgl. S. 480) lassen sich teilweise auch auf die Paraffinbestimmung in Ölen übertragen.

Die Bestimmung des Paraffingehaltes in Rohschmierölen, die mehr zur Beurteilung der bei der Verarbeitung erzielbaren Paraffinausbeute Anwendung findet, beruht auf der Schwerlöslichkeit des Paraffins in gewissen Lösungsmitteln bei tiefen Temperaturen. Dabei ist zu berücksichtigen, daß Asphaltenstoffe von einigen Lösungsmitteln unter den gleichen Bedingungen ausgefällt werden, so daß der Paraffingehalt nur in asphaltfreien Ölen einwandfrei bestimmt werden kann.

Eine große Zahl von Prüfungsmethoden zur Paraffinbestimmung in Ölen ist in der Literatur vorgeschlagen. Sie wurden z. T. dadurch veranlaßt, daß man die im Betrieb für die Entparaffinierung üblichen Lösungsmittel auch auf Laboratoriumsmethoden übertrug.

D. S. MCKITTRICK, HENRIQUES und WOLFF[1] entparaffinieren mit Dichloräthan bei — 35 °C oder Chloroform bei — 55 °C; M. FREUND und Mitarbeiter[2] berichten über die Trennung von naphthen- und paraffinbasischen Schmierölbestandteilen durch auswählende Entparaffinierung auf Grund der Stockpunktsunterschiede.

2. Prüfung

a) Bestimmung des Paraffins mittels Benzin nach Engel[3]

Die Paraffinbestimmung wird wie folgt unter Berücksichtigung des gewünschten Stockpunktes des Öles ausgeführt, wozu zwei bis vier Bestimmungen erforderlich sind, um im Einzelversuch so viel reines Paraffin abzuscheiden, daß das Filtrat den geforderten Stockpunkt aufweist.

Arbeitsweise

75 cm³ des zu untersuchenden asphalt- und harzfreien Öles werden in 225 cm³ Normalbenzin oder Benzin von den Siedegrenzen 60 bis 95° C und dem Anilinpunkt 58 bis 62° C gelöst und auf — 20° C gekühlt und filtriert. Bei hochstockenden Ölen erfolgt die Lösung zweckmäßig unter Erwärmung am Rückflußkühler. Der Filterrückstand wird dreimal mit je 75 cm³ Benzin von etwa dergleichen Temperatur ausgewaschen und die Auswaschung gegebenenfalls so lange fortgesetzt, bis drei Tropfen des Filtrats nach Abdunsten des Benzins keinen öligen Rückstand mehr hinterlassen. Aus dem Filtrat und dem Rückstand wird das Benzin abdestilliert, beide Teile werden gewogen und der Stockpunkt des Öles sowie der Schmelzpunkt des Paraffins bestimmt. Die gleiche Prozedur wird nunmehr bei — 30 und — 40 °C wiederholt. So erhält man drei verschiedene Öl- und entsprechende Paraffinausbeuten mit drei verschiedenen Stock- bzw. Schmelzpunkten. Die so ermittelten sog. „theoretischen" Ausbeuten werden in ein Kurvenblatt eingetragen, vgl. Abb. 4. Aus der Kurve läßt sich alsdann durch Intra- und Extrapolation ablesen, wie groß die theoretisch gewinnbare Menge eines Öles von einem bestimmten Stockpunkt ist bzw. welche geringste abzuscheidende Paraffinmenge zu einem gewünschten Ölstockpunkt führt.

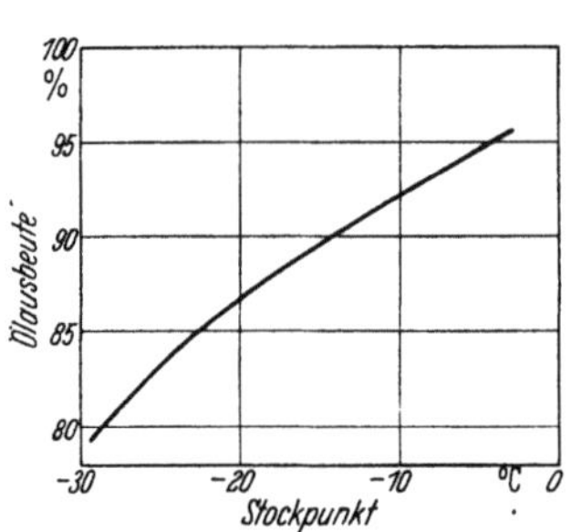

Abb. 4. Ermittlung der theoretischen Ölausbeute nach ENGEL.

Folgende *Regeln* sind bei der Ausführung der Methode zu beachten[4]:

1. Die eingewogene Ölmenge ist so zu bemessen, daß genügend Filtrat für die Stockpunkts- und Viskositätsbestimmung vorhanden ist.

[1] J. Instn. Petrol. Technol. 23 (1937) 616.
[2] Öl u. Kohle 37 (1941) 859.
[3] Siehe Fußnote 1, S. 105.
[4] Die Methode wurde im Laboratorium der A. B. Separator-Nobel, Stockholm, ausgearbeitet.

2. Als Paraffinfällungsmittel ist ein niedrig siedendes Benzin mit hohem Anilinpunkt zu verwenden, um den „Spread" (Spannweite) zwischen der Entparaffinierungstemperatur und dem Stockpunkt möglichst konstant zu halten.

3. Die ausgefällten und abgeschiedenen Paraffine sollen durch genügende Auswaschung völlig entölt werden (Verdunstungsprobe des letzten Filtrats auf dem Uhrglas). Es kann jedoch ohne Gefahr auch ein Überschuß an Waschbenzin verwendet werden; die hierdurch etwa in Lösung gebrachten und ins Filtrat gelangenden Paraffine bewirken zwar eine Erhöhung des Stockpunktes, gleichzeitig aber auch eine Vermehrung der Filtratmenge, d. h. der „theoretischen Ölausbeute" mit gefundenem Stockpunkt.

Die in der Vorschrift angegebenen *Temperaturen* für die Filterung und Auswaschung können naturgemäß beliebig variiert werden; entscheidend ist nur die völlige Entölung der jeweils erhaltenen Paraffinniederschläge durch genügende Auswaschung. Der „Spread" zwischen den Filtriertemperaturen und den erhaltenen Stockpunkten ist abhängig von dem Charakter der zu untersuchenden Öle; er beträgt mindestens 15 °C und höchstens 40 °C. Wird die Paraffinbestimmung von einem Öl bei verschiedenen Temperaturen ausgeführt, so ist der „Spread" in einem Temperaturbereich von ± 10 °C, gerechnet von der jeweiligen Filtriertemperatur, praktisch konstant und kann daher gleichfalls extrapoliert werden.

Die Methode gestattet mithin, den „wahren" Paraffingehalt von Ölen und damit die theoretisch höchstmöglichen Ausbeuten von Ölen mit verschiedenen Stockpunkten festzustellen. Sie führt somit zu unmittelbaren Angaben über die im praktischen Entparaffinierungsbetrieb erhältlichen Öl- und Gatschmengen. Sie erlaubt ferner, ohne besondere Analyse den Ölgehalt in betrieblich anfallenden Filter- oder Zentrifugengatschen zu bestimmen. Ist z. B. a die aus dem Diagramm abgelesene „theoretische Ölausbeute" von gegebenem Stockpunkt und b die im Entparaffinierungsbetrieb erzielte „praktische Ölausbeute", so enthält der Filterkuchen noch $(a - b)$ Teile oder $\dfrac{a - b}{100 - b} \cdot 100\%$ Öl.

Abwandlung des Verfahrens. Soll die Paraffinbestimmung in Rückständen, asphalt- oder harzreichen Ölen, Teeren u. dgl. ausgeführt werden, so werden die Produkte zunächst einer physikalischen Raffination unterworfen. Zu diesem Zweck werden 100 g Öl mit etwa 200 g Petroläther verdünnt; die Lösung wird so oft mit je 10 g Tonsil oder einer anderen Bleicherde versetzt und geschüttelt, bis keine weitere Aufhellung der Öllösung mehr erfolgt. Die Lösung wird alsdann durch ein Filter dekantiert, der Rückstand mit Petroläther ausgewaschen und der „Raffinationsverlust" ermittelt. In dem von Polymerisaten befreiten Öl wird das Paraffin darauf gemäß der oben gegebenen Vorschrift bestimmt. Während der Raffination soll direkte Sonnenbestrahlung der Öllösung nach Möglichkeit vermieden werden.

Die bei der Bestimmung erhaltenen Paraffine sind naturgemäß keine einheitlichen Verbindungen, sondern Gemische höher- und niedermolekularer Kohlenwasserstoffe, deren Anzahl um so größer und deren Wasserstoffgehalt um so geringer ist, je tiefer die Temperatur liegt, bei der sie abgeschieden werden. Sie können durch Hochvakuumdestillation und fraktionierte Ausfällung zerlegt und in hinreichend reiner Form erhalten werden. Ihre Bruttoformel lautet C_nH_{2n-a}. Je höher n bzw. das Molekulargewicht ist, um so mehr nähert sich im allgemeinen a dem Wert 2.

Es liegen also keinesfalls reine „Paraffine" vor, sondern Individuen mit *vorwiegend* paraffinischem Charakter. Die Kohlenwasserstoffe mit einem Molekulargewicht oberhalb etwa 220 erstarren schon bei Zimmertemperatur. Die sog. Erdölceresine haben bei gleicher chemischer Zusammensetzung eine andere chemische und kristallinische Struktur sowie andere physikalische und chemische Eigenschaften als die Paraffine. Sie lassen sich von diesen durch Destillation im Kathodenstrahlvakuum trennen, aber auch durch vorsichtige Behandlung mit Chlorsulfonsäure oder Antimonpentachlorid. Sie kristallisieren in äußerst feinen Nadeln, die viel Öl einschließen, und neigen bei hohen Temperaturen wesentlich mehr zur Zersetzung als die Paraffine.

b) Dichloräthylen-Methanol-Methode nach Heinze und Göbel[1]

So viel Ausgangsmaterial, daß man 0,5 bis 1 g Paraffin zur Wägung bekommt, werden in 100 cm³ eines gleichteiligen Gemisches von Dichloräthylen (CHCl=CHCl) und Methanol gelöst und unter dauerndem Schütteln auf — 20 °C abgekühlt. Die Abhängigkeit des Paraffingehalts von dem Lösungsmittel-Fällungsmittel-Verhältnis ist sehr groß und muß gegebenenfalls dem Ausgangsmaterial angepaßt werden.

Man filtriert dann durch eine gekühlte Nutsche (Filterpapier und Asbestfaserschicht von 2 mm Höhe) und nutscht mehrmals mit möglichst wenig Entparaffinierungsgemisch nach. Dann löst man das Paraffin im Filter mit heißem Benzol, fängt es in einem tarierten Erlenmeyer-Kolben von 100 cm³ auf, destilliert das Benzol ab, trocknet 30 Min. bei 105 °C und wägt nach Abkühlen.

c) Butanon-Methode nach Passler[2]

Das im Handel erhältliche „Methyläthylketon purissimum" muß vor Gebrauch durch zweimaliges Destillieren über Chlorcalcium auf ein Siedeintervall von 1 bis 2 °C gebracht werden. Es wird sodann mit 5% absolutem Alkohol versetzt. Für die Bestimmung werden nun 5 g Öl in ein kleines Becherglas oder Wägeglas eingewogen, mittels des langhalsigen Trichters (Abb. 5a) in das Kugelrohr (Abb. 5a—c) eingefüllt; mit möglichst wenig reinstem Benzol wird nun das Öl aus dem Becherglas und Trichter quantitativ in die unterste Kugel K_4 gespült. Das auf diese Weise gefüllte Rohr wird nun horizontal in die Kerbe Ke des Heizkästchens, Abb. 5c, gelegt und am offenen Ende, hinter K_1, eingespannt. Die Kugel K_4 muß sich ungefähr in der Mitte des Kästchens befinden. Dieses besitzt in der Vorder- und Rückwand je ein Fenster f_1 und f_2; an beiden Seitenwänden ist außen zwecks Wärmeisolierung je eine Asbestplatte befestigt. Nun wird der Deckel, der in einem kleinen Tubus ein Thermometer trägt, aufgesetzt; die Quecksilberkugel soll dann in gleicher Höhe mit dem Boden der Kugel K_4 sein. Vor die Kerbe Ke wird noch auf das Rohr eine geschlitzte Asbestplatte aufgesetzt, um die Kugel K_3 vor der Wärmeausstrahlung zu schützen.

Es wird nun der Boden des Kästchens langsam erhitzt. Die übergehenden Dämpfe verdichten sich dabei in den Kugeln K_1, K_2 und K_3. Von Zeit zu Zeit wird die Destillation unterbrochen und das Destillat durch vorsichtiges Neigen der Kugelröhre ausgegossen, wobei zu vermeiden ist, daß das zu destillierende Öl aus der Kugel K_4 überfließt und in eine der vorderen Kugeln gelangt. Dieses Übertreiben des Vorlaufs wird so lange fortgesetzt, bis die Lufttemperatur im Kästchen 270 °C erreicht. Nach Entfernen dieses Vorlaufs wird das Kugelrohr, wie oben beschrieben, wieder eingespannt und die Destillation im Luftbad, diesmal aber ohne Thermometer, fortgesetzt. Diese eigentliche Destillation wird so geführt, daß sie in 20 bis 30 Min. beendet ist. Am Schluß steigert man die Temperatur in dem Maße, daß die Kugel K_4 zur schwachen Rotglut kommt. Das Erhitzen wird nun abgebrochen, nach Abkühlen die Kugel K_4 im Knie abgeschnitten, das Destillat in eine Eprouvette von 20 mm Durchmesser und 150 mm Länge gegossen, mit 10 bis 15 cm³ alkoholhaltigem, warmen Butanon nachgespült und unter gelindem Erwärmen das Öl gelöst.

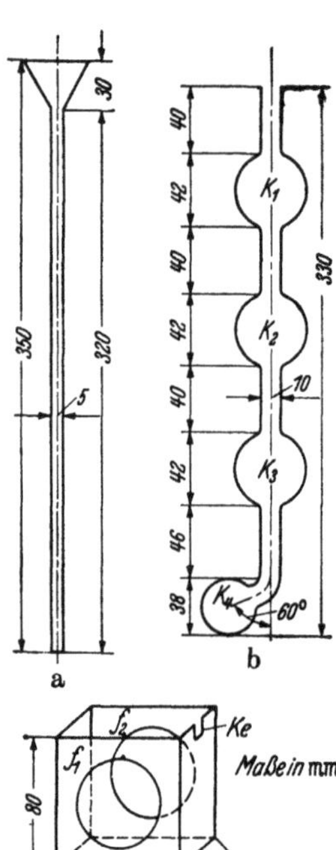

Abb. 5a—c. Geräte zur Paraffinbestimmung nach PASSLER.

Die so erhaltene Lösung wird, wie üblich, in einer Eis-Viehsalz-Mischung auf — 20 °C abgekühlt und durch ein möglichst kleines Filter bei mäßigem Vakuum abgesaugt, die Eprouvette zweimal mit je 5 cm³ abgekühltem Butanon ausgespült und damit der Niederschlag gewaschen; dann wird dieser noch zweimal mit je 5 cm³ Butanon, das auf — 20 °C abgekühlt ist, gewaschen und schließlich in reinstem Benzol gelöst. Die benzolische Lösung dampft man in einer gewogenen Glasschale auf dem Wasserbad ein und löst das so erhaltene Rohparaffin ohne vorherige Wägung in möglichst wenig Butanon (meist genügen 10 cm³) aus der Schale unter gelindem Erwärmen und bringt diese Lösung wieder in die Eprouvette

[1] HEINZE, R., u. E. GÖBEL: Öl u. Kohle 38 (1942) 470.
[2] PASSLER, W.: Öl u. Kohle 38 (1942) 175 hat die ursprünglichen Vorschläge von SCHWARZ und v. HUBER (s. S. 109) vereinfacht.

zurück. Man wiederholt die Fällung bei — 20 °C und wäscht mit je 5 cm³ abgekühltem Butanon, bis eine Probe der Waschflüssigkeit beim Eindampfen auf dem Uhrglas keinen öligen Rückschlag mehr hinterläßt. Nun löst man das Reinparaffin in Benzol, dampft diese Lösung in der Schale am Wasserbad ein und trocknet bei 100 °C bis zur Gewichtskonstanz. Der Zuschlag zur Auswaage wegen der Löslichkeit des Paraffins in Butanon ist der übliche.

Sollte das so erhaltene Reinparaffin noch gefärbt sein, dann muß man es in der üblichen Weise mit absolutem Alkohol auskochen. Erfahrungsgemäß sind aber diese Verunreinigungen meist kaum wägbar.

Wiedergewinnung des Butanons: Die anfallende Mutterlauge wird in einem verschlossenen Gefäß bis zwei Tage über wasserfreiem Chlorcalcium stehengelassen, dann von diesem abgegossen, nochmals mehrere Tage über frischem Chlorcalcium abgestellt und schließlich zweimal über frischem Chlorcalcium destilliert. Das Siedeintervall soll dann nicht mehr als 1 bis 2 °C betragen.

d) Butanon-Methode nach Schwarz und von Huber[1]

Bei dieser Methode fallen bei einmaliger Fällung auch die Weichparaffine mit aus; die Temperatur kann bei der Filtration ohne Schaden für das Ergebnis bis auf — 15 °C steigen. Die Methode wird daher wegen der einfacheren Arbeitsweise gern benutzt, besonders wenn auf völlige Miterfassung der Weichparaffine Wert gelegt wird. Sie wurde von W. PASSLER (s. Abschnitt c) vereinfacht.

e) Alkohol-Äther-Methode nach Engler und Holde[2]

Es werden 5 g Schweröldestillat bzw. -raffinat in einem Gemisch aus gleichen Volumenteilen absolutem Alkohol und Äthyläther bei Zimmertemperatur gelöst und dann unter beständigem Abkühlen bis auf — 20 °C gekühlt und gerade mit so viel Alkohol-Äther-Gemisch (1 : 1) versetzt, daß alles Öl gelöst ist und nur Paraffinflocken sichtbar sind. Stark paraffinhaltige Öle werden zunächst (evtl. unter Erwärmen) in Äther gelöst und dann mit dem gleichen Volumen Alkohol versetzt. Das abgeschiedene Paraffin wird auf einem durch Viehsalz und Eis auf — 21 °C gekühlten Trichter von der ätherisch-alkoholischen Lösung durch Filtration unter schwachem Saugen getrennt und von etwa noch anhaftendem Öl durch Waschen mit entsprechend stark gekühltem Alkohol-Äther-Gemisch befreit, bis 5 cm³ des Filtrats nach dem Eindampfen auf dem Wasserbad einen beim Erkalten nicht mehr flüssigen, sondern paraffinartigen Rückstand ergeben. Zu langes Auswaschen ist wegen der immerhin merklichen Löslichkeit des Paraffins im Fällungsgemisch zu vermeiden. Dann wird das gesamte Filtrat nochmals eingedampft, in wenig Alkohol-Äther-Gemisch gelöst, auf — 20 °C abgekühlt und etwa noch ausfallendes Paraffin abfiltriert und ausgewaschen. Die vereinigten Paraffinniederschläge werden mit heißem Benzol in ein gewogenes Kölbchen gespült. Erweist sich der nach vorsichtigem Abtreiben des Lösungsmittels auf dem Wasserbade erhaltene Rückstand nach Erkalten als hartparaffinartig, so wird er im Trockenschrank $^1/_4$ Std. auf 105 °C erhitzt und nach Erkalten gewogen; weicheres, unter 45 °C schmelzendes Paraffin wird zweckmäßig nur bei etwa 50 °C im Vakuumexsikkator einige Stunden bis zur Gewichtskonstanz getrocknet.

Das von mitgefällten, harzartigen Stoffen braun gefärbte Paraffin wird durch wiederholtes Auskochen mit absolutem Alkohol und Dekantieren von dem größtenteils ungelöst bleibenden Harz getrennt. Genügt dies Verfahren nicht, so muß man mit einigen Prozenten konz. Schwefelsäure raffinieren.

Von festen Paraffinmassen wägt man 0,5 bis 1,7 g ab und löst sie in 10 bis 20 cm³ Alkohol-Äther-Gemisch.

Zu den gefundenen Paraffinmengen addiert man mit Rücksicht auf die partielle Löslichkeit des Paraffins im Alkohol-Äther-Gemisch 0,2% bei völlig flüssigen Ölen, 0,4% bei solchen Ölen, die schon bei +15 °C Abscheidungen zeigen, und 1% bei festen Massen.

f) Aceton-Methode

Die mit Aceton arbeitende Methode ist insbesondere auch für Paraffinmassen, nicht nur für Öle verwendbar.

---

[1] SCHWARZ u. v. HUBER: Chem. Rev. üb. d. Fett- u. Harzind. 20 (1913) 242; s. auch S. 108 (Methode nach PASSLER).
[2] ENGLER u. BÖHM: Dinglers polytechn. J. 262 (1886) 473. — HOLDE: Mitt. Mat.prüfgsamt, Berl.-Dahlem 14 (1896) 211.

Man nimmt von Paraffinmassen 2 bis 3,5 g, von Ölen etwa 5 g, von Paraffinschuppen etwa 1 g, erwärmt mit 30 cm³ Aceton im Erlenmeyer-Kölbchen bis sich die öligen Anteile gelöst haben, kühlt sodann ab und stellt das Kölbchen in Eis. Nach 3 Std. wird das ausgeschiedene Paraffin abgesaugt, mit Aceton von 0 °C gewaschen, vom Filter abgenommen, in einem Schälchen bei 105 °C vom restlichen Aceton befreit und gewogen. Die Ausfällung bei 0 °C ergibt die im Betrieb gewinnbare Paraffinausbeute. Wenn man die Acetonlösung bis auf — 21 °C abkühlt, so erhält man die gesamten Paraffine.

Für serienmäßige Bestimmungen schlagen v. WALTHER und ELSMANN[1] eine Ausführungsart der Acetonmethode vor, die auf kontinuierlicher Auslaugung der Probe mit kaltem Aceton von —15 bis — 20 °C in einem besonderen Apparat beruht und den Vorteil hat, den Analytiker nicht fortlaufend in Anspruch zu nehmen.

XV. Schmierölverdünnung

Bei Schmierölen für Verbrennungsmaschinen beobachtet man nach mehr oder weniger langer Zeit eine Ölverdünnung durch unverbrannten Kraftstoff[2]. Bei Benzinmotoren erreicht die Ölverdünnung schnell 5 bis 10%, bei normalem Ölwechsel in der Regel nur selten über 30%, bei Dieselmaschinen kann der Verdünnungsgrad höher liegen.

Der Kraftstoffgehalt von gebrauchten Autoölen wird bei Otto- und bei Dieselkraftstoffen in der Regel durch Wasserdampfdestillation bestimmt.

1. Bestimmung bei Ottokraftstoffen

a) Verfahren nach Kiemstedt

KIEMSTEDT[3] hat für die Bestimmung der Benzinverdünnung von Schmieröl ein elektrisch geheiztes Wasserdampf-Destillations-Spezialgerät entwickelt. Näheres darüber ist in der Originalvorschrift nachzulesen.

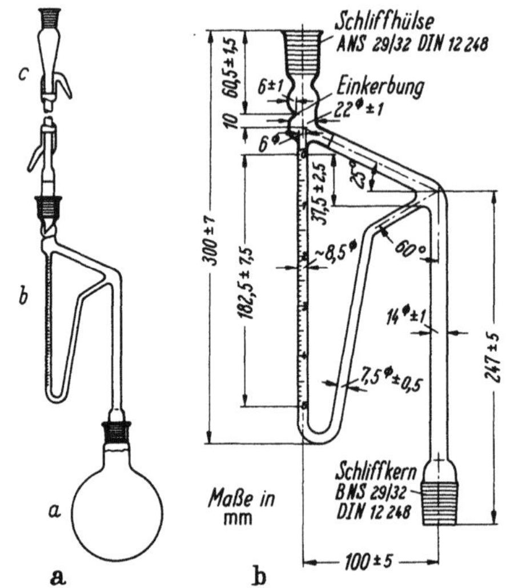

Abb. 6a u. b. Ottokraftstoffgehalt in Motorenschmierölen (DIN 51 565).
a) Prüfgerät; b) Vorlage; a Siedegefäß; b Vorlage; c Kühler.

[1] v. WALTHER u. ELSMANN: Braunkohlenarchiv 1928, H. 22, S. 71.
[2] PIDGEON, D. H., u. H. E. ANTESTER: J. Instn. Petrol. Technol. 15 (1929) 91.
[3] Chemiker-Z. 53 (1929) 459. — Brennst.-Chemie 7 (1926) 309.

b) DIN 51 565: Bestimmung des Ottokraftstoffgehaltes in gebrauchten Motorenschmierölen

Gebrauchte Motorenschmieröle von Ottomotoren mit Umlaufschmierung. Das Verfahren kann nicht angewandt werden, wenn der Kraftstoff merkliche Mengen wasserlöslicher Stoffe, z. B. Alkohole, enthält.

Kurzbeschreibung des Verfahrens

Die Probe des gebrauchten Motorenschmieröls wird unter Zugabe von Wasser am Prüfgerät (s. Abb. 6a) destilliert. Das Kondensat fließt in das Siedegefäß (*a*) über eine Vorlage (*b*) zurück, in welcher der wasserunlösliche Kraftstoffanteil der Probe aufgefangen und die Menge des Kraftstoffs nach 5, 15 und jeweils weiteren 15 Min. nach Beginn des Rückflusses gemessen wird (s. Abb. 6b). Die Bestimmung wird beendet, wenn die Menge des Kraftstoffs innerhalb 15 Min. um nicht mehr als 0,1 mm zunimmt oder die nachstehend angegebenen Werte nicht überschreitet:

Rückflußdauer (Siededauer) Min.	Volumen des Kraftstoffes ml
5	nicht sichtbar
30	2,0
60	4,0
90	5,0

c) ASTM D 322-63 bzw. IP 23/64: Method of Test for Dilution of Crankcase Oils

Beide Methoden entsprechen praktisch DIN 51 565.

2. Bestimmung bei Dieselkraftstoffen

Bei Schmierölen von Dieselmotoren ist die Trennung von Kraftstoff und Schmieröl schwierig, weil insbesondere bei dünnviskosen Schmierölen Über lagerungen auftreten können. Trotzdem seien nachfolgende Methoden als Anhaltspunkt erwähnt:

a) Verfahren nach Wilford[1]

Man führt die Wasserdampfdestillation bei 210 °C mit 100 cm³ Öl aus und bestimmt die Destillatmenge, die mit 200 cm³ Wasser übergeht. Aus den Ergebnissen kann aus einer Tabelle die tatsächliche Kraftstoffmenge für jedes Destillat abgelesen werden. Die Methode setzt das Vorhandensein des Ursprungsöls voraus. Ohne Kenntnis von dessen Siedeanalyse gibt sie lediglich einen Annäherungswert der Kraftstoffverdünnung.

b) Verfahren nach Stark[2]

Es werden 800 cm³ Öl in einer Spezialapparatur mit Fraktionierkolonne bei einem Vakuum von 10 Torr destilliert. Das Vakuum wird auf 1 Torr reduziert, wenn eine Blasentemperatur von 158 °C bei 10 Torr erreicht ist. Die Destillationskurven des Frischöls und des verdünnten Öls werden graphisch dargestellt. Die beiden Kurven verlaufen parallel. Die Zwischenraumlinie zwischen diesen Kurven repräsentiert in Prozent den Grad der Ölverdünnung. Für diese Methode muß das Originalöl ebenfalls zur Verfügung stehen.

XVI. Konstitutionsanalyse[3]

Die Möglichkeiten, über die von der chemischen Konstitution abhängige Eignung eines Schmieröls — insbesondere über den Aromatengehalt — Aufschluß zu erhalten, sind wegen des komplizierten Baus der Schmierölkohlenwasserstoffe sowie wegen des geringen Unterschiedes zwischen ihren chemischen und physikalischen Konstanten und den spezifischen Reaktionen beschränkt. Man muß

---

[1] WILFORD, A. T.: Erster Welt-Erdöl-Kongreß, London 1933, Proc. Bd. II, S. 463.
[2] STARK, A. R.: Erster Welt-Erdöl-Kongreß, London 1933, Proc. Bd. II, S. 471.
[3] Siehe auch Teil I, S. 150.

sich daher in den meisten Fällen damit begnügen, die drei wichtigsten Gruppen der Kohlenwasserstoffe, nämlich Paraffine, Naphthene und Aromaten, in ihrem Mengenverhältnis zueinander zu erfassen.

Bestimmung der einzelnen Kohlenwasserstofftypen wie Olefine, Aromaten[1], n-Paraffine sowie die Durchführung der graphisch statistischen Konstitutionsanalyse s. Teil I, S. 140—154.

R. W. KING, M. A. KUST S. S. KURTZ[2] vergleichen verschiedene Methoden der Strukturgruppenanalyse an Schmierölfraktionen unter Benutzung von Daten für reine KW-Verbindungen und stellen fest, daß reine Benzolringe nicht im Schmieröl vorkommen, sondern nur mit Naphthen- oder anderen Benzolringen kondensiert. Bestimmung mit Hilfe des Refraktionsintercepts s. Teil I, S. 154.

XVII. Phosphorgehalt[3]

1. Allgemeines

Zur Verbesserung der Hochdruckeigenschaften von Schmierölen verwendet man Wirkstoffe, wie Phosphate, Phosphite, Phosphatide oder organische Phosphorverbindungen [Trikresylphosphat, Zinkdithiophosphate (s. S. 17), Lecithin]. Infolge der großen Bedeutung des Phosphors als Additive wurde eine große Anzahl Prüfmethoden zu seiner Bestimmung vorgeschlagen und standardisiert.

2. Prüfung

a) IP 148/58: Phosphorus in Lubricating Oil, Additives and Concentrates

Die Methode ist zur Phosphorbestimmung in Schmierölen, in Schmieröladditives und in Konzentraten bestimmt. Sie wird durch die Art der Phosphorverbindung (z. B. drei- oder fünfwertiger Phosphor, Phosphine, Phosphate, Phosphorsulfide usw.) beeinflußt, da alle quantitativ durch Oxydation in eine wäßrige Lösung von Ortophosphat-Ion umgewandelt werden.

Bei einem Phosphorgehalt unter 2% wird die photometrische, bei über 2% die volumetrische Methode angewandt. Für geringe Phosphorgehalte eignet sich IP 149/58 (s. unten).

Zur Bestimmung wird der organische Anteil durch Oxydation mit Schwefelsäure, Salpetersäure und Perchlorsäure zerstört und der Phosphor in Phosphat umgesetzt.

Zur photometrischen Bestimmung (Molybdivanado) wird dem Phosphat eine Lösung von Ammoniumvanadat und Ammoniummolybdat zugesetzt. Durch Zusatz der Molybdatlösung zu dem sauren Vanadat-Phosphatgemisch bildet sich eine gelbe Heteropolysäure, die photometrisch meßbar ist.

Zur volumetrischen Bestimmung (Quinolinphosphormolybdate) wird das Phosphat-Ion als Quinolinphosphormolybdat gefällt, filtriert, gewaschen und in einer eingestellten Natronlauge im Überschuß gelöst, mit Säure zurücktitriert und der Phosphorgehalt aus der verbrauchten Natronlauge berechnet.

---

[1] Siehe auch P. H. BERTHOLD: Über Beziehungen zwischen Adsorptionsverhalten und Ringgehalt bei mehrkernigen aromatischen Kohlenwasserstoffen. Erdöl Kohle-Erdgas-Petrochem. 19 (1966) 114—117. Systematische Untersuchungen an definierten Kohlenwasserstoffen mit ein bis sechs aromatischen Ringen mit Hilfe der Dünnschichtchromatographie.

[2] Carbon-type analysis of *Lubricating Oil*. Significance of Pure Compound Data Analytic. Chem. 32 (1960) 7, 738—745.

[3] Bestimmung durch Röntgenemission s. S. 868.

b) ASTM D 1091-64: Tests for Phosphorus in Lubricating Oils and Additives

ist praktisch mit der obigen IP 148/58 identisch.

c) IP 149/58: Phosphorus in Lubricating Oil — Quinolin Phosphormolybdate Method

Die Methode ist zur Bestimmung von 0,005 bis 0,30% Phosphor in gebrauchten Schmierölen geeignet, die Halogen und andere normalerweise im Schmieröl vorhandenen Metalle enthalten. Für bestimmte Phosphorverbindungen ist die Methode ungeeignet und durch die oben beschriebene IP 148/58 zu ersetzen.

Zur Phosphorbestimmung wird die Ölprobe mit einem Überschuß von Zinkoxid verbrannt und dadurch der Phosphor in Phosphat verwandelt. Der Rückstand wird in Salzsäure gelöst, etwa bei der Verbrennung entstandene Sulfide mit Kaliumbromat oxydiert und dann der Phosphor als Quinolinphosphormolybdat gefällt. Die Bestimmung erfolgt volumetrisch durch Zufügen eines Überschusses einer Alkalilösung bekannter Konzentration und Zurücktitrieren mit Säure.

XVIII. Schwefelgehalt[1]

1. Allgemeines

Es ist zwischen Gesamtschwefel, freiem Schwefel und Gruppenschwefel zu unterscheiden.

Die Frage, inwieweit der Schwefel die Schmier- und Stabilitätseigenschaften eines Schmieröls beeinflußt, ist ungeklärt und hängt von der Bindungsart des Schwefels ab. Oft werden Schmierölen Schwefelverbindungen zur Erhöhung der Hochdruckeigenschaften zugesetzt. Wichtig ist die Bestimmung des korrodierend wirkenden Schwefels sowie des sog. Sulfatrückstandes, der zur Ermittlung der Konzentration von bekannten metallhaltigen Zusatzstoffen (Additives) herangezogen werden kann. Über die Bestimmung der Thiophenverbindungen, über Thiole, sowie über die Bestimmung der Verteilung der Schwefelverbindungen durch Gaschromatographie berichten R. L. MARTIN und J. A. GRANT[2].

2. Prüfung

ASTM D 1552-64: Test for Sulfur in Petroleum Products (High-Temperature Method)

Die Methode ist anwendbar für Öle, die über 180 °C sieden und nicht weniger als 0,06% Schwefel enthalten. Ein Chlorgehalt unter 1% stört nicht, dagegen Stickstoff über 0,1%; der Umfang der Störung hängt von der Art der Verbindung und Art der Verbrennung ab. Alkali, alkalische Erden sowie Zn, P und Pb stören nicht. Die Methode eignet sich auch für Schmieröle mit Additives und Additivkonzentrate. Die Methode wird wenig angewendet.

Kurzfassung der Methode

Die Probe wird im Sauerstoffstrom bei so hoher Temperatur in einem Rohr, das in einem geeigneten Ofen liegt, verbrannt, daß sich 97% des Schwefels in SO_2 umwandeln. Die Verbrennungsprodukte passieren einen mit einer sauren Lösung

---

[1] Bestimmung s. Teil I, S. 115; durch Gaschromatographie s. S. 818.
[2] Anal. Chem. 37 (1965) 644, 649; Ref. Brennst.-Chemie 46 (1965) 284.

von Kaliumjodat (KJO_3) und Jod-Stärke als Indikator gefüllten Absorber. Wenn die schwach blaue Farbe der Lösung während des Einleitens verschwindet, wird weiteres Jodat zugefügt. Die verbrauchte Menge des standardisierten Jodates ergibt den Schwefelgehalt des Musters. Die Verbrennungsapparatur ist im Original beschrieben (Induktions- und Resistance Type Furnace).

XIX. Chlorgehalt[1]

1. Allgemeines

Chlor und Chlorverbindungen sind in Naturschmierölen nicht vorhanden. Bei Verwendung chlorhaltiger Additives kann jedoch eine qualitative bzw. quantitative Bestimmung erforderlich sein. Insbesondere bei Korrosionserscheinungen ist auf etwa vorhandene Chlorverbindungen zu achten.

2. Prüfung

a) ASTM D 1317-64 und IP 118/65: Chlorine in New and Used Lubricants (Sodium Alcoholate Method)

Die Methode ist geeignet zur Chlorbestimmung in frischen und gebrauchten Schmierölen, sowie Schmierfetten, die chlorhaltige Additives enthalten. Andere Halogene dürfen nicht vorhanden sein. ASTM D 808-63: Test for Chlorine in New and Used Petroleum Products (Bomb Method) ist für solches Material ebenfalls geeignet (s. unten).

0,05 bis 0,1 g des durch Schütteln homögenisierten Ölmusters werden in einem Erlenmeyer-Kolben (300 ml) in 25 ml Lösungsbenzin 100/200 gelöst. Dann werden 5 ml n-Butylalkohol und 1,5 g ($\pm$ 0,1 g) frisch geschnittenes Natrium zugegeben und 1 Std. unter Rückfluß gekocht. Man gibt dann durch den Rückflußkühler weitere 20 ml Butylalkohol zu und kocht, bis kein metallisches Natrium mehr vorhanden ist, und setzt dann durch den Kühler 25 ml Wasser zu, kühlt auf Raumtemperatur und bringt die Lösung quantitativ in einen 500 ml Scheidetrichter. Der Säuregrad der Wasserschicht wird mit HNO_3 (1:7) bzw. NaOH (80 g per Liter) auf schwach sauer gegen Phenophthalein eingestellt und weiter 12 bis 13 ml HNO_3 (1:7) zugegeben, geschüttelt und die wäßrige Schicht in einem 500 ml Erlenmeyer-Kolben mit Glasstopfen unter zweimaligem Nachwaschen mit 25 ml Wasser abgezogen. Die Lösung wird H_2S-frei gekocht (Prüfung mit Bleiacetatpapier) und das Chlorid volumetrisch durch Titration mit 0,1000n Silbernitrat bei Gegenwart von Thiocyanat bestimmt. Eine Blindbestimmung ist durchzuführen, die bei der Titration 0,05 ml nicht überschreiten darf.

$$\text{Cl (Gew.-\%)} = \frac{[AB - CD] \times 35,46}{10\,W},$$

wobei: A ml Ag NO_3-Lösung,
        B Normalität der $AgNO_3$-Lösung,
        C ml Verbrauch Thiocyanat-Lösung,
        D Normalität der Thiocyanat-Lösung,
        W g-Einwaage.

b) ASTM D 808-63: Chlorine in New and Used Petroleum Products (Bomb Method)

Die Methode gestattet 0,1 bis 50% Chlor zu bestimmen, sofern keine anderen Halogenverbindungen vorhanden sind.

---

[1] Bestimmung s. Teil I, S. 123; durch Röntgenemission s. S. 868.

Kurzbeschreibung der Methode

Das Muster wird in einer mit Sauerstoff gefüllten Bombe verbrannt, das Chlor an eine Sodalösung gebunden und gravimetrisch als Silberchlorid bestimmt.

XX. Angriff auf Metalle und Gummi[1]

1. Allgemeines

Einwandfreie Raffinate greifen Metalle nicht an, sofern sie nicht besonders strengen Oxydationsbedingungen und hohen Temperaturen ausgesetzt sind, da die dabei entstehenden Säuren gegebenenfalls Korrosionen hervorrufen können. Diese Gefahr kann man jedoch durch Zusatz von Oxydations- und Korrosionsinhibitoren (s. S. 21) weitgehend ausschalten. Bei weniger gut raffinierten Ölen kann ein chemischer Angriff auf Metalle durch freie Säuren, Schwefelverbindungen oder Alkali stattfinden. Die Schwefelverbindungen lassen sich bezüglich ihrer Korrosivität nach wie folgt einstufen:

Mercaptan korrodiert unter Mercaptidbildung am stärksten. Schwefelwasserstoff ist weniger korrosiv.

Äthylsulfat, Sulfosäuren, Alkyl-Sulfide und Disulfide sowie Sulfoxide korrodieren bei Abwesenheit von Wasser nur wenig; bei Gegenwart von Wasser und insbesondere bei erhöhter Temperatur wird die Korrosion beschleunigt. Freier oder korrosiver Schwefel korrodieren stark. Beide sollen in gut raffinierten Ölen fehlen, obgleich ihre Gegenwart in bestimmten Metallbearbeitungs- und Hochdruckschmierölen erwünscht ist.

Die Angriffsfähigkeit von Naphthensäuren auf Metalle steigt in der Reihenfolge von Aluminium, das praktisch nicht angegriffen wird, über Eisen, Zinn, Kupfer zu Zink und Blei, die am stärksten korrodieren[2]. Freie Fettsäuren können sich durch Hydrolyse von gefetteten Ölen oder Seifen bilden. Sie wirken, wenn sie in kleinen Mengen vorhanden sind, günstig auf den Schmiervorgang, führen aber zu Korrosionen bei Gegenwart von Wasser und unter Oxydationsbedingungen[3]. Da sich der Angriff auf Metalle unter den verschiedensten Bedingungen abspielt, ist es außerordentlich schwer, einen für alle Möglichkeiten zutreffenden Korrosionstest aufzustellen. Wichtig ist für alle Fälle, daß das für die Teste verwandte Metall mit dem während des Betriebs verwendeten übereinstimmt. Die Stärke der Korrosion wird durch Augenschein, mikroskopisch oder, wenn das Korrosionsprodukt nicht anhaftet, durch Gewichtsverlust gemessen.

2. Korrosionsteste

s. Abschnitt „Korrosionsschutzöle", S. 241 u. 297.

3. Angriffsvermögen auf Gummi[4]

Die Angriffsfläche eines Öles auf Gummi prüft man, indem man den zu prüfenden Gummi längere Zeit in das in Frage kommende Öl eintaucht und die Formänderungen der mechanischen Eigenschaften des Gummis beobachtet.

Zur Prüfung von Gummi auf Änderung der *mechanischen Eigenschaften* verwendet man gemäß Tab. 3 standardisierte Prüföle (ASTM-Öl Nr. 1 bis 3) mit unterschiedlichem Gehalt an Aromaten (ausgedrückt durch den Anilinpunkt).

Zur Prüfung von Kautschuk und Gummi auf Änderungen des Formwiderstandes dient ein neutrales Paraffinöl von gelblicher Farbe mit blaustichiger Fluoreszenz. So wird in der ASTM-Vorschrift D 378-41 (Testing Flat Rubber Belting), betr. Prüfung von Flachriemen,

---

[1] Siehe auch S. 225.   [2] Siehe auch E. Frank: Erdöl u. Teer 8 (1932) 12.
[3] Tingle, E. D.: Nature, Lond. 160 (1947) 710.   [4] Siehe auch Hydrauliköle, S. 270.

Tabelle 3. *ASTM-Öle zur Gummiprüfung*[1].

ASTM-Öl		Nr. 1	Nr. 2	Nr. 3	lt. ASTM-Norm
Anilinpunkt		124	93 °C	70 °C	D 88
Saybolt-Viskosität					
bei 99 °C	sec	98 ± 5	100 ± 5	155 ± 5	D 611
Flammpunkt		über 470 °F	475 ± 10 °F	330 ± 5 °F	D 92
		(= 243 °C)	(= 246 ± 5,6 °C)	(= 166 ± 2,8 °C)	

die Prüfung auf Beständigkeit des Gummis gegen Lösungsmittel mit einem Paraffinöl von folgenden physikalischen Kennzahlen vorgenommen:

		Mindestwert	Höchstwert	lt. ASTM-Norm
Dichte	g/cm³	0,878	0,882	
Flammpunkt		330 °F	340 °F	D 92
		(= 166 °C)	(= 171 °C)	
Saybolt-Viskosität bei 122 °F				
(= 50 °C)	sec	61	66	D 88

a) DIN 53 521: Verhalten von Kautschuk oder Gummi gegen Flüssigkeiten, Dämpfe und Gase (Quellverhalten)

Die Dichtungsproben werden in einem stark quellend wirkenden Öl (z. B. ASTM-Öl No. 3) eingelegt. Die Prüfdauer und Prüftemperatur sowie die Bewertung nach der Prüfung muß dem Prüfkörper und Prüfzweck angepaßt werden[2]. Nach der Einwirkung werden nach DIN 53505 die Änderung der Shore-Härte und Volumänderung geprüft.

b) ASTM D 735-61 T: Specification for Elastomere Compounds for Automotive Applications

Prüfvorschriften für elastomere Mischungen für die Kraftfahrzeugindustrie.

XXI. Metalle in Schmierölen[3]

1. Gruppenanalyse

ASTM D 811-48 Chemical Analysis for Metals in Lubricating Oils

Die Metalle Barium, Zinn, Zink, Aluminium, Calcium, Magnesium, Natrium, Kalium sowie die Kieselsäure können in neuen und gebrauchten Schmierölen nebeneinander nach bekannten Methoden durch Trennung der Metalle in verschiedene Gruppen bestimmt werden. In dem Schema Abb. 7 ist sowohl die Gruppeneinteilung als auch die Bestimmungsweise aller oder einzelner Metalle angegeben.

Um Störungen während der Bestimmung zu vermeiden, wird Barium mit den Metallen der Schwefelwasserstoffgruppe abgeschieden. Das 8-Hydroxychinolin dient als ausgezeichnetes Mittel zur Abtrennung von Eisen, Aluminium und Zink. Phosphat- und Sulfat-Ionen werden vor der Bestimmung von Natrium und Kalium nach der Calciumbestimmung entfernt. Bezüglich der Arbeitsweise im einzelnen muß wegen ihres großen Umfangs auf die Originalvorschrift verwiesen werden.

---

[1] Die Lieferfirmen sind in der Originalvorschrift angegeben.
[2] HUMMEL, E.: Stahleisen Sonderberichte, Düsseldorf: Stahleisen 1963, H. 3, S. 108.
[3] Spurenanalyse von Metallen in Erdöl, s. auch Abschnitt Erdöl und Erdölprodukte, Teil I, S. 294. Bestimmung durch Röntgenemission s. S. 868.

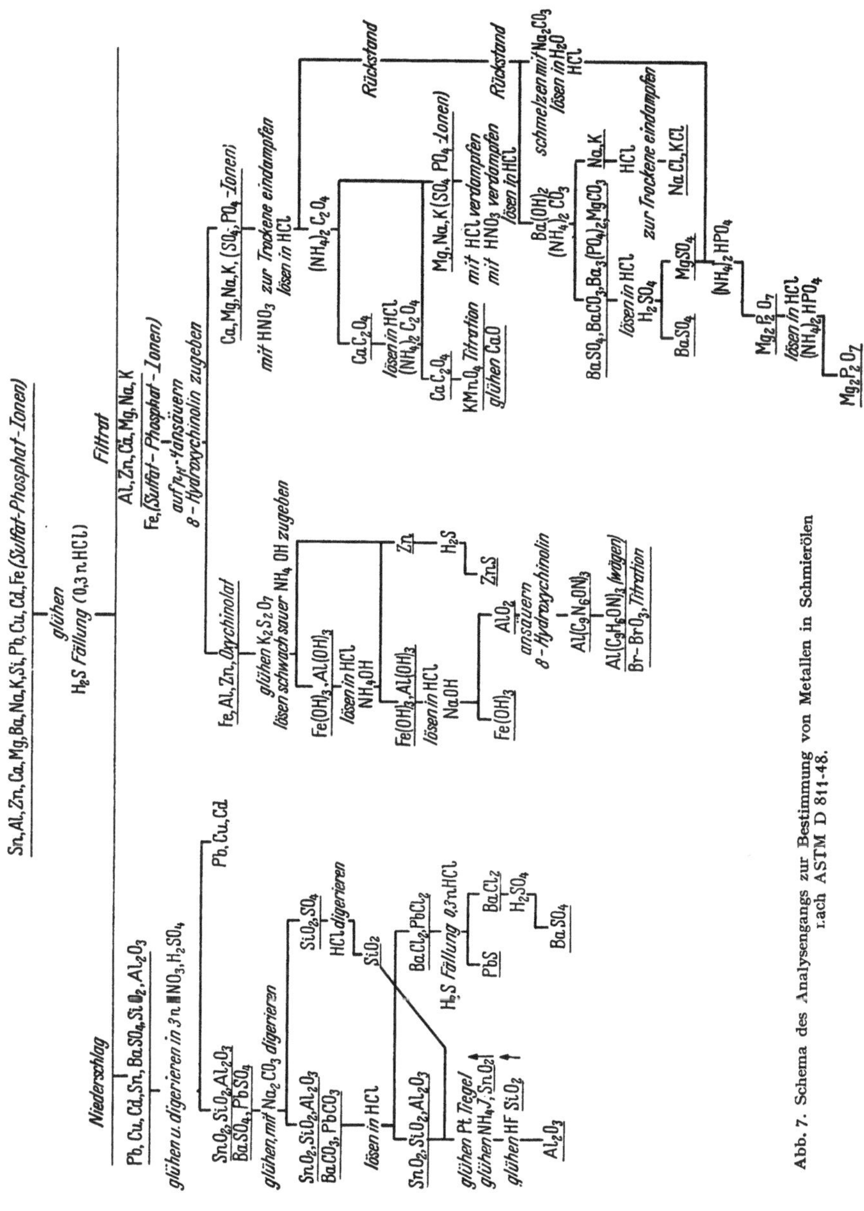

Abb. 7. Schema des Analysenganges zur Bestimmung von Metallen in Schmierölen nach ASTM D 811-48.

2. Zink

a) IP 117/65 T: Zinc in Lubricating Oils

Zwei gravimetrische und eine volumetrische Methode werden vorgeschlagen mit folgender Anwendbarkeit:

Methode A: Veraschung und gravimetrische Bestimmung des Zn als Zinkammonphosphat, nicht anwendbar bei Gegenwart anderer Metalle, wie Blei, Calcium u. a.

Methode B: Veraschung und Bestimmung des Zn als Hydroxyquinolat, trennt Zn von Mg und alkalischen Erden.

Methode C: Veraschung, Aufnahme konzentrierter Schwefelsäure und Titration mit Kaliumferrocyanit (Diphenylamin als Indikator), versagt bei Gegenwart von Blei und Eisen, die unlösliche Ferrocyanide bilden.

b) O,O-Dialkyl-Zink-Dithiophosphat

Die Identifizierung kann durch Spektroskopie sowie durch Pyrolyse-Gaschromatographie[1] erfolgen. Die Methode der Isolierung wie auch die der Identifizierung unterliegen gewissen Einschränkungen. Die Extraktion mit Methanol ist nur auf Zinkdithiophosphate mit kurzen Alkylketten anwendbar; Didodecal-Zinkdithiophosphat läßt sich mit Methanol nicht extrahieren. Zudem kommen Dispersant-Additives, die die Extraktion infolge Emulsionsbildung unmöglich machen, was auch für das Lewkowitsch-Verfahren[1] gilt.

In einfacher Weise lassen sich Zinkdithiophosphate durch Dünnschichtchromatographie ermitteln.[2] Eine volumetrische Methode unter Verwendung von Trilon B erarbeiteten P.T. MAKAROW und K. J. PERCHINA[3].

c) ASTM D 1549-64: Zinc in Lubricating Oils and Additives (Polarographic Method)

Die Methode ist geeignet, wenn im Öl nicht über 2% Zn vorhanden ist. Cadmium muß vorher entfernt werden.

Die Probe wird bis auf Kohlenstoff und Asche verbrannt, der Rückstand mit Schwefelsäure abgeraucht und im Muffelofen bei 550 bis 600 °C geglüht. Dann wird die Asche mit Salzsäure aufgenommen und dem Extrakt ein Standard Volumen einer Cadmium-Elektrolytlösung zugegeben und mit Wasser verdünnt. Der Zinkgehalt wird polarographisch bestimmt.

Streubereich der Methode:

Zn-Gehalt %	Wiederhol-streubereich	Vergleichs-streubereich
0,02—0,2	7% des Zn-Gehaltes	8% des Zn-Gehaltes

3. Barium

Unter der Vorausetzung, daß Metalle, die unlösliche Sulfate bilden, nicht vorhanden sind, läßt sich Barium nach folgenden zwei Methoden gravimetrisch bestimmen:

IP 110/60 T: Barium in Lubricating Oil

Methode A:

Die Ölprobe wird im Platin-, Nickel- oder Porzellantiegel (50 ml) verascht und die Asche mit einer „Fusion Mixture" (50% Soda- und 50% Natriumcarbonat) in Carbonat verwandelt. Das Bariumcarbonat wird filtriert, gewaschen und gravimetrisch als Sulfat bestimmt.

[1] LUTHER H., u. S. K. SINHA: Erdöl u. Kohle 17 (1964) 91 — LUTHER H., u. E. BAUMGARTEN: Zum Zersetzungsmechanismus von Metalldialkyldithiophosphaten. Erdöl u. Kohle 20 (1967) H. 11, S. 91. — RENDALL, P. F., u. A. RIMMER: Chem. and Ind. 1962 1864. — PERRY, S. G.: J. Gas Chromatogr. 2 (1964) 93. — LEWKOWITSCH, P. R. E.: J. Inst. Petrol. 8 (1962) 48, 217; Chem. and Ind. 1962, 1241. — ROCKET, J.: Appl. Spectroscopie 16 (1962) 39.
[2] GELDERN, L.: Erdöl u. Kohle 18 (1965) 545.
[3] Erdöl u. Kohle 18 (1965) 910. Zersetzungsmechanismus s. H. LUTHER, Erdöl u. Kohle 20, 781 (1967).

Methode B:

Nach dieser Methode kann gegebenenfalls auch Al und Ca bestimmt werden, indem man die sulfatierte Asche in Perchlorsäure löst und das Barium gravimetrisch als Sulfat bestimmt. 20 bis 30 g Öl ($\pm$ 0,01 g) werden wie oben verascht und in einem Muffelofen bei 550 °C kohlenstofffrei geglüht. Nach Erkalten gibt man 5 ml 18-n Schwefelsäure zu, raucht ab und glüht 10 Min. wie oben in einem Muffelofen. Dann gibt man 15 ml Perchlorsäure in den Tiegel und konzentriert durch Erwärmen auf 1 bis 2 ml auf einer heißen Platte. Den Tiegel bringt man in ein 400 ml Becherglas und spült den Tiegel mit heißem Wasser auf ein Gesamtvolumen von 200 ml. Dann gibt man 15 ml 4-n Schwefelsäure zu, kocht 30 Min. und filtriert durch ein feinporiges Filter (Wathmann Nr. 42). Das Bariumsulfat wird gut mit heißem Wasser gewaschen und mit Filter in einem gewogenen Porzellantiegel verbrannt, mit vier Tropfen 4-n Schwefelsäure bis zur Gewichtskonstanz abgeraucht.

Wiederholstreubereich 5%; Vergleichsstreubereich 10%.

4. Calcium

IP 111/49 T: Calcium in Lubricating Oils

Das Öl wird verascht, die Asche in Salzsäure gelöst und das Calcium bei Abwesenheit von Phosphat-Ionen in ammoniakalischer Lösung als Oxalat gefällt. Bei Anwesenheit von Phosphat-Ionen wird vor der Fällung freie Zitronensäure zugesetzt. Die Bestimmung des Calciums kann erfolgen:

1. gravimetrisch als Oxid nach Veraschen;
2. gravimetrisch als Calciumoxalat oder Carbonat;
3. volumetrisch durch Titration mit Kaliumpermanganat.

Arbeitsweise:

Es werden 40 bis 50 g Öl in einer 9 cm³-Porzellanschale vorsichtig verascht; der Rückstand wird in 10 cm³ 6n Salzsäure gelöst und mit destilliertem Wasser auf 100 cm³ aufgefüllt. Dann gibt man 10 g Ammonchlorid zu und macht die Flüssigkeit unter Sieden mit Ammoniumhydroxid ($d = 0{,}880$ g/cm³) auf Methylrot alkalisch. Nach Filtration und Waschen mit heißem destilliertem Wasser wird der Niederschlag in 5 cm³ 6n Salzsäure gelöst und erneut wie beschrieben gefällt, filtriert und gewaschen.

Die vereinigten Filtrate und das Waschwasser werden heiß mit 30 cm³ Ammonoxalatlösung (40 g/l) versetzt und auf dem Wasserbad eine Stunde absitzen lassen, durch einen gewogenen Sinterglas-Gooch-Tiegel filtriert, mit warmem Wasser gewaschen, bei 100 °C $1^1/_2$ Std. getrocknet und gewogen.

Berechnung als Calciumoxalat (Monohydrat):

$$\text{Gew.-\% Ca} = \frac{W_2 \cdot 0{,}2743 \cdot 100}{W_1},$$

worin
W_1 die Einwaage in g und
W_2 das Gewicht des Calciumoxalats in g
bedeuten.

Wiederholbarkeit: 0,001, *Reproduzierbarkeit:* 0,002.

Die Vorschrift IP 111/49 enthält auch noch eine Methode zur Bestimmung des Calcium als Oxid sowie eine volumetrische Methode und eine Methode, die unter Zusatz von Zitronensäure arbeitet. Ba, Ca und Zn mittels Röntgen-Fluoreszenz s. HAYCOCH[1].

5. Blei, Kupfer und Eisen

Siehe ASTM D 811-48: Chemical Analysis for Metals in Lubricating Oils, S. 116; IP 120/48: Lead Copper and Iron in Lubricating Oils.

Die Bestimmung von Kupfer in Mineralölen durch Oxydation mit einem Gemisch von Salpeter-, Schwefel- und Peressigsäure, Verdampfen zur Trockene, Aufnehmen des Rück-

---

[1] HAYCOCH, R. F.: Erdöl u. Kohle 18 (1965) 996.

standes in destilliertem Wasser und Titration mit einer Lösung von Diphenylthiocarbazon beschreiben A. G. Assaf und V. C. Hollibaugh[1].

Blei kann man in Schmierstoffen nach Raymond Lautié und André Simon[2] auch elektrolytisch bestimmen.

H. Graff und L. Nenninger[3] bestimmen die durch Abrieb im Motor entstandenen festen Metallteilchen spektralanalytisch.

Altöle, die bis zu 80 Std. im Motor gelaufen sind, können in je 20 cm³ Öl bis 20 mg Eisen, 2,7 bis 6 mg Kupfer und 0,4 bis 1,5 mg Aluminium neben Magnesium und Zinn enthalten. Die Bleigehalte sind sehr wechselnd und abhängig davon, ob verbleite Kraftstoffe benutzt worden sind.

Nach D. J. W. Kreulen und van Selms[4] kann man das Kupfer mit Hilfe von Diäthyldithiocarbonat bestimmen.

R. Lotthammer und H. Evers[5] bestimmen das Blei in gebrauchten Motorenölen, indem sie 15 g Öl, einem Durchschnittsmuster entstammend, in einem 1 l-Becherglas (Jenaer Duranglas) mit 200 cm³ einer Mischsäure, bestehend aus Salpetersäure von $d = 1{,}40$ g/cm³ mit etwa 65 Gew.-% HNO_3 und Schwefelsäure von $d = 1{,}84$ g/cm³ mit etwa 90 Gew.-% H_2SO_4 im Verhältnis 1 : 1, zunächst so lange auf einem elektrischen Heizbade vorsichtig erwärmen, bis die Farbe der Mischsäure von Dunkelrot nach Schwarz umschlägt. Nach völliger Abkühlung versetzt man mit 50 cm³ Salpetersäure ($d = 1{,}40$ g/cm³) und engt so weit ein, bis einige Zeit lang dichte, rein weiße Dämpfe von Schwefelsäure entweichen. Nach dem Abkühlen werden erneut 50 cm³ konz. Salpetersäure hinzugefügt, und es wird wiederum bis zum Entweichen von Schwefelsäuredämpfen erhitzt. Die Zugabe von Salpetersäure, die zweckmäßig immer in das abgekühlte Reaktionsgemisch erfolgen soll, wird so oft wiederholt, bis die Säure im Becherglas eine hellgelbe Farbe angenommen hat. Nach Eindampfen bis auf etwa 30 cm³ und darauffolgender Abkühlung fügt man etwa 100 cm³ Wasser und ein gleiches Volumen 96%igen Alkohols hinzu, rührt um und läßt mindestens 4 bis 5 Std., am besten über Nacht, stehen. Nach Ablauf dieser Zeit wird der Niederschlag durch einen zuvor durchgeglühten und konstant gewogenen Porzellanfiltertiegel mit porösem Boden (a 2) filtriert, zunächst mit einer Lösung aus 4 cm³ konz. Schwefelsäure ($d = 1{,}84$ g/cm³), 100 cm³ Wasser und 100 cm³ Alkohol und darauf mit Alkohol allein gewaschen. Nach Vortrocknen bei 110 °C und darauffolgendem halbstündigem Glühen bei 650 °C wird der Niederschlag als Bleisulfat gewogen. Die Untersuchungsergebnisse zeigten, daß bei Flugmotoren unter den vorliegenden Bedingungen etwa 50% des im Kraftstoff enthaltenen Bleies flüchtig sind bzw. 50% im gebrauchten Öl verbleiben. Bei Kraftwagenmotoren verflüchtigen sich unter den angegebenen Verhältnissen etwa fünf Sechstel des im Kraftstoff vorliegenden Bleies.

6. Natrium

ASTM D 1026-51: Sodium in Lubricating Oils and Lubricating Oil Additives (Gravimetric Method)

Zur Bestimmung von Natrium wird das Muster verascht, die Asche in Salzsäure gelöst und mit Ammoniak neutralisiert. Phosphate werden mit einem großen Überschuß von Zinkcarbonat abgetrennt und das Natrium im Filtrat mit Zink-Uranylacetat gefällt und als Natrium-Zink-Uranylacetat gewonnen.

[1] Industr. Engng. Chem., Anal. Edit. 12 (1940) 695.
[2] Bull. Soc. chim. Fr., Mém. 5, 13 (Nov./Dez. 1946) 676.
[3] Autom.-techn. Z. 45 (1942) 523.   [4] Chem. Weekbl. 39 (1942) 648.
[5] Öl u. Kohle 38 (1942) 1291.

G. Spektroskopie[1]

Von C. ZERBE, Hamburg

Inhaltsübersicht

I. Allgemeines

Spektroskopische Untersuchungen setzen bei heterogenen Gemischen, wie sie bei additivhaltigen Mineralölen bzw. Additivkonzentrat vorliegen, spezielle Erfahrungen und darauf basierendes vielseitiges Referenzmaterial voraus. Allgemein gültige Methoden lassen sich infolgedessen nicht festlegen; der Analysengang muß stets den jeweiligen Erfordernissen angepaßt werden. Wenn für bestimmte Untersuchungen, insbesondere Routineuntersuchungen, ein bewährtes Arbeitsschema entwickelt ist und erprobte Referenzunterlagen vorliegen, läßt die Spektroskopie in Verbindung mit chemischen und physikalisch-chemischen Methoden schnelle und eingehende Aussagen über das zu prüfende Material zu.

Als Untersuchungsmethoden stehen die Infrarotspektroskopie, die Röntgenfluoreszenzanalyse und die Atomabsorptionsspektroskopie im Vordergrund; daneben werden in Sonderfällen und für bestimmte Zwecke auch Ultraviolettspektroskopie, Massenspektrometrie, Kernresonanz, Flammenfotometrie und Lumineszenzspektroskopie[2] herangezogen.

Nur in wenigen Fällen gibt das Infrarotspektrum eines Mineralöl- bzw. Additivkonzentrats hinreichend Auskunft über die Zusammensetzung; fast stets ist eine vorherige Trennung in Gruppen oder Einzelkomponenten und anschließend deren Infrarotprüfung erforderlich.

Zunächst prüft man auf etwa vorhandene Additivmetallkomponenten, wie Al, B, Ba, Ca, Pb, Zn, Si, Mo, durch nasse Analyse oder Röntgenfluoreszenz.

Den Gehalt an Chlor, Stickstoff und Schwefel ermittelt man gewöhnlich durch chemische Methoden, wasserdampfflüchtige Additives wie Dichlornitrobenzol durch Wasserdampfdestillation. Anschließend prüft man, ob ein Infrarotspektrum des Gesamtmaterials im Bandenbereich von 2 bis 15 μ Hinweise über die Zusammensetzung des Musters gibt. Die IR-Standardgeräte arbeiten im mittleren Wellenbereich zwischen 2,5 und 15 μ und sind für die meisten Routineuntersuchungen ausreichend. Das Gebiet über 15 μ kann man für die Bestimmungen halogenhaltiger Verbindungen heranziehen, das unter 2,5 μ für die Messung von Oberschwingungen der CH-, NH- und OH-Bindungen. Oft wird die IR-spektroskopische Prüfung an den Anfang der Untersuchungen gestellt.

Die Aromatenbanden liegen bei 5 bis 6,3 μ und 11 bis 15 μ, die der Aliphaten u. a. bei nahe 13,85 μ. Infolge des mehr aliphatischen Charakters ist bei Schmierölen mit hohem VI das Aliphatenband stärker ausgeprägt, während bei Ölen mit niedrigen VI Aromaten und Aliphaten mit ungefähr gleicher Intensität auftreten.

---

[1] Arbeitsweise und Einzelheiten s. Allgemeine Prüfmethoden, Teil I, S. 156ff.

[2] ZANDER, M.: Eine neue Technik in der Lumineszenzanalyse organischer Verbindungen. Erdöl u. Kohle 20 (1967) H. 11, S. 780. Eine bislang übersehene, äußerst einfache Möglichkeit, die Selektivität und Empfindlichkeit der lumineszenzspektroskopischen Analysenmethoden — Fluorimetrie und Phosphorimetrie — zu erhöhen, besteht darin, daß man zum Lösungsmittel eine Komponente gibt, die einen „äußeren Schweratom-Effekt" zeigt. Methyljodid z. B. ist sehr geeignet.

II. Nachweis von Additives

In Verbindung mit der Dünnschichtchromatographie (s. S. 131) sind EP-Additives, wie Zinkdialkylthiophosphate, an ihren ausgeprägten Absorptionsbanden (nahe 10 μ und etwa 15 μ) erkennbar. Dasselbe gilt für Phosphor-Sauerstoff-Verbindungen (z. B. Trikresylphosphat), für die üblichen an Ca und Ba gebundenen Detergents auf Phenol- bzw. Sulfonatbasis, sofern sie in höherer Konzentration vorliegen. Aschefreie hochpolymere Additives sind bei Gegenwart anderer Additives schwer erkennbar. An Carboxylgruppen gebundene Metalle geben zwei deutliche Banden bei etwa 6,2 bis 6,3 μ und 7 bis 8 μ.

Die üblichen an Ca und Ba gebundenen Detergents auf Phenol- bzw. Sulfonatbasis (Banden bei etwa 8,5 und 9,5 μ) sind einzeln leicht zu identifizieren, schwieriger im Gemisch. An Metall gebundene Seifen sind auch bei niedrigem Gehalt erkennbar, die Ermittlung des Säurerestes erfolgt am besten über die Gaschromatographie.

Aschefreie hochpolymere Additives (z. B. Polyisobutylene oder Polymethacrylate) sind in der Regel nach vorheriger Abtrennung durch Dialyse im Konzentrat spektroskopisch sicher nachweisbar. In Multigradölen, die ein metallisches Detergentadditiv neben Antioxidantien und hochpolymeren VI-Verbesserern enthalten, ist es daher relativ einfach, das Polymer im Dialyserückstand zu bestimmen.

Esterhaltige Additives lassen sich bis zu einem Gehalt von 0,1% und günstigstenfalls bis 0,01% nachweisen, jedoch ist zur Bestimmung des Polymerisationsgrades des Esters eine vorherige Dialyse notwendig. Ester zeigen typische Banden bei etwa 5,8 μ und bei 8 bis 9 μ.

Additives auf Äthylen- bzw. Propylenoxidbasis geben eine breite Bande zwischen 8 und 9 μ. Auch Metallacetate, chlorierte Aromaten sowie Silikone zeigen charakteristische Infrarotbanden. Wenig spezifische Banden dagegen geben Stockpunktverbesserer auf Basis chlorierter Öle bzw. Wachse. Molybdändisulfid ist durch Röntgenfluoreszenz nachweisbar, Graphit am besten durch Augenschein.

Nach der spektroskopischen Prüfung des Gesamtmusters läßt sich entscheiden, ob die Klärung weiterer Fragen wünschenswert und erforderlich ist, die dann durch spezielle Untersuchungsmethoden nach Zerlegung des Öles in die einzelnen Komponenten erfolgen muß. Einen guten Überblick über die verschiedenen analytischen Möglichkeiten bringt eine Arbeit von L. GARDNER[1].

Als Trennmethoden für Routineanalysen haben sich Dialyse, Hydrolyse, Extraktion und chromatographische Methoden bewährt[2]. G. I. JENKINS und C. M. A. HUMPHREYS untersuchten routinemäßig eine große Zahl hochlegierter Schmieröle und Additivkonzentrate der verschiedensten Zusammensetzung und geben für die erwähnten Trennmethoden folgende Anweisungen[3]:

Dialyse: Trennung von hochmolekularen Polymeren (Molgewicht über 2000) und Detergentadditives von anderen Additives und Grundölen

15 bis 20 g der in 100 ml Petroläther gelösten Probe werden in einer Gummimembrane, die nur die niedrigmolekularen Verbindungen passieren läßt, in 1500 ml Petroläther dialysiert. Das Lösungsmittel des Dialysats und des Konzentrats werden abdestilliert und die Komponenten durch IR-Spektroskopie untersucht.

Bezüglich des Einflusses der Gummiart, der Dialysedauer, Probemenge und weiterer Einzelheiten sei auf die Originalarbeit verwiesen. Die Dialyse mit einer Gummimembrane ist zur Abtrennung von Sulfonsäuren ungeeignet, da sie Gummi angreifen.

---

[1] Canadian Spectroscopy 1964, 136.
[2] LEUTNER, R.: Erdöl-Z. 80 (1964) 350. — VAMOS, E., u. F. SIMON: Acta Chim. Hung., Tom. 27 (1961) 235. — LUTHER, H., u. Mitarb.: Erdöl u. Kohle 12 (1959) 728.
[3] J. Inst. of Petrol. 51 (1965) Nr. 493, S. 1.

Säulenchromatographie: Trennung des Grundöls von polaren Additiven und Isolierung
spezieller polarer Verbindungen

10 g der Probe, gelöst in 100 ml Petroläther, werden auf eine mit Silicagel (bei 160 °C
aktiviert) gefüllte Säule (60 cm × 2 cm) gegeben und anschließend mit Äther eluiert. Die
niedrigmolekularen und polaren Additives (z. B. Zinkdialkyldithiophosphate) werden am
Silicagel festgehalten, während hochmolekulare Verbindungen und das Öl ablaufen. Je nach
dem Untersuchungsziel können längere Kolonnen, größere Probemengen und andere
Eluationsmittel verwendet werden, um zusätzliche Trennungen zu erreichen.

Das Verhalten einer Anzahl verschiedener Additives bei der Dialyse und Säulenchromatographie ist von G. I. Jenkins und Mitarbeitern (loc. cit.) zusammengestellt worden (Tab. 1).

Tabelle 1. *Verhalten verschiedener Additivestypen bei der Dialyse und*
Silicagelchromatographie.

Additive	Dialyse	Silicagel-Fraktionierung	
		Petroläthereluat	Äthereluat
Alkylborat	schnell	nichts	Alkylborate
Alkylarylphosphat	schnell	nichts	Alkylarylphosphate
Bariumphenolat	sehr langsam	Bariumphenolat und Öl	Freie Phenole
Bariumphosphonat	nicht	Bariumphosphonat und Öl	etwas polares Material
Bariumsulphonate	sehr langsam	Bariumsulphonate u. Öl	etwas polares Material
Borhaltige Polyiso-butyle	nicht	boronhaltige Additives und Öl	etwas polares Material
Calciumacetat	nicht	Öl	etwas polares Material Acetat wird nicht desorbiert
Calciumpolycarbonat	nicht	Calciumpolycarbonate und Öl	etwas polares Material
Calciumphenolate	sehr langsam	Calciumphenolate u. Öl	freie Phenole
Calciumsulphonate (plus Calciumcarbonate)	nicht	Calciumsulphonate, Calciumcarbonate u. Öl	etwas polares Material
Niedrig molekulare Ester	schnell	nicht	Ester
Sterisch behinderte Phenole	schnell	nichts	sterisch behinderte Phenole
Polyamide	langsam	Polyamide und Öl	wenig Polyamide
Polyester (stickstoff- und schwefelhaltig	sehr langsam	Polyester und Öl	etwas polares Material
Polyisobutylene	langsam	Polyisobutylene u. Öl	etwas polares Material
Polymethacrylate	nicht	Polymethacrylate u. Öl	etwas polares Material
Phosphosulphurierte Polybutylene und Bariumphenate	sehr langsam	Phosphosulphurierte Polybutylene, Barium-phenate und Öl	Freie Phenole
Zinkdithiocarbamate	schnell	Öl	Zinkdithiocarbamat
Zinkdialkyldithiophos-phate	schnell	Öl	Zinkdialkyldithio-phosphat

Die Zusammenstellung zeigt, daß die Dialysegeschwindigkeit der verschiedenen Additives
überwiegend von derem Molekulargewicht abhängig ist. Hochpolymere Verbindungen diffundieren überhaupt nicht oder nur sehr langsam; hat das Polymere eine breite Molekular-
gewichtsverteilung, neigt der niedrigmolekulare Anteil zur Dialyse.

Niedrigmolekulare Additives einschließlich freier und sterisch gehinderter Phenole
(Jonol) und Mineralöle diffundieren schnell, Phenolate dagegen langsam oder überhaupt
nicht; das gilt auch für Acetate, Sulfonate und Phosphonate. Von großem Einfluß auf die
Dialysegeschwindigkeit sind die Versuchsbedingungen, wie Zeit, Art des Lösungsmittels,
die Gummimembrane usw. Die Erzielung eines Dialyseoptimums erfordert deshalb für jedes
Öl, Additiv oder Gemisch ein eingehendes Studium unter Heranziehung weiterer geeigneter
physikalisch-chemischer Prüfungen und Trennmethoden (z. B. Ionenaustauscher[1], Papier-
und Dünnschichtchromatographie usw.).

---

[1] Munday, W. A., u. A. Eaves: Proc. Fünfter Welt-Erdöl-Kongreß, New York 1959,
Sektion 5, Paper 9.

Tabelle 2. *Analysenbeispiele.*

1. *Identifizierung von Esterendgruppen in „Polycarbonat"-Schmierölen*

Totalmaterial —IR/Spektrum→ Mineralöl und Calcium Polycarbonat —Dialyse/Konzentrat→ Polycarbonate —Hydrolyse↓ Calciumchlorid und organische Säuren der Esterendgruppen der Polycarbonate

Naphthensäuren der Naphthenatendgruppen ←IR/Spektrum— Organische Säuren ←Äther/Extraktion— (Calciumchlorid und organische Säuren der Esterendgruppen der Polycarbonate)

2. *Separation von Polymeren von Bariumphenolaten und Bariumpolycarbonaten*

Additive —IR/Spektrum→ Mineralöl, Bariumphenolat, Bariumpolycarbonat und Polymerisobutylen —Dialyse/Konzentrat→ Bariumphenolat, Bariumcarbonat und Polymere —Hydrolyse↓ Bariumchlorid, Phenole und Polymere

Polymer ←Dialyse/Konzentrat— Polymere und Phenole ←Äther/Extraktion— (Bariumchlorid, Phenole und Polymere)

3. *Analyse von Motorenöl A*

Totalöl —IR/Spektrum→ Mineralöl, Zinkdibutyldithiophosphatester und Säure —Dialyse/Konzentrat→ Polymethacrylat, polyisobutylenhaltige Bor- und Stickstoffverbindungen

Viskosität bei 100 °F 23·23
140 °F 10·80
210 °F 4·34
Viskositätsindex 105

←Viskosität/Bestimmung— Mineralöl, Zinkdibutyldithiophosphat ↑Dialysate (von Mineralöl, Zinkdibutyldithiophosphatester und Säure)

4. *Analyse von Motorenöl B*

Totalöl —IR/Spektrum→ Mineralöl, Zinkdiisohexyldithiophosphatester und Säure —Dialyse/Konzentrat→ Polymethacrylat, polyisobutylenhaltiges Bor- und Stickstoffcalciumcarbonat

↓Dialysat

Mineralöl, Zinkdiisohexyldithiophosphat und niedrigmolekulare Ester

5. *Analyse von aschefreiem Motorenöl*

Totalöl —IR/Spektrum→ Mineralöl, Ester und organische Phosphate —Dialyse/Konzentrat→ Dispersant Polymethacrylat

↓Dialysat

←Silicagel/Fraktionierung— Mineralöl und Alkylarylphosphate

Pentanfraktion
HVI Mineralöl
Benzolfraktion
Behinderte Phenole
Ätherfraktion
Alkylarylphosphate

Hydrolyse: Spaltung von Metallverbindungen des Dialysekonzentrats

2 g des Dialysekonzentrats werden mit 150 ml 5 n-Salzsäure 2 Std. unter Rückfluß gekocht. Das organische Material wird mit Äther extrahiert und nach Abdampfen des Lösungsmittels der Rückstand, der neben Säuren und Phenolen das unverseifbare Material enthält, durch IR-Spektrographie untersucht. Polyisobutylen und Polymethylacrylat werden nicht angegriffen.

Extraktion mit Äthylenglykol

Die Extraktion mit Äthylenglykol ist für niedrigmolekulare Schmieröle (z. B. Spindelöle) nicht anwendbar, weil dabei aus dem Öl auch niedrigmolekulare Aromaten extrahiert werden, die das Inhibitorspektrum stören können.

40 g der Probe werden im Schüttelzylinder mit 10 ml Äthylenglykol 30 Min. geschüttelt; man läßt Absitzen und nimmt das UV-Spektrum der Glykolschicht auf. Inhibitoren in aliphalischen Ester- und Polyätherschmierölen werden von JENKINS durch Vergleich des UV-Spektrums mit dem Gesamtöl in alkoholischer Lösung identifiziert.[1]

JENKINS und Mitarbeiter haben gemäß Tab. 2 versucht, an einem Analysengang von fünf Modellölen durch spektroskopische Prüfung legierter Schmieröle bzw. Additivkonzentrate die Wege und Verbindung mit den beschriebenen Trennmethoden darzustellen.

III. Strukturgruppenanalyse

G. BRANDES[2] zeigt, daß durch die Auswertung von Beziehungen zwischen dem Absorptionsverhalten von Erdölfraktionen im IR und ihrer Strukturgruppenanalyse nach der n-d-M-Methode, die Strukturgruppenbestimmung in sehr kurzer Zeit bei ausgezeichneter Reproduzierbarkeit durchführbar ist. Anwendung finden kann das Verfahren bei:

1. Erdölfraktionen mit Molekulargewichten zwischen 290 und 500 (Diesel- bis Zylinderöle) mit $C_A = 0$ bis 60%, $C_P = 40$ bis 70%, wenn C_A unter 25%.

2. Extrakten für die Bestimmung von C_A.

3. Legierten Ölen in denselben Konzentrationsbereichen, falls die Additives in den auszuwertenden Spektralbereichen nicht absorbieren.

Trotz der bereits erwähnten Hinweise auf das Erfordernis großer Erfahrungen in Verbindung mit gründlichen experimentellen Vorarbeiten bei der Schmierölspektrographie sei nochmals betont, daß die in der obigen Tabelle angeführten Beispiele nur als Arbeitshilfe gewertet werden dürfen.

H. Chromatographie

Von C. ZERBE, Hamburg

Inhaltsübersicht

---

[1] 14 typische Inhibitoren wurden geprüft, und es wurde nachgewiesen, daß sich die Spektren in Äthanol und Äthylenglykol weitgehend gleichen.

[2] BRANDES, G.: Brennst.-Chemie 37 (1956) 263.

I. Flüssigkeitschromatographie

Die wichtigsten Adsorptionsmittel für die Flüssigkeitschromatographie von Erdölprodukten sind Silikagel und Aluminiumoxid. Silikagel ist in der Regel für die Anreicherung und Trennung von gesättigten und aromatischen Kohlenwasserstoffen dem Aluminiumoxid überlegen, das besonders zur Feintrennung der Aromaten nach Ringsystemen geeignet ist. (Die engeren Poren des Kieselgels bringen die Alkylsubstituenten am Ringsystem zu stark zur Geltung).

Über die Kombination von Flüssigkeitschromatographie mit der Spektroskopie ist in Abschnitt „Spektroskopie" auf S. 123 bereits berichtet. R. LEUTHER[1] beschreibt die Grobtrennung von hochsiedenden Fraktionen mit Silikagel und anschließender Eluierung von gesättigten und olefinischen Kohlenwasserstoffen, Aromaten und Harzen. Eine chromatographische Halbmikromethode zum Studium und zur Überprüfung von Verarbeitungsverfahren sowie zur Bestimmung des Harzgehaltes als Kriterium der Alterung empfiehlt H. SPIRA[2]. Bezüglich Einzelheiten bei der Arbeitstechnik sei auf die einschlägigen Monographien verwiesen[3]. Selektive Adsorption s. S. 85.

II. Papierchromatographie

1. Allgemeines

Bezüglich Verfahrenstechnik, Anwendung und analytischer Einzelheiten sei auf die einschlägigen Monographien und Literatur verwiesen.[4]

---

[1] Erdöl-Z. 80 (1964) 450. — SNYDER, L. R.: J. Chromatogr. 5 (1961) 430. — BERTHOLD, J.: Chromatographische Trennmethoden für Additives. Erdöl u. Kohle 20 (1967) H. 11, S. 780.

[2] Erdöl u. Kohle 13 (1960) 27.

[3] LEDERER, E. u. M.: Chromatographie, 2. Aufl., Amsterdam: Elsevier 1958. — ZECHMEISTER, L.: Die chromatographische Adsorptionsanalyse, 2. Aufl., Wien: Springer. Progress in Chromatographie. — BERTHOLD, I.: Erdöl u. Kohle 21 (1968) 610.

[4] CRAMER, F.: Papierchromatographie Weinheim: Verlag Chemie 1958. — ULLMANN: Encycl., 3. Aufl., München/Berlin: Urban u. Schwarzenberg, 3. Aufl., Bd. 2, S. 113; Firmenschrift Schleicher u. Schüll, Dassel, Krs. Einbeck. — LEDERER, E. u. M., s. Fußnote 3. — HAIS, I., u. K. MACOK: Handbuch der Papierchromatographie, Jena: G. Fischer. — LINSKENS, H.: Papierchromatographie in der Botanik, 2. Aufl., Springer 1955. — Chromatographie Firmenzeitschrift Merck AG, Darmstadt; J. of Chromatography, Chromatographie Reviews Elsevier. — GRÜNE, A.: Papierchromatographie; jährliche Literatur-Zusammenstellung.

Das Papier muß ein reines Linters-Filterpapier sein, frei von wasser- oder lösungsmittellöslichen Substanzen, Leimen und Zusatzstoffen; es ist als Spezialpapier und als Sonderpapier (acetyliert oder imprägniert mit Formamid oder Aluminiumoxid, Ionen- austausch- oder Glasfaserpapier usw.) im Handel erhältlich.

2. Auswertung des Chromatogramms

a) R_f-Wert

Die Substanz wird durch Wanderungsgeschwindigkeit (R_f-Wert) charakterisiert. Der R_f-Wert ist der Quotient aus der Entfernung der Substanz vom Ausgangspunkt durch die Entfernung der Lösungsmittelfront vom Ausgangspunkt:

$$R_f = \frac{\text{Entfernung der Substanz vom Start}}{\text{Entfernung der Lösungsmittelfront vom Start}}.$$

Gemäß Abb. 1 liegt der Rf-Wert der Verbindung A bei a/c bei der Substanz B bei b/c.

Die R_f-Werte können durch Variation der Temperatur, Konzentration, Inhomogenitäten des Papiers, Verunreinigungen der Lösungsmittel verändert werden. Es ist deshalb sicherer, bekannte Vergleichssubstanzen neben der unbekannten Mischung herlaufen zu lassen.

Die Komponenten eines zu trennenden Gemisches beeinflussen sich nicht, solange man die Konzentration nicht zu hoch wählt, das heißt, die R_f-Werte sind auch in Mischungen konstant. Scharfe Trennungen erhält man in der Regel nur mit R_f-Werten unter 0,90.

Zahlreiche Tabellen mit R_f-Werten finden sich z. B. bei F. CRAMER (Fußnote 4, S. 126; s. auch Abschnitt Dünnschichtchromatographie).

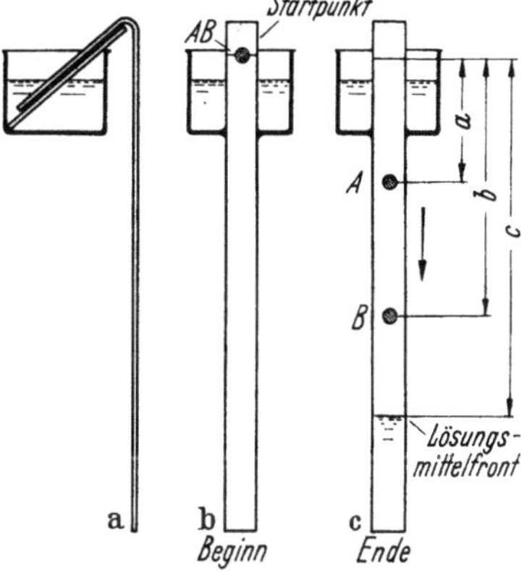

Abb. 1 a—c. Absteigendes Papierchromatogramm eines Substanzgemisches AB.

a) Versuchsanordnung; b) Start;
c) Versuchsende.

b) Flecken- und Zonenbewertung

Papierchromatographie ist in erster Linie eine qualitative Untersuchungsmethode, die bei großer Übung und Erfahrung auch quantitative Auswertungen zuläßt.

Zur Auswertung betrachtet man das Chromatogramm unter der Analysenquarzlampe und im UV-Licht (Hg-Linie 260 mm); sind Flecke und Zonen nicht durch Eigenfarbe oder Fluoreszenz erkennbar, müssen sie durch Behandlung mit Reagentien „entwickelt" werden. Als Entwickler haben sich die verschiedensten Stoffe eingeführt, z. B. Ninhydrin $\left(C_6H_4 \left\langle \begin{matrix} CO \\ CO \end{matrix} \right\rangle C\,(OH)_2 \right)$ für alle Aminosäuren, Pauly-Reagenz für aromatische Aminosäuren, Anilinphtalat bzw. Phosphat für Zucker usw. Die Fleckengröße ist proportional dem Logarithmus des Substanzgehaltes. Wenn man gleiche Volumina einer bekannten und einer unbekannten Lösung chromatographiert, kann man mit etwa 10% Genauigkeit auf den Gehalt der unbekannten Lösung schließen. Man kann die Flecke auch ausschneiden und wiegen oder extrahieren und den Rückstand spektroskopisch untersuchen[1].

3. Anwendung und Arbeitsweise

Die Papierchromatographie wird bei Schmierölen zum Nachweis von Additives und bestimmter Verbindungsgruppen eingesetzt (s. Dünnschichtchromatographie); insbesondere hat sich zum Nachweis cancerogener Polyaromaten in Paraffinum liquidum bewährt[1].

Zur Reinheitsprüfung von Festparaffinen (s. Teil I, S. 487) ist auch die für die Prüfung flüssiger Paraffine gültige folgende Prüfmethode (Grenzwertmethode), die gleichzeitig als Modell für die Arbeitsweise bei hochmolekularen Mineralölkohlenwasserstoffgemischen angesehen werden kann, vorgeschrieben:[2]

a) Vergleichssubstanzen

3,4-Benzpyren, reinst, F. 176 bis 178 °C, λ_{max} 296 nm, λ_{min} 320 nm;
1,2,5,6-Dibenzanthracen, reinst, F. 265 bis 266 °C;
20-Methylcholanthren, reinst, F. 177 bis 179 °C.

Bei der Chromatographie eines jeden der drei genannten polyzyklischen Kohlenwasserstoffe nach der unten beschriebenen Methode darf nur *eine* fluoreszierende Zone im UV-Licht sichtbar sein. Die Wanderungsstrecken der einzelnen polyzyklischen Kohlenwasserstoffe im Chromatogramm werden auf die Wanderungsstrecke der Standardsubstanz 3,4-Benzpyren bezogen und durch den R_B-Wert (B = 3,4-Benzpyren), der das Verhältnis der Wegstrecke des einzelnen Stoffes zur Wegstrecke des 3,4-Benzpyrens angibt, charakterisiert. Der R_B-Wert des 3,4-Benzpyrens ist somit 1,0. Der R_B-Wert des 1,2,5,6-Dibenzanthracens beträgt etwa 0,8, der R_B-Wert des 20-Methylcholanthrens 1,5 bis 1,6.

b) Reagentien

Äthyläther p. a.;
Nitromethan, rein, destilliert[3];
Dimethylformamid, rein. (Schwach gelb oder braun gefärbtes Dimethylformamid ist durch Destillation zu reinigen.)
Methylcyclohexan, rein, frei von fluoreszierenden Kohlenwasserstoffen;
Cyclohexan, rein, frei von fluoreszierenden Kohlenwasserstoffen, oder Cyclohexan für die UV-Spektroskopie.

c) Geräte

Zwei gleich große Glasschalen, innerer Durchmesser etwa 20 cm, Höhe etwa 3 cm; eine Petri-Schale zur Aufnahme des Fließmittels, 6 bis 8 cm Durchmesser und 1,5 cm Höhe. UV-Lampe, 366 nm, Röhrentype HGN, 25 Watt.

d) Chromatographierpapier

Kieselgelpapier (Schleicher & Schüll, Bestell-Nr. 289)

Aus einem Bogen werden kreisförmige Stücke (Durchmesser etwa 22 cm) herausgeschnitten. In die Mitte wird ein Loch von 4 bis 5 mm Durchmesser zur Aufnahme eines 3,5 cm

---

[1] GRIMMER, G.: Quantitative Bestimmung mehrkerniger Aromaten in Paraffinum liquidum. Erdöl u. Kohle 13 (1960) 960; 19 (1966) 578.

[2] Bundesgesundheitsblatt Nr. 9, S. 137 (1964), 5. Mitteilung. Halbquantitative papierchromatographische Untersuchung von Paraffinen und mikrokristallinen Wachsen auf cancerogene polyzyklische Kohlenwasserstoffe (Rundfilter-Papierchromatographie).

[3] Nitromethan ist feuergefährlich. Alle Arbeiten mit Nitromethan sind vorsichtig auszuführen. Insbesondere sollten größere Mengen nicht auf einmal und nicht in Gegenwart von Metallteilen destilliert werden. Auf die von der Berufsgenossenschaft der Chemischen Industrie herausgegebenen „Richtlinien für Chemische Laboratorien", 3. Aufl., Carl Heymann's Verlag, Köln 1961, insbesondere auf Abschn. 4.2 und Unterabschn. 4.26 der Richtlinie 12 wird hingewiesen.
Versuche, Nitromethan durch andere Extraktionsmittel, wie z. B. Dimethylsulfoxid zu ersetzen, führten zu weniger guten Ergebnissen.

hohen Saugdochtes gestanzt. Als Saugdocht dient ein zusammengerollter, $3,5$ cm $\times$ 7 cm großer Kieselgelpapierstreifen.

e) Fließmittel

Reines Methylcyclohexan wird durch Schütteln mit Dimethylformamid gesättigt. Nach dem Abtrennen des nicht gelösten Dimethylformamids werden drei Volumteile der Methyl_cyclohexan-Dimethylformamidlösung mit einem Volumteil Cyclohexan versetzt.

f) Imprägnierungsmittel

30%ige Lösung von reinem Dimethylformamid in Äthyläther p. a.

g) Lösungsmittel und Vergleichslösungen

Stammlösungen

Je $5,0$ mg $3,4$-Benzpyren, $1,2,5,6$-Dibenzanthracen und 20-Methylcholanthren werden in je 50 ml reinem Cyclohexan gelöst.

Vergleichslösungen für die Chromatographie

Je $1,0$ ml der drei Stammlösungen werden mit je 49 ml reinem Cyclohexan verdünnt. Man erhält somit:

Vergleichslösung 1 mit 100 µg $3,4$-Benzpyren in 50 ml Cyclohexan,
Vergleichslösung 2 mit 100 µg $1,2,5,6$-Dibenzanthracen in 50 ml Cyclohexan,
Vergleichslösung 3 mit 100 µg 20-Methylcholanthren in 50 ml Cyclohexan.

($0,05$ ml jeder Vergleichslösung enthält somit $0,1$ µg polyzyklischen Kohlenwasserstoff.)
Die Stamm- und Vergleichslösungen sind, bei etwa $+10$ °C im Dunklen aufbewahrt, mehrere Monate haltbar.

h) Ausführung

Bestimmung in Paraffinen[1]

Von flüssigem Paraffin und Hartparaffin verwendet man für die Untersuchung jeweils $7,0$ g. Diese Paraffinmenge wird in einem 100 ml Schütteltrichter mit 35 ml reinem Cyclohexan versetzt. Flüssiges Paraffin löst sich darin sofort, während Hartparaffin durch Einbringen des Schütteltrichters in ein 50 °C warmes Wasserbad in Lösung gebracht werden muß. Dann setzt man 35 ml reines Nitromethan hinzu und schüttelt 5 Min. lang gründlich durch (flüssiges Paraffin bei Zimmertemperatur, Hartparaffin bei etwa 50 °C). Beim Hartparaffin darf die Temperatur im Schütteltrichter nicht so weit absinken, daß es sich ausscheidet[2]. Nach dem Ablassen der Nitromethanphase wird die Cyclohexanlösung noch zweimal in der gleichen Weise mit je 35 ml Nitromethan ausgeschüttelt.

Die vereinigten Nitromethanauszüge bringt man in einen Claisen-Kolben und destilliert das Nitromethan unter vermindertem Druck der Wasserstrahlpumpe bei etwa 50 °C ab[3]. Nach vollständiger Entfernung des Nitromethans nimmt man den Rückstand dreimal unter Erwärmen auf etwa 50 °C mit je 2 ml Cyclohexan auf, bringt die vereinigten Cyclohexanauszüge quantitativ in ein graduiertes Meßkölbchen und füllt mit Cyclohexan auf ein Volumen von 7 ml auf.

Von dieser Lösung bringt man

a) 5 ml (entsprechend dem Auszug von 5 g Paraffin),
b) 1 ml (entsprechend dem Auszug von 1 g Paraffin)

in je ein 20 ml-Spitzkölbchen und engt bei Raumtemperatur unter vermindertem Druck auf ein Volumen von jeweils etwa $0,03$ bis $0,04$ ml ein. Das nach a) gewonnene Konzentrat wird im folgenden als Lösung P 1, das nach b) gewonnene als Lösung P 2 bezeichnet.

---

[1] Da die Methode sich auch für die Untersuchung von flüssigem Paraffin eignet, wenn an dieses dieselben Reinheitsanforderungen hinsichtlich des Gehalts an $3,4$-Benzpyren, $1,2,5,6$-Dibenzanthracen und 20-Methylcholanthren gestellt werden wie an die hier behandelten Paraffine (vgl. Vorbemerkung), wurde flüssiges Paraffin in dieser Arbeitsvorschrift mit berücksichtigt.

[2] Wird während des Schüttelns eine Trübung beobachtet, so bringt man den Schütteltrichter kurz in das Wasserbad und schüttelt nach Klärung weiter.

[3] Gewinnt man das abdestillierte Nitromethan in einer gekühlten Vorlage zurück, so ist es nach nochmaliger Destillation für weitere Analysen verwendbar.

Das Chromatographierpapier wird wie folgt für die Untersuchung vorbereitet: Im Abstand von jeweils 1,5 cm vom Rand der kreisrunden Öffnung für den Saugdocht werden in gleichem Abstand voneinander drei Punkte markiert und um jeden mit Bleistift ein Kreis von 1 cm Durchmesser gezogen. Dann wird der Bogen zusammengerollt und in einem Meßzylinder mit 30%iger ätherischer Dimethylformamidlösung imprägniert. Nach 3 Min. wird der Bogen herausgenommen. Sofort nach Verdunsten des Äthers (etwa 30 Sek.)[1] trägt man die zu untersuchenden Lösungen P 1 und P 2 und die Vergleichslösungen wie folgt auf:

Auf den ersten Startkreis bringt man die gesamte Menge der Lösung P 1 und auf den zweiten die gesamte Menge der Lösung P 2 (d. h. jeweils 0,03 bis 0,04 ml)[2].

Auf den dritten Startkreis trägt man je 0,05 ml der unter g) beschriebenen Vergleichslösungen 2 und 3 (entsprechend je 0,1 µg 1,2,5,6-Dibenzanthracen und 20-Methylcholanthren) und 0,02 ml der Vergleichslösung 1[3] (entsprechend 0,04 µg 3,4-Benzpyren) auf[2].

Nun chromatographiert man mit dem unter e) angegebenen Fließmittel, bis die Lösungsmittelfront etwa 1 cm vom Schalenrand entfernt ist (etwa 50 Min.). Dann bringt man den Bogen unter die UV-Lampe, beobachtet die Fluoreszenz im Wellenbereich von 366 nm und markiert die blau fluoreszierenden Zonen mit Bleistift.

Beurteilung:

Das Chromatogramm der Lösung P 1 darf — verglichen mit dem der drei chromatographierten polyzyklischen Kohlenwasserstoffe — höchstens eine schwach blau fluoreszierende Zone im Bereich des 3,4-Benzpyrens, aber keine blau fluoreszierenden Zonen im Bereich des 1,2,5,6-Dibenzanthracens und des 20-Methylcholanthrens zeigen. Beim Chromatogramm der Lösung P 2 darf in keinem der genannten Bereiche eine blau fluoreszierende Zone sichtbar sein.

Werden in den R_B-Bereichen der drei polyzyklischen Kohlenwasserstoffe lediglich sehr schwache, diffuse, nicht mit Sicherheit als Zonen erkennbare bläuliche Fluoreszenzen beobachtet, so empfiehlt es sich, von Beanstandungen abzusehen.

Bestimmung in mikrokristallinen Wachsen

2,5 g mikrokristallines Wachs werden in einem 50 ml-Schütteltrichter mit 12,5 ml reinem Cyclohexan unter Erwärmen auf dem Wasserbad bei 50 °C gelöst. Dann wird dreimal mit je 12,5 ml reinem Nitromethan ausgeschüttelt, wobei im übrigen wie unter „Paraffin" beschrieben zu verfahren ist.

Die vereinigten Nitromethanauszüge werden, wie unter „Paraffin" beschrieben, vollständig vom Nitromethan befreit. Den Rückstand nimmt man dreimal unter Erwärmen auf etwa 50 °C mit je 1 bis 1,5 ml Cyclohexan auf, bringt die vereinigten Cyclohexanauszüge quantitativ in ein 5 ml-Meßkölbchen oder in ein graduiertes Meßröhrchen und füllt mit Cyclohexan auf 5,0 ml auf.

Von dieser Lösung bringt man

a) 1,0 ml (entsprechend dem Auszug von 0,5 g mikrokristallinem Wachs),

b) 0,2 ml (entsprechend dem Auszug von 0,1 g mikrokristallinem Wachs)

in je ein 20 ml-Spitzkölbchen und engt bei Raumtemperatur unter vermindertem Druck auf ein Volumen von jeweils etwa 0,03 bis 0,04 ml ein. Das nach a) gewonnene Konzentrat wird im folgenden als Lösung M 1, das nach b) gewonnene als Lösung M 2 bezeichnet.

Dann bereitet man das Chromatographierpapier wie unter „Paraffin" beschrieben für die Untersuchung vor und trägt die zu untersuchenden Lösungen M 1 und M 2 und die Vergleichslösungen wie folgt auf: Auf den ersten Startkreis bringt man die gesamte Menge der Lösung M 1, auf den zweiten die gesamte Menge der Lösung M 2 (d. h. jeweils 0,03 bis 0,04 ml) und setzt zu dem Startkreis der Lösung M 1 noch 0,01 ml der unter g) beschriebenen Vergleichslösung 2 (entsprechend 0,02 µg 1,2,5,6-Dibenzanthracen) hinzu[3].

Auf den dritten Startkreis trägt man je 0,05 ml der unter g) beschriebenen Vergleichslösungen 2 und 3 (entsprechend je 0,1 µg 1,2,5,6-Dibenzanthracen und 20-Methylcholanthren) und 0,02 ml der Vergleichslösung 1[3] (entsprechend 0,04 µg 3,4-Benzpyren) auf[3].

---

[1] Die Lösungen sind sofort nach dem Verdunsten des Äthers aufzutragen, damit eine Verdunstung des Dimethylformamids verhindert wird.

[2] Beim Auftragen der Lösungen ist streng darauf zu achten, daß die Startkreisflächen stets bis zum Rand der Kreislinien mit den aufzutragenden Lösungen benetzt sind, damit bei der nachfolgenden Chromatographie gleich große und vergleichbare fluoreszierende Zonen entstehen. Erforderlichenfalls ist die Startfläche durch nachträgliches Auftragen von wenig Cyclohexan aufzufüllen.

[3] Da 3,4-Benzpyren wesentlich stärker fluoresziert als 1,2,5,6-Dibenzanthracen und 20-Methylcholanthren, wird, um Fehlbeurteilungen infolge einer Blendwirkung zu vermeiden, von der Vergleichslösung 1 weniger aufgetragen als von den Vergleichslösungen 2 und 3.

Anschließend wird genau wie unter „Paraffin" beschrieben chromatographiert.

Beurteilung:

Das Chromatogramm der Lösung M 1 + 0,01 ml Vergleichslösung 2 darf — verglichen mit dem der drei chromatographierten polyzyklischen Kohlenwasserstoffe — höchstens eine schwach blau fluoreszierende Zone im Bereich des 3.4-Benzpyrens, aber keine blau fluoreszierenden Zonen im Bereich des 1,2,5,6-Dibenzanthracens und des 20-Methylcholanthrens zeigen. Beim Chromatogramm der Lösung M 2 darf in keinem der genannten Bereiche eine blau fluoreszierende Zone sichtbar sein[1].

Werden in den R_B-Bereichen der drei polyzyklischen Kohlenwasserstoffe lediglich sehr schwache, diffuse, nicht mit Sicherheit als Zonen erkennbare bläuliche Fluoreszenzen beobachtet, so empfiehlt es sich, von Beanstandungen abzusehen.

III. Dünnschichtchromatographie

1. Allgemeines

Als einfache Schnellmethode zur chromatographischen Auftrennung von Verbindungsgemischen im Schmieröl- und Additivbereich hat sich die Dünnschichtchromatographie besonders bewährt. Sie kann als Übergang „der geschlossenen Säule" zur „offenen Säule" der dünnen Schicht betrachtet werden[2]. Im einfachsten Falle kann man Aluminiumoxid in dünner Schicht auf die Glasplatte streuen[3] oder mit Bindemitteln bereitete fester haftende Schichten aufbringen.

2. Arbeitsweise

Am rationellsten ist die Arbeitsweise nach E. STAHL[4], nach der auf die in einer Bahn ausgelegten gleich dicken Glasplatten (20 cm × 20 cm oder Streifen 5 bis 10 cm × 20 cm) mit einem „Dünnstreichergerät" die dünnflüssige Streichmasse aufgetragen und bei 120 bis 140 °C getrocknet wird[5].

Zur Herstellung der dünnen Schichten sind spezielle in Korngröße, Oberflächenstruktur und Haftfestigkeit dem Prüfungszweck angepaßte standardisierten Sorptionsmittel wie: Kieselgel G, Aluminiumgel G und Kieselgur G zur Dünnschichtchromatographie der Firma Merck, Darmstadt, erforderlich; die zu trennenden Gemische werden wie bei der Papierchromatographie aufgetragen und in einer dichtschließenden mit einem Elutionsmittel beschichteten Trennkammer „aufsteigend" getrennt.

Zur Erzielung und Erhaltung eines hohen Dampfdruckes des Elutionsmittels empfiehlt es sich, die Trennkammer mit Filterpapier auszuschlagen. Die vordere Glasscheibe bleibt zur Beobachtung frei. Auch die Zirkular- und Keilstreifentechnik läßt sich anwenden[5].

Die Tubechromatographie[6] wird in Glasröhren (125 mm lang, 25 mm Durchmesser), die auf der Innenseite mit Kieselgel beschichtet sind (Aktiv Tubes A T),

---

[1] Im R_B-Bereich von etwa 1,2 ist des öfteren eine gelbgrün fluoreszierende Zone zu beobachten, die auf nichtcancerogene polyzyklische Kohlenwasserstoffe, wie z. B. Fluoranthen und Pyren, hinweist.

[2] Die Methode wurde von E. STAHL: Pharm. Weekbl. 92 (1957) 829, Naturwissenschaft 47 (1960) 114 zur Prüfung von Arzneipflanzen entwickelt. Ullmann Enzyklopädie 1961, Band II/1, S. 127.

[3] ISMAILOW, N. A., u. M. S. SCHAIBLER: Farmazia (russ.) 1938, Nr. 3, S. 1.

[4] Chem. Ztg. 82 (1958) 323.

[5] STAHL, E.: Parfümerie u. Kosmetik 39 (1958) 464. — Internat. Kongreß über Dünnschichtchromatographie, Rom 1933 (Auszug über C. Desaga GmbH, Heidelberg, Postfach 407, zu beziehen).

[6] Die erforderlichen Geräte werden von der Firma Desaga, Heidelberg, Hauptstr. 60, geliefert. Lieferant für Dünnschichtchromatographie-Fertigplatten: E. Merk AG, Darmstadt.

durchgeführt. Die Tubes sind raumsparend und gegen Beschädigung geschützt. Die Substanzmenge wird mit Kapillarröhrchen aufgetragen, sichtbar gemachte Substanzflecken können an der Außenseite markiert werden[1].

Die mit einer Schicht bedeckten Platten werden vor dem Auftragen der Probe an der Luft getrocknet. Mit unbekannten Verbindungen müssen Vergleichssubstanzen auf derselben Platte entwickelt werden. Bei Fehlen von Vergleichssubstanzen scheitert die Identifizierung.

Eine allgemein gültige Methodik läßt sich für die Vielzahl der Schmieröladditives nicht festlegen, Analysengang und Trennmöglichkeit muß für jeden Einzelfall ermittelt werden, wozu große Erfahrung unerläßlich ist. Die nachfolgenden Kurzbeschreibungen der Arbeitsverfahren für einige Additivgruppen sind entsprechend zu werten. Einzelheiten über Auswertung des Chromatogramms s. Abschnitt Papierchromatographie.

3. Prüfverfahren

a) Stickstoffhaltige Antioxydantien und Metalldeaktivatoren

(primäre, secundäre oder tertiäre aromatische und aliphatische Amine)

Kurzbeschreibung des Verfahrens

Die Proben werden auf Glasplatten, die mit Cellulose beschichtet und mit Dipropylenglykol als stationäre Phase imprägniert sind, aufgetragen. Die Imprägnierung erfolgt durch Übergießen der Platte mit einer 8%igen Lösung von Dipropylenglykol in Aceton und Verdunsten des Acetons. Die Entwicklung erfolgt mit gesättigtem Cyclohexan, Identifizierung unter UV-Licht. Betrachtung der Flecke nach Besprühen mit Ninhydrinlösung. R_f-Werte und Fleckenfarbe einiger stickstoffhaltiger Verbindungen s. Tab. 1.

b) Phosphorverbindungen

(Ester der Phosphor- oder phosphorigen Säure)

Die Proben werden auf Platten, die mit Kiesel G beschichtet sind, aufgetragen, das Mineralöl mit Hexan voreluiert und nach Verdunsten des Hexans mit Methylenchlorid entwickelt.

Tabelle 2. *R_f-Werte einiger Phosphorverbindungen.*

Bezeichnung	R_f-Wert	Farbe des Fleckes
Triphenylphosphat	0,56	rosa
Trixylenylphosphat	0,74	braun
Trikresylphosphat	0,65	rotbraun
Trikresylphosphit	0,33/0,47	hellbraun
Triphenylphosphit	0,30	hellbraun
Didecylphenylphosphit	0,36	braunviolett
Trinonylphosphit	0,50	hellbraun

Identifizierung nach Ansprühen mit Ammonmolybdat oder mit Antimonpeutachlorid trocknen bei 110 °C und bestrahlen mit UV-Lampe. Die Ester der Phosphorsäure unterscheiden sich nach Fleckenfarbe und R_f-Wert. R_f-Werte und Fleckenfarbe einiger phosphorhaltiger Verbindungen s. Tab. 2.

---

[1] Chem. Industrie XIX (Jan. 1967) H. 1, S. 24.

Tabelle 1. R_f-Werte einiger stickstoffhaltiger Verbindungen.

Bezeichnung	chemische Formel	R_f-Wert	UV-Licht	Farbe der Flecke
α-Naphthylamin	NH_2 (Naphthalin)	0,18	Fluoreszenz	gelb
1,8-Naphthylendiamin	NH_2 NH_2 (Naphthalin)	0,13	—	gelb-rot
Phenyl-α-Naphthylamin	NHC_6H_5 (Naphthalin)	0,58	Fluoreszenz	gelb
Phenyl-β-Naphthylamin	NHC_6H_5 (Naphthalin)	0,41	Fluoreszenz	gelb
Dioctylphenotiacin	$H_{17}C_8$ … S … C_8H_{17} (Phenothiazin, N–H)	0,96	Absorption	—
Vanlube 81 (P,P′-Dioctyldiphenylamin)	$H_{17}C_8$—C$_6$H$_4$—NH—C$_6$H$_4$—C_8H_{17}	1,0	Fluoreszenz	—
UOP 225 (4,4′-Methylen-bis-N-sec.-butylanilin)	$H_3C-CH_2-CH(CH_3)-N(H)-C_6H_4-CH_2-C_6H_4-NH-CH(CH_3)-CH_2-CH_3$	1,0	Absorption	—
Äthylantioxydant 703 (2,6-Di-tert-butyl-di-methylamino-p-kresol)	$OH-C_6H_2(CH_3)_2-CH_2-N-(CH_3)_2$	0,90	Absorption	—
Additin AN (Di-salicyliden-äthylendiamin)	$C_6H_4OH-CH=N-CH_2-CH_2-N=CH-C_6H_4OH$	0,49	—	blau
Tenamene 60 (N,N.-Disali-cyliden-1,2-propandiamin)	$C_6H_4OH-CH=N-CH_2-CH(CH_3)-N=CH-C_6H_4OH$	0,64	—	rosa
Keromet PTM (fl) (Di-salicyliden-N-methyl-dipropylentriamin)	$C_6H_4OH-CH=N-(CH_2)_3-N(CH_3)-(CH_2)_3-N=CH-C_6H_4OH$	0,59	—	rot-violett
Keromet 1718	= Additin AN, = Nonoxol CD	0,50	—	blau

c) Chlor- und Schwefelverbindungen

(Dichlornitrobenzole, Chlorparaffine.)

Auf Platten, die mit Kieselgel G beschichtet sind, nur die Probe auftragen und mit n-Hexan eluieren.

Sprühreagenz:

1 g Na wird in 100 ml Äthanol gelöst und 0,5 g Dimethyl-p-phenylendiamin-hydrochlorid zugegeben.

Identifizierung nach Trocknen der Platte und Ansprühen mit dem Sprühreagenz durch R_f-Wert und Fleckenfarbe. R_f-Werte und Fleckenfarbe einiger Chlor- und Schwefelverbindungen s. Tab. 3.

Tabelle 3. *R_f-Werte einiger Chlor- und Schwefelverbindungen.*

Bezeichnung	R_f-Werte	Farbe nach Ansprühen
2,3-Dichlornitrobenzol	0,09	gelb
2,4-Dichlornitrobenzol	0,12	gelb
2,5-Dichlornitrobenzol	0,15	gelb
3,4-Dichlornitrobenzol	0,13	gelb
Chlorparaffin 40	Fahne vom Start	blaugrün
Chlorparaffin 70	Fahne vom Start	rotbraun
Dibenzyldisulfid	0,16	
$(C_6H_5CH_2{-}S{-}S{-}CH_2C_6H_5)$		heller Fleck mit rotem
elementarer Schwefel	0,85	Rand

d) Aromaten

Über Beziehungen zwischen Adsorptionsverhalten und Ringgehalt bei mehrkernigen aromatischen Kohlenwasserstoffen durch systematische Untersuchungen an definierten Kohlenwasserstoffen mit ein bis sechs aromatischen Ringen mit Hilfe der Dünnschichtchromatographie berichtet P. H. BERTHÖLD[1].

J. Mechanisch-physikalische Geräte zur Schmierstoffprüfung

Von G. VOGELPOHL, Göttingen

Inhaltsübersicht

---

[1] Erdöl u. Kohle **19** (1955) 114.

I. Allgemeines

Physikalische und chemische Prüfverfahren reichen nicht aus, um die sinnvolle Einsatzfähigkeit eines Schmierstoffes in der Praxis vorauszubestimmen, sind aber notwendig, um die Fabrikation zu überwachen und die gemessenen Eigenschaften mit praktischen Erfahrungen in Beziehung zu setzen. Das Bestreben, für die Anwendbarkeit in der Praxis geeignete Prüfgeräte zur Auswahl von Ölen zu schaffen, ist verständlich. Doch wurde dabei immer nur das Endergebnis betrachtet, nämlich, ob der Schmierstoff geeignet oder ungeeignet ist; und das hat die Aufgabenstellung in unzulässiger Weise eingeengt, weil man dieses Endergebnis zu einer Stoffeigenschaft erklärte. Aber die Eignung oder Nichteignung hängt nicht vom Stoff allein, sondern von einer ganzen Reihe anderer Faktoren ab, die an der jeweiligen Einsatzstelle des Schmierstoffes wirksam sind und in einem Prüfgerät nicht berücksichtigt werden können.

Eigenschaften wie Dichte, spezifische Wärme, Festigkeit, Wärme- oder elektrische Leitfähigkeit sind dem jeweiligen Stoff eigentümlich, sie lassen sich nach Methoden, die auf den Lehren der Physik aufgebaut sind, mit genügender Genauigkeit bestimmen. Eine solche Stoffeigenschaft ist die Öleignung nicht, sondern eine Funktion verschiedenartiger Einflußgrößen wie Belastungen, Geschwindigkeiten oder Temperaturen. Es ist nicht möglich, die in der Praxis auftretenden sehr verschiedenartigen Einflüsse in einem Prüfgerät genügend zu berücksichtigen. Dennoch ist dieser Weg immer wieder versucht worden.

Die erste Nachricht über einen Ölprüfer stammt aus dem Jahre 1839. Schon allein die Zeitspanne von mehr als 125 Jahren, in der zwar viele Geräte, aber keine eindeutig brauchbaren Prüfverfahren entwickelt wurden, sollte zum Nachdenken anregen. Den heute auf dem Markt angebotenen oder in den Laboratorien verwendeten Prüfgeräten wird meist nur ein bedingtes Vertrauen entgegengebracht. Es sind daher zunächst allgemeine Überlegungen zur Beantwortung der Frage anzustellen, ob bei Mißerfolgen die Ursache in den Prüfgeräten und ihren nur bedingt vertrauenswürdigen Aussagen zu suchen ist oder in dem geprüften Schmierstoff selbst.

Über die aus festen Körpern hergestellten Bauteile und die in ihnen auftretenden Kräfte und Spannungen ist der Maschinenbauer unterrichtet, er verfügt über eindeutige Zusammenhänge zwischen der Ausführung in der Praxis und der Art und Weise der Werkstoffuntersuchung. Bei der Schmierstoffprüfung ist das nicht der Fall; was mit dem Schmierstoff in einer Maschine geschieht, ist zwar teilweise, aber das auch nur einem kleinen Kreis bekannt, ein Allgemeinwissen fehlt fast ganz. Somit kann auch eine Verbindung zur Schmierstoffprüfung nicht in der Weise hergestellt werden wie in anderen Fragen der Werkstoffkunde und des Maschinenbaues.

1. Aufgabe des Schmierstoffs in der Maschine

Die Schmierstoffe haben in der Technik viele verschiedenartige Funktionen, die durch das Wort „Schmieren" äußerst unzureichend beschrieben werden. Die Hauptaufgabe besteht zweifellos in der Kräfteübertragung zwischen allen Maschinenteilen, die sich gegeneinander bewegen. Ob es sich dabei um Gleitoder Rollbewegungen handelt, ist prinzipiell gleich. Die Kräfteübertragung durch ein geeignetes Öl oder Fett hat zur Folge, daß die auftretenden Reibungsverluste und der Verschleiß innerhalb zulässiger Grenzen bleiben.

Der Schmierstoff kann diese Aufgaben nur in Verbindung mit einer technisch einwandfreien Konstruktion der Gleitstelle erfüllen, der kräfteübertragende Ölfilm wird zum Konstruktionselement und das Öl damit zum Werkstoff wie alle anderen im Maschinenbau verwendeten Materialien.

Die zweite vom Öl zu erfüllende, oft ebenso wichtige Aufgabe ist die Abfuhr der Reibungswärme aus der Gleitstelle. Wird die dazu erforderliche Menge nicht bereitgestellt, so ist Überhitzung und dementsprechendes Versagen die Folge. Mit der Qualität des Öles hat das nichts zu tun.

Die Erfüllung dieser beiden Aufgaben wird vom Öl vom Anfang bis zum Ende der Betriebs- und Lebensdauer gefordert.

Eine dritte in den meisten Fällen zeitlich begrenzte Aufgabe besteht darin, eine nachträgliche Feinbearbeitung der Gleitstelle zu übernehmen, die den Maschinenteilen bei der Herstellung nicht gegeben werden kann. Die Öle sollen das Einlaufen erleichtern und die für die Hauptaufgabe, die Kräfteübertragung, notwendige geometrische Form der gleitenden Teile schaffen. Diese Aufgabe wird durch Zusätze gelöst. Nach erfolgtem Einlaufen sind diese überflüssig.

Derartige Zusätze können aber auch für die ganze Lebensdauer eines Maschinenelements erforderlich sein, um einer Freßgefahr zu begegnen. Diese besteht bei der Werkstoffpaarung Stahl—Stahl besonders bei geometrischen Formen, die für Kräfteübertragung wenig geeignet sind, wie Linien- oder gar Punktberührung unter den kinematischen Bedingungen des Gleitens. Das wäre die vierte Aufgabe.

Korrosionsverhütung ist keine Aufgabe, sondern eine notwendige Voraussetzung für die Eignung eines Schmierstoffs. Korrodierende Stoffe würden ihre zerstörende Wirkung auch während des Stillstandes der Maschine ausüben, sie sind zur Schmierung ebensowenig geeignet wie Holz als Baustoff zu einem Ofen.

2. Prüfung in Betriebsmaschinen

Eine sinnvolle Prüfung von Schmierstoffen kann nur in engem Zusammenhang mit dem jeweiligen Einsatzzweck erfolgen. Nicht nur die Prüfkörper müssen der Form der gleitenden Maschinenteile weitgehend angepaßt und ihre Belastungen und Geschwindigkeiten der Wirklichkeit entsprechend eingehalten werden; auch die Umweltbedingungen sind zu berücksichtigen, die für die Aufgabe des Öls als Wärmeträger von Bedeutung sind, kurzum das Prüfgerät darf von der wirklichen Maschine nicht allzu verschieden sein.

Um die Jahrhundertwende wurde vorgeschlagen, jegliche Weiterentwicklung des Maschinenbaus im Großversuch zu erproben. Es wurde aber auch schon darauf hingewiesen (GÜMBEL 1917), daß man keine allgemeinen Aussagen über die Eignung von Schmiermitteln durch die Untersuchung ganzer Maschinen gewinnen kann. Die Prüfung eines Öles in der fertigen Maschine ist bei großen Serienherstellungen (Fahrzeugmotore) möglich; allerdings führt eine solche Prüfung zu einer Ölauswahl nach der jeweils schmiertechnisch ungünstigsten Stelle. Ein Bauelement mit Mängeln, die gegebenenfalls durch leicht auszuführende konstruktive Änderungen beseitigt werden können, erfordert dann einen besonders hochgezüchteten Schmierstoff für die ganze Maschine.

Bei der Erprobung von Schmierstoffen in ganzen Maschinen kann sich die Prüfung aus Kostengründen nicht immer über die gesamte Lebensdauer erstrecken. Dann muß man als Ausweg entweder den Betrieb forcieren, wobei sich infolge der höheren Beanspruchung ein an sich brauchbarer Schmierstoff als ungeeignet ausweisen könnte, oder aber die Prüfdauer verkürzen, was die mögliche Überschätzung der späteren Betriebseignung einschließt.

Jede Betrachtung des Prüfwesens macht deutlich, daß ohne grundlegende Kenntnisse auf rein empirischem Wege wohl eine brauchbare, aber nur durch Zufall eine gute Lösung gefunden werden kann.

3. Problematik der Vergleichsversuche

Die Problematik eines auch mit größtem Aufwand ausgeführten Vergleichsversuches kann nicht deutlicher gekennzeichnet werden als durch die Ergebnisse der nachfolgenden umfangreichen Arbeit:

HILLIGER verwendete zu seinen Untersuchungen eine Lokomobile, deren sonstige Verluste konstant gehalten und sehr sorgfältig durchgemessen wurden. Die Maschine wurde gleichmäßig belastet, das Triebwerk gleichmäßig geölt; nur der Zylinder wurde als Prüfgerät unterschiedlich mit Schmierstoff versorgt. Drei Öle wurden verwendet: Öl A, ein amerikanisches Heißdampfzylinderöl (Destillat), Öl B, ein deutsches Zylinderöl und Öl C, ein Rückstandsöl. Mit diesen drei Ölen ergab sich folgendes:

1. Die „Güte" der Schmierung, gekennzeichnet durch die Reibungsminderung, gemessen an dem jeweils erreichten höchsten mechanischen Wirkungsgrad von $95 \pm 0{,}1\%$, war bei hinreichender Zufuhr unabhängig von der Ölsorte: *Die reibungsmindernden Eigenschaften der drei Versuchsöle waren gleich.*

2. Zur Erzielung des höchsten mechanischen Wirkungsgrades war die Zufuhr einer bestimmten Menge Öles in der Zeiteinheit notwendig, und zwar 6 g/h für Öl A, 12 g/h für Öl B und 48 g/h für Öl C: *Die Eigenschaften der einzelnen Ölsorten, die für eine selbsttätige Versorgung der Gleitstelle mit dem Schmiermittel maßgeblich sind, waren verschieden.*

3. Eine Erhöhung der genannten Mengen ergab keinen besseren Wirkungsgrad; die Verluste ließen sich nicht weiter vermindern.

4. Eine Verringerung der Ölmengen verschlechterte den Wirkungsgrad.

Bei diesem wichtigen Ergebnis möge man beachten, daß der Meßwertgeber eine wirkliche Maschine war und die Versuche in einem großen Bereich ausgeführt wurden. Wenn für die „Vergleichsversuche" die in der Zeiteinheit zugeführte Ölmenge von vornherein festgelegt worden wäre, denn auch diese müßte ja für alle Öle gleichbleiben, wären je nach der gewählten Menge ganz verschiedene Ergebnisse herausgekommen. Betrachtet man die Werte 10, 30 und 50 g/h, so hätte der Beobachter bei 10 g/h Ölzufuhr schließen müssen, daß das Öl A viel besser sei als die Öle B und C, bei 30 g/h Ölzufuhr wären die Öle A und B gleichwertig und nur das Öl C schlechter gewesen, und bei der Menge von 50 g/h hätten alle drei Öle gleich gute Eigenschaften gezeigt.

Selbstverständlich kann die laufende Überwachung nicht mit einem derartig großen Aufwand durchgeführt werden, aber die wissenschaftliche Forschung sollte sich solcher Mittel bedienen. Vergleichsversuche sind daher vielfach ohne jede Aussagekraft, wenn nicht ein entsprechend eindeutiger Zusammenhang zwischen den Ergebnissen des Versuches und der Erfahrung in der Praxis vorhanden ist.

II. Prüfstände mit regulären Maschinenelementen als Meßwertgeber

Hier sind zunächst die Lagerprüfstände zu nennen, die ein Gleitlager oder eine entsprechende ähnliche Nachbildung als Versuchsobjekt haben, in dem eine Welle sich in einer Bohrung von etwas größerem Durchmesser dreht und große Kräfte übertragen werden können.

Diese Vorrichtungen sind vorwiegend von der Metallindustrie zur Feststellung der Gleiteigenschaften, des Verschleißes und der jeweiligen Öleignung verwendet worden. Bei solchen Versuchen hat man kaum Erkenntnisse aus der Praxis und den Prüfgeräten miteinander verbunden. Man hat ein Versuchsverfahren gewählt, das die Einlaufeigenschaften der Lagerwerkstoffe hervortreten ließ, und bei gleichbleibender Drehzahl die Belastungen gesteigert, gewöhnlich um zwei Prozent nach jeder halben Stunde. In dieser Zeit hatte der Lagerwerkstoff die Möglichkeit, sich den neuen Verhältnissen anzupassen. Nach einer anfänglich größeren Reibung unmittelbar nach der Laststeigerung nahm diese durch den Einlaufvorgang wieder ab, und so konnten bei einem guten Lagerwerkstoff durch sukzessive Laststeigerung Belastungen erreicht werden, die diejenigen des Maschinenbaues um ein Vielfaches überstiegen. Hier hat die Kritik an der Versuchstechnik einzusetzen. Man bedient sich eines ordnungsmäßigen Meßwertgebers, benutzt aber ein Verfahren, das zu abwegigen Aussagen führen kann, denn in der Maschine arbeitet ein Lager unter anderen Bedingungen. Es ist nicht ein allmähliches Steigerung der Last vorhanden, sondern man muß unter Last anfahren. Ebenso sind nicht die günstigen Bedingungen des Prüfstandes in der Wirklichkeit realisierbar, sondern dort setzt meist ganz einfach die Verlustwärme eine Grenze.

Es ist also auch bei Meßwertgebern nach der oben beschriebenen Art, die den Maschinenteilen ähnlich sind, bei der Übertragung der Versuchsergebnisse auf die Wirklichkeit Vorsicht geboten.

Die Prüfung der Schmierstoffe für Wälzlager und teilweise auch für Zahnräder erfolgt heute in hohem Maße dadurch, daß man wirkliche Wälzlager und Zahnräder in Prüfgeräten untersucht, allerdings vielfach unter forcierten Bedingungen, von denen schon die Rede war. Es hat sich zur Genüge gezeigt, daß damit nicht immer eine zweckmäßige Auswahl gegeben ist. Wenn in einem Fettprüfgerät ein einwandfreier Lauf von 4 Wochen erreicht ist, dann ist es keinesfalls ausgeschlossen, daß nach 5 Wochen ein plötzlicher Zusammenbruch erfolgt und damit das Fett als ungeeignet ausgeschieden werden muß. Eine 4 Wochen dauernde Prüfung erfaßt dieses Verhalten nicht. Es kann aber auch sein, daß die forcierten Bedingungen im Gerät die Ursache für einen solchen Zusammenbruch sind, der in einer wirklichen Maschine vielleicht nie erfolgen würde.

Als Vergleich dazu mag das Verhalten der Dauerbiege-Wechselfestigkeit bei den festen Baustoffen herangezogen werden. Von diesen wissen wir, daß ihre Lebensdauer bis zu einer gewissen Beanspruchung allem Anschein nach unbegrenzt ist, zumindest jedenfalls für die von uns geforderten Verhältnisse einer Lebensdauer von Jahren oder Jahrzehnten. Werden aber höhere Spannungen zugelassen, dann bildet sich langsam fortschreitend ein Dauerbruch aus, der um so schneller erfolgt, je höher die Beanspruchungen sind. Niemand kann sagen, ob bei Schmierstoffen ähnliche Verhältnisse gegeben sind, daß sie bis zu einer gewissen Grenze voll einsatzfähig sind, darüber hinaus aber mit einem Zeitfaktor erfaßt werden müssen, den die Lebensdauer des Schmierstoffs beeinflußt. Dem Berichter ist nicht bekannt, daß nach dieser Seite planmäßige Versuche durchgeführt worden sind.

III. Geräte mit modifizierten Maschinenelementen

Während in der ersten Gruppe reguläre, meist im Handel befindliche Maschinenelemente verwendet werden, sind zur Erzielung besonderer Beanspruchungen oder zur Verkürzung der Prüfzeit teilweise die Maschinenelemente in ihren maßgeblichen Formen abgewandelt worden. Dagegen wäre grundsätzlich nichts einzuwenden, wenn man sich über die daraus entstehenden Folgen Klarheit verschafft hätte.

Das klassische Beispiel in dieser Hinsicht sind die Lagerversuche von KAMMERER, der in einem handelsüblichen Lager die Lagerfläche der Schale erheblich verkürzte, um dadurch eine hohe spezifische Belastung pro Einheit der Tragfläche zu erzielen. Die Gesamtlast P des Prüfstandes blieb gleich, ebenso die Wärmeabgabe, weil die Außenfläche des Lagergehäuses gegeben war und die Temperaturerhöhung von der Gesamtlast in kp und nicht von der spezifischen Last in kp/cm² abhängt. Über diese Verhältnisse hat man sich keine Gedanken gemacht, sondern sich nur über die hohen erreichten spezifischen Belastungen gefreut und mit diesen geworben. So wurden dem Maschinenkonstrukteur unbrauchbare Angaben geliefert und der Lagerwerkstoff über seine wirkliche Qualifikation hinaus bewertet. Das geschah und geschieht auch heute noch auf Kosten der Ölindustrie, weil man auf diese Weise den Nachweis zu erbringen glaubt, daß von konstruktiver Seite durch den Lagerwerkstoff alles getan ist. Da bei der Auslegung der Maschine auf das Öl keine Rücksicht genommen wurde und vieles erst nach der Fertigstellung der ganzen Maschine ausgewählt wurde, mußten etwaige Versager allein dem Öl zugeschrieben werden.

Die Ölindustrie hat daher alle Veranlassung, dem Prüfwesen weit mehr und weit gründlichere Aufmerksamkeit zu schenken als bisher, denn sie hat die Folgen fehlerhafter Konstruktionen zu tragen, und zwar weitgehend unberechtigt. Bis zu einem gewissen Grade wäre es ihre Aufgabe gewesen, sich um Kenntnisse über die Wirkungsweise des Öles in der Maschine zu bemühen, und nicht ein Prüfwesen zu einem Selbstzweck zu machen, wie es bei den unter der nächsten Ziffer beschriebenen Sondergeräten geschehen ist. Die Ölindustrie ist dem Vorbild der Metallindustrie gefolgt und hat dem Öl Eigenschaften zugeschrieben, die es gar nicht haben kann, wie etwa eine „Druckfestigkeit", denn Festigkeit ist eine Eigenschaft, die dem festen Körper eigentümlich ist und die ein flüssiger Körper niemals haben kann. Ebenso wie die Metallindustrie mit den hohen Belastungen in modifizierten Maschinenelementen geworben hat, obwohl diese nicht in der wirklichen Maschine anwendbar sind, ebenso hat die Ölindustrie in bezug auf die Druckfestigkeit auf den Prüfgeräten mit möglichst großen Zahlen zu werben versucht, obwohl diese großen Zahlen nichts weiter sind als eine Folge der abgewandelten Grundform.
Wenn auch heute Lager in dieser Form nicht mehr untersucht werden, so mußte doch hierüber etliches gesagt werden, weil unvernünftig große Zahlen und unzutreffende Meinungen die Folge eines solchen Vorgehens sind.

Zu den Prüfgeräten modifizierter Form gehören auch diejenigen Versuchslager von Prüfständen, die aus sehr massiven Blöcken hergestellt sind, um Verformungen zu vermeiden. Diese verbürgen eine gute Wärmeleitung von der Gleitstelle bis an die Außenfläche und schaffen auf diese Weise günstigere Laufbedingungen als sie in der Wirklichkeit vorliegen.

Eine dritte Art muß auch erwähnt werden, nämlich, daß man auf dem Prüfstand mit Umlauföl schmiert und die dadurch bedingten günstigen Ergebnisse der Wärmeabfuhr nicht näher beschreibt. Auch solche Versuche sind in erheblichem Maße durchgeführt worden und haben entsprechende Verwirrung in die Beurteilung der Öle hineingetragen.

Zu den modifizierten Maschinenelementen rechnen auch Rollen, denen ein bestimmter Schlupf aufgeprägt wird. Rollen und Räder werden zwar als Kräfteübertragungsmechanismen vielfach verwandt — jedes Wagenrad gehört dazu — aber daß ein bestimmter Schlupf von außen aufgeprägt wird, kommt in der

Technik nicht vor, es sei denn in unerwünschter Weise, wenn eine Bremse blockiert, ein Rad in der Maschine oder der Kraftfahrzeugreifen auf der Straße schleift.

Zur Gruppe der modifizierten Maschinenelemente gehören auch Zahnradprüfstände mit so weit verschobenen Profilen, wie sie in der Praxis nicht verwendet werden.

IV. Sondergeräte[1]

Den vorhergehend beschriebenen Vorrichtungen ist gemeinsam, daß es sich um Grundformen handelt, wie sie im Maschinenbau zur Kräfteübertragung verwendet werden. Alle diese Prüfgeräte erfordern einen erheblichen Kostenaufwand und lange Versuchszeiten. Man ist daher bestrebt gewesen, einfache Geräte mit möglichst einfachen und billigen Meßwertgebern zu bauen.

Das älteste Gerät dieser Art ist die Ölprüfmaschine von THOMA, bei der zwei gekreuzte Zylinder miteinander in Berührung gebracht werden. Der eine Zylinder dreht sich mit der Gleitgeschwindigkeit und verschiebt sich ganz allmählich in der Längsachse, der andere Zylinder dreht sich langsam und verschiebt sich in der Längsachse ebenfalls ganz langsam. Das Ziel dieser Zusatzbewegungen ist, die geometrische Form der Berührungsflächen dauernd aufrecht zu erhalten und etwaige Veränderungen in den Oberflächen so klein wie möglich zu halten. Dieses Prüfgerät ist nur in Einzelausführungen zur Anwendung gekommen und ist auch zu kompliziert und aufwendig, um damit etwa eine Fabrikationsüberwachung durchführen zu können. Aber besondere Erwähnung verdient dieses Gerät, weil der Urheber bei der Konstruktion des Gerätes alle Umstände sorgfältig überlegt und die Folgerungen bis zu Ende durchdacht hat.

Das Bestreben, möglichst schnell und billig und mit geringem Aufwand zu einer Aussage zu kommen, hat dann seit den 30iger Jahren zur Entwicklung einer Vielzahl von Sondergeräten geführt, denen zunächst die irrtümliche Annahme zugrunde liegt, daß es sich bei den Reibungs- und Verschleißerscheinungen um Werkstoffeigenschaften handelt und daß man nur irgendwie zwei Körper gegeneinander zu bewegen braucht, um die notwendigen Eigenschaften zu erhalten. Zweitens ist es die Unkenntnis der äußerst wichtigen Tatsache, daß das Reibungs- und Verschleißverhalten bei Anwendung von Ölen und Fetten weit mehr von der geometrischen Form der Prüfkörper als von den Eigenschaften des Schmierstoffes und der festen Gleitwerkstoffe abhängt.

Mit einigen dieser Geräte hat man in den letzten Jahrzehnten Sonderaufgaben zu erfüllen versucht. Sie sollten Eigenschaften prüfen, die für ganz bestimmte Fälle wie etwa beim Hypoidgetriebe, beim Kegelrollenlager mit Gleitflächen sowie für Kraftübertragung bei Linien- oder Punktberührung noch einen sicheren Betrieb ermöglichen. Von dieser letzten Aufgabenstellung her gesehen sind solche Prüfverfahren berechtigt. Notwendig ist allerdings, daß sachliche Zusammenhänge mit der beabsichtigten Anwendung und den dort auftretenden besonderen Anforderungen bestehen. Vor allem darf keine Verallgemeinerung der Aussagen erfolgen, indem z. B. die Bewährung in einem bestimmten Gerät, welches von seinem Urheber in durchaus verständlicher klarer Weise entworfen wurde und die Eignung eines Schmierstoffs für einen bestimmten Zweck bestimmen soll, als ein ganz allgemeines Gütezeichen angesehen wird.

Auf diese Weise kann das im Prüfgerät gewonnene Ergebnis geradezu das Gegenteil der Eignung in der Praxis darstellen. Ein einfaches Beispiel: Ein langsamlaufendes schwer belastetes Lager erfordert ein hochviskoses Öl, das

---

[1] Prüfung von Feinstmechanikölen s. Abschnitt „Uhrenöle", S. 313 ff.

keine Zusatzstoffe nach der Schneidölseite haben muß. In einem Prüfgerät mit Punkt- oder Linienberührung wird sich ein schlechtes Ergebnis herausstellen, weil in einem solchen Gerät erst eine tragfähige Flächenpaarung geschaffen werden muß. Da ein schweres Lageröl eine solche Aufgabe nicht zu erfüllen hat, genügt ein reines Mineralöl, dessen Viskosität aber der Last entsprechend groß sein muß. Wird dieses Öl in einem Gerät mit Punkt- oder Linienberührung geprüft, so ist es nicht geeignet, hier die Bedingungen für eine leichte Anpassung der Gleitflächen durch den Gleitvorgang selbst zu schaffen. Die Oberflächen werden aufgerissen und gegebenenfalls zerstört.

Anders verhält sich ein dünnes Öl mit Schneidzusätzen, also etwa mit Schwefel-, Blei-, Phosphor- oder Chlorverbindungen. In einem Prüfgerät erzeugt dieses dünne Öl eine gute Oberfläche, weil hier an der Berührungsfläche nur kleinste Teilchen abgetragen werden, was auf der Wirkung der Zusätze beruht. In einem Lager wird dieses Öl versagen, weil ihm hier die notwendige Viskosität fehlt und die Schaffung einer neuen Tragfläche nicht notwendig ist. Diese ist von vornherein durch die Fabrikation in einem solchen Maße gegeben, daß nach einem leichten Einlaufen ein zuverlässiger Betrieb durch Monate und Jahre hindurch bei unveränderter Geometrie möglich ist.

V. Prüfgeräte

1. Allgemeines

Die fehlende Kenntnis des Geschehens in der wirklichen Maschine hat mehr und mehr dazu geführt, das Prüfwesen als Selbstzweck anzusehen und auf dieser Basis weiter auszubauen, um auf diese Weise eine Lehre vom Schmierstoff zu begründen. Bis zu einem gewissen Grade ist das berechtigt, aber wo hier die Grenzen liegen, ist noch keineswegs bekannt. Somit hat sich die Gepflogenheit herausgebildet, daß der Aussage von Laborgeräten mehr Gewicht beigelegt wird als dem Geschehen in der Praxis. Allerdings sind ohne grundlegende Kenntnisse des Maschinenbaues die Erfahrungen auch gar nicht richtig zu deuten, und so wird die Ursache irgendwelchen Versagens oft an Stellen gesucht, wo sie nicht zu finden sein können.

Die Entwicklung der Maschinentechnik hat zu dieser Problematik, die dem Mineralöl hier auferlegt wird, erheblich beigetragen, weil über die Funktion des Öles nur sehr vage Angaben vorhanden waren und noch sind, und vor allem durch das Fehlen von Maß und Zahl für den richtigen Einsatz des Öles. Die Regeln zum technischen Handeln im Maschinenbau haben sich auf die Forderung beschränkt, daß gewisse Werte des Produkts aus Belastung und Gleitgeschwindigkeit nicht überschritten werden sollen, ohne daß bei diesen Regeln auch nur an einer Stelle von den Ölen die Rede gewesen wäre. Der Konstrukteur hatte also voll und ganz seine Pflicht erfüllt, wenn er nach den Lehren des Maschinenbaus seine Belastungen und Geschwindigkeiten innerhalb dieser Grenzen hielt. Die fertige Maschine wurde dann dem Ölfachmann vorgestellt, der ein geeignetes Öl auswählen sollte. Dies war für ihn eine höchst unangenehme Situation, denn jetzt wurde jedes Versagen nur dem Öl zugeschrieben, obwohl die konstruktiven Maßnahmen — die Ausbildung der Gleitstelle, die Wahl der Werkstoffe, die zugeführte Ölmenge und auch Maßnahmen dafür, daß die notwendige Ölmenge auch an die Gleitstelle herankommt — viel mehr Möglichkeiten bieten, in denen der Konstrukteur gesündigt haben kann; davon weiß der Ölfachmann naturgemäß nichts. Ihm werden aber dann andererseits die Schäden zugeschrieben, und damit ist wohl die Lage treffend gekennzeichnet, in der sich der Maschinenbau der Gegenwart befindet. Es wird immer noch behauptet, daß 90 bis 95% der Maschinen auf diese Weise gebaut werden, ohne daß das Öl von vornherein in die Konstruktion einbezogen wird.

Es ist selbstverständlich, daß irgendeine Prüfmaschine, ganz gleich welcher Bauart, in einem solchen Falle keine Hilfe leisten kann.

Somit führen Prüfmaschinen vielfach ein Eigenleben. In diesem Zusammenhang mag der Leitartikel der „Scientific Lubrication" zu der Londoner Schmierungstagung 1957 zitiert werden, der sich in der gleichen Richtung bewegt, in die der Verfasser dieses Abschnitts durch seine Erfahrungen gedrängt wurde. Der Londoner Berichter vergleicht die Vorträge der Konferenz 1957 mit der von 1937 und ist der Meinung, daß mehr als die Hälfte der Vorträge von 1937 einen unmittelbaren Wert für die Industrie haben und daß sie auch immer ihren Wert behalten werden. Das wäre nicht der Fall mit den 1957 vorgelegten Arbeiten. Diese zeigten die Notwendigkeit für weitere Untersuchung der grundlegenden Zusammenhänge, denen der Schmiervorgang unterliegt, und sie bewiesen jedermann, daß eine Kenntnis der grundlegenden Tatsachen im Zusammenhang mit jeder Art des Verschleißes eine höchst wichtige Angelegenheit sei. Aber in der Tat sei es für den Mann im Betrieb schwierig zu erkennen, daß eine Beziehung bestehe zwischen den Laboratoriumsgeräten mit Prüfstücken von sehr kleinen Abmessungen und der Unterhaltung seiner relativ gigantischen Turbinenlager. Es ist schwierig, die Ergebnisse von Reibungsmeßmaschinen mit seinen fressenden Lagern in Beziehung zu setzen oder die Ergebnisse eines Vier-Kugel-Apparats mit den Vorgängen im Hypoidgetriebe in Zusammenhang zu bringen oder gar mit seinen Ölen für Turbinengetriebe.

Die weiteren Ausführungen sind so bedeutsam, daß sie hier in wörtlicher Übersetzung wiedergegeben werden sollen: „Es gibt so viele Prüfgeräte, die dazu bestimmt sind, wirkliche Betriebsbedingungen nachzuahmen, oder die zur Auswahl für die Anwendung noch weiterer Prüfgeräte dienen, daß wir uns fragen, ob die Erfinder nicht manchmal außer acht lassen, daß die Versuchsergebnisse letzten Endes auf wirkliche Maschinen angewandt werden müssen. Wir geben in diesem Heft ein Beispiel von Versuchen auf zwei bekannten Prüfständen, deren Ergebnisse nicht übereinstimmen. Das muß bei Vielen einen Zweifel hinterlassen, ob wirklich jedes Öl, das die Prüfung mit einer dieser beiden Maschinen oder beiden besteht, das beste Schmiermittel für die Kraftfahrzeugmotoren ist, für die es doch bestimmt ist. Kurz gesagt: Wofür stellen wir eigentlich Öle her, für unsere Prüfmaschinen und unsere Laboratoriumsapparate oder für den wirklichen Betrieb?"

Daraus möge man ersehen, daß die Ansicht des Verfassers dieses Abschnitts nicht aus einer engen Sicht aufgerollt ist, denn diese Folgerung erscheint als Quintessenz der mit über hundert Vorträgen beschickten Internationalen Tagung in London 1957. Sie gaben Anregung, in der Weise über die Zusammenhänge zwischen den Prüfgeräten und den Maschinen nachzudenken, so wie sie der Londoner Berichter erwähnt, und die vorherigen Ausführungen lassen vermuten, daß direkte Beziehungen kaum bestehen können.

Das Prüfwesen und die für die Prüfungen entwickelten Geräte erscheinen nach diesen Ausführungen in einem eigenartigen Licht. Aber diese allgemeinen Betrachtungen hier voranzustellen erschien unbedingt notwendig, denn die Sorge über die nur beschränkte Anwendbarkeit der Prüfgeräte und ihrer Ergebnisse ist allgemein verbreitet, und ihre Berechtigung wird durch das Zitat bewiesen. Man soll von den Prüfgeräten keine Aussage erwarten, die sie nicht zu geben imstande sind. Das geschieht aber leider immer wieder. Die in London 1957 ausgesprochene Forderung nach vertiefter Grundlagenforschung ist notwendig. Die gebräuchlichen Prüfgeräte müssen hier erwähnt und auch teilweise beschrieben werden.

2. Zusammenstellung verschiedener Prüfgeräte

a) Allgemeines

In Abb. 1 ist die Prüfgerätzusammenstellung von P. BEUERLEIN[1] erweitert durch die vielfach verwendeten gekreuzten Zylinder wiedergegeben. In dieser Abbildung sind nur die Lagerprüfstände, die Zahnradprüfstände und die Gleitbahnuntersuchungseinrichtungen von MERCHANT und TANNERT als wirklichkeitsnah anzusehen. Die übrigen haben mit den Verhältnissen in einer Maschine nicht viel mehr als die Gleitbewegung gemeinsam. BEUERLEIN klassifiziert auch schon nach Belastung und Geschwindigkeit, aber welche Zahlenwerte für mittel, niedrig und hoch einzusetzen sind, bleibt dabei offen.

Die Urheber der Versuchseinrichtungen haben ganz willkürlich ihre Prüfstücke gewählt, wenn auch vielfach im Hinblick auf eine leichte Beschaffungsmöglichkeit, wofür der Vier-

---

[1] VDI-Berichte 20 (1957) 151.

Kugel-Apparat als Musterbeispiel anzusehen ist. Ob dagegen über die jeweils auftretenden Kräfte und Spannungen auch genügend Überlegungen angestellt worden sind, ist zu bezweifeln. Denn diese sind sehr verschieden, entsprechend der jeweiligen geometrischen Paarung. Da auch die Werkstoffpaarung einen erheblichen Einfluß hat und in den meisten Prüfgeräten nur Stahl auf Stahl untersucht wird — was für die Hypoid- und hochbelasteten Zahnradgetriebe sowie für die Kegelrollenlager durchaus zulässig ist —, so dürfen keinesfalls

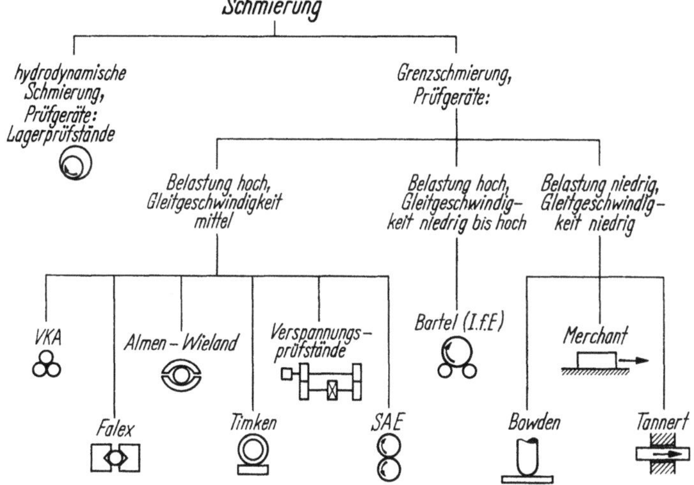

Abb. 1. Prüfbereiche verschiedener mechanischer Schmierstoffprüfgeräte.

die erhaltenen Ergebnisse auf andere Werkstoffpaarungen übertragen werden Die Beanspruchungen sind beim Vier-Kugel-Apparat am höchsten und bei den Geräten von MERCHANT und TANNERT am niedrigsten. Sie sind ein wichtiger Parameter aller Prüfstandsergebnisse.

Wie die zahlenmäßigen Verhältnisse bei verschiedenen geometrischen Anordnungen aussehen können, zeigt Abb. 2, in der ein normales Lager, das Timken-

Gerät	Lager	Timken	I. f. E.	VKA
Schema				
Last P [kp]	11 600	11,6	1,4	0,001
Hertzsche Pressung für P [kp/cm²]	1 300	1 180	1180	1070
P_{max} [kp]	11 600	453,6	220	1 200
Hertzsche Pressung für P_{max} [kp/cm²]	1 300	7 300	16 400	107 000

Abb. 2. Tragfähigkeiten P und Testhöchstlasten P_{max} mit zugehörigen Hertzschen Pressungen für verschiedene Prüfgeräte.

gerät, das I.f.E.-Gerät[1] und der Vier-Kugel-Apparat zusammengestellt sind. Während auf der einen Seite die Tragfähigkeit des Öles „bei gleicher Viskosität im Lager" über 11 000 kp beträgt, im Vier-Kugel-Apparat dagegen etwa 1/1000 kp, so ergibt sich, daß die Hertzsche Pressung für diese Belastung zufällig für alle

---

[1] I. f. E. = Institut für Erdölforschung, Hannover; s. auch S. 156 und Abb. 18.

vier geometrischen Anordnungen nahezu gleich ist. Die Versuche werden aber mit ganz anderen Belastungen durchgeführt, die vom Experiment her bestimmt sind. Dabei geben im wesentlichen die Festigkeitsverhältnisse den Ausschlag und nicht die zahlenmäßige Größe der Spannung und deren Einfluß auf den Ablauf des Vorganges. Das macht sich besonders beim Vier-Kugel-Apparat bemerkbar, weil bei ihm ein dreiachsiger und gleichmäßiger Spannungszustand besteht und außerdem Wälzlagerkugeln aus einem hochwertigen Stahl hervorragender Homogenität und höchster Elastizitätsgrenze verwendet werden. Die Hertzschen Pressungen für diese experimentell bestimmten Versuchslasten unterscheiden sich ganz erheblich und gehen beim VKA bis über $100\,000$ kp/cm², während sie beim Timkengerät unter Umständen noch unterhalb der Elastizitätsgrenze bleiben. Es wäre also geradezu ein Wunder, wenn sich bei derartig heterogenen zahlenmäßigen Bedingungen vergleichbare Ergebnisse einstellen würden. Auch in bezug auf die Oberflächengüte der Prüflinge müssen Hinweise gemacht werden. Die Originaltimkenringe sind rauher als die Wälzlagerringe und besitzen ein größere Rauheit als die feinen Uhrmacherfeilen. Hier geht also Bearbeitung und Prüfung kontinuierlich ineinander über, womit wiederum darauf hingewiesen werden muß, daß das Prüfwesen sich in ein Sonderleben hineinentwickelt hat, von dem wir zwar in einem gewissen Grade durchaus anwendbare Ergebnisse erwarten dürfen, aber keinesfalls irgendwelche allgemeingültigen Aussagen.

Mit diesen Betrachtungen sollen Prüfgeräte nicht in Bausch und Bogen abgelehnt werden. In der Hand des Kenners können sie gute Dienste zur Fabrikationsüberwachung und gegebenenfalls auch zur Beurteilung von Einsatzmöglichkeiten in der Praxis leisten. Diese bleiben aber auf die Person des Prüfers, seine Erfahrungen sowie sein Einsatzgebiet beschränkt. In einem anderen Einsatzgebiet können bereits diese Erfahrungen völlig unangebracht sein und zu Mißerfolgen führen, besonders, wenn ein Dritter, der sich eines gleichen Gerätes bedient, nicht über die nötigen Erfahrungen verfügt und das Gerät auch für andere Anwendungen einsetzen will.

Bevor die Apparaturen im einzelnen betrachtet werden, ist es zweckmäßig, noch einige Begriffsbildungen zu erwähnen, die im Zusammenhang mit diesen Geräten viel gebraucht werden. Ebenfalls ist noch ein Hinweis auf die Oberflächenbeschaffenheit der Prüfkörper angebracht.

b) Druckaufnahmevermögen

In der Literatur wird bei den zur dritten Gruppe gehörenden Prüfgeräten (s. S. 158) vielfach als deren Ergebnis eine Aussage über das „Druckaufnahmevermögen", die „Tragfähigkeit" oder sogar die „Druckfestigkeit" des untersuchten Öles angeführt. Darunter wird eine „Grenzlast" in der Dimension einer Kraft je Flächeneinheit, also eines spezifischen Druckes verstanden, die sich bei der Durchführung des Testes nach dessen Handhabungsvorschriften ergibt. Dazu ist zu sagen:

Flüssigkeiten werden dadurch gekennzeichnet, daß ihre Teilchen sich beliebig gegeneinander verschieben können, und daß sie die Form des Gefäßes annehmen, in dem sie sich befinden. Eine Tragfähigkeit oder sogar eine Festigkeit ist der Flüssigkeit selbst nicht eigentümlich, denn „fest" ist der kennzeichnende Unterschied gegenüber „flüssig". Ein Tragvermögen haben die Flüssigkeiten — wenn vom Schwimmen abgesehen wird — nur durch die geometrische Form des Raumes, der sie aufnimmt oder durch den sie hindurchfließen. Wird etwa ein Hydrauliköl in einem durch Kolben abgeschlossenen Zylinder unter Druck gesetzt, so hat diese Anordnung als Ganzes ein sehr hohes Tragvermögen und kann außerordentlich große Kraftwirkungen ausüben. Strömen Wasser oder Dampf durch ein Turbinenrad, so werden auch hier erhebliche Kräfte wirksam, deren Zustandekommen aber ganz bestimmte geometrische Schaufelformen erfordert.

In analoger, wenn auch ganz anderer Weise wirkt ein Öl, das zwischen den sehr nahe beieinander liegenden Flächen eines Gleitraumes hindurchfließt. Erst eine solche „Anordnung" schafft ein Tragen, die Flüssigkeit allein ist nicht fähig, derartige Wirkungen auszuüben. Deshalb sind von den drei oben genannten Bezeichnungen „Druckaufnahmevermögen" und „Druckfestigkeit" als unlogisch abzulehnen, dagegen muß „Tragvermögen" bestehen bleiben, das erhält aber nur einen Sinn im Zusammenhang mit dem Gleitraum, der die Flüssigkeit einschließt.

In den Geräten der dritten Gruppe werden nun Prüfkörper miteinander in Berührung gebracht, die zu Beginn der Bewegung einen Gleitraum bilden, der keine Druckentwicklung und demnach keine Tragfähigkeit ermöglicht. Die hier besprochenen Tragfähigkeiten sind immer mit Bewegung verbunden, wenn die Bewegung aufhört, ist die Tragfähigkeit Null, im Gegensatz zum Schwimmen oder dem im Hydraulikzylinder eingeschlossenen Öl. Wenn Rollen mit parallelen Achsen sich in der Form einer Linie berühren oder mit gekreuzten Achsen nur eine Punktberührung haben, wie Kugel auf Kugel, so sind das keine tragfähigen geometrischen Formen, diese müssen erst geschaffen werden. Der Test beginnt mit einem Bearbeitungsvorgang, dem Einlauf. Die geometrischen Ausgangsformen der Prüfkörper werden in kürzester Zeit — teilweise in wenigen Sekunden — erheblich geändert. Diese Veränderung geht so lange vor sich, bis der zwischen den neu entstehenden Flächen verbleibende Film eine Tragfähigkeit ausüben kann.

Dabei ist die entstehende Oberflächengüte von entscheidender Bedeutung; je glatter die Flächen durch den Einlaufvorgang werden, um so tragfähiger sind sie und bleiben bei vorgegebener Belastung dementsprechend klein.

Reine Mineralöle erzeugen keine glatten Oberflächen, sondern reißen auf oder bilden Riefen; als Schneidöle sind sie unbrauchbar. Geringe Zusätze von Schwefel-, Phosphor- oder Chlorverbindungen und Bleiseifen ändern dieses Bild vollkommen; die Oberflächen werden glatt, die Einlauf-Schleiffläche bleibt klein. Deren Größe wird als Maß für das Tragvermögen angesehen und zwar in der Weise, daß die Last durch die Fläche dividiert wird, damit ergibt sich ein um so höherer spezifischer Druck, je kleiner die Einschlifffläche ausfällt. Wird eine Kraft zur Kennzeichnung des Testes angegeben, so ist diese bei glatten Flächen auch entsprechend größer. Systematische Untersuchungen über die Güte der entsprechenden Oberflächen fehlen noch, daher muß eine derartige Auswertung vorerst noch als einseitig bezeichnet werden.

Der bei solchen Prüfungen ablaufende Vorgang hat aber für verschiedene technisch wichtige Funktionen eine ausgesprochene Ähnlichkeit, damit ist auch eine Existenzberechtigung gegeben. Es sind dieses namentlich Einlaufvorgänge überhaupt, im besonderen bei Getrieben, wo Stahl auf Stahl gleitet und die Bearbeitung nicht mehr in der Maßhaltigkeit und Oberflächengüte erfolgen kann, wie es notwendig wäre. Im besonderen aber sind es die Hypoidgetriebe und die Stirnflächen der Kegelrollenlager, bei denen Stahl auf Stahl teilweise mit Punktberührung übereinander gleiten, und nicht wie die Mantelflächen der Kugel- und Rollenlager nur abrollen. Dabei könnte Fressen auftreten, das wird durch die schneidfähigen Zusätze verhindert.

Das legierte Öl selbst besitzt kein höheres Tragevermögen, nur über die vom Schneidzusatz geschaffene Flächenbildung unterscheiden sich die Wirkungen.

Etwas ähnliches kann über den Einfluß der Werkstoffpaarung gesagt werden, das möge an einem einfachen Timken-Test unter Höchstlast 450 kp bei 2 m/sec Gleitgeschwindigkeit erläutert werden.

Abb. 3 zeigt den Timken-Test mit Originalprüfkörpern unter diesen Bedingungen mit einem Öl 30 E/50 °C und 10% Bleinaphthenat, also mit einem mild gedopten Öl. Nach 4 Sek. war ein Einschliff von 0,5 mm Tiefe vorhanden, Anlauffarben ließen auf eine große Wärmeentwicklung schließen, die in dieser kurzen Zeit eine Temperaturerhöhung bis zu 300 °C zur Folge hatte. Das Prüfgerät wurde derartigen Erschütterungen ausgesetzt, daß der Versuch nach 4 Sek. abgebrochen werden mußte. Die Flächen sind übermäßig rauh geworden, von dem Klötzchen abgerissene Teilchen haben sich auf dem Ring festgesetzt: Nach diesem Ergebnis hätte das Öl kein Druckaufnahmevermögen, wenn Stahl auf Stahl gleitet.

Gänzlich anders verhielt sich nun die Werkstoffpaarung Stahl—Bronze unter den gleichen Bedingungen. Der Lauf war ruhig, allerdings zeigte sich nennenswerte Abtragung,

Abb. 3. Timken-Test: Prüflauf Stahl auf Stahl.
Last 100 lbs, Mineralöl 30 E + 10% Zusatz,
Versuchsdauer 4 Sek.

Abb. 4. Timken-Test: Prüflauf Bronze auf Stahl.
Last 100 lbs, Mineralöl 30 E + 10% Zusatz,
Versuchsdauer 11 Min.

Abb. 4. Die Laufdauer konnte ohne weiteres 11 Min. aufrechterhalten werden, die Flächen blieben glatt: Wenn Stahl auf Bronze gleitet, hätte dasselbe Öl unter den gleichen Bedingungen ein erhebliches Druckaufnahmevermögen.

Das mitgeteilte Geschehen ist mit diesen beiden Ergebnissen zwar noch sehr unvollkommen beschrieben, eine systematische Untersuchung wäre wünschenswert. Unabhängig davon wird die Notwendigkeit einer Beachtung der Prüfkörperwerkstoffe mit aller Deutlichkeit gezeigt.

c) Oberflächengüte der Prüfkörper

Eigene Versuche mit gekreuzten Zylindern — Wälzlagerrolle auf Wälzlagerring — ergaben erst dann brauchbare Ergebnisse, wenn der Wälzlagerring als großer Zylinder mit einem Abziehstein aufgerauht wurde, so wie es bei früheren Werbevorführungen von Ölverbesserungszusätzen geschah. Eine Nachprüfung der Rauheiten von Original-Timken-Ringen im Vergleich mit Wälzlagerringen und Uhrmacherfeilen zeigt Abb. 5; oben sind die Mikroaufnahmen der Flächen und darunter die mit dem Forster-Gerät aufgenommenen Rauheitsprofile wiedergegeben. Die Timken-Prüfringe sind danach rauher selbst als eine feine Feile.

Diese Umstände müssen erwähnt werden, denn sie zeigen, daß die Prüfmethoden unter Bedingungen entwickelt wurden, die von denen eines regulären Maschinenbetriebes teilweise erheblich abweichen.

3. Klassifikation der gebräuchlichsten Prüfgeräte

Die vielen in den Laboratorien verwendeten und auch auf dem Markt angebotenen Prüfgeräte lassen sich im wesentlichen in drei Gruppen einordnen, wobei eine Kennzeichnung nach den jeweils verwendeten Prüfwertgebern vorgenommen wird:

1. Reguläre Maschinenelemente,
2. Modifizierte Maschinenelemente,
3. Prüfkörper mit zur Kräfteübertragung im Maschinenbau nicht verwendeten geometrischen Formen, die sich gleich nach Beginn der Prüfung erheblich ändern.

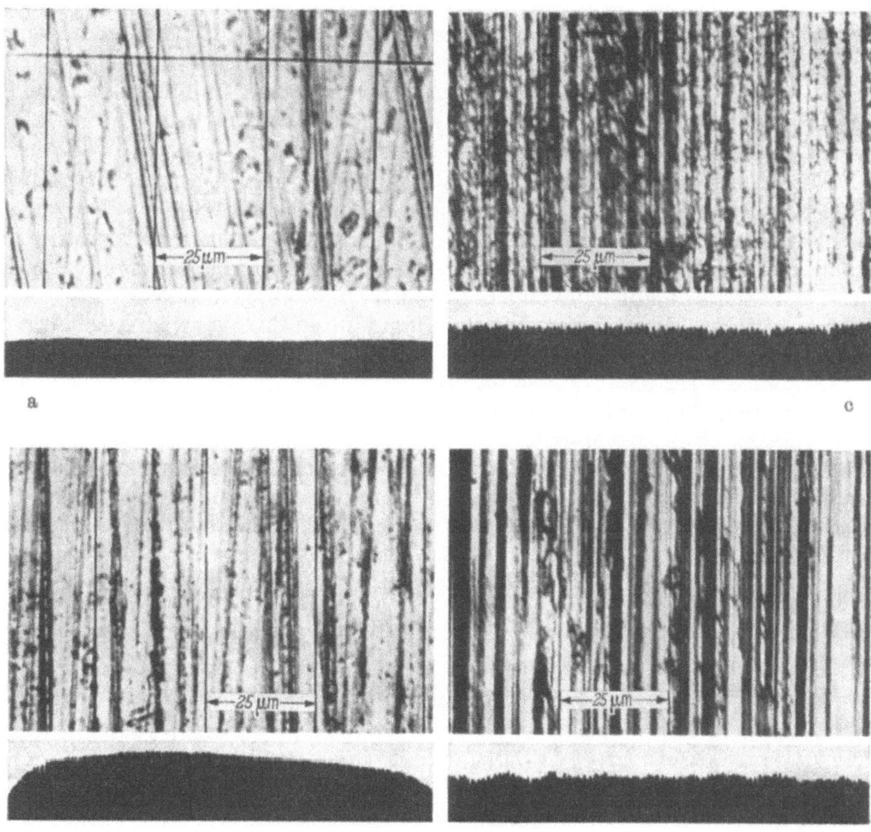

Abb. 5a—d. Oberflächengütenvergleich.
a) Wälzlagerring; b) Uhrmacherfeile; c) Timken-Testblock; d) Timken-Testring.

Im einzelnen wäre zu nennen:

1. a) Prüfstände mit normalen Gleitlagern
   b) SKF-Schweitzer-Prüfmaschine (Wälzlager)
   c) Kugelfischer-Prüfmaschine (Wälzlager)
   d) ASTM-Gerät (Wälzlager)
   e) BEC-Gerät (Wälzlager)
   f) IAE-Prüfmaschine (Zahnräder)
   g) Ryder-Prüfmaschine (Zahnräder)
2. a) Prüfstände mit besonderen Versuchslagern
   b) Prüfstände mit Umlauföl
   c) SAE-Tester (Rollen mit Schlupf)
   d) FZG-Tester (Zahnräder)

3. a) Thoma-Voitländer-Ölprüfgerät (Sonderstellung)
   b) Baist-Ölprüfgerät (Sonderstellung)
   c) Almen-Wieland-Maschine
   d) Falex-Tester
   e) Floyd-Tester
   f) Lubrimeter nach BARTEL
   g) Pin-on-disk-apparatus
   h) Verschleißwaage nach REICHERT
   i) RIV-Dreikugel-Apparat
   k) Shell-Roller
   l) Timken
   m) Vierkugel-Apparat

3.1 Reguläre Maschinenelemente als Meßwertgeber

a) Prüfstände mit normalen Gleitlagern

Diese werden für die Untersuchung von Ölen nicht oder nur in ganz seltenen Fällen eingesetzt; zur Überwachung einer Fabrikation sind sie auch wenig geeignet. Zu erwähnen ist aber die Methodik des Prüfens, die sich dabei herausgebildet hat. Meist wird bei gegebener Drehzahl die Last von einem kleinen Ausgangswert geringfügig — etwa 2% der zu erwartenden Höchstlast — gesteigert, danach wird dem Lager mindestens eine halbe Stunde Zeit zum Neueinlaufen gegeben. In dieser Zeit paßt sich die Lauffläche auf Grund der Plastizitätseigenschaften des Lagermetalles den neuen Bedingungen an, und durch diese sich ganz allmählich verändernde geometrische Form des Gleitraumes wird ein äußerst hohes Tragvermögen des Lagers erreicht.

Ein solches Anpassen an die Endbelastung ist in der wirklichen Maschine nicht möglich, denn in dieser beginnt das Einlaufen selbst unter schwereren als den Betriebsbedingungen mit wesentlich höheren Belastungen als auf dem Prüfstand. Man denke nur an Achslager, die von vornherein die gesamte Last aufzunehmen haben. Die Folge davon ist, daß ein nicht so guter Einlaufzustand erreicht wird wie bei der allmählichen Lastaufbringung mit einer sehr geringen Anfangslast.

Obwohl ein reguläres Maschinenelement untersucht wird, ergibt sich durch die völlig veränderte Einlaufweise ein Ergebnis, das unter wirklichen Betriebsbedingungen nicht zu verwerten ist. Die Mitteilung wurde hier für notwendig erachtet, damit man von den unter Ziffer 3 beschriebenen Geräten keine übertragbaren Ergebnisse erwartet, weil diese Prüfkörper mit geometrischen Formen und Materialien arbeiten, wie sie im Maschinenbau nicht eingesetzt werden.

b) DIN 51 806: SKF-Schweitzer-Wälzlagerfett-Prüfmaschine

Abb. 6 zeigt Aufbau und Prinzip der Pendelrollenlager-Prüfmaschine. Bezüglich Durchführung der Bestimmung, Prüfbedingungen, Schmierfettbefund, Prüflagerbefund, Fachausdrücke und Versuchsauswertung sei auf das DIN-Blatt verwiesen.

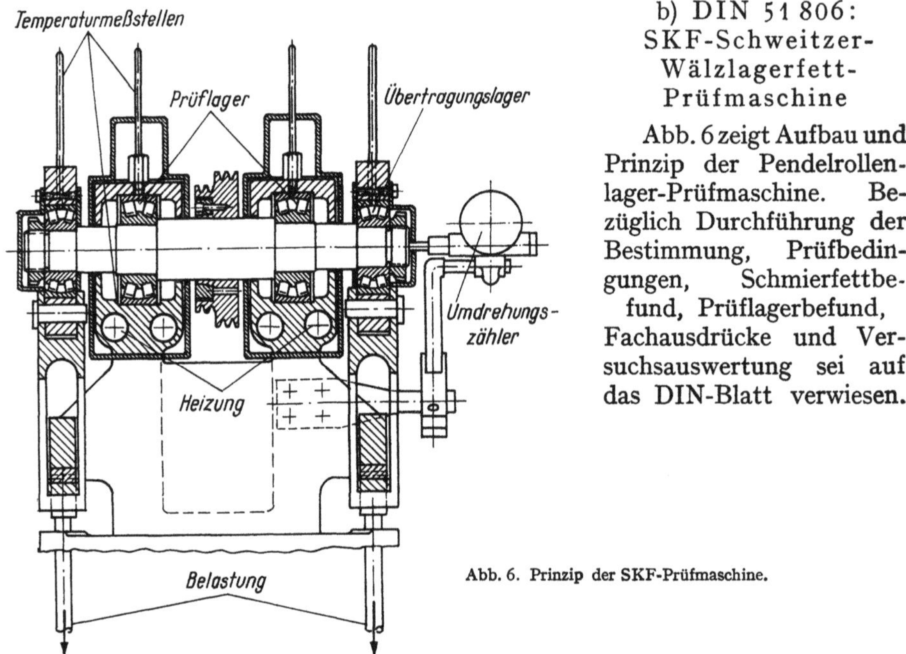

Abb. 6. Prinzip der SKF-Prüfmaschine.

c) Kugelfischer-Fettprüfmaschine nach Spengler[1]

eignet sich für praxisnahe Kurzzeitprüfungen von Wälzlagerfetten.

Den Aufbau zeigt Abb. 7; als Prüflager werden gegeneinander angestellte Kegelrollenlager in Sonderausführung verwendet, die axial belastet werden. Das Reibungsmoment des Schmierfetts bei linear ansteigenden Lagertemperaturen ist ein Kriterium für dessen Eigenschaften, wie auch für die Angabe der maximalen Gebrauchstemperatur.

Die Prüfmaschine ermöglicht es, nach einer Prüfdauer von 1 bis 2 Std. ein Schmierfett weitgehend zu beurteilen. Infolge der geringen Fettmenge wird nur das Verhalten im Lager geprüft. Es können u. a. folgende Schmierfetteigenschaften erfaßt werden: Reibungswiderstand, Konsistenzveränderung, Ölabscheidung, Gelieren, Luftemulgierung, Verkokungsneigung. Ferner können Rückschlüsse auf den maximalen Gebrauchstemperaturbereich gezogen werden. Das Prüfverfahren ist somit nicht so umfassend wie eine Langzeitprüfung, gibt jedoch die Möglichkeit, Prüfungen durchzuführen, für die bisher mehrere Kurzzeitprüfmaschinen erforderlich waren. Ein in die Kugelfischer-Fettprüfmaschine eingebautes Lichtblitzstroboskop ermöglicht die Beobachtung des Lagers und des Schmierfetts während des Prüflaufs. Der Endbefund ergibt sich aus der Auswertung des Prüfdiagramms sowie der visuellen Beurteilung des Schmierfettverhaltens und -zustandes während und nach der Laufprüfung.

Als Kurzzeitprüfmaschine ist die Kugelfischer-Fettprüfmaschine besonders für Entwicklungsarbeiten und zur Erfassung von Sudschwankungen (Gleichmäßigkeitskontrolle) eines Schmierfetts geeignet, weil sie nach kurzer Zeit bestimmte Teilaussagen gestattet.

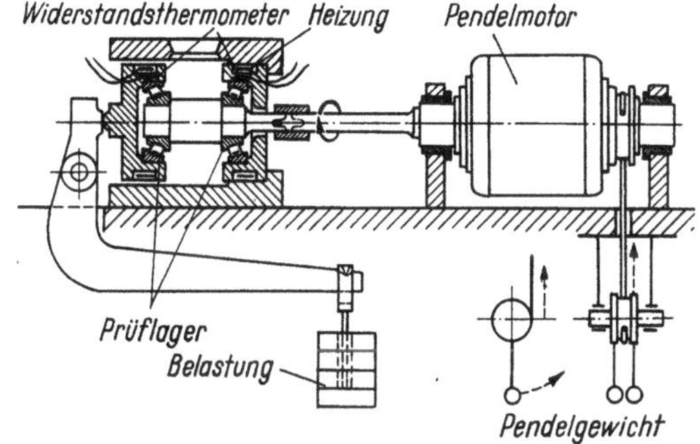

Abb. 7. Prinzip der Kugelfischer-Fettprüfmaschine.

Prüfbedingungen:

Prüfkörper: Kegelrollenlager 30206 in Sonderausführung,
Fettmenge: etwa 5 g,
Drehzahl: 3000 U/min,
Belastung: axial von 50 bis 300 kg, entsprechend einer spezifischen Belastung von 0,15 bis 1,0 kg/mm²,
Beheizung: max. 180 °C,
Prüfdauer: 2 Laufprüfungen von je 60 Min.; die erste ohne, die zweite mit Beheizung.

d) ASTM D 1741-64: Functional Life of Ball Bearing Greases

Aufbau des Gerätes s. Abb. 8.

Anwendungsbereich:

Kurztestprüfung von Wälz- und Rollenlagerfetten unter den Testbedingungen der Methode (geeignet für Kraftfahrzeugradlagerungen). Das Prüfgerät ent-

---

[1] SPENGLER, G.: s. Fußnote 3, S. 425.

spricht einer Nachbildung einer Vorderradnabe mit zwei Kegelrollenlagern mit umlaufendem Außenring.

Prüfdaten:

Fettmenge: 90 g,   Beheizung: auf 220 °F ≈ 105 °C,
Drehzahl: 660 U/min,   Prüfdauer: 6 Std.
Belastung: keine,

Ergebnisse:

Abdichtungsvermögen des Schmierfetts (Dichtvermögen) durch Wiegen des Öl- und Fettaustritts, Konsistenzveränderungen, Ölabscheidung, Gelieren. Einzelheiten s. ASTM-Vorschrift.

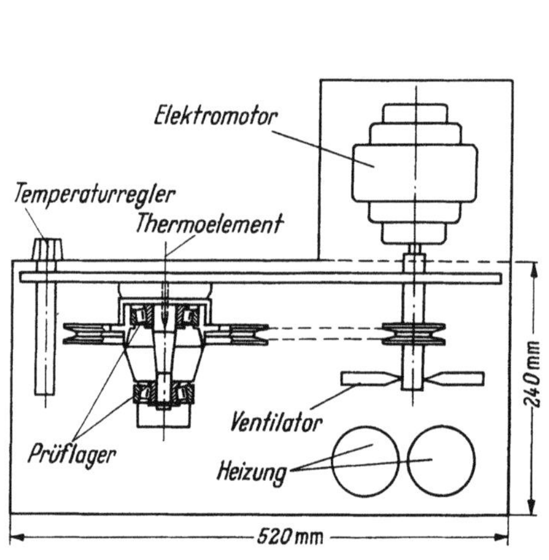

Abb. 8. Prüfmaschine nach ASTM D 1741—64.   Abb. 9. BEC-Fettprüfmaschine.

e) BEC-Fettprüfgerät

Das Fett wird bei verschiedenen Temperaturen in der Apparatur nach Abb. 9 in einem Kugellager 30 Min. ohne Lagerbelastung geprüft. Der Reibungswiderstand des Lagers wird gemessen, und der Zustand des Fettes nach dem Lauf gibt Aufschluß über seine Eignung für entsprechende Anwendung.

Prüfdaten:

Prüflager: Rillenkugellager 6304,
Belastung: keine,
Fettmenge: 3 g,
Drehzahl: 3450 U/min,
Beheizung: indirekt bis auf 200 °C möglich,
Prüfdauer: 30 Min. für jede Temperaturstufe von 30, 60, 95, 125 °C. Für jede Stufe ist das Fett zu erneuern.

Ergebnisse:

Reibungswiderstand, Dichtvermögen des Fettes durch Gewichtsdifferenz, Konsistenzveränderungen, Ölabscheidung, Gelieren, Luftemulgierung.

f) IP 166/65: Load-carrying Capacity Test for Oils (IAE Gear Machine[1])

Anwendungsbereich:

Lastaufnahmevermögen bei der Schmierung von Zahnrädern Stahl auf Stahl.

---

[1] Siehe auch Abschnitt „Getriebeöle", S. 254 ff.; „Dampfturbinenöle", S. 290 ff.

Bei der IAE-Maschine nach Abb. 10 werden zwei Wellen, die auf ihren Enden mit je einem Zahnradpaar versehen sind, gegeneinander verspannt. Das eine Zahnradpaar sind die Prüfräder, deren Zustand nach der Testdurchführung zur Beurteilung des Öles dient, in dem die Prüfräder liefen.

Die Testräder haben eine Profilverschiebung, doch bewegt sich diese in Grenzen, die man auch in der Praxis des Getriebebaus anwendet. Die IAE-Räder arbeiten mit großem Eingriffswinkel, was die Bedingungen für eine gute Schmierung verbessert.

Die Belastung kann nur im Stillstand verändert werden.

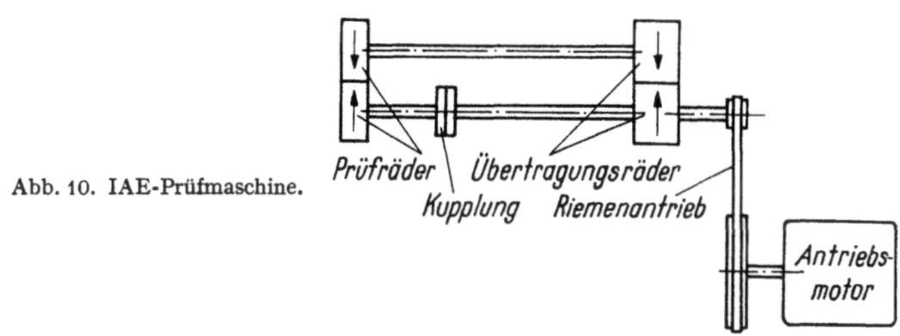

Abb. 10. IAE-Prüfmaschine.

Prüfdaten:

Achsabstand:	82,55 mm,	Drehzahlen n_1:	2000, 4000, 6000/min,
Zahnbreite:	4,77 mm,	Anfangslast:	82 kp/cm Zahnbreite,
Modul:	5,08 mm,	Laststeigerung je Stufe:	41 kp/cm Zahnbreite,
Zähnezahlen:	$z_1 = 15$; $z_2 = 16$,	Laufzeit einer Stufe:	5 Min.,

Zugeführte Ölmenge: 0,285 l/min bei $n = 2000$/min,
                      0,57 l/min bei $n = 4000$ und 6000/min,

Öltemperatur: 60 °C bei $n = 2000$/min,
                70 °C bei $n = 4000$/min,
               110 °C bei $n = 6000$/min.

Die Grenzlast ist durch Riefen oder Fressen am Zahnkopf und Zahnfuß, angegeben wird der Mittelwert aus vier Testen.

g) ASTM D 1947-64: Method of Test for Load-carrying Capacity of Steam Turbine Oils (Ryder-Zahnradtest)[1]

Der Ryder Prüfstand nach Abb. 11, der das Lastaufnahmevermögen von Dampf-Turbinenölen insbesondere für Getriebe beschreibt, ist ein Verspannungs-

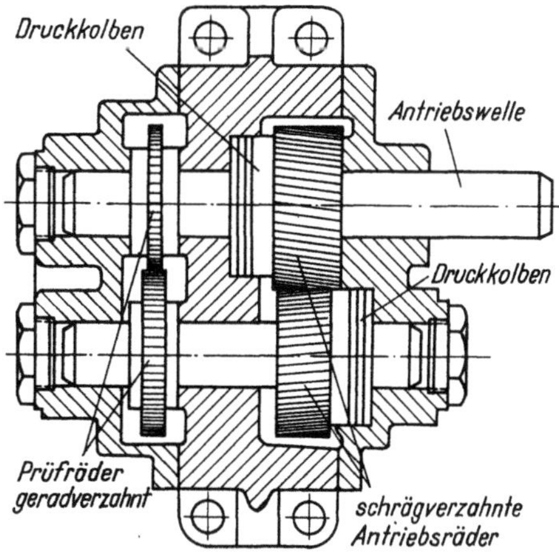

Abb. 11. Ryder-Zahnradprüfmaschine.

---

[1] IAE: Abkürzung für Institution of Automobile Engineers; s. auch Abschnitt „Getriebeöle", S. 254 ff.

prüfstand. Die Prüfräder sind geradverzahnte Stirnräder mit Normalverzahnung und laufen im Ölbad.

Die Last wird während des Laufes durch Verspannen der beiden Wellen aufgebracht, mittels zweier Druckkolben wird das schrägverzahnte Gegenradpaar axial belastet.

Prüfdaten:

Achsabstand:	88,9 mm,
Zahnbreite:	6,35 mm,
Modul:	3,175 mm,
Zähnezahlen:	$z_1 = z_2 = 28$,
Drehzahlen n_1:	10000, 5000, 2500/min,
Anfangslast:	66 kp/cm Zahnbreite,
Laststeigerung je Stufe:	66 kp/cm Zahnbreite,
Laufzeit einer Stufe:	10 Min.,
Zugeführte Ölmenge:	0,27 l/min,
Öltemperatur:	165 °F = 74 °C.

Die Grenzlast ist erreicht, wenn $22^1/_2\%$ der Zahnflanke Freßspuren zeigen.

Die Bewertung von Getriebeölen erfolgt nach dem Zustand der Verzahnung am Ende des Prüflaufs. Einzelheiten s. ASTM-Vorschrift.

3.2 Modifizierte Maschinenelemente als Prüfwertgeber

a) Prüfstände mit besonderen Versuchslagern

Wie schon auf S. 139 erwähnt, ist KAMMERER auch dazu übergegangen, die Lagerschalen zu verkürzen, um mit den Belastungsmöglichkeiten des Prüfstandes zu hohen spezifischen Drücken zu kommen. Es wurde schon gesagt, daß für die gleiche Temperaturerhöhung die Belastung im Quadrat der Verkürzung gesteigert werden muß. Da Verkürzungen von 90 mm auf 15 mm vorgenommen wurden, mußten dabei die spezifischen Drücke auf das 36fache gesteigert werden. Diese aus den Gesetzen der Wärmelehre abzuleitende Folgerung wurde aber nicht in der Weise interpretiert, sondern die hohen Drücke wurden als Eigenschaft des Lagerwerkstoffes angesehen, dem damit Qualitäten zugeschoben wurden, die er nicht besaß. Das führte dann zu einem Versagen und zu einer Disqualifikation des verwendeten Öles, wie es oben näher beschrieben ist.

Zu den Lagern mit abgewandelten Formen gehören auch die Sonderkonstruktionen für Prüfstände, bei denen einfache Büchsen in eine meist sehr kräftige Halterung eingebaut wurden, die einmal eine große Oberfläche aufwies, zum anderen über eine gute Wärmeleitung durch die meist massiven Konstruktionen verfügte. Dadurch ergeben sich günstige Wärmeableitverhältnisse, die in wirklichen Maschinen meist nicht vorliegen. Dort werden aus Gründen der Materialersparnis geringe Wandstärken verwendet, in denen sich die Wärme staut, was zu einer Überhitzung des Lagers führen kann. Somit sind auch die Ergebnisse derartiger Versuche nicht einfach auf die Wirklichkeit übertragbar.

b) Prüfstände mit Umlauföl

Wird als Prüfobjekt ein Ringschmierlager genommen wie bei den Kammererschen Versuchen, so erfolgt die Wärmeabgabe ausschließlich an die umgebende Luft durch die Oberfläche des Lagergehäuses. Dieser Wärmeübergang unterscheidet sich in keiner Weise von der eines Heizkörpers. Die Temperaturverhältnisse liegen ähnlich, nur ist beim Lager meist eine größere Luftbewegung vorhanden. Bei den älteren Versuchen hat man sich mit solchen Lageranordnungen begnügt; später ist man dann auf Ölumlaufschmierung übergegangen, ohne dabei zu berücksichtigen, daß das Öl außerhalb des eigentlichen Prüfbereiches Gelegenheit zur Abkühlung hatte, wenn nicht sogar in den Ölbehältern noch eine Kühlvorrichtung eingebaut war.

Wenn unter derartigen Bedingungen zwar „Versuche mit demselben Öl" einmal durch Wärmeabfuhr aus der Oberfläche des Gehäuses an die umgebende Luft allein, zum anderen aber auch mit Umlauföl durch eine wesentlich vergrößerte Oberfläche abgegeben wurde, so liegen hier Unterschiede vor, die berücksichtigt werden müßten. Das ist vielfach nicht geschehen, sondern nur auf die Werkstoffe allein geachtet worden; so hat sich dann ein falsches Bild von der „Belastungsfähigkeit" der Lager ergeben. Ein großes Metallwerk hat umfangreiche Tabellen herausgegeben, die auf diese Weise gewonnen sind und in der Anwendung zu Irrtümern führen müssen.

c) SAE-Prüfmaschine

Bei dem von der *Society of Automotive Engineers* entwickelten Test werden zwei Wälzlageraußenringe achsparallel aufeinandergepreßt und rollen mit geringem Schlupf aufeinander ab (Abb. 12). Der Schlupf wird durch eine kleine Drehzahldifferenz beider Wellen

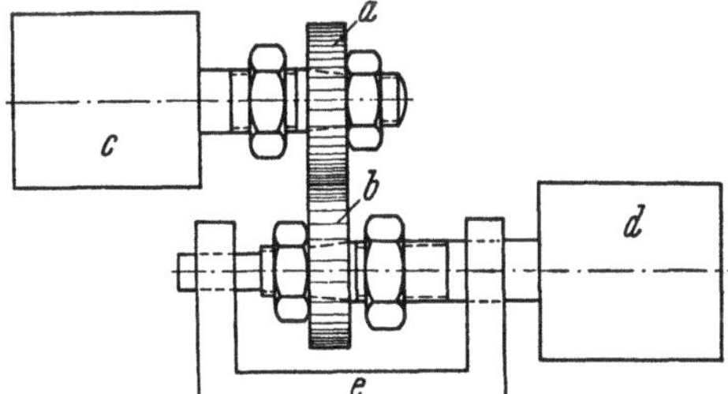

Abb. 12. Prüfgerät der Society of Automotive
Engineers, sog. SAE-Tester.
a u. *b* Testrollen; *c* u. *d* hydraulische Kupplungen.

aufgezwungen. Da infolge der Geometrie des Schmierspalts und der gleichgerichteten Umfangsgeschwindigkeiten im Spalt eine relativ hohe hydrodynamische Tragfähigkeit entsteht, die durch die elastischen Verformungen noch vergrößert wird, können E-P-Eigenschaften erst bei hohen Belastungen geprüft werden.

Die Anordnung entspricht dem Modell einer Verzahnung. Im Unterschied zu dieser handelt es sich aber hier um einen stationären Vorgang, so daß andere thermische Verhältnisse herrschen.

Die Qualität des Öles wird am Ende des Prüflaufs nach dem Zustand der Ringoberflächen beurteilt.

d) DIN 51 354: Zahnrad-Verspannungs-Prüfmaschine nach dem FZG[1]-Verfahren

Ausführliche Beschreibung s. Abschnitt Getriebeöle, S. 261.

Im Gegensatz zum IAE-Gerät wird eine Verzahnung mit starker Profilverschiebung verwendet, um besondere Freßanfälligkeit der Zahnflanken zu erreichen. Derartige Verzahnungen finden in der Praxis keine Anwendung.

Unlegierte Öle erreichen deshalb im FZG-Test nur eine relativ niedrige Stufe, bevor die Zahnflanken zu fressen beginnen. Die erreichbare Laststufe ist somit ein Maß für die Menge und Güte der im Getriebeöl enthaltenen Additive.

3.3 Einfache geometrische Körper als Meßwertgeber

a) Ölprüfgerät von Voitländer und Thoma

Dieses schon 1921/22 entstandene Gerät ist nur in wenigen Ausführungen zur Anwendung gekommen, es verdient aber deswegen besondere Beachtung, weil seine Konstruktion gründlich durchdacht ist.

---

[1] *Forschungsstelle für Zahnräder und Getriebebau an der Technischen Hochschule München.*

Man ging davon aus, daß mit absolut genau ausgeführten Ölprüfgeräten niemandem gedient wird, weil in der Praxis derart genaue Herstellung sich nicht erreichen läßt und im Betrieb durch Abnutzung, Temperaturdehnungen und mechanische Beanspruchung weitere Unregelmäßigkeiten hinzukommen. Dadurch wird an einzelnen Stellen der Abstand der Flächen so klein, daß metallische Berührung auftreten kann, solche Stellen werden „Quetschstellen" genannt. Maßgebend für das Verhalten der Öle in der Maschine sind in vielen Fällen gerade die Vorgänge in solchen Quetschstellen.

Das Gerät wurde nun in der Absicht gebaut, eine möglichst genau herstellbare und genau reproduzierbare Quetschstelle zu schaffen, was am vollkommensten durch Berührung zweier Kreiszylinder mit senkrecht gekreuzten Achsen erreicht wurde. Abb. 13 zeigt die Anordnung.

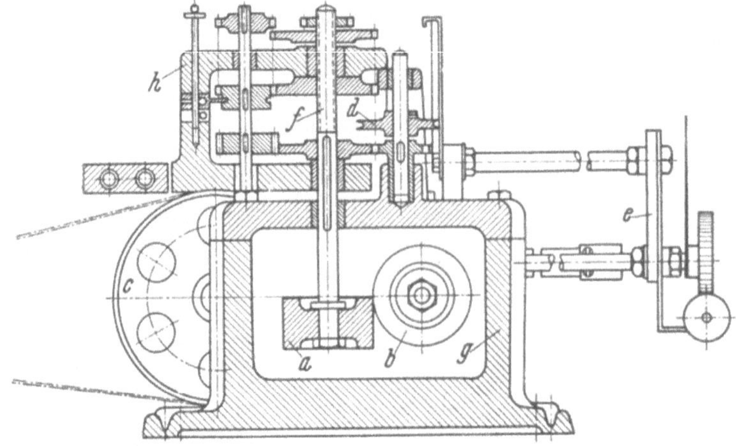

Abb. 13. Ölprüfmaschine von VOITLÄNDER und THOMA.
a, b gekreuzte Prüfrollen; c Antrieb für Rolle b; d Antrieb für Rolle a; e Torsionsreibungswaage;
f Axialverstellung; g Ölgehäuse; h Schlitten zum Anpressen.

In dem mit Öl gefüllten Gehäuse laufen die Rollen a und b aus ungehärtetem Stahl, das Öl wird durch Thermostaten auf einer bestimmten Temperatur und damit gleichbleibenden Viskosität gehalten. Die Rollen werden mit einer Kraft von $P = 1{,}55$ bis 9 kp gegeneinander gedrückt, das sind niedrige Werte, die eine Beschädigung der Oberflächen weitgehend ausschließen.

Aus demselben Grunde und um eine etwaige Abnutzung möglichst gleichmäßig zu erhalten, wurden die Rollen neben der Drehung mit meist $n = 300$ U/min in axialer Richtung langsam verschoben, so daß der Berührungspunkt auf den Zylindermänteln Schraubenlinien mit sehr geringer Steigung beschreibt: Die Geometrie der Gleitstelle wurde während der Versuche nicht geändert.

Diese Sorgfalt hat zu einer vertieften Erkenntnis vom Wesen des Schmiervorgangs geführt. Als „Schmierfähigkeit" wurde vielfach verschiedene Reibung bei gleicher Viskosität definiert, die Versuche von VOITLÄNDER lieferten solche Ergebnisse. Der Verfasser (1936) konnte jedoch mit Hilfe der Theorie nachweisen, daß hier ein Erwärmungseffekt mitwirkt. Flüssigkeiten gleicher Viskosität erwärmen sich und verringern demnach ihre Viskosität um so langsamer, je größer ihre spezifische Wärme und ihr spezifisches Gewicht ist. Das Produkt $c\gamma$ ist bei einer Zuckerlösung 2,2 mal größer als bei einem Mineralöl mit praktisch gleichem Viskositätsverlauf, die von VOITLÄNDER bei $\eta = 0{,}008\,57$ kp $\cdot$ sec/m² $= 84$ cP bei $P = 7$ kp gemessenen Reibungskräfte waren im Mittel 0,092 kp für die Zuckerlösung und 0,268 kp für das gleiche viskose Maschinenöl, also fast dreimal so groß. Die Viskosität war in beiden Fällen wohl im Ölbad dieselbe, aber in der Gleitstelle selbst wegen unterschiedlicher Erwärmung nicht gleich; das Hinzutreten der Festkörperberührung änderte dann das Reibungsverhalten gleich ganz erheblich. Begriffsbildungen, wie „gleiche Viskosität", sind demnach sehr problematisch, besonders dann, wenn damit geheimnisvolle Stoffeigenschaften wie „oiliness" verbunden werden.

Eine verbesserte Ausführung des Geräts wurde von R. VOITLÄNDER (1931) beschrieben. Als wesentliche Änderungen sind die niedrigere Drehzahl $n = 50$/min für die Antriebsrolle a und die Verringerung der Anpreßkraft P zu nennen, die jetzt zwischen $P = 0{,}2$ und 4 kp gehalten wurde. Mit diesen Maßnahmen war wohl im wesentlichen eine bessere Handhabung beabsichtigt, die Ergebnisse wurden dadurch wenig beeinflußt.

b) Ölprüfgerät nach Baist[1]

Gegen die Stirnfläche einer rotierenden Scheibe wird ein zylindrischer Stift gedrückt und über einen Hebel belastet, Abb. 14. Während des Versuches bleibt die Berührungsfläche stets gleich groß. Verbindet man die Reibpartner mit den

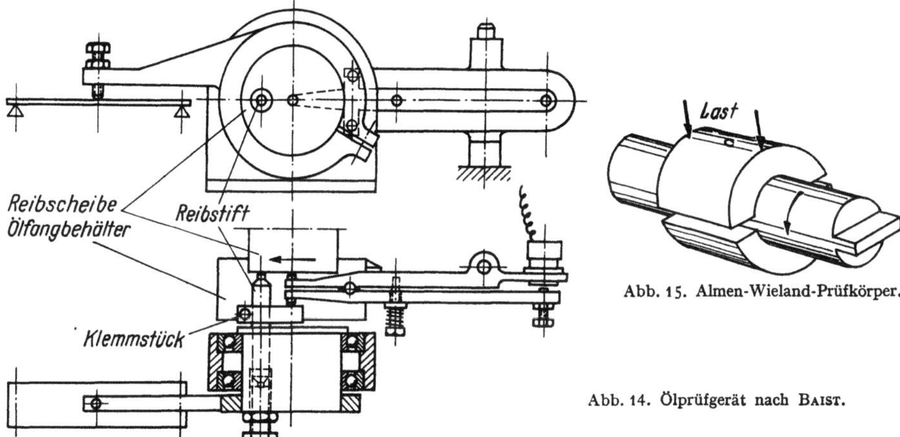

Abb. 15. Almen-Wieland-Prüfkörper.

Abb. 14. Ölprüfgerät nach BAIST.

Klemmen eines Millivoltmeters, findet man von Plus nach Minus und umgekehrt schwankende reproduzierbare Werte.

Temperatur, Verschleiß, Thermospannung in der Berührungsfläche und Reibungskraft werden kontinuierlich registriert.

Das Gerät wird hauptsächlich zur Untersuchung und Entwicklung von Motorenölen benutzt und liefert wertvolle Aufschlüsse über das Entstehen von Reaktionsschichten auf den Metalloberflächen bei Mischreibung.

In der Gruppe der in Abschn. g erwähnten pin-on-disk-Geräte nimmt der Prüfwertgeber von BAIST eine Sonderstellung ein. Der zylindrische Prüfstift ist kurz und geht dann in einen größeren Querschnitt über, dessen Wärmekapazität genügt, um nach kurzem Anlauf einen nahezu thermisch konstanten Zustand zu erreichen.

c) Almen-Wieland-Ölprüfgerät

Gegen eine 6,35 mm starke Stahlwelle werden im Ölbad zwei halbe Lagerschalen aus Stahl gepreßt, deren Bohrung etwas größer ist als der Wellendurchmesser, Abb. 15. Bei einer bestimmten Last ist die Schmierung überfordert, der Film reißt und das Drehmoment steigt steil an, so daß die Welle an einer Sollbruchstelle abbricht. Die Belastung in kg, die noch ohne ein Brechen der Welle ertragen wird, gilt als Maß für die Einsatzfähigkeit des Öles.

Prüfdaten:

Prüfkörper: Welle 6,35 mm Durchmesser und zwei Lagerschalen,
Werkstoff: Maschinenbaustahl, für die Welle mit 85 kg/mm^2, für die Lagerschalen mit 75 kg/mm^2 Festigkeit,
Ölmenge: etwa 25 ml,
Drehzahl: 200/min,
Belastung: bis 1500 kg,
Beheizung: bis auf 100 °C möglich,
Prüfdauer: 30 Sek. je Laststufe ohne Ölerneuerung.

Ergebnisse:

1. Belastbarkeit in kp bis zum Wellendurchbruch,
2. Reibungskoeffizient,

---

[1] BAIST, W.: Erdöl u. Kohle 18 (1965) 294; 21 (Nov. 1968).

3. Temperaturverlauf durch ein Thermoelement (Konstantan/Fe),
4. Abrieb (Verschleiß) durch eine Meßuhr.

d) Falex-Prüfgerät

Gegen eine rotierende Welle werden im Ölbad zwei prismatische Backen mit kontinuierlich gesteigerter Belastung gedrückt. Anfangs besteht Linienberührung an vier Stellen, Abb. 16. Die Last wird bis zum Fressen gesteigert. Durch die hierbei sich sprunghaft erhöhende Reibungskraft bricht die Welle an einer Sollbruchstelle. Die Höhe der ausgehaltenen Belastung ist der Beurteilungsmaßstab für das Öl. Welle und Backen bestehen aus Stahl.

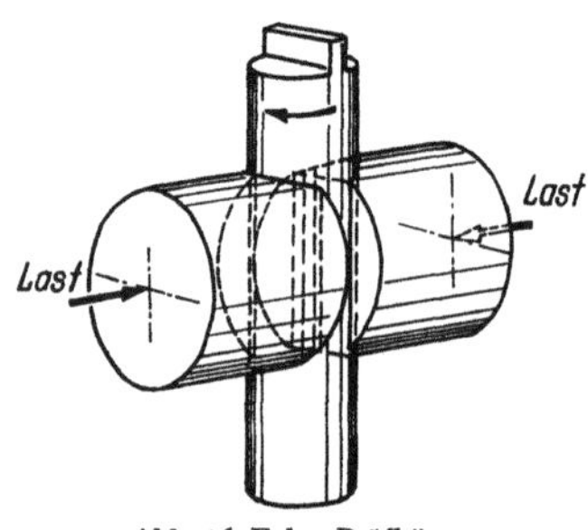

Abb. 16 Falex-Prüfkörper.

Der Falex-Prüfer wird heute nur noch vereinzelt zur Spezifizierung von Getriebeöl benutzt. — In der Praxis des Maschinenbaus finden sich keine ähnlichen geometrischen Formen und Werkstoffpaarungen zur Kräfteübertragung bei Bewegung.

e) Floyd-Tester

Bei dem Gerät nach Abb. 17 werden zwei Lagerschalenhälften unter hydraulischem Druck gegen eine Stahlwelle gepreßt. Der Versuch wird bei Zimmertemperatur und bei 200 °F durchgeführt und die Belastung allmählich gesteigert. Zwischen Antrieb und Versuchswelle wird ein Scherstift d eingeschaltet, dessen Bruch die Überlastung des Ölfilms durch Fressen anzeigt. Als Meßzahl dient die hierbei vorliegende Belastung.

Die Maschine ist zum Vergleich von Hochdruckzusätzen unter Belastungsfällen nützlich, bei denen reine Mineralöle nicht mehr ausreichen. Diese haben aber bei verschiedenen Metallen auch verschiedene Wirkungen.

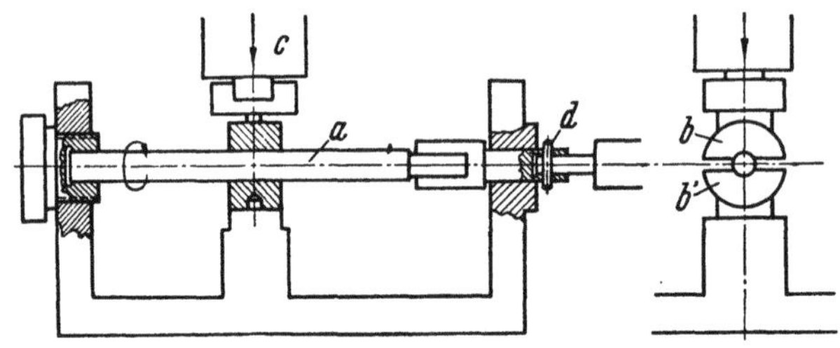

Abb. 17. Floyd-Tester.
a Stahlwalze; b, b' Lagerschalen aus Stahl; c Hydraulische Belastung; d Scherstift.

f) I.f.E.[1]-Getriebeöl-Prüfmaschine nach Bartel[2]

Ein Kolbenbolzen dreht sich unter Last auf zwei festgelegten Wälzlagerrollen, Abb. 18. Anfangs besteht Linienberührung, Flächen schleifen sich auf den festen Rollen schnell ein. Größe und Oberflächenzustand dieser Flächen entscheiden über die Qualität des Öles.

---

[1] I. f. E. = Institut für Erdölforschung, Hannover.
[2] BARTEL, A.: Die Prüfung von Schmierstoffen unter den Bedingungen der Misch- und Trockenreibung mit mechanisch-dynamischen Geräten. Informationszentrum Festschmierstoffe H. 1 (1966), München 54, Postfach 235; Erdöl u. Kohle 12 (1957) 374.

Prüfdaten:

Prüfkörper:	Hohlbolzen 24 mm Durchmesser und zwei Zylinderrollen 8 mm Durchmesser,
Werkstoff:	Wälzlagerstahl etwa HRc 63,
Ölmenge/Fettmenge:	etwa 11/etwa 50 g,
Drehzahl (Prüfbolzen):	150 U/min
Gleitgeschwindigkeit (reibende Teile):	0,2 m/sec,
Belastung:	bis 219,2 kg/Rolle in 5 Laststufen.

Ergebnisse:

1. Reibungskoeffizient,
2. Öltemperaturverlauf durch ein Thermoelement,
3. Abrieb (Verschleiß) der Rollen durch Ausmessen der Kalotten.

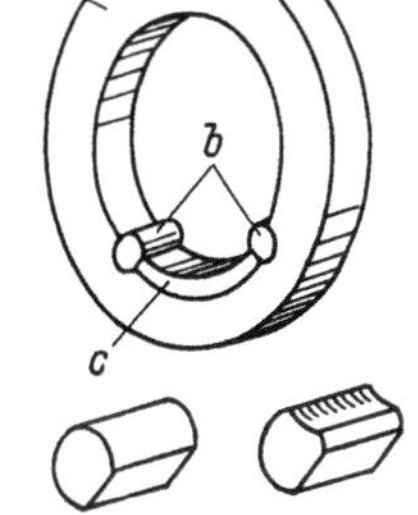

Abb. 18. Prüfkörper der I.f.E.-Getriebeölprüfmaschine nach BARTEL.
a Haltering; *b* Prüfkörper; *c* herausnehmbarer Formkörper.

g) Schallplattengeräte

Es gibt eine Reihe von Prüfgeräten, die sich im Aufbau kaum unterscheiden und als Schallplattengeräte oder „pin-on-disk-apparatus" bekannt sind. Auf eine rotierende Scheibe wird ein Stift mit bekannter Kraft gedrückt, ähnlich wie bei einer Schallplatte. Der Schmierstoff wird auf die Scheibe aufgetragen, Reibungskraft und Verschleiß werden gemessen, ebenso die Temperatur.

Während die Scheibe sich dreht, wird der Stift radial langsam verschoben, so daß stets neue Punkte der Scheibe überstrichen werden. Meist ist die Scheibendrehzahl aber klein

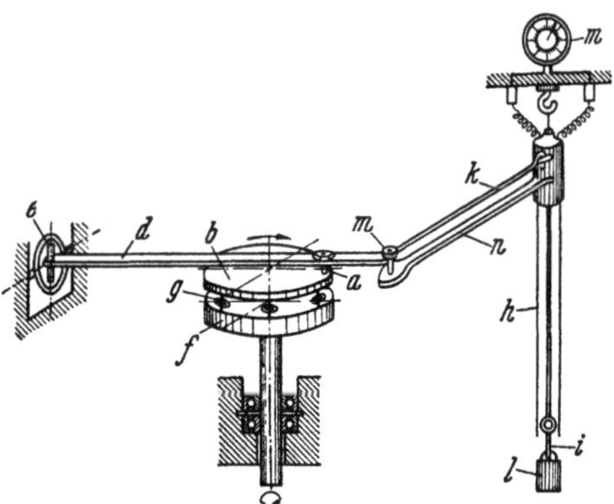

Abb. 19. Ölprüfgerät der früheren Physikalisch-Technischen Reichsanstalt nach VIEWEG und KLUGE.
a Gleitstift; *b* Gegenscheibe; *d* Schwingender Traghebel für den Stift; *e* kardanische Aufhängung; Schutzscheibe; *g* Einstellstifte; *h* Kontakthebel; *i* Kontaktpendel; *k* Verbindungshebel zum Pendel; *l* Pendelgewicht; *m* Gelenk.

und der zur Prüfung benutzte Gleitweg kurz. Da die Scheibe normalerweise rauh ist, treten auch so schon dabei genügend große Längenänderungen auf, die gemessen werden können.

Der Mechanismus und die Prüfmethode sind aus der Werkstoffprüfung fester Körper übernommen, wo ähnliche Geräte benutzt werden, um Härte und Verschleißfestigkeit von Gleitwerkstoffen für Festkörperreibung (Kupplungen, Bremsen usw.) zu prüfen.

Zur Kraftübertragung durch Flüssigkeiten oder Fette sind geometrische Anordnungen dieser Art ungeeignet, somit beschränkt sich die Anwendung auf reine Laborversuche bei der Entwicklung neuer Additivkombinationen oder neuartiger Öle.

Als Beispiel sei hier das Ölprüfgerät der früheren Physikalisch-Technischen Reichsanstalt nach VIEWEG und KLUGE aufgeführt (Abb. 19). Die im Abschn. b beschriebene Prüfanordnung von BAIST gehört auch zu dieser Gruppe.

h) Verschleißwaage nach Reichert

Dieses Gerät verwendet als Meßwertgeber gekreuzte Zylinder, Abb. 20. Der Ring läuft mit $n = 900$/min bei einer Gleitgeschwindigkeit von 1,7 m/sec; der Abrieb wird nach 100 m Gleitweg festgestellt. Die Untersuchungen dienen vorwiegend der Eignung von Metallbearbeitungsölen und Dispersionen.

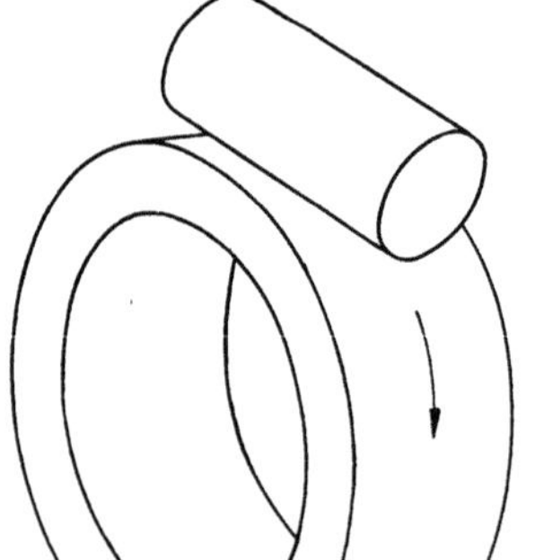

Abb. 20. Verschleißwaage nach REICHERT.

i) RIV-Dreikugel-Apparat

Mit dem Apparat nach Abb. 21 soll die Walkbeständigkeit von Wälzlagerfetten ermittelt werden; das Fett wird in dem Gerät ähnlichen Bedingungen wie in einem Wälzlager unterworfen.

Prüfdaten:

Prüfkörper: 3 Stahlkugeln 35 mm Durchmesser,
Fettmenge: 100 g,
Belastung: keine,
Drehzahl: 300 und 600/min,
Beheizung: keine,
Prüfdauer: 6 Std. (3 Std. bei $n = 300$/min und 3 Std. bei $n = 600$/min).

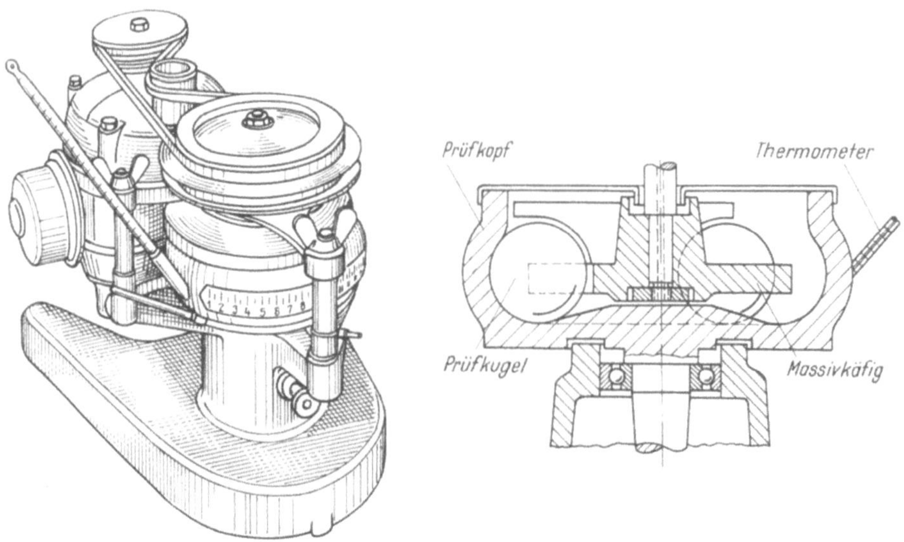

Abb. 21. Ansicht und Prinzip des RIV-Dreikugelapparates.

Ergebnisse:

Feststellung der Konsistenz von Wälzlagerfetten bei Entwicklungen, Prüfung der Gleichmäßigkeit und Mischbarkeit verschiedenartiger Fette.

k) Shell-Roller

Die Vorrichtung dient zur Bestimmung der mechanischen Stabilität von Schmierfetten. Das Fett wird im Shell-Roller durchgewalkt und somit ähnlichen Verhältnissen wie in einem Wälzlager ausgesetzt. Die Prüfung wurde ursprünglich nur in einem Aggregat vorgenommen, im Laufe der Zeit ist man jedoch auf 3-, 4- und 5fache Ausführung übergegangen. Eine derartige Anordnung ist für Serienuntersuchungen von Entwicklungsarbeiten und zur Gleichmäßigkeitskontrolle von Schmierfetten geeignet.

Prüfdaten:

Prüfkörper:	Rotierender Stahlzylinder mit einer frei rollenden, 5 kg schweren Stahlwalze,
Drehzahl:	160 U/min,
Fettmenge:	75 g,
Beheizung:	bis auf 100 °C möglich,
Prüfdauer:	4 Std.

Ergebnisse:

Veränderung der Konsistenz in Abhängigkeit von der Temperatur, Luftemulgierung.

l) Timken-Prüfgerät

Die Timken-Apparatur ist ursprünglich zur Prüfung von Wälzlagerschmierstoffen entwickelt worden. Gegen einen umlaufenden Wälzlageraußenring wird ein quadratischer Stahlklotz gedrückt (Abb. 22).

Aus der anfänglichen Linienberührung entsteht durch Verschleiß eine kleine Gleitfläche, deren Tragfähigkeit von ihrer Oberflächengüte und der Viskosität

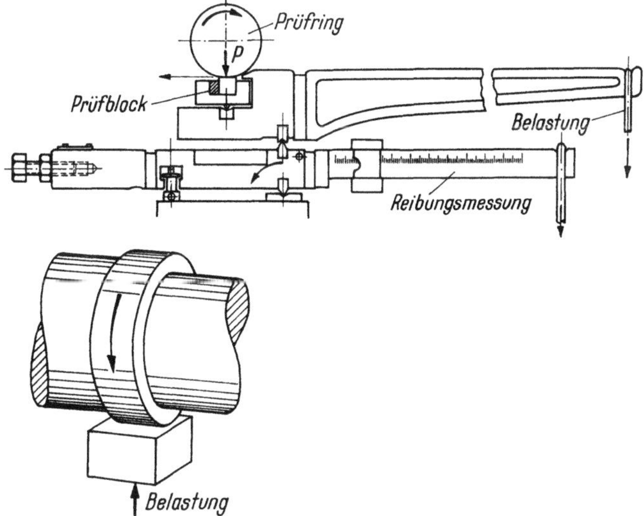

Abb. 22. Hebelanordnung und Prinzip des Timken-Prüfgerätes.

des Öles und damit von den auftretenden Temperaturen abhängt. Reibungszahl Temperaturverlauf und Verschleiß werden gemessen.

Prüfdaten:

Prüfkörper:	Ring (Kegelrollenlager-Außenring 6 K-09195),
	Prüfblock (12,7 mm × 12,7 mm × 19 mm; HRC = 60 bis 62),
Ölmenge:	etwa 2,5 l,
Fettmenge:	etwa 2 kg,

Drehzahl: 800/min,
Belastung: beliebig gesteigerte Stufen bis 120 lbs, 54 kg,
Beheizung: bis auf 100 °F (37,8 °C) möglich; Fette werden ohne Beheizung untersucht,
Prüfdauer: 10 Min. je Laststufe, dann Prüfring erneuern.

Ergebnisse:
Feststellen der Öleignung durch Gutlast (keine Anfressung am Prüfblock) und Bruchlast (Anfressung am Prüfblock) in lbs, Reibung, Verschleiß durch Wiegen der Prüfkörper.

m) Vierkugel-Apparat

Dieses weit verbreitete Kurzzeitprüfgerät wurde von G. D. BOERLAGE (Shell) 1933 entwickelt[1], es hat sich insbesondere bei der Entwicklung von Hochdruckgetriebeölen bewährt.

Die Prüfweise beruht auf reiner Gleitbewegung, nach verhältnismäßig kurzer Prüfdauer, nur eine Minute für eine Laststufe, ist ein Ergebnis möglich. Festschmierstoffe, wie Graphit und Molybdändisulfid (MoS_2), sprechen jedoch nur unwesentlich an.

Die Prüfanordnung besteht aus einem Elektromotor mit senkrechter Welle, an deren unterem Ende ein Halter zur Aufnahme einer halbzölligen Kugellagerkugel angebracht ist, die mit der Welle rotiert. Drei weitere Kugeln dieser Art sind in dem Kugeltopf eingespannt (Abb. 23), das Ganze befindet sich in dem zu prüfenden Stoff. Der Test wird in der Weise

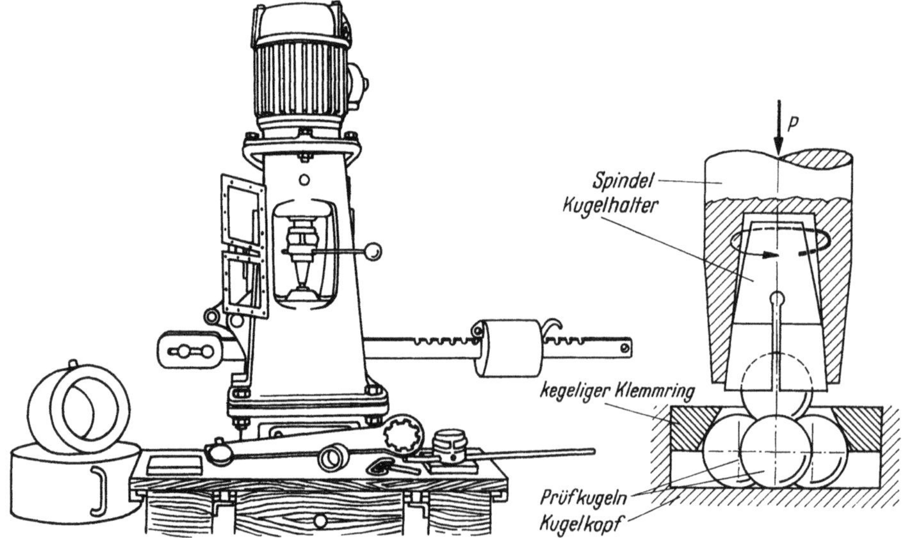

Abb. 23. Ansicht und Prinzip des Vierkugelapparates.

durchgeführt, daß die vier Kugeln sich zunächst berühren, dann wird das System durch Gewichte belastet und der Motor eingeschaltet, so daß die im Halter befindliche Kugel unter Last auf den drei eingespannten Kugeln 1 Min. rotiert. Bei einer bestimmten Belastung blockieren die Kugeln, was als Verschweißen bezeichnet wird. Das Drehmoment ist dabei so hoch, daß der Motor sich ausschaltet; die dafür notwendige Belastung wird als VKA-Wert bezeichnet.

Umfangreiche Versuche haben gezeigt, daß die chemische Zusammensetzung der Prüfkugel einen Einfluß auf die Meßergebnisse ausübt. Je niedriger der Chromgehalt, desto höher liegen die VKA-Werte; die Härte spielt eine geringe Rolle,

---

[1] DIN-Entw. 51 530: Bestimmung der Schweißlast von flüssigen Schmierstoffen mit Shell-Vierkugelapparat.

fabrikationsbedingte Härteschwankungen ergeben kaum meßbare Unterschiede. Durch Drehzahländerungen werden die Ergebnisse weitgehend beeinflußt. Oberflächengüte, an den Prüfkugeln noch haftendes Konservierungsmittel oder Änderung der Schmierstoffanfangstemperatur wirken sich auf die VKA-Werte nicht aus.

Der höchstmögliche Belastungswert, den ein Öl oder Fett eine Minute aushält, und der nächsthöhere, bei dem das Blockieren stattfindet, ist der sog. VKA-Verschweißwert. Läßt man den Apparat mit einer geringen Belastung eine längere Zeit laufen, so kommt es nicht zum Blockieren der Kugeln, sondern es bilden sich an den Berührungsstellen der festen Kugeln kleine Flächen, deren Durchmesser dann den sog. VKA-Verschleißwert darstellen. Die Größe dieses Wertes hängt ab von der Belastung, Laufzeit und der Fett- oder Ölsorte. Das Gerät wurde ursprünglich zur Prüfung von Ölen entwickelt; eingehende Messungen haben jedoch ergeben, daß es auch ohne Zusatzeinrichtungen zur Beurteilung von Fetten geeignet ist. Die Konsistenz hat dabei keinen Einfluß auf die Meßergebnisse; die VKA-Werte von Wälzlagerfetten geben gute Übereinstimmung mit Betriebserfahrungen. Bei Berücksichtigung der vorgenannten Faktoren liegen Wiederhol- und Vergleichstreubereich der VKA-Werte bei ± einer Laststufe, was als ausreichende Reproduzierbarkeit angesehen werden kann.

VI. Zusammenfassung

Nach allgemeinen Betrachtungen über die Schwierigkeiten, ein verbindliches Prüfverfahren zu schaffen, werden die gebräuchlichen zum Teil im Handel befindlichen Prüfgeräte beschrieben.

Die Darstellung bemüht sich, allgemein gültige Zusammenhänge aufzuzeigen, um die vorhandenen Prüfgeräte so sinnvoll wie möglich einzusetzen. Unabhängig davon wird jedes Labor seine eigenen Erfahrungen sammeln, die in den meisten Fällen eine wertvolle Ergänzung zum Fabrikationsprozeß darstellen, aber wenig über eine Eignung der Schmierstoffe in der wirklichen Maschine aussagen können, wenn nicht ganz besondere Erfahrungen zwischen diesen und den Testgeräten vorliegen. Deshalb kommt man bei der endgültigen Erprobung selten ohne Versuche in der wirklichen Maschine aus, wie es z. B. die aufwendigen Motorenversuche bei der Entwicklung legierter Motorenöle beweisen.

Eine zusammenhängende Bewertung der beschriebenen Geräte konnte und sollte nicht gegeben werden; eine solche Arbeit ist bereits durch H. DIERGARTEN[1] erfolgt, die wertvolle Anleitung zu weiterer eigener Arbeit im Hinblick auf das jeweils verfolgte Einzelziel gibt.

---

[1] VDI-Ber. 20 (1957) 157.

K. Schmierstoffe für bestimmte Zwecke

Von C. ZERBE, Hamburg[1]

Inhaltsübersicht

I. Fahrzeug-Motorenöle

II. Schmierstoffe, Hydraulik- und Sonderflüssigkeiten für die Luftfahrt

Von G. SPENGLER und E. K. JANTZEN, München

---

[1] Andere Verfasser einzelner Unterabschnitte sind auf den betreffenden Seiten genannt.

11*

XIII. Dampfturbinenöle

XIV. Korrosionsschutzöle

XV. Schmierstoffe für Sonderzwecke

XVI. Traktorenöle

XVII. Schmierstoffe in der Vakuumtechnik. Organische Treibmittel für Vakuumpumpen

Von G.-W. Oetjen, Köln-Marienburg

XVIII. Uhrenöle
Von A. Brändel, Hamburg-Bergedorf

XIX. Weißöle und Paraffinum liquidum
Von K. H. Schünemann, Hamburg

XX. Elektrisch behandelte Öle

XXI. Kältemaschinenöle
Von H. Steinle, Giengen/Brenz

I. Fahrzeugmotorenöle[1]

1. Allgemeines

Die Anforderungen an die Schmieröle für Verbrennungskraftmaschinen sind — insbesondere bei der Schmierung von Otto- und Dieselmotoren — besonders hoch. Das Motorenöl, das sowohl Triebwerkteile wie Zylinder schmiert, soll einerseits bei den an lebenswichtigen Teilen der Maschine herrschenden hohen Temperaturen z. B. Kolben und Zylinder, noch hinreichend zähflüssig sein, um im Interesse der Motorleistung eine gute Abdichtung der Kolben gegenüber dem Verbrennungsraum zu gewährleisten. Andererseits soll aber das Öl bei den durch das Klima gegebenen niedrigen Temperaturen noch flüssig genug sein, um jederzeit eine Inbetriebnahme der Maschine zu ermöglichen. Infolgedessen wird für Motorenöle eine möglichst flache Viskositätskurve verlangt und im Winter in Abhängigkeit von dem Klima ein dünnes und im Sommer ein dickeres Öl verwendet. Allerdings versuchen Automobilfabriken und Schmierstoffhersteller durch Spezialkonstruktionen und Spezialöle neuerdings mit einem breiten Temperatur-Viskositätsbereich überdeckenden „Mehrbereichsöl" im Sommer und Winter sowie bei verschiedenen klimatischen Verhältnissen auszukommen.

Neben den Viskositätseigenschaften soll ein gutes Motorenöl wegen der hohen thermischen Beanspruchung, der es im Betrieb ausgesetzt ist, besonders wärme- und oxydationsstabil sein. Am Kolbenboden herrschen z. B. Temperaturen von 450 °C und mehr, im Kurbelgehäuse beträgt die Öltemperatur bis zu 120 °C. Das Öl soll weiterhin möglichst rückstandslos verbrennen, sich im Gebrauch nur wenig verändern und nur zu geringer Schlammbildung neigen. Denn nur diese Eigenschaften, die man mit dem Sammelbegriff „Alterungsbeständigkeit" zusammenfaßt, machen es möglich, daß ein Öl bei geringstem Verbrauch ausreichend lange ohne Ölwechsel im Motor belassen werden kann.

---

[1] Proceedings des Siebenten Welt-Erdöl-Kongresses, Mexico City 1967, Vol. IV, Panel Disc. 31, Paper: PETRY, T. A.: Developments in Production of Lubricants. — COLYER, C. C.: A Revolution in Automotive Crankcase Lubricants. — COSTANTINIDES, G., u. S. ROTTERI: Detergent Oils for Internal Combustion Engines: Method for Evaluating their Service Life. — Siehe auch: The American Automobil 1965. Caltex Lubrication Vol. 21 (1966) Nr. 3, S. 33.

Gute Schmierfähigkeit des Öles hat wesentlichen Einfluß auf Leistungen und Abnutzung der Maschine; geringe Neigung zur Säurebildung schont Lager-, Gleitflächen und Auspuffanlage. Die an ein Motorenöl mit Rücksicht auf die Hochzüchtung der Motoren gestellten Anforderungen kann ein gut raffiniertes Schmieröl, selbst aus einem nach heutigen Erkenntnissen besten Grundöl, nur unzureichend erfüllen. Denn ein Teil der Anforderungen, wie z. B. Viskositätsindex, Erstarrungspunkt, Flammpunkt, Aschegehalt, Farbe, Hartasphaltgehalt, Rückstandsbildung usw., lassen sich nur mittels einer durchgreifenden Raffination erreichen. Dadurch werden aber andere Eigenschaften, wie z. B. Schmierfähigkeit und die Alterungsbeständigkeit, verschlechtert, weil durch die Raffination polare, die Schmierfähigkeit erhöhende und andere als Inhibitoren gegen die Alterungsneigung wirkende Verbindungen entfernt werden.

Man teilt die Motorenöle ein in:

Reine Mineralöle, ohne Additives, für Motoren und Betriebsbedingungen, die keine besonderen Anforderungen an das Schmieröl stellen. Da diese Voraussetzungen selten gegeben sind, empfehlen alle Motorenhersteller die Verwendung von HD-Ölen.

HD-Motorenöle. Diese sind, wie die Abkürzung HD = Heavy Duty besagt, für schwere Betriebsbelastungen gedacht. Sie sind hochlegiert, wurden ursprünglich zur Verwendung von Dieselmotoren entwickelt und erwiesen sich gleichermaßen in Ottomotoren unentbehrlich.[1]

2. Ottomotoren-Schmieröle

a) Allgemeines

Viertaktmotore werden vorwiegend mit legierten paraffin- bzw. gemischtbasischen solventraffinierten Ölen geschmiert. Sie sollen als Einbereichsöle in der SAE-Viskositätsklasse auf die Außentemperatur [Sommer z. B. SAE 30, Winter SAE 20 (s. S. 172)] und dem Verwendungszweck der API-Service Klassifikation (s. S. 174) angepaßt sein.

Zweitaktmotorenöle sollen bei getrennter Schmierung in ihrer Qualität den HD-Viertaktmotoren-Schmierölen entsprechen. Werden sie in Mischung mit dem Kraftstoff (Mischverhältnis 1:20 bis 1:30[2]) verwandt, ist das Viskositäts-Temperaturverhalten von geringerer Bedeutung. Da ein großer Teil des Öles in den Verbrennungsraum gelangt, sollen Zweitakteröle ohne Rückstand verbrennen und nicht zur Korrosion neigen. Der Einfluß der Rückstandsbildung und Auslaßschlitzverkrustung ist nach E. G. ELLIS[3] bei naphthenbasischen Ölen und bei sinkender Viskosität geringer. Infolge der hohen thermischen Beanspruchung ist gutes Korrosionsverhalten und hoher Zusatz von Detergentien (Gemisch von metallhaltigen bzw. aschefreien Additives) vorteilhaft.

Mehrbereichsöle (Multigrade Oils) (Zwei-, Drei- oder Vierbereichsöle), die infolge ihres verbesserten VT-Verhaltens gemäß nachfolgender Abb. 1 mehrere SAE-Bereiche überdecken, werden durch Zusatz von Viskositätsverbesserern

---

[1] TOWLE, A.: The Development of Crankcase and Transmission Additives to Meet the European Market, Proceedings des Sechsten Welt-Erdöl-Kongresses, Frankfurt/Main 1963, Sektion VI, Paper 8. Gemäß Entwurf der Lieferbedingungen der Deutschen Bundesbahn, TL 958102, ist Bewährung der HD-Öle in den bei der DB verwandten Motorenbauart bei deren Betriebsbedingungen entscheidend.

[2] Zur Erleichterung der Mischung wird Zweitakteröl in Petroleumfraktionen vorgelöst in den Handel gebracht.

[3] Scient. Lubrication 11 (Sept. 1959) 12. — TOWLE, A. W.: ebenda 12 (März 1959).

(bis zu 3 bis 8 Gew.-%) hergestellt[1]. Ihre geringe Viskosität bei tiefen Temperaturen erleichtert den Kaltstart; ihre hohe Viskosität bei Betriebstemperatur gewährleistet sichere Schmierung des Motors. Deshalb können Mehrbereichsöle 10 W/30 grundsätzlich an die Stelle der Öle 10 W, 20 W, 20 und 30 treten.

Für ein 10 W-30-Öl ist ein VI von mindestens 132, für ein 20 W-40-Öl ein solcher von mindestens 110 erforderlich. Der Mehrbereichöltyp richtet sich nach dem jeweiligen Klima eines Landes, so daß z. B. heute 5 W-20 für nordische Länder, Kanada, Alaska, 10 W-30 für Mitteleuropa und USA, 20 W-40 für Südeuropa und Mittelamerika angewendet werden.

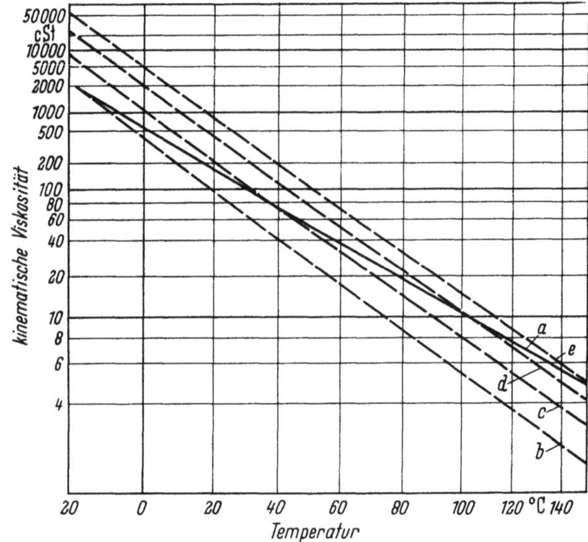

Abb. 1. Viskosität von gewöhnlichen Motorenölen und eines Mehrbereichsöls SAE 10W−30 als Funktion der Temperatur [nach FREUND, M., und Mitarbeiter in: Schmiertechnik 11 (1964), 218].
a Mehrbereichsöl SAE 10W−30; *b* SAE 10W; *c* SAE 20W; *d* SAE 30; *e* SAE 40.

Die bei −17,8 °C gemessene Viskosität des betreffenden Öles ist mit der des Öles SAE 10 W identisch, während seine bei 98,9 °C gemessene Viskosität mit der des Öles SAE 30 übereinstimmt. Bei 159 °C ist sogar die Viskosität dieses Mehrbereichsöls der des Öles SAE 40 gleichwertig.

b) Viskositätsklassifikation

Die Crankcase Oil Viskositätsclassification der Society of Automotive Engineers Inc., New York (SAE) hat sich in den meisten Erdöl verbrauchenden Ländern eingeführt und wurde auch in die deutschen Normen übernommen[2].

DIN 51511: SAE-Viskositätsklassen für Motorenschmieröle

Schmieröle für Otto- und Dieselmotoren aller Art, ausgenommen Großgasmaschinen[3]. Die Einteilung der Motorenschmieröle nach ihrer Viskosität in Viskositätsklassen dient der einfacheren Kennzeichnung von Viskositätsklassen[4].

---

[1] NYUL, G., u. G. MOZES: Erdöl u. Kohle 13 (1960) 881. Wirkung von polymeren Additives in Mehrbereichsölen. — Öle, die einen Viskositätsbereich von den Tropen bis zur Arktis überdecken, erfordern Zusätze von geeigneten Syntheseölen bis zu 20% und mehr.

[2] Neufassung in USA in Bearbeitung.

[3] Schmieröle für Großgasmaschinen s. DIN 51508 (S. 276).

[4] Die entsprechenden, in Saybolt-Sekunden angegebenen Werte wurden dem SAE-Handbuch 1957 der Society of Automotive Engineers, Inc., New York, entnommen.

SAE-Viskositätsklasse	Viskosität bei							
	−17,8 °C (0 °F)				98,9 °C (210 °F)			
	mindestens		höchstens		mindestens		höchstens	
	cSt	E	cSt	E	cSt	E	cSt	E
5 W	—	—	869	115				
10 W	1303[a]	172[a]	2606	344	3,86	1,30	—	—
20 W	2606[b]	344[b]	10423	1376				
20					5,73	1,46	9,62	1,80
30					9,62	1,80	12,94	2,12
40					12,94	2,12	16,77	2,52
50					16,77	2,52	22,68	3,19

[a] Die Mindestviskosität bei −17,8 °C (0 °F) entfällt als Grenzwert, wenn die Viskosität bei 98,9 °C über 4,18 cSt (1,33 E) liegt.

[b] Die Mindestviskosität entfällt als Grenzwert, wenn die Viskosität bei 98,9 °C über 5,73 cSt (1,46 E) liegt.

Einteilung:

Im Schaubild (Abb. 2) sind die Grenzen der Viskositätsklassen graphisch dargestellt. In logarithmischem Maßstab sind auf der Abszisse die Viskositäten bei 98,9 °C, auf der Ordinate die Viskositäten bei −17,8 °C aufgetragen. Für die SAE-Klassen 20, 30, 40 und 50 ergeben sich senkrechte Felder, für die SAE-Klassen

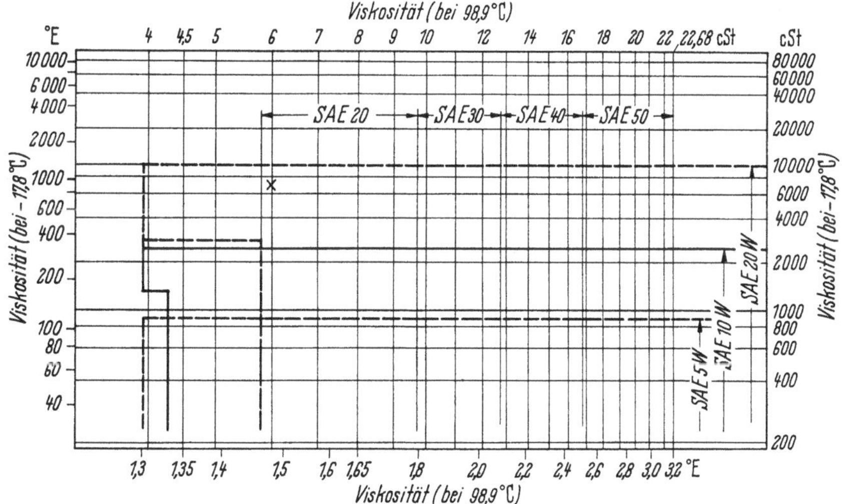

Abb. 2. Grenzen der Viskositätsklassen (DIN 51511).

5 W, 10 W und 20 W waagerechte Felder. Da bei den SAE-Klassen 10 W und 20 W die Mindestgrenze für die Viskosität bei −17,8 °C unterschritten werden darf, wenn eine bestimmte Mindestviskosität bei 98,9 °C gewährleistet ist, so erweitern sich die waagerechten Felder für beide Klassen im Schaubild nach unten. Die waagerechten und senkrechten Felder überschneiden sich teilweise. Das bedeutet, daß es Motorenöle gibt, die sowohl in die eine als auch in die andere SAE-Klasse eingeordnet werden können.

Aus dem Schaubild geht hervor, daß die mit dem Zusatz W bezeichneten Klassen[1] nur nach oben begrenzt sind, abgesehen von einer Aussparung bei

---

[1] Siehe auch Abschnitt „Kälteviskosität", S. 7.

SAE 10 W und SAE 20 W. Da jedoch kein Motorenöl dünnflüssiger als 3.86 cSt bei 98,9 °C sein soll, ist hierdurch die linke Grenzlinie der Darstellung gegeben.

Jedem Motorenöl entspricht im Schaubild ein Punkt. Als Beispiel ist ein Öl mit einer Viskosität von 6 cSt bei 98,9 °C und 7000 cSt bei —17,8 °C durch ein Kreuz gekennzeichnet. Dieses Öl kann sowohl der Klasse SAE 20 als auch der Klasse SAE 20 W zugeordnet werden.

Die Viskosität wird bei —17,8 °C (0 °F) durch Extrapolation auf Grund von Messungen bei Temperaturen ermittelt, die mindestens 33,3 °C (60 °F) auseinanderliegen. Hierzu ist ein geeignetes Viskogrammblatt zu benutzen[1].

Für Kraftfahrzeugmotorenöle der Klasse SAE 20 W, die den Anforderungen *eines sicheren Kaltstartes* genügen müssen, ist ein Grenzwert von 7575 cSt (1000 E) bei —17,8 °C (0 °F) nicht zu überschreiten.

c) Klassifikation nach dem Verwendungszweck[2]
(API-Service-Klassifikation)

Bis zum Jahre 1945 wurden Motorenöle nur nach ihrer Viskosität klassifiziert. Unter Berücksichtigung des Fortschrittes in der Schmierölverarbeitung und -veredlung wurden ab 1947 Motorenöle durch das Lubricating Committee des amerikanischen Petroleum Instituts auch bezüglich ihres praktischen Verwendungszwecks, insbesondere ihres Legierungsgrades nach folgenden Gesichtspunkten typisiert:

1. *Regular-Type.* Motorenöle für mäßige Beanspruchung.
2. *Premium-Type.* Motorenöle für erhöhte Beanspruchung.
3. *Heavy Duty (HD)-Type.* Motorenöle für stärkste Belastung.

Im Jahre 1952 (revidiert 1955) wurde die obige Klassifikation durch die in Zusammenarbeit mit dem ASTM-Committee entwickelte API-Service-Klassifikation ersetzt, nach der ein für eine bestimmte Maschine unter der jeweiligen Betriebsbedingung besonders geeignetes Öl ausgewählt werden konnte. Da bei einer solchen Einteilung nicht alle erforderlichen Eigenschaften umfaßt werden, entscheiden über die endgültige Bewertung nur motorische Prüfungen in Verbindung mit anderen geeigneten Testen.

Das „Engine Service-Classification-System" stuft Öle für Vergaser- und Dieselmotoren (ausgenommen Flugmotoren und einschließlich Flüssiggaskraftstoffe) nach den geforderten Betriebsbedingungen in folgende drei Stufen ein:

Ottomotorenöle
Service MS (Severe Duty Service)

Betriebsart: Start und Stopbetrieb (Stadtfahrt), Betrieb mit großer Belastung, unter schwereren Bedingungen, hohe Geschwindigkeit, hohe und niedrige Temperaturen, lange Höchstgeschwindigkeit, schnelle Geschwindigkeitssteigerung usw.

Schmierölanforderung: Flache Viskositätskurve, hohe Oxydations- und Korrosionsbeständigkeit, geringe Schlamm- und Rückstandsbildung sowie kleinster Verschleiß unter allen Betriebsbedingungen.

Service MM (Medium Duty Service)

Betriebsart: Mittlere Belastungs- und Betriebsbedingungen, geringer Start und Stopbetrieb, gemäßigte Temperaturbeanspruchungen.

Schmierölanforderung: Geringer als bei Service MS, sofern die Maschine nicht zur Schlamm- und Rückstandsbildung neigt.

Service ML (Light Duty Service)

Betriebsart: Leichte Belastung unter leichten Betriebsbedingungen.

Schmierölanforderung: Keine speziellen Anforderungen (sofern Maschine nicht zu Schlamm- und Rückstandsbildung neigt).

---

[1] Neufassung wird die bei —20 °C nach ASTM D 2602-67 T (Apparent Viscosity at Low Temperature Using the Cold Cranking Simulator) effektiv gemessenen Werte vorschreiben, s. Fußnote 1, S. 20.

[2] RUMPF, K. K.: Klassifikation von Motorenölen nach Viskosität und Flüchtigkeit, Erdöl u. Kohle 21 (Nov. 1968).

Dieselmotorenöle

Unter der Bezeichnung

DS Severe Operation, DM Medium Operation, DG General Operation

werden sie analog den Vergasermotorenölen unterteilt. Durch die höheren Arbeitstemperaturen und hohen Lagerbelastungen wird die Oxydation des Schmieröles und damit die Schlamm- und Rückstandsbildung sowie die Korrosionsneigung, insbesondere bei erhöhtem Schwefelgehalt des Kraftstoffs, begünstigt. Diese erschwerten Bedingungen müssen durch Zusatz erhöhter Mengen von Additives ausgeglichen werden. Die API-Service-Klassifikation ist auf amerikanische Verhältnisse ausgerichtet.

d) Ölwechsel

Viele Einflüsse, wie Pflege, Belastung, Alter, und Behandlung des Motors usw., bedingen einen Ölwechsel, der erfolgen muß, wenn das Öl nicht mehr in der Lage ist, alle dem Verschleiß unterworfenen Motorenteile zufriedenstellend zu schmieren. Maßgebende Faktoren für HD-Öle sind Verschmutzungsgrad, Wirksamkeit von Öl- und Luftfiltern, Wirkstoffgehalt, Ölverdickung bzw. -verdünnung, die im Labor überprüft werden müssen[1]. Bessere Auskunft gibt eine motorische Prüfung.

W. GLASER[2] schlägt den „Conditions Quotient" (Ölzustandszahl) als Berechnungsgrundlage für den Ölwechsel vor, für den C. ODEFEY[3] gute Übereinstimmung mit einer motorischen Prüfung fand.

„*Conditions Quotient*"[4] (CQ) (Ölzustandszahl)

Die Berechnung erfolgt aus der Total Base Number (TBN s. S. 130) und dem jeweiligen Gehalt des Gebrauchtöls an Fremdstoffen.

$$CQ = \frac{\text{feste Fremdstoffe}}{\text{TBN} + 2} \frac{\%}{\text{mg KOH/g}}.$$

Die Ölwechselgrenze liegt bei CQ = 1,5.

Der stark schwankende Ölverbrauch ist, abgesehen von Ölverlusten, die durch Undichtigkeiten und Verbrennung im Zylinder entstehen, vom Zustand der Maschine, der Betriebstemperatur, Drehzahl und den Öleigenschaften, insbesondere Viskosität, Flüchtigkeit bei höherer Temperatur sowie der Molekülgröße der Ölkomponente, abhängig. Bei neuen Maschinen geht der Ölverbrauch mit der gegenseitigen Anpassung der Kolbenringe und Zylinderoberfläche zurück und ist somit ein Maß des Einlaufvorgangs. COON und LOEFFLER[5] stellten fest, daß der Ölverbrauch, unterteilt nach Zylinder und Ventilraum, mit steigender Drehzahl zu und mit Steigerung der Belastung abnimmt.

Die Wartungskosten für Fuhrparks können wesentlich gesenkt werden, wenn die Ergebnisse von Ölanalysen für die Vorausplanung der Ölwechselperioden und der Motorüberholungsarbeiten ausgewertet werden. P. W. SHERWOOD[6] zeigt einige der Vorteile auf, die diese Methode für die vorbeugende Instandhaltung bietet. Darüber hinaus wird auch die Bedeutung verschiedener Schnellverfahren zur Analyse von Motorenöl erörtert.

3. Dieselmotoren-Schmieröle

Infolge der gegenüber Ottomotoren wesentlich höheren Belastung und des Schwefelgehaltes des Kraftstoffes (bei Fahrzeugdiesel unter 0,5%, bei Schwerölbetrieb 0,9 bis 4%) ist für Dieselmotoren die Verschleißfestigkeit, Oxydations- und Korrosionsstabilität, geringe Rückstandsbildung sowie das Schlammtragevermögen besonders wichtig. Bei besonders schweren Betriebsbedingungen reicht die thermische Beständigkeit der normalen HD-Öle nicht aus, so daß Super-HD-Öle eingesetzt werden müssen (hochbelastete Bau- und Erdbewegungsmaschinen).

---

[1] Für die Bestimmung der Erschöpfung der Dispergentkomponente in HD-Motorenölen empfiehlt L. MILOWSKY die Tüpfelmethode. Erdöl u. Kohle 18 (1965) 564; s. a. S. 383.

[2] Frühjahrstagung des Verbandes süddeutscher Mineralölwirtschaft (1965).

[3] Herbsttagung des Verbandes süddeutscher Mineralölwirtschaft (1965).

[4] Die ursprünglich gewählte Bezeichnung „Conditions Number" läßt Verwechslungen mit der „Cetanzahl" zu. Deshalb wurde die Kurzbezeichnung „CQ" (Condition Quotient) eingeführt.

[5] SAE-Transaction 59 (1959).   [6] Erdöl u. Kohle 19 (1966) 217.

Mit „Series-3-Öle" bezeichnet man sehr hoch legierte, in ihrer Leistungsfähigkeit über normale HD-Öle hinausgehende Motorenöle für höchste Beanspruchung, wie sie für schwerste Betriebsbedingungen auftreten, z. B. bei der Verwendung von stark schwefelhaltigen Kraftstoffen, bei erschwertem Zweitakt-Dieselbetrieb, bei diskontinuierlichem Betrieb mit unterkühltem Motor, bei hoher thermischer Belastung bzw. bei einer Überlagerung der oben aufgeführten Betriebsbedingungen. Die „Series-3-Öle" werden nach einem von der Caterpillar Tractor Co. entwickelten speziellen Testverfahren geprüft[1]. Die nach dem obigen, z. Z. schärfsten Testverfahren geprüften Öle können zur Schmierung von Motoren unter ungünstigen Bedingungen vorteilhaft eingesetzt werden. Einige Motorenhersteller schreiben die Verwendung derartiger Öle für die von ihnen gebauten Motoren vor.

Die von N. Kendall und L. J. Richards[2] geäußerte Auffassung, daß die Alkalität durch Detergentien bei Kraftstoffen mit niedrigem Schwefelgehalt ein Maßstab für Schlammtragevermögen und Verschleiß sei, hat sich nach motorischer Prüfung von A. v. Hoyningen, Huene und H. K. Assmann[3] nicht bestätigt.

Großdieselmotoren werden in der Regel mit Schwerölen (Marine-Diesel, Marine Bunker Fuel) mit hohem Schwefelgehalt (etwa 0,9 bzw. etwa 3% und darüber)[4] betrieben, die bei der Verbrennung viel Ruß, Rückstand und Säure bilden. Sie erfordern daher als Tauchkolbenmaschinen mit gemeinsamer Schmierung von Zylinder und Kurbelwelle teilweise Schmieröle mit extrem hohem Additivesgehalt (bis zu 18%), um Sauberkeit und Verschleiß zu gewährleisten.

Große Schiffsdiesel-Kreuzkopfmotoren, bei denen Zylinder und Kurbelwelle getrennt geschmiert werden, kommen in der Kurbelwanne mit einem unlegierten Öl aus, benötigen aber zur Zylinderfrischölschmierung spezielle Zylinderschmierstoffe mit hohem Dispergier- und Neutralisationsvermögen[5] (Alkalität TBN 40 bis 70 mg KOH). Solche hochalkalische Zylinderschmierstoffe kann man durch Zusatz von 40%igem öllöslichem Detergents mit extrem hoher TBN, durch ölunlösliche Additives, die mit einem Seifenzusatz im Öl suspendiert werden[6] oder durch Anwendung von Wasser-in-Öl-Emulsionen unter Zusatz geeigneter alkalisch reagierender, z. B. Erdalkalisalze[7], herstellen. Mit Rücksicht auf die verschiedenen Anforderungen, die an Dieselschmieröle gestellt werden, sind normalhöher- und hochlegierte Öle im Handel.

H. Pouderoyen[8] und Mitarbeiter berichten über die motorische Prüfung von Marine-Dieselschmierölen.

4. Analysendaten

Die für Schmieröle üblichen physikalischen und chemischen Kenndaten reichen für die Beurteilung der motorischen Eignung eines Öles, insbesondere eines HD-Öles nicht aus. Die Anforderungsrichtlinien für Schmieröle für ortsfeste oder Fahrzeugmotoren (DIN 6547, September 1938) wurden deshalb zurückgezogen und sollen erst dann durch eine neue Anforderungsnorm ersetzt werden, wenn normfähige motorische Prüfmethoden (s. S. 178) über das Verhalten eines Öles im Motor vorliegen. Es wird deshalb an dieser Stelle darauf verzichtet, Beispiele für Analysendaten handelsüblicher Motorenschmieröle zu bringen. Schmierstofftabellen[9], Lieferbedingungen und Richtlinien von Fachverbänden, Behörden, Schmierstoff- und Kraftfahrzeugherstellern usw. ermöglichen dem Verbraucher die Auswahl eines geeigneten Schmieröles.

---

[1] Einzelheiten s. W. Baist: Erdöl u. Kohle 10 (1957) 82.

[2] Erdöl u. Kohle 10 (1957) 444.

[3] Motortechn. Z. 21 (1960) 183.

[4] Neumeister, O.: Erdöl u. Kohle 14 (1961) 951.

[5] Kilchenmann, W.: Trans. Inst. Mar. Eng. 65 (1953) Nr. 6.

[6] Clark, G. H.: Mar. Lubr. scient. Publ., Brosseley (1959).

[7] Van der Zijden u. A. A. Kelly: Trans. Inst. Mar. Eng. 67 (1956) Nr. 8.

[8] Pouderoyen, H., u. Mitarb.: Proceedings des Sechsten Welt-Erdöl-Kongresses, Frankfurt/Main 1963, Sektion VI, Paper 13.

[9] Zum Beispiel Schmierstofftabellen für deutsche und ausländische Pkw, für Lkw, Omnibusse und sonstige Nutzfahrzeuge: Verband Süddeutsche Mineralwirtschaft, München.

5. Chemisch-physikalische Prüfung

a) Allgemeine Kenndaten[1]

Dichte, Nz und Vz, Flammpunkt, Aschegehalt, fremde Feststoffe, Gesamtverschmutzung, Viskosität und Erstarrungspunkt sind nach den für die einzelnen Kenndaten im allgemeinen Teil und im Abschnitt Schmieröle angegebenen Richtlinien zu bestimmen. Dasselbe gilt für spektroskopische und mechanisch dynamische Prüfungen.

Bezüglich der Bewertung der Kennzahlen ist folgendes zu sagen:

b) Rückstandsbildung

Öle mit der Neigung zu hoher Rückstandsbildung, d. h. mit hohem Conradson-Test scheiden aus; im übrigen ist der Wert des Conradson- bzw. Ramsbottom-Testes für Motorenöle umstritten, weil diese Methoden — im Gegensatz zu der motorischen Verbrennung — unter Luftabschluß arbeiten. Additives erhöhen den Conradson-Wert eines Grundöles, vermindern jedoch die Rückstandsbildung. Die zuverlässigste Auskunft geben motorische Prüfungen.

c) Fließvermögen

Da für das Startvermögen das Fließvermögen, nicht aber der Stockpunkt, maßgebend ist, gibt die Bestimmung der Kälteviskosität bessere Auskunft. Ein einwandfreies Ergebnis geben nur Fahr- oder Motorenversuche in der Kältekammer. In den technischen Lieferbedingungen der Bundeswehr ist der Pour Point nach DIN 51597 sowie der Diluted Pour Point nach FTM 791/204[2] und ASTM D 97 vorgeschrieben.

d) Alterungsbestimmung

Bei der Bestimmung der Alterungsneigung ist es wichtig, nicht nur die Mengen sondern auch die Art der Alterungsprodukte (Klebrigkeit der Asphalte, Härte der Ölkohle, usw.) kennenzulernen. Die vollkommen verschiedenen Ergebnisse, die mit verschiedenen Oxydationstesten im Labor erhalten wurden, stehen zu den Prüfergebnissen im Ottomotor nur im lockeren Zusammenhang. Für HD-Öle geben die üblichen Kurzzeitalterungsteste kein einwandfreies Bild; geeignet ist der 1000 Stunden-Alterungstest nach DIN 51587 für wirkstoffhaltige Turbinenöle (s. S. 290ff.).

K. K. Papock[3] und Mitarbeiter beschreiben Laborteste zur Ermittlung der Alterungsstabilität (Thermooxydizing-Stability-Test), Reinhaltung (Detergency Potentialtest), Lackbildung (Lacquertest by PZV Method), Korrosionstest (Corrosion Testing in DK-2 Apparatus and Corrosions Testing by PZZ Method).

e) Verdampfungsverlust

Die bei Laboratoriumsverdampfungstesten gefundenen Werte stimmen mit den im Motorversuch gefundenen Ergebnissen nur annähernd überein; man kann also aus einem niedrigen Verdampfungsverlust nicht unbedingt auf niedrigen Ölverbrauch schließen.

---

[1] Siehe auch K. K. Papock et al., Untersuchungen über das Verhalten von Motorenölen und Methoden zur Auswertung. Proceeding Sechster Welt-Erdöl-Kongreß, Frankfurt/Main 1963, Sektion V, Paper 22.

[2] Federal Test Method Standards (Zu beziehen durch den Deutschen Normenausschuß).

[3] Proceeding Sechster Welt-Erdöl-Kongreß, Frankfurt/Main 1963, Sektion V, Paper 22.

f) Prüfvorschriften der Bundeswehr

siehe Technische Lieferbedingungen der Bundeswehr, S. 54.

g) Aschegehalt

Der Aschegehalt soll bei unlegierten Ölen und bei Grundölen für HD-Öle 0,02% nicht übersteigen. Bei legierten Ölen kann er durch anorganische Anteile von Additives höher liegen. Daraus darf aber nicht grundsätzlich auf die Anwesenheit von Additives geschlossen werden, da sich aschefreie Wirkstoffe immer mehr durchsetzen.

6. Motorische Prüfung

a) Allgemeines

Die komplizierten Vorgänge, denen ein Öl in Verbrennungskraftmaschinen unterworfen ist, sind durch chemische, physikalische bzw. mechanisch-physikalische Kenndaten nicht ausreichend zu kennzeichnen. Über das praktische Betriebsverhalten eines Öles geben infolgedessen nur kostspielige motorische Prüfungen Auskunft. Bei allen Motortesten ist eine Analyse des Öles vor und nach Gebrauch für die Gesamtbeurteilung erforderlich.

Die Verschiedenartigkeit der von Konstruktion und Betriebsbedingungen abhängigen Anforderungen machen eine Vielzahl von gezielten, auf eine bestimmte Anforderung ausgerichteten Teste erforderlich. Besonders wichtig ist die motorische Prüfung der Oxydationsbeständigkeit eines Öles, denn Alterungsprodukte, wie Schlamm-, Lack-, Rückstands- und Säurebildung, veranlassen Verschleiß und Betriebsstörungen. Daneben werden alle anderen, für ein Öl in Anpassung an die API-Klassifikation wichtigen Eigenschaften, wie Lagerkorrosion, Kolben-Nocken[1] und Kolbenringverschleiß, Detergent-Dispersantwirkung bei hoher und niedriger Temperatur, Korrosionsverhalten usw., festgestellt. Ein Teil dieser Prüfungen hat gleichlaufend für die Verwendung von HD-Ölen in Otto- und Dieselmotoren Geltung.

Da die Qualität eines HD-Motorenöls in erster Linie von der Wirkung und Lebensdauer der darin enthaltenen Additives abhängt, ist dessen motorische Prüfung praktisch ein Prüftest für die darin enthaltenen Wirkstoffe (s. S. 19 sowie Erläuterung zu DIN-Entwurf 51 361, S. 79).

Motorische Teste nimmt man in der Regel zunächst in kleinen standardisierten Prüfmotoren vor, die die Einhaltung der vorgeschriebenen konstanten Betriebsbedingungen zulassen und sich auch gut zur Betriebsüberwachung eignen. Die in Kleinmotoren bewährten Öle bedürfen aber zur endgültigen Bewertung einer Bestätigung des Befundes durch Langzeitteste in Großmotoren oder in den Motorentypen, für die die Eignung eines Öles sichergestellt werden soll.

b) Prüfung

Jahrelange Forschung und Erfahrung haben bewiesen, daß man nach dem gegenwärtigen Stand der Technik auf motorische Prüfverfahren nicht verzichten kann.

Früher verwendete man auch bei Prüfmotoren besonders langdauernde Teste in der Annahme, daß sich die Vergleichbarkeit gegenüber praktischen Verhältnissen mit der Testlänge verbessert. Bei der Entwicklung und Qualitätskontrolle von Ölen mit Additives ist ein geringer Zeitbedarf von Bedeutung. Man ersetzt deshalb bei Prüfmotoren-Versuchen die lange Laufzeit durch ent-

---

[1] DUFF-BARCLAY u. S. C. DODSON: Erdöl-Z. 79 (1963) 396. Ein Prüfgerät mit Nocken und Nockenstößeln für die Beurteilung der Güte von Schmiermitteln. Siehe auch Fußnote 5, S. 181. — ANDREW, S., u. Mitarb.: A Testing Machine for Cams and Cam Followers. Motor Ind. Res. Assoc. Rep. 1962/7.

sprechend harte Betriebsbedingungen. H. PICHLER und E. FUTTERER[1] stellen fest, daß man in einem Einzylinder Vier-Takt-Motorradmotor (175 cm³) bereits nach 9 Vollaststunden Resultate erhält, deren Streuung nicht über diejenigen bekannter aufwendiger Motorteste hinausgehen.

α) Prüfung in Testmotoren. In Europa wurden von verschiedenen Ländern nach dem Otto- bzw. Dieselprinzip arbeitenden kleine Prüfmotoren entwickelt und die Prüfbedingungen standardisiert[2]. Die Motorenkenndaten und Versuchsbedingungen wichtiger Prüfmotoren sind in der nachfolgenden Tabelle zusammengestellt.

Tabelle 1. *Motorkenndaten und Versuchsbedingungen europäischer Einzylindertestmotore.*

Test-bezeichnung	C.E.C.AT 4 (IP 175/64)[b]	W 1 (IP 176/64[b])	MWM Test A (DIN Entw. 51 361)	Caterpillar-Diesel 1-A Test (IP 124/64 [b])	Caterpillar-Super-charged-Diesel-1-D-Test (IP 173/60[b])
Motortyp	Petter-Diesel, AV 1[d]	Petter-Otto W 1[e]	MWM-KD 12 Diesel[f]	Caterpillar-Diesel[c]	Caterpillar-Supercharged-Diesel[d]
Hubraum cm³	553	470	850		
Hub mm	110	82,5	120		
Bohrung mm	80	85	95		
Verdichtungs-grad	19,0	5,0	18,0		
Laufzeit/Std-	120	36	50	480	480
Drehzahl	1500	1500	1850	1000	1000
Öltemperatur °C	55	138[a]	90	63—66	77—82

[a] Bei SAE 10 W 130 °C.

[b] Die Motorenteste sind in Part III, Second Edition (Juni 1964) der IP-Standards for Petroleum and its Products (Methods for Assessing Performance of Crankcase Lubricating Oils-Engine Tests) zusammengestellt. Die Diesel-Teste eignen sich auch zur Schmierölprüfung für Otto-Motorenölen.

[c] Schwefelgehalt des Dieselkraftstoffes 0,4 bis 0,5%.

[d] Schwefelgehalt des Dieselkraftstoffes 0,95 bis 1,05%.

[e] Schwefelgehalt des Otto-Kraftstoffes 0,1 bis 0,25%.

[f] Schwefelgehalt des Dieselkraftstoffes 0,5 gegebenenfalls bis 1%.

DIN 51 361[3]: Prüfung von
Motorenschmierölen im MWM-DK 12-Prüfdieselmotor
(Verfahren zur Prüfung der Kolbensauberkeit)

Das Verfahren dient zur Prüfung und vergleichenden Beurteilung von Zusätzen zu Motorschmierölen, die die Kolbensauberkeit verbessern. Die Sau-

---

[1] Erdöl u. Kohle 19 (1966) 162.

[2] WOLF, W.: Erdöl u. Kohle 13 (1960) 881. Motorische Prüfung von HD-Ölen im Einzylinder. — HALTER, H. J.: Vergleichende Motorenöluntersuchungen im MWM- und Petter AV1-Prüfmotor. Erdöl u. Kohle 17 (1964) 878. — HEITMANN, T., berichtet über Testmethoden für Motorenöle bei verlängerten Ölwechselfristen (Ventilzüge- und Ventilstössel-Verschleißteste, Rost- und Korrosionstest, Filterwechseltest). Erdöl u. Kohle 17 (1964) 754.

[3] Erdöl u. Kohle 12 (1959) 484; 18 (1965) 733—736. — BAIST, W.: Die Prüfung des Reinhaltevermögens hochlegierter Motorenöle bei hohen Temperaturen im Prüfmotor MWM-KD 12 E. Erdöl u. Kohle 19 (1966) 659—663. Der MWM-Test A nach DIN 51 361 ergibt mit hochlegierten Motorenölen so saubere Kolben, daß eine Qualitätsdifferenzierung der Öle in ihrem Detergentverhalten nicht mehr möglich ist; dieser Test sollte daher nur für Öle bis zum Qualitätsniveau Mil-L-2104 A angewendet werden. — Es wird eine Reihe von Einzelmaßnahmen beschrieben, aus deren Kombination die neuen Prüfbedingungen „MWM-Teste B und C" abgeleitet wurden, die auch für hochlegierte Öle vom Typ S-II und S-III noch sehr selektiv sind und deshalb für Öle ab Qualität S-I vorgeschlagen werden. Der besondere Vorteil dieser Hochtemperaturteste ist, daß sie wirtschaftlich vertretbar sind und daß sie mit dem gleichen Motortyp ausgeführt werden wie der MWM-Test A, wobei lediglich die Zylinder-Laufbüchse, das Kühlmittel und der Dieselkraftstoff ausgewechselt werden müssen.

berkeit des Kolbens ist neben anderen Eigenschaften für die Auswahl eines Motorenschmieröles maßgebend. Die Kolbensauberkeit kennzeichnet die Fähigkeit von Zusätzen (Detergent-Dispersant-Zusätze) zu einem Motorenschmieröl, den Motor innen sauber zu halten und die unvermeidlich anfallenden, von der Verbrennung herrührenden Verunreinigungen (wesensfremde Ölverschmutzung) sowie die im Motorenschmieröl entstehenden Alterungsstoffe (wesenseigene Ölverschmutzung) in Schwebe zu halten. Zum Beurteilen dieser Eigenschaft werden in dieser Norm ausschließlich Aussehen und Zustand des Prüfkolbens herangezogen.

Diese Norm gilt nur für Motorenschmieröle der SAE-Viskositätsklassen 10 W, 20 W, 20, 30, 40 nach DIN 51 511 sowie für Mehrbereichsöle, die mehreren dieser SAE-Viskositätsklassen entsprechen.

Kurzbeschreibung des Verfahrens:

Man läßt einen neuen Prüfkolben mit dem zu prüfenden Motorenschmieröl im Prüfmotor einlaufen. Daran schließt sich ein 50-Stunden-Prüflauf mit einer neuen Ölfüllung unter genau festgelegten und konstant gehaltenen Betriebsbedingungen des Prüfmotors an, ohne daß Motorenschmieröl nachgefüllt wird. Nach dem 50 Stunden-Prüflauf werden durch visuelle Betrachtung die Rückstände am Prüfkolben in bezug auf belegte Fläche und Verfärbung beurteilt.

Als Prüfmotor[1] dient der MWM-Prüfdieselmotor. Es ist der Einzylinder-Viertakt-Dieselmotor Typ KD 12 E der Motorenwerke Mannheim AG (MWM).

Anforderung an Kraftstoff, Spülflüssigkeit, Kontrollöl, Vorbereitung des Prüfmotors, Einlauf, Prüflauf, Ausbau des Kolbens, Auswertung, Angabe der Versuchsergebnisse, s. Original; Motorkenndaten s. Tab. 1.

Außer dem in diesem Norm-Entwurf beschriebenen Prüfverfahren sind weitere Verfahren zur Bestimmung der Kolbensauberkeit bekannt, für die ebenfalls Einzylinder-Dieselmotoren benutzt werden, z. B. Caterpillar-Motor (Fed. Test Method 332), Petter-AV 1-Motor (IP 175/64).

Die Prüfdauer beim Verfahren im Caterpillar-Motor (480 Std.) und im Petter-AV 1-Motor (120 Std.) ist erheblich länger. Das wesentliche Kennzeichen des DIN-Prüfverfahrens besteht darin, daß während der Prüfdauer — im Gegensatz zu ähnlichen Verfahren — kein Frischöl nachgefüllt wird.

Ähnlich wie in den genannten ausländischen Verfahren, wird auch nach DIN 51 511 aus den Einzelkennwerten der verschiedenen Kolbenbereiche kein Durchschnittswert als Kennwert für die Kolbensauberkeit abgeleitet. Für die Beurteilung „bestanden" oder „nicht bestanden" in Beziehung zu einer Anforderung bedarf es einer entsprechenden Vereinbarung zwischen den Vertragspartnern.

β) **Bewertung.** Als Maßstab für die *Reinigungswirkung* hat sich die Bewertung des Kolbenbildes allgemein durchgesetzt. Die Bewertung des Kolbenbildes erfolgt durch detaillierte Beschreibung und Anwendung eines Bewertungsschemas (in USA und England nach dem *CRC-System*[2] (Bewertung der verschiedenen Kolbenteile), in Deutschland auch nach dem System BAIST und KRUPPKE[3] (graphische Zusammenstellung der Einzelergebnisse). Infolge geringer Differenzierungsmöglichkeit der Bewertungssysteme bei zunehmender Sauberkeit

---

[1] Bezugsquelle: Firma Hermann Ruf, 68 Mannheim-Neckarau, Voltastraße 10—21.

[2] CRC-Diesel Engine Rating Manual Nr. 5 (Nov. 1959); REYNOLDS, L. A., u. Mitarb.: Symposium on Eng. Test of Crank. Lubr. Oils, Paper 10, 11 u. 12 (Brighton 1961); TOWLE, A., Paper 4.

[3] KRUPPKE, E., u. W. BAIST: Erdöl u. Kohle 12 (1959) 484. — BAIST, W.: Erdöl u. Kohle 10 (1957) 82.

der Maschine wird aus den Einzelwerten für die verschiedenen Kolbenbereiche kein zahlenmäßiger Durchschnittswert gebildet, sondern der Befund nur in Beziehung zu der jeweiligen Anforderung als „bestanden" oder „nicht bestanden" ausgedrückt. Als Maßstab für die *Bewertung der Rückstandsbildung* dient das Gewicht des ermittelten Rückstandes. Die Bewertung der IP-Testmethoden gemäß Tab. 1 erfolgt gemäß Appendix A, Method of Rating Engine Cleanlines and Wear[1].

Die *Prüfung auf Kaltschlammdispergierung* (bei unterkühltem stop and go Motorenbetrieb) erfolgt nach Mil-L-2104 B (s. S. 59) und wird nach einem CRC-Zahlenbewertungssystem beurteilt[2].

Die *Prüfung und Bewertung der von der Konstruktion abhängigen Verschleißeigenschaften* erfolgt in Diesel- und Ottomotoren in Langzeittesten und bezieht sich vorwiegend auf Kolbenring- und Zylinderverschleiß[3].

Verschleißprüfungen an Ventilen, Ventilstößeln und Verteilerantrieben erfolgen nach speziellen, von der Automobil- und Mineralölindustrie auf einen jeweiligen Motortyp abgestellten Verfahren bei hohen und niedrigen Drehzahlen. Nach W. Baist[4] kann im Bereich zwischen hydrodynamischer Schmierung und metallischer Berührung der Gleitflächen im Motorenkaltbetrieb neben Korrosionsverschleiß der sog. „Dünnfilmverschleiß" auftreten, der durch Additivesalterungsstoffe und Wasser beeinflußt wird; das im Kaltbetrieb sich immer neubildende Wasser ist in Verbindung mit den Bedingungen des dünnen Ölfilms äußerst nachteilig.

Ein heizbares Stößeltestgerät beschreiben A. G. Fairmann und Mitarbeiter[5]. Radioaktive Verschleißmessungen gewinnen an Bedeutung auf dem Prüfstand und bei Straßentesten[6].

γ) Prüfung von Zweitakter-Motorenölen. Für die Prüfung von Zweitakter-Motorenölen ist kein einheitliches Verfahren festgelegt; man bevorzugt wegen deren hohen thermischen Belastung Teste in kleinen luftgekühlten Zweitaktmotoren, verwendet aber auch wassergekühlte Außenbord- oder Fahrzeugmotore. Die Arbeitsweise der Prüfung ist an die Viertaktmotore angelehnt[7].

δ) Mil-Teste[8]. Öle für den militärischen Einsatz, die auch für den zivilen Sektor als Maßstab ihre Bedeutung haben, müssen in den USA für die Zulassung (Mil-Approvals) die in den einzelnen Mil-Spezifikationen vorgeschriebenen Prüfläufe in anerkannten Prüfinstituten in Amerika oder England bestehen. Ein Teil dieser Teste wird gemeinsam für Diesel- und Ottomotoren angewendet, z. B. Mil-L-2104A[9] bzw. DEF-2101-A einschließlich Supplement 1 (S 1).

H. Waldmann[10] und G. H. Seidel haben die USA-Mil-Prüfteste sowie die motorischen Kenndaten gemäß den nachfolgenden Tab. 2 und 3 zusammengestellt.

[1] IP Standards for Petroleum and its Products Part. III (sec. Edition June 1964). Methods for Assessing Performance of Crankcase Lubricating Oils — Engine Tests.

[2] Gagliardi, J. C.: Symposium on Engine Test of Crank. Lubric. Oils (Brighton 1961), Paper 32. — Arter, K., u. Mitarb., Paper 20.

[3] v. Hoyningen-Huene, A., u. H. Assmann: MTZ 21 (1960) 183. — Tourret, R., u. R. W. Bale: Conf. on Lubric. and Wear (London 1957), Paper 64. — Heller, P. A., u. W. Glaser: ATZ 58 (1956) 107.

[4] Baist, W.: MTZ 24 (1963) 40. Siehe auch Beobachtungen an Miniaturreibflächen. Erdöl u. Kohle 18 (1965) 294. — Getriebeöle s. S. 254.

[5] Sympos. on Engine of Crank. Lubric. Oils (Brighton 1961), Paper 15, 34, 33; s. auch Fußnote 1, S. 178.

[6] Staats, W.: MTZ 18 (1957) 17. — Furey, M. J., u. Mitarb.: Fünfter Welt-Erdöl-Kongreß, New York 1959, Paper 6, Sektion X.

[7] Ponderoyen, H.: Erdöl u. Kohle 14 (1961) 627. — Towle, A.: Scient. Lubric. 12 (1959). — Millar, G. H., u. Mitarb.: Lubric. Eng. 19 (1963) 21. — Schmierölgehalt in Zweitaktermischungen s. DIN 51784.

[8] Havlicek, V.: Tschechoslowakischer Motortest. Erdöl u. Kohle 13 (1960) 882. — Saxe, H., u. Mitarb.: Motorprüfung von Schmierölen in UdSSR, Prüfung der Lackbildung im Octanklopfmotor, Ölkohle im Cetanzahlmotor. Erdöl u. Kohle 13 (1960) 578.

[9] Weitere Lieferbedingungen s. S. 59.

[10] Siehe Fußnote 1, S. 187.

DEF-2101-A (Britische Mil-Spezifikation, s. auch S. 59)

Beschreibt die Prüfung des Öles in Caterpillar Einzylinder-Dieselmotore und Petter W 1-Ottomotor. Am 1. Januar 1966 ist in Großbritannien die neue Spezifikation DEF-2101-D in Kraft getreten, welche die bisherige englische Spezifikation DEF-2101-C ersetzt. Für diese Spezifikation werden die Petter W 1 und Petter AV 1 Teste verlangt. Der letztere wird während 100 Std. durchgeführt, wobei ein zusätzlicher Ölabstreifring angebracht ist. Während des Versuches darf kein Öl nachgefüllt werden. Beim modifizierten Petter AV 1 Test wird ein Kraftstoff mit einem Schwefelgehalt von 1% verwendet.

Mil-L-2104A (s. Tab. 2) ist dem DEF-Test ähnlich; er wird häufig zur Klassifikation von HD-Ölen herangezogen, obwohl er zurückgezogen und durch Mil-L-2104B ersetzt worden ist.

Supplement 1 (Anhang zur alten zurückgezogenen Heeres-Spezifikation 2-104A) enthält ähnliche motorische Prüfungen wie Mil L-2104 A und DEF-2101. Da die Verwendung eines Kraftstoffes mit einem Schwefelgehalt von etwa 1% vorgeschrieben ist, bestehen nur wenig Öle, die häufig S 1 oder Supplement 1-Öle genannt werden, diesen Test.

Diese Spezifikation wurde nunmehr veröffentlicht und sieht folgende Motorenversuche vor:

L-38 Test im Labeco-Motor,
Caterpillar 1 H Test,
Low Temperature Deposition Test,
MS Test Sequenz 2 A.

Bei der Prüfung der MS Test Sequenzen werden die Sequenzen 2 A und 3 A nacheinander gefahren, bevor der Motor demontiert und inspiziert wird. Die Mil-L-2104 B Spezifikation kennt hingegen nur die Anforderungen der Sequenz 2 A. Es ist vorläufig noch nicht entschieden, ob einer erfolgreichen Mil-L-2104 B Qualifikation die den Sequenzen 2 A und 3 A entsprechenden Minimalwerte zugrunde gelegt werden, oder ob für die Sequenz 2 A allein eine Bewertung definiert werden soll.

Sowohl die MS Test Sequenzen als auch die Spezifikation Mil-L-2104 B sind in Europa nur von beschränktem Interesse.

Neue MS Test Methoden.

Anläßlich einer Zusammenkunft des ASTM-Komitees D2 im Januar 1965 wurde beschlossen, die von General Motors neu entwickelten Test Sequenzen 2 A und 3 A im „ASTM Special Technical Publication No. 315 A" als vorläufige Standards zu publizieren. Diese MS Test Sequenzen 2 A und 3 A ersetzen die früheren MS Test Sequenzen 1, 2 und 3.

Anläßlich der gleichen Zusammenkunft wurde auch beschlossen, die Vorschriften für die Durchführung der MS Test Sequenz 5 etwas strenger zu fassen, um eine bessere Reproduzierbarkeit zu erzielen. Ebenfalls wurden Vorschriften für die mehrfache Durchführung der MS Test Sequenz 5 veröffentlicht. Des weiteren ist vorgesehen, daß Ford die MS Test Sequenz 5 gegen Ende 1965 oder anfangs 1966 abändern wird, wobei der 1957 Lincoln-Motor von 6030 cm^3 wahrscheinlich durch den 1964er Lincoln-Motor mit 4736 cm^3 ersetzt wird.

Motorische Prüfung von Schmierölen gemäß Lieferbedingungen der Bundeswehr (VTL 9150-005[1]).

Oxydationsverhalten:

Motorenschmieröl *0.176* darf weder Korrosionserscheinungen an Lagermetallen noch an sonstigen metallischen Motorenbaustoffen hervorrufen. Diese Öleigenschaften sind nach einem Motorenlauf von 36 Std. Dauer 1. in einem Chevrolet-Ottomotor gemäß der US-Spezifiktion AXS-1554 (L-4 Test) oder 2. in einem CLR-Motor (L-38 Test) oder 3. in einem Petter W 1-Motor zu prüfen.

Kolbenringstecken, Verschleiß und Rückstandsbildung:

Motorenschmieröl *0.178* muß Kolbenringstecken und Verstopfung von Ölkanälen sowie Verschleiß der Zylinder, Kolbenringe, Steuernocken, Ventilhebel,

---

[1] Weitere Lieferbedingungen s. S. 55.

Ventilstößel, Ölpumpen- und Verteilerantriebe auf ein Mindestmaß herabsetzen. Diese Eigenschaften sind nach einem Motorenlauf von 480 Std. Dauer in einem Spezial-1-Zylinder-Caterpillar-Diesel-Motor gemäß der US-Spezifikation AXS-1551 zu prüfen (L-1A Test).

Über neuere Entwicklungen auf dem Motorenölgebiet, insbesondere der US-Mil-Teste, deren beschränkte Gültigkeit für Europa, berichtet W. Neidhart[1] und macht einen Vorschlag für eine Einteilung der Motorenöle, die den europäischen Verhältnissen entsprechen könnte.

ε) CEC[2]-Testmethoden. Das Co-ordinating European Council for the Development of Performance Tests for Engine Fuels and Lubricants (London W 1, 61, New Cavendish Street), in dem Mineralöl- und Kraftfahrzeughersteller und Verbraucher, sowie die Additive-Industrie zusammengeschlossen sind, befaßt sich seit dem Jahre 1963 mit der Standardisierung von Kraft- und Schmierstoffen für Europa und der Forderung der obengenannten Gebiete.

Die der Vereinigung angehörenden europäischen Staaten (z. Z. England, Deutschland, Belgien, Schweiz, Italien, Schweden, Spanien, Frankreich, Niederlande) haben in ihren Ländern nationale Komitees gegründet, die die Landesinteressen im CEC vertreten (für Deutschland der Deutsche Koordinierungs-Ausschuß — DKA — im CEC).

Bisher ist die CEC-Testmethode 2-T-66 on the Petter W 1 Engine (Oil Oxydation and Bearing Corrosion Petter W 1 Spark Ignition Test Engine) erschienen. Die vorläufige CEC-Testmethode 1-T mit dem Petter AV 1-Motor ist im Druck.

Weitere Testmethoden wie:
1. Petter AV 1 als Versuchsmethode E 1,
2. Petter W 1-Test als vorläufige Methode T 2,
3. Ford Cortina Hochtemperaturoxydationstest als Versuchsmethode E 3,[3]
4. Fiat 600 D-Tieftemperaturschlammtest als Versuchsmethode E 4,
5. eine Methode zur Bewertung der Resultate aus Zweitakt-Benzinmotoren als Versuchsmethode E 5

sind in Bearbeitung.

ζ) **Zivile Anforderungen.** Bei den drei großen Automobilkonzernen in den USA und auf den Prüfständen der Mineralölindustrie wird unter Verwendung von modernen Fahrzeug- oder Ottomotoren (Oldsmobile V 8, Lincoln, de Soto V 8) und dem CLR-Motor der ASTM-GIV-Test in 5 Testfolgen gemäß Tab. 4 durchgeführt. In Europa hat man in Anlehnung an die Mil-Teste analoge motorische Prüfmethoden für die Schmierölprüfung von Ölen gemäß der API-Klassifikation (1955) ausgearbeitet, bei denen an Stelle des Caterpillar- und CLR-Motors der Petter-AW1- bzw. der MWM-DK 12-Motor verwendet wird. Geprüft wird die thermische Beständigkeit, die Oxydationsstabilität, Verschleiß, Korrosion, Reinhaltung usw. nach den Prinzipien der Mil-Teste. Die europäischen Prüfverfahren zeigen gute Übereinstimmung mit den USA-Mil-Testen.

Die Caterpillar Tractor Co. (Peonia USA) läßt für ihre Dieselmotore nur hochlegierte Öle zu, die die motorische Prüfung in einem Einzylinder-Caterpillar-Dieselmotor mit Aufladung (S-3 bzw. Series-3-Test) erfüllen. (Die Specifications Series 1 und 2 sind außer Kraft gesetzt.)

η) **DIN 51574: Probenahme von Schmierölen aus Verbrennungskraftmaschinen.** Motorenschmieröl im Sinne dieser Norm ist das im Schmiersystem der Verbrennungskraftmaschinen befindliche oder daraus entnommene Öl.

---

[1] Erdöl u. Kohle 13 (1960) 862.
[2] Erdöl u. Kohle 16 (1963) 223, 996, 1252; 18 (1965) 508. — Fischer, N.: Der Coordinating European Council (CEC) und seine Arbeit an einheitlichen europäischen Prüfmethoden. Erdöl u. Kohle 21 (1968) 20.
[3] Siehe Fußnote 2, S. 187.

Tabelle 2. *Motorische Prüfteste zur Beurteilung von Oxydationsstabilität, Detergentwirkung und Lagerkorrosionsverhalten von legierten Motorenölen (Mil-Teste).*

Mil-Spezifikation	API-Klassen	CRC-Test-bezeichnung[a]	Prüfmotor	Prüfkraftstoff	Prüfaufgabe
Mil-L-2104 A (HD-Öle) (zurückgezogen)	MS, DG	L-1 A L-38[b]	Caterpillar 1-Zyl.-Diesel CLR-Motor[c] 1-Zyl.-Otto	Dieselkraftstoff min. 0,35 Gew.-% Schwefel i-Octan + 3 ml TEL/US Gall.	Oxydationsverhalten, Ringstecken, Kolbensauberkeit (heiß) Zylinder- und Ringverschleiß Lagergewichtsverlust Kolbenlackbildung
Mil-L-2104 A, Suppl. 1 (S 1-Öle)	MS, DM	L-1 E L-38	Caterpillar 1-Zyl.-Diesel CLR-Motor 1-Zyl.-Otto	Dieselkraftstoff 1,0 Gew.-% Schwefel i-Octan + 3 ml TEL/US Gall.	Oxydationsverhalten, Ringstecken, Kolbensauberkeit (heiß), Zylinder- und Ringverschleiß Lagergewichtsverlust Kolbenlackbildung
Mil-L-2104 B (HD-Öle neu)	MS, DM	L-1 H (ET-17) L-38 LTD-Test[d] (früher L-43) MS-Sequence II[e]	Caterpillar 1-Zyl.-Diesel CLR-Motor 1-Zyl.-Otto CLR-Motor 1-Zyl.-Otto Oldsmobile-Motor V8-Otto	Dieselkraftstoff mind. 0,35 Gew.-% Schwefel i-Octan + 3 ml TEL/US Gall. i-Octan + 3 ml TEL/US Gall. Ottokraftstoffmischung mit 3 ml TEL/US Gall. und 0,16 Gew.-% Schwefel	Oxydationsverhalten, Ringstecken, Kolbensauberkeit (heiß), Zylinder- und Ringverschleiß Lagergewichtsverlust Kolbenlackbildung Kaltschlammbewertung, Kolbensauberkeit (kalt), Ölring- und Ölsiebverstopfung Rost- und Rückstandsbildung Korrosionsverschleiß
Mil-L-45 199 (S 3-Öle)	DS	L-1 D L-1 G L-38	Caterpillar 1-Zyl.-Diesel Caterpillar 1-Zyl.-Diesel CLR-Motor 1-Zyl.-Otto	Dieselkraftstoff 1,0 Gew.-% Schwefel Dieselkraftstoff mind. 0,35 Gew.-% Schwefel i-Octan + 3 ml TEL/US Gall.	Oxydationsverhalten Ringstecken Kolbensauberkeit (heiß) Zylinder- und Ringverschleiß Lagergewichtsverlust Kolbenlackbildung

[a] CRC = Coordinating Research Council.   [b] Früher L-4 mit Chevrolet 6-Zylinder-Ottomotor, bei DEF-2101-A Petter W.
[c] CLR = Coordinating Lubricant Research (Oil Test).   [d] LTD = Low Temperature Deposition.   [e] Rosttest (vgl. Tab. 4).

Tabelle 3. *Motorkenndaten und Versuchsbedingungen für die motorischen Prüfläufe nach den Mil-Spezifikationen.*

Prüfmotor		Caterpillar				CLR		Oldsmobile V 8/1960
		L-1 A/E	L-1 H	L-1 D	L-1G	L-38	LTD	
Motorkenndaten								
Hubraum	cm³	3400	2010	3400	2010	695	695	6076
Hub	mm	203	152	203	152	95	95	93,5
Bohrung	mm	146	130	146	130	96,5	96,5	101,5
Versuchsbedingungen								
Laufzeit	Std.	480	480	480	480	40	180	60
Phasen	Std.	4 × 120	4 × 120	4 × 120	4 × 120	1 × 40	I[a] 3 II[a] 1	I[a] 3 II[a] 3
Drehzahl	U/min	1000	1800	1200	1800	3150	1800	I[a] 1500 I[a] Stillst.
Leistung	PS	20	33,5	42—45	42—45	etwa 5	wechs.	II[a] 1/3 Last
Ladedruck	ata	atm.	1,34	1,48	1,77	atm.	atm.	atm.
eff. Mitteldruck	kp/cm²	5,3	7,75	9,3	10,8	2,05	—	—
Kühlmittelauslaßtemperatur	°C	82	71	93	88	93	I[a] 49 II[a] 93	— 35
Öltemperatur	°C	65	82	79,5	96	143	—	I[a] 49
Temperatur in der oberen Kolbenringnute	°C	188	246	227	268	—	—	—

[a] Phasen I und II im Wechsel.

Tabelle 4. *Motorenteste für Öle*

Test (Sequence)		I	II	III	IV
Motor		Oldsmobile V8 1958 ohne Ölfilter[c]			De Soto V8 1958 m. um 36% erh. Ventilfederkraft
Hub	mm	93,5			86,0
Bohrung	mm	101,5			104,5
Hubraum	cm³	6076			5907
Drehzahl	U/min	2500	1500	3400	3600
Leistung	PS	—	25	85	—
Kühlwassertemperatur	°C	35	35	93,5	82,5
Ölsumpftemperatur	°C	49	49	129,5	104,5
Laufzeit		30 × 10 Min.	16 × 3 Std.	36 Std.	5 × 2 Std.
Standzeit		30 × 50 Min.	16 × 3 Std.	—	5 × 2 Std.
Gesamte Laufzeit	Std.	5	48	36	10
Gesamte Testzeit	Std.	30 .	96	36	20
Kraftstoff		Otto mit 3 ml TEL/US Gall.; 0,16 Gew.-% Schwefel			nicht vorgeschrieben
Luft-Kraftstoff-Verhältnis		Serienmäßig	16,0	16,0	Serienmäßig

Testfolge I: Verschleiß an Nocken und Stößeln bei niedrigen Temperaturen.
Testfolge II: Rost und Rückstände bei niedrigen Temperaturen, Korrosionsverschleiß.
Testfolge III: Rückstände und Ölstabilität bei hohen Temperaturen.
    Diese drei Teste werden mit derselben Ölfüllung nacheinander durchgeführt, danach abschließende Beurteilung von:
    Ventilstößeln und Nocken nach Verschleiß;
    Ventilmechanismus, Kolbenbolzen und Zylinderwand nach Rost;
    Kolbenringen nach freier Beweglichkeit, Abstreifringen nach Rückständen;
    Zylinderkopfdeckel, Kipphebel, Ölsieb und Wanne nach Schlamm;
    Kolbenhemd, Zylinderkopfdeckel, Zylinderwand und Ölwanne nach Lack.

  [a] 93 bis 94 ROZ; TEL 1,5 bis 2,5 ml/US Gall.; Olefingehalt 20 Vol.-%; Aromatengehalt 20 Vol.-%.
  [b] Die Phasen 1 und 2 werden jeweils 5 × abwechselnd gefahren, danach einmal Phase 3.
  [c] Als Test A wurde Motortyp 1964, als Typ B 1967 eingeführt.

Abscheidungen in dem Schmiersystem, die sich von dem Motorenschmieröl abgetrennt haben, sind nicht eingeschlossen. Diese Abscheidungen sind — sofern erforderlich — getrennt zu entnehmen.

    Die Probenahme ist bei laufendem Motor durchzuführen und nur, wenn das nicht möglich ist, bei Stillstand.

Probenahme bei laufendem Motor

hinter der Druckpumpe oder hinter dem Hauptstromfilter, der Zentrifuge oder einem ähnlichen Reinigungsaggregat oder mit einer Sonde durch die Peilstaböffnung, wobei die Sonde bis zur unteren Peilstabmarkierung reichen muß.

Probenahme bei Stillstand des Motors

Es ist die gesamte Ölfüllung möglichst bei Betriebstemperatur abzulassen, gut zu mischen und die Probe sofort zu entnehmen. Ist die Ölfüllung kalt abgelassen worden, so ist die gesamte Ölfüllung auf Betriebstemperatur (mindestens 50 °C) zu erwärmen und gut durchzumischen; erst dann ist die Probe zu entnehmen. Abscheidungen, die sich von dem Motorenschmieröl im Schmiersystem abgetrennt haben, sind je für sich getrennt zu entnehmen und zu untersuchen. Die Entnahmestellen sind anzugeben.

nach API-Klasse MS (ASTM G IV)[1].

V			V—A		
Lincoln V8 1957			CLR-Motor (Labeco)		
92,9			95,0		
101,6			96,5		
6025			695		
			Phase 1[b]	Phase 2[b]	Phase 3
500	2500	2500	500	1800	—
—	105	105	—	Vollast	—
46	51,5	77	51,5	51,5	96
51,5	79,5	96	38—51,5	74	—
48 × 45 Min.	48 × 120 Min.	48 × 75 Min.	75 × 45 Min.	75 × 120 Min.	—
—	—	—	—	—	15 × 135 Min.
36	96	60	56,25	150	(33,75)
	192			240	
Regularkraftstoff[a]-Sommerqualität			Regularkraftstoff[a]-Sommerqualität		
9,5	15,5	15,5	9,5	15,5	—

Testfolge IV: Verschleiß an Nocken und Stößeln bei hohen Temperaturen.

Testfolge V: Unlöslicher Schlamm und Ölsiebverstopfung bei gemischten Betriebsbedingungen.

Beurteilt werden nach Lack: Kolbenhemd, Kipphebel- und Seitendeckel, Zylinderwände und Ölwanne.

Beurteilt werden nach Schlamm: Sämtliche Deckel, Kipphebel, Ölsieb[2] und Ölwanne.

Beurteilt werden ferner: Ölringe, Kolbenringe und Ventilstößel nach Verschmutzung und Klemmen, Verschleiß an Ventilen und Ventilsitzen.

Testfolge V—A: Dieser Lauf kann wahlweise an Stelle von V durchgeführt werden. Beurteilung und Auswertung analog Testfolge V.

II. Schmierstoffe, Hydraulik- und Sonderflüssigkeiten für die Luftfahrt

Von G. SPENGLER und E. K. JANTZEN, München

1. Allgemeines

Die besonderen Anforderungen in der Luftfahrt erfordern eine Vielzahl spezieller Schmierstoffe. Daneben macht der Einsatz neuer Flugzeugtypen und Geräte die Entwicklung neuer Produkte notwendig.

Hierbei spielen vor allem die stark gesteigerten Anforderungen für den Einsatz bei extrem tiefen und hohen Temperaturen eine Rolle. Einen Überblick über die — je nach Einsatzzweck — verschiedenartigen Produkte gibt die folgende Zusammenstellung:

---

[1] WALDMANN H., u. G. H. SEIDEL: Automobiltechnisches Handbuch, 18. Aufl. Berlin: Technischer Verlag Herbert Cram.

[2] Ford Cortina Filter Blocking and Sludge Test. In einem modifizierten Ford 120E 1500 cm³ Ford Ottomotor werden unter vorgeschriebenen Testbedingungen die Antisludge- und Antidispersanteigenschaften durch einen 150 Std.-Lauf ermittelt (Ford Motor Co. Ltd. Engineering Res. England).

Flugtriebwerksöle:
  Öle für Kolbentriebwerke,
  Öle für Turbinentriebwerke,
Flugzeuggetriebeöle,
Flugzeuginstrumentenöle,
Flugzeugschmierfette,
Flugzeugfestschmierstoffe,

Spezielle Betriebsstoffe:
  Flugzeug-Enteisungsflüssigkeiten,
  Flugzeug-Hydraulikflüssigkeiten,
  Flugzeug-Korrosionsschutz- und
  Konservierungsflüssigkeiten.

Innerhalb der einzelnen Anwendungsgebiete gibt es den besonderen Anforderungen entsprechend z. T. eine große Zahl von Produkten. Auf diese wird in den folgenden Abschnitten näher eingegangen.

Gleichlaufend mit der Entwicklung neuer Schmierstoffe mußten auch neue Prüfmethoden und Analysenverfahren entwickelt werden.

Da auf allen Gebieten der Luftfahrt die Entwicklung weiterhin noch stark im Fluß ist, trifft dies auch auf die Flugschmierstoffe und deren Prüfungen zu.

2. Betriebsbedingungen für Flugtriebwerksöle

Die Triebwerksöle haben neben der Aufgabe, die Reibung herabzusetzen, in hohem Maße die Funktion der Kühlung bewegter Teile. Insbesondere ist dies von Bedeutung bei den Düsentriebwerken mit den schnellaufenden Lagern und den heißen Lagerzonen neben und hinter den Brennkammern. Da aus Gewichts- und Kostengründen die Ölmengen klein gehalten werden müssen, ist eine hohe Umlaufgeschwindigkeit und gute Kühlung des Öles notwendig. Für diese Kühlung wird heute weitgehend der mitgeführte Flugkraftstoff verwendet. Darüber hinaus sind die Temperaturbelastungen, denen die Öle ausgesetzt sind, immer noch hoch und werden mit Zunehmen der Fluggeschwindigkeit noch weiter steigen. In Tab. 1 sind die hier interessierenden Temperaturen als Durchschnittswerte bei verschiedenen Fluggeschwindigkeiten angegeben, die in Abhängigkeit vom Typ des Triebwerkes variieren können. Diese Übersicht zeigt, daß das Öl z. T. mit sehr heißen Metallflächen in Berührung kommt. Hieraus resultiert die erste Forderung nach hohen Thermostabilitäten. Da im Lager bzw. Lagergehäuse eine intensive Vermischung mit heißer Luft eintritt, ist zusätzlich eine gute Oxydationsstabilität des Öles bei hohen Temperaturen notwendig.

Tabelle 1. *Temperaturen im Ölkreislauf mit zunehmender Fluggeschwindigkeit.*

Temperaturen bei Fluggeschwindigkeiten	Mach 0,6 °C	Mach 0,9 °C	Mach 2,2 °C	Mach 3,0 °C
Öltemperatur im Tank etwa	90	110	180	260
Öltemperatur nach dem Lager etwa	120	130	280	330
Lagertemperatur maximal etwa	200	250	260	315
Lufttemperatur Sperrluft etwa	150	250	350	535
Lufttemperatur Lagergehäuse außen etwa	200	300	380	550

Weiterhin wird heute allgemein auch ein sehr gutes Kälteverhalten bei Flugtriebwerksölen gefordert. Dies ist sowohl für den Start in Gebieten mit sehr tiefen Temperaturen als auch beim Wiederstarten in großen Höhen von Bedeutung. Ein weiterer Gesichtspunkt ist die zunehmend größere Flughöhe, bei der der Unterdruck, dem das Öl ausgesetzt ist, größer wird; das bedeutet zusammen mit dem Anstieg der Öltemperaturen eine Erhöhung der Verdampfungsverluste. Durch entsprechende Syntheseöle ist man bestrebt, trotz niedriger Viskositäten die Verdampfungsverluste gering zu halten[1].

---

[1] GUNDERSON, R. C., u. A. W. HART: Synthetic Lubricants. New York: Reinhold 1962.

3. Schmieröle auf Mineralölbasis für Kolbentriebwerke

a) Allgemeines und Anforderungen

Zur Schmierung von Flugtriebwerken mit Kolben werden auch heute noch ausgewählte hochraffinierte Mineralöldestillatfraktionen mit hohen VI- und niedrigen Conradson-Werten verwendet.

Ein wesentliches Unterscheidungsmerkmal der einzelnen Typen (Tab. 2) ist die kinematische Viskosität (Abb. 1), im Bereich von etwa 100 bis 350 cSt bei 37,8 °C (100 °F) (SAE-Klassen 30 bis 60).

Unterschiedlich ist auch die Art und Menge an Additiven. Einige Typen enthalten nur Stockpunktserniedriger, andere außerdem noch Oxydationsinhibi-

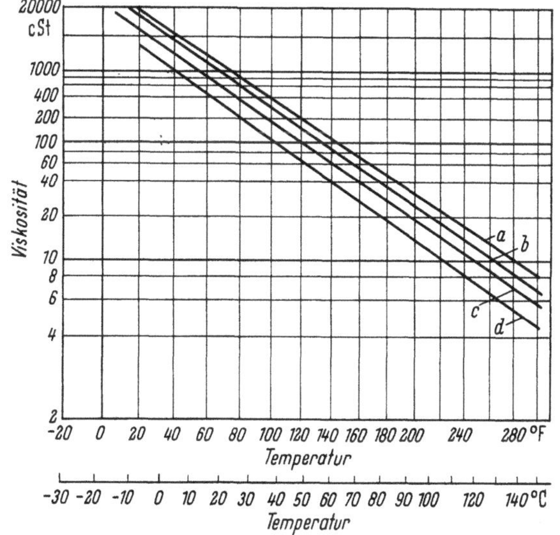

Abb. 1. Viskositäts-Temperatur-Diagramm typischer Kolbentriebwerksöle.
a Flugtriebwerksöl entspr. MIL-L-22851;   *b* Flugtriebwerksöl entspr. MIL-L-6082 Grade 1100;   *c* Flugtriebwerksöl entspr. DERD-2472;   *d* Flugtriebwerksöl entspr. MIL-L-6082 Grade 1010 (zum Vergleich).

toren und Detergent- bzw. Dispersantzusätze. Die Gesamtmengen an Additiven können bis zu 10% betragen. Wesentlich ist, daß diese Öle nur eine geringe Neigung zur Bildung von Ablagerungen bzw. Ringstecken haben (vgl. Tab. 2 „Zusätze").

b) Chemisch-physikalische Prüfungen.

In der Tab. 2 sind die Anforderungen und Prüfmethoden zusammengestellt, nach denen der größte Teil der derzeitigen Kolbentriebwerksöle geprüft wird.

α) Dichte. Die Dichte die in den meisten Spezifikationen nicht verlangt wird, liegt bei den Kolbentriebwerksölen üblicherweise zwischen 0,875 bis 0,895 bei 15,6 °C (60 °F). In den USA wird die Dichte vielfach noch als API-Gravity angegeben (s. Teil I, S. 8).

β) Viskosität und Viskositätsindex. Für Kolbentriebwerksöle wird die Viskosität international bei 210 °F bzw. 99 °C in cSt [in USA z. T. noch in Saybolt Universal Seconds (SUS)] angegeben.

Die vier verschiedenen Viskositätsbereiche der in Tab. 2 angegebenen Öle (von 10 bis 27 cSt bei 99 °C) entsprechen den Forderungen der Triebwerkshersteller und Benutzer (vgl. auch SAE-Klasse in Tab. 2). Bestimmung nach DIN 51 562.

γ) Flammpunkt. Bei Flugmotorenölen wird ein möglichst hoher Flammpunkt angestrebt. Die Flammpunkte der Kolbentriebwerksöle haben Durchschnittswerte zwischen 220 und 280 °C, die für Flugmotorenöle als hoch angesehen werden können.

Tabelle 2. *Kennzahlen und Eigenschaften*

Nationale Spezifikation		O-113 L-6082C Grade 1065 — —	O-117 L-6082C Grade 1100 — 2472 B/O, Iss. 3*	O-123 L-22851A* Type 3 — 2450, Grade 80
	NATO-Symbol USA Mil Deutschland England DERD			
Viskosität (210 °F) bei 98,9 °C	cSt	— 10,8—12,5	— 18,9—21,2 18,7—21,1*	mind. 14,2 max. 16,8/16,6*
Viskositätsindex, mindestens		100	95	105/100*
Pour Point, unverdünnt °C (°F)		max. —18° (0°)	max. —12° (+10°)	max. 23° (—10°)
Pour Point, verdünnt °C (°F)		max. —54° (—65°)	max. —54° (—65°)	—
Flammpunkt (COC) °C		mind. 216°	mind. 243°	mind. 232°/216°*
°F		(420°)	(470°)	(450°/420°)
Conradson Carbon Residue Gew.-%		max. 0,6	max. 1,2	max. 0,75
Ramsbottom Carbon Residue Gew.-%		—	max. 0,95	max. 1,0
Contamination, feste Teilchen		max. 15 mg/gal.	max. 15 mg/gal.	max. 15 mg/gal.
Contamination, Fasern		max. 5 mg/gal.	max. 5 mg/gal.	max. 5 mg/gal.
Aschegehalt Gew.-%		max. 0,0025	max. 0,0025	max. 0,0025
Neutralisationszahl mg KOH/g		max. 0,10	max. 0,10	max. 0,10*
		—	max. 0,1*	max. 0,1
Corrosion (Cu-Streifen)		muß ASTM entsprechen	muß ASTM entsprechen	muß ASTM entsprechen (100 °C)
Schwefel (Bombe) Gew.-%		max. 0,5	max. 0,5	max. 1,2/0,5*
Verseifungszahl mg KOH/g		max. 0,5	max. 0,5	—
Fällungszahl (pro 100 ml Öl)		max. 0,005 ml	max. 0,005 ml	max. 0,005 ml
Schaumneigung (75° F) bei 24 °C max.		—	—	300 ml
Schaumneigung (200 °F) bei 93,3 °C max.		—	—	25 ml
Oxydation + Thermolstabilität 40ʰ, in CLR-Maschine		—	—	keine Korrosion; muß CRC Bewertungstab. entsprechen
Low Temperature Dispersancy + Detergency in CLR-Maschine		—	—	soll Vorschrift entsprechen
Lagerstabilität 1. 14 Tage 2. 12 Monate		—	—	keine Ablagerungen
entspricht SAE-Klasse		30	50	40
Bemerkungen: Zusätze		Es können verwendet werden: Stock-punkterniedriger. Zusätzlich Detergent-additive, geprüfte VI-Verbesserer bei Öl nach DERD 2472.		mit aschefreiem Dis-inhibitor. Gemäß geprüften Additiven Erniedriger, Oxyda-VI-Verbesserer

Die in Tab. 2 angegebenen Flammpunkte werden in den angelsächsischen Ländern für alle Öle mit Flammpunkten über 79 °C (175 °F) nach CLEVELAND im offenen Tiegel (COC) durchgeführt, in Deutschland nach der Methode von MARCUSSON (DIN 51 584, s. Teil I, S. 78), die im Ergebnis etwas von dem Cleveland-Verfahren abweicht.

δ) Pour Point (Stockpunkt). Der Pour Point als Maßzahl für das Kälteverhalten von Ölen ist besonders für Flugmotorenöle außerordentlich wichtig, da insbesondere beim Start unter tiefen Außentemperaturen oder beim Wiederstarten in großen Flughöhen die Öle noch genügend flüssig sein müssen. Bei den Flugmotorenölen auf Mineralölbasis bereitet die Erreichung tiefer Stockpunkte bzw. Pour Points im höheren Viskositätsbereich Schwierigkeiten so daß die meisten dieser Öle Stockpunktserniedriger enthalten (Größenordnung 1%). Wesentlich günstiger liegen die Esteröle mit Stockpunkten von z. T. unter —70 °C.

Der wesentliche Unterschied zwischen dem in Deutschland üblichen Stockpunkt (DIN 51 583) und dem Pour Point (ASTM D 97, s. Teil I, S. 64/65, DIN-Entwurf 51 597) der

von Flugschmierölen für Kolbenflugtriebwerke.

O-125 — 3-GP-320, Am. 2 2450, Grade, 100	O-128 L22851A* Type 2 Mil-L-22851 2450, Grade 120	Verwendete und einander entsprechende Testmethoden				
		ASTM Standard Ausgabe 1967	FTMS No. 791a Ausgabe 1965	IP Ausgabe 1967	DIN Ausgabe 1964	Sonstiges
mind. 18,75 max. 21,5	mind. 23,0 max. 26,5/26,1*	D 445-65	305.5	*71/66	51 562	
100 max. —18° (0°)	95 max. —18° (0°)	D 567-53 D 97-66	9111.2 201.8	*73/53 *15/67	51 563 51 597	
mind. 243° (470°)	mind. 243° (470°)	D 92-66	1103.6	*36/67		
—	max. 1,2	D 189-65	5001.10	*13/66	51 551	
max. 1,0 — —	max. 1,0 max. 15 mg/gal. max. 5 mg/gal.	D 524-64	5002.7 3006.1	*14/65		
max. 0,0025 — max. 0,1	max. 0,0025 max. 0,10 max. 0,1	D 482-63 D 664-58	5421.4 5106.4	*4/65 *177/64 1/64	51 575	
muß ASTM entsprechen	muß ASTM entsprechen (100 °C)	D 130-65	5325.2	*154/64	51 759	
max. 1,2 — max. 0,005 ml —	max. 1,2 — max. 0,005 ml —	D 129-64 D 94-62 D 91-61 D 2273-64 T	5202.12 5401.8 3101.5 3104.5	*61/65 136/65 143/57		
300 ml	300 ml	D 892-63	3211.3	146/66		
25 ml wie O-123	25 ml wie O-123	D 892-63	3211.3 3407 T	146/66		
wie O-123	wie O-123		347.2			
wie O-123	wie O-123					Mil-L-22851 A
60	60					

persantadditiv und Oxydations- D. Eng. RD 2450 können an zugesetzt werden: Pour Point- tionsinhibitor, Dispersantzusatz,	*ASTM und IP gemeinsame bzw. äquivalente Methoden

angelsächsischen Länder besteht darin, daß beim ersteren das Öl nicht mehr fließen darf,
während es beim zweiten noch wahrnehmbar fließen soll.

ε) **Verkokungsrückstand nach Conradson (Conradson Carbon Residue).** Der Verkokungstest soll einen Anhaltspunkt für die Neigung des Öles zur Bildung von Ablagerungen im Flugmotor geben. Die Bedeutung dieser Methode sollte jedoch nicht überschätzt werden, da nicht in jedem Falle eine Parallelität zwischen Menge an Ablagerungen und Koksrückstand nach CONRADSON gegeben ist. Bei den meisten Ölen für Kolbentriebwerke liegt der Conradson-Rückstand unter 0,5%. Generell ist ein niedriger Wert als günstig anzusehen. Bestimmung nach DIN 51 551, entsprechend ASTM D 189-59 T, s. Teil I, S. 138. Der vor allem in England gebräuchliche Ramsbottom Carbon Residue Test wird nach IP 14/65 bzw. ASTM 524/64 bestimmt. Für die graphische Umrechnung von Conradson in Ramsbottom-Werte, und umgekehrt, sind in den entsprechenden ASTM- bzw. IP-Vorschriften Diagramme vorhanden.

ζ) Aschegehalt. In Kolbentriebwerksölen soll der Aschegehalt höchstens bei 0,001 Gew.-% liegen.

Die übliche Bestimmung erfolgt durch Veraschen bzw. Glühen bei 775 °C (Oxidasche). Hierin stimmen die in Tab. 2 angegebenen in- und ausländischen Methoden weitgehend überein. Bei Ölen mit metallhaltigen Additiven (Be, Mg, Ca, Zn) ist eine Behandlung mit Schwefelsäure notwendig (Sulfatasche). Bestimmung nach DIN 51 575 bzw. ASTM D 874 s. Teil I, S. 134.

η) Verunreinigung (Contamination). Dieser Test wird in den USA vielfach bei Flugmotorenölen gefordert. Er ermöglicht eine Aussage über die Menge an Verunreinigungen, die gröber als 0,074 mm sind (maximal zulässige Menge 5 mg/4 l Öl.)

Es werden 4 l Öl durch ein Filter von 220 mesh (6400 Maschen/cm²) filtriert. Methode FTMS 791a No. 3006.

ϑ) Fällungszahl (Precipitation Number). Die Fällungszahl wird vor allem in den USA bei Flugmotorenölen gefordert. Sie gibt Auskunft über die Milliliter an Substanz, die mit einem ASTM-Fällungsbenzin durch zentrifugieren aus einem Öl erhalten werden. Bei Kolbenflugmotorenölen liegen im Durchschnitt die Werte um oder unter 0,002 ml/100 ml Öl. Bestimmung nach ASTM D 91 (10 ml Öl + 90 ml ASTM-Benzin).

ι) Neutralisationszahl (Gesamtsäuren). Die Neutralisationszahl soll bei Kolbenflugmotorenölen möglichst unter 0,05 mg KOH/g Öl liegen.

Die Bestimmung wird in den angelsächsischen Ländern z. T. potentiometrisch vorgenommen (ASTM D 664, IP 177). Eine entsprechende deutsche Methode ist in Vorbereitung. Die allgemein übliche Indikatormethode (DIN 51588, IP 1/64, supersedet by IP 154, ASTM 974) kann in den Ergebnissen nur bedingt mit der Potentiometrie verglichen werden. Bei den Ölen 0-123, 0-125 und 0-128 wird nach der D. Eng. R. D. Spezifikation die Titration der Gesamtsäuren mit Alkaliblau als Indikator verlangt. Die Methode entspricht in der Durchführung nahezu der DIN 51558. Potentiometrische Methode vgl. Flugturbinenöle auf Synthesebasis (Abschnitt 5).

ϰ) Verseifungszahl. Bei Kolbenflugmotorenölen sind in der Regel nahezu keine verseifbaren Substanzen vorhanden, so daß der Durchschnittswert zwischen 0,1 bis 0,3 mg KOH/g Öl liegt.

In England (IP 136/63, Methode A) und den USA (ASTM D 94) wird Phenolphthalein, in Deutschland (DIN 51559) Alkaliblau, als Indikator verwendet. Eine Angleichung der einzelnen Methoden ist in Vorbereitung.

λ) Schwefelgehalt (Bombentest). Da schwefelhaltige Verbindungen in Gegenwart von Luft und höheren Temperaturen stark korrosiv wirken können, ist bei Kolbenflugmotorenölen ein Schwefelgehalt von maximal 0,5 Gew.-% noch zulässig. Im Durchschnitt liegt der Schwefelgehalt bei diesen Ölen zwischen 0,2 und 0,3 Gew.-%. Bombentest wird nach ASTM D 129 bzw. IP 61/65 s. Teil I, S. 120, durchgeführt.

Eine analoge deutsche Methode ist gegenwärtig noch nicht vorhanden.

μ) Korrosion (Kupferstreifentest). Durchführung nach DIN 51759 in Anlehnung an ASTM D 130 (3 Std. bei 50 bzw. 100 °C s. Teil I, S. 116). Eine Beurteilung wird durch Vergleich mit den entsprechenden ASTM-Kupfer-Corrosions-Streifen-Standards vorgenommen, die Kolbentriebwerksöle entsprechen üblicherweise der Klasse 1 bis 1b.

ν) Schaumverhalten. Für das Schaumverhalten muß die Neigung zur Schaumbildung und die Stabilität des gebildeten Schaumes bestimmt werden.

Bei den Kolbentriebwerksölen liegen die Durchschnittswerte für die Schaumneigung bei 24 °C zwischen 0 und 50 ml, bei 93,3 °C nahezu bei 0. Die Schaumstabilität liegt in jedem Falle unter den Werten für die Schaumneigung.

Die Bestimmung erfolgt nach ASTM-Vorschrift D 892, s. S. 86. Der Test wird bei zwei Temperaturen durchgeführt [24 °C (75 °F) und 93,3 °C (200 °F)]. Die Schaummenge nach 10 Min. Absitzzeit wird als Schaumstabilität bezeichnet.

ξ) Farbzahl nach ASTM. Die teilweise in USA geforderte Bestimmung erfolgt nach ASTM-Test D 1500 und entspricht der DIN 51578, s. S. 64.

o) Lagerstabilität. Teilweise wird auch bei Ölen für Kolbenflugtriebwerke eine Bestimmung der Lagerstabilität gefordert. Nach Mil-L-22851A dürfen nach 14 Tagen bzw. 12 Monaten keine Ablagerungen entstanden sein. Bei dem 14 Tage-Test wird die Probe (eine 1 l-Flasche halb gefüllt) im täglichen Wechsel bei — 40 °C und bei — 17,8 °C im Dunkeln gelagert. Beim 12 Monat-Test beträgt die Testtemperatur + 25 °C.

c) Motorische Prüfungen

α) Oxidations- und thermische Stabilität (CLR-Motorentest). Bei Kolbenflugtriebwerksölen wird nach Mil-L-22851 zur Prüfung der Oxydations- und thermischen Stabilität ein Prüflauf im CLR-Motor verlangt.

Nach FTMS 3407 vom Dezember 1961 wird in dem 1 Zylinder-CLR-Motor ein 40 Std.-Prüflauf unter folgenden Bedingungen gefahren:

Drehzahl (U/min)	3100 $\pm$ 25
Kraftstoff-Luft-Verhältnis	0,085
Kraftstoffgemisch-Temperatur	54,4 °C
Mittlere Zylinderlaufbuchsen-Temperatur	190,6 °C
Ölaustrittstemperatur	107,2 °C

Nach 40 Std. Prüflauf wird eine Ölprobe gezogen und der Motor zerlegt. Als Kriterium für die Oxydationsstabilität dient die Beurteilung des Kolbens und einiger anderer Teile des Ölsystems sowie folgender Werte des Gebrauchtöls:

Viskosität,
Säure- und Basenzahl,
n-Pentanunlösliches,
Aschegehalt,
Verkokungsrückstand.

β) **Low Temperature Dispergency and Detergency (CLR-Motorentest).** Bei niedrigen Betriebstemperaturen ist die Bildung von Schlamm und Ablagerungen besonders kritisch und kann im ungünstigsten Falle zum Versagen des Motors führen.

Der „Low Temperature Dispergency and Detergency Test" nach FTMS 791a-347.1 über 120 Std. im CLR-Motor-LTD wird unter den folgenden Bedingungen gefahren:

Drehzahl	1800 U/min
Luft-Kraftstoff-Verhältnis	15,5 : 1
Gemischtemperatur	79,4 °C
Ölauslaßtemperatur	65,6 °C
Kühlwasser-Eingangstemperatur	46,1 °C
Kühlwasser-Ausgangstemperatur	51,7 °C

Zur Beurteilung der Dispergency- and Detergency-Wirkung wird der Motor nach jeweils 20 Std. abgestellt und die Bildung von Ablagerungen an den folgenden Teilen beobachtet:

a) Ventilstößelstangendeckel,
b) Kipphebelgehäuse,
c) komplette Kipphebelbrücke,
d) Laufbüchsenunterteil,
e) Steuerrädergehäuse.

Eine Beurteilung wird auf Grund einer „CRC-Deposit Rating" Skala (Numerierung 1 bis 10) vorgenommen, wobei 10 Punkte völlig sauber bedeutet. Der Durchschnittswert der oben angeführten 5 Maschinenteile wird in einem Diagramm gegen die Versuchsdauer aufgetragen und läßt Schlüsse über den Beginn der Verschmutzung und den Verschmutzungsgrad zu (Durchschnitt nach FTMS nach 60 Std. etwa 10 Punkte, nach 120 Std. etwa 6 Punkte). Vom Öl selbst werden nach 40 und 80 Std. eine Probe von 56 g gezogen. Diese Menge wird durch die gleiche Menge an Frischöl ersetzt. Bei Versuchsende werden vom Gebrauchtöl folgende Kennzahlen bestimmt:

1. Viskositäten bei 37,8 und 98,9 °C,
2. Pentanunlösliches nach FTMS 791a/3132.3,
3. Kraftstoffverdünnung nach ASTM D 322-63.

Außerdem wird der Motor zerlegt und auf eventuelles Ringstecken und Rostansatz an Ventilen und Stößeln untersucht.

4. Flugturbinenöle auf Mineralölbasis

a) Allgemeines und Anforderungen

Die Anforderungen, die an Flugmotorenöle für Turbinentriebwerke gestellt werden, liegen z. T. erheblich über denen für Kolbentriebwerke. Ein wesentlicher Grund ist das Ansteigen der thermischen Belastung der Öle in Gegenwart von Luftsauerstoff (vgl. Tab. 1). Außerdem wird insbesondere für den militärischen Sektor ein sehr gutes Kälteverhalten gefordert.

Das Ergebnis dieser Anforderungen waren zunächst Flugtriebwerksöle auf Mineralölbasis mit Stockpunkten zwischen − 40 bis − 50 °C. Diese Öle mußten naturgemäß sehr niedrigviskos sein (s. Abb. 2); den Ansprüchen nach z. T. noch tieferen Temperaturen können jedoch Öle auf Esterbasis besser gerecht werden.

Tabelle 3. *Kennzahlen und Eigenschaften von Flugschmierölen*

Nationale Spezifikation {		O-132 L-6081C Grade 1005 —	O-133 L-6081C Grade 1010 9150-004/2b —	O-134 — 9150-033/1b DEF 2001A —
NATO-Symbol USA Mil Deutschland VTL England				
Testmethoden:				
Viskosität 98,9 0 °C (210 °F)				
37,8 °C (100 °F)	cSt	mind. 5	mind. 10	mind. 13,0
— 26 °C (— 15 °F)		—		max. 1250
— 40 °C (— 40 °F)		—	max. 3000	
— 53,9 °C (— 65 °F)		max. 2600	—	—
Viskositätsindex		—	—	—
Flammpunkt (COC)	°C	mind. 107,2	mind. 132,2	
Flammpunkt (P. M.)	°C			mind. 143
Pour Point	°C	—	max. — 57	max. — 45,6
Aschegehalt	Gew.-%	—	—	max. 0,01
Neutralisationszahl (TAN)	mg KOH/g	max. 0,10	max. 0,10	—
	mg KOH/g	—	—	max. 0,3
Verseifungszahl	mg KOH/g	—	—	max. 1,0
Sedimente 1./200 ml Öl		max 0,005	max 0,005	—
Korrosion (Cu-Streifen)				
ASTM-Klassifikation		max. No. 1	max. No. 1	max. No. 1
Korrosions + Oxydationstest				
Gewichtsänderung mg/cm^2				
Kupfer				
Stahl				
Aluminiumlegierung	}	$\pm$ 0,2	$\pm$ 0,2	—
Magnesiumlegierung				
Änd. der Viskosität b. 37,8 °C	%	max. — 5 + 20	max. — 5 + 20	—
Zunahme der NZ	mg KOH/g	0,20	0,20	—
Farbe ASTM-Wert		max. No. 5	max. 5,5	—
Oxydationstest				
Zunahme der NZ	mg KOH/g	—	—	—
Asphaltene	Gew.-%	—	—	—
Bemerkungen				
1. Zusätze		erlaubt: Oxydationsinhibitor, Pour-Point-Erniedriger		Stearinsäure
2. Einsatzzweck		für tiefe Temperaturen	für normale Temperaturen	wird z. T. auch als Hydrauliköl verwendet

Daraus ergeben sich derzeit zwei große Gruppen von Ölen für Turbinentriebwerke, und zwar Öle auf Mineralölbasis und Syntheseöle auf Esterbasis.

Flugturbinenöle auf Mineralölbasis werden aus besonders ausgewählten hochraffinierten Mineralöldestillatfraktionen hergestellt, die sich vor allem in der Viskositätslage (Abb. 2) und in den verschiedenen Additiven unterscheiden. An Additiven werden hauptsächlich zugesetzt: Stockpunktserniedriger und Oxydationsinhibitoren, gelegentlich auch E. P. Additive. VI-Verflacher sind im allgemeinen nicht üblich, im militärischen Bereich in der Regel verboten (vgl. Tab. 3 „Zusätze").

In Tab. 3 sind die Anforderungen an Turbinentriebwerksöle auf Mineralölbasis zusammengestellt.

b) Chemisch-physikalische Prüfungen

Die üblichen Prüfungen und Testmethoden sind in Tab. 3 aufgeführt.

für Turbinentriebwerke auf Mineralölbasis

O-135	O-136	O-138	Verwendete und einander entsprechende Testmethoden			
—	—	—	ASTM Standard Ausgabe 1967	FTMS No. 791a Ausgabe 1965	IP Ausgabe 1967	DIN Ausgabe 1964
DERD 2490	DERD 2479/1	9150—045/1 DERD 2479/0				
	—					
—	8,70—9,30	8,70—9,30	D 445-65	305.5	71/66	51 562
mind. 13,0	—	—				
max. 1250	—	—				
—	—	—				
—	mind. 105	mind. 105	D 567-53	9111,2	*73/53	51 563
	mind. 210	mind. 210	D 92-66	1103,6	*36/67	
mind. 143			D 93-66	1102,10	34/67	51 758
max. —45,6	max. —28,9	max. —28,9	D 97-66	201,8	*15/67	51 597
max. 0,01	max. 0,01		D 482-63	5421,4	*4/65	51 575
max. 0,3		max. 0,01	D 974-61	5105,5	*139/65	51 558
	max. 0,1	max. 0,1			1/64	
max. 1,0	max. 1,0	max. 1,0	D 94-62	5401,8	136/65	51 559
	—	—	D 2273-64T	3004,5		
—	max. No. 1	max. No. 1	D 130-65	5325,2	*154/64	51 759
				5308,5		
—	—	—				
—	—	—				
—	—	—				
—	—	—	D 1500-64	102,7		51 578
					*48/67	
0,7	—	—	D 974-64		139/65	
0,35	—	—			s. Text	
Stearinsäure	erlaubt: erprobte Pour-Point-Erniedriger, E. P. Zusätze und VI-Verbesserer für E. P. Einsatz geeignet		*ASTM und IP gemeinsame bzw. äquivalente Methoden			

α) Dichte. Die Dichte liegt im allgemeinen zwischen 0,840 und 0,875. Diese Werte sind relativ niedrig gegenüber den Kolbenmotorenölen, was vor allem durch deren niedrigere Siedelage bedingt ist. Bestimmung nach DIN 51 757.

β) Viskosität. Die Düsentriebwerksöle sind im allgemeinen niederviskos. Die Öle nach Mil-L-6081 Grade 1005 haben mit etwa 1,8 Centistoke bei 98,9 °C die niedrigste Viskosität dieser Gruppe (s. Abb. 2). Die Mil-L-6081 Grade 1010 Öle schließen mit etwa 2,5 Centistoke bei 98,9 °C an. Dem folgen die 3, 5 und 9 Centistokeöle (gemessen bei 98,9 °C). Im Handel z. T. unter der Bezeichnung Turbinenöle 3, 5 bzw. 9 bekannt.
Von besonderer Bedeutung für Düsentriebwerksöle sind niedrige Viskositäten bei tiefen Temperaturen, z. B. bei Öl 0-132 max. 2600 Centistoke bei — 54 °C. Die Öle nach Mil-L-6081 Grade 1005 liegen im Durchschnitt nur bei etwa 1800 Centistoke bei — 54 °C. Die 9 Centistokeöle nach MiL-0-136 sind dagegen bei — 54 °C bereits gestockt (vgl. Tab. 3).
In den meisten Vorschriften wird ein VI von mindestens 105 verlangt.

γ) Flammpunkt. Infolge des niedrigen Destillationsschnittes liegen die Flammpunkte dieser Öle allgemein niedrig. Typische Öle nach Mil-0-6081 haben Flammpunkte um 110 °C. Die höchsten Flammpunkte dieser Gruppe haben die 9 Centistoke-Öle mit mindestens 210 °C.

Die Bestimmung wird im offenen Tiegel nach CLEVELAND (ASTM D 92) oder im geschlossenen Tiegel nach PENSKY-MARTENS (IP 34/67) durchgeführt.

δ) Pour Point. Der Pour Point dieser Düsentriebwerksöle liegt allgemein niedriger als der von Kolbentriebwerksölen. Fallweise werden Stockpunktserniedriger (Pour Point Depressant) zugesetzt. Bestimmung nach DIN 51 597 s. Teil I, S. 64.

ε) Aschegehalt. Da bei den Düsentriebwerksmineralölen keine aschehaltigen Additive verwendet werden, liegen die Werte im Durchschnitt bei 0,005 Gew.-%. Bestimmung nach DIN 51575 s. Teil I, S. 134.

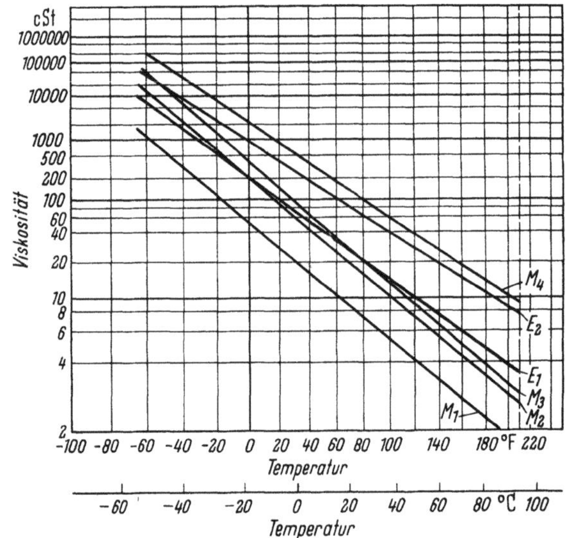

Abb. 2. Viskositäts-Temperatur-Diagramm typischer Turbinentriebwerksöle.

M_1 Flugturbinenöl (Mineralölbasis) nach Mil-L-6081-1005; M_2 Flugturbinenöl (Mineralölbasis) nach Mil-L-6081-1010; M_3 Flugturbinenöl (Mineralölbasis) nach DERD-2490; M_4 Flugturbinenöl (Mineralölbasis) nach DERD-2479/0; E_1 Flugturbinenöl (Esterbasis) nach Mil-L-7808; E_2 Flugturbinenöl (Esterbasis) nach DERD-2487.

ζ) Neutralisationszahl. Durchschnittswerte 0,1 bis 0,3 mg KOH/g Öl. Bestimmung nach der Indikatormethode (DIN 51558 bzw. IP 1/60 und nach IP 139/65) oder potentiometrisch (ASTM D 664) s. Teil I, S. 129. Da die einzelnen Methoden voneinander abweichende Werte ergeben können, sollte die benutzte Methode beim Ergebnis mit angegeben werden und bei Vergleichsanalysen nach gleicher Vorschrift gearbeitet werden.

η) Verseifungszahl. Durchschnittswerte 0,1 bis 1,0 mg KOH/g Öl. Bestimmung nach IP 136/65 oder DIN-Methode 51559 (Indikatormethode) s. Teil I, S. 131.

ϑ) Verkokungstest nach Conradson (Conradson Carbon Residue). Dieser Test wird bei Flugturbinenölen kaum mehr verlangt, da das Ergebnis keinen eindeutigen Schluß auf die Praxis zuläßt.

ι) Korrosionsprüfung (Kupferstreifentest). Flugturbinenöle sollen der Nummer 1 nach der ASTM-Klassifikation entsprechen. Methode ASTM D 130 (vgl. „Kolbentriebwerksöle").

ϰ) Korrosions- und Oxydationstest. Bestimmung nach FTMS 791 a-5308 in einem einseitig zugeschmolzenen Glasrohr (500 mm lang, 50 ± 3 mm Außendurchmesser) mit Kernschliff (Duran- oder Pyrexglas). Auf das Testrohr wird ein Rückflußkühler von 300 ± 20 mm Mantellänge und mindestens 40 mm Außendurchmesser mit Hülsenschliff gesetzt. Das Lufteinleitungsrohr muß durch den Kühler bis zum Boden des Testrohres eingeführt werden und soll mindestens 50 mm länger als Testrohr und Kühler zusammen sein. Der Außendurchmesser soll 6 bis 8 mm betragen. Am unteren Ende befindet sich eine ausgezogene Spitze mit einem Innendurchmesser von 1,57 ± 0,39 mm. In das Testrohr werden 5 Testbleche eingeführt, die in der in Abb. 3 wiedergegebenen Form zusammengebunden werden müssen. Es werden folgende 5 Bleche eingesetzt:

Kupfer nach US-Bundesspezifikation QQ-C-576,
Stahl nach US-Bundesspezifikation QQ-S-698,
Aluminiumlegierung nach US-Bundesspezifikation QQ-A-355,
Magnesiumlegierung nach US-Bundesspezifikation QQ-M-44 (AZ 31 B),
Cadmierter Stahl nach US-Bundesspezifikation QQ-P-416 Type I, Klasse B.

Da die Prüfergebnisse wesentlich von der Beschaffenheit der eingesetzten Bleche abhängig sind, ist es notwendig, daß bei vergleichenden Untersuchungen Bleche gleicher Herkunft verwendet werden[1].

Die Bleche müssen mit feinem Siliziumcarbid-Schmirgelpapier von Oxidschichten befreit und sorgfältig entfettet werden und bis zur Verwendung in schwefelfreiem Aceton aufbewahrt werden. Unmittelbar vor der Verwendung wird erneut mit 100 μ feinem Schmirgel und Watte die Oberfläche bis zum Spiegelglanz behandelt (keine unmittelbare Berührung mit dem Finger). Anschließend in Benzol, dann in Aceton waschen (p. A. Qualität). Die zum Zusammenbinden benötigte Schnur wird 10 Min. im destillierten Wasser ausgekocht und getrocknet. Nach Einführen der Testbleche werden 100 ml des zu untersuchenden Öles eingewogen. Die Alterung wird in einem Ölbadthermostaten bei 121 ± 0,5 °C 168 Std. lang durchgeführt. Nach Beendigung der Alterung werden folgende Untersuchungen vorgenommen:

Bestimmung des Verdampfungsverlustes durch Rückwaage,
Bestimmung der Gewichtsänderung der Testbleche durch Rückwaage,
Beobachtung der Blechoberfläche bei 20facher Vergrößerung auf Veränderungen,
Feststellung von Ausfällungen im Öl bzw. Testrohr,
Änderung der Neutralisationszahl,
Änderung der Viskosität.

Auf Grund der Mil-Vorschrift L-6081-C darf die Gewichtsänderung der Testbleche maximal ± 2 mg ausmachen. Die Änderung der Viskosität darf nicht mehr als − 5 bzw. + 20 % des Ausgangswertes betragen.

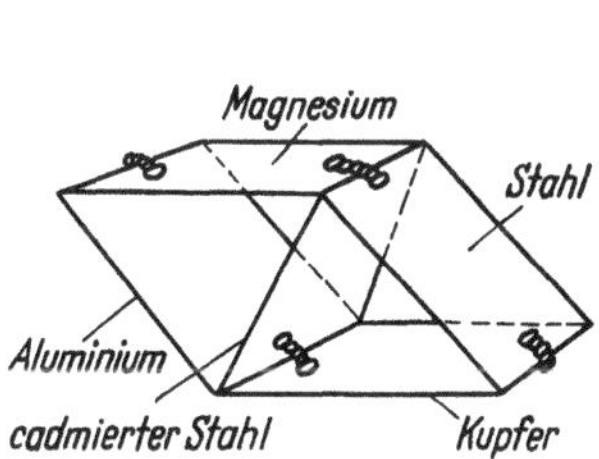

Abb. 3. Korrosions-Oxydations-Test nach FTMS 791a-5308, Anordnung der Prüfbleche.

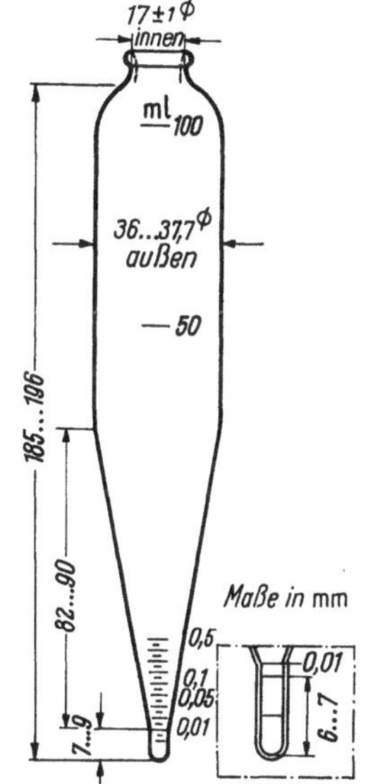

Abb. 4. Sedimentbestimmung nach FTMS 791a-3004, Zentrifugengefäß.

λ) **Verdampfungsverlust.** Für Vergleiche mit anderen Ölen kann diese Bestimmung interessant sein. Durchführung nach ASTM D 972 s. S. 80.

μ) **Farbe.** Die in Tab. 3 angegebenen Werte werden in der Regel nicht erreicht, d. h., die Öle sind zumeist heller. Bei gealterten Ölen kann die Bestimmung der Farbzahl von Interesse sein. Bestimmung nach ASTM D 1500 (vgl. Kolbenflugmotorenöle).

ν) **Sedimente.** Sedimentmenge im Durchschnitt unter 0,005 ml/200 ml Öl. Diese Metode kann bei gebrauchten Ölen von Bedeutung sein, um den Verschmutzungsgrad bzw. die Menge an hochmolekularen Alterungsprodukten des Öles zu ermitteln.

Bestimmung nach ASTM D 2273-64 T, die der Bestimmung der Fällungszahl nach ASTM D 91 (vgl. Kolbentriebwerksöle) ähnelt. Bei beiden Methoden wird das Öl mit einem

---

[1] Zentrale Beschaffungsstelle für Deutschland: Prüfamt für Brenn-, Kraft- und Schmierstoffe bei der BLGA, München 13, Heßstr. 130b.

Lösungsbenzin verdünnt und die beim Zentrifugieren sich ansammelnden Sedimente volumetrisch bestimmt. Das Zentrifugengefäß muß die in Abb. 4 angegebene Form und Abmessungen haben.

Bei der ASTM-Methode D 2273 werden 50 ml Öl mit 50 ml ASTM-Fällungsbenzin verdünnt, im Zentrifugengefäß gründlich geschüttelt bis völlig homogen, und 10 Min. bei etwa 1500 U/min abzentrifugiert, anschließend wird vorsichtig abdekantiert und der Rückstand in 50 ml Fällungsbenzin aufgenommen und erneut 10 Min. abgeschleudert. Danach wird der Rückstand an der Einteilung des Zentrifugengefäßes in ml abgelesen.

§) **Oxydationstest.** (IP 48/67 modif.). Für das Öl DERD 2490, Issue 2 nach IP 48/67 mit folgenden Abweichungen: Ölprobe 50 ml, Temperatur 150 °C, Testdauer 96 Std. ohne Unterbrechung unter Einleiten von 15 l Luft pro Stunde.

o) **Asphaltene.** In 200 ml-Kolben 10± 0,1 g Öl einwiegen und 100 ml n-Heptan (nach IP-Spezifikation) dazugeben, gut verrühren und nach Abkühlen 24 Std. im Dunkeln stehenlassen. Anschließend die überstehende Flüssigkeit durch einen Gooch-Tiegel mit Asbestschicht (bei 105 °C getrocknet) geben. Anschließend Asphaltene in den Tiegel spülen, mit n-Heptan ölfrei waschen und bei 105 °C trocknen bis zur Gewichtskonstanz.

5. Flugturbinenöle auf Synthesebasis
a) Allgemeines und Anforderungen

Die in den 40iger Jahren erstmals eingesetzten Flugturbinen stellten an die Schmieröle veränderte Anforderungen als die bisherigen Kolbentriebwerke und führten zur Entwicklung von Synthese-Schmierölen. Die weitere Zunahme der Fluggeschwindigkeiten und z. T. auch Flughöhen hat eine zunehmende Erhöhung der Anforderungen an die Flugturbinenöle zur Folge. Um diesen Anforderungen gerecht zu werden, mußten neue Synthese-Grundöle und verbesserte Additive bzw. Additiv-Kombinationen entwickelt werden. Auch in den kommenden Jahren ist mit weiteren Änderungen bzw. Verbesserungen an den Flugturbinenölen zu rechnen.

Öle auf Esterbasis haben sich besonders bewährt. Als erste wurden 2 basische Ester mit Äthyl-Verzweigungen eingesetzt, wie z. B. Di-(2-Äthyl-hexyl-)sebacat. Die Stockpunkte dieser z. T. heute noch eingesetzten Esteröle liegen etwa zwischen — 60 °C bis — 75 °C („Type One-Öle").

Zur Verbesserung des Flammpunktes und einer Verringerung des Verdampfungsverlustes wurden dann u. a. sogenannte Komplexester entwickelt (z. B. Veresterung eines Halbesters einer 2-basischen Säure mit einem Polyglykol mit Molgewicht von etwa 200). Auf Grund ihrer z. T. hohen Viskosität werden diese Ester vorwiegend als Mischungskomponente eingesetzt.

Eine weitere Estergruppe auf Basis von zwei-, drei- und vierwertigen Alkoholen (z. B. Neopentylglykol, Trimethyloläthan, Pentaerythrit), verestert mit z. B. C_7-, C_8- oder C_9-Säuren, besitzt eine höhere Thermo- und Oxydationsstabilität. In den USA werden Öle dieser Stabilität nach Zusatz entsprechender Additive als „Type Two-Öle" bezeichnet.

In der Tab. 4 sind die Kennzahlen und Eigenschaften einer Reihe von Estern zusammengestellt, in erster Linie Ester, die als Grundöle bzw. Mischkomponenten für Flugturbinenöle Verwendung finden[1, 2, 3].

Eine weitere Gruppe von Syntheseölen („Type Three-Öle") ist in der Entwicklung. Sie soll noch höheren thermischen und oxydativen Belastungen standhalten[4]. Der Einsatz ist vorgesehen bei Flugzeugen im Bereich von Mach 3 und

[1] GUNDERSON, R. C., u. A. W. HART: Synthetic Lubricants. New York: Reinhold Publishing Corporation 1962.

[2] BOHNER, G. E., J. A. KRIMMEL, J. J. SCHMIDT-COLERUS and R. D. STACY: Properties of Polyester Fluids. J. Chem. Engng. Data 7 (1962) 547—553.

[3] REITH, H., u. H. ECKARDT: Über die Herstellung optimaler Esterschmieröle. Freib. Forschungshefte A 164 (1960) 146—164. Berlin: Akademie-Verlag.

[4] DUKEK, W. G.: Lubricants for the Next Generation Aircraft. The Supersonic Transport. J. Inst. Petroleum Vol. 50 (1964) 283—291.

Tabelle 4. *Kennzahlen und physikalische Eigenschaften von Estern.*

	n_D^{25}	Viskosität		Stockpunkt (1) Pourpoint (2)	Siedepunkt
		37,8 °C cSt	98,9 °C cSt	°C	°C/mm Hg
Adipinsäure-di-(2-äthyl-hexyl)-ester	1,4490	8,16	2,38	— 75 °C (1)	214°/5
Azelainsäure-di-(2-äthyl-hexyl)-ester	1,4510	11,10	3,01	unter — 75 °C (1)	—
Sebacinsäure-di-(2-äthyl-hexyl)-ester	1,4527	12,40	3,31	— 71 °C (1)	256°/5
Di-pelargonsäure-di-pro-pylenglykolester	—	9,8	2,8	etwa — 59 °C (2)	—
n-Hexansäure-trimethylol-propanester	—	12,1	—	etwa — 59 °C (2)	—
n-Heptansäure-trimethylol-propanester	—	14,6	3,4	— 59 °C (2)	—
n-Octansäure-trimethylol-propanester	—	18,8	—	— 54 °C (2)	—
n-Nonansäure-trimethylol-propanester	1,4531	22,5	4,63	etwa — 45 °C (2)	204—211°/0,1
2-Äthylhexansäure-tri-methylolpropanester	1,4509	30,2	4,42	— 51 °C (2)	—
n-Pentansäure-penta-erythritolester	1,4480	17,2	3,66	— 57 °C (2)	176—186°/0,15
n-Hexansäure-pentaery-thritolester	1,4519	21,2	4,30	— 54 °C (2)	231—236°/0,3
n-Heptansäure-pentaery-thritolester	1,4530	22,4	4,47	— 32 °C (2)	233°/0,1
iso-Octansäure-pentaery-thritolester	1,4571	75,9	8,44	— 48 °C (2)	—
iso-Dekansäure- n-Hexansäure-} Pentaery-thritol-ester Molverhältnis 1:1	1,4561	45,6	6,58	— 54 °C (2)	—
n-Octansäure- Essigsäure- n-Hexansäure-} Pentaery-thritol-ester Molverhältnis 2:1:1	1,4530	28,4	4,87	— 54 °C (2)	—

höher. In der Erprobung sind chemische Verbindungen, wie Polyphenyläther, Polyphenylschwefelverbindungen, Polyphenylamine, perfluorierte Verbindungen Triazin- und Phosphonitrilderivate[1,2,3].

Die Anforderungen an die derzeit im wesentlichen eingesetzten Flugturbinenöle auf Synthesebasis sind in Tab. 5 zusammengestellt.

b) Chemisch-physikalische Prüfungen

Die Prüfmethoden sind in Tab. 5 aufgeführt.

α) Dichte. Die Bestimmung der Dichte wird üblicherweise nicht gefordert. Sie liegt z. B. bei den Ölen O-148 und O-149 im Bereich von 0,925 bis 0,970 bei 15,6 °C.

[1] GUNDERSON, R. C., u. A. W. HART: Synthetic Lubricants. New York: Reinhold Publishing Corporation 1962.

[2] BLAKE, E. S., W. C. HAMMAN, J. W. EDUARDS, T. E. REICHARD, and M. R. ORT: Thermal Stability as a function of Chemical Structure. J. Chem. Engng. Data 6 (1961) 87—98.

[3] SALOMON, T.: Flüssige Schmierstoffe, Struktureinfluß auf die Schmiereigenschaften. Mineralöltechnik (Dez. 1966) 18—21.

Nationale Spezifikation { USA Mil England DERD Deutschland	NATO-Symbol	O-148 L-7808 F — entspr. USA	O-149 — 2487 entspr. England	O-156 L-23 699 A — —
Dichte		—	ist anzugeben	—
Viskosität cSt, 204,4 °C (400 °F)		—	—	—
260　°C (500 °F)		—	—	—
98,9 °C (210 °F)		mind. 3,0	mind. 7,5	5,0—5,5
37,8 °C (100 °F)		mind. 11	max. 39,0	mind. 25,0
—40 °C (—40 °F)		—	max. 13,000	max. 13,000
Viskositätsstabilität:				
—40　°C (—40 °F) cSt			ist anzugeben	72 Std., max. 14 08
—53,9 °C (—65 °F) cSt		3 Std., max. 13,000 72 Std., max. 17,000	—	—
Viskositätsänderung vom Ausgangswert		max. 6 % (—53,9 °C)	—	max. 6 % (—40 °C
Flammpunkt, °C, mindestens		204°	215,5°	232°
Pour Point, °C		—60° u. tiefer	—	—54° u. tiefer
Neutralisationszahl, mg KOH/g			ist anzugeben	max. 0,50
Neutralisationszahl, mg KOH/g		max. 0,30	—	—
Selbstentzündungstemperatur °C		—	—	—
Farbe nach ASTM		Nr. 3	—	—
Sediment, pro 200 ml Öl, maximal		0,005 ml	—	0,005 ml
Verdampfungsverlust, 204 °C, 6^1/$_2$ Std.		max. 35 %	ist anzugeben	max. 10 %
Korrosion (232 °C/50 Std.)				
Gewichtsänderung, Cu-Streifen		max. 3,0 mg/cm²	—	—
Silberstreifen		max. 3,0 mg/cm²	—	—
Korrosion-Oxydations-Test (Sunbury Beaker)		—	Stahl bzw. Kupfer max. ±0,2 mg/cm²	—
Oxydations-Korrosions-Test Gewichtsänderung mg/cm² Kupfer		±0,4 max. (175 °C) —	— —	±0,4 max. (175 °C ±0,4 max. (204 °C
Stahl Aluminium Magnesium Silber		±0,2 max. (175 °C)	—	±0,2 (175 u. 204 °(
Aussehen		keine sichtb. Korr.	keine sichtb. Korr.	—
Änderung der Viskosität (37,8 °C)		max. —5 bzw. +15 %	max. ±5 %	—5 +25 % (204°
Zunahme der Neutralisationszahl		max. 2,0	max. 0,5	max. 3,0 (204°)
SOD Bleikorrosion mg/inch²		max. 6,0 (163 °C, 1 Std.)	—	max. 6,0 (163 °C, 1 Std.
Deposition Nr. (Durchschnitt)		max. 3,5	—	—
Lagerstabilität 24 °C, 12 Monate		keine Abtr.	—	keine Abtr.
Thermostabilität			siehe Text	siehe Text
Viskositätsänderung, b. 37,8 °C		—	max. —10 + 20 %	max. 5 %
Unlösliches		—	—	0
Schaumneigung				
Menge unmittelbar nach Einblasen		25 ml	—	—
Menge nach 5 Min. Einblasen bei:			—	24 °C: 25 ml 93 °C: 25 ml 124 °C nach Test b. 93 °C: 25 ml
Schaumstabilität				
nach 1 Minute absetzen		—	—	0 ml
völliges Verschwinden nach		3 Min.		
Panel Coker Test, bei 330 °C		max. 50 mg		
Panel Coker Test, bei 357 °C		max. 175 mg		
Panel Coker Test, bei 371 °C		max. 300 mg		

L-9236 B	2497	Verwendete und einander entsprechende Testmethoden				
		ASTM Standard Ausgabe 1967	FTMS No. 791a Ausgabe 1965	IP Ausgabe 1967	DIN Ausgabe 1964	Sonstiges
mind. 1,0	—	D 1298-55		160/64	51 757	
—	mind. 1,0	D 445-65	305,5	*71/66	51 562	
ist anzugeben	—					
—	max. 19,000					
—	—		307			
Std., max. 21,000						
: Std., max. 24,000						
max. 6%						
(— 53,9 °C)						
218°	260°	D 92-66	1103.6	*36/65		
— 60° u. tiefer	—	D 97-66	201.8	*15/65	51 597	
—	—	D 974-64	5105.5	*139/65		
—	—	D 664-58	5106.4	*177/64		
mind. 398,8°	—	D 2155-66				
—	—	D 1500-64	102.7		51 578	
0,005 ml	—	D 2273-64 T	3004.5			
max. 50%	10%, 260 °C	D 972-56	351.2	183/63 T		
			5305			
—	—					
—	—					DERD 2487 App. E
	—		5308.5	—	—	
—	—					
—	—					
—	—					
—	—					
		D 664-58				
—	—	—	5321.1	—	—	
max. 1,0	—	—	5003			
keine Abtr.	—					Mil-L-7808 F Mil-L-23 699 A Mil-L-9236 B
—	—	—	2508	—	—	DERD 2487 Mil-L-23 699 A
—	—					
		D 892-63	3211.3			
100	—	D 892-63	3212.1			
5 Min.	—					

Tabelle 5.

Nationale Spezifikation: NATO-Symbol / USA Mil / England DERD / Deutschland	O-148 L-7808 F — entspr. USA	O-149 — 2487 — entspr. England	L-23 699 A — — —
Ryder Gear Test	vgl. Vorschrift	—	vgl. Vorschrift
I. A. E. Getriebetest	—	muß Ref. Öl entsprechen	—
Lagertest in B. S. E. 1-Maschine	—	muß Vorschr. entsprechen	—
High-Temperature Bearing Test			
Viskositätsänderung (gem. b. 37,8 °C)	—	—	−5, +25 %
NZ-Änderung mg KOH/g	—	—	2
Filterrückstand	—	—	3 g
Scherstabilität			
Änderung der Viskosität bei 37,8 °C	—	max. ±2 %	max. 4 %
100 Stunden-Motorentest	muß entsprechen	muß entsprechen	muß entsprechen
Gummiquellung, Volumenänderung (* Gummi H)	max. +35 %* bei 70 °C	max. ±7 % gegenüber Referenzöl	10—25 %* bei 70 °C
Bemerkungen			
1. Einsatzzweck	für Düsentriebwerke, z. B. von Pratt & Whitney, General Electric, Rolls Royce, u. a.	für Düsentriebwerke, insbesondere Rolls Royce	
2. Zusätze	Oxydationsinhibitor, Schauminhibitor, Verschleißverminderer	Oxydationsinhibitor	keine Angaben

Damit unterscheiden diese Öle sich deutlich von den Flugturbinenölen auf Mineralölbasis (0,840 bis 0,875).

β) **Viskosität.** Die Mindestwerte von 3 bzw. 7,5 cSt bei 98,9 °C sollen verhindern, daß zu niedrigviskose Grundöle eingesetzt werden, die in zu hohem Maße verdampfen und die Tragfähigkeit ungünstig beeinflussen können.

Als zusätzlicher Test wird die Viskositätsstabilität bei − 53,9 °C nach 3 Std. und 72 Std. Kälteeinwirkung gefordert, da zu hohe Viskositäten den Start bei tiefen Temperaturen beeinträchtigen können. Der Test wird durchgeführt nach FTMS 791 a-307.

γ) **Flammpunkt.** Die Werte der z. Z. üblichen Öle liegen zwischen 230 bis 250 °C. Bestimmung nach ASTM D 92 (Cleveland open cup) s. Teil I, S. 78.

δ) **Pour Point.** Es werden Werte von − 60 °C gefordert. Diese werden in der Praxis teilweise noch unterschritten (− 60 bis − 68 °C). Bestimmung nach DIN 51 597 (entsprechend ASTM D 97) s. Teil I, S. 64.

ε) **Neutralisationszahl.** Erhöhte Werte treten nur bei verunreinigten oder gealterten Ölen auf. Für die Bestimmungen wird neben der Indikatormethode die potentiometrische Titration nach ASTM D 664 zunehmend angewandt. Eine weitere potentiometrische Methode gibt die IP-Vorschrift 177/64 an (s. Teil I, S. 130). Beide Methoden liefern bislang keine übereinstimmenden Werte und sind auch nicht vergleichbar mit den Ergebnissen der Titration mittels Indikatoren. Die Titration auf einen festen pH-Wert von z. B. 11 kann ebenfalls zu fehlerhaften Ergebnissen führen, da der Wendepunkt der Titrationskurve in vielen Fällen nicht bei pH 11 liegt. Die sicherste Methode ist die Aufnahme der ganzen Titrationskurve und daraus die graphische Ermittlung des Wendepunktes. Besondere Bedeutung kommt der Methode bei der Untersuchung von dunkel gefärbten Altölen zu.

ζ) **Verseifungszahl.** Bei den Esterölen würde eine Verseifungszahl bei genügend langer Verseifungsdauer den Wert der veresterten Säure wiedergeben.

(Fortsetzung.)

L-9236 B — —	2497 —	Verwendete und einander entsprechende Testmethoden				
		ASTM Standard Ausgabe 1967	FTMS No. 791 a Ausgabe 1965	IP Ausgabe 1967	DIN Ausgabe 1964	Sonstiges
ist anzugeben	—		6508			Mil-L-23 699
—	—			166—65		
			3410			DERD 2487
—	—					
—	—					DERD 2487 Mil-L-23 699 Mil-L-7808 F Mil-L-23 699 A Mil-L-9236 B DERD 2487
muß entsprechen	—					
12—25 % bei 204 °C	12—25 %		3604			DERD 2487 DERD 2497
Öl für hohe Temperaturanforderungen		* ASTM und IP gemeinsame bzw. äquivalente Methoden				
Oxydationsinhibitor, Verschleißminderung, Korrosionsschutzzusatz	—					

η) **Verdampfungsverlust.** Mit steigenden Flughöhen gewinnt dieser Wert zunehmend an Bedeutung. In den USA wird dieser Test z. T. bereits bei einem Vakuum von 141 mm (entsprechend einer Flughöhe von 12 200 m) durchgeführt. Die normale Bestimmung erfolgt nach ASTM D 972 s. S. 80.

ϑ) **Korrosion gegenüber Kupfer und Silber.** Die Werte liegen im Durchschnitt bei 0,1 mg/inch^2. Die Durchführung erfolgt nach FTMS 791 a-5305.

ι) **Oxydations-Korrosions-Test.** Bei Flugturbinengrundölen auf Synthesebasis ist dieser Test von erheblicher Bedeutung, da die Syntheseprodukte verschiedenartiger Konstitution z. T. erhebliche Unterschiede im Oxydations- und Korrosionsverhalten zeigen. Bestimmung nach FTMS 791 a-5308.

Die in der Tab. 5 angeführten Werte von $\pm$ 0,2 mg/cm^2 werden in der Regel nicht erreicht (Durchschnitt 0,01 bis 0,1 mg/cm^2). Ebenso liegt die Änderung in der Viskosität im Durchschnitt weit unter den Grenzwerten (z. B. +0,1 %), ebenso die Änderung der Neutralisationszahl mit Werten zwischen 0,5 und 1,0 mg KOH/g Öl.

Zum Vergleich der Versuchsbedingungen sind in der Tab. 6 eine Reihe von Oxydations- und Korrosionstesten für Flugtriebwerksöle zusammengestellt. Die Versuchsbedingungen unterscheiden sich vor allem in der Prüftemperatur, wobei allgemein eine Tendenz zu höheren Temperaturen hin besteht. Mit einem weiteren Ansteigen der Prüftemperaturen ist in den nächsten Jahren auf Grund der zunehmenden Anforderungen zu rechnen.

$\varkappa$) **Korrosions-Oxydations-Test (Sunbury-Beaker-Test).** Dieser Test wird 22 Std. bei 140 °C durchgeführt. Die hierzu notwendige Apparatur ist in Abb. 5 wiedergegeben (Becherglas 1 500 ml, Durchmesser 10,2 cm). Der Deckel soll aus Aluminium bestehen und das Becherglas dicht abschließen. Der Test wird mit verschiedenen Metallkatalysatoren durchgeführt. Bei Test 1 wird ein cadmiertes Stahlprüfblech und ein Kupferkatalysator verwendet. Bei Test 2 ein Kupferprüfblech und ein Katalysator aus Stahl. Die Abmessungen

Tabelle 6. *Methoden zur Bestimmung des Thermooxydations-*

Methode	Temp. °C	Alterungsdauer Std.	Luftmenge l/h	Ölmenge ml	Prüfbleche
Oxydationskorrosionstest (Sunburry Beaker Test)	140	22	—	400	Cu/Stahl Cd platt.
Oxydationskorrosionsstabilität	121	168	5	100	Cu, Mg, Al Stahl Stahl Cd
	175	72	5	100	Cu, Mg
	204	72	5	100	Al, Ag,
	218	72	5	100	Stahl
Oxydationskorrosionsstabilität Fa. Pratt & Whitney, USA	175	72	5	100	Cu, Mg,
	220	48	5	100	Al, Ag, Stahl
Oxydationskorrosionsstabilität Fa. Allison, USA	175	72	5	100	Cu, Mg, Al, Ag, Stahl
Oxydations- und Thermostabilität Fa. Rolls Royce	150 bis 350[a]	24, 48, 72 und länger	15	50	ohne
Oxydations- und Thermostabilität für Gasturbinenöle, UdSSR	150 bis 175[a]	14/50	3	30 g	—
Oxydationstest für Schmieröle	200	2 × 6	15	40	ohne
Thermooxydationsstabilität für Flugturbinenöle, DVL[b]	150 bis 350[a]	24 bzw. 50	10	20bzw.100	ohne
Thermooxydationsstabilität von Getriebeölen	157	5 × 10	1,1	120	Cu, Stahl-zahnräder
Thermooxydationsstabilität für Flugturbinenöle, MANL[c]	150 bis 350	24	10	20	Al, Ti, Ag, Stahl

[a] Die Prüftemperaturen können entsprechend variiert werden.
[b] Deutsche Versuchsanstalt f. Luft- u. Raumfahrt.
[c] Wright Patterson Air force Base, Dayton, Ohio, USA.

des Prüfbleches sind 25,4 mm × 44,4 mm × 3 mm, die des Katalysatorbleches 152,4 mm × 9,5 mm × 0,79 mm. Der Befestigungsstab (Stärke mindestens 3,2 mm) für den Katalysator soll aus dem gleichen Material bestehen wie der Katalysator selbst. Die Bleche sollen dem Britischen Standard entsprechen[1].

Die Reinigung der Bleche sollte nach IP 154 erfolgen. Das Prüfblech ist vor dem Versuch zu wiegen. Als Heizbad soll ein Flüssigkeitsbad verwendet werden, bei dem die Heizbad-flüssigkeit frei um und unter den Bechergläsern zirkulieren kann.

Zur Durchführung werden 400 ml Prüföl in die Bechergläser gefüllt und bei 140 °C Badtemperatur in das Bad eingesetzt. Sobald das Prüföl 140 °C erreicht hat, wird der Deckel mit dem Rührer, Katalysator und Thermometer auf das Becherglas aufgesetzt. Der Kata-lysator wird wie in der Abbildung angegeben fixiert. Dann läßt man den Rührer mit 400 Um-drehungen 22 Std. lang laufen. Nach dieser Zeit wird das Prüfblech herausgenommen, in Toluol gewaschen und getrocknet. Anschließend wird das Prüfblech nach 60 Min. Abkühlzeit ge-wogen und die Gewichtsveränderung bestimmt. Das Aussehen und die Gewichtsveränderung (auf 0,01 mg/cm² genau) sind bei der Doppelbestimmung getrennt anzugeben. Außerdem ist das Aussehen des Katalysators anzugeben.

[1] Bleche und Gerät zu beziehen von Stanhope-Seta Ltd., Station Road, Chertsey, Surrey, England.

und Korrosionsverhaltens von Flugtriebwerksölen.

Anstieg Viskosität %	Anstieg NZ mg KOH/g	Prüfbleche Gewicht mg/cm²	Bemerkungen	Vorschrift	Spezifikationen
—	—	$\pm 0{,}2$	Rühren bei 400 U/min	D. Eng. R. D. 2487	D. Eng. R. D. 2487 D. Eng. R. D. 2497
$-5, +20$	max. 0,2	$\pm 0{,}2$			Mil-L-6081
$-5, +15$	max. 2,0	$\pm 0{,}2$ Cu $\pm 0{,}4$	—	FTMS 791 a 5308.5	Mil-L-7808
$-, +25$ ist anzugeben	max. 3,0	$\pm 0{,}2$ Cu $\pm 0{,}8$			Mil-L-23 699 Mil-L-23 699
$-5, +15$	max. 2,0	$\pm 0{,}3$	—	PWA 521 B	—
max. $+50$	anzugeben	$\pm 0{,}3$		PWA 521 B	—
$-5, +12$	max. 1,5	$\pm 0{,}2$, Cu $\pm 0{,}4$	—	EMS-35 H	—
soll angegeben werden	—	—	—	RR 1001	—
—	—	—	—	GOST 981-4	—
soll angegeben werden	—	—	Ramsbottom Test wird durchgeführt	IP 48/67	—
soll angegeben werden	—	—	—	DVL-Bericht 287	—
max. 100	—	—	im Getriebe	FTMS 791 a 2504	Mil-L-2105
	ist anzugeben		—		—

λ) SOD[1]-Bleikorrosionstest. Insbesondere Esteröle und deren Additive können mit den Bleilegierungen in den Triebwerken (z. B. Lagern) Verbindungen eingehen, die zu Korrosionen führen können. Insbesondere bei höheren Temperaturen und längerer Einwirkungsdauer können erhebliche Schäden auftreten.

Der Test wird nach FTMS 791 a-5321 bei 163 °C (325 °F) in Gegenwart von Kupfer als Katalysator vorgenommen. Das Probengefäß und der Rührer sind in den Abb. 6 und 7 wiedergegeben. Das Testblech aus Blei soll den Anforderungen nach ASTM B 29-55 entsprechen und folgende Zusammensetzung haben:

Blei	mind.	99,9%
Kupfer	mind.	0,04%
	max.	0,08%
Silber	mind.	0,002%
	max.	0,02%
Arsen Antimon Zinn	max.	0,002%
Zink	max.	0,001%
Eisen	max.	0,002%
Wismut	max.	0,005%

Das zu verwendende Kupferblech soll Elektrolytqualität nach ASTM QQ-C-576 sein.

---

[1] SOD = Standard Oil Development.

Zur Versuchsdurchführung werden 500 ml des Öles in das Probengefäß eingefüllt und dies im Thermostatenbad auf 163 °C aufgeheizt. Die mit Stahlwolle polierten Testbleche (34,93 mm × 41,28 mm) werden in Benzin gewaschen, getrocknet, gewogen und an dem

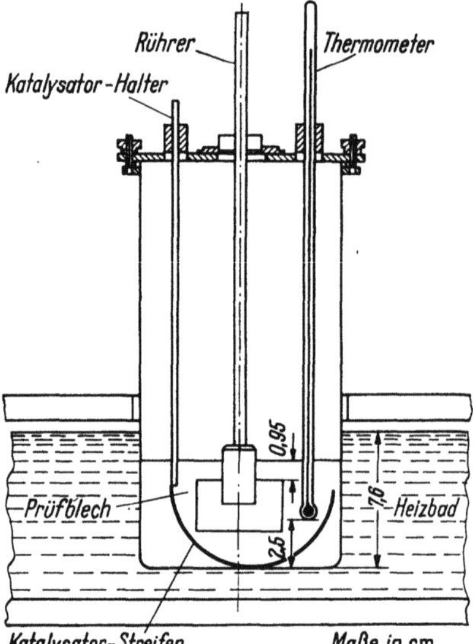

Abb. 5. Gerät für Korrosions-Oxydations-Test (Sunbury-Beaker-Test).

Rührer fixiert. Dieser wird in der Mitte des Probengefäßes befestigt (s. Abb. 6) und auf eine Drehzahl von 600 U/min gebracht. Anschließend wird der Luftstrom eingeschaltet

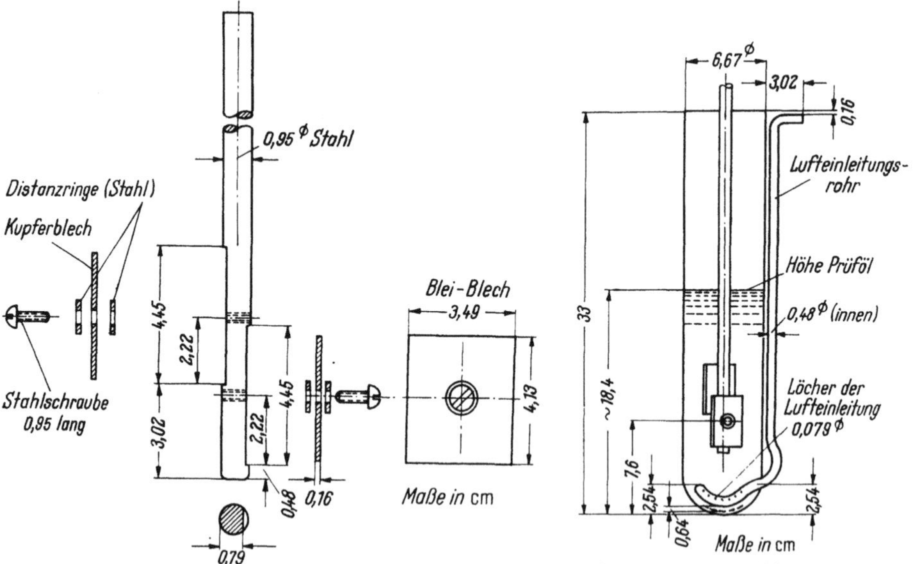

Abb. 6. Gefäß für Bleikorrosionstest (FTMS 791a-5321).　　　Abb. 7. Rührer für Bleikorrosionstest (FTMS 791a-5321).

(56,6 l/h). Nach einer Stunde Versuchsdauer wird das Bleiblech entfernt, in Benzin und Azeton gewaschen, getrocknet und zurückgewogen. Der Verlust wird angegeben in mg/inch². Die Durchschnittswerte liegen in der Regel unter 1 mg/inch².

μ) Schaumverhalten. Um Störungen im Ölkreislauf und bei der Kühlung zu vermeiden, soll die Schaumneigung möglichst gering sein. Daneben führt die vergrößerte Oberfläche des Schaumes bei gleichzeitiger intensiver Luftdurchmischung zu verstärkten Oxydationen, Bestimmung nach ASTM D 892 s. S. 86.

ν) Lagerstabilität. Hierdurch soll insbesondere das Inlösungbleiben der Additive ermittelt werden.

Nach MiL-L-7808 F beträgt die Probenmenge 22,7 l (Lagerung im Kanister) sowie weitere 1,1 l in einem Glasgefäß. Die Lagerung erfolgt unter Lichtausschluß bei 24 °C. Nach 3, 6 und 12 Monaten erfolgt eine visuelle Begutachtung. Es dürfen keine Anzeichen von Entmischungen oder Ablagerungen aufgetreten sein. Außerdem erfolgt jeweils eine Probenahme aus dem 22,7 l-Gefäß. Mit dieser Probe sind die üblichen Bestimmungen durchzuführen, wie Viskosität, Flammpunkt, Pour Point, Verdampfungsverlust u. a.

Bei dieser Prüfung ist zu berücksichtigen, daß eine Lagerung bei anderen Temperaturen zu erheblich anderen Ergebnissen führen kann.

ξ) Thermostabilität. Die Bestimmung wird nach D. Eng. R. D. 2487, Ausgabe 4, App. C, bei 280 °C durchgeführt. In das Alterungsrohr (Abb. 8) werden 100 ml der Ölprobe gegeben. Mit dem gleichen Öl wird das U-Rohr halb gefüllt. Durch die Glasapparatur wird bei der Hahnseite reinster Stickstoff 20 Min. lang eingeleitet (etwa 12 l/h). Dann wird der Hahn geschlossen und das Alterungsrohr in ein Heizbad eingetaucht (Temperatur 280 °C). Nach 6 Std. wird das Alterungsrohr herausgenommen und nach Stehenlassen über Nacht werden 40 ml Öl entnommen und die Viskosität bei 37,8 °C gemessen. Nach der Messung wird das Öl soweit als möglich wieder in das Alterungsrohr zurückgegeben und erneut nach Spülung mit Stickstoff weitere 6 Std. temperiert und erneut wie oben verfahren. Dieser Zyklus wird noch zweimal wiederholt, so daß der Test insgesamt über $4 \times 6 = 24$ Std. Alterungsdauer durchgeführt wird. Das Auftreten von Veränderungen oder Kondensation im oberen Rohrteil ist anzugeben.

Für Öl nach Mil 23 699 wird nach FTMS 791 a—2508 geprüft (20 ml Öl, 260 °C, 24 Std.).

ο) Gummiquellungstest. Da eine Reihe von Gummi- und Elastomerarten in einer Zahl von synthetischen Flugturbinenölen stark quellen, ist es notwendig, eine Bestimmung der Gummiquellung durchzuführen.

Dieser Test wird nach FTMS 791 a-3604 durchgeführt (168 Std. bei 70 °C). Hierzu werden 350 ml Ölprobe in ein 400 ml-Becherglas gegeben. Daneben wird von 3 Gummistücken 37 mm × 50 mm) des Standard Testgummi, Typ H[1] (maximal 6 Monate alt) das Volumen bestimmt — Wägung in Luft und in Wasser. Anschließend werden die Gummiproben unter die Oberfläche des Öles getaucht, ohne gegenseitige Berührung bei 70 °C 168 Std. gelagert. Danach 30 Min. abkühlen, waschen in abs. Alkohol, abtrocknen und erneute Volumenbestimmung. Zum Teil wird noch die Änderung der Gummihärte und der Länge bestimmt. Nach Vorschrift D. Eng. R. D. wird mit Referenzöl verglichen.

c) Mechanische Prüfungen

α) Deposition Number. Die Deposition Number gibt einen Hinweis auf die Thermo- und Oxydationsstabilität eines Flugturbinenöles. Der Deposition Tester[2] vom Whright Air Development Center (WADC), Dayton, Ohio, USA, entwickelt, kann als ein erster Schritt zu einer praxisnahen Flugturbinenölprüfung angesehen werden.

Die heißen Teile der Flugturbine, mit denen das Schmieröl in Kontakt gelangt, werden durch ein beheiztes Rohr (Coking Tube) simuliert. Das Öl durchfließt im Kreislauf Erhitzer, Kühler und Filter (Abb. 9).

Insbesondere für die Hochtemperaturbelastung kann die Prüfung mit dem Deposition Tester zusätzliche wertvolle Hinweise liefern. Zu beachten ist bei diesem Gerät, daß nur ein Teil der Zustände eines Flugturbinenöl-Kreislaufes nachgebildet wird. Insbesondere die Vorgänge, die durch ein heißes Turbinenlager zusätzlich eintreten, können für das Öl und die Veränderungen im Öl von Bedeutung sein. Ebenso heiße Wände und Oberflächen, die nicht dauernd von Öl bespült werden. Hier besteht erhöhte Tendenz zur Bildung von Ablagerungen und Verkokungen, so daß eine endgültige Aussage nur in Versuchen mit einer kompletten Simulationsanlage bzw. in einem normalen Triebwerk möglich ist. Die erhaltenen Ergebnisse sind auch dann nur für ein bestimmtes Triebwerk unter bestimmten Bedingungen gültig.

---

[1] Unterlagen von: Whright-Patterson Air Force Base, Dayton, Ohio, USA.
[2] Hersteller: ERDCO Engineering Corp., 136 Official Road, Addison, Ill. 60101 (USA).

Die derzeitigen Standardtestbedingungen nach FTMS 791a-5003 sind:

Verkokungsrohr	310 °C
Öleinlaßtemperatur	148,9 °C
Lufttemperatur	48,9 °C
Öldurchflußmenge	300 ml/min
Luftmenge	300 ml/min
Filtergröße	100 mesh
Testdauer	12 Std.

Nach Beendigung des Versuches wird das Filter ausgebaut, das Filtersieb vorsichtig mit Filterpapier getrocknet (etwa 1 Std.) und durch Differenzwägung die eventuell anhaftenden

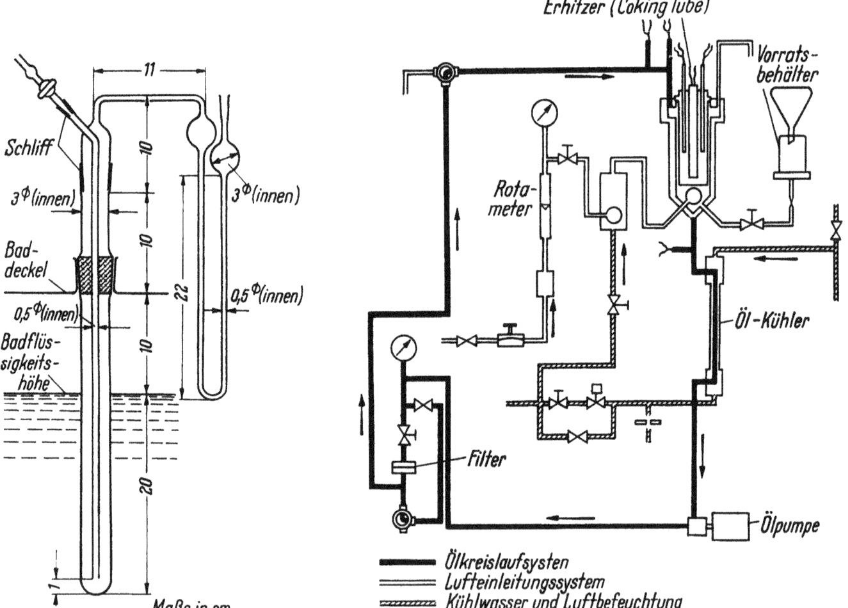

Abb. 8. Prüfanordnung zur Bestimmung der Thermostabilität nach DERD-2487, App. C.

Abb. 9. Schematischer Kreislauf des Deposition Testers nach FTMS 791a-5003.

Ölrückstände bestimmt. Bei hohen Rückstandsmengen müssen die an der Filterzuleitung anhaftenden Beläge berücksichtigt werden.

Als zweites Kriterium wird der Belag auf dem Verkokungsrohr bestimmt (waschen, trocknen und wiegen des Verkokungsrohres). Die Deposition Number wird anschließend berechnet aus Filterschlamm plus 10mal Koks auf Verkokungsrohr.

Außerdem sollen folgende Werte festgehalten werden:

Ölverbrauch (Differenz zwischen Beginn und Ende des Versuches),

Außergewöhnliche Betriebszustände, wie starkes Schäumen u. ä.

Anstieg des Druckes nach der Pumpe pro Zeiteinheit, z. B. in 30 Min.,

Zeit bis zum Abschalten der Anlage, falls der Versuch früher beendet werden muß und Gründe dafür, z. B. extrem starke Verkokung u. ä.

β) Verkokungsneigung (Coking Tendency of Oil, Panel Coker Test). In den Lagergehäusen von Flugturbinen können unter bestimmten Bedingungen Ablagerungen auftreten. Diese Ablagerungen können im Extremfalle koksartige Eigenschaften besitzen und zu Störungen im Betrieb führen. Ein Gerät, das diese Verhältnisse angenähert simuliert, ist in den USA entwickelt worden[1]. Das Gerät (Abb. 10) besteht im wesentlichen aus einem Behälter mit einem Rührer und einer heizbaren Metallplatte, (RTD—Panel Coker).

Bei der Versuchsdurchführung (Methode nach FTMS 791a-3462) wird das Prüföl mit dem Rührer gegen die heiße Metallplatte gespritzt. Die Versuchsbedingungen sind z. Z.

---

[1] Whright-Patterson Air Force Base, Dayton, Ohio, USA.

die folgenden:

Rührerdrehzahl	1000 U/min
Temperatur der Testplatte	330/357/371 °C
Auf die Testplatte gespritzte Ölmenge	2,4 g/min
Prüfdauer	8 Std.
Ölmenge, Sumpf	etwa 250 ml
Ölmenge, Vorratsgefäß	etwa 400 ml

Nach einer neuen vorläufigen Vorschrift des Wright Air Development Center wird das Öl zusätzlich geheizt und ein Luftstrom eingeleitet. An Stelle der bisher verwendeten Aluminiumplatten können auch andere Werkstoffe, z. B. Stahl, verwendet werden. Von W. Wolf[1] sind ebenfalls einige Verbesserungen an em Gerät vorgeschlagen worden. Als Maß für die Verkokungsneigung eines Öles dient die Gewichtszunahme der Prüfplatte nach 8 Std. Versuchsdauer. Die Methode und die Bedingungen sind noch in der Weiterentwicklung. Weitere Geräte zur Untersuchung der Verkokungsneigung von Ölen sind der Rotating Disk Tester[2] und der Oil Mist Deposit Tester[3].

γ) Ryder-Gear-Erdco Universaltester. Der Ryder-Gear-Erdco Universaltester ist ein Zahnrad-Verspannungsprüfstand zur Untersuchung des Druckaufnahmevermögens von Flug- und Dampfturbinenölen (s. auch Abschnitt Getriebeöle).

Abb. 10. Gerät zur Bestimmung der Verkokungsneigung (Coking Tendency) von Ölen nach FTMS 791 a-3462 (RTD-Panel Coker).

Das zur Ölprüfung verwendete Zahnradpaar besteht aus verzahnten Stirnrädern (Stahl ASM 6260 einsatzgehärtet) mit gleichen Verzahnungsdaten und nur verschiedenen Zahnbreiten. Die Verspannung erfolgt über schrägverzahnte Stirnräder, die hydraulisch axial belastet werden und mit den Prüfzahnrädern starr verbunden sind. Die Belastung beginnt mit einem Öldruck von 5 psi (0,35 kg/cm² Überdruck), was einer Zahnnormalkraft von etwa 72 kp/cm Zahnbreite entspricht und wird je Laststufe um 5 psi (0,35 kg/cm²) erhöht.

Das Prüfölsystem ist ein in sich geschlossener, vom übrigen Schmiersystem getrennter Kreislauf mit Regel- und Steuereinrichtungen für Temperatur und Umlaufmenge. Das Prüföl wird hinter dem Zahneingriff radial eingespritzt. Für eine Prüfung sind insgesamt 1000 bis 1250 ml Öl erforderlich, davon 500 ml für den eigentlichen Prüflauf und etwa 500 bis 750 ml für die Durchspülung des Systems vor Beginn der Prüfung.

Die Prüfbedingungen sind nach ASTM D 1947-64 und FTMS 791 a-6508 genormt. Die wichtigsten Daten hieraus sind:

Drehzahl	10000 U/min
Eingangstemperatur des Prüföls	74 °C
Eingespritzte Ölmenge	270 ml/min
Prüfdauer je Laststufe	10 min

Zur Bewertung der Öle wird nach jeder Laststufe jede der im Eingriff befindlichen Zahnflanken des Ritzels mikroskopisch vermessen und die prozentuale Größe der Verschleißzone im Verhältnis zu der tragenden Fläche der Zahnflanke aufgenommen. Der errechnete Mittelwert dieser Messungen wird als Verschleiß-Last-Kurve aufgezeichnet. Aus dem 22,5% Verschleißwert dieser Kurve bzw. der dazugehörigen Belastung wird das Druckaufnahmevermögen (lb/inch Zahnbreite) des geprüften Öles errechnet. Dieser errechnete Wert wird als Prozentsatz des Druckaufnahmevermögens eines Referenzöls angegeben und als Relationswert bezeichnet. Da in genau festgelegtem Turnus Referenzversuche durchgeführt werden müssen, ist die Angabe des Relationswertes unabhängig von eventuellen geringfügigen Änderungen des Prüfstandes. Für die Meßergebnisse gilt eine statistische Sicherheit von 95%.

---

[1] Wolf, W.: Der „Coking-Test" zur Prüfung der thermischen Stabilität von Schmierölen. Mineralöl-Technik 5 (1960) Nr. 9, S. 1—19.

[2] Oberright, E. A.: Deposit Forming Tendencies of High Temperature Lubricants. ASLE-Transactions 7 (1964) 64—72.

[3] Bartolomaei, N. T., M. E. Massey u. R. A. Holstedt: Oil Mist Deposits Test. ASLE-Transactions 10 (1967) 48—57.

δ) IAE-Getriebeölprüfstand[1]. In England wird zur Prüfung des Lastaufnahmevermögens von Ölen u. a. der IAE-Prüfstand verwendet (IP-Methode 166/65). Das Gerät besteht im wesentlichen aus einem Zahnradpaar, das über parallele Wellen mit einem Umkehrgetriebe verbunden ist, über das der Antrieb erfolgt. Durch eine Verspannungskupplung können die Zahnräder belastet werden. Das Prüföl wird mittels einer Düse in den Zahneingriff der Prüfzahnräder gespritzt. Als Maß für das Lastaufnahmevermögen eines Öles wird die Last angegeben, die innerhalb eines Prüflaufes von 5 Min. zur Beschädigung der Zahnflanken führt.

Genormt sind z. Z. die folgenden Testbedingungen:

		A	B	C	D	E
Ritzeldrehzahl	U/min	2000	4000	6000	2000	6000
Prüföltemperatur	°C	60	70	110	200	200
Prüföldurchflußgeschwindigkeit	ml/min	284	568	568	568	568
Belastungsstufen	lb	5	5	5	5	5
Zeit pro Prüflauf bei gleicher Last	min	5	5	5	5	5
Ruheperiode zwischen den Prüfläufen	min	5	5	5	5	5

Die Frage, welche der Zahnflankenschäden zur Beurteilung eines Öles herangezogen werden soll, ist relativ schwierig zu lösen (vgl. auch J. R. HUGHES[2]). Bislang werden nur Fressen und Schweißriefenbildung gewertet. Nach D. Eng. R. D. darf das zu prüfende Öl nicht schlechter als das Referenzöl RDE/0/535 sein.

In Deutschland ist von G. NIEMANN ebenfalls ein Zahnradverspannungsprüfstand entwickelt worden[3]. (FZG-Verfahren s. DIN-Entwurf 51 354, S. 261.)

ε) Lagerprüfstände. Um die Prüfung von Flugturbinenölen unter hohen Temperaturen und Drehzahlen durchführen zu können, sind in mehreren Ländern Lagerprüfstände entwickelt worden.

In den USA wird z. B. eine spezielle Einrichtung (Bearing Head) mit einem heizbaren Prüflager von 100 mm Bohrung verwendet. Als Antrieb dient im allgemeinen die gleiche Maschine, die für den Ryder-Gear-Test benutzt wird. Die Versuchsbedingungen variieren je nach Öltyp (Anstieg der Ölsumpftemperatur von Type One- zu Type Two-Ölen).

Tabelle 7. *Prüfbedingungen in der Lagermaschine (Bearing Test USA).*

		Typ 1	Typ 1 ¹/₂	Typ 2
Versuchszeit	Std.	100	100	100
Wellendrehzahl	U/min	10 000	10 000	10 000
Lagerbelastung	kp	227	227	227
Öleingangstemperatur	°C	149	177	204
Ölsumpftemperatur	°C	171	199	227
Temperatur Versuchslager maximal	°C	260	260	260
Öldurchfluß	ml/min	600	600	600
Luftdurchfluß	ml/min	10 000	10 000	10 000

Die z. Z. angewandten Versuchsbedingungen sind in Tab. 7 zusammengestellt. Verschärfte Bedingungen für Type Three- und Type Four-Öle sind gegenwärtig in der Bearbeitung.

Als Bewertungsmaßstab für das Öl werden herangezogen:

Anstieg der Viskosität des Öles (in Prozent),

Anstieg der Neutralisationszahl,

Beurteilung der Neigung des Öles zur Bildung von Ablagerungen an den Lagerteilen.

In Großbritannien wird z. Z. für D. Eng. R. D. 2487-Öle ein Lagertest in der Bristol-Siddley B.S.E. 1-Lagermaschine verlangt[4].

---

[1] Siehe auch Abschnitt „Getriebeöle".

[2] HUGHES, J. R.: Aufgaben und Schwierigkeiten bei der Normung von Getriebeprüfständen. Erdöl u. Kohle 15 (1962) 547—552.
Z. Flugwiss. 14 (1966) 99—102.

[3] NIEMANN, G., H. RETTIG u. G. LECHNER: Zur Prüfung von Getriebeölen im Zahnradverspannungsprüfstand. Erdöl u. Kohle 12 (1959) 472—480.

[4] MORRIS, G.: Fuel and Engine Lubricant Requirements for the Concord. Esso Air World 16 (1964) 148—154.

Die Prüfbedingungen sind z. Z.:

Wellendrehzahl	8000 U/min
Lagerbelastung (radial)	56 lb
Öleingangstemperatur	70 °C
Temperatur des Versuchslagers, Beginn	200 °C
(bis zum Versagen des Öles	
je 10° Anstieg)	
Versuchszeit pro Temperatur	15 Std.
Öldurchfluß pro Stunde	8,09 l

Die Bewertung erfolgt durch Vergleich mit einem Referenzöl (Oil RDE/0/535).

In Deutschland wurde ebenfalls eine Anlage entwickelt, mit der Flugturbinenöle bei hohen Temperaturen praxisnah untersucht werden können[1].

6. Fluggetriebeöle[2]

a) Allgemeines und Anforderungen

In der Luftfahrt werden bei mittleren bis hohen Zahnflankenbelastungen und z. T. auch bei hochbelasteten Gleitlagern spezielle Mineralölraffinate und Syntheseöle als Getriebeöle verwendet. Einsatzstellen sind z. B. Propellergetriebe, Hubschraubergetriebe u. ä.

Die Mineralöle werden aus paraffinbasischen Mineralölschnitten mittels bekannter Raffinationsverfahren hergestellt. Als Syntheseöle werden u. a. höherviskose Ester (z. B. Komplexester) verwendet.

Der Zusatz von folgenden Additivtypen ist gestattet:

EP-Zusätze,
Oxydationsinhibitoren,
Korrosionsinhibitoren,
VI-Verbesserer (teilweise).

Die EP-Zusätze können auf Phosphor-, Schwefel-, (Chlor-) sowie Bleibasis sein. Zweckmäßig ist oft die Kombination mehrerer Additive, die dann gemeinsam wirken, z. B. Organobleiverbindungen (Naphthenate, Stearate) und Di- bzw. Polysulfide. Ähnlich günstig sind auch Kombinationen von Schwefel- und Chlorverbindungen. Hierbei wird die Rostneigung der Clorverbindung durch den Schwefel weitgehend unterbunden. Eine weitere Gruppe sind die phosphorhaltigen Verbindungen, z. B. Trikresylphosphat, Dibutyldithiophosphit; bei letzterem erhöht der Schwefel die Wirkung des Phosphors.

In Tab. 8 sind die Anforderungen zusammengestellt. Die angegebenen Flugzeuggetriebeöle unterscheiden sich vor allem in der Viskosität und haben deshalb z. B. nach US-Normen entsprechende Zusatzbezeichnungen (Grade 80, 90 und 140).

Die Prüfmethoden sind in Tab. 8 zusammengestellt.

b) Chemisch-physikalische Prüfungen

Die Prüfmethoden sind in Tab. 8 zusammengestellt.

α) Flammpunkt. Die Bestimmung erfolgt nach den üblichen Testmethoden (s. Teil I, S. 70 ff.). Die in der Tab. 8 angegebenen Werte sind nach ASTM D 92 (CLEVELAND, offener Tiegel) bestimmt und können nicht direkt mit denjenigen nach DIN 51 584 (MARCUSSON) verglichen werden.

β) Pour Point. Wird nur für die Öle 0-153 und 0-155 gefordert. Bestimmung nach DIN 51 597.

γ) Nachfließverhalten von Ölen (Channelling Characteristics). Bei einigen Fluggetriebeölen wird das Kälteverhalten mit Hilfe des Channelling Characteristics-Test nach FTMS 791 a-3456 bestimmt.

---

[1] SPENGLER, G., u. E. K. JANTZEN: Die Simulierung des Ölkreislaufes von Turbinentriebwerken und seine Bedeutung für die praxisnahe Untersuchung von Flugturbinenölen. Z. f. Flugwiss. 14 (1966) 99—102, u. Erdöl u. Kohle, 20 (1967) 865—869.
[2] Siehe auch Abschnitt „Getriebeöle", S. 254.

Tabelle 8. *Kennzahlen und Eigen-*

Nationale Spezifikation {NATO-Symbol / USA Mil / Deutschland VTL / England DTD	O-153 L-6086 B Grade Light 9150-043/1 581B*	O-155 L-6086 B Grade Medium 9150-044/1 581B*	O-227 L-2105 B Grade 80
Viskosität cSt bei 98,9 °C (210 °F)			8,8—11,6
bei 37,8 °C (100 °F)	23—34	60—82	
bei —17,8 °C (0 °F)			max. 10,850
Viskositätsindex	mind. 80	mind. 80	—
Flammpunkt (COC) °C	mind. 138°	mind. 154°	mind. 163°
Pour Point °C	—40°	—29,0°	—
Kupferkorrosion, 3 Std. 121 °C	—	—	max. No. 2c
100 °C	max. No. 2*	max. No. 2*	—
Precipitation Number	max. 0,10	max. 0,10	—
Verkokungsrückstand	—	—	Ergebnis
Schaumneigung bei 24°, 93°, 24° C	—	—	
nach 5 Min. Luft einleiten ml	—	—	max. 300-200-300
Absetzneigung, feste Teilchen	—	—	0,25 Gew.-%
(Separation Characteristics), flüssig	—	—	0,5 Vol.-%
Schwefel			
Phosphor	keine Grenzwerte vorgeschrieben		
Chlorid			
Blei			
Metalle in Schmieröle			
Thermo-Oxydationsstabilität, 50 Std.	—	—	
Viskositätsänderung %	—	—	max. 100
n-Pentan-Unlösliches Gew.-%	—	—	max. 3
Benzol-Unlösliches Gew.-%	—	—	max. 2
Neutralisationszahl mg KOH/g	max. 1,0	max. 1,0	—
Farbe nach ASTM	nicht dunkler als No. 8	wie O-153	—
Kältenachfließvermögen (Channel Characteristics) mind.	—	—	—34 °C (—30 °F)
Moisture Corrosion Characteristics	—	—	nur Rostspuren
Druckaufnahmevermögen und Verschleiß im Getriebe	—	—	siehe Test nur geringer Verschleiß
Druckaufnahmevermögen und EP-Verhalten im Getriebe	—	—	
Druckaufnahmevermögen (Mean Hertz Load)	mind. 40 mind. 50*	mind. 40 mind. 50*	—

Bemerkungen		
1. Einsatzzweck	für Propellerübersetzungsgetriebe	Öle mit hohem Last-Hubschraubergetriebe geeignet
2. Zusätze	E.P.- und teilweise V.I.-Verbesserer	geprüfte E.P.-Ver-Korrosions-Inhibi-

Bei den jeweils geforderten Prüftemperaturen muß nach einer Lagerzeit von 18 Std. eine gezogene Rille innerhalb von 10 Sek. zusammenfließen. Die Versuchseinrichtung ist in Abb. 11 wiedergegeben. Es werden etwa 650 ml Öl benötigt. Das Testgefäß (mit flachem Boden) soll einen Durchmesser von 9,26 cm, eine Höhe von 11,43 cm und Füße von 2,54 cm Länge haben. Die Kühlung soll mit Luft erfolgen (Genauigkeit 1 °C).

Zur Versuchsdurchführung wird das Testgefäß bis 1,25 cm vom oberen Rand mit Öl gefüllt und auf 46 °C aufgeheizt. In das warme Öl wird ein Thermometer bis zur Mitte und der Stahlstreifen (1,9 cm × 15,2 cm × 0,32 cm Stärke) bis zum Boden eingeführt. Nach Abkühlen wird die Probe 18 ± 2 Std. bei der geforderten Temperatur gehalten. Nach der 18 Std.-Lagerung wird die Probe aus dem Kältebad genommen und innerhalb 30 Sek. mit dem Stahlstreifen eine Rille erzeugt (gerade Bewegung am Boden entlang während 5 Sek.).

schaften von Fluggetriebeölen.

O-226 L-2105B Grade 90	O-228 L-2105B Grade 140	Verwendete und einander entsprechende Testmethoden				
		ASTM Standard Ausgabe 1967	FTMS No. 791a Ausgabe 1965	IP Ausgabe 1967	DIN Ausgabe 1964	Sonstiges
16,8—19,2	25,7—34,3	D 445-65	305,5	*71/66	51 562	
max. 65,200	—					Mil-L-2105
—	mind. 75	D 567-63	9111,2	73/53	51 563	
mind. 177°	mind. 191°	D 92-66	1103,6	*36/67		
—	—	D 97-66	201,8	*15/67	51 597	
max. No. 2c	max. No. 2c	D 130-65	5325,2	*154/64	51 759	
—	—	D 91-61	3101,5	143/57		
ist	anzugeben	D 189-65	5001,10	*13/66	51 551	
max.	max.	D 892-63	3211,3			
300-200-300	300-200-300					
0,25 Gew.-%	0,25 Gew.-%		} 3455			
0,5 Vol.-%	0,5 Vol.-%					
		D 1551-65 T			51 768	
		D 1091-64	5661,5			
		D 808-63	5651,4			
			(5611)	120/48		
		D 811-48	5601,1			
			2504			
max. 100	max. 100					
max. 3	max. 3	D 893-60 T	3121,3			
max. 2	max. 2	D 893-60 T	3121,3			
—	—	D 974-64	(5105,5)	*139/65		
—	—	D 1500-64	102,7		51 578	
—18 °C (0 °F) nur Rostsp.	—6,7 °C (—20 °F) nur Rostsp.		3456 5326			
siehe Test nur geringer Verschleiß	siehe Test nur geringer Verschleiß		6506 6507			
—			6503			
						DTD 581 B

* ASTM und IP gemeinsame bzw. äquivalente Methoden

aufnahmevermögen, u. a. für triebe und hochbelastete Ge-

besserer und z. T. Oxydations- u. toren

Die Testtemperatur soll sich dabei im Öl nicht ändern. Nach 10 Sek. wird festgestellt, ob sich die Vertiefung wieder geschlossen hat oder ob eine Rille stehengeblieben ist.

δ) Kupferstreifenkorrosionstest. Bestimmung wie bei Kolbentriebwerksölen. Bestimmung nach DIN 51 759, Beurteilung nach ASTM Korrosionsskala.

ε) n-Pentan- bzw. Benzolunlösliches. Diese Bestimmungen nach ASTM D 893 können als eine Verbesserung der Methoden „Fällungszahl", ASTM D 91, bzw. „Sedimente", FTMS 791 a-3004, angesehen werden. Grenzen sind nicht vorgeschrieben. In jedem Falle ist ein niedriger Wert günstig zu beurteilen.

ζ) Fällungszahl (Precipitation Number). Versuchsdurchführung nach ASTM D 91 s. Kolbentriebwerksöle. Die Werte sollen 0,1 ml nicht überschreiten, liegen jedoch in der Regel erheblich darunter.

η) **Farbe.** Die Bestimmung der Farbe erfolgt nach DIN 51 578, äquivalent ASTM D 1 500 (s. S. 64).

ϑ) **Neutralisationszahl.** Zur Bestimmung der Neutralisationszahlen werden bei den Ölen O-153 und O-155 sowohl in England wie in USA nach der Indikatormethode mit p-Naphtholbenzein gearbeitet. Bestimmung nach ASTM 974-64 oder IP 139/65.

ι) **Verkokungsrückstand nach Conradson (Conradson Carbon Residue).** Er ermöglicht eine ungefähre Vorstellung der Rückstands- bzw. Koksbildung bei erhöhter Temperatur und wird bei einzelnen Getriebeölen gefordert. Bestimmung nach DIN 51 551 analog ASTM D 189 s. Teil I, S. 138.

κ) **Schaumverhalten.** Bestimmung nach ASTM 892-63.

λ) **Absetzneigung (Separation Characteristics).** Dieser Test ist für die Lagerhaltung von Getriebeölen von Interesse. Nach Mil-L-2105 B soll die Rückstandsmenge an nicht-mineralöleigenen, aber dem Frischöl zugesetzten Substanzen nicht höher als 0,25% nach dem Zentrifugieren liegen; bei flüssigem Rückstand soll er nicht mehr als 0,50 Vol.-% betragen.

Nach FTMS 791a-3455 werden je 100 ml des zu prüfenden Öles in 2 Zentrifugengläser (konische Form mit Stöpsel) eingefüllt, verschlossen und im Dunkeln 30 Tage lang gelagert (Temperatur: 29,4 ± 8,4 °C). Nach 30 Tagen werden die Proben 5 Min. bei 1 500 Umdrehungen abzentrifugiert. Sollte dabei kein Rückstand sichtbar werden, so werden die Proben weitere 30 Tage unter gleichen Bedingungen gelagert. Nach insgesamt 60 Tagen wird erneut abzentrifugiert (mehrmals 5 Min., falls ein Rückstand sichtbar wird). Bei einem festen Rückstand wird das überstehende Öl vorsichtig abgegossen und der Rückstand mit aromatenfreiem Benzin ölfrei gewaschen. Trocknen bis zur Gewichtskonstanz bei 104 °C. Bei flüssigem Rückstand ist das Volumen in dem graduierten Zentrifugenglas auf 0,05 ml genau festzustellen.

μ) **Bestimmungen von Schwefel, Phosphor, Chlor.** Zur Kenntnis der verwendeten Additive sind diese Bestimmungen von Bedeutung. *Schwefelbestimmung* nach (ASTM D 1 551 bzw. DIN 51 768). Der *Phosphorgehalt* wird entweder photometrisch als Ammoniumvanado-molybdat oder gravimetrisch als Magnesiumpyrophosphat bestimmt. Wenn der Phosphorgehalt unter 2% liegt, bringt die photometrische Methode bessere Ergebnisse (ASTM D 1091-58 T). Der *Chlorgehalt* wird durch Verbrennen der Ölprobe in einer Bombe mit Sauerstoff und anschließender gravimetrischer Bestimmung der Chlorionen als AgCl ermittelt (ASTM D 808 bzw. DIN 51 577 s. „Allgemeine Prüfmethoden", Teil I, S. 123).

ν) **Bestimmung von Metallen.** Bestimmung des Bleis nach IP 120-48. Bestimmung von Barium, Zinn, Silizium, Zink, Aluminium, Calcium, Magnesium, Natrium und Kalium nach ASTM D 811-48 s. S. 116. Eine einfache und schnelle Bestimmung von Metallen in Ölen ist auch mit spektroskopischen Methoden möglich (Emission oder Atomabsorption oder auch Röntgenspektralanalyse)[1,2].

c) Mechanische Prüfungen

α) **Thermo-Oxydationsstabilität.** Getriebeöle werden nach FTMS 791a-2504 in einer speziellen Prüfmaschine auf deren Thermo-Oxydationsstabilität geprüft (Abb. 12). Hierbei wird das zu prüfende Öl (120 ml) zwischen zwei Zahnrädern (50 und 34 Zähne) mechanisch belastet. Die Drehzahl des 0,75 PS-Motors beträgt 1725 U/min. Außerdem ist ein Kugellager neben dem Getriebe eingebaut. Die Temperatur des Öles wird auf 157 °C eingestellt. Zusätz-

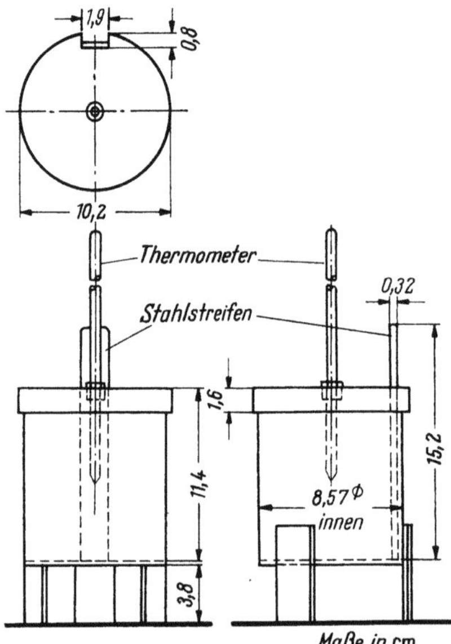

Abb. 11. Versuchseinrichtung für das Nachfließverhalten von Ölen (Channelling Characteristics) nach FTMS 791 a-3456. (Mil-CS-3000 A.)

---

[1] Louis, R.: Röntgenanalyse in der Mineralölindustrie. Erdöl u. Kohle 18 (1965) 187—190.

[2] KÄGLER, S.: Die Einsatzmöglichkeiten der Atomabsorptions-Spektroskopie in der Mineralölanalytik. Analysentechn. Berichte, Perkin Elmer, H. 6 (1966).

lich wird Luft von unten in das Öl eingeleitet. Die Menge beträgt 1,1 l pro Stunde. Als Katalysator wird ein Stück Elektrolytkupfer in das Öl gegeben. Um die Änderung zu verfolgen, wird vom Frischöl und nach jeweils 10 Std. die Viskosität bestimmt. Nach 50 Std. darf die Viskosität um maximal 100% angestiegen sein. Außerdem soll das n-Pentanunlösliche nicht mehr als 3 Gew.-% betragen, der Wert des Benzolunlöslichen darf 2 Gew.-% nicht überschreiten.

β) Feuchtigkeitskorrosionsverhalten. Die Bestimmung erfolgt nach FTMS 791 a-5326. Hierzu wird ein Spicer Differential-Getriebe der Dana Corp., Toledo (Ohio) verwendet, das mit einem 1 bis 1,5 PS-Motor bei 2500 Umdrehungen angetrieben wird. Zur Versuchsdurchführung wird in das Getriebegehäuse 1,4 l des zu prüfenden Öles gegeben und nach Erreichen der Drehzahl (2500 U/min) werden zum Öl 28,4 ml destilliertes Wasser hinzugefügt. Nach Erreichen der Prüftemperatur von 82 °C wird der Test 4 Std. bei gleichbleibender Temperatur gefahren, anschließend der Antrieb abgeschaltet und ein temperierbarer Kasten über das Getriebe gesetzt. Die Temperatur soll zunächst auf 70 °C gebracht und dann auf 51,7 °C erniedrigt werden. Bei dieser Temperatur wird das Getriebe 1 Tag bzw. 7 Tage gehalten. Nach der jeweils vorgeschriebenen Testzeit wird das Getriebe zerlegt und die Teile auf Korrosionen untersucht. Der Zustand der einzelnen Teile ist anzugeben.

γ) Druckaufnahmevermögen und EP-Eigenschaften von Getriebeölen bei hoher Geschwindigkeit und Stoßbelastung. Als Gerät wird nach FTMS 791 a-6507 hierzu eine Hinterachse mit Getriebe der Firma Dana Corp., Toledo (Ohio) verwendet. Als Antrieb dient ein Chevrolet V 8-Motor mit Kupplung und Übersetzungsgetriebe. Zur Belastung dienen zwei Dynamometer. Beim Hochgeschwindigkeitstest wird die Drehzahl an der Achse von 80 bis auf 1100 U/min gesteigert [Öltemperatur 93,3 °C (200 °F)]. Bei der Stoßbelastung wird die Last 10mal von 0 auf 131 lb · ft (18,2 kp · m) erhöht.

Nach Beendigung des Versuchslaufes wird das Getriebe ausgebaut und die Veränderungen an Ritzel und Zahnrad beobachtet und photographiert.

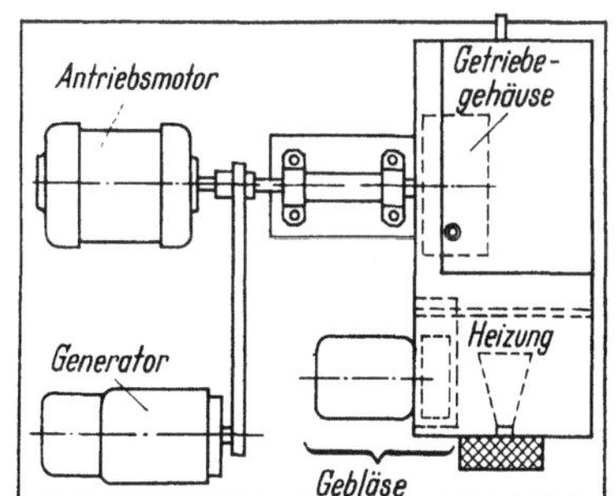

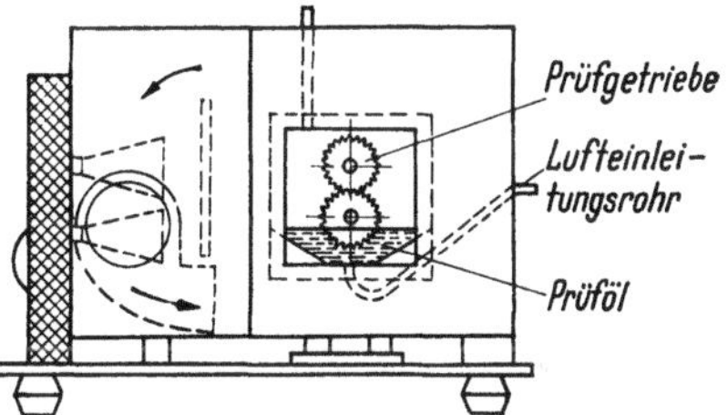

Abb. 12. Gerät zur Prüfung der Thermooxydationsstabilität von Getriebeölen nach FTMS 791 a-2504.

δ) Tragfähigkeit, Abrieb und EP-Eigenschaften von Getriebeölen bei hoher Geschwindigkeit und niedriger Last sowie niedriger Geschwindigkeit und hoher Last. Hierzu wird nach FTMS 791 a-6506 ein hypoidverzahntes Differentialgetriebe eines $^3/_4$ t-USA-Heereslastwagens verwendet (Chrysler Corp., Detroit). Als Antrieb dient ein 6-Zylinder-Chevrolet-Lastwagenmotor mit Kupplung und Übersetzungsgetriebe. Belastung erfolgt an den Achsenden durch 2 Dynamometer. Der Versuch bei hoher Geschwindigkeit wird bei einer Motordrehzahl von etwa 2000 U/min gefahren, wobei alle Gänge bis zum direkten Antrieb durchgeschaltet werden. Die Öltemperatur beträgt 146 bis 149 °C. Testdauer 100 Min. Das Drehmoment beträgt etwa 9460 lb · inch (108,98 kp · m) bei Achsdrehzahl von 440 U/min. Beim Versuch mit niedriger Geschwindigkeit und hoher Belastung wird ein 24 Std.-Test gefahren. Das Drehmoment beträgt 41 800 lb · inch (481,53 kp · m) bei 80 U/min, die Öltemperatur 135 °C. Nach Beendigung des Versuches wird das Differential ausgebaut und auf Veränderungen wie Korrosion, Abrieb, Rauhigkeiten, Verfärbungen und Ablagerungen hin untersucht.

ε) Lasttragevermögen (Mean Hertz Load). Als Testgerät wird nach FTMS 791 a-6503 die Shell-Vierkugel-E. P.-Prüfmaschine verwendet. Die Ölmenge beträgt etwa 8 ml. Bei der Versuchsdurchführung wird die Last entsprechend dem Datenblatt der Prüfvorschrift erhöht, dazwischen wird die Kalottengröße der Kugeln entsprechend der Vorschrift ausgemessen und das arithmetische Mittel bestimmt. Aus diesem Mittel wird mit Hilfe des Hertz-Faktors eine korrigierte Last berechnet. Durch Einsetzen der korrigierten Werte in eine in der Vorschrift angegebene Formel kann dann der „Mean Hertz Load"-Wert errechnet werden.

7. Instrumentenöle für die Luftfahrt

a) Allgemeines und Anforderungen

Für die Schmierung von feinmechanischen, optischen und elektronischen Geräten und Instrumenten in Flugzeugen und Luftfahrtgeräten werden besondere Instrumentenöle verwendet[1]. Diese Öle müssen neben den für Instrumentenöle üblichen Eigenschaften zusätzlich ein besonders gutes Kälteverhalten haben.

Es finden in der Luftfahrt Instrumentenöle auf Mineralöl- und auf Syntheseölbasis Verwendung. Die Mineralöle sind aus besonders gut ausraffinierten niedrigviskosen Destillationsschnitten gewonnen. Bei den Syntheseölen handelt es sich vorwiegend um niedermolekulare zweibasische Ester.

Zur Additivierung beider Typen werden Oxydations- und Korrosionsinhibitoren zugesetzt.

Die Anforderungen sind in Tab. 9 zusammengestellt.

b) Chemisch-physikalische Prüfungen

Die Prüfmethoden sind in Tab. 9 wiedergegeben.

α) Dichte. Die Bestimmung wird üblicherweise nicht verlangt. Bei Mil-L-7870 A-Ölen liegt dieser Wert bei etwa 0,875 und bei Mil-6085-Ölen bei etwa 0,930. Der Unterschied beruht auf der verschiedenen Konstitution (höhere Dichte bei Esterölen). Die Bestimmung kann z. B. nach DIN 51757 erfolgen.

β) Viskosität. Der Wert soll bei 37,8 °C mindestens 10 cSt für die Öle nach 0-142 betragen und liegt in der Regel knapp darüber. Der Grund liegt in der relativ niedrigen Kälteviskosität von max. 4000 cSt bei − 40 °C. Das Esteröl (0-147) hat bei 37,8 °C eine etwas höhere Viskosität von etwa 13,5 cSt, ist aber im VT-Verlauf etwas flacher, so daß bei − 40 °C nur etwa 1800 cSt erreicht werden (bei − 54 °C maximal 12000). Daraus ergibt sich ein etwas günstigeres Kälteverhalten des Esteröles.

γ) Pour Point. Auf Grund des flacheren VT-Verlaufes liegt der Pour Point bei Esterölen üblicherweise niedriger als bei entsprechenden Mineralölen. Die Bestimmung erfolgt nach den üblichen Methoden, z. B. DIN 51597.

δ) Flammpunkt. Das Esteröl hat einen höheren Flammpunkt (Durchschnitt 200 bis 220 °C, Mindestanforderung 185 °C), das Mineralöl liegt im Durchschnitt 10 bis 20 °C höher als die Mindestanforderung (130 °C). Die Bestimmung erfolgt nach ASTM-Methode D 92 (CLEVELAND, Open Cup).

ε) Verdampfungsverlust. Die Bestimmung wird nach ASTM D 972 durchgeführt. Nach 22 Std. bei 98,9 °C darf beim Öl nach Mil-L-6085A der Verdampfungsverlust 1% nicht überschreiten. Beim Öl nach Mil-L-7870A darf der Verlust max. 22% betragen.

ζ) Fällungszahl (Precipitation Number). Die Bestimmung erfolgt nach ASTM D 91. Bei Instrumentenölen für die Luftfahrt darf kein Rückstand auftreten.

η) Neutralisationszahl. Der Wert ist nach den Spezifikationen nicht begrenzt, soll jedoch angegeben werden. Die Nz sollte jedoch bei Instrumentenölen nur wenig von 0 abweichen, so daß praktisch keine freien Säuren vorhanden sind (Methode nach ASTM D 664).

ϑ) Stabilität bei tiefen Temperaturen (Low Temperature Stability). Entsprechend US-Spezifikation (Mil) wird eine Probe von 100 ml Öl in einer verschlossenen Glasflasche bei − 54 °C 72 Std. gelagert. Nach dieser Zeit darf weder eine Trennung, Auskristallisation oder ähnliche Veränderungen im Öl aufgetreten sein. Eine Trübung, die nicht absitzt, ist kein Grund zur Beanstandung.

ι) Kupferstreifen-Korrosionstest. Bestimmung nach ASTM D 130 s. Teil I, S. 662. Das Kupferblech darf nach der Prüfung keine Verfärbung zeigen.

κ) Korrosions- und Oxydationsstabilität. Bestimmung nach FTMS 791a-5308 (Testbedingungen 168 Std. bei 120 °C). Bei den 5 verwendeten Prüfblechen darf die Gewichtsänderung nicht mehr als 0,2 mg/cm² betragen. Bei 20facher Mikroskopvergrößerung darf keine sichtbare Korrosion oder Oberflächenveränderung eingetreten sein. Beim Kupferblech ist eine leichte Verfärbung gestattet. Vor und nach dem Test wird die Viskosität und Neutralisationszahl gemessen. Die Viskosität soll sich nicht mehr als ± 5% (bzw. − 5/+ 20% bei Mil-L-7870 A) geändert haben. Die Neutralisationszahl darf nach dem Test nicht höher als 0,5 mg KOH/g Öl sein. Außerdem darf nach dem Test keine sichtbare Abtrennung von flüssigen Anteilen oder Ausfällungen entstanden sein.

---

[1] SPENGLER, G., u. F. WUNSCH: Schmierung und Lagerung feinmechanischer und optischer Geräte. Düsseldorf: VDI-Verlag (in Vorbereitung).

Tabelle 9. *Kennzahlen und Eigenschaften von Instrumentenölen für die Luftfahrt.*

Nationale Spezifikation { NATO-Symbol USA Mil Deutschland VTL England DTD	O-142 L-7870A 9150-034/1c 5578	O-147 L-6085A 9150-038/1c 822A*	Verwendete und einander entsprechende Testmethoden				Sonstiges
			ASTM Ausgabe 1967	FTMS No. 791a Ausgabe 1965	IP Ausgabe 1967	DIN Ausgabe 1964	
Viskosität, cSt 54,4 °C (130 °F)	—	mind. 8	D 445-65	305,5	*71/65	51 562	
37,8 °C (100 °F)	mind. 10	—					
—40 °C (—40 °F)	max. 4000	—					
—53,9 °C (—65 °F)	—	max. 12 000					
Flammpunkt	mind. 130 °C (265 °F)	mind. 185 °C (365 °F)	D 92-66	1103,6	*36/67		
Pour Point	max. —57 °C (—70 °C)	max. —57 °C (—70 °F)	D 97-66	201,8	*15/67	51 697	
Evaporation Loss, 22 Std., bei 98,9 °C Gew.-%	max. 22	max. 1	D 972-56	351,2	183/63T		
22 Std., bei 121 °C (250 °F) Gew.-%	—	*max. 1,3					
Precipitation Number	0	0	D 91-61	3101,5	143/57		DTD 822A
Low Temperature Stability	kein Gelieren keine Trennung	kein Gelieren keine Trennung					Mil-L-7870 A Mil-L-6085 A
Kupferstreifenkorrosion	keine Verfärbung	—	D 130-65	5325,2	*154/64	51 759	DTD 822A
Korrosions- und Oxydationsstabilität:							
Gewichtsänderung der Metalle	±0,2 mg/cm^2	±0,2 mg/cm^2		5308,5			
Viskositätsänderung	—5 +20%	±5 % b. 54,4 °C					
Farbe nach ASTM	Nr. 5	Nr. 5	D 1500-64	102,7		51 578	
Neutralisationszahl, mg KOH/g	—	*max. 0,3			1/64		

Bemerkungen

	O-142	O-147	
Einsatzzweck:	für alle Instrumente, außer Uhren. Sehr gutes Tieftemperaturverhalten.	für alle Instrumente, außer Uhren. Gutes Tieftemperaturverhalten. Nicht bei allen Dichtungsmaterialien geeignet	*ASTM und IP gemeinsame oder äquivalente Methoden
Basis:	Mineralöl	Esteröl	

λ) **Farbe.** Bestimmung nach ASTM D 1500 bzw. DIN 51578 s. S. 64. Der Farbwert soll nicht dunkler als 5,75 nach der ASTM-Skala sein. Dieser Wert wird in der Regel nicht erreicht.

μ) **Korrosionsverhalten.** Für die Bestimmung der Korrosion schreibt die Mil-L-6085 einen speziellen Test vor. Drei Stahlscheiben der Legierungszusammensetzung FSE 52100 oder entsprechende Rollen eines Rollenlagers werden oberflächenbehandelt, so daß bei 10facher mikroskopischer Vergrößerung keine Fehler in der Oberfläche oder Korrosion sichtbar sind. Auf die polierte Seite dieser Scheibe wird ein in einem verdünnten Säuregemisch (H_2SO_4 + + HNO_3 + HCl) angeätztes Messingblech aufgeschraubt, nachdem einige Tropfen des zu prüfenden Öles sich auf der Oberfläche verteilt haben. Diese Testeinrichtung wird dann 10 Tage in einer Kammer mit 50% Feuchtigkeit bei 26,7 °C gelagert.

Nach dieser Zeit werden die Metallscheiben herausgenommen, gereinigt, die Messingbleche entfernt und unter dem Mikroskop bei 10facher Vergrößerung beobachtet. Es dürfen keine Anzeichen von Korrosion sichtbar sein.

c) Mechanische Prüfungen

Es gibt auch hier eine Zahl von meistens firmeninternen Prüfgeräten. Da jedoch bis heute in den Anforderungen noch keine mechanischen Prüfmethoden vorgeschrieben sind, wurde auf eine Darstellung derartiger Methoden verzichtet.

8. Flugzeugschmierfette[1]

a) Allgemeines und Anforderungen

Der Anwendungsbereich der Schmierfette innerhalb der Luftfahrt erstreckt sich vor allem auf die Dauerschmierung von Lagern und zu bewegenden Teilen, an denen keine sehr großen Wärmemengen abgeführt werden müssen. Für die Luftfahrt sind von besonderem Interesse Fette für tiefe Temperaturen und solche, die auch bei sehr hohen Temperaturen eingesetzt werden können[2]. Besondere Probleme ergeben sich im Überschallbereich durch die z. T. erheblich höheren Temperaturen und Unterdruck[3]. Hierdurch werden vor allem starke Veränderungen bzw. auch Verluste des Basisöles verursacht.

Die Einsatzgrenzen werden weitgehend durch die Zusammensetzung bestimmt. Als Basisöl werden für den tiefen Temperaturbereich vor allem Esteröle, z. B. Diester, verwendet. Als Verdickungsmittel in diesem Bereich sind vorwiegend Metallseifen auf Lithium- oder Lithium-Natrium-Basis (etwa 15 bis 25% Stearate oder Hydroxystearate) eingesetzt.

Im Bereich der hohen Temperaturen werden als Basisöle z. T. noch Mineralöle, aber auch Pentaerythritester verwendet. Für noch höhere Temperaturen sind als Basisöle Polyphenyläther und perfluorierte Verbindungen in Erprobung[4]. Als Verdickungsmittel werden im mittleren Temperaturbereich (bis etwa 180 °C) z. T. Natrium- und Lithiumseifen eingesetzt. Für noch höhere Temperaturen sind zunehmend von Interesse die seifenfreien Fette. Als Verdickungsmittel kommen hierbei in Betracht Silicagel, Tone/ Arylharnstoffe sowie Farbstoffe wie Phthalocyanine und Indanthrene. Diese Verdickungsmittel schmelzen zum größten Teil nicht oder haben extreme Schmelzpunkte. Wesentlich bei allen Fetten, insbesondere aber bei den mit anorganischen Verdickungsmitteln, ist ein guter Dispersionsgrad.

Zum Teil wird bei Spezialfetten ein Feststoffschmiermittel zugesetzt, z. B. Graphit oder Molybdändisulfid.

---

[1] Siehe auch Abschnitt „Schmierfette".

[2] DOUGLAS, P. J.: To Grease or not to Grease. Shell Aviation News No. 303, (1964) 18—19; No. 306, 19—22 (1964); No. 330, (1965) 9—11.

[3] DOUGLAS, P. I.: Greases for SST. Shell Aviation News No. 316 (1964) 822—824.

[4] CHRISTIAN, I. B.: Advanced Aerospace Greases. Jour. Am. Soc. Lub. Eng., 52—56 (Febr. 1967).

Als Additive werden je nach Anwendungszweck zugesetzt: Korrosionsinhibitoren, Alterungsschutzstoffe, Hochdruckadditive und bei anorganischen Verdickungsmitteln Stoffe zur Hydrophobierung der Oberfläche des Verdickungsmittels.

In Tab. 10 sind die Anforderungen der in der Luftfahrt hauptsächlich verwendeten Fette zusammengestellt.

b) Chemisch-physikalische Prüfungen

α) **Tropfpunkt.** Je nach Einsatzzweck haben die Luftfahrtschmierfette Tropfpunkte zwischen 130 bis 165 °C und für Hochtemperatureinsatz von etwa 180 bis 260 °C. Der Tropfpunkt kann nur als ungefähres Maß für die Temperatureinsatzgrenze angesehen und sollte in seiner Aussage nicht überschätzt werden, da eine Reihe von Faktoren in den Tropfpunkt von Fetten eingehen. In jedem Falle ist zur Klärung der Temperaturgrenze ein Versuch in einem Prüflager notwendig.

Bestimmung nach DIN 51 801 bzw. ASTM D 566 s. Teil I, S. 68.

β) **Penetration.** Die *Ruhepenetration* wird bei Fetten für die Luftfahrt meist mit 200 angegeben. Es sollte bei dieser Messung berücksichtigt werden, daß die Penetration sich durch den Transport, das Umfüllen und Temperaturschwankungen ändern kann.

Bestimmung nach DIN 51 804/1 s. S. 422.

Einen besseren Anhaltspunkt ergibt die *Walkpenetration* (60 Hübe im Fettkneter nach ASTM D 217). Die Werte der in der Luftfahrt verwendeten Fette liegen zwischen 250 und 310. Ein noch intensiveres Durcharbeiten des Fettes wird bei der Prüfung der *Walkstabilität* vorgenommen (nach FTMS 791 a-313.2). Hierbei werden 100 000 Doppelhübe im Fettkneter ausgeführt und anschließend die Penetration gemessen. Dabei tritt in der Regel eine leichte Konsistenzabnahme des Fettes ein, entsprechend steigt die Penetration an. Für Fette der Luftfahrt sind Werte von maximal 375 zulässig.

γ) **Lagerbeständigkeit.** Die Lagerbeständigkeit wird auch durch Penetrationsmessungen überwacht. Im allgemeinen wird eine Lagerung von 6 Monaten bei 38 $\pm$ 3 °C verlangt.

Eine Menge von 454 g Fett wird im öldichten Behälter unter diesen Bedingungen gelagert. Dabei tritt zumeist eine Konsistenzerhöhung auf. Die Ruhepenetration darf einen Mindestwert nicht unterschreiten (z. B. 40) und die Walkpenetration darf sich um maximal 30 Einheiten ändern.

δ) **Verunreinigungen.** Die Bestimmung des im Fett enthaltenen Schmutzes wird unter dem Mikroskop bei mindestens 50facher Vergrößerung vorgenommen (z. B. in einer Blutzählkammer). Bei einer großen Zahl der in der Luftfahrt zugelassenen Fette ist die Menge an Verunreinigungen vorgeschrieben, wie z. B.

max. 2500 Teilchen pro cm^3 von 25 μ und größer,
max. 500 Teilchen pro cm^3 von 75 μ und größer,
keine Teilchen von 125 μ und darüber.

Bei anderen Fetten sind die Grenzen noch enger festgelegt:

max. 1000 Teilchen mit 25 μ und größer,
keine Teilchen mit 75 μ und größer.

ε) **Oxydationsstabilität (Bombentest).** Die Bestimmung wird nach ASTM D 942 entsprechend IP 142 durchgeführt. In einer Stahlbombe wird die vorgeschriebene Fettprobe unter Sauerstoff 100 Std. bei Testtemperatur gehalten. Die Sauerstoffaufnahme des Fettes äußert sich im Druckabfall. Die Testtemperatur beträgt meist 121 °C, der Druckabfall darf bei den meisten in der Luftfahrt gebräuchlichen Fetten nicht mehr als 5 psi ($= 0,35\,kg/cm^2$) betragen. Eine ungenügende Oxydationsstabilität kann zu einem vorzeitigen Ausfall des Fettes bei der Schmierung führen.

ζ) **Kupferstreifenkorrosion.** Die Bestimmung (ASTM D 1261) wird in der gleichen Stahlbombe vorgenommen wie beim Test nach ASTM D 942. Zusätzlich wird ein Kupferstreifen in die Fettprobe eingetaucht. Grundsätzlich besteht hierbei die Möglichkeit, daß das Kupfer die Fettoxydation katalytisch beeinflußt. In einigen Vorschriften wird deshalb ein maximaler Druckabfall des Sauerstoffs von 1 psi (0,07 kg/cm^2) verlangt.

Die meisten Spezifikationen schreiben zusätzlich eine Prüfung auf Kupferkorrosion nach FTMS 791 a-5309 vor. Der Test wird bei 100 °C 24 Std. in Luft durchgeführt. Hierzu wird ein Kupferstreifen von 7,6 cm auf 1,25 cm verwendet, der zu $^2/_8$ in das Fett eingetaucht wird. Nach der vorgeschriebenen Versuchsdauer wird der Streifen mit Benzol gewaschen. Ein Verfärbung oder Korrosion soll angegeben werden. In der Regel wird verlangt, daß keine Korrosion oder deutliche Verfärbungen auftreten.

η) **Wasserbeständigkeit (Water Resistance).** Diese Bestimmung ist für die meisten der in der Luftfahrt benötigten Fette vorgeschrieben. Für den Test (ASTM D 1264) wird die

Tabelle 10a. *Kennzahlen und Eigenschaften*

Nationale Spezifikation	NATO-Symbol USA Mil Deutschland VTL England DTD	G-352 G-7421 B — 866 A*	G-354 G-23 827 A 9150-060/1 844 B*	G-359 G-3545 B 9150/029/1 878 A*
Tropfpunkt, mind. °C		163°	163°	177°
Penetration mm/10				
a) Ruhepenetration		mind. 200	mind. 200	—
b) Walkpenetration		270—330*	270—310	250—300
Walkstabilität, nach 100000 Doppelhüben, Penetr.		max. 375	max. 375	—
Schmutz		s. Text	s. Text	s. Text
Oxydationsstabilität (Bombentest, 100 Std., 121 °C)		Druckabfall max. 0,35 kg/cm²	Druckabfall max. 0,35 kg/cm²* max. 0,7 kg/cm²	Druckabfall max. 0,7 kg/cm²
Oxydations- und Kupferstreifenkorrosion, in der Bombe		—	Druckabfall 0,07 kg/cm² (20 Std.)	—
ohne Bombe		keine Dunkelfärbung	—	keine Dunkelfärbung max. 20, bei 41 °C max. 50 %*
Wasserbeständigkeit Auswaschverlust %		max. 20	max. 20	—
Verdampfungsverlust, 22 Std., max.		2 % bei 98,9 °C	2 % bei 98,9 °C 2,5 % bei 121 °C*	—
Ölabscheidung, 30 Std., max.		5 % bei 100 °C	5 % bei 100 °C*	5 % bei 100 °C
Scheinbare Viskosität, Poises b. Scherrate u. Temp.		max. 15,000 bei 20 sec⁻¹ —73 °C	max. 10,000 bei 20 sec⁻¹ —54 °C	—
Tieftemperaturdrehmoment				
1. Anzugsmoment max. bei Temp.		2 500 g · cm —73 °C	2 500 g · cm —54 °C*	15 000 g · cm —17,8 °C
2. Laufmoment/60 Min. max. bei Temp.		1 000 g · cm —73 °C	1 000 g · cm —54 °C* 10 000 g · cm —73 °C 1 000 g · cm —73 °C	5 000 g · cm —17,8 °C
Hochtemperaturbeständigkeit		mind. 650 Std. bei 121 °C einwandfrei	mind. 1000 Std. bei 121 °C einwandfrei	mind. 600 Std. bei 149 °C einwandfrei
Lasttragevermögen (Mean Hertz Load)		—	mind. 30 kg mind. 40 kg*	—
Zahnradverschleiß b. 5 lbs, mg pro 1000 Arbeitsspiele		2,5	2,5	—
Rostschutzwirkung, max.		3 kleine Rostst.	3 kleine Rostst. 2 kleine Rostst.*	3 kleine Rostst.
Wasserstabilität, Penetr., max.		—	—	—
Gummiquellung (Gummi L)		—	—	max. 10 %
Lagerbeständigkeit:				
1. Ruhepenetration, mm/10		—	mind. 200	—
2. Änderung der Walkpenetration gegenüber frischem Fett, mm/10		max. 30	max. 30	max. 30

von Schmierfetten für die Luftfahrt.

G-361 G-25760A — 5579*	G-366 G-25537A — 900/4609	G-372 G-25013D — 900/4738	Verwendete und einander entsprechende Testmethoden				
			ASTM Standard Ausgabe 1967	FTMS 791a Ausgabe 1965	IP Ausgabe 1967	DIN Ausgabe 1964	Sonstiges
260°	138°	232°	D 566-64	1421,2	*132/65	51 801/1	
			D 217-65T	311,6	50/64	51 804/1	
—	200—305	—					
260—320	265—305	260—330					
—	265—375	max. 375		313,2			
s. Text	s. Text	s. Text		3005,3	134/56		
Druckabfall	Druckabfall	Druckabfall	D 942-50	3453,1	*142/65		
max.	max.	max.					
0,35 kg/cm²	0,35 kg/cm²	0,35 kg/cm²					
bei 199 °C							
—	—	—	D 1261-55	5314,1			
				5309,3	112/56		
keine Dun-	keine Dun-	keine Dun-					
kelfärbung	kelfärbung	kelfärbung					
	—		D 1264-63	3252,3			
50%		max. 20%					
7% bei 177 °C	7% bei 98,9°C	4% bei 204 °C	D 972-56	351,2	183/63T		
5% bei 177 °C	5% b. 100°C	7,5% b. 232°C		321,2			
max. 15000	max. 15000	—	D 1092-62	306,4			
20 sec^{-1}	25 sec^{-1}						
—40 °C	—54 °C	—					
—	—	—	D 1478-63	334,2	186/64T		
—	—	2000 g · cm					
		—73 °C					
—		500 g · cm					
		—73 °C					
mind. 400 Std.	—	mind. 500 Std.		333			
bei 177 °C		bei 232 °C		331			
einwandfrei		einwandfrei					
—	—	—		6503			
50 kg*	—						DTD 844B u.
							5579
—	—	—		335,1			
3 kleine	3 kleine	3 kleine	D 1743-64	4012,1			
Roststellen	Roststellen	Roststellen					
—	70 mm/10	—					
	über Walk-						
	stabilität						
—	—			3603,4			Mil-G-25 537 A
							Mil-G- 7 421 B
	Penetration						Mil-G-23 827 A
mind. 200	innerhalb der	mind. 200			50/64		Mil-G- 3 595 B
	Grenz- und						Mil-G-25 760 A
keine	Ausgangs-	max. 30					Mil-G-25 537 A
Änderung*	werte						Mil-G-25 013 D

Tabelle 10a.

Nationale Spezifikation { NATO-Symbol / USA Mil / Deutschland VTL / England DTD	G-352 G-7421 B — 866	G-354 G-23 827 A 91 50-060/1 844 B	G-359 G-3545 B 91 50/029/1 878 A
Lagerbeständigkeit 3 Monate 40 °C im BRL 020-Lager Zunahme der Rotationszeit	anschließend LowTemperature Torque Test max. 50 %	— — —	— — —
Bemerkungen: 1. Einsatzzweck	Für extrem tiefe Temperaturen	für hochbelastete Schmierstellen	für Radlager u. Schmierg. von Zusatzgeräten
2. Zusätze	keine Angaben	E. P. Additiv	keine Angaben

Tabelle 10b. *Kennzahlen und Eigenschaften*

Nationale Spezifikation { NATO-Symbol / USA Mil / Deutschland VTL / England DTD	G-353 G-21 164 B — 5527	G-355 — 91 50-052/1 806 A*	G-357 — —. 900/4408	G-363 G-6032 B — —	G-382 G-7711 A 91 50/056/1 DEF-2261*
Tropfpunkt mind. °C	162,8°	149°		126,7 °	149 °
Penetration mm/10 a) Ruhepenetration b) Walkpenetration	260—310 —	— 265—340		mind. 100 max. 310	— 265—340 250—300*
Walkstabilität nach 100 000 Doppelhüben, Pen. Schmutz Oxydationsstabilität (Bombentest, 100 Std.)	max. 375 Druckabfall max. 0,7 kg/cm²	max. 375 s. Text Druckabfall max. 0,35 kg/cm²		— — —	max. 375 s. Text Druckabfall max. 0,7 kg/cm² (max.0,35kg/cm²)
Oxydations- u. Kupfer- streifenkorrosion in der Bombe ohne Bombe	— —	keine Dunkelfärbung	keine Dunkelfärbung	keine Dunkelfärbung	keine Dunkelfärbung
Wasserbeständigkeit Auswaschverlust	max. 20%	max. 50% bei 37,8 °C* 30%		max. 50%	15% max. b. 38 °C 15% *
Beständigkeit gegen Kraftstoff, Verlust		—		max. 20%	—
Verdampfungsverlust, nach 22 Std.	max. 3% 121 °C	max. 2%, 121 °C max. 10%		—	—
Ölabscheidung max.	5%, 30 Std.	5%, 30 Std.		—	5% bei 100 °C 30, 50 Std.*
Scheinbare Viskosität, Poises Scherrate u. Temp.	max. 10000 20 sec⁻¹, b. — 54 °C	—		—	—

(Fortsetzung.)

G-361 G-25760A — 900/4841	G-366 G-25537A — 900/4609	G-372 G-25013D — 900/4738	Verwendete und einander entsprechende Testmethoden				
			ASTM Standard Ausgabe 1967	FTMS 791a Ausgabe 1965	IP Ausgabe 1967	DIN Ausgabe 1964	Sonstiges
—	—	—					DTD 866
für weiten Temperatur- bereich keine Angaben	für Hub- schrauber- schmierung keine Angaben	zur Hoch- temperatur- schmierung keine Angaben	*ASTM und IP gemeinsame bzw. äquivalente Methoden				

von Schmierfetten für die Luftfahrt.

G-392 G-4343 B — —	G-394 — — 897	Verwendete und einander entsprechende Testmethoden				
		ASTM Standard Ausgabe 1967	FTMS 791a Ausgabe 1965	IP Ausgabe 1965	DIN Ausgabe 1964	Sonstiges
163 °	200 °	D 566-64	1421.2	*132/65	51 801/1	
— 260—700	— 260—310	D 217-65 T	311.6	50/64	51 804/1	
— s. Text Druckabfall max. 0,35 kg/cm²	— — — —	D 942-50	313.2 3005.3 3453.1	134/56 *142/65		
— keine Dunkelfärbung	— keine Dunkelfärbung	D 1261-55	5314.1 5309.3	112/56		
—	—	D 1264-63	3252.3 5415			DEF 2261
—	—		5414.2			DTD 897
max. 2,5%, 99 °C	max. 5%, 150 °C	D 972-56	351.2			DTD 806 A
5%, 30 Std.	5% bei 150 °C, 30 Std.		321.2			DTD 897
max. 5000 b. 20 sec⁻¹ —54 °C	max. 10000 b. 20 sec⁻¹ —65 °C	D 1092-62	306.4			DTD 897

Tabelle 10b.

Nationale Spezifikation	NATO-Symbol / USA Mil / Deutschland VTL / England DTD	G-353 G-21164 B — 5527*	G-355 — 9150-052/1 806 A*	G-357 — — 900/4408	G-363 G-6032 B — —	G-823 G-7711 A 9150-056/1 DEF-2261*
Tieftemperaturdrehmoment Zeit f. 1. Umdrehung			max. 15 sec		— —	— max. 10 sec*
1. Anzugmoment max.		5000 g · cm bei — 54 °C	10000 g · cm bei — 40 °C		—	10,000 g · cm bei — 40 °C
2. Laufmoment max.		500 g · cm bei — 54 °C	1000 g · cm bei — 40 °C		—	1,000 g · cm bei — 40 °C
Hochtemperaturbeständigkeit		mind. 1000 Std. einwandfrei	—		—	mind. 1000 Std. einwandfrei*
Lasttragevermögen (Mean Hertz Load)		50 kg	—		—	—
Zahnradverschleiß, mg bei lbs		—	—		—	—
Rostschutzwirkung		max. 3 kleine Roststellen	—		—	max. 3 kleine Roststellen
Lagerbeständigkeit Ruhepenetration Änderung der Walkpenetration max. gegenüber frischem Fett		30 mm/10	30 mm/10		— 120 Tage 54 °C keine Ölabscheidung	— 30 mm/10
Graphitgehalt %		—	4,5—5,5	9,5—10,5	—	—
Molybdensulfidgehalt %		4,5—5,5 5—10*	—	—	—	—
Gummiquellung (Gummi L)		—	—	—	—	max. 29%
Bemerkungen: 1. Einsatzzweck		für kleinere Lager bei hohen Geschwindigkeiten	graphitiertes Fett für Anlasser	bes. für flexible Leitungen	Spezialfett Kraftstoff u. Öl resistent	bei höheren Temperaturen für Getriebe u. schnellaufende Lager
2. Zusätze		MoS_2	Graphit	Graphit	keine festen Zusätze erlaubt	keine Angaben

in der Abb. 13 wiedergegebene Apparatur verwendet. Auf das Fett wird in einem Versuchslager ein dünner Wasserstrahl aufgespritzt (300 ml/min). Die Menge an Fett, die in 1 Std. bei der Testtemperatur ausgewaschen wird, ist ein Maß für die Beständigkeit des Fettes gegen das Auswaschen mit Wasser. Nach den meisten Vorschriften dürfen maximal 20% Fett ausgewaschen werden, bei einigen bis zu 50% (s. Tab. 10).

ϑ) Verdampfungsverlust (Evaporation Loss). Die Bestimmung erfolgt nach ASTM D-972. Für Öle ist die Methode bereits im Kapitel „Flugturbinenöle" beschrieben. Bei Fetten wird die gleiche Apparatur verwendet. Die Testbedingungen sind 121 °C, 22 Std. Prüfdauer, 2 l Luft/min. Zum Teil werden auch andere Temperaturen vorgeschrieben (vgl. Tab. 10). Die Verdampfungsverluste liegen hierbei zwischen 2 bis 7%. Sie hängen wesentlich von der Siedelage des verwendeten Basisöls ab.

ι) Ölabscheidung von Fetten (Oil Separation). Die Bestimmung erfolgt nach FTMS 791a-321. Dazu wird gemäß Abb. 14 ein Konus aus Nickelmaschendraht (Maschenweite

(Fortsetzung.)

G-392 G-4343 B — —	G-394 — — 897	Verwendete und einander entsprechende Testmethoden				
		ASTM Standard Ausgabe 1965	FTMS 791 a Ausgabe 1965	1P Ausgabe 1965	DIN Ausgabe 1964	Sonstiges]
—	—					DTD 806 A DEF 2261
—	—	D 1478-63	334.2	184/64 T		
—	—					
—	—		331.1 6503			DEF 2261 DTD 5527
max. 3 kl. Restst.	—	D 1743-64	335.1 4012.1			
30 mm/10	30 mm/10					DEF 2261 DTD 897 Mil-G-7187 Mil-G-6032 Mil-G-7711 A Mil-G-4343 B
—	—	D 128-64	5412.6			DTD 900/4408 DTD 806 A DTD 900/4420
—	—					
19—30%	max. +10% und —1%		3603.4			DTD 897
für pneumatische Systeme	zur Metall-Gummischmierung (pneumatische Systeme)					
keine Angaben	auf Silicon-ölbasis					

0,25 mm) hergestellt. In diesen wird eine Probe von 10 g Fett eingewogen. Der gefüllte Konus wird an einem Deckel in einem Becherglas ohne Ausguß (Abb. 14) befestigt. Das Becherglas wird in einen Trockenschrank bei der jeweils vorgeschriebenen Temperatur (100 bzw. 177 bzw. 232 °C) gestellt. Nach 30 Std. läßt man das Becherglas mit dem Konus abkühlen, streift den Konus am Rande des Becherglases ab und wiegt das Becherglas zurück. Nach den meisten Vorschriften darf die Ölabscheidung bei 100 bzw. 177 °C 5% und bei 232 °C 7,5% nicht überschreiten.

×) **Gummiquellung**[1]. In einigen Fällen wird die Bestimmung dann gefordert, wenn das entsprechende Fett besonders mit Dichtungen u. ä. aus Gummi in Berührung kommt und außerdem, wenn ein Öl auf Synthesebasis verwendet wurde.

Die Durchführung erfolgt nach der FTMS 791a-3603. Hierfür wird eine Petri-Schale (100 mm Durchmesser, 50 mm Tiefe) mit dem Fett völlig gefüllt. Dann wird die Gummi-

---

[1] Siehe auch S. 115.

probe (1 in. × 2 in. × 0,075 in.) vertikal völlig eingetaucht. Die Gummisorte ist Standard L-Gummi[1]. Das Fett wird mit der Gummiprobe 168 Std. bei 70 ± 1 °C in einen Trockenschrank gestellt. Nach Beendigung des Versuches wird die Probe auf 25 °C abgekühlt, vom Fett gereinigt und in Alkohol gewaschen und getrocknet (innerhalb von 5 Min., Zeit notieren).

Zur Beurteilung der Quellung wird die Wasserverdrängung der Gummiprobe vor und nach dem Test gemessen und als Vol.-% Änderung angegeben. Unter ähnlichen Bedingungen

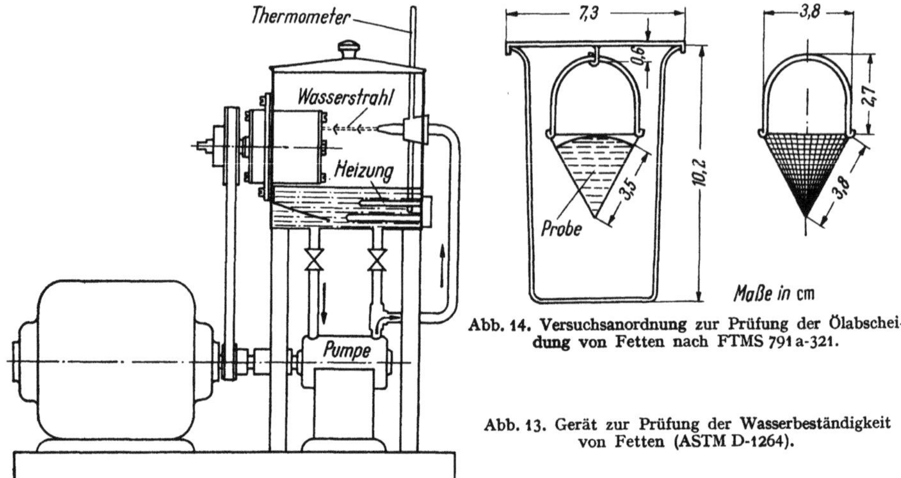

Abb. 14. Versuchsanordnung zur Prüfung der Ölabscheidung von Fetten nach FTMS 791a-321.

Abb. 13. Gerät zur Prüfung der Wasserbeständigkeit von Fetten (ASTM D-1264).

wird nach der englischen Vorschrift DTD-897 gearbeitet (70 °C, 14 Tage lang, Messung der Volumenänderung)[2]. Die maximal erlaubte Quellung schwankt bei den einzelnen Fetten zwischen 10 bis 30 Vol.-% (vgl. Tab. 10).

λ) Graphitgehalt. Die Bestimmung ist bei den graphithaltigen Fetten erforderlich. Es werden üblicherweise 2 Typen von Fetten mit Graphitzusatz verwendet (5 bzw. 10% Graphitzusatz, vgl. Tab. 10).

Nach DTD-900-4408 werden 10 bis 20 g des Fettes in ein Becherglas eingewogen und mit 50 ml Salzsäure (10%ig) übergossen. Das Becherglas wird auf einem Dampfbad erhitzt und der Inhalt gerührt bis alle Seifenpartikel verschwunden sind. Es entstehen zwei Schichten. Beide Schichten werden durch einen Filtertiegel filtriert und der Filterrückstand mit Wasser, Petroläther und abs. Alkohol gewaschen. Der Tiegel wird bei 120 °C bis zur Gewichtskonstanz getrocknet. Das Gewicht des Tiegelinhaltes wird als Graphitmenge angegeben (Prozent der Gesamteinwaage).

μ) Molybdändisulfidgehalt. Die in Tab. 10b aufgeführten Fette nach Mil-G-21 164 B u. DTD 5527 sollen 5—10% MoS_2 enthalten.

Der Gehalt an Molybdändisulfid wird nach DTD 5527 und der Spezifikation C. S. 2819 bestimmt. Der Molybdängehalt von MoS_2 beträgt 59% Mo (zugelassene Grenzen 3,0 bis 6,0% Mo im Fett). Zur Bestimmung werden etwa 2,5 g Fett bei maximal 600 °C verascht und anschließend eine Molybdänbestimmung durch Abrauchen des Rückstandes mit einem Gemisch von konz. Salpetersäure und Perchlorsäure (60%ig, 15 ml HNO_3 + 25 ml $HClO_4$) durchgeführt. Anschließend wird das Molybdän in Ammoniummolybdat übergeführt und daraus mit Bleiazetat, Bleimolybdat $PbMoO_4$) gefällt. Die Ausrechnung erfolgt als

$$\% \text{ Molybdän} = \frac{\text{Gewicht des } PbMoO_4 \cdot 26{,}13}{\text{Fetteinwaage}}.$$

Nach Mil-G-21 164 B wird der MoS_2-Gehalt durch Lösen der Probe in einem Gemisch von Ölsäure und Benzol 1:1 (125 ml für 5 g Fett) und Filtration vom Unlöslichen (Gooch-Tiegel) bestimmt.

c) Mechanische Prüfungen

α) Scheinbare Viskosität (Apparent Viscosity). Da Fette nicht-Newton'sche Flüssigkeiten sind, kann nur die „scheinbare Viskosität" bestimmt werden. Bei den Fetten für die

---

[1] Bezugsquelle der Gummiprobe: Aeronautical Materials Laboratory, Philadelphia 12, Pa. (USA).

[2] Bezugsquelle der Gummiprobe: Chemist in Charge, Chemical Inspectorate, Hare Field House, Hare Field, Middlesex, England.

Luftfahrt ist besonders das Fließverhalten bei tiefen Temperaturen von Interesse, z. B. — 54 °C. Grenzwerte und Temperaturen s. Tab. 10.

Die Prüfapparatur[1] (Abb. 15) besteht aus einem Kapillardruckviskosimeter. Mit Hilfe eines Hydrauliksystems wird der Druck auf das Fett übertragen. Bei sehr tiefen Prüftemperaturen treten Schwierigkeiten durch die hohe Viskosität des Hydrauliköls auf. Ein zusätzlicher zweiter Hydraulikölkreislauf mit niedrigviskosem Öl hat sich in diesem Falle als zweckmäßig erwiesen.

Die Bestimmung wird nach ASTM D 1092 durchgeführt. Das Ergebnis wird in Poise angegeben unter Hinzufügung der verwendeten Scherrate (z. B. 20 sec[1]) und der Prüftemperatur.

β) Tieftemperaturdrehmoment (Low Temperature Torque Test). Diese Methode dient zur dynamischen Prüfung des Kälteverhaltens von Fetten. In den meisten Vorschriften wird ein Anzugsmoment und ein Laufmoment gefordert. Das Tieftemperaturdrehmoment ist stark temperaturabhängig (vgl. Tab. 10).

Durchführung nach ASTM D 1478

Nach ASTM D 1478 wird das Fett in ein waagerecht liegendes Prüfkugellager gefüllt und ohne Drehung auf die jeweilige Prüftemperatur abgekühlt. Nach 2 Std. Lagerung bei

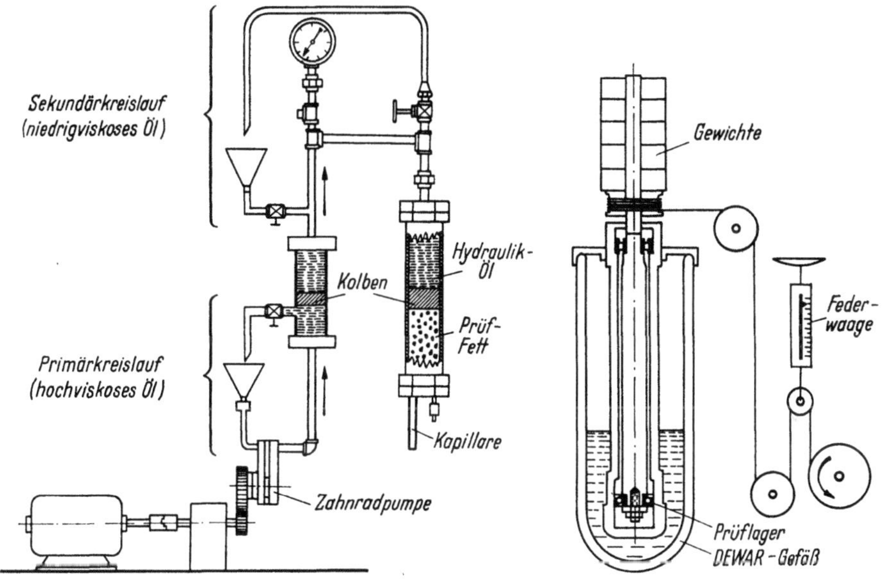

<table>
<tr><td>Abb. 15. Gerät zur Prüfung der scheinbaren Viskosität von Fetten. Modifiziertes Gerät nach ASTM-D-1092.</td><td>Abb. 16. Versuchsanordnung zur Prüfung des Tieftemperaturdrehmomentes von Fetten nach IP 186/64 T.</td></tr>
</table>

dieser Temperatur wird der innere Lagerring mit einer Umdrehung pro Minute bewegt und das Drehmoment gemessen (in g bzw. p · cm).

Durchführung nach IP 186/64 T

Für diesen Test wird eine spezielle Versuchsapparatur benötigt (vgl. Abb. 16)[2], bei der das Prüflager (20 mm Bohrung) senkrecht in einem Kältebad steht. Das Prüflager wird mit 2,5 g Fett gefüllt und ohne Drehung auf die Prüftemperatur abgekühlt. Nach 2 Std. Lagerung bei der Prüftemperatur wird die Spindel mit 1 U/min bewegt und der höchste Wert der Federwaage notiert (Anzugsmoment). Anschließend werden die je nach Spezifikation vorgeschriebenen Umdrehungen durchgeführt und die Federwaage erneut abgelesen (Laufmoment).

γ) Lastaufnahmevermögen (Mean Hertz Load). Diese Bestimmung nach FTMS 791a-6503 spielt bei Fetten eine untergeordnete Rolle (vgl. Tab. 10). Genaue Vorschrift auch in DTD 844 B und DTD 5527.

---

[1] Zu beziehen durch: Sommer u. Runge, 1 Berlin 41, Bennigsenstr. 23—24.
[2] Zu beziehen durch: Stanhope Seta Ltd., Station Road, Shertsey, Surrey, England.

δ) Zahnradverschleiß (Gear Wear Test). Die Bestimmung erfolgt nach FTMS 791a-335 (Abb. 17)[1]. Gemessen wird der Zahnradverschleiß pro 1000 Arbeitsspiele eines Getriebes bei 5 Pfund (2,27 kg) Last (Gesamtlauf 6000 Arbeitsspiele), sowie bei 10 Pfund (4,54 kg) Last und 3000 Arbeitsspielen.

Das Antriebszahnrad besteht aus Messing, das angetriebene Zahnrad aus Stahl. Nach 3000 und in einem 2. Versuchslauf nach 6000 Arbeitsspielen wird der Gewichtsverlust des Messingrades gemessen und entsprechend auf 1000 Arbeitsspiele umgerechnet. Der Gewichts-

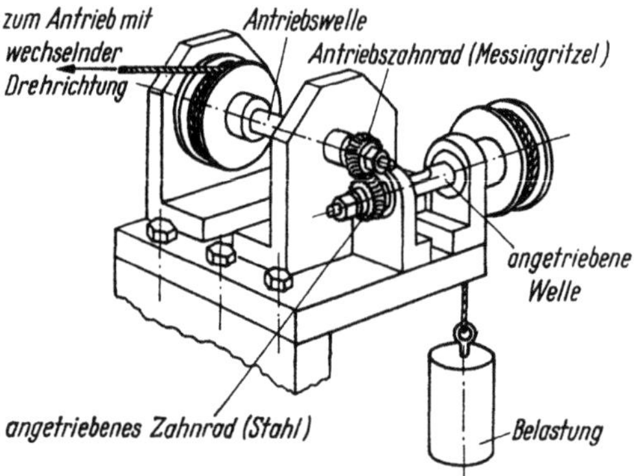

Abb. 17. Gerät zur Prüfung des Zahnradverschleißes bei Fetten nach FTMS 791a-335.

verlust für 3000 und 6000 Arbeitsspiele ist getrennt anzugeben. Der Verschleiß soll dabei nicht mehr als 2,5 mg betragen.

ε) Rostschutzwirkung. Für eine Dauerschmierung von schwer zugänglichen Lagern, Buchsen und Führungen von Steuer- und Kraftübertragungsseilen u. ä. müssen die Fette auch eine ausreichende Rostschutzwirkung besitzen. Die Prüfung wird nach ASTM D 1743 durchgeführt. Hierzu wird ein Kegelrollenlager mit Fett gefüllt und 60 Sek. einlaufen ge-

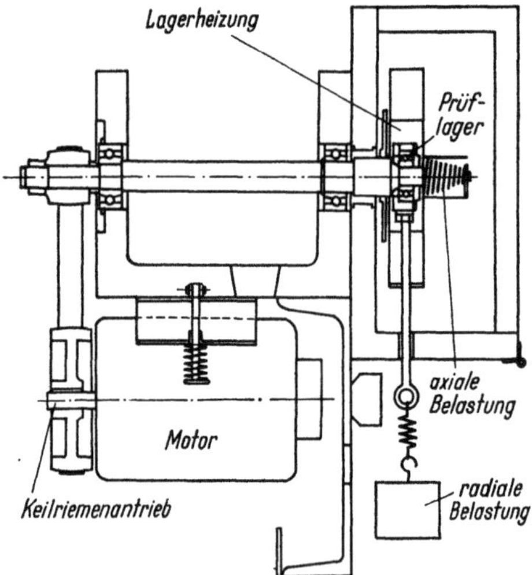

Abb. 18. Gerät zur Prüfung der Hochtemperaturbeständigkeit von Fetten nach FTMS 791a-331.

lassen um das Fett zu verteilen. Anschließend wird das Lager 14 Tage bei 100% Feuchtigkeit (Temperatur 25 °C) gelagert. Nach dieser Zeit wird das Lager gereinigt und auf Korrosionen untersucht. Bei der Bewertung erhalten keine Korrosionen die Nummer 1; 3 kleine Korrosionsstellen die Nummer 2 und mehrere Korrosionen die Nummer 3. Bei Fetten für die Luftfahrt ist maximal die Nummer 2 zugelassen.

ζ) Hochtemperaturbeständigkeit (High Temperature Performance Test). Die Durchführung erfolgt nach der FTMS 791a-331. Die Apparatur ist in Abb. 18 wiedergegeben[1].

---

[1] Zu beziehen durch: Stanhope Seta Ltd., Station Road, Shertsey, Surrey, England.

Hierbei wird ein mit dem zu prüfenden Fett versehenes Kugellager bei 10000 U/min auf 121 $\pm$ 1 °C erhitzt. Außerdem wird eine axiale und radiale Belastung von je 2265 g auf das Lager aufgebracht. Nach 20 Std. wird das Lager abgeschaltet und auf Raumtemperatur abgekühlt. Dieses Verfahren wird wiederholt bis 1000 Laufstunden erreicht sind bzw. das Lager vorher Schäden aufweist.

Fallweise sind auch von 1000 abweichende Stundenzahlen und andere, z. T. extreme Temperaturen vorgeschrieben, z. B. 149 °C und 600 Std. Laufzeit bzw. 177 °C und 400 Std. Laufzeit.

9. Festschmierstoffe für die Luftfahrt

a) Allgemeines und Anforderungen

Die Anwendung von Festschmierstoffen in der Luftfahrt gewinnt zunehmend an Bedeutung. Es soll deshalb auch hier ein Überblick über den Stand der Feststoffschmierung in der Luftfahrt gegeben werden[1,2]. Mit starken Änderungen, sowohl in den Produkten als auch den Untersuchungsmethoden, ist in der Zukunft zu rechnen. Die Vielzahl der Anwendungen wird deutlich durch die Tatsache, daß amerikanische Überschallflugzeuge zwischen 600 und 1000 Stellen haben, an denen Festschmierstoffe eingesetzt werden. Einige Einsatzgebiete sind z. B. die Schmierung von Lagern, Scharnieren und Gelenken an den Steuerflächen der Tragflächen sowie an den Seiten- und Höhenrudern und bei der Veränderung der Flügelgeometrie, weiterhin an den Verstellklappen für Luft- und Querschnitt der Triebwerke, außerdem an vielen Teilen, die einer oszillierenden Bewegung unterliegen oder besonders schwer zugänglich sind. Auch werden Feststoffschmiermittel zunehmend dort eingesetzt, wo die Montage bzw. der Ausbau bestimmter Teile erleichtert werden soll, um dadurch die Wartungszeiten von Fluggerät und Triebwerk zu verkürzen.

Ein wesentlicher Vorteil der Festschmierstoffe besteht darin, daß sie an Stellen von hohen Belastungen und bei hohen Umgebungstemperaturen eingesetzt werden können. Außerdem sind sie durch den geringen Eigendampfdruck für den Einsatz in großen Flughöhen besonders geeignet.

Im Laufe der letzten Jahre ist, bedingt auch durch die Raumfahrt, eine Fülle von Feststoffen und Kombinationen auf ihre Schmierwirksamkeit untersucht worden[3,4,5]. Neben Graphit und Molybdändisulfid sind u. a. noch folgende Stoffe als Schmiermittel von Interesse: die Sulfide von Wolfram, Niob, Tantal und Wismut sowie die Selenide und Telluride von Molybdän, Wolfram und Tantal, weiterhin auch Bleioxid, Kalzium-, Strontium-, Eisen-, Nickel- und Kobaltfluorid. Teilweise auch Kombinationen obiger Verbindungen. Ebenfalls werden Metallüberzüge, wie z. B. Silber, Gold, Blei, Zinn, als Gleitflächen eingesetzt.

Reibungskoeffizient und Temperaturbeständigkeit im Vakuum und in Luft einiger Festschmierstoffe sind in der folgenden Tab. 11 zusammengestellt.

Für die Bewertung eines Festschmierstoffes ist neben dem Reibungskoeffizienten die Lebensdauer unter Belastung von wesentlicher Bedeutung. Diese Prüfung wird in dafür geeigneten Maschinen vorgenommen, z. T. unter Anwendung höherer Temperaturen und unter Vakuum.

Für die einzelnen Anwendungsgebiete hat sich eine z. T. sehr unterschiedliche Aufbringung der Festschmierstoffe als zweckmäßig erwiesen.

---

[1] LIPP, L. C.: Lubrication of Supersonic Aircraft. Preprint No. 67 AM 8 A-1 der American Society of Lubrication Engineers. Siehe auch Abschnitt „Festschmierstoffe", S. 279.

[2] BESSIERE, P.: Einige praktische Anwendungen von MoS_2 in der Luftfahrt. Tagungsbericht 1. Symposium Festschmierstoffe 1965, H. 1, S. 58—61. Informationszentrum Feststoffschmierung, 8 München 54, Postfach 235.

[3] BOWDEN, F. P., u. D. TABOR: The Friction and Lubrication of Solids. Oxford: Clarendon Press 1964.

[4] BRAITHWAITE, E. R.: Solid Lubricants and Surfaces. Pergamon Press 1964.

[5] LOEBNITZ, H.: Auswahl und Einsatzmöglichkeiten von Trockenschmierstoffen. Mineralöltechnik 12 (1967) H. 11.

Tabelle 11. *Temperaturbeständigkeit und Reibungskoeffizient einiger Festschmierstoffe.*

Produkt	Beständigkeit		Reibungs-koeffizient μ
	Vakuum °C	Luft °C	
Graphit	nicht geeignet	350	0,20
MoS_2	1350	350	0,18
$MoSe_2$	1350	400	0,17
$MoTe_2$	1240	400	0,19
WS_2	1350	440	0,17
WSe_2	1350	350	0,09
WTe_2	1020	—	0,49
NbS_2	1050	420	0,08
TaS_2	900	600	0,05
Ag	—	—	0,9—0,5[a]
Au	—	—	0,9—1,1[a]
Cr	—	—	0,3—0,4[a]
Cu	—	—	0,4—1,6[a]
Pt	—	—	0,5—1,5[a]
PVC	—	—	0,4—0,5
Nylon			0,3
Teflon			0,5—0,1

[a] Je nach Oberflächenbeschaffenheit.

Es liegen z. Z. vor allem die folgenden Anwendungsformen vor:

1. Pulver bzw. suspendierte Pulver,
2. Pasten,
3. Gleitlacke,
4. inkorporiert in andere Festkörper,
5. vakuumaufgedampft (vornehmlich Metalle).

Insbesondere haben die Pasten und Gleitlacke eine breite Anwendung in der Luftfahrt gefunden[1,2]. Als Bindemittel für die Lacke haben sich eine Reihe von organischen und anorganischen Substanzen als besonders geeignet erwiesen[3,4], wie z. B. Polyimid-, Silicon- bzw. Phenolharze, Silikate und andere glasartige Stoffe. Inzwischen gewinnt auch die Inkorporierung an Bedeutung[1]; als Trägermaterialien werden hierfür sowohl Kunststoffe, z. B. Polytetrafluoräthylen (Teflon), als auch keramische Materialien verwendet.

Über Anforderungen und Zusammensetzung s. Tab. 12.

b) Chemisch-physikalische Prüfungen

α) Reinheitsgrad. Bei Graphitpulver (z. B. nach Mil-G-6711) wird der Reinheitsgrad über den Gehalt an Kohlenstoff mit Graphitstruktur bestimmt. Dieser wird in Annäherung dadurch ermittelt, daß man die Menge an Asche und der bei 440 °C flüchtigen Substanzen summiert und von der Gesamtmenge an Graphit abzieht.

Zur Bestimmung des Flüchtigen werden 2 g Graphit in einem 100 ml-Pyrex-Becher eingewogen (mit Deckel) und 16 Std. auf 440 + 10 °C erhitzt. Anschließend abkühlen im Exsikkator und zurückwiegen.

Um den Gehalt an reinem Molybdändisulfid zu bestimmen, ist zunächst ein Naßaufschluß mit einem Gemisch von Schwefelsäure und Kaliumchlorat gesättigter Salpetersäure notwendig. Zum Ausfällen der Kieselsäure und zum Entfernen des ClO_3 und NO_3 wird die Schwefelsäure zum starken Rauchen erhitzt. Nach Abkühlen wird mit Wasser verdünnt und mit

---

[1] LIPP, L. C.: Lubrication of Supersonic Aircraft. Preprint No. 67 AM 8 A-1 der American Society of Lubrication Engineers.

[2] BESSIERE, P.: Einige praktische Anwendungen von MoS_2 in der Luftfahrt. Tagungsbericht 1. Symposium Festschmierstoffe 1965, H. 1, S. 58—61. Informationszentrum Feststoffschmierung, 8 München 54, Postfach 235.

[3] BOWDEN, F. P., u. D. TABOR: The Friction and Lubrication of Solids. Oxford: Clarendon Press 1964.

[4] BRAITHWAITE, E. R.: Solid Lubricants and Surfaces. Pergamon Press 1964.

Tabelle 12. *Kennzahlen und Eigenschaften von Festschmierstoffen für die Luftfahrt.*

Nationale Spezifikation	NATO-Symbol USA, Mil Deutschland, VTL England, DTD	S-732 G-6711 9620-001/1 —	S-740 M-7866 6810-015/1 DEF 2309	S-749 L-23398 A — —	— L-8937 — —	Testmethoden
Reinheitsgrad MoS$_2$-Gehalt Gew.-%		—	mindestens 98,5	—	—	Mil-M-7866
Graphit-Gehalt Gew.-%		mindestens 96	—	—	—	Mil-G-6711
Asche %		maximal 2,0	—	—	—	Mil-G-6711
Kohlenstoffgehalt Gew.-%		—	maximal 1,0	—	—	Mil-M-7866
Quarzgehalt Gew.-%		—	maximal 0,05	—	—	Mil-M-7866
unlösliche Anteile Gew.-%		—	maximal 0,5	—	—	Mil-M-7866
Feinheit/Korngröße		s. Text	s. Text	—	—	Mil-G-6711 bzw. Mil-M-7866
pH-Wert des wäßrigen Auszuges		5—9	Änderung um maximal 2 Einheiten gegen Blindprobe	—	—	Mil-G-6711 bzw. Mil-M-7866
wasserlösliche Anteile Gew.-%		—	maximal 0,5	—	—	
Feuchtigkeitsgehalt Gew.-%		—	maximal 0,7	—	—	Mil-M-7866
Adhäsion des Filmes		—	—	s. Text	s. Text	Mil-L-23398 A
Thermostabilität		—	—	s. Text	s. Text	Mil-L-23398 A
Beständigkeit gegen Lösungsmittel		—	—	s. Text	s. Text	Mil-L-23398 A
Lebensdauer				s. Text	bei 500 kg mind. 50 Min.	Mil L-23398 A
Lastaufnahmevermögen, mindestens		—	—	1200 kg	1200 kg	
Korrosionsverhalten: Stahl und Kupfer		—	nur leichte Verfärbung	—	—	Mil-M-7866
Aluminium				keine Verfärbung oder Korrosionen	keine Verfärbung oder Korrosionen	Mil-L-23398 A
Lagerstabilität nach 6 Monaten		—	—	soll homogen bleiben	soll homogen bleiben und nicht gelieren	
Bemerkungen: Zusammensetzung		Graphitpulver	MoS$_2$-Pulver	Feststoffschmiermittel und Binder, verdünnt zum Versprühen	Feststoffschmiermittel u. geeignetes Bindemittel	

NH_4OH alkalisch gemacht. Nach einer $^1/_2$ Std. bei 60 °C wird das Unlösliche abfiltriert. Anschließend wird mit Salicylaldoxim evtl. vorhandenes Kupfer ausgefällt. Das Filtrat wird mit H_2S bei pH 7,5 bis 8,0 versetzt. Es bildet sich ein Niederschlag von MoS_2, dieser wird abfiltriert und bei 450 °C im Porzellantiegel verglüht.

$$\text{Gew.-\% } MoS_2 = \frac{\text{Glührückstand} \cdot 4,448}{\text{Einwaage}} \cdot 100.$$

β) Asche. Die Asche wird von 1 g Graphit bestimmt, das in einem Porzellantiegel bei 980 °C bis zur Gewichtskonstanz geglüht wird.

γ) Kohlenstoffgehalt bei MoS_2. Es wird bei 550 °C Chlorgas (gesättigt mit S_2Cl_2) über das eingewogene MoS_2 geleitet (90 Min.). Hierdurch werden alle Elemente die flüchtige Chloride bilden entfernt, zurück bleiben Kohlenstoff und Kieselsäure (Quarz). Zur Entfernung des Restchlors wird 1 Std. bei etwa 500 bis 600 °C temperiert. Nach Abkühlen auswiegen. Anschließend bei 800 °C die restliche Substanz (Kohlenstoff) unter Luftzutritt veraschen. Nach Abkühlen im Exsikkator Rückwaage.

Kohlenstoff, Gew.- % =

$$= \frac{Cl_2\text{-freier Chlorierungsrückstand minus Rückstand nach Veraschen}}{\text{Einwaage}} \times 100$$

δ) Quarzgehalt von MoS_2. Der nach dem Veraschen des Kohlenstoffs (Punkt γ) verbliebene Rückstand wird in 10%iger Salzsäure aufgenommen, das Unlösliche (Kieselsäure) abfiltriert und verascht (800 °C). Der Rückstand wird mit etwa 40%iger Flußsäure und Schwefelsäure 1:1 versetzt und nach dem Eindampfen erneut bei 800 °C geglüht.

ε) Unlösliche Anteile. Aufschluß des MoS_2, abrauchen, ammoniakalisch machen und filtrieren analog α). Der Filtrierrückstand wird bei 800 °C bis zur Gewichtskonstanz geglüht.

ζ) Feinheit/Korngröße. Diese kann entweder durch Auszählung unter dem Mikroskop (Meßokular oder Zählkammer) oder durch Siebanalyse bestimmt werden.

Bei Graphit nach Mil-G-6711 sind folgende Ergebnisse der Siebanalyse vorgeschrieben:
Sieb 100 mesh = 0,15 mm Maschenweite: kein Rückstand,
Sieb 200 mesh = 0,074 mm Maschenweite: 2% Rückstand.
Bei diesen 2% soll es sich um keine harten Partikel handeln. Bei MoS_2 (nach Mil-M-7866) ist folgende Korngrößenverteilung vorgeschrieben:

Siebweite		Siebrückstand
mesh	mm	Gew.-%
100	0,15	0
200	0,074	max. 12
325	0,042	max. 40

Hierfür sind 50 g trockenes Material 45 Min. lang im Maschinensiebverfahren zu sieben. Methoden: ASTM D 197 oder DIN 51704.

η) pH-Wert des wäßrigen Auszuges. Die Bestimmung erfolgt dadurch, daß eine 10g-Probe mit dest. Wasser im Soxhlet extrahiert wird. Die Dauer beträgt bei Graphit 2, bei MoS_2 4 Std. Bei MoS_2 ist vorher eine Blindprobe durchzuführen.

ϑ) Wasserlösliche Anteile. Bei MoS_2 wird fallweise die Menge an wasserlöslichen Anteilen bestimmt. Sie erfolgt durch Eindampfen des wäßrigen Auszuges (s. η) in einer Platinschale und Trocknen des Rückstandes bei 105 bis 110 °C. Anschließend Abkühlen und Rückwaage. Um genaue Werte zu erhalten, ist das Eindampfen einer Blindprobe notwendig.

ι) Feuchtigkeitsgehalt. Wird bei MoS_2 durchgeführt. Hierzu werden etwa 10 g in ein Wägeglas (etwa 30 × 70 mm) eingewogen und 3 Std. bei 105 °C getrocknet. Nach Abkühlen im Exsikkator Rückwaage.

×) Adhäsion des Filmes. Dieser Test ist von Interesse bei Feststoffschmiermitteln, die ein Bindemittel enthalten.

Ein gebundener Schmierstoffilm auf einer Testplatte (Elektrolyt-Aluminium) wird zur Hälfte in dest. Wasser eingetaucht (Raumtemperatur, 24 Std.). Unmittelbar nach dem Abtrocknen werden im Abstand von 25 mm zwei parallele Riefen mit einem Stichel in den Film geritzt und mit einem Selbstklebeband (Leinen) überklebt und mit einer Hartgummiwalze von etwa 2 kg durch zweimaliges Rollen angepreßt. Der Streifen wird dann durch schnelles Abreißen entfernt. Hierbei soll kein Teil des Feststoffilms von der Unterlage abgelöst werden.

λ) Thermostabilität. Dieser Test ist für die Luftfahrt wichtig, da gebundene Feststoffschmierfilme sich auch bei höheren Temperaturen nicht verändern sollen.

Auf eine entfettete Platte von nichtrostendem Stahl wird hierzu ein Film aufgespritzt (Platte 75 × 150 mm), wobei eine Filmdicke nach dem Trocknen von 0,005 bis 0,012 mm entstehen soll. Falls notwendig 2- bis 3 maliges Überspritzen. Anschließend 6 std. Trocknen an der Luft. Danach werden 2 auf diese Weise vorbereitete Bleche 3 Std. auf 260 °C erhitzt und anschließend 3 Std. einer Temperatur von − 54 °C ausgesetzt. Dann werden die Proben bei Raumtemperatur auf Veränderungen untersucht. Der Film darf weder Risse aufweisen, noch abblättern oder erweichen bzw. an Haftfestigkeit (Prüfung nach Abschn. ×) verlieren.

μ) Beständigkeit gegen Lösungsmittel. Der gebundene Feststoffschmierfilm soll beim Einsatz in der Luftfahrt gegen eine Reihe von Flüssigkeiten beständig sein.

Nach Mil-L-23 398 A wird in den folgenden Flüssigkeiten geprüft:
Standard Test Kohlenwasserstoff nach Mil-S-3136 Typ II,
Flugkraftstoff nach Mil-G-5572, Grade 115/145,
Düsenkraftstoff nach Mil-J-5624, Grade JP 4,
Hydraulikflüssigkeit, Mineralöl nach Mil-H-5606,
Schmieröl für Kolbentriebwerke nach Mil-L-6082, Grade 1100,
Schmieröl für Turbinentriebwerke nach Mil-L-7808,
Anti-Icing Flüssigkeit nach Mil-A-8243.

Der Feststoffschmierfilm wird wie in Abschn. λ) auf Testplatten von Aluminium (Elektrolytqualität) aufgebracht. Die Platten werden dann je zur Hälfte in die oben angegebenen Flüssigkeiten getaucht (Temp.: 23 ± 1 °C, Zeit: 24 Std.). Anschließend läßt man die Proben abtropfen; ölige Proben werden in aliphatisches Benzin getaucht. Nach dem Trocknen sollen die Filme weder Risse haben, abblättern, noch eine verringerte Haftung aufweisen (Prüfung nach Abschn. ×). Außerdem soll der getauchte Teil mit dem nicht getauchten Teil unter dem Mikroskop auf Veränderungen hin verglichen werden.

ν) Korrosions-Verhalten. Für diesen Test schreibt die Mil-L-23 398 A und Mil-L-8937 eine spezielle Testeinrichtung vor, in der zwei Aluminiumplatten übereinander verschraubt werden.

Die Testplatten sind gegeneinander um 60° verschoben, und die untere Platte ist mit dem Schmierstoff versehen. Die so fixierten Platten werden anschließend in eine Feuchtigkeitskammer bei 95% relativer Feuchtigkeit und 49 ± 1 °C über eine Gesamtzeit von 500 Std. gelegt. Eine Prüfung der behandelten und unbehandelten Oberflächen wird nach Abständen von je 100 Std. vorgenommen. Es sollen keine Verfärbungen, Pittings oder weiße Beläge entstanden sein. Nach jeder 100 Std.-Prüfung und vor dem Wiedereinsetzen in die Feuchtigkeitskammer sollen die zusammengespannten Prüfbleche für 2 Std. auf 65 °C erhitzt werden.

Bei dem ungebundenen MoS_2-Film wird das Korrosionsverhalten nach Mil-L-7866 auf einem Stahl- und Kupferblech (etwa 50 × 100 × 3 mm) vorgenommen.

Stahl: C 22 K nach DIN 17200, sandgestrahlt,
Kupfer: D-Cu nach DIN 1708, glanzpoliert.

Auf diese Testplatten wird ein Brei aus 10 g MoS_2 und 5 ml Spezialbenzin gleichmäßig aufgebracht und senkrecht aufgehängt bis nichts mehr abtropft. Anschließend werden diese 24 Std. bei 100 bis 105 °C temperiert. Danach wird der Feststoffbelag durch Einstellen in siedendes Spezialbenzin und Reiben mit Watte völlig entfernt. Nach dem Trocknen dürfen die Testplatten bei 15 facher Vergrößerung keine Ätzstellen, Grübchen oder braune bis schwarze Verfärbungen zeigen. Leichte Anlauffarben sind erlaubt.

c) Mechanische Prüfungen

An mechanischen Prüfungen interessiert bei Feststoffschmiermitteln vor allem die Reibung, Gleitung und Abrieb sowie das Lastaufnahmevermögen und die Lebensdauer des Schmierfilms. Für die Untersuchung dieser Eigenschaften wurden z. T. bekannte Prüfmaschinen eingesetzt, z. T. aber auch neue entwickelt[1,2].

α) Lastaufnahmevermögen. Für die Prüfung wird im Rahmen der Mil-L-23398 die Falex-Schmierstoffprüfmaschine[3] eingesetzt. Die Prüfwelle und Prüfbacken werden zunächst phosphatiert und anschließend mit Festschmierstoff behandelt, analog wie bei den Prüfblechen (Abschn. λ). Die Prüfung wird durchgeführt, indem die Last stufenweise um je 125 kg erhöht wird (pro Stufe 1 Min. Laufdauer), bis ein steiler Anstieg der Reibungskraft oder Wellenriß eintritt. Der Test soll als Doppelbestimmung ausgeführt werden (vgl. auch Testbeschreibung FTMS 791 a-3812).

β) Lebensdauerprüfung. Für diese Untersuchung können verschiedene Prüfmaschinen eingesetzt werden, z. B. Almen-Wieland, Timken, Alpha LFW 1 u. a. Die Mil-L-23398 schreibt hierfür den Falex-Tester vor (Beschreibung in der FTMS-791 a-3807). Die Prüfkörper werden nach dem Phosphatieren mit dem Feststoffschmiermittel gespritzt (vgl. Abschn. λ), nach dem Trocknen eingebaut und zunächst bis auf 150 kg belastet (bei 300 U/min). Dann 3 Min. ohne Last, anschließend Last 250 kg und nach einer Minute auf 325 kg erhöht, nach einer weiteren Minute auf 500 kg gesteigert. Bei dieser Last wird so lange gefahren, bis das Drehmoment um 5,7 cm/kg über den konstanten Wert ansteigt oder die Test- bzw. Abscherwelle abbricht. Es müssen vier Prüfläufe durchgeführt werden.

10. Flugzeughydraulikflüssigkeiten

a) Allgemeines und Anforderungen

Hydraulikflüssigkeiten werden zur Kraftübertragung für Steuerungs-, Regel- und Kontrollvorgänge benutzt. In der Luftfahrt werden üblicherweise Hydraulikflüssigkeiten sowohl auf Mineralöl- als auch auf Synthesebasis eingesetzt. Die synthetischen Hydrauliköle auf Phosphorsäureesterbasis besitzen als eine wesentliche Eigenschaft die Schwerbrennbarkeit. Für diesen Zweck werden z. T. auch Emulsionen mit Wassergehalten von etwa 35% eingesetzt. Allerdings kann hierbei der Flammpunkt nicht als ein Maß für die Feuerresistenz angesehen werden, da durch das langsame Aufheizen im Flammpunktstiegel genügend leicht brennbare Zersetzungsprodukte entstehen. Beim plötzlichen Erhitzen auf einer heißen Metallfläche (z. B. Bremsscheibe im Fahrwerk) bestehen große Unterschiede. So zündet und brennt ein Hydrauliköl auf Mineralölbasis beim Auftreffen auf eine auf etwa 550 °C erhitzte Metalloberfläche, während ein Öl auf Phosphorsäureesterbasis lediglich Rauchwolken entwickelt, die Zündung jedoch ausbleibt. Der Selbstzündungspunkt kann deshalb als ein ungefährer Maßstab angesehen werden (Hydrauliköle auf Mineralölbasis etwa 300 bis 450°, auf Synthesebasis, z. B. Phosphatester, 590 bis 800 °C.)

Bei den Hydraulikölen auf Synthesebasis werden in erster Linie Phosphorsäureester verwendet (allgemeine Formel R_3PO_4, wobei „R" Alkyl- oder Arylgruppen sein können). In der Praxis kommen meist Gemische verschiedener Phosphorsäureester zur Anwendung.

Bei Hydraulikölen auf Mineralölbasis geht die Entwicklung in Richtung einer Erhöhung der Anforderungen an die Reinheit und Scherstabilität (z. B. das Öl nach Mil-H-5606 B)[4].

---

[1] BRAITHWAITE, E. R.: Solid Lubricants and Surfaces. Pergamon Press 1964, S. 77f.

[2] BOWDEN, F. P., u. D. TABOR: The Friction and Lubrication of Solids. Oxford Press 1964.

[3] Hersteller: Faville-Le Vally Co., 1129 Bellwood Av., BELLWOOD, Illinois 60 104, USA.

[4] FAINMAN u. W. E. MACKENZIE: The Characteristics and Performance of Specification Mil-H-5606 Hydraulic Fluid. Lubrication Engineering 22 (1966) 234—240. Siehe auch Abschnitt „Hydrauliköle", S. 265ff.

Eine wesentliche Anforderung ist eine möglichst geringe Viskositätsänderung über einen weiten Temperaturbereich. In der Regel wird dies durch den Zusatz von VI-Verbesserern (etwa 2%) erreicht. Außerdem werden noch Additive gegen Oxydation und gegen Korrosion zugesetzt.

Als schwer entflammbare Hydraulikflüssigkeiten werden vor allem in der Zivilluftfahrt die beiden Skydroltypen (500 A und 7000) verwendet[1].

Für den Flug im Überschallbereich können auf Grund der höheren thermischen Belastungen die gegenwärtigen Hydraulikflüssigkeiten nicht mehr eingesetzt werden. In den USA wurden als Hydraulikflüssigkeiten für Überschallflugzeuge Polysiloxane verwendet[2], die sich durch eine höhere Temperatur- und Druckstabilität auszeichnen. Hydraulikflüssigkeiten für den Bereich von Mach 3 und höher sind noch in der Entwicklung, da es außerordentlich schwierig ist, Flüssigkeiten zu finden, die sämtliche derartig extreme Bedingungen erfüllen.

Die gegenwärtigen Anforderungen an Hydrauliköle der Luftfahrt sind in Tab. 13 wiedergegeben.

b) Chemisch-physikalische Prüfungen

Die Prüfmethoden sind in Tab. 13 zusammengestellt.

α) **Dichte.** Zur Unterscheidung wird die Dichte vielfach angegeben (Mineralöle um 0,85, Phosphatester um 1,06 bei 15,6 °C).

β) **Viskositätsverhalten.** Die Viskositätsgrenzen sind vorgeschrieben. Insbesondere bei tiefen Temperaturen soll bis — 40 °C ein noch gut fließendes Öl vorliegen (maximal 500 cSt bei den hauptsächlich verwendeten Ölen). Ein weiteres Maß für das Kälteverhalten ist der Pour-Point.

γ) **Flammpunkt.** Mineralöle liegen üblicherweise wesentlich niedriger gegenüber Ölen auf Phosphoresterbasis. Die Bestimmung des Flammpunktes erfolgt nach ASTM D 92 (Cleveland Open Cup).

δ) **Brennpunkt (Firepoint).** Der Unterschied zwischen Mineralöl und Phosphorsäureester ist ähnlich wie beim Flammpunkt. Die Bestimmung erfolgt nach ASTM D 92 (Cleveland Open Cup).

ε) **Selbstzündungstemperatur (Autoignition Temperature).** Diese Bestimmung dürfte für Flugzeughydrauliköle von zunehmendem Interesse werden. Die Unterschiede in der Selbstzündungstemperatur zwischen Hydraulikölen auf Mineralöl- und Phosphorsäureesterbasis sind erheblich (etwa 200 °C). Der Test wird nach ASTM D 2155-63 T durchgeführt. Diese Methode soll an Stelle der Methode D 286 verwendet werden. Hierzu wird die in der DIN 51 794 wiedergegebene Versuchseinrichtung (entspricht ASTM D 2155) benötigt. Zur Durchführung werden bei einer eingestellten Temperatur mit einer Mikrospitze Proben von 0,07 ml in den 200 ml-Erlenmeyer-Kolben eingespritzt. Das Auftreten einer Flamme innerhalb von 5 Min. wird als Selbstzündung angesehen (abgedunkelter Prüfraum). Dann wird die Probenmenge und Prüftemperatur so variiert, bis die niedrigste Temperatur ermittelt ist bei der Selbstzündung eintritt.

Großversuche über die Selbstzündung von Hydraulikölen wurden an Bremsen von Verkehrsflugzeugen, z. B. von der Firma Graviner (Colnbrook) Ltd., in England durchgeführt[3].

ζ) **Pour Point.** Tiefe Pour Points zwischen —45 bis — 65 °C werden in allen Vorschriften gefordert, um bei tiefen Außentemperaturen noch ein einwandfreies Arbeiten des Hydrauliksystems zu gewährleisten. Bestimmung nach ASTM D 97 bzw. DIN 51 597 s. Teil I, S. 64.

η) **Neutralisationszahl.** Gefordert wird diese Bestimmung nur bei den Mineralöltypen. Die Bestimmung erfolgt teilweise nach ASTM 974-64 (kolor. Verfahren), für Mil-H-5606 B nach ASTM D-664 potentiometrisch.

ϑ) **Fällungszahl (Precipitation Number).** Die mit Benzin fällbaren Substanzen sollen den Vorschriften entsprechend möglichst 0 oder nur wenig über 0 liegen. Bestimmung nach ASTM D 91.

---

[1] DAVIDSON, C.: Schwerentflammbare Hydraulikflüssigkeiten für Flugzeuge. Interavia 19 (1964) Nr. 12, S. 1850—1851.

[2] McCLURE, J. S.: Hochtemperatur-Hydraulikflüssigkeiten für Überschallflugzeuge. Interavia 21 (1966) Nr. 9, S. 1400—1401.

[3] Schwerentflammbare Hydraulikflüssigkeiten in britischen Flugzeugen. Interavia 20 (1965) Nr. 4, S. 532.

Tabelle 13. *Kennzahlen und Eigenschaften*

Nationale Spezifikation	NATO-Symbol USA Mil Deutschland VTL England DTD	H-515 H-5606 B 9150/020 585*	H-540 H-13919 A 9150/035
Dichte bei 15,6 °C (60 °F)		ist anzugeben	—
Viskosität bei 98,9 °C (210 °F)		—	mind. 10
bei 54,4 °C (130 °F)	cSt	mind. 10,0	—
bei 37,8 °C (100 °F)		—	mind. 38,0
bei — 40 °C (— 40 °F)		max. 500	max. 7500
bei — 54 °C (— 65 °F)		max. 3000	—
Viskositätsindex		—	—
Flammpunkt (COC)	°C (°F)	mind. 93,3° (200°)	mind. 107° (225°)
Pour Point	°C (°F)	max. — 59,4° (—75°)	max. — 45,6° (— 50°)
Fire Point (Brennpunkt)	°C	—	—
Selbstzündungstemperatur	°C (°F)	—	—
Neutralisationszahl	mg KOH/g	max. 0,2*	—
	mg KOH/g	max. 0,1	—
Fällungszahl (Precipitation Nr.)		0	max. 0,05
Farbe nach ASTM		max. No. 1	5
Korrosions- und Oxydationsstabilität:			
Metalle, Gewichtsänderung	mg/cm²	± 0,2	± 0,2 (Stahl)
Kupfer, Gewichtsänderung	mg/cm²	± 0,6	± 0,2
Viskositätsänderung nach Versuch		max. — 5, + 20 %	max. — 5, + 25 %
Zunahme der Nz nach Versuch	mg KOH/g	max. 0,2	—
Zunahme der Nz nach Versuch	mg KOH/g	—	max. 0,5
Stabilität bei tiefer Temperatur			
nach 72ʰ, bei — 54 °C (— 65 °F)		keine Veränderung	—
nach 72ʰ, bei — 34 °C (— 30 °F)		—	keine Veränderung
Scherstabilität von Hydraulikölen:			
Viskositätsänderung nach Versuch		analog Referenzöl	analog Referenzöl
Zunahme der Nz nach Versuch,	mg KOH/g	0,2	—
Kupferstreifenkorrosion, nach ASTM Standard		max. Nr. 2,	siehe Text
Verdampfungstest, 65 °C, 4 Std.		Rückst. ölig, weich	—
Gummiquellung (Standard L-)		19—28 % innerhalb Referenzöle	max. 25 %
Destillation 10 % Punkt bei °C		—	mind. 254 °
50 % Punkt bei °C		—	mind. 301,7 °
Schaumneigung, 93,3 °C (200 °F)	ml, max.	65	—
Schaumstabilität			
nach 10 Min. Absetzen bei 24 °C		kein Schaum	max. 100 ml
nach 10 Min. Absetzen bei 93 °C		—	max. 25 ml
Rostschutzverhalten (Humidity Cabinet)		—	siehe Text
Feste Verunreinigungen		siehe Text	—
Wassergehalt		max. 100 ppm	—
Lagerbeständigkeit (12 Monate)		keine Ausfällungen	—
Bemerkungen:			
1. Basis		Mineralöl	Mineralöl
2. Einsatzzweck		Hydraulikflüssigkeit für Zivil- und Militär-Flugzeuge	Hydraulikflüssigkeit für Bodeneinrichtung
3. Zusätze		Oxydations- und Verschleißverminderer VI-Verbesserer 0,01 % roter Farbstoff	Rostinhibitor Oxydationsinhibitor VI-Verbesserer

von Hydraulikflüssigkeiten für die Luftfahrt.

SKYDROL 500A	SKRYDOL 7000	Verwendete und einander entsprechende Testmethoden				
		ASTM Standard Ausgabe 1967	FTMS No. 791a Ausgabe 1965	IP Ausgabe 1967	DIN Ausgabe 1964	Sonstiges
1,06 (25 °C)	1,08 (25 °C)	D 287-64	401.6			
		D 445-64	305.5	*71/65	51 562	
3,9	4,0					
11,7	15,5					
500	7000					
—	—					
+238	+160	D 567-63	9111.2			
182°	—	D 92-57	1103.6	*36/65		
unter	unter					
−65° (−85°)	−57° (−70°)	D 97-57	201.8	*15/65	51 597	
218,3°	—	D 92-57	1103.6	*36/65		
über 593° (1100°)	über 571° (1060°)	D 2155-63 T				
		D 664-58	(5106)	1/64		
0,01	0,01	D 974-64	5105	*139/65	51 558	
—	—	D 91-61	3101.5			
—	—	D 1500-64	102.7		51 578	
			5308.5			Mil-H-13 919 A
etwa −0,01	etwa ±0,1					Mil-H-5606 B
etwa −0,03 %	etwa −0,9 %					DTD 585
etwa 0,01	etwa 0,15					
—	—	D 664-58	5106.4	*177/64		
—	—		202			Mil-H-5606 B
						DTD 585
—	—					Mil-H-13 919 A
max. etwa 25 %	max. etwa 20 %		3471.1			DTD 585
						Mil-H-13 919 A
—	—					DTD 585
—	—	D 130-56	5325.2		51 558	Mil-H-13 919 A
—	—					Mil-H-5606 B
—	—					Mil-H-5606 B
						DTD 585
						Mil-H-13 919 A
—	—	D 86-62	1001.12			
—	—					
—	—					
20	5	D 892-63	3211.3			
—	—					Mil-H-13 919 A
			3009			
			3253			
			3465			

Phosphorsäureester
Hydraulikflüssigkeit für zahlreiche zivile Düsenflugzeuge

—

* ASTM und IP   gemeinsame bzw. äquivalente Methoden

ι) **Farbe.** Der Farbwert nach ASTM D 1500 soll nicht dunkler als Nr. 5 sein bei Mil-H-13919 A). Höhere Farbzahlen können u. U. ein Hinweis auf im Hydrauliköl gelöste Verunreinigungen sein. Die Hydrauliköle entsprechend dem Nato-Code H-515 enthalten maximal 0,01 Gew.-% (100 ppm) eines roten Farbstoffes.

ϰ) **Destillationsverhalten.** Um über den Siedebereich Aussage machen zu können, werden fallweise Destillationen nach ASTM D 158 (Destillation von Gas-Oil) durchgeführt (Einsatzmenge 200 ml). Es wird üblicherweise der 10 Vol.-%- und der 50 Vol.-%-Punkt angegeben.

λ) **Verdampfungsrückstand (Evaporation Residue).** Ein Test, in dem der Rückstand nach der Verdampfung beobachtet wird, ist in Mil-H-5606 B angegeben. Hierzu wird ein Objektträger bei Raumtemperatur in das Hydrauliköl getaucht und anschließend 4 Std. lang in einen Trockenschrank bei 65,6 °C gehängt. Nach dieser Zeit muß die Oberfläche noch ölig sein und darf sich weder hart noch klebrig anfühlen.

μ) **Stabilität bei tiefen Temperaturen.** Diese Bestimmung wird bei einigen Hydraulikölen (z. B. Mil-H-13919 A und H-5606 B) gefordert. Die Bestimmung wird wie folgt durchgeführt: Eine 100 ml-Probe des Hydrauliköls wird 72 Std. in einer verschlossenen Flasche bei der vorgeschriebenen Prüftemperatur (z. B. — 54 bzw. — 34 °C) aufbewahrt. Nach dieser Zeit darf die Probe keine sichtbare Gelierung, Kristallisation oder Abtrennung erkennen lassen.

ν) **Korrosions- und Oxydationsstabilität.** Die Kenntnis der Korrosions- und Oxydationsstabilität ist für den praktischen Einsatz von Bedeutung. Korrosionen an Pumpen und Steuerventilen können zum Versagen der nachgeschalteten Einrichtungen führen. Der Test (FTMS 791a-5308) sieht eine Prüfung auf Veränderungen der Blechmuster und des Öles nach 168 Std. Alterungsdauer vor (vgl. Flugturbinenöle auf Mineralölbasis).

ξ) **Kupferkorrosion.** Bestimmung nach DIN 51759 bzw. ASTM D 130 (vgl. Kolbentriebwerksöle). Anschließend wird ein Vergleich mit der entsprechenden ASTM-Skala vorgenommen. Die Nr. 2 soll dabei nicht überschritten werden bzw. keine Dunkelgrün- oder Schwarzfärbung zeigen.

ο) **Rostschutzverhalten (Humidity Cabinet Exposure Test).** In der Mil-H-13919 A ist eine spezielle Bestimmung des Rostschutzverhaltens vorgesehen. Hierzu ist ein 200 Std.-Versuch in der Feuchtigkeitskammer naph Spezifikation JAN-H-792 durchzuführen. Die Testbedingungen sind 49 ± 1 °C und 100% relative Feuchtigkeit. In dieser Spezifikation ist auch die umfangreiche Vorbehandlung und Reinigung der Oberfläche der Testbleche angegeben. Die Testbleche selbst bestehen aus einem Stahl mit niedrigem Kohlenstoffgehalt. Nach dem 200 Std.-Test soll das Blech nicht mehr als eine Spur einer Korrosion aufweisen, d. h. maximal 3 Korrosionsstellen, keine größer als 1 mm im Durchmesser. Bei einem weiteren 50 Std.-Test dürfen die Korrosionsstellen sich weder vergrößern noch in der Zahl zunehmen. Weitere Angaben über Korrosionsschutzteste sind im Kapitel „Korrosionsschutzmittel" angeführt.

π) **Gummiquellung (Swelling of Synthetic Rubber).** Die Bestimmung erfolgt nach FTMS 791a-3603 oder nach der Spezifikation DTD 585 mit Standard Rubber L[1] (2,5 cm × 5 cm) und 100 ml Hydrauliköl. Die Prüfzeit beträgt üblicherweise 168 Std., die Prüftemperaturen sind unterschiedlich (70 bzw. 93 °C). Die Angaben der Ergebnisse erfolgen entweder in Prozent Volumenänderung vor und nach dem Test oder als Vergleich zu zwei Referenzölen (einem mit niedriger und einem mit hoher Gummiquellung bei DTD 585), wobei das zu prüfende Hydrauliköl dazwischen liegen muß (vgl. „Flugturbinenöle auf Synthesebasis").

ϱ) **Feste Verunreinigungen.** Nach Mil-H-5606 B dürfen 100 ml Hydrauliköl (filtriert in staubfreier Luft nach FTM 791a-3009 und waschen mit 2 · 100 ml Petroläther) max. 0,3 mg Verunreinigungen enthalten. Die Teilchengröße und deren Anzahl darf sein:

5 bis 15 μ: max. 2500,
16 bis 25 μ: max. 1000,
26 bis 50 μ: max. 250,
51 bis 100 μ: max. 25,
über 100 μ: keine.

---

[1] Standard Rubber und Referenzöle sind zu erhalten:

Für USA-Teste: Wright Air Development Center, Wright-Patterson Air Force Base, Dayton, Ohio.

Für englische Teste: Aeronautical Inspection, Harefield House, Harefield, Middlesex England.

c) Mechanische Prüfmethoden

Scherstabilität (Shear Stability)

Die Bestimmung erfolgt nach FTMS 791a-3471. Hierzu wird ein Hydrauliksystem gemäß Abb. 19 simuliert. In das Ölreservoir werden etwa 15 l Öl gegeben. Das Öl wird 5000 mal durch den Kreislauf gepumpt (etwa 3 Tage). Anschließend werden die Änderungen im Aussehen, in der Viskosität und in der Neutralisationszahl bestimmt. Vor dem eigentlichen Test wird ein Versuch mit einem Referenzöl gefahren (Mineralöl von 12,5 bis 15,5 cSt, bei 37,8 °C gemessen, und einem VI-Verbesserer (max. 7%) und Korrosionsinhibitor. Die Prüfbedingungen sollen derart sein, daß das Referenzöl eine Viskositätserniedrigung nach dem Test von mindestens 15% aufweist. Die Viskositätsänderung des Versuchsöls darf 15 bzw. 25% nicht überschreiten.

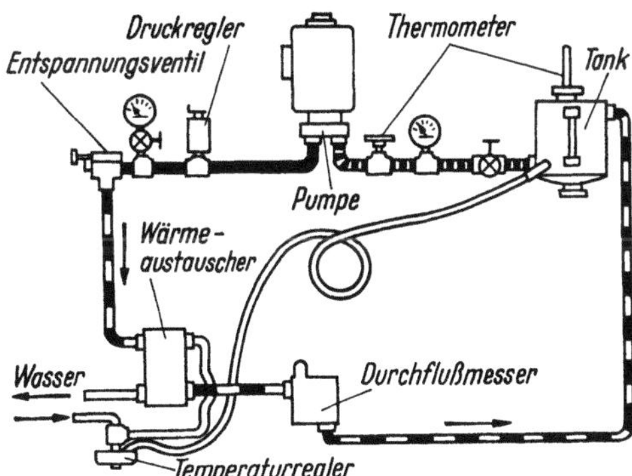

Abb. 19. Simuliertes Hydrauliksystem zur Prüfung der Scherstabilität von Hydraulikölen nach FTMS 791a-3471.

Eine ähnliche Kreislaufapparatur ist in der englischen Vorschrift DTD 585 angegeben. Der Tank enthält eine Heizung, damit wird die Öltemperatur im Tank auf 37,8 ± 3 °C eingestellt. Testdauer 168 Std., die umgepumpte Menge soll mindestens 3 Gallonen/min betragen.

Für vergleichende Untersuchungen wird in Deutschland auch das Gerät zur Bestimmung der Scherstabilität nach Orbahn[1] eingesetzt.

11. Enteisungsflüssigkeiten für die Luftfahrt

a) Allgemeines und Anforderungen

Die Bildung von Eis an Luftschrauben, Tragflächen oder Leitwerk kann zu schweren Störungen beim Starten und auch während des Fluges führen. Um diese Gefahren auszuschalten, sind entsprechende Flüssigkeiten entwickelt worden, die sowohl zur Enteisung als auch zur Verhinderung der Eisbildung dienen. In einem großen Teil der Flugzeuge sind bereits Enteisungssysteme für Tragflächen und Leitwerk eingebaut.

Die verwendeten Enteisungsflüssigkeiten basieren im allgemeinen auf ein- oder mehrwertigen Alkoholen und enthalten z. T. noch bestimmte Zusätze. Wichtig ist, daß diese Flüssigkeiten nicht korrodierend wirken dürfen, teilweise wird deshalb bereits ein Korrosionsinhibitor zugesetzt.

Über Eigenschaften, Zusammensetzung und Anforderungen s. Tab. 14.

b) Chemische Prüfmethoden

α) Kältetest. Die Enteisungsflüssigkeit wird eine Stunde unter heftigem Schütteln auf −40 °C gehalten. Bei der anschließenden Begutachtung dürfen keine festen Teilchen gefunden werden.

---

[1] Hersteller: K. Orbahn, Hamburg-Blankenese, Am Pumpenkamp 1.

Tabelle 14. *Kennzahlen und Eigenschaften von Enteisungsflüssigkeiten für die Luftfahrt.*

Nationale Spezifikation	Nato-Symbol USA, Mil / Deutschland, VTL / England, DTD S-742 A-8243 B 6850-013/1 —	S-745 — 6850-011/1 b 406 B	Verwendete und einander entsprechende Testmethoden				
			ASTM Ausgabe 1967	FTMS 791 a Ausgabe 1965	IP Ausgabe 1967	DIN Ausgabe 1964	sonstige Vorschriften
spezif. Gewicht bei 15,5 °C	1,100—1,106	1,092—1,097	D 1298-55		160/64	51 757	
Viskosität bei 20 °C cSt	—	11,0—13,0	D 445-65	305,5	* 71/66	51 562	
Flammpunkt (COC) mind. °C	102°	—	D 92-66	1103,6	* 36/67	—	
Pour Point max. °C	— 54°	—	D 97-66	201,8	* 15/67	51 597	
Pour Point, von Substanz + 30% Wasser max. °C	— 54°	—	D 97	201,8	* 15/67	51 597	
Kältetest 1 Std. bei — 40 °C	—	keine Abscheidung fester Teilchen	—	—	—	—	DTD 406 B
pH-Wert	9,0—9,5	—	D 1287	—	—	—	
50%ige wäßrige Lösung pH	—	6,0—7,5	—	—	—	—	DTD 406 B
Mischbarkeit mit Wasser bei 15 °C	—	keine Trübung siehe Text	—	—	—	—	
elektr. Leitfähigkeit	—		—	—	—	—	DTD 406 B
Erdalkali-Metalle	keine	—	—	—	—	—	Mil-A-8243 B
Chloride	keine	—	—	—	—	—	Mil-A-8243 B
Farbe	siehe Text	—					Mil-A-8243 B
Bemerkungen: Zusammensetzung 1. Basis	Äthylen-, Propylenglykol 3:1, 88 Gew.-%, Wasser 9—10 Gew.-%	Äthylenglykol 85 Vol.-%, Äthanol oder Isopropanol 5 Vol.-%, Wasser 10 Vol.-%	* ASTM und IP gemeinsame bzw. äquivalente Methoden				
2. Additive	Korrosionsinhibitor (K_2HPO_4 1 %) Netzmittel: Natr.-di(2-äthyl-hexylsulfosuccinat) 0,5 Gew.-%	—					

β) **pH-Wert.** Entsprechend der britischen Vorschrift DTD 406 B wird die Enteisungsflüssigkeit 1:1 mit dest. Wasser (pH 6,5 bis 7,0) verdünnt und kolorimetrisch oder elektrometrisch bestimmt. Die Mil-A-8243 B schreibt nach obiger Verdünnung eine elektrometrische Bestimmung vor (Methode ASTM D 1287).

γ) **Elektrische Leitfähigkeit.** Die britische Vorschrift DTD 406 B schreibt diese Prüfung vor. Hierbei soll die Enteisungsflüssigkeit 1:1 mit dest. Wasser (max. 1 $\mu\Omega$/cm) verdünnt werden, und bei der anschließenden Messung der Leitfähigkeit soll der Wert nicht höher als 5 $\mu\Omega$/cm liegen.

δ) **Erdalkali-Metalle.** Entsprechend Mil-A-8243 B werden 10 ml der Enteisungsflüssigkeit in ein 30 ml-Reagenzglas gegeben. Mit NH_4OH wird die Flüssigkeit alkalisch gemacht (gegen Lackmus). Dann werden 5 ml 95%iger Äthylalkohol (p. A.) hinzugefügt und anschließend 5 ml 0,5 n Ammoniumoxalatlösung hinzugegeben. Hierbei darf keine Ausfällung auftreten (Erdalkalioxalate).

ε) **Chloride.** Entsprechend Mil-A-8243 B werden 10 ml der Enteisungsflüssigkeit in ein 30 ml-Reagenzglas gegeben und mit 10 ml dest. Wasser gut durchmischt. Dann werden 10 Tropfen konzentrierte Salpetersäure hinzugegeben, gut durchgeschüttelt und filtriert. Zu dem Filtrat werden 10 Tropfen einer 3%igen wäßrigen Silbernitratlösung zugefügt und die Mischung 30 Min. stehengelassen. Nach dieser Zeit darf keine Fällung aufgetreten sein. Eine leichte Trübung ist erlaubt.

ζ) **Farbe.** Nach Mil-A-8243 B darf das Enteisungsmittel nicht dunkler als eine Standard-Vergleichslösung sein. Diese wird hergestellt durch Verdünnen einer Grundlösung (3 ml) auf 100 ml mit dest. Wasser. Die Grundlösung wird hergestellt durch Lösen von 1,245 g Kaliumhexachloroplatinat und 1,000 g Kobaltchlorid ($COCl_2 \cdot H_2O$) in dest. Wasser mit 100 ml konzentrierter Salzsäure, anschließend auf 1 l mit dest. Wasser verdünnen. Farbvergleich gegen die Standard-Vergleichslösung in 100 ml-Nessler-Rohren gegen weißen Untergrund.

12. Korrosionsschutz- und Konservierungsmittel für die Luftfahrt[1]

12.1 Flüssigkeiten für Triebwerke und Hydraulik (Innenschutz)

a) Allgemeines und Anforderungen

Zunehmende Bedeutung erlangt in der Luftfahrt der Korrosionsschutz. Die hierfür verwendeten Produkte sind je nach Einsatzzweck sehr verschieden. Die folgende Einteilung soll einen Überblick über das Gesamtgebiet vermitteln.

1. Flüssigkeiten für Motoren und Hydraulik (Innenschutz):
   - a) Korrosionsschutzöle für Kolbentriebwerke,
   - b) Korrosionsschutzöle für Turbinentriebwerke,
   - c) Korrosionsschutzöle für Hydraulik,
   - d) Korrosionsschutzkonzentrate.
2. Überzüge für Geräte und Teile (Außenschutz):
   - a) weiche Überzüge, z. B. auf Basis Lanolin bzw. Destillationsrückstände,
   - b) harte Überzüge, z. B. auf Basis Wachse u. ä.,
   - c) harte Überzüge als Daueranstrich, z. B. Lacke auf Epoxybasis u. ä.

Für den Innenschutz von Flugtriebwerken und Hydrauliksystemen werden in der Hauptsache Öle auf Kohlenwasserstoff- bzw. Esterbasis verwendet. Die Eigenschaften der Öle sind auf den entsprechenden Anwendungszweck abgestimmt, z. B. Öle, die auch für den Flugbetrieb geeignet sind und solche, die nur während der Lagerung verwendet werden dürfen. Demzufolge müssen die für den Flugbetrieb verwendbaren Korrosionsschutzöle den hierfür

---

[1] Siehe auch Abschnitt „Korrosionsschutzöle", S. 297 ff.

vorgesehenen Vorschriften entsprechen, z. B. muß das Schutzöl C-638 auch der Mil-7808 als Flugturbinentriebwerksöl entsprechen. In der Regel werden für diesen Zweck aschefreie Additive, z. B. organische Stickstoffverbindungen, verwendet. Teilweise wird auch durch Zumischung eines Rostschutzkonzentrates das entsprechende Korrosionsschutzöl hergestellt, z. B. C-609 und C-610 aus Rostschutzkonzentrat C-608.

α) **Korrosionsschutzöle für Kolbentriebwerke.** Die Öle, die die Bezeichnung C-609 und C-615 tragen, werden aus Mineralöl als Basis unter Zusatz eines Rostschutzkonzentrates hergestellt. Die Öle C-640, C-642 und C-644 können auf Mineralöl- oder Synthesebasis sein, entscheidend ist lediglich, daß sie den dafür vorgesehenen Mil-Vorschriften entsprechen.

β) **Korrosionsschutzöle für Turbinentriebwerke.** In dieser Gruppe sind Öle auf Mineralöl- und Öle auf Esterbasis zu unterscheiden. Die ersteren können z. B. dem Typ C-610 entsprechen; diese sind aufgebaut aus einem Triebwerksöl gemäß Mil-6081, Grade 1010 und einem Rostschutzkonzentrat nach Mil-C-6529 (Mischung 3 : 1).

Die zweite Gruppe entspricht den Mil-7808-Flugturbinenölen unter Zusatz eines Rostschutzadditives.

γ) **Korrosionsschutzöle für Hydraulik.** Die Korrosionsschutzhydrauliköle entsprechen zum großen Teil der Mil-H-6083. Dieses Öl ist auf Mineralölbasis hergestellt und kann z. B. aus einer Mischung (1 : 1) aus Hydrauliköl nach Mil-H-5606 (Mineralölbasis) und dem Rostschutzkonzentrat nach Mil-H-6082 B Typ II bestehen.

Die Anforderungen an Korrosionsschutzflüssigkeiten sind in **Tab. 15** zusammengestellt.

b) Chemisch-physikalische Prüfungen

Die Prüfmethoden sind in Tab. 15 aufgeführt.

Im Rahmen der Prüfungen von Korrosionsschutzölen wird auf die allgemeinen Methoden, wie z. B. Viskosität, Flammpunkt, Pour-Point u. a., nicht mehr eingegangen. Erwähnung finden hier ausschließlich spezielle Methoden für den Korrosionsschutz und Änderungen von bekannten Methoden.

α) **SOD-Bleikorrosion.** Dieser Test wird üblicherweise nach der Vorschrift FTMS 791a-5321 durchgeführt (vgl. Abschn. 5, „Flugturbinenöle auf Synthesebasis"). In Ausnahmefällen wird der Test in abgeänderter Form vorgenommen. Hierzu wird die Prüfdauer von 1 Std. auf 4 Std. erhöht, außerdem wird kein Kupferkatalysator verwendet. Bei 250 °F (121 °C) Prüftemperatur soll der Gewichtsverlust 40 mg/inch^2 und bei 300 °F (149 °C) 70 mg/inch^2 nicht überschreiten (z. B. Mil-C-6529 C).

β) **Flüchtigkeit (Volatile Matter).** Die Flüchtigkeit kann nach der FTMS 791a-Methode 3840 geprüft werden. Dazu wird eine Probe 24 Std. im Trockenschrank auf 105 °C temperiert und nach Abkühlen der Gewichtsverlust bestimmt. Das Probenschälchen soll aus Aluminium bestehen (Durchmesser innen: 5,6 cm, Höhe 1,6 cm). Die Einwaage beträgt 10 g.

Nach einer anderen Methode (Mil-L-21260) werden 100 g des Öles in eine Porzellanschale eingewogen (Durchmesser 12 cm, Tiefe 5 cm, innen glasiert). Die Schale wird dann 4 Std. auf die Öffnung (11 cm Durchmesser) eines Dampfbades gestellt. Anschließend abkühlen lassen, trocknen und zurückwiegen.

γ) **Korrosions- und Oxydationsstabilität.** Dieser Test wird üblicherweise nach FTMS 791a 5308 durchgeführt (vgl. Abschn. 4, „Öle für Turbinentriebwerke, Mineralölbasis"). In Sonderfällen wird auch unter geänderten Bedingungen geprüft (z. B. Mil-C-8188 C). Hierbei wird an Stelle des cadmierten Stahlbleches ein Silberblech verwendet. Die Anordnung ist diagonal zwischen Kupfer/Stahl und Aluminium/Magnesium. Die übliche Prüftemperatur von 121 °C wird erhöht auf 175 °C, die Zeit von 168 Std. auf 72 Std. herabgesetzt. Nach Beendigung des Testes werden die üblichen Untersuchungen vorgenommen (vgl. Tab. 15).

δ) **Korrosionsschutzverhalten (Corrosion Protection Test).** Bei der Korrosionsschutzprüfung nach Mil-Vorschrift C-6529 bzw. C-8188 werden Stahlbleche in das zu prüfende Öl getaucht, in einer Feuchtigkeitskammer (z. B. nach JAN-H-792) über 6 bzw. 14 Tage bei 49 °C exponiert und anschließend auf Roststellen geprüft.

Im einzelnen wird der Test wie folgt durchgeführt: 5 Testbleche[1] werden mit 240er bis 280er Aluminiumoxid-Schmirgelleinen bis zu einer Oberflächengüte von 6 bis 12 micro-

---

[1] Das Material soll ein kohlenstoffarmer Stahl nach der US-Bundesspezifikation QQ-S-636 sein (Zusammensetzung maximal: 0,20 C, 0,60 Mn, 0,045 P, 0,055 S) aus offenem Siemens-Martin-Ofen, leicht angelassen, kalt verformt. Zentrale Beschaffungsstelle für die Bundesrepublik Deutschland: Prüfamt für Brenn-, Kraft- und Schmierstoffe, München 13, Heßstr. 130b.

inch (= 0,1 bis 0,3 µm) behandelt. Anschließend werden die Bleche sorgfältig mit „Petroleum Naphtha" (entspricht in etwa dem Testbenzin im Siedeverlauf) gewaschen und in heißem, wasserfreien Methanol gespült und getrocknet. Die Testbleche werden dann in das zu prüfende Korrosionsschutzöl getaucht und 4. Std. zum Ablaufen aufgehängt (bei 25 °C und maximal 50% Luftfeuchtigkeit).

Im Anschluß daran werden die Testbleche in die Feuchtigkeitskammer (entsprechend JAN-H-792 bzw. ASTM D 1748) eingehängt. Temperatur, 49 ± 1 °C, die Anzahl der Stunden variiert je nach Spezifikation, z. B. 144 Std., 200 Std., 236 Std. Nach dieser Zeit werden die Testbleche herausgenommen, in Testbenzin gewaschen. Als Bewertung gilt, daß das Öl versagt hat, wenn eine Roststelle zwischen 1 bis 2 mm groß ist oder 4 oder mehr Roststellen unter 1 mm Größe aufgetreten sind.

Eine nahezu gleiche Methode ist die ASTM D 1748-62 T „Rust Protection by Metal Preservatives in the Humidity Cabinet". Die Vorschrift zeichnet sich durch eine sehr ausführliche Beschreibung der Feuchtigkeitskammer und des Versuches aus.

ε) **Salzwassertauchtest (Salt Water Immersion Test).** Der Salzwassertest nach Mil-L-21 260 ist dann zweckmäßig, wenn ein Kontakt mit Seewasser bzw. entsprechend salzhaltiger Atmosphäre zu erwarten ist, da hier mit besonders starken Korrosionen gerechnet werden muß.

Für den Versuch werden 3 Stahlbleche (Type wie beim Corrosion Protection Test, Größe: 5 cm × 10 cm, 3 mm) sandgestrahlt und vor und nach dem Sandstrahlen gut gereinigt. Anschließend werden sie in das zu prüfende Öl bei 25 °C vollständig eingetaucht und darin hin und her bewegt und dann 20 Std. bei 25° C abtropfen gelassen.

Die so vorbehandelten Testbleche werden anschließend 20 Std. in ein 500 ml-Becherglas mit synthetischem Meerwasser[1] getaucht. Die Bleche sollen völlig eingetaucht sein und das Wasser eine Temperatur von 25 °C haben. Zur Halterung sollen die Bleche in den Schlitz eines kleinen Holzklotzes eingeschoben werden. Dieser Holzklotz soll auf dem Boden des Becherglases gut stehen und vorher bereits 48 Std. im Meerwasser gestanden haben. Nach dem Versuch werden die Bleche zuerst mit destilliertem Wasser, dann mit Azeton und schließlich mit ASTM-Fällungsbenzin (entspricht in etwa FAM-Benzin) gespült. Unmittelbar anschließend soll die Beobachtung erfolgen, wobei Korrosionen 3,2 mm vom Rand und von den Löchern sowie 6,3 mm von der Berührungsfläche mit dem Holzklotz nicht zu werten sind. Es dürfen für eine positive Bewertung nur maximal 3 kleine Korrosionsstellen auftreten.

ζ) **Bromwasserstoff-Neutralisationsteste (Hydrobromic Acid Neutralisation).** Die *Hydrobromid-Neutralisation* dient zur Beurteilung des Öles im Hinblick auf die Neutralisationsfähigkeit gegenüber starken Säuren. Diese können z. B. bei der Verbrennung von Kraftstoffen in Kolbentriebwerken auftreten. Als Säure wird eine 0,1%ige wäßrige Bromwasserstoffsäure verwendet.

Die vorbehandelten Stahlbleche (Vorbehandlung: wie Salzwassertest) sollen 1 Sek. lang in die Bromwasserstoffsäure und danach innerhalb 1 Sek., ohne Abtropfen, in das zu prüfende Öl eingetaucht werden (400 ml-Becherglas). Die Bleche sollen ganz untergetaucht werden und das Eintauchen 12 mal innerhalb 60 Sek. wiederholt werden. Anschließend werden die Bleche in den Einschnitt eines Holzblockes gesetzt und 4 Std. bei Raumtemperatur stehen gelassen. Nach dieser Zeit werden die Bleche auf Korrosionen hin untersucht, außer der Randzone (etwa 3 mm) dürfen keine Unterrostungen oder Korrosionen vorhanden sein.

Ein in England z. T. benutzter *Bromwasserstoffsäure-Neutralisationstest* sieht die Verwendung einer Lösung von Bromwasserstoffsäure in Kerosin vor (2,25 g HBr pro Liter Kerosin). Herstellung z. B. durch Zugabe von 1 ml Brom zu 300 ml Kerosin und nach der Reaktion Kontrolle der Konzentration durch Titration mit n/10-Natriumcarbonatlösung unter starkem Schütteln und Methylorange als Indikator.

Ein entsprechend vorbehandeltes Stahlblech (analog Salzwassertest) wird 5 Sek. in die Bromwasserstofflösung getaucht, nach 15 Min. abtropfen wird das Blech in das zu prüfende Korrosionsschutzöl getaucht (dieses wird mit 15 Vol.-% Petroläther 60/80 verdünnt). Es wird 5 Sek. eingetaucht, 5 Sek. abgetropft und wiederholt 6 mal in einer Minute, anschließend läßt man 1 Std. abtropfen. Danach gibt man die Platte in ein Gefäß, in dem sich eine gesättigte wäßrige Zinksulfatlösung befindet (Platte 2,4 cm über die Flüssigkeitsoberfläche). Nach 24 Std. bei 20 °C wird die Platte in Toluol gereinigt und untersucht. Außerdem werden durch Differenzwägung Gewichtsveränderungen festgestellt. Der Test soll in 4 facher Ausführung vorgenommen werden.

---

[1] Das synthetische Meerwasser hat folgende Zusammensetzung:

NaCl	25,0	
$MgCl_2 \cdot 6H_2O$	11,0	Gramm pro 1 l Lösung.
$CaCl_2$	1,2	
Na_2SO_4	4,0	

Tabelle 15. *Kennzahlen und Eigenschaften von Korrosionsschutz- und Konservierungsmitteln für die Luftfahrt (Innenschutz von Triebwerken).*

Nationale Spezifikation NATO-Symbol USA Mil Deutschland VTL England DTD	C-608 C-6529 C — — Type I	C-609 C-6529 C — — Type II	C-610 C-6529 C — — Type III	C-612 C-5545 A 6850-012/1 — —	C-613 — — 791 B	C-615 — — DEF 2181	C-635 H-6083 C 9150-051/1 a 5540 Type I
Viskosität cSt 98,9 °C	Anforderungen gelten, wenn 1:3 mit Triebwerksöl gemischt	—	Öl muß Mil 6081 entsprechen keine spez. Anforderungen	24,1—32,2	—	18,0—22,5	—
54,4 °C		—		—	—	—	min. 10
37,8 °C		—		—	—	—	—
—40 °C		—		—	—	—	max. 800
—53,9 °C		—		—	—	—	max. 3500
Viskosität nach Entfernen des Flüchtigen, cSt b. 98,9 °C	18,1—22,8	18,1—22,8			—	—	—
Viskositätsindex mind.	95	95			—	93	—
Pour Point, max. °C	—12°	—12°			—	—6,7°	—59,4 °C
Flammpunkt (COC) mind. °C	204°	204°		176°	—	176°	93,3 °C
Kupferstreifen Korrosion, ASTM Nr.	max. 2a	max. 2a		keine Verfärbung	—	—	max. 2
Aschegehalt % max.	0,015	0,015		—	—	1,2	—
Sulfatasche (Sulfated Residue) %	—	—		max. 1,0	—	—	—
Säurezahl mg KOH/g	—	—		—	—	—	0,2
Fällungszahl	max. 0,1	max. 0,1		—	—	—	—
Conradson-Carbon Residue %	max. 2,0	max. 2,0		max. 3,0	—	—	—
Ramsbottom-Carbon Residue %	—	—		—	—	max. 2,0	—
Flüchtigkeit							
Gewichtsverlust, max. %	3,0	3,0		3,0	—	—	70
Verdampfungsverlust 204°, 6½ Std.	—	—		—	—	—	—
Korrosions- und Oxydations-stabilität, 175 °C, 72 Std.	—	—		—	—	—	121°C, 168h
Kupfer mg/cm²							0,6
Silber mg/cm²							—
Stahl mg/cm²							0,2
Aluminiumlegierung mg/cm²							0,2
Magnesiumlegierung mg/cm²							0,2
Änderung der Viskosität, bei 54,4 °C							—5, +20%
Änderung der Säurezahl mg KOH/g							0,2

	Rostschutz-konzentrat	für Kolben-triebwerke	für Düsen-triebwerke	für Flug-triebwerke, höher viskos	für Kolben-triebwerke zeitlich begrenzter Schutz	für Flug-triebwerke während Lagerung	für Hydrau-likschutz
SOD Blei-Korrosion	bei 149 °C max. 70 mg/6,45 cm^2 bei 121 °C max. 40 mg/6,45 cm^2	wie C 608		—	—	—	—
Silberkorrosion (232 °C, 50 Std.)	—	—		—	—	—	—
Kupferkorrosion (232 °C, 50 Std.)	—	—		—	—	—	—
Korr.-Schutz (Corros. Protect.) 366 Std., 49 °C				max. 1 Blech fehlerhaft (30 Tage)	—	—	—
144 Std.	max. 1 Blech fehlerhaft	max. 1 Blech fehlerhaft		—	—	—	—
Lagerstabilität, 12 Monate, 25 °C	keine Abtrennung	keine Abtrennung		muß Vorschrift entsprechen	—	—	keine Abtrennung
Hoch- und Tieftemperaturstabilität	keine Abtrennung			keine Abtrennung	—	—	—
Tieftemperaturstabilität, b. — 54 °C, 72 h	—	—		—	—	—	keine Abtrennung
Effekt gegen Indikator-Trockenmittel	s. Text	s. Text		s. Text	—	—	—
Hydrobromidneutralisation	s. Text	s. Text		s. Text	—	s. Text	—
Gewichtsänderung max. mg	—	—		—	—	5	—
Salzwassertest, 20 Std.	—	—		max. 1,0	—	—	—
Scheinbare Viskosität b. — 17,8 °C Scherrate 20 sec^{-1}	—	—		max. 6000 Poises	—	—	—
Gummiquellung	—	—		—	—	—	19—28
Schaumneigung (Foaming Tendency)				—	—	—	—
1. Sequenz ml Schaum							max. 65
2. Sequenz ml Schaum							max. 65
3. Sequenz ml Schaum							max. 65
Schaumstabilität	—	—	—	—	—	—	kein Schaum
Bemerkungen:							
1. Einsatzzweck	Rostschutz-konzentrat	für Kolben-triebwerke	für Düsen-triebwerke	für Flug-triebwerke, höher viskos	für Kolben-triebwerke zeitlich begrenzter Schutz Mineralöl-Wachs Dispersion	für Flug-triebwerke während Lagerung	für Hydrau-likschutz
2. Zusammensetzung		1 Teil Konzentrat Type I, 3 Teile Mil-L-6082, 1100-Öl	1 Teil Konzentrat Type I, 3 Teile Mil-O-6081-Öl				Mineralöl + Korrosions- u. Oxydations-Inhibitor

Tabelle 15. (Fortsetzung.)

Nationale Spezifikation { NATO-Symbol / USA Mil / Deutschland VTL / England DTD	C-638 C-8188 C — —	C-640 L-21260 9150-011/3a — Grade 1	C-642 L-21260 9150-037/1a — Grade 2	C-644 L-21260 — — Grade 3	Verwendete und einander entsprechende Testmethoden				
					ASTM Standard Ausgabe 1967	FTMS 791a Ausgabe 1965	IP Ausgabe 1967	DIN Ausgabe 1964	Sonstiges
Viskosität cSt 98,9 °C	mind. 3,0	5,44—7,29	9,65—12,98	16,83—22,75	D 445-64	305,5	71/65	51 562	
54,4 °C	—	—	—	—					
37,8 °C	mind. 11,0	—	—	—					
— 40 °C		—	—	—					
— 53,9 °C	max. 18 000	—	—	—					
— 17,8 °C	—	max. 2,614	max. 43,570	—					
Viskosität nach Entfernen des Flüchtigen	—	—	—	—	D 2161-63T	9101,3			
					D 445-64	305,5			
Viskositätsindex	—	—	—	mind. 75	D 567-53	9111,2	73/53	51 563	
Pour Point, max. °C	— 59,4°	— 29°	— 17,8	— 9,4	D 97-57	201,3	*15/65		
Flammpunkt (COC) mind. °C	204°	182°	199°	204°	D 92-57	1103,6	*36/65	51 597	
Kupferstreifenkorrosion, ASTM Nr.	—	—	—	—	D 130-56	5325,2	154/64	51 759	
Aschegehalt % max.	—	—	—	—	D 482-63	5421,4	4/65	51 575	
Säurezahl, mg KOH/g	—	—	—	—	D 974-64	5105,5	*139/65		
Fällungszahl	—	—	—	—	D 91-61	3101,5			
Conradson-Carbon Residue	—	—	—	—	D 189-64	5001,10	*13/65	51 551	
Ramsbottom-Carbon Residue	—	—	—	—	D 524-64	5002,7	*14/65		
Flüchtigkeit									Mil-C-5545 A
% Gewichtsverlust max.	—					3480			
% Gewichtsverlust max.		2,0	2,0	2,0					Mil-L-21 260
Verdampfungsverlust 204°, 6½ᵸ	max. 50 %	—	—	—	D 972-56	351.2	183/63 T		
Korrosions- und Oxydationsstabilität, 175 °C, 72ᵸ	—	—	—	—		5308.5			Mil-L-81 880
Kupfer mg/cm²	± 0,4								
Silber mg/cm²	± 0,2								
Stahl mg/cm²	± 0,2								
Aluminiumlegierung mg/cm²	± 0,2								
Magnesiumlegierung mg/cm²	± 0,2								
Änderung der Viskosität, bei 37,8 °C	— 5 bis +25 %								
Änderung der Säurezahl, mg KOH/g	max. 3,0				D 664-58	5106.4	177/64		
SOD Bleikorrosion, 1 Std. b. 163 °C	max. 6 mg/ 6,45 cm²	—	—	—		5321.1			
Silberkorrosion (232 °C, 50ᵸ)	3 mg/6,45 cm²	—	—	—					Mil-L-81 880

Prüfung	Düsentriebwerke	niederviskos	mittelviskos	hochviskos	ASTM*	IP	DEF	Spezifikation
Kupferkorrosion (232 °C, 50^h)	3 mg/6,45 cm²	—	—	—				Mil-L-81 880
Korr.-Schutz (Corros.Protect.) 200 Std.		max. 3 kleine Roststellen						Mil-L-21 260
144 Std.	max. 1 Blech fehlerhaft	—	—	—				Mil-C-8188 C
366 Std.	—	—	—	—				Mil-L-5545 A
								Mil-C-6529 C
Lagerstabilität, 12 Monate, 25 °C	—	—	—	—				Mil-C-6529 C
								Mil-L-5545 A
Hoch- und Tieftemperaturstabilität	—	—	—	—				Mil-C-6529 C
								Mil-L-5545 A
Tieftemperaturstabilität	—	—	—	—		202		Mil-H-6083 B
Effekt gegen Indikator-Trockenmittel	—	—	—	—				Mil-L-6529 C
								Mil-L-5545 A
Hydrobromidneutralisation	—	s. Text	s. Text	s. Text				Mil-L-5545 A
		s. Text	s. Text	s. Text				Mil-L-21 260
Salzwassertest, 20^h	• —	max. 3 kl. Korrosionsst. Wert ist anzugeben			D 874-63	5422.3	163/65	DEF 2181 A
Sulfatasche (Sulfated Residue)	—							Mil-21 260
Scheinbare Viskosität	—	—	—	—				
Gummiquellung, Gummi H	12—30%	—	—	—		3603.4		Mil-L-5545 A
Schaumneigung (Foaming Tendency)	—	—	—	—	D 892-63	3211.3		
1. Sequenz ml Schaum	100	keine Grenze	keine Grenze	keine Grenze				
2. Sequenz ml Schaum	25							
3. Sequenz ml Schaum	100							
Schaumstabilität								
a) nach 10 Min. b. 24 °C	—	300 ml	300 ml	300 ml	D 892-63	3211.3		
b) nach 5 Min.	kein Schaum	—	—	—				

* ASTM und IP gemeinsame bzw. äquivalente Methoden.

Bemerkungen:

1. Einsatzzweck — für Düsentriebwerke bei hohen Temperaturen | für Kolbentriebwerke (niederviskos | mittelviskos | hochviskos)

2. Zusammensetzung — Öl nicht vorgeschrieben, Korrosions- u. Oxydations-Inhibitoren, Verschleißminderer | Mineralöl oder Syntheseöl oder Gemisch, Additive möglich aber nicht Vorschrift

η) **Korrosionsverhalten gegenüber Kupfer und Aluminium.** Nach DEF-2181 wird diese Prüfung durch Eintauchen der entsprechenden Testbleche in das Öl vorgenommen. Prüfdauer: 24 Std. bei 100 °C. (getrennte Gefäße für Al und Cu). Nach dieser Zeit werden die Bleche herausgenommen, in Toluol gewaschen, getrocknet und auf Korrosionen hin untersucht.

ϑ) **Einfluß auf Indikatortrockenmittel (Indikator: CoCl₂).** Diese Bestimmung kann von Bedeutung sein, wenn Trockenmittel bei der Lagerung oder beim Transport von Flugtriebwerken im Triebwerksbehälter verwendet werden. Die Wirksamkeit des Trockenmittels bzw. des Indikators darf nicht von dem verwendeten Korrosionsschutzmittel beeinträchtigt werden. Bei dem Test nach Mil-C-6529 C wird ein Luftstrom durch das Öl und anschließend über das zu prüfende Indikatortrockenmittel geleitet. Anschließend wird das Indikatortrockenmittel über Nacht in einen Raum mit 100% relativer Feuchtigkeit gebracht. Durch Wasseraufnahme soll sich der Indikator rot färben. Bleibt der Indikator blau, so soll das Öl nicht verwendet werden.

Für die Versuchsdurchführung (Abb. 20) wird ein U-Rohr von 21 cm Länge und 2 cm Durchmesser mit 5 g Trockenmittel gefüllt. An dieses Trockenrohr wird ein 1 l-Stehkolben angeschlossen. Der Kolben wird mit 800 ml des Öles gefüllt und mit einem Lufteinleitungs-

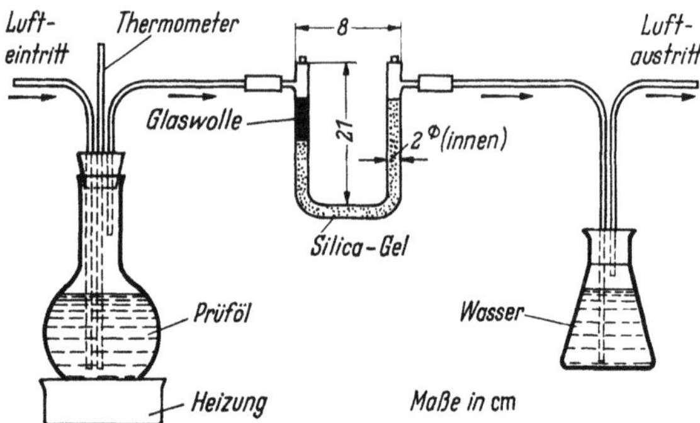

Abb. 20. Versuchsanordnung zur Prüfung des Einflusses von Korrosionsschutzölen gegen Indikatortrockenmittel nach Mil-C-6529 C.

rohr (bis 1 cm vom Boden) und einem Thermometer versehen. Die Ölprobe wird durch ein Heizbad auf 71 °C erwärmt. Während des Heizens und während der Testzeit von 3 Std. wird ein Luftstrom von 1,5 l/h durch das Öl und Trockenmittel geleitet.

Anschließend wird das Trockenmittel aus dem U-Rohr entfernt und luftdicht aufbewahrt bis eine zweite Probe eines normalen Mil-L-6082-Öles auf die gleiche Weise behandelt worden ist. Daraufhin werden beide Proben in 2 Petrischalen gegeben und über Nacht in einen Raum mit 100% Luftfeuchtigkeit (statisch) gestellt. Am nächsten Tag werden beide Proben verglichen. Falls Teile des Trockenmittels blau geblieben sind, muß der Test wiederholt werden.

ι) **Hoch- und Tieftemperaturstabilität.** Die Mil-C-6529 C schreibt eine 24stündige Lagerung des Öles bei 96 °C und eine 15stündige bei — 17,8 °C vor. Nach einer anschließenden Lagerung von 10 Tagen bei Raumtemperatur wird festgestellt, ob das Öl sich verändert hat (Ausfällungen bzw. Abtrennung von Bestandteilen). Die Ölmenge beträgt 25 ml, das Glasgefäß soll 15 cm lang und einen Durchmesser von 1,9 cm haben.

ϰ) **Lagerstabilität.** Nach Mil-C-6529 C wird die Bestimmung wie folgt durchgeführt: Etwa 4,5 l Öl werden 12 Monate lang im Dunkeln in einer Weithalsflasche gelagert (Temperatur 25 °C). Nach dieser Zeit wird das Öl auf Veränderungen bzw. Abtrennungen untersucht. Teilweise wird anschließend ein Korrosionsschutztest mit einer Ölprobe durchgeführt, die aus dem oberen Drittel des gelagerten Öles entnommen wird.

λ) **Feste Verunreinigungen.** Die Teilchengröße und deren Anzahl ist bei dem Öl Mil-H-6083 B analog wie beim Hydrauliköl H-5606 B (s. Kap. „Hydraulikflüssigkeiten für die Luftfahrt") mit folgender Ausnahme: über 100 µ max. 5 Teilchen. Die Bestimmung erfolgt nach FTM 791 a-3009.

c) Mechanische Prüfungen

Einige Spezifikationen schreiben für die Qualifikationsprüfung einen Test in einem 1-Zylinder-Motor (Cooperative Universal Engine) vor (100 Std.-Lauf) mit einer Überprüfung der wichtigsten Kennzahlen nach 50 und 100 Std. Zum Teil erfolgt auch ein 50 Std.-Lauf in einem Flugtriebwerk unter simulierten Flugbedingungen (Mil-C-6529 C), wobei gleichzeitig die Bleikorrosion mitgeprüft wird. Außerdem werden nach 15, 30 und 50 Std. die Viskositäten, das Korrosionsschutzverhalten und die Bromwasserstoffneutralisation untersucht.

Bei den Flugturbinenölen mit Korrosionsschutz wird z. T. außerdem ein Prüflauf auf der „Ryder-Gear-Prüfmaschine" zur Feststellung des Lastaufnahmevermögens des Öles verlangt (z. B. Mil-C-8188 C) (vgl. „Flugturbinenöle auf Synthesebasis").

12.2 Überzüge für Geräte und Teile (Außenschutz)

a) Allgemeines und Anforderungen

Für den Außenschutz von lagernden Fluggeräten und Einzelteilen werden je nach Art der Lagerung und den möglichen Einflüssen unterschiedliche Produkte benötigt.

Ein wesentlicher Gesichtspunkt bei der Konservierung ist neben den Korrosionsschutzeigenschaften die Filmbeschaffenheit und Festigkeit. Weiche Filme ohne zusätzliche Verpackung werden üblicherweise für eine kurzzeitige Lagerung verwendet. Für eine Langzeitlagerung und einen Transport müssen die so behandelten Teile noch zusätzlich verpackt werden. Der Nachteil weicher Überzüge besteht darin, daß diese leicht verletzt werden können, andererseits sind diese Filme leicht zu entfernen. In einer Zahl von Fällen ist es jedoch nicht notwendig, daß diese Überzüge im Anwendungsfall entfernt werden müssen.

Harte Überzüge sind widerstandsfähiger gegen mechanische Einwirkung und leichter zu handhaben. Sie sind als Dauerschutz besser geeignet. Andererseits bedeutet eine spätere Entfernung des Schutzfilmes mit Lösungsmitteln einen zusätzlichen Aufwand.

Ein zunehmend wichtiges Gebiet ist auch der Korrosionsschutz von im Einsatz befindlichen Fluggerät. Insbesondere soll hier auf den Innenschutz der Zelle, des Trag- und Leitwerkes hingewiesen werden[1]. Hierfür werden u. a. Speziallacke, z. B. auf Epoxybasis, Nylon u. a. verwendet.

Eine Unterteilung der Gruppe der festen Schutzüberzüge kann vorgenommen werden in solche, die heiß aufgetragen werden müssen, d. h. ohne Lösungsmittel sind und solche, die in gelöster Form vorliegen und kalt aufgetragen werden können.

Die weichen Überzüge sind üblicherweise ein Lanolin- oder Mineralölprodukt (weicher Paraffingatsch bzw. vaselinartige Fraktion). Als Lösungsmittel werden bei Lanolin Äthanol, bei den Mineralölprodukten Lösungsbenzine mit Siedeende bis etwa 210 °C verwendet.

Die harten Überzüge bestehen üblicherweise aus Lanolin-Harzgemischen (Lösungsmittel z. B. Äthanol-Xylol) bzw. aus Mineralöldestillationsrückständen (Lösungsmittel z. B. Lösungsbenzine). Weiterhin werden auch Korrosionsschutzlacke eingesetzt. Für die heiß aufzutragenden Produkte (lösungsmittelfrei) wird vornehmlich Petrolatum verwendet.

Die Anforderungen für Korrosionsschutz- und Konservierungsmittel (Außenschutz von Geräten und Teilen) sind in der Tab. 16 zusammengefaßt.

b) Prüfungen

Die Prüfmethoden sind in Tab. 16 zusammengestellt. Auf die Beschreibung der üblichen Methoden wurde verzichtet. Es werden nur die speziellen Prüfungen behandelt.

α) Korrosionswirkung gegen Metalle. Bei diesem Test soll festgestellt werden, ob die einzelnen Korrosionsschutzmittel die Oberfläche von Metallen angreifen. Es wird eine Reihe von Metallen verwendet (s. Tab. 17).

---

[1] ASTLEY, W.: Korrosionsschutz für neuzeitliche Verkehrsflugzeuge. Luftfahrttechnik-Raumfahrttechnik 10 (1964) 290—293.

Nationale Spezifikation	NATO-Symbol USA Mil Deutschland VTL England	C-614 — — DEF 2321 A —	C-618 — — DTD 279 B —	C-620 C-16173 C 8030-010/1 — Grade 2	C-627 C-11 796 B 8030-006/1a — Class 3	C-628 — — DEF 2334 —
Penetration in $^1/_{10}$ mm der nichtflüchtigen Anteile		—	—	mind. 200	200—325	—
Schmelzpunkt °C mind.		—	—	—	57°	65°
Flammpunkt, P. M. (c. C.) °C, mind.		—	—	37,8°	—	—
Flammpunkt (COC) °C, mind.		—	—	—	176,7°	—
Säurezahl (Gesamt) mg KOH/g		—	—	—	—	1,7—2,2
Verseifungszahl mg KOH/g		—	—	—	—	mind. 8,5
Aschegehalt %		—	—	—	—	max. 0,05
Sulfatasche (Sulfated Residue)		—	—	—	s. Vorschrift	—
Fließpunkt °C		—	—	—	mind. 54,4°	—
Lagerstabilität bei +107 und −40 °C		—	—	—	keine Abtr.	—
Lagerstabilität bei − 54 und −40 °C		—	—	keine Abtr.	—	—
Flüchtigkeit (105—110 °C)/3$^\text{h}$		—	—	—	max. 1 %	—
Sauerstoffabsorption bei 98,9 °C, 100$^\text{h}$, -Druckabfall		—	—	—	10 lb/inch^2	—
Mischbarkeit mit Mineralöl		—	—	vollständig	keine Abtr.	—
Korrosionsschutztest: Feuchtigkeitskammer, 30 Tage		—	—	s. Vorschrift	s. Vorschrift	—
Salzsprühkammer, 7 Tage		—	—	s. Vorschrift	—	—
Schnellbewitterung		—	—	—	—	—
Lagerung im offenen Schuppen		—	—		—	—
Lagerung im offenen Schuppen		—	—		s. Vorschrift	—
Außenlagerung		—	—	—	—	—
Korrosionsverhalten gegen Metalle Gewichtsverlust mg/cm^2 max.						
Aluminium		—	—	0,2	0,2	—
Messing		—	—	1,0	0,2	—
Cadmium		—	—	5,0	0,2	—
Magnesium		—	—	0,5	0,5	—
Stahl		—	—	0,2	0,2	—
Zink		—	—	7,5	0,2	—
Blei-Kalziumlegierung		—	—	5,0	1,0 (Blei)	—
Trocknung		—	—	s. Text	—	—
Tiefentemperaturhaftung		—	—	bei −40 °C	s. Vorschrift	—
Rostschutzverhalten		—	—	—	s. Vorschrift	—
		—	—	—	ist anzugeben	—
		—	—	ist anzugeben	—	—
Entfernbarkeit, Cyklen nach Schuppenlagerung bzw. Schnellbewitterung				15	8—15	
Lösungsmittel			—	Lös. Benzin	—	—
Destillations-Endpunkt			—	210 °C	—	—
Verspritzbarkeit		—	—	bis +4 °C u. darüber	—	—
Filmdicke, mm, max.		—	—	0,05	0,04	—
Bemerkungen: 1. Basis		Lanolin	Lanolin Harz	nicht vorgeschrieben	Petrolatum	Petrolatum +10% Bienenwach
2. Anwendung		kalt	kalt	kalt	heiß	heiß
3. Film		weich	fest	weich	fest	fest

C-629 — 'TD 663 A	C-632 C-16173 C 8030-009/1 Grade 1	C-633 C-11796 B 8030-005/1 a Class 1	Verwendete und einander entsprechende Testmethoden				
			ASTM Standard Ausgabe 1967	FTMS Nr. 791 a Ausgabe 1965	IP Ausgabe 1967	DIN Ausgabe 1964	Sonstiges
—	—	30—80	D 937-58	312.3	*179/65	51 580	
—	—	69°	D 127-63	1401.4	*133/64		
,—	37,8°	—	D 93-62	1102.10		51 758	
—	—	176,7°	D 92-57	1103.6	*36/65		
—	—	—			1/64		
—	—	—	D 94-62	5401.8	136/65 M. A.		
—	—	—	D 482-63	5421.4	*4/65	51 575	
—							Mil-C-11 796 B
—	mind. 79,4°	mind. 65,6°					Mil-C-16173 C
—	—	keine Abtr.					Mil-C-11 796 B
—	keine Abtr.	—					Mil-C-16173 C
—	—	max. 1 %					Mil-C-11 796 B
—	—	—					Mil-C-11 796 B
—	vollständig	—					Mil-C-16173 C
—	—	—					Mil-C-11 796 B
—	—	—		5310			Mil-C-16173 C
—	14 Tage s. Vorschrift	—		4001.1			Mil-C-11 796 B Mil-C-16173 C
—	600 bzw. 1200 Std.	300 Std.		6151 d. FTMS 141			Mil-C-16173 C
—	—	—					Mil-C-16173 C
—	—	s. Vorschrift 1 Jahr					
							Mil-C-11 796 B
—	0,2						Mil-C-16173 C
—	1,0	0,2					Mil-C-11 796 B
—	5,0	0,2					
—	0,5	0,2					
—	0,2	0,5					
—	7,5	0,2					
—	—	0,2					
—		—					
—	s. Text	s. Vorschrift					
—	bei —17,8 °C	s. Vorschrift					
—	—	ist anzugeben	D 874-63	5422.3	163/65		
—	ist anzugeben	—					Mil-C-16173 C
—		—					
Lös.-Benzin und Xylol 120 °C	30 Lös.-Benzin 210 °C	8—15					Mil-C-16173 C
—	bis +4 °C u. darüber	—	D 86-62	(1001)	123		Mil-C-16173 C
	0,1	0,04					Mil-C-16173 C
Lanolin Harz	nicht vor-geschrieben	Petrolatum	* ASTM und IP gemeinsame bzw. äquivalente Methoden				
kalt fest	kalt fest	heiß fest					

Tabelle 17. *Zusammenstellung von Prüfblechen für die Ermittlung der Korrosionswirkung von Korrosionsschutzmitteln gegen Metalle.*

Mil		US-Spezifikation	in Deutschland z. Zt. verwendet
C-11796	Messing	QQ-B-613 Comp. 1	
C-16173	Messing	QQ-B-626 Comp. 22	Ms 63 (67 Cu, 33 Zn)
C-11796	Cadmium	QQ-A-671	Cd 99,9%
C-16173	Cadmium	QQ-C-61	Cd 99,97 °L
C-11796	Zink	QQ-Z-285	Zn 99,9%
C-16173	Zink	QQ-Z-285	Zn 99,9 %
C-11796	Magnesium	QQ-M-44	MgAl6 (DIN 1729 Bl. 1)
C-16173	Magnesium	QQ-M-44	MgAl6 (DIN 1729 Bl. 1)
C-11796	Aluminium	QQ-A-355 Cond. T	AlCuMg 2 (DIN 1725)
C-16173	Aluminium	QQ-A-355 Cond. T	AlCuMg 2 (DIN 1725)
C-11796	Stahl	QQ-S-640	C 20 oder CK 22 (DIN 17200)
C-16173	Stahl	QQ-S-698	C 20 oder CK 22 (DIN 17200)

Bei Korrosionsuntersuchungen an Metallen spielt neben der chemischen Zusammensetzung die Struktur eine wesentliche Rolle. Der gleiche Herstellungsprozeß ist dabei ein wesentlicher Faktor, wobei die Prüfbleche nach Möglichkeit aus gleicher Charge stammen sollen[1].

Die Abmessungen der Prüfbleche sind in der Regel 50 mm × 25 mm × 0,8 mm. Eine sorgfältige Reinigung mit Benzin und anschließendes Abschmirgeln (Papier 100-00) und erneutes Reinigen in heißem Testbenzin und anschließend wasserfreiem Methanol ist im allgemeinen vorgeschrieben.

Die gewogenen Testbleche werden in ein Glasgefäß gestellt, ohne sich zu berühren und mit dem flüssigen oder geschmolzenen Korrosionsschutzmittel bedeckt (300 ml). Das Glas wird fest verschlossen und 7 bzw. 14 Tage in einem Trockenschrank auf Temperatur gehalten (bei 54,4° 7 Tage = Mil-C-16173, bei 82° 14 Tage = Mil-C-11796). Nach dieser Zeit sind die Bleche zu reinigen und zu trocknen. Anschließend wird der Gewichtsverlust bestimmt und auf mg/cm² umgerechnet, außerdem sollen keine Pittings oder Verfärbungen aufgetreten sein.

β) Feuchtigkeitskammertest (Humidity Cabinet Exposure). Hierfür werden 3 Testbleche aus Stahl in das flüssige oder geschmolzene Korrosionsschutzmittel getaucht und anschließend abtropfen lassen. Nach 16 Std. wird das Testblech in einer Feuchtigkeitskammer aufgehängt[2]. (z. B. nach JAN-H-792: wasserdampfgesättigte Atmosphäre 49 ± 1 °C, Luftgeschwindigkeit an den Blechen 2,4 m/h). Nach 30 Tagen dürfen maximal drei kleine Roststellen von maximal 1 mm Durchmesser an der Oberfläche vorhanden sein. Korrosionen innerhalb 3 mm von den Kanten sollen nicht berücksichtigt werden.

γ) Salzsprühkammertest (Protection, Salt Spray)[3]. Die Bestimmung erfolgt nach FTMS 791a-4001. 3 Testbleche werden sorgfältig gereinigt, abgeschmirgelt und in das zu prüfende Korrosionsschutzmittel getaucht. Nach Abtropfen werden die Bleche in eine Salzsprühkammer gehängt[4] (Temperatur 35 °C, 7 Tage Testdauer, Konzentration an Kochsalz in destilliertem Wasser: 20%). Die Vernebelung wird durch Einblasen von Luft in die Salzlösung erzeugt. Nach dem Test werden die Bleche gereinigt und bewertet. Es dürfen maximal 3 Roststellen von maximal 1 mm Durchmesser vorhanden sein.

δ) Schnellbewitterung (Weather-o-Meter). Die sorgfältig gereinigten Testbleche (s. ,,Korrosionsschutzteste") werden in das flüssige Produkt getaucht, so daß ein Film von 1,5 mils (0,37 mm) erhalten wird. Nach 16 Std. werden 3 Testbleche in das Schnellbewitterungsgerät (Weather-o-Meter) eingesetzt. Eine genaue Beschreibung des Gerätes befindet sich in der ASTM-Vorschrift E 42 57[5]. Im Zentrum des Prüfraumes befindet sich eine Lichtbogenlampe, die einem Sonnenlicht (Juni, Mittag) in etwa entspricht. Die Bewitterung erfolgt in Zyklen von je 2 Std. Innerhalb dieser 2 Std. wird der Film 102 Min. dem Licht ohne Beregnung ausgesetzt und 18 Min. Licht und Beregnung (Wassertemperatur 15 °C, höchste Temperatur neben den Testblechen 62,8 °C). Die genaue Versuchsdurchführung ist in der FTMS-Methode 791a-6151 angegeben, eine kürzere Anweisung befindet sich auch

---

[1] Zentrale Beschaffungsstelle für die BRD: Prüfamt für Brenn-, Kraft- und Schmierstoffe bei der BLGA, München 13, Heßstr. 130b.

[2] Siehe auch DIN-Entwurf 51359, Abschnitt ,,Korrosionsschutzöle", S. 297ff.

[3] Siehe auch DIN 51358, Meerwassertauchprüfung, Abschnitt ,,Korrosionsschutzöle", S. 297ff.

[4] Zu beziehen durch: Cunning & Co. Ltd., Birmingham (England).

[5] Das Gerät wird geliefert von: Fa. Atlas Electric Devices Co., 4114 N. Ravenswood Ave., Chicago 13, Ill., USA.

in der ASTM D 822-57 T. Nach der Testdauer (in der Regel 300 Std.) soll keines der Testbleche mehr als 3 kleine Korrosionsstellen (maximal 1 mm Durchmesser) aufweisen.

ε) Lagerung im offenen Schuppen. 3 Testbleche werden gründlich gereinigt, poliert und in das Korrosionsschutzmittel getaucht. Nach einer Trockenzeit von 24 Std. werden die Bleche in einem offenen Schuppen gelagert. Der Schuppen soll freistehen und eine bestimmte Größe und Form haben, die in den einzelnen Spezifikationen verschieden ist. Nach einjähriger Lagerung werden die Bleche geprüft analog dem Feuchtigkeitskammertest.

ζ) Außenlagerung. 3 Testbleche werden mit einem etwa 0,012 bis 0,013 cm dicken Film versehen (eventuell Korrosionsschutzmittel leicht über den Schmelzpunkt erwärmen).

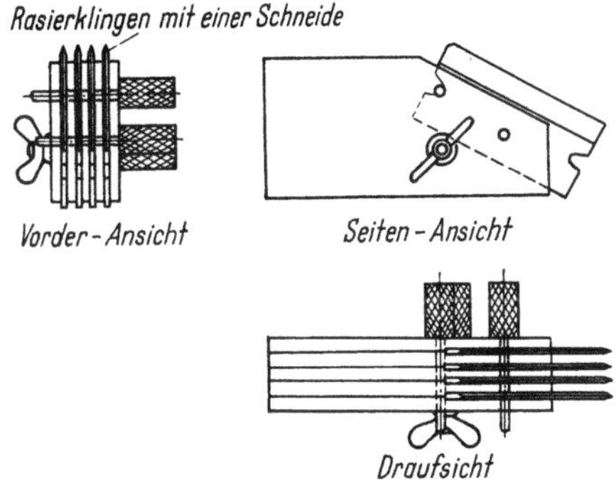

Abb. 21. Ritzgerät zur Prüfung des Tieftemperaturhaftvermögens von Korrosionsschutzmitteln
(Methode nach Mil-C-11 796 B).

Nach einer Trockenzeit von mindestens 16 Std. (für Mil-C-11 796 B) werden die Bleche dem Wetter ausgesetzt. Dabei soll die Anstrichseite nach Süden gerichtet sein und die Neigung des Bleches 45° haben. Teilweise wird ein bestimmtes Klima vorgeschrieben (z. B. Rock Island). Die Prüfung nach einem Jahr findet analog dem Feuchtigkeitskammertest statt.

η) Tieftemperatur-Haftvermögen (Low Temperature Adhesion). Ein gereinigtes und fein poliertes Blech wird in das Korrosionsschutzmittel getaucht und anschließend 24 Std. in einem staubfreien Raum getrocknet. Danach wird das Blech abgekühlt auf − 17,8 bzw. − 40 °C (vgl. Tab. 16). Nach 1. Std. Lagerung bei der Testtemperatur werden mit einem speziellen Ritzgerät (s. Abb. 21) 4 Kratzer von etwa 2,5 cm Länge in den Anstrich eingeritzt (bei Testtemperatur). Anschließend werden vier entsprechende Kratzer im rechten Winkel dazu eingeritzt (Überkreuzritzung). Die Ritzgeschwindigkeit soll etwa 2,5 cm/sec betragen.

Die Haftung ist als ungenügend anzusehen, wenn Abblätterungen auftreten. Als Abblätterung wird hier bezeichnet das Abblättern von Teilchen in einem Abstand größer als 0,08 cm von den Einritzungen.

ϑ) Trocknung. Ein sorgfältig gereinigtes und poliertes Blech wird in das Korrosionsschutzmittel getaucht und senkrecht zum Trocknen aufgehängt. Die Trockenzeiten sind unterschiedlich (z. B. nach Mil-C-16173 C Grade 1 = 4 Std., Grade 2 = 24 Std.). Nach dieser Zeit wird geprüft, ob man den Überzug berühren kann, ohne ihn zu verletzen. Bei Grade 2 wird geprüft, ob der Überzug noch weich ist.

ι) Mischbarkeit mit Schmierölen. Bei einigen Korrosionsschutzmitteln wird eine völlige Mischbarkeit mit Schmierölen verlangt (z. B. bei Mil-C-16173 C-Grade 2). Zur Prüfung werden 95 ml Öl nach Mil-L-6082, Grade 1100 mit 5 ml Korrosionsschutzöl gemischt und gut durchgeschüttelt. Anschließend läßt man 15 Min. bei 77 °C absetzen und beobachtet eine eventuelle Abtrennung.

ϰ) Spritzbarkeit. Das Öl nach Mil-C-16173 C soll sich noch bei + 4 °C gut verspritzen lassen. Hierzu ist ein Versuch mit einer Spritzpistole vorgeschrieben. Diese soll etwa zur Hälfte mit der Substanz gefüllt und 24 Std. bei 4 °C gelagert werden. Der anschließende Spritzversuch bei dieser Temperatur soll eine Aufspritzrate von 1 g pro Sekunde ergeben, und es soll hierbei ein zusammenhängender Film auf einer Glasplatte entstehen (siehe Mil-C-16173 C).

λ) Filmdicke. Für die Korrosionsschutzmittel nach Mil-C-16173 C und Mil-C-11 796 B ist eine bestimmte Filmdicke vorgeschrieben. Die Filmdicke des auf eine Testplatte aufgebrachten Überzugs wird nach den obigen Vorschriften nach folgender Formel berechnet:

$$\text{Durchschnittliche Filmdicke (mils)} = \frac{1000 \cdot W \cdot 0{,}061}{D \cdot A}.$$

1 mil = 0,001 Zoll = 0,0254 mm;
W Gewicht des Filmes;
D Dichte des Filmes (g/cm³), Bestimmung der nichtflüchtigen
            Anteile im Pyknometer;
A Oberfläche der verwendeten Platte.

μ) **Entfernbarkeit nach der Lagerung.** In einigen Spezifikationen sind genaue Vorschriften für die Prüfung der Entfernbarkeit nach der Lagerung angegeben. In den einzelnen Spezifikationen sind dazu spezielle Geräte vorgeschrieben und dort im einzelnen beschrieben. Im Prinzip handelt es sich um einen mit Lösungsmitteln getränkten Docht, der auf dem Film hin und her bewegt wird (1 Zyklus = 1 Hin- und Herbewegung). 40 Zyklen pro Minute sind an dem Gerät eingestellt. Nach den vorgeschriebenen Zyklen (Tab. 16) darf der Film an der Wischstelle nicht mehr sichtbar sein.

III. Schmieröle für Getriebeschmierung

1. Allgemeines

Ein Getriebeschmieröl muß imstande sein, einen Schmierfilm mit ausreichender Druckaufnahmefähigkeit zu bilden, zur Verhinderung von Zahnflankenberührung und Fressen. Es soll als Kühlmittel wirken, bei hoher Temperatur oxydations- und thermisch stabil sein, nicht zur Korrosions- oder Schaumbildung neigen und Dichtungsmaterialien nicht angreifen. Diese Bedingungen erfüllen insbesondere bei Teilschmierung nur mit Wirkstoffen versehene Mineralöle[1]. Die Beanspruchung der Schmierstoffe sind so vielfältig, daß verbindliche Normen für alle Fälle und Möglichkeiten nicht aufgestellt werden können; man muß sich auf die Aufstellung von gewissen Richtlinien beschränken, die eine geeignete Auswahl ermöglichen[2].

Für Getriebeschmierung, die keine besonderen Anforderungen bezüglich der Temperatur stellen und für die infolgedessen Normalschmieröle eingesetzt werden können, wurden in DIN 51509 durch Beispiele belegte „Richtlinien für die Verwendung" aufgestellt.

DIN 51509: Normal-Schmieröle für Getriebeschmierung[3]
Richtlinien für die Verwendung

Erläuterungen

Die Angaben dieser Norm beziehen sich auf die Schmierung von Zahnrad- und Schneckengetrieben mit Normalschmierölen. Bei Zahnrädern mit Flankenbelastungen über 10 000 kg/cm²

---

[1] Siehe auch Abschnitt J „Mechanisch-physikalische Geräte zur Schmierstoffprüfung", S. 134, sowie A. A. BARTEL: Getriebeschmierung. Düsseldorf: VDL-Verlag 1962. Literaturzusammenstellung bei J. Moos: VDI-Z. 105 (1963) 29.
FLECK W., berichtet über Abschätzung der Ölfilmdicke zwischen Zahnflanken in Erdöl u. Kohle 17 (1964), 639.
[2] SCHULTZE, G., A. BARTEL u. J. Moos: Erdöl u. Kohle 12 (1959) 374. — Pittingbildung infolge Werkstoffermüdung s. F. H. WAIGHT: Erdöl u. Kohle 18 (1965) 899. — Ein Bild über Pittingbildung in Getrieben auf Grund von Dauerversuchen im IEA-Prüfstand: Erdöl u. Kohle 17 (1964) 879.
[3] In obiger Norm sind Fälle unberücksichtigt, in denen lange Lebensdauer der Ölfüllungen erreicht werden sollen, oder starke Beanspruchungen, insbesondere der Zahnflanken bei Hypoidverzahnung vorliegen. Eine Neufassung der Norm ist beabsichtigt; Schmieröle D sollen wegfallen, Schmieröl C eingesetzt werden.

Hertzsche Pressung (HP)[1] (z. B. Kraftfahrzeuggetriebe und Achsantriebe) müssen Schmieröle mit gesteigertem Druckaufnahmevermögen verwendet werden.

Bei der Auswahl eines Schmieröles für Getriebe sind zu berücksichtigen:

a) Leistung (in PS oder kW) oder Belastung in kg/cm² HP,
b) Umfangsgeschwindigkeit,
c) Lagerspiel und Lagerbelastung,
d) Art der Schmierung und Abdichtung,
e) Art der Verzahnung (z. B. Stirn-, Kegel-, Hypoid-, Schneckengetriebe usw.) und Gleitanteil auf der Zahnflanke,
f) Betriebstemperatur; diese ist bedingt durch Reibungsverluste, Fremderwärmung (Strahlungs- oder Konvektionswärme) oder Einwirkung von Kälte,
g) Anforderung hinsichtlich Alterungsbeständigkeit.

$$P = \frac{P'_u}{\cos \alpha},$$

P'_u Umfangskraft in kg,
α Eingriffswinkel,
E Elastizitätsmodul (für Stahl $E = 2220000$ kg/cm²).

Für Geradverzahnung gilt:

$$\varrho \quad = \text{mittlerer Krümmungshalbmesser} = \frac{1}{2}\left(\frac{1}{R_1} + \frac{1}{R_2}\right) \text{ in } \frac{1}{\text{cm}},$$

$$R_1 \quad = \frac{d_{01}}{2}\sin\alpha \text{ in cm},$$

$$R_2 \quad = \frac{d_{02}}{2}\sin\alpha \text{ in cm},$$

d_{01} Teilkreisdurchmesser des Ritzels,
d_{02} Teilkreisdurchmesser des Rades,
b wirksame Zahnbreite in cm.

Daraus ergibt sich die Formel:

$$p_{max} = \sqrt{\frac{0,35\,P\,E}{b}\,\frac{1}{d_{01}\sin\alpha}\left(\frac{i \pm 1}{i}\right)} \text{ in kg/cm²}; \quad i = d_{02}/d_{01} = \text{Übersetzungsverhältnis.}$$

Die Beanspruchung der Oberflächen und der Schmierstoffe in den Getrieben ist von zahlreichen Einflüssen abhängig, daß es unmöglich ist, verbindliche Normen für die Beschaffenheit der einzusetzenden Schmieröle festzulegen. Man muß sich darauf beschränken, auf Grund von Erfahrungen gewisse Richtlinien anzugeben, die bei der überwiegenden Anzahl der Schmiervorgänge die Wahl eines geeigneten Schmierstoffes ermöglichen. Die Angaben in dieser Norm beschränken sich bewußt auf Fälle, bei denen *keine* besonderen Anforderungen bezüglich der Temperaturen vorliegen. Fälle mit besonders intensiver Einwirkung von Kälte, z. B. Freiluftanlage, oder mit erhöhten Temperaturen infolge mangelhafter Oberflächenkühlung oder zusätzlicher Einwirkung von Strahlungswärme kommen hier nicht in Frage.

Weiterhin werden auch nicht die Fälle berücksichtigt, in denen man Wert darauf legt, eine besonders lange Lebensdauer der Ölfüllungen zu erreichen oder bei denen durch andere Gründe eine starke Beanspruchung der Ölfüllungen hinsichtlich Alterungsbeständigkeit vorliegen. Für alle diese Fälle sind besondere Überlegungen und in der Regel auch Sonderschmiermittel notwendig.

Auch hinsichtlich der Zahnflankenbeanspruchung beschränken sich die Angaben auf Fälle, bei denen die Hertzsche Pressung unter 10000 kg/cm² bleibt.

---

[1] Die Hertzsche Pressung wird nach folgender Formel für Stahl auf Stahl errechnet:

$$p_{max} = \sqrt{\frac{0,35\,P\,E\,\varrho}{b}} \text{ in kg/cm².}$$

Diese Formel gilt nur für Geradverzahnung.

256 K. Schmierstoffe für bestimmte Zwecke

Bei höheren Beanspruchungen wird man gezwungen sein, auf Öle überzugehen, die ein besonders hohes Druckaufnahmevermögen aufweisen.

Die in Abschnitt „Anwendung der Schmieröle" angegebenen Tabellen sind nur als Beispiele zu werten. Sofern die oben angegebenen Einschränkungen berücksichtigt werden, kann aber damit gerechnet werden, daß die Öle eine ausreichende Schmierung gewährleisten.

Viskosität

Die erforderliche Viskosität bei Betriebstemperatur ist abhängig von der Umfangsgeschwindigkeit und Belastung. Größere Umfangsgeschwindigkeit eines Zahnrades erfordert dünnflüssigere Schmieröle. Schmieröle von höherer Viskosität schonen die Zahnflanken, führen aber andererseits zu größeren Reibungsverlusten. Lagerspiel und Lagerbelastung sind bei der Auswahl der Viskosität zu berücksichtigen. Falls die Verzahnung eine bestimmte Zähflüssigkeit verlangt, ist das Lagerspiel entsprechend zu gestalten, oder die Lager müssen getrennt geschmiert werden (z. B. fettgeschmierte Wälzlager).

Eine rechnerische Bestimmung der Viskosität ist möglich nach den Angaben in Hütte, Bd. II A (Maschinenbau), 28. Aufl., Berlin: Ernst & Sohn 1954, S. 155, Tafel 2, u. S. 186.

Abhängigkeit des Getriebeschmieröles von der Art des Schmiersystems

Für Getriebe mit Tauchschmierung sind Normalschmieröle nach DIN 51 501 zu empfehlen. Bei Ölumlaufsystemen, insbesondere Bauarten mit Ölpumpen und Ölkühler, müssen die verwendeten Öle höheren Anforderungen hinsichtlich Alterungsbeständigkeit genügen.

Getriebe, die aus baulichen Gründen nicht öldicht gestaltet werden können, benötigen gegebenenfalls Fette für die Schmierung.

Für die Schmierung offener oder halboffener Zahnradvorgelege sind Öle mit klebenden Zusätzen auf Bitumengrundlage zweckmäßig.

Abhängigkeit von der Belastung

Bei normalen Betriebsbedingungen. Im Temperaturbereich zwischen 0 und 50 °C Betriebstemperatur können Normalschmieröle nach DIN 51 501 verwendet werden. Im Temperaturbereich zwischen 0 und 40 °C eignen sich bei geringen Anforderungen an das Getriebeschmieröl Schmieröle D nach DIN 51 504. Geringe Anforderungen sind Fällen gleichzusetzen, in denen die Lebensdauer des Schmieröles durch unvermeidlichen Zutritt von Fremdstoffen herabgesetzt wird oder bei denen der Gütegrad der Normalschmieröle nicht voll ausnutzbar ist.

Bei besonderen Betriebsbedingungen. Werden höhere Anforderungen gestellt, so sind besondere Getriebeschmieröle zu verwenden. Als höhere Anforderungen sind anzusehen:

a) erhöhtes Druckaufnahmevermögen, z. B. auch als Folge von Stoßbelastungen,
b) Temperaturen über 50 °C und unter 0 °C,
c) besondere Widerstandsfähigkeit gegen Emulsions- und Schaumbildung,
d) besondere Alterungsbeständigkeit,
e) geringe Verdampfungsneigung.

Anwendung der Schmieröle

Im Temperaturbereich von 0 bis 50 °C sind zu empfehlen:

Bei Stirn- und Kegelradgetrieben
mit Zahnflankenbelastungen bis 10 000 kg/cm² HP folgende Normalschmieröle nach DIN 51 501:

Leistung PS	Umdrehungen des Ritzels je Min.			
	100—250	250—750	750—2500	über 2500
1 bis 5	N 68[a]	N 49[a]	N 36[a]	N 36[a]
über 5 bis 100	N 68[a]	N 68[a]	N 49[a]	N 36[a]
über 100	N 92[a]	N 68[a]	N 49[a]	N 36[a]

[a] Kurzzeichen des Schmieröltyps nach DIN 51 501.

Bei mehrstufigen Getrieben ist zunächst für jede Stufe das Öl nach obiger Tabelle auszuwählen. Ergeben sich hierbei Abweichungen zwischen den einzelnen Stufen, so ist ausschlaggebend für die Auswahl die Stufe mit der geringsten Drehzahl. Gegebenenfalls müssen aber Zwischenlösungen gefunden werden.

Bei Schneckengetrieben
folgende Normalschmieröle N bzw. Viskositäten nach DIN 51 501:

Leistung PS	Umdrehungen der Schnecke je Min.			
	100—250	250—750	750—2500	über 2500
1 bis 20	N 114[a]	N 92[a]	N 68[a]	N 49[a]
über 20 bis 100	≈ 25—45 cSt (3,5—6 E) bei 100 °C	N 114[a]	N 92[a]	N 68[a]
über 100	—	≈ 25—45 cSt (3,5—6 E) bei 100 °C	N 114[a]	N 92[a]

[a] Kurzzeichen des Schmieröltyps nach DIN 51 501.

Für gute Ausführungen gilt nach G. NIEMANN[1] als Erfahrungswert im Mittel

$$v = 7,6 \sqrt{\frac{100}{V_g}} \text{ in cSt.}$$

Hierin bedeuten:
V_g Gleitgeschwindigkeit in m/sec,
v kinematische Viskosität in cSt bei Betriebstemperatur.

2. Getriebeöle für Kraftfahrzeuge
(Getriebeöl für Flugbetrieb s. Abschnitt „Flugschmierstoffe")

a) Allgemeines

Für Kraftfahrzeuggetriebe verwendet man heute ausschließlich mit Additives versehene Getriebeöle; für den Hinterachsenantrieb, der vorwiegend mit Hypoidverzahnung ausgerüstet ist, auf die Konstruktion durch Wirkstoffe abgestimmte „Hypoidöle"[2]. Für Getriebe und Achsenantriebe, bei denen die Druckbelastung besonders hoch liegt, müssen Spezialöle mit besonderen Zusatzstoffen für hohe Druckanforderungen verwendet werden.

Die Konstruktion von Hinterachsenantrieb und Getriebe sind so verschieden und damit die Anforderungen an die Schmierung so unterschiedlich, daß es nicht möglich ist, die Anforderungen zu normen. Die Richtlinien DIN 6546 (Sept. 1938) wurde deshalb zurückgezogen.

Die in DIN 51 509 (S. 254) aufgestellten Richtlinien gelten sinngemäß auch für Kraftfahrzeuggetriebeöle, die man in mildlegierte Hochdruckgetriebeöle (HD = high pressure) für Schaltgetriebe und spiralverzahnte Achsgetriebe sowie in hochlegierte Hypoidgetriebeöle[3] (EP = extreme pressure) unterteilt.

b) SAE-Viskositätsklassifikation

Ebenso wie die Motorenschmieröle werden auch die Kraftfahrzeuggetriebeöle durch die Society of Automotive Engineers Inc., New York (SAE), zur einfachen Kennzeichnung in Viskositätsklassen gemäß DIN 51 512 eingeteilt:

---

[1] Literatur s. unter Abschnitt „Viskosität".
[2] EGE, K., nennt als Kraftfahrzeugs-Getriebeschäden: Einlauf-, Fraß- und Korrosionsverschleiß, Grübschenbildung und Verschlammung; Erdöl u. Kohle 17 (1954) 754.
[3] Auch als AF- (Axle-Fluid-) Öle bezeichnet.

DIN 51512: SAE-Viskositätsklassen für Kraftfahrzeug-Getriebeöle

Diese Norm wurde in weitgehender Übereinstimmung mit der Transmission- and Axle-Lubricant Classification der Society of Automotive Engineers Inc., New York (SAE), aufgestellt. Diese Klassifikation hat sich in den meisten Erdöl verbrauchenden Ländern eingeführt.

Einteilung der Viskositätsklassen[a]

SAE-Viskositäts-Klasse	Viskosität bei							
	−17,8 °C (0 °F)				98,9 °C (210 °F)			
	mindestens		höchstens		mindestens		höchstens	
	cSt	E	cSt	E	cSt	E	cSt	E
75	—	—	3257	430	4,18	1,33	—	—
80	3257[b]	430[b]	21716	2867			—	—
90					14,24	2,249	25,0[c]	3,467[c]
140					25,0	3,467	42,7	5,707
250					42,7	5,707	—	—

[a] Die entsprechenden, in Saybolt-Sekunden angegebenen Werte wurden dem SAE-Handbuch 1957 der Society of Automotive Engineers, Inc., New York entnommen.

[b] Die Mindestviskosität bei −17,8 °C (0 °F) entfällt als Grenzwert, wenn die Viskosität bei 98,9 °C nicht unter 6,66 cSt (1,536 E) liegt.

[c] Die Höchstviskosität bei 98,9 °C (210 °F) entfällt als Grenzwert, wenn die Viskosität bei −17,8 °C nicht über 162900 cSt (21500 E) liegt.

Im Schaubild (Abb. 1) sind die Grenzen der Viskositätsklassen graphisch dargestellt. In logarithmischem Maßstab sind auf der Abszisse die Viskositäten bei 98,9 °C, auf der Ordinate die Viskositäten bei −17,8 °C aufgetragen. Für die SAE-Klassen 90, 140 und 250 ergeben sich

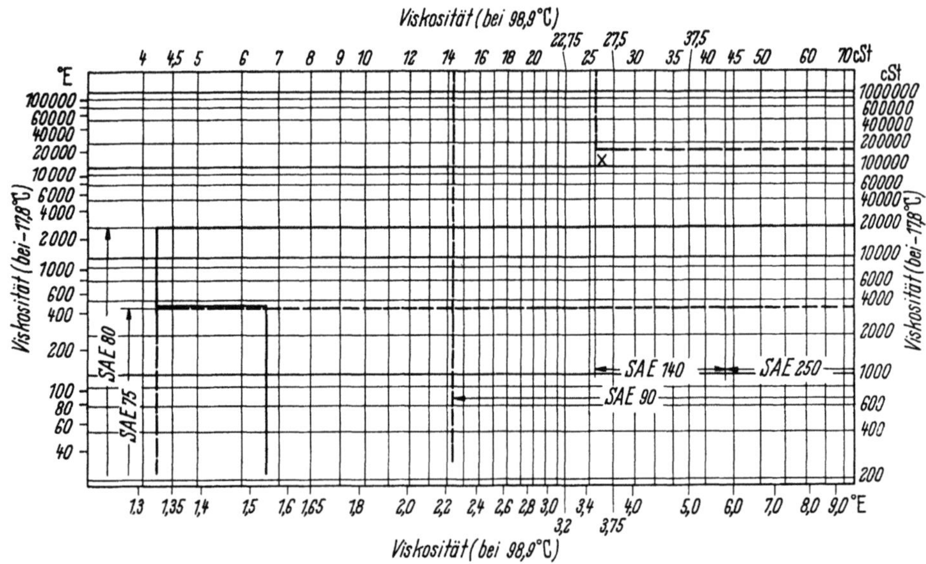

Abb. 1. Graphische Darstellung der Viskositätsklassen (DIN 51512).

senkrechte Felder; die SAE-Klassen 75 und 80 sind durch waagerechte Felder dargestellt. Da bei der SAE-Klasse 80 die Mindestgrenze für die Viskosität bei −17,8 °C unterschritten werden darf, wenn eine bestimmte Mindestviskosität bei 98,9 °C gewährleistet ist, so erweitert sich das waagerechte Feld für diese Klasse im Schaubild nach unten. Das Feld für die SAE-Klasse 90 erweitert sich nach rechts, da die Höchstviskosität bei 98,9 °C überschritten werden darf, wenn eine bestimmte Höchstviskosität bei −17,8 °C eingehalten wird. Die waagerechten und senkrechten Felder überschneiden sich teilweise. Das bedeutet, daß es Getriebeöle gibt, die sowohl in die eine als auch in die andere SAE-Klasse eingeordnet werden können.

Aus dem Schaubild geht hervor, daß die SAE-Klassen 75 und 80 nur nach oben begrenzt sind, abgesehen von einer Aussparung bei der SAE-Klasse 80. Da jedoch kein Getriebeöl bei 98,9 °C dünnflüssiger als 4,18 cSt sein soll, ist hierdurch die linke Grenzlinie der Darstellung gegeben.

Jedem Getriebeöl entspricht im Schaubild ein Punkt. Als Beispiel ist ein Öl mit einer Viskosität von 26 cSt bei 98,9 °C und 120000 cSt bei −17,8 °C durch ein Kreuz gekennzeichnet. Dieses Öl kann sowohl der Klasse SAE 90 als auch der Klasse SAE 140 zugeordnet werden.

Die Viskosität bei −17,8 °C (0 °F) wird durch Extrapolation auf Grund von Messungen bei Temperaturen ermittelt, die mindestens 33,3 °C (60 °F) auseinanderliegen. Hierzu ist ein geeignetes Viskogrammblatt zu benutzen.

c) API-Anwendungsklassifikation

Ebenso wie für Motorenöle hat das amerikanische Petroleum Institut folgende in Europa weniger beachtete Anwendungsklassifikation für Getriebeöle geschaffen[1]:

1. *Regular Type Gear Lubricants*
Öle für Schalt- und einfach verzahnte Differentialgetriebe bei einfachen Betriebsbedingungen (heute ohne praktische Bedeutung).

2. *Norm Type Gear Lubricants*
Für schneckenförmige Lastwagen-Achsgetriebe bei sehr schweren Betriebsbedingungen

3. *Mild Typ EP-Gear Lubricants*
Für Schalt- und spiralverzahnte Achsgetriebe bei hohen Belastungen (mit Wirkstoffen zum Schutz gegen Oxydation, Korrosion und Schaum).

4. *Multipurpose Type Gear Lubricants-API-Service GL 4*
Für hypoidverzahnte Achsantriebe bei sehr hohen Belastungen (mit Hochdruck-, Antioxydations-, Antikorrosions- und Antischaumwirkstoffen).

d) Mildlegierte Getriebeöle

SAE-Öle 80, 90 und 140 (VKA Druckaufnahmefähigkeit etwa 350 kg) werden für Schaltgetriebe aller Art, Zusatzgetriebe, Außenantriebe (Pumpen, Winden usw.) sowie Verteilergetriebe (Vierradantrieb, Sonderantrieb usw.) eingesetzt.

Tabelle 1. *Physikalisch-chemische Kenndaten*
(Viskosität s. Klassifikation).

SAE	d/15 °C	Fließpunkt °C	Stockpunkt °C
80	0,900	230	− 35
90	0,900	260	− 30
140	0,932	270	− 18

SAE 75 bzw. 250 werden nur für tropisches bzw. arktisches Klima verwendet; bevorzugt wird bei schnellaufenden synchronisierten Getrieben ein möglichst dünnes Öl. In Fällen, in denen sich Motor und Getriebe in einem Gehäuse befinden, verwendet man HD-Öle.

e) Hochlegierte Hypoidöle

Für Hypoidantriebe (spiral- oder palloidverzahnt), bei denen oft durch Achsversetzung des Antriebes besonders hohe Belastungen vorliegen, sind hochlegierte Schmierstoffe mit Hochdruckwirkstoffen (im allgemeinen S, Cl, Pb, Zn und

---

[1] S. 174.

deren Kombinationen), die mit dem Zahnwerkstoff chemisch reagieren, und deren Endprodukt wie ein „Festschmierstoff" wirkt, erforderlich; diese werden zur Vereinfachung der Versorgung oft auch für Schaltgetriebe oder für Kombinationen von Getriebe und Achsantrieb benutzt. Im letzteren Falle verwendet man auch spezielle Mehrzweckgetriebeöle.

Hypoidöle bzw. Mehrzweckgetriebeöle reagieren unterschiedlich mit Buntmetallen (Kupfer, Messing, Bronze usw.), so daß bei Verwendung in anderen als Hypoidgetrieben eine gewisse Vorsicht geboten sein kann. Nichtaggressive Hypoidöle können jedoch als Einheitsöle für alle Getriebe verwendet werden.

Tabelle 2. *Physikalisch-chemische Kenndaten von Hypoidölen*
(Viskosität s. SAE-Klassifikation).

SAE	d/15	Fließpunkt °C	Stockpunkt °C
80	0,900	220	−25
90	0,910	260	−20
140	0,922	265	−18

Die Hypoidgetriebe sind während der Einlaufzeit sehr empfindlich; deshalb sind Spezial-Einlaufgetriebeöle mit geeigneten Wirkstoffen im Handel, die die tragenden Flächen durch Glätten schnell vergrößern und dadurch Materialermüdung und Überlastung vermeiden.

3. Zahnrad- und Schneckengetriebe in der Industrie[1]

Wesentlich für die Wahl des Schmiermittels ist die Anforderung bezüglich der Abdichtung, die Bauart des Getriebes und das Schmiersystem[2]. Getriebe mit mangelhafter Abdichtung werden z. B. vorteilhaft mit langziehenden, weichen Getriebefetten geschmiert. Zur Schmierung offener oder nur schwach geschützter Zahnradgetriebe — z. B. Zahnstangen von Bergbahnen — werden Zahnradfette auf bituminöser Basis verwendet, die erwärmt aufgetragen werden oder ein Lösungsmittel enthalten, das nach dem Aufbringen verdunstet.

Es empfiehlt sich, Angaben über Viskosität und etwaige durch Bauart, Belastung, Geschwindigkeit und Zuführungsart bedingte Eigenschaften beim Erbauer der Maschine zu erfragen. Die Ölauswahl richtet sich im übrigen wesentlich nach der Drehzahl. Schnellaufende Getriebe mit 1500 bis 3000 U/min verlangen ein Öl mit etwa 4,5 °E bei 50 °C, Getriebe mit mittleren Drehzahlen von 1000 bis 2000 U/min ein Öl mit etwa 6,5 °E bei 50 °C und langsamer laufende mit Drehzahlen unter 1500 U/min ein Öl von 9 °E bei 50 °C. Bei höheren Belastungen oder zusätzlicher Erwärmung empfiehlt sich eine etwas höhere Zähflüssigkeit oder die Rückkühlung des Getriebeöls in Ölkühlern. Für normal belastete Schneckengetriebe reichen Öle von etwa 20 °E bei 50 °C aus. Bei Getrieben mit Ölkühlern, bei denen Kondensatgefahr von Wasser besteht, ist auf „Nichtemulgieren" Rücksicht zu nehmen.

4. Prüfung

a) Allgemeines

Neben der Ermittlung der für Motorenöle üblichen Kenndaten empfiehlt sich für Getriebeöle nicht nur die Prüfung auf Alterungsbeständigkeit, Korrosionsfestigkeit und Schlammbeständigkeit, sondern noch die Prüfung auf Hochdruckeigenschaften und Schaumbeständigkeit.

---

[1] Zur Schmierung von Schneckengetrieben eignet sich auch Heißdampfzylinderöl A (DIN 51510), s. Abschnitt „Baumaschinenöl", S. 274.
[2] Zur Verwendung in Getrieben schreiben die Bergbau-Betriebsblätter (s. S. 53) die Öle C, H, TD und TDL vor.

b) Auf Prüfmaschinen[1]

Die labormäßige Ermittlung der Tragfähigkeit eines Schmierfilms (Hochdruckeigenschaften) zwischen Zahnflanken erfolgt durch den auf S. 160 beschriebenen Vier-Kugel-Apparat sowie in Zahnradprüfmaschinen. Die Meßwerte erlauben allein oder in Kombination keine Aussagen für das Betriebsverhalten, sind aber wertvolle Hilfsmittel für Entwicklung und Betriebsüberwachung.

Anhaltswerte

	VKA-Schweißlast kg
Reines Mineralöl	150—160
HD-Motorenöle	200
Mildlegiertes Getriebeöl	250—400
Hochlegiertes Hypoid- oder Getriebeöl	über 350—1000

Verwendet werden auch die *Almen-Wieland-Maschine*, der *Timken-Tester*, die *Falex-Maschine*, die *SAE-Maschine* usw. (s. hierzu S. 153 ff.).

H. WIRTZ berichtet über die Streubereiche und Meßergebnisse von bekannten Ölprüfmaschinen[1] und diskutiert die Prüffehler der FZG-Maschine gemäß DIN-Entwurf 51 354.

Über die Bewertung von Getriebeölen unter den Bedingungen der Teilschmierung im I.f.E.-Gerät (Institut für Erdölforschung) s. Fußnote 2, über die Bewertung von Hypoidgetriebeölen s. W. BARTZ, G. H. GÖTTNER und J. MOOS[3].

c) Zahnradprüfteste

Zur Beurteilung des Lastaufnahmevermögens von Griebeölen dienen Zahnrad-Verspannungs-Prüfmaschinen, z. B. die englische Methode IP 166/65: Load-carrying capacity test for oils — IAE Gear Machine, und die ASTM D 1947-64 (s. auch Abschnitt „Flugmotorenöle", S. 187): Load carrying capacity of steam turbine oils (s. S. 290), die sich der „Ryder Gear Machine" bedient, sowie das FZG-Verfahren (DIN-Entw. 51 354)[4].

Nach der englischen und nach der amerikanischen Methode wird nur die Freßlast ermittelt, nach dem FZG-Verfahren dagegen die Freßlast und der Verschleiß.

Die englische Methode überdeckt einen ziemlich breiten Geschwindigkeitsbereich, die amerikanische benutzt eine hohe Geschwindigkeit entsprechend Turbinengetrieben, die FZG-Prüfung beschränkt sich auf eine mittlere Geschwindigkeit. (Die FZG-Verspannungs-

---

[1] Siehe Abschnitt „Mech.-phys. Geräte zur Schmierstoffprüfung", S. 134.

[2] Vergleich der Versuchsergebnisse mit dem IEA-Test: J. Inst. Petroleum (London) 3 März 1966) Nr. 507. — NIEMANN, G., u. H. RETTIG: Eigenschaften von Schmierstoffen für Zahnräder; Erdöl u. Kohle 19 (1966) 809.

[3] Erdöl u. Kohle 18 (1965) 562.

[4] *Schrifttum:* NIEMANN, G., u. H. RETTIG: Der FZG-Zahnradkurztest zur Prüfung von Getriebeölen. Erdöl u. Kohle 7 (1954) Nr. 10, S. 640—642. — RETTIG, H.: Ermittlung der Schmierstoffeigenschaften im Zahnradtest. In: Zahnräder und Zahnradgetriebe. Braunschweig 1955, S. 58. — NIEMANN, G., u. H. RETTIG: Die Schmierung als Belastungsgrenze bei Zahnradgetrieben. VDI-Ber. Bd. 20, Reibung und Schmierung, Düsseldorf 1957. — NIEMANN, G., H. RETTIG u. G. LECHNER: Zur Prüfung von Getriebeölen im Zahnradverspannungsprüfstand. Stand der Erfahrungen. Erdöl u. Kohle 12 (1959) Nr. 6, S. 472—480. — BENZ, H.: FZG-Teste mit oberflächenbehandelten Zahnrädern. Mineralöltechn. 6 (Okt. 1961) Nr. 18/19; 4 (Dez. 1959) Nr. 18/19. — NIEMANN, G.: Maschinenelemente, Bd. 2. Getriebe, Berlin 1961, S. 89—90. — NIEMANN, G., H. RETTIG u. G. LECHNER: Scuffing Tests on Gear Oils in the FZG Apparatus. ASLE Transactions 4 (1961) 71—86. — LECHNER, G.: Die Bestimmung der Tragfähigkeit von Ölen als Grundlage für die Berechnung der Freßsicherheit von Getrieben. Mineralöltechn. 7 (1962) Nr. 10. — NIEMANN, G., u. H. RETTIG: Eigenschaften von Schmierstoffen für Zahnräder. Erdöl u. Kohle 18 (1965) 850. — ASSMANN, H.: Die Freßsicherheit von Hochdrucklölen im Stirnrad- und Hypoidgetriebe. Erdöl u. Kohle 18 (1965) 850.

Prüfmaschine kann zur Anpassung an gegebene Fälle und unter Verzicht auf die genormte
Prüfung auch mit anderen Geschwindigkeiten und mit anders gewählten Prüfrädern betrieben
werden.)

Aussagen über die Vergleichbarkeit der Ergebnisse dieser drei Zahnrad-Verspannungs-
Prüfmaschinen können noch nicht gemacht werden; vergleichende Prüfungen s. Fußnote 2,
S. 261.

Die Übertragbarkeit der Ergebnisse der genormten FZG-Prüfung auf Stirnradgetriebe
und geradverzahnte Kegelradgetriebe ist allgemein anerkannt. Die Beurteilung von Getriebeölen für Hypoidgetriebe in der FZG-Verspannungs-Prüfmaschine steht noch offen.

**DIN-Entwurf 51 354: Mechanische Prüfung von Getriebeölen
in einer Zahnrad-Verspannungs-Prüfmaschine nach dem FZG-Verfahren[1]**

Zweck der Prüfung.

Vorprüfung und Überwachung von Getriebeölen für Zahnradgetriebe durch Ermittlung
a) ihrer Grenzbelastbarkeit (Auftreten von Fressern und Riefen an den Zahnflanken) und
b) der Gewichtsänderung an den Zahnflanken
bei stufenweise gesteigerter Belastung in einer Zahnrad-Verspannungsprüfmaschine nach
dem FZG-Verfahren [mg für Gewichtsänderung; mg/(PS · h)] für spezifische Gewichtsänderung; μm für Oberflächenrauheit.

Kurzbeschreibung des Verfahrens.

Im Tauchschmierungsverfahren laufen in dem zu prüfenden Getriebeöl definierte Zahnräder bei konstanter Drehzahl und festgelegter Anfangsöltemperatur. Die Belastung der
Zahnflanken wird stufenweise gesteigert. Nach jeder Laststufe werden die Gewichtsänderungen
der Prüfräder durch Wägung gemessen und die Veränderungen auf den Zahnflanken (Flanken-
schäden) durch ihr Erscheinungsbild (Photo, Kontrastabdruck, Beschreibung) festgehalten.
Für die Angabe der Ergebnisse dienen die Schadenslaststufen und die spezifische Gewichtsänderung.

Die FZG-Verspannungsprüfmaschine ist eine Zahnrad-Verspannungs-Prüfmaschine mit
Leistungskreislauf. Sie besteht aus Übertragungs- und Prüfgetriebe, die durch zwei Torsions-
wellen verbunden sind. Auf der Welle befindet sich eine Verspannungskupplung zum Aufbringen der Belastung. Im Prüfgetriebekasten ist eine 700 W-Heizspirale mit Stahlmantel
zum Aufheizen des Öles eingebaut. An der rechten Seitenwand des Prüfgetriebekastens ist
der Temperaturfühler des Schaltthermometers angebracht, der durch die Heizspirale entsprechend der einzustellenden Temperatur ein- und ausgeschaltet wird.

d) Achsteste für Hypoidöle

In Europa gibt es keine einheitlichen Achsteste mit entsprechenden Spezifikationen. Die Prüfung eines Hypoidöles erfolgt deshalb vorwiegend in Hypoid-
achsantrieben von Kraftfahrzeugen auf Rollenprüfständen. E. KRUPPKE[2] beschreibt eine solche Prüfstandanordnung und macht Vorschläge, wie man die
wichtigsten Eigenschaften durch Photographie des Sichtbefundes und Verschleißmessung mit einem Kugeltestgerät festlegen und in eine Zahlenskala einordnen kann.

Anforderungen an Hinterachsenschmiermittel vom Standpunkt der Autoindustrie beschreibt R. W. BURTON[3]. Die Prüfungen im Labor setzen sich zusammen aus dem „axle sco-
ring test", der aus dem „bump test" entwickelt wurde, dem „four square test", einem Dauer-
versuch und einem abschließenden „full scale car test". Jede Achse braucht ihr eigenes Schmiermittel das vom Gewicht des Wagens vom Achsengehäuse usw. abhängig ist. Schließlich wird
eine Klassifizierung der Öle nach dem Prozentgehalt der Antiverschleißzusätze vorgeschlagen.

H. ASSMANN[4] entwickelt ein Verfahren zur Berechnung der Freßsicherheit von Hoch-
drucölen in Stirnrad- und Hypoidgetrieben. Über Versuchsapparatur und Erfahrung zur
Pittingbildung infolge Werkstoffermüdung bei Zahnradgetrieben berichtet F. H. WAIGHT[5].
Anwendung von Mineralölen C und H im Bergbau s. S. 53.

---

[1] FZG = Forschungsstelle für Zahnräder und Getriebebau, Technische Hochschule
München. Hersteller nach Zeichnung der Forschungsstelle für Zahnräder und Getriebebau
der Technischen Hochschule München: z. B. Prüfmaschinenbau Max Wieland, 8201 Simssee
(Obb.), Post Krottenmühl.
[2] KRUPPKE, E.: Z. Schmiertechnik 12 (1965) 21, 84, 160.
[3] BURTON, R. W.: NLGI Spokesman 27 (1963) 117.
[4] Erdöl u. Kohle 18 (1965) 850.
[5] Erdöl u. Kohle 18 (1965) 899.

M. du Parquet[1] gibt einen Überblick über die neuere Entwicklung auf dem Gebiet der Getriebeöle, vorgetragen auf dem Symposium 1965 in Brighton.

In den USA wurde schon 1950 die Mil-L-2105 Spezifikation herausgegeben, die der API-Klassifikation CL 4 entsprach. Seit 1962 ist sie durch Mil-L-2105 B ersetzt und für alle drei Wehrmachtsteile der US-Streitkräfte verbindlich[2].

Untersuchungen von Getriebeölen wurden auch von der US-Navy[3] durchgeführt, um die Qualität der beschafften Öle zu sichern, die Zahl der erforderlichen Öle zu beschränken und für neuentwickelte Maschinen geeignete Öle herauszufinden. Durch eine vergleichende Untersuchung mit 14 verschiedenen Testen auf acht Geräten wurde ermittelt, mit welchem Verfahren am besten die Eignung von Ölen für die Schmierung von Schiffshauptgetrieben vorausgesagt werden kann; ferner wurde geprüft, welche Eigenschaften außer der Belastbarkeit eine Rolle spielen. Für die Auswahl von Schmierölen für Schneckengetriebe wurde ein kleiner Schneckengetriebeprüfstand entwickelt.

Die vom CRC herausgegebenen CRC-L-19 Tragfähigkeitsprüfteste für hohe und CRC-L-20 für niedrige Drehzahlen wurden in einer *Chevrolet*- bzw. *Dodge*- (Lkw-) Hinterachse durchgeführt und später durch die strengeren CRC-L-42[4] für CRC-L-37 ersetzt.

e) Korrosionsverhindernde Eigenschaften

Durch Zusatz entsprechender Additive wird die Rostbildung bei Gegenwart von Wasser praktisch vermieden. Im Rahmen der Vorschrift Mil-L-2105 B darf nach dem Feuchtigkeitskorrosionstest gemäß Fed. Test Meth. 791-5315 nicht mehr als 5% der über dem Ölspiegel liegenden Fläche des Gehäusedeckels mit Rost bedeckt sein. Rost auf Zahnflanken oder Lagern wird beanstandet. Der nachfolgende Korrosionstest gemäß DIN-Entwurf 51355 lehnt sich an die obige Fed. Test Methode an.

DIN-Entwurf 51355: Prüfung von Getriebeölen[5]
auf korrosionsverhindernde Eigenschaften gegenüber Stahl in Gegenwart von Wasser

Dieser Normentwurf ist in Anlehnung an die Method 5315 der Federal Test Method Standard Nr. 791a vom 30. Dezember 1961 aufgestellt (zu beziehen durch den Deutschen Normenausschuß).

Zweck der Prüfung.
Durch die Prüfung von Getriebeölen aller Art soll festgestellt werden, welchen Schutz gegen Korrosion das Öl Getriebebestandteilen aus Stahl in Gegenwart von Wasser gewährt. Nach DIN 50900 ist Korrosion die Zerstörung von Werkstoff durch chemische oder elektrochemische Reaktion mit seiner Umgebung. Unter Korrosion versteht man bei dieser Prüfung die korrosive Veränderung an der Oberfläche des zur Prüfung eingesetzten rotierenden Stahlbleches, die durch Einwirkung einer Mischung von Getriebeöl und Wasser entsteht.
Kurzbeschreibung des Verfahrens.
Verfahren A. Ein rotierendes Stahlblech wird in einem Becherglas bei einer Temperatur von 80 °C 4 Std. lang der Einwirkung einer Mischung aus dem zu prüfenden Getriebeöl und Wasser ausgesetzt. Die Oberflächen des Stahlbleches werden nach dieser Prüfdauer auf Korrosionserscheinungen beurteilt.
Verfahren B. Das zu prüfende Getriebeöl wird in einem Becherglas mit Wasser vermischt und 16 Std. lang in einen Wärmeschrank mit einer Temperatur von 130 °C gestellt, damit gegebenenfalls anwesende wasserempfindliche Zusätze hydrolysiert werden. Anschließend wird Verfahren A durchgeführt.
Das Verfahren A ist milder als Verfahren B.

Erläuterungen.
Das Verfahren.A nach diesem Entwurf entspricht grundsätzlich der Federal Test Method 791/5315, die in den Lieferbedingungen des Bundesamtes für Wehrtechnik und Beschaffung gefordert wird. Dieses Verfahren sieht allerdings eine Sandstrahlung des Stahlbleches vor, während im DIN-Entwurf 51355 ein Schleifen mit Schleifpapier vorgeschrieben ist. Diese

---

[1] Erdöl u. Kohle 18 (1965) 851.
[2] Der Test ist auf die andersgearteten Verhältnisse in Europa nicht ohne weiteres übertragbar.
[3] Belt, J. R.: NLGI Spokesman 26 (1963) 350—357.
[4] Cunningham, E. P.: Erdöl u. Kohle 13 (1960) 572.
[5] Fluggetriebeöle s. Abschnitt „Flugschmierstoffe", S. 211, sowie „Korrosionsschutzöle", S. 297.

Abweichung hat man vorgenommen, um zu einer einheitlichen Vorbehandlung der Stahlbleche für die verschiedenen Korrosionsversuche zu kommen (vgl. hierzu die Erläuterungen zu den DIN-Entwürfen 51357 und 51358, S. 298 bzw. 300).

Hinsichtlich der einzusetzenden Stahlbleche wird auf die Veröffentlichung „Zentrale Beschaffungsstelle für Korrosionsprüfkörper in München" verwiesen[1]. Die im DIN-Entwurf 51355 festgelegte Stahlsorte ist in dieser Prüfliste schon mehrfach enthalten, doch wurde der Gefügezustand „normal geglüht" zusätzlich gefordert, nachdem beobachtet worden war, daß die Vorbehandlung des Stahls für das korrosive Verhalten von Bedeutung ist. Ausdrücklich sei betont, daß die Stahlbleche mit fertig gebogenen Ecken, zentraler Bohrung und mit vorgeschliffener Oberfläche von der Zentralen Beschaffungsstelle bezogen werden können.

Bei Temperaturen von 130 °C, die in Hinterachsantrieben von Kraftfahrzeugen unter bestimmten Bedingungen erreicht werden, tritt bei manchen Hochdruckzusätzen — besonders bei Anwesenheit von Wasser — eine Zersetzung unter Bildung korrodierender Produkte ein. Zur Nachahmung dieser Verhältnisse wird im DIN-Entwurf 51355 das Verfahren B angegeben. Dieses sieht vor dem eigentlichen Rührversuch bei 80 °C eine Vorbehandlung des Öl-Wasser-Gemischs bei 10 °C vor.

Mit dieser Veröffentlichung soll gleichzeitig der Zweck verbunden sein, die Hersteller von Kraftfahrzeugen und Getrieben, die z. Z. nach verschiedenen Haustesten arbeiten, auf dieses Verfahren hinzuweisen, damit eine Angleichung in der Methodik erreicht wird.

f) Prüfvorschriften der vorläufigen Lieferbedingungen der Bundeswehr

(Siehe auch S. 54)

VTL 9150-010: Getriebeschmieröl SAE 90 (Schmierung der Lenk-, Übersetzungs- und Achsgetriebe bei Kraftfahrzeugen auch für Hypoidgetriebe). W. NEIDHART[2] berichtet über die USA-Mil-Anforderungen an Getriebeöle gemäß Mil-L-2105 u. 2105 B (entspr. der brit. Spec. CS 3000 A) und deren Prüfvorschriften; er weist auf die API-Service Designations GL 1 bis 5 hin und auf die Anforderungen bzgl. Wärmestabilität Korrosion, Abdichtung, Lagerbeständigkeit, Freßneigung usw. Der FZG-Test hat sich am besten bewährt.

VTL 9150-043—044: Getriebeschmieröl (für Flugzeuge bei niederen Temperaturen s. dort). Für die Prüfung werden folgende Testmethoden gefordert:

Farbe	DIN 51578;
Kinematische Viskosität	DIN 51550, 51561, 51562;
Viskositätsindex	DIN 51563;
Kälteverhalten	ASTM D 97;
Füllungszahl	ASTM D 91;
Neutralisierungszahl	DIN 51558;
Druckaufnahme nach	FTMS 791 a;
Korrosion (Kupfer)	ASTM D 130.

IV. Öle für automatische Getriebe

In den USA wurden bereits im Jahre 1963 etwa 85% der Kraftwagen mit halb- oder vollautomatischen Getrieben ausgerüstet. Die Getriebeflüssigkeit hat ein Getriebeaggregat mit einem Hydraulikteil (Wandler bzw. Turbine) sowie einem Zahnradteil (meistens ein Planetengetriebe) zu versorgen. Es muß deshalb die Anforderungen eines vollwertigen Hydrauliköles (gutes Kälteverhalten, geringe Schaumneigung) sowie eines Hochdruckschmiermittels (Druckaufnahmefähigkeit im Vier-Kugel-Apparat (s. S. 160 etwa 240 bis 260 kg) erfüllen.

Im Betrieb können erhebliche Erwärmungen des Öles auftreten, so daß neben gutem Viskositäts-Temperatur-Verhalten, hohe thermische und Alterungsstabilität, gute Friktionscharakteristik (Reibwert), einwandfreies Schaumverhalten, spezielle Hochdruckeigenschaften und Verträglichkeit mit dem Getriebematerial bei allen Betriebsbedingungen verlangt wird. Diese Anforderungen sind nur mit ausgesuchten Grundölen und Additivkompositionen zu erreichen.

---

[1] Erdöl u. Kohle 16 (1963) 394.
[2] Erdöl u. Kohle 13 (1960) 862.

Der Vielzahl der Getriebeautomaten in USA und Europa, von denen L. W. MANTLEY, N. V. MESSINA, G. A. DICKINS und I. H. GARDINER[1] eine Zusammenstellung geben, komplizieren die Ölauswahl. Durch die Tendenz, die Automatik von Getriebe und Differential zu einer „transaxle"-Einheit[2] zu kombinieren und in Zukunft die Motorschmierung mit einzubeziehen, erhöhen sich die Schwierigkeiten[3].

Bereits 1949 wurde die erste ATF-Spezifikation (Automatic-Transmission-Fluid) herausgegeben, gegenwärtig ist international die „Automatic-Transmission-Fluid Typ A Suffix A Specification" (ATF-Type A, Suffix A) gültig. Daneben gibt es Spezialvorschriften der einzelnen Getriebehersteller, z. B. „Hydraulic Transmission Fluid, Type C" der General Motors Co. usw.

Neben der Einhaltung der festgelegten physikalisch-chemischen Kenndaten müssen die Öle für die AQ Qualification festgelegte Prüfläufe bei einem neutralen Institut bestehen.

Nicht alle Automaten erfordern die kostspieligen ATF-A Suffix A-Öle, so daß neben Sonderflüssigkeiten für Halbautomaten teilweise auch HD-Motorenöle 10 W und 20 W 20 eingesetzt werden können. Bezüglich der Einzelheiten für die in schneller Entwicklung befindlichen Ölspezifikationen und Prüfanforderungen sei auf die Arbeit von L. W. MANTLEY verwiesen.

Die allgemeine Prüfung der Schmieröle für automatische Getriebe erfolgt nach den Regeln für Getriebeöle. Von besonderer Bedeutung ist die Oxydationsbeständigkeit, gutes Lastaufnahmevermögen. (FZG-Test s. S. 261) sowie die Reibungseigenschaften[3]. Daimler-Benz verwendet für die Bestimmung der Höhe des „Haftreibwertes" in Abhängigkeit von der Öltemperatur, des „Bewegungsreibwertes" bei der Abbremsschaltung und des Haftreibwertes unmittelbar nach der Abbremsschaltung einen Lamellenprüfstand, der den praktischen Verhältnissen im Getriebe angepaßt ist.

V. Hydrauliköle[4]

1. Allgemeines

Zur Druckübertragung werden in der Hydrauliktechnik neben Spezialflüssigkeiten in steigendem Umfang Mineral- und Syntheseöle sowie deren Emulsionen verwendet. Die Flüssigkeitsreibung stellt im strömenden Medium einen Verlust dar. Die Viskosität des Hydrauliköles sollte daher möglichst niedrig gewählt werden. Sie wird nach unten hauptsächlich durch die Möglichkeiten der Abdichtung begrenzt.

In Anbetracht der bis 5000 Std. betragenden Betriebszeit und der oft auftretenden Temperaturerhöhungen hat das Öl für ausreichende Schmierung zu sorgen und soll bei gutem Viskositäts-Temperaturverhalten oxydations-, schaum- und korrosionsstabil sein; es muß sich mit den jeweiligen Dichtungsmaterialien gut vertragen, gutes Schlammtragevermögen aufweisen und in vielen Fällen hochdruckbeständig sein. Infolge der hohen Anforderungen werden nur unlegierte Öle mit gutem Viskositäts-Temperatur-Verhalten, guter Alterungsbeständigkeit

---

[1] Proceedings Sechster Welt-Erdöl-Kongreß, Frankfurt/Main 1963, Section VI, Paper 9. Anwendungsbeispiele: z. B. Schaltgetriebe mit Synchronisation (Daimler Benz), Daimler Benz-Automatikgetriebe, automatische Getriebe Borg-Warner, Dynaflow, Powerglide, Ultramatic, ZF-Hydro-Media-Getriebe usw. — LILIE, R. H.: Automatic Transmission Fluids in der Vergangenheit, Gegenwart und in der Zukunft. Erdöl u. Kohle 21 (1968) 11. BLEY, W.: Anforderungen an Öle für automatische Getriebe und deren Prüfung. Erdöl u. Kohle 20 (1967), S. 781. — KARA, W. H.: Erdöl u. Kohle 21 (Nov. 1968).

[2] SINGER, R. B.: Requirements of one Fluid for all Vehicle Functions. Proceedings Sechster Welt-Erdöl-Kongreß, Frankfurt/Main 1963, Section VI, Paper 18.

[3] Bestimmung in USA durch den SAE-Test Nr. 2 u. Velocity Friction Apparatus. Ein SAE ähnlicher Test nach Erfahrungen von Daimler Benz und der Zahnradfabrik Friedrichshafen ist in Vorbereitung.

[4] Hydrauliköle in der Luftfahrt s. S. 224.

und gutem Luftabscheidevermögen, in steigendem Umfange jedoch auch legierte Öle verwendet.

Für die Wahl eines Hydrauliköles, dessen Eigenschaften und Viskosität, sind die Konstruktion der Hydraulik und deren Betriebsbedingungen entscheidend[1]; möglichst dünnflüssige Öle mit niedrigem Luftlösevermögen werden bevorzugt. Dasselbe gilt für die Kompressibilität, die bei Mineralölen nur geringfügig größer ist als die von Wasser[2].

Die Volumenverkleinerung nimmt bei 10 bis 100 °C um rund 0,5% je 70 kp/cm² zu, bis etwa 280 kp/cm² ab. Diese Volumenverkleinerung nimmt dann fortschreitend ab und beträgt bei 1000 kp/cm² etwa 5,2%, bei 3500 kp/cm² etwa 12%. Unterschiede in der Volumenverkleinerung, abhängig von Temperatur, Ölart und Viskosität, sind zwar meßbar, aber so gering, daß sie für ölhydraulische Zwecke vernachlässigt werden dürfen. Das Verhältnis der „Dichte" beim „Druck p" (d_p) zur Dichte bei Atmosphärendruck (d_a) gibt ein Maß für die Kompressibilität.

Über die Herstellung von Hochtemperaturhydraulikölen aus Erdöl und deren Verwendung in der Technik berichten E. E. KLAUS und Mitarbeiter[3].

2. Anforderung

Als nichtlegierte Hydrauliköle für normale Anforderungen verwendet man Solventraffinate mit Viskositätsindex 80 bis 105, gutem Kälteverhalten und guter Oxydationsbeständigkeit.

Für hohe Anforderungen verwendet man legierte Öle; Wirkstoffgehalt und Menge sowie Auswahl des Grundöls werden dem Verwendungszweck angepaßt. Bei Anforderungen, die von Mineralölen nicht mehr erfüllt werden können (z. B. hochtemperaturbeständige Öle für Flugtechnik), müssen Syntheseöle verwendet werden (s. Lieferbedingungen der Bundeswehr, S. 54 u. 224).

Die Lebensdauer der Hydrauliköle ist abhängig von der Beanspruchung durch Lufteinwirkung und Temperatur, Umwälzzahl und verwendeten Materialien, von der Pflege und Wartung und der Höhe der Leckverluste. Gut ausgerichtete Kreisläufe lassen eine sehr hohe Lebensdauer erwarten.

In Industriebetrieben, die durch Verwendung brennbarer Hydraulikflüssigkeiten gefährdet werden, müssen feuerresistente Hydraulikmedien eingesetzt werden. Man verwendet dann Wasser-in-Öl- oder Öl-in-Wasser-Emulsionen[4], Glykolwasserlösungen, chlorierte Kohlenwasserstoffe, Phosphorsäureester usw., die hohe Konzentration an Korrosionsinhibitoren erfordern, oder schwer brennbare Flüssigkeiten (Phosphatester usw.).

Als Hochdruckflüssigkeiten für Bremssysteme von Kraftfahrzeugen (Bremsflüssigkeiten) werden praktisch keine Produkte auf Mineralölbasis eingesetzt.

In den nachfolgenden Richtlinien des Vereins deutscher Maschinenbauanstalten e. V. VDMA 24318 (Juli 1964, „Ölhydraulische Anlagen, mineralisch Anlagen, mineralische Hydrauliköle") sind die Anforderungen und Prüfvorschriften für Hydrauliköle mit und ohne Wirkstoffe zusammengestellt.

---

[1] HUMMEL, E.: Erfahrungen mit Hydraulikflüssigkeiten. VDI-Ber. 111 (1966) 67. — PAHNKE, H. J.: Anforderungen an Hydraulikflüssigkeiten und -systeme, Stahleisen Sonderheft 3 (1963) S. 45. — KIRCHBACH, H.: Hydraulik in Industriebetrieben. Stuttgart: Frank.

[2] SMITH, A. C.: Selection from Oils for Hydraulic Systems. Sci. Lubrication 3 (1951) 68. Der Verband Süddeutsche Mineralölwirtschaft hat die 2. Aufl. der Schmierstofftabelle für hydraulische Antriebe herausgegeben, die von der Geschäftsstelle, München 2, Rindermarkt 3—4, bezogen werden kann.

[3] Erdöl u. Kohle 17 (1964) 213.

[4] SHARPE, R. Q.: Schwer entflammbare Hydraulikflüssigkeiten. Ölhydraulik u. Pneumatik 5 (1961) 203; Erdöl u. Kohle 13 (1960) 865. — SCHMIDT, W.: Feuerresistente Hydraulikmedien. Mineralöl-Technik 6 (1961) 1/38. — KADNER: Ebenda 5 (1960) 1/14. — SOUILLARD: Feuerbeständige Hydraulikflüssigkeiten, Eigenschaften und Bewertung, Erdöl u. Kohle 15 (1962) 201.

VDMA 24318 (Juli 1964)[1]: Ölhydraulische Anlagen—Mineralische Hydrauliköle. Richtlinien

Hydrauliköle im Sinne[1] dieses Blattes sind Erdöl-Kohlenwasserstoffe und dienen zur Übertragung von Kräften und Bewegung in hydrostatischen ölhydraulischen Anlagen.

Durch dieses Blatt soll die Auswahl geeigneter Hydrauliköle erleichtert werden. Sie muß sich nach den Anforderungen richten, die im Betrieb an das betreffende Öl gestellt werden.

Einteilung:

Gruppe H: *Hydrauliköle ohne* Wirkstoffe (nicht legierte Öle)[2,3], d. h. Mineralöle mit gutem Viskosität-Temperatur-Verhalten, guter Alterungsbeständigkeit und gutem Luftabscheidevermögen.

Gruppe HL: *Hydrauliköle mit* Wirkstoffen (legierte Öle)[2,3], u. a. zur Erhöhung des Korrosionsschutzes, der Alterungsbeständigkeit und zur Verbesserung des Verhaltens im Mischreibungsgebiet. Bezeichnung eines Hydrauliköles mit den Eigenschaften von HL 36: Hydrauliköl HL 36 VDMA 24318.

Eigenschaften		Grenzwerte[a] für Hydrauliköle								Prüfung nach	
		ohne Wirkstoffe			mit Wirkstoffen						
		H 16	H 36	H 68	HL 9	HL 16	HL 36	HL 49	HL 68	DIN	ASTM[b]
Kinematische Viskosität	bei °C		50		20		50			51 561	D 445
	cSt	16 ± 4	36 ± 4	68 ± 6	25 ± 4	16 ± 4	36 ± 4	49 ± 5	68 ± 6	51 562	
										53 015	
	entspricht E ≈	2,5	4,5	9	3,5	2,5	4,5	6,5	9	51 560	—
Viskositätsindex	min.	—	85		—			85		51 563	567
Flammpunkt im offenen Tiegel	°C min.	170	190	210	140	170	190	200	210	51 584	D 92
Stockpunkt tiefer als	°C	—20	—15	—10	—20		—15		—10	51 583	D 97
Neutralisationszahl mg KOH/g Öl max.			0,2			ist anzugeben[c]				51 558	D 974
Verseifungszahl mg KOH/g Öl max.			0,3			—				51 559	D 94
Asche (Oxidasche) Gew.-% max.			0,01			ist anzugeben[c]				51 575	D 482
Wassergehalt Gew.-% max.					0,1					51 582	D 95
Feste Fremdstoffe					0					51 592	
Korrosionsschutz für Stahl		—			Stahlprobe frei von Korrosion[d]					51 585	D 665
										Abschn. 7.1	Pos. 5

[a] Falls die angegebenen Werte den Anforderungen nicht entsprechen, sind besondere Vereinbarungen erforderlich bzw. gelten Sondervorschriften (z. B. VTL).

[b] Die Prüfungen nach ASTM ergeben nicht in allen Fällen die gleichen Zahlenwerte wie die Prüfungen nach DIN. Maßgebend sind die DIN-Werte.

[c] Neutralisationszahl, Verseifungszahl und Oxidasche des Grundöls müssen den Werten der Gruppe H entsprechen.

[d] Bei höheren Anforderungen an den Korrosionsschutz sei auf das Prüfverfahren nach DIN 51585, Abschn. 7.2, hingewiesen.

[1] Normung in Vorbereitung.

[2] Vgl. DIN 51502, Ausg. März 1960, Übersicht 2, lfd. Nr. 4 bzw. 5.

[3] Zusätze zur Erniedrigung des Stockpunktes gelten in diesem Zusammenhang nicht als Wirkstoffe.

Eigenschaften	Grenzwerte[a] für Hydrauliköle								Prüfung nach	
	ohne Wirkstoffe			mit Wirkstoffen					DIN	ASTM[b]
	H 16	H 36	H 68	HL 9	HL 16	HL 36	HL 49	HL 68		
Korrosionswirkung auf Kupfer	leichte Anlauffarben zulässig								51 759 Abschn. 9.2	D 130 Klass. 2
Alterungsneigung	VzCu höchst. 0,8 mg KOH/g Öl			—					51 554	—
Verhalten im Mischreibungsgebiet			—	nach Vereinbarung	nach Vereinbarung[c] FZG-Normaltest A/8,3/90 : Schadenslast mind. Laststufe 6 (als Qualifikationstest)[d]				in Vorbereitung	—
Einwirkung auf Dichtungswerkstoff[e] nach 100 Stunden bei 80 °C — Rel. Vol.-Änderung % max.			± 4						53 521	D 471 Verfahren A
Shore-Härte Änderung Einheiten max.			± 4						—	—
Luftabscheidevermögen	Für die Bestimmung des Luftabscheidevermögens liegt noch kein genormtes Prüfverfahren mit den dazu erforderlichen Erfahrungen hinsichtlich der Grenzwerte vor. Angaben folgen später.								—	—
Mischbarkeit	Im Frischölzustand sind Öle der Gruppe H miteinander und mit den Ölen der Gruppe HL mischbar			Mischungen der Öle der Gruppe HL sind zu vermeiden, da nicht immer ohne Nachteile					—	—
Viskositätsindex- und Stockpunktverbesserer	Die Viskositätsindex- und Stockpunktverbesserer müssen ihrem Verwendungszweck entsprechend ausreichend scherfest sein. Angaben über Prüfverfahren und zulässige Grenzwerte folgen später.								—	—

[a] Falls die angegebenen Werte den Anforderungen nicht entsprechen, sind besondere Vereinbarungen erforderlich bzw. gelten Sondervorschriften (z. B. VTL).

[b] Die Prüfungen nach ASTM ergeben nicht in allen Fällen die gleichen Zahlenwerte wie die Prüfungen nach DIN. Maßgebend sind die DIN-Werte.

[c] Für die Bestimmung der Alterungsneigung liegen für Hydrauliköle noch keine *genormten* Prüfverfahren vor. Als genormte Prüfverfahren, die jedoch bei Hydraulikölen nicht immer anwendbar sind, seien genannt: Bestimmung der Alterungsneigung nach BAADER DIN 51 554. Bestimmung des Alterungsverhaltens von wirkstoffhaltigen Dampfturbinenölen DIN 51 587.

[d] Weitere Prüfverfahren werden später angegeben.

[e] Testdichtungswerkstoff bis auf weiteres: 14 Pa/101 der Firma Carl Freudenberg, Normklappen 36⌀ × 6 mm, nicht älter als 4 Wochen.

Hydrauliköle im Bergbau s. Mineralöle H, C, TD und TDL, S. 53.

Die Eigenschaften und Anforderungen an Kraftübertragungsöle für bestimmte Hydraulikanlagen, die durch Zugabe von Wirkstoffen gegenüber reinen Solventraffinaten meßbar verbessert sind, wurden vom Verein deutscher Eisenhüttenlaute im Stahleisenbetriebsblatt SEB 181 222-66 festgelegt.

In England, der Bundesrepublik und den USA wurden Militärspezifikationen eingeführt. England DTD 44 D entspricht USA AN-06a (x) Amendment; England DTD 585 entspricht USA Mil-0-5606 (früher AN-0-366). Vorläufige Lieferbedingungen der Bundeswehr s. S. 54.

3. Prüfung

a) Allgemeine Kenndaten

Die Prüfungsvorschriften für die allgemeinen chemischen und physikalischen Kenndaten sind in dem VDA-Richtlinienblatt VDMA 24318 zusammengestellt.

b) Thermostabilität
(ASTM D 2160-66 T: Thermal Stability of Hydraulic Fluids.)

Die Ölprobe wird in einem geschlossenen Glasrohr unter Entfernung von Luft und Wasser durch Vakuum in einer geeigneten Vorrichtung (z. B. Aluminiumblock) auf die gewünschte Temperatur erhitzt. Nach der Methode wird die Thermalstabilität nicht zahlenmäßig gemessen, sondern nur festgestellt, bei welcher Temperatur Zerfall eintritt und wie sich die Neutralisationszahl und die Viskosität geändert haben; sie ist für wasserhaltige Flüssigkeiten nicht geeignet.

c) Prüfung von Emulsionen

Die Stabilität bestimmt man durch Zentrifugieren bei 2000 U/min, durch Lagerungsteste bei Temperaturen bis 100 °C sowie durch Einfrieren und Wiederauftauen. Da die Feuerresistenz mit fallendem Wassergehalt abnimmt, muß dieser im Betrieb überwacht werden.

d) Feuerresistenz

Die Bestimmung des Brenn- und Flammpunkts geben Anhaltspunkte.

e) Spezielle Teste[1]

Bezüglich der nachfolgenden Teste sei auf die ausführlichen Hinweise von G. SOUILLARD und JAQUES VON ELEWYCK[2] verwiesen:

Piping System Compression Ignition, Mil-H-19457, § 4421;
Hydraulic Fluiduntapult, Mil-H-22072, § 4771;
Engine Compression Ignition, Mil-H-19457, § 4422;
Pulverized Spray Ignition, CECA;
Fluid-Coal Mixture Combustion, item;
Electric Arc Ignition, Corps des Mines de Belgique;
Spray Ignition, National Coal Bord;
Wick Ignition, item;
Auto Ignition Temperature, Bureau of Mines;
Temperatur Pressure Spray Ignition, item;
Evaporation Effekt on Flammability, item.

f) Stabilitätsteste[2]

Oxydations Stability, ASTM D 943-54;
Hydrolytic Stability, Fed. Test Method Std. No. 791a, Method 3457-T.
Thermal Stability, Fed. Test Method Std. No. 791a, Method 3440.

---

[1] FREUND, M., u. I. PALLAY beschreiben eine spezielle Methode zur Messung des Luftabscheidevermögens. Erdöl u. Kohle 20 (1967) 358. Siehe auch ASTM D 2271-66: Rec. Practice for Preliminary Examination of Hydraulic Fuels.

[2] Beschreibung der Teste: SOUILLARD, G., u. J. VAN ELEWYCK: Erdöl u. Kohle 15 (1962) 201.

g) Verschleiß- und Schmierfestigkeitstest

Vickers Pumptest, Mil-H-7083 A;
New York Air Brake Pumps Test, Mil-H-7083 A;
Wear Test, Mil-K-8446;
Ball Bearing Test, Mil-H-19457 (Vier-Kugel- und Timken-Test);
Stick Ship Test[1],
Scherfestigkeit, Federal Test Method Standard No. 791a—3471.1[2];
Gummiquellung, Federal Test Method Standard No. 791a—3603.4, 3604.

h) Korrosionsteste

Thin Film Corrosion ⎫
Stirring Corrosion   ⎬ Mil-H-7083 A;
Vapour Phase Corrosion ⎭
Corrosiveness and Oxydations Test, Federal Test Method Standard No. 791a;
Corrosions Test, Mil-H-19457;
Anticorrosion Power, CECA.
(Weitere Teste s. Abschnitt „Hydrauliköle" der Luftfahrt, S. 224.)

i) Prüfvorschriften der Lieferbedingungen der Bundeswehr

VTL 9150-051: Korrosionsschutzhydrauliköl mit VI-Verbesserern als Korrosionsschutzmittel für hydraulische Anlagen, deren Dichtungen aus synthetischem Material bestehen;
VTL 9150-035: Hydrauliköl für Außentemperatur über — 18 °C;
VTL 9150-053: Hydrauliköl mit Hochdruckeigenschaften für Marinewaffen;
VTL 9150-019: Schiffshydrauliköl (H-570) für hydraulische Anlagen auf Wasserfahrzeugen;
VTL 9150-022: Schiffshydrauliköl auf U-Booten;
VTL 9150-020: Hydrauliköl für Anlagen mit Dichtungen aus synthetischem Material.

Bezüglich der Prüfungen sei auf die Original-Vorschriften verwiesen[2].

VI. Schmieröle für Luftverdichter

1. Allgemeines

Zur Schmierung von Luftverdichtern und Luftvakuumpumpen werden reine und legierte Mineralöle eingesetzt. Gute Oxydationsstabilität der Schmieröle, die oft Oxydationsinhibitoren bedingt, ist daher erforderlich. Die Ölauswahl wird maßgeblich durch die Bauart der Verdichter, den Verdichterenddruck und -temperaturen, das Druckgefälle sowie die jeweiligen Betriebsverhältnisse beeinflußt. Nur hochwertige, temperaturstabile Raffinate erfüllen diese Beanspruchungen. Bei Verdichtern unterscheidet man folgende Bauweise:

1. Kolbenverdichter (häufigste Bauart, stehend oder liegend mit gemeinsamem oder getrenntem Triebwerk);
2. Rotationsverdichter (für mittlere Leistung, niedrige Drücke);
3. Turboverdichter (Turbogebläse nur Traglagerschmierung).

a) Kolbenverdichter

Bei Kolbenkompressoren ist oft eine Trennung von Zylinder- und Triebwerköl erforderlich:

1. Öle für den oder die *Zylinder*; s. DIN-Entwurf 51506 (Sept. 1967) (s. S. 273).

---

[1] MERCHANT, E.: Lubr. Engng. Juni 1956. Siehe Normen-Anhang (FTM-Normen).
[2] Zu beziehen durch den Beuth-Vertrieb Berlin.

2. Öle für das *Triebwerk*. Bei Vorhandensein eines Ölumlaufsystems kommt für liegende Maschinen ein emulsionsbeständiges Spezialraffinat von etwa 6 bis 10 °E bei 50 °C zur Anwendung. Bei Durchlaufschmierung, z. B. für Tropföler, genügt ein Normalschmieröl nach DIN 51501 (s. S. 51) gleicher Viskositätslage, wenn eine Wiederverwendung des Öles nicht beabsichtigt ist.

Bei stehenden Kompressoren wird das Triebwerksöl durch die gekapselte Bauart oft thermisch höher beansprucht, weshalb Öle bis zu etwa 16 °E bei 50° C empfohlen werden. Viele solcher Verdichter (fahrbare Preßluftanlagen) kommen aber nur auf Endtemperaturen von etwa 140 °C, so daß ein einziges Öl für Zylinder und Triebwerk ausreicht.

b) Turboverdichter

Zur Schmierung der Traglager, die je nach der Größe des Kompressors als Ringschmierlager oder mit Umlaufsystem ausgebildet sind, verwendet man gewöhnlich ein alterungsbeständiges, nicht emulgierendes Turbinenöl von 3 bis 5 °E bei 50 °C.

c) Rotationsverdichter

In Rotationsverdichtern werden nur verhältnismäßig niedrige Drücke und damit auch geringere Endtemperaturen erreicht, Ölauswahl gemäß DIN-Entwurf 51506.

d) Kapselgebläse

Bei Kapselgebläsen wird ähnlich wie bei Turboverdichtern das Öl in der Hauptsache zur Schmierung der Lager benötigt; im Innern des Gehäuses soll es allerdings auch eine gewisse Abdichtung herbeiführen. Die Lager dieser Maschinen, die meist für kleine bis mittlere Leistungen gebaut werden, sind entweder Ringschmierlager oder Wälzlager. Im ersteren Falle ist ein alterungsbeständiges Spezialraffinat mit einer Viskosität von etwa 4 bis 8 °E bei 50 °C vorzusehen, während für die Wälzlager ein gutes Wälzlagerfett zu empfehlen ist.

Sofern Verdichter zur Herstellung oder Weiterbehandlung von Lebensmitteln dienen, kann zur Schmierung der Zylinder ein Weißöl erforderlich sein, das evtl. sogar den Vorschriften des DAB 7 entsprechen sollte.

e) Vakuumpumpen

Die vorstehend behandelten Verdichterbauarten werden auch als Vakuumpumpen geliefert. Die Auswahl der Schmiermittel erfährt dadurch keine Änderung. Besonders zu behandeln sind lediglich die sog. Hochvakuumpumpen, für die die Hersteller Sonderanforderungen, insbesondere hinsichtlich eines niedrigen Dampfdruckes, stellen[1].

Mit steigender Endtemperatur und steigendem Enddruck ist in der Regel auch eine zunehmende Viskosität des Schmieröls erforderlich.

2. Mindestanforderung und Prüfung[2]

Die Hersteller von Verdichtern machen durchweg die Anwendung eines Öles von bestimmter Viskosität zur Bedingung[3]. Infolgedessen lassen sich über die Schmierölanforderungen keine allgemeingültigen Angaben machen.

Die Normung hat sich deshalb darauf beschränkt, die Luftverdichteröle, unterteilt nach reinen und legierten Ölen, nach den Verdichterendtemperaturen (bis und über 130 °C)

---

[1] Siehe Abschnitt „Apiezonöle", S. 305.

[2] Unterscheidung von Verdichterölen von Normalschmierölen N (nach DIN 51501) gemäß DIN-Entwurf 51352, s. Abschnitt „Alterung von Schmierölen", S. 96.

[3] DORN, L.: Erdöl u. Kohle 17 (1964) 936.

Einteilung und Eigenschaften von Luftverdichterölen nach DIN-Entwurf 51 506 (Sept. 1967)

Gruppen	VN und VNL			VB und VBL						VC und VCL				Prüfung nach
Kennzahl des Kurzzeichens[a]	36	49	68	36	49	68	114	144	225	36	49	68	114	
Viskosität bei der Temperatur °C	50			100										DIN 51 550 in Verbindung mit DIN 51 561, DIN 51 562 oder DIN 53 015
Kinematische Viskosität cSt	36±4	49±5	68±6	3,8 bis 5,6	5,6 bis 9,4	9,4 bis 12,6	12,6 bis 16,3	16,3 bis 22,0	über 22,0	3,8 bis 5,6	5,6 bis 9,4	9,4 bis 12,6	12,6 bis 16,3	
relative Ausflußzeit ungefähr E	(4,5)	(6,5)	(9,0)	(1,3)	(1,6)	(1,9)	(2,3)	(2,9)	über (3,1)	(1,3)	(1,6)	(1,9)	(2,3)	DIN 51 560
Flammpunkt im offenen Tiegel nach MARCUSSON mind. °C	180	200	210	180	200	210	215	230	260	180	200	210	215	DIN 51 584
oder nach CLEVELAND mind. °C	174	194	204	174	194	204	209	224	254	174	194	204	209	ASTM D 92[b]
Pourpoint[c] gleich oder tiefer als °C	−9			−9			−3	0		−9			−3	DIN 51 597
Asche höchstens Gew.-%	für Gruppen VN, VB und VC: 0,02 für Gruppen VNL, VBL und VCL: ist anzugeben													DIN 51 575
Wasserlösliche Säuren: Reaktion	neutral													
Neutralisationszahl (Gesamtsäuregehalt) höchstens mg KOH/g	für Gruppen VN, VB und VC: 0,02 für Gruppen VNL, VBL und VCL: ist anzugeben													DIN 51 558
Gehalt an Asphaltenen[d]	mengenmäßig nicht nachweisbar[e]													DIN 51 595
Wassergehalt höchstens Gew.-%	0,1													DIN 51 582
Alterungsverhalten Zunahme des Koksrückstandes nach CONRADSON höchstens Gew.-%	keine Anforderung			1,5			2,0			1,5			2,0	DIN 51 352 (Vornorm)

Koksrückstand nach der Destillation nach DIN 51356[f,g] höchstens Gew.-%	keine Anforderung	0,30	0,75	DIN 51551[g]

[a] Die Kennzahlen der Kurzzeichen für die Schmieröle für Luftverdichter entsprechen etwa der mittleren kinematischen Viskosität in Zentistokes bei 50 °C.

[b] Im Rahmen der europäischen Koordinierung der Normen wird der Flammpunkt im offenen Tiegel nach MARCUSSON abgelöst und ersetzt durch den Flammpunkt im offenen Tiegel nach CLEVELAND entsprechend Method D 92 der American Society for Testing and Materials (ASTM), Philadelphia, Pa. (USA). Eine Norm hierfür ist in Vorbereitung.

[c] Ist das Schmieröl besonders niedrigen Temperaturen ausgesetzt, so sind Sonderöle mit entsprechendem Kälteverhalten zu verwenden. Gegebenenfalls sind Sonderabmachungen für das Kälteverhalten nach DIN 51568 (Fließvermögen von Schmierölen im U-Rohr) oder DIN 51569 (Messung der Viskosität mit dem Vogel-Ossag-Viskosimeter, Temperaturbereich: — 55 °C bis ungefähr + 10 °C) zu treffen.

[d] Nur für Schmieröle der Gruppen VN, VB und VC.

[e] Wegen des Prüffehlers des Prüfverfahrens sind zuverlässige Zahlenwertangaben unterhalb 0,05 Gew.-% nicht möglich.

[f] Nur für aschefreie Schmieröle.

[g] Der Koksrückstand nach CONRADSON wird bestimmt an der Schmierölmenge, die beim Abdestillieren von 80 Vol.-% des Schmieröls nach DIN 51356 verbleibt (Destillationsrückstand). Der Prüffehler für diese Prüfung ist größer als in DIN 51551 angegeben. Nach den Ergebnissen eines Ringversuches ist anzusetzen bei den Schmierölen VC 36, VC 49 und VC 68 für die Wiederholbarkeit 0,05 Gew.-% und für die Vergleichbarkeit 0,15 Gew.-% bei Schmieröl VC 114 0,13 Gew.-% bzw. 0,30 Gew.-%.

zu klassifizieren und dafür die Kenndaten und die Prüfmethoden als Mindestanforderung in DIN-Entw. 51506 festzulegen. Der Fachmann ist so in der Lage, für jeden Verdichter das voraussichtlich geeignete Öl auszuwählen.

In großem Umfang werden zur Schmierung von Luftverdichtern außerdem wirkstoffhaltige Luftverdichteröle eingesetzt. Die Anzahl der Wirkstoffe ist sehr groß und deren Aufbau verschieden. Deshalb können noch keine einheitlichen Grenzwerte zur Kennzeichnung wirkstoffhaltiger Luftverdichteröle festgelegt werden.

Die Prüfung erfolgt nach den in DIN-Entw. 51506 vorgeschriebenen DIN-Prüfvorschriften.

DIN-Entw. 51506 (Sept. 1967)

Schmieröle für Luftverdichter mit ölgeschmierten Druckräumen sind nach dieser Norm Mineralöle mit und ohne Zusätze (Wirkstoffe), die in Luftverdichtern ohne Einspritzkühlung und in Luftvakuumpumpen, die gegen einen höheren als den atmosphärischen Druck fördern, verwendet werden und hierbei der Einwirkung der zu verdichtenden Luft ausgesetzt sind.

Einteilung

Gruppe VN bzw. VNL: Schmieröle für Luftverdichter mit Verdichtungs-Endtemperaturen bis 100 °C;

Gruppe VB bzw. VBL: Schmieröle für Luftverdichter mit Verdichtungs-Endtemperaturen bis 140 °C;

Gruppe VC bzw. VCL: Schmieröle für Luftverdichter mit Verdichtungs-Endtemperaturen bis und über 140 °C.

Bezeichnung

Bezeichnung eines Schmieröls (ohne Zusätze) für Luftverdichter mit dem Kurzzeichen VA 68 der *Gruppe VA:* Schmieröl VA 68 DIN 51506.

Bezeichnung eines Schmieröls (ohne Zusätze) für Luftverdichter mit dem Kurzzeichen VB 144 der *Gruppe VB:* Schmieröl VB 144 DIN 51560.

Bezeichnung eines Schmieröls (mit Zusätzen) für Luftverdichter mit dem Kurzzeichen VCL 114 der *Gruppe VCL:* Schmieröl VCL 114 DIN 51506.

Erläuterungen

Die Norm DIN 51506, Ausgabe Dezember 1960, kündigte in einer Fußnote eine Norm über die Prüfung der Alterung von Schmierölen an. Der Abschluß dieser Arbeiten begegnete großen Schwierigkeiten hinsichtlich Erzielung eines brauchbaren Prüffehlerbereiches;

diese Schwierigkeiten steigerten sich noch infolge der Forderung, auch Schmieröle mit Zusätzen zu prüfen; *diese Prüfnorm liegt als Vornorm DIN 51 352 nunmehr vor. Es sind weiterhin Bemühungen im Gange, die Prüfung der Alterung noch besser den Beanspruchungen des Schmieröls im Luftverdichterbetrieb anzupassen und damit gleichzeitig dem Sicherheitsbedürfnis bestmöglich Rechnung zu tragen.* Deshalb soll die Neufassung von DIN 51 506 als Vornorm herausgegeben werden.

3. Bergbaubetriebsblätter

Im Bergbau werden Mineralöle C und TD und TDL (für Turbomaschinen) eingesetzt (s. S. 53). Sauerstoffverdichter dürfen wegen ihrer Brennbarkeit nicht mit Mineralölen geschmiert werden. Für Kohlensäureverdichter in der Nahrungsmittelindustrie verwendet man geruchlose Weißöle. In Anlagen, die von Verdichtern mit ölgeschmiertem Druckraum versorgt werden, können Brände, Verpuffungen und Explosionen auftreten. Über Schäden und ihre Voraussetzungen, Zündquellen, Maßnahmen zur Verhütung berichtet THÖNES[1] und gibt einen zusammenfassenden Bericht über Sach- und Personenschaden durch Schmierstoffe.

VII. Dampfzylinderöle[2]

1. Allgemeines

Gemäß DIN 51 510, Zylinderöle für Dampfmaschinen, werden Zylinderöle für Dampfmaschinen nach den Maschinen- und Betriebsverhältnissen ausgewählt[3]. Ein wichtiger Anhaltspunkt ist die Dampftemperatur, die beim Eintritt des Dampfes in den Zylinder gemessen wird.

Bei einwandfreiem Kesselwasser[4] und Maschinenzustand können nach den vorliegenden Erfahrungen die Dampftemperaturen für die einzelnen Zylinderöltypen wie folgt abgegrenzt werden:

Sattdampf-Zylinderöl S für Sattdampf und bis 250 °C überhitzten Dampf bis 15 atü.

Heißdampf-Zylinderöl A für Sattdampf über 15 atü und bis 310 °C überhitzten Dampf.

Heißdampf-Zylinderöl B für Dampftemperaturen bis 325 °C. Bei Gegendruckbetrieb muß der aus dem Hochdruckzylinder austretende Dampf im Naßdampfgebiet liegen.

Heißdampf-Zylinderöl C für Dampftemperaturen bis 340 °C. Ausgenommen die Betriebsbedingungen nach dem folgenden Abschnitt.

Heißdampf-Zylinderöl D für Dampftemperaturen bis 380 °C. Für intermittierend arbeitende Dampfmaschinen, insbesondere für Bergwerksfördermaschinen bereits für Dampftemperaturen über 325 °C.

Öle für Dampftemperaturen über 380 °C sind zur Zeit noch nicht normungsfähig.

---

[1] THÖNES, H. W.: Techn. Überwachung 5 (1964) Nr. 1, S. 12; VDI-Berichte 85 (1964) 77.
[2] POUDROYEN, H., u. Mitarb.: Zylinderschmieröle für Schiffsdieselmaschinen. Erdöl u. Kohle 17 (1964) 916.
[3] In Sonderfällen sind die Empfehlungen der Maschinenhersteller bzw. der Öllieferanten zu berücksichtigen.
[4] Einwandfreie Beschaffenheit des Kesselwassers ist gegeben, wenn es entspricht:
a) Bei Dampferzeugern bis 20 atü Betriebsdruck den Richtlinien der Vereinigung der Technischen Überwachungs-Vereine e. V., Essen, für die Speise- und Kesselwasserbehandlung [Entwurf Juni 1958: Brennstoff, Wärme, Kraft 10 (1958) 488].
b) bei Dampferzeugern über 20 atü Betriebsdruck den Richtlinien der Vereinigung der Großkesselbesitzer e. V., Essen, für die Aufbereitung von Kesselspeisewasser und Kühlwasser, Essen: Vulkan-Verlag.

Die oft gestellte Forderung, daß der Flammpunkt nicht niedriger liegen darf als die Überhitzungstemperatur des Dampfes, ist — abgesehen davon, daß eine solche Forderung auf Grund der Schmierölnatur oft nicht eingehalten werden kann — insofern unberechtigt, als der Flammpunkt unter Druck und bei Gegenwart von Dampf viel höher liegt, als er bei der gewöhnlichen Flammpunktbestimmung gefunden wird[1]. Auch neigen Dampfzylinderöle im allgemeinen mit steigendem Flammpunkt zu erhöhter Asphaltbildung, z. B. paraffinbasische Öle weit weniger als z. B. aromatenhaltige Öle.

2. Mindestanforderung und Prüfung[2]

Die Mindestanforderungen und Prüfvorschriften für Zylinderöle für Dampfmaschinen sind in der nachfolgenden DIN-Norm 51 510 zusammengestellt.

DIN 51 510: Zylinderöle für Dampfmaschinen — Mindestanforderungen[3]

Zylinderöle nach dieser Norm für Dampfmaschinen sind reine Mineralöle. Sie dienen vorwiegend zum Schmieren der dampfberührten gleitenden Teile an Dampfmaschinen, deren Dampfeintrittstemperaturen nicht über 380 °C liegen.

Bezeichnung
des Heißdampfzylinderöles vom Typ B: Zylinderöl B DIN 51 510.

Typen und Eigenschaften.

Eigenschaften		Typ					Prüfung nach
		Sattdampf-Zylinderöl	Heißdampf-Zylinderöl				
		S	A	B	C	D	
Kinematische Viskosität	cSt	20—45	30—50	35—55	40—70	über 40	DIN 51 561 DIN 51 562
bei 100 °C entspricht E $\approx$		3,0—6,0	4,0—6,5	5,0—7,0	5,5—9,0	über 5,5	DIN 51 560
Dichte bei 15 °C höchstens	g/ml	0,960	0,960	0,960	0,940	0,930	DIN 51 757
Flammpunkt im offenen Tiegel, mindestens	°C	260	290	305	315	330	DIN 51 584
Stockpunkt[a] mindestens	°C	— 5	— 5	— 5	—	—	DIN 51 583
Neutralisationszahl (Gesamtsäuregehalt) höchstens	mg KOH/g Öl	0,2	0,2	0,15	0,1	0,1	DIN 51 558
Asche höchstens	Gew.-%	0,05	0,05	0,05	0,10	0,10	DIN 51 575
Hartasphalt höchstens	Gew.-%	0,2	0,1	0,1	0,1	0,1	DIN 51 557
Wassergehalt höchstens	Gew.-%	0,5	0,2	0,2	0,2	0,2	DIN 51 582
Feste Fremdstoffe	Gew.-%	0,0	0,0	0,0	0,0	0,0	DIN 51 592
Verkokungsrückstand nach CONRADSON[b] höchstens	Gew.-%	—	4,0	4,0	4,0	4,0	DIN 51 551

[a] Die Angabe ist nur für im Freien betriebene Dampfmaschinen erforderlich, z. B. also für Lokomotiven. Gegebenenfalls sind Sonderabmachungen zu treffen. — [b] Da die Bewertung der Heißdampfzylinderöle nach DIN 51 551 umstritten ist, wird an einem zweckmäßigeren Prüfverfahren gearbeitet.

3. Anforderung des Bergbaues

In dem Bergbau-Betriebsblatt ZS, ZB, ZC und ZD, s. S. 54, sind die Anforderungen enthalten, die der Bergbau bei höheren Temperaturen an die dampfberührten Teile von Kolbendampfmaschinen stellt.

[1] MOSER: Schweiz. Verb. Material-Prüf. Techn. Ber. 9 (1928) 28.
[2] Siehe auch H. POUDEROYEN u. Mitarb.; Fußnote 2, S. 274.
[3] Neufassung mit ausschließlich redaktionellen Änderungen geplant.

Die Anforderungen der Bundeswehr sind in den technischen Lieferbedingungen VTL 9150-915016/17 (Dampfzylinderöl) und TL 9150-021 (Triebwerk von Kolbendampfmaschinen) festgelegt.

4. Prüfung

a) Allgemeine Kenndaten

Die Bestimmung erfolgt nach den im DIN 51510 festgelegten DIN-Prüfvorschriften.

b) Prüfvorschriften der technischen Lieferbedingungen der Bundeswehr

(s. auch S. 54).

Eigenschaften und Prüfung von Dampfzylinderölen.

	Typ				
	T 9150-016 Öl 0252 Dampfdruck höchstens 15 atü, höchstens 250°	TL 9150-016 Dampfeintritt höchstens 250 °C Dampfdruck höchstens 16 atü	TL 9150-017 Dampfeintritt 310 °C	TL 9150-021 Compound Schmieröl (10—20% Rüböl) oder Emulgatoren zur Triebwerkschmierung	Prüfung nach DIN
Viskosität　cSt/100°		28—38	28—48	11—15	52550 51561
VI		70	65		51563
Flammpunkt　°C		225	275	177	51584
Pour Point höchstens		10	15°	—12	(ASTM D 97)
Neutralisationszahl　mg KOH/g		0,15	0,15	3,0	51558
Verseifungszahl　mg KOH/g		1,0	1,0		51559
Conradson-Test　Gew.-%		3,0	3,5	1,0	51551
Hartasphalt　Gew.-%		0,2	0,2		51557
Korrosion Kupfer Klassifikation		1	1		(ASTM D 130)
Kriechfähigkeit　%		—	—	30	(FTM[a] 791 a)
Emulgierbarkeit bei 54°/min		—	—		(FTM 791 a)
mit Dest. H 20		—	—	60	
mit Kochsalzlösung		—	—	60	

[a] FTM = Federal Test Method.

VIII. Großgasmaschinenöle

Anforderung und Prüfung

In DIN 51508 sind die Mindestanforderungen an reine Schmieröle für die Schmierung von Zylindern, Kolbenstangen, Stoffbuchsen, Ventile sowie für die Umlaufschmierung von Großgasmaschinen, die Gruppeneinteilung für die einzelnen Typen sowie die Prüfmethodik wie folgt festgelegt:

DIN 51508: Schmieröle für Großgasmaschinen
Begriff
Reine Mineralöle für die Schmierung der Zylinder, Kolbenstangen, Stopfbüchsen, Ventile sowie für die Umlaufschmierung von Großgasmaschinen.

Bezeichnung
eines Schmieröls für Großgasmaschinen vom Typ Gm 49: Schmieröl Gm 49 DIN 51508.

Typen und Eigenschaften.

Eigenschaften			Typ			Prüfung nach
			Gm 49	Gm 68	Gm 114	
Viskosität		cSt	49	68	114	
bei 50 °C	Grenzwerte	cSt	44	62	106	DIN 51550
			54	74	122	
	entspricht E	≈	6,5	9	15	
Dichte bei 15 °C höchstens		g/ml	0,940	0,945	0,950	DIN 51757
Flammpunkt mindestens		°C	200	210	220	DIN 51584
Stockpunkt tiefer als		°C	−15	−10	−5	DIN 51583
Verkokungsrückstand höchstens		Gew.-%	0,7	0,9	1,2	DIN 51551
Asche höchstens		Gew.-%		0,02		DIN 51575
Neutralisationszahl Nz Gesamtsäuregehalt höchstens		mg KOH/g		0,2		DIN 51558
Wasserlösliche Säuren		Reaktion		neutral		
Hartasphaltgehalt		%		0		DIN 51557
Wassergehalt höchstens		Gew.-%		0,1		DIN 51582
Alterung			Bei der Bewertung spielt die Alterung des Öles und die Struktur des Rückstandes eine wesentliche Rolle. Zur Zeit kann über die Eignung nur der praktische Versuch unter Berücksichtigung der Rückstandsbildung, des Verschleißes und des Ölverbrauchs über längere Zeit hinaus entscheiden.			

IX. Baumaschinenöle

1. Allgemeines

Die starke Beanspruchung der Baumaschinen erfordert ausgewählte Schmierstoffe. In Zusammenarbeit mit Baumaschinenherstellern der Bauwirtschaft und Schmierstoffherstellern wurden von einem Gemeinschafts-Arbeitsausschuß der Deutschen Gesellschaft für Mineralölwissenschaft und Kohlechemie e. V. die Schmierstoffe für Baumaschinen gemäß nachfolgenden Tabellen vereinheitlicht[1]; dadurch konnten die bisher 60 bis 70 Sorten eines einzigen Schmierstoffherstellers auf insgesamt 15 Öle reduziert werden. Eine weitere Vereinheitlichung wird angestrebt.

2. Prüfung

Die Prüfung erfolgt nach den in der Tab. 1 für die einzelnen Öltypen angegebenen DIN-Vorschriften.

Zu Position 3:

Einheitlich für den Sommer- und Winterbetrieb ist ein mit Wirkstoffen legiertes Hydrauliköl der Viskositätsstufe 25 cSt/50 °C (entsprechend etwa 33,5 E/50 °C) vorgesehen, das im übrigen die Mindestanforderungen von DIN 51501 übertrifft. Infolge der Legierungsbestandteile kann das Frischöl eine erhöhte Neutralisationszahl, Verseifungszahl und Asche aufweisen.

Hydrauliken in Baumaschinen verlangen Schmierstoffe, die etwa entstehendem Schaum entgegenwirken. Das Öl soll mit dem Luftsauerstoff möglichst wenig oxydieren. Die empfind-

---

[1] KUCKHOFF, N.: Erdöl u. Kohle 14 (1961) 1032.

Tabelle 1. *Regelschmierstoffe für Baumaschinen*[a].

Nr.	Verwen-dungszeit	Bezeichnung	Eigenschaften, Normen	Kenn-farbe (DIN 51 502)	Kenn-zeichen	Anwendungsbeispiele (s. a. Erläuterungen)
1a	Winter	legiertes Motorenöl	SAE 20 W/20-) HD (DIN 51 511	weiß	(20W/20 HD)	Otto- und Dieselmoto-ren sowie Kompresso-ren, die unter normalen Betriebsverhältnissen arbeiten und für die keine speziellen Ölvor-schriften bestehen
1b	Sommer	legiertes Motorenöl	SAE 30:—HD (DIN 51 511)	weiß	(30 HD)	
2a	Winter	hochlegiertes Motorenöl (Series 3)[b]	SAE 20 W/20[c] Series 3 (DIN 51 511)	weiß	(20W/20 S3)	Dieselmotoren, für die ein Öl nach Series 3 vorgeschrieben wird
2b	Sommer	hochlegiertes Motorenöl (Series 3)[b]	SAE 30 Series 3 (DIN 51 511)	weiß	(30 S3)	
3	Winter und Sommer	legiertes Hydrauliköl, oxydations-beständig, nicht schäumend, rost-verhütend[d]	Viskosität $25 \pm 4\,\mathrm{cSt}/50\,^{\circ}\mathrm{C}$; Stockpunkt $< 15\,^{\circ}\mathrm{C}$	grün	(HL 25)	Hydrauliken, hydrau-lische Kupplungen, Drehmomentenwand-ler (sofern keine ander-weitigen Herstellervor-schriften bestehen), Ringschmierlager von E-Motoren
4	Winter und Sommer	legiertes Getriebeöl	SAE 90 (DIN 51 512)	weiß	(90 C_L)	Stirn- und Kegelrad-getriebe, schwerbela-stete Lager und Schneckengetriebe (vgl. auch Pos. 8), normalbelastete Kfz-Getriebe
5	Winter und Sommer	hochlegiertes Getriebeöl Hypoidöl, (Mehrzweck-getriebeöl)	SAE 90 Hyp (DIN 51 512)	weiß	(90 Hyp)	Hypoidantriebe
6	Winter und Sommer	Haftschmiere (dunkles, druckfestes Spezial-produkt)	DIN 51 822	weiß	(B)	Schmierung offener Zahnräder, Seile und Spurlatten (Führungs-schienen)
7	Winter und Sommer	Normal-schmieröl	N 49 DIN 51 501	violett	(N49)	allgemeine Maschinen-schmierung
8	Winter und Sommer	Zylinderöl	A DIN 51 510	grau	(A)	Zylinderschmierung (Satt- und Heißdampf) von Lokomotiven und Dampframmen(Dampf-temperatur bis 310 °C) Schneckengetriebe (vgl. auch Pos. 4)
9	Winter und Sommer	Gleitlagerfett	DIN 51 823	gelb	(M 2c)	Maschinenschmierfett für gering beanspruchte Fettschmierstellen
10	Winter und Sommer	Wälz-lagerfett	100 DIN 51 825	violett	(K 3g)	Gleit- und Wälzlager, Mehrzweckfett

[a] Kuckhoff, N.: Erdöl u. Kohle 14 (1961) 1032.

[b] Definition s. Abschn. „Dieselschmieröle", S. 175.

[c] Bei Kaltstartschwierigkeiten kann legiertes Motorenöl Series 3—SAE 10 W benutzt werden.

[d] In Sonderfällen kann ein legiertes Motoröl (HD) SAE 10 W im Austausch benutzt werden.

lichen Steuerteile, Kolben und Zylinder der Hydrauliken, müssen durch rostverhütende Zusatzstoffe im Öl geschützt werden. Dichtungen dürfen von dem Öl im Rahmen der üblichen Betriebstemperaturen nicht angegriffen werden.

Zu Position 4 und 5

Getriebeöle SAE 90 eignen sich auch für Kraftfahrzeug-Lenk-, -Schalt- und -Zusatzgetriebe sowie für Achsantriebe. Weiterhin werden sie für die Schmierung schwerbelasteter Lager, wie sie in Brechern, an Schwingsieben usw. vorkommen, eingesetzt. Stirn- und Kegelradgetriebe zeigen bei Verwendung von legiertem Getriebeöl SAE 90 einen geringeren Verschleiß als bei der Schmierung mit Normalschmieröl. Bei Schneckengetrieben ist die Lage der Schnecke von Bedeutung. Liegt die Schnecke unten im Ölbad, so ist Getriebeöl SAE 90 zu verwenden, bei oben liegender Schnecke dagegen Heißdampf-Zylinderöl A (s. Position 8), das auch stets dann zur Verwendung kommt, wenn eine Schneckengetriebe starker Strahlungs- oder sonstiger Wärmebelastung (über 50 °C) ausgesetzt ist. Bei Schneckengetrieben mit Ölpumpen darf Heißdampfzylinderöl nicht verwendet werden.

Zu Position 8

Für die Zylinderschmierung (Sattdampf und Heißdampf) von Lokomotiven und Dampframmen sowie zur Tauchschmierung von Schneckengetrieben bei obenliegender Schnecke wurde ein Heißdampfzylinderöl Typ A DIN 51 510 ausgewählt.

Tabelle 2. *Sonderschmierstoffe für Baumaschinen.*

Nr.	Verwendungszeit	Bezeichnung	Eigenschaften, Normen	Kennfarbe	Kennzeichen (DIN 51 502)	Anwendungsbeispiele
11	Winter und Sommer	Heißlagerfett	Erwärmung bis 250 °C	—	—	zur Schmierung von Trockentrommeln für Zuschlagstoffe im Straßenbau
12	Winter und Sommer	Druckluftöl	Temperatur −5 bis +50 °C leichtflüssig, Drücke bis 8 atü	—	—	Schmierung von Preßluftwerkzeugen
13	Winter und Sommer	schwingungsbeständiges Fett	Temperatur −5 bis +50 °C; Schwingungsbereich 50 bis 200 Hz	—		zur Schmierung von Rüttelflaschen
14	Winter und Sommer	Kontaktfett	Temperatur −15 bis +70 °C; wasserabweisend, geringer Leitwiderstand	—	—	zur Schmierung von elektrischen Steuerkontakten an Schaltern und Kontrollwalzen
15 a	Winter	unlegiertes Motorenschmieröl	SAE 20 W/20	weiß	20W/20	ältere Motoren
15 b	Sommer	unlegiertes Motorenschmieröl	SAE 30	weiß	30	ältere Motoren

X. Festschmierstoffe[1]

1. Allgemeines[2]

Bei Schmiervorgängen unter extremen Bedingungen wie z. B. bei sehr hoher oder tiefer Temperatur, unter hohem Vakuum, sehr hohen Flächenpressungen,

---

[1] Herrn Dr. J. GÄNSHEIMER, München, bin ich für wertvolle Hinweise dankbar.
[2] Festschmierstoffe für Flugbetrieb s. S. 229.

Einwirkung chemischer Stoffe, energiereichen Strahlungen, Einfluß von Mikroben, extremen Dauerschmierungen usw. versagen die üblichen Schmiermittel auf Mineralölbasis.

Diese Anforderungen erfüllen neben speziellen, auf einen bestimmten Schmierzweck abgerichteten Syntheseölen, insbesondere die Festschmierstoffe, die sich auch für Schmiervorgänge mit sehr geringen Gleitgeschwindigkeiten bei höchsten Drücken eignen. Gegenüberstellung der Schmierung mit Reaktionsschichten zu der Schmierung mit Festschmierstoffen[1].

Die bekanntesten und am meisten verwendeten Festschmierstoffe sind Graphit und Molybdändisulfid[2] (Schichtgitterstruktur). Weitere vielfach zitierte anorganische Festschmierstoffe sind z. B.: Cadmiumchlorid, Cadmiumjodid[3], Bleijodid, Gallium[4], flüssige Metalle, Wismut, Titan[5], Zinksulfid, Titansulfid[6], Wolframdisulfid[7], Bleimonoxid[8], flüssiges Glas (für Zieh- und Verformungsvorgänge) und anorganische Phosphate; von organischen Stoffen eignen sich z. B. Polytetrafluoräthylen (Teflon), Phthalocyanine[9], sowie manche Indanthrenfarbstoffe[10], (Indanthrenblau), Kunststoffe, Cadmium- und Zinkstearate, Wachse usw. In das Gebiet der Festschmierstoffe gehören auch die durch Hochdruck-Additives auf dem Werkstoff entstehenden festen Zwischenschichten. Eine Zusammenfassung über Art und Anwendung von Festschmierstoffen bringen E. R. BRAITHWAITE und Mitarbeiter[11] und J. GÄNSHEIMER[12,13].

Da es wesentlich ist, daß der Festschmierstoff fest auf der Metalloberfläche haftet, der Schmierfilm genügend stark ist oder laufend erneuert wird, sind für Festschmierstoffe die verschiedensten Anwendungsformen in Gebrauch. Der Schmierstoff wird entweder in Pulverform auf die trockene Oberfläche aufgetragen und möglichst gründlich in die Metalloberfläche eingearbeitet (bei Massen-Kleinteilen z. B. in Trommeln). Man kann den Festschmierstoff auch in Form von Suspensionen z. B. in Mineralölen, Polyglykolen, Siliconen oder in leicht verdampfbaren Kohlenwasserstoffen oder als Zusatz zu Schmierfetten[14] verwenden. Auch Festschmierstoffpasten und Gleitlacke z. B. auf Epoxydharzbasis sind in Gebrauch.

2. Graphit

a) Allgemeines

Graphit wird seit etwa 100 Jahren als Schmiermittel verwendet und zwar heute vorwiegend in kolloidaler Suspension in Mineralölen, fetten Ölen, Wasser u. a.

---

[1] Siehe W. BAIST: Schmiertechnik 12(1965) 329.

[2] BARTEL, A.: VDI-Bericht 111 (1966).

[3] PETERSON, M. B., u. R. L. JOHNSON: Lubric. Engng. 11 (1955) 325.

[4] BUCHLEY, D. H., u. R. L. JOHNSON: ASLE Trans. 6 (1963) 1.

[5] KLINT, R. V., u. R. S. OWENS: ASLE Trans. 5 (1962) 32. — LEWIS, P., u. Mitarb.: 6 (1963) 67.

[6] Erdöl u. Kohle 14 (1961) 1054.

[7] Chem. Zbl. 1962, S. 12892.

[8] SLINEY, H. E.: Natl. Aeronautic Space, Admin. Mano 3-2-59 E 22 (1959).

[9] KRAUSE, H. H., u. Mitarb.: J. chem. Engng. Data 6 (1961) 112.

[10] RKW-Bericht Schmierungsforschung D_3, Berlin: Beuth-Vertrieb.

[11] Sci. Lubrication 15 (1963) Nr. 3, S. 92. 156 Literaturstellen: „Solid Lubricants and Surfaces".

[12] GÄNSHEIMER, J.: Die Schmierung mit Feststoffen. Chemiker-Ztg., Chemische Apparatur 89 (1965) H. 10, S. 339—349.

[13] Weitere Literatur: SALOMON, G.: Neue Erkenntnisse über die Grundlagen der Feststoffschmierung. — JELLINEK, F.: Zusammenhänge zwischen Struktur und Wirksamkeit von Festschmierstoffen. — KNAPPWOST, A.: Mechano-chemische Oberflächenreaktionen bei der Schmierung mit Festschmierstoffen. — KNAPPWOST, A.: Information Festschmierstoffe. Heft 1 (1966), München 54, Postfach 235.

[14] Siehe S. 407.

Die Schmierfähigkeit des Graphits ist auf seine Schichtgitterstruktur und Spaltbarkeit bis zur fast molekularen Schichtdicke und Rollenbildung[1] zurückzuführen, wichtig sind auch die auf der Graphitoberfläche adsorbierten Filme, insbesondere Wasserdampf, die den Reibungskoeffizienten wesentlich erniedrigen[2]; auf den Zusammenhang zwischen Bindungsenergie und Reibverhalten weisen P. J. BRIANT und Mitarbeiter hin[3].

Graphit ist diamagnetisch, chemisch stabil, bei Erhitzen in Luft bis 450 °C beständig. Der Graphitfilm haftet fest auf der Metalloberfläche, füllt Poren und Unebenheiten aus und zeigt gutes Adsorptionsvermögen für Mineralöle. Eine Steigerung Druckaufnahmefähigkeit tritt jedoch nicht ein. Mit Graphit-Trockenschmierfilmen lassen sich Schmierstellen bei Temperaturen bis 700 °C beherrschen (z. B. Düsenverstellung an Strahltriebwerken).

Die Qualität von Graphit wird durch Kristallgröße, Struktur, Haftvermögen und Oxydationsbeständigkeit bestimmt[4].

Geeignet ist nur reinster gangartfreier Graphit in so feiner Verteilung, daß er mit entsprechenden Dispergiermitteln feinste und stabile Dispersionen zu bilden vermag[5]. Über den Zusammenhang zwischen Bindungsenergie und Reibverhalten lamellarer Körper berichten P. J. BRYANT[6] und Mitarbeiter.

Infolge der etwa 40mal so großen Wärmeleitfähigkeit des Graphits gegenüber Schmieröl (0,117 gegen 0,000290 cal/cm sec grd) können graphitierte Öle die Reibungswärme besser ableiten und sind zum Einlaufen von Motoren, für heißlaufende Lager, zum Kühlen gelegentlich heißgelaufener Lager und auch als Obenschmiermittel[7] zu empfehlen. Aber auch im Dauerbetrieb haben sich die Graphitöle besonders bewährt.

Unter der Bezeichnung „W. G.-Schmierverfahren" (unveröffentlicht) wurde ein Gemisch von 99% Wasser, $1/_2$% wasserlöslichem Mineralöl (Bohröl) und $1/_2$% Hydrokollag als Schmiermittel über lange Zeiträume an vielen Maschinen, z. B. für Triebwerke von Dampfmaschinen bis 3000 PS, mit gutem Erfolg erprobt.

b) Prüfung von Graphit
(Flinz oder Flockengraphit und Pudergraphit)[8]

Die hygroskopische *Feuchtigkeit* wird in der üblichen Weise durch Trocknen bei 150 °C bis zur Gewichtskonstanz ermittelt. Der *Kohlenstoffgehalt* wird durch Verbrennung der Probe im Sauerstoffstrom im Rose-Tiegel oder wegen der schweren Verbrennbarkeit durch Elementaranalyse im Quarzrohr ermittelt. Die *Asche* kann aus dem Rückstandsgewicht der C-Bestimmung im Rose-Tiegel ermittelt werden oder durch Glühen des getrockneten Graphits im Muffelofen (eventuell durch Überleiten von Sauerstoff) bis zur Gewichtskonstanz. Besonders wichtig ist die Prüfung auf Silicate durch Aufschließen der Asche in der für Silicatanalysen üblichen Weise mit Hilfe von Kalium- und Natriumcarbonat. Die Kieselsäure wird dann durch mehrmaliges Eindampfen mit Salzsäure in unlösliche Form übergeführt, abfiltriert und gewogen. In der Lösung bestimmt man das Eisen durch Fällen mit Ammoniak, Abfiltrieren, Auswaschen und Veraschen und Wägung als Fe_2O_3. Carborundum, eine häufige Verunreinigung bei Elektrographit, der nicht aus Petrolkoks hergestellt ist, bleibt zurück und wird mikroskopisch nachgewiesen (Polarisationsmikroskop). Zur Identifizierung kann man auch den Rückstand auf einer blankpolierten Kupferplatte verreiben. Die scharfkantigen Carborundumteilchen erzeugen leicht wahrnehmbare Kratzer.

Während Acheson- und Kollag-Graphite nur Spuren an Asche enthalten, kann der Aschegehalt von nicht kolloidalen Graphiten zwischen 5 und 50% schwanken. Die Asche besteht neben mehr oder weniger Eisen vorwiegend aus Glimmer, Ton und Quarz.

---

[1] SPREADBOROUGH, J.: Wear 18 (1962) 5.
[2] SAVAYC, R. H.: J. Appl. Phys. I (1948) 19; Engng. 27 (1956) 138.
[3] Wear 7 (1964) 118.   [4] SMITH, E. A.: Sci. Lubricat. 15 (1965) 16.
[5] Schmierung mit Graphiteinlagerungsverbindungen s. A. KNAPPWOST (Erdöl u. Kohle 18 (1965) 209).
[6] Erdöl u. Kohle 18 (1965) 911.   [7] KADMER, E. H.: Chemiker-Ztg. 60 (1936) 943.
[8] Prüfung auf Reinheit und Asche s. S. 232.

ASTM D 1553-64: Analysis of Graphites Used as Lubricants

Die Methode beschreibt die Bestimmung der flüchtigen Anteile bei 105 °C und der Asche bei 950 °C im Muffelofen.

ASTM D 1367-64: Lubricating Qualities of Graphites

Eine 15%ige Graphitsuspension in Mineralöl wird in einem Spezialgerät bei 1750 Umdrehungen durch ein Kugellager zirkuliert und der Verschleiß durch Gewichtsverlust des Kugellagers ermittelt.

3. Kolloidgraphit

a) Allgemeines

Für Graphitdispersionen verwendet man entweder Naturgraphit, der durch chemische Aufbereitung auf einen Kohlenstoffgehalt von nahezu 99,9% C gebracht wurde oder elektrothermisch aus Petrolkoks durch Erhitzen auf etwa 3000 °C hergestellten Elektrographit. Beide sind im Schmiereffekt gleichwertig, wenn der Elektrographit wirklich durchgraphitiert ist. Sog. Graphitite entstehen beim Erhitzen von Ruß oder von Elektrodenkohle, z. B. auch als Abfall beim Herstellen von Kohlebürsten. Wegen ihrer mangelhaften Kristallstruktur sind sie für Schmierzwecke unbrauchbar. Trotzdem befinden sich daraus hergestellte Präparate auf dem Markt.

Durch Vermahlen allein kann bei Graphit die für kolloidale Dispersionen erforderliche Feinheit nicht erzielt werden.

Das nach dem Erfinder des Kolloidgraphites bezeichnete *Acheson-Verfahren* stellt unter Zusatz von Peptisationsmitteln, wie Tannin usw., aus Elektrographit zunächst wäßrige Suspensionen von erforderlicher Dispersion her. Durch geeignete Konzentration erhält man das als „Aquadag" in den Handel kommende Hydrosol, das durch Verdrängen des Wassers, z. B. durch Mineralöl in ein Oleosol („Oildag"), übergeführt wird[1].

In Deutschland stellt die Fa. Riedel-de Haen AG., Seelze, nach dem erheblich abgeänderten sog. *Karplus-Verfahren*[2] aus gereinigtem Naturgraphit oder Elektrographit unter Verwendung spezieller Peptisationsmittel ebenfalls zunächst ein Kolloidgraphit-Hydrosol her, das nach Konzentration auf einen Graphitgehalt von etwa 20% unter Zusatz von Schutzkolloiden als „Hydrokollag" auf den Markt kommt. Durch Verdrängen des Wassers durch Mineralöl wird das Hydrosol in ein Oleosol („Kollag") oder in ein für Motorschmierung besonders geeignetes Spezialprodukt (Autokollag, Graphitgehalt 2,5%) übergeführt. Außer den obengenannten Produkten sind noch eine ganze Anzahl gebrauchsfertiger, besonders stabilisierter Graphitpräparate für die verschiedensten Anwendungszwecke im Handel.

Die Hydro- und Oleosole mit einem Graphitgehalt von etwa 10 bis 20% werden nur nach entsprechender Verdünnung mit Wasser bzw. Mineralöl für Schmierzwecke verwendet. Im praktischen Gebrauch wird z. B. ein Oleosol mit Mineralöl so weit verdünnt, daß das gebrauchsfertige Gemisch 0,02 bis 0,1% Kolloidgraphit enthält. Größere Mengen sind nicht erforderlich und können zu Verstopfungen des Schmiersystems führen[3].

Neben dem Dispersionsgrad des Graphits ist die Stabilität der Graphitöle von ausschlaggebender Bedeutung, die durch Zusatz von Stabilisatoren erhöht wird. Als Stabilisierungsmittel wird z. B. von der IG Farbenindustrie AG Triäthanolamin empfohlen (DRP 612015).

---

[1] Die Silbe „dag" bedeutet: Deflocculated Acheson Graphite. DRP. 191840, 218218, 262155.

[2] DRP. 292729, 293843, 296637, 411283.

[3] STEPHAN, C.: Motorschau 19 (1948) 237.

b) Prüfung von Kolloidgraphitpräparaten (Hydro- und Oleosole).

Die Untersuchung erstreckt sich nicht nur auf den Graphitgehalt, sondern auch auf die Kolloidalität und Stabilität.

α) Graphitgehalt. In *Hydrosolen* bestimmt man zunächst den Trockengehalt des Präparates durch Eindampfen einer gewogenen Menge auf dem Wasserbad oder im Trockenschrank. Durch vorsichtiges Erhitzen bis auf schwache Rotglut, wird die aus dem Schutzkolloid herstammende organische Substanz verbrannt. Die Differenz ergibt das Gewicht des Schutzkolloids. Das Erhitzen hat sehr vorsichtig zu erfolgen, da eventuell auch schon der Kolloidgraphit infolge seiner Feinhcit z. T. verbrennen kann. Es empfiehlt sich daher, die Analyse mehrmals zu wiederholen. Danach wird der Graphit im Sauerstoffstrom restlos verascht und seine Menge aus der Differenz bestimmt. Der Rückstand, bestehend aus Kieselsäure, Eisenoxyd, Kalk usw., wird wie oben analysiert. Es ist zu beachten, daß gewisse Schutzkolloide, besonders synthetisch hergestellte, Rückstände bilden, die aber nicht von Belang sind. Man kann auch den Graphit mittels Säuren oder Elektrolyten ausflocken, den geflockten Graphit durch einen Glasfiltertiegel geeigneter Porengröße abfiltrieren und nach gründlichem Auswaschen mit verd. Salzsäure, Trocknen und Erhitzen und Glühen im Sauerstoffstrom den Graphitgehalt wie oben bestimmen. Die Natur des Schutzkolloids festzustellen, erfordert eingehende Sachkenntnis.

In *Oleosolen* bestimmt man den Graphitgehalt dadurch, daß man das Oleosol in Benzol löst und den Graphit durch einen mit aktivierter Bleicherde oder Kryolith beschickten und gewogenen Glasfilter-Gooch-Tiegel abfiltriert. Nach HOLDE und STEINITZ[1] soll die mit Benzol angefeuchtete Bleicherdeschicht bei Anwendung von 0,5 g Oleosol 0,5 cm betragen.

Die dem Graphit infolge seiner starken Adsorptionskraft anhaftenden, oft erheblichen Mengen an Asphalt- und Ölbestandteilen müssen durch sorgfältiges Auswaschen mit heißem Benzol, Tetrachlorkohlenstoff, Chloroform oder Äther entfernt werden. Nach dem Auswaschen wird bei 105 °C bis zur Gewichtskonstanz getrocknet und gewogen. Die Differenz gegenüber der Einwaage ergibt den Graphitgehalt bzw. Ölgehalt.

Zweckmäßig ist auch folgende Arbeitsweise:

Eine gewogene Probe des Oleosols wird am Rückflußkühler etwa 2 Std. mit einer Mischung Eisessig-Benzol (1 : 5) gekocht und dadurch der Graphit ausgeflockt. Man filtriert durch einen Glasfiltertiegel 1 G 4 (Schott & Genossen) ab, wäscht zunächst mit Eisessig-Benzol-Gemisch und dann mit reinem Benzol nach und trocknet. Der Graphit wird verascht, und die Asche, wie bereits angegeben, bestimmt und untersucht. In allen Fällen empfiehlt es sich, durch Geruchsprüfung festzustellen, ob beim anfänglichen Erhitzen des abfiltrierten Graphites ein Geruch nach organischen Stoffen auftritt, was auf ein unvollkommenes Auswaschen deuten würde.

β) Kolloidalität. Wenn es nicht auf sehr genaue Resultate ankommt, bestimmt man den Grad der Feinverteilung mit Hilfe eines OSWALDschen Zweischenkelflockungsmessers oder einfacher mittels der sog. Filtermethode. Hierbei filtriert man das verdünnte Sol durch eine Anzahl ineinandergesteckter Filter von bekannter Porengröße und stellt fest, wieviel Filter von Graphit angeschwärzt sind. Je feiner der Graphit, desto mehr Filter werden geschwärzt. Der Dochtfiltertest nach STEPHAN gibt ebenfalls ausreichende Fingerzeige für die Kolloidalität eines Präparates. Man gibt in einen Meßzylinder eine Lösung einer gemessenen Menge eines Oleosols in Petroleum im Verhältnis 1 : 25. Durch ein mit Baumwolldocht bestimmter Fädenzahl beschicktes U-Rohr saugt man durch Heberwirkung eine Lösung mit mehr oder weniger hohem Graphitgehalt allmählich über. Je feiner der Graphit ist, desto mehr davon passiert durch den Docht.

Die obengenannten Methoden geben nur relative Werte. Wissenschaftlich genaue Resultate erhält man nur durch Auszählen der Graphitteilchen aus der verdünnten Dispersion mit Hilfe eines Netzmikrometers bei 500- bis 600facher Vergrößerung in der Quarzkammer. Diese Methode ist allerdings zeitraubend und erfordert große Übung[2].

γ) Stabilität. Die Stabilität eines Kolloidgraphitpräparats bestimmt man durch Beobachtung einer im Verhältnis 1 : 100 verdünnten Lösung des Oleo- bzw. Hydrosoles in einem bis zur Hälfte gefüllten verschließbaren Standzylinder über eine gemessene Zeitspanne. Nach z. B. 24, 48 und 72 Std. beobachtet man das Verhalten der Lösung. Zunächst stellt man fest, ob sich unter Aufhellung der oberen Schicht eines Sedimentation anzeigt. Durch langsames vorsichtiges Neigen des Zylinders stellt man dann die Stärke der Ablagerung am Boden fest, die man als „leicht überhaucht", „kräftig überhaucht", „bedeckt", „stark bedeckt", „undurchsichtig bedeckt" differenziert. Wenn nach 72 Std. der Boden nur leicht

---

[1] Z. Elektrochem. **23** (1917) 116.
[2] KADMER, E. H.: Schmierstoffe und Maschinenschmierung. Berlin: Borntraeger 1940.

überhaucht ist, dann ist das Präparat als gut zu bezeichnen. Bei der Beurteilung der Stabilität ist zu berücksichtigen, daß manchmal ein nur geringer Anteil schwerer Partikelchen einen Bodensatz gibt, der die Gesamtberuteilung des Oleosols nicht maßgebend beeinträchtigt.

Bei Oleosolen ist zu beachten, daß aus noch nicht einwandfrei festgestellten Gründen beim Aufmischen mit Ölen gleicher Kennwerte ein verschiedenartiges Stabilitätsverhalten der Graphitoleosole eintreten kann. Es empfiehlt sich daher, die Stabilitätsprüfung nach der Aufmischung mit der in Frage kommenden Ölqualität vorzunehmen.

4. Molybdändisulfid

a) Allgemeines

Molybdändisulfid kommt in der Natur als Molybdänglanz (Molybdänit) vor und wird seit etwa 15 Jahren als Schmiermittel verwendet. Synthetisches MoS_2 hat wegen seiner leichteren Oxydierbarkeit keinen Eingang in die Schmierstofftechnik gefunden. Mit einem spezifischen Gewicht von 4,8 ist MoS_2 mehr als doppelt so schwer als Graphit, der Reibungskoeffizient mit 0,03 liegt bedeutend niedriger. Die Druckbeständigkeit liegt über 10 000 kg/cm², die Temperaturbeständigkeit reicht von $-180\ °C$ bis 450 °C, bei geringem Luftzutritt sogar 630 °C und im Vakuum bis über 1400 °C. MoS_2 behält auch bei Abwesenheit adsorbierter Gase oder Dämpfe seine Schmierwirksamkeit bei und wirkt daher auch im Vakuum als Schmierstoff, wohingegen Graphit unter diesen Bedingungen seine Schmierwirksamkeit verliert. MoS_2 widersteht den meisten Säuren und ist unempfindlich gegen radioaktive Strahlung und eignet sich daher mit und ohne Bindemittel für das in Frage kommende Temperaturbereich, besonders für Raumfahrtbedingungen.

Eine der vielen möglichen Deutungen der Schmierwirkung[1] wird auf die dreischichtige Lamellenstruktur (zentrale Molybdänatomschicht mit je einer Schwefelatomschicht auf beiden Seiten) zurückgeführt, innerhalb derer sich die Gleitwirkung entfernt von der Oberfläche der metallischen Partner abspielt.

Die Fähigkeit der Reaktionsschichtbildung und der damit verbundenen Reaktionsschichtschmierung trägt zur Schmierwirkung bei. Der S des MoS_2 reagiert bei 730 °C mit Fe zu einer FeS-Schicht, das Mo diffundiert in die Oberfläche und vergütet diese.

Gegenüber anderen Festschmierstoffen hat das an der Metalloberfläche fest haftende MoS_2 eine überlegene Schmierwirkung in weitem Beanspruchungsbereich (z. B. zur Brückenverschiebung auf Gleitbahnen[2]). Anwesenheit von sauerstoffhaltigen Verbindungen kann die Lebensdauer erheblich verkürzen. G. H. Göttner[3] und Mitarbeiter erörtern mögliche chemische Reaktionen bei der Schmierung.

Die Anwendung von MoS_2 erfolgt — analog dem Graphit — als Pulver, in Form von Pasten und Suspensionen, als Zusatz zu Schmierfetten, in Form von Gleitlacken und Schmierstiften. Auch selbstschmierende Bauelemente, bei denen das MoS_2 in Kunststoffe oder Sintermetalle eingearbeitet ist, werden mit MoS_2 hergestellt. Zur bequemen und wirtschaftlichen Aufbringung von MoS_2-Gleitfilmen haben sich Aerosolsprühdosen gut bewährt. Auch in der spanlosen und spangebenden Metallformung hat MoS_2 weitgehend als Schmierstoff Eingang gefunden. Auch öllösliche MoS_2-Verbindungen sind bekannt.

b) Prüfung

Die Prüfung MoS_2-haltiger Produkte erstreckt sich einmal auf die Bestimmung der Reinheit des verwendeten MoS_2, des Gehalts an MoS_2 und zum anderen der Leistungsdaten des MoS_2-haltigen Schmierstoffes.

---

[1] Aufbau und Anwendungsbereiche. VDI-Bericht 111 (1966). — BARTEL, A., u. W. ENDLICH: Techn. Rdsch. No. 15, 20, 30 u. 44 (1963). — GÄNSHEIMER, J.: Schmiertechnik 11 (1964) 271.

[2] VID-Z. 102 (1960) 32. — Molykote Mitteilungen 7 (1962) 5.

[3] Erdöl u. Kohle 19 (1966) 196.

Reinheitsprüfung

Die Prüfung der Reinheit des MoS_2-Pulvers erfolgt nach der amerikanischen Mil-Spezifikation Mil-M-7866 A (ASG), sowie nach den vorläufigen deutschen Technischen Lieferbedingungen des Bundesamtes für Wehrtechnik und Beschaffung, VTL 6810-015 und der britischen Spezifikation CS 2819[1].

Anforderungen an MoS_2 nach Mil-M-7866A (ASG), VTL 6810-015 und CS 2819.

		Mil-M-7866 A (ASG)	VTL 6810-015	CS 2819
MoS_2	%	98,5 min.	98,5 min.	—
Mo	%	—	—	59 min.
S	%	—	—	38,5 min.
C	%	—	1,0 max.	—
SiO_2	%	—	0,05 max.	0,02 max.
Fe	%	—	—	0,1 max.
Cu	%	—	—	0,05 max.
Feuchtigkeit	%	0,7 max.	0,7 max.	0,10 max.
pH-Änderung		2 max.	2 max.	—
H_2O-Lösliches	%	0,5 max.	0,5 max.	—
Ölgehalt	%	0,5 max.	0,5 max.	—
Totalunlösliches	%	1,0 max.	0,5 max.	—
Siebrückstand (Teilchengröße)	0 %	100 mesh	100 mesh bzw. 0,16 DIN 4188	100 mesh

Die Analysenmethoden, nach denen MoS_2-Pulver gemäß diesen Spezifikationen untersucht wird, sind voneinander etwas unterschiedlich. Nach der US-Mil-M-7866 A (ASG) wird der Feuchtigkeitsgehalt durch Trocknen bei 105 bis 110 °C, die pH-Änderung durch Extraktion des MoS_2 mit Wasser, der wasserlösliche Anteil durch Eindampfen des pH-Extraktes, der Ölgehalt durch Auswaschen des MoS_2 mit Aceton, das Unlösliche durch Auflösen des MoS_2 in HNO_3 + $HClO_3$ + HCl, das MoS_2 als Bleimolybdat bestimmt.

Nach der britischen Vorschrift CS 2819 erfolgt die Bestimmung des MoS_2 ebenfalls als Bleimolybdat, die Bestimmung des Schwefels als Bariumsulfat, SiO_2 spektralphotometrisch über Molybdänblau, Fe spektralphotometrisch als Thioglykolsäurekomplex, Cu spektralphotometrisch als Carbamatkomplex, die Feuchtigkeit durch Trocknen bei 105 °C.

Gemäß der deutschen VTL-Vorschrift 6810-015 wird die Analyse im allgemeinen analog wie bei der US-Mil-Spezifikation M 7866 A (ASG) durchgeführt mit der Ausnahme, daß der MoS_2-Gehalt nicht in Form des Bleimolybdats sondern als MoS_3 bestimmt wird. Ferner wird noch zusätzlich der C- und SiO_2-Gehalt bestimmt durch Überleiten von Chlor über MoS_2. Dabei werden alle flüchtigen Chloride abgedampft während C und SiO_2 zurückbleiben.

c) MoS_2-Suspensionen

α) MoS_2-Gehalt. Die Bestimmung des MoS_2-Gehaltes in Suspensionen, Fetten und Pasten erfolgt ebenfalls stets durch chemische Bestimmung des MoS_2 nach einer der oben genannten Methoden. Bei MoS_2-Suspensionen muß der Teilchengröße des MoS_2 besondere Aufmerksamkeit geschenkt werden. Suspensionen werden vornehmlich Getriebe-, Metallbearbeitungs- und Motorenölen zugesetzt. Dabei darf es nicht zu Ausflockungen oder zum Absetzen des MoS_2 kommen und dieses darf weder durch übliche technische Filter noch durch Zentrifugalfilter abgeschleudert werden. Dies erreicht man durch „kolloidale" Zerteilung des MoS_2 kleiner als 1 μm, im Durchschnitt etwa 0,3 μm. Mit üblichen Lichtmikroskopen kann wegen dieser Feinheit zwar keine quantitative Teilchengrößenbestimmung durchgeführt werden, aber bei Verwendung einer Vergrößerung von über 500fach kann doch festgestellt werden, ob alle Teilchen kleiner

---

[1] Zu beziehen durch: Mil-Spezifikation: Bundesamt für Wehrtechnik und Beschaffung, Referat KB III-1, 5400 Koblenz, Am Rhein 2—6. VTL-Spezifikation: Beuth Vertriebs-GmbH, 5000 Köln, Friesenplatz 16. SC-Spezifikation: s. Mil-Spezifikation.

als 1 µm sind. MoS_2-Pulver, -Pasten und -Fette enthalten meistens MoS_2 von einer Teilchengröße zwischen 1 und 50 µ. Hier kann mittels Lichtmikroskop die Teilchengrößenverteilung abgeschätzt werden.

β) **Stabilität.** Die Stabilität und Verträglichkeit MoS_2-haltiger Suspensionen mit anderen Ölen kann man in der Weise vorprüfen, daß man etwa 5% des MoS_2-Konzentrates mit dem entsprechenden Öl homogen verrührt, diese Suspension dann in ein Standglas gibt und über längere Zeit stehen läßt. Auch nach Wochen darf kein Absetzen eintreten, was sich durch Bildung eines Sedimentes am Boden des Standglases und einer klaren Flüssigkeitssäule am oberen Flüssigkeitsspiegel bemerkbar macht. Es darf auch keine Flockung, d. h. Agglomeration der MoS_2-Teilchen zu beobachten sein.

γ) **Abrieb.** Die abrasive Wirkung von MoS_2 kann analog dem Graphit nach ASTM D 1367-64 (Abrasion Tester) festgestellt werden (s. S. 282). Während nach diesem Test bei MoS_2 nur ein Abrieb von weniger als 1 mg zu beobachten ist, beträgt der Verschleiß bei Graphit ein mehrfaches davon.

Bei der Bestimmung der schmiertechnischen Leistungsdaten MoS_2-haltiger Schmierstoffe muß man sich darüber im Klaren sein, daß MoS_2-Pulver, -Pasten und -Gleitlacke nicht wie Schmieröle oder -fette sinnvoll auf den gebräuchlichen Prüfgeräten getestet werden können. Das Anwendungsgebiet liegt anders und damit auch die Art der Prüfung.

d) MoS_2-Gleitlacke (Allgemeine Kenndaten)

MoS_2-Gleitlacke werden in den USA nach den Mil-Spezifikationen Mil-L-8937 (ASG) und Mil-L-23398 (Wep) geprüft, wobei besonders folgende Eigenschaften bestimmt werden:

Aussehen des Films,
Dicke des Films,
Haftung des Films,
Thermische Beständigkeit,
Beständigkeit gegenüber Mineral- und synthetischen Schmierölen, Lösungsmitteln und Treibstoffen,
Lebensdauer (Falex-Tester),
Belastbarkeit (Falex-Tester),
und Korrosionsbeständigkeit.

Auch die LFW-1-Schmierstoffprüfmaschine[1] hat sich zur Feststellung der Schmiereigenschaften von MoS_2-Pulvern und -Gleitlacken sehr gut bewährt. Dabei wird der Schmierstoff auf einen Prüfring aus Stahl aufgetragen, der sich unter Belastung gegen einen Stahlblock dreht. Gemessen wird die Reibungskraft und die Zahl der Umdrehungen, welche bis zum Erreichen eines Reibungskoeffizienten von 0,1 zurückgelegt wird.

MoS_2-Pasten, welche vielfach zur Montage und zum Einlauf neuer Maschinen verwendet werden, können praxisnah und schnell nach der Einpreßmethode geprüft werden.

e) MoS_2-Pasten

Einpreßversuch (Press-Fit-Test)

Der Einpreßversuch (Preß-Fit-Test) gibt in kurzer Zeit Auskunft über das Verhalten des Schmierstoffes unter hoher Belastung und geringer Gleitgeschwindigkeit. Die Reproduzierbarkeit ist zufriedenstellend. Beispielsweise zeigten 25 Kontrollversuche einer Charge von MoS_2-Pulver einen durchschnittlichen Reibungskoeffizienten von 0,0462 mit einer mittleren Abweichung von 0,0102.

Mit einer geeichten hydraulischen Presse wird ein polierter und gehärteter zylindrischer Bolzen (50,80 mm lang, Durchmesser 19,075 mm) in eine starkwandige Buchse von gleicher Oberflächengüte (Innendurchmesser 19,050 mm — das ist 1,3% des Bolzendurchmessers weniger und 44,45 mm Länge) einzupressen. Bolzen und Buchse werden mit dem zu prüfenden Schmierstoff beschichtet. Die Kraft, die zum Einpressen erforderlich ist, entspricht der

---

[1] Siehe Fußnote 2, S. 284. — J. GÄNSHEIMER: Schmiertechnik **11** (1964) 271.

Reibungskraft. Daraus, sowie aus der Innenfläche der Buchse und der Flächenpressung zwischen Bolzen und Buchse, kann der Reibungskoeffizient berechnet werden.

Auch auf der Almen-Wieland-Prüfmaschine können sinnvolle Untersuchungen mit MoS_2-Pasten durchgeführt werden. Für Suspensionen und Fette, welche MoS_2 enthalten, eignen sich die für diese Schmierstofftypen üblichen Prüfgeräte wie Lubrimeter nach A. A. BARTEL, VKA, REICHERT, AWM, Falex sowie das SKF Schmierfettprüfgerät (DIN 51 806).

XI. Mineralöle für die Textilindustrie

1. Schmieröle für Textilmaschinen

Die in der Textilindustrie üblichen Maschinen zur Verarbeitung der Rohfaser bis zum Fertigprodukt, wie z. B. bei Wolle Maschinen zum Öffnen und Waschen, Klopf- und Reißmaschinen, Fadenöffner, Krempel, bei Baumwolle Ballenöffner, Fadenklauber, Siebtrommeln, Exhaustoren, Ventilatoren usw., benötigen die dafür üblichen, auf die Eigenart der Schmierstellen (Ringschmierlager, Wälzlager, offene Zahnräder, gekapselte Getriebe und Führungen) abgestimmten Schmieröle und Fette.

Hochleistungsspinnmaschinen, deren Spindeln im Ölbad mit einer Drehzahl von 4500 bis 14000 U/min und mit einer Ölfüllung bis zu 5000 Std. und mehr laufen, benötigen dagegen zur Spindelschmierung dünnflüssige, oxydationsbeständige, nicht verharzende Raffinate von hoher Qualität mit 20 bis 52 cSt/80 °C (Spindelöle). Das Öl muß eine geringe Viskosität aufweisen, damit der an sich niedrige Kraftbedarf der Lager durch Ölinnenreibung nicht unzulässig erhöht wird. Die Öle an bewegten Teilen sollen bei sparsamem Verbrauch wenig zum Abspritzen neigen, und sofern sie mit dem Garn oder der Fertigware in unmittelbare Berührung kommen, beim Auswaschen und bei nachfolgenden Prozessen, keine Flecken hinterlassen. Für solche Zwecke eignen sich gegebenenfalls leicht gefettete, leicht auswaschbare, farbstabile, nicht zur Rückstandsbildung neigende Öle. Man verwendet häufig Weißöle. Die Neigung zum Abspritzen kann man durch Zusätze von Haftfähigkeitsstoffen (z. B. Fettseifen) verringern.

Spezielle Anforderungen werden an Öle für Strick- und Wirkmaschinen gestellt, die im Interesse der hochpolierten Nadeln keinerlei Korrosion verursachen und wegen des leichten Spulens der Nadeln nicht verharzen dürfen.

VDI-Richtlinie 3070 (August 1962): Mineralöl-Schmierstoffe für Textilmaschinen[1]

Die VDI-Richtlinie soll den Textilbetrieben die Möglichkeit geben, mit Unterstützung der Beratungsdienste der Schmierstoffindustrie eine Verminderung der Schmierstoff-Sortenzahl innerhalb ihrer Werke durchzuführen. Sie soll zugleich die Textilmaschinenhersteller anregen, ihre Schmierstoffempfehlungen auf die in dieser Richtlinie genannten genormten Sorten auszurichten.

Die dem Einsatzzweck entsprechenden Eigenschaften wurden Viskositätsstufen und in folgenden fünf *Eigenschaftsgruppen* zusammengefaßt, wobei auf die Gruppe der Normalschmieröle N nach DIN 51 501 bewußt verzichtet wurde. Aus wirtschaftlichen Gründen (Schmierfristen u. a.) werden statt der Normalschmieröle und der unlegierten Sonderöle schon weitgehend legierte Öle eingesetzt.

a) Legierte, besonders alterungsbeständige und gegebenenfalls mit rostverhindernden Zusätzen versehene Schmieröle, z. B. für Textilspindeln, Gleit- und Wälzlager, Führungen sowie für Zahnrad- und Schneckengetriebe mit einer Hertzschen Pressung bis zu 6000 kp/cm² (DIN 51 509) und für hydraulische Systeme.

---

[1] Zu beziehen durch Beuth-Vertrieb GmbH, Berlin und Köln.

b) Legierte, ganz besonders alterungsbeständige Schmieröle (z. B. legiertes Dampf-turbinenöl, DIN 51515) zur Füllung von Umlaufsystemen und für hydraulische Kraft-übertragungen.

c) Sogenannte auswaschbare Schmieröle für Webmaschinen, Wirkmaschinen, Strick-maschinen u. dgl.

d) Schmieröle mit Zusätzen zur Verbesserung des Haftvermögens für Schmierstellen, an denen abspritzender Schmierstoff die Ware beeinträchtigen kann.

e) Schmieröle mit Hochdruckzusätzen (mild wirkende Hochdruckzusätze) für Zahnrad- und Schneckengetriebe mit einer Hertzschen Pressung über 6000 kp/cm².

Für die Einteilung der Schmierfette sind die Penetration und die dem Ein-satzzweck entsprechenden Eigenschaften maßgebend.

Die Abstufung der *Penetration* richtet sich nach der Einteilung in DIN 51502 — Penetrationsstufen —, die für alle Schmierfette einheitlich ist.

Die dem Einsatzzweck entsprechenden *Eigenschaften* wurden in fünf Eigenschafts-gruppen zusammengefaßt:

a) Wasserbeständiges Schmierfett für Gleit-, Kugel- und Nadellager bis zu einer oberen Betriebstemperatur von 50 °C (Gleitlagerfett, DIN 51823).

b) Weiches, zähflüssiges Schmierfett für nicht öldicht gekapselte Getriebe.

c) Temperaturbeständiges (bis 120 °C) und wasserbeständiges (bis 70 °C) Schmierfett für Wälz- und Gleitlager (Mehrzweckfett).

d) Temperaturbeständiges (bis 120 °C) und wasserbeständiges (auch über 70 °C) Schmier-fett mit Hochdruckeigenschaften für hochbelastete Wälz- und Gleitlager.

e) Temperaturbeständiges (auch über 120 °C) Sonderfett zur Schmierung thermisch hoch beanspruchter Wälzlager, wobei die obere Temperaturgrenze durch Betriebsbedingungen und Nachschmierfristen bestimmt wird.

Die zu wählende Penetrationsstufe ist ebenfalls abhängig von den Betriebsbedingungen.

Die Auswahl berücksichtigt nur Schmierstoffe (Öle und Fette) auf Mineralölbasis. In Sonderfällen, vor allem, wenn Schmierstoffe auf Mineralölbasis thermisch und infolge be-sonders gelagerter Betriebsbedingungen überfordert sind, werden auch synthetische und Festschmierstoffe verwendet.

2. Mineralöle zur Faseraufbereitung

Neben den Ölen für die Maschinenschmierung spielen in der Textilindustrie auch Öle, die zum Schmieren und Geschmeidigmachen der Faser dienen und einen verlustbringenden Faserbruch verhindern, eine große Rolle. Hierfür werden Spezialprodukte aus Fetten und Mineralölen verwandt.

In der Wollindustrie erfolgt der Zusatz des Öles direkt oder in wäßriger Emulsion. Nach dem Waschen während des Krempelns und der Garnherstellung bei Baumwolle, Jute, usw. ist der Zusatz von Öl oder dessen Emulsion zu mög-lichst frühem Zeitpunkt empfehlenswert, um die mechanischen Prozesse zu erleichtern und die Baumwoll-Staubbildung zu vermindern.

In der mit endlosen Fäden arbeitenden Kunstfaserindustrie erleichtert ein Ölzusatz die zur Garnherstellung und zum Wirken erforderlichen Vorgänge, wobei man beim Aufwinden der Fäden gewöhnlich Öl verwendet, Emulsionen dagegen nur bei feuchtem Material, um es weich zu halten. Bei der Juteverarbeitung verwendet man wasserlösliche sog. Batschöle auf Spindelölbasis, an deren Emulsionsstabilität nicht so große Anforderungen gestellt werden.

Bei der Herstellung wirklich brauchbarer und auswaschbarer Mineralölschmälzen spielt neben der Auswahl des geeigneten Mineralöls der Emulgator eine ausschlaggebende Rolle, der die Bedingungen einer bestimmten Balance zwischen Oleo- und Hydrophobie erfüllt[1].

3. Prüfung

Die allgemeine Prüfung der Textilöle erfolgt nach üblichen Methoden. Wichtig ist in der Regel Farbe, Geruch, Auswaschbarkeit, geringe Neigung zur Flecken-

---

[1] LINDNER, KURT: Tenside, Textilhilfsmittel und Waschrohstoffe, Bd. II. Stuttgart: Wissenschaftl. Verlagsgesellschaft 1964.

und Rückstandsbildung, mitunter auch geringe Verdampfbarkeit und ein Flammpunkt nicht unter 150 °C. Emulgierbare Öle sollen stabile Emulsionen bilden, die möglichst unempfindlich gegen hartes Wasser sind und in der Wärme nicht zerfallen.

a) Feuergefährlichkeit nach dem Mackey-Test

Die Prüfung auf Feuergefährlichkeit und Selbstentzündung ist gewöhnlich nur bei fetten Ölen von stark ungesättigtem Charakter nach dem Mackey-Test erforderlich, wird bisweilen aber auch bei Mineralölen durchgeführt[1].

b) Selbstentzündlichkeit

In der Ö-Norm C 2306 ist eine Methode zur Prüfung von Schmälzmitteln auf Selbstentzündlichkeit von damit geschmälzten Faserstoffen beschrieben (Ö-Normverzeichnis im Normenanhang).

Bezüglich der vielfältigen und spezifischen Methoden für die Gebrauchbarkeitsprüfung sei auf das Werk von KURT LINDNER[2] verwiesen.

XII. Wasserturbinenöle

1. Betriebsbeanspruchung

Wasserturbinen kleiner Leistung sind mit Ringschmierlagern oder mit einfacher Umlaufschmierung für die Halslager und mit Ölbadschmierung oder Preß- und Tropfschmierung für die Axial- (Spur-, Druck-) Lager ausgerüstet. Die Beanspruchung der Öle in den erstgenannten Schmiersystemen sind normal; lediglich die Drucklager sind — abhängig von ihrer Bauart — höheren spezifischen Flächendrücken (bei Linsenlagern kleine Gleitgeschwindigkeiten) unterworfen. Unter Umständen ist mit Wasserzutritt zu rechnen. Sie erfordern deshalb in bezug auf Viskosität und Haftvermögen eine sorgfältige Ölauswahl.

Große liegende und stehende Turbinen haben Umlaufschmierung mit selbst oder fremd angetriebenen Ölumlaufpumpen und Ölkühlern. Luftsauerstoff, Schwitzwasser und vorzugsweise Metalle und Metalloxide beschleunigen die Alterung der Ölfüllung.

Den gleichen Beanspruchungen unterliegen die Umlauföle der hydraulischen Geschwindigkeitsregler und der hydraulischen Vorrichtungen zur Betätigung der Wehranlagen.

Die sehr kleinen Gleitbewegungen und hohen spezifischen Pressungen in den Lagerungen der Laufradnabe und des Regelmechanismus von Kaplan- und Propellerturbinen sind bestimmend für die Auswahl des Öles, das auch die Feinabdichtung der Lager zu übernehmen hat.

Fettschmierstellen an Wasserturbinen kommen durchweg mit Wasser in Berührung.

2. Anforderungen[3]

Ein gutes Maschinenölraffinat mit einer Viskosität von 4 bis 6 °E bei 50 °C erfüllt die Betriebsanforderungen für Ring- und Umlaufschmierung kleiner

---

[1] MACKLY u. INGLE: J. Soc. chem. Ind. 15 (1896) 90; 35 (1916) 454. — Mängel s. Oil Fat. Ind. 5 (1928) 317.

[2] LINDNER, KURT: Tenside, Textilhilfsmittel und Waschrohstoffe, Bd. II. Stuttgart: Wissenschaftl. Verlagsgesellschaft 1964.

[3] Ein DIN-Entwurf für Anforderung und Prüfung von Wasserturbinenölen ist in Vorbereitung und wird verabschiedet, sobald es gelungen ist, den Streubereich des Emulsionstestes gemäß ASTM D 1401-64 (s. Abschnitt „Dampfturbinenöle", S. 290) einzuhalten. — KAWAMURA, H.: Study on Protection of Black Carbon Deposits in Turbine Oil at Several Hydraulic Power Stations. Proceedings des Siebenten Welt-Erdöl-Kongresses, Mexico City 1967, Vol. IV, Panel Disc. 31, Paper 7.

Wasserturbinen. Unter Wasser liegende Spurlager (Linsenlager) erfordern sehr haftfähige Schmieröle, die zu einem kleinen Teil mit dem erniedrigenden Wasser unter den Lagerdruck emulgieren, aber nicht vom Wasser leicht abgeschwemmt oder abgewaschen werden dürfen.

Anders liegen die Verhältnisse bei den sog. Einscheibendrucklagern, die chemisch widerstandsfähigere Öle von einer Viskosität zwischen 3,5 und 6, selten bis 9 °E bei 50 °C je nach Bauart der Lager, Art der Lagermetalle sowie der Gleitgeschwindigkeit beanspruchen. Auch der Viskositätsverlauf ist von großem Einfluß. In Verbindung mit den Notlaufeigenschaften der Lagermetalle, die beim Anfahren und Abstellen der Turbine die Betriebssicherheit beeinflussen, spielt die Haftfähigkeit des Schmierfilms eine gewisse Rolle.

Nur reine und alterungsbeständige Öle sind für die Füllungen der hydraulischen Anlagen geeignet. Ölunlösliche Metallseifen, Harze usw., die sich an den Steuerungsorganen absetzen, behindern in betriebgefährdender Weise die Regelung der Turbinen. (Vgl. hierzu auch den folgenden Abschnitt über Dampfturbinenöle.)

In Anbetracht der hohen Investitionskosten für große Lageröl-Umlauf- und Hydraulikfüllungen stellt man an Öle für Wasserturbinen ähnliche Anforderungen wie an Dampfturbinenöle.

Für die Regelsysteme in Kaplan- und Propellerturbinennaben ist ein dickflüssiges Zylinderölraffinat zu empfehlen, das nicht nur schmiert, sondern auch die Lagerstellen gegen eindringendes Wasser abdichtet.

Von allen Ölen, besonders aber von den Ringlager-, Hydraulik- und Propellernabenölen wird ein gutes Kälteverhalten gefordert, um ein Hängenbleiben der Schmierringe bzw. träges Ansprechen der Steuerung oder Stocken in den Ölleitungen zu vermeiden.

Schmierfette müssen wasserunlöslich sein, man verwendet daher kalkverseifte Fette weicher bis mittlerer Konsistenz, frei von Beschwerungsmitteln und Farbstoffen.

3. Prüfung

Abgesehen von den für Schmieröle allgemein üblichen Untersuchungsmethoden (spezifisches Gewicht, Viskosität, Flammpunkt, Brennpunkt, Stockpunkt, Asche usw.) sind besonders neue Wasserturbinenumlauföle auf Neutralisationszahl und Emulgierneigung zu prüfen.

XIII. Dampfturbinenöle[1]

1. Betriebsbeanspruchung

Dampfturbinen arbeiten mit Umlaufschmierung, d. h. das Öl befindet sich während des Maschinenbetriebes in einem ständigen Kreislauf. Eine Pumpe saugt das Öl aus einem Sammelbehälter, drückt es durch einen Kühler zu den Lagern und der ölgesteuerten Regelung, von wo es über ein Sieb in den als Wasser- und Schlammabscheider ausgebildeten Sammelbehälter zurückfließt.

Neben der Schmierung von Lagern, Zahnrädern und Spindeln hat das Öl als Drucköl die Regelung zu betätigen und die Wärme (Reibungs-, Leitungs- und Strahlungswärme) abzuführen.

RICHTER empfiehlt folgende Formel zur Berechnung der durch das Öl stündlich abzuführenden Wärmemengen: $Q = a\,z\,c\,\Delta t$ kcal/h.

Hierin ist a die Ölfüllung in t, z die Umwälzzahl je Stunde, z. B. 8,5, c die spezifische Wärme des Öles, etwa gleich 0,45 kcal/kg und $\Delta t \cong 12°$ der Temperaturunterschied des ein- und austretenden Öles am Ölkühler. Die Ölmenge errechnet sich hieraus zu: $a = \dfrac{Q}{z\,c\,\Delta t}$.

---

[1] Siehe auch Abschn. J: Mechanisch-physikalische Geräte zur Schmierstoffprüfung, S. 134, sowie K. WOLF: Die Schmierung von Dampfturbinen. Berlin: Springer 1951. — E. S. BROOM u. Mitarb.: Scient. Lubric. 2 (1950) 1; s. auch Ölbuch, Betriebsanweisungen für Prüfung, Überwachung und Pflege der im elektrischen Betrieb verwendeten Öle, IV. Ausgabe. Frankfurt/M.: Verlag Wirtschaftsges. der Elektrizitätswirtschaft 1963.

Durch Wasser (Dampf und Schwitzwasser), Wärme, Luftsauerstoff, Metalle (Eisen, Kupfer, Blei, Zink, Buntmetall-Legierungen), Metalloxide, chemisch aktive Stoffe oder Gase (aus Luft oder Wasser) und schließlich durch elektrische Einwirkungen aus vagabundierenden Strömen im Turbinenaggregat wird das Öl stark beansprucht[1].

Durch zweckmäßige Konstruktion des Ölumlaufsystems und Wahl der Metalle kann man die Ölalterung verzögern; ausschalten kann man sie aber nicht. Besonders die Luft wirkt durch das Verspritzen des Öles aus den Lagern, an der Kupplung und den Verzahnungen der Getriebe (Drehvorrichtungen,

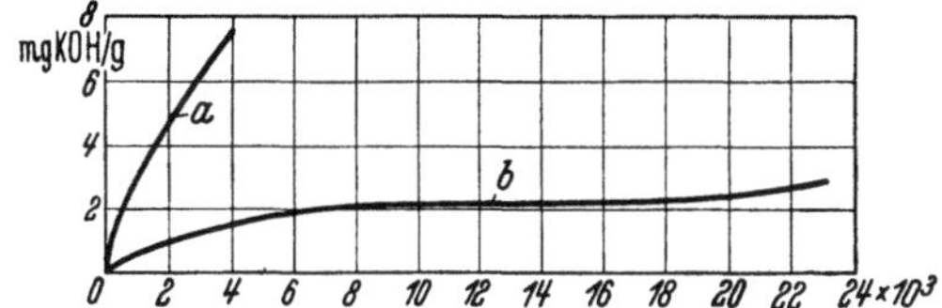

Abb. 1. Anstieg der Verseifungszahl von Dampfturbinenölen mit der Betriebszeit bei hoher (*a*) und bei niederer (*b*) Umwälzzahl.

Schneckengetriebe und evtl. Untersetzungsgetriebe) auf sehr großer Fläche auf das Öl ein, teilweise unter gleichzeitiger hoher Wärmebildung durch Luftreibung (z. B. zwischen Drehteil und Gehäuse an der Kupplung) oder durch Wärmeleitung an der Welle und den Lagerschilden neben den Dampfstopfbuchsen.

Die Häufigkeit der Ölumwälzung im Zirkulationssystem, d. h. das Maß in dem die Ölteilchen jeweils mit Luft, Wärme, Staub, Metallen und Wasser in Berührung kommen, beansprucht das Öl und verhindert das Abstoßen von Fremdstoffen. Der Einfluß hoher Umwälzzahlen (*a*) und niederer Umwälzzahlen (*b*) ist am Anstieg der Verseifungszahl aus Abb. 1 klar zu erkennen.

Man begrenzt daher die Umwälzzahl auf 6 bis höchstens 10 in der Stunde. Wichtig ist auch, daß das Öl im Ölbehälter Gelegenheit hat, alle aufgenommenen Verunreinigungen weitgehend abzusetzen und mitgerissene feuchte Luft abzustoßen.

UHTHOFF[2] verweist auf eine bewährte Ausführungsform nach THIESSEN. Sie besitzt Ölsiebe, die während des Betriebes auswechselbar sind, und eine Schlammablaßschleuse.

Reste eines gealterten Turbinenöls oder Schlammes bewirken in kurzer Zeit einen erheblichen Anstieg der Verseifungszahl und Schlammneubildung in der Ölfüllung. Das Öl muß daher laufend überwacht und gereinigt werden. Man schaltet zu diesem Zweck Filter im Nebenschluß zum Ölumlauf. Gut bewährt haben sich Filterpressen, die mit Filterpapier zwischen den Kammern ausgelegt sind. Eine grundlegende Bedingung ist, daß das Öl mit höchstens 20 °C das Filter passiert, da unterhalb dieser Temperatur die Metallseifen und ähnliche Verunreinigungen ausfallen.

Ein Ausfällen des Schlammes tritt auch ein, wenn größere Mengen Neuöl (10% und darüber) zu einer bereits längere Zeit in Betrieb befindlichen Ölfüllung zugegeben werden. Nachfüllungen sollen daher mindestens wöchentlich erfolgen.

In Gebrauch befindliche Dampfturbinenöle sollen etwa alle 1000 bis 5000 Std. auf Neutralisationszahl, Verseifungszahl, spezifisches Gewicht, Viskosität, Aschegehalt und vor allem auch auf Normalbenzinunlösliches untersucht werden[3]. Die Zusammensetzung des in Normalbenzin Unlöslichen und der Asche gestattet Rückschlüsse auf das weitere Verhalten der Ölfüllung und die Herkunft der Verunreinigungen. Die Menge darf 0,1% nicht überschreiten. Die Zunahme des spezifischen Gewichts und der Viskosität deuten auf Wärmebeanspruchung oder elektrolytische Vorgänge hin. Gleichzeitig hiermit ist eine Erhöhung der Verseifungszahl festzustellen, ohne daß die Neutralisationszahl in gleichem Maße steigt. Nach den Richt-

---

[1] In Gegendruckturbinen, besonders solchen der mehrgehäusigen Bauart, ist die Wärmebeanspruchung des Öles erfahrungsgemäß höher als in Kondensationsturbinen.

[2] UHTHOFF, E.: Schmierung und Schmierstoffe in Kraftwerksbetrieben, S. 29. Halle: Knapp 1949.

[3] Vgl. hierzu ASTM D 893-60 T (Normal Pentane and Benzene Insolubles in Used Lubricating Oils), S. 387.

linien der Wirtschaftsgruppe Elektrizitätsversorgung sollen die genannten Kenngrößen in einem Dampfturbinenöl die Werte Nz = 3 und Vz = 6 nicht überschreiten[1]. Bei Fehlen von Schlamm sind aber auch schon erheblich höhere Werte in der Praxis zugelassen worden, wobei bis zu 100000 Betriebsstunden und mehr bei Nachfüllungen bis 100% der Ursprungsfüllung erreicht wurden.

Gebrauchte Ölfüllungen können regeneriert werden, müssen danach aber die Werte des Neuöls besitzen. Zusatzstoffe werden durch die chemische Aufbereitung entfernt und müssen ersetzt werden.

2. Anforderungen

Dampfturbinen erfordern Schmieröle von guter bis höchster Alterungsbeständigkeit. In fast allen Ländern wurden deshalb von Turbinenbesitzern, Maschinenfabriken und Ölherstellern spezielle Analysenvorschriften ausgearbeitet, die jedoch Qualitätsunterschiede nicht eindeutig erfassen, sondern nur den Gebrauchswert ungefähr umreißen.

In der nachfolgenden DIN-Vorschrift 51515 sind die Mindestanforderungen an Dampfturbinenöle sowie deren Prüfung zusammengestellt.

DIN 51515: Dampfturbinenöle, Mindestanforderungen
(Ersatz für DIN 6554)

Dampfturbinenöle sind Schmieröle, die in Dampfturbinen zur Schmierung und Regelung verwendet werden. Sie können auch in elektrisch oder von Dampfturbinen angetriebenen Maschinen, wie Generatoren, Verdichtern, Pumpen sowie Getrieben, eingesetzt werden, soweit nicht andere Öle vorgeschrieben werden.

Wasserturbinenöle werden von dieser Norm nicht berührt; hierfür ist eine besondere Norm in Vorbereitung.

Einteilung

Dampfturbinenöle werden in zwei Gruppen eingeteilt:

Typ TD: Dampfturbinenöle *ohne* Wirkstoffzusätze (nicht legierte Öle), d. h. Sonderschmieröle ohne Zusätze mit guter Alterungsbeständigkeit und gutem Wasserabscheidevermögen.

Typ TDL: Dampfturbinenöle *mit* Wirkstoffzusätzen (legierte[2] Öle); sie enthalten Wirkstoffe zur Erhöhung der Alterungsbeständigkeit, der Korrosionsverhütung sowie gegebenenfalls zusätzlich zur Verhinderung des Schäumens.

Für die Sondergruppe von Dampfturbinenölen, die weitere Wirkstoffe zur Verbesserung des Verhaltens im Mischreibungsgebiet enthalten, gilt diese Norm nicht; Anforderungen an solche Dampfturbinenöle unterliegen besonderer Vereinbarung zwischen Ölhersteller und Verbraucher.

Bezeichnung

Bezeichnung eines Dampfturbinenöls vom Typ TD 36: Dampfturbinenöl TD 36 DIN 51515. Bezeichnung eines Dampfturbinenöls vom Typ TDL 36: Dampfturbinenöl TDL 36 DIN 51515.

Schmieröltypen und Eigenschaften

Die Öle müssen frei von festen Fremdstoffen sein (Prüfung nach DIN 51592). Bezüglich der weiteren Eigenschaften s. Tabelle. Alle Proben sind bis zur Durchführung der Prüfungen lichtgeschützt aufzubewahren.

Anmerkungen zur Tabelle auf S. 293

Zu *Wasserabscheidevermögen:* An die Stelle der Prüfung der Emulgierbarkeit nach DIN 51591 ist die Bestimmung des Wasserabscheidevermögens nach DIN 51589 (z. Z. noch Entwurf) getreten, die eine bessere Bewertung von neuen Dampfturbinenölen ermöglicht.

Zu *Alterungsneigung:* Für Dampfturbinenöl *ohne* Wirkstoffzusatz gilt vorläufig noch die Bestimmung der Alterungsneigung nach BAADER nach DIN 51554. Für Dampfturbinenöl mit Wirkstoffzusatz ist die Bestimmung der Alterungsneigung z. Z. noch nicht normungsreif. Es ist Aufgabe eines besonderen Ausschusses, sich mit der Festlegung dieser Unter-

---

[1] „Ölbuch" Fußnote 1, S. 290.
[2] Vgl. DIN 51502 (1960) Übers. 2. Nr. 4/5. Als Antioxydantien werden vorwiegend sterisch gehinderte Phenole verwendet. Nachweis nach ASTM D 1473-61 T, s. Fußnote 1, S. 295.

Eigenschaften		Grenzwerte für Schmieröltyp								Prüfung nach
		ohne Wirkstoffzusätze				mit Wirkstoffzusätzen				
		TD 16	TD 25	TD 36	TD 49	TDL 16	TDL 25	TDL 36	TDL 49	
Kinematische										DIN 51 561
Viskosität	cSt	16 ± 4	25 ± 4	36 ± 4	49 ± 5	16 ± 4	25 ± 4	36 ± 4	49 ± 5	DIN 51 562
bei 50 °C	$\triangleq \approx E$	2,5	3,5	4,5	6,5	2,5	3,5	4,5	6,5	DIN 51 560
Dichte bei 15 °C										
höchstens	g/ml	0,900				0,900				DIN 51 757
Flammpunkt										
mindestens	°C	165	190	210	220	165	190	210	220	DIN 51 584
Stockpunkt										
höchstens	°C	−8				−8				DIN 51 583
Neutralisationszahl										
höchstens mg KOH/g Öl		0,05				ist anzugeben[a]				DIN 51 558
Verseifungszahl										
höchstens mg KOH/g Öl		0,15				—[a]				DIN 51 559
Wassergehalt										
höchstens Gew.-%		0,1				0,1				DIN 51 582
Asche (Oxidasche)										
höchstens Gew.-%		0,01				ist anzugeben[a]				DIN 51 575
Wasserabscheide-										
vermögen[b] nach		150				300				DIN 51 589
Dampfbehandlung										(z. Z. noch
höchstens Sekunden										Entwurf)
Korrosionsverhütung		—				muß den Anforderungen der Prüfnorm entsprechen				DIN 51 585[c]
Alterungsneigung[b]										
Vz Cu-Zunahme nach		0,30				—				DIN 51 554[d]
BAADER höchstens										
mg KOH/g Öl										
Andere genormte										
Verfahren[b]		—				nach Vereinbarung				—

[a] Der Abnehmer kann ein Muster des Grundöls anfordern, das zum Herstellen des wirkstoffhaltigen Öles verwendet wurde. Neutralisationszahl, Verseifungszahl und Oxidasche müssen dem Öl der Gruppe TD entsprechen.

[b] Siehe „Anmerkungen zur Tabelle".

[c] Durchführung der Korrosionsprüfung mit destilliertem Wasser. Wenn Gefahr des Eindringens von Meerwasser gegeben ist, kann Durchführung der Korrosionsprüfung mit künstlichem Meerwasser vereinbart werden.

[d] DIN 51 554, Ausgabe September 1959, Abschnitt 1, wird sinngemäß auf Dampfturbinenöle erweitert.

suchungsmethode zu beschäftigen. Bekannt und in Anwendung sind z. Z. folgende Verfahren:

a) Die dem amerikanischen TOST-Prüfverfahren nach ASTM D 943 (s. S. 295) entsprechende Bestimmung der Alterungsneigung nach DIN 51 587. In dieser Norm ist die Prüfdauer auf 1000 Std. und die Neutralisationszahl (Nz) auf 2,0 mg KOH/g Öl begrenzt. Im zulässigen Bereich ist mit Rücksicht auf den breiten Streubereich des Prüfverfahrens eine differenzierende Güteeinstufung nicht möglich.

b) Die Prüfung der Alterungsneigung nach dem GBAG-Verfahren, veröffentlicht in: Erdöl u. Kohle 8 (1955) 75 ff. Ein Normvorschlag ist hierzu in Vorbereitung.

c) Die dem britischen Verfahren IP 114/56 T und IP 56/60 (Standard-Method des Institute of Petroleum, London, zu beziehen durch den Deutschen Normenausschuß) entsprechende Alterungsprüfung. Bei der auf 110 °C erhitzten Probe Dampfturbinenöl wird die Neutralisationszahl nach 90 Std. bestimmt; sie ist in British Standard 489: 1955 auf höchstens 0,2 mg KOH/g Öl begrenzt.

Wenn auch direkt gekuppelte Dampfturbinen in einzelnen Fällen mit einer Öl-Wasser-Emulsion gelaufen sind, wird doch mit Rücksicht auf die große Gefahr, die der Wasseranteil für den Maschinenbetrieb bedeutet, eine hohe Emulsionsfestigkeit des Öles verlangt. Öl-Wasser-Emulsionen gefährden die Lager, besonders aber die Getriebeschmierung, und fördern die Schlammbildung. Begünstigt wird dieser Vorgang durch die betriebsbedingte, intensive Durchmischung des Öles mit dem in Dampfform oder feinen Tröpfchen eindringenden Wasser, häufig unterstützt durch alkalische Verunreinigungen des Dampfes. Längere Zeit in Gebrauch befindliche, also gealterte Öle, verhalten sich ungünstiger als Neuöle.

Moderne Turbinen werden mit hochüberhitztem Dampf bis über 500 °C betrieben. Es ist daher verständlich, daß immer wieder die Forderung nach einem unbrennbaren Schmiermittel erhoben wird, weil beispielsweise bei einem Ölrohrbruch auf die Dampfleitung aufspritzendes Öl trotz — oder gerade wegen — der Isolation leicht zu Ölbränden führt.

Versuche mit Trikresylphosphat in einer direkt gekuppelten Dampfturbine ergaben bei normalen Betriebsbedingungen über mehrere Jahre keine Beanstandungen. Trotzdem wird man an eine allgemeine Einführung wegen der hohen Giftigkeit dieses Produkts nicht denken können. Chlorierte Öle scheiden nach vorgenommenen Versuchen ebenfalls aus, weil sie Chlor abspalten und durch Salzsäurebildung zu Korrosionen führen.

Nach A. P. 2245649 wird als Schmiermittel für Dampfturbinen ein Gemisch aus gleichen Teilen von chloriertem Diphenyl und Triarylphosphat verwendet. Weiterreichende Erfahrungen hiermit sind nicht bekanntgeworden.

Es wird vom Öl ein Mindestflammpunkt von 180 °C verlangt, mehr Sicherheit bietet eine geringe, möglichst rückstandfreie Verdampfbarkeit. Denn der durch langsames Aufspalten des Öles auf oder in den Isolationen oder beispielsweise an der Hauptventilspindel sich bildende Koks ist zusammen mit Faserstaub häufig die Ursache der sog. Schwammzündung.

Der Stockpunkt ist für Dampfturbinenöle ohne Belang, von großer Bedeutung dagegen die Alterungsneigung, die sich durch bestimmte Zusatzstoffe (Inhibitoren, Additives) beeinflussen läßt.

Während beispielsweise reines Zinn alterungshemmende Wirkung zeigt, fördern alle anderen unedlen Metalle und besonders deren Oxide die Alterungsneigung und führen mit den sich bildenden organischen Säuren zu Harzneubildungen und zu ausfällbaren Metallseifen. Besonders aktiv ist Kupfer. Es folgen Blei, Zink und deren Legierungen, an letzter Stelle steht Eisen. Schutzanstriche sind unwirksam, weil die Spülwirkung des Öles auch die ölfesten (Kunstharz-) Lacke abträgt; diese tragen aber ihrerseits nicht unerheblich zur Schlammbildung bei. Am besten haben sich Einbrennlacke erwiesen; gewöhnliche Streichfarben sind besonders wegen der darin enthaltenen metallorganischen Trockenstoffe für die Ölfüllung gefährlich.

Die Verwendung von Phosphaten, polaren wasserunlöslichen, aber öllöslichen organischen Säuren u. dgl. als Inhibitoren zur Verhütung der Rostbildung wird von A. Wolf[1] empfohlen und bezwecken in erster Linie die Ausschaltung der Metalleinwirkungen durch „Passivierung" der Oberflächen einschließlich der Oxide.

An den ölbestrichenen Wandungen auftretenden primären Rost beobachtet man verhältnismäßig selten und meist nur in Turbinenölumlaufsystemen, in die unter Umständen Seewasser (Schiffsturbinenanlagen) eindringen kann. Bereits nach einigen Wochen Betriebszeit bilden sich durch die betriebsbedingte „milde" Oxydation genügend polare Stoffe, die die Rostbildung unterbinden (Ausnahme Seewasser).

Dagegen sind die der feuchten Luft ausgesetzten, nicht vom Öl bestrichenen Eisenwandungen des Umlaufsystems starker Rostbildung unterworfen. Ein hierfür nach jeder Richtung hin einwandfreier Rostschutz ist bisher nicht bekanntgeworden. In einzelnen Fällen hat man aus diesem Grunde Ölbehälter, Rohrleitungen und Kühler aus Aluminium hergestellt. In Schiffsanlagen verwendet man Kupfer als Baustoff für die Rohrleitungen, das aber — wie schon erwähnt — die Alterung des Öles stark begünstigt.

3. Prüfung

a) Allgemeine Kenndaten

Prüfvorschriften gemäß DIN 51515 s. S. 292.

---

[1] Petroleum (London) 10 (1947) 134.

b) DIN 51585: Prüfung der Korrosionsschutzeigenschaften von wirkstoffhaltigen Dampfturbinenölen

Eine unter den Bedingungen dieser Norm durchgeführte Prüfung wirkstoffhaltiger Turbinenöle gestattet Rückschlüsse auf die den Korrosionsangriff verhütende Eigenschaft wirkstoffhaltiger Turbinenöle gegenüber den Stahlteilen von Turbinen, wenn diese im Betrieb mit Wasser oder Wasserdampf in Berührung kommen.

Kurzbeschreibung des Verfahrens

300 ml Turbinenöl werden mit 30 ml destilliertem Wasser oder künstlichem Meerwasser 24 Std. lang bei 60 °C unter Rühren gemischt, und zwar unter gleichzeitigem Eintauchen eines Rundstabs aus Stahl bestimmter Zusammensetzung (Stahlprobe). Nach dieser Einwirkungsdauer wird die Stahlprobe auf Korrosion geprüft.

c) ASTM D 665-60: Rust-Preventing Characteristics of Steam-Turbine Oil

Entspricht praktisch DIN 51585.

d) DIN 51587: Bestimmung des Alterungsverhaltens von wirkstoffhaltigen Dampfturbinenölen[1]

Der Anwendungsbereich erstreckt sich auf wirkstoffhaltige Dampfturbinenöle, also auf Öle, die einen Wirkstoff zur Verzögerung der Oxydation der Ölmoleküle enthalten. Das Verfahren gibt Aufschluß über die Wirksamkeitsdauer der den Dampfturbinenölen zur Verzögerung des Alterns zugesetzten Wirkstoffe. Aus dem Ergebnis der Untersuchung kann nach Erschöpfung der Wirkstoffe nicht auf die Alterungseigenschaften des Grundöls geschlossen werden.

Begriff

Das Alterungsverhalten eines wirkstoffhaltigen Dampfturbinenöls nach dieser Norm ist gekennzeichnet durch die Änderung seiner Neutralisationszahl (Nz) während max. 1000 Std. bei Behandlung des Öles mit Sauerstoff in Gegenwart von Wasser, Stahl und Kupfer bei 95 °C (Zeitkurve).

Maßeinheiten

Stahl-Kupfer-Neutralisationszahlen (Nz an Fe, Cu) in mg KOH/g Öl. — Alterungsdauer in Stunden (h).

Kurzbeschreibung des Verfahrens

Die mit destilliertem Wasser versetzte Probe wird bei gleichzeitiger Gegenwart von Stahl- und Kupferdraht unter Einleiten von Sauerstoff bei 95 °C langsam gealtert. (Abb. 2). Durch die in Zeitabständen bestimmte Neutralisationszahl wird die Alterung verfolgt. Als Endzustand der Alterung gilt eine Neutralisationszahl von 2,0, oder wenn diese nach 1000 Std. noch nicht erreicht ist, der Wert der Neutralisationszahl nach 1000 Std.

e) ASTM D 943-54: Test for Oxidation Characteristics of Inhibited Steam-Turbine Oils

Wie DIN 51587 und IP 157/64. — Auf ASTM D 2272-64 (Rotary Bomb Test) sei hingewiesen.

f) IP 114/56 (Tentative): Oxidation Test for Turbine Oil

Die Methode ist für die Beurteilung der Oxydationsneigung von Turbinenölen unter bestimmten Bedingungen vorgesehen. Arbeitsweise und Apparatur ist an die Methode IP 56/64 (Oxidation Test for Transformer Oil), s. S. 352, angelehnt. Sie unterscheidet sich von der letzteren durch Erniedrigung der Oxydationstemperatur auf 110 °C, Erweiterung der Oxydation auf 90 Std., als Maßstab für die Zersetzung dient der Säuregrad des oxydierten Öles.

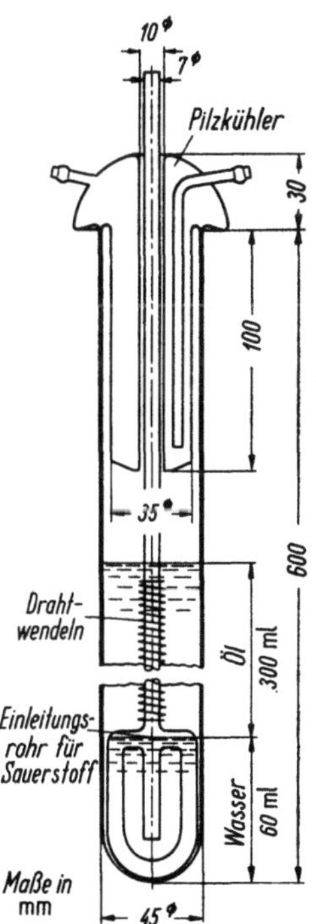

Abb. 2. Prüfgerät (DIN 51587).

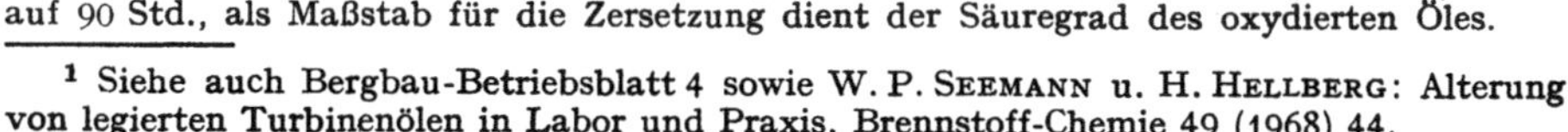

[1] Siehe auch Bergbau-Betriebsblatt 4 sowie W. P. SEEMANN u. H. HELLBERG: Alterung von legierten Turbinenölen in Labor und Praxis, Brennstoff-Chemie 49 (1968) 44.

Die Oxydation erfolgt durch 90 std. Durchleiten von trockener Luft durch die in einem Reaktionsgefäß durch ein Ölbad auf 110 °C erhitze Ölprobe, bei Gegenwart eines Kupferkatalysators. Der Säuregrad des oxydierten Öles wird nach dessen Abkühlung bestimmt. Fehlergrenzen sind nicht festgelegt.

g) ASTM D 1947-62 T: Load-Carrying Capacity of Steam-Turbine Oils (Ryder Gear Erdco Universal Tester)

Die Methode beschreibt einen Load-Carrying Capacity Test für Dampfturbinenöle für Getriebe.

Zur Prüfung wird das Öl in einem standardisierten Getriebe (Ryder Gear Erdco Universal Tester)[1], das mit Gewichten unter vorgeschriebenen Arbeitsbedingungen belastet werden kann. Das Verhalten der Zahnflanken bei verschiedenen Gewichten wird kontrolliert und gemessen und die mögliche Höchstbelastung ermittelt.

Alle Einzelheiten der Apparatur und die Arbeitsweise sind genau vorgeschrieben, und deren Einhaltung ist Voraussetzung für die Reproduzierbarkeit der Methode.

h) BBC-Test (Stäger-Test)[2]

Die Firma Brown, Boveri & Cie., Baden/Schweiz und Mannheim, prüft bereits seit 1929 nach folgender Methode:

In einem Becherglas von 400 cm³ Inhalt (hohe Form, aus Pyrexglas) werden 200 cm³ Öl in einem mit Temperaturregler versehenen Ölbade drei Tage auf 110 °C erhitzt. Als Katalysator dient ein sorgfältig gereinigtes und mit Schlämmkreide poliertes, aber nicht mit Chemikalien behandeltes Kupferblech (40 mm × 70 mm × 1 mm). Das erhitzte Öl wird nach 24 std. Stehen bei Zimmertemperatur filtriert, der Schlamm auf dem Filter mit Leichtbenzin ausgewaschen, in Chloroform gelöst und nach Verdampfen des Lösungsmittels gewogen. Das filtrierte Öl wird zur Bestimmung von Neutralisationszahl, Verseifungszahl und Emulgierprobe verwendet.

i) Oxydations-Schnelltest mit Kaliumpermanganat

W. Francis und K. R. Gerett[3] stellen drei Arbeitsweisen zur Diskussion, bei denen Turbinenöl mit Permanganatlösung bei Kälte oder in der Wärme behandelt wird und die „Permanganatzahl", d. h. die verbrauchte Menge an n-$KMnO_4$, als Maß für die Oxydationsneigung gilt. Diese sog. p-Zahl nimmt mit dem Raffinationsgrad eines Öles ab und beträgt bei Hochraffinaten gegen 2. Vegetabilische oder besonders reaktive Öle verbrauchen viel Kaliumpermanganat und haben eine p-Zahl über 150. Aus der p-Zahl kann auch auf das Verhalten der Öle im Betrieb geschlossen werden.

k) ASTM D 1401-64: Test for Emulsion Characteristics of Steam-Turbine Oils

Die Methode dient zur Messung des Wasserabscheidevermögens. Im Gegensatz zu der Dampfstromemulgierung gemäß DIN 51589: Bestimmung des Wasserabscheidevermögens nach Dampfbehandlung, werden ein Gemisch von 60 ml Öl mit 40 ml Wasser bei 50 °C in einem Meßzylinder 5 Min. gut verrührt und die Absetzzeit beobachtet. Wenn nach einer Stunde keine Trennung erfolgt ist, wird die verbliebene Öl-, Wasser- und Emulsionsmenge berichtet.

l) Prüfvorschriften und Lieferbedingungen der Bundeswehr

(Siehe auch S. 54.)

VTL 9150-039: Dampfturbinenöl (0-240)

Zur Schmierung von Getriebedampfturbinen und zugehörigen Hilfsmaschinen. Kinematische Viskosität cSt: 43 bis 53 bei 50 °C, mindestens 8,2 bei 98,8 °C.

---

[1] Zu beziehen bei Erdco Engineering Corp. Addison (Ill.); das Testgetriebe liefert Eppi Precision Prod. Inc., 227, Burlington Ave., Clarendow Hills, Ill.

[2] Forderung der Wirtschaftsgruppe Elektrizitätsversorgung (WEV): Kupferverseifungszahl bei 48 Std. und 95 °C nicht über 0,30 mg KOH/g Öl.

[3] J. Instn. Petrol. Technol. 25 (1939) 561.

VTL 9150-025: Dampfturbinenöl (0-250)

Wie VTL 9150-039, das Öl kann auch in hydraulischen Systemen, Luftkompressoren und für allgemeine Schmierzwecke zugesetzt werden. Kinematische Viskosität cSt: 82 bis 110 bei 37,8 °C, mindestens 8,2 bei 98,8 °C.

Prüfvorschriften

Korrosionsschutz DIN 51585; Oxydationstest DIN 51587; Druckaufnahmevermögen FTM 791a/6508[1]; Korrosion ASTM D 130; Emulgierbarkeit ASTM D 1401; Oxydation IP 114-56 T; Kälteverhalten ASTM D 97-66.

XIV. Korrosionsschutzöle

1. Anforderungen

Ein Korrosionsschutzmittel muß leicht anwendbar sein, darf als Überzug bei der Lagerung der zu schützenden Teile nicht abtropfen oder ablaufen, es muß gut hantierbar, unschädlich gegen die zu schützende Fläche und leicht entfernbar sein. Die als Rostschutzmittel verwendeten in der Regel mit Korrosionsschutzwirkstoffen versetzten Erdölprodukte variieren zwischen dünnviskosen Ölen und dicken, in ihrer Konsistenz fettähnlichen Verbindungen je nachdem, ob nur ein Schutz gegen Feuchtigkeit in geschlossenen Räumen oder ein solcher im Freien erreicht werden soll. Im ersteren Falle verwendet man einen dünnen Film eines leichten Öles; bei Materialien, die im Freien lagern und bei denen außer gegen Feuchtigkeit auch ein Schutz, z. B. gegen den Einfluß aggressiver Gase, Salzlösungen usw., erreicht werden soll, empfiehlt es sich, dickere Rostschutzmittel zu verwenden. Die dünnen Rostschutzmittel werden entweder aufgebürstet, aufgespritzt oder durch Tauchen aufgebracht. Die dicken Rostschutzmittel erfordern gewöhnlich eine vorherige Erwärmung. Sehr oft verwendet man als Rostschutzmittel emulgierfähige Öle, die die etwa auftretende Feuchtigkeit unter Emulsionsbildung aufnehmen und unschädlich machen. Solche Öle können auch zum Innenschutz bei der Lagerung von Verbrennungsmotoren verwendet werden, indem man dieselben für kurzen Lauf als Schmiermittel einsetzt. Mit Wasser verdünnt können ähnlich aufgebaute voll emulgierende Öle als Korrosions-Kühlerschutzmittel, z. B. bei eisernen Kühlern in Großgasmaschinen-Kühlkreisläufen, Verwendung finden.

Eine besondere Rolle spielen sie im Kraftfahrzeugbetrieb. Sie werden dort als emulsionsbildende Rostschutzöle dem Kühlwasser zugesetzt oder man verwendet sie zur Innenkonservierung von Motoren beim Transport und bei der Lagerung. Hierzu wurden vollastsichere, hochlegierte Erstfüllungsöle mit ausreichendem Rostschutz entwickelt, mit denen der Motor bis zum ersten Ölwechsel betrieben werden kann. Nur für schwierige Fälle, z. B. Seetransport, verwendet man noch spezielle Rostschutzöle, die vor Inbetriebnahme des Motors abgelassen werden[2]. Werden an Öl besondere Ansprüche bezüglich Rostschutz gestellt, wie z. B. bei Motorenschutz und Zweitakterölen, so reichen basische Stickstoff- bzw. Phosphorsäureverbindungen, Fettsäurederivate usw. aus. Bei Betrieb mit bleihaltigen Kraftstoffen bewähren sich — infolge der Korrosionsgefahr durch Chlor- bzw. Bromäthylen bei Gegenwart von Wasser — organische Phosphate und komplexe Amine.

---

[1] Federal Test Method Standard Nr. 791a „Ryder-Test".
[2] Über Korrosionsschutz beim Seetransport berichtet E. Schmidt (Forschungsstelle für seemäßige Verpackung Hamburg) VDI-Ber. 111 (1966).

2. Prüfung

Eine große Zahl Korrosionsteste — oft für einen bestimmten Anwendungszweck abgestellt — wurden von der Mineralölindustrie und den Verbrauchern entwickelt und deren Prüfmethoden, insbesondere von der Automobilindustrie, als „Hausteste" vorgeschrieben. Da sich diese Teste nur geringfügig voneinander unterschieden, sind Hersteller und Verbraucher bemüht, die Vielzahl auf wenige aussagenstarke und normfähige Prüfungen zu beschränken.

Das Rostschutzvermögen wird im Laboratorium durch Teste bei höherer Temperatur und Feuchtigkeit, evtl. in Kombination mit Ultraviolettbestrahlung, sowie durch Freiluftteste ermittelt.

Bisweilen werden auch Rostschutzöle verlangt, die die Fähigkeit besitzen, von nassen Oberflächen das Wasser zu entfernen und gleichzeitig einen Rostschutzfilm zu bilden, was man nach D. L. SAMUEL[1] durch Zusatz von oberflächenaktiven Stoffen erreichen kann.

a) DIN-Entwurf 51359: Prüfung auf korrosionsverhindernde Eigenschaften in der Feuchtigkeitskammer[2]

(Schwitzwassergerät mit Luftzufuhr) — Korrosionsschutzöle und Schmieröle

Erläuterungen

Nach der Military Specification Mil-L-21260 „Lubricating Oil, Internal Combustion Engine, Preservation" und nach den vorläufigen technischen Lieferbedingungen der Bundeswehr VTL 9150-011, VTL 9150-024 und VTL 9150-037, verschiedene Kolbenmotoren-Korrosionsschutzöle betreffend, sowie nach den VTL 9150-026, VTL 9150-027 und VTL 9150-028 „Mehrzweckkorrosionsschutzöle" und schließlich nach VTL 9150-051 „Korrosionsschutz-hydrauliköle", müssen die korrosionsverhindernden Eigenschaften in der Feuchtigkeitskammer unter den in diesem Normentwurf angegebenen Bedingungen geprüft werden.

Die in den VTL 9150-034 „Maschinenschmieröl", VTL 9150-035 „Hydrauliköl" und VTL 9150-038 „Instrumentenschmieröl" aufgeführten Schmieröle sollen ebenfalls korrosionsverhindernde Eigenschaften (geprüft in der Feuchtigkeitskammer) aufweisen, ohne daß diese Eigenschaften aus der Bezeichnung der Öle hervorgehen.

Der Titel und der Anwendungsbereich des vorliegenden Normentwurfes ist daher auf diese beiden Ölarten abgestimmt. Es können aber auch Schmierfette und Korrosionsschutzfette danach geprüft werden. Für diese sind jedoch gemäß Federal Test Method Standard Nr. 791a Method 5319 statt der Stahlbleche Rillenkugellager zu verwenden, und es ist eine andere Vorbereitung der Prüfung notwendig.

Die Prüfung der Schmierfette in der Feuchtigkeitskammer soll daher in Blatt 2 behandelt werden.

Auch die sog. Korrosionsschutzmittel (VTL 6850-012, VTL 8030-004, VTL 8030-006 und VTL 8030-010) sollen nach diesem Normentwurf geprüft werden. Sie dienen jedoch nur als Korrosionsschutz und nicht als Schmierstoff.

Die Mineralölindustrie ist infolge der vorgenannten Lieferbedingungen an das Prüfverfahren in der Feuchtigkeitskammer nach ASTM D 1748-62 T (s. unten) bzw. nach Federal Test Method Standard Nr. 791a Method 5323.2 gebunden, so daß die Herausgabe einer DIN-Norm notwendig erschien.

In DIN 50017 „Werkstoff-, Bauelemente- und Geräteprüfung, Beanspruchung in Schwitzwasserklimaten" ist bereits ein Schwitzwassergerät für Schwitzwasserwechselklima und Schwitzwasserkonstantklima genormt. Bei dem vorliegenden Normentwurf handelt es sich jedoch um ein Schwitzwasserkonstantklima (50 °C ± 1 grd, 100% relative Luftfeuchte) mit kontinuierlicher Luftzufuhr, in dem die Stahlbleche in einem Drehgestell hängen.

Die verschiedenen Military Spezifications sehen ein Sandstrahlen der Stahlbleche vor, während die erwähnten VTL eine Bearbeitung mit Schleifpapier vorschreiben. Da auch in ASTM D 1748-62 T Schleifpapier vorgesehen ist, wurde in dem vorliegenden Normentwurf in gleicher Weise verfahren.

---

[1] Sci. Lubric., Januar 1949 — Sonderdruck.
[2] Über die Bestimmung der Korrosion in einem Feuchtigkeitskabinett berichtet F. TOD: Industr. Engng. Chem., Anal. Edit. 16 (1944) 394. Über einen Salzkorrosionsschnelltest vgl. F. M. DARSEY: ASTM-Bull. 1944, Nr. 128, S. 31—34, s. auch „Flugmotorenschmierstoffe", S. 189.

Mit dieser Veröffentlichung soll gleichzeitig der Zweck verbunden sein, die Motoren-industrie, die z. Z. nach verschiedenen Haustesten arbeitet, auf diese Methode hinzuweisen, damit eine Angleichung in der Methodik erreicht wird.

Dieser Normentwurf ist in Anlehnung an die Method D 1748-62 T der American Society for Testing and Materials (ASTM) Philadelphia, Pa., USA, und die Method 5323.2 der Federal Test Method Standard Nr. 791 a vom 30. Dezember 1961 — zu beziehen durch den Deutschen Normenausschuß — aufgestellt.

Anwendungsbereich

Korrosionsschutzöle und Schmieröle der verschiedensten Verwendung (s. Erläuterungen). Das Prüfverfahren gilt auch für Korrosionsschutzmittel, die keine Schmieröle sind. Bei der Prüfung nach dieser Norm sollen die korrosionsverhindernden Eigenschaften von Ölen auf Stahlblech in einem Schwitzwasserkonstantklima bei 50 °C mit kontinuierlicher Luftzuführung festgestellt werden. Nach DIN 50900 ist Korrosion die Zerstörung von Werkstoff durch chemische oder elektrochemische Reaktion mit seiner Umgebung. Unter Korrosion versteht man bei der Prüfung nach dieser Norm die durch Feuchtigkeit verursachte korrosive Veränderung an der Oberfläche eines Stahlblechs, das mit einem Schutzfilm aus dem zu prüfenden Öl versehen ist.

Kurzbeschreibung des Verfahrens

Stahlbleche bestimmter Zusammensetzung[1] äußerer Form und Oberflächengüte werden in das zu prüfende Öl getaucht und nach einer bestimmten Abtropf- oder Trockendauer in die Feuchtigkeitskammer gehängt, in der bei kontinuierlicher Luftzufuhr von 875 l/h und einer Temperatur von 50 °C die relative Luftfeuchte 100% betragen soll. Nach Ablauf der vorgeschriebenen Prüfdauer werden die Stahlbleche auf Korrosionserscheinungen beurteilt.

b) Korrosions-Schnellteste

Zwischen zwei blankpolierten Stahlplatten von etwa 50 mm × 20 mm bringt man einen Tropfen des zu prüfenden Öles bzw. dessen Emulsion und stellt die zusammengeklappten Platten in ein bedecktes Glasgefäß. Nach 4- bis 12 std. Stehen bei Zimmertemperatur werden die Platten auf Korrosion beurteilt.

Ein anderer Schnelltest, der sog. „Weatherometer"-Korrosionsschnelltest, besteht darin, daß man die Probestücke auf einem rotierenden Gerät abwechselnd UV-Licht und Feuchtigkeit aussetzt.

c) Randwinkeltest[2]

G. P. Pilz und F. F. Farley[3] weisen darauf hin, daß es nicht notwendig ist, die Prüfungszeiten bis zum Eintritt eventueller Rosteffekte auszudehnen. Vielmehr kann man die Wirkung bereits innerhalb relativ kurzer Zeit beurteilen, wenn man die innerhalb der Feuchtigkeitskammer auf der Eisenoberfläche auftretenden Wassertropfen untersucht. Zeigen solche eine flache Beschaffenheit, was einem großen Randwinkel entspricht, dann ist die Schutzfähigkeit des angewendeten Öles gering; zeigen die Tröpfchen eine rundere Beschaffenheit mit verkleinertem Randwinkel, so kann mit entsprechend guten Effekten gerechnet werden. Das Verfahren läßt sich durch Randwinkelmessungen mit Hilfe eines Goniometermikroskops noch verfeinern. Nicht emulgierbare Mineralöle ergeben Randwinkel von etwa 70 bis 85° mit nur kurzfristigem Rostschutz. Für Produkte mit Randwinkeln von etwa 55° kann man bereits etwa 100 std., für solche mit Randwinkeln von 30 bis 35° etwa 200 std. Einwirkung in der Feuchtigkeitskammer annehmen, bevor sich Rostbildung zeigt. Effekte solcher Art sind z. B. durch emulgierend wirkende Sulfonatzusätze ohne weiteres erreichbar. Steigert man die Sulfonatzusätze darüber hinaus, dann bedeutet das eine weitere Erhöhung der Schutzwirkung, was jedoch gonimetrisch nicht mehr meßbar ist. Eine Gegenüberstellung der Ergebnisse in der Feuchtigkeitskammer mit dem Randwinkeltest nach Pilz und Farley zeigte gute Übereinstimmung.

d) Spezialteste

Von vielen Firmen, wie z. B. Opel und Ford, wurden auf spezielle Ziele abgerichtete Spezialteste entwickelt und als Güteprüfung für die zu verwendenden Öle und Fette vorgeschrieben.

---

[1] Wie bei DIN 51358, s. unten.
[2] Bestimmung s. Teil I, S. 29.
[3] Industr. Engng. Chem. 38 (1946) 601.

e) ASTM-Teste

In ASTM D 665-60 (Rust preventing Characteristics of Steam-Turbine Oil in the Presence of Water) ist ein Prüfverfahren für Turbinenöle beschrieben, das sich auch für Rostschutzöle eignet. Einen Korrosionstest für Maschinenöle, mit dem gute Beziehungen zu praktischen Erfahrungen mit Mehrzylindermaschinen erhalten werden sollen, beschreiben McCoull und Mitarbeiter[1].

ASTM D 1748-62 T: Rust Protection by Metal Preservation in the Humidity Cabinet, entspricht praktisch DIN-Entw. 51359 (s. oben).

f) Prüfung durch Entladungsimpulse

M. Kashima und Mitarbeiter[2] prüften eine mit Rostschutzöl bedeckte Kathode mittels der Entladungsimpulsmethode und stellten fest, daß ein gutes Öl das Durchschlagen der Entladung durch den Film verhindert.

g) DIN 51357: Prüfung von Motoren-Korrosionsschutzölen auf Säureneutralisation (Bromwasserstoffsäure-Tauchprüfung)

Erläuterungen

In der Military Specification Mil-L-21260 und in den entsprechenden vorläufigen technischen Lieferbedingungen (VTL) für Kolbenmotoren-Korrosionsschutzöle sowie in der Military Specification Mil-C-5545 A und der entsprechenden VTL 6850-012 „Triebwerk-Korrosionsschutzmittel" wird eine Bromwasserstoffsäure-Tauchprüfung gefordert. Infolge der Verwendung dieses Prüfverfahrens in vorläufigen technischen Lieferbedingungen erschien eine Normung zweckmäßig, zumal bisher weder eine ASTM- noch IP-Methode besteht.

Mit dieser Norm soll gleichzeitig erreicht werden, die verschiedenen Hausverfahren der Motorenindustrie durch ein genormtes Verfahren zu ersetzen.

Anwendungsbereich

Motoren-Korrosionsschutzöle zur Innenkonservierung von Verbrennungsmotoren. Bei der Prüfung nach dieser Norm soll festgestellt werden, ob das Motoren-Korrosionsschutzöl saure Verbrennungsprodukte zu neutralisieren und Korrosionen zu verhindern vermag.

Begriff

Nach DIN 50900 ist Korrosion die Zerstörung von Werkstoff durch chemische oder elektrochemische Reaktion mit seiner Umgebung. Unter Korrosion versteht man bei dieser Prüfung die durch Einwirkung einer wäßrigen Bromwasserstoffsäure verursachte korrosive Veränderung an der Oberfläche des zur Prüfung eingesetzten Stahlblechs, wenn das Korrosionsschutzöl die Säure nicht zu neutralisieren vermag.

Kurzbeschreibung des Verfahrens

Stahlbleche bestimmter Zusammensetzung werden in eine wäßrige Bromwasserstoffsäure und anschließend innerhalb von 1 Min. 12mal in das zu prüfende Korrosionsschutzöl getaucht. Nach 4std. Lagerung in der Atmosphäre werden sie auf Korrosionserscheinungen untersucht.

h) DIN 51358: Prüfung von Motoren-Korrosionsschutzölen auf korrosionsverhindernde Eigenschaften (Meerwasser-Tauch-prüfung)

Erläuterungen

In der Military Specification Mil-L-21260 und den entsprechenden vorläufigen technischen Lieferbedingungen (VTL) für Kolbenmotoren-Korrosionsschutzöle sowie in der Military Specification Mil-H-13919 A und der entsprechenden VTL 9150-034 „Hydrauliköl H-570" wird eine Meerwasser-Tauchprüfung gefordert. Infolge der Verwendung dieses Prüfverfahrens in vorläufigen technischen Lieferbedingungen erschien eine Normung zweckmäßig, zumal bisher weder eine ASTM- noch IP-Methode besteht.

Mit dieser Norm soll gleichzeitig erreicht werden, die verschiedenen Hausverfahren der Motorenindustrie durch ein genormtes Verfahren zu ersetzen.

---

[1] J. Soc. automot. Engrs. Transaction 50 (1942) No. 8, S. 338.

[2] Kashima, M.: Bull. Japan Petrol. Inst. 1. März 1959, 46. — IP Dynamic Anti Rust Test s. IP 220/67.

Es ist naheliegend, eine Ausdehnung des Anwendungsbereiches dieser Norm anzustreben, z. B. allgemein auf Korrosionsschutzmittel für Stahlerzeugnisse. Daher sind Erfahrungen über den Anwendungsbereich dieser Norm hinaus erwünscht.

Motoren-Korrosionsschutzöle zur Innenkonservierung von Verbrennungsmotoren. Bei der Prüfung nach dieser Norm soll festgestellt werden, ob und in welcher Art ruhendes Meerwasser bei Raumtemperatur auf ein mit Motoren-Korrosionsschutzöl überzogenes Stahlblech einwirkt.

Anmerkung: Aus dem Prüfergebnis können keine allgemeingültigen Rückschlüsse auf die Meerwasserbeständigkeit unter den vielfältigen Bedingungen der Praxis gezogen werden.

Nach DIN 50900 ist Korrosion die Zerstörung von Werkstoff durch chemische oder elektrochemische Reaktion mit seiner Umgebung. Unter Korrosion versteht man bei dieser Prüfung die durch Einwirkung von Meerwasser durch den Schutzfilm aus Korrosionsschutzöl hindurch verursachte korrosive Veränderung an der Oberfläche des zur Prüfung eingesetzten Stahlblechs.

Kurzbeschreibung des Verfahrens

Stahlbleche bestimmter Zusammensetzung mit einem Film aus dem zu prüfenden Korrosionsschutzöl werden 20 Std. lang in künstliches Meerwasser getaucht und anschließend auf Korrosion untersucht.

Stahlbleche[1] nach Bild aus C 22 oder Ck 22 nach DIN 17200.

Glashaken zum Aufhängen der Stahlbleche.

Für jede Prüffläche der drei Stahlbleche wird der Korrosionsgrad (s. Tabelle) festgestellt, wobei graue Verfärbungen ebenso wie Korrosionserscheinungen außerhalb der Prüffläche (s. Abb. 1) unberücksichtigt bleiben.

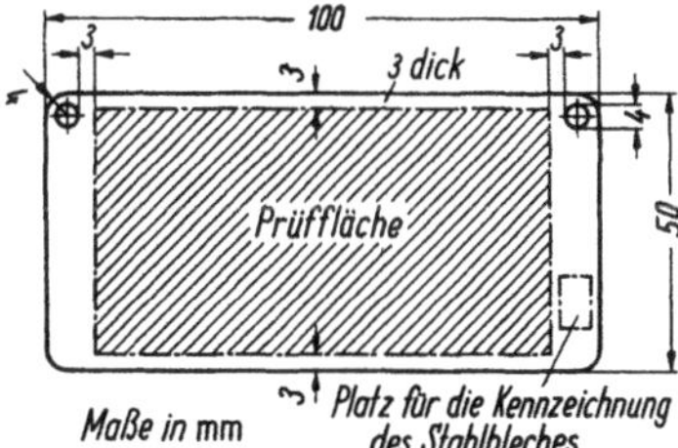

Abb. 1. Stahlblech (DIN 51358).

Korrosions-grad	Bedeutung	Beschreibung
0	Keine Korrosion	Unverändert
1	Spuren von Korrosion	Höchstens drei Korrosionsstellen, von denen jede einen Durchmesser von höchstens 1 mm hat
2	Leichte Korrosion	Bis zu 5% der Oberfläche korrodiert
3	Mäßige Korrosion	5—20% der Oberfläche korrodiert
4	Starke Korrosion	Über 20% der Oberfläche korrodiert

i) Korrosionsschutzmittel der Bundeswehr

α) Vorläufige Technische Lieferbedingungen der Bundeswehr (s. auch S. 54).

VTL 8030-011: Korrosionsschutzmittel auf Mineralölbasis, allgemeine Bedingungen für 24 Korrosionsschutzmittel;

VTL 9150-026: Mehrzweck-Korrosionsschutzöl zum Korrosionsschutz von Metalloberflächen (dickflüssig);

VTL 9150-027: Mehrzweck-Korrosionsschutzmittel für allgemeine Schmierzwecke mit Korrosionsschutz (sehr leichtflüssig);

VTL 9150-028: Mehrzweck-Korrosionsschutzmittel auch als Schmieröl verwendbar;
VTL 9150-011: Motorschutzöl SAE 10;
VTL 9150-024: Motorschutzöl SAE 20;
VTL 9150-037: Motorschutzöl SAE 30;
US-Mil-L-21260: Motorschutzöl SAE 50;
VTL 6850-014: emulgierbares Korrosionsschutzmittel.

Neben den für Schmieröle üblichen allgemeinen Kenndaten wird eine Korrosionsschutzprüfung in der Feuchtigkeitskammer und gegen Meerwasser verlangt. Bei emulgierbaren Ölen erfolgt die Prüfung auf Emulgierbarkeit wie folgt:

Emulgierbarkeit:

Zwei Emulsionen, hergestellt in Anlehnung an die nachfolgende Methode FTM 791-3201 dürfen 15 Min. nach der Herstellung nur Spuren von Schaum aufweisen. Die Ölabscheidung bei beiden Emulsionen darf nach 72 Std. höchstens 2 Vol.-% betragen.

---

[1] Siehe auch Abschnitt „Flugmotorenschmierstoffe", S. 187.

Wasseremulsion:

5 ml Öl und 45 ml hartes Wasser (Herstellung s. unten) werden bei 25 °C $\pm$ 3 grd in einem 100 ml-Meßzylinder 5 Min. lang intensiv gerührt (s. FTM 791/3201). Danach wird der Rührer aus der Emulsion herausgenommen und genau 3 Min. in den Meßzylinder hinein abtropfen gelassen. Nun läßt man die Emulsion weitere 12 Min. ruhig bei 25 °C $\pm$ 3 grd stehen und prüft auf die Gegenwart von Schaum. Nach weiterem, 72std. ruhigem Stehen bei 25 °C $\pm$ 3 grd wird auf Ölabscheidung untersucht. Aufrahmen ohne wirkliche Schichtenbildung soll nicht als Ölabscheidung betrachtet werden.

Wasser-Alkohol-Emulsion:

Zu einer Wasseremulsion (hergestellt wie oben beschrieben) gibt man unter Rühren 50 ml technisch reines Methanol, rührt weitere 5 Min. und läßt dann den Rührer 3 Min. lang abtropfen.

Hartes Wasser (künstlich):

In 10 l destilliertem Wasser werden unter Durchblasen von CO_2 folgende Mengen an chemisch reinen Salzen gelöst:

Calciumcarbonat ($CaCO_3$)	1,000	
Calciumchlorid ($CaCl_2$)	0,250	
Calciumsulfat ($CaSO_4$)	2,500	wasserfreie Substanz!
Magnesiumcarbonat ($MgCO_3$)	1,000	
Natriumsulfat (Na_2SO_4)	1,000	

β) Weitere Prüfmethoden.

IP 153/56 T, ASTM D 130-65: Rust Preventing Characteristics Temporary Corrosion Preventives;

IP 154/64: Copper Corrosion by Petroleum Products (s. Anhang: IP-Zusammenstellung);

IP 112/56: Corrosive Substances in Grease (Copper Strips Test) (s. Anhang: IP-Zusammenstellung);

IP 220/67: Dynamic Anti Rust Test.

XV. Schmierstoffe für Sonderzwecke

1. Kernreaktoren[1]

Die Auswahl von Schmierstoffen, die für die Schmierung von Maschinenteilen in Kernreaktoren eingesetzt werden, erfordert die vorherige Ermittlung der verträglichen Strahlendosis, denn Schmierstoffe, die energiereicher Strahlung ausgesetzt sind (Kernreaktoren, Kernwaffen, Flugkörper) können durch Spaltung, insbesondere der C-C-Bindung, Wasserstoffabspaltung, Polymerisation schnell und stark verändert und oft unbrauchbar werden; die Spaltung der Moleküle durch Kernstrahlen verkürzt zunächst die Moleküllänge, wobei die Viskosität geringfügig abnehmen kann. Bei höher Strahlendosis setzt zunehmende Polymerisation ein wodurch die Viskosität stark zunimmt.

Schmieröle auf Esterbasis werden eingedickt, bei Siliconölen werden die Si-O-Bindung zerstört[2].

Aus Viskositätsverlauf, Oxydationsstabilität und Verdampfungsverhalten mit zunehmender absorbierter Strahlendosis lassen sich die Grenzen gegen Kernstrahlung ermitteln. H. RODENBUCH[3] diskutiert den Einfluß von Additives, verschiedener Gasatmosphären sowie die durch Neutronen induzierte Radioaktivität;

---

[1] Siehe auch H. RODENBUCH: Schmiermittel und Kernstrahlung. Erdöl u. Kohle 19 (1966) 583—587. — Proceedings des Siebenten Welt-Erdöl-Kongresses, Mexico City 1967, Vol. IV, Panel Disc. 3, Paper 8: BEERBOWER, R., u. J. K. APPELDOORN: Lubrication in Extreme Environments.

[2] ZEPF, W.: Schmiertechnik 11 (1964) 100.

[3] RODENBUCH, H.: Erdöl u. Kohle 17 (1965) 879.

die G-Werte und Analysen der gasförmigen Radiolyseprodukte geben Auskunft über Zersetzungsmechanismus und Schmierstoffstabilität.

D. B. Cox[1] und Mitarbeiter zeigen wie bei Schmierfetten, die Temperaturen bis 300° und mehr aushalten, die Untersuchung zweckmäßig durchgeführt wird und stellten bei einem Turbinenöl eine Beständigkeit von mehr als 20 Jahre fest. Molybdändisulfidpulver kann nur verwendet werden, wenn es durch sehr dichte Bindemittel geschützt wird.

2. Raketen

Für Raketen eignen sich nur Schmiermittel, die gegen Oxydation und gegebenenfalls gegen Strahlungen beständig sind[2]. Die üblichen oxydations-empfindlichen Schmiermittel sind für Raketen ungeeignet. Fette mit Polytetrafluoräthylen und Graphit können als unempfindlich gegen flüssigen Sauerstoff und Stickstoffdioxid betrachtet werden.

Perfluorbutylamin (flüssig) und Polytetrafluoräthylen und dessen Copolymer mit Hexafluorpropylen (beide fest) zeigten sich gegenüber allen Brenn- und Oxydationsstoffen inert[3]. G. A. BEANE[4] gibt eine Zusammenfassung von Werten über die Verträglichkeit einer Anzahl chemischer Flüssigkeitsklassen mit flüssigem Sauerstoff; sehr niedrig sind Reibung und Verschleiß unter Raumfahrtbedingungen mit MoS_2-Überzügen auf Basis von Epoxi-Phenol- oder Silikonharzen[5].

3. Raumfahrt

W. C. YOUNG[6] und Mitarbeiter prüften Instrumentenlager bei Drücken von 10^{-6} bis 10^{-9} Torr, wobei sich Fettschmiermittel gut eigneten; einige flüssige Schmierstoffe befriedigten für langzeitige Verwendung bei mäßigen Temperaturen[7].

Robert R. HIBBARD sowie F. HELFRICH berichten über die Verwendung von Erdölprodukten in der Raumforschung[8].

Die Bewertung von Schmierstoffen für Wälzlager unter Raumfahrtbedingungen wurde mit Hilfe von Verdampfungstesten, bei denen teilweise gleichzeitig auch der Einfluß von Strahlung geprüft wurde, vorgenommen. Die Untersuchungen wurden, — um ihre Dauer abzukürzen, — bei erhöhter Temperatur durchgeführt. Bei Prüfungen in Kugellagern zeigten Wismutmetalle und geschmolzenes Polytetrafluoräthylen gutes Verhalten.

Höchstraffinierte Mineralöle als Hochtemperatur Hydrauliköle für den Raumflug beschreiben E. E. KLAUS[9].

[1] Cox, D. B., E. A. OBERRIGHT u. R. J. GREEN: Transactions 5 (1962) 126. — BÜHLER, F., D. B. COX, R. A. BUTCOSK, E. A. ARMSTRONG u. J. L. ZAKIN: Proceedings Sechster Welt-Erdöl-Kongreß, Frankfurt/Main 1963, Section VI, Paper 15.
[2] MESSINA, J.: NLGI Sokesman 27 (1963) 177—182. — Erdöl u. Kohle 17 (1964) 44, 214, 215, 833. — Nigli Spokstmann 27 (1963) 127.
[3] FISCH, K. R., u. Mitarb.: Erdöl u. Kohle 17 (1964) 44.
[4] Erdöl u. Kohle 17 (1964) 214.
[5] BULKLEY u. Mitarb.: ASLE Trans. 5 (1962) 8.
[6] Erdöl u. Kohle 17 (1964) 214.
[7] LEWIS, P., u. S. F. MURRAY: Erdöl u. Kohle 17 (1964) 214, 833.
[8] Proceedings Sechster Welt-Erdöl-Kongreß, Frankfurt/Main 1963, Section VI, Paper 30. — HELFRICH, F.: Schmierungsmöglichkeiten in inerter Atmosphäre von Kernreaktoren. Schmiertechnik 11 (1964) 339—344.
[9] LEWIS, P., S. F. MURRAY, M. B. PETERSON und H. ESTEN: ASLE Trans. 6 (1963) 67—79; Erdöl u. Kohle 17 (1954) 213.

K. R. Fisch[1] und Mitarbeiter berichten über Schmiermittelbewertung für Lagersysteme unter Weltraumbedingungen. Über die Bewährung von MoS_2 mit und ohne Bindemittel s. Abschnitt Testschmierstoffe[2].

Gleitlager[3], die bei Atmosphärendruck befriedigend arbeiten, fielen unter Raumfahrtbedingungen bei einem Druck um 10^{-6} Torr in kurzer Zeit aus. Es wurde festgestellt, daß diese Schäden mehr durch Schwingungen der Welle als durch Fressen oder andere Oberflächenschäden verursacht werden. Die im Vakuum auftretenden Schwingungen werden offensichtlich bei höherem Luftdruck gedämpft. Der für die Untersuchungen benutzte Vakuumgleitlagerprüfstand wird beschrieben.

Die Schwingungen können, wenn äußere Kräfte oder Schwingungen ausgeschlossen werden, durch die Neigung der Welle, entgegen der Drehrichtung an der Wandung der Lagerschale hochzuklettern, oder durch einen Steuerkurveneffekt, der sich durch den Unterschied zwischen dem Rotationszentrum und dem geometrischen Mittelpunkt der Schale ergibt, verursacht werden. Für den letztgenannten Fall wurde eine Rechenmaschine programmiert. Die Ergebnisse der Rechnung stimmen grundsätzlich mit den Versuchsergebnissen überein.

4. Schmierung von Lagern mit hohen Betriebstemperaturen[4]

E-Modul, Zugfestigkeit und Härte der Gleitlagerwerkstoffe nehmen mit der Temperatur ab, besonders Zinn-Legierungen. Richtwerte für zulässige Lagertemperaturen liegen zwischen 110 und 260 °C. Die Werkstoffhärte bei Wälzlagern beträgt bei 260 °C nur 41% derjenigen bei 150 °C.

Mineralöle verdoppeln in Abhängigkeit ihrer Provenienz und ihres Raffinationsgrades ihre Alterungsgeschwindigkeit etwa alle 8 bis 10 °C. Synthetische Flüssigkeiten[5] eignen sich zur Schmierung bei besonders hohen oder tiefen Temperaturen, da sie weit alterungsstabiler bei hohen Temperaturen und dünnflüssiger bei sehr tiefen Temperaturen sind. Moderne Düsentriebwerke in der zivilen und militärischen Luftfahrt verwenden diese Schmierstoffe ausschließlich.

Synthetische Flüssigkeiten auf Basis von Polyaether und Polyglykol eignen sich auch zur Schmierung langsam laufender Gleitlager bis etwa 250 °C. Alterung führt — ähnlich wie bei Esterölen — teilweise zur Viskositätsabsenkung und — anders als bei Esterölen — zur Verflüchtigung. Eignung von Festschmierstoffen und Schmierfetten s. S. 387 bzw. Rückstandsbildung ist selten.

XVI. Traktorenöle[6]

Um die hohen Ansprüche hochbelasteter Schleppermotoren an das Schmieröl, das gleichzeitig auch als Getriebeöl und Hydrauliköl eingesetzt wird, zu befriedigen, werden Spezial HD-Öle guter Qualität benötigt, die hohe Belastungen und Betriebstemperaturen bei langer Ölwechselzeit überstehen. Bewährt haben sich die Mehrbereichsöle der Viskositätsklassen 20W, 20 und 30.

---

[1] Fisch, K. R., u. Mitarb.: Erdöl u. Kohle 17 (1961) 11.

[2] Bessière, P.: Festschmierstoffe bei der Eroberung des Weltraumes und in der Kernenergie — Derzeitige Anwendungen und Forschungseinrichtungen. Informationszentrum Festschmierstoffe Heft 1 (1966), München 54, Postfach 235.

[3] Demorest, K. E., u. E. C. McKannan: Lubricat. Engng. 19 (1963) 59—67.

[4] Nehls, H.: VDI-Bericht 111 (1966). — Scheel, L. S.: Stapellauf-Schmierstoffe, Erdöl u. Kohle 21 (Nov. 1968).

[5] Siehe auch Abschnitt „Syntheseöle", S. 37.

[6] ASTM D 1215-54: Def. and Spec. for Farm Tractor Fuels.

XVII. Schmierstoffe in der Vakuumtechnik. Organische Treibmittel für Vakuumpumpen

Von G.-W. Oetjen, Köln-Marienburg[1]

Die weitere rasche Entwicklung der Vakuumtechnik im letzten Jahrzehnt spiegelt sich in den Treibmitteln für Diffusionspumpen und Dampfstrahlpumpen sowie in den Schmierstoffen, die in evakuierten Räumen gebraucht werden, wider.

1. Organische Treibmittel für Vakuumpumpen

Anwendungen und Anforderungen

Die in der Vakuumtechnik interessanten Druckbereiche haben sich sowohl nach höheren Drucken wie auch zu tieferen Drucken erheblich ausgeweitet und daher neue Anforderungen an Dampfstrahlpumpen (5 bis 10^{-2} Torr) wie auch Diffusionspumpen (10^{-2} bis 10^{-10} Torr) gestellt. Die prinzipielle Wirkungsweise der Dampfstrahlpumpen mit organischen Dämpfen für hohe Drucke und der Diffusionspumpen für tiefe Drucke sind in der Arbeit von R. Jaeckel[2] ausführlich diskutiert. Hohe Dampfdrucke bei den Temperaturen in den Siedegefäßen (z. B. einige Male 10 Torr bei Temperaturen um 250 °C) sind ein Charakteristikum der Treibmittel für Dampfstrahlpumpen. Ferner ist eine gute Beständigkeit gegen Wasserdampf und Sauerstoff wünschenswert, ohne daß kleine Mengen von gasförmigen Krackprodukten nachteilig sind, solange die verbleibenden Restbestandteile nicht zu einer schnellen Verschmutzung der Düsen führen. Als Beispiel sei hierfür L 50 (s. Tab. 1) genannt. Während bei den Treibmitteln für die Dampfstrahlpumpen der hohe Dampfdruck und eine Unempfindlichkeit im rauhen Betrieb im Vordergrund stehen, sind die Anforderungen an die Treibmittel in den Diffusionspumpen sehr viel komplexer. Niedriger Dampfdruck bei Kühlwassertemperatur oder im Bereich normaler Kältemaschinen bis etwa —40° und ein möglichst hoher Dampfdruck bei Temperaturen des Siedegefäßes der Diffusionspumpen reichen alleine für die Anforderungen der Vakuumtechnik, insbesondere im Bereich unter 10^{-7} oder gar unter 10^{-9} Torr, nicht mehr aus. Auch wenn die Dampfdruckkurven, wie in der Abb. 1 für verschiedene Treibmittel gezeigt wird, einen weiten Bereich überdecken, kommen erhebliche weitere Anforderungen hinzu: die thermische Empfindlichkeit und die Empfindlichkeit gegen Sauerstoff und Wasserdampf, sollen möglichst klein sein; das Rückströmen organischer Dämpfe auf die Hochvakuumseite der Diffusionspumpe (das auch stark von der Pumpenkonstruktion abhängt) soll möglichst gering werden, das flüssige Treibmittel soll sich leicht von leichtflüchtigen Bestandteilen, z. B. durch Entgasung, reinigen lassen; die Produkte sollen chemisch neutral und nicht toxisch sein.

Die meßtechnische Charakterisierung der Eigenschaften dieser Diffusionspumpen-Treibmittel, soweit sie über die üblichen Angaben, wie spezifisches Gewicht, Molekulargewicht, Viskosität, Brechungskoeffizient, Flammpunkt, spezifische Wärme, Verdampfungswärme usw., hinausgehen, ist in einer Reihe von Arbeiten versucht worden: ein Gerät zur Messung von Dampfdrucken unter $1 \cdot 10^{-2}$ Torr beschreiben A. Herlet und G. Reich[3] und geben gleichzeitig Meßergebnisse für eine ganze Reihe von Produkten. O. Amsel und G. Wittwer[4]

---

[1] Für die Zusammenstellung der Literatur und Tabellen dankt der Verfasser Herrn Dr. rer. nat. R. Habendorff.

[2] Jaeckel, R.: Vacuum, London 9 (1959) 209—218.

[3] Herlet, A., u. G. Reich: Z. angew. Phys. 9 (1957) 14—23.

[4] Amsel, O., u. G. Wittwer: Z. angew. Phys. 8 (1956) 20—24.

Tabelle 1. *Verhalten und Kenndaten von organischen Treibmitteln.*

Name des Öles	Verwendungszweck	Dichte 20 °C	Viskosität 25 °C in cSt	Flamm-punkt °C	Mol.-Gew. g/Mol	Dampfdruckdaten		
						B	A	p (Torr) 25 °C
1. Apiezon C[a]	Treibmittel für Öldiffusionspumpen	0,879	212	264	450	11,67	5925	$2 \cdot 10^{-8}$
Diffelen L[b]	Treibmittel für Dampfstrahl- u. Treibdampfpumpen	0,885	192	234	335	12,70	6098	$1,8 \cdot 10^{-8}$
Diffelen N[b]	Treibmittel für Dampfstrahl-, Treibdampf- und Öldiffusionspumpen	0,882	204	238	435	13,15	6329	$8,5 \cdot 10^{-9}$
Diffelen U[b]	Treibmittel für Öldiffusionspumpen mit höchsten Anforderungen an den Enddruck	0,877	228	254	450	12,92	6410	$2,6 \cdot 10^{-9}$
Convoil-20[c]	Treibmittel für Dampfstrahl-, Treibdampf- und Öldiffusionspumpen	0,86	80,3	218	(400)	—	—	$8 \cdot 10^{-6}$
2. DC-703[d]	Treibmittel für Dampfstrahl- und Treibdampfpumpen. Treibmittel mit besonderen Anforderungen an die chemische und thermische Beständigkeit	1,09	55	204	570	12,32	6165	$1 \cdot 10^{-7}$
DC-704[d]	Treibmittel für Öldiffusionspumpen mit besonderen Anforderungen an die chemische und thermische Beständigkeit	1,07	39	221	484	11,03	5570	$2 \cdot 10^{-8}$
DC-705[d]	Treibmittel für Öldiffusionspumpen mit höchsten Anforderungen an den Enddruck sowie besonderen Anforderungen an die chemische und thermische Beständigkeit	1,094	170	243	546	12,31	6490	$3 \cdot 10^{-10}$
3. Narcoil-40[f]	Treibmittel für Öldiffusionspumpen	—	—	—	418	12,88	5936	$6 \cdot 10^{-8}$
Oktoil S[c]	Treibmittel für Öldiffusionspumpen	0,91	18,2[e]	210	426	11,26	5514	$2 \cdot 10^{-8}$
4. Treibmittel L 50[b]	Treibmittel für Dampfstrahl- und Treibdampfpumpen mit besonderen Anforderungen an die chemische und thermische Beständigkeit	1,48	235	210	297	10,15	4135	$2 \cdot 10^{-4}$
Convaclor-8[c]	Treibmittel für Dampfstrahl- und Treibdampfpumpen mit besonderen Anforderungen an die chemische und thermische Beständigkeit	1,45	169[e]	193	290	—	—	—
5. Convalex-10[c]	Treibmittel für Öldiffusionspumpen mit höchsten Anforderungen an den Enddruck sowie mit besonderen Anforderungen an die chemische und thermische Beständigkeit	1,2	1000[e]	288	454	10,23	5691	$2 \cdot 10^{-9}$

[a] Edwards Hochvacuum GmbH. — [b] Leybold-Heraeus GmbH u. Co. — [c] Consolidated Vacuum Co. — [d] Dow Corning Co. — [e] Viskosität in cSt bei 26,7 °C. — [f] National Research Co.

beschreiben eine andere, eine Kompensationsmethode, und K. D. Brzóska[1] beschreibt eine dritte Methode hierfür. M. v. Ardenne, K. Steinfelder und R. Tümmler[2] untersuchen mit einem Molekülmassenspektrometer die Massenverteilung verschiedener Pumpentreibmittel und sind insbesondere in der Lage, mit dieser Methode auch den Einfluß von

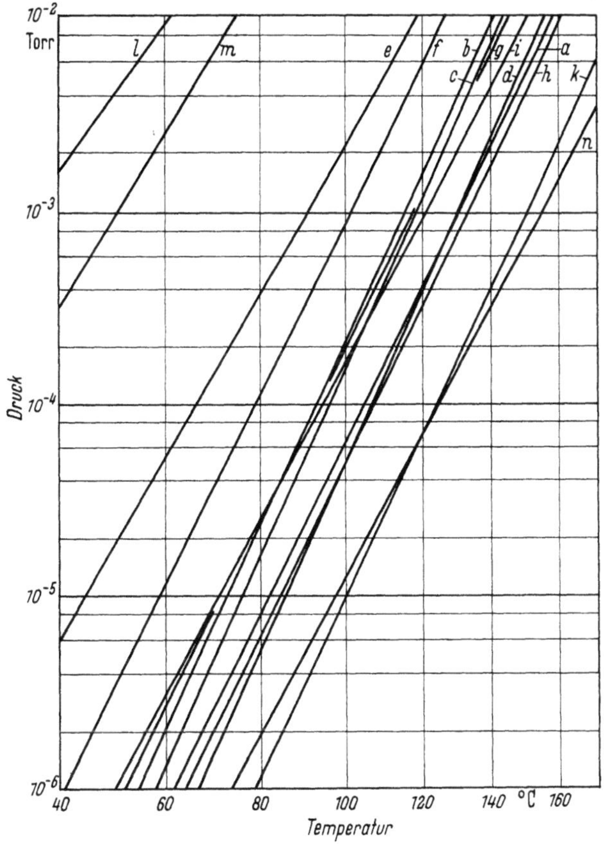

Abb. 1. Dampfdruckkurven von Treibmitteln.

a Apiezon C; b Diffelen L; c Diffelen N; d Diffelen U; e Convoil-20; f Narcoil-40; g Oktoil-S; h DC-703; i DC-704; k DC-705; l Convaclor 8; m L 50; n Convalex-10.

Temperatur, Sauerstoff usw. auf die Treibmittel bzw. deren Veränderungen nachzuweisen. Abb. 2a und b zeigen das Massenspektrogramm eines neuen bzw. eines gealterten Treibmittels.

Wie sich Dampfdruck und Zusammensetzung eines Treibmittels auf das Endvakuum von Diffusionspumpen auswirken ist z. B. in Arbeiten von G. Reich[3], W. Simmler und W. Bächler[4], K. Hickman[5], A. L. Smith und J. C. Saylor[6], R. A. Haefer und J. Hengevoss[7] dargestellt. Über die Rückströmung von Treibmitteldämpfen berichten A. R. Huntress, A. L. Smith, B. D. Power und N. T. M. Dennis[8] sowie z. B. D. J. Crawley, E. D.

[1] Brzóska, K. D.: Chem. Techn. 17 (1965) 482—486.

[2] Ardenne, M. v., K. Steinfelder u. R. Tümmler: Vakuum-Technik 12 (1963) 135 bis 144.

[3] Reich, G.: Z. angew. Phys. 9 (1957) 23—29.

[4] Simmler, W., u. W. Bächler: Vakuum-Technik 8 (1959) 155—158.

[5] Hickman, K.: Nature 187 (1960) 405.

[6] Smith, A. L., u. J. C. Saylor: Vacuum Symposium Transactions 1954, 31—34.

[7] Haefer, R. A., u. J. Hengevoss: Vakuum-Technik 9 (1960) 225—229.

[8] Huntress, A. R., A. L. Smith, B. D. Power u. N. T. M. Dennis: Vacuum Symposium Transactions 1957, 104—111.

Tolmie und A. R. Huntress[1]. Der Fraktionier- und Entgasungseffekt in Treibmittelpumpen wird von W. Bächler und H. G. Nöller[2] an einer Reihe von Beispielen diskutiert.

Die Tab. 1 zeigt die Daten einer Auswahl üblicher Treibmittel für Dampfstrahl- und Diffusionspumpen.

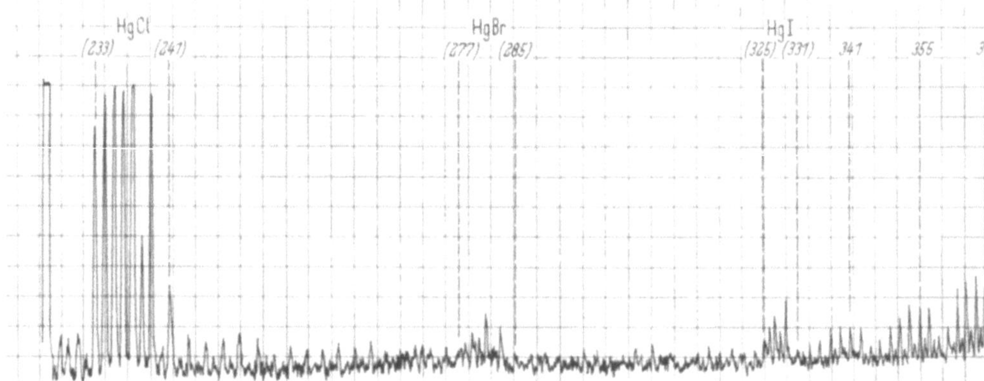

Abb. 2a. Massen-Spektrum eines Diffusionspumpen-Treibmittels

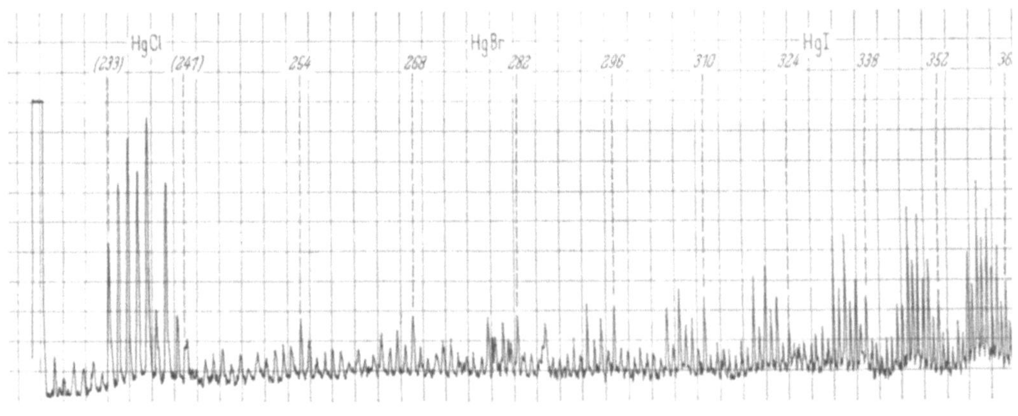

Abb. 2b. Massen-Spektrum des obigen Treibmittels, nachdem es 300 St

2. Schmiermittel in der Vakuumtechnik

Anwendungen und Anforderungen

Seit die Glasgeräte in der normalen Hochvakuumtechnik kaum noch eine Bedeutung haben und in der Ultrahochvakuumtechnik (auch soweit noch Glasapparaturen verwendet werden) auf Grund der erforderlichen hohen Ausheiztemperaturen keine Dichtfette verwendet werden können, ist die Bedeutung der normalen sogenannten Hochvakuumfette für Schliffverbindungen, Hähne usw. entsprechend zurückgegangen. Der Ablauf immer komplizierterer Prozesse im Vakuum, Hochvakuum oder gar Ultrahochvakuum hat es mit sich gebracht, daß neue Schmiermittel entwickelt werden mußten, die eine Schmierung oft

---

[1] Crawley, D. J., E. D. Tolmie u. A. R. Huntress: A.V.S. 9th Nat. Vac. Symp. 1962, 399—403.

[2] Bächler, W., u. H. G. Nöller: Z. angew. Phys. 9 (1957) 612—616.

schnelldrehender Teile unter extremen Bedingungen erlauben. Eine umfangreiche Entwicklung auf diesem Gebiet ist insbesondere durch die Weltraumtechnik gefordert worden, und P. H. BLACKMON, F. J. CLAUSS, G. E. LEDGER und R. E. MAURI[1] beschreiben Testapparaturen, mit denen verschiedenste

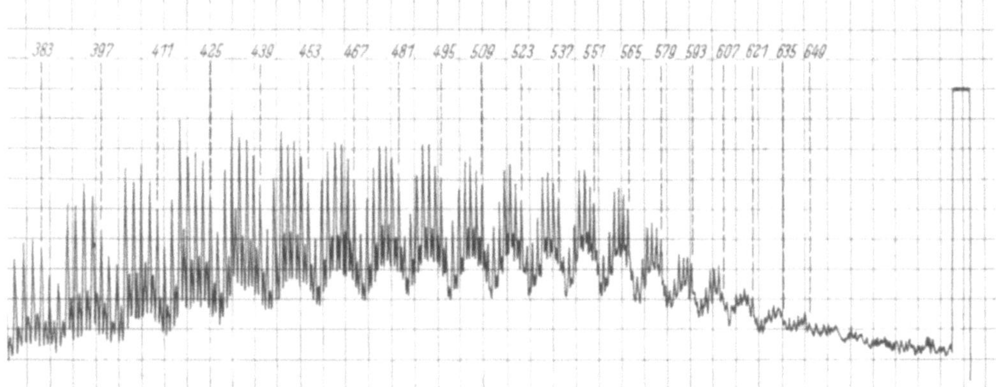

neralöl-Basis (nach v. ARDENNE, STEINFELDER und TÜMMLER).

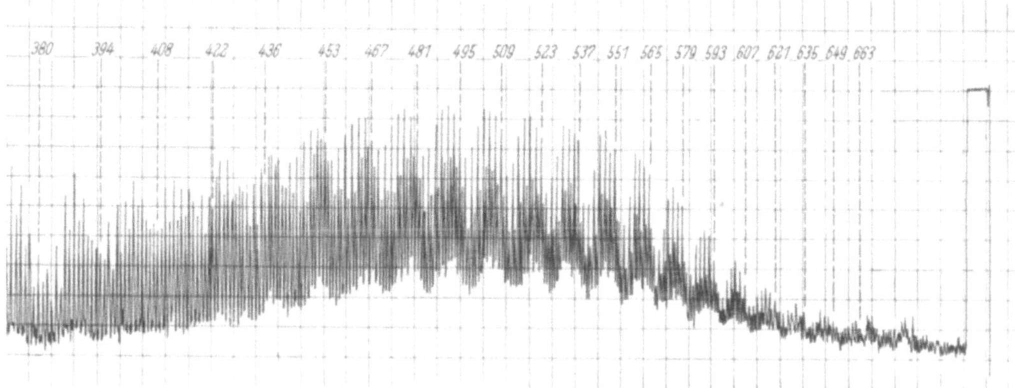

und 1 Torr gealtert wurde (nach v. ARDENNE, STEINFELDER und TÜMMLER).

Schmiermittel bei niedrigen Drucken, erhöhten Temperaturen und über Tausende von Betriebsstunden gemessen werden. Niedrige Dampfdrucke, möglichst kleine Verdampfungsraten und kleine Zersetzungsgeschwindigkeiten bei Temperaturen bis zu 90 °C bei günstigen Schmiereigenschaften sind die extremen Anforderungen an solche Stoffe. Aber auch für das Arbeiten im normalen Hochvakuumbereich zwischen 10^{-3} und 10^{-7} Torr sind die Anforderungen an die Vakuumfette komplexer geworden: neben niedrigen Dampfdrucken bei Zimmertemperatur, die sich nur schwierig messen lassen (A. HERLET und G. REICH[2]), soll auch die Temperaturviskositätskurve möglichst flach verlaufen, so daß beispielsweise ein Betriebsbereich von − 40 bis + 200 °C ermöglicht wird. Dort, wo Temperatur oder zusätzliche Strahlungsbelastung von den normalen, organischen Schmier-

[1] BLACKMON, P. H., F. J. CLAUSS, G. E. LEDGER u. R. E. MAURI: Transaction of the Eighth Vac. Symp. 1961, 1244—1259.
[2] HERLET, A. u. G. REICH: Z. angew. Phys. 9 (1957) 14—23.

mitteln der Vakuumtechnik nicht mehr ausgehalten werden, kann man gelegentlich zu Molybdänsulfid, u. U. mit anorganischen Bindemitteln[1] greifen.

Tab. 2 zeigt Daten verschiedener Dicht- und Schmiermittel für die Vakuumtechnik.

Tabelle 2. *Verhalten und Kenndaten von Schmiermitteln in der Vakuumtechnik.*

Name	Verwendungszweck	Tropfpunkt °C	max. Arbeits- temperatur °C	Dampfdruck (Torr) bei 20 °C
1. Apiezon-Fett „L"[a]	Schliffverbindungen	50	25	etwa 10^{-10}
Apiezon-Fett „M"[a]	und konische Glashähne	49	25	10^{-8} bis 10^{-9}
Leybold-Hochvakuumfett R		60	30	etwa 10^{-10}
Leybold-Hochvakuumfett P		61	30	etwa 10^{-10}
Leybold-Dichtungsfett DD	Drehdurchführungen	58	120	$< 10^{-8}$
2a) Apiezon-Fett „N"[a]	Schliffverbindungen	49	35	
Leybold-Ramsay-Fett zäh	und Glashähne bis	56	25	10^{-4} bis 10^{-5}
Leybold-Ramsay-Fett weich	10^{-2} Torr Arbeitsdruck	56	25	10^{-4} bis 10^{-5}
2b) Apiezon-Fett „T"[a]	Schliffe und Hähne	134	110	
Lithelen[b]	bei niedrigem Enddruck und hoher Arbeitstemperatur	210	150	etwa 10^{-10}
3. Siliconfett[c]	wie 2b)	> 200 (Polymerisation)	150	$< 10^{-10}$

[a] Edwards Hochvacuum GmbH.
[b] Leybold-Heraeus GmbH u. Co.
[c] Dow Corning Co.

XVIII. Uhrenöle[2]

Von A. Brändel, Hamburg-Bergedorf

1. Anforderung und Zusammensetzung

a) Allgemeines

Bei Großmaschinen ist die gesamte Schmierstelle von einem viskosen Schmiermittel umgeben, das in kürzeren oder längeren Zeitabständen, aber doch laufend erneuert wird. Im Gegensatz zur Maschinenschmierung wird das Öl in der Uhr an der Schmierstelle über Monate und Jahre ohne Erneuerung belassen, während man bei den Großmaschinen Wert darauf legt, daß sich das Öl gut verteilt und alle Stellen bedient und bei ausreichender Schlüpfrigkeit („oiliness") einen zusammenhängenden Film in dünner Schicht gewährleistet.

Die Erfüllung dieser charakteristischen, maßgeblichen Eigenschaft, in zusammenhängendem Tropfen über sehr lange Dauer an der Schmierstelle zu verbleiben, ist, neben geringer Alterungs- und Verdunstungsneigung, die wichtigste Forderung an ein brauchbares Uhrenöl.

---

[1] Blackmon, P. H., F. J. Clauss, G. E. Ledger u. R. E. Mauri: Transactions of the Eighth Vac. Symp. 1961, 1244—1259.
[2] Siehe auch Abschnitt J, „Mechanisch-physikalische Geräte zur Schmierstoffprüfung", S. 134.

b) Fette Öle und Mineralöle

In hohem Maße erfüllen „fette Öle" tierischer und pflanzlicher Herkunft diese Forderung. Besonders eignet sich Rinderklauenöl, das heute den überwiegenden Teil der Fettkomponente im Uhrenöl ausmacht. Früher zum Teil benützte Fischöle und auch Olivenöl werden heute kaum noch verwendet.

Für die Uhrenölherstellung vorgesehenes Rinderklauenöl muß von Schleimstoffen und bei $-10°$ bis $-15\,°C$ trübenden Bestandteilen völlig frei sein. Die Neutralisationszahl soll unter 0,05 mg KOH/g Öl liegen.

Der hohen Schlüpfrigkeit des Rinderklauenöls und seiner guten „Tropfenfestigkeit'' steht eine relativ starke Verharzungsneigung gegenüber. Das in der Uhr besonders ungünstige Verhältnis von Metall zu Öl (ungewöhnlich große Metalloberfläche zu einer winzigen Menge Öl) begünstigt das Verharzen des Öles. Zur Konservierung des Klauenöls, zur Erhöhung der Alterungsbeständigkeit und zur Erzielung bestimmter Viskositäten werden diesem deshalb bestimmte Mengen an Mineralölen beigemischt. Dabei muß sorgfältig darauf geachtet werden, daß die gute Schlüpfrigkeit und Tropfenfestigkeit nicht zu stark gemindert werden.

Es lag nahe, die relativ geringe Alterungsbeständigkeit der Uhrenöle auf Klauenölbasis durch Zusätze von Antioxydationsmittel zu verbessern[1]. Auch versuchte man durch Evakuieren des Öles bei gleichzeitiger Scherbeanspruchung die vom Öl absorbierte Luft durch Inertgas zu ersetzen[1]. Durch diese Manipulationen wird die Alterungsneigung der Öle eindeutig herabgesetzt. Die Wirksamkeit ist aber zeitlich begrenzt. Eine gute Schrifttumzusammenstellung über solche Versuche im Ausland gibt PAUL DUCCOMUN[2], der die Wirkung von Antioxydantien gegenüber verschiedenen Metallen studierte. Zur Herstellung von Uhrenöl verwendet man als Mineralöle besonders ausgewählte Paraffina liquida. Als Fette werden Spezialfette, meist Stearatfette, für besondere Schmierungsbeanspruchungen eingesetzt.

c) Syntheseöle

Neben den Gemischen aus Klauenöl und Mineralöl, den „klassischen Uhrenölen", sind in zunehmendem Maße Syntheseöle in Gebrauch. Früher verstand man darunter nahezu ausschließlich Öle, die überwiegend Trikresylphosphat enthalten. Trikresylphosphat hat eine hohe Alterungsbeständigkeit, verdampft unter den Betriebsbedingungen praktisch nicht und bleibt gut im Tropfen beisammen. Es ist mit Automatenstahl (z. B. Körnerschrauben) gut verträglich und deshalb für Schmierungsfälle besonders geeignet, bei denen Klauenöl/Mineralöl-Mischungen versagen (Einfluß der im Automatenstahl enthaltenen Schwefel- und Phosphorverbindungen). Dem Trikresylphosphat fügt man zur Erhöhung der Schlüpfrigkeit und Haftfestigkeit an gleitenden Flächen bestimmte Zusätze von Fettöl zu. Ungünstig wirken sich Trikresylphosphatöle auf die in der Uhrenfabrikation häufig verwendeten Zaponlacke (Basis Nitrozellulose) aus. Diese werden allmählich erweicht und bilden schließlich klebrige, zähe Substanzen, die zu erheblichen Störungen führen. Außerdem kann sich durch die geringe Stabilität gegenüber Feuchtigkeit durch Hydrolyse Phosphorsäure bilden, die zu Korrosion führen kann. Die frühere Giftigkeit der Trikresylphosphatöle ist durch Verwendung toxisch einwandfreier, d. h. physiologisch unbedenklicher Phosphate überwunden.

Neuartige, speziell für die Verwendung in der Uhr vorgesehene synthetische Schmiermittel wurden in der Schweiz und in Amerika entwickelt. Die in der Schweiz hergestellten „Syntheseöle" sind hochmolekulare Ätheralkohole. Sie

---

[1] Vgl. A. BRÄNDEL: Die Uhr (Mai 1951 Nr. 9; Schweiz. Uhr.-Ztg. (Aug. 1951) Nr. 8, S. 46.

[2] J. Suisse d'Horlogerie, Edit. suisse 93 (1948) 114.

haben sich seit Jahren in der Praxis bewährt und den „klassischen Uhrenölen" in vieler Beziehung überlegen erwiesen. Vor allem ist es die fast unbegrenzte Alterungsbeständigkeit und die dadurch gewährleistete Beibehaltung der Viskosität, die diesen Ölen den Vorzug, vor allem bei der Verwendung in Präzisionsuhren, geben. Indes sind diese synthetischen Schmiermittel durchaus nicht für jeden Schmierungsfall geeignet.

Über die Entwicklung weiterer neuer hochmolekularer Ätheralkohole als Uhrenschmiermittel wird im 6. Symposium Schmierstoffe und Schmierungstechnik 1964 von H. REITH und CH. RICHTER, Dresden, berichtet[1]. Vergleichende Untersuchungen verschiedenster Syntheseschmiermittel hat PAUL DUCOMMUN durchgeführt[2].

2. Einfluß der Reinigung

Der Einfluß einer sorgfältigen Reinigung der Uhrenteile auf die Haltbarkeit des Öles an der Schmierstelle und die Alterung wurde schon früh erkannt[3] und dieser Tatsache in den „Richtlinien über den Umgang mit Uhrenölen" weitgehend Rechnung getragen. Das Reinigungswesen im Uhrmacherhandwerk und auch in der Industrie wurde durch die Anwendung von Ultra-Schall sehr verbessert. Ohne Zweifel kommt dieser Fortschritt in hohem Maße auch dem Schmiermittel zugute. Ein außergewöhnlich zweckmäßiges Ultra-Schall-Gerät ist von der Firma Greiner in Langenthal/Schweiz entwickelt worden. Die sehr handliche

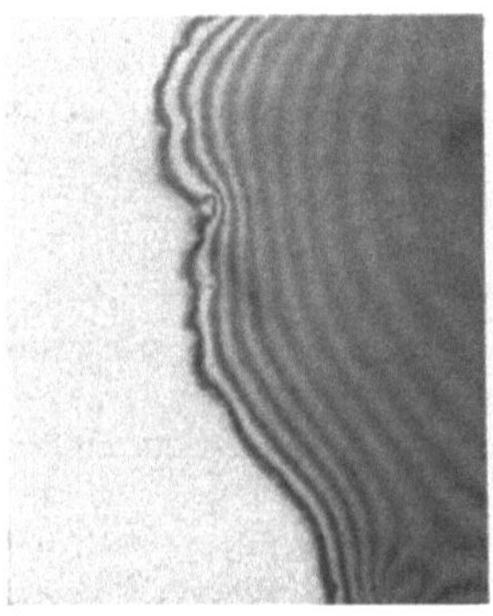 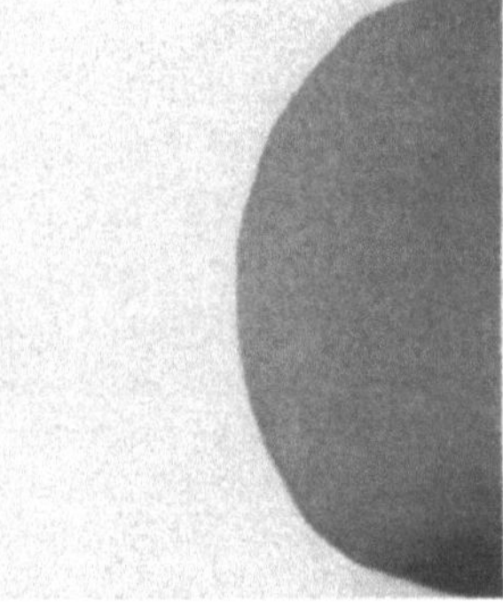 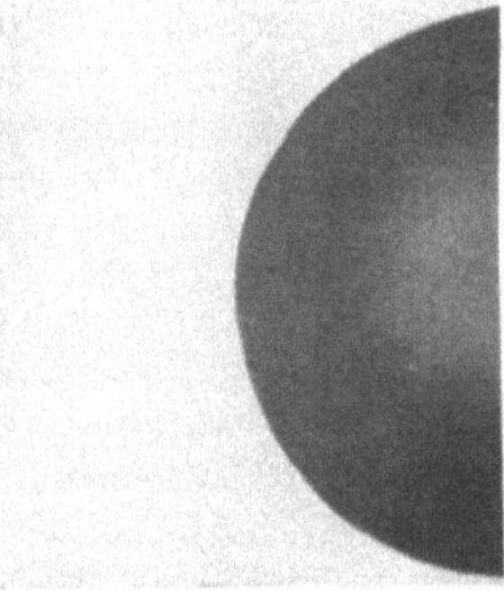

Abb. 1. Mineralöltropfen auf einer gereinigten, aber nicht epilamisierten Rubinfläche nach 1 Stunde. Die Konturen des Tropfens sind schon völlig verlaufen.

Abb. 2. Tropfen des gleichen Mineralöls wie in Abb. 1 auf der epilamisierten Rubinfläche nach 70 Stunden. Die Kontur des Tropfens ist nach dieser langen Zeit praktisch unverändert.

Abb. 3. Tropfen eines Äther-Alkohol-Schmiermittels auf gereinigter, aber nicht epilamisierter Rubinfläche nach 2 Monaten. Die Kontur des Tropfens ist völlig unverändert.

Apparatur besteht aus drei nebeneinanderliegenden Bädern, in denen zunächst die Uhrenteile durch immer frisch destilliertes Lösungsmittel nur stets mit reinstem Lösungsmittel in Berührung kommen (Soxhlet-Prinzip). In dem dritten Bad können die so vorbehandelten Teile durch Aufdampfen einer monomolekularen Schicht von Stearinsäure mit einem Epilamen versehen werden. Durch diese Oberflächenbehandlung erhalten Öle, die große Spreitungsneigung haben (wie z. B. Mineralöle), eine Tropfenfestigkeit, wie sie sonst nur besten Uhrenölen eigen ist (siehe die 3 vorstehenden Abbildungen).

---

[1] Erdöl u. Kohle 18 (Juli 1965) Nr. 7.
[2] J. Suisse d'Horlogerie, Edit. suisse 3/4 (1956) 117—122.
[3] BRÄNDEL, A.: Uhrenreinigung und Uhrenöl. Jahrb. d. Deutschen Ges. f. Chronometrie, Bd. 3 (1952) 58—63.

3. Richtlinien über den Umgang mit Uhrenölen

Um einer nachteiligen Beeinflussung des Uhrenöls durch unsachgemäße Behandlung vorzubeugen, wurden dem Uhrmacher in seiner Fachliteratur[1] nachstehende Richtlinien „Über den Umgang mit Uhrenölen" empfohlen:

1. Die zu ölende Stelle muß absolut sauber sein und darf auch nicht die geringsten Spuren von Staub, Metallpulver, Metalloxiden oder gar Holzmehl aufweisen. Selbst verschwindend kleine Mengen dieser Verunreinigungen begünstigen die Alterung in sehr starkem Maße.

2. Der Auswahl der Uhrenreinigungsmittel ist ganz besondere Aufmerksamkeit zu schenken. Rückstände dieser Reinigungsmittel dürfen auf keinen Fall zurückbleiben, sondern müssen sorgfältig entfernt werden. Als letztes Spülmittel sollte Toluol verwendet werden, das nicht nur die Eigenschaft hat, auch Trikresylphosphatrückstände zu lösen, sondern auch ohne den geringsten Rückstand verdunstet, wenn es in der nötigen Reinheit angewendet wird.

Verbliebene Fettrückstände, auch wenn sie nur in hauchfeiner Schicht vorliegen, bewirken ein Breitlaufen selbst des besten Uhrenöls. Das häufig beobachtete Verschwinden des Öles von der Schmierstelle ist in fast allen Fällen nicht etwa auf das Verdampfen des Öles zurückzuführen, sondern vielmehr auf ein vollständiges Verlaufen.

3. Uhrenöl und Uhr sind vor Feuchtigkeit zu schützen, weil diese von nachteiligem Einfluß auf das Öl ist. Aus diesem Grunde sollte auch ein direktes Pusten mit dem Munde in die Uhr unterbleiben. Feuchtigkeit im Öl macht sich durch Trübung bemerkbar.

4. Uhrenöl soll nicht länger als unbedingt nötig und nicht in großer Verteilung der Luft ausgesetzt werden, weil Luftsauerstoff die Alterung berschleunigt. Um jede, auch die geringste Verunreinigung und etwaige Infektion des Frischöls auszuschließen, sollte auch im Ölnapf des Ölbesteckes verbliebenes Öl nicht in das Vorratsgefäß (Standflasche) zurückgegeben, sondern verworfen werden. Einem zu hohen Ölverlust kann man dadurch begegnen, daß die in den Ölnapf zu bringende Menge möglichst gering bemessen, also sorgfältig dosiert wird.

5. Einstrahlung direkten Lichtes und Erwärmung des Uhrenöls, besonders Dauererwärmung, sind zu vermeiden, da beide die Alterung fördern.

6. Syntheseöl (Trikresylphosphat) darf nicht mit mineralölhaltigem Uhrenöl in Berührung kommen, da sich beide nicht miteinander mischen. Trikresylphosphathaltige Öle werden zweckmäßigerweise vom Hersteller gefärbt (z. B. blau).

Der Zentralverband der Uhrmacher hat bereits vor mehr als 15 Jahren die im Uhrmacherhandwerk gebräuchlichen fünf Standardöle mit Nummern und Farben bezeichnet, die auch heute noch größtenteils Gültigkeit haben.

Es bedeuten

Sorte 1 (grün): Öl für Ankerpaletten in Taschen- und Armbanduhren (Gangöl).

Sorte 2 (rot): Öl für Zylinderradzähne, Steinlöcher und Körnerschrauben (Klein- bzw. Großuhren).

Sorte 3 (blau): Öl für das Räderwerk in Armband- und Taschenuhren.

Sorte 4 (gelb): Öl für Steigradzähne, Ankerstifte und größere Zugfedern (Pendulenöl).

Sorte 5 (schwarz): Öl für das Räderwerk in Großuhren und für Zugfederwindungen (Wanduhrenöl).

Neben den genannten Ölen sind viskose, hochkältebeständige Öle für Turmuhren und sonstige Außenuhren in Benutzung. Außerdem werden auch graphitierte Öle, z. B. als Federöle, verwandt. In diesem besonderen Fall wird in Abweichung von der sonst für Uhrenöle gültigen Forderung hoher Tropfenfestigkeit, eine gute Ausbreitung des Öles über die ganze Schmierfläche verlangt.

4. Prüfung

a) Ältere Prüfverfahren

Ältere, in der Fachliteratur erwähnte Prüfverfahren s. Fußnote 2 bis 4, sowie S. 862 der 1. Aufl. dieses Buches.

---

[1] BRÄNDEL, A.: Über den Umgang mit Uhrenöl. Uhrmacherjahrb. f. Handwerk u. Handel 1950.

[2] Zusammenfassung über Untersuchung von Feinmechaniкölen s. G. E. BARKER u. Mitarb.: ASTM-Bull. 139 (1946) 25.

[3] CYPERS, Dr. P.: Anleitung zur Beurteilung von Uhrenölen vor ihrer praktischen Verwendung. Diebeners Uhrmacherkalender 1929.

[4] STAMM, Dr. H.: Neuartige Schnellprüfungsmethode der Uhrenöle. Schriftenreihe der Gesellschaft für Zeitmeßkunde und Uhrentechnik, 5. Band 1933.

b) Neuere Prüfmethoden

α) Allgemeines. Es gibt keine ausgesprochene Kurzmethode, für eine einwandfreie Prüfung und Beurteilung eines Uhrenöles.

Die Bestimmung der Tropfenfestigkeit, der Alterungsbeständigkeit, der Verdampfbarkeit, des Schmierverhaltens, der Viskositäts-Temperatur-Kurve, der Dichte, der Säure- und Verseifungszahl sowie der Jodzahl ermöglichen eine Klassifizierung der Öle und gestatten eine sehr weitgehende Ausscheidung ungeeigneter Schmiermittel. Die endgültige Beurteilung eines Uhrenöles bleibt aber allein der praktischen Erprobung in der Uhr vorbehalten; diese ist äußerst langwierig und erstreckt sich über Monate und Jahre.

β) Allgemeine Kenndaten. s. „Schmierölprüfung", S. 88 ff.

γ) Spezifische Prüfmethoden.

Tropfenfestigkeit und Ausbreitung

Der Tropfentest[1] beruht auf der Messung der Tropfenausbreitung auf einer Nickelfläche, er wird als Vergrößerung des Tropfendurchmessers in % seines Anfangswertes nach 60 Min. angegeben. In ähnlicher Weise kann die Ausbreitungsneigung auf einem polierten Saphir bestimmt werden[2]. Beide Prüfmethoden setzen peinlich genaue Einhaltung der für die Prüfflächen vorgesehenen Reinigungsvorschriften voraus, weil es außerordentlich schwierig ist, definierte Oberflächen zu schaffen und die Reproduzierbarkeit der Meßergebnisse in hohem Maße von der Reinheit der Prüffläche abhängt.

Alterungsbeständigkeit

Die Alterungsbeständigkeit kann in der Baader-Apparatur bestimmt werden (s. S. 100), wobei durch Abwandlung der jeweiligen Prüfbedingungen sehr brauchbare Ergebnisse erhalten werden.[3] Besonders wichtig ist der Viskositätsanstieg. Ein Verfahren zur Messung der Alterung sehr kleiner Ölmengen (0,2 mg) beruht auf der Bestimmung der Änderung der Grenzphasenspannung (in benzolischer Lösung) gegenüber Wasser.[4]

Kugel-Pendel-Gleitreibungstest nach G. E. BARKER[5]

Zur Prüfung der Schmierfähigkeit werden verschiedene Geräte verwendet, die sich sowohl hinsichtlich Reibungsart (Grenzreibung, Mischreibung, hydrodynamische Reibung), als auch Bewegungsart (Gleitreibung — Translation; Bohrreibung — Rotation) unterscheiden. Im folgenden werden zwei für die verschiedenen Bewegungsarten charakteristische Prüfgeräte beschrieben:

Meßprinzip (Abb. 4): Ein Pendel ist über eine gut polierte Stahlkugel K auf den Gleitflächen Z_1, Z_2 gelagert, die unter einem Winkel von 45° zur Vertikalen stehen und ausgewechselt werden können. Das Prüföl wird zwischen die Berührungsflächen gebracht. Das Pendel kann durch verschiedene Massen (M 1 bis 3) mit der Summe M belastet werden. Man nimmt die Dämpfungskurve des Pendels beim Ausschwingversuch auf (Amplitude α in Abhängigkeit von der Zeit).

[1] KLUGE, J.: Feinwerktechnik 60 (1965) 165—170.
[2] REITH, H., u. CH. RICHTER: Erdöl u. Kohle 18 (Juli 1965) Nr. 7.
[3] BRÄNDEL, A.: Jb. Dtsch. Ges. Chronometrie 2 (1951) 50/51.
[4] KLUGE, J.: Feinwerktechnik 60 (1956) 169.
[5] ASTM-Bull. 139 (1946) 25.

Zwei-Kugel-Bohrungs-Gleitreibungstest nach E. FISCHER (Abb. 5):

Bei dieser Prüfmethode werden zwei Kugeln d, f mit der Kraft P auf die Meß-platte e gepreßt. Die Berührungsstellen sind mit dem Schmiermittel benetzt. Die beiden Kugeln werden gleichwinklig mit einstellbarer Winkelgeschwindig-keit gedreht. Das Reibungsmoment M_r auf die Meßplatte verdreht dieselbe gegen eine Meßfeder a.

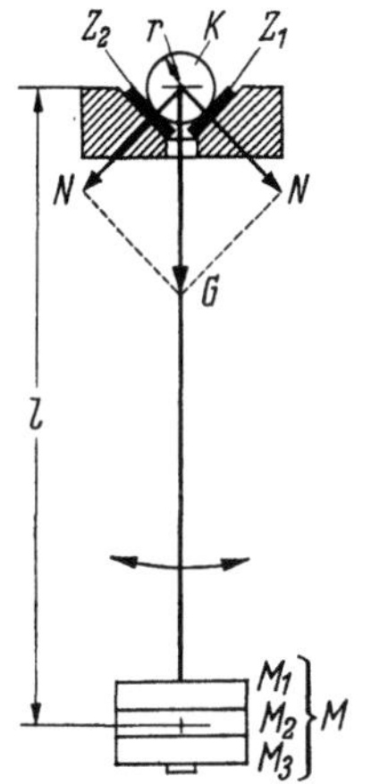

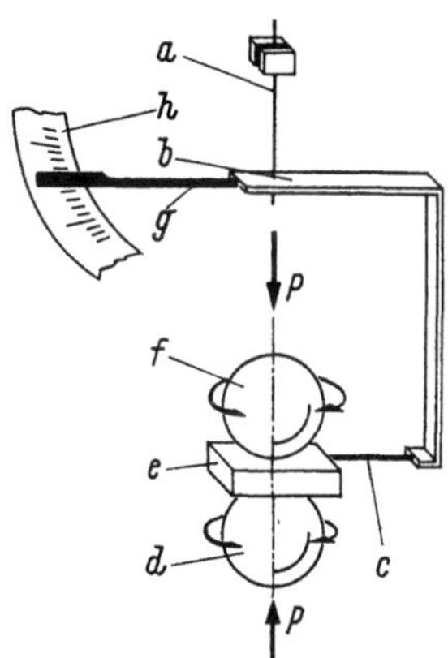

Abb. 4. Kugel-Pendel-Gleitreibungsprüfer   Abb. 5. Zwei-Kugel-Bohrungs-Gleitreibungsprüfer.

Damit läßt sich das Verhältnis von Reibungsmoment M_r zu Meßdruck P in Abhängigkeit von Schmiermittel und Winkelgeschwindigkeit bestimmen.

Gleitindikator nach TANNERT[1]

Bei allen Schmiervorgängen, bei denen sich Werkstoffe unter verschiedenen Drücken und unterschiedlicher Oberflächenbeschaffenheit mit äußerst geringen Gleitgeschwindigkeiten aufeinander bewegen, werden ganz besondere Anforderungen an das Schmiermittel gestellt:

1. kleinste Reibungskräfte sowohl beim Gleiten aus der Ruhe als auch während des Gleitens,

2. stetig gleich große Reibungskraft während des Gleitens selbst, wobei außerdem die Bedingung erfüllt sein soll, daß diese ein Minimum darstellt,

3. soll das Schmiermittel auch bei unterschiedlicher Werkstoff- und Ober-flächenbeschaffenheit in allen Fällen gleich gut geeignet sein.

Mit diesen drei mechanischen Bedingungen könnte man den Begriff der Schlüpfrigkeit oder Oiliness eines Schmiermittels umreißen.

Von den verschiedensten Meßgeräten hat sich eine Prüfeinrichtung, die von Dipl.-Ing. TANNERT, Hamburg, entwickelt wurde, Gleitindikator genannt, als besonders geeignet erwiesen. Die Apparatur ist schematisch in Abb. 6 dargestellt:

Zwischen zwei Gleitklötzen gleitet eine Gleitzunge, die über ein Stahlband mit einem Pendel verbunden ist. Bei Bewegung des Tisches, in dem der obere und untere Gleitklotz befestigt ist, wird die Gleitzunge durch die Reibungskraft zwischen den Gleitklötzen mitgenommen. Die Bewegung wird auf das Pendel übertragen, wodurch es ausschlägt. Wird die Rückstellkraft des Pendels so groß wie die Gesamtreibungskraft zwischen Klötzen und Zunge, so bleiben Pendel und

---

[1] BRÄNDEL, A.: Jb. Dtsch. Ges. Chronometrie 5 (1954) 57—60.

Zunge in ihrer Lage stehen. Die Pendelausschläge von der Lotrechten werden graphisch aufgenommen. Das Gerät arbeitet mit *wählbaren Gleitgeschwindigkeiten* in den Größenordnungen von 0,01 bis 0,1 mm/sec.

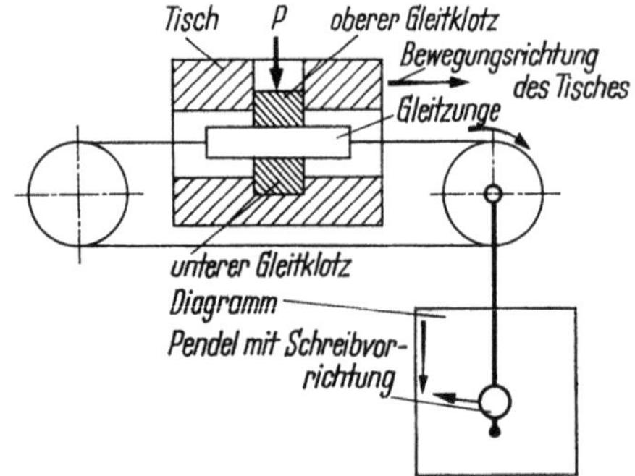

Abb. 6. Gleitindikator nach Tannert.

XIX. Weißöle und Paraffinum liquidum

Von K. H. Schünemann, Hamburg[1]

1. Definition und Einteilung

Als Weißöle bezeichnet man über 280 °C siedende, auf wasserhelle bis hellgelbe Farbe raffinierte Erdöldestillate[2]. Im Handelsgebrauch unterscheidet man heute Weißöle verschiedener Helligkeits- und Raffinationsgrade sowie Paraffinum liquidum:

	Farbe Saybolt (ASTM D 156-64)	Farbe WOMA	Viskosität in cSt/50
Weißöle	+5 bis +30	2—10	12—40
Medizinische Weißöle = Paraffina liquida	+30	1	12 und 40

Im Jahre 1934 wurden von der WOMA (White Oil Manufacturers Association) handelsübliche Weißöle zwecks besserer Übersicht in Farbklassen und Viskositätsgruppen eingeteilt. Die Farbeinteilung ist heute noch handelsüblich. Daneben wird die Farbe von Weißölen auch mit dem Saybolt Chromometer nach ASTM D 156-64 (s. Teil I, S. 440) gemessen.

2. Herstellung

Weißöle werden durch Raffination geeigneter Destillate mit konzentrierter bzw. rauchender Schwefelsäure, Neutralisation mit Alkalien und nachfolgender Bleichung mit Bleicherde, evtl. unter Zusatz von aktiver Kohle, hergestellt. Die Vorschaltung einer Lösungsmittelraffination ergibt höhere Ausbeuten und geringeren Verbrauch an Schwefelsäure. Geeignete Destillate können unter Umständen auch mittels Bleicherde allein in helle Weißöle übergeführt werden, jedoch sind ohne Schwefelsäureraffination hergestellte Weißöle weniger lichtbeständig.

---

[1] Unter Mitarbeit von Dr. W. Gohdes.

[2] Die früher z. T. übliche Bezeichnung „Vaselinöl" ist fortgefallen und für Fraktionen des Braunkohlenteers (s. dort) vorbehalten. Die Bezeichnung „flüssiges Paraffin" ist nicht korrekt. — Siehe auch E. Meyer: White Oil, Petroleum and Related Products, 2. Aufl. New York: Chem. Publishing 1968.

Paraffinum liquidum benötigt zur Erzielung eines einwandfreien Schwefelsäuretestes (Anforderungen S. 318) große Mengen rauchender Schwefelsäure (bis zu 100%), was starkes Absinken der Dichte und der Viskosität bewirkt.

Paraffinum liquidum besteht aus Kohlenwasserstoffen mit naphthenischen Ringen und paraffinischen Seitenketten; es ist frei von Aromaten und ungesättigten Kohlenwasserstoffen[1].

Aromatenbestimmung in medizinischen Weißölen mit Hilfe der Watermannschen Größe C_A (ultraviolett-spektroskopisch ermittelt) führten zu dem Schluß, daß in hochraffinierten Ölen praktisch keine kondensierten aromatischen Ringsysteme mehr vorliegen. Ein Zusammenhang zwischen der Fluoreszenzintensität von Mineralölen und ihrem Aromatengehalt besteht nicht[1].

3. Verwendung

Der Raffinationsgrad muß dem jeweiligen Verwendungszweck angepaßt sein. Man unterscheidet:

a) Weißöle für technische Zwecke

Gelbliche bis farblose Öle dienen zur Schmierung von Uhren, Feinmechanikapparaten, Nähmaschinen, Waffen und Fahrrädern, zur Herstellung von Lederölen und -fetten, technischen Vaselinen, Metallbearbeitungsölen, zum Verschneiden pflanzlicher Öle für technische Zwecke, in der Textilindustrie als Schmälzöle, Spinnöle, Webstuhlöle und als Weichmacher in der Kunststoff- und Kunstseidenindustrie; ferner als Abdeckmittel zum Schutz gegen Verdampfung von Flüssigkeiten. Spezialöle mit tiefem Stockpunkt werden in großen Mengen als Schmiermittel in Großkälteanlagen und Haushaltkältemaschinen benötigt, sie müssen beständig gegen Kältemittel sein; vgl. hierzu S. 321.

In diese Gruppe gehören auch die zur Herstellung von Schädlingsbekämpfungsmitteln dienenden Öle.

b) Öle für medizinische und kosmetische Zwecke (Paraffinum liquidum)

Geruchlose, fast farblose Öle dienen zur Herstellung von Salben und Pasten als Haaröle usw. Wasserhelle, scheinfreie, geruch- und geschmacklose Öle, die den Anforderungen des Arzneibuchs entsprechen müssen, dienen als Purgans und Heilmittel bei Darmleiden. Sie wirken rein mechanisch als Gleitmittel, ohne die Resorption der Nahrungsstoffe durch die Darmschleimhaut wesentlich zu hindern. Sie dienen ferner für Luftfilter und zur Schmierung von Maschinen in der Lebensmittelindustrie sowie von ärztlichen und zahnärztlichen Instrumenten, als Massageöle sowie zur Herstellung pharmazeutischer Präparate, da sie keine Bakterien übertragen, nicht trocknen und sich nicht verändern.

Weißöle (Paraffinum liquidum) in Lebensmitteln und die Einfuhr damit behandelter Trockenfrüchte sind in Deutschland, Frankreich, Belgien und Italien durch Gesetz verboten, in den USA, Großbritannien und einigen anderen Ländern unter bestimmten Voraussetzungen zugelassen.

4. Prüfung

a) Allgemeines[2]

Die Prüfung erstreckt sich auf die Feststellung von Farbe, Fluoreszenz, Geruch, Geschmack, Raffinationsgrad, Dichte, Stockpunkt, Vorhandensein fester Paraffinkohlenwasserstoffe, Gehalt an Seifen (Asche), fetten Ölen, Entscheinungsmitteln und Farbstoffen sowie Lichtbeständigkeit[3].

---

[1] FISCHER, K. A., G. BRANDES u. W. GOHDES: Erdöl u. Kohle 11 (1958) 261.

[2] Über Reinheitsanforderungen an Paraffinum liquidum berichtet HOFMANN, H. J.: Erdöl u. Kohle 17 (1964) 717—721, 913—916.

[3] Bestimmung s. Schmieröl-Prüfmethoden, S. 62 ff. — ASTM D 565-45: Test for Carbonizable Substances in White Oils; ASTM D 2269-64 T: Test for White Oil by Ultraviolet Absorption.

Weißöle für technische Zwecke sollen gut ausraffiniert sein, keine Seifenbestandteile (Asche) enthalten und soweit sie zur Schmierung empfindlicher Apparate dienen, nicht altern.

Schärfere Anforderungen hinsichtlich der Schwefelsäureprobe werden an Weißöle gestellt, die z. B. zum Verdünnen von pharmazeutischen weißen oder gelben Vaselinen dienen sollen, s. unter Vaseline, pharmazeutische Prüfungen, Verhalten gegen Schwefelsäure s. Teil I, S. 494.

Die Lichtbeständigkeit wird durch Bestrahlen mit einer Quarzlampe festgestellt, wobei die Probe so weit von der Lichtquelle entfernt gehalten werden muß, daß sie sich nicht oder nur schwach erwärmt.

Nur hochraffinierte Weißöle dürfen zur Herstellung von Schädlingsbekämpfungsmitteln (Sommerspritzmittel für Gartenbau und Obstkulturen, Insektizide und Haushaltsspritzmittel) benutzt werden, da sulfonierbare Anteile Blattschäden verursachen.

b) Prüfung von Weißölen auf „nicht-sulfonierbaren Rückstand" nach ASTM D 483-63: Unsulfonated Residue of Plant Spray Oils

Für die Feststellung des Raffinationsgrades von Weißölen ist die Bestimmung des Gehalts der von konz. Schwefelsäure nicht angreifbaren Bestandteile maßgebend und zur Prüfung von Ölen für Pflanzenschutzmittel genormt. Die Methode ist in USA für Öle zur Schädlingsbekämpfung vorgeschrieben.

c) Prüfung von Paraffinum liquidum nach DAB 7

Das Deutsche Arzneibuch, 7. Ausg., beschreibt zwei Paraffinum liquidum-Typen als flüssige Mischung gereinigter, gesättigter Kohlenwasserstoffe, sowie als klare, farblose, im Tageslicht nicht fluoreszierende ölige Flüssigkeiten ohne Geruch und Geschmack, die sich nur in der Dichte und der Viskosität unterscheiden:

1. *Paraffinum subliquidum* — Dickflüssiges Paraffin — mit einer Dichte bei 20 °C von 0,865 bis 0,890 und einer dynamischen Viskosität von mindestens 120 cP bei 20 °C und

2. *Paraffinum perliquidum* — Dünnflüssiges Paraffin — mit einer Dichte bei 20 °C von 0,830 bis 0,870 und einer Viskosität von höchstens 60 cP.

Sie sind mischbar mit Äther und Chloroform, praktisch unlöslich in Wasser und 90%igem Äthanol. Die übrigen Reinheitsprüfungen sind bei beiden gleich.

Prüfung auf Reinheit

1. *Lichtabsorption*: Die Extinktion der Substanz darf, gemessen gegen Wasser a) in einer Schichtdicke von 0,5 cm bei 275 nm höchstens 0,80 betragen, b) in einer Schichtdicke von 2 cm bei 295 nm höchstens 0,40 und oberhalb von 300 nm höchstens 0,30 betragen.

2. *Alkalisch oder sauer reagierende Verunreinigungen*: 5 ml Öl werden mit 5 ml Wasser von 90 bis 95 °C 1 Min. lang geschüttelt; die abgetrennte wäßrige Schicht darf durch 0,10 ml 1%ige alkoholische Phenolphthaleinlösung nicht rot gefärbt werden und höchstens 0,1 ml einer 0,1 n NaOH bis zum Umschlag nach Rot verbrauchen.

3. *Verhalten gegen Schwefelsäure*: 5 ml Substanz und 5 ml konzentrierte Schwefelsäure (95,5 ± 0,5%) werden in das gereinigte mit Glasstopfen verschließbare Prüfglas[1] eingefüllt. Die Probe wird im Wasserbad 10 Min. lang erhitzt. Nach der 2., 4., 6. und 8. Min. wird das Prüfglas jeweils auf höchstens 3 Sek. aus dem Wasserbad genommen und 3mal kräftig nach unten geschlagen.

Die Schwefelsäureschicht darf im durchfallenden Licht nicht stärker gefärbt sein als eine Mischung von 1,5 ml Farbstammlösung R 161, 1 ml Farbstammlösung R 243, 0,5 ml

---

[1] Länge 120 mm, innerer Durchmesser 20 mm.

Farbstammlösung R 256 und 2 ml HCl, 1%ig. Die Konzentrationen der Farbstammlösungen sind wie folgt:

R 161: Eisenchlorid: 0,5 n = 45,05 g $FeCl_3 \cdot 6H_2O$ und 25 ml Salzsäure in Wasser zu 1000 ml gelöst;

R 243: Kobaltchlorid: 0,5 n = 14,73 g Co^{2+} = 59,50 g $CoCl_2 \cdot 6H_2O$ gelöst in 0,6%iger Salzsäure zu 1000 ml;

R 256: Kupfersulfat: 0,5 n = 62,42 g $CuSO_4 \cdot 5H_2O$ in Wasser zu 1000 ml gelöst.

4. *Feste Paraffine*: 5 ml des 2 Std. lang bei 105 °C getrockneten Öles werden in dem gleichen unter Ziffer 3 beschriebenen Prüfglas auf 0 °C abgekühlt. Nach 4 Std. muß die Probe noch so durchsichtig sein, daß ein 0,5 mm breiter, auf weißes Papier aufgetragener waagerechter schwarzer Strich in der Durchsicht deutlich erkennbar ist. Das Papier ist unmittelbar hinter das Prüfglas zu halten.

5. *Schwefelhaltige Verunreinigungen*: 5 ml Öl, 2 ml Äthanol, 90%ig, 0,15 ml Bleiacetatlösung (R 87)[1] und 0,25 ml 3n-Natronlauge werden unter häufigem Umschütteln 10 Min. auf 70 °C erhitzt. Nach dem Abkühlen darf das Gemisch gegenüber einer Blindprobe nicht verfärbt sein.

Aufbewahrung: Vor Licht geschützt.

d) Britische Pharmakopoe und Codex 1963

Diese führt nur noch ein Paraffinum liquidum mit einer kinematischen Viskosität von mindestens 64 cSt bei 37,8 °C und einer Dichte bei 20 °C von 0,870 bis 0,890 g/ml auf. Die leichtere Qualität mit höchstens 30 cSt bei 37,8 °C und einer Dichte bei 20 °C von 0,830 bis 0,870 g/ml ist in den *„British Pharmaceutical Codex 1963"* aufgenommen worden. Die Reinheitsanforderungen an beide Qualitäten sind die gleichen.

Das Verhalten gegen konzentrierte Schwefelsäure (Carbonizable Substances) wird mit einer 95,5- bis 96,0%igen Schwefelsäure durchgeführt. 5 ml Öl und 5 ml H_2SO_4 werden in einem mit einem Glasstopfen versehenen Glas (Länge 120 mm, lichte Weite 20 mm, versehen mit je einer Marke bei 5 und 10 ml) im siedenden Wasserbad erhitzt und nach der 2., 4., 6., 8., 10. Min. je 5 Sek. lang kräftig geschüttelt. Anschließend überführt man mit Hilfe eines kleinen Scheidetrichters die Schwefelsäureschicht in eine farblose viereckige Glaszelle mit 10 mm lichter Weite. Man vergleicht in einem geeigneten Kolorimeter mit der Farbe einer Kombination eines gelben und eines roten Farbglases mit folgenden Kennzahlen:

Farbwertanteile	X	Y	Z	Durchlässigkeit %
Rotes Glas	0,377	0,331	0,292	66,6
Gelbes Glas	0,412	0,451	0,137	84,3

e) Amerikanische Pharmakopoe USP XVII und NF XII
vom 1. 9. 1965

In dieser wird Paraffinum liquidum als „Mineral Oil" und als eine farb- und geschmack- und geruchlose Mischung flüssiger Kohlenwasserstoffe aus Erdöl bezeichnet, die nicht oder fast nicht fluoresziert. Das spezifische Gewicht 25 °C/25 °C beträgt 0,860 bis 0,905, die kinematische Mindestviskosität bei 37,8 °C : 38,1 cSt. Es handelt sich um das frühere „Heavy Liquid Petrolatum" der USP XVI.

Das leichte Paraffinum liquidum ist in die NF XII „The National Formulary XII", eine Ergänzung zur Pharmakopoe, aufgenommen. Es hat eine kinematische Viskosität von höchstens 37 cSt bei 37,8 °C und ein spez. Gew. 25 °C/25 °C von 0,828 bis 0,880. Die Reinheitsanforderungen sind die gleichen wie beim schweren Paraffinum liquidum.

---

[1] R 87: 3,35 g Blei-II-acetat werden in 90%igem Äthanol bei 30 bis 40 °C zu 100 ml gelöst.

Verhalten gegen Schwefelsäure (Readily Carbonizable Substances)

5 ml des Öles werden mit 5 ml konzentrierter Schwefelsäure von 94,5 bis 94,9% in einem Reagenzglas mit Glasstopfen 140 mm × 14 mm mit je einer Marke bei 5 und 10 ml (ASTM D 465-45) im siedenden Wasserbad 10 Min. erhitzt. Alle 30 Sek. wird das Glas 30 Sek. dreimal kräftig geschüttelt. Das Reagenzglas darf nicht länger als 3 Sek. für jede Schüttelperiode außerhalb des Bades sein. Nach der Herausnahme aus dem Wasserbad muß die Ölschicht in ihrer Farbe unverändert und die Säureschicht nicht stärker gefärbt sein als ein Gemisch von 3 ml Eisenchlorid, 1,5 ml Kobaltchlorid- und 0,5 ml Kupfersulfat-Farbstammlösungen sein. Vor der Prüfung überschichtet man die Vergleichslösung mit 5 ml Paraffinum liquidum. Die einzelnen Farbstammlösungen sind mit den im DAB 7 beschriebenen identisch, das Gemisch jedoch ist wesentlich dunkler eingestellt.

f) Paraffinum liquidum und Lebensmittelgesetz

Die Verwendung von Mineralölen, d. h. auch von Paraffinum liquidum zur Herstellung von Lebensmitteln ist durch die Fremdstoffverordnung vom 21. 12. 1958 zum Lebensmittelgesetz generell verboten. Ausgenommen ist die Verwendung von Paraffinum liquidum zur Herstellung von Schnupftabak (Tabakverordnung vom 19. 12. 1959)[1] und zur Herstellung von Kaugummi (Kaugummiverordnung, geändert am 21. 8. 1964)[2]. Auf Grund dieser Änderung wird zusätzlich zu den Reinheitsprüfungen des DAB die unter Hartparaffin, Teil I, S. 486 u. Teil II, S. 128, beschriebene Prüfung auf polycyclische Aromaten vorgeschrieben.

XX. Elektrisch behandelte Öle

1. Herstellung und Verwendung

Nach den Erfahrungen von A. DE HEMPTINNE[3] können Fette allein oder im Gemisch mit Mineralölen durch elektrische Glimmentladungen infolge Ionenstoß und Kondensationsreaktionen unter Wasserstoffabspaltung und Bildung hochmolekularer Polymerisationsprodukte mit Molekulargewichten bis zu 6000 in ihrer Viskosität bis 100 °E bei 100 °C erhöht und in ihrem Viskositäts-Temperatur-Verhalten verbessert werden[4]. In der Technik bezeichnet man die Behandlung von Ölen durch elektrische Glimmentladungen als „Voltolisierung", Über die Reaktionskinetik des Voltolprozesses berichtet H. UMSTÄTTER[5].

Die durch Voltolisierung erhaltenen sog. „Voltole" zeigen einen besseren Brechungsindex, niedrigeren Reibungskoeffizienten, geringeren Randwinkel und besonders im Gebiete der halbtrockenen Reibung einen hohen Schmierwert[6]. Vorteilhaft ist auch ihre Fähigkeit, den in Öl nach längerem Gebrauch vorhandenen Schlamm in Suspension zu halten[7] und den Stockpunkt zu erniedrigen[8]. Dem Voltol ähnliche Produkte erhält man nach dem Verfahren der *Siemens-Halske AG*[9]., dem Elektrion-Verfahren von DE CAVEL und ROEGIERS[10] und dem

---

[1] Bundesgesetzblatt, Teil 1 (1959) vom 22. 12. 59, S. 730 ff.
[2] loc. cit. s. Teil I, S. 487.
[3] D.R.P. 234 543, 236 294, 251 591.
[4] EICHWALD u. VOGEL: Z. angew. Chem. 35 (1922) 505; 36 (1923) 611.
[5] Angew. Chem. B 19 (1947) 207.
[6] MOSER: Schweiz. Verb. Material-Prüf. Techn. Ber. 9 (1928).
[7] Antiausflockungswirkung s. S. 21.
[8] A.P. 2 084 352.
[9] D.R.P. 463 643 (1924) und 466 813 (1923).
[10] Chim. et Ind. 25 (1931) Sonder-Nr. 3, S. 443.

Verfahren der IG Farben[1]. Ausführlich ist über den Einfluß elektrischer Hochspannungsentladungen vom Siemens-Konzern berichtet worden[2], ferner von G. EGLOFF und I. C. MORELL[3].

Als Fettstoffe können alle fetten Öle, insbesondere Rüböle, herangezogen werden, als Mineralöl insbesondere Raffinate oder auch Paraffin (IG Farben-Neo-Voltol); als Strom findet Einphasen-Wechselstrom von 4300 bis 4600 V und 500 Hz bei 13 bis 20 A Verwendung. Die Voltolisierungstemperatur unter Vakuum beträgt 70 °C.

Man kann so arbeiten, daß man zuerst das Fettöl voltolisiert und dem Mineralöl zusetzt oder das gesamte Gemisch gemeinsam behandelt. Das erste Produkt bezeichnet man als Halbvoltol, das zweite als Endvoltol. Die Intensität der Voltolisierung richtet sich nach dem gewünschten Endprodukt, insbesondere nach dessen Viskosität. Bei einem Rüböl-Halbvoltol arbeitet man z. B. auf eine Viskosität 8 °E bei 100 °C, bei einem Endvoltol aus 66% Maschinenöl und 33% Rüböl z. B. auf 25 °E bei 100 °C. Zu beachten ist, daß die Voltole im Gebrauch eine, wenn auch nur geringe Entvoltolisierung zeigen[4].

Die einzige, von der Deutschen Shell betriebene Voltolanlage Deutschlands wurde nach dem Kriege demontiert. In Belgien werden von der Soc. des Huiles De Cavel u. Roegiers in Gent unter der Bezeichnung „Elektrion"-Öle hochwertige Motorenschmieröle durch Elektroionisation hergestellt, die hohe Viskositätsindizes (etwa 120 bis 125), niedrigen Conradson-Test und gute Alterungsneigung auszeichnen. Voltolisierte fette Öle werden je nach dem gewünschten Effekt in der Regel zum Compoundieren von Mineralölen verwendet, z. B. zur Herstellung von Hochleistungsmaschinenölen verschiedener Viskosität (Voltolgleitöle), von Motorenölen, insbesondere Flugmotorenölen und Ölqualitäten mit besonderer Haftfestigkeit[5].

2. Prüfung

Voltol wird nach den für Mineralöle üblichen Methoden geprüft; die Verseifungszahl der fetten Öle nimmt bei der Voltolisierung nur unwesentlich ab, so daß aus ihr der Gehalt eines Mineralöls an Fettölen errechnet werden kann.

XXI. Kältemaschinenöle

Von H. STEINLE, Giengen/Brenz

1. Anforderungen und Einteilung

Als Kältemaschinenöle werden Schmieröle bezeichnet, die in Kältemaschinen der Einwirkung des flüssigen und gasförmigen Kältemittels ausgesetzt sind.

Die Anforderungen an Kältemaschinenöle haben sich durch den Übergang auf gekapselte Kältemaschinen, die Erhöhung der Tourenzahl von 1500 auf etwa

---

[1] D.R.P. 516316 (1927).

[2] Wiss. Veröff. Siemens-Konzern, Sonderdruck, Bd. VIII, H. 2. Berlin: Springer 1928; sowie TH. RUMMEL: Wiss. Veröff. Siemens-Konzern, Werkstoff-Sonderheft 1940, S. 278.

[3] Chem. Rev. 28 (1941) Nr. 1, S. 70.

[4] MARCUSSON: Z. angew. Chem. 33 (1920) 232, 234.

[5] Außer Mineralöl-Fettöl-Gemischen wurde in der Patentliteratur die Voltolisierung folgender Stoffe empfohlen: Mineralölextrakte: F.P. 813729 (Standard Oil); Paraffine und Wachse: D.R.P. 642340, 615562, 616833 (I. G. Farbenindustrie AG.); Kurzvoltolisierung: F.P. 815151 (Standard Oil); Ester von aliphatischen Alkoholen: F.P. 815962 (Standard Oil); Säuren, Ester, Alkohole: Can.P. 346033 (Standard Oil); Zusatz von Katalysatoren zur Voltolisierung: Poln.P. 12130, F.P. 35880 (I. G. Farbenindustrie AG.); Braunkohlenteer: E.P. 303776 (I. G. Farbenindustrie AG.); Apparatur: A.P. 2191797.

3000 je Min. und durch die Anwendung tieferer Verdampfungstemperaturen in vielen Kältemaschinen verschärft. Dadurch ergeben sich höhere Beanspruchungen in chemischer und schmiertechnischer Hinsicht, sowie auch an das Kälteverhalten.

Für Kältemaschinenöle gelten die Mindestanforderungen nach DIN 51 503. Öle zur Triebwerkschmierung offener Kältemaschinen brauchen dieser Norm

Tabelle 1. *Mindestanforderungen an Kältemaschinenöle nach DIN 51 503 (Febr. 1966).*

Anforderung	Gruppe A	Gruppe C	Prüfung nach DIN
Aussehen	klar		—
Flammpunkt mindestens °C	160		51 584
Neutralisationszahl Nz höchstens mg KOH/g Öl	0,08 (frei von Mineralsäure und Alkali)		51 558
Verseifungszahl Vz höchstens mg KOH/g Öl	0,20		51 559
Asche höchstens Gew.-%	0,01		51 575
Fließvermögen im U-Rohr oder tiefer als bei °C	für Kältemaschinen mit Verdampfungstemperaturen zwischen −20 °C und −30 °C: −30 für Kältemaschinen mit Verdampfungstemperaturen oberhalb −20 °C: −20	−25	51 568
Wassergehalt im Anlieferungszustand	In Kesselwagen angelieferte Öle dürfen nach Ablassen von 10 l des Kesselinhaltes kein abgesetztes Wasser enthalten. In Fässern angelieferte Öle dürfen bei Raumtemperatur kein abgesetztes Wasser enthalten. In wasserdampfdichten Kleingebinden darf das Öl nicht mehr als 30 mg Wasser/kg enthalten.		51 552 oder 51 777 Blatt 1[a,b]
Kältemittelbeständigkeit mit R 12, mindestens h	—	96	51 593
Frigen-12-Unlösliches höchstens Gew.-%	—	0,05	51 590
Kinematische Viskosität mindestens cSt	für Kältemaschinen mit Verdampfungstemperaturen zwischen −20 °C und −30 °C: 33 bei 20 °C, 10 bei 50 °C für Kältemaschinen mit Verdampfungstemperaturen oberhalb −20 °C: 53 bei 20 °C, 14 bei 50 °C	76 bei 20 °C, 17 bei 50 °C —	51 561 51 562

[a] z. Z. noch Entwurf.
[b] Als Schiedsverfahren ist nur DIN 51 552 anzuwenden.

nicht zu entsprechen, sofern ein Übertritt des Öles in den Kältemittelkreislauf verhindert wird. Für sie gelten DIN 51 501 und DIN 51 504 (s. S. 51).

Kältemaschinenöle sind ungefettete Raffinate und werden nach DIN 51 503 in zwei Gruppen mit verschiedenen Kenndaten unterteilt.

Die *Gruppe A* umfaßt Öle für Kältemaschinen, die mit Ammoniak (NH_3) oder mit Kohlendioxid (CO_2) betrieben werden. Diese Kältemittel sind in den

Kältemaschinenölen auf Mineralöl- und Synthesebasis praktisch unlöslich. Sie reagieren chemisch nicht mit diesen Kältemaschinenölen und deren Bestandteilen.

Die *Gruppe C* gilt für Öle für Kältemaschinen, die mit fluorierten und chlorierten Kohlenwasserstoffen als Kältemittel betrieben werden, z. B.

Kältemittel R 11, Monofluortrichlormethan ($CFCl_3$);
Kältemittel R 21, Monofluordichlormethan ($CHFCl_2$);
Kältemittel R 40, Methylchlorid (CH_3Cl);
Kältemittel R 12, Difluordichlormethan (CF_2Cl_2);
Kältemittel R 22, Difluormonochlormethan (CHF_2Cl);
Kältemittel R 114, 1.1.2.2-Tetrafluordichloräthan (CF_2Cl-CF_2Cl).

Sie sind in den Kältemaschinenölen mehr oder weniger löslich.

Die Bezeichnung der Kältemittel wird von ISO[1], TC 86[2], WG 1[3] zur Zeit international festgelegt[4].

Die Anforderungen an die Eigenschaften und die Reinheit der Kältemittel sind in DIN 8960, die dazu erforderlichen Prüfverfahren in DIN 8961 festgelegt. Es gibt darüber hinaus eine Anzahl von Kältemitteln für Spezialzwecke, insbesondere für tiefe Verdampfungstemperaturen. Die Auswahl und Anwendung von Kältemaschinenölen für diese Zwecke muß aber durch Sondervereinbarungen und spezielle Prüfverfahren geregelt werden. Die Anwendung der Kältemaschinenöle nach DIN 51503 ist auf Verdampfungstemperaturen von −30 °C begrenzt.

2. Betriebsbedingungen

a) Allgemeines

Die folgenden speziellen Betriebsbedingungen haben zur Entwicklung der Kältemaschinenöle nach DIN 51503 und den zugehörigen spezifischen Prüf- und Entwicklungsverfahren geführt.

Es ist nicht zu vermeiden, daß Kältemaschinenöle aus dem Verdichter, in dem sie zur Schmierung benötigt werden, vom Kältemittel in den gesamten Kreislauf mitgeführt werden. In den gekapselten Kältemaschinen sind die Kältemaschinenöle mit darin gelöstem Kältemittel den hohen Temperaturen an den Wicklungen der Elektromotoren, am heißen Druckventil, sowie in Lagern und an Gleitflächen der Kolben ausgesetzt. Ausreichende thermische und chemische Beständigkeit der Kältemaschinenöle auch im Gemisch mit den Kältemitteln ist deshalb eine wesentliche Voraussetzung für die Lebensdauer der Kältemaschinen. Die heute üblichen Verdichter mit etwa 3000 U/Min. stellen besonders hohe Anforderungen. Die Gleitgeschwindigkeiten in den Lagern und am Kolben und vor allem die Temperatur der Schmierfilme aus Öl-Kältemittel-Gemischen sind höher. Das gleiche gilt für die Strömungsgeschwindigkeit des Druckdampfes mit Öltröpfchen im Druckventil und den Ölfilm mit darin gelöstem Kältemittel am Ventil. Hier wird ein erheblicher Teil der Verdichtungsarbeit in Wärme umgesetzt.

Die hohen Betriebstemperaturen und die im Kältemaschinenöl gelösten Kältemittel der Gruppe C erschweren die schmiertechnischen Aufgaben. Gelöste Kältemittel setzen die Schmierfähigkeit, die Druckfestigkeit und die Oberflächenspannung der Kältemaschinenöle herab. Jede Verbesserung der Schmier-

---

[1] ISO = International Standardisation Organisation.
[2] TC = Technical Comittee.
[3] WG 1 = Working Group 1.
[4] STEINLE, H.: Kältetechnik 12 (1960) Nr. 12, S. 392.

eigenschaften führt zu einer Verschlechterung der chemischen Stabilität. Deswegen müssen beide Eigenschaften gut gegeneinander ausgewogen werden.

Mit den Kältemitteln gelangen die Kältemaschinenöle auch auf die kalte Seite der Kältemaschinen, in die Verdampfer mit Betriebstemperaturen bis $-30\,°C$. Aus den Verdampfern wird das Öl in den kleinen Kältemaschinen durch Mitreißen mit dem vom Verdichter angesaugten Kältemitteldampf rückgeführt. Bei Großkältemaschinen mit Ammoniak oder Kohlendioxid als Kältemittel wird das im Verdampfer unter dem Kältemittel angereicherte Öl vielfach während des Betriebes von Zeit zu Zeit abgelassen. In beiden Fällen muß das Öl bei der Betriebsverdampfungstemperatur unter dem Eigengewicht fließfähig sein. Die im Öl mehr oder weniger löslichen Kältemittel der Gruppe C erhöhen in jedem Fall die Kältefließfähigkeit ausreichend für den Rücktransport. Sie wirken aber fast alle als Löslichkeitsverminderer für Paraffine und führen beim Abkühlen des Kältemittel-Öl-Gemisches in Regelorganen, Kapillaren oder Expansionsventilen zur Ausscheidung. Das Paraffin kann dann in den engen Querschnitten zu Verstopfungen führen.

b) Chemisches Verhalten

Ammoniak und Kohlendioxid stellen in chemischer Hinsicht die geringsten Anforderungen an die Kältemaschinenöle. Die hohen Verdichtungstemperaturen verlangen aber ausreichende Stabilität gegen Verkokung an den Druckventilen, selbst wenn Sauerstoff im Kreislauf weitgehend ausgeschlossen ist. Beim Betrieb der Kältemaschinen ist die Sauerstoffbeständigkeit der Öle von untergeordneter Bedeutung, da die Einwirkung von Sauerstoff in den sorgfältig evakuierten und mit Kältemittel gefüllten Maschinen nicht gegeben ist[1]. Die halogenierten Kohlenwasserstoffe, die zusammen mit den Kältemaschinenölen der Gruppe C verwendet werden, können im reinen Zustand als thermisch und chemisch stabil angesehen werden[2]. Trotzdem ergaben sich in den gekapselten Kältemaschinen mit Betriebstemperaturen von 100 bis 120 °C deutliche Reaktions-, Zersetzungs- und Korrosionserscheinungen. Diese konnten auf Bestandteile der Kältemaschinenöle zurückgeführt werden.

α) Öl-Kältemittel-Reaktionen. Die ersten Reaktionen zwischen Mineralöl-Raffinaten und Kältemitteln wurden von PHILIPP und TIFFANY[3] mit dem Schwefeldioxid (SO_2) festgestellt und reaktionskinetisch berechnet. STEINLE[4] konnte mit der gleichen Versuchsanordnung, die dann als Philipp-Test zur Bestimmung der Kältemittelbeständigkeit von Kältemaschinenölen unter DIN 51593 bekannt wurde[5], Reaktionen zwischen Fluorchlorkohlenwasserstoffen und Mineralölen unter Bildung von Salzsäure und Flußsäure nachweisen. Durch die bei diesen Reaktionen gebildeten Säuren kommt es in den Kältemaschinen zur Korrosion der Metalle. Auch werden die elektrischen Isolierstoffe, sofern sie auf Zellulosebasis aufgebaut sind, stark geschädigt. Zudem wird die Schmierfähigkeit herabgesetzt, und es kann zu Verkokungen und Verkrustungen, insbesondere an heißen Druckventilen, kommen. Die Flußsäure ätzt das Glas an. Abb. 1 zeigt die Kondensation der Säuren in den Philipp-Test Prüfrohren aus Hartglas unter Druck. Abb. 2 zeigt, wie die Kältemittelbeständigkeit von Mineralölen mit SO_2, CH_3Cl und CF_2Cl_2, vom Ölharzgehalt — das sind sauerstoff- und schwefelhaltige

[1] EVERS, F.: Z. ges. Kälteindustrie 50 (1943) 25. — STEINLE, H.: Kältetechnik 1 (1949) 14.
[2] THOMPSON, R. I.: Refrig. Engng. 29 (1935) 139. — EISEMANN, B. I.: ASHRAE-Journal 5 (1963) Nr. 5, S. 63. — TRENWITH, A. B., u. R. H. WATSON: J. Chem. Soc. 1957, S. 2368.
[3] PHILIPP, L. A., u. B. E. TIFFANY: Refrig. Engng. 27 (1934) 248.
[4] STEINLE, H.: Kältetechnik 2 (1950) 174.
[5] STEINLE, H.: Kältetechnik 6 (1954) 342 — Erdöl u. Kohle 7 (1954) 838.

Kohlenwasserstoffverbindungen —, nach STEINLE[1] abhängt. SPAUSCHUS und Mitarbeiter[2] konnten für verschiedene Kältemittel gaschromatographisch den Reaktionsablauf klären. Nach der Spauschus-Reaktion werden die Kältemittel

Abb. 1a u. b. Säurekondensation und Flußsäureätzungen in Philipp-Testrohren.
a) HF- und HCl-Kondensation; b) FH-Ätzungen.

grundsätzlich wasserstoffreicher, da Wasserstoff aus dem Öl durch Chlor, eventuell auch durch Fluor substituiert wird. Bei sehr hohen Temperaturen werden auch die Halogenwasserstoffsäuren HCl und HF gebildet. Die Öle werden kohlenstoffreicher und verfärben sich dunkel. Die gebildeten Kältemittel, z. B. Difluor-

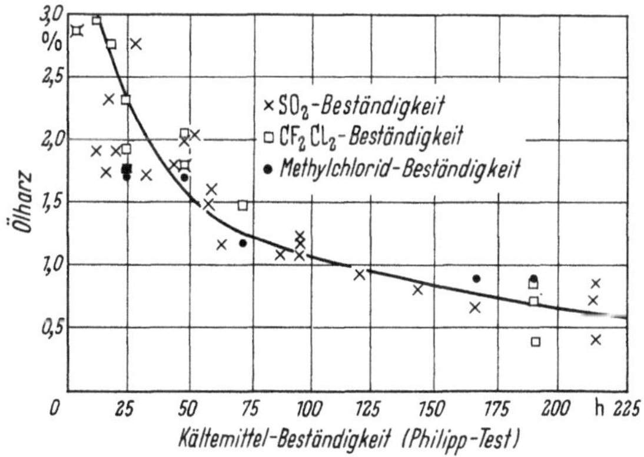

Abb. 2. Abhängigkeit der Kältemittelbeständigkeit im Philipp-Test für Schwefeldioxid, Difluordichlormethan und Methylchlorid vom Ölharzgehalt der Kältemaschinenöle.

monochlormethan (CHF_2Cl) aus der Reaktion von Difluordichlormethan (CF_2Cl_2), können bei der Gaschromatographie als empfindliche Indikatoren für die Öl-Kältemittel-Reaktionen verwendet werden. Difluormonochlormethan (CHF_2Cl) reagiert auf die gleiche Weise mit Öl unter Bildung von Trifluormethan (CH_2F_2)[3].

[1] STEINLE, H.: Kältetechnik 2 (1950) Nr. 7, S. 174.
[2] SPAUSCHUS, H. O., u. G. C. DODERER: ASHRAE-Journal 3 (1961) Nr. 2, S. 65. — SPAUSCHUS, H. O.: ASHRAE-Journal 5 (1963) Nr. 6, S. 89; ASHRAE-Journal 6 (1964) Nr. 10, S. 54. — SPAUSCHUS, H. O., G. C. DODERER, R. S. OLSEN u. R. A. SELLERS: Proc. XIth Internat. Congress of Refrigeration, III-3, Bd. 1, S. 685, Karlsruhe: C. F. Müller 1965.
[3] SPAUSCHUS, H. O., u. G. C. DODERER: ASHRAE-Journal 6 (1964) No. 10, S. 54.

Diese direkten Reaktionen zwischen Ölen und Kältemitteln können nur dann vermieden werden, wenn spezifisch raffinierte Mineralöle oder Mineralöl-Synthesegemische angewendet werden[1].

Die chemisch stabilsten Öle sind die hochausraffinierten Weißöle. Ihr Schmierverhalten ist aber schlecht, so daß man die noch schwach gefärbten, sog. „Pale-Oils" naphthenbasischer oder gemischtbasischer Herkunft bevorzugt. Neben dem Ölharzgehalt, der 0,3% nicht überschreiten soll, sind der Gesamtschwefelgehalt, der weniger als 0,2% betragen soll, sowie der Anilinpunkt (als Maß für den Restaromatengehalt) für die Kältemittelbeständigkeit der Öle von Bedeutung[2]. Praktische Erfahrungen aus mehr als zehn Jahren haben gezeigt, daß Schmiermittel auf Mineralöl- und Synthesebasis, welche die 96stündige Kältemittelbeständigkeits-Prüfung im Philipp-Test nach DIN 51593 mit Difluordichlormethan (CF_2Cl_2) bestehen, ausreichende chemische Stabilität in Kältemaschinen bei guter Schmierfähigkeit ergeben[3]. Diese Schmiermittel sind auch für alle anderen Kältemittel der Gruppe der Fluorchlorkohlenwasserstoffe bezüglich ihrer chemischen Beständigkeit verwendbar.

β) **Metallkorrosion.** Der mögliche Angriff der Kältemittel-Öl-Gemische auf Metalle, vor allem Eisen, Kupfer und Aluminium, ist von Bedeutung für die Lebensdauer der Kältemaschinen. Der Druckrohrtest mit Kältemittel-Öl-Gemischen in der gewünschten Zusammensetzung und den Metallkombinationen ist für derartige Untersuchungen seit langem gebräuchlich[4].

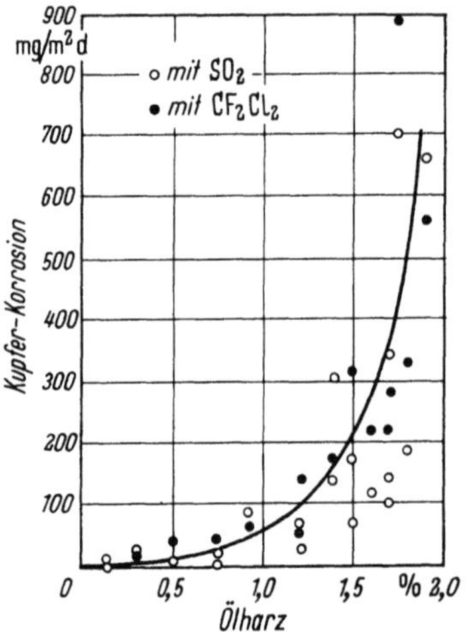

STEINLE konnte nach Abb. 3 zeigen, daß die Metallkorrosion durch Kältemittel-Öl-Gemische ebenso vom Ölharzgehalt, dem Schwefelgehalt und dem Aromatengehalt der Öle abhängig ist, wie die Kältemittel-Beständigkeit der Öle. Das zeigen auch die Arbeiten von PARMELEE[3] und SPAUSCHUS[3]. Somit kann auch der zu erwartende Einfluß der Öle auf die Metallkorrosion über die Kältemittel-Beständigkeit nach DIN 51593 erfaßt werden.

Natürlich spielen Verunreinigungen und katalytische Effekte bei den Korrosionsvorgängen eine Rolle. Luft bzw. der Luftsauerstoff fördern die Korrosion stark, Wasser dagegen stärker erst dann, wenn es nicht mehr gelöst vorliegt. Höhere Temperaturen steigern die Metallkorrosionen, so daß je etwa 10 Grad Temperaturerhöhung oberhalb der Aktivierungstemperatur von etwa 80 bis 100 °C eine Verdopplung der

Abb. 3. Kupferkorrosion im Druckrohrtest durch Öl-Kältemittel-Gemische mit Schwefeldioxid und Difluordichlormethan in Abhängigkeit vom Ölharzgehalt.

[1] SEEMANN, W. P., u. A. D. SHELLARD: Proc. XIth International Congress of Refrigeration, Paper III-7, Bd. 1, S. 697. Karlsruhe: C. F. Müller 1965.

[2] STEINLE, H., u. W. SEEMANN: Kältetechnik 5 (1953) Nr. 4, S. 90.

[3] STEINLE, H.: Kältetechnik 15 (1963) Nr. 7, S. 204. — Erdöl u. Kohle 16 (1963) Nr. 8, S. 867.

[4] STEINLE, H.: Kältetechnik 2 (1950) Nr. 7, S. 174. — ELSEY, H. M., L. C. FLOWERS u. J. B. KELLEY: Refrig. Engng. 60 (1952) Nr. 7, S. 737. — KVALNES, D. E., u. H. M. PARMELEE: Refrig. Engng. 65 (1957) Nr. 11, S. 40. — PARMELEE, H. M.: ASHRAE-J. 7 (1965) No. 10, S. 78. — WALKER, W. O.: ASHRAE-Transactions 71/I (1965) 134. — SPAUSCHUS, H. O., u. G. C. DODERER: s. Fußnote 2, S. 325. — ELSEY, H. M.: ASHRAE-J. 7 (1965) No. 10, S. 74. — ARMSTRONG jr., T. D.: ASHRAE-J. 7 (1965) No. 10, S. 76.

Reaktion eintritt. Oxidische Verunreinigungen auf Metallen, die in Kombinationen oft katalytisch wirken, können als Sauerstoffspender nach NORTON[1] auch direkt reagieren.

An Metallen sollen nach STEINLE[2] im Druckrohrtest Angriffe von mehr als 100 mg/m²d nicht auftreten. Die Ergebnisse decken sich dann mit der 96-stündigen Kältemittelbeständigkeit im Philipp-Test (vgl. DIN 51593) und mit den Erfahrungen aus dem Lebensdauertest an Kältemaschinen[3].

γ) **Kupferplattierung.** Unter Kupferplattierung in Kältemaschinen versteht man die Abscheidung von metallischem Kupfer in Lagern, an anderen bewegten Teilen, wie Kolben, und an Ventilen. Sie tritt nur mit chlorierten Kältemitteln auf. Die Kupferplattierung ist eine zum Fressen der Lager in Kältemaschinen führende Erscheinung, die durch Abschälen des Kupfers auch die Ölzufuhr sperren kann. Sie ist seit der Einführung chlorierter Kohlenwasserstoffe zunächst mit Methylchlorid als Kältemittel bekannt geworden. STEINLE und SEEMANN[4] konnten zeigen, daß die Löslichkeit von Kupfer in Öl und im Öl-Kältemittel-Gemisch auf die im Philipp-Test erfaßbaren Öl-Kältemittel-Reaktionen zurückzuführen ist. Die Abb. 4 gibt die Abhängigkeit der Menge des in Ölen und in verschiedenen Kältemittel-Öl-Gemischen gelösten Kupfers vom Ölharzgehalt wieder. STEINLE[5] gelang es schließlich, eine kristalline, organische komplexe Kupferverbindung aus den Öl-Kältemittel-Gemischen durch Auflösen von metallischem Kupfer bei gleichzeitigen Öl-Kältemittel-Reaktionen zu isolieren. Diese hat stets gleiche Zusammensetzung. Weitere Versuche bestätigten auch quantitativ die Abhängigkeit der auf rollenden Stahlkugeln im Druckrohrtest

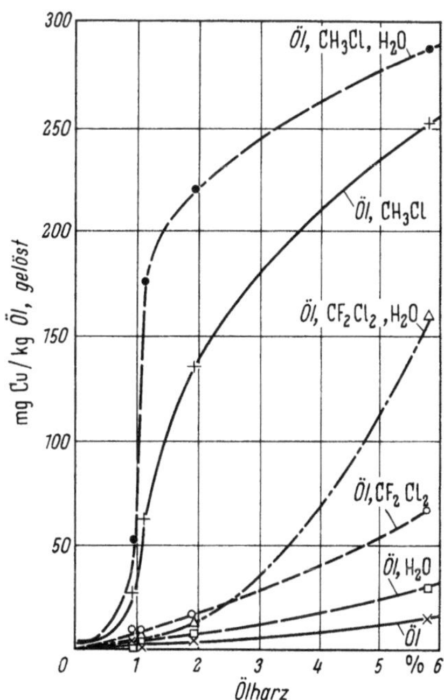

Abb. 4. Abhängigkeit der Löslichkeit von Kupfer in Öl-Kältemittel-Gemischen vom Ölharzgehalt.

abgeschiedenen Kupfermenge vom Ölharzgehalt nach Abb. 5. Mit zunehmendem Gehalt an abgeschiedenem Kupfer ergibt sich zugleich eine stöchiometrisch äquivalente Menge von gelöstem Eisen und Chlor im Öl-Kältemittel-Gemisch. Es gelang auch, die Eisenverbindung nach Übersättigung zu isolieren[6]. Die Temperatur wirkt stark beschleunigend bei dem Reaktionsablauf der Kupferplattierung. In Abb. 6 ist die Menge des abgeschiedenen Kupfers in Abhängigkeit vom Ölharzgehalt der Öle mit der Temperatur als Parameter aufgetragen. Die Menge des abgeschiedenen Kupfers steigt pro 10 Grad Temperaturerhöhung auf

[1] NORTON, F. J.: Refrig. Engng. 65 (1957) Nr. 9, S. 33.
[2] STEINLE, H.: Kältetechnik 2 (1950) Nr. 7, S. 174.
[3] STEINLE, H.: Kältemaschinenöle. Berlin/Göttingen/Heidelberg: Springer 1950. — PLANK, R.: Handbuch der Kältetechnik, Bd. 4, Die Kältemittel. Berlin/Göttingen/Heidelberg: Springer 1956.
[4] STEINLE, H. u. W. SEEMANN: Kältetechnik 3 (1951) Nr. 8, S. 194. — STEINLE, H. u. W. SEEMANN: Kältetechnik 5 (1955) Nr. 4, S. 101.
[5] STEINLE, H.: ASHRAE-Transactions 70 (1964) 195.
[6] STEINLE, H.: Kältetechnik 7 (1955) Nr. 4, S. 101.

etwa den doppelten Wert an. Wasser hat, wie die meisten Verunreinigungen im Kältemittelkreislauf, eine beschleunigende Wirkung, ist aber für das Auftreten der Kupferplattierung nicht erforderlich. Somit ergab sich die folgende Erklärung für den Reaktionsablauf, der zur Kupferplattierung führt: Zunächst wird das metallische Kupfer durch das Ölharz bei dessen gleichzeitiger Reaktion mit chlorhaltigen Kältemitteln unter Bildung von Chloridionen gelöst. Erreicht die

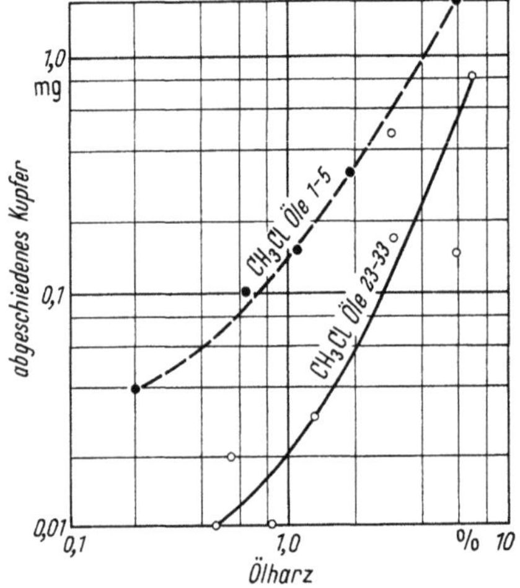

Abb. 5. Kupferabscheidung auf rollenden Stahlkugeln im Kupferplattierungstest in Abhängigkeit vom Ölharzgehalt der Kältemaschinenöle.

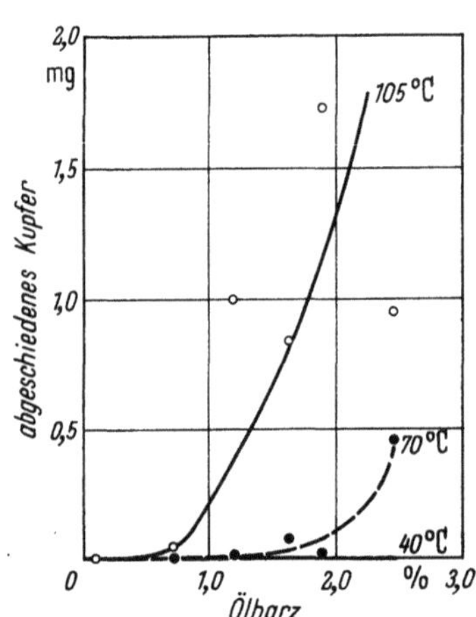

Abb. 6. Kupferabscheidung im Kupferplattierungstest in Abhängigkeit vom Ölharzgehalt und der Temperatur.

Lösung bestimmte Konzentrationen der Kupferchlorid-Ölharz-Verbindung, so wird das edlere Kupfer auf dem Eisen niedergeschlagen und eine äquivalente Menge Eisen gelöst. SPAUSCHUS[1] kam zu ähnlichen Ergebnissen.

Die Zusammenstellung des chemischen Verhaltens von Kältemaschinenölen zeigt, daß eine Abhängigkeit vom Ölharzgehalt der Öle besteht für:

a) die Reaktionen zwischen Ölen und Kältemitteln, die sich durch die Beständigkeit im Philipp-Test kontrollieren lassen;

b) die Metallkorrosionen, die im Druckrohrtest festgestellt werden können;

c) die Kupferplattierung, die sich mit rollenden Stahlkugeln im Druckrohrtest ermitteln läßt.

Durch diese Erkenntnisse konnte die Zeit für die Kältemittel-Beständigkeits-Prüfung von Kältemaschinenölen im Philipp-Test nach DIN 51593 mit R 12 als alleinige Testgröße für das chemische Verhalten in DIN 51503 mit 96 Std. festgelegt werden. Alle anderen Testmethoden werden nur zur Entwicklung und Auswahlprüfung angewendet[2].

δ) Dauerlaufverhalten. Die gekapselte Kältemaschine mit Öl, Kältemittel und den organischen, elektrischen Isolierstoffen der Motoren stellt ein sehr komplexes System dar. Es ist dehalb üblich, einen Lebensdauerversuch mit einer Temperatur durchzuführen, die 20 °C über der für den Dauerbetrieb vorgesehenen höchsten Wicklungstemperatur liegt. In diesem Test, der die chemische Stabilität des

[1] SPAUSCHUS, H. O.: ASHRAE-Transactions 69 (1963) 207.
[2] PLANK, R.: Handbuch der Kältetechnik, Bd. 4. Die Kältemittel. Berlin/Göttingen/Heidelberg: Springer 1956.

Gesamtsystems überprüft, werden die Maschinen 3 Monate im Dauerlauf betrieben[1]. Es ergibt sich, wie die Abb. 7 veranschaulicht, bei geeigneter Auswahl aller anderen Stoffe eine eindeutige Abhängigkeit der Lebensdauer der Kleinkältemaschinen von der Kältemittelbeständigkeit der Öle nach DIN 51593.

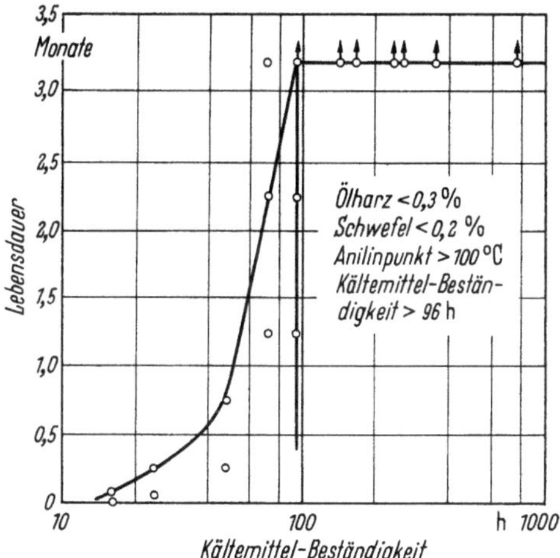

Abb. 7. Einfluß der Kältemittelbeständigkeit von Ölen im Philipp-Test auf die Lebensdauer gekapselter Kältemaschinen bei 140 °C Wicklungstemperatur.

c) Kälteverhalten

Im Verdampfer, auf der Saugseite der Kältemaschinen, ist das Öl tiefen Temperaturen ausgesetzt. Die Kältefließfähigkeit der Kältemaschinenöle muß bei der Betriebsverdampfungstemperatur noch ausreichend sein, um den Rücktransport aus dem Verdampfer mit dem angesaugten Kältemitteldampf bzw. das Ausfließen aus den Verdampfern der Großkältemaschinen zu ermöglichen. Das heißt, daß die Öle unter dem Eigengewicht noch fließen müssen. Die Bestimmung des Fließvermögens im U-Rohr nach DIN 51568 hat sich deshalb für Kältemaschinenöle gegenüber dem Stockpunkt seit langem durchgesetzt[2].

Mit Rücksicht auf das Kältefließverhalten ist es aber nicht möglich, für die Öle der Gruppe A nach DIN 51503 allgemein den Anwendungsbereich bei den üblichen Viskositäten auf unter −30 °C zu erweitern. Es besteht kein direkter Zusammenhang zwischen der Kältefließfähigkeit und der Viskosität, der zu einer Klassifizierung dienen könnte. Die −30 °C-Grenze für die Öle der Gruppe A muß deshalb auf solche Kältemaschinenöle beschränkt bleiben, die tatsächlich bei Verdampfungstemperaturen zwischen −20 und −30 °C verwendet werden. Für Öle zur Verwendung bei Verdampfungstemperaturen über −20 °C kann die höhere kinematische Viskosität nur verwirklicht werden, wenn das Fließvermögen zugleich auf −20 °C begrenzt bleibt.

Alle Schmierstoffe der Gruppe C werden durch die gelösten Fluor-Chlor-Kohlenwasserstoffe in ihrem Fließvermögen auch schon bei geringen Gehalten verbessert[3]. Da durch die gelösten Kältemittel neben der Oberflächenspannung auch die Viskosität herabgesetzt wird, ist es üblich, Öle höherer Viskosität einzusetzen.

Bei den im Verdampfer herrschenden Temperaturen spielen vor allem die Löslichkeit von Öl und Kältemittel ineinander, sowie mögliche Ausscheidungen

---

[1] STEINLE, H.: Kältetechnik 7 (1955) 101 — ASHRAE-Transactions 70 (1964) 195.
[2] STEINLE, H.: Kältetechnik 2 (1950) 142 — Erdöl u. Kohle 3 (1950) 334.
[3] PERLICK, A.: Z. ges. Kälteindustrie 43 (1936) 32.

aus den reinen Ölen bei den Kältemitteln der Gruppe A oder aus den Gemischen von Ölen mit Kältemitteln der Gruppe C eine Rolle. Ausscheidbare Stoffe sind in erster Linie Paraffine, Ölharze und Wasser.

α) **Löslichkeit und Mischungslücke.** Die Kältemittel Ammoniak und Kohlendioxid sind in Mineralölen und synthetischen Schmiermitteln auf der Basis von Kohlenwasserstoffen praktisch unlöslich. Eine ganz geringe Löslichkeit von Ammoniak hat keinen Einfluß auf eine der Öleigenschaften. Von den Fluor-Chlor-Kohlenwasserstoffen der Gruppe C ist ein großer Teil in jeder Menge in Mineralölraffinaten löslich bzw. in jedem Verhältnis mit ihnen mischbar. Die in DIN 51503 genannten Kältemittel R 11 ($CFCl_3$), R 12 (CF_2Cl_2), R 21 ($CHFCl_2$) und das R 40 (CH_3Cl) sind mit Ölen voll mischbar. Dagegen weisen R 22 ($CHCl_2F$) und R 114 (CF_2Cl-CF_2Cl) mit Mineralölraffinaten mehr oder weniger breite und bis zu verschieden hohen Temperaturen reichende Mischungslücken auf. Die Abb. 8 zeigt solche Mischungslücken von R 22 mit verschiedenen Mineralölen nach BOSWORTH[1]. Der Scheitelpunkt der Mischungslücke ist am höchsten bei den hoch ausraffinierten paraffinbasischen Ölen. Er sinkt über die gemischtbasischen Öle bis zu den rein naphthenbasischen Ölen stark ab. Ein Restaromatengehalt senkt die Mischungslücke stets; Aromaten sind wegen der chemischen Beständigkeit aber nur in geringem Anteil zulässig[2]. Eine Reihe synthetischer

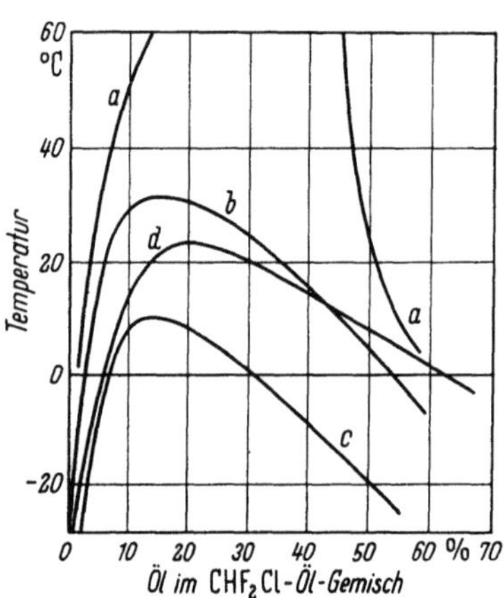

Abb. 8. Mischungskurven bzw. Mischungslücken von Mineralölraffinaten mit Kältemittel Difluormonochlormethan.

a Paraffinbasisches Öl; *b* Gemischtbasisches Öl; *c, d* Naphthenbasische Öle.

Schmiermittel, wie sekundäre Polykieselsäurebutylester[3]. Polyäther[4] und vor allem die alkylierten Benzole im Gemisch mit Mineralölen[5] wird heute wegen der sehr tief liegenden Mischungslücken oder der vollen Mischbarkeit vielfach für R 22 (CHF_2Cl) und einige Spezialkältemittel angewendet, die mit Mineralölen im Arbeitsbereich nicht mischbar sind. Die Prüfung der synthetischen Schmiermittel für Kältemaschinen erfolgt auf Grund besonderer Vereinbarungen mit bestimmten Einschränkungen nach DIN 51503.

β) **Ausscheidungen.** Schon die reinen Mineralöle stellen Mehrstoffgemische dar, deren Löslichkeit ineinander mit der Temperatur variiert, so daß es beim Abkühlen zur Phasentrennung oder festen Ausscheidungen kommen kann. Ausgeschieden werden vorwiegend paraffinische Bestandteile mit hohen Schmelzpunkten und Wasser. Zu unterscheiden sind die Ausscheidung aus dem reinen Öl und diejenige aus den Öl-Kältemittel-Gemischen.

Trübungspunkt der Öle

Tritt beim Abkühlen eines Öles eine Übersättigung an Paraffin oder Wasser ein, so wird es durch die Ausfällung trübe oder flockig. Der Trübungspunkt der Kältemaschinenöle der Gruppe A zur Verwendung mit Ammoniak oder Kohlen-

[1] BOSWORTH, C. M.: Refrig. Engng. 60 (1952) 617.
[2] LÖFFLER: Kältetechnik 9 (1957) Nr. 9, S. 282.
[3] STEINLE, H.: Kältetechnik 8 (1956) 12.
[4] LÖFFLER: Kältetechnik 9 (1957) Nr. 5, S. 135.
[5] SEEMANN, W. P. u. A. D. SHELLARD: Proc. XIth Internat. Congress of Refrigeration, Paper III-7, Bd. 1, S. 697. Karlsruhe: C. F. Müller 1965.

dioxid muß stets unter der tiefsten Verdampfungstemperatur liegen. Wenn auch die Gefahr der Verstopfung von Regelorganen in den Großkältemaschinen gering ist, kann doch der Wärmeübergang im Verdampfer durch das angesetzte Paraffin merklich verschlechtert werden. Durch Filter läßt sich das beim Trübungspunkt abgeschiedene Paraffin nicht zurückhalten, da es nur an den kältesten Stellen ausgeschieden wird. STEINLE[1] hat für Öle zur Verwendung mit ölunlöslichen Kältemitteln bis herab zu —25 °C einen Paraffingehalt unter 0,5% gefordert, wenn er nach DIN 51590 als Frigen-12-Unlösliches bestimmt wird. Der Trübungspunkt (vgl. S. 72) wurde in DIN 51503 für die Kältemaschinenöle der Gruppe A nicht aufgenommen. Er dient nur als Auswahltest für Kältemaschinenöle.

Flockpunkt, Frigen-12-Unlösliches

Bei den Ölen der Gruppe C wirken die öllöslichen Fluor-Chlor-Kohlenwasserstoffe als Löslichkeitsverminderer für Paraffin. Das Paraffin wird aus den Kältemittel-Öl-Gemischen bei Temperaturen ausgeschieden, die wesentlich über dem Trübungspunkt des reinen Öles liegen. Die Ausscheidungstemperatur wird als Flockpunkt des Kältemaschinenöles mit dem betreffenden Kältemittel bezeichnet[2], seine Bestimmung erfolgt nach DIN 51351[3]. Die Ausscheidungen sind grob-

flockig und wegen der Verstopfungsgefahr in den Kapillaren und Expansionsventilen den Regelorganen der Kältemaschinen gefährlich.

STEINLE[4] hat die Abhängigkeit des Flockpunktes der Öle vom Paraffingehalt quantitativ bestimmt, wie Abb. 9 zeigt. Da neben Paraffin auch Anteile des Ölharzes mit ausgeschieden werden, die eine gelbbraune Färbung verursachen, werden die Ausscheidungen entsprechend ihrer Bestimmungsmethode nach DIN 51590 als Frigen-12-Unlösliches bezeichnet[5]. Ihr Gehalt soll in Kältemaschinenölen der Gruppe C nicht mehr als 0,05% betragen für Verdampfungstemperaturen bis herab zu —30 °C. Da das Kältemittel R 12

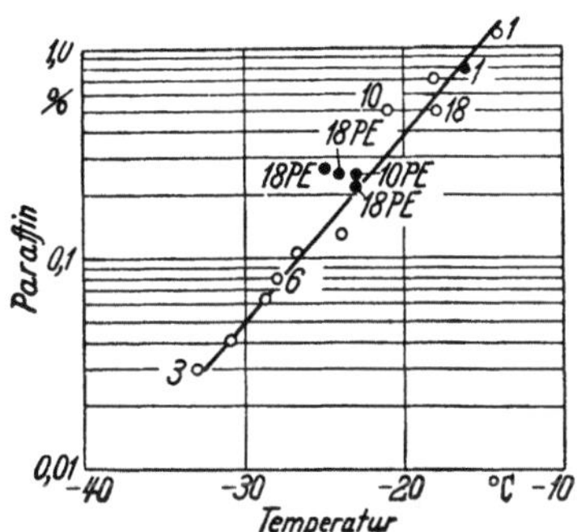

Abb. 9. Flockpunkt von Kältemaschinenölen nach DIN 51351 in Abhängigkeit vom Paraffingehalt der Öle nach DIN 51590.
PE Öle mit Zusatz von Paraflow-Extra.

(CF_2Cl_2) im Gemisch mit Ölen die geringste Löslichkeit für Paraffin aufweist, sind die so ausgewählten Öle für alle in Gruppe C genannten Kältemittel bis —30 °C Verdampfungstemperatur verwendbar. Öle für noch tiefere Temperaturen, die nicht mehr DIN 51503 entsprechen, müssen nach der Flockpunktmethode, DIN 51351 getestet werden. Diese Öle unterliegen Sondervereinbarungen.

Wassergehalt

Wasser wird aus den Kältemittelgemischen mit Ölen der Gruppe C nach DIN 51503 beim Abkühlen als Eis bei Verdampfungstemperaturen unter 0 °C ausgeschieden, wenn die Löslichkeitsgrenze überschritten wird. Es führt wie Paraffin zum Verstopfen der Regelorgane. Deshalb sind für die Kältemaschinenöle der Gruppe C Wassergehalte zu fordern bzw. zu bestimmen, die unter 30 mg/kg

[1] STEINLE, H.: Kältetechnik 1 (1949) 87; 2 (1950) 442 — Erdöl u. Kohle 3 (1950) 334.
[2] WALKER, W. O., u. W. R. RINELLI: Refrig. Engng. 41 (1941) 395; 50 (1945) 131. — STEINLE, H.: Kältetechnik 1 (1949) 87.
[3] STEINLE, H.: Kältetechnik 14 (1962) 126 — Erdöl u. Kohle 15 (1962) 295.
[4] STEINLE, H.: Kältetechnik 1 (1949) 87.
[5] STEINLE, H.: Kältetechnik 3 (1951) 35.

Öl liegen[1]. Die Bestimmung des Feuchtigkeitsgehaltes in Kältemaschinenölen erfolgt nach der Phosphorpentoxid-Methode[2], DIN 51 552 (s. S. 337 u. Teil I, S. 128) oder nach der Karl-Fischer-Methode, DIN 51 777 (s. Teil I, S. 126). Die Phosphorpentoxid-Methode ist das Schiedsverfahren.

d) Schmierverhalten

Die chemische Beständigkeit der Kältemaschinenöle darf wegen des Schmierverhaltens nicht überbewertet werden. Die Schmierfilme in den Lagern der Triebwerksteile, Kolben und Motoren, aber auch an den Ventilen, bestehen je nach dem Lösungsverhalten des verwendeten Kältemittels stets aus einem Gemisch von Öl und Kältemittel. An den heißen Druckventilen der Verdichter können die bei der Verdichtung erreichten Endtemperaturen die Verkokung fördern. Spezifisch ausgewählte und raffinierte Schmiermittel wurden deshalb für Kältemaschinen erforderlich.

α) Druckfestigkeit, Oberflächenspannung. Für die Druckfestigkeit und die Schmierfähigkeit der Öl-Kältemittel-Gemische gibt es bisher kein Maß und keine Meßmethode. Der Verschleißtest in Kältekompressoren mit der vorgesehenen Öl-Kältemittel-Kombination[3] dient heute als Kurztest für die Verschleißfestigkeit des Systems. Die paraffinbasischen Öle und Weißöle haben die geringste Schmierfähigkeit, aber die beste chemische Stabilität. Die naphthenbasischen Öle sind gute Schmiermittel bei spezifischer Raffination. Restaromaten sind für die Schmierfähigkeit stets vorteilhaft, sofern die chemische Stabilität gegenüber dem Kältemittel ausreicht[4]. Vor allem in hochtourigen Verdichtern ergeben zu weitgehend ausraffinierte Öle ungenügende Druckfestigkeit der Schmierfilme. Die Druckfestigkeit ist am geringsten beim Anlauf, wenn zugleich noch viel Kältemittel im Öl gelöst ist. Während des Anlaufs treten deshalb auch die meisten Freßstellen auf. Entweder ist das Öl durch das Kältemittel weitgehend aus den Gleitflächen herausgewaschen, oder die einseitigen Kräfte infolge der Anlaufbeschleunigung drücken örtlich die Schmierfilmgemische durch. Im ersteren Fall wäre die Oberflächenspannung der Kältemittel-Öl-Gemische maßgebend, im zweiten Falle könnten auch Gasblasen des ausdampfenden Kältemittels beim Erwärmen der Gleitflächen zu einer Unterbrechung des Schmierfilms führen.

In Abb. 10 ist die Druckfestigkeit von Ölfilmen bei verschiedenen Spaltbreiten abhängig von der Oberflächenspannung nach Steinle[5] aufgezeichnet. Die Schmierfilme können also nur Druckdifferenzen in der Größenordnung von einigen Zehntel Atmosphäre überbrücken. Die reinen Mineralöle haben, wie aus Abb. 11 hervorgeht, bei Raumtemperatur Oberflächenspannungen um 30 dyn/cm. Die öllöslichen Kältemittel haben demgegenüber sehr niedrige Oberflächenspannungen und führen schon bei kleinen Gehalten in Gemischen mit den Ölen zu einem steilen Abfall. Durch die Temperatur werden diese Werte bis 100 °C noch einmal auf etwa die Hälfte herabgesetzt.

Der trockene Anlauf der Kolben und Freßstellenbildung beim Anlauf deuten auf das Auswaschen der Schmierfilme beim Stillstand hin. Steinle[6] konnte in einem Modellversuch mit einem Metallkolben in einem Glaszylinder mit vorgegebener Toleranz den Zusammenbruch der Schmierfilme unter Kältemittel-

---

[1] Steinle, H.: Kältetechnik 11 (1959) 336.
[2] Steinle, H.: Kältetechnik 3 (1951) 35.
[3] Institut International du Froid, Commission III, Gropue de Travail „Hermétiques".
[4] Löffler: Kältetechnik 9 (1957) Nr. 11, S. 358; 12 (1960) Nr. 3, S. 71.
[5] Steinle, H.: Kältetechnik 12 (1960) Nr. 11, S. 334.
[6] Steinle, H.: ASHRAE-Transactions 70 (1964) 195.

druck, wie Abb. 12 zeigt, sichtbar machen. Jede kleine Druckdifferenz des Kältemittels genügt, um nach dessen Lösen im Schmierfilm diesen durchzublasen. Das
nachströmende und kondensierende Kältemittel wäscht anschließend die Gleitflächen trocken.

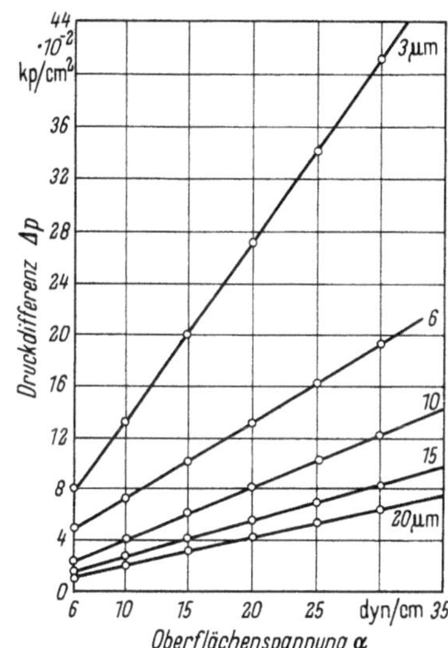

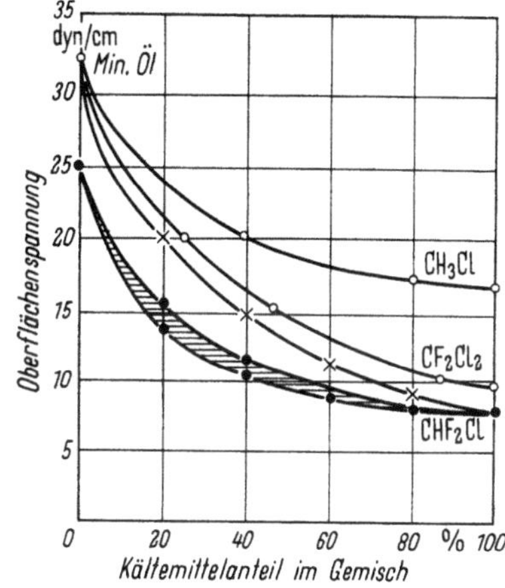

Abb. 11. Abhängigkeit der Oberflächenspannung der
Öl-Kältemittel-Gemische.

Abb. 10. Abhängigkeit der Tragfähigkeit von Ölfilmen als
Druckdifferenz von der Oberflächenspannung des Schmiermittels und der Spaltbreite am Kolben.

β) Verkokung. Die Verkokung beeinträchtigt wesentlich das Schmierverhalten der Öle. Verkrustungen in Ventilen und Lagern unterbrechen den Schmierfilm und können zu Verklebungen führen. Ventile werden durch Verkokungen
undicht. Das Verkokungsverhalten der Kältemaschinenöle
kann bisher nur im Maschinenversuch ermittelt werden.
Alle üblichen Methoden (vgl. S.94ff.) haben keinen eindeutigen Zusammenhang mit dem Verhalten in den Kältekompressoren bei gleichzeitiger Einwirkung von Kältemitteln
ergeben. Das Verhalten ist stark konstruktionsbedingt.

e) Zusätze zu Kältemaschinenölen

Zusätze, welche die chemische und thermische Beständigkeit der Kältemaschinenöle erhöhen und den Angriff
auf Metalle verringern sollen, haben sich bisher wenig
bewährt. Ebenso sind Zusätze, die das Wasser selektiv
lösen und damit die Ausscheidung von Eis verhindern, wegen ihrer Reaktionsfähigkeit zu verwerfen[1]. Die Kältemittelbeständigkeit von Ölzusatzstoffen ist leicht durch Bei-
gabe zum Öl bei der Prüfung nach DIN 51 593 im Philipp-
Test oder mit Metallen im Druckrohrtest festzustellen. Jede
Verschlechterung gegenüber dem reinen Öl ist zu verwerfen. Letztlich sollte aber stets der Lebensdauerversuch in
der Maschine den Ausschlag geben, insbesondere wegen der
möglichen Einwirkung der Zusätze auf organische Isolierstoffe.

Abb. 12. Zusammenbruch eines
Schmierfilmes unter dem Einfluß des sich lösenden Kältemittels und der absinkenden
Oberflächenspannung.

---

[1] STEINLE, H.: Kältemaschinenöle. Berlin/Göttingen/Heidelberg: Springer 1950. —
PLANK, R.: Handbuch der Kältetechnik, Bd. 4. Die Kältemittel. Berlin/Göttingen/Heidelberg:
Springer 1956. — PARMELEE, H. M.: ASHRAE-J. 7 (1965) Nr. 10, S. 78.

3. Prüfungen

a) Allgemeines

Zur Prüfung und Beurteilung von Kältemaschinenölen reichen die üblichen Prüfmethoden für Mineralöle nicht aus. Die geforderten speziellen Eigenschaften und das Verhalten der Öle in Kältemaschinen lassen sich nur durch spezielle Prüfverfahren beurteilen, welche die besonderen Betriebsbedingungen in den Kältemaschinen berücksichtigen[1]. Zu den letzteren gehören vor allem die chemischen und physikalischen Wechselwirkungen zwischen Öl und Kältemittel bei den hohen Temperaturen im Verdichter und den tiefen Temperaturen im Verdampfer. Im Verdichter stehen die chemischen und schmiertechnischen Eigenschaften, im Verdampfer die Mischbarkeit und das Kälteverhalten, also vorwiegend physikalische Eigenschaften, im Vordergrund. Die für die Prüfungen verwendeten Kältemittel müssen den Anforderungen nach DIN 8960 entsprechen.

b) Chemische Prüfungen

α) DIN 51593: Bestimmung der Kältemittelbeständigkeit von Kältemaschinenölen (Philipp-Test). Die Bestimmung der Kältemittelbeständigkeit im Philipp-Test gibt ein Maß für das chemische Verhalten des Öles in der Kältemaschine mit dem vorgesehenen Kältemittel.

Als Kältemittelbeständigkeit gilt die Zeit, nach der die ersten Reaktionsprodukte aus Öl und Kältemittel, vor allem HCl und HF, erkennbar oder nachweisbar sind.

Arbeitsweise:

In ein dickwandiges U-Rohr aus Durobax- oder Duranglas wird Öl eingefüllt. Man erwärmt im Wasserbad auf 100 °C und saugt eine halbe Stunde lang mit der Hochvakuumpumpe bei einem Druck unter 0,1 Torr ab. Um die Reste von Luft zu entfernen, wird dreimal mit Kältemittelgas gefüllt und wieder abgesaugt. Dann wird unter Kühlung mit Trockeneis Kältemittel eindestilliert. Nach Viertelstündiger Unterkühlung wird der zweite Schenkel auf 220 mm Länge abgeschmolzen. Den ölgefüllten Schenkel taucht man in ein Bad von 250 ± 5 °C, den mit dem Kältemittel in ein Bad von 40 ± 1 °C ein.

Nach Ablauf der Prüfzeit dürfen im Prüfrohr an den Wandungen keine silbrigglänzenden Kondensationsprodukte von Halogenwasserstoffen sichtbar sein. Bei chlorhaltigen Kohlenwasserstoffen erfolgt der Nachweis von Chlorwasserstoff, indem das Rohr nach Unterkühlen geöffnet und das verdampfende Kältemittel in eine mit Salpetersäure angesäuerte Lösung von Silbernitrat in Methylalkohol eingeleitet wird. Bei Anwesenheit von HCl entsteht flockiges Silberchlorid. Fluorwasserstoffsäure verätzt das Glas.

β) Druckrohrtest. Sein Ergebnis wird mit der Kältemittelbeständigkeit erfaßt. Der Druckrohrtest dient aber als Entwicklungs- und Auswahlprüfung geeigneter Stoffkombinationen.

Öl, Kältemittel und polierte Metallstreifen von 100 mm × 10 mm × 0,3 bis 0,5 mm Größe, bzw. nichtmetallische Baustoffe, werden in einem verschmolzenen Druckrohr aus Hartglas 14 Tage erhitzt. Nach dem Entfetten und Abbeizen der Korrosionsprodukte wird die Gewichtsabnahme der Metallstreifen ermittelt, bzw. bei nichtmetallischen Stoffen die Veränderung der Stoffeigenschaften bestimmt[2].

---

[1] Allgemeine Kenndatenprüfung von Schmierölen s. S. 62ff.

[2] STEINLE, H.: Kältetechnik 3 (1951) Nr. 5, S. 110 u. Nr. 6, S. 139; 16 (1964) Nr. 11, S. 334 — Bosch Technische Berichte 1 (1966) H. 5, S. 245. — EISEMAN jr.: Refrig. Engng. 57 (1949) 1171.

Arbeitsweise:

Das Öl wird 30 bis 40 mm hoch in das einseitig zugeschmolzene Druckrohr von 12 bis 14 mm lichter Weite gefüllt, und die auf 0,1 mg genau gewogene Metallstreifen, bzw. die zu untersuchenden Stoffproben werden dazugetan. Nach dem Verengen des offenen Rohrendes auf etwa 2 mm lichte Weite erwärmt man im siedenden Wasserbad und saugt eine halbe Stunde lang mit der Vakuumpumpe unter 0,01 Torr ab. Dann wird dreimal Kältemittelgas eingefüllt und wieder abgesaugt. Nach Unterkühlung mit Trockeneis wird Kältemittel ebenfalls 30 bis 40 mm hoch eindestilliert und schließlich das Rohr bei etwa 260 mm Länge abgeschmolzen. Mehrere solcher Rohre werden 14 Tage im Trockenschrank, einzeln in stählernen Schutzrohren stehend, auf 100 °C erhitzt. Nach dem Abkühlen werden die Druckrohre geöffnet und die Blechstreifen in einem Benzol-Alkohol-Gemisch oder Trichloräthylen entfettet. Die Korrosionsprodukte auf dem Kupfer werden mit 10%iger Kaliumcyanidlösung abgebeizt, die auf dem Eisen mit konzentrierter Salzsäure, der 0,2% Katansalz zugesetzt sind[1]. Die Beizzeit beträgt eine Minute. Für den Angriff der Beizflüssigkeit auf das Metall sind beim Kupfer 0,7 mg/22 cm² Oberfläche und beim Eisen 0,9 mg/22 cm² Oberfläche je Minute Beizzeit von der Gewichtsabnahme der Streifen abzuziehen. Die so korrigierte Gewichtsabnahme in mg ergibt, mit 32,5 multipliziert, die Korrosion in mg/m² ds. An den nichtmetallischen Stoffen werden charakteristische Stoffeigenschaften durch Vergleich mit nichtgeprüften Proben bestimmt.

γ) Kupferplattierungstest.

Arbeitsweise:

Die Neigung der Öle zur Kupferplattierung wird im Druckrohrtest bestimmt, indem statt der Metallstreifen vier Kugellagerstahlkugeln von 4 mm Durchmesser zusammen mit einem Kupferdraht von 1,5 bis 2 mm Durchmesser und 50 bis 60 mm Länge verwendet werden. Die Druckrohre werden in Schräglage unter etwa 45° in einer Trommel, einzeln in Schutzrohren aus Stahl stehend, in einem Trockenschrank bei 100 ± 5 °C 14 Tage lang mit etwa 60 U/min gerollt.

Nach Abschluß der Prüfzeit soll auf den Stahlkugeln kein Kupfer niedergeschlagen sein und weder das Kupfer noch der Stahl durch Korrosion eine matte Oberfläche erhalten haben.

δ) Ölharzgehalt. Das Ölharz, das die mit Kältemitteln reaktionsfähigen Stoffe umfaßt, wird von STEINLE[2] mit Bleicherde nach dem erweiterten Noack-Verfahren bestimmt. Das ursprünglich angegebene Verfahren zur Bestimmung des Gesamtharzes (s. S. 79) ist nicht empfindlich genug und erfaßt neben dem Ölharz noch andere, zähigkeitsabhängige Stoffe.

Auch das neue Verfahren ist wegen der schwankenden Eigenschaften der Bleicherden nicht normungsfähig; es leistet aber bei Entwicklungsarbeiten an Kältemaschinenölen als Vergleichsmethode gute Dienste. Für eine Serienuntersuchung an Ölen muß jedoch stets die gleiche und gleichmäßig aufbereitete Bleicherde verwendet werden. Zur Bestimmung wird das Ölharz aus einer Lösung von Öl in reinstem Trichloräthylen mit einem Überschuß an Bleicherde adsorbiert und mit Benzol-Alkohol-Gemisch extrahiert.

---

[1] Katansalz ist ein im Handel erhältlicher Sparbeizenzusatz, der den Angriff der Beizsäure auf das Eisen hemmt.
[2] STEINLE, H.: Kältetechnik 1 (1949) 14 — Kältemaschinenöle. Berlin/Göttingen/Heidelberg: Springer 1950.

Arbeitsweise:

2,5 g des Öles werden in einen 300 cm³-Jodzahlkolben eingewogen und in 50 cm³ frisch destilliertem Trichloräthylen gelöst. Nach dem Lösen des Öles werden 5 g einer hochaktiven, natürlichen Bleicherde zugegeben. Dann wird 3 Min. lang kräftig geschüttelt. Ist die Lösung nicht entfärbt, so ist weitere Erde zuzugeben und nochmals zu schütteln. Nach einstündigem Stehen wird durch einen Glasfiltertiegel Schott 1 G 3 filtriert.

Der Rückstand im Filter ist mit etwa 100 cm³ siedendem Trichloräthylen ölfrei zu waschen, wobei man nach je etwa 30 cm³ trocken saugt, den Unterdruck ausgleicht und den Rückstand mit einem Spatel gründlich auflockert und verreibt. Man wechselt die Vorlage und löst das Ölharz mit Benzol-Alkohol-Gemisch (Verhältnis 1:1) aus der Bleicherde heraus, bis das Filtrat farblos abläuft; dabei wird wieder nach je etwa 30 cm³ trocken gesaugt, der Unterdruck ausgeglichen und der Filterrückstand aufgelockert und verrieben. Nach dem Abdampfen des Lösungsmittels aus dem Filtrat wird der Rückstand in einer Glasschale im Trockenschrank bei 105 °C bis zur Gewichtskonstanz getrocknet, im Exsikkator abgekühlt und gewogen. Aus der Öleinwaage und dem gewogenen Ölharz wird dessen Gehalt in Gew.-% berechnet.

c) Kälteverhalten

Um das Kälteverhalten von Ölen auf der Tieftemperaturseite im Verdampfer der Kältemaschinen zu erfassen, spielen das Fließvermögen des Öles bei tiefen Temperaturen, die Mischbarkeit mit dem Kältemittel und mögliche Phasentrennungen eine Rolle.

α) DIN 51568: Fließvermögen im U-Rohr, U-Rohrmethode. Die Kältefließfähigkeit von Kältemaschinenölen wird durch darin gelöste Kältemittel nur verbessert. Das Fließvermögen des reinen Öles im U-Rohr gibt deshalb den ungünstigsten Grenzfall wieder.

Einzelheiten s. S. 72 u. Teil I, S. 66.

β) DIN 51351: Flockpunkt von Kältemaschinenölen und Mischbarkeit. Als Flockpunkt eines Kältemaschinenöles bezeichnet man die Temperatur in °C, bei der beim Abkühlen in einem homogenen Gemisch von Öl und Kältemittel im Verhältnis 10 zu 90 (Gewichtsteile) im Durchlicht die ersten Ausscheidungen in Form einer milchigen Trübung oder als Flocken sichtbar werden. Eine Trübung gilt als milchig, wenn das Liniennetz eines dahinter gehaltenen Millimeterpapieres nicht mehr sichtbar ist.[1]

Die ausgeschiedenen Produkte entsprechen stofflich dem Frigen-12-Unlöslichen nach DIN 51590. Das Abscheiden von öligen, flüssigen Bestandteilen beim Erreichen der Mischungslücke begrenzt mischbarer Kältemittel-Öl-Systeme gilt nicht als Flockpunkt. Tritt vor dem Ausflocken eine Entmischung von Öl und Kältemittel ein, so ist es nicht mehr möglich, den Flockpunkt zu bestimmen.

Arbeitsweise:

Das dickwandige, einseitig zugeschmolzene Hartglasrohr 12 bis 14 mm lichter Weite und etwa 300 mm Länge mit Verengung zum Abschmelzen wird eine halbe Stunde bei 105 °C im Trockenschrank getrocknet. Dann füllt man 1 g des zu untersuchenden Öles ein. An der Hochvakuumpumpe wird eine halbe Stunde lang unter Erwärmen im siedenden Wasserbad abgesaugt. Anschließend werden

---

[1] WALKER, W. O., u. W. R. RINELLI: Refrig. Engng. 41 (1941) 395; 50 (1945) 131. — STEINLE, H.: Kältetechnik 1 (1949) 87; 14 (1962) Nr. 4, S. 126 — Erdöl u. Kohle 15 (1962) 295.

unter Kühlung mit Trockeneis etwa 10 g Kältemittel eindestilliert. Das Rohr wird abgeschmolzen und nun durch Zurückwägen auch des abgezogenen Rohrteiles das genaue Gewichtsverhältnis von Öl im Gemisch bestimmt. Es soll zwischen 8 und 10% liegen. Nach gründlichem Durchmischen von Öl und Kältemittel bei Raumtemperatur wird das Rohr im Kältebad mit einer Geschwindigkeit von 1 grd/min abgekühlt, bis die ersten Ausscheidungen durch Trübung oder Flockenbildung sichtbar werden. Der Versuch wird mit der gleichen Probe dreimal hintereinander durchgeführt. Der Mittelwert gilt als Flockpunkt des Öles mit dem betreffenden Kältemittel.

Auf die gleiche Weise läßt sich die Mischbarkeit von Kältemitteln und Ölen in jedem beliebigen Gewichtsverhältnis bestimmen. Als Maß für die Entmischung an der Mischungslücke dient die erste Ausbildung von Kältemitteltröpfchen, die schwerer sind als das Gemisch und absinken. Ausgeschiedenes Öl sammelt sich auf dem Gemisch an.

γ) **DIN 51590: Frigen-12-Unlösliches (Paraffin) in Kältemaschinenölen.** Das Frigen-12-Unlösliche enthält alle Bestandteile eines Öles, die aus einer Lösung von Öl in Frigen-12 beim Abkühlen bis zum Siedepunkt des Kältemaschinenöl-Gemisches bei etwa -29 °C ausgeschieden werden. Das Frigen-12-Unlösliche setzt sich in erster Linie aus Paraffinen verschiedener Schmelzpunkte zusammen. Es enthält daneben, namentlich bei harzreichen Ölen, auch kleinere Mengen von Ölharz[1].

Arbeitsweise:

Man wiegt Öl in einen Erlenmeyer-Kolben ein. Unter leichtem Schwenken gibt man CF_2Cl_2 aus einem offenen Gefäß, also unter Normaldruck beim normalen Siedepunkt von $-29,8$ °C langsam zu, so daß sich alles Öl löst. Das Frigen-12-Unlösliche wird über ein Schottfilter abfiltriert. Ehe alles CF_2Cl_2-Öl-Gemisch durch das Filter gelaufen ist, spült man zweimal mit je etwa 100 g kaltem CF_2Cl_2, um den darin unlöslichen Rückstand ölfrei zu waschen. Schließlich wird trocken gesaugt. Das Frigen-12-Unlösliche wird mit siedendem Trichloräthylen vom Filter gelöst und direkt in ein Abdampfschälchen übergespült. Nach dem Abdampfen des Lösungsmittels auf dem Wasserbad wird im Trockenschrank getrocknet und nach dem Erkalten im Exsikkator gewogen. Aus der Öleinwaage ergibt sich das Frigen-12-Unlösliche in Gew.-%.

δ) **DIN 51552: Feuchtigkeitsgehalt in Kältemaschinenölen (Phosphorpentoxidmethode) und DIN 51777: Wassergehalt nach Karl Fischer.** Der geforderte sehr niedrige Wassergehalt für Kältemaschinenöle der Gruppe C erfordert eine empfindliche Prüfmethode. Dafür wird die Phosphorpentoxidmethode, DIN 51552 angewendet[2]. Feuchtigkeit im Sinne dieser Norm ist alles im Schmieröl enthaltene Wasser, auch gelöstes Wasser.

Arbeitsweise:

Sauerstoffarmer Stickstoff wird mit Phosphorpentoxid scharf getrocknet (Taupunkt etwa -92 °C). Er wird dann durch die Ölprobe geleitet, die in einem Ofen auf 60 ± 5 °C gehalten wird. Der mit Wasserdampf beladene Stickstoff passiert ein Glaswattefilter, in dem sich mitgerissenes Öl niederschlägt. In U-Rohren mit Phosphorpentoxid-Glaswatte-Füllung wird das mitgeführte Wasser aus dem Stickstoff gebunden. Eine abschließende Waschflasche verhindert das Eindringen

---

[1] STEINLE, H.: Kältetechnik 1 (1949) Nr. 4, S. 87; 3 (1951) Nr. 2, S. 35.
[2] SHAW, A. H., u. O. B. BRANDON: Inst. Refrig. Session 1947—1948. — STEINLE, H.: Kältemaschinenöle. Berlin/Göttingen/Heidelberg: Springer 1950 — Kältetechnik 3 (1951) Nr. 2, S. 35. — Erdöl u. Kohle 4 (1951) 29.

von Luftfeuchtigkeit von rückwärts. Die vom Phosphorpentoxid in den U-Rohren aufgenommene Wassermenge wird durch Wägen bestimmt.

Auch das Verfahren nach DIN 51777 (Karl-Fischer-Methode, s. Teil I, S. 126), hat sich für Kältemaschinenöle, die meist hoch ausraffiniert sind, gut bewährt. Es ist die direkte Titration anwendbar.

Als Schiedsverfahren für Kältemaschinenöle dient jedoch stets die Phosphorpentoxidmethode.

d) Betriebsversuche in Kältemaschinen

Die Prüfung der Kältemaschinenöle nach den Anforderungen von DIN 51503 erfaßt alle maßgebenden Öleigenschaften. Die endgültige Auswahlprüfung soll erfahrungsgemäß aber durch Betriebsversuche vorgenommen werden. Stoffkombinationen, Konstruktionsmerkmale und die Temperatur- und Druckspitzen im Verdichter, sowie die angewendete Verdampferkonstruktion und -funktion beeinflussen maßgeblich das chemische und das Kälteverhalten der Öle im Gemisch mit den Kältemitteln. Es ist heute üblich, Kältemaschinen bis etwa 20000 kcal/h solchen Betriebsversuchen zu unterziehen[1].

α) **Lebensdauerversuch.** Im Lebensdauerversuch, der aus USA bekannt wurde[2], wird die chemisch-physikalische Stabilität des Kältemittelkreislaufes und vor allem die der Stoffkombinationen und des Öles überprüft. Dabei ergibt sich zugleich ein Einblick in das mechanische Arbeiten und die Schmierung des Kälteaggregates. Der Lebensdauerversuch wird nach der neuesten Vereinbarung beim IIF[3] grundsätzlich 3 Monate lang mit einer Wicklungstemperatur durchgeführt, die 20 °C über der für den Verdichter zugelassenen höchsten Betriebstemperatur der Wicklung liegt.

Arbeitsweise:

Für die Prüfung sind stets neue, vollständige Kältemaschinen mit Verdichter, Verflüssiger, Trockner, Regelorgan und Verdampfer zu verwenden. Im Trockner sollen je 100 g Zelluloseisolation am Ständer 20 g Trockenmittel vom Silicageltyp oder mindestens 10 g Molekularsiebe angewendet werden. Der Verdichter wird während des Betriebes so isoliert, daß die Wicklungstemperatur im 30° Raum bei 140 ± 2,5 °C konstant bleibt. Die Maschine wird im Dauerlauf betrieben; der Verdampfer soll durch entsprechende Isolierung vor Vereisung geschützt werden, um Temperatur und Saugdruckschwankungen zu vermeiden. Der Test gilt als bestanden, wenn

a) die Leistungsaufnahme des Verdichters nicht mehr als 20% angestiegen ist,

b) keine Korrosion und/oder Kupferplattierung,

c) keine Verkokung an Ventilen und an Gleitflächen in Lagern festzustellen sind.

Bei Entwicklungsarbeiten können zudem regelmäßig Gasproben entnommen werden, um fortschreitende Reaktionen des Kältemittels mit dem Öl nach SPAUSCHUS und Mitarbeitern[4] zu verfolgen.

---

[1] Bulletin de l'Institut International du Froid; bisher nicht veröffentlicht. — ENEMARK, A.: J. Refrigeration 9 (1966) No. 5, S. 111.

[2] STEINLE, H.: Kältetechnik 7 (1955) Nr. 4, S. 101 — ASHRAE-Transactions 70 (1964) 195.

[3] Institut International du Froid, Commission III, Arbeitsgruppe Hermetics.

[4] SPAUSCHUS, H. O., u. G. C. DODERER: ASHRAE-J. 3 (1961) Nr. 2, S. 65; 6 (1964) Nr. 10, S. 54.

β) **Verschleißversuch.** Der Verschleißversuch dient zur Prüfung der Verschleißfestigkeit des Systems und damit indirekt als Maß für die Schmierfähigkeit des eingesetzten Öl-Kältemittel-Gemisches[1].

Arbeitsweise:

Der Verdichter wird über ein fein regulierbares Ventil kurz geschlossen. Die Kältemittelfüllung ist so zu bemessen, daß ein Druckverhältnis p/p_0 (Drucksaugseite) von 30/2 ata eingestellt werden kann. Bei einer Wicklungstemperatur von 100 ± 5 °C soll die Öltemperatur 90 bis 100 °C betragen. Die Laufzeit ist meist 200 Std., jedoch werden auch bis 600 Std. angewendet. Als Kriterium für die Auswertung dienen

a) Sichtprüfung der Gleitflächen, wobei schwache Laufriefen noch als befriedigendes Ergebnis angesehen werden, oder Rauhtiefenmessung an Gleitflächen.

b) Leistungsprüfung, wobei der Abfall der Kälteleistung $<20\%$ sein soll; die Leistungsaufnahme soll $<20\%$ ansteigen.

c) Endvakuumprüfung beim Absaugen mit dem eigenen Verdichter.

Der Verschleißversuch hat sich insbesondere bei der Entwicklung neuer Verdichter und der Auswahl von Kältemaschinenölen gut bewährt.

XXII. Mineralöle für Werkzeugmaschinen

Von den Werkzeugmaschinenindustrien wird eine unübersichtliche Anzahl von Schmierstoffsorten empfohlen, die sich zum Teil nur unwesentlich voneinander unterscheiden.

Zwar haben sich die einzelnen Maschinenhersteller bemüht, für ihr eigenes Bauprogramm die Anzahl der empfohlenen Schmierstoffsorten möglichst klein zu halten. Da aber die einzelnen Betriebe Maschinen verschiedener Herstellfirmen besitzen, ergibt sich bei der Berücksichtigung der einzelnen Empfehlungen eine Vielzahl von Schmierstoffsorten.

VDI-Richtlinie 3026 (März 1964): Mineralölschmierstoffe für Werkzeugmaschinen[2]

Die VDI-Richtlinie soll den Betrieben der metallverarbeitenden Industrie die Möglichkeit geben, mit Unterstützung der Beratungsdienste der Schmierstoffindustrie die Sortenanzahl innerhalb ihrer Werke zu vermindern und zugleich die Werkzeugmaschinenhersteller anregen, ihre Schmierstoffempfehlungen auf die in dieser Richtlinie genannten, genormten Sorten auszurichten. Für die Einteilung der Schmieröle sind die kinematische Viskosität und die dem Einsatzzweck entsprechenden Eigenschaften maßgebend.

Die dem Einsatzzweck entsprechenden *Eigenschaften* wurden in folgende Eigenschaftsgruppen zusammengefaßt:

a) Alterungsbeständiges, unlegiertes Schmieröl in Sonderraffination (Solvent-Raffinat) zum Schmieren sehr hochtouriger Wälz- und Gleitlager sowie für Ölnebelschmierung, entsprechend Schmieröl C (vgl. DIN 51 502). Hier können auch Öle der Eigenschaftsgruppe b) verwendet werden.

---

[1] Bulletin de l'Institut International du Froid, bisher nicht veröffentlicht.
[2] Zu beziehen durch Beuth-Vertrieb GmbH, Berlin und Köln. Für Druckereimaschinen ist eine VDI-Richtlinie in Vorbereitung.

22*

b) Legiertes, sehr alterungsbeständiges Öl, mit Antirostzusätzen und möglichst Schmutz-löse- und Schlammtragevermögen, z. B. legiertes Dampfturbinenöl DIN 51 515, zum Füllen von hydraulischen Anlagen, Umlaufschmiersystemen und Zentralschmiereinrichtungen. Das Öl sollte bei Stromdurchgang nicht polymerisieren. Das Grundöl für die Eigenschafts-gruppe b) muß dem der Eigenschaftsgruppe a) entsprechen.

c) Schmieröle mit Hochdruckzusätzen (mild wirkende Zusätze) für geschlossene Zahn-rad- und Schneckengetriebe mit einer Hertzschen Pressung über 6000 kp/cm². Das Grundöl für die Eigenschaftsgruppe c) muß dem der Eigenschaftsgruppe a) entsprechen.

d) Schmieröle mit Zusätzen zum Verbessern des Haftvermögens und der Gleiteigen-schaften, zum Schmieren von Gleitbahnen, vor allem für senkrechte und für hochbelastete Gleitbahnen und für niedrige Gleitgeschwindigkeiten. Das Grundöl für die Eigenschafts-gruppe d) muß dem der Eigenschaftsgruppe a) entsprechen.

e) Heißdampf-Zylinderöl C DIN 51 510, z. B. für Dampf- und Lufthämmer.

Für die Einteilung der Schmierfette sind die Penetration und die dem Einsatzzweck ent-sprechenden Eigenschaften maßgebend.

Die Abstufung der *Penetration* richtet sich nach der Einteilung in DIN 51 818—Konsi-stenzeinteilung von Schmierfetten (Penetrationsstufen).

Die dem Einsatzzweck entsprechenden *Eigenschaften* werden in folgenden Gruppen zu-sammengefaßt:

a) Wasserbeständiges Schmierfett für Gleit-, Kugel- und Nadellager bis zu einer oberen Betriebstemperatur von 50 °C (Gleitlagerfett DIN 51 823).

b) Weiches, zähflüssiges Schmierfett zum Schmieren von Getrieben.

c) Temperaturbeständiges (bis 120 °C) und wasserbeständiges (bis 70 °C) Schmierfett für Wälz- und Gleitlager (Mehrzweckfett). Dieses kann auch für Gleitbahnen verwendet werden.

XXIII. Schmieröle für Bergwerksmaschinen

Bezüglich der Schmierung von Bergwerksmaschinen sei auf Bd. 5 der Glückauf-Betriebsbücher: Richtlinien für die Schmierung von Bergwerksmaschinen, hrsg. vom Ausschuß Schmierstoffe des Steinkohlenbergbauvereins, Essen, verwiesen.

L. Öle für die mechanische und thermische Bearbeitung der Metalle

Von P. Beuerlein, Hamburg

Inhaltsübersicht

I. Mechanische Bearbeitung

Bei der spanenden und spanlosen Formung der Eisen- und Nichteisenmetalle werden zur Schonung der Werkzeuge und Verbesserung der Maßhaltigkeit und Oberflächenbeschaffenheit der Werkstücke Schmier- und Kühlstoffe verwendet, die unter dem Sammelbegriff „Kühl-Schmierstoffe für die Metallbearbeitung" auch die bisweilen benutzten Schmierfette, Pasten und Seifen umfassen. Daneben gibt es auch ölarme und ölfreie wäßrige Metallbearbeitungsflüssigkeiten, die aus anorganischen und organischen Salzen hergestellt sind und häufig — fälschlicherweise — synthetische Flüssigkeiten genannt werden.

Unter spanender Formung sind Arbeitsgänge, wie Drehen, Bohren, Stoßen, Fräsen, Sägen, Hobeln, Räumen, Reiben, Schleifen, Läppen, Honen usw., zu verstehen; unter spanloser Formung die Arbeitsgänge Pressen, Spritzen, Tiefziehen, Drahtziehen, Rohrziehen, Stabziehen, Walzen usw. Neben der spanenden und spanlosen Formung gibt es noch andere Verfahren, wie z. B. die chemische, die funkenerosive und die elektrolytische Metallbearbeitung[1], die Sonderanforderungen an die Flüssigkeiten stellen.

Bei der Formgebung erwärmen sich Werkstück und Werkzeug infolge der Formänderungsarbeit und der Reibung beträchtlich; Abnahme der Festigkeit und Zunahme des Verschleißes der Werkzeuge sind die Folgen. Die Metallbearbeitungsöle[2] haben deshalb die Aufgabe, sowohl zu schmieren als auch zu kühlen[3], um dadurch die Standzeit der Werkzeuge (Benutzungsdauer zwischen zwei Anschliffen) im Vergleich zur Trockenbearbeitung zu verlängern. Abb. 1 zeigt die beim Drehen an der Werkzeugschneide auftretende Temperatur in Abhängigkeit von der Schnittgeschwindigkeit bei Trockenschnitt und bei Kühlung mit Wasser, Abb. 2 den Einfluß der Schnittgeschwindigkeit auf die Standzeit des Werkzeuges beim Naßschnitt bei Benutzung von Schneidöl.

---

[1] ZWINGMANN. G.: Schmier- und Kühlflüssigkeiten bei der Feinbearbeitung. Stuttgart: Deva Fachverlag 1960.

[2] DRIVER, P., u. C. J. TAILOR: Some Aspects of Development and Application of Cutting Fluids. Sci. Lubricat. 15 (1963) No. 3, S. 134.

[3] ZWINGMANN, G.: Kühlmittel und Schmierstoffe für die Metallbearbeitung, Sonderdruck des Shell Technischen Dienstes.

Die Kühl-Schmierstoffe unterteilt man im wesentlichen in:

Schneidöle, die mit Wasser nicht mischbar sind, und

Kühlmittelöle, die mit Wasser mischbar sind, in der Regel als Bohröle und Bohrfette bezeichnet.

Im allgemeinen überwiegt bei den Schneidölen die Aufgabe der Schmierung, bei den Bohrölen die Aufgabe der Kühlung; die Bezeichnungen dürfen aber nicht in allen Fällen wörtlich genommen werden, denn Schneidöle werden z. B. auch als Walzöle mit benutzt, also für einen spanlosen Formgebungsvorgang, und teilweise auch als Kühlöle.

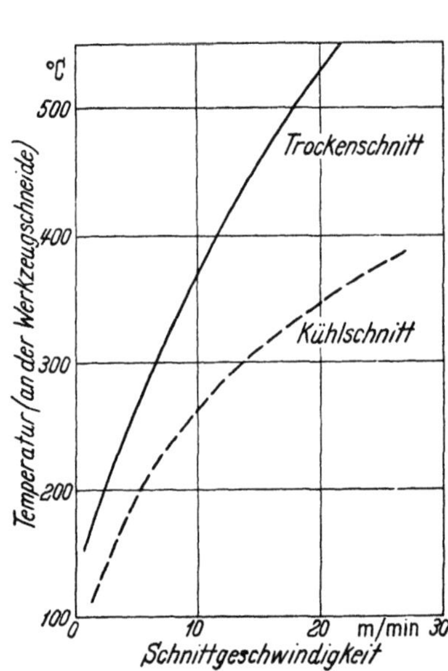

Abb. 1. Temperatur an der Werkzeugschneide beim Drehen, abhängig von der Schnittgeschwindigkeit nach GOTTWEIN. Kühlmittel Wasser + 5% Soda; zerspanter Werkstoff Flußstahl, 48 kp/mm² Festigkeit; Spantiefe 6,2 mm; Vorschub 0,68 mm je Umdrehung; Spanquerschnitt 4,2 mm².

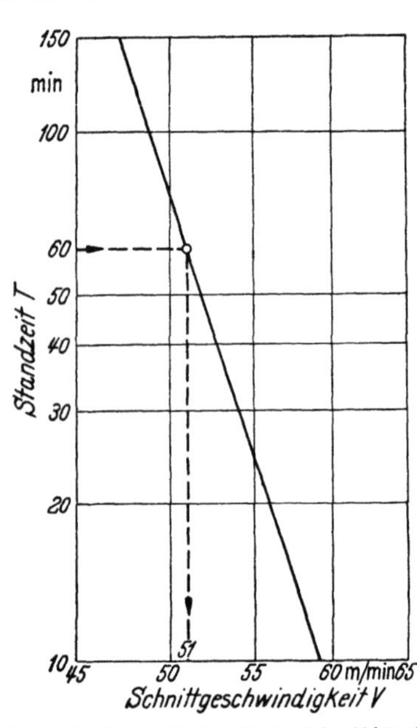

Abb. 2. Standzeit eines Drehwerkzeuges in Abhängigkeit von der Schnittgeschwindigkeit nach KREKELER. Zerspanter Werkstoff legierter Einsatzstahl mit rd. 55 kp/mm² Festigkeit (EN 15 nach DIN 1662); Spantiefe 4 mm; Vorschub 1,12 mm je Umdrehung; Spanquerschnitt 4,5 mm².

1. Schneidöle, mit Wasser nicht mischbar

a) Allgemeines

Die Schneidöle werden im Anlieferungszustand als Schneidölkonzentrate für anspruchsvolle Arbeitsvorgänge, wie z. B. Räumen, verwendet; für geringere Beanspruchungen, wie z. B. Automatendrehen von leicht zerspanbaren Werkstoffen, genügen Schneidöle, die durch Verdünnung von Schneidölkonzentraten mit niedrigviskosen Mineralölen hergestellt sind.

Da die früher als Schneidöle benutzten fetten Öle (vorzugsweise Rüböl, Lardöl und Tran) infolge ihrer großen Oxydationsneigung zum Eindicken und Verharzen neigen und damit zu Störungen des Schaltmechanismus von Werkzeugmaschinen führen können, ging man zunächst dazu über, die fetten Öle mit dünnflüssigen Mineralölen zu mischen, um die Oxydationsneigung abzuschwächen und um die Vorteile der hohen Schmierergiebigkeit der fetten Öle mit den Vorzügen der Mineralöle (geringe Oxydationsneigung, beliebige Einstellung der Viskosität) zu verbinden.

Die niedrigere Druckaufnahme von Mineralölen im Vergleich zu fetten Ölen reicht jedoch bei der spanenden Formung mit hohen Schnittgeschwindigkeiten für befriedigende Werkzeugschonung und gute Standzeiten der Werkzeuge nicht aus. Infolgedessen verwendet man vorwiegend dünnflüssige Mineralöle, denen man die Fähigkeit, extrem hohe Drücke aufzunehmen, durch entsprechende Zusatzstoffe (vorwiegend Schwefel-, Chlor- und Phosphorverbindungen) verleiht. Man nennt solche Öle E.P.-Öle (Extreme Pressure). Zum Einarbeiten und als Träger dieser Zusätze werden manchmal fette Öle als Hilfsstoffe mit herangezogen[1].

Bei Metallbearbeitungsvorgängen mit niedrigen Arbeitsgeschwindigkeiten und hoher Gleitreibung, z. B. bei manchen Ziehvorgängen der spanlosen Formgebung[2], werden höherviskose Mineralöle mit E.P.-Zusätzen, Fettstoffe und gefettete Mineralöle benutzt, deren Viskosität dem jeweiligen Arbeitsvorgang und der Aufbringungsmöglichkeit des Schmierstoffs auf Werkstück bzw. Werkzeug angepaßt wird. Für solche Verwendungszwecke sind mitunter sogar Mineralöle mit der Viskosität von Dampfzylinderölen üblich. Je nach Bedarf und Eignung werden den Ölen auch Graphit, (s. S. 280) Molybdändisulfid, Talkum u. dgl. beigemischt, um dem Ölfilm ein festeres Gerüst zu verleihen.

Die höchsten Arbeitsgeschwindigkeiten bei spanloser Verformung treten beim Drahtzug auf. Beim Drahtzug werden für bestimmte Teilarbeitsvorgänge auch nichtflüssige Schmierstoffe, z. B. Schmierfette für den Grobzug und Seife in Pulver-, Nadel- oder Flockenform für sehr hochwertige Stahldrähte verwendet.

Beim Kaltwalzen von Stahl und Nichteisenmetallen — für diese z. T. auch beim Warmwalzen — verwendet man sog. Walzöle[1], die ein gutes Druckaufnahmevermögen haben müssen, um ausreichende Querschnittsabnahme je Stich zu erzielen, und die beim Glühen keine Rückstände hinterlassen sollen. Solche Öle nennt man auch Blankwalzöle. Neben reinen Mineralölen werden zur Steigerung des Druckaufnahmevermögens auch solche mit Zusätzen von Polyglykolen, Fettalkoholen und gefettete Öle verwendet.

b) Anforderung und Prüfung

α) **Farbe.** In der spanenden Formung ist bei den meisten Arbeitsvorgängen ein helles Öl erwünscht, um den Arbeitsablauf besser beobachten zu können. Bei Arbeitsvorgängen, die eine Beobachtung nicht zulassen wie z. B. das Tieflochbohren, spielt die Farbe keine Rolle. Bei den anderen Formgebungsarten tritt die Forderung nach heller Farbe mehr oder weniger zurück. Prüfung nach DIN 51 578, Bestimmung der Farbe (ASTM-Farbzahl).

β) **Geruch.** Der Geruch des Öles darf nicht unangenehm sein, da oft eine große Zahl von Werkzeugmaschinen bei relativ schlechter Lüftung dicht nebeneinander arbeiten. Bei der Prüfung auf Geruch ist die Betriebstemperatur des Öles zu beachten.

γ) **Angriff auf die menschliche Haut.** Schneidöle dürfen die menschliche Haut nicht angreifen. Gebrauchte Schneidöle enthalten oft kleinste nadelartige Metallsplitter, die die Haut verletzen oder in die Hautporen eindringen und dort Entzündungen verursachen.[3,4]

---

[1] ROST, R.: Recent Developments in the Field of Metal-working Oils. Proceedings Sechster Welt-Erdöl-Kongreß, Frankfurt/Main 1963, Section VI, Paper 5.

[2] VDI-Richtlinien „Schmierstoffe der Kaltformung", VDI 3165, Ausg. März 1963, bringen eine vollständige Übersicht mit Anwendungstabelle und eine Unterteilung in 8 Schmierstoffgruppen; Gruppe 1: in Wasser emulgierbare Öle, Gruppe 2: in Wasser lösliche Seifen, Gruppe 3: in Wasser voremulgierte Öle und Fette, Gruppe 4: in Wasser nicht emulgierbare Öle, Gruppe 5: in Wasser nicht emulgierbare pastenartige Fette, Gruppe 6: tierische und pflanzliche Fette, Gruppe 7: pulverförmige Schmierstoffe (Seifen, Wachse, Graphit, MoS_2), Gruppe 8: metallische Überzüge.
WEVER, F., u. a.: Forschungsberichte des Landes Nordrhein-Westfalen, Nr. 780. Köln-Opladen: Westdeutscher Verlag 1959.

[3] HOPF, G.: Über gewerbliche Ölschädigungen der Haut. Ärztl. Sachverst.-Ztg. 1937, Nr. 17.

[4] KIRN, A.: Schädigung und Schutz der Haut. Erdöl u. Kohle 7 (1954) 90; 9 (1956) 890; vgl. auch Unfallvorschriften der Berufsgenossenschaft VBG 7 n: Metallbearbeitung. — BARKOW, R.: Berufsdermatosen 9 (1961) 57; 7 (1959) H. 2.

δ) **Öluntersuchung.** Man verfährt nach den üblichen Methoden der Schmierölprüfung. Die Öle dürfen nicht zum Eindicken und Verharzen neigen und keine unzulässigen Korrosionen an Werkstücken und an den blanken Flächen der Werkzeugmaschinen herbeiführen. Sie sollen, obwohl sie in der Regel niedrigviskos sind, keine zu niedrigsiedenden Bestandteile enthalten, um die Verdampfungsneigung bei Berührung mit den heißen Spänen klein zu halten. Der Lackanstrich der Maschinen darf nicht angegriffen werden. Bei Ölen mit Fettstoffzusätzen liefert die Bestimmung der Verseifungszahl nach DIN 51 559 keine zuverlässigen Werte, da die Fettstoffe meist schwer verseifbar sind; der Fettstoffanteil ist nach der Spitz-Hönig-Methode zu bestimmen. Bei den Ölen mit hochaktiven E.P.-Zusätzen muß Rücksicht auf die jeweils bearbeitete Metallart genommen werden. Kupfer ist z. B. sehr empfindlich gegen freien Schwefel. Auf Aktivschwefel wird nach ASTM D 1662 oder nach IP 155/58 T untersucht. Prüfverfahren auf Aktivchlor und Phosphor sind in Arbeit.

ε) **Eignungsprüfung.**[1,2] Für die Beurteilung der Eignung ist die Prüfung eines Schneidöles unter betrieblichen Bedingungen, also an Werkzeugmaschinen, nicht zu entbehren, wofür die Werkzeugschonung, d. h. hohe Werkzeugstandzeit, die Oberflächengüte und die Maßhaltigkeit der Werkstücke ausschlaggebend sind. Es wird die Standzeit eines Werkzeuges gemessen, z. B. bei Automatenarbeiten die Standzeit eines Werkzeuges für verschiedene Schnittgeschwindigkeiten; die einer Standzeit von 60 Min. zugehörige Schnittgeschwindigkeit in Verbindung mit dem Neigungswinkel der Standzeitgeraden im doppeltlogarithmischen Diagramm wird als Güteziffer betrachtet. In der Abb. 2 wird die einer Standzeit von 60 Min. zugehörige Schnittgeschwindigkeit mit 51 m/min ermittelt. Man unterscheidet bei der Werkzeugabnutzung hauptsächlich den Freiflächenverschleiß (d. i. der Verschleiß der Werkzeugfläche, die der bearbeiteten Werkstückfläche zugewendet ist) und den Kolkverschleiß (d. i. der Verschleiß der Werkzeugfläche, über die der Span abläuft)[1]. Bei Serienfertigung gibt das ausgezählte Mittel der zwischen zwei Werkzeuganschliffen unter gleichen Bedingungen hergestellten Werkstücke einen Gütemaßstab sowohl für die spanende als auch für die spanlose Formung. Die Messung der auf das Werkzeug wirkenden Schnittkräfte bzw. Drücke wird gleichfalls zur Gütebewertung der Schneidöle herangezogen[3]. Bei der spanlosen Formung, z. B. beim Ziehen von Drähten, werden die Ziehkräfte in Abhängigkeit von dem angewendeten Schmierstoff gemessen.

Zur Vorwahl bei der Beurteilung von Schneidölen mit E.P.-Eigenschaften kann man z. B. den Vier-Kugel-Apparat (s. S. 160) heranziehen, der jedoch die Eignungsprüfung eines Schneidöls unter betrieblichen Bedingungen nicht ersetzt. Ähnliches gilt allgemein für die mechanischen Prüfgeräte von E.P.-Schmierstoffen.

2. Kühlmittelöle, mit Wasser mischbar

a) Allgemeines

Früher verwendete man zum Bohren vorzugsweise Seifenwasser. Die heute in Gebrauch befindlichen Bohröle sind echte oder kolloide flüssige Aufquellungen von Seifen (Emulgatoren) in dünnflüssigen Mineralölen, die zur Stabilisierung und Erhöhung der Emulgierfähigkeit mit geringen Zusätzen, z. B. von Wasser und Alkohol, abgerichtet werden. Während des Krieges wurde von IG-Farben

---

[1] ZWINGMANN, G.: Einflüsse von Kühl- und Schmierstoffen auf Ergebnisse und Wirtschaftlichkeit bei der spanenden Metallbearbeitung. VDI-Ber. 111 (1966) 73.

[2] ROST, R. R., H. HENSCHEN u. G. STOMMEL: Kurzprüfverfahren zur Erstellung der Leistungskennfelder von Schneidölen. Erdöl u. Kohle 19 (1966) 796.

[3] Für die spanende Formung kommt BOSTON (s. 1. Aufl. dieses Buches, S. 906 u. 921) in „General Discussion" an Hand von Bohrversuchen zu der Feststellung, daß die Schneidölbewertung nach günstigster Werkzeugstandzeit durchaus nicht mit der Bewertung nach geringster Schnittkraft übereinstimmen muß.

als Bohrflüssigkeit das sog. Bohrmittel „Hö" aus *Fischer-Tropsch-Kogasin II (R)*
nach folgender Gleichung entwickelt:

$$R + SO_2 + Cl_2 \rightarrow RSO_2Cl + Cl;$$
$$RSO_2Cl + NH_3 \rightarrow RSO_2NH_2 + HCl;$$
$$RSO_2NH_2 + ClCH_2COONa \rightarrow RSO_2-NH-CH_2COONa + HCl.$$

Dieses Bohrmittel wurde in 1 bis 1,5%iger wäßriger Emulsion oder im Gemisch
mit Schmierölen verwendet[1].

Bohrfette (auch wasserlösliche Ziehfette) enthalten außer den Emulgatoren
und Mineralölen einen Wasseranteil von etwa 25 bis 50% und weisen fettartige,
pastenähnliche, weiche Struktur und den für Emulsionen typischen weißen bis
ockerbraunen Farbton auf. Der Aufbau der Bohrfette ermöglicht die Einarbei-
tung von Komponenten, die wasserlöslich, aber nicht öllöslich sind und die z. B.
zu einer Wasserenthärtung beitragen können.

Als Emulgatoren verwendet man in der Regel Seifen von Naphthensäuren,
Naphthensulfosäuren, Harzen, stearinfreien Fettsäuren, sulfonierte Fettöle und
Kombinationen hieraus, sowie grenzflächenaktive Emulgatoren (Alkylenoxid-
addukte).

Wirkstoffe zum Korrosionsschutz oder zur Erhöhung[2] der Druckaufnahmefähigkeit, sowie Stabilisierungsmittel (ein- oder mehrwertige Alkohole) werden
bisweilen zugesetzt.

Bohröle sind wesentlich empfindlicher als Schmieröle. Sie sollen vor Frost
geschützt werden, um das Ausfallen von Seifenteilen zu vermeiden. Sie müssen
geschlossen aufbewahrt werden, um etwaige flüchtige Bestandteile vor Verdunstung zu schützen. Lange Lagerzeit ist zu vermeiden und vor Ingebrauchnahme
ist gute Durchmischung erforderlich. Bohröle sind in der Regel sauer eingestellt.

Die Emulsionen aus Bohrölen oder Bohr- und Ziehfetten und Wasser sind
Öl-Wasser-Emulsionen; sie werden aus Gründen der Fracht- und Gebindeein-
sparung und der beschränkten Haltbarkeit der Emulsionen beim Verbraucher
angerührt. Dabei ist es zweckmäßig, zunächst eine etwa 15%ige Stammemulsion
herzustellen, die dann vor Einfüllung in die Maschinen durch weitere Wasser-
zugabe auf das gewünschte Öl-Wasser-Verhältnis eingestellt wird.

Durch Hydrolyse bei der Emulgierung zeigen Emulsionen mit schwach sauren
oder alkalischen Wässern in der Regel pH-Werte von 7 und darüber, bei stärker
sauren Wässern pH-Werte unter 7. Im allgemeinen werden pH-Werte über 7
angestrebt, da die alkalische Reaktion eine größere Sicherheit für ausreichenden
Rostschutz bietet. Während man früher im allgemeinen in der spanenden Formung Emulsionen mit etwa 10 Teilen Öl und 90 Teilen Wasser verwendete, wird
in neuerer Zeit mit einem sehr viel geringeren Ölanteil in der Emulsion gearbeitet,
der im Durchschnitt bei etwa $2^1/_2\%$ liegt. In der spanlosen Formung werden jedoch
je nach Werkstoff und Arbeitsvorgang die Emulsionen auch ölreicher eingestellt.

Bei Härtegraden des Emulgierwassers über etwa 10° dH kann eine unerwünschte Aufrahmung der Emulsion durch Kalkseifenbildung eintreten; zu weiches
Wasser neigt zur Schaumbildung.

Bohrölemulsionen verwendet man bei der spanenden Formung vorzugsweise
auf Bohrmaschinen und Drehbänken, aber auch zum Fräsen, Hobeln und Schleifen. Sie sind im Vergleich zu Schneidöl billiger, zeigen gutes Kühlvermögen und

---

[1] Bezüglich der Anwendung von wasserlöslichen Bohrölen und Bohrmittel „Hö" als
Inhibitor für Entrostungsbeizen sei auf K. F. HAGER und M. ROSENTHAL: Oil Gas J. 49
(1950) Nr. 16, hingewiesen.
[2] Graphit als Zusatz zu Bohr- und Schneidölemulsionen s. E. KADMER: Proc. Dritter
Welt-Erdöl-Kongreß, Leiden 1951, Section VII, 343.

werden im allgemeinen für Arbeitsgänge bevorzugt, die mit verhältnismäßig einfachen Werkzeugen ausgeführt werden. In der spanlosen Formung wird für die weniger anspruchsvollen Ziehvorgänge überwiegend mit Emulsionen gearbeitet; in einigen Fällen dient die Emulsion dem Zweck, einen sehr dünnen Film auf das Werkstück aufzubringen, der dadurch entsteht, daß man nach dem Tauchen des Werkstückes in der Emulsion den Wasseranteil verdunsten läßt.

Neben den bisher beschriebenen mineralölhaltigen gibt es auch mineralölfreie Kühlschmiermittel, die allerdings bei der Benutzung im Betrieb sich unvermeidlich mit den Mineralölen, die zum Schmieren der Maschinen verwendet werden, anreichern. Diese mineralölfreien Kühlschmiermittel sind konzentrierte Lösungen von anorganischen und organischen Salzen und/oder Glykolverbindungen in Wasser; sie werden vom Verbraucher mit Wasser verdünnt.

Die mineralölfreien Kühlschmiermittel werden häufig „synthetische Kühlschmiermittel" genannt, obwohl diese Kennzeichnung meistens nicht zutrifft.

b) Anforderungen an Bohröle und ihre Prüfung

α) **Lagerfähigkeit.** Bohröle und Bohrfette dürfen bei längerem Lagern nicht zerfallen oder in ihrer Emulgierfähigkeit nachlassen. Allerdings müssen dabei die Lagerungsbedingungen auf die Eigenarten der Bohröle und Bohrfette Rücksicht nehmen.

β) **Emulgierbarkeit und Emulsionsbeständigkeit.** Das Anrühren der Emulsionen soll auch mit kaltem Wasser verhältnismäßig leicht vor sich gehen, um auch von Hand ohne zu großen Kräfteaufwand größere Emulsionsmengen ansetzen zu können.

Emulsionen dürfen in den jeweiligen Anwendungskonzentrationen nach gutem Durchschütteln und 24std. Stehen in Schüttelzylindern keine nennenswerten Aufrahmungen oder Ölabscheidungen zeigen und keine Stoffe enthalten, welche die menschliche Haut angreifen. Die Beständigkeit kann nach ASTM D 1479-64 geprüft werden, indem nach 24std. Stehen das unterste Fünftel entnommen und auf Ölgehalt untersucht wird; der gefundene Ölgehalt wird dann mit dem Ölgehalt der frischen Emulsion verglichen[1].

HART[2] schlägt zur Prüfung eines Öles auf Emulgierfähigkeit und eines Emulgators auf seine Emulgierwirkung zwei Kennwerte vor: 1. die sog. Ölmischbarkeitszahl, das ist die Menge freier Ölsäure, die erforderlich ist, um 100 g Emulgator und 400 g Mineralöl gerade zu klären, und 2. die Ölsäureemulsionszahl, das ist diejenige Menge Ölsäure, die maximal der Mischung ohne Qualitätsschädigung zugesetzt werden darf. Die Mineralölzahl gibt die Menge Mineralöl an, die mit 100 g Emulgator eine einwandfreie Emulsion bildet.[3]

γ) **Wassergehalt.** Der Wassergehalt wird in üblicher Weise durch Xyloldestillation (s. Teil I, S. 125) bestimmt. Zur Verhinderung des Schäumens empfiehlt sich ein Zusatz von wasserfreier Ölsäure. Etwa im Öl vorhandener Alkohol, der mit überdestilliert, muß berücksichtigt werden.

δ) **Alkohol.** Die Alkoholmengen in Bohrölen sind in der Regel nur sehr gering. Qualitativ lassen sie sich durch Zusatz einer Jod-Jodkalium-Lösung (bis zur Gelbfärbung) zu dem über Kalilauge zur Entfernung flüchtiger Säuren redestilliertem Wasser der Wasserbestimmung nach γ) nachweisen. Jodoformgeruch nach gelindem Anwärmen bei Gegenwart von Äthylalkohol (oder Aceton). Quantitativ ist eine Bestimmung bei Vorhandensein größerer Mengen durch Dichtemessung möglich.

ε) **Freie organische Säuren.** Freie organische Säuren werden in üblicher Weise mit Hilfe der Neutralisationszahl bestimmt. Bei Gegenwart von Ammonseifen entspricht die bei der Neutralisationszahlbestimmung verbrauchte Laugemenge der zum Umsalzen und zur Neutralisation freier Säuren erforderlichen Menge. Der Ammoniakgehalt muß daher durch Erwärmen einer Ölprobe und Titration des übergegangenen, in 0,1 n-Schwefelsäure aufgegangenen Ammoniaks bestimmt und in Abzug gebracht werden.

ζ) **Alkaliseifen.** Diese bestimmt man durch Extraktion des Öles mit 50%igem Alkohol und Zurückwägen nach Verdampfen des Alkohols.

η) **Gesamtfettgehalt.** Über die Bestimmung des Gesamtfettgehaltes vgl. S. 801 der 1. Aufl. dieses Buches.

---

[1] Eine DIN-Norm ist in Vorbereitung.   [2] Industr. Engng. Chem. 21 (1929) 85.
[3] KADMER, E. H.: Öl u. Kohle 39 (1943) 491, stellt fest, daß die Emulgierfähigkeit von Ölen von der Mineralölkomponente abhängt. Über transparente Wasser-in-Öl-Dispersionen berichten T. P. HOAR u. Mitarb.: Nature 152 (1943) 102, und M. E. MERCHANT: J. appl. Mech. 12 (1945) A 257.

c) Anforderungen an Bohrölemulsionen und ihre Prüfung

α) Schaumbildung. Bei ständigem Umpumpen der Emulsion in den Maschinen darf sich nur wenig Schaum bilden und dieser muß leicht und schnell zerfallen (s. auch S. 848 der 1. Aufl. dieses Buches).

β) Wasserstoffionenkonzentration. Der pH-Wert der Emulsion soll nicht unter 7 liegen.

γ) Korrosion. Das Korrosionsschutzvermögen der Emulsion muß ausreichen, um die geschnittenen Werkstücke für eine vorübergehende Zwischenlagerungszeit bis zur Weiterverarbeitung ausreichend vor Rost zu schützen. Über Korrosionsbestimmungen s. S. 298 ff.

Nach dem sog. Herbert-Test IP 125/63 (Soluble Cutting Oils Corrosion of Cast Iron) werden standardisierte Stahlfrässpäne auf einer Gußplatte mit Bohrölemulsion benetzt; die nach 24 Std. in einer Feuchtigkeitskammer (Exsikkator) eingetretene Korrosion der Gußplatte wird beobachtet[1].

δ) Zusammensetzung[2]. Während des Gebrauchs wird die Emulsion in gewissen Zeitabständen auf Öl- und Wassergehalt und auf pH-Wert kontrolliert. Der Ölanteil wird in einem sog. Bohrölprüfer, Abb. 3, durch Messen der bei Zumischen von Salzsäure zur Emulsion ausgeschiedenen Ölmenge bestimmt[1,3]. Der pH-Wert wird mit pH-Papier gemessen.

ε) Bakterienbefall. Emulsionen sind Nährböden für Bakterien[4]. Besonders nach Ruhetagen, also bei fehlender Belüftung, kann der Bakterienbefall Ursache starken fauligen Geruchs (H_2S) und Absinken des pH-Wertes sein.

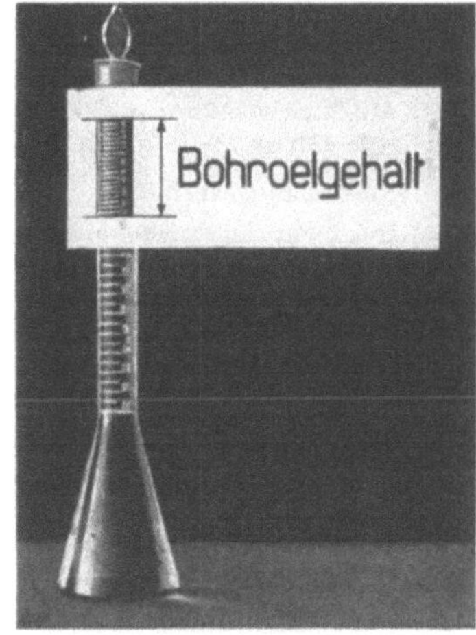

Abb. 3. Gefäß zur Bestimmung der Ölmenge in einer Emulsion.

Folgende Mikroorganismen[4] wurden in einer in Gebrauch befindlichen Emulsion (Aufschlüsselung nach dem mengenmäßigen Vorkommen) festgestellt:

E. coli F	42 mal,	Fadenbakterien	1 mal,
E. coli mucosa	7 mal,	Staphylokokken	10 mal,
Coligruppen	63 mal,	Chromobakterien	7 mal,
Bact. fluorescens	41 mal,	Bact. pyoc. (Pseud. aerug.)	9 mal,
Saprophyten	28 mal,	Bac. proteus	1 mal,
Sporenbildner	49 mal,	Pilze	1 mal.
Streptokokken	1 mal,		

Durch Vernachlässigung der Reinigung der Maschinen und Umlaufsysteme hat die bakterielle Zersetzung von Bohrölemulsionen in den letzten Jahren zugenommen. Die Verwendung großer Emulsionsbehälter (100000 bis 150000 l) mit zentral gesteuerten Umlaufsystemen erschwert die Reinigung. Außerdem fördern geschlossene Emulsionsbehälter die bakterielle Zersetzung.

Gründliche Reinigung sämtlicher Maschinen, Behälter und Rohrleitungen mit gut wirkenden waschaktiven Mitteln und anschließend mit desinfektionshaltigem Wasser vernichtet den größten Teil der vorhandenen Mikroorganismen. Laufende Belüftung der Emulsion verhindert das Wachstum der Anaerobianten und damit die Zersetzung.

---

[1] Eine DIN-Norm ist in Vorbereitung.

[2] Siehe auch DIN-Entw. 51368: Bestimmung des Gehaltes an mit Säure abscheidbaren Anteilen.

[3] Ölgehalt in wasserlöslichen Ölen: R. H. WILLIAMS: Chemist-Analyst 32 (1943) 78, beschreibt einen Schnelltest zur Ölgehaltsbestimmung in wasserlöslichen Bohrölen.

[4] Bakterien in Mineralölemulsionen s. Teil I, S. 352. — KADMER, E. H.: Über den Bakterienbefall technischer Emulsionen", Mineralöl-Technik 8 (Januar 1963) H. 1; s. auch Abschnitt „Erdöl und Erdölprodukte", Teil I, S. 351. — KLITZKE, E. D., u. Mitarb.: Lubricat. Engng. 19 (1963) 110—113. Die zur Bekämpfung zugesetzten Bakterizide müssen verträglich mit dem Öl sein und dürfen die Emulsion sowie den Schmier- und Kühleffekt nicht beeinträchtigen. Die verschiedenen Arten von Bakterien und Schimmelpilzen fordern spezielle Bakterizide. Die mit Wasser mischbaren Syntheseöle werden von Schimmelpilzen und Bakterien weitgehend verschont, sind dafür aber empfindlicher gegen Hefen und Pilze.

Zum Schutz der Emulsion setzt man Bakterizide[1] in einem bestimmten Grenzkonzentrationsbereich zu, in dem einmal die Hautverträglichkeit und zum anderen eine ausreichende Wirksamkeit gegenüber den Mikroorganismen und die Stabilität der Emulsion gewährleistet ist. Eine Unterschreitung der noch wirksamen Konzentration läßt außerdem auf die Dauer die Organismen resistent werden. Bewährt haben sich Triacinderivate.

Da eine analytische Kontrolle der bakteriziden Mittel in der Betriebsemulsion fast unmöglich ist, besteht immer die Gefahr, daß der Grenzkonzentrationsbereich über- oder unterschritten wird.

ζ) Beseitigung nicht mehr gebrauchsfähiger Emulsionen[2]. Um nicht mehr gebrauchsfähige mineralölhaltige Emulsionen in das Abwassersystem abfließen lassen zu dürfen, muß der Mineralölgehalt so weit gesenkt werden, wie es die jeweils zuständige Wasseraufsichtsbehörde fordert. Für große Emulsionsmengen kommen drei Verfahren in die engere Wahl:

Ausflockungsverfahren

In einem Sammelbehälter werden je m³ Emulsion 50 g Ferrosulfat zugegeben, worauf sich ein Teil des Öles sofort abscheidet und abgezogen wird. Die zurückbleibende Mischung wird in einen Ausflockungsbehälter mit Rührwerk gepumpt, wo sich nach Zugabe von 50 g Kalk je m³ Emulsion Eisenhydroxid niederschlägt, das sich zusammenballt und die Ölanteile festhält. Der Niederschlag wird z. B. durch Filtration entfernt.

Aussalzungsverfahren

Die nicht mehr gebrauchsfähige Emulsion wird auf etwa 60 bis 70 °C erwärmt und durch Zugabe von anorganischen Salzen, z. B. Magnesiumchlorid, Natriumchlorid, Aluminiumsulfat, gespalten. Nach dem Abziehen des abgeschiedenen Öles wird die zurückbleibende Mischung zentrifugiert, um die restlichen Ölanteile zu entfernen.

Aussäuerungsverfahren

Die Verfahrenstechnik muß jeweils auf Art und Konzentration der zur Verfügung stehenden Säuren ausgerichtet werden.

η) Tröpfchengröße. Mit abnehmender Tröpfchengröße nimmt die Stabilität einer Emulsion zu. Die mittlere Tröpfchengröße in Emulsionen, die homogenisiert und nicht zu polydispers sind, kann mit Hilfe eines turbimetrischen Verfahrens[3] bestimmt werden.

II. Thermische Bearbeitung

Härteöle, Anlaßöle[4]

Härten und Anlassen fallen unter den Sammelbegriff „Wärmebehandlung von Stahl". Zweck dieser Wärmebehandlung ist es, dem Stahl mit Hilfe von

---

[1] Über ein neuartiges Desinfektionsmittel für Mineralölemulsionen (Bohröle, Schleiföle). Sonderdruck aus: Berufsdermatosen 9 (1961) 57—64. — SCHMITZ, R.: Kontakt-Allergien gegen eine Gruppe neuer Desinfektionsmittel [DÜNGEMANN, H., S. BORELLI u. E. REBER: Med. Klinik 59 (1964) 170]; s. auch S. 347. — SEEGER, ERHARD: Antimikrobielle Konservierung technischer Ölemulsionen unter Berücksichtigung des pH-Wertes. Mineralöl-Technik 9 (Februar 1964) Nr. 3.

[2] BURMEISTER, H. E.: Verfahren zur Abtrennung des Mineralöls aus wässerigen Metallbearbeitungsflüssigkeiten und Untersuchungsmethodik zur Bestimmung des Mineralölgehaltes im Abwasser. Erdöl u. Kohle 19 (1966) 129—134. Die Arbeitsgemeinschaft der D.G.M.K. zum Erfahrungsaustausch bei Abwasserfragen emulgierfähiger Bohröle hat in Laboratoriumsversuchen eine Reihe von Spaltverfahren erprobt und stellt die Ergebnisse zur Diskussion.
Die analytische Bestimmung des Mineralölgehalts im Spalt- bzw. Abwasser führt nicht immer zu befriedigenden Ergebnissen. Die Extraktion des Abwassers mit Lösungsmitteln der verschiedensten Art ergibt häufig einen Abdampfrückstand, der neben mineralölhaltigen Anteilen größere und kleinere Mengen von anderen organischen Stoffen enthält, so daß der auf diese Weise bestimmte Mineralölgehalt zu hoch erscheint. Eine Methode zur chromatographischen Untersuchung des Extraktionsrückstandes ist daher auf jeden Fall erforderlich. Regenerierung s. S. 383.

[3] GOULDEN, J. D. S., u. L. W. PHIPPS: Spektroturbimetrische Bestimmung der mittleren Tröpfchengröße in homogenisierten Emulsionen. Vortrag beim III. Internationalen Kongreß für grenzflächenaktive Stoffe, Köln 12.—17. 9. 1960.

[4] Stahl-Eisen-Betriebsblatt SEB 181210-62, Mineralöle zum Abschrecken und Anlassen, Richtlinien für Eigenschaften, Prüfung, Anwendung. Düsseldorf: Verlag Stahleisen m.b.H.

Erwärmungen und Abkühlungen bestimmte gewünschte Eigenschaften zu verleihen.

Unter Härten versteht man die rasche Abkühlung eines auf Härtetemperatur (sog. oberer Umwandlungspunkt, etwa 750 °C bis etwa 1200 °C je nach Stahlart) erhitzten Stahles mit Hilfe eines Kühlmittels (Wasser, Öl, Luft, Salz). Die Stahltemperatur muß mit einer bestimmten Abkühlungsgeschwindigkeit („kritische Abkühlungsgeschwindigkeit") sinken, damit der abgekühlte Stahl das gewünschte Gefüge erhält. Bei der sog. oberen kritischen Abkühlungsgeschwindigkeit wird das ganze Gefüge des Stahles in den harten Martensit umgewandelt, bei der unteren ist das erste Auftreten von Martensit festzustellen.

Unter Anlassen versteht man das Anwärmen eines gehärteten Stahles auf eine bestimmte Temperatur über eine bestimmte Zeitspanne, um Härtespannungen zu beseitigen und unter Inkaufnahme eines geringen Härteabfalls die Stahlzähigkeit zu steigern und die Sprödigkeit zu senken.

a) Härteöle

Die kritische Abkühlungsgeschwindigkeit eines Stahles hängt von seiner Zusammensetzung ab. Aus Tab. 1 ist ersichtlich, daß unlegierten und schwach legierten Stählen eine sehr viel höhere kritische Abkühlungsgeschwindigkeit zugeordnet ist als höher legierten Stählen.

Tabelle 1. *Abkühlungsgeschwindigkeit von Stählen.*

C	Cr	Mn	Wo	Ni	V	Mo	Einhär-tungs-tiefe mm	Abschreck-mittel	Kritische Abkühlungs-geschwindigkeit grd/sec	
									untere	obere
1,1	—	0,25	—	—	—	—	2—4	Wasser	300	600
0,9	—	0,8	—	—	—	—	30	Öl	50	200
2,0	13,0	—	—	—	—	—	100	Öl	5	10
0,5	1,2	—	—	3,0	—	—	150	Öl	2	10
0,8	4,0	0,25	8,5	—	1,7	1,0	200	Preßluft	1	2

Tabelle 2. *Thermische Eigenschaften von Kühlflüssigkeiten[1].*

Kühlmittel	Wärmeleitzahl 10^4 cal/cm grd sec	Mittl. spez. Wärme zwischen 0 und 100 °C cal/g grd	Verdampfungs-wärme cal/g
Mineralöl (Spindelöl)	3,46 (17 °C)	0,4—0,5	70—75
Petroleum	3,82 (17 °C)	0,4—0,5	70—75
Rüböl	unbekannt	0,50	—
Wasser	14,3 (20 °C)	1,00	539

Wasser wirkt als Abkühlungsmittel infolge seiner hohen Wärmeleitfähigkeit, spezifischen Wärme und Verdampfungswärme wesentlich schroffer als Öl und führt leichter als Öl zu Härterissen, vgl. Tab. 2. Niedrige Ölviskosität beschleunigt den Wärmeaustausch, während ein geschlossener Dampfmantel den Wärmeaustausch verzögert. Es lassen sich daher durch Wahl der Ölviskosität, der Siedelage sowie der Badtemperatur bestimmte Abkühlwirkungen erzielen; auch durch Zusätze zum Öl kann der Wärmeaustausch beeinflußt werden.

α) Anforderungen. Die Anforderungen an Härte- und Anlaßöle können außerordentlich variieren und gelten jeweils für den einzelnen Verwendungszweck.

---

[1] HOLDE: Kohlenwasserstofföle und Fette, 7. Aufl. Berlin: Springer 1933, S. 397.

Ein vielfältig angewendetes Härteöl, an das keine Sonderanforderungen gestellt werden, zeigt eine kinematische Viskosität von etwa 30 cSt bei 50 °C und einen Flammpunkt (o. T.) von etwa 180 °C.

Der *Flammpunkt* gibt kein ausreichendes Kriterium für die Temperaturabhängigkeit der Dampfbildung eines Härtöles, auch nicht für die unerwünschte Entzündungsneigung beim Härtevorgang. Niedrige *Viskosität* ist vorteilhaft wegen des rascheren Wärmeaustausches, des leichteren Abströmens der Dampfblasen und der geringen Ölhaftverluste am gehärteten Werkstück.

Die *Beständigkeit* des Härteöles im betrieblichen Gebrauch und geringste Neigung zur Bildung von Polymerisations- und Kondensationsprodukten sind wichtig für die Konstanz der Abkühlungseigenschaften und Vermeidung von schwarzen Krusten auf den gehärteten Werkstücken. Für einfache Ansprüche genügen Destillate. Die Entfernung leicht zersetzlicher Bestandteile aus dem Mineralöl mit Hilfe der Raffination verbessert die Stabilitätseigenschaften der Härteöle. Als stabilste Härteöle sind die Blankhärteöle bekannt, die breiten Eingang in der Industrie gefunden haben. Das früher für Härtezwecke vorwiegend verwendete Rüböl (zum Teil auch Tran) ist in den Beständigkeitseigenschaften dem Mineralöl weit unterlegen. Seine starke Oxydationsneigung führt nach relativ kurzer Gebrauchsdauer zu Verharzungen und Eindickungen. Für das Abkühlen von Werkstücken, die im Salzbad auf Härtetemperatur erhitzt werden und mit einer Salzkruste behaftet in das Ölbad getaucht werden, sind fette Öle völlig unbrauchbar, da sie chemisch mit dem Salz reagieren. Hierfür eignen sich die Blankhärteöle besonders gut.

β) **Prüfung des Betriebsverhaltens und der Kühlfähigkeit.** Über Prüfmethoden zur Beurteilung des betrieblichen Verhaltens von Härteölen berichtet W. L. NELSON[1]. Unter anderem wird ein Verfahren zur Messung der Verdampfungsneigung beschrieben, ferner werden verschiedene Methoden zur Beurteilung der Alterungsneigung und ein Prüftest ähnlich der weiter unten geschilderten Silberkugelmethode angegeben. Die physikalischen Eigenschaften, insbesondere Viskosität und Verdampfungsneigung, werden als ausschlaggebend bezeichnet.

Die Kühlfähigkeit flüssiger Kühlmittel wird nach einer vom Kaiser-Wilhelm-Institut für Eisenforschung entwickelten Methode[2] gemessen, welche den Temperaturverlauf einer auf 800 °C erhitzten und in das Kühlmittel eingetauchten Silberkugel aufzeichnet, und die zur jeweiligen Kugeltemperatur gehörige Abkühlungsgeschwindigkeit bestimmen läßt. Abb. 4 zeigt diesen Verlauf der Abkühlungsgeschwindigkeit für Wasser von 20 °C und für einige Öle. Es ist zu erkennen, daß diese Kurven sich aus drei Phasen zusammensetzen, von denen die erste durch die Bildung eines geschlossenen Dampfmantels gekennzeichnet ist, der die Kugel umhüllt und den Wärmeübergang behindert. Die zweite Phase beginnt mit der ersten Durchbrechung des Dampfmantels und Berührung der heißen Kugeloberfläche mit dem flüssigen Kühlmittel, wodurch ein energischer Kochvorgang einsetzt, der schnell zu einem Maximum der Abkühlungsgeschwindigkeit führt und allmählich mit sinkender Kugeltemperatur abfällt. Sobald die Dampfbildung aufgehört hat, setzt die dritte Phase ein, die durch die konvektive Wärmeableitung gekennzeichnet ist. Für die Beurteilung eines Härteöls ist die zweite Phase die wichtigste, denn diese läßt außer dem Abkühlungsmaximum erkennen, über welche Temperaturzone sich die eigentliche Abkühlung erstreckt und bei welcher Temperatur das Maximum liegt. Die Temperaturabhängigkeit der Dampfbildung und die Zähigkeit sind ausschlaggebend. Die Dampfbildung beeinflußt bei den Ölen A, B und C die Lage der Temperaturzone der zweiten Phase und die Zähigkeit den mehr oder weniger schnellen Wärmeaustausch innerhalb des Härteöls.

[1] Quenching Oils and Test. From Report by J. A. JONES and W. W. STEVENSON: Iron and Steel Institute, London. Included in the Second Report of the Alloy Steels Research Committee. Progress in Metals. — NELSON, W. L.: Oil Gas J. 39 (1940) Nr. 1, S. 163.
[2] ROSE, A.: Mitt. KWI Eisenforschg. 21 (1939) 181 — Arch. Eisenhüttenw. 19 (1939/40) 345.

Die mit der Silberkugel gemessenen Werte lassen sich nicht unmittelbar auf Stahl übertragen.

Tabelle 3. *Kenndaten der in Abb. 4 dargestellten Öle.*

Bezeichnung	Dichte ϱ_{15} g/cm³	kinemat. Viskosität cSt bei 50 °C	Flammpunkt °C	Stockpunkt °C
A	0,921	148	252	− 20
B	0,903	37	200	− 34
C	0,885	12	164	− 60
D	0,890	bei 20 °C : 25	160	− 20

Das dünnflüssige Öl C mit entsprechend größerem Anteil von relativ niedriger siedenden Bestandteilen zeigt eine länger anhaltende erste Phase und eine Verschiebung der zweiten Phase in eine niedrigere Temperaturzone im Vergleich zu den höher viskosen Ölen A und B.

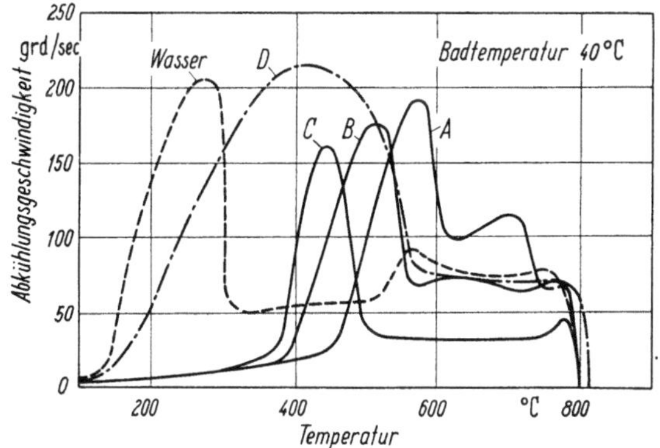

Abb. 4. Abkühlungsvermögen dreier Mineralöle *A*, *B* und *C* mit verschiedenen physikalischen Eigenschaften im Vergleich zu Wasser (nach Rose) und eines Öles *D* mit Wirkstoffzusätzen. Kenndaten der Öle s. Tab. 3.

Wirkstoffzusätze können die Basis der Temperaturzone der zweiten Phase verbreitern oder auch das Maximum der Abkühlungsgeschwindigkeit erhöhen. Eine Veränderung der Ölbadtemperatur kann die Abkühlungseigenschaften gleichfalls beeinflussen. Das Öl D läßt erkennen, wie der Kochvorgang, also die zweite Phase, verbreitert werden kann, so daß er sich dem Kurvenzug für Wasser nähert; solche Öle härten schroffer als die Öle A, B und C.

Eine scharfe Abgrenzung der Stähle zwischen sog. Wasserhärtern und Ölhärtern kann nicht gezogen werden, denn dünnwandige Werkstücke eines sog. Wasserhärters werden auch in Öl hart. Im Inneren erkaltet das Werkstück langsamer als an der Oberfläche, so daß bei dickwandigen schwachlegierten, in Öl abzukühlenden Stählen, die völlig durchhärten müssen, die Kühlfähigkeit von normalem Öl nicht mehr ausreicht. Der Übergang auf Wasser ist aber wegen der Härterißgefahr meistens nicht statthaft. Es wurden daher Öle mit Wirkstoffzusätzen in der Art von Öl D entwickelt, welche zwar wesentlich milder als Wasser, aber schroffer als Öl abkühlen[1].

b) Anlaßöle

Für das Anlassen gehärteter Werkstücke in Bädern werden Öle, Salze und Metalle verwendet. Die Anwendung von Ölen ist beschränkt auf Badtemperaturen bis etwa 300 °C, äußerst 320 °C. In der Regel werden die Öle der Anlaßbäder an den Heizflächen sehr stark überhitzt, da die Strömungsgeschwindigkeit des Öles

---

[1] Diskussion über Härteöl s. Anonym: Petrol. Times 9 (1946) 136. — Varley, E. R.: Petrol. Times 6 (1943) 120. — Herstellung s. auch A.P. 2327976; 2327383; DP 817155; DP 880145.

zu gering ist; in Verbindung mit der Oxydation der dem Luftsauerstoff zugänglichen heißen Ölteile resultiert daraus eine verhältnismäßig schnelle Ölalterung, äußerlich erkennbar an der Viskositätszunahme. Geeignet sind daher nur sehr alterungsbeständige Mineralöle.

Um der unerwünschten Viskositätszunahme zu begegnen, verwendet man nur für Badtemperaturen über etwa 220 °C Zylinderöle, insbesondere gefilterte Zylinderöle, für darunterliegende Temperaturen sehr alterungsbeständige Mineralölraffinate, deren Flammpunkte (in Ermangelung eines besseren Kriteriums) möglichst etwa 40 grd über der Badtemperatur liegen. Dieselben Überlegungen gelten auch für Öle in anderen Wärmeübertragungsanlagen (z. B. Koch- und Bratgeräte, Schmelzanlagen für Wachse, Paraffine, Bitumen u. dgl.), in denen ein Mineralöl unter Atmosphärendruck dem gespannten Dampf für die Wärmeübertragung vorgezogen wird. Wichtig sind Sicherheitsmaßnahmen gegen Brände und Explosionen, die dadurch entstehen können, daß das Mineralöl auf Kracktemperaturen erhitzt wird und als solches oder in Form seiner Zersetzungsprodukte unmittelbar mit der Heizquelle zusammentrifft. Der Ölstand muß leicht kontrollierbar sein, die Entlüftungsleitung muß genügend groß sein, um einem Zuwachsen durch Rückstände vorzubeugen; das Öldampfkondensat an der Entlüftung soll so abgeleitet werden, daß es sich keinesfalls entzünden kann.

M. Öle und verwandte Produkte für die Zwecke der Elektrotechnik

Von F. Evers, Hamburg

Inhaltsübersicht

I. Isolieröle

1. Allgemeines

Isolieröle sind raffinierte reine Mineralöle, die die Aufgabe haben, den Stromüberschlag zwischen spannungsführenden Teilen in elektrischen Geräten zu verhindern und gleichzeitig zu kühlen. Die leichtsiedenden Spindelöle sind die Ausgangsstoffe leichter Isolieröle für Transformatoren, Kondensatoren und Hohlkabelöle, während die schweren Isolieröle für Kabelöle, die für „Massekabel" bis zu 60 KV verwendet werden, aus einer Zylinderölfraktion stammen. Um ein Wandern der Isolieröle in verlegten Kabeln zu verhindern, wird die Viskosität dieser Öle durch den Zusatz von z. B. gereinigtem Kolophonium (etwa 15 bis 30%) oder Indenharzen erhöht. Hochviskose Zylinderöle mit Viskositäten bis zu etwa 1500 cSt bei 50 °C benötigen keine Verdickungsmittel.

Zum Ausgießen von Muffen und Kabelendverschlüssen, sowie zum äußeren Korrosionsschutz von Bleikabeln verwendet man Gemische dickflüssiger Mineralöle mit Bitumen, Vaselinen und Harzölen.

Im letzten Jahrzehnt erhöhten sich die Anforderungen, die an Isolieröle gestellt werden, vor allem in Hinsicht auf deren Oxydationsbeständigkeit. Für Sonderzwecke wurden Isolieröle erforderlich, deren natürliche Alterungsstabilität durch Zusatz von „Inhibitoren" verstärkt wurde.

2. Prüfung und Anforderung

An Isolieröle als hochwertiger Baustoff in elektrischen Geräten werden hohe Anforderungen gestellt; sie erfordern deshalb eine sorgfältige Prüfung der Neuöle vor dem Einsatz, sowie der Betriebsöle, die besonders in wichtigen Verteileranlagen einer laufenden Kontrolle bedürfen, wie sie im Ölbuch[1] empfohlen wird.

Die Prüfung neuer Isolieröle ist durch nationale Vorschriften festgelegt. Seit kurzer Zeit gibt es auch internationale Empfehlungen, z. B. die von der IEC[2] herausgegebenen Publikationen zur Prüfung von Transformatorenölen.

Für Kabelöle, die in verschlossenen unzugänglichen Geräten benutzt werden, bestehen zwischen Hersteller und Verbraucher von Isolierölen Absprachen über die Prüfung der Neuöle.

In den Tab. 1 und 2 sind die Daten aller gültigen amerikanischen und europäischen Vorschriften zusammengefaßt.

---

[1] Ölbuch, Anweisung für Prüfung, Überwachung und Pflege der im Betrieb verwendeten Öle mit Isoliereigenschaften, 4. Ausg., Kap. 3 und 4. Frankfurt/M.: Verlag VDEW, Stresemann-Allee 23.

[2] IEC = International Electrotechnical Commission, Publicationen Nr. 74 und 156.

Tabelle 1. *Amerikanische Vorschriften für nicht inhibierte Isolieröle.*

Eigenschaften	ASTM Methode No	Westinghouse Spec. No 80171 25. 6. 1962	General Electric Spec. No A13A3-S3 13. 2. 1962	Wagner Electric Tentative Spec. 29. 11. 1960	Penna Transformer Spec. No P214.1 18. 3. 1963	Allis chalmers Spec. No ACM-502 Oct. 1960	Federal VVI-I-530 Amendment B 23. 1. 1963	Moloney Electric Spec. No A 5.2. 4. 9. 1962	RT & E. Corp. Spec. No /11100000/ 29. 8. 1961
Spez. Gewicht 15 °C	D-1298	0,898	0,865—0,905	0,90	0,91 max.	0,85—0,91	0,865—0,910	0,86—0,90	—
Farbe ASTM max.	D-1500	0,5	0,5	1,0	0,5	1,5 NPA	0,5	0,5	1,0
Stockpunkt °C max.	D-97	—45,6 °C	—40 °C	—45,6 °C	—45 °C	—40 °C	—40 °C	—45,6 °C	—45,6 °C
Flammpunkt °C min.	D-92	145 °C	145 °C	146 °C	145 °C	146 °C	145 °C	145 °C	146 °C
Brennpunkt °C min.	D-92	—	—	—	—	162 °C	—	160 °C	163 °C
Wassergehalt nach K. FISCHER ppm max.	D-1533	35	30	40	35	—	—	35	30
Emulgiervermögen sec max.	D-1401	—	—	25	25	25	—	25	—
Grenzflächenspannung Dyn/cm min.	D-971	40	40	40	40	angeben	40	45	40
Viskosität 37,8 °C	D-88	11	11	10	10	11	11	10	10
cSt 0 °C		65	65	61	65	—	—	—	—
Gesamtschwefel % max.	GE-E4c 4b	—	0,15	—	—	—	—	0,12	—
Gebundener Schwefel korrosiv	D-1275	Nr. 2 (Streifen)	Nr. 3 max.	Nr. 2	Nr. 2 max.	Nr. 3 max.	Nr. 3 max.	Nr. 3 max.	—
Neutralisationszahl TAN-C max.	D-974	0,03	0,02	0,03	0,03	0,02	0,025	0,03	0,03
ASTM Sludge % 336 h	D-1314	—	—	—	—	—	—	—	0,4 max.
Verlustfaktor 60 Hz 25 °C max.	D-924	$5 \cdot 10^{-4}$	$3 \cdot 10^{-3}$/ 100 °C	$1 \cdot 10^{-3}$	$5 \cdot 10^{-4}$	$1 \cdot 10^{-3}$	$3 \cdot 10^{-3}$/ 100 °C	$5 \cdot 10^{-4}$	—
Durchschlagfestigkeit KV min.	D-877	Neuöl 26	30	26	30	27,5	26	28	30
Moloney Kupfertest ohne Cu		—	—	—	—	—	—	NPA Farbe 3 max.	—
mit Cu 8 h 150 °C								NPA Farbe 39 max.	—

Tabelle 2. *Europäische Vorschriften*

	Belgien NBN 13 1963	Deutschland VDE 0370/10.66	Frankreich NFCir C 103 (1941)	Großbritannien BS. 148 1959
Dichte g/cm³	—	$\leq 0,900$ 20 °C	$\leq 0,85$ bis $\leq 0,92/28$ °C	—
Viskosität cSt	$\leq 45/20$ C	$\leq 30/20$ °C $< 1800/-30$ °C	$\leq 16,6$ 50 °C	$\leq 37/70$ °F
Stockpunkt °C	≤ -30	—	A ≤ -5 °C B ≤ -20 °C	≤ -25 °F
Flammpunkt °C	$\geq 135°$	$\geq 140°$ o. T.	Luchaire c. c. A\}B\} ≥ 145 °C Cleveland o. c. A\}B\} > 165 °C	P. M. ≥ 295 °F
Nz mg KOH/g	$< 0,02$	$< 0,05$	$< 0,05$	$< 0,05$
Vz mg KOH/g	—	$< 0,08$	—	$< 1,0$
Durchschlag- festigkeit a) Neuöl b) getrocknet	Kalotten 25 mm/2,5 a) 30 kV b) 50 kV	Kalotten 25 mm/2,5 > 50 kV	Kugeln 12,5 mm/5 senkrecht 40 kV	Kugeln 13 mm/4 1 Min. Test Drums 35 kV Bulk 40 kV
Alterung	IEC-Verfahren[a]	95 °C Cu, Luft 3^d Nz 0,2 max. 28^h Nz 0,6 max. Schlamm 0,05% max. empfohlen	125 Std. Luft 150 °C Öl A 0,06 Öl B 0,1% Schlamm	45 Std. Luft 150 °C Cu Schlamm 1,2% max. 2,5 mg KOH/g
IEC-Verfahren[a] Schl. Gew.-% Nz mg KOH/g	max. 0,15 Gew.-% 0,5		0,15% 0,35	—
Asche %	—	$< 0,005$%	—	—
Schwefel %	—	frei	0	—
Verlustfaktor tan ∂	wird untersucht	Neuöl 90 °C $4 \cdot 10^{-3}$ max. 3d $50 \cdot 10^{-3}$ max. 28d $200 \cdot 10^{-3}$ max.	—	—
Gleichstrom- Widerstand Ohm · cm	—	Neuöl $> 4 \cdot 10^{13}/90$ °C	—	—
Verschiedenes	max. Werte	SK-Zahl < 4% 3 d $=$ Abnahme $=$ 28 d $=$ Grundprüfung		Spratz-Test negativ Cu-Test negativ

[a] Siehe S. 362.

für nicht inhibierte Isolieröle.

Italien AEI Norme 10-1 VI. 1958	Jugoslawien IUS BH 8230 1958	Japan JIS C 2320 1962	Niederlande NEC 10 1963	Österreich ÖVE W 50/1951
$\leq 0,92$ 15 °C	$\leq 0,900$ 20 °C	$\leq 0,92$ 15 °C	$\leq 0,900$ 15 °C	Normalöl $\leq 0,920/20$ °C Kälteöl $< 0,895/20$ °C
$\leq 61/20$ °C $\leq 17/50$ °C	≤ 1220 -30 °C	30 °C 75 °C 1. ≤ 23 2.$\}\leq 19\}\leq 5,5$ 3.	$\leq 50/20$ °C $\leq 3800/-30$ °C	Normalöl 60,5/20 °C 250/0 °C Kälteöl 60,5/20 °C 167/0 °C 3800/-30 °C
Außengeräte 6″ max. $-$ 5 °C 18″ max. -20 °C Innengeräte 4″ max. 0 °C 12″ max. -5 °C	—	1.$\}$ 2.$\}\leq -27,5$ 3. $\leq -15°$	—	Normalöl ≤ -15 °C Kälteöl ≤ -40 °C
P. M. > 140 °C	o. T. > 130 °C	— > 130 °C	P. M. > 130 °C	o. T. > 145 °C
a) 0,05 b) 0,10	$< 0,05$	$< 0,02$	$< 0,05$	Neuöl 0,05 im Gerät 0,10
—	$< 0,15$	—	$< 0,15$	Neuöl 0,15 im Gerät 0,20
Kugeln 10 mm/5 5 Min. Test 40 kV	Kalotten 25 mm/2,5 120 kV/cm	Kugeln 12,5 mm/2,5 > 30 kV	Kalotten 25 mm/2,5 > 50 kV	Kalotten 25 mm/2,5 Neuöl > 125 kV/cm im Gerät > 80 kV/cm
300 Std. Luft 110 °C Cu Neuöl max. 0,05 % Schlamm	48 Std. Luft 95 °C Cu Vz Cu $< 0,30$	75 Std. 120° Cu/O_2 1. — Schlamm 2.$\}\leq 0,40\%$ 3.$\}\leq 0,60$ Nz	IEC-Verfahren[a]	70 Std. O_2 120° Vz $< 0,25$ Vtz $< 0,10$
0,10 % 0,50	—	—	0,15 % 0,5	—
0 $\leq 0,25$	$< 0,01$ —	— —	$< 0,005$ —	$< 0,010$ —
—	—	1. $1 \cdot 10^{-3}/50$ °C 2.$\}$ 3.$\}$ —	—	—
—	—	1. $> 10^{14}/50$ °C 2.$\}$ 3.$\}$ —	—	—
anstatt Stockpunkt Sonder-Verf. Asphalt, Harze negativ		1. Öl Klasse 1 2. Öl Klasse 2 3. Öl Klasse 3 Verd.-Verlust $\leq 0,4 \%$	Wasser $< 0,01 \%$	

Tabelle 2. (Fortsetzung.)

	Rußland GOST 982-56	Schweden SEN 14-02 1948	Schweiz SEV 0124-1960	Tschechoslowakei ČSN ESČ 8-1950
Dichte g/cm³	—	< 0,92 20 °C	< 0,890 20 °C	A 0,920/20 °C B 0,895/20 °C
Viskosität cSt	a) ≧ 30,0/20 °C b) ≧ 9,6/50 °C	< 20/20 °C	Transformatorenöl < 50/20 °C Schalter bei tiefster Betr.-Temp. 400	A 0,920/20 °C B 0,895/20 °C
Stockpunkt °C	a) ≦ −45 °C b)	< −40 °C	< −30 °C	A < −25 °C B < −40 °C
Flammpunkt °C	a) ≧ 135 °C b)	P. M. > 130 °C	o. T. > 130 °C	o. T. > 130 °C
Nz mg KOH/g	a) 0,05 b) 0,003	< 0,10	< 0,06	< 0,08
Vz mg KOH/g	—	—	—	< 0,15
Durchschlagfestigkeit a) Neuöl	—	Kugeln 12 ∅ Zylinder 100 × 40 mm 3—5 mm Abst.	Kugeln 12,5 mm/5	Kugeln. 20 mm/3
b) getrocknet	—	> 100 kV/cm	> 30 kV	> 130 kV/cm
Alterung	14 Tage 128 C Cu/Fe O₂ a) b) Schlamm ≧ 0,10 ≧ 0,05 Nz ≧ 0,35 ≧ 0,20	100 Std. O₂ 100 °C Cu, Fe 0,1 g/100 g Schlamm 0,8 mg KOH/g als Kontrolle benutzt	7 Tage Luft Cu 110 °C 0,15% Schlamm 0,4 Nz	56 Std. O₂ 120° Vtz < 0,15%
IEC-Verf. Schl. Gew.-% Nz mg KOH/g	—		0,15% 0,4	—
Asche %	a) ≧ 0,005 b)	—	—	< 0,010
Schwefel %	—	< 0,2	0	0
Verlustfaktor tan ∂	a) b) 20 °C 3 · 10⁻³ 70 °C 25 · 10⁻³	—	—	—
Gleichstromwiderstand Ohm · cm	—	—	—	—
Verschiedenes	a) Isolieröl b) Isolieröl mit Zusatz WTJ-1		statt 7 Tagen ist Prüfung auch nach 3 Tagen zulässig	

DIN-51507: Anforderungen an Transformatoren —, Wandler- und Schalteröle

Isolieröle aus Mineralölen, die in Transformatoren, Stufenschaltern, Wandlern und Schaltgeräten verwendet werden sollen, ohne und mit **Zusatz mineralölfremder Alterungsschutzstoffe.**

Isolieröle mit Zusatz mineralölfremder Alterungsschutzstoffe müssen als solche gekennzeichnet sein; für sie sind zusätzliche Abnahmevereinbarungen zu treffen.

Die Norm gilt nur für Neuöl im Anlieferungszustand[1].

---

[1] VDE 0370/10.66 gilt auch für getrocknetes, zum Einfüllen vorbereitetes Neuöl, Neuöl in einem betriebsfertigen neuen Gerät und für Betriebsöl.

Anforderungen	Prüfung

a) Reinheit

Anforderungen	Prüfung
Durchsichtig	Ein 1 mm breiter, tiefschwarzer Strich auf einer weißen Fläche unmittelbar hinter einer 100 mm dicken Ölschicht muß bei waagerechter Blickrichtung deutlich erkennbar sein.
Frei von Trübungen	Bei waagerechter Durchsicht durch eine 100 mm dicke Ölschicht gegen eine weiße matte Fläche, gegen eine dunkle matte Fläche und gegen grelles Licht (Sonnenlicht oder stark leuchtende Lampe) dürfen keine Trübungen erkennbar sein.
Frei von festen Fremdstoffen	Aus einer gut durchgeschüttelten Probe sind 200 ml zu entnehmen und mit der gleichen Menge FAM-Normalbenzin nach DIN 51 635 oder n-Heptan zu verdünnen. Nach Filtration durch ein Faltenfilter B nach DIN 12 448 und Nachwaschen mit FAM-Normalbenzin bzw. n-Heptan und Reinbenzol (nach DIN 51 633, Vornorm) darf kein Rückstand auf dem Faltenfilter erkennbar sein.

b) Dichte

Anforderungen	Prüfung
bei 15 °C höchstens 0,890 g/ml bei 20 °C höchstens 0,887 g/ml	nach DIN 51 757

c) Kinematische Viskosität

Anforderungen		Prüfung
bei Ölen für Transformatoren, Stufenschalter und Wandler	bei 20 °C höchstens 30 cSt bei − 30 °C höchstens 1800 cSt	nach DIN 51 561 oder DIN 51 562
bei Ölen für ölarme Schalter	bei − 30 °C höchstens 1200 cSt	
	Sondervorschriften nach Vereinbarung	

d) Flammpunkt im offenen Tiegel nach Marcusson

Anforderungen		Prüfung
bei Ölen für Transformatoren, Stufenschalter und Wandler	mindestens 140 °C	nach DIN 51 584[a]
bei Ölen für ölarme Schalter	mindestens 100 °C	

e) Asche

Anforderungen	Prüfung
nicht nachweisbar[b]	nach DIN 51 575

f) Korrosiver Schwefel

Anforderungen	Prüfung
nicht anwesend	nach DIN 51 353

g) Neutralisationszahl (Nz[c])

Anforderungen	Prüfung
nicht nachweisbar[d]	nach DIN 51 558

h) Verhalten gegenüber konzentrierter Schwefelsäure (Sk-Zahl)

Anforderungen	Prüfung
höchstens 4 Vol.-%	nach DIN 51 553

Anforderungen	Prüfung

i) Alterungsneigung nach Baader von Ölen ohne Zusatz mineralfremder Alterungsschutzstoffe

bei Grundprüfung (Alterungsdauer 28 Tage)	Die Farbe der Drahtwendel, die bei der Alterung der Probe verwendet wurde, darf sich nach dem Abspülen mit Benzol nur wenig geändert haben. Verseifungszahl Vz höchstens 0,60 mg KOH/g Öl Schlammgehalt SG höchstens 0,05 Gew.-% Dielektrischer Verlustfaktor tan δ_{90}[e] höchstens $200 \cdot 10^{-3}$	
bei Abnahmeprüfung (Alterungsdauer 3 Tage)	Das Öl muß nach dem Erkalten klar sein. Die Farbe der Drahtwendel, die bei der Alterung verwendet wurde, darf sich nach dem Abspülen mit Benzol nicht geändert haben. Verseifungszahl Vz höchstens 0,20 mg KOH/g Öl Dielektrischer Verlustfaktor tan δ_{90}[e] höchstens $50 \cdot 10^{-3}$	nach DIN 51 554 Blatt 1 und Blatt 2

k) Durchschlagspannung[f]

bei Ölen für Transformatoren, Stufenschalter und Wandler	mindestens 60 kV (Mittelwert)	
bei Ölen für Schaltgeräte	mindestens 50 kV (Mittelwert)	nach VDE 0370/10.66

l) Dielektrischer Verlustfaktor[b] tan δ_{90}[e]

höchstens $4 \cdot 10^{-3}$	nach VDE 0370/10.66

Anmerkungen

[a] Da zu erwarten ist, daß international zur Bestimmung des Flammpunktes allein das Verfahren nach DIN 51 758 (Flammpunkt im geschlossenen Tiegel nach PENSKY-MARTENS) zur Norm erhoben wird, ist es erwünscht, Meßwerte auch nach diesem Verfahren zu sammeln.

[b] Wegen des Prüffehlers des Prüfverfahrens sind zuverlässige Zahlenwertangaben unterhalb 00,1 Gew.-% nicht möglich.

[c] HUTZEL, O., beschreibt ein verbessertes Verfahren zur Nz-Bestimmung in: Elektr. Wirtschaft 66 (1967) 345.

[d] Wegen des Prüffehlers des Prüfverfahrens sind zuverlässige Zahlenwertangaben unterhalb 0,04 mg KOH/g Öl nicht möglich.

[e] Hier wurde an Stelle des Verlustfaktors d_{90} nach DIN 1311 Blatt 2 in Übereinstimmung mit dem VDE-Vorschriftenwerk noch das Zeichen tan δ_{90} benutzt.

[f] Nachdem die Proben im Laboratorium getrocknet und wie zum Einfüllen vorbereitet wurden.

Die Isolieröle sind trocken in Kesselwagen oder Fässer einzufüllen. Während des Transportes eingedrungenes, abgesetztes Wasser ist vor dem Entleeren der Kesselwagen bzw. Fässer abzulassen.

3. Weitere Prüfverfahren

a) Feuchtigkeit

Für die Bestimmung von sehr geringen Mengen Wasser im Isolieröl verwendet man die Karl-Fischer-Methode nach DIN 51777 (Teil I, S. 126) oder das Verfahren mit Phosphorpentoxid nach DIN 51552 (Teil I, S. 128), bei Anwesenheit von mehr als 0,1% Wasser die Xylolmethode nach DIN 51582 (Teil I, S. 125).

Bei der Untersuchung von Isolierölen kann eine Trocknung des Untersuchungsmusters notwendig sein. Eine zweckmäßige Behandlung ist in VDE 0370/10.66, § 14 d 1 beschrieben.

Die Ölprobe wird durch Versprühen mit einer Glasfritte G 4 (Durchlaufzeit für 100 ml 15 bis 20 Min. bei einem Durchmesser der Glasfritte von rd. 35 mm) unter Vakuum von etwa 5 Torr bei Raumtemperatur getrocknet.

b) Strukturgruppenanalyse

Isolieröle bestehen aus unterschiedlichen Mengen an naphthenischen und paraffinischen Kohlenwasserstoffen mit relativ geringen Mengen an Aromaten. Aussagen über die Zusammensetzung sind problematisch und man beschränkt sich deshalb darauf wie z. B. bei der n-d-M-Methode Aussagen über die Art der Bindung zu machen:

Prozentsatz der C-Atome, die a) aromatisch, b) naphthenisch, c) paraffinisch gebunden sind.

Die Bestimmung erfolgt entweder durch Berechnung aus Brechungsindex, Dichte und Molekulargewicht — oder nach Dr. BRANDES aus dem Infrarotspektrum des Öles[1].

c) Korrosiver Schwefel

In elektrischen Geräten befinden sich Metalle wie Kupfer und Silber. Um zu verhindern, daß diese durch korrosiven Schwefel angegriffen werden, muß das Öl dem obigen Test entsprechen, d. h. das Öl ist frei von korrosivem Schwefel wenn keine Verfärbung auf dem Silberstreifen eingetreten ist.

d) Verhalten gegen verdünnte Schwefelsäure (Sv-Zahl)

Um die fortgeschrittene Alterung von Betriebsölen zu erkennen, benutzt man das Verhalten gegen verd. Schwefelsäure (Sv-Zahl). Die Bestimmung wird wie folgt ausgeführt[2]: 5 ml Öl werden in einem graduierten Glas mit eingeschliffenem Stopfen (Durchmesser 16 mm) in 5 ml FAM-Normalbenzin gelöst, mit 5 ml verd. Schwefelsäure unterschichtet und $^1/_2$ Min. kräftig geschüttelt. Nach klarer Trennung der Schichten wird die Färbung der Säureschicht und die Bildung von Ausscheidungen beobachtet. Ist die Säureschicht dunkler gefärbt als Nr. 3 der Ölbuch-Farbtafel, oder trennen sich die Schichten innerhalb von 5 Min. nicht vollkommen, oder treten starke Ausscheidungen an der Trennungslinie zwischen Säure und Öl auf, so werden zusätzlich die Neutralisations- und die Verseifungszahl bestimmt. Die Ergebnisse entscheiden über die Weiterverwendbarkeit des Öles.

4. Alterungsbeständigkeit[3]

a) Allgemeines

Es ist bekannt, daß sich die Mineralöle unter dem Einfluß von Temperatur, Feuchtigkeit, Luft und Metallen, wie Kupfer und Eisen[4], verändern — sie altern. Die Isolieröle machen davon keine Ausnahme. Trotz ihrer großen Alterungsstabilität bilden sich in den Betriebsölen immer geringe Mengen von Alterungs-

---

[1] Brennst.-Chemie 37 (1956) 263; n-d-M-Methode s. Teil I, S. 151.
[2] Ölbuch, 4. Aufl. Frankfurt/M.: Verlag VDEW 1963, S. 43.
[3] ROST, R.: Erdöl u. Kohle 18 (1965) 855.
[4] Bestimmung der Oxydationsneigung im elektrischen Feld, deren Ergebnisse der langwierigen Prüfung im Prüfungstransformator entsprechen, schlagen A. R. LIPSCHTEIN und Mitarbeiter vor. Erdöl u. Kohle 18 (1965) 911.

produkten, neben Veränderungsprodukten der Baustoffe elektrischer Geräte. Alterungsstoffe bestehen in der Regel aus sauerstoffhaltigen Verbindungen. Man findet aber gelegentlich auch Alterungsstoffe, die Schwefel oder Stickstoff enthalten.

Im praktischen Betrieb erkennt man die Alterung der Isolieröle am Auftreten von Säuren (Nz), verseifbaren Stoffen (Vz) und ölunöslichem Schlamm (SG).

Um die voraussichtliche Beständigkeit der Isolieröle gegen Alterungseinflüsse im Laboratorium zu prüfen, „altert" man die Öle, indem man eine Probe eine bestimmte Zeit auf Temperaturen zwischen 95 °C und 150 °C bei Gegenwart von Luft oder Sauerstoff erhitzt. Als Oxydationsbeschleuniger dient meist Kupfer, häufig in Verbindung mit Eisen.

Die in den nationalen Vorschriften beschriebenen Alterungsverfahren unterscheiden sich durch die Art der Alterungseinflüsse, wie Temperatur, Versuchsdauer, Sauerstoffzufuhr und/oder Katalysatoren. Zur Beurteilung der Alterung dient der Anstieg der Neutralisationszahl, des dielektrischen Verlustfaktors, sowie die Bildung ölunlöslichen Schlamms.

b) Europäische Prüfverfahren

α) Das Verfahren der IEC[1]. 25 g Öl werden 164 Std. auf 100 °C erhitzt. Als Katalysator dient eine Wendel aus poliertem Kupfer von 1 mm Durchmesser und 30,5 cm Länge. Ein Sauerstoffstrom wird während der Prüfzeit mit einer Geschwindigkeit von 1 l/h durch das zu prüfende Öl geleitet.

Anschließend wird die abgekühlte Ölmenge in 300 ml n-Heptan gelöst, der abgeschiedene Schlamm filtriert, mit 150 ml n-Heptan nachgewaschen und gewogen. Die am Gerät haftenden Schlammspuren werden in Chloroform gelöst und nach dem Trocknen gewogen und dem vorher bestimmten Gewicht Schlamm zugerechnet. Angabe in Gew.-%.

Die schlammfreie Lösung des gealterten Öles in n-Heptan wird auf 500 ml aufgefüllt und in je 100 ml dieser Lösung die Nz nach DIN 51558 bestimmt.

Noch nicht endgültige Grenzwerte s. Tab. 3.

Tabelle 3. *Grenzwerte der IEC-Prüfung.*

Land	Schlamm in Gew.-%	Nz in mg KOH/g Öl	Sonderbestimmung
Belgien	0,15	0,5	—
Deutschland	noch keine	Grenzwerte	Verlustfaktormessung
Frankreich	0,15	0,35	—
Italien	0,10	0,50	AEI-Test alternativ
Niederlande	0,15	0,5	—
Schweden	noch keine	Grenzwerte	Kontrolle für Grundöle
Schweiz	0,15	0,4	—

β) Belgien. Nach der Vorschrift CEB-Rapport Nr. 13/1963 ist das IEC-Verfahren zur Bestimmung der Alterung vorgeschrieben (Grenzwerte s. Tab. 3).

γ) Deutschland.

DIN 51554 (Oktober 1966): Bestimmung der Alterungsneigung nach BAADER (Kupferverseifungszahl, Schlammgehalt, dielektrischer Verlustfaktor)

Anwendungsbereich

Isolieröle nach DIN 51507 ohne Zusatz mineralölfremder Alterungsschutzstoffe und Dampfturbinenöle nach DIN 51515 ohne Wirkstoffzusätze. Die Bestimmung der Alterungsneigung soll eine Voraussage über das vermutliche Verhalten der Öle im Betrieb ermöglichen.

---

[1] Entwickelt von der Cigré = Conférence internationale des grands résaux électriques; IEC = International Electrotechnical Commission. — Empfehlung der IEC in der Publication 74, 2. Aufl. 1963, Bureau Central de la Commission Electrotechnique Internationale, Genf, 1 rue de Varembé; von einigen Ländern bereits als Standardmethode angenommen worden.

Begriffe

Kupferverseifungszahl. Mit Kupferverseifungszahl VzCu wird die Verseifungszahl nach DIN 51 559 des in Gegenwart von Kupfer gealterten Öles bezeichnet.

Schlammgehalt. Der Schlammgehalt SG ist der nach dieser Norm bestimmte Gehalt an chloroformlöslichen festen Anteilen des in Gegenwart von Kupfer gealterten Öles.

Dielektrischer Verlustfaktor. Der dielektrische Verlustfaktor $\tan \delta$ ist das Verhältnis von Wirkstrom zu Blindstrom bei Beanspruchung des in Gegenwart von Kupfer gealterten Öles mit sinusförmigem Wechselstrom von 50 Hertz nach VDE 0370/10.66.

Alterungsneigung. Die Alterungsneigung wird gekennzeichnet:

a) Bei der Grundprüfung von Isolierölen durch Kupferverseifungszahl, Schlammgehalt und dielektrischen Verlustfaktor.

Die Grundprüfung wird mit einer Alterungsdauer von 28 Tagen zum Beurteilen neuentwickelter, vom Hersteller geänderter bekannter oder völlig unbekannter Ölsorten durchgeführt.

b) Bei der Abnahmeprüfung von Isolierölen durch Kupferverseifungszahl und dielektrischen Verlustfaktor.

Die Abnahmeprüfung wird mit einer Alterungsdauer von 3 Tagen zur laufenden Qualitätskontrolle von bekannten und erprobten Ölsorten durchgeführt.

c) Bei Dampfturbinenölen durch die Kupferverseifungszahl nach einer Alterungsdauer von 3 Tagen.

Maßeinheiten

Kupferverseifungszahl VzCu: mg KOH/g Öl,
Schlammgehalt SG: Gew.-%,
dielektrischer Verlustfaktor $\tan \delta$: 10^{-3}.
Kurzbeschreibung des Verfahrens

Die Proben werden bei 95 °C unter Luftzutritt und periodischem Eintauchen einer Drahtwendel aus Kupfer als Alterungsbeschleuniger 3 Tage (Abnahmeprüfung von Isolierölen und Prüfung von Dampfturbinenölen) oder 28 Tage (Grundprüfung von Isolierölen) lang gealtert. An der gealterten Probe wird die Kupferverseifungszahl nach DIN 51 559 bestimmt, bei Isolierölen an derselben Probe auch der dielektrische Verlustfaktor nach VDE 0370/10.66. Bei der Grundprüfung von Isolierölen wird an einer zweiten in gleicher Weise gealterten Probe der Schlammgehalt bestimmt, indem der durch Ausfällen aus dem Öl erhaltene und auf den Geräteteilen haftende Schlamm in Chloroform gelöst und nach Abdampfen des letzteren gewogen wird.

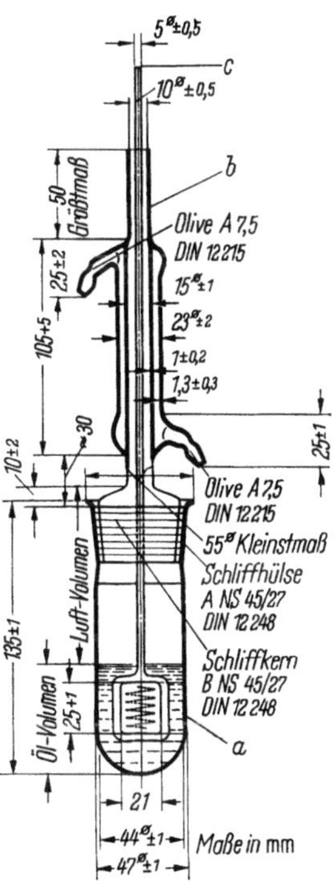

Abb. 1. Prüfgerät nach BAADER (DIN-Entwurf 51 554).
a Probeglas; *b* Kühler; *c* Rührstab

Tabelle 4. *Prüfergebnisse der VDE 0370/10.66.*

	Kupferwendel	Vz Cu mg KOH/g Öl	Schlammgehalt Gew.-%	Verlustfaktor
Grundprüfung	geringe Veränderung	0,6	0,05	$200 \cdot 10^{-3}$
Abnahmeprüfung	keine Veränderung Öl klar	0,2	—	$50 \cdot 10^{-3}$

IEC-Verfahren. Diese Prüfung wird neben dem beschriebenen Verfahren angewandt. Verfahren s. S. 362.
Grenzwerte sind vorläufig noch nicht vorgeschrieben.

δ) Frankreich (NF CIR C 103, 9. avril 1941). Proben von je 10 bis 12 g Öl werden in Reagenzgläsern (150 mm lang, 15 mm Durchmesser) 125 Std. auf 150 ± 1 °C in einem, durch Thermoregulator gesteuerten Ölbad erhitzt.
Nach 16 std. Abkühlen filtriert man den Inhalt jeden Rohres durch einen gewogenen Glasfrittentiegel (G 4). Der Schlamm auf dem Filter und das Rohr werden mit Normalbenzin

(nach französischer Norm T 60-115) ausgewaschen. Der Tiegel wird alsdann bei 110 bis 120 °C getrocknet, 3 Std. im Exsikkator abgekühlt und gewogen.

Angabe in Gew.-%; die Prüffehler der einzelnen Versuche dürfen nicht mehr als 15% des höchsten Wertes betragen; das arithmetische Mittel von drei Versuchen wird als Versuchsergebnis angegeben.

Daneben wird auch das *IEC-Verfahren* angewandt (s. S. 362). Grenzwerte sind: Schlamm max. 0,15 Gew.-%; Nz max. 0,35 mg KOH/g Öl.

ε) England (BS 148-1959; Sludge Test bzw. Michie-Test[1]). 100 g Öl werden 45 Std. in einem Kolben gemäß Abb. 2 auf 150 ± 0,5 °C bei Gegenwart eines Kupferblechs unter

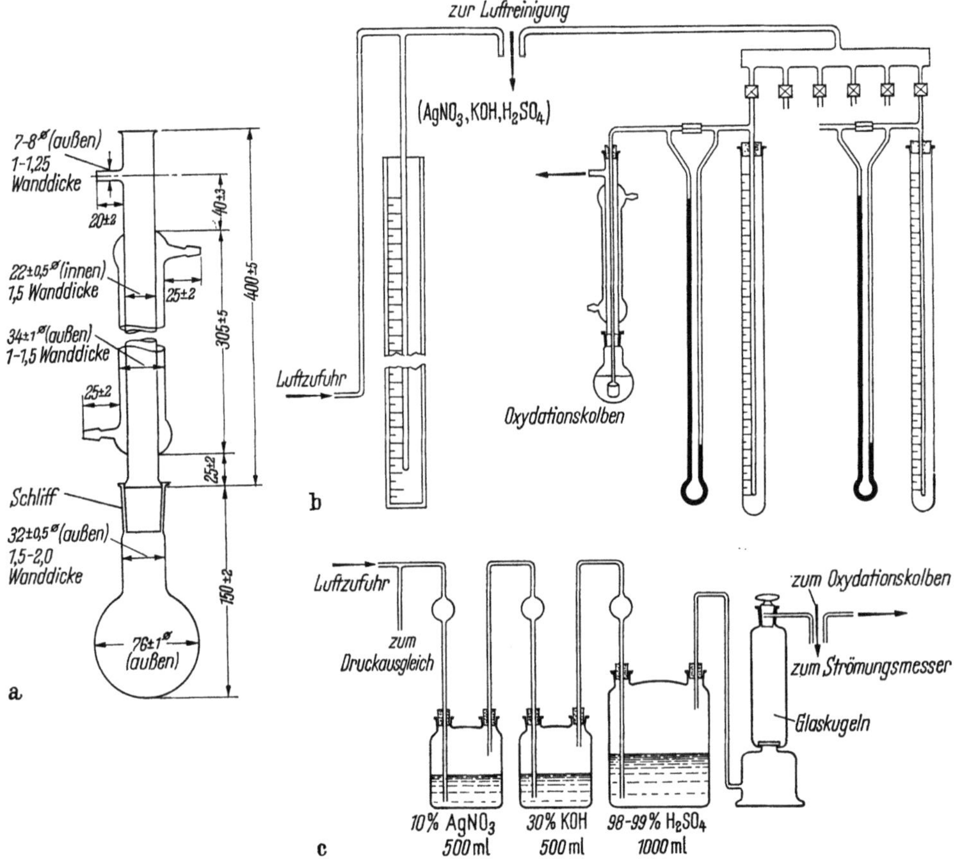

Abb. 2a—c. Prüfgerät nach BS 148-1959.
a) Oxydationskolben mit Kühler;   b) Anordnung zur gleichzeitigen Ausführung von sechs Oxydationen; c) Luftreinigung und Trocknung.

Durchleiten von Luft erhitzt. Das Kupferblech (51 mm × 32 mm × 0,1 mm) wird glänzend poliert, mit sauberer Watte nachgerieben und zu einem 32 mm hohen Zylinder so zusammengerollt, daß sich die Seitenkanten gerade berühren. Der Zylinder wird mit Äther abgespült und nach dem Trocknen senkrecht um das Einleitungsrohr gestellt. Durch den Kühler führt ein Lufteinleitungsrohr von 4 mm lichter Weite, das 3 mm oberhalb des Kolbenbodens endet.

Der Kolben wird bis zur vorgeschriebenen Höhe in ein mit Deckel und Rührer versehenes Ölbad eingesetzt. Die Eintrittstemperatur des Kühlwassers muß zwischen 19 und 21 °C liegen, während die Austrittstemperatur nur um 2 °C höher sein darf.

[1] MICHIE: J. electr. Engrs. 51 (1913) — IPT Standard Methods, S. 811, London 1929; s. auch IP 56/64: Oxydation Test for Transformer Oils.

Durch das Rohr wird ein gemäß Abb. 2 gereinigter und geregelter Luftstrom von 2 l/h eingeleitet.

Der Inhalt des Kolbens wird — nach dem Abkühlen — mit 450 ml n-Heptan in ein Becherglas gespült und dieses, nach Abdecken, 16 bis 24 Std. zum Absitzen des Schlammes ins Dunkle gestellt.

Die klare Lösung wird durch einen gewogenen Glasfiltertiegel filtriert, der Schlamm im Becherglas zweimal mit je 75 ml n-Heptan gewaschen und dann in den Tiegel gespült, der nach Auswaschen mit n-Heptan getrocknet und gewogen wird.

Die am Kolben, dem Einleitungsrohr und dem Kupferblech anhaftenden Schlammspuren löst man mit Chloroform ab und bringt sie nach dem Trocknen zur Wägung.

Das Filtrat wird auf 1000 ml aufgefüllt und in je 100 ml die Nz mit n/10 Kalilauge und Alkali blau 6 B bestimmt. Das Verfahren unterscheidet sich unwesentlich von DIN 51558

Wiederholstreubereich: Bei zwei Versuchen nicht mehr als 20% Abweichung vom Mittelwert.

Vergleichsstreubereich: Abweichungen nicht größer als 35% vom Mittelwert.

ζ) **Italien** (CEI Norme 10⁻1 VI-1953). Das Verfahren entspricht ungefähr BS 148-1959. Grenzwerte: Neuöl max. 0,05% Schlamm; max. 0,5 mg KOH/g Öl; in Trafo eingefülltes Öl max. 0,10% Schlamm; max. 1 mg KOH/g Öl.

Daneben ist das IEC-Verfahren (s. S. 362) zugelassen.

Grenzwerte: Schlamm: max. 0,1%; Nz: max. 0,50%.

η) **Jugoslawien** (JU S. B. H 3. 462/1958). Verfahren nach BAADER. Zeit 24 Std. bei 95 °C und Kupfer als Katalysator. Nach beendeter Alterung soll das Öl klar sein und keinen Schlamm absetzen. Verseifungszahl nicht höher als 0,30 mg KOH/g. Eine Probe des gealterten Öles in Normalbenzin soll keinen Schlamm absetzen. Die Kupferspirale darf leichte Veränderungen der Farbe zeigen.

ϑ) **Niederlande** (NEC 10/1963). IEC-Verfahren.

ι) **Österreich** (ÖEV-W/1951). Abänderung der Verteerungszahl. 150 g filtriertes Öl werden in einem durch einen neuen Korken verschlossenen Erlenmeyer-Kolben von 300 ml 70 Std. auf 120 ± 0,5 °C unter Einleiten von Sauerstoff (2 Blasen je Min.) erhitzt. Nach der Beendigung der Prüfung wird der Kolbeninhalt sofort auf Abscheidungen (unter guter Beleuchtung) geprüft. Bleibt das Öl klar, kann die Alterung 70 Std. lang fortgesetzt werden. Ein Öl, das nach viermal 70 Std. Alterung noch klar bleibt, ist ein 4-Periodenöl.

In 50 g des gealterten Öles werden dann nach Ansäuern durch dreimaliges wechselseitiges Auswaschen mit Benzol und Wasser die Teerstoffe in benzolische Lösung überführt, die Lösung wird vorsichtig verdampft und die erhaltenen Teerstoffe gewogen.

In 15 g des gealterten Öles bestimmt man die Verseifungszahl, die mit einem Meßfehler von ±0,05 mg KOH/g angegeben werden soll. 10 ml des gealterten Öles werden mit 30 ml Normalbenzin versetzt. Nach 24 Std. Stehen wird qualitativ auf das Auftreten von Schlamm geprüft.

$\varkappa$) **Schweden** (SEN 14-06 März 1948)[1]. 60 g Öl werden 100 Std. auf 100 ± 1 °C bei Gegenwart von Kupfer und Eisen unter dem Einfluß eines elektrischen Feldes von 10 kV erhitzt. Während des Versuchs strömt ein Sauerstoffstrom (1 l/h) durch das erhitzte Öl. Es darf nur Sauerstoff aus flüssiger Luft benutzt werden. Auf die Reinigung des ganzen Gerätes sowie die vorgeschriebene Reinigung der Katalysatoren muß besonders geachtet werden. Das Gerät ist in Abb. 3 dargestellt.

Nach beendeter Alterung wird das erkaltete Öl mit 50 bis 100 ml n-Heptan in einen 500 ml-Erlenmeyer-Kolben gespült und das Prüfglas einschließlich der Katalysatoren noch zweimal mit 50 bis 100 ml n-Heptan nachgewaschen. Der ausgeschiedene Schlamm wird nach 12 Std. filtriert und mit n-Heptan ausgewaschen. Der auf dem Filter befindliche Schlamm und der am Prüfglas und an den Kanten des Einleitungsrohrs und des Kupferzylinders festhaftende Schlamm werden mit einem warmen Gemisch von Benzol-Chloroform 1 : 1 gelöst und eingedampft. Das Gewicht des bei 105 °C getrockneten Rückstandes wird in Gew.-% angegeben. Die vom Schlamm abfiltrierte Benzinlösung des Öles wird eingedampft, der Rückstand 3 Std. bei 105 °C getrocknet und seine Neutralisationszahl bestimmt.

λ) **Schweiz** (SEV/0124. 1960). Das Prüföl wird in einem Kupferbecher (Abb. 4) von 1 l Inhalt in einem Ölbad auf 110 ± 1 °C 7 Tage unter Luftzutritt erhitzt. In das Öl werden Kupferstäbe (150 mm lang und 6 mm Durchmesser), die mit Baumwollgarn 90/2 bewickelt sind, gestellt. Nach 7 Tagen wird das Öl gut durchgerührt und bei 110 °C mehrere Proben entnommen.

---

[1] ANDERSON: Tekn. Tidskr. 58. — Elektrotechnik 1928, 133, 158, 196, 212. — Chem. Zbl. I (1929) 823.

Schlammgehalt. 20 g des gealterten Öles werden in einen 500 ml-Erlenmeyer-Kolben mit Schliffstopfen überführt und nach dem Erkalten mit 300 ml n-Heptan (nach ASTM D 61-55 T) vermischt. Nach 24 Std. wird der Schlamm filtriert (Glastiegel G 4), mit n-Heptan gewaschen, bei 110 °C getrocknet und gewogen. Angabe in Gew.-% ; Fehlergrenzen s. Originalvorschrift.

Neutralisationszahl. 30 ml des gealterten Öles werden nach 6 Std. filtriert. In 20 g des Filtrats wird die Neutralisationszahl bestimmt. Fehler wie unter Schlammgehalt.

Baumwollfadenprobe. Der Kupferstab samt Baumwollfaden wird in einem Reagenzglas mit kaltem Neuöl abgekühlt. Anschließend werden mit dem abgespulten Faden mehrere

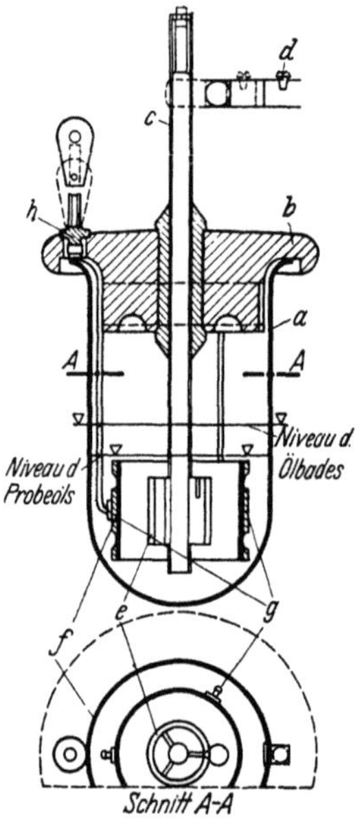

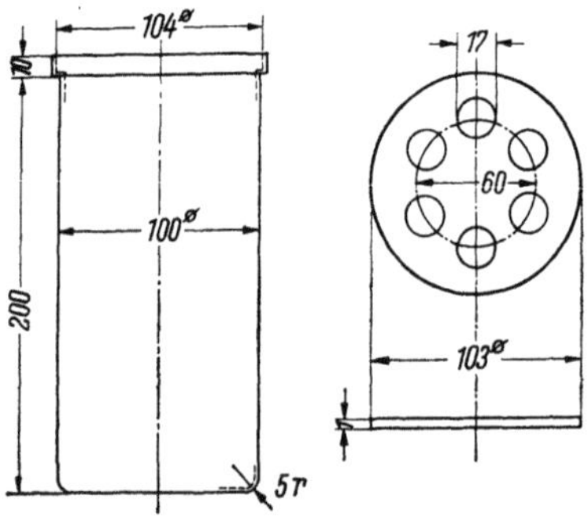

Abb. 3. Gerät zur Alterungsprüfung von Transformatorenölen nach ANDERSON.

a Glasgefäß; *b* Deckel; *c* Einleitungsrohr für Sauerstoff; *d* Klemme für 10 kV; *e, f* Kupferringe; *g* Eisenring; *h* Erdung.

Abb. 4. Kupfergefäß mit Deckel. (nach SEV/0124.1960).

Zerreißproben ausgeführt. Zehn Zerreißproben genügen meist für die Errechnung des arithmetischen Mittels. Die Ergebnisse werden mit denen einer Baumwollprobe verglichen, die 7 Tage unter kaltem Frischöl aufbewahrt wurde.

Peroxidmethode. Sind die Ergebnisse unsicher, wird die Prüfung auf Peroxide empfohlen (s. Anhang SEV 0124. 1960). Diese Bestimmung beruht auf der Oxydation von Eisen(II)-sulfat durch die Peroxide zu Eisen(III)-sulfat in saurer Lösung. Indikator Kaliumrhodanid. Angabe in mg Eisen(II), das zu Eisen(III) oxydiert wurde. Höchstwert 0,1 mg Eisen(II).

IEC-Methode. Gegenüber der Beschreibung auf S. 362 ist die SEV 0124-1960 wie folgt abgeändert:

1. Statt des Uhrglases zum Bedecken des Prüfrohrs dient ein Trichter, dessen Rohr nach unten weist.

2. Die Kupferspiralen werden wie folgt gereinigt:

a) Abspülen mit Chloroform;

b) Trocknen bei 50 °C und 30 Min. lang Tauchen in konz. Schwefelsäure;

c) Gründliches Abspülen mit Leitungs- und destilliertem Wasser;

d) Behandlung 30 Min. in kupfersulfathaltiger Salpetersäure, die aus 300 ml Salpetersäure, 1500 ml destilliertem Wasser und 10 g Kupfersulfat besteht;

e) Abspülen mit Leitungs-, destilliertem Wasser und Alkohol, Trocknen bei 50 °C.

Die sonstigen Bestimmungen sind unverändert übernommen. Grenzwerte sind nicht gefordert.

μ) Tschechoslowakei (ČSN ESČ 8-1950). Das zu prüfende Öl wird unter Einleiten von Sauerstoff 56 Std. auf 120 °C gehalten. Nach beendigter Oxydation wird die entstandene Schlammenge bestimmt, die nicht höher als 0,15 Gew.-% sein soll.

ν) UdSSR.

GOST 981-55. Die Bestimmung der Alterung erfolgt nach zwei verschiedenen Vorschriften:

Prüfung auf Bildung wasserlöslicher Säuren zu Beginn der Alterung. 30 ± 0,1 g Öl werden in einem Glasgefäß 6 Std. auf 120 °C erhitzt. Während dieser Zeit strömt 50 ml/min Luft durch das warme Öl, das als Katalysator Kupfer und Eisen enthält.

In einem wäßrigen Auszug werden die nichtflüchtigen Säuren mit Methylorange titriert. Nz nicht über 0,005 mg KOH/g Öl.

Prüfung der Stabilität gegen Oxydation. 30 $\pm$ 0,1 g Öl werden in einem Glasgefäß 14 Std. auf 120 °C erhitzt. Während dieser Zeit strömt 200 ml/min Sauerstoff durch das warme Öl, das als Katalysator Kupfer und Eisen enthält.

Anschließend werden in 20 bis 25 g Öl des auf 60 °C abgekühlten Öles bei 20 $\pm$ 3 °C 12 Std. zur Abscheidung des Schlammes stehengelassen. Der abgeschiedene Schlamm wird filtriert, ölfrei gewaschen, gewogen und das Ergebnis in Gew.-% angegeben. Höchstwert 0,10%.

In einer zweiten Probe wird die Neutralisationszahl bestimmt. Der Indikator ist Alkaliblau. Höchstwert 0,35 mg KOH/g Öl.

GOST 982-56. Diese Vorschrift unterscheidet Transformatorenöle mit und ohne Zusatz[1]. Da die geschützten Öle stabiler gegen die Oxydation sind, liegen die Werte für die Alterung niedriger. Sie betragen: Schlamm: max. 0,05%; Nz: max. 0,20 mg KOH/g Öl.

c) Außereuropäische Prüfverfahren

α) Japan (JIS C 2101-1960). 25 ml filtriertes Isolieröl werden unter Einleiten von reinem Sauerstoff — 1 Blase je Sek. — in einem Glasgefäß auf 120 $\pm$ 0,5 °C erhitzt. Während der 75 std. Erhitzung steht der Sauerstoff unter einem Überdruck von 6 mm Quecksilbersäule. Nach Beendigung des Versuchs wird das Glasgefäß samt Inhalt 1 Std. an einem dunklen kühlen Ort abgekühlt.

Schlammbestimmung. Das gealterte Öl wird mit Naphtha[2] aus dem Gefäß in einen 500 ml-Kolben mit Stopfen gespült. Draht und Gefäß werden mit 300 ml Naphtha schlammfrei gewaschen. Das Gefäß samt Lösung bleibt 16 bis 20 Std. im Dunkeln stehen; die Lösung wird dann filtriert und der Schlamm auf dem Filter mit 200 ml Naphtha ölfrei gewaschen. Nach 3 Std. Trocknen bei 100 bis 105 °C wird gewogen. Auf dem Draht und am Gefäß anhaftender Schlamm wird mit Chloroform gelöst und nach dem Abdampfen des Chloroforms gewogen. Beide Wägungen ergeben den Gehalt an Schlamm und werden in Gew.-% angegeben.

Bestimmung der Neutralisationszahl. Das Filtrat von Schlamm wird auf 500 ml aufgefüllt und in je 100 ml die Nz mit n/10 KOH und Alkaliblau 6 B als Indikator gemessen. Zum Unterschied zu dem üblichen Verfahren wird eine Mischung aus 3 Volumen Toluol und 2 Volumen Äthanol als Lösungsmittel benutzt.

β) USA. *Verfahren nach ASTM D 1313-54.* Dieses Verfahren ist nur für *nicht* inhibierte Isolieröle bestimmt. Es soll zur Kontrolle gleichmäßiger Lieferungen dienen.

Die Prüfung geschieht in einer Stahlbombe. Man erhitzt eine gewogene Menge Öl 24 Std. in einem gewogenen Glas von 100 ml Fassungsvermögen auf 140 $\pm$ 0,5 °C bei einem Sauerstoffdruck von 17,5 kg/cm².

Nach Abkühlung der Bombe auf Zimmertemperatur wird der Druck abgelassen und das Glas mit dem gealterten Öl 1 Std. lang im Dunklen stehengelassen. Man verdünnt es mit etwa 200 ml Petroleumnaphtha (ASTM D 91) und filtriert nach 1 Std. Stehen durch einen gewogenen, mit Asbestfasern präparierten Gooch-Tiegel. Der am Glas anhaftende Schlamm wird durch Wägung bestimmt. Der Schlamm auf dem Tiegel wird mit Petroleumnaphtha ölfrei gewaschen und bei 105 bis 110 °C 1 Std. getrocknet und alsdann, nach dem Abkühlen, gewogen.

Das Ergebnis ist in Gew.-% anzugeben.

Wiederhol- und Vergleichsstreubereiche sind in einer Tafel festgelegt. Liegen zwei Einzelergebnisse innerhalb der angegebenen Grenzen, beträgt

der Wiederholstreubereich 1,55,
der Vergleichsstreubereich 1,9.

Verfahren nach ASTM D 1314-54 T. Dieses Verfahren dient ebenfalls zur Prüfung nicht inhibierter Isolieröle.

25 ml Öl werden in ein Glasgefäß von 50 ml Inhalt zusammen mit einer Spirale aus 30,5 cm poliertem Kupfer in einem Ölbad auf 120 $\pm$ 0,5 °C unter Durchleiten von 0,5 $\pm$ 0,1 l trockner Luft je Stunde erhitzt. Die Dauer des Versuchs beträgt 72,168 und 336 Std.

Nach Beendigung des Versuchs kühlt man das gealterte Öl auf Zimmertemperatur ab. In diesem Muster bestimmt man den Schlamm nach dem Verfahren ASTM D 1313-54.

---

[1] Art der zugelassenen Wirkstoffe s. Originalvorschrift.

[2] Spezifikation der Naphtha: Dichte 15 °C 0,6920 bis 0,7020, Anilinpunkt 58 bis 60 °C, Siedebeginn 50 °C min., 50%-Punkt 70 bis 80 °C, Endpunkt 130 °C max.

In Anbetracht der längeren Versuchsdauer sind die Streuungen größer. Daher beträgt

der Wiederholstreubereich   2,03,
der Vergleichsstreubereich   3,30

(vgl. dazu ASTM D 1313-54).

In den besprochenen Vorschriften sind bereits teilweise Grenzwerte für Analysen genannt. Die beiden Tab. 1 und 2 am Anfang dieses Abschnitts enthalten eine vollständige Übersicht aller Analysenzahlen.

Im folgenden werden einige Prüfverfahren aufgeführt, die keine allgemeine Anwendung finden und daher nicht durch offizielle Normen festgelegt sind.

d) Sonderverfahren

α) Sofina-Test. Bei diesem Verfahren wird die Ölprobe ohne Katalysator 672 Std. (28 Tage) auf 110 °C erhitzt. Nach der Erhitzung bestimmt man die Neutralisationszahl, den gebildeten Schlamm in cm³ und die Grenzflächenspannung.

Dieses Verfahren hat sich bei der Überprüfung von Betriebsölen gut bewährt[1].

β) Verfahren nach Bruckmann. Das zu prüfende Öl wird in einem Kondensator, wie er für die Verlustfaktormessung dient, 100 Std. lang auf 110 °C erhitzt. Während dieser Zeit perlt ein geringer Sauerstoffstrom durch das Öl. Nach dem Abschluß der Erhitzung wird der Verlustfaktor — $\tan \delta$ — bei 110 °C und 10 kV/cm gemessen. Dieses Verfahren gibt nur dann zuverlässige Werte, wenn keine Schlammabscheidung während der Alterung erfolgt. Im wesentlichen für wissenschaftliche Untersuchungen entwickelt.

5. Elektrische Messungen

Isolieröle bestehen fast ausschließlich aus Kohlenwasserstoffen. Infolge ihrer niedrigen Dielektrizitätskonstante vermögen sie nur im geringen Maße Ionen zu bilden, besitzen also im reinen Zustande eine sehr geringe elektrische Leitfähigkeit und daher eine hohe Isolierfähigkeit, die durch Feuchtigkeit, durch Staub, Fasern und Alterungsprodukte herabgesetzt wird. Je nach der gewünschten Aussage über das Isolationsvermögen wird das Prüfmuster entweder im Anlieferungszustande oder nach Filterung und Trocknung untersucht.

Zur Prüfung der elektrischen Eigenschaften der Isolieröle gehört: Die Durchschlagspannung, der Verlustfaktor, die Gleichstromleitfähigkeit und das Gasaufnahmevermögen im elektrischen Felde.

a) Durchschlagspannung

Die Durchschlagspannung wird allgemein an einer Funkenstrecke, die völlig im trockenen Öl eingetaucht ist, bestimmt. Es empfiehlt sich im Zweifelsfalle die Spratzprobe s. Teil I, S. 125. Fällt sie positiv aus, so erübrigt sich die Durchschlagmessung. Die Werte der Durchschlagspannung sind nur ein Maß für die Menge der Verunreinigungen eines Isoliermusters und stellen kein Werturteil für die Qualität des Prüfmusters dar.

Das Prüfergebnis soll alle Durchschlagspannungen in kV, das arithmetische Mittel dieser Spannungen, die Art der Elektroden, die Frequenz der Wechselspannung, und die Öltemperatur enthalten:

Da die nationalen Vorschriften von dieser Vorschrift in Einzelheiten abweichen, sei darauf hingewiesen, daß die Messung der Durchschlagspannung vom benutzten Gerät abhängig ist. Eine Umrechnung auf andere Verfahren ist nicht zulässig.

Es gibt in folgenden Ländern nationale Vorschriften:

α) Belgien (NBN-13/1963), analog dem IEC-Verfahren

---

[1] Bulletin mensuel de la Société Royale Belge des Ingénieurs et des Industriels 1937, Nr. 10, S. 939—988.

β) **Deutschland** (VDE 0370/10.66). Als Durchschlagspannung bezeichnet man die Spannung, die eine Ölstrecke von 2,5 ± 0,05 mm bei 20 °C durchschlägt.

Das Prüfgefäß entspricht der Abb. 5. Es bleibt, bei Nichtbenutzung, mit reinem Öl gefüllt stehen und wird vor der Messung mit dem Prüföl ausgespült.

Das Prüföl wird unter Vermeidung von Luftblasen in das Prüfgefäß eingefüllt, das verdeckt mindestens 10 Min. im Prüfraum stehen soll. Von sechs Durchschlagversuchen (im Abstand von 2 Min.) wird das arithmetische Mittel der letzten fünf Versuche („VDE-Durchschlagspannung") angegeben. Ist kein Durchschlag erfolgt, so ist die „VDE-Durchschlagspannung" größer als 60 kV.

Die elektrische Ausrüstung besteht aus: Prüftransformator 60 kV Oberspannung und 250 VA bei voller Erregung, Spannungseinstellung entweder durch Spannungsteiler mit 1 kV Leistungsaufnahme oder Stelltransformator oder Generator mit einstellbarer Erregung. Motorischer Antrieb zur Spannungssteigerung 2 kV/sec, Selbstschalter auf der Unterspannungsseite, Spannungsmesser (Gleichrichterinstrument, Klasse 2.5).

Voll automatisierte Geräte zur Messung der Durchschlagspannung beschreiben O. Hutzel und S. Stössinger[1].

γ) **IEC-Verfahren.**[2] Das Prüfgefäß (aus Glas oder Kunstharz) wird entweder mit VDE-Kalotten oder Kugelelektroden von 12,5 bis 13 mm ausgerüstet, Abb. 6. Der Abstand der Elektroden beträgt 2,5 ± 0,1 mm. Das Gefäß wird durch mehrfaches Spülen mit dem Prüföl vor der Messung gereinigt und sonst mit Öl gefüllt aufbewahrt.

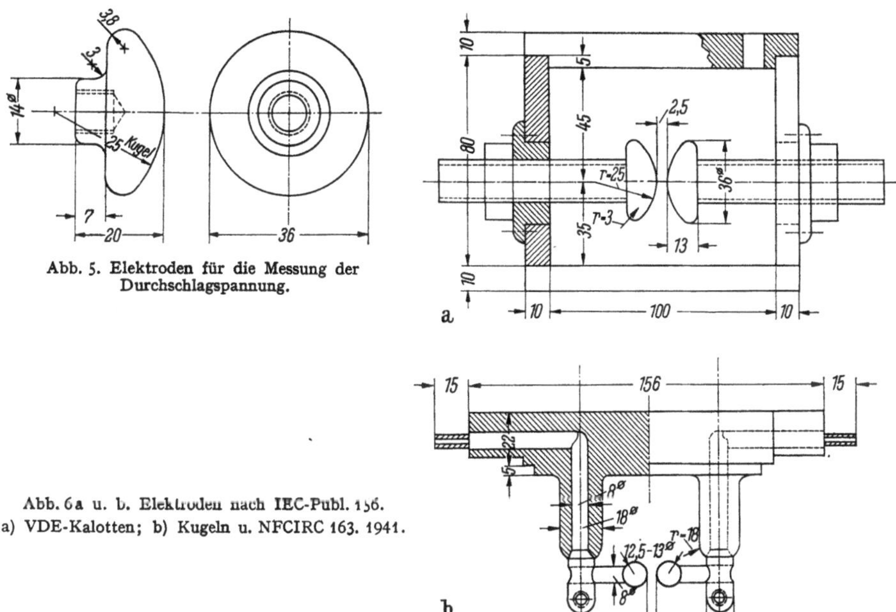

Abb. 5. Elektroden für die Messung der Durchschlagspannung.

Abb. 6a u. b. Elektroden nach IEC-Publ. 156.
a) VDE-Kalotten; b) Kugeln u. NFCIRC 163. 1941.

Die elektrische Ausrüstung besteht aus: Elektroden aus Kupfer, Messing, Bronze oder rostfreiem Stahl, Transformator für 40 bis 62 Hz, dessen Kurzschlußstrom nicht mehr als 20 mA bei Spannungen über 15 kV beträgt, Selbstschalter mit Verzögerung unter 0,02 Sek. Spannungsregelung entweder durch Stelltransformator, Spannungsteiler, Feldregelung oder Induktionsregelung.

Als Meßinstrument wird ein geeignetes Gerät empfohlen.

Messung: 10 Min. nach der Füllung, mit Wechselspannung von 40 bis 62 Hz.

---

[1] Hutzel, O., u. S. Stössinger: Brennst.-Chemie 30 (1949) 256. Hutzel, O.: Elektr. Wirtschaft 62 (1963) 617.
[2] Dieses Verfahren ist in der Publikation 156, 1. Ausgabe 1963, der IEC eingehend beschrieben. Es ist nur für die Abnahme neuer Öle von nicht mehr als 50 cSt bei 20 °C bestimmt, ist aber auch auf Betriebsöle anwendbar.

Automatische Spannungssteigerung 2 kV/sec ist vorgeschrieben. Eine Abschaltung nach Durchschlag innerhalb 0,02 Sek. Das arithmetische Mittel von sechs Messungen im Abstand von 5 Min., nach jedesmaligem leichtem Umrühren des Prüföls, wird angegeben.

δ) Frankreich (NF CIR C 163, 9. avril 1941). Gemessen wird die Spannung, bei der ein Durchschlag zwischen kugelförmigen Elektroden von 12,5 mm Durchmesser bei einem Abstand von 5 mm erfolgt. Als Prüfgefäß dient ein Glasrohr von 35 mm Durchmesser und einem Inhalt von etwa 200 cm³ (Marke bei 150 cm³). Die Elektroden sitzen übereinander. Die untere ist im Boden des Gefäßes fest montiert und die obere mit Hilfe einer Mikrometerschraube justierbar.

Nach Reinigung des Gefäßes und Polieren der Elektroden wird das Prüföl bis zur Marke eingefüllt und nach 10 Min. die Spannung angelegt. Die Steigerung erfolgt in Abständen von 5 kV, die jeweils 1 Min. festgehalten wird. Die Frequenz der Wechselspannung soll zwischen 40 bis 70 Hz, Prüftemperatur zwischen 15 und 20 °C liegen.

ε) Großbritannien. Das Meßgerät (Abb. 7) enthält zwei Kugelelektroden von 12,7 bis 13 mm Durchmesser, die sorgfältig poliert sind. Der Abstand der Kugeln beträgt 4 ± 0,02 mm. Der Transformator für 25 bis 100 Hz soll bei 15 kV nicht mehr als 20 mA Kurzschlußstrom

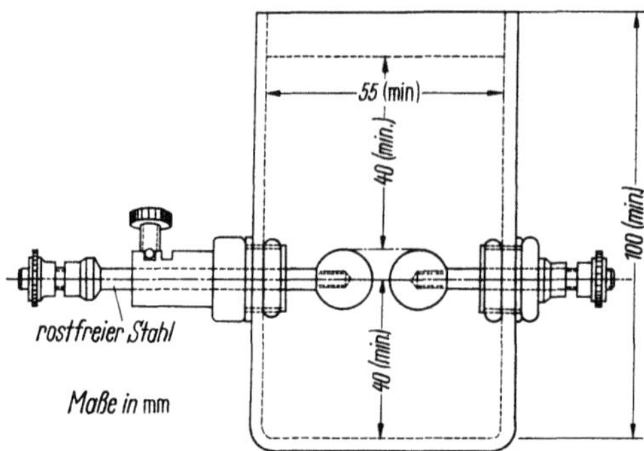

Abb. 7. Elektroden nach BS 148-1959.

aufweisen. Der Inhalt der Prüfzelle beträgt rd. 500 ml. Das sorgfältig gereinigte Gerät wird so mit 400 ml Öl gefüllt, daß keine Luftblasen auftreten. Nach 20 Min. Stehen wird eine Spannung (etwa 15 kV) an die Elektroden gelegt und in 10 bis 15 Sek. auf die gewünschte Prüfspannung (meist 40 kV) gebracht. Diese Spannung bleibt 1 Min. stehen. Zur Prüfung macht man drei Einzelversuche mit demselben Ölmuster, wobei eine Probe vom Boden der Musterflasche stammen soll. Wird der wirkliche Durchschlagswert gewünscht, steigert man die Spannung etwa 1 kV/sec bis zum Durchschlag.

ζ) Italien (CEI Norme 10-1, VI-1953). In einem Glasgefäß (Spinterometer) von etwa 1 l Inhalt befinden sich zwei Kugeln von 10 mm Durchmesser (Abb. 8), die mit einer Mikrometerschraube auf 5 mm Abstand einzustellen sind. Für Neuöle aus der Raffinerie wird eine Trocknungszeit von 6 Std. bei 110 °C mit anschließender Filtration bei 40 °C vorgeschrieben. Öle aus Transformatoren werden dagegen ohne Filterung und Trocknung geprüft.

Das Gerät wird mit dem Prüföl gespült und dann die nötige Menge Öl langsam eingegossen. Nach 10 Min. Ruhe wird die Spannung an die Elektroden gelegt. Die sinusförmige Wechselspannung soll durch Variation der Erregerspannung geregelt werden. Gemessen wird die Spannung mit einem Voltmeter entweder primär oder sekundär, unter Berücksichtigung und Korrektur möglicher Oberspannungen. Der Prüftransformator soll sekundär 50 kV effektiv haben und nicht mehr als 400 VA leisten. Die Spannung am Spinterometer soll 40 kV betragen, die in Stufen von 1 kV/sec erreicht wird und ½ Std. an den Elektroden liegen soll, wobei während der letzten 5 Min. keine Entladungserscheinungen im Öl beobachtet werden dürfen.

η) Jugoslawien (JUS. B. H 8.230/1958). Bestimmung nach VDE 0370/10.66.

ϑ) Niederlande (NEC 10/1963). Bestimmung nach VDE 0370/10.66.

ι) Österreich (ÖVE-W 50/1951). Bestimmung nach der VDE-Methode (s. S. 369).
Das Gerät ist so eingerichtet, daß man sowohl a) mit festem Elektrodenabstand von mindestens 1,5 mm oder b) mit veränderlichem Elektrodenabstand messen kann. Die Spannung wird nach a) wie üblich geregelt, während nach b) bei konstanter Spannung der Elektrodenabstand verändert wird. Dieser Regelungsvorgang soll bei beiden Verfahren etwa 20 Sek. dauern. Über die Vorbehandlung der Ölprobe besteht keine Vorschrift.

Von sechs Durchschlagversuchen werden die letzten fünf Durchschläge gemittelt und als Ergebnis angegeben. Zur Umrechnung der Durchschlagspannung in Durchschlagfestigkeit in kV/cm ist einer graphischen Darstellung der geeignete Korrektionsfaktor zu entnehmen. Demselben Zweck dienen auch beigegebene Nomogramme.

ϰ) Schweden (SEN 14-07/1948). Das Prüfgerät besteht aus zwei Elektroden in Form konzentrischer Zylinder aus Stahl, Messing oder Kupfer (Abb. 9). Der Abstand der Elektroden beträgt 3 bis 5 mm und ist durch Isolierstücke festgelegt. Der äußere Zylinder wird geerdet und dient gleichzeitig als Behälter für das Prüföl; Inhalt etwa 300 bis 350 ml. Wahlweise sind auch Kugeln oder Kalotten von mindestens 6 mm Radius zulässig, die horizontal in einem Glas- oder Porzellangefäß angebracht sind.

Nach sorgfältiger Reinigung des Prüfgeräts wird das Prüföl eingefüllt und nach $^1/_2$ Std. Stehen auf Durchschlag geprüft.

Verfahren nach SEN 26 § 14. Von sechs Versuchen werden die letzten fünf Versuche gemittelt und als Ergebnis angegeben.

λ) Schweiz (SEV/0124. 1960). Die Messung des Widerstandes gegen Durchschlag wird nur als eine informatorische Prüfung angesehen. Während reine Mineralöle nach dem Trock-

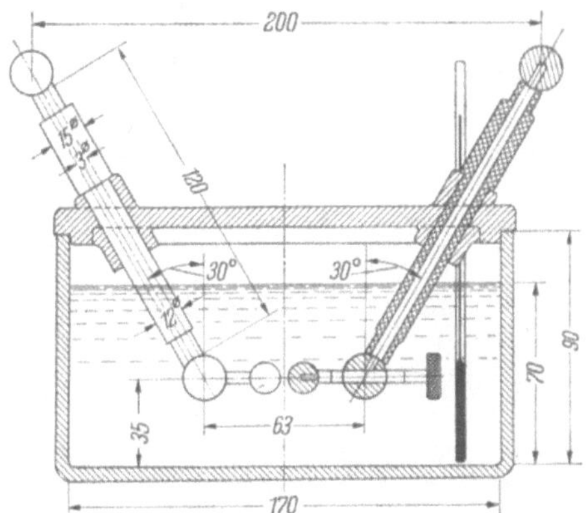

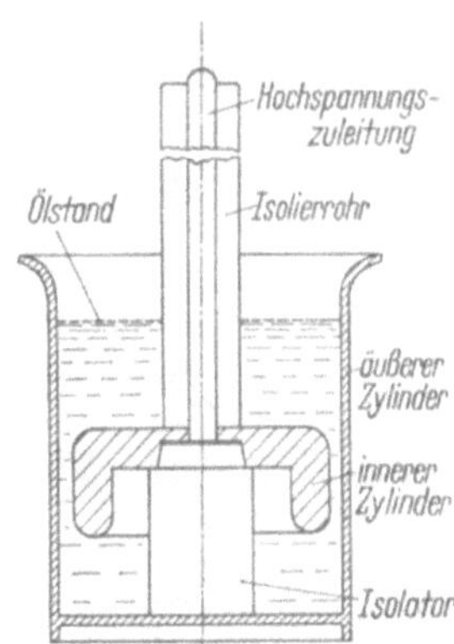

Abb. 8. Spinterometer.
(nach CEJ Norme 10-1, VI-1953).

Abb. 9. Prüfgerät zur Messung der Durchschlagspannung
(nach SEN 14-07/1948).

nen Durchschlagfestigkeiten von 200 kV/cm aufweisen, findet man in handelsüblichen Ölen Werte zwischen 60 und 200 kV/cm.

Für Lieferungen von Neuöl ist die Spannungsprüfung fakultativ; es wird kein Wert vorgeschrieben. Die Messung selbst erfolgt in einem Glasgefäß. Die Kugelelektroden besitzen 12 mm Durchmesser und sind durch eine Mikrometerschraube einstellbar.

Über die weitere elektrische Ausrüstung werden keine Angaben gemacht.

μ) Tschechoslowakei (ČSN ESČ 8-1950). Prüfgerät: Kugeln von 20 mm Durchmesser mit 3 mm Abstand. Sinusförmiger Wechselstrom ist vorgeschrieben.

Für Neuöle wird eine Durchschlagfestigkeit von 92 kV/cm bzw. 130 kV/cm gefordert. Nach dem Trocknen bei 105 °C (30 Min.) soll die Durchschlagfestigkeit 200 kV/cm betragen.

ν) Japan (JIS C 2320-1962). Prüfgerät: Gefäß mit Kugeln von 12,5 mm Durchmesser, die sich mindestens 20 mm unter der Öloberfläche befinden. Der Elektrodenabstand beträgt 2,5 mm, die Spannung (Frequenz 50 bis 60 Hz) wird mit etwa 3 kV/sec bis zum Durchschlag gesteigert.

Mit zwei Mustern derselben Ölprobe werden zehn Versuche gemacht. Der jeweils erste Versuch wird ausgelassen und aus den übrigen acht das Mittel gebildet.

ξ) USA (ASTM D 877-49). Scheibenförmige Elektroden von 25,4 mm Durchmesser, Abstand 2,54 mm (0,100 inch), werden in einem Gefäß aus unangreifbarem Material in horizontaler Lage so angebracht, daß die Elektroden mindestens 12 mm von der Wandung entfernt sind. Die Ableitung des Gefäßes soll bei 20 kV und 60 Hz geringer als 200μ A betragen.

Zur elektrischen Ausrüstung gehört ein Transformator mit reinem Sinusstrom, ein automatischer Schalter, ein wählbares Regelgerät für die Spannungssteigerung und ein wählbares Meßgerät zur Spannungsmessung.

Die Elektroden müssen mindestens 20 mm unter der Öloberfläche liegen. 3 Min. nach Einfüllung der Probe wird die Spannung bei einer Öltemperatur von 20 °C angelegt, die in Stufen von 3 kV/sec gesteigert wird. Je Füllung des Geräts wird nur ein Durchschlagversuch gemacht, fünf Füllungen sind vorgeschrieben. Wenn die Abweichungen vom Mittelwert aller fünf Messungen nicht mehr als 10% betragen, oder wenn ein Einzelwert nicht mehr als 25% vom Mittelwert abweicht, so ist die Durchschlagfestigkeit genügend.

Im Bericht wird das benutzte Verfahren, alle fünf Meßwerte, der Mittelwert aller fünf Werte und die Meßtemperatur angegeben.

b) Verlustfaktor

α) Allgemeines. Die Isolieröle sind keine vollkommenen Isolatoren. Infolgedessen wird im Betrieb immer durch das flüssige Dielektrikum z. B. die Ölfüllung eines Transformators ein, wenn auch sehr schwacher, Strom fließen. Da dieser Strom unter Umständen eine Erwärmung des Dielektrikums verursacht, bedeutet er einen Verlust. In Transformatoren, Schaltern und ähnlichen Geräten ist das Auftreten dieser Verlustwärme jedoch ungefährlich, wenn für eine rasche Abführung der entstandenen Wärme gesorgt wird. Anders liegen die Verhältnisse in Kabeln und Kondensatoren; dort kann die auftretende Verlustwärme zu Wärmedurchschlägen führen. Die Verlustwärme als Wattverlust müßte eigentlich in Watt, bezogen auf eine passende Größe, z. B. bei Kabeln — km — angegeben werden.

Man kennzeichnet aber diesen Verlust allgemein durch den Ausdruck: Verlustfaktor $= \tan \delta$.

In jeder Spule, also auch in denen eines Transformators, eilt der Strom der Spannung nach. Im Idealfall ist dieser Nacheilwinkel φ ein rechter Winkel. Praktisch erreicht man diesen Wert nicht, der rechte Winkel ist um einen Winkel δ kleiner. Die mathematische Tangente dieses Winkels ist der Verlustfaktor. Trotzdem dieser Wert häufig sehr klein ist, läßt er sich gut messen. Für Neuöle findet man meist Werte in der Größenordnung 10^{-3} bis 10^{-4}. Betriebsöle weisen ähnliche Werte auf, die aber häufig auch viel größer sein können. Es ist nötig, immer die Bezugstemperatur anzugeben, weil die Temperaturabhängigkeit des Verlustfaktors im Bereich von 20 bis 100 °C recht groß ist.

Über die Werte, die in nationalen Vorschriften gefordert werden, geben die Tab. 1 und 2 auf S. 355/58 nähere Auskunft.

β) Die Bestimmung des Verlustfaktors (VDE 0370/10.66). Zur Messung des Verlustfaktors dienen Wechselstrommeßbrücken, wie sie in DIN 53483 Beiblatt 1 beschrieben sind[1]. Es gibt im Handel brauchbare Geräte, deren Meßbereich zwischen $0{,}1 \cdot 10^{-3}$ und $1000 \cdot 10^{-3}$ liegt. Bei Selbstanfertigung ist darauf zu achten, daß Meßgerät und Brückenanordnung elektrisch zueinander passen. Gemessen wird fast ausschließlich mit einer Wechselspannung von 50 Hz (oder 60 Hz). Die benutzte Spannung kann von 10 kV bis zu 100 V schwanken, muß aber immer angegeben werden.

Das Meßgefäß ist ein Kondensator, ähnlich wie er in der VDE-Vorschrift 0370/10.66 § 14, Bild 2, gemäß Abb. 10 abgebildet ist. Zweckmäßig benutzt man nur Kondensatoren mit Schutzring und drei Anschlüssen. Der Kondensator faßt ungefähr 40 ml Öl und hat eine Leerkapazität von etwa 30 pF. Die Meßtemperatur beträgt meistens 90 °C und ist anzugeben. Früher wurde bei fallender Temperatur des Meßkondensators gemessen. Das hat sich heute durch eine Anordnung geändert, bei der durch geeignete Heizstromführung eine konstante Temperatur während der Messung eingestellt werden kann.

Der Kondensator (Betriebstemperatur etwa 100 °C) muß aus hitzebeständigem Material, wie rostfreier Stahl, Gold oder Nickel, gearbeitet sein.

γ) Die Vorbehandlung der Ölprobe. Bei Neuölen ist ein Versprühen der Probe durch eine Glasfritte G 4 in ein Vakuum von etwa 5 Torr bei 20 °C zweckmäßig. Eine Trocknung im Exsikkator über einem geeigneten Trockenmittel kann angeschlossen werden. Künstlich gealterte Öle läßt man 24 Std. bei Raumtemperatur stehen, um unlösliche Stoffe abzuscheiden. Filtern durch ein trocknes Filter ist ratsam; denn unlösliche Anteile im Prüfmuster verfälschen das Meßergebnis. Für Betriebsöle genügt eine Standzeit von 24 Std. vor der Messung. Senkstoffe und ihren Einfluß läßt eine Filtration durch trocknes Papier erkennen.

---

[1] Über einen automatischen Brückenabgleich bei Verlustfaktormessungen an Isolierölen berichtet S. KÄGLER: Erdöl u. Kohle 18 (1965) 802.

δ) Die Durchführung der Messung. Der reine Meßkondensator und die in einem geschlossenen Kolben befindliche Ölprobe werden zweckmäßig auf etwas über 90 °C angewärmt, das Öl in die Meßzelle gefüllt, wobei diese vorher mit dem Öl durchgespült wird. Das gefüllte Meßgerät wird mit der Brücke verbunden und die Temperatur durch die Heizvorrichtung auf 90 °C eingestellt und die Spannung angelegt; die elektrische Feldstärke soll 1 kV/mm betragen. Die Zeitdauer zwischen Einfüllen des Öles und der Beendigung der Messung soll 15 Min. nicht überschreiten. Der Meßwert wird angegeben als $\tan\delta$ 90 °C in Einheiten 10^{-3}.

ε) Die Bestimmung des Verlustfaktors (ASTM D 924-64). Das Meßverfahren sowie die Meßzahl unterscheiden sich in elektrischer Hinsicht nicht von den im vorhergehenden Abschnitt

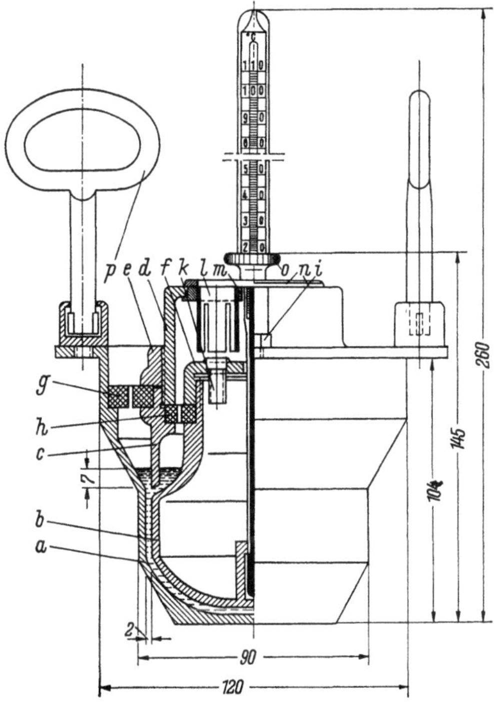

Abb. 10. Meßzelle zur Messung des dielektrischen Verlustfaktors.

a Außenelektrode (an Hochspannung); *b* Innenelektrode (an Meßbrücke); *c* Schutzring; *d* Abschirmkappe; *e* Schraubring; *f* Abschlußring für Innenelektrode; *g* äußerer Isolierring; *h* innerer Isolierring; *i* Hochspannungsanschlußbuchse; *k* Anschlußbuchse für Meßleitung; *l* Anschlußbuchse für Schirmleitung; *m* drehbare Platte; *n* Federplatte; *o* Arretierschraube für *m*; *p* Steckschlüssel (nach VDE 0370/10.66; verbesserte Ausführung DIN 53 482).

beschriebenen Anordnungen. Ebenso ist die Vorbereitung der Ölprobe, die Reinigung der Meßzelle und die Füllung zu handhaben.

Die Vorschrift läßt für die Messung des Verlustfaktors nur Zellen mit drei Anschlüssen und Schutzring zu. Werden dagegen Routinemessungen ausgeführt, bei denen es nur darauf ankommt, das Über- oder Unterschreiten eines festgesetzten Wertes zu bestimmen, sind auch Meßzellen mit zwei Anschlüssen ohne Schutzring zugelassen. Die Prüftemperatur beträgt meist 100 ± 5 °C und muß angegeben werden. Bei genauen Messungen soll die elektrische Feldstärke nicht weniger als 5 V/Mil = 2 kV/cm betragen, kann aber zwischen 2 kV/cm und 12 kV/cm liegen.

Der Prüffehler soll bei genauen Messungen — bei zwei aufeinanderfolgenden Messungen — höchstens um 10^{-4} (+10 %) Einheiten schwanken. Sind die Differenzen größer, werden die Messungen wiederholt oder die Meßzelle erneut gereinigt. Im Bericht soll Art der Meßzelle, Meßmethode, Feldstärke in V/Mil, Frequenz, Temperatur des Prüfmusters und die Raumtemperatur, Verlustfaktor $\tan\delta$ und Dielektrizitätskonstante angegeben werden.

ζ) Internationale Versuche. Im Rahmen der Verhandlungen des Cigré-Comittee Nr. 1 laufen seit einiger Zeit Gemeinschaftsuntersuchungen zur Ausarbeitung eines international anerkannten Prüfverfahrens zur Messung des Verlustfaktors.

c) Die Messung des spezifischen Durchgangswiderstandes

α) Allgemeines. Der spezifische Durchgangswiderstand[1] (ϱ_D) eines Öles ist der Widerstand eines Würfels von 1 cm Kantenlänge. Für manche Routineuntersuchungen benutzt man die Messung des Durchgangswiderstandes mit Gleichstrom. Denn diese Messung ist einfacher in der Ausführung, gibt aber nur bei genauer Durchführung vergleichbare Werte. Es ist bekannt, daß geladene Teilchen im elektrischen Felde wandern. Daher nimmt der Strom durch das Dielektrikum bis zu einem Mindestwert ab, der aber häufig erst nach langer Prüfzeit erreicht werden kann.

Deswegen wird bei der praktischen Prüfung der Strom nach einer festgesetzten Zeit, meist 1 Minute, gemessen.

β) Messung des Durchgangswiderstandes nach VDE 0370/10.66. Zur Messung des Widerstandes dient der Meßkondensator (Abb. 10), wie er für die Messung des Verlustfaktors benutzt wird. Die Vorbereitung des Ölmusters, die Reinigung der Meßzelle sowie die Füllung der Meßzelle mit dem Prüföl erfolgt wie beim Verlustfaktor. Die Meßtemperatur beträgt 90 °C.

Zur Messung ist eine Gleichspannungsquelle von 100 V oder 1000 V sowie ein empfindliches Galvanometer erforderlich, dessen Fehler bei $10^{10}\,\Omega \pm 5\%$ und bei $10^{12}\,\Omega \pm 20\%$ höchstens betragen darf. Andere elektrische Anordnungen zur Messung sind aber zugelassen.

Der Strom wird 1 Min. nach Anlegung der Spannung abgelesen und nach folgender Formel in spez. Durchgangswiderstand umgerechnet:

$$\varrho_D = \frac{R_D\,C_0}{\varepsilon_0} \text{ in } \Omega \cdot \text{cm};$$

R_D gemessener Widerstand in Ω,
C_0 Leerkapazität der Meßzelle in pF,
ε_0 0,088 59 pF/cm.

γ) Messung des Durchgangswiderstandes (ASTM D 1169-64). Diese Messung, die Vorbereitung der Ölmuster, die Reinigung der Meßzelle sowie die Füllung, erfolgt wie sie zur Messung des Verlustfaktors (ASTM D 924-64) beschrieben sind.

Es werden Verfahren für genaue Messungen und für Routinemessungen unterschieden. Die dreipoligen Meßzellen werden für genaue Messungen benutzt, während die zweipoligen Meßzellen für Routinemessungen genügen.

Die Schichtdicken in den Meßzellen schwanken zwischen 30 mil = 0,0761 cm und 200 mil = 0,508 cm. Dementsprechend werden die Spannungen gewählt. Die Feldstärken sollen größer sein als 3 V/mil = 120 V/cm, aber nicht höher werden als 100 V/mil = 4 kV/cm, um Ionisation zu vermeiden. Die Meßtemperatur soll nur um $\pm 0,5$ °C schwanken. Der Widerstand ($\Omega \cdot$ cm) wird als Mittel von zwei Bestimmungen ermittelt und darf nicht mehr als $\pm 10\%$ vom Mittel abweichen.

Im Bericht soll angegeben werden: Art des Musters, Meßzelle, Meßmethode, mittlere Feldstärke, Zeitdauer der elektrischen Beanspruchung vor der Messung, Temperatur, gemessener Widerstand in $\Omega \cdot$ cm. Vorgeschriebene Werte des Isolationswiderstandes sind in Tab. 2 angeführt.

δ) Messung des Durchgangswiderstandes nach ASTM 1169-64 mit einem „Tera-Ohmmeter". Dieses Instrument besitzt eine Skala von 1 bis $2 \cdot 10^9$ MΩ, eine Umrechnung aus dem gemessenen Stromwerten ist also nicht nötig. Zur Messung gehört ein dem Gerät angepaßter Kondensator (Topftype mit 2 mm Elektrodenabstand). Vorbereitung der Probe wie beim Verlustfaktor (s. S. 372). Die Meßspannung beträgt 100 V, der Meßbereich des Geräts reicht von 1 MΩ bis etwa $2 \cdot 10^9$ MΩ.

Die Reproduzierbarkeit der Messungen ist gut; nur bei hohen Widerstandswerten (etwa 10^7 MΩ), wie ihn Neuöle bei 90 °C zeigen, sind die Fehler größer.

Zur Umrechnung in den Verlustfaktor hat sich die Formel von G. PLEECK[2] bewährt. Sie lautet:

$$\tan\delta = \frac{3,6 \cdot 10^{10}}{\varrho \cdot \varepsilon},$$

wobei ϱ der gemessene Durchgangswiderstand in $\Omega \cdot$ cm und ε die Dielektrizitätskonstante, im allgemeinen 2,09 bei Neuölen, 2,17 bei Betriebsölen, und 90 °C bedeuten.

---

[1] Siehe auch DIN 53 481 bis 53 483.
[2] Privatmitteilung O. HUTZEL (Badenwerk).

6. Inhibierte Isolieröle

a) Allgemeines

Die Stabilität der Isolieröle gegen Oxydation im Betrieb wurde im Laufe der letzten Jahrzehnte erheblich verbessert. Aber in der Praxis kommen doch erhöhte Beanspruchung, z. B. für Verteilertransformatoren mit Leistungen kleiner als 1.5 MVA (besonders, ohne Ölausgleichgefäß) vor, die die Leistungsfähigkeit der besten Isolieröle überfordern. Aus diesem Grunde hat man „inhibierte" Isolieröle entwickelt, die ein wirksames Schutzmittel gegen die Oxydation enthalten. Dieses Mittel — als Antioxydans oder Inhibitor bezeichnet — unterdrückt die durch Metalle, — wie Kupfer — bewirkte katalytische Alterung des Isolieröls und verlängert damit seine Lebensdauer[1]. Diese inhibierten Öle weisen eine Induktionsperiode auf, das ist die Zeit, in der man keine Änderungen im Alterungsverhalten des Isolieröls feststellen kann. Ist diese Periode zu Ende, setzt die Alterung des Isolieröls ein und verläuft wie die eines nicht inhibierten Isolieröls.

Der heute am meisten benutzte Inhibitor ist das 2,6-ditertiär-butyl-p-Kresol (DTBP). In letzter Zeit sind Untersuchungen bekannt geworden, die einen verbesserten Schutz der Isolieröle beschreiben. Es handelt sich um die Kombination von zwei Schutzstoffen, die sich in ihrer Wirkung ergänzen[2].

Wie sich diese Stoffe in der Praxis bewähren, muß abgewartet werden.

b) Prüfung inhibierter Öle

Es hat sich bald nach der Einführung inhibierter Öle gezeigt, daß die normalen Alterungsverfahren nicht zur Prüfung ausreichen, da die Prüfzeit zu kurz ist, um in inhibierten Isolierölen meßbare Veränderungen hervorzurufen. Auch die Verlängerung der Prüfzeit oder eine Erhöhung der Prüftemperatur brachten keinen Erfolg.

Für Forschungszwecke wurde ein Umlaufverfahren entwickelt[3], bei dem Sauerstoff bei Atmosphärendruck durch 100 g Öl bei 120 °C im Kreislauf durchgeleitet wird. Als Katalysator dient ein Kupferblech von 220 cm². Der verbrauchte Sauerstoff wird automatisch ergänzt und registriert. Man mißt die Zeit, nach der eine merkbare Absorption des Sauerstoffs einsetzt. Der Inhibitor ist dann verbraucht und die Induktionsperiode zu Ende.

Ein für praktische Zwecke brauchbareres Verfahren[4] altert 5 g Öl + 100 ppm öllösliches Kupfer als Katalysator in ruhender Sauerstoffatmosphäre bei 120 °C.

Der verbrauchte Sauerstoff wird ergänzt und gemessen. Man arbeitet so lange, bis 5 g Öl 50 ml Sauerstoff verbraucht haben. Aus der graphischen Darstellung des zeitlichen Sauerstoffverbrauchs läßt sich die Induktionsperiode ablesen.

ASTM D 2112-62 T

Für laufende Untersuchungen hat sich das Verfahren nach ASTM D 2112-62 T eingeführt.

Dieses Verfahren benutzt eine Bombe aus Kupfer, die innen chromplattiert ist. Sie enthält ein Glasgefäß, in das 50 g Öl ± 0,5 g sowie 5 ml Wasser eingewogen werden. Als Katalysator dient Kupferdraht von 2 mm Durchmesser (Marke 14 Awg). 3 m werden zu einer Spule von etwa 50 mm Durchmesser und 40 mm Höhe gewickelt, nachdem vorher der Kupferdraht sorgfältig mit Schmirgelleinen poliert wurde. Der gewogene Draht wird in das Glasgefäß gebracht.

Die Bombe wird nach dem Verschließen zweimal mit Sauerstoff gespült und bei 25 °C mit Sauerstoff von 6,33 kg/cm² (90 p.s.i.) Druck aufgefüllt. Dann wird die fertige Bombe

[1] STOKER, W. R., u. C. N. THOMPSON: Inhibited Transformer Oils. J. Inst. Electr. Eng. 99 (1952) II, 221.

[2] INGOLD, K. U.: Synergistic and Antagonistic Effects of Antioxidants on a Hydrocarbon Oil. J. Inst. Petroleum 47 (1961) 375—382. — SCOTT, G.: Antioxidants. Chemistry and Industry. Februar 16 (1963) 271—281.

[3] A. J., HAM, u. C. N. THOMPSON: Oxidation Stability of Transformer Oils. J. Inst. Petroleum 36 (1950) 673.

[4] G. H., BEAVEN, R. IRVING u. C. N. THOMPSON: A Method for Evaluating the Oxidation Stability of Inhibited Transformer Oils. J. Inst. Petroleum 37 (1951) 25.

in ein auf 140 °C vorgeheiztes Ölbad gebracht. Sie wird dort in schräger Richtung befestigt. Ein Motor dreht die Bombe um ihre Achse mit 100 Umdrehungen je Minute. Der Druck des Sauerstoffs erreicht etwa 10 Min. nach Beginn des Versuchs den Wert von etwa 11,5 kg/cm² (160 bis 170 p.s.i.). Der Versuch wird so lange fortgesetzt, bis der Druck um 1,75 kg/cm² (25 p.s.i.) abgenommen hat. Dieser Abfall des Druckes soll erfolgen, wie dies Kurve *a* in Abb. 11 zeigt. Die Induktionsperiode beträgt in diesem Falle 280 Min. Die Kurve *b* demonstriert einen unsauberen Versuchsablauf und ist nicht auswertbar.

Nach Beendigung des Versuchs wird die Bombe aus dem Ölbad genommen, äußerlich gereinigt und innerhalb 3 Min. nach Entnahme in kaltem Wasser abgekühlt. Dann erst wird der Druck abgelassen.

Die Druckkurve soll während des Versuchs gezeichnet werden, um die Induktionsperiode zu bestimmen, sowie festzustellen, ob der Druckverlauf der Kurve *a* der Abb. 11 entspricht.

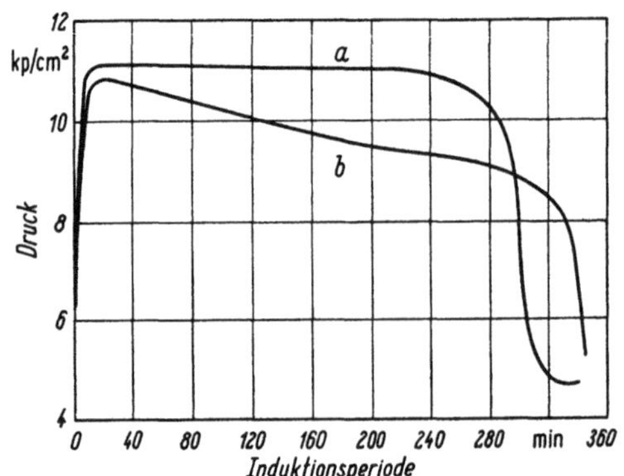

Abb. 11. Druckkurven (nach ASTM D 2112-62 T).

Der Wiederholstreubereich liegt bei ± 5%, der Vergleichsstreubereich bei ±10% des Mittels von zwei Versuchen.

Weitere Literatur über inhibierte Öle s. Fußnoten 1 bis 5.

7. Verhalten gegenüber Gasen

a) Gasfestigkeit

Bei der Fertigung elektrischer Geräte lassen sich geringe Lufteinschlüsse trotz aller Sorgfalt nicht immer vermeiden. Gerät diese Luft in starke elektrische Felder, wird sie ionisiert. Ein kleiner Teil der Ölmolekeln in der Gasatmosphäre wird dabei in Wasserstoff und Radikale gespalten. Sind in dem Isolieröl bestimmte Stoffe, meist aromatischer Natur vorhanden, die den Wasserstoff unter dem Einfluß der Entladung (Wasserstoffionen) wieder binden, so sinkt der Druck in der Luftblase, sie kann auch ganz verschwinden. Im umgekehrten Falle steigt der Druck in der Luftblase sehr rasch an, was unter ungünstigen Umständen zur Explosion des Gerätes führen kann.

Die Gasfestigkeit der Isolieröle wird nach dem Verfahren von TH. WÖRNER[6] wie folgt bestimmt.

Das Isolierölmuster wird im Vakuum entgast und dann mit trockner Luft gesättigt. Man füllt 20 ml Öl in das Gerät nach Abb. 12 und bringt das fertige Gerät in ein Tem-

[1] WOOD-MALLOCK, J. C., H. STEINER u. L. G. WOOD: J. Inst. Petroleum 44 (1958) 320—332.

[2] FURBY, N. W., u. F. J. HANLEY: ASTM Bull. 1960, Nr. 248, S. 41—47.

[3] REY, E., u. L. ERHART: Bull. SEV. 52 (1961) 401—413.

[4] REY, E.: ETZ B 13 (1961) 299—303.

[5] ROST, R.: Erdöl u. Kohle 18 (1965).

[6] ETZ 72 (1951) 656—658. — KÄGLER, S.: Vereinfachte Bestimmung der Gasfestigkeit von Isolierölen durch Automatisierung der Wörner-Apparatur. Prdöl u. Kohle 19 (1966); 20 (1967) 431.

peraturbad von 80 °C. Der Druck im Manometer M wird durch kurzzeitiges Öffnen des Hahnes C ganz ausgeglichen. Dann legt man eine Spannung von 8,5 kV und 500 Hz an das Rohr; Spaltbreite 3 mm. Der Versuch dauert 4 Std. Während dieser Zeit wird der Druck in geeigneten Zeitintervallen abgelesen. Durch Auftragen dieser Ablesungen über die Zeit erhält man Kurven, wie sie schematisch in Abb. 13 dargestellt sind. Die Druckabnahme ist als positive Ordinate, die Druckzunahme als negative Ordinate aufzutragen.

Die Kurve A gehört einem „gasfesten" Isolieröl. Der Druck nimmt nach dem Minimum a dauernd ab. Kurve B stammt von einem „bedingt gasfesten" Öl, weil der Druck kurzzeitig

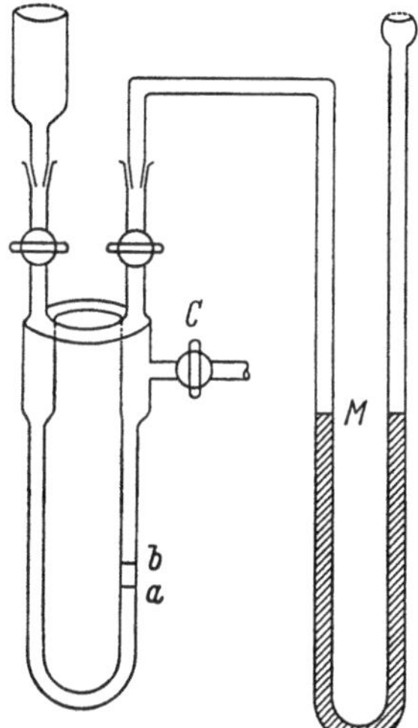

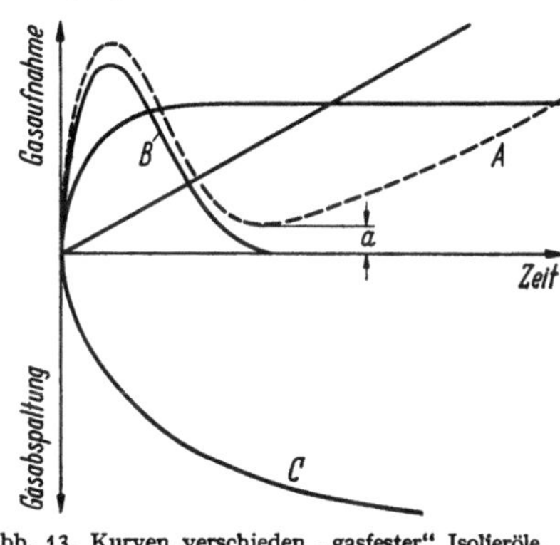

Abb. 13. Kurven verschieden „gasfester" Isolieröle.
A „gasfestes" Öl; a Minimum der „gasfesten" Kurve;
B „bedingt gasfestes" Öl; C „nicht gasfestes" Öl.
[nach Th. Wörner, ETZ 72 (1951)].

Abb. 12. Gerät zur Messung der Gasfestigkeit.

größer als der Anfangsdruck war. Dagegen gehört die Kurve C einem „nichtgasfesten" Öl an. Zur Charakterisierung gibt man die Abstände des Minimums a von der Nullinie sowie bei Beendigung des Versuches an. So bedeutet also $+4$ und $+20$ ein „gasfestes" Öl.

E. A. Hornsby, R. Irving und E. A. Patterson[1] haben in einer umfangreichen Studie nachgewiesen, daß die Gasfestigkeit von der Temperatur und der Feldstärke abhängig ist. Es besteht für jedes Öl eine obere Grenze für beide Werte. Oberhalb dieser Grenze wird ein „gasfestes" Öl zu einem „nicht gasfesten" Öl.

Zur experimentellen Untersuchung benutzen sie ein etwas abgeändertes Gerät, das an Stelle des Ölmanometers eine Bürette enthält (Abb. 14). Als Maß für die Gasfestigkeit dient der

$$\text{Gaskoeffizient} = \frac{V_x - V_{10}}{x - 10}$$

wenn V_x das Volumen aufgenommenes oder abgegebenes Gas zur Zeit x ist. Der Index 10 bezieht sich auf die Zeit 10 Min. nach Beginn des Versuchs. Bei Versuchen mit Wasserstoff wird x meist gleich 70 Min. nach Beginn des Versuchs angenommen.

b) Gaslöslichkeit

Verschieden von der chemischen Adsorption der Isolieröle ist ihr Vermögen, Gase physikalisch zu lösen.

Verfahren zur Bestimmung des Gasgehalts in Isolierölen (ASTM D 831-63)

Das Verfahren besteht in der sorgfältigen Probenahme des zu untersuchenden Musters. Druckunterschiede, die eine Veränderung des Gasgehalts bedingen, müssen vermieden werden.

Man läßt 25 ml Öl bei 20 bis 30 °C langsam (1 Tropfen je Sekunde) in einen hoch evakuierten Kolben eintropfen. Das Volumen dieses Gefäßes einschließlich aller Leitungen wird vorher sorgfältig gemessen. Die Differenz der Druckmessungen vor und nach dem Versuch

---

[1] Proc. Inst. Electr. Eng. 112 (1965) Nr. 3, S. 590.

mit einem McLeod-Manometer entspricht dem abgegebenen Volumen, bzw. im Öl gelösten, Gas, das auf Normalbedingungen reduziert und als Vol.-% angegeben wird.

Weitere Literatur über Löslichkeit von Gasen s. Fußnoten 1 bis 3.

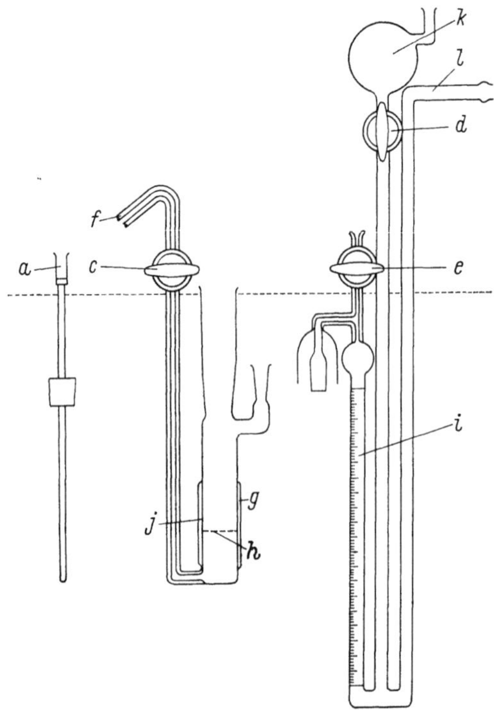

Abb. 14. Gerät zur Messung der Gasfestigkeit nach HORNSBY, IRVING und PATTERSON.
a Hochspannungselektrode;   *b* Erdung;   *c, d, e* Hähne;   *f* Gaseinlaß;   *g* Wassermantel;   *h* Ölniveau;   *i* Bürette;
k Ausgleich;   *l* zum Druckvorrat.

8. Prüfung der Betriebsöle

Isolieröle verändern sich im Betrieb durch den Luftsauerstoff, unterstützt durch die Anwesenheit katalytisch wirkender Stoffe. Unter ungünstigen Umständen lösen sich auch Teile der Baustoffe der Transformatoren im Öl und verändern seine Eigenschaften.

Schalteröle pflegen, besonders nach schweren Abschaltungen, Kohlenstoff in Form von Ruß zu enthalten.
Isolieröle müssen daher im Betrieb einer laufenden Kontrolle unterzogen werden, um zu verhindern, daß Veränderungsprodukte, wie Schlamm und saure Bestandteile, den Betrieb stören.

Manche nationale Vorschriften machen genauere Angaben zur Feststellung der Veränderungen der Isolieröle im Betrieb.

a) Durchschlagspannung nach VDE

Die Vorschrift VDE 0370/10.66 schreibt für Betriebsöle eine Prüfung auf Durchschlagspannung vor. Diese soll betragen:

---

[1] MARTIN, R. G., u. C. N. THOMPSON: J. appl. Phys. 2 (1951) 222—226.
[2] BALDWIN, R., u. S. G. DANIEL: J. appl. Chem. 2 (1952) 161—165. — J. Inst. Petroleum 39 (1953) 105—124.
[3] HELD, F., u. H. BÜCHLER: Schwz. Arch. 1960, 13—17.

Für Transformatoren und Wandler bei Reihenspannungen

bis   30 kV mindestens 20 kV,
über 30 bis 110 kV mindestens 30 kV,
über 110 bis 220 kV mindestens 35 kV,
über 220 kV mindestens 40 kV.

Über die Zeitabstände, in denen solche Untersuchungen durchzuführen sind, gibt das Ölbuch[1] nähere Auskunft.

Es wird empfohlen, diese Überprüfungen in folgenden Abständen vorzunehmen:
6 Monate, wenn die Untersuchung der Betriebsöle Werte hart an der Grenze ergibt;
12 Monate bei Transformatoren von 110 kV und mehr und mehr als 1 MVA Leistung;
24 Monate bei Transformatoren von 110 kV und mehr und weniger als 1 MVA Leistung;
36 bis 60 Monate bei Transformatoren kleiner als 20 kV und weniger als 1 MVA Leistung.

Wandler und Schaltgeräte mit:

mehr als 20 kV sollen alle 2 Jahre,
weniger als 20 kV sollen alle 3 bis 5 Jahre

überprüft werden.

Ergänzt werden diese Vorschläge zur Überprüfung durch verschiedene Angaben über die Grenzwerte verschiedener Alterungsmerkmale. Die folgende Tab. 5 gibt an, wann eine Reinigung des Betriebsöls und wann ein Wechsel empfohlen wird[2].

Tabelle 5.

Untersuchung auf	Ölreinigung notwendig	Ölwechsel notwendig
Schlammabscheidung in 1 l Öl	etwa 1 ml	etwa 2 ml
Feste Fremdstoffe in 1 l Öl	10 mg	—
Freies Wasser	0,01 %	—
Reaktion (wasserlösliche Säuren)	—	sauer
Verseifungszahl	—	1,5
Neutralisationszahl	—	0,6
Durchschlagspannung	wie nach VDE 0370/10.66, Tab. 1	
Spezifischer Durchgangswiderstand bei 90 °C	—	$1,3 \cdot 10^7 \, \Omega \cdot \mathrm{cm}$
Dielektrischer Verlustfaktor bei 90 °C	—	$1000 \cdot 10^{-3} \tan \delta$

Obige Werte dienen nur zum Anhalt und können je nach den Umständen abgeändert werden.

b) Schwedische Vorschrift (SEN 14-1051 E)

gibt in einer Tafel an, wie man zu verfahren hat, wenn das Betriebsöl an Ort und Stelle beurteilt werden soll. Ist das Betriebsöl so verändert, daß eine Untersuchung im Laboratorium notwendig wird, ist folgendes zu prüfen:

1. Durchschlagfestigkeit. Liegt diese, nach SEN 14-07, über 80 kV/cm, ist das Öl in Ordnung. Kleinere Werte erfordern eine Behandlung des Öles.
2. Neutralisationszahl; nach SIS 150203. Beträgt dieser Wert mehr als 0,5 mg KOH/g Öl, so erfolgt nähere Prüfung.
3. Flammpunkt; nach SIS 150203 in Verbindung mit der
4. Viskosität nach SEN 14-03 ergibt eine Aussage über etwaige Crackvorgänge im Transformator.

Je nach Standort und aggressiver Atmosphäre erfolgt die Überprüfung des Öles zwischen 1 bis 3 Jahren.

c) Italienische Vorschrift (CEI Norme 10-1 VI-1953)

Gemäß Absatz 6.2.01 bis 6.2.04 soll die Durchschlagfestigkeit eines Betriebsöls bei 5 mm Elektrodenabstand größer als 40 kV sein. Liegt der Wert niedriger, muß das Öl gereinigt werden.

---

[1] Ölbuch, 4. Aufl. Frankfurt/M.: Verlag VDEW 1963, S. 52/54.
[2] Ölbuch, Tafel 5, S. 52.

Ist die Durchschlagfestigkeit dagegen noch genügend, soll Klarheit, Farbe, Viskosität und Säuregehalt überprüft werden. Das Prüfungsergebnis wird mit den Daten des Frischöls verglichen. Es läßt sich dann beurteilen, ob die gemessenen Alterungswerte weitere Maßnahmen erfordern.

9. Regenerierte Öle[1]

Eine Regeneration gealterter Isolieröle auf chemischem Wege ermöglicht es im allgemeinen, aus nicht zu stark gealterten Betriebsölen wieder einsetzbare Öle herzustellen. Man muß aber beachten, daß jede Regeneration eine weitgetriebene Raffination bedeutet. Ist ein Betriebsöl daher mehrfach regeneriert worden, kann man nicht mehr dieselben Anforderungen an das Regenerat wie an ein Neuöl stellen. Ob eine Regeneration noch wirtschaftlich vertretbar ist, muß eine Vorprüfung im Laboratorium erweisen.

Von der Regeneration zu trennen, ist die einfache Aufbereitung. Diese besteht nur in einem Trockenvorgang und einer Filterung. Bei diesem Verfahren werden also nur Verunreinigungen beseitigt, wobei das Isolieröl selbst kaum verändert wird. Über Regenerationsverfahren s. S. 383.

10. Kabelisolieröle

Kabelisolieröle dienen zum Imprägnieren der Papierisolation von Kabeln. Das Öl in fertigen Kabeln unterliegt, mit Ausnahme elektrischer Messungen, keiner Betriebskontrolle. Es bestehen daher zwischen den Ölherstellern und den Kabelwerken Abmachungen, die eine einwandfreie Beschaffenheit der Kabelisolieröle sichern. Der Kabelverbraucher hat also keine Möglichkeit, eine normale Betriebsanalyse der Kabelöle auszuführen.

a) Isolieröle für Hochspannungskabel

Für Kabel mit Spannungen über 60 kV werden fast ausschließlich Öle vom Typ der Transformatorenöle verwendet.

Diese Öle müssen den in der Tab. 2 aufgeführten Bedingungen für Neuöle genügen. Als besonders wichtig wird die Eigenschaft der Gasfestigkeit gegen hohe Feldstärken, sowie ein niedriger Verlustfaktor bei 90 °C angesehen.

Die Analyse und Begutachtung dieser Isolieröle für Hochspannung unterscheidet sich daher nicht von der Analyse der Neuöle für Transformatoren.

b) Isolieröle für Niederspannungskabel

Man benutzt für Kabel mit Spannungen zwischen 10 und 60 kV Gemische von Zylinderölen mit hoher Viskosität und gereinigtem Kolophonium. Der Prozentsatz des zugemischten Harzes hängt von der Ausgangsviskosität des Kabelöls ab. Die Viskosität der benutzten Kabelöle schwankt, je nach Anforderung, zwischen etwa 200 cSt (25 °E) bis etwa 1400 cSt (180 °E) gemessen bei 50 °C.

Die chemischen und physikalischen Daten entsprechen denen guter Zylinderöle. Außer diesen Werten wird ein niedriger Verlustfaktor — $\tan\delta$ — bei 90 °C und eine gute Alterungsstabilität verlangt. Die Messung des Verlustfaktors unterscheidet sich nicht von der Messung dünnflüssiger Öle.

Die Alterungsstabilität wird wie folgt bestimmt:

Eine getrocknete, von Verunreinigungen freie Ölprobe wird in einem Becherglas von 1000 ml Inhalt 168 Std. auf 125 °C erhitzt.

---

[1] Ölbuch, 4. Aufl. Frankfurt/M.: Verlag VDEW 1963, S. 82.

Vor und nach der Erhitzung wird der Verlustfaktor bei 90 °C gemessen.

Außer dieser 7 tägigen Alterung kann auch eine Alterung von 5 Wochen auf die gleiche Weise durchgeführt werden. Die erste Probe von 100 ml wird nach 7 Tagen entnommen und der Verlustfaktor gemessen und nach jeweils weiteren 7 Tagen wiederholt. Soll nur der Verlustfaktor nach der Alterung von 5 Wochen gemessen werden, so werden die jeweils in 7 tägigem Abstand entnommenen Proben verworfen.

II. Kabelmassen

Die VDE-Vorschrift VDE 0351/5.62 unterscheidet Füllmassen für Kabelzubehörteile sowie Abbrühmassen zum kurzzeitigen Schutz von Kabelenden gegen Feuchtigkeit. Die Kennzeichnung der Massen und ihre Verwendung ist in Tafel 1 der VDE-Vorschrift 0351/5.62 festgelegt. Die Tafel 2 enthält eine Zusammenstellung der geforderten Analysenwerte.

Die Analysenvorschriften für Kabelmassen unterscheiden sich von den in den DIN-Normen festgelegten Vorschriften in manchen Punkten.

1. Probenahme

Aus nicht angebrochenen Behältern werden aus allen Schichten Proben von 1 kg gesamt entnommen und vereinigt. Nach der chemischen Prüfung wird der Rest 1 Std. auf eine Temperatur erhitzt, die 15 °C über der Verarbeitungstemperatur liegt. Dann werden an diesem Muster die physikalischen Prüfungen vorgenommen.

2. Chemische Prüfungen

a) Wasserlösliche Stoffe

10 g Masse werden in 100 ml Benzol gelöst und mit 200 ml destilliertem Wasser 10 Min. geschüttelt. In der wäßrigen Lösung wird die Leitfähigkeit gemessen, die $50\,\mu S \cdot cm^{-1}$ nicht übersteigen darf.

1 ml n/10 KOH muß das mit Phenolphthalein versetzte Wasser rot färben; 1 ml n/10 H_2SO_4 muß die rote Lösung entfärben.

b) Abdampfverlust

Ein vernickelter Kupfer- oder Messingtiegel wird mit Masse befüllt 2 Std. im Wärmeschrank bei Verarbeitungstemperatur gehalten. Die Wägung vor und nach dem Versuch ergibt den Verlust, der höchstens 1,5 Gew.-% betragen darf.

3. Physikalische Prüfungen

a) Untersuchung auf homogene und blasenfreie Struktur

Der Tiegel vom Abdampfversuch wird nach der zweiten Wägung auf die Verarbeitungstemperatur erhitzt und die heiße Masse vorsichtig ausgegossen. Es darf kein körniger Bodensatz übrig bleiben.

Zur Prüfung auf blasenfreie Struktur werden 100 g Masse auf Verarbeitungstemperatur erhitzt und durch ein Sieb in einen Kasten von 125 cm³ Inhalt gegossen. Der Kasten mit Inhalt wird $^1/_2$ Std. bei —20 °C gehalten. Anschließend wird der Block gespalten und auf Blasenfreiheit untersucht.

b) Untersuchung auf Haftfestigkeit

Auf einem Bleistreifen 0,9 mm dick wird ein Massestreifen angebracht. Er hat die Abmessungen:

1 mm dick, 10 mm breit und 100 mm lang.

Nach 3- bis 4 std. Liegen wird der Bleistreifen mit Massestreifen um einen Dorn von 10 mm Durchmesser mit 1 U/sec gewickelt. Beim Wickeln dürfen sich keine Risse zeigen; auch darf sich die Masse nicht vom Bleistreifen abheben. Von 10 Streifen müssen mindestens 8 Streifen der Prüfung genügen.

c) Bestimmung des Flüssigkeitsgrades

Benutzt wird ein Engler-Viskosimeter mit einem Ausflußrohr 20 $\pm$ 0,10 mm lang und 5 $\pm$ 0,02 mm innerem Durchmesser.

Der Wasserwert des Viskosimeters wird durch Messen der Auslaufzeit von 200 ml Wasser bestimmt.

240 ml Masse werden bei der vorgeschriebenen Temperatur (VDE 0351/5.62 Tafel 2) eingefüllt und die Auslaufzeit gemessen. Der Quotient der Auslaufzeit der Masse durch Wasserwert ergibt den Flüssigkeitsgrad.

d) Prüfung auf Abklopfbarkeit

Zylinder aus Masse, 20 mm hoch und 20 mm Durchmesser, werden nach Lagern bei Zimmertemperatur (12 bis 24 Std.) 3 Std. bei 15 °C im Wasser gelagert. Anschließend werden die Zylinder in einem Schlagprüfgerät geprüft. Fallgewicht 400 g bei 10 cm Fallhöhe. Von zehn Prüfkörpern müssen mindestens sieben brechen, reißen oder aufplatzen.

e) Klebfreiheit von Abbrühmassen

Auf eine schrägstehende Glasplatte wird heiße Abbrühmasse gegossen. Auf den Film wird nach Erkalten (1 Std. bei 20 °C) eine Papierscheibe von 26 mm Durchmesser gelegt (Papiergewicht 60 g/m²). Darauf wird eine Gummischeibe von 22 mm Durchmesser (nach DIN 53 503) und ein Gewicht von 50 g zentrisch gelegt, die nach 15 Sek. wieder entfernt werden. Die Glasplatte läßt man mehrmals frei 2 bis 3 cm hoch fallen. Die Papierscheibe muß bei dem Versuch abfallen oder durch ein Messer ohne Kleberscheinung abzuheben sein.

f) Erkennbarkeit der Aderkennzeichnung für helle Füllmassen

Auf Kabelpapier werden verschiedenfarbige Striche gezogen (Ornamentenfeder 500 Firma Busse). Dann wird mit einer Schablone (s. unter b) eine Schicht von 1 mm Dicke erzeugt.

Nach dem Abkühlen müssen die Striche noch deutlich unterscheidbar sein.

g) Prüfung auf Schrumpfung

Ein Glas, dessen Inhalt auf 0,1 ml bekannt ist, wird mit Masse vollgegossen, 1 Std. bei Verarbeitungstemperatur gehalten. Überstehende Masse wird abgestrichen und das Glas auf 20 $\pm$ 5 °C abgekühlt. Nach dem Abkühlen wird das Volumen der entstandenen Mulde durch Auffüllen mit Spiritus bestimmt. Angabe in ganzen Vol.-%.

h) Spannungsprüfung

Die Füllmassen müssen eine Spannung von 20 kV eff. 5 Min. aushalten können ohne Durchschlag. Kugelelektroden 10 mm Durchmesser bei 2 mm Abstand.

4. Sonstige Messungen

Nach DIN 1995 U wird bestimmt:

Aschegehalt max. 1%, Gehalt an Steinkohlengenerator- und Braunkohlen-Teerpechen max. 0,5% abzüglich Asche, Erweichungspunkt Ring-Kugel zwischen 50 bis 45 °C, Penetration bei 25 °C in $^1/_{10}$ mm bzw. 10 bis 20 bzw. 20 bis 40.

Nach DIN 51 584 soll der Flammpunkt (o. T.) für Füllmassen stets über 220 °C, für Abbrühmassen über 150 °C liegen; der Tropfpunkt nach UBELLHODE (DIN 51 508) soll zwischen 40 und 50 °C, der Verlustfaktor (gemessen bei 20 °C und 1 kHz gemäß VDE 1304 Teil 4) höchstens 0,05 betragen.

N. Aufbereitung und Regenerierung gebrauchter Schmieröle und verwandter Produkte[1]

Von C. Zerbe, Hamburg

Inhaltsübersicht

I. Allgemeines

Unter „Altschmierstoffe" versteht man nach DIN 51 500 Blatt 1 (Abschnitt Schmierstoffzustand) gebrauchte, für den ursprünglichen Zweck nicht mehr brauchbare Schmierstoffe, ungereinigt, aber ohne abgesetztes Wasser, und zwar Altöl, Altfett und Altölemulsion.

Mechanisch-physikalisch gereinigte, das heißt: mechanisch gefilterte, geschleuderte oder mit Filtererde behandelte Altschmierstoffe bezeichnet man als Filtrat, physikalisch und chemisch aufbereitete Altschmierstoffe mit den für Neuschmierstoffe vorgeschriebenen Gütewerten als „Regenerat". (Zweitraffinat[2]).

Die Art der Aufbereitung (Regenerierung) von Altölen richtet sich nach deren vorangegangener Beanspruchung und der geforderten Endqualität der aufge-

---

[1] Auf die ausführliche Darstellung im: Ölbuch, 4. Aufl., sei hingewiesen. Herausgeber: Vereinigung deutscher Elektrizitätswerke (VDEW). Frankfurt/M.: VEW-Verlag, Stresemann-allee 23. — Louis, R.: Röntgenfluoreszenzanalyse gebrauchter Motorenöle. Erdöl u. Kohle 19 (1966). — Siehe auch S. 175.

[2] Crittenden, A. N.: Rerefined Oils for rail roads. Lubr. Engng. 17 (1962) 330. — Kadmer, E. H.: Neue Blickrichtung für Zweitraffination von Mineralölen. Mineralöltechn. 6 (1961) Nr. 21, S. 1. — Saxe, H.: Gebrauchte Motoröle haben eine bessere VKA-Schmierfähigkeit als Frischöl. Erdöl u. Kohle 17 (1964) 651.

arbeiteten Öle, die auf die ursprünglichen oder auf weniger empfindliche Verwendungszwecke abgestimmt werden kann. Infolgedessen empfiehlt es sich, in größeren Betrieben das Altöl von vornherein nach Sorten getrennt in dafür geeigneten Behältern zu sammeln (konische Absitzbehälter oder solche mit geneigten Böden, gegebenenfalls heizbar). Kraftstoffhaltige Altöle müssen vor jeder Aufbereitung durch Destillation, gegebenenfalls unter Zusatz von Wasserdampf, von Kraftstoffanteilen befreit werden.

1. Filtrate

Für eine *Aufarbeitung ohne Chemikalien*, bei der chemische Veränderungen des Öles durch Alterung unberücksichtigt bleiben, kommen in Frage:

a) Transmissions-, Ringschmierlager- und Elektromotorenöle sowie Öle vieler Arbeitsmaschinen, die gewöhnlich nur Wasser und/oder nur mechanische Verunreinigungen (Ruß und Fremdstoffe) enthalten. Gewöhnlich genügt eine Filtration, wobei ein geringer Wassergehalt schon durch Putzwollfilter entfernt werden kann. Durch Zusatz von Frischöl kann die Viskosität und die Qualität entsprechend berichtigt werden;

b) Dampfzylinderöle, sofern sie nicht durch unreinen Dampf oder zu hohe Temperaturen chemisch zu hoch beansprucht wurden;

c) Triebwerksöle von Dampf-, Großgas- und Brennkraftmaschinen und Verdichtern mit getrennter Schmierung von Zylindern und Triebwerken;

d) Kompressorenöle von Ammoniak-, Stickstoff- und Wasserstoffverdichtern. Altöle aus Verdichtern für Luft, Schwefeldioxid und andere das Schmieröl chemisch angreifende Gase sind in der Regel ohne chemische Nachbehandlung nicht aufzubereiten. Altöle von Verdichtern für benzinhaltige Gase müssen vorher vom Benzin befreit werden.

2. Regenerate

Zur Regenerierung werden die vorher entwässerten und von Fremdstoffen befreiten — und bei uneinheitlicher sehr unreiner Sammelware gegebenenfalls destillierte Öle — zur Entfernung von Alterungsstoffen mit Schwefelsäure behandelt, das „Saueröl" nach Abziehen des Säureschlamms neutralisiert und unter Zusatz von Bleicherde filtriert. Bisweilen ist eine alkalische Vorbehandlung zur Verseifung der Oxydationsprodukte erforderlich; gefettete Öle müssen stets ausgelaugt werden. Bei der Regenerierung werden die Additives vollständig entfernt und müssen gegebenenfalls neu zugesetzt werden.

Eine *Regenerierung mit Chemikalien* ist meist bei folgenden Ölen erforderlich:

a) Öle von ortsfesten sowie Schiffs- und Fahrzeugverbrennungskraftmaschinen;
b) Transformatoren- und Isolieröle[1].

An Stelle der Schwefelsäurebehandlung wird auch eine Extraktion mit selektiven Lösungsmitteln empfohlen.

Ein von den USA kommendes Verfahren ist der Ullrich-Prozeß[2] (Europäischer Lizenznehmer: Standard-Messo, Duisburg), der mit Propan als Lösungsmittel bzw. Fällungsmittel arbeitet. Wichtig ist die Kenntnis der Beschaffenheit des Einsatzmaterials, von dem die empirische Ermittlung der Fälltemperaturen sowie des Lösungsmittelverhältnisses abhängt.

II. Regenerierung von Metallbearbeitungsölen

Metallbearbeitungsöle erfordern gewöhnlich eine besondere Behandlung beim Regenerieren.

---

[1] Auf die ausführliche Darstellung im: Ölbuch zweite Aufl., sei hingewiesen.
[2] Seifen-Öle-Fette-Wachse 90 (1964) 437.

a) *Härteöle* müssen laufend von Zunder, Salzresten, Schlamm und Fremdstoffen befreit werden; dies geschieht durch periodisches Abschlämmen oder bei Dauerbeanspruchung mittels in Nebenschluß eingebauter Filter oder Zentrifugen. Infolge der starken thermischen und chemischen Beanspruchung lassen sich allgemeingültige Regeln für die Aufbereitung nicht aufstellen.

b) Für *Schneidöle* kommt nur eine mechanische Reinigung in Betracht, da bei chemischer Aufarbeitung die auf spezielle Wirkungen abgestellte Zusammensetzung der Schneidöle verändert wird. Die an den Spänen haftenden großen Tropfen von Schneidlösungen werden durch geheizte Späneschleudern gewonnen.

c) *Bohrölemulsionen* lassen sich oft bei Nachlassen der Schneidleistung oder Rostschutzwirkung durch Zusatz von Frischemulsionen in Abhängigkeit von Beanspruchung und Behandlung der Emulsion sowie des zerspanten Werkstoffs und der Art des verwendeten Wassers brauchbar erhalten. Der abgesunkene pH-Wert wird durch Zusatz von Soda aufgebessert.

Ist eine Auswechslung nicht zu umgehen, so ist es nur selten empfehlenswert, aus der Emulsion durch Zusatz verdünnter Salzsäure oder Salz das Öl wiederzugewinnen und nach dessen Regenerierung geeigneten Verwendungszwecken zuzuführen.[1]

Auf die vielfältigen Spezialvorschläge zur technischen Durchführung der Altölaufbereitung kann hier nicht eingegangen werden.

III. Prüfung

1. Probenahme

Zur Untersuchung entnimmt man von dem Altöl eine Durchschnittsprobe, läßt diese mindestens 3 Std., am besten über Nacht, stehen. Zähflüssige Öle hält man dabei unter Benutzung eines Rückflußkühlers auf etwa 80 °C. Das so vorbehandelte Öl muß gegebenenfalls noch von Wasser und Treibstoff befreit und über vorgetrocknete Filterpapierschnitzel filtriert werden.

2. Neutralisations- und Verseifungszahl

Neben der Neutralisationszahl muß auch die Verseifungszahl in den aufbereiteten Ölen bestimmt werden, da sich durch Bleicherdebehandlung fast bei allen Ölen nur die freien Säuren beinahe vollständig entfernen lassen, ohne daß verseifbare Oxydationsprodukte beseitigt werden. Die Verseifungszahl von Regeneraten soll bei Isolier- und Dampfturbinenölen unter 0,15 mg KOH/g, bei Wasserturbinenölen unter 1 mg KOH/g, bei sonstigen nichtgefetteten Ölen unter 0,5 mg KOH/g liegen. Die Differenz zwischen Verseifungszahl und Neutralisationszahl zeigt, ob mittels Bleicherde allein eine Regenerierung möglich ist, was zutrifft, wenn bei Isolier-, Dampf- und Wasserturbinenölen Vz − Nz < 0,5 und bei sonstigen Ölen Vz − Nz < 0,8 liegen.

3. Verhalten gegen konzentrierte Schwefelsäure

Zur Feststellung des Effekts einer geplanten Schwefelsäurebehandlung und der Schwefelsäuremengen empfiehlt sich eine Vorprüfung im Laboratorium, um Übersäuerung zu vermeiden.

4. Normalbenzinunlösliches

Eine starke Fällung einer Mischung des Altöls mit Normalbenzin nach 12 Std. deutet auf Beimischung von Harz und anderen Substanzen hin und kann eine Vorlaugung empfehlenswert machen. Bestimmung von Asphalt, Fremdstoffen und Gesamtverschmutzung s. Abschnitt „Schmierölprüfung".

5. Ölschlamm

Sind in dem Ölschlamm außer Wasser und festen Fremdstoffen (Ruß oder ähnliches) Alterungsstoffe nicht vorhanden, so genügt in vielen Fällen eine Aufbereitung ohne Chemikalien. Vor Abscheidung des Schlammes soll das Öl nicht erwärmt werden, um ein Wiederauflösen der Alterungsprodukte zu vermeiden.

---

[1] Siehe dazu Abschnitt „Abwasser", Teil I, S. 515 und auch Teil II, S. 340.

Um eine Entscheidung über das Regenerierungsverfahren treffen zu können, ist ein Vorversuch mit einer Probe von 0,5 l zweckmäßig.

6. Bestimmung der Gesamtverschmutzung und der benzol- oder benzol-alkohollöslichen Anteile

Schnellverfahren nach HAMMERICH und GONDERMANN[1]

0,2 bis 1 g der gut homogenisierten, gebrauchten, auch hochlegierten Motorenölprobe werden in ein Becherglas eingewogen und mit 10 ml einer Mischung von 97 Gew.-% Normalbenzin, 2 Gew.-% Äthanol und 1 Gew,-% Ölsäure (rein) verdünnt und nach Umschütteln quantitativ unter Nachspülen in ein gewogenes Zentrifugenglas (Fassungsvermögen etwa 15 ml) übergeführt. Bei 5000 Umdrehungen 20 Min. zentrifugiert (Zentrifugalbeschleunigung 2400 g). Das überstehende Öl/Lösungsmittelgemisch wird abgesaugt und das Sediment dreimal mit 10 ml Normalbenzin nachgewaschen und jeweils 5 Min. zentrifugiert. Die Zentrifugengläser werden 30 Min. bei 110 °C getrocknet, abgekühlt und gewogen. Gewichtsdifferenz = Gesamtverschmutzung. Nach dem gleichen Verfahren lassen sich auch die Benzol- oder Benzol-Alkohol löslichen Anteile bestimmen, was auch in einem Arbeitsgang erfolgen kann, indem man die Zentrifugengläser mit dem Benzin-Alkohol unlöslichen Rückstand zu einem Drittel mit Benzol- bzw. Benzol-Alkohol füllt, im Wasserbad bis zum Auseinanderfallen des Sedimentes erhitzt, 5 Min. zentrifugiert und weiter wie bei der Bestimmung der Gesamtverschmutzung verfährt.

Bei dunklen Dieselmotoraltölen muß durch einen Tüpfeltest nachgeprüft werden, ob alle Fremdkörper entfernt sind.

Nach A. v. HOYNINGEN[2] ist die ASTM-Methode D 893-60 T (Insolubles in Used Lubricating Oils) bei Gegenwart hochwirksamer Dispergatoren nicht brauchbar, weil die Beschleunigung der vorgeschriebenen Zentrifuge nicht ausreicht und das empfohlene Koagulierungsmittel (Butyldiäthanolamin) zu einer Verfälschung der Ergebnisse führt. Eine der Hammerich-Gondermann-Methode ähnliche Arbeitsweise mit FAM-Normalbenzin oder technischem Hexan wird beschrieben.

7. Entfernung der ölunlöslichen Anteile und des Kraftstoffs (VK)

Zur präziseren Erfassung der Kenndaten gebrauchter Motorenöle (Viskosität, Asche, TAM, TBM, usw.) empfiehlt A. v. HOYNINGEN[2] die Altöle in Petrischalen von etwa 200 mm Durchmesser im Trockenschrank bei 100° innerhalb 24 Std. von Kraftstoff zu befreien und anschließend durch Abgießen vom abgesetzten Schlamm zu trennen. Niedrigviskose Öle oder solche, die niedrigsiedende Komponenten enthalten, zeigen einen Verdampfungsverlust von 0,2 bis 0,6%, der keine Veränderung des Viskositätsindexes bewirkt. Die Methode kann auch zur Ermittlung des Kraftstoffgehaltes von gebrauchten Ölen verwendet werden.

8. DIN 51 588: Bestimmung der benzinunlöslichen und der benzolunlöslichen Anteile in gebrauchten Motorenschmierölen (Membranfiltermethode)

Das Benzinunlösliche entspricht dem Gehalt an vorwiegend festen Fremdstoffen, (Ruß, an Ruß adsorptiv gebundene Wirkstoffe, Metallabrieb und asphaltartige Stoffe).

---

[1] HAMMERICH, TH., u. H. GONDERMANN: Erdöl u. Kohle 18 (1965) 29.
[2] v. HOYNINGEN, A.: Schmiertechnik 12 (1965) 79.

Das Benzolunlösliche entspricht dem Gehalt an vorwiegend festen Fremd-stoffen (Ruß an Ruß gebundene Wirkstoffe und Metallabrieb).[1]

1 bis 3 g der Probe werden unter geringem Erwärmen mit dem 40fachen Volumen FAM-Normalbenzin (DIN 51635) verdünnt und nach 20stündigem Absitzen über ein lösungsmittelbeständiges feinporiges Filter (z. B. „Millipore Filter HA" FRAM Filter Ges. Frankfurt/Main). filtriert. Der Rückstand wird gut ausgewaschen bei 105 °C getrocknet, gewogen und als „benzinunlösliche Anteile" angegeben. Lösungen, die trübe ablaufen, werden über Asbest filtriert und geben infolge der absorptiven Wirkung des Asbestes höhere Werte. Bei der Bestimmung der benzolunlöslichen Anteile wird analog unter Verwendung von Benzol als Lösungsmittel verfahren.

9. Bestimmung von Metallen, Phosphor, Barium, Calcium, Natrium, Blei, Kupfer, Eisen, Zink

Siehe Abschnitt Schmieröle, S. 116.

10. Eisenbestimmung

Eine spektrochemische Bestimmungsmethode von 0,001 bis 0,1% Eisen beschreiben J. E. BARNEY und W. A. RIMBALL[2].

11. ASTM D 893-60 T: Insolubles in Used Lubricating Oils

Bestimmung der in Pentan und Benzol unlöslichen Anteile. Methode A umfaßt die Bestimmung der unlöslichen Anteile ohne Koagulation lediglich durch Zentrifugieren. Methode B ist für detergenthaltige Öle bestimmt, verwendet Pentan als Koagulationsmittel vor der Zentrifugierung. Zur Bestimmung der benzolunlöslichen Anteile wird in einem separaten Muster die Pentanfällung zweimal mit Pentan gewaschen, einmal mit Benzol-Alkohol und einmal mit Benzol. Das Unlösliche wird dann getrocknet und gewogen.[3]

12. Allgemeine Kenndaten

Flammpunkt, Zähigkeit, Farbe usw. werden nach den für Schmieröl genormten Metho-den bestimmt. Spektrometrische Aschebestimmung s. IP 122/62.

O. Schmierfette

Von GG. R. SCHULTZE und G. H. GÖTTNER, Hannover

Inhaltsübersicht

---

[1] Photometrische Bestimmung von festen Fremdstoffen s. G. HOFMANN u. W. RAD-MACHER: Erdöl u. Kohle 18 (1965) 712.
[2] BARNEY, I. E., u. W. A. RIMBALL: Analyt. Chem. 24 (1952) 1548.
[3] Siehe dazu Abs. 5 auf S. 386.

I. Definition der Schmierfette

Die American Society for Testing and Materials definiert in ASTM D 288-61 ein Schmierfett als „ein festes oder halbflüssiges Produkt der Dispersion eines

Dickungsmittels in einem flüssigen Schmierstoff. Andere Stoffe, die besondere Eigenschaften verleihen, können zugesetzt sein".

1. Grundöle

Die flüssige Phase, das Grundöl, beträgt mehr als die Hälfte des Schmierstoffes, gewöhnlich sind zwischen 75 und 90% des Systems flüssige Stoffe[1]. Die meisten handelsüblichen Schmierfette enthalten — bei Verwendung von Seifen als Dickungsmittel — vorwiegend naphthenische *Mineralöle*, während sonst die oxydationsbeständigeren paraffinischen Öle bevorzugt werden[2]. Wenn die Anforderungen an die Oxydationsbeständigkeit nicht hoch sind, werden auch schwach raffinierte Mineralöle benutzt, die wegen ihres hohen Gehaltes an Harzen und polaren Verbindungen die Haftfähigkeit verbessern; das ist z. B. für Getriebefette wichtig.

Die *Viskosität* der Grundöle richtet sich nach dem Verwendungszweck der Fette. Liegen die Einsatztemperaturen niedrig, genügen leichte Spindel- und Maschinenöle (Normalschmieröle N 4 bis N 16 nach DIN 51501), für Wälzlagerfette werden in der Regel Öle mit den Viskositäten N 25 bis N 49 und für Getriebefette N 68 bis N 114 verwendet; in Sonderfällen werden auch schwere Zylinderöle herangezogen.

Für Schmierfette, die speziellen Beanspruchungen ausgesetzt werden, benutzt man an Stelle von Mineralölen synthetische Flüssigkeiten[3]. Bedeutung haben folgende Stoffe erlangt:

a) *Alkyläther* (Polyalkylglykole), z. B. für wasserlösliche oder in Kohlenwasserstoffen unlösliche Fette, ferner für Hochtemperaturfette, die Festschmierstoffe enthalten[4].

b) *Esteröle* (vorwiegend aus zweibasischen Säuren und einwertigen Alkoholen oder aus einbasischen Säuren und mehrwertigen Alkoholen hergestellt), z. B. für Tieftemperaturfette, die auch bei hohen Temperaturen angewandt werden und besonders gute Schmierfähigkeit besitzen sollen[5].

c) *Silicone*, in der Hauptsache für Fette, die in einem sehr weiten Temperaturbereich eingesetzt werden und sehr oxydationsbeständig sein sollen[6]. Sie sind jedoch nur für leichtbelastete Gleitstellen geeignet; halogenierte Methylphenylsiloxane halten auch höhere Belastungen aus[7].

d) *Halogenierte Kohlenwasserstoffe*, z. B. Polytrifluorchloräthylen, für Schmierfette, die chemisch aggressiven Stoffen ausgesetzt sind[8].

e) *Phenyläther*, z. B. für strahlenbeständige Schmierfette[9].

---

[1] BONER, C. J.: Manufacture and Application of Lubricating Greases. New York: Reinhold 1954. — SCHÖNAICH, ST. V., u. A. HAAK: Schmierfette, in Ullmanns Encyklopädie der technischen Chemie. München/Berlin: Urban & Schwarzenberg 1964.

[2] BRIGHT, G. S., u. J. H. GREENE: NLGI Spokesman 26 (1962) 294.

[3] GUNDERSON, R. C., u. A. W. HART: Synthetic Lubricants. New York/London 1962. — SCHMULDER: Chem.-Ztg. 77 (1953) 289. — BUEHLER, F. A., D. B. COX, R. A. BUTCOSK, E. L. ARMSTRONG u. L. L. ZAKIN: Proceedings Sixth World Petroleum Congress, Sect. VI, 29 (Paper 16), Hamburg 1963.

[4] MILLETT, W. H.: Ind. Engng. Chem. 42 (1950) 2436.

[5] ZORN, H.: VDI-Berichte 20 (1957) 47. — BOOSER, E. R., A. E. BAKER u. E. G. JACKSON: NLGI Spokesman 16 (1952) Nr. 9, S. 8.

[6] BIDWELL, J. B.: Lubric. Engng. 10 (1954) 266. — RICHARD, A.: Usine nouv. 10 (1954) Nr. 37, S. 55; Nr. 39, S. 59. — Anonym: Chem. Engng. News 35 (1957) Nr. 52, S. 32. — ARMSTRONG, W., u. H. WOODS: NLGI Spokesman 22 (1957) Nr. 1, S. 9.

[7] SEUBERT, E.: Schmiertechn. 8 (1961) 20.

[8] SEFFL, R. J., F. W. WEST u. F. J. HONN: NLGI Spokesman 21 (1957) Nr. 3, S. 22. — MESSINA, J.: NLGI Spokesman 27 (1963) 177.

[9] RICE, W. L. R., D. A. KIRK u. W. B. CHENEY JR.: Nucleonics 18 (1960) 67.

2. Dickungsmittel

a) Seifen

Als Dickungsmittel sind Seifen am weitesten verbreitet. Die Art des Kations, aber auch die der verwendeten Fettsäuren beeinflussen die Eigenschaften des Schmierfettes erheblich. Je nach dem gewünschten Konsistenzgrad liegt der Seifengehalt der Schmierfette zwischen etwa 4% (z. B. Getriebefließfette) und 30% (z. B. Blockfette). Die wichtigsten Seifenkationen sind Calcium, Natrium und Lithium, geringere Bedeutung haben Aluminium und Barium[1]. Als Seifenanionen dienen vorwiegend einwertige Carbonsäuren mit längerer Kohlenstoffkette (im Durchschnitt 16 bis 18 C-Atome). Die handelsüblichen reinen Fettsäuren sind bereits kompliziert zusammengesetzte Gemische[2], noch mehr ist dies der Fall bei den üblicherweise aus Kostengründen verwendeten natürlichen Fetten. Zur Herstellung hochwertiger Schmierfette sind oft sehr reine Fettsäuren erforderlich (zur Herstellung sehr walkbeständiger Lithiumseifenfette verwendet man z. B. die 12-Hydroxystearinsäure). Auch künstliche Fettsäuren, z. B. anoxydierte Paraffine[3], werden gelegentlich benutzt.

b) Komplexfette

Eine besondere Form der Seifenfette sind die *Komplexfette*[4], ziemlich verbreitet sind z. B. die Calciumkomplexfette, bei denen neben den üblichen Fettsäuren sehr niedrigmolekulare organische oder auch anorganische Säuren, z. B. Essigsäure oder Phosphorsäure, mit in das Fett eingearbeitet werden.

Für Sonderzwecke werden an Stelle von Seifen zahlreiche andere Stoffe[5] verwendet, die in Zukunft an Bedeutung gewinnen werden, wenn die Forderungen an die Schmierfette hinsichtlich Beständigkeit bei hohen Temperaturen oder gegen Strahleneinwirkung noch höher werden.

c) Anorganische Dickungsmittel[6]

α) **Bentonite**[7] Ihr Hauptbestandteil ist das Aluminiumsilikat Montmorillonit; sie werden meistens durch Umsetzung mit quartären organischen Ammoniumbasen oleophil gemacht.

β) **Kieselgele**[8] (Gelfette). Es werden sowohl gefällte Kieselgele als auch aus der Gasphase durch Verbrennen von $SiCl_4$ gewonnenes Siliciumdioxid verwendet. Durch Verestern

---

[1] Siehe auch Fußnote 1, S. 390.

[2] CORSI, A. S.: NLGI Spokesman 26 (1962) 378. — Siehe Kap. IX „Öle und Fette aus Tierkörpern", S. 600 ff.

[3] KIRK, J. C., u. E. W. NELSON: Oil Gas J. 52 (1954) 97; NLGI Spokesman 18 (1954) Nr. 3, S. 8. — SCHEEL, W. S.: Acta Chim. Hung. 28 (1961) 447.

[4] KÖLBEL, H., u. D. ULLMANN: Erdöl u. Kohle 3 (1950) 16; 4 (1951) 660. — VÁMOS, E., u. F. GUBA: Schmiertechn. 6 (1959) 218. — KOLFENBACH, J. J.: Fifth World Petroleum Congress, Sect. VI, Paper 15, New York 1959. — KOLFENBACH, J. J., u. A. J. MORWAY: NLGI Spokesman 24 (1960) 180. — POLISHUK, A. T.: Lubric. Engng. 19 (1963) 76.

[5] BRUNSTRUM, L. C.: Fifth World Petroleum Congress, Sect. VI, Paper 16, New York 1959; NLGI Spokesman 24 (1960) 279. — Siehe Kap. III, Abschnitt „Sonderschmierstoffe", S. 302.

[6] MATTHEWS, R. R.: Petroleum Process. 5 (1950) 1082. — PETERSON, W. H., J. B. ACCINELLI u. A. BONDI: Lubric. Engng. 12 (1956) 95. — MEYER, G. C.: NLGI Spokesman 20 (1956) Nr. 6, S. 18. — BELL, J. A.: Lubric. Engng. 13 (1957) 490. — CHESSICK, J. H.: NLGI Spokesman 25 (1961) 35.

[7] LOEFFLER, D. E., G. P. CARUSO u. J. D. SMITH: NLGI Spokesman 27 (1963) 224. — MAKEJEWA, E. D., u. Mitarb.: Chimija i Technologija Topliv i Massel 9 (1964) Nr. 2, S. 30.

[8] MILBERGER, E. C., u. L. I. SWATIK: NLGI Spokesman 16 (1953) Nr. 10, S. 18. — LIESS, F., u. GG. R. SCHULTZE: Schmiertechn. 1 (1954) 10. — MEYER, G. C., u. R. O. BRAENDLE: NLGI Spokesman 18 (1954) Nr. 9, S. 8. — SCHULTZE, GG. R., G. H. GÖTTNER u. W. KLEINWORT: Schmiertechn. 5 (1958) 171, 223. — WAGNER, E., u. H. BRÜNNER: Angew. Chem. 72 (1960) 744.

mit Alkoholen oder durch Decken mit Diisocyanaten oder Epoxiden wird die Wasserbeständigkeit der gewonnenen Schmierfette erheblich verbessert.

γ) **Ruß**[1] und andere Teilchen mit großer Oberfläche, z. B. gedecktes Calciumcarbonat[2].

d) Organische Dickungsmittel

Organische Dickungsmittel, die nicht zu den Seifen gehören sind:

1. *Arylharnstoffe*[3]. Sie liefern besonders walk- und oxydationsbeständige Schmierfette.
2. *Organische Farbstoffe*, wie Phthalocyanine[4] und Alizarinfarbstoffe (Indanthren RS)[5].
3. *Alkalisalze der Terephthalamate*[6] (alkylierte Terephthalsäureamide). Aussichtsreiche neuere Entwicklungen sind vor allem aromatische Iminoverbindungen und deren Komplexsalze mit Aluminium[7].

3. Zusatzstoffe

a) Wirkstoffe

Neben den beiden Hauptkomponenten, dem Grundöl und dem Dickungsmittel, können den Schmierfetten — wie bei flüssigen Schmierstoffen üblich — Wirkstoffe[8] zugesetzt werden, z. B. Oxydations- und Korrosionsinhibitoren, Schmierfähigkeitsverbesserer, Hochdruckzusätze. Neben den bekannten organischen Korrosionsinhibitoren (z. B. substituierten Aminen oder Phenolen) wird auch Natriumnitrit verwendet, das leicht homogen in die Schmierfette eingearbeitet werden kann. Als Hochdruckzusätze[9] haben sich Bleinaphthenat[10] und Festschmierstoffe, wie Graphit und Molybdändisulfid[11], bewährt. Durch die Zugabe von Wirkstoffen darf die Stabilität der Dispersion des Dickungsmittels nicht beeinträchtigt werden.

Zur *Verbesserung der Struktureigenschaften* werden daher Wirkstoffe zugegeben, die bei flüssigen Schmierstoffen im allgemeinen nicht erforderlich sind und die man als Stabilisatoren oder Strukturmodifikatoren bezeichnen könnte.

Da viele Stoffe die Wechselwirkung zwischen der festen und der flüssigen Phase beeinflussen können, läßt sich diese Gruppe schwer abgrenzen, und manche Verbindungen, die hierzu gehören, werden vielfach sogar als normale Bestandteile des Öles oder des Dickungsmittels betrachtet. Bei den Seifenfetten wären beispielsweise zu nennen: Zugabe eines zweiten Kations (Herstellung von sog. Compoundfetten, die Kalk-Natronseifenfette), Alkaliüber-

---

[1] Siehe Fußnote 6, S. 391.

[2] NELSON, E. W., W. W. WOODS, R. M. TILMAN, C. R. BERGEN u. W. P. SCOTT: NLGI Spokesman 21 (1957) Nr. 6, S. 13.

[3] SCHWENKER, H., J. A. KING u. J. C. MOSTELLER: Lubric. Engng. 10 (1954) 266. — SWAKON, E. A., C. G. BRANNEN u. L. C. BRUNSTRUM: NLGI Spokesman 18 (1955) Nr. 1, S. 8. — BOSSCUP, B. J., D. R. OVERLINK u. W. L. HAGEN: Lubric. Engng. 14 (1958) 16. — KLEINE, J. E., W. S. HAYNE JR. u. T. B. TRAISE: NLGI Spokesman 22 (1959) 533.

[4] FITZSIMMONS, V. G., R. L. MERKER u. C. R. SINGLETERRY: Ind. Engng. Chem. 44 (1952) 556.

[5] ARMSTRONG, W., u. H. WOODS: NLGI Spokesman 22 (1958) Nr. 1, S. 9. — HANDSCHY, J. R. A., J. W. ARMSTRONG u. B. E. GORDON: Lubric. Engng. 14 (1958) 292. — ARMSTRONG, J. W., J. R. HANDSCHY u. D. E. LOEFFLER: NLGI Spokesman 24 (1960) 215.

[6] DREHER, J. L., B. W. HOTTEN u. C. F. CARTER: NLGI Spokesman 20 (1957) Nr. 11, S. 10. — CALISH, S. R.: Lubric. Engng. 13 (1957) 640.

[7] GRIFFITH, J. Q., u. J. B. CHRISTIAN: NLGI Spokesman 25 (1961) 207. — Schmierungsforschung und Schmierungspraxis, Bericht über eine Studienreise deutscher Fachleute. RKW Fachbuchreihe. Berlin, Köln, Frankfurt/M.: Beuth-Vertrieb 1962.

[8] Übersichten über die Wirkstoffe von Schmierfetten geben: KALIL, P.: NLGI Spokesman 26 (1962) 179. — CALHOUN, S. F., u. G. P. MURPHY: Sci. Lubric. 15 (1963) 153.

[9] CALHOUN, S. F.: ASLE Transactions 3 (1960) 208.

[10] SWENSON, R. A., u. A. C. GARTLEY: Lubric. Engng. 18 (1962) 488.

[11] BRAITHWAITE, E. R.: Solid Lubricants and Surfaces. Oxford/London/New York/Paris: Pergamon 1964.

schuß, freie Fettsäuren[1], Glyzerin, höhere Alkohole und vor allem Wasser, das z. B. bei nichtkomplexen Kalkseifenfetten (Wassergehalt etwa zwischen 1 und 3%) sogar als wesentlicher Bestandteil angesehen werden muß. Bei den Gelfetten sind vor allem die polaren Stoffe, wie Alkalisulfonaphthenate und Diisocyanate, dazu zu rechnen, die aus verschiedenen Gründen zugegeben werden. Auch höhermolekulare Stoffe, wie Harze, Bitumen oder synthetische Polymere, können die Fettstruktur beeinflussen und außerdem gewisse rheologische Eigenschaften, wie das Haftvermögen oder das Tieftemperaturverhalten, verbessern.

b) Schönungsmittel

Neben den Wirkstoffen zur Verbesserung des Gebrauchswertes sind vielfach auch schönende Mittel, z. B. Farb- und Geruchsstoffe, üblich. Pigmentfarben, wie Zinkweiß oder Titanweiß, die eine Aufhellung des Schmierfettes bewirken, sind nicht mehr gebräuchlich, doch werden häufig öllösliche Farbstoffe[2] benutzt, um in den Betrieben die Unterscheidung der verschiedenen Fettsorten zu erleichtern. Geruchsverbessernde Zusätze sollen oft minderwertige Ingredienzien oder Zusatzstoffe mit starkem Eigengeruch verdecken.

c) Füllstoffe

Als letzte Gruppe der Zusatzstoffe sei schließlich die der Füllstoffe genannt. Darunter werden feingemahlene anorganische Beimengungen, wie Gips, Zinkoxid, Talkum oder Glimmer, verstanden, die keine wesentliche eigene Dickungs- oder Schmierwirkung haben und vorwiegend zum Beschweren oder zur Farbaufhellung des Schmierfettes dienen. Derartige Zusätze können in der Regel als Verfälschung des Schmierfettes angesehen werden, insbesondere wenn es sich um eine Beschwerung mit dem Ziel handelt, den Erlös je Gewichtseinheit zu erhöhen. Manche Mineralien können schleifend wirken und daher sogar den Verschleiß vergrößern.

II. Anwendung[3]

Schmierfette können gegenüber Schmierölen in folgenden Fällen Vorteile bieten:

a) Schmierstellen, die gegen den Zutritt von störenden — insbesondere von schmirgelnden oder korrosiven — Fremdstoffen durch ein Fettpolster („Fettkragen") geschützt werden sollen. Beispiele: Wälzlager oder Stopfbüchsen in Berührung mit Wasser, Lager in Schleifmaschinen, Brechern, Baumaschinen usw.

b) Schmierstellen, bei denen eine Verschmutzung des erzeugten Produktes oder von Reibpaarungen (Kupplungen, Bremsen, Riemenscheiben) durch abtropfendes Öl vermieden werden muß, z. B. Lager von Maschinen der Lebensmittel-, Papier- und Textilindustrie.

c) Offene Schmierstellen, aus denen Öl zu schnell abfließen würde, z. B. Blattfedern, Kettenantriebe und schräg oder vertikal stehende Gleitbahnen (Führungsschienen von Aufzügen, Spurlatten in Bergwerken), oder von denen es zu stark abgeschleudert wird, z. B. offene Zahnradgetriebe.

d) Schmierstellen mit sehr geringem Schmiermittelbedarf, die also nur selten geschmiert zu werden brauchen, z. B. Achsköpfe, Lager mit häufigen Betriebsunterbrechungen, Chassis von Kraftfahrzeugen.

e) Schmierstellen, deren Wartungsaufwand klein sein soll, z. B. Haushaltsmaschinenlager oder schwer zugängliche Lager und Seile an Drahtseilbahnen[4]; denn Fett haftet besser als Öl.

---

[1] Über die Wirkung substituierter Fettsäuren auf die Walkbeständigkeit von Lithiumseifenfetten s. NLGI Spokesman 17 (1953) Nr. 5, S. 20.
[2] MILLER, F. L.: Refiner Natur. Gasoline Manufact. 20 (1961) 35, 69.
[3] Schmierfette für Flugbetrieb s. S. 218.
[4] Siehe DIN 21258: Förderseile, Tränkungsmittel und Flüssigkeiten.

f) Schmierstellen mit langsamen Gleitbewegungen, hohen Flächendrücken und/oder stark wechselnden Belastungen (Stößen), z. B. an landwirtschaftlichen Geräten und Fahrzeugen.

g) Schmierstellen, die geräuscharm laufen sollen, z. B. Getriebe.

Für die Fettschmierung von Gleitlagern wird in der Literatur meistens eine Gleitgeschwindigkeit von 4 m/sec als obere Grenze genannt.

SCHWITZKE[1] gibt als Grenze etwa 2,5 m/sec an, WENGER[2] hält Fettschmierung bei Geschwindigkeiten über 2 m/sec für unangebracht; nach DROSTE[3] besteht auf Grund umfangreicher praktischer Erfahrungen im Bereich zwischen 2 und 3 m/sec Gefahr des Heißlaufens. GÖTTNER[4] hingegen ist der Ansicht, daß für das Eintreten von Heißlauf nur die durch das Produkt von Reibungszahl, Belastung und Gleitgeschwindigkeit gegebene Reibleistung unter Berücksichtigung der Wärmeableitungsverhältnisse des Lagers als Kriterium dienen kann. Allerdings muß das Lagerspiel wesentlich größer als bei Ölschmierung sein, und die besonderen rheologischen und thermischen Eigenschaften des verwendeten Schmierfetts müssen beachtet werden.

Das Hauptanwendungsgebiet der Schmierfette ist heute die Wälzlagerschmierung, für die sie besonders geeignet sind, weil sie die Lagerstellen gegen das Eindringen von Schmutz und gegen Korrosion schützen und die Lager bei sehr niedrigen Reibungszahlen auch nur eine sehr geringe Schmierstoffmenge benötigen. Grundsätzlich können fettgeschmierte Wälzlager viel schneller laufen und höher belastet werden als fettgeschmierte Gleitlager. In Firmenschriften und in der Literatur[5] werden vielfache Erfahrungswerte für die Grenze der Fettschmierung bei Wälzlagern mitgeteilt, und zwar meistens in Form von $n . d$-Werten ($n =$ Drehzahl in U/min, $d =$ Bohrungsdurchmesser in mm). Diese Angaben beruhen zum größten Teil auf schon recht lange zurückliegenden Erfahrungen und enthalten, — da die mechanisch-dynamischen Eigenschaften der Schmierfette in den letzten Jahrzehnten erheblich verbessert wurden, — in der Regel ziemlich hohe Sicherheitsfaktoren. Heute gibt es Schmierfettsorten, die weitaus stärker beansprucht werden können[6]. Übersichtliche Richtlinien für die Auswahl von Wälzlagerschmierfetten geben ESCHMANN und LOHMANN[7].

Luft- und Raumfahrt erfordern Schmierfette, die erheblich größeren Anforderungen, vor allem Temperaturbelastungen standhalten[8].

III. Schmierfett-Typen

In den Tab. 1 und 2 sind die Anteile der verschiedenen Schmierfett-Typen an der Schmierfetterzeugung der USA und Kanadas nach Erhebungen und Schätzungen des National Lubricating Grease Institute[9] zusammengestellt. Tab. 3 enthält

---

[1] SCHWITZKE, J. G.: Vereinfachte Berechnung und Gleitlager-Auswahlliste für Gleitlager mit Flüssigkeitsreibung. Düsseldorf: J. G. Schwitzke Metallwerke 1961.

[2] WENGER, E.: Stahl u. Eisen 79 (1959) 1263.

[3] DROSTE, K.: Schmiertechn. 9 (1962) 11.

[4] GÖTTNER, G. H.: Die Fettschmierung von Gleit- und Wälzlagern, in Bedeutung der Schmierungstechnik für die Verringerung des Instandhaltungsaufwandes an Maschinenanlagen. Herausgegeben vom Verein Deutscher Eisenhüttenleute. Stahleisen-Sonderberichte H. 3, S. 88. Düsseldorf: Stahleisen 1963.

[5] MATSUMOTO, Y.: NLGI Spokesman 21 (1957) 22.

[6] ROACH, J. R., u. T. B. JORDAN: NLGI Spokesman 21 (1957) Nr. 2, S. 18.

[7] ESCHMANN, P., u. G. LOHMANN: Erdöl u. Kohle 4 (1951) 399; für Werkzeugmaschinen s. S. 340.

[8] SCHWENKER, H.: Lubric. Engng. 20 (1964) 260. — Flugschmierfette s. auch Kap. IV, Abschnitt „Flugschmierstoffe", S. 218.

[9] BONER, C. J.: Manufacture and Application of Lubricating Greases. New York: Reinhold 1954. — FINKELMANN, J. L.: Lubric. Engng. 9 (1953) 127. — Anonym: Lubrication 42 (1956) 125.

die Aufgliederung der westdeutschen Schmierfettproduktion[1]. Aus den Zahlen lassen sich bemerkenswerte Entwicklungstendenzen erkennen.

Tabelle 1. *Übersicht über die Schmierfetterzeugung in den USA in den Jahren 1958 bis 1964.*

Jahr		1958	1960	1962	1964
Gesamte Erzeugung	t	242 890	248 760	250 560	260 520
davon					
Al-Seifenfette	%	3,97	3,67	2,44	1,64
Ca-Seifenfette	%	33,56	35,69	34,63	33,79[a]
Li-Seifenfette	%	34,07	36,08	38,35	40,61
Na-Seifenfette	%	21,21	16,85	14,62	12,85
Fette mit anderen Seifen	%	3,72	3,28	3,66	4,20
Anorganische Gelfette	%	3,47	4,43	6,29	6,91

[a] Ca-Seifenfette mit Tropfpunkt unter 149 °C 22,21%,
Ca-Seifenfette mit Tropfpunkt über 149 °C 11,57%.

Tabelle 2. *Übersicht über die Schmierfetterzeugung in Kanada in den Jahren 1958 bis 1964.*

Jahr		1958	1960	1962	1964
Gesamte Erzeugung	t	14 820	15 251	14 343	15 706
davon					
Al-Seifenfette	%	0,88	2,06	1,72	1,35
Ca-Seifenfette	%	53,88	54,38	50,15	49,80[a]
Li-Seifenfette	%	7,51	15,32	20,80	27,18
Na-Seifenfette	%	29,38	21,09	18,64	14,22
Fette mit anderen Seifen	%	4,97	4,37	5,47	4,11
Anorganische Gelfette	%	3,38	2,78	3,22	3,34

[a] Ca-Seifenfette mit Tropfpunkt unter 149 °C 22,92%,
Ca-Seifenfette mit Tropfpunkt über 149 °C 26,88%.

Tabelle 3. *Übersicht über die Schmierfetterzeugung in der Bundesrepublik Deutschland für das Jahr 1965.*

Gesamte Erzeugung	t	52 698
davon		
Al-Seifenfette	%	2
Ca-Seifenfette (einschließlich Wagenfette)	%	28
Li-Seifenfette	%	43
Na-Seifenfette	%	19
Fette mit anderen Seifen	%	3
Fette mit mehreren Seifen (gemischtbasische Fette)	%	3
Fette mit anderen Dickungsmitteln als Seife	%	2

1. Aluminiumseifenfette

Hohe Transparenz und gutes Aussehen sowie befriedigende Wasserbeständigkeit haben den Aluminiumseifenfetten eine gewisse Verbreitung verschafft. Die Herstellung gleichmäßig guter Qualitäten erfordert große Sorgfalt, weil Zusätze und kleine Änderungen in der Zusammensetzung der Rohstoffe oder beim Her-

---

[1] OSTWALT, L. M.: NLGI Spokesman 29 (1965) 175. Eine Vorschau auf die Entwicklung des Schmierfettmarktes in den USA bis zum Jahre 1972 gibt P. E. HAYSTROM: NLGI Spokesman 27 (1964) 350.

stellungsprozeß von großem Einfluß sind. Sie haben ähnliche Eigenschaften wie Kalkseifenfette, sind aber scherempfindlicher, teurer und neigen bei gewissen Temperaturen zum „Gelieren". Ihr Anteil ist in den letzten Jahren rückläufig.

2. Calciumseifenfette[1]

Kalkfette haben eine kurzfaserige, meistens geschmeidige Textur und eine sehr gute wasserabweisende Wirkung sowie niedrige Konsistenz in der Kälte und hohe mechanische Beständigkeit. Wegen ihres niedrigen Tropfpunktes von 65 bis 100 °C ist ihre Anwendbarkeit auf Temperaturen unter etwa 60 °C beschränkt. Die meisten konventionellen Kalkfette sind nur bei einem gewissen Wassergehalt (etwa 0,5 bis 3,5%) stabil und geschmeidig. Da sie die Anforderungen der meisten Schmierstellen erfüllen und auch für tiefe Temperaturen gut geeignet sind, haben sie auch heute noch einen großen Anwendungsbereich.

Den Nachteil des niedrigen Tropfpunktes überwinden die sog. Calciumkomplexseifenfette, die neben den üblichen langkettigen Fettsäuren noch sehr kurzkettige Seifen, wie Calciumacetat, oder anorganische Salze, z. B. Calciumphosphat, enthalten. Ihre Tropfpunkte können 200 °C erheblich überschreiten, und ihre Wasserbeständigkeit ist befriedigend. Schmierfette dieses Typs sind als sog. Mehrbereichsfette geeignet. Wie aus der in der Anmerkung zu den Tabellen 1 und 2 für das Jahr 1964 gegebenen Aufschlüsselung (Ca-Seifenfette mit Tropfpunkt über 149 °C) hervorgeht, haben Calciumkomplexseifenfette einen recht beachtlichen Einsatz erreicht. Es ist allerdings nicht ganz einfach, diesen Typ in stets gleichbleibender Qualität herzustellen.

3. Lithiumseifenfette

In diesem Schmierfett-Typ von nichtfaseriger Textur sind die wesentlichen Vorteile der Calcium- und Natriumseifenfette (gute Wasserbeständigkeit, niedrige Konsistenz bei tiefen Temperaturen und obere Gebrauchstemperaturen über 100 °C) vereinigt. Sie sind daher bei zunehmender Erzeugung der zur Zeit am meisten verbreitete Typ von Mehrzweckschmierfetten. Für viele Sorten ist die Verwendung von Hydroxystearinsäure als Anion kennzeichnend.

4. Natriumseifenfette

Die Textur und viele sonstige Eigenschaften der Natronseifenfette können in weiten Grenzen schwanken. Neben sehr langfaserigen Sorten, die wegen ihres guten Haftvermögens für offene Schmierstellen bevorzugt werden, gibt es auch recht kurzfaserige, glatte Fette, die für die Wälzlagerschmierung geeignet sind. Ihre Beständigkeit gegen hohe Temperaturen macht sie als „Heißlagerfette" besonders geeignet. Nachteilig ist aber ihr meist ungünstiges Verhalten bei tiefen Temperaturen und vor allem ihre Unbeständigkeit gegen Wasser. In fortschrittlichen Industriestaaten ist ihr Einsatz in den letzten Jahren rückläufig, aber trotzdem noch beachtlich. Im Rahmen der Weltschmierfettproduktion[2] nimmt der Anteil der Natronseifenfette zu, weil in tropischen Entwicklungsländern vor allem dieser Schmierfett-Typ hergestellt wird.

5. Fette aus anderen Seifen

Wichtigere Vertreter dieser Gruppe sind die Bariumseifen- und Bleiseifenfette sowie die sog. Mischfette, die z. B. Ca-Pb-Seifen oder Ca-Na-Seifen oder

---

[1] Heat Stability of Calcium Base Greases IP 180/62.
[2] GRAHAM, W. A.: NLGI Spokesman 28 (1965) 313.

Ca-Pb-Seifen als Dickungsmittel enthalten. Klare Entwicklungstendenzen sind bei dieser Gruppe nicht erkennbar.

6. Anorganische Gelfette

In dieser Gruppe werden vorwiegend Bentonit und Kieselgel als Dickungsmittel verwendet. Die Oberflächen dieser anorganischen Gele sind in der Regel durch Behandlung mit Aminen oder Alkoholen hydrophobiert, um eine ausreichende Wasserbeständigkeit zu erreichen. Der Einsatz dieser Fett-Typen wird in Zukunft wahrscheinlich ansteigen, weil diese Dickungsmittel unempfindlich gegen hohe Temperatur und energiereiche Strahlung sind.

7. Schmierfette auf der Basis von Syntheseölen

Heute wird nur ein sehr geringer Teil Spezialschmierfette auf Syntheseölbasis (z. B. Silicone, Diester und Polyalkyläther) hergestellt. Zuverlässige statistische Unterlagen über die Syntheseölmengen, die zur Schmierfetterzeugung benutzt werden, sind nicht bekannt; der Anteil der Schmierfette auf Syntheseölbasis liegt wahrscheinlich zur Zeit[1] noch unter 1%, er wird aber mit Sicherheit erheblich zunehmen.

IV. Rheologisches Verhalten der Schmierfette[2]

Viele Flüssigkeiten, darunter auch die meisten Schmieröle, besitzen in einem großen Temperaturbereich keine Formstabilität. Beliebig kleine Kräfte bewirken bereits Formveränderungen (Verschiebungen). Unabhängig von der Größe der einwirkenden Schubkräfte bzw. der Geschwindigkeitsgradienten ist die Viskosität bei gegebener Temperatur innerhalb sehr weiter Grenzen konstant. *Eine* Konstante, nämlich der Viskositätskoeffizient, genügt, um das Fließverhalten eines Schmieröles eindeutig zu kennzeichnen.

Schmierfette dagegen sind plastische Stoffe. Eine Verschiebung tritt erst dann ein, wenn die Scherkräfte einen Mindestwert, die Grenzschubspannung oder Formveränderungs- oder Fließfestigkeit, überschritten haben. Aber auch oberhalb der Fließgrenze ist die Fließgeschwindigkeit nicht der einwirkenden tangentialen Schubspannung proportional.

1. Newtonsche und nicht-Newtonsche Flüssigkeiten[3]

Für echte Flüssigkeiten, einschließlich der meisten Schmieröle, gilt das Newtonsche Reibungsgesetz[4], durch das zugleich die Viskosität eindeutig bestimmt ist. Es lautet:

$$\tau = \eta \frac{\partial u}{\partial y} \quad \text{oder} \quad \tau = \eta S.$$

---

[1] Für 1955 schätzt A. S. Randak: NLGI Spokesman 21 (1957) Nr. 4, S. 15 ihn auf 0,1%, davon 0,07% Diester- und 0,01% Siliconfette.

[2] Die 1. Auflage dieses Buches enthält auf den S. 956 bis 1029 zu zahlreichen Problemen umfangreiche Literaturhinweise sowie eingehende Ausführungen über die Struktur der Schmierfette.

[3] Bondi, A.: Physical Chemistry of Lubricating Oils. New York: Reinhold 1951. — Umstätter, H.: Einführung in die Viskosimetrie und Rheometrie. Berlin/Göttingen/Heidelberg: Springer 1952. — Eirich, F. R.: Rheology, Bd. I. New York: Academic Press Inc. 1956. — Coleman, B. D., H. Markovitz u. W. Noll: Viscometric Flow of Non-Newtonian Fluids: Berlin/Heidelberg/New York: Springer 1966.

[4] Newton, I.: Philosophiae naturalis principia mathematica, Lib. II, Kap. 2, London 1687.

Für das Fließen in Kapillarrohren ist

$$\tau = \frac{\Delta p \, r}{2 \, L}$$

$$S = \frac{4 \, Q \, r}{\pi \, R^4}.$$

Es bedeuten:

η den in Poise ($P = dyn \times sec \times cm^{-2} = g \times cm^{-1} \times sec^{-1}$) gemessenen Viskositätskoeffizienten oder die dynamische Viskosität (vgl. DIN 1342);

τ die wirkende tangentiale Schubspannung (Scherspannung) in $dyn \times cm^{-2}$;

u die Lineargeschwindigkeit ($cm \times sec^{-1}$) zweier im Abstand y (cm) parallel zueinander gleitenden Flüssigkeitsschichten;

Δp die Druckdifferenz zwischen den Enden des Kapillarrohrs in $dyn \times cm^{-2}$;

$\dfrac{\partial u}{\partial y} = S$ den Geschwindigkeitsgradienten oder das Schergefälle in sec^{-1};

R den Radius des Rohres in cm;

L die Länge des Rohres in cm;

r den Abstand des betrachteten Strömungszylinders von der Rohrachse;

Q das in der Zeiteinheit aus dem Kapillarrohr ausfließende Flüssigkeitsvolumen in $cm^3 \times sec^{-1}$.

Die Flüssigkeiten, die dem Newtonschen Gesetz gehorschen, werden als Newtonsche oder reinviskose Flüssigkeiten bezeichnet. Das Schergefälle ist der Scherspannung proportional, s. Abb. 1, Kurve a. Die Newtonsche Beziehung ist nur bei laminarer Strömung (Schichtströmung) gültig. Bei turbulenter Strömung (Wirbelströmung) gelten andere Gesetze. Aber auch im Gebiet der Schichtströmung können — besonders im Bereich kleiner Fließgeschwindigkeiten — Abweichungen vom Newtonschen Gesetz auftreten, s. Abb. 1, Kurve b. Die Scherspannung wird eine komplexe Funktion des Schergefälles:

$$\tau = f(S).$$

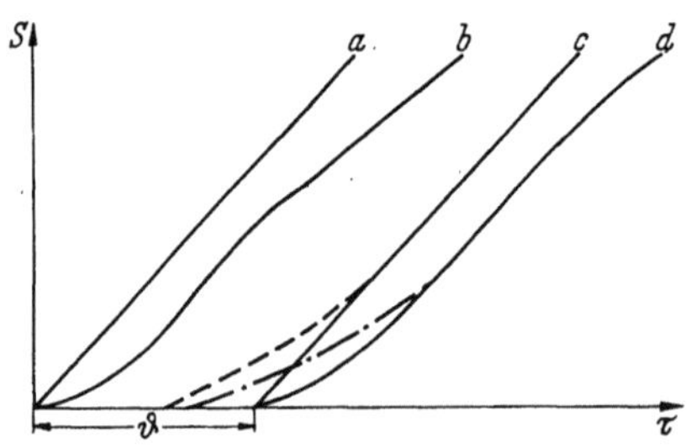

Abb. 1. Fließverhalten zäher und plastischer Stoffe. Erläuterungen der Bezeichnungen in den Abschn. 1 u. 2.

Über die Art dieser Funktion läßt sich noch keine allgemeingültige Aussage machen. Nach dem Vorschlag von Reiner[1] spricht man von nicht-Newtonschen Flüssigkeiten. Bei diesen ist für $S = 0$ auch $\tau = 0$, d. h., die Kurven gehen bei graphischer Darstellung nach Abb. 1 durch den Nullpunkt des Koordinatensystems.

Abweichungen vom Newtonschen Gesetz finden sich vor allem bei Dispersionen, d. h. bei groben und feinen Zerteilungen bis hin zu den kolloiden Lösungen, insbesondere bei solchen Systemen, deren Teilchen merkliche Abweichungen von der Kugelgestalt, insbesondere Scheiben- oder Stäbchenform aufweisen (anisodimensionale Gestalt der Teilchen)[2]. Auch während des Schervorganges erzwungene Deformationen können das Fließverhalten beeinflussen (Beispiel Emulsionen[3]). Da offensichtlich der Aufbau der Flüssigkeiten und die Form der Teilchen für das nicht-Newtonsche Verhalten bestimmend sind, werden derartige Systeme vielfach als strukturviskose Flüssigkeiten bezeichnet.

[1] Reiner, M.: J. Rheology 1 (1929) 11. — Ders.: Deformation and Flow. London: Lewis 1949.

[2] Philippoff, W.: Viskosität der Kolloide (Handbuch der Kolloidwissenschaft, Bd. 9). Dresden/Leipzig: Steinkopff 1942.

[3] Sherman, P.: Rheology of Emulsions. Oxford/London/New York/Paris: Pergamon Press 1963.

Die Viskosität ist durch das Newtonsche Gesetz definiert, daher kann man bei nicht-Newtonschen Flüssigkeiten grundsätzlich nicht die „Viskosität" bestimmen. Entscheidend ist die Tatsache, daß das Geschwindigkeitsprofil nicht-Newtonscher Flüssigkeiten erheblich von der Parabelform abweichen kann[1]. Die im vorstehenden angegebene Gleichung zur Berechnung des Schergefälles setzt aber parabelförmiges Strömungsprofil voraus. Mangels besserer Kenntnisse über das Fließverhalten von nicht-Newtonschen Flüssigkeiten rechnet man in der Regel so, als ob es sich um reinviskose Flüssigkeiten handele. Das Ergebnis einer derartigen Viskositätsmessung darf nur als „scheinbare Viskosität" bezeichnet werden und erfordert eine Angabe über die Größe von τ oder S.

2. Bingham-Körper

Noch deutlicher als bei den nicht-Newtonschen Flüssigkeiten treten die Abweichungen vom normalen Fließverhalten bei den plastischen Stoffen auf, zu denen auch die Schmierfette zu rechnen sind. Hier bedarf es eines endlichen Wertes der Schubkraft, um die Masse zum Fließen zu bringen:

$$\tau - \vartheta = f'(S).$$

Für $\tau \leqq \vartheta$ ist $S = 0$. Gleitung beginnt erst, wenn mit dem Erreichen der „Fließgrenze" die der Bewegung entgegenwirkenden Kräfte überwunden werden, s. Abb. 1, Kurve c und d. Die empirischen Gesetzmäßigkeiten wurden zuerst von Bingham und Mitarbeitern[4] untersucht. Man spricht darum von Bingham-Körpern. Es muß aber betont werden, daß es oft schwierig ist, zwischen nicht-Newtonschen Flüssigkeiten und Bingham-Körpern zu unterscheiden. Die Fließgrenze ist begrifflich nicht exakt genug festgelegt[3], denn es ist oft nur eine Frage der Beobachtungsdauer, ob sich noch ein Fließen feststellen läßt oder nicht[4].

Noch weniger als für nicht-Newtonsche Flüssigkeiten kann für Bingham-Körper eine einfache Zustandsgleichung des plastischen Fließens angegeben werden. Hierfür sind auch mancherlei Anomalien verantwortlich, die namentlich im Gebiet kleiner Scherungen auftreten, z. B. infolge des Ausblutens von Mutterlauge [bei Schmierfetten Ausbluten des Schmieröles („Synärese") oder wegen der Gleitung der plastisch-festen Masse relativ zu einer fluiden Randschicht von veränderlicher Viskosität („Pfropfenfließen")]. Beim Pfropfenfließen ist das Strömungsprofil praktisch rechteckig, weicht also ganz erheblich von der Parabelform der Newtonschen Flüssigkeiten ab. Mit wachsenden Werten der Schubspannung geht das Pfropfenfließen in ein allgemeines Fließen der gesamten plastischen Masse über; sie verhält sich nun wie eine nicht-Newtonsche Flüssigkeit, und schließlich kann die Viskosität sogar einen konstanten Endwert erreichen; die Flüssigkeit zeigt also Newtonsches Verhalten, falls nicht vorher Turbulenz eintritt.

---

[1] Göttner, G. H., u. Gg. R. Schultze: Erdöl u. Kohle 5 (1952) 775. — Mahncke, H. E., u. W. Tabor: Lubric. Engng. 11 (1955) 22.

[2] Bur. Stand. Sci. Pap. 13 (1916) Nr. 278, S. 309. — Fluidity and Plasticity. New York: McGraw-Hill 1922. — Kolloid-Z. 47 (1929) 1. — Physics 5 (1934) 217.

[3] Unter „Fließgrenze" versteht man denjenigen unteren Grenzwert der in dyn/cm^2 gemessenen Schubspannung, bei dem in einer festgelegten Zeit eine bleibende Verformung des plastischen Materials entsteht.

[4] Houwink, R.: Elastizität, Plastizität und Struktur der Materie, S. 31. Dresden/Leipzig: Steinkopff 1950. — Tross, A.: Über das Wesen und den Mechanismus der Festigkeit, S. 94. München/Zell am See: Tross 1966.

Bei Schmierfetten kann durch die Scherung die innere Struktur geändert werden; ein Teil der kinetischen Energie wird dazu verbraucht, die Wechselwirkungen zwischen den Gerüstteilchen (z. B. den Seifen) und der Mineralölkomponente zu verändern (Solvatationseffekte[1]); ein anderer Teil ruft Deformationen der geometrischen Gestalt der dispersen Teilchen hervor; ein weiterer Teil dient dazu, die durch elektrostatische (Dipolkräfte) oder van-der Waals-Londonsche Anziehungskräfte[2] aneinander gebundenen Teilchen voneinander zu trennen. Mit zunehmendem Schergefälle tritt in Richtung der Strömung eine stärker werdende Orientierung ein. Die Orientierung muß zur optischen Anisotropie führen, die sich am Auftreten von Doppelbrechung[3] verrät.

Bei allen nicht-Newtonschen Systemen spielt der Zeiteinfluß eine Rolle, der durch das Newtonsche Gesetz mathematisch nicht erfaßt wird. Er muß durch Beziehungen nach der Art der Maxwellschen Schubspannungsgleichung[4] beschrieben werden, in welche die Relaxationszeit eingeht, d. h. die Zeit, in der die durch eine plötzliche Deformation ausgelösten Spannungen auf den e-ten Teil ihres Betrages abgesunken sind. Die Relaxationszeiten von Schmierfetten können in der Größenordnung von mehreren Sekunden liegen[5].

Insgesamt gesehen, erscheint es ziemlich aussichtslos, zu einer exakten Definition des Plastizitätsbegriffes zu kommen. Man bedenke, daß schon die Plastizität des idealen festen Körpers durch 36 Parameter bestimmt wird[6].

3. Thixotropie

Mit Thixotropie bezeichnet man die *reversible*, zeitliche Veränderlichkeit der Viskosität oder Konsistenz als Folge mechanischer (seltener thermischer) Vorbehandlung[7].

Gegen den Begriff der Alterung, die ebenfalls mit einer thermisch oder mechanisch bedingten, zeitlichen Änderung der Viskosität verknüpft sein kann, wird die Thixotropie durch ihre Reversibilität abgegrenzt. Die experimentelle Unterscheidung darüber, ob es sich um eine reversible oder irreversible Viskositätsänderung handelt, ist allerdings meistens schwierig, weil bei Schmierfetten die Regenerationsdauer lang anhalten und Alterungs- und „Reifevorgänge" hineinspielen können. Reifevorgänge können die Konsistenz sowohl erhöhen als auch erniedrigen.

Knetet man ein Schmierfett oder setzt es irgendeiner anderen Scherbeanspruchung aus, so ändert sich der Verlauf der Scherspannung-Schergefälle-Kurve je nach dem Grade der Vorbehandlung merklich. Für die Messung der Thixo-

---

[1] PHILIPPOFF, W., in A. KUHN: Kolloidchem. Taschenbuch, Kap. 12, 2. Aufl. Leipzig: Akademische Verlagsges. 1944.

[2] LONDON, F., u. H. KALLMANN: Z. Phys. 63 (1930) 245. — Z. phys. Chem. Abt. B 11 (1930) 222, 242.

[3] VOLD, M. J., u. Mitarb.: Industr. Engng. Chem. 41 (1949) 2539. — GRAY, V. R., u. A. E. ALEXANDER: J. Phys. Colloid Chem. 53 (1949) 9. — WINOGRADOW, G. V.: Doklady Akad. Nauk SSSR 71 (1950) 505.

[4] MAXWELL, J. C.: Philos. Trans. roy. Soc. Lond. Ser. A 157 (1867) 49.

[5] HUTTON, J. F., u. J. B. MATTHEWS in V. G. H. HARRISON: Proc. 2nd Int. Congr. on Rheology, 407, London: Butterworths 1954. — FORSTER, O. E., u. J. J. KOLFENBACH: ASLE Trans. 2 (1959) 13. — FORSTER, O. E.: Erdöl u. Kohle 13 (1960) 478.

[6] PLANCK, M.: Mechanik deformierbarer Körper, S. 40. Leipzig: Hirzel 1919. — SOMMERFELD, A.: Vorlesungen über theoretische Physik, Bd. III, S. 276. Leipzig: Akademische Verlagsges. 1945.

[7] FREUNDLICH, H.: Thixotropy (Actualitées scientifiques et industrielles, Nr. 267). Paris 1935.

tropie benutzt man entweder Walkapparaturen[1], verschiedene Maschinen[2], Walk-viskosimeter[3] und vor allem Rotationsviskosimeter[4], weil bei diesen die Scherung unter recht gut definierten Bedingungen erfolgt und die Scherung mit der Messung verbunden werden kann.

Als Kennzahl für die Beständigkeit von Schmierfetten gegenüber mechanischer Beanspruchung sind die Konsistenzwerte vor und nach einem Walkvorgang vorgeschlagen worden. Beispielsweise wird der „Beanspruchungsindex" oder der „Walkindex"[5] für die Penetrationsmessung nach ASTM D 217-65 T bzw. DIN 51 804 Bl. 1

$$\text{W. I.}^0_x = \frac{P_0}{P_x} \cdot 100,$$

worin P_0 die Penetration des nichtgewalkten Fettes und P_x die Penetration nach x Walkhüben im Fettkneter bedeuten.

In einer Norm der ČSSR wurde der folgende Parameter für die mechanische Stabilität und die Regenerationsfähigkeit plastischer Schmierstoffe eingeführt[6]:

$$\text{MSR} = \frac{P_x}{P_0} \frac{P_R}{P_0} \cdot 100,$$

worin P_R der Penetrationswert des mit x Walkhüben beanspruchten Fettes nach 24 Std. Ruhezeit ist. Im Idealfall ändert sich die Penetration überhaupt nicht, so daß MSR = 100 ist. Ein normales thixotropes Schmierfett hat Werte über 100, während Werte unter 100 eine Konsistenzzunahme, also rheopektisches Verhalten[7] des Schmierfetts bedeuten. Man kann den Komplex MSR auch auflösen in die Einzelkomponenten:

a) Mechanische Stabilität $\text{MS} = \dfrac{P_x}{P_0} \cdot 100,$

b) Regenerationsfähigkeit $\text{R} = \dfrac{P_R}{P_0} \cdot 100.$

Die auffälligsten Veränderungen, die das Schmierfett durch mechanische Beanspruchung erleidet, sind, wie elektronenmikroskopische Aufnahmen zeigten[8], Veränderungen der Seifenfasern: Die Seifenfasern zerbrechen allmählich. Es ändert sich dabei das L/D-Verhältnis (L = Länge, D = Durchmesser oder Dicke der Seifenfasern).

Im allgemeinen wird eine gute Übereinstimmung zwischen Konsistenz und L/D-Verhältnis gefunden; das bezieht sich auch auf die der Beanspruchung folgende Regeneration. Es gibt aber einige Schmierfettsorten, bei denen das Anziehen der Konsistenz nach der Beanspruchung dem L/D-Verhältnis nicht linear proportional verläuft[9]. Hierzu gehören Schmierfette, die ein besonders ausgeprägtes thixotropes Verhalten zeigen. Es müssen also mindestens zwei Mechanismen für das Zustandekommen der Konsistenz von Schmierfetten berücksichtigt werden: das L/D-Verhältnis und die spezifische Anziehung der zerteilten Fasern (van-der-Waals-Kräfte).

Eine neuere Theorie der Thixotropie[10] geht davon aus, daß in Schmierfetten zwei Arten von Fließeinheiten vorkommen, Newtonsche und nicht-Newtonsche. Die nicht-Newtonschen gehen unter dem Einfluß von Spannungen in Newtonsche Fließeinheiten über, wobei eine

[1] SIGLER, P. R., u. K. MEINSSEN: NLGI Spokesman 19 (1955) Nr. 5, S. 10. — KLEIN, L.: Mineraloel-Techn. 4 (1959) Nr. 10. — VÁMOS, E., A. FEHÉRVÁRI u. T. FÖLDY: Erdöl u. Kohle 14 (1961) 838; MAFKI Közleményei 3 (1962) 123.

[2] BURI, A.: NLGI Spokesman 19 (1955) Nr. 1, S. 38. — KOENIG, E. F., u. E. M. JOHNSON: NLGI Spokesman 19 (1955) Nr. 5, S. 14. — WOODS, H. A., u. M. TROWBRIDGE: NLGI Spokesman 19 (1955) Nr. 5, S. 26. — VAMOS, E., u. F. GUBA: Schmiertechn. 10 (1963) 275.

[3] CONNORS, H. J.: Lubric. Engng. 14 (1958) 22.

[4] BRUSS, H.: Schmiertechn. 4 (1957) 131. — KLIMOW, K. I., u. B. I. LEONTJEW: Chimija i Technologija Topliw i Massel 3 (1958) Nr. 4, S. 66; 5 (1960) Nr. 3, S. 17. — UTUGI, H., K. KIM, T. REE u. H. EYRING: NLGI Spokesman 25 (1961) 125.

[5] VÁMOS, E., A. FEHÉRVÁRI u. T. FÖLDI: MAFKI Köszleményei 3 (1962) 123. — VÁMOS, E., u. F. GUBA: Schmiertechn. 10 (1963) 275.

[6] Ropa a uhlie 8 (1966) 237.

[7] SCOTT-BLAIR, G. W.: Einführung in die technische Fließkunde, S. 84. Dresden/Leipzig: Steinkopff 1940.

[8] MOORE, R. J., u. A. M. CRAVAT: Ind. Engng. Chem. 43 (1951) 2892. — BORG, A. C., u. R. H. LEET: Research Study of Thixotropy of Greases. Washington: US Dep. of Comm. 1956; Sci. Lubric. 9 (1957) Nr. 6, S. 24.

[9] LEET, R. H.: NLGI Spokesman 19 (1955) Nr. 1, S. 20. — RENSHAW, T. A.: Ind. Engng. Chem. 47 (1955) 834.

[10] HAHN, S. J., T. REE u. H. EYRING: NLGI Spokesman 21 (1957) Nr. 3, S. 12.

reversible und eine irreversible Umwandlung möglich ist. Auch für die Erholzeit von Schmierfetten wurde eine Gleichung angegeben[1].

Da schon das Überführen der Fettprobe aus dem Behälter in das Prüfgerät ihre Konsistenz ändern kann, muß das Fett vor der Konsistenzmessung durchgearbeitet, geknetet oder gewalkt werden, wenn reproduzierbare Ergebnisse erhalten werden sollen. Aus diesem Grunde bestimmt man in der Regel beispielsweise die Walkpenetration (DIN 51804, Bl. 1); die Penetration ohne Vorbearbeitung (Ruhpenetration) wird weniger häufig ermittelt.

Versuche haben gezeigt, daß die Bestimmung der mechanischen Beständigkeit mit verschiedenen Geräten, wie dem ASTM-Fettkneter und dem Shell-Rolltester, nur selten zu übereinstimmenden Ergebnissen führt und daß keine allgemeingültigen Beziehungen erhalten werden[2]. Eine Aussage über das Verhalten in der Praxis ist unzuverlässig, doch sind derartige Teste für die Betriebskontrolle von Wert. Die Prüfung in verschiedenen Maschinen, wie der SKF-Maschine, der „Torque Breakdown Machine" und dem „Vibrating Wheel Bearing Test", erlaubt ein besseres Urteil über das Verhalten von Schmierfetten in Wälzlagern; außerdem kann mit diesen Maschinen die Verträglichkeit von Schmierfettmischungen recht gut erfaßt werden[3].

4. Konsistenzmessungen und ihre Auswertung

a) Begriffsdefinition

Der Begriff Konsistenz wird sehr unterschiedlich definiert. In der wissenschaftlichen Literatur wird — soweit überhaupt von ihm noch Gebrauch gemacht wird — vorwiegend die von der Society of Rheology[4] gegebene Definition zugrunde gelegt: „Konsistenz ist die Stoffeigenschaft, die einer bleibenden Formänderung einen Widerstand entgegensetzt; sie ist durch die vollständige Beziehung zwischen Kraft und Fließen gegeben". Nach dieser Definition, in der keine Dimensionen festgelegt sind, haben auch Newtonsche Flüssigkeiten und Gase eine Konsistenz.

In vielen Arbeiten wird der Begriff auch auf elastische Formänderungen ausgedehnt. Die Praktiker des Schmierfettgebietes haben jedoch in neuerer Zeit den Konsistenzbegriff auf plastische Stoffe beschränkt. Beispielsweise definiert die American Society for Testing und Materials ihn seit 1958 als „Widerstand eines nicht-Newtonschen Stoffes gegen Verformung"[5]. Im Glossary des National Lubricating Grease Institute[6] ist folgende Definition festgelegt worden: „Konsistenz (Härte) ist der Grad, mit dem ein plastischer Stoff, wie ein Schmierfett, einer Formänderung bei Kraftanwendung Widerstand entgegensetzt. (Sie ist daher ein Kennwert für die Plastizität, so wie die Viskosität ein Kennwert für das Fließvermögen ist)." Bei dieser Definition ist also aus dem ursprünglichen

---

[1] MILES, M. H., D. W. MILES, A. F. GABRYSH u. H. EYRING: NLGI Spokesman 28 (1964) 172.

[2] Ausführlich wird die Vergleichbarkeit der Meßergebnisse verschiedener Geräte und die Übertragbarkeit auf die Praxis in sechs Berichten von E. M. HIGGINS, J. M. MUSSELMAN, J. M. STOKELEY, S. R. CALISH, S. F. CALHOUN, F. E. WOODWARD, C. J. BONER, H. E. HALE, G. A. WILLIAMS u. R. R. MCCARTHY in NLGI Spokesman 19 (1955) Nr. 9 u. 10 diskutiert.

[3] KOENIG, E. F., u. E. M. JOHNSON: NLGI Spokesman 19 (1955) Nr. 5, S. 14.

[4] BINGHAM, E. C.: J. Rheol. 1 (1930) 507. — Siehe auch SCOTT BLAIR, G. W.: A Survey of General and Applied Rheology, S. 52. London: Pitman & Sons 1949.

[5] ASTM E 24-58 T. Von 1942 bis 1958 lautete die Definition „die Stoffeigenschaft, die einer Formänderung Widerstand entgegensetzt". Es sind also bei beiden Formulierungen auch elastische Formänderungen eingeschlossen.

[6] ORR, A. S.: NLGI Spokesman 25 (1961) 160.

Oberbegriff für den Fließwiderstand von Stoffen aller Art, teilweise sogar für den Widerstand gegen Verformung aller Art, ein Unterbegriff der Plastizität geworden. Alle Definitionen, gleichgültig wie weit oder wie eng sie den Begriff fassen, sind grundsätzlich unbefriedigend, denn sie ordnen der Konsistenz keine physikalischen Dimensionen zu. Eine derartige Zuordnung dürfte vorläufig auch unmöglich sein.

Wenn schon die Definitionen größerer Organisationen keinerlei Übereinstimmung zeigen, so ist es nicht verwunderlich, daß im Sprachgebrauch der Begriff Konsistenz höchst unterschiedlich ausgelegt wird. Manchmal werden Eigenschaften wie Duktilität, Textur und Elastizität hinzugezählt, mitunter wird aber nur die Härte des Schmierfetts darunter verstanden. Man sollte aber daran festhalten, daß unter „Konsistenz" der gesamte Verlauf der Fließkurve zu verstehen ist. Dann gehören dazu Begriffe wie Fließgrenze, Plastizität, scheinbare Viskosität und Endwert der Viskosität.

b) Messung

Für die Konsistenzmessung ergeben sich aus der mangelnden Schärfe des Konsistenzbegriffes erhebliche sachliche Schwierigkeiten[1].

Grundsätzlich sind Kapillarviskosimeter, in denen nur unter dem jeweiligen hydrostatischen Druck der Säule des fließenden Körpers gemessen wird, unbrauchbar; denn der Eigendruck reicht meist nicht aus, um die „innere Reibung" eines plastischen Stoffes zu überwinden. Fast stets ist die Anwendung von Fremddruck notwendig, wobei sich als Vorteil ergibt, daß dank der Variabilität der Schubspannung ein größerer Teil der Fließkurve gemessen werden kann. Rotationsviskosimeter bieten bei entsprechender Instrumentierung die Möglichkeit, die zeitliche Veränderung des Fließwiderstandes infolge der mechanischen Beanspruchung zu verfolgen („Thixotrometer"). Es werden Rotationskörper von sehr unterschiedlicher Form angewandt: z. B. Zylinder, planparallele Scheiben und Kegel. Die Kombination von Platte und Kegel bietet — wenigstens theoretisch — den Vorteil, daß das Geschwindigkeitsgefälle über der ganzen Meßstrecke gleich ist; allerdings tritt als störender Faktor der Einfluß der Spitzenreibung auf. Rotationsviskosimeter sind vor allem für Untersuchungen bei mittleren bis hohen Geschwindigkeitsgefällen geeignet. Messungen der Eindringtiefe von Kegeln und ähnlichen Versuchskörpern ermöglichen hingegen eine angenäherte Aussage über die Fließgrenze bzw. „Härte" der Schmierfette[2].

Aus mehreren Gründen ist es keineswegs verwunderlich, daß Messungen mit verschiedenen Geräten oder Methoden recht unterschiedliche Ergebnisse liefern können, z. B. wirken sich stark die Art und Geschwindigkeit der Verformung sowie die Vorgeschichte der Fettprobe aus[3]. Für gewisse Fett-Typen und Meßgeräte können allerdings formelmäßige Beziehungen aufgestellt werden, z. B. zwischen der scheinbaren Viskosität nach ASTM D 1092 und der Penetration[4].

Die Konsistenzmessung hat nicht nur den Zweck, Werte für die Produktions- und Lieferkontrolle zu gewinnen, sondern es wird darüber hinaus angestrebt, Aussagen über die Pumpbarkeit von Schmierfetten sowie über das Förderver-

---

[1] Göttner, G. H., u. Gg. R. Schultze: Erdöl u. Kohle 5 (1952) 775.

[2] Göttner, G. H., u. Gg. R. Schultze: Erdöl u. Kohle 6 (1953) 200. — Nach D. E. Evans, J. F. Hutton u. J. B. Matthews: Lubricat. Engng. 13 (1957) 341 ist die übliche Penetrationsmessung ein Mischwert zwischen Fließgrenze und Viskosität; sie haben einen sehr leichten Kegel entwickelt, mit dem eindeutigere Härtemessungen möglich sind. Zwei Meßverfahren, bei denen die Massenkräfte des fallenden Kegels ausgeschaltet werden, haben F. W. Häussler, G. Keil u. H. Saxe: Freiberger Forsch.-H. A 164 (1960) 238 vorgeschlagen.

[3] Criddle, D. W., u. J. L. Dreher: NLGI Spokesman 23 (1959) 97.

[4] Dreher, J. L., C. F. Carter u. E. B. Reid: NLGI Spokesman 18 (1955) Nr. 10, S. 8. — Brunstrum, L. C., u. A. W. Sisko: ebenda 25 (1962) 311.

halten der Schmierfette in Rohrleitungen[1] und Unterlagen für hydrodynamische Berechnungen[2] zu erhalten. Auf einige der sich hieraus für die Messung ergebenden Probleme wird noch bei der Besprechung der Verfahren zur Bestimmung des Fließverhaltens hingewiesen. Der Fließwiderstand der Schmierfette in Schmierstellen kann sehr stark durch ihre Viskoelastizität beeinflußt werden, denn Schmierfette haben relativ große Relaxationszeiten (mit Maximalwerten im Bereich zwischen etwa 0,01 und 10 sec)[3].

Zur Beschreibung der Abhängigkeit der scheinbaren Viskosität vom Geschwindigkeitsgefälle bzw. der angewandten Schubspannung sind zahlreiche Formeln vorgeschlagen worden. Hier seien nur zwei erwähnt, die über mehrere Dezimalen das Fließverhalten von Schmierfetten befriedigend wiedergeben können, wobei natürlich Thixotropieeffekte nicht auftreten sollen[4]. Von SISKO[5] stammt die Gleichung

$$\eta = a + b\, S_W^n,$$

mit

η scheinbare Viskosität des Schmierfetts,

$S_W = 4Q/\pi\, r^3$ nominelles Geschwindigkeitsgefälle an der Wandung (r = Radius des Rohres; Q = durchfließendes Volumen je Zeiteinheit; die Schubspannung an der Wandung ist $\tau = r\,\Delta p/l$ (Δp = Druckunterschied zwischen Rohranfang und -ende, l = Rohrlänge),

a, b, n Konstanten.

In einer späteren Arbeit[6] wird in diese Gleichung statt des nominellen Geschwindigkeitsgefälles an der Wandung das „wahre Geschwindigkeitsgefälle" nach MOONEY[7] eingeführt, um größere Genauigkeit bei der Anwendung der Gleichung auf Förderungs- und Schmierungsprobleme zu erreichen. Auch die Formel von FORSTER[8]

$$(\tau - \tau_0)^n\, (\eta - \eta_\infty) = K,$$

mit τ_0 = Fließgrenze des Schmierfetts und η_∞ = Viskositätsendwert bei hohem Geschwindigkeitsgefälle, erlaubt eine recht gute Wiedergabe der Fließkurven von Schmierfetten, hat aber vier unabhängige Konstanten. Wenn die Gleichung von SISKO durch Berücksichtigung der Fließgrenze erweitert wird, wird ebenfalls eine Formel mit vier Konstanten erhalten[9].

c) Einfluß der Temperatur

Der Einfluß der Temperatur auf die scheinbare Viskosität von Schmierfetten wirkt sich je nach dem Typ des Dickungsmittels und des Grundöles sehr unterschiedlich aus. Da das Seifengerüst Phasenumwandlungen unterliegen kann und die bei steigender Temperatur zunehmende Solvatation des Dickungsmittels sich möglicherweise entgegengesetzt zur Viskositätsabnahme des Grundöls auswirkt, kann die Konsistenz des Schmierfetts bei steigender Temperatur abnehmen,

[1] SKOGLUND, R. D.: NLGI Spokesman 24 (1960) 47. — GABBERT, W. L.: ebenda 24 (1960) 55. — GÖTTNER, G. H.: Schmiertechn. 11 (1964) 143.

[2] MILNE, H.: Kolloid-Z. 139 (1954) 96. — UMSTÄTTER, H.: Erdöl u. Kohle 8 (1955) 305. — OSTERLE, F., A. CHARNES u. E. SAIBEL: Lubric. Engng. 12 (1965) 33. — PASLAY, P. R., u. A. SLIBAR: Österr. Ing.-Archiv 10 (1956) 328. — MILNE, H.: Conference on Lubrication and Wear, Paper 41 u. 102. London 1.—3. Oktober 1957.

[3] FORSTER, E. O., u. J. J. KOLFENBACH: ASLE Trans. 2 (1959) 13. — O'DONNELL, G. J.: Mechan. Engng. 81 (1959) 63. — FORSTER, E. O.: Lubric. Engng. 16 (1960) 523; Erdöl u. Kohle 13 (1960) 478.

[4] In gewissen Fällen kann die Thixotropie mit der Gleichung von J. W. WILSON u. G. H. SMITH: Ind. Engng. Chem. 41 (1949) 770 berücksichtigt werden; s. auch A. W. SISKO, L. C. BRUNSTRUM u. R. H. LEET: NLGI Spokesman 23 (1959) 57.

[5] SISKO, A. W.: Ind. Engng. Chem. 50 (1958) 1789. — SISKO, A. W., L. C. BRUNSTRUM u. R. H. LEET: NLGI Spokesman 23 (1959) 57. — BRUNSTRUM, L. C., A. C. BORG u. A. W. SISKO: NLGI Spokesman 26 (1962) 6.

[6] SISKO, A. W., u. L. C. BRUNSTRUM: Lubric. Engng. 18 (1962) 307.

[7] MOONEY, M.: J. Rheology 2 (1931) 210.

[8] FORSTER, E. O.: NLGI Spokesman 24 (1961) 462.

[9] BAUER, W. H., A. P. FINKELSTEIN u. ST. E. WIBERLEY: ASLE Trans. 3 (1962) 215.

konstant bleiben oder sogar anwachsen. Einige Beispiele[1] sind in Abb. 2 gezeigt. Auf keinen Fall ist es möglich, für das Viskosität-Temperatur-Verhalten der Schmierfette ähnlich einfache und weitgehend gültige Beziehungen wie bei den Schmierölen aufzustellen.

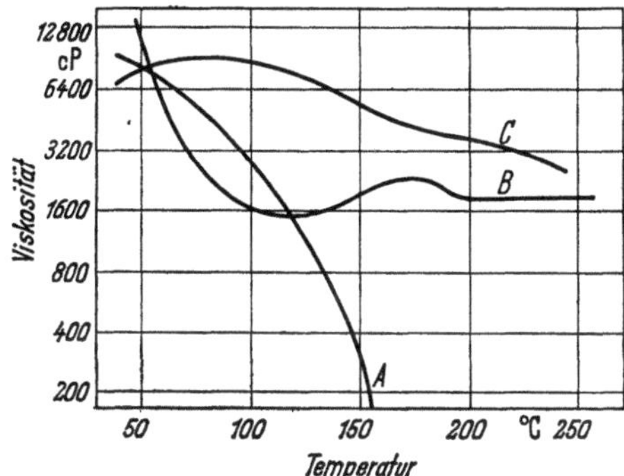

Abb. 2. Scheinbare Viskosität einiger Schmierfette beim Geschwindigkeitsgefälle 139 sec^{-1} in Abhängigkeit von der Temperatur.
A Lithium-Calcium-Stearat in Mineralöl; *B* Organisches Pigment in Polyphenyläther; *C* Organisches Pigment in Silikonöl.

V. Chemische Prüfungen und Bestimmung der Zusammensetzung

Für viele einigermaßen einheitliche Massenprodukte, z. B. für Stähle und andere Metallegierungen, lassen sich recht brauchbare Beziehungen zwischen Zusammensetzung und Qualität aufstellen. Schmierfette werden in relativ kleinen Mengen in vielen Sorten erzeugt, die sowohl nach der Art des Grundöles als auch des Dickungsmittels und der Zusätze sehr unterschiedliche Zusammensetzung besitzen können. Da sich außerdem selbst ein einheitlicher Schmierfett-Typ, z. B. ein Natronseifenschmierfett, stets aus einer Vielzahl verschiedener Stoffe zusammensetzt, deren genaue Konstitution im einzelnen zunächst nicht bekannt ist, die sich aber gegenseitig beeinflussen können, lassen sich aus der Bestimmung der chemischen Zusammensetzung keine genügend sicheren Schlüsse auf den Gebrauchswert eines Schmierfettes ziehen. Dementsprechend hat die Ermittlung der chemischen Zusammensetzung in der letzten Zeit immer mehr an Bedeutung verloren[2]. Trotzdem spielt sie für die Herstellungs- und Lieferkontrolle eine nicht unwesentliche Rolle. Einige Verfahren, erlauben auch brauchbare Aussagen über das technologische Verhalten (z. B. die Bestimmung des Chloridgehaltes).

Die meisten der im folgenden besprochenen Verfahren wurden vorwiegend oder ausschließlich für die Untersuchung von Seifenschmierfetten auf Mineralölbasis entwickelt. Für Schmierfette, die andere Dickungsmittel und/oder Grundöle enthalten, müssen in der Regel spezielle Analysenmethoden angewandt werden.

1. Anorganische Bestandteile

Ein Verfahren zur direkten Ermittlung des Gehaltes an Li, Na, Ba und Ca haben C. W. KEY und G. D. HOGGAN[3] beschrieben.

---

[1] BUEHLER, F. A., D. B. COX, R. A. BUTCOCK, E. L. ARMSTRONG u. J. L. ŽAKIN: 6th World Petroleum Congress, Sect. VI, Paper 16, Frankfurt/M. 19.—26. Juni 1963.
[2] SCHULTZE, GG. R., u. G. H. GÖTTNER: Materialprüf. 3 (1961) 402.
[3] Analytic. Chem. 26 (1954) 1900.

Die in einem Porzellanschiffchen befindliche verflüssigte Probe wird durch eine rotierende Scheibenelektrode in den Funkenbogen eingeführt. Diese spektrographische Bestimmung kann in etwa 40 bis 60 Min. durchgeführt werden. Auch die anderen interessierenden anorganischen Elemente können durch Emissionsspektralanalyse erfaßt werden. Laboratorien, die nicht über diese Geräte verfügen, werden sich meistens auf die Untersuchung der Asche mit herkömmlichen chemischen Methoden (s. Abschn. 3) beschränken.

Die Metallkomponenten in Seifenschmierfetten können auch durch Extraktionsmethoden isoliert werden[1]. Das Schmierfett wird beispielsweise in Benzol dispergiert, und die Metallkationen der Seifenbasis werden durch Behandeln mit 6n Salzsäure abgetrennt. Die quantitative Bestimmung der Metalle Na, Li, Ca und Ba kann dann in der salzsauren Lösung flammenphotometrisch vorgenommen werden. Hierfür genügt eine Probemenge von 1 g Schmierfett. Auch bei der Schmierfettanalyse mit Hilfe von Ionenaustauschern lassen sich die meisten Kationen in einfacher Weise bestimmen (s. Abschn. 22).

2. Asche

Asche kann aus Metallseifen, anorganischen Dickungsmitteln, anorganischen Fremdstoffen oder Zusätzen mit anorganischen Bestandteilen gebildet werden.

Die einfache Verbrennung des Schmierfettes an der Luft liefert Aschen mit wechselnder chemischer Zusammensetzung, z. B. kann der Gehalt an Carbonat, Sulfat, Phosphat oder Kohlenstoffeinschlüssen unterschiedlich sein; vor allem bei Anwesenheit von niedrigschmelzenden Alkalicarbonaten lassen sich kohlenstoffhaltige Einschlüsse nur sehr schwer verbrennen. Gut reproduzierbare Ergebnisse liefern die Verfahren nach DIN 51803 (Bestimmung der Asche) zur Bestimmung der „Oxidasche" oder der „Sulfatasche". Die Sulfatasche kann durch unmittelbare oder durch nasse Veraschung gewonnen werden. Das nasse Verfahren muß angewandt werden, wenn Verbindungen auftreten können, die bei der Glühtemperatur (750 °C) einen nennenswerten Dampfdruck (Gefahr der Flüchtigkeit) aufweisen. Beispielsweise kann MoO_3 bei dieser Temperatur schon in merklicher Menge sublimieren.

3. Qualitative Untersuchung der Oxidasche[2]

Ist die Oxidasche leicht schmelzbar und in Wasser ohne Rückstand mit stark alkalischer Reaktion löslich, so deutet dies auf Alkalien hin. Eine unschmelzbare und in Wasser praktisch unlösliche Asche, die alkalisch reagiert, kann Calcium mit oder ohne Magnesium bzw. Aluminium enthalten. Zinkoxid läßt sich an der gelben Färbung der heißen Asche, Blei an der Gegenwart kleiner Kugeln freien Metalls oder an der gelben Farbe der erkalteten Asche erkennen.

Die Prüfung kann nach ASTM D 128-64 (Methods of Analysis of Lubricating Grease) dadurch ergänzt werden, daß man die Asche in verdünnter Salpeter- oder Salzsäure löst und die üblichen Prüfungen der qualitativen chemischen Analyse anwendet. Ist die Zusammensetzung der Oxidasche qualitativ erkannt, so können geeignete übliche Methoden für quantitative Bestimmungen ausgewählt werden.

4. Bleigehalt

Die bei der Naßveraschung erhaltene Probe wird auf 3 bis 5 ml eingeengt und nach dem Abkühlen mit 10 ml Wasser versetzt. Sie wird so lange erhitzt, bis sich weiße Dämpfe entwickeln. Zur abgekühlten Mischung werden nach ASTM D 1262-55 (Method of Test for Lead in New and Used Greases) 100 ml „Blei-Säure-Lösung" hinzugegeben. Diese wird durch Mischen von 300 ml Schwefelsäure (Dichte 1,84) mit 1800 ml Wasser und Zugabe von 1 g neutralem Bleiacetat in 300 ml Wasser hergestellt. Die entstehende Fällung von Bleisulfat und anderen Sulfaten wird durch einen Filtertiegel abfiltriert und gewaschen. Der Niederschlag wird mit ammoniakalischer Lösung gekocht. Nach Ansäuern mit Salpetersäure wird das Blei elektrolytisch an einer Platinanode als PbO_2 abgeschieden und gewogen.

5. Chlorgehalt

ASTM D 808-63: Method of Test for Chlorine in New and Used Lubricants.

---

[1] HARRAH, L. A.: NLGI Spokesman 22 (1959) 556.
[2] Li und Na in Fetten s. IP 199/66.

Das gesamte in Schmierfetten enthaltene Chlor kann nach ASTM D 808-63 bestimmt werden, falls andere Halogene nicht vorhanden sind.

Die Probe wird in einer Bombe unter Sauerstoffüberdruck verbrannt. Die freigesetzten Chlorverbindungen werden mit Sodalösung aufgenommen, und das anwesende Chlor wird als Silberchlorid gefällt.

6. Chloridgehalt

Das in Schmierfetten ionisiert vorliegende Chlor sowie das aus einer nicht-ionogenen Bindung durch verdünnte Salpetersäure in die ionisierte Form überführbare Chlor wird nach DIN 51800 ermittelt.

DIN 51800: Bestimmung des Gehaltes an ionisierbarem Chlor

Die Probe wird in einem Lösungsmittelgemisch (bestehend aus drei Kohlenwasserstoffen, zwei Alkoholen, Aceton und Äther) gelöst, die Lösung wird mit 5 ml eines Gemisches aus gleichen Vol.-Teilen 2n Schwefelsäure und 2n Salpetersäure angesäuert und potentiometrisch mit Silbernitratlösung titriert.

Da ionisiertes und ionisierbares Chlor Korrosion an Wälzlagerteilen hervorrufen kann, muß sein Gehalt sehr begrenzt werden.

7. Festschmierstoffe (Graphit und Molybdändisulfid)[1]

DIN-Entw. 51831: Bestimmung des Gehaltes an Graphit und/oder Molybdändisulfid

Es kann sowohl der Gesamtfeststoffgehalt als auch der Gehalt an MoS_2 oder Graphit ermittelt werden.

Zur Bestimmung des Gesamtfeststoffgehalts wird die Probe auf einem Dampfbad mit einem Benzol-Eisessig-Gemisch 3 : 1 behandelt. Die ungelösten Feststoffe werden abfiltriert, gewaschen, getrocknet und gewogen. Neben Festschmierstoffen enthalten die isolierten Feststoffe auch die anderen Bestandteile, die nach den im Abschn. 5.19 beschriebenen Verfahren erhalten werden.

Das in den gewonnenen Feststoffen enthaltene MoS_2 wird mit einem Gemisch von Schwefelsäure, Salpetersäure und Kaliumchlorat aufgeschlossen. Aus der Lösung wird das Molybdän als MoS_3 gefällt, abgetrennt und bei 450 °C zu MoO_3 oxydiert. Wenn die isolierten Feststoffe kein MoS_2 enthalten und frei von organischen Polymeren sind, kann der Graphitgehalt durch Glühen bei 900 bis 1000 °C ermittelt werden.

8. Freies Alkali, freie Säuren und unlösliche Carbonate

ASTM D 128-64: Method of Analysis of Lubricating Grease

Eine gewogene Schmierfettprobe (Einwaage W) wird in einem kleinen Becherglas mit n-Hexan dispergiert und nach Verdünnen mit wenig n-Hexan und völlig neutralem 95%igen Alkohol, mit Phenolphthalein kräftig geschüttelt. Ist die nach einigen Sekunden der Ruhe absitzende Alkoholschicht nicht rosa gefärbt (also sauer), so verfährt man weiter nach a); ist sie dagegen rosa gefärbt, so verfährt man nach b).

a) Freie Säure

Man titriert die saure Lösung in der Kälte mit 0,5n alkoholischer Kalilauge, indem man nach jeder Zugabe tüchtig schüttelt. Als Endprodukt der Titration (A ml) gilt der Zustand, bei dem die Rosafärbung 1 Min. lang bestehenbleibt. Die Säure wird falls nicht näher bekannt, als Ölsäure (Molekulargewicht = 282) berechnet:

$$\% \text{ freie Säure} = \frac{A \cdot 0,5 \cdot 282}{W \cdot 10}.$$

Bei Gegenwart von Eisen-, Zink-, Aluminiumseifen und/oder Seifen anderer schwacher Säuren ist die Bestimmung freier Säuren überhaupt unmöglich, denn diese Metallseifen reagieren mit Lauge.

---

[1] Siehe auch S. 280ff.

b) Freies Alkali

Falls die Alkoholschicht rosa gefärbt ist, kocht man 10 Min. mit 0,5n Salzsäure, um das Kohlendioxid zu verjagen, und titriert die überschüssige Säure mit 0,5n alkoholischer Kalilauge zurück (A ml). Der für freies Alkali gefundene Wert wird auf die vorherrschende Base (mit dem Äquivalentgewicht E des Hydroxids) bezogen:

$$\% \text{ freies Alkali} = \frac{A \cdot 0,5\,E}{W \cdot 10}.$$

c) Unlösliche Carbonate

Die Anwesenheit von Carbonaten (z. B. des Bleis oder der Erdalkalien) unter den unlöslichen Bestandteilen erkennt man an der CO_2-Entwicklung bei der Zugabe von Salzsäure in den beiden soeben beschriebenen Testen.

Je nach der Carbonatmenge fügt man so viel 0,5n Salzsäure hinzu, daß die Säure sicher im Überschuß vorhanden ist, kocht 2 Min. lang und titriert wie oben zurück. Der gesamte Säureverbrauch wird hier auf Carbonat bezogen; die möglicherweise außerdem noch vorhandenen freien Alkalien läßt man unberücksichtigt. Für Calciumcarbonat (Molekulargewicht = 100) ergibt sich:

$$\% \text{ Calciumcarbonat} = \frac{A \cdot 0,5 \cdot 50}{W \cdot 10}.$$

Die Bestimmung nach ASTM D 128-64 und die in zahlreichen Einzelheiten davon abweichende Bestimmung nach IP 37/66, Acidity and Alkalinity of Greases, liefern nur Näherungswerte. Fette können *gleichzeitig* freie Säure und freies Alkali enthalten. In diesem Falle bietet das Verfahren von F. A. BUEHLER[1] Vorteile.

Die Schmierfettprobe wird in einer Mischung aus Toluol, Isopropanol, Äthylenglykol und Perchlorsäure dispergiert. Der Perchlorsäureüberschuß wird mit alkoholischer Kalilauge unter Verwendung von Thymolblau als Indikator zurücktitriert. Alkali- und Erdalkaliseifenfette können nach Zugabe von Methylrot weiter titriert werden.

9. Freie Fettsäuren und Seifen[2]

10 g Schmierfett werden mit 50 ml neutralem Benzin oder Benzol, das frei von sauren Verunreinigungen ist, und mit einer gemessenen überschüssigen Menge wäßriger Salzsäure von bekanntem Gehalt (0,1 bis 0,5 n) im Scheidetrichter (gegebenenfalls unter Erwärmen) durchgeschüttelt, bis die Seifen vollständig zersetzt und die Fettsäuren sowie das Öl im Benzin bzw. Benzol, die Seifenbasen in der Salzsäure gelöst sind. Bei sehr schwer zersetzlichen Seifen wird die Mischung in einem Kolben am Rückflußkühler erhitzt und nach vollständiger Zersetzung der Seife unter Nachspülen mit Benzol und Wasser in einen Scheidetrichter gebracht. Die wäßrige Schicht wird von der Benzinschicht getrennt und die Benzinschicht wiederholt mit wenig Wasser, die wäßrige Schicht mit wenig Benzin ausgeschüttelt. Die Waschflüssigkeiten werden jeweils mit den Hauptmengen vereinigt.
Die Titration der Benzinschicht mit alkoholischer Lauge gegen Phenolphthalein gibt die Menge a (berechnet als freie Säure, s. Abschn. 8) der gesamten ursprünglich frei oder als Seifen vorliegenden Fettsäuren. Durch Titration des Salzsäureüberschusses in der wäßrigen Lösung mit Lauge gegen Methylrot bestimmt man — als Differenz gegenüber der gesamten zugesetzten Salzsäure — die Menge der von den Seifenbasen gebundenen Salzsäure bzw. die dieser äquivalente (als freie Säure berechnet) Menge b der Fettsäuren. Dem Gehalt an freien Fettsäuren im ursprünglichen Fett entspricht dann die Differenz $a - b$. Aus dieser Differenz berechnet man die Seifenmenge, nachdem man im salzsauren Auszug die Natur der Seifenbasis und im eingedampften Benzinauszug das Molekulargewicht der an diese gebundenen Fettsäuren ermittelt hat. Hierzu wird die titrierte Benzinlösung unter Berücksichtigung der darin enthaltenen Alkoholmenge im Scheidetrichter mit so viel Wasser versetzt, daß der Alkohol in der unteren Schicht etwa 50%ig wird. Um Emulsionsbildung zu vermeiden, setzt man noch einige Milliliter starker, wäßriger Kalilauge und die gleiche Menge 96%igen

---

[1] Petroleum Division der American Chemical Society, Preprint 1959; NLGI Spokesman 26 (1959) 338.
[2] HOLDE, D.: Kohlenwasserstofföle und Fette, 7. Aufl. Berlin: Springer 1933, S. 384.

Alkohols hinzu und schüttelt die Benzinlösung nach Ablassen der unteren Schicht noch einige Male mit 50%igem Alkohol aus. Aus der alkoholischen, mehrmals mit Benzin ausgeschüttelten Seifenlösung werden nach dem Verjagen des Alkohols die Fettsäuren durch Zusatz von heißer, verdünnter Salzsäure bis zur kräftigen Rotfärbung von Methylorange ausgeschieden. Nach dem Erkalten wird die Lösung mit Äthyläther erschöpfend ausgeschüttelt. Man wäscht den die freien Fettsäuren enthaltenden Ätherauszug sorgfältig mit 10%iger Kochsalzlösung neutral, trocknet etwa 30 Min. lang mit entwässertem Natriumsulfat, filtriert und wäscht den Filterrückstand mit trockenem Äther nach. Nach dem Abtreiben der Hauptmenge des Äthers wird der Rückstand bei 50 bis 60 °C von den letzten Ätherresten befreit, indem man trockene Luft hindurchbläst, bis innerhalb von 15 Min. keine größere Gewichtsveränderung als 0,1% eintritt.

Das Molekulargewicht des Rückstandes wird durch Bestimmung der Neutralisationszahl bzw. der Verseifungszahl mit Hilfe von eingestellter alkoholischer Kalilauge ermittelt. Ist nur der Säuregehalt zu bestimmen, so verfährt man wie in Abschn. 8, Verfahren a), beschrieben, indem man 100% freie Säure annimmt und das Molekulargewicht berechnet. War freies Neutralfett im Rückstand vorhanden, so wird die Verseifungszahl bestimmt, indem man mit überschüssiger alkoholischer Lauge von bekanntem Titer kocht und nach völliger Verseifung den Überschuß an freiem Kaliumhydroxid mit Salzsäure in der Kälte zurücktitriert. Der Anteil an Neutralfett ergibt sich aus der Differenz von Verseifungszahl minus Neutralisationszahl. Die qualitative Untersuchung des Fettsäuregemisches kann nach den im Abschn. 14 erwähnten Methoden erfolgen.

10. Gesamtfett[1]

In der Praxis bezeichnet man die Gesamtmenge an Neutralfett, an freien und als Seifen vorhandenen Fettsäuren plus Mineralöl meistens kurz als „Gesamtfett".

5 g Schmierfett werden mit 50 ml Äther und einem kleinen Überschuß an verdünnter Salzsäure (insgesamt etwa 5 ml) bis zur Klarflüssigkeit am Rückflußkühler gekocht. Man kühlt ab, trennt die Schichten im Scheidetrichter, äthert die Salzsäurelösung mehrmals aus, wäscht die vereinigten Ätherlösungen mit Natriumsulfatlösung salzsäurefrei, trocknet sie über entwässertem Natriumsulfat und filtriert, indem man mit Äther nachwäscht. Der Äther wird verjagt und das bei 150 °C getrocknete „Gesamtfett" gewogen.

11. Glycerin

Glycerin ist in Schmierfetten in geringer Menge vorhanden, falls zur Bereitung Neutralfett verwandt worden ist.

Zur qualitativen Prüfung auf Glycerin wird von der Lösung A des Trennungsgangs nach ASTM D 128-64 (s. Abschn. 21) ausgegangen. Sie wird mit einem Überschuß an trockener Soda versetzt, um alle Metalle (mit Ausnahme der Alkalien) als neutrale oder basische Carbonate oder als Hydroxide zu fällen. Die ganze Masse wird zur Trockene eingedampft und der Rückstand mehrmals mit konzentriertem Alkohol extrahiert, in dem die Alkalicarbonate praktisch unlöslich sind. Die vereinigten Alkoholextrakte werden filtriert und eingedampft. Der Rückstand enthält fast alles Glycerin und etwas Kochsalz. Man prüft qualitativ auf Glycerin durch Erhitzen mit Kaliumbisulfat $KHSO_4$. Dabei spaltet das Glycerin Wasser ab und geht in Acrolein $CH_2 : CH \cdot CHO$ über, das einen stechenden Geruch besitzt.

Die quantitative Bestimmungsmethode nach ASTM D 128-64 ist bei Gehalten von 0,03 bis 1,6% Glycerin anwendbar und wird auch durch Äthylen- oder Propylenglykole nicht gestört.

Freies Glycerin. Eine Probe von 10 g Fett (Einwaage W) wird mit 20 ml n-Hexan und verdünnter Schwefelsäure (3 ml auf 20 ml) bis zur völligen Zersetzung am Rückflußkühler erhitzt. Die warme Mischung wird nach Verdünnen mit n-Hexan mit warmem Wasser extrahiert, die wäßrige Lösung wird mit Natronlauge (240 g/l) neutralisiert, mit Kaliummetaperjodat oxydiert und mit 0,05n Natronlauge titriert. Glycerin wird bei der Umsetzung mit Kaliummetaperjodat nach folgender Gleichung in Formaldehyd und Ameisensäure umgewandelt:

$$C_3H_8O_3 + 2\,KJO_4 = 2\,HCHO + HCOOH + 2\,KJO_3 + H_2O.$$

[1] HOLDE, D.: Kohlenwasserstofföle und Fette, 7. Aufl. Berlin: Springer 1933, S. 385.

Durch die Titration mit Lauge (A ml) wird die Ameisensäure neutralisiert. Der Glyceringehalt wird daher nach der Formel

$$\% \text{ Glycerin} = \frac{A \cdot n \cdot 92{,}1}{W \cdot 10 \cdot 0{,}92}$$

berechnet, in der 0,92 ein experimentell bestimmter Faktor ist, der deswegen auftritt, weil ein Teil des Formaldehyds nach der Gleichung $2\,\text{HCHO} + \text{NaOH} = \text{HCOONa} + \text{CH}_3\text{OH}$ reagiert.

Gebundenes Glycerin. Die Einwaage wird zur Verseifung des Neutralfetts mit 10 ml Natronlauge (100 g NaOH/l) am Rückflußkühler 2 Std. lang erhitzt. Man kühlt ab, neutralisiert die Lauge mit Schwefelsäure (1 : 4), fügt ungefähr 25 ml Schwefelsäure (1 : 4) und schließlich 20 ml Benzol hinzu. Die Seifen werden nun durch Kochen am Rückflußkühler zersetzt. Die weitere Bestimmung wird wie oben durchgeführt und das gebundene Glycerin als Differenz von Gesamtglycerin und freiem Glycerin ermittelt.

12. Grundölmenge und -eigenschaften

Zur Bestimmung der Grundölmenge können die Schmierfette nach SEB 22010[1] zerlegt werden.

Das mit einem Lösungsmittel und mit Salzsäure versetzte Schmierfett wird so lange am Rückflußkühler gekocht, bis die Seifen vollständig zersetzt sind. Die ungelösten Bestandteile werden abfiltriert, die Lösungsmittelschicht wird mit Wasser gewaschen und mit alkoholischer Kalilauge verseift. Durch Verdünnen mit Wasser entstehen zwei Schichten, die mehrmals gewaschen werden. Die Lösungsmittelschicht liefert nach dem Abdampfen des Lösungsmittels das Mineralöl, das allerdings auch noch das meist nur in geringer Menge vorhandene Neutralfett und die unverseifbaren Bestandteile der Seifengrundlage sowie manche Wirkstoffe enthält. Ein anderer Nachteil ist der, daß Grundöle mit höherem Dampfdruck teilweise verloren gehen können. Die genannten Beimischungen sowie die Verdampfungsverluste stören im allgemeinen nur wenig, so daß die an dem isolierten Grundöl bestimmten Kennzahlen, wie die Viskosität und die Dichte, in der Regel gut mit denen des verwendeten Grundöls übereinstimmen.

Die Grundölmenge kann auch nach den in den Abschn. 15, 21 und 22 beschriebenen Verfahren erhalten werden, doch gelten für diese die gleichen Einschränkungen wie für das SEB-Verfahren.

Bei vielen Schmierfetten gelingt es, das Grundöl durch Anwendung von Vakuum abzusaugen[2]. Eine vollständige Abtrennung des Grundöls ist nach diesem Verfahren nicht möglich; daher kann es nicht zur Ermittlung der Grundölmenge benutzt werden, doch können an der abgesaugten Probe die Viskosität sowie sonstige Eigenschaftswerte des Grundöls bestimmt werden.

13. Grundölflammpunkt

Der Flammpunkt des Grundöls wird ermittelt, wenn geprüft werden soll, ob ein Grundöl verwendet worden ist, das leicht verdampfende Bestandteile enthält.

Da bei der Abtrennung des Grundöls nach den im Abschn. 12 aufgeführten Verfahren ein Teil der leicht verdampfenden Stoffe entfernt wird, würde nicht der Flammpunkt des ursprünglichen Grundöls gemessen werden. In diesem Falle wird das in SEB 22010 beschriebene Verfahren B angewandt[3], das brauchbare Ergebnisse liefert, wenn keine niedrigmolekularen Fettsäuren bzw. Seifen zur Fettherstellung verwendet wurden.

100 g Schmierfett werden mit einer Mischung von 50 ml Salzsäure 1,19 und 50 ml Wasser 60 Min. am Rückflußkühler gekocht. Anschließend läßt man das Gemisch solange stehen, bis sich die Ölschicht klar abgesetzt hat. Die Ölschicht wird abgegossen und für die Flammpunktbestimmung verwendet.

---

[1] SEB = Stahl-Eisen-Betriebsblätter des Vereins Deutscher Eisenhüttenleute, Verlag Stahleisen mbH, Düsseldorf.

[2] CHAMBERLIN, F. E., C. F. CARTER u. J. L. DREHER: NLGI Spokesman 22 (1959) 466.

[3] GÖTTNER, G. H.: Schmiertechn. 5 (1958) 273.

14. Identifizierung der Fettsäuren

Zur qualitativen und quantitativen Ermittlung der Zusammensetzung der Fettsäuregemische, die beispielsweise in den nach Abschn. 9 oder 15 isolierten Fettsäuren oder Seifen enthalten sind, werden die klassischen Methoden der chemischen Untersuchung[1] heute nur noch verhältnismäßig wenig angewandt. An erster Stelle stehen die chromatographischen Verfahren[2] (s. Abschnitt „Chromatographie", S. 126 sowie 1. Kap., C., V). Die Säulenchromatographie kann allerdings nur dann herangezogen werden, wenn größere Probemengen zu Verfügung stehen. Die geringsten Mengen erfordert die Papierchromatographie[3]. Durch Dünnschichtchromatographie[4] können mit gewissen Kunstgriffen auch größere Mengen getrennt werden, die weiteren Untersuchungen unterworfen werden können. Außerdem kann bei diesem Verfahren das Adsorptionsmittel mit geringerem Aufwand verändert werden, als das bei der Papierchromatographie der Fall ist. Die Gaschromatographie[5] schließlich erlaubt in sehr einfacher und schneller Weise nicht nur exakte Identifizierungen, sondern auch quantitative Bestimmungen. Die Fettsäuren werden vor der gaschromatographischen Untersuchung meistens in die Methylester überführt, weil diese leichter sieden. Die Anwendung der genannten Methoden verlangt einen erfahrenen Spezialisten, denn die Arbeitsweise muß je nach den gegebenen Umständen festgelegt werden.

Zur Prüfung der Fettsäuren auf Doppelbindungen sind die Bestimmung der Jodzahl[6] oder der Rhodanzahl[7] geeignet. Oxysäuren können durch die Ermittlung der Hydroxylzahl[8] erkannt werden.

15. Neutralfett (unverseiftes Fett) und unverseifbares Öl (Mineralöl)

Es kann von der bei der Bestimmung der Seifen (s. Abschn. 17) erhaltenen Acetonlösung ausgegangen werden. Man verdampft das Lösungsmittel und wiegt den Rückstand (Neutralfett plus Mineralöl). Statt dieses Rückstandes kann auch das nach SEB 22010 gewonnene „Grundöl" (s. Abschn. 12) verwendet werden. Durch Bestimmung der Verseifungszahl des Gemisches (gemäß Abschn. 9) wird der Gehalt an verseifbarem Neutralfett festgestellt und auf die Menge des Ausgangsmaterials umgerechnet[9].

---

[1] BALTES, J., in H. A. BOEKENOOGEN: Analysis and Characterization of Oils, Fats and Fat Products. London/New York/Sidney: Interscience 1964, Bd. I, S. 1.

[2] REISER, R., u. M. C. WILLIAMS in H. A. BOEKENOOGEN: Analysis and Characterization of Oils, Fats and Fat Products. London/New York/Sidney: Interscience 1964, Bd. I, S. 67.

[3] KAUFMANN, H. P.: Fette u. Seifen 58 (1956) 492. — SCHLENK, H., J. L. GELLERMANN, J. A. TILLOTSON u. K. H. MANGOLD: J. Amer. Oil Chemists Soc. 34 (1957) 377. — MICHEEL, W., u. Mitarb.: Papierchromatographische Trennung hydrophober Substanzen mit Cellulose-Ester-Papieren. Köln u. Opladen: Westdeutscher Verlag 1963, S. 18.

[4] MANGOLD, H. K., u. R. KAMMARECK: Chem. and Ind. 1961 (8. Juli) S. 1032. — STAHL, E.: Dünnschicht-Chromatographie. Berlin/Göttingen/Heidelberg: Springer 1962. — CARTER, C. F., u. F. BAUMANN: NLGI Spokesman 28 (1964) 48. — RANDERATH, K.: Dünnschicht-Chromatographie, 2. Aufl. Weinheim/Bergstr.: Chemie 1965.

[5] BAYER, E.: Gaschromatographie, 2. Aufl. Berlin/Göttingen/Heidelberg: Springer 1962; s. auch Abschnitt „Spektrographische Prüfungen", 1. Kap., C.

[6] DGF-Einheitsmethoden C-V 11, s. 9. Kap. „Öle und Fette aus Pflanzen- und Tierkörpern".

[7] DGF-Einheitsmethoden C-V 13, s. 9. Kap. „Öle und Fette aus Pflanzen- und Tierkörpern".

[8] DGF-Einheitsmethoden D-IV 4, s. 9. Kap. „Öle und Fette aus Pflanzen- und Tierkörpern".

[9] HOLDE, D.: Kohlenwasserstofföle und Fette, 7. Aufl. Berlin: Springer 1933, S. 305.

16. Neutralisationszahl

Durch die Bestimmung der Neutralisationszahl können in ungebrauchten Schmierfetten die freien Säuren oder alkalischen Bestandteile, ferner in gebrauchten Fetten die durch Oxydation gebildeten sauren Alterungsstoffe ermittelt werden. Es wird aber nicht wie bei den im Abschn. 8 behandelten ASTM- und IP-Verfahren der Gehalt an freier Säure oder freiem Alkali angegeben, sondern die Menge KOH in mg, die erforderlich ist, um die in 1 g des Schmierfetts enthaltenen freien Säuren zu neutralisieren, bzw. die Menge KOH in mg, die dem in 1 g Schmierfett vorhandenen freien Alkali äquivalent ist. Im erstgenannten Fall wird bei der Angabe des Ergebnisses dem Zahlenwert das Kennwort „sauer", im letztgenannten Fall das Kennwort „alkalisch" hinzugefügt.

DIN 51 809: Bestimmung der Neutralisationszahl, Farbindikator-Titration

Die Schmierfettprobe wird in einem Lösungsmittelgemisch aus Äthanol, Benzol und Alkaliblau gelöst und mit einer vorgelegten Salzsäuremenge unter Rückfluß gekocht. Danach wird mit alkoholischer Kalilauge zurücktitriert[1]. Für sehr dunkle Schmierfette ist die Farbindikatormethode nach DIN 51 809 nicht geeignet.
Für diese muß die potentiometrische Titration nach

DIN 51 812: Bestimmung der Neutralisationszahl, Potentiometrische Methode

angewandt werden. Die beiden Verfahren können unterschiedliche Werte liefern, weil ungleiche Lösungsmittel benutzt werden und die Endpunkte der Titration unterschiedlich festgelegt sind.

17. Seife

Die gravimetrische Methode zur Bestimmung der Seife[2] beruht darauf, daß die meisten Seifen in Aceton viel schwerer löslich als die Mineralöle sind.

Eine eingewogene Fettmenge wird mit Aceton im Soxhlet-Apparat extrahiert. Man setzt dem Aceton etwas gekörntes Calciumchlorid zu, um das Wasser des Acetons zu binden und dadurch die Löslichkeit der Seifen weiter zu verringern. Aus dem Unlöslichen, das unter Umständen noch etwa vorhandenes zähflüssiges Mineralöl enthält, muß das ungelöste Mineralöl durch ein Gemisch von 3 Teilen trockenem Aceton und 1 Teil leichtsiedendem Benzin ($d = 0,70$ g/ml) extrahiert werden. Das Unlösliche enthält dann nur die Seifen und gegebenenfalls die rein anorganischen Beimengungen. Die Extraktionshülse wird gekocht und gewogen.

Danach werden die Seifen aus der Hülse durch Extrahieren mit heißem Benzin-Alkohol-Gemisch (Verhältnis 4:1) herausgelöst. Man trocknet die Extraktionshülse erneut und bestimmt die Seifen als Differenz.

Die Seifen sind z. T. acetonlöslich. Will man die während der Extraktion mit reinem Aceton in Lösung gegangenen Seifen erfassen, so verbrennt man das in

---

[1] Der Indikator Alkaliblau B 6 ist in saurer Lösung blau, in alkalischer Lösung rot. Man titriert nur bis zur Rotviolettfärbung, dann erfolgt der Umschlag bei pH 8 bis 9. Die Farbänderung beobachtet man im durchfallenden, nicht im auffallenden Licht. Zweckmäßig wird in einem Baader-Kolben titriert, dessen henkelförmiges Ansatzrohr von 3 mm lichter Weite auch bei dunklen Lösungen den Farbumschlag noch erkennen läßt. Gegenüber Phenolphthalein (in saurer Lösung farblos, in alkalischer Lösung rot, Umschlag bei etwa pH 8,3 bis 10,0) hat Alkaliblau den Vorteil, daß bei richtiger Arbeitsweise der Umschlag näher am Neutralpunkt liegt und daß auch verhältnismäßig dunkle Lösungen noch titriert werden können; andererseits aber besteht die Gefahr des Übertitrierens, denn ein klares Rot wird erst bei pH-Werten über 10 erreicht.

[2] HOLDE, D.: Kohlenwasserstofföle und Fette, 7. Aufl. Berlin: Springer 1933, S. 384.

Aceton gelöste Öl und bestimmt die Asche. 1 mg CaO entspricht etwa 11,4 mg Kalkseife, 1 mg Na_2O (gefunden als Na_2CO_3) etwa 10 mg Natronseife.

18. Ultrarotspektroskopie

Die Ultrarotspektroskopie ist ein ausgezeichnetes Mittel zur Identifizierung der Grundöle sowie vieler Zusätze und Dickungsmittel[1]. Auch zur quantitativen Wasserbestimmung[2] kann diese Methode herangezogen werden, doch bietet die erhebliche Breite der Absorptionsbande und ihre Überlagerung durch andere OH-Banden beträchtliche Schwierigkeiten. Bei der Untersuchung von Schmierfetten und isolierten Seifen ist zu beachten, daß die Lage der CO-Bande um so mehr in Richtung höherer Wellenlängen (niedrigerer Wellenzahlen) verschoben wird, je höher das Atomgewicht des Metalls ist[3]. Aluminiumseifen geben sich beispielsweise durch eine scharfe Bande bei der Wellenzahl 1000 cm^{-1} (Al-O-Bande) zu erkennen[4]. Auch über Untersuchungen von Bentonitfetten wurde berichtet[5]. Um von Schmierfetten Aufnahmen mit definierter Schichtdicke herstellen zu können, wurde eine Quetschküvette entwickelt[6].

19. Unlösliche Bestandteile und n-Hexan-Unlösliches

Zur Bestimmung des Unlöslichen wird nach ASTM D 128-64 (Methods of Analysis of Lubricating Grease) eine Probe von 8 bis 30 g mit 50 ml 10%iger Salzsäure versetzt und unter Rühren so lange auf einem Wasserbad erhitzt, bis alle Seifenklumpen verschwunden sind und die obere Schicht klar ist. Beide Schichten werden noch warm durch einen Filtertiegel 1-G-3 filtriert. Der Becher und der Tiegel werden mit 60 bis 63 °C warmem Wasser und n-Hexan gespült, und schließlich wird der Tiegel mit 50%igem Äthanol gewaschen. Der Tiegel wird bei 120 °C getrocknet. Das Unlösliche enthält die Festschmierstoffe, wie Graphit und MoS_2, sowie andere Feststoffe[7]. Zur Bestimmung des Feststoffgehaltes kann auch das Verfahren nach DIN 51831 (Bestimmung des Gehaltes an Graphit und/oder Molybdändisulfid) Ziffer 8.1.1, benutzt werden (s. Abschn. 7); für sehr geringen Fremdstoffgehalt (Fettverschmutzung) ist das Verfahren nach DIN 51813 (Bestimmung des Gehaltes an festen Stoffen) (Abschn. VI, 4), geeignet.

Das n-Hexan-Unlösliche nach ASTM D 128-64, Methods of Analysis of Lubricating Grease, Appendix, wird durch Extraktion einer 10 g-Probe mit n-Hexan in dem Extraktor nach ASTM D 473-65, Method of Test for Sediment in Crude Oils by Extraktion, bzw. IP 53/66, Sediment by Extraktion, ermittelt. Es enthält neben den unlöslichen Feststoffen, die nach dem im vorstehenden beschriebenen Verfahren erhalten werden, noch Seifen, anorganische Dickungsmittel und Asphaltene.

20. Wassergehalt

Die Bestimmung des Wassergehaltes erfolgt nach DIN 51582, Bestimmung des Wassergehaltes durch Destillation, s. Teil I, S. 125. Eine empfehlenswerte Abwandlung der im DIN-Blatt beschriebenen Vorlage hat WEFELSCHEID[8] vorgeschlagen.

---

[1] Siehe Abschnitt „Spektroskopie", 1. Kap., C. GARDNER, L.: Can. Spectroscopy 9 (1964) 156.

[2] MILBERGER, E. C., A. F. MILLER u. V. R. DAMERELL: NLGI Spokesman 21 (1957) Nr. 5, S. 10.

[3] ROBERT, L., u. J. FAVRA: Microchimica Acta 2—3 (1955) 517.

[4] WIBERLEY, S. E., W. H. BAUER u. D. B. COX: NLGI Spokesman 24 (1960) 328.

[5] DAMERELL, V. R., u. E. C. MILBERGER: Nature 178 (1956) 200. — MILBERGER, E. C., A. F. MILLER u. V. R. DAMERELL: NLGI Spokesman 21 (1957) Nr. 5, S. 10.

[6] FISCHER, H.: Z. Chemie 1 (1961) 234.

[7] Bis zum Jahre 1963 wurden in ASTM D 128 die nach diesem Verfahren bestimmten Feststoffe als Füllmittel bezeichnet.

[8] WEFELSCHEID, H.: Öl u. Kohle 37 (1941) 239.

Übersicht 1. *Systematischer Analysengang für konsistente Fette nach ASTM D 128-64* (*zu* S. 416).

Probe: etwa 8 bis 30 $\pm$ 0,1 g. Da der Seifengehalt aus der Konsistenz geschätzt werden kann, wählt man die Größe der Probe je nach der Konsistenz; z. B. werden für Schmierfette der NLGI-Klasse 3 etwa 10 bis 20 g eingewogen. Der Analysengang beginnt mit Methode II, falls die Gefahr der Bildung hartnäckiger Emulsionen besteht. — Die bei Extraktionen erhaltene obere (spezifisch leichtere) Schicht ist links, die untere Schicht rechts des Leitpfeils aufgeführt.

Methode I
(*für helle Fette mit oder ohne Graphit*).

Probe im Erlenmeyer mit 50 ml 10%iger HCl und 20 ml n-Hexan „n-H." oder mit Gemisch[b] zersetzen. Beide Schichten durch Schottschen Filtertiegel 1-G-3 filtrieren. Mit Wasser und n-H. nachwaschen.

Filtrat in Scheidetrichter absitzen lassen; beide Schichten trennen.

Rückstand, enthaltend: Asbest, Talkum, Graphit, MoS_2 oder dgl.

n-H.-Lösung (B), enthaltend: Fettsäuren, Neutralfett und Mineralöl. 3mal mit je 25 ml Wasser im Scheidetrichter waschen

Salzsaure Lösung (A), enthaltend: Glycerin, Spuren von Fett und die Metallchloride.

{HCl-haltiges Waschwasser} → Vereinigte Lösungen im Scheidetrichter 2mal mit je 20 ml n-H. waschen.

n-H.-Lösung (C), enthaltend: Spuren von Fettsäuren, Mineralöl und HCl. 1mal mit 15 ml Wasser waschen.

Salzsaure Lösung (A), enthaltend: HCl, Chloride, *Glycerin*. Nach Abschn. 11 auf Glyceringehalt untersuchen.

n-H.-Lösung (C'), enthaltend: Spuren von Fettsäuren, Mineralöl.

Waschwasser (weggießen).

{Die vereinigten Lösungen (B') und (C'') in 250 ml-Scheidetrichter laufen lassen.}

Methode II
(*für dunkle Fette, die Rückstandsöle, Bitumen, Teer usw. enthalten*).

Probe in Porzellanschale mit 10 g gekörntem $KHSO_4$ und 10 g sauberem, geglühtem Sand und 5 ml Wasser vermischen. Auf dem Wasserbad unter Umrühren etwa 2 Stunden lang erwärmen, bis alles Wasser vertrieben ist. Abkühlen lassen, zerkleinern, quantitativ in Extraktionshülse bringen; Reste quantitativ mit n-H. nachspülen, während die Hülse bereits im Soxhlet steckt. Im Soxhlet mit n-H. gründlich extrahieren.

n-H.-Lösung (K), enthaltend: Fettsäuren, Neutralfett und Mineralöl. Falls nötig, etwas einengen. In 250 ml-Scheidetrichter laufen lassen.

Rückstand in der Hülse mit CS_2 extrahieren.

Extrakt zur Trockne eindampfen, 1 Stunde auf 120 °C erhitzen und wägen. Rückstand: *Teer* und *Asphaltstoffe.*

Rückstand: anorganische Bestandteile (*Anorganische Feststoffe*).

→Von hier ab sind Methoden I und II identisch.

Falls n-H.-Lösung hell gefärbt: Im Scheidetrichter *freie Fettsäuren* mit Phenolphthaleinindikator und 0,5n alkohol. KOH, unter Annahme einer mittleren Neutralisationszahl der Fettsäuren von Nz^a = 200, titrieren. Dann geringen Überschuß an 0,5n alkohol. KOH zugeben.

Falls n-H.-Lösung dunkel gefärbt: Nach der Titration (s. Abschn. 9) merklichen Überschuß an 0,5n alkohol. KOH zugeben [Titration oft unmöglich].

In beiden Fällen so viel Wasser hinzufügen, daß die Alkoholschicht etwa 50%ig wird. Schichtentrennung soll schnell erfolgen und scharf sein.

---

[a] Nz = Neutralisationszahl. — [b] 50 ml n-H., 50 ml tert. Butylalkohol, 2 ml HCl (d = 1,19) und 2 Tropfen Buttergelb-Indikator (2 g p-Dimethylaminoazobenzol in 100 ml Benzol). Wenn der Indikator bei der Zersetzung gelb wird, füge jeweils 1 ml HCl hinzu, bis die Farbe rot bleibt.

n-H.-Lösung (E), enthaltend: Neutralfett, Mineralöl, Spuren von Seifen. Im Scheidetrichter 3 mal mit (30, 25, 20 ml) 50 %igem Alkohol waschen.

Alkohol. Lösungen mit Spuren von Fett, Seifen und von Mineralöl. Zu (D) hinzufügen.

n-H.-Lösungen mit Spuren von Fett und Mineralöl. Zu (E) hinzufügen.

n-H.-Lösung (E'), enthaltend: Neutralfett und Mineralöl. Im 300 ml-Erlenmeier-Kolben auf 125 ml einengen. Mit 10 ml 0,5 n alkohol. KOH und 50 ml neutralem, starkem Alkohol versetzen und am Rückflußkühler 90 Min. lang erhitzen und dadurch verseifen. Rücktitration mit 0,5 n HCl ergibt Vz[a] (vgl. Abschn. 8). Hieraus *Neutralfett* N berechnen unter Annahme einer mittleren Vz von 195; also $N = \frac{100 \cdot Vz}{195}$. Die beiden Schichten der titrierten Lösung im Scheidetrichter trennen.

Alkohol. Lösung (D), enthaltend: KOH, Seifen, Spuren von Neutralfett und von Mineralöl. Im Scheidetrichter einmal mit 25 ml Petroläther waschen.

Alkohol. Lösung (D'), enthaltend: Kaliseifen. Im Becherglas den Alkohol verdampfen. Rückstand mit heißem Wasser im Scheidetrichter spülen und mit 10%iger HCl zersetzen. Zunächst mit 50, dann mit 25 ml Äthyläther ausschütteln.

Vereinigte Ätherlösungen (F), enthaltend: Fettsäuren und Spuren von HCl. Im Scheidetrichter 2 mal mit je 20 ml Wasser säurefrei waschen.

Salzsaure Lösung mit KCl (weggießen).

n-H.-Lösung (G), enthaltend: Mineralöl und Spuren von Seife. Im Scheidetrichter zunächst mit 30, dann mit 20 ml 50 %igem Alkohol seifenfrei waschen.

Alkohol. Lösung (H), enthaltend: Alkaliseifen und Spuren von Mineralöl.

Ätherlösung (F') mit Fettsäuren. Im gewogenen Becherglas eindampfen und auf dem Wasserbad zur Entfernung der letzten Spuren Äther Luft einblasen. Mehrmals je 5 ml Aceton zusetzen und zur Vertreibung der letzten Spuren Wasser jeweils verdampfen, bis Gewicht konstant ist.

HCl-haltiges Wasser (weggießen).

Alkoholische Lösung mit Spuren von Seife.

n-H.-Lösung mit Spuren von Mineralöl.

Vereinigte Lösungen 1 mal im Scheidetrichter mit wenig n-H. waschen

n-H.-Lösung (G'), enthaltend: Mineralöl und Unverseifbares aus dem Fett. Vereinigte Lösungen eindampfen und wägen.

Rückstand: *Mineralöl* und sonstiges *Unverseifbares*. Brechungsindex n_D^{20} und Viskosität bei 20 und 50 °C womöglich bestimmen. — Spuren von n-H. haben großen Einfluß.

Alkoholische Lösung (H'), enthaltend: Alkaliseifen. Wie (D') aufarbeiten, jedoch mit n-H., anstatt mit Äthyläther.

Rückstand, enthaltend: *freie Fettsäuren und die aus den Seifen frei gemachten Fettsäuren*. Nz[b] bestimmen und die unmittelbar vor (D) und (E) bestimmten freien Fettsäuren abziehen. Auf Seifengehalt umrechnen, unter Berücksichtigung der Aschenanalyse (s. Abschn. 3). Fettsäuren identifizieren mit Hilfe von Geruch, Schmelzpunkt, Jodzahl, Vz, Farbreaktionen oder chromatographischen Verfahren. — Ist Identifizierung durch Beimischungen erschwert, so können die Fettsäuren (durch Verseifung und Zersetzung der Seifen mit HCl) gereinigt werden.

n-H.-Lösung, enthaltend: *Fettsäuren*. Im gewogenen Becherglas eindampfen und zurückwägen. Rückstand: Fettsäuren aus dem Neutralfett. Multiplikation mit 1,045 gibt annähernd den Gehalt an *Neutralfett*.

Salzsaure Lösung mit Chloriden, weggießen

[a] Vz = Verseifungszahl.
[b] Nz = Neutralisationszahl.

Die Methode nach ASTM D 95-62 (Water in Petroleum Products and Other Bitumen Materials) entspricht weitgehend dem DIN-Verfahren. Die Vorlagen (s. auch ASTM E 123-64) besitzen unten keine Hähne zum Ablassen des Wassers. Als Lösungs- und Trägermittel soll ein Mineralöldestillat benutzt werden, von dem 5 Vol.-% zwischen 90 und 100 °C und 90 Vol.-% unter 210 °C sieden müssen. Nach IP 74/64 (Water Content Dean and Stark Method) wird als Trägerflüssigkeit „Petroleum Spirit 100-120" (Siedebereich 95 bis 125 °C) verwendet. Die kleinste Vorlage faßt nur 2 ml und ist in 0,05 ml graduiert.

21. Gesamtanalyse nach ASTM D 128-64: Methods of Analysis of Lubricating Grease

Der angegebene systematische Analysengang für Schmierfette, nach dem anorganischen Feststoffe, Teer, Asphaltstoffe, freie Fettsäuren, Neutralfett, Gesamtfettsäure, Mineralöl und Unverseifbares bestimmt werden können, ist der Übersicht 1 (S. 414) zu entnehmen.

22. Gesamtanalyse mit Hilfe von Ionenaustauschern

Das ASTM-Verfahren zur Gesamtanalyse von Schmierfetten beruht im wesentlichen auf Extraktionsmethoden. Auch die Säulenchromatographie kann mit Erfolg zur Trennung der Komponenten herangezogen werden. Beispielsweise adsorbiert KAISER[1] an Kieselgel und wäscht das Öl mit Petroläther oder Tetrachlorkohlenstoff, die Seifen mit einem Chloroform-Essigsäure-Gemisch aus. POWERS und PIEL[2] wenden als Adsorptionsmittel ein mit Äthanolamin präpariertes Kieselgel und als Lösungsmittel Chloroform sowie Chloroform-Essigsäure-Gemische an; die Fette werden vor der chromatographischen Trennung mit Äthansulfosäure gespalten. Diese Verfahren liefern gute Trennungen, erfordern aber die Aufteilung in viele Fraktionen, deren Zusammensetzung jeweils geprüft werden muß.

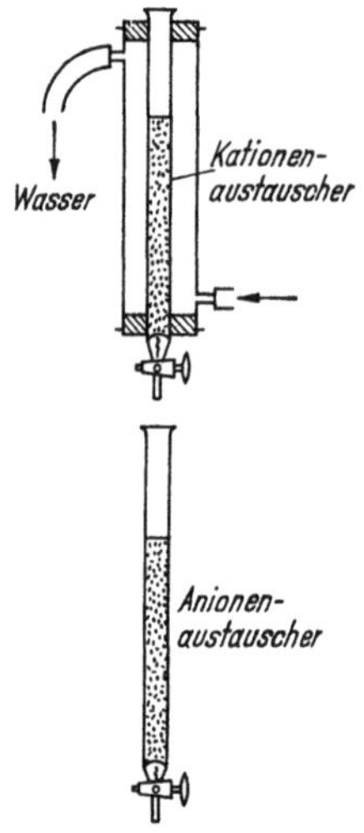

Einfacher als die Säulenchromatographie mit Adsorptionsmitteln ist für die Schmierfettuntersuchung die Austauschchromatographie, weil die dissoziierbaren Substanzen fest von den Austauschern zurückgehalten werden und durch ein ionenfreies Lösungsmittel nicht eluiert werden. Mit stark sauren Kationenaustauschern, z. B. mit Wofatit KPS 200, können aus dem in Benzol gelösten Schmierfett die Fettsäuren freigesetzt werden[3]. Die Trennung der organischen Bestandteile kann dann mit der üblichen Säulenchromatographie erfolgen.

Erst durch die Kombination von Kationen- und Anionenaustauschern wird eine schnelle Trennung ermöglicht. Zweckmäßig ist folgende Arbeitsvorschrift[4]:

1 g Schmierfett wird in einem 250 ml-Erlenmeyer-Kolben mit 50 ml Lösungsmittel (z. B. Benzol oder Benzol-Alkohol 1 : 1) am Rückflußkühler bis zum Lösen erwärmt. Die abgekühlte Lösung wird in die obere, mit einem Heizmantel versehene Säule (Abb. 3) eingefüllt, in die 10 g Kationenaustauscher (Lewatit S 100, Korngröße 0,09 bis 0,18 mm), mit dem Lösungsmittel durchtränkt, eingetragen sind. In der unteren Kolonne befinden sich 10 g Anionenaustauscher (Dowex 2) der gleichen Teilchengröße, ebenfalls mit dem Lösungsmittel getränkt. Das Abfließen der Lösung wird durch die Hähne derart eingestellt, daß beide Kolonnen stets mit Lösungsmittel gefüllt sind. Die Durchflußgeschwindigkeit soll 0,3 ml/min betragen.

Wasser
Kationen-austauscher
Anionen-austauscher

Abb. 3. Kolonnen für Austausch-Chromatographie.

[1] KAISER, R.: Chem. Techn. 8 (1956) 388.
[2] POWERS, G. W., u. F. J. PIEHL: Analyt. Chem. 30 (1958) 28.
[3] PRESTING, W., S. JÄNICKE u. D. RÜMPLER: Freiberger Forsch.-H. A 164 (1960) 262.
[4] VÁMOS, E., u. F. SIMON: Freiberger Forsch.-H. A 164 (1960) 324.

Die Kohlenwasserstoffe und alle anderen nicht-dissoziierbaren Stoffe, z. B. Fettalkohole, werden mit 100 ml Lösungsmittel eluiert. Die eluierte Menge, das Unverseifbare, wird bestimmt.

Nun werden beide Kolonnen getrennt. Der Anionenaustauscher wird mit 1 n alkoholischer Essigsäure (5 % Essigsäure in Äthanol) bei einer Durchflußgeschwindigkeit von 1,8 ml/min eluiert. Der Kationenaustauscher wird mit 1 n Salzsäure eluiert. Zur Trennung der einzelnen Kationen kann der Kationenaustauscher nach dem Verfahren von WICKBOLD[1] in eine mit 30 g Wofatit F, H$^+$.-Form, gefüllte 150 cm lange Kolonne übertragen und mit 0,1 n Salzsäure eluiert werden.

Zur Regeneration werden die Austauscher mit Methanol und destilliertem Wasser gereinigt. Der Kationenaustauscher wird mit 5 %iger Salzsäure, der Anionenaustauscher mit 5 %iger Natronlauge so lange gewaschen, bis alle fremden Ionen entfernt sind. Beide Austauschersorten werden mit destilliertem Wasser bis zur Neutralität gegenüber Methylrot gewaschen, mit absolutem Alkohol entwässert und schließlich 3 Std. lang bei 60 °C getrocknet.

Das Verfahren ist für Natrium-, Calcium- und Aluminiumseifenfette geeignet. Da Lithiumseifen in Benzol kaum und in Alkohol nur schwer löslich sind, muß bei diesen die obere Kolonne während der Extraktion auf 45 °C erwärmt werden.

VI. Physikalische Kenndaten und Verhaltensprüfungen

Die chemischen Prüfungen und die Bestimmung der Zusammensetzung geben nur einen begrenzten Aufschluß über die Qualität von Schmierfetten. Der Verbraucher erwartet, daß die Gütebewertung möglichst praxisnahe nach Verfahren erfolgt, welche die Beurteilung der Eignung eines Schmierfettes für bestimmte Funktionen oder technische Beanspruchung zulassen. Doch muß hier in jedem Einzelfall zu sehr kritischen Überlegungen geraten werden, damit es bei der Beurteilung der Qualität oder des Gebrauchswertes nicht zu groben Fehlschlüssen kommt; das gilt besonders von den komplexen Prüfverfahren[2].

1. Äußere Beschaffenheit[3]

a) Allgemeines

Die Schmierfette sollen im Anlieferungszustand frei von klumpigen, körnigen und festen Inhomogenitäten (Seifen, Kalk usw.) sein. Etwa vorhandene schleifende Bestandteile erkennt man leicht durch Verreiben einer Probe zwischen zwei Spiegelglasscheiben (s. auch Abschn. 4). Schmierfette müssen auch bei längerem Lagern unter Normalbedingungen in Konsistenz und Farbe unverändert bleiben; sie dürfen insbesondere an der Oberfläche nicht verharzen, Entmischen oder Ölabscheidungen zeigen, hart oder bröckelig werden.

b) Fettfleckprobe

Man bringt ein erbsengroßes Stück Schmierfett auf ein Filterblättchen und legt dieses über ein Drahtnetz oder mehrere Holzstäbchen auf eine Petri-Schale, die man in einen Trockenschrank setzt. Die Temperatur soll den Fließpunkt erreichen oder überschreiten. Die leicht schmelzenden Anteile des Fettes, auch die Seifen, werden vom Papier aufgesogen oder tropfen durch. Verunreinigungen oder Beschwerungsmittel bleiben zurück.

c) Farbe

Hellere Fette werden gegenüber dunkleren vielfach bevorzugt, meistens zu Unrecht; denn hellere Farben können durch Lufteinschlüsse, größeren Wassergehalt oder durch Zusatz

---

[1] WICKBOLD, R.: Z. analyt. Chem. **132** (1951) 241, 321, 401.

[2] KEIL, G.: Maschinenbautechn. **7** (1958) 275 — Standardisierung **8** (1962) 1529. — SCHULTZE, GG. R., u. G. H. GÖTTNER: Materialprüfung **3** (1961) 402. — GÖTTNER, G. H.: Einführung in die Schmiertechnik. Düsseldorf: Marklein 1966, Bd. II, S. 3, 14.

[3] Eine sehr eingehende Beurteilung nach Aussehen, Farbe, Textur und Geruch nur mit Hilfe von Auge, Nase und Tastsinn und eine zweckmäßige Nomenklatur der Wahrnehmungen beschreibt A. S. ORR: NLGI Spokesman **22** (1958) 221.

von weißen Pigmenten verursacht sein. Bei visuellen Farbbestimmungen empfiehlt sich ein Vergleich mit stabilen gefärbten Mustern. Die Vergleichsmuster und die Proben müssen in Gefäßen gleicher Größe gegen einen einfarbigen Hintergrund bei einer Normalbeleuchtung betrachtet werden. Objektive Meßwerte lassen sich mit Hilfe von Kolorimetern im Vergleich gegen drei Primärfarben erhalten[1].

2. Dichte

Die Dichtebestimmung dient zur Identitätskontrolle bei verschiedenen Lieferungen, denn Seifen und Mineralöle unterscheiden sich in der Dichte. Sie kann auch Hinweise auf die Anwesenheit von Füllstoffen oder von Grundölen mit hoher Dichte, z. B. von Fluorkohlenstoffen, geben.

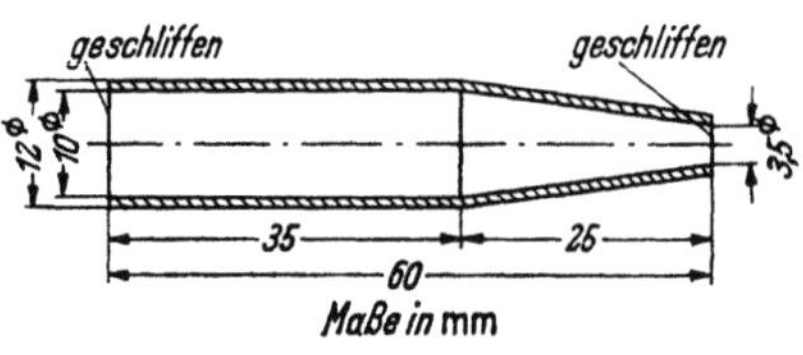

Abb. 4. Schmierfett-Pyknometer nach SEB 181301-62.

Für alle Schmierfette, deren Walkpenetration größer als 200 mm/10 ist, ist das Verfahren nach SEB 181301-62 geeignet. Das Pyknometer (Abb. 4; Volumen rd. 3,5 ml) wird mit Hilfe eines Gummischlauches und einer Scheibe aus nichtrostendem Metall, die ein zentrisches Loch vom Außendurchmesser des Röhrchens besitzt, gefüllt.

Die in ASTM D 1480-62 (Density and Specific Gravity of Viscous Materials by Bingham Pycnometer) empfohlene Methode zur Bestimmung der Dichte ist nur für Schmierfette geeignet, die aufgeschmolzen werden können, denn in das Bingham-Pyknometer läßt sich nur eine flüssige Substanz einfüllen. Diese muß auch bei der Meßtemperatur flüssig bleiben. Ein Verfahren, mit dem die Dichte schmelzbarer Fette auch unterhalb ihres Schmelzpunktes sehr genau ermittelt werden kann, ist in der DGF-Einheitsmethode Abt. C-IV-2b angegeben (siehe Abschnitt „Pflanzliche und tierische Fette", S. 646).

3. Fließverhalten und Förderbarkeit

Hier werden nur die Verfahren besprochen, bei denen das Schmierfett einem kontinuierlichen Fließvorgang unterworfen und die Messung der scheinbaren Viskosität oder der Förderbarkeit angestrebt wird; eine Ausnahme ist die Bestimmung des Entspannungsverhaltens, ein Verfahren, das wegen seiner Eignung zur Bewertung der Förderbarkeit in diese Gruppe gehört. Die Methoden, mit denen die Fließgrenze oder ähnliche Werte aus dem Anfangsteil der Fließkurve (s. Abschn. IV, 2) ermittelt werden, werden im Abschn. 10 besprochen.

Die größte internationale Verbreitung besitzt das Verfahren zur Bestimmung der scheinbaren Viskosität nach ASTM D 1092-62: Method of Test of Apparent Viscosity of Lubricating Greases. Das Fett wird in einen Zylinder eingefüllt, in dessen Boden eine Kapillare eingeschraubt ist. Auf der Fettprobe liegt ein Folgekolben, auf den durch Hydrauliköl ein Druck ausgeübt wird. Das Hydrauliköl wird von einer mit zwei wählbaren Geschwindigkeiten laufenden Pumpe gefördert. Der Druck, der sich im Hydrauliköl system bei konstanter Pumpenleistung einstellt, hängt von der Durchflußgeschwindigkeit des Fettes durch die Kapillare ab. Es werden acht Kapillaren mit lichten Weiten von 0,45 bis 3,8 mm benutzt, deren Länge jeweils 40 mal größer als die lichte Weite ist. Die scheinbare Viskosität kann also für insgesamt 16 Punkte der Fließkurve gemessen werden.

Ein Nachteil dieses Gerätes ist die zu geringe Länge der Kapillaren. Bei einem strukturviskosen Stoff ist eine erhebliche Anlaufstrecke zu überwinden, bis die durch die Strömung verursachten Strukturänderungen eingetreten sind und der Fließvorgang stationär geworden ist. Ein Verhältnis von 40 : 1 für das Verhältnis Länge zu Bohrung der Kapillare genügt hierfür

---

[1] CRIDDLE, D. W.: NLGI Spokesman 27 (1963) 108.

nicht[1]. Daher bereitet es einige Schwierigkeiten, aus den nach ASTM D 1092 gemessenen Werten der scheinbaren Viskosität auf das Förderverhalten in Rohrleitungen zu schließen.

Das National Lubricating Grease Institute hat eine Methode entwickelt, die aus der scheinbaren Viskosität nach ASTM D 1092-62 beim Geschwindigkeitsgefälle 200 sec^{-1} auf die Förderbarkeit des Fettes schließen läßt[2]. Sie ist aber umständlich, weil auch die Förderleistung des Pumpensystems bei einem Geschwindigkeitsgefälle von 200 sec^{-1} bestimmt werden muß. In den Schmierleitungen der Industrie soll das Geschwindigkeitsgefälle üblicherweise etwa zwischen 0,05 und 100 sec^{-1} (bei 50 mm bzw. bei 19 mm lichter Weite des Rohres) liegen[3]. Für diese Fälle wäre also 200 sec^{-1} zu groß.

Zur Bestimmung der Förderbarkeit von Schmierfetten wird von der United States Steel Corporation ein modifiziertes ASTM-Viskosimeter benutzt[4]. Es wird ein konstanter Druck

Abb. 5. Schema der Prüfeinrichtung nach SEB 181306-61 zur Bestimmung des Entspannungsverhaltens.

aufgegeben und nur mit der weitesten Kapillare gemessen. Ferner kann der gesamte Meßzylinder und der größte Teil der Kapillare gekühlt werden.

Bei den genannten Geräten sind grundsätzlich die Rohrlängen und -weiten im Vergleich zu den Leitungen der Praxis zu klein[5]. Diese Fehler vermeidet das Shell-De-Limon-Rheometer[6]. Bemerkt sei noch, daß bei der Auswertung dieser Messungen auf physikalisch so unzureichend definierte Begriffe wie scheinbare Viskosität und nominelles Geschwindigkeitsgefälle verzichtet wird und statt dessen die tatsächlichen Meßwerte, die Durchflußmenge in Abhängigkeit vom Druck je Meter Rohrleitung, angegeben werden.

Für Schmiersysteme mit fetthydraulisch gesteuerten Verteilerelementen liefert die Bestimmung des Entspannungsverhaltens nach SEB 181 306-61 nützliche Aussage. Die Schmierfettpumpe (*1* in Abb. 5) drückt das Fett in ein Meßrohr von mindestens 1 m Länge; in der Regel wird ein nahtloses Präzisionsrohr von 3 m Länge und 7 mm Innendurchmesser verwendet. Das Meßrohr wird vollständig mit Fett gefüllt, das nach Schließen des Hahnes *3b* auf den gewünschten Druck gebracht wird. Nun wird der Hahn *3a* geschlossen und nach Öffnen des Hahnes *3b* in gewissen Zeitabständen der Druckabfall am Manometer *2* abgelesen.

Für das Ansaugverhalten oder die Pumpbarkeit eines Schmierfettes können Konsistenzmessungen (s. Abschn. 10) Anhaltswerte liefern[7]. Zur Messung des Fließverhaltens bieten Rotationsviskosimeter Vorteile[8]. Wenn die Platte-Kegel-Einrichtung benutzt wird, werden für die scheinbare Viskosität die Werte erhalten, die andernfalls erst mit unendlich langen Kapillaren erreicht werden können[9].

4. Fremdstoffe

Wenn der Fremdstoffgehalt sehr gering ist, kann das Verfahren nach Abschn. V, 19 nicht angewandt werden. In diesem Falle wird der Gehalt an festen Fremdstoffen zweckmäßig nach DIN 51813 bestimmt:

[1] MÜLLER, W. R., T. J. WALSH u. R. R. SLAYMAKER: Lubrication Engng. 14 (1958) 216. — BAUER, W. H., A. P. FINKELSTEIN, D. O. SHUSTER u. S. E. WIBERLEY: NLGI Spokesman 23 (1959) 15.

[2] MARUSOV, N.: NLGI Spokesman 17 (1953) Nr. 10, S. 125. — SKOGLUND, R. D.: NLGI Spokesman 24 (1960) 24. — GABBERT, W. L.: NLGI Spokesman 24 (1960) 55.

[3] ARMSTRONG, E. L.: NLGI Spokesman 24 (1960) 173.

[4] Lubrication Engineering Manual, Method DM-43: Grease Mobility. United States Steel Corp., Pittsburgh, Pa.

[5] Auch das Gerät von C. F. CARTER: NLGI Spokesman 24 (1961) 430, hat diesen Mangel, nicht aber die Vorrichtung von S. W. REIN u. D. C. McGAHEY: NLGI Spokesman 29 (1965) 20, doch steht sie in der technischen Durchgestaltung weit hinter dem Shell-De-Limon-Rheometer zurück.

[6] GÖTTNER, G. H.: Schmiertechn. 11 (1964) 143.

[7] STOKELEY, M., u. R. M. McDONALD: NLGI Spokesman 17 (1954) Nr. 10, S. 20. — HEROLD, R.: Freiberger Forsch.-H. A 251 (1962) 171.

[8] BRUSS, H.: Schmiertechn. 4 (1957) 131.

[9] BAUER, W. H., u. a.: NLGI Spokesman 23 (1959) 15.

DIN 51813: Bestimmung des Gehaltes an festen Stoffen

Kurzbeschreibung des Verfahrens

Durch ein Prüfsieb mit festgelegter Maschenweite wird eine Fettmenge von 0,5 bis 1 kg gepreßt. Dabei werden die in der abgepreßten Probemenge enthaltenen festen Fremdstoffen in etwa 0,7 g der Probe angereichert. Diese geringe Menge wird in einem mit etwas Essigsäure versetzten Lösungsmittelgemisch gelöst, und die Lösung wird durch einen Filtertiegel filtriert. Das Verfahren hat die Vorteile, daß die festen Fremdstoffe in mg/kg-Mengen erfaßt und ihre Teilchengrößen durch Wahl von Prüfsiebgeweben mit verschiedenen Maschenweiten bestimmt werden können. Ein gewisser Mangel ist, daß nicht zwischen erwünschten und unerwünschten Feststoffen, z. B. zwischen Festschmierstoffen und schmirgelnden Bestandteilen, unterschieden werden kann.

Federal Test Method Std. No. 791 a, Method 3005.2

Die Zahl der festen Fremdstoffteilchen wird unter dem Mikroskop bei 60facher Vergrößerung nach den drei Größenordnungen 25 bis 75, 75 bis 125 und über 125 μm ausgezählt. Mit dieser Methode wird aber weder die Menge, noch die Schädlichkeit der Fremdstoffe bestimmt; ferner muß eine größere Anzahl von Proben untersucht werden, um brauchbare Durchschnittswerte zu erhalten.

ASTM D 1404-64: Method of Test for Estimation of Deleterious Particles in Lubricating Grease

erfaßt ausschließlich die schädlichen Anteile, allerdings nur qualitativ. Eine Schmierfettprobe wird zwischen zwei polierte Plexiglasscheiben (25,4 mm × 25,4 mm × 3,2 mm) gebracht, die mit rd. 14 kp/cm² zusammengepreßt und dann um etwa 30° gegeneinander verdreht werden. Alle Stoffe, die härter als das Plexiglas sind, hinterlassen eine sichtbare Kratzspur.

Die Anwesenheit störender Feststoffe kann man auch durch Messungen des Drehmoments von Zwergkugellagern erkennen[1]. Die Meßvorrichtung muß noch Drehmomentänderungen von einigen mp · mm anzeigen können.

5. Gelbildung

Manche Schmierfette gehen bei höherer Temperatur in eine feste, elastische Masse über. Das Fett haftet in diesem Zustande nicht mehr am Metall, die Wälzkörper des Lagers laufen infolgedessen trocken. Die für das Phänomen eingeführte Bezeichnung „Gelbildung" ist nicht sehr zweckmäßig und sollte vielleicht durch „Fettgummibildung" ersetzt werden[2].

Die Neigung zur Gelbildung wird mit einem von H. Wefelscheid[3] angegebenen Prüfgerät bestimmt. Das Fett wird in einen Hohlzylinder von 80 mm Höhe und 73 mm lichter Weite eingedrückt und einen Tag oder länger auf eine bestimmte Temperatur (z. B. 80 °C) erhitzt. Aus dem Fett austretendes Öl kann aus den Löchern des Bodens in ein untergestelltes Gefäß abtropfen. Nach Ablauf der vorgesehenen Zeit wird der Fettkuchen aus dem Zylinder mit einem Holzstempel herausgedrückt und in einen Meßapparat gelegt, der aus zwei halbkreisförmig gebogenen Aluminiumblechen besteht, die den Fettzylinder bis auf 30 bis 40 mm völlig umschließen. Das untere Blech liegt auf der Unterlage fest auf, das obere ist in seiner Längsachse um ein Scharnier drehbar und besitzt an der dem Scharnier gegenüberliegenden Seite einen Zeiger, der gegen eine feststehende Millimeterskala spielt. Man legt den Fettkuchen zwischen die beiden Bleche und drückt das obere Blech mit der Hand nieder, bis der Zeiger auf der Skala 5 mm tief gesunken ist. Die Zeigerstellung, die nach dem Entlasten abgelesen wird, gilt als Nullstellung. Nun wird abermals um 10 mm gedrückt. Geht der Zeiger beim Entlasten um mehr als 2 mm elastisch zurück, so gilt das Fett als gelierend.

Die Neigung zur Gelbildung kann qualitativ auch bei manchen mechanisch-dynamischen Prüfverfahren (Abschn. 14) erkannt werden.

---

[1] Irwin, R. F.: NLGI Spokesman 25 (1961) 212.
[2] Beispielsweise könnten Verwechslungen mit dem „Gelieren" vorkommen, also mit dem erwünschten Vorgang der Verfestigung des heißen Schmierfettsudes beim Abkühlen.
[3] Wefelscheid, H.: Öl u. Kohle 37 (1941) 236.

6. Haftvermögen

Die Haftfestigkeit von Schmierfetten kann nach dem Verfahren des Versuchsamtes für Bremsen der Deutschen Bundesbahn[1] bestimmt werden.

Der Waagebalken *4* (Abb. 6) und das Haftoberteil mit Führungsstößel *1* werden bei Nullstellung des Gewichts *5* mit den Ausgleichsgewichten *6* und *7* austariert. Die Fettprobe wird auf die beiden Prüfflächen *1* und *2* aufgebracht; nach Festlegen des Waagebalkens durch die Einstellschraube *3* wird das Haftoberteil mit 15 kp (= 5 kp/cm²) 1 Min. lang belastet. Das herausgequollene Fett wird entfernt, die Einstellschraube wird zurückgeschraubt und das Schiebegewicht *5* so lange vorsichtig verstellt, bis der Fettfilm zwischen den Prüfflächen (*1* und *2*) abreißt. Division des Gewichtes durch *3* ergibt die Haftfestigkeit in kp/cm².

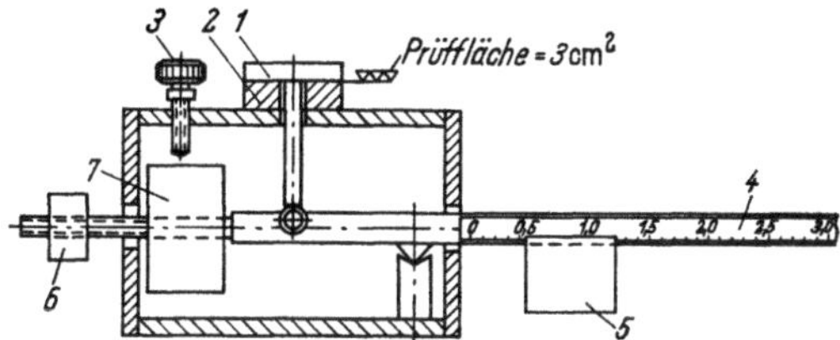

Abb. 6. Gerät für den DB-Hafttest. Die Bedeutung der Ziffern ist im Text erklärt.

Eine weniger gute Differenzierung des Haftvermögens oder der Adhäsion liefern die Verfahren, bei denen das Schmierfett in einer bestimmten Schichtdicke auf eine rotierende waagerechte Scheibe aufgetragen wird[2]. Die Menge des bei einer bestimmten Drehzahl zurückbleibenden Fettes gilt als Maß für die Adhäsion. Nachteile dieses Verfahrens sind die Abhängigkeit der wirksamen Zentrifugalkraft von der Dichte des Fettes und die Tatsache, daß die Kohäsion der Probe einen großen Einfluß auf das Ergebnis hat. Fette mit guter Kohäsion werden entweder völlig oder gar nicht abgeschleudert.

7. Hochdruckeigenschaften

Zur Bestimmung des Verhaltens bei Mischreibung (der EP-Eigenschaften) wird vorwiegend die *Timken-Maschine* benutzt.

Nach SEB 181 302-61 wird der Abrieb der beiden Prüfkörper in einem Prüflauf von 10 Min. Dauer mit einer Drehzahl von 800 U/min bei festgelegter Last, vorzugsweise 43 lbs, gemessen, wobei in dieser Zeit rd. 700 g Fett zugeführt werden müssen. Die Verschleißmessung kann nur bei Belastungen vorgenommen werden, die kleiner als die „Freßlast" sind.

In zwei amerikanischen Methoden[3] wird der Vier-Kugel-Apparat benutzt. allerdings unterscheiden sich die in den USA und in Europa gebräuchlichen Geräte in der Drehzahl und in Konstruktionseinzelheiten. Daher werden mit den beiden ungleichen Ausführungen keine übereinstimmenden Ergebnisse erhalten.

8. Kälteverhalten

Zur qualitativen Beurteilung des Verhaltens eines Schmierfettes bei tiefen Temperaturen ist z. B. der DB-Rührtest[4] geeignet:

Das Fett wird in ein hohes 150 ml-Becherglas mit Ausguß (DIN 12331) 15 mm hoch eingefüllt und unter gleichmäßig fortschreitender Abkühlung auf die gewünschte Temperatur

---

[1] DB-Hafttest: Anlage 1 zu TL 958103, Blatt 7, Ausgabe August 1961.

[2] FINLAYSON, C. M., u. P. R. McCARTHY: NLGI Spokesman 14 (1950) Nr. 2, S. 13. — Anonym: NLGI Spokesman 24 (1966) 288.

[3] ASTM D 2266-64 T: Wear Preventive Characteristics of Lubricating Grease (Four-Ball Method). — Federal Test Method Standard No. 791 a Method 6503.1: Load-Carrying Capacity (Mean Hertz Load). — Die Bestimmung der Schweißlast mit dem europäischen Gerät beschreiben H. DIERGARTEN, J. STÖCKER u. H. WERNER: Erdöl u. Kohle 8 (1955) 425. — Siehe auch S. 160.

[4] Deutsche Bundesbahn TL 958103 Bl. 2 (April 1962), Bl. 3 (November 1962), Bl. 4 (August 1959), Bl. 5 (Januar 1960), Bl. 6 (August 1961).

gebracht. Dabei darf der Unterschied zwischen Kältebad und Probe nicht mehr als 3 grd C betragen. Das Fett ist 1 Std. lang auf der Prüftemperatur mit ± 1 grd C Abweichung zu halten. Nach dieser Zeit muß sich die Fettprobe mit einem Glasstab von 7 mm Durchmesser und 200 mm Länge noch umrühren lassen und geschmeidige Konsistenz aufweisen.

ASTM D 1478-63: Method of Test for Low Temperature Torque of Ball Bearing Greases, und IP 186/64 T: Low Temperature Torque Test Lubricating Greases

Diese Verfahren ermöglichen quantitative Messungen. Das Drehmoment kleiner Kugellager, die mit der Fettprobe gefüllt sind, wird beim Start und während des Laufes bei — 54 °C bzw. bei — 73 °C bestimmt. Beide Geräte unterscheiden sich erheblich voneinander.

Recht gut geeignet dürfte auch die Kugelfischer-Fettprüfmaschine nach G. SPENGLER (s. Abschn. 13) sein, die für Reibmomentmessungen eingerichtet ist und ohne erheblichen Aufwand einen Kühlansatz erhalten kann[1]. Andere Verfahren zur Beurteilung des Kälteverhaltens beruhen auf Messungen der scheinbaren Viskosität oder der Förderbarkeit (Abschn. 3) oder der Konsistenz (Abschn. 10).

9. Klimabeständigkeit

Die Hauptklimazonen und Erfahrungen über die zweckmäßige Prüfung unter den jeweiligen Bedingungen beschreibt KINNE[2].

10. Konsistenz

a) Messung

Dem Sprachgebrauch der Praxis folgend werden als Konsistenzmessungen nur die Verfahren bezeichnet, die Kennwerte für den Anfangsteil der Fließkurve liefern (s. Abschn. IV, 2 und IV, 3). Die bedeutendste Rolle spielen die Verfahren zur Penetrationsmessung.

Von den vielen Prüfkörpern, die zur Bestimmung der Eindringtiefe vorgeschlagen worden sind, sind praktisch nur noch die Doppelkegel nach ASTM D 217-65 T (Method of Test for Cone Penetration of Lubricating Greases) oder DIN 51 804 (Bestimmung der Penetration), Bl. 1 (Hohl- oder Vollkonus der Normalgröße) und ASTM D 1403-62 (Method of Test for Cone Penetration of Lubricating Greases Using One-Quarter Scale Cone Equipment) oder DIN 51804 (Bl. 2 Viertelkonus) in Gebrauch. Die beiden deutschen Normblätter bringen Vorschriften einerseits für die Bestimmung der „Ruhpenetration", bei der die Probe vor der Messung möglichst wenig mechanisch beansprucht wird, andererseits der „Walkpenetration", die unmittelbar nach der Behandlung der Probe im Schmierfettkneter mit 60 Doppeltakten innerhalb 1 Min. gemessen wird. Die Eindringtiefe wird in Zehntelmillimeter angegeben. Als Meßtemperatur ist nur 25 °C zugelassen. In ASTM D 217-65 T und IP 50/64 (Penetration of Greases) wird für sehr harte Fette (Penetration unter 85 mm/10) noch ein Sonderverfahren, die „*Blockpenetration*", beschrieben. Aus der Masse des Fettblocks wird ein Probewürfel von 50 mm Kantenlänge herausgeschnitten. Mit einer Schneidevorrichtung wird von drei senkrechten zueinander stehenden Oberflächen jeweils unmittelbar vor der Messung eine etwa 1,6 mm dicke Schicht glatt abgeschält. An diesen drei Flächen wird die Penetration bestimmt, um den möglichen Einfluß der räumlichen Orientierung der Fettfasern zu erfassen.

Penetrationen bei anderen Temperaturen als 25 °C werden oft verlangt, doch wird bei derartigen Messungen aus verschiedenen Gründen der Streubereich sehr groß[3]. Für Messungen bei höheren oder tieferen Temperaturen ist die Bestimmung des Fließdruckes nach DIN-Entwurf 51 805 ein zuverlässigeres Verfahren. Es bietet außerdem den weiteren Vorteil, daß noch geringere Fettmengen, als für die Ermittlung der Viertelkonuspenetration erforderlich sind, genügen.

---

[1] ULMS, W.: Freiberger Forsch.-H. A 251 (1962) 161.
[2] KINNE, W.: Freiberger Forsch.-H. A 164 (1960) 254.
[3] Penetration of Semi Fluid Greases s. IP 167/59 T; bei Fettstoffen s. S. 646.

In Mitteldeutschland wird das Konsistometer nach BOECK[1] viel benutzt, das früher auch als Konsistometerprüfgerät der Deutschen Gasolin AG bezeichnet wurde[2]. Meßwert ist die „Konsistenzzahl"; darunter wird die Kraft verstanden, die notwendig ist, um das Fett mit einer bestimmten Geschwindigkeit durch eine enge Öffnung zu pressen. Über die Beziehungen zwischen Konsistenz und Penetration haben E. BOECK und TH. KREUTER[3] berichtet.

b) Einteilung

DIN 51 818: Konsistenz-Einteilung von Schmierfetten

Diese Norm gilt für Schmierfette, deren Walkpenetration bei Bestimmung nach DIN 51 804 Blatt 1 in den Grenzen von 85 bis 475 Zehntelmillimeter liegt. Für Produkte, wie Paraffin, Vaselin, Bitumen, Wachse und ähnliche ist die Norm nicht anzuwenden. Die Einteilung der Schmierfette nach der Walkpenetration in NLGI-Klassen[4] dient der einfachen Kennzeichnung der Schmierfette nach ihrer Verformbarkeit[5].

Als konventionelles Maß für die Verformbarkeit dient die Walkpenetration nach DIN 51 804 Blatt 1, das ist die in Zehntelmillimeter gemessene Einsinktiefe eines genormten Konus unter bestimmten Bedingungen in das Schmierfett, das zuvor nach Temperierung auf 25 °C in einem Schmierfettkneter in genormter Weise gewalkt worden ist.

Konsistenzeinteilung

NLGI-Klasse	Walkpenetration nach DIN 51 804 Zehntel- millimeter (0,1 mm)	NLGI-Klasse	Walkpenetration nach DIN 51 804 Zehntel- millimeter (0,1 mm)
000	445—475	3	220—250
00	400—430	4	175—205
0	355—385	5	130—160
1	310—340	6	85—115
2	265—295		

Anmerkung: Die Einteilung stimmt überein mit der „Consistency Classification 1962" des National Lubricating Grease Institute, Cansas City, und der amerikanischen Norm ASA Nr. Z 11 130-1963.

11. Korrosion und Verhalten gegenüber Werkstoffen

Die korrosionsverhütenden Eigenschaften von Schmierfetten gegenüber dem Angriff durch Wasser werden am zweckmäßigsten bestimmt nach:

DIN-Entwurf 51 802: Prüfung von Wälzlagerfetten auf korrosionsverhindernde Eigenschaften (Emcor-Verfahren)

Kurzbeschreibung des Verfahrens

Neue Pendelkugellager 1306 K DIN 630 mit Eisenblechkäfig Mbk 6 dienen als Prüfkörper. Nach sorgfältiger Reinigung werden sie auf der korrosionsgeschützten Welle mit Spannhülsen aus Kunststoff befestigt und mit je 10 g der Fettprobe gefüllt. Durch einen Lauf mit 80 U/min wird das Fett 30 Min. lang gleichmäßig im Lager verteilt. Anschließend werden in die Stehlagergehäuse aus Kunststoff 20 ml destilliertes Wasser gegeben. Nach einer Folge von bestimmten Lauf- und Standzeiten werden die Laufbahnen der Außenringe auf Korrosion untersucht.

---

[1] BOECK, W., u. E. BOECK: Chem. Techn. 7 (1955) 679.
[2] Eine eingehende Beschreibung dieses Gerätes wird in der 1. Aufl. dieses Buches auf den S. 1012 und 1013 gegeben.
[3] BOECK, E., u. TH. KREUTER: Schmiertechn. 13 (1966) 91.
[4] Entsprechend dem englischen Ausdruck, NLGI Grade Number.
[5] Siehe z. B. die Tabelle 7 in DIN 51 502, Ausgabe 1967.

ASTM D 1743-64: Test for Rust Preventive Properties of Lubricating Greases

Gereinigte neue Kegelrollenlager werden mit Schmierfett gefüllt. Durch einen kurzen Lauf mit 1750 U/min und unter leichter Belastung wird das Fett gleichmäßig als dünne Schicht über die Laufflächen des Lagers verteilt. Die Lager werden dann zwei Wochen lang bei 25 °C in einem mit destilliertem Wasser gefüllten Glasgefäß (= 100% Feuchte) aufbewahrt. Nach der Federal Test Method Standard No. 791a Method 5319 werden in ähnlicher Weise die korrosionsverhindernden Eigenschaften mit Kugellagern geprüft. Die vorschriftsmäßig mit Fett beschickten Lager werden 28 Tage lang in einer Feuchtigkeitskammer mit Luftumwälzung bei 37,8 °C und 95% relativer Luftfeuchtigkeit aufbewahrt.

Bei der im folgenden besprochenen Gruppe von Verfahren werden nicht die korrosionsverhindernden Eigenschaften der Fette gegenüber Wasser oder Feuchtigkeit ermittelt, sondern es wird geprüft, ob das Schmierfett selbst eine korrodierende Wirkung ausüben kann. Eine Korrosion durch Bestandteile des Fettes kann sich vor allem an Buntmetallen bei hohen Temperaturen zeigen. Alle Verfahren dieser Gruppe benutzen daher Kupfer als Prüfmaterial.

DIN-Entwurf 51811: Prüfung der Korrosionswirkung von Schmierfetten auf Kupfer

Kurzbeschreibung des Verfahrens

Gereinigte Kupferstreifen (75 mm × 12 mm × 2 mm) werden in ein hohes, mit dem Fett gefülltes Becherglas 25 DIN 12331 schräg eingetaucht und 24 Std. lang der Prüftemperatur (vorzugsweise 50 und 100 °C) ausgesetzt. Der Korrosionsgrad wird nach der Verfärbung des Streifens mit vier Kennzahlen beurteilt.

IP 122/56 und Fed. Method Std. No. 791a, Method 5309.2 zeigen gegenüber dem DIN-Verfahren nur geringe Abweichungen. Beim FTM-Verfahren wird außer der Verfärbung noch die Korrosion des Kupferstreifens durch mikroskopische Untersuchung mit 60facher Vergrößerung geprüft und die Grünfärbung des Fettes vermerkt. Die Beurteilung der Korrosionsneigung des Fettes nur an Hand der Verfärbung des Streifens ist zweifellos unsicher und kann sogar irreführend sein. Nach Möglichkeit sollte zusätzlich der Kupfergehalt der Fettprobe bestimmt werden.

Federal Test Method Std. No. 791a, Method 5304.3

Eine kleine Fettkugel wird auf einen polierten Kupferstreifen gelegt. Nach 24 Std. werden der Streifen und die Probe auf Korrosionsmerkmale untersucht.

ASTM D 1261-55: Effect of Grease on Copper

Ein gereinigter kleiner Kupferblechstreifen wird in eine mit 4 g Fett gefüllte Schale der Oxydationsbombe nach ASTM D 942-50 (DIN 51808; s. S. 428) eingelegt. Die Bombe wird mit Sauerstoff von 7,7 kp/cm² Druck beschickt und eine festgelegte Zeit lang auf 98,9 °C erwärmt.

Verhalten von Schmierfetten gegen Gummi siehe S. 225.

12. Kraftstoffbeständigkeit

Fed. Test Method Std. No. 791a, Method 5414.1

Etwa 2 g Fett werden in ein Zentrifugenrohr (100 ml, mit Stopfen) eingewogen und 100 ml Testflüssigkeit hinzugegeben. Nach Verschließen mit dem Stopfen wird das Rohr 30 Min. lang mit 300 Zyklen/min, Ausschlag rd. 38 mm, geschüttelt und anschließend in einer Zentrifuge[1] so lange zentrifugiert, bis Flüssigkeit und Probe wieder klar voneinander getrennt sind. 50 ml der Flüssigkeit werden in eine gewogene Glasschale abpipettiert. Nach

---

[1] Die Zentrifuge soll 650 U/min bei 406 mm Drehdurchmesser (Abstand zwischen den Spitzen der gegenüberliegenden Gläser bei der Rotation) haben. Für andere Abstände ergibt sich die äquivalente Drehzahl aus der Gleichung $650 \cdot \sqrt{406/d} =$ U/min mit $d =$ Drehdurchmesser.

Verdampfen des Lösungsmittels auf einem Wasserbad und halbstündigem Erwärmen in einem Trockenschrank bei 100 °C wird der Abdampfrückstand ermittelt. Der Gehalt an löslichen Bestandteilen wird in Prozent, bezogen auf die Einwaage, angegeben.

Eine qualitative Prüfung kann nach der gleichen Vorschrift folgendermaßen vorgenommen werden. Auf einen Aluminiumstreifen (50 mm × 25 mm × 0,4 mm) wird 1 g Fett aufgetragen. Der Streifen wird in ein Prüfrohr von 25 mm Durchmesser so eingebracht, daß er halb von der Testflüssigkeit bedeckt ist. Nach 8 Std. bei 25 °C wird der Streifen herausgenommen und einmal in frische Testflüssigkeit eingetaucht. Die Fettschicht wird auf Quellung, Abheben, Blasen- und Rißbildung untersucht. Nach 24stündigem Trocknen bei 25 °C wird die Fettschicht erneut beurteilt.

13. Mechanisch-dynamische Prüfungen

Mechanisch-dynamische Prüfungen sind in der Regel die praxisnächsten Untersuchungsmethoden für Schmierfette. Sie liefern daher die aufschlußreichsten und umfassendsten Ergebnisse.

DIN 51806: Mechanisch-dynamische Prüfung von Wälzlagerfetten,

allgemein bekannt als Prüfung mit der SKF-Wälzlagerschmierfett-Prüfmaschine oder auch SKF-Schweitzer-Maschine[1] steht an erster Stelle. Außerhalb Deutschlands hat die SKF-Maschine zwar ebenfalls eine große Verbreitung, doch bestanden nicht unwesentliche Unterschiede in der Bauweise wie auch in den Prüfmethoden. Daher wichen bis vor kurzem die Ergebnisse von Laufprüfungen mit der SKF-Maschine nach DIN 51806 und nach der international gebräuchlichen Hausmethode der SKF Göteborg oft ziemlich voneinander ab, was viel Verwirrung gestiftet hat, zumal die Laufprüfungen trotz aller Unterschiede die gleichen Namen trugen. Durch gegenseitige Abstimmung ist jetzt eine völlige Angleichung der beiden Maschinenausführungen und Prüfvorschriften erreicht worden, so daß vom Frühjahr 1968 ab die bisherigen Unterschiede wegfallen.

DIN 51806 sieht nur noch zwei Laufprüfungen vor, die Laufprüfung A mit 2500 U/min ohne Beheizung und die Laufprüfung B mit 1500 U/min und Beheizung der Prüflager, wobei ihre Temperatur mit einer Abweichung von ± 2,5 grd C ab 70 °C auf ganze Zehnergrade eingestellt werden muß.

IP 168/65 T: Rolling Bearing Performance Test of Lubricating Greases, ASTM D 1741-64: Functional Life of Ball Bearing Greases, Fed. Test Method Std. 791 a, Method 331.1 und 333: Performance Characteristics of Lubricating Greases in Antifriction Bearings at Elevated Temperatures

Diese Teste bringen nicht annähernd so viele Aussagen wie die Prüfmethode nach DIN 51806. Nach der ASTM- und den beiden FTM-Methoden wird die Lebensdauer des Schmierfettes bestimmt. Bei Lebensdauerprüfungen ist aber der Streubereich wesentlich größer als bei Prüfungen, welche die Dauer einer normalen Schmierfrist nicht überschreiten[2].

Die Kugelfischer-Maschine nach SPENGLER

gibt recht schnell Ergebnisse, weil bei dieser laufend das Reibungsmoment aufgezeichnet wird und das Geschehen im Lager mit Hilfe eines Stroboskopes unmittelbar beobachtet werden kann[3].

---

[1] BERGSTEDT, J., u. H. DIERGARTEN: Erdöl u. Kohle 6 (1953) 705. — DIERGARTEN, H., u. J. STÖCKER: Schmiertechn. 1 (1954) 120.

[2] BELT, J. R., u. N. GLASSMAN: NLGI Spokesman 24 (1960) 15. — SCHULTZE, GG. R., u. G. H. GÖTTNER: Materialprüf. 3 (1963) 402. — GÖTTNER, G. H.: Einführung in die Schmiertechnik. Düsseldorf: Marklein 1966, Bd. II, S. 89.

[3] SPENGLER, G., W. KULLMANN u. G. LOHMANN: Erdöl u. Kohle 7 (1954) 636. — KULLMANN, W., u. G. LOHMANN: Schmiertechn. 3 (1956) 19. — ULMS, W.: Freiberger Forsch.-H. A 251 (1962) 161.

ASTM D 1263-61: Automotive Wheel Bearings Leakage Tendencies ist als Sonderprüfung erwähnenswert.

14. Mechanische Beständigkeit

Die mechanische Beständigkeit wird meistens durch Bearbeiten der Probe im Fettkneter (DIN 51804: Bestimmung der Konuspenetration, Bl. 1) geprüft. Geeignete Vorschriften für die Bestimmung der „Prolonged Worked Penetration" („verlängerte Walkpenetration"), d. h. der Walkpenetration, die nach dem Bearbeiten der Fettprobe mit mehr als 60 Doppeltakten gemessen wird, bringen

ASTM D 217-65 T: Cone Penetration, und IP 50/64: Penetration of Grease

Bei Beginn des Walkens muß die Probe Raumtemperatur (21 bis 29 bzw. 15 bis 30 °C) haben. Nachdem sie der vorgeschriebenen Zahl von Hüben (z. B. 10000) unterworfen worden ist, wird sie innerhalb von 90 Min. auf 25 °C abgekühlt. Nach nochmaligem Durchkneten mit 60 Doppeltakten wird die Penetrationsmessung vorgenommen. Die Zunahme gegenüber der Ruh- und Walkpenetration ist ein Maß für die Empfindlichkeit gegen langzeitige, mechanische Beanspruchung (s. auch Federal Test Method Standard 791a, Method 313.2).

ASTM-Methode D 1831-64: Roll Stability of Lubricating Grease

ist eine Modifikation des sog. *Shell-Roller-Testes*. In einem Zylinder befindet sich eine 5 kg schwere Rolle (Maße s. Abb. 7). 50 g Fett werden gleichmäßig auf der inneren Wandung des Zylinders verteilt. Der Zylinder wird 2 Std. lang mit einer Drehzahl von 165 $\pm$ 15 U/min gedreht. Vor und nach dem Test wird die Penetration nach DIN 51804 Bl. 2 bestimmt.

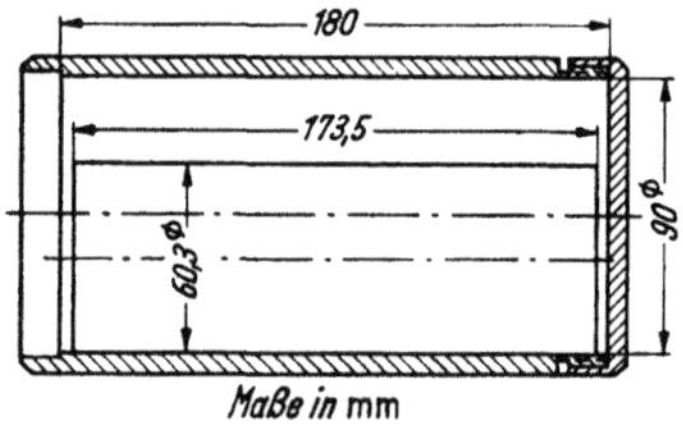

Eine mehr der Praxis entsprechende Beanspruchung durch Wälz- und Gleitvorgänge übt der Walkapparat nach KLEIN aus[1]. Da in der Minute 555 Walkungen erfolgen, wird gleichzeitig der Zeitbedarf verringert. Auch Rotationsviskosimeter werden häufig zur Prüfung der mechanischen Beständigkeit benutzt. Nützliche Aussagen liefern insbesondere die mechanisch-dynamischen Prüfungen; allerdings tritt bei diesen — entsprechend der Praxis — der Einfluß von Alterungsvorgängen zusätzlich in Erscheinung[2].

Abb. 7. Abmessungen des Zylinders und der Rolle nach ASTM D 1831-64. Toleranz für alle Abmessungen ±0,25 mm.

Maße in mm

15. Mischbarkeit (Verträglichkeit)

Die Mischbarkeit von Schmierfetten ist besonders schwierig zu beurteilen[3]. Vielfach versucht man, durch Bestimmung der Tropfpunkte und der Walkpenetration der Gemische und ihrer Komponenten Schlüsse auf die Verträglichkeit zu ziehen[4]. Ein wesentlich besseres Bild liefern mechanisch-dynamische Prüfungen nur ist der Aufwand viel größer. Die Aussagen über die Mischbarkeit, die beispielsweise Radlagerteste nach ASTM D 1263 (Abschn. 13) und die Walkpenetration nach einer Dauerbeanspruchung im Fettkneter (Abschn. 14) geben, können sehr voneinander abweichen[5].

---

[1] KLEIN, L.: Mineraloel-Techn. 4 (1959) Nr. 10. — STRECKEISEN, K.: Schmiertechn. 12 (1965) 263.

[2] Weitere Prüfmethoden und die Problematik der Untersuchung der mechanischen Beständigkeit sind in mehreren Aufsätzen der H. 8, 10 und 11 der Zeitschrift NLGI Spokesman 19 (1955) behandelt.

[3] GROSS, W.: VDI-Ber. 111 (1966) 55.

[4] McCLELLAN, A. I., u. S. R. CALISH jr.: Lubricat. Engng. 11 (1955) 412.

[5] EHRL, M., u. F. S. SAYLES: NLGI Spokesman 17 (1954) Nr. 11, S. 8. — TOURRET, R., u. A. J. BAHR: J. Inst. Petroleum 44 (1958) 9.

16. Ölabscheidung (Lagerungsbeständigkeit)

Die Lagerungsbeständigkeit der Schmierfette im Laborversuch und bei der Lagerung im Betrieb hängt stark von der Höhe des wirkenden Druckes ab, der das Öl aus dem Fett herauspreßt. Vergleichsversuche bestätigten wiederholt, daß die Übereinstimmung zwischen unterschiedlichen Prüfmethoden verständlicherweise recht unbefriedigend ist. Als Schnellprüfung ist ein Zentrifugaltest[1] geeignet. Einige Verfahren, die bei erhöhten Temperaturen durchgeführt werden, entfernen sich zu weit von den Verhältnissen der Praxis der Fettlagerung; sie sind speziell Verfahren der Ölabscheidung.

ASTM D 1742-64: Oil Separating from Lubricating Greases

In einer besonderen Apparatur wird auf ein Sieb (Maschenweite 74 µm; Durchmesser des nichtaufliegenden Teiles 104,8 mm) eine 12,7 mm hohe Fettschicht aufgebracht und gewogen. Die gefüllte Apparatur wird auf eine Temperatur von 25 °C gebracht. Auf die Fettoberfläche läßt man einen Luftdruck von 175 mm WS einwirken und wiegt nach 24 Std. die aus dem Sieb abgelaufene Ölmenge. Die Ölabscheidung wird in Prozent angegeben.

IP 121-63: Oil Separation on Storage of Grease

Für das Verfahren nach IP 121-63 wird das in Abb. 8 wiedergegebene Gerät benutzt. Der mit konischem Siebboden versehene Apparateteil von bekanntem Leergewicht wird randvoll mit Fett gefüllt, wobei nach Möglichkeit ein geringer Teil der Probe durch den Siebboden hindurchgedrückt werden soll. Lufteinschlüsse sind zu vermeiden. Der Fettüberschuß wird oben mit einem Spatel, unten vom Siebboden vorsichtig mit dem Finger abgestrichen. Durch Rückwägen wird die Fetteinwaage ermittelt. Den gefüllten Teil setzt man in die zum Auffangen des ausblutenden Öles dienende, zuvor gewogene Glas- oder Metallschale. Darauf wird das Fett mit dem Stempel belastet und bei 25 ± 1 °C (bzw. 40 ± 1 °C) sieben Tage lang aufbewahrt. Nach Ablauf dieser Zeit wird ein möglicherweise an der Siebspitze hängender Öltropfen an der Innenwand der Schale abgestreift und die Schale mit dem Öl zurückgewogen. Das Ergebnis, aus dreigleichartigen Bestimmungen gemittelt und auf 0,5 % gerundet, wird in Prozent „Ölverlust nach sieben Tagen bei 25 bzw. 40 °C" angegeben.

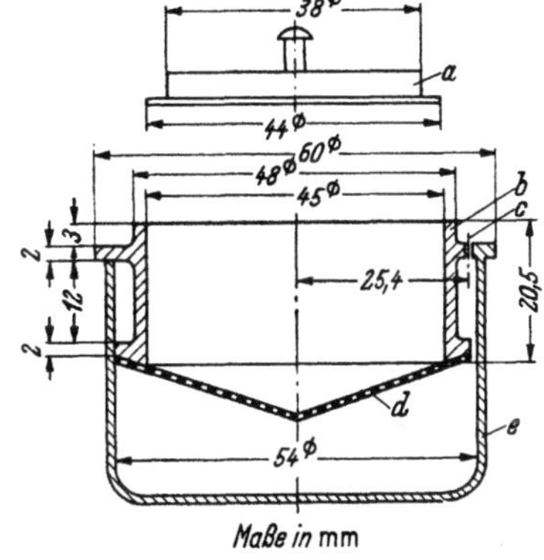

Abb. 8. Gerät zur Bestimmung der Lagerungsbeständigkeit nach IP 121-63.

a Belastungsstempel (100 g ± 0,1 g); *b* Metallkörper; *c* Entlüftungsloch (1,6 mm Durchmesser, nur eins vorhanden); *d* Konischer Siebboden (Maschenweite 66 µm), mit *b* verlötet; *e* Schale zum Auffangen des Öles. Toleranz für alle Abmessungen ±0,25 mm.

Fed. Test Method Std. 791 a, Method 3467: Storage Stability of Lubricating Grease

Der Test ist mehr eine Alterungsprüfung. Zwei Fettkneterunterteile nach DIN 51804, Bl. 1, werden mit dem Fett gefüllt und nach Abdecken mit Aluminiumfolie eine festgelegte Zeit lang auf einer bestimmten Temperatur gehalten. Nach dem Abkühlen auf 25 °C werden die Ruh- und die Walkpenetration bestimmt.

Fed. Test Method Std. 791 a, Method 321.2: Oil Separation from Lubricating Greases

Zur Bestimmung der Ölabscheidung wird eine Probe von 10 g Fett in ein kegelförmiges Sieb aus Nickeldraht (Maschenweite 280 µm) eingefüllt. Das Sieb hat einen Bügel, mit dem es an dem Haken eines Deckels aufgehängt wird, der ein 200 ml-Becherglas ohne Ausguß durch eine eingelegte Gummischeibe dicht abschließt (Abb. 9). Nach 30 stündigem Erhitzen auf 100 °C wird die abgeschiedene Ölmenge gewogen[2].

---

[1] DREHER, J. L., u. A. I. McCLELLAN: NLGI Spokesman 19 (1956) Nr. 12, S. 30. — CALHOUN, S. F.: NLGI Spokesman 22 (1958) 69. — FRIEDE, M. H., u. C. SANGSTER: NLGI Spokesman 28 (1964) 289. — Siehe auch ASTM D 1263-61: Test for Leakage Tendencies of Automotive Wheel Bearing Greases.

[2] Ein „Mikrotest", der nur etwa 2,5 g statt 25 g Fett erfordert, ist von J. B. CHRISTIAN in WADC Technical Report 55-449, Part 3, beschrieben.

VW-Siebtest (Vorschrift des Volkswagen-Werks Wolfsburg)

Auf einen Rahmen von etwa 100 mm Außendurchmesser und 75 mm Innendurchmesser wird ein Siebgewebe aus verzinntem Eisendraht (Maschenweite rd. 230 μm) aufgelötet. Mit Hilfe einer 5 mm dicken Schablone aus einem harten Kunststoff (Außendurchmesser 100 mm, konzentrische Öffnung von 56,5 mm Durchmesser) wird eine Schicht der Fettprobe auf die Mitte des Testsiebs aufgebracht und glatt abgestrichen. Das gefüllte Sieb wird auf eine Abdampfschale aus Glas (DIN 12336, 55 mm hoch, Außendurchmesser 95 mm) gesetzt und folgendermaßen gelagert: 24 Std. bei 90 °C, 24 Std. bei Raumtemperatur. Durch Wägungen von Prüfsieb und Abdampfschale wird der Öldurchlauf (und der Verdampfungsverlust) ermittelt.

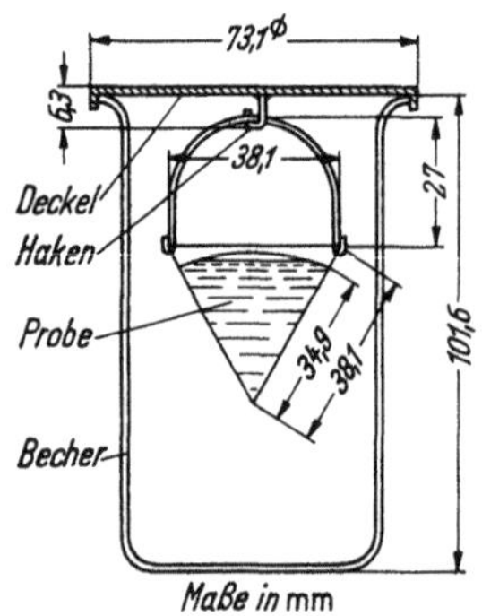

Abb. 9. Gerät zur Bestimmung der Ölabscheidung nach Fed. Test Method Std. 791a, Method 321.2.

Die beschriebenen Teste sind statische Verfahren. Die Ölabscheidung unter dynamischen Bedingungen kann bei mechanisch-dynamischen Prüfungen (siehe Abschn. 13) ermittelt werden.

17. Oxydationsbeständigkeit

DIN 51808: Bestimmung der Oxydationsbeständigkeit (Sauerstoffverfahren), ASTM D 942-50: Method of Oxidation Stability by the Oxygen Bomb Method, und IP 142/65: Method of Oxidation Stability by the Oxygen Bomb Method

(Die drei Verfahren stimmen überein.)
Kurzbeschreibung des Verfahrens

20 g Schmierfett werden gleichmäßig auf fünf Glasschalen verteilt und in dem Prüfgerät bei 99 °C und einem Sauerstoffdruck von 7,7 kp/cm² oxydiert. Der Druckabfall nach einer vereinbarten Prüfdauer wird als Maß der Oxydation (Sauerstoffaufnahme) benutzt.

Der Test gibt einen Hinweis auf die Oxydationsbeständigkeit unter statischen Bedingungen oder bei der Lagerung. Ob er genügend sichere Rückschlüsse auf die Oxydationsbeständigkeit dünner Fettschichten auf Oberflächen von Wälzlagern und anderen Maschinenteilen liefert, ist zweifelhaft. Die O_2-Aufnahme wird von der Entwicklung anderer Gase, wie CO_2, CO und H_2O, begleitet, die einen merklichen Beitrag zum Druck leisten können, so daß die tatsächliche O_2-Aufnahme wesentlich größer als der gemessene Druckabfall sein kann[1]. Da die Gasentwicklung verschiedener Schmierfette sehr unterschiedlich sein kann, wird die Bewertungsfolge verzerrt. Aber auch die Bestimmung der wahren O_2-Aufnahme dürfte ebenso wie bei Schmierölen kein ausreichendes Kriterium für die Oxydationsbeständigkeit sein[2].

Der beschriebene Test kann dadurch verschärft werden, daß ein 0,2 bis 3,2 mm dicker Kupferstreifen (31,7 × 1,6 mm) als Katalysator in jede Glasschale bis zur Hälfte eingetaucht wird. Einen dynamischen Test beschreiben H. E. MAHNKE und D. J. BOES[3].

18. Permeabilität

Permeabilitätsmessungen[4] sollen Auskunft über die Feinstruktur der Dickungsmittel und das Ölabscheidungsverhalten der Fette liefern. Die Permeabilität B

---

[1] GOODRICH, J. E., u. J. J. BURKE: NLGI Spokesman 24 (1961) 397. — DREHER, J. L., D. W. CRIDDLE u. KOUNDAKIJAN: ebenda 28 (1964) 108.

[2] SCHULTZE, GG. R., J. MOOS, G. H. GÖTTNER u. W. GEMMEKE: Schmiertechn. 8 (1961) 248. — Siehe auch ASTMD 1402-58: Test for Effect of Copper on Oxyd. of Greases.

[3] MAHNKE, H. E., u. D. J. BOES: ASLE Trans. 1 (1958) 17.

[4] SISKO, A. W., u. L. C. BRUNSTRUM: NLGI Spokesman 25 (1961) 72. — EWBANK, W. J., u. Mitarb.: ebenda 28 (1964) 75. — EWBANK, W. J.: ebenda 30 (1966) 167. — ZAKIN, J. L., u. Mitarb.: ebenda 29 (1966) 333; 30 (1966) 244.

gibt die bei einer Druckdifferenz von 1 dyn/cm² durch einen Einheitswürfel des Materials fließende Flüssigkeitsmenge (cm³/sec) an und hat die Dimension cm². Zur Berechnung wird die Gleichung von DARCY benutzt:

$$B = \frac{u\,\eta\,l}{\Delta p},$$

mit u Fließgeschwindigkeit der Flüssigkeit beim Durchgang durch die Probe (cm/sec),
  η Viskosität der Flüssigkeit (Poise bzw. dyn · sec/cm²),
  l Dicke der porösen Schicht (cm),
  Δp Druckabfall in der porösen Schicht (dyn/cm²).

19. Strahlenbeständigkeit

Zur Prüfung der Strahlenbeständigkeit von Schmierfetten liegen noch keine allgemein anerkannten Methoden vor. Statische Verfahren sind im allgemeinen wenig befriedigend, vor allem weil in der Praxis eine Potenzierung der Strahlenwirkung durch oxydative und andere Einflüsse möglich ist. Für mechanisch-dynamische Teste sind einige kleine Prüfstände beschrieben worden[1].

20. Tropfpunkt

Vor etwa 30 Jahren waren mindestens zwölf Verfahren zur Tropfpunktbestimmung im Gebrauch. Heute wird praktisch nur noch das ASTM-Verfahren benutzt.

DIN 51 801: Bestimmung des Fließ- und Tropfpunktes, Bl. 2: Tropfpunktgerät nach UBBELOHDE

Das Gerät wird für Schmierfette seit einigen Jahren nicht mehr angewandt, sondern nur noch für Bitumina. Bei hochschmelzenden Fetten kann nämlich der Meßwert im Ubbelohde-Gerät verfälscht werden, weil das Fett sich in einem zum Thermometerraum hin praktisch abgeschlossenen Nippel befindet und daher durch die Ausdehnung bei der Erwärmung vorzeitig herausgedrückt werden kann.

DIN 51 801: Bestimmung des Fließ- und Tropfpunktes, Bl. 1; Bestimmung nach ASTM D 566-64: Dropping Point of Lubricating Grease; IP 132/65: Dropping Point of Lubricating Grease[2]

schließen diese Fehlerquellen aus. Vor allem für Fette mit besonders hohem Tropfpunkt ist ASTM 2265-64 T, Dropping Point of Lubricating Greases of Wide Temperature Range, neu eingeführt worden.

Der Tropfpunkt wird heute nicht mehr als Qualitätsmerkmal angesehen, sondern dient nur zur Herstellungs- und Lieferungskontrolle. Dabei ist zu beachten daß er — ebenso wie manche anderen Kennwerte von Schmierfetten — durch „Reifungsvorgänge" schon innerhalb kurzer Zeit merklich verändert werden kann.

21. Verdampfungsverlust

ASTM D 972-59: Evaporating Loss of Lubricating Greases and Oils

Das Fett wird in einer Schale (54,6 bis 54,9 mm innerer Durchmesser, 6,9 bis 7,4 mm Höhe) in einer Verdampfungszelle bei der vereinbarten Temperatur (99 bis 149 °C) 22 Std. lang einem Luftstrom von 2 l/min ausgesetzt. Der dabei eintretende Gewichtsverlust gilt als Maß für die Flüchtigkeit. Die Prüfung wird stark durch Oxydation beeinflußt.

---

[1] Anonym: Sci. Lubric. 12 (1960) Nr. 11, S. 31. — CARROLL, J. G., u. Mitarb.: Lubric. Engng. 18 (1962) 64.
[2] Die Methode IP 31/66, Drop Point of Grease, kann andere Werte liefern.

Bei manchen synthetischen Ölen, wie Polyalkylglykolen, genügt die Versuchszeit nicht, um Aussagen über das Verhalten im Dauerbetrieb zu gewinnen. Bei diesen Ölen steigt nämlich nach der Zerstörung der Oxydationsinhibitoren die Verdampfungsgeschwindigkeit erheblich an.

Wenn nur geprüft werden soll, ob leichtflüchtige Grundöle zur Herstellung des Schmierfettes verwendet worden sind, genügt die Bestimmung des Grundöl-Flammpunktes nach Abschn. V, 13.

22. Wärmebeständigkeit

Zur Beurteilung der Wärmebeständigkeit sind bislang nur qualitative Verfahren in Gebrauch.

Fed. Test Method Std. No. 791 a, Method 2503.1: Thermal Stability of Grease

Eine 2 g-Probe wird auf zwei Stahlbleche (75,2 mm × 25,4 mm × 3,2 mm) verteilt. Die beiden Bleche werden zusammengedrückt, bis die Fettschicht etwa 0,4 mm dick ist. Das Paket wird dann sieben Tage lang auf 100 °C erhitzt. Danach werden visuell Ölabscheidung, Härtung und sonstige Merkmale, aber nicht die Farbe, beurteilt. In der Praxis sind vielfach auch Blechstreifenteste unter Luftzutritt üblich[1].

23. Wasseraufnahme

In vielen Fällen ist die Fähigkeit des Schmierfettes, eine bestimmte Wassermenge aufnehmen zu können, wichtig. Die früher in verschiedenen Spezifikationen geforderten „Rührteste", bei denen geprüft wird, welcher Wasseranteil homogen in ein Fett eingerührt werden kann, sind inzwischen aufgegeben worden.

MIL-G 10924 B bzw. VTL 9150-015

Eine gewisse Rolle spielt dieser Test noch zur Bestimmung der Wasserabsorption. In neun Gewichtsteile Fett wird ein Gewichtsteil destilliertes Wasser mit einem Mischgerät möglichst gleichmäßig verteilt. Die Probe wird mit 100000 Doppeltakten im Fettkneter nach DIN 51804, Bl. 1, bearbeitet. Anschließend wird ihre Walkpenetration gemessen.

24. Wasserbeständigkeit

DIN 51807: Prüfung der Beständigkeit gegenüber Wassereinwirkung

Bei diesem statischem Verfahren, das als „Glasstreifentest" bekannt ist, wird die Oberfläche einer Fettprobe, die mit Hilfe einer Schablone auf einen Glasstreifen (160 mm × 15 mm) aufgebracht wird, 5 Std. lang der Einwirkung von destilliertem Wasser bei 20, 50 und/oder 90 °C ausgesetzt, wobei etwa 20 mm der Fettschicht (100 mm × 10 mm × 1 mm) aus dem Wasser herausragen.

Fed. Test Method Std. No. 791 a, Method 5415: Resistance of Grease to Aqueous Solutions

ist ein qualitativer, statischer Test. In eine 250 ml-Flasche mit Stopfen werden 200 ml destilliertes Wasser, in eine andere 100 ml Äthanol und 100 ml destilliertes Wasser eingefüllt. In jede Flasche wird außerdem ein Fettkügelchen von rd. 2 g gegeben. Die dicht verschlossenen Flaschen werden eine Woche lang stehengelassen. Nach ein- oder zweimaligen Umschütteln wird der Zersetzungsgrad des Schmierfetts beurteilt.

ASTM D 1264-63 und IP 215/66: Test for Water Washout Characteristics of Lubricating Greases

sind dynamische Teste zur Beurteilung der Beständigkeit gegen Auswaschung durch Wasser. In ein gewogenes Kugellager 6204 werden 4 ± 0,05 g Fett eingefüllt. Das Lager wird in ein Gehäuse mit vorgeschriebenen Abmessungen eingesetzt, durch die Lagerschilde verschlossen und mit 600 ± 30 U/min gedreht. Auf eine bestimmte Stelle des äußeren Lagerschildes wird 38 oder 79 °C warmes Wasser in einer Menge von 4,5 bis 5,5 ml/sec aufgespritzt. Die nach 1 Std. ausgewaschene Fettmenge erlaubt einen Rückschluß auf die Beständigkeit

---

[1] DREHER, J. L.: NLGI Spokesman 21 (1957) Nr. 2, S. 13.

der Probe gegen Wasserauswaschung. Die Übereinstimmung mit Betriebserfahrungen ist aber nur mäßig. Ein in neuerer Zeit angegebener Wassersprühtest liefert möglicherweise günstigere Ergebnisse[1].

VII. Anforderungen

1. Genormte Mindestanforderungen

a) DIN 51823: Gleitlagerfett (Staufferfett)

Gleitlagerfette sind konsistente Fette, hergestellt aus Mineralöl unter Zusatz von Verdickungsmitteln. Füllmittel, die für die Schmierung ungeeignet sind, dürfen nicht vorhanden sein. Farbstoffe und Pigmente gelten nicht als Füllmittel. Sie dienen zur Schmierung normal belasteter Gleitlager oder Gleitflächen bei Betriebstemperaturen bis zu 50 °C. Der Flammpunkt des Grundöls, Bestimmung im offenen Tiegel nach DIN 51584, soll nicht unter 120 °C liegen.

Eigenschaften

Anforderung			Prüfung nach
Tropfpunkt nicht unter	°C	85	DIN 51801
Asche (Sulfat) nicht über	Gew.-%	8	DIN 51803
Walkpenetration[a] bei 25 °C	$^1/_{10}$ mm	220—295	DIN 51804
Verhalten gegenüber Wasser bei 20 und 50 °C		beständig	DIN 51807
Wassergehalt nicht über	%	4	DIN 51582

[a] Die zweckmäßige Penetration ist in Abhängigkeit von den vorhandenen Fördereinrichtungen zu wählen.

b) DIN 51825: Wälzlagerfette[2]

Eigenschaft		Typ			Prüfung nach
		50	80	100	
Gebrauchstemperatur	°C	−20 bis +50	−20 bis +80	−20 bis +100	DIN 51806[a]
Verhalten gegenüber Wasser		ausreichend beständig	nach Vereinbarung		DIN 51807
Walkpenetration	mm/10	220—340 oder nach Vereinbarung			DIN 51804
Tropfpunkt nicht unter	°C	80	140	160	DIN 51801
Asche	Gew.-%	nach Vereinbarung (Die Asche ist abhängig vom Gehalt an Dickungsmitteln			DIN 51803
Chlorgehalt höchstens	Gew.-%	0,01			DIN 51800
Reaktion und Gehalt an freier Säure oder freiem Alkali, bestimmt als Neutralisationszahl (Nz)		nach Vereinbarung			DIN 51809 und DIN 51812
Wassergehalt höchstens	Gew.-%	3,0	0,4	0,4	DIN 51582
Gehalt an festen Fremdstoffen		frei von störenden Beimengungen			

[a] Zur Ermittlung der höchsten Gebrauchstemperatur, Laufprüfung nach Vereinbarung

[1] KNOTT, C. R., M. A. LINDEMANN u. A. T. POLISHUK: NLGI Spokesman 28 (1965) 316.
[2] KNOLL, K.: Über den Temperatureinsatzbereich von Wälzlagerfetten. Erdöl u. Kohle 19 (1966) 738.

Wälzlagerfette sind aus mineralischen oder synthetischen Ölen und einem Dickungsmittel bestehende homogene und walkbeständige konsistente Fette. Füllmittel, die für die Schmierung ungeeignet sind, dürfen nicht vorhanden sein.

Bezeichnung eines Wälzlagerfettes vom Typ 80: Wälzlagerfett 80 DIN 51825.

Normalwälzlagerfette sind Schmierfette, die den Richtwerten der Tabelle entsprechen. Sie werden wie vorstehend bezeichnet.

Wälzlagerfette, die hiervon abweichen, können sich in der Praxis ebenfalls als brauchbar erweisen, dürfen aber nicht nach dieser Norm bezeichnet werden.

Da für Spezialwälzlagerfette die Entwicklung nicht abgeschlossen ist, können für folgende Fette noch keine bestimmten Eigenschaften festgelegt werden:

Tieftemperaturfett (Kältefett), für Temperaturen im Dauerbetrieb tiefer als — 20 °C. — *Hochtemperaturfett*, für Temperaturen im Dauerbetrieb über + 100 °C. — *Hochdruckfett*, für besonders hohe spezifische Lagerbelastungen.

2. Lieferbedingungen der Bundeswehr

VTL 9150-052	Graphitschmierfett
VTL 9150-054	Instrumentenfett
VTL 9150-056-060	Flugzeugschmierfett
VTL 9150-040-041	Haftschmiere
VTL 9150-042	Vaselin, technisches

Bezüglich der Einzelheiten der umfangreichen Vorschriften sei auf die Originalunterlagen der vorläufigen technischen Lieferbedingungen (VTL), der technischen Lieferbedingungen (TL) sowie der Standardlisten der Bundeswehr (SL-BW) verwiesen. Alleinverkauf durch Beuth-Vertrieb, Berlin.

Fünftes Kapitel

Teer und Teerprodukte

A. Braunkohlenteer und dessen Produkte

Von H. MUNDERLOH, Helmstedt

Inhaltsübersicht

I. Allgemeines

1. Entstehung und Vorgeschichte

Braunkohlenteer entsteht durch Erhitzen von Braunkohle unter Luftabschluß. Bis etwa 120 °C entweicht zunächst das Feuchtigkeitswasser, das bei roher Braunkohle 50 bis 60% beträgt, bei Briketts 11 bis 16%. Bei Temperaturen bis etwa 260 °C entstehen Gase wie Kohlensäure und Schwefelwasserstoff sowie Konstitutionswasser, bei etwa 300 °C beginnt die Zersetzung der organischen Substanz, der eigentlichen Kohle, unter Bildung von Teerdämpfen.

Braunkohle enthält neben Wasser und Aschebildnern drei Grundstoffe: Huminsäuren, Restkohle (Cellulose und Lignin) und Bitumen. Dieses Bitumen ist ein Gemisch von Wachsen und Harzen, das aus der Ursprungssubstanz der Braunkohle, der durch Vertorfung und Inkohlung umgewandelten Hochwaldvegetation und Pflanzen verschiedener Art, stammt[1]. Als sog. Montanwachs kann es aus vorgetrockneter Kohle durch Extraktion mit Benzol gewonnen werden. Das Bitumen wird durch Hitzeeinwirkung aufgespalten und liefert den Hauptanteil des paraffinhaltigen Teers. Die beiden anderen Grundstoffe, Huminsäuren und Restkohle, ergeben auch Teer, aber weniger als das Bitumen. Außerdem entstehen bei dieser Aufspaltung Gas und Koks, sowie Zersetzungswasser. Bei

---

[1] TERRES, E., in A. FÜRTH u. H. MUNDERLOH: Braunkohle und ihre chemische Verwertung, 2. Aufl., S. 19. Dresden/Leipzig: Steinkopf 1951.

520 °C ist dieser Vorgang der Abspaltung von Teer, Gas und Zersetzungswasser beendet. Man nennt ihn kurz „Schwelung" und die Erzeugnisse: Schwelteer, Schwelgas, Schwelwasser und den Rückstand Schwelkoks. Wird der Prozeß bis 1000 °C fortgesetzt, so spricht man von „Verkokung", entsprechend der auch bis 1000 °C durchgeführten Steinkohleverkokung.

Nach SCHEITHAUER[1] hat ERDMANN[2] die Beteiligung der Grundstoffe an der Teerbildung beim Verschwelen mit folgendem Ergebnis aufgeklärt: Die teer- und wachsreichen mitteldeutschen Kohlen enthalten in der wasser- und aschefreien Substanz:

Bitumen	18,1%
Huminsäuren	43,3%
Restkohle	38,6%
	100,0%

Beim Schwelen lieferten die Grundstoffe folgende Teermengen:

Bitumen 66,1% Teer (enthaltend 47,0% Paraffin und 2,8% Kreosot),
Huminsäuren 8,2% Teer (enthaltend 13,1% Paraffin und 16,8% Kreosot),
Restkohle 33,2% Teer (enthaltend 16,4% Paraffin und 6,1% Kreosot).

Das Bitumen ist demnach der Lieferant großer Teermengen mit hohem Paraffingehalt. Harzreiche Kohlen, z. B. aus der Lausitz, geben paraffinärmeren und kreosotreicheren Teer. Die Huminsäuren sind die Kreosoterzeuger.

2. Einteilung

Man unterscheidet zwischen teerarmen und teerreichen Braunkohlen mit normalem Aschegehalt (in Mitteldeutschland 5 bis 6% Asche bei 48 bis 52% Grubenfeuchtigkeit, im Rheinland und in der Lausitz 2 bis 3% Asche bei 55 bis 60% Grubenfeuchtigkeit). Die teerarme Kohle wird nach Trocknung auf 15 bis 18% Wassergehalt brikettiert; als Rohkohle wird sie mit einem Aschegehalt bis zu 10 bzw. 15% in Kraftwerken zur Dampferzeugung als billige Ballastkohle verwandt. Diese Kohlen heißen nach ihrem Verwendungszweck „Brikettier- bzw. Kesselkohle". Teerreichere, sog. „Schwelkohle" mit normalem Aschegehalt wird nach Trocknung oder nach Trocknung und Brikettierung für die Verschwelung eingesetzt.

Die teerreichste Braunkohle, der sog. „Pyropissit", enthielt bis zu 60% Teer bei 5% Wasser und 8% Asche. Er kam nur vereinzelt in geringen Ablagerungen vor und hatte für die Industrie keine praktische Bedeutung. Um 1900 ist aber noch teerreiche Kohle mit 20% Teer (in grubenfeuchtem Zustand bestimmt) verschwelt worden, und 1926/1928 wurde noch im Deuben-Zeitzer Revier Kohle mit 9 bis 13% Teergehalt durch „Aushaltung" als damals übliche Schwelkohlenqualität gewonnen. Beim Übergang von den veralteten Schwelöfen, System Rolle, zu den moderneren Großleistungsöfen mit vielfach größerem Kohlenverbrauch war die teure Aushaltung der geringer werdenden Vorräte an reicherer Kohle nicht mehr möglich, und man bezeichnete ab 1935 sogar eine Rohkohle mit einem Teergehalt von 7% und auch 6,5% noch als schwelwürdig, da die Großleistungsöfen wirtschaftlicher arbeiten.

Die Prüfung der Kohlenvorkommen auf ihren Teergehalt im Laboratorium wurde bis 1930 in einfachen Glas- oder Eisenretorten vorgenommen. Ab 1930 wird die Bestimmung praktisch nur noch nach der Methode von F. FISCHER und H. SCHRADER wegen der guten Wärmeleitfähigkeit des Aluminiumblocks[3] durchgeführt.

---

[1] SCHEITHAUER, W.: Die Schwelteere, S. 201. Leipzig: Spamer 1922.
[2] ERDMANN, E.: Z. angew. Chemie 1921, S. 309.
[3] GRAEFE, E., u. TH. HELLTHALER: Laboratoriumsbuch für die Braunkohlenteer-Industrie, S. 61. Halle: Knapp 1958.

3. Die Bedeutung der Braunkohlenschwelung

Die Steigerung der Teer- und Kokserzeugung sowie den Schwelkohlenverbrauch zeigt die nachfolgende Tab. 1

Tabelle 1. *Produktion der deutschen Schwelindustrie 1900 bis 1962*
(in 1000 Jahrestonnen).

Jahr	Produktion		Verbrauch Schwelkohlen
	Teer	Koks	
1900/1925	60—75	400	1 200
1930	200	800	2 400
1940	900	4 600	14 000
1944	1 600	8 000	24 000
1960	1 600[a]	8 000	24 000
1962	1 600	8 000	24 000

[a] 1,5 Mio Jahrestonnen werden in Mitteldeutschland gewonnen.

Der Anstieg der Teererzeugung zwischen 1925 und 1930 ist auf Verbesserung des Arbeitsverfahrens und der Öfen (Einführung des Geissen-Kosag-Ofens), der starke Anstieg bis 1944 auf die Einführung des Lurgi-Spülgas-Ofens zurückzuführen. Im Jahre 1942 wurden rund 400000 Jato Teer in Destillationsbetrieben auf Kraftstoffe (VK, DK), Heizöl und Paraffin als Haupterzeugnisse aufgearbeitet. Den Rest verarbeiteten die Hydrierwerke durch katalytische Wasserstoffanlagerung auf wertvolle Kraftstoffe. (Anfang der 30er Jahre wurden rund 32% der westelbischen Teergewinnung durch Hochdruckhydrierung in Kraftstoffe übergeführt. 1962 war die Lieferung von Braunkohlenteerprodukten an die Hydrierwerke auf rund 75% zu schätzen.)

4. Schwelanalyse[1]

Die auf ihren Teergehalt zu prüfende Brennstoffprobe wird in einer Aluminiumretorte unter allmählicher Temperatursteigerung bis 520 °C der trockenen Destillation (Schwelung) unterworfen. Der Schwelrückstand (Koks) und die Destillate (Teer + Wasser) werden gewogen, die Differenz ergibt Gasausbeute und Verlust. Durch destillative Wasserbestimmung mit Xylol wird im Teer-Wasser-Gemisch das Schwelwasser ermittelt; die Teerausbeute verbleibt dann als Differenz.

a) Apparatur

Die Schwelapparatur besteht aus Heizofen, Retorte, Thermometer, Vorlage und einem Wasserbehälter zur Kühlung der Vorlage. Dazu kommt noch die Apparatur zur Wasserbestimmung des in der Vorlage angesammelten Teer-Wasser-Gemisches.

Der Leerraum der Retorte aus Aluminium (gegebenenfalls aus alitiertem Eisen), Abb. 1 (ohne Abgangsrohr), beträgt bei aufgesetztem Deckel 170 ± 10 cm³. Das gasdicht verschraubte Abgangsrohr muß aus innen poliertem Messing oder geglättetem Stahlrohr bestehen. Als Vorlage dient ein Rundkolben von 500 cm³ Inhalt, Normalschliff 26, Länge des Halses einschließlich Schliff 95 ± 10 mm (Abb. 2).

Zur Beheizung der Retorte wird ein auf verschiedene Heizstufen einstellbarer, elektrischer Ofen benutzt, dessen Muffel die Retorte unten und seitlich bis zum oberen Rand eng umschließt und nur am Abgangsrohr und Ansatzstück für den Tragstab Aussparungen aufweist. Diesen Zwecken entsprechen Heizöfen mit Silitstäben oder Widerstandsdraht; im letzten Fall soll der Widerstandsdraht zu etwa einem Sechstel am Boden der Muffel untergebracht sein, während der Rest in der Wandung gleichmäßig verteilt ist. Leistung etwa 1,2 kW.

---

[1] Aus GRAEFE-HELLTHALER, Laboratoriumsbuch, S. 61—66, übernommen.

Retorten, bei denen durch Abnutzung des Konus der Deckel so tief einsinkt, daß nicht
mehr genügend Leerraum bleibt, können mit einem anderen Deckel von größerem Durchmesser weiterverwendet werden, der so einzuschleifen ist, daß der Leerraum den obigen

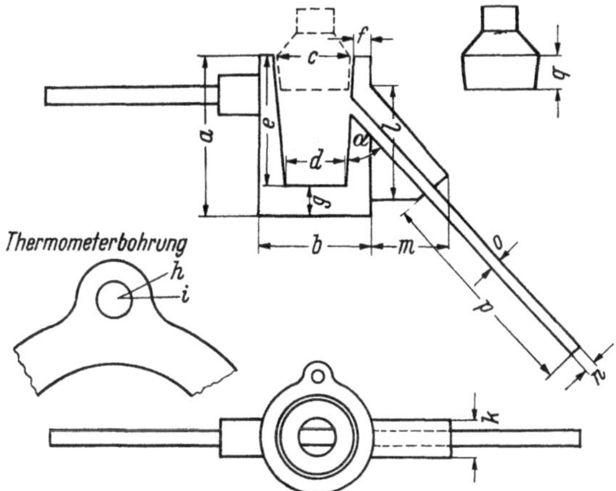

Abb. 1. Aluminiumschwelretorte nach Fischer-Schrader. (Graefe/Hellthaler: Laboratoriumsbuch, S. 62).
Material Retorte: Reinaluminium > 99 %; Material Abgangsrohr: Messing. Leerraum bei aufgesetztem Deckel ohne
Abgangsrohr 160—180 cm³;

a Höhe ohne Deckel 129—131 mm; b äußerer Durchmesser 89—91 mm; c Bohrung, Durchmesser oben 60—64 mm;
d Bohrung, Durchmesser unten 48—52 mm; e Bohrung, Tiefe 103—107 mm; f Wandstärke, oben 13—15 mm;
g Wandstärke, Boden 23—27 mm; h Thermometerbohrung, Durchmesser 8—9 mm; i Thermometerbohrung,
Tiefe 106—110 mm; k Nase für Abgangsrohr, Dicke 29—31 mm; l Nase für Abgangsrohr, Höhe 88—92 mm;
m Nase für Abgangsrohr, Breite 58—62 mm; n Abgangsrohr, Durchmesser, außen 12—13 mm; o Abgangsrohr,
Durchmesser innen 9—10 mm; p Abgangsrohr, Länge des herausragenden Teiles 190—200 mm; α Abgangsrohr,
Ansatzwinkel 45—50°; q Deckelhöhe des konischen Teiles 25—30 mm.

Angaben entspricht. Die Temperaturmessung erfolgt mit einem bis 600 °C anzeigenden,
eichfähigen Quecksilberthermometer mit Stickstoffüllung, das bei 10 cm Eintauchtiefe und
60 °C Fadentemperatur eingestellt ist. Zur Kühlung der Vorlage dient ein Kühltrog mit
einem Wassereintrittsstutzen an der einen Schmalseite unten und Wasserüberlauf an der

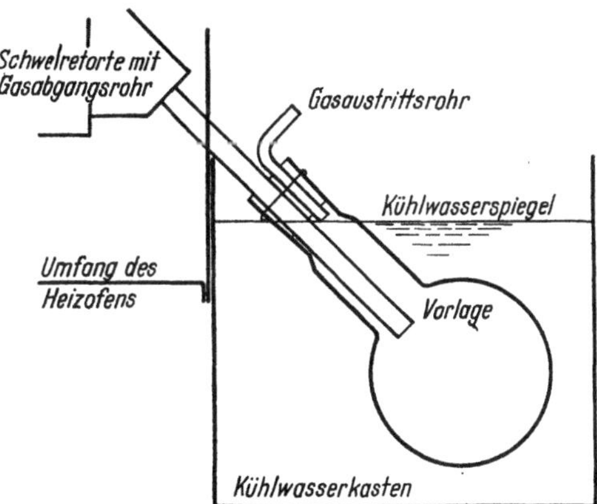

Abb. 2. Anordnung der Vorlage im Kühlwasserkasten. (Graefe/Hellthaler, a. a. O., S. 63).

Gegenseite oben. Die Entfernung zwischen Vorlage und Kühlkasten muß überall mindestens
2 cm betragen und das Wasser in deutlichem Strom den Kühlkasten durchlaufen. Die Wassertemperatur soll zwischen 15 und 20 °C liegen (Abb. 2). Die Wasserbestimmung nach Beendigung der Schwelung erfolgt nach DIN 51 582 (s. Teil I, S. 125). Alle Wägungen sind auf
0,05 g genau vorzunehmen.

b) Vorbereitung der Kohlenprobe

Die Probenahme, Verpackung und Aufbewahrung der Kohlenproben erfolgt nach DIN 51701. Bei Proben, die in mangelhaft verschlossenen oder unvollkommen gefüllten Gefäßen länger als eine Woche verwahrt sind, muß mit einer Minderausbeute an Teer bis zu 0,5%, in besonderen Fällen noch mehr, gerechnet werden.

Falls die Probe als Rohkohle oder in nicht genügend weit vorgetrocknetem Zustand vorliegt, wird sie für die Schwelanalyse auf unter 10 mm Korngröße grob zerkleinert (z. B. durch Walzen) und in einem Trockenschrank bei nicht über 70 °C auf 15 bis 20% Wasser vorgetrocknet. (Bei der Schwelung vorgetrockneter Kohle ist gegenüber Rohkohle meistens mit einer Minderausbeute an Teer zu rechnen, die bei gewissen Sorten nicht unbeträchtlich sein kann. Gleichwohl ist die Anwendung getrockneter Kohle für die Normung vorgesehen, weil eine einheitliche Ausführung auch hinsichtlich des Wassergehalts sichergestellt werden muß und die technische Schwelung heute praktisch nur von vorgetrockneter Kohle ausgeht.) Die so vorgetrockneten oder in getrocknetem Zustand oder als Briketts eingehenden Proben werden bis zur grießigen Körnung zerkleinert, wobei wenig, jedoch nicht mehr als 10% Korn über 1 mm verbleiben, andererseits auch nicht mehr als 40% Staub unter 0,2 mm anfallen soll. Von der zu untersuchenden Kohlenprobe ist sowohl im ursprünglichen wie für die Schwelung vorbereiteten Zustand eine Wasserbestimmung nach DIN 51718 durch Xyloldestillation vorzunehmen.

Bei der betrieblichen Forderung nach möglichst zuverlässigen Werten geht es hauptsächlich darum, schnell und einfach gut reproduzierbare Schwelausbeuten zu erhalten. Das wird gewährleistet, wenn die folgende Ausführungsform des Schwelvorgangs genau eingehalten wird.

c) Ausführung der Schwelanalyse

In die Schwelretorte werden 50 g Kohle eingewogen, der Deckel aufgesetzt und durch einige leichte Schläge mit dem Holzhammer auf den Deckelknopf gedichtet. Die tarierte Vorlage wird mit einem doppelt durchbohrten Gummistopfen an dem Abgangsrohr der Retorte befestigt; es muß soweit eingeführt werden, daß es bis in den kugelförmigen Teil der Vorlage reicht. In die zweite Bohrung wird ein Gasaustrittsrohr eingesetzt, das nach innen etwa 1 cm über den Stopfen vorsteht (Abb. 2).

Die Vorlage wird so weit in das Kühlbecken gesenkt, als es ohne Berührung des Gummi-Stopfens mit dem Kühlwasserspiegel möglich ist. Das Retortenabgangsrohr wird hierbei kurz vor seinem Eintritt in den Gummistopfen durch übergelegte, in das Wasser eintauchende

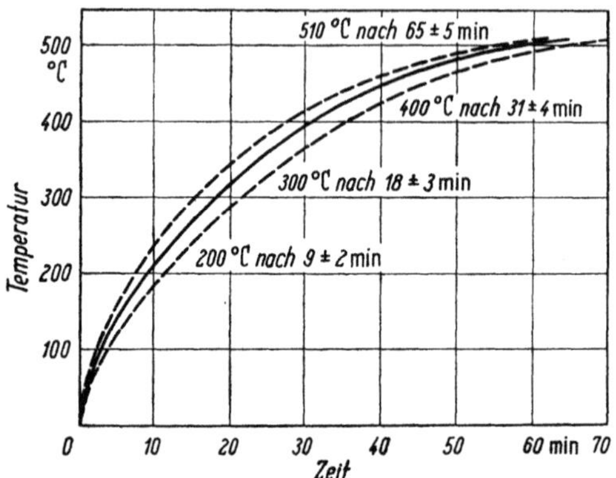

3. Temperaturanstieg bei der Schwelung. (GRAEFE/HELLTHALER, a. a. O., S. 65).

Stoff- oder Filtrierpapierstreifen gekühlt, um den Gummistopfen vor Überhitzung zu schützen. Die Beheizung der Retorte bei dem sich unter Teerbildung vollziehenden eigentlichen Schwelvorgang verlangt das Einhalten eines bestimmten Temperaturzeitverlaufs, mindestens aber einer steten Temperatursteigerung, um gleichmäßige, reproduzierbare Werte zu erhalten. Die Retorte wird in den Ofen eingestellt und angeheizt; dabei soll der Anstieg der Temperaturkurve der in Abb. 3 wiedergegebenen Steigerung entsprechen.

Wenn nach 65 ± 5 Min. 510 °C erreicht sind, wird die Temperatur noch 15 Min. lang auf 510 bis 520 °C gehalten, so daß die gesamte Schwelzeit 80 ± 5 Min. beträgt.

Hiernach wird die Retorte mit Vorlage aus dem Ofen genommen. Die Vorlage bleibt noch 10 Min. an der Retorte, damit in dem Abgangsrohr angesammelter Teer in die Vorlage abtropfen kann. Dann wird die Vorlage abgenommen und noch zurückgehaltener Teer aus dem Abgangsrohr durch vorsichtiges Erwärmen oder mittels eines feinen Spatels in die Vorlage übertragen. Die Retorte bleibt nach Verschließen des Abgangsrohrs mit einem Stopfen bis zum völligen Erkalten stehen. Der Koks wird sorgfältig herausgeschüttet und gewogen. Die tarierte Vorlage wird nach dem Abtrocknen ebenfalls gewogen und somit die Summe von Wasser und Teer ermittelt. Nach Zugabe von 200 cm³ wassergesättigtem Xylol oder aushilfsweise einer ähnlich siedenden, mit Wasser nicht mischbaren Flüssigkeit, z. B. Schwerbenzin, sowie einiger Siedesteine wird das Wasser nach DIN 51 582 bestimmt. Hierbei ist ein Rückflußkühler mit glattem Kühlrohr vorteilhaft. Nach völliger Abkühlung wird der Wassergehalt auf 0,05 cm³ abgelesen.

Die gleiche Ausführungsform gilt auch für die Untersuchung von Koks auf Restteergehalt.

Die Abschnitte a), b) und c) entsprechen der Veröffentlichung von A. Lissner und W. Göbel über Untersuchungen zur Charakterisierung von Braunkohlen, insbesondere von Schwelkohlen[1].

Nach einer Mitteilung von Herrn Prof. Dr. Dr. e.h. Rammler deckt sich der Entwurf für die Normung der Schwelanalyse fast genau mit diesem Teil der vorgenannten Veröffentlichung.

d) Berechnung der Einzelwerte

Das Destillat in der Vorlage ist die Summe von Teer + Wasser, das Xyloldestillat ergibt das Gesamtwasser (Kohlefeuchtigkeit + Zersetzungswasser). Die Differenz ist die Teerausbeute. Vom Gesamtwasser wird die Kohlefeuchtigkeit abgezogen, der Rest ist das Zersetzungswasser, auch Schwelwasser genannt. Der in der Retorte verbliebene Schwelrückstand ist der Koks. Die Differenz der Summe von Teer + Feuchtigkeitswasser + Schwelwasser + Koks gegen die Einwaage ist Gas + Verlust.

e) Abwandlungen der Methode

Folgende Abweichungen haben sich in westdeutschen Betrieben bewährt:

Frankfurt

1. Verwendung der kleineren Retorte (110 cm³ Inhalt) mit 25 g Kohleeinsatz.

2. Beheizung mit Gasdreibrenner mit Einhaltung der Temperatur-Zeit-Kurve und Abweichungen in zulässiger Höhe von 0,3 bis 0,5 %.

3. Die Kohle wird vollständig unter 1 mm zerkleinert. Keine Vorschriften über Kornaufteilung.

4. Die Vorlage hat entsprechend der 25 g-Kohlefüllung nur 250 cm³ Inhalt.

5. Für die Bestimmung des Wassergehalts in dem Teer-Wasser-Destillat wird ausschließlich wassergesättigtes Xylol verwandt und für den Rückfluß ein Kugelkühler nach Allihn.

6. Die Destillationsvorlagen werden kalibriert bezogen und nicht im Labor geeicht.

Offleben

1. Die Kohle wird ohne Vortrocknung durch Mahlen zerkleinert und mit ihrem Originalwassergehalt geschwelt, daher ist auch nur eine Xylol-Wasser-Bestimmung nötig.

2. Die Einwaage beträgt 25 g wie vorstehend. Die 50 g-Retorte wird nur für die Bestimmung des Restteers im Koks verwandt.

3. Vorlage nach Hempel, Abb. 4. Für die Restteerbestimmung in Koks wird eine graduierte Ausführung genommen.

4. Die elektrisch geheizten Schwelöfen werden vor dem Einsetzen der Retorten auf 350 °C vorgewärmt. Die Retortentemperatur steigt dann nach Einsetzen in den Ofen in 35 Min. auf etwa 260 °C, die Kurve liegt also flacher als in Abb. 3. Der weitere Temperaturzeitverlauf ist dann sehr ähnlich, denn innerhalb von 60 Min. werden 510 °C erreicht. Dabei wird beachtet, daß sich weder Wasser- noch Teerdämpfe im Gasaustrittsrohr (Glas) kondensieren. Die Endtemperatur von 510 bis 520 °C wird 20 bis 30 Min. lang gehalten, bis keine Gasentwicklung mehr erfolgt (Flammprobe am Gasaustrittsrohr). Im Gegensatz zu Hellthaler beläßt man die Schwelvorlage keine 10 Min. nach Entnahme aus dem Ofen an der

---

[1] Freiberger Forschungsheft A 80.

Retorte. Ohne Kühlung findet nämlich eine schnelle Erwärmung des Abgangsrohrs statt, so daß die Gefahr besteht, daß Schwelwasser durch Verdunstung verloren geht. Andererseits bewirkt die Erwärmung das vollständige Ablaufen des Teeres aus dem Abgangsrohr, so daß sich zusätzliches Erhitzen oder Entfernen von Teerresten mit Spatel erübrigen. Die Auftrennung der Schwelprodukte geschieht nicht durch Xyloldestillation. Nach Rückwaage von Vorlage + Teer + Wasser werden Wasser und Teer durch Erwärmen der Vorlage im Wasserbad (die Vorlage schwimmt) bei 60 bis 70 °C getrennt und die Hauptmenge Wasser abgelassen. Durch Umspülen des Teeres in der Vorlage werden Kondensattröpfchen von der Wandung entfernt, so daß es gelingt, nach mehrfacher Wiederholung des Vorgangs und jeweiligem Absitzenlassen des Wassers in der Wärme (Wasserbad!) Teer und Wasser vollständig voneinander zu scheiden. Schließlich läßt man das Wasser so weit ab, daß der Teer bis in die Auslaufspitze nachfließt. Letzte Reste Wasser in der Spitze des Auslaufs können mit Filterpapier abgesaugt werden. In der äußerlich abgetrockneten Vorlage wird dann der Teer zurückgewogen. Der Koks wird aus der Retorte vorsichtig in eine Wägeschale geschüttet und ausgewogen.

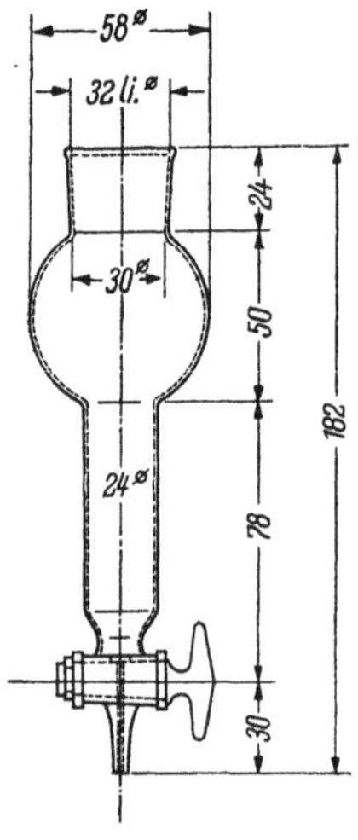

Abb. 4. Schwelvorlage nach HEMPEL.

Berechnung:

(Vorlage + Teer + Wasser) — (Vorlage + Teer) = Feuchtigkeitswasser + Zersetzungswasser,

(Feuchtigkeitswasser + Zersetzungswasser) — (Feuchtigkeitswasser aus Kohle nach Xylolmethode) = Zersetzungswasser, sog. Schwelwasser,

(Vorlage + Teer) — (Vorlage) = Teer,

100% — (Teer + Wasser + Koks) = Gas und Verlust.

II. Teerherstellung

1. Schwelung; die Entwicklung der Schwelöfen

Um 1850 begann man den Schwelbetrieb zunächst mit kleinen Horizontalretorten aus Gußeisen.

Dr. ROLLE erbaute 1858 den ersten brauchbaren, indirekt beheizten Vertikalofen. Dieses Ofensystem war in der deutschen Schwelindustrie von 1858 bis 1926 mit vielen Abwandlungen und Verbesserungen zum Durchsatz von vorgetrockneter Kohle und ab 1930 zur Verschwelung von Briketts führend. 1938 waren noch 588 Öfen in Betrieb und 1945/1946 wurden die letzten 150 stillgelegt (Abb. 5).

Es folgt ab 1926 als Großleistungsofen das System Geissen-Kosag mit rotierendem, gewellten Schwelzylinder (Abb. 6).

Im Gegensatz zu Öfen mit indirekter Heizung überträgt der *Lurgi-Spülgasofen* die für den Schwelvorgang erforderliche Wärme unmittelbar durch heiße Spülgase auf die als Briketts oder Stückkohle eingesetzte Kohle. Dieses System hat sich seit 1935 durchgesetzt und beherrscht die Schwelindustrie der Welt. Von 1935 bis 1944 wurden in Deutschland 98 und in Böhmen (Brüx) 80, zusammen 178, solcher Schwelöfen gebaut, in denen die Kohle in Form von Briketts (Deutschland) bzw. als stückige Kohle mit 30% Wassergehalt (Böhmen) verschwelt wird (Abb. 7).

Im Trockner werden die Briketts mit 250° heißen Spülgasen von 10 bis 12% auf 0 bis 1% entwässert und der darunter angeordneten Schwelzone zugeführt. Hier erfolgt die Schwelung mittels 700° heißer Spülgase. Die Spülgase werden durch Verbrennung von Überschußgas in den Verbrennungsöfen e und k und Zusatz von Trocknungsbrüden bzw. Kühlgas aus der Kokskühlzone auf die gewünschten Temperaturen von 250° bzw. 700° einreguliert. Durch dachartige

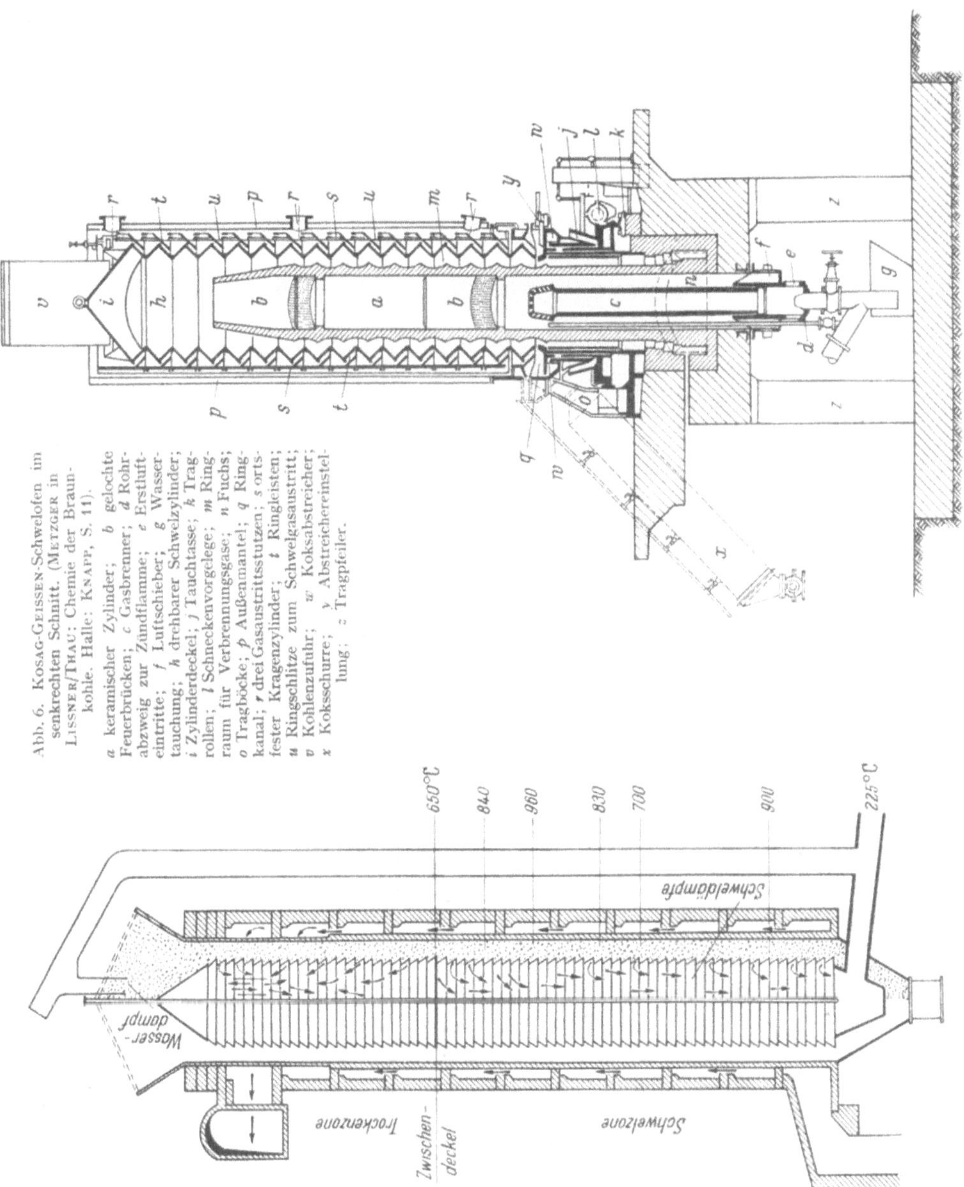

Abb. 6. Kosag-Geissen-Schwelofen im senkrechten Schnitt. (Metzger in Lissner/Thau: Chemie der Braunkohle. Halle: Knapp, S. 11).

a keramischer Zylinder; b gelochte Feuerbrücken; c Gasbrenner; d Rohrabzweig zur Zündflamme; e Erstlufteintritte; f Luftschieber; g Wassertauchung; h drehbarer Schwelzylinder; i Zylinderdeckel; j Tauchtasse; k Tragrollen; l Schneckenvorgelege; m Ringraum für Verbrennungsgase; n Fuchs; o Tragböcke; p Außenmantel; q Ringkanal; r drei Gasaustrittsstutzen; s ortsfester Kragenzylinder; t Ringleisten; u Ringschlitze zum Schwelgasaustritt; v Kohlenzufuhr; w Koksabstreicher; x Koksschurre; y Abstreichereinstellung; z Tragpfeiler.

Abb. 5. Schwelofen System Rolle. (Munderloh: Braunkohle 1955, S. 342).

Einbauten werden die Spülgase auf den rechteckigen Querschnitt der beiden nebeneinander angeordneten und zu einem Ofen gehörenden Schächte verteilt.

In der unter der Schwelzone angeordneten, konisch ausgebildeten Kokszone wird der Koks durch Überschußgas auf etwa 200° abgekühlt und über geschlossene Transportwege nach den mit Wasser berieselten Kokssieben gefördert. Dort unterteilt man den Koks in die üblichen Körnungen, z. B. Feinkoks unter 10 mm,

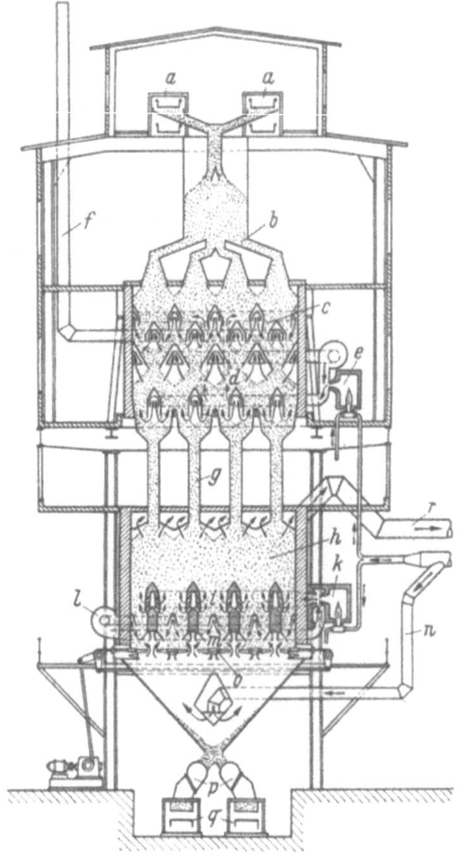

Abb. 7. Lurgi-Schwelofen in schematischer Darstellung.

a Pendelbecherwerk; *b* Schurrenbeschickung; *c* Vortrocknungszone; *d* Trockner; *e* Verbrennungsofen; *f* Schornstein; *g* Verbindungsschächte; *h* Schwelschacht; *i* Schwelzone; *k* Verbrennungsofen; *l* Kühlgasgebläse; *m* Kokskühlzone; *n* Kühlgas; *o* Koksaustragung; *p* Koksschleusen; *q* Kastenförderer; *r* Abgang nach der Kondensation. (MUNDERLOH: Braunkohle 1955, S. 344).

Mittelkoks 10 bis 20 mm und Grobkoks über 20 mm. Bei Einsatz von hochwertigen Feinkorn-Strangpressen-Briketts ist es möglich, den Anteil an Feinkoks auf 25% zu beschränken. Die Grundlage der Wirtschaftlichkeit eines Schwelwerkes ist in der Bundesrepublik eine hohe Ausbeute an Grobkoks. Die flüssigen Schwelprodukte bei teerarmen Kohlen sind Nebenerzeugnisse. Im Gegensatz dazu ist bei den teerreichen Kohlen Mitteldeutschlands der Koks Nebenprodukt, und die flüssigen Schwelerzeugnisse bringen den größeren Teil des Umsatzwerts. Der Tagesdurchsatz eines Lurgi-Ofens beträgt im Schwelwerk Offleben mit Rücksicht auf gute Koksqualität 300 t. Die Ausbeute, bezogen auf die Analyse nach FISCHER, beträgt 95%. In Mitteldeutschland sind Durchsatzzahlen von 400 t üblich, dabei sinkt die Ausbeute auf 90%, und die Koksqualität fällt ebenfalls ab. In Deutschland sind noch 88 Öfen in Betrieb, davon 78 in Mitteldeutschland und 10 in der Bundesrepublik in Offleben[1]. Hier werden 1 Mio t Briketts jährlich verschwelt und in Mitteldeutschland 11 Mio t. Die Verschwelung von vorgetrockneter Kohle beträgt nur noch 3% der insgesamt in Deutschland verschwelten Kohle. Die Schwelung von Briketts überwiegt also deutlich. Nach dem Krupp-Lurgi-Stückkoks-Verfahren wurden in denselben Öfen Ringwalzen-Briketts von besonderer Festigkeit geschwelt und erbrachten einen Anteil von nur 10% Feinkoks und 90% Grobkoks über 10 mm. Die Ringwalzenanlagen wurden bis auf 2 Einheiten (von 25) demontiert.

Aus dem aus der Schwelzone mit etwa 240° abziehenden Gemisch von Dämpfen und Gasen wird in einer Staubtrommel der mitgerissene Koksstaub entfernt und im Vorkühler der sog. Vorkühlerteer (Dickteer, 25% des Gesamtteers) niedergeschlagen. In der nun folgenden Elektrischen-Gas-Reinigung (E.G.R.) fällt dann die Hauptmenge des Teers bei etwa 130° staub- und wasserfrei aus. Die nächst leichtere Fraktion, das Mittelöl, mit einem Siedebereich von 200 bis 300° kondensiert in dem anschließenden mit indirekter Wasserkühlung versehenen Querrohrkühler bei etwa 30 °C gemeinsam mit dem Zersetzungswasser.

Das Schwelgas enthält nun noch Leichtöl (Siedegrenzen etwa 70 bis 200°). Dieses gewinnt man durch Auswaschen des Gases mit einer Mittelölfraktion, aus der es durch Abtreibung bei etwa 160° frei gemacht wird. Das Gas enthält dann noch etwa 3 bis 5 g leichtes Leichtöl je m³ (oberer Heizwert des Gases etwa 2000 bis 2300 kcal/m³, entsprechend etwa 1800 bis 2000 kcal unterer Heizwert).

2. Verkokung im Kokereiofen

In Mitteldeutschland, in der Groß-Kokerei Lauchhammer, wird seit 1953 nach BILKENROTH-RAMMLER die Verkokung von Braunkohlenbriketts aus Lausitzer Kohle mit geringem Teer-, Asche- und Schwefelgehalt bei Temperaturen von 1000° durchgeführt. Der Koks ist wegen des Mangels an Steinkohlenkoks für die Erzreduktion in Niederschachtöfen und für die Erzeugung von Karbid bestimmt.

Der Teeranfall ist gering, entsprechend dem niedrigen Teergehalt der Lausitzer Kohle von etwa 3 bis 4% im Rohzustand. Seine Qualität[2] ähnelt aber derjenigen von Schwelteer aus Lausitzer Kohle, da die Briketts beim Durchgang durch den Ofen zunächst die niedrigen Temperaturbereiche durchwandern und hier allmählich bis zum Erreichen der Temperatur von 520° ausgeschwelt werden. Die beim weiteren Weg durch die Verkokungszone bis 1000° freiwerdenden Gase durchziehen also die darüberliegenden Briketts als Spülgase, und daher ähnelt auch die Teerqualität derjenigen von Spülgasteer. Eine nennenswerte Überhitzung und Aufspaltung erleiden die Teerdämpfe nicht, da sie nicht durch die 1000°-Zone hindurchgezogen werden. Solcher Teer ist allerdings arm an Paraffin und reich an Kreosot und Asphalt, wie aus Lausitzer Kohle nicht anders zu erwarten. Dasselbe gilt auch für rheinische Kohle. Für die Verarbeitung durch Destillation oder Hydrierung ist derartiger Kokereiteer wenig geeignet. Die Weiterverarbeitung ist daher ein noch nicht völlig gelöstes Problem[3].

3. Vergasung in Generatoren

Ähnlich wie beim Spülgas-Schwelverfahren wird auch bei der Vergasung von Braunkohlenbriketts in „Schwelgeneratoren" Teer gewonnen. Die Briketts

---

[1] Ende 1967 stillgelegt.
[2] GUNDERMANN: Freiberger Forschungshefte A 201 (1961) S. 42.
[3] RAMMLER, E., u. H. J. v. ALBERTI: Technologie und Chemie der Braunkohlenverwertung, S. 403 u. 408. Leipzig: VEB Deutscher Verlag für Grundstoffindustrie 1962.

werden durch eine Schleuse in den auf den Generator aufgesetzten Schwelschacht eingebracht und durch die aus dem darunter angeordneten Vergasungsteil des Generators nach oben durch den Schwelschacht nach der Kondensation abziehenden, etwa 600° heißen Generatorgase getrocknet und geschwelt, wie beim Spülgasschweler.

Die Teerdämpfe gelangen mit dem Gemisch von Generator- und Schwelgas nach Durchströmen des Schwelschachts in die Kondensation und werden dort als flüssiger Teer ausgeschieden. Der im unteren Teil des Schwelschachts aus den Briketts entstandene Schwelkoks sinkt in den Vergasungsschacht und wird dort mit Luft und Wasserdampfzusatz bis auf Asche vergast. Der Durchsatz eines solchen Drehrostgenerators von 2,6 m Schachtdurchmesser beträgt *1 t/h, das sind 24 t Briketts je Tag.* Die Gasmenge liegt bei *2,2 m³ Schwachgas je kg Briketts,* also rund 50 000 m³/Tag (oberer Heizwert 1600 bis 1700 kcal/m³). Da dieser Ter wie im Spülgasschweler durch Umspülung der Briketts mit heißen Gasen erzeugt wird, kann seine Qualität auch dem Spülgasschwelteer ähnlich sein. Sie wechselt allerdings mit der Art der vergasten Kohle und der Betriebsweise der Vergasung.

In ähnlicher Weise werden auch beim Sauerstoff-Druckgas-Verfahren der Lurgi nach DANULAT-HUBMANN[1] Braunkohlenbriketts bei 25 bis 30 Atm. Druck und reinem Sauerstoff bei gleichzeitiger Teergewinnung vergast. Das gleiche Verfahren ist auch zur Herstellung von Synthesegas geeignet.

Auch andere Verfahren zur Vergasung von Braunkohlenbriketts zwecks Herstellung von Schwachgas (z. B. Koppers, Otto, Didier-Kogag, Pintsch-Hillebrand, Winkler-Kohlevergaser) sind zwecks Erhöhung der Wirtschaftlichkeit mit Teergewinnung ausgestattet. Die Teerqualitäten sind geringer als die der entsprechenden Spülgasteere. Sie können manchmal im Gemisch verarbeitet werden, oder die Generatorteere lohnen die Verarbeitung nicht und werden als Heizteere verfeuert.

III. Verarbeitung des Braunkohlenteers

1. Destillation

Für die Verarbeitung von Braunkohlenteer auf Fertigerzeugnisse gab und gibt es kein einheitliches Aufarbeitungsschema. Je nach Art des Ausgangsmaterials, also des Teers — der seinerseits abhängig ist von der Art der Kohle und der Verschwelung, Vergasung oder Verkokung — und der Marktsituation für die Erzeugnisse wechselte der Gang der Verarbeitung.

Nach dem Vorbild der Erdöldestillation wurde in den Jahren 1924/1925 auch in der Braunkohlen-Teerindustrie die kontinuierliche Destillation im Rohrofen zunächst für Paraffinöl und dann für die Primärdestillation von Teer zwecks Zerlegung in Rohöl, Paraffinmasse und Pech eingeführt. Das Rohöl wurde raffiniert und fraktioniert, die Paraffinmasse redestilliert und das Redestillat durch Kühlung und Filtration in Paraffinschuppen und Ablauföl zerlegt. Letzteres kam dann zur Raffination und ggf. anschließend zur Fraktionierung. Der Rückstand aus der Paraffinmassenredestillation gelangte zur Kokungsdestillation auf Teerkoks. Sollte aus Absatzgründen weniger Pech und mehr Koks erzeugt werden, so destillierte man im Rohrofen nicht auf Pech, sondern auf Rückstand und verkokte diesen in Gußblasen auf Teerkoks.

In Espenhain erfolgte die erste Koksherstellung in Kokskammeröfen (Abb. 8). Der Grundsatz der Redestillation von Paraffinmassen blieb unverändert Jahr-

---

[1] LANGE, P., in K. WINNACKER u. L. KÜCHLER: Chemische Technologie, Bd. 3, S. 165. München: Hanser 1959.

zehnte hindurch richtunggebend für die Verarbeitung von Braunkohlenteer in Destillationsbetrieben, bis es KÖHLER[1] bei der DEA in Rositz 1948 gelang, bei der Erstdestillation des Teers in einer Rohrofendestillation unter verbesserten

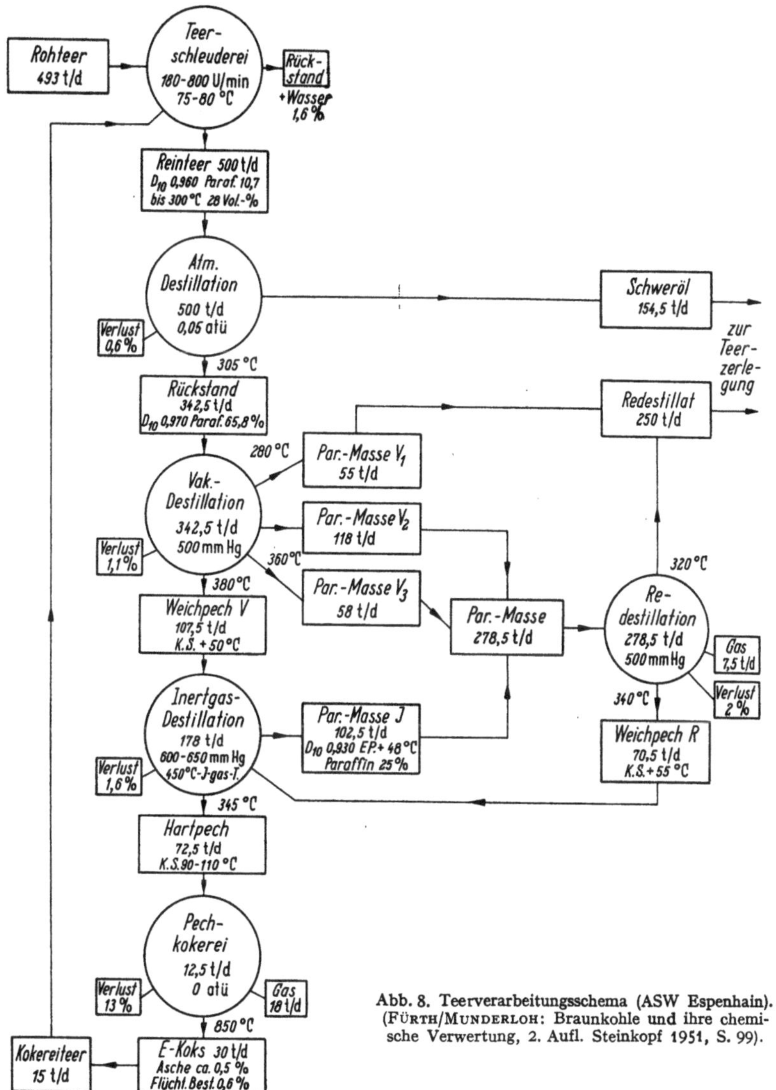

Abb. 8. Teerverarbeitungsschema (ASW Espenhain). (FÜRTH/MUNDERLOH: Braunkohle und ihre chemische Verwertung, 2. Aufl. Steinkopf 1951, S. 99).

Betriebsbedingungen (Ankracken bei Temperaturen über 420° und doppelte Dephlegmation) die Primär-Paraffinmasse in so guter Qualität zu gewinnen, daß eine Redestillation überflüssig wurde (Abb. 9).

Eine andere Arbeitsweise mit Rohrdestillation und mehreren Kolonnen beschreibt LAUE[2].

[1] KÖHLER, W.: Chemische Technik, S. 7.
[2] LAUE, O., in RAMMLER/V. ALBERTI, S. 414 (s. Fußnote 3, S. 443).

Nach dem Stand von 1944 ergab die destillative Verarbeitung eines Durchschnittsteers etwa folgende Ausbeuten:

Vergaserkraftstoff	3 bis 5%
Dieselkraftstoff	25 bis 50%
Heizöl	15 bis 35%
Hartparaffin	8 bis 9%
Weichparaffin	2%
Pech	10 bis 15%
Teerkoks	2 bis 4%

Bei maximaler Dieselkraftstoffausbeute (z. B. im 2. Weltkrieg) wurden 50% erreicht, der Heizölwert ging auf den niedrigsten Anteil von 15% und weniger

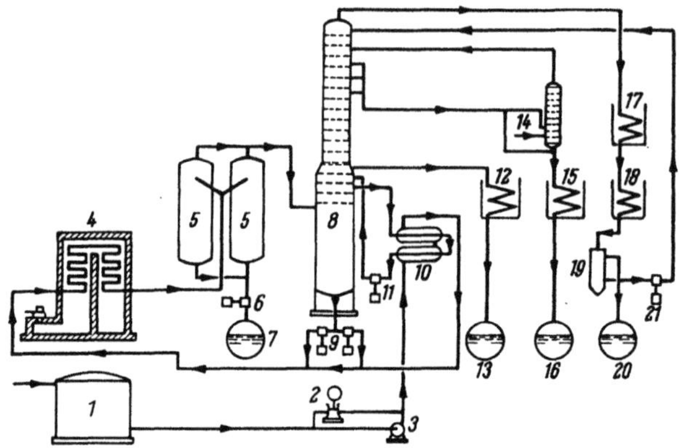

Abb. 9. Schema der Destillation I (Teerdestillation) (KÖHLER: Chemische Technik 1952, S. 7).
1 Arbeitstank; 2 Frischölpumpe; 3 Frischölpumpe; 4 Röhrenölerhitzer; 5 Asphaltabscheider; 6 Asphaltpumpe; 7 Asphaltvorlage; 8 Kolonne; 9 Rückstandpumpen; 10 Wärmeaustauscher; 11 Berieselungspumpe; 12 Kastenkühler; 13 Paraffinölvorlage; 14 Stripperkolonne; 15 Kastenkühler; 16 Mittelölvorlage; 17 Kastenkühler; 18 Kastenkühler; 19 Wasserabscheider; 20 Leichtölvorlage; 21 Berieselungspumpe.

zurück. Abb. 10 zeigt ein Arbeitsschema der A.K.W. mit einer Ausbeute von 27% Dieselkraftstoff und 25% Paraffinöl. Die Mischung der beiden Produkte konnte in Notzeiten als Dieselkraftstoff Verwendung finden. Nach dem Kriege, von 1955 bis 1964, fanden auf dem Kraftstoffsektor Braunkohlenteerprodukte nur nach hydrierender Aufarbeitung Verwendung. Siehe S. 448.

Beispiele für die Ausbeuten bei der Verarbeitung von Braunkohlenteeren nach verschiedenen Arbeitsmethoden zeigt Abb. 11 (nach RIEDEL).

Die Mittelölfraktion kann durch Raffination mit Säure und Lauge und nachfolgende Redestillation zu einer Dieselkraftstoffkomponente und Heizöl aufgearbeitet werden, da sie ohne Bearbeitung den üblichen Anforderungen nicht entspricht. Seit etwa 1955 wurden die Öle von den Destillationsbetrieben an ein Hydrierwerk zwecks raffinierender Hydrierung abgegeben[1].

Seit 1964 ist die bis dahin wirksame steuerliche Vergünstigung für die Hydrierung von Leichtöl aus der Braunkohlenschwelung in der Bundesrepublik fortgefallen. Daher wurde die Hydrierung von Leichtöl und Mittelöl praktisch eingestellt und die Leichtölerzeugung durch Drosselung auf etwa ein Viertel auf die leichtsiedende Fraktion beschränkt. Der höhersiedende Teil wird dem Mittelöl zugemischt oder einer Sonderverwertung zugeführt.

---

[1] RAMMLER/V. ALBERTI, S. 402 (s. Fußnote 3, S. 443): Technologie und Chemie der Braunkohlenverwertung.

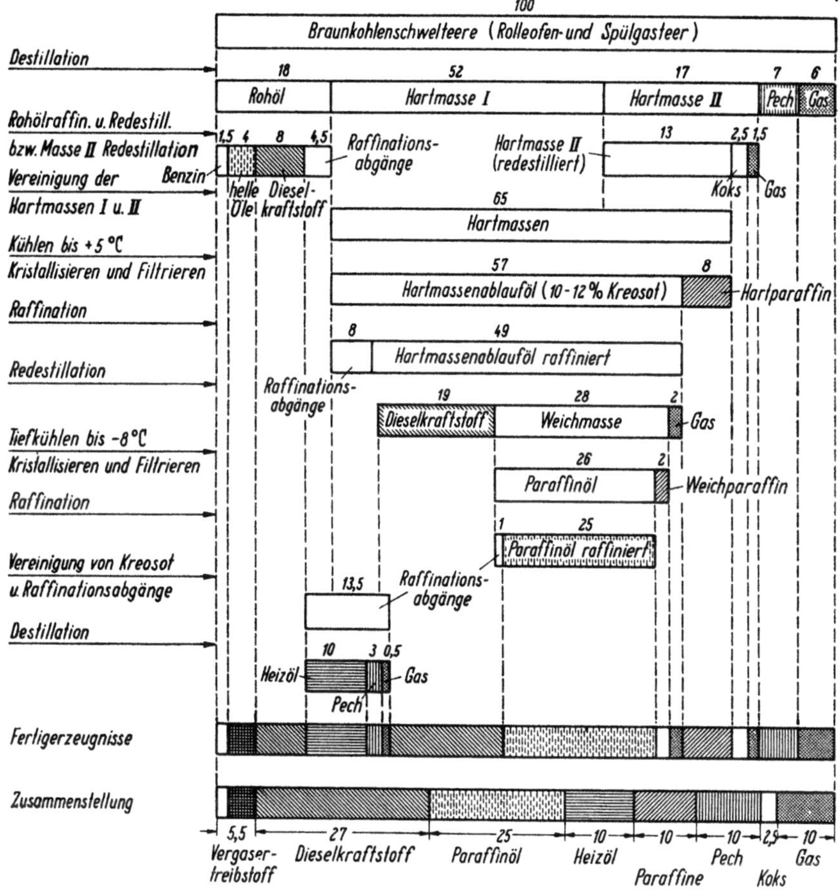

Abb. 10. Schema der Teeraufarbeitung (AKW) (Heinze: Braunkohle 1941, S. 25).

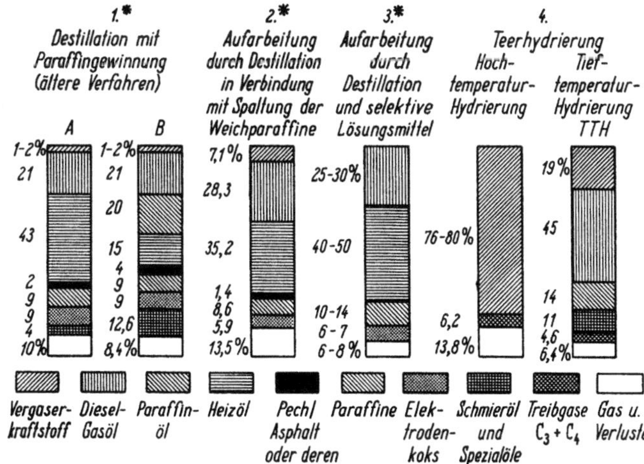

Abb. 11. Beispiele für die Ausbeuten bei der Aufarbeitung von Braunkohlenschwelteeren nach verschiedenen Arbeitsmethoden (Riedel in Rammler/v. Alberti, S. 410).

* Die Zahlenwerte sind ohne Leichtöl-Einsatz gerechnet, unter Vernachlässigung kleinerer Mengen von Spezialprodukten. Werte dienen nur als Anhaltswerte, da Ausbeuten vom Gehalt der Teere an Paraffin und Mittelöl abhängig sind.

Das Leichtöl kann durch Raffination mit Säure und Lauge und nachfolgende Redestillation zu 60 bis 70% zu Vergaserkraftstoff mit einer Octanzahl von 70 und mehr aufgearbeitet werden.

Der Rest ist Heizöl. Der Schwefelgehalt geht dabei aber nur um 25% zurück, bleibt also bei 2 bis 3%. Der „aktive Schwefel" ist aber beseitigt. Da solcher Kraftstoff den heutigen Anforderungen nicht mehr entspricht, war es üblich, auch das Leichtöl zu hydrieren. Dabei geht allerdings die Octanzahl auf Werte von 58 bis 60 zurück, so daß eine „Reformierung" angeschlossen werden mußte, um Octanzahlen über 80 zu erreichen[1].

2. Hydrierung

Durch Hochdruckhydrierung bei 480 °C und 300 atü Wasserstoffdruck läßt sich durch hydrierende Spaltung aus Braunkohlenteer in der ersten Stufe (Sumpfphase) mit Katalysatoren ein bis 320 °C siedendes Mittelöl herstellen, das sich in der zweiten Phase (Gasphase) in Vergaser- und Dieselkraftstoff umwandeln läßt (s. auch Abschnitt „Hydrierung", S. 559); Abb. 12.

Eine Variante der Hochdruck-Hydrierung ist das sog. T.T.H.-(Tief-Temperatur-Hydrier-)Verfahren (Abb. 13), das im Hydrierwerk Tröglitz eingeführt wurde. Es dient dazu, neben Kraftstoffen noch Schmieröl und Paraffin zu erzeugen und arbeitet mit festem Kontakt bei Temperaturstufen zwischen 280° und 425 °C und 300 atü, so daß die Schmierölanteile und das Paraffin nicht gespalten werden. Man setzt vorzugsweise asphaltarme und paraffinreiche Teere ein und erhält — als Durchschnittswerte — folgende Ausbeuten:

Vergaserkraftstoff 10%   Paraffin   15%
Dieselkraftstoff   55%   Schmieröl   20%

Durch das H.T.M.-Hydrier-Verfahren (Hochtemperatur-Mitteldruck-Verfahren) wird aus dem bis 200 °C siedenden Leichtöl mit Schwefelgehalten bis 4% bei 360 bis 390° und 60 bis 70 at ein H.T.M.-Benzin erzeugt mit 0,02% S und einer Motoroctanzahl (MOZ) von 72 bis 77. Der Aromatengehalt wird mit 40 bis 44% angegeben[2]. Siehe nachfolgende Analyse.

Rositzer Rohdieselöl läßt sich nach dem gleichen Verfahren bei 340 bis 350° und 50 at zu einem Dieselkraftstoff mit nachstehender Analyse[3] aufarbeiten:

	H.T.M.-Benzin	H.T.M.-Dieselkraftstoff
d_{20}	0,770	0,860
Siedegrenzen:		
bis 100° Vol.-%	40	—
bis 150° Vol.-%	90	—
bis 180° Vol.-%	98	—
Endpunkt	182°	—
bis 200° Vol.-%	—	12
Endpunkt	—	400°
AP 1 °C	+5	—
Aromaten Vol.-%	40—44	—
Schwefel Masse-%	0,02	0,1
$O_2 + N_2$ Masse-%	—	0,28
Kreosot Vol.-%	—	0,8
MOZ	72—77	—
Cetanzahl (mot)	—	42

---

[1] RAMMLER/V. ALBERTI, S. 495 u. 526 (s. Fußnote 3, S. 443): Technologie und Chemie der Braunkohlenverwertung.

[2] RAMMLER/V. ALBERTI, S. 520 (s. Fußnote 3, S. 443): Technologie und Chemie der Braunkohlenverwertung.

[3] RAMMLER/V. ALBERTI, S. 523 (s. Fußnote 3, S. 443): Technologie und Chemie der Braunkohlenverwertung.

Durch das aus dem DHD- (= Druck-H_2-Dehydrierung-)Verfahren entstandene Reformieren über Platinkontakt bei etwa 500° und 50 at wird mit geringer Verbleiung ein Vergaserkraftstoff mit MOZ 84 gewonnen und bei stärkerer Verbleiung ein Flugkraftstoff mit MOZ 94[1].

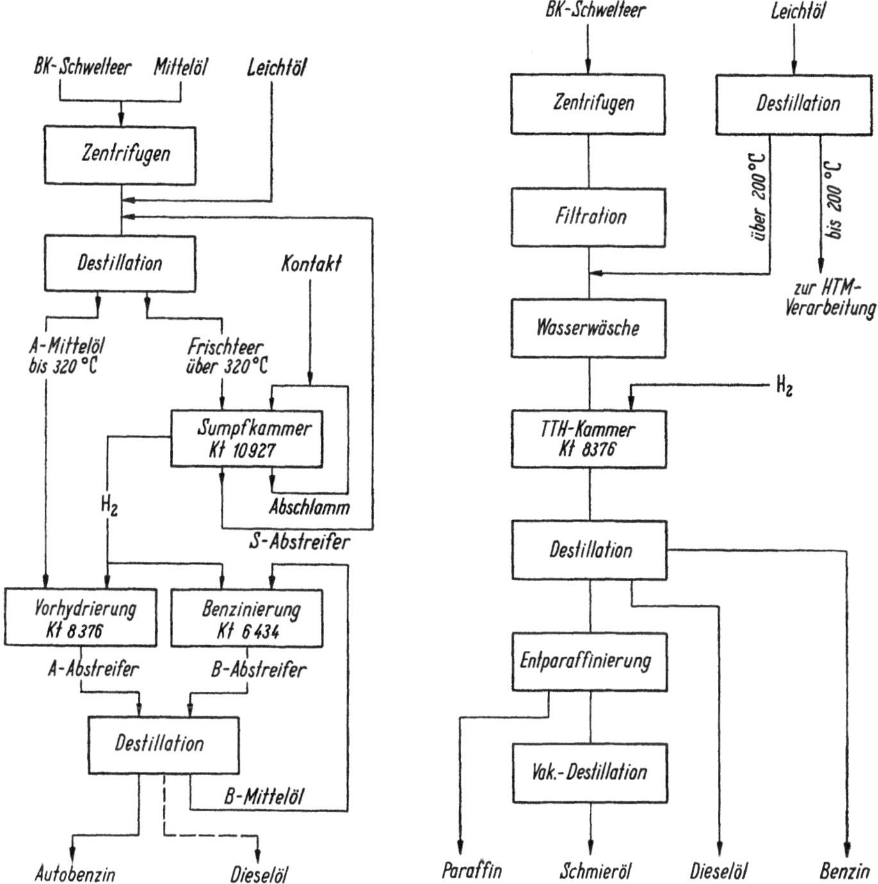

Abb. 12. Vereinfachtes Fließschema der Verarbeitung von Braunkohlenschwelprodukten durch **2 stufige** Hydrierung bei 300 atü (RAMMLER/V. ALBERTI, S. 502).	Abb. 13. Vereinfachtes Fließschema der Verarbeitung von Braunkohlenschwelprodukten nach dem TTH-Verfahren (RAMMLER/V. ALBERTI, S. 516).

Eine Übersicht über die nach verschiedenen Verfahren erzielbaren Ausbeuten bei der Teerverarbeitung veröffentlichte RIEDEL[2], die sich auf Destillation, Destillation und Spaltung, Destillation und selektive Lösungsmittel, Hydrierung (H.T.H.- und T.T.H.-Verfahren) bezieht (Abb. 11).

3. Druckspaltung

Die Braunkohlenindustrie hat sich auch bemüht, durch Druckspaltung von Teer und Ölen Vergaserkraftstoffe zu erzeugen. Bekannt wurde z. B. das aus der

[1] RAMMLER/V. ALBERTI, S. 526 (s. Fußnote 3, S. 443): Technologie und Chemie der Braunkohlenverwertung.
[2] RIEDEL: Z. Bergbau u. Energie-Wirtschaft 1949, S.c. 245. — RAMMLER/V. ALBERTI, S. 410.

Schweiz stammende Carburol-Verfahren, dessen Einführung in die Praxis bei Braunkohlenteer aber nicht gelang, da die Spaltung zu Benzin wegen des geringen H_2-Gehaltes des Teers zu hohe Koksausscheidungen brachte. Das einzige in Deutschland mit Erfolg betriebene Druckspaltverfahren für Braunkohlenteer ist dasjenige der DEA in Rositz; Abb. 14.

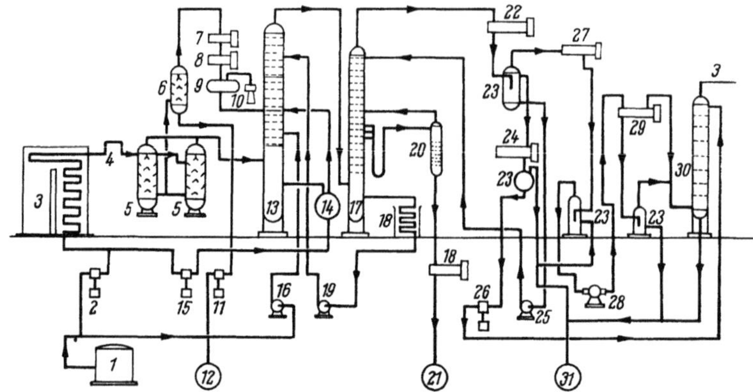

Abb. 14. DEA-Spaltverfahren mit Pechkonzentrierung (KÖHLER: Chemische Technik 1952, S. 8-12).

1 Rohstoffbehälter; *2* Frischölhochdruckpumpe; *3* Röhrenspaltofen; *4* Entspannungsventil; *5* Pechabscheider, *6* Pechdestilliergefäß; *7* Kondensator; *8* Kühler; *9* Sammler für Vakuumdestillat; *10* Vakuumstrahlsauger; *11* Hartpechförderpumpe; *12* Vorlage für Hartpech; *13* Rückflußkolonne; *14* Heißölvorlage; *15* Heißölhochdruckpumpe; *16* Frischölniederdruckpumpe; *17* Dieselölkolonne; *18* Dieselölkühler; *19* Berieselungspumpe für Rückflußkolonne; *20* Hilfskolonne; *21* Vorlage für Dieselöl; *22* Kondensator; *23* Benzinsammler; *24* Benzinkühler; *25* Berieselungspumpe für Dieselölkolonne; *26* Berieselungspumpe für Gaswascher; *27* Gaskühler; *28* Gaskompressor; *29* Gasnachkühler; *30* Gaswascher; *31* Vorlage für Benzin.

Mit Rücksicht auf den niedrigen Wasserstoffgehalt der Braunkohleenteere verzichtete man auf die Erzeugung von Kraftstoffen für Ottomotoren und hatte dafür mit der Beschränkung auf vorwiegende Erzeugung von Dieselkraftstoff einen vollen Erfolg.

Das Verfahren[1] arbeitet unter 40 bis 80 atü bei einer Reaktionstemperatur von 430 bis 455° und einer Entspannung auf 0,5 bis 1,5 atü ohne oder mit Pech-

Tabelle 2. *Ausbeuten an Spaltprodukten* (nach KÖHLER).

	A	B	C	D
	Mitteldeutscher Spülgasteer getoppt bis 320° 20% Paraffin im Originalteer %	Ostelbischer Generatorteer getoppt bis 320° 10% Paraffin im Originalteer %	Mitteldeutscher Spülgasteer nicht getoppt 18% Paraffin im Originalteer %	wie A Anrechnung des Toppdestillats als Dieselöl %
Ohne Pech-konzentrierung				
Spaltgas	10	11	6	7
Rohbenzin 50/220	11	9	5	8
Rohdieselöl 190/350	45	42	57	59
Spaltpech	33	36	30	25
Koks	1	2	2	1
Mit Pech-konzentrierung				
Spaltgas	10	11	6	7
Rohbenzin 50/220	12	10	6	9
Rohdieselöl 190/350	50	47	59	62
Spaltpech	27	30	27	21
Koks	1	2	2	1

[1] KÖHLER, W.: Chemische Technik, Januar 1952, S. 8 u. 12.

konzentration. Im zweiten Fall ist die Ausbeute an Dieselkraftstoff höher und die von Pech geringer. Zweckmäßig wird der Teer (auch Generatorteer ist geeignet) durch Abfallsäure aus der Ölraffination vorgereinigt und evtl. vor dem Einsatz in die Spaltanlage getoppt. Die dampfförmig aus der Spritzblase (Pechabscheider) abziehenden Leichtöle gelangen über die Geistleitung nach der ersten Fraktionierkolonne, deren flüssiges Sumpfprodukt, gemischt mit dem Teer aus der Frischölhochdruckpumpe, dem Spaltprozeß noch einmal zugeführt wird. Ein anderer Teil des Frischteers — etwa 40 bis 50% des Gesamteinsatzes — wird oberhalb des Eintritts der Öldämpfe als Rückfluß in die Fraktionierkolonne eingeführt, während der Hauptanteil des Rückflusses gekühltes Rohdieselöl ist.

4. Raffination

a) Chemisch mit Säure und Lauge

Die Raffination erfolgt heute kontinuierlich in Anlehnung an die Arbeitsweise der Erdölindustrie.

Schwitzparaffin wird in Rositz bei 185° mit Schwefelsäure raffiniert und nach Neutralisation mit Multiklonstaub und Bleicherde nachgereinigt[1].

b) Physikalisch mit selektiven Lösungsmitteln

1910/1911 entwickelten GRAEFE und KREY[2] die Reinigung von Teeren und Teerölen mit Hilfe von 80 bis 95%igem Sprit, der die Kreosote sowie harz- und asphaltartige Anteile extrahiert. Der durch Spritwäsche behandelte Teer ließ sich dann leichter und mit weniger Verlust und geringerem Verschleiß an Destillierblasen weiterverarbeiten. Das Extraktgemisch wird als „Fresol" bezeichnet. Das Verfahren wird noch in den Fabriken Webau und Gerstewitz durchgeführt, außerdem mit Methylalkohol in Gölzau. An Stelle von Äthylalkohol kann also für denselben Zweck auch Methylalkohol[3] angewandt werden, und auf dieser Grundlage arbeitete DIERICHS mit Lurgi das sog. Metasolvanverfahren aus zur Entphenolierung und Gewinnung neutralölarmer Phenole für die Herstellung von Kunststoffen. Eine Benzinextraktion zur Entfernung der begleitenden Neutralöle wurde angeschlossen.

Das von der Erdölindustrie bekannte Reinigungsverfahren mit flüssigem SO_2 als selektives Lösungsmittel wurde von TERRES und der deutschen Edeleanu-Gesellschaft in der Mineralölfabrik Espenhain 1941 in Betrieb genommen, wird aber nicht mehr ausgeübt.

SCHICK erprobte im Großversuch die von ihm vorgeschlagene Reinigung von bis 260° getopptem Teer mit Braunkohlenphenol als Lösungsmittel in der DEA Fabrik Rositz.

5. Paraffingewinnung und Reinigung[4]

Früher wurden die in den Filterpressen aus dem gekühlten Paraffinbrei gewonnenen Paraffinschuppen mit Schwerbenzinzusatz aufgeschmolzen, auf einem Wasserbad ausgegossen, die erstarrten Paraffinplatten bei 100 bis 150 at hydraulisch nachgepreßt und dann entfärbt.

---

[1] RAMMLER/V. ALBERTI, S. 433 (s. Fußnote 3, S. 443): Technologie und Chemie der Braunkohlenverwertung.

[2] RAMMLER/V. ALBERTI, S. 424/25 (s. Fußnote 3, S. 443): Technologie und Chemie der Braunkohlenverwertung.

[3] RAMMLER/V. ALBERTI, S. 427 (s. Fußnote 3, S. 443): Technologie und Chemie der Braunkohlenverwertung.

[4] HEBERLING, R.: Paraffin. Freiberger Forschungsheft A 201 (1961).

Auch durch den „Schwitzprozeß" können Paraffinschuppen entölt werden. Die Paraffinschuppen werden hierbei geschmolzen, dann durch Abkühlen zum Erstarren gebracht und anschließend in Spezialapparaturen durch allmähliches Anwärmen das Öl „herausgeschwitzt". Das Verfahren ist für Hart- und auch für Weichschuppen anwendbar.

Die Entölung der Schuppen führt man seit 1926 bevorzugt dadurch aus, daß das anhaftende Öl von den Schuppen durch eine Mischung von 80% Alkohol und 20% Benzol abgelöst wird[1]. Nach zweimaligem „Maischen" und anschließendem Abtrennen des Lösungsmittel-Öl-Gemisches in Zentrifugen oder Zellenfiltern — ggf. mit Nachwaschen — gewinnt man ein praktisch ölfreies Paraffinmehl, das durch Behandlung mit Bleicherde und Entfärbungskohle als Reinparaffin anfällt.

Im Einzelfall erfolgt eine Säuerung des ölfreien Paraffins bei 185° und nachfolgende Neutralisation mit anschließender Bleichung oder Behandlung mit Entfärber.

6. Teer- und Ölvergasung

Für das französische Onia-Gegi-Verfahren wurde von der Demag in der Gaskokerei Berlin-Mariendorf eine Anlage gebaut, die aus Offlebener Braunkohlenteer jahrelang im automatisch gesteuerten Betrieb Stadtgas erzeugte[2].

Nach dem Shell-Verfahren wird in der Union Kraftstoff AG in einer Lurgi-Anlage in Wesseling aus Teer und Öl Synthesegas hergestellt.

7. Phenole

Aus dem mit 16 bis 20% der verschwelten Briketts anfallenden Schwelwasser (einschließlich Dampfkondensat aus den Destillationsanlagen) werden im Schwelwerk Offleben täglich 6 t Phenole nach dem Phenosolvanverfahren der Lurgi gewonnen (59% Monophenole, 12% Brenzkatechin, 29% Rückstand).

Die Ölfraktionen 160 bis 220° aus Mittelöl und Leichtöl ergeben bei der Extraktion mit Phenolatlauge, Benzin und Isopropyläther als Lösungsmittel nach dem Phenoraffinverfahren der Lurgi in Offleben weitere 6 t Monophenole/Tag (35% Phenol, 54% Kresole, 11% Xylenole als rohe Anhaltszahlen der Zusammensetzung).

Das Raffinat der Monophenole ist arm an Neutralölen, Pyridinbasen und Schwefelverbindungen und wird in der Phenoldestillation in kontinuierlicher Vortrennung und anschließend diskontinuierlicher Feinfraktionierung zu hochwertigen Fertigerzeugnissen aufgearbeitet mit einem Siedeintervall für Phenol, o-Kresol und m-/p-Kresol von max. 1°[3].

8. Schwelwasser[4]

Die bei der Schwelung anfallenden Abwässer (Schwelwasser und Dampfkondensate aus den Destillationsanlagen) enthalten Phenole, die eine direkte Ableitung in die Flüsse, insbesondere seit der starken Leistungserhöhung der Schwelereien, verbieten.

Zur Gewinnung der für die chemische Industrie wichtigen Phenole wurden verschiedene Verfahren vorgeschlagen, von denen sich das Phenosolvanverfahren

---

[1] RAMMLER/V. ALBERTI, S. 433 (s. Fußnote 3, S. 443): Technologie und Chemie der Braunkohlenverwertung.

[2] RASCHIG, M., u. A. HOFFMANN: Gas- u. Wasserfach 1958, S. 552—554.

[3] BAHMÜLLER, F.: Braunkohle 1957, S. 493.

[4] GRAEFE/HELLTHALER, S. 76ff. (s. Fußnote 3, S. 435). — RAMMLER/V. ALBERTI, S. 114—116 (s. Fußnote 3, S. 443). — MUNDERLOH: Erdöl u. Kohle 4 (1951) 179.

seit 1940 als wirksam und wirtschaftlich durchsetzte. Es verwendet als Lösungsmittel Butylacetat und seit einigen Jahren Isopropyläther.

Je nach der Art der verschwelten Kohle ist die Zusammensetzung der Schwel-
wässer verschieden. Hohe Werte für Phenole und Fettsäuren zeigt Hirschfelde
(Lausitzer Kohle) gegenüber der Lurgi-Spülgas-Schwelanlage Offleben:

Schwelwässer	Offleben	Hirschfelde
Extrahiertes Rohphenol	11 g/l	—
Phenole nach KOPPESCHAAR (Bromierung)	8 g/l	8—15
Phenole nach Nitranilinmethode	4—5 g/l	—
Fl. Fettsäuren	6 g/l	8—18
H_2S	0,5 g/l	1,2—2,1
NH_3	5 g/l	3,5—7,6

Durch die Phenosolvanextraktion werden dem Schwelwasser in Offleben 99,7%
der wasserdampfflüchtigen Phenole entzogen, so daß es nach Verdünnen mit
Tagebauwässern in die Flußläufe abgelassen werden kann.

IV. Eigenschaften

(Bewertung von Braunkohlenteeren, Ölen und Nebenprodukten)

1. Schwelteer

Bis 1926 wurde der in Deutschland erzeugte Braunkohlenschwelteer vorwiegend in Rolle-Schwelöfen hergestellt. Die Teerausbeute dieses Systems betrug
— bezogen auf die Analyse nach FISCHER — bei Verschwelung vorgetrockneter
Kohle 50% und bei Verarbeitung von Briketts max. 60%. Der Rest von 50 bzw.
40% wurde durch die Überhitzung der Teerdämpfe an den durch Außenheizung
bis auf 1000° erhitzten Wänden des Schamottezylinders thermisch aufgespalten
in Gas und Koks. Diese Zersetzung zerstörte gleichzeitig die wachs- und harzartigen Anteile und die Isoparaffine, die bei der Verarbeitung auf Paraffin die
Kristallisation und Filtration stören und damit die Qualität des Paraffins beeinträchtigen können. Diese Teerqualität war also für die Verarbeitung auf hochwertiges Reinparaffin gut geeignet. Sie wird aber seit Stillegung der letzten Rolle-
öfen im Jahre 1945 wegen ihrer unzureichenden Leistung nicht mehr erzeugt.
Der 1926 eingeführte Großleistungsschwelofen GEISSEN-KOSAG mit 90% Teerausbeute lieferte einen wesentlich weniger zersetzten Teer mit mehr wachs- und
harzartigen Anteilen. Nach JOSEPH METZGER[1] standen in den Jahren 1935 bis
1944 die in Tab. 3 zusammengestellten Teerqualitäten zur Verfügung. Offlebener
Teer aus Lurgi-Spülgasöfen wurde nachträglich eingesetzt (Tab. 3, Spalte 4).

Diese Teere haben einen Kreosotgehalt von 11 bis 15% und einen Paraffingehalt von 12 bis 20% und sind auch für die destillative Aufarbeitung als gute
Teere mit folgenden Analysendaten anzusprechen:

d_{50}	bis zu	0,960
Wasser	unter	0,5 %
Staub	unter	0,5 %
Koks	unter	7 %
Kreosot	unter	16 %
Paraffin	über	12 %
Asphalt	unter	3 %

---

[1] LISSNER, A., u. A. THAU: Die Chemie der Braunkohle, Bd. II, S. 95/96. Halle: Knapp
1953.

Die hochwertigen Rolleofenteere hatten früher bei guter Kohlenqualität ein spezifisches Gewicht bis herunter zu 0,905 bei 50 °C (bei paraffinreichem Teer sogar 0,890) und hatten bei 14,7% Kreosot z. B. 12,2% und mehr Paraffin. Höherer Kreosotgehalt ist unerwünscht, da es sich hier um höhersiedende, geringwertige Teersäuren von nur geringem Heizölwert handelt. Dagegen ist ein Paraffingehalt höher als 12% sehr erwünscht, da Paraffin das höchstwertige Erzeugnis der Teerverarbeitung darstellt. Auch die Werte für Koks und Asphalt sollen im Interesse einer guten Ausbeute an hochwertigen Erzeugnissen möglichst niedrig liegen, denn beide Werte bedeuten entsprechende Ausbeuten an geringwertigem Pech bzw. Teerkoks. Für die Hydrierung gelten erhöhte Qualitätsansprüche. Bei Vergleichen gilt der spezifisch leichtere Teer als der wertvollere, da Kreosot, Asphalt und Koks das sp. Gewicht erhöhen, Paraffin es aber erniedrigt.

In der Tab. 3 sind in den Spalten 7 und 8 noch Generatorteere aufgeführt. Der erste kann im Gemisch mit Schwelteer mit verarbeitet werden. Bei dem zweiten dagegen — mit hohen Werten für Koks, Kreosot und Asphalt und sehr niedrigem Paraffingehalt — lohnt sich eine Verarbeitung nicht. Er dient nur als Feuerungsmaterial.

In Spalte 9 sind die Typzahlen für Braunkohlen-Kokereiteer angegeben[1]. Er hat wenig Paraffin, viel Kreosot und viel Asphalt und ist deshalb geringwertig. Wie die nachträglich hinzugefügten Werte der Elementaranalyse zeigen, steht der Sauerstoffgehalt des Kokereiteers in Übereinstimmung mit dem hohen Kreosotgehalt.

2. Mittelöl

Während die Heizflächenöfen (z. B. System ROLLE und GEISSEN-KOSAG, Tab. 3, Nr. 1 und 2) eine Teerqualität erzeugten, aus der durch Primärdestillation etwa 20 bis 30% paraffinfreies Rohöl als erste Fraktion abgetrennt wurde, liegt der Anteil an solchem Rohöl bei den Spülgasteeren (Nr. 3 bis 6) bei nur 11 bis 14%. Dafür wird aber bei den modernen Großleistungsöfen mit Spülgas-System LURGI hinter der elektrostatischen Abscheidung des Teers in wassergekühlten Querrohrkühlern Rohmittelöl abgetrennt, aus dem z. B. durch eine Rohrofendestillation die bis 220 °C siedende Fraktion [z. B. 20%] zwecks Gewinnung der wertvollen Monophenole abgenommen und nach Entphenolung dem Leichtöl zugemischt wird.

Die von 220 bis 290 °C siedende Hauptfraktion — etwa 60% des Rohmittelöls — dient als Waschöl zum Auswaschen des Leichtöls aus dem Schwelgas; der Rückstand von etwa 20% wird dem Teer zugemischt. Nach Abdestillieren des aus dem Schwelgas ausgewaschenen Leichtöls aus dem Waschöl-Leichtöl-Gemisch fällt das gebrauchte Waschöl mit etwa 25% Kreosot, Stockpunkt — 10°, Heizwert 8900 kcal/kg an, das nun als Heizöl, Flotationsöl oder als Rohmaterial zur Hydrierung auf Dieselkraftstoff Verwendung findet. Es wird auch nach Raffination und Destillation als DK-Komponente eingesetzt, da es unvermischt als DK wegen zu niedriger Cetanzahl ungeeignet ist.

3. Leichtöl

Je nach der Art der verschwelten Kohle, des Schwelprozesses und der Gaswäsche wechselt die Qualität des aus dem Schwelgas ausgewaschenen Leichtöls. Heute interessiert nur noch die Leichtölqualität aus dem Lurgi-Spülgas-Schweler, die mit etwa 12 bis 20% der gesamten flüssigen Schwelerzeugnisse anfällt. Auch hieraus werden die in der Fraktion 160 bis 220 °C enthaltenen Phenole durch

---

[1] RAMMLER/v. ALBERTI, S. 406 (s. Fußnote 3, S. 443): Technologie und Chemie der Braunkohlenverwertung.

Extraktion gewonnen und das phenolfreie Öl, zusammen mit dem aus dem Rohmittelöl, weiterer Verwendung, z. B. Hydrierung auf Otto- und Dieselkraftstoffe, Lösungsmittel, Ölvergasung zu Synthesegas, Heizöl o. ä. zugeführt.

4. Phenole

Durch Extraktion werden aus dem Schwelwasser und aus der Mittelöl- und der Leichtölfraktion 160 bis 220 °C z. B. im Schwelwerk Offleben bei der Verschwelung von 1 Mio t Briketts jährlich rund 4500 t Phenole gewonnen und auf Rein erzeugnisse verarbeitet, das sind rund 4,5% der flüssigen Schwelerzeugnisse oder 4,5⁰/₀₀ der durchgesetzten Briketts. Die Qualität der früher als zweitrangig angesehenen Braunkohlenphenole hat einen hohen Grad erreicht, so daß sie mit den aus Steinkohle und aus Synthese hergestellten Produkten ihren Markt haben.

Tabelle 3. *Typanalysen von Braunkohlen-Schwel- und Generatorteeren.*

System		Heizflächenöfen		Spülgasöfen				Generatoren		Koksöfen
		Rolle	Geissen	Lurgi	Lurgi Offleben	DEA	AKW			
Nr.		1	2	3	4	5	6	7	8	9
Wasser	%	Sp.	0,1	0,3	0,2	1,0	Sp.	0,4	4,1	
Spez. Gew. bei 50°		0,905	0,898	0,920	0,950	0,924	0,915	0,929	1,043	0,971
Siedebeginn	°C	145	161	180	240	210	162	146	168	
Rohöl	%	32	24,4	11		12	14,4	20,5	16,5	
Paraffinmasse	%	62,0	68,4	77		79	77,8	68,5	55,3	
Koks	%	3,5	2,8	7	7	6	5	7,5	22,3	
Gasverlust	%	2,5	1,6	5		3	2,8	3,5	5,9	
Kreosot im Rohöl	%	27	16,7	32		21	20	28	60	
Kreosot in der Paraffinmasse	%	9	10	12		10	14	12	40	
Kreosot im Gesamtdestillat	%	14,7	11,3	14	15	11	15	14	45	21
Paraffin	%	12,2	16,9	17,1	17—20	19	16,6	14,1	2,4	9—12
Schmelzpunkt des Paraffins	°C	49	51	49	50	50	48	49,5	52	47—57
Asphalt benzinunlöslich	%	0,8	0,8	3	1	4	3	3,6	3,6	11
Mechanische Verunreinigungen	%	0,1	0,02	0,3	0,2	0,6	0,4	0,2	1,1	
Elementaranalyse H					10—10,7					9,96
S					2					0,46
O					3—4,7					7,73

5. Rohketonöl und Pyridinbasen

Bei der Vorbehandlung des Schwelwassers zur Entphenolung nach dem Koppers-Verfahren werden in Mitteldeutschland durch Ausdämpfen Rohketonöle und Pyridinbasen in geringen Mengen gewonnen[1].

V. Fertigerzeugnisse (Eigenschaften und Verwendung)

1. Paraffin

Hartparaffin. Erstarrungspunkt (Schmelzpunkt) 52 bis 56 °C. Verwendung für Kerzenherstellung und Verpackungsmaterial.

---

[1] LISSNER/THAU, S. 194 (s. Fußnote 1, S. 453).

Weichparaffin. Schmelzpunkt 45 °C. Verwendung für Tauchung der Zündholzköpfe.

2. Vergaserkraftstoff VK[1]

Art der Herstellung		Destillation und Raffination von Leichtöl	Raffination und Destillation aus Teer	Hochdruck-Hydrierung von Teer	D.H.D. Verfahren
Ausbeute		66% auf Leichtöl	3% auf Teer	79% auf Teer	89% auf Leichtöl
Dichte (g/cm³)		0,775/20 °C	0,790/15 °C	0,740/20 °C	0,784/20 °C
Farbe		gelb	gelb	—	—
Siedebeginn		44 °C	80 °C	44—51 °C	51 °C
		5% bis 67 °C	10% bis 98 °C	10% bis 73 °C	10% bis 89 °C
		25% bis 92 °C	50% bis 118 °C	50% bis 110/116 °C	50% bis 120 °C
		55% bis 126 °C	90% bis 153 °C	90% bis 149/161 °C	90% bis 158 °C
		95% bis 182 °C	95% bis 160 °C	—	—
Endpunkt		—	—	163—179 °C	185 °C
Kennziffer		121	—	—	—
Aromaten	%	35		12—14,8	49,6
Olefine	%		nicht	—	—
Naphthene	%	22	ermittelt	33—35	9,8
Paraffine	%	33		52—53	—
Schwefel (Masse%)		1,8	1,2	unter 0,01	0,005
Motoroctanzahl		63	62	59—62	80
Research-Octanzahl				—	93—95

3. Dieselkraftstoff DK[1]

Art der Herstellung		Spalt-DK aus Teer	Hydrierend raff. Sp-DK aus Teer	Aus Teer nach T.T.H.-Verfahren
Ausbeute auf Teer	%	35	37	50
Dichte 20°		0,880	0,848	0,849
Stockpunkt	°C	—10	—9	—13
Viskosität	°E	1,27/20°	n. best.	1,2/38°
Flammpunkt	°C	78	61	65
Conradson-Test	%	0,3	0,008	n. best.
Phenole	%	1,4	0	0,5
Jodzahl		68	—	—
Schwefel	%	0,7	0,045	0
Siedebeginn	°C	180	182	168
bis 300 °	Vol.-%	75	n. best.	70
Cetanzahl		42	44,5	60

4. Dunkles Paraffinöl

ist ein nach Abtrennen der Hart- und Weichparaffinschuppen und Raffination anfallendes Öl, das zur Herstellung von geringwertigen technischen Fetten, z. B. Wagenfett, gebraucht wird und auch als Dieselkraftstoffkomponente oder als Heizöl Verwendung findet.

5. Heizöl

insbesondere Marineheizöl, wurde früher aus der Teerverarbeitung gewonnen und enthielt erhebliche Mengen Kreosot.

---

[1] RAMMLER/V. ALBERTI, S. 438/39 (s. Fußnote 3, S. 443).

Die Typenanalysen der Öle sind folgende:

		Paraffinöl	Heizöl I (Marine)	Heizöl II
d_{15}		0,930	0,940	über 1,000
V_{20}	°E	2—3	2,5	
Stockpunkt	°C	5	0	
Flammpunkt	°C	100	70	
Kreosot	%	3—5	20—25	40—70
Heizwert	kcal/kg	9600	9200—9000	8500—8000

6. Pech

wird hauptsächlich als Bindemittel für die Brikettierung von feinkörnige
Steinkohle und Erzen verbraucht und hat einen Schmelzpunkt nach KRÄMER-
SARNOW von 65 bis 75 °C. Außerdem wird es als Isoliermittel in der Elektro-
industrie verwendet.

7. Koks

Die Verkokung zu Elektrodenkoks wurde früher in gußeisernen Blasen durchgeführt, seit 1942 auch in einer Großanlage in Kokskammeröfen. Der Koks hat
weniger als 0,5% Asche und 2% flüchtige Bestandteile. Sein unterer Heizwert
liegt bei 8000 kcal/kg.

8. Phenole

Sie finden Verwendung in der chemischen Industrie für die Herstellung von
Phenolharzen, Schädlingsbekämpfungsmitteln, Trikresylphosphat u. ä. Eigenschaften s. S. 452 u. 494.

VI. Kerzenherstellung

Die Erzeugung von Braunkohlenteer zur Gewinnung von Leuchtöl und insbesondere Paraffin für die Kerzenherstellung war der eigentliche Anlaß zur Entwicklung der Braunkohlenschwelindustrie in Mitteldeutschland[1]. Die beiden
ersten Großbetriebe, die *Werschen-Weißenfelser Braunkohlen AG* und die
A. Riebeckschen Montanwerke errichteten neben Schwelereien und Teerverarbei-
tungsanlagen 1858 in Köpsen und 1860 in Webau Paraffinfabriken, denen die
ersten beiden großen Kerzenfabriken angegliedert wurden. Diese hatten 1930
je eine Jahreserzeugung von etwa 2200 t Kerzen und arbeiten noch heute.

Die Kerzen werden in verzinnten Formen gegossen und nach indirekter Wasserkühlung
durch einen den Boden der Form abschließenden Piston, durch dessen Mitte der Docht
geführt ist, aus der Form herausgedrückt. Jahrzehnte hindurch war es üblich, dem Paraffin
für den Kerzenguß 1 bis 2% Stearin zuzusetzen zwecks Erhöhung der Stabilität, der Erleichterung des Herausdrückens aus der Form und zwecks Trübung des glasigen Paraffins. Nach
Untersuchungen von GRAEFE[2] hat das Paraffin eine Kontraktion von 11,2 bis 14,7% und
Stearin 11 bis 12%, so daß man dem Stearin auch noch eine gewisse Gleitwirkung zuschreiben
konnte. Diese kann aber nach Versuchen von HELLTHALER auch durch Propanol und Homo-
loge sowie Glykol und dessen Äther und Ester erreicht werden. Die Trübung von glasigem
zum beliebten opaken Aussehen der Kerzen erzielt man aber auch durch „Hertolan", den
Benzoesäureester des β-Naphthols. Das Stearin ist also entbehrlich geworden, und das teure
Hertolan wurde durch das preiswertere Acenaphten, Fluoren und andere Produkte des
Steinkohlenteers ersetzt. Weitere Einzelheiten über die Kerzenherstellung sind aus der
Fachliteratur, bezüglich der Analytik aus dem Buch von HELLTHALER[2], zu entnehmen.

---

[1] Kultkerzen werden aus Wachs bzw. Gemischen von Wachs mit Paraffin hergestellt.
Siehe Abschnitt „Wachs", S. 713.
[2] GRAEFE/HELLTHALER, S. 257 (s. Fußnote 3, S. 435).

VII. Chemische Zusammensetzung

Braunkohlenteere sind kompliziert zusammengesetzte, olefinreiche Gemische von Vertretern aller Kohlenwasserstoffgruppen sowie von Sauerstoff-, Schwefel-, und Stickstoffverbindungen. Am wertvollsten sind die Paraffine. Demgegenüber treten aromatische und hydroaromatische Kohlenwasserstoffe etwas zurück[1]. Das Gemisch der sauerstoffhaltigen, alkalilöslichen Verbindungen (Phenole und Carbonsäuren) wird als „Kreosot" bezeichnet. Schwefel ist in elementarer Form, als Schwefelwasserstoff, sowie in Thiophenen, Mercaptanen, Disulfiden und Thioäthern vorhanden. Gleichzeitig sauerstoff- und schwefelhaltige Verbindungen sind die in aliphatischen Kohlenwasserstoffen unlöslichen, in Alkoholen löslichen asphalt- und harzartigen Verbindungen. HEINZE[2] stellte 1930 fest, der Schwelteer sei ein Gemisch organischer Verbindungen, unter denen die aliphatischen Kohlenwasserstoffe (etwa 60% gesättigt, 33% ungesättigt) vorherrschen.

H. G. SCHÄFER[3] veröffentlichte folgende Tabelle der Inhaltsstoffe:

I. Kohlenwasserstoffe der Paraffinreihe (Aliphaten): Heptan, n-Nonan, n-Dekan, Undekan, C_{17}- bis C_{32}-Kohlenwasserstoffe.
II. Kohlenwasserstoffe der Äthylen- und der Acetylenreihe bis C_{10}.
III. Hydroaromaten (Naphthene).
IV. Aromatische Kohlenwasserstoffe: Benzol, Toluol, m-Xylol, Mesitylen, Naphthalin, Chrysen, Picen, Kohlenwasserstoffe $C_{16}H_{18}$, je nach Schwelbedingungen.
V. Sauerstoffhaltige Verbindungen (meist sauren Charakters und alkalilösliche Kreosote): Phenol, o-, m-, p-Kresol, Guajakol, Homologe des Acetons, ferner hochpolymere „Asphaltstoffe", Propion-, n-Butter- und n-Valeriansäure.
VI. Organische Stickstoffbasen: Pyridin, Lutidin; 1,3-, 1,4-, 1,5- und 2,3-Dimethylpyridin, α, β, γ-Pikolin, Trimethylpyridin (Collidin), Chinolin, Anilin, Nitrile.
VII. Schwefelhaltige Verbindungen: Schwefelkohlenstoff, Thiophen, Mercaptane, „Rote Produkte" (O- und S-haltige Harze).
VIII. Sonstige Inhaltsstoffe:
a) gelöst in Schwelteer: Eisenphenolate und fettsaure Eisensalze;
b) suspendiert in Teer: Staub und Asche.

Im Mittelöl der Schwelanlage Most (Brüx, Böhmen) wurden an Alkanen ermittelt: n-Decan, n-Undecan, n-Dodecan, n-Tridecan, n-Tetradecan und n-Pentadecan[4]. Wenn man das Schwelereimittelöl raffiniert und eine Fraktion von 200 bis 300° herausdestilliert, so ist diese zwar der Siedelage nach ein Dieselkraftstoff, sie genügt aber leider wegen zu niedriger Cetanzahl (unter 35) nicht den Anforderungen.

Das Leichtöl[4,5] besteht aus den gleichen Verbindungsgruppen wie der Teer, nur herrschen im Leichtöl die leichteren und niedriger siedenden Verbindungen vor. Ungesättigte Kohlenwasserstoffe sind in verhältnismäßig großer Menge vorhanden. Aliphatische und cyclische Olefine (Alkene) wurden gefunden. Der KW-Teil besteht aus Alkanen, Cycloalkanen und Aromaten. Als Stickstoffverbindungen finden sich komplex zusammengesetzte Gemische von Pyridin- und Chinolin-Homologen.

Über die Inhaltsstoffe und ihren Nachweis berichtete STEINBRECHER in der ersten Auflage dieses Buches ausführlich (S. 1041 bis 1049). Die Stickstoffverbindungen, die sauren Sauerstoffverbindungen (also die Phenole und die Carbon-

---

[1] RAMMLER/V. ALBERTI, S. 403 (s. Fußnote 3, S. 443): Technologie und Chemie der Braunkohlenverwertung.
[2] HEINZE, R.: Entstehung, Veredlung und Verwertung der Kohle, S. 210. Berlin: Bornträger 1930.
[3] LISSNER/THAU, S. 240 (s. Fußnote 1, S. 453).
[4] RAMMLER/V. ALBERTI, S. 393 u. 402 (s. Fußnote 3, S. 443): Technologie und Chemie der Braunkohlenverwertung.
[5] GUNDERMANN, E.: Freiberger Forschungshefte A 201 (1961) 42.

säuren), die neutralen Sauerstoffverbindungen (z. B. Ketone, Alkohole, Ester), die Schwefelverbindungen und schließlich die Kohlenwasserstoffgruppen wurden eingehend behandelt.

Rohketone und Pyridinbasen werden z. B. in den Schwelwerken Espenhain und Hirschfelde technisch gewonnen und verwertet[1]. Phenole gewann 1942 in technisch reiner Form die DEA in Rositz, dann Leuna und seit 1955 auch Offleben[2,3].

VIII. Prüfung[4]

1. Allgemeines

Von den in Deutschland seit 1950 wieder insgesamt jährlich erzeugten 1,6 Mio t Teer werden 1,5 Mio t in Mitteldeutschland gewonnen. Dort liegt deshalb auch das Schwergewicht der Teerverarbeitung und der eng damit verbundenen Analytik. Das bewährte Laboratoriumsbuch der Braunkohlen-Teer-Industrie von E. GRAEFE (1923) gab TH. HELLTHALER[5] 1958 wesentlich erweitert heraus unter Berücksichtigung aller in der Zwischenzeit erfolgten Weiterentwicklungen auf den verschiedensten Gebieten der Veredlungstechnik und der Analytik. Es ist grundlegend für die Laboratoriumsarbeit und Analytik und deshalb auch die Grundlage des nachfolgenden analytischen Teils und der Schwelanalyse. Eine große Zahl der Anforderung- und Prüfvorschriften für Braunkohlenteer und seine Fertigprodukte wie Kraftstoffe, Heizöl, Paraffin usw. unterscheiden sich nicht von den Normvorschriften, wie sie für dieselben Produkte auf Erdölbasis in diesem Buche enthalten sind. Sie werden deshalb an dieser Stelle nur bei wesentlichen Unterscheidungsmerkmalen wiederholt. Auf Spezialmethoden wird hingewiesen.

2. Spezielle Prüfmethoden

a) Probenahme, Wassergehalt

Braunkohlenteer hat bei 20 bis 30° butterartige Konsistenz und wird deshalb bei der üblichen Anlieferung in Kesselwagen von 15 bis 40 t Ladegewicht mittels der in den Kessel eingebauten Heizschlangen bis auf 50 bis 60° aufgewärmt, wenn er nicht schon warm und deshalb dünnflüssig (z. B. bei 50 °C mit einer Viskosität von 4,5 °E) angeliefert wird. Man läßt dann nach einer kurzen Beruhigungszeit das am Boden abgeschiedene Wasser ablaufen und stellt die Menge fest. Anschließend wird aus dem vom grob abgetrennten Wasser befreiten Teer z. B. mittels eines einfachen Stangenbechers DIN 51582 oder besser mittels eines Verschlußstechhebers nach DIN 51750 eine Mischprobe entnommen und hierin nach der Xylolmethode DIN 51582 (s. Teil I, S. 125) der Wassergehalt festgestellt. Aus diesen beiden Wasserwerten wird der Wassergehalt der Ladung ermittelt und gegebenenfalls bei Überschreitung eines vereinbarten Höchstwerts die entsprechende Menge von dem Gesamtgewicht abgesetzt. Solche Gewichtskorrektur ist auch bei Überschreiten des vereinbarten Staubgehalts üblich.

Besondere Bedeutung haben diese Korrekturen bei Generatorteeren mit etwa 1 bis 5% Wasser bzw. Staub (d. h. Benzolunlösliches). Normaler Schwelteer hat Wassergehalt und Staubgehalt von 0,2 bis 0,5%. Eine andere Art der Probenahme

---

[1] LISSNER/THAU, S. 194 (s. Fußnote 1, S. 453).
[2] MUNDERLOH, H.: Brennst.-Chemie (1955) 67.
[3] BAHMÜLLER, F.: Braunkohle (1957) 493.
[4] Mitbearbeiter: Dr. H. KITTEL, Helmstedt.　　　[5] Siehe Fußnote 3, S. 435.

besteht darin, daß man die Kesselwagenladung nach Aufheizung und ggf. Abziehen des abgeschiedenen Wassers in den Lagerbehälter überführt und durch einen gedrosselten Seitenablauf eine anteilige Durchschnittsprobe während der Entladung abzieht.

Es empfiehlt sich, bei Anlieferung mehrerer Kesselwagen grundsätzlich aus jedem einzelnen Wagen eine Probe zu entnehmen und mindestens auf spez. Gewicht, Wasser und ggf. Staub zu prüfen, damit nicht eine einzelne Fehlladung der Eingangskontrolle entgeht.

Eine beliebte Schnellprobe ist das Ablaufenlassen einer Probe warmen Teers über eine Glasplatte oder auch die Tropfenprobe auf Filterpapier, die bei einiger Übung schnell eine gute Auskunft über die Teerqualität geben.

Mittelöl und Leichtöl haben eine Viskosität von 2 °E und weniger bei 20 °C und sind so dünnflüssig, daß sie mit einem Stangenbecher oder Tauchflasche nach DIN 51 750 entnommen werden können.

b) Dichte[1]

Die Dichte gibt den ersten Anhaltspunkt für die Teerqualität und sollte bei gutem Teer 0,960 bei 50 °C nicht überschreiten. Für 1 °C Temperaturerhöhung rechnet man 0,7 von der dritten Dezimale ab und umgekehrt. Teere mit weniger als 0,900 bei 50 °C gehören der Vergangenheit an. Kreosot erhöht das spez. Gewicht und Paraffin erniedrigt es.

Für Mittelöl sind Werte um 0,960 und für Leichtöl um 0,845 bei 20 °C üblich (z. B. Offleben). Die Bestimmung erfolgt bei der Probenahme direkt oder im Betriebslabor mittels Aräometer nach DIN 51 757. Diese Vorschrift enthält auch Einzelheiten über die Dichtebestimmungen mittels des Pyknometers und der Mohrschen Waage, die für sehr genaue Untersuchungen angewandt werden.

c) Erstarrungspunkt und Stockpunkt[1]

Braunkohlenteere werden infolge ihres Paraffingehaltes bei etwa 30 bis 40 °C salbenartig fest. Die Bestimmung des Erstarrungspunktes erfolgt nach DIN 51 556 (s. Teil I, S. 67) am rotierenden Thermometer. Eine andere Betriebsmethode[2] besteht darin, daß man Teer in einem Tiegel aufschmilzt und langsam abkühlen läßt. Infolge der frei werdenden Schmelzwärme des ausscheidenden Paraffins bleibt das Thermometer kurze Zeit auf derselben Temperatur, die dem Erstarrungspunkt entspricht, stehen. Für Öluntersuchungen erfolgt die Bestimmung des Stockpunktes nach DIN 51 583.

d) Destillationsanalyse

Die auf S. 455 in Tab. 3 aufgeführten Typanalysen für Schwel- und Generatorteer fußen auf der Destillationsanalyse, welche in der Braunkohlenteerindustrie für die Charakterisierung und Bewertung von Teeren besondere Bedeutung hat. Sie erfolgt nach DIN 51 752 (Februar 1964).

Die Leunawerke haben die DIN-Vorschrift 51 752 insofern abgewandelt, als sie für die Destillationsanalyse einen 250 cm³ Destillationskolben mit 32 bis 34 mm Halsweite benutzen und die Destillatdämpfe in einem Luftkühler aus Glas kondensieren. Die Kennzeichnung erfolgt durch Siedebeginn, Destillatmenge bei Vielfachem von 25 °C, Erstarren des Destillats auf Eis und die Destillatmenge bei 320 °C. Bei 350 °C wird die Destillation beendet, jedenfalls vor der Verkokung. Für die Destillation auf Koks benutzt man eine Metalldestillierblase mit aufschraubbarem Deckel. Die Füllung beträgt 300 g Teer. Als erste Fraktion wird bis zum

---

[1] Bestimmung s. Teil I, S. 9.
[2] GRAEFE/HELLTHALER, S. 162 (s. Fußnote 3, S. 435).

Erstarren des Destillats auf Eis paraffinfreies Rohöl abgenommen. Dann folgt die Paraffin masse bis zum Auftreten der „Roten Produkte". Der Blasenrückstand besteht aus Teerkoks. Gekennzeichnet werden die beiden Fraktionen durch spez. Gew. und Kreosotgehalt, die letztere außerdem durch Paraffingehalt und dessen Schmelzpunkt. Vom Koks bestimmt man den Aschegehalt. Die Differenz gegen die gewogenen Produkte wird als Gasverlust bewertet.

e) Kreosotöle

Braunkohlenteer und Braunkohlenteeröle enthalten in Natronlauge lösliche saure Öle, die durch Zersetzung von sauerstoffhaltigen Verbindungen, in erster Linie von Huminsäuren, entstanden sind. Sie haben freie Hydroxylgrupen, sind vorwiegend ein- und mehrwertige Phenole und werden mit dem Sammelnamen „Kreosot" bezeichnet. Sie sind die Ursache von Verkokungen bei der Destillation und werden ggf. vor dieser entfernt. Sie enthalten auch in geringen Mengen Karbonsäuren.

Grundsätzlich vermeidet man es, im Teer den Kreosotgehalt direkt oder auch nach Verdünnung mit Benzol zu bestimmen, da solche Werte erfahrungsgemäß, z. B. durch Emulsionsbildung, unzuverlässig ausfallen. Zur Bestimmung des Kreosotgehaltes von Teer destilliert man diesen schnell (wegen der Zersetzungsgefahr) bis auf Koks herunter und bestimmt — ggf. nach Verdünnung — Kreosot und auch Paraffin im Destillat, wie es auch bei Ölen geschieht.

α) Das volumetrische Differenzverfahren hat sich für betriebliche Zwecke bewährt. In ein graduiertes Glasrohr füllt man z. B. gleiche Raumteile Öl und Lauge, schüttelt gut durch und läßt in heißem Wasser absitzen. Es bilden sich zwei Schichten, oben das entkreosotierte Öl und unten die Kreosotlauge, welche die Phenole aufgenommen hat. Zweckmäßig wird durch Wiederholung der Laugebehandlung geprüft, ob die Ölschicht wirklich keine Volumenverminderung mehr zeigt, ob die Entkreosotierung also vollständig war. Die Volumenverminderung der Ölschicht zeigt den Kreosotgehalt an.

β) Bestimmung mit konzentrierter Lauge (30 bis 40%). Für Öle mit geringem Kreosotgehalt — z. B. bis 8% — empfiehlt es sich, die Bestimmung des Restkreosots mit stärkerer Lauge durchzuführen. In diesem Fall bilden sich drei Schichten, und zwar oben das entkreosotierte Öl, unten die überschüssige Lauge und dazwischen eine dunkle Schicht von Kreosotnatron, die nach Absitzen in heißem Wasser erfahrungsgemäß zur Hälfte aus Kreosot besteht. Wendet man diese Methode auf Öl mit höherem Kreosotgehalt an, so löst das Kreosotnatron größere Mengen Neutralöl, und die Bestimmung wird falsch.

γ) Das gravimetrische Verfahren. Genauer, wenn auch umständlicher, ist diese Methode, bei der die bei mehrmaliger Behandlung mit 10%iger Lauge erhaltenen Auszüge zunächst mit wenig Petroläther vom Neutralöl befreit und dann unter Eiskühlung mit 20%iger Salzsäure zersetzt werden. Mit Äther extrahiert man die abgeschiedenen Kreosote, und etwaige Karbonsäuren werden durch Bikarbonatlösung abgetrennt.

δ) Spuren von Kreosot werden mit einer Diazolösung, welche mit Phenolen Azofarbstoffe bildet, nachgewiesen. Siehe Abschnitt k, S. 463.

Für die Kreosotbestimmung in der phenolhaltigen Ölfraktion 160 bis 220°, aus der nach dem Phenoraffinverfahren mittels Phenolatlauge als Lösungsmittel die Monophenole extrahiert und dann raffiniert werden, hat sich in Offleben die Verwendung 15 bis 16%iger Natronlauge bewährt. Das Kreosotrohr nach Abb. 15 ermöglicht eine gute Phasentrennung.

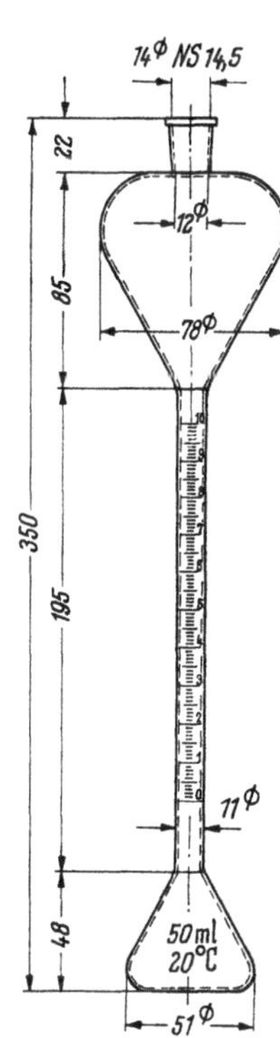

Abb. 15. Kreosotrohr (OFFLEBEN).

f) Kreosotnatronlauge

Die bei der Entkreosotierung von Ölen anfallende kreosothaltige Lauge enthält ein Phenolgemisch, das man durch verdünnte Schwefelsäure abtrennt und dessen Zusammensetzung man durch Fraktionierung ermittelt. Gegebenenfalls wird die Kreosotlauge zunächst durch „Klardampfen" vom gelösten Neutralöl befreit. Dabei sind Verluste von Phenolen nicht zu vermeiden. Sie können im Kondensat bestimmt und berücksichtigt werden.

g) Paraffin

Zur Bestimmung des Paraffingehaltes behandelt man das paraffinhaltige Öl mit einem Lösungsmittel, das Öle löst, Paraffin bei Temperaturen um 0° und tiefer jedoch nicht. Um Störungen durch Asphalt und Kreosot auszuschalten, verwendet man nur asphaltfreie und entkreosotierte Destillate als Prüfmaterial. Als Lösungsmittel wird Aceton (ERDMANN) oder Amylalkohol-Äthylalkohol (nach ZALOZIECKI) verwandt. Bei der Angabe des Paraffingehalts muß der Erstarrungspunkt (bei Hartparaffin 50 bis 55°) mit angegeben werden. Dieser wird nach DIN 51556 am rotierenden Thermometer bestimmt.

α) **Acetonverfahren.** 2 g Paraffinmasse aus der Teerdestillation oder 1 g Paraffinschuppen werden mit 30 bis 40 cm^3 Aceton erwärmt und gelöst. Nach Kühlung bis auf 0 °C wird das ausgeschiedene Paraffin abfiltriert und mit kaltem Aceton nachgewaschen. Das auf dem Filter gesammelte Paraffin löst man dann in heißem Benzol und trocknet es in einem Wägeschälchen bei 105 °C. Bei dieser Kühlung bis 0 °C erhält man die im Betrieb zu erwartende Hartparaffinausbeute. Bei Kühlung bis auf −15 oder −20 °C wird auch das Weichparaffin mit ausgeschieden und bestimmt. Eine Abwandlung des Verfahrens verwendet statt 30 bis 40 cm^3 Aceton 100 cm^3 und kühlt bis auf −21 °C.

β) **Amylalkohol-Äthylalkohol-Verfahren.** 2 bis 5 g paraffinhaltiges Material werden in 30 cm^3 Amylalkohol gelöst, und mit 40 cm^3 96%igem Äthylalkohol wird das Paraffin nach 3 std. Kühlung auf −15 °C gefällt. Die weitere Behandlung entspricht dem Acetonverfahren.

h) Asphalt

Braunkohlenteer und Mittelöl enthalten normalbenzinunlöslichen Asphalt, der bei der Verarbeitung (z. B. Hydrierung!) und bei der Verwendung als Heizöl stören kann. Die Bestimmung erfolgt nach DIN 51557 (s. Teil I, S. 136). Bei dieser Methode werden auch hochschmelzende Paraffine und Ceresine sowie sauerstoffhaltige phenolische Verbindungen mit ausgeschieden und als Hartasphalt gewogen. Diese Verbindungen sind alkohollöslich und können also durch Wäsche mit Alkohol extrahiert werden. In der DIN-Vorschrift, Neufassung Januar 1959, sind die Braunkohlenteere und Öle ausdrücklich erwähnt, und im Abschn. 8.12 ist auf die Alkoholwäsche für diese Produkte hingewiesen.

R. TANNENBERGER schlägt für Braunkohlenprodukte eine Vorfällung mit Erdöl-Schmieröl und anschließend die eigentliche Fällung des Asphalts mit n-Hexan vor. Zur Kennzeichnung des Asphalts soll sich das Schmelzpunktmikroskop bewährt haben[1].

i) Ungesättigte und aromatische Kohlenwasserstoffe

Nach HELLTHALER liegt viel Literatur vor über die Bestimmung von Kohlenwasserstoffgruppen, aber trotz vielfacher Bemühungen wurde bisher kein allgemein gültiges Trennverfahren gefunden. Der Grund dafür wird darin gesehen, daß die Verfahrensvorschläge mit bekannten Anfangsgliedern einzelner Kohlenwasserstoffreihen ausprobiert wurden, die „für höhere Homologen nur mit

---

[1] RAMMLER/V. ALBERTI, S. 99 (s. Fußnote 3, S. 443): Technologie und Chemie der Braunkohlenverwertung.

starker Einschränkung gelten". Die Halogenierung z. B. ergibt nur unsichere
Werte. Aromaten lassen sich zwar durch Nitrierung und Sulfurierung abscheiden,
aber auch Olefine und reaktionsfähige Paraffine werden mit betroffen. Man
müßte also olefinfreies Material untersuchen. Wenn Ungesättigte und Aromaten
ausgeschieden sind, bleiben noch Naphthene und Paraffine zurück, die aber
schwer zu trennen sind, wenn auch die größere Löslichkeit der Naphthene in
Anilin bzw. die Bildung binärer Gemische mit Anilin bei der Destillation Anhaltspunkte für die Bestimmung gibt. „Angesichts dieser in keinem Verhältnis zum
Arbeitsaufwand stehenden, wissenschaftlich noch anfechtbaren und zeitraubenden
Methoden ist die vorwiegend für Benzine ausgearbeitete FIA-Methode nach
DIN 51 791 empfehlenswert".

k) Phenolbestimmung in Wasser

Für die Phenolbestimmung in Wasser ist die Methode H 16 der „Deutsche
Einheitsverfahren zur Wasseruntersuchung"[1] verbindlich. Danach werden die
Gesamtphenole bei Konzentration über 100 mg/l mit einem Benzol-Chinolin-
Gemisch extrahiert und mit Natronlauge aus dem Extrakt als Na-Phenolate
gewonnen. Nach Klardampfen der Lauge werden die Phenole durch Schwefel-
säure in Freiheit gesetzt, bromiert und jodometrisch bestimmt.

Die wasserdampfflüchtigen Phenole trennt man aus dem Wasser durch Destillation ab und bestimmt sie quantitativ
bei Konzentration über 100 mg/l durch Bromierung und jodometrische Titration,
bei Konzentrationen von 0,1 bis 100 mg/l kolorimetrisch, indem man die
Phenole mit dem Diazoniumsalz des p-Nitranilins zum Azofarbstoff kuppelt und
einen direkten Farbvergleich anstellt mit Phenollösungen bekannten Gehaltes.
Zweckmäßig mißt man die Probelösung im Photometer gegen eine Blindprobe
und entnimmt einer vorher aufgestellten Eichkurve den zur gemessenen Extinktion zugehörigen Phenolgehalt.

Bei Konzentrationen unterhalb 0,2 mg/l erfolgt die Bestimmung ebenfalls
kolorimetrisch, jedoch wird dann der durch die Kupplung entstandene Farbstoff
mit n-Butanol extrahiert und, gleichfalls photometrisch, der Extrakt gemessen.

Die Bestimmung wird durch Sulfidionen gestört, weshalb man diese durch
Zusatz von Cu(II)-Sulfat-Lösung niederschlägt.

Offleben wandelte das Einheitsverfahren für seine betrieblichen Zwecke in einigen Punk
ten ab, da die Vorschrift auf Wässer aus der Braunkohlenschwelerei nicht ohne weiteres
anwendbar ist. Nach einer alten Lurgi-Methode erfolgt die Fällung von Sulfidionen mit
ammoniakalischer Kupfersulfatlösung. Sodann werden die Phenole mit Lauge als Phenolat
gebunden und zwecks Entfernung von störenden Neutralölen klargedampft. Die Destillation
wird nicht in Gegenwart von Phosphorsäure vorgenommen, sondern unter Einleiten von
Kohlensäure. Das hat den Vorteil, daß zwar die schwächer sauren Phenole aus den Phenolaten
freigemacht werden, die Fettsäuren aber in Form ihrer Alkalisalze im Sumpf der Destillation
zurückgehalten werden, soweit sie stärker sind als Kohlensäure. Säuert man dagegen mit
Phosphorsäure an, so erhält man im Destillat auch die wasserdampfflüchtigen Fettsäuren,
die die kolorimetrische Bestimmung beträchtlich beeinflussen können, indem sie eine Gelbfärbung hervorrufen. Bei Phenollösungen schwacher Konzentration (gelb gefärbt) entsteht
auf diese Weise eine Farbvertiefung, die zu hohe Phenolgehalte vortäuscht. Phenollösungen
hoher Konzentration (orange bis rot gefärbt) werden durch den Gelbton der Fettsäuren
abgeschwächt und lassen zu niedrige Phenolgehalte erkennen.
Braunkohlenwässer, die die gesamte Skala der wasserdampfflüchtigen Phenole enthalten
können, reihen sich nach Kupplung mit diazotiertem p-Nitranilin bei gewissen Konzentrationen schlecht in die Farbreihe der verschiedenen *Phenol-* (Karbolsäure-) Konzentrationen
ein. Deshalb verwendet *Offleben* für den direkten Farbvergleich (der nicht mittels Eichkurve
und Photometer vorgenommen wird, sondern in Kolorimetergläsern) an Stelle von Phenol-
vergleichslösungen solche aus m-Kresol.

---

[1] Weinheim/Bergstraße: Verlag Chemie.

B. Steinkohlenteer und Zwischenprodukte

Von H.-G. Franck und G. Collin, Duisburg

Inhaltsübersicht

I. Gewinnung, Einteilung und Verarbeitung

Die bei der zersetzenden thermischen Behandlung von Steinkohle neben Gas und Koks als wertvolle Nebenprodukte gewonnenen Steinkohlenteere werden nach den Temperaturbedingungen ihrer Entstehung eingeteilt in

Tieftemperaturteer (Schwelteer, Urteer), der bei der Schwelung der Steinkohlen bei Temperaturen unterhalb 700 °C entsteht, und

Hochtemperaturteer (Kokerei- und Gaswerksteer), der bei der Verkokung von Steinkohlen zwischen 900 und 1300 °C entsteht[1].

Bei der Schwelung der Steinkohle werden wie bei der Braunkohlenschwelung Schwelöfen mit indirekter oder mit direkter Beheizung verwendet. Heizflächenöfen mit indirekter Beheizung und ruhender Beschickung, die sich zur Schwelung backender Steinkohlen eignen, verwenden das Coalite[2]-, Krupp-Lurgi[3]- und B.-T.-[4]Verfahren (eiserne Wände), ferner die auch für nichtbackende Kohlen geeigneten Verfahren nach KOPPERS[5] und Dr. C. OTTO (keramische Wände). Spülgasöfen mit direkter Beheizung und bewegter Beschickung, geeignet zur Schwelung nichtbackender Steinkohlen und Briketts, verwenden die Verfahren der Lurgi-Wärmetechnik[6], Kollergas und Dr. C. OTTO. Schwelteere fallen ferner an bei der Schwelvergasung nichtbackender Steinkohlen mit hohem Flüchtigen-

---

[1] Vgl. DIN 55 946, Sept. 1957.
[2] THAU, A.: Die Schwelung der Braun- und Steinkohle, 2. Aufl., Erg.-Bd., S. 30. Halle (Saale): Knapp 1950.
[3] MEYER, F.: Gas- u. Wasserfach 80 (1937) 50.
[4] PUENING, F.: Öl u. Kohle 20 (1934) 256.
[5] DEMANN, W.: Gas- u. Wasserfach 85 (1942) 377.
[6] OETKEN, F. A.: Z. VDI, Sonderheft 74, S. 69. Hauptvers. Darmstadt 1936.

Gehalt in Schwelgeneratoren[1] und bei der Druckvergasung nach dem Lurgi-Ruhrgas-Verfahren[2].

Der in den Kokereien bei der Hochtemperaturverkokung backender Fettkohle in gemauerten horizontalen Ofenkammern mit indirekter Gasbeheizung zur Herstellung von Hüttenkoks[3] neben Koks und Gas anfallende Kokereiteer stellt die Hauptmenge des gewonnenen und verarbeiteten Steinkohlenteers. In der Bundesrepublik Deutschland wurden im Jahre 1964 1,7 Mio t Kokereiteer erzeugt,

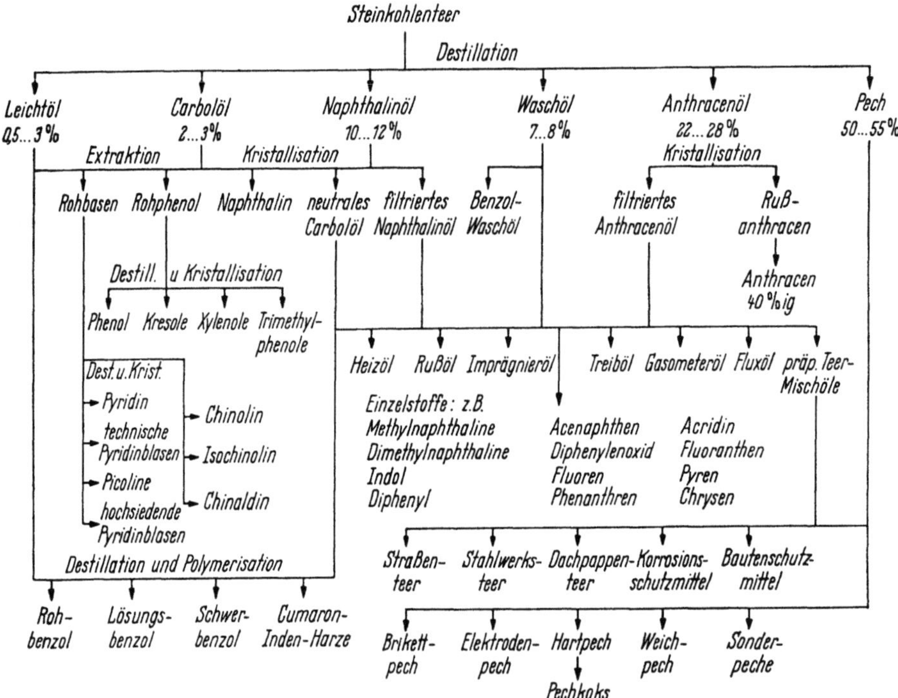

Abb. 1. Aufarbeitung des Steinkohlenhochtemperaturteers.

davon 1,4 Mio t im Ruhrgebiet. Zu den Steinkohlen-Hochtemperaturteeren zählen ferner die Gaswerksteere, die je nach der Art der Leuchtgasfabrikation in Horizontal- und Vertikalretortenteere unterschieden werden.

Der Steinkohlenrohteer wird heute in Deutschland in wenigen zentralen Teerdestillationen aufgearbeitet. Nach mechanischer Vorentwässerung wird der Teer thermisch und im allgemeinen kontinuierlich vom Restwasser befreit, wobei gleichzeitig das Leichtöl mit abdestilliert. Der entwässerte Teer, auch Topteer genannt, wird anschließend in älteren Anlagen durch diskontinuierliche Retortendestillation unter Vakuum oder in modernen kontinuierlichen Rektifizieranlagen unter Verwendung von Röhrenöfen und Rektifikations-

---

[1] Thau, A.: Brennstoff- u. Wärmew. 23 (1941) 92. — Skroch, H.: Stahl u. Eisen 60 (1940) 557.

[2] Danulat, F.: Gas- u. Wasserfach 84 (1941) 549. — Herbert, W., u. H. Tamm: Erdöl u. Kohle 9 (1956) 363—367. — Linton, J. A., u. G. C. Tisdall: Coke and Gas 19 (1957) 402—447. — Bieger, F.: Ges. Ber. der Ruhrgas AG Nr. 7 (1958) 21—29. — Terres, E., u. H. H. Hahn: Erdöl u. Kohle 12 (1959) 734—739.

[3] Grosskinsky, O.: Handbuch des Kokereiwesens, 1. Bd. Düsseldorf: Knapp 1955. — Schneider, G., u. H. Winter: Handbuch der Kokerei. Halle: Knapp 1951. — DIN 23200 (1954).

kolonnen in verschiedene Ölfraktionen und das Pech als Destillationsrückstand zerlegt[1]. Die erhaltenen Fraktionen werden dann durch Kristallisation, Extraktion und erneute Destillation weiter aufgetrennt. Die Übersicht (Abb. 1) gibt ein Schema der Aufarbeitung des Hochtemperaturteers und einen Überblick über die dabei gewonnenen Erzeugnisse.

II. Allgemeine Eigenschaften und Zusammensetzung

Steinkohlenteere sind viskose, dunkelbraune bis schwarze Flüssigkeiten mit einem durch den Gehalt an Phenolen und Naphthalin bedingten eigentümlichen Geruch. Die Eigenschaften und Zusammensetzung der Teere werden durch die Art der Ausgangskohle und die Bedingungen, unter denen die zersetzende thermische Behandlung stattfindet, bestimmt.

Schwelteere enthalten neben geringen Mengen aromatischer Kohlenwasserstoffe vor allem Phenole, Hydroaromaten, Paraffine und Olefine[2]. Diese Verbindungen sind bei höherer Temperatur zum großen Teil instabil.

Hochtemperaturteere enthalten deshalb die Primärprodukte der Kohleentgasung nur noch in untergeordneter Menge. Die erwähnten Verbindungen wandeln sich bei der Hochtemperaturverkokung durch Krackung, Dehydrierung, Cyclisierung und Aromatisierung größtenteils in die für den Kokereiteer charakteristischen, thermostabileren aromatischen Kohlenwasserstoffe um[3]. Phenole und heterocyclische Verbindungen sind in Hochtemperaturteeren in geringerer Menge vorhanden.

Tabelle 1. *Wichtige Eigenschaften verschiedener Steinkohlenteere*[4].

		Kokereiteere	Gaswerksteere		Schwelteere[a]
			Horizontal-retortenteere	Vertikal-retortenteere	
Dichte bei 20 °C	g/cm³	1,14—1,25	1,15—1,33	1,07—1,16	0,96—1,14
Naphthalin	%	5—15	3—8	0—4	0—2
Saure Öle (Phenole)	%	0,5—5	0,5—4	5—11	10—45
Feste Paraffine	%	0—Spuren	0—Spuren	0—5	3—15
Verkokungsrückstand	%	12—40	15—40	15—30	5—15
Toluolunlösliches	%	2—20	10—45	2—8	0,5—10
Asche	%	$<0,5$	$<0,5$	$<0,5$	$<1,5$
Wasser (NH_3-haltig)	%	<5	<5	<5	<5
Siedeanalyse:					
Leichtöl bis 180 °C	%	0,2—2	1—4	1—4	0—12
Mittelöl 180—230 °C	%	3—10	6—9	8—12	2—23
Schweröl 230—270 °C	%	7—15	9—12	11—13	8—22
270—300 °C	%	3—7	3—5	6—8	5—10
300 °C—Pech	%	12—30	9—13	7—15	10—30
Pechgehalt EP 67 °C	%	45—65	55—70	50—60	30—50

[a] Analysendaten verschiedener Schwelteere z. B. bei: JÄPPELT, A., u. A. STEINMANN: Brennst.-Chemie 20 (1939) 281. — DEMANN, W.: Gas- u. Wasserfach 85 (1942) 377. — EISENLOHR, H., u. W. OBENAUS: Erdöl u. Kohle 4 (1951) 557—61.

[1] WINKLER, H. J. V.: Der Steinkohlenteer und seine Aufarbeitung. Essen: Glückauf 1951. — MARX, A.: Die Teerdestillation, in: GROSSKINSKY, O.: Handbuch des Kokereiwesens, 2. Bd., S. 354—391. Düsseldorf: Knapp 1958. — EISLER, O., E. ZAMRZLA u. M. WEINKOPF: Glückauf 72 (1936) 184—188. — FISCHER, W.: Z. VDI, Beiheft Verfahrenstechn. 1 (1944) 13. — Ges. f. Teerverwertung mbH: D R P 767001 (1942). — Rütgerswerke AG: D B P 940165 (1959); D B P 948243 (1956).

[2] BROCHE, H.: Ber. dtsch. chem. Ges. 56 (1923) 1787. — FISCHER, F.: Ber. dtsch. chem. Ges. 56 (1923) 1791. — Brennst.-Chemie 4 (1923) 50.

[3] ROSENDAHL, F.: Gas- u. Wasserfach 99 (1958) 2—12 (Gas). — DAMM, P.: Erdöl u. Kohle 4 (1951) 765—770. — WOLFS, P. M. J., H. J. WATERMAN u. D. W. VAN KREVELEN: Brennst.-Chemie 40 (1959) 241—251, 314—326. — VAN KREVELEN, D. W., u. H. W. DEN HARTOG: Brennst.-Chemie 42 (1961) 287—290.

[4] COLLIN, G., in Ullmann: Encyklopädie der technischen Chemie, 3. Aufl., 16. Bd., S. 670.

Tab. 1 gibt einen Überblick über die wichtigsten Eigenschaften der verschiedenen Steinkohlenteere. Die Zusammensetzung der Teere schwankt in weiten Grenzen und ist abhängig von der Ausgangskohle, dem Typ des Koksofens, der Gaswerksretorte bzw. des Schwelverfahrens, der Entstehungstemperatur und der Verkokungszeit. Im allgemeinen werden die Teere mit Ansteigen der Entstehungstemperatur reicher an Aromaten. Dichte, Benzol-Unlösliches, Pech- und Naphthalingehalt nehmen bei Hochtemperaturteeren mit steigender Verkokungstemperatur zu, während der Gehalt an Leicht- und Anthracenöl, Naphthalinhomologen und Phenolen sinkt[1].

Die Vertikalretortenteere nehmen nach Entstehungstemperatur und Eigenschaften zwischen den Hoch- und Tieftemperaturteeren eine Mittelstellung ein.

Tab. 2 enthält die Analysenwerte eines typischen Kokereiteers aus Fettkohle des Ruhrgebiets und die bei Teeren verschiedener Kokereien etwa auftretenden Schwankungen.

Ein Übersichts-Gaschromatogramm mit Mengenangaben der wichtigsten Inhaltsstoffe eines derartigen Durchschnittsteers aus dem Ruhrgebiet zeigt Abb. 2, wobei noch nicht alle wichtigen Verbindungen durch getrennte Peaks ausgewiesen sind[2].

Tabelle 2. *Analysenwerte von Kokereiteeren des Ruhrgebiets*[3].

		Typischer Durchschnittsteer	Schwankungen der Analysenwerte
Dichte bei 20 °C	g/cm³	1,174	1,14—1,20
Wasser	%	2,5	0,2—5,0
Chlor	%	0,04	Spuren —0,1
Toluolunlösliches	%	5,5	2—12
Chinolinlösliches	%	2,0	0,5—5
Zink	%	0,04	Spuren —0,2
Schwefel	%	0,82	0,6—1
Naphthalin	%	10,0	5—13
Siedeanalyse (DIN 1995):			
bis 180 °C { Wasser	%	2,5	0,2—5
{ Leichtöl	%	0,9	0,2—2
180—230 °C	%	7,5	3—10
230—270 °C	%	9,8	7—15
270—300 °C		4,3	3—7
300 °C bis Pech	%	20,1	12—30
Pech EP 67 °C	%	54,4	45—65
Destillationsverlust	%	0,5	—
Rohphenole	%	1,5	0,4—5
Phenol	%	0,5	0,08—0,7
Kresole und Xylenole	%	1,0	0,3—4,5
Niedrigsiedende Pyridinbasen	%	0,08	0,01—0,2
Hochsiedende Pyridin- und			
Chinolinbasen	%	0,65	0,2—0,9
Ungesättigte Verbindungen			
(im Leichtöl)	%	0,6	0,02—1,0
Aschegehalt des Pechs	%	0,3	0,1—0,5
Toluolunlösliches des Pechs	%	18,0	10—27

[1] MARX, A.: Die Teerdestillation, in GROSSKINSKY, O.: Handbuch des Kokereiwesens, 2. Bd., S. 356—358. Düsseldorf: Knapp 1958. — WESKAMP, W., W. DRESSLER u. E. SCHIERHOLZ: Glückauf 98 (1962) 567—577.
[2] SAUERLAND, H. D.: Brennst.-Chemie 44 (1963) 37—43.
[3] COLLIN, G., in Ullmann: Encyklopädie der technischen Chemie, 3. Aufl., 16. Bd., S. 671.

Bisher wurden im Steinkohlenteer mehr als 400 Verbindungen nachgewiesen[1], die zusammen etwa 55% des Teers ausmachen. Die Gesamtzahl der im Steinkohlenteer enthaltenen Verbindungen wird auf etwa 10000 geschätzt[2]. Die identifizierten Stoffe sind die mengenmäßig wichtigsten und zugleich diejenigen, die in reiner Form jemals einer praktischen Nutzung zugeführt werden können. Am wenigsten erforscht sind die hochsiedenden Verbindungen des Pechs. Von ihnen sind etwa 4% rußartig, weder löslich noch destillierbar und können daher auf chemischem Wege in ihrer Konstitution nicht erfaßt werden. Die übrigen Pechinhaltsstoffe bestehen zur Hauptsache aus mehrkernigen aromatischen Kohlenwasserstoffen und Heterocyclen[4].

Die meisten Einzelstoffe des Steinkohlenteers haben verhältnismäßig hohe Schmelzpunkte. Der flüssige Zustand des Teers und vieler Teeröle ist eine Folge der starken gegenseitigen Schmelzpunktsdepression der chemischen Individuen. Auch das feste Pech ist nicht kristallin, sondern ein thermoplastischer Körper, der als Festsolvat artähnlicher Komponenten zu betrachten ist[5].

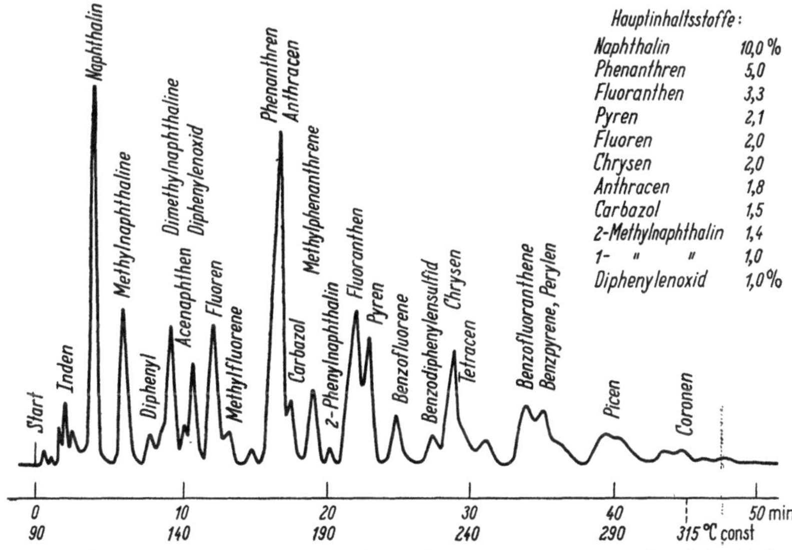

Abb. 2. Übersichtsgaschromatogramm eines Steinkohlenhochtemperaturteers aus dem Ruhrgebiet[3].

III. Physiologische Eigenschaften der Teerprodukte

Längere und wiederholte Einwirkung von Pechstaub oder Anthracenöl auf die ungeschützte Haut kann insbesondere bei hellhaarigen Personen mit empfind-

[1] KRUBER, O., A. RAEITHEL u. G. GRIGOLEIT: Erdöl u. Kohle 8 (1955) 637—643. — OBERKOBUSCH, R.: Brennst.-Chemie 40 (1959) 146—148. — The Coal Tar Association: The Coal Tar Data Book, Gomersal 1953, Suppl. 1956, 1958, 1960, 2. Aufl. 1965.

[2] FRANCK, H.-G.: Angew. Chem. 63 (1951) 260.

[3] SAUERLAND, H. D.: Brennst.-Chemie 44 (1963) 37—43; vgl. COLLIN, G., in Ullmann: Enzyklopädie der technischen Chemie, 3. Aufl., 16. Bd., S. 671; Mengenangaben nach FRANCK, H.-G.: Industr. Engng. Chem. 55 (1963) 38-44.

[4] FRANCK, H.-G.: Brennst.-Chemie 36 (1955) 12—20. — WOOD, L. J., u. G. PHILLIPS: J. appl. Chem. 5 (1955) 326—338. — SCHÄFER, H. G.: Freiberger Forschungshefte, Ausg. A, 51 (1956) 35—66. — HUGEL, G.: Brennst.-Chemie 39 (1958) 213—217. — KARR, C., JR.: Fuel 39 (1960) 119—123. — WOOD, L. J.: J. appl. Chem. 11 (1961) 130—136. — GREENHOW, E. J., u. J. W. SMITH: Fuel 40 (1961) 69—71. — SMITH, J. W., u. G. SUGOWDZ: Fuel 40 (1961) 143—145. — McNEIL, D.: 143. Meeting ACS, Div. of Fuel Chemistry, 13.—18. 1. 1963, Preprints of Papers 7, Nr. 1, S. 94—111.

[5] FRANCK, H.-G.: Brennst.-Chemie 36 (1955) 12—20.

licher Haut zu Hautausschlägen und krebsartigen Hauterkrankungen führen[1]. Das im Steinkohlenteerpech enthaltene, bei 495 °C siedende 3,4-Benzpyren ist ein cancerogener Stoff[2]; der Gehalt des Steinkohlenteers an dieser Verbindung liegt jedoch unter 0,5%[3]. Personen, die ständig mit Pech in Berührung kommen, schützen sich durch Sauberkeit sowie Einfetten und Einpudern unbedeckter Hautstellen mit Hautschutzsalbe und Körperpuder gegen die erwähnten Erkrankungen; dazu tritt eine regelmäßige ärztliche Überwachung.

Bei Augenschädigungen (Bindehautentzündungen) durch Pechstaub haben sich Klatschkompressen mit frischer Kartoffelwasseraufschwemmung unter Zusatz von 1 g Nipagin pro Liter Aufschwemmung bewährt[4].

Die Produkte des Steinkohlenteer-Leichtöls, wie Benzol und Toluol, entwickeln Dämpfe, die, in größerer Menge eingeatmet, gesundheitsschädlich wirken. Für gute Absaugung dieser Dämpfe ist zu sorgen. Benzolprodukte werden von der Haut aufgenommen, das Waschen damit ist daher ebenfalls gesundheitsschädlich und zu unterlassen. Das gleiche gilt für die höher siedenden Teeröle. Carbolöl und die daraus gewonnenen Phenolprodukte können Hautschädigungen verursachen, vor denen man sich durch Salben und Handschuhe schützt[1].

IV. Analyse des Rohteers

1. Dichte

Nach Entfernung des mechanisch beigemengten, nicht emulgierten Wassers durch Absitzenlassen in einem bedeckten Becherglas bei einer Temperatur von nicht mehr als 50 °C und anschließendes Abgießen und Betupfen mit Filterpapier bestimmt man das Dichteverhältnis $d_{25/25}$ des Teers nach DIN 1995[5] im Lungeschen Wägegläschen (Abb. 3), dessen unten geschlossener Glasstopfen eine 2 mm weite Kerbe besitzt.

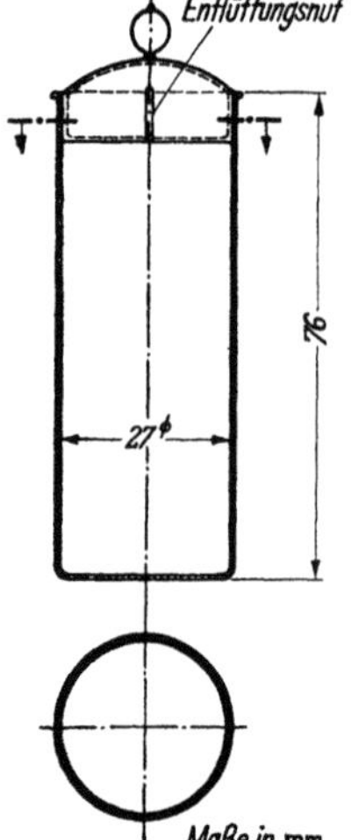

Abb. 3. Lungesches Wägegläschen nach DIN 1995.

Man bestimmt das Leergewicht des Glasgefäßes mit Glasstopfen (a) und das Gewicht nach dem Füllen mit frisch ausgekochtem destilliertem Wasser von 25 °C (b). Das trockene Glas wird mit dem Teer bis auf etwa $^2/_3$ seiner Höhe gefüllt und dann im Trockenschrank $^1/_2$ bis 1 Std. lang erwärmt, damit etwa eingeschlossene Luft entweichen kann. Das Entweichen der Luft ist durch leichtes Anstoßen oder Bewegen des Glasgefäßes zu unterstützen. Nach dem Erkalten wägt man das Glasgefäß mit Stopfen und Teer (c). Dann füllt man es mit frisch ausgekochtem destilliertem Wasser von 25 °C auf und läßt es $^1/_2$ Std. lang in einem Behälter mit Wasser von 25 °C stehen. Nun streicht man das Wasser an der Kerbe des Wägeglases niveaugleich ab und kühlt durch Einstellen in kaltes Wasser, bis das Niveau in der Kapillare sinkt. Hierauf trocknet man das Glasgefäß mit einem weichen Tuch ab und wägt es abermals (d). Das Dichteverhältnis des Bindemittels ist dann

$$d_{25/25} = \frac{\text{Gewicht des Bindemittels}}{\text{Volumen des Bindemittels}} = \frac{c - a}{(b + c) - (a + d)}.$$

Das Prüfergebnis ist auf drei Dezimalen anzugeben. Prüffehler $\pm 0,005$.

Das Dichteverhältnis $d_{25/4}$ des Rohteers kann auch mit einer Laboratoriumsspindel nach DIN 51 757[6] bestimmt werden. Man gießt den erwärmten Teer in einen Standzylinder, rührt mit einem unten kreisförmig gebogenen, dicken Draht um und mißt die Temperatur. Dann

---

[1] GREMPE: Braunkohlen- u. Brikett-Ind. 1919, 144. — BODMAR: Chemiker-Ztg. 46 (1922) 699.

[2] COOK, J. W., C. L. HEWETT u. I. HIEGER: J. chem. Soc. Lond. 1933, 395.

[3] KRUBER, O.: Z. angew. Chem. 53 (1940) 69.

[4] Berufsgenossenschaft der Chemischen Industrie: Steinkohlenteer-Merkblatt. Weinheim: Verlag Chemie 1961.

[5] DIN 1995: Bituminöse Bindemittel für den Straßenbau (1960).

[6] DIN 51757: Bestimmung der Dichte (1955).

setzt man sofort die Spindel ein und liest die Dichte ab. Die Differenz zwischen der Prüftemperatur und der Bezugstemperatur von 25 °C in Graden wird mit 0,0007 multipliziert. Das Produkt wird bei Messungen über 25 °C dem abgelesenen Wert zugeschlagen, bei Messungen unter 25 °C davon abgezogen. Das Prüfergebnis ist auf 3 Dezimalen anzugeben. Prüffehler ± 0,005.

2. Wassergehalt

Bei Rohteer ist in der Regel ein Wassergehalt bis zu 5% als handelsüblich zugelassen. Die Bestimmung geschieht nach dem Xylolverfahren[1] (vgl. Abb. 4).

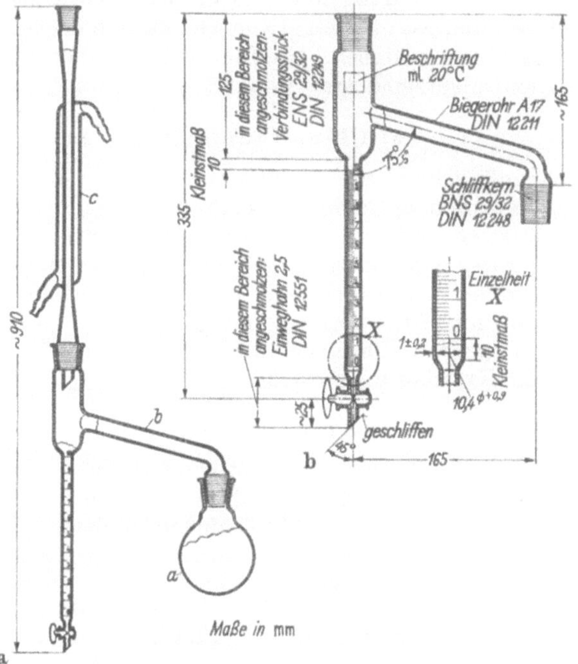

Abb. 4 a u. b. Apparatur zur Wasserbestimmung nach der Xylolmethode (DIN 51 582).
a) Prüfgerät; b) Mittelstück.
a Kurzhalsrundkolben NS 500 (DIN 12352); b Mittelstück; c Liebigkühler.

3. Probedestillation

Zur groben Beurteilung des Rohteers bezüglich des Wassergehalts, der Ausbeute an Ölfraktionen und Pech wird die Siedeanalyse nach DIN 1995 durchgeführt[2], wobei die Destillation abgebrochen wird, wenn eine Probe des Pechs einen Erweichungspunkt nach KRAEMER-SARNOW[3] von 60 bis 75 °C aufweist.

4. Chlorgehalt

Der Chlorgehalt eines Rohteers interessiert den Verarbeiter wegen der dadurch verursachten Korrosionserscheinungen in den Destillationsanlagen. Zur Be-

---

[1] DIN 51 582, s. Teil I, S. 125.
[2] Siehe 5. Kap. C XV „Straßenteer".
[3] Siehe Abschn. X „Pech".

stimmung des ionogen vorliegenden Chlors[1] werden 71 g Rohteer und 71 g Carbolöl erwärmt, gemischt und mit 400 ml destilliertem Wasser geschüttelt. Das
Wasser wird abgetrennt und filtriert. 200 ml des Filtrats werden mit Salpetersäure angesäuert. Eine vorgelegte n/10-AgNO$_3$-Lösung wird mit n/10-KSCN
zurücktitriert, wobei Fe (NH$_4$) (SO$_4$)$_2$ als Indikator dient. Der Chlorgehalt errechnet sich zu

$$\% \, Cl = \frac{\text{verbrauchte ml AgNO}_3}{100}.$$

5. Gehalt an Unlöslichem

Durch selektive Behandlung mit verschiedenen Lösungsmitteln lassen sich
der Steinkohlenteer und das aus ihm gewonnene Pech in hoch-, mittel- und niedermolekulare Fraktionen aufteilen. Hierfür sind die verschiedensten Lösungs-
mittelkombinationen vorgeschlagen worden[2].

a) Chinolinunlösliches

Das Chinolinunlösliche erfaßt die höchstmolekularen Teer- bzw. Pechinhaltsstoffe[3]. Für die Bestimmung werden 6 g Teer oder 3 g gepulvertes Pech mit 30 ml
Chinolin $^1/_4$ Std. unter Rückfluß und öfterem Umschütteln bei Siedetemperatur
behandelt. Die Lösung wird auf 20° abgekühlt und unter ständigem Umschütteln
durch einen getrockneten Glasfiltertiegel 1 G 4 mit Filterhilfe filtriert. Der Rückstand wird bei 20° mit 150 ml Pyridin und anschließend mit 100 ml Benzol ausgewaschen. Der Tiegel mit Rückstand wird 1 Std. bei 105° getrocknet und nach
dem Erkalten im Exsikkator gewogen.

b) Toluolunlösliches

Die Bestimmung des Toluolunlöslichen geschieht nach der beim Pech ange-
gebenen Methode[4], wobei für Teere eine Einwaage von 2 g erforderlich ist. Das
Toluolunlösliche erfaßt außer den höchstmolekularen, chinolinunlöslichen
Inhaltsstoffen auch die hochmolekularen Anteile, die sich aus der Differenz zum
Chinolinunlöslichen errechnen lassen.

c) n-Hexanunlösliches

Zur Bestimmung des n-Hexanunlöslichen[5] wird das bei der Ermittlung des
Toluolunlöslichen erhaltene Filtrat im Vakuum bis auf 5 ml eingedampft. Diese
konzentrierte Lösung wird unter intensivem Rühren langsam in 50 ml n-Hexan
einfließen gelassen. Das ausgefallene Unlösliche wird entsprechend der Bestimmung des Toluolunlöslichen filtriert, gewaschen, getrocknet und gewogen. Das
gesamte n-Hexanunlösliche ergibt sich als Summe des wie beschrieben erhaltenen
Unlöslichen (mittelmolekulare Inhaltsstoffe) und des vorher ermittelten Toluolunlöslichen.

---

[1] WINKLER, H. J. V.: l. c., S. 289.

[2] DEMANN, W.: Brennst.-Chemie 14 (1933) 122. — BROCHE, W., u. H. NEDELMANN:
Glückauf 69 (1933) 233—239, 257—267. — MALLISON, H.: Teer u. Bitumen 42 (1944) 63,
113. — KRENKLER, K.: Bitumen, Teere, Asphalte, Peche u. verwandte Stoffe 1 (1950) 234.
— MALLISON, H.: Bitumen, Teere, Asphalte, Peche u. verwandte Stoffe 1 (1950) 313; 2 (1951)
1. — FRANCK, H.-G.: Brennst.-Chemie 36 (1955) 12—20. — SMITH, J. W., u. E. J. GREENHOW:
Fuel 39 (1960) 5—9.

[3] Vgl. MARTIN, S. W., u. H. W. NELSON: Ind. Engng. Chem. 50 (1958) 33—40. — MORGAN,
M. S., W. H. SCHLAG u. M. H. WILT: J. Chem. Engng. Data 5 (1960) 81—84.

[4] DIN 1995: Bituminöse Bindemittel für den Straßenbau (1960); s. Abschn. X „Pech".

[5] Vgl. DICKINSON, E. J.: J. Soc. Chem. Ind. 64 (1945) 121ff. — ADAM, W. G., W. V.
SHANNON u. J. S. SACH: J. Soc. Chem. Ind. 56 (1937) 414T—417T.

6. Zinkgehalt

Der Zinkgehalt des Steinkohlenteers ist wichtig bei einer Weiterverarbeitung zu Elektrodenpech und Elektrodenkoks für die Aluminiumherstellung. Die Analyse kann analog der Zinkbestimmung im Pechkoks erfolgen[1].

5 g Zink, chemisch rein, werden mit 75 ml Salzsäure (1 : 3) in einem 1 l-Meßkolben gelöst und mit destilliertem Wasser auf 1 l aufgefüllt. 5 ml dieser Zinklösung werden in einen Erlenmeyer-Kolben von 750 ml Inhalt pipettiert und mit Wasser auf 250 ml verdünnt. Man setzt 5 ml Weinsäure (1 : 1) und 5 Tropfen einer 10%igen Eisen(III)-chlorid-Lösung zu und neutralisiert die Lösung mit Ammoniak bis p_H 3 bis 4 (Kongopapier). Dann werden 8 ml Ammoniak ($d = 0{,}91$) hinzugefügt. Man titriert mit $K_4[Fe(CN)_6]$-Lösung (4,4 g $K_4[Fe(CN)_6]$ in 1 l destilliertem Wasser), bis ein Tropfen auf der mit konz. Essigsäure gefüllten Tüpfelplatte eben eine schwache Blaufärbung hervorruft (Berliner Blau). Aus dem Gehalt der Zinklösung und dem Verbrauch der $K_4[Fe(CN)_6]$-Lösung erhält man den Titer der $K_4[Fe(CN)_6]$-Lösung. Zur Zinkbestimmung wird eine auf den vermuteten Zinkgehalt abgestimmte Menge Teer, z. B. 100 g, in eine Quarzschale eingewogen, verkokt und bei 600 bis 630 °C verascht. Man löst die Asche in Königswasser, dampft zur Trockne ein, nimmt mit wenig konz. Salzsäure auf und läßt $1/_2$ Std. stehen. Man verdünnt auf 150 ml, kocht kurz auf, filtriert, wäscht mit Wasser aus und fängt das Filtrat in einem Erlenmeyer-Kolben von 750 ml Inhalt auf. Das auf 250 ml verdünnte Filtrat wird auf 50 °C erwärmt und, wie oben angegeben, mit $K_4[Fe(CN)_6]$-Lösung titriert.

Mit einer wesentlich niedrigeren Einwaage, nämlich etwa 0,1 g Teer, läßt sichder Zinkgehalt nach Veraschung und Säureaufschluß der Asche photometrisch mit Hilfe von Dithizon ermitteln[2].

7. Schwefelgehalt

Die Bestimmung des Schwefelgehalts geschieht nach dem Verfahren von GROTE-KREKELER[3].

8. Phenolgehalt

Der Phenolgehalt wird in der bei der Probedestillation bis 270 °C erhaltenen Mittelölfraktion bestimmt[4].

In einem Mischzylinder 50 DIN 12685 werden genau 25 ml der auf 25 °C vorgewärmten Natronlauge $d_{25/4} = 1{,}11$ gegeben und bis auf 50 ml mit dem ebenfalls auf 25 °C vorgewärmten, aus dem Teer bei der Siedeanalyse gewonnenen Mittelöl aufgefüllt. Dann wird der Mischzylinder im Trockenschrank auf 50 °C angewärmt, 5 Min. lang kräftig geschüttelt und bei 50 °C stehengelassen, bis sich die Schichten scharf getrennt haben. Die Menge der Phenol-Natronlauge wird nach dem Abkühlen auf 25 °C abgelesen. Die Berechnung des Phenolgehalts des Teers in Raumprozenten geschieht unter Berücksichtigung der Dichte des Teers, der für die Siedeanalyse angewandten Teermenge und der untersuchten Teilmenge des Mittelöls. Sind 25 ml nicht vorhanden, so muß die Phenolbestimmung mit der vorhandenen kleineren Mittelölmenge durchgeführt werden. Prüffehler $\pm 0{,}3\%$ (absolut).

9. Naphthalingehalt

Das nach 8. erhaltene Gemisch von entphenoliertem Mittelöl und Phenol-Natronlauge wird nach DIN 1995[4] so weit erwärmt, daß sich das ganze darin enthaltene Naphthalin auflöst, und in einem Scheidetrichter getrennt.

Das abgetrennte Mittelöl wird auf 15 °C abgekühlt und dann $1/_2$ Std. lang auf dieser Temperatur gehalten. Das abgeschiedene Naphthalin wird auf einer Nutsche, die auf 15 °C abgekühlt ist, so gut wie möglich von Öl befreit und auf einen Tonteller aufgestrichen. Nachdem alles Öl vom Tonteller aufgenommen ist, wird das Naphthalin abgestrichen und gewogen. Die Berechnung des Naphthalingehalts in Gew.-% geschieht unter Berücksichtigung der für die Siedeanalyse angewandten Teermenge und der untersuchten Teilmenge des Mittelöls. Prüffehler $\pm 0{,}4\%$ (absolut).

[1] DEMANN, W., in ULLMANN: Encyklopädie der technischen Chemie, 3. Aufl., 16. Bd., S. 359. — Vgl. STEUER, E.: Brennst.-Chemie 31 (1950) 317.
[2] THÜRAUF, W., u. H. ASSENMACHER: Brennst.-Chemie 44 (1963) 21—22.
[3] DIN 51 768: Bestimmung des Schwefelgehaltes nach GROTE-KREKELER, s. Teil I, S. 117.
[4] DIN 1995: Bituminöse Bindemittel für den Straßenbau (1960).

Diese Methode ist zwar einfach, aber ziemlich ungenau. Genauere Ergebnisse erhält man durch Feinfraktionierung des entphenolierten und entbasten rohen Teeröls über hochwirksame Kolonnen, zweckmäßig kombiniert mit der Messung der Erstarrungspunktdepression von Reinnaphthalin durch die erhaltene Naphthalinfraktion[1]. Die eleganteste Methode der Naphthalinbestimmung ist die der Gaschromatographie (vgl. Abb. 2).

10. Basengehalt

Die Pyridin- und Chinolinbasen werden vorteilhaft in den bei der Probedestillation aus einer größeren Teermenge erhaltenen Ölfraktionen durch Titration mit Perchlorsäure in Eisessig bestimmt[2].

8,4 ml 70%iger Perchlorsäure p. a. werden zu 1000 ml in Eisessig gelöst und gegen eine genau gewogene Menge eines aus der betreffenden Ölfraktion isolierten Basengemischs, in Eisessig gelöst, titriert. Als Indikator verwendet man Methylviolett, das im Äquivalenzpunkt von Violett nach Blaugrün umschlägt. Aus dieser Titration errechnet sich der Faktor der Säure zu

$$F = \frac{\text{Einwaage Basengemisch}}{\text{Verbrauch Perchlorsäure}}.$$

In einem trockenen Titrierkolben wird eine nach dem zu erwartenden Basengehalt sich richtende Menge der Analysensubstanz eingewogen: Basen $<0{,}1\%$ 10 g, Basen $>0{,}1\%$ 5 g, Basen $>2\%$ 2 g usw. Man löst in 20 bis 50 ml Eisessig und versetzt die Lösung mit einigen Körnchen Methylviolett als Indikator. Der Umschlag ist auch bei gefärbten Lösungen deutlich zu sehen. Der Basengehalt des Öles errechnet sich zu:

$$\% \text{ Basen} = \frac{\text{Verbrauch } F \cdot 100}{\text{Einwaage}}.$$

Es ist auf die bei der Probedestillation eingesetzte Teermenge umzurechnen.

11. Gehalt an ungesättigten Verbindungen

Der Gehalt des Steinkohlenteers an für die Cumaron-Inden-Harzgewinnung wichtigen ungesättigten Verbindungen läßt sich durch Bestimmung der Bromzahl des bei der Probedestillation einer größeren Teermenge erhaltenen, entphenolierten und entbasten Leichtöls ermitteln[3].

V. Leichtöl

1. Allgemeines

Steinkohlenteerleichtöl ist eine gelbliche, leicht bewegliche, nach Rohbenzol, Ammoniak und Schwefelwasserstoff riechende Flüssigkeit der Dichte 0,91 bis 0,96 und einem Siedebereich von etwa 70 bis 200 °C. Das Öl enthält in der Hauptmenge Benzol und seine Homologen, außerdem 10 bis 40% ungesättigte, polymerisierbare Verbindungen, 3 bis 10% Phenole, 2 bis 7% Pyridinbasen und unterschiedliche Mengen Naphthalin.

2. Prüfverfahren

a) Siedegrenzen

Die Siedeanalyse des Leichtöls wird im Destillationsapparat nach KRAEMER-SPILKER durchgeführt[4].

[1] Laboratoriumsvorschriften des Kokereiausschusses LV 14, 25. 4. 1942. — JÄGER, A., u. G. KATTWINKEL: Brennst.-Chemie 31 (1950) 65—79. — ECKERT, F.: Gas- u. Wasserfach 92 (1951) H. 5, Ausgabe Gas, S. 49—53.
[2] WESTBUNK, B.: Brennst.-Chemie 38 (1957) 375—376.
[3] DIN 51774: Bestimmung der Bromzahl (1958).
[4] DIN 51761: Bestimmung des Siedeverlaufs nach KRAEMER-SPILKER (1958). — Vgl. 5. Kapitel E „Benzol und seine Homologen".

b) Phenolgehalt

100 ml Öl werden mit 100 ml Natronlauge der Dichte 1,1 geschüttelt. Die Volumenzunahme der Natronlauge in Milliliter ergibt den Phenolgehalt des Öls in Prozent.

c) Basengehalt

Das zur Bestimmung der Phenole mit Natronlauge extrahierte Öl wird mit 30 ml 20%iger Schwefelsäure geschüttelt, wobei die Volumzunahme der Schwefelsäure in Millilitern den ungefähren Prozentgehalt des Leichtöls an Pyridinbasen ergibt. Genauer ist die Titration mit Perchlorsäure in Eisessig (s. „Analyse des Rohteers").

d) Gehalt an ungesättigten Verbindungen

Siehe Abschn. IV „Analyse des Rohteers".

VI. Carbolöl

1. Allgemeines

Carbolöl ist eine nach Phenol riechende, bei Luftzutritt sich rötlichbraun verfärbende Flüssigkeit einer Dichte um 1,0 und einem Siedebereich von etwa 170 bis 210 °C. Es enthält im allgemeinen 25 bis 40% Phenole, etwa 7% Pyridinbasen sowie wechselnde Mengen Naphthalin; der Rest besteht aus Benzolhomologen. Die Zusammensetzung des Carbolöls ist abhängig von der Schärfe des bei der Teerdestillation angewendeten Rektifizierverfahrens. Bei der diskontinuierlichen Retortendestillation wird zunächst ein unterhalb 40 °C breiartiges bis festes, gelb bis bräunlich gefärbtes Mittelöl einer Dichte um 1,02 und einem Siedebereich von etwa 170 bis 230 °C abgenommen, das durch Redestillation in Carbolöl, Naphthalinöl und einen Schwerölrückstand zerlegt wird[1].

2. Prüfverfahren

a) Bestimmung der Phenole

Das Carbolol wird mit Natronlauge der Dichte 1,15 extrahiert, die Lauge klargekocht und die Phenole nach dem Abkühlen mit Schwefelsäure der Dichte 1,71 ausgefällt. Das abgeschiedene wasserhaltige Rohphenol wird von der Sulfatlauge abgetrennt und zur Neutralisation mit 20%iger Sodalösung gewaschen. Nach Abziehen der Sodalösung wird das Rohphenol in einem Kupfer- oder Glaskolben durch Erwärmen entwässert. Das übergegangene Wasser wird ausgesalzen und das sich noch absetzende Phenol der Hauptmenge beigegeben. Die weitere Untersuchung des gewogenen Rohphenols kann durch Destillation über eine 30 cm-Perlkolonne erfolgen, wobei bis 192 °C die Phenolfraktion, von 192 bis 205 °C die Kresolfraktion und von 205 bis 225 °C die Xylenole abgenommen werden. Von der Phenolfraktion wird der Erstarrungspunkt bestimmt und daraus nach der Raschig-Tabelle[2] der Phenolgehalt berechnet.

Eine genauere Analyse von Rohphenolgemischen als das destillative Verfahren erlaubt die Bestimmung der Erstarrungspunkte im Gemisch mit den reinen Homologen oder der Erstarrungspunkte von Additionsverbindungen mit organischen Basen[3]. Mit Hilfe dieses Verfahrens lassen sich die folgenden Hauptbestandteile des Steinkohlenteer-Rohphenols bestimmen: Phenol, o-Kresol, m-Kresol, p-Kresol, 2,6-, 2,4-, 2,5-, 2,3-, 3,5-, 3,4-Dimethylphenol, Isopseudocumenol und 3-Methyl-5-äthylphenol.

---

[1] WINKLER, H. J. V.: Der Steinkohlenteer und seine Aufarbeitung. Essen: Glückauf 1951.
[2] ZERBE: 1. Aufl., S. 1091.
[3] RAPPEN, L.: Brennst.-Chemie 39 (1958) 65—74.

Die modernste Methode zur Analyse der Rohphenolgemische ist die Gaschromatographie[1]. Der Phenolgehalt von Phenolatlaugen wird durch Bromtitration ermittelt[2].

b) Basengehalt

Siehe Abschn. V „Leichtöl".

c) Naphthalingehalt

Siehe Abschn. IV „Analyse des Rohteers".

VII. Naphthalinöl

1. Allgemeines

Naphthalinöl ist eine bei Raumtemperatur feste helle Masse mit einem Erstarrungspunkt von etwa 60 bis 73 °C und einem Siedebereich von etwa 205 bis 225 °C. Der Erstarrungspunkt und damit der Naphthalingehalt sind abhängig von der Schärfe des angewendeten Teer- oder Redestillationsverfahrens. Außer dem Hauptbestandteil Naphthalin enthält das normale Naphthalinöl etwa 5 bis 15% Phenole, 1 bis 3% hochsiedende Pyridin- und Chinolinbasen, 2 bis 3% Thionaphthen und geringe Mengen an Methylnaphthalinen.

2. Prüfverfahren

a) Naphthalingehalt

Der Naphthalingehalt kann nach den bei der Analyse des Rohteers angegebenen Methoden bestimmt werden. Genauere Werte lassen sich im allgemeinen mit Hilfe einer Erstarrungspunkt/Naphthalingehalt-Tabelle ermitteln. Für Naphthalinöle aus hocharomatischen Kokerei- oder Horizontalretortenteeren gelten nach Extraktion der Phenole bis auf einen Phenolgehalt von weniger als 1% und Entfernung von Wasser die Werte der Tab. 3[3].

b) Phenolgehalt

Siehe Abschn. IV „Analyse des Rohteers".

c) Basengehalt

Siehe Abschn. V „Leichtöl".

d) Thionaphthengehalt

Der Thionaphthengehalt wird meist indirekt über den Schwefelgehalt ermittelt (s. Abschn. IV „Analyse des Rohteers") oder aber direkt gaschromatographisch bestimmt.

VIII. Waschöl

1. Allgemeines

Das Waschöl, auch Solvayöl genannt, ist ein bei 0 °C satzfreies, dunkelgefärbtes Öl mit der Dichte $d_{20/20} = 1,03$ bis $1,04$ und einem Siedebereich von

---

[1] BAYER, E.: Gas-Chromatographie, 2. Aufl. Berlin/Göttingen/Heidelberg: Springer 1962, S. 129—130, 251—256. — BROOKS, V. T.: Chem. and Ind. 1959, 1317—1318. — BASTIN-MERKEMAN, M. J., u. H. G. DIETZ: Chim. analyt. (4) 42 (1960) 493—497. — WRABETZ, K., u. W. SASSENBERG: Z. analyt. Chem. 179 (1961) 333—342. — SASSENBERG, W., u. K. WRABETZ: Z. anal. Chem. 184 (1961) 423—427.

[2] HUBER, C. O., u. J. M. GILBERT: Analyt. Chem. 34 (1962) 247—249.

[3] Standard Methods for Testing Tar and its Products, 5. Aufl. Leeds: Oxford Road, Gomersal 1962.

Tabelle 3. *Naphthalingehalt hocharomatischer, phenolfreier, trockener Naphthalinöle in Abhängigkeit vom Erstarrungspunkt.*

Erstarrungspunkt °C	0,0	0,2	0,4	0,6	0,8
35	37,8	37,9	38,1	38,2	38,4
36	38,5	38,7	38,8	39,0	39,1
37	39,3	39,4	39,6	39,7	39,9
38	40,1	40,3	40,5	40,6	40,8
39	40,9	41,1	41,3	41,4	41,6
40	41,8	41,9	42,1	42,3	42,5
41	42,6	42,8	43,0	43,1	43,3
42	43,5	43,7	43,8	44,0	44,2
43	44,4	44,6	44,8	44,9	45,1
44	45,3	45,5	45,7	45,9	46,1
45	46,3	46,5	46,7	46,9	47,0
46	47,2	47,4	47,6	47,8	48,1
47	48,3	48,5	48,7	48,9	49,2
48	49,4	49,6	49,8	50,0	50,3
49	50,5	50,7	50,9	51,1	51,4
50	51,6	51,8	52,0	52,3	52,5
51	52,7	53,0	53,2	53,4	53,7
52	53,9	54,1	54,4	54,6	54,9
53	55,1	55,3	55,6	55,8	56,1
54	56,3	56,6	56,8	57,1	57,4
55	57,6	57,9	58,1	58,4	58,7
56	58,9	59,2	59,5	59,7	60,0
57	60,3	60,5	60,8	61,1	61,4
58	61,6	61,9	62,2	62,5	62,8
59	63,1	63,3	63,6	63,9	64,2
60	64,5	64,8	65,1	65,4	65,7
61	66,0	66,3	66,6	66,9	67,2
62	67,5	67,8	68,1	68,4	68,7
63	69,1	69,4	69,7	70,0	70,3
64	70,6	70,9	71,2	71,6	71,9
65	72,2	72,5	72,8	73,1	73,5
66	73,8	74,1	74,4	74,7	75,1
67	75,4	75,7	76,1	76,4	76,7
68	77,0	77,4	77,7	78,0	78,4
69	78,7	79,0	79,4	79,7	80,1
70	80,3	80,6	80,9	81,2	81,6
71	81,9	82,2	82,6	83,0	83,3
72	83,7	84,1	84,5	84,9	85,3
73	85,7	86,1	86,5	86,9	87,3
74	87,7	88,1	88,5	88,9	89,3
75	89,7	90,0	90,4	90,8	91,2
76	91,6	92,0	92,4	92,8	93,2
77	93,6	94,0	94,4	94,8	95,2
78	95,6	96,0	96,3	96,7	97,1
79	97,5	97,9	98,3	98,7	99,1
80	99,5	99,9	EP des reinen Naphthalins 80,29 °C		

etwa 230 bis 290 °C. Es enthält etwa 2% Phenole und 4 bis 6% Chinolinbasen. Die Hauptbestandteile, nach steigendem Siedepunkt geordnet, sind Naphthalin, Chinolin, 2-Methylnaphthalin, 1-Methylnaphthalin, Methylchinoline, Indol, Diphenyl, Dimethylnaphthaline, Acenaphthen, Diphenylenoxid und Fluoren. Das Waschöl ist eine besonders eindrucksvolles Beispiel für die gegenseitige Schmelzpunktserniedrigung der meist festen Teerinhaltsstoffe[1]. Bei der kontinuierlichen Teerrektifikation fällt das Waschöl unmittelbar an, während es

---

[1] FRANCK, H.-G.: Brennst.-Chemie 34 (1953) 37—45.

bei der diskontinuierlichen Retortendestillation aus dem Schweröl, einer bei Raumtemperatur halbfesten Masse von der Dichte um 1,04 und einem Siedebereich 220 bis 300 °C, durch Redestillation neben Naphthalinöl und einem Anthracenölrückstand gewonnen wird.

2. Prüfverfahren

a) Siedeverhalten

Die Siedeanalyse[1] wird in einem Kupferrundkolben von 66 mm Durchmesser mit kleinem abgeflachtem Boden, 150 ml Inhalt und 0,6 bis 0,7 mm Wanddicke durchgeführt (Abb. 5).

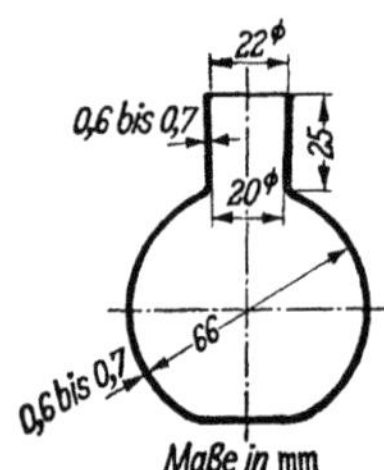

Abb. 5. Kupferrundkolben für die Siedeanalyse von Teerölen nach DIN 52137.

Das Siedegefäß hat einen Stutzen von 25 mm Länge, 20 mm unterer und 22 mm oberer lichter Weite mit Kugelaufsatz von 14 mm lichter Weite und 150 mm Länge; das Ansatzrohr hat 8 mm lichte Weite und 120 mm Länge. Das Quecksilbergefäß des im Siederohr untergebrachten Thermometers, das aus möglichst dünnwandigem Glas bestehen und nicht mehr als den halben Durchmesser des Siederohrs haben soll, muß sich in der Mitte der Kugel befinden. Das Siedegefäß steht auf einer Asbestplatte mit kreisförmigem Ausschnitt von 50 mm Durchmesser auf einem Ofen, dessen Mantel 10 mm vom oberen Rand mit vier runden Öffnungen zum Austritt der Verbrennungsgase versehen ist. Man erhitzt mittels eines Bunsenbrenners mit blau brennender Flamme. Als Kühlrohr dient ein Glasrohr von 20 mm lichter Weite und 800 mm Länge, das so geneigt ist, daß sich der Ausfluß 100 mm tiefer als der Eingang befindet. 100 ml Öl werden in einem Meßzylinder abgemessen und möglichst quantitativ in den Kupferkolben eingefüllt. Der zum Einfüllen benutzte Zylinder dient auch als Vorlage. Die Destillation ist so zu leiten, daß in der Sekunde zwei Tropfen übergehen. Das Ablesen in Volumprozenten erfolgt bei den vorgeschriebenen Temperaturgraden ohne Unterbrechung der Destillation.

b) Satzfreiheit[2]

100 ml Öl werden unter Umrühren auf dem Wasserbad bis zum Verschwinden aller Ausscheidungen erwärmt und anschließend auf 0 °C abgekühlt. Bei dieser Temperatur wird die Probe unter öfterem Umrühren die vorgeschriebene Zeit, normalerweise $^1/_2$ Std., stehengelassen. Das Öl soll hierbei klar bleiben; etwa entstandene Ausscheidungen werden möglichst rasch vom Öl durch Abnutschen getrennt, durch Aufstreichen auf einen porösen Tonteller von 150 mm Durchmesser trocken gepreßt und gewogen.

c) Naphthalingehalt[2]

Das bei der Siedeanalyse von 100 ml Öl zwischen 180 und 250 °C übergehende Destillat wird gesondert aufgefangen und nach dem Erkalten $^1/_2$ Std. lang in Eiswasser gestellt. Das ausgeschiedene Naphthalin wird schnell abgenutscht und durch Aufstreichen auf einen porösen Tonteller von 150 mm Durchmesser vom Rest des Öles befreit. Nach 2 Std. wird das Naphthalin mit einem Spatel abgenommen und gewogen.

d) Phenolgehalt (Saure Öle)[2]

100 ml Öl werden wie bei der Siedeanalyse überdestilliert, bis die Menge des Destillats 95% beträgt. Dieses wird mit 50 ml Xylol verdünnt und in einem 250 ml fassenden Schüttelzylinder mit 100 ml Natronlauge der Dichte 1,15 5 Min. lang kräftig durchgeschüttelt. Nach $^1/_2$ stündigem Stehen wird die Volumzunahme der Natronlauge als Prozentgehalt des Öles an Phenolen abgelesen. Hierbei ist der Wassergehalt in Abzug zu bringen.

---

[1] DIN 52137: Steinkohlenteere; Prüfung als Dachanstrich (1930). — DIN 52139: Prüfung von Steinkohlenteererzeugnissen als Klebemassen für Dachpappe (1930).
[2] WINKLER, H. J. V.: Der Steinkohlenteer und seine Aufarbeitung. Essen: Glückauf 1951, S. 320.

IX. Anthracenöl

1. Allgemeines

Das bei der Teerdestillation anfallende rohe Anthracenöl ist ein bei Raumtemperatur grünlichgelber bis grünbrauner Kristallbrei. Hieraus werden bei der Weiterverarbeitung die festen Anthracenrückstände und das dunkel gefärbte filtrierte Anthracenöl gewonnen. Anthracenöl hat eine Dichte um 1,1 und einen Siedebereich von etwa 290 bis 400 °C. Die Hauptinhaltsstoffe sind nach steigendem Siedepunkt geordnet: Fluoren, Phenanthren, Acridin, Phenanthridin, Anthracen, Carbazol, Fluoranthen, Pyren und deren Homologe.

2. Prüfverfahren

a) Siedeverhalten (siehe Waschöl)

b) Anthracengehalt

Bestimmung des Rohanthracens s. unter „Straßenteer".

Die Bestimmung des Reinanthracengehalts im Rohanthracen kann nach dem Höchster Verfahren[1] erfolgen. Genauer und schneller ist die Bestimmung nach dem Rütgers-Verfahren[2], die ebenfalls auf der Oxydation des Anthracens zu Anthrachinon beruht[3].

1 g Substanz wird in einem 500 ml-Rundkolben mit 45 ml Eisessig zum Sieden gebracht; nach erfolgter Lösung wird mit Hilfe eines zylindrischen graduierten Tropftrichters durch ein auf den Kolben aufgesetztes, etwa 75 cm langes Kühlrohr zu der lebhaft siedenden Flüssigkeit so viel einer Oxydationslösung aus 15 g kristallisierter Chromsäure, 10 ml Eisessig und 10 ml Wasser mit einer Geschwindigkeit von etwa 1 ml in der Minute zugetropft, daß die anfangs grüne Lösung einen deutlich braunen Farbton zeigt. Der Kolbeninhalt wird noch $^1/_2$ Std. in lebhaftem Sieden gehalten, nach kurzer Luft- und Wasserkühlung $^1/_4$ Std. mit Eis gekühlt, nach Verdünnen mit 400 ml eiskaltem Wasser noch $^1/_4$ Std. stehengelassen, dann durch ein glattes Filter filtriert und mit eiskaltem Wasser, bis das Waschwasser farblos abläuft, darauf mit höchstens 200 ml 1 %iger heißer Natronlauge nachgewaschen. Der Anthrachinonniederschlag wird noch feucht durch einen weithalsigen Trichter mit möglichst wenig Wasser in einen 200 ml-Erlenmeyer-Kolben übergespült, mit 15 ml klarfiltrierter Reduktionslösung aus 10%iger Natronlauge, die 10% $Na_2S_2O_4$ gelöst enthält, versetzt und wenige Minuten auf 60 bis 80 °C im Wasserbad erwärmt. Die rote Lösung wird durch einen Filtertiegel mit Papierfilter abgesaugt, der mit einer Saugflasche von etwa 1 l Inhalt durch einen unter das Ansatzrohr tief genug reichenden Vorstoß verbunden ist. Vor dem Beginn des Filterns wird die Saugflasche zum Vorwärmen mit ein wenig warmem Wasser beschickt, bei geöffnetem Regulierhahn der vorgeschalteten Wulfschen Flasche die Saugpumpe schwach angestellt, der Filtertiegel mit warmer, 10fach verdünnter Reduktionslösung gefüllt und, ehe die Lösung völlig abgesaugt ist, mit dem Filtern der Anthrahydrochinonlösung begonnen; zur Regelung der Filtergeschwindigkeit wird der Regulierhahn der Wulfschen Flasche teilweise oder ganz geschlossen. Der Filtertiegel darf nicht leerlaufen, bevor der letzte Anteil der Anthrahydrochinonlösung in den Tiegel übergeführt ist und der Erlenmeyer-Kolben und der Tiegel mit ein wenig warmer, 10fach verdünnter Reduktionslösung nachgespült sind. Nach dem Ablaufen wird die äußere Tiegelwandung mit der verdünnten Reduktionslösung in die Saugflasche abgespritzt und der etwa noch vorhandene Tiegelinhalt zur nochmaligen Reduktion in den Erlenmeyer-Kolben zurückgespült. Hierbei kann das Filter mit in den Erlenmeyer-Kolben gelangen und durch ein neues ersetzt werden. Die zweite Reduktion wird nach Zugabe von etwa 5 ml der Reduktionslösung, wie beschrieben, durchgeführt und bis zum Ausbleiben der Rotfärbung wiederholt. Durch das noch warme Gesamtfiltrat wird bis zur völligen Entfärbung staubfreie Luft durchgesaugt; es können auch etwa 5 ml konzentrierte Wasserstoffperoxidlösung hinzugefügt werden. Das ausgeschiedene Anthra-

---

[1] Luck, E.: Z. anal. Chem. 16 (1877) 61; vgl. Zerbe: 1. Aufl., S. 1092—1093.

[2] Sielisch, J.: Z. angew. Chem. 39 (1926) 1248. — Sielisch, J., u. R. Sandke: Z. angew. Chem. 39 (1926) 1249.

[3] Vgl. auch Funakubo, E., H. Taniguchi, I. Kawanishi u. T. Kishikawa: Brennst.-Chemie 42 (1961) 54—57.

chinon wird auf einem Glasfiltertiegel G 3 abgefiltert, mit heißem Wasser bis zur neutralen Reaktion nachgewaschen, nach gutem Abtropfen im Trockenschrank auf 100 °C erhitzt, heiß in einen Vakuumexsikkator gebracht und nach dem Erkalten gewogen. Das gefundene Gewicht wird mit dem Faktor 0,8558 auf Anthracen umgerechnet. Die Bestimmung dauert 3 bis 3$^{1}/_{2}$ Std. Die Gesamtverluste betragen angenähert 1%.

Eine elegante Methode zur quantitativen Bestimmung der Anthracenölbestandteile Phenanthren, Anthracen und Carbazol nebeneinander liefert die Gaschromatographie[1].

Zahlreiche Verbindungen des Anthracenöls lassen sich auch durch Ultraviolett-, Fluoreszenz- oder Phosphoreszenzspektroskopie bestimmen[2].

X. Pech

1. Allgemeines

Bei der Teerdestillation wird normalerweise bis auf ein Normalpech mit einem Erweichungspunkt nach KRAEMER-SARNOW um 68 °C als Rückstand abdestilliert. Das Steinkohlenteer-Normalpech, nach Auskühlung verkaufsfertiges Brikettpech, ist ein schwarzer, thermoplastischer, bei Raumtemperatur spröder Körper der Dichte von etwa 1,28 mit muscheligem, glänzendem Bruch, in Lösungsmitteln nur teilweise löslich. Die Pechinhaltsstoffe sieden zum großen Teil über 400 °C, wie Benzofluorene, Benzanthracen, Chrysen, Tetracen, Perylen, Benzfluoranthene, Benzpyrene, Picen, Coronen und Fulminen[3]. Die Hauptmenge des Pechs besteht aus im einzelnen noch nicht identifizierten mehrkernigen aromatischen Kohlenwasserstoffen und Heterocyclen (s. Abschn. II „Allgemeine Eigenschaften und Zusammensetzung").

2. Prüfverfahren

Der Prüfung des thermoplastischen Verhaltens dienen die Bestimmung des Erweichungspunkts, des Brechpunkts, der Penetration und der absoluten Viskosität in Abhängigkeit von der Temperatur. Andere Prüfungen betreffen das Verkokungsverhalten, die Unlöslichen-Bestimmung mit verschiedenen Lösungsmitteln und den Aschegehalt.

a) Erweichungspunkt nach Kraemer-Sarnow[4]

Der Erweichungspunkt nach KRAEMER-SARNOW ist die Temperatur, bei der unter den nachfolgend festgelegten Versuchsbedingungen eine Bindemittelschicht von Quecksilber durchbrochen wird.

Geräte: Kraemer-Sarnow-Gerät (Abb. 6a—c), hohes Becherglas 400 ohne Ausguß, DIN 12331, hohes Becherglas 150 ohne Ausguß DIN 12331; Feinthermometer, Einschlußform, 0 bis 100 °C in 0,5 °C DIN 12775; vier Barta-Röhrchen, an beiden Seiten abgeschliffen, aus Glas oder rostfreiem Stahl, innerer Durchmesser 6,0 ± 0,1 mm, äußerer Durchmesser

[1] SAUERLAND, H.-D.: Brennst.-Chemie 45 (1964) 55—56. — Siehe auch 1. Kap., C, V „Gaschromatographie".

[2] ZANDER, M.: Angew. Chem. internat. Edit. 4 (1965) 930—938. — ZANDER, M.: Erdöl u. Kohle 19 (1966) 278—281. — SAUERLAND, H.-D., u. M. ZANDER: Erdöl u. Kohle 19 (1966) 502—505. — CLAR, E.: Polycyclic Hydrocarbons. New York/London: Academic Press und Berlin/Heidelberg/New York: Springer 1964. — ZANDER, M.: Phosphorimetry. London/New York: Academic Press 1968.

[3] FRANCK, H.-G.: Brennst.-Chemie 36 (1955) 12—20.

[4] DIN 1995: Bituminöse Bindemittel für den Straßenbau (1960). — KRAEMER, G., u. SARNOW: Chem. Ind. 26 (1903) 55. — BARTA: Chemiker-Ztg. 30 (1906) 30.

etwa 8,0 mm, Höhe 5,0 ± 0,2 mm; vier Glasrohre, an beiden Seiten abgeschliffen, lichte Weite 6,0 ± 0,1 mm, Länge 100 mm, Wanddicke 1 mm; Hahntrichter zum Abmessen von 5,0 g Quecksilber.

Untersuchungsgang: Eine Bestimmung besteht aus vier Einzelmessungen. Die Barta-Röhrchen werden auf einer dünn mit Glycerin-Dextrin-Mischung (1 : 1) eingeriebenen Glas- oder Metallplatte im Trockenschrank vorgewärmt. Dann wird das geschmolzene Bindemittel blasenfrei in die Röhrchen eingegossen. Der Überschuß wird nach dem Erkalten mit einem angewärmten Messer planeben abgeschnitten. Nach Abkühlen auf Raumtemperatur, bei weicheren Bindemitteln auf die Temperatur von Leitungs- oder Eiswasser, werden die gefüllten Röhrchen mit einem kurzen Gummischlauch dicht an die Glasrohre angesetzt,

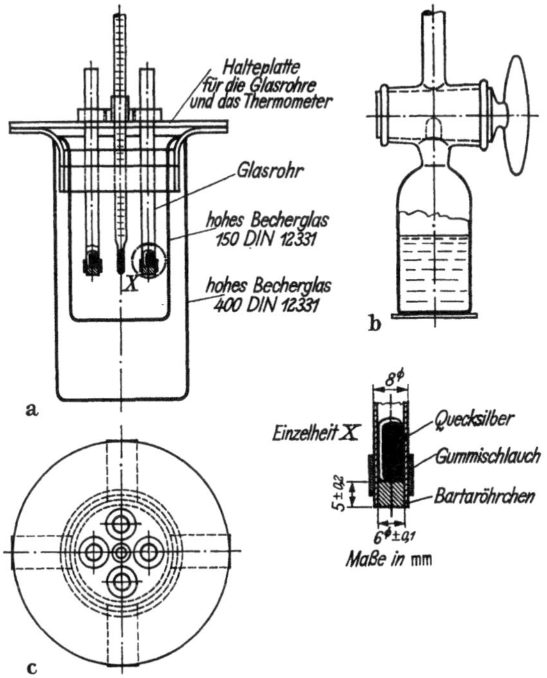

Abb. 6a—c. Apparatur zur Bestimmung des Erweichungspunkts nach KRAEMER-SARNOW (DIN 1995). a) Prüfgerät; b) Hahntrichter zum Abmessen des Quecksilbers; c) Halteplatte für die Glasrohre und das Thermometer.

und zwar so, daß der Gummischlauch nicht über das untere Ende des mit Bindemittel ge- füllten Röhrchens hinausragt. In die Glasrohre werden dann je 5,0 g Quecksilber eingefüllt. Die Quecksilbermenge mißt man am bequemsten mit einem Hahntrichter ab, dessen Hahn- küken eine Aussparung besitzt, die genau 5,0 g Quecksilber aufnimmt. Dann steckt man die Glasrohre mit dem freien Ende nach oben in die Öffnungen des metallenen Deckels des Geräts und befestigt sie durch Aufstecken eines durchbohrten Stopfens, eines Stückchens Gumischlauch oder eines Metallspiralrings. Hierauf setzt man den Deckel auf das doppelte Wasserbad aus zwei Bechergläsern. Das äußere Becherglas ist nahezu bis zum Rand, dar darin hängende innere so weit mit Wasser zu füllen, daß die Rohre bis zur Hälfte in das Wasses eintauchen. Es ist für die Genauigkeit der Untersuchung wichtig, daß diese Eintauchtiefe von 55 mm, gemessen von Unterseite des Bindemittels bis zur Wasseroberfläche, genau eingehalten wird. Die Temperatur des Wasserbads soll bei Beginn der Bestimmung etwa 5 bis 30 °C betragen, aber mindestens 20 °C unterhalb des zu erwartenden Erweichungs- punkts liegen. In das innere Becherglas taucht man das Thermometer so ein, daß es mit der Unterseite der Bindemittelschicht in den Röhrchen abschneidet. Dann wird so erhitzt, daß die Temperatur des inneren Wasserbads in der Minute um 1 °C ansteigt. Sobald das Queck- silber die Bindemittelschicht durchbricht, liest man die Temperatur ab. Das Mittel aus den vier Beobachtungen ist der Erweichungspunkt des Bindemittels nach KRAEMER-SARNOW. Für Bindemittel, die über 80 °C erweichen, muß als Heizflüssigkeit für das äußere Becher- glas Paraffinöl, für das innere im Temperaturbereich 80 bis 110 °C eine Mischung aus $^2/_3$

Glycerin und $^1/_3$ Wasser ($d_{25/25} = 1{,}2$), im Temperaturbereich über 110 °C Glycerin ($d_{25/25}$ = 1{,}25$) genommen werden. Bei Kraemer-Sarnow-Werten, die um 80 °C herum liegen, ist stets anzugeben, welche Badflüssigkeit verwendet wurde. Das Ansammeln größerer Mengen von Quecksilber im inneren Gefäß ist zu vermeiden. Prüffehler ± 1 °C.

b) Brechpunkt nach Fraaß (DIN 1995)

Siehe 2. Kap. N „Bitumen und Asphalt".

c) Penetration (DIN 1995)

Siehe 2. Kap. N „Bitumen und Asphalt".

d) Viskositäts-Temperatur-Verhalten

Zur Bestimmung der absoluten Viskosität bei Temperaturen vom Erweichungspunkt aufwärts eignet sich die Viskowaage nach HAAKE.

Die Viskosität von Steinkohlenteerpechen in cSt (V) bei der absoluten Temperatur T (°K) errechnet sich aus dem Erweichungspunkt nach KRAEMER-SARNOW (EP) und dem Gehalt an Toluolunlöslichem (TU) nach der empirischen Formel

$$\log \log (V + 0{,}8) = 0{,}80 + 0{,}04 \log TU + (5{,}8 - 0{,}03\,TU)\,[\log (EP + 273) - \log T].$$

Diese Formel geht für typische Brikettpeche aus kontinuierlich destilliertem Kokereiteer des Ruhrgebiets mit etwa 17 % Toluolunlöslichem über in die vereinfachte Formel

$$\log \log (V + 0{,}8) = 0{,}85 + 5{,}3\,[\log (EP + 273) - \log T]^1.$$

Für die Temperaturabhängigkeit der Viskosität V_{cP} (cP) britischer Peche mit einem Toluolunlöslichen von 13 bis 23 % wurde als Gleichung in Abhängigkeit vom Erweichungspunkt EP_{RK} (nach der Ring- und Kugelmethode) abgeleitet:

$$\log V_{cP} = (0{,}358\,EP_{RK} + 4{,}82)\,T^{-5}\,10^{12}.\,^2$$

e) Verkokungsrückstand nach DIN 51 720[3]

Als Prüfgeräte dienen Quarzglastiegel mit Schliffdeckel und einem Gewicht von 27 bis 29 g sowie ein elektrisch beheizter Muffelofen, der eine Temperatur von 875 ± 10°C einhält und diese Temperatur nach dem Einsetzen der Quarzglastiegel oder des Gestells mit den Tiegeln innerhalb 3 bis 4 Min. wieder erreicht.

Die Temperatur wird mit einem Platin-Platinrhodium-Thermoelement mit Millivoltmeter gemessen, wobei die Meßstelle freiliegt und sich in der Mitte zwischen den Quarzglastiegeln etwa 5 mm unter der Platte des Tiegelgestells befinden soll. 1 g feingepulvertes Pech wird auf $^1/_{10}$ mg genau in einen ausgekühlten und im Exsikkator abgekühlten Quarzglastiegel eingewogen. Der Quarzglastiegel wird zum Einebnen der eingewogenen Probe einige Male auf eine Unterlage aufgestoßen und dann mit dem Deckel verschlossen. Beim Benutzen des Verkokungsofens mit Klappdeckel wird dieser mit dem eingesetzten Tiegelgestell auf 875 °C aufgeheizt und der Deckel aufgeklappt. Die Quarzglastiegel werden möglichst schnell eingesetzt. Der Verkokungsofen wird wieder geschlossen und so beheizt, daß seine Temperatur innerhalb 3 bis 4 Min. wieder 875 ± 10 °C beträgt. Sobald diese Temperatur wieder erreicht ist, verbleiben die Tiegel noch 3 Min. bei dieser Temperatur im Verkokungsofen. Nach Ablauf dieser Zeit werden die Tiegel aus dem Verkokungsofen genommen, zum schnellen Abkühlen auf eine kalte Metallplatte gesetzt, im Exsikkator etwa 30 Min. aufbewahrt und bis auf $^1/_{10}$ mg genau zurückgewogen. Bei der Verwendung eines Verkokungsofens mit Tür wird ebenso verfahren. In diesem Falle muß man allerdings das aufgeheizte Tiegelgestell dem Verkokungsofen entnehmen, um die Quarzglastiegel einsetzen oder herausnehmen zu können. Bei der Verkokung müssen die Tiegelgestelle voll mit Quarzglastiegeln besetzt sein, damit die einmal einregulierte Aufheizungsgeschwindigkeit stets beibehalten werden kann. Freie Plätze der Tiegelgestelle müssen mit leeren Quarzglastiegeln besetzt werden.

---

[1] FRANCK, H.-G., u. O. WEGENER: Brennst.-Chemie 39 (1958) 195—207.

[2] WOOD, L. J., u. M. DOWNER: J. appl. Chem. 15 (1965) 431—438.

[3] DIN 51 720: Bestimmung der Ausbeute an Tiegelkoks und an Flüchtigen Bestandteilen (1957). — RADMACHER, W.: Brennst.-Chemie 19 (1938) 217—226; 20 (1939) 237—245; 37 (1956) 353—358.

f) Verkokungsrückstand im Platintiegel

Neben der oben beschriebenen Methode ist für Steinkohlenteerpech noch das in der alten DIN-Norm[1] beschriebene Verkokungsverfahren im Platintiegel mit Gasbrennerbeheizung gebräuchlich[2].

g) Verkokungsrückstand nach Conradson[3]

h) Toluolunlösliches

Das Toluolunlösliche eines Pechs ist bei demselben Ausgangsteer abhängig von der thermischen Beanspruchung während der Teerdestillation. Die Steinkohlenteerpeche aus schonend arbeitenden kontinuierlichen Vakuumdestillationsanlagen weisen einen niedrigeren Gehalt an Toluolunlöslichem auf als Peche aus den gleichen Teeren, aber durch diskontinuierliche Retortendestillation erhalten[4].

Die Bestimmung erfolgt analog der für Straßenteer angegebenen Methode[5]. 1 g feingepulvertes Pech wird mit 50 ml kaltem Reintoluol in einem weithalsigen Erlenmeyer-Kolben 200 DIN 12385 gemischt. Nach dem Absitzen des Unlöslichen wird durch eine Glasfilternutsche 2 G 4 filtriert. Die Nutsche wird hierzu vorher mit einer ungefähr 5 mm hohen Schicht feinen Glaspulvers der Körnung 0 bis 0,04 mm als Filterhilfe beschickt, mit Reintoluol ausgewaschen, bei 140 °C getrocknet und gewogen. Nach dem Abfiltern des Toluolunlöslichen wird der Tiegelinhalt portionsweise mit etwa 500 ml Reintoluol heiß ausgewaschen. Das Filtrat soll dann praktisch farblos ablaufen. Das Filter mit dem Niederschlag wird bei 140 °C 2 Std. lang getrocknet und nach dem Erkalten im Exsikkator gewogen. Die Reinigung des Filters geschieht sehr einfach durch Ausschütten des Glaspulvers. In größeren Abständen kann das Filter zusätzlich mit 80 °C warmer, konzentrierter Schwefelsäure unter Zugabe einiger Körner Natriumnitrat gereinigt werden. Die Bestimmung des Unlöslichen soll innerhalb 24 Std., möglichst an demselben Tag, zu Ende geführt werden.

i) Aschegehalt[6]

1,5 ± 0,05 g der Probe werden in einem ausgeglühten und auf der analytischen Waage gewogenen Quarz- oder Porzellantiegel von etwa 25 ml vorsichtig verascht und dann bis zur Gewichtskonstanz geglüht. Aus der Gewichtszunahme des Tiegels wird der Aschegehalt in Gew.-% errechnet.

C. Fertigerzeugnisse aus Steinkohlenteer

Von H.-G. Franck und G. Collin, Duisburg

Inhaltsübersicht

---

[1] DIN 51720: Bestimmung des Gehaltes an Flüchtigen Bestandteilen und der Tiegelkoksausbeute (1950).
[2] Zerbe: 1. Aufl., S. 1096.
[3] DIN 51551: Bestimmung des Koksrückstandes nach Conradson (1961), s. Teil I, S. 138.
[4] Franck, H.-G.: Brennst.-Chemie 36 (1955) 12—20.
[5] DIN 1995: Bituminöse Bindemittel für den Straßenbau (1960).
[6] Analog DIN 1995: Bituminöse Bindemittel für den Straßenbau (1960).

I. Benzolerzeugnisse siehe 5. Kapitel E „Benzol und seine Homologen"

II. Cumaron-Inden-Harz

1. Allgemeines

Cumaron-Inden-Harze werden durch Polymerisation der ungesättigten Verbindungen des rohen Lösungsbenzols, einer aus dem Leichtöl und Carbolöl nach Entphenolung und Entbasung durch Destillation erhaltenen Ölfraktion vom Siedebereich etwa 160 bis 190 °C, gewonnen.

Diese Harze fielen zunächst als Nebenprodukt bei der Raffination des Lösungsbenzols an[1]. Sie sind die ältesten synthetischen, thermoplastischen Harze und wurden bereits frühzeitig als Lackharze und Bindemittel für Druckfarben verwendet. Haupteinsatzgebiete der Harze sind heute technische Gummiwaren, Klebstoffe, Lacke, Fußbodenbeläge und Elektrokabelisolierung[2].

Die wichtigsten ungesättigten Verbindungen des rohen Lösungsbenzols sind das Inden (Kp. 182 °C) und das Cumaron (Kp. 172 °C), wobei Inden mengenmäßig weit überwiegt. Die Polymerisation geschieht mit Schwefelsäure, Bortri-

---

[1] KRÄMER, G., u. A. SPILKER: Ber. dtsch. chem. Ges. 23 (1890) 78, 84, 3169, 3269.

[2] Vgl. ZERBE: 1. Aufl., S. 1130—1133. — WILLE, H., in ULLMANN: Encyklopädie der technischen Chemie, 3. Aufl., 8. Bd., S. 423—429.

fluorid oder anderen Friedel-Crafts-Katalysatoren. Nach Auswaschen des Katalysators werden die nicht polymerisierten Anteile des Lösungsbenzols abdestilliert, wobei das Cumaron-Inden-Harz als flüssiger Rückstand anfällt, der heiß in Trommeln abgefüllt oder in ein festes Granulat übergeführt wird. Durch Einhalten bestimmter Reaktionsbedingungen bei der Polymerisation werden Harztypen mit verschiedenem Erweichungspunkt und unterschiedlicher Helligkeit erhalten[1]. Durch Zusatz von Phenolen gewinnt man alkohollösliche[1], durch Polymerisation eines Methylinden enthaltenden Ausgangsöls (Siedebereich etwa 200 bis 210 °C) oder Zusatz von Dipenten vor der Polymerisation testbenzinlösliche[2] Harze.

Cumaron-Inden-Harz ist unverseifbar, wasserabstoßend, widerstandsfähig gegen Säuren, Alkalien und Salzlösungen, indifferent gegenüber Pigmenten und Füllstoffen, relativ ungiftig und thermisch beständig, mit Naturharzen, synthetischen Kunststoffen und bituminösen Stoffen im allgemeinen verträglich, löslich in Benzolkohlenwasserstoffen, Terpentinöl, Ketonen, Estern, Äther, Tetrachlorkohlenstoff, Chloroform, Tetrachloräthylen, Schwefelkohlenstoff und Dioxan. Die Harze sind thermoplastisch, in der Wärme leicht fließbar und eindringfähig und nicht hitzereaktiv. Die elektrischen Eigenschaften sind günstig, nachteilig dagegen die Vergilbungsneigung, die jedoch durch Zusätze weitgehend verzögert werden kann.[3] Die Skala der einstellbaren Erweichungspunkte reicht vom Flüssigharz bis über 140 °C, die der Helligkeit von fast farblos bis dunkelbraun. Tab. 1 gibt einen Überblick über die Eigenschaften der verschiedenen Cumaron-Inden-Harze.

2. Prüfverfahren

a) Härte

Zur Kennzeichnung der Härte dient der Erweichungspunkt nach KRAEMER-SARNOW[4] (EP_{KS}), in angelsächsischen Ländern der Erweichungspunkt nach der Ring- und Kugel-Methode (EP_{RK}). Für Cumaron-Inden-Harze gilt angenähert die Umrechnungsformel: $EP_{KS} = 0,95 \cdot EP_{RK} - 10\,[°C]$. Bei Flüssigharzen und Harzlösungen wird die absolute Viskosität ermittelt. Zur weiteren Kennzeichnung der Härte für den Temperaturbereich unterhalb des Erweichungspunkts kann die Penetration[5] bestimmt werden.

b) Helligkeit

Die Helligkeitswerte werden durch Vergleich ermittelt. International gebräuchlich ist die Steinkohlenteerskala (Coal Tar, Barrett), daneben teilweise noch die Gardner-Skala.

Für die Umrechnung beider Skalenwerte gilt folgender Schlüssel:

Steinkohlenteerskala	$^1/_2$	1	$1^1/_2$	2	$2^1/_2$	3	4	5
Gardner-Skala	5	6 7 8	9 10	11	12 13	14	16	18

Die Standardlösungen der Steinkohlenteerskala werden aus folgenden Lösungen hergestellt[6]:

Lösung A: Konzentrierte Salzsäure, chemisch rein, wird auf genau 33,5% HCl verdünnt (Titration). 40 ml der eingestellten Säure werden mit 1 560 ml destilliertem Wasser verdünnt.

---

[1] Vgl. ZERBE: 1. Aufl., S. 1128—1130. — WILLE, H., in ULLMANN: s. Fußnote 2, S. 486.
[2] Ges. f. Teerverwertung: D. A. S. 1 129 698 (1959); D. A. S. 1 083 056 (1956).
[3] Ges. f. Teerverwertung: D. A. S. 1 041 686 (1957), 1 130 168 (1959).
[4] DIN 1995, s. 5. Kap. B X „Pech".
[5] DIN 1995, s. 2. Kap. N „Bitumen und Asphalt".
[6] Verkaufsvereinigung für Teererzeugnisse, Essen: Cumaron-Inden-Harze.

Tabelle 1. *Eigenschaften der Cumaron-Inden-Harze*[a].

Artengruppe I (helle Sorten)

Erweichungspunkt[b] KRAEMER-SARNOW °C		Bezeichnung nach Helligkeit					Säurezahl	Verseifungszahl	Jodzahl	d_{20}^{20}	Flammpunkt °C	Dielektrische Konstante
		1/2	1	2	3	4						
145	überhart	1/2 / 145	1/145	2/145	3/145	4/145						
135		1/2 / 135	1/135	2/135	3/135	4/135				1,13 bis 1,16		2,45 bis 3,5
125		1/2 / 125	1/125	2/125	3/125	4/125	max. 0,5	max. 3	41 bis 44		200 bis 280	
115		1/2 / 115	1/115	2/115	3/115	4/115						
105		1/2 / 105	1/105	2/105	3/105	4/105						
95		1/2 / 95	1/95	2/95	3/95	4/95						
85	springhart	1/2 / 85	1/85	2/85	3/85	4/85				1,12 bis 1,13		
75		1/2 / 75	1/75	2/75	3/75	4/75						
65		1/2 / 65	1/65	2/65	3/65	4/65						
55		1/2 / 55	1/55	2/55	3/55	4/55					170 bis 200	
45	hart	1/2 / 45	1/45	2/45	3/45	4/45						2,42 bis 3,5
35	mittelhart	1/2 / 35	1/35	2/35	3/35	4/35				1,07 bis 1,12		
25	weich	1/2 / 25	1/25	2/25	3/25	4/25						
15	zähflüssig	1/2 / 15	1/15	2/15	3/15	4/15					160 bis 180	
<15	flüssig	1/2 fl	1/fl	2/fl	3/fl	4/fl						

Alkohollösliche, phenolmodifizierte Cumaron-Inden-Harze:

Erweichungspunkt KRAEMER-SARNOW °C		1/2	1	2	3	4	Säurezahl	Verseifungszahl	Jodzahl	d_{20}^{20}	Flammpunkt °C	Dielektrische Konstante
75	springhart	—	1/75-A	2/75-A	3/75-A	—	1 bis 2	max. 3	30 bis 40	etwa 1,12	240 bis 250	2,7
65		—	1/65-A	2/65-A	3/65-A	—						
55		—	1/55-A	2/55-A	3/55-A	—						
45	hart	—	1/45-A	2/45-A	3/45-A	—						

Testbenzinlösliche Cumaron-Inden-Harze:

Erweichungspunkt KRAEMER-SARNOW °C		1/2	1	2	3	4	Säurezahl	Verseifungszahl	Jodzahl	d_{20}^{20}	Flammpunkt °C	Dielektrische Konstante
85		—	1/85-TN	2/85-TN	3/85-TN	—	max. 0,2	max. 3	40 bis 42	1,1 bis 1,15	220 bis 270	2,4 bis 3,0
75	springhart	—	1/75-TN	2/75-TN	3/75-TN	—						
65		—	1/65-TN	2/65-TN	3/65-TN	—						
55		—	1/55-TN	2/55-TN	3/55-TN	—						

Indenharze (Gebaganharze):

Erweichungspunkt	Härte	Bezeichnung					Säurezahl	Verseifungszahl	Jodzahl	d_{20}^{20}	Flammpunkt	Dielektrizitätskonstante
etwa 100	springhart	1/2 / 100-J	—	—	—	—	neutral	1 bis 2	20 bis 30	etwa 1,1	etwa 275	2,3
etwa 90		1/2 / 90-J	—	—	—	—					etwa 272	
etwa 80		1/2 / 80-J	—	—	—	—					etwa 270	
etwa 100	springhart	1/2 / 100-JT	—	—	—	—	neutral	1 bis 2	etwa 40	etwa 1,1	etwa 275	2,3
etwa 90		1/2 / 90-JT	—	—	—	—					etwa 272	
etwa 80		1/2 / 80-JT	—	—	—	—					etwa 270	

Artengruppe II (dunkle Sorten)

Erweichungspunkt KRAEMER-SARNOW °C		Bezeichnung nach Helligkeit			Säurezahl	Verseifungszahl	Jodzahl	d_{20}^{20}	Flammpunkt °C	Dielektrizitätskonstante
		5	12	16						
95	springhart	5/95	—	—						
85		5/85	12/85	16/85						
75		5/75	12/75	16/75	max. 0,5	2 bis 3	30 bis 40	etwa 1,1	160 bis 250	etwa 3,0
65		5/65	12/65	16/65						
55		5/55	12/55	—						
45	hart	5/45	—	—						
35	mittelhart	5/35	—	—						
25	weich	5/25	—	—						
15	zähflüssig	—	12/15	—						

[a] Verkaufsvereinigung für Teererzeugnisse, Essen 1961.
[b] Die Erweichungspunkte können um ± 5 °C vom angegebenen Wert abweichen.

Lösung B: 450 g Eisen(III)-chlorid, chemisch rein ($FeCl_3 \cdot 6 H_2O$), werden in 270 ml der Lösung A aufgelöst, und die Lösung wird filtriert.

Lösung C: 60 g Kobalt(II)-chlorid, chemisch rein ($CoCl_2 \cdot 6 H_2O$), werden in 60 ml der Lösung A aufgelöst, und die Lösung wird filtriert.

Die angegebenen Lösungen werden gemäß der nachfolgenden Tabelle mittels einer in $^1/_{10}$ ml geteilten Bürette zu den Standardlösungen gut gemischt, jeweils 25 ml in Prüfröhrchen von etwa 15 mm Durchmesser abgefüllt und diese dicht verschlossen, um Verdunstung von Wasser und Chlorwasserstoff zu vermeiden.

Nummer der Steinkohlenteer-Skala	ml			
	A	B	C	dest. Wasser
$^1/_2$	250	1,0	1,0	—
1	250	2,0	1,5	—
$1^1/_2$	250	2,8	1,9	—
2	250	4,0	2,5	—
$2^1/_2$	250	5,6	3,2	—
3	250	8,0	4,0	—
4	30	16,0	4,0	220
5	30	20,0	5,5	170

Die Standardlösungen sollen im Dunkeln aufbewahrt und monatlich frisch angesetzt werden.

Zur Helligkeitsprüfung des Harzes werden 4 g Harz in 50 ml Reinbenzol aufgelöst. Die Lösung wird in Prüfröhrchen, die mit den Prüfröhrchen der Standardlösungen genau übereinstimmen, im durchfallenden diffusen Tageslicht gegen den Himmel unter Vermeidung von direktem Sonnenlicht mit den Standardlösungen verglichen. Der Vergleich kann auch mit Hilfe einer „Tageslicht"-Lampe vor einer Mattglasscheibe durchgeführt werden. An Stelle der Standardlösung werden häufig Farbtafeln benutzt. Zur Prüfung der dunklen Harztypen der Skalenwerte 12 und 16 dient eine 5%ige Harzlösung in Benzol, die in ein dünnwandiges Reagenzglas mit einem Innendurchmesser von 15 mm eingefüllt und nach dem Durchscheinen des Lichtes einer 40 W-Lampe beurteilt wird, wobei das Reagenzglas mit der Harzlösung 0,5 m von der Lichtquelle entfernt sein soll. Das Seitenlicht wird mit zwei Fingern oder einem Holzblock mit zwei gegenüberliegenden Schlitzen abgeblendet. Schimmert das Licht noch durch die 5%ige Harzlösung, so hat das Harz die Helligkeit 12, anderenfalls 16.

c) Säurezahl

DIN 51 558: Bestimmung der Neutralisationszahl (1955), s. 1. Kap. B „Chemische Prüfungen".

d) Verseifungszahl

DIN 51 559: Bestimmung der Verseifungszahl (1955), s. 1. Kap. B „Chemische Prüfungen".

e) Dichte

Die Dichte von flüssigen Harzen wird entsprechend DIN 1995 bei 20 °C bestimmt (s. Abschnitt B IV „Analyse des Rohteers").

Die Dichtebestimmung bei festen Harzen erfolgt durch Vergleichswägung in Luft und Wasser.

Ein Harzstück von etwa 5 g ohne Staubteilchen und Einbuchtungen wird mittels eines eingewachsten Seidenfadens an einem Waagebalken aufgehängt, wobei mit einem Faden derselben Länge auf der anderen Seite austariert ist. Das Probestück wird zuerst in Luft auf 1 mg genau gewogen (a), dann in ein Gefäß mit frisch ausgekochtem destilliertem Wasser von 20 °C eingetaucht und nochmals gewogen (b), wobei keine Luftblasen am Probestück haften dürfen. Das Dichteverhältnis errechnet sich zu $d_{20}^{20} = \dfrac{a}{a-b}$.

f) Wassergehalt

Der Wassergehalt wird nach DIN 51582 durch Destillation mit Xylol bestimmt, s. Abschn. B IV „Analyse des Rohteers". Cumaron-Inden-Harze enthalten im allgemeinen weniger als 0,5% Wasser.

g) Aschegehalt

Der Aschegehalt wird nach DIN 51719[1], jedoch mit 5 g Einwaage, ermittelt.

Die gepulverte Probe wird in einem ausgeglühten und im Exsikkator abgekühlten Veraschungsschälchen aus Porzellan mit etwa 40 mm Außendurchmesser und rd. 10 mm hohem Rand auf $^1/_{10}$ mg genau gewogen und in einen kalten Muffelofen eingesetzt. Der Ofen wird langsam angeheizt und allmählich auf die Verbrennungstemperatur von $775 \pm 25\,^\circ\mathrm{C}$ gebracht. Die Erhitzung wird bei dieser Temperatur bis zur vollständigen Verbrennung aller organischen Bestandteile fortgesetzt. Nach Abschalten der Beheizung wird die Probe bei geöffneter Tür noch kurze Zeit im Ofen belassen, in einen Exsikkator gebracht und nach dem Temperaturausgleich mit der Umgebung zurückgewogen. Die Veraschung ist vollständig, wenn in dem Verbrennungsrückstand keine schwarzen Teilchen mehr wahrzunehmen sind.

h) Löslichkeit

Zur Löslichkeitsbeurteilung bestimmt man den Trübungspunkt in mengenmäßig festgelegten Mischungen mit den betreffenden Lösungsmitteln[2].

i) Harzgehalt

Zur Bestimmung des Harzgehalts von Lösungen, Polymerisationsansätzen und cumaronharzhaltigen Rückständen wird eine 100 g-Probe in einem 350 ml-Destillationskolben mit freier Flamme bis 200 °C abdestilliert, wobei in einem vorgelegten 25 ml-Meßzylinder der Wassergehalt und der Gehalt an bis 200 °C siedenden Ölen abgelesen werden.

Nach Einsenken des Thermometers in das Harz wird nunmehr bei einer Harztemperatur von 190 bis 200 °C trockener Wasserdampf eingeleitet, bis 125 ml Wasser übergegangen sind. Die Temperatur des Kolbeninhalts wird auf 245 bis 250 °C gesteigert und nochmals bis 125 ml Wasserkondensat mit Dampf destilliert. Der gewogene Kolbenrückstand gilt als Harzgehalt.

III. Pyridin- und Chinolinbasen

1. Allgemeines

Die Pyridinbasen werden aus entphenoliertem Leichtöl und Carbolöl durch Extraktion mit Schwefelsäure und Fällung mit Ammoniak gewonnen und anschließend durch Destillation zerlegt. Die Hauptbestandteile des rohen Basengemisches sind Pyridin, α-, β-, γ-Picolin, 2-Äthylpyridin, 2,6-, 2,5-, 2,4- und 2,3-Lutidin, 2,4,6-, 2,3,6-Collidin, Anilin, o-, p- und m-Toluidin. Die reinen Verbindungen bilden wichtige Grundstoffe vor allem für die pharmazeutische Industrie[3].

Pyridin dient zur Herstellung von Piperidin, Sulfapyridinderivaten und anderen Heilmitteln, Pflanzenschutz- und Schädlingsbekämpfungsmitteln, ferner als Lösungsmittel z. B. für organische Salze und Kautschuk, Kondensationsmittel bei der Kunstharzherstellung, Vulkanisationsbeschleuniger und Netz-

---

[1] DIN 51719: Bestimmung des Aschegehaltes (1950).

[2] Vgl. POWERS, P. O.: Industr. Engng. Chem., anal. Edit. 14 (1942) 387. — ASTM D 97-66.

[3] OBERKOBUSCH, R.: Brennst.-Chemie 40 (1959) 145—151.

mittel in der Textilindustrie. β-Picolin wird zu Nicotinsäure oxydiert, die in Form ihres Amids als Komponente des Vitamin-B-Komplexes sowohl in der Medizin als auch als Tierfutterzusatz Bedeutung erlangt hat, es ist ferner, wie auch das α- und γ-Picolin, Zwischenprodukt für die Herstellung von Farbstoffen, Kunstharzen, Vulkanisationsbeschleunigern, Insektiziden und Desinfektionsmitteln. Die durch Oxydation von γ-Picolin erhältliche Isonicotinsäure ist als Hydrazid ein wirksames Tuberkuloseheilmittel. Vinylierte Pyridine ergeben insbesondere mit Butadien Copolymere mit hervorragenden Eigenschaften. Die Pyridinbasen NT (neuer Test), die aus einem Gemisch von Picolinen und Lutidinen bestehen, dienen u. a. zur Denaturierung von Äthanol, die höhersiedenden technischen Pyridinbasen als ausgezeichnete Lösungsmittel. Tab. 2 gibt einen Überblick über die Eigenschaften von Pyridinbasen.

Die Chinolinbasen werden entsprechend den Pyridinbasen aus dem Naphthalin- und Waschöl gewonnen. Sie enthalten als Hauptbestandteile Chinolin (Kp$_{760}$ 237,5 °C), Isochinolin (Kp$_{760}$ 242,8 °C), Chinaldin (Kp$_{760}$ 246,9 °C) und Lepidin (Kp$_{760}$ 265,2 °C)[2]. Chinolin dient unter anderem zur Herstellung von Nicotinsäure, 8-Hydroxychinolin, Schädlingsbekämpfungsmitteln, Heilmitteln, Desinfektionsmitteln, Sensibilisierungsfarbstoffen für die Photographie und Sparbeizen.

2. Prüfverfahren

a) Siedeverhalten[1]

Zur Prüfung des Siedeverhaltens von Pyridinbasen dienen ein Kupferkolben mit kurzem Hals, eine Asbestplatte mit kreisförmigem Ausschnitt, dessen Durchmesser etwa $^2/_3$ des Kolbendurchmessers beträgt, ein Siedeaufsatz gemäß Abb. 1, ein Meßzylinder 100 DIN 12680, ein Liebigkühler B 400 DIN 12577 und ein gekrümmter Vorstoß 28 DIN 12262.

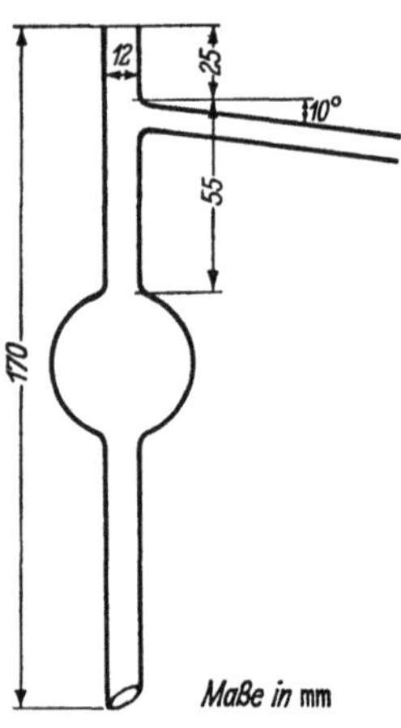

Abb. 1. Siedeaufsatz für die Siedeanalyse von Pyridinbasen.[1]

Ein Stabthermometer geeigneter Teilung ist in den Siedeaufsatz so einzusetzen, daß sich das Quecksilbergefäß in der Mitte der kugelförmigen Erweiterung des Siedeaufsatzes befindet. 100 ml Pyridinbasen werden mit einer Pipette abgemessen und in Kupferkolben gebracht. Der Siedeverlauf ist so zu leiten, daß in der Minute etwa 5 ml übergehen. Die Wärmezufuhr wird unterbrochen, wenn die vorgeschriebene Temperatur erreicht ist. Man wartet, bis keine Flüssigkeit mehr abtropft, und liest die erhaltene Destillatmenge ab; erst dann ist die Destillation fortzusetzen. Die angegebenen Siedegrenzen gelten für einen Luftdruck von 760 Torr. Für je 30 Torr Abweichung ist ein Celsiusgrad anzurechnen. Wenn z. B. nach der Vorschrift bei 760 Torr Luftdruck bis 140 °C eine bestimmte Menge übergegangen sein soll, muß die gleiche Menge bei 730 Torr bis 139 °C und bei 775 Torr bis 140,5 °C übergehen.

b) Mischbarkeit mit Wasser[2]

Die Mischung von 30 ml Pyridinbasen mit 60 ml destilliertem Wasser soll nach dem Schütteln eine klare oder nur schwach getrübte Lösung ergeben.

c) Wassergehalt

α) Für **Reinpyridin** wird die Methode der Wasserbestimmung nach KARL FISCHER benutzt[3].

---

[1] WINKLER, H. J. V.: Der Steinkohlenteer und seine Aufarbeitung. Essen: Glückauf 1951, S. 307.

[2] OBERKOBUSCH, R.: Brennst.-Chemie 40 (1959) 145—151. — ANDERSAG, H., in ULLMANN: Encyklopädie der technischen Chemie, 3. Aufl., 5. Bd., S. 283—288. — Ges. f. Teerverwertung: DBP 1051854 (1955), 1067817 (1955), 1110644 (1956).

[3] DIN 51777: Bestimmung des Wassergehaltes von Mineralölen nach KARL FISCHER (1956), s. 1. Kap. B „Chemische Prüfungen".

β) **Für technische Pyridinbasen** gilt folgende Vorschrift[1]: 40 ml Pyridinbasen und 40 ml Natronlauge der Dichte 1,40 werden mittels einer Pipette in einen in $^1/_5$ ml geteilten, mit eingeschliffenem Glasstopfen versehenen Standzylinder gebracht und durchgeschüttelt. Nach dem Absetzen soll die obere Schicht mindestens 37 ml betragen.

d) Titration mit Schwefelsäure.[1]

10 ml Pyridinbasen werden in einem 10 ml-Meßkolben 100 E DIN 12663 gegeben, der etwa zur Hälfte bis $^3/_4$ mit destilliertem Wasser gefüllt ist. Die Mischung wird umgeschwenkt, mit destilliertem Wasser auf 100 ml aufgefüllt und gut durchgeschüttelt. Von dieser Mischung werden 10 ml mit 1 n Schwefelsäure titriert, bis ein Tropfen der Mischung auf Kongopapier einen deutlichen blauen Rand hervorruft. Zur Herstellung des Kongopapiers wird Filterpapier durch eine Lösung von 1 g Kongorot (für Mikroskopierzwecke, Merck) in 1000 ml destilliertem Wasser gezogen und getrocknet.

e) Natriumperoxidprüfung.[2]

20 ml Pyridinbasen werden in einem 100 ml-Mischzylinder 100 DIN 12685 mit 80 ml Vergällungsholzgeist gemischt (der Vergällungsholzgeist muß dem Test der Reichsmonopolverwaltung entsprechen oder von ihr geliefert sein). Dann werden 5 ml frisch bereitete Natriumperoxidlösung zugefügt, und das Ganze wird gut durchgeschüttelt. Nachdem das Gemisch wenigstens 2 Std. gestanden hat, wird seine Farbe in der folgenden Weise festgestellt. Die Farbe soll nicht dunkler sein als die einer frisch bereiteten Mischung von 2 ml n/10-Jodlösung mit 1000 ml destilliertem Wasser. Zur Prüfung sind zwei Glasröhrchen von 150 mm Länge und 15 mm lichter Weite zu verwenden, die auf beiden Seiten durch runde Glasplatten ver-

Tabelle 2. *Eigenschaften von Pyridinbasen*[3].

	Reinpyridin	Pyridinbasen NT	Spezial-Pyridinbasen 140/160	150/170	160/180	Pyridinbasen hochsiedend
Siedegrenzen	114—116° mindestens 95%	bis 140° $>$50% bis 160° $>$90%	Beginn $>$140° bis 160° $>$90%	Beginn $>$150° bis 170° $>$90%	Beginn $>$160° bis 180° $>$90%	bis 160° $<$10% bis 200° $>$90%
Wassergehalt	$\leqq$0,2%	$\leqq$7,5% oder nach Vereinbarung	(s. „Prüfverfahren")			—
Farbe	—	schwach gelblich bis hellbraun	—	—	—	—
Mischbarkeit mit Wasser	—	30 ml in 60 ml Wasser: klare höchstens schwach getrübte Lösung	—	—	—	—
Titration mit 1 n-H_2SO_4	—	$\geqq$9,5 ml	—	—	—	—
Natriumperoxidprüfung	—	$\leqq$2 ml n/10-Jodlösung in 1000 ml dest. Wasser	—	—	—	—

schlossen werden. Festgehalten werden die Glasplatten durch aufzusetzende Schraubenkapseln, die in der Mitte eine Öffnung von 12 mm Durchmesser haben. Es ist darauf zu achten, daß bei dem Verschließen der mit den Flüssigkeiten gefüllten Röhren keine Luftblasen unter den Glasplatten zurückbleiben. Maßgebend für die Beurteilung sind nur die Helligkeitswerte, die die Flüssigkeiten zeigen, wenn man sie durch die Glasplatten gegen das in der Längsachse der Röhren einfallende Licht betrachtet. — Zur Herstellung der

---

[1] WINKLER, H. J. V.: Der Steinkohlenteer und seine Aufarbeitung. Essen: Glückauf 1951, S. 307.

[2] WINKLER: S. 306 u. 308 (s. Fußnote 1).

[3] Vgl. WINKLER, S. 272 (s. Fußnote 1). — COLLIN, G., in ULLMANN: Encyklopädie der technischen Chemie, 3. Aufl., 16. Bd., S. 686.

Natriumperoxidlösung werden 5 g Natriumperoxid langsam unter öfterem Umschütteln in ein Kölbchen eingetragen, das 50 ml destilliertes Wasser enthält und in Eiswasser steht. Dann wird das Kölbchen mit der Lösung aus dem Kühlgefäß herausgenommen und unter der Wasserleitung so weit erwärmt, bis sich das ausgeschiedene Natriumperoxidhydrat gelöst hat.

IV. Phenole

1. Allgemeines

Die Phenole werden aus dem Leichtöl, Carbolöl und Naphthalinöl durch Extraktion mit Natronlauge und Fällung mit Kohlendioxid oder nach dem Phenoraffin-Verfahren unter Verwendung von wäßriger Natriumphenolatlösung und Isopropyläther als Extraktionsmittel[1] gewonnen, danach entwässert und durch Destillation zerlegt. Die Hauptbestandteile eines aus Steinkohlenteer gewonnenen Rohphenols sind Phenol, o-, m- und p-Kresol, 2,6-, 2,4-, 2,5-, 2,3- und 3,5-Dimethylphenol (Xylenol). Phenol und seine Homologen dienen unter anderem zur Herstellung von Kunstharzen (Phenol-Formaldehyd-Harze, Epoxidharze), Cyclohexanolen, Caprolactam, Weichmachern, Desinfektionsmitteln, Schädlingsbekämpfungsmitteln, Arzneimitteln (z. B. Salicylsäure und Derivate), Farbstoffen, Sprengstoffen (Pikrinsäure), Gerbstoffen und Antioxydantien. Tab. 3 gibt einen Überblick über Eigenschaften einiger wichtiger Phenolerzeugnisse aus Steinkohlenteer.

Tabelle 3. *Eigenschaften*

	Phenol 40°	o-Kresol 30°	p-Kresol rein	m-Kresol rein	Rohkresol
Erstarrungs- punkt °C	$\geqq 40$	$\geqq 30$	$\geqq 33$	$\geqq 11$	flüssig
Reingehalt %	$\geqq 98,2$	$\geqq 97,5$	$\geqq 97$	$\geqq 99$	$\geqq 99,5$ Phenole
Siedegrenzen	bis 181,2° $\leqq 5\%$ bis 183,0° $\geqq 95\%$ 5—95% $< 1,5°$	bis 190° $\leqq 5\%$ bis 193° $\geqq 95\%$ 5—95% $\leqq 2°$	um 202,3°	202,6°	bis 192° $\leqq 5\%$ bis 215° $\geqq 95\%$
Klarlöslichkeit	mit 15 Teilen H_2O	verd. NaOH	verd. NaOH	verd. NaOH	verd. NaOH
Farbe	farblos, an Licht und Luft rosa verfärbend	farblos, gelb oder rötlich verfärbend	farblos, gelb oder rötlich verfärbend	farblos, gelb oder rötlich verfärbend	$\leqq C—4$
Wassergehalt %	$\leqq 0,20$	$\leqq 0,20$	$\leqq 0,20$	—	$\leqq 0,20$
Pyridin- gehalt %	$\leqq 0,05$	$\leqq 0,15$	$\leqq 0,15$	—	$\leqq 0,20$

2. Prüfverfahren

a) Erstarrungspunkt

Vor der Bestimmung des Erstarrungspunkts muß die Probe entwässert werden.

---

[1] MAUHS, G., in ULLMANN: Encyklopädie der technischen Chemie, 3. Aufl., 16. Bd., S. 685.

Bei einem Wassergehalt über 0,5% werden[1] 100 g des verflüssigten Phenols in einem 150 ml fassenden Fraktionierkolben mit einstellbarem Thermometer so lange erhitzt, bis das Thermometer 180 °C anzeigt. Dann wird die Flamme fortgenommen, nach 2 Min. nochmals bis 180 °C erhitzt und dies nach weiteren 2 Min. ein drittes Mal wiederholt. Das seitliche Ansatzrohr des Kolbens wird durch ein Calciumchloridrohr verschlossen und etwa 20 g des entwässerten Phenols nach Abkühlen auf eine Temperatur etwa 10 °C oberhalb des Erstarrungspunkts in ein Reagenzglas gebracht. Man fügt etwa 8 g frisch entwässertes Calciumsulfat hinzu[2] und läßt unter dauerndem Rühren mit einem in $^1/_{10}$ °C geteilten Thermometer eines geeigneten Bereichs an der Luft abkühlen. Bei beginnender Kristallisation steigt die Temperatur wieder an. Jetzt wird das Thermometer nur noch wenig bewegt, wobei sich das Quecksilbergefäß ziemlich in der Mitte der kristallisierenden Probe befinden soll und ein Berühren der unterkühlten Wände vermieden werden muß. Der höchste Temperaturwert wird als Erstarrungspunkt abgelesen. Zur Nachprüfung wird die Probe nochmals aufgeschmolzen und nach Zusatz von weiteren etwa 3 g entwässertem Calciumsulfat die Messung, wie beschrieben, wiederholt. Bei einem Wassergehalt unter 0,5% kann auf die destillative Entfernung des Wassers vor der Bestimmung verzichtet werden.

b) Reingehalt

α) **Phenol.** Der Reingehalt des Phenols im Gemisch mit o-Kresol kann aus den Werten der Tab. 4 nach dem Erstarrungspunkt ermittelt werden.

β) **o-Kresol.** Tab. 5 dient zur Bestimmung des o-Kresol-Gehalts aus dem Erstarrungspunkt der Additionsverbindung mit Lepidin. Hierfür werden zu

wichtiger Phenolerzeugnisse.

Kresol-Isomerengemische				Xylenolfraktion	3,5-Dimethyl-phenol techn.	2,4/2,5-Dimethyl-phenolfraktion
30	38	50	60			
flüssig $\geqq$ 30 m-Kresol bis 196° $\leqq$ 5% bis 212° $\geqq$ 95%	flüssig $\geqq$ 38 m-Kresol bis 197° $\leqq$ 5% bis 208° $\geqq$ 95%	flüssig $\geqq$ 50 m-Kresol 5% 200—202° 95% 205—207° 5—95% innerhalb 5°	flüssig $\geqq$ 60 m-Kresol bis 201,5° $\leqq$ 5% bis 204° $\geqq$ 95% 5—95% $\leqq$ 2°	flüssig $\geqq$ 98 Phenole bis 205° $\leqq$ 5% bis 225° $\geqq$ 95%	$\geqq$ 60 $\geqq$ 94 221—223°	flüssig — 209—213°
verd. NaOH	verd. NaOH	verd. NaOH	verd. NaOH	verd. NaOH höchstens trübe	verd. NaOH höchstens schwach trübe	verd. NaOH höchstens trübe
$\leqq$ C—3	$\leqq$ C—2	$\leqq$ C—1	$\leqq$ C—1	gelb bis dunkelbraun	—	—
$\leqq$ 0,20	$\leqq$ 0,20	$\leqq$ 0,20	$\leqq$ 0,20	$\leqq$ 1,0	$\leqq$ 0,20	$\leqq$ 0,20
$\leqq$ 0,20	$\leqq$ 0,20	$\leqq$ 0,15	$\leqq$ 0,15	$\leqq$ 0,5	$\leqq$ 0,5	$\leqq$ 0,5

10,00 g eines mindestens 6 g reines o-Kresol enthaltenden Gemisches 13,24 g Lepidin vom Erstarrungspunkt +8,2 °C zugewogen. An Stelle des Lepidins kann auch Cineol für die Adduktbildung mit o-Kresol verwendet werden[4].

---

[1] Winkler: S. 311/12 (s. Fußnote 1, S. 493).
[2] Vgl. Marx, A., u. L. Rappen: Brennst.-Chemie 36 (1955) 225. — Rappen, L.: Brennst.-Chemie 39 (1958) 65—74.

Tabelle 4. *Phenolgehalt in Abhängigkeit vom Erstarrungspunkt* (%)[1].

Erstarrungspunkt °C	0,0	0,2	0,4	0,6	0,8
27	75,7	76,0	76,4	76,7	77,1
28	77,4	77,8	78,1	78,5	78,8
29	79,2	79,5	79,9	80,2	80,6
30	80,9	81,3	81,6	81,9	82,3
31	82,6	83,0	83,3	83,7	84,0
32	84,4	84,7	85,1	85,4	85,8
33	86,1	86,5	86,8	87,2	87,5
34	87,8	88,2	88,5	88,9	89,2
35	89,6	89,9	90,3	90,6	91,0
36	91,3	91,7	92,0	92,4	92,7
37	93,1	93,4	93,7	94,1	94,4
38	94,8	95,1	95,5	95,8	96,2
39	96,5	96,9	97,2	97,6	97,9
40	98,3	98,6	98,9	99,3	99,6
41	100,0	—	—	—	—

Tabelle 5. *o-Kresolgehalt in Abhängigkeit vom Erstarrungspunkt mit Lepidin* (%).[2]

Erstarrungspunkt °C	0,0	0,2	0,4	0,6	0,8
64	60,00	60,38	60,78	61,18	61,60
65	62,02	62,44	62,88	63,32	63,76
66	64,20	64,66	65,12	65,58	66,04
67	66,50	66,98	67,46	67,94	68,42
68	68,90	69,39	69,89	70,39	70,89
69	71,39	71,89	72,40	72,92	73,44
70	73,96	74,48	75,00	75,52	76,04
71	76,57	77,11	77,65	78,19	78,73
72	79,27	79,81	80,36	80,92	81,48
73	82,04	82,60	83,16	83,73	84,31
74	84,89	85,47	86,05	86,63	87,22
75	87,82	88,42	89,02	89,62	90,23
76	90,85	91,47	92,09	92,71	93,35
77	93,99	94,63	95,27	95,93	96,59
78	97,25	97,93	98,61	99,30	100,00

γ) **m-Kresol.** Der m-Kresolgehalt kann durch Bestimmung des Erstarrungspunkts der Additionsverbindung mit Harnstoff nach den Werten der Tab. 6 ermittelt werden. Zur Analyse werden in 20,00 g eines Gemisches, das mindestens 12 g reines m-Kresol enthalten soll, 5,56 g wasserfreier Harnstoff bei einer Temperatur möglichst unter 105 °C durch Rühren vollständig gelöst[2]. Diese Methode ist eleganter und genauer als die Bestimmung des m-Kresols über die Trinitroverbindung nach RASCHIG[3].

δ) **Dimethylphenole (Xylenole).** Die quantitative Bestimmung des p-Kresols und der Dimethylphenole kann durch Ermittlung des Erstarrungspunkts im Gemisch mit der entsprechenden reinen Verbindung erfolgen[2].

---

[1] Standard Methods for Testing Tar and its Produkts, 5. Aufl., Gomersal 1962, S. 304.
[2] RAPPEN, L.: Brennst.-Chemie 39 (1958) 65—74.
[3] RASCHIG, F.: Z. angew. Chem. 13 (1900) 759—761. — WINKLER: S. 313 (s. Fußnote 1, S. 493).

Tabelle 6. *m-Kresolgehalt in Abhängigkeit vom Erstarrungspunkt mit Harnstoff* (%).[1]

Erstarrungspunkt °C	0,0	0,2	0,4	0,6	0,8
50	—	60,00	60,26	60,54	60,82
51	61,12	61,42	61,74	62,06	62,39
52	62,73	63,07	63,42	63,78	64,14
53	64,50	64,86	65,24	65,62	66,00
54	66,38	66,76	67,14	67,54	67,94
55	68,34	68,74	69,14	69,54	69,94
56	70,34	70,76	71,18	71,60	72,02
57	72,44	72,86	73,28	73,70	74,12
58	74,54	74,96	75,38	75,82	76,26
59	76,70	77,14	77,58	78,02	78,46
60	78,90	79,34	79,78	80,22	80,66
61	81,12	81,58	82,04	82,50	82,96
62	83,42	83,88	84,34	84,80	85,26
63	85,74	86,22	86,70	87,18	87,66
64	88,14	88,62	89,11	89,61	90,11
65	90,61	91,11	91,61	92,11	92,63
66	93,15	93,67	94,19	94,71	95,24
67	95,78	96,32	96,86	97,41	97,97
68	98,53	99,10	99,69	100,00 bei 68,5 °C	

c) Gaschromatographische Analyse

Die eleganteste Methode zur quantitativen Analyse von Phenol-Kresol-Xylenol-Gemischen und zum Nachweis von Verunreinigungen in den Reinerzeugnissen ist die Gaschromatographie unter Verwendung von Phthalsäureestern als stationärer Phase[2].

d) Siedeverhalten

Die Bestimmung der Siedegrenzen geschieht nach DIN 52137 und 52139 (s. Abschn. B. VIII „Waschöl") unter Verwendung eines einstellbaren Thermometers.

e) Klarlöslichkeit

Zur Bestimmung der Klarlöslichkeit werden 10 ml geschmolzenes Phenol mit 150 ml destilliertem Wasser bzw. 10 ml Kresol mit 100 ml Natronlauge der Dichte 1,1 geschüttelt[3].

f) Farbe

Die Farbbestimmung geschieht durch Vergleich mit den Lösungen der international üblichen C-Serie (Steinkohlenteerskala, s. Abschn. II „Cumaron-Inden-Harz").

g) Wassergehalt

Der Wassergehalt wird nach KARL FISCHER bestimmt (s. 1. Kap. B „Chemische Prüfungen").

h) Pyridingehalt

Die Pyridinbasen werden mit Perchlorsäure in Eisessig titriert (s. Abschn. B. IV „Analyse des Rohteers").

---

[1] RAPPEN, L.: Brennst.-Chemie 39 (1958) 65—74.
[2] WRABETZ, K., u. W. SASSENBERG: Z. anal. Chem. 179 (1961) 333—342. — SASSENBERG, W., u. K. WRABETZ: Z. anal. Chem. 184 (1961) 423—427.
[3] MARX, A., in O. GROSSKINSKY: S. 386 (s. Fußnote 1, S. 467). — WINKLER: S. 312 (s. Fußnote 1, S. 493).

V. Naphthalin

1. Allgemeines

Naphthalin ist mit einem Gehalt von etwa 10% im Kokereiteer der mengenmäßig wichtigste Inhaltsstoff. Im bei der Teerdestillation anfallenden Naphthalinöl ist es bis zu etwa 80% angereichert und wird daraus im allgemeinen durch
Kristallisation oder Destillation in technischen Qualitäten gewonnen. Die Ver-
kaufstypen unterscheiden sich hauptsächlich durch ihren Erstarrungspunkt und
damit in ihrem Reinheitsgrad (vgl. Tab. 3 im Abschn. B). Reinnaphthalin hat
als Handelsprodukt einen Erstarrungspunkt über 79,8 °C oder über 79,6 °C,
technische Naphthaline über 79,0 °C, über 78,5 °C und über 78,0 °C. Naphthalin
ist Ausgangsstoff zur Herstellung von Phthalsäureanhydrid, das vornehmlich
zu Kunstharzen (Alkyd-, Glyptalharze) und Weichmachern umgesetzt wird,
Schädlingsbekämpfungsmitteln, Desinfektionsmitteln, Textilhilfsmitteln, Isolierstoffen, Gerbstoffen, Tetralin, Dekalin, Sprengstoffen und Farbstoffzwischen-
produkten.

2. Prüfverfahren

a) Erstarrungspunkt

Die Bestimmung des Erstarrungspunkts geschieht im Apparat nach SHUKOFF
(s. 2. Kap. J „Paraffin").
Vor der Bestimmung werden etwa 100 g der Naphthalinprobe in einer Por-
zellankasserolle unter Umrühren aufgeschmolzen und etwa 10 Min. auf 120°
erhitzt, um eventuell enthaltene Wasserspuren zu entfernen[1].

b) Schwefelsäurereaktion

3 g der Naphthalinprobe werden in einem Reagenzglas von 15 mm lichter
Weite mit 3 ml Schwefelsäure, chemisch rein, übergossen und in einem kochenden
Wasserbad unter öfterem Umschütteln erwärmt, bis völlige Lösung eingetreten
ist. Die entstandene Färbung wird in der horizontalen Durchsicht beobachtet[2].
Bei Reinnaphthalin soll die Färbung höchstens rosa sein.

c) Schwefelgehalt

Der durch den Naphthalinbegleiter Thionaphthen bedingte Schwefelgehalt
des Steinkohlenteernaphthalins wird nach GROTE-KREKELER bestimmt[3]. Handelsübliche technische Naphthalintypen haben einen Schwefelgehalt bis zu 0,6%,
daneben werden z. B. für Hydrierzwecke auch schwefelarme und schwefelfreie
Naphthalintypen hergestellt.

d) Wassergehalt

Die Bestimmung des Wassergehalts erfolgt durch Destillation mit Xylol
(s. Abschn. B. IV „Analyse des Rohteers").

VI. Imprägnieröl

1. Allgemeines

Imprägnieröl gehört zu den am längsten bekannten technischen Steinkohlen-
teerölen. Es ist eines der wirksamsten Holzschutzmittel, vor allem für Eisen-

---

[1] WINKLER: S. 315 (s. Fußnote 1, S. 493).
[2] WINKLER: S. 316 (s. Fußnote 1, S. 493).
[3] DIN 51 768: Bestimmung des Schwefelgehaltes nach GROTE-KREKELER (1957); Siehe
1. Kap. B „Chemische Prüfungen".

bahnschwellen, Leitungsmasten, landwirtschaftliche Hölzer, wie Pfähle und Zäune, sowie Wasserbauhölzer. Die Imprägnieröle bestehen aus Mischungen von filtriertem Anthracenöl und niedriger siedenden Teerölen, wie Wasch- und Naphthalinöl. Viele Typen verlangen einen höheren Gehalt an sauren Ölen. Ebenfalls dem Holzschutz dient das als Anstrichmittel verwendete Carbolineum, das meist aus filtriertem Anthracenöl besteht. Obstbaumcarbolineum wird als Emulsion in Wasser vertrieben, die, mit Wasser verdünnt und oft mit fungiciden Zusätzen versehen, zum Bespritzen von Obstbäumen gegen Schädlinge dient. Tab. 7 enthält die wichtigsten Beschaffenheitsvorschriften für Imprägnieröle und andere Holzschutzteeröle.

2. Prüfverfahren

a) Dichte[1]

Man erwärmt etwa 0,5 l Teeröl auf 30 °C. Nachdem man das Öl in ein Standglas gefüllt hat, setzt man vorsichtig eine Senkspindel mit einer 15 cm langen Teilung auf Tausendstel für die Dichten 1,000 bis 1,150 hinein und liest die an der Oberfläche des Öles erscheinende Zahl der Teilung ab, die das spezifische Gewicht angibt. Der ermittelten Dichte ist für jeden Grad über 20 °C ein fester Wert von 0,0007 hinzuzurechnen. Die erhaltenen Werte sind auf 2 Dezimalen abzurunden.

b) Ungelöste Stoffe[1]

Über einen an einem Stativ befestigten Haltering wird ein Stück Drahtgeflecht gelegt und dann eine etwa zur Hälfte mit Teeröl gefüllte Porzellanabdampfschale von 10 cm Durchmesser daraufgestellt.

Mit einer Klammer wird ein Thermometer am Stativ so befestigt, daß die Kugel in das Öl eintaucht. Man erhitzt so lange unter Umrühren mit einem Glas- oder Holzstab, bis das Thermometer etwa 45 °C zeigt, und löscht dann die Flamme aus. Sobald die Temperatur des Öles wieder auf 30 °C gesunken ist, gießt man 20 ml in ein mit Teilung versehenes Meßglas, fügt 20 ml Benzol hinzu und schüttelt kräftig um. Diese Mischung muß frei von Trübung bleiben und darf höchstens Spuren ungelöster Stoffe ausscheiden. Gießt man zwei Tropfen der Mischung auf mehrfach zusammengefaltetes Filtrierpapier, so müssen sie von diesem völlig aufgesogen werden, ohne mehr als Spuren, d. h. ohne einen deutlichen Flecken ungelöster Stoffe zu hinterlassen. Denselben Bedingungen muß auch das unvermischte Teeröl bei 30 °C genügen.

c) Siedeanalyse[1]

Für die Siedeprüfung werden 100 ml Teeröl in einen Siedekolben gemäß Abb. 2 gegossen. Da beim Ausgießen des Öles aus dem Meßglas etwa 2 ml an dessen Innenwand haftenbleiben, mißt man 102 ml Teeröl ab. Durch die Öffnung im Siedekolben wird ein Thermometer, in ganze Grade von 0 bis 360 °C eingeteilt, eingeführt, auf dem ein durchbohrter Korkstopfen zum Verschließen der Öffnung verschiebbar, aber fest aufsitzt. Das Thermometer muß so weit in den Kolben hineinragen, daß sich der Boden der Quecksilberkugel 12 bis 13 mm über dem Flüssigkeitsspiegel befindet. Man befestigt den Siedekolben mit einer Klammer so an einem Stativ, daß er auf zwei von einem Dreifuß getragenen Drahtnetzen aufliegt und das Thermometer senkrecht steht. Nachdem als Vorlage unter das Ablaufende des Kühlrohres ein Meßglas von 100 ml Rauminhalt gestellt worden ist, wird der Siedekolben zunächst nur langsam mit kleiner Flamme erhitzt, um bei starkem Wassergehalt Stoßen und Überschäumen zu verhüten. Nach dem Verdampfen des Wassers aus dem Öl ist das Sieden so zu leiten, daß der erste Tropfen nach 5 bis spätestens 15 Min. in die Vorlage fällt und beim weiteren Sieden je Minute 80 bis 120 Tropfen übergehen.

---

[1] Deutsche Bundesbahn: Steinkohlenteeröl zum Tränken von Holzschwellen und Werkstättennutzholz. Technische Lieferbedingungen TL 91 892, Aug. 1951. — WINKLER: S. 322 bis 325 (s. Fußnote 1, S. 493).

Tabelle 7. *Beschaffenheitsvorschriften für Imprägnieröle und andere Holzschutzteeröle*[a].

Öltype	Imprägnieröl Deutsche Bundesbahn	Imprägnieröl American. Wood Preservers' Assoc.	Imprägnieröl British Standards	Imprägnieröl Sonderqualität British Standards	Imprägnieröl Skandinavien	Kreosotöl	Spezial Holzschutzteeröl	Spezial Holzschutzteeröl F Z 60	Karbolineum	Anstrich-Karbolineum Deutsche Bundespost
Allgemeine Beschreibung	reines Steinkohlenteerdestillat	—	reines Steinkohlenteerdestillat		reines Steinkohlenteeröl	—	—	milder Geruch, Helligkeit 40—60 nach DIN 6162	—	—
Dichte	1,04 bis 1,15/20 °C	$d_{38}^{15,5} > 1,03$	d_{38}^{20} 1,005—1,110		d_{38} 1,025 bis 1,135	1,02 bis 1,07/20 °C	—	—	1,07 bis 1,12/20 °C	$\geqq$ 1,10/20 °C
Klarpunkt bzw. Satzfreiheit	$\leqq$ 30 °C	—	< 32 °C	15,5 °C	35 °C	15 °C	— 7 °C	— 7 °C	15 °C	20 °C
saure Öle	3—6%	—	3—18%		5—9%	—	2—6%	1—2%	$\leqq$ 10%	$\leqq$ 8%
Wasser	$\leqq$ 1%	$\leqq$ 3 %	$\leqq$ 3 %		$\leqq$ 1 %	$\leqq$ 1%	$\leqq$ 1%	$\leqq$ 1%	$\leqq$ 1%	—
Benzolunlösliches	h. Spuren	$\leqq$ 0,5%	$\leqq$ 0,4% Toluol		$\leqq$ 0,5%	—	—	—	h. Spuren	h. Spuren
Flammpunkt (PENSKY-MARTENS)	—	—	—		—	—	—	—	$\geqq$ 85 °C	$\geqq$ 110 °C
Verkokungsrückstand (CONRADSON)	—	$\leqq$ 2 %	—		—	—	—	—	—	—
Siedeanalyse	bis 235 °C $\leqq$ 15%	bis 210° $\leqq$ 5% bis 235° 5—25% bis 270° $\geqq$ 20% bis 355° 60—85%[b] Andere Typen: > 355 °C $\leqq$ 21% $\leqq$ 20% $\leqq$ 17%	bis 205 °C $\leqq$ 6% bis 230 °C $\leqq$ 40% bis 315 °C $\leqq$ 78% bis 355 °C $\geqq$ 60%		bis 210° $\leqq$ 4% bis 235° $\leqq$ 20%	—	bis 210° $\leqq$ 1% bis 300° $\geqq$ 90%	bis 210° $\leqq$ 1% bis 300° $\geqq$ 90%	bis 250° $\leqq$ 10%	bis 150 °C h. Spuren bis 250° $\leqq$ 4%

[a] COLLIN, G., in Ullmann: Encyklopädie der technischen Chemie, 3. Aufl., 16. Bd., S. 688—89.
[b] Fraktion 235 bis 315 °C: $d_{38}^{15,5} \geqq 1,025$; Fraktion 315 bis 355 °C: $d_{38}^{15,5} \geqq 1,085$.

d) Saure Bestandteile[1]

Nachdem das Teeröl bei der Siedeanalyse bis 235 °C erhitzt worden ist, wird das Sieden einige Minuten zur Abkühlung des Siedekolbens unterbrochen, das Thermometer mit dem Korken herausgezogen und die Kolbenöffnung mit einem undurchbohrten Korken fest verschlossen. Nun wird weiter erhitzt, bis insgesamt etwa 90 ml des Teeröls überdestilliert sind. Darauf wird der Inhalt der Vorlage in einen Phenolanalysator nach KATTWINKEL gegossen, in den zuvor genau 100 ml einer mit Kochsalz gesättigten Natronlauge der Dichte 1,15 eingefüllt worden sind. Die in der Vorlage zurückbleibenden Ölreste werden mit etwa 25 ml Handelsbenzol, das nebenbei die Trennung des Öles von der Lauge begünstigt, in den Ana-

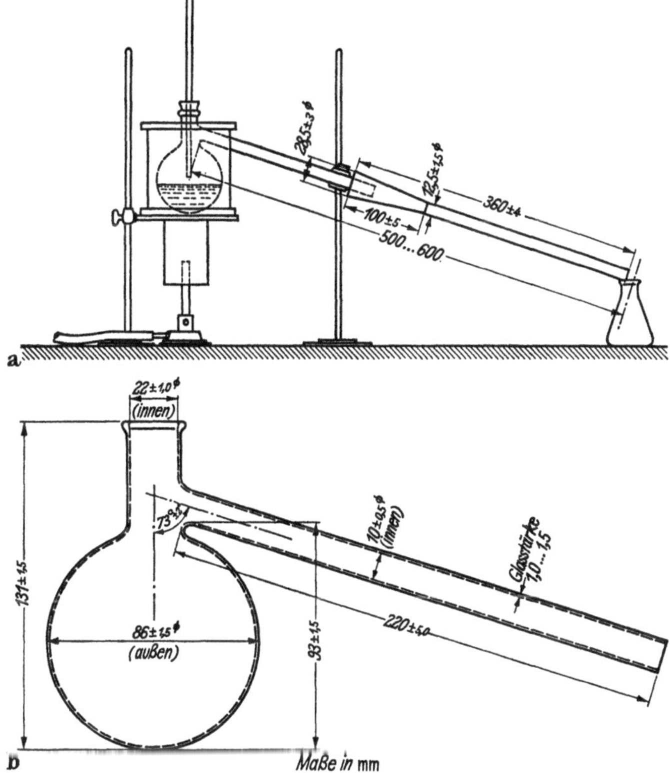

Abb. 2. Apparatur für die Siedeanalyse von Imprägnieröl[1]

lysator gespült. Im verschlossenen Gerät schüttelt man den Inhalt kräftig um und läßt dann etwa 1 Std. lang ruhig stehen. Nach dieser Zeit hat sich die Natronlauge mit den darin gelösten Teersäuren unten abgesetzt, während sich die Benzollösung der in Natronlauge nicht löslichen Öle oben angesammelt hat. Der Unterschied des unteren Flüssigkeitsspiegels gegen den Teilstrich 100 zeigt den Prozentgehalt des untersuchten Teeröls an sauren Bestandteilen an. Wenn bei der Siedeanalyse Wasser im Öl festgestellt worden ist, muß der ermittelte Prozentgehalt an sauren Bestandteilen um den festgestellten Prozentgehalt an Wasser gekürzt werden.

e) Weitere Prüfvorschriften

Außer den aufgeführten Prüfvorschriften der Deutschen Bundesbahn haben die American Wood-Preservers' Association[2], die British Standards Institution[3]

---

[1] Deutsche Bundesbahn: Steinkohlenteeröl zum Tränken von Holzschwellen und Werkstättennutzholz. Technische Lieferbedingungen TL 91892, Aug. 1951. — WINKLER: S. 322 bis 325 (s. Fußnote 1, S. 493).

[2] Standard for Creosote P 1-54, Manual of Recommended Practice 1957.

[3] Coal Tar Creosote for the Preservation of Timber, B. S. 144 : 1954.

und die Internationale Auskunftstelle für Holzkonservierung[1] umfangreiche Vorschriften zur Prüfung von Imprägnierölen veröffentlicht.

VII. Rußöl und Rußanthracen

1. Allgemeines

Die aromatischen Verbindungen des Steinkohlenteers ergeben bei unvollständiger Verbrennung einen u. a. für die Herstellung von Autoreifen gut geeigneten Ruß. Rohstoffe sind die Rußöle, die im wesentlichen aus filtriertem Anthracenöl bestehen, und das durch Kühlung und Zentrifugieren des rohen Anthracenöls gewonnene Rußanthracen.

2. Prüfverfahren

a) Beschaffenheit des Rußanthracens

Rußanthracen soll lose verladbar und vollständig schmelzbar sein. Der Wassergehalt (Xylolmethode) darf höchstens 4%, das Xylolunlösliche höchstens 2% betragen. Zur Bestimmung des Xylolunlöslichen werden 100 g Rußanthracen in einem Kolben auf dem Wasserbad in 300 ml Xylol gelöst[2].

b) Beschaffenheit der Rußöle

Rußöle werden in verschiedenen Qualitäten hergestellt. Geprüft werden das Siedeverhalten, die Viskosität, der Kristallisationsbeginn, die Dichte sowie der Gehalt an sauren Ölen, Schwefel, Benzolunlöslichem und Wasser.

VIII. Heizöl

1. Allgemeines

Steinkohlenteerheizöle bilden eine kurze, heiße Flamme und haben einen geringen Schwefelgehalt; sie finden besonders in der metallurgischen Industrie zum Betrieb von Heiz- und Schmelzöfen Verwendung. Je nach Typ sind sie Mischungen verschiedener Teeröle; es kann auch Mineralöl zugesetzt werden. Spezialheizöle für Hüttenwerke, die als Brennstoff in Siemens-Martin-Öfen dienen, können auch Pech enthalten. Der untere Heizwert der Steinkohlenteerheizöle liegt bei etwa 9000 kcal/kg. Die einzelnen Typen unterschieden sich vor allem durch ihre Satzfreiheit (s. Abschn. B. VIII „Waschöl"), wobei z. B. 25 °C, 20 °C, 8 °C, 0 °C oder −7 °C vorgeschrieben sein können.

2. Prüfverfahren

Siehe 2. Kap. H IV „Heizöl, Prüfung der Eigenschaften"[3].

IX. Fluxöl

1. Allgemeines

Als hervorragende Lösungsmittel werden Steinkohlenteeröle bevorzugt zum Verschneiden (Fluxen) von Bitumen verwendet (s. 2. Kap. N „Bitumen und Asphalt"). Je nach Qualität sind die Fluxöle Gemische aus niedrig- und hochsiedenden Teerölen.

---

[1] Skandinavische Lieferungsbedingungen und Untersuchungsmethoden für Steinkohlenteeröl zur Holzimprägnierung, Den Haag 1937. — Budapester Lieferungsbedingungen und Untersuchungsmethoden für Steinkohlenteeröl zur Holzimprägnierung, Den Haag 1938.

[2] WINKLER: S. 327 (s. Fußnote 1, S. 493).

[3] Vgl. DIN 51 603: Heizöle (1962).

2. Prüfverfahren

Die Untersuchung der Fluxöle umfaßt die Siedeanalyse, die Satzfreiheit, die Dichte sowie den Gehalt an sauren Ölen, Naphthalin, Anthracen und Wasser (s. Abschn. B. VIII „Waschöl").

X. Treiböl

1. Allgemeines

Steinkohlenteertreiböl dient als Treibmittel für stationäre, langsam laufende Dieselmotoren. Es besteht zu über 60% aus unter 300 °C siedenden und zu weniger als 40% aus höher siedenden Teerölen.

2. Prüfverfahren

Treiböl muß frei von korrosivem Schwefel (Kupferstreifentest)[1] und Chlor (unter 0,01%)[2] sein. Die weitere Untersuchung umfaßt die Viskosität nach ENGLER[3], den Verkokungsrückstand nach CONRADSON[4], den Aschegehalt[5], das Xylolunlösliche, den Wassergehalt (Xylolmethode), die Dichte, den Flammpunkt nach PENSKY-MARTENS[6] und die Satzfreiheit (s. Abschn. B. VIII „Waschöl", jedoch 25 Std. bei 0 °C oder —7 °C)[7]. Zur Bestimmung des Xylolunlöslichen[8] werden 25 g Öl mit 25 ml Xylol kräftig durchgeschüttelt, auf ein vorher getrocknetes und gewogenes Filter gegeben und mit heißem Xylol gründlich nachgewaschen. Nach dem Trocknen ergibt die Gewichtszunahme des Filters den Gehalt an in Xylol unlöslichen Bestandteilen.

XI. Waschöl

1. Allgemeines

Benzolwaschöl (Solvayöl), das bei der kontinuierlichen Teerrektifikation als verkaufsfertiges Produkt anfällt (s. Abschn. B. VIII „Waschöl"), dient zum Auswaschen des Rohbenzols aus Kokereigas. Spezialsolvayöle haben engere Siedegrenzen, sind frei von Naphthalin und satzfrei bei —5°, —7° bzw. —10 °C. Zum Entfernen des Naphthalins aus dem Rohgas wird Naphthalinwaschöl verwendet, das im wesentlichen aus filtriertem Anthracenöl besteht.

2. Prüfverfahren

Die Untersuchung der Benzolwaschöle umfaßt das Siedeverhalten, die Satzfreiheit, den Naphthalingehalt (s. Abschn. B. VIII „Waschöl"), den Wassergehalt (Xylolmethode), die Viskosität (s. Abschn. X „Treiböl") und die Dichte unter Verwendung der Dichteänderungszahl von 0,0008/°C (gültig für die meisten Teeröle).

Von Naphthalinwaschöl werden die Dichte, die Siedegrenzen und die Satzfreiheit bei 20 °C oder bei —7 °C (24 Std.) bestimmt. Die Prüfvorrichtung zur

---

[1] DIN 51759: Prüfung der Korrosionswirkung auf Kupfer (1963).

[2] ZERBE: 1. Aufl., S. 1104—1105.

[3] DIN 51560: Bestimmung der Viskosität mit dem Engler-Gerät (1959); s. 1. Kap. A. „Bestimmung physikalischer Eigenschaften".

[4] DIN 51551: Bestimmung des Koksrückstandes nach CONRADSON (1961); s. 1. Kap. B. „Chemische Prüfungen".

[5] Siehe 1. Kap. B. „Chemische Prüfungen".

[6] DIN 51758: Bestimmung des Flammpunktes im geschlossenen Tiegel nach PENSKY-MARTENS (1963); s. 1. Kap. A. „Bestimmung physikalischer Eigenschaften".

[7] Vgl. WINKLER: S. 280—281 (s. Fußnote 1, S. 493).

[8] WINKLER: S. 322 (s. Fußnote 1, S. 493).

Bestimmung der Siedegrenzen von Naphthalinwaschöl[1] besteht aus einem Rundkolben von 300 ml Inhalt mit angeschmolzenem Zweikugelaufsatz (Röpert-Kolben) gemäß Abb. 3. Als Kühler dient ein Liebigkühler von 300 mm Mantellänge. Es werden 100 ml Öl derart destilliert, daß in der Sekunde etwa 1 Tropfen übergeht. Die Destillation muß vom Siedebeginn bis 270 °C ohne Unterbrechung durchgeführt werden. Bei 200 °C ist die Vorlage zu wechseln. Die Fraktion bis 200 °C soll nicht mehr als 2 Vol.-%, die zwischen 200° und 270°C übergehende Fraktion höchstens 8 Vol.-% betragen. Beide Fraktionen gemischt, dürfen bei 1stündiger Abkühlung auf 0 °C kein festes Naphthalin ausscheiden.

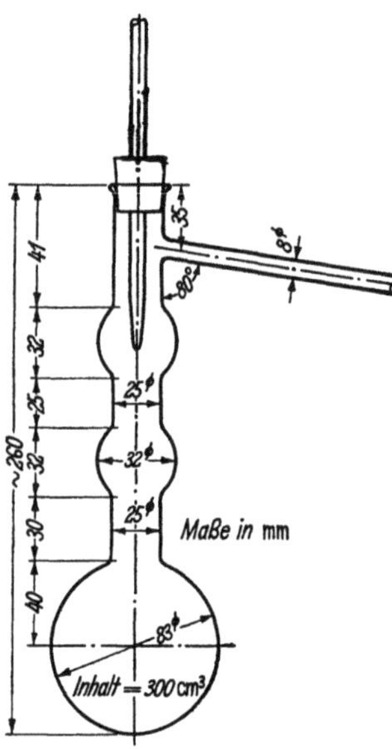

Abb. 3. Röpert-Kolben für die Siedeanalyse von Naphthalinwaschöl[1].

XII. Gasometeröl

1. Allgemeines

Gasometeröl wird als Abdichtungsflüssigkeit für Gasbehälter verwendet.

2. Prüfverfahren

Vom Gasometeröl werden bestimmt die Dichte, die mindestens 1,1 g/ml bei 20 °C betragen soll, die Viskosität[2] (2 bis 3 °E bei 50 °C), die Siedegrenzen, der Wassergehalt (s. Abschn. B. VIII „Waschöl"), das Benzolunlösliche (s. Xylolunlösliches[2]), der Stockpunkt (nicht über —22 °C)[3] und das Wasserabscheidevermögen[4].

XIII. Teerfettöl

1. Allgemeines

Teerfettöle dienen zum Schmieren von Lagern und Pumpen.

2. Prüfverfahren

Teerfettöle sollen einen niedrigen Stockpunkt[5] und einen hohen Flammpunkt aufweisen. Ferner werden bestimmt die Viskosität, die Satzfreiheit, das Verhalten gegenüber Mineralöl und der Wassergehalt[6].

XIV. Sonstige technische Anthracenöle

1. Allgemeines

Technische Anthracenöle werden aus filtriertem Anthracenöl, gegebenenfalls durch Tiefkühlung und Zumischen von tiefer siedenden Ölen oder sauren Ölen gewonnen.

---

[1] WINKLER: S. 317 (s. Fußnote 1, S. 493).
[2] Siehe Abschn. X „Treiböl".
[3] Siehe 1. Kap. A „Bestimmung physikalischer Eigenschaften".
[4] Vgl. WINKLER: S. 281 (s. Fußnote 1, S. 493).
[5] DIN 51 583: Bestimmung des Trübungs- und Stockpunktes (1955); s. 1. Kap. A „Bestimmung physikalischer Eigenschaften", Teil I, S. 65.
[6] ZERBE: 1. Aufl., S. 1105—1106. — WINKLER: S. 285 (s. Fußnote 1, S. 493).

2. Prüfverfahren

Von Anthracenölen werden im allgemeinen die Dichte, die Satzfreiheit bei 15 °C, 8 °C, 0 °C oder −7 °C, die Siedegrenzen sowie der Gehalt an Naphthalin, sauren Ölen und Wasser bestimmt (s. Abschn. B. VIII „Waschöl").

XV. Straßenteer

1. Allgemeines

Straßenteere aus Steinkohlenteer sind Mischungen aus Pech und Teerölen, wobei die Viskosität als wichtigstes Unterscheidungsmerkmal der verschiedenen Typen durch das Mengenverhältnis von Mittelöl, Schweröl, Anthracenöl und Pech festgelegt ist[1]. Bei einem Pechgehalt zwischen 59 und 78% bei deutschen Straßenteeren beträgt das Pech-Anthracenöl-Verhältnis für normal abbindende Teere etwa 3,5:1[2].

Durch Vergrößerung des Verhältnisses von über und unter 350 °C siedendem Anthracenöl werden besonders alterungsbeständige Straßenteere (Wetterteere, WT-Teere) erhalten[3]. Straßenteere mit Bitumenzusatz (BT-Teere) enthalten normalerweise 15% Bitumen. In neuerer Zeit ist die Herstellung homogener Straßenteere mit einem erhöhten Bitumengehalt von 35 bis 45% (VT-Teere) gelungen, die die gute Haftfestigkeit, hohe Widerstandsfähigkeit gegen chemische Einflüsse und das rasche Dünnflüssigwerden beim Erhitzen des Teeres mit der hohen Plastizitätsspanne des Bitumens vereinigen[4]. Mischungen aus etwa 85% normalem Straßenteer und etwa 15% einer leichtflüchtigen technischen Benzolfraktion sind die sog. Kaltteere. Ebenfalls kalt zu verarbeiten sind die mit organischen, vor allem kationischen Emulgatoren hergestellten Straßenteeremulsionen in Wasser[5]. Tab. 8 enthält die Anforderungen an deutsche Normen-Straßenteere[6].

2. Prüfverfahren[6]

a) Äußere Beschaffenheit

Das Bindemittel ist bei Raumtemperatur und, mit Ausnahme von kaltflüssigen Bindemitteln, auch in erwärmtem Zustand zu betrachten. Die Untersuchung soll sich nicht nur auf die Oberfläche beschränken, sondern auch das Innere des Bindemittels erfassen. Anzugeben ist, ob das Bindemittel glatt, glänzend und gleichmäßig oder matt, körnig und ungleichmäßig, ob es bei Raum-

---

[1] FRANCK, H.-G.: Straße u. Autobahn 3 (1952) 218—222.

[2] SCHEUERER, A.: Bitumen, Teere, Asphalte, Peche u. verwandte Stoffe 3 (1952) 29 bis 35. — KRENKLER, K.: Straße u. Autobahn 3 (1952) 84—88. — FRANCK, H.-G., u. O. WEGENER: Bitumen, Teere, Asphalte, Peche u. verwandte Stoffe 3 (1952) 251—258; 4 (1953) 273—281; 5 (1954) 165—166.

[3] KRENKLER, K.: Straße u. Autobahn 5 (1954) 90—92, 143—150, 190—192. — FRANCK, H.-G.: Bitumen, Teere, Asphalte, Peche u. verwandte Stoffe 5 (1954) 129—131; 6 (1955) 185—187. — TINGLE, E. D., u. N. WRIGHT: J. appl. Chem. 10 (1960) 306—312. — DEWHURST, J. R.: J. appl. Chem. 10 (1960) 470—476. — KRENKLER, K.: Bitumen, Teere, Asphalte, Peche u. verwandte Stoffe 13 (1962) 217—221, 261—264, 311—317.

[4] Ges. f. Teerverwertung: DBP 1003380, 1009338 (1954). — FRANCK, H.-G.: Bitumen, Teere, Asphalte, Peche u. verwandte Stoffe 6 (1955) 147—151.

[5] DYBALSKI, J. N.: Bitumen, Teere, Asphalte, Peche u. verwandte Stoffe 13 (1962) 122—123 .

[6] DIN 1995: Bituminöse Bindemittel für den Straßenbau (1960). — Vorläufige Beschaffenheitsvorschriften für Sonderbindemittel auf Teerbasis. Forschungsgesellschaft für Straßenwesen e. V., Köln 1960.

temperatur flüssig, weich, knetbar oder fest und spröde ist und ob bei Raumtemperatur oder beim Erhitzen ein besonderer Geruch wahrnehmbar und welcher Art dieser ist.

b) Viskosität

Die Viskosität von Straßenteeren wird im Straßenteerviskosimeter (Abb. 4a-c) bestimmt.

Die Auslaufgefäße haben für Straßenteere eine 10 mm-Düse, für Kaltteer und dickflüssige Emulsionen mit einer Viskosität über 15 °E eine 4 mm-Düse. Zur Temperaturmessung dienen Stab- oder Einschlußthermometer DIN 12775 0 bis 50 °C in 0,5 °C. Straßenteere werden zunächst unter Durchrühren auf 50 bis 60 °C angewärmt, dann nahezu auf die vorgeschriebene Temperatur abgekühlt und in das Auslaufgefäß gegossen. Emulsionen und Kaltteer werden vorher nicht angewärmt. Die Temperatur des Wasserbades im Viskosi-

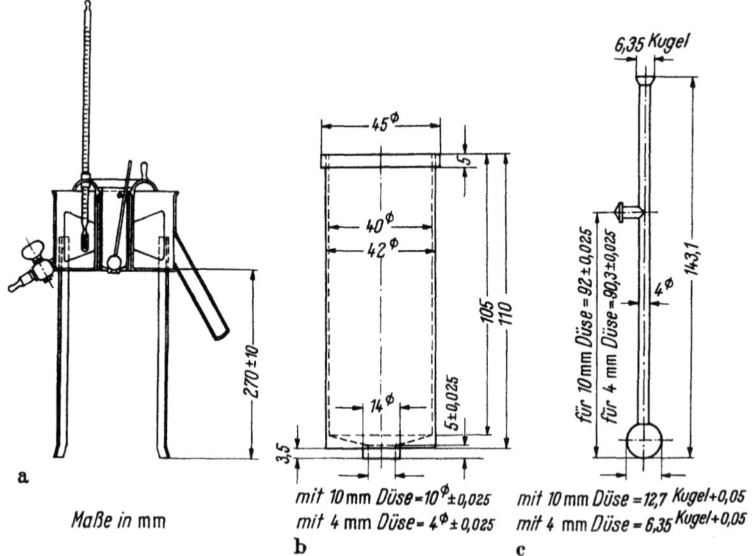

Abb. 4. Straßenteerviskosimeter nach DIN 1995.

meter ist zuvor auf die Meßtemperatur von 20, 25, 30 oder 40 °C einzustellen und auf dieser Höhe zu halten. Man rührt den Gefäßinhalt häufig und gründlich mit dem Thermometer um und wartet, bis er einheitlich die vorgeschriebene Temperatur hat. Dann entfernt man das Thermometer und beseitigt einen etwaigen Überschuß, so daß schließlich die Oberfläche des Bindemittels bei senkrechter Stellung des Verschlußstabes in der Mittellinie des Ansatzes steht. In den unter der Düse stehenden 100 ml-Meßzylinder werden bei allen Bindemitteln außer Emulsionen 20 ml Mineralöl oder Seifenwasser gegeben. Dann wird der Verschlußstab gehoben und mit dem Ansatz an den Rand des Gefäßes gehängt. Mit Hilfe einer Stoppuhr wird die Ausflußzeit ermittelt, die das Bindemittel zwischen der 25 ml- und der 75 ml-Marke im Meßzylinder benötigt. Die Ausflußzeit dieser 50 ml Bindemittel in Sekunden ist das Maß für seine Viskosität bei der Prüftemperatur. Es ist notwendig, die Düse des Gefäßes des öfteren mit der Meßlehre auf ihre Weite nachzumessen. Bei Emulsionen wird ein Meßkolben mit einer 50 ml-Marke ohne Vorlage verwendet. Die Messung beginnt mit dem Abheben des Verschlußstabes und endet mit Erreichen der 50 ml-Marke. Prüffehler ± 10%

Die Viskosität von Straßenteeren kann anstatt in Auslaufsekunden des Straßenteerviskosimeters auch in der Äquiviskositätstemperatur T_v ausgedrückt werden, das ist die Temperatur, bei der der Teer eine Viskosität von 50 Sek. in der 10 mm-Düse aufweist. Die Bestimmung geschieht durch eine Meßreihe im Straßenteerviskosimeter oder mit Hilfe eines speziellen Torsionsviskosimeters[1].

---

[1] Standard Methods for Testing Tar and its Products, S. 122—125 (s. Fußnote 1, S. 496).

Die Äquiviskositätstemperatur T_v (°C) läßt sich aus den Straßenteerviskosimeter-Sekunden bei 30 °C in der 10 mm-Düse $V_{STV/10\,mm/30°}$ errechnen nach der Formel

$$\log(T_v + 273) = \frac{\log\log V_{STV/10\,mm/30°} + 35{,}502}{14{,}4}.$$[1]

Die absoluten Viskositäten V_{cST} (cSt) errechnen sich aus den Straßenteerviskosimeter-Sekunden in der 10 mm-Düse angenähert nach der Beziehung $\log\log(V_{cST} + 0{,}8) = 0{,}368 \cdot \log\log V_{STV} + 0{,}549$. Für diese und andere Viskositätsumrechnungen wurden einfache Diagramme aufgestellt[1].

c) Siedeanalyse

Zur Durchführung der Siedeanalyse von Straßenteeren und Kaltteeren dienen ein Fraktionierkolben 500, DIN 12362 gemäß Abb. 5b, ein Stab- oder Einschlußthermometer 0 bis 360 °C, DIN 12779, ein Glasrohr A 22, DIN 12211, von 600 mm Länge, ein Liebig-Kühler 700, DIN 12576, und ein Heizofen gemäß Abb. 5a. In den Fraktionierkolben werden 250

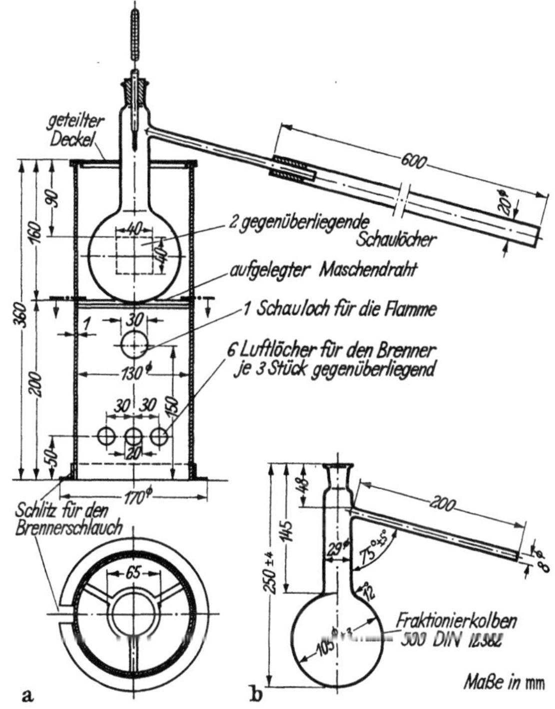

Abb. 5a u. b. Apparatur für die Siedeanalyse von Straßenteer nach DIN 1995.

bis 300 g Straßen- oder Kaltteer eingewogen. Der Kolben ist mit einem Thermometer ausgestattet. Das obere Ende der Quecksilberkugel muß sich in Höhe des unteren Randes des seitlichen Ansatzrohrs befinden. Als Kühlrohr dient ein Glasrohr, das so geneigt ist, daß der Winkel gegen den Kolbenhals 75° beträgt. Das Erhitzen ist so zu leiten, daß in der Sekunde zwei Tropfen übergehen. Die einzelnen Fraktionen werden getrennt aufgefangen und gewogen. Die Vorlage wird bei den vorgeschriebenen Temperaturgraden ohne Unterbrechung des Erhitzens gewechselt. Bei Kaltteer wird die Siedeanalyse bis 170 °C mit dem wassergekühlten Liebig-Kühler unter Benutzung eines Vorstoßes und einer eisgekühlten Vorlage durchgeführt. Dann wird der Liebig-Kühler durch das Kühlrohr ersetzt und die Siedeanalyse in der beschriebenen Weise fortgesetzt. Die Siedeanalyse wird bei Straßenteer (ohne Bitumen) und Kaltteer durchgeführt, bis das Thermometer 350 °C anzeigt. Die im Kühlrohr bei Beendigung des Destillation noch verbleibenden Ölanteile werden durch leichtes Anwärmen in die Vorlage überführt. Für die Bestimmung des Erweichungspunkts KS wird der noch heiße und dünnflüssige Destillationsrückstand im Kolben gut umgeschüttelt, so daß auch das im oberen Kolbenteil befindliche Teeröl von dem Pech aufgenommen wird. Dann gießt

[1] FRANCK, H.-G., u. O. WEGENER: Brennst.-Chemie 39 (1958) 195—207.

Tabelle 8. *Anforderungen an deutsche Straßenteere.*

	Straßenteere nach DIN 1995				Straßenteer (hochviskos)	Straßenteere mit Bitumen nach DIN 1995 (15% Bitumen)			
	T 40/70	T 80/125	T 140/240	T 250/500	T_v 49—53 °C	BT 40/70	BT 80/125	BT 140/240	BT 250/500
1. Äußere Beschaffenheit	gleichmäßig				gleichmäßig	gleichmäßig, nicht ölabscheidend			
2. a) Viskosität im Straßenteerviskosimeter (10 mm-Düse) bei 30 °C (sec)	40—70	80—125	rd. 140 bis 240[a]	rd. 250 bis 500[a]		40—70	80—125	rd. 140—240[a]	rd. 250—500[a]
bei 40 °C (sec)			25—40	45—100	40—90/50°C			25—40	45—100
b) Äquiviskositätstemperatur (T_v) °C[b]	28,7—31,6	32,3—34,4	35,5—38,6	39,1—43,3	rd. 49—53	28,7—31,6	32,3—34,4	35,5—38,6	39,1—43,3
3. Siedeanalyse bis °C	350	350	350	350	350	300	300	300	300
a) Wasser höchstens Gew.-%	0,5	0,5	0,5	0,5	0,5	0,5	0,5	0,5	0,5
b) Leichtöl (bis 170 °C) höchstens Gew.-%	1,0	1,0	1,0	1,0	0,5	1,0	1,0	1,0	1,0
c) Mittelöl (170 °C—270 °C) Gew.-%	6—12	5—11	3—9	2—8	0—5	7—15	5—13	4—11	3—8
d) Schweröl (270°C—300°C) Gew.-%	3—9	3—9	2—8	2—8	2—5	3—9	3—9	2—8	2—8
e) Anthracenöl (über 300 °C) umgerechnet Gew.-%	17—27	17—27	18—28	18—28	20—30				
f) Pechrückstand, umgerechnet auf 67 °C Erweichungspunkt K. S. Gew.-%	59—70	59—70	61—71	64—74	66—78				
g) Verhältnis Anthracenöl II (über 350 °C) zu I (unter 350 °C) mindestens					1,0				
4. Erweichungspunkt K. S. des Pechrückstandes höchstens °C	70	70	70	70	60	45	45	45	45
5. Phenole höchstens Raum-%	3	3	2	2	1	2,5	2,5	2,5	2
6. Naphthalin höchstens Gew.-%	3	3	3	2	2	3,5	2,5	2,5	2,5
7. Rohanthracen höchstens Gew.-%	3,5	3,5	3,5	4	4				
8. Toluolunlösliches Gew.-%	5—16	5—16	5—18	5—18	5—18				
9. Dichte bei 25 °C höchstens	1,23	1,23	1,24	1,25	1,26	1,18	1,19	1,19	1,21

[a] Maßgebend ist die Bestimmung der Viskosität bei 40 °C. Die Zahlen für die Viskosität bei 30 °C sind nur zum Vergleich angegeben.
[b] Die Äquiviskositätstemperatur (T_v) ist die Temperatur, bei der der Teer eine Viskosität von 50 Sek., gemessen im Straßenteerviskosimeter mit der 10 mm-Düse, hat.

Tabelle 8. (Fortsetzung.)

	Bitumenteere mit erhöhtem Bitumengehalt (35—45%) (VT-Teere)			Alterungsbeständige Straßenteere (WT-Teere)			Kaltteer DIN 1995
	80/125	250/500	T_v 54—56 °C	80/125	140/240	250/500	
1. Äußere Beschaffenheit	gleichmäßig, nicht ölabscheidend			gleichmäßig			gleichmäßig
2. a) Viskosität im Straßenviskosimeter (10 mm-Düse)							
bei 30 °C sec	80—125	rd. 430—1560[a]		80—125	rd. 140—240[a]	rd. 250—500[a]	höchstens 30
bei 40 °C sec		45—100	100—150/50 °C		25—40	45—100	(4 mm-Düse/ 25 °C)
b) Äquiviskositätstemperatur (T_v) °C[b]	32,3—34,4	39,1—43,3	53,7—55,6	32,3—34,4	35,5—38,6	39,1—43,3	
3. Siedeanalyse bis °C	300	300	300	350	350	350	350
a) Wasser höchstens Gew.-%	0,5	0,5	0,5	0,5	0,5	0,5	0,5
b) Leichtöl (bis 170 °C) höchstens Gew.-%	0,5	0,5	0,5	1,0	1,0	1,0	10—18
c) Mittelöl (170—270 °C) Gew.-%	7—10	4—8	0—3	6—11	4—9	3—8	4—10
d) Schweröl (270—300 °C) Gew.-%	0—6	0—6	0—6	0—6	0—5	0—4	
e) Anthracenöl (über 300 °C) umgerechnet Gew.-%				17—27	18—28	18—28	16—32
f) Pechrückstand, umgerechnet auf 67 °C Erweichungspunkt K. S. Gew.-%				59—70	61—71	64—74	52—62
g) Verhältnis Anthracenöl II (über 350 °C) zu I (unter 350 °C) mindestens				1,5	1,5	1,5	
4. Erweichungspunkt K.S. des Pechrückstandes °C	15—30	15—30	15—30	höchstens 45	höchstens 45	höchstens 45	höchstens 70
5. Phenole höchstens Raum-%	2,5	2,0	2,0	3	2	2	3
6. Naphthalin höchstens Gew.-%				3	3	2	3
7. Rohanthracen höchstens Gew.-%				3,5	3,5	4	3
8. Toluolunlösliches Gew.-%				5—16	5—18	5—18	4—16
9. Dichte bei 25 °C höchstens	1,17	1,18	1,19	1,23	1,24	1,25	

[a] Maßgebend ist die Bestimmung der Viskosität bei 40 °C. Die Zahlen für die Viskosität bei 30 °C sind nur zum Vergleich angegeben.
[b] Die Äquiviskositätstemperatur (T_v) ist die Temperatur, bei der der Teer eine Viskosität von 50 Sek., gemessen im Straßenteerviskosimeter mit der 10 mm-Düse, hat.

man das Pech in die Barta-Röhrchen ab, verwirft aber hierbei — wegen der Ölanteile im Kolbenhals — die ersten Pechanteile. Der Pechrückstand ist auf 67 °C Erweichungspunkt KS in der Weise umzurechnen, daß für je 1,5 °C, um die der gefundene Erweichungspunkt über oder unter 67 °C liegt, 1% des gefundenen Pechgehalts hinzugefügt oder abgezogen wird. Der gefundene Anthracenölgehalt wird um den gleichen Betrag erniedrigt oder erhöht. Falls gewünscht, kann das Anthracenöl (über 300 °C) in Anthracenöl I (300 bis 350 °C) und Anthracenöl II (über 350 °C) unterteilt werden. Der Teer enthält Anthracenöl II, wenn bei der Destillation bis 350 °C der Erweichungspunkt des Pechrückstandes unter 67 °C liegt. Das Anthracenöl I wird unmittelbar bei der Siedeanalyse erhalten und in Gew.-% angegeben. Der Gehalt an Anthracenöl II ist identisch mit dem Betrag, um den bei der Umrechnung auf den Erweichungspunkt des Pechrückstandes von 67 °C die Anthracenölausbeute zu erhöhen ist. Straßenteere mit Bitumen werden nur bis 300 °C destilliert. Prüffehler $\pm 1\%$ (absolut) bei den Einzelfraktionen.

d) Phenole

Siehe Abschn. B. IV „Analyse des Rohteers".

e) Naphthalin

Siehe Abschn. B. IV „Analyse des Rohteers".

f) Rohanthracen

Das aus dem Straßenteer oder Kaltteer bei der Siedeanalyse gewonnene Anthracenöl (Fraktion 300 bis 350 °C) wird auf 15 °C abgekühlt und $^1/_2$ Std. lang auf dieser Temperatur gehalten. Der ausgeschiedene Kristallbrei wird auf einer auf 15 °C gekühlten Nutsche abgesaugt und auf einen Tonteller mit einem Spatel aufgepreßt, bis die Kristalle völlig ölfrei sind. Der Rückstand wird abgestrichen, gewogen und in Gew.-% der für die Siedeanalyse angewandten Teermenge angegeben. Prüffehler $\pm 0,4\%$ (absolut).

g) Toluolunlösliches

Die Bestimmung des Toluolunlöslichen von Straßen- oder Kaltteer geschieht nach der beim Pech angegebenen Methode mit 2 g Einwaage.

h) Dichte

Siehe Abschn. B. IV „Analyse des Rohteers".

i) Schäumprüfung

In ein hohes Becherglas 400, DIN 12331, werden 200 g Teer eingefüllt, die eine Höhe von etwa 5 cm erreichen. Das Thermometer hängt frei im Teer, und die Quecksilberkugel des Thermometers befindet sich in der Mitte der Probe. Die Temperatursteigerung beim Erhitzen wird so geregelt, daß der Anstieg von 45 °C ab etwa 15 °C je Min. beträgt. Die Teerhöhe bei 45 °C wird mit einem Fettstift außen am Glas angezeichnet. Die bei der Endtemperatur von 120 °C ermittelte Höhe des Teeres dient als Maß für die Schaumbildung. Die Ausdehnung des Teeres (Differenz der Höhenmarken bei 120 und 45 °C) soll nicht mehr als 30% des bei 45 °C festgestellten Volumens betragen.

k) Wassergehalt

Siehe Abschn. B. IV „Analyse des Rohteers".

l) Mikroskopisches Bild von Straßenteeren mit Bitumen

Der Straßenteer mit Bitumen wird unter Rühren auf 80 bis 90 °C erwärmt, dann in dünner, durchscheinender Schicht auf einen Objektträger mit Deckglas gebracht. Das Präparat wird 3 Std. lang im Trockenschrank auf 40 °C gehalten und dann 1 bis 2 Std. lang auf Raumtemperatur abkühlen gelassen. Dann wird mikroskopisch bei 80- bis 150facher Vergrößerung festgestellt, ob das Bindemittel nur die normale Zusammenballung der Teerharze zeigt oder Ölausscheidungen aufweist. Ölausscheidungen in kleinen Tropfen sind unbedenklich. Unbrauchbar sind Straßenteere mit Bitumen, bei denen eine weitgehende Trennung der Komponenten eingetreten ist und die Ölanteile in großen Tropfen oder gar in unregelmäßigen Flächen zusammengeflossen sind.

m) Gehalt an Bitumen in Straßenteeren

α) **Qualitativer Nachweis.** In einer Porzellanschale wägt man 20 g des Bindemittels ab. Man erwärmt auf 50 bis 60 °C und gibt unter Rühren zehn Tropfen konz. Schwefelsäure aus einer 2 ml-Pipette hinzu. Die Temperatur steigt dabei um einige Grade an. Man setzt dann die Mischung auf ein kochendes Wasserbad, verrührt $^1/_2$ Std. lang und läßt unter Rühren auf Raumtemperatur erkalten. Bleibt die Mischung dann gleichmäßig flüssig, so liegt ein reiner Teer vor. Das Entstehen eines zähen, am Glasstabe haftenden Klumpens weist auf das Vorliegen eines Straßenteers mit Bitumenzusatz hin.

β) **Quantitative Bestimmung.** Etwa 2 g Straßenteer mit Bitumen werden quantitativ in einem Erlenmeyer-Kolben, enghalsig, 100 DIN 12380 oder DIN 12381, abgewogen und mit etwa der zehnfachen Gewichtsmenge Chloroform oder Schwefelkohlenstoff $^1/_4$ Std. lang am Rückflußkühler gekocht. Man filtriert vom Unlöslichen ab und wäscht das Filter mit Chloroform oder Schwefelkohlenstoff aus, bis der Ablauf so gut wie farblos ist. Das Lösungsmittel wird dann aus einem enghalsigen 100 ml-Erlenmeyer-Kolben abdestilliert. Der Rückstand wird mit möglichst wenig Lösungsmittel in ein dickwandiges Reagenzglas von etwa 30 mm Durchmesser und 100 mm Länge gespült und das Lösungsmittel abgetrieben. Die letzten Reste des Lösungsmittels werden durch Ausrühren im Wasserbad entfernt. Nach dem Erkalten wird der Rückstand im Reagenzglas mit 4 ml konz. Schwefelsäure $^3/_4$ Std. lang im kochenden Wasserbad unter häufigem innigen Umrühren mit dem Glasstab sulfoniert. Dann läßt man erkalten und spült den Rohrinhalt in ein dickwandiges Becherglas. Zum Spülen, Verdünnen und Auswaschen wird eine 0,05%ige Natriumsulfatlösung genommen. Etwa entstandene Klumpen werden zerdrückt. Im ganzen wird das Sulfonierungsgemisch mit etwa 500 ml Natriumsulfatlösung verdünnt und mindestens 2 Std. lang oder über Nacht stehengelassen. Das Abfiltern des Niederschlags geschieht zweckmäßig mit einer Filternutsche 110, DIN 12905, Schleicher & Schüll-Filter Nr. 597, Durchmesser 12,5 cm. Das Filter wird bei 105 °C getrocknet und im Wägeglas gewogen. Beim Filtern ist es zweckmäßig, darauf zu achten, daß das Filter von der Lösung nie voll bedeckt wird, um ein Durchreißen des Filters zu vermeiden. Nach dem Auswaschen mit 0,05%iger Natriumsulfatlösung und Nachwaschen mit destilliertem Wasser wird das Filter mit dem Niederschlag im Wägeglas bei 105 °C getrocknet und gewogen.

Prüffehler: Prüffehler 3% (absolut) nach unten, 1% (absolut) nach oben. Ein Bitumengehalt von 15% wird also als vorhanden angenommen, wenn der gefundene Bitumenprozentsatz zwischen 12 und 16% liegt. Durch einen Verzicht auf die vorherige Entfernung des Chloroform- oder Schwefelkohlenstoff-Unlöslichen kann die Analyse wesentlich abgekürzt werden. Der Prüffehler beträgt dann 2% (absolut) nach unten und 4% (absolut) nach oben. Manche Bitumen, die sonst den Normen entsprechen, fügen sich diesem Analysenverfahren nicht, sondern geben geringere Werte. Soll in solchen Fällen der tatsächliche Bitumengehalt eines BT-Teeres ermittelt werden, so ist dies nur so möglich, daß im Laboratorium unter Verwendung desselben Teeres und desselben Bitumens ein Straßenteer mit 15% Bitumen hergestellt und nach dem beschriebenen Verfahren untersucht wird. Dann läßt sich der Betrag bestimmen, der bei der Verwendung dieses Bitumens und dieses Teeres den jeweils gefundenen Werten zugezählt werden muß.

n) Verhalten des Bindemittelüberzugs aus Emulsionen oder Kaltteer bei Wasserlagerung

Ein möglichst würfelförmiger Basaltstein von etwa 35 mm Kantenlänge wird an einem dünnen Draht oder starken Faden mit einer Ecke nach unten aufgehängt und 1 Min. lang in die Emulsion getaucht. Nach dem Abtropfen wird der Stein bei Raumtemperatur hängend getrocknet. Nach $^1/_4$ Std. wird ein am unteren Ende des Steines etwa zurückgebliebener Emulsionstropfen mit Filterpapier vorsichtig entfernt. 1 Std. nach dem Herausziehen aus der Emulsion wird der Würfel in ein Becherglas mit 1 l destilliertem Wasser getaucht und mittels des Drahtes 1 Min. lang im Wasser auf- und abbewegt. Das Wasser soll danach keine Trübung aufweisen. Bei hochviskosen Emulsionen wird der Würfel erst nach Ablauf von 5 Std. in Wasser getaucht. Ein zweiter ebenso behandelter, jedoch 24 Std. lang an der Luft bei Raumtemperatur getrockneter Basaltwürfel wird 24 Std. lang in destilliertem Wasser gelagert. Danach müssen die Gesteinsflächen noch mit einer geschlossenen Bindemittelhaut bedeckt sein.

Bei Kaltteer wird die Wasserlagerungsprüfung nach 24 std. Luftlagerung in gleicher Weise durchgeführt, nur mit dem Unterschied, daß der Basaltstein 2 Min. lang in das Bindemittel eingetaucht wird. Beim Eintauchen des mit Kaltteer überzogenen Basaltsteins in Wasser ist nach 1 Std. eine schwach bräunliche Färbung des Wassers zulässig.

o) Klebeprüfung von Kaltteer

100 g trockener, staubfreier Basaltsplitt $^2/_8$ mm (Korngrößen möglichst gleichmäßig über die ganze Spanne verteilt) werden in einer runden Messingschale mit flachem Boden (Durchmesser 128 mm, innere Randhöhe 15 mm, Blechdicke etwa 1,5 mm) mit 5 g Kaltteer bis zur gleichmäßigen Umhüllung mit einem Holzspatel vermischt und ausgebreitet. Die Schicht wird mit einem Glasstopfen geebnet und leicht angedrückt. Der mit Kaltteer umhüllte Splitt soll nach 24 Std. eine zusammenhängende Masse bilden, d. h., aus der Masse sollen beim Senkrechtstellen der Schale (wenigstens 25 Sek. lang) keine umhüllten Splitteilchen herausfallen. Die Untersuchung muß bei Raumtemperatur (etwa 20 °C), darf jedoch nicht im unmittelbaren Sonnenlicht vorgenommen werden.

XVI. Stahlwerksteer

1. Allgemeines

Stahlwerksteer dient als Bindemittel bei der Herstellung der vor allem für die Ausfütterung von Thomas- und Sauerstoff-Konvertern und Siemens-Martin-Öfen verwendeten feuerfesten Dolomit- und Magnesitsteine. Je nach Anforderung der Verbraucher werden die verschiedenen Typen aus Pech und Teerölen in bestimmten Mengenverhältnissen hergestellt[1].

2. Prüfverfahren

Die Siedeanalyse bzw. die Bestimmung des Pechgehalts erfolgt nach der beim Straßenteer angegebenen Vorschrift. Der Wassergehalt (Xylolmethode) darf höchstens 0,3% betragen. Beim Erhitzen in offener Schale dürfen Stahlwerksteere bis 150° ohne Umrühren kein wesentliches Schäumen zeigen.

XVII. Dachpappenteer

1. Allgemeines

Tränk-, Deck- und Klebemassen für Teerdachpappen sind Mischungen von Pech und filtriertem Anthracenöl, denen zur Verbesserung der Plastizität Füllstoffe zugesetzt werden können[2]. Dachteer dient zur Auffrischung alter Dachpappeneindeckungen[3]. Tab. 9 enthält Anforderungen an deutsche Dachpappenteere.

2. Prüfverfahren

Von Dachpappenteeren werden ermittelt der Erweichungspunkt KS (s. Abschn. B. X „Pech"), das Siedeverhalten (s. Abschn. B. VIII „Waschöl"), der Naphthalin-

---

[1] Vgl. ROSENGREN, Å.: Arch. Eisenhüttenwesen 25 (1954) H. 1/2, S. 11—18. — MASSINON, J.: Stahl u. Eisen 76 (1956) 331—333.

[2] RICK, A. W.: Bitumen, Teere, Asphalte, Peche u. verwandte Stoffe 4 (1953) 2—7, 46—49, 129—133, 182—185, 250—253, 296—298, 322—328, 358—360; 5 (1954) 22—26, 190—193, 332—334. — BÖTTCHER, M.: ebenda 11 (1960) 405—406. — DIN 52121: Teerdachpappen, beiderseitig besandet (1959). — DIN 52122: Tränkmassen für besandete Teerdachpappen und nackte Teerpappen (1937). — DIN 52139: Prüfung von Steinkohlenteererzeugnissen als Klebemassen für Dachpappe (1930). — DIN 52140: Teer-Sonderdachpappen und Teer-Bitumendachpappen (Vornorm 1960).

[3] DIN 52136: Dachanstrichstoffe; Steinkohlenteere (1930).

Tabelle 9. *Anforderungen an deutsche Dachpappenteere*[1].

	Dachteer	Tränkmasse	Klebemasse
Beschaffenheit bei 20 °C	flüssig, glatt und glänzend	—	fest, glatt und glänzend
Erweichungspunkt KS °C	—	16—40	30—50
Wassergehalt %	$\leqq 1$	$\leqq 1$	$\leqq 1$
Aschegehalt %	$\leqq 1$	—	$\leqq 1$
Naphthalingehalt %	$\leqq 5$	$\leqq 2,5$	$\leqq 3$
Siedeverhalten	bis 200 °C $\leqq$ 2% bis 250 °C $\leqq$ 25%	bis 250 °C $\leqq$ 5%	bis 250 °C $\leqq$ 4%
Viskosität nach RÜTGERS[2]	20—60 sec bei 50 °C	—	—

gehalt (s. Abschn. B. VIII „Waschöl"), der Wassergehalt (s. Abschn. B. VIII „Analyse des Rohteers") und die Viskosität.

Die Viskosität wird mit dem Rütgers-Viskosimeter (Abb. 6) geprüft[2]. Das Gefäß wird mit Teer von 53 bis 54 °C bis zu einer Marke aufgefüllt, die in solcher Höhe angebracht ist, daß die Füllung rd. 475 ml beträgt. Darauf wird so lange kräftig umgerührt, bis die Untersuchungstemperatur von 50 °C erreicht ist. Durch Herausziehen des Holzstabs werden 300 ml des Teeres in das Meßgefäß abgelassen. Die Zeit, die diese 300 ml zum Auslaufen benötigen, gibt, in Sekunden gemessen, das Maß der Viskosität.

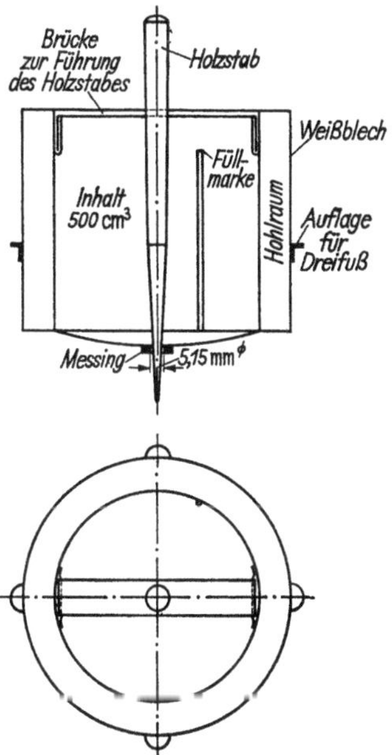

Abb. 6. Rütgers-Viskosimeter nach DIN 52137.

XVIII. Teerpechlacke

1. Allgemeines

Teerpechlacke sind Lösungen von Steinkohlenteerpech in leichtflüchtigen Lösungsmitteln, vornehmlich technischen Benzolfraktionen, z. B. Schwerbenzol, wobei dem Lack zur Verbesserung der Plastizität Füllstoffe zugesetzt oder plastifizierte Peche verwendet werden können[3]. Teerpechlacke dienen für Anstriche im Freien, ferner als Unterwasserschutz und Schutzanstrich im Erdreich auf

---

[1] Vgl. ZERBE, 1. Aufl., S. 1106, 1109—10.
[2] DIN 52137: Steinkohlenteere, Prüfung als Dachanstrichstoff (1930).
[3] VAN OETEREN, K. A.: Bitumen, Teere, Asphalte, Peche u. verwandte Stoffe 13 (1962) 533/34.

Stahl sowie auf Beton und Mauerwerk. Für höchste Ansprüche wurden in neuerer Zeit Kombinationslacke aus Kunststoffen, vor allem Epoxidharz und Pech entwickelt[1].

2. Prüfverfahren

Von Teerpechlacken werden bestimmt[2] der Lösungsmittelgehalt und Erweichungspunkt des Abdampfrückstands[3], die Streich- und Spritzfähigkeit bei 20 °C, die Trockenzeit bis zur Staubtrockenheit, die Kältebeständigkeit bei 4 °C (keine Risse beim Biegen um einen 4 mm-Dorn), die Viskosität[4] sowie der Flammpunkt[5] und die Siedeanalyse des Lösungsmittels[6].

XIX. Brikettpech

1. Allgemeines

Brikettpech fällt als Rückstand der Steinkohlenteerdestillation in verkaufsfähiger Qualität an (Normalpech). Es wird bei der Herstellung von Steinkohlenbriketts in einer Menge von 5 bis 7% als Bindemittel benötigt.

2. Prüfverfahren

a) Äußere Beschaffenheit

Gutes Brikettpech hat einen muscheligen und glänzenden Bruch. Die Farbe des gemahlenen Pechs soll tiefschwarz sein.

b) Erweichungspunkt nach Krämer-Sarnow

Siehe Abschn. B. X „Pech", Brikettpech soll einen Erweichungspunkt KS von 68 ± 3 °C aufweisen[7].

c) Mahlbarkeit

Die Mahlbarkeit von Pechprobekörpern wird in einer Versuchshammermühle bei einer Versuchsdauer von 1 Min. bestimmt[8]. Die Mahlbarkeit ist bei einem Kornanfall von 55 bis 60 Gew.-% Korn unter 0,5 mm ausreichend, über 60 bis 70 Gew.-% gut, über 70 Gew.-% sehr gut[7].

d) Aschegehalt

Der Aschegehalt[9] eines guten Brikettpechs soll 0,5 Gew.-% nicht überschreiten[7] (Einwaage 1 g).

e) Toluolunlösliches

Ein normal erzeugtes Brikettpech gilt bei einem Anteil an Toluolunlöslichem[10] von 25 bis 20 Gew.-% als gut, unter 20 Gew.-% als sehr gut[7].

f) Flüchtige Bestandteile nach DIN 51720

Siehe Abschn. B. X „Pech".

---

[1] Pittsburgh Coke and Chemical Comp.: A. P. 2765288 (1954). — HERZBERG, M.: Peintures, Pigments, Vernis 35 (1959) 383—386. — VAN OETEREN, K. A.: Bitumen, Teere, Asphalte, Peche u. verwandte Stoffe 13 (1962) 533—53. — RIESE, W. A.: ebenda 14 (1963) 66—67. — DEPKE, F. M.: Erdöl u. Kohle, Erdgas, Petrochemie 15 (1962) 535—538.

[2] Deutsche Bundesbahn: Anstrichstoffe auf Steinkohlenteerpech-Grundlage, TL 918319 (1962).

[3] DIN 1995 (s. o.).

[4] DIN 53211: Bestimmung der Auslaufzeit mit dem Auslaufbecher (1962).

[5] DIN 53213: Bestimmung des Flammpunkts im geschlossenen Tiegel (1958).

[6] DIN 51751: Prüfung des Siedeverlaufs von Ottokraftstoffen und Benzinen (1959); s. 3. Kap. A „Ottokraftstoffe".

[7] DIN 23081: Richtlinien für Steinkohlen-Brikettfabriken (1965).

[8] BROCHE, H., u. H. NEDELMANN: Glückauf 69 (1933) 233—239, 257—267.

[9] DIN 51719: Bestimmung des Aschegehalts (1950); s. Abschn. II. „Cumaron-Inden-Harz".

[10] Siehe Abschn. B. X „Pech".

g) Wassergehalt

Der Durchschnittswassergehalt[1] von Granulatpech soll zwischen 0,5 und 2,5 Gew.-% betragen[2].

h) Prüfsiebung

Der Kornanteil unter 0,5 mm in Granulatpech soll nicht mehr als 3 Gew.-% betragen[1].

XX. Elektrodenpech

1. Allgemeines

Elektrodenpeche werden im allgemeinen durch thermische Behandlung ausgewählter Steinkohlenteerpeche hergestellt. Sie dienen als Bindemittel bei der Herstellung von Kohlenstoff- und Graphitelektroden für die elektrochemische und elektrothermische Industrie[3].

2. Prüfverfahren

Die Prüfung der Elektrodenpeche umfaßt insbesondere den Verkokungsrückstand (s. Abschn. B. X „Pech"), den Erweichungspunkt (s. Abschn. B. X „Pech"), die unlöslichen Anteile in verschiedenen Lösungsmitteln (s. Abschn. B. IV „Analyse des Rohteers" und Abschn. B. X „Pech") und den Aschegehalt. Die genauen Untersuchungs- und Beschaffenheitsvorschriften werden im allgemeinen von den Verbrauchern angegeben.

XXI. Hartpech

1. Allgemeines

Hartpech enthält man durch stärkeres Abdestillieren des Teers oder Normalpechs im Vakuum oder vorteilhafter durch Verblasen von heißem Pech mit Luft, Wasserdampf oder inerten Gasen[4]. Neben einem Anstieg des Erweichungspunkts KS auf über 120 °C tritt hierbei eine starke Erhöhung des Verkokungsrückstands ein. Hartpech wird in der Hauptmenge auf Pechkoks weiterverarbeitet.

2. Prüfverfahren

Von Hartpech für die Pechverkokung werden bestimmt der Erweichungspunkt KS (s. Abschn. B. X „Pech"), der Verkokungsrückstand im Platintiegel[5], der über 50% liegen soll, und der Aschegehalt, der 0,32% nicht übersteigen darf.

Zur Bestimmung des Aschegehalts[6] wird 1 g des fein gepulverten Hartpechs ($<$ 0,2 mm) in einem Porzellan- oder Quarzschälchen abgeraucht und anschließend im elektrischen Muffelofen bei 950 °C verascht (Dauer etwa 3 Std.). Nach dem Erkalten im Exsikkator wird die Asche gewogen.

XXII. Gießereipech

1. Allgemeines

Bei der Herstellung von Gießereiformen aus Formsand und Ton kann als Bindemittel feinkörniges Pech mit hohem Erweichungspunkt und Verkokungsrückstand (Perlpech, pelleted pitch) verwendet werden[7].

---

[1] Siehe Abschn. B. IV „Analyse des Rohteers".

[2] DIN 23081: Richtlinien für Steinkohlen-Brikettfabriken (1965).

[3] Thomas, B. E. A.: Bitumen, Teere, Asphalte, Peche u. verwandte Stoffe 12 (1961) 279—285, 336—342. — Rütgerswerke u. Teerverwertung AG: D. A. S. 1182247 (1959).

[4] Ges. f. Teerverwertung: DRP 617435 (1932), 639337 (1934), 642437 (1935), 670187 (1936). — Bergbau AG, Lothringen: DBP 914008 (1953).

[5] Zerbe, 1. Aufl., S. 1096. — Siehe Abschn. B. X „Pech".

[6] Demann, W., in Ullmann: Encyklopädie der technischen Chemie, 3. Aufl., 10. Bd., S. 359.

[7] Rhodes, E. O.: Erdöl u. Kohle 4 (1951) 60. — Davis, E. B.: Fonderie belge 1952, 249—252. — Carlsson, O.: Gjuteriet 43 (März 1953) 47—52.

2. Prüfverfahren

Die Prüfung umfaßt den Erweichungspunkt KS (s. Abschn. B X „Pech"), den Verkokungsrückstand nach Conradson (s. 1. Kap. B „Chemische Prüfungen") und die Kornabstufungen nach DIN 4188[1].

XXIII. Plastifizierte Peche

1. Allgemeines

Zur Herstellung von Spezialpechen mit hohem Plastizitätsbereich (Differenz zwischen Erweichungs- und Brechpunkt) werden im allgemeinen Hartpeche mit hochsiedenden Teerölen, vorteilhaft unter Zusatz von kristallinen Anthracenrückständen, gefluxt und gegebenenfalls Füllstoffe zugesetzt[2]. Die plastifizierten Peche werden vor allem für den Langzeitkorrosionsschutz von Rohrleitungen verwendet[3]. Weitere Anwendungsgebiete sind Auflagenmassen für Sonderdachpappen und Fußbodenbeläge, Vergußmassen für Tonrohrleitungen, Steinfugen und Dehnungsfugen in Betonbahnen[3].

2. Prüfverfahren

Untersucht werden der Erweichungspunkt KS (s. Abschn. B. X „Pech") oder nach der Ring- und Kugel-Methode, die Penetration, der Brechpunkt nach Fraass (siehe 2. Kap. N „Bitumen und Asphalt"), der Füllstoff- (Asche-)Gehalt, die Viskosität zur Ermittlung der Verarbeitungstemperatur, die Kälte- und Wärmebeständigkeit sowie das Haftvermögen nach verschiedenen Prüfmethoden, ferner die Wurzelfestigkeit[4] und Beständigkeit gegen Wasseraufnahme.

Zur Prüfung der Kältebeständigkeit dient neben der Bestimmung des Brechpunkts z. B. die Kugelfallprüfung nach DIN 1996[5]: Drei Kugeln von je 50 g aus der zu untersuchenden Masse werden 2 Std. lang bei 0 °C gelagert und dann aus steigender Höhe auf eine waagerecht ausgerichtete 1 cm dicke Stahlplatte fallengelassen. Die Fallhöhe ist bis zur Rißbildung zu steigern, und zwar bis 2 m Fallhöhe jeweils um 10 cm, von da ab bei hochschlagfesten Massen jeweils um 50 cm. Abweichungen der Einzelwerte vom Mittel höchstens $\pm 10\%$. — Weitere Prüfverfahren der Kälte- und Wärmebeständigkeit und des Haftvermögens enthalten die Vorschriften der American Water Works Association[6].

XXIV. Pechkoks

1. Allgemeines

Pechkoks wird durch Verkokung von Hartpech hergestellt[7]. Er dient als aschearmer Koks gemeinsam mit Elektrodenpech zur Herstellung der Kohlenstoffelektroden in der elektrochemischen und elektrothermischen Industrie.

---

[1] DIN 4188: Drahtgewebe für Prüfsiebe (1957/1962).

[2] Mannesmann-Röhrenwerke-AG: DRP 752577 (1939). — Kohle- u. Eisenforschung GmbH, Gelsenkirchener Bergwerks-AG: DRP 753659 (1937), 754071 (1941), 763115 (1937); DBP 885827 (1938), 914675 (1940). — Ges. f. Teerverwertung: DBP 934014 (1950), 941308 (1939), 945499 (1940), 968357 (1952).

[3] Meyer, K.: Erdöl u. Kohle 6 (1953) 619—623. — Raudenbusch, H.: Bitumen, Teere, Asphalte, Peche u. verwandte Stoffe 9 (1958) 375—376. — Walther, H.: ebenda 13 (1962) 176—177. — Tiedge, C.: ebenda 14 (1963) 125—131.

[4] DIN 4038: Vergußmassen (1963).

[5] DIN 1996: Bitumen und Teer enthaltende Massen für Straßenbau und ähnliche Zwecke (1944).

[6] AWWA Standard for Coal-Tar Enamel Protective Coatings for Steel Water Pipe, AWWA C 203-62, New York 1962.

[7] Demann, W., in Ullmann: Encyklopädie der technischen Chemie, 3. Aufl., 10. Bd., S. 355—360.

2. Prüfverfahren

Von Pechkoks werden bestimmt die Gehalte an Asche[1], flüchtigen Bestandteilen[2], Wasser (Gewichtsverlust im Trockenschrank)[3] und Zink[3] (s. Abschn. B. IV „Analyse des Rohteers").

D. Hydrierte Steinkohlenteererzeugnisse

Von E. L. WIETERS, Darmstadt

Inhaltsübersicht

---

[1] DIN 51719: Siehe Abschn. II „Cumaron-Inden-Harz".
[2] DIN 51720: Siehe Abschn. B. X „Pech".
[3] DEMANN, W., in ULLMANN: Encyklopädie der technischen Chemie, 3. Aufl., 10. Bd., S. 355—360.

I. Allgemeines

1. Ausgangsmaterialien

Obwohl aus dem Steinkohlenteer viele chemische Verbindungen gewonnen werden können,[1] haben für die Hydrierung nur Naphthalin, Benzol, phenolische Bestandteile sowie Pyridinbasen eine industrielle Bedeutung erlangt, von denen das Naphthalin, das zu etwa 7 bis 8 Gew.-% im Gesamtteer enthalten ist, die Hauptrolle spielt. Vor kurzem wurde allerdings auch die Hydrierung anderer Kohleteerfraktionen zu Düsentreibstoff empfohlen[2]. Die wichtigsten der aus dem Steinkohlenteer im technischen Maßstab gewonnenen Stoffe sind jetzt auch aus dem Erdöl oder dessen Veredlungsprodukten zugänglich. So kann man Naphthalin durch die Dealkylierung von Alkylnaphthalinfraktionen gewinnen; in gleicher Weise Benzol aus Alkylbenzolfraktionen[3] (s. S. 537), Phenol fällt bei der Cumolsynthese in großen Mengen an[4], ist aber auch durch Oxydation von Cyclohexan mit nachfolgender Dehydrierung zugänglich; Kresol kann durch Alkylierung von Phenol hergestellt werden. Die aus Erdöl gewonnenen Materialien sind rein und schwefelarm, was für die technische Hydrierung wegen der Schwefelempfindlichkeit der meist verwendeten Nickelkatalysatoren von großer Wichtigkeit ist.

2. Untersuchung der Ausgangsmaterialien auf Hydrierbarkeit

Die Anlieferung der Ausgangsstoffe erfolgt meistens in einer handelsüblichen Qualität. Außer der Untersuchung auf die im Liefervertrag vereinbarten Stoffeigenschaften, wie Schmelzpunkt, Siedeintervall, Brechungsindex, Löslichkeitseigenschaften, muß vor allem der Schwefelgehalt ermittelt werden. Schon geringe Schwefel-Mengen verkürzen die Lebensdauer der Kontakte.

Prüfung

Eine qualitative Vorprüfung auf Schwefel im Naphthalin ist durch Schütteln der Probe mit konz. Schwefelsäure möglich, die bei Anwesenheit von Thionaphthen nach gelindem Erwärmen eine Rotfärbung ergibt[5].

Die quantitative Ermittlung des Gesamtschwefels erfolgt durch die Verbrennung im Sauerstoffstrom mit nachfolgender Bestimmung als Schwefelsäure durch konduktometrische Titration mit Bariumacetat oder auch durch Ausfällen als Bariumsulfat[6]. Der Schwefelgehalt soll nach Reinigung und Vorbehandlung des zu hydrierenden Materials unterhalb 50 ppm liegen. Bei Steinkohlenteererzeugnissen sind gelegentlich auch höhere Schwefelwerte zulässig.

---

[1] FRANKE, H.: Z. angew. Chem. 63 (1951) 260. — FRYER, F.: Manufact. Chemist 33 (1962) 48—51, 100—103.

[2] Chem. Engng. News 39, 23. Okt. 1961 S. 56—57.

[3] A. P. 2951886 (1960), 3055956 (1962), beide Ashland Oil & Refining Co.; s. auch J. BIXEL u. Mitarb.: Ind. Engng. Chem. Proc. Des. 3 (1964) 78—84.

[4] KROPF, J., u. G. LINDNER: Chem. Ing. Techn. 36 (1964) 759—774. — Chem. Engng. News 42, 5. Okt. 1964, S. 29.

[5] SCHRÖTER, G.: Ann. Chem. 426 (1922) 11.

[6] FRENCH, K. H.: Anal. Chem. 36 (1964) 339—342; s. auch ASTM-Methode D 1266-62 T.

Zur Beurteilung der Hydrierfähigkeit empfiehlt es sich außerdem, eine Probehydrierung im Labormaßstab durchzuführen, die gleichzeitig der Überprüfung der Aktivität der verwendeten Katalysatoren dient. Durch eine Sumpfphasehydrierung in einem Rührautoklaven mißt man dabei die Wasserstoffaufnahme pro Zeiteinheit und vergleicht die erhaltene Kurve mit den Werten, die bei der Hydrierung einer reinen Substanz erhalten wurde. Durch frühere Chargen mit schwefelhaltigem Material können bisweilen die Wandungen des Autoklaven „vergiftet" sein. In diesem Fall sind Reinigungshydrierungen mit schwefelfreien Stoffen vor erneuten Probehydrierungen notwendig.

3. Apparaturen für die technische Hydrierung

Die Hydrierung der Steinkohlenteerbestandteile ist technisch innerhalb weiter Druckbereiche möglich; bei kontinuierlicher Arbeitsweise in der Gasphase werden je nach dem zu hydrierenden Material drucklos arbeitende Anlagen verwendet, aber auch solche, die für den Mittel- oder Hochdruckbereich ausgelegt sind. Die Anlagen entsprechen in der Anordnung des Reaktionsgefäßes, der Preßpumpen und der Gasumlaufpumpe den bei der Fettalkoholhydrierung üblichen Anlagen[1]. Bei der Sumpfphasehydrierung im chargenweisen Betrieb, die bei der Naphthalinhydrierung häufig durchgeführt wird, werden Mitteldruckapparaturen verwendet, wie sie beispielsweise auch bei der Fetthärtung angetroffen werden. (Autoklaven von etwa 20 m³ Inhalt mit einem Arbeitsdruck bis etwa 40 atü)[2]. Für die Hydrierung von aromatischen Kohlenwasserstoffen wurde kürzlich auch eine Kombination des Flüssigphase- und Gasphaseverfahrens vorgeschlagen[3].

Die Wahl des Hydrierverfahrens und der Druckstufe richtet sich nach den vorhandenen Apparaturen, dem Durchsatz und dem Verwendungszweck des Hydrierproduktes. Bei höherem Druck wird meistens eine vollständige Hydrierung erreicht; dabei kann eine zu weitgehende Hydrierung zu unerwünschten Nebenprodukten führen. Zudem verursachen die komplizierten Hochdruckapparaturen in der Anschaffung und auch im Betrieb erheblich höhere Kosten, so daß man schon aus Gründen der Wirtschaftlichkeit vorzugsweise drucklos oder in einem mittleren Druckbereich arbeitet.

II. Hydrierung des Naphthalins

1. Reinigung des Naphthalins

Als Ausgangsmaterial für die Herstellung von Tetralin und Dekalin dient ein technisches Naphthalin mit einem Schwefelgehalt von 0,3 bis 0,5%. Thionaphthen ist die hauptsächlichste Verunreinigung. Obwohl verschiedene Reinigungsverfahren bekannt sind, wird z. Z. vorwiegend eine Natriumbehandlung durchgeführt[4]. Handelsübliches Naphthalinwarmpreßgut vom Schmp. 79 °C wird mit 1 bis max. 2% Natrium in einem Rührgefäß auf etwa 160 °C erhitzt und nach zweistündiger Behandlung unter einem Vakuum von 20 bis 30 Torr abdestilliert. Die an Natrium gebundenen Schwefelverbindungen werden zusammen mit einem pechartigen Rückstand aus der Blase abgezogen. Der Restschwefelgehalt des auf diese Weise gereinigten Naphthalins liegt bei etwa 0,001%[5]. Das

---

[1] Siehe z. B. Ullmanns Encyklopädie der technischen Chemie, 3. Aufl., Bd. 7, S. 445 ff. (1956), Bd. 5, S. 686 (1954), ferner BIOS Report 743.

[2] Siehe z. B. Ullmanns Encyklopädie der technischen Chemie, 3. Aufl., Bd. 7, S. 532—533 (1956).

[3] D. A. S. 1 184 756 (1964) Institut Francais du Pétrole.

[4] D. R. P. 324 862 (1915), Tetralin GmbH., A. P. 2 626 236 (1949), Koppers Co.

[5] Zur Schwefelbestimmung im Naphthalin s. z. B. J. TIGHE u. Mitarb.: Anal. Chem. 23 (1951) 669; s. auch ASTM-Methode D 1266-64 T.

entschwefelte Naphthalin darf bei der Behandlung mit konzentrierter Schwefelsäure beim Erwärmen keine Rosafärbung mehr zeigen. Es ist auch schon die halbkontinuierliche Durchführung dieser Natriumbehandlung vorgeschlagen worden[1]. In den letzten Jahren sind in der Patentliteratur noch andere Reinigungsverfahren für Naphthalin bekannt geworden, wie z. B. das Behandeln mit Peressigsäure[2], Paraformaldehyd und Schwefelsäure[3]. Ein Verfahren der IG-Farbenindustrie empfiehlt das Behandeln von Rohnaphthalin mit Wasserstoff unter Druck bei 300/360 °C unter Verwendung von Katalysatoren aus Sulfiden des Molybdäns oder Wolframs, bis alle Schwefel-, Stickstoff- und Sauerstoffverbindungen entfernt sind[4]. Vor kurzem wurde die Naphthalinentschwefelung durch hydrierende Behandlung bei 490 °C/12 atm. Wasserstoffdruck über Kobaltmolybdat/Aluminiumoxidkatalysatoren beschrieben[5]. Andererseits kann schwefelhaltiges Naphthalin auch direkt über giftfesten Katalysatoren, wie z. B. über Molybdänsulfid oder Wolframsulfid in der Gasphase bei hohen Temperaturen und hohen Drucken zu Tetralin und Dekalin hydriert werden[6]; der relativ inaktive Katalysator und die deshalb notwendige hohe Hydriertemperatur führt jedoch zu Qualitätsverschlechterungen der Produkte, weil z. T. Änderungen in der Struktur auftreten; Naphthalin wird z. B. zu Benzolhomologen, hydrierte Naphthalinderivate zu Methylindenprodukten gespalten bzw. umgelagert.

2. Die Hydrierung von Naphthalin zu Tetrahydronaphthalin (Tetralin)

Die Herstellung von 1,2,3,4-Tetrahydronaphthalin, (Tetralin) erfolgt in technischem Maßstab nach dem Verfahren der Dehydag[7] durch Flüssigphase-Hydrierung von Naphthalin in großen Rührautoklaven. Man verwendet dabei einen Kupfer-Mangan-Nickelkatalysator in einer Menge von 1 bis 2% der Naphthalincharge.

Der Katalysator wird hergestellt durch Einbringen einer wäßrigen Nickel-Kupfer-Mangan-Sulfatlösung in eine auf 45 °C erwärmte Sodalösung. Der entstandene Niederschlag der basischen Karbonate wird abfiltriert. Man wäscht mit destilliertem Wasser, bis die Sulfationen vollständig entfernt sind, trocknet und erhält durch Mahlen den Katalysator als feines Pulver. Der Katalysator kann ohne vorherige Reduktion verwendet werden.

Die Hydrierung erfolgt bei 10 bis 15 atü Wasserstoffdruck nach Aufheizen auf 180 °C durch Einleiten von Wasserstoff, wobei die Temperatur unterhalb 240 °C gehalten wird. Durch eine zeitweilig eingeschaltete Wasserkühlung wird eine stärkere Erwärmung durch die exotherme Umsetzung verhindert. Bei Erreichen der Tetralinstufe verlangsamt sich die Wasserstoffaufnahme erheblich. Wenn eine Dichte von etwa 0,970 g/cm³ erreicht ist, bricht man die Hydrierung ab. Der Katalysator kann bei der folgenden Charge wieder eingesetzt werden.

Die Hydrierung ist auch in der Gasphase über fest angeordnetem Nickelkontakt drucklos möglich; bei dieser Arbeitsweise muß unter Umständen noch eine Abtrennung von Ausgangs- und Nebenprodukten erfolgen[8]. Unter höheren Drucken sind Kupferchromitkontakte zu empfehlen[9]. Ebenso ist auch schon die Hydrierung in Gasphase über Platinkatalysatoren vorgeschlagen worden[10].

Die Hydrierung von Naphthalin mit Natrium in flüssigem Ammoniak in Gegenwart von Alkohol liefert Isotetralin (1,4,5,8-Tetrahydronaphthalin)[11], Schmelzpunkt 158 °C; bei

---

[1] USI Chemical News, Chem. Engng. Progr. 56 (1960) Nr. 9, S. 137; Chem. Engng. News 38, 18. April 1960 S. 94.

[2] DAS 1006408 (1955), Union Carbide, Zusatz zu DBP 943769.

[3] E. P. 760054 (1954), 881293 (1959), Yorkshire tar distillers.

[4] E. P. 333511 (1929), I. G. Farben.

[5] GILBERT, G., R. WEIL u. R. HUNTER: Indust. Engng. Chem. 53 (1961) 993—996.

[6] E. P. 336583 (1929), I. G. Farben, Chem. Zbl. 1931, 1012.

[7] Dehydag = Deutsche Hydrierwerke GmbH, Düsseldorf.

[8] A. P. 2537968 (1947), Koppers. Chem. Zbl. 1952, 1243.

[9] DAS 1094740 (1960), Farbenfabrik Bayer. Chem. Zbl. 1962, 12 091.

[10] A. P. 3000983 (1958), Sinclair refining Co., C. A. 1962, 56, 1410.

[11] HÜCKEL, W., u. H. SCHLEE: Chem. Ber. 88 (1955) 346—353.

gleicher Hydrierung von Tetralin erhält man 1,2,3,4,5,8-Hexahydronaphthalin[1]. Besonders die Hexahydronaphthaline sind in letzter Zeit häufig untersucht worden, so z. B. bezüglich Photolyse[2] und Stabilität[3]. Diese Verbindungen sind z. Z. nur von theoretischem Interesse.

3. Tetralin — Eigenschaften, Verwendung und Prüfung

a) Eigenschaften von 1,2,3,4-Tetrahydronaphthalin, Tetralin ($C_{10}H_{12}$)

Tabelle 1.

		technisch	rein[a]	Prüfung nach DIN
Farbe			wasserhell	
Geruch			naphthalinartig	
Mol.-Gewicht			132,2	
Siedegrenzen	°C	200—209	207—208	53171
Erstarrungspunkt	°C	etwa — 31	—	
Dichte bei 20 °C	g/ml	0,963—0,972	—	51757
Brechungszahl	n_D^{20}	etwa 1,54	1,5413	53169
Verdunstungszahl			etwa 190	53170
Flammpunkt	°C	75—77		51758

[a] Durch Zersetzung von umkristallisiertem Ammonium-Tetralin-6-sulfonat mit Schwefelsäure gewonnen. (BASS, K.: J. chem. Soc. (London) 1964, 3498—3499).

Tetralin ist in Wasser praktisch unlöslich, in Methanol beschränkt löslich; mit den meisten organischen Lösungsmitteln jedoch vollständig mischbar.

An der Luft tritt eine allmähliche Gelbfärbung ein, wobei ein Teil des Tetralins unter Ansteigen des Siedepunktes und Zunahme der Dichte zu Tetralinhydroperoxid oxydiert. Dieses kann auch als kristallisierte Substanz erhalten werden[4]. Längere Sauerstoffeinwirkung führt zu weitergehender Oxydation.

b) Verwendung

Tetralin wird hauptsächlich als Lösungsmittel z. B. für Harze, Fette, Öle und für feste und flüssige Kohlenwasserstoffe eingesetzt. Wegen des hohen Siedepunktes verwendet man es als Verdünnungsmittel in der Lackindustrie, als Lösungsmittel für Farbstoffe und Kautschuk, sowie zur Reinigung von Stadt- und Kokereigas von Naphthalin; durch die Zugabe von wenig Naphthalin zu dem noch warmen Gas kann das Auskristallisieren von Naphthalin in den Rohrleitungen verhindert werden.

c) Prüfung

Prüfung auf allgemeine Kenndaten s. Tab. 1. Die chemische Identifizierung beruht auf der leichten Sulfonierbarkeit des Tetralins, die die Abtrennung auch aus Gemischen mit anderen Kohlenwasserstoffen und Aromaten erlaubt[5]. Geringe Mengen an Naphthalin können mit der Pikrinsäuremethode[6] sowie durch refraktometrische Untersuchung[7] bestimmt werden. Durch spektroskopische Untersuchungen können Begleitsubstanzen, wie z. B. Naphthalin oder Tetralinhydroperoxid, quantitativ erfaßt werden[8].

[1] HÜCKEL, W., u. U. WÖRFFEL: Chem. Ber. 89 (1956) 2098—2104.
[2] FONKEN, G. J., u. K. MEHROTRA: Chem. and Ind. 1964, 1025.
[3] BATES, R., u. Mitarb.: J. Amer. chem. Soc. 85 (1963) 3030—3031.
[4] Zur Herstellung und Analyse s. Organic Synthesis, Vol. 34, S. 90; ferner DBP 955498 (1954) sowie D. B. P. 958835 (1955), beide Dehydag.
[5] SCHRÖTER, G.: Liebigs Ann. Chem. 426 (1921) 111.
[6] BRÜCKNER, H.: Gas- u. Wasserfach 5 (1932) 573. — Z. analyt. Chem. 95 (1933) 104.
[7] HUGHES, W., H. WILSON u. C. BOSANQUET: J. Soc. Chem. Ind. 55 (1936) 86 T. — WILLSTÄTTER, R., u. F. SEITZ: Ber. dtsch. Chem. Ges. 56 (1923) 1390.
[8] Siehe z. B. F. WALL u. G. MACMILLAN: J. Amer. chem. Soc. 62 (1940) 2225 sowie R. WILLIAMS, S. HASTINGS u. J. ANDERSON: Analyt. Chem. 24 (1952) 1911—1914.

4. Dekahydronaphthalin (Dekalin)

Wird die Hydrierung von Naphthalin nach Erreichen der Tetralinstufe bei etwas erhöhter Temperatur, nämlich bei 220 bis 240 °C, fortgeführt, erhält man Dekalin, das man auch durch Gasphasehydrierung von Tetralin unter Druck gewinnen kann, wobei wegen der erheblichen Exothermie die Temperatur am Ofenaustritt auf maximal 250 °C gehalten werden muß. Man kontrolliert die Hydrierung durch Bestimmung des spezifischen Gewichtes der Siedegrenzen oder durch refraktometrische und spektroskopische Untersuchung auf Tetralin und Naphthalin[1,2].

Technisches Dekalin, ein Gemisch von cis- und trans-Dekalin, hat eine Dichte von 0,873 bis 0,888 g/ml bei 20 °C, und Siedegrenzen zwischen 183 bis 193 °C.

Die Stellungsisomerie des Dekalins ist durch die cis- bzw. trans-Anordnung der Wasserstoffatome an den beiden Ringen gemeinsamen Kohlenstoffatomen zu erklären. Die beiden Isomerenformen unterscheiden sich in den physikalischen Konstanten[3].

	Dichte D_4^{20} g/ml	Schmelzpunkt	Siedepunkt	Brechungszahl n_D^{20}
cis-Dekalin	0,8967	−43 °C	195 °C	1,48113
trans-Dekalin	0,8700	−31 °C	187 °C	1,4696

Während man bei der technischen Sumpfphasehydrierung unter Verwendung von Nickelkatalysatoren etwa gleiche Teile von cis- und trans-Dekalin erhält[4], kann man bei der Hydrierung mit Edelmetallkatalysatoren und niedriger Temperatur reines cis-Dekalin herstellen[5]. Bei der Hydrierung mit Nickelkatalysatoren bei 300 °C/200 atü Wasserstoffdruck entstehen etwa 90% trans- und 10% cis-Dekalin[6].

Die Trennung der beiden Isomeren ist durch sorgfältige Fraktionierung möglich. Die Umlagerung des cis- in das stabilere trans-Dekalin wird durch peroxidische Katalysatoren[7], höhere Temperaturen und auch Aluminiumbromid oder -chlorid begünstigt[8]. Im Vergleich zu Tetralin ist Dekalin oxydationsstabiler, beim Lagern an Luft wird praktisch kein Sauerstoff aufgenommen. Bei höherer Temperatur verläuft die Autoxidation über Dekalinhydroperoxide[9].

5. Dekalin — Eigenschaften und Verwendung

a) Eigenschaften von technischem Dekahydronaphthalin, Dekalin ($C_{10}H_{18}$)

Das durch Hydrierung gewonnene Dekalin enthält meistens geringe Mengen Tetralin. Die quantitative Bestimmung ist nach fraktionierter Destillation durch refraktometrische

[1] Hughes, W., H. Wilson u. C. Bosanquet: J. Soc. Chem. Ind. 55 (1936) 86T. — Willstätter, R., u. F. Seitz: Ber. dtsch. Chem. Ges. 56 (1923) 1390.

[2] Siehe z. B. F. Wall u. G. Macmillan. J. Amer. Chem. Soc. 62 (1940) 2225 sowie R. Williams, S. Hastings u. J. Anderson; Analyt. Chem. 24, (1952) 1911—1914.

[3] Parks, G., u. J. Hatton: J. Amer. chem. Soc. 71 (1949) 2773.

[4] Hückel, W.: Liebigs Ann. Chem. 441 (1925) 42.

[5] Willstätter, R., u. D. Hatt: Ber. dtsch. Chem. Ges. 45 (1912) 1474. — Zelinsky, N. D., u. M. B. Turowa-Poljak: Ber. dtsch. Chem. Ges. 62 (1929) 2865.

[6] Boelhouwer, C., u. Mitarb.: Brennst.-Chemie 39 (1958) 173.

[7] Roberts, R., u. J. Madison: J. Amer. chem. Soc. 81 (1959) 5839.

[8] Seyer, W., u. C. Yip: Industr. Engng. Chem. 41 (1949) 378.

[9] Jaffe, F., T. Steadman u. R. McKinney: J. Amer. chem. Soc. 85 (1963) 351.

Tabelle 2.

			Prüfung nach DIN
Farbe		wasserhell	
Geruch		kampferartig	
Mol.-Gewicht		138,24	
Siedegrenzen	°C	183—195	53 171
Erstarrungspunkt	°C	unter —40	
Dichte, g/ml	20°C	0,873—0,888	51 757
Brechungszahl	n_D^{20}	1,469—1,481	53 491
Verdunstungszahl		etwa 95	53 170
Flammpunkt	°C	55—63	51 755

Untersuchung[1] oder durch Erfassung der Wärmetönung bei der Nitrierung[2] möglich. Naphthalin ist durch die Pikrinsäuremethode[3], aber auch zusammen mit Tetralin durch die UV-Spektroskopie quantitativ zu erfassen. Die Identifizierung des hydroaromatischen Systems kann nach der Dehydrierung zu Naphthalin an Platin- oder Palladiumkatalysatoren erfolgen[4].

b) Verwendung

Dekalin wird als physiologisch relativ unbedenkliches[5] hochsiedendes Lösungsmittel in der Lackindustrie sowie als Verdünnungsmittel für Farben, Bohnermassen und Schuhcremes gebraucht.

III. Die Hydrierung von Benzol

1. Allgemeines

Die Hydrierung von Benzol aus Steinkohlenteer und Erdöl[6] zu Cyclohexan. einem wichtigen Zwischenprodukt für die Herstellung von Adipinsäure und Caprolactam hat große technische Bedeutung[7] erlangt. Cyclohexan kann auch aus dem Erdöl[8] gewonnen werden; für die Weiterverarbeitung auf Nylonprodukte muß das direkt gewonnene Cyclohexan noch durch sorgfältige Reinigung auf eine entsprechende Qualität aufbereitet werden[9].

Die Hydrierung von Benzol, die im Labor beispielsweise mit Edelmetall- oder Nickel- bzw. Kobaltkatalysatoren bei geringem Druck und niederer Temperatur in der flüssigen Phase erfolgen kann[10] wird in der Technik in der flüssigen Phase oder in der Gasphase über fest angeordnetem Nickelkatalysator bei Drucken bis etwa 20 atü und etwa 200 °C durchgeführt[11]; auch die drucklose Benzolhydrierung über Nickel/Chromkontakten bei 115 bis 120 °C ist beschrieben[12]. Das verwendete Benzol muß möglichst frei von schwefelhaltigen Verbindungen (Thiophen)

---

[1] HUGHES, W., H. WILSON u. C. BOSANQUET: J. Soc. Chem. Ind. 55 (1936) 86 T. — WILLSTÄTTER, R.., u. F. SEITZ: Ber. dtsch. Chem. Ges. 56 (1923) 1390.
[2] CERVENY, W. J., J. A. HINKLEY u. B. CORSON: Analyt. Chem. 19 (1947) 82—86.
[3] BRÜCKNER, H.: Gas- u. Wasserfach 5 (1932) 573. — Z. analyt. Chemie 95 (1933) 104.
[4] EHRENSTEIN, M., u. W. BUNGE: Ber. dtsch. Chem. Ges. 67 (1934) 1715, 1719, 1725.
[5] Siehe I. SAX: Dangerous Properties of Industrial Materials, S. 534. New York: Reinhold 1958.
[6] A. P. 2951886 (1958), Ashland Oil & Refining Co.
[7] STOBAUGH, R.: Petroleum Refiner 44 (1965) Nr. 10, S. 157—165.
[8] A. P. 2637749 (1948), Phillips Petroleum Co., C. A. 1953, 47, 7266. — A. P. 2493567 (1950), Anglo Iranian Oil Co., C. A. 1950, 44, 5385. — E. P. 585850 (1947), Anglo Iranian Oil Co., C. A. 1947, 41, 6398.
[9] A. P. 3009002 (1961), Phillips Petroleum Co., C. A. 1962, 56, 12771.
[10] EMMET, P., u. N. SKAU: J. Amer. chem. Soc. 65 (1943) 1029.
[11] WINSOR, J., J. CARRUTHERS u. W. A. PEET: Erdöl u. Kohle 20 (1967), 272—275.
[12] DBP 889591 (1942), Farbenfabrik Bayer.

sein, was man früher durch Schwefelsäurewäsche, heute überwiegend durch Druckraffination mit Wasserstoff unter Verwendung schwefelfester Katalysatoren erreicht[1].

Bei der exotherm verlaufenden Hydrierung muß die Temperatursteigerung durch gute Wärmeabfuhr, Auftrennung des Reaktionsraums auf mehrere Hydrierzonen, sowie durch Rückführung von gekühltem Hydrierprodukt beschränkt werden[2], um die bei höherer Temperatur stärker einsetzende Isomerisierung des Cyclohexans zu Methylcyclopentan zu vermeiden[3]; höhere Temperaturen begünstigen zudem die Dehydrierung und machen wiederum höhere Wasserstoffdrucke notwendig. Bei nur geringem Schwefelgehalt des Benzols ist auch die technische Verwendung von Platinkatalysatoren möglich[4]. Schwefelfeste Katalysatoren, z. B. aus Sulfiden oder Oxiden von Metallen der 6. Gruppe, sind verschiedentlich vorgeschlagen worden. Solche Katalysatoren haben zwar eine lange Lebensdauer, verlangen aber wesentlich höhere Drucke und Temperaturen als die Nickelkatalysatoren[5].

Analog zur Benzolhydrierung können auch die Hydrierprodukte anderer aromatischer Kohlenwasserstoffe aus dem Steinkohlenteer gewonnen werden, deren Nachfrage jedoch gering ist.

2. Cyclohexan — Eigenschaften und Verwendung

a) Eigenschaften von Cyclohexan, Hexahydrobenzol (C_6H_{12})

Tabelle 3.

			Prüfung nach DIN
Farbe		wasserhell	
Geruch		ähnlich CCl_4	
Mol.-Gewicht		84,16	
Siedepunkt	°C	80,7	
Schmelzpunkt	°C	6,5	
Dichte bei 20 °C	g/ml	0,779	51757
Brechungszahl	n_D^{20}	1,4262	53491
Verdunstungszahl		2,9	53170
Flammpunkt (geschlossener Tiegel, ASTM D 56).	°C	—17	

Die Löslichkeit von Wasser in Cyclohexan ist gering, die von Methanol nur beschränkt, während die meisten organischen Lösungsmittel mit Cyclohexan vollständig mischbar sind.

Der Cyclohexangehalt kann chromatographisch bestimmt werden[6]. Hydroaromatische Begleitkohlenwasserstoffe sind in Kombination von physikalischen und chemischen Methoden erkennbar; beispielsweise kann nach sorgfältiger Fraktionierung das Cyclohexan (Sdp. 80,7 °C) leicht zu Benzol dehydriert werden[7], während Benzol (Sdp. 80,1 °C) oder 2,4-Dimethylpentan (Sdp. 80,5 °C) durch Platin- oder Palladiumkatalysatoren nicht verändert werden. Eine quantitative Methode zur Bestimmung von Cyclohexan in Gegenwart von Benzol und aliphatischen Kohlenwasserstoffen hat BERL[8] angegeben; die Bestimmung kann

[1] DBP. 844440 (1949), Scholvenchemie. Chem. Zbl. 1952, 7572. — MANN, R. S.: J. chem. Soc. (London) 1964, 1531.

[2] A. P. 2755317 (1956), Universal Oil Products. C. A. 1957, 51, 2857.

[3] v. d. BURGT, M. J., u. Mitarb.: Brennst.-Chemie 40 (1959) 383—389. — HAENSEL, V.: Industr. Engng. Chem. 57 (1965) Nr. 6, S. 22—23.

[4] A. P. 3054833 (1960), Universal Oil Products.

[5] E. P. 322445 (1928), vgl. C. 1930 I, 1698, A. P. 1960977 (1929). — PIER, M.: Z. Elektrochem. 53 (1949) 291, 297.

[6] SPAKOWSKI, A. E., A. EVANS u. R. HIBBARD: Analytic. Chem. 22 (1950) 1419. — LITTLEWOOD, A.: J. Gaschromatography, Vol. 1, Nr. 11, S. 16 (1963).

[7] PLATTNER, A.: Z. angew. Chem. 55 (1942) 131, 154.

[8] BERL, E., u. W. KOERBER: Industr. Engng. Chem., anal. Edit. 12 (1940) 175.

im Mikromaßstab ausgeführt werden. Nach Reinigung durch Kieselgelfiltration wird Cyclohexan sehr rein erhalten[1]. Geringe Verunreinigungen durch Benzol können durch UV-Spektroskopie erfaßt werden[2]. Die Reinheitsbestimmung ist auch durch IR-Analyse[3] oder refraktometrische Untersuchungen möglich[4].

Cyclohexan kommt in zwei stereoisomeren Formen vor, die als Sessel- und Bootsform bezeichnet werden. Das Energiepotential der Bootsform liegt um etwa 6 kcal höher als das der Sesselform, so daß wegen der niedrigen Energieschwelle der Übergang der einen Form in die andere relativ schnell erfolgen kann. Das Gleichgewicht liegt jedoch ganz überwiegend auf seiten der Sesselform[5].

b) Verwendung

Cyclohexan ist ein hervorragendes Lösungsmittel, beispielsweise für Wachse, Öle, Rohkautschuk und Bitumen, und ist häufig in Verdünnungsmiteln für Lacke enthalten. Wichtiger ist die Verwendung für die Herstellung von Adipinsäure, die durch Oxydation in der flüssigen[6] oder in der Gasphase[7,8] erfolgen kann. Adipinsäure wird in großen Mengen für die Produktion von Nylon 66, einem Polymeren aus Adipinsäure und Hexamethylendiamin verwendet[9].

Cyclohexan kann mit verdünnter Salpetersäure zu Nitrocyclohexan umgesetzt werden, aus dem man durch Hydrierung Cyclohexanonoxim und daraus durch Beckmannsche Umlagerung Caprolactam erhält[10].

IV. Hydrierung der phenolischen Steinkohlenteerbestandteile

1. Allgemeines

Die Hydrierung der sauren Teerbestandteile kann, ebenso wie die Hydrierung von Naphthalin, sowohl in Sumpfphase als auch in der Gasphase durchgeführt werden. Meistens wird die kontinuierliche Hydrierung über fest angeordneten Katalysatoren vorgezogen. Beim Überleiten von verdampftem Phenol über Nickelkatalysatoren unter Normaldruck[11] erhält man ein phenolhaltiges Cyclohexanol, das noch Cyclohexanon enthalten kann und meistens auf Adipinsäure weiterverarbeitet wird. Hydriert man bei einem Wasserstoffdruck zwischen 15 und 20 atm muß das erhaltene Cyclohexanol noch durch Destillation gereinigt werden. Durch Hydrierung bei 150 bis 220 °C und 200 bis 250 atm Wasserstoffdruck erhält man ein phenolfreies Hydrierprodukt mit gutem Erstarrungspunkt. Bei Temperaturen oberhalb 250 °C wird Cyclohexanol zunehmend zu Cyclohexan weiterhydriert[12]. — In gleicher Weise wie bei der Hydrierung von Phenol wird auch bei der Hydrierung von Kresol verfahren.

---

[1] HESSE, G., u. H. SCHILDKNECHT: Angew. Chem. 67 (1955) 737.

[2] ASTM-Standard D 1017-51.

[3] MANIÈRE, B.: C. r. hebd. seances Acad. Sci. 212 (1941) 345.

[4] GOODING, R., N. ADAMS u. H. HALL: Industr. Engng. Chem., anal. Edit. 18 (1946) 2.

[5] KOHLRAUSCH, K. W. F., u. W. STOCKMAIR: Z. phys. Chem. 31 (1936) 382; 390 Chem. Zbl. 1937 I, 569.

[6] A. P. 2223493 (1938), Du Pont; A. P. 2223494 (1939), Du Pont.

[7] Chemical Week, 5. Aug. 1961, S. 83.

[8] A. P. 2386372 (1944), Phillips Petroleum. A. P. 2439513 (1948), Du Pont.

[9] SHERWOOD, P.: Brennst.-Chemie 43 (1962) 372—375, STOBAUGH, R.: Petr. refiner 44 (1965) Nr. 10, S. 157—165.

[10] GRUNDMANN, CH., u. H. HALDENWANGER: Angew. Chem. 62 (1950) 556. — GRUNDMANN, CH.: Angew. Chem. 62 (1950) 558.

[11] Siehe z. B. DBP. 904529 (1942), Farbenfabrik Bayer, Chem. Zbl. 1954, 9144.

[12] WOJCIK, B., u. H. ADKINS: J. Amer. chem. Soc. 55 (1933) 1293.

2. Cyclohexanol — Eigenschaften und Verwendung

a) Eigenschaften von Cyclohexanol, Hexahydrophenol, Hexalin, Anol

ist eine ölige, wasserhelle bis schwachgelbliche, hygroskopische Flüssigkeit mit einem an Kampfer erinnernden Geruch, die in völlig wasserfreiem Zustand bei 25 °C erstarrt. Der Siedepunkt der Reinsubstanz, $(C_6H_{11}OH)$, MG = 100,16, liegt bei 161 °C.

Tabelle 4. *Eigenschaften von technischem Cyclohexanol.*

			Prüfung nach DIN
Farbe		wasserhell bis schwachgelb	
Geruch		kampferähnlich	
Siedegrenzen	°C	155—163	53171
Erstarrungspunkt	°C	18—22	
Dichte bei 25°	g/ml	0940—0950	51757
Brechungszahl	n_D^{25}	1,46—147	53491
Verdunstungszahl		etwa 400	53170
Flammpunkt	°C	etwa 67[a]	51758
Hydroxylzahl		520—560[b]	

[a] Teilweise werden auch niedrigere Flammpunkte genannt.

[b] Prüfung nach DGF-Einheitsmethoden C-V 17a (53) bzw. C-V 17b (53). Stuttgart: wissenschaftl. Verlagsgesellschaft. (DGF = Deutsche Gesellschaft für Fettwissenschaften Münster i. W.) — Zur Analytik siehe auch: HOUBEN-WEYL: Methoden der organischen Chemie, Bd. II. Analytische Methoden, Stuttgart: Thieme 1953, S. 330f.

Cyclohexanol ist in organischen Lösungsmitteln vollständig löslich; es kann bei 10 °C etwa 11% Wasser lösen, während andererseits etwa 5,7% Cyclohexanol in Wasser löslich sind.

Die Identifizierung des Cyclohexanols erfolgt unter Ausnutzung der Hydroxylgruppe durch Umsetzung mit Dinitrobenzoylchlorid oder auch durch direkte Veresterung, wobei leicht kristallisierende Derivate erhalten werden, z. B.

Ester der 3,5-Dinitrobenzoesäure   Schmelzpunkt 112 bis 113 °C,
Ester der Anthrachinon-β-carbonsäure   Schmelzpunkt 117 bis 118 °C,
Cyclohexylphenylurethan   Schmelzpunkt   81 °C.

Geeignet ist auch der direkte Nachweis durch Oxydation mit Salpetersäure oder Permanganat zu Adipinsäure[1].

b) Verwendung

Cyclohexanol wird als Esterkomponente für Weichmacherprodukte eingesetzt sowie als Lösungsmittel und Lösungsvermittler in der Lackindustrie verwendet. Durch Oxydation kann aus Cyclohexanol, oder Mischungen aus Cyclohexanol und Cyclohexanon Adipinsäure hergestellt werden[1]. In kleinem Umfang wird Cyclohexanol auch Textilveredlungsmitteln, Entfettungsmitteln u. dgl. zugesetzt. Die Ester von Cyclohexanol sind in der Geruchstoffindustrie verwendbar[2].

3. Methylcyclohexanol

Das handelsübliche Methylcyclohexanol wird aus technischen Kresolmischungen[3] hergestellt; deshalb sind nach der Hydrierung durchweg die drei möglichen

[1] Siehe z. B. ,,Organic Synthesis" 5 (1925) 9; 13 (1933) 110. New York: J. WILEY.

[2] JACOBS, M.: American Perfumer 50 (1947) 44—46. — HOFFMANN, W. L.: Riechstoffe u. Aromen 1958, 297.

[3] RAPPEN, L.: Brennst.-Chemie 39 (1958) 65—74.

isomeren Hexahydrokresole sowohl in cis- als auch in trans-Form darin enthalten. Die geringen Unterschiede in den Siedepunkten der strukturisomeren Methylcyclohexanole ($C_7H_{14}O$, MG = 114.19) lassen nur die destillative Abtrennung der 2-Methylcyclohexanole (Sdp. 165—167 °C) zu, während die 3- und 4-Methylcyclohexanole (Sdp. 172—173 °C), bei denen auch die Differenzen in Dichte und Brechungszahl sehr klein sind, nicht getrennt werden können. Die Reindarstellung der sterischen Isomeren ist durch die fraktionierte Kristallisation geeigneter Derivate möglich, aber nur von theoretischem Interesse[1].

a) Eigenschaften und Prüfung

Tabelle 5. *Eigenschaften von handelsüblichem Methylcyclohexanolgemisch (Methylhexalin, Methylanol)*

			Prüfung nach DIN
Farbe		wasserhell	
Geruch		kampferähnlich	
Siedegrenzen	°C	169—180	53171
Erstarrungspunkt	°C	— 40 bis — 60	53169
Dichte bei 20° C	g/ml	0,92—0,93	
Brechungszahl	n_D^{20}	1,461	53169
Verdunstungszahl		etwa 800	53170
Flammpunkt	°C	etwa 67[a]	51758
Hydroxylzahl		etwa 450[b]	

[a] Teilweise werden auch niedrigere Flammpunkte genannt.
[b] Prüfung nach DGF-Einheitsmethoden C-V 17a (53) bzw. C-V 17b (53), Stuttgart: Wissenschaftl. Verlagsgesellschaft; zur Analytik siehe auch: HOUBEN-WEYL: Methoden der organischen Chemie, Bd. II: Analytische Methoden, Stuttgart: Thieme 1953, S. 330f.

Bei 20 °C lösen sich etwa 1,5 ml Methylcyclohexanol in 100 ml Wasser und etwa 6 bis 8 ml Wasser in 100 ml Methylcyclohexanol.

Die Prüfung von methylcyclohexanolhaltigen Produkten erfolgt auf den üblichen Wegen der Isolierung des Methylcyclohexanols. Sind größere Mengen Methylcyclohexanol isolierbar, kann man die Bestimmung der physikalischen Konstanten sowie den charakteristischen Geruch des Methylcyclohexanols zu einer sicheren Identifizierung verwenden. Bei Vorliegen von nur kleinen Mengen Methylcyclohexanol bereitet die komplexe Zusammensetzung des technischen Methylcyclohexanols erhebliche Schwierigkeiten. Spezielle Untersuchungsmethoden sind in der Literatur beschrieben[2].

b) Verwendung

Methylcyclohexanol wird hauptsächlich in Form der Adipin-, Sebacin- und Phthaleinsäureester als Weichmacher für Kunststoffe (PVC) eingesetzt, sowie in geringem Umfang als Lösungsmittel und für Textilhilfsmittel verwendet.

4. Cyclohexanon und Methylcyclohexanon (Umwandlungsprodukte der hydrierten phenolischen Teerbestandteile)

Die Herstellung von Cyclohexanon kann außer durch Oxydation von Cyclohexan auch durch katalytische Dehydrierung von Cyclohexanol erfolgen, wobei man als Katalysatoren feinverteilte Metalle wie Raney-Kupfer, Raney-Nickel

---

[1] SKITA, A.: Liebigs Ann. Chem. 431 (1923) 17. — SKITA, A., u. W. FAUST: Ber. dtsch. chem. Ges. 64 (1931) 2880. — HÜCKEL, W., u. K. HAGENGUTH: Ber. dtsch. chem. Ges. 64 (1931) 2892. — Siehe auch R. SABATIER u. A. MAILHE: C. r. hebd. séances Acad. Sci. 140 (1905) 352.
[2] MARCUSSON, J.: Chem.-Ztg. 49 (1925) 656. — LINDNER, K., u. J. ZICKERMANN: Z. dtsch. Öl- u. Fettindustrie 44 (1924) 265; 45 (1925) 189, 205.

oder Raney-Kobalt bei 250 bis 300 °C verwendet. Technisch kann man beim Überleiten von verdampftem Cyclohexanol über einen fest angeordneten Kupferkatalysator bei etwa 320 °C ein etwa 80- bis 90%iges Cyclohexanon erhalten[1]. Neben Kupferoxid- und Kupferchromitkatalysatoren[2] sind auch Legierungen von Zink mit Kupfer, Zinkoxid- oder Zinkchromitkatalysatoren brauchbar[3]. In Gegenwart von Luft sind bei Verwendung von Silberkatalysatoren erhebliche höhere Reaktionstemperaturen notwendig. Das durch Dehydrierung des Cyclohexanols gewonnene technische Produkt kann durch Fraktionierung im Vakuum zu gereinigtem Cyclohexanon aufgearbeitet werden. Die Herstellung von Methylcyclohexanon ist in gleicher Weise möglich.

a) Cyclohexanon

Technisches Cyclohexanon enthält stets gewisse Mengen Cyclohexanol die durch Destillation nicht vollständig abgetrennt werden können. Die Siedegrenzen einer Handelsware liegen zwischen 145 und 160 °C; die Dichte bei etwa 0,950 g/ml, die Brechungszahl n_D^{20} bei 1,45 und die Verdunstungszahl (DIN 53170) bei etwa 40; der Flammpunkt (DIN 51755) wird mit etwa 44 °C angegeben. Reines Cyclohexanon, $C_6H_{10}O$, MG = 98,15, hat einen Siedepunkt von 155 °C bei 758 Torr, einen Schmelzpunkt von —31 °C und eine Dichte D_4^{20} von 0,946 g/ml. Cyclohexanon ist eine ölige Flüssigkeit von charakteristischem Geruch, die in den meisten organischen Lösungsmitteln vollständig löslich, mit Wasser jedoch nur beschränkt mischbar ist. Die Identifizierung von Cyclohexanon kann mit Hilfe des Oxims von Schmp. 90 °C erfolgen. Die quantitative Bestimmung ist durch Titration der bei der Umsetzung mit Hydroxylaminhydrochlorid freigewordenen Salzsäure[4] oder des abgespaltenen Wassers[5] möglich.

b) Methylcyclohexanon

Technisches Methylcyclohexanon enthält die drei isomeren cyclischen Ketone neben gewissen Mengen der Methylcyclohexanole. Die Siedegrenzen der verschiedenen Handelssorten schwanken etwa zwischen 160 und 176 °C, die Dichte D_4^{20} zwischen 0,915 und 0,921 g/ml; die Brechungszahl liegt um 1,448, die Verdunstungszahl (DIN 53170) bei etwa 50, der Flammpunkt (DIN 51755) bei 48 °C. Die Konstanten der strukturisomeren Methylcyclohexanone ($C_7H_{10}O$, MG = 112,17) werden wie folgt angegeben:

	Dichte bei 20 °C g/ml	Siedepunkt °C
2-Methylcyclohexanon	0,925	165
3-Methylcyclohexanon	0,915	169
4-Methylcyclohexanon	0,915	171

Die Identifizierung der drei isomeren Methylcyclohexanone kann über die Oxime und die Semicarbazone erfolgen.

c) Eigenschaften und Verwendung der cyclischen Ketone

Die aus den entsprechenden cyclischen Alkoholen hergestellten Ketone sind leicht bewegliche, farblose Öle, die beim Lagern im trockenen Zustand unverändert

[1] BIOS-Report 743.

[2] A. P. 2218457 (1937), Wingfoot Corp., C. A. 35 (1941) 1064.

[3] DRP. 743004 (1940), I. G. Farben, Chem. Zbl. 1944 II, 796, A. P. 1895516 (1930), Du Pont, Chem. Zbl. 1933 I, 3498.

[4] SCHULTES, H.: Z. angew. Chem. 47 (1934) 258.

[5] MITCHEL, J., u. Mitarb.: J. Amer. Chem. Soc. 63 (1941) 573—574.

bleiben. In wäßriger Lösung zersetzen sie sich langsam, wobei sich u. a. verschiedene Säuren bilden[1].

Während technisches Cyclohexanon hauptsächlich durch Oxydation zu Adipinsäure weiterverarbeitet wird, verwendet man reines Cyclohexanon in großem Umfang als Zwischenprodukt für die Herstellung von Polyamiden (Nylon, Perlon). Die Handelserzeugnisse werden auch als Lösungsmittel für PVC, Celluloseester, basische Farbstoffe und als Ausgangsmaterial für Cyclohexanonharze gebraucht. Methylcyclohexanon ist ähnlich verwendbar.

V. Hydriererzeugnisse der basischen Teerbestandteile

1. Allgemeines

Die katalytische Hydrierung der Teerbasen, wie z. B. von Pyridin zu Piperidin, erfolgt in technischem Maßstab ggf. nach Vorreinigung über sulfidischen Metallkatalysatoren im Mitteldruckbereich unter Verwendung von Nickelkatalysatoren, wobei sowohl in der flüssigen als auch in der Gasphase gearbeitet werden kann[2]. Zur Vermeidung von Nebenreaktionen müssen dabei relativ enge Temperaturgrenzen eingehalten werden; man hydriert meistens bei 150 bis 200 °C[3]. Kürzlich wurde auch die technische Verwendung spezieller Kobaltkatalysatoren beschrieben[4]. Laborhydrierungen werden meist unter Verwendung von Platinkatalysatoren durchgeführt[5]. Bei der Hydrierung mit Ruthenium- und Rhodium-Platinoxidkatalysatoren[6] sind niedrige Temperaturen möglich.

In ähnlicher Weise wie Pyridin werden auch die anderen Teerbasen, z. B. Lutidin oder Collidin, Chinolin und Isochinolin, hydriert. Die Darstellung der hydrierten Verbindungen kann allerdings auch aus den entsprechenden sauerstoffhaltigen heterocyclischen Verbindungen (Pyran, Dioxan u. dgl.) durch Ersatz des Sauerstoffs mit Ammoniak gewonnen werden. Tetrahydropyran ergibt bei 300 °C mit Ammoniak über Aluminiumoxidkatalysator Piperidin, Dioxan mit Anilin ein Diphenylpiperazin u. dgl.[7].

Cyclohexylamin kann man durch Hydrierung von Anilin oder aus der Reaktion von Cyclohexanol mit Ammoniak in Gegenwart von Nickel oder Kupferkatalysator herstellen, die gleiche Substanz bildet sich bei der Hydrierung von Phenol in Gegenwart von Ammoniak[8].

2. Piperidin — Eigenschaften, Verwendung, Prüfung

a) Eigenschaften

Piperidin, $C_5H_{11}N$, MG = 85,14, ist eine farblose Flüssigkeit von ammoniakalischem Geruch. Der Erstarrungspunkt beträgt −13 °C, der Siedepunkt 106 °C, die Dichte D_4^{20} 0,861 g/ml. Piperidin ist eine starke Base, die mit Wasser in aller Verhältnissen mischbar ist. Die Löslichkeit in Alkohol und Äther ist beschränkt Die wäßrige Lösung reduziert ammoniakalische Silberlösung.

---

[1] Ciamician, G., u. P. Silber: Ber. dtsch. chem. Ges. 41 (1908) 1071.

[2] D. R. P. 574137, 558566 (1925), I. G. Farben, K. Smeykal u. K. Moll, Chem. Techn. 19 (1967) Nr. 2, 92—96.

[3] Adkins, H., u. Mitarb.: J. Amer. chem. Soc. 56 (1934) 2425. — Signaigo, F., u. H. Adkins: J. Amer. chem. Soc. 58 (1936) 709.

[4] Smeykal, K., u. G. Esser: DDR-Pat. 27348 (1959).

[5] Skita, A., u. W. Brunner: Ber. dtsch. chem. Ges. 49 (1916) 1597.

[6] Nachrichten aus Chemie u. Techn. 1961, S. 205. — Nishimura, S., u. H. Taguchi: Bull. Chem. Soc. Japan 35 (1962) 1625.

[7] DRP 706693 (1939), I. G. Farben, Chem. Zbl. 1941 II, 1797.

[8] E. P. 314872 (1929), Compagnie de produits Alais, Chem. Zbl. 1930 I, 1052; Guyot, A., u. M. Fournier: Bull. Soc. Chim. France (4) 47, 203; Chem. Zbl. 1930 I, 2730.

b) Verwendung

Piperidin kommt in vielen Naturstoffen vor, wird aber bei der technischen Synthese solcher Alkaloide zumeist aus reaktionsfähigen Substanzen aufgebaut. Es findet in der Kautschukindustrie in Substanz[1], aber auch in Form des Piperidin- oder eines anderen Salzes der N-Pentamethylendithiocarbamidsäure als Vulkanisationsbeschleuniger für selbstvulkanisierende und kurzheizende Mischungen Verwendung. In kleinem Umfang werden mit Piperidin antistatische Mittel und Textilhilfsmittel hergestellt.

c) Prüfung

Zum Nachweis versetzt man eine 0,5%ige Nitroprussidnatriumlösung, der wenige Tropfen Acetaldehyd zugesetzt werden, mit der zu untersuchenden Piperidinbase. Bei Anwesenheit von Piperidin entsteht eine enzianblaue Färbung. Andere organische Basen ergeben jedoch ähnliche Färbungen. Zur Identifizierung kann das Benzoylderivat, Schmp. 48 °C, das Hydrochlorid, Schmp. 244 bis 245 °C, und das Styphnat, Schmp. 231 °C, herangezogen werden. Die quantitative Bestimmung von Piperidin in Mischung mit Pyridin kann durch potentiometrische Titration erfolgen. Die gravimetrische Bestimmung mit alkoholischer Pikrolonsäure ergibt etwas zu kleine Werte[2].

E. Benzol und seine Homologen

Von Th. Hammerich und W. Grothe†, Bochum

Inhaltsübersicht

---

[1] A. P. 2557 363 (1951), Standard Oil, C. A. 45 (1951) 8809.
[2] Freundlich, H., u. A. Krestownikow: Z. phys. Chem. 76 (1911) 81.

I. Allgemeines

Benzol entsteht zusammen mit Toluol, Äthylbenzol, den 3 isomeren Xylolen und den höheren Homologen beim Verkokungsprozeß der Steinkohle[1]. Sie werden vornehmlich aus dem Koksofengas isoliert (Ausbeute pro Tonne Trocken-Kohle etwa 9 bis 10 kg).

Außerdem werden Benzol, Toluol und Xylol („BTX") aus Erdöl gewonnen.

1952 stammen in USA von 1,425 Mio t Aromaten bereits 37% aus Erdöl. 1956 lag deren Anteil schon bei 55%, 1960 bei 83%. 1963 entfielen von insgesamt 463 Mio t nur noch rd. 500000 t, d. h. 11% auf Kokereiaromaten.

---

[1] Entdeckt im Jahre 1825 durch FARADAY; im Jahre 1833 zum ersten Male von MITSCHERLICH dargestellt; Konstitutionsformel von KEKULÉ (1865).

In Deutschland und in den übrigen Industrieländern Europas zeichnet sich die gleiche Entwicklung ab.

II. Nomenklatur und Statistik

1. Nomenklatur

Im deutschen Sprachgebrauch gilt das Wort Benzol häufig als Sammelbegriff für die Aromaten. Unter Motorenbenzol versteht man beispielsweise das raffinierte Kokereibenzol über den ganzen Siedebereich. Es gibt Handelsprodukte wie „Lösungsbenzol" und „Schwerbenzol", die das C_6H_6 überhaupt nicht enthalten. Im Englischen ist man präziser und bezeichnet die reinen Kohlenwasserstoffe mit Benzene, Toluene, Xylene. Der Ausdruck „Benzole" gilt für Erzeugnisse geringeren Reinheitsgrades. Auch in Frankreich gibt es solche Differenzierung.

2. Statistik und Verwendung

Die deutsche Erzeugung an Benzol und Homologen (s. Abb. 1) entfällt zu 80% auf die dem Benzolverband bzw. der ARAL AG als Rechtsnachfolgerin angeschlossenen Kokereien. Geographisch verteilt sie sich etwa folgendermaßen:

	Deutsches Reich 1938 %	BR Deutschland 1963 %
Ruhrgebiet einschl. Niedersachsen und Aachener Revier	70	88
Ober- und Niederschlesien	16	—
Saargebiet	12	12

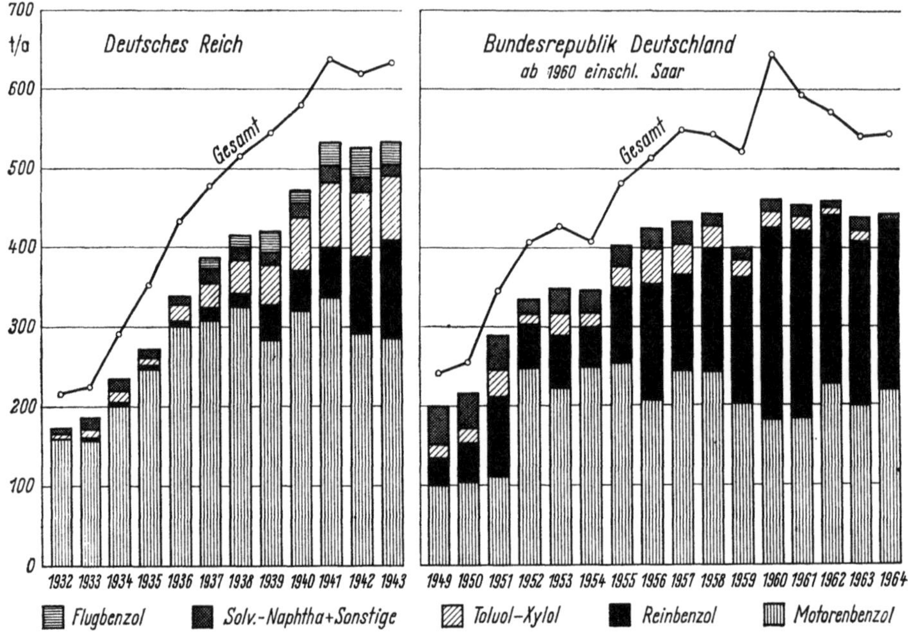

Abb. 1. Kokereibenzol — Erzeugung in den Jahren 1932–1964.

Aus Erdöl wurden 1963 38000 t Reinaromaten hergestellt, entsprechend rd. 6% des Gesamtaufkommens. Bis 1965 waren es bereits 230000 Jahrestonnen BTX auf Erdölbasis.

Im Jahre 1938 gingen 30% der Benzolerzeugung in die chemisch-technische Verarbeitung, 70% in den Kraftstoffsektor. 1963 betrug das Verhältnis etwa 1:1. Abb. 1 gibt Einblick in die Entwicklung des Kokereibenzols seit 30 Jahren. (Die Säulen entsprechen dem Anteil des B. V.).

Tabelle 1. *Erzeugung von Benzol und seinen Homologen in Europa und USA (im Jahre 1963).*

Erzeugnis	Europa	USA
Benzol	740 300 t	2 166 000 t
Toluol	148 300 t	1 339 200 t
Xylol	113 200 t	1 099 000 t
Solvent Naphtha und Sonstige	125 600 t	30 000 t
Motorenbenzol	403 400 t	—
	1 530 800 t	4 634 200 t

Tabelle 2. *Verwendung von Benzol und seinen Homologen in USA* (in 1000 t).

	1950	1955	1960	1965
Styrol	214	402	733	1080
Phenol	145	210	341	530
Cyclohexan/Nylon[a]	60	83	124	595
Dodecylbenzol	33	74	114	110
Anilin	44	56	43	77
DDT	37	46	54	40
Benzol-Hexachlorid (BHC)	17	8	7	7
Maleinsäure-Anhydrid	10	31	33	67
Mono-, Dichlorbenzol	44	29	37	67
Nitrobenzol	10	7	7	7
Diphenyle	10	8	14	16
Verschiedene	23	20	60	61
	647	974	1567	2657

[a] Cyclohexanherstellung durch Benzolhydrierung s. auch R. B. Stobaugh: Hydrocarbon Processing and Petrol. Refiner 44 (1965) 157. — Winsor, J., u. J. Carruthers: Herstellung von Cyclohexan durch Hydrierung. Erdöl u. Kohle 20 (1967) 272.

III. Gewinnung und Verarbeitung

1. Aus Kohle

a) Entstehung

Die Zusammensetzung des Kokereibenzols ist abhängig von den Verkokungsbedingungen. Beim Verkokungsprozeß bilden sich in den kalten Zonen zunächst Nichtaromaten und höhersiedende Homologen. Diese als Primäröle[1] bezeichneten Produkte durchstreichen dann mit den übrigen Gasen den heißen Koks. Dabei vollzieht sich der Ringschluß zu Benzol und eine gewisse Dealkylierung der Homologen.

---

[1] Beckmann, R., u. W. Thürauf: Brennst.-Chemie 46 (1965) 65.

Durch den Einfluß hoher Temperatur werden höher molekulare Verbindungen abgebaut und primär gebildete Paraffine und Naphthene in Aromaten umgewandelt. Bei der Hochtemperaturverkokung über 1200 °C entstehen demzufolge C_6H_6-reiche und an Nichtaromaten arme Produkte. Mit fallender Temperatur nimmt der Gehalt an Benzolhomologen und Nichtaromaten zu. Die Niedrigtemperaturverkokung, Schwelung genannt, die bei Temperaturen um 600 °C arbeitet, führt zu Schwelbenzin mit beträchtlichen Anteilen an Aliphaten[1].

b) Gewinnung des Rohbenzols

α) Aus Koksofengas. Die Gewinnung erfolgt überwiegend durch Auswaschen mit Waschöl.

Die Benzoldämpfe verlassen zusammen mit Koksgas und Teerdämpfen durch ein Steigrohr die Ofenkammer. Nachdem durch Kühlung der Teer niedergeschlagen und mittels Wasser das Ammoniak ausgewaschen ist, strömt das Rohgas in die Benzolwaschtürme. Die Anreicherung des Benzols im Waschöl beträgt bis zu 5%. Die Auswaschung der Gase, die zur Unterfeuerung verwendet werden, erfolgt unter Normaldruck, während der größte Teil des Ferngases unter Druck entbenzolt wird.

Die Trennung des Benzols vom Waschöl erfolgt in Abtreibern durch Hitzebehandlung mit Wasserdampf oder in Röhrenöfen. Man erhält ein sog. Benzolvorerzeugnis, eine gelbe bis dunkelbraune, übelriechende Flüssigkeit: Dichte/15 °C etwa 0,885; Siedegrenzen von 80 bis 200 °C; Gesamtschwefel 0,6 bis 0,7% (Waschölgehalt etwa 5%).

Etwa 3% des Benzols werden bereits mit dem Teer abgeschieden; sie unterscheiden sich vom Rohbenzol durch ihren höheren Gehalt an sog. Lösungs- und Schwerbenzol.

Die Gewinnung des Benzols kann auch durch die „Benzolkaltwäsche" (Koppers) oder die „Linde-Tiefkühlung" erfolgen. Kleinere Anlagen arbeiten mit Adsorptionsmitteln (z. B. das Benzorbonverfahren mit Aktivkohle).

β) Aus Teer. Das aus Teer gewonnene Leichtöl wird durch Destillation im allgemeinen in folgende Fraktionen zerlegt:

Rohbenzol I	Siedegrenzen von 87 bis 135 °C	21%,
Rohbenzol II	Siedegrenzen von 135 bis 165 °C	9%,
Solvent Naphtha	Siedegrenzen von 165 bis 180 °C	15%,
Solvent Naphtha hochsiedend	Siedegrenzen von 180 bis 200 °C	11%,
Rückstände		42%.

Die einzelnen Fraktionen werden gereinigt und redestilliert. Man erhält dann im Durchschnitt aus 100 kg Teer etwa 15 kg Leicht- und Mittelöl und daraus:

0,5 kg Rohbenzol,
0,2 kg Rohtoluol,
0,5 kg Rohsolvent Naphtha I,
1,5 kg Rohsolvent Naphtha II,
0,4 kg Rohsolvent Naphtha schwer.

Die Rohprodukte werden auf die entsprechenden Reinprodukte verarbeitet. Rohsolvent Naphtha I besteht im wesentlichen aus Xylol.

c) Reinigung

Durch die Raffination müssen die störenden Fremdstoffe des Rohproduktes, nämlich Schwefelverbindungen, Olefine (Diolefine sind typische Harzbildner) sowie Stickstoff- und Sauerstoffverbindungen entfernt werden. Andere bisweilen ebenfalls störende Verbindungen, wie Paraffine und Cycloparaffine, lassen sich mit landläufigen Raffinationsmethoden nicht beseitigen, deshalb sollte deren Entstehen möglichst schon beim Verkokungsprozeß vermieden werden (siehe oben). Gebundener Schwefel in Form von Schwefelkohlenstoff und Thiophen kann nachteilig sein; beispielsweise im Kraftstoff, wenn die Bleiempfindlichkeit herabgesetzt und der Motorenverschleiß gefördert wird (s. „Ottokraftstoffe").

---

[1] THAU, A.: Brennstoffschwelung, 2 Bde. Halle: Knapp 1949 u. 1950.

Tabelle 3. *Eigenschaften des Benzolvorerzeugnisses und der daraus hergestellten Druckraffinate und Säureraffinate.*

| | | Benzolvorer-zeugnis | Druckraffinat | Schwefelsäureraffinat | |
				Motorenbenzol (Wäsche mit 60er Säure)	Raffinat (Wäsche mit 66er Säure)
Farbe		braun	wasserhell	wasserhell	wasserhell
Dichte/15 °C		0,886	0,878	0,879	0,879
Schwefelsäurereaktion		—	0,3	gelbrot	0,5
Schwefelkohlenstoff	Gew.-%	0,25	frei	0,30	0,30
Gesamtschwefel (CS_2-frei)	mg/kg	—	5	700	10
Destillation nach KRAEMER-SPILKER					
Beginn	°C	81,8	82,7	83,3	83,3
bis 100 °C	Vol.-%	67,0	69,5	76,8	80,0
bis 150 °C	Vol.-%	68,0	90,5	—	—
bis 180 °C	Vol.-%	94,0	95,5	—	—
Siedeende	°C	205,0	198,0	152,2	146,2
Zusammensetzung (%):					
Benzol		64,1	66,0	70,4	73,2
Toluol		16,4	16,1	17,9	17,9
C_8-Aromaten		6,7	8,0	7,1	6,6
Höhersieder und sonstige Verbindungen		12,8	9,9	4,6	2,3
Ausbeute	%	—	97,5	90,0	86,0

Tabelle 4. *Physikalische Eigenschaften der Aromaten.*

	Formel	Dichte/ 15 °C	Siedepunkt °C	Brechungs-index n_D^{20}	Kristallisations-punkt °C
Benzol	C_6H_6	0,88431	80,099	1,50112	+ 5,533
Toluol	C_7H_8	0,87156	110,626	1,49693	— 94,991
Äthylbenzol	C_8H_{10}	0,87139	136,186	1,49588	— 94,975
o-Xylol	C_8H_{10}	0,88437	144,411	1,50545	— 25,182
m-Xylol	C_8H_{10}	0,86843	139,104	1,49722	— 47,872
p-Xylol	C_8H_{10}	0,86535	138,351	1,49582	+ 13,263
n-Propylbenzol	C_9H_{12}	0,86621	159,218	1,49202	— 99,500
i-Propylbenzol (Cumol)	C_9H_{12}	0,86601	152,392	1,49145	— 96,035
1-Methyl-2-Äthylbenzol	C_9H_{12}	0,88478	165,153	1,50456	— 80,833
1-Methyl-3-Äthylbenzol	C_9H_{12}	0,86863	161,305	1,49660	— 95,55
1-Methyl-4-Äthylbenzol	C_9H_{12}	0,86528	161,989	1,49500	— 62,350
1,2,3-Trimethylbenzol (Hemellitol)	C_9H_{12}	0,89831	176,084	1,51393	— 25,375
1,2,4-Trimethylbenzol (Pseudocumol)	C_9H_{12}	0,87982	169,351	1,50484	— 43,80
1,3,5-Trimethylbenzol (Mesitylen)	C_9H_{12}	0,86924	164,716	1,49937	— 44,720

α) Raffination mit Schwefelsäure. Bis Anfang der 50er Jahre wurde die Raffination überwiegend mit Schwefelsäure durchgeführt[1].

β) Katalytische Druckraffination.[2] Die Säureraffination wurde in der Nachkriegszeit durch die katalytische Druckraffination verdrängt.

Bei der Druckraffination wird das Vorerzeugnis kontinuierlich in der Dampfphase unter Druck mit Wasserstoff oder wasserstoffhaltigen Gasen bei bestimmten Temperaturen über einen geeigneten Kontakt geleitet. Unter diesen Bedingungen werden Schwefel und schwefelhaltige Verbindungen (elementarer Schwefel, Schwefelkohlenstoff, Thiophen, Mercaptane, Sulfide, Disulfide) zu Schwefelwasserstoff reduziert, ungesättigte Kohlenwasserstoffe abgesättigt sowie sauerstoff- und stickstoffhaltige Körper zu Wasser bzw. Ammoniak und den entsprechenden Kohlenwasserstoffen abgebaut.

Die aromatischen Kohlenwasserstoffe werden praktisch nicht verändert. Es darf keine nennenswerte Umwandlung in Hydroaromaten eintreten.

Das Gas-Dampf-Gemisch wird entspannt: Nach der Kondensation wird der gebildete Schwefelwasserstoff durch eine kontinuierliche Laugenwäsche oder eine Stabilanlage entfernt. Mit diesem einfachen Arbeitsgang ist der Prozeß abgeschlossen. Das anfallende Benzoldruckraffinat weist einen hohen Reinheitsgrad auf und ist schwefelfrei. Es kann direkt als Motorenbenzol eingesetzt oder durch Destillation[3] auf Technische Benzole aufgearbeitet werden. Die Ausbeute beträgt über 97%. Verluste, die beim Schwefelsäureverfahren in erster Linie durch Sulfurierung der Benzolhomologen verursacht werden, treten hier nicht auf.

In Tab. 3 sind die Kennziffern von Benzolvorerzeugnis, Druckraffinat und Schwefelsäureraffinat einander gegenübergestellt. Die Siedeanalysen lassen erkennen, daß sich die höheren Ausbeuten bei der Druckraffination zugunsten der Benzolhomologen auswirken.

2. Aus Erdöl

a) Gewinnung

Die aus Erdöl gewonnenen Aromaten stammen überwiegend aus dem Reforming-Prozeß oder aus dem an Aromaten reichen Pyrolysebenzin. Einzelheiten s. Abschnitt „Abtrennung von Komponenten aus Erdölkohlenwasserstoffgemischen", S. 84.

Tabelle 5. *Azeotrope Gemische mit Benzol*[4].

Substanz	Siedepunkt der Kohlenwasserstoffe °C	Siedepunkt der Azeotropen °C	Benzolanteil in den Azeotropen Gew.-%
Benzol	80,10	—	—
n-Hexan	68,95	68,9	5
Methylcyclopentan	71,81	71,4	10
Cyclohexan	80,74	77,5	55
2,2-Dimethylpentan	79,20	75,9	46,3
2,3-Dimethylpentan	89,79	79,2	79,5
2,4-Dimethylpentan	80,51	75,2	48,4
2,2,3-Trimethylbutan	80,87	76,6	50,5
1,1-Dimethylcyclopentan	87,84	80,0	—
2-Methylhexan	90,05	79,9	20
3-Methylhexan	91,95	80,0	—
3-Äthylpentan	93,47	80,0	—
n-Heptan	98,43	80,1	99,3
2,2,4-Trimethylpentan	99,24	80,1	97,9
2-Methylheptan	117,65	79,9	—

---

[1] Einzelheiten s. 1. Aufl. dieses Buches.   [2] URBAN, W.: Erdöl u. Kohle 4 (1950) 279.
[3] GROTHE, W.: Erdöl u. Kohle 6 (1953) 450.
[4] CLAXTON, G.: Physical and Aceotropic Data; W. HEFFER & SONS LTD., Cambridge (1958). — HORSLEY, L. H.: Table of Aceotropes and Nonaceotropes, Analyt. Chem. 19 (1947) 508.

b) Trennung der Aromaten und Nichtaromaten[1]

Durch eine normale Destillation der Reformingprodukte lassen sich Aromaten von ausreichendem Reinheitsgrad nicht gewinnen. Es bilden sich nämlich azeotrope Gemische, deren Siedepunkte mit dem Siedepunkt der Aromaten zusammenfallen.

Eine Destillation unter Druck ist geeignet, die Siedepunkte der Azeotropen zugunsten reinerer Produkte zu verschieben. Eine weitere Möglichkeit liegt in der sog. azeotropen Destillation, die sich der Mitwirkung organischer Verbindungen, vorzugsweise polarer Natur, bedient.

Ein Adsorptionsverfahren mittels Silicagel wurde von der Sun Oil[2] entwickelt. Auch mit Molekularsieben und über Harnstoffaddukte gelingt es, gewisse nichtaromatische Körper, insbesondere n-Paraffine, abzutrennen. Praktisch angewandt wird die Kristallisation für die Gewinnung von Reinbenzol[3] (Kr.P. $+5,53\,°C$) und p-Xylol[2] (Kr. P. $+13,2\,°C$). Bei Reinbenzol wird eine eng geschnittene C_6H_6-Fraktion eingesetzt; durch Abkühlung über mehrere Stufen reichert sich das Reinbenzol infolge des hohen Kristallisationspunktes an. Der gebildete Kristallbrei wird durch Zentrifugieren von der Flüssigkeit getrennt. Für die Isolierung von p-Xylol wird das C_8-Aromatengemisch des Benzolraffinats ausgefroren. Je nach Lage des Eutektikums liegt die Ausbeute zwischen 55 und 65%.

Trennverfahren für Aromaten und Nichtaromaten in der Großtechnik durch Extraktion s. Abschnitt „Abtrennung von Komponenten" s. S. 33.

c) Dealkylierung

Von den Dealkylierungsverfahren haben der Hydeal-Prozess (UOP) und der Detol-Prozeß (Houdry) besondere Bedeutung gewonnen. Die theoretische Ausbeute an Benzol beträgt beim Toluol 85% und beim Xylol 73%. Bei der Dealkylierung werden gleichzeitig Nichtaromaten entfernt, was sich bei der nachfolgenden Destillation vorteilhaft auswirkt.

Ein kombiniertes Raffinations- und Dealkylierungsverfahren ist der Litol-Prozeß, der aus dem Detol-Prozeß[4] entwickelt wurde. Mit schwefelfestem Katalysator werden unter Druck und hoher Temperatur die störenden Fremdstoffe aus dem Rohprodukt abgebaut, die Nichtaromaten vergast und die Homologen zu C_6H_6 dealkyliert[5].

Ein Viertel des in den USA aus Erdöl gewonnenen Reinbenzols stammt aus der Umwandlung von Toluol/Xylol durch Dealkylierung (1965).

IV. Anforderungen

Qualitätsanforderungen für Technische Benzole der ARAL AG (Benzolverband BV), des American Society for Testing Materials (ASTM), der International Organization for Standardization (ISO) und nach DIN 51 633 (Vornorm) siehe Tabellen der folgenden Abschnitte a—d.

Das Bundesamt für Wehrtechnik hat sich in seinen „Vorläufigen Technischen Lieferbedingungen" (VTL 6810-016) den DIN-Normen angeschlossen.

---

[1] TREFNY, F.: Erdöl u. Kohle 20 (1967) 629.
[2] GUTHRI, V. B.: Petroleum Processing 6 (1951) 833.
[3] FRENCH, K. H. V.: Benzole Producers Ltd., Research Paper 3-1959.
[4] LONGWINUK, A. K., W. FRIEDMANN u. A. H. WEISS: Industr. Engng. Chem. 56 (April 1964) 20.
[5] CRAIG, R. G., u. Mitarb.: Erdöl u. Kohle 18 (1965) 527.

a) Aral-Spezifikationen

	Reinbenzol	Reintoluol	Reinxylol	Solvent Naphtha	Arsol II
Dichte/15 °C g/ml min.	0,883	0,870	0,860 bis 0,870	0,860	0,890
Destillation					
Beginn °C min.	—	—	135	160	165
Verlauf	[a]	[a]	mind. 95 Vol.-% bis 145 °C	—	mind. 90 Vol.-% bis 200 °C
Ende (Trockenpunkt) °C max.	—	—	—	180	—
H_2SO_4-Reaktion max.	0,1	0,1	0,5	2,0	2,0
Gesamtschwefel mg/kg max.	10	50	—	—	—
Korrosiver Schwefel					
mg/100 ml max.	frei	frei	frei	frei	0,5
Bromverbrauch max.	0,01	0,05	—	—	—
Bemerkungen			Flamm-punkt >21 °C	Flamm-punkt >21 °C	Flamm-punkt >21 °C
	Kristallisa-tionspunkt: min. +5,3 °C Brechungs-index n_D^{20}: min. 1,5005	Brechungs-index n_D^{20}: min. 1,4960			

[a] Innerhalb 0,4 °C vom Beginn bis Trockenpunkt. Bei Reinbenzol die Temperatur von 80,1 °C, bei Reintoluol die Temperatur von 110,6 °C eingeschlossen. Darüber hinaus besteht die Forderung:

Beginn— 5 Vol.-%   innerhalb 0,10 °C,
5—95 Vol.-%   innerhalb 0,20 °C,
95 Vol.-%—Ende innerhalb 0,10 °C.

Allgemeine Forderung für alle Produkte: Farbe wasserhell, bei 15 °C frei von sichtbarem Wasser, frei von H_2S und Mercaptanen.

b) ASTM-Spezifikationen

| Produkt | ASTM-Designation | Dichte 15,56/15,56 °C | Destillation | | | H_2SO_4 Reakt. max. | Bemerkungen |
			Beginn °C mind.	Verlauf	Ende °C max.		
Nitration Grade Benzene	D 835-50	0,8820—0,8860	—	innerhalb 1 °C[a]	—	2	Kristallisationspunkt über 4,85 °C
Industrial Grade Benzene	D 836-50	0,875—0,886	—	innerhalb 2 °C[a]	—	3	
Industrial 90 Benzene	D 361-61	0,870—0,886	78	bei 100 °C min. 90 Vol.-%	120	6	Nichtflüchtige max. 0,005 g/ 100 ml; Wasser: Trübungspunkt unter 20 °C. Geruch: reinaromatisch
Nitration Grade Toluene	D 841-50	0,8690—0,8730	—	innerhalb 1 °C[b]	—	2	Nichtaromaten max. 1,5 Vol.-%
Industrial Grade Toluene	D 362-61	0,864—0,874	—	innerhalb 2 °C[c]	—	4	—
Nitration Grade Xylene	D 843-50	0,8650—0,8700	137,2	innerhalb 3 °C[d]	140,5	6	—
Industrial Grade Xylene	D 364	0,850—0,870	—	bis 130 °C max. 5 Vol.-% bis 145 °C min. 90 Vol.-%	155	10	—
Five Degree Xylene	D 845-50	0,860—0,870	137	innerhalb 5 °C[d]	143	6	—
Ten Degree Xylene	D 846-50	0,860—0,870	135	innerhalb 10 °C	145	6	—
Refined Solvent Naphtha	D 838-50	0,850—0,870	—	bis 130 °C max. 5 Vol.-% bis 145 °C min. 90 Vol.-%	155	10	—
Crude light Solvent Naphtha	D 839-50	0,860—0,885	—	bis 130 °C max. 5 Vol.-% bis 160 °C min. 90 Vol.-%	nicht über 180 °C	—	hell bernsteinfarbig
Crude heavy Solvent Naphtha	D 840-50	0,885—0,970	—	bis 150 °C max. 5 Vol.-% bis 165 °C min. 5 Vol.-% bis 200 °C min. 90 Vol.-%	220	—	bernsteinfarbig bis rot

[a] 80,1 °C eingeschlossen. — [b] 110,6 ± 0,1 °C eingeschlossen. — [c] 110,6 °C eingeschlossen. — [d] 139,3 °C eingeschlossen.

Für alle Produkte ist Säurefreiheit vorgeschrieben; dgl. die Abwesenheit von H_2S und SO_2, ausgenommen bei Crude light Solvent Naphtha und Crude heavy Solvent Naphtha. Die Kupferkorrosion ist in den 3 Solvent Naphtha-Spezifikationen nicht enthalten. Bei den übrigen Erzeugnissen ist ein negativer Kupfertest Bedingung. Farbe bei allen Produkten nicht dunkler als eine Lösung von 0,003 g Kaliumbichromat in einem Liter Wasser (mit Ausnahme von Crude light Solvent Naphtha und Crude heavy Solvent Naphtha).

c) ISO-Spezifikationen

Produkt	Dichte/20°	Destillation			H_2SO_4-Reaktion	Gesamt-schwefel mg/kg	korros. Schwefel mg/kg	Bemerkungen
		1 Vol.-%	Verlauf	96 Vol.-%				
Syntheses benzene	0,878—0,880	—	1—96 Vol.-% nnerhalb 0,6 °C	—	max. 0,1	max. 15	max. 5	Kristallisationspunkt min. + 5,3 °C
Nitration benzene	0,878—0,880	—	innerhalb 0,6 °C	—	max. 0,2	max. 100	max. 9	Kristallisationspunkt min. + 5,2 °C
Ordinary benzene	0,874—0,880	—	innerhalb 0,8 °C	—	max. 1,0	max. 1000	max. 14	Kristallisationspunkt min. + 4,85 °C
90/100 benzene	0,868—0,876	—	bis 100 °C: 90—95 Vol.-%	—	max. 5,0	max. 4000	max. 14	
Nitration toluene	0,863—0,867	—	1—96 Vol.-% innerhalb 0,6 °C	—	max. 0,2	max. 50	max. 14	
Ordinary toluene	0,862—0,868	—	innerhalb 0,8 °C	—	max. 1,0	max. 2000	max. 14	
95/120 toluene	0,855—0,870	nicht unter 107,5 °C	bis 120 °C: nicht weniger als 95 Vol.-%	—	max. 1,5	—	max. 14	
Xylene	0,858—0,875	nicht unter 137 °C	1—96 Vol.-% innerhalb 5 °C	nicht über 145 °C	max. 2,0	—	max. 18	Flammpunkt s. Anm.[d]
Solvent Naphtha 90/160[a]	nicht begrenzt	max. 130 °C	bis 160 °C: nicht weniger als 90 Vol.-%	—	max. 5,0	—	max. 18	Farbe: s. Anm.[b] Flammpunkt s. Anm.[d]
Solvent Naphtha 90/180[a]		—	5 Vol.-%: 150 °C. bis 180 °C: nicht weniger als 90 Vol.-%	—	max. 10,0	—	max. 18	Farbe: s. Anm.[c] Flammpunkt s. Anm.[d]
Solvent Naphtha 90/200[a]		—	5 Vol.-%: 160 °C. bis 200 °C: nicht weniger als 90 Vol.-%	—	nicht begrenzt	—	max. 18	Farbe: nicht begrenzt

[a] Vorschriften gelten für 3 Typen, die nach Aromatengehalt unterteilt sind: 1. 50—75% Aromaten, 2. 75—90% Aromaten, 3. über 90% Aromaten (very high aromatics). — [b] Nicht dunkler als eine frisch bereitete Lösung aus 1 ml von n/10 $K_2Cr_2O_7$ und 15 ml n/10 $CoSO_4$ verdünnt auf 1000 ml mit destilliertem Wasser. — [c] Nicht dunkler als eine frisch bereitete Lösung aus 5 ml von n-10 $K_2Cr_2O_7$ und 7 ml n/10 $CoSO_4$ verdünnt auf 1000 ml mit destilliertem Wasser. — [d] Entsprechend den jeweiligen gesetzlichen Bestimmungen der einzelnen Länder zu vereinbaren zwischen Käufer und Verkäufer.

Allgemeine Forderung für alle Produkte: Frei von sichtbarem Wasser bei 20 °C, ebenso frei von H_2S und Mercaptanen. Darüber hinaus wird Neutralität gefordert für alle Typen. Farbe bei allen Produkten „-benzene" bis einschließlich „-xylene" nicht dunkler als eine frisch bereitete Lösung aus 0,8 ml von n/10 $K_2Cr_2O_7$ und 12 ml n/10 $CoSO_4$, verdünnt auf 1000 ml mit destilliertem Wasser.

d) DIN-Spezifikationen (DIN 51633 Vornorm)[1]

	Anforderung							Prüfung nach DIN
	Reinbenzol	Reintoluol[a]	Reinxylol	Benzol ger.	Toluol ger. L	Toluol ger.	Lösungsbenzol ger. L (Solvent Naphtha)	
Farbe	wasserhell	wasserhell	wasserhell	wasserhell	wasserhell	wasserhell	wasserhell bis gelblich	—
Dichte bei 15 °C g/ml	≈0,884	0,869—0,872	0,860—0,870	≈0,882	0,868—0,872	0,868—0,872	mind. 0,860	51757
Siedeverlauf nach KRAEMER-SPILKER								
Beginn °C	—	—	mind. 135	≈80	mind. 108	mind. 100	mind. 150	51761
mindestens 90 Vol.-% bis °C	—	—	—	—	112	120	180	
mindestens 95 Vol.-% bis °C	—	—	145	83	—	—	—	
Trockenpunkt °C	—	—	—	—	—	—	höchstens 195[b]	
Gesamtsiedebereich innerhalb °C	0,6[c]	0,6[d]	—	—	—	—	—	
Kristallisationspunkt °C	mind. +5,2	—	—	—	—	—	—	51798
Schwefelsäurereaktion höchstens g/l	0,2	0,2	2,0	0,4	0,4	0,4	e	51762
Bromverbrauch höchstens	0,05	0,1	—	0,3	0,3	0,3	—	51763
Gesamtschwefelgehalt höchstens Gew.-%	0,003	0,01	—	0,1	—	—	—	51771
Gehalt an aktivem Schwefel höchstens mg/100 ml	frei	frei	0,5	1,0	1,0	1,0	—	51764
Schwefelwasserstoff	frei							51766
Aktiver Schwefel	—	—	—	—	—	—	negativ	51759
Doctor-Test	negativ							51765
Sichtbares Wasser bei 15 °C	frei							—
Flammpunkt nach ABEL-PENSKY mindestens °C	—	—	21	—	—	—	21[f]	51755

[a] Reintoluol als Lösungsmittel für Tiefdruckfarben s. auch DIN 16513. — [b] Keine Naphthalinausscheidung bei 15 °C Kühlwassertemperatur. [c] Siedepunkt (80,1 °C) innerhalb der Siedegrenzen. — [d] Siedepunkt (110,6 °C) innerhalb der Siedegrenzen. — [e] Nicht dunkler als eine Lösung von Ceres-Orange R und Ceres-Rot BB, je 0,1 g in 100 ml Paraffinum Liquidum DAB. — [f] Durchschnittlich 35 °C.

[1] Normänderungen (DIN 51633 Vornorm) vorgesehen: *Zu streichen sind* Benzol ger., Toluol ger. L und Toluol ger., desgleichen der Begriff „Lösungsbenzol ger. L" (nur noch „Solvent Naphtha"). Auf Grund dieser Kürzungen entfallen die einleitenden Textabschnitte im Normblatt. *Bei Eigenschaften* „Dichte für Reinxylol" jetzt „0,862 bis 0,875" (in Übereinstimmung mit dem Vorschlag von ISO TC 78). — „Gesamtsiedebereich für Reintoluol" jetzt „0,8 grd". — Bei „Kristallisationspunkt" jetzt „Prüfung nach DIN 51798" (Anm. 7 entfällt). — Bei „Gesamtschwefelgehalt," an Stelle von DIN 51771 neue Methode DIN 51409 (WICKBOLD, i. Vorb.) einsetzen. — Bei „Gehalt an aktivem Schwefel" für Reinbenzol und Reintoluol angeben „nicht nachweisbar" (statt frei). — „Aktiver Schwefel" ersetzen durch „Korrosionswirkung auf Kupfer, höchstens Korrosionsgrad 1" (statt negativ).

V. Prüfung

1. Siedeanalyse

a) DIN 51761: Bestimmung des Siedeverlaufs nach Kraemer-Spilker[1]

Kurzbeschreibung des Verfahrens

In einem Destillationskolben werden 100 ml der Probe, die in einem vorgeschriebenen Destillationsgerät unter festgelegten Bedingungen erhitzt wird, destilliert. Die in den einzelnen Anforderungsbedingungen für Benzolerzeugnisse festgelegten Destillatmengen werden mit den zugeordneten Temperaturen vermerkt.

Zur Temperaturmessung dienen geeichte Quecksilberthermometer mit einer Teilung von 0,05 °C bei Reinbenzol und Reintoluol und 0,2 °C bei Reinxylol und Solvent Naphtha. Die Eintauchtiefe beträgt 90 mm. Das Kühlrohr, umgeben von einem Wassermantel, hat eine Länge von 800 mm und ist um 83° geneigt.

b) ISO-Methode

Die ISO-Norm entspricht der englischen Methode S.T.P.T.C. Serial No. L.B. 6-57. Sie unterscheidet sich von dem Kraemer-Spilker-Verfahren durch die Eintauchtiefe des Thermometers, den Neigungswinkel des Kühlers (75° gegen 83°) und die Länge des Kühlers (600 gegen 800 mm) sowie die Kolbenform.

Daraus ergeben sich für Reinprodukte bei dem ISO-Verfahren im allgemeinen weitere Siedegrenzen gegenüber DIN. Da sich die Art der Fremdstoffe, die die Siedegrenzen beeinflussen, unterschiedlich auswirkt, ist eine Umrechnung der Daten für beide Verfahren nicht möglich. Die ASTM-Norm (D 850-56) hat wiederum andere Vorschriften für Thermometer und Kolben. Trotzdem kommt man hier zu annähernd gleichen Ergebnissen wie beim ISO-Verfahren.

2. Dichte

Die Bestimmung der Dichte erfolgt nach DIN 51757[2]. Es ist im allgemeinen üblich, mit einer geeichten Spindel (Aräometer) zu arbeiten, deren Skala auf 0,001 Einheiten abgelesen werden kann. Die Probe wird auf die Bezugstemperatur eingestellt, anderenfalls muß die genaue Temperatur abgelesen und mit dem jeweiligen Dichtekoeffizienten (s. „Ottokraftstoffe", Teil I, S. 628) umgerechnet werden. Pyknometer und Mohrsche Waage sind gleichermaßen geeignet.

3. DIN 51798[3]: Bestimmung des Kristallisationspunktes von Reinbenzol

Der Kristallisationspunkt (Kr. P.) ist ein empfindliches Kriterium für den Reinheitsgrad des Benzols. Durch Verunreinigungen wird der Kr. P. entsprechend dem Molekulargewicht der Fremdstoffe und der molaren Depression von Benzol herabgesetzt. Chemisch reines Benzol hat einen Kr. P. von 5,533 °C.

Kurzbeschreibung des Verfahrens

Das wassergesättigte Benzol wird unter Rühren in einem zylinderförmigen Glasgefäß in Eiswasser abgekühlt. Wenn sich Kristalle abscheiden, steigt die Temperatur an. Der Höchststand der Temperatur — zuzüglich 0,09 °C als Korrektur für gelöstes Wasser — ist der Kristallisationspunkt für die trockene Probe.

---

[1] Normänderungen (DIN 51761) vorgesehen:
Ein Meßzylinder mit 0,5 ml-Teilung ist zu verwenden, die 0,05 grd-Teilung des Thermometers wird beibehalten.
[2] Bestimmung s. Teil·I, S. 9.
[3] Siehe auch DIN-Entw. 51421 (Teil I, S. 739).

4. Kältebeständigkeit und Wassergehalt

Wie aus Tab. 4 hervorgeht, haben außer Benzol und p-Xylol die Aromaten niedrige Gefrierpunkte. Als Kriterium dient der Kristallisationspunkt (nach DIN 51782, s. Abschnitt „Motorenbenzol", S. 530).

Die Aromaten vermögen im Vergleich zu anderen Kohlenwasserstoffen (siehe „Ottokraftstoffe", Teil I, S. 591) beträchtlich Wasser aufzunehmen, das sich beim Abkühlen ausscheidet. Daher ist der Trübungspunkt dafür einfacher Hinweis.

Arbeitsweise

In ein zylindrisches Prüfgefäß mit gewölbtem Boden, einem Durchmesser von etwa 40 mm und einer Höhe von 170 mm werden 40 ml der Probe eingefüllt und in einem Kältebad gleichmäßig abgekühlt, so daß das Thermometer innerhalb 1 Min. um etwa 2 °C sinkt. Das Thermometer soll einen Meßbereich von −70 bis +50 °C besitzen. Die Abkühlung reguliert man, indem feste Kohlensäure der Badflüssigkeit, die zu einem Drittel aus Alkohol und zwei Dritteln aus Wasser besteht, pro rata hinzugefügt wird. Die beim Auftreten der Trübung angezeigte Temperatur ist der Trübungspunkt. Bei weiterem Abkühlen scheiden sich Kristalle ab. Die Temperatur steigt dann leicht an, der Höchststand wird als Kristallisationspunkt abgelesen.

5. DIN 51791: Bestimmung des Gehalts an Kohlenwasserstoffen nach dem Fluoreszens-Indikator-Adsorptionsverfahren (FIA-Verfahren)

Die Nichtaromaten in Benzolkohlenwasserstoffen werden nach dem FIA-Verfahren bestimmt. (s. „Ottokraftstoffe", Teil I, S. 617).

6. Flammpunkt

Der Flammpunkt ist für die Feuergefährlichkeit und die Gefahrklasse maßgebend. Prüfung nach DIN 51755[1].

7. DIN 51762: Bestimmung der Schwefelsäurereaktion[2]

Die Schwefelsäurereaktion ist ein konventionelles Kennzeichen für den Raffinationsgrad.

Arbeitsweise

In dem Schüttelzylinder werden 5 ml reine konzentrierte Schwefelsäure (d_{15} = 1,84 g/cm³), mit 5 ml des zu untersuchenden Benzols überschichtet, 5 Min. kräftig geschüttelt und maximal 2 Min. stehengelassen. Dann wird die Färbung der Schwefelsäure mit Lösungen von Kaliumbichromat in 50 %iger reiner Schwefelsäure verglichen, die ihrerseits mit 5 ml reinstem Benzol überschichtet sind.

Die Schwefelsäure-Kaliumbichromat-Vergleichslösungen sind gegen die Einwirkung von Licht geschützt im Dunkeln aufzubewahren. Für Schiedsuntersuchungen müssen die Vergleichslösungen frisch hergestellt werden.

Die ISO-Norm stimmt mit dieser Vorschrift praktisch überein. ASTM D 848-62 dagegen verwendet bei der Schwefelsäurereaktion die dreifache Menge Prüfsubstanz und vergleicht mit numerierten Standardlösungen, die aus Kobaltchlorid, Eisenchlorid und Chromsalzlösungen mit jeweils unterschiedlichen Konzentrationen hergestellt sind. Es gibt keine linearen Beziehungen zwischen DIN und ASTM.

8. Lagerbeständigkeit (Oxydationsbeständigkeit)

Benzoldruckraffinat ist unbegrenzt lagerbeständig. Säureraffinate wurden früher mittels sog. Harzbildnertest geprüft (s. 1. Aufl., S. 1143). Heute ist das

---

[1] Bestimmung s. S. 70.
[2] Geplante Normänderung (DIN 51762): Die Einführung eines Prüffehlers ist aus verfahrenstechnischen Gründen nicht möglich.

für Ottokraftstoffe (s. Teil I, S. 657) eingeführte Prüfverfahren nach DIN 51780 auch für Motorenbenzol maßgebend.

9. Abdampfrückstand

Zweck der Prüfung ist die Feststellung, ob sich bei längerer Lagerung des Benzols Harze gebildet haben oder ob das Benzol durch sekundäre Beeinflussungen — unsaubere Rohrleitungen, Behälter u. dgl. — benzollösliche nichtflüchtige Verunreinigungen aufgenommen hat.

a) Schalentest (Harztest HT)

Man verdampft 100 ml des zu prüfenden Benzols auf lebhaft siedendem Wasserbad in einer halbkugeligen Glasschale (Abdampfschale) von 75 bis 80 mm Durchmesser mit flachem Boden, deren Gewicht nicht mehr als 25 g beträgt, trocknet die Schale $^1/_2$ Std. im Trockenschrank bei 105 °C und wägt die Harze.

b) DIN 51776: Bestimmung des Abdampfrückstandes nach dem Aufblaseverfahren

Siehe „Ottokraftstoffe", Teil I, S. 652.

10. DIN 51763: Bestimmung des Bromverbrauchs technischer Benzole[1]

Der Bromverbrauch dient neben der Schwefelsäurereaktion zur Feststellung des Raffinations- und Reinheitsgrades. Der Bromverbrauch gibt die Menge Brom in Gramm an, die von 100 ml der Probe aufgenommen wird. Er darf nicht mit der Bromzahl nach DIN 51744 (s. Teil I, S. 608) verwechselt werden, die die Menge Brom angibt, die zur Bestimmung ungesättigter Kohlenwasserstoffe in 100 g benötigt wird.

Arbeitsweise

5 ml der Probe werden in einem 100 ml-Erlenmeyer-Kolben einpipettiert. Aus einer Bürette gibt man 0,1 n Bromid-Bromat-Lösung im Überschuß hinzu, versetzt mit 10 ml 20%iger Schwefelsäure und schüttelt 5 Min. lang, wobei die Probe zum Schutz gegen Einwirkung von Licht mit einem Tuch umhüllt wird. Hierauf setzt man 5 ml 10%ige Jodkaliumlösung hinzu und titriert das durch überschüssiges Brom freigemachte Jod mit 0,1 n Natriumthiosulfatlösung zurück. Sobald gegen Ende der Titration die Lösung erdbeerfarbig geworden ist, wird mit einem Tropfen Stärkelösung versetzt und von Blau auf Farblos titriert. Zu beachten ist, daß der Überschuß an Bromid-Bromat-Lösung 0,6 bis 1,0 ml beträgt. Anderenfalls ist die Bestimmung zu wiederholen.

Bei Aromaten, deren Bromverbrauch unter 0,1 liegt, wird mit 0,01 n Lösung gearbeitet, und zwar werden 5 ml der Probe mit 10 ml 0,01 n Bromid-Bromat-Lösung versetzt. Sonst wird sinngemäß verfahren. Der Bromverbrauch errechnet sich aus: verbrauchte Bromid-Bromat-Lösung in ml · 0,16. Bei 0,01 n Lösung ist der Faktor 0,016.

11. Bestimmung des Elementarschwefels (freier Schwefel)

Dieser ist korrosiv und kann sich auch nachteilig in Lösemitteln gegenüber gewissen Komponenten der zu lösenden Stoffe auswirken.

Die qualitative Prüfung erfolgt nach DIN 51759[2] und 51760[2] mit einem Kupferstreifen oder nach ASTM D 130-64[2] und IP 154-64[2]. Für die quantitative Bestimmung haben sich die Quecksilber- und die Eisenrhodanidmethode bewährt.

---

[1] Geplante Normänderungen (DIN 51763): Abschnitt „Prüffehler" und Fußnote 1 sind gemäß DIN 51848 Bl. 1 (z. Z. noch Entwurf) zu ändern.

[2] Bestimmung s. Teil I, S. 115.

a) DIN 51 764: Bestimmung des mit Quecksilber reagierenden aktiven Schwefels[1]

Siehe Teil I, S. 117.

b) Eisenrhodanid-Methode[2]

Der Elementarschwefel der Benzolprobe wird mit Kaliumcyanid in Kaliumrhodanid übergeführt. Mit Eisen(III)-chlorid-Lösung bildet sich Eisenrhodanid:

$$S + KCN = KCNS,$$

$$FeCl_3 + 3\,KCNS = Fe(CNS)_3 + 3\,KCL.$$

Durch Extinktionsmessung an Hand einer Kurve wird der Elementarschwefel ermittelt.

Eingesetzt wird eine mercaptanfreie Probe, deren Einwaage auf die Empfindlichkeit der Methode abzustimmen ist:

Zur Feststellung der Grundextinktion wird eine angemessene Probemenge mit 20 ml Eisen(III)-chlorid-Lösung (2 g $FeCl_3 \cdot 6\,H_2O$ in 960 ml 97,5%igem Aceton und 40 ml reiner Ameisensäure) versetzt und mit 97,5%igem Aceton auf 50 ml aufgefüllt.

Zur Bestimmung wird die gleiche Probemenge wie oben mit 15 ml Kaliumcyanidlösung (0,05 g KCN in 2,5 ml Wasser, mit Aceton auf 100 ml auffüllen) in einem 50 ml-

Elementarschwefel mg/kg	Probe ml
0 —0,4	10
0,4—1,6	5
1,6—4,0	2,5

Meßzylinder gut durchgeschüttelt und 2 Min. stehengelassen. Nun fügt man 20 ml der obengenannten Eisen(III)-chloridlösung hinzu und füllt mit 97,5%igem Aceton bis zur 50 ml-Marke auf.

Gleiche Teile beider Lösungen werden in 2 cm-Küvetten gefüllt und in einem photoelektrischen Absorptionsmeßgerät bei 465 mμ gemessen. Zur Auswertung dient eine Eichkurve, die mit Lösungen bekannten Elementarschwefelgehalts erstellt ist.

12. Schwefelkohlenstoff

a) Jodometrisches Verfahren

Die Bestimmung erfolgt durch Umsetzung des CS_2 mit alkoholischer Natronlauge, Überführung des gebildeten Natriumxanthogenats mit Essigsäure in Xanthogensäure und anschließende Titration mit Jodlösung unter Bildung von Dixanthogen.

Die Reaktionen verlaufen in folgenden Stufen:

$$CS_2 + NaOH + C_2H_5OH \rightarrow S{=}C{\Big\langle}^{OC_2H_5}_{SNa} + H_2O$$

$$S{=}C{\Big\langle}^{OC_2H_5}_{SNa} + CH_3COOH \rightarrow S{=}C{\Big\langle}^{OC_2H_5}_{SH} + CH_3COONa$$

$$2\,S{=}C{\Big\langle}^{OC_2H_5}_{SH} + J_2 \rightarrow S{=}C{\Big\langle}^{OC_2H_5}_{S\underline{\quad\quad}S}{\Big\rangle}^{C_2H_5O}C{=}S + 2\,HJ$$

Arbeitsweise

20 g der schwefelwasserstoff- und peroxidfreien Probe werden in einen Erlenmeyer-Kolben, 500 ml Inhalt, auf 0,1 g eingewogen. Dann fügt man 25 ml 0,5 n äthanolische Natron-

---

[1] Geplante Normänderungen (DIN 51 764): Die jetzige Methode gibt in der vorliegenden Fassung schlecht reproduzierbare Ergebnisse. Im Abschn. 8 „Chemikalien" ist zu ändern: „$^1/_{100}$n Jodlösung" in „Jodid-Jodat-Lösung n/100".

Gute Erfahrungen wurden mit dem Verfahren nach DIN 51 613, „Bestimmung des Elementarschwefels und des Abdampfrückstandes von Flüssiggasen", gemacht.

[2] Skoog, D. A., u. J. K. Bartlett: Titration of Elemental Sulfur with Solutions of Sodium Cyanide. Analyt. Chem. 27 (1955) 369—371.

lauge hinzu, verschließt den Erlenmeyer-Kolben, schüttelt um und läßt 1 Std. stehen. Darauf trennt man die wäßrige Schicht ab, fügt Essigsäure hinzu bis zur schwach sauren Reaktion und titriert mit 0,1 n Jodlösung unter Verwendung von Stärke als Indikator. Der Schwefelkohlenstoffgehalt errechnet sich aus folgender Gleichung:

$$CS_2 = 0{,}76\,\frac{b}{c}\ [\text{Gew.-}\%];$$

b verbrauchte 0,1 n Jodlösung in ml,
c Einwaage in g.

b) Kolorimetrisches Verfahren

Diese Bestimmungsart gestattet die schnelle Ermittlung des Schwefelkohlenstoffgehaltes innerhalb eines Meßbereichs von 0,01 bis 0,07% Schwefelkohlenstoff. Benzole mit höherer Schwefelkohlenstoffkonzentration müssen mit Reinbenzol CS_2-frei entsprechend verdünnt werden.

Geräte und Reagenzien

Kolorimeter mit Komparatorscheibe gemäß Abb. 2 und Glasküvette;
Schüttelzylinder von 25 cm³ Inhalt mit eingeschliffenem Glasstopfen;
1 cm³-Pipette;
15- bis 20%ige Natronlauge;
Standardlösung (Kupferoleat-Piperidin-Lösung in Monochlorbenzol);
A. 5,51 g (= 6,42 cm³) Piperidin werden mit 493,58 cm³ Monochlorbenzol auf 500 cm³ aufgefüllt;
B. 0,35 g Kupferoleat werden in 125 cm³ Monochlorbenzol aufgelöst.

Lösung A wird mit Lösung B vermischt und mit 450 cm³ Reinbenzol verdünnt. Die so erhaltene Kupferoleat-Piperidin-Standardlösung ist in einer braunen Vorratsflasche aufzubewahren.

Arbeitsweise

Das zu untersuchende Benzol wird zur Entfernung von Schwefelwasserstoff und Mercaptanen im Scheidetrichter mit 20%iger Lauge geschüttelt, zweimal mit destilliertem Wasser nachgewaschen und durch ein trockenes Faltenfilter filtriert.

Abb. 2. Kolorimeter zur Bestimmung des Schwefelkohlenstoffes.

Man pipettiert 1 cm³ des so vorbehandelten Benzols in einen 25 cm³ fassenden, genau graduierten Schüttelzylinder, füllt mit der Standardlösung auf 22,5 cm³ auf und schüttelt zwei- bis dreimal um. Nun füllt man 10 cm³ der so erhaltenen Farblösung in die Küvette des Kolorimeters und stellt die Komparatorscheibe auf Farbgleichheit ein. Der Gehalt an Schwefelkohlenstoff in Prozenten wird unmittelbar an der eingestellten Scheibe abgelesen.

Beträgt der Schwefelkohlenstoffgehalt in dem zu untersuchenden Benzol mehr als 0,07%, so kann die Bestimmung erst nach entsprechender Verdünnung des Benzols vorgenommen werden. Bei n-facher Verdünnung erhält man den gesuchten Prozentgehalt an Schwefelkohlenstoff durch Multiplikation des am Kolorimeter abgelesenen Wertes mit n.

Ist das untersuchte Benzol frei von Schwefelkohlenstoff, so bleibt die Lösung hellblau.

13. DIN 51 765:[1] Doctor-Test

Mercaptane stören durch unangenehmen Geruch, führen leicht zu Vergilbungserscheinungen, verschlechtern die Lagerfähigkeit und können korrodierend wirken.

---

[1] Bestimmung s. Teil I, S. 116.

14. DIN 51766: Prüfung auf Schwefelwasserstoff

Technische Benzole sollen frei von Schwefelwasserstoff sein. Zur Prüfung werden 90 ml Benzol mit 10 ml einer Bleiacetatlösung in einem Schüttelzylinder 5 Min. geschüttelt. Bei Dunkelfärbung ist Schwefelwasserstoff anwesend.

Bleiacetatlösung: 300 g Bleiacetat verreibt man mit 100 g Bleiglätte und erhitzt im Wasserbad unter Zusatz von 50 ml Wasser in einem bedeckten Gefäß, bis die anfänglich gelbliche Mischung gleichmäßig weiß oder rötlichweiß geworden ist. Dann werden 950 ml Wasser allmählich hinzugefügt; wenn die Masse ganz oder bis auf einen geringen Satz zu einer trüben Flüssigkeit gelöst ist, läßt man diese in einer wohlverschlossenen Flasche bis zum Absitzen stehen und filtriert.

15. ASTM 931-50: Method of Test for Thiophene in Benzene

a) Prüfgeräte

5 Schüttelzylinder, 50 ml, aus farblosem Glas mit einem äußeren Durchmesser von 26,5 ± 0,5 mm und einer Wandstärke von 1 mm.
2 Vollpipetten, 1 und 5 ml Inhalt, eichfähig.

b) Chemikalien

1. Indikatorlösung
0,25 g Isatin und 0,25 g $FeCl_3 \cdot 6H_2O$ in 555 ml Schwefelsäure (1,84) gelöst. In dunkler Flasche aufbewahrt, ist die Lösung bis zu 2 Monaten haltbar.
2. Thiophen
3. Benzol, thiophenfrei

c) Standardlösungen

Zur Durchführung der Bestimmung bedient man sich 16 Lösungen mit bekanntem Thiophengehalt.

Standard-Nr.	g Thiophen/100 ml Benzol	Standard-Nr.	g Thiophen/100 ml Benzol	Standard-Nr.	g Thioghen/100 ml Benzol
1	0,025	7	0,012	12	0,004
2	0,022	8	0,010	13	0,003
3	0,020	9	0,008	14	0,002
4	0,018	10	0,006	15	0,001
5	0,016	11	0,005	16	0,000
6	0,014				

d) Arbeitsweise

Man gibt je 50 ml der Indikatorlösung in 4 Schüttelzylinder. In einen dieser Schüttelzylinder wird 1 ml der zu prüfenden Substanz pipettiert. Die anderen drei werden mit je 1 ml der Standardlösungen, 1, 5 und 10 versetzt. Die Schüttelzylinder werden verschlossen und gleichzeitig unter den gleichen Bedingungen 5 Min. lang geschüttelt (Schüttelmaschine). Die Farbe, die sich mit der Prüfsubstanz einstellt, wird mit der der Standardlösungen verglichen. Bei Farbgleichheit kann auf den genauen Thiophengehalt geschlossen werden. Liegt die Farbintensität zwischen der zweier Standardlösungen, so ist die Prüfung zu wiederholen unter Verwendung solcher Standardlösungen, die innerhalb der festgestellten Grenzen liegen. Ist die Farbe heller als bei Verwendung der Standardlösung 10, werden für 50 ml Indikatorlösung jeweils 5 ml der Prüfsubstanz und der Standardlösungen 11 bis 16 angewandt. Die Bestimmung wird in gleicher Weise ausgeführt. Ist die Farbe tiefer als bei der Standardlösung 1, ist eine entsprechende Verdünnung erforderlich, die bei der Auswertung berücksichtigt werden muß.
Das Ergebnis wird in g/100 ml auf 0,001 g angegeben.
Die ISO-Methode arbeitet nach einem modifizierten ISATIN-Verfahren und mißt die Extinktion im Photometer. Der Thiophengehalt ist aus einer Eichkurve abzulesen, die an Hand von Benzollösungen mit dosierten Thiophenmengen erstellt wurde.
Nach einem zweiten ISO-Verfahren kann der Thiophengehalt auch mit Alloxan festgestellt werden. Hierbei wird eine bestimmte Menge der Probe mit einer Lösung von Alloxan-

monohydrat in Schwefelsäure geschüttelt. Es entsteht eine violette Farbe, die mit Benzolproben bekannten Thiophengehalts, die in der gleichen Weise behandelt wurden, verglichen wird. Bei Übereinstimmung in der Farbe kann auf den Thiophengehalt geschlossen werden. Der Meßbereich liegt zwischen 2,5 und 10 mg/kg Thiophenschwefel.

16. Gesamtschwefel

Der Gesamtschwefel wird nach GROTE-KREKELER (DIN 51768),[1] SANDLAR (DIN 57771)[1] und nach WICKBOLD (DIN-Entw. 51409)[1] bestimmt. Bei Werten unter 50 ppm, die heute für Reinstaromaten überwiegend vorgeschrieben sind, hat sich das ISO-Verfahren bewährt[2]. Eine weitere Methode, die von GRANATELLI stammt, ist für den ppm-Bereich von Interesse.

a) ISO-Verfahren

Die Probe wird im Kohlendioxidstrom verdampft und in Gegenwart von Sauerstoff verbrannt. Die Verbrennungsprodukte werden in eine Wasserstoffsuperoxidlösung geleitet; der Schwefel wird als Sulfat konduktometrisch bestimmt.

Die Schwefellampe besteht aus einem Brenner, einer Brennkammer und einem Absorber gemäß Abb. 3.

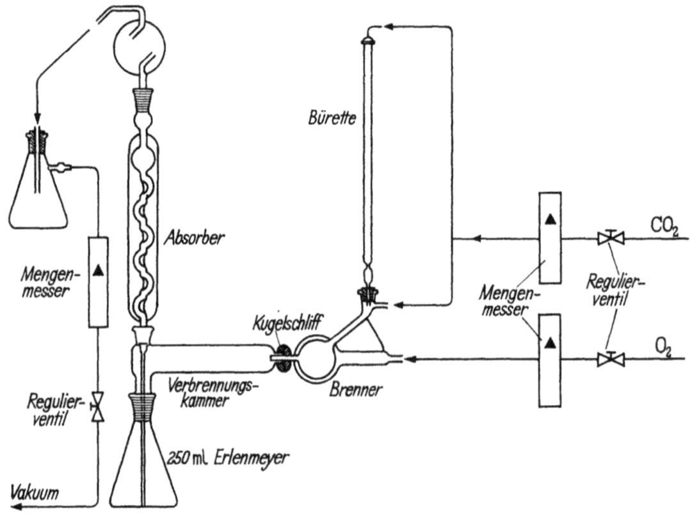

Abb. 3. Schwefellampe.

α) **Brenner.** Der Brenner ist aus zwei konzentrischen gläsernen Kugeln zusammengesetzt. Die äußere Kugel besitzt zwei gegenüberliegende Ansätze. Durch den rechten Ansatz wird Sauerstoff zugeführt, der linke bildet den Außenring der Brennerdüse. Die innere Kugel stellt die Verdampfungskammer dar. Sie trägt an der linken Seite den inneren Ansatz der Brennerdüse. In einem Winkel von etwa 135° zur Brenndüse befindet sich der Ansatz für die Zuführung der Prüfsubstanz aus einer Bürette und für das Trägergas CO_2. Der Brenner ist an der linken Seite mit einem Kugelschliff versehen, in den die Brennerdüse einmündet. Die Probenbürette ist mit einem Korkstopfen oder durch einen Schliff mit dem Brenner verbunden. Zum Druckausgleich befindet sich oben an der Bürette eine CO_2-Zuführung.

Die äußere Kugel wird durch einen Bunsenbrenner oder elektrisch beheizt. Brenner mit Bürette bilden eine bewegliche Einheit. Sie sind so montiert, daß die Achse des Brenners mit der der Brennkammer in gleicher Höhe liegt.

---

[1] Bestimmung s. Teil I, S. 117.

[2] Anonym: Determination of Total Sulphur in Benzene. Analyt. Chem. 36 (1964) S. 339 bis 342.

β) **Verbrennungskammer und Absorber.** Die Verbrennungskammer ist ein 200 mm langer Zylinder von 35 mm Durchmesser, der über den Kugelschliff an den Brenner angeschlossen ist. An der linken Seite verbinden ihn zwei konische Schliffe mit einem Absorber und einem 250 ml-Erlenmeyer-Kolben. Der Absorber besteht aus einem vertikalen Kugelkühler mit Tauchrohr, der gemäß Abb. 3 mit der Brennkammer verbunden ist. Das Tauchrohr ragt bis auf 2 mm Bodenabstand in den Erlenmeyer-Kolben. Der Absorber enthält 6 Halbkugeln im unteren Teil zur Verteilung der Absorptionsflüssigkeit. Am oberen Teil des Kühlers ist mittels Normalschliff eine Tropfenfalle angebracht.

Beim Betrieb der Lampe ist ein durchsichtiger Schutzschirm zwischen Lampe und Bedienungsmann zu stellen. Dieser sollte gleichzeitig als Strahlenschutz dienen und gefärbt sein. Sonst ist eine dunkle Brille zu verwenden. Die Schlauchverbindungen der Apparatur bestehen aus Kunststoff (z. B. Polyäthylen).

γ) **Konduktometer.** Für das Konduktometer ist eine hohe Empfindlichkeit erforderlich. Die Grundleitfähigkeit muß kompensierbar sein. Die Leitfähigkeitsmeßzelle soll eine Konstante von etwa $0,5\ mm^{-1}$ aufweisen. Erforderlich sind weiterhin eine Kolbenbürette, Ablesung mindestens 0,01 ml und ein Titriergefäß.

δ) **Arbeitsweise.** Die Probenmenge ist wie folgt zu wählen:

30 bis 50 ml bei 1 bis 5 mg/kg Gesamtschwefel,
10 bis 20 ml bei 5 bis 50 mg/kg Gesamtschwefel.

Die Reinheit der Gase und Reagentien wird vor der Bestimmung durch einen Blindversuch überprüft.

10 ml einer 3%igen Wasserstoffsuperoxidlösung werden in den Erlenmeyer-Kolben gefüllt. Der Absorber mit Tropfenfänger wird an die Verbrennungskammer angeschlossen, die Bürette gefüllt und auf den Brenner gesetzt. (Kugelschliff des Brenners mit Silikonfett schmieren.) Dann entzündet man den Bunsenbrenner und reguliert die Flamme so, daß sie sich gleichmäßig über den Boden des Brenners ausbreitet. Es wird der Sauerstoffstrom auf eine Geschwindigkeit von 680 l/h, der CO_2-Strom auf 50 l/h eingestellt. Bei Hochsiedern ist eine entsprechende Verstärkung der Gasströme und der Beheizung erforderlich.

Man läßt die Probe in die Verdampfungskammer tropfen, etwa 1 ml/min, und zündet den Brenner mit einer kleinen Zündflamme. Nach Einführung der Brennerdüse in die Brennkammer wird die Flammengröße auf 40 bis 80 mm eingestellt. Durch die Vakuumpumpe werden die Verbrennungsgase durch den Absorber gesaugt. Wenn genügend Probensubstanz verbrannt ist, wird die Bürette abgestellt, der Flüssigkeitsstand abgelesen und die noch nicht verbrannte Probemenge in der Brennerkugel verdampft. Nach Verlöschen der Brennerflamme werden die Gaszufuhren (CO_2 und O_2) unterbrochen. Die Absorptionslösung wird auf 10 ml eingeengt und das Wasserstoffsuperoxid und CO_2 dabei verkocht. Tropfenfalle, Absorber und Verbrennungskammer werden mit Methanol ausgewaschen, das der Absorptionslösung zugefügt wird. Die vereinigten Lösungen werden in das Titriergefäß gegeben, es wird auf etwa 100 ml so aufgefüllt, daß der Methanolgehalt 60 bis 80% beträgt. Dann wird mit 0,02n Natriumhydroxidlösung auf pH 6,5 bis 6,7 eingestellt und dann mit 0,01 n Bariumacetatlösung konduktometrisch titriert.

$$S = \frac{F\,(T - T_1)}{V\,d}\quad [\text{mg/kg} = \text{ppm}];$$

S Gesamtschwefel in ppm,
F Faktor,
T verbrauchte Bariumacetatlösung in ml,
T_1 verbrauchte Bariumacetatlösung beim Blindversuch in ml,
V die zur Verbrennung eingesetzte Menge an Substanz in ml,
d Dichte der Probe.

b) Granatelli-Methode[1]

Dieses Verfahren, das Raney-Nickel als Reduktionsmittel benutzt, erfaßt alle im Benzol vorkommenden Schwefelverbindungen quantitativ, ausgenommen Benzolsulfosäuren.

Die Probe wird mit Raney-Nickel behandelt. Hierdurch bildet sich Nickelsulfid, aus dem durch Salzsäure Schwefelwasserstoff freigemacht wird; man bestimmt H_2S titrimetrisch nach einer Farbindikator- oder potentiometrischen Methode. Der Schwefelgehalt der eingesetzten Probe soll 100 ppm nicht überschreiten.

---

[1] Analyt. Chem. 31 (1959) 434.

Arbeitsweise

Die Reduktion wird in einem Dreihalskolben durchgeführt, der mit Rückflußkühler, Tropftrichter und Stickstoffeinleitungsrohr versehen ist (s. Abb. 4). Bei der Farbindikatormethode wird mit Quecksilberacetatlösung titriert unter Verwendung von Dithizon als Indikator. (Quecksilberacetatlösung: 0,675 g trockenes Quecksilberoxid in 50 ml Wasser und 2 ml Eisessig gelöst, auf 1 l auffüllen. 50 ml dieser Lösung auf 250 ml verdünnen. 1 ml dieser Lösung entspricht 0,02 mg Schwefel. Dithizonindikator: 0,1 g Dithizon in 100 ml Aceton gelöst.)

Bei der potentiometrischen Methode werden die Absorptionsgefäße entsprechend Abb. 5 eingesetzt. Als Absorptionsflüssigkeit dient Silbernitratlösung bestimmter Konzentration. Die Titration erfolgt mit Kaliumjodidlösung.

Die Apparatur wird mit konzentrierter Salpetersäure und Kaliumdichromat gereinigt. Dann werden $0,5 \pm 0,05$ g Raney-Nickel-Legierung (50% Ni, 50% Al) in den Kolben ein-

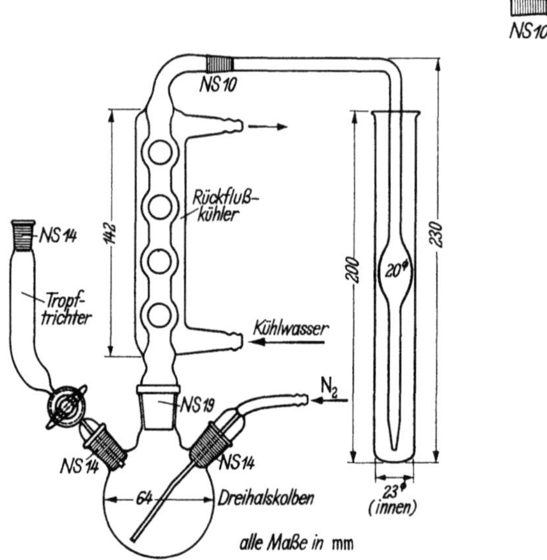

Abb. 4. Reduktionsapparatur.

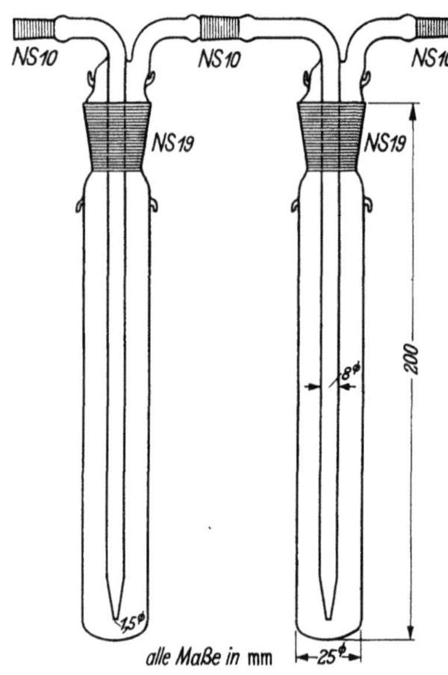

Abb. 5. Absorber.

gewogen, mit 10 ml 2,5 n NaOH-Lösung 10 Min. auf 75 bis 80 °C erhitzt, umgeschwenkt, dekantiert und dreimal mit Wasser und zweimal mit Isopropylalkohol gewaschen. Die Menge der anzuwendenden Prüfsubstanz ist abhängig vom Schwefelgehalt (vgl. Tabelle).

mg S/kg	Probe in ml
unter 2	50
2 — 5	25
5 — 20	10
20 — 100	5

Etwa 50 ml einer Mischung aus gleichen Teilen 1 n NaOH-Lösung und Aceton werden in das Absorptionsgefäß gegeben. Dann fügt man 5 Tropfen der Indikatorlösung hinzu. Die Apparatur wird mit Stickstoff (2 bis 3 Blasen/sec) gespült, der durch glykolische Kaliumhydroxidlösung (4 g KOH in 100 ml Äthylenglykol) gewaschen wird. Man erhitzt dann den Kolben innerhalb von 10 Min. zum Sieden und läßt 30 Min. bei leichtem Rückfluß kochen. Aus der Bürette wird so viel Quecksilberacetatlösung in das Absorptionsgefäß gegeben, bis Rosafärbung eintritt. Dann läßt man 10 ml 5 n Salzsäure aus dem Tropftrichter innerhalb 5 bis 10 Min. in den Reaktionskolben langsam einlaufen. Der entstehende Schwefelwasserstoff wird durch den Stickstoff in das Absorptionsgefäß geleitet. Dabei färbt sich die Lösung gelb. Nunmehr wird wieder tropfenweise Quecksilberacetatlösung hinzugegeben bis zur Rosafärbung. Nach Abklingen der H_2S-Entwicklung wird stärker erhitzt und die Durchflußgeschwindigkeit des Stickstoffs auf 5 Blasen erhöht. Bei Gelbfärbung fügt man erneut Quecksilberacetatlösung hinzu bis zur Rosafärbung und wiederholt — wenn erforderlich — diesen Vorgang.

Wenn kein H_2S mehr übergespült wird, reduziert man den N_2-Strom und kühlt den Kolben durch Aufblasen von Luft. Bei Druckminderung steigt die Absorptionslösung im

Einleitungsrohr auf. Der Stickstoff ist wieder anzustellen, bevor die Lösung die Biegung des Einleitungsrohres erreicht. Dieser Vorgang wird wiederholt, bis kein H_2S mehr ausgewaschen wird. Man erhitzt den Kolbeninhalt noch einmal zum Sieden und führt die Titration zu Ende.

Bei der Auswertung ist das Ergebnis der Blindprobe abzuziehen. Der Gesamtschwefel errechnet sich aus folgender Formel:

$$S = \frac{20\,(A - B)}{V\,d} \ [\text{mg/kg} = \text{ppm}];$$

A Verbrauch an Quecksilberacetat in ml,
B Verbrauch an Quecksilberacetat aus Blindversuch in ml,
V Volumen der Probe,
d Dichte der Probe.

Bei der potentiometrischen Methode werden die beiden Absorptionsgefäße mit 3 ml der 0,005n Silbernitratlösung und 40 ml Wasser gefüllt. Sonst wird bei der Bestimmung wie oben verfahren. Der durch Salzsäure freigemachte Schwefelwasserstoff wird mit Hilfe des Stickstoffs übergetrieben. Dann gibt man die Absorptionsflüssigkeit in ein 150 ml-Becherglas und spült mit 20 ml Wasser nach.

Die potentiometrische Titration erfolgt mit 0,005n Kaliumjodidlösung. Der Gesamtschwefel wird nach folgender Formel berechnet:

$$S = \frac{80\,(A - B)}{V\,d} \ [\text{mg/kg} = \text{ppm}];$$

A Verbrauch an Kaliumjodidlösung in ml,
B Verbrauch an Kaliumjodidlösung für den Blindversuch in ml,
V Volumen der Probe,
d Dichte der Probe.

F. Schieferöl

Von J. ALTPETER †, Bad Homburg vor der Höhe

Inhaltsübersicht

I. Entstehung der Ölschiefer

Schieferöl wird durch Schwelen aus Ölschiefer gewonnen. Ölschiefer sind tonige oder schiefrige Ablagerungen, die je nach Vorkommen in verschiedenem Maße mit bituminösen Stoffen getränkt sind. Aus ihnen können durch Destillation, jedoch nicht oder nur mit unbefriedigenden Ausbeuten durch Extraktion mit Lösungsmitteln Kohlenwasserstoffe gewonnen werden[1]. Um bei der Isolierung der organischen Bestandteile, des „Kerogens", ihren Abbau zu vermeiden, kann man die anorganischen Anteile durch Einwirkung von HCl, HF und gesättigter Borsäurelösung weitgehend entfernen[2] oder die Schiefer mit heißer 5%iger Essigsäure von Carbonaten befreien und zwecks Abtrennung der Hauptmenge anorganischer Stoffe den Rückstand mit n-Cetan und Wasser behandeln; es gelingt so eine Anreicherung auf etwa 84% organische Substanz[3]. Auch die Extraktion mit teilhydrierten hocharomatischen Kohlenwasserstoffölen bei 260 bis 480 °C[4] oder mit Öl bei 450° unter Druck[5] ist vorgeschlagen worden. Eine Trennung soll ferner durch eine Art Phasentrennung mittels Natriumsilicatlösung und Lösungsmittel erfolgen können[6]. Obwohl Versuche mit fast allen in der Praxis gebräuchlichen Lösungsmitteln unternommen worden sind, ist die Extraktausbeute sehr gering. Soweit bekannt wurde, lieferte Pyridin die besten Ergebnisse, 15 bis 20% des im Colorado-Schiefer enthaltenen „Kerogen"[7]; doch gilt dies nicht für alle Schiefer.

Nach allgemeiner Auffassung haben sich die bituminösen Schiefer in Süßwasserbecken oder schwach salzhaltigen Wasserbecken gebildet, in denen während der Anhäufung organischer Stoffe eine ständige Ablagerung anorganischer Massen erfolgte. Viele dieser Schiefer, insbesondere schwefelreiche, lassen Fischabdrücke erkennen, doch sind auch pflanzliche Überreste, wie Sporen, Pollen, Cuticula-Material, Holzabbauprodukte, feststellbar. Aus Tasmanit isolierten ZETZSCHE, VICARI und SCHÄRER[8] eine Verbindung $C_{90}H_{134}O_{15}(OH)_2$. Karwendelschiefer liefert bei Extraktion mit Eisessig und Lösen des Extrakts in Chloroform ein Öl, das mit HBr-Eisessig-Gemisch Rohporphyrin ergibt[9]. Auch Colorado-Schieferextrakt enthält Porphyrine.[10] Ferner wurden Cholesterin und Ergosterin festgestellt.[11] Durch Extraktion von Seefelder „Dirschenit" (Tirol) mit Chloroform lassen sich Produkte mit östrogener Wirkung abtrennen.[12] Über die Versuche zur Aufklärung der Konstitution des „Kerogen" liegen besonders aus USA zahlreiche Arbeiten vor.[13] Für die organische Substanz des Green-River-Ölschiefers hat J. W. SMITH[14] als „endgültige" Zusammensetzung ermittelt: 80,5 (Gew.-%) C; 10,3 H; 2,4 N; 0,1 S; 5,8 O.

II. Vorkommen bituminöser Schiefer und ihre Ausbeutung

Die Weltvorräte an Ölschiefer sind beträchtlich. Nach F. C. JAFFE[15] beträgt der Ölinhalt der Vorräte (siehe S. 553):

[1] GAVIN: Bureau of Mines, Bull. 210 (1922) 27—28. — HARTMANN, SCHOELZEL u. EBRAHIM: Erdöl u. Kohle 16 (1963) 997—999.

[2] SMITH, J. W.: Bureau of Mines, Rep. Invest. 5725 (1961) 1—16.

[3] SMITH, J. W., u. L. W. HIGBY: Analyt. Chem. 32 (1960) 1718—1719.

[4] Brit.P. 764919.   [5] D.A.S. 1022728.   [6] A.P. 2980600.

[7] GUTHRIE: Bureau of Mines, Bull. 415 (1938) 111—112.

[8] Helv. chim. Acta 14 (1931) 67.   [9] TREIBS: Liebig Ann. Chem. 509 (1934) 103.

[10] MOORE, J. W., u. H. N. DUNNING: Ind. Engng. Chem. 47 (1955) 1440—1444.

[11] COSMOVICI: Bull. Soc. chim. biol. 19 (1937) 1583.

[12] GIERHAKE: Geburtshilfe u. Frauenheilk. 2 (1940) 259.

[13] THOMPSON, W. R., u. CH. H. PRIEN: Ind. Engng. Chem. 50 (1958) 359—364. — BROWN, F. M., u. E. L. GRAHAM: ebenda 50 (1958) 1059—1060. — ROBINSON, W. E., u. K. E. STANFIELD: Bureau of Mines, Inform. Circ. 7908 (1960) 1—79. — STEFANOVIC, G., u. D. VITOROVIC: J. chem. Engng. Data 4 (1959) 162—167. — Ref. Chem. Zbl. 1961, 10802.

[14] SMITH, J. W.: Bureau of Mines, Rep. Invest. 5725 (1961) 1—16.

[15] Oil & Gas International 4 (1964) Nr. 2, S. 37—39. — In den Vereinigten Staaten werden die Versuche, eine wirtschaftliche Nutzung der riesigen Ölschiefervorräte im Westen des Landes zu erreichen, fortgesetzt. Bisher konnten in Colorado Ölschiefervorkommen mit einem Ölgehalt von insgesamt 320 Milliarden Kubikmetern in Trägergesteinen mit einem Gehalt von mindestens 38 l Öl pro Tonne Schiefer nachgewiesen werden; man hofft, weitere 300 Milliarden Kubikmeter Rohöl aus Schiefer mit einem Ölgehalt von 38 bis 380 l fördern zu können. Mit den bisherigen Fördermethoden ist die Produktion jedoch noch nicht genügend rentabel [Oil and Gas J. S. 41 (17. Jan. 1966); S. 58 (11. April 1966).]

	Ölgehalt US gal/t	Ölreserven Mio barrels
USA	10—25	1 150 000
Deutschland	10—13	1 700
Canada	15—36	gering
Sowjetunion	13—50	13 500
Mandschurei	15	1 700
Schweden	10—15	2 150
Frankreich	10—18	300
Australien	15—,,100"	320
Schottland	10—45	290—525

In Deutschland sind die seit 1885 in Betrieb gewesenen Schwelanlagen Messel (bei Darmstadt) stillgelegt worden. Die im 2. Weltkrieg in Württemberg errichteten Schwelanlagen haben ebenfalls ihren Betrieb eingestellt; lediglich im Portland-Zementwerk Dotternhausen wird neuerdings aus Posidonienschiefer im Wirbelschichtverfahren ein hydraulisches Bindemittel erzeugt und zugleich Dampf und Strom gewonnen.[1] Die früher bedeutenden Ölschiefer-Verarbeitungsanlagen in Schottland, Frankreich (Autun) und Schweden haben sich als unwirtschaftlich erwiesen. Zur Zeit werden von den wichtigeren Vorkommen noch ausgebeutet die in Spanien (Puertollano), Estland und Fushun (China).[2] Die Schwierigkeiten bei der Ausnützung der Coloradoschiefer kennzeichnete C. H. PRIEN[3] wie folgt: ,,2000 lbs Rohschiefer müssen gewonnen, zerkleinert, auf 482 °C erhitzt, die Öle abgetrennt, 1700 lbs nutzloser Rückstand verworfen werden, und alles zu genügend niedrigen Gestehkosten, um mit Gewinn Produkte im Werte von $ 1,20 herzustellen".

Aus den Jahren 1946—1956 sind etwa 480 in USA und England erteilte Patente von S. KLOSKY[4] erfaßt worden; weitere Übersichten über Ölschiefer vgl. C. H. PRIEN[5].

Nach NELSON[6] sollen etwa 1980 aus Ölschiefer und Teersanden rd. 1,8 Millionen barrels/Tag Öle zur Verfügung stehen und damit rd. 9% des dann zu erwartenden USA-Bedarfs decken. Eine optimale Anlage soll nach derzeitiger Planung rd. 80 000 t/Tag Schiefer verarbeiten und rd. 50 000 barrels/Tag Rohöl erzeugen. Für Durchsätze solcher Größenordnung werden vor allem auf der Seite der Schiefergewinnung und -zerkleinerung, deren Kostenanteil z. B. in einer 25 000 barrels/Tag-Anlage bei $ 1,69/barrel Gesamtkosten nicht weniger als $ 1,07 ausmacht[7], besondere Methoden zu entwickeln sein. Bei dem hierzu empfohlenen TOSCO-Verfahren[8] soll mit Hilfe auf über 540 °C erhitzter Wärmeträger (Porzellankugeln) der auf unter 0,5 Zoll zerkleinerte Schiefer unter Luftausschluß in einem horizontalen Drehrohrofen auf 482 °C gebracht werden; nach Abtrennung der Schweldämpfe und Absiebung des Schieferrückstandes gehen die Wärmeträger in die Aufheizanlage zurück. Vorgeschlagen für Großanlagen wird ferner, feinzerkleinerten Schiefer in Wirbelschicht und Wasserstoffatmosphäre[9] kontinuierlich zu schwelen. Nach dem Verfahren der Pyrochem-Corp.[10] soll gleichfalls Schiefer (20 bis 60 Maschen) mit Wasserstoff — beide getrennt vorgeheizt — in eine Pyrolysezone von 482 °C eingeführt, aber der abziehende Gasstrom sofort über Co-Mo-Kontakt geleitet werden; die danach anfallenden Kondensate sollen frei von N und O-Verbindungen sein.

Die an sich naheliegende Verschwelung oder Vergasung der Schiefer in situ, die besonders von LJUNGSTRÖM[11] entwickelt worden ist würde bei den für USA geplanten Größenordnungen,

---

[1] FRIESE, G.: Erdöl u. Kohle 14 (1961) Nr. 9, 702—703. — Vgl. auch Svenska Skifferolje Aktiebolag, Brit. P. 895 085.

[2] CANE, R. F.: Hydrocarbon Processing 44 (1965) Nr. 9, S. 185—190.

[3] PRIEN, C. H.: Ind. Engng. Chem. 56 (1964) Nr. 9, S. 32—40.

[4] Bureau of Mines, Bull. 574 (1958).

[5] Ind. Engng. Chem. 42 (1950) 1731—1738; 47 (1955) 1911—1915; 49 (1957) 1548—1552; 52 (1959) 720—723; 53 (1961) 674—679.

[6] Oil & Gas J. 63 (1965) Nr. 44, S. 42/43.

[7] Vgl. PRIEN, S. 39, Tab. IV (s. Fußnote 3).

[8] JOHNSON, R. E.: Chem. Engng. Progress 60 (1964) Nr. 10, S. 34—36 — Chem. and Engng. News 1965, 16/17. — CHOPEY, N. P.: Chem. Engng. 1965, 52—56. — D.A.S. 1 115 391; A.P. 2 984 602; Austral.P. 236 553 u. 234 878.

[9] FELDMANN, H., u. J. HEUBLER: Ind. Engng. Chem. Proc. Devel. 4 (1965) 155; Ref.: Brennst.-Chemie 46 (1965) 285.

[10] A.P. 3 106 521. — Chem. and Engng. Chem. 1965, 41.

[11] Unter anderen D.B.P. 931 430, 954 721; Schwed. P. 167 737. — MUNDERLOH: Brennst.-Chemie 37 (1956) 119—121.

kaum den Betrieb genügend großer Kapazitäten gestatten. Methoden vollends, bei denen das Kerogen durch Auflösen der anorganischen Anteile mittels anorganischer Säuren angereichert werden soll[1], kommen für den Großbetrieb zur Ölgewinnung sicher nicht in Betracht.

III. Chemische Zusammensetzung der Schieferöle

Schieferöle und ihre Verarbeitungsprodukte zeigen je nach der Herkunft außerordentlich wechselnden chemischen Charakter; sie ähneln in mancher Hinsicht den Braunkohlenschwelölen. Ihre Zusammensetzung wird zudem durch das benutzte Schwelverfahren stark beeinflußt. Autun-Schiefer lieferte z. B. bei trockener Destillation flüssiges Rohöl $d = 0,840$ bei einer Ausbeute von 52,1% der organischen Substanz, Menge der Ungesättigten im Öl 52,5%; bei der Destillation mit Dampf erhält man hingegen ein zähes Produkt, $d = 0,856$, Ausbeute 55,7%, Gehalt an Ungesättigten 83,8%.[2]

Neben paraffinischen und olefinischen Kohlenwasserstoffen finden sich in den Schierölen Aromaten, Naphthene, Stickstoff-, Sauerstoff-, Schwefelverbindungen, darunter Pyridine, Pyrrole, Chinoline, Indene, Phenole, Mercaptane und Thiophene. Letztere wurden wohl zuerst von SCHEIBLER[3], und zwar in französischem Schieferöl, nachgewiesen. Krackprodukte aus Autun-Schieferöl erwiesen sich als optisch aktiv[4].

Beim Abtrennen der Olefine mit konzentrierter Schwefelsäure werden gleichzeitig N-, O- und S-Verbindungen mitgelöst, so daß die Olefingehalte in Tab. 1 zu hoch sind.

Tabelle 1. *Gehalt einiger Schieferöle an einzelnen Kohlenwasserstoffgruppen.*

	Württemberg[a]	Frankreich[b]	USSR[c]	USA[d]
Gesättigte Kohlenwasserstoffe	26,2	59,9	18,8	27—33
Naphthene	9,7	0,5	8,0	—
Aromaten	40,5	20,5	5,4	19—25
„Olefine"	23,6	19,2	67,8	43—48

[a] Deutsche Ölschiefer-Forschungsgesellschaft, 1944.
[b] BOULZAGUET: Rev. Industr. min. 1179 (1936). — Chem. Zbl. 1937 I, 4314.
[c] CHELINTZEV u. SIVERTZEV: Chem. Abstr. 28 (1934) 6290.
[d] THORNE: Petroleum Refiner 35 (1956) Nr. 7, 155.

Ein aus Pumpherston-Retorten gewonnenes Colorado-Schieferöl lieferte bis 200 °C siedendes Benzin, d = 0,805, Zusammensetzung in Prozent: Phenole 0,8, Basen 5,6, Paraffine 21,2, Naphthene 8,2, aliphatische Olefine 25,9, cyclische Olefine 15,1, Aromaten 18,2, Schwefelverbindungen 3,4, Stickstoffverbindungen (außer Basen) 0,9.[5]

Schieferöle, besonders die schwefelreicheren, neigen bei der Destillation stark zum Kracken; nach LUTS[6] beträgt der Gewichtsverlust von Schieferöl bei der Destillation aus einem Engler-Kolben bei atmosphärischem Druck 5,7%, bei 8 Torr 0,2%.

---

[1] JERNBERG: Schwed.P. 149268.
[2] LUTS: Der estländische Brennschiefer Kukersit. Reval 1944.
[3] Ber. dtsch. chem. Ges. 48 (1915) 1815; 49 (1916) 2595; 52 (1919) 1903; 59 (1926) 1198 — Arch. Pharm. 258 (1920) 70.
[4] BOULZAGUET u. FRIESS: Ann. offic. nat. Comb. liqu. 7 (1932) 55. — Chem. Zbl. 1932 II, 1906.
[5] BALL u. a.: Ind. Engng. Chem. 41 (1949) 581.
[6] LUTS, l. c., S. 165.

Bei der Destillation unter atmosphärischem Druck zersetzen sich die Roh-Schieferöle, wobei sie Koks, Pech, Gas und leichtere Öle bilden, die mehr gesättigte Verbindungen und weniger Stickstoff enthalten als das ursprüngliche Rohöl[1].

Die Aufarbeitung der Teere kann weitgehend nach den in der Erdöl- bzw. Braunkohlenteerindustrie üblichen Methode erfolgen. Bei der katalytischen Krackung wird unter Umständen der SiO_2—Al_2O_3-Katalysator durch organische Stickstoffbasen vergiftet[2]. Bei Hydrierung mit Co-Molybdat[3] erhält man Benzine der OZ 92. Eine Mehrzahl von Patenten ist in den letzten Jahren auf Verfahren zur raffinierenden Hydrierung erteilt worden; in der Praxis ist wohl bisher allein das im Werk Puertollano (Spanien) benutzte Verfahren zur Druckhydrierung erprobt.[4]

Schieferteere und -öle haben deutlich krebserregende Wirkung; sowohl amerikanische wie estnische enthalten relativ große Mengen 3,4-Benzpyren.[5]

IV. Prüfung bituminöser Schiefer und ihrer Schwelprodukte

1. Dichte

Die Dichte von Ölschiefern liegt bei rund 1,3 bis 1,4 g/cm³ für Schiefer mit 50% Bitumen und bei rund 2,8 bis 2,9 g/cm³ für Schiefer mit 1% und weniger Bitumen[6]. Bei Colorado-Schiefer hat das organische Material $d = 1,2$, während die hauptsächlich anwesenden mineralischen Anteile $d = 2,6$ (Quarz) bis 5,0 (Pyrit) haben[7]. Man kann also aus der Dichte der Schiefer ungefähr das Ausbringen an Öl voraussagen. Die Bestimmung der Dichte nach ENGELHARDT[8] führt man folgendermaßen durch:

Eine Bürette mit $^1/_{10}$-Teilung wird bis zu 60% mit Petroleum gefüllt. Nach Ablesen werden 10,00 g trockener, fein zerkleinerter Schiefer eingetragen. Die Bürette wird schnell gedreht, um Luftblasen zum Aufsteigen zu bringen.

$$d = \frac{10,00}{\text{Anzahl der verdrängten cm}^3}.$$

2. Heizwert

Den Heizwert bestimmt man in üblicher Weise, z. B. in der Berthelot-Mahler-Bombe (s. Teil I, S. 93). Für trockene Schiefer sind z. B. ermittelt:

	kcal/g
Württemberg (Eislingen)	930—1180
Braunschweig (Schandelah)	1184
Hessen (Messel)	4260
Estland	3800
Spanien	1270—3850
Bulgarien	2660
Schweden	1720
Jugoslawien (Zrmanja)	4324
Brasilien (Marahu)	6300

[1] FRANKS: Chem. metall. Engng. 24 (1921) 561; 25 (1921) 49, 452, 731, 778, 861.

[2] CHOW, PEI-CHENG, u. CHIH WU: Acta Focalia sinica 4 (1959) 1—14. — Ref. s. Chem. Zbl. 1960, 10809. — ZSJAN, BIN-NAN: Nachr. sibir. Abt. Akad. Wiss. USSR 1959, Nr. 2, S. 81—95; Ref. s. Chem. Zbl. 1963, 7597.

[3] CARPENTER, H. C., u. P. L. COTTINGHAM: Bureau of Mines, Rep. Invest. 5533 (1959) 1—29.

[4] D.A.S. 1173604.

[5] DANETZKAJA, O. L.: Hyg. u. Sanitätswesen USSR 1952, Nr. 10, S. 26—31; Referat s. Chem. Zbl. 1953, 6797. — CAHNMANN, H. J.: Analyt. Chem. 27 (1955) 1235—1240. — GOTALUM, G. M., u. P. P. DIKUN: Hyg. u. Sanitätswesen USSR 23 (1958) Nr. 8, S. 24—27; Referat s. Chem. Zbl. 1959, 4016.

[6] HRADIL u. VON FALSER: Die Ölschiefer Tirols. Leipzig: Barth 1930.

[7] SMITH, J. W.: Ind. Engng. Chem. 48 (1956) 441—444.

[8] Brennst.-Chemie 13 (1932) 10.

3. Asche

Das Verhalten der Asche beim Erhitzen ist für einen gleichmäßigen Ofengang und das Vermeiden von Sinterungen, zumal bei Schwelverfahren mit direkter Teilverbrennung, von wesentlicher Bedeutung.

	Schmelzbeginn °C	Erweichungsbeginn °C
Kalkarmer württembergischer Schiefer	etwa 1030	etwa 1080
Kalkreicher württembergischer Schiefer	etwa 1170	etwa 1210

4. Verhalten bei der Zerkleinerung

Für viele Schwelverfahren ist die Abtrennung von Staub und Unterkorn aus dem zerkleinerten Schiefer vor Eintritt in den Ofen wichtig; für die Ermittlung der tatsächlichen Schieferkosten muß daher die Menge des bei der Zerkleinerung entstehenden Abfalles festgestellt werden. Er kann bis 15% betragen[1].

5. Verhalten beim Erhitzen

Manche Schiefer, vor allem die ölreicheren (Kukersit/Estland) werden beim Erhitzen weich, plastisch und neigen, zumal bei größerer Schütthöhe, zum Fließen und Schmelzen; sie können daher nur in besonderen Apparaturen, z. B. Tunnelöfen, oder bei entsprechender Anpassung des Schwelverfahrens verarbeitet werden.

6. Bestimmung der Ölausbeute

Die Ausbeute kann man so wie bei Braunkohle in der FISCHER-Aluminium-Schwelretorte bestimmen[2]. Neuerdings wird empfohlen, die Analyse in Heliumatmosphäre durchzuführen[3], wobei eine Oxydation der Zersetzungsprodukte vermieden wird.

7. Untersuchung der Ölschieferschwelprodukte

Schieferöle werden im allgemeinen nach den für Braunkohlenschwelölen üblichen Methoden untersucht[4].

V. Schwefelhaltige Schieferöle und deren Sulfonierungsprodukte

Eine Reihe von Ölschiefervorkommen liefert Schwelöle mit hohem Schwefelgehalt. So erhält man aus dem kalkreichen Schiefer aus Orbagnoux, Departement Ain (Frankreich) ein Öl mit 13,5% Schwefel[5], „Dirschenit" aus Seefeld (Tirol) gibt Öle mit 7,7 bis 16,36% S[6], Schiefer von Meride und Besano (Luganer See, Schweiz) Öl mit 15% S, württembergischer Schieferrohöle mit 5 bis 7% S.

R. SCHRÖTER hat 1882 (DRP 35216) Seefelder „Stinköl" durch Sulfonierung in wasserlösliche Produkte umgewandelt. Das hierzu verwendete Rohöl wurde „Ichthyolöl" und das

---

[1] PRIEN, CH. H.: Ind. Engng. Chem. 56 (1964) 37.

[2] Abgeänderte Form vgl. R. HEINZE: Gas- u. Wasserfach 85 (1942) 413 — Erdöl u. Kohle 39 (1943) 973; ähnliche Retorte s. STANFIELD u. FROST: Bureau of Mines, Rep. Invest. 3977 (1946). — SMITH, J. W.: Bureau of Mines, Rep. Invest. 5932 (1962).

[3] HUBBARD, A. B.: Fuel 41 (1962) 49—54.

[4] Ausführliche Angaben über Schwelöle aus Braunkohlen im Vergleich zu Schieferölen s. BOYD GUTHRIE: Bull. Bur. Mines 415 (1938).

[5] PANCIER: Bull. Sci. Pharmacol. XL II 37 (1935) 391.

[6] HRADIL u. VON FALSER: Die Ölschiefer Tirols. Leipzig: Barth 1930.

Sulfonat, Ammonium- oder auch Natriumsalz, = Ichthyol = Ammonium-Sulfoichthyolicum von der Ichthyol-Gesellschaft Cordes, Hermanni u. Co., Hamburg, in den Handel gebracht, Seitdem sind sehr viele gleichartige Präparate bekanntgeworden, deren S-Gehalt unterschiedlich ist. Sie wirken antiseptisch, aber schwächer als Carbolsäure, und dienen als desinfizierende und resorptionsfördernde Mittel in der gynäkologischen Praxis, bei Hautekzemen.

Tabelle 2. *Analyse von Schieferölsulfonaten vom Typus des Ichthyol.*

Bestimmt werden:

a Trockengehalt; b Ammonsulfat; c Gesamtammoniak; d Gesamtschwefel.

Daraus errechnen sich:

e organische Trockensubstanz $= a - b$;	i Sulfonatammoniak	$= c - h$;
f Sulfatschwefel $= b\dfrac{32}{132}$;	k Sulfonatschwefel	$= i\dfrac{32}{17}$;
g organischer Schwefel $= d - f$;	l „Sulfidischer" Schwefel	$= g - k$.
h Sulfatammoniak $= b\dfrac{34}{132}$;		

Entzündungen usw. Nach H. SCHEIBLER[1] wird die bei der Sulfonierung von Schieferölen eintretende Dunkelfärbung durch Körper vom Indentypus veranlaßt; raffiniert man ein Schieferöldestillat vor und sulfoniert dann bei guter Kühlung, so färbt sich die Säure nur braunrot. Ein später vorgeschlagenes Verfahren (DRP 624317, E. A. WERNICKE) geht gleichfalls davon aus, daß chemisch vorraffinierte Schieferöle sich zu weniger dunklen Produkten sulfonieren lassen. Helle und geruchsarme Sulfonate lassen sich auch erhalten, wenn das Ausgangsöl vor der Sulfonierung mit schwächerer Säure vorgereinigt wird (DBP 919994, LIAS Ölschiefer-Forschungs-Gesellschaft).

Die Trockenbestimmung wird in üblicher Weise, z. B. bei 105 °C im Trockenschrank vorgenommen. Zur Bestimmung des Sulfatschwefels, z. B. aus Ammonsulfat, ist es nötig, vor der Fällung als Bariumsulfat die Sulfonsäuren abzutrennen, z. B. nach THAL[2]. Eine Lösung von 4 g Ichthyolammonium in etwa 300 cm³ Wasser wird in einem 500 cm³-Meßkolben mit der Lösung des Eiweißes aus einem mittelgroßen Ei in etwa 100 cm³ Wasser gemischt. Nach Zusatz von 5 cm³ 25%iger Salzsäure wird die Mischung auf 500 cm³ aufgefüllt, filtriert und in 200 cm³ des Filtrats die Schwefelsäure mit Bariumchlorid gefällt.

Ein anderes Verfahren arbeitet mit Kupferchlorid[3]. Man löst in einem 200 cm³-Meßkolben 2 g „Bithiol" in etwa 100 cm³ Wasser, fügt 80 cm³ einer 3%igen Kupferchloridlösung zu, füllt auf volles Volumen auf, schüttelt um und filtriert. Zu 100 cm³ des Filtrats gibt man 1 cm³ Salzsäure und 15 cm³ Bariumchloridlösung, läßt 24 Std. in der Wärme stehen, filtriert, wäscht den Niederschlag mit heißem Wasser chlorfrei, trocknet, verascht und wägt das Bariumsulfat.

---

[1] DRP 327050, 331793. — Ber. dtsch. chem. Ges. **59** (1926) 1198.
[2] Apoth.-Ztg. **21** (1906) 431 — Chem. Zbl. 1906 II, 351.
[3] Belg. Pharm. IV.

Sechstes Kapitel

Hydrierung in der Erdölverarbeitung, Kohle- und Petrochemie

Von W. KRÖNIG, Leverkusen

Inhaltsübersicht

A. Allgemeine Entwicklung der Hydrierung

In ihren Grundzügen war die Druckhydrierung von Kohlen, Teeren und Mineralölen von F. BERGIUS erarbeitet worden. Die Gestaltung dieses Arbeitsprinzips für die Technik erfolgte durch M. PIER (BASF), durch Auffindung schwefelfester Hydrierkatalysatoren (Molybdän, Wolfram) sowie durch Unterteilung des Hydrierverfahrens in das Arbeiten in der flüssigen Phase und der Gasphase. Nach den bei der Hydrierung erzielten Wirkungen unterscheidet man

die *hydrierende Raffination*, bei der Reduktion und Wasserstoffanlagerung im Vordergrund stehen, die gegebenenfalls eintretende geringe Spaltung aber nur als Begleiterscheinung zu werten ist, und

die *hydrierende Spaltung*, bei der die Verkleinerung des Molekulargewichts des Rohstoffs der entscheidende Zweck des Verfahrens ist, Wasserstoffanlagerung und Reduktion nur Mittel zum Zweck darstellen.

Der Umwandlung durch die Hydrierung können Kohlen, Teere und Mineralöle unterworfen werden, wobei die Einwirkung des Wasserstoffs zu den verschiedensten Produkten führen kann, von den gasförmigen Kohlenwasserstoffen über Treibstoffe (Benzin, Düsentreibstoff, Dieselkraftstoff) und Schmieröle bis zu Kohlebitumina.

Die Bedeutung der verschiedenen Anwendungsformen der Hydrierung hat sich im Laufe der Zeit geändert: Vor und während des zweiten Weltkrieges wurde in Deutschland die Hydrierung in erster Linie zur Erzeugung von Kraftstoffen (Flugbenzin, Autobenzin, Dieselkraftstoffe) aus Stein- und Braunkohlen bzw. deren Teeren eingesetzt, in geringerem Umfange wurden auch Schmieröle aus Braunkohlenschwelteeren durch Hydrierung gewonnen. Als nach dem Kriege das Erdöl wieder in ausreichenden Mengen zur Verfügung stand, konnte sich die Gewinnung von Kraftstoffen und Schmierölen durch Hydrierung von Kohlen und Teeren wettbewerbsmäßig gegen die Gewinnung dieser Produkte durch Erdölraffination nicht behaupten. In neuerer Zeit jedoch sind in USA Kohlehydrierversuche wieder aufgenommen worden.[1]

Nach dem Kriege, wurde ein wesentlicher Teil der in Deutschland vorhandenen Hydrieranlagen für die Hydrierung von Erdölen unter besonderer Bevorzugung der spaltenden Hydrierung eingesetzt, wobei manche Arbeitsweisen, die später in die Erdölraffination eingeführt wurden, bereits damals technisch vorweggenommen wurden, z. B. die Kombination von katalytischem Hydrieren und katalytischem Kracken[2]. Begünstigt wurde diese Entwicklung vor allem dadurch, daß durch die stürmische Aufwärtsentwicklung des katalytischen Reformens in den Raffinerien beträchtliche Mengen wasserstoffreichen Abgases zum Heizwert zur Verfügung standen, welche unmittelbar oder gegebenenfalls nach Anreicherung als Hydriergas eingesetzt werden konnten.

B. Anwendung der Hydrierung bei der Erdölverarbeitung[3]

Die Hydrierprozesse haben in der Erdölverarbeitung der westlichen Welt einen höheren Anteil am Raffineriegeschehen als das katalytische Reformen, und in manchen wichtigen Gebieten überholte die Hydrierung das katalytische Kracken.

I. Hydrierende Raffination (Hydrofining, Hydrotreating)

Zunächst stand und steht auch heute noch in der technischen Anwendung der Hydrierung in der Erdölverarbeitung die hydrierende Raffination (hydrogen treating) im Vordergrund, erst in neuerer Zeit wächst die hydrierende Spaltung (hydrocracking) zu größerer Bedeutung heran. Das langsamere Wachstum der hydrierenden Spaltung ergibt sich vornehmlich aus dem dabei erforderlichen höheren Wasserstoffverbrauch, der nicht immer aus der Wasserstoffquelle des katalytischen Reformens gedeckt werden kann und somit eine eigene kostspieligere Wasserstofferzeugung erfordert.

Durch die hydrierende Raffination werden in einfacher Weise und unter schonenden Bedingungen und damit auch ausgezeichneten Ausbeuten die zumeist bei 100 Vol.-% liegen, unerwünschte und störende Bestandteile in Kohlenwasserstofffraktionen entfernt, wodurch die Qualität der Produkte entscheidend verbessert wird. Generell gesprochen werden bei Kraft- und Brennstoffen durch die hydrierende Raffination Geruch, Farbe und Brenneigenschaften verbessert; bei Benzinen werden Bleiempfindlichkeit und Lagerstabilität erhöht. Aus Einsatzmaterialien für das katalytische Reformen oder das katalytische Kracken werden Katalysatorgifte entfernt[4]. Durch Behandlung von Einsatzstoffen für das katalytische Kracken werden die Benzinausbeuten verbessert[5].

<hr>

[1] Oil and Gas J. 64 (1966) Nr. 20 S. 155.

[2] URBAN, W.: Erdöl u. Kohle 8 (1955) Nr. 11, S. 780.

[3] Zusammenfassende Darstellungen des Gebietes der katalytischen Druckhydrierung finden sich bei: KRÖNIG, W.: Die katalytische Druckhydrierung von Kohlen, Teeren und Mineralölen. Berlin/Göttingen/Heidelberg: Springer 1950. — HÖRING, M., u. DONATH, E. E.: Kohle- und Ölhydrierung (ULLMANN: Encyclopädie der technischen Chemie, 3. Aufl., 1958, Bd. 10, S. 483—569). — KRÖNIG, W.: Die katalytische Druckhydrierung (WINNACKER/KÜCHLER: Chemische Technologie, 2. Aufl., Bd. 3, S. 333—370). — JÄKH, W.: Erdöl u. Kohle 21 (1968) 527. — HIBERATH, F.: Erdöl u. Kohle 21 (1968) 531.

[4] FLINN, R. A., u. Mitarb.: Oil and Gas J. 61 (1965) Nr. 20, S. 110.

[5] SHERWOOD, P. W.: Erdöl u. Kohle 14 (1965) Nr. 9, S. 732.

Die umfangreichste Anwendung findet die Hydrierung für die Raffination von Destillatbenzin und von Mitteldestillaten; aber auch andere Anwendungen haben schon recht große Bedeutung erlangt, wie die Aufteilung der Kapazitäten der wichtigsten Anwendungsformen der hydrierenden Raffination in USA erkennen läßt[1]:

Tabelle 1. *Entwicklung des Hydrotreating in USA.*

	Zeitraum		
	1. 1. 1964	1. 1. 1965	1. 1. 1966
Gesamtkapazität für hydrierende Raffination in 1000 b/d	2748,9	2929,5	3058,6
Davon % für die Raffination von:			
Destillatbenzinen	61,2	58,0	56,2
Mitteldestillaten	25,9	27,7	28,6
Einsatzstoffen für katalytisches Kracken	1,0	3,3	3,1
Krackbenzinen	3,6	3,0	3,0
Schmierölen	2,8	3,0	3,1
Heizölen	0,1	0,1	1,2
Sonstigen	5,4	4,9	4,8
Sa.	100,0	100,0	100,0

Bei Schmierölen wird die hydrierende Raffination in zwei Ausführungsformen angewandt[2], einer milden Raffination ohne Spaltung — das sog. hydrofinishing — und einer schärferen Raffination mit gewisser Spaltung, das sog. hydrotreating. Die milde Raffination[3] dient der Endbehandlung der Schmieröle — z. B. hinsichtlich Farbe und Beständigkeit — und tritt damit an die Stelle der üblichen Säure- und/oder Bleicherdebehandlung; die Schmierölausbeute ist praktisch 100%, während bei der üblichen Säureraffinationen nicht unerhebliche Verluste auftreten und außerdem die verbrauchte Säure, der Säureschlamm und die verbrauchte Bleicherde beseitigt werden müssen.

Die schärfere Raffination[4], eine Kombination von hydrierender Raffination, hydrierender Spaltung und Isomerisierung, bewirkt eine durchgreifende Umwandlung von rohen Erdöldestillaten oder entasphaltierten Rückstandsölen zu Schmierölen von hoher Qualität; damit tritt hier die Hydrierung an Stelle einer Lösungsmittel-Selektivextraktion. Bei dieser Hydrierung bilden sich auch gewisse Mengen niedrigsiedender Spaltprodukte, aber in jedem Viskositätsindexbereich ist die Schmierölausbeute deutlich höher als die bei einer Lösungsmittelextraktion. Über Combifining, d. h. die Deasphaltierung und katalytische hydrierende Entschwefelung von Rohölen oder asphaltischen Rückständen berichten V. BERTI, C. PADOVANI und F. TODESEN[5].

[1] STORMONT, D. H.: Oil and Gas J. 63 (1965) Nr. 14, S. 103.

[2] FORINGER, D. E., u. DONALDSON, R. E.: Hydrocarb. Process. 44 (1965) Nr. 5, S. 207; Eur. Chem. News 12 (1967) Nr. 298, S. 36.

[3] NELSON, W. L.: Oil and Gas J. 60 (1962) Nr. 42, S. 234. — KARTZMARK, R. u. GILBERT, J. B.: Hydroc. Process. 46 (1967) Nr. 9, S. 143.

[4] BEUTHER, H., u. Mitarb.: Oil u. Gas J. 64 (1966) Nr. 20, S. 185.

[5] Sechster Welt-Erdöl-Kongreß, Frankfurt/Main 1963, Sect. III, Paper 8. — Siehe auch ebenda: BEUTHER, H., u. Mitarb.: Reaktionsmechanismus und -geschwindigkeiten beim Entschwefeln von Rückständen mit Wasserstoff. Sect. III, Paper 20. — PANCHENKOV, G. M., u. Mitarb.: Die Kinetik chemischer Vorgänge in Fließbettreaktoren bei der Raffination und in der Petrochemie. Sect. IV, Paper 39.

Ein Beispiel für die milde hydrierende Raffination eines entparaffinierten Lösungsmittel-raffinierten Schmieröles bringt die nachstehende Tabelle:[1]

Tabelle 2. *Hydrofinishing eines entparaffinierten Schmierölsolvates.*

Kenndaten		Einsatz	Hydrierprodukt
Viskosität bei 100 °F		79,0	71,8
Viskositätsindex		94	95
Farbe (ASTM)		3,3	0,3
Farbe gealtert (ASTM)		3,7	0,3
Indiana-Oxydationstest	Std.	55	75
Turbinenöloxydationstest	Std.	800	2400
Carbonrückstand	%	0,03	0,00
Schwefel	%	0,30	0,05
Stickstoff	ppm	74	45

Zur hydrierenden Raffination von normalen Schmieröldestillaten oder Solvaten hat die British Petroleum Co. (BP) das „Ferrofining"-Verfahren[2] entwickelt, das mit einem Fe/Co/Mo-Katalysator auf Al_2O_3[3] zu Schmierölen von ausgezeichneter Oxydationsbeständigkeit führt.

Die hydrierende Raffination wird auch wirkungsvoll eingesetzt für die Gewinnung besonders heller, stabiler und aromatenfreier Paraffine und Vaseline.[4]

Eine größere Zahl von Verfahren der hydrierenden Raffination hat Eingang in die Technik gefunden:[5]

Aufteilung des Hydrofining auf einzelne Verfahren in USA im Jahre 1965.

Gesamtkapazität in 1000 b/d		2929,5
Davon % Unifing		25,5
Shell		13,7
Hydrofining (Esso)		10,5
Mobiloil		8,2
Ultrafining (Standard Oil Co., Ind.)		8,1
Sinclair		6,0
Gulf		4,1
Hydrobon		4,1
Texaco		3,1
Houdry		0,7
Kellogg		0,7
Andere		15,3
Sa.		100,0

Erwähnt sei noch das Autofining[6], das keinen Fremdwasserstoff benötigt, sondern den im Rohstoff chemisch gebundenen Wasserstoff für die Hydrierung benutzt.

Durch die Hydrierung wird — sowohl beim Frischeinsatz als auch beim Kreislauföl aus dem katalytischen Kracker — der Gehalt an Schwefel und Polyaromaten erheblich erniedrigt und die Krackfähigkeit der Einsatzstoffe beträchtlich verbessert. Bei gleichem

---

[1] MENZL, R. L., u. WEBB, W. L.: Hydrocarb. Process. 44 (1965) Nr. 5, S. 202. Oil and Gas Intern. 5 (1965) Nr. 7, S. 72.
[2] DARE, H. F., u. DEMEESTER, J.: Erdöl u. Kohle 14 (1961) Nr. 6, S. 464. — Hydrocarb. Process. 43 (1964) Nr. 9, S. 139.
[3] CHAMPAGNAT, A.: Erdöl u. Kohle 12 (1959) Nr. 8, S. 656.
[4] GOULD, G. D., u. Mitarb.: Hydrocarb. Process. 43 (1964) Nr. 5, S. 117.
[5] Siehe Fußnote 1, S. 560, u. Fußnote 2 (2. Teil), S. 561.
[6] Siehe Fußnote 2 (2. Teil), S. 561.

Umsatz gibt das Hydrierprodukt höhere Benzinausbeuten und geringere Koksbildung als das nicht hydrierte Produkt oder bei konstanter Koksbildung gibt das Hydrierprodukt höheren Umsatz und höheres Benzinausbringen.

Beispiele über die günstige Wirkung einer Kombination von hydrierender Raffination und katalytischem Kracken gehen aus den nachstehenden Zahlen über die Flüssigphase-(Rieselphase-) Hydrierung (Shell-Verfahren) von Frischeinsatzmaterial für das katalytische Kracken und von Kreislauföl aus dem katalytischen Kracken hervor:[1]

Tabelle 3. *Kombination von hydrierender Raffination und katalytischem Kracken.*

Kenndaten		West-Texas Vakuum-Gasöl		Kreislauföl aus kat. Kracker	
		Hydriereinsatz	Hydrierprodukt	Hydriereinsatz	Hydrierprodukt
Hydrierbedingungen:					
Druck	atü	105		53	
Wasserstoffverbrauch					
Nm³/t Öleinsatz		105		96	
Hydrierergebnisse:					
Produkteigenschaften:					
spezif. Gewicht		0,901	0,877	0,925	0,900
Schwefel	Gew.-%	1,68	0,05	1,52	0,09
Monoaromaten	Gew.-%	23	25	12	20
Polyaromaten	Gew.-%	21	5	39	24
Katalytische Krackausbeuten					
(Gew.-%):					
a) bei konstantem Umsatz:					
Umsatz		56	56	50	50
Koks		5,8	2,0	12,6	7,1
Benzin (C₅—221 °C)		33,1	37,5	23,1	28,1
b) bei konstanter Koksbildung:					
Umsatz		49,5	63,4	42,5	56,5
Koks		4,0	4,0	10,0	10,0
Benzin (C₅—221 °C)		31,8	39,0	21,0	29,3

Die Ausbeute an Hydrierprodukt beträgt bei beiden Rohstoffen über 100 Vol.-%.

II. Hydrierende Spaltung (Hydrocracking)

Die hydrierende Spaltung hat sich am schnellsten in USA durchgesetzt:[2]

Tabelle 4. *Entwicklung der hydrierenden Spaltung.*

	Japan	Westeuropa	USA
Kapazität (% vom Rohöl)			
Kracken	4,2	14,3	51,7
Reformen	8,9	15,8	19,2
Hydrierung	9,0	13,7	27,2
Ausbeuten (% vom Rohöl)			
Benzin	15,1	17,2	45,3
Rückstandsöle	53,9	33,5	8,2

[1] Siehe Fußnote 1, S. 560.

[2] WEBER, G.: Oil and Gas J. 63 (1965) Nr. 22, S. 56; STORMONT, D. H.: Oil and Gas J. 64 (1966) Nr. 43 S. 51.

Die Fortschritte, die in den letzten Jahren in der Erzeugung billigeren Wasserstoffs gemacht worden sind[1] haben das Interesse an der hydrierenden Spaltung sehr belebt[2].

Die Aufteilung auf die verschiedenen Verfahren der spaltenden Hydrierung[3] in USA zeigt die nachstehende Tab. 5:

Tabelle 5. *Verfahren für die hydrierende Spaltung.*

Zeitraum Anfang	1965	1967
Hydrierende Spaltung:		
Zahl der Anlagen	12	23
Kapazität in b/d	105 550	321 550
Davon %:		
Isomax	60,6	55,2
Unicracking-IHC	15,2	19,4
Texfining	11,4	3,7
Gulf	10,4	8,1
Shell	—	12,8
H-Oil	2,4	0,8
Sa.	100,0	100,0

Einige Charakteristika von gebräuchlichen Verfahren zur hydrierenden Spaltung zeigt Tab. 6[4].

Die Katalysatoren für die hydrierende Spaltung enthalten eine saure Krackkomponente, z. B. Kieselsäure/Aluminiumoxid (auch in Form von Molekularsieben) und eine Hydrierkomponente, wie Platin, Wolframoxid oder Nickel. Auch Aktivatoren werden verwendet, wie Halide (zur Verstärkung der Krackkomponente) oder Schwefel[5] (zur Verstärkung der Hydrierkomponente).

Die Lebensdauer der Katalysatoren für die hydrierende Spaltung beträgt etwa $^1/_2$ bis $1^1/_2$ Jahre, und die meisten Katalysatoren können durch einfaches Abrösten mit Luft regeneriert werden.

Die hydrierende Spaltung wird z. T. in einer Stufe, z. T. in zwei Stufen durchgeführt. Bei der zweistufigen Fahrweise arbeitet die erste Stufe unter milderen Bedingungen — etwa entsprechend der hydrierenden Raffination — zur Entfernung von Stickstoff- und Schwefel-Verbindungen[6]. Diese Arbeitsweise entspricht der in den deutschen Hydrieranlagen vor dem Kriege angewandten Technik. Man arbeitet im allgemeinen bei 200 bis 450 °C und 35 bis 315 atm.

---

[1] STORMONT, D. H.: Oil and Gas J. 61 (1963) Nr. 6, S. 105. — UNZELMAN, G. H., u. GERBER, N. H.: Petrochem. Engng. 37 (1965) Nr. 11, S. 32; 38 (1966) Nr. 13, S. 28. — DITMAN, J. G., and WANG, H. WU: World Petroleum 36 (1965) Nr. 13, S. 33; Chem. Week 97 (1965) Nr. 26, S. 18. — VOOGD, I., J. FIELROOY: Hydroc. Process. 46 (1967) Nr. 9, S. 115.

[2] SHERWOOD, P. W.: Erdöl u. Kohle 15 (1962) Nr. 5, S. 353. Fußn. 4 auf S. 561. — Proc. des Sechsten Welt-Erdöl-Kongresses, Frankfurt/Main, 1963, Sect.: III/3: LAVERGNE, J. C., u. Mitarb.: Hydrocrackung in der Raffinerie und der Petrochemie. — III/17: HAENSEL, V., u. Mitarb.: Der Reaktions-Mechanismus beim Isomax-Prozeß. — III/18: SCOTT, J. W., u. Mitarb.: Isomax: Eine neue Arbeitsweise des hydrierenden Crackens für Großanlagen. — III/19: VOORHIES jr., A., u. Mitarb.: Verbessertes Verfahren zum hydrierenden Cracken von Erdöl. — III/12 DOELMAN, J., u. Mitarb.: Die katalytische Hydrierung stickstoffhaltiger Öle. — III/23: AGAFONOV, A. V., u. Mitarb.: Herstellung hochwertiger Öle und Paraffine durch Hydrierung. — III/1: MARECHAL, J. E. M.: Die Verbesserung des Stockpunktes und des Trübungspunktes von Gasöl durch katalytische Hydrierung.

[3] Siehe Fußnote 2 (2. Teil), S. 561 u. Fußnote 1, S. 560.

[4] Chem. Week 96 (1965) Nr. 20, S. 69; Fußnote 1 (2. Teil), S. 563; Hydroc. Process. 44 (1965) Nr. 12, S. 95.

[5] BREWER, M. B. u. CHEAVENS, T. H.: Hydroc. Process. 45 (1966) Nr. 4, S. 203.

[6] Brennstoff-Chemie 49 (1968) S. 47.

Tabelle 6. *Charakteristika gebräuchlicher Verfahren*[1].

Verfahren		Stufen	Katalysator-anordnung	Katalysator	Hauptverwen-dung zur Herstellung von
Bezeichnung	Inhaber				
Isomax[b]	California Research, Universal Oil Products	2	Festbett	NiS/WS$_2$ auf Magnesium-silikat	Benzin
Unicracking-IHC[c]	Esso Research & Engineering, Union Oil of Calif.[d]	1—2	Festbett	Pd auf akti-viertem Typ Y-Zeolith[e]	Benzin
Gulf[f]	Gulf Research & Development, Houdry Process and Chem.	1	Festbett	NiS/WS$_2$ auf Kieselsäure	Mittel-destillaten und Benzin
Shell[g]	Shell Intern. Res.	1	Festbett	Nitriertes[a] Ag und Rh auf Ma-gnesiumsilikat	Benzin
H-Oil & Hy-C [h]	Cities Service Res. & Dev., Hydrocarbon Res.	1	suspendiert in flüssigem Reaktor-inhalt (ebullated bed)	Ni und W auf Aluminiumsili-kat	Mittel-destillaten

[a] Behandlung mit N$_2$, um den Katalysator gegen Vergiftung durch Stickstoffverbindungen zu immunisieren.

[b] READ, D., u. Mitarb.: Oil and Gas J. 61 (1963) Nr. 20 S. 110. — STORMONT, D. H., u. HOOT, C.: Oil and Gas J. 64 (1966) Nr. 17 S. 146.

[c] Petrochem. Eng. 34 (1962) Nr. 6, S. 43 — CHEADLE, G. D., u. Mitarb.: Hydroc. Process. 45 (1966) Nr. 7 S. 103; DUIR, J. H.: Hydroc. Process. 46 (1967) Nr. 9, S. 127.

[d] Oil and Gas. J. 60 (1962) Nr. 46, S. 104.

[e] Oil and Gas J. 60 (1962) Nr. 13, S. 184.

[f] Siehe Fußnote 1, S. 560; CRAIG, R. G., u. Mitarb.: Oil and Gas J. 64 (1966) Nr. 18, S. 123.

[g] DOUWES, C. T., u. 'tHART: Vortrag DGMK-Tagung 1967.

[h] JOHNSON, A. R., u. RAPP, L. M.: Hydroc. Process. 43 (1964) Nr. 5, S. 165.

In die hydrierende Spaltung werden schwerere Destillate eingesetzt, wobei die Hydrierung im Geraden Durchgang oder mit Rückführung noch nicht genügend gespaltener Anteile erfolgen kann. Auch Rückstandsöle können hydrierend gespalten werden,[2] wobei man — wie bei den Destillatölen — mit fest angeordnetem Katalysator arbeitet oder — wie dies früher bevorzugt beim Verfahren der BASF verwirklicht wurde — mit einem Katalysator, der feinverteilt im flüssigen Reaktorinhalt suspendiert ist. Da die Rückstandsöle zumeist anorganische Anteile enthalten, ist hier eine häufigere Erneuerung des Katalysators notwendig.

Als Reaktionsprodukte der hydrierenden Spaltung erhält man hochwertige Mitteldestillate und Benzine. Die Gasbildung (C$_1$-C$_3$-KW) ist niedrig, die Ausbeuten an C$_{4+}$ liegen bei 110 bis 130 Vol.-% vom Einsatz. Die Fraktionen C$_4$—C$_6$ zeichnen sich durch hohe Gehalte an Isoparaffinen aus. Die Produkte der hydrierenden Spaltung sind — im Gegensatz zu denen des katalytischen Krackens —

[1] Zu erwähnen ist auch das DHC-(Druck-Hydrogenium-Crack-)Verfahren der BASF zur Spaltung von Vakuumdestillaten und Mittelölen (Erdöl u. Kohle 18 (1965) 267), sowie das BASF/IFP-Verfahren (BILLON, A., u. Mitarb.: Hydroc. Process. 45 (1966) Nr. 3, S. 129.)

[2] Chem. Ing. News. 45 (1967) Nr. 43, S. 78. — ALPUT, S. B., u. Mitarb.: Oil and Gas J. 64 (1966) Nr. 6, S. 97.

praktisch frei von Olefinen. Außerdem sind die Hydrierprodukte fast vollständig schwefel- und stickstofffrei.

Die Benzine können direkt als Kraftstoffe verwendet werden, wobei die hohe Bleiempfindlichkeit sich vorteilhaft auswirkt[1]. Man kann aber auch nur die überwiegend isoparaffinischen und sehr bleiempfindlichen leichten Anteile direkt als Kraftstoffe verwenden und die schweren in einem katalytischen Reformer weiterverarbeiten, wofür sie sich durch ihren zumeist hohen Naphthengehalt (häufig über 40 Vol.-%) besonders gut eignen. Die Düsentreibstoffe aus dem Hydrierprodukt zeichnen sich durch niedrigen Gefrierpunkt (freeze point), die Dieselkraftstoffe durch niedrigen Stockpunkt (pour point) und hohe Cetanzahl aus.

Der Einsatz der hydrierenden Spaltung erhöht die Flexibilität im Mengenausgleich zwischen Benzin und Mitteldestillaten, bewirkt eine Erniedrigung der Heizölbildung und gibt ein besseres Benzin. Typische Zahlen für die hydrierende Spaltung verschiedener Einsatzmaterialien bringt die nachstehende Tab. 7[2]:

Tabelle 7. *Reaktionsprodukte der hydrierenden Spaltung verschiedener Rohstoffe (Isomax-Verfahren).*

Einsatzmaterial		Destillat-Dieselöl	leichtes katalyt. Kreislauföl	Vakuum-Gasöl	Vakuum-Gasöl
Reaktorstufen		2	2	2	1
Einsatzmaterial:					
spezif. Gewicht		0,864	0,907	0,924	0,879
Anilinpunkt	°C	—	33	69	98
Siedegrenzen °C:					
10%		277	248	299	368
50%		304	268	378	430
Endpunkt		360	333	490	504
Hydrierprodukt:					
Ausbeuten Vol.-% vom Einsatz:					
Isobutan		11,1	9,1	6,3	3,7
n-Butan		4,8	4,5	2,3	
C_5— 82 °C		32,0	30,0	17,4	8,3
82—157 °C		—	—	38,2	—
82—204 °C		69,1	78,7	—	8,1
157—279 °C		—	—	59,5	—
204—368 °C		—	—	—	92,1
	Sa.	117,0	122,3	123,7	112,5
Eigenschaften:					
ROZ der Fraktion					
C_5— 82 °C		100	99,5	100	—
82—157 °C		—	—	85,4	—
82—204 °C		79	88,7	—	—
Gefrierpunkt °C der Fraktion					
157—270 °C		—	—	— 67	—
Stockpunkt	°C	—	—	—	— 34

Bei der sich ausdehnenden Anwendung der hydrierenden Raffination und hydrierenden Spaltung bei der Raffination von Roherdöl ist es nicht erstaunlich, daß die „Allwasserstoff-

---

[1] NELSON, W. L.: Oil and Gas J. 63 (1965) Nr. 47, S. 83; Oil and Gas J. 64 (1966) Nr. 7, S. 57.
[2] Siehe Fußnote 1, S. 560.

raffinerie" („all hydrogen refinery") Gestalt annimmt[1], also eine Rohölverarbeitung, in der die Spalt- und Raffinationsvorgänge nur durch Hydrierung erfolgen:

Tabelle 8. *Hydrierstufen der Rohölverarbeitung.*

Hydrierung Nr. Hy.	Hydrierstufe Art	Einsatzmaterial	Hydrierung zu
1	H-Oil	Vakuumrückstand der Rohöldestillation	einem „synthetischen Rohöl"
2	Hy-C	Schweres Gasöl aus Hy. 1	Kerosin und Dieselöl
3	Hydrovisbreaker	Rückstand von Hy. 1	Rückstandsheizöl
4	Diesel-oil-hydrotreater	alle Dieselölfraktionen aus: Destillation und aus: Hy. 1 und 2	hochwertigem Dieselöl
5	Kerosin-hydrotreater	alle Kerosine aus: Destillation und Hy. 2	hochwertigem Kerosin
6	vor kat. Reformer	schwere SR-Naphtha	kat. Reformereinsatz

Voll auf Hydrierung basierende Rohölverarbeitungen waren bereits in den Nachkriegsjahren in Deutschland technisch verwirklicht worden.

C. Anwendung der Hydrierung in der Kohlechemie

I. Hydrierende Raffination

Bereits vor dem Kriege hatte die IG-Farbenindustrie AG die hydrierende Raffination von Rohbenzol aufgenomen. Aus der Beobachtung, daß sich beim Aufheizen bzw. Verdampfen des Rohbenzols für die Gasphasehydrierung Polymerisate bilden, die zu Verstopfungen führen, war eine zweistufige Arbeitsweise entwickelt worden, bei welcher in der ersten Stufe unter milden Hydrierbedingungen (etwa 240 °C) die besonders instabilen Inhaltsstoffe so weit abgesättigt werden, daß nun ohne störende Polymerisatbildung auf die Hydriertemperatur (etwa 350 °C) aufgeheizt werden kann[2]. Eine andere Lösung brachten nach dem Kriege die Arbeiten von W. URBAN[3], indem in den Aufheizweg eine Druckpolymerisation eingeschaltet wurde, wonach im Wasserstoffstrom die nicht polymerisierten Anteile von den pechartigen Substanzen abdestilliert und in die Hydrierung eingeführt werden. Später wurde dann auch bei dieser Ausführungsform eine Vorraffinationsstufe zugeschaltet.[4]

Dieses Verfahren hat in größtem Umfange Eingang in die Technik gefunden, so daß beispielsweise in Deutschland fast die gesamte verfügbare Menge des Rohbenzols (aus Kokereien oder Gasanstalten) nach diesem Verfahren hydrierend raffiniert wird.

Die nachstehende Tab. 9 bringt einen Vergleich für die Raffination von Rohbenzol mit Schwefelsäure und durch Hydrierung[2].

Die Untersuchungen von W. GROTHE[5] haben gezeigt, daß das Hydrierraffinat aus Rohbenzol nicht unerhebliche Mengen gesättigter Kohlenwasserstoffe — vornehmlich Naphthene — enthält, die zur Erzielung von Reinstaromaten abgetrennt werden müssen, z. B. durch Feinfraktionierung.

---

[1] STORMONT, D. H.: Oil and Gas J. 62 (1964) Nr. 31, S. 83; 63 (1965) Nr. 47, S. 55.
[2] Siehe Fußnote 1 (1. Teil), S. 559.
[3] URBAN, W.: Erdöl u. Kohle 4 (1951) Nr. 5, S. 279; 7 (1964) Nr. 5, S. 293.
[4] DÜRRFELD, W.: Erdöl u. Kohle 18 (1965) Nr. 1, S. 19.
[5] GROTHE, W.: Erdöl u. Kohle 6 (1953) Nr. 8, S. 450.

Tabelle 9. *Vergleich der Raffination von Rohbenzol mit Schwefelsäure und durch Hydrierung.*

Ausbeuten und Kenndaten	Einsatzmaterial	Raffiniert	
		mit 85%iger Schwefelsäure	durch Hydrierung
Ausbeuten Gew.-%:			
Gesamt	100	85	98
Davon: Vorlauf — 79,5 °C	3	0	2,5
Benzolfraktion — 81 °C	65	62	65
Toluolfraktion — 110 °C	15	14	15
Xylolfraktion — 145 °C	5	4	5
Lösungsbenzol — 180 °C	7	5	9
Waschöl > 180 °C	5	0	1,5
Vom Gesamtprodukt:			
Dichte	0,889	0,879	0,877
Schwefel %	0,45	0,35	0,004
Säuretest %	>100	1,7	0,3
Bromzahl	> 90	0,38	0,1

II. Hydrierende Spaltung

In dem von HOUDRY entwickelten „Litol"-Verfahren[1] werden die die Herstellung von Reinstaromaten erschwerenden gesättigten Kohlenwasserstoffe durch hydrierende Spaltung beseitigt: das Rohbenzol (Leichtöl <150 °C siedend) wird nach Aufheizen in einem Wasserstoffstrom verdampft, wobei aus dem Verdampfer teerartige Polymere als Sumpf abgezogen werden. Dann werden in einem Vorhydrierreaktor (guard case) die verbliebenen hochungesättigten Produkte — insbesondere das Styrol — hydriert, woraufhin nach Aufheizen die Haupthydrierung erfolgt bei so hoher Temperatur, daß die im Rohbenzol enthaltenen gesättigten Anteile — vornehmlich Naphthene — aufgespalten werden und sehr reine Aromaten [Benzol, Toluol, Xylole (BTX)] erhalten werden, z. B. Benzol mit einem Schmelzpunkt >5,4 °C und einem Thiophengehalt <0,5 ppm. Gegebenenfalls kann diese Hydrierung auch so gelenkt werden, daß Toluol oder Xylole ganz oder teilweise zu Benzol dealkyliert werden. Auch das Litolverfahren wird technisch angewandt. In einer Variante des Litolverfahrens wird ein Gemisch von Rohbenzol und Kokereiteermittelöl eingesetzt, und man erhält außer den hochreinen BTX-Aromaten auch Reinnaphthalin (99,5 bis 99,9%, S-Gehalt 15 bis 30 ppm) wobei infolge der Dealkylierungsvorgänge mehr Reinaromaten erhalten werden als eingebracht worden sind, z. B.

Produkt	Benzol	Toluol	Xylole	Naphthalin
Ausbeuten Gew.-% vom Einsatz	134,2	118,5	125,8	124,5

D. Anwendung der Hydrierung in der Petrochemie

Der ungewöhnlich starke Anstieg der Petrochemie nach dem Kriege brachte auch für die katalytische Hydrierung große Aufgaben.

---

[1] LOGWINUK, A. K., u. Mitarb.: Erdöl u. Kohle 17 (1964) Nr. 7, S. 533. — LOGWINUK A. K.: Eur. Chem. News, Sonderheft vom 10. 9. 1965, S. 75. — Eur. Chem. News 8 (1965) Nr. 199, S. 26.

I. Hydrierende Raffination

Einen wesentlichen Anteil an der Petrochemie haben die gasförmigen Olefine, die durch Pyrolyse flüssiger oder verflüssigbarer Kohlenwasserstoffe erzeugt werden. Die bei der Zerlegung des Pyrolysegases erhaltenen Olefinfraktionen enthalten Bestandteile (Acetylene, Propadien), die bei der Weiterverarbeitung der Fraktionen stören. Die Entfernung der unerwünschten Bestandteile erfolgt häufig durch katalytische Selektivhydrierung. Hierbei kann man in der Gasphase arbeiten, wobei man beispielsweise die gesamte, den benötigten Wasserstoff bereits enthaltende C_3-Fraktion in die Hydrierung einsetzen kann oder auch nur die Einzelfraktionen (C_2, C_3), dann unter Zusatz von Wasserstoff. Diese Arbeitsweise ist auch auf C_4-Fraktionen anwendbar. Man erreicht hier eine weitgehende Entfernung der in der Fraktion enthaltenen Acetylene durch Hydrierung ohne wesentliche Hydrierung von Butadien.

Nach einem von den Farbenfabriken Bayer AG entwickelten, vielfach in der Technik angewandten Verfahren kann man die katalytische Selektivhydrierung der C_3- und C_4-Fraktionen auch in der flüssigen Phase bei etwa Raumtemperatur und bei mäßigen Drucken durchführen, wobei man sehr hohe Durchsätze (etwa 20 kg stündlich je 1 l Katalysatorvolumen) erzielt, d. h. mit kleinen Reaktionsräumen auskommt.[1]

Eine Mengenbilanz für die Entfernung von Methylacetylen und Allen aus einer Pyrolyse-C_3-Fraktion durch Selektivhydrierung in der flüssigen Phase gibt Tab. 10, wobei das Hydrierprodukt < 20 ppm Allen und < 10 ppm Methylacetylen enthält:[2]

Tabelle 10. *Kalthydrierung einer Pyrolyse-C_3-Fraktion.*

	Eingang kg		Ausgang
	C_3-Fraktion	H_2-Fraktion	kg
H_2	—	1,0	0,01
CH_4	—	0,5	0,5
C_2H_6	5,7	—	5,9
C_3H_8	43,3	—	50,7
C_2H_4	0,3	—	0,05
C_3H_6	937,5	—	944,3
Allen	5,4	—	—
Methylacetylen	7,4	—	—
Cyclopropan	0,2	—	0,1
	1000,0	1,5	1001,5

Es wird also — durch teilweise Hydrierung der Verunreinigungen zu Propylen — mehr Propylen zurückerhalten, als in die Hydrierung eingesetzt wurde.

In ähnlicher Weise lassen sich Vinylacetylen und Äthylacetylen in einer Pyrolyse-C_4-Fraktion nach dem Bayer-Verfahren in flüssiger Phase selektiv hydrieren. Einen Anhalt über den Grad der Hydrierung der Acetylene bei nur geringfügiger Hydrierung des Butadiens vermitteln die nachstehenden Richtzahlen für die Kalthydrierung eines Pyrolyse-C_4-Strome mit einem Butadiengehalt von etwa 35 Gew.-% :[3]

Bezugssystem	C_4-Acetylene				
	Art	ppm			
C_4-Eingang	Vinylacetylen	1000		2000	
	Äthylacetylen	500		1000	
Hydrierung		mittel	scharf	mittel	scharf
C_4-Hydrierprodukt	Vinylacetylen	70	< 30	80	< 30
	Äthylacetylen	130	50	120	50

[1] Eine zusammenfassende Darstellung der sog. Kalthydrierung hat W. Krönig gegeben: Vortrag DGMK-Tagung 1967.

[2] Krönig, W.: Erdöl u. Kohle 15 (1962) Nr. 3, S. 176.

[3] Krönig, W.: Erdöl u. Kohle 16 (1963) Nr. 6-I, S. 520.

Die Kalthydrierung läßt sich auch vorteilhaft anwenden für die Entfernung kleiner Mengen Butadien (Restbutadien) aus C_4-Strömen, gegebenenfalls auch für die Hydrierung großer Mengen Butadien in C_4-Strömen.

Das bei der Pyrolyse flüssiger Kohlenwasserstoffe als Nebenprodukt der gasförmigen Olefine anfallende Pyrolysebenzin enthält beträchtliche Mengen Diolefine, die wegen ihrer verharzenden Eigenschaften eine unmittelbare motorische Verwendung des Benzins ausschließen. Die verharzenden Bestandteile lassen sich selektiv hydrieren, womit eine Überführung in stabiles Benzin unter weitgehender Erhaltung der an sich guten Klopfeigenschaften erzielt wird. Zur Erreichung dieses Zweckes sind verschiedene Verfahren entwickelt worden[1]. Das Verfahren der British Petroleum Co. (BP) hydriert das in der Pyrolyseanlage anfallende Benzin unter milden Bedingungen mit einem selektiven Katalysator; das redestillierte Hydrierprodukt ist stabil und zeigt keinen Verlust in der verbleiten Octanzahl[2]. Ähnliche Ergebnisse werden nach der von Kellogg angegebenen Arbeitsweise erzielt[3]. Bayer hat das bei der Raffination von C_3- und C_4-Kohlenwasserstoffen bewährte Prinzip der Kalthydrierung auch auf die Raffination von Pyrolysebenzin ausgedehnt, wobei das redestillierte Einsatzmaterial bei nahezu Raumtemperatur zu einem stabilen Benzin[4] hydrierend raffiniert wird:

Tabelle 11. *Kalthydrierung von Pyrolysebenzin.*

Betriebsbedingungen: Druck (atü)		32
Temperatur (°C)		30—60
Belastung (kg/l · h)		4,5

Betriebsergebnisse	Einsatz	Hydrierprodukt
Farbe	gelb	farblos
Geruch	unangenehm	aromatisch angenehm
Spez. Gewicht	0,772	0,766
Gum (mg/100cm³)		
vor Alterung	1,8	0,8
nach Alterung	2026	1,7
Bromzahl (g/100 g)	56	41
Diene (Gew.-%)	10,1	0,6
Aromaten (Gew.-%) Benzol	15,4	15,4
Toluol	12,6	12,2
Schwefelgehalt (Gew.-%)	0,016	0,016
Octanzahl (ROZ):		
unverbleit	89,5	86,5
+ 0,04% TEL	95,5	94,5

Die Zahlen lassen die erzielte einwandfreie Raffination des sehr instabilen Einsatzmaterials erkennen, und die Daten für den Gum zeigen, daß infolge der angewandten niedrigen Temperatur keine Polymerisation neben der Hydrierung abläuft.

Bei diesen Arbeitsweisen wird die Selektivität des Hydrierprozesses so eingestellt, daß möglichst nur die wirklich verharzenden Anteile — insbesondere die Diolefine — hydriert werden, die für das Klopfverhalten günstigen Monoolefine jedoch möglichst weitgehend erhalten bleiben. Will man nun aber aus den Pyrolysebenzinen die darin in erheblichen Mengen enthaltenen Aromaten (BTX) durch Extraktionsverfahren gewinnen, so ist es notwendig, auch die Monoolefine zu hydrieren, natürlich selektiv unter Erhaltung der Aromaten. Hier kann man nun das Gesamtpyrolysebenzin vollhydrieren, man kann aber auch nur die Fraktionen vollhydrieren, in denen die zu gewinnenden Aromaten enthalten sind. Diese Arbeitsweise hat den Vorteil, daß in den anderen Fraktionen die für das Klopfverhalten des Benzins günstigen Monoolefine erhalten bleiben. Bereits bei der oben erwähnten, von der I. G. entwickelten zweistufigen hydrierenden Raffination von Rohbenzol war erkannt worden, daß sich diese Arbeitsweise auch vorteilhaft anwenden läßt für die raffinierende Hydrierung von hoch gekrackten Erdölbenzinen. Das Hauptkennzeichen dieses Vorgehens liegt darin, in einer Vorhydrierstufe die hoch ungesättigten, besonders leicht polymerisieren-

[1] BURKE, D. B., u. R. MILLER: Chem. Week 97 (1965) Nr. 20, S. 69.
[2] LESTER, R.: Hydroc. Process. 40 (1961) Nr. 9, S. 175.
[3] Chem. Week 93 (1963) Nr. 14, S. 61; LUNTZ, D. M., u. JAMA, J. L.: Vortrag DGMK-Tagung 1967.
[4] KRÖNIG, W.: Erdöl u. Kohle 18 (1965) Nr. 6, S. 432.

den Verbindungen so zu hydrieren, daß dann das Benzin auf höhere Temperaturen aufgeheizt und verdampft werden kann ohne Bildung von Polymeren, die sich in der Aufheizung oder im Katalysator ansetzen. Entsprechende technische Arbeitsweisen sind in den letzten Jahren für die Behandlung von Pyrolysebenzinen entwickelt worden, so beispielsweise von Universal Oil Products Co. (UOP)[1] und von Kellogg;[2] bei diesen Verfahren wird die zweite Stufe bei erhöhter Temperatur in der Gasphase durchgeführt. Auch die von Bayer entwickelte Kalthydrierraffination von Pyrolysebenzin läßt sich hier als Vorhydrierstufe verwenden. Die nachzuschaltende Vollhydrierung kann in üblicher Weise bei höherer Temperatur in der Gasphase vorgenommen werden, man kann aber auch die zweite Stufe in der flüssigen Phase durchführen, wobei man höhere Temperaturen und Drucke anwendet als in der ersten Stufe. Bei dieser Arbeitsweise kann man auch in der zweiten Stufe Edelmetallkatalysatoren verwenden, gegebenenfalls in geschwefelter Form. Ein Beispiel für die Zweistufenhydrierung einer Aromaten (BT)-Fraktion aus Pyrolysebenzin nach dem Bayer Verfahren zeigt die nachstehende Tab. 12.

Tabelle 12. *Zweistufenhydrierung einer Aromatenfraktion aus Pyrolysebenzin.*

		Stufe	
		I Vorhydrierung	II Vollhydrierung
Betriebsbedingungen:			
Druck	atü	35	115
Temperatur	°C	20—70	150—210
Kontaktbelastung	kg/l · h	5	2
Einsatz-Wasserstoffgas (90% H_2)			
Nm³/t Einsatzbenzin		50	65

Betriebsergebnisse		Eingang	Ausgang	Ausgang (stabilisiert)
Dichte d^{20}	g/cm³	0,809	0,805	0,803
Gum vor Alterung	mg/100 ml	2	2	2
Bromzahl	g/100 g	35	17	0,1
Dienzahl	Gew.-%	11	0,1	—
Schwefel	ppm	200	200	10
Aromaten	Gew.-%			
Benzol		37,5	37,5	37,3
Toluol		33,0	33,0	32,9

Bei den hier erwähnten Hydrierungen im Benzinbereich endete die Hydrierung bei den Aromaten. Die großen Mengen Wasserstoff, die in den Raffinerien als preiswertes Nebenprodukt des katalytischen Reformens zur Verfügung stehen, haben die Hydrierung von Benzol zu Cyclohexan auf eine wirtschaftlich neue Basis gestellt, womit das Cyclohexan sich einen breiten Platz im Bereich der chemischen Rohstoffe erobern konnte. Es seien hier zwei in die Technik eingeführte Verfahren zur Hydrierung von Benzol zu Cyclohexan erwähnt. Bei dem von UOP entwickelten „Hydrarverfahren"[3] erfolgt die Hydrierung des Benzols über festangeordnetem Platinkatalysator, wobei mehrere Reaktoren hintereinander geschaltet sind, und die Benzolzufuhr getrennt auf die verschiedenen Reaktoren erfolgt unter Rückführung eines Teiles des erzeugten Cyclohexans in den ersten Reaktor. Die Reaktionswärme wird z. T. durch direkte Verdampfung der Einsatzmaterialien (Benzol/Cyclohexan), z. T. in Kühlaggregaten zwischen den Reaktoren abgeführt. Ausgehend von einem Benzol von 99,8% erhält man ein Cyclohexan mit einem Schmelzpunkt von 6 °C. Das vom Institut Francais du Pétrole (IFP) entwickelte Verfahren[4,5] führt die Hydrierung des Benzols (max.

---

[1] SWANSON, W. M., u. WATKINS, C. H.: Chem. Engng. Progr. 54 (1958) Nr. 12, S. 56.

[2] Siehe Fußnote 3, S. 569.

[3] HAINER, H. W.: Industr. Engng. Chem. 54 (1962) Nr. 7, S. 23; STOBAUGH, R. B.: Hydroc. Process. 44 (1965), Nr. 10, S. 157; Petr. Ref. 42 (1963), Nr. 11, S. 181.

[4] Katalog des IFP Ref. 4019 (A), S. 22 (März 1963).

[5] CHANVEL, A.: Eur. Chem. News Sonderheft vom 10. 9. 1965, S. 12; s. Fußnote 1, (3. Teil), S. 567.

2 ppm S) in flüssiger Phase durch mit suspendiertem Raney-Nickel als Katalysator, wobei durch Umpumpen der Reaktorflüssigkeit über einem außen liegenden Kühler die Reaktionswärme abgeführt wird. Die im dampfförmig abgezogenen Hydrierprodukt noch enthaltenen Restbenzolanteile werden durch Nachhydrierung über festangeordnetem Katalysator in der Gasphase zu Cyclohexan hydriert. Das Hydrierprodukt hat $< 0,1$ Gew.-% Benzol und einen Erstarrungspunkt $> 5,3\ °C$.

Als eine Anwendung der Vollhydrierung auf dem aliphatischen Gebiet sei die Erzeugung völlig aromatenfreier Lösungsmittel im Benzinbereich durch Vollhydrierung von Buten-Oligomeren erwähnt; Angaben über die Eigenschaften dieser Produkte sind von Bayer[1] gemacht worden.

II. Hydrierende Spaltung

Bei der Gewinnung von Aromaten aus katalytischen Reformaten — und das ist die große Quelle der petrochemischen Aromaten — entspricht das Anfallverhältnis der BTX-Aromaten zueinander häufig nicht dem Verbrauchsverhältnis. Für die Verhältnisse in USA beispielsweise vergleicht sich das Anfallverhältnis aus Kokereiteer bzw. Reformat mit dem Marktbedarf (für 1960) wie folgt[2]:

Aromat	Anfallverhältnis % an		Marktverhältnis %
	Kokereiteer	Reformat	
Benzol	80	10	65
Toluol	15	40	20
Xylole	5	50	15
Summe	100	100	100

Im Reformat sind also anteilmäßig wesentlich mehr höhere Aromaten enthalten als dem Marktbedarf entspricht. Es wurden daher Verfahren ausgearbeitet, um, die Alkylaromaten durch hydrierende Dealkylierung[3] in Benzol überzuführen. Ähnliche Überlegungen haben sich für den Naphthalinbedarf ergeben, indem hier die Möglichkeit aufgegriffen wurde, Alkylnaphthaline zu Naphthalin zu dealkylieren. Für die Benzolerzeugung geht man bevorzugt vom Toluol aus (bei den Xylolen sind die Ausbeuten niedriger und der Wasserstoffverbrauch höher), für die Naphthalinherstellung ist beispielsweise die schwere Fraktion aus dem katalytischen Reformen geeignet, die neben 10 bis 15% Naphthalin 50 bis 60% Methylnaphthalin enthält; auch Fraktionen aus dem Kreislauföl des katalytischen Krackens kommen als Einsatzmaterialien für die Naphthalinerzeugung in Frage. Für die Dealkylierung sind verschiedene Verfahren ausgearbeitet worden[2,4], die z. T. thermisch arbeiten, z. T. in Gegenwart eines festangeordneten Katalysators. Für die hydrierende Dealkylierung werden relativ hohe Temperaturen benötigt (etwa 540 bis 760 °C) bei Drucken von etwa 35 bis 70 atü, wobei der benötigte Wasserstoff im geraden Durchgang oder im Kreislauf gefahren werden kann. Bei der hydrierenden Dealkylierung von Alkylbenzolen zu Benzol bzw. Alkylnaphthalinen zu Naphthalin werden Ausbeuten von 95 Mol.-% erzielt.

---

[1] Siehe Fußnote 1, S. 568.
[2] Industr. Engng. Chem. 54 (1962) Nr. 2, S. 28.
[3] WEISS, A. H.: Petr. Ref. 41 (1962) Nr. 6, S. 185; LORZ, W., u. Mitarb.: Vortrag DGMK-Tagung 1967.
[4] FEIGELMAN, S., u. Mitarb.: Hydrocarb. Process. 44 (1965) Nr. 12, S. 147.

Siebentes Kapitel

Fischer-Tropsch-Synthese und verwandte Verfahren[1]

Von H. Göthel, Oberhausen-Sterkrade

Inhaltsübersicht

A. Entwicklung der Kohlenoxidhydrierung

Kohlenoxid und Wasserstoff lassen sich katalytisch zu Kohlenwasserstoffen umsetzen. Die Verfahrensentwicklung geht aus nachstehender Übersicht hervor.

Auf die klassische Methansynthese von Sabatier und Senderens folgten Patente der BASF im Jahre 1913 und im Jahre 1922 die Synthese von „Synthol", eines Gemisches sauerstoffhaltiger organischer Verbindungen, die F. Fischer und H. Tropsch bei der Umsetzung von Kohlenoxid und Wasserstoff bei Drucken oberhalb 100 at und Temperaturen von etwa 400 °C erhielten. Aus dem Jahre 1923 stammen die grundlegenden Patente der BASF bzw. IG.-Farbenindustrie (Pier und Winkler) zur Methanolsynthese an Zinkoxid bzw. Zinkoxid/Chromoxid-Katalysatoren.

Die Fischer-Tropsch-Synthese (Normaldrucksynthese) stammt aus dem Jahre 1925. Im Jahre 1936 folgte die Mitteldrucksynthese an Kobalt/Kieselgur-Katalysatoren, deren Optimum bei Verwendung von Kobaltkatalysatoren bei einem Druck von etwa 10 at liegt, und im Jahre 1937 die Mitteldrucksynthese an Eisenkatalysatoren. Auf bestimmte Weise vorbehandelte und aktivierte Eisenkatalysatoren brachten bei Drucken von etwa 10 bis 30 at erstmals Ausbeuten, die für eine technische Durchführung der Synthese brauchbar schienen. Im Jahre 1938 gelang die Hochdrucksynthese hochschmelzender Paraffine an Ruthenium und endlich 1941 die sog. Isosynthese, bei der an oxidischen Katalysatoren bei hohen Drucken vornehmlich verzweigte aliphatische Kohlenwasserstoffe entstehen.

---

[1] Siehe auch 1. Aufl. dieses Buches, S. 1190.

Tabelle 1. *Historische Übersicht über Synthesen aus CO und H_2.*[1]

1902	P. Sabatier u. J. B. Senderens	CH_4 an Ni aus CO $+$ 3 H_2 oder CO_2 $+$ 4 H_2
1913	BASF D. R. P. 293787 D. R. P. 295202 D. R. P. 295203	Verfahren zur Darstellung von Kohlenwasserstoffen und Derivaten bei Hochdruck aus CO und H_2
Nov. 1922	F. Fischer u. H. Tropsch D. R. P. 411216	Synthol, sauerstoffhaltige Derivate der Kohlenwasserstoffe an alkalisierten Fe- und anderen Kontakten (100 at, 400 °C)
Sept. 1923	F. Fischer u. H. Tropsch	Über die Bildung und Zusammensetzung des Synthols
Juli/Sept. 1923	BASF bzw. IG D. R. P. 415686 D. R. P. 441433 D. R. P. 580695	Methanolpatente, Zn-Basis, Fernhaltung von Fe
Juli 1925	F. Fischer u. H. Tropsch D. R. P. 484337	Normaldrucksynthese
Juli 1936	F. Fischer u. H. Pichler D. R. P. 731295	Mitteldrucksynthese an Co (10 at)
Juli 1937	F. Fischer u. H. Pichler D. R. P. 888841 D. R. P. 888240	Mitteldrucksynthese an Fe (10 at)
Mai 1938	F. Fischer u. H. Pichler D. R. P. 705528	Hochdrucksynthese von hochschmelzendem Paraffin an Ru
1938	O. Roelen	Oxosynthese
Okt. 1941	F. Fischer, H. Pichler, K.-H. Ziesecke D. R. P. 890501	Isosynthese

B. Fischer-Tropsch-Synthese

I. Produkte der Synthese

Nach der Fischer-Tropsch[2]-Synthese entstehen aus einem Gemisch von Kohlenoxid und Wasserstoff in Gegenwart von Kobalt- oder Eisenkatalysatoren, gasförmige, flüssige und feste, schwefelfreie, gesättigte und ungesättigte vornehmlich geradkettige, aliphatische Kohlenwasserstoffgemische vom Methan bis zu vorher nicht bekannten festen Paraffinen mit Schmelzpunkten über 110 °C. Naphthene fehlen, Aromaten können bei Reaktionstemperaturen über 300 °C in geringen Mengen entstehen. Mit fallendem Siedepunkt treten in der Regel Olefine auf.

Die Produktzusammensetzung ist weitgehend von der Art des Katalysators dem Gasdruck, der Betriebstemperatur, dem Verhältnis von Kohlenoxid und Wasserstoff im Synthesegas und der Umlaufgeschwindigkeit des Gases abhängig. Mit ansteigender Kohlenstoffzahl und Reaktionstemperatur nimmt die α-Methylverzweigung zu. In geringem Maße findet auch eine β-Methyl-, Dimethyl- und

---

[1] Fischer, F., u. H. Tropsch: Öl u. Kohle 39 (1943) 517; ausführliche Darstellung der Synthese in Ullmann: Encyclopädie der technischen Chemie, 3. Aufl., Bd. 9, S. 685—747. Urban und Schwarzenberg.

[2] Fischer, F.: Öl u. Kohle 39 (1943) 517. — Anderson, R. B., u. H. Emmett: Catalysis, Vol. IV. New York: Reinhold 1956. — Arnold, H., u. H. Pichler: Fuels Synthetic Liquid in Kirk-Othmeothmer: Encyclopedia of Chemical Technology, Bd. 6, S. 960. — Asinger, F.: Die Katalytische Hydrierung des Kohlenoxides über Kobalt- und Eisenkatalysatoren. Berlin 1956. — Martin, F.: Chem. Fabrik 12 (1939) 233. — Weil, H., u. C. Lane: The Technology of The Fischer-Tropsch Process. London 1949. — Kölbel, H., in Winnacker-Küchler: Chemische Technologie. München 1959.

Äthylverzweigung statt. Die flüssigen Produkte, „Kogasin" (Koks-Gas-Benzin) genannt, enthalten geringe Mengen sauerstoffhaltiger Verbindungen.

II. Reaktionsmechanismus

Die katalytische Umsetzung von Kohlenoxid und Wasserstoff zu aliphatischen Kohlenwasserstoffgemischen (an Stelle des thermodynamisch zu erwartenden Methans) vollzieht sich an der aktiven Katalysatoroberfläche in Abhängigkeit von Druck, Temperatur und Verweilzeit in gleichzeitig oder hintereinander ablaufenden Adsorptions-Desorptions- und Zerfallsreaktionen. Eine endgültige Klarheit über den Reaktionsmechanismus an der Kontaktoberfläche besteht nicht. Zusammenfassende Darstellung findet sich unter [1].

PICHLER und Mitarbeiter neigen neuerdings auf Grund ihrer Arbeiten über die Polymethylensynthese an Ruthenium zu der Auffassung eines Reaktionsablauf entsprechend Abb. 1[2].

1. Kettenwachstum

$$R-Me(CO)_x \xrightarrow{+CO} R-CO-Me(CO)_y \xrightarrow[-H_2O]{+2H_2} R-CH_2-Me(CO)_x \xrightarrow[2H_2]{+CO}$$

2. Kettenabbruch

$$R'-CH_2-Me(CO)_x \xrightarrow{+H_2} R'-CH_3 + HMe(CO)_x$$

Abb. 1. Reaktionsablauf bei der Polymethylensynthese.

III. Reaktionsbereich

Den optimalen Reaktionsbereich für die Kohlenoxidhydrierung unter Verwendung verschiedener Katalysatoren zeigt Abb. 2[3].

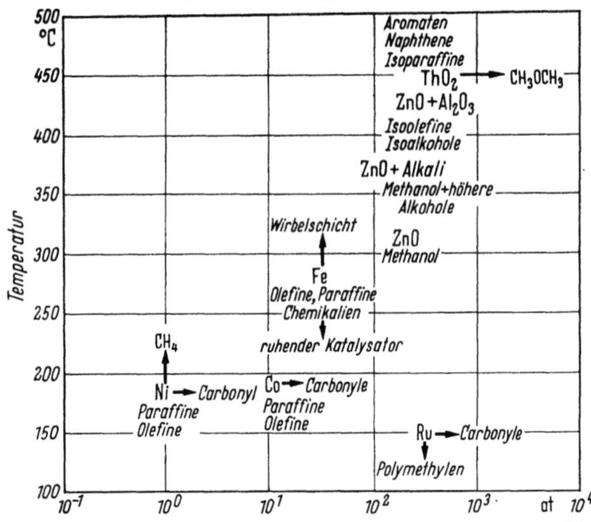

Abb. 2. Optimaler Reaktionsbereich verschiedener Katalysatoren für die Kohlenoxidhydrierung.

Die Unterteilung in Normaldrucksynthese, Mitteldrucksynthese (5 bis 30 at) und Hochdrucksynthese ist wegen des besonderen Verhaltens der Katalysatoren im Mitteldruckbereich begründet.

---

[1] ANDERSON, R. B., L. I. HOFER u. H. H. STORCH: Chem. Ing. Techn. 30 (1958) 560 — KÖLBEL, H., G. PATSCHKE u. H. HAMMER: Brennst.-Chemie 47 (1966) 4.

[2] PICHLER, H., B. FIRNHABER, D. KIOUSSIS u. A. DAWALLU: Makromolekulare Chem. 70 (1964) 12.

[3] PICHLER, H.: Brennst.-Chemie 33 (1952) 290.

Mit einer Druckerhöhung, der eine Grenze durch die Carbonylbildung der Katalysatormetalle gesetzt ist, nimmt das mittlere Molekulargewicht der Produkte zu, die Lebensdauer der Kontakte wird erhöht. Da sich die Methanbildung vermindert, steigt die Ausbeute. Während der Olefingehalt bei Kobaltkontakten unter Druckanstieg abfällt, bleibt er bei Umsetzungen am Eisenkatalysator konstant, jedoch steigert sich der Anfall sauerstoffhaltiger Produkte.

IV. Katalysatoren

Die besten Nickel- und Kobaltkatalysatoren wurden durch Fällung hergestellt und enthielten Thoriumoxid, Magnesiumoxid und Kieselgur. Der mit der Zusammensetzung 100 CO/5 ThO_2/8 MgO/200 Kieselgur von O. ROELEN und Mitarbeitern bei der Ruhrchemie AG entwickelte Kobaltkontakt galt als Standard-Katalysator für die Normaldruck- und Mitteldruckanlagen.

Die im Rahmen der Mitteldrucksynthese von F. FISCHER und H. PICHLER verwendeten Eisenkatalysatoren, die bei modernen Syntheseverfahren ausschließlich verwendet werden, weil damit der Reaktionsablauf nach der Seite der hoch- bzw. niedrigsiedenden Reaktionsprodukte verschoben werden kann, enthalten kleine Mengen an Alkali, Kupfer und anderen Aktivatoren und werden durch Fällung hergestellt. Auch Röst- bzw. Schmelzkatalysatoren vom Typ der Ammoniaksynthese sind geeignet.

An Eisenkontakten findet neben der Wasser- auch eine Kohlendioxidbildung statt.[1]

Die Mitteldrucksynthese an Eisenkatalysatoren[2] kann erfolgreich mit ruhenden und bewegten Katalysatoren durchgeführt werden. Bei der ersteren Syntheseart ist die Bildung von bei Zimmertemperatur festem Paraffin erwünscht, die Bildung von freiem Kohlenstoff aber nicht zulässig. Im letzteren Fall muß die Bildung von Paraffin möglichst vermieden werden, die Bildung geringer Mengen an freiem Kohlenstoff kann jedoch in Kauf genommen werden. Die Synthese im Festbett muß daher bei möglichst niedrigen Temperaturen durchgeführt werden, während die Synthese im Wirbelbett bzw. Flugstaubverfahren bei höheren Temperaturen erfolgen kann. Die Festbettsynthese ist besonders wertvoll für die Herstellung von festem Paraffin, Dieselöl und 1-Olefinen, während die Synthese mit bewegtem Katalysator für die Herstellung von klopffestem Benzin bevorzugt geeignet ist. Im Festbett wird ein durch Fällung von der Ruhrchemie AG hergestellter Eisenkatalysator (100 Fe/5 Cu/5 K_2O/25 SiO_2) verwendet[3], im Wirbelbett ein Schmelzkatalysator (Magnetit wird nach Zugabe von Aktivatoren geschmolzen und nach dem Abkühlen reduziert).

Die Eigenarten der einzelnen Katalysatormetalle können durch Zusätze und Aktivatoren, durch Herstellungsweise sowie durch besondere Reaktionsführung gesteuert bzw. ausgeglichen werden[4]. Die Bildung höher molekularer Kohlenwasserstoffe wird durch Thoriumoxid als Promotor begünstigt und durch Magnesiumoxid eingeschränkt. Lockere Trägerstoffe mit großer Oberfläche, wie Kieselgur, fördern die Bildung hochsiedender Kohlenwasserstoffe.

---

[1] KÖLBEL, H. u. F. ENGELHARDT: Chem. Ing. Techn. 22 (1950) 91, 23 (1951) 153, Brennst.-Chemie 33 (1952) 13.

[2] PICHLER, H.: Advances in Catalysis 4 (1952).

[3] ROTTIG, W.: Ullmann Encyklopädie, Bd. 9, S. 709. — HERBERT, W. u. H. TRAMM: Erdöl und Kohle 9 (1956) 363.

[4] PICHLER, H., u. H. MERKEL: Brennst.-Chemie 31 (1950)1.

V. Technische Verfahren

1. Allgemeines

Das Synthesegas (H_2:CO = 2:1) muß frei von Kontaktgiften, insbesondere von Schwefel sein, Schwefelwasserstoff wird auf die übliche Weise entfernt. Die Reinigung von organischem Schwefel erfolgt nach ROELEN und FEIST[1] bei erhöhter Temperatur an hochalkalisierter Eisenreinigungsmasse, oder nach dem Rektisolverfahren (Waschen mit Methanol bei etwa −65 °C)[2].

Wichtig ist die Ableitung der Reaktionswärme, die pro Nm³ Synthesegas etwa 600 kcal beträgt.

2. Normaldrucksynthese

Die ersten Anlagen wurden mit sog. Lamellenöfen (Abb. 3) vom Generallizenznehmer des Verfahrens der Ruhrchemie AG, in Oberhausen-Holten errichtet.

Über einem Bündel von Rohren, durch welche das unter Druck befindliche Kühlwasser strömte, waren Bleche gezogen, deren Abstand etwa 7 mm betrug. Zwischen den Blechen befand sich der Katalysator, und zwar etwa 10 m³ je Reaktor. Bei der Braunkohle-Benzin AG in Schwarzheide befanden sich 262 derartiger Öfen. Im Durchschnitt strömten 1000 Nm³/Std. Synthesegas durch einen Reaktor (von oben nach unten), bei einer Reaktionstemperatur, die zu Anfang einer Betriebsperiode 180 °C und am Ende etwa 195 °C betrug.

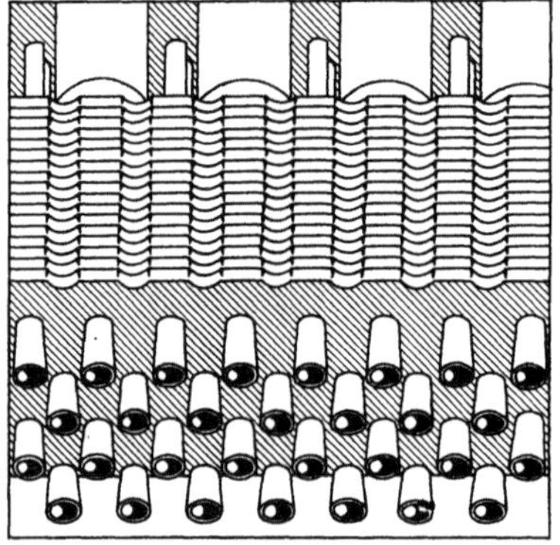

Abb. 3. Lamellenreaktor.

3. Mitteldrucksynthese

Bei den Drucken der Mitteldrucksynthese konnten die Reaktoren der Normaldrucksynthese nicht Verwendung finden. Die unter Benutzung von Kobaltkatalysatoren betriebenen Mitteldruckreaktoren enthielten 2044 senkrechte, von siedendem Wasser umspülte Doppelrohre mit Ringräumen von 10 mm Weite für 10 m³ Kontaktmasse. Auch hier betrug die Gasbelastung je Reaktor etwa 1000 Nm³/Std.

Nach dem zweiten Weltkrieg wurde die technische Durchführung der Synthese an Eisenkatalysatoren weiterentwickelt. In Deutschland wurde für die Festbettsynthese von Ruhrchemie und Lurgi ein sog. Hochlastreaktor[3] entwickelt. In Brownsville/USA fand ein Wirbelschichtreaktor Verwendung (Hydrocarbon Research Inc. in Gemeinschaft mit einer Anzahl anderer Gesellschaften, vornehmlich der Ölindustrie)[4]. Bei Kellogg (USA) entstand eine Verfahrensweise, bei welcher der Eisenkatalysator als Flugstaub durch den Reaktor zirkuliert. Dieses Verfahren fand erstmalig großtechnische Verwendung in Sasolburg (Südafrika), wo es in jahrelanger Entwicklungsarbeit vervollkommnet wurde[5].

[1] ROELEN, O. u. W. FEIST: Brennst.-Chemie 15 (1934) 187.

[2] HERBERT, W.: Erdöl u. Kohle 9 (1956) 77. — KOHRT, H.: Kältetechnik 11 (1959) 130.

[3] TRAMM, H.: Chem. Ing. Tech. 24 (1952) 237. — DORSCHNER, O.: Chem. Ing. Tech. 25 (1953) 227.

[4] KEITH, C.: Oil and Gas J. 45 (1946) Nr. 6, 102. — PICHLER, H.: Brennst.-Chemie 30 (1949) 105.

[5] ROUSSEAU, P. E., I. W. v. d. MERVE u. I. W. LOUW: Brennst.-Chemie 44 (1963) 162.

Abb. 4 bringt ein schematisches Bild der drei Reaktorarten.

Bei Sasol sind fünf Festbettreaktoren und zwei Flugstaubreaktoren (Durchsatz je 25000 und 100000 Nm³/Std. Synthesegas) in Betrieb. Der Festbettreaktor besteht aus einem Druckwasserkessel, in dem sich 2000 mit 40 m³ Kontakt gefüllte 5 cm weite senkrechte Reaktionsrohre befinden, durch die das umzusetzende Gas von oben nach unten strömt. Die Reaktionstemperatur beträgt 220 bis 250 °C, der Druck 25 at. Der Flugstaubreaktor hat eine lichte Weite von 2 m.

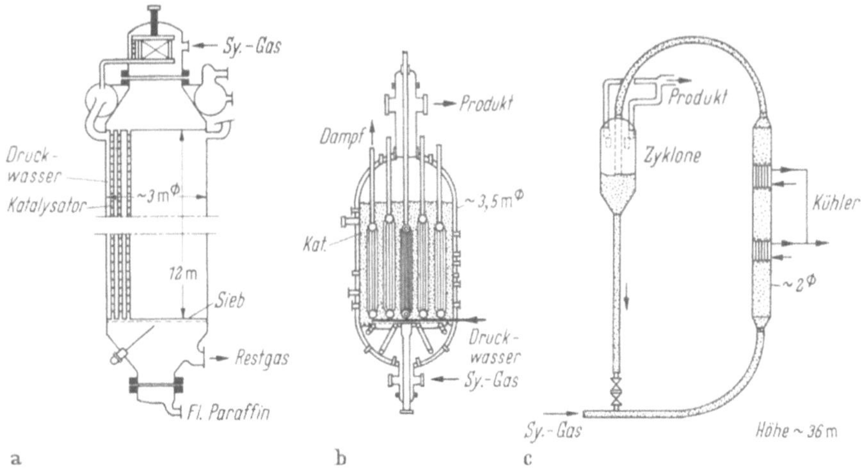

Abb. 4a—c. Reaktoren für die technische Durchführung der Mitteldrucksynthese.

a) Festbett (Lurgi-Ruhrchemie);   b) Wirbelschicht (Hydrocol, Hydrocarbon, Research Inc. Trenton);
c) Flugstaub (Sasol-Kellogg).

Die Reaktionswärme wird z. T. vom Gas, z. T. mit 2 Kühlsystemen abgeführt. Das umzusetzende Gas strömt mit dem feinkörnigen Katalysator von unten nach oben durch den Reaktor bei einer Temperatur von 320 bis 330 °C und einem Druck von 20 at.

Das Synthesegas wird in Südafrika durch Druckvergasung von Kohle mit Sauerstoff und Wasserdampf hergestellt.[1] Die Schwefelreinigung erfolgt nach dem Rectisolverfahren.

4. Andere Entwicklungen

H. KÖLBEL[2] und Mitarbeiter befassen sich mit der Flüssigphasensynthese. In einem Blasensäulenreaktor wird ein Eisenkontakt — in Öl suspendiert — vom Synthesegas in Form aufsteigender Blasen in Schwebe gehalten. Dabei setzt es sich unter 20 at bei 250 — 300 °C um.

H. KÖLBEL und F. ENGELHARDT[3] haben auch eingehende Arbeiten durchgeführt, nach welchen das Kohlenoxid und der Wasserstoff des Synthesegases durch Kohlenoxid und Wasser ersetzt wurden.

---

[1] JUST, H.: Erdöl u. Kohle 7 (1954) 14.
[2] KÖLBEL, H., u. P. ACKERMANN: Erdöl u. Kohle 9 (1956) 153, 225, 303. — Chem. Ing. Techn. 28 (1956) 381.
[3] Erdöl u. Kohle 5 (1952) 1.

$$n\,CO + n\,H_2O \rightarrow \quad n\,H_2 \quad + \quad n\,CO_2 \;(\text{Kohlenoxidkonvertierung}),$$
$$\underline{2n\,CO + n\,H_2 \;\rightarrow\; n(-CH_2-)^1 + \quad n\,CO_2 \;(\text{Synthesereaktion}),}$$
$$3\,n\,CO + n\,H_2O \rightarrow n(-CH_2-) \;+\; 2n\,CO_2.$$

F. FISCHER, H. PICHLER und K.-H. ZIESECKE[2] konnten bei 300—600 at unter Verwendung von Thoriumoxid oder auch von Zinkoxid — Aluminiumoxid als Katalysatoren verzweigte Kohlenwasserstoffe mit vornehmlich 4-8 Kohlenstoffatomen erzeugen, wie Methylbutan, 2- und 3-Methylbutan, 2,3-Dimethylbutan und 3,5-Dimethylpentan (Abb. 2).

Aus neuester Zeit stammt die bereits erwähnte von H. PICHLER[3] und Mitarbeitern entwickelte Polymethylensynthese, nach welcher unter Verwendung besonders aktiver Rutheniumkatalysatoren die Umsetzung von Kohlenoxid und Wasserstoff bei Drucken bis 1100 at bei einer Temperatur von 100 °C durchgeführt werden kann. Hierbei entstehen weitestgehend unverzweigte aliphatische Paraffinkohlenwasserstoffe mit einem Molekulargewicht von 100000 und darüber, ein Produkt, das Ähnlichkeit besitzt mit dem Zieglerschen Polyäthylen.

Bezüglich der Hydrierung von CO_2, der Synthese von sauerstoffhaltiger Verbindungen, aliphatischer Amine sowie des Methans sei auf die ausführlichen Darstellungen in Ullmann Enzyklopädie verwiesen.

VI. Syntheseprodukte

Tab. 2 bringt eine Zusammenstellung der Reaktionsprodukte der Fischer-Tropsch-Kobalt-Synthese, Tab. 3 die in Sasolburg beim Festbett- und Flugstaubverfahren anfallenden Reaktionsprodukte.

Tabelle 2. *Zusammensetzung der Reaktionsprodukte der Fischer-Tropsch-Kobaltsynthese.*

Kohlenwasserstoffe im Reaktionsprodukt	Normaldruck		Mitteldruck	
	Gew.-%	% Olefine	Gew.-%	% Olefine
C_3 und C_4	14	43	10	40
30—165 °C	47	37	26	24
165—230 °C	17	18	24	9
230—320 °C	11	8	13	—
320—460 °C	8	—	17	—
Paraffine über 460 °C	3[a]	—	10	—

[a] Aus Katalysatorextraktion.

Tab. 4 bringt Analysen der im Festbett- und Flugstaubverfahren anfallenden flüssigen Produkte.

---

[1] In dieser summarischen und schematischen Formulierung bedeutet $n(-CH_2-)$ sowohl Polymerisat als auch aliphatisches Kohlenwasserstoffgemisch, dem neben Olefinen $(CH_2)_n$ Paraffine $(CH_2)_{n+2}$ angehören.

[2] PICHLER, H., K. H. ZIESECKE u. B. TRÄGER: Brennst.-Chemie 31 (1950) 361.

[3] PICHLER, H. u. B. FIRNHABER: Brennst.-Chemie 44 (1963) 33.— PICHLER, H., H. MEIER zu KÖKER, W. GABLER, R. GÄRTNER, D. KIOUSSIS: Brennst.-Chemie 48 (1967) 266.

Tabelle 3. *Zusammensetzung der Produkte beim Festbett- und Flugstaubverfahren.*

	Flugstaub- verfahren %	Festbett- verfahren %
Flüssiggas (C_3-C_4)	7,7	5,6
Benzin (C_5-C_{11})	72,3	33,4
Mittelöl (Dieselöl)	3,4	16,6
Gatsch	3,0	10,3
Mittelparaffin Fp. 57—60 °C	—	11,8
Hartparaffin Fp. 95—97 °C	—	18,0
Alkohole und Ketone	12,6	4,3
Organische Säuren	1,0	Spuren
	100,0	100,0

Tabelle 4. *Analyse der Flüssigprodukte des Festbett- und Flugstaubverfahrens.*

Fraktion		Festbett		Flugstaub	
		C_5-C_{10}	$C_{11}-C_{18}$	C_5-C_{10}	$C_{11}-C_{14}$
Paraffine	Vol.-%	45	55	13	15
Olefine	Vol.-%	50	40	70	60
Aromaten	Vol.-%	0	0	5	15
Alkohole	Vol.-%	5	5	6	5
Carbonyle	Vol.-%	Spuren	Spuren	6	5

C. Oxosynthese (Hydroformylierung)

Nach einer im Jahre 1938 von O. ROELEN[1] und Mitarbeitern gefundenen Reaktion lassen sich olefinische Doppelbindungen durch katalytische Anlagerung von je einem Molekül Kohlenoxid und Wasserstoff in die um ein C-Atom reicheren Aldehyde überführen.

$$R-CH=CH_2 + CO + H_2 \rightarrow R-CH_2-CH_2-CHO$$
$$\left[\begin{array}{c} R-CH-CH_3 \\ CHO \end{array}\right]$$

Nur bei der Hydroformylierung von Äthylen erhält man unter üblichen Arbeitsbedingungen nennenswerte Mengen an Diäthylketon.

Der erste in der Praxis verwendete Katalysator war der technisch verfügbare heterogene Kobalt-Standard-Katalysator der Fischer-Tropsch-Synthese (s. S. 575). Da das Thorium- und Magnesiumoxid für die Reaktion nicht erforderlich erschien, ging man später auf anorganische und organische Kobaltverbindungen verschiedenster Art, darunter auch wasserlösliche Kobaltsalze bzw. -Seifen über. Die Reaktionstemperaturen liegen zwischen 100 °C und 200 °C (für Äthylen z. B. 115 °C, für höhere Olefine 130 °C bis 150 °C).

Das Oxogas hat die Zusammensetzung: $H_2/CO = 1/1$. Das Kobalt ist durch Eisen und seine Verbindungen ersetzbar, nicht durch Nickel und seine Verbindungen, die für andere Carbonylierungsreaktionen weitgehend verwendet werden[2].

Da die Anlagerung an den beiden Enden der Doppelbindung erfolgen kann, liefern unsymmetrische Olefine — je nach der Olefinstruktur — in wechselnden Mengenverhältnissen

[1] ROELEN, O.: DRP 849 548 (1938).
[2] ROELEN, O.: Naturforsch. u. Medizin in Deutschland 36 (1948) 166. — Angew. Chemie A 60 (1948) 213.

zwei isomere Aldehyde. Eine weitere Isomerisierungsmöglichkeit ist durch die Verschiebung der Doppelbindung unter den Bedingungen der Oxosynthese gegeben. Aus den Aldehyden können über weitere Reaktionen, wie Kondensation, Oxydation, Verseifungen, Säuren, Ester, Acetale und andere Verbindungen, in großer Zahl gewonnen werden.

Besonders glatt gelingt die Überführung der Olefine in Alkohole, da die Aldehyde ohne Isolierung am gleichen Kontakt hydriert werden können. Fettalkohole aller Molekülgrößen lassen sich aus den Olefinen gewinnen, indem man die aus den Olefinen mit mehr als zehn C-Atomen erhaltenen Aldehyde bei etwa 180 °C unter 150 atü an Kobaltkontakten zu Fettalkoholen hydriert. Bei dieser Hydrierung zersetzen sich die von den Reaktionsprodukten der Aldehydstufe gelösten organischen Kobaltverbindungen. Das dabei abgeschiedene Kobaltmetall ist katalytisch voll aktiv, so daß man mit einer nahezu unbegrenzten Kontaktlebensdauer rechnen kann, sofern man schwefelfreie Reaktionspartner verwendet. Bezüglich des Reaktionsmechanismusses sind noch viele Probleme offen, Kobaltcarbonyle spielen eine wesentliche Rolle[1].

Aus den in großen Mengen verfügbaren Olefinen der Erdölindustrie können unter geeigneten Bedingungen wohl definierte Produkte für die verschiedensten Anwendungsmöglichkeiten hergestellt werden[2].

Zu den wichtigsten Endprodukten gehören Weichmacher sowie Waschrohstoffe. Produktion in USA im Jahre 1962: 300 000 jato; Oxowerke in Europa 1967: u. a. ICI 25 0000 jato, Ruhrchemie AG 15 0000 jato, BASF und Hüls je 100000 jato[3].

---

[1] NATTA, G., u. Mitarb.: Chim. e Ind. (Milano) 37 (1955) 6. — MARTIN, A. R.: Chem. and Ind. (1954) 1536. — FALBE, J.: Synthesen mit Kohlenmonoxid. Organische Chemie in Einzeldarstellungen Bd. 10. Berlin/Heidelberg/New York: Springer 1967, S. 4.

[2] NATTA, G.: Neuere Untersuchungen auf dem Gebiete der Olefin-Chemie, Proc. Vierter Welt-Erdöl-Kongreß, Rom 1955, Sektion IV.

[3] FALBE, a. a. O., S. 69.

Achtes Kapitel

Erdölwachse (Erdwachs, Petrolatum, Ceresin) und Montanwachs

Von K. H. Schünemann, Hamburg

Inhaltsübersicht

A. Erdölwachse

Die Bezeichnung Erdölwachs (Mineralölwachs) hat sich international[1] eingeführt, obwohl es sich der chemischen Struktur nach um feste Kohlenwasserstoffgemische und nicht um Wachse handelt[2]. Hierunter fällt als erstes in der Gruppe das natürlich vorkommende Erdwachs (Ozokerit), das am längsten bekannt ist. Es diente früher fast ausschließlich als Ausgangsmaterial zur Herstellung von Ceresin bis etwa zum Jahre 1920. Durch das gewaltige Anwachsen der Erdölindustrie wurde es — ungefähr gleichzeitig mit der Erschöpfung der Hauptfundorte in Polen — immer mehr durch das aus dem Erdöl abgeschiedene Petrolatum ersetzt, das heute das hauptsächliche Ausgangsmaterial für die Herstellung von Ceresin und Mikrowachsen ist[3].

Erdölwachse

Vorkommen, Gewinnung	Bezeichnung	Weiterverarbeitung auf
In der Natur aufgefundene aus Erdöl in frühen geologischen Zeiträumen ausgeschieden	Erdwachs (Ozokerit)	Ceresine
Aus Rohöl beim Pumpen oder Lagern ausgeschieden	Röhrenwachs, Tankbodenwachs	Ceresine, Mikrowachse
	Rohparaffin (Gatsche)	Paraffine
Aus Erdölprodukten durch Verarbeitungsprozesse ausgeschieden	Rohparaffin (Intermediates)	Ceresin-Paraffin-Gemische
	Rohpetrolatum Petrolatum-Stock	Mikrowachse, Ceresine, Vaseline

---

[1] Bezeichnungen wie petroleum wax, mineral oil wax, mineral wax, microcristalline wax, paraffin wax sind in USA und auch sonst gebräuchlich.

[2] Begriffdefinition der Deutschen Ges. für „Wachs", s. Abschnitt „Paraffin", Teil I, S. 470 sowie Abschnitt „Wachse", S. 715.

[3] Siehe Abb. 1, Abschnitt „Paraffin", Teil I, S. 470.

I. Ozokerit

1. Vorkommen

Rohes Erdwachs oder Ozokerit (der Name Ozokerit kommt aus dem Griechischen und bedeutet riechendes Wachs), früher das Ausgangsmaterial für die Herstellung von Ceresin, findet sich an mehreren Stellen der Erde teils unmittelbar unter der Erdoberfläche, teils in tiefen Gängen und Spalten u. a. in Polen[1], Rumänien, der UdSSR, im Iran, sowie in Nordamerika. Erdwachs ist wachsartig, dunkelbraun bis grünlichschwarz oder schwarz, seltener hellgrün oder braungelb. Es kommt in verschiedener Konsistenz vor, je nach Gehalt an mehr oder weniger viskosen Begleitölen (bei weichen Sorten bis zu 30%) ist es schmierigweich, salbenartig, fest und auch spröde mit außerordentlicher Härte. Gute Sorten haben einen muscheligen Bruch. Das Rohwachs zeigt in der Regel schwächeren oder stärkeren Erdölgeruch.

Der Schmelzpunkt liegt bei geringwertigen Sorten bis herab zu 48° C, bei normalen Sorten zwischen 68 und 75 °C, beim Marmorwachs zwischen 85 und 100 °C, bei seltenen hochschmelzenden bis zu 115 °C, die Dichte ist 0,900 bis 0,970 g/ml bei 20 °C; bei guten Sorten etwa 0,930 g/ml. Besonders aus niedriger schmelzenden Ozokeriten lassen sich häufig makrokristalline Paraffine in erheblichen Mengen abscheiden[2]. In allen Rohozokeriten finden sich oxydierte, dunkelgefärbte Stoffe (Erdölharze), sowie wechselnde Mengen von Ölen als Nebenbestandteile.

2. Entstehung

Rohes Erdwachs wurde in frühen geologischen Zeiträumen aus festen, an Isoparaffinen reichen Kohlenwasserstoffen reichen Erdölen abgeschieden. Erdöl enthält neben makrokristallinen n-Paraffinen mikrokristalline hochschmelzende, wachsartige und mehr Isoparaffine enthaltende Ceresine.

Man nimmt an, daß das Öl durch Gebirgs- oder Gasdruck emporgedrückt und durch tiefgehende, mit klüftigem oder teilweise pulverigem Gestein ausgefüllte Gebirgsgänge hindurchgepreßt wurde[3], wobei sich ein Teil der festen, im Rohöl schwerlöslichen, in der Hauptsache aus Ceresinen bestehenden Kohlenwasserstoffe infolge Abkühlung ausschied. Poröse Gesteine und Ton, hielten beim Durchtritt des Erdwachses harzartige und färbende Bestandteile zurück; das so durch Filtration entfärbte und gereinigte „Stufwachs" oder „Aderwachs" ist hellgelb bis braun, während das im tonigen Gestein verbleibende „Lepwachs" durch Anreicherung von Verunreinigungen und öligen Bestandteilen dunkler und schmieriger ist.

Im allgemeinen nimmt in der Erdwachsgruben mit zunehmender Tiefe die Härte des Erdwachses ab; in der größten Tiefe findet sich das in der Konsistenz zwischen Erdöl und Erdwachs stehende „Kindebal", ein weiches, schmieriges, stark ölhaltiges Produkt, ähnlich dem in Rohrleitungen usw. aus Paraffinbasisrohölen sich absetzenden „Röhrenwachs". Für die genetische Beziehung zwischen Erdöl und Erdwachs spricht neben dem optischen Verhalten die Tatsache, daß aus undestillierten festen Erdölkohlenwasserstoffen Ceresine von gleichen Eigenschaften wie aus Rohozokerit gewonnen werden können.

Die festen Bestandteile des Erdwachses sind optisch inaktiv; die öligen Anteile dagegen, ebenso wie Erdöl, schwach rechtsdrehend.

3. Gewinnung

Rohes Erdwachs wird durch Schmelzen in kochendem Wasser (Abkochen) von groben Verunreinigungen wie Erde, Sand, Ton getrennt und kommt anschließend in Blöcken in den Handel. Nach Erschöpfung der für Europa früher maßgebenden Lagerstätten (Boryslaw, Dzwiniacz) in Polen spielt Rohozokerit als Rohstoff für Ceresin handelsmäßig und wertmäßig in Europa keine Rolle mehr; das gleiche gilt für die USA, wo der dort gewonnene Ozokerit gegenüber der

---

[1] Die früheren großen Vorkommen in Polen sind ziemlich erschöpft, die Gewinnung (früher bis zu 10000 Jahrestonnen, um 1920 nur noch etwa 500 Jahrestonnen) ist heute für die Ceresinherstellung in Europa unwensentlich; Zusammensetzung: KASTNER, D., J. MORIS u. GG. R. SCHULTZE in Erdöl u. Kohle 12 (1959) 77.
[2] Nach D. HOLDE und H. SMELKUS (Unveröffentlichte Versuche) bis zu 16%.
[3] MUCK: Erdwachsbergbau in Boryslaw, Berlin 1903.

Herstellung von Ceresin aus Erdöl mengenmäßig eine völlig untergeordnete Rolle spielt. „Röhrenwachse" sind die beim Pumpen von Rohöl in den Rohrleitungen infolge Abkühlung sich ablagernden ölhaltigen Abscheidungen. Sie besitzen ebenfalls wie das in Lagertanks aus Rohöl sich absetzende „Tankbodenwachs" Eigenschaften wie weiches Erdwachs. Vielfach kommen diese Produkte, z. T. mit Petrolatum vermischt, als rohes Erdwachs oder Ozokerit in den Handel. Über die Weiterverarbeitung zu Ceresin s. S. 586.

II. Petrolatumgruppe

Petrolatum ist ein salbenartiger bis platisch fester, bitumenfreier Rückstand der Erdölverarbeitung, bestehend aus mikrokristallinen Paraffinen und Öl. Zu dieser Gruppe gehören:

1. Begriffsbestimmung[1]

a) Destillationsrückstände bestimmter paraffinbasischer und gemischtbasischer Rohöle (auch Petrolatumstock genannt), die zur Weiterverarbeitung auf Vaseline dienen. Sie sind von salbenartiger Konsistenz, zügig, mit hohem Ölgehalt und Schmelzpunkten von etwa 35 bis 60 °C (s. Abschnitt „Vaseline", Teil I, S. 488).

b) Aus Destillationsrückständen paraffin- und gemischtbasischer Rohöle und auch aus Zylinderöldestillaten mittels Lösungsmitteln (Propan, Benzin u. a.) abgeschiedene, bitumenfreie ölhaltige feste Kohlenwasserstoffe; Schmelzpunkt etwa 50 bis 70 °C von halbfester, zügiger, klebriger bis plastisch-fester Konsistenz. Farbe meist grünlich bzw. grünlichbraun bis braun. Diese Petrolaten stellen heute hauptsächlich das Material zur Weiterverarbeitung auf mikrokristalline Wachse und Ceresine dar.

c) Aus hochviskosen paraffinhaltigen Schmieröldestillaten bei der Entparaffinierung, z. B. mit MEK[2]-Benzol, chlorierten Kohlenwasserstoffen u. a. Lösungsmitteln, abgeschiedene feste Kohlenwasserstoffe, Schmelzpunkt etwa 63 bis 79 °C, sog. „Intermediates", die Gemische aus mikrokristallinen Wachsen und hochschmelzenden n-Paraffinen sind und z. T. auf Handelsceresine weiterverarbeitet werden.

2. Petrolatum

Bei der Vakuumdestillation paraffinreicher Erdöle gehen die meisten makrokristallinen Paraffine unterhalb 300 °C über, während die mikrokristallinen Ceresine, meist von makrokristallinen hochschmelzenden Paraffinen begleitet, größtenteils zusammen mit hochviskosen Ölen, (Typ Zylinderöl) im Rückstand verbleiben. Sie werden hieraus beim Entparaffinieren mittels Lösungsmitteln (solvent dewaxing) abgetrennt und ergeben als Nebenprodukt die „Petrolaten", die nach weiterer Entölung mit Lösungsmitteln und evtl. weiterer Bleichung als „Petroleumwachse" oder „mikrokristalline Wachse" in den Handel kommen[3].

Bei der Verwendung von Propan oder Benzin zum Zerlegen der Rückstände zwecks Gewinnung von z. B. hochwertigen filtrierten Zylinderölen (Bright Stocks) unter gleichzeitiger Abscheidung der Asphalte gehen die öligen und paraffinreichen Bestandteile des Rückstandes in Lösung, die paraffinischen werden als Petrolaten durch Tiefkühlung abgeschieden. Zur Gewinnung von mikrokristallinen Wachsen wird das im Petrolatum enthaltene Öl mit selektiven Lösungsmitteln entfernt.

---

[1] Begriffsbestimmungen auf dem Mineralölgebiet als Vorschlag vorgelegt vom Fachausschuß für Mineralöl- und Brennstoffnormung, Ziffer 239, Erdöl u. Kohle 10 (1957) 603.

[2] MEK = Methyl-Äthyl-Keton.

[3] BENNETT, H.: Industrial Waxes, New York: Chemical Publishing Co. 1963.

Petrolaten sind stark dunkelbraun (schwärzliche Sorten sind Vorstufen und stammen aus nicht entasphaltierten Rückständen) über grünlichgelb bis dunkelgelb; mit Bleicherde aufgehellte Sorten sind auch gelblich. Die Konsistenz variiert von salbenartig-halbfest und zügig, z. T. auch klebrig bis zu plastisch und fest bei ölarmen Sorten. Der Schmelzpunkt liegt zwischen 55 und 65 °C und auch höher, der Ölgehalt beträgt bis 70%. Durch stärkere Entölung erhält man festere Sorten, durchweg enthalten sie aber immer weiche, niedriger schmelzende vaselinartige Anteile.

Alle Eigenschaften der Petrolaten hängen sehr stark ab von der Provenienz der Rückstände und den in ihnen enthaltenen festen und öligen Kohlenwasserstoffgemischen sowie dem Verfahren der Gewinnung; infolgedessen gibt es auch in der Literatur sich widersprechende Angaben über Petrolatum, für das eine Begriffsabgrenzung nicht besteht und auch gegenüber den Mikrowachsen schwierig ist, da bei beiden Produkten vielfach eine Herstellung für den jeweiligen Verwendungszweck erfolgt, für den eine Vorschrift der Eigenschaften wesentlich einfacher ist.

Außer als Rohstoff für die Herstellung von Mikrowachsen und Ceresinen ist die Verwendung von Petrolaten sehr vielseitig. Große Mengen dienen zur Herstellung von Korrosionsschutzmitteln in der Metall- und Autoindustrie, ferner als Sprühmittel zur Oberflächenbehandlung, ferner als Hilfsmittel in der Leder-, Gummi-, Elektro- sowie der Schmiermittelindustrie.

3. Mikrokristalline Wachse

Mikrokristalline Wachse[1], kurz auch als Mikrowachse bezeichnet, sind die aus Erdöl gewonnenen festen Kohlenwasserstoffe von ceresinartigem Charakter. Sie haben gegenüber Petrolaten geringere Ölgehalte, festere Konsistenz und höhere Schmelzpunkte. Als Ausgangsmaterial für ihre Herstellung dienen Röhrenwachse und Tankbodenwachse, hauptsächlich aber Petrolaten aus Erdöldestillationsrückständen paraffinhaltiger Rohöle, aus der Entparaffinierung (solvent dewaxing process) von Rückstands- und Destillatzylinderölen sowie aus Gatschen von schweren Mineralöldestillaten.

Die Gewinnung erfolgt nach weitgehender Entölung dieser Produkte durch Zerlegung mit Lösungsmitteln bei verschiedenen Temperaturen oder durch fraktionierte Kristallisation aus Lösungsmitteln durch Abkühlung, wobei eine Trennung nach Schmelzpunktbereichen erfolgen kann. Eine Entölung allein führt nicht immer zum Ziel, da vielfach auch die weichen, vaselinartigen Anteile (Weiterverwendung dieser z, B, für Rostschutzvaselinen) von den harten, höherschmelzenden Mikrowachsen zur Erzielung harter und ölarmer Produkte (Ölgehalte 0,1 bis 4%) abgetrennt werden müssen. Die Bleichung der Mikrowachse erfolgt mittels Bleicherde (z. B. in Benzinlösung), seltener durch Schwefelsäurewäsche, wie z. B. beim veralteten Cold Settling Process (Abscheidung von Wachsen aus Destillationsrückständen in Benzinlösung in Absitztanks zwecks Gewinnung von Bright-Stock-Zylinderölen).

Die Farbe von Mikrowachsen variiert je nach dem Raffinationsgrad von Weiß bis Dunkelbraun, nach ihrer Konsistenz unterscheidet man weiche, plastische harte und spröde Typen. Plastische Mikrowachse neigen trotz relativ niedriger Penetration und nur geringem Ölgehalt dazu, unter Druck weich zu werden. Festere Mikrowachse sind häufig zäh, werden unter Druck biegsam und widerstehen dem Bruch; manche sind klebrig. Hochschmelzende Sorten sind hart, spröde und lassen sich zerschlagen. Entsprechend dem jeweiligen Verwendungszweck ist eine große Anzahl von Sorten im Markt. Die Schmelzpunkte liegen zwischen 65 und 93 °C, seltener bei 100 °C; die Flammpunkte zwischen 250 bis 320 °C, die Ölgehalte zwischen 0,1% bis etwa 12%. Die Härte, (Nadelpenetration nach ASTM D-1321, entsprechend DIN 51579, s. Teil I, S. 480, bei 25 °C bei 100 g

---

[1] Angaben z. T. H. BENNETT: Industrial Waxes, New York: Chemical Publishing Co. 1963.

Belastung während 5 Sek.) liegt zwischen 2 (bei sehr harten Sorten) bis etwa
80 Zehntel Millimeter, die Saybolt-Viskosität bei 210 °F zwischen 55 und 98 Sek.
entsprechend 8,75 bis 20 cSt; weitere Daten s. Tab. 1.

Tabelle 1. *Gruppen von Mikrowachsen.*

Bezeichnung	Penetration bei 25 °C	Ölgehalt %	Schmelzpunkt °C	Viskosität Sayb.-Sek. 210 °F	kinematische Viskosität cSt bei 98, 9 °C
mittelweich	25—80	>10	60—75	etwa 55	etwa 8,75
mittelhart	10—25	4—10	70—87	70—100	12,9—20,5
hart	2—10	0,1—4	87—93	etwa 80—100	15,5—20,5

A. H. WARTH[1] definiert Mikrowachse als ein Gemisch von festen Kohlenwasserstoffen, Molekulargewicht 490 bis 800 (n-Paraffin, Schmp. 52 bis 62 °C,
hat 350 bis 420), er unterscheidet 3 Gruppen nach der Festigkeit, gemessen mit
der Nadelpenetration: a) mittelweich, b) mittelhart, c) hart.

In der Tab. 1 ist versucht worden, nach Angaben für im Handel befindliche amerikanische
Mikrowachse die Einteilung mit Daten zu vervollständigen, jedoch ergeben Spezialwachse
wie z. B. Papier-, Überzugs- und Kaschierwachse abweichende Daten, (z. B. höhere Penetration und Saybolt-Viskosität bis 500 Sek. bei 210 °F, entsprechend kinematischer Viskosität
107 cSt bei 98,9 °C). Motoroil wax (C_{26} bis C_{42} aus der Entparaffinierung hochviskoser Schmieröldestillate stammend, s. unter Abschn. 4 „Intermediates" hat nach WARTH[1] Schmelzpunkte
von 63 °C bis 79 °C, Saybolt Viskosität bei 210 °F um 55 Sek.; es ist meist spröde, wird auch
als Mikrowachs gehandelt und es enthält immer mehr oder weniger große Mengen n-Paraffine.
Mikrowachse aus Destillationsrückständen haben 36 bis 70 C-Atome und Saybolt Viskosität
bei 210 °F über 55 Sek., harte Mikrowachse aus Tankbodenwachs haben 46 bis 75 C-Atome
und Schmelzpunkte bis 93 °C.

Es ist außerordentlich schwierig, Mikrowachse ähnlich wie Paraffine zu standardisieren.
Hier gilt das bereits unter Petrolatum Gesagte, das ja das hauptsächliche Ausgangsmaterial ist.
Provenienz des Rohölrückstandes, die Verschiedenartigkeit der Abscheidung der festen
Kohlenwasserstoffe, die Art und Lösungsmittel der Entölung und die Möglichkeit Mikrowachse in bestimmte Fraktionen zu trennen haben Einfluß auf Analysendaten und Qualitäten,
die daneben in den Raffinerien und Wachsfabriken noch auf den jeweiligen Verwendungszweck eingestellt werden. Mikrowachse finden in der Papier-, Folien- und Verpackungsindustrie zum Kaschieren und Beschichten, als Tauch- und Überzugswachse, in der Gummi-
und Elektroindustrie, Textil-, Leder- und Metallindustrie und für die vielfältigen Zwecke
der Wachsindustrie Anwendung.

4. Intermediates

Diese Produkte — in den USA auch „motor oil waxes" genannt —, die eine
Zwischenstellung zwischen Paraffinen und Mikrowachsen einnehmen, werden
häufig trotz ihrer unterschiedlichen Eigenschaften in die Gruppe der Mikrowachse
einbezogen, In entöltem Zustande liegt ihr Schmelzpunkt zwischen 63 und 79 °C.
Sie werden aus den bei der Lösungsmittel-Entparaffinierung hochviskoser
Schmieröldestillate und Solvent Raffinate anfallenden Gatschen durch Entölung und nachfolgende Bleichung gewonnen und zum Härten von Paraffin
und zum Verschneiden von Mikrowachsen für Spezialzwecke verwendet, bei denen
sie eine Abnahme der Klebrigkeit und eine Erhöhung der Härte (niedrigere
Penetration) bewirken. Im Gegensatz zu Paraffinen besitzen sie eine relative gute
Lösungsmittelretention. Ihre Bedeutung nimmt zu.

III. Ceresin
1. Definition des Begriffs

Als Ceresin[2] bezeichnete man ursprünglich das aus natürlichem Erdwachs
(Ozokerit) mittels Schwefelsäure und Bleicherde gewonnene Raffinat von gelber,

---

[1] WARTH, A.H.: Chemistry and Technology of Waxes, 2. Aufl., New York: Reinhold 1956.
[2] Der Name kommt von „sine cera", d. h. frei von Bienenwachs; Schmelzpunkte 56 bis
etwa 87 °C.

später auch bis zu weißer Farbe. Es diente zunächst als Ersatz für Bienenwachs (z. B. in Kerzen). Die sog. Handelsceresine wurden in steigendem Umfang mit n-Paraffinen verschnitten. Auch die Bezeichnung „raff. Ozokerit" für hochwertige raffinierte Erdwachse war keine einwandfreie Garantie für unverschnittene Ware, zumal es vielfach üblich war, ihnen schon bei der Raffination Paraffin hinzuzusetzen.

Infolge des ständigen Rückgangs der galizischen Erdwachsproduktion bildeten die wachsenden Mengen an mikrokristallinen Wachsen aus den USA die Grundlage für die Herstellung von Ceresin[1]; durch Weiterentwicklung der Fraktioniertechnik stehen heute Ceresine in allen gewünschten Schmelzpunkten in weicher, plastischer, fester und harter Qualität und in Farben von Weiß bis Gelb als vollwertiger Ersatz für Ceresine aus Erdwachs zur Verfügung. Solche Handelsceresine enthalten zusätzlich zu den im Mikrowachs bereits enthaltenen n-Paraffinen je nach Verwendungszweck noch mehr oder weniger große Mengen von n-Paraffinen; sie werden nach Farbe, Schmelzpunkt und Penetration gehandelt.

Das physikalische und chemische Verhalten der aus Erdölen gewonnenen, ölfreien Ceresine entspricht dem Verhalten der aus bergmännisch gewonnenen Rohozokerit hergestellten Ceresine, eine Unterscheidung ist daher nicht möglich. Von Natur aus paraffinhaltige Ceresine aus Erdöl verhalten sich wie künstliche Mischungen von Ceresin und Paraffin. Die vielfach verbreitete Ansicht, daß der Brechungsexponent der Erdölceresine höher sei als derjenige der bergmännisch gewonnenen Ceresine, trifft nur für stark ölhaltige Erdölceresine — ebenso aber auch für ölhaltige Ceresine aus natürlichen ölreichen, schmierigen Ozokeriten zu; gut entölte Erdölceresine zeigen dagegen keine höhere Brechung als normale Ozokerit-Ceresine; Grenzwerte s. Tab. 2.

Tabelle 2. *Physikalische Daten[a] von Ceresinen und Paraffinen (Grenzwerte).*

Material	Schmelz-punkt °C	Molekular-gewicht	Dichte bei 20 °C g/l	Viskosität bei 100 °C cSt	Refraktion[b] n_D^{90}	Refraktion[b] n_D^{90} Skalenteile
Ceresine[d]	56—87	430—750	909—942	6,7—16,2	1,428—1,442	7,6—25,6
Ceresine[e]	61—93	474—800	912—940	9,0—22,0	1,429—1,442	9,0—25,8
Paraffin[f]	49—62	330—400	888—918	3,6—4,2	1,420—1,427	— 2,5—6,0
Paraffin[g]	53—60	359—367	906—914	3,3—4,4	1,424—1,426[c]	3—5,2
Paraffin[h]	42—72	—	876—921	2,6—5,6	1,411—1,431	— 14—10,7

[a] Div. Literaturangaben, s. a. A. H. WARTH (s. Fußnote 1, S. 586), H. BENNETT (s. Fußnote 3, S. 584) und z. T. eigene Feststellungen. — [b] Siehe unter „Refraktion", S. 103. — [c] Angegebene höhere Refraktionen sind auf ungenügende Entölung zurückzuführen. — [d] Aus galizischem Rohozokerit. — [e] Aus amerikanischen Mikrowachsen. [f] Amerikanische Handelsparaffine. — [g] Asiatische Paraffine. — [h] Mitteldeutsche Braunkohlenparaffine.

2. Raffination

Rohes Erdwachs (Ozokerit) wird in der Regel mit konzentrierter Schwefelsäure auf gelbes, mit rauchender Schwefelsäure auf weißes Ceresin raffiniert, in beiden Fällen erfolgt eine Nachbehandlung mit Bleicherde.

Ceresine aus Petrolaten und Mikrowachsen werden in den USA durchweg nur mit Bleicherde raffiniert, in vielen Fällen werden sie schon im Vorprodukt einer Behandlung mit Bleicherde und z. T. auch mit Schwefelsäure unterzogen. Für eine Reihe von Verwendungszwecken ist eine Behandlung mit konzentrierter und auch rauchender Schwefelsäure (Oleum) erforderlich. Manchmal führt eine Naßraffination mit 92 bis 96%iger Schwefelsäure mit anschließender Neutralisation mit alkoholischer Lauge, Abtrennen der Seifen und Nachbehandlung mit Bleicherde (z. B. bei Mikrowachsen und Petrolaten) zum Ziel.

a) Raffination mittels Schwefelsäure

Das Wachs wird geschmolzen und bei 120 °C mit konzentrierter Schwefelsäure (97 bis 98% H_2SO_4) versetzt. Die Menge der Schwefelsäure richtet sich nach der Art des Rohmate-

[1] Auch als Petroleumceresin und Petrolozokerit bezeichnet.

rials und dem gewünschten Bleicheffekt; sie beträgt durchschnittlich 20 bis 50%. Dann wird die Temperatur gesteigert, bis bei der bei 150 °C energisch einsetzenden Reaktion unter starkem Schäumen reichlich Schwefeldioxid entweicht und sich die Verunreinigungen als verkohlte Rückstände abscheiden. Die Reste der Schwefelsäure werden unter ständigem Rühren bei 180 bis 200 °C abgetrieben. Nach Abkühlen auf 150 °C wird Entfärbungspulver (Bleicherde, für weiße Sorten auch mit aktiver Kohle gemischt) eingerührt und das Wachs nach dem Bleichen in geheizten Filterpressen abgepreßt. Die Filterrückstände werden durch Benzinextraktion vom Ceresin befreit. Durch Raffination mit etwa 20% Schwefelsäure (Monohydrat bzw. Oleum, rauchender Schwefelsäure mit bis zu 20% freiem SO_3) erhält man sog. „naturgelbes" Ceresin. Die für Ceresin an sich unzutreffende Bezeichnung „naturgelb" soll offenbar die äußerliche Ähnlichkeit des Produkts mit naturgelbem Bienenwachs zum Ausdruck bringen. Durch stufenweise vorgenommene Raffinateion mit etwa 35 bis 50% und mehr Säure und nachfolgende Bleichung kann man weißes Ceresin erhalten.

b) Raffination mittels Aluminiumchlorid

Mittels wasserfreiem Aluminiumchlorids läßt sich ebenfalls eine Raffination von Erdwachs oder Petrolatumwachs durchführen. Man läßt zu diesem Zweck bis zu 10% wasserfreies Aluminiumchlorid auf das Erdwachs bei 120 bis 180 °C einwirken. Nach entsprechender Einwirkung werden die gebildeten Asphalte vom Raffinat abgezogen. Das Raffinat wird zum Schluß einer Bleicherdebehandlung unterworfen. Man erhält hellgelbe bis weiße Ceresine, deren Farbe oft einen leichten grünlichen Stich hat.

c) Hydrofining

Die Behandlung mit Wasserstoff bei Temperaturen von 300 bis 360 °C und Drucken von 70 bis 100 atü unter Verwendung von Kobalt-Molybdän-Katalysatoren führt in hoher Ausbeute zu hellen bis weißen geruchfreien Produkten. Eine Nachbehandlung mit geringen Mengen Bleicherde ist schon im Interesse der Entfernung von Katalysatorspuren erforderlich. Im Gegensatz zur Schwefelsäureraffination bleiben alle wertvollen Eigenschaften erhalten.

Welche der beiden angeführten Methoden zu dem besten Ceresin führt, kann nicht allgemein gesagt werden. Wachse, die aus Erdöl abgeschieden werden, können bei der Trockenraffination mit Schwefelsäure und Oleum vollständig verkoken. Eventuell kann man dann mit wasserfreiem Aluminiumchlorid zu einem besseren Ergebnis kommen; bei der Verwendung von wasserfreiem Aluminiumchlorid tritt neben der Raffination noch eine Aufspaltung des Materials durch Kracken ein, die bewirken kann, daß das Raffinat öliger ist, als das Ausgangsmaterial. Bei der Raffination mit Schwefelsäure und Oleum ist dagegen ein geringer Anstieg des Erstarrungspunktes zu beobachten und das Raffinat wird, namentlich bei stärkerer Raffination, paraffinartiger. Hydrofining ergibt bei mildem Eingriff die höchsten Ausbeuten.

3. Verwendung

Ceresin und Mikrowachse dienen vielfach den gleichen Verwendungszwecken wie Paraffin; (s. Teil I, S. 469). Sie weisen ein gutes Ölbindungsvermögen auf, das Öl läßt sich — im Gegensatz zum Paraffin — aus der Mischung weder durch Filtrieren noch durch Pressen entfernen.

Die Lösungsmittelretention, ist eine wichtige Eigenschaft für die Anwendung in der Putzmittelindustrie für Bohnermassen und Schuhcreme. Weitere Anwendungsgebiete außer den unter Mikrowachsen bereits genannten, finden sich in der Herstellung von Salben, Kosmetika, Kunstvaseline und Kaugummi. Der Wert ist abhängig von der Farbe, der Härte, der Höhe des Schmelzpunktes und dem Ölgehalt.

4. Chemische und physikalische Eigenschaften im Vergleich mit Paraffin

a) Physikalische und chemische Unterschiede

Anfänglich hielt man die hochschmelzenden Ceresine für die höheren Homologen der aus Erdöl-, Schiefer- und Braunkohlenteerdestillation abgeschiedenen niedriger schmelzenden, kristallisierten normalen Paraffine. Beim Vergleich eines Ceresins mit einem annähernd gleichhoch schmelzenden Paraffin ergaben sich aber zwischen beiden Stoffen charakteristische auf verschieden chemische Struktur hinweisende physikalische Unterschiede:

Tabelle 3. *Vergleich eines Ceresins und eines Paraffins von gleichem Schmelzpunkt*[1].

	Schmelz-punkt °C	Erstar-rungspunkt °C	Dichte bei 15 °C g/l	Dichte bei 60 °C g/l	Refraktion n_D^{90} Skalenteile	Viskosität bei 70 °C °E	Molekular-gewicht
Paraffin	56,5/60,5	59,2	885	781	1,5	1,51	330
Ceresin	57,5/60,1	59,0	917	789	10,9	1,85	420

Dichte, Molekulargewicht, Refraktion, Viskosität, Nitrobenzolpunkt und Siedepunkt des Ceresins sind bei gleichem Schmelzpunkt höher. Die Dispersion ist kleiner und die Struktur — im Gegensatz zur makrokristallinen Blättchenstruktur des Paraffins mikrokristallin[2], ferner reagiert Ceresin lebhaft mit rauchender Schwefel- oder Chlorsulfonsäure unter Entwicklung von Schwefeldioxid bzw. Chlorwasserstoffsäure und unter mehr oder weniger starkem Substanzverlust, während Paraffin nicht oder nur sehr wenig angegriffen wird. Schließlich zeigt Ceresin die Eigenschaft, Öl fest zu binden und es nicht — wie Paraffin — beim Abpressen oder Schwitzen wieder abzugeben.

Daß Ceresine auf Grund des chemischen Verhaltens sowie der Elementaranalyse im Gegensatz zu den makrokristallinen Paraffinen zum erheblichen Teil aus Isoparaffinen bestehen, beweist ihr Reaktionsfähigkeit gegenüber rauchender Schwefelsäure und Chlorsulfonsäure, da der an den Verzweigungsstellen am tertiären Kohlenstoffatom gebundene Wasserstoff besonders reaktionsfähig ist. Ceresine sieden niedriger als Paraffine von gleichem Molekulargewicht, was damit im Einklang steht, daß bei Isomeren in der Regel die Verbindung mit der normalen, d. h. längsten C-Kette den höchsten Siedepunkt hat. Bei gleichem Schmelzpunkt haben die Isoparaffine höheres Molekulargewicht, sowie höhere Werte im Siedepunkt, in der Viskosität, im spez. Gewicht und im Nitrobenzolpunkt.

Tabelle 4. *Vergleich des Molekulargewichtes und der Siedepunkte von Paraffin und Ceresin (aus Erdöl, im Hochvakuum destilliert) nach Ssachanen*[3].

Material	Mittleres Molekular-gewicht	Hypo-thetische Formel	Mittlerer Siede-punkt °C	Schmelz-punkt °C	Dichte bei 20 °C g/l	Dichte bei 100 °C g/l	Refrak-tion[a] n_D^{90}	Viskosi-tät bei 100 °C cP	Nitro-benzol-punkt °C
Paraffin	492	$C_{35}H_{72}$	562	71,3	933	766	12,9	3,71	69,2
Ceresin	525	$C_{37}H_{76}$	—[b]	56,0	925	786	22,9	6,42	75,1
Ceresin	603	$C_{43}H_{88}$	539	61,5	929	788	31,5	8,52	82,2

[a] Bedeutung von n_D^{90} und n_D^{100} siehe S. 103.

[b] Nicht angegeben, aber unter 539 °C liegend anzunehmen, da das nachfolgende Ceresin vom Molekulargewicht 603 einen mittleren Siedepunkt von 539 °C hatte.

GROSZ und GRODDE wiesen nach, daß die festen, aus Naturprodukten und aus der Synthese gewonnenen Kohlenwasserstoffe Gemische darstellen, deren Komponenten drei verschiedenen Klassen angehören können; nämlich der der Normalparaffine, der Isoparaffine und der Ringparaffine[4].

<hr>

[1] Nach MARCUSSON, J.: Chemiker-Ztg. 39 (1915) 614.
[2] Ceresin kristallisiert in feinen Nadeln besonders gut aus Butyl- oder Amylalkohol.
[3] Vgl. SSACHANEN, SHERDEWA u. WASSILIEW. Nat. Petrol. News 23, Nr. 16 S. 49ff.
[4] GROSZ, H., u. K. H. GRODDE: Öl u. Kohle 38 (1942) 419. — GRODDE, K. H.: Erdöl u. Kohle 3 (1950) 61.

Für die Anwesenheit von naphthenischen Kohlenwasserstoffen im Ozokerit führte L. IVANOVZKY schon zahlreiche Beweise an[1]. G. SPENGLER und Mitarbeiter[2] fanden bei der Zerlegung von rohen Paraffingatschen aus Spindel-, leichtem und schwerem Maschinenöl, Zylinderöl, Rückstandspetrolatum und von Röhrenwachs: Normalparaffineen, Aromaten, Cycloparaffine und Isoparaffine. Der Gehalt an Normalparaffinen nimmt bei Gatschen aus höhersiedenden Destillaten in Richtung Zylinderöldestillat ab und liegt beim Rückstandspetrolatum am niedrigsten, der Gehalt an Isoparaffinen erhöht sich. Der n-Paraffingehalt betrug bei festen Kohlenwasserstoffen[3] aus der Fraktion:

Maschinenöl	40 bis 65%,
Zylinderöl	30 bis 40%,
Rückstand	10 bis 20%.

aus galiz. Ozokeriten 30 bis 60%. Bei der Zerlegung der einzelnen Gatsche in jeweils mehrere Fraktionen mit einem Lösungsmittel waren in den ersten Fraktionen Aromaten und Cycloparaffine angereichert. In Richtung von Spindelölgatsch zu Rückstandspetrolatum ist ein zunehmender Ringwert des Durchschnittsmoleküls zu beobachten. Beim Röhrenwachs liegt der prozentuale Anteil an C-Atomen in Naphthenbindung (% C_N) mit 22,5% bei einem Ringwert von 2,0 immer noch sehr hoch. Bei der Hochvakuumdestillation eines polnischen (galizischen) Rohozokerits fanden SCHULTZE und Mitarbeiter[4] nach Extraktion der Fraktionen (Perkolate) und des Rückstandes 84,3% feste Kohlenwasserstoffe, 3,7% flüssige und 12% Harz und Asphaltstoffe. Aromaten (1 bis 2%) bilden nur in den flüssigen Fraktionen einen wesentlichen Bestandteil, Naphthene mit mehr oder weniger langen paraffinischen Seitenketten betragen höchstens 15% des Ozokerits. Die Paraffin-Kohlenwasserstoffe stellen den Hauptanteil der Ozokerit-Kohlenwasserstoffe; in allen Fraktionen sind n-Paraffine enthalten; der größte Teil der Isoparaffine kann nur wenige und kurze Seitenketten tragen, sie liegen vorwiegend an den Enden der Hauptketten. WARTH[5], nach dem Ceresin aus geradkettigen, verzweigtkettigen und ringförmigen Kohlenwasserstoffen besteht, vermutet, daß die cyclischen Verbindungen mit großen Polymethylenringen vorkommen, die als endständige verknüpfte, doppelte Ketten angesehen werden können.

b) Konstitutionsermittlung

Die festen, natürlich vorkommenden und synthetisch gewonnenen Kohlenwasserstoffe bauen sich aus den *Normalparaffinen*, den *Isoparaffinen* und den *Ringparaffinen* auf. Unter Ringparaffinen werden alle gesättigten festen Kohlenwasserstoffe mit Ringschlüssen wie die Naphthenkohlenwasserstoffe und die Polymethylenringe verstanden. Die physikalischen Konstanten, wie Erstarrungspunkt, Dichte, Brechungsindex und Viskosität, sind vom Molekulargewicht und von der Struktur abhängig. Am einfachsten liegen die Verhältnisse bei der homologen Reihe der n-Paraffine, da bei ihnen eine kontinuierliche Änderung der Eigenschaften mit dem Molekulargewicht vorliegt. Für die Ring- und Isoparaffine lassen sich keine solchen Gesetzmäßigkeiten annehmen, sie lassen sich aber von den Normalparaffinen als den Grundstoffen ableiten. Betrachtet man die durch die Konstitution bedingten Abweichungen ihrer physikalischen Konstanten gegenüber äquimolekularen Normalparaffinen, so zeigen Ringparaffine wesentlich höhere Dichten und tiefere Erstarrungspunkte als Normalparaffine; Isoparaffine sind nur durch die tieferen Erstarrungspunkte ausgezeichnet, während ihre Dichten nur unwesentlich von denen der Normalparaffine abweichen.

H. GROSS und K. H. GRODDE[6] gaben eine Einteilung der festen natürlichen Kohlenwasserstoffe, der des Erdöls- und des Syntheseparaffins, die die Abwei-

---

[1] IVANOVZKY, L.: Ozokerit und verwandte Stoffe, Chem.-Techn. Bibl. Bd. 397, 398, 401. Wien 1935.

[2] SPENGLER, G., u. G. MICHALCZYK: Fette, Seifen, Anstrichmittel 65 (1963) 929 ff; 66 (1964) 34 ff.

[3] TITSCHACK, G.: Fette, Seifen, Anstrichmittel 61 (1959) 28.

[4] SCHULTZE, GG. R., D. KASTNER u. J. MOOS: Erdöl u. Kohle 12 (1959) 77 ff.

[5] WARTH A. H.: The Chemistry and Technology of Waxes, 2. Aufl. S. 351, New York Reinhold 1956.

[6] Siehe Fußnote 4, S. 589, und auch 1. Aufl. dieses Buches, S. 1233 ff.

chung der physikalischen Konstanten von Ring- und Isoparaffinen gegenüber n-Paraffinen benutzt. Aus den abgeleiteten Kennwerten läßt sich aus einer Probe (von weniger als 1 g) die Qualität von Ceresinen, Mikrowachsen, Paraffinen und Gemischen an Hand einer Bewertungsskala feststellen.

Über Identifizierung der Komponenten mittels Hochtemperatur-Gaschromatographie und Massenspektrometrie[1] berichten E. J. LEVY, R. R. DOYLE u. a. Siehe auch „Paraffin", Teil I, S. 469.

Charakteristisch für reines Ceresin, auch solches aus Erdöl, ist neben seiner amorphen Struktur seine dem Bienenwachs ähnliche Eigenschaft, sich in Wärme kneten und kleben zu lassen, ohne klebrig zu sein. Dieser wachsähnliche „Griff", durch den sich Ceresin deutlich von Paraffin, Stearin, Montanwachs oder Carnaubawachs unterscheidet, wird im Handel als sog. Knetprobe vielfach als einfachstes Erkennungsmerkmal für Ceresin benutzt.

5. Prüfung

a) Erstarrungspunkt und Schmelzpunkt[2]

Zur Kennzeichnung der Qualität von Ozokeriten, Ceresinen, Mikrowachsen und Petrolaten ist die Bestimmung des Erstarrungspunktes am rotierenden Thermometer, s. Teil I, S. 476, üblich, da die Bestimmung des Fließ- und Tropfpunktes nach UBBELOHDE abweichende Werte gibt.

b) Refraktion[3]

Der Brechungsexponent wird bei Ceresinen und Mikrowachsen an ölfreien Proben bei 100° im geheizten Abbeschen Refraktometer bestimmt. Um auffallende Unterschiede zwischen reinen Ceresinen und Mikrowachsen sowie Paraffinen und Mischungen mit diesen zu erhalten, kann man die erhaltenen n_D^{100} Werte durch Addieren von 0,004 Einheiten des wahren Brechungsexponenten umrechnen auf n_D^{90} Werte und für diese die entsprechenden Skalenteile des Zeiss'schen Butterrefraktometers der Umrechnungstabelle von Zeiss entnehmen.

c) Sonstige physikalische Prüfungen

Spezifisches Gewicht, Flammpunkt und Viskosität werden nach den üblichen allgemeinen Methoden bestimmt[4]. Die Härte wird bei Hartpetrolaten, Ceresinen und Mikrowachsen mit der Nadelpenetration[5] bei weichen Petrolaten durch Konuspenetration ermittelt. Die Knetprobe und der trockene, nicht klebende und ölfreie Griff wird als Qualitätsmerkmal von Ceresin benutzt. Weitere Prüfungen s. a. unter „Paraffin".

d) Ermittlung der Ausbeute an Ceresin aus dem Rohwachs

Es werden 100 g wasserfreies Rohwachs in einer Porzellanschale geschmolzen, unter ständigem Umrühren mit einem Thermometer bei 120 °C mit 20 g konzentrierter Schwefelsäure (97/98 % H_2SO_4) versetzt und auf 150 °C erhitzt, wobei eine von lebhaftem Aufschäumen begleitete Reaktion eintritt.

Die Temperatur wird auf 150 °C gehalten, bis das Aufschäumen etwas nachläßt und ein auf Filtrierpapier oder eine Glasplatte gebrachter und erstarter Tropfen der Masse eine deutliche Trennung in helles Wachs und schwarze Punkte von Säureasphalt zeigt. Falls diese Trennung nicht eintritt, muß ein weiteres, eben zur Scheidung ausreichendes Quantum Schwefelsäure (insgesamt etwa 25 bis 50%) zugegeben werden. Dann wird die Temperatur unter weiterem Umrühren allmählich auf 180 bis 210 °C gesteigert, bis alle Schwefelsäure zu Schwefeldioxid reduziert und dieses abgetrieben ist. Es darf kein Geruch nach Schwefeldioxid, sondern nur noch ein wachsartiger, süßlicher Geruch wahrzunehmen sein, was nach etwa 20 Min. der Fall ist. Dann läßt man die Temperatur auf 150 °C zurückgehen, fügt 10 g getrocknete Bleicherde hinzu, hält unter gutem Rühren noch 10 Minuten bei 150 °C und läßt

---

[1] Referat Erdöl u. Kohle, 15 (1962), 468. Neueste Untersuchungen: Erdöl und Kohle 21 (1968) 213 ff.
[2] Bestimmung s. Teil I, S. 476.　　　　[3] Bestimmung s. S. 103.
[4] Bestimmung s. Abschn. „Paraffin", Teil I, S. 469.　　　　[5] Bestimmung s. Teil I, S. 476.

dann erkalten. Aus der erkalteten Masse wird das Ceresin durch erschöpfende Extraktion mit Benzin gewonnen. Die Ausbeute an Ceresin ist abhängig von dem Gehalt an zerstörbaren Harzstoffen und Ölen, sowie von der Widerstandsfähigkeit des Ceresins selbst gegen Schwefelsäure.

e) Blutungszahl[1]

Das zu untersuchende Muster wird geschmolzen, in ein Glasröhrchen aufgesogen, und 5 Tropfen (Durchmesser 6 bis 8 mm) auf ein Rundfilter (Whatman Nr. 1 oder Schleicher und Schüll 595) getropft. Nach dem Erstarren der Tropfen wird das Filter 24 Std. in einem Trockenschrank auf 55 °C erwärmt. Der Durchschnittswert in Millimetern, den man durch Subtraktion des Durchmessers des Wachstropfens von dem Durchmesser des umgebenden Qlrings erhält, ist die Blutungszahl. Je geringer die Neigung eines Wachses zum Bluten ist, desto geringer ist die Blutungszahl. Nadelpenetration, Blutungszahl und Adhäsion hängen nicht zusammen. Erwünscht ist niedrige Blutungszahl bei hoher Adhäsion. Von Wert ist die Blutungszahl für Überzugs- (Kaschier)-Wachse, bei denen ein Durchschlagen des Wachses unerwünscht ist.

f) Ölgehalt

Der Ölgehalt wird wie beim Paraffin bestimmt[2].

Um Ceresine oder Mikrowachse für bestimmte Untersuchungszwecke schnell ölfrei zu erhalten, löst man die Probe in der 15fachen Menge Benzin oder Butanon, friert die festen Kohlenwasserstoffe stufenweise bei 0 °C, −20 °C und gegebenenfalls bei −32 °C unter gutem Rühren aus und filtriert sie nach jeweils einstündigem Stehen auf einer entsprechend tief gekühlten Nutsche ab. Um die Filtration zu beschleunigen, filtriert man zweckmäßig über eine Schicht getrockneter Kieselgur oder Bleicherde (Anschlämmfilter). Das am Schluß aus der Filtratlösung nach Verdampfen des Lösungsmittels zurückbleibende Öl muß klar und wachsfrei sein. Die jeweils abfiltrierten festen ölfreien Kohlenwasserstoffe werden gelöst und wieder vereinigt.

g) Gehalt an n-Paraffinen

Ceresine und Mikrowachse sind keine definierten Handelsprodukte, beide Begriffe überschneiden sich. Handelsceresine waren schon immer Ceresin-Paraffin-Gemische mit mehr oder weniger hohem Gehalt an n-Paraffinen[3] (s. Teil I, S. 469). Der Wert eines Ceresins vermindert sich mit dem Gehalt an n-Paraffinen, die Kenntnis der darin enthaltenen Menge ist daher von Interesse.

α) **Vorprüfung.** Rohe Erdwachse, Hartpetrolate oder Mikrowachse müssen vorher durch Raffination in Ceresine übergeführt werden. Nach Tab. 3 u. 4, S. 589, können eine Dichte bei 20 ° < 0,909, eine Viskosität bei 100 ° < 6,7 cSt und eine Refraktion[4] n_D^{100} unter 1,4241 (bzw. 7,6 Skalenteile n_D^{90}) Paraffingehalte anzeigen. Griff, Klang und Struktur (wachsartig bzw. grobkristallin) geben dem Kenner Hinweise auf etwaige größere Paraffingehalte. Höhere Zusätze (bei niedrig schmelzenden Paraffinen mitunter schon 10 bis 20%) lassen sich durch folgende Proben erkennen:

Knetprobe. Knetet man eine kleine Probe reines Ceresin zwischen Daumen und Zeigefinger zu einem dünnen Blättchen, so wird dieses durch den Druck und die Wärme der Finger etwas klebrig und nur milchig durchsichtig. Derart erweichtes paraffinfreies Ceresin soll beim Auseinanderziehen kurz abreißen; stark paraffinhaltige Proben hingegen ergeben klar durchsichtige Blättchen. Proben, die sich fadenförmig ausziehen lassen, gelten bei Fachleuten als mit Paraffin verschnitten.

Alkohol-Chloroform-Fällung. Löst man 1 g Ceresin in 50 cm³ Chloroform am Rückflußkühler und fügt zu der auf 20 °C abgekühlten Lösung unter Umrühren 18 ml absoluten Alkohol hinzu, so scheidet sich die Hauptmenge des Ceresins flockig (anscheinend amorph) aus und kann als solches nach Abnutschen identifiziert werden. Zum Filtrat gibt man bei 20 °C unter Umrühren 40 cm³ absoluten Alkohol und saugt den entstandenen Niederschlag schnell ab; grobkristallines Aussehen verrät Gegenwart von Paraffin.

---

[1] BENNET, S. 98ff. (s. Fußnote 3, S. 584).   [2] Bestimmung s. Teil I, S. 480.
[3] Nach H. BENNETT (s. Fußnote 3, S. 584) enthält „commercial ceresin" 50 bis 80% Paraffin.
[4] Gilt nur für ölfreie Proben.

Auskochen mit Alkohol. In einfacher Weise kann man Paraffin durch fraktionierte Extraktion von etwa 20 g Substanz mittels 96%igen heißen Alkohols in einem Extraktionsapparat (z. B. Perforator nach SCHACHERL) feststellen. Das nach der Extraktion im heißen Alkohol ungelöst Zurückbleibende ist Ceresin. Die nach Wechseln der Vorlagen aus den einzelnen Fraktionen nach Abkühlen auf 20 °C ausgeschiedenen und abfiltrierten Produkte sind Paraffine; die aus den Filtraten nach dem Eindampfen erhaltenen sind ölige Bestandteile und Weichparaffine. Die jeweils ermittelten Ausbeuten, Erstarrungspunkte und Brechungsexponenten ergeben schon recht gute Aufschlüsse.

β) Quantitative Bestimmung der n-Paraffine mit Antimonpentachlorid. Nach dieser Methode werden Isoparaffine, Olefine, Aromaten und substituierte Cycloparaffine unter Bildung teer- oder koksartiger Produkte entfernt, während n-Paraffine nicht reagieren und bestimmt werden können. Beschreibung der Methode unter „Paraffin", s. Teil I, S. 469.

γ) Zerlegung nach der Harnstoffmethode. Nach dieser Methode ist eine Trennung in n-Paraffine und Isoparaffine möglich, sofern die Erstarrungspunkte der Proben nicht über 62 °C liegen. Beide Teile sollten auf ihre Daten geprüft werden. Da bei der Adduktbildung sehr langkettige Isoparaffine mit schwacher Verzweigung mit eingeschlossen werden können, sollte das abgeschiedene n-Paraffin anschließend zur Kontrolle nach der Antimonpentachlorid-Methode geprüft werden. Beschreibung der Methode unter „Paraffin", s. Teil I, S. 469.

δ) Beurteilung nach Gross und Grodde[1]. Eine schnelle Beurteilung über den Ceresincharakter einer Probe läßt sich aus den Abweichungen der Werte des Erstarrungspunktes, der Dichte, der Refraktion und der Viskosität äquimolekularer Iso- und Ringparaffine von denen der n-Paraffine über bestimmte Kennwerte erreichen. GRODDE unterscheidet nach dem Summenwert u. a. nach Vollceresin, Halbceresin und Paraffin.

h) Reinheitsprüfung für mikrokristalline Wachse im Rahmen des Lebensmittelgesetzes, der Kaugummi- und der Käseverordnung

Siehe unter „Paraffin", Teil I, S. 469.

i) Prüfungen auf Zusätze usw.

Prüfungen auf Asche, Schwefel, verseifbare Fette, Wachse, Harze, Seife und Farbstoffe erfolgen nach den dafür üblichen Methoden.

k) Zollamtliche Unterscheidung von Paraffinen und Petrolaten bzw. Mikrowachsen

Liegt die kinematische Viskosität bei 100 °C unter 9 cSt, handelt es sich um Paraffine und sogen. Intermediates, deren Ölgehalt nach ASTM D-721—56T für rohe Produkte ohne Rücksicht auf die Farbe mindestens 3,5% betragen muß. Liegt die Viskosität über 9 cSt, so handelt es sich um Petrolate oder Mikrowachse; dann muß für rohe Produkte ohne Rücksicht auf den Ölgehalt die Farbe nach ASTM D-1500—64 mindestens 3,0 betragen.

B. Montanwachs

I. Vorkommen

Das aus Braunkohle durch Extraktion mit Lösungsmitteln gewonnene wachsreiche Bitumen bezeichnet man als Rohmontanwachs. Es enthält Wachs und Harzbitumen in wechselnder Menge; das mehr harzreiche Bitumen wird als Erdharz bezeichnet. Ein Extraktbitumen mit 60 bis 90% Wachs bezeichnet man als Rohmontanwachs, ein solches mit 60 bis 90% Harz als Erdharz[2]. Braunkohle enthält etwa 3 bis 20% extrahierbares Bitumen, vor der Extraktion wird sie auf einen Wassergehalt von ungefähr 10 bis 15% vorgetrocknet. Am ergiebigsten

---

[1] Öl u. Kohle 38 (1942) 419; GRODDE, K. H., Erdöl u. Kohle 3 (1950) 61. Siehe auch 1. Aufl. dieses Buches (1952), S. 1233—1236.

[2] FISCHER, E. J., u. W. PRESTING; Laboratoriumsbuch für die Untersuchung technischer Wachs-, Harz- und Ölgemenge, Halle 1958.

sind die mitteldeutschen Vorkommen in der Gegend von Halle, weniger ergiebig sind westdeutsche Vorkommen. Rohmontanwachs wird außerdem in der Tschechoslowakei, den USA und in der UdSSR gewonnen. Montanwachs gehört zu den fossilen pflanzlichen Wachsen, es entstand mit der Bildung der Braunkohle aus pflanzlichem Material (Koniferen) in prähistorischer Zeit. Dem Montanwachs verwandt ist das aus Torf gewonnene Torfwachs.

II. Gewinnung

Ausbeute und Qualität der gewonnenen Rohmontanwachse werden durch Temperatur der Extraktion, Wassergehalt der vorgetrockneten Braunkohle und Art des Lösungsmittels beeinflußt. Druckextraktion führt zwar zu höheren Ausbeuten, aber auch zu wachsärmeren, dunkleren und stärker harzhaltigen Extrakten. Bei der späteren Verarbeitung des Rohmontanwachses (von einigen Fällen abgesehen) und bei der Raffination auf helle Farbe muß das Harz entfernt werden. Die Extraktion der Braunkohle erfolgt z. B. bei Temperaturen um 90 °C bzw. um 100 °C bei geringem Überdruck mit Gemischen aromatischer und aliphatischer Lösungsmittel (z. B. 85% Benzol + 15% Alkohol) unter weitgehender Schonung des Wachsanteils vor Zersetzungen. Die Ausbeute schwankt je nach Qualität der eingesetzten Braunkohle; sie liegt bei mitteldeutschen und USA-Braunkohlen etwa bei 12%, bei tschechischen bei etwa 5 bis 8%.

III. Eigenschaften

Rohmontanwachs aus mitteldeutscher Braunkohle (Handelsware) ist dunkelbraun bis schwarz, sehr hart, glänzend, von muscheligem Bruch und hat einen typischen Geruch, der beim Erwärmen oder Schmelzen noch deutlicher hervortritt und sich auch nach der Raffination nicht ganz verliert. USA-Handelsware ist ähnlich. In dünner Schicht ist Rohmontanwachs dunkelbraun, in dicker schwarz. Kenndaten sind: Spezifisches Gewicht 1,02 bis 1,03 (20 °C), Erstarrungspunkt 75 bis 84 °C, Schmelzpunkt 81 bis 90 °C, Flammpunkt etwa 300 °C, Säurezahl 25 bis 36, Verseifungszahl 68 bis 95, Esterzahl 30 bis 56, Unverseifbares 25 bis 36%, Asche etwa 0,2 bis 0,6%, Benzolunlösliches etwa 0,1 bis 0,2%, Harzgehalt 14 bis 16%.

Die Unterschiede in den Kenndaten sind erheblich, sie sind bedingt durch unterschiedliche Zusammensetzung der Braunkohle sowie unterschiedliche Extraktionsbedingungen; hinzu kommen Abweichungen zwischen den einzelnen Prüfstellen.

Durch Extraktion mit heißem Methylalkohol können die im Rohmontanwachs enthaltenen Harze entfernt werden (etwa 10 bis 16%). Mit Methanol entharztes mitteldeutsches Rohmontanwachs hatte nach PRESTING[1] folgende Kenndaten: Spezifisches Gewicht 0,994 (20 °C), Tropfpunkt 85 °C, Säurezahl 27,7, Esterzahl 72,2, Verseifungszahl 99,9, Hydroxylzahl 35,1, Schwefel 1,11, Asche 0,4%.

Rohmontanwachs ist vollständig löslich in heißem Benzol, Toluol, Tetrachlorkohlenstoff, Methyläthylketon und Dioxan; teilweise löslich in heißem Alkohol, Estern und aliphatischen Kohlenwasserstoffen.

Torfwachse haben ähnliche Eigenschaften wie Rohmontanwachs. Sie sind ebenfalls dunkel, hart und brüchig, der Schmelzpunkt liegt zwischen 62 bis 73 °C, Säurezahl 44 bis 59, Verseifungszahl 106 bis 122, Esterzahl 52 bis 68, spezifisches Gewicht 1,03 (20 °C).

---

[1] PRESTING, S. 96 (s. Fußnoten, S. 593).

IV. Chemische Zusammensetzung

1. Rohmontanwachs

Rohmontanwachs besteht aus Wachsbitumen, Harzbitumen und Dunkelstoffen (hauptsächlich Harz- und Oxyharzsäuren). Im Wachsanteil finden sich hochmolekulare Säuren (z. T. mit Alkoholen verestert, höhere Ketone und freie Wachsalkohole in kleineren Anteilen sowie Paraffinkohlenwasserstoffe in untergeordneter Menge (unter 1%).

In einem mitteldeutschen Rohmontanwachs mit etwa 14% Extraktharzgehalt haben PRESTING und STEINBACH[1] gefunden: Montanharz 12,45%, Dunkelstoffe 12,3%, Wachsanteile 75,25%.

Den Dunkelstoff konnten sie nach wiederholter Druckverseifung wieder in Wachs- und Harzanteile aufteilen, so daß sich schließlich etwa 76% Wachs- und 24% Harzanteile ergaben. Im Wachsanteil stellten sie außer Ketonen (2,3%), Paraffinen (0,5%) u. a. 46,4% Wachssäuren und 20,9% Wachsalkohole fest. In den Wachsalkoholen und Wachssäuren sind nach Arbeiten früherer Forscher festgestellt worden:

$C_{24}H_{50}O$ Tetracosanol, Lignocerylalkohol,
$C_{26}H_{54}O$ Hexacosanol, Cerylalkohol,
$C_{30}H_{62}O$ Triacontanol, Myricylalkohol,
$C_{22}H_{44}O_2$ Docosansäure, Behensäure,
$C_{26}H_{52}O_2$ Hexacosansäure, Cerotinsäure,
$C_{32}H_{64}O_2$ Dotriacontansäure, Laccersäure,
$C_{27}H_{54}O_2$ Heptacosansäure,
$C_{28}H_{56}O_2$ Octacosansäure, Montansäure.

Montansäure, der Hauptbestandteil der Wachssäuren, von D. HOLDE und W. BLEIBERG[2] als C_{28} angegeben im Gegensatz zu H. TROPSCH und A. STADLER[3], ist nach neueren Arbeiten (Infrarotspektroskopie) von W. FUCHS[4] eine geradzahlige, geradkettige Säure $C_{28}H_{56}O_2$. In den Wachssäuren wurde ferner noch Behensäure $C_{22}H_{44}O_2$, Hexacosan- oder Cerotinsäure $C_{26}H_{52}O_2$ und Dotriacontansäure $C_{32}H_{64}O_2$ gefunden.

2. Montanharz

Die verschiedenen Sorten Montanwachs unterscheiden sich durch ihren Gehalt an Harzen, die durch Extrahieren des gepulverten Wachses mit verschiedenen Lösungsmitteln abgeschieden werden. Harzarm sind durchweg Wachse aus mitteldeutscher Braunkohle mit etwa 15% Harz, harzreiche Wachse aus Braunkohle der ČSSR, mit etwa 32% Harz. Entharztes Rohmontanwachs ist wertvoller als harzhaltiges, da es weniger spröde ist und ausgeprägteren Wachscharakter zeigt.

Das Harz ist in vielen Lösungsmitteln schon in der Kälte löslich, als solche sind geeignet Methyl-, Äthyl- und Propylalkohol, Äther, aliphatische, aromatische, sowie chlorierte Kohlenwasserstoffe, die allerdings weniger selektiv wirken. Die bei der Extraktion mitgelösten Wachsanteile fallen nach dem Erkalten aus und werden vor Verdampfen der Lösung abfiltriert. Technisch wird dem Rohmontanwachs das Harz durch heiße Lösungsmittel, wie z. B. Benzol, Toluol o. a. Lösungsmittel entzogen.

Mit Äther ausgezogenes, durch Fällen mit Alkohol bei — 20 °C von Wachsstoffen befreites Harz war sehr spröde. Farbe rötlichgelb bis rot. Tropfpunkt 67°, Säurezahl 16, Verseifungszahl 68, die zu etwa 50% vorhandenen Harzsäuren hatten Säurezahl 91, Verseifungszahl 135, Liebermann-Reaktion positiv. Bei hohem Harzgehalt findet man auch halbfeste und klebrige Harze mit niedrigerem Tropfpunkt.

---

[1] PRESTING, W., u. K. STEINBACH, S. 96 (s. Fußnote 2, S. 593).
[2] Brennst.-Chemie 15 (1934) 311.   [3] Brennst.-Chemie 15 (1934) 211.
[4] Fette und Seifen 57 (1955) 887.

Aus dem unverseifbaren Teil des Harzes eines mitteldeutschen Montanwachses isolierten S. Ruhemann und H. Raud[1] aus Petrolätherfraktionen Triterpenalkohole (Betulin, Allobetulin und Oxyallobetulin). V. Jarolim und M. Streibl[2] isolierten aus dem Harzanteil des Montanwachses auf chromatographischem Wege aliphatische Alkohole und Ketone, polycyclische Kohlenwasserstoffe und Alkohole, einen polycyclischen Ester, sauerstoffhaltige polycyclische Verbindungen, sowie 2 Lactone und 8 bekannte Triterpene.

V. Veredlung von Montanwachs

1. Bleichen, Destillation, Raffination

Rohmontanwachs ist wegen seiner dunklen Farbe und seines Gehaltes an Montanharz nur beschränkt einsatzfähig, es gibt auch in Pasten mit Terpentinöl und Testbenzin keine besonders gute Bindung im Gegensatz zu seinen Raffinaten, die außerdem einen besseren Hochglanz geben. Bei der Raffination werden die störenden, dunklen und harzartigen Stoffe entfernt; vorher wird zweckmäßig der Hauptanteil des Harzes durch Lösungsmittel extrahiert. Die Raffination kann erfolgen durch Bleichen mit Bleicherde und Aktivkohle, durch Behandeln mit konzentrierter Schwefelsäure, Salpetersäure oder Gemischen von beiden, mit Alkalien, durch Destillieren, Hydrieren und chemisches Bleichen durch Oxydation mit Chromsäure.

Die heute im Handel befindlichen raffinierten Wachse sind nach unterschiedlichen Methoden veredelt worden. Die ursprünglich zur Reinigung des Montanwachses angewandte Destillation mit Wasserdampf im Vakuum wird auch heute noch in beschränktem Umfang besonders in Mitteldeutschland angewandt. Die Destillation geht unter weitgehender Zersetzung der ursprünglichen Substanz vor sich (Abspaltung von CO_2, CO und Schwefelverbindungen), im Destillat finden sich Paraffine, Olefine, Wachsalkohole, Wachssäuren, Wachsester sowie ein Ketongemisch, als Montanon bezeichnet (Schmp. 95 bis 97 °C), das eine sehr gute Ölbindung besitzt. Als Destillationsrückstand (etwa 40%) verbleiben Pechstoffe (sog. Montanpech), das noch unzersetztes Wachs, freie Säuren, Ketone

Tabelle 5. *Produkte der mitteldeutschen VEB Montanwachsfabriken.*

	Erstarrungs-punkt °C	Säurezahl	Esterzahl	Verseifungszahl	Benzol-unlösliches %	Asche %
Rohmontanwachs Riebeck	78—85	25—31	30—38	etwa 70—80	bis 0,5	bis 0,6
Doppelt gebleichtes Montanwachs „St"	72—74	55—70	0—7	55—77	Spuren	Spuren
Doppelt gebleichtes Montanwachs „A"	79—81	45—60	0—7	45—65	Spuren bis 1	Spuren bis 0,7

und Asphaltstoffe enthält; es dient zur Herstellung von Kabel- und Vergußmassen. Aus dem Destillat werden nach Abtrennung der öligen Anteile und Bleichung in der VEB Montanwachsfabrik Völpke die „doppelt gebleichten" Montanwachse „St" und „A", sowie das weichere gebleichte Montanwachs „Nova" gewonnen, s. Tab. 5. Das Verfahren ist vom wirtschaftlichen Standpunkt gesehen nicht ideal, da im Endeffekt höchstens 30% hellere Produkte und etwa 40% Montanpech erhalten werden.

---

[1] Brennst.-Chemie 13 (1932) 341.

[2] Collect. czechoslov. chem. Commun. 26 (1961) 451 nach Referat Erdöl u. Kohle 14 (1961) 955.

2. Oxydation

Die Raffination mit Säuren und anschließende Bleichung mit Bleicherde und Kohle wird von den Ceresinfabriken durchgeführt. Sie ergibt chemisch weniger veränderte Wachsanteile, wird aber zum Schutz des Wachses meist im Gemisch mit mehr oder weniger Paraffin durchgeführt, wobei die Ölbindung des Wachsraffinates leidet.

Der beste Weg zur Veredlung ist das von den früheren IG Farben durchgeführte Verfahren der Oxydation mit Chromsäure, das heute von der BASF und den Farbwerken Hoechst AG, Werk Gersthofen, durchgeführt wird. Hierbei wird der Hauptteil in hellfarbigen Wachssäuren übergeführt, die entweder direkt verwendet werden (Wachse S und L) oder zum größten Teil mit geeigneten Alkoholen, insbesondere Glykolen, in Esterwachse übergeführt werden. (Wachse E, F, KSL, X 22, X 77, KP, KPS). Weiterhin werden metallseifenhaltige Wachse (OP, O, O Spezial) und emulgatorhaltige Wachse (KPE, N und N neu) hergestellt, s. Tab. 6.

Tabelle 6. *Analysendaten der Höchst-Wachse.*

		Erstarrungs-punkt °C	Säurezahl	Verseifungs-zahl	Dichte bei 20 °C	Farbe
Säurewachse	S	73—77	135—155	155—175	1,00—1,02	hellgelblich
	L	75—80	120—140	140—160	1,00—1,02	gelblich
Esterwachse	E	70—74	15—20	140—160	1,01—1,03	hellgelblich
	X 22	70—75	25—35	130—150	1,01—1,03	gelblich
	F	68—72	6—10	95—105	0,97—0,99	hellgelblich
	X 77	68—73	8—12	85—105	0,97—0,99	gelblich
	KP	70—75	20—30	130—150	1,01—1,03	braun
	KPS	69—73	25—35	135—150	1,00—1,02	gelblich
	KSL	71—76	25—35	135—155	1,00—1,02	gelblich
Emulgator-haltige Esterwachse	KPE	69—73	20—30	115—130	1,00—1,02	gelblich
	N neu	65—70	45—55	120—135	0,97—0,99	hellgelblich
Teilverseifte Esterwachse	OP	74—79	10—15	100—115	1,01—1,03	beige
	Spezial	67—72	13—18	85—105	1,00—1,02	braun-schwarz
	O	77—82	10—15	100—115	1,01—1,03	beige

VI. Verwendung

Rohes und gereinigtes Montanwachs sowie daraus aufgebaute neue Wachsprodukte sind wichtige Rohstoffe für die Wachsindustrie und andere Industrien. Sie finden hauptsächlich Verwendung in der Putzmittelindustrie (Schuhcreme, Bohnermassen) und werden benutzt zur Herstellung von Spezialwachsen, Kabelmasse, Schallplatten, Schmierfetten, Wachsemulsionen und in der Kohlepapierindustrie. Die Anwendung geschieht im Originalzustand und als verseifte Produkte.

VII. Prüfung

Rohmontanwachs soll den typischen Geruch nach Braunkohlebitumen haben, der Bruch ist muschelig, es ist hart und spröde und soll wenig benzolunlösliche Stoffe (Kohlenstaub) enthalten.

1. Flammpunkt, Tropfpunkt, Erstarrungspunkt

Der Flammpunkt wird im offenen Tiegel nach MARCUSSON (DIN 51 584, s. Teil I, S. 78) bestimmt; er liegt zwischen 275 °C und 300 °C. Fließ- und Tropfpunkt werden nach UBBELOHDE (DIN 51 801, s. Teil I, S. 68), der Erstarrungspunkt am rotierenden Thermometer nach DIN 51 556 (s. Teil I, S. 67) ermittelt.

Der Schmelzpunkt kann im 2seitig offenen Kapillarohr als Steigschmelzpunkt und der Erweichungspunkt nach KRAEMER und SARNOW (s. Teil I, S. 536) bestimmt werden.

2. Benzolunlösliche Anteile

Die Bestimmung erfolgt im Graefeschen Extraktionsapparat mit heißem Reinbenzol. 10 g fein pulverisiertes Wachs werden in einer vorher getrockneten und gewogenen Papierpatrone extrahiert. Die Patrone wird nach der Extraktion bei 105 °C wieder getrocknet und gewogen. Der Gehalt an Unlöslichem soll nicht mehr als 0,5 % betragen.

3. Aschegehalt

Der Aschegehalt wird durch vorsichtiges Verbrennen und Verglühen von 1 g Substanz im Porzellantiegel bestimmt. Rohmontanwachs soll nicht mehr als 0,6 % Asche haben. Soll die Asche auf Alkalien, Erdalkalien und Schwermetalle geprüft werden, (verseifte Wachse) werden 3 g eingewogen, das Wachs in heißem Tetrachlorkohlenstoff am Rückfluß gelöst, die Lösung filtriert und das filtrierte Wachs nach dem Verdampfen des Lösungsmittels (Benzol) verascht und die Asche untersucht.

4. Härte

Die Härte wird durch Nadelpenetration gemäß DIN 51 579, (s. Teil I, S. 480) bestimmt. Die Werte für Rohmontanwachs liegen um 1 Zehntelmillimeter. Für feinere Unterschiede sei auf die Bestimmung der Härte nach der Kugeldruckmethode von G. v. ROSENBERG[1] [DGF-Einheitsmethode M-III 9 a (57)] verwiesen.

5. Säurezahl und Verseifungszahl

Der Farbumschlag in der titrierten Wachslösung ist bei dunklen Wachsen schwierig zu beobachten; es gelingt erst nach einiger Übung, worauf auch abweichende Resultate, insbesondere zwischen verschiedenen Prüfstellen zurückzuführen sind. Über Vergleichsversuche berichten G. SPENGLER und E. WÖLLNER[2].

Da in den meisten Fällen SZ und Vz gleichzeitig bestimmt werden, arbeitet man wie folgt: Säurezahl: 1 g Wachs wird im Erlenmeyer (Baader-Kolben nach DIN 51 558, s.Teil I, S. 403) in 60 ml Xylol und 60 ml Äthanol unter Zugabe von 2,2 ml Phenolphthaleinlösung (1 %ig in Äthanol) auf der Heizplatte unter kurzem Aufkochen gelöst. Man titriert möglichst heiß mit 0,5n alkoholischer KOH, bis die erste Rosafärbung 10 Sek. bestehen bleibt, und liest den Verbrauch ab. Zur Bestimmung der Verseifungszahl: läßt man weitere 0,5n KOH in den Kolben zufließen, bis insgesamt 20 ml (einschließlich der für die SZ verbrauchten) vorgelegt sind. Dann wird 3 Std. unter Rückfluß auf der Heizplatte gekocht. Nach erneuter Zugabe von 2,2 ml Phenolphthaleinlösung titriert man heiß mit 0,5n HCl, bis die Rotfärbung eben verschwindet. Die Lösung wird nochmals aufgekocht. Wird sie danach wieder rosa, wird nachtitriert. Eine Blindprobe wird entsprechend behandelt.

Berechnung:

$$SZ = \frac{(a - b) \cdot 28,05 \cdot f}{E};$$

a Verbrauch an 0,5n KOH für die Probe,
b Verbrauch an 0,5n KOH für die Blindprobe,
f Faktor der 0,5n KOH;

Prüffehler ± 1,0 (Einzelversuch)

$$Vz = \frac{(b' - a') \cdot 28,05 \cdot f'}{E};$$

a' Verbrauch an 0,5n HCl für die Probe,
b' Verbrauch an 0,5n HCl für die Blindprobe,
f' Faktor der 0,5 HCl.

---

[1] Fette, Seifen, Anstrichmittel 56 (1954) 214.
[2] Fette, Seifen, Anstrichmittel 54 (1952) 744.

6. Acetonlösliches im Rohmontanwachs (Montanharz)

Die Bestimmung erfolgt nach DGF-Einheitsmethode M-VI 1 (63).[1] Das Acetonlösliche entspricht etwa mengenmäßig dem durch Extraktion erhältlichen Montanharz, jedoch wird auf eine Entfernung der mitgelösten Wachsanteile verzichtet. Für mitteldeutsches Rohmontanwachs liegt das Acetonlösliche unter 18%.

Verfahren:

Das zu untersuchende Rohmontanwachs wird fein gemahlen (nicht geschabt) und durch ein Prüfsieb (DIN 4188) von 0,1 mm Maschenweite (Gewebe 0,1 gemäß DIN 4188) gesiebt. 1 g wird in einem konischen Zentrifugengläschen von etwa 15 ml Inhalt, das mit einem Stopfen verschlossen wird, mit 7 ml Aceton genau 2 Min. lang geschüttelt. Dann zentrifugiert man in einer Handzentrifuge 1 Min. lang mit einer Geschwindigkeit von etwa 1300 U/min. Durch vorsichtiges Schwenken werden die noch im oberen Teil des Gläschens an der Wand klebenden Wachs-Reste hinuntergespült, anschließend erfolgt nochmals ein 2 Min. langes Zentrifugieren mit der oben angegebenen Geschwindigkeit. Ohne zu filtrieren, wird die Flüssigkeit in ein tariertes Porzellanschälchen abgegossen. Nun gibt man nochmals 7 ml Aceton in das Zentrifugengläschen. In gleicher Weise wird wieder 2 Min. lang geschüttelt, 1 Min. zentrifugiert, das oben am Gläschen sitzende Wachs hinuntergespült, 2 Min. zentrifugiert und in das gleiche Schälchen abgegossen. Nach vorsichtigem Abdampfen des Acetons stellt man das Porzellanschälchen für $^1/_2$ Std. in einen Trockenschrank bei 100 bis 110 °C und wägt schließlich nach $^1/_2$std. Abkühlen.

Berechnung:

Das Acetonlösliche ist temperaturabhängig. Deshalb wird die ausgewogene Menge für die Temperatur von 20 °C umgerechnet.

$$\% \text{ Acetonlösliches (20 °C)} = \frac{a \cdot [100,0 + 2,5 \cdot (20,0 - t)]}{E}$$

a ausgewogene Menge Acetonlösliches in g,
E Einwaage in g,

$$t \text{ Arbeitstemperatur} = \frac{t_1 + t_2 + t_3}{3} \text{ °C,}$$

t_1 Temperatur des Lösungsmittels zu Beginn der Bestimmung,
t_2 Raumtemperatur zu Beginn der Bestimmung,
t_3 Raumtemperatur am Ende der Bestimmung.

Prüffehler:[2]

Die Fehlergrenzen bei der Bestimmung des Acetonlöslichen im Rohmontanwachs betragen ±5% der gefundenen Werte.

---

[1] Methode nach W. SCHACK u. D. FÖDISCH: Fette u. Seifen 59 (1957) 33.

[2] Zur Vermeidung einer Erwärmung beim Schütteln empfiehlt es sich, die Zentrifugengläschen am oberen Ende zwischen Zeigefinger und Mittelfinger zu erfassen und mit dem Daumen schwach auf den Stopfen zu drücken. Die zu messenden Temperaturen t_1, t_2 und t_3 sollen sämtlich zwischen 18 und 22 °C liegen und jeweils nicht mehr als 0,5 °C voneinander abweichen.

Neuntes Kapitel

Öle und Fette aus Pflanzen- und Tierkörpern

A. Pflanzliche und tierische Fette

Von J. Baltes, Hamburg

Inhaltsübersicht

I. Allgemeines

Fette, Kohlehydrate und Proteine sind die wichtigsten Bausteine aller Lebewesen, die belebte Natur ist praktisch auch die einzige Quelle dieser für Ernährung und Technik so wichtigen Stoffe. Fette dienen überwiegend der Ernährung, ein geringerer Teil wird technisch verwendet.

Je nach ihrer Herkunft unterscheidet man pflanzliche und tierische Fette. Bei ersteren handelt es sich überwiegend um Samenfette, in geringerem Umfange um Fruchtfleischfette, bei letzteren um Depotfette und Milchfette. Ihre nähere Bezeichnung richtet sich in der Regel nach der Pflanzen- oder Tierart, von der sie stammen. Im engeren Sinne versteht man unter Fetten solche von fester Konsistenz und spricht von Ölen, wenn man flüssige Fette meint. In vielen Fällen verwendet man auch den Ausdruck Butter für feste oder salbenförmige Fette und Fettprodukte; diese Bezeichnungsweise ist ziemlich ungenau und kein geeignetes Unterscheidungsmerkmal, da der Aggregatzustand der Fette von der Temperatur und damit von klimatischen Verhältnissen abhängt und darüber hinaus viele Fette bei gewöhnlicher Temperatur eine halbfeste Konsistenz aufweisen. Der Begriff „Fett" wird im folgenden in der Regel ohne Bezug auf ein Konsistenzmerkmal gebraucht.

Die Hauptbestandteile aller Fette sind Glyceride, d. h. Ester des Glycerins mit Fettsäuren, vorherrschend Triglyceride. Außer diesen sind in Fetten von Natur aus Nebenbestandteile enthalten, die — gewöhnlich unter dem Namen „Begleitstoffe" zusammengefaßt — in der Regel nur einen mengenmäßig ganz untergeordneten Anteil ausmachen. Hierzu zählen u. a. freie Fettsäuren, Phosphatide, unverseifbare Bestandteile wie Kohlenwasserstoffe, Sterole, höhere Alkohole, Lipochrome, Vitamine.

In der Natur finden sich auch zahlreiche Stoffe mit fettähnlichen Eigenschaften, die nicht als Fette zu betrachten sind, mit diesen aber in biologischem Zusammenhang stehen. Die gesamte Gruppe dieser Naturstoffe einschließlich der Fette wird gewöhnlich unter der Bezeichnung „Lipoide" (im angelsächsischen Schrifttum vielfach „Lipids") zusammengefaßt und in folgender Weise unterteilt:

Lipoide und ihre Bausteine

I. Einfache Lipoide

Fette: Fettsäuren, Glycerin;
Wachse: Fettsäuren, Fettalkohole;
Sterolester: Fettsäuren, Sterole;
Triterpenolester: Fettsäuren, Triterpenolalkohole.

II. Zusammengesetzte Lipoide

Phosphor und Stickstoff enthaltende Lipoide:
Glycerinphosphatide: a) Esterphosphatide:
        Lecithine: Fettsäuren, Glycerin, Cholinphosphorsäure;
        Kephaline: Fettsäuren, Glycerin, Colamin- oder Serinphosphorsäure;

    b) Acetalphosphatide (Plasmalogene):
        Fettsäuren, Fettaldehyde, Glycerin, Cholin-, Colamin- oder Serinphosphorsäure.
Sphingomyeline: Fettsäuren, Cholinphosphorsäure, Sphingosin.
Zuckerhaltige Lipoide (Saccharolipoide):
  a) Cerebroglucoside: Fettsäuren, Glucose, Sphingosin;
  b) Cerebrogalactoside: Fettsäuren, Galactose, Sphingosin;
  c) Ganglioside: Fettsäuren, Hexosen, Sphingosin, Neuraminsäure;
  d) Sulfatide: Cerebrosid-schwefelsäureester;
  e) Inositphosphatide: Fettsäuren, Inositphosphorsäure;
  f) Bacterienphosphatide (Saccharophosphatide): Fettsäuren, Glycerin, Phosphorsäure, Polysaccharide.

III. Begleitstoffe

Sterine, Kohlenwasserstoffe, Lipochrome, Vitamine, Pro- und Antioxydantien, höhere Alkohole, Geruchs- und Geschmacksstoffe.

II. Statistik

Die wirtschaftliche Bedeutung der Fette und einige Entwicklungstendenzen zeigen die nachfolgenden Tabellen:

Tabelle 1. *Fettsituation der Welt.*

	1934/38	1950	1962	1963	1964
Welterzeugung (in 1000 t)	21 587	23 203	34 375	34 420	36 295
Weltbevölkerung (in Mio.)	2 130	2 400	3 135	3 163	3 220
Welterzeugung pro Kopf (in kg)	10,1	9,6	10,98	10,9	11,3

Tabelle 2. *Fetterzeugung der Welt (in 1000 t).*

Fettsorte	1935/39	1962	1964
Babassufett	27	80	50
Baumwollsaatöl	1 560	2 295	2 477
Butter	3 611	4 700	4 749
Cocosfett	1 932	2 115	2 227
Erdnußöl	1 506	2 740	2 851
Fisch- und Fischleberöl	454	660	717
Holzöl (chin.)	136	110	79
Leinöl	1 039	1 005	1 070
Mais-/Teesaatöl	—	205	223
Olivenöl	871	1 440	1 951
Palmöl	962	1 050	1 095
Palmkernfett	372	440	464
Ricinusöl	181	235	264
Rüböl	1 207	1 290	1 174
Schmalz	2 495	4 465	4 377
Sesamöl	653	530	569
Sojaöl	1 229	4 250	4 546
Sonnenblumenöl	562	2 045	2 235
Talg	1 442	3 790	4 312
Walöl (einschl. Spermöl)	521	475	379
Andere Öle	68	455	482
	20 828	34 375	36 295

Tabelle 3. *Fettversorgung Europas 1964 (Nahrungsfette; Schätzung in 1000 t Reinfett).*

	Eigenerzeugung	Einfuhrüberschuß
Großbritannien	218	1 587
Irland	76	21
Niederlande	184	389
Frankreich	653	689
Belgien/ Luxemburg	160	220
Schweiz	44	114
Dänemark	248	73
Norwegen	122	44
Finnland	98	18
Schweden	153	99
Bundesrepublik Deutschland	809	1 072
Österreich	83	89
Italien	878	457
Griechenland	269	30
Spanien	879	164
Portugal	159	73
	5 033	5 139

Tabelle 4. *Einfuhr von Ölsaaten und Früchten in die Bundesrepublik Deutschland (in 1000 kg).*

	1950		1964	
	Einfuhr	Ölgehalt	Einfuhr	Ölgehalt
Kopra	70 737	43 857	278 946	172 947
Palmkerne	105 318	47 393	131 126	59 007
Erdnüsse	23 376	7 013	4 055	1 217
Erdnußkerne	16 061	6 746	43 160	18 127
Sojabohnen	65 391	10 463	1 404 613	224 738
Raps	45 047	17 343	32 190	12 393
Baumwollsaat	19 797	3 563	564	102
Sonnenblumenkerne	10 466	2 826	29 181	7 879
Senfsaat	3 286	559	10 525	1 789
Mohnsaat	1 064	426	4 847	1 939
Hanfsaat*	280	64	2 289	526
Leinsaat*	11 498	3 679	3 128	1 001
Ricinussaat*	6 529	3 134	32 917	15 800
Verschiedene	2 447	1 132	251	115
	381 297	148 198	1 977 812	517 580

* Für technische Zwecke.

Tabelle 5. *Einfuhr von Ölen und Fetten in die Bundesrepublik Deutschland (in 1000 kg) Rohfette für Ernährung.*

	1950	1964
Cocosfett	42143	6593
Palmkernfett	18500	15
Erdnußöl	16493	42100
Sojaöl	74622	10951
Rüböl	14980	837
Baumwollsaatöl	13811	73687
Leinöl	7980	20
Maisöl, Bucheckern- und Mohnöl	—	361
Sonnenblumenöl	18486	56923
Sesamöl	150	284
Palmöl	48943[a]	108626
Walöl	27693[b]	39958
Fisch- und Robbentran	52640	68200
Walöl, gehärtet	27827	—
Fischöl, gehärtet	—	—
Rindertalg	1213	245
Olivenöl	3333	2786
Pflanzlicher Talg zum Genuß	186	—
Andere tierische Öle	—	505
Kunstspeisefett	—	11
Gehärtete pflanzliche Öle	791	248
Speiseöle, auch in Kanistern	4458	—
Andere pflanzliche Öle	—	717
Schmalz	92251	10487
Margarine	4194	185
Schweinerohfett	351	21
Schweinefett	25534	—
Schweinespeck, frisch	—	—
Schweinespeck, gefroren, gesalzen oder zubereitet	—	7682
Butter	—	18791
	496579	450333

Tabelle 6. *Einfuhr von Ölen und Fetten in die Bundesrepublik Deutschland (in 1000 kg) Öle und Fette für technische Zwecke.*

	1950	1964
Schmalz	—	1698
Talg	30248	71002
Knochen- und Abfallfett	8337	13577
Walöl und Spermöl	31107	10918
Holzöl	108	3337
Fischöl	4095	6176
Fisch-, Wal- und Robbenspeck	729	358
Rüböl	1332	3863
Leinöl	55489	68154
Movraöl	630	—
Sojaöl	3592	1599
Sesamöl	14	20
Erdnußöl	25	13
Olivenöl	—	153
Lavat und Sulfuröl	1992	72
Baumwollsaatöl	1121	—
Holz- und Oiticicaöl	5103	—
Ricinusöl	883	3924
Sonnenblumenöl	879	53
Palmöl	18818	2343
Palmkernfett	2176	13319
Cocosfett	5163	40970
Ölsäure	389	797
Tallöl	4315	19442
Sonstige tierische und pflanzliche Öle und Fette usw.	19365	4338
	195910	266126

Anmerkungen zu Tab. 5:

[a] Zum Teil für technische Zwecke.
[b] Für die Zeit von Januar bis Oktober, z. T. auch für technische Zwecke.

Nach Schätzungen betrug der Gesamtfettverbrauch des Jahres 1964 in der Bundesrepublik Deutschland einschließlich West-Berlin unter Berücksichtigung der eigenen Erzeugung (Butter, Schlachttierfette, Ölsaaten)

2100000 t.

Er teilt sich auf in

Pflanzliche Öle und Fette:

etwa 950000 t für Ernährungszwecke,
etwa 150000 t für technische Zwecke;

Tierische Fette:

etwa 900000 t für Ernährungszwecke,
etwa 100000 t für technische Zwecke.

Zieht man in Betracht, daß die bei der Verarbeitung von Rohfetten zu Speisefetten anfallenden Nebenprodukte (Fettsäuren u. a.) ebenfalls der technischen Verwendung zugeführt werden, so ergibt sich ein Verbrauch von nahezu 300000 t pflanzlicher und tierischer Fette für technische Zwecke.

III. Aufbau und Eigenschaften der Fettbestandteile

1. Fettsäuren

Obwohl etwa 150 natürliche Fettsäuren bekannt sind und ihre Struktur in der Mehrzahl geklärt ist, sind unsere Kenntnisse der in Lipoiden vorkommenden Säuren immer noch lückenhaft. Mit einiger Einschränkung gilt dies selbst für die Säuren der Fette, insofern als hier immer noch mit der Entdeckung unbekannter, jedoch in äußerst geringen Anteilen auftretender Vertreter zu rechnen ist[1]. Diese Situation betrifft jedoch in erster Linie biologische Aspekte, während der Wissensstand in technischer Hinsicht als abgerundet gelten kann.

Natürliche Fettsäuren sind in der Mehrzahl einbasige, geradzahlige, unverzweigte, aliphatische Carbonsäuren mit 2 bis 26 Kohlenstoffatomen unterschiedlichen Sättigungsgrades. Daneben finden sich alicyclische und substituierte Säuren sowie in mengenmäßig unbedeutendem Umfange ungeradzahlige und verzweigte Säuren.

Danach ergibt sich folgende Einteilung der natürlichen Fettsäuren:

Unverzweigte Fettsäuren (n-Säuren):

- Gesättigte Fettsäuren (Alkansäuren);
- Ungesättigte Fettsäuren:
  - Alkensäuren:
    - Monoenfettsäuren;
    - Polyenfettsäuren:
      - Isolenfettsäuren;
      - Konjuenfettsäuren;
  - Alkinsäuren;

Substituierte Fettsäuren:

- Oxifettsäuren,
- Oxofettsäuren;

Verzweigte Fettsäuren (iso-Säuren);

Alicyclische Fettsäuren.

Soweit bekannt, liegen den Fettsäuren die folgenden homologen Reihen zugrunde:

$$C_nH_{2n}O_2,\ C_nH_{2n-2}O_2,\ C_nH_{2n-4}O_2,\ C_nH_{2n-6}O_2,\ C_nH_{2n-8}O_2,\ C_nH_{2n-10}O_2,\ C_nH_{2n-12}O_2,$$
$$C_nH_{2n}O_3,\ C_nH_{2n-2}O_3,\ C_nH_{2n-4}O_3,\ C_nH_{2n}O_4$$

Die wichtigsten natürlichen Fettsäuren sind samt einigen ihrer Eigenschaften in den folgenden Tabellen gruppenweise aufgeführt. Im Anschluß daran werden weitere physikalische Eigenschaften in Tabellenform angegeben.

Die physikalischen und chemischen Eigenschaften der Fettsäuren stehen in Beziehung zu ihrem Molekulargewicht und damit zu ihrer Kettenlänge und richten sich ferner nach der jeweiligen homologen Reihe, innerhalb der bestimmte Eigenschaften und deren gesetzmäßige Änderung vorgegeben sind. Alle Fettsäuren sind schwache Säuren und bilden Salze (Seifen) unterschiedlicher Löslichkeit. Alkalisalze höhermolekularer Fettsäuren sind grenzflächenaktiv, unterliegen im wäßrigen Medium der Hydrolyse und werden durch Elektrolyte ausgesalzen. Erdalkali- und Schwermetallsalze zeigen mit steigender Kettenlänge einen starken Abfall der Löslichkeit. Neben der Kettenlänge ist der Ungesättigtheitsgrad von großem Einfluß auf die physikalischen und chemischen Eigenschaften. Gesättigte und ungesättigte Fettsäuren unterscheiden sich beträchtlich

[1] Vgl. z. B. die jüngst entdeckten polyverzweigten Fettsäuren in Fischöl; SEN GUPTA, A. K., u. H. PETERS. Fette, Seifen, Anstrichmittel 68 (1966) 349.

im Schmelz- und Siedeverhalten, in ihren optischen Eigenschaften und in der chemischen Reaktionsfähigkeit.

Die ungesättigten Fettsäuren der natürlichen Fette sind überwiegend Alkensäuren und weisen in Abhängigkeit von ihrem Ungesättigtheitsgrade eine steigende Reaktionsfähigkeit auf. Während Monoenfettsäuren zwar die üblichen Reaktionen an der Doppelbindung eingehen, im übrigen aber recht beständig sind, unterliegen Isolenfettsäuren leicht, und in noch höherem Maße Konjuenfettsäuren, thermischen oder oxydativen Umsetzungen und Umwandlungen (Polymerisation, Autoxydation u. ä.).

Tabelle 7. Natürliche gesättigte Fettsäuren.

Systematischer Name	Trivialname	Summenformel	Mol.-Gew.	Säurezahl	Fp. °C	Kp. °C/mm
Butansäure	Buttersäure	$C_4H_8O_2$	88,10	636,8	— 8	163,5/760
Hexansäure	Capronsäure	$C_6H_{12}O_2$	116,16	483,0	— 3,4	205,8/760
Octansäure	Caprylsäure	$C_8H_{16}O_2$	144,21	389,0	16	239,7/760
Decansäure	Caprinsäure	$C_{10}H_{20}O_2$	172,26	325,7	31,3	270,0/760
Dodecansäure	Laurinsäure	$C_{12}H_{24}O_2$	200,31	280,1	43,5	130,5/1
Tetradecansäure	Myristinsäure	$C_{14}H_{28}O_2$	228,36	245,7	54,4	149,2/1
Hexadecansäure	Palmitinsäure	$C_{16}H_{32}O_2$	256,42	218,8	62,9	167,4/1
Octadecansäure	Stearinsäure	$C_{18}H_{36}O_2$	284,47	197,2	69,6	183,6/1
Eicosansäure	Arachinsäure	$C_{20}H_{40}O_2$	312,52	179,5	75,4	205/1
Docosansäure	Behensäure	$C_{22}H_{44}O_2$	340,57	164,7	79,9	306/60
Tetracosansäure	Lignocerinsäure	$C_{24}H_{48}O_2$	368,62	152,2	84,2	
Hexacosansäure	Cerotinsäure	$C_{26}H_{52}O_2$	396,68	141,4	87,7	

a) Gesättigte Fettsäuren

Die niederen Glieder der Reihe der gesättigten Fettsäuren sind bei gewöhnlicher Temperatur flüssig, von der Caprinsäure ab fest. In Abhängigkeit von der Kettenlänge steigt ihr Schmelzpunkt in gesetzmäßiger Weise an und bildet gleichzeitig das empfindlichste Reinheitskriterium. Entsprechend steigen auch ihre Siedepunkte und vermindern sich ihre Dampfdrücke, so daß die niederen Glieder der Reihe bei Normaldruck, die mittleren mit Wasserdampf, die höheren nur unter vermindertem Druck unzersetzt destillierbar sind. Mit höherem Molekulargewicht nimmt die Viskosität zu, während das spezifische Gewicht absinkt. Ihr Lichtbrechungsvermögen erhöht sich ebenfalls mit steigender Kettenlänge, im übrigen sind sie optisch inaktiv.

Gesättigte Fettsäuren gehen die üblichen Reaktionen der Carboxylgruppe ein, sind aber, was ihren Alkylrest anbetrifft, sehr reaktionsträge. Die der Carboxylgruppe benachbarte Methylengruppe ist aktiviert und am ehesten einem chemischen Angriff zugänglich.

In der Natur am weitesten verbreitet sind Palmitinsäure und Stearinsäure, die sich in fast allen Fetten in wechselnden Mengen finden. Besonders reich an ersterer ist das Palmöl, während letztere in Depotfetten von Haustieren (Schlachtfetten) und in der Kakaobutter in beträchtlichen Anteilen angetroffen wird. Laurinsäure und Myristinsäure sind weit verbreitet in Palmkernfetten, wie Kokosöl und Palmkernöl, aus denen sie technisch hergestellt werden. Diese und die niederen Glieder der Reihe finden sich besonders in Milchfetten, während das Vorkommen der höchsten Glieder auf spezielle Fette beschränkt ist. Cerotinsäure ist in Fetten nur in Spuren enthalten, aber am Aufbau von Wachsen wesentlich beteiligt.

b) Ungesättigte Fettsäuren

Ölsäure und Palmitoleinsäure sind die wichtigsten Monoenfettsäuren. Erstere wird in wechselnden Mengen in fast allen natürlichen Fetten angetroffen, letztere ist eine typische Säure der Seetieröle. In den Samenfetten der Cruciferen (z. B. Rüböl) ist die Erucasäure ein charakteristischer Baustein. Die übrigen Glieder

Tabelle 8. *Natürliche Monoenfettsäuren.*

Systematischer Name	Trivialname	Summenformel	Mol.-Gew.	Säurezahl	Jodzahl	Fp. °C	Kp. °C /Torr
4-Decensäure	Obtusilsäure	$C_{10}H_{18}O_2$	170,24	329,55	149,2	—	148—150/13
9-Decensäure	Caproleinsäure	$C_{10}H_{18}O_2$	170,24	329,55	149,2	—	143—148/15
3-Dodecensäure	Denticedsäure	$C_{12}H_{22}O_2$	198,30	282,93	127,9	—	—
4-Dodecensäure	Linderasäure	$C_{12}H_{22}O_2$	198,30	282,93	127,9	1,3	170—172/13
5-Dodecensäure	Lauroleinsäure	$C_{12}H_{22}O_2$	198,30	282,93	—	—	—
9-Dodecensäure	—	$C_{12}H_{22}O_2$	198,30	282,93	127,9	—	—
4-Tetradecensäure	Tsuzusäure	$C_{14}H_{26}O_2$	226,35	247,87	112,1	18,0—18,5	—
5-Tetradecensäure	Physetersäure	$C_{14}H_{26}O_2$	226,35	247,87	112,1	—	—
9-Tetradecensäure	Myristoleinsäure	$C_{14}H_{26}O_2$	226,35	247,87	112,1	—4,5—4	—
9-Hexadecensäure	Palmitoleinsäure	$C_{16}H_{30}O_2$	254,40	220,53	99,77	0—5	—
6-Octadecensäure	Petroselinsäure	$C_{18}H_{34}O_2$	282,45	198,63	89,96	32—33	—
cis-9-Octadecensäure	Ölsäure	$C_{18}H_{34}O_2$	282,45	198,63	89,96	13 (16)	234—235/15
trans-11-Octadecensäure	Vaccensäure	$C_{18}H_{34}O_2$	282,45	198,63	89,96	39	—
cis-11-Octadecensäure	—	$C_{18}H_{34}O_2$	282,45	198,63	89,96	12	—
9-Eicosensäure	Gadoleinsäure	$C_{20}H_{38}O_2$	310,50	180,69	81,74	23—23,5	—
cis-11-Eicosensäure	—	$C_{20}H_{38}O_2$	310,50	180,69	81,74	20	—
trans-11-Eicosensäure	—	$C_{20}H_{38}O_2$	310,50	180,69	81,74	49	—
11-Docosensäure	Cetoleinsäure	$C_{22}H_{42}O_2$	338,56	165,72	75,05	—	—
cis-13-Docosensäure	Erucasäure	$C_{22}H_{42}O_2$	338,56	165,72	75,05	33,5	252—254/12
15-Tetracosensäure	Selacholeinsäure	$C_{24}H_{46}O_2$	366,61	153,04	69,23	39	—
9-Hexacosensäure	—	$C_{26}H_{50}O_2$	394,66	142,16	64,31	—	—
17-Hexacosensäure	Ximensäure	$C_{26}H_{50}O_2$	394,66	142,16	64,31	—	—

Tabelle 9. *Natürliche Polyenfettsäuren.*

Systematischer Name	Trivialname	Summenformel	Mol.-Gew.	Säurezahl	Jodzahl	Fp. °C
Isolenfettsäuren						
2,6-Decadiensäure	—	$C_{10}H_{16}O_2$	168,23	333,52	301,72	—
2,8-Dodecadiensäure	—	$C_{12}H_{20}O_2$	196,28	285,86	258,61	—
9,12-Octadecadiensäure	9,12-Linolsäure	$C_{18}H_{32}O_2$	280,44	200,06	181,22	— 5,2
11,14-Eicosadiensäure	—	$C_{20}H_{36}O_2$	308,49	181,88	164,54	—
6,10,14-Hexadecatriensäure	Hiragonsäure	$C_{16}H_{26}O_2$	250,37	224,08	310,6	—
9,12,15-Octadecatriensäure	Linolensäure	$C_{18}H_{30}O_2$	278,42	201,51	273,80	— 11
6,9,12-Octadecatriensäure	—	$C_{18}H_{30}O_2$	278,42	201,51	273,80	—
8,11,14-Eicosatriensäure	—	$C_{20}H_{34}O_2$	306,47	183,07	248,44	—
4,8,12,15-Octadecatetraensäure	Moroctsäure	$C_{18}H_{28}O_2$	276,40	202,98	367,63	—
5,8,11,14-Eicosatetraensäure	Arachidonsäure	$C_{20}H_{32}O_2$	304,46	184,28	333,5	— 49,5
4,8,12,15,18-Eicosapentaensäure	Timnodonsäure	$C_{20}H_{30}O_2$	302,44	185,5	419,65	—
(?)4,8,12,15,21-Docosahexaensäure	Clupanodonsäure	$C_{22}H_{32}O_2$	328,47	170,8	463,77	—
3,8,12,15,18,21-Tetracosahexaensäure	Nisinsäure	$C_{21}H_{36}O_2$	356,41	157,63	427,2	—
Konjuenfettsäuren						
2,4-Hexadiensäure	Sorbinsäure	$C_6H_8O_2$	112,12	500,38	452,8	134,5
2,4-Decadiensäure	—	$C_{10}H_{16}O_2$	168,23	333,52	301,73	—
4,6-Decadiensäure	—	$C_{10}H_{16}O_2$	168,23	333,52	301,73	·—
2,4-Dodecadiensäure	—	$C_{12}H_{20}O_2$	196,28	285,85	258,61	—
9,11,13-Octadecatriensäure	α-Elaeostearinsäure	$C_{18}H_{30}O_2$	278,42	201,51	273,84	48
	Trichosansäure	$C_{18}H_{30}O_2$	278,42	201,51	273,84	35
	Punicinsäure	$C_{18}H_{30}O_2$	278,42	201,51	273,84	43,5—44
18-Oxy-9,11,13-octadecatriensäure	α-Kamlolensäure	$C_{18}H_{30}O_3$	296,58	189,18	256,73	77—78
	β-Kamlolensäure	$C_{18}H_{30}O_3$	296,58	189,18	256,73	88—89
4-Oxo-9,11,13-octadecatriensäure	α-Licansäure	$C_{18}H_{28}O_3$	292,40	191,87	260,43	74—75
9,11,13,15-Octadecatetraensäure	α-Parinarsäure	$C_{18}H_{28}O_2$	276,40	202,98	367,36	83—84

dieser Reihe sind von untergeordneter Bedeutung. Ihr Vorkommen ist auf wenige Pflanzenfette und Seetieröle beschränkt und anteilmäßig gering.

Polyenfettsäuren sind in allen natürlichen Fetten enthalten und mitbestimmend für ihren Charakter als trocknende, halbtrocknende und nichttrocknende Öle. Die in Pflanzen- und Landtierfetten vorkommenden Isolenfettsäuren gehören überwiegend der C_{18}-Reihe an. Am weitesten verbreitet ist die zweifach ungesättigte Linolsäure, während man die durch drei Doppelbindungen charakterisierte Linolensäure nur in bestimmten pflanzlichen Fetten findet. Arachidonsäure, vierfach ungesättigt, ist in tierischen Depotfetten nur in geringen Anteilen enthalten, typisch jedoch ist ihr Vorkommen in Organfetten. Die letztgenannten drei Säuren werden wegen ihrer besonderen biologischen Bedeutung als essentielle Fettsäuren bezeichnet. Charakteristisch für Seetieröle sind andere höher-ungesättigte Isolenfettsäuren, z. T. mit längerer Kohlenstoffkette, wie die Clupanodonsäure. Konjuenfettsäuren sind zwar weiter verbreitet, als man früher dachte[1], in größeren Anteilen treten sie jedoch nur in wenigen Pflanzenfetten auf. Elaeostearinsäure bildet den Hauptbaustein des chinesischen Holzöles, Licansäure, eine Oxotriensäure, den des Oiticicaöles. Parinarsäure findet sich u. a. in den Samenfetten heimischer *Impatiens*-Arten (*Balsaminaceen*) und ist dort mit Essigsäure vergesellschaftet.

In diesem Zusammenhang sind weitere Konjuenfettsäuren zu nennen, die zwar nicht typisch für natürliche Fette sind, aus natürlichen Fettsäuren bzw. deren Verbindungen jedoch leicht erhalten werden können und einige technische Bedeutung haben: 9,11- und 10,12-Octadecadiensäuren durch Dehydratisierung von Ricinolsäure oder Isomerisierung von Linolsäure, φ-Elaeostearinsäure und höhere Konjuensäuren durch Isomerisierung von Linolensäure und höheren Isolenfettsäuren.

Alkinsäuren werden selten in natürlichen Fetten angetroffen. Zu nennen sind Isansäure (Octadeca-17-en-9,11-diinsäure)[2] und Isanolsäure[3], charakteristische Bausteine eines als Isano- oder Bolekoöles bezeichneten Samenfettes mit ganz ungewöhnlichen Eigenschaften.

c) Substituierte Fettsäuren

Die wichtigste substituierte Fettsäure ist die Ricinolsäure, der Hauptbaustein des Ricinusöles, die zu den Oxifettsäuren zählt. Zu den natürlichen Oxofettsäuren gehört die bereits genannte Licansäure. Im Samenöl einer *Komposite* wurde erstmals ein Vertreter der Epoxifettsäuren, nämlich 12,13-Epoxiölsäure, aufgefunden[4].

d) Verzweigte und alicyclische Fettsäuren

Natürliche verzweigte Fettsäuren finden sich nur in wenigen Fetten. Altbekannt ist die im Delphinöl und Döglingstran nachgewiesene Isovaleriansäure. In Hammeltalg und Wollfett kommen sog. iso- und anteiso-Säuren vor, die sämtlich methylverzweigt sind. Auf synthetische verzweigte Fettsäuren, die von technischem Interesse sind, kann hier nur hingewiesen werden.

Natürliche alicyclische Fettsäuren sind durch Chaulmoograsäure [13-(2,3-Cyclopentenyl)-n-tridecansäure] und ihre Homologen vertreten, die in Samenfetten der Gattung *Hydnocarpus* vorkommen und ausschließlich therapeutischen Zwecken (Lepra-Behandlung) dienen.

[1] KAUFMANN, H. P.: Ber. dtsch. chem. Ges. 81 (1948) 159.
[2] SEHER, A.: Fette, Seifen, Anstrichmittel 54 (1950) 544 — Liebigs Ann. Chem. 589 (1954) 222. — BLACK, H. K., u. B. C. L. WEEDON: J. Chem. Soc. (London) 1953, 1785.
[3] KAUFMANN, H. P., J. BALTES u. H. HERMINGHAUS, Fette, Seifen, Anstrichmittel 53 (1951) 537.
[4] GUNSDANE, F. D.: J. Chem. Soc. (London) 1954, 1611.

Tabelle 10. *Natürliche substituierte Fettsäuren.*

Systematischer Name	Trivialname	Summenformel	Mol.-Gew.	Säurezahl	Jodzahl	Fp. °C
12-Oxi-9-octadecensäure	Ricinolsäure	$C_{18}H_{34}O_2$	298,45	187,9	170,1	5,5
8-Oxi-octadeca-14-en-10,12-diinsäure	Isanolsäure	$C_{18}H_{26}O_3$	290,40	193,2		
4-Oxo-9,11,13-octadecatriensäure	Licansäure	$C_{18}H_{28}O_3$	292,40	191,8	260,4	74—75
12,13-Epoxi-9-octadecensäure	Epoxiölsäure	$C_{18}H_{32}O_3$	296,43	189,2		

e) Die Isomerie der Fettsäuren

Im Hinblick auf die verwickelten Verhältnisse und im Interesse einer systematischen Ordnung der technisch und analytisch wichtigsten Derivate erscheint es unentbehrlich, die Isomerie der Fettsäuren zusammenfassend zu behandeln. Die folgende Einteilung gibt einen Überblick über die Isomerieverhältnisse:

1. Ortsisomerie:

    a) Kettenisomere Fettsäuren: unverzweigte Säuren: n-Fettsäuren;
                         verzweigte Säuren: iso-Fettsäuren;
                         alicyclische Säuren: ac-Fettsäuren;
    b) Stellungsisomere Säuren: ungesättigte Säuren: Monoen-Fettsäuren,
                         Polyen-Fettsäuren,   Isolen-Fettsäuren,
                         Konjuen-Fettsäuren,
                         substituierte Säuren.

2. Raumisomerie:

    a) Cis-trans-isomere Säuren: ungesättigte Säuren.
    b) Diastereomere Säuren: threo-Säuren und erythro-Säuren.
    c) Enantiostereomere Säuren: D-Säuren und L-Säuren.

Während in der homologen Reihe der geradkettigen, gesättigten Fettsäuren keine Isomeriemöglichkeiten gegeben und bei verzweigten Fettsäuren die Verhältnisse leicht zu übersehen sind, ist die Stellungs- und Raumisomerie bei ungesättigten und substituierten Fettsäuren sowie bei Fettsäurederivaten von besonderer Bedeutung. In den folgenden Tab. 11 und 12 sind die Eigenschaften isomerer Monoen- und Polyenfettsäuren zusammengestellt.

Tabelle 11. *Eigenschaften isomerer Monoenfettsäuren* (C_{18}-*Säuren*).

Stellung der Doppelbindung	Fp. der cis-Form °C	Fp. der trans-Form °C
2	50,5—51	59; 58,5
3	56—57	—
4	41	59,5—60,5
5	—	47,5
6	30[a]	53[b]
7	11,8—12,5; 12,5—13,1	45,5; 43,5—44,5
8	22,7—23,8	53; 51,5—52,3
9	13,4[c]	43,7[d]
10	22,2—22,8	52,0—52,6
11	11—14; 10,5—12	43,5—44,5; 43—44[e]
12	26,8—27,6	52,0—53,0

[a] Petroselinsäure. — [b] Petroselaidinsäure. — [c] Ölsäure. — [d] Elaidinsäure. — [e] Vaccensäure.

Tabelle 12. *Eigenschaften isomerer Polyenfettsäuren.*

Säure	Stellung der Doppelbindung	Konfiguration	Fp. °C
Linolsäure	9,12	all-cis	$-5,0$ bis $-5,2$
Linolelaidinsäure	9,12	all-trans	28—29
Octadecadiensäure	8,10	all-trans	56
	9,11	all-trans	54
		cis, ?	20
	10,12	all-trans	57
		cis, ?	23
Linolensäure	9,12,15	all-cis	$-11,0$ bis $-11,3$
Linolenelaidinsäure	9,12,15	?	29—30
α-Elaeostearinsäure	9,11,13	cis, trans, trans	48—49
β-Elaeostearinsäure	9,11,13	all-trans	71—72
Punicinsäure	9,11,13	?	43,5—44
Trichosansäure	9,11,13	?	35—35,5
allo-Elaeostearinsäure	10,12,14	all-trans	77
α-Licansäure	9,11,13	cis, trans, trans	74—75
β-Licansäure	9,11,13	all-trans	99,5
α-Parinarsäure	9,11,13,15	?	85—86
β-Parinarsäure	9,11,13,15	all-trans ?	95—96

Tabelle 13. *Hydroxylierung und Bromierung einiger ungesättigter Fettsäuren.*

Ölsäure (cis)	9,10-Dioxistearinsäure cis-Add. Fp. 131 °C trans-Add. Fp. 95 °C	9,10-Dibromstearinsäure Fp. 28,5—29 °C
Elaidinsäure (trans)	cis-Add. Fp. 95 °C trans-Add. Fp. 131 °C	Fp. 29—30 °C
Erucasäure (cis)	13,14-Dioxibehensäure cis-Add. Fp. 130 °C trans-Add. Fp. 100 °C	13,14-Dibrombehensäure
Brassidinsäure (trans)	cis-Add. Fp. 100 °C trans-Add. Fp. 130 °C	
	9,10,12,13-Tetraoxistearinsäure	9,10,12,13-Tetrabromstearinsäure
Linolsäure (all-cis)	cis-Add. Fp. 145 °C (γ-Sativinsäure) Fp. 134 °C (δ-Sativinsäure) trans-Add. Fp. 173 °C (α-Sativinsäure) Fp. 163,5 °C (β-Sativinsäure)	Fp. 114,5 °C flüssig
Linolsäure (all-trans)	cis-Add. Fp. 173 °C (α-Sativinsäure) Fp. 163,5 °C (β-Sativinsäure) trans-Add. Fp. 145 °C (γ-Sativinsäure) Fp. 134 °C (δ-Sativinsäure)	Fp. 78 °C flüssig
Linolensäure (all-cis)	9,10,12,13,15,16-Hexaoxi-stearinsäure Fp. 203—205 °C (Linusinsäure) Fp. 173—175 °C (Isolinusinsäure) Fp. 178—179 °C	9,10,12,13,15,16-Hexabrom-stearinsäure Fp. 183—185 °C flüssig

Verschiedene technische Verarbeitungsprozesse von Fetten sind von Wanderungen und cis-trans-Umwandlungen der Doppelbindungen der ungesättigten Fettsäurereste begleitet, z. B. die partielle Hydrierung (Härtung) und Isomerisierung. In den Verfahrensprodukten ist deshalb mit der Anwesenheit der entsprechenden isomeren Fettsäuren zu rechnen. Bei der analytischen Untersuchung, speziell zum Nachweis von Monoen- und Isolenfettsäuren, werden vielfach ihre Hydroxylierungsprodukte und Bromaddukte herangezogen. Ihre wichtigsten Eigenschaften und die konstitutionellen Zusammenhänge finden sich in der Tab. 13.

Einige natürliche Fettsäuren mit asymmetrischen Kohlenstoffatomen sind optisch aktiv und rechtsdrehend, wie Ricinolsäure und Chaulmoograsäure.

f) Physikalische Eigenschaften der Fettsäuren

In den folgenden Tabellen sind weitere physikalische Eigenschaften der natürlichen Fettsäuren angegeben.

Tabelle 14. *Dichte der Fettsäuren.*

		D^{20}	D^{30}	D^{75}	D^{80}
Gesättigte Fettsäuren					
$C_4H_8O_2$,	Buttersäure	0,959		0,9043	
$C_6H_{12}O_2$,	Capronsäure	0,929	0,9276	0,8796	0,8751
$C_8H_{16}O_2$,	Caprylsäure	0,90884	0,90087	0,8662	0,8615
$C_{10}H_{20}O_2$,	Caprinsäure		0,895	0,8583	0,8531
$C_{12}H_{24}O_2$,	Laurinsäure			0,8516	0,8477
$C_{14}H_{28}O_2$,	Myristinsäure			0,8481	0,8439
$C_{16}H_{32}O_2$,	Palmitinsäure			0,8446	0,8414
$C_{18}H_{36}O_2$,	Stearinsäure			0,8431	0,8390
Ungesättigte Fettsäuren					
$C_{18}H_{34}O_2$,	Ölsäure	0,895	0,887		
$C_{18}H_{32}O_2$,	Linolsäure	0,9046			

Tabelle 15. *Lichtbrechung von Fettsäuren.*

Gesättigte Fettsäuren		n_D^{20}	n_D^{70}	Ungesättigte Fettsäuren		
$C_4H_8O_2$,	Buttersäure	1,33906	1,3775	Ölsäure	n_D^{20}	1,4582
$C_6H_{12}O_2$,	Capronsäure	1,4170	1,3972	Linolsäure	n_D^{20}	1,4699
$C_8H_{16}O_2$,	Caprylsäure	1,4280	1,4089	Linolensäure	n_D^{20}	1,4800
$C_{10}H_{20}O_2$,	Caprinsäure		1,4169	α-Elaeostearinsäure	n_D^{50}	1,5112
$C_{12}H_{24}O_2$,	Laurinsäure		1,4230	β-Elaeostearinsäure	n_D^{75}	1,5002
$C_{14}H_{28}O_2$,	Myristinsäure		1,4273			
$C_{16}H_{32}O_2$,	Palmitinsäure		1,4309			
$C_{18}H_{36}O_2$,	Stearinsäure		1,4337			

Tabelle 16. *Molekulare Verbrennungswärmen von Fettsäuren (in kcal).*

Capronsäure	831,2	Myristinsäure	2060
Caprylsäure	1140	Palmitinsäure	2398,4
Caprinsäure	1458,3	Stearinsäure	2711,8
Laurinsäure	1757,2	Ölsäure	2657

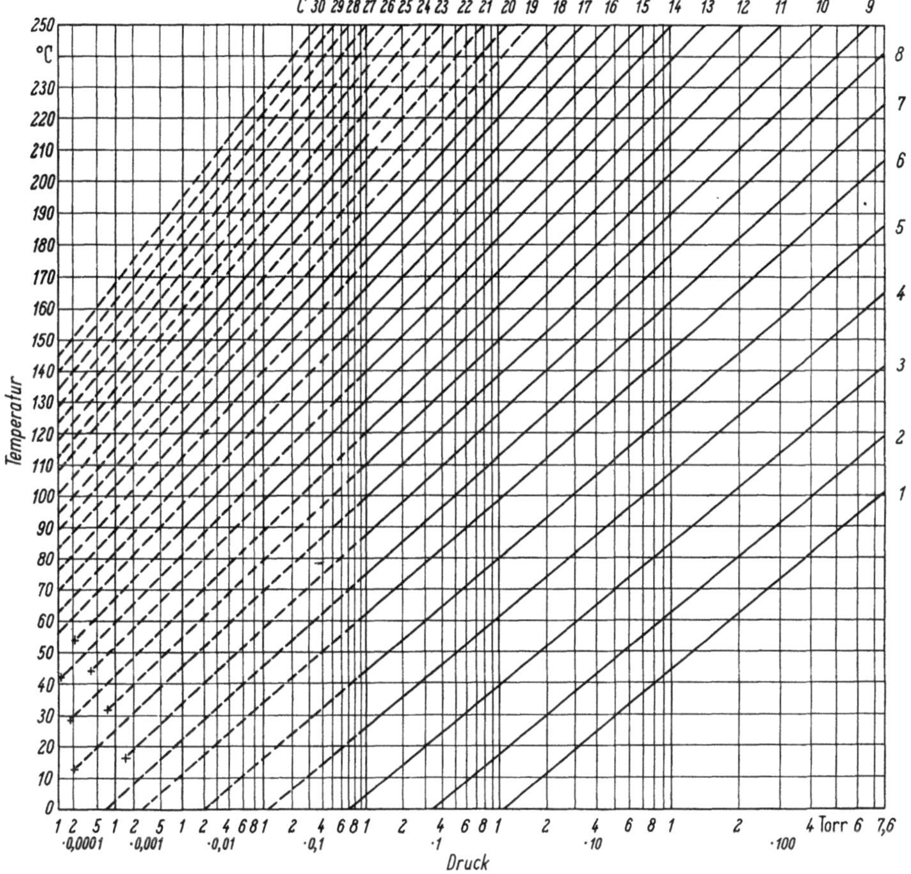

Abb. 1. Siedegrenzen der gesättigten n-Fettsäuren in Abhängigkeit vom Druck (-------- extrapoliert)[1].

Tabelle 17. *Verdampfungswärmen gesättigter n-Fettsäuren*[2].

	°C	cal/g		°C	cal/g		°C	cal/g
Capronsäure	94	133	Caprinsäure	145	99	Myristinsäure	182	93
	135	129		187	99		209	87
	190	113		246	85		243	75
Caprylsäure	134	116	Laurinsäure	164	97	Palmitinsäure	202	84
	172	108		247	77		244	76
	224	97				Stearinsäure	242	67

Tabelle 18. *Spezifische Wärme von gesättigten n-Fettsäuren.*

	°C	cal/g		°C	cal/g
Caprinsäure	0—24	0,5009	Palmitinsäure	22—53	0,4920
	35—65	0,4989		22—58	0,5416
Laurinsäure	19—29	0,5116	Stearinsäure	20—56	0,4597
	48—78	0,5146	Arachinsäure	20—66	0,4772
Myristinsäure	24—43	0,5209		22—100	0,5663
	23—84	0,5157			

[1] Nach E. JANTZEN: Fette, Seifen, Anstrichmittel 54 (1952) 197.
[2] Nach J. S. N. CRAMER: Rec. Trav. Chim. Pays-Bas 62 (1943) 606.

Tabelle 19. *Viskosität von Fettsäuren (in cP).*

Gesättigte Fettsäuren		20 °C	75 °C	Ungesättigte Fettsäuren		50 °C
$C_4H_8O_2$,	Buttersäure	1,538	0,728	$C_{18}H_{34}O_2$,	Ölsäure	12,30
$C_6H_{12}O_2$,	Capronsäure	3,23	1,279	$C_{18}H_{34}O_2$,	Elaidinsäure	15,62
$C_8H_{16}O_2$,	Caprylsäure	5,74	1,855			15,57
$C_{10}H_{20}O_2$,	Caprinsäure		2,563	$C_{22}H_{42}O_2$,	Erucasäure	27,8
$C_{12}H_{24}O_2$,	Laurinsäure		3,836	$C_{18}H_{34}O_2$,	Ricinolsäure	79,4
$C_{14}H_{28}O_2$,	Myristinsäure		5,060	$C_{18}H_{34}O_2$,	Ricinelaidinsäure	110,9
$C_{16}H_{32}O_2$,	Palmitinsäure		7,082	$C_{18}H_{32}O_2$,	Linolsäure	9,25
$C_{18}H_{36}O_2$,	Stearinsäure		9,040			

2. Fettsäurederivate

Fettsäureabkömmlinge haben große technische Bedeutung und sind auch für analytische Zwecke von Interesse, z. B. zur Isolierung und Identifizierung von Fettsäuren. Hier folgt die tabellarische Zusammenstellung solcher Derivate, die durch Umsetzung an der Carboxylgruppe, jedoch unter Erhalt deren Carbonylgruppe erhalten wurden, nebst ihren wichtigsten Eigenschaften.

Tabelle 20. *Eigenschaften der Methylester der gesättigten n-Fettsäuren.*

Ester der	Bruttoformel	Mol.-Gew.	VZ	Schmelzpunkt °C	Siedepunkt °C/Torr	$n_D/$°C
Ameisensäure	HCOOR	60,05	934,26	—	31,8	—
Essigsäure	CH_3COOR	74,08	757,36	—	56,9	—
Propionsäure	C_2H_5COOR	88,10	636,79	—	79,7	—
Buttersäure	C_3H_7COOR	102,13	549,34	—	102	—
Valeriansäure	C_4H_9COOR	116,16	483,00	— 91,0	127,3	—
Capronsäure	$C_5H_{11}COOR$	130,18	430,96	— 71,0	151,5	$1,40699/_{15}$
Oenanthsäure	$C_6H_{13}COOR$	144,21	389,05	— 55,8	173,8	$1,41334/_{15}$
Caprylsäure	$C_7H_{15}COOR$	158,23	354,56	— 34	193—194	$1,4069/_{45}$
Pelargonsäure	$C_8H_{17}COOR$	172,26	325,69	—	213—214	—
Caprinsäure	$C_9H_{19}COOR$	186,29	301,17	— 18	224	$1,4161/_{45}$
Undecansäure	$C_{10}H_{21}COOR$	200,31	280,08	—	$123/_{10}$	—
Laurinsäure	$C_{11}H_{23}COOR$	214,34	261,75	5	$141/_{14}$	$1,4220/_{45}$
Tridecansäure	$C_{12}H_{25}COOR$	228,36	245,68	—	—	—
Myristinsäure	$C_{13}H_{27}COOR$	242,39	231,46	18,5	$155—157/_7$	$1,4281/_{45}$
Pentadecansäure	$C_{14}H_{29}COOR$	256,42	218,80	18,5	$199/_{30}$	$1,4390/_{20}$
Palmitinsäure	$C_{15}H_{31}COOR$	270,44	207,44	30,5	$184/_{12}$	$1,4317/_{45}$
Margarinsäure	$C_{16}H_{33}COOR$	284,47	197,22	29,7	—	—
Stearinsäure	$C_{17}H_{35}COOR$	298,49	187,96	39,1	$215/_{15}$	$1,4346/_{45}$
Nonadecansäure	$C_{18}H_{37}COOR$	312,52	179,52	39,3	—	—
Arachinsäure	$C_{19}H_{39}COOR$	326,55	171,81	46,6	—	—
Behensäure	$C_{21}H_{43}COOR$	354,60	158,22	53,3	—	—
Lignocerinsäure	$C_{23}H_{47}COOR$	382,65	146,62	58,4	—	—
Cerotinsäure	$C_{25}H_{51}COOR$	410,70	136,60	63,4	—	—

Tabelle 21. *Eigenschaften der Methylester der ungesättigten Fettsäuren.*

Ester der	Anzahl der F-Bindungen	Bruttoformel	Mol.-Gew.	VZ	JZ	Fp. °C	Kp. °C/Torr
Monoenfettsäuren							
Lauroleinsäure	1	$C_{13}H_{24}O_2$	212,32	264,24	119,55	—	$90/_1$
Myristoleinsäure	1	$C_{15}H_{28}O_2$	240,37	233,40	105,60	—	$109/_1$
Palmitoleinsäure	1	$C_{17}H_{32}O_2$	268,43	209,01	94,59	—	$135/_1$
Petroselinsäure						—	$196—97/_8$
Ölsäure						19,9	$212—13/_{15}$
Elaidinsäure	1	$C_{19}H_{36}O_2$	296,48	189,23	85,62		$213,5—15/_5$
Vaccensäure						—	—
Gadoleinsäure	1	$C_{21}H_{40}O_2$	324,53	172,88	78,22	—	—
Cetoleinsäure						—	—
Erucasäure	1	$C_{23}H_{44}O_2$	352,58	159,12	71,99	—	$240/_{10}$
Brassidinsäure						34—35	—
Selacholeinsäure	1	$C_{25}H_{48}O_2$	380,63	147,40	66,69	—	—
Hexacosensäure	1	$C_{27}H_{52}O_2$	408,69	137,28	62,11	—	—
Octacosensäure	1	$C_{29}H_{56}O_2$	436,74	128,46	58,12	—	—
Triacontensäure	1	$C_{31}H_{60}O_2$	464,79	120,71	54,61	—	—
Ricinolsäure						—4,5	—
Ricinelaidinsäure	1	$C_{19}H_{36}O_3$	312,48	179,54	81,23	—	$225/_{12}$
Polyenfettsäuren							
Hiragonsäure	3	$C_{17}H_{28}O_2$	264,39	212,20	288,02	—	$186—188/_{15}$
9,11-Linolsäure						—	$207—211/_{111}, 160/_1$
9,12-Linolsäure	2	$C_{19}H_{34}O_2$	294,46	190,53	172,41	29,8	—
Linolensäure						—	$207/_{14}$
α-Elaeostearinsäure	3	$C_{19}H_{32}O_2$	292,45	191,84	260,40	—	—
α-Parinarsäure	4	$C_{19}H_{30}O_2$	290,43	193,18	349,60	55—56 (β-Form)	—
Arachidonsäure	4	$C_{21}H_{34}O_2$	318,48	176,16	318,81	—	$217—220/_{10}$
Clupanodonsäure	5	$C_{23}H_{36}O_2$	344,52	162,85	368,40	—	$207—212/_2$
Nisinsäure	6	$C_{25}H_{38}O_2$	370,55	151,40	411,02	—	—
α-Licansäure	3	$C_{19}H_{32}O_3$	308,45	181,89	246,89	41	$222/_5$ (β-Form)

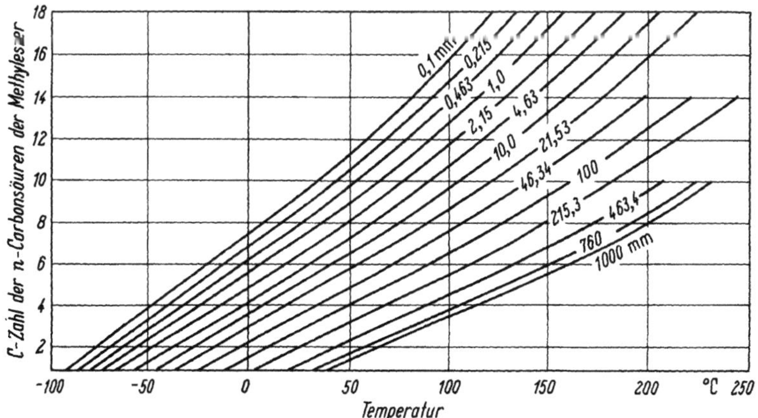

Abb. 2. Siedetemperaturen der Methylester der Fettsäuren in Abhängigkeit von der Kettenlänge für verschiedene Drucke[1].

---

[1] Nach H. Stage: Fette, Seifen, Anstrichmittel 55 (1953) 217.

Tabelle 22. *Schmelzpunkte (°C) aromatischer Ester der Fettsäuren.*

Ester der	p-Chlor-phenacyl-ester	p-Brom-phenacyl-ester	p-Jod-phenacyl-ester	p-Phenyl-phenacylester
Ameisensäure	128,0	135,2	163,0	74
Essigsäure	72,4	86	117	111
Propionsäure	98,2	63,4	98	102
Buttersäure	55	63	81,5	97
Valeriansäure	97,8	75	81	63,5
Capronsäure	62	72	84	65
Oenanthsäure	65	72	78,8	62
Caprylsäure	63	67,4	79,2	67
Pelargonsäure	59	68,5	77	—
Caprinsäure	61,6	67	82	—
Undecansäure	60,2	68,2	81,8	—
Laurinsäure	70	76	85,8	84
Tridecansäure	67	75	88,5	—
Myristinsäure	76	81	89,8	90
Pentadecansäure	74	77,2	93	—
Palmitinsäure	82	86	94,2	94
Margarinsäure	78,8	82,6	92	91
Stearinsäure	86	90	97,2	97
Arachinsäure	86	89	—	—
Ölsäure	40	46	—	61
Elaidinsäure	—	—	—	72—73
Linolsäure	—	—	—	37—37,5
Linolelaidinsäure	—	—	—	73—75
Linolensäure	—	—	—	37,5—38
β-Elaeostearinsäure	—	—	—	89—90
Erucasäure	56	62,5	—	76
Cetoleinsäure	54,5	60,5	—	72,5
Lignocerinsäure	99—100	90—91	—	87—88

Tabelle 23. *Amide gesättigter n-Fettsäuren und Substitutionsderivate.*
Schmelzpunkte in °C.

Anzahl der C-Atome	Amide	N-Methyl-amide	Anilide	o-Toluidide	p-Toluidide	p-Brom-anilide	2,4,6-Tri-brom-anilide	β-Naph-thyl-amide
2	82	28	112	110	153	—	—	132
3	77	—43	106	87	126	—	—	—
4	115	—5,2	96	79	75	—	—	125
5	106	—25,5	63	70	74	—	—	112
6	101	13,6	92	71	73	105	136	107
7	96,5	14	65	68	80	98	134	101
8	107	38,9	55	63	70	108	131	103
9	99	39,1	57	73	84	100	131	103
10	98,5	57,3	69,5	76	78	102	129	104
11	99	56	71	78	80	102	129	—
12	102,5	68,4	77,2	83	87	104	126	106
13	100	68,2	80	85	88	—	—	—
14	105,1	78,4	84	88	93	107	124	108
15	—	78,3	—	—	—	—	—	—
16	107,5	85,5	90,2	—	98	110	—	—
17	—	84,8	—	—	—	—	—	—
18	110	92,1	94	97	102	114	—	112
20	108	—	—	—	—	—	—	—
22	111—112	—	101—102	—	—	—	—	—

Tabelle 24. *Amide ungesättigter Fettsäuren und Substitutionsderivate.*
Schmelzpunkte in °C.

Säure	Amide	p-Oxianilide	p-Methoxi-anilide
Ölsäure	75—76	80	67
Elaidinsäure	90,8—91	—	—
Erucasäure	82,5—83	114	85
Brassidinsäure	94	—	—
Ricinolsäure	66	—	—
Chaulmoograsäure	104	—	—
Linolsäure	60,5	—	—
Linolensäure	59,5	—	—

Tabelle 25. *Hydroxamsäuren der Fettsäuren.*

Säure	Fp. °C	Säure	Fp. °C	Säure	Fp. °C
Essigsäure	88	Caprinsäure	88—88,5	Arachinsäure	109
Propionsäure	92,5—93	Laurinsäure	94	Behensäure	112,5
Buttersäure	fl.	Myristinsäure	98—98,5	Ölsäure	61
Capronsäure	63,5—64	Palmitinsäure	102,5	Linolsäure	41—42
Caprylsäure	78,5—79	Stearinsäure	106,5—107	Linolensäure	37—38

Tabelle 26. *2-Alkyl-Benzimidazole (aus o-Phenylendiamin und Fettsäure).*

Ausgangssubstanz	Fp. °C	Misch-Fp. mit dem nächsthöheren Homologen
Ameisensäure	172—173	130—132
Essigsäure	177—177,5	157—158
Propionsäure	174,5	155—156
Buttersäure	157—157,5	141—143
Valeriansäure	155—155,5	152—153
Capronsäure	163—163,5	138—143
Oenanthsäure	137,5—138	132—135
Caprylsäure	144,5—145	136—137
Pelargonsäure	139,5—140	128—131
Caprinsäure	127—127,5	117—120
Undecansäure	114—114,5	106—107
Laurinsäure	107,5	107—108
Tridecansäure	109—109,5	105—106
Myristinsäure	105—105,5	100—102
Pentadecansäure	98,5—99,5	97—98
Palmitinsäure	96,5—97	94—96
Heptadecansäure	93,5—94,5	93—94
Stearinsäure	93,5—94,5	—

3. Glyceride

Je nach Art und Anordnung der Fettsäurereste im Triglyceridmolekül spricht man von gleichsäurigen oder gemischtsäurigen Triglyceriden. Erstere bezeichnet man auch als einsäurig, während bei letzteren zweisäurig gemischte und dreisäurig gemischte zu unterscheiden sind. Außerdem haben dreisäurige Triglyceride drei und zweisäurige Triglyceride zwei mögliche stellungsisomere Formen, die man je nach Position der Fettsäurereste mit den Präfixen α, β, γ oder 1, 2, 3 kennzeichnet. Mono- und Diglyceride sind nur in unbedeutenden Anteilen in Fetten enthalten, gleichwohl sind sie auf Grund ihrer Struktur zu den Hauptbestandteilen zu zählen. Für ihren Aufbau und ihre Bezeichnung gelten die für Triglyceride genannten Regeln sinnentsprechend. Die nachstehenden Formelschemata mögen zur leichteren Verdeutlichung dienen[1].

<table>
<tr><td>Stearo—CH$_2$</td><td>Stearo—CH$_2$</td><td>Stearo—CH$_2$</td></tr>
<tr><td>Stearo—CH</td><td>Oleo—CH</td><td>Oleo—CH</td></tr>
<tr><td>Stearo—CH$_2$</td><td>Oleo—CH$_2$</td><td>Linolo—CH$_2$</td></tr>
<tr><td>einsäurig
Tristearin</td><td>zweisäurig
α-Stearo-diolein</td><td>dreisäurig
α-Stearo-β-oleo-γ-linolin</td></tr>
<tr><td>HO—CH$_2$</td><td>Stearo—CH$_2$</td><td>Oleo—CH$_2$</td></tr>
<tr><td>Stearo—CH</td><td>HO—CH</td><td>Stearo—CH</td></tr>
<tr><td>HO—CH$_2$</td><td>Stearo—CH$_2$</td><td>HO—CH$_2$</td></tr>
<tr><td>β-Monostearin</td><td>einsäurig
α,γ(1,3)-Distearin</td><td>zweisäurig
β-Stearo-α-olein</td></tr>
</table>

Die physikalischen und chemischen Eigenschaften der Glyceride werden wesentlich von den an ihrem Aufbau beteiligten Fettsäuren bestimmt. In der Regel kann man damit rechnen, daß Glyceride fester Fettsäuren ebenfalls fest, diejenigen flüssiger Fettsäuren ebenfalls flüssig sind, wobei die Konsistenzangaben auf gewöhnliche Temperatur bezogen sind. Natürliche Fette sind stets kompliziert zusammengesetzte Triglyceridgemische, deren Fettsäureverteilung bestimmten Gesetzmäßigkeiten gehorcht (Gleichverteilungsregel von T. P. HILDITCH[2]).

Wie viele langkettige Verbindungen zeigen Glyceride eine ausgeprägte Polymorphie, die übrigens auch bei vielen Fettsäuren zu beobachten ist. Sie beruht auf unterschiedlichen Kristallabmessungen und unterschiedlicher gegenseitiger Lage der Fettsäureketten, die sich in Röntgendiagrammen und im Schmelzverhalten bemerkbar machen. Gewöhnlich beobachtet man drei verschiedene Modifikationen, nämlich die instabile A- und B-Form und die stabile C-Form. Unter den Bedingungen der üblichen Schmelzpunktsbestimmung wird gewöhnlich nur der Schmelzpunkt der stabilen Modifikation beobachtet, da sich die instabilen Formen bereits bei tieferer Temperatur umwandeln. Bezüglich weiterer Einzelheiten wird auf das einschlägige Schrifttum verwiesen[3].

4. Begleitstoffe

Neben den auf S. 602 angegebenen Stoffen sollen hier auch Phosphatide genannt werden, da sie bei der Weiterverarbeitung der Rohfette entfernt, teilweise gesondert isoliert werden. In Pflanzenfetten sind sie oft in recht beträchtlichen Anteilen vorhanden, während die Mengen an den eigentlichen Begleitstoffen in der Regel gering sind, wie die folgende tabellarische Übersicht zeigt.

Bei den Phosphatiden handelt es sich hauptsächlich um Lecithine und Kephaline (s. S. 602). Besonders reich daran sind Sojaöl, Baumwollsaatöl und Rüböl. Vor allem aus Sojaöl gewinnt man durch Quellen mit Wasser, Separieren und entsprechende weitere Aufbereitung Produkte, die als Rohlecithin mit etwa 65% Phosphatiden bzw. Reinlecithin Verwendung finden (Emulgiermittel für technische Zwecke, für die Lebensmittelindustrie und für die pharmazeutische Industrie).

[1] Zur Nomenklatur und Schreibweise von Glyceriden vgl. H. P. KAUFMANN, Analyse der Fette und Fettprodukte, Bd. I, Berlin/Göttingen/Heidelberg: Springer 1958, S. 22—27.

[2] Vgl. die gegensätzliche Auffassung von A. R. S. KARTHA, J. Amer. Oil Chemists Soc. 30 (1953) 326.

[3] MALKIN, T.: in „Progress in the Chemistry of Fats and Other Lipids", l.c., 1. Bd., S. 1—17, 2. Bd., S. 1—50. — LUTTON, E. S.: J. Amer. Chem. Soc. 67 (1947) 524. — J. Amer. Oil Chemists Soc. 27 (1950) 267. — Vgl. auch die zusammenfassende Darstellung bei H. P. KAUFMANN, Analyse der Fette und Fettprodukte, 1. Bd., S. 34—51 (s. Fußnote 1).

Tabelle 27. *Begleitstoffe in Fetten (in %).*

	Phosphatide	Sterine	Kohlen-wasserstoffe	Tocopherole
Baumwollsaatöl roh	0,7—0,9	0,26—0,31	0,25	0,110
Baumwollsaatöl raffiniert	<0,05	—	0,20	0,091
Cocosöl	—	0,06—0,08	0,15	0,008
Erdnußöl roh	0,3—0,4	0,19—0,25	0,33—0,55	0,052
Erdnußöl raffiniert	<0,05	—	0,2—0,3	0,048
Kakaobutter	0,01	0,17—0,20	—	0,008
Leinöl	0,3	0,37—0,42	—	0,110
Olivenöl	—	0,23—0,31	0,63—0,99	0,020
Palmöl	—	0,03	0,3	0,056
Ricinusöl	—	0,5	—	0,050
Rindertalg	<0,1	0,08—0,14	—	0,001
Rüböl	0,1	0,35—0,50	0,28—0,48	0,040
Schmalz	<0,05	0,11	—	0,0005—0,0027
Sonnenblumenöl	<0,1	—	—	0,07
Sojaöl nicht entlecithiniert	1—3,5	—	0,2	—
Sojaöl entlecithiniert	0,2	0,15—0,38	—	0,097
Sojaöl raffiniert	<0,05	—	0,1—0,15	—

Die Lipochrome der Fette bestehen überwiegend aus Carotinoiden. Daneben finden sich Chlorophyll und farbgebende Substanzen unbekannter Struktur. Reich an Carotinoiden ist vor allem das rote (rohe) Palmöl (bis 0,1%).

Kohlenwasserstoffe sind in größeren Anteilen in den Leberölen von bestimmten Seetieren, z. B. von Haien, enthalten. Genau untersucht und in seiner Konstitution bekannt ist das Squalen ($C_{30}H_{50}$), das auch im Olivenöl aufgefunden wurde. Ferner sind aliphatische und hydroaromatische Kohlenwasserstoffe nachgewiesen worden, die mengenmäßig aber ohne Bedeutung sind. Von großem Einfluß auf die Haltbarkeit ist der Gehalt der Fette an natürlichen Antioxydantien, in erster Linie Tocopherolen. Sie bleiben auch bei der Reinigung erhalten und schützen die Fette weitgehend vor autoxydativem Verderb.

Sterine sind typische Inhaltsstoffe aller Fette. Man unterscheidet je nach ihrem Vorkommen Zoosterine (in tierischen Fetten) und Phytosterine (in pflanzlichen Fetten). Zu ersteren zählt Cholesterin, von den letzteren sind zu nennen die Sitosterine, Stigmasterin, Brassicasterin (im Rüböl), Campesterin. Auf Grund der Unterschiede der Sterine und ihrer Acetate im Schmelzverhalten und in der Kristallform werden sie vielfach zur Identifizierung von Fetten bzw. zum Nachweis tierischer oder pflanzlicher Fette herangezogen.

IV. Natürliche Fette

1. Eigenschaften

In der folgenden Tabelle sind die handelsüblichen natürlichen Fette, unterteilt in Pflanzenöle, konsistente Pflanzenfette, Haustierfette und Seetieröle, unter Angabe ihrer Herkunft und ihrer wichtigsten Eigenschaften zusammengestellt. In weiteren Tabellen sind einige technisch interessierende Eigenschaften angegeben.

Spezifische Wärme natürlicher Fette

Die spezifische Wärme C_p kann nach folgenden Formeln leicht und mit genügender Genauigkeit berechnet werden ($t = °C$).

Für flüssige Öle im Temperaturbereich von 15 bis 60 °C gilt

$$C_p = 0{,}462 + 0{,}0006\,t.$$

Für partiell hydrierte Fette sowie Talg und Palmöl im Temperaturbereich von 40 bis 70 °C gilt

$$C_p = 0{,}475 + 0{,}000\,55\,t.$$

Für hochgehärtete Fette (Jodzahl < 10) im Temperaturbereich von 60 bis 80 °C gilt

$$C_p = 0{,}458 + 0{,}0007\,t.$$

Tabelle 28. *Handelsübliche natürliche Fette und ihre Eigenschaften.*
Pflanzenöle

Fett	Herkunft (Stammpflanze bzw. Tierart)	D_{15}	n_D^{20}	Erstarrungspunkt bzw. Trübungspunkt °C	Unv. %	SZ	VZ	JZ	Hauptbestandteile der Gesamtfettsäuren
Baumwollsaatöl	Gossypium	0,917 bis 0,931	1,472 bis 1,477	30—37	0,5—1,5	0,5—8	191—198	90—120	40—50% Linolsäure
Erdnußöl	Arachis hypogaea	0,911 bis 0,920	1,460 bis 1,472	—2 bis +3	0,2—0,8	0,1—6	188—195	84—102	50—70% Ölsäure 4—6% Arachinsäure
Hanföl	Cannabis sativa	0,925 bis 0,931	1,499 bis 1,500	—	0,5—1,0	1—10	190—195	140—168	40—50% Linolsäure 20—30% Linolensäure
Holzöl, chin.	Aleurites fordii	0,930 bis 0,945	1,517 bis 1,526	2—20	<1	2—8	189—195	160—175	75—85% Elaeostearinsäure
Leinöl	Linum usitatissimum	0,928 bis 0,938	1,478 bis 1,481	—	max. 1,5	1—4	188—196	170—200	45—55% Linolensäure 15—25% Linolsäure
Maisöl	Zea Mays	0,920 bis 0,926	1,474 bis 1,476	—	0,8—2,0	2—6	187—196	109—133	35—62% Linolsäure
Mohnöl	Papaver somniferum	0,921 bis 0,927	1,475 bis 1,478	—	0,3—1,6	3—20	186—196	120—142	50—60% Linolsäure
Olivenöl	Olea europea	0,914 bis 0,920	1,467 bis 1,471	—2 bis +10	0,5—1,8	2—6 u. höher	188—196	80—90	70—80% Ölsäure
Perillaöl	Perilla frutescens	0,930 bis 0,937	1,480 bis 1,483	—	0,6—1,5	1—6	188—197	193—208	40—50% Linolensäure 40—45% Linolsäure
Ricinusöl	Ricinus communis	0,958 bis 0,968	1,477 bis 1,480	—	<1	1—10	176—187	81—91	90—95% Ricinolsäure
Rüböl	Brassica-Arten	0,914 bis 0,918	1,472 bis 1,476	—10 bis +10	0,6—1,2	0,5—10	168—179	97—107	40—55% Erucasäure
Saffloröl	Carthamus tinctorius	0,922 bis 0,927	1,475 bis 1,479	—	0,3—1,5	0,5—10	168—194	130—150	70—78% Linolsäure
Sojaöl	Glycine max.	0,922 bis 0,929	1,470 bis 1,476	—	0,5—1,5	0,3—3	189—195	125—136	45—55% Linolsäure 6—10% Linolensäure
Sonnenblumenöl	Helianthus annus	0,922 bis 0,926	1,474 bis 1,477	—	0,3—1,5	0,5—4	188—194	125—136	57—68% Linolsäure
Teesamenöl	Thea-Arten	0,917 bis 0,927	1,468 bis 1,471	—	0,2—1,5	0,5—10	193—196	80—90	70—85% Ölsäure
Traubenkernöl	Vitis vinifera	0,920 bis 0,926	1,474 bis 1,478	—	0,3—1,6	1—50	178—196	124—143	45—70% Linolsäure

Tabelle 28. (Fortsetzung.)

Konsistente Pflanzenfette und Seetieröle

Fett	Herkunft (Stammpflanze bzw. Tierart)	D_{15}	n_D^{40}	Schmelz- punkt °C	Unv. %	SZ	VZ	JZ	Hauptbestandteile der Gesamtfettsäuren
Babussuöl	Orbignya oleifera	C,918 bis C,922	1,449 bis 1,451	22—26	0,2—0,8	1—8	245—255	10—18	40—46% Laurinsäure
Illipéfett (Mowrahfett)	Madhuca latifolia, longifolia	C,916 bis C,919	0,458 bis 1,462	36—39	1—3	5—15	188—200	53—70	15—20% Myristinsäure 40—45% Palmitinsäure u. Stearinsäure
Japanwachs	Rhus succedanea	C,975 bis 1,000	1,460 bis 1,465	50—54	0,5—1,7	6—20	209—227	5—17	bis 80% Palmitin- und Stearinsäure 5% Dicarbonsäure
Kakaobutter	Theobroma Cacao	C,990 bis C,998	1,453 bis 1,458	32—35	0,2—1	1—4	190—198	33—40	etwa 25% Palmitin- säure 40% Stearinsäure
Kokosöl	Cocos nucifera	C,920 bis C,926	1,448 bis 1,450	23—26	0,2—0,6	1—10	251—264	7—12	55—70% Laurinsäure und Myristinsäure
Palmkernöl	Elaeis guineensis	C,917 bis C,955	1,449 bis 1,451	25—30	0,2—1	3—17	244—254	14—22	60—70% Laurinsäure und Myristinsäure
Palmöl	Elaeis guineensis	C,921 bis C,947	1,453 bis 1,459	35—45	0,2—1	2—100	196—209	46—60	30—45% Palmitinsäure 40—50% Ölsäure
Sheabutter	Butyrospermum Parkii	C,859 bis C,869	1,463 bis 1,467	32—45	2—11	1—30	178—190	53—65	etwa 40% Stearinsäure etwa 50% Ölsäure
Stillingiatalg (chines. Talg)	Stillingia sebifera	C,918 bis C,924	1,456 bis 1,458	48—55	0,5—1,3	0,5—10	200—218	16—29	60—70% Palmitin- säure
Delphintran	Delphinidae	C,926 bis C,929	1,468 bis 1,472	—	bis 2	2—10	197—203	100—127	etwa 20% Isovalerian- säure, hochun- gesättigte Fettsäuren
Dorschlebertran	Gadus morrhua	C,921 bis C,927	1,478 bis 1,485	—	1—2,5	1—10	182—188	150—175	Hochungesättigte Fettsäuren
Heringsöl	Clupea-Arten	C,918 bis C,920	1,470 bis 1,475	—	1—2,5	1—12	180—194	108—155	Hochungesättigte Fettsäuren

Tabelle 28. (Fortsetzung.)

Fett	Herkunft (Stammpflanze bzw. Tierart)	D_{15}	n_D^{20}	Schmelz-punkt °C	Unv. %	SZ	VZ	JZ	Hauptbestandteile der Gesamtfettsäuren
Menhadenöl	Alosa menhaden	0,928 bis 0,931	1,472 bis 1,475	—	0,6—1,6	2—10	188—193	148—195	Hochungesättigte Fettsäuren
Robbentran	Robben-Arten	0,921 bis 0,934	1,478 bis 1,479	—	0,2—2	1—12	180—196	130—160	Hochungesättigte Fettsäuren
Sardinenöl	Clupanodon melanostica	0,916 bis 0,924	1,479 bis 1,481	—	0,5—2	1—12	185—196	150—195	Hochungesättigte C_{20}-Säuren
Walöl	Ballaenidae	0,914 bis 0,931	1,463 bis 1,471	—	0,7—3	2—10	185—193	125—140	Hochungesättigte Fettsäuren

Haustierfette

Fett	Herkunft (Stammpflanze bzw. Tierart)	D_{15}	n_D^{40}	Schmelz-punkt °C	Unv. %	SZ	VZ	JZ	Hauptbestandteile der Gesamtfettsäuren
Butterschmalz	Rind	0,935 bis 0,943	1,452 bis 1,457	28—38	<0,2	0,5—1	218—235	25—47	40—50% gesättigte Säuren etwa 30% Ölsäure
Hammeltalg	Hammel	0,937 bis 0,960	1,455 bis 1,458	47—55	<0,2	1—5	194—198	31—47	50—80% gesättigte Säuren 35—45% Ölsäure
Klauenöl	Schlachttiere	0,913 bis 0,918	1,460 bis 1,461	—	0,1—0,6	0,5—4	192—196	67—72	etwa 75% Ölsäure
Knochenfett	Schlachttiere	0,890 bis 0,893	1,459 bis 1,460	32—34	<1	1—10	190—196	49—52	50—55% Ölsäure
Knochenöl	Schlachttiere	0,894 bis 0,895	1,460 bis 1,464	—	0,5—3	1—10	187—196	67—80	50—55% Ölsäure
Rindertalg	Rind	0,943 bis 0,952	1,454 bis 1,459	40—50	<2	0,5—5 u. höher	191—200	40—48	50—58% gesättigte Säuren 40—44% Ölsäure
Schweineschmalz	Schwein	0,915 bis 0,923	1,458 bis 1,461	42—51	0,15—0,35	1—5 u. höher	193—198	45—66	Gesättigte Säuren und Ölsäure

Tabelle 29. *Viskosität natürlicher Fette (in cP).*

	20 °C	30 °C	40 °C	50 °C
Babassufett	—	—	25,55	17,94
Cocosfett	—	34,34	23,58	17,00
Erdnußöl	77,38	48,83	33,12	23,70
Fisch- (Sardinen-)Öl	43,17	—	—	—
Leinöl	47,56	32,73	23,62	17,87
Mohnöl	62,46	—	—	—
Olivenöl	77,03	—	—	—
Palmfett	—	—	—	24,81
Palmkernfett	—	36,42	25,09	17,63
Perillaöl	47,56	—	—	—
Ricinusöl	1000,0	453,3	232,3	128,0
Rüböl	89,22	56,48	38,41	27,37
Schmalz	—	—	35,06	24,64
Senfsaatöl	83,11	52,25	36,65	26,25
Sesamöl	65,83	41,73	29,45	21,19
Sojaöl	58,89	38,82	27,52	19,85
Sonnenblumenöl	60,80	39,69	27,86	20,22
Talg	—	—	42,47	29,66

Tabelle 30. *Oberflächen- und Grenzflächenspannung einiger natürlicher Fette*
(in dyn/cm).

	Oberflächenspannung bei 80 °C	Grenzflächenspannung Öl/Wasser bei 70 °C
Baumwollsaatöl	31,3	29,76
Cocosöl	28,4	—
Ricinusöl	35,2	—
Erdnußöl	—	29,92
Sojaöl	—	30,58

2. Gewinnung der Fette

Ernte- und Lagerungsbedingungen der Fettrohstoffe sind bereits von beträchtlichem Einfluß auf die Fettqualität, da alles fetthaltige Material in mehr oder weniger feuchtem Zustande unter der Einwirkung des Luftsauerstoffs und in Gegenwart von Mikroorganismen und Enzymen der Gefahr von nachteiligen Veränderungen unterliegt. Besonders empfindlich sind fetthaltige tierische Gewebe und Ölfrüchte, die möglichst rasch und unter entsprechenden hygienischen Bedingungen zu verarbeiten sind. Ölsaaten dagegen sind wesentlich beständiger und lassen sich verhältnismäßig leicht durch Trocknen (Darren) in einen Zustand bringen, der eine längere Lagerung, z. B. in Siloanlagen, zuläßt.

a) Pflanzliche Fette

Die Verarbeitung der Ölsaaten beginnt gewöhnlich mit der Vorreinigung zwecks Entfernung von Staub, Pflanzenteilen, Sand und Metallteilen mittels Siebvorrichtungen, Windsichtung u. ä. Vielfach werden auch Schalen und Hülsen entfernt, womit man günstigere Vorbedingungen für die eigentliche Fettgewinnung schafft. Sodann wird das Material in Anpassung an den jeweiligen Gewinnungsprozeß vorbereitet (Konditionierung), d. h. mittels Riffel- und Quetschwalzen zerkleinert und in Wärmepfannen auf passende Temperatur und Feuchtigkeit eingestellt.

Pressen und Extrahieren mit Lösungsmitteln sind die praktisch geübten Gewinnungsprozesse. Meist in kontinuierlicher Arbeitsweise werden sie entweder für sich allein oder in Kombination unter sehr genauer Anpassung an die jeweilige Ölsaat angewandt. Moderne Pressen (Expeller) erlauben die kontinuierliche Verarbeitung z. B. von Palmkernen und Kopra in einem Arbeitsgang mit Gehalten von 4 bis 6% Rohfett in den Preßrückständen. Der Extraktionsprozeß wird ebenfalls in kontinuierlicher Arbeitsweise geführt. Er besteht aus der eigentlichen Extraktion mittels enggeschnittener Benzinfraktionen (Hexan), der destillativen Aufbereitung der Fettlösung (Miscella) im Vakuum und der Entbenzinierung der Extraktionsrückstände mittels Dampf. Das wiedergewonnene Lösungsmittel wird in den Prozeß zurückgeführt. Moderne Extraktionsanlagen (Lurgi-, de Smet-, Rotocel-Verfahren, um einige der gebräuchlichsten zu nennen) arbeiten mit stündlichen Durchsätzen von bis zu 50 t Ölsaaten bei einem Gehalt des Extraktionsrückstandes von etwa 0,5% Restfett und einem Verbrauch von etwa 0,5 kg Benzin je t Ölsaat. An Phosphatiden reiche Rohöle, z. B. Sojaöl, werden anschließend entlecithinisiert, indem man sie mit genau dosierten Wassermengen zwecks Quellung der Phosphatide behandelt, auf Separatoren die Phasen trennt und die wäßrige Phase durch Trocknen im Vakuum auf Rohlecithin verarbeitet. Abgesehen von der Lecithingewinnung erreicht man damit die erforderliche Transport- und Lagerfähigkeit der Rohöle.

Fettreiche Saaten, wie Raps u. ä., werden gewöhnlich vorgepreßt, wobei der Ölgehalt in den Preßrückständen auf 18 bis 25% vermindert wird, und sodann extrahiert.

Preß- und Extraktionsrückstände, gewöhnlich Expeller bzw. Schrote genannt, sind auf Grund ihres Eiweißgehaltes wichtige Rohstoffe in der Futtermittelwirtschaft. Sie werden teils als solche verfüttert, teils zu Futtermitteln industriell weiterverarbeitet.

Ölfrüchte, wie Oliven und Palmfrüchte, können nur an Ort und Stelle verarbeitet werden, da ihr ölhaltiges Fruchtfleisch durch eigene Enzyme rasch zersetzt wird, wobei auch eine Veränderung des Fettes eintritt. Man zerkleinert zunächst, kocht mit Wasser und trennt die wäßrige Fruchtfleischphase von den Kernen ab. Mit Hilfe von Separatoren gewinnt man sodann das Fruchtfleischöl, während die fetthaltigen Kerne, z. B. Palmkerne, von den Schalen befreit und gepreßt bzw. extrahiert werden.

b) Tierische Fette

Tierische Fette werden gewöhnlich durch Ausschmelzen der Fettgewebe gewonnen (Trockenschmelzverfahren und Naßschmelzverfahren). Die Gewinnung von Seetierölen, in erster Linie Walöl, wird größtenteils im Naßschmelzverfahren an Bord von Fabrikschiffen vorgenommen, die in Reichweite der Fangboote operieren. Kleinfische und Abfälle der Fischverarbeitung werden gepreßt, die Preßrückstände u. U. mit Fettlösungsmitteln extrahiert.

3. Industrielle Verarbeitung von Fetten

Während manche Fette oder Fettzubereitungen, wie Butter, Schlachttierfette (Schmalz), kaltgepreßte Pflanzenöle, in hygienisch und geschmacklich einwandfreiem Zustand erzeugt werden, bedürfen industriell hergestellte Rohfette einer weiteren Verarbeitung, um sie in einen verwendungsfähigen Zustand zu bringen. Die Reinigung der Rohfette (Raffination), ihre dem Verwendungszweck angepaßte Veredlung und die chemische Umwandlung zu Fettprodukten machen einen bedeutenden Industriezweig aus.

a) Raffination

Die Raffination hat den Zweck, Rohfette in des Wortes wahrster Bedeutung zu reinigen, und zwar

1. alle schädlichen Inhaltsstoffe zu entfernen und ein Eindringen solcher Stoffe während der Bearbeitung zu vermeiden,

2. auch solche Stoffe zu beseitigen, die Genußwert, Haltbarkeit und äußeres Aussehen nachteilig beeinflussen,

3. erwünschte Fettbestandteile und Begleitstoffe unversehrt und möglichst vollständig zu erhalten.

Schädliche Inhaltstoffe sind mechanische Verunreinigungen, Wasser, Schwermetalle, kolloid gelöste Stoffe (sog. Schleimstoffe), Autoxydationsprodukte (Peroxide) und mit Einschränkung freie Fettsäuren.

Nachteilig wirkende Bestandteile sind Phosphatide, bestimmte Farbstoffe, Wachse u. ä., auch spezifische Geruchs- und Geschmacksstoffe. Es bedarf keiner Frage, daß die Glyceride selbst und bestimmte Begleitstoffe, wie Tocopherole, weder chemisch verändert noch der Menge nach verringert werden dürfen.

Die klassische Arbeitsweise der Raffination besteht in einer stufenweisen Behandlung der Rohfette, nämlich der Entschleimung (gewöhnlich mittels konz. Phosphorsäure), der Entsäuerung mit Hilfe von Alkalilauge oder Alkalicarbonat, der Bleichung mit aktivierten Bleicherden und der Desodorisierung (Wasserdampf-Vakuumdestillation). Die Entschleimung bewirkt die Entfernung der mechanischen Verunreinigungen und der kolloid gelösten Trüb- und Schleimstoffe, nämlich der Phosphoaminolipoide, der eiweiß- und zuckerartigen Verbindungen. In manchen Fällen kann sie ausgelassen werden, gewöhnlich aber erleichtert sie die weitere Behandlung. Entsäuert wird meistens mit wäßriger Alkalilauge oder Alkalicarbonatlösung, wobei die freien Fettsäuren als Seifen (Soapstock) abgeschieden und entfernt werden. Gewisse Inhaltsstoffe, wie Farbstoffe und Teile des Unverseifbaren, werden vom Soapstock adsorptiv gebunden, andere — nämlich bestimmte Primärprodukte der Autoxydation (Peroxide) — zersetzt und endlich der Gehalt an Schwermetallen beträchtlich reduziert. Rohfette mit höheren Gehalten an freien Fettsäuren können vorteilhaft destillativ entsäuert werden (Hochvakuum, Wasserdampf als Träger). Diese Arbeitsweise ist infolge der thermischen Zersetzung der Carotinoide mit einer beträchtlichen Farbaufhellung verbunden, z. B. bei Palmöl.

Als Bleichmittel werden praktisch nur adsorptiv wirkende Stoffe benutzt, wie Naturerden oder aktivierte Erden und Aktivkohle, während die chemische Bleichung fast völlig verlassen oder auf Spezialfälle beschränkt ist. (Hypochloritbleiche bei der Seifenherstellung). In der Bleichstufe werden alle Seifenreste und Schwermetalle entfernt, ferner unerwünschte Farbstoffe, wie Chlorophyll, Blutfarbstoff, braungelbe Substanzen unbekannter Struktur, und endlich Teile des Unverseifbaren. Während diese Behandlungsstufen mit Ausnahme der destillativen Entsäuerung im Temperaturgebiet unter 100 °C vorgenommen werden, sind für die sich an den Bleichprozeß anschließende Desodorierung Temperaturen von 200 °C und darüber erforderlich. Dabei werden alle unerwünschten Geruchs- und Geschmacksstoffe, ferner Reste an freien Fettsäuren und Lösungsmitteln sowie flüchtige Spaltprodukte der Autoxydation entfernt.

Diese in kurzer Zusammenfassung beschriebene Behandlung wird sowohl im Chargenbetrieb als auch in kontinuierlicher Arbeitsweise vorgenommen. Was die technischen Einrichtungen anbetrifft, sind sie mit Rücksicht auf die hohe Empfindlichkeit der Fette folgenden Grundregeln der Arbeitsbedingungen angepaßt:

Fernhaltung von Luftsauerstoff in allen Verfahrensstufen zwecks Vermeidung von Autoxydationsvorgängen;
möglichst niedrige Arbeitstemperaturen;
Ausschluß prooxydativ wirkender Metalle;
kurzzeitige Behandlung und möglichst ununterbrochene Prozeßführung.

Verständlicherweise lassen sich diese Regeln am leichtesten bei kontinuierlicher Arbeitsweise einhalten, im Chargenbetrieb helfen Geschick und Erfahrung sehr viel. Von ganz wesentlichem Einfluß auf die Haltbarkeit und Lagerfähigkeit von gereinigten Fetten sind Schwermetallspuren, besonders Kupferspuren, deren Einschleppung während der Behandlung, aber auch bei der späteren Lagerung unbedingt vermieden werden muß. Daher bestehen alle technischen Ausrüstungen, die nach dem Bleichprozeß mit Fett in Berührung kommen, einschließlich der Lagerbehälter und Armaturen, aus legiertem Stahl bzw. Aluminium. Je nach Verwendungszweck des Fettes kann die Raffination beschränkt oder teilweise raffiniertes Fett aus dem Gesamtprozeß ausgeschleust werden. Für technische Zwecke sind vielfach entsäuerte (halbraffinierte) Fette ausreichend.

b) Veredlung

Die wichtigsten Veredlungsverfahren sind die fraktionierte Kristallisation, die Härtung und die Umesterung. Sie dienen dazu, spezielle Fett-Typen, die in der Natur nicht angetroffen werden, herzustellen oder Schwankungen des natürlichen Fettsortenangebotes auszugleichen.

c) Fraktionierte Kristallisation

Gewisse Öle, wie Baumwollsaatöl, Erdnußöl, Rüböl, scheiden beim Stehen in der Kälte feste Glyceride ab und gehen dadurch in einen unansehnlichen gelartigen Zustand über. Durch geeignete Führung der Abkühlung aber kristallisieren diese Bestandteile in filtrierbarer Form aus und werden z. B. mit Hilfe von Filterpressen abgetrennt. Man erhält kältebeständige, sog. winterisierte Öle. Nach dem gleichen Prinzip können auch feste und halbfeste Fette fraktioniert werden, um feste Fraktionen unterschiedlichen Schmelzverhaltens neben flüssigen Anteilen zu gewinnen. Die Herstellung von Preßtalg und Oleomargarin aus Rindertalg, von Stearin und Olein aus destillierten Talgfettsäuren, die Fraktionierung von Palmöl, Cocosöl, Palmkernöl seien als Verfahrensbeispiele genannt. Eine schärfere Trennung läßt sich bei Verwendung von Lösungsmitteln, wie Aceton, Methanol, erreichen. Vornehmlich Fettsäuren werden auf diese Weise aufgeteilt.

d) Härtung

α) Allgemeine Grundlagen. Die technische Härtung von Fetten und Fettsäuren, von W. NORMANN im Jahre 1902 erfunden, gleicht das natürliche Unterangebot an festen Fetten aus und gestattet darüber hinaus die Ausnutzung früher nicht voll verwendbarer Fette, wie der Seetieröle. Bei der Härtung (Hydrierung) der Fette wird Wasserstoff in Gegenwart von Katalysatoren, gewöhnlich metallischem Nickel, an eine oder mehrere Doppelbindungen der Fettsäurereste angelagert, so daß höherschmelzende Glyceride bzw. Fettsäuren entstehen. Die Hydrierungsreaktion kann naturgemäß zu jedem beliebigen Zeitpunkt abgebrochen, d. h. partiell geführt werden, so daß alle Schmelzpunktbereiche, die zwischen dem Schmelzpunkt des Ausgangsmaterials und dem des vollständig abgesättigten Fettes liegen, beliebig eingestellt werden können. Bei der partiellen Härtung wird offenbar, daß die Wasserstoffanlagerung einerseits von Nebenreaktionen begleitet ist, zum anderen an Polyenfettsäureresten stufenweise vor sich geht. Die Nebenreaktionen bestehen in Verschiebungen und räumlichen Umlagerungen von Doppelbindungen, die zu stellungs- und raumisomeren Fettsäuren bzw. Glyceriden führen. Was die stufenweise Hydrierung anbetrifft, so ist zu bedenken, daß praktisch in jedem zu härtenden Fett Polyenfettsäuren mit Monoenfettsäuren vergesellschaftet sind, und es kommt bei der partiellen Härtung darauf an, die Wasserstoffanlagerung auswählend so zu führen, daß Polyengruppen zunächst bis zur Monoenstufe abgesättigt, Monoenfettsäurereste aber möglichst nicht angegriffen werden, d. h. selektiv zu härten. Demzufolge zeigen partiell und selektiv gehärtete Fette einen recht komplizierten Aufbau, während vollständig abgesättigten oder, wie man sagt, durchgehärteten Fetten nur gesättigte Fettsäuren zugrunde liegen.

Die Härtung ist exotherm und zudem ein äußerst empfindlicher Prozeß, so daß ihre stofflichen und technischen Bedingungen von größtem Einfluß auf Verlauf und Ergebnis sind. Sie betreffen Art und Menge des Katalysators, die Beschaffenheit des Ausgangsmaterials, die Temperaturführung, die zeitliche Dauer und endlich die Einbringungsart des Wasserstoffs und die damit verbundenen Druckverhältnisse.

β) Technologie. Als Katalysator wird gewöhnlich feinverteiltes Nickel verwendet, das aus reinen Nickelverbindungen (Nickelformiat, Nickelcarbonat) hergestellt wird und auf Trägermaterial (Kieselgur, Aktivkohle u. ä.) niedergeschlagen sein kann (Trägerkontakte). Edelmetallkatalysatoren oder wiederholt vorgeschlagene Zuschläge von Schwermetallen (Cu, Co, Fe) haben sich, von Spezialfällen abgesehen, in der Praxis nicht bewährt. Erdalkalien, vor allem Magnesiumzuschläge zu Nickelkontakten dagegen scheinen von günstigem Einfluß auf Aktivität und Lebensdauer zu sein. Die Selektivwirkung von Nickelkontakten ist nicht besonders hoch einzuschätzen, reicht aber für die Herstellung üblicher gehärteter Fette aus. Sie wird wesentlich übertroffen von neuerdings vorgeschlagenen Chrom- oder Chrom-Kupfer-Katalysatoren (Selektivitätsverhältnis etwa 4:10 bis 12), welche Trien- und höher ungesättigte Fettsäurereste bis zur Dienstufe absättigen, ohne Dien- und Monoenfettsäuren in nennenswertem Umfange anzugreifen. Zwar sind sie zur Herstellung üblicher gehärteter Fette wenig geeignet, bewirken aber eine weitgehende Reduzierung der höheren Polyenfettsäurereste, beispielsweise der Linolensäure des Sojaöls, und damit eine beträchtliche Erhöhung der Ölstabilität[1].

Verunreinigungen des zu härtenden Fettes, in erster Linie Schwefelverbindungen, Eiweißstoffe, Seifen und Peroxide, aber auch des Wasserstoffs bewirken eine Inaktivierung des Nickelkatalysators und bestimmen damit wesentlich seine Lebensdauer. Der Verbrauch beträgt bei Pflanzenölen etwa 10 bis 20 g, bei Seetierölen 100 bis 600 g Nickel je Tonne Fett. Die zu härtenden Fette müssen sorgfältig vorraffiniert werden, wobei auf die Desodorisierung verzichtet werden kann.

Gewöhnlich wird im Chargenbetrieb gehärtet. Man benutzt geschlossene eiserne Behälter (Autoklaven), die mit wirksamen Rührwerken, Heiz- und Kühlschlangen und den üblichen Armaturen ausgerüstet sind. Die Hydrierungsgeschwindigkeit hängt, abgesehen von der Katalysatoraktivität, von der Diffusionsgeschwindigkeit des Wasserstoffs in der flüssigen Phase und von der Temperatur ab. Eine gute Durchmischung von Wasserstoff, Fett und Katalysator ist daher unerläßlich. Fette werden meistens bei einer Temperatur um 200 °C und einem Wasserstoffdruck von 1 bis 3 atü gehärtet. Für die Härtung von Fettsäuren benötigt man höhere Drücke.

Die Härtungsbedingungen sind von großem Einfluß auf die physikalische und chemische Beschaffenheit der Härtungsprodukte. Schmelzpunkt, Konsistenz und Plastizität der Fette sowie ihr Ungesättigtheitsgrad können in weiten Grenzen variiert werden, stehen aber in Beziehung miteinander. Meistens strebt man eine möglichst hohe Selektivität der Härtung an, die durch hohe Katalysatorkonzentration, hohe Temperatur und geringen Wasserstoffdruck begünstigt wird.

Je Tonne Fett und je verminderte Jodzahleinheit beträgt der Wasserstoffverbrauch 1,12 Nm^3, die Reaktionswärme etwa 230 kcal.

Nach Abfiltrieren des Katalysators werden die Rohhartfette nachraffiniert, um den Gehalt an freien Fettsäuren, der während der Härtung geringfügig ansteigt, zu reduzieren und vor allem Nickelreste vollständig zu entfernen. Das Katalysatormaterial — etwa 40% Fett enthaltend — wird wiederholt bis zur Erschöpfung eingesetzt und sodann unter Gewinnung von Fett und Nickelsalzen aufgearbeitet.

γ) Verwendung und Eigenschaften gehärteter Fette. Gehärtete Fette finden überwiegend in der Speisefettindustrie, besonders zur Herstellung von Margarine, Verwendung, in geringerem Umfang zu technischen Zwecken, wie in der Seifen- und Kerzenindustrie. Sie kommen in der Regel unter Angabe der Herkunft und des Schmelzpunktbereichs, vielfach aber auch mit Phantasie-

---

[1] EVANS, C. D., R. E. BEAL, D. G. McCONNELL, L. T. BLACK u. J. C. COWAN: J. Amer. Oil Chemists Soc. 41 (1964) 260—263. — McCONNELL, D. G., C. D. EVANS u. J. C. COWAN: ebenda 42 (1965) 738—741. — KORITALA, S., u. H. J. DUTTON: ebenda 43 (1966) 86—89.

bezeichnungen auf den Markt. Handelsüblich sind Typen folgender Schmelz-punktbereiche:

$$30/32°, \ 32/34°, \ 34/36°, \ 36/38°, \ 40/42 \ °C.$$

Höher schmelzende Typen werden meist nur bei besonderem Bedarf herge-stellt. Vollständig gehärtete Fette (Jodzahl nahe 0) weisen folgende Schmelz-punkte auf:

| geh. Cocosfett | 35—37 °C | geh. Sojaöl u. ä. | > 50 °C | geh. Fischöl | 52—57 °C |
| geh. Palmkernfett | 42 °C | geh. Walöl | 52—56 °C | geh. Talg | 50—55 °C |

In partiell und selektiv gehärteten Fetten sollen Triensäuren und höhere Polyensäuren nicht mehr nachweisbar sein. Dies ist ein für die Haltbarkeit wesentlicher Umstand, ganz besonders hinsichtlich gehärteter Seetieröle. Schmelz-punkt, Ungesättigtheitsgrad und Refraktion gehärteter Fette stehen dergestalt im Zusammenhang, daß bei steigendem Schmelzpunkt der Ungesättigtheitsgrad und die Refraktion, alle bezogen auf das Ausgangsmaterial, absinken.

Die genannten Eigenschaften sind jedoch für eine genügende Charakterisierung gehärteter Fette nicht ausreichend. Was den chemischen Aufbau partiell und selektiv gehärteter Fette anbetrifft, sind stellungs- und raumisomere ungesättigte Fettsäuren spezifische Inhaltsstoffe. Die trans-Säuren werden gewöhnlich als Isoölsäure bezeichnet und können mit Hilfe chemischer Methoden oder der IR-Spektroskopie qualitativ und quantitativ bestimmt werden. Konsistenz und Plastizität gehärteter Fette und deren Temperaturabhängigkeit korrespondieren mit dem jeweiligen Verhältnis von festen und flüssigen Bestandteilen, das aus der spezifischen Schmelzausdehnung (Dilatation) in Abhängigkeit von der Tempe-ratur ermittelt werden kann. Derartige Dilatationsdiagramme erlauben eine verläßliche Charakterisierung gehärteter Fette bezüglich ihres Schmelz- und Konsistenzverhaltens.

In der folgenden Tab. 31 sind die typischen Eigenschaften einiger gehärteter Fette zusammengestellt.

Tabelle 31. *Typische Eigenschaften gehärteter Fette.*

Bezeichnung	Steig-schmelzpunkt °C	JZ	Dilatation mm³/25 g bei		
			10 °C	20 °C	30 °C
gehärtetes Sojaöl	34/36	70—75	1300	1050	450
	40/42	60—65	1550	1500	1100
gehärtetes Baumwollsaatöl	34/36	65—70	1350	1050	600
gehärtetes Walöl	34/36	65—75	1250	1100	500
	38/40	60—65	1350	1250	750
	40/42	50—60	1600	1500	1150
gehärtetes Fischöl	34/36	70—80	1200	1000	500
	40/42	55—65	1500	1400	1000

e) Umesterung

Die Umesterung ist ein altbekanntes Behandlungsverfahren, das jedoch erst in jüngster Zeit zu wachsender Bedeutung gekommen ist, nachdem hochaktive Katalysatoren gefunden und der Reaktionsmechanismus sowie die Kinetik geklärt worden sind[1]. Sie dient dazu, durch Veränderung des Triglyceridaufbaus, aber ohne Eingriff in die Struktur der Fettsäurereste, die physikalischen Eigen-

---

[1] Vgl. BALTES, J.: Die Nahrung 4 (1960) 1; 5 (1961) 521.

schaften von Fetten zu modifizieren, und ermöglicht, besonders in Verbindung mit der fraktionierten Kristallisation, die Herstellung von Fett-Typen, die in der Natur nicht vorkommen.

Unter dem Begriff der Umesterung faßt man mehrere nahe verwandte Reaktionen zusammen, und zwar die Alkoholyse, die Acidolyse und die Umesterung im engeren Sinne (interesterification). Letztere ist dadurch charakterisiert, daß Estergruppen unter Acyl- bzw. Alkoxyaustausch miteinander reagieren. Liegen, wie im Falle der Fette, mehrere Estergruppen pro Molekül vor, so tritt sowohl ein intramolekularer als auch ein intermolekularer Austausch ein. In homogener flüssiger Phase stellt sich alsbald ein Gleichgewicht ein, bei dem die verschiedenen Fettsäurereste innerhalb des Triglyceridverbandes nach statistischen Gesetzen verteilt sind (ungelenkte Umesterung), was bei natürlichen Fetten nicht der Fall ist. Senkt man während der Umesterung die Temperatur des Reaktionsgemisches, so kristallisieren höherschmelzende, besonders vollgesättigte Triglyceride aus. Durch diese laufende Störung des Gleichgewichtes werden schließlich nahezu alle gesättigten Fettsäurereste in Form gesättigter Triglyceride abgeschieden (gelenkte Umesterung).

Als Umesterungskatalysator benutzt man meistens Natriummethylat in Mengen von 0,05 bis 0,2%. Das umzuesternde Fett muß frei sein von allen Stoffen, die den Katalysator inaktivieren (Wasser, freie Fettsäuren, Kohlendioxid, Hydroperoxide). Man führt daher die Reaktion mit halbraffiniertem Fett im Vakuum durch und bricht sie nach Erreichen des gewünschten Zustandes ab, indem man den Katalysator durch Einrühren von Wasser oder verdünnter Mineralsäure inaktiviert.

Umgeesterte Fette unterscheiden sich in ihren chemischen Eigenschaften nicht von dem Ausgangsmaterial, beträchtlich dagegen in ihren physikalischen Eigenschaften (Schmelz- und Dilatationsverhalten), die zur Charakterisierung herangezogen werden. Der Triglyceridaufbau und damit die genaue Zusammensetzung von ungelenkt umgeesterten Fetten läßt sich aus dem Fettsäuresortiment errechnen.

Die Alkoholyse mit ein- oder mehrwertigen Alkoholen benutzt man vorwiegend zur Herstellung von Fettsäuremethylestern und von Mono- und Diglyceriden, wobei man ebenfalls basische Katalysatoren (Alkalihydroxide, Alkalialkoholate) verwendet. Methylester werden vielfach als Zwischenprodukte benötigt, Mono-/ Diglyceride dienen als Emulgatoren und als Vorprodukte für Lackharze und gewisse Waschrohstoffe.

f) Chemische Umwandlung von Fetten

α) Spaltung. Als Fettspaltung bezeichnet man die hydrolytische Zerlegung von Fetten in Fettsäuren und Glycerin. Sie kann summarisch durch folgendes Formelschema angegeben werden:

$$\begin{array}{ccc} RCO \cdot O \cdot CH_2 & & CH_2OH \\ | & & | \\ RCO \cdot O \cdot CH + 3H_2O \rightleftharpoons 3RCOOH + & CHOH \\ | & & | \\ RCO \cdot O \cdot CH_2 & & CH_2OH \end{array}$$

Demgemäß richtet sich die Ausbeute an Fettsäuren und Glycerin nach der Verseifungszahl des jeweiligen Ausgangsfettes (vgl. Tab. 32).

Die Fettspaltung ist eine reversible, autokatalytische Stufenreaktion, bei der Di- und Monoglyceride als Zwischenprodukte auftreten. Die Lage des Gleichgewichtes dieses mehrphasigen Systems hängt in komplizierter Weise von den Konzentrationen aller Reaktionspartner in den verschiedenen Phasen ab. Für praktische Zwecke ist die angenäherte Berechnung höherer Spaltgrade in Abhängigkeit von der Glycerinkonzentration des Spaltwassers ausreichend (vgl. Tab. 33).

Druckspaltung und Reaktivspaltung sind technisch gebräuchliche Spaltverfahren. Erstere kann sowohl diskontinuierlich als auch kontinuierlich geführt werden. Für letztere kommt nur Chargenbetrieb in Frage. Zur Druckspaltung benötigt man Einrichtungen (Autoklaven, Rohrleitungen, Armaturen usw.) aus legierten Stählen. Vielfach werden alkalische Katalysatoren, wie MgO, CaO, ZnO, KOH, NaOH, benutzt, so daß bei Drucken von 6 bis

Tabelle 32. *Theoretische Ausbeuten von Fettsäuren und Glycerin in Abhängigkeit von der Verseifungszahl* (Gewichtsteile pro 100 Gewichtsteile Fett).

Verseifungszahl	Fettsäure	Glycerin	Verseifungszahl	Fettsäure	Glycerin	Verseifungszahl	Fettsäure	Glycerin
170	96,16	9,30	204	95,39	11,16	238	94,62	13,02
171	96,14	9,35	205	95,37	11,21	239	94,60	13,07
172	96,11	9,41	206	95,35	11,27	240	94,58	13,13
173	96,09	9,46	207	95,32	11,32	241	94,56	13,18
174	96,07	9,52	208	95,30	11,38	242	94,53	13,23
175	96,05	9,57	209	95,28	11,43	243	94,51	13,29
176	96,02	9,63	210	95,26	11,48	244	94,49	13,34
177	96,00	9,68	211	95,23	11,54	245	94,47	13,40
178	95,98	9,73	212	95,21	11,59	246	94,44	13,45
179	95,94	9,79	213	95,19	11,65	247	94,42	13,51
180	95,93	9,84	214	95,17	11,70	248	94,40	13,56
181	95,91	9,90	215	95,14	11,76	249	94,37	13,62
182	95,89	9,95	216	95,12	11,81	250	94,35	13,67
183	95,87	10,01	217	95,10	11,87	251	94,33	13,73
184	95,84	10,06	218	95,08	11,92	252	94,31	13,78
185	95,82	10,12	219	95,05	11,98	253	94,28	13,84
186	95,80	10,17	220	95,03	12,03	254	94,26	13,89
187	95,78	10,23	221	95,01	12,09	255	94,24	13,95
188	95,75	10,28	222	94,99	12,14	256	94,22	14,00
189	95,73	10,34	223	94,96	12,20	257	94,19	14,06
190	95,71	10,39	224	94,94	12,25	258	94,17	14,11
191	95,69	10,45	225	94,92	12,31	259	94,15	14,16
192	95,66	10,50	226	94,89	12,36	260	94,13	14,22
193	95,64	10,56	227	94,87	12,41	261	94,10	14,27
194	95,62	10,61	228	94,85	12,47	262	94,08	14,33
195	95,59	10,66	229	94,83	12,52	263	94,06	14,38
196	95,57	10,72	230	94,80	12,58	264	94,04	14,44
197	95,55	10,77	231	94,78	12,63	265	94,02	14,49
198	95,53	10,83	232	94,76	12,69	266	93,99	14,55
199	95,50	10,88	233	94,74	12,74	267	93,97	14,60
200	95,48	10,94	234	94,71	12,80	268	93,95	14,66
201	95,46	10,99	235	94,69	12,85	269	93,92	14,71
202	95,44	11,05	236	94,67	12,91			
203	95,41	11,10	237	94,65	12,96	1	99,977	0,055

Tabelle 33. *Abhängigkeit des Spaltgrades in Abhängigkeit von der Glycerinkonzentration des Spaltwassers.*

Glycerin im Spaltwasser %	theoretischer Spaltgrad %	praktisch erreichbarer Spaltgrad %	Glycerin im Spaltwasser %	theoretischer Spaltgrad %	praktisch erreichbarer Spaltgrad %
1	99,2	97,5	12	90,4	88,5
2	98,4	96,0	14	88,8	87,0
4	96,8	94,5	16	87,2	85,5
6	95,2	93,0	18	85,6	84,0
8	93,6	91,5	20	84,0	82,5
10	92,0	90,0			

12 atü gearbeitet werden kann. Bei der reinen Wasserspaltung sind Drücke von 20 bis 28 atü bei Chargenbetrieb erforderlich, um auf günstige Spaltzeiten zu kommen. Bei kontinuierlicher Arbeitsweise sind ein Druck von etwa 45 atü und eine Temperatur von etwa 240 °C am günstigsten. Das Verhältnis Fett/Wasser beträgt bei der chargenweisen Spaltung etwa 3 bis 4:1, bei den kontinuierlichen Verfahren etwa 2:1. Die Reaktivspaltung besteht im Kochen von Fett/Wasser-Mischungen in Gegenwart sog. Reaktivspalter — das sind sulfonierte Kombinationen von Fettsäuren und aromatischen Verbindungen — und kleiner Mengen Schwefelsäure Im Chargenbetrieb wird in allen Fällen auf mindestens „zwei Wässern" gespalten, um einen genügend hohen Spaltgrad zu erreichen.

Die Produkte der Spaltung sind sog. Spaltfettsäuren und Glycerinwässer. Erstere werden mechanisch gereinigt und getrocknet und sind ohne weitere Bearbeitung verarbeitbar, z. B. zur Seifenherstellung. In der Regel jedoch werden sie im Vakuum destilliert, um möglichst reine und farbstabile Fettsäuren zu erhalten.

Die Glycerinwässer aus der zusatzfreien Druckspaltung — 16 bis 18%ig bei diskontinuierlichem, 30 bis 40%ig bei kontinuierlichem Betrieb — werden zunächst eingedampft. Aus dem 85%igen Rohglycerin scheidet sich beim Abkühlen und Stehenlassen eine Fettsäureschicht ab, die abgetrennt wird. Das verbleibende Rohglycerin wird sodann destilliert. Umständlicher ist die Aufbereitung der Glycerinwässer aus der katalytischen Druckspaltung und besonders aus der Reaktivspaltung. In neuerer Zeit hat sich die Aufbereitung mit Ionen-Austauscher-Harzen durchgesetzt, bei der alle Verunreinigungen so weitgehend entfernt werden, daß man mit dem Eindampfen des gereinigten Glycerinwassers auskommt, auf die Destillation aber verzichten kann.

Außer Spaltwässern der vorgenannten Art werden auch Seifenunterlaugen auf Glycerin verarbeitet. Die Qualität der gewonnenen Produkte hängt weitgehend von den Reinigungsmaßnahmen ab, die bei der Aufbereitung angewandt wurden. Diese werden naturgemäß auch dem jeweiligen Verwendungszweck angepaßt. Daher sind verschiedene Glycerinsorten im Handel, deren Bezeichnung und Eigenschaften nachstehend zusammengestellt sind.

β) **Rohglycerine.** 1. *Saponifikatglycerin* von der Fettspaltung im Autoklaven. Farbe hellgelb bis dunkelbraun, Geschmack rein süß, D 1,24, Glyceringehalt wenigstens 85%, nichtflüchtige organische Bestandteile höchstens 1%, Aschegehalt nicht über 0,5%.

2. *Destillationsglycerin* von der Fettspaltung mit Schwefelsäure aus dem Sauerwasser, Farbe gelb bis braun, Geschmack scharf, adstringierend, Geruch unangenehm, D 1,24, Glyceringehalt 80 bis 85%, Asche bei guten Sorten 0,4 bis 1,5%, bei schlechten Sorten bis 5%, nichtflüchtige organische Bestandteile bis über 2%.

3. *Unterlaugenrohglycerin* aus den Unterlaugen der Seifenherstellung. Farbe gelb bis braunrot. Geschmack süß und salzig, D nicht unter 1,3, Glyceringehalt 78 bis 82%, Asche nicht über 10,5%, nichtflüchtige organische Bestandteile nicht über 3%.

4. *Gärungsrohglycerin* aus der Schlempe. Dunkel gefärbt, trübe, bis 20% Asche.

γ) **Gereinigte Glycerine.** 1. *Raffinierte Glycerine* sind nichtdestillierte Sorten, die aus Rohglycerinen durch Ausfällen der Kalksalze, Bleichen mit Entfärbungskohle und Konzentrieren erhalten werden. Farbe hellgelb bis weiß, D 1,23, Aschegehalt nicht über 0,3 bis 0,5%.

2. *Destillierte Glycerine.* Dynamitglycerin muß mindestens folgenden Anforderungen entsprechen (*Nobel-Test*): Farbe hell, Geschmack süß, geruchlos, D 5,5 nicht weniger als 1,261, Glyceringehalt mindestens 98,5%, maximaler Aschegehalt 0,05%, Ca, Mg und Al dürfen nicht vorhanden sein, Cl nicht mehr als 0,01% (auf NaCl berechnet), mit dem gleichen Volumen H_2O verdünnt darf auf Zusatz von HNO_3 und $AgNO_3$ höchstens Opaleszenz auftreten, reduzierende Substanzen nur in Spuren. 10 cm³ Glycerin mit 10 cm³ einer 10%igen $AgNO_3$-Lösung auf 60 °C erhitzt, darf nach 10 Min. Stehen im Dunkeln höchstens gebräunt werden. Nichtflüchtige organische Substanzen nicht über 0,1%, neutrale Reaktion, Probenitrierung soll mindestens 205% Nitroglycerin geben.

3. *Chemisch reine Glycerine* (doppelt destillierte Glycerine). Absolut farblos, nicht mehr als 0,03% Gesamtrückstand (Asche und Polyglycerine), kein As, keine reduzierenden Substanzen, keine flüchtigen Säuren, keine Schönungsmittel, D 1,23 bis 1,26.

Das DAB 6 stellt an das Glycerin folgende Anforderungen: Gehalt 84 bis 87% wasserfreies Glycerin, klare, farblose, süße, geruchlose, sirupartige Flüssigkeit, in jedem Verhältnis in Wasser, Weingeist und in Ätherweingeist, nicht aber in Äther, Chloroform und fetten Ölen löslich, darf Lackmuspapier nicht verändern, darf keine Reaktionen auf Arsenverbindungen, Schwefelsäure, Salzsäure, Oxalsäure, Calciumsalze, Schwermetallsalze, Eisensalze, Acrolein, reduzierende Verbindungen, Traubenzucker und Ammoniumverbindungen geben, beim Veraschen keinen Rückstand hinterlassen und keine Schönungsmittel enthalten, D 1,221 bis 1,231.

δ) Isomerisierung. Die Isomerisierung von ungesättigten Fetten und Fettsäuren als selbständiger Prozeß ermöglicht deren Veränderung hauptsächlich in zwei Richtungen: Umwandlung der natürlichen cis- in die trans-Konfiguration und Überführung von Isolen- in Konjuenstrukturen. Die räumliche Isomerisierung, als Elaidierung altbekannt, scheint neuerdings an Bedeutung zu gewinnen, nachdem technisch brauchbare Verfahren gefunden wurden[1]. Sie ermöglicht die Umwandlung von flüssigen Fetten und Fettsäuren in mehr oder weniger feste Produkte ohne Hydrierung. Die zweitgenannte Isomerisierungsart erlaubt die Herstellung von Konjuenölen und -fettsäuren, an denen ein natürliches Unterangebot besteht und die für manche Verwendungszwecke, z. B. in der Lackindustrie, und als Zwischenprodukte sehr begehrt sind. Aus wirtschaftlichen Gründen dürften nur katalytische Verfahren von Interesse sein, die katalytische Schwermetall-Isomerisierung mit Nickelkontakten[2] und die katalytische Alkaliisomerisierung mit Alkalialkoholaten[3]. Naturgemäß sind hohe Konjuengehalte der Verfahrensprodukte erwünscht, so daß als Ausgangsmaterial in erster Linie pflanzliche Öle, wie Sojaöl, Sonnenblumenöl und Safloröl bzw. deren Fettsäuren, in Frage kommen.

ε) Oxydation und Polymerisation. Ungesättigte Fettbestandteile und Fettsäuren sind für die verschiedenartigsten Oxydations- und Polymerisationsvorgänge prädestiniert. Einerseits beeinträchtigen diese die Haltbarkeit und Lagerfähigkeit von Fetten und sind darum unerwünscht, andererseits werden sie forciert, beispielsweise um die Trocknung von Öllacken zu beschleunigen oder um bestimmte technische Fettprodukte herzustellen.

Die *Autoxydation*, eine radikalische Kettenreaktion, beginnt mit der Bildung von Hydroperoxiden an den vicinalen Methylengruppen der Doppelbindungen und schreitet über Sekundärprodukte (Oxi- und Ketosäuren, Ketone, Aldehyde) bis zur Verharzung oder gar bis zum Abbau der Fettsäurekette unter Kohlendioxidbildung fort. Sie wird beschleunigt durch Licht, höhere Temperaturen und vor allem Schwermetalle (Sikkative), verzögert oder fast vollständig inhibiert durch Inhibitoren (Antioxydantien und Synergisten). Bei Speisefetten führt die Autoxydation zum Verderb (Ranzidität), bei Seifen und Seifenpulvern zu Geruchs- und Farbveränderungen, in manchen Fällen ist sie gar Brandstifter, z. B. durch Selbstentzündung von unsachgemäß geschmälzten Textilfasern oder von ölhaltigen Putzlappen. Bei trocknenden Ölen bewirkt sie die Bildung fester Oberflächenfilme.

---

[1] Vgl. DAS 1211158.

[2] RADLOVE, S. B., H. M. TEETER, W. H. BOND, J. C. COWAN u. J. P. KASS: Industr. Engng. Chem. 38 (1948) 997. — MIKUSCH, J. D. VON: Farbe und Lack 57 (1951) 341, 393; vgl. auch DBP 883893.

[3] BALTES, J., F. WEGHORST u. O. WECHMANN: Fette, Seifen, Anstrichmittel 63 (1961) 413. — BALTES, J:. ebenda 66 (1964) 809. — WEGHORST, F., u. J. BALTES: ebenda 67 (1965) 447; vgl. auch DAS 1156788 und 1156789; A. P. 3162658; E. P. 925148.

Die *chemische Oxydation* mit verschiedenartigsten Oxydationsmitteln wird zur Herstellung von Fettsäurederivaten herangezogen. Durch Ozonspaltung erhält man aus Ölsäure in technischem Ausmaß Azelainsäure ($HOOC(CH_2)_7COOH$) und Pelargonsäure ($CH_3(CH_2)_7COOH$). Organische Persäuren (Perameisensäure, Peressigsäure) bilden je nach den Verfahrensbedingungen epoxidierte Produkte oder Hydroxiderivate[1]. Die Alkalischmelze (Varrentropp-Reaktion) führt zur Kettenverkürzung oder -sprengung und ist noch heute das einzige brauchbare Verfahren zur technischen Herstellung von Sebacinsäure ($HOOC(CH_2)_8COOH$).

Die *thermische Oxydation* mit Luftsauerstoff, auf trocknende und halbtrocknende Öle sowie Trane angewandt, ist eine oxydative Polymerisation und liefert geblasene Öle (blown oils). Je nach Temperaturführung und Intensität des „Blasens" erhält man Produkte mit unterschiedlichen, aber typischen Eigenschaften, die sich u. a. im Anstieg der Dichte und der Viskosität, durch verminderte Löslichkeit und im Absinken der Jodzahl und Ansteigen der Verseifungszahl bemerkbar machen.

Oxisäuren, Lactone und vor allem sauerstoffreiche Polymere sind die kennzeichnenden Bestandteile geblasener Öle. Nach dem Ausgangsmaterial unterscheidet man

geblasene halbtrocknende Öle,
geblasene trocknende Öle,
geblasene Trane.

Bei 70 bis 120 °C geblasenes Rüböl und Baumwollsaatöl dienen zur Herstellung von gefetteten Schmierölen (Marineöle). Schwach geblasenes Leinöl ist ein Rohstoff für Anstrichmittel, die forcierte Oxydation liefert Linoxyn, den Grundstoff der Linoleumherstellung. Geblasene Trane enthalten 2 bis 20% Oxifettsäuren als die für die Emulgierwirkung verantwortlichen sog. Dégras-Bildner neben hochungesättigten Fettsäuren und flüchtigen Säuren (Valeriansäure, Capronsäure u. ä.). Der eigentliche Dégras ist ein Nebenprodukt der Sämischgerberei, der künstliche, eben geblasene Tran in Form eines dickflüssigen oder halbfesten, gelartigen Öles besteht aus etwa 50 bis 60% verseifbaren und etwa 15 bis 20% unverseifbaren Bestandteilen. Moellon, ein ähnliches Produkt, hat etwa 70% verseifbare und etwa 10% unverseifbare Bestandteile.

Unter Dégras versteht man heute gewöhnlich ein Gemisch aus festen und flüssigen Fetten (Tran, Talg, Wollfett) oder Spindelöl mit Moellon. Qualitätsbestimmend ist in erster Linie der Gehalt an Oxifettsäuren, der bis zu 10% bei einem spez. Gewicht von 0,945 bis 0,955 g/cm^3 (wasserfrei) ausmachen soll.

Über typische Kennzahlen und Eigenschaften geblasener pflanzlicher Öle unterrichtet die folgende Tab. 34. Die in Klammern gesetzten Zahlen bedeuten jeweils die Werte der ursprünglichen Öle.

Die *thermische Polymerisation* von hochungesättigten Ölen führt zu sog. Standölen oder Dicköl und beruht nach heutiger Kenntnis im wesentlichen auf einer

Tabelle 34. *Kennzahlen und Eigenschaften geblasener Öle.*

Bezeichnung	Spez. Gewicht 15 °C	VZ	JZ	freie Fettsäuren (als Ölsäure ber.) %	oxydierte Säuren %
geblasenes Rüböl	0,967—0,977	195—270	47—65	5—8	20—28
	(0,913—0,917)	(170—180)	(94—106)	(0,3—5)	(—)
geblasenes Baumwollsaatöl	0,927—0,980	214—228	45—65	2—10	26—30
	(0,922—0,925)	(190—198)	(100—115)	(0,5—3,5)	(—)
geblasenes Leinöl	1,043—1,079	272—300	50—60	>10	40—50
	(0,930—0,935)	(192—198)	(175—183)	(0,5—1,5)	(—)
geblasener Dorschtran	0,985—0,990	205—215	75—85	5—15	25—30
	(0,910—0,915)	(180—190)	(145—155)	(0,5—1)	(—)

[1] SWERN, D.: Oxygenated Fatty Acids, in „Progress in the Chemistry of Fats and Lipids, London 1955, Bd. III, S. 213.

gegenseitigen Addition der Polyenfettsäurereste im Sinne einer Diensynthese nach DIELS-ALDER. Holzöl, Leinöl und Sojaöl, auch in Mischung, sind die bevorzugten Ausgangsmaterialien. Die Standölkochung wird unter Luftabschluß bei 200 bis 300 °C vorgenommen und dauert je nach Ölsorte eine halbe Stunde bis mehrere Stunden. Gekocht wird jeweils auf eine bestimmte Viskosität, die sich nach dem Verwendungszweck richtet.

Über die Veränderung der wichtigsten Fettkennzahlen während der Standölkochung in technischem Maßstab möge die Tab. 35 einige Anhalte geben.

Tabelle 35. *Kennzahlen von Standölen in Abhängigkeit von den Kochbedingungen.*

Kochtemperatur	Erhitzungszeit in Stunden	Jodzahl	Spez. Gewicht	Säurezahl	Viskosität in Poisen
		Leinöl			
		182 (Han.)	0,9272	0,39	0,5
274 °C	1	174	0,9321	0,98	0,65
	3	160	0,9350	1,32	0,85
	5	141	0,9390	1,96	1,25
288 °C	1	164	0,9282	1,37	0,70
	3	140	0,9372	2,54	2,00
	5	120	0,9430	4,11	3,70
302 °C	1	151	0,9387	2,54	1,25
	3	131	0,9496	4,90	4,35
	5	118	0,9578	6,86	12,81
315,5 °C	1	130	0,9511	6,86	4,35
	3	116	0,9698	15,68	29,95
	5	100	0,9767	21,56	86,18
		Holzöl			
		150 (Wijs)	0,9362	3,92	2,75
204,5 °C	$^1/_2$	75	0,9421	3,92	5,91
	1	70	0,9442	3,92	11,93
	$1^1/_2$	72	0,9471	3,92	17,28
	2	48	0,9482	3,92	33,11

Standöle der genannten Art werden hauptsächlich als Lackrohstoffe verwendet. Eine Ausnahme macht das bei etwa 300 °C gekochte Ricinusöl, das mineralöllöslich ist und zur Compoundierung von Schmierölen benutzt wird.

Ungesättigte Fettsäuren, besonders Polyenfettsäuren, lassen sich thermisch und katalytisch unter Bildung von höhermolekularen, mehrbasigen Säuren (Oligomere) polymerisieren. Nach destillativer Abtrennung der Monomeren verbleiben dickflüssige Gemische, die vorwiegend aus Di- und Tricarbonsäuren bestehen und als dimere Fettsäuren in der Lack- und Kunststoffindustrie Verwendung finden.

ζ) **Sulfierung.** Mit Schwefelsäure behandelte Fette spielen seit altersher in der Textil- und auch in der Lederindustrie eine große Rolle. Türkischrotöle waren ursprünglich aus Ricinusöl bzw. dessen Fettsäuren hergestellte Produkte, heute versteht man unter diesem Sammelbegriff mit Schwefelsäure behandelte Öle und Fettsäuren aller Art.

Bei der Sulfierung sind zwei Hauptreaktionen zu unterscheiden: Die Umesterung von Hydroxylgruppen unter Bildung von Schwefelsäureestern (Sulfatierung) und die Anlagerung an Doppelbindungen unter Bildung von Sulfonsäuren (Sulfonierung). Im Falle der ungesättigten Öle und Fettsäuren laufen sie nebeneinander ab, bei Ricinusöl und Oxifettsäuren ist die Sulfatierung die bevorzugte Reaktion. Die folgenden Formelschemata mögen dies verdeutlichen.

$$-CH_2-CH=CH-CH_2 \xrightarrow{H_2SO_4} \begin{cases} -CH_2-CH(OSO_3H)-CH_2-CH_2- & \text{(Sulfatierung)} \\ -CH_2-CH(SO_3H)-CHOH-CH_2- & \text{(Sulfonierung)} \end{cases}$$

$$-CH_2-CHOH-CH_2 \xrightarrow[-H_2O]{H_2SO_4} -CH_2-CH(OSO_3H)-CH_2- \qquad \text{(Sulfatierung)}$$

Daneben spielen sich zahlreiche Nebenreaktionen ab, bei denen sich Mono- und Diglyceridsulfate, Oxifettsäuren und deren Glyceride, Estolide, Lactone und höhermolekulare Produkte bilden.

Außer Ricinusöl werden hauptsächlich Sojaöl, Rüböl, technische Olivenölsorten, Klauenöl, Fischöle, technische Ölsäuren, Tallölfettsäuren und Spermöl sulfiert. Zur Herstellung der Türkischrotöle im engeren Sinne sulfiert man Ricinusöl mit 35 bis 40% Schwefelsäure (66°Bé), indem man die Säure unter Rühren und Kühlen innerhalb mehrerer Stunden einfließen läßt, wobei die Temperatur des Reaktionsgemisches auf 25 bis 35°C gehalten wird. Dann wird mit Wasser oder Salzlösung gut ausgewaschen und mit Natronlauge oder Kalilauge — auch Alkalicarbonate und Alkanolamine werden benutzt — unter Gehaltseinstellung neutralisiert. Andere Öle und Fettsäuren werden im Prinzip auf die gleiche Weise, meistens aber bei niedriger Temperatur (20°C und darunter) sulfiert.

Türkischrotöle sind gelbbraune viskose Öle, in Wasser klar löslich oder leicht emulgierend und je nach Neutralisationsgrad sauer oder neutral. Ihr SO_3-Gehalt — Bewertungsgrundlage ist der Gehalt an Schwefelsäureester bzw. Sulfonsäure — liegt gewöhnlich unter 5%, aber auch Produkte mit SO_3-Gehalten bis 20% sind erhältlich. Sie besitzen ein hohes Netz- und Emulgiervermögen und sind kalkbeständiger als gewöhnliche Seifen. Außer den eingangs erwähnten Gebieten sei noch die Verwendung von sulfonierten Ölen und Fettsäuren in Bohrölen erwähnt.

V. Prüfung

1. Allgemeines

Die Prüfung der Fette beschränkte sich lange Zeit auf die summarische Feststellung von physikalischen und chemischen Eigenschaften, sie fand ihren bezeichnenden Ausdruck in dem bekannten Kennzahlensystem. Erst in jüngster Zeit hat sie durch verfeinerte physikalische Trennverfahren und optische Methoden einen hohen Stand und damit einen gewissen Abschluß erreicht, der eine fast vollständige Beschreibung ihrer Eigenschaften und Zusammensetzung gestattet. Diese Entwicklung hat ihre besondere Ursache.

Fette und Fettsäuren als Gemische homologer oder doch nahe verwandter Stoffe leicht zersetzlich, schwer zu kristallisieren und noch schwieriger zu destillieren, nur mit viel Mühe und Geduld in ihre Bestandteile und Bausteine zerlegbar, sind analytisch schwer zugänglich. Als einer der wichtigsten Natur- und Nahrungsstoffe galt Fett lange Zeit lediglich als Kalorienspender, seine anderweitige Verwendung beschränkte sich auf lange die Herstellung von Anstrichmitteln, Seifen und Glycerin. Erst in den letzten Jahrzehnten hat man begonnen, die Fette als industrielle Rohstoffe zu nutzen. Dafür verantwortlich sind nicht zuletzt die chemischen und analytischen Schwierigkeiten, dieses Gebietes, dessen heutige Bedeutung für Nahrungsmittel wie auch für industrielle Rohstoffe mit nicht geringem Gewicht auf den analytischen Fundamenten ruht, die während einiger Menschenalter gelegt worden sind.

Infolge der komplexen Zusammensetzung der Fette und Fettprodukte sind die zu ihrer Untersuchung benutzten Methoden zahlreich und vielgestaltig. Darüber hinaus ist eine schematische Anwendung dieser Methoden nicht einmal zulässig, sie müssen vielmehr von Fall zu Fall, oft sogar erst im Laufe der Untersuchung unter Berücksichtigung der jeweiligen Fragestellung ausgewählt und vielfach noch den Besonderheiten des Untersuchungsobjektes angepaßt werden. Die richtige Auswahl der zur Verfügung stehenden Methoden, aber auch die kritische Deutung ihrer Ergebnisse bestimmen weitgehend den Erfolg. Dies darf nicht vergessen werden, wenn man eine schematische Zusammenstellung der Prüf- und Untersuchungsmethoden, wie sie nachstehend versucht wird, betrachtet. Schon gar nicht darf diese Zusammenstellung als ein feststehender Analysengang, d. h. als eine gleichbleibende zeitliche Folge der beschriebenen Verfahren und Operationen aufgefaßt werden.

2. Schema der Untersuchung von Fetten und Fettprodukten

Fette

Probenahme
Qualitative Prüfungen
Vorbereitung des Untersuchungsmaterials
Quantitative Bestimmungen
     der Hauptbestandteile
     der Nebenbestandteile
Physikalische Eigenschaften
Chemische Kennzahlen
Quantitative Zerlegung von Glycerinen, Fettsäuren und Fettsäuremonoestern und Bestimmung der Einzelbestandteile
Direkte Identifizierung und Bestimmung von Einzelbestandteilen
Spezielle Eigenschaften
Nachweis und Bestimmung spezieller Inhaltsstoffe

Technische Fettsäuren
Glycerin
Isomerisierte Fette und Fettsäuren
Geblasene und polymerisierte Fette
Sulfierte Fette

In diesem Abschnitt können nicht sämtliche Prüfungen und Untersuchungen ausführlich behandelt werden, er beschränkt sich auf jene Methoden und Arbeitsweisen, die sich im Laufe der Zeit als wissenschaftlich begründet, allgemein anwendbar und von exaktem Aussagewert bewährt haben, überdies auf die spezielle Zielsetzung dieses Handbuches ausgerichtet sind. Zahlreiche Untersuchungsmethoden betreffen die Beschreibung von Eigenschaften und die summarische oder gruppenweise Erfassung von Inhaltsstoffen und Bausteinen auf Grund chemischer Reaktionen, speziell der Carboxyl- und Estergruppen und der Lückenbindungen. Sie sind demnach konventioneller Art und müssen unter streng standardisierten Bedingungen ausgeführt werden, um reproduzierbare und vergleichbare Ergebnisse zu erzielen. Im Interesse des weltweiten Handels mit Fetten und Fettprodukten sind unter diesen Gesichtspunkten von verschiedenen Organisationen geeignete Untersuchungsmethoden ausgewählt und vereinheitlicht worden, die laufend ergänzt und verbessert werden. Die wichtigsten Methodensammlungen sind:

Titel und Abkürzung	Organisation	Verlag bzw. Verlagsort
Deutsche Einheitsmethoden zur Untersuchung von Fetten, Fettprodukten und verwandten Stoffen (DGF-Einheitsmethoden)	Deutsche Gesellschaft für Fettwissenschaft e. V.	Wissenschaftliche Verlagsgesellschaft m. b. H., Stuttgart
Official and Tentative Methods of the American Oil Chemists' Society (AOCS-Methods)	American Oil Chemists' Society	Chicago, Ill., USA
Methods of Analysis of Fats and Oils (British Standard Methods)	British Standards Institution	London
Standard Methods for the Analysis of Oils and Fats (IFC-Methoden)	Fat Commission of the International Union of Pure and Applied Chemistry	Paris

Des weiteren sei hingewiesen auf die Methodensammlungen der Association of Official Agricultural Chemists' (AOAC-Methods) und der American Society for Testing Materials (ASTM-Methods), die neben anderen auch einschlägige Methoden zur Untersuchung von Fetten und Fettprodukten enthalten.

Mit diesen ausgezeichneten und leicht zugänglichen Methodensammlungen, die übrigens weitgehend aufeinander abgestimmt sind, dürfte es sich erübrigen, die gebräuchlichen Verfahren hier im Wortlaut wiederzugeben. Statt dessen werden die einschlägigen DGF-Einheitsmethoden nach Titel und Bezifferung benannt, wo nötig mit kritischen Bemerkungen versehen und durch Hinweise auf andere Methoden ergänzt. Nur soweit die Einheitsmethoden Lücken aufweisen, werden entsprechende Vorschriften ausführlich dargestellt. Dies betrifft in erster Linie die modernen Methoden der multiplikativen Trennung und der Spektroskopie.

3. Fette

a) Probenahme

Probenahme	DGF-Einheits-methoden	Probenahme	DGF-Einheits-methoden
Allgemeine Begriffe	C-I 1 (53)	Probeverfahren	C-I 4 (53)
Probegeräte	C-I 2 (53)	Lagerung der Proben	C-I 5 (57)
Art u. Behandlung der Proben	C-I 3 (53)		

b) Qualitative Prüfungen

	DGF-Einheits-methoden		DGF-Einheits-methoden
Äußere Beschaffenheit	C-II 1 (53)	Nachweis von Pflanzenfett	C-II 10 (53)
Löslichkeit	C-II 2 (53)	Prüfung auf Polyenfettsäuren	C-II 11 (53)
Erhitzungsprobe	C-II 3 (53)	Prüfung auf Konjuen-	
Verseifungsprobe	C-II 4 (53)	fettsäuren	C-II 12 (53)
Prüfung auf freie Säuren	C-II 5 (53)	Prüfung auf Sesamöl	C-II 13 (53)
Prüfung auf Seifen	C-II 6 (53)	Prüfung auf Baumwollsaatöl	C-II 14 (53)
Prüfung auf Harzsäuren	C-II 7 (53)	Prüfung auf Teesamenöl	C-II 15 (53)
Prüfung auf Chlor	C-II 8 (53)	Prüfung auf Sulfurolivenöl	C-II 16 (53)
Prüfung auf Nickel	C-II 9 (53)	Prüfung auf Ricinusöl	C-II 17 (53)

Die qualitative Untersuchung bezweckt nicht nur die Identifizierung irgendwelcher Muster als Fett, sondern soll auch Auskunft über geben ihre Art und Herkunft. Darüber hinaus bietet die qualitative Feststellung des akuten Zustandes einer Fettprobe sowie der Nachweis irgendwelcher Verunreinigungen wichtige Hinweise u. a. auch für die anzuwendenden analytischen Maßnahmen.

c) Identifizierung, Nachweis der Art und Herkunft

Neben oftmals charakteristischen Geruchs- und Geschmacksmerkmalen ergeben sich wichtige Anhaltspunkte zur Identifizierung einer Probe als Fett aus ihrer äußeren Beschaffenheit (ölige, schmalzige oder talgige Konsistenz), ihrer Löslichkeit besonders in organischen Lösungsmitteln, dem Verhalten beim Erhitzen und dem Verseifungsversuch.

Bei raffinierten, nicht verdorbenen Fetten untypisch sind Geruch und Geschmack untrügliche Kennzeichen verdorbener Fette (ranziger, seifiger u. ä. Geschmack). Die Gegenwart flüchtiger, fettfremder Bestandteile kann ebenfalls meist am Geruch erkannt werden (organische Lösungsmittel, ätherische Öle u. dgl.), besonders beim Erwärmen der Probe. Farbe und Transparenz ergeben weitere Rückschlüsse auf fettfremde Bestandteile, wie grobe Verunreinigungen (Wasser, Trübstoffe usw.), dispergierte Gase u. ä.

Die Löslichkeit der Fette hängt weitgehend von der Beschaffenheit ihrer Hauptbestandteile, den Triglyceriden ab, wird aber auch von dem Gehalt an freien Fettsäuren, bestimmten Begleitstoffen und weiteren Bestandteilen beeinflußt. Während reine Fette bei bloßem Schütteln mit Wasser nicht emulgieren deuten beständige Emulsionen auf die Gegenwart grenzflächenaktiver Stoffe hin, wie Seifen, Monoglyceride, Schleimstoffe u. dgl. In Äthanol sind alle Fette nur wenig löslich mit Ausnahme von Ricinusöl, das vollständig mischbar ist. Freie Fettsäuren, Partialglyceride, oxydierte Bestandteile und Glyceride niederer Fettsäuren können jedoch die Löslichkeit in Äthanol beträchtlich erhöhen. Leicht löslich oder mischbar sind alle Fette in Diäthyläther, Chlorkohlenwasserstoffen, Benzol und seinen Homologen, Schwefelkohlenstoff, Aceton, Anilin u. ä., die meisten auch in Petroläther (Pentan/Hexan). Schwer oder kaum löslich in letztgenannten Lösungsmitteln sind Ricinusöl, Bolekoöl, stark oxydierte oder hochschmelzende Fette, wie einige Pflanzentalge und hochgehärtete Fette.

Beim Erhitzen auf höhere Temperaturen zersetzen sich alle Fette und bilden Geruchsstoffe, besonders Acrolein, das leicht wahrgenommen werden kann.

Alle reinen Fette geben beim Verseifen mit alkoholischer Kalilauge und darauffolgendem Verdünnen mit heißem, destilliertem Wasser klare Seifenlösungen. Trübungen deuten auf fettfremde Bestandteile hin, wie Mineralöle, Harze, Wachse, Wollfett u. dgl.

Endlich sollte auf die Gegenwart wasserlöslicher Säuren, insbesondere Mineralsäuren, Seifen, Harzsäuren, halogenhaltiger Lösungsmittel geachtet werden, die mit Hilfe der bekannten Nachweismethoden leicht festgestellt werden können. Schwermetalle mit Ausnahme von Nickel werden in der Regel in größerer Menge nicht angetroffen. Letzteres findet sich in leicht nachweisbaren Mengen in rohen, gehärteten Fetten, während bei sachgemäß raffinierten gehärteten Fetten mit der üblichen qualitativen Nachweismethode negative Befunde erhalten werden.

Zur Erkennung einzelner Gruppen von Fetten dienen neben den vorstehend angeführten Merkmalen gewisse Farbreaktionen und spezifische Nachweismethoden, die auf Oxydations- und Reduktionsvorgängen oder Umsetzungen mit spezifischen Inhaltsstoffen beruhen. Besonders in den Anfängen der Fettanalyse sind derartige Farbreaktionen in großer Zahl vorgeschlagen worden, und nicht wenige finden sich noch in manchen amtlichen Prüfungsvorschriften. Ihr Wert erscheint vielfach problematisch, weshalb hier nur auf diejenigen Nachweisverfahren hingewiesen wird, die einigermaßen sichere Aussagen gestatten.

Zur Unterscheidung tierischer von pflanzlichen Fetten dienen der Nachweis und die Identifizierung bestimmter Sterine bzw. ihrer Acetate durch Abscheidung aus dem Unverseifbaren in Form der Digitonide, Beobachtung des Schmelzverhaltens und der Kristallformen. Dieses auf A. Bömer[1] zurückgehende Verfahren ist wertvoll zum Nachweis von Anteilen tierischer Fette in Pflanzenfetten, obgleich bündige Rückschlüsse nur unter bestimmten Voraussetzungen gestattet sind.

Samen- und Fruchtfleischfette können mit Hilfe der Bellierschen Reaktion einigermaßen zuverlässig unterschieden werden. Sie dient in erster Linie zur Reinheitsprüfung von Olivenölen, wird aber gelegentlich auch zum Nachweis von pflanzlichen Ölen in tierischen Fetten, besonders Schweineschmalz, benutzt. Die Reaktionen nach VILLAVECCHIA und nach LIEBERMANN-BURCHARD dienen zum Nachweis von Sesamöl bzw. Teesaatöl.

Seetieröle können mit Hilfe der Reaktion nach TORTELLI und JAFFE ziemlich zuverlässig und rasch erkannt werden. Sie ist von besonderem Wert bei der Untersuchung gehärteter Fette, während native Seetieröle besser an den spezifischen, aus ihren hochungesättigten Fettsäuren erhaltenen Polybromiden nachgewiesen werden.

Der letztgenannten Möglichkeit bedient man sich auch zum Nachweis von Linolensäure enthaltenden Fetten wie Leinöl, Perillaöl u. ä. Die aus diesen Fetten abzuscheindenen Polybromide können von den aus Seetierölen stammenden leicht durch ihr verschiedenes Schmelzverhalten unterschieden werden.

Konjuenfettsäuren enthaltende Fette geben eine spezifische Farbreaktion mit Tetranitromethan. Holzöl, Oiticicaöl u. a. zeigen dabei eine blutrote Färbung, die im wesentlichen auf Konjutriensäuren zurückgeht. Fette, die nur Konjudiensäuren enthalten, wie dehydratisiertes Ricinusöl, nehmen eine rötliche Orangefärbung an. Bei Fetten, die lediglich Isolensäuren enthalten, entsteht eine gelbe Färbung.

Polymerisierte Fette, entstanden aus Seetierölen und trocknenden Ölen beim Erhitzen auf höhere Temperatur, erkennt man an ihrem Löslichkeitsverhalten in n-Propanol.

---

[1] Z. Untersuchg. Lebensmitt. 1 (1898), 21, 532; 4 (1901) 1070; 26 (1913) 559.

d) Nachweis einzelner Fettsäuren

Um aus den Ergebnissen der quantitativen Untersuchung die Zusammensetzung eines Fettes bzw. seiner Fettsäuren errechnen zu können, ist der qualitative Nachweis aller am Glyceridaufbau beteiligten Fettsäuren unumgängliche Voraussetzung. Vielfach kann man zwar aus den Resultaten der quantitativen Prüfung, speziell aus den ermittelten Kennzahlen, bereits auf die Art des Fettes schließen, dies aber ist keine in allen Fällen ausreichende Grundlage. Vielmehr sollen mindestens in Zweifelsfällen die einzelnen Fettsäuren auf irgendeine Weise identifiziert werden, und überdies sollte aus dem Untersuchungsbefund hervorgehen, unter welchen Voraussetzungen hinsichtlich der Art der vorliegenden Fettsäuren die Analysenresultate ausgewertet wurden.

Einige Fettsäuren können als allgegenwärtig in Fetten angesehen werden, wenn auch ihre jeweiligen Anteile stark schwanken. Es sind dies Palmitinsäure, Stearinsäure, Ölsäure und, mit einer gewissen, gehärtete Fette betreffenden Einschränkung, Linolsäure. Die qualitative Untersuchung sollte sich also in erster Linie auf die Fahndung nach anderen Säuren richten. Zweckmäßig benutzt man für diese Prüfungen die aus dem Fett isolierten Gesamtfettsäuren; oftmals bieten auch die mit Hilfe der quantitativen, präparativen Methoden erhaltenen Anteile geeignete Untersuchungsobjekte. Die qualitative Prüfung braucht demnach nicht unbedingt der quantitativen Untersuchung vorauszugehen, sondern ist mit dieser logisch zu kombinieren.

Zur Identifizierung der isolierten, einzelnen Fettsäuren oder auch der aus wenigen Gliedern bestehenden Säuregruppe werden sowohl ihre physikalischen Eigenschaften als auch chemische Umsetzungen bzw. die Eigenschaften der dabei erhaltenen Umwandlungsprodukte herangezogen.

Gesättigte Fettsäuren werden zweckmäßig durch fraktionierte Fällung ihrer Magnesium-, Blei- oder Lithiumsalze abgetrennt und an folgenden Merkmalen unterschieden:

Schmelzverhalten, Löslichkeit, mittleres Molekulargewicht (aus acidimetrischen Kennzahlen zu errechnen), Eigenschaften ihrer Metallsalze u. dgl. Spezielle Nachweismethoden für einzelne gesättigte Fettsäuren sind in großer Vielfalt angegeben worden, bewährt haben sich jedoch nur wenige.

Laurinsäure kann mit ausreichender Sicherheit nach einer von J. GROSSFELD und A. MIERMEISTER[1] angegebenen Arbeitsweise nachgewiesen werden, indem man das Löslichkeitsverhalten der aus den Gesamtfettsäuren bereiteten Magnesiumseifen in Wasser prüft.

Palmitinsäure und *Stearinsäure* sind stets miteinander vergesellschaftet und können unschwer gemeinsam durch fraktionierte Bleisalzfällung abgetrennt werden, sofern höher molekulare Säuren nicht vorliegen. Die Prüfung des Schmelzverhaltens der gewonnenen Säurefraktion erlaubt genügend sichere Rückschlüsse.

Wenn außerdem höher molekulare Fettsäuren, etwa *Arachinsäure* und *Lignocerinsäure* vorliegen — erkenntlich am Schmelzverhalten der aus der Bleisalzfällung gewonnenen Säuregemische — so können sie durch Kristallisation aus Äthanol abgetrennt und ebenfalls an ihren Schmelzverhalten erkannt werden.

Zum Nachweis ungesättigter Fettsäuren, speziell Polyenfettsäuren, bedient man sich meist ihrer spezifischen Umwandlungsprodukte, und zwar der Bromaddukte oder der durch Oxydation mit Kaliumpermanganat oder ähnlich wirkenden Mitteln gewonnenen Hydroxiderivate. Als Prüfmaterial dienen die Gesamtfettsäuren des jeweiligen Fettes, besser jedoch seine flüssigen Fettsäuren.

Ölsäure wird als Elaidinsäure nachgewiesen, indem man das von gesättigten Fettsäuren weitgehend befreite Säuregemisch mit salpetriger Säure elaidiert und die dabei erhaltene Kristallmasse aus Eisessig umkristallisiert. Am Schmelzverhalten, auch an der Jodzahl, kann das Vorliegen von Elaidinsäure und damit von Ölsäure nachgewiesen werden.

Erucasäure kann sowohl durch Umwandlung in Brassidinsäure als auch mit Hilfe der Bleisalztrennung der Fettsäuregemische identifiziert werden. Bei Anwendung geeigneter Arbeitsvorschriften können auf letztgenannte Weise größere Anteile Rüböl nachgewiesen werden. Bewährt hat sich auch die Überführung der Erucasäure in Dihydroxibehensäure nach einer von H. P. KAUFMANN und H. FIEDLER[2] angegebenen Methode.

---

[1] Z. Untersuchg. Lebensmitt. 56 (1928) 423.
[2] Fette und Seifen, 45 (1938) 465.

Linolsäure wird an ihren in Petroläther schwer löslichen Tetrabromaddukten oder an ihrem Hydroxiderivat, der Sativinsäure, erkannt.

Linolensäure wird als Hexabromstearinsäure oder als Hexahydroxistearinsäure, Linusinsäure bzw. Isolinusinsäure, nachgewiesen.

Elaeostearinsäure, auch pseudo-*Elaeostearinsäure* bilden ebenfalls hochschmelzende Polybromide, die sich jedoch von denjenigen der Linolensäure durch Schmelzverhalten und Löslichkeit unterscheiden.

Höhere *Polyenfettsäuren* (in Seetierölen) werden zweckmäßig durch Fällung als Lithiumsalze abgetrennt und durch Bestimmung ihres Ungesättigtheitsgrades bzw. Prüfung ihrer Bromaddukte identifiziert.

Ricinolsäure kann in Ricinelaidinsäure übergeführt werden, deren Schmelzverhalten und Ungesättigtheitsgrad eine Identifizierung erlauben. Außerdem gibt die Höhe der Hydroxylzahl einen Hinweis auf das Vorliegen dieser Säure.

e) Quantitative Bestimmung der Haupt- und Nebenbestandteile

Als Hauptbestandteile der Fette gelten alle arteigenen Stoffe und Stoffgruppen, und zwar alle Ester (Glyceride, Phosphatide u. ä.), freie Fettsäuren sowie das Unverseifbare.

Als Nebenbestandteile werden alle fettfremden Stoffe bezeichnet, die somit als Verunreinigungen — meist zwar zufällig, aber in der Regel immer zugegen — anzusehen sind. Unter diese Gruppe fallen besonders mineralische Bestandteile, unlösliche Stoffe (Schmutz, Trüb- und Schleimstoffe), ferner flüchtige Bestandteile einschließlich Wasser, Seifen, Mineralsäuren.

Die vielfach als Begleitstoffe zusammengefaßten Bestandteile der Fette sind nicht als eine Untergruppe innerhalb des analytischen Schemas zu betrachten. Vielmehr handelt es sich bei diesen um fetteigene, meist unverseifbare Bestandteile, in Sonderheit solche mit biologisch wertvollen Eigenschaften wie Sterine Vitamine, Carotinoide, auch Phosphatide u. dgl.

α) Vorbereitung des Untersuchungsmaterials. Zur Bestimmung der Hauptbestandteile sind die zu untersuchenden Proben, sofern sie — gegebenenfalls nach Aufschmelzen — nicht völlig blank sind, ebenso wie vor anderen chemischen Untersuchungen einer Reinigung zu unterziehen, mit der im wesentlichen alle in Fett unlöslichen Bestandteile entfernt werden sollen. Die dabei beseitigten Verunreinigungen, den Nebenbestandteilen zugehörend, sind naturgemäß bei Auswertung der Untersuchungsbefunde entsprechend in Rechnung zu stellen.

Zur Gewinnung größerer Mengen eines für die weitere quantitative Untersuchung passenden Materials kann es notwendig sein, chemische Umwandlungen an dem zu untersuchenden Fett vorzunehmen, sei es, daß seine Gesamtfettsäuren in bekannter Weise durch Verseifung als solche isoliert oder in Form ihrer Methylester durch Umesterung gewonnen werden. Dabei soll das Unverseifbare, sobald es mehr als 0,5% des Fettes ausmacht, abgetrennt werden.

Hauptbestandteile	DGF-Einheitsmethoden
Unverseifbares	C-III 1 (53)
Verfahren mit Äthyläther	C-III 1a (53)
Verfahren mit Petroläther	C-III 1b (53)

Das Unverseifbare umfaßt die Summe aller gegenüber Basen indifferenten, in Wasser unlöslichen, in Fettlösungsmitteln löslichen Bestandteile, soweit sie bei 100 °C nicht flüchtig sind. Es kann somit aus fetteigenen Stoffen, wie Sterinen, Kohlenwasserstoffen, Alkoholen u. dgl., sowie aus fettfremden Anteilen, z. B. Mineralölen, bestehen.

Menge und Art des Unverseifbaren sind ein maßgebliches Kriterium für die Reinheit des Fettes. Für die fetteigenen unverseifbaren Bestandteile der wichtigsten Fette können Maximalgehalte angegeben werden (vgl. Tab. 28).

Die allgemein anwendbare Methode zur Bestimmung des Unverseifbaren ist die Extraktion des mit Kalilauge verseiften Fettes mittels Äthyläther. Nur bei Fetten mit geringen Anteilen an Unverseifbarem, speziell bei vegetabilischen Fetten, kann Petroläther als Extraktionsmittel benutzt werden.

β) **Gesamtfettsäuren** [DGF-Einheitsmethode C-III 2 (53)]. Zu den Gesamtfettsäuren zählen alle aus dem Esterverband abscheidbaren sowie die freien Fettsäuren. Sie bestehen gewöhnlich aus den normalen Fettsäuren, denen aber Umwandlungsprodukte, wie oxydierte oder polymerisierte Fettsäuren, auch Harzsäuren u. a. beigemengt sein können. Die zur Bestimmung der Gesamtfettsäuren heranzuziehende Methode richtet sich nach der Art der vorliegenden Fettsäuren. Enthält das zu untersuchende Fett nur wasserunlösliche, nicht flüchtige Fettsäuren, so kann die Bestimmung der Gesamtfettsäuren nach der bekannten, vereinfachten Methode vorgenommen werden, deren Resultat man früher in Form der Hehner-Zahl anzugeben pflegte. In allen anderen Fällen, besonders bei der Untersuchung von unbekannten Fetten, ist auf die restlose Erfassung auch der wasserlöslichen und leicht flüchtigen Fettsäuren zu achten. Bei Gegenwart von Essigsäure und Buttersäure sind spezielle Untersuchungsmethoden erforderlich.

γ) **Freie Fettsäuren.** [DGF-Einheitsmethode C-III 4 (53)]. Vgl. auch Berechnung aus der Säurezahl (S. 648).

δ) **Phosphatide.** [DGF-Einheitsmethoden C-III 16 (53); C-VI 4 (61)]. Phosphorhaltige Lipoide, vorwiegend bestehend aus Lecithinen, Kephalinen und dgl., werden in vielen Fetten angetroffen. Zwecks analytischer Bestimmung wird das Fett bei Gegenwart von Magnesiumoxid verbrannt, worauf das im Verbrennungsrückstand befindliche Phosphat gravimetrisch oder colorimetrisch ermittelt wird. Die letztgenannte Methode eignet sich besonders zur Untersuchung phosphatidarmer Fette, speziell raffinierter Fette.

ε) **Partialglyceride.** Mono- und Diglyceride sind in natürlichen Fetten nicht oder nur in sehr geringen Mengen enthalten. Höhere Anteile werden in solchen Fetten angetroffen, die durch Hydrolyse verändert wurden und entsprechende Gehalte an freien Fettsäuren zeigen. Durch Veresterung von Fettsäuren mit Glycerin oder auch durch Glycerolyse von Fetten können Produkte mit beträchtlichen Anteilen von Mono- und Diglyceriden neben Triglyceriden erhalten werden. Sie finden vor allem als Emulgatoren Verwendung.

ζ) **Monoglyceride.** [DGF-Einheitsmethode C-VI 5 (61)]. Mono- und Diglyceride werden zwar durch die Hydroxylzahl erfaßt, diese Kennzahl allein ist jedoch zur Errechnung der einzelnen Partialglyceride nicht ausreichend, weil sie auch Hydroxylgruppen, die nicht diesen Stoffen zugehören, enthalten kann. α-Monoglyceride sind jedoch der direkten und genauen Bestimmung zugänglich, da ihre beiden vicinalen Hydroxylgruppen mit Perjodsäure quantitativ reagieren. Ein auf dieser Umsetzung beruhendes Bestimmungsverfahren wurde von W. D. POHLE, V. C. MEHLENBACHER und J. H. COOK[1] angegeben und später von POHLE und MEHLENBACHER[2] verbessert. Da β-Monoglyceride mit Überchlorsäure zu etwa 90 % in α-Monoglyceride umgelagert werden können, sind damit sowohl erstere als auch die gesamten Monoglyceride bestimmbar[3].

Sofern der Monoglyceridgehalt eines Fettes bekannt ist und oxydierte bzw. Hydroxifettsäuren nicht zugegen sind, kann nunmehr unter Zuhilfenahme der Hydroxylzahl (vgl. S. 650) der Gehalt an Diglyceriden leicht errechnet werden. Bei Gegenwart anderer hydroxylhaltiger Verbindungen muß der auf Mono- und Diglyceride entfallende Anteil der Hydroxylzahl aus dem Gehalt an gebundenem Glycerin und der Esterzahl errechnet und wie vorstehend ausgewertet werden[3].

η) **Nebenbestandteile.**

	DGF-Einheitsmethoden
Asche	C-III 10 (51)
Unlösliche Verunreinigungen	C-III 11 (61)

Mineralische Bestandteile werden als Verbrennungsrückstand (Asche) bestimmt. Sie dürfen nicht zu den unlöslichen Verunreinigungen addiert werden, weil sonst gewisse Anteile doppelt gezählt würden. Als unlösliche Verunreinigungen gelten alle in Äthyläther oder Petroläther unlöslichen Stoffe. Ihre Art und Menge sind von den benutzten Lösungsmitteln teilweise abhängig.

ϑ) **Flüchtige Bestandteile.** [DGF-Einheitsmethode C-III 12 (53)]. Zu den flüchtigen Bestandteilen zählen alle bis 105 °C bzw. im Vakuum bis 60 °C flüchtigen Stoffe, die aus Wasser, organischen Lösungsmitteln und niedermolekularen Fettsäuren, gelegentlich auch ätherischen

---

[1] Oil and Soap (1945) 22, 115.
[2] Oil and Soap (1950) 54.
[3] Vgl. auch G. F. LONGMAN, The Analysis of Monoglycerides and Related Emulsifiers, bei H. A. Boekenoogen, Analysis and Characterization of Oils, Fats and Fat Products, London/New York/Sydney 1964, Bd. 1, S. 233.

Ölen (Konservierungsmitteln) bestehen können. Die Summe der flüchtigen Bestandteile wird durch vollständige Trocknung unter den bezeichneten Bedingungen bestimmt. Vielfach interessieren jedoch auch die einzelnen Bestandteile, namentlich Wasser und organische Lösungsmittel, letztere als Rückstände der Fettgewinnung.

ι) **Wasser.** [DGF-Einheitsmethode C-III 13 (53)]:

| Methode nach K. Fischer | C-III 13a (57) |
| Methode nach H. P. Kaufmann und S. Funke | C-III 13b (53) |

Zur Wasserbestimmung stehen das destillative sowie mehrere chemische Verfahren zur Verfügung. Die Destillationsmethode, meist mit Toluol als Schleppmittel unter Benutzung der bekannten Spezialgeräte ausgeführt, hat gewisse Vorzüge: Schnelligkeit der Durchführung und Schonung des Untersuchungsmaterials. Bei kleinen Wassergehalten können sichere Ergebnisse nur mit chemischen Verfahren erhalten werden, speziell mit den von Fischer sowie von Kaufmann und Funke angegebenen Arbeitsweisen.

ϰ) **Mineralsäuren.** [DGF-Einheitsmethode C-III 14 (53)]. Als Verunreinigungen vorhandene Mineralsäuren werden mit Wasser vollständig ausgewaschen und durch Laugentitration in den vereinigten Waschwässern bestimmt.

λ) **Seifen.** [DGF-Einheitsmethode C-III 15 (53)]. Alkaliseifen und Erdalkaliseifen, namentlich Natron- und Kalkseifen, werden öfter, Schwermetallseifen nur gelegentlich in Fetten angetroffen. Sie können auf titrimetrischem Wege ermittelt werden, wobei zur Auswertung des Analysenresultates das mittlere Molekulargewicht der Gesamtfettsäuren sowie die Äquivalentgewichte der seifenbildenden Kationen zu berücksichtigen sind.

4. Fettsäuren

a) Gruppenweise Zerlegung von Fettsäure- und Estergemischen Einzel- und Gruppenbestimmungen

Während die als Haupt- und Nebenbestandteile charakterisierten Stoffe und Stoffgruppen von sehr unterschiedlicher Struktur und infolgedessen einer exakten Bestimmung auf präparativ-analytischem Wege zugänglich sind, führt die analoge Methodik bei Fettsäure- bzw. Estergemischen nur zu begrenzten Erfolgen. Dies erklärt sich aus der Konstitution der in Frage stehenden Fettsäuren, die als Glieder homologer Reihen in ihren physikalischen Eigenschaften untereinander sehr ähnlich sind. Die für analytische Zwecke ausnutzbaren Unterschiede in der Löslichkeit, Acidität, im Schmelz- und Siedeverhalten sind nur gradueller Art und unterliegen dazu einer gegenseitigen Beeinflussung. Nuanciertere Unterschiede bestehen im chemischen Reaktionsverhalten, und zwar zwischen gesättigten Fettsäuren einerseits, ungesättigten wie auch substituierten Fettsäuren andererseits. Damit eröffnen sich theoretisch zwar einige Möglichkeiten der analytischen Aufteilung und Erfassung, allein ihrer praktischen Durchführung stehen beträchtliche Schwierigkeiten entgegen, und die klassische Arbeitsweise der Zerlegung von Fettsäuregemischen führt vielfach nur zu halbquantitativen Ergebnissen. Einzelbestimmungen von Fettsäuren gar sind auf diese Weise selten und meist nur mit beträchtlichen Fehlerbreiten möglich. Gleichwohl sind die in diesem Zusammenhang zu behandelnden Methoden wichtige Arbeitsweisen der klassischen chemischen Fettanalyse, die nicht nur bedeutsame Hinweise qualitativer Art liefern, sondern zumindest Vermutungen über die quantitative Zusammensetzung eines Fettes zulassen.

Die Verfahren zur Trennung der Gesamtfettsäuren gliedern sich in solche, die allein auf differenzierten Eigenschaften der Fettsäuren, der Ester wie auch der Metallseifen beruhen, und in Methoden, denen chemische Umwandlungen, meist nur in partiellem Umfang, zugrunde liegen. Der fraktionierten Kristallisation und Destillation stehen diejenigen Arbeitsweisen gegenüber, bei denen vor allem die ungesättigten Fettsäuren in leicht abtrennbare Derivate oder Spaltprodukte umgewandelt werden. Die Zerlegung der Fettsäuren bzw. ihrer Ester oder Salze kann somit in Abhängigkeit sowohl von ihrer Kettenlänge als auch von ihrem Ungesättigtheitsgrad vorgenommen werden. Sie führt zunächst zu gesättigten und ungesättigten Säuren, die weiter aufgeteilt werden in die Gruppen der niederen, mittleren und höheren gesättigten Säuren, letztere u. U. begleitet von festen ungesättigten Säuren, und endlich in Gruppen ungesättigter Säuren von verschiedenen Ungesättigtheitsgraden, aber meist wenig unterschiedlicher Kettenlänge. Sofern diese Zerlegung soweit getrieben werden kann, daß die erhaltenen Fraktionen nur aus zwei, höchstens drei Individuen bestehen — und das ist vielfach möglich — gelingt ihre Einzelbestimmung mit einfachen Mitteln.

Die modernen Methoden der multiplikativen Verteilung, in Sonderheit Säulenchromatographie und Dünnschichtchromatographie, sind den klassischen Verfahren unvergleichlich überlegen und gestatten eine exakte und quantitative Zerlegung und Erfassung der verschiedenen Fettsäuren (vgl. S. 650). Dies gilt in ähnlichem Maße für optische Methoden, nämlich für die IR- und UV-Spektroskopie, zur direkten Erfassung von räumlichen Konfigurationen und Polyenstrukturen und damit der entsprechenden ungesättigten Fettsäuren (vgl. S. 650—652).

b) Niedere Fettsäuren

Als niedere Fettsäuren werden die gesättigten Säuren mit Kettenlängen bis zu 10 C-Atomen betrachtet, hauptsächlich Buttersäure, Capronsäure, Caprylsäure und Caprinsäure. Sie finden sich als spezifische Inhaltsstoffe vor allem in den Milchfetten, der Gruppe der Kokos-, Palmkern- und verwandter vegetabilischer Fette. Niedere Fettsäuren sind leicht flüchtig und können daher auf destillativem Wege von den mittleren und höheren Säuren abgetrennt werden, wozu man sich gern der Wasserdampfdestillation unter Normaldruck bedient. Jedoch werden ihre Dampfdrucke und damit ihre Flüchtigkeit durch längerkettige Fettsäuren unterschiedlich und in einer praktisch kaum überschaubaren Weise beeinflusst, so daß ihre exakte Abtrennung mit Hilfe der Wasserdampfdestillation nicht möglich ist. Dies gelingt jedoch durch fraktionierte Vakuumdestillation der freien Säuren oder ihrer Methylester (vgl. S. 645).

Die Gesamtmenge der niederen Fettsäuren läßt sich einigermaßen zuverlässig aus den für diese Säuren spezifischen Kennzahlen errechnen, nämlich aus der Gesamtzahl der niederen Säuren, der Buttersäurezahl und der Restzahl (s. S. 648). Der quantitativen Bestimmung der einzelnen niederen Fettsäuren können ebenfalls die genannten und weitere spezifische Kennzahlen zugrundegelegt werden (s. S. 648). Allerdings erlaubt diese rechnerische Auswertung nur die paarweise Erfassung der niederen Säuren. Bei weitergehenden Ansprüchen ist stets die fraktionierte Vakuumdestillation heranzuziehen.

c) Mittlere Fettsäuren

Diese Gruppe umfaßt die Laurinsäure und die Myristinsäure, die in nennenswerten Anteilen vor allem in Milchfetten und in Palmenfetten vorkommen. Aber auch in vielen anderen Fetten sowohl tierischer wie auch vegetabilischer Herkunft werden diese Säuren, wenn auch in kleinen Mengen, angetroffen.

Die exakte Abtrennung dieser beiden Säuren ist nur mit Hilfe der fraktionierten Vakuumdestillation möglich (s. S. 645). Annähernd kann der Gehalt an Laurinsäure bei vernachlässigbaren Anteilen von Myristinsäure aus der Verseifungszahl unter Berücksichtigung der Buttersäurezahl und Restzahl bzw. der Gesamtmenge der niederen Fettsäuren errechnet werden.

d) Höhere Fettsäuren

Hierunter fallen alle Fettsäuren mit 16 und mehr C-Atomen, nämlich Palmitin- und Stearinsäure, höhere gesättigte Säuren und alle ungesättigten Fettsäuren entsprechender Kettenlänge; Hydroxi-, Keto- und alicyclische Säuren gehören zwar ebenfalls in diese Gruppe, sind jedoch wegen ihrer Eigenarten speziell zu behandeln. Da niedere und mittlere Fettsäuren in nur wenigen Fettarten vorkommen, ist die Zerlegung der höheren Fettsäuren von größerer Bedeutung.

Die destillative Fraktionierung allein ist hier kein ausreichendes Mittel, da im allgemeinen verschiedene Individuen mit gleicher oder nur wenig unterschiedlicher Kettenlänge vorliegen. Infolgedessen richtet sich die Aufteilung zunächst auf die Erfassung von Untergruppen, die aus möglichst ähnlichen Säuren bestehen sollen, wie oxydierte Säuren, gesättigte Säuren, feste oder flüssige Säuren. Je nach Fettart können auf diese Weise Gemische, die aus zwei oder drei Individuen bestehen, erhalten werden, deren Zusammensetzung sodann aus ihren physikalischen Eigenschaften oder ihren Kennzahlen, ggf. auch durch Kombination beider Daten errechnet werden kann. Andernfalls muß die Zerlegung noch weiter und so weit getrieben werden, daß die bezeichnete Auswertung möglich ist. Nur in wenigen Fällen gelingt die direkte gravimetrische Bestimmung einer einzelnen Fettsäure.

Was bei der Zerlegung der niederen und mittleren Fettsäuren bezüglich der Trennschärfe der zur Anwendung kommenden Operationen bereits angedeutet wurde, gilt bei den höheren Säuren in verstärktem Maße. Daher ist nicht nur eine genaue Kenntnis des Verhaltens der einzelnen Fettsäuren notwendig, sondern es müssen auch hier ebenso wie bei der Ermittlung der Kennzahlen genaue Arbeitsbedingungen festgelegt und eingehalten werden, um zu reproduzierbaren Resultaten zu gelangen.

e) Oxydierte Fettsäuren
DGF-Einheitsmethode C-III 3 (53)

Die oxydierten Fettsäuren sind die aus gewöhnlichen Fettsäuren bei Oxydation mit Luftsauerstoff entstehenden Umwandlungsprodukte, die in Petroläther mehr oder weniger unlöslich sind. Oxydierte Fettsäuren sind größtenteils von unbekannter Konstitution und bestehen vielfach aus sehr heterogenen Stoffen. Sie dürfen nicht als identisch mit natürlichen Hydroxifettsäuren o. ä., wie Ricinolsäure, angesehen werden.

f) Feste und flüssige Fettsäuren
DGF-Einheitsmethode C-III 5 (53)

Die Löslichkeit gewisser Metallsalze der Fettsäuren, vor allem der Blei- und Thalliumsalze in organischen Lösungsmitteln, steht in Beziehung zu dem Schmelzverhalten der betreffenden Fettsäuren. Auf dieser Eigenschaft beruhen einige der ältesten Verfahren zur Zerlegung von Fettsäuregemischen in feste und flüssige Fettsäuren, wobei der Aggregatzustand der letzteren auf etwa 20 °C bezogen ist. Als feste Fettsäuren werden erfaßt Caprinsäure und höhere gesättigte Fettsäuren, alle trans-Monoen-Fettsäuren, Erucasäure, ferner Konjuenfettsäuren und die höhermolekularen alicyclischen Säuren. Zu den flüssigen Fettsäuren zählen die niederen Glieder der gesättigten Fettsäuren bis zur Caprylsäure, alle cis-Monoensäuren mit Ausnahme der Erucasäure, native Isolensäuren sowie Ricinolsäure.

g) Feste ungesättigte Fettsäuren
DGF-Einheitsmethode C-III 6 (53)

Der Wert der sog. Twitchell-Methode beruht vor allem auf der Erkennung und quasi-quantitativen Erfassung von trans-ungesättigten Fettsäuren, wie sie sich in gehärteten Fetten finden.

h) Gesättigte Fettsäuren
DGF-Einheitsmethode C-III 7 (53)

Bei Fetten mit höheren Anteilen an ungesättigten Fettsäuren ist es vielfach erforderlich, die gesättigten Fettsäuren abzutrennen und gravimetrisch zu bestimmen. Neben der neueren Methode der Tieftemperaturkristallisation aus verdünnter Lösung, bei der die gesättigten Säuren direkt isoliert werden, stehen weitere Trennverfahren zur Verfügung, die einerseits auf der fraktionierten Kristallisation bzw. Fällung bestimmter Metallsalze, andererseits auf der Umwandlung der ungesättigten Säuren in leicht abtrennbare Spalt- oder Reaktionsprodukte beruhen. Die Ergebnisse der letztgenannten Methodik sind am zuverlässigsten.

Nach einem Vorschlag von S. H. BERTRAM[1], der auch eine bewährte Arbeitsvorschrift angab, geschieht dies durch oxydativen Abbau der ungesättigten Bestandteile unter solchen Bedingungen, daß die gesättigten Säuren nicht angegriffen und die aus den ungesättigten Säuren gebildeten Abbauprodukte in wasserlösliche Form überführt und abgetrennt werden können. Naturgemäß ist das Verfahren auf solche Fette beschränkt, die keine wasserlöslichen Fettsäuren enthalten. Es führt also, auf Milchfett, Kokos- und Palmkernfett angewandt, zu unrichtigen Ergebnissen. Bei allen anderen vegetabilischen Fetten und auch bei Seetierölen leistet es hervorragende Dienste.

Zur Abtrennung der ungesättigten Fettsäuren kann man sich auch ihrer hydroxylierten Produkte bedienen, die mit Hilfe organischer Persäuren in quantitativ zu leitender Reaktion erhältlich sind. Nach einer von F. FITELSON[2] angegebenen Methode benutzt man Perameisensäure als Oxydationsmittel und trennt die gebildeten Hydroxi- und Formoxisäuren auf chromatographischem Wege von den unveränderten gesättigten Säuren. Der Anwendung dieser Methode sind in etwa die gleichen Grenzen gesetzt wie dem Bertramschen Verfahren, und die Resultate beider Arbeitsweisen sind ziemlich gleichwertig. Es sei noch darauf hingewiesen, daß bei diesen Arbeitsweisen die mittleren Fettsäuren, u. U. auch Anteile der niederen Fettsäuren, miterfaßt werden, was jedoch im allgemeinen keine Rolle spielt, wenn man von den oben bezeichneten Fettarten absieht.

i) Fraktionierte Destillation von Fettsäure- und Estergemischen

Die besonders von HILDITCH und seiner Schule[3] geübte und zu hoher Leistungsfähigkeit ausgebildete fraktionierte Vakuumdestillation von Fettsäuren bzw. ihren Methylestern ermöglicht zwar keine vollständige und quantitative Zerlegung bis zu den einzelnen Säuren, sie führt jedoch zu Esterfraktionen, die aus einigen wenigen Individuen bestehen und leicht mit anderen Mitteln analysiert werden können. Art und Zusammensetzung dieser Fraktionen sind naturgemäß vom Ausgangsmaterial abhängig, aber es bestehen gewisse allgemein gültige Gesetzmäßigkeiten, die eigentlich den analytischen Wert der Methode begründen.

In günstigen Fällen erhält man nämlich Esterfraktionen, die aus zwei gesättigten Säuren verschiedener Kettenlänge und einer ungesättigten Säure oder ungesättigten Säuren gleicher Kettenlänge bestehen. Mit Hilfe von Verseifungszahl und Jodzahl kann die Zusammensetzung derartiger Fraktionen errechnet werden. Diese Voraussetzungen treffen vornehmlich auf viele vegetabilische Fette zu, die neben Palmitinsäure ausschließlich gesättigte und nicht mehr als zwei ungesättigte Fettsäuren der C_{18}-Reihe enthalten. Lediglich bei Gegenwart von drei ungesättigten Fettsäuren, z. D. Ölsäure, Linolsäure und Linolensäure, treten diese auch in den Fraktionen nebeneinander auf und es erweist sich als notwendig, weitere analytische Hilfsmittel, vor allem die Bestimmung der Rhodanzahl, heranzuziehen. Allgemein jedoch gilt die angenähert zutreffende Voraussetzung, daß das gegenseitige Mengenverhältnis zweier ungesättigter Fettsäuren gleicher Kettenlänge durch die Fraktionierung nicht verschoben wird. Zwar kann die Zusammensetzung vegetabilischer Fette meist auf andere Weise hinreichend exakt ermittelt werden, gleichwohl hat sich auch hier die fraktionierte Destillation zur Anreicherung und damit Aufdeckung von seltenen und in sehr kleinen Anteilen anzutreffenden Fettsäuren bewährt.

Zur Untersuchung sehr komplexer Fettsäuregemische, wie sie in Seetierölen vorliegen, ist die fraktionierte Esterdestillation die Methode der Wahl. Bei solchen Gemischen, die ungesättigte Säuren mit 12 bis 24 C-Atomen von unterschiedlichem Ungesättigtheitsgrad, dazu meist mehrere gesättigte Säuren enthalten können, ist die Destillation so zu führen, daß die einzelnen Fraktionen nicht mehr als zwei gesättigte Ester und nur Ester aus zwei homologen Reihen enthalten. Unter dieser Voraussetzung werden zur Ermittlung der Zusammensetzung der Fraktionen folgende Daten benötigt: Jodzahl und mittleres Molekulargewicht bzw. Verseifungszahl der Gesamtfraktion, mittleres Molekulargewicht bzw. Verseifungszahl

---

[1] Z. dtsch. Öl- u. Fettind. 45 (1925) 733.
[2] J. Amer. Oil Chemists' Soc. 27 (1950) 1.
[3] HILDITCH, T. P., u. P. N. WILLIAMS: The Chemical Constitution of Natural Fats. London 1964, 4. Aufl., S. 676ff.

der aus der Gesamtfraktion isolierten gesättigten Ester. Letztere werden gravimetrisch bestimmt, indem man die ungesättigten Anteile durch Oxydation mit Kaliumpermanganat in Aceton abbaut, in wasserlösliche Alkalisalze überführt und in dieser Form abtrennt. Es ist an dieser Stelle nicht möglich, Anwendungen und Grenzen dieser Methoden umfassend und detailliert zu beschreiben. Zahlreiche Beispiele, aus denen sowohl die Art der Auswertung wie auch die ungemeinen Variationsmöglichkeiten hervorgehen, sind im Schrifttum beschrieben, auf das verwiesen wird[1].

5. Physikalische Prüfungen

Allgemeine Prüfmethoden

	DGF-Einheitsmethode
Vorbereitung der Proben	C-IV 1 (52)
Dichte	C-IV 2 (52)
Prüfgeräte	C-IV 2a (52)
Verfahren	C-IV 2b (52)
Schmelzverhalten	C-IV 3 (52)
Schmelzpunkt	C-IV 3a (52)
Fließpunkt und Tropfpunkt	C-IV 3b (57)
Erstarrungspunkt	C-IV 3c (57)
Kältebeständigkeit	C-IV 3d (52)
Schmelzausdehnung[a]	C-IV 3e (57)
Farbmessung	C-IV 4 (52)
Jodfarbzahl	C-IV 4a (52)
Lovibond-Farbzahl	C-IV 4b (52)
Gardner-Farbzahl	C-IV 4c (61)
Verseifungsfarbzahl	C-IV 4d (52)
Brechungsindex	C-IV 5 (52)
Viskosität	C-IV 7 (52)
Flammpunkt-Brennpunkt	C-IV 8 (52)
Konsistenz	C-IV 10 (53)

[a] Vgl. auch HANNEWIJK J. A. J. HAIGHTON und P. W. HENDRIKSE. Dilatometry of Oils, Fats and Fat Products, London New York Sydney 1964, Bd. 1, S. 119.

6. Chemische Kennzahlen

a) Allgemeines

Das Kennzahlensystem stellt einen bedeutsamen Schritt in der Entwicklung der chemischen Fettanalyse dar, ermöglicht es doch einen weitgehenden Verzicht auf umständliche oder aufwendige Trennverfahren. Ursprünglich waren Kennzahlen, hier wie auf anderen Gebieten der analytischen Chemie, qualitativer oder doch summarischer Ausdruck irgendwelcher Eigenschaften, ohne daß sich daraus Rückschlüsse auf die Zusammensetzung der Fette, speziell der beteiligten Fettsäuren ziehen ließen. Und lange Zeit war man auch bestrebt, möglichst alle Eigenschaften der Fette, selbst divergierende und nicht vergleichbare, chemische und physikalische, ja sogar äußere und vielfach zufällige Eigenschaften durch eine „Zahl" anzugeben. Einige Beispiele mögen für diese Manie stehen: Thermozahl, Brombindungszahl, Farbzahl, Schwefeldioxidzahl, Destillatzahl, Xylolzahl usw. Erst allmählich ist es gelungen, dieses Konglomerat zu einem System zu ordnen, in dem nur solche Kennzahlen Platz finden sollten, die einer exakten quantitativen Auswertung zugänglich sind.

Unter Kennzahlen werden solche auf chemischen Reaktionen basierende Zahlenangaben verstanden, die sowohl Art wie auch Umfang der jeweiligen Reaktion zum Ausdruck bringen. Sie erlauben somit unter näher zu definierenden Voraussetzungen Rückschlüsse auf Art und Menge der in einem Substrat enthaltenen Fettsäuren bzw. Ester. Die allen Fettsäuren bzw.

---

[1] HILDITCH, T. P., u. C. H. LEA: J. Chem. Soc. 1927 3106.

Estern gemeinsame funktionelle Gruppe ist die Carboxyl- bzw. Estergruppe, und ihre Umsetzung mit Alkalihydroxiden — die leicht quantitativ zu messende Verseifung — bildet die Grundlage zur Ermittlung sowohl des Molekulargewichtes als auch der Menge der Fettsäuren bzw. Ester. Alle auf derartigen Reaktionen der Carboxyl- bzw. Estergruppen basierenden Kennzahlen werden als *acidimetrische* zusammengefaßt. Je nach ihrem Erfassungsbereich können sie unterteilt werden in solche, die den Gesamtgehalt an Carboxylgruppen ausdrücken, und in jene, welche die Carboxylgehalte bestimmter Fettsäuregruppen angeben und damit ein Maß für eben diese Gruppen sind. Immer aber sind acidimetrische Kennzahlen — im Hinblick auf einzelne Fettsäuren eines Gemisches — als unspezifische und damit als summarische Kennzahlen anzusehen. Nur unter bestimmten Voraussetzungen, nämlich bei Vorliegen von höchstens zwei Säuren bzw. Estern verschiedenen, aber bekannten Molekulargewichtes, können sie zur rechnerischen Ermittlung der einzelnen Komponenten benutzt werden und erhalten dann den Charakter von Einzelkennzahlen.

Eine weitere funktionelle Gruppe bilden die Lückenbindungen der ungesättigten Fettsäuren. Da es sich meist um Doppelbindungen handelt, werden die mit Lückenbindungen verlaufenden und quantitativ meßbaren Reaktionen durch *enometrische* Kennzahlen ausgedrückt. Auch hier ergibt sich eine weitere Differenzierung auf der Basis solcher Reaktionen, die den Gesamtgehalt an Lückenbindungen — den Ungesättigtheitsgrad — erfassen, und derjenigen, die streng selektiv nur auf Lückenbindungen bestimmter Struktur ansprechen, eine Unterteilung also in summarische und Einzelkennzahlen. Darüber hinaus erlaubt die kombinatorische Auswertung der enometrischen Kennzahlen die vollständige Analyse der in einem Gemisch vorhandenen ungesättigten Fettsäuren, allerdings unter der Voraussetzung gleicher Kettenlänge.

Eine dritte Gruppe bilden die *oxidimetrischen* Kennzahlen, die auf solche Strukturen ausgerichtet sind, welche Sauerstoff in anderer Bindung als in Carboxylgruppen enthalten, nämlich auf Hydroxyl-, Carbonyl-, Oxiran-, Hydroperoxidgruppen u. a. Wegen des selteneren Vorkommens entsprechender Säuren tritt ihre Bedeutung gegenüber den beiden erstgenannten Gruppen dieses Kennzahlensystems zurück.

Wie bemerkt, bilden alle Kennzahlen dieses Systems ein quantitatives Symbol für die unter bestimmten Bedingungen in Reaktion tretenden funktionellen Gruppen, nicht jedoch für die Art der Durchführung und Messung dieser Reaktion. Es sollten deshalb im Interesse einer allgemein verständlichen Handhabung alle jene Kennzahlenangaben ausgemerzt werden, die diesen Grundsätzen widersprechen. Eine prägnante und wissenschaftlich definierte Kennzahlennomenklatur ist allerdings kaum noch im strengen Sinne zu verwirklichen, nachdem vielfach unzutreffende, nichtssagende oder nach Autoren bezeichnete Kennzahlen Eingang in das Schrifttum gefunden haben. Aus gleichen historischen Gründen ermangelt es einer einheitlichen und gemeinsamen Bezugsgrundlage. Immerhin hat es sich eingebürgert, die wichtigsten acidimetrischen Kennzahlen, nämlich Säurezahl, Neutralisationszahl, Verseifungszahl und Esterzahl auf mg KOH/g Fett, acidimetrische Gruppenkennzahlen wie Reichert-Meissl-Zahl, Kirschner-Zahl u. a. auf ml 0,1 n KOH/5 g Fett, die enometrischen Kennzahlen einheitlich auf g Jod/100 g Fett zu beziehen. Oxydimetrische Kennzahlen werden teils in mg KOH/g Fett ausgedrückt, teils geben sie direkt den Gehalt an den betreffenden funktionellen Gruppen an. Auf veralteten Bezugsgrundlagen beruhende Kennzahlen wie Säuregrad, Acetylzahl, Verseifungsäquivalent u. a. sollte deshalb möglichst verzichtet werden.

Obgleich Kennzahlen in der Regel zahlenmäßig ziemlich scharf ermittelt werden können, muß man sich stets vergegenwärtigen, daß sie nicht die Reaktion einer einzigen Verbindung des jeweiligen Gemisches beschreiben, sondern mindestens von mehreren Faktoren und dazu in manchmal unübersichtlicher Weise abhängig sind. Vor allem die unverseifbaren Bestandteile oder auch Verunreinigungen, wie Wasser, sind hier zu beachten. Hinzu kommt die mehr oder minder große Abhängigkeit der einzelnen Werte von den jeweils benutzten Methoden.

Die meisten chemischen Kennzahlen werden durch Differenztitration (Haupt- und Blindversuch) ermittelt. Man muß sich vor Augen halten, daß die Summe aller Fehler in die Differenz der beiden Titrationswerte voll eingeht, daß mithin auch kleine einzelne Fehler das Resultat beträchtlich verfälschen können.

Kennzahlen sind vielfach für die Art der Fette charakteristisch, schwanken aber auch dann noch innerhalb gewisser Grenzen, die von natürlichen Gegebenheiten, Herkunft, Gewinnung, Lagerung und der weiteren Bearbeitung gezogen werden. Darin aber erschöpft sich ihr Wert nicht, vielmehr sind sie eines der wichtigsten Hilfsmittel, um die Zusammensetzung von Fetten, vor allem der Fettsäuren, quantitativ festzulegen. Will man sich ihrer mit möglichst großem Nutzen bedienen, so ist es erforderlich, je nach Fragestellung und Art der Untersuchungsobjekte die richtige Auswahl zu treffen. Im allgemeinen ist dabei der Wert einer Kennzahl um so höher, je schärfer sie mit der Zusammensetzung der Fettsäuren und je spezifischer sie mit den jeweils interessierenden Säuren zusammenhängt.

Vorbereitung der Proben: DGF-Einheitsmethode C-V 1 (53).

b) Acidimetrische Kennzahlen

	DGF-Einheitsmethode
Säurezahl	C-V 2 (57)
Verseifungszahl	C-V 3 (53)
Esterzahl	C-V 4 (53)
Auswertung der Säurezahl, Verseifungszahl und 　Esterzahl	C-V 5 (57)

In Milchfetten, Palmenfetten und wenigen anderen Fetten finden sich niedere Fettsäuren als charakteristische Bestandteile. Es sind vor allem Buttersäure, Capronsäure, Caprylsäure und Caprinsäure. Ihre analytische Erfassung hat seit jeher ein besonderes Interesse beansprucht, weil die genannten Fettarten zu den wertvollsten Speisefetten zählen. Diese niederen Fettsäuren sind sämtlich mit Wasserdampf flüchtig, und ihre Salze zeichnen sich gegenüber denjenigen der höheren Fettsäuren durch besonders leichte Löslichkeit aus. Auf diese beiden Eigenschaften hat man zahlreiche Bestimmungsmethoden ausgerichtet, die sämtlich darauf hinauslaufen, zunächst die niederen Säuren mehr oder weniger exakt abzutrennen, gegebenenfalls noch weiter zu zerlegen und sodann den mengenmäßigen Umfang der erhaltenen Fraktionen durch eine Kennzahl auszudrücken. Es liegt in der Natur der Sache, daß den vielen Mühen, die auf dieses Problem verwandt worden sind, letztlich der volle Erfolg versagt blieb, wie er mit modernen Methoden erreicht worden ist. Die prägnantesten und wichtigsten Verfahren und Kennzahlen sollen hier genannt werden.

	DGF-Einheitsmethode
Gesamtzahl der niederen Fettsäuren	C-V 6 (57)
Reichert-Meissl-Zahl, Polenske-Zahl	C-V 7 (57)
Bestimmung der Reichert-Meissl-Zahl	C-V 7a (57)
Bestimmung der Polenske-Zahl	C-V 7b (53)
Kirschner-Zahl	C-V 8 (53)
Buttersäurezahl	C-V 9 (57)
Halbmikrobestimmung	C-V 9a (53)
Restzahl	C-V 10 (53)

c) Enometrische Kennzahlen

Von gleicher Bedeutung wie die analytische Unterscheidung der Fettsäuren nach ihrer Kettenlänge erweist sich die Erfassung der einzelnen ungesättigten Fettsäuren. Mindestens zwei Vertreter dieser Säuregruppe werden in jedem natürlichen Fett angetroffen. Obgleich die ungesättigten Fettsäuren durch verschiedene Anzahl und Anordnung der Lückenbindungen gekennzeichnet sind, wird ihre analytische Untersuchung dadurch bedeutend erschwert, daß ihre wichtigsten Vertreter die gleiche Kettenlänge besitzen und infolgedessen den klassischen Trennverfahren, wie sie auf Säuren verschiedener Kettenlänge angewandt werden, unzugänglich sind. Lange Zeit war deshalb die älteste enometrische Kennzahl, die Jodzahl, nicht mehr als ein summarischer und nicht einmal immer zuverlässiger Ausdruck für den Ungesättigtheitsgrad.

Die fast verzweifelten Bemühungen einer älteren Chemikergeneration um eine Lösung dieses Problems sind noch an den vielen untauglichen Versuchen zu erkennen, wie sie im Schrifttum beschrieben sind. Es ist das Verdienst von KAUFMANN, als erster die unterschiedliche Reaktionsfähigkeit der in den einzelnen Fettsäuretypen anzutreffenden Lückenbindungen erkannt und auf dieser Eigenschaft ein Kennzahlensystem aufgebaut zu haben, mit dessen Hilfe die ungesättigten Fettsäuren quantitativ ermittelt werden können, und das er selbst treffend „Enometrie der Fette" nannte. Die erste selektive und spezifische Kennzahl in diesem System war die Rhodanzahl, die im Verein mit der Jodzahl die quantitative Erfassung der wichtigsten und verbreitetsten Monoen- und Isolenfettsäuren erlaubte. Später kam die Dienzahl hinzu, eine für Konjuenfettsäuren spezifische Kennzahl.
Eine exakte und erschöpfende Auswertung dieser Kennzahlen ist allerdings nur unter zwei Voraussetzungen zulässig: Gleiche Kettenlänge der ungesättigten Fettsäuren und genaue

Kenntnis des „Gehaltes" an Lückenbindungen im Untersuchungsmaterial, gemeinhin Ungesättigtheitsgrad genannt. Dieser wird für die meisten Fette durch die Jodzahl richtig angegeben, lediglich bei Konjuensäuren enthaltenden Fetten müssen Spezialmethoden angewandt werden, was man in der Bezeichnung der Kennzahl, z. B. als Hydrierjodzahl, zum Ausdruck bringt. Vegetabilische und die von Landtieren stammenden Fette erfüllen mit wenigen Ausnahmen die erstgenannte Voraussetzung. Dies trifft jedoch nicht auf Seetieröle und viele Organfette zu, so daß hier die enometrischen Kennzahlen zwar charakteristische Größen darstellen, nicht jedoch die einzelnen ungesättigten Säuren zu erfassen gestatten. Obgleich heute moderne Verfahren zum quantitativen Nachweis der Polyenfettsäuren zur Verfügung stehen, z. B. der Konjuenfettsäuren durch Messung ihrer Lichtabsorption, ist die klassische Methodik angesichts der für jene benötigten, kostspieligen Einrichtungen keineswegs überholt, vielmehr sind enometrische Kennzahlen aus mehreren Gründen nach wie vor wichtige Charakteristika, auf die man in der systematischen Fettanalyse nicht verzichten kann.

	DGF-Einheitsmethode
Jodzahl	C-V 11 (53)
Bestimmung nach HANUS	C-V 11a (53)
Bestimmung nach KAUFMANN	C-V 11b (53)
Halbmikrobestimmung nach KAUFMANN	C-V 11c (53)
Bestimmung nach WIJS	C-V 11d (53)
Hydrierjodzahl	C-V 12 (53)
Rhodanzahl	C-V 13 (57)
Halbmikrobestimmung	C-V 13a (53)
Dienzahl	C-V 14 (53)
Halbmikrobestimmung	C-V 14a (53)
Auswertung der Jodzahl, Rhodanzahl und	
Dienzahl[a]	C-V 15 (57)
Polybromidzahl	C-V 16 (57)

[a] Über die Auswertung enometrischer Kennzahlen, die unter abweichenden Bedingungen ermittelt wurden, vgl. BALTES, J.: Classical Chemical Methods in Fat Analysis, bei BOEKENOOGEN, H. A.: Analysis and Characterization of Oils, Fats and Fat Products, London/New York/Sydney 1964, Bd. 1, S. 42—45.

Enometrische Kennzahlen geben Gehalt und Art von Lückenbindungen an, teils in summarischer Form wie die Jodzahl, teils in partieller oder sogar in spezifischer Form wie Rhodan- bzw. Dienzahl. Allein erst die Kombination dieser drei Kennzahlentypen macht die Enometrie aus. Angesichts der diffizilen Unterschiede im Reaktionsverhalten der Lückenbindungen, auf denen die Enometrie beruht, kann es nicht verwundern, daß die zugrundeliegenden Reaktionen von mannigfachen äußeren Bedingungen, aber auch von gewissen Inhaltsstoffen des Untersuchungsmaterials im Sinne einer möglichen Verfälschung der Analysenresultate beeinflußt werden können. Es ist daher unbedingt notwendig, diese unerwünschten Einflüsse zu beachten und möglichst weitgehend auszuschalten, eine Forderung, auf deren Erfüllung viel Mühe und Arbeit verwandt worden sind und die ihren Niederschlag in den bewährten und allgemein anerkannten Methoden der Enometrie gefunden hat.

Gegenüber den obengenannten tritt eine für bestimmte Polyenfettsäuren charakteristische Kennzahl in den Hintergrund, da sie nur halbquantitative Bedeutung hat. Das ist die Polybromidzahl, welche, wie der Name schon sagt, die Ausbeute an Fettsäurepolybromiden ausdrückt, die unter bestimmten Bedingungen aus Fetten erhalten werden. Früher vielfach auch zur Charakterisierung von Linolensäure enthaltenden Fetten benutzt, beschränkt sich ihre Anwendung heute im wesentlichen auf Seetieröle.

Die Höhe der Jodzahlen wie auch der übrigen enometrischen Kennzahlen von Fetten ist von verschiedenen Faktoren abhängig, in erster Linie von ihrem Gehalt an Glyceriden der ungesättigten Fettsäuren sowie von der Natur dieser Fettsäuren. Sterine und weitere Bestandteile des Unverseifbaren haben meist eine verhältnismäßig niedrige Jodzahl, was bei Anwesenheit größerer Anteile an Unverseifbarem zu berücksichtigen ist. Auch die Art der Gewinnung, die Lagerungsbedingungen sowie das Alter der Fette können sich in der Höhe der Jodzahl bemerkbar machen, insbesondere dann, wenn eine Autoxydation in größerem Umfange stattgefunden hat.

Die Jodzahlen tierischer Fette sowie der Milchfette unterliegen zwar gewissen Schwankungen, die u. a. auch von der Fütterung beeinflußt werden, im ganzen sind sie jedoch nicht so beträchtlich wie bei den vegetabilischen Fetten, bei denen Standorts- und Wachstumsbedingungen eine erhebliche Rolle spielen können. Besonders große Schwankungen beobachtet man bei den Jodzahlen der Seetieröle, die hier in erster Linie durch die Nahrungszufuhr hervorgerufen werden. In der Abb. 3 sind die Jodzahlbereiche der wichtigsten natürlichen Fette zwecks rascher Orientierung graphisch dargestellt.

d) Oxidimetrische Kennzahlen

	DGF-Einheitsmethode
Hydroxylzahl	
Verfahren mit Essigsäureanhydrid	C-V 17a (53)
Verfahren mit Acetylchlorid	C-V 17b (53)
Peroxidzahl	C-VI 6a (61)

Hydroxylgruppen können in Fetten sowohl in Form natürlicher Hydroxi-Fettsäuren vorliegen, aber auch nicht sauren Inhaltsstoffen angehören, wie Partialglyceriden und höheren Alkoholen. Auch Oxydationsprodukte der Fette weisen vielfach Hydroxylgruppen auf. Als einzige natürliche Keto-Fettsäure ist die Licansäure bekannt. In Umwandlungsprodukten von Fetten jedoch, besonders in oxydiertem Material, werden vielfach Carbonylverbindungen angetroffen, sei es in Form von Ketonen oder Aldehyden oder auch gemischter Strukturen. Das gleiche gilt für Oxiran- oder Epoxigruppen. Hydroperoxidverbindungen endlich sind Primärprodukte der Autoxydation, und sie werden oftmals neben sämtlichen hier aufgezählten funktionellen Gruppen in oxydiertem Material angetroffen. Demnach dienen oxydimetrische Kennzahlen teils zur quantitativen Ermittlung bestimmter Bestandteile der Fette, teils zur Beschreibung ihres Zustandes, wie z. B. des Oxydationsgrades.

7. Quantitative Zerlegung von Glyceriden, Fettsäuren und deren Monoestern und Bestimmung der Einzelbestandteile

Multiplikative Trennverfahren haben seit einigen Jahren in vielfachen Ausführungsformen und Kombinationen Eingang in die Fettanalyse gefunden. Das einschlägige Schrifttum ist so umfangreich, daß hier detaillierte Zitate oder gar eine Würdigung unmöglich ist. Deshalb wird auf einige Monographien[1] verwiesen, die den Stand dieses Gebietes unter besonderer Berücksichtigung der Fettanalyse behandeln.

Besonders leistungsfähig, und zwar sowohl für Routineuntersuchungen als auch in Spezialfällen, sind die Gas-Chromatographie (GC) und die Dünnschicht-Chromatographie (DC). Erstere findet auf Fettsäure-Gemische und deren Monoester, besonders Methylester, Anwendung, letztere eignet sich für Glyceride und andere Fettbestandteile sowie für höhermolekulare Fettprodukte. Bezüglich der Arbeitstechniken, der apparativen Gestaltung, der Auswertung der Chromatogramme usw. sowie der bisherigen Ergebnisse wird auf das einschlägige Schrifttum verwiesen, insbesondere auf die in „Fette, Seifen, Anstrichmittel"[2] seit einigen Jahren laufend erscheinenden Veröffentlichungen.

8. Direkte Indentifizierung und Bestimmung von Einzelbestandteilen

Bestimmte Strukturelemente der Fettsäuren, nämlich Verzweigungen, räumliche Konfiguration der Doppelbindungen und Konjuenstrukturen, können durch Messung der Lichtabsorption qualitativ und quantitativ ermittelt werden. Dieses

---

[1] BAYER, E.: Gas-Chromatographie, Berlin/Göttingen/Heidelberg: Springer 1962, 2. Aufl. STAHL, E.: Dünnschicht-Chromatographie, Berlin/Göttingen/Heidelberg: Springer 1962.
[2] Industrieverlag von Hernhaussen K. G., Hamburg.

optische Verfahren ist daher nicht nur für die Konstitutionsaufklärung von Bedeutung, sondern ermöglicht auch die direkte Bestimmung von gewissen Fettsäuren, in erster Linie von trans-Fettsäuren und von Polyenfettsäuren.

Zur IR-spektroskopischen Bestimmung von trans-Monoenfettsäuren (Isoölsäuren), die in partiell gehärteten Fetten enthalten sind, bedient man sich der Absorptionsmessung bei 10,36 μ (965 cm^{-1}). Diese durch Deformationsschwingungen der trans-CH-Gruppe bedingte Absorptionsbande wird durch Schwingungen der Carboxylgruppe und bestimmter Glyceridgruppierungen überlappt, so daß zweckmäßig das durch Veresterung oder Umesterung gewonnene Fettsäuremethylestergemisch zur Messung benutzt wird[1]. Unter Verwendung vollgesättigter Triglyceride als Vergleichssubstanz und mit einer gezielten Meßtechnik gelingt es auch, trans-Monoenfettsäure-Reste in Fetten (Triglyceriden) direkt zu bestimmen[2].

	DGF-Einheits- methode
Bestimmung der Konjuenfettsäuren	C-IV 6a (57)
Bestimmung der Isolenfettsäuren	C-IV 6b (57)

Konjuenfettsäuren zeigen spezifische UV-Absorptionsbanden, deren Lage innerhalb des Spektrums sich nach der Länge des Systems der konjugierten Doppelbindungen richtet. Sie können daher auf Grund von UV-Absorptionsmessungen identifiziert und quantitativ bestimmt werden. Da sich Isolenfettsäuren zu Konjuenfettsäuren isomerisieren lassen, sind auch erstere dieser bequemen und empfindlichen Nachweismethode zugängig.

Nach den Vorschriften der Methodensammlungen werden Isomerisierungstechniken benutzt, die einen nicht quantitativen Reaktionsablauf und die Bildung von Nebenprodukten bedingen. Mithin müssen empirische Extinktionswerte für die einzelnen Isolenfettsäuren als Bezugsgrundlage verwendet werden. Mit Hilfe von Kalium-tert.butylat, gelöst in tert. Butanol, läßt sich die Isomerisierung im Sinne eines einheitlichen und vollständigen Reaktionsablaufes führen[3], weshalb die Methodik[4] im einzelnen angegeben werden soll.

[1] KAUFMANN, H. P., F. VOLBERT u. G. MANKEL: Fette, Seifen, Anstrichmittel 61 (1959) 643.
[2] SZONYI, C., R. S. TAIT u. J. D. CRAKE: J. Amer. Oil Chemists' Soc. 39 (1962) 276.
[3] SREENIVASAN, B. u. J. B. BROWN: J. Amer. Oil Chemists' Soc. 33 (1956) 521.
[4] Modifiziert nach WEGHORST, F. u. J. BALTES: Fette, Seifen, Anstrichmittel 67 (1965) 48.
[5] Nach H. J. WATERMAN: Hydrogenation of Fatty Oils, Amsterdam 1951.

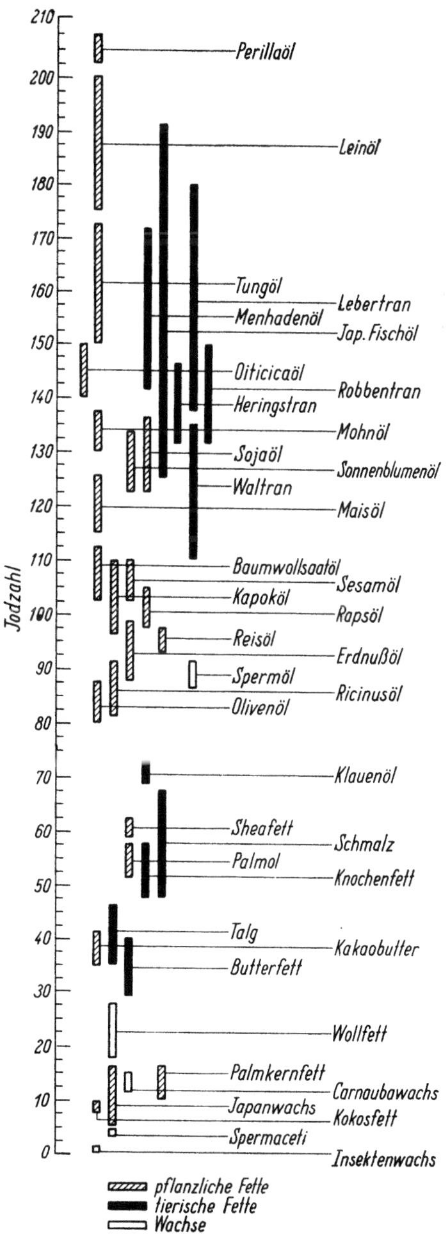

Abb. 3. Jodzahlbereiche der wichtigsten Fette[5].

Modifiziertes Verfahren zur Bestimmung von Isolenfettsäuren

Geräte: Acetylierungskölbchen aus Duranglas von 100 ml Inhalt mit NS 19 und seitlichen NS 14,5; Steigrohr mit NS 19, etwa 1 m lang; Gaseinleitungsrohr und Glasstopfen, beide mit NS 14,5; elektrisch beheizbares Sandbad.

Reagentien und Lösungsmittel: Etwa 14%ige Lösung von Kalium-tert.butylat in tert. Butanol; Methanol p. a.

Zur Herstellung des Reagenzes ist käufliches tert. Butanol zunächst in folgender Weise zu reinigen: Je Liter tert. Butanol werden etwa 200 g festes Kaliumhydroxid unter Erwärmen gelöst und sodann 30 g geraspeltes Zink zugegeben. Man erhitzt etwa 10 Std. unter Rückfluß zum Sieden und destilliert sodann ab. Die bei 82,5° bis 82,8 °C übergehende Fraktion besteht praktisch aus reinem tert. Butanol (Sdp. 82,6 °C) und wird in braunen, völlig gefüllten Glasflaschen mit eingeschliffenem Glasstopfen aufbewahrt.

In einer 250 ml fassenden Flasche aus Duranglas, zu der ein eingeschliffener Stopfen und ein eingeschliffenes Steigrohr von etwa 1 m Länge gehören, werden 215 ml tert. Butanol vorgelegt. Nach Einlegen eines magnetischen Rührstäbchens und Aufsetzen des Steigrohres setzt man sie auf ein magnetisches Rührwerk. Insgesamt 10 g metallisches Kalium, unter optisch reinem Hexan in kleine, blanke Stücke geschnitten und abgewogen, werden nach und nach (etwa innerhalb 1 Std.) durch das Steigrohr eingeführt. Darauf rührt man mehrere Stunden, bis sich das gesamte Metall gelöst hat und die nunmehr warme Lösung blank ist. In verschlossener Flasche unter Lichtabschluß aufbewahrt, ist das Reagenz etwa 2 Wochen ohne Verfärbung haltbar.

Verfahren: In einseitig geschlossenem Röhrchen aus Duranglas wägt man 0,2 bis 0,5 g der Probe genau ein und bringt es in das Acetylierungskölbchen. Mittels des in den seitlichen Schliffansatz gesetzten Gaseinleitungsrohres verdrängt man die Luft aus dem Kölbchen durch Einleiten von reinem Stickstoff. Sodann gibt man genau 10 ml des Reagenzes in das Kölbchen, setzt das Steigrohr auf und erwärmt unter fortwährendem Überleiten von Stickstoff auf dem Sandbade, bis die Lösung zu sieden beginnt. Nun wechselt man rasch das Gaseinleitungsrohr gegen den Stopfen aus und erwärmt insgesamt 4 Std. unter Rückfluß zum leichten Sieden. Zur Abkühlung wird der Kolben sodann in Eiswasser getaucht, darauf wird der Inhalt mit etwa 50 ml Methanol vermischt. Die kalte Lösung wird nun unter Nachspülen mit Methanol in ein 100 ml fassendes Meßkölbchen überführt und mit Methanol auf genau 100 ml aufgefüllt. Ein aliquoter Teil dieser Lösung wird entnommen und je nach Gehalt an Isolenverbindungen mit Methanol im Verhältnis 1 : 10 bis 1 : 500 verdünnt. An den verdünnten Lösungen wird die Extinktion der Bandenmaxima (bei 233 mμ und 268 mμ) gemessen.

Berechnung:
Zugrunde gelegt werden

$$E_{1\,cm}^{1\%} = 1064 \text{ bei } 233 \text{ m}\mu \text{ für reine Konjudiensäuren;}$$
$$\left.\begin{array}{l} E_{1\,cm}^{1\%} = 1348 \text{ bei } 268 \text{ m}\mu \\ E_{1\,cm}^{1\%} = 906 \text{ bei } 233 \text{ m}\mu \end{array}\right\} \text{für reine Konjutriensäuren.}$$

Bezeichnet man die gemessenen Extinktionen mit E_{233} bzw. E_{268}, die Einwaage mit e, das Verdünnungsverhältnis (Bruch) mit a und die Schichtdicke mit d, so errechnen sich bei Abwesenheit von Triensäuren:

$$\% \text{ Diensäuren} = \frac{0,1064\ E_{233}}{d \cdot a \cdot e};$$

bei Anwesenheit von Triensäuren:

$$\% \text{ Triensäuren} = \frac{0,1348\ E_{268}}{d \cdot a \cdot e},$$

$$\% \text{ Diensäuren} = \frac{0,1064\ E_{233} - 0,0122\ E_{268}}{d \cdot a \cdot e}.$$

Die spektroskopische Bestimmung der Polyenfettsäuren in Verbindung mit der gaschromatographischen Analyse der Gesamtfettsäuren nach der Kettenlänge sowie mit der Jodzahl dürften die methodisch und vom Arbeitsaufwand her gesehen einfachsten Grundlagen für Vollanalysen der wichtigsten Fette sein.

9. Spezielle Eigenschaften und Inhaltsstoffe der Fette

Die hohe Empfindlichkeit der Fette gegenüber den verschiedenartigsten Milieubedingungen, erklärlich aus ihrer chemischen Konstitution, kann bei ihrer

Gewinnung, Lagerung und Verarbeitung zu unerwünschten Veränderungen führen, die man gemeinhin als Verderben bezeichnet. Um den akuten Zustand eines Fettes, seinen Verdorbenheitsgrad, zu beschreiben, ist die Kenntnis der Zusammensetzung seiner Glyceride bzw. Fettsäuren nicht ausreichend, zumal die den Verdorbenheitszustand bedingenden Stoffe meist nur in sehr geringen Mengen vorhanden sind. Hier müssen außer den behandelten einschlägigen Kennzahlen wie Säurezahl, Peroxidzahl und Carbonylzahl noch spezielle Verfahren herangezogen werden, um Art und Menge solcher Zersetzungsprodukte nachzuweisen. Aber nicht nur dieser akute Zustand eines Fettes, auch die Prognose über sein künftiges Verhalten unter bestimmten Bedingungen ist ein wichtiges Kriterium der Wertbeurteilung. In erster Linie interessiert hier die Neigung eines Fettes zur Autoxydation, die nicht allein durch die Zusammensetzung seiner Fettsäuren, sondern auch durch andere natürliche Inhaltsstoffe beeinflußt wird, nämlich die Pro- und Antioxydantien. Außer diesen den Begleitstoffen der Fette zuzuzählenden Bestandteilen haben noch solche Stoffe Bedeutung, die eine spezifische biologische Aktivität aufweisen, besonders Lipovitamine und Lipochrome. Endlich sei an seltener anzutreffende Inhaltsstoffe erinnert, die vielfach nur einer Fettart eigen sind, wie Sesamol und Sesamin des Sesamöles, Gossypol des Baumwollsaatöles u. a., Inhaltsstoffe, deren genaue Kenntnis zur Wertbeurteilung ebenfalls erforderlich ist.

Ebenso zahlreich wie die Verderbsarten sind auch die zu ihrem Nachweis vorgeschlagenen Methoden, weshalb nur auf die wichtigsten näher eingegangen werden soll. Säurezahl, Peroxidzahl und Carbonylzahl sind in der Regel einigermaßen ausreichend, um den Verdorbenheitsgrad eines Fettes zu kennzeichnen. Neben den Fettsäureabkömmlingen, welche durch diese Kennzahlen angegeben werden, interessieren besonders diejenigen meist flüchtigen Zersetzungsprodukte, welche die organoleptischen Ranziditätseigenschaften bedingen. Das sind neben niedermolekularen Fettsäuren vor allem flüchtige Ketone und Aldehyde.

Mit der Untersuchung der Verdorbenheit von Fetten stehen jene Methoden in engem Zusammenhang, die zur Feststellung der Stabilität dienen. Dabei handelt es sich in erster Linie um die Stabilität gegenüber der Autoxydation, und die verschiedenen Verfahren können unterteilt werden in solche, welche die Einwirkung von Sauerstoff, messend an Fettveränderungen, verfolgen, und in jene, welche die mit der Stabilität in Beziehung stehenden Inhaltsstoffe, vornehmlich Pro- und Antioxydantien, zu erfassen gestatten.

Stabilitätsprüfungen unter definierten und möglichst standardisierten Bedingungen bezwecken, allgemein ausgedrückt, die Ermittlung der sog. Induktionsperiode, d. i. die Einwirkungsdauer des Sauerstoffes, welche notwendig ist, um die ersten nachweisbaren Fettveränderungen hervorzurufen. Bei der Schal- oder Ofen-Testmethode wird eine bestimmte Menge Fett, etwa 100 g, bei 70 °C im Trockenschrank aufbewahrt und in gewissen Zeitabständen untersucht. Die Zeitdauer bis zum Auftreten der ersten Ranziditätsmerkmale, durch organoleptische Prüfung oder an der Veränderung der Peroxidzahl festzustellen, ist ein gewisses Maß für die Stabilitätseigenschaften eines Fettes. Genauere Rückschlüsse erlaubt die aktive Sauerstoffmethode, verschiedentlich modifiziert und in einigen Methodensammlungen aufgenommen[1]. Unter genau festgelegten und konstanten Bedingungen wird das Untersuchungsmaterial mit fein verteilter Luft begast und in bestimmten Zeitabständen auf seinen Gehalt an peroxidisch gebundenem Sauerstoff untersucht. Auch hier dient die Induktionsperiode, welche die Einwirkungsdauer des Sauerstoffes bis zum Erreichen einer bestimmten Peroxidzahl angibt, als Maß für die Stabilität.

Genauere Stabilitätsprognosen können vielfach aus der qualitativen und quantitativen Bestimmung jener Stoffe erwartet werden, welche an den Autoxydationsvorgängen direkt beteiligt sind bzw. sie im negativen oder positiven Sinne beeinflussen. Neben dem Ungesättigtheitsgrad spielen besonders Art und Anteile der verschiedenen ungesättigten Fettsäuren sowie

---

[1] Vgl. AOCS-Method Cd 12—57.

die Gehalte an Pro- und Antioxydantien eine Rolle, unter letzteren vorzugsweise die natürlichen Schutzstoffe, wie Tocopherole, und bestimmte Schwermetalle, nämlich Kupfer und Eisen.

Neben Tocopherolen sind vor allem Vitamin A, Carotinoide sowie die Vitamine D als die wichtigsten Lipovitamine und Lipochrome anzusehen. Die Methoden zu ihrer analytischen Erfassung entstammen zum großen Teil der Vitaminchemie.

10. Technische Fettsäuren

a) Allgemeines

Fettsäuregemische unterschiedlichster Zusammensetzung wie auch Einzelindividuen mehr oder minder großer Reinheit werden unter dem Sammelnamen „Technische Fettsäuren" verstanden. Nach ihrer Herkunft unterscheidet man pflanzliche und tierische Fettsäuren sowie synthetische Fettsäuren. Gewöhnlich wird die Herkunft der natürlichen Fettsäuren genauer gekennzeichnet, z. B. als Sojaölfettsäuren, Talgfettsäuren u. ä. Die Art der Gewinnung wird ausgedrückt durch die Bezeichnungen Soapstock-Fettsäuren (zolltechnisch auch saure Öle), Spaltfettsäuren (Autoklaven- oder Reaktivspaltung), Hartfettsäuren (Soapstock- oder Spaltfettsäuren aus gehärteten Fetten), destillierte und fraktionierte Fettsäuren, bei letzteren gewöhnlich unter Angabe des Trivialnamens und Reinheitsgrades, z. B. Laurinsäure 90/92%. Durch fraktionierte Kristallisation gewonnene technische Stearinsäure (Stearin) und technische Ölsäure (Olein) zählen ebenfalls — cum grano salis — zu den natürlichen Fettsäuren.

Neuerdings gewinnen chemisch umgewandelte Fettsäuren immer mehr an Bedeutung, in erster Linie isomerisierte Fettsäuren (technische Konjuenfettsäuren) und polymerisierte Fettsäuren (polymere Fettsäuren, je nach Zusammensetzung dimere bzw. trimere Fettsäuren).

Art und Zusammensetzung technischer Fettsäuren sind demnach weitgehend von den Ausgangsrohstoffen und von der Behandlungsweise abhängig. Unvermischte Fettsäuren bestehen gewöhnlich aus den gleichen, die das entsprechende Fett enthält, die Mengenverhältnisse der einzelnen Säuren können jedoch verschoben sein. In rohen Fettsäuren können beträchtliche Anteile anderer Stoffe enthalten sein, vornehmlich Glyceride, Phosphatide, oxydierte Fettsäuren, Seifen.

b) Prüfung

Prüfung und Analyse technischer Fettsäuren erfolgen weitgehend mit den Methoden, die bei der Untersuchung von Fetten angewandt werden, und werden gewöhnlich auf den beabsichtigten Verwendungszweck abgestimmt.

Probenahme und Vorbereitung der Proben geschehen in derselben Weise wie bei Fetten angegeben. Die qualitative Prüfung erstreckt sich auf die Feststellung der äußeren Beschaffenheit, der Löslichkeit, auf die Verseifungsprobe, den Nachweis von Hartfettsäuren, von Polyen- und Konjuenfettsäuren und von Seifen, methodisch ebenfalls in Anlehnung an die Fettuntersuchung. Letzteres gilt für die meisten physikalischen Prüfungen (Dichte, Schmelzverhalten, Brechungsvermögen, Viskosität, Brennbarkeit), lediglich die Farbmessung ist gegebenenfalls zu erweitern, und zwar um die Feststellung der F. A. C.-Farbe [DGF-Einheitsmethode D-III 2 (61)].

Zur chemischen Untersuchung, insonderheit zur Feststellung der Art und Zusammensetzung, ist die Ermittlung folgender Kennzahlen meist ausreichend: Säurezahl (auch der Gesamtfettsäuren), Verseifungszahl (auch der Gesamtfettsäuren), Esterzahl, Jodzahl (auch der Gesamtfettsäuren), Rhodanzahl (auch der Gesamtfettsäuren), Dienzahl, Hydroxylzahl. In der Regel können die bei der Fettuntersuchung angegebenen Methoden ohne Abänderung benutzt werden. Lediglich bei sehr dunkler Farbe, wie sie bei rohen technischen Fettsäuren häufig angetroffen wird, kann die Ermittlung der acidimetrischen Kennzahlen mit Hilfe von Indikatoren Schwierigkeiten machen. In diesen Fällen werden folgende Verfahren benutzt:

	DGF-Einheitsmethode
Säurezahl, elektrometrische Methode	D-IV 2a (61)
Säurezahl, Emulsionsmethode	D-IV 2b (61)
Verseifungszahl, elektrometrische Methode	D-IV 3a (61)
Verseifungszahl, Emulsionsmethode	D-IV 3b (61)

Auch die Bestimmung einzelner Bestandteile erfolgt mit Hilfe der bei der Untersuchung der Fette angegebenen Methoden in sinngemäßer Anpassung. Zu nennen sind:

Unverseifbares, ausschließlich nach der Äthermethode,
Gesamtfettsäuren,
Phosphatide,
Glyceride (durch Bestimmung des gebundenen Glycerins),
Oxydierte Fettsäuren,
Feste und flüssige Fettsäuren
Feste ungesättigte Fettsäuren,
Gesättigte Fettsäuren,
Asche,
Unlösliche Verunreinigungen (in Äthyläther),
Flüchtige Bestandteile, Wasser,
Mineralsäuren,
Seifen.

Freie Fettsäuren lassen sich in der Regel nicht durch Titration oder Errechnung aus der Säurezahl mit genügender Genauigkeit bestimmen, da ihr mittleres Molekulargewicht meistens nicht mit dem der Gesamtfettsäuren übereinstimmt. Zu empfehlen ist ihre Überführung in Alkaliseifen, Abtrennung und gravimetrische Bestimmung der freigesetzten Säuren nach den DGF-Einheitsmethoden:
Freie Fettsäuren [DGF-Einheitsmethode D-IV 6 (61)] bzw. Freie Fettsäuren, chromatographische Methode [DGF-Einheitsmethode D-IV 6a (61)]. Letztere erlaubt eine genaue Ermittlung des Spaltgrades. Schließlich ist hinzuweisen auf:
Glycerin in freier und gebundener Form [DGF-Einheitsmethode D-IV 7 (61)].
Fraktionierte Fettsäuren werden durch Brechungsindex, Erstarrungspunkt (Titer) und Säurezahl meistens hinreichend charakterisiert. Zur Bestimmung der einzelnen Fettsäuren bedient man sich der Gaschromatographie.
Zum qualitativen Nachweis und zur Bestimmung von synthetischen Fettsäuren sind folgende Spezialmethoden erforderlich:

	DGF-Einheitsmethode
Unterscheidung natürlicher und synthetischer Fettsäuren	D-II 3 (61)
Restsäurezahl	D-II 3a (61)
Furfurol-Salzsäure-Probe	D-II 3b (61)
Nachweis ungeradzahliger Fettsäuren	D-II 3c (61)

Verwiesen wird auf die
Auswertung der Prüfergebnisse [DGF-Einheitsmethode D-IV 8 (61)].
Zur Untersuchung und Gehaltsbestimmung isomerisierter Fettsäuren (Konjuenfettsäuren) dient die auf S. 651 angegebene spektroskopische Methode, die auch zur Ermittlung der Isolenfettsäuren nach voraufgegangener Isomerisierung herangezogen werden kann.
Polymere Fettsäuren werden charakterisiert durch Säure- und Verseifungszahl, Jodzahl, Brechungsindex und Viskosität. Zur Gehaltsbestimmung unterwirft man sie in Form ihrer Methylester der Destillation im Hochvakuum bei 10^{-3} Torr. Die bis 140 °C (Kopftemperatur) übergehenden Anteile bestehen aus Monomeren, die zwischen 140 °C und 240 °C übergehenden aus Dimeren und Trimeren, der Rückstand im wesentlichen aus höher funktionellen Polyfettsäuremethylestern. Aus dem mittleren Molekulargewicht der Dimeren/Trimeren-Fraktion — zu bestimmen nach RAST — errechnet sich das Mengenverhältnis dieser beiden wichtigsten Bestandteile.
Endlich sei darauf hingewiesen, daß die Gaschromatographie — gegebenenfalls in Verbindung mit dem UV-spektroskopischen Verfahren — die Methode der Wahl für die Voll-

analyse technischer Fettsäuren ist. Selbstverständlich ist sie nur auf die destillierbaren Fettsäuren bzw. deren Methylester anwendbar und erfaßt somit nur diesen, allerdings wichtigsten Hauptbestandteil.

11. Prüfung von Glycerin

a) Allgemeines

Für die Analyse von Rohglycerinen sind die Internationalen Standardmethoden (Anaylsis of Crude Glycerine, British Export Committee's Report, London 1911) als maßgebend anzusehen, obschon sie teilweise mangelhaft und veraltet sind. Den Standardmethoden sind nachstehende DGF-Einheitsmethoden angeglichen: E-I 2, E-III 3 d, E-III 3 e, E-III 4, E-III 5, E-III 6, E-III 7, E-III 8, E-III 9.

Weitere hier aufgenommene Verfahren, insbesondere zur Bestimmung des Glycerins und des Wassers, haben gegenüber den genannten Methoden bedeutende Vorteile. Zu beachten sind auch Anforderungen und analytische Verfahren, die in den Pharmakopoeen, den Federal (United States) Specifications for Glycerine[1], den British Standard Specifications for Soap Lye and Saponification Crude Glycerines[2], den Typical British Specifications für Refined Glycerine[3] und den Nobel Specifications for Dynamite Glycerine[4] enthalten sind.

b) Prüfmethoden

	DGF-Einheitsmethoden
Probenahme	E-I 2 (55)
Qualitative Prüfungen	
Nachweis von Glycerin, Äthylenglykol, 1,3-Butylenglykol und 1,4-Butylenglykol	E-II 1 (55)
Nachweis von Verunreinigungen	E-II 5 (61)
Physikalische Prüfungen	
Dichte	E-III 1 (55)
Brechungsindex	E-III 2 (55)
Bestimmung von Bestandteilen	
Glycerin	E-III 3 (55)
Perjodatmethode	E-III 3a (55)
Modifizierte Perjodatmethode	E-III 3b (57)
Druckröhrchenmethode	E-III 3c (55)
Acetinmethode	E-III 3d (55)
Dichromatmethode	E-III 3e (55)
Asche	E-III 4 (55)
Freie Säuren	E-III 5 (55)
Gesamtalkali	E-III 6 (55)
Alkalicarbonat	E-III 8 (55)
Gesamtrückstand und organischer Rückstand bei 160 °C	E-III 9 (55)
Wasser	E-III 10 (55)
Sulfide	E-III 11 (55)
Sulfite und Thiosulfate	E-III 12 (55)
Zucker	E-III 13 (55)

---

[1] Federal Standard Stock Catalog O-G-491, Section IV, Part. 5 (Febr. 3, 1931).
[2] Ergänzt April 1913, übereinstimmend mit den Internationalen Standard-Methoden.
[3] Anerkannt durch United Kingdom Glycerine Producers' Association, Ltd.
[4] Nobel Explosives Company, Ltd., Specification 21 D. Nov. 1, 1912.

12. Prüfung von technischen Fettprodukten

a) Standöle

Von Standölen wird eine möglichst helle Farbe erwartet. Eine im auffallenden Licht grünliche Fluoreszenz kann unter Umständen ein Hinweis darauf sein, daß das Öl hochmolekulare (überpolymerisierte) Anteile enthält. Zu deren qualitativem Nachweis bedient man sich der Verdünnungsprobe mit Testbenzin von niedrigem Aromatengehalt ($<10\%$). Man beobachtet, ob während oder einige Zeit nach der Verdünnung Trübungen oder Ausscheidungen entstehen. Im übrigen müssen Standöle homogen, d. h. frei von gelartigen Anteilen, sein.

Die chemischen Kennzahlen werden in gleicher Weise, wie bei Fetten angegeben, bestimmt. Lediglich zur Ermittlung der Säurezahl ist es zweckmäßig, die eingewogene Probe zunächst in neutralem Testbenzin zu lösen, sodann mit Äthanol zu verdünnen und darauf erst in üblicher Weise zu titrieren. Zur weiteren Charakterisierung dienen in erster Linie die Viskosität und das Brechungsvermögen.

Die Säurezahl guter Standöle soll 6 bis 20, maximal 25, betragen. Ihre Verseifungszahl soll mit derjenigen des Ausgangsöles in etwa übereinstimmen.

b) Geblasene Öle

Die üblichen qualitativen Prüfungen zur Feststellung der Art und Herkunft versagen gewöhnlich. Geblasene Öle erkennt man am sichersten an ihrem erhöhten Sauerstoffgehalt und dem Gehalt an petrolätherlöslichen Fettsäuren, der aus den isolierten Gesamtfettsäuren zu bestimmen ist.

Zur Charakterisierung geblasener Öle sind die üblichen chemischen Kennzahlen heranzuziehen, die in gleicher Weise, wie bei Fetten angegeben, ermittelt werden.

Zum Nachweis und zur Bestimmung von Mineralölen ist die Zerlegung der Probe nach SPITZ und HÖNIG vorzunehmen, darauf der Anteil geblasenen Öles gravimetrisch zu bestimmen.

c) Sulfierte Öle

Mangels entsprechender DGF-Einheitsmethoden wird auf folgende AOCS-Methoden hingewiesen:

	AOCS-Methode
Wasser, Destillationsmethode	F 1a-44
Flüchtige Bestandteile	F 1b-44
Organisch gebundenes Schwefeltrioxid, Titrationsmethode	F 2a-44
Organisch gebundenes Schwefeltrioxid, Extraktions-Titrations-Methode	F 2b-44
Organisch gebundenes Schwefeltrioxid, gravimetrische Veraschungsmethode	F 2c-44
Gesamte entschwefelte Fettbestandteile	F 3 -44
Aktive Bestandteile	F 4 -44
Nichtflüchtige unverseifbare Bestandteile	F 5 -44
Anorganische Salze	F 6 -44
Gesamtalkalität	F 7 -44
Acidität bei Abwesenheit von Ammonium- oder Triäthanolaminseifen	F 9a-44
Acidität bei dunkelgefärbten Ölen	F 9b-44
Acidität in Gegenwart von Ammonium- oder Triäthanolaminseifen	F 9c-44
Organische Lösungsmittel, mit Wasser nicht mischbar	F 10-44

Zum qualitativen Nachweis sulfierter Öle werden 2 g der Probe in 20 ml wasserfreiem Äthanol oder einer Mischung von wasserfreiem Äthanol und Äthyläther gelöst, worauf man von etwa ausgefällten anorganischen Salzen abfiltriert. Nach Verdunsten des Lösungsmittels kocht man mit wenigen Millilitern konz. Salzsäure $^1/_2$ Std. und prüft das Sauerwasser auf Sulfationen.

Türkischrotöle sollen in wenig warmem Wasser klar löslich sein und auf Zusatz von etwa 10 Vol.-% Wasser eine haltbare Emulsion bilden. In verdünntem Ammoniak sollen sie völlig löslich sein und auch auf Zusatz von viel Wasser eine klare Lösung ergeben.

Mit hartem Wasser ergeben Türkischrotöle gewöhnlich Trübungen, hochsulfonierte Öle jedoch blanke Lösungen. Zur genauen Ermittlung der Beständigkeit gegen hartes Wasser und Säure verfährt man wie folgt:

3 g einer genau neutralisierten Probe werden in 1000 ml Wasser verteilt. Je 500 ml davon bringt man in Bechergläser von 85 mm Durchmesser, die einseitig mit einer Schriftprobe von 0,5 mm starken Linienzügen versehen sind (Tusche). Man versetzt jeweils die in den Bechergläsern befindliche Lösung nach und nach mit hartem Wasser, bittersalzhaltigem Wasser oder saurem Wasser, sowohl bei gewöhnlicher Temperatur wie auch bei 60 °C, und beobachtet den Punkt, bei dem infolge stärker werdender Trübung die Schriftprobe nicht mehr lesbar ist. Als Titerlösungen verwendet man zweckmäßig die folgenden:

39 g Calciumchlorid in 1000 ml Wasser, 1 ml entspricht 2 deutschen Härtegraden;

1000 g Magnesiumsulfat in 1000 ml Wasser;

4 n-Schwefelsäure.

Die nach der Entschwefelung erhaltenen Gesamtfettbestandteile sind mit Hilfe der üblichen chemischen Kennzahlen zu charakterisieren.

Literatur zu Abschnitt A[1]

ANDERSON, A. J. C., u. K. A. WILLIAMS: Refining of Oils and Fats, 2. Aufl., London: Pergamon 1962.

BAILEY, A. E.: Cottonseed and Cottonseed Products. New York/London: Interscience 1948; Neuauflage in Vorbereitung.

BAILEY, A. E.: Melting and Solidification of Fats. New York/London: Interscience 1950.

BOEKENOOGEN, H. A.: Analysis and Characterization of Oils, Fats and Fat Products. Band 1, London/New York/Sydney: Interscience 1964; weitere Bände in Vorbereitung.

DEUEL, H. J.: The Lipids, 3 Bände. New York/London: Interscience 1951—57, Neuauflage in Vorbereitung.

ECKEY, E. W.: Vegetable Fats and Oils. New York: Reinhold 1954.

HILDITCH, T. P.: Industrial Fats and Waxes, 3. Aufl., London: Bailière, Tindall and Cox 1949.

HILDITCH, T. P., u. P. N. WILLIAMS: The Chemical Constitution of Natural Fats. London: Chapman & Hall 1964.

HOLMAN, R. T.: Progress in the Chemistry of Fats and other Lipids, 7 Bände. Oxford/London/Edinburgh/New York/Paris/Frankfurt: Pergamon 1952—64.

JAMIESON, G. S.: Vegetable Fats and Oils. 2. Aufl., New York: Reinhold 1943.

KAUFMANN, H. P.: Analyse der Fette und Fettprodukte. Berlin/Göttingen/Heidelberg: Springer 1958, 2 Bände, Ergänzungsband in Vorbereitung.

KAUFMANN, H. P.: Neuzeitliche Technologie der Fette und Fettprodukte, 1. bis 4. Lief., Münster/Westf.: Aschendorff 1956—65, weitere Lieferungen in Vorbereitung.

LÜDE, R.: Die Gewinnung von Fetten und fetten Ölen 3. Aufl., Dresden/Leipzig: Steinkopff 1954.

LÜDE, R.: Die Raffination von Fetten und fetten Ölen. Dresden/Leipzig: Steinkopff 1962.

MARKLEY, K. S.: Fatty Acids. 2. Aufl., 4 Bände, 1960, 1961, 1965 und 1967. New York/London/Sydney: Interscience.

MARKLEY, K. S.: Soybeans and Soybean Products, 2 Bände. New York/London: Interscience 1950 und 1951, Neuauflage in Vorbereitung.

MINOR, C. S., u. N. N. DALTON: Glycerol. 2. Aufl., New York: Reinhold 1955.

RALSTON, A. W.: Fatty Acids and their Derivatives. New York/London: Wiley & Sons — Chapman & Hall 1948.

SWERN, D.: Bailey's Industrial Oil and Fat Products. 3. Aufl., New York/London/Sydney: Interscience 1964.

TRESSLER, D. K., u. J. Mc W. LEMON: Marine Products of Commerce. 2. Aufl., New York: Reinhold 1951.

WITTCOFF, H.: The Phosphatides. New York: Reinhold 1951.

---

[1] Das ältere Schrifttum ist größtenteils überholt. Daher sind hier nur solche Handbücher und Monographien berücksichtigt worden, die den neuesten Wissensstand wiedergeben.

B. Wollfett und Wollfettprodukte[1] (Wollwachs)

Von C. Zerbe, Hamburg

Inhaltsübersicht

I. Allgemeines

Das Wollfett. (Wollschweißfett, Wollwachs, Adeps lanae oder Alapurin) gewinnt man aus der rohen Schafwolle. Es ist eine klarschmelzende, zähe, braungelbe bis schwarzbraune, bockartig riechende Masse.

Die Reinigung wurde ständig verbessert, so daß die heute erhältlichen Qualitäten viel besser in Farbe, Geruch und analytischen Kenndaten sind.

Das am weitesten raffinierte Wollfett ist die wasserfreie pharmazeutische Qualität.

Die drei am meisten für technische Zwecke, insbesondere Oberflächenschutz, verwendeten Wollfettarten sind jedoch:

Commercielles Lanolin (raffiniertes Wollfett),

Roßwollfett und

neutralisiertes Wollfett.

Da das zähe klebrige Wollfett zum direkten Auftragen auf die Haut ungeeignet ist, wird es bei Hautpflegemitteln z. B. mit Paraffinöl verflüssigt oder mit Wasser emulgiert. Dabei lassen sich nur relativ kleine Mengen an Wollfett einverleiben; (in Paraffinöl nicht über 30%) seit 1950 gibt es durch fraktionierte Kristallisation, Molekulardestillation und Clathratverbindungen gewonnene Fraktionen des Wollfettes, die bei Zimmertemperatur von flüssiger Konsistenz sind und sich in Paraffinöl und organischen Lösungsmitteln besser lösen. Sie werden als „flüssiges Wollfett", „Lanolinöl" oder „entwachstes Wollfett" bezeichnet. Eine Zusammenstellung der verschiedenen Warenzeichen und viele Literaturhinweise gibt E. W. Clark[2]. Das obengenannte, chemisch unveränderte und nicht

---

[1] Herrn Dr. O. Salzmann, Hamburg bin ich für wertvolle Hinweise dankbar.

[2] Clark, E. W.: Seifen, Öle, Fette, Wachse 90 (1964) 593. [Kosmetik 37 (1964) 593.] (Übersetzung des in American Perfumer and Cosmetics 77 (1962) 89—96 veröffentlichten Artikels „Liquid Lanolin: Development, production, properties and uses".)

mit anderen Stoffen vermischte, flüssige Wollfett darf nicht mit anderen flüssigen Produkten verwechselt werden, die z. B. durch Alkoholyse und damit aus chemisch abgewandeltem Wollfett hergestellt werden können. Das flüssige Wollfett hat denselben Gehalt an Gesamtcholesterin wie das ursprüngliche Wollfett.

II. Eigenschaften

Das nach Abtrennen der freien Säuren und der Seifen als Adeps lanae, Lanolin oder Alapurin bekannte, gereinigte, neutrale Wollfett ist hellgelb, salbenartig, durchscheinend und nicht ganz geruchfrei. Paul Levy[1] weist auf folgende neuere Arbeiten auf dem Gebiet des Wollfetts hin[2]. Die wichtigsten Kennwerte für Roh- und Neutralwollfett sind den Tab. 1 und 2 zu entnehmen.

Tabelle 1. *Kenndaten von Wollfetten.*

		Rohwollfett	Neutralwollfett
Dichte bei 20 °C	g/cm³	0,944—0,970	0,932—0,965
Schmelzpunkt	°C	38—42	40—48
Säurezahl	mg KOH/g	43—60	0,1—3,0
Verseifungszahl	mg KOH/g	146—170	78—125
Jodzahl	%	15—20	18—22
Ester	%	32—36	54—58
Unverseifbares	%	22—44	40—43
Fettsäuren	%	24—33	2—2,6

Tabelle 2. *Physikalische und chemische Eigenschaften von Wollfetten[3].*

Farbe	gelb bis hellbraun
Dichte (bei 15 °C)	0,94—0,97
Brechungsindex (40 °C)	1,48
Schmelzpunkt	35—40 °C
Gehalt an freien Säuren	0—10%
Gehalt an freien Alkoholen	1—3%
Jodzahl (Wijs)	15—30
Verseifungszahl	95—120
Molekulargewicht (Rast)	790—880
Fettsäuregehalt	50—55%
Alkoholgehalt	50—45%
Säuren:	
Schmelzpunkt	40—45 °C
Jodzahl	10—20
mittleres Molekulargewicht	330
Alkohole:	
Schmelzpunkt	55—65 °C
Jodzahl	40—50
mittleres Molekulargewicht	370

---

[1] Chim Peintures 10 (1947) 271.

[2] Better, Eugen J., u. F. Munk: Seifensieder-Ztd. 59 (1932) 808. — Winter-Smith, H.: Chem. Age, Lond. 29 (1933) 125. — Ivanowsky, L.: Allg. Öl- u. Fett-Ztg. 31 (1934) 77. — Sserjakow u. Paramonowa: Chem. Zbl. 1935 I, 646. — Rossouw: Chem. Zbl. 1939 II, 3646. — Henk, H. J.: Seifensieder-Ztg. 66 (1939) 820. — Tscherkinski u. Leitess: Chem. Zbl. 1941 I, 419. — Steinacker, P.: Fette u. Seifen 47 (1945) 535. — Belg. P. 370924, 378353; Russ. P. 52323. — Berg, H.: Seifensieder-Ztg. 61 (1934) 303. — Augustin, J.: Riechst.-Ind. u. Kosmetik 9 (1934) 190. — E. P. 383238, 449451; F. P. 799793, 739973; DRP. 588951. 622373, 647451, 648606, 672720, 703852,7139. — Muntsch, O.: Gasschutz u. Luftschutz 3 (1933) 130.

[3] Anderson, C. A.: Deutsche Forschungsgemeinschaft. Wolle, „Wollfett und Wollschweiß", Schriftenreihe Heft 34 (1962).

Da das wasserfreie Wollfett von guter Qualität ein Gemisch von geringen Anteilen an freien Fettsäuren und Alkoholen mit einer komplizierten Mischung von Estern hochmolekularer aliphatischer und Sterinalkohole mit Fettsäuren darstellt, in dem Glyceride nicht vorhanden sind, würde die Bezeichnung Wollwachs zutreffender sein, womit man in der Praxis jedoch meist nur den neutralen Anteil des Rohwollfettes kennzeichnet.

Auf Grund seines Gehaltes an freien Alkoholen, (insbesondere an Cholesterin) vermag das Wollfett große Mengen (über 300%) Wasser unter Bildung haltbarer Emulsionen aufzunehmen.

Die emulgierende Wirkung des Wollfettes führt man auf die Anwesenheit von freien Diolen zurück, wobei die vorhandenen freien Fettsäuren und Cholesterinester eine zusätzliche stabilisierende Wirkung ausüben[1]. Vermischt man 5% der abgetrennten Wollfettalkohole mit Vaseline, erhält man die unter dem Namen Eucerinum anhydricum bekannte Salbengrundlage, die mit der gleichen Menge Wasser verrieben das sog. Eucerinum cum aqua ergibt[2].

III. Zusammensetzung

1. Säuren

Die Fettsäuren sind gerad- und verzweigtkettig.

Während G. DE SAUCTIS[3] und DRUMMOND und BAKER[4] hauptsächlich Palmitin- und Cerotinsäure neben wenig Stearinsäure als Hauptmenge der sauren Wollfettbestandteile annehmen, bestreiten DARMSTAEDTER und LIFSCHÜTZ[5] die Anwesenheit von Öl- ,Palmitin- und Stearinsäuren; sie nehmen neben Myristinsäure, Carnaubasäure und Cerotinsäure, die Lanocerinsäure ($C_{30}H_{60}O_4$) und Lanopalminsäure ($C_{30}H_{32}O_3$) sowie eine flüssige Säure, die mit Ölsäure nicht identisch ist, als wesentlich an. E. E. W. ABRAHAM und T. P. HILDITCH[6] bestätigen diese Resultate. A. HEIDUSCHKA und E. NIER[7] beschäftigten sich mit der Konstitution der Cerotinsäure ($C_{27}H_{54}O_2$, Schmelzpunkt 78 °C) und der Lanocerinsäure, während sich TSUTOMU KUWATA[8] mit der Untersuchung der Lanopalminsäure befaßte. VELIK und JAMES ENGLISCH[9] bezeichnen die d-14-Methyl-Palmitinsäure als eine natürliche Säure des Wollfettes.

Weitgehende Klärung über die Säuren des Wollfettes brachte die Isolierung von 32 Säuren aus Wollfett durch A. W. WEITKAMP[10].

Die umfassendste Analyse der Lanolinfettsäuren stammt von DOWNING, KRANZ u. MURRAY[11] und H. JANECKE[12]. Die einzelnen Komponenten der Säurefraktion des Wollfettes, soweit sie bis heute bekannt sind, lassen sich folgendermaßen zusammenfassen:

1. Normalreihe

a) gesättigte unsubstituierte Carbonsäuren:

$$CH_3(CH_2)_nCH_2COOH, \ n = 9{-}27, \ \text{etwa } 10\% ;$$

---

[1] JANECKE, H.: Dtsch.-Apoth.-Ztg. 95 (1955) 508—511. — TRUTER, E. V.: Wool Wachs, Chemistry and Technology S. 96, Cleaver-Hume Press Ltd. (1956).

[2] Die von der Firma P. Beiersdorf- & Co. AG in Hamburg vertriebene Niveacreme ist eine mit Eucerin hergestellte Wasser in-Öl-Emulsion für kosmetische Zwecke. Eucerin. anhydricum ist identisch mit der im DAB 7 aufgeführten Wollwachsalkoholsalbe (Eucerin ist ein eingetragenes Warenzeichen).

[3] Gaz. Chem. Nat. 24 (1894) 14.

[4] J. Soc. chem. Industr. Eng. (1931) 232.

[5] Ber. dtsch. chem. Ges. 29 (1896) 618, 1474, 2890.

[6] J. Soc. chem. Industr. 54 (1935) Trans. 398.

[7] J. prakt. Chem. (N. F.) 149 (1937) 98.

[8] J. Amer. Chem. Soc. 60 (1938) 559.

[9] J biol. Chem. 160 (1945) 473.

[10] WEITKAMP, A. W.: J. Amer. Chem. Soc. 67 (1945) 447.

[11] Aust. J. Chem. 13 (1960) 80.

[12] Deutsche Apothekerzeitung 95 (1955) 79.

b) α-Hydroxycarbonsäuren:

$$CH_3(CH_2)_n CH \begin{cases} OH \\ COOH \end{cases}, \quad n = 11{-}21, \text{ etwa } 15\%;$$

c) ω-Hydroxycarbonsäuren:

$$HO \cdot CH_2(CH_2)_n CH_2 COOH, \quad n = 23{-}31, \text{ etwa } 3,5\%.$$

2. Isoreihe

a) $CH_3{-}CH(CH_2)_n CH_2 \cdot COOH$, $\quad n = 7{-}25$, etwa 19%;
      |
     CH_3

b) α-Hydroxycarbonsäuren:

$$CH_3{-}CH(CH_2)_n CH \begin{cases} OH \\ COOH \end{cases}, \quad n = 9{-}19, \text{ etwa } 12\%;$$
      |
     CH_3

c) ω-Hydroxycarbonsäuren:

$$HO \cdot CH_2 \cdot CH{-}(CH_2)_n CH_2 \cdot COOH, \quad n = 25{-}27, \text{ etwa } 0,5\%.$$
        |
      CH_3

3. Anteisoreihe

$$CH_3 CH_2 CH(CH_2)_n CH_2 COOH, \quad n = 7{-}27, \text{ etwa } 27\%.[1]$$
    |
   CH_3

TRAUTER[2] faßt die Konstitution des Wollwachses auf Grund der identifizierten sauren und unverseifbaren Anteile gemäß nachfolgender Gegenüberstellung zusammen:

Tabelle 3. *Die Zusammensetzung von Wollwachs.*

Säurefraktion	Säuretyp	%
n-Säuren	15 Verbindungen, $C_{10}{-}C_{32}$ mit gerader Kohlenstoffkettenzahl $C_{13}{-}C_{17}$ mit ungerader Kohlenstoffkettenzahl	7
iso-Säuren	12 Verbindungen, $C_{10}{-}C_{32}$ mit gerader Kohlenstoffkettenzahl	23
anteiso-Säuren	12 Verbindungen, $C_9{-}C_{31}$ mit ungerader Kohlenstoffkettenzahl	30
α-Hydroxy-n-Säuren	13 Verbindungen, $C_{12}{-}C_{24}$ mit gerader Kohlenstoffkettenzahl $C_{13}{-}C_{23}$ mit ungerader Kohlenstoffkettenzahl	15
α-Hydroxyiso-Säuren	6 Verbindungen, $C_{14}{-}C_{24}$ mit gerader Kohlenstoffkettenzahl	11
α-Hydroxyanteiso-Säuren	7 Verbindungen, $C_{13}{-}C_{25}$ mit ungerader Kohlenstoffkettenzahl	4
ω-Hydroxy-n-Säuren	5 Verbindungen, $C_{26}{-}C_{34}$ mit gerader Kohlenstoffkettenzahl	3
ω-Hydroxyiso-Säuren	2 Verbindungen, $C_{30}{-}C_{32}$ Kohlenstoffketten	0,5
ω-Hydroxyanteiso-Säuren	4 Verbindungen, $C_{27}{-}C_{33}$ mit ungerader Kohlenstoffkettenzahl	1
insgesamt identifiziert		94,5

---

[1] α-Hydroxycarbonsäure $\quad n = 17{-}19$ etwa 4%, ω-Hydroxysäuren $\quad n = 23{-}27$, etwa 1,2%.

[2] TRAUTER,: The Activities of some Water in Oil Emulsifying Agents. J. Soc. Cosmetic Chem. 13 (1962) 173.

Tabelle 3. (Fortsetzung.)

Unverseifbare Fraktion	Säuretyp	%
n-Kohlenwasserstoffe	21 Verbindungen, C_{14}—C_{32} mit gerader Kohlenstoffkettenzahl C_{13}—C_{33} mit ungerader Kohlenstoffkettenzahl	
iso-Kohlenwasserstoffe	10 Verbindungen, C_{14}—C_{32} mit gerader Kohlenstoffkettenzahl	1
anteiso-Kohlenwasserstoffe	8 Verbindungen, C_{15}—C_{29} mit ungerader Kohlenstoffkettenzahl	
n-Alkohole	11 Verbindungen, C_{16}—C_{30} mit gerader Kohlenstoffkettenzahl C_{19}—C_{23} mit ungerader Kohlenstoffkettenzahl	4
iso-Alkohole	6 Verbindungen, C_{16}—C_{26} mit gerader Kohlenstoffkettenzahl	6
anteiso-Alkohole	9 Verbindungen, C_{17}—C_{33} mit ungerader Kohlenstoffkettenzahl	7
n-Alkane-1,2-diole	10 Verbindungen, C_{14}—C_{24} mit gerader Kohlenstoffkettenzahl C_{17}—C_{23} mit ungerader Kohlenstoffkettenzahl	
iso-Alkane-1,2-diole	6 Verbindungen, C_{16}—C_{26} mit gerader Kohlenstoffkettenzahl	4
anteiso-Alkane-1,2-diole	6 Verbindungen, C_{15}—C_{25} mit ungerader Kohlenstoffkettenzahl	
C_{27}-Sterole	Cholesterol	30
	7-Oxocholesterol	3
	Cholestan-3,5,6-triol	2
	Cholestenol	1
C_{30}-Sterole	Lanostadienol	16
	Lanostenol	16
	Anostadienol	1
	Agnostenol	3
	7-Oxolanostenol	2
	7,11-Dioxolanostenol	1
insgesamt identifiziert:		98

2. Alkohole

Für die Schwierigkeiten bei der Aufklärung der Zusammensetzung des nicht verseifbaren Anteils des Wollfettes sind weitgehend Autoxydationsreaktionen und die Vielfalt der dabei entstehenden Produkte verantwortlich.

Im Unverseifbaren des Wollfettes sind neben sehr geringfügigen Mengen höhermolekularer Kohlenwasserstoffe Sterine und aliphatische Alkohole enthalten. Letztere entsprechen im Typus den im Wollfett aufgefundenen Carbonsäuren, so daß folgende Einteilung möglich ist:

1. Normale einwertige Alkohole;
2. Normale zweiwertige Alkohole;
3. Verzweigtkettige Alkohole:
   a) Isoreihe,
   b) Anteisoreihe.

Noch größeres Interesse als das Wollfett selbst haben für die Pharmazie die Wollfettalkohole, die etwa 50% des Wollfettes ausmachen, und die auch in das DAB 7 (1968) aufgenommen wurden[1] (S. 665).

---

[1] JANECKE, H.: Dtsch. Apotheker-Ztg. 95 (1955) 376—378.

Nachgewiesen wurden in der Alkoholfraktion des kommerziellen Wollfettes folgende aliphatische Alkohole, Cholestan- und Isocholesterolderivate.

Tabelle 4. *Die Alkohol-Fraktion in kommerziellem Wollfett.*

Name	Anzahl der Glieder	ungefährer Anteil an der Alkoholfraktion %
Aliphatische Alkohole		
n-Alkohole	7, $C_{18}-C_{30}$	4
Iso-Alkohole	5, $C_{17}-C_{25}$	6
Anteiso-Alkohole	6, $C_{16}-C_{26}$	7
n-Alkan-1,2-diole	1, C_{16}	0,5
Iso-Alkan-1,2-diole	4, $C_{18}-C_{24}$	3
Sterine		
Cholestanderivate	5 Verbindungen	
Cholesterin		20
7-Ketocholesterin		5
Cholestan-3,5,6-triol		2
Cholest-7-en-3-ol		2
Lanostanderivate *(Isocholesterol)*	6 Verbindungen	
Lanosterin		10
Dihydrolanosterin		10
Agnosterin		1
Dihydroagnosterin		4
7,11-Dioxolanost-8-en-3-ol		2
7-Oxolanost-8-en-3-ol		2
Summe		76,5
nicht identifiziert		23,5

Tabelle 5. *Zusammensetzung des nicht verseifbaren Anteils verschiedener Wollfette.*

Verbindungen	Gew.-%		
	Innere Vliespartie	Äußere Vliespartie	Hartolan (kommerzielle Wollfettalkohole)
Kohlenwasserstoffe	0,9	0,5	1,4
Alkohole, die Harnstoffkomplexe bilden	14,7	23,7	17,0
Isocholesterin	44,2	7,3	15,0
Cholesterin	32,5	8,0	16,0
Diole	3,2	2,4	4,0
nicht identifizierter harzartiger Rückstand	3,0 (1,6)[a]	53,5 (15,2)[a]	41,0 (12,3)[a]
unbestimmt	1,5	4,6	5,6

[a] Die Werte in Klammern gelten für den als α-Ketone identifizierten Teil des harzartigen Rückstandes.

3. Ester

Die theoretisch mögliche Zahl an Estern ist unbegrenzt und variiert vom flüssigen bis spröden wachsartigen festen Zustand. Bis heute sind drei einheitliche Ester aus einer möglichen Zahl von mehr als 20 000 isoliert worden. Für die Konsistenz ist der Fettsäureanteil ausschlaggebend.

IV. Verwendung

Außer in der Pharmazie und der Kosmetik werden Wollfett und seine Derivate zum Oberflächenschutz wie rostschützende Anstriche, abschälbare Überzüge, ölige Temperfarben, Emulsionsfarben, Kitte, Druckfarben, Poliermittel, usw. verwendet. Die annähernden Analysendaten der hier zu verwendeten Wollfetterzeugnisse zeigen die nachfolgenden Tab. 6 und 7[1].

Tabelle 6. Annähernde Analysendaten der bei Farben usw. hauptsächlich verwendeten Wollfetterzeugnisse.

Säurezahl	2,0	40,0	—
Asche	0,15%	0,1%	2,0%
flüchtige Anteile	0,2%	2,0%	0,8%
unverseifbarer Anteil	51,0%	41,0%	40,0%
Jodzahl	27,0	30,0	—
Schmelzpunkt	42 °C	41 °C	60 °C
Farbe	hellbraun	braun	dunkelbraun

Tabelle 7. Noch andere Wollfetterzeugnisse für die Verwendung bei Farben usw.

	Wollfettalkohole[a]	flüssiges Wollfett[b]	gering äthoxyliertes Wollfett[c]
flüchtige Anteile	0,3%	0, 2%	0,2%
Asche	0,15%	0,1%	0,1%
unverseifbarer Anteil	95,0%	53,0%	—
Säurezahl	3,8%	1,0	1,0%
Verseifungszahl	9,5%	98,0	31,0
Jodzahl	39,0	26,0	17,0
Schmelzpunkt	59,0 °C	—	47,0 °C
Fließpunkt	—	45—65 °F	—
Farbe	hellbraun	hellgelb	hellgelb
Konsistenz	hart wachsartig	dick flüssig	weich wachsartig
Löslichkeit in organischen Lösungsmitteln	leicht	sehr leicht	löslich bei einigen sehr leicht
Löslichkeit in Wasser	gering		

[a] Wool Alcohols, Commercial ⎱ Produkte der Firma
[b] Liquid Lanolin 60   ⎰ Westbrook Lanolin Co.
[c] Water Soluble Lanolin 30

V. Prüfung

1. Allgemeine Kennwerte

Die allgemeinen Kennwerte, wie Säure-, Verseifungs- und Jodzahl, werden in üblicher Weise bestimmt. Am besten erfolgt die Prüfung nach DAB 7 (1968)[2].

2. Vorschriften des deutschen Arzneibuches 7

a) Wollwachs
Adeps Lanae anhydricus

Herstellung

Die bei der Aufbereitung der Schafwolle gewonnene, gereinigte, salbenartige Masse. Der Zusatz von Stabilisatoren ist gestattet.

---

[1] CLARK, E. W., u. G. F. KITCHEN: Seifen, Öle, Fette, Wachse 90 (1964) 301.
[2] Siehe Fußnote 1, S. 663.

Beschreibung

Hellgelbe bis bräunlichgelbe, zähe Masse von schwachem, charakteristischem Geruch.

Löslichkeit
Äther, Chloroform, Benzin: leicht löslich;
Äthanol abs., siedend: wenig löslich.
Tropfpunkt: 36° bis 42°.

Verseifungszahl
88 bis 102. Es wird 4 Std. lang erhitzt.
Hydroxylzahl: 20 bis 40.

Säurezahl

Höchstens 0,5. Als Lösungsmittel wird eine Mischung von 1 Teil Äthanol 96% und 2 Teilen Äther verwendet.

Prüflösung
Als Prüflösung wird die bei der Reinheitsprüfung auf Seife erhaltene wäßrige Lösung verwendet. Eine durch kolloid gelöste Wachsanteile schwach getrübte Lösung wird mit 10 ml Benzin ausgeschüttelt; die abgetrennte wäßrige Lösung wird als Prüflösung benutzt.

Prüfung auf Identität
Die Lösung von 0,10 g Substanz in 5,0 ml Chloroform und 1,0 ml Acetanhydrid färbt sich auf Zusatz von 0,10 ml konzentrierter Schwefelsäure dunkelgrün.

Prüfung auf Reinheit
Aussehen: 10,0 g der im Wasserbad geschmolzenen Substanz muß klar sein.
Seife: Wird die Schmelze von 1. mit 50,0 ml Wasser von 80° 1 Min. lang kräftig durchgerührt, so muß sich das Wachs während des Erkaltens rasch und vollständig vom Wasser trennen. 5,0 ml der wäßrigen Schicht dürfen nicht stärker getrübt sein als eine Mischung von 0,80 ml Kaliumsulfatlösung, 3,0 ml Wasser, 0,20 ml 3 n-Salzsäure und 1,0 ml Bariumchloridlösung. Die Beurteilung erfolgt nach 5 Min. nach Herstellung der Vergleichslösung.
Alkalisch reagierende, wasserlösliche Verunreinigungen: 5,0 ml Prüflösung dürfen sich nach Zusatz von 0,10 ml Phenolrotlösung nicht rot färben.
Ammoniumionen: 5,0 ml Prüflösung werden in ein Reagenzglas gegeben, das mit einem durchbohrten Stopfen verschlossen wird. Durch den Stopfen führt ein 80 mm langes Glasrohr, in dessen unteren Teil ein Wattepfropfen und in dessen oberen Teil angefeuchtetes rotes Lackmuspapier eingeführt ist. Nach Zugabe von 10,0 ml 6 n-Natronlauge wird das mit dem Aufsatz verschlossene Reagenzglas im Wasserbad 15 Min. lang erhitzt. Das Lackmuspapier darf sich nicht blau färben.
Chloridionen: 4,00 ml Prüflösung werden mit Wasser zu 10,0 ml gelöst oder zu 10,0 ml verdünnt und mit 1,0 ml 6 n-Salpetersäure und 1,0 ml 0,1 n-Silbernitratlösung versetzt. Nach 5 Min. darf die umgeschüttelte Probe nicht stärker getrübt sein als die gleichzeitig angesetzte Vergleichslösung:
Sulfationen: 0,250 ml Kaliumsulfatlösung werden auf den Boden eines Reagenzglases gebracht und mit 1,0 ml Bariumchloridlösung versetzt. 1 Min. nach dem Umschütteln wird falls nicht anderes angegeben ist, eine Mischung von 4,0 ml Substanzlösung oder der zu 4,0 ml verdünnten Prüflösung mit 0,50 ml 3 n-Salzsäure hinzugefügt und erneut umgeschüttelt. Nach 10 Min. darf die Probe nicht stärker getrübt sein als die gleichzeitig angesetzte Vergleichslösung:
Oxydierbare Verunreinigungen: Eine Mischung von 10,0 ml Prüflösung, 1,0 ml 3 n-Schwefelsäure und 0,30 ml 0,01 n-Kaliumpermanganatlösung darf sich innerhalb 10 Min. nicht vollständig entfärben.
Wasserlösliche Verunreinigungen: Höchstens 0,1 Prozent. 5,0 ml Prüflösung werden auf dem Wasserbad eingedampft; der Rückstand wird bei 105° getrocknet.
Paraffine: 0,100 g Substanz müssen sich in 10,0 ml Äthanol abs. beim Erhitzen im Wasserbad unter Rückfluß und unter häufigem Umschütteln innerhalb 20 Min. klar lösen.
Verdorbenheit: Die Substanz darf nicht ranzig oder stechend riechen. Im Zweifelsfall darf die Peroxidzahl nicht größer als 4 sein.
Trocknungsverlust: Höchstens 0,5 Prozent, 2 Std. lang bei 105° getrocknet.
Asche: Höchstens 0,15 Prozent. 1,0 g werden in einen vorher bis zum konstanten Gewicht geglühten Tiegel gebracht und auf dem Tiegelboden gleichmäßig verteilt. Unter allmählicher Steigerung der Temperatur wird solange erhitzt, bis der Rückstand kohlenstofffrei ist, wobei

nicht stärker als bis zur dunklen Rotglut erhitzt werden darf. Der Rückstand wird bis zum konstanten Gewicht geglüht. Nach jedem Glühen läßt man im Exsiccator erkalten.

Läßt sich die Asche auch durch längeres Erhitzen nicht kohlenstofffrei erhalten, so wird sie mit heißem Wasser extrahiert. Der ungelöste Rückstand wird auf einem Papierfilter gesammelt und mit diesem erneut verascht. Nach vorsichtigem Eindampfen des mit der Asche vereinigten Filtrats wird der Rückstand bis zum konstanten Gewicht geglüht.

Wasseraufnahmevermögen

10,0 g Substanz werden in einer Reibschale mit insgesamt 20,0 ml Wasser in mehreren Anteilen verrieben. Aus der fast weißen, salbenartigen Emulsion darf sich innerhalb 12 Std. kein Wasser abscheiden.

Aufbewahrung

Vor Licht geschützt, in dem Verbrauch angemessenen, möglichst vollständig mit dem geschmolzenen Wollwachs gefüllten Gefäßen. Das Standgefäß in der Offizin darf Wollwachs im Anbruch enthalten. Wollwachse aus verschiedenen Lieferungen dürfen nicht miteinander gemischt werden.

b) Lanolin

Lanolinum, wasserhaltiges Wollwachs

Herstellung:

Wollwachs	13 Teile
Wasser	4 Teile
Dickflüssiges Paraffin	3 Teile

Das im Wasserbad unter schwachem Erwärmen geschmolzene Wollwachs wird mit dem vorgewärmten Wasser und dem dickflüssigen Paraffin verrührt, bis eine salbenartige Masse entstanden ist. Nach 24 Std. wird nochmals durchgerührt.

Beschreibung

Gelblichweiße, salbenartige Masse von schwachem, charakteristischem Geruch.

Verseifungszahl

57 bis 67. (Es wird 4 Std. lang erhitzt.)

Säurezahl

Höchstens 0,5. Als Lösungsmittel wird eine Mischung von 1 Teil Äthanol 96% und 2 Teilen Äther verwendet.

Prüflösung

Als Prüflösung wird die bei der Reinheitsprüfung auf Seife erhaltene wäßrige Lösung verwendet. Eine durch kolloid gelöste Wachsanteile schwach getrübte Lösung wird mit 10 ml Benzin ausgeschüttelt; die abgetrennte, wäßrige Lösung wird als Prüflösung benutzt.

Prüfung auf Identität

Die Lösung von 0,10 g Substanz in 5,0 ml Chloroform und 1,0 ml Acetanhydrid färbt sich auf Zusatz von 0,20 ml konzentrierter Schwefelsäure dunkelgrün.

Prüfung auf Reinheit

Seife: Wird die Schmelze von 10,0 g Substanz mit 50,0 ml Wasser von 80° 1 Min. lang kräftig durchgerührt, so muß sich das Wachs während des Erkaltens rasch und vollständig vom Wasser trennen. 5,0 ml der wäßrigen Schicht dürfen nicht stärker getrübt sein als eine Mischung von 0,80 ml Kaliumsulfatlösung, 3,0 ml Wasser, 0,20 ml 3 n-Salzsäure und 1,0 ml Bariumchloridlösung. Die Beurteilung erfolgt 5 Min. nach Herstellung der Vergleichslösung.

Alkalisch reagierende, wasserlösliche Verunreinigungen: 5,0 ml Prüflösung dürfen sich nach Zusatz von 0,10 ml Phenolrotlösung nicht rot färben.

Ammoniumionen: 5,0 ml Prüflösung wie bei Wollwachs (s. S. 666).

Chloridionen: 6,0 ml Prüflösung wie bei Wollwachs (s. S. 666).

Sulfationen: 6,0 ml Prüflösung wie bei Wollwachs (s. S. 666).

Oxydierbare Verunreinigungen: Eine Mischung von 10,0 ml Prüflösung, 1,0 ml 3 n-Schwefelsäure und 0,30 ml 0,01 n-Kaliumpermanganatlösung darf sich innnerhalb 10 Min. nicht vollständig entfärben.

Wasserlösliche Verunreinigungen: Höchstens 0,1%. 5,0 ml Prüflösung werden auf dem Wasserbad eingedampft; der Rückstand wird bei 105° getrocknet.

Verdorbenheit: Die Substanz darf nicht ranzig oder stechend riechen. Im Zweifelsfall darf die Peroxidzahl nach Ziffer 68 nicht größer als 4 sein.

Trocknungsverlust: 18 bis 21 %. nach Verreiben mit Seesand 2 Std. lang bei 105° getrocknet.

Asche: Höchstens 0,15 % (s. ,,Wollwachs").

Wasseraufnahmevermögen

10,0 g Substanz werden in einer Reibeschale in mehreren Anteilen mit insgesamt 20,0 ml Wasser verrieben. Aus der fast weißen, salbenartigen Emulsion darf sich innerhalb 12 Std. kein Wasser ausscheiden.

c) Wollwachsalkohole

Alcoholes Lanae

Gemisch von Sterinen und aliphatischen Alkoholen aus dem Wollwachs.

Beschreibung

Hellgelbe bis bräunlichgelbe, wachsartige Masse von schwachem Geruch. Substanz erweicht beim Erwärmen und zeigt nach längerer Lagerung eine glatte, glänzende Oberfläche.

Löslichkeit

Äther; Chloroform; Äthanol abs., siedend	löslich;
Äthanol 90%	wenig löslich;
Wasser	praktisch unlöslich.

Tropfpunkt: 64° bis 72°.

Hydroxylzahl: mindestens 120.

Verseifungszahl: höchstens 12.

Säurezahl: höchstens 2.

Prüfung auf Identität

Die Lösung von 50 mg Substanz in 5,0 ml Chloroform färbt sich auf Zusatz von 1,0 ml Acetanhydrid und 0,10 ml konzentrierter Schwefelsäure smaragdgrün.

Prüfung auf Reinheit

Aussehen der Lösung: 1,00 g Substanz muß sich in 10,0 ml Benzin beim Erwärmen im Wasserbad unter Umschütteln vollständig lösen. Die Lösung muß nach dem Erkalten klar bleiben.

Alkalisch reagierende Verunreinigungen: Die Lösung von 2,0 g Substanz in 25 ml heißem Äthanol 90% darf sich nach Zusatz von 0,50 ml Phenolphtaleinlösung nicht rot färben.

Trocknungsverlust: Höchstens 0,3 %, bei 105° getrocknet. Einwaage 2,00 g.

Asche: Höchstens 0,1 % (s. ,,Wollwachs").

Wasseraufnahmevermögen

0,60 g Substanz werden in einer Reibschale auf dem Wasserbad mit 9,4 g weißem Vaselin geschmolzen. Das Gemisch wird nach dem Erkalten mit insgesamt 20,0 ml Wasser in mehreren Anteilen verrieben. Aus der fast weißen, salbenartigen Emulsion darf sich innerhalb 24 Std. kein Wasser abscheiden.

Aufbewahrung

Vor Licht geschützt, in dem Verbrauch angemessenen, möglichst vollständig mit den geschmolzenen Wollwachsalkoholen gefüllten Gefäßen. Das Standgefäß in der Offizin darf Wollwachsalkohole im Anbruch enthalten. Wollwachsalkohole aus verschiedenen Lieferungen dürfen nicht miteinander gemischt werden.

d) Wollwachsalkoholsalbe (Eucerin.anhydri.)

Unguentum Alcoholum Lanae

Herstellung:

Wollwachsalkohole	6 Teile,
Cetylstearylalkohol	0,5 Teile,
Weißes Vaselin	93,5 Teile,

werden auf dem Wasserbad geschmolzen und bis zum Erkalten gerührt. Bis zu 12 Teile des Vaselins können durch dickflüssiges Paraffin ersetzt werden.

Beschreibung

Gelblichweiße bis gelbliche, weiche Salbe von schwachem Geruch.
Erstarrungstemperatur am rotierenden Thermometer: 38° bis 56°.
Prüfung auf Identität
Die Lösung von 0,50 g Substanz in 5,0 ml Chloroform färbt sich auf Zusatz von 1,0 ml
Acetanhydrid und 0,10 ml konzentrierter Schwefelsäure smaragdgrün.

Wasseraufnahmevermögen

10,0 g Substanz werden in einer Reibschale mit insgesamt 20,0 ml Wasser in mehreren
Anteilen verrieben. Aus der fast weißen, salbenartigen Emulsion darf sich innerhalb 24 Std.
kein Wasser abscheiden.

I. Allgemeines über Harze

1. Begriffsbestimmung

„Harz" ist kein chemischer Begriff.[1] „Harz" ist nur physikalisch deutbar; und zwar als ein „Zustand", der gewissermaßen eine im Gebiet zwischen „flüssig" und „fest" zur Ausbildung gelangende Erscheinungsform darstellt.

---

[1] So galten die umfassenden Untersuchungen von A. TSCHIRCH und Mitarb., die vor der Jahrhundertwende durchgeführt wurden, in erster Linie dem Versuch eines Nachweises einer allen Harzen gemeinsamen und deren Habitus bedingenden Grundsubstanz. Weiterhin sind auch die von W. HERZOG und J. KREIDL: Z. angew. Chem. 46 (1922) 465, 641; 47

Natur- und Kunstharze bilden eine Zustandsgemeinschaft, innerhalb deren heute den *Kunstprodukten*[1] technisch eine individuellere und fallweise auch eine sachliche Überlegenheit gegenüber den rein nativen Naturharzen zuzuerkennen ist[2].

Die Voraussetzungen, unter denen man „Harz" erwarten darf[3], sind übersehbar. Bei einem Stoff, der zugleich „flüssig" und „fest" ist, müssen bestimmte Vorbedingungen erfüllt sein. Einmal kann die Molorientierung gewisse Grenzen nicht überschreiten; andererseits muß die Wirkung der zwischenmolaren Kräfte beachtliches Ausmaß besitzen. Insgesamt ist daher der Zustand einer „ungeordneten Assoziation" bzw. der Habitus „extrem viskoser Flüssigkeiten" maßgeblich. Selbstredend kann solchen Voraussetzungen auf breiter Basis genügt werden, weshalb die unendliche Vielseitigkeit der Erscheinungsform „Harz" nicht überrascht.

An sich stellt bereits jede „unterkühlte Schmelze" ein „Harz" dar. Die Lebensdauer solchen Zustandsproduktes hängt dabei von der Geschwindigkeit der Keimbildung und des Keimwachstums ab. Bei reinen Stoffen wird sie deshalb gegebenenfalls nur nach Sekunden zu bemessen sein; es sind indes ohne weiteres Möglichkeiten gegeben, welche erhebliche, evtl. sogar absolute Stabilisierung des charakteristischen Zustands vorhersehen lassen.

Zunächst erlauben bereits reine, dissymmetrisch gebaute Stoffe ziemlich lange eine — wenn auch noch begrenzte — Erhaltung des fest-flüssigen Habitus[4]. Wirksamer ist eine Blockierung maßgeblicher Haftstellen durch lyophile Fremdstoffe. Die durch solche „Verunreinigungen" erzielbare Stabilisierung ist z. B. bei den dissymmetrisch gebauten Harzsäuren recht beachtlich und kann direkt als eine der maßgeblichen Ursachen für die „Harz"natur von Kolophoniumprodukten, Benzoeharz und gewissen Kunstharzen angesehen werden.

Günstige Verhältnisse schafft eine Mischsolvatbildung zwischen als äquipolar zu erachtenden Partnern. Hier ist das Prinzip der „Verunreinigung" gewissermaßen übersteigert, was sich in der ziemlichen Universalität der Effekte ausdrückt. Am vorteilhaftesten liegen die Umstände natürlich dann, wenn überhaupt die Möglichkeiten zu weitgehender Orientierung entfallen. Das trifft zunächst bei allen Gemischen polymerhomologer Stoffe zu, die bestenfalls „Makromolekülgitter" mit zudem ausgeprägten amorphen Bezirken zu liefern vermögen. Die dadurch bedingte Kristallinität ist denn auch nur röntgenographisch durch Auftreten sog. „Faserdiagramme" feststellbar. Erst recht ist eine Orientierung indes unterbunden, wenn vernetzte Moleküle vorliegen; einmal sind solche völlig irregulär gebaut, weiterhin sind sie auch in sich weitgehend fixiert.

---

[1] Es empfiehlt sich anwendungstechnisch und analytisch folgende Aufteilung der technisch und sprachlich als „Kunstharze" gehandhabten Produkte:

Kunstharze erster Ordnung: Substanzlich rein synthetische Kunstharze (z. B. „Phenol"-„Aldehyd"-Harze).

Kunstharze zweiter Ordnung: Mit synthetischen Kunstharzrohstoffen modifizierte Naturharze (z. B. kolophoniumharz-modifizierte Phenolharze).

Kunstharze dritter Ordnung: Präparativ modifizierte Naturharze (z. B. mit Pentaerythrit „neutral" verestertes Kolophoniumharz).

[2] Die trotzdem noch heute auf Spezialgebieten festzustellende Überlegenheit von Naturharzen (z. B. Schellack) gegenüber z. B. spritlöslichen Kunstharzen („Kunstschellack", „Novolak"), unterstreicht die Einschränkung „fallweise" bzw. begründet das „individuellere" technische Gesicht eines „Kunstharzes" in der Technik.

[3] Zur Auffassung eines „Harzzustands" vgl. J. SCHEIBER: Farbe u. Lack 34 (1928) (564, 576; s. auch J. SCHEIBER: Chemie und Technologie der künstlichen Harze, S. 15 ff. Stuttgart: Wiss. Verlagsges. 1943; S. 3—32 Bd. I (1961). — Farbe u. Lack 54 (1948) 43, 67, 99.

[4] Nach VORLÄNDER, D.: Z. phys. Chem. 105 (1923) 246. — Chem. Kristallographie der Flüssigkeiten, Leipzig 1924. — Ber. dtsch. chem. Ges. 62 (1929) 2836 usw. zeigt die unterkühlte Schmelze des als zentrosymmetrisch zu erachtenden 1,3,5-Triphenylbenzols sofortige Rekristallisation, während sich die Schmelzen der als dissymmetrisch anzusehenden Substitutionsprodukte bei Temperaturen unter 20 °C als dauerstabil erweisen.

1923) 471; — Chemiker-Ztg. 49 (1925) 119 usw. unternommenen Versuche, das Auftreten von „Harz" mit dem Vorliegen „resinophorer" Gruppen verständlich zu machen, unter derartige Bemühungen zu rechnen. Zu bemerken ist, daß man in den aus solcher Auffassung sich ergebenden Konsequenzen nicht besonders weit gegangen ist; z. B. wurden Cellulosederivate usw. nicht als „Harze" angesehen. — Vgl. auch BLOM, A. V.: Grundlagen der Anstrichwissenschaft, Basel: Verlag Birkhäuser 1954.

2. Harztypen

Obwohl die Möglichkeiten einer Harzbildung kaum erschöpfend darstellbar erscheinen, können doch sämtliche Produkte einigen wenigen Grundtypen zugeordnet werden[1]. Als solche kommen in Betracht:

a) niedermolare, aus Sphärokomplexen gebaute Assoziate;
b) makromolare Linearassoziate;
c) Gelharze mit unvernetzter linearer Makrophase oder mit vernetzter Makrophase.

Bezüglich der grundsätzlichen Eigenschaften der einzelnen Harztypen kann man sich ungefähre Vorstellungen machen; umgekehrt ist es möglich, die Gruppenzugehörigkeit irgendwelchen Produktes hinreichend genau zu ermitteln. Im allgemeinen genügt dazu die Feststellung des Verhaltens gegenüber Lösungsmitteln bzw. beim Erhitzen.

a) Niedermolare Assoziatharze

Assoziatharze mit Molekulargewichten in der Größenordnung von etwa 300 oder 400 bis zu 3000 bis 4000 können weich-klebrige bis hart-spröde Konsistenz zeigen. Maßgeblich ist dabei die Polarität, wobei unpolare Stoffe bei gleicher Molgröße weniger harte Natur als polare aufweisen. Die allgemeine Festigkeit ist stets gering; ferner ist keine eigentliche Elastizität vorhanden. Lösungsmittel entsprechender Lyophilie vermögen die Produkte leicht aufzunehmen; die Lösungen selbst zeigen bis zu hohen Konzentrationen normales Fließvermögen. Weiterhin sind alle vorliegenden Assoziatharze schmelzbar; die Schmelzpunkte liegen zumeist in der Gegend von 70 bis 100 °C, im Fall des Aufbaues aus höhermolaren Komponenten auch bis etwa 150 °C.

b) Makromolare Linearassoziate

Linearassoziate mit höherem Molekulargewicht können ziemliche Härte und Festigkeit entwickeln, wobei neben der Polarität auch die Molekülausrichtung eine Rolle spielt. Gegebenenfalls sind elastische Eigenschaften vorhanden, die um so mehr hervortreten, je geringer die zwischenmolekularen Kräfte wirken (Kautschuk). Die Quellbarkeit ist an sich unbegrenzt; bei besonders hochmolekularen Produkten kann sie gegebenenfalls durch beginnende Vernetzungen beeinträchtigt sein. Im übrigen lösen sie sich regulär nur im Rahmen der nach der Molstufe abgestimmten Grenzkonzentrationen; darüber hinaus treten Gellösungen auf, deren Plastizität sich mit steigender Konzentration gegebenenfalls sprunghaft erhöht. Beim Erwärmen erweichen die Produkte; soweit sie sich nicht zersetzen, kommt es auch zum regulären Schmelzen. Die hierzu erforderlichen Temperaturen sind bei unpolaren Stoffen verhältnismäßig niedrig (etwa 100 °C), bei polaren Produkten dagegen teilweise ziemlich hoch (250 °C und darüber).

c) Gelharze

Von den Gelharzen schließen sich diejenigen mit unvernetzter makromolarer Linearphase im allgemeinen Verhalten den Produkten nach b) an. Dabei wirken die niedermolaren Anteile zumeist löslichkeitssteigernd und schmelzpunktserniedrigend. Bei den Gelharzen mit vernetzter Phase sind die nur begrenzte Quellbarkeit und die verringerte Fähigkeit zum Schmelzen typisch. Bei entsprechender Vernetzung kann es bis zu direkter Unlöslichkeit und Unschmelzbar-

---

[1] Vgl. Scheiber, J.: Farbe u. Lack 54 (1948) 43.

keit kommen. Zugleich findet man bei den Gelharzen beider Typen teilweise sehr ausgeprägte Härte, Festigkeit und Elastizität. Bei den vernetzten Produkten können insbesondere die Härte und mechanische Festigkeit sehr hohe Werte annehmen.

3. Härtbare Harze

Der Typ des niedermolaren Assoziatharzes birgt insofern Entwicklungsmöglichkeiten in sich, als beim Vorliegen aktiver Komponenten gegebenenfalls Übergänge in Gelharzprodukte möglich sind. Das bietet namentlich dann Vorteile, wenn sich derartige Umbildungen, technisch als „Härtungen" bezeichnet, in zeitlicher Unabhängigkeit und mit einfachen Mitteln (Wärme, Katalysatoren) durchführen lassen. Mit Löslichkeit und Schmelzbarkeit ausgestattete Grundprodukte entsprechender Art gelten als „Anfangsharze" („A-"Harze), daraus entstehende quellbare und thermoplastische Formen als „Zwischenharze" („B"-Harze) und schließlich mögliche vernetzte Erzeugnisse unlöslicher und nicht schmelzbarer bzw. auch in der Hitze hartbleibender Art als „Endharze" („C"-Harze).

4. Verarbeitung und Verwendung der Harze

Die Verarbeitung bzw. Verwendung aller Harze gründet sich in erster Linie auf die Doppelnatur der Produkte und erst in zweiter Hinsicht auf die chemisch-stofflichen Qualitäten der Aufbaukomponenten. Besonders wichtig ist, daß die charakteristische „flüssige" Beschaffenheit eine Vermischbarkeit mit anderen lyophilen Flüssigkeiten zuläßt, wobei deren besondere Eigenschaften, ob flüchtig oder unflüchtig, niedrig-, mittel- oder hoch- bzw. extrem-viskos, keine Beschränkungen zur Folge haben. Praktisch bedeutet das die Möglichkeit einer Kombination lyophiler „Harze" untereinander bzw. mit sonstigen, für eine Eigenschaftsabstimmung geeigneten Mitteln, wie Weichmachern usw. Das ist deshalb wesentlich, weil kaum ein Produkt von sich aus allen zu stellenden Anforderungen genügt und somit ein Ausgleich physikalischer Eigenschaften vielfach erst die Verwendungsmöglichkeit sicherstellen muß.

Alle löslichen Harze lassen sich mit technisch ausreichenden Mengen eines geeigneten Lösungsmittels vereinigen.

Solche kolloidalen Harzlösungen sind in ihrem Lösungsverhältnis abhängig von der Art des Lösungsmittels (Aromaten, Aliphaten, Ester, usw.) In der Regel liegen die Lösungswerte zwischen 1:1 bis 1:10, selten darüber. Das Lösevermögen eines Lösungsmittels ist — insbesondere bei Alkoholen — in Abhängigkeit von dem Harztyp temperaturabhängig.

Es ist daher zweckmäßig, jedem Harzsystem ein typisches technisches Lösungsmittel (z. B. Testbenzin, Xylol, Essigester, usw.) als „Grundlöser" zuzuordnen und danach den Harztyp einzustufen. (z. B. Benzinharz, Spritharz, Ketonlösliches Harz usw.).

Das gleiche Harz, schon in verschiedenen Lösungsmitteln gelöst, verhält sich hinsichtlich Farbton, Qualität der Trockenfilme, Trockenzeiten, Lösungsmittelabgabe, usw. sehr unterschiedlich. Naturharze, wie z. B. die Dammare ergeben je nach Lösungsmitteltyp z. B. fast weinhelle bis dunkelbraune Harzlösungen. Aus dem gleichen Grunde können die Farbzahlwerte von Kolophoniumharzen auch nur unter Angabe des Lösungsmittels bewertet werden (Methoden s. Verfahrenszusammenstellung, S. 688: „Farbe").

Als Lösungsmittel verwendet man nicht nur die typischen technischen Lösungsmittel (z. B. der Lackindustrie), sondern auch z. B. pflanzliche Öle, sog. Weichmachungsmittel und Mineralöle. Weiterhin alle in einem „Rezept" sich ergebenden neuen Verbindungen, wie z. B. eine Harzölverkochung, Harzlösungen, usw. Es ist zweckmäßig, Harze als einen Lösungsmitteltyp im Sinne: Aliphaten, Aromaten, Alkohole, Ester, Ketone, Chlorkohlenwasserstoffe, usw. einzuordnen. (Ein trocknendes pflanzliches Öl, z. B. Leinöl, als „Aliphat", ein fettsäuremodifiziertes Phthalatharz als „Ester", ein Ketonkunstharz als „Keton", usw.).

Insbesondere die Naturharze repräsentieren als „Stoffgemisch" einen ausgesprochenen Löserkomplex als polare und/oder Kohlenwasserstoffverbindung. Im Prinzip ist daher die Alkohollöslichkeit eines z. B. Manilakopales nur eine weitere Spritverdünnung einer im Harz schon vorliegenden Terpen-Komplex-Vorlösung. Dieses begründet auch die von Harz zu Harz schwankende Spritlöslichkeit von etwa nur 1:1 bis etwa 1:8, die jedoch im Bereich 1:2 leicht auf 1:4 bis 5 durch Korrekturlösungsmittel auf Kohlenwasserstoffseite „geöffnet" werden kann.

Nur durch richtige Maßnahmen können daher zunächst unverständliche Schwierigkeiten vermieden werden. Hierher gehört z. B. die bekannte Ausfällung des sog. β-Dammaroresen-Anteiles aus einer Dammar-Kohlenwasserstoff-Lösung durch polare Lösungsmittel[1].

Bei jedem Filmbildner und seinen Kombinationen[2] beobachtet man eine für das angewandte Lösungsmittel typische Lösungsmittelretention. (Nicht nur Chlorkautschuklacke zeigen diese Retention, sondern auch z. B. Schellackpolituren; sie enthalten nach Jahren noch etwa 5% zurückgehaltenen Äthylalkohol).

Die Retention ist für jedes Lösungsmittel spezifisch. Das betont zurückgehaltene Lösungsmittel eines Harzes usw. ist kurz zu halten oder auszuschließen. Die Homogenität der Harz-Lösungs-Systeme ist nur dann gefährdet, wenn infolge zu weit getriebener Solvatationen[3] der Bestand von Mischsolvaten mit Komponenten einer gegenüber dem zugebrachten Mittel abweichenden Polarität in Frage gestellt wird[4]. Dieser Löse- und Verdünnungsfall kommt dadurch zum Ausdruck, daß sich das betreffende Harzprodukt besser in konzentrierter als in verdünnter Form lösen läßt.

Aber auch der umgekehrte Fall, d. h. eine bessere Löslichkeit in stärkerer Verdünnung ist möglich, z. B. bei PARCO-Harz und begründet dann sogar ganz bestimmte positive technische Effekte, wie z. B. Stehvermögen auf saugendem Untergrund (z. B. Papier), durch Gelierungen s. S. 678.

---

[1] Siehe S. 677 und hier speziell Fußnote 4.

[2] Das heißt: Lacke, Firnisse, Druckfirnisse, Kitte, Klebstoffe, Imprägnierungen, usw.

[3] Das heißt: zu niedrige Filmkörperkonzentrationen, wie sie z. B. bei *Metallacken* (von etwa 2 bis 15% Filmbildner auf 100 T. Lack) oder *Druckfirnissen* für den Flexodruck (Gummidruck) bis zu 4%ige Harzlösungen eintreten können. Solche extrem verdünnten Systeme (normal: 1:0,6 bis 2:3 Teile Lösungsmittel) erfordern ausgewogene und auf Stehvermögen (Zeit, Temperatur usw.) gut beobachtete Kombinationen, damit sie nicht nach Stunden bis Monaten Ausfällungen (Koagulationen), Schichtenbildungen, Trübungen kristalliner oder nichtkristalliner Art bzw. klare oder trübe sog. „liquid gels" ergeben. (Nur bei sog. Nitrozellulose-GEL-Tauchlacken steuert man solche kritischen Löseinhomogenitäten bewußt an). Da alle technischen Endprodukte (Lacke, Firnisse usw.) im Gebrauch sehr leicht einer weiteren Oxydation im unverarbeiteten Zustand (z.B. Tauchbäder, Umflutbäder, usw.) unterliegen können, sind solche oxydativen Substanz- und damit Lösebildveränderungen in Vorversuchen zu ermitteln.

[4] Zur *Theorie des Lösens* vgl. u. a. H. Gnamm, u. W. Sommer: Die Lösungsmittel und Weichmachungsmittel, 7. Aufl., Wissenschaftliche Verlagsges. Stuttgart (1958), S. 3—11 und ff. und dortige weitere Literaturangaben; speziell A. Kraus. Zum sog. Löslichkeitsparameter. — Johannsen, R.: Bedeutung und Anwendung des Löslichkeitsparameters, Dtsch. Farben-Z. 17 (1963) 264—271. — Burell, H.: Official Digest 1955 und 1957; Vortrag auf der Fatipec-Tagung 1962. — Fuchs, O.: Kritische Bemerkungen zu den Löslichkeitsparametern von nieder- und hochmolekularen Verbindungen, Dtsch. Farben-Z. 20 (1966) 3—7.

Praktisch entscheidend ist für jede Harzlösung die Möglichkeit einer bis zur völligen Wiederentziehung der Lösungsmittel gehenden Konzentrationserhöhung ohne Gefährdung der Homogenität der verbleibenden „Film"-Systeme[1], da hierauf die Voraussetzungen einer Herstellung von Lacken, Firnissen, Kitten, Klebstoffen, usw. beruht.

Lösungsmittelfreie Verarbeitungs- und Verwendungsformen, z. B. durch Heißverformung, sind für Naturharze technisch kaum noch interessant.

II. Naturharze (Pflanzenharze)

Die Naturharze sind fast ausschließlich pflanzlichen Ursprungs. Lediglich der unten zu erwähnende Stocklack, der von den in Indien und in anderen Gegenden Asiens lebenden Lackläusen geliefert wird, ist als tierisches Stoffwechselprodukt anzusehen.

1. Entstehung und Vorkommen[2]

Als Lieferanten pflanzlicher Harze stehen die auf der ganzen Erde verbreiteten Koniferen an erster Stelle. Weiterhin sind namentlich in den Tropen und Subtropen vorkommende, meist baumartige Vertreter der Gruppen Caesalpinioideae, Burseraceae, Compositae, Anacardiaceae, Umbelliferae usw. zur Harzbildung befähigt. Im normalen Stoffwechselprozeß der Pflanzen spielen die Harze keine Rolle; sie sind auch keine Erzeugnisse der regulären Zelltätigkeit, sondern sind hinsichtlich ihrer Entstehung an das Vorliegen bzw. die Ausbildung „resinogener" Schichten gebunden. Offenbar sind die Harzexkrete als Schutzstoffe wichtig, insbesondere, um einen Befall durch Insekten, Pilze und Bakterien abzuwehren. Grundsubstanz der Pflanzenharze dürfte die Zellsubstanz, insbesondere das in dieser enthaltene Lignin sein.

In gewissen Fällen, wie z. B. bei der Balsamfichte, werden die Harzflüsse auf Vorrat erzeugt und in besonderen Behältern abgelagert. Solche Produkte (Balsame[3]) gelten als „physiologische" Harze und treten unmittelbar nach Öffnung der Harzgänge aus (Harze des „primären" Ausflusses). Häufiger und im übrigen mit der Fähigkeit primärer Harzbildung gekoppelt ist eine Erzeugung „pathologischer" Harze (Terpentine). Voraussetzung ist ein zureichender Anreiz durch entsprechende Verletzungen. Die Harzexkretion bleibt dabei auf die Wundstelle beschränkt; außerdem bedarf sie zur Entwicklung auch einer gewissen Zeit, bis sie als „sekundärer" Harzfluß in Erscheinung tritt.

Während ein primärer Harzfluß sich mit dem Auslaufen des gespeicherten Vorrats praktisch erschöpfen kann, läßt sich eine pathologisch verursachte Erzeugung von Sekundärharz über längere Perioden aufrechterhalten. Damit sind die für eine rationelle Harzgewinnung erforderlichen Voraussetzungen gegeben, die infolgedessen fast immer auf einer Produktion von Sekundärharz beruht. Der Harzfluß als solcher wird zunächst durch passende Verwundungen angeregt; durch Offenhalten der Wunden und deren allmähliche Vergrößerung, gegebenenfalls auch durch Anwendung chemischer Reizmittel, wird dafür gesorgt, daß die Exkretion nicht abklingt. Zu beachten ist, daß die Leistung eines Baumes begrenzt ist; übermäßig forcierte Harzung kann den Baum zum Absterben bringen.

Die an die Luft austretenden Harzflüsse zeigen die Neigung, alsbald zu erhärten. Das beruht in erster Linie auf der Abgabe flüchtiger Anteile, in zweiter auf dem Einsetzen von Autoxydationen. Infolge unterschiedlichen Ablaufs dieser Vorgänge sind am Baum erhärtete Produkte von wechselnder Beschaffenheit; außerdem sind auch Verunreinigungen z. B. durch

[1] SCHEIBER, J., u. O. BAIER: Beiträge zur Kenntnis des Lösungszustandes filmbildender Stoffe. Kolloidbeihefte 43 (1936) 363—416.

[2] Vgl. WOLFF, H.: Die natürlichen Harze. Stuttgart: Wiss. Verlagsges. 1928. — TSCHIRCH, A., u. E. STOCK: Die Harze. Berlin: Borntraeger 1933/1936.— Bis 1954 umfassende Literaturzusammenstellung s. ULLMANN, Enz., 3. Aufl., Bd. 8, S. 417.

[3] Die Bezeichnung „Balsam" und „Terpentin" werden nicht einheitlich gebraucht. So gelten Balsame auch als „feine" Terpentine, während speziell die für Kolophoniumerzeugung benutzten Pinusexkrete als „gemeine" Terpentine angesehen werden.

Pflanzenteile oder Staub die Regel. Bei der systematisch betriebenen Harzung lassen sich diese Nachteile vermeiden, wenn man die flüssigen Exkrete als solche sammelt. Dieses Verfahren ist speziell zwecks Gewinnung von Koniferenterpentinen üblich.

Die vom lebenden Baum abgenommenen Harze gelten als „rezent"; sie entsprechen durchweg dem Typ der niedermolaren, löslichen und schmelzbaren Assoziate. Darüber hinaus werden indes auch „rezent-fossile" bzw. „fossile" Bodenharze gewonnen, welche infolge sog. „Reifung" mehr oder weniger die Natur von Gelharzen erlangt haben und unter dem Sammelnamen „Kopale" zusammengefaßt werden[1].

Die pflanzlichen Harze weisen teils den Charakter von *Terpenharzen*, teils den von *Phenolresinen* auf[2]. Zu den ersteren kann man die Resen- und Resinolsäureharze, zu den zweiten die Tannolharze sowie den Japanlack rechnen.

2. Terpenharze

Resenharze. Als Resenharze gelten u. a. Myrrhe, Olibanum, Elemi, Mastix- und Dammar, von denen lediglich der *Dammar* umfassendere technische Bedeutung besitzt. Als Stammpflanzen entsprechender Produkte kommen Dipterocarpeen (namentlich Shorea Wiesneri) in Betracht[3], die auf den Sundainseln und auf der Malaiischen Halbinsel beheimatet sind. Der Handel unterscheidet mehrere Dammarsorten (Batavia-, Siam-, Malaien- bzw. Penak-, Padang-, oder Singapore- und Indragiridammar, von denen Bataviadammar die wichtigste Rolle spielt. Daneben sind Bodendammare („rote", „braune" und „schwarze" Dammare) bekannt, die kopalartige Natur besitzen.

Normaler Batavia-Dammar ist in den Sorten „A" bis „E" bzw. „F" im Handel. Sorte „A" ist stückig und hat einen Durchmesser über 15 mm; Sorte „F" ist staubförmig. Batavia-Dammar ist klar durchsichtig und schwach gelb gefärbt; der Geruch ist aromatisch angenehm. Der Erweichungspunkt liegt bei 75 °C; das Harz klebt indes bereits bei Handwärme. Als maßgebliche Komponenten sind Dammarolsäure (etwa 23%), α-Resen (etwa 40%) und β-Resen C etwa 25%) anzusehen. Da diese Resene indifferent sind, ist das Harz durch niedrige Säurezahl von etwa 20 bis 55, meist 35 mg KOH/g, und Verseifungszahl von etwa 30 bis 60, meist 40 mg KOH/g, gekennzeichnet. In Kohlenwasserstoffen besteht vollkommene, in Alkoholen, Estern, Ketonen nur teilweise Löslichkeit, indem diese Mittel den β-Resenanteil abscheiden[4]. Die Verwendung des Harzes oder modifizierter Typen durch andere Kunstharze ist technisch kaum bedrängt.
Grobe Verfälschungen sind kaum zu befürchten. Etwaige Beimischungen von Kopalen (Weichmanila) oder von Kolophonium sind auf Grund einer über etwa 60 mg KOH/g liegenden Verseifungszahl erkennbar und können nach der Formel

$$\% \text{ Zusatz} = \frac{Vz - 60}{1,4}$$

überschlägig berechnet werden. Speziell auf Kolophonium kann auch mittels der Reaktion nach LIEBERMANN-STORCH-MORAWSKI, vgl. S. 689 geprüft werden.

---

[1] Das Alter der „Kopale" ist sehr unterschiedlich. In einigen Fällen lassen sich rezente und rezent-fossile Produkte nebeneinander gewinnen (Manilakopale, Kaurikopale, Sansibarkopale). Bei Kaurikopalen, die aus dem Boden gegraben werden, ist eine mehr als tausendjährige Reifungszeit sicher; noch älter dürften nach sekundären Lagerstätten verschleppte Kopale sein, z. B. Kongokopale und ähnliche Produkte. Regulär fossil ist schließlich der Bernstein, der im Eozän entstanden sein dürfte.
[2] Die von A. TSCHIRCH: Harze und Harzbehälter. Berlin: Borntraeger 1900 bzw. 1906 empfohlene und umfassendere „rationelle" Einteilung der Harze entspricht im Prinzip der obigen Auffassung.
[3] Die ursprünglich als Stammpflanzen betrachteten Dammaraarten, welche zu den Koniferen gehören, sind Lieferanten des Manilakopals. Neben Shorea Wiesneri kommen im übrigen auch Vatica-, Vateria- und Hopea-Arten in Betracht. Dammarharze sind deshalb nicht ganz einheitlich, obwohl die Unterschiede unwesentlich sind.
[4] Die vielfach übliche Bezeichnung „Dammarwachs" für solche Ausscheidungen ist unkorrekt. Im übrigen wird Dammar großtechnisch in einen polaren („Cellodammar" bzw. „Liodammar") und einen unpolaren Anteil („Supraresen" bzw. „Lioresen") zerlegt.

Zur quantitativen Ermittlung empfiehlt es sich, eine gewogene Menge des Harzes nach feinstmöglicher Pulverung erschöpfend mit Ammoniak auszuziehen, die vereinigten Auszüge mit Essigsäure anzusäuern und die auftretenden Abscheidungen zu sammeln und zu wägen (HIRSCHSOHN).

Alle technischen *Terpenharze* des Marktes zählen sachlich zu den Kunstharzen. Siehe dazu den Hinweis „Terpenkunstharze" auf S. 704.

3. PARCO-Harze

Zu den natürlichen Kohlenwasserstoffharzen fossiler Art, die großtechnisch laufend als Standardharztypen verfügbar sind, gehört seit einiger Zeit das aus gewissen geologischen Schichten der UTAH-Kohle in USA gewonnene „PARCO"-Harz[1]. Flöze dieser Utah-Kohle sind äußerst harzreich. Die einzelne Harzgalle ist wie eine Rosine oder Mandel über die ganze Kohle gleichmäßig verteilt.

Die Gewinnung des PARCO-Harzes erfolgt durch Flotation. Die *Rohharzsubstanz* wird mit z. B. Hexan extrahiert; und diese Rohharzlösung zu den speziellen PARCO-Endharz-Typen 100, 200 aufgearbeitet.

Harzchemisch ist das Rohharz in die Gruppe der Bernsteinfichtenharze einzuordnen. Die ursprünglich sehr hohe Säurezahl, (Sz über 170), ist in der Kohle abgebaut auf Werte unter Sz 10; im Lieferzustand im Mittel etwa Sz 6 bis 8. Die *Hydroxylzahl* der PARCO-Harze ist ausgeprägt, sie liegt je nach Präparationstyp zwischen etwa 80 bis 130. Dies deutet — zugleich mit den anderen Daten — darauf hin, daß hier eine Harzsäurebasis, d. h. die Carboxylgruppe im Laufe der Zeit zur OH-Gruppe hydriert wurde.

Die chemische Analyse der präparierten Standardtypen lautet:

Sauerstoff	$> 7\%$
Wasserstoff	$< 10\%$
Kohlenstoff	$> 80\%$
Stickstoff	$0{,}96\%$
Schwefel	$0{,}30\%$
Asche	$0{,}50\%$
Nicht brennbare Rückstände	gering
Halogen	negativ
Phosphor	negativ

Weitere Kennwerte usw.:

Durchschnittliches Molekulargewicht	732
Säurezahl	unter Sz 10
Hydroxylzahl	um 80—130
Jodzahl (WIJS)	140—150
Refraktionsindex	1,544
Dichte	1,03—1,06
Erweichungspunkt (Mercury-Methode)	160—180°
Schmelzband Kofler-Heizbank	
Type 100	185/175° —165°
Type 200	210/200° —185°

Artähnliche Kohleharzvorkommen kennt man als „Affenhaare" in der Braunkohle des mitteldeutschen Reviers; ferner in z. B. Steinkohleflözen der westdeutschen Reviere. Eine Gewinnung des Harzes galt bisher als nicht wirtschaftlich[2].

---

[1] Hersteller: Pan American Resin & Chemical Comp., Newark, USA; daraus die Namensbildung „PARCO" und internationale Bezeichnung. Die gleichen PARCO-Harze oder weitere Modifikationen laufen auch unter der deutschen Bezeichnung ROKRAPAN (Lackharzwerke Robert Kraemer, Bremen).

[2] Literatur über „Harze" in Kohlenvorkommen:

WINTER, H.: „Die Harze der Steinkohlen", Z. Angew. Chem. 48 (1935) 482; 610—614; (Analyse solcher Harze mit: 81,7% C, 8,6% H und 9,7% O. Schwefelgehalt) Beschreibung fossiler Harze aus deutschen und amerikanischen jüngeren und älteren Steinkohlen. Eintypung als: „verfestigte Gele". (Ref.: Bernsteinforschungen 1939, H. 4, S. 128).

STEINBRECHER, H.: „Die fossilen Harze der Braunkohlen", Z. Angew. Chem. 48 (1935) 481 u. 608—610. Unterteilung in: Bitumenharze und Retinite. „Bitumenharze" in wechseln-

Diese stoffliche Natur dieses fossilen Harzsystems ist harztechnisch und anwendungsmäßig außerordentlich interessant. Es ist ein Modellfall, wie die gleiche Grundsubstanz sich dadurch unterschiedlich verhält, daß man sie in verschiedener Weise vom Extraktionslösungsmittel (z. B. Hexan) befreit. Wird das Lösungsmittel im Kessel abgedampft, erhält man — trotz mildester Bedingungen für den Sud — schon wieder aktive Reaktionen zwischen Sz und OH-Zahl und betreffs des Harz-Habitus des flüssigeren Harzkörpers (= den stückigen Harztyp PARCO 100) mit dem niedrigeren Schmelzband, und der niedrigsten Sz und OH-Zahl. Gewinnt man andererseits die Harzsubstanz (wie bei den PARCO-Typen der 200-Typen) durch eine sog. Vakuum-Zerstäubungs-Trocknung, zeigen Schmelzband, Sz und OH-Zahl die höchsten Werte.

Es wurde schon auf S. 675 bemerkt, daß diese PARCO-Harze in der Aufkonzentration ihrer Lösung (bei der Filmbildung usw.) sehr schnell in den sog. plastischen Zustand geraten. Die Grenze „flüssig"/„gelartig" liegt bei etwa 60%igen Harzlösungen. Dieses sehr schnelle Erstarren ist modellmäßig bei sog. Lackrohstoffen sehr selten (z. B. bei: Chlorkautschuksystemen, faktisierten Ölen und sehr stark mit sog. „Quellkörpern" (wie Metallseifen) präparierten Bindemitteln) und anomal speziell bei „Harzen", die eigentlich in der Aufkonzentration ihre entscheidenden Filmbildungsaufgaben erfüllen.

Entgegen der üblichen Meinung, daß in einem z. B. Lack- oder Druckfirnisbindemittel zu allen Punkten „ideale" Verhältnisse vorliegen müßten, zeigte sich in der Praxis dieser PARCO-Harze gerade der umgekehrte Fall. Der „harzmäßig" ursprünglichste Zustand, d. h. die Zerstäubungsharze, sind hinsichtlich aller an diesen Kohlenwasserstoffharzen von der Praxis (speziell Druckfarbenindustrie, Klebstoffindustrie, Kautschukindustrie) geschätzten speziellen Eigenschaften (von Hexan bis Mineralölen leicht gelöst; selektive Verträglichkeit mit fast allen Natur- und Kunstkautschuktypen, ausgeprägte Filmbildungseffekte, u. dgl.) meist die besseren Typen. Die 200-Typen ergeben den maximalsten Pigment-Flush-Effekt. Die Pulvertypen ergeben lösungsmäßig mit z. B. Mineralölen mehr kolloide Dispersionen als kolloide Lösungen (wie die stückigen Kesselharze); dadurch erzielt und beobachtet man eine noch schnellere Trocknung oder Abtrennung (Phasenbrechung) des z. B. Mineralöles nach der Verdruckung.

Die Lagerstabilität selbst des pulvrigen PARCO-Harzes ist ausgezeichnet. Es zeigt keine Veränderungen in den Grundlöseeigenschaften als Harzsubstanz — im Gegensatz zu vielen anderen Natur- und Kunstharzsystemen in kleinstückiger Form. Auch auf der Pigmentoberfläche verändert sich das Harz nicht; es ist deshalb für die Pigment-Flush-Technik und auch für sog. „resinierte" (harzummantelte) Pigmente prädestiniert.

Die bisherige technische Palette an natürlichen und künstlichen Kohlenwasserstoffharzen (Dammare, Cumaronharze, Chlorkohlenwasserstoffharze, petrochemische KW-Harze), deren niedrige Sz, schwere Verseifbarkeit, Inertheit allgemein und gute Löslichkeit in Aliphaten mit evtl. Aromatenkorrektur die Praxis speziell sucht und schätzt, sind durch dieses technisch verfügbare Steinkohlenharz sachlich bereichert[1,2].

4. Tallharze

Bei der Sulfatzclluloseproduktion, entsteht als Nebenprodukt die sog. Schwarzlauge, aus der sich die *Tallöl-Chemie* entwickelte.

Bei der Destillation erhält man *Sulfatpech,* Tallabietin- und Fettsäurefraktionen und sog. UV-Fraktionen. Je nach Apparatur und Verfahren fallen dabei auf der

---

[1] Substanzmuster und alle Unterlagen von ROBERT KRAEMER, Bremen, erhältlich.
[2] HADERT, HANS: Natürliche fossile Kohlenwasserstoffharze für Klebstoffe und Druckfarben. Z. Adhäsion 7 (1963) Heft 7.

---

den Mischungen mit fossilem Wachs = extrahierbares Braunkohlenbitumen. „Retinite" = splittrige und körnige Harze wachsfreier Art. Herkunft: Koniferen. Bitumenharze = Resinolsäureretine; Retinite = bernsteinartig. (Ref.: Bernsteinforschungen (1939, H. 4, S. 128.)

WINTER, H.: Die Harzeinschlüsse der Kohlen, Berg- u. Hüttenmännische Z. Glückauf, 65 (1929) 1405—1409. — HOFFMANN, E., u. H. KIRCHBERG: Harzvorkommen in der Ruhrkohle, Z. Brennst.-Chemie, Bd. XI, S. 389—394 (1930). — LEHMANN, K.: Harzvorkommen in westfälischen Kohleflözen, Z. Glückauf, 66 (1930) 1367—1368. — STEINBRECHER, H.: Das fossile Harz des Braunkohlenbitumens, Z. Braunkohle, Bd. 25 (1926) 395—400. — URASKY, K. A. J.: Über rezentes und fossiles Harz, Z. Brennst.-Chemie 12 (1931) 161—167. — STEINBRECHER, H.: Zur Kenntnis der fossilen Kohlenharze, Z. Brennst.-Chemie 12 (1931) 163—165. — (Alle Arbeiten dieses Absatzes ref.: Bernsteinforschungen 1933, H. 3, S. 223 u. 241).

Harzseite breiartige bis hochprozentige Tallabietinsäuren an, die auf gelbliche bis schneeweiße *Tallabietinsäure(kristalle)* vom Reinheitsgrad etwa 88 bis 96% aufgearbeitet werden. [Rest auf 100 = Linolsäure, Ölsäure, ges. Fettsäuren und UV-Anteil (= „Unverseifbarer Rest")]. Diese Tallabietinsäurequalitäten können durch chemische bzw. physikalische Behandlung im Sinne einer mehr oder weniger stabilen „Verharzung" in *Tallharze* und Tallharztypen umgewandelt werden.

5. Resinolsäureharze

Unter den rezenten Resinolsäureharzen spielen früher wichtige Produkte, wie Sandarac, Venetianer und Straßburger Terpentin, ferner Canada- und Oregonbalsame, heute nur eine untergeordnete Rolle. Auch Fichtenharze, Wurzelpeche usw. haben nur beschränktes Interesse. Wichtiger sind die bei der Terpentingewinnung anfallenden halbfesten Scharrharze, die man in Frankreich als Galipot oder Barras und in Nordamerika als Scrape bezeichnet. Weitaus größte Bedeutung besitzen indes die als Erzeugnisse nachträglicher Verarbeitung anzusehenden Kolophonharze.

III. Kolophoniumharze[1]

1. Allgemeines, Gewinnung und Verwendung

Bei diesem technisch wichtigsten Naturharz bzw. Grundlagenharz als vielseitige Rohstoffbasis einschließlich der sog. „Kunstkopale", unterscheidet man 3 Gewinnungsverfahren, deren Basisbezeichnung auch in der handelsüblichen Namensgebung des jeweiligen Kolophoniumharztypes[2] zum Ausdruck kommt:

a) Balsam-(Kolophonium-)Harze,
b) Wurzelharze nativer und präparierter Art und
c) Tallabietinsäure und daraus präparierte Tallharze.

Diese drei Gewinnungsverfahren decken den jährlichen „Kolophoniumharz"-Bedarf über 100% und halten dadurch den Harzpreis im Preis- und Leistungswettbewerb. Dies gilt speziell für die Lebendharzung, d. h. die Balsamharzproduktion. Die hochentwickelte *Wurzelharz-Gewinnung* in der USA, deren Spezialharze die Grundlage für viele harzmodifizierte Kunstharze bildet, muß in den nächsten 50 Jahren mit einer Versiegung ihrer natürlichen Kahlschlag-Gebiets-Grundlagen rechnen.

Die natürliche Basis für alle 3 Produkte, sind alle Kiefernarten, (z. B. Sumpfkiefer, Seestrandkiefer, Schwarzkiefer, Weißkiefer).

a) Balsamharze

Die Lebendharzung der Pinusarten ergibt den Rohstoff *Terpentin*, aus dem man durch destillative Zerlegung einerseits das *Balsamterpentinöl* und andererseits als Destillationsrückstand das *Balsamkolophoniumharz* gewinnt.

Der Stand der Destillations- und Verfahrenstechnik, die Art der Terpentingewinnung, (Sammlung und Aufarbeitung) begründen nur den betreffenden Harztyp. Eine z. B. 5-, 10-, 20-, 50-, 100-Tonnen-Partie kann niemals in allen Kennwerten, als z. B. WW, WG, N-Harz usw., einheitlich sein, weil solche Partien, vor allem je größer sie sind, chargenweise für die Lieferung zusammengestellt werden. Vortypung der jeweiligen Charge ist fallweise geboten.

---

[1] Vgl. hierzu ULLMANN, III. Aufl., Bd. 8, S. 401—403, W. SANDERMANN und dortige weitere Literaturangaben speziell: Oxydationsschutz und Auswaschung des natürlichen Eisengehaltes durch z. B. Oxalsäure.

[2] Kolophonium „An" für Anstrichstoffe nach DIN 55935 ist das aus dem Rohbalsam der Koniferen (Balsamharz) oder dem Extrakt der Koniferenstubben (Wurzelharz) oder aus Tallöl (Tallharz) gewonnene Harzsäuregemisch, das im wesentlichen aus Abietinsäure und ihren Isomeren besteht und dem keine anderen Stoffe, insbesondere keine Harze oder harzbildenden Stoffe, zugesetzt sind.

Spezielle fabrikatorische Eigenschaften, Kennwerte, Reinheitsgrade, usw. müssen bei Balsamharzen *vor* Kauf der Ware vereinbart werden. Handelsübliche Ware im Sinne der DIN 55935 usw. kann, aber muß diese Werte usw. nicht erfüllen (S. 687).

b) Wurzelharze

Die Extraktion der nach Kahlschlägen und längerer Standzeit im Boden stark verharzten Wurzelstöcke (Stubben) ergibt auf Grund stark oxydativer Harzsubstanzbeeinflussungen als destillativen Rückstand das native, dunkelrotbraune Wurzelharz FF.

Der flüchtige sehr artenreiche Terpenkohlenwasserstoffkomplex gibt zunächst in den Daten von Balsamterpentinöl destilliert, (etwa 140—170 °C), das sog. Wurzel(stock)Terpentinöl. Die nachfolgende sog. Dipenten(e)-Fraktion ist stofflich und mengenmäßig sehr ausgeprägt; (artähnlich: das sog. „entcampferte Balsamterpentinöl" aus der synthetischen Campferproduktion). Die Fraktionen von etwa 185 bis 230 °C, die im Balsamterpentin praktisch fehlen, ergeben, verschieden geschnitten oder von wertvollen Terpenalkoholen (z. B. Fenchylalkohol) befreit, das sog. Pine Oil oder bestimmte Pineoil-Handelsmarken.

c) Tallharze

Siehe S. 679.

Die Verwendung des Kolophoniums ist technisch äußerst vielseitig. Der polare Aufbau, der in mancher Hinsicht an denjenigen höherer Fettsäuren erinnert, schafft die Voraussetzungen für die Erzeugung von Harz-„Leimen" (vgl. unten); weiter ist er die Ursache für die Eignung der Produkte als Komponente von Waschseifen. Ferner dient Kolophonium als Ausgangsprodukt zur Herstellung von Harzessenz, Harzöl und Harzpech (vgl. unten). Allein die eben angedeuteten Zwecke benötigen etwa 60 bis 70% des verfügbaren Kolophoniums.

In der Lack- und Kunstharzindustrie spielt Kolophonium bisher eine unentbehrliche Rolle, zumal die Einsatzmöglichkeiten durch ständige Verbesserungen laufend erweitert wurden.[1] Präparationen vornehmlich im Wege sog. „Härtung", d. h. teilweiser Neutralisation mit Kalk oder Zinkoxid, Veresterungsverfahren mit Polyalkoholen, wie z. B. Glycerin, Pentaerythrit, stehen noch heute im Vordergrund. Die unerwünschte Autoxydationsfähigkeit kann durch geeignete Maßnahmen[2], wie Hydrierung, Polymerisation bzw. Disproportionierung, weitgehend aufgehoben werden. Besonders hierzu geeignet ist auch die Adduktbildung mit Maleinsäureanhydrid, welche zu Polycarbonsäuren führt, die sich mit Polyalkoholen zu alkydartigen Harzen von vielseitiger Verwendbarkeit umsetzen lassen („Maleinat-Harze").

Bei der Schaffung von Kunstharzen sind Kolophonium oder Abietinsäure ein beliebtes Mittel zur Modifikation polarer bzw. in Kohlenwasserstoffen oder fetten Ölen ungenügend löslicher Harze, speziell von solchen der Phenol-Aldehyd-Klasse. Die dabei erfolgenden Umsetzungen erschöpfen sich nicht mit bloßen Veresterungen, sondern sind zumindest anteilig durch Adduktbildungen mit vorher entstandenen Chinonmethiden überlagert.

2. Kristallisationstendenz

Die Kristallisationstendenz der nativen Kolophoniumarten ist beim Einsatz auf den meisten Anwendungsgebieten zu beachten. Im technischen Sprachgebrauch bezeichnet man deshalb Typen, die nicht zur Kristallisation neigen, als kristallisationssicher oder stabil. Zur Kristallisation neigen auch noch harzmodifizierte Kunstharze 2. und speziell 3. Ordnung.

Bis auf amerikanisches Balsamharz, das durch seinen Anteil an Sapinsäure einen spezifischen Schutz aufzuweisen scheint, kann man durch Provokationen[3] jedes Balsamrohharz und noch viele seiner nachfolgenden Verarbeitungsstufen — sowohl in Benzinen (einschl. Mineralölen) wie polaren Lösungsmitteln (wie Äthylalkohol, Essigester, Aceton) — zur Kristallisation bringen. Das gilt auch für alle anderen Harzarten.

Die Kristallisation kann markante Kristallisationsgebilde sehr unterschiedlicher Größe (etwa 1 bis 20 mm) bilden, die aus der Harzlösung wachsen; mikrokristalline Lösungen können trübe und wolkig sein und Bodensatz bilden. Bisweilen erhält man auch schneeweiße und evtl. die ganze Flüssigkeit umfassende Durchkristallisationen.

---

[1] Zu dieser umfangreichen Harz- und Kunstharzpalette s. E. Karsten: Lackrohstofftabellen, 3. Aufl., Hannover 1963. 4. Aufl. 1967.

[2] Siehe S. 680, Fußnote 1.

[3] Unter Provokation versteht man Maßnahmen, die die Kristallisation fördern, wie z. B. Rühren, Schütteln, Zusatz von Kristallisationsbeschleunigern (geringe Wassermengen) usw. Vgl. Hadert, Hans: Rezepttaschenbuch 1. Aufl. bzw. Z. Farbenchemiker 1939, 100.

Kristallisiersicher sind nach praktischen Erfahrungen nur Harzlösungen aller Art in Aromaten, wie z. B. Toluol, Xylol. Der „Aromatenschutz" wirkt partiell vorbeugend. Ab etwa 10% Aromatengehalt im Lösungsmittel ist dieser Effekt nachweisbar bei geringster Kristallisationsneigung. 30- bis 50%iger Aromatenschutz gilt noch heute bei z. B. Glycerinharzestern in Nitrolacken speziell bei Harzstammlösungen als zweckmäßige vorbeugende Maßnahme.

Bei Tallharzen beginnt vielfach schon im Rohharzstück eine Rekristallisation. Sie neigen sehr stark zur Rekristallisation auch in „Kunstharzen".

Die Wurzelharze, die früher in den sog. „Natural Rosins"-Typen Schwierigkeiten bereiteten, sind als „chemisch und physikalisch präparierte Natural Rosins-Typen" fast ausnahmslos praktisch kristallisationssicher.

Aus der Kristallisationstendenz ergeben sich für die Praxis folgende Erkenntnisse:

1. Nicht kristallisiersichere Harztypen dürfen als Rohharz usw. nicht vorgeschmolzen für technische Weiterverarbeitungen vorgehalten werden, da über kurz oder lang das Rohharz kristallin erstarrt.

Einen Hinweis auf eine solche Gefahr gibt die nachfolgende Provokationsprüfmethode: Das aufgeschmolzene Harz wird wärmemäßig pendelnd auf 100, 150, 200, 100 °C gehalten. Wenn kein kristallisationssicheres Harzsystem vorliegt, tritt mit der Zeit Kristallisation ein.

2. Der erfahrene Lacksieder pyrogenisierte die Kolophoniumschmelze durch mehrstündiges Erhitzen (bei Gegenwart von Luft) auf etwa 285 °C. Dabei wird das Rohharz im Eisenkessel schwarzbraun. Gleichzeitig tritt eine Stabilisierung durch Pyro-Abietinsäure- und Eisen-Resinat-Bildung ein. (Für dunkelfarbige z. B. Mineralöl-Firnisse anwendbar.)

Das moderne „Heat Treated Rosins"-Verfahren[1] (bei Wurzelharzen und Tallharzen in Anwendung, das gleichzeitig bei hochprozentigen Harzsäureharzen einen Hitzebleicheffekt hervorruft), arbeitet in einem wandungsmäßig neutralen[2] Kessel unter Inertgasschutz über einen Zeitraum bis zu etwa 36 Std. bei ebenfalls etwa 285 °C. Es ergibt gegenüber dem Ausgangsharz stabilere und z. T. helle Harze vom Typ X und heller.

Durch Kristallisationsprüfungen in *Lösungen* (s. S. 683) muß für jeden Harz- und harzhaltigen Kunstharztyp der individuelle — stabile — Harzkonzentrationsbereich für eine Reihe von Lösungsmitteln ermittelt werden.

Viele Harze ergeben im Konzentrationsbereich 1 bis etwa 20/30% amorphe Ausscheidungen oder „selektive Schichtenbildung" u. dgl.; an den Lösekonzentrationsbereich, der bei Rohkolophoniumharzen von etwa 25 bis 55% heranreicht, schließt dann der instabile Kristallisationsbereich der etwa 50- bis 75%igen Harzlösungen an.

Dieser komplizierte Vorgang sei an 2 stabilisierten *Newport-Wurzelharz-Typen* dargestellt[3]:

Harztyp	Lösungsmittel	amorphe Ausscheidungen	stabile Lösungen	Kristallausbildung
Solros				
	Petroleum	0—17	18—57	57,5 und höher
	Mineralöl N	0—17	18—62	62,5 und höher
	Mineralöl P	0—17	18—52	52,5 und höher
	Äthylalkohol[a]	0—22,5	23—75	?
	Methylalkohol[a]	0—22,5	23—75	?
	Toluol	—	0—62	62,5 und höher
	Benzol	—	0—62	62,5 und höher
	Leinöl	—	0—52	52,5 und höher
Tennex				
	Petroleum	—	0—47	47,5 und höher
	Mineralöl N	—	0—47	47,5 und höher
	Mineralöl P	—	0—32	32,5 und höher
	Äthylalkohol[a]	0—27,5	28—42	42,5 und höher
	Methylalkohol[a]	0—27,5	28—42	42,5 und höher
	Toluol	—	0—52	52,5 und höher
	Benzol	—	0—52	52,5 und höher
	Leinöl	—	0—32	32,5 und höher

[a] Sehr geringe Ausscheidungen.

Anmerkung: Alle Angaben in %. — „0" = praktisch: ab etwa 3%.

---

[1] Verfahrensprinzip und seine optische Kontrolle durch Polarisationsmessungen und Kurveneintragung s. z. B. S. R. W. MARTIN: Synthetic Resin Chemistry for Students, London: Chapman & Hall Ltd. 1951, S. 29f (Diagramm I S. 30) usw.

[2] Edelstahl oder Aluminiumkessel.

[3] Nach Newport-Harze, S. 39 (ältere deutsche Broschüre).

Man sieht wie labil und andererseits wie individuell Harzlösungen ansprechen, wobei der Temperaturfaktor noch offen gelassen ist, der für solche Teste bei 15 bis 25 °C liegt. Bevor man einen solchen Rahmenanhalt hat oder kennt, muß man mindestens in der Ausdeutung gefundener Kristallisationen zurückhaltend sein.

Kristallisationssichere Harz-Produktionslösungen (z. B. Stammkonzentrate, Lacke) sind *nur* im Rahmen individueller Konzentrationen und nicht einfach pauschal rechnerisch als z. B. 50-, 55-, 60-, 65%ige Harzlösung herstellbar.

Der Zeitfaktor (Standzeitwert) bis zur Kristallisation ist in den Tabellenwerten nicht angegeben. Er liegt jedoch im Rahmen von 4 Wochen bis 6 Monaten, der üblichen Aufbrauchzeiten solcher Harzlösungen.

Prüfungen setzt man einmal in Testbenzin mit möglichst niedrigem Kauri-Butanol-Wert, zum anderen mit den nachfolgenden auf Kolophoniumharze ausgesprochenen Provokationslösungsmitteln an; vorausgesetzt, daß die Lösungsmittel das aktuelle Harz etwa als 40 bis 50%ige Lösung sicher lösen:

Essigester, Aceton, Äthylalkohol (methanolvergällt); Pyridin- oder Keton-Vergällung wirken rekristallisierend.

Klare Lösungen werden nach einer Standzeit bis zu 14 Tagen nochmals „provoziert". Man läßt sie zunächst 24 Stunden bei 20 °C, jedoch unter öfterem Durchschütteln stehen; tritt keine Kristallisation ein, (erst trüb und opak, Tendenz zu Bodensatz, dann kristallin weiß werdend, usw.), kühlt man die Lösungen 1 bis 2 Tage auf etwa + 5 °C; (auch hier empfiehlt sich öfteres Umschütteln und evtl. Reiben am Kolbenrand mit einem Glasstab). Überstehen die Lösungen diese 3 Tage, handelt es sich schon um ein gut bis sehr gut stabiles System. Zur Sicherheit „schockt" und „schüttelt" man jetzt die Harzlösungen bis zu 14 Tagen; (abwechselnd Kühlschrank bis etwa — 10 °C und andererseits + 20 bis 30 °C). Man imitiert so in etwa die Außentemperaturen, denen späterhin die Harzstammlösung im Betrieb ausgesetzt sein dürfte.

Auch Zusatz einiger Tropfen Wasser nach etwa 7 Tagen bestandener Prüfzeit ist zweckmäßig (feuchte Lösungsmittel); sie können kurzfristig das Bild ändern und starke Kristallisation auslösen[1].

Selbst wenn alle Provokationen negativ verlaufen, sollten kritische Stammlösungen in diesen Provokationslösungsmitteln noch durch ein passendes 2. Lösungsmittel stabilisiert werden. Man beobachtet vielfach keine Kristallisation mehr bei den Kombinationen:

Benzine + Aromaten,	Ester + Aromaten,
Essigester + Äthylalkohol,	Alkohole + Aromaten.
Äthylalkohol + Aceton (Ketone),	

Provozierend wirkt vielfach die Kombination: Alkohole + Benzine.

3. Löslichkeit

Die Löslichkeit aller Kolophoniumharze ist vielseitig; sie sind nicht nur in unpolaren Mitteln, wie Terpentinöl, Aromaten und Benzinen, sondern auch in polaren Mitteln, wie Alkohol, Aceton, Äther, Essigsäureanhydrid usw. löslich. Zu bemerken ist, daß mit einsetzender Autoxydation speziell die Benzinlöslichkeit zurückgeht; dafür erhöht sich die Verträglichkeit mit Alkohol. Gewisse stark autoxydierte native Wurzelharze der Farbzahleinstufung[2] FF und B sind in Benzin überhaupt nicht mehr löslich.

4. Zusammensetzung

Der unverseifbare Anteil beträgt 6. bis 7%, manchmal bis 10%. Etwa 80% entfallen auf Gemische von Harzsäuren der Formel $C_{20}H_{30}O_2$; den Rest

---

[1] In Äthylalkohol- und Spritsystemen können Fremdwasserspuren, mehr Schaden anrichten, als man bisher angenommen hat. Anwesenheit eines Zweitlösungsmittels stabilisiert diesen negativen Kristallisationseffekt ab etwa 10 bis 15%.
Die eigenartige Provozierung durch freies Wasser, speziell zu standarddestillierten techn. Äthylalkoholtypen 95/96% und 99/100 Vol.-% fallweise zugesetzt, wobei man keine Kristallisationen in den Standard-Sprit-Typen wohl aber in den jeweiligen „verwässerten" Typen und jetzt auch im absinkenden Konzentrationsbereich: 99, 98, 97, 96 Vol.-% findet, kann nach Ansicht d. V. nur mit einer unterschiedlichen Wasserformel $(H_2O)_x$ erklärt werden. Vgl. dazu das Kapitel „Wasser", Chemie-Lexikon von H. RÖMPP, 5. Aufl., III, S. 5566f; und W. LUCK: „Was ist Wasser?", Nachr. Chem. Techn. 12 (1964), Nr. 17, 345/346.
[2] Farbzahl-Werte s. u. a. DIN 55935; S. 686, Fußnote a; 688.

(bis 10%) bilden amorphe „Kolophensäuren", denen die Zusammensetzung $C_nH_{(2n-10)}O_4$ zukommt. Die Gegenwart dieser Produkte ist wichtig, weil sie einer Kristallisationstendenz der maßgeblichen Harzsäuren entgegenwirken. Allerdings sind sie zugleich die Ursache einer dunkleren Färbung.

Die in den Ausgangsterpentinen enthaltenen „nativen" Harzsäuren $C_{20}H_{30}O_2$ (Pimar- und Sapinsäuren) finden sich in Kolophoniumharzen nur noch in geringer Menge. Namentlich die Sapinsäuren unterliegen unter Hitzeeinfluß der Umwandlung in Abietinsäure, die ebenfalls die Formel $C_{20}H_{30}O_2$ aufweist und keine natürliche Harzsäure, sondern eine typische „Kolophonsäure" darstellt. Weniger empfindlich sind die Pimarsäuren, die sich infolgedessen auch weitgehend als solche erhalten. Die Zusammensetzung eines Kolophoniumharzes richtet sich demgemäß einmal nach dem Gehalt der Ausgangsterpentine an Pimar- und Sapinsäuren, zum andern nach Dauer und Höhe der Erhitzung der Blasenrückstände. Als besonders reich an Abietinsäure sind amerikanische Harze anzusehen; dagegen findet man in französischen Harzen neben etwa 35% Abietinsäure etwa 30% Dextro- und etwa 3% Laevopimarsäure und außerdem noch etwa 30% Dextrosapinsäure[1].

Die Kennzahlen von Kolophoniumharzen entsprechen im wesentlichen den für Säuregemische $C_{20}H_{30}O_2$ berechneten Werten. Für die Säure- und Verseifungszahl, die theoretisch 185 mg KOH/g beträgt, gilt das fast absolut, sofern man die direkt ermittelten Ziffern nach Maßgabe des jeweiligen Gehaltes an unverseifbaren Anteilen korrigiert. Näheres siehe Tabelle 1, die von WOLFF[2] mitgeteilte Analysenergebnisse im angedeuteten Sinne interpretiert.

Tabelle 1. *Säure- und Verseifungszahlen verschiedener Kolophoniumsorten*
(nach H. WOLFF und G. SEIFERT).

| Marke | Herkunft | Säurezahlen | | Verseifungszahlen | | Unverseifbares |
| | | direkt | korr. | direkt | korr. | |
		mg KOH/g		mg KOH/g		%
WG	USA	162	175	167	180	7,4
WG	Frankreich	167	180	169	183	7,5
WG	Frankreich	175	182	177	184	3,9
WG	Frankreich	171,5	185	173	187	7,5
WG	Spanien	168	186	172	190	9,8
WW	Frankreich	167	179	170	182	6,8
N	USA	168	186	178	198	10,1
J	USA	167	181	176	191	7,8
J	USA	173	188	175	190	7,9
J	USA	160	178	170	189	10,1

Bei der Jodzahlbestimmung ergeben sich gewisse Unterschiede, die teils in der Methodik, teils durch Konstitution begründet sein dürften. Die üblichen Werte liegen zwischen 100 und 200; die in der vorstehenden Tab. 1 aufgeführten Marken haben Jodzahlen[2] zwischen 110 und 138.

Nach der heutigen Auffassung werden für Dextro- und Laevopimarsäure die Formeln I und II, für Abietinsäure die Formeln IIIa und b diskutiert[3]. Die daraus ersehbaren Beziehungen zum Phenanthren sind schon früher durch die Möglichkeit einer weitgehenden Überführbarkeit in Reten (1-Methyl-7-Isopropyl-Phenanthren) durch Behandlung mit Schwefel

---

[1] Nach Angaben von G. A. VASSILIEV bzw. R. LOMBARD: Prem. Congrès techn. intern. de l'Industrie des Peintures etc., S. 382 bzw. 393, Paris 1947.

[2] Vgl. H. WOLFF: Die natürlichen Harze, S. 83. Stuttgart: Wiss. Verlagsges. 1928; nach Versuchen von SEIFERT: Seifensieder-Ztg. 40 (1913) 338.

[3] Neuerdings wird für Dextropimarsäure auch das Vorliegen der Gruppe $C\overset{CH_3}{\underset{CH_2}{\diagdown}}$ in Betracht gezogen. Vgl. dazu auch ULLMANN, III. Aufl., Bd. 8, S. 406 W. SANDERMANN.

oder Selen festgestellt worden. Man erkennt, daß die Unterschiede nicht zuletzt in der spezifischen Anordnung der Doppelbindungen bestehen. Da solche in Zweizahl vorliegen, würde die theoretische Jodzahl 168 betragen. Im übrigen wird die Neigung zur Halogenanlagerung davon abhängig sein, wieweit die Doppelbindungen isolierte oder konjugierte Position einnehmen.

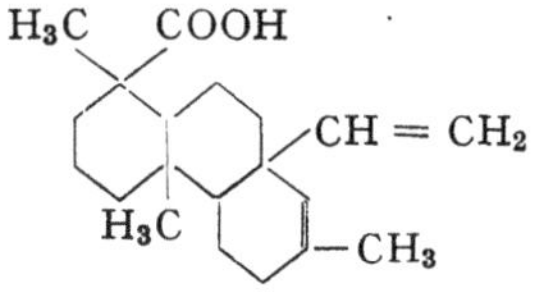

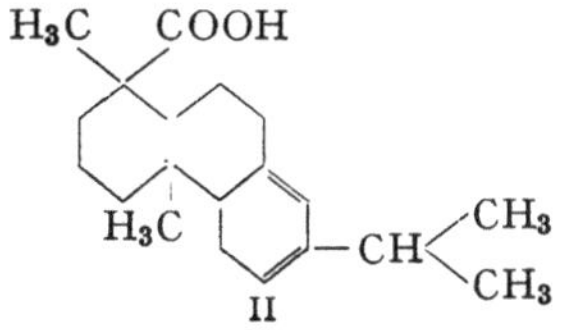

Soweit sich bei Kolophoniumprodukten die Neigung zur Autoxydation durchsetzt[1], wird sie offenbar durch gegenseitige Aktivierung der beiden Doppelbindungssysteme beeinflußt. Gleiches gilt hinsichtlich der Fähigkeit zur Adduktbildung mit Maleinsäureanhydrid. Allerdings besteht hier die Möglichkeit einer weitgehenden Reaktionsbeeinflussung, die sich so lenken läßt, daß ungefähr eine der Theorie entsprechende „Isodienzahl" (z. B. 76 statt 84) erzielbar ist[2]. Zum praktischen Aussagewert einer Dien-[3] und speziell Isodien-[4]Zahl bei Kolophoniumarten, z. B. Aktivität oder ausgangs noch zu beobachtende Verschlossenheit des Harztypes gegenüber Maleinsäureanhydrid (= MSA), zeitliche Schnelligkeit der Aufnahme (Anlagerung) und zur METHODIK selbst (und hierbei bestehender Unterschiede und speziell Zeitdifferenzen), bringen die nachstehenden Vergleichsmessungen an 4 Harztypen sehr aufschlußreiches Material:[5]

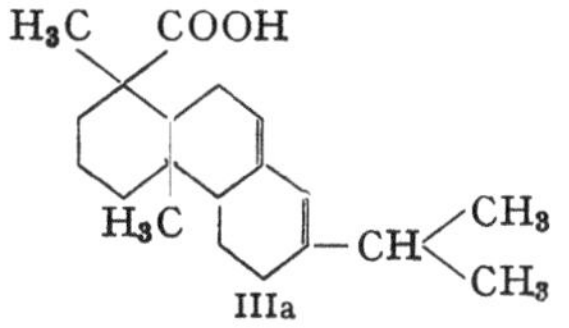

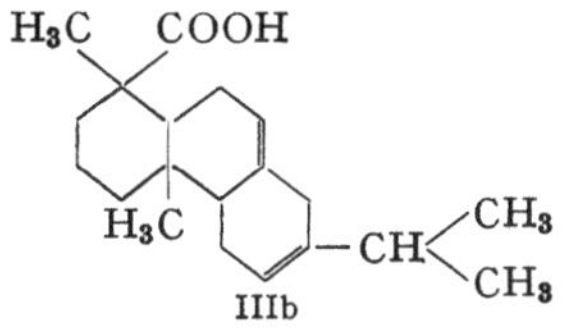

	Dien-Zahlen nach Reaktionszeit				Isodien-Zahlen nach Reaktionszeit					
	3 Std.		6 Std.		1 Std.		3 Std.		4½ Std.	
	Dien-Zahl	% MSA	Dien-Zahl	% MSA	Isodien-Zahl	% MSA	Isodien-Zahl	% MSA	Isodien-Zahl	% MSA
Nat. Wurzel-harz WW	4,4	1,6	16,4	6,0	54,0	19,5	71,5	26,1	75,0	27,4
Wurzelharz Newtrex[a]	2,9	1,1	9,4	3,4	32,1	11,7	55,4	20,0	57,2	21,0[c]
Wurzelharz Nuroz[b]	2,2	0,8	—	—	21,2	7,8	45,0	16,4	47,2	17,2
Balsamharz WW	14,2	5,2	23,5	8,6	79,5	28,8[d]	79,6	28,9	—	—

[a] Ein etwa 10 bis 15% dimerisierter (polymerisierter) Typ der Heyden-Newport.
[b] Ein etwa 40% dimerisierter Typ der Heyden-Newport.
[c] Das heißt zugleich praktisch, daß Newtrex bis 21% MSA aufnehmen kann.
[d] Das ist der Praxiserfahrungswert: etwa 30% MSA beim Volladduktharz.

[1] Nach FAHRION: Z. angew. Chem. 20 (1907) 356 nimmt Kolophonium an der Luft in dünner Schicht ausgebreitet innerhalb zweier Monate etwa 4,2% an Gewicht zu. Zugleich steigert sich die Menge der petrolätherunlöslichen Anteile von 4,4% auf 54,7%.
[2] Vgl. A. DURR u. R. WENDLING: Peintures, Pigments, Vernis 24 (1948) 106; s. auch Prem. Congrès Techn. Intern. de l'Industrie des Peintures usw., S. 457. Paris 1947. Zur Bestimmung einer Isodienzahl erhitzt man genau 3 g Kolophonium mit genau 1,5 g Maleinsäureanhydrid in einem Reagenzglas eine Stunde auf 190 bis 195 °C, versetzt dann mit 10 cm³ Toluol und bringt unter Nachspülen mit zweimal 10 cm³ Toluol und 25 cm³ siedendem Wasser in einen Kolben. Nach einstündigem Kochen unter Rückfluß wird die Toluollösung fünfmal

Ursache ist die wechselseitige Umlagerung von adduktbildenden und nicht-adduktbildenden Komplexen[1]. Normalerweise ergibt dies Gleichgewichte, die indes in Gegenwart von Maleinsäureanhydrid entsprechender Verschiebung unterliegen. Für die Möglichkeit von Doppelbindungsverschiebungen spricht auch die für Kolophonium als charakteristisch anzusehende Farbreaktion nach LIEBERMANN-STORCH-MORAWSKI, vgl. S. 689, welche in einer schnell vorübergehenden Tiefviolettfärbung einer mit etwas Schwefelsäure versetzten Lösung des Harzes in Essigsäureanhydrid besteht und mutmaßlich auf intermediärer Radikalbildung beruht.

Die *analytischen* Kenndaten (Soll-Werte) der Kolophonium-Handels-Typen sind festgelegt:

a) in DIN 55935[2] „Kolophonium An[3] für Anstrichstoffe" (andere typische Anwendungszwecke sind in dieser Norm nicht erfaßt);

b) in ausländischen Norm-Schriften (s. nachstehende Tabelle).

5. Prüfung (s. auch DIN 55935)

a) Allgemeines

Harzuntersuchungen erfordern viel Geschick in der Analytik von Harzen und harzhaltigen Produkten aller Art (z. B. Lacke, Druckfirnisse, Kitte, Klebstoffe usw.). Man kann für viele Kolophonium enthaltende Produkte von vornherein voraussagen, daß sie Kolophonium enthalten; die Frage in welcher Art und Präparationsstufe es vorliegt, läßt sich meistens nur am unverarbeiteten Kolophonium entscheiden. Der Praktiker ist vielfach interessiert, einen, der unterschiedlichen Aufgabenstellung angepaßten, *qualitativen* Nachweis für Kolophonium zu

---

[1] Solche gegenseitige Umwandlung wird von W. SANDERMANN: Ber. dtsch. chem. Ges. 74 (1941) 154 speziell für Laevopimarsäure und Abietinsäure angenommen. Zugleich wird vermutet, daß eine Adduktbildung nur erfolgt, wenn beide Doppelbindungen im gleichen Ring vorliegen.

[2] DIN 55935 entspricht einem Querschnitt der Deutschen Import-Kolophoniumtypen. Die ausländischen Normen berücksichtigen die Eigenheiten ihrer Inlandsharzproduktion (speziell Abweichungen durch Standort und Klima, *Pinusarten* usw.).

[3] An = Anstrichstoffe.

---

mit 25 cm³ siedendem Wasser erschöpfend ausgewaschen. Die Auszüge werden vereinigt und dann mit 1 n-Kalilauge titriert. Werden hierbei A cm³ verbraucht, dann berechnet sich die Isodienzahl gemäß: Isodienzahl $= (30,7 - A) \cdot 4,23$.

[3] Vgl. H. A. GARDNER: Physical and Chemical Examination of Paints, Varnishes, Lacquers and Colors.

[4] Z. Paint Manufacturing 1949, H. 9, September.

[5] Entnommen der Firmenbroschüre Heyden-Newport Chemical Corp. Broschüre Nr. 1 „Natural Wood Rosins...", S. 11.

Zu Tabelle 2:

[a] Das *US-Department of Agriculture* hat 14 Harzfarbtöne festgelegt: B, D, E, F, FF (nur für Wurzelharze), G, H, I, K, M, N, WG, WW und X. (Der Farbton X ist ebenfalls praktisch nur bei Wurzelharzen in Anwendung).
Die europäischen Farbtonwerte, z. B. Frankreich, Portugal, Spanien usw. zeigen Anlehnung, aber keine Übereinstimmung mit den amerikanischen Standards. Vergleicht man z. B. 6 verschiedene „WW"-Harze der Weltproduktion mit einem amerikanischen Balsamharz WW, kommen vielleicht einige Balsamharze anderer Länder — im Stück und als Lösungen gemessen — (jetzt) an den amerikanischen Standard heran; er wird fast sicher an der Spitze der Helligkeit liegen, einige Harze sind nach USA-Standard WG und evtl. sogar WG/N-Harze.

[b] 4 Farbklassen (Hell, Gelb, Orange, Dunkel).

[c] DIN 55935: Die für Kolophonium für Anstrichstoffe festgelegten allgemeinen Prüfvorschriften sind in dem DIN-Blatt zusammengestellt.

Tabelle 2. *Zusammenstellung der in- und ausländischen Anforderungen und Prüfverfahren für Kolophonium*[a].

1. Kennwerte, für die Zahlenangaben in den Erläuterungen zu DIN 55935 als Richtwerte genannt worden sind:

	Dichte 20°	Erw.-Pkt. °C mind.	Säurezahl mind.	Unverseifb. max. Gew.-%	Asche max. Gew.-%	Prüfverfahren angegeben in den Normen
DIN 55935	1,06—1,09	60	150	8	0,1	DIN 55935[c]
I. Argentinien 1044-N.I.O. 1946	1,06—1,09	70—86 (R. u. K.)	150—180	—	0,2	1044-N.I.O.
II. Bulgarien[b] BDS 2034-55 Balsam K. Wurzel K. Rotes K.	} nicht an- gegeben	68—75 60—66 53—55 (KS)	165—173 150—160 128—135	7 10 14	0,08 0,06 0,09	} BDS 2034-55
III. Indien IS: 553-1955 Pale Medium Dark	1,05—1,08 1,05—1,08 1,05—1,10	55—65 (modif. KS)	155	6 6 6	0,05 0,2 0,5	} IS: 553-1955
IV. Polen PN C-97501 9 Sor- } helle ten } dunkle	nicht angegeben	63—65 52 (KS)	160—165 155—160	6—8 10	0,05 0,06	} C-97501
V. Portugal NP-275 (1961) 9 Sor- } helle ten } dunkle	1,041—1,097 1,048—1,106	65—76 75—70 (R. u. K.)	155,6 145,9	7,8—8,2 7,5	0,1—0,4 3,8	NP-239 (1960) NP-236 (1960) NP-238 (1960) NP-103 (1956)
VI. TGL Hell Mittelhell Dunkel		{60 50	{173 ±10 150	—	{0,1	TGL
VII. UdSSR Gost 797-41 hell gelb/orange dunkel	} nicht an- gegeben {	68 65 52 (KS)	168 160 150	6 8 10	0,05 0,05 0,07	} Gost 797-41
VIII. USA Federal Standard LLL-R-626 (1942)	nicht angegeben	70	155 (für Typ FF 150)	—	—	LLL-R-626 (1942) Ferner: ASTM E 28-50 T ASTM D 465-59 ASTM D 1065-56 ASTM D 1063-51

R. u. K. = Ring und Kugel. — KS = Krämer-Sarnow.
[a]—[c] Fußnoten siehe nebenstehende Seite 686.

Tabelle 2. (Fortsetzung.)

2. Weitere Kennwerte (soweit angegeben) und Prüfverfahren.

Farbe: I. 1044-N.I.O. (1946) in Lösung	Kolorimetrischer Vergleich
II. BDS 2034-55	Vergleich von Proben gegen Urmuster
III. IS: 553-1955	Vergleich gegen Lovibond-Farbgläser
IV. PN C-97 501	Vergleich von Proben gegen Urmuster
V. NP-275 (1961)	9 Farbklassen, Prüfung nicht angegeben
VI.	nach Jodfarbskala
VII. GOST 797-41	Vergleich gegen geeichte Muster
VIII. LLL-R-626	Vergleich gegen anerkannte Standards des US-Department of Agriculture
Flüchtige Bestandteile:	
III. IS-553-1955	max. 2%
V. NP-101	3,2—4,2%
VI.	
VII. ASTM D 889-50	max. 5%
Verseifungszahl:	
I. 1044-N.I.O. (1946)	160—190
II. BDS 2034-55	für Balsamharz 170—185
	für Wurzelharz 160—175
V. NP-275 (1961)	für helle Sorten 158,1—161,3
	für dunkle Sorten 153,6
VI.	160—188
VIII. ASTM D 464-51	
Toluolunlösliches:	
I. 1044-N.I.O. (1946)	wie Muster
III. IS: 553-1955	Pale 0,1%
	Medium 0,4%
	Dark 1%
V. NP-102 (1956)	0,1—1,1%, dunkle Sorte bis 6,8%
VIII. ASTM D 269-52	max. 0,05%
Feuchtigkeitsgehalt:	
II. BDS 2034-55	0,3—0,5%
VI.	max. 1%
VII. GOST 797-41	0,3—0,7%
Mechanische Beimengungen:	
II. BDS 2034-55	0,08—0,5%
III. IS: 553-1955	in Asche einbezogen (0,05—0,5%)
IV. PN C-97 501	0,05—0,1%
VI.	unter 0,1%
VII. Gost 797-41	max. 0,1%
VIII. ASTM D 269-52	in Toluolunlösliches einbezogen
Gehalt an Eisen:	
V. NP-275	$22,5—662 \cdot 10^{-6}$
VIII. ASTM D 1064-51	
Gehalt an Kupfer und Magnesium:	
III. IS: 553-1955	Cu max. $8 \cdot 10^{-6}$
	Mg max. $10 \cdot 10^{-6}$
Gehalt an Blei:	
III. IS: 553-1955	Pb max. 0,05%

Anmerkung:

I = Argentinien;	III = Indien;	V = Portugal;	VII = UdSSR;
II = Bulgarien;	IV = Polen;	VI = TGL;	VIII = USA.

führen. *Quantitative* Nachweise sind in der Praxis seltener und meistens mehr auf den „Gesamtharz"-Gehalt, als auf den realen „Kolophonium"-Gehalt vom Gesamtharzgehalt ausgerichtet.

Oft ist z. B. die Bestimmung des quantitativen Anteiles des Zweitpartners des Systems, z. B. des Ölgehaltes, wichtiger und leichter.

Mit einer umfassenderen qualitativen Nachweisführung über das Kolophoniumharz „als Typ" selbst, ergibt sich dann mit anderen quantitativen Nebenbestimmungen (wie z. B. *Festkörpergehalt, Flammpunkt* des z. B. Lackes, Art und Menge seiner *Lösungsmittel*) und praktischen Leistungsproben (wie z. B. *Trocknungsverhalten, Belastungsproben, Elasti-zitätsversuchen* u. dgl.) ein gesamtanalytisches Bild.

Praktisch kann man im Mittel mit 2 Zahlengrundwerten „kalkulativ" rechnen. Der „Harzsäure"-Gehalt liegt bei etwa 80% vom Kolophonium-Anteil. In kolophoniumharz-modifizierten technischen Kunstharzen liegt der Kolophoniumgehalt ebenfalls bei etwa 70 bis 85% vom Gesamtharzanteil.

b) Besondere Nachweisreaktionen des Kolophoniums (Farbreaktionen)

Kolophonium gibt eine Reihe von Farbreaktionen, die teilweise recht empfindlich sind. Es liegt daher nahe, solche Prüfungen heranzuziehen, wenn geringe Mengen dieses Harzes nachgewiesen werden sollen.

Sonstige Harze geben solche Farbreaktionen nicht[1]. Soweit sich als charakteristisch anzusehende Farbtöne ausbilden, wie z. B. bei Cyclohexanonharzen, Cumaronharzen, Polyvinylacetaten und Polyvinyläthern, ist dies bei der Ausdeutung zu beachten.

Im übrigen dürfen auch die Ergebnisse eines Kolophoniumnachweises auf Grund von Farbreaktionen nur mit Vorsicht verwertet werden. Eindeutige Befunde, die keinen Zweifel offenlassen, sind keineswegs Regel, da die Zahl der unsicheren Fälle weitaus überwiegt. So kann ein anscheinend positiver Ausfall der Reaktionen durch sonstige Stoffe vorgetäuscht sein; selbst negative Feststellungen sind nicht beweisend; denn die Empfindlichkeitsgrenzen können sich stark verschieben, was zumindest Kontrollen unter Zugrundelegung unterschiedlicher Substanzmengen erfordert.

α) Probe nach Liebermann, Storch und Morawski[2]. Von den im einzelnen vorgeschlagenen Farbreaktionen steht die zumeist nur als „Storch-Morawski-Reaktion" bezeichnete weitaus an vorderster Stelle. Sie wird gewöhnlich in der Weise ausgeführt, daß man eine geringe Substanzmenge von etwa 0,01 g Festprodukt oder zwei bis drei Tropfen Lack usw. zunächst in 2 bis 3 cm³ Essigsäureanhydrid löst und dann (gegebenenfalls nach Kühlung) mit 2 bis 3 Tropfen Schwefelsäure von der Dichte 1,53 g/cm³ versetzt. Gegenwart von Kolophonium zeigt sich durch sofortiges Auftreten einer intensiv violettroten Färbung an, die etwa der Intensität einer 0,001 n-KMnO₄-Lösung entspricht; sie verschwindet schnell wieder und klingt dabei nach Rot oder Braun, mitunter auch nach Gelbgrün ab. Maßgebend ist somit der vergängliche Ton von Violettrot; alle sonstigen Feststellungen sind nicht kennzeichnend.

Erforderlichenfalls empfehlen sich Variationen der Arbeitsweise. Zum Beispiel kann man die Essigsäureanhydridlösung vor Zusatz der Schwefelsäure erst filtrieren. Ferner ist es vorteilhaft, der Essigsäureanhydridlösung etwas Benzin zuzusetzen. Schließlich kann man die Probe auch erst in Benzin lösen und dann diese Lösung (evtl. nach Filtrieren) mit Essigsäureanhydrid kalt ausschütteln.

---

[1] Vgl. ZEIDLER, G., u. H. SCHUSTER: Farben-Ztg. 48, (1943) 37. — NILVELD: Verfkroniek. August 1947. — Farbe u. Lack 54 (1948) 103. — WAGNER, H.: Lack- u. Farben-Chem. 2 (1948) Nr. 3 usw. — Siehe auch COLOMB, P.: Chimie des Peintures et Vernis. Lack- u. Farben-Chem. 3 (1949) 89 u. später.

[2] Vgl. LIEBERMANN, C.: Ber. dtsch. chem. Ges. 17 (1884) 1884; 18, (1885) 1804. — Liebigs Ann. Chem. 211 (1884) 273. — STORCH, L.: Ber. österr. Ges. chem. Ind. 9 (1887) 93. — Chem. Zbl. 1887 I, 1419. — MORAWSKI, TH.: Chemiker-Ztg. 12, Ref. 270 (1888); 13, Ref. 134 (1889); zur Kritik vgl. u. a.: HOLDE, D.: Chem. Zbl. 1888 II, 952. — LENZ, W.: Z. anal. Chem. 28 (1889) 123. — GRITTNER, A.: Z. angew. Chem. 4 (1891) 265. — WOLFF, H.: Farben-Ztg. 29 (1924/25) 2795. — Die natürlichen Harze, S. 37f. Stuttgart: Wiss. Verlagsges. 1928. — EIBNER, A., u. H. TITTEL: Korrosion u. Metallsch. 2 (1926) 43. — Ferner aus jüngster Zeit: COLOMB, P.: Chimie des Peintures et Vernis. Lack- u. Farben-Chem. 3 (1949) 89 u. später.

Bei reinem Kolophonium beginnt die Nachweisbarkeit bei etwa 0,001 g. Die Empfindlichkeit wird indes mehr oder weniger gemindert, wenn das Harz durch Autoxydation oder irgendwelche Reaktionen, wie Resinatbildungen, Veresterungen, Polymerisationen, Hydrierung, Adduktbildung mit Maleinsäureanhydrid, Kombination mit Phenolharzen usw., verändert ist. Vor allem erfahren dabei auch die charakteristischen Rotviolettfärbungen eine Nuancierung nach Braun oder Rotbraun, was das Erkennen der Umschläge erschwert. Kombinationen mit fetten Ölen haben unterschiedliche Wirkungen. In frischen Produkten erfährt die Nachweismöglichkeit eine nicht unwesentliche Beeinträchtigung; ältere Firnisse dagegen können bereits bei Abwesenheit von Kolophonium die charakteristische Violettrotfärbung vortäuschen. Zu beachten ist weiter, daß Sterine, Terpenprodukte, Harzöle usw. ähnliche Violettfärbungen geben. Ferner ergibt Holzöl eine dunkelrote Färbung, welche die Violettnuancen überdecken kann. Viele sonstige Harze, namentlich Naturharze, weiterhin Ölalkyde erzeugen braune bis braunrote Tönungen. Es bestehen also zahlreiche Möglichkeiten, die sich im einen oder anderen Sinne störend auswirken können.

Man sollte daher in jedem Fall den qualitativen Nachweis von Kolophonium durch eine quantitative Kontrolle ergänzen. Sofern dabei Trennungen von Kolophonium und fettem Öl in Betracht kommen, ist das gravimetrische Verfahren nach WOLFF und SCHOLZE[1] anzuwenden.

β) **Reaktion nach Halphen**[2]. Diese zuerst für den Nachweis von Kienöl, Pinolin usw. entwickelte, also keineswegs eindeutige Farbreaktion wird in der Weise ausgeführt, daß man die Substanz in 10 cm³ einer Phenol—Tetrachlorkohlenstoff-Lösung (1 : 2) aufnimmt und dann Dämpfe einer Lösung von Brom in Tetrachlorkohlenstoff (1 : 1) aufbläst. Hierbei gibt Kolophonium eine intensive dunkelblaue, dann rotviolett werdende Färbung. Obwohl die Probe mit reinem Kolophonium eindeutig verläuft, ist sie keineswegs zuverlässig. Abgesehen davon, daß die vorbenannten Stoffe sich ähnlich verhalten, leidet die Empfindlichkeit z. B. bei Gegenwart von Leinöl. Weiter wirkt auch Holzöl störend, das zunächst eine kräftig karminrote Färbung liefert, die das Blau des Kolophoniums noch dann überdeckt, wenn dessen Konzentration 3 % beträgt[3].

γ) **Reaktionen nach Brauer und Ruthsalz**[4]. Ätherische Kolophoniumlösungen geben beim Schütteln mit Lösungen von komplexen Verbindungen (Phosphormolybdänsäure, Phosphorwolframsäure, Ammoniummolybdat) in Schwefelsäure als charakteristisch erachtete Färbungen. Nachprüfungen[5] haben indes gezeigt, daß die Ergebnisse recht unsicher sind und jedenfalls eine Identifizierung bestimmter Harzprodukte, insbesondere also von Kolophonium, ferner von Schellack, nicht zulassen.

δ) **Probe nach Neuberg und Rauchwerger**[6]. Diese zuerst für den Nachweis von Cholesterin empfohlene Reaktion beruht auf der Beobachtung, daß in absolutem Alkohol gelöstes Kolophonium nach Zusatz von etwas Rhamnose nach Unterschichtung mit konzentrierter Schwefelsäure die Ausbildung eines himbeerroten Rings veranlaßt.

ε) **Reaktion von Sans**[7]. Erwärmt man Kolophonium mit 1 bis 2 cm³ Dimethylsulfat, so tritt erst eine rosa, dann violette Färbung ein.

c) Harzidentifizierung

Mit den nachstehenden Prüfungen kann man nicht zu kompliziert zusammengesetzte Kolophoniumharze aller Art schnell und sicher und bei komplizierten, sog. komplexen Typen (mehrere Grundverfahren), den Grundtyp sehr gut erkennen und identifizieren.

Ob überhaupt ein Kolophoniumharz (Kolophoniumtypen und mit Kolophoniumharz modifizierte Kunstharze aller Art) vorliegt, erkennt man an den Prüfungen *α* und *β*.

---

[1] Chemiker-Ztg. 38 (1914) 369, 382, 430. — Farben-Ztg. 16 (1910/11) 323. — Siehe auch unter Wizöff-Methoden.

[2] HALPHEN, G.: Ann. Chim. analyt. appl. 14 (1902) 14. — Chem. Zbl. 1903 I, 202. — FÖRSTER, P.: J. Pharm. et Chim. 16 (1908) 478. — Chem. Zbl. 1909 I, 1511.

[3] Bezüglich sonstiger Harzfärbungen vgl. HICKS, E. F.: Industr. Engng. Chem. 3 (1911) 86. — Chem. Zbl. 1912 I, 54.

[4] Chemiker-Ztg. 50 (1926) 371.

[5] FONROBERT, A., u. K. PISTOR: Chemiker-Ztg. 51 (1927) 139.

[6] Festschrift E. SALKOWSKI, S. 279. — Chem. Zbl. 1904 II, 1434.

[7] SANS, J.: Ann. chim. analyt. appl. 14 (1909) 140. — Pharm. Zentralhalle 50 (1909) 897. — Chemiker-Ztg. 30 (1906) 30. — Chem. Zbl. 1909 I, 1730 usw.

α) Farbe (Farbton) des Harzes. Verdacht auf Kolophonium nur, wenn die Harzprobe gelblich bis dunkelbraun ist. Wasserhelle bis weinhelle Harze sind in der Regel keine 100%igen Kolophoniumharze; im „weinhellen"-Farbton-Bereich eventuell als Modifikation; und dann unter 50% vom „Harz"-System. Typisch „rötliche" „Kolophoniumharze" (50%ige Lösungen Gardner -Skala etwa 10 bis 15) mit niedriger bis mittlerer SZ (etwa 20 bis 80) oder sehr hoher SZ (über200 bis 270) verweisen u. U. auf: Fumarsäure an Stelle von Maleinsäure und fallweise auf Sorbit-veresterte Typen.

β) Geruch des Harzes in der Flamme. Kurz vor dem Schmelzen *und* im Schmelzverflüssigungsbereich *und* etwa 50 bis 100 °C über Schmelzband erhitzt, erkennt man am Geruch den chemischen Aufbau des Harzes[1].

Man bringt eine Harzprobe (als Stück usw.) in die Grenzzone der entleuchteten Bunsenbrennerflamme und prüft abseits sofort ihren Geruch. (Dies wiederholt man — vorsichtig — so lange, bis man alle Geruchsnoten sicher erkannt und identifiziert hat.) Nicht gleich die Harzprobe voll durchschmelzen und „durchkracken"! Der *Chemie*-Geruch kann ausgangs liegen. Auch der Geruch des schnell zerkleinerten und in eine Blechdose verbrachten Harzes — die Dose verschlossen und einige Zeit z. B. auf den Heizkörper gestellt — kann schon den Typ beim Öffnen der Dose offenbaren; denn der typische Kolophonium-Basis-Geruch liegt im mittleren Wärmebereich. Der reine Chemiegeruch kommt deutlicher im Krackbereich des geschmolzenen Harzes zum Ausdruck.

Balsamkolophoniumharze zeigen einen reinen, ausgeprägt süßlich-milden Balsam-Terpentingeruch; d. h. eben den klassischen Harzgeruch.

Wurzelharze zeigen einen strengeren seifigen Harzgeruch. (Diese Harze enthalten ja auch kein Terpentinöl mehr.)

Tallharze zeigen einen strengen, typisch seifigen, ranzigen und kratzigen Geruch, der sich kurz nach dem Harzgeruch vordrängt.

Diese geruchliche Grundnote der 3 Harzgrundlagen bleibt typisch auch bei ihrer chemischen Präparation erhalten.

Der allgemeine Harzgrundgeruch wird bei:

Dicarbonsäure-modifizierten „Harzestern" („Kunstkopalen" der Richtung: „Maleinatharze", „harzmodifizierte Alkydharze" usw.) etwas „balsamischer";

„Gehärteten Harzen" („Kalkharze", „Zinkharze", Magnesiumharze" usw.) etwas „seifiger";

„Modifizierten Phenolharzen" je nach Gesamtmenge und Art des Phenoltypes etwas bis typisch „phenolisch" (im Prinzip: typischer Phenol-, Kresol- und Xylenol-Geruch, wenn es sich um solche Harztypen handelt). Alkylphenole (meist p-tertiär-Butylphenol) sind nur schwach „phenolisch" + typischer „Apfelgeruch".

Das Veresterungs-Polyol-System, das man u. U. sehr spezifisch über den VZ-Komplex erkennen und identifizieren kann, zeigt auch im Flammengeruch zu einigen Polyol-Typen sichere Hinweise oder Spuren. Siehe weiterhin S. 694.

Glycerinveresterte Harze aller Art spalten oberhalb etwa 260 °C Acrolein ab. Dieser Nachweis wird am besten im Glühröhrchen geführt.

Pentaerythrit-veresterte Harze aller Art sind äußerst hitzestabil und bis weit über 300 °C geruchsneutral. Der Pentaerythritschmelzgeruch selbst ist juteartig und zuckerartig (leichter Karamellgeruch). Der Verdacht auf ein Pentaverestertes System wird begründet durch eine Sz des Harzes von etwa 15 bis 30; bei leicht trüblichen Harzen, die jedoch keine Asche-Mengen im Sinne eines gehärteten Harzes ergeben; bei Harzen mit härterem bis höchstem Schmelzband und bei zeitlichen Differenzwerten von VZ-Bestimmungen mit alkoholischen Kalilaugen und präzisen, schnellen und scharfen Indikatorreaktionen. Alle diese

---

[1] Die von G. ZEIDLER allen Analytikerpraktikern in einem seiner letzten Vorträge (1962 GDCH-Fachgruppetreffen Travemünde) empfohlene „Schnüffelkiste", d. h. fallweise zusammengestellte Testsubstanzen, ist außerordentlich aussagereich. Vorstehend sind nur die typischen kolophoniumharzmodifizierten Kunstharze in ihrem Verhalten erfaßt. In der HARZ-„Schnüffelkiste" sind jedoch alle anderen wichtigen technischen Harzgrundlagen, wie z. B. Kumaronharze, Ketonharze, Harnstoffharze usw. vertreten. Es ergeben sich praktisch etwa 30 bis 40 „Harze", mit denen man die geruchliche Vorprobe sehr gut erfassen und noch nicht eingearbeiteten Mitarbeitern vorstellig machen kann.

Eigenheiten hängen mit dem Material selbst (z. B. seinem Restaschegehalt), seinem Veresterungsmechanismus und der Penta-Molekül-Struktur zusammen.

Bei Glycerin-Penta-Mischveresterungen, die technisch sehr beliebt und effektvoll sind, überwiegt auf jeden Fall die Glycerin-Acrolein-Note und läßt die Pentaerythritanwesenheit geruchlich nicht sicher nachweisen. SZ- und VZ-Bestimmungen und Beobachtungen über das Indikatorumschlagen können Hinweise auf Mischveresterungen geben.

Polyol-Systeme mit einem typischen Eigengeruch, wie z. B. *Hexantriole* (süßlich kräftiger Apfelgeruch), *Sorbit* (angenehmer Cellulose- bzw. Zucker-Geruch) *Glykole* aller Art [aktiver (z. T. aromatischer) „Glycerin-Neutral"-Geruch], erkennt man deutlich in der Flamme, wenn man mit diesen Polyol-Typen bekannt und vertraut ist. Hinweise auf solche nicht allgemeinen Polyol-Typen — siehe weiter unten — ergeben jedoch folgende äußere Eigenarten: Sorbit- und Hexantriol-Harze meist gut bis sehr gut spritlöslich und relativ hohe Sz (50 bis 80) bei Alleinverwendung. Glykolveresterte Harze farblich meist sehr hell; meist niedrige Sz; vielfach sehr hohe Vz; weiche bis meist nur harte Schmelzbänder. (Ohne Dicarbonsäureaufhärtung meist nur zähflüssige Harzbalsame, wenn die Kolophonium-Grund-Typen damit verestert werden.)

γ) **Asche.** Die qualitative Aschebestimmung erfolgt auf einem dekapierten Eisen-Blech, quantitativ im Platin- oder Porzellantiegel. (Qualitative Veraschungen im Porzellantiegel sind wegen optischer Täuschungsmöglichkeiten unsicher.)

Kolophoniumharz hinterläßt einen leichten bräunlich-grauschwarzen Glührückstand, auf Grund seines eigenen Aschegehaltes und der wechselnden Mengen Eisen.

Die Grundrichtung des Härtungsmittels eines gehärteten Harzes (in mannigfachen Kombinationen in der Technik aktuell), erkennt man meist schon vor der analytischen Beweisführung (die unbedingt folgen sollte) am Farbton der Asche nach dem Verglühen der organischen Substanz:

grau-weiße Asche:	„Kalk"-Harze,
weiß-gelbliche Asche:	„Zink"-Harze,
rein-weiße Asche	„Magnesium"-Harz.

Kalkharze enthalten in etwa maximal	5— 7% Asche,
Zinkharze, sauer	4— 7% Asche,
Zinkharze, neutral	10—12% Asche,
Zinkharze, basisch	12—16% Asche,
Magnesiumharze	3— 4% Asche,
Gehärtete Harzestertypen	um 5% Asche.

Die Asche ist quantitativ mit einer Probe von 10 bis 15 g auf kleiner Brennerflamme (DIN 55935) präzis bestimmbar. Ein dabei gefundener Eisengehalt unter etwa 0,5% ist nativer Herkunft.

Handelt es sich bei dem Material mehr oder weniger um einen *Sikkativ*-Komplex (sog. Resinattrockner), dann liegen die Metallgehalte in der Größenordnung für solche Grundkörper (im Sinne der Tabellen der Sikkativhersteller) oder im Rahmen der Anwendungsprozente auf 100 g z. B. Leinöl bzw. den Lieferkonzentrationen für „Flüssige Sikkative" für den Verbraucher.

Gemäß dieser Vorschätzung der voraussichtlichen Menge empfiehlt sich bei nur sikkativierten Lacken, Anstrichmitteln, Druckfarben usw. ein Flammenspektrogramm, um keine anwesende Metallkomponente zu übersehen oder falsch zu identifizieren. Die üblichen Befunde sind: Kobalt, Blei, Eisen, Mangan; Zink, Barium, Zirkonium; Calcium (als Hilfstrockner, Stabilisator für Blei bzw.

Neutralisationsmittel); meist Spuren Magnesium. (Der Aschefarbton von Sikkativen ist unpräzis in der Aussage und sollte nur „mengenmäßig" ins Auge gefaßt werden.)

Liegt der Harzgehalt als Seife, Emulgator usw. vor, dann ist zunächst mit der Anwesenheit von z. B. Natrium, Kalium (Calcium, Zink usw.), Ammonium zu rechnen bzw. mit organischen Aminen, wie z. B. Triäthanolamin, ferner Barium, Lithium, usw. Die sicherste Voranalyse vermittelt auch hier ein Flammenspektrogramm. Betreffs der organischen Verbindungen empfiehlt sich eine Stickstoffbestimmung.

Die Harzkomponente ist als „Harz" summarisch leicht zu ermitteln. Als Harzsäuretyp sind in solchen Produkten alle natürlichen Isomerengemische und die speziellen hydrierten, disproportionierten und dimerisierten Harzsäuren anzutreffen. Chromatogramme können gleichzeitig noch anwesende Fettsäuren (mehr oder weniger) identifizieren. Trennungsmethoden Harzsäure — Fettsäuren s. Fußnote 2, S. 697.

δ) Säurezahlbestimmungen (s. auch DIN 55935): Diese Prüfung kann äußerst aussagereich und qualitativ beweisführend sein.

Die analytische Aussagebreite beruht in etwa auf folgenden Differenzmethoden bzw. Beobachtungen:

1. Direkte und indirekte Bestimmung der SZ und VZ (s. unten),
2. Beobachtung mit Standardindikator Phenolphthalein und anderen Indikatoren,
3. Beobachtung des Farbspieles des Indikators beim Titrieren,
4. Beobachtung von Ausfällungserscheinungen in der Titrierlösung,
5. Identifizierung der gefundenen SZ-Werte bzw. SZ-Bänder,
6. Differenzwerte der dir. SZ zu dem sog. Buchnerzahlwert (Bu-Z).

Mit Hilfe der SZ-Bestimmungen „erkennt" und „zerlegt" man sicher gehärtete Kolophoniumharze und harzmodifizierte Alkydharze, speziell „Maleinat"-Harze, fallweise auch 100%ige Phenolharze.

Anhaltspunkte: 2,00 g Einwaage nehmen.

Zu 1 Methylalkoholische Kalilauge 0,5 n; Indikator Phenolphthalein. Direkte SZ: flott und dann vorsichtig titrieren bis 1. Rosa/Rot-Umschlag. Wert notieren. Falls Entfärbung weitertitrieren bis neuen Indikatorumschlag, ablesen; solange fortsetzen bis Rosa/Rot-Umschlag etwa 10 bis 60 Sek. „steht". Nicht kirschrot titrieren!

Maximale, übliche Differenz zwischen 1. und „stehenden" Indikatorumschlag: 1 bis 2 SZ-Punkte; ist normal, kein Verdacht.

Differenzmöglichkeiten: 10 bis 15 Punkte Maleinatharze und spez. Glycerin-veresterte Typen; Pentatypen der Harze stehen im Bereich 2 bis 4 SZ-Punkte.

Indirekte SZ und kalte VZ: Gemäß der zuvor ermittelten direkten SZ-Laugemenge 50% (evtl. 2. Versuch 100%) Überschuß zur Harzlösung zugeben und mehrfach gut durchschütteln.

Indirekte SZ nach präziser Zeit, z. B. 10 Min., durch Säure-Rücktitration bestimmen. Kalte VZ nach z. B. 60 Min. Standzeit zurücktitrieren.

Auswertung: liegt ein leicht verseifbares Harzsystem vor, dann findet man immer größere Differenzen zwischen diesen 3 Werten. Typisch positive Befunde: Glycerinveresterte Harztypen und bei Maleinisierung bis etwa zur doppelten SZ vom Erstumschlag des Indikators an gerechnet. Pentaveresterte Typen zeigen evtl. erst Differenzen direkte SZ/kalte VZ (und dann späterhin heiße VZ Methanol-KOH/Butanol-KOH).

Zu 2 und 3. Phenolphthalein. Durchschnittlich 5, höchstens 10 Tropfen der Standard Lösung Merck. Der aussagereichste Standardindikator, weil er von Rosatönen/Lachsrot/Kirschrot „spielt"; praktisch schon beim ersten Einlauf der Lauge der „Endton" zu erkennen. Gehärtete Harze „flach im Ton" (mehr Rosa-Lachsrot). Laugehaltige (d. h. z. B. anverseifte Rohharze) Kalkharze titrieren „kirschrot".

Bei dunklen Harzen nicht automatisch andere Indikatoren nehmen, sondern die übliche 2 g-Harzmenge zur Bestimmung der SZ bis auf etwa 0,3 g reduzieren; evtl. mit gesättigter Kochsalzlösung unterschichten.

Dunkelfarbige Kopal- und Dammar-Schmelzprodukte „belegen" den Phenolphthalein-Rot-Ton kaum; dunkelfarbige Wurzel-Harzprodukte, die einen gelbroten Farbstoff enthalten, stören sehr die Umschlagablesung. Bei Kenntnis beider Typen Grundlageharz fast sicher zu erkennen.

Auf alle anderen empfohlenen Indikatoren zur Bestimmung der SZ dunkelfarbiger Produkte muß man gut eingearbeitet sein.

Zu 4. Das zu untersuchende Harz wird am besten in Toluol gelöst und mit etwa 15% Butanol nach klarer Auflösung zur Titration stabilisiert. (Gute techn. Lösungsmittel brauchen für die Titration nicht speziell neutralisiert zu werden. SZ-Angaben mit . . .-Stelle sind sachlicher Unsinn, weil die Toleranz der Bestimmung selbst 1 bis 2 Punkte beträgt.) Trübt die

Harzlösung bei der Titration ein, (Ausfällungen usw.) vor Weitertitrierung erst wieder mit Butanol (sonst Äthylglykol bis Benzylalkohol) oder evtl. mit Essigester-Butylacetat-Äthylglykolacetat aufklären und stabilisieren.

Trübe und ausfällende Harzlösungen ergeben sehr große Titrationsfehler.

Löst sich das Harz nicht in Toluol, dann Äthylalkohol oder Essigester-Äthylalkoholgemische usw. prüfen! Alle Ester sind gegenüber Lauge nicht ganz stabil!

Typische ausfällende oder selektiv schwierige Lösungsharze: alle Harz-Alkydstrukturen betonter Art (spezielle Maleinatharze) und z. B. Cumaronharze, Dammare (β-Resenanteil!), ölfreie Alkydharze begrenter Lösefähigkeit (und hoher SZ).

Zu 5. Identifizierung der SZ-Werte bei harzmodifizierten Kunstharzen aller Art an Hand der Tabellen und Angaben im Fachwerk: E. KARSTEN, „Lackrohstofftabellen", 3. und 4. Aufl., Hannover. Technische Merkblätter über solche Produkte.

Zu 6. Bei Anwesenheit von Zink im Harzsystem, Grenzwert etwa 2%, kann man wegen der sofort eintretenden Zinkatbildung keine direkte SZ-Bestimmung vornehmen. Man erhält — in Unkenntnis dieser Tatsache, die sonst der Aschegehalt sofort anzeigt — ein SZ-Wertband von 40 bis 80 Punkten; d. h. der Indikator spricht dauernd an und verblaßt, bis er „endlich" weit ab vom 1. Reaktionspunkt stehenbleibt.

Zinkharze neutraler und ausgeprägter Art können nur durch Extraktion der noch sauren Harzbestandteile mit Hilfe von Äthylalkohol nach Art und Methode Buchnerzahl titriert werden. Zur Technik der Buchner-Zahl:

Die Werte schwanken etwas je nachdem, ob man 5, 10 oder 20 g Harzsubstanz und zum anderen 100, 200 oder 300 g Äthylalkohol zum Auslaugen nimmt und über welchen Zeitraum — 10, 15, 20 Min. — man hierbei arbeitet. Auf jeden Fall wird das zu prüfende Harz fein gepulvert und im Extraktionsmittel Äthylalkohol (Zimmertemperatur) gut verteilt und während der Standzeit- und Extraktionszeit mehrfach gut durchgeschüttelt. Das Extraktionsmittel wird dann durch ein Faltenfilter von der nicht aufgenommenen Harzsubstanz abgetrennt, mit Indikator versetzt und bis zum Indikatorumschlag titriert. Errechnung der SZ = BZ gemäß der extrahierten Harzmenge auf 1 g Substanz. Neutrale Zinkharze ergeben hierbei BZ von etwa 3 bis 8 gegenüber einer normalen „SZ" von etwa 90 bis 120.

Im Prinzp stimmen solche BZ mit direkten SZ-Werten gut bis SZ-Werte direkt höher bei vielen Hart-Harztypen überein. Je mehr sich Abweichungen ergeben, um so höher liegt der Zinkanteil im gehärteten Harz in maskierter Form vor. Technisch ist zu beachten, daß es auch eine Reihe von modifizierten Zinkharzen, z. B. mit Phenol-Harzen, Dammar, usw. gibt.

ε) **Verseifungszahlen.** Die heißen, d. h. mehrstündig gekochten, VZ-Bestimmungen sind sehr aussagereich, wenn man das Zahlenmaterial stoffmäßig richtig identifizieren kann.

Die meisten in der Praxis gemachten VZ-Werte stimmen jedoch nicht, weil sie meist nur auf der Basis von methyl- oder äthylalkoholischer KOH (und auch hier nicht etwa bis zu 8 Std. Kochzeit) durchgeführt sind.

Bei der VZ-Bestimmung sind die Schwierigkeiten oder Differenzen also ähnlich wie bei allen Jodzahlbestimmungen.

Im Prinzip interessieren 2 bis 3 Komplexe aus der „VZ":

a) Wie hoch liegt der VZ-Wert (in etwa)?

b) Welche Differenzen in VZ-Wert ergeben sich bei 1, 2, 4, 6 und 8 stündiger Erhitzung mit z. B. methylalkoholischer Kalilauge?

c) Findet man höhere VZ-Werte bei Anwendung von butanol- oder amylalkoholischer Kalilauge auf Grund höherer Siedetemperaturen dieser Lösungen?

d) Welche Differenzen zu b) und c)?

Eine leicht verseifbare Substanz springt bei b) schneller an und ergibt in der Reihe b) alsbald einen „Endwert". Dieser „Endwert" aus b) kann bestätigt aber durch höhere „Schluß"-Werte aus der Reihe c) auch widerlegt werden.

Die meisten harzmodifizierten Kunstharze sind nicht „leicht", sondern zum Teil „bis schwerst" verseifbar. Hier findet man dann auch schon bei b) immer weiter gemäß der Reaktionszeit vorrückende Werte und ebensolche noch nicht stehende Werte aus der Reihe c), vor allem beim Übergang zu Amylalkohol (und evtl. noch höhere Alkohole).

„Alkyd"-Strukturen ergeben hohe VZ-Werte und starke Differenzen zwischen b) und c_1-, c_2- usw. -Werten.

Kolophoniumharze mit hohem UV-Anteilen (UV = unverseifbares) „überwindet" man meist noch in der b) Reihe; man erkennt aber diesen „UV-Satz" der Harze.

ζ) **Schmelzpunkt, Erweichungspunkt, Schmelzbänder auf der Kofler-Heizbank.**
Klassischer Schmelzpunkt, s. DIN 53 181.
Erweichungspunkt, s. DIN 53 180.
Bestimmung des Trockenrückstandes von Harzen, s. DIN 53 182.

Kommt man so nicht zum Ziel, d. h. zur Analyse und Identifizierung des aktuellen Harzkörpers, dann bietet u. U. das Schmelzverhalten des Harzes auf der Kofler-Heizbank[1] eine ausgezeichnete selektive Analyse.

Dazu arbeitet man etwa folgendermaßen:
Die 2 Std. bei 22° Raumtemperatur eingestellte Bank wird (vom kälteren Teil her beginnend) etwa 4 mm breit und 1 bis 2 mm hoch „streifenmäßig" mit der feinstückigen (geradenoch „stückigen") Harzsubstanz beschichtet. Man hört erst mit der Harzauftragung auf, wenn das soeben aufgelegte Material einem schon unter dem Spatel wegschmilzt.

Von diesem Moment ab Stoppuhr einschalten und die Zone „geschmolzen" (meist farblich dunkler) — „noch nicht geschmolzen" (farblich heller bis weiß) jeweils nach 30, 60, 90 Sek. (späterhin 1. Mittelwert = oberster Wert) 120, 180, 300 Sek. (späterhin 2. Angabewert =

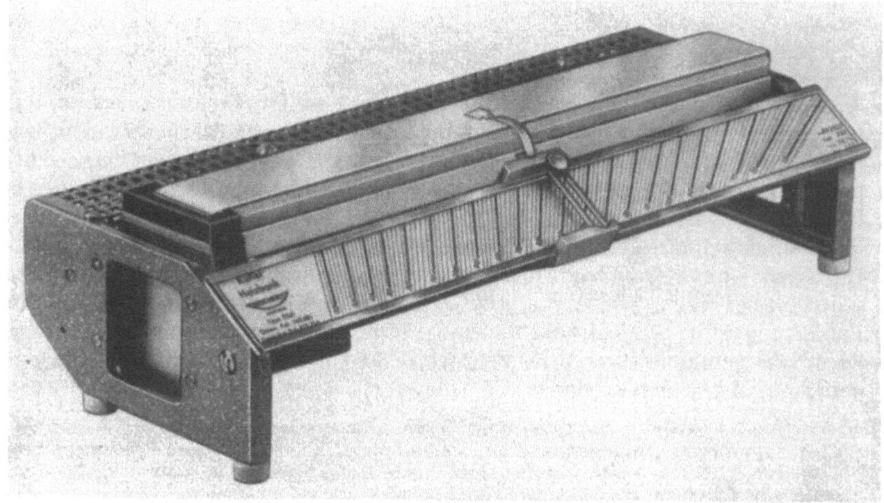

Abb. 1. Kofler-Heizbank

30 Sek.) ablesen und notieren. Nach 360 Sek. nimmt man einen weichen, jedoch festen Pinsel und entfernt damit von der Bank — vom kälteren Teil kommend — alles Harz, das nicht festhaftet. Der Grenzwert wird als 3. Meßwert abgelesen. Man erhält so eine Schmelzbandreihe z. B. 160°, 150°, 140° C und formuliert sie: 160°/150° — 140 °C.

Der Pinselwert ist ein „fool-proof"-Wert; er deckt sich sehr gut mit dem sog. „Sinterungswert" in der Schmelzkapillare[2]. Der oberste Wert ist immer auf einen Mittelwert rechnerisch zu korrigieren, weil er manuelle und optische Differenzen beinhaltet, die so sehr gut eliminiert werden.

Der mittlere Wert korrigiert sich aus den 4 Ablesungen und deckt sich in etwa mit den sog. „Erweichungspunktangaben".

. Da sich auf der Schmelzbank jeder Harzpunkt mit der aktuellen Temperatur des Untergrundes allein auseinandersetzen kann und muß, erhält man optisch ein sehr klares Bild über sein Wärmefließverhalten, unbeeinflußt von allen lösenden Effekten, die das Schmelzbild in der Kapillare so stark negativ beeinflussen.

Gleichzeitig entwickelt das aktuelle Harz sehr oft auf der heißen Bank seinen eigenen und typischen Geruch.

Läßt man nun zusätzlich das Prüfharz — nach Säuberung der Bank dazu — in anderen Wärmezeitwerten aufschmelzen, z. B. ein 12, 24, 60 Min.-Band usw., dann erhält man gegenüber dem Standard-6-Min.-Band neue und im Prinzip weichere Schmelzbänder.

---

[1] Scheiber, H. E.: Z. Fette u. Seifen, 53 (1951) 624. Heizbank über den Fachhandel erhältlich. Spezial-Merkblatt für Harzbestimmungen, Lackharzwerke Robert Kraemer, Bremen.
[2] Chemische Werke Albert, Merkblatt „Schmelzintervall und Erweichungspunkt" (1951).

Nach einiger Praxis mit der Bank und in Kenntnis des Schmelzverhaltens verschiedener Harztypen auf der Bank, kann man für gewisse Harztypen sehr präzise Voraussagen machen, z. B.:

Kürzere, z. T. sehr enge Bänder ergeben Ketonharze, wie z. B. Kunstharz AW 2.

Kurze Bänder im Rahmen des 20°-Bandes und auf Zeit: modifizierte Phenolharze; Harze dieser Art „Stehen" auf der Bank und zeigen ihren „Hausgeruch" meist dabei.

Gute 20°-Bänder und auf Zeit verteidigend ergeben gehärtete Harze.

Optisch ansprechende, hohe, aber zusammenfallende Bänder, besonders auf Zeit: Maleinatharze.

Schon ausgangs im 6 Min. Wert über 20° hinausgehende Bänder, dann stark zurückweichend: alle ölmodifizierten Kunstharze. Dabei auch „Ölgeruch".

Extraktiv gewonnene Harzproben lassen sich auf der Bank sehr präzis messen; man verwirft das 1. Band mit reichlichem Material; trägt das Material zum 2. und 3. Mal wieder auf. Restierende Lösungsmittel sind bei der 3. Messung nicht mehr anwesend.

IV. Harzleime

Zum Herrichten von Papier für Schreib- und Druckzwecke, ferner zur allgemeinen Festigkeitssteigerung ist eine „Leimung" erforderlich, welche zweckmäßig mit Hilfe von Harzleimen bewirkt wird, wie sie über die sog. „Dissolutionspeptisation" gewonnen werden[1]. Dabei wird das Kolophonium mit heißer Sodalösung oder Natronlauge in Lösung gebracht; der hierfür benötigte Alkalianteil bleibt erheblich unterhalb der für volle Salzbildung berechneten Menge, die Leime enthalten somit neben harzsaurem Alkali immer freie Harzsäuren. Die Leimung selbst erfolgt in der Weise, daß man den Leim zu dem im Holländer befindlichen Papierzeug gibt, worauf anschließend mit Alaun oder Aluminiumsulfat gefällt wird. Das gebildete harzsaure Aluminium und die freie Harzsäure schlagen sich dabei auf der Faser nieder.

Warum das Produkt, das sich durch das Zusammenwirken von Harz und Alaun niederschlägt, so wirksam als Leimmittel ist, ist umfangreich bearbeitet und diskutiert worden. Die meisten Papierchemiker stimmen noch heute darin überein, daß der schließlich an den Papierfasern haftende „Stoff" sowohl Alaun und Harz als auch neutrales Aluminiumresinat darstellt.

Die reine Kolophoniumharz-Leimung ist vielfach noch um weitere geeignete Zuschläge abgerundet oder modifiziert worden:

Neben Kolophoniumharz speziell Kopale, Schellack und saure Maleinat-Adduktharze (sog. „verstärkte Harzleime"), Paraffin, Wachse aller Art, Leinölfirnis usw.; als Schutzkolloide und Hilfsleimer: Casein, Pflanzenleime und synthetische Leimkörper aller Art.

Wenn diese so oder so präparierte und modifizierte Kolophoniumharz-Leimung die von der Technik geforderten höheren Reiß- oder Naßfestigkeitswerte der so behandelten Papiere (z. B. bei Verpackungsmitteln) nicht mehr erfüllt und diese Forderungen durch andere Kunstharz-Systeme (speziell Harnstoff- und Melaminharze) besser realisiert werden, endet der Kolophonium-Einsatz in der Papierleimung oder Struktur- oder Oberflächenbehandlung.

50% des Gesamtharzverbrauches entfällt auf die Papierproduktion. Der gesamte lacktechnische und kunstharztechnische Verbrauch liegt unter 30%. Typische Papierleimharze, speziell solche mit Sodavorgabe (zur Kristallisationsverhinderung) sind lacktechnisch (da sie beim Erhitzen verbräunen) nicht empfehlenswert[2]. Andererseits enthalten Papierleimharze keine Kristallkeimreste; falls doch, so sind sie unbrauchbar wegen Knötchenbildung usw. Lacktechnische Kolophoniumharze aller Art dagegen können sehr kristallaktiv und kristallkeimreich sein.

Die Arbeiten um die Schaffung geeigneter Papierleimharze aller Art sind für die allgemeine Harzproduktion und strukturelle Harzentwicklung immer bahnbrechend gewesen. Durch die Vorarbeiten auf diesem Einsatzsektor sind viele Probleme anderer Harzverarbeiter, speziell um die Kristallisation und Rekristallisation und ihre sichere Verhinderung, sehr schnell gelöst worden.

---

[1] Vgl. OSTWALD W., u. W. GAMM: Kolloid-Z. 62 (1933) 180, 324, 328; 63 (1933) 93. Siehe auch SCHEIBER, J.: Farbe u. Lacke 54 (1948) 263.

[2] Meist erkennbar an SZ unter 150/140 und sehr kirschroter Farbe des Phenolphthalein-Indikators beim Titrieren. Verbräunung beim längeren Erhitzen des Harzes im Reagenzglas im Ölbad (etwa 5 Std./260 °C).

Die reiche Palette an Papierleimharzen ist u. a. auch durch verschiedene Grundverfahren zur Herstellung von Harzleimen bedingt. Historisch sind dies:[1]

a) *Das sog. Delthirna-Verfahren* (Kalte, verdünnte Natronlauge fließt im Umpumpverfahren über feste Harzstücke). Leimkonzentration 4,3 bis 4,5%.

b) *Das Kochverfahren.* Historisch das älteste Verfahren. (Diskontinuierliche Verseifungschargen; evtl. kontinuierliche Emulgierung). Leimkonzentration 50 bis etwa 70%.

c) *Das Benettverfahren.* Kombinierte Harz/Wachsleime etwa in den Grenzen 20 bis 35% Wachs — 80 bis 65% Harz. Eine haltbare spätere Emulsion setzt eine sehr gute und feine Dispersion der Harz-Wachsmischung voraus.

d) *Das Bewoidverfahren* gemäß DRP 571 299 (Dr. B. WIEGER). Die besonderen Vorteile dieses Verfahrens sind: sehr geringe Alaunmengen zum Niederschlag; neutrale Papiere auf Grund einer Leimungsmöglichkeit im p_H-Bereich 6,5 bis 7. Meist kombiniert mit z. B. Paraffin, Wachsen usw. und Casein. (Gemäß Angaben der Patentschrift.)

Die Ermittlung der Zusammensetzung normaler Harzleime bietet keine Schwierigkeiten. Zweckmäßig löst man 2 bis 3 g Leim in 20 cm³ heißem Wasser und versetzt dann im Scheidetrichter mit 50 cm³ 0,1 n-Schwefelsäure. Das hierbei abgeschiedene Harz wird mit Äther aufgenommen und abgetrennt. Die in üblicher Weise nochmals mit Äther ausgeschüttelte saure wäßrige Lösung wird mit 0,1 n-Natronlauge zurücktitriert. Werden hierbei n cm³ verbraucht, dann errechnen sich die Menge des vorliegenden Alkalis (als Na_2O) gemäß: $(50 - n) \cdot$ 0,0031 g, und der an Alkali gebundenen Harzsäure gemäß: $(50 - n) \cdot 0{,}0302$ g. Die im Ätherauszug befindliche gesamte Harzsäure kann durch Titration mit alkoholischer 0,1 n-Kalilauge ermittelt werden. Benötigt man hierbei m cm³, dann beträgt ihre Menge $m \cdot 0{,}0302$ g. Die im Leim frei vorliegende Menge Harzsäure ergibt sich somit zu $(m - 50 + n) \cdot 0{,}0302$ g.

Sind neben der Harzsäure auch Fettsäuren (Öl- oder Stearinsäure) enthalten, dann müssen beide Säurearten gewichtsanalytisch bestimmt werden, wofür WOLFF und SCHOLZE entsprechende Anweisungen gegeben haben[2].

Manchmal liegen auch Zusätze von tierischen oder pflanzlichen Leimen, Casein, Albumin, Stärke, Dextrin usw. vor. In solchem Fall ist die angedeutete Prüfung nicht verläßlich. Man kann indes die Zusatzstoffe durch Alkohol quantitativ abscheiden und für sich identifizieren.

V. Harzessenz, Harzsprit, Pinolin, schwere Harzöle, Harzpech

Bei der trockenen Destillation des Kolophoniums erhält man neben einem Vorlauf ein Gemisch von schweren „Harzölen". Im einzelnen unterscheidet man:

Vorlauf:	Harzessenz, Pinolin, Leichtöl	6 bis 8%,
Mittelöl:	Blondöl, rohes Harzöl, Pechöl	50 bis 55%,
Schweröl:	Blauöl	15 bis 20%,
	Grünöl, Rotöl, Brandöl	6 bis 7%,
Rückstand:	Pech oder Koks.	

Die Destillate werden durch Waschen mit Wasser, Laugen und Säuren sowie durch Rektifikation bzw. Fraktionierung weiter aufgearbeitet. Derart gewonnene „rektifizierte Harzessenz" (Pinolin, Harzsprit) hat bei 15 °C eine Dichte von 0,885 g/cm³ und einen Siedepunkt von 150 bis 175 °C. Das nicht unangenehm riechende Produkt dient als Terpentinölersatz und wird bisweilen auch als Zusatz zu Terpentinöl benutzt; wegen der Nachweismöglichkeit vgl. S. 710.

Rohes Harzöl oder Blondöl zeigt grüne oder blaue Fluoreszenz und findet Verwendung zur Herstellung von Wagenfetten, Brauereipech und Druckfarben. Nach Reinigung hat es bei 15 °C eine Dichte von 0,90 bis 0,95 g/cm³ und Rechtsdrehung von 30 bis 50°. Der Siedebeginn liegt bei 230 bis 240 °C. Solches raffiniertes Blondöl wird namentlich zur Herstellung von Druckfarben benutzt, da es eine alle sonstigen Firnisöle übertreffende Durchdringungsfähigkeit

---

[1] In Anlehnung an die Schrift Newportharze, Eigenschaften und Verwendung, C. H. ERBSLÖH.

[2] Wizöff-Methoden; vgl. WOLFF, H., u. C. SCHOLZE: Chemiker-Ztg. 38 (1914) 369, 382, 430. — WOLFF, H.: Farben-Ztg. 16 (1910/11) 323. — Siehe auch Chem. Umschau Fette, Öle, Wachse, Harze 31 (1924) 87.

für Papier aufweist. Die Schweröle dienen insbesondere zur Bereitung von Wagenfetten. Die pechartigen Rückstände bilden die Grundlage der Brauerpeche.

Alle erwähnten Produkte zeigen die Reaktion nach Liebermann-Storch-Morawski, vgl. S. 689, und besitzen die für Kolophonium charakteristische Löslichkeit. Etwaige Vermischungen oder Verfälschungen mit Mineralölen sind daran zu erkennen, daß sich Harzöle usw. klar in 10 Volumteilen einer Mischung von 10 Volumteilen Alkohol mit 1 Volumteil Chloroform lösen, während Mineralöle ungelöst bleiben[1].

VI. Kopale

Unter der Sammelbezeichnung „Kopale" faßt man teils rezente Produkte, wie Baum- und Buschkopale, teils rezent-fossile, wie Boden- bzw. Grabekopale, oder schließlich fossile Produkte, wie Bernstein und ähnliche, zusammen. Sie alle enthalten Gemische von Terpenharzsäuren (Resinolsäuren) als maßgebliche Komponenten. Ihr Aufbau ist nur unvollkommen erforscht; sie scheint mehr oder weniger von derjenigen der Kolophoniumharzsäuren (Pinusharzsäuren) abzuweichen; wenigstens gelingt es nicht, auf den üblichen Wegen durch Behandlung mit Schwefel oder Selen einen Abbau zum Reten herbeizuführen[2].

Üblicherweise werden die Kopale folgendermaßen eingeteilt:

a) Trachylobokopale (ostafrikanische Kopale). Vertreter: Sansibar-, Madagaskar-, Lindi-Kopale.

b) Copaibokopale (westafrikanische Kopale). Vertreter: Kongo-, Sierra-Leone-, Accra-, Kamerun-, Loango-, Benguela-, Angola-Kopale usw.

c) Hymenaeokopale (südamerikanische Kopale). Verteter: Brasil- und Columbia-Kopale.

d) Koniferenkopale (Agathokopale). Vertreter: Kauri-, Manilakopal, Bernstein. Diese Einteilung ist behelfsmäßig und gibt eine ungefähre Vorstellung von der Natur der jeweiligen Stammpflanzen und der Fund- bzw. Gewinnungsstätten.

Maßgebliches Charakteristikum aller als mehr oder weniger fossiliert bzw. „gereift" anzusehenden Erzeugnisse ist die unverkennbare Annäherung an einen Gelharztyp. Äußerlich prägt sich das in einer teilweise beachtlichen, im übrigen abgestuften Steigerung der mechanischen Festigkeit und Härte aus, der sich eine Herabsetzung von Löslichkeit und Schmelzbarkeit zugesellt.

Bezüglich der Löslichkeit ist zu beachten, daß polare Lösungsmittel teilweise völlige Lösung herbeizuführen vermögen, während Kohlenwasserstoffe und fette Öle bestenfalls geringe Anquellungen geben. Dieser Umstand steht offenbar mit der Reifung insofern im Zusammenhang, als diese wohl nur als Folge einer Autoxydation gelten kann[3].

In heißen Fettsäuren sind „Kopale" löslich bzw. weitgehend extrahierbar (aufschließbar[4]). Ohne sinnvolle zusätzliche oder vorangegangene Präparierungen entstehen aber, auch nach einer Veresterung solcher Ansätze, noch keine brauchbaren „Kopallacke" u. dgl. Alle solche Maßnahmen müssen im technischen Zusammenhang mit einer bestimmten Verarbeitungseinrichtung stehen. Die „Löslichkeit" vieler Kopale unterstreicht nur ihre Gelharzstruktur.

Von den natürlichen (und auch in ihrem natürlichen Zustand nur durch Lösung in flüchtigen Lösungsmitteln, bevorzugt Äthylalkohol, technisch verarbeiteten) Naturkopalen, ist

---

[1] Über die mutmaßlichen Zersetzungsprozesse, welche der Kolophoniumkrackung zugrunde liegen, vgl. VASSILIEV G. A.: Prem. Congrès techn. intern. de l'Industrie des Peintures usw., S. 381. Paris 1947.

[2] Vgl. J. SCHEIBER u. E. WEDEL: Farbe u. Lack 31 (1925) 50, 64.

[3] Vgl. J. SCHEIBER: Farbe u. Lack 54 (1948) 137f.

[4] Es gibt z. B. lackfilmtechnisch sehr wenig Systeme, die sich als eine z. B. Faß-Innenschutzauskleidung für Fettsäurefässer eignen.

der sog. *Manila-* und *Philippinen-Kopal* bisher am wenigsten bedrängt. Seine sehr gute Ausgereiftheit, Kombinationsfähigkeit untereinander (im Sinne weicherer und härterer Typen) und mit anderen Filmpartnern, seine sehr guten Harzfilmeigenschaften (die von den bisher bekannten sog. spritlöslichen Kunstharzen nicht erreicht und nur vom *Schellack* noch übertroffen werden) haben ihn speziell auf dem Papier- und Kartonlacksektor im Rahmen der Massenartikelverpackungen, für wischfeste Tapetenoberflächenbehandlungen, für Straßenmarkierungsfarben auf Asphalt- und Bitumen-Straßen und in zahlreichen Kitten und Klebstoffen nicht oder noch nicht verdrängen können. Auch für nicht übermäßig beanspruchte Modellacke, speziell in präparierter Form, ist dieser Kopaltyp leistungsstark[1].

Analytisch erkennt man diesen Kopaltyp relativ sicher an seiner hellen Farbe, die beim Erhitzen solcher Proben oberhalb 180/200 °C schnell verbräunt; teilweise kommen, je nach der Präparation, solche Schmelzen dabei stark zum Blähen und zeigen nicht ohne weiteres bei etwa 200° — sondern erst wesentlich höher — die Tendenz zum Verflüssigen.

Die beim Erwärmen und „Schmelzen" noch frei werdenden Terpenverbindungen sind ganz typisch in ihrem scharfen und an Gewürzessig erinnernden Terpentingeruch.

Positive Liebermann-Storch-Morawski-Probe bei z. B. Lackproben verweist relativ sicher auf die meist gehandhabte Kombination mit Kolophoniumharz (gegen das sog. „Fadenziehen" beim Lackieren).

An der Sz und Vz — gemäß den vielen technischen Kombinationen solcher Spritlacke, Klebstoffe u. dgl. — schwer zu identifizieren, weil in technischen Produkten der Anteil an Manilakopalen von etwa 10% bis zu 100% der Harzsubstanz schwankt. (Je höher der Preis, um so höher auch der vermutliche Anteil an Manilakopal.)

Der korrekte Nachweis gelingt nur auf der Leitspur Mankopalinsäure. (Nach Arbeiten: J. SCHEIBER und C. CONRAD.)[2]

Der Kopal wird in Menge von 100 g mit 500 cm³ 10%iger Kalilauge übergossen. Die Mischung wird so lange der Wasserdampfbehandlung unterworfen, als noch flüchtige Bestandteile übergehen. Der Kolbenrückstand wird filtriert (evtl. Tuch), das klare Filtrat angesäuert, die hierbei entstehende voluminöse Fällung abfiltriert, gewaschen und in einer Schale mit 1 bis 2 l 1%iger Ammoncarbonatlösung gründlich vermischt. Nach ein- bis mehrtägigem Stehen wird filtriert, das Filtrat angesäuert und die Fällung abgenutscht. Sie stellt Mankopalinsäure in unreiner Beschaffenheit dar. Die (verlustreiche) Reinigung erfolgt durch Umkristallisieren aus einer Mischung von Äthyl-Methylalkohol und liefert feine Nadeln vom Schmelzpunkt 195 bis 197 °C.

Weichmanilakopal liefert hierbei erheblich geringere Ausbeuten, als ein reiferer sog. Hartmanilakopal. Abgeschmolzene Kopale sind für den Versuch nicht brauchbar; man erkennt sie an ihrer dunkelbraunen Farbe.

Die präparative Naturkopalverarbeitung, die die Kopalsubstanz mehr oder weniger angreift und verändert, klassifizierte die Kopale wie folgt. Nach BOTTLER[3] lassen sich folgende Richtlinien aufstellen:

	Härte		*Löslichkeit*	*Schmelzbarkeit* °C
		Sansibar	Sansibar	Rot-Angola 305
		Madagaskar	Lindi	Sansibar bis 265
		Rot-Angola	Kamerun	Lindi 246
hart		Kieselkopal	Kiesel	Weiß-Angola 245
		Sierra-Leone	Benguela, weiß	Kieselkopal 220
		Benguela	Rot-Angola	Sierra-Leone 185
		Kamerun	Benguela, gelb	Kongo 180
		Kongo	Sierra-Leone	Benguela, weiß 175
		Manila	Kongo	Benguela, gelb 170
mittel		Angola, weiß	Brasil	Kauri 140/170
		Kauri	Kauri	Hartmanila 135
weich		Brasil	Manila	
			Angola, weiß	

(zwischen *Härte* und *Löslichkeit* vertikal: zunehmende Löslichkeit)

---

[1] Die technisch umfassendste Beschreibung mit sehr viel Löslichkeitstabellen über Manilakopale einschl. sog. Traffic Paint Formeln: C. L. MANTELL, Natural Resins Handbook 1939. Weiterhin: Arbeiten J. SCHEIBER.

[2] Dissertation C. CONRAD, Leipzig 1931.

[3] Nach A. TSCHIRCH: Harze und Harzbehälter, Bd. I, 2. Aufl., S. 756. Berlin: Borntraeger 1906. — BOTTLER, M.: Die Lack- und Firnisfabrikation, 2. Aufl., Halle: Knapp 1924.

VII. Kopalschmelzrückstände (sog. „Schmelzkopale")[1-4]

Die überwiegende Menge aller fossilen Kopale[3] wird in der „Öllack"-Industrie verwendet. Um dabei haltbare „Verkochungen" mit fetten Ölen herbeiführen zu können, ist ein ausreichendes sog. „Abschmelzen" („destruktive Destillation") der Kopale notwendig, was längeres Erhitzen der nativen Kopale in dazu geeigneten Kesselanlagen (kleinerer bis größter Dimension[4]) auf Temperaturen von mindestens 300 °C und höher (je nach Typ bis zu 360 °C) x Zeit erfordert[3]. Die Abschmelz-Substanz-Verluste liegen beim Standardverfahren bei etwa mindestens 18 bis 22%, im Durchschnitt zwischen 22 bis 30% oder darüber. Nur ein Teil (etwa 40%) der Schmelzverluste ist davon als sog. „Kopalöl" kondensierbar; ein beachtlicher Anteil entweicht als CO_2. Da der Kopal beim Abschmelzen selbst ein Inertschutzgas bildet, erzielt man mit künstlicher Inertgasatmosphäre beim Abschmelzen in geschlossenen Apparaturen keine besseren Farbtöne[4]. Dagegen ergeben vom gleichen Kopaltyp, z. B. Kongo-Kopal, einzelne sog. Standards (= Sortierungen usw.) sehr unterschiedliche Farbzahlwerte und Abschmelzverluste. Mit je niedrigerem Ausschmelzverlust man hier im Produkt technisch sicher abkommen kann, um so heller ist auch der Schmelzkopal.

Bei solchen Teilkrackungen[2] gehen die ursprünglichen Merkmale des fossilierten Harzes (Gelharznatur, mechanische Festigkeit als Harzstück, Härte des nativen Harzstückes[5] usw.) verloren. Charakteristisch ist auch die völlige Umkehr der Polarität[2], indem nunmehr die Verträglichkeit mit unpolaren Lösungsmitteln überwiegt.

Darauf beruht u. a. die technisch sehr wichtige Prüfung der Schmelzkopale auf „nur ölverträglich" bzw. „auch veresterungsfähig". Die sog. „Ölverträglichkeit" (= Verkochbarkeit mit z. B. Lackleinöl) bei Mindesttemperaturen von etwa 260/270 °C bis zur einwand-freien Testbenzinverdünnungsprobe erfordert eine kalte Testbenzinlöslichkeit des „Schmelz-kopales" von mindestens 1:3 (Testbenzin). Eine „Veresterungsfähigkeit" mit polyfunktio-nellen Polyolen, wie z. B. Glycerin, Pentaerythrit, bedingt neben einer maximalen Abschmel-zung (= höchster jeweiliger Abschmelzverlust pro Kopaltyp) eine maximale kalte Test-benzinlöslichkeit von etwa 1:6 und höher. Anderenfalls gelieren solche Kopalestersude — unweigerlich —, wenn die Sz des Veresterungssudes etwa unter Sz 40 abfällt. Andererseits macht es keine Schwierigkeiten, maximal ausgeschmolzene Kopale mit polyfunktionellen Polyolen sogar sehr niedrig zu verestern. (Sz 10 bis 15). Sog. Manilakopale erfordern sehr gute Kenntnisse bei Veresterungen; und Studien und fallweise Glykoleinschnitte zum z. B. Glycerin.

In der Säurezahl unterscheiden sich „Schmelzkopale" beider Stufen („ölverträglich" und „veresterungsfähig") nicht sicher; speziell dann nicht, wenn man den Abschmelzprozeß nicht selbst vornimmt und die Sz-Kurve des Kopaltypes nicht kennt. Bei Kongokopalen liegen die Sz-Werte für Schmelzkopale um etwa Sz 70.

---

[1] Der Handel in solchen Produkten unterscheidet einmal „reine" oder „modifizierte (meist mit 5 bis 10% Kolophoniumharz zusammenaufgeschmolzene) Schmelzkopale. Weiterhin „ölverträglich" oder „veresterungsfähig" abgeschmolzene Kopale.

Ebenso in veresterter Form: „reine" oder „modifizierte" Kopalester. Für die „reinen" Produkte ist noch immer vielfach entscheidend, daß sie keine Reaktion positiver Art nach LIEBERMANN-STORCH-MORAWSKI ergeben.

[2] Bezüglich des mutmaßlichen Mechanismus solcher Prozesse vgl. J. SCHEIBER: Z. Farbe u. Lack 54 (1948) 194f. — MANTELL, C. L.: Natural Resins Handbook der American Gum Importers Ass., Inc. Brooklyn, New York (Copyright 1939), S. 62f und dortige Literatur-angaben S. 96. — HELLINCKX, L.: La pyrogénation du Copal Congo, Brüssel 1938.

[3] Lacktechnische Beurteilungen: vgl. J. SCHEIBER: Lacke und ihre Rohstoffe, Leipzig 1926; MANTELL, C. L.: Natural Resins Handbook, Verbandsschrift 1939. — STOCK, E.: Tech-nik der neuzeitlichen Lackherstellung, Stuttgart 1942. Einzelne Stichworte: Gesamtregister 1947—1960, Z. Farbe & Lack und diese Jahrgänge.

[4] Apparative Hinweise: H. E. SCHEIBER: Die apparative Entwicklung der Ester- und Polyesterdarstellung. Z. Farbe u. Lack 1950, 450f; 499f. — Firmenschriften: Großappa-raturen: Schmiddingwerke, Köln-Niehl; Kleinapparaturen u. abfahrbare Kesselanlagen, Dämpfekondensationsanlagen H. Ch. Sommer Nachf., Düsseldorf.; usw.

[5] HOUWINK, R.: Physikalische Eigenschaften und Feinbau von Natur- und Kunst-harzen, Leipzig: Akadem. Verlagsgesellschaft 1934.

Obwohl es nicht möglich ist, das einem Schmelzrückstandsprodukt zugrunde liegende Kopalprodukt exakt angeben zu können, vermag man doch wenigstens die jeweilige Zugehörigkeit zur Gruppe der „Laktonkopale" Sansibar, Madagaskar, Kauri, Bernstein; oder der „Oxysäurekopale" Kongo usw., Manila festzustellen.

Die Unterschiede zwischen Lakton- und Oxysäurekopalen bestehen in folgendem:

Verhalten gegen basische Pigmente. Löst man die zu untersuchenden Schmelzrückstände in Xylol und versetzt den anfallenden Lack mit Zinkoxid, dann bleibt die auf passende Farbkonsistenz gebrachte Mischung im Fall des Vorliegens von Schmelzrückständen der Gruppe 1 dauernd streichfähig, während mit Schmelzrückständen der Gruppe 2 schnelle Verdickung bzw. Erhärtung eintritt.

Verhalten beim Verkochen mit fettem Öl. Erhitzt man Gemische von 50 g Schmelzrückstandsprodukt und 50 g Leinöl 3 bis 6 Std. im Ölbad auf 280 bis 300 °C und unterwirft sie anschließend der Destillation im Vakuum der Wasserstrahlpumpe, dann werden bei Vorliegen von Rückständen der Gruppe 1 nur geringe Mengen Destillat erhalten, während Rückstände der Gruppe 2 reichliche Mengen saurer Produkte (Fettsäure) übergehen lassen. Weiterhin bleibt der Kolbeninhalt im ersten Fall dauernd flüssig, während er im zweiten Fall nach Abdestillieren gewisser Mengen koaguliert.

Trotz der großen Konkurrenz der sog. „Kunstkopale" (speziell harzmodifizierte Phenolharze und harzmodifizierte Alkydharze aller Art [u. a. Maleinatharze]) ist der natürliche und speziell für „Öllacke" geeignete Naturkopalkomplex (mengenmäßig an 1. Stelle: Kongokopal; qualitativ und selektiv: die anderen Kopale wie: Sansibar, Madagaskar, Kauri, usw.) technisch nicht überspielt. Dies findet seine Begründung schon darin, daß das natürliche Harzsäuregemisch und Wechselspiel dieser Harzsäuren und Terpenverbindungen bei der „Kopalreifung" Mono- und Dicarbonsäuren + Oxyharzsäuren umfaßt. Der hohe native Anteil an Dicarbonsäuren erfordert den berüchtigten und harten Abschmelzprozeß; er begründet aber andererseits die Einstufung der späteren Schmelzkopal-Öl-Verkochungen als sog. B-Alkyde (A-Alkyde = PSA-Polyester; C-Alkyde z. B. = MSA-Alkyde[1]). Man kann chemisch den erforderlichen Aufschließungs- oder technisch notwendigen Modifikations-Prozeß (der Harzsäuren nativer Art und Bilanz) sachlich für das Kopalharz wesentlich milder und besser lenken und aufbauen, wenn man dazu speziell den Wechsel der Polarität und den Chemismus dieser Harze studiert[2]. Schon die vielfach geübte Aufschmelzung auf einem Kolophoniumbett[3] verweist in diese Richtung; andere Verfahren sind vielfach richtig gedacht, aber nicht zweckmäßig oder produktionsreif zu Ende geführt.

Im Rahmen des natürlichen Anfalles haben bisher alle Kopalharze alljährlich eine technisch hochwertige Verwendung gefunden[4].

VIII. Phenolresinharze

Zu der Gruppe der Phenolresinharze kann man außer den Resinotannolharzen (Tannolharzen, Resinharzen) noch die Chromoresine (Farbharze), wie Gummigutt, und die Enzymoresine rechnen, als deren Vertreter der Japanlack (Rhuslack) anzusehen ist. An dieser Stelle genügt ein Hinweis auf die wichtigsten Tannolharze, speziell Benzoeharze und Acaroidharze.

1. Benzoeharze

Benzoeharze sind das pathologische Exkret der Benzoebäume (Styrax, Benzoin). Im Handel unterscheidet man Siam- und Sumatrabenzoe, von denen die zuerst genannte als wertvoller gilt. Die Unterscheidung kann durch eine Sublima-

---

[1] Zum Nachweis vergl. SCHEIBER, J.: Z. Farbe u. Lacke 54 (1948) S. 232f.

[2] Siehe Fußnote 2, S. 700. PSA = Phthalsäureanhydrid.

[3] Andere „Abschmelz"-Vorschläge: z. B. E. STOCK: Technik der neuzeitlichen Lackherstellung 1942, 705f. und Patentliteratur.

[4] Die jährlich gehandelten Kopalmengen aller Typen liegen in etwa auf der Größenordnung eines speziellen technischen Öles oder des Balsamharzverkaufsanteiles gewisser, bekannter Provenienzen.

tionsprobe getroffen werden: hierbei liefert Siambenzoe Benzoesäure (Schmelzpunkt 123 °C), Sumatrabenzoe dagegen Zimtsäure (Schmelzpunkt 134 °C)[1].

2. Acaroidharze

Acaroidharze sind (in roter und gelber Farbe) die erhärteten Ausflüsse der
baumartigen als Xanthorrhöa bekannten Grasbäume Australiens und Tasmaniens.
Die Produkte sind außer durch ihre intensive Farbe, die namentlich in alkoholischer Lösung hervortritt und durch Bleichen nicht behoben werden kann,
durch die leichte und glatte Überführbarkeit in Pikrinsäure mittels konzentrierter
Salpetersäure erkennbar. Interressant ist die Möglichkeit einer Härtung beim
Erhitzen mit Hexamethylentetramin. Die Verwendung der Acaroidharze ist vielseitig, wenn auch sehr spezifisch.

IX. Terpentinölprodukte

Terpentinölprodukte sind Verarbeitungserzeugnisse der Harzflüsse von Nadel-
hölzern. Zu unterscheiden sind: „Balsamterpentinöle" (echte Terpentinöle),
„Holzterpentinöle" und „Kienöle". Während die beiden erstgenannten Produkte
Gemische der in den benutzten Harzprodukten fertig vorgebildeten flüchtigen
Anteile darstellen, sind die Kienöle als „Schwelöle" zu betrachten[2]. Die bei der
trockenen Destillation des Kolophoniums anfallenden schweren Harzöle sind
bereits auf S. 697 behandelt.

1. Balsamterpentinöle

a) Gewinnung, Zusammensetzung und Verwendung

Als Ausgangsprodukte für Balsamterpentinöle werden die frischen bzw. nicht
autoxydierten Terpentine (Balsame) der verschiedenen Pinusarten verwendet.
Zur Abtrennung der in ihnen enthaltenen Gemische von Terpenkohlenwasser-
stoffen ($C_{10}H_{16}$), also des „Terpentinöls", werden sie mit Wasserdampf oder im
Vakuum behandelt. Die verbleibenden Rückstände (Gemische nativer und isomerisierter Harzsäuren) bilden das „Balsamkolophonium", vgl. S. 680.

Als Komponenten enthalten die entsprechenden Destillate vornehmlich α-Pinen
(d- oder l-) und β-Pinen (Nopinen); weiterhin Limonen, Sylvestren, Dipenten,
Camphen, Phellandren usw. Die Zusammensetzung der einzelnen Erzeugnisse
unterliegt gewissen Schwankungen. Soweit Terpentine von Pinus maritima
(Frankreich, Spanien, Portugal) oder heterophylla (USA) die Ausgangsprodukte
darstellen, überwiegt der Anteil an l-Pinen; dagegen ergeben Terpentine von
Pinus palustris (USA) sowie halepensis (Griechenland) Öle mit vorwiegend d-Pinen.
Infolgedessen sind die Drehwerte der einzelnen Balsamöle je nach Herkunft ver-
schieden; die Schwankungen liegen zwischen etwa $-33°$ bis $+41°$[3].

---

[1] Vgl. z. B. SCHEIBER, I.: Lacke und ihre Rohstoffe, Leipzig 1926, S. 37f.
Erwähnt sei, das die den Styraxarten nahestehende Gattung Liquidamber Styricuflua
einen Saft ergibt, welcher den Ägyptern als Grundlage asphaltfreier, schwarz auftrocknender
Lackierungen gedient hat. Die Analogie zum Japanlack (Rhuslack) ist naheliegend; vgl.
M. KRONSTEIN: Amer. Paint J. 32 (1948) Nr. 17, 68.

[2] GAMMAY: Farben-Ztg. 27 (1922) 1177.

[3] Zur Identifizierung eines bestimmten Balsamterpentinöles kann man die optische
Drehung nur unsicher anziehen oder ausdeuten. Im Rahmen einer bestimmten Provenienz
bekannter Art dagegen, können Kontrollmessungen wertvolle Hinweise geben. Zum Überblick s. z. B.: Tab. 41 in H. GNAMM, W. SOMMER: Die Lösungsmittel und Weichmachungsmittel, 7. Aufl., 1958, Stuttgart, S. 154 nach: J. MELLAN: Industrial Solvents New York:
Reinhold Publ. Corp. 1950, S. 296.

Tabelle 3. *Gaschromatographische Analyse der leichtflüchtigen Bestandteile von Balsamterpentinölen* (nach MILTENBERGER und KEICHER)[1].

Provenienz	Gehalt in %						
	α-Pinen	β-Pinen	Camphen	Dipenten	Δ^3-Caren	?[a]	Terpinolen
USA	65,6	28,1	1,7	3,2	—	0,9	0,5
Frankreich	71,9	23,8	1,2	1,6	—	1,2	0,3
Mexiko	88,0	3,3	1,3	2,1	4,2	1,1	—
Portugal	77,9	16,5	1,2	3,1	—	1,3	—
Rußland	nicht durchgeführt						

[a] Die Komponente wurde nicht identifiziert.

Die Balsamterpentinöle sind eigentümlich harzig-aromatisch riechende farblose bis schwach gelbliche Flüssigkeiten von fast neutraler Beschaffenheit. Ihre Säurezahl beträgt bis etwa 1,5 g KOH/cm³, bei älteren Produkten mehr. Sie sind mit fast allen organischen Mitteln mischbar und besitzen ausgeprägtes Lösevermögen für Harze, fette Öle und Kautschuk. Der Brechungsindex bewegt sich meist zwischen n_D^{20} = 1,471 und 1,474. Die Siedegrenzen liegen zwischen 153 bis 155 °C (Siedebeginn) und 170 bis 180 °C (Siedeende); bis 170 °C bei 760 Torr sollen mindestens 90% überdestilliert sein.

Unter dem Einfluß von Licht und Luft unterliegen die Terpentinöle der Autoxydation; äußerlich ist das an zunehmender Gelbfärbung unter gleichzeitiger Verdickung erkennbar. Weiterhin nehmen die Produkte einen stechenden Geruch an, da sie ranzig werden. Obwohl die Siedegrenzen eine Veränderung erfahren, destillieren auch bei sehr alten Ölen die Hauptmengen zwischen 155 bis 165 °C; die Eigenschaften dieser Fraktion entsprechen denen normaler Produkte[2].

Balsamterpentinöle waren einst das bevorzugte Lösungsmittel feiner Öllackprodukte, wurden aber ab 1925 von Spezial- und Testbenzinen (s. Teil I, S. 403) abgelöst.

Tabelle 4. *Kennzahlen von Balsam- und Holzterpentinölen nach ASTM D 13-51.*

Eigenschaft		Balsamterpentinöl und dampfdest. Holzterpentinöl	Trocken dest. Holzterpentinöl
Dichte bei 15,6 °C, bezogen auf Wasser von			
15,6 °C	g/cm³	0,860—0,875	0,860—0,875
Brechungsindex n_D^{20}		1,465—1,478	1,463—1,483
Siedebeginn bei 760 Torr	°C	150—160	150—157
Destillat bis 170 °C mindestens	Vol.-%	90	60
Desgleichen bis 187 °C mindestens	Vol.-%	—	90
Rückstand nach Polymerisation mit 38 n-Schwefel-			
säure höchstens	Vol.-%	2,0	2,0
Brechungsindex des Rückstandes mindestens		1,500	1,480
Flammpunkt (ABEL-PENSKY)	°C etwa	30	—
Selbstzündungspunkt (ASTM D 286-58 T)	°C etwa	240	—

Kopalöllack bedarf zu seiner Stabilität und Ausreifung ausreichender Mengen Balsamterpentinöl oder gleichwertiger Lösungsmittel. Kunstkopal-Leinöllack, der weitgehend den Naturkopal-Leinöllack abgelöst hat, wurde mit Testbenzin als Lösungsmittel verbessert.

Besondere Bedeutung haben Terpentinöle als Ausgangsmaterial für Pinen, die Grundsubstanz für die Gewinnung sowohl künstlichen (Pinenchlorhydrat bzw. Bornylchlorid) als auch synthetischen Camphers (über Bornylchlorid und Isoborneol.) Die nach Herausfrak-

---

[1] MILTENBERGER, K. H., u. G. KEICHER: Gaschromatographische Analyse der flüchtigen Bestandteile handelsüblicher Terpentinöle, Z. Farbe u. Lacke 69 (1963) 677.

[2] Zu beachten ist, daß Terpentinöl nicht in metallischen Behältern gelagert werden darf, da es diese unter Trübung angreift. Zweckmäßig sind Lagerbehälter aus Holz, die innen mit Leim oder Schellack überzogen sind.

Tabelle 5. *Kennzahlen von Balsam- und Holzterpentinölen nach RAL 848 C 2.*

Eigenschaft		Balsamterpentinöl	Holzterpentinöl
Dichte bei 20 °C	g/cm³	0,855—0,872	0,86—0,88
Brechungsindex n_D^{20}		1,476—1,478	1,465—1,478
Siedebeginn nach ENGLER bei 760 Torr	°C	152—156	150—165
Mindestens 75% Destillat bis	°C	162	meist 180
Bromzahl mindestens		210	155
Schwefelsäureunlösliches höchstens		2%	2,5%
Abdampfrückstand		unter 0,5%	unter 1,0%
Berliner Blau-Reaktion		negariv	—

tionieren des Pinens verbleibenden Öle, ebenso die bei der Reinigung von Pinenchlorhydrat anfallenden (chlorhaltigen) öligen Mutterlaugen werden als Terpentinölersatzprodukte verwendet (,,regeneriertes'', oxydiertes, bzw. ,,entcamphertes'' Terpentinöl). Zur Gruppe solcher ,,Terpenoide'' war auch das ,,Hydroterpin'' zu rechnen, das bei der Hydrierung der eben genannten Erzeugnisse bzw. geringwertiger Terpentinöle erhalten wurde.

b) Terpenphenolharze, Polyterpenkunstharze[1]

Anlagerungsreaktionen von Phenol an ungesättigte Terpenkohlenwasserstoffe[2] ergeben sehr wertvolle Spezialharze der Sammelbezeichnung ,,Terpenphenolharze''.

In den letzten 10 Jahren entwickelten sich die sog. Polyterpenkunstharze[3]. Die Umsetzungen bestimmter Terpenfraktionen, mit z. B. Maleinsäureanhydrid, führten zu äußerlich ansprechenden Terpenkunstharzen von heller bis hellster Farbe mit harten bis fast extraharten Schmelzbändern. Die Polyterpenkunstharze haben sich infolge ihrer Vielseitigkeit sehr schnell auch außerhalb der Lackindustrie z. B. für Kaschierwachse, Schmelzcompounds, u. dgl. verbreitet. Es war im Jahre 1966 wohl die einzigste Kunstharzgruppe, die trotz großer Produktionsgrundlagen, mengenmäßig kontingentiert war.

2. Holzterpentinöle

Zur Gruppe der ,,Holzterpentinöle'' gehören a) durch Behandlung harzhaltiger Abfallhölzer (z. B. verkienter Wurzelstöcke usw.) mit überhitztem Wasserdampf erzielbare Produkte (,,Steam distilled Wood Turpentines''), b) sog. ,,Extraktionsöle'' und c) ,,Celluloseterpentinöle''.

a) Dampfdestillierte Wurzelterpentinöle[4,5]

Da die in den Wurzelstöcken (Stubben) enthaltenen Harzexkrete zumeist weitgehend autoxydiert wurden, ergeben sich bei der Wasserdampfbehandlung keine reinen Gemische von Terpentinkohlenwasserstoffen, sondern Destillate, denen mehr oder weniger große Mengen sauerstoffhaltiger Terpenprodukte (z. B. Borneol, Fenchylalkohol, Cineol, Campher, Methylchavicol usw.) beigemischt sind. Auf Grund des Vorliegens solcher Beiprodukte geht der Siedebereich der Rohfraktion noch weit über 170 °C (bis zu etwa 225 °C) hinaus; einzelne Fraktionen sind spezifisch schwerer als Balsamöle. Durch späterhin zweckmäßig gelenkte Raffination lassen sich die sauerstoffhaltigen Begleitstoffe weitgehend entfernen; sie stellen die sog. Pine oil-Fraktionen und Schnitte dar. Die Beschaffen-

---

[1] WAGNER, H., u. H. F. SARX: Lackkunstharze, 4. Aufl., München: Hanser 1959, 57 f. — SCHEIBER, J: Chemie u. Technologie d. künstl. Harze. Stuttgart: 1943, S. 563 f; 675 f.

[2] Zum Beispiel die Handelstypen: *Superbeckacite* 2000 (Reichholdchemie); *Alresen* 191 R, 214 R (Chem.-Werke Albert).

[3] Zum Beispiel die Handelstypen: *Kaboresin* T 115 (Lech-Chemie); *Bremar* 9795 (Lackharzwerke Robert Kraemer); usw.

[4] Gütevorschriften ,,Terpentinöle'' z. B. ASTM D 13-51; RAL 848 C 2. — Anforderung und Prüfung von Terpentinölen und Kienöl DIN-Vornorm 53 248 (Juni 1968).

[5] Gütevorschriften ,,Pine Oile'': z. B. USA Federal Specification LLL-O-358. — Gütevorschriften ,,Dipenten'' DIN-Entw. 53 249.

heit der Terpen-KW-Raffinate läßt sich um so mehr der von Balsamterpentinölen angleichen, je vollständiger diese Raffination und destillative Zerlegung gelingt.

Tabelle 6. *Analysendaten von Verbindungen des Wurzelterpentinöles.*

Newport	Dichte 15 °C g/ml	Engler-Destillation			Kauri-Butanol-Wert (Toluol = 105)
		5%	50%	95%	
α-Pinen	0,862	156°	156,5°	157°	57
Terpentinöl S.D.	0,862	156°	157°	162°	57
Gensol Nr. 6	0,842	166°	170°	178°	59
Dipentene	0,851	174°	177°	183°	70
Dipentene Nr. 200	0,853	172°	174°	183°	70
p-Cymol	0,861	177°	177°	177,5°	81
Solvent 30	0,880	172°	177°	195°	—
Fenchon	0,947	192°	194°	197°	—

b) Extraktionsöle[1]

Als Extraktionsöle sind solche Destillate anzusehen, die man aus den bei der Extraktion harzhaltiger Holzabfälle z. B. mit Natronlauge anfallenden Harzseifenlösungen mittels Wasserdampfes abtreiben kann. Grundsätzlich besteht zwischen Erzeugnissen dieser Art und den nach a) erzielbaren Holzterpentinen nahe Verwandtschaft; da sich die Raffination nicht mehr zureichend durchführen läßt, erreichen Extraktionsöle nicht die Qualität regulärer Terpentinöle; sie sind aber durchschnittlich besser als die eigentlichen Kienöle.

A. LAMBERT[2] fand folgende Zusammensetzung:

73 T. Pinen,
15 T. Dipenten und Terpinen,
7 T. schwerere Terpentinderivate,

bei einem Siedebereich von 153 bis 170 °C.

H. WOLFF[3] fand bei Anwendung von überhitztem Wasserdampf (etwa 130 °C) noch beträchtliche Mengen Sylvestren, das ein typischer Bestandteil echter Kienöle ist.

c) Pine-Oil[4]

Pine-Oil-Produkte, mit fast 90%iger Terpenalkoholstruktur werden irrtümlich als schwerflüchtige Terpenkohlenwasserstoffe angesprochen.

Der ansprechende Geruch von Pine-Oil-Fraktionen setzt sich wie folgt zusammen:

Estragol (= Chavicolmethyläther), vorkommend auch in Anisöl, Fenchelöl, Estragonöl usw., anisartiger Geruch;

Fenchylalkohol (= Fenchol) zeigt einen campherartigen, muffigdumpfen Geruch (verestert zu Fenchylacetat — „lichter Koniferengeruch);

Borneol = campherartiger, lichterer Geruch;

Terpineol (= alpha-; p-Menthen-1-ol-8) = fliederartiger Geruch (In „Fliederkompositionen" bis zu 40% vertreten.); (Als z. B. Terpinylacetat verestert: derber Bergamotte-Lavendelgeruch. Als Ester allgemein: eine sehr breite Geruchsstreuung je nach Säurewahl.);

Terpenketone = campherartiger modern, seriös strenger Geruch.

[1] Gütevorschriften „Pine Oile": z. B. USA Federal Specification LLL-O-358. — Gütevorschriften „Dipenten" DIN-Entw. 53249.
[2] LAMBERT, A.: Industr. Engng. Chem. 1922, 491.
[3] WOLFF, H.: Z. Farbe u. Lack 1924 75.
[4] Gütevorschriften „Pine Oile": z. B. ASTM D 13-51; RAL 848 C 2.

Tabelle 7. *Analysendaten einiger Pineoil-Typen.*

	Dichte 15° C g/ml	Siedegrenzen °C	
Newport-Typen:			
G. N. S. Nr. 5	0,932	200°	212°
Pine Oil Nr. 220	0,921	194°	207°
Type White	0,934	204°	213°
β-Pine Oil	0,933	213°	217°
Hercules Powder-Typen:			
Yarmor 350	0,909	189°	—
Yarmor Pine Oil 302 W[a]	0,922	196°	—

[a] Chemische Zusammensetzung:
65—70% alpha-Terpineol,
   10% andere Dihydro-Terpineole und tert. Alkohole,
10—15% Borneol und Fenchylalkohol,
    5% Estragol,
5—10% Ketone.

Die Pine-Oil-Fraktionen[1] sind gute nicht aggressive Lösungs- oder Quellungsmittel und stark bakterizid[2], was speziell in USA in zahlreichen Haushaltsdesinfektions-[3] oder Geruchsniederschlagungsmitteln ausgewertet wird (Bureau of Standards specification CS-69-38). Siedepunkt und Stoffeinteilung der in Pine-Oil-Fraktionen vertretenen Stoffe[4]:

a) *Terpenkohlenwasserstoffe*   Siedepunkt
   Para-Cymol   177 °C,
   Dipenten   176 °C,
   α-Terpinen (Menthadientyp)   178 °C,
   Terpinolen (Menthadientyp)   186 °C;
b) *Sekundäre Terpenalkohole*
   Borneol   212 °C,
   Fenchylalkohol   201 °C;
c) *Tertiäre Terpenalkohole*
   α-Terpineol   218 °C;
   Menthanole
      (2-p-menthanol = Carvomenthol 222 °C)
      (3-p-menthanol = Menthol   215 °C)   208 °C;
d) *Phenoläther*
   Methyl-Chavicol (Estragol)   216 °C.

d) Celluloseterpentinöle[5]

Bei den Celluloseterpentinölen ist zwischen Sulfat- und Sulfitterpentinölen zu unterscheiden.

---

[1] Gütevorschrifren „Pine Oils": z. B. USA Federal Spezification LLL-0-358. — Gütevorschriften „Dipenten" DIN-Entw. 53249.

[2] Speziell aktiv gegenüber: Salmonella typhosa; Bac. typhosa und Eberthella typhosa.

[3] Folgende Formel ergibt einen Phenolkoeffizient (allgemeine Basis für Desinfektionskraft) von 5 oder besser:
75% Newport White Pine Oil (Geeignete Pine oil-produkte: Federal Specification LLL-O-358 Klasse B).
14% Destillierte Tallölfettsäure[6], z. B. Newport Acosix,
  2% Ätznatron 98%ig,
  9% Wasser.

[4] Anwesenheit von Harzsäure in seifenartigen Desinfektionsmitteln klassischer Art erhöht deren Desinfektionskoeffizient z. T. sehr beachtlich. (Vgl. z. B. ULLMANN, Kapitel Desinfektionsmittel.) Nach Ansicht d. V.: eine Parallele zu ähnlichen Differenzen zwischen Äthylalkohol gegenüber n- oder iso-Propanol. Wahrscheinlich Auswirkung von Grenzflächen- oder Benetzungseffekten, da ja der Desinfektionskoeffizient auch ein Zeitfaktor ist).

[5] Gütevorschriften „Terpentinöle" z. B.: ASTM D 13-51; RAL 848 C 2.

[6] Nach Heyden-Newport Broschüre Nr. 4.

Obwohl die bei der Celluloseherstellung nach dem Sulfatverfahren als Nebenprodukte anfallenden „Sulfatrohterpentine" durch widerlich riechende Mercaptanprodukte verunreinigt sind, lassen sie sich so reinigen, daß sich ihre Gesamteigenschaften denen der Balsamterpentinöle und Wurzelterpentinöle nähern (sog. schwedische, finnische, deutsche, usw. Holzterpentinöle.)

„Die in Deutschland gereinigten Sulfatterpentinöle dürfen sich nach RAL 848 C 2, Ziff. 1.13 als deutsches Holzterpentinöl" bezeichnen. Die Kennzahlen solcher Produkte sind in der RAL 848 C 2 unter Ziffer 1.4 angegeben; sie bestehen aus α-Pinen neben Nopinen (β-Pinen).

Die Sulfit-Terpenprodukte bestehen im wesentlichen aus Cymol (p-Methyl-Isopropyl-Benzol); Das Sulfitterpentinöl ist somit kein echtes Terpengemisch, sondern gehört zur Gruppe der Aromaten. Der Anteil an Paracymol erreicht bis zu 80%; im Rest auf 100% fanden KLASON[1] und KERTESZ[2] ein Sesquiterpen, ein Dipenten und eine bei 67 °C schmelzende, feste alkoholunlösliche Substanz[3]. Spezielle „p-Cymol"-Fraktionen sind Handelsprodukte.

3. Kienöle

„Kienöle" entstehen bei der trockenen Destillation harzreicher Holzabfälle, sind also zumindest teilweise Produkte einer Krackung. Wenn die Zusammensetzung sich insofern der von Holzterpentinen annähert, als neben wenig Pinen, Dipenten, Limonen, Cymol und Sesquiterpen vornehmlich d-Sylvestren (Siedepunkt 170 bis 180 °C) und weiterhin Terpineol, Borneol, Fenchylalkohol usw. nachweisbar sind, dann ist das nicht zuletzt einer entsprechenden Fraktionierung zu verdanken.

Der zunächst anfallende rohe Kienteer wird erst in leichtes Kienöl und schwereres Kienteeröl getrennt. Das erste ergibt nach Waschen mit Wasser und Lauge zur Entfernung phenolischer Produkte, bei der Fraktionierung bis 150 °C sog. Harzessenz, zwischen 150 und 180 °C das eigentliche Kienöl und oberhalb 180 °C noch schweres Kienöl, Harzöl bzw. Fichtenöl.

Reines Kienöl ist wasserhell und von zwar schwachem, jedoch charakteristischen Geruch. An Licht und Luft wird es schnell dunkel; zugleich verschärft sich der Geruch. Hinsichtlich der Löseeffekte stehen die Kienöle den Terpentinölen nicht nach; bei eventueller Verwendung als Lacklösungsmittel ist die schnelle Verfärbung zu berücksichtigen.

Kienöle werden vielfach als „Holzterpentinöle" (zumeist mit Herkunftsbezeichnungen, wie deutsch, polnisch, finnisch, schwedisch usw.) benannt. An sich erscheint das nicht zulässig; zumindest ist durch entsprechende Angaben der wahre Charakter der Produkte zu kennzeichnen.

4. Campheröle

Campheröle werden als Nebenprodukte bei der Gewinnung des Japancamphers aus dem Holz des auf Formosa ausgebeuteten Campherbaumes Laurus camphora erhalten. Bei der Behandlung des zerkleinerten Holzes mit Wasserdampf destillieren neben dem sich kristallin abscheidenden Campher auch ölige Anteile über, die für sich fraktioniert werden und als leichte, schwere und blaue Campheröle in den Handel gelangen.

Als Terpentinersatzmittel ist nur das leichte Campheröl verwendbar, das hinsichtlich der Zusammensetzung den Holzterpentinen nahekommt. Bestandteile sind Pinen, Camphen, Dipenten, Limonen, Phellandren, weiterhin Cineol. Entsprechende Produkte sind farblos, campherartig riechend und als Lösungs- und Parfümierungsmittel geeignet. Die Siedegrenzen reichen bis etwa 182 °C; das spezifische Gewicht beträgt $d_{15} = 0,860$ bis $0,910$ g/cm³. Die Flüchtigkeit ist geringer als die der Terpentinöle.

Schweres Campheröl hat $d_{15} = 0,95$ g/cm³ und einen Siedepunkt von 270 bis 300 °C; blaues Campheröl weist $d_{15} = 0,95$ bis $0,96$ g/cm³ auf und besitzt einen Siedepunkt von 300 °C. Beide Produkte finden vornehmlich Verwendung als Parfümierungsmittel, für Schuhpflegemittel, Wagenschmieren, Huffette usw.

---

[1] KLASON: Ber. dtsch. chem. Ges. 1900, 2343.
[2] KERTESZ: Chem. Ztg. 1916, 945.
[3] Üblicher Destillationsrückstand um 3%; bei Terpentinölen frischer Ware: um 0,5%.

5. Prüfung

Zur Untersuchung von Terpentinölen und Kienölen sind vom Ausschuß für Lieferbedingungen[1] (RAL, Blatt 848 C 2, Januar 1955), im Deutschen Arzneibuch (DAB 6), von der Zollbehörde (Anleitung zur Zollabfertigung), sowie von der American Society for Testing Materials (ASTM) Vorschriften ausgearbeitet worden, auf die verwiesen sei[2].

Neben Aussehen (klar, ohne Trübungsstoffe), Farbe (wasserhell bis schwach gelblich) und Geruch (bei Balsamölen mild, bei anderen Produkten deren Natur entsprechend) sind die Löslichkeit, die Kennzahlen, die Reinheit und gegebenenfalls die besondere Natur der Zusatzstoffe (Verschnittprodukte) zu ermitteln.

a) Löslichkeit

Reine Terpentinöle sollen sich bei Zimmertemperatur in 5 bis 12 Teilen 90%igen Alkohols auflösen; Balsamterpentinöl und Kienöl unterscheiden sich nach WOLFF[3] durch die Löslichkeit in Essigsäureanhydrid. Vermischt man je 4 cm³ des Öles und Essigsäureanhydrid, so bildet sich nach Absetzen bei Zimmertemperatur bei Balsamölen eine untere Schicht von 4,6 bis 4,8 cm³, bei Kienölen von etwa 7 cm³ aus.

b) Dichte

Die Dichte wird bei Temperaturen zwischen 15 und 25 °C bestimmt. Die Korrektur beträgt 0,00085 g/cm³ je 1°.

c) Flamm- und Selbstzündungspunkt

Flammpunktsangaben von Terpenverbindungen können nur als Anhaltspunkte angesehen werden, da die Zusammensetzung einzelner Produkte weiten Schwankungen unterliegt. Bei Balsamterpentinöl liegt der Flammpunkt (nach ABEL-PENSKY) bei 35 °C,[4] der Selbstzündungspunkt nach ASTM D 286-58 T bei 240 °C; bezüglich des Flamm- und Selbstzündungspunktes einzelner Terpenprodukte sei auf die Fachliteratur verwiesen[5].

d) Brechungsindex

Der Brechungsindex wird bei etwa 20 °C ermittelt und auf 20 °C umgerechnet; die Änderung beträgt je 1° bei reinen Terpentinölen 0,00037. Andere Angaben lauten auf 0,00045. Die mittlere Dispersion ist bei 40 °C für reine Öle mit 48 anzunehmen. Benzol hat hingegen 30,2, Toluol 32,7 und Xylol 33,6.

e) Siedeanalyse

Der Siedeverlauf wird nach ENGLER-UBBELOHDE, s. Teil I, S. 642, ermittelt.

f) Bromzahl

Die Bromzahl beruht darauf, daß Terpentinöle, Kienöle usw. im Gegensatz zu Benzinen, Aromaten usw., Brom addieren. Da sich hierbei die Brückenbindungen wie normale Doppelverbindungen verhalten, liegt die Bromaufnahmefähigkeit der Grundterpene bei zwei Molekülen Brom. Die Bromzahl gibt dabei an, welche Menge Brom bei Normaltemperatur von 100 cm³ Öl aufgenommen wird.

Zur Bestimmung titriert man die Lösung von 0,5 cm³ Terpentinölprodukt in 50 cm³ absolutem Alkohol und 5 cm³ 25%iger Salzsäure mit einer wäßrigen Kaliumbromid-bromatlösung (13,918 g KBrO₃, 50 g KBr im Liter), bis die Lösung mindestens eine Minute schwach gelblich gefärbt bleibt bzw. noch nach einer Minute Jodzinkstärkepapier bläut. Da die benutzte Bromid-Bromatlösung je 1 cm³ 0,040 g Br enthält, ergibt sich die gesuchte Bromzahl gemäß:

$$\text{Bromzahl} = 8 \cdot a \quad (a = \text{Anzahl der verbrauchten cm}^3).$$

---

[1] 6 Frankfurt/M., Gutlenstr. 163/167.

[2] Vgl. die kritische Gegenüberstellung der verschiedenen Prüfvorschriften durch E. HEZEL Farbe u. Lack **57** (1951) 333, 386, 465.

[3] Farben-Ztg. **17**, (1912) 1709.

[4] Anhang 4 zu *Unfallverhütungsvorschriften* der Berufsgenossenschaft der chemischen Industrie, Ausgabe Oktober 1953, Tabellarische Zusammenstellung S. 299.

[5] z. B.: das weit verbreitete Handbuch „Lösungsmittel Hoechst", Abschnitt: „Terpenlösungsmittel" und zugehörige Tabellenwert-Angaben.

Bei älteren Ölen werden zunächst 95% abdestilliert; zur Untersuchung wird das Destillat benutzt.

Da 100 g Pinen theoretisch 235 g Brom addieren können, entspricht die auf 100 cm³ Terpentinöl bezogene Bromzahl etwa 86% dieses Wertes. Die nach den RAL-Bestimmungen geforderte Mindestanlagerung von 210 liegt somit an der Grenze der reinen Addition.

g) Bestimmung der schwefelsäureunlöslichen Anteile[1]

Diese Prüfung bezweckt den Nachweis, ob das vorliegende Produkt mit Benzin- oder Benzolkohlenwasserstoffen verschnitten ist. Das Verfahren beruht darauf, daß sich Terpentinölprodukte in 38 n-Schwefelsäure (101%iger H_2SO_4) lösen, während die Kohlenwasserstoffe ungelöst bleiben.

Zur Durchführung gibt man in einen Meßkolben mit engem und mit Meßeinteilung versehenen Hals 20 cm³ der schwach rauchenden Schwefelsäure. Nach Abkühlen mit Eiswasser läßt man aus einer Pipette langsam 5 cm³ des zu prüfenden Terpentinölproduktes zufließen. Man mischt vorsichtig, so daß der Inhalt zwar warm bleibt, jedoch keinesfalls über 60 °C erhitzt wird. Sobald die Temperatur nicht mehr steigt, wird der Kolben auf dem Wasserbad mindestens zehn Minuten lang bei 60 bis 65 °C gehalten, wobei man sechsmal kräftig je eine halbe Minute schüttelt. Nach Abkühlen auf Zimmertemperatur wird mit konzentrierter Schwefelsäure aufgefüllt, bis das nicht polymerisierte Öl in den graduierten Hals steigt. Das Restvolumen wird nach 12 Stund. abgelesen, gegebenenfalls kann die Absetzzeit durch Zentrifugieren (5 Min. bei 1200 U/min oder 15 Min. bei 900 U/min) verkürzt werden.

Da nach den RAL- bzw. ASTM-Bestimmungen die Menge der schwefelsäureunlöslichen Teile höchstens 2 Vol.-% betragen soll, darf das Restvolumen nicht mehr als 0,1 cm³ betragen.

Weitere Kontrolle kann durch Beobachtung der Viskosität (zäh), der Farbe (hellgelb bis dunkelgelb) und der Refraktion (nach RAL mindestens 1,5) erfolgen. Die Prüfung auf Kohlenwasserstoffe kann in mehrfacher Weise ergänzt werden, u. a. nach HERZFELD-KRIEGER[2], nach BURTON-ROTHE-MARCUSSON-WINTERFELD[3], SALVATERRA[4].

h) Abdampfrückstand

Zur Bestimmung des Abdampfrückstandes bettet man eine etwa 50 cm³ fassende Schale bis zum Rand in ein Sandbad und erhitzt auf 150 bis 255 °C (Thermometer im Sand dicht am Schalenboden). Alsdann läßt man langsam aus einer Pipette 5 cm³ Terpentinöl in die Schale einfließen und bringt diese nach Verdampfen noch 15 Min. lang in einen auf 150 °C geheizten Trockenschrank. Bei der Berechnung ist das spezifische Gewicht des Öls entsprechend zu berücksichtigen.

i) Berliner-Blau-Reaktion

Unter dem zum Nachweis von Holzterpentinölen vorgeschlagenen Farbreaktionen hat sich die Berliner-Blau-Reaktion nach WOLFF[5] als zuverlässigste erwiesen. Sie beruht darauf, daß nicht ganz besonders weitgehend gereinigte (also echten Balsamölen als praktisch gleichwertig zu erachtende) Holzterpentinöle und insbesondere Kienöle reduzierende Stoffe enthalten, welche aus einer Ferriferricyanidlösung Berliner Blau abscheiden. Als Reagenzien benötigt man als Lösung A eine stets frische zu bereitende Auflösung von 0,5 g Ferricyankalium in 250 cm³ Wasser und als Lösung B eine Verdünnung von 3 cm³ Eisenchloridlösung (DAB 6) in 250 cm³ Wasser. Die Prüfung selbst wird in der Weise ausgeführt, daß man je 4 cm³ der Lösungen A und B miteinander mischt und dann fünf Tropfen des zu untersuchenden Terpentinöls zufügt. Man schüttelt eine viertel Minute kräftig durch, wobei Berliner

---

[1] Nach den deutschen Lieferbedingungen.

[2] HERZFELD: Z. öff. Chem. 9 (1903) 454. — KRIEGER: Chemiker-Ztg. 40 (1916) 427. — S. auch CANDLESS: J. Amer. chem. Soc. 26 (1904) 981. — UTZ: Chem. Rev. 66 (1905) 73. — BÖHME: Chemiker-Ztg. 30 (1906) 633. — EIBNER u. HUE: Chemiker-Ztg. 34 (1910) 643ff. usw.

[3] BURTON: J. Amer. chem. Soc. 12 (1899) 102. — Ber. dtsch. chem. Ges. 23 R, (1890) 360. — MARCUSSON u. WINTERFELD: Chemiker-Ztg. 33 (1909) 987. — Chem. Rev. 71 (1910) 6. — Chemiker-Ztg. 36 (1912) 413.

[4] SALVATERRA: Chemiker-Ztg. 45 (1921) 133, 150, 158.

[5] Farben-Ztg. 17 (1910) 21.

Blau gefällt wird, sofern nicht ein besonders hochwertiges bzw. gut raffiniertes Öl vorliegt. Färbungen, welche erst nach mehr als 2 bis 3 Min. auftreten, geben keine Anhaltspunkte[1].

k) Nachweis von Harzölen und Pinolin

Während sich hochsiedendes Harzöl (Siedepunkt über 200 °C, meist 230 bis 240 °C) ohne weiteres durch die Siedeanalyse zu erkennen gibt, bietet diese Methode bei Verschnitten mit Pinolin (Harzessenz, Harzgeist, Harzsprit, Terpentinessenz usw.) keinen Anhalt; der Siedepunkt von rektifiziertem Pinolin liegt bei 150 bis 175 °C. Der qualitative Nachweis ist indes nach folgenden Methoden möglich:

α) **Verfahren nach Zune**[2]. Die Differenz des Brechungskoeffizienten beträgt im ersten Viertel des Destillats und in dem nach Abdestillieren von drei Viertel verbleibenden Rückstand bei reinen Terpentinölen nur 0,0035 bis 0,0040, bei Gegenwart von 1% Harzöl indes bereits 0,0060.

β) **Verfahren nach Valenta**[3]. Die über 160 °C siedenden Pinolinfraktionen geben mit Essigsäureanhydrid und einem Tropfen Schwefelsäure eine intensiv grüne Färbung. Ferner erzielt man eine ebenfalls intensiv grüne bis olivgrüne Färbung, wenn man einen Teil der Fraktion mit einem bis zwei Teilen 6%iger Jodlösung in Chloroform oder Tetrachlorkohlenstoff auf dem Wasserbad erwärmt.

γ) **Verfahren nach Grimaldi**[4]. Es sollen sich noch 5% Pinolin im Terpentinöl erkennen lassen, wenn man das zu prüfende Öl mit der gleichen Menge konzentrierter Salzsäure und einem Körnchen Zinn auf dem Wasserbad erhitzt. Gegenwart von Pinolin zeigt sich durch Ausbildung einer smaragdgrünen Färbung an.

δ) **Halphensche Reaktion.** Weiterhin kann die HALPHENsche Reaktion herangezogen werden. Nach GRIMALDI[5] verfährt man dabei in der Weise, daß 100 cm³ der Destillation unterworfen werden. Zuerst fängt man sechs Fraktionen zu je 1 cm³, dann die Fraktionen innerhalb je 5° Temperatursteigerung bis 170 °C auf. Von jeder Fraktion wird ein Tropfen in ein Glasschälchen von 4 cm Durchmesser gebracht und mit 2 cm³ eines aus zwei Volumteilen Tetrachlorkohlenstoff und einem Volumteil verflüssigten Phenols hergestellten Gemisches vermischt. Durch vorsichtiges Umschwenken wird das Gemisch innerhalb der ganzen Schale verteilt. Anschließend läßt man Bromdämpfe am besten durch einen Trichter einwirken, die aus einer Lösung von 3 cm³ Brom in Tetrachlorkohlenstoff (Gesamtvolumen 15 cm³) entwickelt werden. Die Schalen werden umgeschwenkt und ruhig stehengelassen. Die Bromdämpfe müssen so lange einwirken, bis die Schalenflüssigkeit eine gelbe Oberfläche angenommen hat. Ist Pinolin zugegen, dann schlägt die Farbe nach wenigen Minuten in Grün um; reines Terpentinöl gibt keine Färbung. Kienöl, Campheröl und Harzöl verursachen Rot- bis Violettfärbung.

l) Physiologische Wirkung von Terpentinöl

Bei innerer Einnahme: letale Dosis 170 g[5]; überstanden: 15 bis 20 g[5]. Nach anderen Angaben[6,7] letale Dosis zwischen 60 bis 100 g; überstanden 120 g.

Bei Einatmung von Terpentinöldämpfen je nach Konzentration: Kopfschmerz, beschleunigte Atmung und Herztätigkeit; Bronchitis und in schweren Fällen Lungenentzündung; Nierenentzündungen mit Eiweißauscheidungen im Harn. Chronische Vergiftungen scheinen nicht einzutreten. Wiederholt wurde beschrieben, daß der Harn nach Terpentinölaufnahme durch den menschlichen Organismus einen typischen Veilchengeruch annimmt.

---

[1] Weitere Farbreaktionen, namentlich auf Kienöle, stammen von HERZFELD: Z. öff. Chem. 9 (1903) 456 bzw. H. WOLFF: Farben-Ztg. 16 (1909) 1: Kaliprobe. — HERZFELD: Z. öff. Chem. 10 (1904) 382 bzw. H. WOLFF: Farben-Ztg. 18 (1912) H. 2: Schwefligsäureprobe. — WOLFF, H.: Farben-Ztg. 17 (1910/11) 21. — Z. angew. Chem. 36 (1923) 233. Nitrobenzolprobe. — UTZ: Chem. Rev. 12 (1905) 100: Probe mit Bettendorfs Reagens. — PIEST: Chemiker-Ztg. 36 (1912) 198: Probe mit Essigsäureanhydrid und Salzsäure. Die meisten dieser Farbreaktionen versagen indes bei raffinierten Erzeugnissen.

[2] ZUNE: Ber. dtsch. chem. Ges. 25 (1892) 347.

[3] Chemiker-Ztg. 29 (1905) 807; daselbst noch eine Reaktion mit 1%iger Goldchloridlösung.

[4] Chemiker-Ztg. 31 (1907) 1145.

[5] MAITLAND: Toxity and Fatal Doses of Turpentine. Brit. med. J. 1931, 77.

[6] MOESCHLIN, SVEN: Klinik u. Therapie der Vergiftungen, 3. Aufl. Stuttgart: G. Thieme 1959, S. 498—499.

[7] FÜHNER, H, u. W. BLUME: Medizinische Toxikologie, 2. Aufl. Leipzig: G. Thieme 1947, S. 235.

Häufigste Erscheinung beim Umgang mit Terpentinöl sind: Hautreizungen bis zum Ekzem; bei schlechter Behandlung solcher Erscheinungen Geschwüre[1]. Bei Aufnahme von Terpentinöl durch die Haut wurden Nierenschädigungen festgestellt[2]. Besonders aggressiv: ältere und ranzig gewordene Terpentinöle.

m) MAK-Wert

Der MAK-Wert (Maximale Arbeitsplatz Konzentration) ist nur für Begriff „Terpentin" mit 100 cm³/m³ (560 mg/m³) festgelegt. Eine zusätzliche Kennzeichnung der Produkte als „h" (autresorptiv) ist bisher nicht ausgesprochen. Zum MAK- und MIK-Problem technischer Lösungsmittel vgl. z. B. die zusammenfassenden Übersichten von O. Merz, Z. Blech 1968, H. 1, u. dortige Literatur-Zusammenstellungen.

n) Dünnschicht- und Gaschromatographie

(Bestimmung s. S. 131 sowie Abschnitt „Gaschromatographie". Fortsetzung zum 1. Kap., C am Schluß von Teil II.) Vgl. weiterhin Tabelle 3, S. 703.

Das Verhalten von Terpentinölen bei der Lagerung wurde dünnschichtchromatographisch geprüft[3]. Anhaltspunkte über die Prüfung der einzelnen Komponente, die auch im Terpentinöl vorkommen können, findet man sehr ausführlich bei E. Stahl[4]. Miltenberger und Keicher[5] haben verschiedene Terpentinöle gaschromatographisch untersucht.

Die Versuche ergaben, daß das französische und portugiesische Terpentinöl durch Vorhandensein gewisser spezifischer Flecken eindeutig von den übrigen zu unterscheiden ist.

Die Unterscheidung der einzelnen Terpentinöle voneinander ist hingegen durch diese Methode nicht möglich. Es ist wahrscheinlich mit der geographischen Lage bzw. der Pinusart und nicht durch einen Zufall zu erklären, daß ausgerechnet diese beiden Öle diese spezifische Komponente enthalten.

B. Tierische Harze (Stocklack und Schellack)

Von H. E. Scheiber, Bremen

Die in Indien und angrenzenden Ländern beheimateten „Lackläuse" (Coccus, Tachardia, Lacshadia, Carteria) erzeugen auf den von ihnen befallenen Wirtspflanzen eine alsbald erhärtende Ausscheidung von wachshaltigem Harz, unter deren Schutz sich die Entwicklung der Brut vollzieht. Obwohl sich die Insekten auf Bäumen der verschiedensten Gattungen ansiedeln, zeigen die Inkrustierungen doch verhältnismäßig gleichartige Beschaffenheit, was ihre Natur als tierisches Stoffwechselprodukt andeutet. Die direkt abgenommenen Harzmassen bezeichnet man als „Stocklack"; sie ergeben nach Zerkleinern, Sortieren und Auswaschen eines roten Farbstoffs (Lac-dye) den „Körnerlack"; weitere Raffinationen, die durch Schmelzen und Filtrieren erfolgen, führen zum „Schellack". Dabei sind je nach Formgebung „Knopflacke" und „Blätterlacke" („Tafellacke") zu unterscheiden. Die Blätterlacke sind in mehreren Qualitäten im Handel, welche als „Lemon" (besonders hell, gegebenenfalls mit Auripigment geschönt), „Orange" und „TN" (bis 3% Kolophonium enthaltend) bezeichnet werden. Die beim Aufarbeiten der Filtrierrückstände unter erhöhtem Kolophoniumzusatz anfallenden dunklen Produkte gelten als „Rubinlacke"; der Kolophoniumgehalt kann dabei 20% und darüber betragen. Die Produktion an Stocklack und Schellack ist bedeutend und erreicht bis etwa 60000 t jährlich. Seit 1910 hat sich der Weltverbrauch versechsfacht. Allein die USA verbrauchen z. Zt. über 20000 t jährlich.

---

[1] Wolff, H.: Z. Farbe u. Lack 1925, 422.

[2] Ridder: Dtsch. med. Wschr. 1923, II, 1369.

[3] Mühletaler, B., u. S. Giger: Prüfung von Terpentinölen mit Hilfe der Dünnschichtchromatographie. Farbe u. Lack 70 (1964) 116.

[4] Stahl, E.: Dünnschichtchromatographie Berlin/Göttingen/Heidelberg: Springer 1962.

[5] Miltenberger, K. H., u. G. Keicher: Gaschromatographische Analyse der flüchtigen Bestandteile handelsüblicher Terpentinöle. Farbe u. Lack 69 (1963) 677.

Entsprechend seiner abweichenden Bildung zeigt der Stocklack auch eine typische Zusammensetzung. Zunächst ist der zwischen 4 und 8% liegende Gehalt an echtem Wachs charakteristisch. Weiterhin liegt ein der Anthrachinongruppe zuzurechnender wasserunlöslicher Farbstoff (Erythrolaccin; Menge etwa 0,3 bis 0,6%) vor. Das eigentliche Harz, dessen Menge je nach dem Grad der Abtrennung von Tier- und Pflanzenresten zwischen 65 und 80% schwankt, ist als ein Polykondensat aus einer aliphatischen Polyoxycarbonsäure (Aleuritinsäure = 9, 10, 16-Hexadekan- trioxycarbonsäure-1 bzw. Trioxypalmitinsäure) und einer noch nicht exakt erkannten cyclischen Dioxydicarbonsäure der Formel $C_{15}H_{20}O_6$ (Schellolsäure) anzusehen[1]. Damit sind die Voraussetzungen für vernetzende Kondensationen gegeben, die allerdings beim Naturprodukt fehlen, wie die leichte Löslichkeit des Schellacks in Alkohol und die niedrige Viskosität selbst hochkonzentrierter (etwa 50%iger) Lösungen beweisen. Hingegen kann man durch Erwärmen oder auch durch Einwirkung von Mineralsäure (z. B. Salzsäure) sog. „Aggregationen" herbeiführen, die sich in einer Minderung der Löslichkeit und Schmelzbarkeit auswirken, also offensichtlich Folgen einer einsetzenden Vernetzung darstellen.

Der Schmelzpunkt des Schellacks liegt bei 115 bis 120 °C, die Säurezahl beträgt 40 bis 70 mg KOH/g; die Verseifungszahl 185 bis 225 mg KOH/g; die Jodzahl 5 bis 25. Die Löslichkeit in Methyl- und Äthylalkohol ist ausgeprägt; andere Mittel lösen meist nur teilweise. Dabei scheidet sich stets das Wachs ab; beim Eintrocknen der alkoholischen Lösungen tritt es jedoch wieder in den Harzverband ein.

Charakteristisch ist die Löslichkeit in wäßrigem Borax[2]; ebenso lösen wäßrige Alkalien sowie Ammoniak.

Die Verwendung des Schellacks ist nach wie vor sehr vielseitig. Zu den klassischen Verarbeitungen im Rahmen der Elektro-, Lack- und z. B. Pyrotechnik ist in dem letzten Jahrzehnt eine sich ständig noch ausdehnende Verwendung in wässriger Dispersion hinzugekommen. Sowohl moderne Fußbogenpflegemittel, wie spezielle Gummidruck-(FLEXO-)-Farben für den Massendruck zählen heute zu den Schellack-Typen-Großverbrauchern.

Die Praxis unterscheidet: die klassisch „naturellen" Handelstypen, die klassisch präparierten (gebleichten und/oder entwachsten) Typen und die modernen „kunstharztechnisch" präparierten Schellack-Harze[3].

Schellack selbst ist infolge der charakteristischen Lieferformen gegen nachträgliche Verfälschungen praktisch geschützt. Die Kontrolle beschränkt sich deshalb in erster Linie darauf, ob die Angaben über die Kolophoniumgehalte zutreffen. Abwesenheit von Kolophonium kann angenommen werden, wenn die Probe nach LIEBERMANN-STORCH-MORAWSKI, vgl. S. 689, negativ ausfällt. Ist sie positiv, dann erlaubt eine Feststellung der Jodzahl nach WIJS, vgl. Teil I, S. 143, eine wenigstens ungefähre Schätzung der zugesetzten Harzmenge. Nach Vorschlägen von LANGMUIR[4] benutzt man zur Berechnung die Formel:

$$\% \ \text{Kolophonium} = \frac{Jz - 18}{2,1},$$

welche die mittleren Jodzahlen von 18 für Schellack und 228 für das Kolophonium zugrunde legt. Da der zweite Wert indes offenbar zu hoch ist und in vielen Fällen — vgl. S. 684 — noch nicht einmal für die Harzsäuren $C_{20}H_{30}O_2$ zu erwartende Jodzahl 168 erreicht wird, wäre gegebenenfalls eine Korrektur zu erwägen[5].

[1] Vgl. C. HARRIES u. F. EVERS: Ber. dtsch. chem. Ges. 56 (1923) 1048. — Wiss. Veröff. Siemens-Konz. 3 (1924) 248, 253. — Kolloid-Z. 33 (1923) 181. — Z. angew. Chem. 48 (1924) 117 usw. — NAGEL, W.: Ber. dtsch. chem. Ges. 69 (1936) 2050. — Siehe auch H. RAUDNITZ u. H. SCHINDLER: Ber. dtsch. chem. Ges. 68 (1935) 1675.

[2] Vgl. J. SCHEIBER: Farbe u. Lack 54 (1948) 263.

[3] Vgl. z. B. MARX, E. L.: Deutsche Farben-Z. 21 (1967) 441; 18 (1964) 518; 15 (1961) 522. „Handbuch über Schellack" (1968).

[4] Vgl. Chem. Zbl. 1905 I, 568; 1911 II, 802; 1907 II, 1457.

[5] Bei Zugrundelegung der Jodzahl 168 für Kolophonium müßte man mit der Formel: % Kolophonium = 0,667 (Jz — 18) rechnen. Außerdem ist zu berücksichtigen, daß gebleichter Schellack eine mittlere Jodzahl von 10 aufweist, was weitere Korrekturen erfordert. Im übrigen vgl. zur Schellackkontrolle die ausführlichen Angaben bei H. WOLFF: Die natürlichen Harze, loc. cit. S. 314ff. (vgl. Fußnote 2, S. 684).

Schellack zu erkennen, bietet kaum Schwierigkeiten, auch wenn er nicht in den typischen Handelsformen vorliegt, z. B. als gebleichter Schellack[1] oder als Lackrückstand. Typisch ist zunächst der Geruch, der besonders beim Erhitzen auftritt, weiterhin die Löslichkeit in Borax (zumeist mit rötlicher Farbe). Verwechslungen von reinem Schellack mit den vielen Schellackersatzprodukten sind kaum zu befürchten, da die Kontrolle der Kennzahlen hinreichende Anhaltspunkte liefert.

C. Wachse

Von F. Gieser, Düsseldorf

Inhaltsübersicht

---

[1] Zu beachten ist, daß gewöhnlicher gebleichter Schellack etwa 15 bis 20% Wasser enthalten kann. Ferner ist er chlorhaltig; normaler Cl-Gehalt: 0,9 bis 1,2%. Charakteristisch ist auch der Rückgang der Alkohollöslichkeit beim Altern.

I. Definition des Begriffes

Der Begriff „Wachs" ist wie „Fett" und „Harz" ein Zustandsbegriff. Er umfaßt komplexe Gemische einer größeren Zahl organischer Verbindungen mit linearer Bauart der Moleküle von bestimmter Kettenlänge.

Die Komplexnatur des Wachszustandes stellt in der Gesamtheit der Inhaltsstoffe eines Wachses kein einfaches mechanisches Gemenge dar, das die Summe der Eigenschaften aller Stoffpartner wiedergibt, sondern es liegt nach IVANOVSZKY ein Stoffsystem vor, dessen Eigenschaften sich aus den Einzelstoffen statistisch nicht voraussagen oder berechnen lassen.

Als organische Verbindungen mit linearer Bauart kommen z. B. Ester von Monocarbonsäuren einer Kettenlänge von C 18 bis C 34 mit Alkoholen vor, wobei die Säurekomponente bestimmend ist und der Alkoholkomponente eine modifizierende Funktion zukommt. Es ist dies die große Gruppe der Naturwachse und der aus Rohmontanwachs durch Teilsynthese gewonnenen BASF- und Hoechst-Wachse. Insbesondere die Naturwachse können neben den geradkettigen Esterwachsen auch verzweigte und ungesättigte Komponenten enthalten, ferner Oxysäuren, Dicarbonsäuren, Oxydicarbonsäuren, cyclische Alkohole (Sterole), freie Wachssäuren und Wachsalkohole, außerdem höhere Kohlenwasserstoffe, Sterine, Sterinester, Lactone, Ketone, Harze u. a.

Die bis in die 50er Jahre geltende konventionelle Definition der Wachse hatte deren chemische Zusammensetzung als Ester zum Kriterium erhoben. Sie umfaßte eigentlich nur die genannte Gruppe der Naturwachse und die modifizierten Wachse (s. o.) aus dem Rohmontanwachs. Von der Tatsache ausgehend, daß es sich bei dem Begriff „Wachs" nicht um die Charakterisierung einer Stoffgruppe bestimmter chemischer Konstitution handelt, sondern um ein Verhalten ganz bestimmter physikalisch-technologischer Art, wurde die große Gruppe der wachsartigen Kohlenwasserstoffe wie auch der synthetischen Wachse der verschiedensten chemischen Zusammensetzung, die vordem aus der Warenklasse Wachs ausgeschlossen waren, in diese aufgenommen. Definition des Begriffes „Wachs" nach der Formel der Deutschen Gesellschaft für Fettforschung s. Abschnitt „Paraffin", S. 196.

Für den Wachszustand ist eine Kohlenstoffkettenlänge von C 18 bis C 34 bei den Säure-, Alkohol- und Esterwachsen, und eine solche von C 20 bis etwa C 70 bei den Kohlenwasserstoffwachsen typisch. Vom chemischen Standpunkt kann man nach FINCK[1] die Säure-, Alkohol- und Esterwachse als Paraffine mit funktionellen Gruppen, die große Gruppe der Kohlenwasserstoffwachse als Paraffine ohne solche auffassen. Bei ihnen wird der wachsige Charakter durch Verlängerung der Kohlenstoffkette und bisweilen durch Verzweigung und Ringbildung verstärkt. Durch die erhöhte Vielfalt der chemischen Einzelbestandteile ähneln sie dann mehr den Natur- und modifizierten Naturwachsen, deren Wachszustand auf zahlreiche Einzelbestandteile zurückzuführen ist.

Als Ursachen für die Ausbildung des wachsigen Zustandes solcher Stoffsysteme, muß man u. a. den Einfluß van der Waalsscher Kräfte sehen, die bewirken, daß mehrere Moleküle sich zu höher organisierten Molekularteilchen zusammenfinden, wobei die so entstehenden Assoziate und Aggregate Kristallverbände bilden. Ferner ist das Auftreten von Mischkristallen und die Eutektika-Bildung für den Wachszustand insbesondere bei den Kohlenwasserstoffwachsen typisch. Ferner bestehen Möglichkeiten zur Komplexbildung durch Überlagerung verschiedener Elektronenanordnungen (Mesomerie) eines normalen Molekülzustandes

---

[1] FINCK, E.: Rundschreiben Dr. Finck v. 5. 8. 1964 an den Klassifikationsausschuß der DGF, S. 4.

sowie der Aufbau von Übermolekeln aus polaren Molekülen zu verschiedenartigen Konfigurationen von ebenem oder räumlichen Aufbau.

Der Beweis für das Vorliegen komplexer Systeme wird durch das optische Verhalten, durch die Bestimmung des Assoziations- oder Aggregationsgrades durch Kryoskopie und durch Messung der Verdünnungswärmen erbracht. Durch Röntgendiagramme ist erwiesen, daß Wachse immer kristallin sind, wobei es sich allerdings um nur sehr kleine Primärteilchen handelt. Im Lichtmikroskop beobachtete angebliche Kristalle sind nach PRESTING[1] Wachstumsgebilde, sog. Strukturen, die nicht den Gesetzen gehorchen, welche die Kristallwelt beherrschen. (Pseudokristallstrukturen). Sie sind für den Wachszustand besonders charakteristisch.

Auch elektronenmikroskopische Untersuchungen lassen keine Kristalle erkennen, sondern spindelkörperartige Gebilde mit Linienfaserstruktur entsprechend dem Linearbau der Moleküle.

Die Möglichkeit des Polierens von Wachsen mit der damit verbundenen Glanzgebung, — eine Haupteigenschaft der Wachse, — hängt mit dem Übergang von der Linienfaserstruktur in eine Flächenfaserstruktur zusammen.

Die kristalline Struktur der Wachse ist auch die Ursache, weshalb sie normalerweise nicht durchsichtig, höchstens opak und in dünnen Schichten transparent sein können.

II. Vorkommen der Wachse

1. Im Tierreich

Durch wabenbauende Insekten (Bienen, Hummeln), durch Schildläuse (Chinesisches Insektenwachs, Schellackwachs). In den halbflüssigen Ölen der Kopfhöhlen von Seetieren (Pottwal mit Spermacetiöl und Entenwal mit Döglingsöl) scheidet sich in der Kälte ein festes Wachs, der Walrat ab. Ein Ausscheidungsprodukt der Hautdrüsen von Schafen ist das Wollfett, aus welchem die Wollkämmereien das Wollwachs gewinnen.

2. Im Pflanzenreich

Als Schutzüberzug von Blättern und Früchten, z. B. die Palmenwachse.

Die Carnaubapalme liefert das besonders wertvolle Carnaubawachs, die Ouricurypalme das Ouricurywachs, die Carandaypalme das Carandaywachs, als Gräserwachs das Candelillawachs, das Zuckerrohrwachs und Espartowachs.

Aus dem Fruchtfleisch der Beeren ostasiatischer Sumacharten wird das Japanwachs gewonnen, welches als Glycerid chemisch den Fetten nahesteht.

Durch Vermoderung vorweltlicher Flora sind die fossilen Pflanzenwachse entstanden, z. B. das Montanwachs aus Braunkohle, die als Rohmontanwachs sowie durch Veresterung seiner entharzten Raffinationsprodukte die Ausgangsbasis einer ganzen Wachsindustrie der BASF- und Hoechst-Wachse geliefert hat.

Das Torfwachs aus der Humuskohle in torfreichen Gegenden der Sowjetunion aus dem bei der Torfverkohlung als Nebenprodukt anfallenden Teer.

3. Mineralische Wachse[2]

Mineralischen Ursprungs d. h. dem Erdreich entstammend.

Das Erdwachs (Rohozokerit) als solches gewonnen.

---

[1] FISCHER, E. J., u. W. PRESTING: Laboratoriumsbuch für die Untersuchung techn. Wachs-, Harz- und Ölgemenge, 3. Aufl., Halle/S.: Knapp 1958, S. 16—20.
[2] Siehe auch Kap. 8, „Erdwachs", S. 582; „Paraffin", Teil I, S. 469.

Die Petroleum- oder Erdölparaffine werden aus Rohöl abgeschieden. Das gleiche gilt von den mikrokristallinen Tankboden- und Röhrenwachsen sowie den Destillationsrückstandswachsen, ferner die mikrokristallinen Wachse aus höhersiedenden und höherviskosen Erdöl-Destillaten, die keine Primärprodukte darstellen, sondern im Laufe der Erdölfraktionierung eine Reihe chemischer und struktureller Veränderungen erfahren.

Die Braunkohlen- und Ölschieferparaffine entstehen aus dem Bitumen der Braunkohle bzw. aus dem Kerogen des Ölschiefers durch Umwandlung bei der destruktiven Destillation.

4. Chemisch veränderte, teilsynthetische und synthetische Wachse

Chemisch veränderte, teilsynthetische und synthetische Wachse umfassen Wachse, die durch chemische Behandlung eine Veränderung erfahren haben, bzw. durch Teil- bzw. chemische Vollsynthese entstanden sind.

Zu den ersteren gehören die gebleichten Montan- und Carnaubawachse, die anoxydierten Handelsparaffine und mikrokristallinen Wachse, ferner chemisch veränderte Pflanzenwachse (Carnaubawachsraffinate).

Die große Gruppe der teilsynthetischen und vollsynthetischen Wachse umfaßt die meist durch Veresterung der aus dem entharzten Rohmontanwachs gewonnenen Montansäure dargestellten BASF- und Hoechst-Wachse, aber auch durch Totalsynthese gewonnene Wachse wie die FT-Paraffine und die Polyäthylenwachse.

III. Eigenschaften der Wachse

Im Abschnitt Definition des Begriffes ist bereits auf die kristalline Struktur der Wachse hingewiesen worden und im Zusammenhang damit auf diese opake bis undurchsichtige, niemals glasartige Beschaffenheit. Die unterste Grenze des Schmelzpunktes liegt bei etwa 40 °C, die oberste bei etwa 130 bis 140 °C. Mit steigendem Schmelzpunkt nimmt die Härte zu, die Fähigkeit zur Knetbarkeit und Bildsamkeit geht zurück, das Vermögen zur Glanzentwicklung beim Reiben dünner Schichten, — also der Poliereffekt — nimmt zu. Die Härte kann sich bei zunehmendem Schmelzpunkt bis zu brüchig-hart steigern. Das Schmelzen erfolgt meist ohne Zersetzung, diese ist jedoch in wenigen Fällen bei synthetischen oder chemisch veränderten Wachsen möglich. Im allgemeinen ist die Schmelze wenig oberhalb des Schmelzpunktes verhältnismäßig niedrigviskos. Metallseifenzusätze können jedoch zu viskosen Schmelzen führen. Im Gegensatz zu den Harzen ist die Schmelze niemals fadenziehend. Beim Erwärmen wird ein sprödhartes Wachs in einen quasiplastischen und schließlich in den teigartigen Zustand umgewandelt. Das strukturviskose Fließen — kurz über dem Schmelzpunkt — geht entsprechend dem relativ niedrigen Molekulargewicht in ein reinviskoses Fließen über. Diese Zustandsfolge ist für jedes Wachs in einem für dieses typischen Temperaturbereich vom Gehalt an hochmolekularen Anteilen abhängig. Der wachsige Zustand ist rheologisch gesehen nach FINCK ein quasiplastischer Zustand. Gegen Wasser und Atmosphärilien sind Wachse weitgehend unempfindlich, auch Fäulnis hat keinen Einfluß, wie die Existenz von Fossilwachsen und von Wachsrelikten alter Kulturen auch beweist. Diese Eigenschaften sind für die Einsetzbarkeit der Wachse von unschätzbarem Wert.

Die Abgrenzung des Gebietes Wachse ist nach der einen Seite durch die festen Fette gegeben. Die Grenze ist nicht sehr scharf, wie das Japanwachs beweist, das als Glycerid den Fetten sehr verwandt, auch als Japantalg bezeichnet wird.

Die andere Grenze ist durch den Zustand „Harz" gegeben, der praktisch durch Amorphie gekennzeichnet ist; sowie durch die weitgehend reduzierte Fließfähigkeit. Im Gegensatz zu dem relativ eindeutigen Schmelzpunkt bei Wachsen tritt bei Harzen ein allmählicher Übergang in den flüssigen Zustand ein, ein Erweichen (Best. des Erweichungspunktes).

Synthetische Wachse haben infolge ihrer sehr verschiedenen chemischen Zusammensetzung auch sehr verschiedene Eigenschaften, die jedoch im allgemeinen im Rahmen der oben angedeuteten Grenzen bleiben.

Der technische Einsatz der Wachsstoffe hängt in erster Linie von deren physikalischen Eigenschaften, wie sie oben z. T. schon angedeutet worden sind. ab In erster Linie ist hier die Polierfähigkeit zu nennen, die Luft-, Licht- und Wasserbeständigkeit sowie die elektrische Isolierfähigkeit. Die chemische Beständigkeit — und bei manchen die Härte, — macht sie besonders geeignet für Schutz- und Glanzüberzüge für Papiere, Fußböden aller Art, für Metalle usw. Die gute Verseifbarkeit von Wachsen auf Esterbasis macht sie für Herstellung von Emulsionen wertvoll mit deren Hilfe es gelingt, die guten Eigenschaften durch besondere Tiefenwirkung zu verstärken. Auch für wasserfeste Imprägnierungen, Isolationsmassen für die Elektrotechnik, Modelliermassen für künstlerische und Dentalzwecke, Farbenbindemittel, Wachs- und Kohlepapiere, Wachsblumen, kosmetische und pharmazeutische Zwecke lassen sich Wachse einsetzen.

IV. Tierische Wachse

1. Wachse von Seetieren (Walen)

Die zur Familie der Zahnwale gehörenden Pott- und Entenwale enthalten besonders in den Kopfhöhlen halbflüssige Öle, bei denen es sich um Fettsäureester hochmolekularer Alkohole handelt. Das beim Pottwal Spermacetiöl und beim Entenwal Döglingsöl genannte Öl scheidet in der Kälte ein festes Wachs, den Walrat ab (Sperma ceti, Ambre blanc, Blanc de baleine, Cetaceum). Neben geringen Mengen Cetylstearat und Wachsestern niedriger molekularer Fettsäuren besteht der Walrat im wesentlichen aus dem Palmitinsäurecetylester (90% Cetin).

Die wichtigsten Kennzahlen des reinen, ölfreien Walrats sind: Dichte 0,940 bis 0,952, Schmp. 42 bis 48 °C, Sz 0,8 bis 3,5, Vz 118 bis 135, Jz 3 bis 8,5, UV 48 bis 53%. Er bildet im gereinigten Zustand kristalline, seidenglänzende, durchscheinende und hartbröckelige, in Wasser unlösliche Massen.

Früher wurde Walrat auf Kerzen verarbeitet, heute wird er hauptsächlich für Textilschlichtemittel und Appreturen, als Salbengrundlage für medizinische und kosmetische Zwecke und auf Grund seines hohen Gehaltes an Fettalkoholen auch zur Herstellung von Sulfonaten verwendet.

2. Wachse als Ausscheidungsprodukt von Hautdrüsen der Schafe

Unter dem Namen Wollwachs bringen die Wollkämmereien eine harte, in der Wärme plastische, wachsartige Masse bräunlichgelber Färbung in den Handel. Es besteht im wesentlichen aus den Alkoholkomponenten des Neutralwollfettes und wird nach Verseifung des Wollfettes mit Bariumhydroxid durch Aceton und Methanol ausgezogen oder aber durch Druckspaltung des Wollfettesters gewonnen. Es gehört zu den Alkoholwachsen. Es kann auch zu 15% durch fraktioniertes Abkühlen von schmelzflüssigem, wasserfreiem Neutralwollfett, Auspressen und Zentrifugieren gewonnen werden, ein bei 48 bis 52 °C schmelzendes und mit Wollwachs zu bezeichnendes Produkt. (Siehe auch Abschnitt „Wollfett", S. 659).

3. Wachse von Insekten

a) Bienenwachs

Es steht unter den Insektenwachsen an erster Stelle. Es wird von den zur Familie der Hautflügler gehörenden und in mehreren Abarten vorkommenden Apidäen erzeugt, von denen die Honigbiene (Apis mellifica) in zahlreichen Ländern der Erde kultiviert wird. Im Bienenkörper bildet sich das Wachs aus den mit der Nahrung aufgenommenen Kohlehydraten durch enzymatische Einwirkung. Trotz der verschiedenen Arten der Honigbienen besteht eine weitgehende Übereinstimmung der Wachserzeugnisse hinsichtlich der physikalischen Eigenschaften, des Aromas, der Farbe und der Zusammensetzung. Die Wachse der ostasiatischen Bienengattungen (Apis dorsata, florea, indica, facista und sinensis) zeigen etwas abweichende Beschaffenheit, weshalb man sie unter dem Begriff „Ghedda"-Wachse zusammenfaßt.

Aus den frischen Honigwaben läßt man die Hauptmenge des Honigs durch Abschleudern oder Zentrifugieren abtropfen. Zur völligen Entfernung der Honigreste werden die Wachswaben mit reinem Wasser ausgekocht, um die Verunreinigungen herauszulösen. Das heißflüssige Wachs wird vom Wasser abgeschöpft und nach dem Passieren von feinmaschigen Siebrahmen oder Filtertüchern in flache Blechformen ausgegossen, in denen es erstarrt. Diese alten Verfahren sind weitgehend durch patentierte Methoden mit Siebtrommeln und Dampfschmelzapparaten abgelöst worden. Nach DRP 415650 wird das Schmelzgut gleichzeitig ausgepreßt, nach DRP 837909 wird das auf höhere Temperaturen gebrachte Wachs durch Zentrifugieren von den wachsfremden Stoffen getrennt. An die Raffination kann sich noch eine Bleichung mit Luft und Sonne bzw. mit chemischen Mitteln anschließen.

Chemische Zusammensetzung des gelben Bienenwachses[1].

Wachsester: $C_{15}H_{31}CO-O-C_{30}H_{61}$ Myricylpalminat (Schmp. 73 °C)		23 %
$C_{15}H_{31}CO-O-C_{32}H_{65}$ Lacccerylpalmitat		2,0 %
$C_{15}H_{29}CO-O-C_{30}H_{61}$ Myricylpalmitooleat		12,0 %
$C_{26}H_{53}CO-O-C_{30}H_{61}$ Myricylcerotat		12,0 %
Hydroxyester: $C_{15}H_{30}(OH)CO-O-C_{26}H_{53}$ Cerylhydroxypalmitat		8—9 %
Säureester		4—4,5 %
Diester		6—6,5 %
Säurediester, Triester, Hydroxydiester		3—3,5 %
Cholesterylester von Fettsäuren		1 %
Cholesterylisovalerat Schmp. 285°		
Färbende Bestandteile: 1-3-Dihydroxyflavone (Schmp. 285 °C)		0,3 %
Lactone: ω-Myristolactone Schmp. 33—34 °C		0,6 %
Freie Alkohole: C_{34} bis C_{36}?		1—1,25 %
Freie Wachssäuren		13,5—14,5 %
Normalsäuren: Schmp. 77,5 bis 79 °C mittl. Mol. Gew. 412		
Gesättigte: Lignocerinsäure	C 24; H 48; O 2	1—1,50 %
Cerotinsäure Schmp. 82,5°	C 27; H 54; O 2	3,8—4,4 %
Montansäure Schmp. 86,8 °	C 29; H 58; O 2	
Melissinsäure (C 30 oder C 31) Schmp. 90°	C 31; H 62; O 2	2 %
Psyllasäure	C 33; H 66; O 2	1,3—1,5 %
Ungesättigte: Ölsäure	C 16; H 30; O 2 Schmp. 25°	1,5 %
Kohlenwasserstoffe: Pentacosan	C 25; H 52. Schmp. 54—54,5°	0,3 %
Heptacosan	C 27; H 56. Schmp. 59,5°	0,3 %
Nonacosan	C 29; H 60. Schmp. 63,5°	1 bis 2 %
Hentriacontan	C 31; H 64. Schmp. 68,4—69°	8 bis 9 %
Ungesättigte Metene: C 30; H 60.		2,5 %
Lactone		0,6 %
Cholesterylpalmito-oleat		0,8 %
Feuchtigkeit und Mineralische Verunreinigungen.		1 bis 2 %

b) Gheddawachs

Chemische Zusammensetzung von Gheddawachs:[2]

Ester primärer Alkohole:	78 bis 80 %
Cerylpalmitat (18 bis 20 %)	
Ceryl-16-hydroxypalmitat (57 bis 58 %)	
Ceryl-7-hydroxypalmitat Schmp. 72° (4 %)	
Glyceride:	4 %
Gesättigte und ungesättigte Glyceride von C 14, C 16 und C 18-Säuren	

---

[1] Warth, Albin H: The Chemistry and Technology of Waxes. 2. Aufl. New York; Reinhold S. 92, 1956, Tafel 22.
[2] Warth, A. H., S. 96, Tafel 23.

Sterole:	weniger als 1%
Cholesterylpalmitat	
Freie Wachssäuren:	5 bis 6%
Cerotinsäure Schmp. 76 bis 77°	1%
Melissinsäure	
Laccersäure C 32; H 64; O 2 Schmp. 95,8°	
Gheddasäure C 34; H 68; O 2 Schmp. 94,5 bis 95 °	2%
Kohlenwasserstoffe:	8 bis 9%
Heptacosan Schmp. 59 bis 59,5°	5%
Nonacosan	
Hentriacontan Schmp. 68 bis 68,5°	2%
Melene C 30; H 60.	
Feuchtigkeit und Verunreinigungen (einschl. Harz)	1,5 bis 2%

Bei Gheddawachsen ist somit das Verhältnis zwischen Sz und Ez anders als bei normalen Bienenwachsen, was eine Unterscheidung ermöglicht (Hübl-Zahl).

Verwendungsmäßig sind zwischen den beiden Wachsarten keine grundsätzlichen Unterschiede. Ein erheblicher Teil dient zur Kerzenherstellung besonders für kultische Zwecke, zur Erzeugung von Salben und Pflastern, Appreturen, Modelliermassen. Für Bohnerwachse hat es nicht mehr Bedeutung wie früher.

c) Chinesisches Insektenwachs

Es ist das Erzeugnis einer Schildlaus Coccus ceriferus (Coccus pela), welche speziell auf Eschen schmarotzt. Die Insekten befallen die Zweige und überziehen sie mit einer Wachsschicht, unter deren Schutz sie sich entwickeln.

Eigenschaften: gelblich-weiße Farbe, sehr hart, bröckelig, faserig, kristallin und durchscheinend, kein charakteristischer Geruch oder Geschmack Sz nur 0,2 bis 1,5; Vz 73 bis 93; Jz etwa 1,4; 49 bis 50% UV; Refraktion n_D^{40} 1,4566 bis 1,4568.

Das Wachs wird durch Abkratzen von den Zweigen und Umschmelzen gewonnen und setzt sich zu 95 bis 97% aus gesättigten Wachsestern zusammen. Freie Wachssäuren, Wachsalkohole und Kohlenwasserstoffe sind nur in Mengen von etwa 1% nachweisbar. Als Wachssäure dominiert die Lignocerinsäure $C_{24}H_{48}O_2$, als Wachsalkohol Cerylalkohol $C_{26}H_{53}$ (OH). Hauptverwendungszweck als Härtungsmittel und glanzverbessernder Zusatz.

d) Schellackwachs

Hauptbestandteil des Stocklackes, d. h. der von den in Indien und Siam beheimateten Lackläusen der Gattung Tachardia lacca erzeugten harzartigen Ausscheidungen. Die Menge des Wachses beträgt etwa 4 bis 5%; es wird durch Lösen des Stocklackes in wäßrigen Alkalien oder in Alkohol und Ausfällen mit Benzin gewonnen. Dann wird abfiltriert und umgeschmolzen.

Es ist von rotbrauner Farbe, typischem Geruch, sehr spröde und zeigt einen splittrigen Bruch. Es besteht zu 45 bis 50% aus freien Wachsalkoholen (Myricylalkohol und wenig Cerylalkohol) und hiermit veresterter Palmitin-, Stearin-, Cerotin-, Melissin- und Laccersäure. Seine physikalischen und chemischen Kennzahlen sind: Dichte 970 bis 0,980; Schmp. 73 bis 78 °C; Sz 12 bis 16; Vz 78 bis 110; Jz 8 bis 14; UV 70 bis 74%.

V. Pflanzenwachse

1. Palmenwachse

Unter diesen sind Carnaubawachs und Ouricurywachs die wichtigsten.

a) Carnaubawachs

Es ist als ein Produkt der Carnaubapalme Copernicia cerifera als Ergebnis einer im Innern der Pflanzen- und Blattzellen vor sich gehenden Chlorophyllsynthese anzusehen. Es tritt osmotisch mit dem Zellsaft als klebrig-dicke Masse an den Blattsprossen und mit fortschreitendem Wachstum an der Unterseite der Blätter aus und bildet nach Erhärtung als Wachs in Form von Staub und feinen Schuppen einen Überzug. Die voll entwickelten Palmwedel werden mit an langen Bambusstangen befestigten Messern abgeschnitten. Während der sich von September bis März hinziehenden Erntezeit kann der Blattschnitt 2 bis 3 mal wiederholt werden. Durch Trocknen oder leichtes Rösten läßt sich der Wachsbelag abklopfen, das Wachs wird gesammelt und geschmolzen. Von jeder Palme werden etwa 140 g Wachs durchschnittlich im Jahr gewonnen. Die Beschaffenheit des Wachses ist einmal von der Entwicklung der Blätter, jedoch zum anderen auch von der bei der Gewinnung und Reinigung beachteten Sorgfalt abhängig.

Carnaubawachs ist mit Vorrang wegen der weiten Spanne seiner guten Eigenschaften das beste der Polierwachse. Es verbindet Härte mit Zähigkeit, Widerstand gegen Abrieb und Glanz seiner Filme. Es ist in hohem Maße verträglich mit anderen Wachsen.

Ungefähre Zusammensetzung von Carnaubawachs[1]:

Alkylester von Wachssäuren	84 bis 85%
Einfache Ester von normalen Säuren 5 bis 6%	
Cerylarachidat und -behenat 1%	
Montanyl-, Myricyl-, Lacceryl-Lignocerotat 2,5%	
Lacceryl-Cerotat 0,5%	
Geddyl-Lignocerat-, Montanat- und Melissat 1%	
Säureester C$_{18}$ bis C$_{30}$ 5 bis 6%	
Diester 19 bis 21%	
Ester von hydroxylierten Säuren 53 bis 55%	
Gesättigte 38 bis 40%	
Ceryl-ω-hydroxycerotat und -ω-hydroxymelissat	
Myricyl-ω-hydroxymelissat	
Ester von C$_{18}$, C$_{20}$, C$_{22}$ und C$_{28}$-ω-hydroxysäuren	
Ungesättigte 14 bis 16% (Jz 5,3 bis 5,5)	
Freie Wachssäuren	3 bis 3,5%
Carnaubasäuren	
Cerotinsäure	
Lactide	2 bis 3%
(Dimere) ω-1-Lactone Schmp. 103,5° der Hydroxymedullsäure	
Freie und kombinierte Polyhydrische und Oxyalkohole	2 bis 3%
Dihydrisches Pentacosanol C$_{23}$H$_{46}$ (CH$_2$OH)$_2$ Schmp. 103,6°	
(jetzt als eine Mischung von <C$_{22}$, C$_{22}$, C$_{24}$, C$_{26}$, C$_{28}$ und >C$_{28}$-Diolen aufgefaßt	
Oxyalkohol, abgeleitet vom Carnaubenol H(CH$_2$)$_{19}$—CH—(CH$_2$OH)—CH=CHCH$_3$	
(Schmp. 39°)	
Harze (Alkohol lösl.)	4 bis 6%
Kohlenwasserstoffe	1,5 bis 3%
Heptacosan (Schmp. 59,2°), Nonacosan und Hentriacontan	
Feuchtigkeit und Mineralstoffe	0,5 bis 1%

Carnaubawachs ist ein ausgezeichnetes Mittel zur Wachshärtung.

b) Ouricurywachs

Es bildet sich an der Unterseite der Blätter einer hohen Palmenart Attalea excelsa Martius (Federpalme). Es hat in den letzten Jahren etwas mehr an Bedeutung gewonnen, da es dem Carnaubawachs ähnliche Eigenschaften hat. Im Härtungseffekt steht es jedoch etwas nach. Es hat höhere Sz und Jz infolge eines hohen Harzgehaltes von 15 bis 19%, worauf auch der mangelnde Härtungseffekt zurückzuführen ist. Interessant ist an ihm der hohe Unterschied zwischen Schmp. und Ep. von etwa 10°.

---

[1] Warth, A. H., S. 171, Tafel 39.

2. Kraut- und Strauchwachse

a) Candelillawachs

Es stammt von strauchartigen Euphorbiaceen der Gattungen Pedilanthus (Euphorbia cerifera) und Euphorbia antisyphilitica, welche in Mexiko beheimatet sind. Der Wachsgehalt beträgt 2 bis 6%. Zur Gewinnung werden die Pflanzen ausgekocht oder ausgedämpft. Auch die Extraktion mit Lösungsmitteln führt zu guten Ausbeuten.

WARTH gibt folgende ungefähre Zusammensetzung von raffiniertem Candelillawachs an (a. a. 0, S. 194):

Kohlenwasserstoffe: Schmp. 68°	50 bis 51%
Ester von Wachssäuren und Alkoholen Schmp. 88 bis 90°	28 bis 29%
Freie Alkohole, Sterole und Neutralharze	12 bis 14%
Freie Säuren	7 bis 9%
Mineralstoffe	0,7%
Flüchtiges	0,5 bis 1%

Der Anteil an Unverseifbarem ist demnach ungewöhnlich hoch. Die damit erschwerte Verseifbarkeit beschränkt die Anwendbarkeit des Wachses für Emulsionen.

b) Baumwollwachs (Cottonwachs)

Es wird aus dem inneren Teil der Rinde der Hanfstaude (Cannabis sativa) gewonnen. Es ist ein braungelbes Wachs mit dem Schmp. etwa 69°; Sz 22,2; Vz 86,3 und der Jz 33,3; UV 13%. Der niedrige Gehalt an UV kommt von einem relativ hohen Gehalt an Glyceriden und Resinolen. Es wird durch Extraktion oder Behandlung mit Seifenlösungen gewonnen. Es enthält nach Warth Aufl. II 46 bis 47% Wachsester 25 bis 26% Freie Säuren, 10 bis 12% Sterole und Resinole, 1 bis 3% Glyceride, 7 bis 9% Kohlenwasserstoffe, 2 bis 3% Kohlehydrate, Feuchtigkeit usw.

3. Gramineenwachse, Gräserwachse

a) Zuckerrohrwachs

Es scheidet sich in der Zuckerrohrpflanze (Saccharum officinarum) in feinen Stäbchen an der Oberfläche der etwa 2 bis 3 m hohen Stengel ab, insbesondere in den Knoten. Die Stengel werden kurz über dem Boden abgehauen und zur Gewinnung des Zuckers in zerkleinertem Zustand der Saft ausgepreßt. Das Wachs wird hauptsächlich aus der Preßmasse, zum kleineren Teil aus dem Zuckersaft bei dessen weiterer Aufarbeitung gewonnen. Dabei muß durch Selektivextraktion mit Aceton der zu $^2/_3$ aus Fetten und Ölen bestehende Teil abgetrennt werden. Harzbegleitstoffe werden nach BOTTERI mit Propanol entfernt.

Das Wachs besteht zu 70 bis 72% aus Wachsestern, 14% freie Fett- und Wachssäuren, 12 bis 13% freie Alkohole, 3 bis 5% Kohlenwasserstoffe.

In Amerika wird es als Ersatz für Carnaubawachs in der Putzmittelindustrie häufig angewandt.

b) Espartowachs (Fibrewachs)

Es steht dem Candelillawachs sehr nahe. Es bildet den Überzug des in den Mittelmeergebieten heimischen Espartograses (Lygeum spartum) und wird als Nebenprodukt bei der Verarbeitung der Espartofaser zu Cellulose und Kunstdruckpapier (Schottland) gewonnen. Es ist von braungelber bis rotbrauner Farbe, hart und spröde. Es wird als Hartwachs ähnlich wie Candelilla eingesetzt.

Eigenschaften: Schmp. 70 bis 78°, Ep. 68 bis 69°; es enthält nach WARTH 15 bis 17% freie Wachssäuren, 20 bis 22% Wachsalkohole und Paraffine sowie 63 bis 65% Wachsester.

4. Fruchtwachse

a) Japanwachs (Japantalg)

Chemisch betrachtet ist Japanwachs kein Wachs sondern ein Fett (Talg), da die Fettsäuren an Glycerin gebunden sind. Es wird hauptsächlich auf Formosa aus den bohnenartigen Früchten des in Japan und China beheimateten Strauchbaumes Rhus succedanea gewonnen, die ein Hartfett enthalten.

Das Fett wird aus den getrockneten und gerösteten Früchten heiß ausgepreßt. Es ähnelt dem Bienenwachs, zeigt aber einen splittrigen Bruch und eine gewisse Sprödigkeit. Sein Geruch ist sehr charakteristisch fettartig-ranzig. Es besteht zu 80% aus Fettsäureglyceriden. Mit Rücksicht auf seine wachsartige Struktur wird es jedoch wachstechnisch gebraucht, weshalb man es zumal nach der physikalisch-technologischen Wachsdefinition als Wachs einstuft. Verwendung in Ostasien zur Herstellung von Kultkerzen. Wegen seiner leichten Verseifbarkeit eignet es sich auch besonders für verseifte Wachscremes.

Eigenschaften: Schmp. 51 bis 55°; Ep. 40 bis 42°. Charakteristisch für die Zusammensetzung des Japanwachses ist der Gehalt an zweibasischen Säuren, den sog. Japansäuren, die zwischen 117 bis 123° schmelzen.

Chemische Kennzahlen: Sz 8 bis 23; Vz 206 bis 237; Jz 4,5 bis 12,8; Acetyl Z. bei 30; UV 0,7 bis 1,6% Fettsäuren bis etwa 90%, davon etwa 9% ungesättigte Säuren.

b) Kaffeebohnenwachs

Dieses fällt bei der Gewinnung von coffeinfreiem Kaffee an. Es ist als Glycerid chemisch ebenfalls unter die Fette zu zählen. Es enthält nach WARTH[1] 20% Tannolester einbasischer Fettsäuren, 50 bis 52% Glyceride einbasischer Fettsäuren, 18 bis 19% Glyceride ungesättigter einbasischer Fettsäuren, 1% freie Fettsäuren und 3% Sterole und Pseudosterole.

VI. Fossile Wachse, Erdwachse, Torfwachse, Montanwachse, Braunkohlenparaffine und Petroleumwachse

Einzelheiten siehe entsprechende Kapitel.

VII. Chemisch veränderte Wachse

1. Montanwachs-Raffinationsprodukte

Gebleichte Montanwachse, s. S. 581.

2. Carnaubawachs-Raffinationsprodukte

Siehe S. 720.

VIII. Teilsynthetische Wachse

Mit einschneidender chemischen Umformung zum Unterschied von den chemisch veränderten Wachsen.

1. Säurewachse

Sz bildende Komponente vorherrschend, Verh. Z. unter 0,5; Sz mindestens 50.

2. Esterwachse

Ez bildende Komponente vorherrschend, Verh. Z. über 1,5; Ez über 50.

Durch Veresterung von Montanwachs; Hierher gehören die Wachse der BASF, Ludwigshafen und der Farbwerke Hoechst, Werk Lech-Chemie Gersthofen. Die ersten Wachse dieser

---

[1] WARTH, A. H., S. 313, Tafel 63.

Reihe wurden in der 2. Hälfte der zwanziger Jahre entwickelt nach Patenten von Pungs, Hellthaler, Jahrstorfer u. a.

Die Gewinnung dieser Wachse erfolgt in zwei Stufen:

1. Raffination und Bleichung des Rohmontanwachses zu Säurewachsen;
2. Umsetzung und Modifizierung dieser Raffinate durch Veresterung mit Äthylen-bzw. 1,2-Propylenglykol- bzw. 1,3-Butylenglykol.

Durch Anseifung freier Säurereste mit Calciumoxid werden härtere Typen gewonnen.

Die kombinierte Veresterung von Fett- und Wachssäuren mit Glykol unter Zugabe von Wollfettsäuren und Paraffin führt zu bienenwachsartigen Wachsen.

Durch Zugabe von Seifen und Emulgatoren werden gut emulgierbare Wachse erhalten.

Durch Hydrierung von ungesättigten Fetten und Ölen (Härtung) (gehärtetes Ricinusöl, Rüböl, Sojaöl) Opalwachs von Du Pont de Nemours.

3. Alkoholwachse

OH-Zahl bildende Komponente vorherrschend; Lanettewachs.

4. Ketonwachse

GU-OHZ[1]. — bildende Komponente vorherrschend; Palmiton, Stearon, Myriston (74 bis 75°), Montanon (86°), Oleon (59,5°), Elaidon $C_{35}H_{66}O$ (70°), Brassidon $C_{43}H_{82}O$ (80°).

5. Ätherwachse

Äthergruppenhaltige Verbindungen vorherrschend: Polymeres vom Octadecyläther des Vinylalkohols $C_{17}H_{35}CH_2-O-CH=CH_2$ Octadecylalkohol aus Spermöl mit Acetylen umgesetzt; Monomeres polymerisiert mit Bortrifluorid.

6. Kohlenwasserstoffwachse

Durch Teilsynthese. Durch Ketonisierung und Reduktion vom Keton zum Kohlenwasserstoff; aus hydriertem Keton aus Spermöl.

7. Phthalimidwachse

n-Octadecylphthalimid. Schmp. 80 bis 81°, Kondensationsprodukt aus cyclischem Imid und höherer Fettsäure, Schmp. 137 bis 140°.

8. Chlor-Kohlenwasserstoffwachse

a) Chlorierte Paraffine

Chloropane Wax 130 der Hooker Electrochemical Co.,
Chlorowax der Diamond Alkali Co.;
Chlorparaffin 70 fest der Farbwerke Hoechst, Werk Gersthofen.

b) Polychlorierte Naphthaline

Nibrenwachse der früheren IG-Farbenindustrie;
Haftaxwachse der Fa. v. Heyden, Dresden;
Halowax (USA), Seekaywax der Imp. Chem. Ind. Ltd.;
Ceritalwachse der Societa Elettrica ed Elettrochimica de Caffaro, Italien.

Die chlorierten Kohlenwasserstoffe finden hauptsächlich Verwendung für Imprägnierzwecke und elektrische Isolation.

---

[1] Grün-Ulbrich-OH-Zahl, d. h. das Keton wird zum Alkohol reduziert und von diesem die OH-Zahl bestimmt.

9. Pseudoesterwachse

Wachsalkohole der Ester durch Amine ersetzt. *Abril-Wachse* der Abril-Corporation Ltd. London.

10. Wachsartige Derivate der Bernsteinsäure

Zum Beispiel Alkalisalze einer alkylierten Sulfobernsteinsäure. Sie lösen sich nicht in Paraffin.

11. Phenoxyderivate

Alkyl-Phenoxy- und Diphenoxy-Verbindungen.

12. Terphenylwachse

Reine, nicht substituierte Kohlenwasserstoffe, nach Presting aufzufassen als das aromatische Analogon des Paraffins, dienen als Imprägniermittel für Rostschutz und als Verschlußwachse. Auf Basis der Diphenylbenzole; Monsanto Chem. Co. Santowachse.

IX. Vollsynthetisches Wachse

1. Kohlenwasserstoff-Synthese-Wachse nach der Fischer-Tropsch-Synthese (Kontaktparaffine, Hartparaffine)

2. Äthylenpolymerisationswachse (Polyäthylene)

Äthylenpolymerisationswachs der BASF Mol.-Gew. über 4000.

3. Kohlenwasserstoffoxydationswachse

Durch Luftoxydation von synthetischen Kohlenwasserstoffen.

4. Polyoxyäthylene

Mol.-Gew. über 1000, Carbowachse, Polyglykole, Polywachse, charakterisiert durch Wasserlöslichkeit. Unterteilung nach Mol.-Gew. und Schmp.

X. Prüfung

Im Rahmen dieses Buches muß sich die technisch-chemische Untersuchung auf die Prüfmethoden der Wachsrohstoffe, deren Reinheitsprüfung bzw. der Qualitätskontrolle beschränken. Spezielle Untersuchungen können nur vereinzelt Berücksichtigung finden. Bezüglich der Analysen technischer Wachs- oder wachshaltiger Kompositionen, welche auch Zusatzstoffe enthalten, wie Harze, Öle, Farbstoffe, Pigmente usw. muß auf die einschlägige Literatur hingewiesen werden[1].

1. Voruntersuchungen

Zur einwandfreien Beurteilung eines Wachses ist eine richtige Probenahme Voraussetzung, die nach der vorliegenden Handelsform des betreffenden Wachses zur Gewinnung eines Durchschnittsmusters individuell vorgenommen werden muß, (z. B. Berücksichtigung der Herkunft des Wachses, ob rohes, in primitiver Weise gewonnenes Naturwachs oder Wachsraffinate oder Synthesewachse, Art

---

[1] DGF-Einheitsmethoden Abt. M Wachse und Wachsprodukte 2. Aufl. Stuttgart: Wissenschaftl. Verlagsgesellschafr 1957—1963. — KAUFMANN, H. P., Analyse der Fette und Fettprodukte Berlin/Göttingen/Heidelberg: Springer 1958. — LÜDECKE, C., u. L. IVANOVSZKY: Taschenbuch für die Wachsindustrie, Stuttgart: Wissenschaftl. Verlagsgesellschaft m.b.H. 1958. — FISCHER, E. J., u. W. PRESTING: Laboratoriumsbuch für die Untersuchung technischer Wachs-, Harz- und Ölmenge. Halle/Saale: VEB Wilhelm Knapp 1958.

der Verpackung oder Formgebung des Wachses, nachträgliche artfremde Verschmutzung.

Insbesondere bei Naturwachsen kann die Geruchs- und Geschmacks- und Kauprobe die außerdem noch über Konsistenz und Plastizität Aussagekraft hat, sehr aufschlußreich sein. Über die Härte der Wachse geben die Brechprobe, die Schnitt-, Ritz- und Knetprobe Auskunft. Bietet z. B. das Kneten von Wachsen Schwierigkeiten, so deutet dies auf die Gegenwart von Hartwachsen. Die Erhitzungsprobe über den Schmelzpunkt läßt flüchtige Anteile, stechender Acroleingeruch Fettstoffe erkennen. Auch ein Wassergehalt sowie mineralische, unschmelzbare Bestandteile sind festzustellen. Lösungsversuche in Tri oder Benzol geben im Unlöslichen ebenfalls Anhaltspunkte für artfremde Bestandteile. Färbende Bestandteile werden mit naszierendem Wasserstoff zerstört oder mit Benzylalkohol ausgezogen. Nicht reduzierbare Farbstoffe (Nigrosine) können durch gründliches Kochen mit Eisessig entfernt werden.

2. Physikalische Prüfungen

Aus Gründen der Raumersparnis muß auf die genaue Schilderung der Methoden in den meisten Fällen verzichtet werden. Es wird — neben den allgemeinen Prüfmethoden (s. Teil I, Kap. II, S. 5 u. 108 ff.) — auf die DGF-Einheitsmethoden Abt. M Wachse und Wachsprodukte sowie auch auf andere Literaturstellen und Normen hingewiesen[1].

Zur Vorbereitung der Prüfung muß das Wachs durch ein V 2 A-Sieb Gewebe No. 30 DIN 1175 in geschmolzenem Zustand filtriert werden. M-III 1 (57).

a) Dichtebestimmung[2]

Nach der Schwimm-Methode, mit dem Pyknometer oder der Mohr-Westphalschen Waage. M-III 2a—c (57).

b) Fließpunkt und Tropfpunkt[2]

Die Bestimmung dient dazu, das Erweichen des Wachses bei der Erwärmung zu prüfen. M-III 3 (57).

c) Erstarrungspunkt am rotierenden Thermometer[2]

M-III 4a (57) (DIN 51 556.)

d) Erstarrungshaltepunkt[2]

M-III 4b (57) angepaßt an DIN 51 570, ASTM D 87-42 und IP 55/44.

e) Farbmessung

Die Farbtiefe geschmolzener Wachse, — und zwar raffinierter und halbraffinierter Wachse von weißgelber bis dunkelbrauner Farbe —, wird durch Vergleich mit wäßrigen Standard-Farblösungen bestimmt und zahlenmäßig angegeben. M-III 6 (57).

f) Brechungsindex[2]

Hierzu muß das Untersuchungsmaterial filtriert und vollkommen entwässert sein. Messung bei einer Temperatur oberhalb des Schmelzpunktes des Wachses. Als Bezugstemperaturen zugelassen 60, 80, 90 und 100 °C. Als Apparate kommen das Abbé-Refraktometer und das Pulfrich-Refraktometer in Betracht. M-III 7 (57).

g) Viskosität[2]

Viele Wachse, welche im flüssigen Zustand eine bestimmbare kinematische Viskosität haben.

----

[1] DGF-Einheitsmethoden Abt. M Wachse und Wachsprodukte 2. Aufl. Stuttgart: Wissenschaftl. Verlagsgesellschaft 1957—1963. — KAUFMANN, H. P.: Analyse der Fette und Fettprodukte Berlin/Göttingen/Heidelberg: Springer 1958. — LÜDECKE, C., u. L. IVANOVSZKY: Taschenbuch für die Wachsindustrie Stuttgart: Wissenschaftl. Verlagsgesellschaft m.b.H. 1958. — FISCHER, E. J., u. W. PRESTING: Laboratoriumsbuch für die Untersuchung technischer Wachs-, Harz- und Ölgemenge. Halle/Saale: VEB Wilhelm Knapp 1958.

[2] Bestimmung s. Teil I, S. 5.

h) Konsistenz[1]

Die Konsistenz bzw. Härte eines Wachses ist für dessen Beurteilung von besonderer Wichtigkeit. M-III 9 (57).

Für weiche und mittelharte Wachse mit einer Eindringtiefe ab 5 Skalenteile verwendet man das Penetrometer nach RICHARDSON[1].

Wachse mit einer Eindringtiefe weniger als 5 Skalenteile sollten wegen mangelnder Meßgenauigkeit nicht mit dem Penetrometer gemessen werden. Für diese Wachse benützt man zweckmäßigerweise eine Kugeldruckhärtemessung, da die Gefahr des Splitterns bei spröden Wachsen geringer ist. Prüfverfahren:

Kugeldruckmethode: M-III 9a/Richardson-Penetrometer: M-III 9b.

i) Flammpunkt und Brennpunkt[1]

Bestimmung: M-III 10 (57).

3. Chemische Kennzahlen

Die chemischen Kennzahlen sollen an einer in geschmolzenem Zustand durch ein V 2 A-Sieb mit lichter Maschenweite von 0,2 mm (Gewebe No. 30 der DIN 1175) gebrachten Probe durchgeführt werden. Verunreinigungen, die auf diese Weise nicht abgetrennt werden, müssen gegebenenfalls gesondert bestimmt und bei der Berechnung berücksichtigt werden.

a) Säurezahl und Verseifungszahl[1]

Bestimmung: M-IV 2 (57).

b) Esterzahl und Verhältniszahl (Methode nach Hübl)

Die Esterzahl (Ez) ist ein Maß für den Gehalt eines Wachses an Estern und gibt die mg KOH an, die notwendig sind, um die in 1 g Wachs enthaltenen Ester zu verseifen.
Berechnung: Ez = Vz — Sz.
Die Verhältniszahl nach HÜBL ist der Quotient aus Esterzahl und Säurezahl.
Verhältniszahl = Ez/Sz.

c) Alkalizahl

Die Alkalizahl (Alkz) ist ein Maß für die in Wachsen vorhandenen Seifen und zugleich des seltener auftretenden freien Alkalis und gibt die Anzahl mg KOH an, die der bei der Titration von 1 g Wachs mit Salzsäure verbrauchten Menge äquivalent ist. Sie gestattet eine Bestimmung von Wachs-Seifen. Wenn das Mol.-Gew. ihrer Fettsäuren bekannt oder abschätzbar ist, kann aus der Alkalizahl die Seifenkonzentration errechnet werden. Bei bekanntem Kation von Alkali- oder Erdalkaliseifen kann die Alkalizahl die Aschebestimmung ersetzen. Für dunkle Wachse eignet sich die Methode nicht.
Bestimmung: M-IV 4 (63).

d) Jodzahl (Methode nach KAUFMANN, abgewandelt zur Untersuchung von Wachsen)

Erläuterung: Bei dem nachstehenden Verfahren sind die besonderen Löslichkeitsverhältnisse von Wachsen durch Anwendung geeigneter Lösungsmittel berücksichtigt. Die Durchführung der Bestimmung bei höherer Temperatur hat in erster Linie den Zweck, eine vollständige Lösung der Probe und damit eine nicht behinderte Einwirkung des Reagenzes zu erreichen.
Die benötigte Bromlösung wird in gleicher Weise wie in dem in der Abt. Fette der Einheitsmethoden (C-V 11 b (53)) beschriebenen Verfahren hergestellt.
Begriff: Die Jodzahl (Jz) gibt die Teile Halogen, berechnet als Jod, an, welche 100 Teile Wachs unter bestimmten Bedingungen zu binden vermögen. Zweck: Die Jodzahl (Jz) ist ein Maß für den Ungesättigtheitsgrad von Wachsen. Abkürzung: Jz (KAUFMANN).
Bestimmung: M-IV 5 (57).

---

[1] Bestimmung s. Teil I, S. 72.

e) Hydroxylzahl

Erläuterung: Es ist üblich, die Hydroxylgruppen durch Acetylierung mittels Essigsäureanhydrid und Ermittlung der verbrauchten Menge Essigsäure zu bestimmen. Diese Methode läßt sich unter Einhaltung der nachfolgend beschriebenen, die Löslichkeitsverhältnisse berücksichtigenden Arbeitsweise auch für Wachse verwenden. Bei der Auswertung muß man sich darüber im klaren sein, daß auch die Acetylierung anderer Gruppen bzw. jede Reaktion die Carboxylgruppen unter den gegebenen Bedingungen zum Verschwinden bringt, als Hydroxyl errechnet wird. Dabei ist es gleichgültig, ob es sich um die Carboxylgruppen des Essigsäureanhydrids oder um solche, die in der zu untersuchenden Substanz etwa schon vorhanden waren, handelt.

Begriff: Die Hydroxylzahl (OHZ) gibt die Anzahl mg KOH an, die notwendig ist, um die von 1 g Wachs bei der Acetylierung verbrauchte Essigsäure zu neutralisieren.

Zweck: Die Hydroxylzahl dient zur Ermittlung des Gehaltes an Hydroxylgruppen. Sie kann ohne Einschränkung angewendet werden, wenn keine anderen mit Essigsäureanhydrid unter den gegebenen Bedingungen reagierenden Gruppen vorhanden sind.

Bestimmung: M-IV 6 (57).

f) Carbonylzahl (indirekte Bestimmung)

Die Bestimmung der Carbonylzahl nach den Einheitsmethoden C-V 18 führt für Wachsketone wegen ungenügender Löslichkeit in Äthanol und einer längeren Zeit beanspruchenden Umsetzung mit Hydroxylamin nicht immer zum Erfolg. Diese Schwierigkeiten werden vermieden, wenn man die Keto- zur Hydroxylgruppe durch Natriummetall in Amylalkohol reduziert und deren Bestimmung nach M-IV 6 vornimmt. Die derart erhaltene „Hydroxylzahl nach GRÜN-ULBRICH" erlaubt die Berechnung der Carbonylzahl.

Begriff: Die Carbonylzahl (COZ) gibt die Anzahl mg CO ab, die in einem g Wachs enthalten sind. Sie ist mit hinreichender Genauigkeit gleich der halben Differenz der OH-Zahlen der reduzierten und der ursprünglichen Wachsprobe.

Bestimmung: M-IV 7 (63).

g) Laktonzahl

Die Laktonzahl ist ein Maß für den Gehalt der in den isolierten Gesamtfettsäuren eines Wachses enthaltenen laktonisierten und kondensierten Hydroxyfettsäuren.

Begriff: Die Laktonzahl (Lz) gibt die Anzahl mg KOH an, die notwendig ist, um die in den isolierten Gesamtfettsäuren von 1 g Substanz enthaltenen inter- und intramolekularen Ester zu verseifen.

Sie dient der Kennzeichnung von Natur- und Synthesewachsen und gestattet zugleich eine Beurteilung, ob unter den Bedingungen der Methode laktonisierte oder kondensierte Hydroxysäuren auftreten.

Prüfung: Aus dem zu prüfenden Wachs werden nach der Vorschrift der Methode M-V 5 die Gesamtfettsäuren isoliert. Hiervon bestimmt man nach der Methode M-IV 2 die Esterzahl.

Berechnung:

$$Lz = S/E \cdot Ez_s;$$

S isolierte Gesamtfettsäuren in g,
E Einwaage in g,
Ez_s Esterzahl der isolierten Gesamtfettsäuren.

4. Bestimmung einzelner Bestandteile

Wachse, insbesondere Naturprodukte, enthalten meist Wasser und Verunreinigungen verschiedener Art. Außerdem werden in manchen Fällen auch absichtlich ascheliefernde Bestandteile durch Erzeugung oder Zufügung von Metallseifen hineingebracht.

Aber auch die reinen Wachse stellen stets Gemische aus einer größeren Anzahl von Verbindungen verschiedener chemischer Gruppen dar, und jede Gruppe wiederum setzt sich in der Regel aus einer mehr oder weniger großen Anzahl von Einzelverbindungen zusammen. Die Esterwachse enthalten neben einer Reihe aus verschiedenen Alkoholen und Säuren zusammengesetzter Ester noch einen mehr oder weniger großen Anteil der freien nicht veresterten Alkohole und Säuren sowie meist Kohlenwasserstoffe verschiedener Art und Harze. Auch wenn man von den Harzen als artfremden Verbindungen absieht, sind die eigentlichen Wachse immer noch komplizierte Gemische. Selbst die Kohlenwasserstoffwachse, sind durchaus nicht einheitlich. Sie bestehen fast stets aus einem Gemisch geradkettiger, verzweigter und cyclischer Verbindungen, wobei jede Gruppe wiederum ein Gemisch meist zahlreicher Individuen, die nur im einfachsten Fall einer homologen Reihe angehören, darstellt.

a) Wasserbestimmung[1]

Unter Wassergehalt versteht man das in Wachsen enthaltene Wasser, das als Fremdkörper in Form von Verunreinigungen, Füllmittel oder dergleichen enthalten sein kann. Hierunter fällt auch das in Wachsen gelöste Wasser, dessen Menge allerdings sehr gering ist und nur nach den Methoden von K. FISCHER oder H. P. KAUFMANN und S. FUNKE bestimmt werden kann, während in allen anderen Fällen auch die Destillationsmethode anwendbar ist.

b) Unlösliche Verunreinigungen

Die Bestimmung ist hauptsächlich bei Naturwachsen wichtig.

Die Bestimmung dient gleichzeitig zur Gewinnung von filtriertem Material für die Aschebestimmung der reinen Wachse.

Bestimmung nach M-V 3 (57).

c) Asche (nach Filtration)

Der Aschegehalt dient vor allem zur Erkennung der Beimischung von Metallseifen und zur Beurteilung der Reinheit von Wachsen.

Bestimmung nach M-V 4 (57).

5. Hauptbestandteile

a) Verseifbares und Unverseifbares
(Methode nach SPITZ und HÖNIG)[2]

Das Unverseifbare der Wachse umfaßt Paraffinkohlenwasserstoffe, Wachsalkohole und eventuell Ketone.

Die quantitative Bestimmung erfolgt nach dem Verseifen mit alkoholischer Kalilauge und Abtrennung der verseifbaren Anteile durch Ausschütteln des Unverseifbaren mit Benzol.

Zur Beurteilung der Reinheit insbesondere von Naturwachsen ist der Prozentgehalt an Ester- und Kohlenwasserstoffwachsen heranzuziehen. Zu deren Bestimmung ist die Trennung des Unverseifbaren in Kohlenwasserstoffe und Wachsalkohole nach LEYS gemäß M-V 5a notwendig.

Verfahren

Unverseifbares: 5 g Wachs werden in einem Gemisch von 20 ml Benzol und 15 ml Xylol gelöst und mit 25 ml 0,5 n-alkoholischer Kalilauge 2 Std. unter Rückfluß verseift. 25 ml Wasser werden zugegeben und nochmals aufgekocht. Nach dem Erkalten wird dreimal mit je 25 ml Benzol ausgeschüttelt. Die vereinigten Benzolauszüge werden dreimal mit je 15 ml insgesamt 45 ml, Alkohol-Wasser-Gemisch 1:1 ausgeschüttelt. Die Alkohol-Wasser-Waschwässer werden einmal mit 10 bis 15 ml Benzol ausgeschüttelt und dieses wird zu den Benzolauszügen gegeben. Diese werden abgedampft. Der getrocknete und gewogene Rückstand ist das Unverseifbare. Bei schwer verseifbaren Wachsen muß die Verseifungszeit verlängert und bei solchen mit besonders schwer löslichem Unverseifbaren das Ausschütteln mit Benzol öfters wiederholt werden.

Verseifbares: Die alkalische, alkoholische Lösung aus der UV-Bestimmung wird abgedampft, bis sie alkoholfrei geworden ist, mit Methylorange versetzt und mit Salzsäure ange-

---

[1] Bestimmung s.Teil I, S. 124.
[2] Siehe auch Teil I, S. 132.

säuert. Zum besseren Abscheiden der Wachssäuren wird erhitzt, die Wachsssäuren werden nach dem Abkühlen mit Benzol ausgezogen und der Benzolauszug mit 10%iger Kochsalzlösung säurefrei gewaschen.

Das Benzol wird abgedampft und der Rückstand getrocknet, gewogen und als Verseifbares bezeichnet.

b) Kohlenwasserstoffe und Alkohole im Unverseifbaren
(Methode nach Leys)

Das Unverseifbare wird mit der 10fachen Gewichtsmenge einer Mischung aus gleichen Volumenteilen konz. Salzsäure (spezifisches Gewicht 1,19) und Amylalkohol in einem Becherglas auf dem Asbestdrahtnetz langsam und vorsichtig bis zum lebhaften Sieden erhitzt und bei dieser Temperatur einige Minuten gehalten. Hierauf wird die Flüssigkeit langsam abgekühlt, wonach die in der Hitze als dünne Ölschicht an der Oberfläche der Flüssigkeit abgeschiedenen Kohlenwasserstoffe als feste Wachsscheibe abgehoben werden können.
Bestimmung nach M-V 5a (57).

c) Gesamtkohlenwasserstoffe
(Gravimetrische Methode)

Die Bestimmung der Kohlenwasserstoffe in Wachsen beruht auf der Beobachtung, daß Ester, Carbonsäuren, Alkohole, Ketone und Laktone von gewissen Adsorptionsmitteln wesentlich stärker adsorbiert werden als Kohlenwasserstoffe. Bei Anwendung eines geeigneten Adsorptions- und Elutionsmittels können deshalb ausschließlich die Kohlenwasserstoffe eluiert werden, während die übrigen Verbindungen in dem Adsorptionsmittel zurückgehalten werden. Damit ist eine quantitative Bestimmung der Kohlenwasserstoffe in Gegenwart der anderen Verbindungsgruppen möglich[1].

Vorbedingung für die Durchführbarkeit der Methode in der beschriebenen Form ist die Löslichkeit von 0,2 g des zu untersuchenden Wachses in 50 ml des gewählten Lösungsmittels bei Raumtemperatur.
Bestimmung: M-V 6 (57).

d) Gegen Antimonpentachlorid beständige Kohlenwasserstoffe

Erfahrungsgemäß werden in Kohlenwasserstoffgemischen von Antimonpentachlorid die gesättigten und geradkettigen Kohlenwasserstoffe (n-Paraffine) nicht angegriffen. Die Methode dient zur Bestimmung dieser Anteile in Kohlenwasserstoffwachsen. Sie ist anwendbar auf feste Kohlenwasserstoffwachse, wie Paraffine, mikrokristalline Wachse, Ceresine, Petrolatum und Ozokerit, die bei 20 °C unter den angegebenen Bedingungen in Tetrachlorkohlenstoffe löslich sind.

Unter „n-Paraffinen" sind die von wasserfreiem Antimonpentachlorid unter den Bedingungen dieser Methode nicht angreifbaren Kohlenwasserstoffe zu verstehen.

Die Methode kann zur Beurteilung von Kohlenwasserstoffwachsen dienen.
Bestimmung: M-V 8 (63).

e) Acetonlösliches im Rohmontanwachs[2]

Durch Extraktion mit Aceton wird ein charakteristischer Bestandteil im Rohmontanwachs ermittelt. Dieser dient zur Beurteilung von Rohmontanwachs.
Bestimmung: M-VI 1 (63).

Durch *Infrarotspektroskopie* (IR) ist es möglich, funktionell unterschiedliche Wachsgruppen zu unterscheiden. Innerhalb einzelner Gruppen, beispielsweise der Gruppe Kohlenwasserstoffwachse ist es jedoch nicht möglich, noch weitere Unterscheidungen zu erreichen, beispielsweise eine Trennung von n-Paraffin neben Ozokerit oder Hartparaffin neben Ozokerit.

---

[1] Bestimmung des Gehaltes an Festparaffinen (Mikrowachsen) in Wachskerzen ist schwierig, da die Wachse — je nach ihrer Herkunft — einen verschieden hohen Gehalt an Paraffinen haben. Infolgedessen sind exakte Resultate nur möglich, wenn man das verwendete Wachs kennt. Spengler, G. und Mitarb. machen Vorschläge: Fette, Seifen, Anstrichstoffe 62 (1960) 918; 68 (1966) 173.

[2] Siehe auch Abschnitt „Montanwachs", S. 581.

Elftes Kapitel

Bleicherde[1]

Von C. Zerbe, Hamburg

Inhaltsübersicht

---

[1] Eckart, O., u. A. Wirzmüller: Die Bleicherde, 2. Aufl. Braunschweig: Serger u. Hempel 1929. — Kausch, O.: Das Kieselsäuregel und die Bleicherde, Erg.-Bd. 1937. Berlin: Springer 1927 (viel Literaturangaben und Patente). — Singer: Anorganische und organische Entfärbungsmittel. Dresden: Steinkopff 1929.

A. Vorkommen, Zusammensetzung und Eigenschaften

Unter dem Sammelbegriff „Bleicherde"[1] versteht man in erster Linie ton-
ähnliche Aluminiumhydrosilicate von der allgemeinen Formel $Al(OH)_3 \cdot n \cdot H_2O \cdot$
$\cdot m\ SiO_2$ mit wechselndem Gehalt an Beimengungen von Ca, Mg und Fe. Die
Bleicherden haben infolge ihrer Oberflächenbeschaffenheit die Fähigkeit, durch
ein Zusammenspiel von chemischen, kolloiden und adsorptiven Vorgängen, insbesondere polare und kolloide Stoffe, wie z. B. Harz und asphaltähnliche Verbindungen und färbende Bestandteile (meist organischer Grundlage) zu adsorbieren und dadurch mineralische, pflanzliche und tierische Fette, Öle, Wachse
usw. zu entfärben und aufzuhellen.

Auch die weiter unten beschriebenen Magnesiumhydrosilicate zeigen ähnliche
Eigenschaften.

Die Beobachtung, daß man mit bestimmten Tonsorten (Fullererde) Gewebe beim Wal-
ken (Fullern) entfetten und bleichen kann, stammt aus England; später wurden in den
Vereinigten Staaten von Amerika an verschiedenen Stellen[2] (Florida 1893) geeignete Ton-
lager entdeckt und schließlich — im Jahre 1906 — auch in Bayern. Dadurch wurde in der
Folgezeit Deutschland sogar zum Ausfuhrland für hochwertige, insbesondere für aktivierte
Bleicherden.
Für die Zwecke der Adsorption sind besonders Roherden geeignet, die Gelcharakter
aufweisen, oder solche minderwertigen Tonarten, denen man durch chemische Vorbehand-
lung — insbesondere durch Säurebehandlung — Gelcharakter und damit gesteigerte Ent-
färbungskraft verleihen kann. Man unterscheidet infolgedessen natürliche und aktivierte
Erden.
Die Bleichkraft aktivierter Erden beträgt in der Regel das Zwei- bis Dreifache der Roherden. Dies bedeutet, daß man in der Praxis mit wesentlich kleinerem Apparaturaufwand
(z. B. Lagerräumen, Mischbehälter, Filterpressen usw.) auskommt, und daß die an der
Bleicherde anhaftenden, verlustbringenden Ölmengen bedeutend geringer sind. Diese Vorteile gleichen — abgesehen von dem erzielten höheren Bleicheffekt — den erhöhten Kauf-
preis in der Regel bereits aus. Dazu kommt noch, daß die Bleichkraft einer Bleicherde der
angewandten Menge nicht proportional ist, sondern — je nach dem zu bleichenden Stoff —
einen sog. „Schwellenwert" erreicht. Man kann also oft den höchsten Bleicheffekt nicht
durch Verwendung größerer Erdemengen, sondern nur durch Erhöhung der Bleichkraft der
Erde erreichen. Es ergibt sich aus obigem die generelle Regel: Je größer die Bleichkraft
der angewandten Erde, desto rationeller das Bleichungsverfahren.

B. Gewinnung

Die Rohtone zur Herstellung von Bleicherden gehören der Montmorillonit-
gruppe an mit der Zusammensetzung $Al_2(OH)_2[Si_4O_{10}] + n\ H_2O$. Zu dieser
Gruppe gehören Bentonite, Nontronite, Beidellite und Hektorite. Sie werden im
Tagebau und teils im Tiefbau gewonnen. Bei naturaktiven Erden erfolgt die
Aufarbeitung lediglich durch Trocknung, Mahlen und Sieben. Bei der Aktivierung
werden die Tone nach Aufschlämmung und Abtrennung von Sand und gröberen
Verunreinigungen einem auf den gewünschten Aktivierungseffekt abgestimmten
Kochprozeß mit Mineralsäuren (meist Salz- oder Schwefelsäure) unterworfen,
abfiltriert, neutral gewaschen, in Trockentrommeln oder Kanaltrocknern von
Wassergehalt (etwa 60%) befreit, zu Pulver gemahlen und gesiebt (etwa 5000
Maschen pro Quadratzentimeter).

---

[1] Nach R. A. Wischin: Petroleum 21 (1925) 2055 stammt die Bezeichnung „Bleicherde" von Hirzel, die Bezeichnung „Floridin" von Bensmann.
[2] Zum Beispiel Georgien, Florida, Südkarolina, Alabama, Arkansas, Californien und
Texas.

Beim Aufschluß werden Ca und Mg größtenteils, Eisen und Aluminium nur zu einem bestimmten Teil aus dem Mineral herausgelöst. Die Oberfläche des Tons wird hierbei erheblich vergrößert. Röntgeninterferenzen eines Montmorillonits zeigen, daß bei der Aktivierung auch ein Angriff auf das Kristallgitter stattfindet.

Nach F. WELDES und O. ECKART[1] unterscheidet sich die Analyse einer Roherde von der eines mit Wein- und Mineralsäuren behandelten und bei 130 °C getrockneten Tones gemäß Tab. 1.

Tabelle 1. *Vergleich von natürlicher und aktivierter Bleicherde*[2].

	Natürliche Roherde %	Zur höchsten Aktivität gebracht mittels	
		Mineralsäure %	Weinsäure %
SiO_2	59,98	73,64	66,31
Al_2O_3	19,84	13,46	17,85
Fe_2O_3	7,82	6,35	6,37
CaO	2,05	—	0,56
CO_2	1,61	—	—
Alkali	0,78	—	—
Glühverlust	7,92	6,63	8,41

Geeignete Tone für die deutsche Bleicherdeindustrie wurden erst im Jahre 1906 in Bayern (Kronwinkel, Pfirsching, Hallertau, Moosbach, Landau) in einem Umfange gefunden, der Deutschland zu einem Ausfuhrland für hochwertige Bleicherde machte.

Die Weißerden haben die in Tab. 2 wiedergegebene mittlere Zusammensetzung, die der mittleren Zusammensetzung einiger Florida-Erden[3] gegenübergestellt ist.

Die Gegenüberstellung zeigt, daß die chemische Analyse über die für den Bleichvorgang wichtigen, vorwiegend chemisch-physikalischen Eigenschaften nur wenig aussagt. Während die deutschen Bleicherden in natürlichem Zustand noch nicht einmal die Bleichkraft von Fullererde erreichen, ist das Verhalten der beiden Erden gegenüber einer Aktivierung z. B. mit Salzsäure grundverschieden.

Die deutschen Bleicherden lassen sich durch Säuren aktivieren, während bei den amerikanischen und englischen Erden durch Säureaktivierung keine effektvolle Änderung der Bleichkraft erzielt wird.

Eine aktive Bleicherde weist gegenüber Roherden zumeist einen geringeren

Tabelle 2. *Zusammensetzung von Bleicherden in Prozent.*

	Deutsche Bleicherden	Florida Fullererden
SiO_2	59,8—62,4	50,7—67,4
Al_2O_3	16,4—20,1	10,0—21,0
Fe_2O_3	5,3— 6,0	2,5— 6,9
CaO	1,6— 2,0	2,4— 4,4
MgO	2,0— 2,9	0,3— 4,1
H_2O	0,2— 2,0	5,6— 9,6
Glühverlust	7,0—11,3	6,4— 7,9

Al_2O_3-Gehalt auf. Aktivierte deutsche Bleicherden enthalten im allgemeinen etwa 72 bis 74% SiO_2 und 12,5 bis 14% Al_2O_3. Bezüglich der Temperaturen, die aktivierte Bleicherden vertragen, stellte ECKARDT[1] fest, daß bei der Trocknung einer lufttrocknen Erde mit 9,2% Wasser die Bleichkraft beim Erhitzen im Temperaturbereich von 95 bis 450 °C bis zu 10%, bei 500 °C um 28% abnimmt.

---

[1] Siehe Fußnote 1, S. 731.
[2] Bezüglich der sehr umfangreichen Literatur über die Herstellung und Aktivierung von Bleicherden sei auf das Buch von O. KAUSCH: Die Bleicherden. Berlin: Springer 1927, Erg.-Bd. 1935, verwiesen. — ECKART, O., u. A. WIRZMÜLLER: Die Bleicherde, 2. Aufl. Braunschweig: Serger u. Hempol 1928, verwiesen. Siehe auch K. KENDELL: Tonind.-Ztg. 74 (1950) H. 9. — GRUNER, E., u. R. E. VOGEL: Kolloid-Z. 118 (1950) 100.
[3] VAUGHAN, T. W.: U. S. Geol. Survey Bull., 213 (1902) 392.

C. Beurteilung und Verwendung

Zur Beurteilung einer Bleicherde sind in erster Linie deren Bleichkraft und Aufsaugevermögen — die den mit der Erdung verbundenen Ölverlust bedingen — entscheidend; wichtig ist ferner die Filtrationsgeschwindigkeit und bei aktivierten Erden auch deren Säuregehalt. Abhängig sind diese Anforderungen von dem Verwendungszweck der Erde und von den Bleichverfahren.

Die Erden dürfen dem Öl weder Geruch verleihen, noch stark oxydierend wirken. Ein leichter Oxydationsvorgang ist mit der Erdebehandlung stets verbunden; nach BENEDICT[1] soll das Oxydationsvermögen ein Maßstab für die Bleichkraft sein und die Bleichwirkung auf einer Oxydation der Farbstoffe mit nachfolgender Adsorption beruhen.

Bezüglich der Verwendung von Bleicherde unterscheidet man kontinuierliche und diskontinuierliche Arbeitsweisen:

1. Filtrieren durch eine verhältnismäßig grobkörnige Erdeschicht (Perkolationsverfahren).

2. Mischung feingemahlener Erde mit dem Bleichgut und Behandeln bei relativ niedrigen Temperaturen (Mischverfahren).

3. Mischung der feingemahlenen Erde mit dem Bleichgut und kurzes Behandeln bei höheren Temperaturen (Kontaktverfahren).

Bei den beiden letzten Verfahren wird die Bleicherde nach dem Erdungsprozeß durch Filterpressen abgetrennt[2].

I. Entfärben von Mineralölen und verwandten Produkten

Die leichtsiedenden Anteile der Erdöle werden in der Regel nicht gebleicht. Eine Erdebehandlung kann in Sonderfällen vorteilhaft sein, um starkriechende und ungesättigte Verbindungen zu entfernen.

Leichte und schwere Maschinenöldestillate lassen sich nach vorheriger Raffination, z. B. mit Schwefelsäure und anschließender Neutralisation oder Nachbehandlung mit selektiven Lösungsmitteln, durch Nachbehandlung mit aktiver Erde, insbesondere nach Verfahren 2 und 3, zu hellen und stabilen Raffinaten aufarbeiten. Die erforderliche Erdemenge richtet sich nach der gewünschten Farbe des Endprodukts und der Art der vorangegangenen Raffination. Einzelheiten über die Arbeitsweise sind auf S. 27 ff. beschrieben. Naphthensäuren und Naphthenseifen lassen sich aus Erdöldestillaten durch Bleicherdebehandlung nicht entfernen.

In ähnlicher Weise erfolgt die Erdebehandlung bei Paraffin, Montanwachs und Ozokerit (Ceresin) mit und ohne vorhergehender Säurebehandlung. Für Ozokerit fand ECKART[3] eine Bleichtemperatur von 180 bis 200 °C besser als um 120 °C.

Kontaktraffination

Bei der Kontaktraffination bis über 100 °C wird der teilweise Verlust der Adsorptionskraft der Bleicherde zugunsten einer erheblichen katalytischen Wirkung und einer kontinuierlichen Arbeitsweise eingetauscht. Sie eignet sich insbesondere für höher viskose Produkte (Bright Stocks). Das mit Bleicherde gut gemischte Ausgangsöl wird in einem Röhrenofen auf 100 bis 320 °C bei Gegenwart von Wasserdampf erhitzt, in einem Reaktionsturm auf der gewünschten Verweilzeit bei gleichzeitigem Abstrippen leichtsiedender Öle gehalten und nach Abkühlen auf 100 °C filtriert.

Perkolationsverfahren

Bei der Perkolation rieselt das Öl in stehenden Zylindern bei 50 bis 100°C über granulierte Bleicherde[4]. Das der Erde anhaftende Öl wird nach ihrer Erschöpfung

---

[1] BENEDICT, C. W.: Seifensieder-Ztg. 53 (1926) 243.

[2] Clayless-Verfahren s. S. 28.

[3] ECKART, O.: Seifensieder-Ztg. 53 (1926) 362.

[4] Percolation Filtration (Minerals and Chemicals Philipp Corp.); Petrol Proc. 2 (1947) Nr. 9, S. 673.

mit Benzin extrahiert und die Erde in einem Regenerierofen durch Glühen regeneriert.

II. Entfärben von pflanzlichen und tierischen Ölen und Fetten

Da die Bleichwirkung einer Erdebehandlung um so intensiver ist, je weniger freie Fettsäure ein Fett oder Öl enthält, entfernt man freie Fettsäuren in bekannter Weise durch die Vorbehandlung mit Lauge oder Soda. Über den anzuwendenden Erde-Prozentsatz entscheidet ein Laboratoriumsvorversuch oder ein Betriebsversuch, da der Bleicheffekt von der Beschaffenheit des Öles und dem gewünschten Entfärbungsgrad abhängig ist. Dasselbe gilt von der zwischen 50 bis 110°C variierenden Erdungstemperatur und -dauer. Bevorzugt wird das Mischverfahren.

III. Sonstige Verwendungszwecke

Neben ihrem Einsatz als Bleichmittel finden Bleicherden Anwendung als Kontaktsubstanz oder Kontaktträger, insbesondere bei Kontaktspaltverfahren in der Erdölindustrie.

D. Prüfverfahren

I. Teilchengröße

Die Teilchengröße der Bleicherden wird in üblicher Weise durch Schütteln einer gewogenen Menge auf Sieben mit bekannter Maschenzahl pro Quadratzentimeter (Siebsatz nach DIN 4187, 4188) ermittelt. Für das Mischverfahren verwendet man Erden, die man mit dem 500-, 1000- und 5000-Maschensieb prüft.

II. Wassergehalt

Der Wassergehalt wird durch Trocknen bei 150 °C bis zur Gewichtskonstanz und gegebenenfalls durch Erhitzen auf höhere Temperaturen, z. B. 300 und 400 °C oder höher, ermittelt, da die Bleichwirkung in weitem Maße davon abhängig ist, in welcher Menge absorbierte Feuchtigkeit vorhanden und in welchem Umfange das Konstitutionswasser aus der Bleicherde entfernt worden ist. Die Fullererden zeigen bestes Entfärbungsvermögen im geglühten Zustand, während aktivierte Erden im allgemeinen nicht geglüht werden dürfen und einen bestimmten Wassergehalt enthalten sollen[1].

III. Säuregehalt

25 g Erde werden in einem 500 cm³-Kolben mit 200 cm³ Wasser $^1/_2$ Std. am Rückflußkühler gekocht, abgekühlt, zur Marke aufgefüllt und durch ein trockenes Filter filtriert. 200 cm³ werden mit 0,1 n-Natronlauge bei Gegenwart von Phenolphthalein titriert. Der Verbrauch wird als Salzsäure berechnet angegeben, entspricht aber in Wirklichkeit der Summe der freien Säure und des an Spuren von Aluminium und Eisen gebundenen Anions. Will man die freie Säure allein bestimmen, so verwendet man Methylorange als Indikator; das erhaltene Resultat ist aber wegen der starken hydrolytischen Spaltung von Aluminiumchlorid und Eisenchlorid immer etwas zu hoch.

IV. Säuregrad

Den Säuregrad kann man bestimmen, indem man 20 g Bleicherde mit 100 cm³ einer 50%igen neutralisierten Natriumacetat- oder Natriumchlorid- oder Ammoniumchlorid-

---

[1] E. W. JUBLIN empfiehlt als Wasserbestimmung ein Erhitzen von 25 g Roherde in fein gemahlenem Zustand während 20 Min. im Ölbad mit $^1/_2''$ hoher Sandschicht. — Nat. Petrol. News 25 (1933) Nr. 37, S. 36.

lösung 10 Min. tüchtig schüttelt, filtriert und im aliquoten Teil des Filtrats mit 0,1 n Natronlauge titriert. Der Natronlaugeverbrauch in $cm^3/100$ g ist der Säuregrad.

V. Filtrationseigenschaften

Die Filtrationsgeschwindigkeit bestimmt man durch Feststellung der Zeit, die die Filtration mit einer bestimmten Menge Bleicherde im geheizten Büchner-Trichter bei 100 °C unter einem Vakuum von 10 mm Hg benötigt. Durch Zurückwägen des Filtrats kann man das in der Bleicherde zurückgehaltene Öl annähernd bestimmen. Genauere Bestimmung macht eine Extraktion des Kuchens mit einem Lösungsmittel erforderlich.

VI. Gesamtanalyse

Durch Gesamtanalyse, die über die Güte der Bleicherde nichts aussagt, kann lediglich ermittelt werden, welches Mineral vorliegt. Bei Verhältnis $SiO_2 : Al_2O_3 = 4 : 1$ kann Montmorillonitgruppe, bei $4\,SiO_2 : 3\,MgO$ Hektoritgruppe und bei $3\,SiO_2 : 1\,Al_2O_3$ Beidellitgruppe angenommen werden.

VII. Praktische Prüfungen

Zur Feststellung des Entfärbungsvermögens der Bleicherden wurden viele Methoden vorgeschlagen, z. B. Bestimmung der Benetzungswärme[1], Verhalten gegenüber Farbstoff- oder Jodlösungen, Ermittlung der hydrolytischen Acidität[2], d. h. der Fähigkeit der Bleicherden, aus wäßrigen Lösungen stark hydrolisierter Salze den basischen Anteil zu adsorbieren usw. Einwandfreie Ergebnisse werden jedoch immer nur durch praktische Versuche mit dem zu behandelnden Stoff erzielt. So hat es sich bis heute bewährt, daß der Käufer dem Bleicherde-Lieferanten das zu bleichende Öl und die genaue Betriebsarbeitsweise an Hand gibt und Käufer und Verkäufer die Bleichkraft der Erde im Vergleich zu einem Erde-Standardmuster feststellen.

Nach E. ERDHENIN[3] können gleiche Mengen verschiedener Bleicherden bei einem Öl die gleiche Bleichwirkung erzielen, während höhere oder niedrigere Prozentsätze verschieden wirken. Es empfiehlt sich daher, zur Ermittlung der Bleichwirkung Bleichkurven aufzunehmen und die beste Durchschnittswirkung zu ermitteln.

E. Regenerierung von Bleicherden

Wirtschaftliche Erwägungen machen es wünschenswert, nicht nur die an der Erde adsorbierten Öle und Fette wiederzugewinnen, sondern — wenn möglich — die gebrauchten Bleicherden auch durch entsprechende Behandlung auf die ursprüngliche Bleichkraft zu regenerieren. Dies kann durch Extraktion oder durch Wärmebehandlung geschehen.

I. Extraktion

Als Extraktionsmittel werden die verschiedensten Lösungsmittel, wie Petroleum, Benzol, Extraktionsbenzin, Trichloräthylen, Schwefelkohlenstoff usw., empfohlen. In der Praxis hat sich wohl Extraktionsbenzin mit den Siedegrenzen 65 und 95 °C durchgesetzt.

Als Extraktionsapparatur sind die verschiedensten Konstruktionen vorzuschlagen und in Gebrauch, die im Prinzip so arbeiten, daß durch Aufschlämmen der Erde in einer vielfachen Menge Lösungsmittel in der Kälte oder Wärme das an der Erde *nicht* adsorptiv anhaftende Öl abgelöst wird. Nach Filtration und Abtrennen des Lösungsmittels verbleibt

---

[1] BERL, E., u. K. ANDERS: Z. phys. Chem. 122 (1926) 81. — BURSTIN u. WINKLER: Brennst.-Chemie 10 (1929) 121.
[2] UNTERMÖHLEN, H.: Chemiker-Ztg. 55 (1931) 625.
[3] Petroleum, Berl. 34 (1938) Nr. 15, S. 1.

dann ein Rückstand, der nach mehr oder weniger intensiver Nachraffination als Raffinat angesprochen werden kann. Während sich bei Fettstoffen und gewissen hochwertigen Mineralölprodukten die Extraktionskosten und insbesondere der unvermeidbare Lösungsmittelverlust durch den Wert des wiedergewonnenen Gutes ausgleichen, ist bei billigen Mineralölen die Extraktion problematisch.

Die an die Bleicherde bei der Mineralölraffination adsorptiv gebundenen Stoffe (färbende Anteile, Harz, Polymerisationsprodukte usw.) werden durch indifferente Lösungsmittel, wie z. B. Benzin, nicht abgelöst, lassen sich aber durch polare Lösungsmittel, wie Alkohol, Chloroform, Aceton, Essigester usw., ablösen[1].

Da die gebrauchte Bleicherde jedoch erhebliche Mengen an Gips enthält, die von der Neutralisation der mit Schwefelsäure behandelten Mineralöle mit Kalk stammen, ist es erforderlich, die Neutralisation mit Ammoniak vorzunehmen und die Erde nach der Behandlung mit polaren Lösungsmitteln zur Entfernung des Ammonsulfats mit Wasser zu waschen. Nach D.R.P. 725001 ist es so möglich, Erden mit der ursprünglichen Bleichkraft wiederzugewinnen.

II. Röst- und Glühbehandlung

Zur Regenerierung der Bleicherden sind in der Patentliteratur auch eine Unzahl von Vorschlägen beschrieben, die die Wiederbelebung durch thermische Verfahren (Röst- und Glühprozesse) vorschlagen.

Während in der Fettindustrie die Regenerierung der Bleicherden in der Praxis vereinzelt eingeführt werden konnte, wird in der Mineralölindustrie eine Regenerierung von Bleicherde praktisch noch nicht betrieben[2].

---

[1] DRP 725001.

[2] Bezüglich ausführlicher Literatur über Extraktion und Regenerierung von Bleicherde sei auf das in Fußnote 1, S. 731, genannte Buch von O. Kausch verwiesen.

Allgemeine Prüfmethoden

(Fortsetzung von S. 156—274 in Teil I)

C. Physikalisch-chemische Prüfungen (Abschn. III-VIII)

Von H. Luther, Clausthal

Inhaltsübersicht

47*

III. Spektrometrie im Bereich des Sichtbaren und Ultravioletten

Die Absorption von Strahlung im Sichtbaren (400 bis 750 nm bzw. $2{,}5 \cdot 10^4$ bis $1{,}33 \cdot 10^4$ cm^{-1}), Nahen Ultraviolett (200 bis 400 nm bzw. $5 \cdot 10^4$ bis $2{,}5 \cdot 10^4$ cm^{-1}) und im Fernen oder Schumann-Ultraviolett (~ 100 bis 200 nm bzw. $\sim 10^5$ bis $5 \cdot 10^4$ cm^{-1}) läßt Rückschlüsse auf die Elektronenanordnung in Molekeln zu und ist trotz der immer noch steigenden Bedeutung der IR-Spektroskopie ein nicht unwichtiges Hilfsmittel des Analytikers im speziellen Fall der Erdölanalyse zum Nachweis von aromatischen und olefinischen Systemen. In den ASTM-Standards[1] sind z. B. folgende Vorschriften angegeben:

D 1017-51:	Bestimmung von Benzol und Toluol durch UV-Spektrometrie;
D 1840-64:	Bestimmung von Naphthalin-Kohlenwasserstoffen in Flugturbinen-Treibstoffen durch UV-Spektrometrie;
D 1096-54:	Bestimmung von 1,3-Butadien in C_4-Kohlenwasserstoffgemischen durch UV-Spektrometrie;
D 2008-65:	Messung von Extinktionen und Extinktionskoeffizienten von Erdölprodukten;
D 2269-64 T:	Untersuchung von Weißölen durch UV-Spektrometrie;
E 169-63 (1967):	Technik der quantitativen UV-Analyse;
E 204-67:	Indentifizierung von Substanzen durch die Absorptionsspektroskopie unter Benutzung des Wyandotte-ASTM-Lochkarten-Systems.

Auch aus dem Bereich der Analyse von Petrochemikalien ließen sich Beispiele für Anwendungsmöglichkeiten der UV-Spektroskopie nennen[2].

1. Grundlagen

Die Energie eines Atoms beruht, abgesehen von seiner ungequantelten Translationsenergie, nur auf der gequantelten Energie der Elektronenbewegung (E_{el}); bei Molekülen treten die ebenfalls gequantelten Energien der Kernschwingungen (E_v) und der Rotationen (E_r) der Molekeln hinzu. Wenn man von Wechselwirkungen der drei Bewegungszustände absieht, gilt also in erster Näherung

$$E = E_{el} + E_v + E_r. \qquad (47)$$

Alle drei Arten der für die Spektrenstruktur maßgeblichen inneren Energien können verschiedene, in der Regel miteinander gekoppelte Energiezustände einnehmen ($E' - E' = E$). Eine Änderung des Energiezustandes ergibt sich durch Absorption oder Emission eines Strahlenquants:

$$h \cdot v = \Delta E_{el} + \Delta E_v + \Delta E_r. \qquad (48)$$

Das nicht maßstabgerecht gezeichnete Termschema in Abb. 90 charakterisiert diese Verhältnisse. Es gibt in der Energieskala eine Reihe voneinander relativ weit entfernter Elektronenniveaus, denen jeweils einige enger beieinander liegende Schwingungsniveaus mit noch stärker zusammengedrängten Rotationsniveaus zugeordnet sind. Bei Raumtemperatur befinden sich praktisch alle Molekeln im Elektronen- und Schwingungs-Grundzustand, während die möglichen Rotationszustände statistisch besetzt sind. Übergänge von einem Elektronenniveau zu einem anderen erfolgen bevorzugt unter Absorption im sichtbaren oder ultravioletten Teil der Strahlung. In einem Elektronenniveau werden Schwingungsübergänge durch Strahlungsabsorption im Infraroten und Rotationsübergänge durch Absorption im Mikrowellengebiet

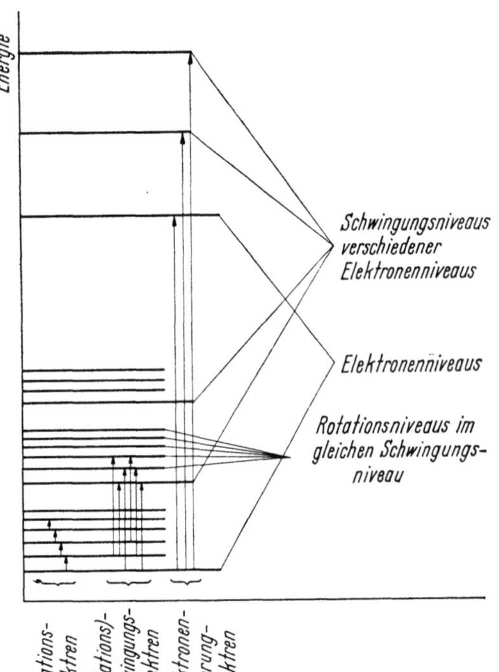

Abb. 90. Prinzipskizze des Termschemas eines Moleküls.

---

[1] American Society for Testing and Materials, Book of ASTM Standards, Part 17, 18, 30, Philadelphia 1966/67.

[2] LITTMANN, E. R.: Methods of Analysis for Petrochemicals. New York: Chemical Publ. Co., 1958.

angeregt (Abschn. II,1,a,α in Teil I). Wenn die Elektronenübergänge nicht von Übergängen in Schwingungs- und Rotations-Unterniveaus begleitet wären, würden sie durch einzelne Absorptionslinien gekennzeichnet sein. In den Spektren gasförmiger Molekeln lassen sich bei guter spektraler Auflösung Strukturen der Schwingungsübergänge und bis zu einem gewissen Grad auch die von Rotationsübergängen beobachten. Durch Wechselwirkungen benachbarter Molekeln verschwindet in Elektronenbandenspektren von Flüssigkeiten die Rotationsstruktur; auch die Schwingungsstruktur kann sich abschwächen oder ganz zurückgehen (Abb. 91).

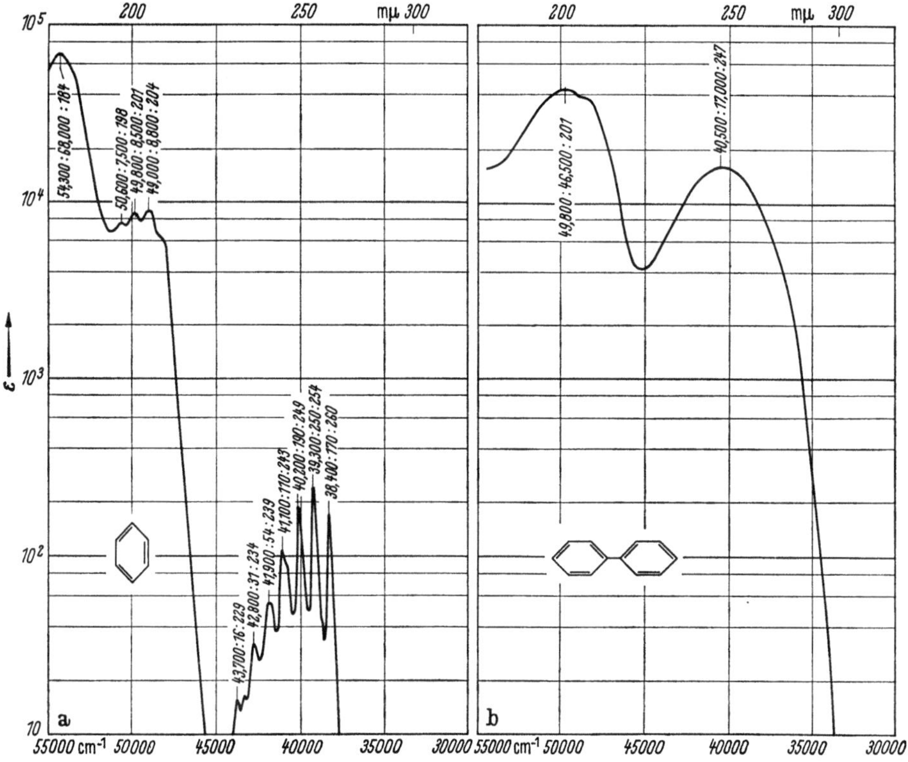

Abb. 91a u. b. UV-Spektren a) des Benzols und b) des Diphenyls.

Man hat darüber hinaus festgestellt, daß das Auftreten von Schwingungsstrukturen in Elektronenbanden auch von der Konstitution der Molekeln abhängt. Bei starrer Verbindung absorbierender Molekülteile tritt eine Schwingungsstruktur auf; falls aber Torsionsschwingungen zwischen den Teilbereichen möglich sind, kann die Struktur mehr oder weniger verlorengehen, weil sich die einzelnen Linien durch die kurze Lebensdauer der Zustände bei Torsionsschwingungen verbreitern und miteinander verschmelzen. Der Vergleich des Benzol- und des Diphenylspektrums in Abb. 91 zeigt dies eindeutig. In vielen Fällen sind also bei mehratomigen flüssigen oder festen Stoffen unter normaler Auflösung nur noch die Umhüllenden der dicht nebeneinander liegenden Absorptionslinien als relativ breite Bandenzüge zu beobachten.

Wenn angeregte Molekeln nicht durch Stöße mit anderen Molekeln oder durch Anregungen von Gitterschwingungen in Festkörpern. sondern durch Strahlungsemission in tiefer liegende Energiezustände zurückkehren, spricht man von Fluoreszenz. Die Wellenlänge der Fluoreszenzstrahlung ist normalerweise größer oder höchstens ebenso groß wie die Wellenlänge des eingestrahlten Lichtes. Der angeregte Elektronenzustand geht bei genügend hohem Gasdruck oder in flüssiger Phase im allgemeinen durch Stöße in seine verschiedenen untersten Schwingungsterme über, ehe er Strahlungsenergie abgibt. Daher geben die Fluoreszenzspektren ein Bild von den Schwingungstermen des Elektronen-Grundzustandes, während die Absorptionsspektren die Schwingungsstruktur des angeregten Elektronenzustandes kennzeichnen. Daraus folgt auch, daß die Absorptions- und Fluoreszenzbanden oft annähernd spiegelbildlich zueinander verlaufen (Abb. 92). Die normale Lebensdauer angeregter Elektronenzustände liegt in der Größenordnung von 10^{-8} sec. Die normale Fluoreszenz verschwindet daher mit Beendigung der Anregung praktischsofort. Eine nach mehr als 10^{-4} sec abklingende Fluoreszenz bezeichnet man als Phosphoreszenz. Da eine nur von der Lebensdauer ausgehende Definition unbefriedigend war, hat man nach anderen Klassifizierungsmöglichkeiten gesucht und eine Unterscheidungsmöglichkeit darin gesehen, daß organische Moleküle zuerst in einen fluoreszenzfähigen Zustand angeregt, dann strahlungslos in einen metastabilen, paramagneti-

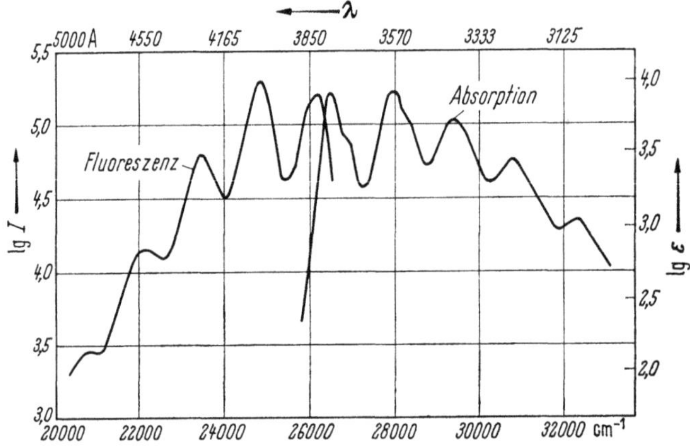

Abb. 92. Absorption und Fluoreszenz von Anthracendampf.

schen Triplett-Spinzustand übergehen und schließlich unter Phosphoreszenz in den Grundzustand zurückfallen können. Trotz einer gegenüber Absorptionsmessungen umständlicheren Arbeitsmethodik wird die Fluoreszenz in zunehmendem Maße zur Identifizierung, Konstitutionsaufklärung und Analyse organischer Verbindungen herangezogen. Sie kann spezifischer als die Absorption sein, weil nicht jede Strahlungsabsorption auch zur Fluoreszenz führt; außerdem besitzt sie infolge hoher Strahlungsausbeuten häufig untere Nachweisgrenzen, die durch Absorptionsmessungen nicht erreichbar sind; schließlich lösen sich die bei Normaltemperatur auftretenden breiten Fluoreszenzbanden bei Temperaturen der flüssigen Luft in Serien von relativ scharfen, substanzspezifischen Einzelbanden auf, die durch ihre hohen Intensitäten gut reproduzierbar sind.

Die Hauptmerkmale der Absorptions- und der Fluoreszenzbanden sind ihre Lage und ihre Intensität.

a) Bandenlagen in Elektronen-Bandenspektren

Die Lage eines Bandenmaximums (ν_{max}) entspricht der Energie ($h \cdot \nu_{max}$), die für einen Elektronenübergang gebraucht wird; sie ist damit ein Maß für die Stärke der Elektronenbindung im Molekülverband. Nur die relativ locker gebundenen Außenelektronen werden durch sichtbares oder durch UV-Licht angeregt. Die Elektronenübergänge und die ihnen entsprechenden Banden organischer Molekeln können also den Bindungsarten der angeregten Elektronen zugeordnet und analytisch ausgewertet werden. Im einzelnen sind zu nennen:

a) σ-Elektronen, z. B. in gesättigten Kohlenwasserstoffen, die fest gebunden sind, so daß ihre Übergänge nur im Fernen UV beobachtet werden können.

b) n-Elektronen sind die nichtbindenden Elektronen von Heteroatomen, z. B. Sauerstoff, Schwefel, Stickstoff oder Halogen. Sie sind schwächer gebunden als σ-Elektronen und haben zwei Übergangsmöglichkeiten: $n \rightarrow \pi^*$, z. B. in Carbonylgruppen und $n \rightarrow \sigma^*$, z. B. in Sulfiden, Disulfiden, Aminen mit Absorptionen im Nahen UV sowie in Alkoholen oder Äthern mit Absorptionen im Fernen UV bei längeren Wellen als die gesättigten Kohlenwasserstoffe.

c) π-Elektronen sind in Doppelbindungen schwächer gebunden als σ-Elektronen und werden daher bei längeren Wellen angeregt als diese. Verbindungen mit isolierten Olefin-, Acetylen-, Nitril- oder Sulfongruppen absorbieren nur im Fernen UV. Absorptionsbanden von Verbindungen, die isolierte Carbonyl-,

Carboxyl-, Nitro-, Nitroso-, Nitrat-, Nitrit-, oder Sulfoxidgruppen enthalten, liegen dagegen auch bei Wellenlängen >200 nm. Ihre starken Banden im Fernen UV entsprechen $\pi \to \pi^*$-Übergängen, d. h. den Übergängen von π-Elektronen zu höheren, „antibindenden" Zuständen; ihre schwachen Banden im Nahen UV rühren dagegen von $n \to \pi^*$-Übergängen her.

Am Beispiel einer Carbonylgruppe entspricht das folgendem Bild:

$\otimes$ angeregtes Elektron

Die Wechselwirkungen von Elektronen miteinander können zu starken Änderungen von Elektronenspektren führen. Die Bedeutung der verschiedenen Übergangsmöglichkeiten für die UV-Absorption läßt sich am Beispiel der Elektronenniveaus des Formaldehyds zeigen (Abb. 93). Links sind die Niveaus der Bindungselektronen der CH_2-Gruppe gezeichnet; die beiden unteren entsprechen den vollständig besetzten Molekülorbitalen der CH-Bindungen, die beiden oberen dem dritten sp^3-Valenzelektron und dem p-Elektron des Kohlenstoffs[1]. Diese beiden Elektronen verbinden sich mit den auf der rechten Bildseite schematisch dargestellten, auf einfach besetzten Niveaus befindlichen Elektronen des Sauerstoffs zu der σ- und der π-Bindung der Carbonylgruppe. Zwei weitere Niveaus im Sauerstoff sind doppelt besetzt und an keiner Bindung beteiligt. Das Formaldehydmolekül hat also sechs besetzte Niveaus für drei σ-Bindungen (zwei CH, ein CO), eine π-Bindung (CO) und zwei einsame n-gebundene Elektronenpaare (0). Die Kombinationen zweier Valenzelektronen können aber auch zu antibindenden Zuständen, σ^* und π^*, führen, die im Grundzustand der Molekel nicht besetzt sind. Denkbar sind also die Übergänge $n \to \sigma^*$ (2 und 4), $n \to \pi^*$ (1 und 6), $\pi - \sigma^*$ und $\pi - \pi^*$ sowie die zur Vereinfachung der Darstellung nicht eingezeichneten $\sigma \to \sigma^*$-Übergänge. Die Übergänge 2, 4, 5 und 6 liegen im Fernen UV. Der Übergang 1 tritt nur mit geringer Wahrscheinlichkeit auf. Der $\pi - \pi^*$-Übergang 3 ist dagegen im Nahen UV gut zu beobachten. In manchen Fällen liegen $\pi - \pi^*$-Übergänge gerade an der Grenze beider Bereiche, so daß man trotz höheren Aufwandes in steigendem Maße UV-Spektrometer mit Meß-

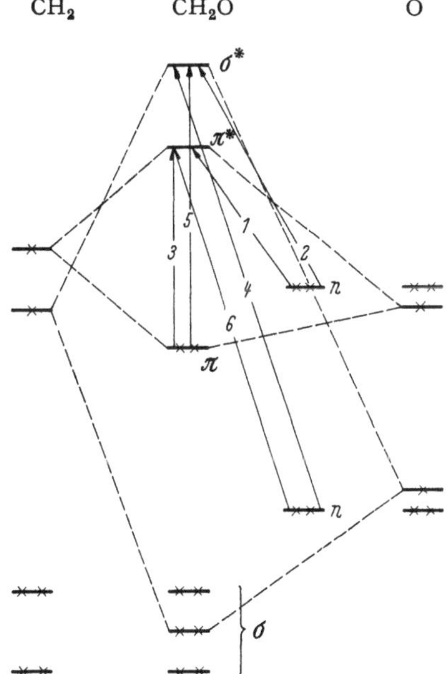

Abb. 93. Energieniveaus des Formaldehyds; × besetzte Niveaus, --- Kombination der Atomorbitale zu Molekülorbitalen.

bereichen bis herab zu 180 nm baut. Bei Molekülen, die aus Atomen der ersten beiden Perioden bestehen, also nur s- und p-Elektronen besitzen, spielen nach dem vorstehend Gesagten nur $\pi - \pi^*$- und $n - \pi^*$-Übergänge eine Rolle. Sie werden durch σ-Bindungen im Molekül oder andere nicht unmittelbar benachbarte Grup-

[1] Zur Erläuterung siehe z. B. H. A. STAAB: Einführung in die theoretische organische Chemie. Weinheim: Verlag Chemie, 1959; PAULING, L., Die Natur der chemischen Bindung. Weinheim: Verlag Chemie 1962.

pen mit $\pi - \pi^*$- oder $n - \pi^*$-Übergängen wenig beeinflußt. Derartige isolierte „chromophore" Gruppen können unabhängig voneinander betrachtet werden. In diesen Fällen ist es also sinnvoll, charakteristische Schlüsselbanden von Atomgruppen wie bei der IR-Spektroskopie festzulegen und im Bedarfsfall Vorhersagespektren (Abschn. II.8.a.α in Teil I) nach einem Baukastenprinzip abzuleiten. Wie der Begriff der charakteristischen Gruppenfrequenzen bei starker Kopplung verschiedener Molekülteile im IR seine Eindeutigkeit verliert, so ist es auch im UV. Treten (auxochrome) Gruppen mit n-Elektronen oder (bathochrome) Gruppen mit π-Elektronen in unmittelbare Nachbarschaft der betrachteten Gruppen, so werden ihre Spektren durch die Wechselwirkung stark verändert. Die Konjugation von Doppelbindungen in Polyenen oder in Aromaten ist das bekannteste Beispiel für diesen Sachverhalt. Auch für derartige Systeme lassen sich Regeln über die Lage von Schlüsselbanden aufstellen, die für Konstitutionsbestimmungen und Analysen wertvoll sind. Bei Konjugation treten

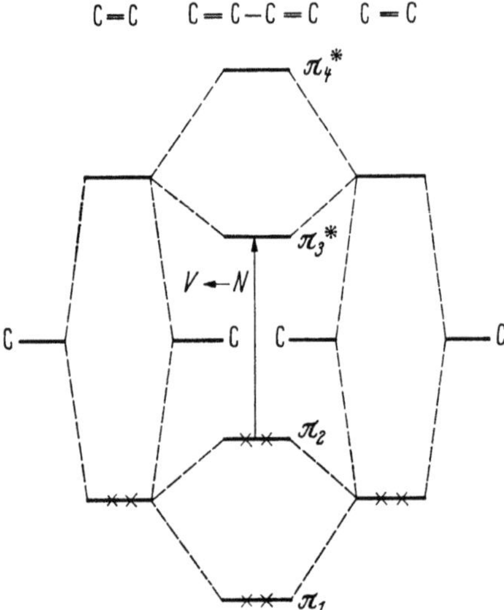

Abb. 94. Energieniveaus des Äthylens und Butadiens.

vor allem intensive $\pi - \pi^*$-, aber auch $n - \pi^*$- und $n - \sigma^*$-Übergänge auf. Das Termschema des formal aus zwei Äthylenradikalen aufgebauten Butadiens (Abb. 94) zeigt die starke Veränderung der Äthylenniveaus durch die Konjugation. Der nicht eingezeichnete $\pi - \pi^*$-Übergang des Äthylens wird bathochrom auf $\pi_2 - \pi_3^*$ verschoben; daneben tritt im Spektrum des cis-Butadiens ein kurzwelliger $\pi_2 - \pi_4^*$-Übergang auf, der in dem des trans-Butadiens nicht zu beobachten ist.

Im Hinblick auf die wünschenswerte Systematik bei der Erfassung von Schlüsselbanden ist der von Arbeitsgruppen zur Dokumentation von Molekülspektren (DMS) herausgegebene Atlas von Absorptionsspektren[1] nach neun typischen chromophoren Gruppen mit entsprechenden Untergruppen gegliedert: CC-, CO-, CS-, CN-Mehrfachbindungen; ein- und mehrkernige Aromaten, aromatische Verbindungen mit nichtbenzoiden Ringsystemen; ein- und mehrkernige Heterocyclen; gesättigte organische Verbindungen.

Nach einem Vorschlag von BURAWOY[2] kann man die den Übergängen in diesen Atomgruppierungen entsprechenden Banden folgendermaßen klassifizieren:

a) R-Banden (radikalartig) entsprechen n-π^*-Übergängen isolierter chromophorer Gruppen. Sie sind wenig intensiv mit einem maximalen Extinktionskoeffizienten $\varepsilon_{max} < 100$. Bei Änderungen der Molekülstruktur, die zum Auftreten neuer Banden führen, verschieben sie sich zu längeren Wellenlängen.

b) K-Banden (konjugiert) treten in den Spektren π-π-konjugierter Verbindungen, auch in den Spektren chromophorer Aromatensubstituenten auf und entsprechen π-π^*-Übergängen. Sie sind stark ($\varepsilon_{max} > 10^4$).

---

[1] Dokumentation der Molekülspektroskopie, UV-Atlas organischer Verbindungen, Teil I bis V. London: Butterworths und Weinheim: Verlag Chemie 1966/68. — PESTEMER, M., BERGMANN, G., PERKAMPUS, H. H. u. B. SCHRADER: Angew. Chemie 77 (1965) 541.

[2] BURAWOY, A.: J. chem. Soc. (London) 1939, S. 1977; Tetrahedron 5 (1959) 340.

c) *B*-Banden (benzoid) sind für die Spektren von Aromaten und Heteroaromaten charakteristisch. Wenn die Aromaten chromophore Substituenten haben, liegen die *B*-Banden längerwellig als die intensiven *K*-Banden. Zum Beispiel liegt die *K*-Bande des Styrols bei 244 nm ($\varepsilon_{max} = 12\,000$), die *B*-Bande bei 282 nm ($\varepsilon_{max} = 450$). Wenn auch noch *R*-Banden neben *K*- und *B*-Banden auftreten, verschieben sich die *R*-Banden in das Langwellige hinter die *B*-Banden.

d) *E*-Banden (ethylenic) sind wie B-Banden charakteristisch für Aromatenspektren. Die E-Bande des Benzols liegt im Fernen UV. Auxochrome Substituenten verschieben sie in den Grenzbereich zum Nahen UV bis etwa 210 nm. Ihr ε_{max} liegt zwischen 2000 und 14000. Wenn die E-Banden bei auxochromen Substituenten in dem Gebiet des Nahen UV auftreten, verlagern sich die B-Banden unter Intensitätsverstärkung zu längeren Wellen.

Tab. 9 gibt einen Überblick über die Bandenlagen in Abhängigkeit von der Elektronenstruktur und den Elektronenübergängen.

Tabelle 9. Elektronenstruktur und -übergänge.

Elektronenstruktur	Beispiel	Übergang	λ_{max} nm	ε_{max}	Bandenart	Lösungsmittel
σ	Äthan	$\sigma \to \sigma^*$	135	—	—	
n	Methanol	$n \to \sigma^*$	167	7000	—	
π	Äthylen	$\pi \to \pi^*$	165	15000	—	
	Acetylen	$\pi \to \pi^*$	173	6000	—	
π und n	Aceton	$\pi \to \pi^*$	188	900	—	
	Aceton	$n \to \pi^*$	275	16	R	
$\pi - \pi$	1,3-Butadien	$\pi \to \pi^*$	220	26000	K	
$\pi - \pi$ und n	Acrolein	$\pi \to \pi^*$	215	15000	K	
	Acrolein	$n \to \pi^*$	322	13	R	
Aromat. π	Benzol	Aromat. $\pi \to \pi^*$	208	7500	E	Hexan
	Benzol	Aromat. $\pi \to \pi^*$	256	190	B	Hexan
Aromat. $\pi - \pi$	Styrol	Aromat. $\pi \to \pi^*$	248	15000	K	Heptan
	Styrol	Aromat. $\pi \to \pi^*$	282	740	B	Heptan
Aromat. $\pi - \sigma$	Toluol	Aromat. $\pi \to \pi^*$	208	7900	E	Hexan
	Toluol	Aromat. $\pi \to \pi^*$	262	260	B	Hexan
Aromat. $\pi - \pi$	Acetophenon	Aromat. $\pi \to \pi^*$	238	12600	K	Hexan
und n	Acetophenon	Aromat. $\pi \to \pi^*$	275	795	B	Hexan
	Acetophenon	$n \to \pi^*$	319	50	R	Hexan
Aromat. $\pi - n$	Phenol	Aromat. $\pi \to \pi^*$	211	6200	E	Hexan
(auxochrom)	Phenol	Aromat. $\pi \to \pi^*$	270	1450	B	Hexan

Auf die verschiedenen Theorien der Lichtabsorption in Abhängigkeit vom Molekülbau und seiner Elektronenstruktur soll hier nicht näher eingegangen werden. Erwähnt seien die Theorie der „Freien Elektronen" (F-E) von Kuhn[1] und von Bayliss[1], der die für Metalle geläufige Vorstellung positiv geladener Atomrümpfe mit einer Hülle leicht beweglicher Elektronen (Elektronengas) zugrunde liegt, ferner die „Valenzstruktur"-(Valence-Bond-=V-B-) Theorie, die sich an die Theorie der kovalenten Bindung anschließt[3,4] und schließlich die Annäherung der Elektronen-Eigenfunktionen (Orbitale) in Molekülen durch Linearkombination von Atomorbitalen (LCAO-Näherung)[5,6].

Auch eine Behandlung der Auswirkungen zwischenmolekularer Wechselwirkungen, zu denen Lösungsmitteleinflüsse[7], „Ladungsüberführungen" (Charge Transfer)[8] und Komplexbildungen gehören, erübrigt sich an dieser Stelle.

[1] Kuhn, H.: Neuere Verfahren zur Behandlung von π-Elektronensystemen, in: Optische Anregung organischer Systeme. Weinheim: Verlag Chemie, S. 55ff.

[2] Bayliss, N. S.: Quart. Rev. 6 (1952) 319.

[3] Siehe Fußnote 1, S. 745.

[4] Daudel, P., Lefebvre u. C. M. Moser: Quantum Chemistry. New York: Interscience 1959.

[5] Coulson, C. A.: Valence. Oxford: Clarendon Press 1961.

[6] Roberts, J. D.: Kurze Anleitung zur Berechnung von π-Elektronensystemen. Stuttgart: Hirzel 1966.

[7] Rao, C. N. R.: Ultraviolet and Visible Spectroscopy. London: Butterworths 1961.

[8] Briegleb, G.: Elektronen-Donator-Acceptor-Komplexe, Berlin/Göttingen/Heidelberg: Springer 1961.

b) Bandenintensitäten in Elektronen-Bandenspektren

Die Intensität der Absorption hängt im wesentlichen von den Symmetrie-eigenschaften der Molekülorbitale in Grund- und Anregungszustand ab. Die Wahrscheinlichkeit, mit der bei einer Wechselwirkung der Strahlung mit dem Elektronensystem Elektronen in angeregte Zustände überführt werden, nimmt mit der Stärke des elektrischen Moments im angeregten Zustand zu. Je nach dieser Wahrscheinlichkeit unterscheidet man auch hier erlaubte und verbotene Übergänge.

Die Absorption folgt dem Lambert-Beerschen Gesetz (Abschn. II.1.a.β_1 in Teil I). Banden mit maximalen Extinktionskoeffizienten $\varepsilon_{max} > 10^4$ gelten als stark ,mit $\varepsilon_{max} < 10^3$ als schwach. Von den verschiedenen Möglichkeiten zur Darstellung von ε als Funktion der Strahlungsfrequenz hat sich die Auftragung von $\log \varepsilon$ gegen die Wellenzahl ν' durchgesetzt. Die logarithmische Intensitäts-skala ist zweckmäßig, weil ε in einem größeren Wellenzahlbereich Werte zwischen 10^2 und 10^5 und mehr haben kann und die Größen nur im logarithmischen Maß-stab nebeneinander dargestellt werden können. Ein weiterer Vorteil dieser Auftragung ist der, daß die Wahl verschiedener Konzentration oder Schicht-dicken nur zu Parallelverschiebungen der „typischen" Farbkurve führt. Für rein analytische Probleme genügt selbstverständlich die Darstellung der Extinktion E über der Wellenlänge oder der Wellenzahl. Im allgemeinen gelten sonst die glei-chen oder ähnliche Gesichtspunkte für quantitative Messungen, wie sie in den Abschn. II.1.a.β_1 und II.6.b in Teil I geschildert wurden.

Zu der bereits angeführten Literatur seien abschließend noch einige Grund-lagen behandelnde Bücher folgender Autoren genannt: CONDON-SHORTLEY[1], HERZBERG[2], JAFFE-ORCHIN[3], MURRELL[4], PLATT[5], SANDORFY[6] und FÖRSTER[7].

2. Charakteristische Banden

Wie in der Molekülspektroskopie ist auch in der UV-Spektroskopie die Kenntnis der Lage charakteristischer Banden sowohl für die Konstitutionsermittlung als auch für die Ana-lyse wertvoll.

a) Gesättigte Kohlenwasserstoffe

Gesättigte Kohlenwasserstoffe enthalten nur σ-Bindungen mit hohen Ionisationsenergien und dadurch bedingten Absorptionsbanden für $\sigma\text{-}\sigma^*$-Übergänge im Fernen UV (CH_4: $\sim$125 nm, C_2H_6: $\sim$135 nm).

b) Gesättigte Verbindungen mit n-Elektronen

Gesättigte Verbindungen mit Heteroatomen (Auxochrome), z. B. mit Sauerstoff, Stick-stoff oder Schwefel, besitzen neben σ-Elektronen nichtbindende, einsame Elektronenpaare. Alkohole oder Äther absorbieren zwischen 180 und 190 nm. Im Nahen UV treten Banden ge-ringer (sw) bis mittlerer (m) Intensität in Spektren von Mercaptanen ($\sim$230 nm, sw), Sulfiden (210 nm, m) oder Disulfiden ($\sim$205 nm, m) auf.

[1] CONDON, E. U., u. G. M. SHORTLEY: Theory of Atomic Spectra. Cambridge 1964.

[2] HERZBERG, G.: Electronic Spectra and Electronic Structure of Polyatomic Molecules. New York: Van Nostrand 1966.

[3] JAFFÉ, H. H., u. M. ORCHIN: Theory and Applications of UV-Spectroscopy. New York: Wiley 1962.

[4] MURRELL, J. N., Elektronenspektren organischer Moleküle. Mannheim: Bibliogr. Inst. 1967.

[5] PLATT, J. R.: Systematics of Electronic Spectra of Conjugated Molecules. New York: Wiley 1964.

[6] SANDORFY, C.: Die Elektronenspektren in der organischen Chemie. Weinheim: Verlag Chemie 1961.

[7] FÖRSTER, TH.: Fluoreszenz organischer Verbindungen. Berlin/Göttingen/Heidelberg: Springer 1951.

c) Verbindungen mit π-Elektronen

α) Isolierte Doppelbindungen. Wichtige Einzelchromophore sind Olefin-, Acetylen-, Nitril-, Carbonyl-, Carboxyl-, Nitro- und Sulfoxidgruppen. An dieser Stelle interessieren nur die Spektren der ersten beiden Verbindungsklassen.

Äthylen selbst hat seine stärkste, langwellige π-π^*-Bande um 175 nm (ε_{max}: $\sim 10^4$) und eine schwächere (verbotene) Bande um 210 nm (ε_{max}: 10^3). Bei Alkylsubstitution verschieben sie sich unter Intensitätserhöhung zu längeren Wellen. Moleküle mit dreifach alkylsubstituierter Doppelbindung absorbieren zwischen 189 und 196 nm und Moleküle mit vierfach alkylsubstituierter Doppelbindung zwischen 196 und 206 nm. Die Banden liegen damit in einem heute mit stickstoffgespülten Spektrometern zugänglichen Grenzbereich zum Fernen UV.

Die Hauptbande des gasförmigen Acetylens tritt bei 173 nm (ε_{max}: $6 \cdot 10^3$) auf.

β) Konjugierte Systeme. Wie bereits erwähnt wurde, ist die Absorption von Verbindungen mit zwei konjugierten Doppelbindungen zu größeren Wellenlängen verschoben und wesentlich stärker als die von Einzelchromophoren. Eine nennenswerte Beeinflussung der Spektren durch Lösungsmittel ist nicht zu beobachten. Die Spektren nichtzyklischer, konjugierter Diene zeigen starke K-Banden zwischen 215 und 230 nm (ε_{max}: $17 \cdot 10^3$ bis $26 \cdot 10^3$). Die Anreihung einer weiteren Doppelbindung führt zu einer Absorption bei längeren Wellen (240 bis 290 nm) mit höherer Intensität (Hexatrien: 258 nm. ε_{max}: $35 \cdot 10^3$). Systeme mit sechs und mehr Doppelbindungen haben schließlich Banden im Sichtbaren mit ε_{max}-Werten bis zu $2 \cdot 10^5$ (Abb. 95). Die Endsubstitution eines Polyens durch eine auxochrome Gruppe bewirkt eine starke bathochrome Verschiebung der K-Banden.

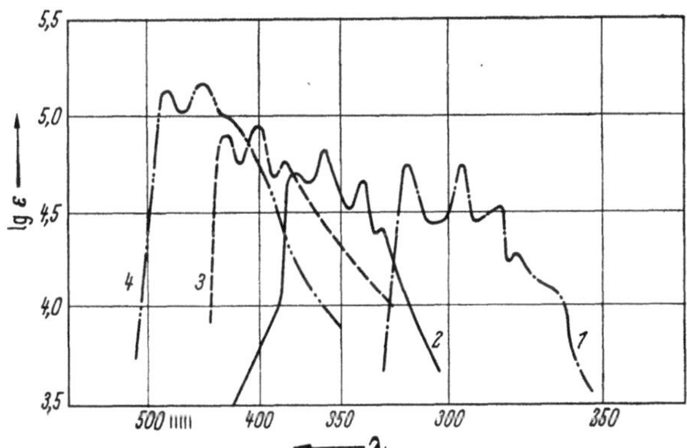

Abb. 95. UV-Absorption von Substanzen mit mehr als drei konjugierten Doppelbindungen.
_1_ 1,8-Dimethyloctatetraen ($n = 4$); _2_ 1,12-Dimethyldodecahexaen ($n = 6$); _3_ Dihydrobixinmethylester ($n = 8$); _4_ all-trans-Carotin ($n = 10$).

Konjugierte Doppelbindungen in Fünf- und Sechsringsystemen absorbieren bei längeren Wellen, aber mit kleinerer Intensität als die entsprechenden offenkettigen Verbindungen (Cyclopentadien: 239 nm, ε_{max} $34 \cdot 10^2$; 1,3-Cyclohexadien: 256 nm, ε_{max} $8 \cdot 10^3$). Auch die Substitution durch Alkylgruppen oder die Bildung exocyclischer Doppelbindungen bewirken Verschiebungen in das Langwellige. Hierfür aufgestellte Regeln[1] sind besonders für die Konstitutionsaufklärung von Steroiden wichtig. Trans-isomere absorbieren in der Regel bei höheren Wellenlängen mit größerem ε_{max} als Cis-isomere.

Verbindungen mit konjugierten Doppel- und Dreifachbindungen haben K-Banden, die gegenüber den Banden der entsprechenden Diene kaum verschoben, aber viel weniger intensiv sind (Butadien: 217 nm, ε_{max} $21 \cdot 10^3$; Vinylacetylen: 219 nm, ε_{max} $64 \cdot 10^2$). Substanzen mit zwei oder drei konjugierten Dreifachbindungen absorbieren schwach (ε_{max} 200 bis 300) zwischen 200 und 300 nm. Die Absorptionskurven zeigen Feinstruktur. Wenn die Zahl der konjugierten

---

[1] DORFMAN, L.: Chem. Rev. 53 (1953) 47.

Dreifachbindungen noch höher wird, verschieben sich die schachen Banden in das Lang-wellige, während gleichzeitig starke Banden (ε_{max} bis $4 \cdot 10^5$) im kurzwelligen Bereich des Spektrums auftauchen.

γ) **Aromaten.** Die Spektren linear annellierter Aromaten sind in Abb. 96 dargestellt. Benzol besitzt im Nahen UV zwei Banden (E-Bande: $\sim$200 nm, ε_{max} $8 \cdot 10^3$; B-Bande: 255 nm, ε_{max} $2,3 \cdot 10^2$).

Die B-Banden zeigen in den Spektren vieler Benzolderivate, Benzolhomologer und kon-densierter Aromaten Feinstruktur; die Ebenheit des chromophoren Systems ist eine Vor-aussetzung für ihr Auftreten. Durch Substitution des Benzolringes werden sowohl die B- als

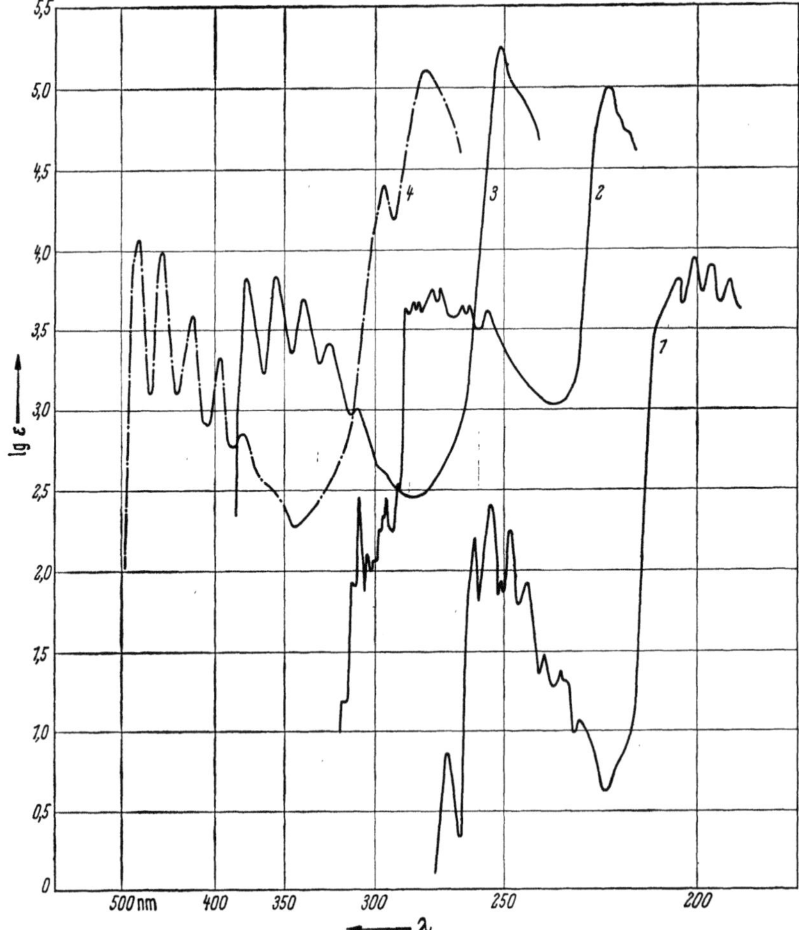

Abb. 96. UV-Absorption von Acenen.
1 Benzol, *2* Naphthalin, *3* Anthracen, *4* Naphthacen.

auch die E-Banden — im allgemeinen bathochrom — verschoben. Während bei der Sub-stitution durch Alkylgruppen die Feinstruktur der B-Bande erhalten bleibt, geht sie bei Sub-stitution durch Auxochrome mehr oder minder verloren. Die Substitution des Benzols durch Chromophore führt zum Auftreten starker K-Banden (Styrol: 244 nm, ε_{max} $12 \cdot 10^3$). Sie liegen bei kleineren Wellenlängen als die acyclischer Systeme mit gleicher Zahl von Doppel-bindungen. Auch die B-Banden des Benzols werden durch Konjugation mit acyclischen Chro-mophoren bathochrom verschoben (Styrol: 282 nm, ε_{max} 215). Da diese Verschiebungen je-doch relativ klein sind, kann es zu Überlagerungen von K- und B-Banden kommen. Dies ist z. B. bei der Konjugation des Benzols mit weiteren Benzolringen der Fall (Diphenyl: 252 nm ε_{max} $18,2 \cdot 10^3$). Die p-Polyphenyle und die m-Polyphenyle verhalten sich dabei verschieden.

Bei den p-Verbindungen beobachtet man eine Abhängigkeit der Bandenlage von der Zahl der Chromophore; bei den m-Verbindungen ist die Bande lagekonstant bei 255 nm, ihre Intensität nimmt proportional der Zahl der Phenylgruppen zu. R-Banden werden in den Spektren durch Chromophore substituierter Benzole nur dann beobachtet, wenn die chromophore Gruppe selbst im Nahen UV absorbiert.

Auch die Banden kondensierter Ringsysteme wandern mit zunehmender Ringzahl in das Sichtbare. Das Naphthacen mit vier linear annellierten Ringen ist gelb (480 nm, ε_{max} 1,1 $\cdot$ 10^4), das Pentacen mit fünf Ringen ist blau (580 nm, ε_{max} 1,26 $\cdot$ 10^4).

δ) Heterocyclen. Gesättigte Heterocyclen absorbieren erst bei Absorption durch mindestens zwei konjugierte chromophore Gruppen im Nahen UV. Die ungesättigten Heterocyclen sind in ihrem Absorptionsverhalten den entsprechenden Aromaten sehr ähnlich. In den Spektren von Fünfring-Heterocyclen, z. B. von Thiophen oder von Pyrrol, treten im Gegensatz zu allycyclischen Dienen nicht nur K- (200 bis 210 nm, ε_{max} 5 $\cdot$ 10^3 bis 16 $\cdot$ 10^3) sondern auch B-Banden (230 bis 250 nm, ε_{max} 3 $\cdot$ 10^2 bis 56 $\cdot$ 10^2) mit Feinstruktur auf. Bei chromophoren Substituenten verschwinden die B-Banden neben den E- und K-Banden. Die B-Banden der Sechsring-Heteroaromaten liegen gewöhnlich bei ähnlichen Wellenlängen wie die vergleichbarer isocyclischer Aromaten; ihre Intensität ist wesentlich höher. Sie besitzen besonders in apolaren Lösungsmitteln Feinstruktur, die aber in polaren Lösungsmitteln, z. B. bei Pyridin in saurem Medium, unter Intensitätsverstärkung der Grundbande verschwinden kann.

ε) Lösungsmittelspektren. Da die Extinktionskoeffizienten im UV meist relativ hohe Werte haben, ist man gezwungen, entweder in sehr dünnen, quantitativ schwer bestimmbaren Schichten oder in Lösungsmitteln zu arbeiten. In dem UV-Atlas der DMS[1] sind die Spektren einer Reihe von Lösungsmitteln wiedergegeben und einige Angaben über ihre Eignung, Reinigung und Alterungs-

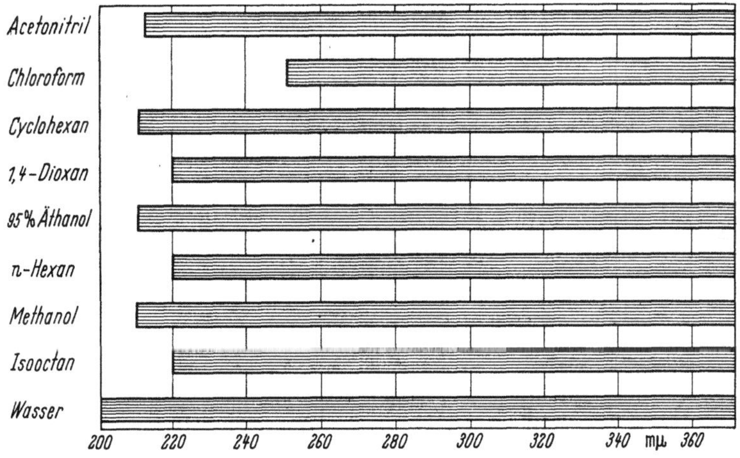

Abb. 97. Durchlässigkeitsbereiche einiger Lösungsmittel im UV.

beständigkeit gemacht, die man z. T. auch in Artikeln und Büchern von PESTEMER-BUNGE[3], von WEISSBERGER und Mitautoren[4] oder von SILVERSTEIN und BASSLER[5] findet. Abb. 97 zeigt die Durchlässigkeitsbereiche einiger üblicher Lösungsmittel.

---

[1] Siehe Fußnote 1, S. 746.

[2] PESTEMER, M.: Angew. Chem. 63 (1951) 118, 67 (1955) 740. — b) Ders.: Anleitung zum Messen von Absorptionsspektren im Ultraviolett und Sichtbaren. Stuttgart: G. Thieme 1964.

[3] BUNGE, W. in Houben-Weyl: Methoden der organischen Chemie, I/2, 4. Aufl. Stuttgart: G. Thieme 1955.

[4] WEISSBERGER, A., E. S. PROSKAUER, J. A. REDDICK u. E. E. TOOPS in: Technique of Organic Chemistry, Vol. VII. 2. Ed. New York: Interscience 1955.

[5] Siehe Fußnote 2 in Teil I, S. 260.

3. Spektrensammlung, -dokumentation und -auswertung

Spektren- und Literatursammlungen, denen weitere allgemeine und spezielle Unterlagen über die Lage charakteristischer Absorptionsbanden entnommen werden können, enthalten neben dem bereits mehrfach erwähnten DMS-Atlas[1] der im Rahmen des Research Project 44 herausgegebene Katalog des American Petroleum Institute[2], die Sammlung der Sadtler-Standardspektren[3] (22000 Spektren), eine Zusammenstellung von FRIEDEL und ORCHIN[4], der Landoldt-Börnstein[5], die von KAMLET[6a], UNGNADE[6b] und PHILLIPS-NACHOD[6c] herausgegebenen „Electronic Spectral Data", der ASTM-E13 IBM-Card-Index[7], ein Verzeichnis von HERSHENSON[8] und verschiedene Veröffentlichungen von LANG[9].

4. Experimentelle Technik der UV-Spektroskopie

KORTÜM[10] hat vorgeschlagen, Kolorimetrie und Photometrie als spektroskopische, quantitative Analyse einer bekannten Substanz durch Farb- bzw. durch Extinktionsvergleich und Spektrometrie als Messung der Strahlungsabsorption in Abhängigkeit von der Wellenlänge zur Konstitutionsermittlung oder zum Nachweis einer Substanz zu bezeichnen. Unter Anwendung dieser Definition soll hier nur über die Technik der Spektrometrie berichtet werden.

Zur Messung des gesamten Absorptionsspektrums im Sichtbaren und im UV werden heute nur photoelektrische Spektrometer verwendet. Man unterscheidet wie bei den IR-Spektrometern Einzelstrahl- und Doppelstrahlgeräte. Instrumente mit einem Strahlengang unterscheiden sich von den in zunehmendem Maße eingesetzten Doppelstrahlspektrometern vor allem dadurch, daß mit ihnen die Extinktion meist ohne Registrierung punktweise in Abhängigkeit von der Wellenlänge gemessen wird, während mit Doppelstrahlgeräten das Absorptionsspektrum meist automatisch über der Wellenlänge oder der Wellenzahl registriert wird. Von den im folgenden genannten Meßverfahren werden die drei erstgenannten nicht nur in Einzelstrahl- sondern auch in Doppelstrahlgeräten, das letzgenannte wird dagegen nur in Zweistrahlspektrometern angewendet:

a) Ausschlagmethoden, bei denen man I und I_0 hinter der Meß- bzw. der Vergleichsküvette hintereinander durch den Photostrom des photoelektrischen Empfängers mißt.

b) Kompensations- oder Verhältnismethoden, bei denen der durch I bzw. I_0 ausgelöste Photostrom elektrisch kompensiert wird.

---

[1] Siehe Fußnote 1, S. 746.

[2] Catalog of Selected Ultraviolet Spectral Data, American Petroleum Institute Research Project 44, Thermodynamics Research Center, Texas, A and M University, College Station.

[3] Sadtler Standard Ultraviolet Spectra, London.

[4] FRIEDEL, R. A., u. M. ORCHIN: Ultraviolet Spectra of Aromatic Compounds. New York J. Wiley 1951 und 1958.

[5] Siehe Fußnote 9 in Teil I, S. 190.

[6a] KAMLET, M. J. (Hrsg.): Electronic Spectral Data 1946—1952 New York: Interscience 1960.

[6b] UNGNADE, H. G. (Hrsg.): Electronic Spectral Data 1953—1955, New York: Interscience 1960.

[6c] PHILLIPS, J. P., u. F. C. NACHOD (Hrsg.): Organic Electronic Spectral Data 1958 bis 1962, New York: J. Wiley 1963.

[7] ASTM: Molecular Formula List of Compound Names and References to Published Ultraviolet and Visible Spectra, Indexed by the Wyanadotte-Kuentzel Punshed Card Index. Philadelphia: Special Technical Publication 357, 1963.

[8] HERSHENSON, H. M.: Ultraviolet Absorption Spectra, Index 1930—1954, 1954—1957, New York: Academic Press 1956 und 1961.

[9] LANG, L.: Absorption Spectra in the Ultraviolet and Visible Region, Vol. I. New York: Academic Press 1961; Vol. II. Hungarian Academy of Science Budapest: 1961.

[10] Siehe Fußnote 1 in Teil I, S. 175.

c) Substitutionsmethoden, bei denen die nacheinander gemessenen Intensitäten von I und I_0 durch eine veränderliche Lichtschwächungseinrichtung oder durch eine Küvette variabler Schichtdicke im Vergleichsstrahlengang (I_0) auf gleiche Werte gebracht werden.

d) Zweistrahl-Wechsellicht-Methoden, bei denen die durch einen Unterbrecher frequenzmodulierte Strahlung über eine Umlenkeinrichtung im schnellen Wechsel durch die Probe und durch eine Schwächungseinrichtung im Vergleichsstrahlengang geleitet und die letztere solange verstellt wird, bis der durch Unterschiede von I und I_0 bedingte Photostrom keine Wechselstromkomponente mehr zeigt, die durch einen abgeschlossenen Wechselstromverstärker weiter verstärkt werden könnte. Dieses Prinzip wurde für IR-Spektrometer (Abschn. II.4 in Teil I) näher beschrieben.

Wie IR- (Abschn. II.4) oder Raman-Spektrometer (Abschn. II.5) bestehen auch das Verhältnis I/I_0 registrierende Doppelstrahl-UV-Spektrometer, auf die im folgenden allein eingegangen werden soll, aus Strahlenquelle, Monochromator, Strahlungsempfänger, Verstärker, Registrierteil und Zubehör, z. B. Substanzküvetten, Reflexionseinrichtungen, Mikroilluminatoren, Fluoreszenzzusätzen. Die bereits angedeutete Ähnlichkeit von IR- und UV-Spektrometern wird u. a. dadurch gekennzeichnet, daß in der Spektrometerserie 137 der Firma Perkin-Elmer (Abschn. II.4.e.ε) auch ein Gerät 137-UV für den Meßbereich 190 bis 750 nm gebaut wird. Abb. 98 zeigt als typisches Beispiel ein Doppelstrahlinstrument derselben Firma mit

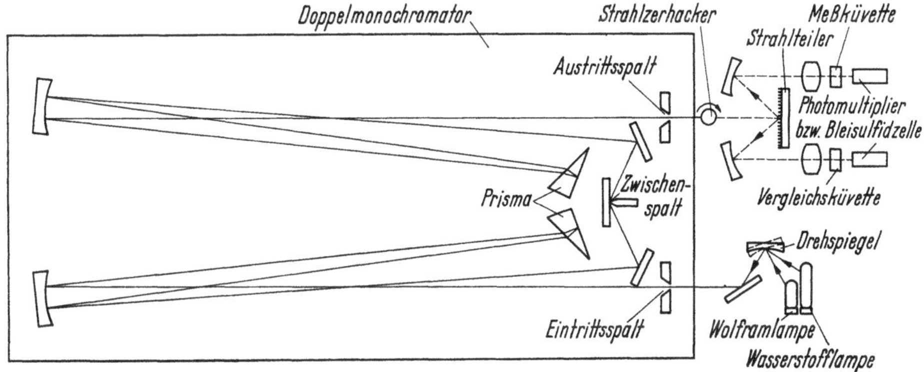

Abb. 98. UV-Spektrometer Modell 450, Perkin-Elmer.

Wasserstoff- oder Deuterium-Entladungs- und Wolfram-Bandlampe als Strahlungsquellen, Prismen-Doppelmonochromator sowie Sekundär-Elektronen-Vervielfacher (SEV) und Bleisulfidzelle in Meß- (I) und Vergleichsstrahlengang (I_0).

a) Strahlungsquellen

Strahlungsquellen mit kontinuierlicher Emission für den UV-Bereich bis etwa 380 nm sind Wasserstoff- oder Deuterium-Entladungslampen und für das Gebiet des Sichtbaren und des Nahen IR Wolfram-Bandlampen. Sie werden in modernen Spektrometern automatisch in den Strahlengang eingeschaltet, in dem in Abb. 98 gezeigten Spektrometer z. B. durch Drehung des Spiegels hinter der Strahlenquelle bei etwa 350 nm. In manchen Fällen, z. B. bei Fluoreszenz- oder Reflexionsmessungen werden Xenon-Hochdrucklampen und zur Eichung der Wellenlängenskala Quecksilberdampflampen verwendet.

b) Monochromatoren

Nach den Ausführungen über Monochromatoren für IR-Messungen (Abschn. II.4.b in Teil I) ist hier nur zu ergänzen, daß in Prismen-Monochromatoren Quarzprismen und -linsen und in Gittergeräten Echelette-Gitter mit Blaze-Wellenlängen um 500 nm in 1. Ordnung für das UV und das Sichtbare sowie eventuell weitere Gitter für den Bereich des Nahen IR verwendet werden. Eine Reihe von

Spektrometern ist auch zur Spülung mit Stickstoff eingerichtet, um den Meßbereich in das Ferne UV bis etwa 175 nm zu erweitern.

c) Strahlungsempfänger

Strahlungsempfänger sind heute im UV und im Sichtbaren fast ausnahmslos Sekundär-Elektronen-Vervielfacher (Abschn. II.4.c.γ in Teil I) und für das Nahe IR Photowiderstände, z. B. Bleisulfid-Zellen bis etwa 3,6 μ.[1]

d) Verstärkung und Registrierung

Auch hier gelten ähnliche Gesichtspunkte wie in der IR-Spektroskopie (Abschn. II.5.d in Teil I). Allerdings wird bei Doppelstrahlgeräten in den meisten Fällen nicht wie in der IR-Spektroskopie mit optischem Nullabgleich (Abschn. III.4) Verfahren d) sondern mit Verhältnisregistrierung der beiden Photoströme im Meß- und im Vergleichskanal (Abschn. III.4, Verfahren b) gearbeitet (Abb. 98). Ergänzend sei das Prinzip der elektrischen Schaltung des UV-Spektrometers DK 1 der Firma Beckman[2] gezeigt (Abb. 99). Strahlungsquellen sind eine Wasserstoff- und eine Wolfram-Lampe (6).

Der Monochromator arbeitet mit einem 30°-Quarzprisma (2) in Littrow-Aufstellung. Die spektral zerlegte Strahlung der jeweils eingeschalteten Lampe wird hinter dem Austrittsspalt des Monochromators durch eine Blendenscheibe (5) mit 480 Hz moduliert, kommt an einen mit 13 Hz rotierenden Sektorspiegel (8), der sie über feststehende Spiegel abwechselnd durch Meß- (10) und Vergleichsküvette fallen läßt, und wird schließlich durch einen zweiten ebenfalls mit 13 Hz rotierenden Sektorspiegel (11) auf den Empfänger (12) — SEV oder PbS-Photowiderstand — geführt. Dadurch fällt auf diesen abwechselnd das Wechsellicht des Meß- und des Vergleichsstrahls. Die von ihm kommenden Signale werden zunächst in einem Vor- und dann in einem Hauptverstärker (14, 16) verstärkt. Anschließend werden sie synchron mit der optischen Umschaltung von Meß- und Vergleichskanal elektrisch (17) auf zwei getrennte Stromkreise umgeschaltet und gleichgerichtet (18, 19). Die den Lichtintensitäten in beiden Kanälen proportionalen Gleichströme fließen durch zwei gleiche lineare Widerstände ($R_1 = R_2$) zur Erde ab. Die an R_1 liegende Spannung ist bei Absorption der Probe kleiner als die an R_2 liegende. Beide Spannungen werden einem Verstärker (23) zugeführt, der die Differenzspannung $I_0 \cdot R_2 - I \cdot R_1$ verstärkt und mit dem resultierenden Strom einen Servomotor (24) antreibt. Dieser Motor ist mechanisch mit einem Schleifer an R_2 verbunden. Der Motor bewegt ihn solange, bis die Differenzspannung bei dem Widerstand R_2' Null wird. Es gilt dann:

$$I_0 \cdot R_2' = I \cdot R_1 \tag{49a}$$

oder für die Durchlässigkeit:

$$I/I_0 = R_2'/R_1 = R_2'/R_2. \tag{49b}$$

R_2'/R_2 entspricht also direkt der Durchlässigkeit der Probe. Mit dem Schleifer an R_2 bewegt sich eine Schreibfeder (25) auf dem in 100 Teile geteilten Schreibpapier, dessen Breite der Länge von R_2 entspricht. Infolgedessen wird auf ihm bei richtiger Justierung der Null- und der 100%-Linie (20, 21) direkt die Durchlässigkeit in Prozenten für die jeweils eingestellte Wellenlänge geschrieben. Mit zwei Widerständen R_1 und R_2, die sich mit der Länge logarithmisch ändern, kann auch die Extinktion (log I_0/I) linear registriert werden. Zu diesem Servosystem tritt ein zweites (26, 27). Mit diesem wird zur Berücksichtigung der spektralen Spaltbreite (Abschn. II.4.b in Teil I), der spektralen Energieverteilung der Strahlungsquellen und der relativen spektralen Empfindlichkeit der Strahlungsempfänger, die sich mit der Wellenlänge ändern, die an R_2 liegende Spannung U_2 unter Bezug auf eine feste Spannung dadurch konstant gehalten, daß der Eintrittsspalt je nach den herrschenden Bedingungen geöffnet oder geschlossen wird. Diese in UV-Geräten bevorzugte Einrichtung entspricht der Spaltsteuerung durch Kurvenscheiben in IR-Spektrometern.

e) Spektrometer

Spektrometer für das UV, den sichtbaren Bereich und das Nahe IR werden als Einzel- und Doppelstrahlgeräte mit Einfach- und Doppel-Prismen- oder

---

[1] GÖRLICH, P.: Die Anwendung der Photozellen. Leipzig: Akad. Verlagsges. 1954.
[2] Siehe Fußnote 1 in Teil I, S. 208.

Gitter-Monochromatoren von einer großen Zahl in- und ausländischer Firmen gebaut. Die folgenden kurzen Hinweise beziehen sich nur auf eine Auswahl. Eine gute Übersicht und Schilderung verschiedener Typen findet man bei MOENKE[1].

α) Bausch & Lomb.[2] Spectronic 505 Recording Spectrophotometer mit Gitter-Doppelmonochromator (1200 Furchen/mm); Meßbereich 200 bis 650 nm mit SEV.

β) Beckman-Instruments.[3] Automatic Recording Spectrophotometer DK-1 (-1 A) und DK-2 (-2 A) mit 30°-Quarzprismen-Einfachmonochromator (Abb. 99); Meßbereiche 185 bzw. 160 bis 3500 nm mit SEV und Photowiderstand. Die Auflösung ist im UV < 0,3, im Sichtbaren 1 und im Nahen IR 3 nm.

γ) Cary[4]. Recording Spectrophotometer 14 mit 30°-Quarzprisma- und Echelette-Gitter-(600-Furchen/mm)-Doppelmonochromator (Abb. 100); Meßbereich 185 bis 2650 nm mit SEV und Photowiderstand. Die monochromatische Strahlung wird vor dem Probenraum (T, T') durch eine rotierende Unterbrecherscheibe (N) und einen rotierenden Halbspiegel (O) moduliert und aufgespalten. Interessant an dem Gerät ist die Umkehr des Strahlenganges bei Messungen im Nahen IR. Dazu wird die Strahlenquelle (Y) an den Ort des Empfängers (X) gesetzt und die Strahlung durch die Spiegel (d) und (e) auf den Empfänger, einen Pbs-Photowiderstand (f), gelenkt. Durch diese Anordnung wird verhindert, daß Streustrahlung aus dem Unterbrecherteil auf den Empfänger fällt; dies wäre am Ort von (Y) der Fall. Das Auflösungsvermögen des Gerätes ist 0,1 nm im UV und 0,3 im Nahen IR.

Das Modell 15 für den Meßbereich 175 bis 800 nm besteht aus einem Littrow-Doppelmonochromator mit zwei 30°-Quarzglas-Prismen, einem System von festen Planspiegeln als Strahlungsteiler, übereinander angeordneten Küvetten und zwei SEV.

δ) Hilger & Watts[5]. Ultrascan mit 32°-Spectrosil-Prismen-Monochromator; Meßbereich 200 bis 700 nm mit Deuterium- und Wolframlampe sowie SEV; Auflösung 0,1 nm im UV, 0,2 nm im Sichtbaren.

ε) Leitz-Unicam[6,7]. Vollautomatisches Spektralphotometer S. P. 800 (Abb. 101) für den Bereich 190 bis 700 nm; mit Deuterium- und Wolframlampe, 30°-Quarzglas-Prismen-

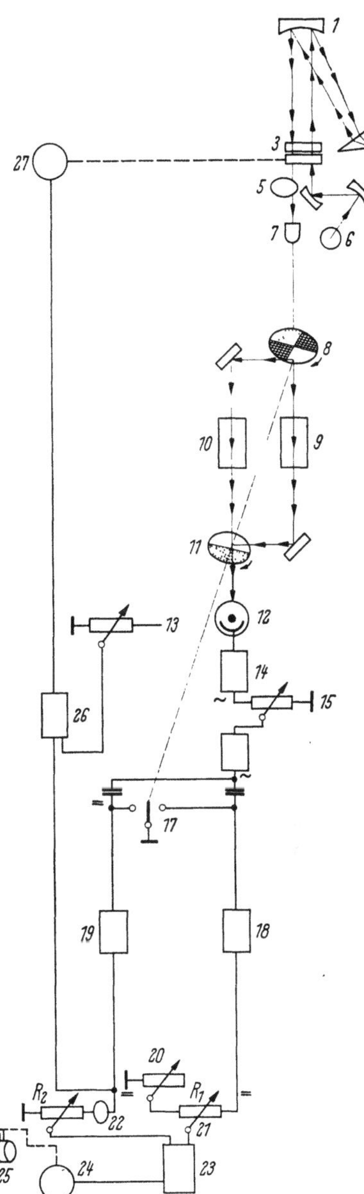

Abb. 99. UV-Spektrometer, Modell DK1, Beckman.
1 Kollimatorspiegel; *2* Prisma; *3* Spalte; *4* Kondensorspiegel; *5* Unterbrecher; *6* Lichtquelle; *7* Linse; *8* Spiegelblende; *9* Vergleichsküvette; *10* Meßküvette; *11* rotierender Sektorspiegel; *12* Empfänger; *13* Abgleichpotentiometer; *14* Vorverstärker; *15* Empfindlichkeitseinstellung; *16* Hauptverstärker; *17* Stromwandler; *18* Gleichrichter für Meßstrahl; *19* Gleichrichter für Vergleichsstrahl; *20, 21* Null- bzw. 100%-Justierung; *22* Gleichstrommesser; *23, 24* Servoverstärker bzw. Servomotor für Registrierung; *25* Schreiber; *26, 27* Servoverstärkung bzw. Servomotor für Spalt.

---

[1] Siehe Fußnote 7 in Teil I, S. 199.
[2] BAUSCH & LOMB, Rochester, New York, USA.
[3] Siehe Fußnote 1 in Teil I, S. 208.
[4] Siehe Fußnote 2 in Teil I, S. 246.
[5] Siehe Fußnote 2 in Teil I, S. 242.
[6] Siehe Fußnote 2 in Teil I, S. 209.
[7] Siehe Fußnote 1 in Teil I, S. 213.

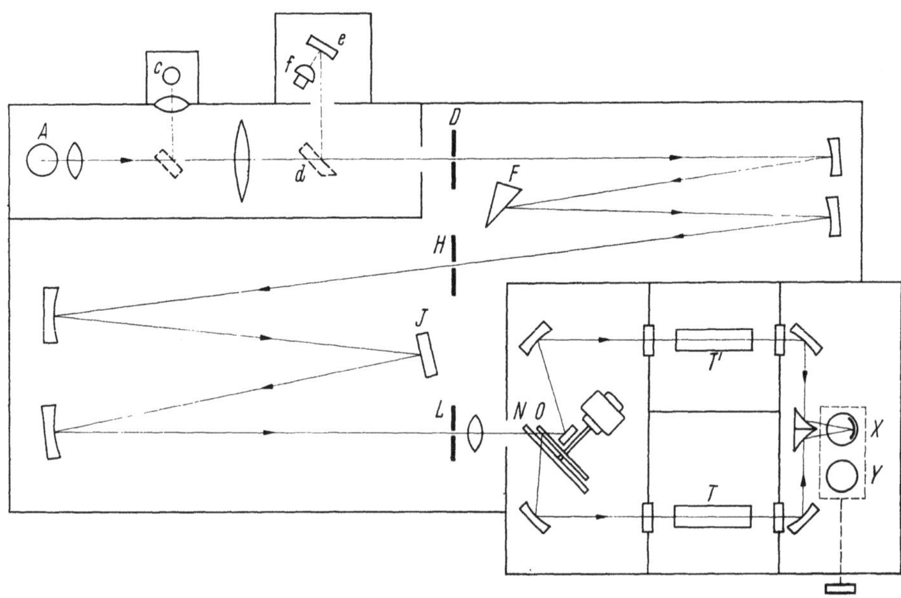

Abb. 100. UV-Spektrometer, Modell 14, Cary.

A Wasserstofflampe; *c* Wolframlampe; *f* PbS-Photowiderstand; *D* Eintrittsspalt; *F* Prisma; *H* Mittelspalt; *J* Dispersionsgitter; *L* Austrittsspalt; *N* Unterbrecher; *O* rotierender Halbspiegel; *X* Photozelle; *Y* Strahler für Nahes IR; *T′* Vergleichsstrahlengang; *T* Meßstrahlengang.

Monochromator in Littrow-Aufstellung, SEV (rotempfindlich für Modell S. P. 800 B und D), zwei Probenräumen (*2*, *4*) und (*2′*, *4′*) für normale Proben bzw. für Einkristalle, trübe Lösungen oder andere lichtstreuende Proben. Auflösung im UV 0,1 bis 0,4 nm, im Sichtbaren 0,4 bis 2 nm.

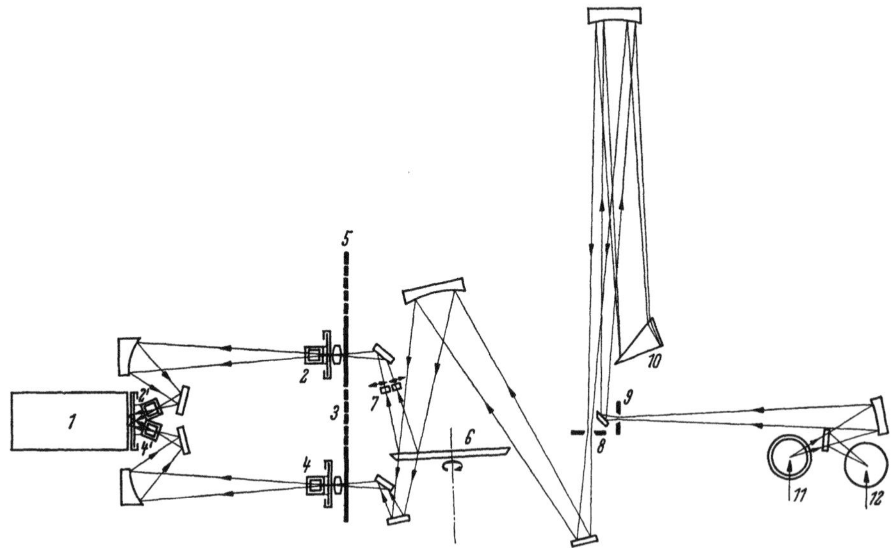

Abb. 101. UV-Spektrometer, Modell SP. 800, Unicam-Leitz.

1 SEV; *2* Vergleichsküvette; *3* Lichtschwächung; *4* Meßküvette; *2′*, *4′* Küvetten für Spezialproben; *5* Verbindung zum Schreiber; *6* optischer Schalter; *7* Korrektureinrichtung; *8* Austrittsspalt; *9* Eingangsspalt; *10* Prisma; *11* Deuteriumlampe; *12* Wolframlampe.

ζ) Perkin-Elmer[1] und Hitachi[2]. Einzelstrahl-Gitter-Spektrophotometer Modell 139 (190 bis 900 nm) in Baustein-Zusammenstellung mit Deuterium- und Wolframlampe, SEV und Photozelle (P. E. u. H.)

Zweistrahl-Gitter-Spektrophotometer Modell 124 für den Bereich 190 bis 800 nm (P. E. u. H.)

Zweistrahl-Prismen-Spektrophotometer Modell 137 UV (190 bis 750 nm) mit Wasserstoff- und Wolframlampe, 60°-Quarzglas-Prisma, SEV; Auflösung 0,2 nm im UV, 0,3 nm im Sichtbaren, 1,5 nm bei 650 nm. (P. E.)

Zweistrahl-Prismen-Spektrophotometer EPS-3 T (185 bis 2600 nm). Lampen und Empfänger wie Modell 139. Auflösung 0,1 nm im UV (P. E. u. H.).

Zweistrahl-Prismen-Spektrophotometer Modell 450 (165 bis 2700 nm) mit Doppelmonochromator (Abb. 98). Auflösungsvermögen 0,03 nm bei 185 nm, 0,1 nm bei 250 nm, 0,5 nm bei 600 nm, 1,5 nm bei 2600 nm. Streustrahlung im Gesamtbereich $<$0,1 %. (P. E.)

η) Zeiss-Opton[3] (Abb. 102). Registrierendes Zweistrahl-Spektrophotometer RPQ-20 A (200 bis 2700 nm) mit Wasserstoff- und Wolframlampe, dem bekannten 30°-Quarzglas-Prismen-Einfachmonochromator M4Q-II, Strahlenteilung hinter dem Monochromator ohne

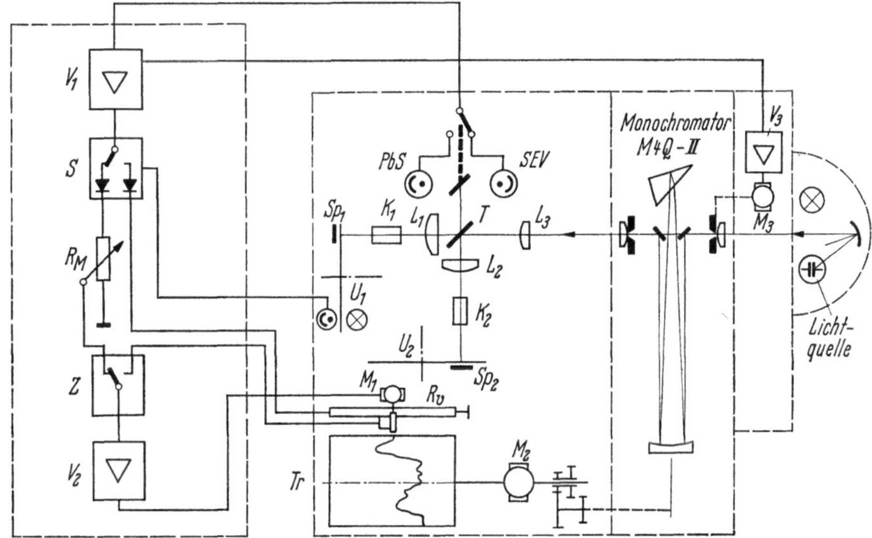

Abb. 102. Blockschachtbild des Zeiss-Registrierphotometers RPQ-20A.
K Küvetten; *L* Linsen; *M* Motoren; *R* Widerstände; *S* elektronischer Schalter; *Sp* Spiegel; *T* Strahlenteiler; *Tt* Schreibtrommel; *U* Unterbrecherscheiben; *V* Verstärker; *Z* Zerhacker.

bewegte optische Teile durch eine teildurchlässige Quarzplatte (T). Durch Reflexion an Sp_1 und Sp_2 zweimalige Durchstrahlung der senkrecht zueinander stehenden Küvetten (K_1 und K_2) durch die mit den Unterbrechern U_1 und U_2 verschieden modulierten Meß- und Vergleichsstrahlen, die nach Reflexion an T bzw. nach Durchgang durch T auf den SEV oder den Photowiderstand fallen; elektrische Quotientenbildung mit Registrierung nach einem Kompensationsverfahren. Auflösung 0,1 nm im UV.

f) Küvetten und Zusatzeinrichtungen

α) Küvetten. Man verwendet heute vorwiegend Trogküvetten mit rechteckigem Querschnitt in Schichtdicken von 0,1 bis 40 mm. Mikroküvetten mit Teflon- oder amalgamierten Blei-Abstandsringen können Schichtdicken zwischen 0,007 bis 2 mm, entsprechend 0,018 bis 0,23 ml Inhalt, haben[4]. Für größere Schichtdicken bis 100 mm sind zylindrische Küvetten gebräuchlich. Zur schnellen Einstellung unterschiedlicher Schichtdicken werden entweder

---

[1] Siehe Fußnote 1 in Teil I, S. 210.
[2] Hitachi Ltd. Tokio, Japan.
[3] Zeiss-Opton, Oberkochen.
[4] RIIG, Ges. f. wiss. Geräte, München.

Baly-Rohre[1] oder den variablen IR-Küvetten (Abb. 42, Abschn. II.4.f.β. in Teil I) entsprechende Küvetten verwendet. Küvetten für spezielle Zwecke, z. B. für hohe oder tiefe Temperaturen, für kinetische Untersuchungen im Durchfluß, sind in großer Zahl beschrieben worden[2,3]. Alle Typen können je nach Meßbereich mit Fenstern aus Glas oder aus Quarzglas verschiedener Qualität verwendet werden. In vielem gelten für ihren Einsatz sonst ähnliche Gesichtspunkte wie für IR-Küvetten (Abschn. II.4.f). Von einigen Firmen werden auch automatische Küvettenwechsler zur schnelleren Messung von Konzentrationsreihen oder für kinetische Untersuchungen geliefert.

β) **Zusatzeinrichtungen.** Auch eine Reihe von Zusatzeinrichtungen für UV-Spektrometer entspricht den in der IR-Spektroskopie verwendeten Zusätzen. Zu nennen sind: Möglichkeiten zur Registrierung bei konstanter Wellenlänge, zur Skalendehnung, zur Programmsteuerung oder zum Anschluß eines Zweitschreibers, Mikroilluminatoren und Zubehör zur Bestimmung der spiegelnden oder der diffusen Reflexion (Remissionszusätze). Ferner werden angeboten: Ausbauteile zur Messung der Fluoreszenz, für die Flammenphotometrie oder die Nephelometrie.

g) Spezialspektrometer

α) **Vakuumsspektrometer.** Für Messungen in einem Bereich des Fernen UV, der durch Stickstoffspülung nicht mehr erschließbar ist, werden Vakuumspektrometer[4] gebaut, die weit in das Gebiet des Fernen UV hinein verwendbar sind.

β) **Vielkanal-Spektrometer.** In manchen Fällen, z. B. bei Mehrkomponenten-Analysen oder bei kinetischen Messungen, ist es wünschenswert, die Absorption im Bereich mehrerer Wellenlängen gleichzeitig zu messen. Mit den bisher beschriebenen Spektrometern ist dies nicht möglich, wenn man von den erwähnten Programmsteuerungen absieht, mit deren Hilfe man an verschiedenen Stellen des Spektrums in kurzen Zeitintervallen messen kann. In neuerer Zeit werden u. a. von Optica, Milano, Vielkanal-Spektrometer gebaut. Sie haben im Meßstrahlengang in der Brennebene eines Plangitters mehrere Austrittsspalte mit getrennten Empfängern (SEV), durch die im Gebiet von 185 bis 750 nm jeweils ein 420 nm umfassender Bereich mit Schwingspiegeln abgetastet wird; die Spektren können auf Bandschreibern, mit Oszillographen oder digital registriert werden.

γ) **Kurzzeit- (Schnell-) Spektrometer.** Rasch ablaufende chemische Reaktionen können im UV auch mit schnell registrierenden Spektrometern verfolgt werden. Ein Zweistrahl-Spektrometer mit 10 msec. Registrierzeit in Teilbereichen zwischen 230 und 600 nm wurde vor kurzem beschrieben[5]. Schnell-Spektrometer für das langwellige UV bis in das IR-Gebiet mit Registriergeschwindigkeiten im Millisekundenbereich werden im Handel angeboten[6].

δ) **Mikrospektrometer.** Für die Messung der Absorptions- und Fluoreszenz-Spektren von biologischen Objekten, Mikrokristallen, Pulvern oder Mikromengen im Sichtbaren und UV werden Mikrospektralphotometer[7] gebaut, die z. T. im Prinzip der IR-Mikrospektrometern (Abschn. II.4.f.δ_1 in Teil I) ähneln. Der Monochromator im Modell UMSR-1 der Firma Zeiss-Opton (220 bis 570 nm) befindet sich vor dem Mikroskop. Die von der im Mikroskop ausgeblendeten Stelle des Objekts durchgelassene Strahlung wird über einen Detektor registriert. Ähnlich arbeitet ein japanisches Gerät[8].

ε) **Spektrophotofluorimeter.** Für Aufnahmen von Fluoreszenz und Phosphoreszenz-Spektren werden nicht nur Spektrometer mit entsprechenden Zusatz-Meßeinrichtungen sondern auch für den speziellen Zweck ausgelegte Fluorimeter gebaut. Unter anderem bietet

---

[1] Siehe Fußnote 1 in Teil I, S. 175.

[2] ZANKER, V.: Spektroskopie im Sichtbaren und Ultraviolett, in ULLMANN: Enzyklopädie der technischen Chemie, Bd. II/1, 3. Aufl. München: Urban & Schwarzenberg 1961.

[3] HIRT, R. C.: Analyt. Chem. 28 (1956) 579; 30 (1958) 589; 32 (1960) 225R; 34 (1962) 276R. — b) HIRT, R. C., and J. M. VANDENBELT: Analyt. Chemie 36 (1964) 308R. — c) CRUMMETT, W.: Analyt. Chem. 38 (1966) 404R.

[4] Jarell Ash Co., Newtonville, Mass., USA.

[5] NIESEL, W., D. W. LÜBBERS, D. SCHNEEWOLF, J. RICHTER u. W. BÖTTICHER: Rev. Sci. Instrum. 35 (1964) 578.

[6] Warner und Swasey, Rapid-Scanning-Spectrometer, Techmation, Düsseldorf.

[7] Siehe Fußnote 2 in Teil I, S. 228.

[8] Olympus Optical Co, Tokio.

Perkin-Elmer[1] ein Instrument (Modell 236) mit zwei unabhängigen Gittermonochromatoren zur Anregung und zur Messung der Emission für den Bereich von 200 bis 800 nm an. Auch ein Gerät der Aminco[2] (Bowman-Spectrofluorimeter) ist in diesem Zusammenhang zu nennen.

5. Auswerttechnik in der UV-Spektroskopie

Die in Abschn. II.6 (s. Teil I) gemachten Ausführungen über die Auswerttechnik in der IR-Spektroskopie brauchen bei sinngemäßer Übertragung hier nicht ergänzt zu werden. Für eine Vertiefung seien nur noch neben den früher zitierten einschlägigen Büchern und Arbeiten über Arbeitsmethoden und Anwendungen der UV-Spektroskopie[3] Monographien und Beiträge in Sammelwerken folgender Autoren genannt: KASHA[4], PLATT[5], DELAHAY[6], MAY[7], SIXMA-WYNBERG[8], DUNCAN-MATSEN[9], GILLAM-STERN[10], HAMPEL[11], HILTON[12], LOTHIAN[13], MAYER-LUSZCZAK[14], MELLON[15], PRICE[16], STACHE[17], WHITE[18], MEYER-SEITZ[19], WENDLANDT[26].

6. Anwendung der UV-Spektroskopie

a) Qualitative Analyse

Im Bereich der Mineralöl-Analyse spielt die UV-Spektroskopie bei der Identifizierung von Substanzen, bei der Konstitutionsermittlung[20-24] oder bei der qualitativen Analyse von Gemischen keine erhebliche Rolle[25]. Sie wird vor allem in

[1] Siehe Fußnote 1 in Teil I, S. 210.

[2] American Instruments Comp. Silverspring, Mass. USA.

[3] Siehe Teil I, Fußnoten 2 bis 4, S. 163; 2, S. 177; 1, S. 199; 5, S. 199.

[4] KASHA, L., and M. KASHA: Molecular Electronic Bibliography, Vol. I. Florida: Publishers Press: Talahassee 1958.

[5] PLATT, J. R.: Ann. Rev. Phys. Chemistry, 10 (1959) 349.

[6] DELAHAY, P.: Instrumental Analysis. New York: Macmillan 1957.

[7] MAY, L.: Spectroscopic Tricks. New York: Plenum Press 1967.

[8] SIXMA, F. L. J., and H. WYNBERG: A Manual of Physical Methods in Organic Chemistry. New York: Miley 1964.

[9] DUNCAN, A. B. F., and F. A. MATSEN: Electronic Spectra in the Visible and Ultraviolet, in Vol. IX. A. Weißberger (Hrsg.): Technique of Organic Chemistry New York: Interscience 1956.

[10] GILLAM, A. E., and E. STERN: An Introduction to Electronic Absorption Spectroscopy in Organic Chemistry. London: E. Ornold 1954.

[11] HAMPEL, B.: Absorptionsspektroskopie im ultravioletten und sichtbaren Spektralbereich. Braunschweig: Vieweg 1962.

[12] HILTON, C. L.: Ultraviolet, Vacuumultraviolet Spectrophotometry, in F. D. SNELL, Encyclopedia of Industrial Chemical Analysis, General Techniques, Vol. 3. Interscience New York: 1966. Siehe auch Fußnote 1 in Teil I auf S. 163.

[13] LOTHIAN, G. F.: Absorption Spectrophotometry. London: Hilger-Watts, 1958.

[14] MAYER, F. X., u. A. LUSZCZAK: Absorptions-Spektralanalyse. Berlin: de Gruyter 1951.

[15] MELLON, M. G. (Hrsg.): Analytical Absorption Spectroscopy. New York: Wiley 1950.

[16] PRICE, W. C.: Spectroscopy in the Vacuum Ultraviolet, in H. W. THOMPSON (Hrsg.), Advances in Spectroscopy, Vol. 1. New York: Interscience 1959.

[17] STACHE, F.: Spektroskopie im sichtbaren und UV-Gebiet, in G. GEISELER, Ausgewählte physikalische Methoden der organischen Chemie, Bd. 2. Berlin: Akad. Verl. 1963. Siehe auch Fußnote 4 in Teil I auf S. 162.

[18] WHITE, R. G.: Handbook of Ultraviolet Methods. New York: Plenum Press 1965.

[19] MEYER, A. E., u. O. E. SEITZ: Ultraviolette Strahlen. Berlin: de Gruyter 1949.

[20] Siehe Fußnote 12 in Teil I, S. 199.

[21] CLAR, E.: Aromatische Kohlenwasserstoffe, polycyclische Systeme, Berlin/Göttingen/Heidelberg: Springer 1952.

[22] BEAVEN, G. H.: The Ultra-Violet Absorption Spectra of Proteins and Related Compounds, in H. W. THOMPSON (Hrsg.), Advances in Spectroscopy, Interscience. New York: 1961

[23] FU-HSIE YEW, F., and B. J. MAIR: Analyt. Chem. 38 (1966) 231.

[24] WETMORE, D. E., C. K. HANCOCK and R. N. TRAXLER: Analyt. Chem. 38 (1966) 225.

[25] Siehe Fußnote 1 in Teil I, S. 266.

[26] WENDLANDT, W. W. (Hrsg.): Modern Aspects of Reflectance Spectroscopy, New York: Plenum Press, 1968.

Verbindung mit anderen Methoden bei Untersuchungen über den Aufbau von chromatographisch oder extraktiv vorgetrennten Ölfraktionen ihrer Selektivität und hohen Empfindlichkeit wegen herangezogen[1,2]. Prüfungen von Lösungsmitteln oder pharmazeutischen Produkten auf Abwesenheit von Aromaten (Reinheitsprüfungen) werden dagegen in größerem Maße durchgeführt. Auch an dieser Stelle genügt ein Hinweis auf die entsprechenden Ausführungen über die qualitative IR-Analyse durch Feststellung der Lage charakteristischer Banden (Abschn. III.2) und durch Anwendung des Prinzips der Additivität von Spektren getrennter Chromophore (Baukastenprinzip).

b) Quantitative Analyse

Die quantitativen Analysen beruhen auf der Auswertung unter festgelegten Bedingungen (Probenmenge, Schichtdicke, Lösungsmittel, Temperatur) aufgenommener UV-Spektren nach dem Lambert-Beerschen Gesetz. Dabei müssen die Extinktionskoeffizienten von Schlüsselbanden der zu bestimmenden Komponenten oder Eichkurven für die Abhängigkeit ihrer Extinktion von der Konzentration bei konstanter Schichtdicke in dem gewählten Lösungsmittel und im Beisein voraussichtlicher Begleitsubstanzen zur Berücksichtigung zwischenmolekularer Wechselwirkungen bekannt sein.

Rechenverfahren zur Analyse von Vielkomponentengemischen bei Bandenüberlagerung haben MAYER und LUSZCZAK[3] eingehend behandelt. Auch die in den Abschn. II.1.a.β_1 und II.6.b.γ_4 in Teil I angegebenen Methoden[4-6] können hier herangezogen werden. Schließlich ist ein neues Verfahren von HERSHBERG[7] zu erwähnen, bei dem Extinktionen von Banden der Bezugs- und Probelösungen gleichzeitig gemessen werden, um von Eichungen unabhängig zu sein. Die Zahl der bestimmten Bandenextinktionen ist dabei größer als die Zahl der Komponenten, von denen bis zu sechs analysiert werden können. Das erhaltene, überbestimmte Gleichungssystem wird mit einer elektronischen Rechenanlage gelöst. Die Genauigkeit wird im Vergleich zu den üblichen Methoden auf das Zehnfache gesteigert. Zu ähnlichen Ergebnissen hatten die Überlegungen von BERGMANN[5] geführt.

Die Bestimmung der Gleichgewichtskonstanten von Assoziaten ist u. a. bei Arbeiten über die katalytische Wirksamkeit von Elektronen-Donator-Acceptor-Komplexen aromatischer Systeme wichtig[8,9]. Besonders der Arbeitskreis von BRIEGLEB[10] hat Grundlagen für derartige Untersuchungen im UV geschaffen. Eine wichtige Übersicht über Berechnungsmöglichkeiten der Gleichgewichtskonstanten aus den Bandenextinktionen gab STACHE[11].

α) Einring-Aromaten. Beispiele für UV-spektroskopische Analysen niedermolekularer Substanzen enthalten die eingangs angegebenen ASTM-Vorschriften. Die Bestimmung von Aromaten in Benzinen aus Extinktionen von Banden zwischen 243 und 260,5 nm oder von Aromaten nebeneinander, z. B. von Xylolen in Toluol (274,5; 273; 271,6 und 268,5 nm) oder in Naphthalin (271,6; 311 nm) sowie von Toluol und Äthylbenzol in Xylolen wurde von MAYER und LUSZCZAK[3] beschrieben.

---

[1] SNYDER, L. R., u. B. E. BUELL: Analyt. Chem. 34 (1962) 689 (Stickstoffverbindungen).

[2] MUSAYEV, I. A., L. M. ROSENBERG, P. I. SANIN u. a.: Sixth World Petroleum Congress, Frankfurt/M., Proceedings 5 (1963) 31 Frankfurt 1963.

[3] Siehe Fußnote 14, S. 759.   [4] Siehe Fußnote 1 in Teil I, S. 173.

[5] Siehe Fußnote 2 in Teil I, S. 173.   [6] Siehe Fußnote 6 in Teil I, S. 256.

[7] HERSHBERG, I. S.: Z. analyt. Chem. 205 (1964) 180.

[8] Siehe Fußnote 12 in Teil I, S. 220.   [9] Siehe Fußnote 4 in Teil I, S. 258.

[10] Siehe Fußnote 8, S. 747.   [11] Siehe Fußnote 17, S. 759.

β) Kondensierte Mehrring-Aromaten. Ein heute sehr wesentliches Anwendungsgebiet der UV- und der Fluoreszenz-Spektroskopie ist die quantitative Analyse kondensierter Mehrring-Aromaten, vor allem cancerogener Kohlenwasserstoffe in Rauchgasen, Automobilabgasen, Tabakrauch, Ruß, Teer, Mineralölfraktionen, d. h., allgemein in der Umgebung des Menschen (Luft, Wasser, Nahrungsmittel). Typischer Vertreter dieser Substanzklasse ist das 3,4-Benzpyren (Benzo-[a]pyren oder BaP). Daneben wurden u. a. analysiert bei (X) nm[1]: Anthracen (254), Phenanthren (294,5), Pyren (338), Fluoranthen (289), 1,2-Benzpyren (334), Perylen (441), Anthanthren (435), 1,12-Benzperylen (388), 1,2,5,6-Dibenzanthracen (299), Coronen (304). Das UV-Spektrum des 3,4-Benzpyrens (Abb. 103) hat im Gebiet oberhalb

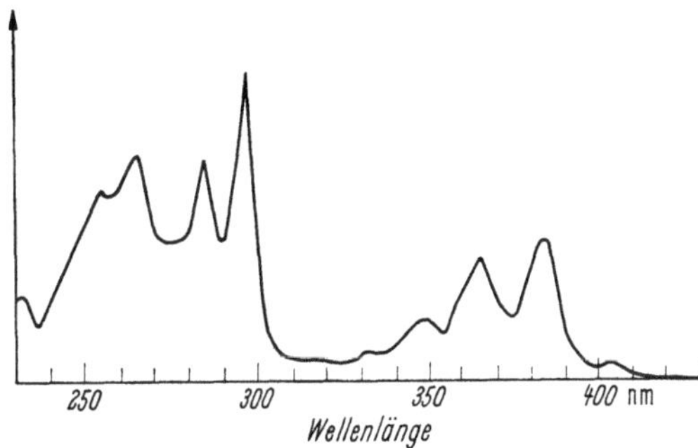

Abb. 103. UV-Spektrum des 3,4-Benzpyrens.

200 nm zwei charakteristische Bandengruppen zwischen 250 und 300 nm sowie zwischen 350 und 390 nm. Für die Analyse ist die längerwellige Gruppe vorzuziehen, weil sie durch Banden anderer Aromaten weniger gestört wird. Ihr maximaler Extinktionskoeffizient bei 387 nm beträgt $2,8 \cdot 10^7$ cm^{2}mol^{-1}. Für 1 ppm Benzpyren in einem Lösungsmittel, das im Meßbereich nicht absorbiert, ergibt sich nach dem Lambert-Beer'schen Gesetz bei 1 cm Schichtdicke eine Extrinktion von 0,11. Dieser Wert kann kaum unterschritten werden, wenn für einen gesicherten Nachweis die Schlüsselbande neben Untergrundstörungen einwandfrei vermessen werden soll. Die UV-spektroskopische Nachweisgrenze liegt also in der Gegend von 1 ppm. Infolge der sehr hohen Intensität der Fluoreszenzspektren (Abb. 104a) ist durch ihre Messung eine Verbesserung der Nachweisgrenze auf 10^{-9} g/g oder nach chromatographischer Anreicherung auf 10^{-11} g/g zu erreichen[2-4], solange nicht zwischenmolekulare Wechselwirkungen einzelner Komponenten oder die Absorption anderer Gemischpartner[5] zu Löscheffekten führen. Die Banden der Fluoreszenzspektren in n-Paraffinen gelöster Polyaromaten spalten sich unter Intensitätserhöhung bei Messungen im Temperaturbereich der flüssigen Luft in Serien relativ scharfer, substanzspezifischer Banden auf (Abb. 104b)[6]. Die Nachweisgrenzen des 3,4-Benzpyrens gehen dabei ohne Anreicherung je nach Analysengemisch auf 10^{-9} bis $4 \cdot 10^{-11}$ g/g und bei Anreicherung auf 10^{-12} g/g herunter. Auch bei Normaltemperatur kann die Intensität der Fluoreszenzbanden erhöht werden, wenn man konzentrierte Schwefelsäure als Lösungsmittel verwendet[7,8]. Auf Anwendungen der Phosphoreszenzspektroskopie bei der Aromatenanalyse[9] soll hier nicht eingegangen werden.

Die in großer Zahl beschriebenen Analysenverfahren unterscheiden sich nicht nur in der Wahl der spektroskopischen Bestimmungsmethode sondern auch in der Art der Anreicherung und Vortrennung des Aromatengemisches. Nitromethan, Diäthyläther, Benzol, Cyclohexan Methanol, Chloroform, Dimethylsulfoxid-Phosphorsäure werden als Lösungsmittel zu

[1] GRIMMER, G., u. A. HILDEBRANDT: J. Chromatogr. 20 (1965) 89; Erdöl und Kohle 19 (1966) 578.

[2] BERGMANN, G.: Erdöl und Kohle 15 (1962) 612; POTEMPA, H.: Dissertation, T. H. Clausthal 1969.

[3] KUTSCHER, W., R. TOMINGAS U. B. PETKAUSKAS: Staub 28 (1966) 92.

[4] BERLMAN, I. B.: Handbook of Fluorescence Spectra of Aromatic Molecules, New York: Academic Press 1965.

[5] MAZEE, W. M., H. R. GERSMANN u. A. VAN DER WIEL: Fd. Cosmet. Toxicol. 4 (1966) 17.

[6] a) EICHHOFF, H. J., u. M. KÖHLER: Z. analyt. Chem. 197 (1963) 271. — b) BERGERT, K. H., M. KÖHLER u. H. SCHUMACHER: Z. analyt. Chem. 208 (1965) 44.

[7] SAWICKI, E., T. W. STANLEY, W. C. ELBERT, J. MEEKER u. S. MCPHERSON: Atmospheric Environment, 1 (1967) 131.

[8] LINSTEDT, G.: Atmospheric Environment 2 (1968) 1.

[9] ZANDER, M.: Erdöl und Kohle: 19 (1966) 278.

Extraktion aus den Proben genannt; an Aluminiumoxid oder an Silicagel werden u. a. mit Nitromethan, Benzol, Cyclohexan Aromaten und Nichtaromaten aufgeteilt; die Aromaten selbst werden papier- oder dünnschichtchromatographisch mit Methanol, Diäthyläther, Dimethylformamid, Benzol, Cyclohexan und anderen Laufmitteln oder auch gaschromato-

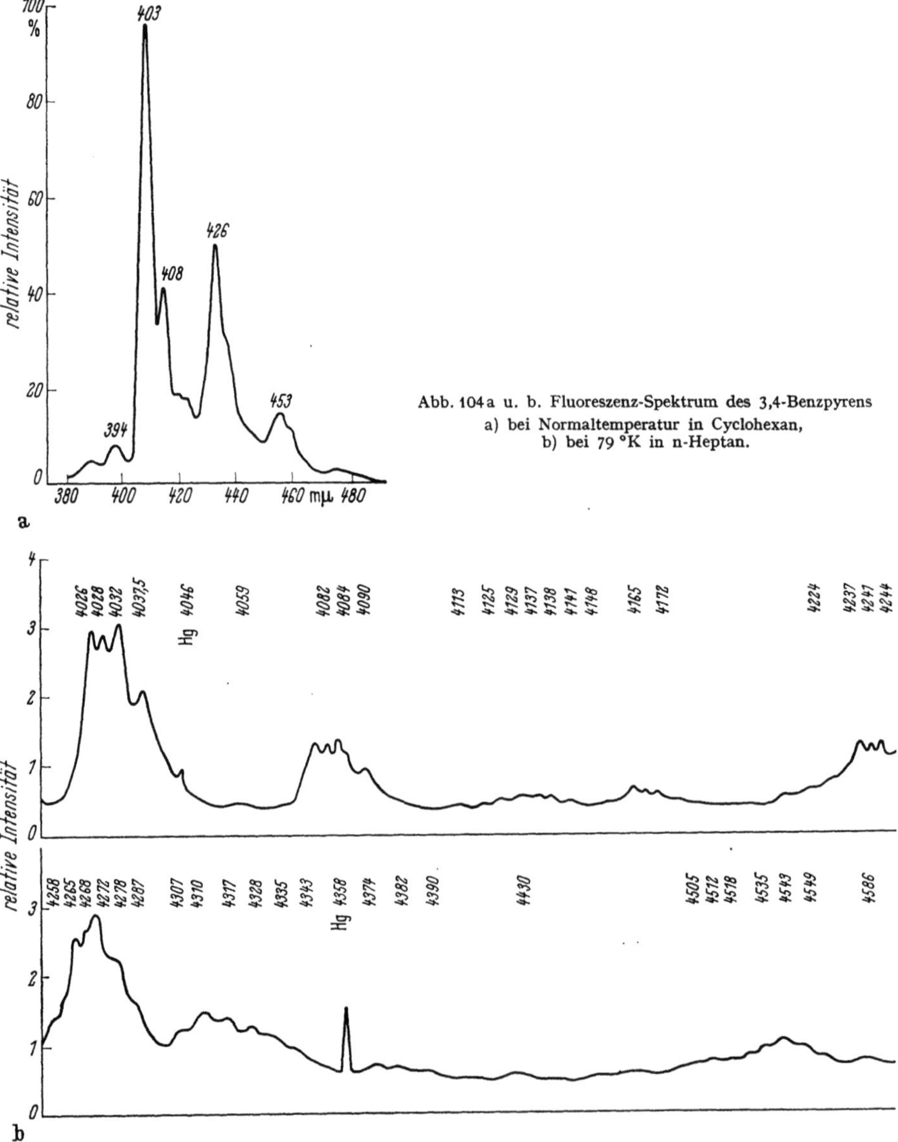

Abb. 104a u. b. Fluoreszenz-Spektrum des 3,4-Benzpyrens
a) bei Normaltemperatur in Cyclohexan,
b) bei 79 °K in n-Heptan.

graphisch[1] (Siliconöl auf Chromosorb) in temperaturgesteuerten Doppelsäulen-Chromatographen weiter getrennt und schließlich in verschiedenen Lösungsmitteln spektroskopisch analysiert. Verschiedene Autoren geben Hinweise darauf, daß bei der Aufarbeitung bis zu 35 % der Analysensubstanzen durch Verluste im Analysengang[2] oder durch oxydative[3] und photochemische Umsetzung[4] verlorengehen können. SAWICKI und Mitarbeiter[5] prüften zehn

<hr>

[1] CHAKRABORTY, B. B., u. R. Long: Environmental: Sci. Technol. 1 (1967) 828.
[2] Siehe Fußnote 5, S. 761.
[3] THOMAS, J. F., M. MUKAI u. B. D. TEBBENS: Environmental, Sci. Technol. 2 (1968) 33.
[4] Siehe Fußnote 2, S. 761.   [5] Siehe Fußnote 7, S. 761.

verschiedene Methoden zur BaP-Bestimmung kritisch. Sie kamen zu dem Schluß, daß die Dünnschicht-Chromatographie[1] in Verbindung mit der Fluoreszenzspektroskopie in konzentrierter Schwefelsäure das schnellste Verfahren ist, das auch nach Ansicht von LINSTEDT[2] der von ihm angewendeten papierchromatographischen Trennung an Schnelligkeit überlegen sein soll. MAZEE und Mitautoren[3] verglichen ein von den amerikanischen Behörden[4] vorgeschriebenes Analysenverfahren zur Bestimmung polycyclischer, aromatischer Kohlenwasserstoffe (PAK) in raffiniertem Paraffin, mikrokristallinem Wachs oder Weißölen durch Extraktion und UV-Spektrometrie mit zwei vom Bundesgesundheitsamt bekanntgegebenen Methoden zum Nachweis von PAK durch Fluoreszenzmessung in den geschmolzenen Produkten oder durch Fluoreszenz-Vergleichsanalyse des Papierchromatogramms eines Nitromethan-Extraktes mit drei bekannten cancerogenen PAK[5]. Sie zeigten, daß die deutschen Verfahren infolge einer Absorption der anregenden Strahlung (254 nm) durch Ein- und Zweiring-Aromaten bzw. infolge einer Beeinflussung der Laufzeiten durch Begleitsubstanzen zu Irrtümern führen können, die bei dem amerikanischen Verfahren nicht möglich sind.

In Zusammenhang mit Verfahren der papier- oder dünnschichtchromatographischen Trennung von PAK gewinnen Versuche an Bedeutung, Dünnschicht-Chromatogramme im UV-Bereich direkt spektralphotometrisch, z. B. mit einem DC-Ansatz zu dem Zeiss-Spektralphotometer PMQ-II, auszuwerten[6].

In der zitierten Literatur ist eine große Zahl weiterer Arbeiten über die Analyse von PAK zu finden. An dieser Stelle soll nur noch auf die umfangreichen Untersuchungen des Arbeitskreises von BORNEFF[7] hingewiesen werden, die wesentliche Beiträge zum Nachweis cancerogener Substanzen im Wasser und im Boden geliefert haben.

Für die Analyse hochsiedender Aromaten hat H. SCHMIDT[8] ein UV-spektroskopisches Verfahren vorgeschlagen, das bei größerer Genauigkeit einen geringeren Arbeitsaufwand als eine gaschromatographische Analyse erfordern soll. Es wird mit einer überbestimmten Zahl von Schlüsselfrequenzen gearbeitet. Der große Rechenaufwand zur Durchführung einer Ausgleichsrechnung, der an sich nur mit einem Elektronenrechner zu bewältigen ist, kann vermindert werden, wenn eine „Eichmatrix" berechnet wird, die durch einfache Korrekturen auf jedes andere Spektrometer umzueichen ist. Die Analysenbeispiele befassen sich mit dem Nachweis von 4 bis 6 Komponenten.

γ) **Porphyrin-Analyse.** Über UV-spektroskopische Porphyrin-Analysen in Mineralölfraktionen ist verschiedentlich berichtet worden. Als Hinweis auf die einschlägige Literatur sei hier nur eine Arbeit von COSTANTINIDES und ARICH[9] zitiert.

IV. Emissionsspektroskopie, Emissions- und Absorptions-Flammen-photometrie (Spektralanalyse)

1. Grundlagen

Unter dem Begriff Spektralanalyse faßt man Methoden zusammen, bei denen Atome von verdampftem Material einer Probe, vor allem Metallatome, durch thermische oder elektrische Energie unter normalem oder vermindertem Druck bei bestimmten, für die angeregten Atome oder Ionen charakteristischen Wellenlängen zur Strahlung angeregt werden. Energiequellen können Flammen, Plasmastrahlen, Lichtbögen, elektrische Funken, Gasentladungen sein. Die einzelnen Linien der Strahlung werden durch Lichtfilter, Prismen oder Gitter spektral zerlegt. Die Lage der Spektrallinien kenzeichnet das emittierende Element,

---

[1] KILLER, F. C. A., u. R. AMOS: J. Inst. Petrol. 52 (1966) 315.
[2] Siehe Fußnote 8, S. 761.   [3] Siehe Fußnote 5, S. 761.
[4] a) US Federal Register, S. 9326, Subpart D, Food Additives, S. 57; ebda. S. 9329, Subpart F, Food Additives, S. 74, — b) HOWARD, J. W., E. O. HAENNI u. F. L. JOE: J. Ass. off. agric. Chem. 43 (1960) 92; 45 (1962) 59; 48 (1965) 304.
[5] a) DRUCKREY, H., D. SCHMÄHL u. R. PREUSSMANN: Arneimittel-Forschg. 9 (1959) 600. — b) HELLBERG, D., Dt. Lebensmitt. Rdsch. 58 (1962) 321. — c) Bundesgesundheitsamt, Bundesgesundheitsblatt 7 (1964) 136; 7 (1964) 328.
[6] JORK, H.: Z. analyt. Chem. 221 (1966) 17.
[7] BORNEFF, J.: Archiv f. Hygiene und Bakteriologie, Mitt. XVII, 149, 226 (1965) Umschau (19) 593 (1965).
[8] SCHMIDT, H.: Erdöl und Kohle 19 (1966) 275.
[9] COSTANTINIDES, G., u. G. ARICH, Sixth World Petroleum Congress, Proceedings, Section V, 65, Frankfurt 1963.

ihre Intensität ist ein Maß für seine Konzentration. Bei diesem Prozeß werden zunächst unter hohen Temperaturen (Flammen: 2000 bis 3000°; Plasmastrahlen: 8000 bis über 10000°; Lichtbögen: bis 6000°; Funken bis 10000 °C) einzelne Atome aus dem Kristallgitter oder dem Molekülverband verdampft. Anschließend werden Elektronen dieser Atome unter gequantelter Energieaufnahme aus ihrem Grundzustand auf höhere Energieniveaus gehoben. Wenn die Elektronen wieder in den Grundzustand oder in einen energieärmeren Anregungszustand zurückfallen, wird die entsprechende Energiedifferenz $\Delta E = h \cdot \nu$ als Strahlung bei einer bestimmten Wellenlänge $\lambda = c/\nu$ wieder abgegeben. Je mehr Elektronen in einem Atom anregbar sind, je mehr Anregungszustände sie besetzen können, desto mehr Linien treten im Emissionsspektrum des betreffenden Elements auf. Solange bei der Energieaufnahme kein Elektron den Atomverband verläßt, spricht man von einer Anregung des Atoms. Wenn aber das Atom ein Elektron verliert und sich dadurch ein Ion bildet, können sich die verbleibenden Elektronen in neuen Energiezuständen anordnen und Strahlung anderer Wellenlänge als das angeregte Atom aussenden. Je nach der Zahl der abgetrennten Elektronen erhält man das I., II. usw. Ionenspektrum. Die Anregungsenergien der Atome sind kleiner als ihre Ionisierungsenergien, so daß man in Flammen und Lichtbögen mit relativ niedrigen Temperaturen bevorzugt Anregungsspektren und in Plasmastrahlen und in elektrischen Funken bevorzugt Ionenspektren erhält.

Die Anregungsenergien der Atome sind von der Anordnung und Bindung ihrer Elektronen abhängig. Besonders leicht sind die äußeren, locker gebundenen Elektronen anregbar; sie absorbieren und emittieren im Bereich des UV, des Sichtbaren und des Nahen IR zwischen 200 und 800 nm. Einige Elemente werden schon bei der Temperatur von Gasflammen zur Aussendung von „Flammenspektren" angeregt. Dies gilt vor allem für die leicht verdampfbaren Alkalimetalle mit locker gebundenen äußeren Elektronen, für die Erdalkalimetalle und einige andere Metalle. Da einerseits die genannten Elemente, besonders in relativ kalten Flammen, linienarme Spektren besitzen und andererseits die Zahl der Elemente, die unter den Anregungsbedingungen der jeweils gewählten Flammen Strahlung emittieren, begrenzt ist, sind die Flammenspektren von Substanzgemischen meistens nicht sehr linienreich. Die einzelnen Analysenlinien können daher mit einfachen Mitteln, z. B. Lichtfiltern oder Spektroskopen, isoliert werden.

In der Emissions-Flammenphotometrie wird die Intensität einer Strahlung bei einer elementspezifischen Wellenlänge gemessen. Die Substanz kann aber in der Flamme auch zu einer elementspezifischen Absorption führen. Diese Erscheinung nützt die Atom-Absorptions-Flammenphotometrie (atomic absorption spectroscopy, „Atomabsorption") aus. Freie, nicht angeregte Atome in Flammen absorbieren Strahlen der Wellenlängen, bei denen thermisch angeregte Atome emittieren. Es hängt also u. a. vom Verhältnis der angeregten zu den nicht angeregten, freien Atomen in Flammen ab, ob sie leichter durch die Emissions- oder durch die Absorptions-Flammenphotometrie analysiert werden. Beispiele sind die günstigere Bestimmung des Natriums in Emission und des Zinks oder des Magnesiums in Absorption.

2. Emissionsspektroskopie

a) Experimentelle Technik der Emissionsspektroskopie

Auch Emissionsspektrographen und -spektrometer bestehen wie die in den vorangegangenen Kapiteln für andere Methoden geschilderten Spektralapparate aus Strahlenquelle (Energieerzeuger, Elektroden), Spektrograph oder Monochromator mit Prismen oder Gittern zur Strahlenzerlegung, Empfänger (photographische Platte oder Sekundär-Elektronen-Vervielfacher), Plattenauswerter bzw.

Registriereinrichtung (Speicherkondensatoren, Verstärker, Meßuhren, Potentiometerschreiber oder Digitalanzeiger).

α) **Anregungsarten.** Jede Strahlenquelle für die Spektralanalyse hat die Aufgabe, die Analysensubstanz zu verdampfen und anzuregen. Für quantitative Analysen werden reproduzierbarer Ablauf der Verdampfung und Anregung bei Konstanz der von außen einstellbaren Parameter gefordert. Die wichtigsten, heute benutzten Anregungsquellen wurden bereits genannt: Brenner für Flammen, Bogen- und Funkenerzeuger, Plasmabrenner, Gasentladungs-Lampe (Hohlkathodenlampen); neuerdings werden auch Laser als Energiequellen verwendet[1]. Einzelheiten über die verschiedenen Anregungsarten sind Spezialwerken über die Emissionsspektroskopie[2-9] und in Literaturübersichten[10-13] genannten Arbeiten zu entnehmen.

β) **Elektrodensysteme.** Da hier nur die emissionsspektroskopische Analyse anorganischer Bestandteile in Mineralölprodukten, speziell in ungebrauchten und gebrauchten Motorenölen, zu behandeln ist, kann die Schilderung auf Elektrodensysteme, die für diesen Einsatzzweck geeignet sind, beschränkt werden. Man kann die vorgeschlagenen Verfahren zur Spektralanalyse von Metallen in Ölen in „indirekte" (Aufnahme der Emissionsspektren von Ölaschen)[14] und „direkte" (Aufnahme von Emissionsspektren der unveraschten Öle)[15] unterteilen. Bei der erstgenannten Gruppe werden die Aschen mit Kohlepulver, Puffersubstanzen zur Herabsetzung der Lichtbogentemperatur und Bezugselementen (innere Standards) vermischt und zu Stabelektroden gepreßt oder in becherförmige Graphitelektroden eingefüllt. Einige Autoren beschreiben die Veraschung unmittelbar in der Elektrode. Dabei füllen sie das Öl tropfenweise in den Trog einer Spezialelektrode. Obwohl durch die Veraschung des Öls eine erhebliche Anreicherung von Spurenelementen erzielt wird, bleibt diese Methode sowohl wegen ihres Zeit- und Substanzbedarfes als auch wegen der unvermeidlichen Glühverluste unbefriedigend.

In der Gruppe der direkten Verfahren hat sich die Arbeit mit fortlaufend von neuem Öl benetzten rotierenden Elektroden wegen des Zeitgewinns und der besseren Reproduzierbarkeit durchgesetzt. Durch die ständige Zufuhr frischen Materials werden dabei auch kleine Substanzmengen erfaßt. Für diese Methode geeignete Elektrodenstative wurden mehrfach be-

---

[1] a) BRECH, F.: Pittsburgh Conference on Analytical Chemistry and Applied Spectroscopy, Paper 157 (1964). — b) LAQUA, K.: W. D. HAGENAH u. H. WAECHTER, XI. Coll Spectr. Intern. B-8, Belgrad 1963. — c) BERNDT, M., H. K. KRAUSE, L. MOENKE-BLANKENBURG u. H. MOENKE, Jenaer Jahrb. I (1965).

[2] Siehe Fußnote 8 in Teil I, S. 199.

[3] MORITZ, H.: Spektrochemische Betriebsanalyse, 2. Aufl. Stuttgart: Enke 1956.

[4] SCHELLER, H.: Einführung in die angewandte spektrochemische Analyse. Berlin: VEB Verlag Technik 1958.

[5] SEITH, W., u. K. RUTHARDT: Chemische Spektralanalyse (Anleitungen für die chemische Laboratoriumspraxis, Bd. 5), 5. Aufl. von W. ROLLWAGEN. Berlin/Göttingen/Heidelberg: Springer 1958.

[6] AHRENS, L. H., u. S. R. TAYLOR: Spectrochemical Analysis, 2. Aufl. Oxford: Pergamon Press 1961.

[7] MOENKE, H.: Spektralanalyse von Mineralien und Gesteinen, Leipzig: Akad. Verlagsges. 1962.

[8] BURAKOW, V. S., u. A. A. YANKOWSKII: Practical Handbook on Spectral Analysis, New York: Macmillan 1964.

[9] American Society for Testing and Materials, Methods for Emission Spectrochemical Analysis. Philadelphia 1964.

[10] Index to the Literature on Spectrochemical Analysis, ASTM Special Technical Publication, 41-D, Philadelphia 1959.

[11] VAN SOMEREN, E. H. S., u. F. LACHMAN: Spectrochemical Abstracts, Vol. I—VII, Hilger & Watts, London 1962.

[12] SCRIBNER, B. F., u. M. MARGOSHES: Analyt. Chem. 36 (1964) 329 R; 38 (1966) 297 R, 40 (1968) 223 R.

[13] Analyse der Metalle, Bd. 2, 2. Aufl. Hrsg. vom Chemikerausschuß der Gesellschaft Deutscher Metallhütten und Bergleute e. V. Berlin/Göttingen/Heidelberg: Springer 1961.

[14] American Society for Testing and Materials, Proposed Methods of Test: Spectrochemical method for wear metals in used diesel lubricating oils using an ashing procedure, Philadelphia 1968.

[15] American Society for Testing and Materials, Proposed Methods of Test: Spectrochemical method for wear metals in used diesel lubricating oils by a rotating-disk electrode technique using a direct-reading spectrometer. — Spectrochemical method for wear and contaminant elements in used diesel lubricating oils using a rotating-disk electrode technique, Philadelphia 1968.

schrieben[1,2] und sind auch im Handel erhältlich. Hauptteil ist eine von einem Synchronmotor angetriebene, vertikal rotierende Graphit-Scheibenelektrode von etwa 15 mm Durchmesser und 0,3 bis 0,4 mm Dicke, die bei Eintauchtiefen von 1 bis 2 mm unten durch die Probenflüssigkeit in Metall- oder Porzellanschiffchen läuft, sich dabei mit einem dünnen Flüssigkeitsfilm belädt und oben die Gegenelektrode zu einer etwa 4 mm langen und 6 mm starken unter 120° zugespitzten Stabelektrode für die Bogen- oder Funkenentladung bildet. Der Elektrodenabstand beträgt 3 mm. Es ist ratsam, den Elektrodenraum zur Vermeidung von Cyanbanden mit Argon oder mit Argon-Sauerstoff-Gemischen zu spülen. Die Drehzahl der rotierenden Elektrode wird für Ölanalysen am günstigsten zwischen 4 und 5 U/min gehalten; sie kann zur spektralanalytischen Untersuchung anderer Flüssigkeiten bis zu 20 U/min gesteigert werden. Die obere Elektrode und das Probeschiffchen sind gegen die Drehelektrode in allen Richtungen justierbar. Funkenanregung führt in den meisten Fällen zu besseren Ergebnissen als eine Anregung durch Gleich- oder Wechselstrombogen, weil sich die Proben nicht so stark erwärmen und dadurch die Gefahr vermindert wird, daß die Elektroden bei starker Substanzverdampfung und -spaltung verkrusten. Die besonderen Arbeitsbedingungen der Anregungsart und -stärke, der Vorfunkzeit usw. müssen entsprechenden Arbeitsvorschriften[3-8] entnommen oder in Vorversuchen selbst festgestellt werden.

γ) **Spektralapparate.** Für Spektralanalysen verwendet man Spektrographen bekannter Bauart mit Prismen (Abschn. II.4.b.γ in Teil I sowie Abb. 27 und 67) oder Gittern (Abschn. II.4.b.δ sowie Abb. 29 und 105) als Dispersionselementen und mit photographischen Platten als Empfängern oder mit SEV, die sich in der Fokalebene des Spektrographen an den

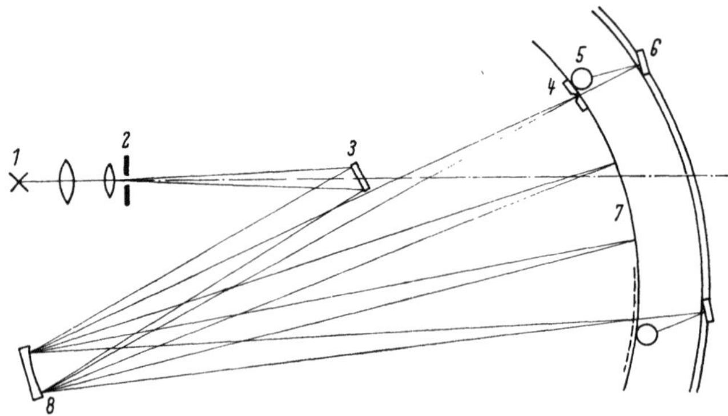

Abb. 105. Strahlengang im Polyprint E 789, Hilger & Watts.
1 Funkenstativ; *2* Eintrittsspalt; *3* Planspiegel; *4* Austrittsspalt; *5* SEV; *6* Spiegel; *7* Fokalebene; *8* Gitter.

Stellen der geeigneten Meßlinien befinden (Abb. 105), zur unmittelbaren Intensitätsmessung der interessierenden Spektrallinien. Eine umfassende Übersicht über die verschiedenen eingesetzten Typen von Spektralapparaten gab MOENKE[9]. Vor allem ist noch auf Vakuumgeräte hinzuweisen, mit denen im Fernen UV u. a. Phosphor und Schwefel analysiert werden können.

δ) **Strahlungsempfänger und Registriereinrichtungen.** δ_1) *Photographische Platte und Sekundär-Elektronen-Vervielfacher.* Zur Frage der Verwendung und Auswertung photographischer Platten kann auf Abschn. II.5.c.α in Teil I und die dort angegebene Literatur verwiesen werden. Das gleiche gilt für Sekundär-Elektronen-Vervielfacher, die in Abschn. II.5.c.β behandelt

[1] LUTHER, H. G. BERGMANN, Erdöl und Kohle, 8 (1955) 298.

[2] KAHSNITZ, R. Erdöl und Kohle, 14 (1961) 102 4.

[4] Siehe Fußnote 14, S. 765.   [3] Siehe Fußnote 15, S. 765.

[5] American Locomotive Company, Symposium on Spectrographic Analysis of Diesel Engine Lubricating Oil. Schenectady, N. Y. 1952.

[6] Siehe Fußnote 16, S. 765.

[7] Nat. Bur. Standards, Analytical Standards for Trace Elements in Petroleum Products, Monograph 54, Washington 1962.

[8] BRYAN, F. R. Emission Spectroscopy, in F. Dee Snell, C. L. HILTON (Hrsg.) Encyclopedia of Industrial Chemical Analysis. Siehe auch Fußnote 1 in Teil I, S. 163.

[9] Siehe Fußnote 7 in Teil I, S. 199.

wurden (Abb. 68). Bei den direkt anzeigenden Geräten („Quantometer") muß man zwischen Spektrographen unterscheiden, die mit Adaptern und elektronischen Zusatzapparaten[1] in Direktanalysengeräte umgewandelt werden können, und Konstruktionen, die in erster Linie für Direktanalysen bestimmt sind, daneben aber auch für photographische Aufnahmen von Spektren verwendet werden können.

Abb. 105 zeigte als Beispiel den Strahlengang eines Dreiweg-Spektrometers Polyspec 24 der Firma Hilger & Watts. Es besitzt insgesamt drei Meßköpfe: einen für photograpische Aufnahmen (Meßbereich 200 bis 1000 nm) und zwei für lichtelektrische Empfänger zu je 12 Meßkanälen (Meßbereich 200 bis 600 nm). Durch zwei schwenkbare Spiegel kann man den Strahlengang auf die Photoplatte oder auf die SEV eines oder beider Direktanalysen-Meßköpfe lenken. Im zweiten Fall können bis zu 23 chemische Elemente quantitativ bestimmt werden; der noch freie SEV registriert die Linienintensität eines Bezugselements (internal standard). Für Direktanalysen müssen die Analysenlinien mindestens 3 mm voneinander entfernt sein. Der überwiegende Teil der Direktanalysengeräte ist mit Plan- oder Konkavgittern ausgerüstet, da die Wellenlängenunabhängigkeit ihrer Dispersion besonders vorteilhaft ist.

δ_2) *Registriereinrichtungen (Integratoren).* Wie photographische Platten das auf sie fallende Licht während der Belichtungszeit integrieren, so werden auch in photoelektrisch registrierenden Spektrometern die elektrischen Signale der SEV während bestimmter Meßzeiten integriert. Gewöhnlich wird diese Integration mit Kondensatoren vorgenommen. Die Intensitäten der Analysenlinien werden dabei — wie bei der photographischen Registrierung — auf die Linien eines inneren Standards oder auf eine Stelle des Spektrenuntergrundes bezogen; d. h. die Aufladung eines Kondensators im Vergleichskanal liefert die Spannung, mit der die Spannungen an den Kondensatoren der Meßkanäle verglichen werden. Einige daraus folgende Meßmöglichkeiten sind: a) Gleichzeitige Aufladung aller Kondensatoren, bis der Kondensator des Vergleichsempfängers eine vorgesehene Spannung erreicht hat; anschließend Messung der Zeit, die nötig ist, um die Spannung in dem jeweiligen Meßkanal bei weiterer Messung auf die gleiche Höhe kommen zu lassen. b) Umgekehrtes Vorgehen wie unter a). Messung der Zeiten, die nötig sind, den Vergleichskondensator auf die jeweiligen Werte der Meßkondensatoren aufzuladen. c) Messung der Spannung in allen Kanälen mit einem Hochohm-Mehrkanal-Kompensator; Beendigung der Messung, wenn die Anzeige des Vergleichskanals den Wert Hundert des Vollausschlages erreicht hat und unmittelbare Ablesung der jeweiligen Anzeigen in den Meßkanälen. Mit Hilfe von Impulsmethoden können die Meßergebnisse digital angezeigt und mit Rechnern in Konzentrationen umgerechnet werden.

b) Arbeitstechnik und Anwendungen

Wie bereits ausgeführt wurde (Abschn. IV.2.a.β) soll sich dieses Kapitel auf die Anwendungen der Spektralanalyse in dem relativ kleinen Problemkreis des Mineralöls beschränken. Infolgedessen können in diesem Fall Auswerttechnik und Anwendungen in unmittelbarem Zusammenhang behandelt werden.

α) **Qualitative Analyse.** Bei der qualitativen Analyse werden bevorzugt die bei den gewählten Anregungsbedingungen intensivsten Linien ausgewertet, wenn sichergestellt ist, daß keine Koinzidenzen („Interferenzen") von Linien verschiedener Elemente auftreten. Diese auch noch bei niedrigen Konzentrationen der entsprechenden Komponenten auftretenden, mit Schlüsselfrequenzen der Molekülspektroskopie vergleichbaren Linien werden auch als „letzte Linien"

---

[1] KREMPL, H., D. DORSCH u. H. PFUND, Z. angew. Physik, 8 (1956) 16 RSV, Hechendorf/ Pilsensee.

bezeichnet. In Spektrenatlanten[1-6] sind die Linien der angeregten Atome und Ionen aufgeführt. Im allgemeinen wird das Eisen-Spektrum zur Wellenlängenmarkierung herangezogen.

Für die Analyse von Lagermetallen[7] und von Additivmetallen[8] werden u. a. die in Tab. 10 aufgeführten Analysenlinien in den angegebenen Konzentrationsbereichen verwendet.

Die außerdem genannten Nachweisgrenzen sind einer Arbeit von Laqua[9] über den heutigen Stand der spektrochemischen Spurenanalyse entnommene Werte, die von den jeweils gewählten oder wählbaren Versuchsbedingungen abhängen und daher nicht allgemein gültig sind. Ergänzend sei in diesem Zusammenhang auch ein Überblick von Specker[10] über Nachweisgrenzen von Spurenanalysen genannt.

β) **Quantitative Analyse.** Die quantitative Analyse soll an dem Beispiel einer Bestimmung einiger der in Tab. 10 angegebenen Elemente in einem Motorenöl behandelt werden. Die Anregung der Spektren kann mit Funken oder mit Bogen erfolgen. Luther und Bergmann[11] wiesen darauf hin, daß bei größeren Gehalten an Additivmetallen eine induktionsfreie Entladung eine geringere Streuung der Werte gab als eine weiche Entladung, die bei der Analyse von Abriebmetallen günstiger war.

Die Temperaturerhöhung der Probe während des Abfunkens kann besonders bei niedrigen Anfangstemperaturen zu einer starken Abnahme der Viskosität, damit der Elektrodenbenetzung und der Proben-Schichtdicke sowie letztlich zu Schwankungen der Lichtemission führen. Bei zu starker Erwärmung können die Spalttemperatur und/oder der Brennpunkt des Öls erreicht werden. Daher ist für ein ausreichendes Wärmegleichgewicht zu sorgen, das sich besser in dickwandigen Aluminiumschiffchen als in Porzellanschiffchen einstellt, wenn man eine möglichst gut durchmischte Probe von etwa 2,5 ml schon vor dem Versuch auf 60 bis 70 °C vorwärmt. Bis etwa 80 °C nimmt die Stärke des Untergrundes ab, während das Intensitätsverhältnis benachbarter Linien, z. B. einer Analysenlinie zu einer Linie eines inneren Standards, konstant bleibt. Als Lösungsverbesserer von schwerlöslichen Alterungsprodukten gebrauchter Öle werden 2-Äthylcapronsäure, 6-Methyl-2,4-heptadion oder 2-Äthyl-hexylamin empfohlen.

Die Abmessungen der Elektroden und die Drehzahl der Scheibenelektroden wurden bereits angegeben (Abschn. IV.2.a.*β*). Bei Verwendung sehr dichter, wenig saugfähiger, schmaler Graphitelektroden ist der erwähnte Einfluß der Viskosität auf die Benetzung der Drehelektrode verhältnismäßig gering. Um sie schon vor Analysenbeginn gut zu benetzen, soll sie vor Einschaltung des Funkens zwei Umdrehungen gemacht haben. Besonders bei stark verunreinigten Ölen besteht die Gefahr, daß ein Teil der Komponenten auf der Elektrode um so mehr festbrennt, je öfter sie durch die Flüssigkeit läuft. Relativ kurze Vor- und Abfunkzeiten sowie niedrige Elektroden-Drehzahlen halten die Ablagerung hintan. Die Vorfunkzeiten liegen zwischen 30 und 60 Sek, die Integrations- oder die Belichtungszeiten zwischen 45 und 90 Sek. Zur Erhöhung des Strahlenflusses und damit zur Erniedrigung der Analysenzeit kann die Funkstrecke mit einem Hohlspiegel in sich selber abgebildet werden.

Das Spektrometer muß ein Auflösungsvermögen besitzen, das die einwandfreie Ausmessung der genannten Analysenlinien gewährleistet. Die Spektren werden auf photographi-

[1] Kaiser, H., u. R. Ritschl: Tabellen der Hauptlinien der Linienspektren aller Elemente Berlin: Springer 1939.

[2] Harrison, G. R.: Wavelength Tables. New York: Wiley 1939; jetzt M. I. T.-Press, Cambridge, Mass.

[3] Gatterer, A.: Grating spectrum of iron. Castel Gandolfo 1951.

[4] Saidel, A. N., V. K. Prokofiev u. S. M. Raiski, Spektraltabellen, 2. Aufl. Berlin: VEB-Verlag Technik 1961.

[5] Meggers, W. F., C. H. Corliss u. B. F. Scribner: Tables of Spectral-Line Intensities, Nat. Bur. Standards, Monograph 32, Parts I/II, Washington 1961.

[6] Konren, J., u. D. Vader: Line interference in emissionspectrographic analysis. Amsterdam: Elsevier Publ. Co. 1963.

[7] Siehe Fußnote 14, S. 765.

[8] Siehe Fußnote 15, S. 765.

[9] a) Laqua, K.: Z. analyt. Chem. 221 (1966) 44. — b) Kaiser, H.: Seventh World Petroleum Congress, Mexico, Proceedings 9 (1967) 3.

[10] Specker, H.: Z. analyt. Chem. 221 (1966) 33.

[11] Siehe Fußnote 1, S. 766.

Tabelle 10. *Analysenlinien und Nachweisbereiche (ppm) von Lager- und Additivmetallen in der Emissionsspektroskopie, der Flammenphotometrie (FP) und der Atomabsorption (AAS) mit organischen Lösungsmitteln und Acetylen-Sauerstoffflammen.*

Element	Analy-senlinie nm	Emissionsspektro-skopie		Flammenphotometrie		Atomabsoption		Nachweisbarkeit		Röntgen-Fluores-zenzspek-trometrie[a]
		Günstiger Konzentr. bereich	Nach-weis-grenze	Günstiger Konzentr. bereich	Nachweis-grenze	Günstiger Konzentr. bereich	Nach-weis grenze	besser	schlechter	
Alumi-nium	308,2 309,3 396,2	300—1	0,0025 0,015	200—100	0,2		0,1	AAS FP		$+$ V
Barium	233,5 553,6 455,4	500—100	0,05 0,0013	50—20	0,03	1000—8	0,1	FP	AAS	0,21
Blei	283,3 217,0 368,4	115—1	0,02	200—100	1	70—1	0,01 (0,001)[b]	AAS	FP	0,3
Bor	249,8 518,0	50—0	0,0003	200—100	0,1		15	FP	AAS	—
Calcium	318,1 422,7	500—30	0,002	10—5	0,005	50—3	0,003	AAS FP		0,08
Chrom	425,4 357,9	150—0	0,001 0,03	40—20	0,01	20—1	0,005	AAS	FP	$+$
Eisen	260,0 248,3 372,0	500—3	0,0025 0,032	50—20	0,1	100—1	0,01	AAS	FP	$+$
Kalium	766,4	500—100	0,02	10—1	0,003	10—1	0,002	AAS FP		$+$ V
Kupfer	327,4 324,7	40—20	0,0005 0,0005	40—20	0,03	50—25	0,005	AAS	FP	$+$
Lithium	670,8 323,3	150—1	0,083 0,0001	10—1	0,000003	10—1	0,005	FP	AAS	—
Natrium	589,0	500—100	0,049	10—1	0,0001	10—1	0,005	FP	AAS	—
Nickel	232,0 341,5	500—30	0,02	200—100	0,3	100—1	0,02	AAS	FP	0,06
Silber	328,0 338,9	20—0,1	0,0009	40—20	0,06	10—1	0,01 (0,0002)[b]	AAS	FP	$+$
Silicium	288,2 251,6	45—2	0,004	200	12	200	0,2	AAS	FP	$+$ V
Vanadium	318,4 547,0	150—1	0,005	40—2	0,3	200	0,1	AAS	FP	0,12
Zink	334,5 213,8	500—100	0,2	200	16	25—5	0,002 (0,00003)[b]	AAS	FP	0,06
Zinn	284,0 303,4	200—5	0,015	200—100	0,5	350—5	0,1	AAS AAS	FP	$+$

[a] V = Vakuum. — [b] Bei Direktverdampfung.

schen Platten oder bei direkt anzeigenden Spektrometern mit SEV aufgenommen. Die Linienintensitäten können auf einen inneren Standard, z. B. Kadmium (257,3 und 326,1 nm), oder auf eine geeignete Stelle des Untergrundes bezogen werden. Die für die Analyse notwendigen Eichkurven werden aus Lösungen von Metallsalzen, z. B. Naphthenaten oder Palmitaten, in einem ungedopten Grundöl aufgenommen. Die Metallsalze können durch Zusammenschmelzen der entsprechenden Metallhydroxide mit einem kleinen Überschuß an Naphthensäuren oder Palmitinsäuren gewonnen werden. In den USA kann man öllösliche metallorganische Verbindungen vom National Bureau of Standards beziehen. Bei der Analyse von Abriebmetallen sollte zur Berücksichtigung von Störeffekten bei der Aufstellung der Eichkurven die Zusammensetzung eines üblichen Diesel-Schmieröls mit Zusätzen dadurch simuliert werden, daß den Eichlösungen Verbindungen zugesetzt werden, die einen Gehalt an Calcium und Barium von je 5000, an Phosphor und Zink von je 1500, an Kalium von 800 und an Natrium von 600 ppm ergeben. Die Gruppenfehler derartiger Analysen liegen zwischen 4 und 7%.

Abschließend sei als Beispiel der Anwendung von Plasmabrennern, die z. T. in der Literatur auch im Gebiet der Emissions-Flammenphotometrie behandelt wird, auf zwei Arbeiten hingewiesen. VIGLER und FAILONI[1] bestimmten mit dieser Anregungsquelle 1 bis 10 ppm Bor in Vergaserkraftstoffen gegen Nickel als inneren Standard mit einer Standardabweichung von 8% (relat.). COLLINS und PEARSON[2] wiesen nach einer extraktiven Anreicherung noch 1 ppb Beryllium in Ölfeld-Wässern nach.

3. Emissions-Flammenphotometrie

Auch diese Methode hat in die Mineralöl-Normen Eingang gefunden. Unter DIN 51797 und ASTM D 1318-64 sind die Bestimmungen zur flammenphotometrischen Analyse von Natrium in Rohölen und Rückstand-Heizölen festgelegt[3].

a) Meßtechnik

Unter den Geräten zur Messung der Flammenemission von Elementen unterscheidet man (Abb. 106) Flammenphotometer als Kombination eines Zerstäu-

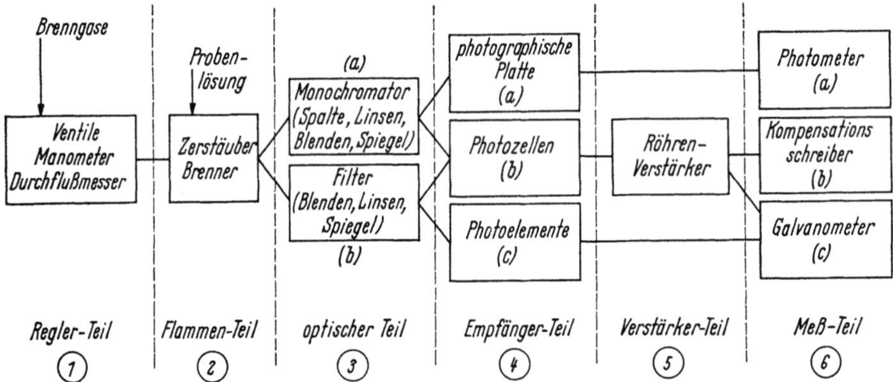

Abb. 106. Bauteile und Kombinationsmöglichkeiten für ein Flammenphotometer.
1, 2, 3b, 4b oder *4c, 5, 6c* (Filter-)Flammenphotometer; *1, 2, 3a, 4a, 6a* Flammenspektrograph;
1, 2, 3a, 4b, 5, 6c Flammenspektrophotometer; *1, 2, 3a, 4b, 5, 6b* registrierendes Flammmenspektrophotometer.

bungsbrenners, eines optischen Filters sowie eines lichtelektrischen Empfängers und Flammenspektrophotometer als Kombination gleicher Brenner- und Empfängertypen mit Prismen- oder Gittergeräten zur spektralen Zerlegung der Strahlung. Derartige Instrumente sollen folgende Forderungen erfüllen:

a) In die Flamme soll eine konstante und reproduzierbare Probenmenge, meist als Lösung, eingebracht werden. Dazu arbeitet man mit „indirekter" oder „direkter" Zerstäubung.

[1] VIGLER, M. S., u. J. K. FAILONI: Appl. Spectroscop. 19 (1965) 57.
[2] COLLINS, A. G., u. C. A. PEARSON: Analyt. Chem. 36 (1964) 787.
[3] Siehe Fußnote 1, S. 742.

Bei dem indirekten Verfahren (Abb. 107) wird das Brenngasgemisch auf die einer Düse entströmende Probe im Winkel von etwa 90° aufgeblasen. In einer weiteren Zone scheidet man grobe Tropfen ab und führt die feinen in die Flamme. Bei der direkten Zerstäubung wird die Probe dem Brenngas durch eine Düse konzentrisch zugegeben (Abb. 108). Durch die Zugabe

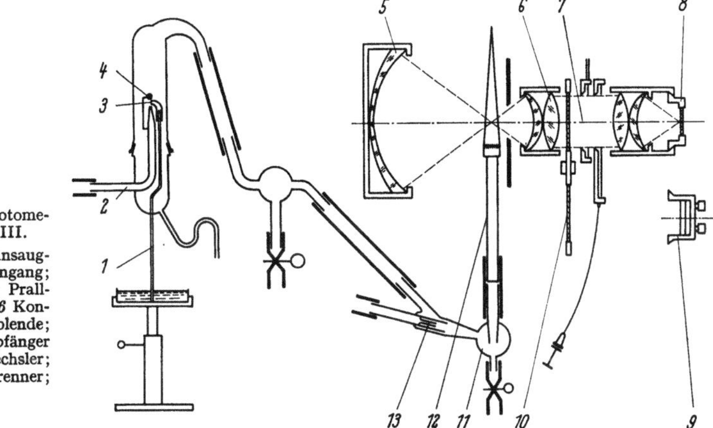

Abb. 107. Flammenphotometer, Jenoptik, Modell III.

1 Probenbehälter mit Ansaugkapillare; *2* Preßlufteingang; *3* Flüssigkeitsdüse; *4* Prallkugel; *5* Hohlspiegel; *6* Kondensorsystem; *7* Irisblende; *8* Mattscheibe; *9* Empfänger (Se-Zelle); *10* Filterwechsler; *11* Mischgefäß; *12* Brenner; *13* Gasdüse.

relativ kleiner und fein verteilter Mengen an Lösung kühlt sich die Flamme bei indirekter Zerstäubung wenig ab, so daß die Anregung störende Reaktionen zwischen einzelnen Komponenten, z. B. Calcium und Phosphor, zurückgedrängt werden.

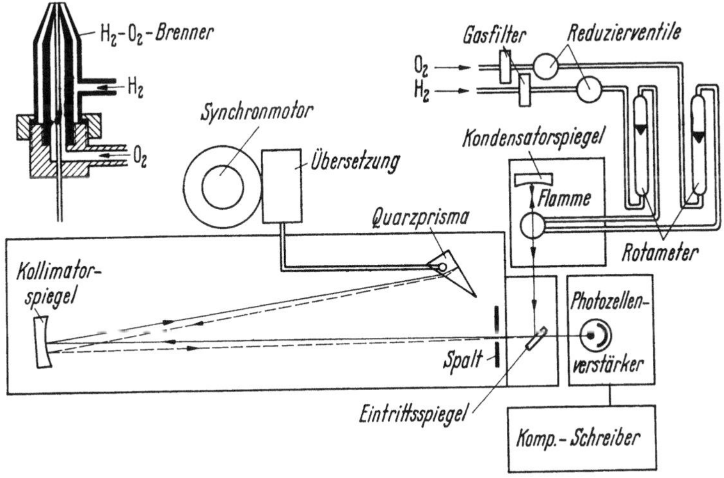

Abb. 108. Registrierendes Flammenspektrophotometer Beckman DU.

b) Die Anregungsbedingungen müssen durch Einhaltung einer bestimmten Flammengröße und -temperatur, d. h. durch eine bestimmte Gaszusammensetzung und -menge konstant gehalten werden. Gebräuchliche Gasmischungen sind: Leuchtgas-Luft ($\sim$2700 °C); Acetylen-Sauerstoff ($\sim$3100 °C); Dicyan-Sauerstoff ($\sim$4400 °C). Kühlere Flammen sind bei der Analyse der Alkalimetalle günstig, da ihre Anregung dadurch selektiver wird. Bei den Erdalkalimetallen sollten dagegen die Flammentemperaturen höher liegen, um die bereits erwähnten Reaktionen möglichst weitgehend zu verhindern. Durch höhere Temperaturen wird allgemein die Zahl der bestimmbaren Elemente vergrößert. Bei Anwesenheit organischer Verbindungen steigen die Flammentemperaturen; ihre Reduktionswirkung begünstigt die Emission, z. B. von Al, Fe, Pb. Organische Lösungsmittel sind z. T. auch günstig, weil mit ihnen zur Anreicherung von Analysensubstanzen gebildete Metallkomplexverbindungen aus gegebenen Proben extrahiert werden können. Je heißer die Flammen sind und je mehr Elemente dadurch angeregt werden, desto notwendiger wird es, zur spektralen Zerlegung Monochromatoren zu verwenden.

c) Die Lösungsmittel sollen keinen störenden Untergrund oder Störlinien emittieren.

d) Zwischen der Konzentration und der gemessenen Strahlungsintensität muß ein eindeutiger Zusammenhang bestehen, der sich in einer Eichkurve darstellen läßt. Die Querempfindlichkeit (Abschn. II.4.g.ε in Teil I) von Fremdelementen soll möglichst klein sein.

Abb. 106 gibt einen Überblick über Kombinationsmöglichkeiten von verschiedenen Bauteilen in Flammenphotometern[1]. Wenn man von den im Prinzip stets wiederkehrenden, in der technischen Lösung bei verschiedenen Geräten unterschiedlichen Regler-, Flammen- und Verstärkerteilen absieht, so ergeben die Kombinationen: Filter, Photozelle oder Photoelement und Galvanometer ein Filter-Flammenphotometer; Monochromator, photographische Platte und Plattenphotometer einen Flammenspektrographen; Monochromator, Photozelle und Kompensationsschreiber ein registrierendes Flammenspektrophotometer, das mit mehreren Photozellen (SEV) auch als Mehrkanalgerät gebaut werden kann.

In Abschn. III.4.f.β wurde bereits darauf hingewiesen, daß verschiedene Firmen zu ihren UV-Spektrophotometern auch Flammenphotometer-Zusätze liefern. Für den speziellen Zweck entwickelte Flammenphotometer sind in sehr großer Zahl auf dem Markt. Abb. 107 zeigt ein Filter-Flammenphotometer nach SCHUHKNECHT und WAIBEL der Firma Jenoptik[2], auf deren Flammenteil bereits eingegangen wurde. In Abb. 108 ist als Beispiel eines Baustein-Gerätes ein auf dem UV-Spektralphotometer DU aufbauendes registrierendes Flammenspektrophotometer der Firma Beckman[3] wiedergegeben. Eine besonders ausführliche Aufzählung verschiedener handelsüblicher Flammenphotometer-Typen enthält ein Handbuch-Artikel von MAVRODINEANU[4], in dem die Grundlagen der Methode, die Bauelemente der Apparaturen und die einschlägige Literatur ausführlich behandelt sind. Hier sind u. a. noch Bücher oder Zeitschriftenartikel folgender Autoren zu nennen: BURRIEL-MARTI und RAMIREZ-MUNOZ[5], DEAN[6], GAYDON und WOLFHARD[7], GILBERT[8], HERMANN und ALKEMADE[9], LEITHE[10,11], MARGOSHES[12,13], MAVRODINEANU[14], MOENKE[15], PIETZKA und CHUN[16], POLUEKTOV[17], PUNGOR[18], SCHUHKNECHT[19], VALLEE[20].

[1] PIETZKA, G.: Flammenspektrometrie, in Ullmanns Encyclopädie der technischen Chemie, Bd. II/1. 3. Aufl. München: Urban & Schwarzenberg 1961.

[2] Siehe Fußnote 1 in Teil I, S. 209.

[3] Siehe Fußnote 1 in Teil I, S. 208.

[4] MAVRODINEANU, R.: Flame Photometry, in Encyclopedia of Industrial Chemical Analysis, Vol. 2. New York: Interscience 1966.

[5] BURRIEL-MARTI, F., u. J. RAMIREZ-MUNOZ: Flame Photometry. Amsterdam: Elsevier 1957.

[6] DEAN, J. A.: Flame Photometry. New York: McGraw Hill, 1960; New Developments in Practice and Technique of Flame Spectrometry, in Developments of Applied Spectroscopy, Vol. 3. New York: Plenum Press 1964.

[7] GAYDON, A. G., and H. G. WOLFHARD: Flames, Their Structure, Radiation and Temperature. London: Champan and Hall 1953.

[8] GILBERT JR., P. T.: Analytical Flame Photometry, ASTM Symposium on Spectroscopy, 279 (1960) 73; Advances in Emisssion Flame Photometry, in Analysis Instrumentation. San Francisco. New York: Plenum Press 1964.

[9] HERMANN, R., u. C. G. J. ALKEMADE: Flammenphotometrie, 2. Aufl. Berlin/Göttingen/Heidelberg: Springer 1960.

[10] LEITHE, W.: Analytische Chemie in der industriellen Praxis. Frankfurt/M.: Akadem. Verlagsges. 1964.

[11] LEITHE, W.: Angew. Chem. 73 (1961) 488.

[12] Siehe auch Fußnote 12, S. 765.

[13] MARGOSHES, M.: An Introduction to Flame Photometry and a Review of Recent Studies, in W. L. NASTUK (Hrsg.) Physical Techniques in Biological Research, Vol. 4. New York: Academic Press 1962.

[14] MAVRODINEANU, R.: Bibliography on Flame Spectroscopy. Appl. Spectrosc. 10 (1956) 51; 13 (1959) 132, 150; 14 (1960) 17; Nat. Bur. Standards, Washington 1967.

[15] Siehe Fußnote 7 in Teil I, S. 199.

[16] PIETZKA, G., u. H. U. CHUN: Angew. Chem. 71 (1959) 276.

[17] POLUEKTOV, N. S.: Techniques in Flame Photometry Analysis. Consultants Bureau, New York 1961 (russ. Ausgabe 1959).

[18] PUNGOR, W.: Theoretical Foundation of Flame Photometry. Budapest: Adademiai Kiado 1962.

[19] SCHUHKNECHT, W.: Die Flammenspektralanalyse. Stuttgart: F. Enke 1961.

[20] VALLEE, B. L.: Flame Photometry, in J. H. Yoe, H. J. Koch (Hrsg.) Trace Analysis. New York: Wiley 1957.

b) Anwendungen

α) Qualitative Analyse. Die vorstehend genannte Literatur und die in ihr zusätzlich angegebenen Arbeiten enthalten eine Fülle von Anwendungsbeispielen. In Tab.10 sind nach Angaben von PIETZKA[1] und von MAVRODINEANU[2] in Vergleich zu Daten der Emissions-Spektralanalyse entsprechende Anhaltswerte über günstige Arbeits bereiche und Nachweisgrenzen in der Flammenphotometrie zusammengestellt. Die Nachweisempfindlichkeit dieser Methode ist für Alkalien und z. T. auch für Erdalkalien größer, da fast die gesamte Energie zur Anregung der Atome verwendet wird; für die anderen Elemente ist die Nachweisempfindlichkeit geringer als bei der Emissionsspektroskopie. Bei derartigen Vergleichen und den gezogenen Folgerungen ist aber zu beachten, daß die Nachweisgrenzen von der Art der Probeneinführung in die Flammen, der Zusammensetzung der Brenngase, der Empfindlichkeit der Anzeige und der Gegenwart von Störelementen abhängen. Unter diesen Gesichtspunkten gelten die mitgeteilten Werte nur in ihrer Größenordnung.

β) Quantitative Analyse. Quantitative Bestimmungen werden mit Hilfe von Eichkurven gemacht, die von den Analysensubstanzen in Lösungsmitteln aufgenommen werden sollten, in denen später auch die Proben gelöst werden. Man wählt den Konzentrationsbereich so niedrig, wie es die Empfindlichkeit des Empfängers und das Signal-Rausch-Verhältnis zulassen, weil die Anzeige meist degressiv mit der Konzentration zunimmt und Störungen durch andere Komponenten in verdünnten Lösungen klein werden. Die Reproduzierbarkeit der Anzeige ist oft besser als $\pm 1\%$ (relat.); dagegen kann ihre Richtigkeit durch Einflüsse anderer Substanzen beeinträchtigt werden, wenn man sie nicht schon bei der Messung der Eichkurven berücksichtigt.

Optische Störungen durch Linienüberlagerungen können durch Erhöhung der Dispersion, größere Verdünnung, kühlere Flammen oder chemische Zusätze (Puffer), die das Emissionsvermögen der Störkomponente dämpfen, vermindert werden. Mechanische Störungen durch Einflüsse der Viskosität und/oder der Oberflächenspannung auf die Tropfengröße der Probenlösungen lassen sich durch Wahl eines geeigneten Lösungsmittels oder durch Verwendung eines inneren Standards in gewissen Grenzen beheben. Chemische Störungen durch Bildung von Verbindungen in den Flammen können durch feine Zerstäubung verdünnter Lösungen, durch Zusatz von Puffern, durch gestufte Zugabe (spiking) bekannter Mengen der zu analysierenden Substanz zur Extrapolation der Meßwerte auf die ursprünglich vorhandene Menge (Additionsmethode) oder im Extremfall durch vorherige Abtrennung der Störkomponente verringert werden.

Gegenüber der Emissionsspektroskopie ist die erzielbare Analysengenauigkeit meist größer, da die Probe als homogene Lösung in die verhältnismäßig großräumige Energiequelle gebracht wird, während in der Bogen- und Funkenspektroskopie bei Festkörpern kleine, eventuell auch noch inhomogene Probenbereiche mit verschiedener Verflüchtigungstendenz der einzelnen Elemente oder Verbindungen erfaßt werden oder bei Lösungen Konzentrationsänderungen durch Abscheidungen auf den Kohleelektroden möglich sind.

Neben der eingangs genannten Anwendung bei der Natrium-Analyse in Heizölen wird die Flammenphotometrie in der Mineralölindustrie vor allem bei der Bestimmung von Spurenelementen in Rohölen und in ihren Fraktionen sowie in Ölfeld-Wässern eingesetzt. Ein eindrucksvolles Beispiel ist die von COLLINS[3] ausgearbeitete Analyse von Kalium-, Lithium-, Strontium-, Barium- und Mangan-Spuren in Ölfeld-Wässern. Literatur über weitere Anwendungen der Methode auf diesem Gebiet ist in der Arbeit angegeben.

4. Atom-Absorptions-Flammenphotometrie

Über die Verwendung der Atom-Absorptions-Flammenphotometrie in der Erdöl-Analytik haben vor kurzem BARRAS und SMITH[4] eingehend berichtet.

---

[1] Siehe Fußnote 16, S. 772.

[2] Siehe Fußnote 4, S. 772.

[3] COLLINS, A. G.: Methods of Analyzing Oilfield Waters: Flame-Spectrophotometric Determination of Potassium, Lithium, Strontium, Barium and Manganese, Bureau of Mines, Report of Investigations 6047, Washington 1962.

[4] BARRAS, R. C., u. H. W. SMITH: Seventh World Petroleum Congress, Mexico, Proceedings, 9 (1967) 65, Amsterdam: Elsevier 1967.

Etwa zu der gleichen Zeit erschien auch eine Arbeit von Mostyn und Cunningham[1] zu diesem Thema, das etwas früher schon Kägler[2] behandelt hatte.

a) Meßtechnik

Ein Absorptions-Flammenspektrophotometer besteht im wesentlichen (Abb. 109) aus Strahlenquelle (Hohlkathoden- oder Metalldampflampen), Zerstäuber- und Brennteil, Monochromator, Empfänger, Verstärker und Registriereinrichtung. Grundsätzlich kommt also zu den Bauteilen eines registrierenden Emissions-Flammenspektrophotometers nur die Strahlenquelle hinzu. Da die Methode relativ leicht die Anwendung des Doppelstrahlprinzips gestattet, wird es in stärkerem Maße als bei der Flammenphotometrie verwendet.

Zu den in Abschn. IV.3.a genannten Forderungen an ein Meßgerät und seinen Betrieb treten hier vor allem noch die Bedingungen, die an die Strahlenquelle gestellt werden. Zur Zeit sind Hohlkathodenlampen am verbreitetsten. Es sind mit Edelgas (Argon oder Neon) gefüllte, mit 10 bis 30 mA Gleichstrom bei etwa 500 V Spannung betriebene Entladungslampen, deren Kathoden aus dem zu analysierenden Element bestehen. Sie emittieren Licht der Wellenlänge, bei der freie Metallatome in der Flamme absorbieren. Ihr Nachteil ist, daß für jedes zu analysierende Element (Abb. 111) eine besondere Lampe verwendet werden muß. Man hat daher Vorwärmeinrichtungen mit Wechselrevolver für mehrere Lampen geschaffen und verwendet neuerdings Kathoden aus Sintermetallen oder aus intermetallischen Verbindungen mit vier bis sechs emittierenden Elementen, z. B. Ca-Al-Mg-Li oder Cu-Zn-Pb-Cd. Auch Eisen-Hohlkathoden-Lampen geben z. T. durch das sehr linienreiche Fe-Spektrum die Möglichkeit, mehrere Elemente gleichzeitig zu bestimmen. Schließlich sind Versuche erfolgreich verlaufen, mit intensiven Kontinuumstrahlern (Xenonlampen) zu arbeiten. Für die Bestimmung einer Reihe von Elementen ist ihre Emission stark genug, wenn man im Mittel einen Verlust der Nachweisempfindlichkeit um einen Faktor fünf hinnehmen kann. Die Nachweisgrenze kann andererseits mit Intensivstrahlern verbessert werden. Dies sind Hohlkathodenlampen mit Hilfselektroden, die Elektronen emittieren. Diese Elektronen führen durch Anregung der Kathodenmetalle zu Emissionssteigerungen um das 30- bis 100-fache. Außerdem verhindern sie die Ionisierung und damit die Emission von Ionenspektren. Die Nachweisgrenze von Nickel ließ sich z. B. auf diese Weise in wäßriger Lösung auf 0,01 ppm senken. Für Quecksilber, Thallium und die Alkalimetalle können einfache Niederdruck-Gasentladungslampen verwendet werden.

Als Brenngase werden unter den in Abschn. IV.3.a genannten Gasen Acetylen-Sauerstoff-Gemische bevorzugt; in einigen Fällen, z. B. zur Bestimmung von Zink, genügen auch Stadtgasflammen. Erwähnenswert ist die Verwendung von Distickstoffoxid-Acetylen-Gemischen, in deren Flamme die Zahl der freien, anregbaren Atome erhöht wird, weil Reaktionen von Komponenten der Analysensubstanzen miteinander und Oxydationen der Metalle eingeschränkt werden.

Zu den verwendeten Monochromatoren und Strahlungsempfängern (SEV) ist zu dem früher Gesagten (IV.3.a) nichts zu ergänzen. Einen Überblick über ein nach dem Doppelstrahlprinzip arbeitendes Spektrophotometer gibt Abb. 109 (Perkin-Elmer[3], Modell 303). Das Licht aus einer Hohlkathoden- oder Niederdruckentladungslampe wird nach Umlenkung am Spiegel M_{12} durch den Toroidspiegel M_{11} auf den rotierenden Sektorspiegel M_{10} mit Dunkelfeld-Segmenten fokussiert, der es wechselweise mit 50 Hz in Meß- und Vergleichsstrahlengang reflektiert bzw. durchläßt. Der Meßstrahl durchquert die Flamme in einem schmalen Strahlenbündel, wird in ihr entsprechend der vorhandenen Probenkonzentration im Bereich der Resonanzlinien geschwächt und vereinigt sich bei M_5 mit dem Vergleichsstrahl, der über Toroid M_8 und die Planspiegel M_7 und M_6 auf den Vereinigungsspiegel M_5 fällt. Dieser ist mit einer Aluminiumschicht bedampft, die 50% der Spiegeloberfläche in Form eines Punktrasters bedeckt. Über M_4 und M_3 durchlaufen die beiden Strahlenbündel zwischen den Spalten S_2 und S_1 den Gittermonochromator und fallen schließlich in zeitlichem Wechsel auf den SEV, in dem elektrische Wechselsignale für Meß- und Vergleichsstrahl erzeugt werden. Durch die Wechsellichtmethode werden Gleichlichtstörungen aus dem Brenner nicht verstärkt und daher auch nicht registriert. Der Wellenlängenbereich des Monochromators mit einem Czerny-Turner-Gittersystem erstreckt sich von 195 bis 852 nm. Das Gitter für den

[1] Mostyn, R. A., u. A. F. Cunningham: J. Inst. Petrol. 53 (1967) 101.

[2] Kägler, S.: Analysentechnische Berichte, ·Heft 6. Überlingen: Bodenseewerk Perkin-Elmer 1966.

[3] Siehe Fußnote 1 in Teil I, S. 210.

UV-Bereich hat 2880 Strich/mm, eine Blazewellenlänge von 210 nm und eine reziproke Dispersion von 0,65 nm/mm, das andere für den sichtbaren Bereich hat 1440 Strich/mm, eine Blazewellenlänge von 600 nm und eine reziproke Dispersion von 1,3 nm/mm.

Die auf den SEV fallende Strahlung erzeugt elektrische Impulse, die verstärkt werden. Ein mit dem Sektorspiegel synchron arbeitender Vibrator öffnet zwei Stromkreise für die leistungsverstärkten Signale des Vergleichs- bzw. des Meßstrahls. Durch eine Absorption im Meßstrahl wird das Vergleichssignal relativ stärker. Die Vergleichsspannung fällt über ein Potentiometer ab und wird mit der Meßspannung zur Differenzbildung wieder vereinigt. Die

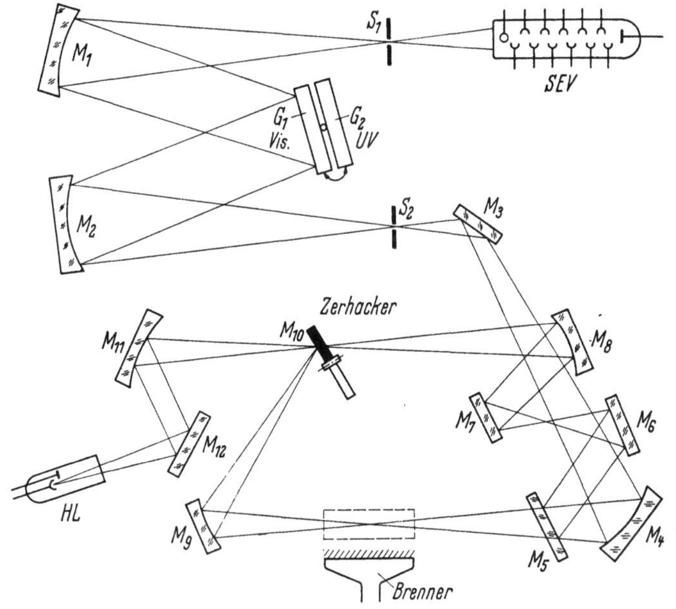

Abb. 109. Strahlengang des Atom-Absorptions-Spektrophotometers Perkin-Elmer Modell 303.
SEV Sekundär-Elektronen-Vervielfacher; S_1, S_2 Monochromatorspalte; G_1, G_2 Wechselgitter; M_1, M_2 sphärische Spiegel des Monochromators; M_3, M_6, M_7, M_{12} Planspiegel; M_4, M_8, M_9, M_{11} Toroidspiegel; M_5 Strahlenvereinigungs-Spiegel; *HL* Hohlkathoden- oder Niederdrucklampe.

Differenzspannung wird verstärkt, gleichgerichtet und durch ein Mikroamperemeter angezeigt. Durch Verstellung des Potentiometers werden die Spannungen in beiden Kanälen zur elektrischen Quotientenbildung einander angeglichen, so daß das Meßinstrument wieder Null anzeigt. Ein direkt mit dem Potentiometerschleifer gekoppelter Zähler gibt die Absorption in Prozent an. Der Nullabgleich kann von Hand oder automatisch durch einen Servomotor erfolgen. Zur Spurensuche ist eine Skalendehnung um die Faktoren 2, 5 und 10 möglich. Mit einem Digital-Auswerter CDR-1 können die Meßwerte direkt in Konzentrationen umgerechnet werden. Dabei wird ein Kondensator auf ein Potential aufgeladen, das der Energie im Vergeichsstrahl entspricht. Er wird über kleinere Kondensatoren solange in gleichen Zeitabständen entladen, bis sein Potential der Meßstrahlenergie entspricht. Die Größe der Entladekondensatoren ist so gewählt, daß die Zahl der Zeiteinheiten ihrer Entladung der Probenkonzentration proportional ist, die durch Leuchtzahlen direkt angezeigt werden kann. Ein Probentisch zur Aufnahme von 200 Proben und ein Verdünnungsautomat zur Einstellung der günstigsten Probenkonzentration ergänzen das Gerät zum Vollautomaten.

Auch auf diesem Gebiet gibt es wieder eine große Anzahl verschiedener Gerätetypen, die entweder nach dem Baukastensystem auf bewährten Spektralgeräten der Lieferfirmen aufbauen oder für den speziellen Einsatzzweck entwickelt wurden. Zu nennen sind u. a. BECKMAN[1]: Atomabsorptions-Zusätze zu den Geräten des Typs DB und DU (Abb. 108); JARREL-ASH[2]: Modell 82-360, ein Einzelstrahlgerät mit sechs Hohlkathodenlampen in einem Revolver-Wechsler, Ebert-Gitter, Direktablesung oder Registrierung und Modell 82-600, ein Einzelstrahlgerät mit zwei Hohlkathodenlampen für einzelne oder mehrere Elemente, Gitter in Ebert-Aufstellung, bis zu 12 SEV, der Zahl der Meßkanäle entsprechend, Einzel- oder Viel-

---

[1] Siehe Fußnote 1 in Teil I, S. 208.
[2] JARELL ASH Co., Newtonville, Mass., USA.

kanalschreiber, Digitalanzeige, wahlweise mit Rechner für Umrechnung auf Konzentrationen; Optica-Milano: Gitter-Spektrophotometer in Littrow-Anordnung; Perkin-Elmer: Das beschriebene Modell 303 und ein kleineres Einzelstrahl-Gittergerät, Modell 290; Research und Control Instruments[1]: Doppelstrahl-Gittergerät, in dessen Fokalebene bis zu 10 Hohlkathodenlampen an festgelegten Plätzen aufgestellt und schnell nacheinander eingeschaltet werden können, und durch Reflexion zweifach durchstrahlter Brenner; Leitz-Unicam (Abb. 110):

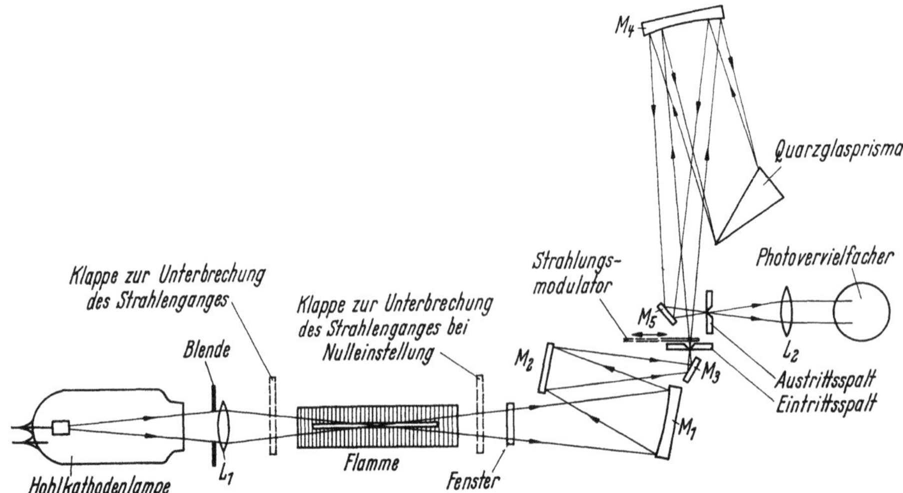

Abb. 110. Strahlenführung im Absorptions-(Emissions-)Flammenspektrophotometer Leitz-Unicam SP 90.

Einzelstrahlgerät SP 90, mit Wechselstrom modulierte Hohlkathodenlampe, Littrow-Quarzmonochromator, SEV, Wechselspannungsverstärker, Gleichrichter, Meßinstrument oder Schreiber, durch Unterbrechung des Strahlenganges hinter der Lampe und Modulator hinter dem Monochromator-Eintrittsspalt Betrieb als Emissions-Flammenspektrophotometer möglich.

Ein eingehenderes Studium der Grundlagen, der Geräte- und Arbeitstechnik sowie eine Auffindung von Originalliteratur ermöglichen Monographien und Berichte folgender Autoren: ELWELL und GIDLEY[2], GILBERT sowie MARGOSHES und SCRIBNER[3], KOIRTYOHANN[4], LOCKEYER[5], MAVRODINEANU[6], ROBINSON[7], WALSH[8], ALTHAUS[9], RAMITEZ-MUÑOZ[10], SCHLESER[11] und SLAVIN[12]. Ferner sind einige Firmenzeitschriften zu nennen, in denen von Zeit zu Zeit über Fortschritte auf diesem Gebiet berichtet wird[13,14].

[1] Zweigwerk der Epso Inc., Westwood, Mass. USA.

[2] ELWELL, W. T., u. J. A. E. GIDLEY: Atomic Absorption Spectrophothometry, Macmillan. New York 1962.

[3] a) GILBERT JR., P. T.: Analyt. Chem. 24 (1962) 210R. — b) Siehe Fußnote 12, S. 765.

[4] KOIRTYOHANN, S. R.: Recent Developments in Atomic Absorption, in Developments in Applied Spectroscopy, Vol. 6. New York: Plenum Press 1968.

[5] LOCKEYER, R.: Atomic Absorption Spectroscopy, in C. N. Reilley (Hrsg.), Analytical Chemistry and Instrumentation, Vol. 3., Interscience, New York 1964.

[6] MAVRODINEANU, R.: Atomic Absorption Spectrophotometry, in Encyclopedia of Industrial Chemical Analysis, Vol. 1. New York: Interscience, 1966; MAVRODINEANU, R., and H. BOITEUX, Flame Spectroscopy. New York: Wiley 1965.

[7] ROBINSON, J. W.: Progress in Atomic Absorption Spectroscopy, in C. E. CROUTHAMEL (Hrsg.), Progress in Nuclear Energy. Oxford: Pergamon Press 1961.

[8] WALSH, A.: Application of Atomic Absorption Spectra to Chemical Analysis in H. W. THOMPSON (Hrsg.) Advances in Spectroscopy, Vol. II. New York: Interscience 1961.

[9] ALTHAUS, E.: N. Jb. Miner. Mh. 9 (1966) 259.

[10] RAMIREZ-MUNOZ, J.: Atomic Absorption Spectroscopy. Amsterdam: Elsevier 1968.

[11] SCHLESER, F. H.: Z. Instrumkde. 73 (1965) 1.

[12] SLAVIN, W.: Analysentechn. Ber. Bodenseewerk Perkin-Elmer, Heft 8, Überlingen 1967; M. J. FISHMAN, ebda, Heft 9, 1967.

[13] Perkin-Elmer Corp., Instrument News, Norwalk, u. a. 14 (1963) 2; 17 (1967) 4; 18 (1968) 3; Atomic Absorption Newsletters.

[14] JARRELL ASH: Spectrum Scanner, Waltham, u. a. 22 (1967) 2.

b) Auswerttechnik und Anwendungen

In dem vorangegangenen Abschn. IV.3 wurde eine Reihe von Störmöglichkeiten flammenphotometrischer Messungen durch physikalische und chemische Einflüsse genannt. Prinzipiell gelten diese Ausführungen auch für die Atomabsorption; die Störungen sind aber meistens kleiner als bei der Flammenphotometrie. Linienüberlagerungen treten in geringerem Maße auf, weil die Absorptionslinien in der Mehrzahl der Fälle relativ schmal sind und weil Gleichlichtstörungen aus den Flammen durch eine Verstärkung bei der Modulationsfrequenz der Primärstrahlung nicht mitverstärkt werden. Die Temperaturen der Flamme haben weniger Einfluß auf die Meßwerte als bei der Flammenphotometrie, solange sie so hoch sind, daß durch Dissoziationsprozesse die der Konzentration entsprechende Zahl freier Atome im Grundzustand gebildet wird. Dieser Unterschied erklärt sich daraus, daß bei Emissionsmessungen nicht nur die Dissoziations- sondern auch die Anregungsenergie von der Flamme geliefert werden muß. Trotzdem ist natürlich darauf zu achten, daß bei den Analysen stets die Absorption im gleichen Teil der Flamme bei annähernd reproduzierbaren Temperaturen beobachtet wird. Dies ist auch notwendig, weil nach dem auch bei diesem Absorptionsprozeß prinzipiell gültigen Lambert-Beerschen Gesetz die Breite der Flamme in Strahlungsrichtung die Meßwerte mitbestimmt.

Der Einfluß der mechanischen Größen, wie der Viskosität und der Oberflächenspannung der Lösung, der Tropfengröße und der Sprühgeschwindigkeit oder der Eintauchtiefe des Saugrohres in die Probenlösung, ist in Emission und Absorption gleich.

Ähnliches gilt auch für die früher genannten, die Zahl freier Atome herabsetzenden chemischen Störmöglichkeiten durch Verbindungsbildung einzelner Komponenten, z. B. von Phosphor, Schwefel, Bor, Kieselsäure mit Calcium, Strontium, Barium, Magnesium oder die Oxydation einzelner Elemente, z. B. des Aluminiums, Bors, Siliciums, Vanadiums. In Mineralölprodukten liegen meistens von Anfang an verdünnte Lösungen der zu analysierenden Elemente vor, so daß derartige gegenseitige Beeinflussungen weniger zu befürchten sind. Tritt wirklich einmal ein Element in großem Überschuß neben einer Analysensubstanz auf, so muß man die bereits für die Flammenspektrometrie beschriebenen Wege geben: weitere Verdünnung, Zusatz von Puffersubstanzen, Vorauscheidung der Störkomponente, Extraktion der zu analysierenden Substanz als Metallkomplex[1], Veraschung der Probe und erneute Lösung. Besonders bei Messungen mit Analysenlinien im Bereich kleiner Wellenlängen werden zusätzlich Abweichungen vom Lambert-Beerschen Gesetz beobachtet, die auf Streueffekte an nicht ausreichend verteilten Probepartikeln und an Rußteilchen in den Flammen oder auf Molekülabsorption, z. B. aromatischer Kohlenwasserstoffe in den Proben, zurückgeführt werden. Obwohl die Störeinflüsse geringer sind als bei der Flammenphotometrie, können sie doch zusammen oder einzeln noch eine merkliche Rolle spielen, so daß es nicht ratsam ist, für einen bestimmten Konzentrationsbereich ohne weiteres die Gültigkeit des Lambert-Beerschen Gesetzes anzunehmen. Es ist vorteilhaft, Eichkurven der gesuchten Elemente in Lösungen zu bestimmen, die in ihrer Zusammensetzung der zu erwartenden Analysenprobe möglichst ähnlich sind. Dadurch wird der Einfluß der bei den späteren Analysen auftretenden Störungen zumindest teilweise in den Eichkurven mit erfaßt. Die Durchlässigkeiten (I/I_0) steigen in der Mehrzahl der Fälle bei niedrigen Konzentrationen annähernd linear und bei höheren degressiv mit der Konzentration an.

α) Qualitative Analyse. Zur Zeit können die durch helle Felder in Abb. 111 gekennzeichneten Elemente mit dieser Methode analysiert werden. Nach Literaturangaben[2] wurden auch Nachweisgrenzen genannt; für einige den Mineralölanalytiker besonders interessierende Elemente sind sie zusammen mit Anhaltspunkten für günstige Konzentrationsbereiche in Tab. 10 noch einmal mit aufgeführt. Wie bei der Flammenphotometrie gilt auch hier, daß die Nachweisgrenzen von

---

[1] MULFORD, CH. E.: Analysentechn. Ber., Bodenseewerk Perkin-Elmer, Heft 9., Überlingen 1967.
[2] Siehe Fußnoten 2, S. 774, 6, S. 776 sowie 12, S. 776.

den gewählten Versuchsbedingungen (u. a. Zerstäuberprinzip, Brennertyp, Art der Brenngase und Lösungsmittel) mit abhängen. Infolgedessen sind diese Werte wiederum nur als Richtzahlen anzusehen; in manchen Fällen findet man Zahlen, die noch bis zu einer Zehnerpotenz niedriger liegen. Im großen und ganzen wird

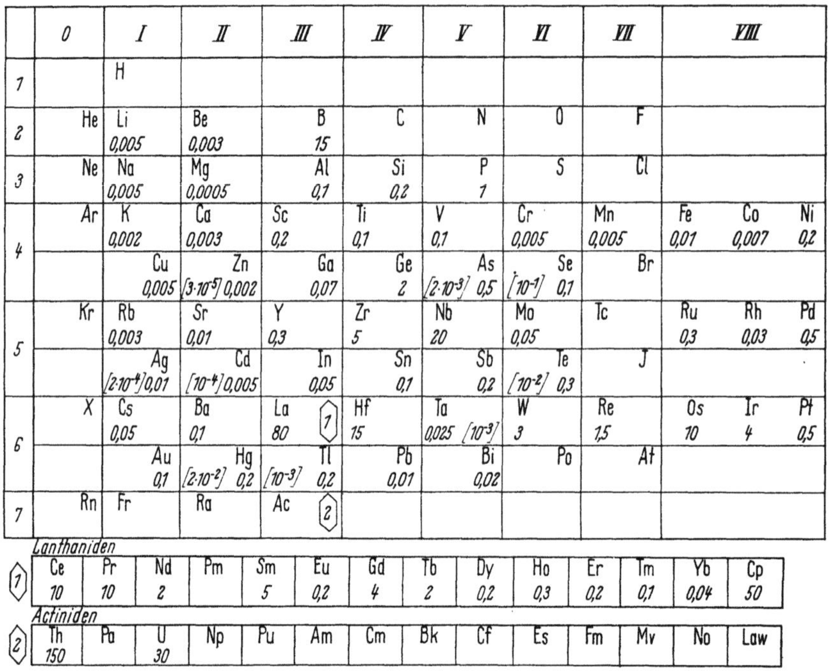

	0	I	II	III	IV	V	VI	VII	VIII		
1		H									
2	He	Li	Be	B	C	N	O	F			
		0,005	0,003	15							
3	Ne	Na	Mg	Al	Si	P	S	Cl			
		0,005	0,0005	0,1	0,2	1					
4	Ar	K	Ca	Sc	Ti	V	Cr	Mn	Fe	Co	Ni
		0,002	0,003	0,2	0,1	0,1	0,005	0,005	0,01	0,007	0,2
		Cu	Zn	Ga	Ge	As	Se	Br			
		0,005	$[3 \cdot 10^{-5}]$ 0,002	0,07	2	$[2 \cdot 10^{-3}]$ 0,5	$[10^{-1}]$ 0,1				
5	Kr	Rb	Sr	Y	Zr	Nb	Mo	Tc	Ru	Rh	Pd
		0,003	0,01	0,3	5	20	0,05		0,3	0,03	0,5
		Ag	Cd	In	Sn	Sb	Te	J			
		$[2 \cdot 10^{-4}]$ 0,01	$[10^{-4}]$ 0,005	0,05	0,1	0,2	$[10^{-2}]$ 0,3				
6	X	Cs	Ba	La 80 [①]	Hf	Ta	W	Re	Os	Ir	Pt
		0,05	0,1	80	15	0,025 $[10^{-3}]$	3	1,5	10	4	0,5
		Au	Hg	Tl	Pb	Bi	Po	At			
		0,1	$[2 \cdot 10^{-2}]$ 0,2	$[10^{-3}]$ 0,2	0,01	0,02					
7	Rn	Fr	Ra	Ac [②]							

Lanthaniden [①]

Ce	Pr	Nd	Pm	Sm	Eu	Gd	Tb	Dy	Ho	Er	Tm	Yb	Cp
10	10	2		5	0,2	4	2	0,2	0,3	0,2	0,1	0,04	50

Actiniden [②]

Th	Pa	U	Np	Pu	Am	Cm	Bk	Cf	Es	Fm	Mv	No	Law
150		30											

Abb. 111. Verteilung der durch Atom-Absorptions-Spektrophotometrie analysierbaren Elemente im periodischen System mit Angaben der Nachweisgrenzen (ppm) für die analysierbaren Elemente. [ ] Nachweisgrenzen mit „Intensitron"-Hohlkathodenlampen (Perkin-Elmer) bei Direktverdampfung.

aber der in Tab. 10 vorgenommene Vergleich der Nachweisempfindlichkeiten von Flammenphotometrie und Atomabsorption auch mit etwas anderen Grenzwerten zu Ergebnissen kommen, die den in ihr wiedergegebenen Verhältnissen im wesentlichen nicht widersprechen.

β) **Quantitative Analyse.** Einzelheiten verschiedener Verfahren zur quantitativen Analyse metallhaltiger Mineralölprodukte sollen hier nicht behandelt werden, weil sich die allgemeinen Gesichtspunkte aus obigen Ausführungen ergeben und die Lösungen von Detailfragen z. T. vorhandenen Analysenvorschriften entnommen, z. T. aber nur auf Grund eigener Erfahrungen zum speziellen Problem erhalten werden können. Folgende Hinweise mögen genügen.

β_1) *Benzin- und Gasölfraktionen.* Die Bestimmung von Blei in Vergaserkraftstoffen wurde von verschiedenen Autoren eingehend beschrieben[1-6]. Die Analysenergebnisse an den zur Einstellung eines günstigen Konzentrationsbereiches in Isooctan oder Isooctan-Aceton gelösten Substanzen zeigten in Vergleich zu chemischen Analysen (ASTM-Standards[7], D 526/61;

[1] Siehe Fußnote 2, S. 774.
[2] ROBINSON, J. W.: Analyt. Chim. Acta, 24 (1961) 451.
[3] WILSON, H. W.: Analyt. Chem. 38 (1966) 920.
[4] MOORE, E. J., O. I. MILNER u. J. R. GLASS: Microchem. J. 10 (1966) 148.
[5] DAGNALL, R. M., u. T. S. WEST: Talanta, 11 (1964) 1553.
[6] TRENT, D. J.: Atomic Absorption Newsletters, Perkin-Elmer, 4 (1965) 348.
[7] Siehe Fußnote 1, S. 742.

Appendix V, D 2/65; IP-Standards[1] 96/64; 116/64) eine Streuung von etwa 1,6%. Damit sind in der Genauigkeit andere Methoden diesem Verfahren überlegen, das sich aber durch Schnelligkeit auszeichnet. Auf die Möglichkeit einer Kombination der Gaschromatographie als Trennverfahren und der Atom-Absorptions-Spektroskopie als elementspezifischer Nachweismethode flüchtiger Metallverbindungen haben KOLB und Mitarbeiter[2] am Beispiel der Bestimmung von Bleialkylen in Benzinen aufmerksam gemacht.

Alkali- und Erdalkalimetalle, Vanadin[3] können in Gasölen, Nickel, Kupfer und Eisen[4-7] in Einsatzprodukten katalytischer Spaltanlagen bis zu den in Tab. 10 genannten Nachweisgrenzen bestimmt werden. Die mit wachsendem Erfolg bei Metallanalysen in Mineralölprodukten eingesetzte Röntgen-Fluoreszenzanalyse (Abschn. VIII) kann bei leichteren Elementen z. T. nicht oder nur bis zu höheren Metallgehalten verwendet werden (Tab. 10).

β_2) *Schmierölfraktionen.* Nach Verdünnung mit geeigneten Lösungsmitteln, z. B. Heptan, Toluol, Xylol, Methyl-isobutyl-keton, zur Einstellung eines für die Analyse geeigneten Konzentrationsbereiches können Calcium, Barium, Magnesium und Zink als Additivmetalle ungebrauchter Schmieröle mit gutem Erfolg quantitativ analysiert werden. Für Zink (Streubereich 1,5 bis 3,4%) gaben u. a. MOSTYN und CUNNINGHAM[8] eine ausführliche Analysenvorschrift heraus. Mit einem unter IV.4.a beschriebenen, vollautomatisch arbeitenden Spektrometer Perkin-Elmer 303 bestimmte SLAVIN[9] nach einem eingehend beschriebenen Verfahren mit mehreren Einstoff- und Mehrstoff-(Cu-Ag-Ni-Cr-)Hohlkathodenlampen neben den schon genannten Elementen noch Aluminium, Silber, Chrom, Kupfer, Eisen, Nickel, Blei und Zinn in ungebrauchten Motorenölen bei Metallgehalten von wenigen ppm bis zu Bruchteilen von ppm.

Im wesentlichen sind damit auch alle Elemente erfaßt, die in gebrauchten Motorenölen auftreten können. Zusätzliche Schwierigkeiten können sich dabei nur durch Sedimentation von Ölschlämmen während der Analyse, durch Verstopfung der Ansaugkapillare des Zerstäubers mit groben Partikeln oder durch starke Konzentrationsunterschiede der Komponenten ergeben. Die letztgenannte Schwierigkeit läßt sich entweder durch Variation der Verdünnung oder durch Veraschung und selektive Lösung, die allerdings zeitraubend sind, beheben. Ergebnisse weiterer Untersuchungen über diese Art von Analysen liegen vor u. a. von ALLAN[10] (Fe und Mn neben großen Mengen K, Na, Mg und Na), BURROWS, HEERDT und WILLIS[11] (Cu, Cr, Fe, Pb, Ag zwischen 0 und 10 bzw. 20 ppm in Schmierölen von Diesellokomotiven mit Streuungen von 1 bis 3%), MEANS und RATCLIFF[12] (Ag, Cr, Cu, Fe, Mg, Ni, Pb, Sn), SPRAGUE und SLAVIN[13] (Ag, Cr, Cu, Fe, Ni, Pb, Sn, Ba, Na, Zn), sowie von SLAVIN und SLAVIN[9] (Cu, Ag, Ni, Cr, Fe, Pb, Sn, Mg, Al in Flugmotoren-Schmierölen). Prinzipiell möglich wären auch Analysen von Beryllium, Titan, Silicium, Vanadium, Wolfram, Zirkon bis zu den in Tab. 10 genannten Nachweisgrenzen.

β_3) *Rohöle, Heizöle und Bitumina.* Bei Rohölen, Heizölen und Bitumina steht die Analyse von Natrium[14] und von Vanadium[15] im Vordergrund des Interesses. Hier ist die Anwendung der Atomabsorption günstig, weil sie ohne vorherige Veraschung und die dadurch möglichen Fehler nach Verdünnung auf den geeigneten Konzentrationsbereich z. B. mit Toluol oder Toluol-Methanol, eine unmittelbare, empfindliche und meistens durch Begleitkomponenten ungestörte Analyse gestattet. Die Eichkurven für Natrium verlaufen daher bis zu relativ hohen Konzentrationen geradlinig durch den Nullpunkt. Auch Nickel wurde in Rohölen bestimmt[16]. Andere Elemente lassen sich im Bedarfsfall selbstverständlich nach ähnlichen Vorschriften analysieren, wie sie für Schmierölfraktionen (Abschn. β_2) gegeben sind.

---

[1] IP-Standards for Petroleum and its Products, 25th Edn. 1966.

[2] KOLB, B., G. KEMMNER, F. H. SCHLESER u. E. WIEDEKING: Z. analyt. Chem. 221 (1966) 166.

[3] CAPACHO-DELGADO, L. u. D. C. MANNING: Atomic Absorption Newsletters, Perkin-Elmer, 5 (1966) 1.

[4] Siehe Fußnote 4, Seite 778.   [5] Siehe Fußnote 1, S. 774.

[6] TRENT, D., u. W. SLAVIN: Atomic Absorption Newsletters, Perkin-Elmer, 3 (1964) 131.

[7] KERBER, J. D.: Appl. Spectrosc. 20 (1966) 212.   [8] Siehe Fußnote 1, S. 774.

[9] SLAVIN, S., u. W. Slavin: Analysentechn. Ber. Bodenseewerk Perkin-Elmer, Heft 11., Überlingen 1967.

[10] ALLAN, J. E.: Spectrochim. Acta, 10 (1959) 800.

[11] BURROWS, J. A., J. C. HEERDT u. J. B. WILLIS: Analyt. Chem. 37 (1965) 579.

[12] MEANS, E. A., u. D. RATCLIFF: Atomic Absorption Newsletters, Perkin-Elmer, 4 (1965) 174.

[13] SPRAGUE, S., u. W. SLAVIN: Atomic Absorption Newsletters, Perkin-Elmer 2 (1963) 12; 4 (1965) 367.

[14] KÄGLER, S.: Erdöl u. Kohle 19 (1966) 897.

[15] FASSEL, V. A., u. V. G. MOSSOTTI: Analyt. Chem. 35 (1963) 252.

[16] Siehe Fußnote 3, S. 779.

β_4) *Schmierfette.* Die Bestimmung von Lithium, Natrium und Calcium in Schmierfetten mit Hilfe der Atom-Absorption hat Kägler[1] eingehend beschrieben. Sie erfordert weniger Aufwand als die entsprechende flammenphotometrische Analyse. Durch Röntgenfluoreszenz andererseits kann Lithium nicht, Natrium schwierig und nur Calcium gut nachgewiesen werden. Wesentliche Störungen treten nicht auf, so daß die Eichkurven in den interessierenden Konzentrationsbereichen annähernd geradlinig durch den Nullpunkt gehen. Nach Kägler vermischt man die Probe von 100 bis 200 mg mit Butanol, extrahiert die Metallsalze mit 1-n-Salzsäure und saugt die wäßrige salzsaure Lösung der zu bestimmenden Metallionen direkt in den Brenner, der bei dem Lithium- und Natrium-Nachweis mit oxydierender, bei dem Calcium-Nachweis mit reduzierender Flamme betrieben werden soll.

Da Schmierfette heute auch Molybdändisulfid enthalten können, haben Mostyn und Cunningham[2] ein Analysenverfahren für den Konzentrationsbereich von 0 bis 75 ppm Molybdän (Analysenlinie 379,8 nm) in dem zu analysierenden Ammoniakextrakt ausgearbeitet. Die Übereinstimmung mit Ergebnissen chemischer Analysen ist gut.

β_5) *Abwässer.* Da auch Abwasser-Analysen immer stärker in den Aufgabenbereich des Mineralöl-Analytikers fallen, sei hier auf zwei Arbeiten hingewiesen, deren Autoren sich mit der Bestimmung von Natrium, Kalium, Strontium, Calcium, Magnesium, Kupfer, Mangan und Zink in natürlichem Wasser[3] und mit der Analyse von Nickel, Kadmium, Zink, Kupfer, Blei und Eisen in Industrieabwässern[4] durch die Atom-Absorptions-Spektroskopie beschäftigten. Fishman verglich seine Ergebnisse nach Feststellung der verschiedenen Querempfindlichkeiten mit Resultaten, die flammenphotometrisch (Na, K, Li, Sr), titrimetrisch mit Äthylendiamintetraessigsäure (ÄDTA) und Murexid als Indikator (Ca, Mg) sowie chemisch-spektrophotometrisch (Zn, Mn, Cu) gewonnen worden waren. Er fand gute Übereinstimmung bei Genauigkeiten und Reproduzierbarkeiten zwischen $\pm 0,01$ und etwa ± 1 ppm je nach Element und Konzentrationsbereich. Biechler reicherte die zu bestimmenden Elemente durch Ionenaustausch (Dowex A-1) an und analysierte die dabei anfallenden, auf geeignete Konzentrationen eingestellten salpetersauren Lösungen.

V. Gaschromatographie

1. Grundlagen[5–7]

Als Chromatographie bezeichnet man heute Verfahren, bei denen die Komponenten eines Mehrstoffsystems durch Adsorption oder Absorption zwischen einer strömenden (mobilen) und einer stationären Phase verteilt und durch mehrfache Wiederholung dieses Vorganges zwischen den Phasen getrennt werden. Die strömende Phase kann flüssig (L) oder gasförmig (G), die stationäre flüssig oder fest (S) sein. Die verschiedenen Kombinationen dieser Phasen führen zur Flüssig-Gas- (LGC) oder Verteilungschromatographie, zur Fest-Gas- (SGC) oder Adsorptionschromatographie sowie zur Flüssig-Flüssig- (LLC) und zur Fest-Flüssig- (SLC) Chromatographie. Zwischen diesen Grenzfällen gibt es eine Reihe von Übergängen. Von den auf diesen Kombinationen aufbauenden Verfahren werden im folgenden nur die beiden unter dem Namen Gaschromatographie zusammengefaßten Trennprinzipien der LGC und SGC, nicht die Säulen-, Papier-, Dünnschicht-, Verteilungs- oder die Ionenaustausch-Chromatographie als Beispiele der LLC oder der SLC weiterbehandelt.

a) Arbeitstechnik

Gaschromatographische Trennungen können in vier verschiedenen Arbeitstechniken vorgenommen werden:

---

[1] Siehe Fußnote 4, S. 779.

[2] Mostyn, R. A., u. A. F. Cunningham: Analyt. Chem. 38 (1966) 121.

[3] Fishman, M. J.: Analysentechn. Ber., Bodenseewerk Perkin-Elmer, Heft 10., Überlingen 1967.

[4] Biechler, D. G.: Analyt. Chem. 37 (1965) 1954.

[5] ASTM Designation E 260 – 65 T: General Gas Chromatography Procedures.

[6] ASTM Designation E 355 – 68: Gas Chromatography Terms and Relationships.

[7] DIN-Entwurf 51405: Gaschromatographische Analyse von Kohlenwasserstoffen und Lösungsmitteln, Erdöl u. Kohle 21 (1968) 569.

a) Eluierungs- oder Entwicklungstechnik, bei der das zu trennende, einem gleichmäßigen Trägergasstrom einmalig zugegebene Stoffgemisch durch Trennsäulen transportiert wird, die mit Adsorptionsmitteln, Molekularsieben, flüssigkeitsgetränkten Feststoffen gefüllt (gepackte Säulen) oder an ihrer Innenwand mit Flüssigkeiten benetzt (Dünnfilm-Kapillarsäulen) bzw. mit Adsorptionsmitteln oder flüssigkeitsgetränkten Feststoffen bedeckt (Dünnschicht-Kapillarsäulen) sind. Infolge der unterschiedlichen Adsorptions- oder Verteilungsgleichgewichte der Komponenten werden sie verschieden schnell von dem Trägergas mitgenommen (eluiert) und dadurch bei ausreichender Weglänge voneinander getrennt. Die Gleichgewichtseinstellung kann durch die Wahl der Arbeitstemperatur oder eines Temperaturprogramms beeinflußt werden.

b) Verdrängungstechnik, bei der ein Hilfsstoff im Trägergas, der von der stationären Phase in der Säule bevorzugt aufgenommen wird, die Komponenten der eingegebenen Probe in der Folge ihrer Affinität zur stationären Phase aus der Säule verdrängt.

c) Durchbruchstechnik oder Frontanalyse, bei der das zu trennende Substanzgemisch kontinuierlich durch die Trennsäule gefördert wird. Dabei treten die relativ schnell wandernden Substanzen mit geringer Affinität zum Adsorbens zuerst aus der Säule, ihnen folgen stärker adsorbierbare Substanzen, bis schließlich die Probe in ihrer ursprünglichen Zusammensetzung durchbricht.

d) Wärmekreislauf-Technik, bei der eine Probe oder eine Probe in einem Trägergas kontinuierlich durch eine meistens kreisförmig gebogene Trennsäule strömt, während gleichzeitig ein relativ zur Säulenlänge kurzes Temperaturfeld mit steilem Gradienten in Richtung des Substanzstromes wandert. Auch bei dieser Technik laufen die Substanzen verschieden schnell durch die Säule und brechen nacheinander durch, bis das Feld erhöhter Temperatur den Säulenausgang erreicht hat.

Bei der Fest-Gas-Chromatographie werden alle vier Techniken angewendet; bei der Flüssig-Gas-Chromatographie arbeitet man nach den Verfahren a und d. Je nachdem, ob man bei konstanter oder nach einem bestimmten Programm veränderter Temperatur arbeitet spricht man von isothermer oder von Thermo-Gaschromatographie.

Zum besseren Verständnis der Arbeitsweise der Methode und der Begriffsbildung wird in Abb. 112 das Grundschema eines Gaschromatographen gezeigt. Er besteht im wesentlichen aus vier Teilen:

a) Trägergasversorgung, b) Thermostatierter oder programmbeheizter Ofen mit Trennsäule, c) Detektor und Registriersystem, d) Elektrische Regelung.

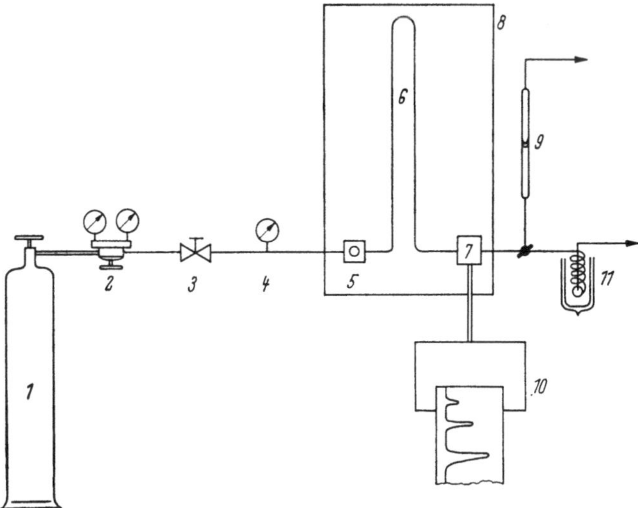

Abb. 112. Anordnungsschema eines Gaschromatographen. Ziffernerklärung im Text.

Das Trägergas strömt aus einer Druckgas-Flasche (*1*) über ein Reduzierventil (*2*) durch einen Nachreiniger, wird durch ein Feinregulierventil (*3*) und ein Manometer (*4*) auf die gewünschte konstante Strömungsgeschwindigkeit eingestellt und gelangt in den heizbaren Einspritzblock (*5*). Hier wird ihm mit einer Dosiervorrichtung (Gas- oder Flüssigkeitsspritze,

Dosierventil) eine bestimmte Probenmenge zugesetzt; wenn sie flüssig ist, soll sie bereits im Block verdampft werden. Sie wird von dem Trägergas in die Trennsäule (6) überführt, wo sie entsprechend den Verteilungskoeffizienten ihrer Komponenten zwischen der mobilen und

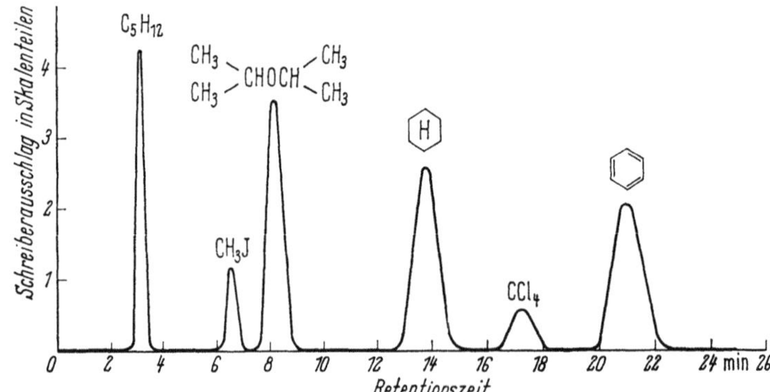

Abb. 113. Beispiel eines Gaschromatogramms.

der stationären Phase verteilt und dabei in die Einzelsubstanzen aufgetrennt wird. Am Säulenende treten diese nacheinander in den Detektor (7), der entweder durch Abtrennung des Trägergases, z. B. von Kohlendioxid in Lauge, die Volumina der einzelnen Komponenten

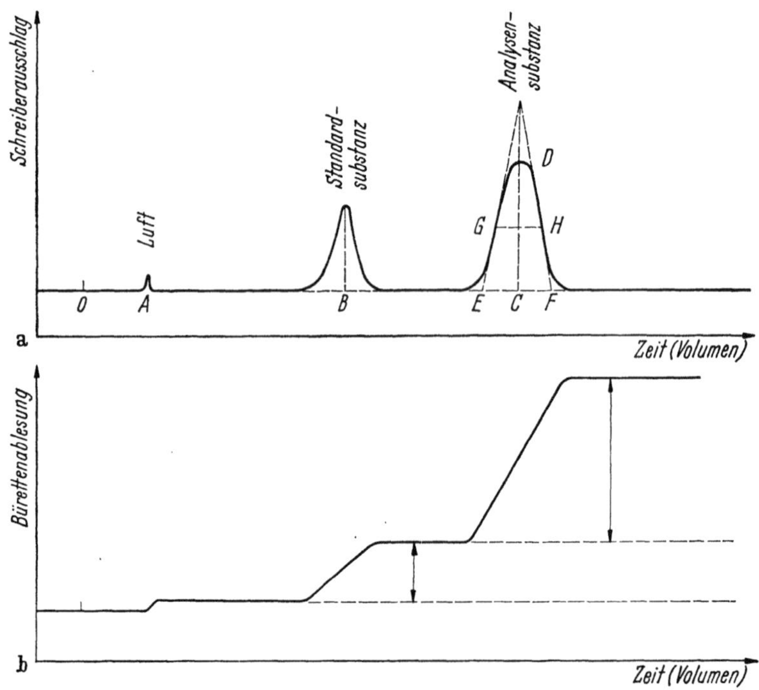

Abb. 114a u. b. Schema eines Gaschromatogramms;
a) differentielle, b) integrale Registrierung.

oder physikalische Eigenschaften mißt, durch die sie sich besonders stark vom Trägergas unterscheiden; dies sind u. a. die Wärmeleitfähigkeit oder die Ionisierbarkeit. Die gemessenen Werte werden schließlich unmittelbar oder in Vergleich zu den entsprechenden Werten des reinen Trägergases über der seit der Probezugabe abgelaufenen Zeit in differentieller Form als Gaschromatogramm oder „Fraktogramm" (Abb. 113) registriert (*10*) und eventuell sofort, z. B. für eine integrale Aufzeichnung (Abb. 114b), weiterverarbeitet. Die Zeit bis zum Verlassen der Substanz aus der Säule ist bei gegebener stationärer Phase, Strömungsgeschwindigkeit des Trägergases und Temperatur für eine Substanz charakteristisch und gestattet somit ihre Identifizierung. Durch Diffusionseinflüsse treten nicht alle Molekeln gleichzeitig aus der Säule sondern in einer bestimmten Zeitverteilung, die um so breiter wird je länger die Substanz in der Säule zurückgehalten wurde.

Die ·Flächen unter den einzelnen Kurvenzügen (Peaks) entsprechen den Substanzmengen. Obwohl sie annähernd den Gewichts- und nicht den Molmengen der Substanzen proportional sind, müssen für quantitative Angaben in Gewichtsprozenten Korrekturkoeffizienten ermittelt werden.

b) Retentionswerte und Verteilungskoeffizienten

Die Zeit (min oder sec), die von der Eingabe der Probe in den Einspritzblock bis zur Anzeige eines Peakmaximums (Abb. 114a) vergeht, nennt man die Gesamtretentionszeit t_{dr}. Die Zeit, die eine Komponente an der stationären Phase bleibt, wird als Retentionszeit t_r bezeichnet. Die Differenz

$$t_{dr} - t_r = t_d \tag{50}$$

ist die Mindestwanderungs- oder Totzeit; sie entspricht der Zeit, während der sich eine Komponente von der Aufgabe bis zur Anzeige ihres Peakmaximums im Trägergas befindet, bzw. der Zeit, die von der Probenzugabe bis zum Auftreten des Luftpeaks vergeht.

Die während der genannten Zeiten durch die Säule strömenden Volumina des Trägergases (ml) werden entsprechend Gesamtretentionsvolumen (V_{dr}), Retentionsvolumen (V_r) und Totvolumen (V_d) genannt. Die Retentionszeiten bzw. -volumina hängen von folgenden z. T. schon genannten Einflußgrößen ab: Strömungsgeschwindigkeit v des Trägergases (ml/sec oder ml/min), Druckabfall in der Säule, Temperatur (T °K), Beschaffenheit und Menge der stationären Phase. Die lineare Gasgeschwindigkeit hat innerhalb des durchströmten Systems nicht überall den gleichen Wert und ist in der Trennsäule nicht direkt meßbar. Daher mißt man meistens die Volumengeschwindigkeit des austretenden Gases v_e (ml/min), die man am einfachsten mit einem Seifenblasen-Strömungsmesser bestimmen kann. Aus der Retentionszeit erhält man das Retentionsvolumen

$$V_r = v_e \cdot t_r \tag{51a}$$

unter den Druck- und Temperaturbedingungen der Meßstelle. Um es zur Ableitung vergleichbarer, stoffspezifischer Werte auf die in der Säule herrschenden Bedingungen umzurechnen, müssen Druck- und Temperaturkorrekturen vorgenommen werden.

Der mittlere Druck in der Säule kann aus dem Eingangsdruck p_a und dem Enddruck p_e (ata oder Torr) ermittelt werden. Da der Druckabfall ($\Delta p = p_a - p_e$) längs der Säule nicht linear ist, entspricht er aber nicht dem arithmetischen Mittel von p_a und p_e. Wegen der Kompressibilität der Trägergase strömt bei einem bestimmten Δp mehr Trägergas aus der Säule als dem Mittelwert entspricht. Die Gasmengenströme und damit die Retentionsvolumina werden also mit steigendem Δp überproportional größer. Nach JAMES und MARTIN[1] kann der Druck durch einen Faktor f (Martin-Faktor) korrigiert werden, der < 1 ist und mit steigendem Δp abnimmt. Er wird berechnet nach

$$f = \frac{3\left(\dfrac{p_a}{p_e} + 1\right)}{2\left[\left(\dfrac{p_a}{p_e}\right)^2 + \dfrac{p_a}{p_e} + 1\right]} \tag{52}$$

---

[1] JAMES, A. T., u. A. P. J. MARTIN: Analyst 77 (1952) 915.

oder aus Nomogrammen bzw. Tabellen abgelesen[1]. Diese Werte erfassen die Verhältnisse vor allem in Kapillarsäulen gut. Wenn aber V_r für relativ kurze, gepackte Säulen und/oder bei großem Δp korrigiert werden soll, ist es besser, einen Druckkorrekturfaktor f' zu verwenden:

$$f' = \frac{3\left[\left(\frac{p_a}{p_e}\right)^2 + \frac{p_a}{p_e} + 1\right]}{2\left[\left(\frac{p_a}{p_e}\right)^3 + \left(\frac{p_a}{p_e}\right)^2 + \frac{p_a}{p_e} + 1\right]}. \tag{53}$$

Für die Umrechnung von V_r auf die Temperatur der Trennsäule gilt die Beziehung:

$$v_s = v_e \cdot \frac{T_s}{T_e}; \tag{54}$$

mit v_s, v_e Mengenfluß in der Säule bzw. an der Meßstelle;
T_s, T_e Säulen- bzw. Meßstellentemperatur ($^\circ$K).

Das korrigierte Retentionsvolumen ergibt sich also zu:

$$V_r^{p\,T_s} = f(f') \cdot v_e \cdot \frac{T_s}{T_e} \cdot t_r \tag{51 b}$$

Für Vergleiche zieht man auch das spezifische Retentionsvolumen heran, das auf 0 °C (273 °K) und ein Gramm Trennflüssigkeit (LGC) oder Adsorptionsmittel (SGC) bezogen wird:

$$V_g = \frac{V_r^{p\,T_s}}{g_{L/S}} \frac{273}{T_s} \qquad \text{(ml/g)}; \tag{55}$$

mit $g_{L/S}$ Gramm Trennflüssigkeit oder Adsorbens.

Die Bestimmung streng vergleichbarer Retentionsvolumina setzt sowohl eine gute Thermostatierung der Trennsäule und eine einwandfreie Konstanz der Volumengeschwindigkeit des Trägergases als auch eine genaue Kenntnis der wirksamen Menge der stationären Phase voraus; gerade in dieser Beziehung sind u. a. durch verschiedene Verteilung der Trennflüssigkeiten auf den Trägermaterialien oder durch Packungsunterschiede in den Trennsäulen Unsicherheiten vorhanden, die bei der Beurteilung angegebener oder eigener V_g-Werte zu berücksichtigen sind.

Aus dem Retentionsvolumen läßt sich schließlich auch der Verteilungskoeffizient K ableiten, der die Verteilung einer Substanz zwischen stationärer und mobiler Phase nach dem Gesetz von HENRY kennzeichnet:

$$K = \frac{g\ \text{Substanz in 1 ml Trennflüssigkeit}}{g\ \text{Substanz in 1 ml Trägergas}} = \frac{c_{Li}}{c_{Gi}} = \frac{g_{Li}}{g_{Gi}} \frac{V_G}{V_L} \tag{56a}$$

und mit x_i, y_i: Molbrüche der Substanz in der Flüssigkeit bzw. im Trägergas, $(V_L, V_G)_{T_s}$: Volumina von Flüssigkeit und Trägergas bei T_s sowie N_L, N_G: Mole Flüssigkeit bzw. Gas pro Volumeinheit:

$$K = \frac{x_i}{y_i}\left(\frac{V_G}{V_L}\right)_{T_s} = \frac{x_i}{y_i}\left(\frac{N_L}{N_G}\right)_{T_s}. \tag{56b}$$

---

[1] KAISER, R.: Chromatographie in der Gasphase, Bd. III., 2. Aufl. Bibliograph. Inst. Mannheim, 1965.

Zwischen K und $V_r^{pT_s}$ besteht die Beziehung:

$$K = \frac{V_r^{pT_s}}{V_{L(T_s)}}. \tag{57}$$

Mit Gl. (55) ergibt sich unter Einführung der Dichte der Trennflüssigkeit bei $T_s (\varrho_{L(T_s)})$:

$$K = V_g \cdot \varrho_{L(T_s)} \frac{T_s}{273}. \tag{58}$$

Wenn keine Meßwerte von $\varrho_{L(T_s)}$ vorliegen, kann sie nach einer der bekannten Näherungsgleichungen für die Temperaturabhängigkeit der Dichte berechnet werden[1].

Um eine gute Trennung der Komponenten eines Gemisches zu erreichen, muß man für die einzelnen Stoffgruppen Trennflüssigkeiten aussuchen, in denen die K-Werte der einzelnen Substanzen möglichst unterschiedlich sind. Nach Gl. (57) bedeuten bei gleichem V_L, kleine K-Werte kurze und große K-Werte lange Verweilzeiten in der Trennsäule. Es ist verständlich und wird im folgenden noch näher begründet, daß apolare Verbindungen, z. B. n-Paraffingemische, durch die meisten Trennflüssigkeiten in der Reihenfolge ihrer Molgewichte bzw. ihrer Dampfdrucke aufgeteilt werden, während polare Substanzen, z. B. substituierte Aromaten, spezifische Wechselwirkungen mit den stationären Phasen zeigen und infolgedessen durch verschiedene Trennflüssigkeiten in unterschiedlicher Reihenfolge und verschieden gut getrennt werden können.

Wenn bei idealem Verhalten K unabhängig von der Konzentration der Substanzen in der stationären Phase ist, muß sich nach Gl. (56a) bei Auftragung der Substanzkonzentration in der stationären Phase gegen ihre Konzentration in der mobilen Phase eine Gerade (Verteilungsisotherme) ergeben. Ein von der Konzentration abhängiger K-Wert wird durch eine nichtlineare Verteilungsisotherme gekennzeichnet.

Durch Einführung des idealen Gasgesetzes $PV = n$. RT für V_G in Gl. (56) ergibt sich unter der Annahme, daß der Partialdruck der gelösten Komponente gegenüber dem Druck des Trägergases vernachlässigt werden kann, der daher dem Gesamtdruck P_G entspricht:

$$K = \frac{x_i}{y_i} \left(\frac{N_L \cdot RT_s}{P_G} \right). \tag{59}$$

Substituiert man P_G durch den aus dem Raoult-Daltonschen Gesetz[2,3] folgenden Ausdruck:

$$P_G = \frac{\gamma_i x_i p_{oi}}{y_i}, \tag{60}$$

in dem γ_i der Fugazitätskoeffizient der Substanz in der Trennflüssigkeit und p_{oi} der Dampfdruck der reinen Komponente ist, so ergibt sich eine Beziehung zwischen dem Verteilungskoeffizienten und dem Lösungsverhalten:

$$K = \frac{N_L RT_s}{\gamma_i p_{oi}}. \tag{61}$$

Sie zeigt, welche Faktoren die relativen Verteilungskoeffizienten beeinflussen und wie weit die Trennung zweier Komponenten A und B in einer gegebenen Trennsäule auch dann möglich ist, wenn sie ein azeotropes Gemisch bilden oder wenn ihre Siedepunkte nahe beieinander liegen. Es gilt:

$$K_A = \frac{N_L RT_s}{\gamma_A p_{oA}} \quad \text{und} \quad K_B = \frac{N_L RT_s}{\gamma_B p_{oB}}. \tag{61a}$$

Da N_L, R und T_s für einen bestimmten Fall Konstante sind und $p_{oA} \cong p_{oB}$ gelten soll, folgt:

$$\frac{K_A}{K_B} = \frac{\gamma_B}{\gamma_A}. \tag{62a}$$

---

[1] a) KHARBANDA, O. P.: Nomograms for Chemical Energineers, Heywood, London 1958. — b) MAXWELL, J. B.: Data Book on Hydrocarbons, van Nostrand, New York 1951.
[2] TREYBAL, R. E.: Mass-Transfer Operations, McGraw Hill, New York 1955.
[3] SMITH, B. D.: Design of Equilibrium Stage Processes, McGraw Hill, New York 1963.

Die Verteilungskoeffizienten sind zu den Fugazitätskoeffizienten umgekehrt proportional; d. h. die Komponente mit dem kleinsten γ hat den höchsten Wert von K und wandert daher am langsamsten durch die Trennsäule und umgekehrt.

Ferner gilt für Glieder homologer Reihen, deren Fugazitätskoeffizienten sich nicht stark voneinander unterscheiden ($\gamma_A \cong \gamma_B$):

$$\frac{K_A}{K_B} = \frac{p_{oB}}{p_{oA}} = \alpha_{AB};\tag{62b}$$

α_{AB} Trennfaktor der Substanzen A + B.

Das heißt in diesem Fall sind in Bestätigung einer früheren Angabe die Verteilungskoeffizienten umgekehrt proportional zu den Dampfdrücken und hängen nicht von γ ab; je niedriger der Dampfdruck einer Komponente ist, desto langsamer geht sie durch die Trennsäule und umgekehrt.

Eine Kombination der Gl. (58) und (61) ergibt:

$$V_g = \frac{N_L\,273\,R}{\gamma_1\,p_o\,\varrho_{L(T_s)}}.\tag{63}$$

Für zwei Komponenten A und B folgt die Trennformel von HERINGTON[1]:

$$\log\frac{V_{gB}}{V_{gA}} = \log\frac{p_{oA}}{p_{oB}} + \log\frac{\gamma_A}{\gamma_B}.\tag{64}$$

Die Gl. (63) bzw. eine Gleichung, die durch Kombination von Gl. (57) und Gl. (61) erhalten wird, kann nach γ aufgelöst werden, so daß aus dem korrigierten oder aus dem spezifischen Retentionsvolumen die Fugazitätskoeffizienten der entsprechenden Systeme abgeleitet werden können.

Experimentell wurde schon früh gefunden, daß in homologen Reihen lineare Beziehungen zwischen den Logarithmen der Retentionswerte und dem Molgewicht bzw. der Kohlenstoffzahl n bestehen:

$$\log V_g = K \cdot n.\tag{65}$$

Dies folgt unmittelbar aus Gl. (64). Nach dieser Gleichung hängt der Unterschied der Retentionsvolumina, d. h. die Trennung, bei ähnlichen γ-Werten von der Differenz der Dampfdrücke ab, die sich nach den bekannten Dampfdruckformeln in erster Näherung logarithmisch mit der reziproken Temperatur ändern.

Eine andere empirische Feststellung, daß die Retentionswerte der Glieder homologer Reihen in zwei verschiedenen Säulen I und II direkt proportional zueinander sind, daß also gilt:

$$V_g^I = m \cdot V_g^{II} + C,\tag{66}$$

ist nach Gl. (65) verständlich. m ist dabei eine reihenspezifische Konstante; die zweite Konstante C kann Null sein.

Die angegebenen Gleichungen für die spezifischen Retentionsvolumina V_g oder für die Verteilungskoeffizienten K sind zwar prinzipiell gültig und führen auch zu einem Verständnis empirisch gefundener Beziehungen; wie bereits gesagt wurde, macht aber die genaue experimentelle Bestimmung der Meßgrößen Schwierigkeiten, so daß die V_g-Werte nicht allgemein analytisch verwendet werden können. Zur Identifizierung von Substanzen (i) eignen sich die auf eine zugesetzte Standardsubstanz (St) bezogenen bei isothermer Arbeitsweise aufgenommenen relativen Retentionsvolumina V_r^{rel} besser:

$$V_r^{rel} = \frac{V_{ri}}{V_{rSt}} = \frac{t_{ri}}{t_{rSt}}.\tag{67}$$

Nach Abb. 114 ergibt sich V_r^{rel} der Analysensubstanz durch das Verhältnis AC/AB. Als Standardsubstanzen werden am besten Verbindungen verwendet, die leicht beschaffbar und gut zu reinigen sind und die keine spezifischen Wechselwirkungen mit den stationären Phasen zeigen. Zusammenstellungen relativer Retentionsvolumina finden sich in verschiedenen Monographien und Sammelberichten[2-6].

[1] HERINGTON, E. F. G. in Vapour Phase Chromatography. Hrsg. von D. H. DESTY. London: Butterworth 1957.

[2] Siehe Fußnote 1, S. 784.

[3] BAYER. E.: Gas-Chromatographie, 2. Aufl. (Anleitungen für die chemische Laboratoriumspraxis, 10. Bd.), Berlin/Göttingen/Heidelberg: Springer 1962. — Gas-Chromatography. Amsterdam: Elsevier 1961.

[4] KAISER, R.: Gas-Chromatographie, Leipzig: Akadem. Verlagsges. 1960.

[5] SCHUPP, O. E., and J. S. LEWIS: Gas Chromatographic Data, Compilation Amer. Soc. for Testing and Materials, Philadelphia 1967; Ausliefg. Europa: Heyden & Son., London.

[6] McREYNOLDS, W. D.: Gas Chromatographic Retention Data. Evanston: Preston Technical Abstracts Co. 1966.

Einen anderen Vorschlag zur Erfassung der Retentionswerte in einer von den Versuchsbedingungen nicht abhängigen, allgemein verwendbaren Form hat Kovats[1] gemacht. Er führte den sogenannten Retentionsindex einer Substanz x ein, den er folgendermaßen definierte:

$$I_x = 100 \left(n + \frac{\log V_{r(x)} - \log V_{r(n)}}{\log V_{r(n+1)} - \log V_{r(n)}} \right).$$
(68)

Dabei beziehen sich n und $(n+1)$ auf n-Paraffine mit n bzw. $(n+1)$ C-Atomen. Die Retentionsindices der n-Paraffine werden willkürlich für Methan, Äthan, Propan usw. zu 100, 200, 300 usw. bei jeder beliebigen Temperatur und stationären Phase festgelegt. Die I-Werte der zum Vergleich herangezogenen Paraffine C_n und C_{n+1} müssen den Wert der Substanz x eingabeln. Mit I_x sind also die Retentionswerte einer Substanz auf die n-Paraffin-Reihe bezogen; sie entsprechen somit formal den Werten von n-Paraffinen mit der entsprechenden (meist gebrochenen) C-Zahl. In einigen der vorstehend zitierten Werke sind auch I_x-Werte angegeben. I_x oder besser die Differenz ΔI_x der Werte einer Substanz für zwei Trennsäulen können zu ihrer Identifizierung herangezogen werden. Kovats hat sich auch bemüht, Gruppeninkremente für I_x verschiedener Atomgruppierungen in Molekeln abzuleiten, um mit ihrer Hilfe für Verbindungen, deren I_x-Werte nicht bekannt sind, diese abschätzen zu können.

c) Temperatureinfluß

Einen wesentlichen Einfluß haben die Temperaturen des Gas- und des Probe-Zugabesystems sowie vor allem der Trennsäule auf die Retentionswerte und die Form der Peaks. Mit steigender Säulentemperatur verringern sich die Retentionswerte und verschmälern sich die Peaks. Eine thermodynamische Behandlung der Zusammenhänge führt zur Clausius-Clapeyron-Gleichung[2] in der Form:

$$\log V_g = \frac{\Delta H_s}{4{,}57\, T_s} + C,$$
(69)

in der ΔH_s die partielle, molare Lösungswärme des gelösten Stoffes in der stationären Phase und C eine Konstante ist; die übrigen Größen wurden schon früher definiert. Wenn ΔH_s temperaturunabhängig wäre, müßte $\log V_g$ der reziproken, absoluten Säulentemperatur direkt proportional sein. Das ist nur angenähert der Fall. Bei den Gliedern homologer Reihen ändern sich die ΔH_s-Werte mit der Temperatur in ähnlichem Ausmaß, so daß für sie gilt:

$$\log \frac{V_{g_A}}{V_{g_B}} = C\, \frac{1}{T_s},$$
(70)

d. h. daß die Peaks aufeinander folgender Glieder homologer Reihen bei linear ansteigender Temperatur in gleichem zeitlichen Abstand aufeinander folgen sollten. Auf den inneren Zusammenhang zwischen den Gl. (70), (64) und (65) sei an dieser Stelle hingewiesen.

Selbstverständlich kann man statt der Clausius-Clapeyron-Gleichung (69) auch andere Dampfdruckformeln, z. B. die Antoine-Gleichung[3], benutzen:

$$\log V_g = A + \frac{B}{t + C}$$
(69a)

und den Zusammenhang zwischen V_g und der Arbeitstemperatur durch Angabe der Konstanten A, B und C kennzeichnen.

---

[1] a) Kovats, E.: Helv. Chim. Acta, 41 (1958) 1915. — b) Wehrli, A., u. E. Kovats, Helv. Chim. Acta 41 (1959) 2709 — c) Schulz, H. u. H. O. Reitemeyer: Chromatographia 1 (1968) 315, 364.
[2] Siehe Fußnote 2, S. 785.
[3] Bergmann, G., u. D. Jentzsch: Z. analyt. Chem. 164 (1958) 10.

Bei gaschromatographischen Messungen mit linearem Temperaturprogramm gilt für den Retentionsindex

$$I_{pT} \cong 100\left(n + \frac{V_{r(x)} - V_{r(n)}}{V_{r(n+1)} - V_{r(n)}}\right), \tag{68a}$$

wie sich nach (69) leicht einsehen läßt.

In den meisten Analysenproben liegen nicht nur Verbindungen einer homologen Reihe vor, so daß Analysen bei variierten Temperaturen nicht in allen Fällen die Identifizierung von Substanzen erleichtern; oft tragen sie aber zur Verkürzung der Analysenzeit und zur Verschärfung der Peaks und damit zu ihrer besseren quantitativen Auswertbarkeit bei. Zu tiefe Arbeitstemperaturen liefern, besonders bei Gemischen von Substanzen eines großen Siedebereiches, weit auseinandergezogene Chromatogramme mit stark verbreiterten Peaks der Komponenten mit langen Retentionszeiten (Abb. 115a); zu hohe Säulentemperaturen

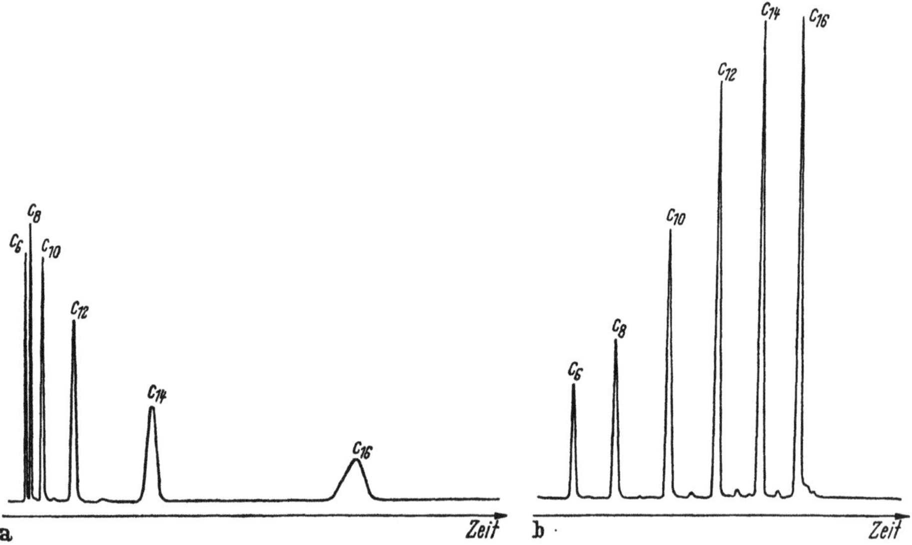

Abb. 115a u. b. Gaschromatogramme a) bei konstanter und b) bei linear ansteigender Temperatur.
a) Kolonnentemperatur: 175 °C isotherm; 1,8 m lange 1/4''-Kolonne; 10% Apiezon auf Chromosorb W; Trägergas; Helium; aufgenommen mit einem F & M-Modell 720.
b) Kolonnentemperatur programmiert von 100 °C auf 300 °C mit 21 °C/min; übrige Anordnung gleich.

können dagegen, besonders bei Substanzgemischen mit engem Siedebereich, zu einer starken Drängung der Peaks oder sogar zu ihrer teilweisen Überlagerung führen. Es muß also je nach der Zusammensetzung der Probe entschieden werden, ob isotherm oder nach einem Aufheizprogramm für die Trennsäule gearbeitet werden soll.

Es gibt drei Möglichkeiten, die Trennsäulentemperatur während der Analyse zu variieren:
a) nach einem linearen Temperaturprogramm (Abb. 115b),
b) durch stufenweise Temperatursteigerung,
c) durch Verwendung mehrerer Säulen mit verschiedenen Arbeitstemperaturen, die so gestuft sind, daß nach Vortrennung in mehrere Fraktionen diese in den verschiedenen Säulen gleichzeitig in möglichst kurzen Zeiten aufgetrennt werden.

Auch die später noch näher zu behandelnde Trennleistung, gekennzeichnet durch die Höhe einer Trennstufe (Height Equivalent to one Theoretical Plate) HETP (mm), einer isotherm betriebenen Säule wird entsprechend der folgenden Gleichung durch die Temperatur beeinflußt:

$$\text{HETP} = a + b\,T + c/T \tag{71}$$

mit den experimentell zu ermittelnden Konstanten a, b und c. Das Minimum der durch diese Gleichung festgelegten Hyperbel gibt die für die Trennung optimale Arbeitstemperatur an.

Meistens liegt sie etwa 50 °C unterhalb des Siedepunktes der jeweils ins Auge gefaßten Substanz.

Bei temperaturprogrammierten Säulen gilt die Beziehung:

$$\text{HEPT} = 180{,}5\, L \left(\frac{b_{1/2}}{t_{dr\,(T_s)}}\right)^2 \tag{72}$$

mit $b_{1,2}$ der Peakbreite in halber Höhe (mm oder sec); $t_{dr\,(T_s)}$ der Gesamtretentionszeit, die sich für isothermen Betrieb der Säule bei der Temperatur T_s, bei der die Substanz aus der programmgesteuerten Säule austritt, ergeben würde; $L(m)$ der Säulenlänge.

Aus den Gl. (58) und (69) folgt für die Temperaturabhängigkeit der Verteilungskoeffizienten:

$$\log \frac{K \cdot 273}{T\, \varrho_{L\,(T_s)}} = \frac{\varDelta H}{4{,}57\, T}\,. \tag{73}$$

Je nach $\varDelta H_s$ der Komponenten kann sich die Trennbarkeit eines Gemisches mit der Temperatur ändern; dies kann zu Peaküberlagerungen oder sogar zu Vertauschungen in der Reihenfolge des Austritts der Substanzen führen.

Abschließend seien einige Grundsätze über die Temperatureinstellung an den einzelnen Teilen des Chromatographen zusammengefaßt. Die Temperatur in der Gaszugabe und in ihrem Einstellungssystem muß konstant sein, um einen gleichmäßigen Gasmengenstrom zu gewährleisten. Auch die Temperatur der Probendosierung muß konstant gehalten werden. Ihre Höhe hat sich aber nach dem Siedebereich der Probe zu richten und sollte etwa 30 °C über deren Siedeende liegen, um eine einheitliche und schnelle Verdampfung zu erreichen; im Normalfall sollte sie 50 °C über, äußerstenfalls bei der Temperatur der Trennsäule liegen. Die optimale Temperatur der Trennsäule ist theoretisch durch Gl. (70) festgelegt. Auch sie muß sich nach dem Siedeverhalten der Probe richten, kann aber bis zu 100 °C, in Extremfällen bis zu 200 °C (Probenmenge im Gammabereich, Ionisationsdetektoren) tiefer als das Siedeende liegen, weil die Partialdrucke der einzelnen Substanzen im Trägergasstrom meistens relativ klein sind. Für eine gegebene Säule ist die obere Grenze der Temperatur dadurch festgelegt, daß die Verdampfung der Trennflüssigkeit nicht zu stark werden darf, um einerseits ihre Verluste niedrig zu halten und andererseits die Anzeige der Detektoren nicht durch einen starken Untergrund zu stören; maximal sollte der Dampfanteil 1 mg im Liter Trägergas bei Verwendung unempfindlicher Detektoren und $10\gamma/l$ bei Ionisationsdetektoren nicht überschreiten. Die obere Grenze der Arbeitstemperatur wird auch durch die thermische Beständigkeit der Analysensubstanzen in den Zuleitungen und in der Trennsäule bestimmt. Für die üblichen organischen Substanzen sind daher Chromatographen mit einem Temperaturbereich von 0 bis 400 °C wünschenswert, die zumindest die Einhaltung von 300 °C im Dauerbetrieb gestatten. Hochtemperaturgeräte sollten bis 500 °C einsetzbar sein.

d) Theorien der gaschromatographischen Trennung

Die Trennschärfe einer Trennsäule kann aus der Form der einzelnen Peaks in einem Gaschromatogramm beurteilt werden. Sie ist um so schlechter je breiter und flacher die Peaks sind. Wenn man aus der Peakform eine für alle Stoffe gültige Bewertungsgröße ableiten will, muß man die Retentionswerte berücksichtigen, weil die Verteilung der Substanzen auf ihrem Weg durch die Trennsäule infolge ihrer Diffusion in der Gasphase breiter wird. Das angesprochene Problem kann unter zwei verschiedenen Gesichtspunkten behandelt werden, die als Theorie der „Böden" (Plate-Theory) und als kinetische Theorie (Rate-Theorie) bezeichnet werden.

α) Bodentheorie. Bei der Bodentheorie wird angenommen, daß eine Trennsäule in der Gaschromatographie prinzipiell ähnlich wie eine Destillationskolonne oder eine Gegenstrom-Extraktionsbatterie behandelt werden kann[1]; d. h. daß ihre Wirkung durch eine bestimmte Zahl theoretischer Trennstufen (theoretischer Böden), auf denen jeweils das Verteilungsgleichgewicht einer Komponente zwischen der mobilen und der stationären Phase eingestellt wird, zu kennzeichnen ist. Da jeder theoretische Boden zu der Trennung beiträgt, hängt das Ausmaß der endgültigen Aufteilung von der Wirksamkeit der einzelnen Böden und von der

---

[1] Siehe Fußnoten 2 u. 3, S. 785.

Gesamtbodenzahl der Trennsäule ab. Die endgültige Verteilung einer Substanz über alle Böden entspricht wie bei allen Gegenstrom-Trennprozessen idealer Systeme einer Gauß-Verteilung.

Die Zahl der vorhandenen theoretischen Trennstufen n hängt von einer Reihe bereits genannter Einzelgrößen ab, u. a. von der Menge der Trennflüssigkeit, dem Mengenstrom und der Art des Trägergases, der Gleichmäßigkeit der Säulenfüllung, der Diffusion, der Temperatur sowie der Säulenlänge und dem Säulendurchmesser. Es ergibt sich bei dieser Betrachtungsweise für symmetrische Peaks idealer Systeme[1,2], daß n aus der Gesamtretentionszeit t_{dr} einer Substanz (OC in Abb. 114) und aus der Breite b des Peaks an seinem Fuß (*EF* in Abb. 114) mit Hilfe folgender Gleichung berechnet werden kann:

$$n = 16\left(\frac{t_{dr}}{b}\right)^2 = 16\left(\frac{OC}{EF}\right)^2. \tag{74}$$

In der amerikanischen Literatur[3] wird statt t_{dr} auch t_r (*AC* in Abb. 114) eingesetzt.

Die Trennstufenhöhe HETP (mm) ergibt bei einer Säulenlänge L (*m*) zu:

$$\text{HETP} = \frac{1000 \cdot L}{16}\left(\frac{b}{t_{dr}}\right)^2 \tag{75}$$

und die Trennleistung n^1 als Zahl der Trennstufen pro Meter Säulenlänge nach Gl. (74) und (75) zu:

$$n^1 = \frac{n}{L} = \frac{16}{L}\left(\frac{t_{dr}}{b}\right)^2 = \frac{1000}{\text{HETP}}. \tag{74a}$$

Bei unsymmetrischen Banden, die in den Fraktogrammen von Systemen mit nichtidealem Verhalten zwischen den Komponenten und der Trennflüssigkeit auftreten, benutzt man besser

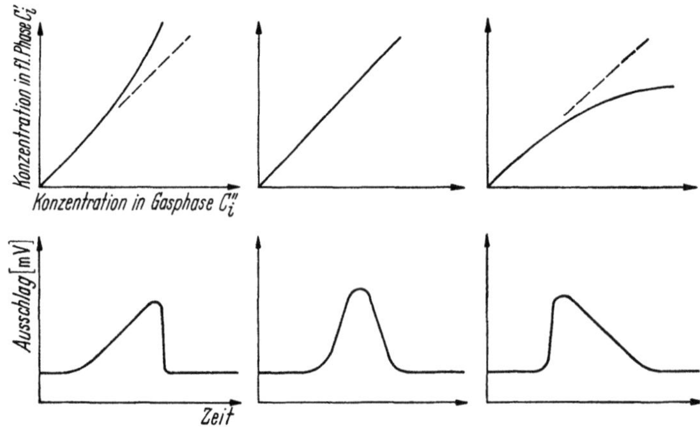

Abb. 116. Abhängigkeit der Peakform vom Fugazitätskoeffizienten (γ) einer Substanz in der stationären Phase.

die Halbwertbreite (Breite der Peaks in halber Höhe, GH in Abb. 114) $b_{1,2}$ zur Bestimmung von n mit einer Formel, in der eine Korrektur für die Peakverbreiterung durch Diffusion in der Gasphase mit dem Glied $(t_{dr} \cdot t_r)$ enthalten ist:

$$n = 5{,}54\,\frac{t_{dr} t_r}{(b_{1/2})^2} = \frac{(OC)(AC)}{(GH)^2}. \tag{76}$$

Bei nichtidealen Systemen führen positive Abweichungen vom Raoultschen Gesetz ($\gamma > 1$) zu Peaks mit flachem Verlauf auf der Anlaufflanke und steilem Abfall auf der Rückseite; negative Abweichungen ($\gamma < 1$) ergeben einen umgekehrten Verlauf (Abb. 116). An der Stirnseite

[1] KAISER, R.: Chromatographie in der Gasphase, Bd. I., 2. Aufl. Mannheim: Bibliograph. Inst. 1965.

[2] KELKER, H.: Gaschromatographie, in Ullmanns Encyklopädie der technischen Chemie, Bd. 2/1. München: Urban u. Schwarzenberg 1961.

[3] MORRIT JR., C.: Gas Chromatography, in F. Dee Snell, C. H. HILTON (Hrsg.) Encyclopedia of Industrial Chemical Analysis, Vol. 2, New York: Interscience Publ. 1966.

einer durch die Säule wandernden Zone gehen zunächst mehr Molekeln in die flüssige Phase über als aus ihr verdampfen; dadurch ist die Kondensationswärme größer als die Verdampfungswärme, so daß sich eine geringe Erwärmung gegen die Umgebung ergibt. An der Rückseite ist die Zahl der austretenden Moleküle größer als die der eintretenden, so daß es hier zu einer Abkühlung kommt. In der Zone selbst bildet sich also ein Temperaturgradient aus, der um so steiler ist, je mehr Substanz vorhanden ist, und der die Peakform beeinflußt. Um diese Störung niedrig zu halten, sollte mit möglichst kleinen Probemengen gearbeitet werden.

Die Forderung nach einer Substanzunabhängigkeit von n ist nie ganz erfüllt. Seine Berechnung aus verschiedenen Peaks kann zu merklichen Unterschieden führen. Auffällig niedrige n- bzw. hohe HETP-Werte deuten darauf hin, daß der betreffende Peak durch zwei nicht voneinander getrennte Substanzen hervorgerufen wird.

β) Kinetische Theorie. Die kinetische Theorie behandelt die Abhängigkeit der HETP u. a. von

a) der linearen Strömungsgeschwindigkeit u (cm/sec) des Trägergases,

b) der Kornspanne und -verteilung, Packungsdichte und Beladungsstärke des Trägers,

c) der Diffusion und Vermischung in der Gasphase,

d) der Diffusion und dem Stoffaustausch in der stationären Phase.

DEEMTER, ZUIDERWEG und KLINKENBERG[1] sind dabei für gepackte Säulen auf folgende Beziehung gekommen, mit der man sich einen guten Überblick über die Bedingungen verschaffen kann, die den Wert von HETP beeinflussen:

$$\text{HETP} = 2\lambda\, d_p + 2\gamma\, \frac{D_{iG}}{u} + 0{,}01\, \frac{k'^2}{(1+k')^2}\, \frac{d_p^2}{D_{iG}}\, u\, +$$

Eddy-   Molekül-   Molekül-
Diffusion Diffusion,   Diffusion,
           axial   radial

$$+\, \frac{8}{\pi^2}\left(\frac{k'}{(1+k')^2}\right)\left(\frac{d_{eff}^2}{D_{iL}}\right) u. \tag{77}$$

Stofftransport

Es bedeuten in dem ersten Glied, das die „turbulente" Diffusion (Eddy-Diffusion) erfaßt: λ die statistische Unregelmäßigkeit der Packung, d_p den Teilchendurchmesser der Füllung; in dem Term, der die axiale molekulare Diffusion berücksichtigt: γ den Labyrinthfaktor der Poren, D_{iG} den Diffusionskoeffizienten der Komponente i in der Gasphase, u die Lineargeschwindigkeit des Trägergases; in dem Ausdruck für die radiale molekulare Diffusion

$$k' = \frac{t_r}{t_d} = K\,(V_L/V_G)$$

mit K dem Verteilungskoeffizienten (Gl. 56a) und V_L, V_G den Flüssigkeits- bzw. Gasvolumina in der Säule; in dem Glied, das den Stoffaustausch festlegt: d_{eff} die „effektive" Dicke der Trennflüssigkeit, D_{iL} den Diffusionskoeffizienten der Komponente i in der stationären Phase.

Die Gl. (77) beschreibt als Beziehung zwischen HETP und u

$$\text{HETP} = A + \frac{B}{u} + C_G u + C_L u \tag{77a}$$

eine Hyperbel mit einem Minimum, dessen Lage kennzeichnet, welche optimale Lineargeschwindigkeit zum kleinsten Wert von HETP führt (Abb. 117). Bei Werten $u < u_{opt}$ spielt die axiale Moleküldiffusion für den Wert von HETP eine wesentliche Rolle, weil HETP $\approx 1/u$ ist; bei Werten von $u > u_{opt}$ werden die

<hr>

[1] VAN DEEMTER, J. J., F. J. ZUIDERWEG, A. KLINKENBERG u. F. SJENITZER: Chem. Engng. Sci. 5 (1956) 258, 271.

Werte von HETP infolge der Zunahme des Widerstandes gegen den Stofftransport erhöht, weil hier HETP $\approx u$ ist.

u ist in der Trennsäule unter Arbeitsbedingungen keine Konstante, da stets Druckgefälle herrschen muß. Wie bereits früher (Gl. 52 und 53) ausgeführt wurde, führt die Kompressibilität des Trägergases mit abnehmendem Druck längs

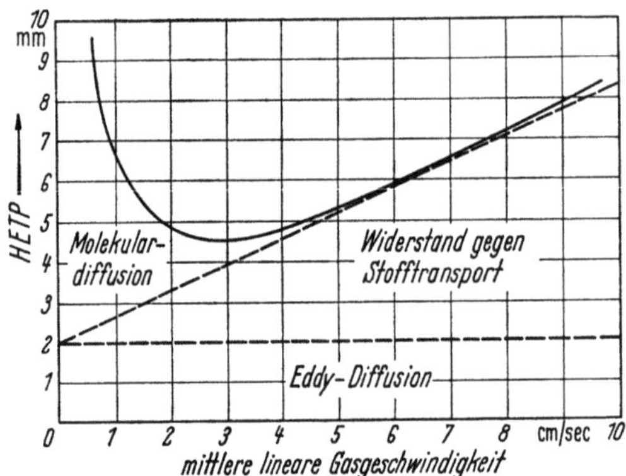

Abb. 117. Beispiel einer van Deemter-Kurve.

der Trennsäule zu einer Zunahme der Lineargeschwindigkeit. Man erhält unter den früher dargelegten Gesichtspunkten und unter Berücksichtigung, daß die Raumgeschwindigkeiten den Lineargeschwindigkeiten proportional sind, für den Druck an einem Ort l/L (l: Entfernung vom Säuleneingang, L: Säulenlänge) die Beziehung:

$$\left(\frac{p_l}{p_e}\right)^2 = \left[\frac{L-l}{L}\left(\frac{p_a}{p_e}\right)^2 + \frac{l}{L}\right] = \left(\frac{u_e}{u_l}\right)^2 \tag{78}$$

mit p_a, p_l, p_e den Drücken bei $l = 0$, $= l$ bzw. $= L$ und u_l, u_e den Lineargeschwindigkeiten bei $l = l$ bzw. $= L$. Zur Einstellung von HETP$_{min}$ muß also der Arbeitsdruck so gewählt werden, daß u über die ganze Säulenlänge in der Nähe von u_{opt} liegt. Bei kurzen, gut durchlässigen Säulen, die annähernd linearen Druckabfall haben, kann man das dadurch erreichen, daß man bei möglichst geringem Vordruck einen zur Erreichung von $u_{opt.}$ nötigen mittleren Druck einstellt. Man kann aber auch einen hohen Vordruck ($>$10 at.) wählen; bei geringer Druckänderung im Hauptteil der Säule kann man dabei fast den gesamten Druckabfall an ihren Ausgang verlegen, wenn man dort eine Drosselkapillare anbringt.

Eine Diskussion der Gl. (77) führt noch zu einigen weiteren praktischen Folgerungen. Nach dem ersten Term sollten bei regelmäßiger Packung kleinere Korndurchmesser niedrigere HETP-Werte ergeben. Dies ließ sich experimentell bestätigen. Da mit abnehmender Korngröße der Druckabfall in der Säule steigt, hat sich als günstiger Kompromiß für gepackte Säulen von 2 bis 4 m Länge ein Korndurchmesser von 0,1 bis 0,2 mm erwiesen. Bei einer gegebenen Kornspanne und -verteilung bestimmten die groben Anteile die HETP. Die Diffusion der Substanzen in der mobilen Phase kann durch Wahl des Trägergases nur wenig beeinflußt werden, weil man durch die Art der Detektoren nur zwischen einer beschränkten Anzahl von Trägergasen wählen kann. Wesentlich ist das letzte Glied, das den Stoffübergang zwischen der mobilen Phase und der Trennflüssigkeit sowie den Transport in der Flüssigkeit erfaßt. Die in ihm ausgedrückte Proportionalität von HETP zu u ist experimentell gesichert. Daß D_{fL} im Nenner steht, ist ohne weiteres einzusehen. Mit fallender Temperatur und mit steigender Viskosität nimmt D_{fL} ab und HETP infolgedessen zu. Die effektive Eindringtiefe d_{eff} der gas- oder dampfförmigen Moleküle in die Flüssigkeit soll möglichst klein sein, um einen niedrigen Wert von HETP zu erhalten. Dies kann man prinzipiell durch eine gute Verteilung der Trennflüssigkeit in dünner Schicht auf dem Träger („magere Säule") erreichen. Eine Grenze ist einer Herabsetzung der Schichtdicke durch die Lösungskapazität der Säule gesetzt, die zur ausreichenden Verteilung einer bestimmten Probenmenge gebraucht wird. Magere Säulen können nur mit kleinen Substanzmengen beaufschlagt werden. Versuche haben gezeigt, daß bei einer 5%igen Beladung des Trägers in Verbindung mit der erwähnten Drosselung am Säulenende HETP-Werte von 0,4 bis 0,5 mm gegenüber 1 bis 2 mm bei 20- bis 30%iger Beladung zu erreichen sind.

Die vorstehend diskutierte van-Deemter-Gleichung gilt für gepackte Säulen. Zur Bestimmung der Trennstufenhöhe von Dünnfilm-Kapillar- oder Golay-Säulen aus dünnen, auf der Innenseite benetzten Rohren kann man die für isothermen und isobaren Betrieb abgeleitete van-Deemter-Golay-Gleichung anwenden:

$$\text{HETP} = \frac{2D_{iG}}{u} + \frac{r^2}{D_{iG}} \left[\frac{1 + 6k' + 11k'^2}{24(1 + k')^2} \right] u + \frac{r^2}{K^2 D_{iL}} \frac{k'^3}{(16 + k')^2} u, \tag{79}$$

in der gegenüber Gl. (77) als neue Größen nur der Verteilungskoeffizient K und der Rohrinnendurchmesser r auftreten. In verkürzter Form kann man sie auch schreiben:

$$\text{HETP} = \frac{B}{u} + C_G u + C_L u. \tag{79a}$$

Es ist verständlich, daß in einer diesen Säulentyp erfassenden Gleichung das erste Glied von Gl. (77) sowie der Labyrinthfaktor in ihrem zweiten Glied wegfallen. Ferner kann gezeigt werden[1], daß der zweite und der dritte Term von Gl. (79) dem dritten bzw. vierten von Gl. (77) entsprechen, wenn man berücksichtigt, daß in Kapillarsäulen der Radius r und nicht die Korngröße d_p die charakteristische Länge ist.

Neben den Dünnfilm-Kapillaren treten die Dünnschicht-Kapillaren immer stärker hervor. Auf ihre innere Oberfläche ist anstelle des dünnen Flüssigkeitsfilms eine Schicht von Adsorptionsmitteln oder flüssigkeitsbeladenen Trägermaterialien aufgebracht. Ihr Trennvermögen ist bei größerer Belastbarkeit nur unwesentlich kleiner als das der Dünnfilm-Kapillaren. Über die bisherigen Ansätze zu ihrer theoretischen Behandlung kann man sich in der Literatur unterrichten[1, 2].

e) Bewertung von Trennsäulen

Zur Bewertung der Eignung und Leistung von Trennsäulen bei einer bestimmten Trennaufgabe muß man folgende Größen heranziehen.

α) **Trennleistung.** Die Trennleistung, die nach Gl. (74a) als Zahl der Trennstufen pro Meter (1000/HETP) definiert ist, kann theoretisch auf den in Abschn. V.1.d behandelten Wegen bestimmt werden. Bei normalen, gepackten Säulen für die Analyse mit Durchmessern von 4 bis 8 mm liegen die Trennstufenzahlen zwischen 500 und 1500, bei Säulen für Trennungen im präparrativen Maßstab mit Durchmessern von 2 bis 10 cm zwischen 200 und 600 pro Meter. Die Länge gepackter Säulen ist auf etwa 10 m begrenzt, weil ihr Strömungswiderstand darüber hinaus so stark ansteigt, daß die Gasgeschwindigkeiten $< u_{opt}$. (Abb. 117) werden und HETP im Bereich der Moleluardiffusion hohe Werte annimmt. Mit diesem Säulentyp lassen sich also Trennstufenzahlen von 10000 bis 20000 erreichen. In Dünnfilm- und Dünnschicht-Kapillaren nimmt dagegen der Strömungswiderstand mit der Länge wenig zu. Sie können daher als Spiralsäulen bis zu mehreren hundert Metern lang sein und erreichen dann Trennstufenzahlen von 10^5 bis 10^6. Die über eine der oben angegebenen Gleichungen, z. B. Gl. (76) oder Gl. (79) berechneten Trennstufenzahlen sind von den jeweiligen Verteilungskoeffizienten zwischen mobiler und stationärer Phase sowie von der gewählten Säulenbelastung abhängig. Für Vergleiche haben sie dementsprechend nur bedingt Wert. Bei einem bestimmten Trennproblem kann die Trennstufenzahl

---

[1] KAISER, R.: Chromatographie in der Gasphase, Bd. II, 2. Aufl. Mannheim: Bibliograph. Inst. 1966.
[2] GOLAY, M. J. E.: Z. analyt. Chem. 236 (1968) 38.

nur nach Festlegung einer als geeignet erscheinenden stationären Phase ermittelt werden.

β) Belastbarkeit. Schon verschiedentlich wurde darauf hingewiesen, daß die Probenmenge, mit der eine Säule beaufschlagt wird, die Trennstufenzahl n beeinflußt. Wenn die zugeführte Substanzmenge das Fassungsvermögen einer Trennstufe übersteigt, sinkt die Trennleistung. Um Anhaltspunkte für den günstigen Arbeitsbereich einer Trennsäule zu haben, hat man ihre Belastbarkeit B (mg oder ml) durch eine Analysensubstanz definiert, bei der ihre Trennleistung auf 90% ihres optimalen Wertes zurückgeht. Für B (ml) gefüllter Säulen hat KEULEMANS[1] folgende Gleichung angegeben:

$$B = 0{,}02\,(V_G + K\,V_L)\,\sqrt{n}; \tag{80a}$$

$V_L,\ V_G$ Volumen der Gasphase bzw. der Trennflüssigkeit (ml);
K Verteilungskoeffizient;
n Trennstufenzahl.

und für Kapillarsäulen leiteten DESTY und GOLDUP[2] ab:

$$B = 0{,}05\ M\,d^3 \left(1 + \frac{t_r}{t_d}\right) 10^{-6} \tag{80b}$$

M Molgewicht;
d innerer Kapillardurchmesser (mm).

Besonders bei Kapillarsäulen erreicht man im praktischen Betrieb nur 25 bis 50% der theoretischen Belastbarkeit. Das liegt einerseits an Unvollständigkeiten der Golay-Gleichung (79) besonders in bezug auf die Stoffübertragung, andererseits aber auch an den gewählten experimentellen Bedingungen, z. B. an einer $> u_{opt.}$ liegenden Strömungsgeschwindigkeit der Gasphase.

γ') Selektivität und Auflösungsvermögen. Nach BAYER[3] ist die Selektivität einer Trennflüssigkeit durch das Ausmaß gekennzeichnet, in dem sie zwei Stoffe mit gleichem Siedepunkt trennt. Nach Gl. (62a) kann ein Selektivitätskoeffizient definiert werden:

$$\frac{V_{gA}}{V_{gB}} = \frac{t_{rA}}{t_{rB}} = \frac{K_A}{K_B} = \frac{\gamma_B}{\gamma_A} = \delta_{AB}. \tag{80c}$$

Die durch verschiedene Retentionszeiten charakterisierte Trennbarkeit der Substanzen ist also durch Unterschiede der Fugazitätskoeffizienten unter gleichen experimentellen Verhältnissen bedingt.

Wenn zwei Stoffe unvollständig getrennt werden, läßt sich der Grad ihrer Auftrennung unter den gewählten Versuchsbedingungen durch das Trennvermögen oder die Auflösung ϑ_{AB} beschreiben. Sie wird nach verschiedenen Verfahren bestimmt, deren Ergebnisse nur mit Einschränkung miteinander vergleichbar sind.

Nach dem „Minimum-Lot-Verfahren"[4] (Abb. 118 links) kennzeichnet ϑ_{AB}, wie tief das Minimum im Kurvenzug zwischen den Peaks unter einer gemeinsamen Tangente an die Peakmaxima liegt. Es ist

$$\vartheta_{AB} = \frac{f}{g} \quad \text{oder} \quad \vartheta_{AB} = \frac{f}{g}\,100\ (\%). \tag{81}$$

ϑ_{AB} ist also 1 bzw. 100, wenn die Peaks vollkommen getrennt sind, und Null, wenn sie sich völlig überlagern.

<hr>

[1] KEULEMANS, A. I. M.: Gas Chromatography, 2nd. Ed., Reinhold New York 1960.
[2] DESTY, D. H., and A. GOLDUP: in Gas Chromatography, Hrsg. R. P. W. SCOTT, Butterworths, London 1960, S. 162 ff.
[3] Siehe Fußnote 3, S. 786.
[4] Siehe Fußnote 8, S. 780.

Man kann aus dem Wert von ϑ abschätzen, um wieviel sich die Peaks des betrachteten Stoffpaars überlagern. Bei $\vartheta = 50, 80, 90$ und 99% sind es $12,5$; $3,2$; $0,9$ bzw. $0,0001\%$. Das Ausmaß der Überlagerung gibt auch einen Hinweis darauf, mit welcher Reinheit die Stoffe bei einer präparativen, gaschromatographischen Trennung zu gewinnen wären.

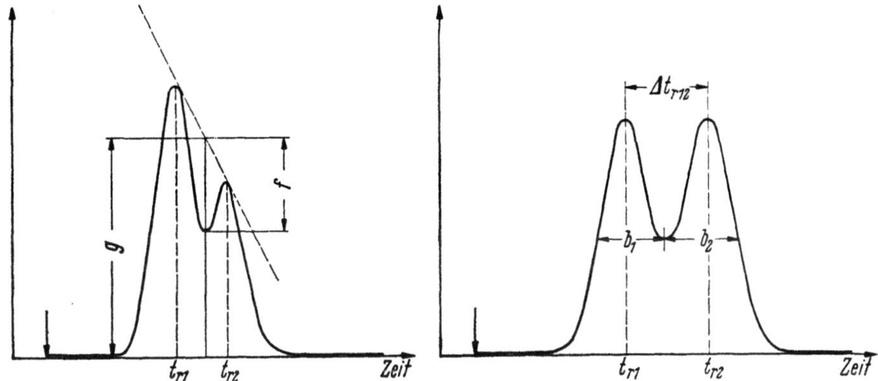

Abb. 118. Bestimmung der Auflösung zweier Peaks.

In der angloamerikanischen Literatur wird unter der Auflösung R_{AB} oft das Verhältnis des Zeitunterschiedes zwischen dem Auftreten der Maxima zweier Peaks A und B ($\Delta t_{r\,AB}$) zur Summe ihrer Halbwertsbreiten verstanden (Abb. 188 rechts):

$$R_{AB} = \frac{2\Delta t_{r\,AB}}{b_A + b_B}.\tag{82}$$

R_{AB} kann Zahlenwerte zwischen Null und Unendlich annehmen. Diese Art der Kennzeichnung sollte nur dann gewählt werden, wenn $R_{AB} > 1$ ist.

Auch der schon in Gl. (76) aufgetretene „Trennfaktor" $t_{dr}/b_{1/2} = \beta$ wird als Säulenkennzahl herangezogen.

Zur Bestimmung der für eine gewünschte Auflösung ϑ notwendigen Trennstufenzahl n kann man mit folgender Formel arbeiten[1]:

$$n = 2\ln\frac{2}{1 - \vartheta}\left(\frac{t_{dr2}/t_{dr1} + 1}{t_{dr2}/t_{dr1} - 1}\right)^2.\tag{83}$$

Mit Hilfe von Gl. (83) läßt sich ermitteln, welche Trennstufenzahl nötig ist, um eine bestimmte Auflösung zu erreichen. Dazu nimmt man mit einer Säule der Länge L' unter Bedingungen, die angenähert zu der vorgesehenen Auflösung führen sollten, ein Chromatogramm der Probe auf und bestimmt aus ihm im speziellen Fall für das interessierende Substanzpaar, im allgemeinen Fall für die am schlechtesten getrennten Komponenten mit den Meßwerten t_{dr1}, t_{dr2} und ϑ' die vorliegende Trennstufenzahl n'. Unter Vorgabe der gewünschten Auflösung ϑ kann man anschließend berechnen, welche Trennsäulenlänge $L = (n/n') \cdot L'$ notwendig ist, um ϑ zu erreichen. Zusätzliche Informationen lieferte KARGER[2].

δ) **Leistungsindex.** Der von GOLAY[3] eingeführte Begriff der Leistungsindex I gestattet quantitative Vergleiche verschiedener gepackter und ungepackter Trennsäulen:

$$I = \frac{(b_{1/2})^4}{t_r^3\left(t_r - \frac{15}{16}\,t_d\right)}\,t_d\,\Delta p \qquad \text{(Poise)}.\tag{84}$$

Die verschiedenen Größen dieser Gleichung wurden bereits definiert. Der Druckabfall $\Delta p = p_a - p_e$ in der Säule ist in dyn/cm einzusetzen. Der niedrigste, praktisch

[1] CVETANOVIC, R. J., and K. O. KUTSCHKE: Vapour Phase Chromatography, D. H. DESTY (Hrsg.), Butterworths, London 1956.

[2] KARGER, L. B., in A. ZLATKIN (Hrsg.): Advances in Gas Chromatography. Evaston, Ill.: Preston Techn. Abstr. Co. 1967.

[3] GOLAY, M. J. E.: in Proc. 2nd Symposium on Gas-Chromatography, Amsterdam 1958, D. M. DESTY (Hrsg.), New York: Academic Press 1958.

erreichte Wert von I liegt bei gepackten Säulen um 5,5 und bei Kapillarsäulen um 2,3 Poise; der theoretische Grenzwert des zweiten Säulentyps sollte etwa 0,1 Poise betragen.

Mit Beziehungen zwischen Auflösung, Freier Trennenthalpie und Trennleistung von Trennsäulen hat sich in jüngster Zeit auch ROHRSCHNEIDER[1] beschäftigt.

ε) **Analysenzeit.** Die Eignung eines Analysenverfahrens wird in der Praxis nicht zuletzt durch den Zeitbedarf für eine Analyse mitbestimmt. Ein Zusammenhang zwischen dem Verhältnis von Auflösung ϑ und Gesamtretentionszeit t_{dr}, das möglichst groß sein sollte, wird durch eine Gleichung von LOYD u. a.[2] gegeben:

$$\frac{\vartheta}{t_{dr\,2}} = f \frac{F_0}{(1 + K_2)\,V_G} \left[\frac{K_2\,\sqrt{n'}}{2(1 + K_2)} - 1 \right]. \tag{85}$$

In ihr bedeuten neben den bereits früher eingeführten Größen z. B. f: Martin-Faktor nach Gl. (52), $K_2 = t_{r\,2}/t_d$; V_G: Gasvolumen in der Säule (0 °C); F_0: Gasmengenfluß (ml/min) bei 0 °C. Weitere Einzelheiten zur Optimierung der Trennbedingungen sind u. a. bei GIDDINGS[3] nachzulesen.

Abschließend sei zusätzlich zu den genannten Arbeiten noch auf eine Reihe von Büchern und Veröffentlichungen hingewiesen, denen weitere Einzelheiten und Hinweise auf Originalarbeiten entnommen werden können. An erster Stelle sind hier die Übersichtsartikel aus Analytical Chemistry über die Gaschromatographie[4] und über ihre Anwendungen auf verschiedenen Stoffgebieten, u. a. auch für die Erdöl-Analyse[5], zu nennen. Literaturübersichten enthalten ferner Arbeiten von HARDY und POLLARD[6], KNAPMAN u. a.[7], PRESTON u. a.[8], die Advances in Chromatography[9], der Gas Chromatography Abstracting Service auf DIN A 5-Randlochkarten[10] oder eine Einführung in die Literatur über Gaschromatographie[11]. Auf eine Reihe von Sammlungen auf Symposien gehaltener Vorträge wies KAISER[12,13] hin. Monographien und Handbuchartikel wurden u. a. geschrieben von AMBROSE[14], DAL NOGARE und JUVET[15], DÖRING[16], HARRIS und HABGOOD[17], HEFTMAN u. a.[18], KNOX[19], LITTLEWOOD[20], PESCOK[21],

[1] ROHRSCHNEIDER, L.: Chromatographia 1 (1968) 108.

[2] AYERS, B. O., R. S. LOYD u. D. D. DE FORD: Analytic. Chem. 38 (1966) 1020.

[3] GIDDINGS, J. C.: Analyt. Chem. 32 (1960) 1707.

[4] DAL NOGARE, S.: Analyt. Chem. 32 (1960) 39 R; DAL NOGARE, S., R. S. JUVET, ebda. 34 (1962) 35 R; 36 (1964) 36 R; 38 (1966) 61 R; 40 (1968) 33 R.

[5] TUEMMLER, F. D.: Analyt. Chem. 39 (1967) 157 R.

[6] HARDY, C. H., u. F. H. POLLARD; J. Chromatogr. 2 (1959) 1.

[7] KNAPMAN C. E. H. (Hrsg.): Gas Chromatography Abstracts, Inst. Petrol., Vol. I bis IX, Elsevier, Amsterdam 1959—1967; BUTLIN, A. C., C. D. OYLY-WATKINS and C. E. H. KNAPMAN; Cumulative Indexes, 1958—1963, ebda. 1967.

[8] PRESTON, JR., S. T., G. HYDER u. M. GILL: J. Gas. Chromatogr. 1 (1963) (12) 24; 4 (1966) 435.

[9] GIDDINGS, J. C., u. R. A. KELLER: Advances in Chromatography, Vol. I bis IV, Marcel Dekker, New York 1966/67.

[10] Preston Technical Abstracts Co, Evanston, Ill., 1961 ff. W. D. McREYNOLDS, Gas Chromatographic Retention Data, ebda. 1966.

[11] SIGNEUR, A. V.: Guide to Gas Chromatographic Literature. New York: Plenum Press 1964.

[12] Siehe Fußnoten 1, S. 784 und 1, S. 790.

[13] KAISER, R.: Chromatographie in der Gasphase, Bd. IV. Quantitative Auswertung, Mannheim: Bibliograph. Inst. 1966 bzw. 1965.

[14] AMBROSE, D., and B. A. AMBROSE: Gas Chromatography. Princeton, N. J. van NOSTRAND 1964.

[15] DAL NOGARE S., and R. S. JUVET: Gas-Liquid Chromatography. New York: Interscience 1962.

[16] DÖRING, C. H.: Gaschromatographie, in Geiseler, Ausgewählte physikalisch-chemische Methoden der organischen Chemie, Berlin: Bd. 1 Akademie-Verlag 1963.

[17] HARRIS, W. E., and H. W. HABGOOD: Programmed Temperature Gas Chromatography. New York: Wiley 1966.

[18] HEFTMAN E. (Hrsg.): Chromatography, 2nd. Ed. New York: Reinhold 1967.

[19] KNOX, J. H.: Gas Chromatography. London: Methuen 1962.

[20] LITTLEWOOD, A. B.: Gas Chromatography. New York: Academic Press 1962; Gas Chromatography 1966, Amsterdam: Elsevier 1967.

[21] PESCOK, R. L.: Principles and Practice of Gas Chromatography, New York: Wiley 1959.

PURNELL[1], RÖCK[2], SCHAY[3], SZYMANSKI[4], JENTZSCH[5]. Fragen der Nomenklatur und der Kennzeichnung von Merkmalen der Geräte und der Arbeitsverfahren wurden in letzter Zeit von zwei Arbeitsgruppen[6,7] behandelt.

2. Experimentelle Technik

Die Übersicht über Bauelemente von Gaschromatographen und ihre Zusammenfassung zu verschiedenen Gerätetypen wird dem erwähnten Vorschlag der Arbeitsgruppe des Institute of Petroleum, London, folgen, wie methodische Einzelheiten bei der Veröffentlichung von Standardmethoden angegeben werden sollen. Auf die bei der Probenahme zu berücksichtigenden Gesichtspunkte, die für Gase, Flüssigkeiten und Festkörper in den Mineralöl- und Brennstoffnormen eingehend behandelt sind, wird hier nicht eingegangen.

a) Probengeber

Mit Probengebern sollen gasförmige, flüssige oder feste Proben in gewünschter, gut reproduzierbarer Menge in den Einlaßteil des Chromatographen überführt werden können. Dabei sollen flüssige oder feste Proben auf möglichst kleinem Raum zur Ausbildung einer Pfropfenströmung schlagartig verdampft oder vergast und dem Trägergas zugesetzt werden, ohne Druckstöße zu verursachen oder die Gleichgewichtsverhältnisse in der Trennsäule zu stören. Die auf die Säulenkapazität abzustimmende Menge und die Zugabegeschwindigkeit der Analysensubstanz, die Umgebungstemperatur, der Druck und die Trägergasgeschwindigkeit müssen sehr genau reproduzierbar sein, um vergleichbare Chromatogramme mit schmalen Peaks zu erhalten.

α) Gase. Gase können, vor allem bei qualitativen Analysen, in medizinische Injektionsspritzen eingesaugt und mit feinen Injektionsnadeln durch Membranen aus Silicongummi in den Einlaßteil eingebracht werden. Derartige Spritzen müssen selbstverständlich auf ausreichende Gasdichtigkeit geprüft sein. Zuverlässiger sind bei einer Genauigkeit von etwa 1% die gasdichten „Hamilton-Spritzen"[8] für 0,05 bis 50 ml Füllvolumen. Eine etwa zehnmal höhere Genauigkeit kann mit „Gasschleifen" oder mit „Gasdosierhähnen"[9] erreicht werden, die noch den Vorteil haben, daß sie mit pneumatischer oder mit elektromagnetischer Steuerung für automatische Probenahmen aus Substanzströmen im Laboratorium oder im Betrieb (Prozeß-Chromatographen) verwendet werden können. Abb. 119 zeigt einige Ausführungsformen von Dosierventilen mit Gas- bzw. Flüssigkeitsschleifen, deren Arbeitsweise durch Ventildrehung (Abb. 119a) bzw. durch Schieberverstellung (Abb. 119b u. c) ohne nähere Erläuterungen verständlich sein dürfte.

An dieser Stelle sei auf die sogenannten Dampfraum- oder Head-Space-Analyse[10,11] hingewiesen. Bei ihr können mit Dosierkapillaren eines pneumatisch arbeitenden Systems aus dem Oberteil von thermostatierten Probebehältern Proben von Substanzen gezogen und in den üblichen Einlaßteil eines Chromatographen übergeführt werden, die einen höheren Dampfdruck als die Hauptkomponente haben. Beispiele für die Anwendung dieser Arbeitsweise sind Bestimmungen von Alkohol im Blut, von Geruchsstoffen in pflanzlichen oder tierischen Produkten, von Lösungsmittelresten in Extrakten aller Art.

[1] PURNELL, H.: Gas Chromatography. New York: Wiley 1962.

[2] RÖCK, H.: Ausgewählte moderne Trennverfahren zur Reinigung organischer Stoffe. Darmstadt: Steinkopff 1957.

[3] SCHAY, G.: Theoretische Grundlagen der Gaschromatographie. Berlin: Dtsch. Verlag d. Wissenschaften 1960.

[4] SZYMANSKI H. A. (Hrsg.), Lectures on Gas Chromatography X 1962, Plenum Press, New York 1964.

[5] JENTZSCH, D.: Gaschromatographie, Stuttgart: Franckh 1968.

[6] BAYER, E., u. a.: IUPAC Working Group on Chromatography Nomenclature. Chromatographia 1 (1968) 153, 338.

[7] PRIMAVESI, G. R., N. G. McTAGGART, C. G. SCOTT, F. SNELSON u. M. M. WIRTH: Sub-panel, Gas Chromatography Panel ST-G-6, Spezifikationen für gas-chromatographische Methoden, J. Inst. Petrol 53 (1967) 367, Chromatographia 1 (1968) 160. Fußnote 7, S. 780.

[8] Shandon-Labortechnik, Frankfurt/Main.

[9] Siehe Fußnote 1, S. 790.

[10] BINDER, H.: J. Chromatogr. 25 (1966) 189.

[11] JENTZSCH, D., H. KRÜGER, G. LEBRECHT, G. DENCKS u. J. GUT: Z. analyt. Chem. 236 (1968) 96: Bodenseewerk Perkin-Elmer, Überlingen: Multifract F 40.

β) Flüssigkeiten. Flüssigkeiten können ebenfalls mit Dosierspritzen in Mengen von 0,1 bis 10 mg in den Einspritzblock eingegeben werden. Wie Abb. 119d zeigt, können auch für Flüssigkeiten Dosierschleifen oder -hähne mit entsprechend kleinem Volumen verwendet werden. Eine Probenzugabe in Kapillaren, die mit geeigneten Einrichtungen im Trägergasstrom zertrümmert werden können, führt zu ausgezeichneten quantitativen Ergebnissen.

Die Einspritzblöcke bestehen in den meisten Fällen aus Metall (Stahl, Aluminium); sie können auch Glaseinsätze für korrodierend wirkende oder an Metallen leicht zersetzliche Sub-

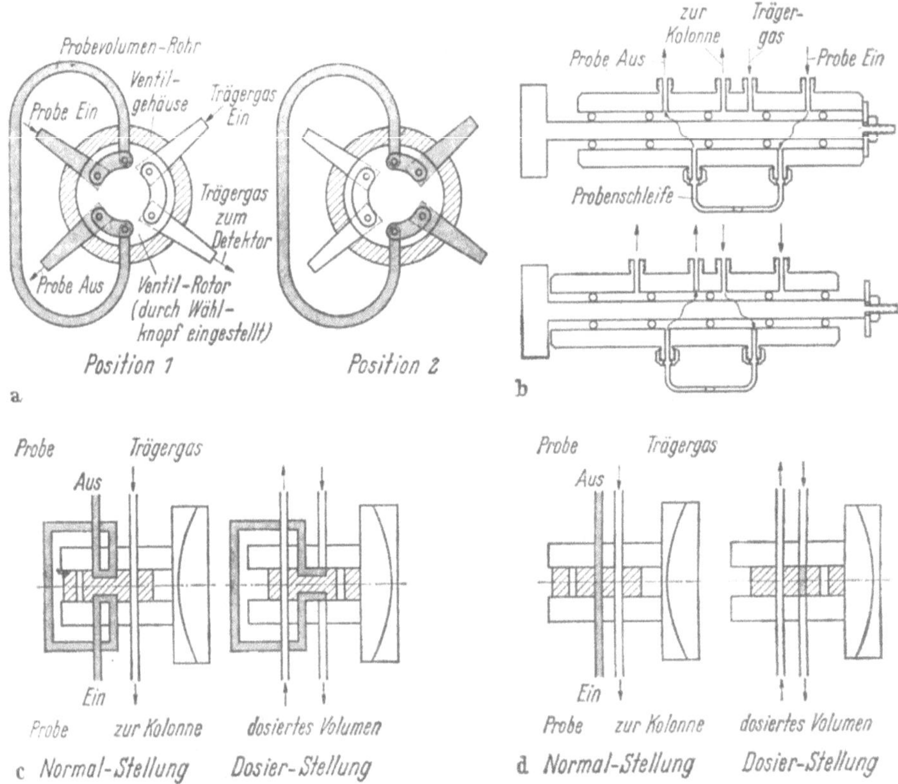

Abb. 119a—d. Dosierventile.
a) Perkin-Elmer; b) Varian-Wilkens; c) Beckman (Gas); d) Beckman (Flüssig).

stanzen haben. Sie enthalten eine zusätzlich beheizte Verdampfungskammer, die vom Trägergas durchspült wird. Das „Totvolumen" des Einlaßteils bis zur Trennsäule soll möglichst klein sein, um auch hier eine zur Peakverbreiterung führende Substanzvermischung oder -diffusion zu vermeiden. Bereits früher (Gl. 62) wurde begründet, warum angestrebt werden soll, die Temperatur des Einspritzblockes möglichst etwa 50 °C über der Säulentemperatur zu halten; die Trägergastemperatur muß durch Vorheizung der Blocktemperatur angepaßt werden.

γ) Feststoffe. Feststoffe werden in Lösung eingespritzt, wenn sie bei Säulentemperatur einen Dampfdruck besitzen, der ihr Verbleiben in der Dampfphase gewährleistet. Wie Flüssigkeiten können sie auch bei Erfüllung der vorstehend genannten Bedingung in unmittelbar der Säule vorgeschalteten, vom Trägergas durchströmten Rohren aus Metall oder aus Hartglas (Vorsäulen, Rohrverdampfer) partiell oder vollkommen verdampft werden.

Über die Zusammensetzung hochmolekularer Substanzen kann man gaschromatographisch Aussagen gewinnen, wenn man sie thermisch zersetzt und ihre Zersetzungsprodukte in den Trägergasstrom einführt. Diese Methode wird heute besonders bei der Untersuchung von Kunststoffen angewendet[1]. Dabei werden der Säulenbelastbarkeit angepaßte Mengen

---

[1] CIEPLINSKI, E. W., L. S. ETTRE, B. KOLB and G. KEMMNER, Z. analyt. Chem. 205 (1964) 357; 209 (1965) 302.

fester, aufgeschlämmter oder in leicht verdampfbaren Lösungsmitteln gelöster Proben auf Glühspiralen aus Platindraht gebracht, die nach Abdampfen der Suspensions- oder der Lösungsmittel in einer kleinen Kammer vor der Trennsäule elektrisch möglichst schnell auf die gewünschte Zersetzungstemperatur gebracht werden. Die gebildeten Zersetzungsprodukte werden von dem Trägergasstrom in die Trennsäule eines Gaschromatographen mitgenommen. Ein Arbeiten mit Temperaturprogrammierung ist angesichts des weiten Molekulargewichtsbereiches der Pyrolyseprodukte zweckmäßig.

Bei allen Überführungsverfahren kann man, entweder unabsichtlich oder absichtlich, eine kleine Menge Luft mit eindosieren. Da sie im Normalfall ohne Austausch zwischen Trägergas und stationärer Phase zusammen mit dem Trägergas durch die Trennsäule strömt, kann man aus der Retentionszeit ihres Peaks die Totzeit t_d bestimmen, wenn man mit Wärmeleit-Detektoren arbeitet. Bei Flammen-Ionisations-Detektoren, die auf Luft nicht ansprechen, kann man t_d näherungsweise aus der Lage des Peaks von Methan erhalten, das im Bedarfsfall der Probe zuzumischen ist.

δ) Probenteiler. Eine Teilung des Trägergas/Proben-Stromes kann aus verschiedenen Gründen notwendig sein:

a) Die Probenmenge soll zur Vermeidung einer Überlastung der Säule verkleinert werden; besonders bei Kapillarsäulen spielt dies eine Rolle.
b) Es sollen mehrere Trennsäulen gleichzeitig beschickt werden.

Im Prinzip sind Probenteiler verzweigte Rohrleitungen, in denen das Verhältnis der Strömungswiderstände fest oder veränderlich so eingestellt sein muß, daß die Probenmengen der Teilströme in dem gewünschten Verhältnis zueinander stehen. Praktisch liegen die Teilungsverhältnisse zwischen 1 : 1 und 1 : 1000. Der tatsächlich erreichte Wert sollte sicherheitshalber unter den gewählten Betriebsbedingungen durch direkte Messung der Gasmengenströme an den Ausgängen der Zweigleitungen bestimmtwerden. Bei richtiger Einstellung muß das Verhältnis der Peakflächen zueinander in den Chromatogrammen einer Probe auch dann das gleiche sein, wenn die Temperatur des Probengebers, das Teilungsverhältnis, der Gasmengenstrom oder der Trägergasdruck geändert werden. Weitere Einzelheiten zu diesem Thema können bei KAISER[1] nachgelesen werden.

b) Trägergase

Die Überlegenheit der Gaschromatographie über andere chromatographische Methoden beruht zu einem großen Teil darauf, daß als mobile Phase Gase mit niedriger Viskosität eingesetzt werden, die eine Verwendung dicht gepackten und/oder langer Trennsäulen und hohe Strömungsgeschwindigkeiten gestatten, ohne daß zu große Strömungswiderstände auftreten. Darüber hinaus ist gerade bei Gasen der Nachweis sehr kleiner Mengen von Begleitsubstanzen nach verschiedenen, verhältnismäßig leicht registrierend zu betreibenden Methoden möglich. Aus der großen chemischen Nachweisempfindlichkeit und aus dem relativ starken Ansprechen auf Änderungen der Temperatur, des Druckes oder der Strömungsgeschwindigkeit folgt, daß die eingesetzten Trägergase einerseits einen hohen Reinheitsgrad, besonders in Bezug auf Verunreinigung durch Luft, und andererseits eine gute Konstanz ihres physikalischen Zustandes haben müssen. Um der erstgenannten Forderung zu entsprechen, werden besonders gut gereinigte Flaschengase[2] in den Handel gebracht, die sicherheitshalber noch durch Reiniger, z. B. Patronen mit aktivem Kupferpulver (BTS-Katalysator)[3] zur Entfernung von Sauerstoff, und durch Kühlfallen mit Kieselgel oder Aktivkohle geleitet werden sollten. Um ein Eindiffundieren oder ein Eindringen von Luft durch Undichtigkeiten zu verhindern, sollten möglichst kurze Schlauchverbindungen, z. B. aus Butylkautschuk, und Metallrohrleitungen zum Chromatographen verwendet werden.

---

[1] Siehe Fußnote 1, S. 793.
[2] Fa. Linde, Höllriegelskreuth; Fa. Messer-Griesheim, Frankfurt/M.
[3] SCHÜTZE, M.: Angew. Chem. 70 (1958) 697.

Da Druck und Temperatur in der Apparatur wechseln, kann nur der Gasmengenstrom gemessen und eingestellt oder geregelt werden. Die Strömungsmesser und die Regler müssen sich bei möglichst konstanter Temperatur außerhalb des Thermostaten befinden, um unabhängig von Einstellungen der Trennsäulen-Temperatur zu sein. Wie Abb. 112 zeigt, befindet sich normalerweise ein Strömungsmesser kurz vor dem Probengeber; ein zweiter kann noch hinter dem Detektor in die Gasableitung eingebaut sein. Bei Mehrsäulengeräten muß selbstverständlich jede Säule ihren eigenen Strömungsmesser haben. Zur kontinuierlichen Überwachung des Gasstromes benutzt man Rotameter, Staukapillaren oder, vor allem für Kapillarsäulen, Seifenblasen-Strömungsmesser, die entweder in den Geräten schon eingebaut sind oder zusätzlich von den Apparate-Herstellern bezogen werden können.

Als Trägergase werden vor allem Wasserstoff, Helium, Stickstoff, Argon, Kohlendioxid verwendet. Ihre Auswahl richtet sich besonders nach dem verwendeten Detektor. Bei Wärmeleitfähigkeit-Detektoren wird mit Helium oder Wasserstoff gearbeitet, weil ihre Wärmeleitfähigkeit λ die aller anderen Gase oder Dämpfe übertrifft und weil bei gleicher Substanzmenge der Meßeffekt mit der Größe der Differenz von λ zunimmt. Die Entscheidung für Wasserstoff oder Helium hängt von Gesichtspunkten der Sicherheit einerseits (Knallgasbildung) und vom Gaspreis (Helium)andererseits ab. Kohlendioxid wird für die Janak-Methode[1] gebraucht, bei der man das Trägergas mit den in der Säule getrennten, gasförmigen Komponenten in ein mit konzentrierter Kalilauge gefülltes Azotometer leitet, in dem das Trägergas absorbiert und die Volumenzunahme durch die sich sammelnden, trägergasfreien Analysensubstanzen integral gemessen wird. Argon wird bei Arbeiten mit Argon-Ionisations-Detektoren eingesetzt.

Die erreichte Trennung ist bei Verwendung von Stickstoff oder Kohlendioxid etwas besser als bei Benutzung von Wasserstoff und Helium, weil bei den leichteren Gasen die stärkere Diffusion in axialer Richtung zu Peakverbreiterungen führt. Ausschlaggebend für die Entscheidung ist jedoch in den meisten Fällen die Anpassung an den Detektor und die Viskosität der Gase, von der die wählbaren Strömungsverhältnisse und Säulenlängen abhängen. Die in der Literatur angegebenen Volumengeschwindigkeiten der Trägergase liegen für gepackte Säulen von etwa 6 mm Innendurchmesser zwischen 50 und 200 ml/min. Wenn Säulen verschiedener Weite gewählt werden, soll die Volumengeschwindigkeit proportional dem Quadrat des Durchmessers verändert werden, damit die mittlere lineare Geschwindigkeit annähernd gleich bleibt. Bei Kapillarsäulen ist zwischen dem Mengenstrom vor dem Teiler und dem in der Säule (einige ml/h) zu unterscheiden.

Bei der Adsorptions-Gaschromatographie beeinflußt die Art des Trägergases im Gegensatz zur Verteilungs-Gaschromatographie die Trennung. Die Elutionswirkung der Gase nimmt entsprechend ihrem Molekulargewicht oder/und ihrer Polarität in folgender Reihenfolge zu: $He < Ar < H_2 < N_2 < CO_2$.

c) Trennsäulen

Prinzipiell muß man zwischen gepackten Normal- und Hochleistungssäulen für analytische und für präparative Zwecke und den Kapillarsäulen unterscheiden.

α) Gepackte Säulen. α_1) *Säulenmaterial und Säulenform.* Gepackte Säulen werden aus Edelstahl-, Kupfer-, Hartglas- oder Kunststoffrohren von 3 bis 10 mm innerem Durchmesser und etwa 1 mm Wandstärke hergestellt. Bei den üblichen Längen von 1 bis 10 m und mehr sind sie in den Thermostatenräumen nur in U-Form oder spiralig gewickelt unterzubringen. Kupfer kann in einzelnen Fällen Umsetzungen von Analysensubstanzen katalysieren, so daß es nicht immer verwendbar ist; wenn trotzdem Kupferrohre benutzt werden sollen, müssen sie eventuell innen versilbert oder vergoldet werden. Säulen aus anderem Material füllt man am besten in ihrer endgültigen Form. Wenn häufig mit neuen Füllungen gearbeitet werden soll, empfehlen sich verständlicherweise möglichst gestreckte Säulen aus Hartglas, die man eventuell mit Krümmern aus dem gleichen Material in Serie schalten kann, falls ein geeigneter Thermostatenraum zur Verfügung steht. In ihnen kann man die Gleichmäßigkeit der Füllung und ihre Veränderung während des Betriebes durch Abscheidung von Spaltprodukten oder durch Ausschwitzen von Trägerflüssigkeit beobachten.

α_2) *Trägermaterial.* Bei der Adsorptions-Gaschromatographie (SGC) verwendet man als stationäre Phase Aktivkohle, Kieselgel, Aluminiumoxide, Molekularsiebe, poröse Gläser und Kunststoffe („Porapak", „Polypak", „Chromosorb 102)[2]. Die Kornspanne des Materials soll

---

[1] JANAK, J.: Czechoslov. chem. Commun. 19 (1954) 684.

[2] a) „Porapak", Waters Meßtechnik GmbH., Frankfurt/M. — b) „Polypak", F. und M. Scientific, Abt. Chemie Hewlett-Packard, Frankfurt/M. — c) „Chromosorb 102", Johns Manville Co. (Lehmann, Voß u. Co. Hamburg). — d) „Sterchamol", Sterchamolwerke Dortmund.

im Bereich von 0,2 bis 0,3 mm klein sein. Um schmale, symmetrische Peaks ohne Nachlauf-effekte („tailing") zu erhalten, kann man entweder die Absorbentien mit schwerflüchtigen Substanzen vorbelegen oder bei höheren Temperaturen arbeiten, solange die Trennung dabei noch ausreichend bleibt. Vor der ersten Benutzung ist die Säule bei etwa 50 °C über der höchsten Arbeitstemperatur auszuheizen, um adsorbiertes Wasser und andere desorbier-bare Verunreinigungen zu entfernen. Außerdem ist es zweckmäßig, vor dem endgültigen Einsatz für Analysen eine Probe durch die Säule zu schicken, um irreversibel adsorbierende Zentren abzusättigen.

Bei der Verteilungs-Gaschromatographie (LGC) soll das Trägermaterial bei enger Korn-spanne zwischen 0,1 und 0,3 mm, spezifischen Oberflächen von 1 bis 3 m²/g und guter Benetz-barkeit durch die Trennflüssigkeit eine möglichst geringe Adsorptionsfähigkeit besitzen, damit die Einstellung der Verteilungsgleichgewichte nicht durch Adsorptionsfähigkeit gestört wird, die zu „tailing"-Effekten führen können. Verwendet werden: Kieselgur, un-gebrannte und gebrannte Tone, Zeolithe, Metall- und Glaspulver, Sand, anorganische Salze, Kunststoffpulver und in Sonderfällen auch Adsorbentien. Die verschiedenen Materialien unterscheiden sich z. T. erheblich in der Zahl der Trennstufen pro Meter (n^1). Bei Kieselgur-sorten, z. B. Chromosorb[1], liegt n^1 zwischen 1500 und 5000, bei Kieselgur-/Ton-Gemischen, z. B. „Sterchamol"[2], zwischen 1000 und 1500, bei ungebrannten Tonen zwischen 700 und 1000, bei gebrannten um 200; in dieser Größenordnung liegen auch die Werte für Kieselgel, Metall- und Glaspulver sowie für anorganische Salze. Im wesentlichen wird die Trennleistung von der Struktur der äußeren und inneren Oberflächen bestimmt. Die Forderung nach einer guten Verteilung der Trennflüssigkeit auf relativ leicht zugänglichen Oberflächen wird durch runde und nicht tiefgehende Sackporen, wie sie im Kieselgur vorliegen, besser als durch enge und lange Schlauchporen, z. B. in Kieselgelen mit großem Labyrinthfaktor γ erfüllt; ein hoher Wert von γ führt nach Gl. (77) zu einer großen Trennstufenhöhe (HETP) und damit zu einem ungünstigen n^1. Auf Trägern ohne innere Oberfläche andererseits ist die Trennflüs-sigkeit in relativ dicker Schicht verteilt; ihre effektive Schichtdicke d_{eff} [vierter Term der Gl. (77)] wird dadurch groß und n^1 klein. Beide Grenzfälle in der Oberflächenstruktur des Trägermaterials haben also die gleiche Wirkung.

Das mit diesen Betrachtungen zusammenhängende Problem des Trägereinflusses auf das Retentionsvolumen bei verschieden starker Belegung hat DÖRRSCHEIDT[3] eingehend be-handelt. Er fand, daß die Adsorptionseigenschaften des Trägers bei einer Beladung von 10 bis 12 % bereits weitgehend ausgeschaltet sind.

Das Trägermaterial mit der größten Breite der Verwendbarkeit ist das Kieselgur. Ster-chamol und gebrannte Tone („firebrick") können leicht zu katalytischen Umsetzungen der Trennflüssigkeiten oder der Analysensubstanzen führen, so daß sie nur eingeschränkt ein-setzbar sind. Kieselgur hat eine hohe Adsorptionsfähigkeit; sein Vorteil ist seine hohe Be-legbarkeit, die besonders in präparativen Säulen günstig ist. Allgemein ist es ratsam, minera-lische Trägersubstanzen zur „Standardisierung", je nachdem, ob sie sauer oder alkalisch rea-gieren, mit Natriummethylatlösung bzw. mit verdünnter Phosphorsäure in Methanol zu neutralisieren und den Wasserstoff eventuell vorhandener aktiver Hydroxylgruppen nach der Trocknung durch Behandlung mit Hexamethyldisilazan gegen Silylgruppen auszutau-schen. Um den Strömungswiderstand der Packungen möglichst niedrig zu halten, muß auf-tretender Abrieb abgesiebt werden. Glasperlen gleicher Größe geben bei sehr niedriger Be-ladung (0,1 %) mit Trennflüssigkeit schnelle und gute Trennungen. Da man mit Säulentempe-raturen arbeiten kann, die bis zu 200 °C unter dem Siedepunkt der am schwersten flüchtigen Komponenten liegen, sind sie für die Analyse hochsiedender oder thermisch empfindlicher Substanzen geeignet. Infolge ihrer kleinen Belastbarkeit von 0,01 bis 0,1 mg pro Komponente muß man mit empfindlichen Detektoren, z. B. Flammen-Ionisations-Detektoren, arbeiten.

Teflonpulver wird vor allem für die Analyse wasserhaltiger Proben oder aggressiver anorganischer Stoffe, z. B. von Halogenen, Metallsalzen, Säurechloriden verwendet.

α_3) *Trennflüssigkeiten.* Die physikalisch-chemischen Grundlagen der Wirkung von Trennflüssigkeiten in stationären Phasen wurden bereits in Abschn. V.1.b behandelt. Für ihre Verwendung in der Praxis gelten folgende Bedingungen:

a) Die mit ihnen beschickten Trennsäulen dürfen im allgemeinen nur bis zu Temperaturen betrieben werden, bei denen der Dampfdruck der Trennflüssigkeit etwa 0,5 Torr erreicht; das entspricht im Mittel Temperaturen, die 200 bis 250 °C

---

[1] Siehe Fußnote 2, S. 800.
[2] Siehe Fußnote 2 d, S. 800.
[3] DÖRRSCHEIDT, W.: Bodenseewerk Perkin-Elmer, Überlingen, GC-Tips 18 (1962).

unter dem Siedepunkt der Substanzen liegen. Man kann auch festlegen, daß bei einem Gasfluß von etwa 1 l/h in 10 Std. nicht mehr als 0,5 g pro 100 g der stationären Phase verdampfen sollen. Besonders bei analytischen Arbeiten kann man diese Grenze überschreiten, weil bei ihnen Störungen durch ständige Verdampfung von Trennflüssigkeit mit Untergrundkorrekturen ausgeglichen werden können. Bei präparativen Arbeiten führt die Verdampfung dagegen zu einer Verunreinigung der getrennten Substanzen.

b) Die thermische Alterung der Trennflüssigkeiten soll in möglichst kurzer Zeit zu einem Endzustand geführt haben, so daß Störungen durch Verdampfung niedrigsiedender Anteile, durch Auftreten von flüchtigen Alterungsprodukten oder durch Selektivitätsänderungen ausgeschlossen sind. Die Trennflüssigkeiten dürfen auch nicht mit dem Trägermaterial, dem Trägergas oder den zu trennenden Substanzen irreversibel reagieren.

c) Die Trennflüssigkeiten sollen bei den Betriebstemperaturen der Säule möglichst niedrige Viskositäten haben und auf den Trägern gleichmäßige, festhaftende Filme bilden.

d) Säulen mit stationären Phasen, die bei Raumtemperatur feste Stoffe enthalten, können für die Verteilungschromatographie nur bei Temperaturen oberhalb des Schmelzpunktes dieser Stoffe betrieben werden.

e) Die Selektivität der Trennflüssigkeiten soll groß sein, d. h. Substanzen verschiedener Stoffklassen mit gleichen oder sehr nahe beieinander liegenden Siedepunkten sollen in ihnen unterschiedliche Löslichkeiten haben und dadurch gut getrennt werden.

Entsprechend Gl. (62b) werden unpolare Stoffe an unpolaren stationären Phasen unselektiv nach steigenden Siedepunkten getrennt. An derartigen Phasen werden polare Stoffe infolge ihrer geringeren Löslichkeit schneller ausgetragen als unpolare. Umgekehrt werden in einer polaren Säule unpolare Substanzen rasch eluiert und nur unvollkommen getrennt. Regeln zur Auswahl von Trennflüssigkeiten hat ROHRSCHNEIDER[1] aus der Theorie der regulären Lösungen abgeleitet. Danach ist das Retentionsverhältnis $\frac{t_{rB}}{t_{rA}}$ zweier Stoffe in regulärer Lösung durch den inneren Druck der Trennflüssigkeit δ_L sowie durch die Molvolumina Mv_A und Mv_B und die Lösungsparameter δ_A und δ_B der zu trennenden Stoffe festgelegt:

$$RT \ln \frac{t_{rB}}{t_{rA}} = (Mv_A - Mv_B)\,\delta_L^2 - 2\,(Mv_A\,\delta_A - Mv_B\,\delta_B)\delta_L. \tag{86}$$

Die Ergebnisse einer experimentellen Untersuchung über die Trennwirksamkeit von 21 oft verwendeten flüssigen Phasen veröffentlichte vor kurzem LOUIS[2], um Unsicherheiten bei der Auswahl flüssiger Phasen durch Aufstellung einer relativen Eignungsskala so weit wie möglich zu verringern. Kriterien der Bewertung waren die Anzahl nachweisbarer Komponenten und der Einzelpeaks sowie die für eine Analyse benötigte Zeit, die zwischen 10 und 30 Min. liegen sollte. Es zeigte sich, daß unter konstanten Bedingungen von den getesteten Phasen für jede Stoffklasse nur eine optimal war. Mit dieser ergaben sich auch ohne Einstellung der jeweils günstigsten apparativen Bedingungen Chromatogramme, die der Qualität von Messungen mit Kapillarsäulen nahe kamen.

Die verbreitetste Trennflüssigkeit für Kohlenwasserstoffe und wenig polare Ester ist Squalan, ein Polymerisationsprodukt des Isoprens. Es ist bei Verwendung von Wärmeleitfähigkeits-Detektoren bis 150 °C verwendbar; bei Arbeiten mit dem empfindlicheren Flammen-Ionisations-Detektor sollten die hier und im folgenden genannten Richtwerte etwa 30 °C niedriger gelegt werden, um Untergrundsverschiebungen in den Chromatogrammen durch Dampf der Trennflüssigkeit zu vermeiden. Bei höheren Temperaturen kann man mit Apiezonfetten (Apiezon L zwischen 45 und 300 °C) oder mit Siliconölen (DC 200: Methyl-; DC 550: Phenyl-; FS 1265: Fluor-; XF 1112: Nitril-Siliconöl) bis in den Bereich von 375 °C arbeiten.

Für mittelpolare stationäre Phasen werden bevorzugt Ester, Polyester oder Polyäther verwendet, z. B. Trikresylphosphat und Di-isodecylphthalat bis 150°, Di-isooctylsebacinat

[1] ROHRSCHNEIDER, L.: Z. analyt. Chem. 236 (1968) 149.
[2] LOUIS, R.: Z. analyt. Chem. 234 (1968) 161.

bis 175°; Äthylenglycoldistearat bis 200°, Diäthylenglycol-distearat bis 240°, Polyäthylen-oxide verschiedenen Molekulargewichtes (Carbowachse) zwischen 100 und 200°. Die nicht voll befriedigende Temperaturbeständigkeit der Carbowachse wird durch Verätherung end-ständiger Hydroxylgruppen erhöht; ein derartiges Produkt ist Emulphor O, das bis 220° einsetzbar ist. Polyäther mittleren Molekulargewichts, z. B. Carbowachs 1500, auf Teflon sind zur Analyse wasserhaltiger Proben geeignet. Mit hochmolekularen Polyphenyläthern kann man Säulentemperaturen bis 400° erreichen.

Zur Trennung von Alkoholen und von Estern fand LOUIS[1] unter den genannten Substanz-gruppen das Di-isooctylsebacinat besonders geeignet, für Äther den Heptaglycol-monoisono-nylphenyläther und für Ketone das Di-isodecylphthalat mit Benton 34. Daneben erwiesen sich verschiedene Typen der Siliconöle als ausgezeichnete Trennflüssigkeiten.

Stark polare stationäre Phasen ergeben sich mit mehrwertigen Alkoholen, z. B. Glyzerin bis 150°, Polyäthylenglycolen oder mit Produkten der Cyanäthylierung mehrwertiger Alkohole im Anwendungsbereich von 90 bis 150°. Sie trennen Paraffine von Aromaten sowie stereosio-mere Olefine. Beispiele sind Äthylenglycoldi-β-cyanäthyläther oder Glycerintri-β-cyanäthyl-äther.

Sehr spezifisch wirkende Trennflüssigkeiten sind u. a. Diäthylenglycol-Silbernitrat zur Trennung von Olefinen auf Grund ihrer Affinität zum Silbernitrat oder Zucker und Zucker-derivate[2] zur Trennung von Phenolen nach dem Ausmaß der stericshen Abschirmung der Hy-droxylgruppen. Dabei wird empfohlen, Mannit bis 190, Dulcit bis 200 und Inosit bis 245° einzusetzen.

Für Temperaturen über 300° werden auch eutektisch schmelzende Gemische anorganischer Salze als Trennphasen vorgeschlagen[3], z. B. ein bei 122° schmelzendes eutektisches Gemisch von $LiNO_3-NaNO_3-KNO_3$.

In der Literatur findet man ein außerordentlich umfangreiches Material über stationäre Phasen, ihre Trennleistung und ihre Selektivität in normalen analytischen, hochwirksamen[4] und präparativen Trennsäulen. Wenn man von Spezialaufgaben absieht, haben sich aus dieser Fülle einige Systeme herausgeschält, die bei den üblichen Analysen der Erdöl- und der Petro-chemie zu befriedigenden Ergebnissen führen. Entsprechende Trennsäulen werden von der Geräte-Industrie angeboten oder können nach Anleitungen[5–7] selbst hergestellt werden. Ver-schiedene Firmen haben ausführliche Zusammenstellungen von Trennsäulen, ihren Füllun-gen, Einsatztemperaturen und Anwendungsmöglichkeiten mit Analysenbeispielen heraus-gegeben[7,8]. Mit ihrer Hilfe kann man sich über Lösungsmöglichkeiten eigener Analysenpro-bleme orientieren, so daß hier auf gesonderte Aufstellungen verzichtet werden kann.

β) **Dünnfilmsäulen.** In Abschn. V.1.d.β wurden Dünnfilm- oder Golay-Säulen bereits im Zusammenhang mit der Behandlung der in Trennsäulen erreichbaren Trennstufenhöhen erwähnt. Es sind offene Kapillarkolonnen, die im Normalfall Innendurchmesser von 0,1 bis 1 mm haben, auf ihrer Innenwand mit einem dünnen Film einer Trennflüssigkeit benetzt sind und zu Trennungen nach dem Prinzip der Flüssig-Gas-Chromatographie (*LGC*) eingesetzt werden. Sie zeichnen sich als frei durchströmbare Rohre durch niedrige spezifische Strömungswider-stände aus, können daher, spiralig gewickelt, Längen von 100 m und mehr be-sitzen und nicht nur isotherm oder temperaturprogrammiert sondern auch bei Normaldruck oder druckprogrammiert betrieben werden.

Lange Kapillaren haben eine verhältnismäßig große Totzeit t_d, so daß besonderes sorg-fältig zwischen der Gesamtretentionszeit t_{dr} und der Retentionszeit t_r (Gl. 50) unterschieden werden muß. Da ihre Belastbarkeit klein ist, muß man Probengeber und Einlaßteile verwen-den, die es gestatten, kleine Substanzmengen sehr schnell einzubringen, zu verdampfen und in die Kapillare zu überführen. Je nach Kapillardurchmesser liegt die günstigste Substanz-

---

[1] Siehe Fußnote 2, S. 802.

[2] JANAK, J., R. KOMERS u. J. SIMA: Bodenseewerk Perkin-Elmer, Überlingen, GC-Tips Nr. 5. und 6. (1958).

[3] GEISS, F., B. VERSINO u. H. SCHLITT: Z. analyt. Chem. 236 (1958) 136; Chromato-graphia 1 (1968) 9.

[4] LANDAULT, G., u. G. GUIOCHON: Chromatographia 1 (1968) 119.

[5] Siehe Fußnote 1, S. 790.

[6] HESSE, G.: Chromatographisches Praktikum. Frankfurt/M.: Akadem. Verlagsges. 1968.

[7] Hewlett-Packard, Columns for Analytical Instrumentation, Frankfurt/M. 1968.

[8] a) Bodenseewerk Perkin-Elmer, Angew. Gaschromatographie, Heft 9, Säulendaten-blätter 101 bis 128, Überlingen 167. — b) Beckman, Report, München.

menge zwischen 10 mg in „Makrosäulen" mit 1 mm Durchmesser und 10^{-4} mg bei 0,25 mm Durchmesser; entsprechend sinken die Einsatzmengen mit den Durchmessern weiter ab. Die Trennstufenzahlen von Kapillarsäulen mit 0,25 mm lichter Weite liegen um 2000 pro Meter. Das entsprechende Trennstufenvolumen liegt bei 10^{-2} mm^3, so daß es notwendig ist, das Totvolumen des Anschlusses der Säule an den Empfänger und des Empfängers selbst (s. Abschn. V.2.d) möglichst klein zu halten, um zu verhindern, daß die erreichte Auflösung nicht wieder durch Rückvermischung hinter der Säule verschlechtert wird. Es muß also ein sehr empfindlicher Detektor verwendet werden, um Substanzmengen im Bereich von 10^{-8} bis 10^{-14} g pro Sek. nachweisen zu können.

Dünnfilmkapillaren sind gepackten Säulen in den meisten Fällen normaler Analysen, allerdings nicht bei Gasanalysen, überlegen. Für Spurenanalysen und für präparative Trennungen sind sie wegen ihrer geringen Belastbarkeit selbstverständlich nicht geeignet. Die Identifizierung der getrennten Substanzen ist aus demselben Grunde leichter massenspektrometrisch als infrarotspektroskopisch möglich. Die Dauerbeständigkeit dieses Säulentyps ist besonders bei hohen Temperaturen geringer als die gepackter Säulen. In den Gesichtspunkten der Wahl von Trennflüssigkeiten ändert sich grundsätzlich nichts gegenüber den in den vorangegangenen Abschnitten behandelten. Kaiser hat einen Band seines Werkes über die Gaschromatographie[1] der Kapillar-Chromatographie gewidmet. Ihm können Einzelheiten über Selbstherstellung und Betrieb von Kapillarsäulen entnommen werden.

γ) Dünnschichtsäulen. Man kann mehrere Typen von Dünnschicht-Säulen unterscheiden, die folgende Arten dünner Schichten auf der Innenwand von Kapillaren haben können:

a) Trägermaterial und Trennflüssigkeit für LGC,
b) Reine Adsorptionsmittel für SGC,
c) Adsorbentien mit wechselnden Mengen Trennflüssigkeit für LGC/SGC,
d) „Einschlußpolymere"[2] mit oder ohne Trennflüssigkeit für die „Einschluß-Gaschromatographie".

Derartige Dünnschichtkapillaren werden entweder durch Umwandlung des Materials der Innenwand, z. B. durch Oxidbildung in Aluminium- oder Kupferrohren, oder durch Aufbringen von Fremdmaterial, z. B. durch Absetzen von Feststoffen aus Suspensionen oder durch Umsetzungen auf der Wand, hergestellt. Der zweite Weg bietet umfassendere Möglichkeiten. Experimentelle Einzelheiten hat vor allem HORVATH[3] mitgeteilt, die neben anderen Angaben auch bei KAISER[1, 4] zu finden sind. Im übrigen gilt für Betrieb und Anwendung dieses Säulentyps das in den vorangegangenen Abschnitten für stationäre Phasen Gesagte.

δ) Präparative Säulen. Zur Gewinnung größerer Mengen von Substanzen aus mit anderen Methoden schwer trennbaren Gemischen, zur Abtrennung von Verunreinigungen aus einer Hauptkomponente oder zu ihrer Anreicherung für eine anschließende Identifizierung werden Gaschromatographen mit großen Säulen gebaut, in denen Proben von 0,1 bis 10 ml und mehr in einem Durchgang getrennt werden können. Um hohe Durchsätze mit derartigen Apparaten zu erzielen, hat man programmgesteuerte Geräte entwickelt, mit denen in einander folgenden Trennzyklen mehrere hundert Gramm Material pro Tag durchgesetzt werden können. Die heute üblichen Säulendurchmesser liegen zwischen 6 und 40 mm bei Säulenlängen von mehreren Metern. Auch hier gelten für die stationäre Phase prinzipiell dieselben Gesetze, wie sie in den Abschn. V.2.c.α_2 und α_3 behandelt wurden. Vor kurzem hat HUPE[5] einen automatischen Gaschromatographen für Trennungen größerer Substanzmengen beschrieben; diesem Artikel können

---

[1] Siehe Fußnote 1, S. 793.
[2] Lloyd, W. G., and T. ALFREY: J. Polym. Sci. 62 (1962) 159, 301.
[3] HORVATH, C.: Trennsäulen mit dünnen porösen Schichten für die GC, Dissertation Frankfurt/M. 1963.
[4] KAISER, R.: Chromatographia 1 (1968) 34.
[5] HUPE, K. P.: Chromatographia 1 (1968) 57.

weitere Informationen entnommen werden, die im übrigen auch aus entsprechenden Firmenschriften hervorgehen[1].

Eine Übersicht über die heute gebräuchlichen sieben verschiedenen Kolonnentypen gab HALASZ[2], auf die abschließend zu diesem Thema hingewiesen sei. In ihr machte er Angaben über charakteristische Eigenschaften (Phasenverhältnis, Arbeitstemperatur, Permeabilität, Belastbarkeit, Konzentration der Probe im Trägergas, Analysengeschwindigkeit), um die Wahl des jeweïls optimalen Kolonnentyps zu erleichtern.

d) Detektoren

Die aus der Säule austretenden Substanzen werden durch Detektoren erfaßt und durch ein nachgeschaltetes Registriergerät in Form qualitativ oder quantitativ auswertbarer Chromatogramme aufgezeichnet. Die Detektoren sollen die Komponenten möglichst verzögerungsfrei und empfindlich mengen- oder konzentrationsproportional erfassen, ohne von Temperatur, Druck oder Strömungsgeschwindigkeit des Trägergases wesentlich abhängig zu sein. Ihre Ansprechzeiten sollen unter eine Sekunde liegen und bei Schnellanalysen bis zu 10^{-2} Sek. herabgehen. Sie sollen 10^{-6} bis 10^{-14} g Substanz pro ml Trägergas erfassen. Ihre Meßvolumina müssen so klein sein, daß sich die in der Säule getrennten Stoffe nicht wieder rückvermischen können; sie sollen also gerade dem Dampfvolumen einer Substanz entsprechen. Dies richtet sich nach der maximalen Säulenbelastbarkeit, d. h. es beträgt bei gepackten Säulen 0,1 bis 0,5 ml, bei Kapillarsäulen etwa 10^{-3} ml. Derartige Meßvolumina werden in einigen Detektoren noch unterschritten, z. B. in Flammen-Ionisations-Detektoren, in denen nur die Flammenfront das Meßvolumen darstellt.

Man unterscheidet die verschiedenen Detektortypen nach Detektoren, die die Substanzen direkt erfassen, und Detektoren, die einen Mischwert aus Substanz- und Trägergaseigenschaften messen. Verständlicherweise ist der erste Typ dem zweiten vorzuziehen. Eine andere Unterscheidung wird nach der Art der Anzeige gemacht in Differentialdetektoren, welche die jeweils vorhandene Konzentration messen und ein Differentialchromatogramm mit den Peaks liefern, und in Integraldetektoren, welche die Substanzmengen addieren und ein Integralchromatogramm mit Stufen ergeben. (Abb. 114) Bei der ersten Art ist die Peakfläche, bei der zweiten die Stufenhöhe ein Maß für die Konzentration. Im wesentlichen werden folgende Meßprinzipien angewendet.

α) **Wärme-Leitfähigkeits-Detektor (WLD).** Dieser Differentialdetektor-Typ, dessen Arbeitsweise auf der Änderung der Wärmeableitung von einem Meßfühler auf seine Umgebung beruht, ist meßtechnisch wenig aufwendig, zumal er keine elektronische Verstärkung braucht. Er ist bei guter Empfindlichkeit mechanisch verhältnismäßig stabil. Seine Temperaturfühler sind entweder feine Metalldrähte (Platin, Wolframlegierungen) oder Thermistoren. Die Thermistoren haben im Gegensatz zu Hitzdrahtstrahlern einen großen negativen Temperaturkoeffizienten ($4 \cdot 10^{-2}$ Ohm pro Grad); oberhalb 150° werden sie aber durch ihre Anfälligkeit gegen verschiedene Substanzen, z. B. gegen Wasserstoff, störanfällig, so daß die bis 500° und höher zu betreibenden Hitzdraht-Detektoren bevorzugt werden. Im Trägergas mitgeführte Substanzen werden an Wärmeleitfähigkeits-Unterschieden erkannt, die in einer Brückenschaltung gemessen werden, indem die Wärmeleitfähigkeit des Trägergases in der Vergleichszelle mit der des Trägergases und der jeweils aus der Säule austretenden Substanz in der Meßzelle verglichen wird. Abb. 120a zeigt verschiedene Möglichkeiten der Gasführung in einem WLD, die ohne weiteres verständlich sind. Die Empfindlichkeit von Hitzdraht-

<hr>

[1] a) Bodenseewerk Perkin-Elmer, GC-Tips 34 (1967). — b) JENTZSCH, D., B. KOLB, B. KEMPKEN, G. LEBRECHT u. D. GAIGALAT, Anwendungsbeispiele für den automatischen präparativen Gaschromatographen F 21, Bodenseewerk Perkin-Elmer, Angew. Gaschromatographie, Heft 6, Überlingen 1965.
[2] HALASZ, I.: Z. analyt. Chem. 236 (1968) 15.

detektoren liegt bei 10^{-7} g/ml, die von Thermistordetektoren bei 10^{-8} g/ml. Ihre Abhängigkeit von der Art der Substanzen hat u. a. HOFFMANN[1] aus der Theorie der Gaskinetik abgeleitet.

β) **Flammen-Ionisations-Detektoren (FID).** Beim FID, einem Differential-detektor, wird die Tatsache ausgenutzt, daß durch bisher nicht völlig geklärte Ionisationsvorgänge in Flammen diese elektrisch leitfähig sind. Ihre Leitfähigkeit wird u. a. vom Brenngas beeinflußt. Dieser Effekt ist in Wasserstoff/Luft-

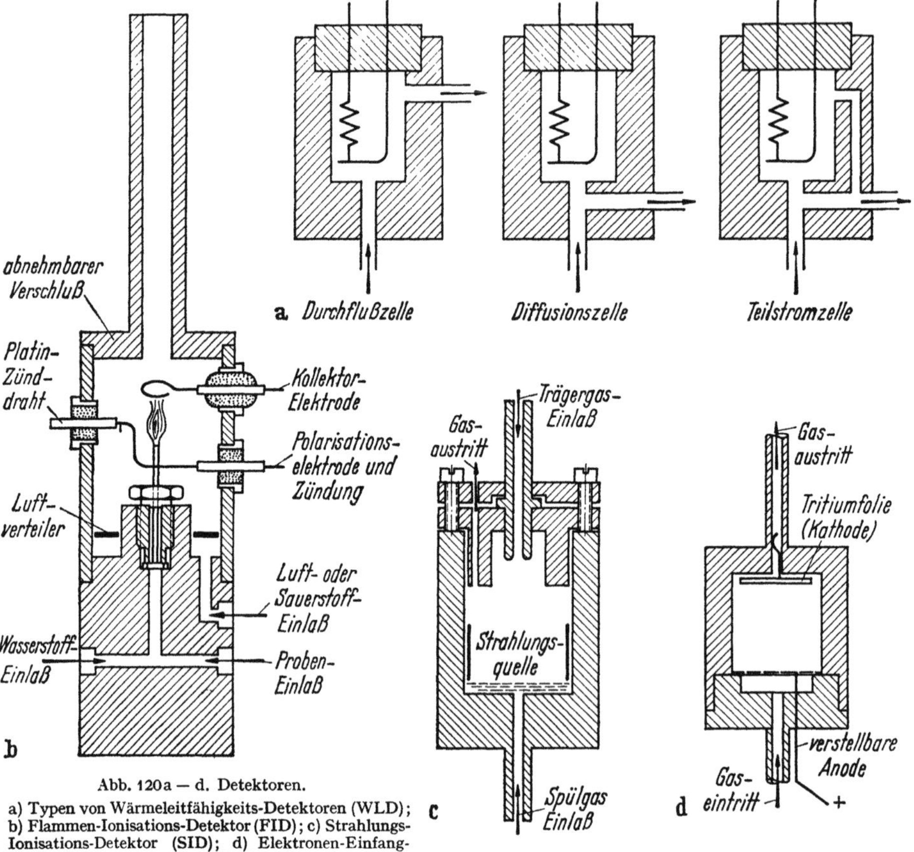

Abb. 120a — d. Detektoren.
a) Typen von Wärmeleitfähigkeits-Detektoren (WLD); b) Flammen-Ionisations-Detektor (FID); c) Strahlungs-Ionisations-Detektor (SID); d) Elektronen-Einfang-Detektor (EED).

Flammen, in denen organische Verbindungen mitverbrennen, besonders groß. Durch den FID wird der Ionisationsstrom eines in einem elektrischen Feld brennenden Gemisches von Wasserstoff, Luft, Trägergas und aus der Säule austretender Substanz gemessen (Abb. 120b). Er schwankt entsprechend der pro Zeiteinheit in die Flamme gelangenden Menge (g/sec) organischer Substanzen, die bei der Verbrennung des Kohlenstoffs zu Kohlendioxid zu etwa $10^{-3}\%$ ionisiert werden, und wird durch Anwesenheit von Wasser, schwefelhaltigen Verbindungen, Kohlenmonoxid, Kohlendioxid, Wasserstoff, Stickstoff, Sauerstoff und Edelgasen nicht beeinflußt. Die Empfindlichkeit des bis 500° einsetzbaren FID kann 10^{-13} g/sec erreichen.

Sein mechanischer Aufbau ist einfach. Die Gasaustrittsdüse ist die Kathode, wenn sie aus leitendem Material besteht; andernfalls muß eine besondere Elektrode eingebaut werden.

[1] HOFFMANN, E. G.: Analyt. Chem. 34 (1962) 1216.

Die günstigste Form der Kollektorelektrode ist umstritten. Es hat den Anschein, daß Ringelelektroden zu bevorzugen sind. Abstandsänderungen der beiden Elektroden beeinflussen die Stärke des Ionisationsstromes nicht wesentlich, solange der Kollektor richtig gegenüber der Flamme justiert ist. Die zwischen den Elektroden angelegte Spannung schwankt je nach Konstruktion zwischen 70 und 150 V. In diesem Bereich bleibt der angezeigte Ionisationsstrom in der Flamme einigermaßen konstant. Der Stromfluß wird über einen hochohmigen Verstärker gemessen. Der FID besitzt bei bestimmten Durchflußmengen von Wasserstoff, Luft und Trägergas ein Optimum seiner Empfindlichkeit[1,2], das bei der Forderung nach höchster Empfindlichkeit durch Variation der Mengenströme gesucht werden muß. Die gute Linearität des FID wird durch Austragen eines Teiles der Trennflüssigkeit bei hohen Temperaturen nicht beeinflußt, so daß er auch dadurch für ein Arbeiten bei hohen Temperaturen gut geeignet ist. Dabei ist aber zu beachten, daß der Rauschpegel und der Nullstrom ($\sim 10^{-13}$ A) mit zunehmender Verdampfung der Trennflüssigkeit steigen und dadurch die Empfindlichkeit sinkt. In erster Näherung ist die Anzeige eines FID der C-Zahl einer Verbindung proportional. Dies gilt innerhalb homologer Reihen streng. Bei Verbindungen gleicher C-Zahl sinkt die Empfindlichkeit mit ihrem H/C-Verhältnis. Mit zunehmender Substitution der Wasserstoffatome durch andere Atome oder Atomgruppen nimmt die Empfindlichkeit offensichtlich ebenfalls ab[3]. Wegen der im großen und ganzen, besonders bei Kohlenwasserstoffen und ihren partiell oxydierten Produkten doch vorhandenen Proportionalität zwischen Anzeige und C-Zahl wird der FID in zunehmendem Maße zur Bestimmung der Gesamtkonzentration von unverbrannten und teilverbrannten Kohlenwasserstoffen in Automobilabgasen (Emission) und in der Luft (Immission) eingesetzt[4].

γ) Strahlungs-Ionisations-Detektoren. Das Arbeitsprinzip des Strahlungs-Ionisations-Detektors wurde zuerst von LOVELOCK[5] beschrieben. Es besteht darin, daß Argon als Trägergas durch α- oder β-Strahlung in metastabile Anregungszustände überführt, aber nicht ionisiert wird und als Sensibilisator Ion-Molekül-Reaktionen[6] bei Molekeln auslöst, deren Ionisationspotential ($I^{(+)}$) unter 11,7 eV liegt. Sauerstoff, Stickstoff, Kohlendioxid, Wasser werden aus diesem Grunde nicht und die ersten Glieder der Reihen homologer Kohlenwasserstoffe mit geringerer Empfindlichkeit als die höheren Glieder erfaßt. Der Grundionisationsstrom der Argon-Ionen bleibt niedrig, so daß im wesentlichen in einem Feld von 400 bis 1400 (2000) V der Ionisationsstrom der in der Säule getrennten Substanzen gemessen wird.

Abb. 120c zeigt einen auch für Messungen mit Kapillarsäulen geeigneten Detektor. Seine Gas-Eingangsleitung liegt an Erde, die Kathode wird von einem nach außen isolierten Metallgehäuse gebildet. Die Strahlenquelle ist rohrförmig: als α-Strahler wird Radium D (20 bis 50 Mikrocurie), als β-Strahler heute meistens Tritium (10 bis 50 Millicurie), daneben noch Strontium-90 verwendet. Um das Meßvolumen möglichst niedrig zu halten, wird dem Meßgasstrom ein durch ein Drahtnetz verteilter Argonstrom entgegengerichtet. Die Temperaturempfindlichkeit der Strahler begrenzt die Arbeitstemperatur auf 200 bis 250 °C. Die Empfindlichkeit dieser Detektoren liegt bei 10^{-14} g/sec.

Um den Erfassungsbereich dieser Art von Detektoren zu erweitern, arbeitet man heute z. T. auch mit Helium als Trägergas, das ein $I^{(+)}$ von 24,4 eV hat[7].

δ) Elektronen-Einfang-Detektoren. In der Meßzelle eines Elektronen-Einfang (Capture)-Detektors (Abb. 120d) werden durch einen ß-Strahler, heute vor allem durch Tritium, Elektronen emittiert, die im Trägergas Sekundärelektronen auslösen. Diese werden entsprechend der Elektronenaffinität der vorhandenen Atome selektiv besonders an Halogen-, Schwefel- und metallorganische Verbindungen sowie an Olefine und Aromaten, kaum an Paraffine angelagert. Die dadurch bedingte Verminderung der Elektronenkonzentration führt zu einer Verkleinerung des Stromflusses in der Meßzelle, die der Konzentration einer elek-

[1] HALASZ, I., u. G. SCHREYER: Chem. Ing. Techn. 32 (1960) 675.
[2] JENTZSCH, D., u. K. FRIEDRICH: Z. analyt. Chem. 180 (1961) 96.
[3] ETTRE, L. S.: Dechema-Monograph. 43 (1962) 241.
[4] LUTHER, H., H. IHRIG u. H. LIES: Bergbauwiss. 10 (1963) 262.
[5] LOVELOCK, J. E.: J. Chromatograph. 1 (1958) 35; Nature 182 (1958) 1663.
[6] AUSLOSS, P. J. (rsg.): Ion-Molecule-Reactions in the Gas Phase, Advances in Chemistry, Series 58, Washington 1966.
[7] HARTMANN, C. H., u. K. THOMPSON: Varian Aerograph, Research Notes, 1967.

tronenaffinen Meßkomponente entspricht. Man arbeitet in diesen Detektoren mit Gleichspannung (25 bis 30 V) oder mit pulsierender Spannung (55 V bei Impulszeiten von 0,5 bis 1 μsec und Impulsintervallen von 5 bis 150 μsec). Die Empfindlichkeit dieses Detektortyps, die durch Variation der Elektrodenspannung beeinflußt werden kann, wird mit 2.10^{-14} g/sec für Tetrachlorkohlenstoff angegeben[1]. Seine höchsten Arbeitstemperaturen liegen bei 225 °C.

Dieser stoffspezifische Empfänger wird oft im Simultanbetrieb parallel zu einem zweiten, z. B. einem FID eingesetzt, weil man auf diese Weise in kurzer Zeit zwei einander ergänzende und leichter zuzuordnende Chromatogramme erhält. Weitere Angaben können der Literatur[1-3] entnommen werden. Für höhere Arbeitstemperaturen bis 335 °C wurde neuerdings ein Elektronen-Einfang-Detektor mit Nickel-63 als Strahlungsquelle entwickelt.

ε) **Übersicht über weitere Detektoren und Kombinationen mit anderen Analysenverfahren.** In Abschn. V.a.1. wurde bereits darauf hingewiesen, daß JANAK[4] besonders für Analysen von Inertgasen und gasförmigen Kohlenwasserstoffen mit Kohlendioxid als Trägergas einen integral anzeigenden Detektor entwickelte, bei dem das Kohlendioxid in einem Azotometer durch Lauge absorbiert wird und die Volumina der nacheinander aus der Trennsäule austretenden Komponenten abgelesen oder automatisch registriert werden[5].

Auf Möglichkeiten, gaschromatographisch getrennte Substanzen durch die Gasdichte, die Verbrennungswärme, die Dielektrizitätskonstante oder die Schallgeschwindigkeit nachzuweisen, sei der Vollständigkeit halber aufmerksam gemacht[6]. Das gleiche gilt für den Micro-Cross-Detektor[1] und schließlich für den Halogen-Phosphor-Detektor[7], in dem ein FID und ein selektiv auf Halogene und Phosphor ansprechender thermo-ionischer Detektor hintereinander geschaltet sind.

In manchen Fällen kann es zur besseren Identifizierung von Substanzen nützlich sein, aus Gasgemischen vor der Trennung einzelne Komponenten oder Substanzklassen durch chemische Reaktionen zu entfernen, z. B. Carbonylverbindungen durch Umsetzung mit Natriumbisulfit, oder umzuwandeln, z. B. Olefine durch Hydrierung. Als Extremfall kann in diesem Zusammenhang auch die quantitative Analyse der Endprodukte bei der elementaranalytischen C-H-N-[8] und der C-H-N-O-[9]Bestimmung genannt werden. Besonders bei Verbindungen mit funktionellen Gruppen kann man den Anfall der einzelnen Komponenten auch titrimetrisch oder coulometrisch verfolgen[10]. Eine gute Übersicht mit zahlreichen Hinweisen auf die Originalliteratur über die Kombination der Gaschromatographie mit chemischen Methoden (Reaktions-Gaschromatographie) gaben vor kurzem LITTLEWOOD[11] und BEREZKIN[12].

[1] DERGE, K.: Chem. Ztg. 89 (1965) 247.

[2] LOVELOCK, J. E., u. S. R. LIPSKY: J. Amer. Chem. Soc. 82 (1960) 431.

[3] WASHBROOKE, P. E.: Chem. Ztg. 86 (1962) 377.

[4] a) JANAK, J.: Chem. Listy 47 (1953) 464; 48 (1954) 207. — b) HORN, O., U. SCHWENCK u. H. HACHENBERG: Brennstoff-Chem. 39 (1958) 336.

[5] LEIBNITZ, E., H. G. KÖNNECKE u. H. HRAPIA: Brennstoff-Chem. 38 (1957) 14. — b) E. Lehrer DBP 1065639 (1960).

[6] Siehe Fußnote 1, S. 790.

[7] JENTZSCH, D., H. G. ZIMMERMANN u. I. WEHLING: Z. analyt. Chem. 221 (166) 377; Perkin-Elmer, Instrument News 18 (1968) (3) 4.

[8] a) HUYTEN, F. H., u. G. W. A. RIJNDERS: Z. analyt. Chem. 205 (1964) 244. — b) Hewlett-Packard, Analytical Instruments for Chemistry, 18 (1967).

[9] Carlo Erba, Mailand. Short Notes 3 (1968) 1.

[10] KIENITZ, H., u. K. DORFNER: Gaschromatographie; ACKERMANN, K: Elektrochemische Analysenverfahren, in HENGSTENBERG, J., B. STURM u. WINKLER O. (Hrsg.) Messen und Regeln in der Chemischen Technik, 2. Aufl., Berlin/Göttingen/Heidelberg: Springer 1964, S. 678ff und 837ff.

[11] LITTLEWOOD, B.: Chromatographia 1 (1968) 133.

[12] BEREZKIN, V. G.: Die analytische Reaktions-Gaschromatographie, (russ.) Moskau: Nauka 1966.

Zur näheren Bestimmung gaschromatographisch getrennter Verbindungen kann man neben den vorstehend erwähnten chemischen Verfahren auch physikalisch-chemische Methoden heranziehen. Einige Beispiele seien im folgenden kurz erwähnt.

Über Möglichkeiten und Anwendungen einer direkten Kopplung zwischen Gaschromatographie und Dünnschicht-Chromatographie berichtete u. a. Kaiser[1].

In dem Kapitel über die Infrarot-Spektroskopie wurde bereits darauf hingewiesen, daß eine Reihe von Mikromethoden (Abschn. II.4.f.δ in Teil I) besonders in Hinblick auf ihre Verwendung bei der Identifizierung gaschromatographisch vorgetrennter Substanzen entwickelt wurde. Anordnungen zum Auffangen kleinster Substanzmengen wurden verschiedentlich beschrieben[2]. Die auf verschiedenen Wegen gewonnenen Fraktionen wurden z. T. nicht nur mit Hilfe der IR-Spektroskopie sondern auch mit der UV- oder mit der magnetischen Kernresonanz-Spektroskopie weiter untersucht[3]. Auch hier wurden verschiedene Vorschläge zur unmittelbaren Kopplung von Gaschromatographen mit IR-Spektrometern, besonders mit schnellregistrierenden Geräten gemacht. Von ihnen seien nur zwei kürzlich erschienene Arbeiten zitiert[4,7a], die weitere einschlägige Literaturangaben enthalten.

Das umfangreichste Material liegt wohl über Kombinationsmöglichkeiten der Gaschromatographie mit der Massenspektrometrie vor[5-7b], das kürzlich von Kienitz[8] umfassend zusammengestellt wurde. Auf diese Weise sind auch isotopenhaltige Verbindungen (H/D, $^{10}B/^{11}B$, $^{12}C/^{13}C$) nebeneinander zu analysieren. Verschiedene Firmen bieten Gaschromatograph-Massenspektrometer-Instrumente an. Zu nennen sind u. a. MS 12 der Associated Electrical Industries, Manchester[9]; Flugzeit-Massenspektrometer von Bendix,, Cincinnati[10]; CEC 21-100 von Bell und Howell, Monrovia[11]; Modell 9000 der LKB Produkter, Stockholm[12]; Modell 270 von Perkin-Elmer, Überlingen oder Kombinationen von Varian-MAT, Bremen[13] und von Hitachi/Perkin-Elmer (RMU-6 D)[14].

e) Mehrsäulentechnik

In zunehmendem Maße werden Gaschromatographen gebaut, in denen die Verwendung mehrerer Säulen unabhängig voneinander oder in verschiedenen Kombinationen miteinander möglich ist. Man unterscheidet dabei Reihen- und Parallelschaltung der Säulen.

α) **Reihenschaltung.** Dieser Gerätetyp kann mit einem Detektor und einem Schreiber auskommen. Einige Beispiele für entsprechende Schaltungen in Analysenoder in Prozeßchromatographen zeigen die Fließbilder in Abb. 121.

Bei einem Arbeiten mit Vorabtrennung (Abb. 121 a) werden in einer Vorkolonne (Stripper) die schwereren Komponenten abgetrennt und die leichteren in die Analysenkolonne überführt. Wenn diese Trennung im gewünschten Schnittbereich erfolgt ist, wird die Strömungsrichtung des Trägergases durch das Stripperventil umgeschaltet. Dadurch wird der Probenteil in der Stripperkolonne über das Ventil V_3 zurückgespült. Zur gleichen Zeit wird der Teil der Probe in der Analysenkolonne getrennt und mit dem Detektor analysiert; der Trägergasstrom fließt

[1] Kaiser, R.: Z. analyt. Chem. 205 (1964) 284.

[2] Kubeczka, K. H.: Naturw. 52 (1965) 429.

[3] Witte, K., u. O. Dissinger: Z. analyt. Chem. 236 (1968) 119.

[4] Bober, H., u. K. Bürner: Z. analyt. Chem. 238 (1968) 1.

[5] Brunnée, C., L. Jenckel u. K. Kronenberger: Z. analyt. Chem. 189 (1962) 50.

[6] Gaylor, V. F., C. N. Jones, J. H. Landert u. E. C. Hughes: Sixth World Petroleum Kongreß, Frankfurt/M., Sect. V, 201 (1963).

[7] Littlewood, A. B.: Chromatographia 1 (1968). a) 223 — b) S. 37.

[8] Kienitz, H. (rsg.): Massenspektrometrie S. 591 ff. Weinheim: Verlag Chemie 1968.

[9] Banner, A. E., R. M. Elliot u. W. Kelly: in A. Goldup (rsg.), Gas Chromatography, Inst. Petrol, London 1965.

[10] Hunter, G. L. K., u. W. B. Brodgen: Analyt. Chem. 36 (1964) 1122.

[11] Henneberg, D.: Analyt. Chem. 38 (1966) 495.

[12] Ryhage, R.: Pittsburgh Conference on Analytical Chemistry and Applied Spectroscopy 1966.

[13] Henneberg, D., u. G. Schomburg: Z. analyt. Chem. 215 (1966) 424.

[14] Völlmin, J. A., I. Omüre, J. Seibl, K. Grob u. W. Simon: Helv. Chim. Acta 49 (1966) 1768.

dabei durch V_2, das zur Vermeidung von Druckschwankungen denselben Widerstand wie die Stripperkolonne hat.

Diese Arbeitsweise faßt zwei einfachere Techniken zur Verkürzung der Arbeitszeit zusammen:

a) Die Rückspülung langsam wandernder Komponenten aus einer einzelnen Säule nach Trennung und Austritt der Verbindungen mit kurzen Retentionszeiten.

b) Die Verwendung einer leicht auswechselbaren Vorsäule, deren Füllung nach Abtrennung einer Fraktion der Probe entweder verworfen oder gesondert regeneriert wird.

Weitergehende Informationen kann man mit einer Doppelkolonnen-Anordnung (Abb. 121 b) gewinnen. Dabei wird anstelle der Stripperkolonnen eine normale Primärkolonne (K_1) verwendet, in der wiederum die schwereren Komponenten (F_1) in einem festgelegten Schnittbereich abgetrennt und die leichteren (F_2) in eine Sekundärkolonne (K_2) transportiert werden. Anschließend wird K_2 mit dem Umsteuerventil abgeschlossen, während die Substanzen der Fraktion F_1 in K_1 getrennt und über V_2 direkt in den Detektor gespült werden. Nach Rückstellung des Umsteuerventils werden die einzelnen Substanzen aus K_2 in den Detektor eluiert. Die Kombination zweier Kolonnen mit gleicher Füllung bei verschiedenen Temperaturen ermöglicht eine schnelle Analyse der Glieder homologer Reihen, wie sie auch mit temperaturprogrammierten Säulen erreicht werden kann; die Verwendung zweier Säulen mit verschiedenen Füllungen bei gleichen oder verschiedenen Temperaturen erleichtert die Trennung von Verbindungen verschiedener Stoffklassen. Selbstverständlich kann bei dieser Anordnung auch so gearbeitet werden, daß die Substanzen aus einer der Kolonnen insgesamt eluiert und in einem Peak gemessen werden, wenn nur ihr Gesamtanteil und nicht ihre Zusammensetzung interessiert. Schließlich kann noch eine Stripperkolonne vorgeschaltet werden.

Als letztes Beispiel sei eine Schaltung für die Analyse einer Mittel-(Herz-)fraktion (Abb. 121 c) behandelt[1]. Bei ihr werden die leicht flüchtigen Anteile unter Umgehung des Detektors auf dem gekennzeichneten Weg über V_3 ins Freie gespült. Wenn die erste der zu bestimmenden Komponenten am Kopf der Primärkolonne (K_1) erscheint, wird das sogenannte Cutterventil betätigt, um einen bestimmten Schnitt mit dem über V_2 einströmenden Trägergas in die Sekundärkolonne (K_2) zu überführen. Sobald dieser Schnitt in K_2 ist und dort getrennt wird, stellt sich das Cutterventil zurück, so daß die schwereren Komponenten aus K_1 eluiert werden, ohne den Fortgang der Analyse zu stören. Diese Kolonnentechnik erlaubt u. a. auch die Bestimmung geringer Mengen von Verunreinigungen in einer Substanz.

β) Parallelschaltung. Eine Möglichkeit der Parallelschaltung von Säulen mit verschiedenen Detektoren wurde bereits bei der Behandlung des Elektronen-Einfang-Detektors (Abschn. V.2.d.δ) erwähnt. Als Gründe für Parallelbetrieb mehrerer Säulen lassen sich nennen:

a) Beim Arbeiten mit Temperaturprogrammierung kann durch Parallelbetrieb einer zweiten Säule mit gleicher Füllung und gleichem Detektor die durch Verdampfung von Trennflüssigkeit bedingte Anhebung des Untergrundes eines Chromatogramms kompensiert werden.

b) Durch Einsatz mehrerer Säulen mit verschiedenen Füllungen, die zur gleichen Zeit mit Teilströmen der Probensubstanz beaufschlagt werden und mit Detektoren gleichen oder unterschiedlichen Typs verbunden sind, können bei erheblichem Zeitgewinn Substanzen in einem Arbeitsgang getrennt und analysiert werden, die an einer Säule nicht trennbar wären.

c) Durch Verwendung verschiedener selektivanzeigender Detektoren hinter Säulen mit gleichen oder unterschiedlichen Füllungen kann die Anzeigeempfindlichkeit für einzelne Substanzen selektiv gesteigert werden[2]. Durch die Entwicklung von Detektoren in Reihenschaltung ist dieses Problem z. T. auch schon für Einsäulenbetrieb zu lösen (Abschn. V.2.d.ε).

Es gibt auch Geräte mit Umschaltern, die wahlweise ein Arbeiten in Reihen- oder in Parallelbetrieb gestatten. Ein Beispiel ist der Drei-Säulen-Umschalter für den Gaschromatographen F 7 des Bodenseewerkes Perkin-Elmer.

---

[1] DEANS, D. R.: Chromatographia 1 (1968) 18.
[2] OTTE, E.: Chromatographia 1 (1968) 237.

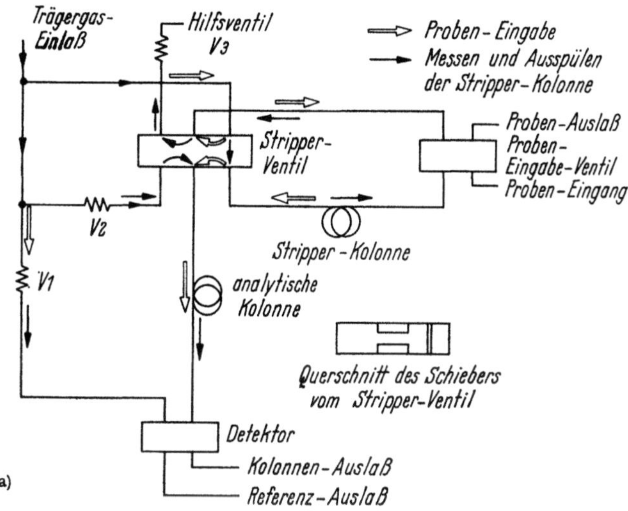

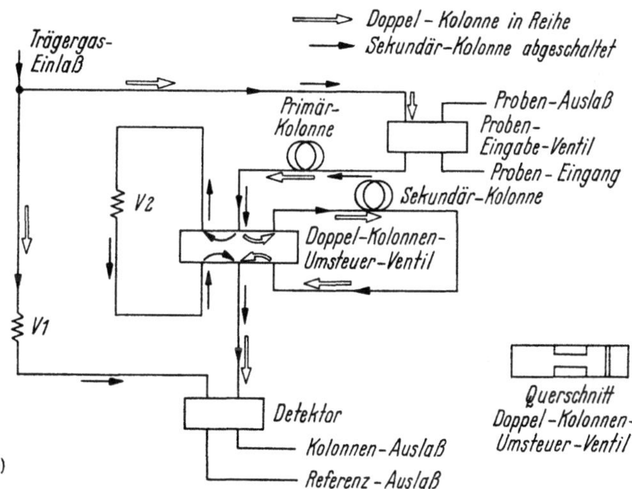

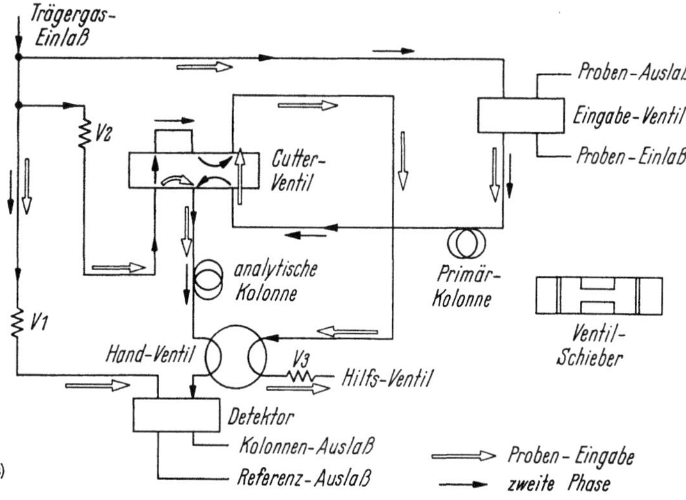

Abb. 121 a—c. Fließbilder einiger Kolonnenanordnungen.

a) Einzelkolonne mit Vorabtrennung; b) Doppelkolonnen-Anordnung; c) „Herzschnitt"-Kolonnen-Anordnung.

f) Registriergeräte

Als Registriergeräte für gaschromatographische Trennungen, die mit differentialen Detektoren verfolgt werden, verwendet man fast ausschließlich Kompensationsschreiber mit Meßbereichen zwischen 0 und 10 oder 0 und 1 mV und einer auch für quantitative Analysen ausreichenden Genauigkeit von $\pm 0{,}3\%$ des Vollausschlages. Mit Schnellschreibern können Ansprechzeiten von $< 0{,}5$ sec über die ganze Skala erreicht werden, so daß auch die Registrierung von Chromatogrammen, die mit Kapillar- oder mit Schnelltrennsäulen aufgenommen werden, ohne weiteres möglich ist. Es ist ratsam, mit einem etwas hochgelegten Nullpunkt zu arbeiten, um keine Störungen der Anzeige durch ein schwaches Driften der Nullinie zu negativen Werten zu erhalten. Eine handbetätigte oder automatische Umschaltung des Meßbereiches ist meistens vorgesehen, um die Empfindlichkeit der Anzeige ändern zu können. In Mehrsäulengeräten kann man mit mehreren Schreibern oder mit einem Mehrfachschreiber arbeiten.

Die für die Registrierung von Banden- oder von Peakflächen zu verwendenden Methoden der Flächenintegration wurden im wesentlichen bereits im Abschnitt „Experimentelle Technik der Infrarotspektroskopie" (II.4.f.η in Teil I) behandelt:

a) Mechanische Kopplung des Kompensationsschreibers mit einem Folgepotentiometer, an das eine konstante Spannung gelegt ist; Überführung der dem Anzeigewert proportionalen Spannungen in einen elektronischen Integrator und Aufzeichnung der Integralkurve mit einem zweiten Schreiber oder Integration mit einem Integriermotor, dessen Drehzahl proportional der am Folgepotentiometer auftretenden Spannung ist, und Übertragung der Drehzahlen auf ein Zählwerk, dessen Stand während der Laufzeit der Analyse abgelesen oder ausgedruckt wird.

b) Über einen linearen Verstärker direkter Anschluß eines Integrators an den Detektorausgang; digitale Ausgabe der Peak-Flächenwerte durch ein Druckwerk; eventuell unmittelbare Berechnung von Flächenprozent der einzelnen Peaks oder von Verhältniswerten zu inneren oder äußeren Standards; parallel dazu Aufzeichnung des Chromatogramms[1, 2].

c) Mechanischer Anschluß eines Kugel-Scheiben-(Disc-)Integrators an den Schreiber.

d) Mechanische Integration der Peaks von Hand mit Polarplanimeter oder automatisch mit Kurven-Abtastgeräten.

In vielen Fällen, besonders bei wechselnden Analysenaufgaben, ist es ratsam, nach Verfahren d) zu arbeiten, um vor der endgültigen Auswertung das Chromatogramm in der erzielten Auflösung oder in der Lage des Untergrundes kritisch zu beurteilen und danach die Art der Auswertung festzulegen.

Für die Genauigkeit verschiedener Integrationsmethoden wurden bei der Analyse von Kohlenwasserstoffen folgende Standardabweichungen angegeben: Digitalintegrator 0,4%; Scheibenintegrator 1,3%; Planimeter 4,1%; Auswiegen der ausgeschnittenen Peakfläche 1,7%[3]. Auf Möglichkeiten der Berechnung von Peakflächen wird erst später eingegangen. Band IV des Werkes von KAISER[4] enthält eine sehr ausführliche Übersicht über Integrationsverfahren, auf die im Bedarfsfall zurückgegriffen werden kann.

g) Gaschromatographen

Bei der Bedeutung der Gaschromatographie in der heutigen Analytik ist es nicht verwunderlich, daß eine große Zahl von Firmen Gaschromatographen der verschiedensten Art vom einfachen Einsäulengerät bis zum temperaturprogrammierten Mehrsäulen- und zum präparativen Chromatographen sowie zum Betriebskontroll-Instrument anbietet. Eine Reihe von Lieferfirmen wurde in den vorhergehenden Abschnitten bereits genannt. Dies waren vor allem: Beckman-In-

---

[1] GRÜNBERGER; C. Z. analyt. Chem. 236 (1968) 22.

[2] LITTLEWOOD, A. B.: Z. analyt. Chem. 236 (1968) 38.

[3] a) GILL, J. M., u. F. T. TAO: Chemie-anlagen u. verfahren, (4) (1967) 39. — b) Anon., Bodenseewerk Perkin-Elmer, GC-Tips 33 (1967). — c) BAUMANN, F., u. F. T. TAO: J. Gaschromat. 5 (1967) 621. — d) BROWN, A.: Varian Aerograph, 4, (Febr. 1968). e) IBM 1800, Gaschromatographie, Stuttgart 1968.

[4] Siehe Fußnote 13, S. 796.

struments, München und Fullerton-Kalifornien; Consolidated Electrodynamics Corporation, Frankfurt; F und M Scientific (Vertriebsgruppe Chemie der Hewlett-Packard GmbH.), Karlsruhe und Frankfurt; LKB-Produkter, Stockholm (Colora-Meßtechnik, Lorch); Perkin-Elmer, Überlingen und Norwalk-Connecticut; Varian-Aerograph (früher Wilkens), Darmstadt und Basel.

Zu nennen sind ferner u. a.: Barber Colman, Rochford-Illionis (M. Schmitz, Euskirchen/Köln); Becker, Delft; Carlo Erba, Scientific Instruments, Mailand (H. Benke, Hamburg); Gow Mac Instrument Corp., Madison-New Jersey (W. Seifert, Düsseldorf); Ernst Haage, Mülheim/Ruhr; Hamilton Comp. (G. Schmidt, Hamburg-Großflottbeck); Microtec Instruments Baton Rouge (Techmation, Düsseldorf); W. G. Pye u. Co., Cambridge (Rohde u. Schwarz, Karlsruhe); Siemensu. Halske, Karlsruhe.

Weitere Angaben über Lieferanten von Geräten und Zubehör findet man bei Kienitz[1] und in den Büchern von Kaiser[2, 3]. Auf Einzelheiten verschiedener Typen kann bei der außerordentlich hohen Zahl der angebotenen Geräte und bei dem raschen Wechsel der Baumuster nicht eingegangen werden. Hier sei nur noch auf einige Arbeiten hingewiesen, in denen die Thermokreislauf-Gaschromatographie („Chromathermographie")[4, 5] und ihre Weiterentwicklung, die Reversions-Gaschromatographie[6], als wahrscheinlich zunehmende Bedeutung gewinnende Spezialverfahren behandelt werden.

3. Auswerttechnik

a) Qualitative Analyse

Die einzelnen Komponenten eines zu analysierenden Gemisches können grundsätzlich auf zwei Wegen identifiziert werden:

a) Durch Analyse der getrennten Stoffe mit anderen Methoden, z. B. mit Hilfe der IR-Spektroskopie[7] oder der Massenspektrometrie (Abschn. V.2.d.ε.)

b) Durch Bestimmung der (relativen) Retentionsvolumina, die aus Eich- oder Vergleichsmessungen unter genau eingehaltenen Versuchsbedingungen ermittelt, aus den für Glieder homologer Reihen aufgestellten Regeln (Abschn. V.1.b, Gl. 65)[8] durch Inter- oder durch Extrapolation abgeschätzt oder Sammlungen von Retentionsdaten entnommen werden.

Die Messung mit einer Säule gibt dabei keine genügende Sicherheit für die nähere Bestimmung, weil die Retentionswerte von Substanzen verschiedener Stoffgruppen gleich sein können. In einem Gemisch von i Komponenten ist eine Zuordnung nur dann mit großer Wahrscheinlichkeit gesichert, wenn nach Trennungen unter n verschiedenen Arbeitsbedingungen $n \cdot i$ ermittelte Werte widerspruchsfrei mit der gleichen Zahl von Vergleichswerten übereinstimmen. Dabei ist es ratsam, auch die stationären Phasen zu wechseln.

---

[1] Siehe Fußnote 10, S. 808.   [2] Siehe Fußnote 1, S. 790.   [3] Siehe Fußnote 1, S. 793.
[4] Pauschmann, H.: Z. analyt. Chem. 236 (1968) 159.
[5] Sschuchowizkij, A. A., u. N. M. Turkeltaub: Gaschromatographie (russ.) Gostoptechisdat, Moskau 1962; Fortschritte und Ergebnisse der Gaschromatographie, ebda. 1961; Gaschromatographie (Arbeiten der II. All-Union-Konferenz), Nauka, Moskau 1964.
[6] Kaiser, R.: Z. analyt. Chem. 236 (1968) 168; Chromatographia 1 (1968) 199.
[7] Siehe Fußnote 7a, S. 809.
[8] Walraven, J. J., A. W. Ladon u. A. I. M. Keulemans: Chromatographia, 1 (1968) 195.

b) Quantitative Analyse

Die Vielzahl der Auswertverfahren für quantitative Analysen und der für ihre sinnvolle Anwendung aufgeworfenen Probleme wird dadurch am besten gekennzeichnet, daß KAISER diesem Themenkreis ein ganzes Buch[1] gewidmet hat, das u. a. zur Ergänzung der nachfolgenden kurzen Ausführungen hinzugezogen werden kann.

In Abschn. V.2.f wurden bereits Möglichkeiten zur Planimetrierung von Peakflächen für quantitative Analysen behandelt. Neben den direkt gemessenen können auch die aus Höhe mal Halbwertsbreite berechneten Flächen oder die Höhen der Peaks als Maß für die Mengen der verschiedenen Komponenten herangezogen werden. Die Höhen von Peaks, welche die Form von Gaußkurven haben, sind ihren Flächen proportional, so daß diese Auswertungsart berechtigt ist, solange die Idealform annähernd gewahrt ist. Da dies oft nicht zutrifft und da die Peakhöhe im Unterschied zur Fläche stark von der Temperatur und der Strömung in der Säule sowie von ihrer Trennstufenzahl abhängt, berechnet man die Fläche z. T. auch aus Höhe mal Halbwertsbreite. Bei schmalen Banden kann jedoch die Halbwertsbreite kaum besser als auf $\pm 5\%$ genau gemessen werden. Bei der Suche nach weiteren Maßzahlen zeigte es sich, daß man bei Routineanalysen auch mit dem Produkt Höhe mal Gesamtretentionszeit, das den Peakflächen annähernd proportional ist, arbeiten kann. Auf diesem Wege sind Schwierigkeiten der Bestimmung von Halbwertsbreiten zu umgehen.

Die Konzentration c_i einer Substanz i in einem Gemisch G wird aus der Meßgröße M_i mit einer Umrechnungsfunktion Φ_i nach folgender Beziehung bestimmt:

$$c_i = \frac{M_i \Phi_i}{G} \tag{87}$$

M_i ist dabei entsprechend obigen Ausführungen die Peakfläche, eine ihr proportionale Größe oder die Peakhöhe. Mit den Umrechnungsfunktionen Φ_i werden die Werte von M_i dimensionsrichtig in Massen oder Volumina umgerechnet, je nachdem, in welcher Dimension G gegeben ist.

Wenn M_i durch die Fläche erfaßt wird, ist Φ_i im allgemeinen eine Konstante, der sogenannte Flächenfaktor φ_i, der angibt, wieviel Flächeneinheiten der Mengeneinheit von i entsprechen. φ_i wird im wesentlichen durch die physikalisch-chemischen Eigenschaften der Substanzen, die im Detektor ermittelt werden, beeinflußt; er ist also eine substanz- oder detektorspezifische Größe, die z. T. auch von den Arbeitsbedingungen und von der Konzentration, d. h. von dem Mengenverhältnis Substanz zu Trägergas, abhängt. Bei den einzelnen Auswerteverfahren ergibt sich c_i (%)

a) bei direkter Flächenbestimmung (F_i):

$$c_i = \frac{F_i \varphi_i}{G} \cdot 100 = \frac{F_i \varphi_{ci}}{G} \cdot 100 \tag{88a}$$

mit φ_{ci} Flächenfaktor bei Konzentrationseinfluß;

b) bei Ermittlung aus Höhe (h) mal Halbwertsbreite $(b_{1/2})$:

$$c_i = \frac{h_i b_{i1/2} f}{G} \cdot 100 \tag{88b}$$

mit f spezifischer Umrechnungsfaktor;

c) bei Bestimmung aus Höhe mal Gesamtretentionszeit (t_{dr}):

$$c_i = \frac{h t_{dr} f}{G} \cdot 100 \tag{88c}$$

Absolutbestimmungen von c_i sind nur dann unmittelbar möglich, wenn die Probemenge G genau gemessen werden kann. Dies ist bei Gasen durch zweckentsprechende Probengeber (Abschn. V.2.a.α) in den meisten Fällen mit einer Reproduzierbarkeit des dosierten Volumens

---

[1] Siehe Fußnote 13, S. 796.

von einigen Zehntel Prozenten (relativ) möglich, macht aber bei Flüssigkeiten mit geringerer Reproduzierbarkeit der Dosierung (Abschn. V.2.a.β) Schwierigkeiten[1].

Bei Zugabe einer bestimmten Menge einer Bezugssubstanz (innerer Standard, siehe unter Molekülspektroskopie (Abschn. II.6.b.γ_3 in Teil I) kann man die Meßgröße jeder Komponente auf die Meßgröße M_s des inneren Standards S beziehen und dadurch c_i (%) bestimmen. Dabei ist allerdings das Verhältnis der Meßgrößen, z. B. F_i/F_s, nicht unmittelbar gleich c_i/c_s. Man muß vielmehr mit Vergleichsmischungen von i und s bekannter Zusammensetzung das „spezifische Flächenverhältnis" f_{is}, d. h. allgemein einen Umrechnungsfaktor für das gewählte Auswertverfahren bestimmen:

$$f_{is} = \frac{F_i\, c_s}{F_s\, c_i}.$$

(89)

In der Analysenprobe ergibt dich dann c_i einer Komponente zu:

$$c_i = \frac{F_i\, c_s}{f_{is}\, F_s (100 - c_s)} \cdot 100.$$

(90)

Es sollte geprüft werden, ob und in welchem Konzentrationsbereich f_{is} konzentrationsunabhängig ist. Wenn alle Komponenten erfaßt werden, muß die Summe der Einzelwerte im Idealfall 100% ergeben: in Wirklichkeit werden Abweichungen von ± 2 bis $\pm 3\%$ nicht unterschritten werden können. Ein Gerät für die vollautomatische Analyse mit innerem Standard beschrieben GEISS und GLANTIN[2].

Eine gute Genauigkeit läßt sich vor allem für Routineanalysen, bei denen sich der erhebliche Aufwand für die Vorarbeit lohnt, dadurch erreichen, daß man mit einer größeren Zahl von Testmischungen Eichkurven für die Meßwert-Verhältnisse M_i/M_s aufstellt.

Kleine Substanzmengen können nach der Zumischmethode bestimmt werden, bei der Chromatogramme des ursprünglich gegebenen Gemisches und einer Probe, der eine kleine Menge Δc_i der gesuchten Substanz zugemischt wurde, aufgenommen werden. Aus der Zunahme der gewählten Meßgröße M_i ergibt sich die zu findende Konzentration:

$$c_i = \frac{M_i\, \Delta c_i}{M_i(100 - \Delta c_i)} \cdot 100$$

(91)

Allgemein gültige Angaben über die Nachweisgrenzen der gaschromatographischen Analyse lassen sich nicht machen. Mit Wärme-Leitfähigkeits-Detektoren können in den meisten Fällen ohne weiteres $10^{-2}\%$ und unter günstigen Bedingungen einige ppm nachgewiesen werden; mit Flammen-Ionisations-Detektoren kommt man in den Bereich von 1 ppm.

Bei spektroskopischen Methoden ergeben sich bei quantitativen Analysen Schwierigkeiten, wenn Peaks ausgewertet werden müssen, die sich überlagern. MUNNIK und FABRIE[3] haben sich mit diesem Problem eingehend beschäftigt und gezeigt, daß bei einer teilweisen Überlagerung besser mit der Höhe als mit der Fläche eines Peaks gearbeitet wird und daß die Messung der Höhe über der Basislinie des Chromatogramms zu besseren Ergebnissen führt als ihre Messung über einer Trennlinie zwischen den Peaks, mit der der Verlauf der Peakschleppe annähernd erfaßt werden soll.

Über die Suche von Fehlern, die Analysenergebnisse systematisch oder zufällig verfälschen, hat KAISER[4] eingehend berichtet. Die wesentlichsten Fehlermöglichkeiten der vorstehend genannten Analysenverfahren hat DEANS[5] kritisch behandelt. Aus Besonderheiten in dem Verlauf von Chromatogrammen kann in vielen Fällen auf Fehlerquellen in der Apparatur geschlossen werden. McNAIR und BONELLI[6] haben Hinweise gegeben, wie man auf diesem Wege störende Fehler erkennen kann. Der bereits zitierte Bericht von PRIMAVESI u. a.[7] ist in den Kapiteln „Auswertung der Chromatogramme", „Eichung" und „Berechnung" sowie im Anhang eine ausgezeichnete Anleitung für die Analysenpraxis. Unter dem Gesichtspunkt einer Automation der Analytik im Labor und im Betrieb der Mineralölindustrie stellten KIENITZ und KAISER[8] eine Reihe der angeschnittenen Fragen in den größeren Rahmen der industriellen Anwendung moderner Analysenverfahren.

[1] PITT, P.; Chromatographia, 1 (1968) 254.

[2] GEISS, G., u. G. GLANTIN: Chromatographia 1 (1958) 193.

[3] MUNNIK, J., u. C. C. FABRIE: Z. analyt. Chem. 236 (1968) 51.

[4] Siehe Fußnote 13, S. 796.

[5] DEANS, R. D.: Chromatographia, 1 (1968) 187.

[6] McNAIR, M., u. E. J. BONELLI: Chromatographia, 1 (1968) 71, 173.

[7] Siehe Fußnote 7, S. 797.

[8] KIENITZ, H., u. R. KAISER: Z. analyt. Chem. 222 (1966) 119; Erdöl und Kohle 20 (1967) 209.

4. Anwendung der Gaschromatographie

KEMMNER u. a.[1] haben unter Heranziehung von Literatur bis 1962 eine ausführliche Übersicht über die Gaschromatographie in der Mineralöl-Analytik zusammengestellt. Spätere Ausführungen von BAUMANN[2a] und von FORD[2b] sowie ein Sammelbericht von POWELL[3] beziehen sich z. T. auf dasselbe Thema. Auch DÖRING und KIENITZ-DÖRFNER[4] sowie KIENITZ und KAISER[5] wählten einen Teil ihrer Beispiele für die Anwendung und Auswertung (Datenerfassung) der Gaschromatographie aus dem Gebiet der Erdölanalyse. Aus der russischen Literatur seien in diesem Zusammenhang Bücher von DEMENTIEWA[6], NATIVATSCH-DAL[7] und aus der slowakischen ein Buch von SINGLIAR[8] erwähnt. Allgemeine Angaben über Arbeitsbedingungen (Material der stationären Phase, Säulenlänge, Trägergas-Strömungsgeschwindigkeit, Arbeitstemperatur) sind in einem „Atlas zur gaschromatographischen Analyse"[9] zusammengefaßt. Für einzelne Erdölprodukte seien folgende Hinweise gegeben.

a) Gase und Dämpfe

Eine größere Zahl von Bestimmungsmethoden gasförmiger Erdölprodukte wurde bereits in die Normen verschiedener Länder aufgenommen. Zu nennen sind:

DIN 51619: Flüssiggas,
IP 169/61: Raffineriegas, IP 184/66: C_2- bis C_5-Paraffine im Rohöl,
ASTM D 1717-65: Butan-Butylen, ASTM D 1945-64: Erdgas, ASTM D 1946-67: Umwandlungsgas, ASTM D 2163-66: Flüssiggas, ASTM D 2427-65T: C_2- bis C_5-Kohlenwasserstoffe in Benzin, ASTM D 2504-67: Inertgase in $\leq C_3$, ASTM D 2505-67: Äthylen-Verunreinigung, ASTM D 2593-67 T: Butadien-Verunreinigung, ASTM D 2597-67 T: Naturgase, ASTM Proposed Method: Isopren-Verunreinigung, ASTM Proposed Method: Propylen-Verunreinigung.

Zu einer Erweiterung der Analysenmöglichkeiten von Erdgasen führt die Verwendung einer Zweikanal-Serien-Parallel-Schaltung der Trennsäulen[10], bei der CH_4, $O_2 + N_2$, CO_2 und C_2H_6 in einer 2-m-Silicagel-Säule mit Thermistor-Detektor und die restlichen Kohlenwasserstoffe in einer 6 m-Säule mit Di-(2-methoxyäthyl-)adipinat + Di-(2-äthylhexyl-)sebacinat auf Chromosorb getrennt werden.

In zunehmendem Maße spielt die gaschromatographische Spurenanalyse[11,12] bis herab zu 1 ppb bei Emissions- und Immissionsmessungen belästigender oder

---

[1] KEMMNER, G., B. KOLB u. H. PAUSCHMANN: Instrumentation, Arbeitstechnik und Anwendung der Gaschromatographie in der Mineralöl-Analytik, Angew. Gaschromatographie, Bodenseewerk Perkin-Elmer, Überlingen 1963.

[2] a) BAUMANN, F.: Petroleum Peaks, Varian Aerograph, Darmstadt 1966/67. — b) FORD, D. C. in Developments in Applied Spectroscopy, Vol. 6, New York: Plenum Press 1968, S. 373.

[3] POWELL, H.: Seventh World Petroleum Congress, Mexcio, Proceedings IX, 55 (1967), Elsevier, Barking-Essex.

[4] Siehe Fußnote 10, S. 808.

[5] KIENITZ, H., u. R. KAISER: Z. analyt. Chem. 237 (1968) 241.

[6] DEMENTIEWA, M. I.: Analyse der Kohlenwasserstoffgase (russ.), Gostoptechisdat, Moskau 1959.

[7] NATIVATSCH, V. M., u. V. I. DAL: Gaschromatographie von Kokereiprodukten, (russ.), Technika, Kiew 1967.

[8] SINGLIAR, M.: Gaschromatographie in der Praxis, Slovak. vydavatelstvo technickej literatury, Bratislava 1961.

[9] F. u. M. SCIENTIFIC: Atlas of Gas Analysis by Gas Chromatography, Report 1006, Avondale-Penn. 1966.

[10] KOLB, B., u. E. WIEDEKING: Chromatographia 1 (1968) 98.

[11] JANAK, J.: GC-Tips 32, Bodenseewerk Perkin-Elmer, Überlingen, März 1967.

[12] a) MAY, J.: Staub 26 (1966) 385. — b) HAUCK, G.: Dtsch. Z. ges. Gerichtl. Med. 59 (1967) 300.

schädlicher Luftverunreinigungen und ihrer Folgeprodukte eine Rolle[1,2]. Eine große Zahl von Arbeiten zu diesem Thema erscheint fortlaufend im Journal of the Air Pollution Control Association oder in Atmospheric Environment. Eindrucksvolle Beispiele der Leistungsfähigkeit der Methode auf diesem Gebiet gaben SEITZINGER[3] für Automobilabgase und GREENLEAF-MIKKELSEN[4] für Blowby-Dämpfe im Kurbelgehäuse.

b) Rohöle

Ein Musterbeispiel für die Vorteile eines Arbeitens mit Temperaturprogramm ist die Analyse von Rohölen mit ihrem weiten Siedebereich. MARTIN und Mitarbeiter[5] berichteten über die Analyse der gesättigten Kohlenwasserstoffe bis C_7 und der Alkylbenzole bis C_{10} mit Kapillarkolonnen (150 m: 1-Octadecen bzw. 250 m: Carbowachs 400) sowie der n-Paraffine bis C_{35} und gesättigter Isopren-Abkömmlinge im Bereich $C_{19}-C_{20}$ mit temperaturprogrammierten, gepackten Kolonnen (Silicongummi auf Chromosorb).

c) Benzinfraktionen

Verständlicherweise liegt das meiste Material zur Analyse von Benzinfraktionen vor[6]. Für diesen Siedebereich gelten vorerst folgende Normen:

DIN-Entwurf 51405[7]:   Mineralöl-Kohlenwasserstoffe, Lösungsmittel für Anstrichstoffe,
ASTM D 2267-67 T: Aromaten in leichten Dieselölen, Reformaten und Gasolinen,
ASTM D 2268-66:   Reinheitsprüfung von n-Heptan und i-Octan,
ASTM D 2426-65 T: Dimeres Butadiën und Styrol in Butadiën-Konzentraten,
ASTM D 2306-67
u. IP   214-66:   Xylol-Isomere
ASTM D 2360-66 T: Nichtaromatische Kohlenwasserstoffe in Einring-Aromaten
ASTM D 2600-67 T: Aromatenspuren in leichten, gesättigten Kohlenwasserstoffen.

Eine sehr eingehende Beschreibung der gaschromatographischen Analyse von Vergaserkraftstoffen mit temperaturprogrammierten Kapillarsäulen (Polypropylenglycol und Siliconöl DC 550) in doppelstufiger Anordnung gaben BEHLING und Mitarbeiter[8]. Während HUBER und KEULEMANS[9] Möglichkeiten und Grenzen der Identifizierung von Komponenten komplexer Gemische bei der isothermen Trennung mit Hilfe von Verteilungskoeffizienten untersuchten, bestimmten LOEWENGUTH und TOURRES[10] die reihenspezifische Temperaturabhängigkeit der Retentionsindices von Gliedern homologer Reihen, z. B. von verzweigten Paraffinen, von Olefinen, Diolefinen, Cycloolefinen und Cyclodiolefinen und benutzten die gefundenen Werte zur Gruppenanalyse von Spaltbenzinen, deren Ergebnisse sie mit den nach der FIA-Methode und massenspektrometrisch gewonnenen verglichen.

Die gaschromatographische Bestimmung der Bleialkyle mit Elektronen-Einfang-Detektoren (^{3}H und ^{63}Ni)[11,12] hat Nachweisgrenzen von 2 ng für TML/TEL und

---

[1] LEITHE, W.: Die Analyse der Luft und ihrer Verunreinigungen, Wissenschaftl. Verl. Ges., Stuttgart 1968, S. 79ff.

[2] Siehe Fußnote 1 in Teil I, S. 264.

[3] SEITZINGER, D. E.: Perkin-Elmer, Norwalk, Instrum. News. 18, (1) (1967) 11.

[4] GREENLEAF, C., u. L. MIKKELSEN: Hewlett-Packard, Facts and Methods, 8, (4)(1967) 2.

[5] MARTIN, R. L., J. C. WINTERS u. J. A. Williams: Sixth World Petroleum Congress, Frankfurt, Section V, 231 (1963); Analyt. Chem. 35 (1963) 1930.

[6] FINKE, M., u. W. LEIPNITZ: Moderne Methoden der Erdölanalyse, Akademie-Verl. Berlin 1964, S. 85ff.

[7] Siehe Fußnote 8, S. 780.

[8] BEHLING, R. D., E. MONTER u. H. J. KUHN, Brennstoff-Chem. 47 (1966) 360.

[9] HUBER, J. K. F., u. A. I. M. KEULEMANS: Z. analyt. Chem. 205 (1964) 263.

[10] LOEWENGUTH, J. C., u. D. A. TOURRES: Z. analyt. Chem. 236 (1968). 170.

[11] HENNEBERG, D., u. G. SCHOMBURG: Z. analyt. Chem. 215 (1966) 424.

[12] JENTZSCH, D., G. OESTERHELT u. G. SCHMIDT: Arbeiten mit Temperaturprogramm, Bodenseewerk Perkin-Elmer, Angewandte Gaschromatographie, Überlingen 1963; Th. C. Hoering, Perkin-Elmer News, Norwalk 17 (3) (1967) 1.

für TEL allein, entsprechend 0,002 g Bleialkyl pro Liter Kraftstoff. Die mittleren Fehler der Einzelmessung liegen bei 1% (TML) bis 2,5% (TEL). HENNE-BERG und SCHOMBURG[1] verwendeten zur spezifischen Analyse von Bleialkylen in Kraftstoffen ein Massenspektrometer als Detektor.

d) Gasöl und höher siedende Produkte

Wie bereits in der früher gegebenen Übersicht über physikalisch-chemische Analysenverfahren (Abschn. I, Abb. 2) ausgeführt wurde, werden die Möglichkeiten zu einer umfassenden gaschromatographischen Analyse von Mineralölfraktionen mit steigendem Molekulargewicht geringer. Erst nach Vorschaltung wirksamer Trennprozesse sind von den anfallenden Gruppen, z. B. den Paraffinen, Aromaten, Schwefel-, Stickstoff- oder Sauerstoff-Verbindungen, wieder Analysen mit befriedigendem Aussagegehalt durchzuführen.

Ein viel behandeltes Anwendungsbeispiel ist die Trennung von Paraffinen bis etwa C_{40} mit temperaturprogrammierten, gepackten Säulen, deren stationäre Phasen relativ geringe Mengen temperaturbeständiger Trennflüssigkeiten (Silicongummi, Apiezonfett, Polyphenyläther) enthalten[2,3].

Bei Aromatenanalysen hat man sich in besonderem Maße einerseits der Teeranalyse[4,5] und andererseits der Analysen von (cancerogenen) Polycyclen zugewandt[6,7]. Auch hier wurden temperaturprogrammierte (190 bis 300 °C) Doppelsäulengeräte mit FID oder zur Erhöhung der Empfindlichkeit mit ^{63}Ni-Elektronen-Einfang-Detektor[8] eingesetzt. Methodisch interessant ist eine Arbeit über die Trennung von Polyphenylgemischen in gepackten Säulen mit 1% Benton-34 (organische Kationen enthaltender Montmorillonit) und 10% Siliconfett auf Celit (Arbeitstemperatur bis 250 °C) sowie mit Caesiumchlorid auf Celit (Arbeitstemperatur bis 500 °C)[9].

In einem temperaturprogrammierten Gaschromatographen mit einem speziell auf Schwefel ansprechenden mikrocoulometrischen Detektor bestimmten MARTIN und GRANT[10] die Verteilung von Schwefelverbindungen in Erdölfraktionen mit Siedetemperaturen bis 250 °C. Ein gutes Beispiel für das Ineinandergreifen verschiedener physikalisch-chemischer Analysenmethoden (Gaschromatographie, IR-Spektroskopie, Magnetische Kernresonanz, Massenspektrometrie) gibt eine Arbeit von BOCK und BEHRENDS[11] über die chemische Zusammensetzung von „Naphthensäuren". Gearbeitet wurde mit gepackten Säulen, vor allem mit Di-(2-äthylhexyl-)sebacinat als Trennflüssigkeit, und WLD bei 160 bis 220 °C sowie mit Kapillarsäulen (Polyphenyläther, Apiezon L) und FID bei 100 °C.

Ein kurzer Hinweis sei abschließend auf Einsatzmöglichkeiten der Gaschromatographie bei der Bestimmung von organischen Wasserverunreinigungen (Phenolen) gegeben[12].

[1] Siehe Fußnote 9, S. 817.

[2] Siehe Fußnote 10, S. 817.

[3] WOLRAB, V.: Chemistry + Industry 40 (1962) 1762.

[4] a) SONNTAG, F.: Brennstoff-Chem. 42 (1961) 129. — b) PICHLER H., P. HENNBERGER u. G. SCHWARZ; Ebda. 49 (1968) 175; Fußnote 3 c, S. 787.

[5] BOYER, A. F., u. P. PAYEN: Chim. Anal. 44 (1962) 107.

[6] LIJINSKY, W., I. DOMSKY u. J. WARD: J. Gas Chromatogr. 3 (1965) 152.

[7] CHAKRABORTY, B. B., u. R. LONG: Environmental Sci. Technol. 1 (1967) 828.

[8] WISNIEWSKI, J. V., u. L. MIKKELSEN: Hewlett-Packard, Facts and Methods 8 (3) (1967) 6.

[9] VERSINO, B., F. GEISS u. G. BARBERO: Z. analyt. Chem. 201 (1964) 20.

[10] MARTIN, R. L., u. J. A. GRANT: Analyt. Chem. 37 (1965) 644, 649.

[11] BOCK, R., u. K. BEHRENDS: Z. analyt. Chem. 208 (1965) 338.

[12] NAUCKE, W., u. F. TARKMANN: Brennstoff-Chem. 45 (1964) 263.

e) Pyrolyse

In Abschn. V.a.2.γ wurde bereits die Möglichkeit behandelt, hochmolekulare Substanzen zu ihrer Charakterisierung vor dem Einlaßteil schockartig thermisch zu zersetzen und die Zersetzungsprodukte rasch in den Trägergasstrom zu überführen. Dieses Verfahren, über dessen derzeitigen Stand und Anwendung auf Hochpolymere NOFFZ, BENZ und PFAB[1] auf Bitumina KNOTNERUS[2] sowie auf Steinkohlenteer-Harze SONNTAG[3] berichteten, kann auch zur Verfolgung der Spaltreaktionen von Kohlenwasserstoffen angewandt werden. Als Beispiele sind Arbeiten über die Pyrolyse von Naphthenen und Aromaten zu nennen[4,5].

f) Simulation von Siedeanalysen[6]

Die zur Kennzeichnung des Siedeverhaltens von Kohlenwasserstoffen zu messenden Siedekurven können mit geringen Substanzmengen und in kurzer Zeit auch gaschromatographisch ermittelt werden. Dafür müssen Chromatogramme von Substanzen mit bekannten Dampfdruckkurven, z. B. von Paraffinen, und von den Analysenproben an apolaren Säulen aufgenommen werden. Aus den Chromatogrammen der Vergleichssubstanzen kann eine Eichkurve für den Zusammenhang zwischen Retentionszeiten und Siedetemperaturen unter den vorliegenden Arbeitsbedingungen aufgestellt werden. Ihr werden dann zur Auswertung des Chromatogramms der Probe die den gefundenen Retentionszeiten entsprechenden Siedetemperaturen entnommen. Wenn die Peaks vollkommen aufgelöst sind, ergibt sich ein stufenförmiger Verlauf der Siedekurve, in der jede Stufe durch die dem Peakmaximum zuzuordnende Temperatur und die der Peakfläche entsprechende Substanzmenge festgelegt ist. Wenn sich jedoch mehrere Peaks überlagern, wie es bei Kraftstoffen oft der Fall ist, kann man den Verlauf der Siedekurve durch stufenweise Integration der Chromatogramme und Auftragung der Flächenwerte über den zuzuordnenden Temperaturen festlegen.

g) Bestimmung von thermodynamischen Größen[7]

Mit Hilfe der Gl. (57), (61) und (63) können aus Messungen der Retentionswerte einer Substanz an einer stationären Phase die Verteilungs- und die Fugazitätskoeffizienten der eingesetzten Substanz bestimmt werden. Bei KAISER findet man Angaben über Arbeiten, in denen über die Auswertung von Meßergebnissen und über die ermittelten Größen berichtet wird.

VI. Magnetische Kernresonanz

1. Grundlagen

a) Absorptionsvorgang

Das Verfahren (engl.: Nuclear Magnetic Resonance: NMR), dessen experimentelle Entwicklung ab 1945 von zwei unabhängig voneinander arbeitenden Forschergruppen[8,9] in Angriff genommen wurde, beruht auf der Tatsache, daß die Energie von Atomkernen, die einen Drehimpuls und damit verbunden ein magnetisches Moment besitzen, in einem äußeren Magnetfeld in zwei oder mehr Niveaus auf-

[1] NOFFZ, D., W. BENZ u. W. PFAB; Z. analyt. Chem. 228 (1967) 188; 235 (1968) 121.
[2] KNOTNERUS, I. Ind. Engng. Chem. Prod. Res. Develop. 6 (1967) 43.
[3] SONNTAG, F.: Brennstoff-Chem. 47 (1966) 264.
[4] VIEWEG, H. G.: Chem. Techn. 14 (1962) 196.
[5] PRICE, S. J.: Can. J. Chem. 40 (1962) 1310.
[6] SCHOLL. F.: Bosch Techn. Ber. 1 (1966) 288.
[7] KOBAYASHI, R., P. S. CHAPPELEAR u. H. A. DEANS; Ind. Engng. Chem. 59 (1967) 63.
[8] PURCELL, E. M., H. C. TORREY u. R. V. POUND: Physic. Rev. 69 (1946) 37.
[9] BLOCH, F., W. W. HANSEN u. M. PACKARD: Physic. Rev. 69 (1946) 127.

tritt. Magnetische Momente haben Kerne mit ungerader Massenzahl, deren Spinquantenzahlen I ein ungerades Vielfaches von 1/2 sind, z. B. ^{1}H, ^{13}C, ^{15}N, ^{17}O, ^{19}F, ^{31}P und Kerne mit gerader Massenzahl aber ungerader Ordnungszahl, bei denen I eine ganze Zahl ist, z. B. ^{2}H, ^{10}B, ^{14}N. Kerne mit geraden Massen- und Ordnungszahlen (I = 0) haben dagegen kein magnetisches Moment, z. B. ^{12}C, ^{16}O, ^{32}S; sie sind deswegen durch kernmagnetische Resonanz nicht erfaßbar. Aus verschiedenen Gründen werden bei organischen Verbindungen im wesentlichen an ^{1}H,

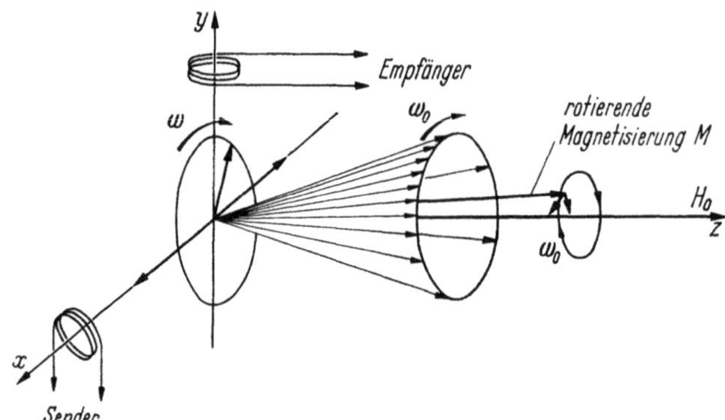

Abb. 122. Schema des magnetischen Kernresonanzeffektes.

^{19}F und ^{31}P kernmagnetische Messungen gemacht. Hier wollen wir uns auf ^{1}H beschränken. ^{1}H hat die Spinquantenzahl $I = 1/2$, so daß sich zwei Einstellmöglichkeiten im Magnetfeld ergeben[1]. Makroskopisch kann der H-Kern als magnetischer Dipol mit dem Dipolmoment μ angesehen werden. Wenn er in ein magnetisches Feld H_0 mit der Richtung z gebracht wird (Abb. 122), kann er sich in Feldrichtung (parallel) oder gegen die Feldrichtung (antiparallel) ausrichten. Der erste Zustand ist stabil mit geringer Energie, der zweite instabil mit hoher Energie. Die Energiedifferenz $\Delta E = h\nu$ (Plancksches Wirkungsquantum × Strahlungsfrequenz) zwischen den beiden Zuständen ist proportional H_0 und μ:

$$\Delta E = 2\mu H_0 = h\nu_0 = \frac{h\omega_0}{2\pi}. \tag{92}$$

Um zu verstehen, wie die elektromagnetische Energie vom Kern zum Übergang in den höheren Energiezustand aufgenommen wird, muß man sich das Verhalten eines kleinen Magneten in einem äußeren Magnetfeld vergegenwärtigen. Seine Achse macht um die Achse z des Feldes H_0 eine Präzessionsbewegung, die der eines Kreisels in einem Schwerefeld entspricht. Die Winkelgeschwindigkeit der Präzession ist nach Gl. (92):

$$\omega_0 = 2\pi\,\nu_0 = \frac{4\pi}{h}\,\mu\,H_0 = \gamma\,H_0 \tag{93}$$

mit dem magnetogyrischen Verhältnis:

$$\gamma = \frac{4\pi\,\mu}{h} = \frac{2\pi\,\mu}{h\,I}, \tag{94}$$

das für einen gegebenen Atomkern, hier ^{1}H mit $I = 1/2$, eine Konstante ist. Wenn der Dipol einem Wechselfeld mit einer der Resonanz- oder Lamorfrequenz

---

[1] FINKELNBURG, W.: Einführung in die Atomphysik, 11. u. 12. Aufl. Berlin/Heidelberg/New York: Springer 1967.

$\nu_0 = \omega_0/2\pi$ entsprechenden Frequenz ausgesetzt wird, kann er aus dem Wechselfeld Energie aufnehmen und aus dem unteren Energieniveau in das obere übergehen. Die Höhe der Resonanzfrequenz ν_0, bei der ein derartiger Übergang stattfinden kann, ist von H_0 abhängig. Bei ^{1}H-Kernen mit $\gamma = 26,6 \cdot 10^3$ (sec^{-1} Gauß$^{-1}$) gelten für H_0 (10^3 Gauß) und ν_0 (10^6 Hertz) folgende Werte:

$$H_0 = 3,4 \to \nu_0 = 40; \quad H_0 = 14,1 \to \nu_0 = 60; \quad H_0 = 23,5 \to \nu_0 = 100.$$

Betrachtet man ein Kollektiv von Dipolen, so entsprechen die Besetzungszahlen N des unteren (0) und des oberen (1) Niveaus der Boltzmann-Statistik:

$$N_0 \sim e^{\mu H_0/kT}; \quad N_1 \sim e^{-\mu H_0/kT}. \tag{95}$$

Für das Verhältnis der Besetzungszahlen gilt:

$$\frac{N_1}{N_0} = e^{-2\mu H_0/kT} \approx 1 - \frac{2\mu H_0}{kT}. \tag{96}$$

Hieraus ergibt sich als relativer Überschuß im unteren Energieniveau:

$$\frac{N_0 - N_1}{N_0} \approx \frac{2\mu H_0}{kT}. \tag{97}$$

Bei Zimmertemperatur liegt selbst mit den höchsten im Laboratorium erreichbaren magnetischen Feldstärken der aus Gl. (97) folgende Zahlenwert in der Größenordnung von 10^{-5}. Die beiden Energieniveaus sind also fast gleich stark besetzt. Alle Meßwerte der magnetischen Kernresonanz entsprechen dem kleinen, durch Gl. (97) festgelegten Unterschied der Besetzung, der H_0 proportional ist. Um hinreichende Signalstärken zu erhalten, wird also mit möglichst großem H_0 gearbeitet. In diesem Feld stellt sich infolge der thermischen Bewegung nur ein kleiner, aber für die Messung ausreichender Teil parallel oder antiparallel zur Feldrichtung z ein (Abb. 122). Die Sendespule eines Hochfrequenzgenerators ist so gegen z ausgerichtet, daß das periodische magnetische Feld ihrer elektromagnetischen Strahlung in x-Richtung senkrecht zu z eingestrahlt wird. Dieses Feld H_1 kann in zwei gegensinnig in der x-y-Ebene rotierende Magnetfelder zerlegt werden, von denen eines denselben Drehsinn wie der um z präzedierende Kern hat, während das andere gegenläufig ist und keinen Einfluß auf den Kern ausübt. Solange ω des Feldes H_1 und ω_0 des Kerns verschieden voneinander sind, beeinflußt H_1 die präzedierenden Kerne nicht. Wenn aber bei konstantem H_0 die Wechselfrequenz verändert wird, ändert sich auch ω von H_1, bis im Resonanzfall $\omega = \omega_0$ wird. Dabei bewirkt H_1 unter Energieabsorption eine bevorzugte Orientierung der Kernmomente in seine Richtung und eine Änderung des Winkels der magnetischen Kernmomente gegen z. Es ergibt sich eine in der x-y-Ebene rotierende Komponente der makroskopischen Magnetisierung M. Das dadurch in der y-Richtung erzeugte, mit ω_0 periodisch wechselnde magnetische Moment induiert in der Empfängerspule eine Wechselspannung, die als Resonanzsignal registriert wird. Da die Induktionswirkung durch die Winkeländerung der magnetischen Kernmomente bedingt ist, nannte BLOCH dieses von ihm entwickelte Meßverfahren Kerninduktions-Methode. Ein Schema der Gesamtapparatur zeigt Abb. 123. Bei der praktischen Anwendung dieses Meßprinzips wird, abweichend von der gegebenen grundsätzlichen Erläuterung, die Frequenz von H_1 konstant gehalten und H_0 in einem engen Bereich verändert, weil auf diese Weise konstantere Meßbedingungen zu erreichen sind. Später näher zu behandelnde Beispiele aufgenommener Kernresonanzspektren sind in Abb. 124 wiedergegeben.

Die von PURCELL benutzte Einspulenanordnung, mit der die bei Resonanz zwischen H_1-Feld und Lamorfrequenz aus dem Hochfrequenzfeld absorbierte Energie gemessen wird, soll hier nicht näher beschrieben werden.

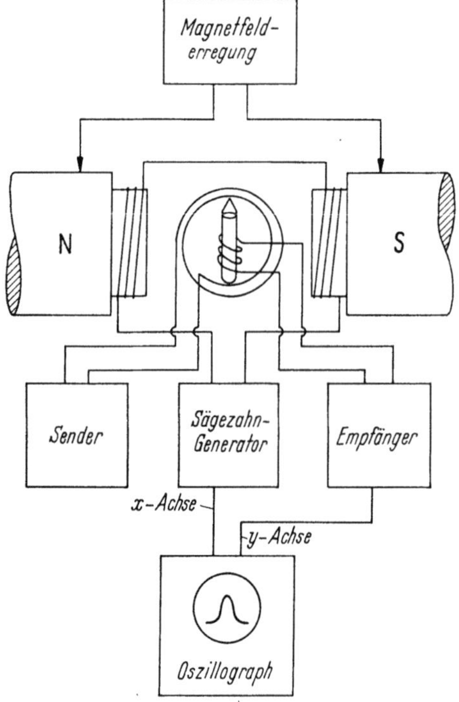

Abb. 123. Schema eines Spektrometers für Messungen der magnetischen Kernresonanz in der Zweispulenanordnung nach BLOCH.

b) Relaxation und Linienbreite

Wenn die angeregten Kerne nicht in ihre unteren Energiezustände zurückkehren könnten, würde es zu einer Absättigung des höheren Energieniveaus kommen und dann keine Energie mehr absorbiert werden. Eine, wenn auch relativ langsame, Energieabgabe des Spinsystems an die Umgebung ist aber in einer sogenannten Spin-Gitter- oder Longitudinal-Relaxation in Richtung des Feldes H möglich. Dabei sind als Gittersystem alle nicht mit dem Kernspin verbundenen thermischen Freiheitsgrade der Substanz anzusehen, so daß dieser durch die Spin-Gitter-Relaxationszeit t_1 gekennzeichnete Übergang auch in Flüssigkeiten oder in Gasen auftritt. Durch die Brownsche Molekularbewegung in der Probe entsteht am Kernort ein magnetisches Wechselfeld, das als Fourier-Summe aus Wechselfeldern der Frequenzen Null bis Unendlich auch eine Komponente mit der Resonanzfrequenz des Kernes enthält, bei der ein Energieaustausch erfolgen kann. Die Relaxationszeiten t_1 liegen für Flüssigkeiten zwischen 0,1 und etwa 20 sec. Sie sind in Gasen kürzer (bis herab zu $\sim 10^{-3}$ sec) und in Festkörpern länger (bis zu $\sim 10^4$ sec). Eine Verunreinigung mit paramagnetischen Substanzen führt zu einer Verkürzung von t_1, weil die viel größeren Momente der ungepaarten Elektronen zu einem schnellen Energieaustausch führen.

Nach der Heisenbergschen Unschärferelation ist die Energieverteilung im oberen Niveau um so breiter, je kürzer die Aufenthaltszeit des Kerns in ihm ist; die Linienbreite sollte daher der Relaxationszeit t_1 umgekehrt proportional sein. Dies ist bei Flüssigkeiten annähernd der Fall. Wenn höchste Auflösung angestrebt wird, ist daher bei ihnen auf Abwesenheit paramagnetischer Substanzen, besonders auf Sauerstofffreiheit, zu achten. Bei Festkörpern, bei denen infolge der niedrigen Frequenzen der Gitterschwingungen praktisch keine Fourier-Komponenten mit der Resonanzfrequenz des Kernes auftreten und dadurch die genannten hohen Werte von t_1 gefunden werden, müßten schmale Linien auftreten. Da das Gegenteil der Fall ist, muß man noch eine zweite, transversale oder Spin-Spin-Dipol-Relaxation durch lokale magnetische Zusatzfelder zwischen benachbarten Dipolen mit der Zeit t_2 berücksichtigen, die für die Ausbildung der rotierenden Quermagnetisierung in der x-y-Ebene (Abb. 122) gebraucht wird. Dieser Einfluß führt besonders bei Festkörpern zu einer Verbreiterung der Linien, ohne die relative Besetzung der Energieniveaus zu beeinflussen. Eine eingehende und quantitative Behandlung der Relaxationsmechanismen ist für das Verständnis einer Anwendung der Kernresonanz in der Analyse und Konstitutionsermittlung nicht notwendig. Man findet sie in einer Reihe von Monographien[1-16], die in den letzten 10 Jahren erschienen und Hinweise auf die Originalliteratur geben. In diesem Zusammenhang seien auch die Literaturübersichten in „Analytical Chemistry"[17] und in einigen anderen Zeitschriften genannt[18, 19].

c) Magnetische Zusatzfelder

Die in Gl. (93) auftretende Feldstärke H_0 des angelegten Magnetfeldes wird also offenbar am Ort des Kerns durch verschiedene magnetische Zusatzfelder verändert, so daß als tatsächlich wirksames Feld H resultiert:

$$H = H_0 + H_M + H_{lok} + H_i. \tag{98}$$

In H_M sind meßtechnische Ursachen für eine Beeinflussung der Linienbreite (Inhomogenität des Magnetfeldes H_0, Modulations- und Sättigungsverbreiterung)[6]

[1] ABRAGAM, A.: Principles of Nuclear Magnetism. London: Oxford University Press 1961.
[2] CARRINGTON, A. u. A. D. McLACHLAN: Introduction to Magnetic Resonance. New York: Harper & Row 1967.
[3] CORIO, P. L.: Structure of High Resolution NMR Spectra. New York: Academic Press 1966.
[4] EMSLEY, J. W., J. FEENEY u. L. H. SUTCLIFFE: Progress in Nuclear Magnetic Resonance Spectroscopy, Vol. I und II. Oxford: Pergamon Press 1966 und 1967.
[5] FLUCK, E.: Die kernmagnetische Resonanz und ihre Anwendung in der anorganischen Chemie. (Anorganische und allgemeine Chemie in Einzeldarstellungen, Bd. V). Berlin/Göttingen/Heidelberg: Springer 1963.
[6] HAUSSER, K. H.: Magnetische Elektronen- und Kernresonanz in Ullmanns Encyklopädie der technischen Chemie, Bd. 2/1, S. 379ff. München: Urban & Schwarzenberg 1961.
[7] HECHT, H. G.: Magnetic Resonance Spectroscopy. New York: Wiley 1967.
[8] MANENKOV, A. A. u. R. ORBACH (Hrsg.): Spin-Lattice Relaxation in Ionic Solids. New York: Harper and Row 1966.
[9] MAVEL, G.: Molecular Theories of NMR. Paris: Dunod 1966.
[10] NACHOD, F. G.: Nuclear Magnetic Resonance. New York Acad. Sci. 70 (1958) 763.
[11] PHILLIPS, W. D. u. P. C. LAUTERBUR: Nuclear Magnetic Resonance, in NACHOD, F. C. u. W. D. PHILLIPS (Hrsg.): Determination of Organic Structures by Physical Methods, Vol. 2. New York: Academic Press 1962.
[12] POPLE, J. A., W. G. SCHNEIDER u. H. J. BERNSTEIN: High-resolution Nuclear Magnetic Resonance. New York: McGraw Hill 1959.
[13] ROBERTS, D.: a) Nuclear Magnetic Resonance. New York: McGraw Hill 1959. — b) ROBERTS, J. D.: An Introduction to the Analysis of Spin-Spin-Splitting in High Resolution Nuclear Magnetic Resonance Spectra. New York: W. A. Benjamin Inc. 1961.
[14] SILLESCU, H.: Kernmagnetische Resonanz. Einführung in die theoretischen Grundlagen. Berlin/Heidelberg/New York: Springer 1966.
[15] STREHLOW, H.: Magnetische Kernresonanz und chemische Struktur. 2. Aufl. Darmstadt: Steinkopff 1968.
[16] WAUGH, J. S.: (Hrsg.): Advances in Magnetic Resonance, Vol. I und II. New York: Academic Press 1965 und 1966.
[17] REILLY, C. A.: Analyt. Chem. 30 (1958) 839; 32 (1960) 221 R. — FOSTER, H.: Analyt. Chem. 34 (1962) 225 R; 36 (1964) 266 R. — LUSTIG, E., u. W. B. MONITZ: Analytic. Chem. 38 (1966) 331 R. — HEESCHEN, J. P.: Analytic. Chem. 40 (1968) 560 R.
[18] INGRAM, D. J. E.: Contemp. Phys. 7 (1965) 13 103.
[19] WILLIAMS, D. H., u. A. HORSFIELD: Annu. Rep. Progr. Chem. 62 (1965) 213.

zusammengefaßt. Das von diesen Einflüssen herrührende Korrekturfeld liegt in der Größenordnung von 0 bis $10^{-5}\,H_0$.

H_{lok} ist das lokale Zusatzfeld, das durch die diskutierte intermolekulare Spin-Spin-Dipol-Wechselwirkung verursacht und durch die Relaxationszeit t_2 gekennzeichnet wird.

H_i, das durch intramolekulare Wechselwirkungen hervorgerufene Störfeld, ist im wesentlichen durch folgende Einflüsse bedingt:

    a) Abschirmung durch die Elektronenhülle,
    b) Dipol-Dipol-Kopplung,
    c) Spin-Spin-Wechselwirkung.

α) Abschirmung durch die Elektronenhülle — Chemische Verschiebung.
Die Abschirmung durch die Elektronenhülle führt zu einer bei ausreichendem Auflösungsvermögen der Meßapparatur beobachtbaren, von der Bindungsart eines Kerns abhängenden „chemischen Verschiebung" (chemical shift) seiner Resonanzlinie, weil durch das äußere Magnetfeld H_0 in der Elektronenhülle Ströme induziert werden, die zu einem H_0 proportionalen Zusatzfeld am Kernort führen. Das effektive Magnetfeld H_K läßt sich durch Einführung einer Abschirmungskonstanten σ erfassen:

$$H_K = H_0(1 - \sigma). \tag{99}$$

Zur Abschätzung von σ hat man den Diamagnetismus der Elektronenhülle des betrachteten Atomkerns, den temperaturunabhängigen Paramagnetismus zweiter Ordnung des Atoms, den Einfluß von Elektronen der Nachbaratome in der Molekel, der vor allem bei H-Atomen von Bedeutung ist, bei anderen Kernen aber vernachlässigt werden kann, und den Einfluß von Elektronen, die sich zwischen den Atomen bewegen, z. B. von π-Elektronen in Aromaten (innermolekulare Ringströme)[1] zu berücksichtigen.

Chemische Verschiebungen liegen bei 60 MHz im Bereich von 1000 Hz und bei 100 MHz um 1700 Hz. Man bezieht sie auf ein Wasserstoffsignal bei H_s einer Standardsubstanz, die heute in den meisten Fällen Tetramethylsilan (TMS: $Si[CH_3]_4$) ist. Diese Verbindung hat den Vorteil, daß sie chemisch inert, magnetisch isotrop, leicht flüchtig (Kp. 27 °C) und in den meisten organischen Flüssigkeiten löslich ist. TMS hat eine einzige scharfe Resonanzlinie und absorbiert infolge einer hohen Elektronenabschirmung in den meisten Fällen bei einem höheren Feld als die H-Atome in anderen Bindungsarten organischer Molekeln. In wäßrigen Lösungen kann es als „äußerer" Standard benutzt werden, indem man eine mit ihm gefüllte, abgeschmolzene Kapillare zusammen mit der zu messenden Substanz in das Probenröhrchen bringt. Bei Verwendung äußerer Standards muß man die verschiedene diamagnetische Suszeptibilität der beiden Substanzen berücksichtigen. Entsprechende Korrekturen sind zwar klein, können aber bei den kleinen chemischen Verschiebungen der Protonenresonanzen eine Rolle spielen[2]. Zum Teil werden auch Benzol, Cyclohexan oder Wasser als Bezugssubstanzen gewählt. Bei der Verwendung von Wasser ist wie bei allen zu einer Wasserstoffbrücken-Bildung neigenden Substanzen Vorsicht geboten, weil die Assoziation zu einer Verminderung der Abschirmung des Atoms in der Wasserstoffbrücke und dadurch zu einer Verminderung der Resonanzfeldstärke führt; eine Entassoziation hat die gegenteilige Wirkung. Man kann dies zur Untersuchung von Wasserstoffbrücken-Bindungen benutzen. Die Resonanzlinie der Methylgruppen von Natrium-2,2-dimethyl-2-silapentan-5-sulfonat (DSS: $[CH_3]_3Si[CH_2]_3SO_3Na$) wird heute oft als Bezugslinie

---

[1] Siehe Fußnote 12, S. 823.
[2] Siehe Fußnote 16, S. 823.

in wäßrigen Lösungen benutzt; kleine Mengen dieser Substanz genügen, um ein schwaches, aber ausreichendes CH_3-Signal zu geben, aber die schwachen CH_2-Signale nur wenig aus dem Untergrund hervortreten zu lassen. Wenn keine Wasserstoffbrücken-Bindungen auftreten, liegt die CH_3-Linie des DSS nur sehr wenig verschoben gegen die des TMS in Deuterochloroform.

Um eine von der Meßfrequenz unabhängige Kennziffer für die chemische Verschiebung zu erhalten, hat man einen dimensionslosen Parameter δ definiert:

$$\delta = \frac{H_s - H}{H_s} = \sigma_s - \sigma \tag{100a}$$

oder mit Frequenzen

$$\delta = \frac{\nu - \nu_s}{\nu_s} \cdot 10^6 \approx \frac{\nu - \nu_s}{\nu_0} \cdot 10^6 \tag{100b}$$

mit H, H_s: Resonanzfeldstärken der Meß- bzw. der Standardsubstanz;
$\quad \nu, \nu_s$: entsprechende Resonanzfrequenzen;
$\quad \nu_0$: Meßfrequenz, die groß gegen $(\nu - \nu_s)$ ist;
$\quad \sigma, \sigma_s$: entsprechende Abschirmkonstanten.

δ wird meistens in Einheiten von 10^{-6} (ppm) angegeben. Nach heutiger Definition bedeutet ein positiver Wert von δ, daß die Resonanz des untersuchten Kerns infolge einer schwächeren Abschirmung bei kleinerer Stärke des äußeren Feldes als die einer Bezugssubstanz, heute bevorzugt des TMS, liegt; ein negativer Wert zeigt umgekehrt (relativ) starke Abschirmung des entsprechenden Kerns an. Diese Festlegung wurde von manchen Autoren bemängelt, weil δ mit abnehmendem H_0 zunimmt. Für die Kennzeichnung der chemischen Verschiebung von Protonenresonanzen hat TIERS[1] eine Größe τ eingeführt, die stets auf die Resonanzlinie des TMS mit $\tau = 10$ bezogen wird. Allgemein gilt danach für die chemischen Verschiebungen verschiedenartig gebundener Protonen:

$$\tau = 10 - \delta. \tag{101}$$

Im folgenden wird die Größe der chemischen Verschiebung durch Angabe von δ-Werten gekennzeichnet, die auf TMS bezogen sind. Einige Beispiele mögen die Anwendung der Gl. (100a u. b) für eine Meßfrequenz von 60 MHz erläutern.

a) Einem δ von 10 ppm entspricht nach Gl. (100b) ein Frequenzunterschied $(\nu - \nu_s)$ der chemischen Verschiebung gegen eine Bezugs-Resonanzlinie von 600 Hz.

b) Eine Differenz von 30 Hz zwischen ν und ν_s ergibt, ebenfalls nach Gl. (100b), einen Wert von $\delta = 0,5$.

c) Ein Unterschied zweier Resonanzlinien von 70 m G $= 70 \cdot 10^{-8}$ Gauß entspricht nach Gl. (93) und (100a) einem $\delta = (70 \cdot 10^{-8}) \cdot 10^6 / 14,1 \cdot 10^3 \approx 5$ ppm.

Man kann also eine chemische Verschiebung als δ in ppm (feldunabhängig) oder unter Angabe der Meßfeldstärke H_0 in Hz bzw. in Gauß angeben. In gleicher Weise wie bei anderen spektroskopischen Methoden lassen sich für verschiedenartig gebundene Protonen Lagebereiche ihrer Resonanzlinien (Schlüssellinien) angeben (Abb. 125), die als δ- oder als τ-Werte in Tabellen oder Diagrammen zusammengefaßt sind. Mit ihrer Hilfe können Spektren unbekannter Substanzen qualitativ gedeutet werden. Quantitative Aussagen über die Anteile verschieden gebundener Protonen ergeben sich aus den Quotienten der Flächenintegrale von einzelnen Schlüssellinien oder von Schlüssellinien-Gruppen zur Gesamtfläche aller registrierten Linien.

Es ist ohne weiteres einzusehen, daß die Lage der Resonanzlinien von H-Kernen in organischen oder anorganischen Verbindungen interessante Rückschlüsse auf ihre Abschirmung und dadurch auf ihren Bindungscharakter und ihre Reaktionsfähigkeit zuläßt. Zum Beispiel zeigt ein Vergleich der δ-Werte von Protonen an der Dreifachbindung des Acetylens ($\delta = 2,35$) und an der Zweifachbindung des Äthylens ($\delta = 4,6$) an, daß die Acetylenprotonen infolge einer diamagnetischen Anisotropie stärker abgeschirmt sind als die Äthylenprotonen und daß diese wieder einen höheren Abschirmungsgrad als die Protonen des Benzols ($\delta = 7,27$) haben,

---

[1] TIERS, G. V. D.: J. Physic. Chem. 62 (1958) 1151.

deren Resonanz durch eine als Ringstromeffekt bezeichnete diamagnetische Anisotropie beeinflußt wird[1-4].

Während die besonders wichtigen Verschiebungen der Protonenresonanzen in der Größenordnung von wenigen ppm liegen, werden bei anderen Kernen mit einem magnetischen Moment wesentlich höhere chemische Verschiebungen beobachtet. Infolgedessen werden die Anforderungen an die Homogenität des Magnetfeldes zur einwandfreien Bestimmung von δ bei schweren Kernen geringer. Allerdings sind ihre relativen Signalintensitäten, bezogen auf gleiche Kernzahlen in den Proben, z. T. wesentlich kleiner als bei Protonen, so daß ihre Nachweisbarkeitsgrenzen höher liegen. Im Zusammenhang mit Produkten der Erdölindustrie interessieren u. a. folgende Kerne, für die jeweils die natürliche Häufigkeit, die Resonanzfrequenz für ein H_0 von 14,1 Kilogauß, die Breite der chemischen Verschiebung und die relative Intensität, bezogen auf $I(^1H) = 100$, angegeben sind:

Bor-11 (81,2%; 19,25 MHz; 130 ppm; 16,5%); Kohlenstoff-13 (1,1%; 15,1 MHz, 222 ppm; 1,6%); Fluor-19 (100%; 56,4 MHz, 600 ppm; 83,4%); Phosphor-31 (100%; 24,3 MHz; 700 ppm; 6,6%).

β) Spin-Spin-Wechselwirkungen. Grundsätzlich ist bei den Spin-Spin-Wechselwirkungen zwischen einer direkten magnetischen und einer elektronengekoppelten Dipol-Wechselwirkung zu unterscheiden.

β_1) Direkte magnetische Dipol-Wechselwirkungen. Unter den Einflüssen, die das Feld am Ort eines Kerns bestimmen, spielen bei Festkörpern die Felder eine wesentliche Rolle, die durch benachbarte Kerne mit magnetischen Momenten hervorgerufen werden. Diese lokalen Magnetfelder sind bei Festkörpern statisch; bei Gasen und Flüssigkeiten heben sie sich dagegen durch die Molekülbewegung im zeitlichen Durchschnitt weitgehend auf, so daß sie bei Stoffen in diesen Aggregatzuständen keine wesentliche Bedeutung besitzen. Bei Festkörpern führt diese Art der Wechselwirkung zu einer Verbreiterung der Resonanzlinien. Ihr Umfang hängt von der Lage der Kerne zueinander ab, so daß aus ihm Schlüsse auf die geometrische Anordnung von Atomen im Gitter gezogen werden können. Diese Möglichkeiten werden z. B. bei der Strukturaufklärung von Hochpolymeren ausgenutzt; sie sollen hier aber nicht weiter behandelt werden, weil im Vordergrund des Interesses die Analyse flüssiger Erdölprodukte steht.

β_2) Elektronengekoppelte Spin-Spin-Wechselwirkung. Bei ausreichender Auflösung spalten die Resonanzlinien z. T. weiter auf. Diese von der Lage einer Molekel im äußeren Feld und von seiner Stärke unabhängige Aufspaltung ergibt sich durch eine indirekte Kopplung von Protonenspins über die vorhandenen Bindungselektronen einer Molekel. Sie kann sich nicht nur über eine sondern über mehrere (meistens drei) Bindungen, wenn auch im allgemeinen mit abnehmender Stärke, erstrecken. Bei starker Ringspannung oder bei Mesomerie in Aromaten und Polyolefinen ist ihr Einflußbereich erweitert. Zur Erklärung dieses Effekts werden meistens als übersichtlichstes Beispiel die Verhältnisse an der HD-Molekel herangezogen.

Wenn sich das eine der bindenden Elektronen e_1 in der Nähe des Protons P aufhält, ist die Wahrscheinlichkeit einer antiparallelen Einstellung der Spins von e_1 und P größer als die einer parallelen, da e_1 ein negatives und P ein positives magnetisches Moment besitzt; für das Elektron e_2 und das Deuteron D gilt eine entsprechende Betrachtung. Wegen des Pauli-Prinzips müssen sich aber die beiden Elektronen antiparallel zueinander einstellen, so daß sich auf

[1] Siehe Fußnote 12, S. 823.   [2] Siehe Fußnote 13, S. 823.

[3] JACKMANN, L. M.: Applications of Nuclear Magnetic Resonance Spectroscopy in Organic Chemistry. London: Pergamon Press 1959.

[4] SILVERSTEIN, R. M., u. G. C. BASSLER: Spectrometric Identification of Organic Compounds, 2nd Edit. New York: Wiley 1967.

diese Weise eine Kopplung zwischen P und D ergibt. Je nach der Spinorientierung des Elementarmagneten $P(D)$ wird am Ort von $D(P)$ durch Vermittlung der Bindungselektronen das Magnetfeld H_0 durch ein Störfeld $\pm \Delta H$ verändert, so daß die Resonanzlinie von $D(P)$ in ein Dublett aufspaltet. Dies gilt für alle einander benachbarten Protonen, wenn ihr Bindungszustand verschieden ist; chemisch äquivalente Kerne ergeben dagegen immer nur eine Resonanzlinie, da Übergänge zwischen Energieniveaus, die auf einer Wechselwirkung äquivalenter Kerne beruhen, verboten sind. Der Abstand zwischen den Partnern eines Dubletts ist der Kopplungsstärke proportional. Er wird als Kopplungskonstante J bezeichnet und meistens in Hz angegeben, weil J von H_0 unabhängig ist. Ist J in Gauß gegeben, so kann es umgerechnet werden:

$$J_{(\text{Hz})} = \frac{J_{(G)}}{H_{0(G)}}\, \nu_{0(\text{Hz})}. \tag{102}$$

J übersteigt bei Protonen selten den Wert von 20 Hz[1]. Bei anderen Kernen können Werte bis 1000 Hz auftreten. Solange die Differenz der chemischen Verschiebungen $\Delta \nu$ (Hz) zweier gekoppelter Protonen wesentlich größer als J ist ($\Delta \nu/J > 6$), treten zwei Dubletts auf, weil in diesem Fall nur die parallel zum äußeren Magnetfeld gerichtete Komponente des Spins koppelt. Wenn dieses Verhältnis sinkt, weil $\Delta \nu$ der beiden Linienpaare mit den Linien *1, 2, 3, 4* bei geringen Unterschieden des Bindungscharakters der beiden Protonen abnimmt, so spielen auch die senkrecht zum äußeren Magnetfeld gerichteten rotierenden Komponenten der Spins eine Rolle. Als Folge davon verstärken sich in dem betrachteten Beispiel die „inneren" Linien *2* und *3* und schwächen sich die „äußeren" Linien *1* und *4* ab. Die chemische Verschiebung des einzelnen Protons liegt dann nicht mehr in der Mitte des entsprechenden Dubletts sondern in seinem „Schwerpunkt", dessen Lage aus den Flächenverhältnissen der Dublettlinien abgeschätzt oder nach hier nicht zu behandelnden Verfahren berechnet werden kann[2]. Sind schließlich die beiden Protonen chemisch und magnetisch äquivalent, so haben sie nur eine Resonanzlinie. Nach einer später zu erläuternden Nomenklatur[3] entsprechen diese Beispiele dem Übergang des Molekültyps AX ($\Delta \nu/J > 6$) über den Typ AB ($\Delta \nu/J \lesssim 6$) in den Typ A_2 ($\Delta \nu/J = 0$).

Bei Unklarheiten, ob bestimmte Signale einfache Resonanzlinien oder durch Spin-Spin-Wechselwirkung Glieder von Multipletts sind, kann man ein Spektrum bei zwei Feldstärken H_0 aufnehmen; die Lage der Resonanzlinien ist abhängig von H_0, die Frequenzdifferenz von Linien eines Multipletts nicht. Ferner sprechen Resonanzlinien in ihrer Frequenz wesentlich stärker auf Lösungsmittel an als Spin-Spin-Wechselwirkungen.

Am Beispiel eines Spektrums des in Deuterochloroform gelösten (7 Vol.-%) Äthylalkohols (Abb. 124a) zeigt sich, daß infolge der größeren Zahl einander benachbarter, ungleich gebundener Protonen noch eine stärkere Aufspaltung auftritt. Die drei Protonen der CH_3-Gruppe können entsprechend den in Abb. 124a eingezeichneten Spinorientierungen die Gesamtspin-Quantenzahlen $+3/2$, $+1/2$, $-1/2$ und $-3/2$ haben. Durch die Elektronenkopplung wird die Resonanzlinie der CH_2-Protonen bei 3,7 ppm daher in ein Quadruplett aufgespalten. Jede dieser Linien sollte durch die zusätzliche Kopplung mit dem Proton der OH-Gruppe, das zwei Orientierungsmöglichkeiten hat, noch einmal aufgespalten werden, so daß insgesamt ein Oktuplett zu erwarten wäre. Das ist im vorliegenden Beispiel trotz der an sich hinreichend großen Kopplungskonstante $J_{O-H, C-H_2}$ nicht der Fall, weil die Protonen der OH-Gruppen besonders bei Anwesenheit ionenbildender Verunreinigung sehr schnell ihre Plätze wechseln, so daß nur Mittelwerte ihrer Spinzustände wirksam werden[4], die keine Aufspaltung bringen. Durch sorgfältigen Ausschluß derartiger katalytisch wirkender Ionen wird die Austauschgeschwindigkeit herabgesetzt und tatsächlich ein Oktuplett beobachtet[5]. Bei den in Abb. 124a wiedergegebenen Spinorientierungen der CH_2-Gruppe, die zu Aufspaltungen der durch Entassoziation bei 2,58 ppm auftretenden Resonanzlinie des Protons in der OH-Gruppe führen sollten, müßte diese Linie als Triplett auftreten. Aus demselben Grund, wie er für die Aufspaltung der CH_2-Protonen-Linien diskutiert wurde, tritt auch hier die Aufspaltung erst in Spektren sehr reinen Alkohols auf. Das durch Elektronenkopplung mit den CH_2-Protonen bedingte Triplett der CH_3-Protonen bei 1,22 ppm ist dagegen klar ausgebildet.

Allgemein läßt sich die Multiplizität Z der Feinstruktur bei n benachbarten, kopplungsfähigen Kernen mit der Spinquantenzahl I berechnen nach:

$$Z = 2n\,I + 1 \tag{103a}$$

---

[1] Siehe Fußnote 16, S. 823.

[2] Siehe Fußnote 15, S. 823.

[3] Siehe Fußnote 12, S. 823.

[4] Siehe Fußnote 5, S. 823.

[5] Proctor, W. G.: Z. analyt. Chem. 164 (1958) 127.

oder speziell für Protonen mit $I = 1/2$:

$$Z = n + 1. \tag{103b}$$

Die Intensitäten der einzelnen Multiplettlinien verhalten sich wie die Anteile der verschiedenen Spinzustände, die zur Ausbildung der Linie beitragen. In dem gewählten Beispiel des Äthanols ist dieses Verhältnis bei den drei Linien der CH_2-

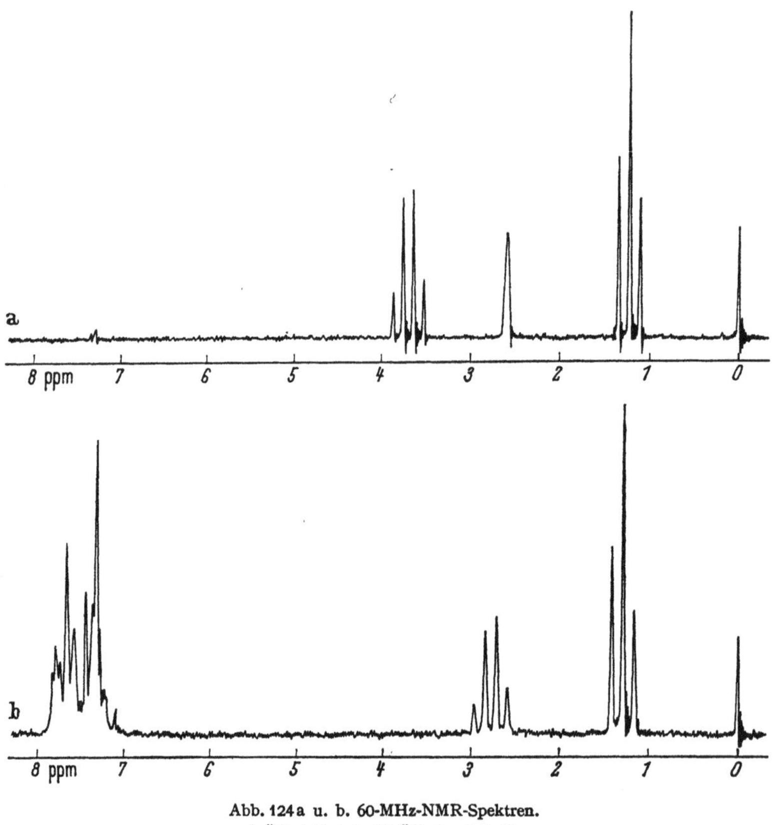

Abb. 124a u. b. 60-MHz-NMR-Spektren.
a) Äthylalkohol; b) Äthylnaphthalin.

Gruppe $1 : 2 : 1$ und bei den vier Linien der CH_3-Gruppe ohne Einfluß der OH-Protonen $1 : 3 : 3 : 1$. Allgemein gilt, daß die Intensitäten von Multiplettlinien, die auf die Kopplung mit anderen Kernen zurückgehen, sich wie die Koeffizienten der binomischen Reihe $(a + b)^n$ verhalten, die sich im Pascalschen Dreieck[1] darstellen lassen, das in der Literatur über Kern- und Elektronenresonanz verschiedentlich wiedergegeben wurde[2, 3].

Wenn entsprechend bereits früher Gesagtem das Verhältnis $\Delta v/J$ durch ähnliche Bindungsart benachbarter Protonen klein wird, so können z. B. die einfachen Dublett-Triplett-Signale der elektronengekoppelten Spin-Spin-Wechselwirkung erster Ordnung einer Gruppe $-CH_2-CH<$ durch Aufspaltungen höherer Ordnung in ein System von sieben bis neun Linien übergehen, dessen Aufgliederung nicht ohne weiteres möglich ist.

---

[1] GOLLERT, W., H. KÜSTNER, M. HELLWICH u. H. KÄSTNER: Mathematik. Basel: Pfalz Verlag 1966.
[2] Siehe Fußnote 5, S. 823.   [3] Siehe Fußnote 6, S. 823.

Zum Verständnis von Anwendungsmöglichkeiten der magnetischen Kernresonanz-Spektrometrie bei der Konstitutions- und der Strukturaufklärung chemischer Verbindungen ist es notwendig, die bereits gebrauchten Begriffe „chemische" und „magnetische" Äquivalenz eindeutig festzulegen[1]. Im Sinne der Kernresonanz sind zwei Kerne als chemisch äquivalent zu bezeichnen, wenn sie die gleiche chemische Verschiebung haben. Magnetisch äquivalente Kerne müssen nicht nur dieser Bedingung folgen sondern auch auf die gleiche Weise mit anderen Kernen in einer Molekel koppeln; d. h. magnetisch äquivalente Kerne haben auch gleiche Kopplungskonstanten. Die Protonen an einem C-Atom aliphatischer Verbindungen sind magnetisch äquivalent, wenn keine wesentliche Rotationsbehinderung der Gruppe um eine C—C-Bindung vorhanden ist oder wenn sich kein Asymmetriezentrum in ihrer Nähe befindet. Falls eine dieser Bedingungen nicht erfüllt ist, werden chemisch äquivalente Protonen magnetisch unäquivalent. Die sich daraus für Konstitutionsaufklärungen ergebenden wichtigen Folgerungen können hier nicht behandelt werden. In der Literatur[2-8] finden sich Einzelheiten und eine große Zahl von Beispielen.

Um die verschiedenen Kopplungsmöglichkeiten charakterisieren zu können, hat POPLE[2] ein Klassifizierungssystem vorgeschlagen. Danach wird das jeweilig betrachtete Proton mit A bezeichnet; die benachbarten Protonen sind M und X, wenn die Differenzen ihrer chemischen Verschiebungen gegen die Resonanzlinie von A ($\Delta\nu$) groß sind, bzw. B und C, wenn $\Delta\nu$ klein ist. Durch Zahlenindizes wird ferner gekennzeichnet, wieviel chemisch und magnetisch äquivalente Protonen zu einer Gruppe gehören. Weiter oben wurde dementsprechend bereits auf den Zusammenhang zwischen den Molekültypen AX (zwei Dupletts mit Linien gleicher Intensität), AB (zwei Dubletts mit Linien ungleicher Intensität) und A_2 (eine Linie) hingewiesen. Als weiteres Beispiel sei der Typ ABX mit drei resonanzfähigen Kernen genannt, von denen zwei (A und B) zwischen einander ein kleines $\Delta\nu$ besitzen, während der dritte Kern X gegen A und B ein großes $\Delta\nu$ hat und mit einem oder beiden Kernen gekoppelt ist. Dabei kann X der Kern eines anderen Elements sein, das ein magnetisches Moment hat, oder zur gleichen Kernsorte wie A und B gehören. Nach dem bisher Gesagten ist der Aufbau anderer Strukturtypen wie AMX, AB_2, A_2X_2 oder AB_3 ohne weiteres verständlich. Für viele Molekültypen mit kleinen $\Delta\nu/J$ sind die zu erwartenden Kernresonanz-Spektren quantenmechanisch berechnet worden. Die Ergebnisse derartiger Rechnungen wurden verschiedentlich in der Literatur zusammengestellt[2, 7].

2. Lage chemischer Verschiebungen von Protonenresonanzen

Wie bei anderen spektroskopischen Methoden ist die Grundlage qualitativer Analysen mit Hilfe der Kernresonanz-Spektrometrie eine gute Kenntnis der chemischen Verschiebungen bestimmter Protonengruppierungen (Schlüssellinien) und ihre Beeinflussung durch Nachbargruppen in einer Molekel. Eine Auswertung der in Abb. 125 wiedergegebenen Zusammenstellung der mittleren Lage von chemischen Verschiebungen in verschiedenen Verbindungsklassen führt für Kohlenwasserstoffgruppen zu den in Tab. 11 angegebenen Lagebereichen der δ-Werte ihrer Protonen.

Tabellen oder Diagramme der Lage von Schlüssellinien enthalten die meisten der in diesem Kapitel zitierten Monographien und Handbücher. Aufbauend

---

[1] GORKEM, M. VAN, u. G. E. HALL: Quart. Rev. 22 (1968) 14.
[2] Siehe Fußnote 12, S. 823.   [3] Siehe Fußnote 15, S. 823.
[4] Siehe Fußnote 4, S. 823.
[5] BIBLE, R. H.: Interpretation of NMR Spectra. New York: Plenum Press 1965.
[6] FLETT, M. ST. C.: Physical Aids to the Organic Chemist. Amsterdam: Elsevier Comp. 1962.
[7] HUBER, P., H. PRIMAS u. L. WEGMANN: Chimia 13 (1959) 1.
[8] PESCOK, R. L., u. L. D. SHIELDS: Modern Methods of Chemical Analysis. New York: Wiley 1968.

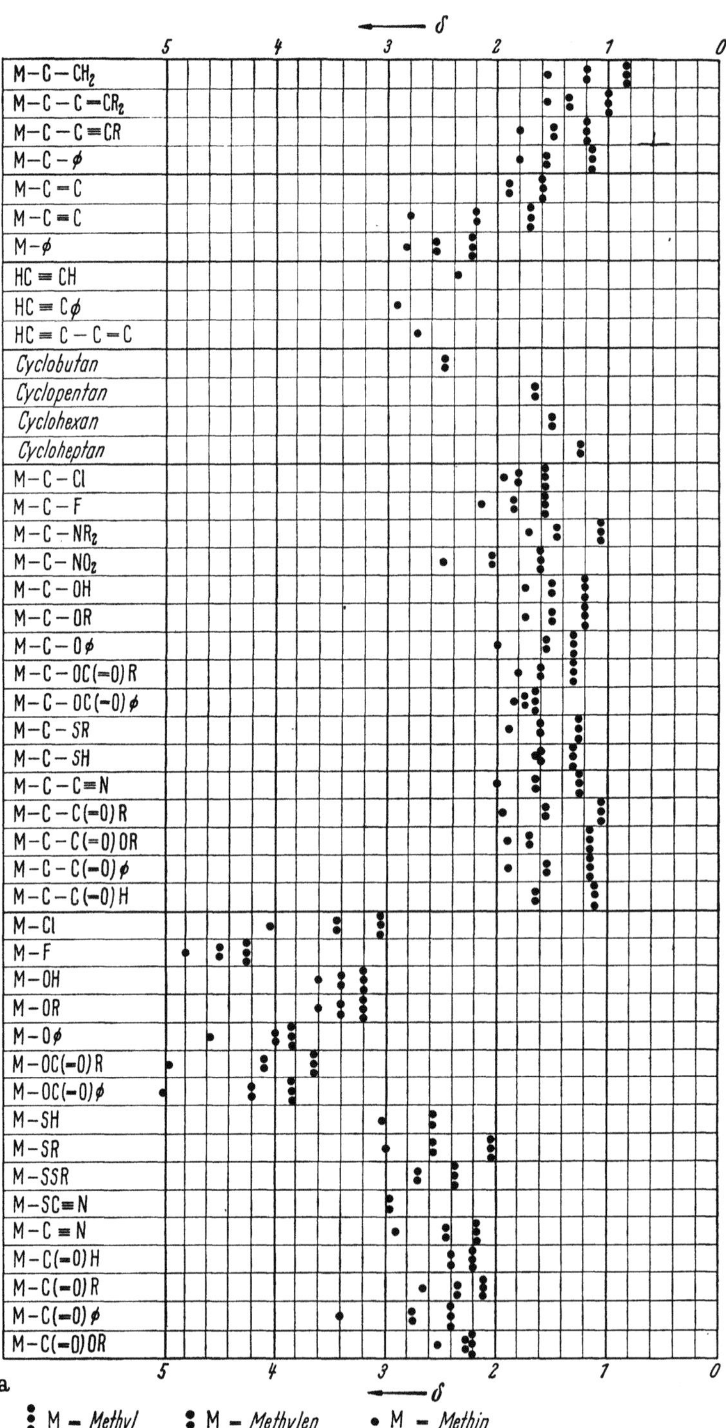

Abb. 125a—c. Mittlere Lagen der Chemischen Verschiebungen für verschiedenartig
a) Aliphatische Verbindungen;

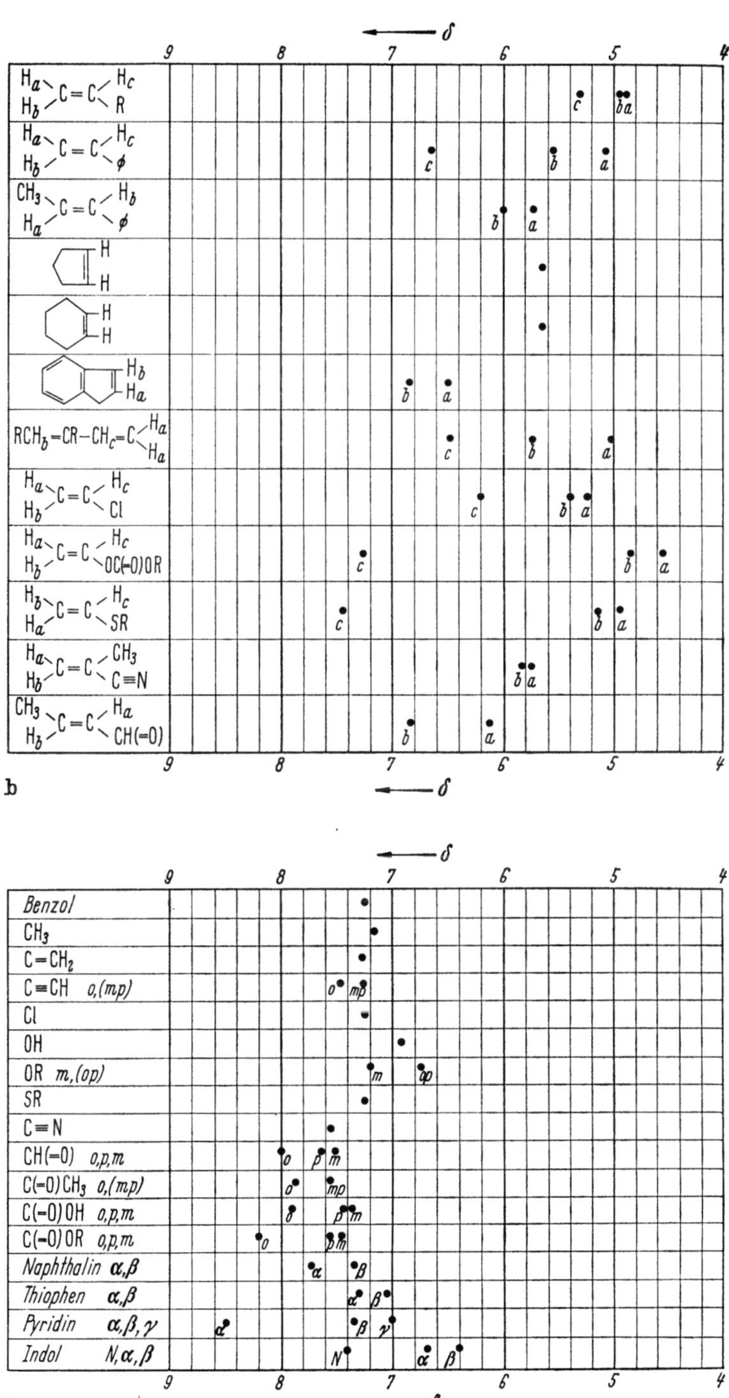

gebundene Protonen, bezogen auf die Resonanzlinie des Tetramethylsilans.
b) Olefinische Verbindungen; c) Aromatische Verbindungen.

auf verschiedenen Spektrensammlungen[1-3] und Literaturzusammenstellungen[4-7] haben verschiedene Autoren umfassende Aufstellungen der Lage chemischer Verschiebungen von Protonenresonanzen in verschiedenen Gruppen und Stoffklassen veröffentlicht[8-14].

Tabelle 11. *Lagebereich chemischer Verschiebungen in NMR-Spektren von Kohlenwasserstoffen.*

Gruppe	Chemische Verschiebung (ppm) gegen TMS bei Gruppe		
	an gesättigtem R oder β-ständig zu Mehrfachbindungen	α-ständig zu Mehrfachbindungen	naphthenisch
$R-CH_3$	0,8—1,2	1,6—2,2	
$R_2{>}CH_2$	1,2—1,6	1,9—3,0	1,6—1,2
$R_3{\rightarrow}CH$	1,6—1,8	1,6—1,9	
$R-C{\equiv}C-H$	2,2—2,4	2,6—2,9	
$RH{>}C{=}C{<}H_2$	4,7—5,4	5,1—6,8	5,6—5,8
(Ring, =C_H^R)	6,9—7,8	7,2—8,4	
(Ring, =C_X^H/R_6)	6,9—8,6		

a) Regeln zur Voraussage chemischer Verschiebungen

Für die chemischen Verschiebungen der Resonanzlinien von Wasserstoffatomen, die direkt an Kohlenstoffatome gebunden sind, haben einige Autoren gut

[1] American Petroleum Institute, Research Project 44, Catalog of Selected Nuclear Magnetic Resonance Spectral Data, Thermodynamics Research Center, Texas Agricultural and Mechanical University.

[2] BHACCA, N. S., L. F. JOHNSON, J. N. SHOOLERY, D. P. HOLLIS u. E. A. PIER: High Resolution NMR, Spectra Catalog, (Ringbuch) Varian Associates, Palo Alto, Calif., Vol. I 1962; Vol. II 1963.

[3] Sadtler Standard Spectra, NMR Spectra (Lose Blatt-Sammlung). Jeol Spectra. London: Heyden & Son.

[4] HERSHENSON, H. M.: Nuclear Magnetic Resonance and Electron Spin Resonance Spectra, Index 1958/63, Academic Press, New York 1965.

[5] HOWELL, M. G., A. S. KENDE u. J. S. WEBB (Hrsg.): Formula Index to NMR Literature Data, Plenum Press, New York, Vol. 1, 1964; Vol. 2, 1966.

[6] Preston NMR Abstracts. London: Heyden & Son, 1964 ff.

[7] Dokumentation der Molekülspektroskopie, NMR Literature Service, Literaturliste und Sichtlochkarten, Institut für Spektrochemie und Angewandte Spektroskopie, Dortmund; DMS Advisory Board London, 1963 ff.

[8] BAKER, A. J., u. T. CAIRN: Spectroscopic Techniques in Organic Chemistry, Vol. 2. London: Heyden & Son 1965.

[9] a) BARTZ, K. W., u. N. F. CHAMBERLAIN: Analyt. Chem. 36 (1964) 2151. — b) STEHLING, F. C., u. K. W. BARTZ: Analyt. Chem. 38 (1966) 1467. — c) CHAMBERLAIN, N. F.: Analyt. Chem. 40 (1968) 1317 (Ungesättigte, sauerstoffhaltige Aliphaten).

[10] BRÜGEL, W.: Kernresonanz und chemische Struktur, Bd. 1. Darmstadt: Steinkopff 1967; New York: Academic Press 1967.

[11] DIETRICH, M. W., R. E. KELLER: Analyt. Chem. 36 (1964) 258.

[12] a) NUKADA, K., O. YAMAMOTO, T. SUZUKI, M. TAKEUCHI u. M. OHNISHI: Analyt. Chem. 35 (1963) 1892 (Methyl- und Methylengruppen). — b) YAMAMOTO, O., T. SUZUKI, M. YANAGISAWA, K. HAYAMIZU u. M. OHNISHI: Analyt. Chem. 40 (1968) 569 (Methingruppen).

[13] SZYMANSKI, H. A., u. R. E. YELIN: NMR Band Handbook. New York: Plenum Press 1968.

[14] TIERS, G. V. D.: Characteristic Nuclear Magnetic Resonance Shielding Values for Hydrogen in Organic Structures, Part I: Tables of τ-Values for a Variety of Organic Compounds, Minnesota Mining and Manufacturing Co., St. Paul, Minn. 1958; J. Physic. Chem. 62 (1958) 1151.

brauchbare Additivitätsregeln aufgestellt. Am bekanntesten ist die von SHOOLERY[1] geworden, nach der für die chemische Verschiebung der Protonenresonanzen in CH_n-Gruppen mit mehr als einem elektronegativen Substituenten (CH_2X_2, CHX_3) gilt:

$$\delta_{TMS} = 0{,}23 + \Sigma\delta_i. \tag{104}$$

Die Inkremente δ_i (ppm) für einige Substituenten X_i sind in Tab. 12 zusammengestellt.

Tabelle 12. *Inkremente der chemischen Verschiebung verschiedener Substituenten an Methylen- oder Methingruppen.*

Substituent X_i	δ_i ppm	Substituent X_i	δ_i ppm
$-CH_3$	0,47	$-OR$	2,36
$-C{=}C$	1,32	$-OC_6H_5$	3,23
$-C{\equiv}C$	1,44	$-\overset{\diagup O}{C}-OR$	1,55
$-C_6H_5$	1,85	$-SR$	1,64
$-OH$	2,56	$-Cl$	2,53

Danach ergibt sich z. B. für die Methylenprotonen im Allylbenzol (C_6H_5—CH_2—$CH{=}CH_2$) rechnerisch $0{,}23 + 1{,}85 + 1{,}32 = 3{,}4$ ppm gegen experimentell: $3{,}34$ ppm. Wie u. a. SILVERSTEIN und BASSLER[2] gezeigt haben, stimmen bei Disubstitutionsprodukten nach Gl. (104) berechnete und gemessene Werte ganz allgemein gut überein. Bei Trisubstitutionsprodukten treten dagegen z. T. merkliche Unterschiede auf.

Ein verfeinertes Verfahren haben PRIMAS, ARNDT und ERNST angegeben, das in seinen Einzelheiten eingehend von STREHLOW[3] beschrieben wurde. Die Abweichungen von beobachteten und berechneten δ-Werten lagen bei 82% von annähernd 300 geprüften Fällen $<0{,}3$ ppm; keine Abweichung überschritt 0,8 ppm.

3. Experimentelle Technik

a) Apparatur

Wie bereits in Abschn. VI. 1. a. erwähnt wurde, soll bei der Schilderung der Meßtechnik nur auf das Blochsche Induktionsverfahren und nicht auf das Purcellsche Brückenverfahren eingegangen werden. In demselben Abschnitt war ferner bereits angegeben, daß bei handelsüblichen, hochauflösenden Geräten die Resonanzfrequenz ν_0 konstant gehalten und die Stärke des äußeren Magnetfeldes H_0 in einem den zu erwartenden chemischen Verschiebungen angepaßten Bereich verändert wird; bei der Messung von Protonenresonanzen werden normalerweise für 60 bzw. für 100 MHz Bereiche von etwa 1000 bzw. 1700 Hz überstrichen. Bei der Messung von Protonenresonanzen entspricht einem H_0 von 14,09 kG ein ν_0 von 60 MHz und einem H_0 von 23,5 kG ein ν_0 von 100 MHz; höhere Magnetfelder (Supraleitungsmagneten) bedingen entsprechend höhere Meßfrequenzen. Viele Geräte können mit entsprechenden Kombinationen von H_0 und ν_0 auf Messungen der chemischen Verschiebungen anderer Kerne, z. B. ^{11}B, ^{13}C, ^{19}F, ^{31}P, umgestellt werden (Abschn. VI. 1. c. α.).

Nach Abb. 123 besteht ein Kernresonanz-Spektrometer, das nach dem Blochschen Induktionsverfahren arbeitet, auf folgenden Teilen:

a) Gut thermostatierter Elektro- oder in temperaturkonstantem Raum betriebener Permanentmagnet mit Polschuh-Durchmessern von 25 bis 45 cm und -Abständen von einigen

---

[1] SHOOLERY, J. N.: Technical Information Bulletin, 2 (3). Palo Alto, Calif.: Varian Associates 1959.
[2] Siehe Fußnote 4, S. 826.
[3] Siehe Fußnote 15, S. 823.

Zentimetern, dessen auf etwa $10^{-6}\%$ homogen gehaltenes Feld gleichmäßig und genau über einem relativ engen Bereich rasch (sawtooth sweep) oder langsam (slow sweep) verändert werden kann. Dies wird durch einen Kippgenerator erreicht;

b) Hochfrequenzgenerator zur Erzeugung eines hochfrequenten magnetischen Feldes, dessen Frequenz während einer Messung z. T. bis etwa $10^{-9}\%$ konstant gehalten wird;

c) Hochfrequenzempfänger;

d) Oszillograph, Kompensationsschreiber, Integrator;

e) Meßkopf (Abb. 126) mit der Probe, die zur besseren Homogenisierung des Magnetfeldes mit einer Umlauffrequenz oberhalb der erwarteten Auflösung in Hz durch eine kleine Luftturbine gedreht wird; bei einem Auflösungsvermögen von 0,5 bis 1 Hz genügen einige Hundert U/min. Der im Bedarfsfall thermostatierte Meßkopf enthält außerdem die senkrecht zueinander stehenden Sender- und Empfängerspulen sowie Helmholtzspulen zur Modulation des Magnetfeldes. Dies sind zwei Spulen gleicher Windungszahl, deren Achsen parallel zum Magnetfeld

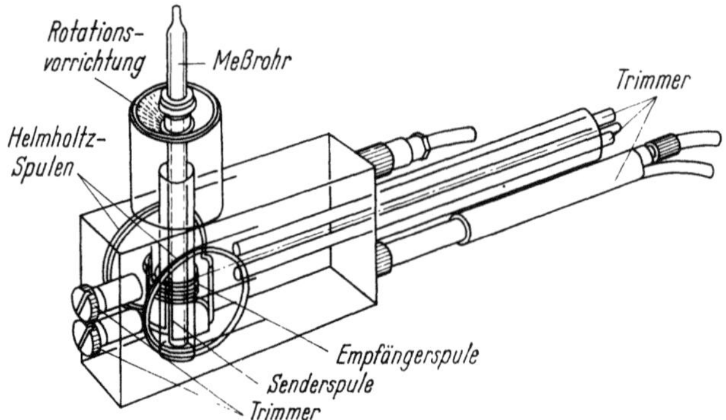

Abb. 126. Meßkopf eines Kernresonanz-Spektrometers mit Zweispulenanordnung.

ausgerichtet sind und deren Abstand voneinander gleich ihrem Radius ist. Läßt man durch diese Spulen einen variablen Gleichstrom fließen, so kann man die Magnetfeldstärke in dem gewünschten Bereich linear verändern.

Das Resonanzsignal wird mehrstufig etwa um den Faktor 10^6 verstärkt, auf dem Schirm eines Oszillographen aufgezeichnet oder mit einem Kompensationsschreiber und einem Integrator (Abschn. II. 4. f. η. in Teil I) für quantitative Bestimmungen der Protonenverteilung registriert.

Teilweise bereits in die Geräte eingebaut, teilweise als Zusatzeinrichtungen werden geliefert:

Eine Einrichtung zur leichteren Homogenisierung des Feldes eines Elektromagneten nach dem Einschalten oder nach zeitlichen Schwankungen durch automatische „Zyklisierung" des Magneten, bei der nach einem empirisch ermittelten Zeitprogramm die gewünschte Feldstärke erst etwas überschritten, dann unterschritten und schließlich genau eingestellt wird.

Eine Protonen-Stabilitätskontrolle, mit der über die Protonenresonanz eines inneren oder eines äußeren Standards eine zeitliche Inkonstanz des Feldes durch Abgleich der Magnetfeldstärke und der effektiven Senderfrequenz ausgesteuert wird, so daß die Spektren auf Papier mit vorgedruckter Frequenzmarkierung aufgenommen werden können.

Ein verstellbarer Niederfrequenzgenerator zur Bestimmung chemischer Verschiebungen nach der sogenannten Seitenbandtechnik, bei welcher der Hochfrequenz ν_0 des Senders eine Niederfrequenz ν_i überlagert wird. Dadurch treten in der Hochfrequenzspule die drei Frequenzen $\nu_0 - \nu_i$, ν_0 und $\nu_0 + \nu_i$ auf. Beim Durchlaufen des Magnetfeldes H_0 erhält man infolgedessen drei Resonanzlinien statt einer, weil nacheinander die Resonanzbedingungen für alle drei Frequenzen erfüllt werden. Die beiden zusätzlichen Linien bezeichnet man als Seitenbänder. Um einen Abstand $\Delta\nu$ zwischen Resonanzlinien oder eine Kopplungskonstante in einem Multiplett zu messen, kann man entweder im Bereich $2\nu_i$ interpolieren oder ν_i so lange ändern, bis das Seitenband der einen Linie mit der anderen Linie zusammenfällt. Die bei der Koinzidenz gemessene Frequenz ν_i (Hz) entspricht dem Abstand der Linien in Hz, also entweder unmittelbar der Kopplungskonstanten oder nach Umrechnung [Gl. (100b)] der chemischen Verschiebung in ppm.

Schließlich sei ein zweiter Hochfrequenzgenerator zur Spin-Entkopplung nach der Doppelresonanzmethode genannt. Die Aufspaltung der Resonanzlinie eines Kerns (1) durch Spin-Spin-Kopplung mit einem zweiten Kern (2) kann in manchen Fällen ein Spektrum unübersichtlich machen. Diese Aufspaltung läßt sich für große Werte von $\Delta v/J$ dadurch beseitigen, daß man neben dem vorhandenen hochfrequenten Feld H_{01}, das auf den Kern 1 einwirkt, noch ein zweites hochfrequentes Magnetfeld H_{02} benutzt, dessen Frequenz nahe bei der Resonanzfrequenz des Kerns 2 liegt. Wenn man H_{02} genügend stark macht, kann man eine weitgehende Sättigung des Spins von 2 und damit häufige Übergänge zwischen seinen Energiezuständen erreichen. Dadurch wirkt sich auf 1 nur ein mittlerer Spinzustand von 2 aus, so daß durch diese „Entkopplung" nur eine einzige Linie von 1 auftritt. Protonen können entkoppelt werden, wenn ihr Δv bei 100 MHz > 20 Hz ist. Die Entkopplung von Kernen mit großem Δv gegen Protonenresonanzen ist leichter. Die ersten Anwendungen dieses Verfahrens bezogen sich daher auf ^{11}B (Borwasserstoff), ^{14}N (Pyrrol), ^{19}F oder ^{31}P. Es ist auch möglich, simultan zwei Kerne bei der Messung eines dritten zu entkoppeln.

Spezielle Einzelheiten des Aufbaus und der Ausrüstung im Handel befindlicher Kernresonanzspektrometer können meistens sehr ausführlich gehaltenen Firmenschriften entnommen werden. In Deutschland sind Geräte der Firma Varian[1] verbreitet. Speziell für den Bedarf des organischen Chemikers wurde das nach der Brückenmethode von Purcell arbeitende Protonenresonanz-Spektrometer A 60 entwickelt, das mit automatischer Zyklisierung des Magneten, Protonenstabilisierung des Feldes und Integrator ausgerüstet ist. Die bei 60 und bei 100 Hz arbeitenden Forschungsspektrometer der Serien 60 und 100 werden in verschiedenen Ausrüstungen für Hochauflösung und für Breitbandtechnik geliefert. Über Umstellungsmöglichkeiten der Feldstärke und Meßfrequenz von Varian-Geräten haben KNIGHT und ERSKINE[2] berichtet. Die derzeit neueste Entwicklung ist das bei 220 MHz mit Supraleitungsmagneten arbeitende Gerät HR-220.

Die Firma Bruker-Physik[3] bietet ein Kerninduktions-Spektrometer (HFX-3) an für Hochauflösung und Breitlinien-Spektroskopie mit Protonenstabilisation und Doppelresonanzkanal bei einem Feldbereich von mindestens 5 bis 22 kG für Messungen zwischen 13,8 (^{2}D), 22,6 (^{13}C), 36,5 (^{31}P), 60 (^{1}H) und 90 MHz (^{1}H) und Meßbereichen der chemischen Verschiebung von 250 bis 2000 ppm. Bei Hochauflösung kann das Gerät mit Probetemperaturen von -170 bis $+200$ °C und bei Breitlinientechnik von -170 bis $+400$ °C betrieben werden.

Perkin-Elmer und Hitachi[4] haben ein 60 MHz-Kernresonanz-Spektrometer R 10 bzw. H 60 mit Permanentmagnet und Einspulensystem für die Brückenmethode von PURCELL in ihrem Lieferprogramm. Die Umschaltung von Protonenresonanz auf die Messung von Resonanzen anderer Kerne ist schnell vorzunehmen. Ein Integrator ist eingebaut. Zusätze für eine Protonen-Spin-Spin-Entkopplung und für Messungen bei variabler Probentemperatur (-100 bis $+200$ °C) sind erhältlich.

Als letzte seien noch Geräte der JEOL[5] erwähnt. Die Firma baut 60- und 100-MHz-Kernresonanz-Spektrometer nach dem Purcellschen Meßprinzip. Der Ausrüstungsstand dieser Geräte entspricht dem der Instrumente anderer Hersteller.

b) Aufnahmetechnik

α) Proberöhrchen. Die Proberöhrchen aus Glas mit möglichst gleichmäßiger Wandstärke für reine Flüssigkeiten und Lösungen haben Durchmesser von 3 bis 15 mm. Gewöhnlich liegen die Probemengen um 0,4 ml Flüssigkeit oder 10 bis 50 mg Substanz in 0,4 ml Lösungsmittel. Durch Einsetzen von Teflonstopfen zur Verminderung des toten Raums in den Röhrchen kann die Flüssigkeitsmenge noch gesenkt werden. Mit Mikroröhrchen aus dickwandigen Kapillaren mit Füllvolumina von 25 µl können noch Spektren von Proben in Mengen von etwa 1 mg aufgenommen werden. Im allgemeinen liegt die nachweisbare Zahl von Protonen zwischen 10^{17} bis 10^{19}. Spektren von sehr kleinen Probemengen kann man noch dadurch erhalten, daß man ihr Spektrum mehrfach registriert, die Signale mit kleinen, als Zusatz erhältlichen Rechnern summiert und das Untergrundrauschen dabei ausmittelt.

β) Lösungsmittel und ihre Einflüsse. Ideale Lösungsmittel sollten möglichst keine Protonen enthalten, keine zwischenmolekularen Wechselwirkungen ausüben

[1] Varian Instrument Associates, Palo Alto, Calif.; Zug, Schweiz; Varian-MAT, Bremen. Mitteilungen: Varian Instrument Applications, Instrument Owner's Service Bulletin, Technical Information Bulletin.
[2] KNIGHT, S. A., u. R. L. ERSKINE: J. Sci. Instrum. 42 (1965) 669.
[3] Bruker-Physik AG., Karlsruhe.
[4] Perkin-Elmer, Ltd., Beaconsfield, Bucks., England; Hitachi, Ltd., Tokio, Japan.
[5] Japan Electron Optics Laboratory Co. Ltd., Tokio, Japan.

und schwerflüchtig sein. Je nach den Lösungsmöglichkeiten verwendet man Tetrachlorkohlenstoff, Deuterochloroform und andere für NMR-Messungen von Chemikalienfirmen[1] beziehbare deuterierte Lösungsmittel. Protonenhaltige Lösungsmittel können dann benutzt werden, wenn ihre Resonanzlinien die in dem aufzunehmenden Spektrum auftretenden nicht stören. Besonders die Anwesenheit ferromagnetischer Verunreinigungen, z. B. von Katalysatorresten, ist wegen der durch sie verursachten Linienverbreiterung zu vermeiden.

Auftretende Lösungsmitteleffekte sind störend, wenn die Protonenresonanzen einer Substanz zu ihrer Konstitutionsaufklärung gemessen werden sollen; sie sind aufschlußreich, wenn grundsätzlich die Wechselwirkungen zwischen verschiedenen Molekülen interessieren. Die starke Verschiebung der Resonanzlinien von Protonen, die an Wasserstoffbrücken-Bindungen beteiligt sind, bei der Assoziation und Entassoziation zeigte sich schon in dem Spektrum von Äthylalkohol in Deuterochloroform (Abb. 124a). Meistens wird das Spektrum des assoziierten Alkohols gezeigt, in dem die Resonanzlinie des Protons der OH-Gruppe bei 5,2 ppm liegt, während sie in dem vorliegenden Spektrum bei 2,58 ppm auftritt und dadurch die stärkere Abschirmung des Protons in der entassoziierten Gruppe anzeigt. Selbst wenn man von den Systemen mit Wasserstoffbrücken-Bindungen absieht, können Lösungsmittel die Protonenresonanzen in ihnen gelöster Molekeln stark verschieben. Zum Beispiel zeigte es sich, daß in aromatischen Lösungsmitteln im allgemeinen die Abschirmkonstanten σ gelöster Stoffe um $0,3 \cdot 10^{-6}$ bis $0,7 \cdot 10^{-6}$ erhöht werden. Man hat den beobachteten Wert von σ als Summe einer Abschirmkonstante der isolierten Molekel und einer Zusatzgröße des Lösungsmittels σ_s angesehen. σ_s besteht aus Anteilen, die sich im wesentlichen durch folgende Einflußgrößen ergeben:

a) Makroskopische Suszeptibilität. Sie verschiebt δ zu höheren Werten.

b) Anisotropie in der Molsuszeptibilität der Lösungsmittel-Molekeln. Sie führt bei scheibenförmigen Lösungsmittelmolekeln, z. B. Benzol, zu kleineren, bei stabförmigen Molekeln, z. B. CS_2, zu größeren Werten von δ.

c) Van der Waalssche Kräfte zwischen Lösungsmittel und gelöstem Stoff. Ihre Wirkung entspricht der von a).

d) Dipol-Wechselwirkungen polarer Lösungsmittel. Sie führen meistens zu einer Erhöhung von δ, nur in einzelnen Fällen zu seiner Verminderung.

γ) **Einflüsse der Meßbedingungen auf die Signale.** Bei der Einführung der Probe in das Spektrometer ist darauf zu achten, daß sie möglichst in den Bereich bester Homogenität, etwa im Zentrum der Polschuhe, kommt, weil die Linienbreite und damit die erreichbare Auflösung vorwiegend durch die räumliche und zeitliche Homogenität des Feldes bedingt sind. Die Meßköpfe besitzen meistens Einrichtungen zur Feinjustierung der Probe im Magnetfeld. Auf die Bedeutung der Probendrehung zur Homogenisierung des wirksamen Magnetfeldes, seine „Zyklisierung" beim Betreiben von Elektromagneten und die Protonen-Feldstabilisierung wurde bereits hingewiesen. Weitere Einrichtungen sind meistens spezifische Konstruktionsmerkmale der einzelnen Geräte und werden bei ihrer Beschreibung hinreichend behandelt. Dazu gehören auch Maßnahmen zur Beseitigung von Inhomogenitäten in Richtung der Achse des Proberöhrchens. Sie werden z. B. durch Nachrichtung der Polschuhe mit einem Trimmer ausgeglichen. Um ein hohes Signal-Rauschverhältnis zu erhalten, arbeitet man gerne mit großen Senderintensitäten.

Im Unterschied zu dem Vorgehen bei dem Doppelresonanzverfahren muß man aber eine Sättigung des oberen Energieniveaus vermeiden. Es ist verständlich, daß diese Sättigung von den Relaxationszeiten und von der Geschwindigkeit der Feldveränderung abhängt. Je kürzer (länger) die Relaxationszeiten sind und je schneller (langsamer) das Feld verändert wird, um so höhere (niedrigere) Senderenergie können verwendet werden, bevor Sättigung eintritt. Eine eintretende Sättigung macht sich zuerst durch eine Abrundung der Spitze der Resonanzlinie und schließlich durch Schwächung des Resonanzsignals bemerkbar.

Die Form einer Resonanzlinie hängt auch noch in anderer Weise direkt von der Geschwindigkeit ab, mit der sich das äußere Feld ändert. Bei schneller Änderung treten hinter

---

[1] Zum Beispiel Merck, Darmstadt.

dem Hauptpeak eine Reihe von Signalen auf, deren Amplitude exponentiell abnimmt. Ohne auf den Mechanismus einzugehen, der auf den in Abschn. VI. 1 kurz dargelegten Grundlagen der magnetischen Kernresonanz beruht, sei hier nur auf eine praktische Bedeutung des Effekts hingewiesen: Eine derartige, gedämpfte Schwingung nach dem Durchgang des Feldes durch die Resonanzfrequenz ist ein Zeichen für eine gute Auflösung des Spektrometers.

4. Auswerttechnik

a) Bestimmung der chemischen Verschiebungen (Qualitative Analyse)

Die genaue Bestimmung der chemischen Verschiebungen durch Bezug auf einen inneren oder einen äußeren Standard (Abschn. VI. 1. c. d) und durch die Seitenbandtechnik (Abschn. VI. 3. a) wurden schon behandelt. Hier sei nur noch einmal auf die eventuell notwendige Berücksichtigung der Suszeptibilität eines Lösungsmittels (Abschn. VI. 3. b. γ) hingewiesen. Der einfachste Weg, ihren Einfluß auszuschalten, ist der, Substanz und inneren Standard in möglichst kleiner Konzentration in demselben Lösungsmittel zu messen. Allgemein ist es ratsam, die Lage der chemischen Verschiebungen auf eine Konzentration Null zu extrapolieren, um möglichst von allen Einflüssen freie Werte zu erhalten.

b) Bestimmung der Intensität von Resonanzlinien (Quantitative Analyse)

Im allgemeinen wird bei quantitativen Bestimmungen der Protonenverteilung in Reinsubstanzen oder in Substanzgemischen davon ausgegangen, daß die Flächen unter den Resonanzlinien der Zahl der in den einzelnen Bindungsarten vorhandenen Kerne proportional sind. Dies ist z. B. in den gezeigten Spektren (Abb. 124) der Fall. Die Flächen können nach den üblichen Methoden durch Auswägen der aus Registrierpapier konstanten Gewichts ausgeschnittenen Spektrenbereiche, durch Planimetrierung mit Polarplanimetern, Abtastgeräten, mechanischen Kugelintegratoren oder elektronischen Integratoren (s. Abschn. II. 4. f. η in Teil I u. V. 2. f) bestimmt werden. Die Linienhöhen sind in vielen Fällen den Flächen eines Spektrums nicht proportional, weil die Verhältnisse von Höhe zu Halbwertsbreite nicht immer konstant sind. Die in der Molekülspektroskopie und in der Gaschromatographie oft angewendete Auswertungsart einer Messung der Linienhöhen ist daher in der NMR-Spektrometrie nicht üblich.

Wenn man die Spektren bei relativ langsamer Feldänderung mißt, sind die Flächen unter den Resonanzlinien nicht nur der Zahl der erfaßten Kerne, sondern auch einer Größe $(1 + \gamma^2 H_1^2 t_1 t_2)^{1/2}$ proportional. Bei großer Feldstärke H_1 des rotierenden Feldes, langen Relaxationszeiten t_1 und t_2 (Abschn. VI.1.a u. b) wird die Größe der Flächen also auch durch sie merklich beeinflußt; die Verhältnisse der Flächen unter den Resonanzlinien entsprechen dann nicht mehr den Zahlenverhältnissen der einzelnen Kerne. Wenn diese Einflüsse bei Routineanalysen auch selten eine Rolle spielen, so sollte man sich doch der Möglichkeit bewußt sein, daß durch sie Fehler verursacht werden können und besonders die Senderenergie von Fall zu Fall prüfen.

5. Anwendungen[1]

a) Qualitative Analysen

In der bereits zitierten Literatur findet man eine große Zahl von Beispielen zur Anwendung der magnetischen Kernresonanz bei der Identifizierung, Konstitutionsermittlung und Strukturaufklärung von organischen und z. T. auch anorganischen Verbindungen. Oft wurde gezeigt, wie eine Kombination verschiedener

---

[1] Brey, W. S. (Hrsg.): Journ. Magnet. Resonance, New York: Acad. Press 1969.

Verfahren, z. B. der IR-, der Kernresonanz- und der Massenspektrometrie zu
relativ schnellen und sicheren Analysen auch kompliziert aufgebauter Stoffe führt.
Diese Literaturhinweise sollen hier noch erweitert werden. Im wesentlichen handelt
es sich um Monographien[1-11], Sammelwerke[12-19] und Veröffentlichungen[20], in denen
neben einer Schilderung der Arbeitstechnik die Anwendungen der Methode und
die Deutung von Kernresonanzspektren behandelt werden.

Grundlage einer qualitativen Auswertung von Kernresonanzspektren ist die Kenntnis
der ungefähren Lage von Resonanz- (Schlüssel-) Linien bestimmter Protonengruppierungen. In
Abb. 125 und Tab. 11 wurden δ-Werte derartiger Schlüssellinien zusammengestellt. Für
Kohlenwasserstoffe hat OELERT[21] eine sehr detaillierte Zuordnungstafel chemischer Verschiebungen veröffentlicht, die in großen Zügen mit den Angaben der Tab. 11 übereinstimmt. Nur
die Bereiche der δ-Werte von Alkylgruppen, die zu ungesättigten Systemen α-ständig sind,
und von kondensierten Polyaromaten sind noch erweitert.

Die Kernresonanzspektrometrie wird nur verhältnismäßig selten zur Identifizierung von einzelnen Kohlenwasserstoffen oder zu ihrer Konstitutionsermittlung
herangezogen werden. In dieser Richtung dürften ihr für den Kohlenwasserstoff-
bereich die molekülspektroskopischen Methoden meistens überlegen sein. Bei der
Identifizierung bestimmter Protonengruppierungen, d. h. bei der Gruppenanalyse
kann die Kernresonanz dagegen eine gute Hilfe sein, weil ihre Spektren durch das
Auftreten *einer* Resonanzlinie für eine Protonenart oft übersichtlicher sind als
Molekül-Schwingungsspektren, in denen Banden oder Linien verschiedener

[1] BHACCA, N. S., u. D. H. WILLIAMS: Applications of NMR Spectroscopy in Organic
Chemistry. San Francisco: Holden-Day 1964.
[2] CAIRNS, T.: Spectroscopic Problems in Organic Chemistry, Vol. I. London: Heyden & Son
1964.
[3] FREYMAN, R.: Nuclear Magnetic Resonance in Chemistry. New York: Acad. Press 1965.
[4] IONIN, B. I., u. B. A. JERSCHOW: Magnetische Kernresonanz in der organischen Chemie
(russ.). Moskau: Chimija 1967.
[5] KESSENICH, A. W.: Magnetische Kernresonanz (russ.). Moskau: Snamie 1965.
[6] NAKANISHI, K., V. WOODS u. L. J. DURHAM: A Guidebook to the Interpretation of NMR
Spectra. San Francisco: Holden-Day 1967.
[7] SIMON, W., u. TH. CLERC: Strukturaufklärung organischer Verbindungen mit spektroskopischen Methoden. Frankfurt: Akad. Verl. Ges. 1967.
[8] SUHR, H.: Anwendungen der kernmagnetischen Resonanz in der organischen Chemie.
Berlin: Springer 1965.
[9] SSLONIM, I. J., u. A. N. LJULIMOW: Magnetische Kernresonanz (russ.). Moskau: Chimija
1966.
[10] ZHERNOVOI, A. I., u. G. D. LATYSHEW: Nuclear Magnetic Resonance in a Flowing
Liquid. New York: Plenum Press 1965; Original (russ.): Moskau: Atomizdat 1964.
[11] WIBERG, K. B., u. B. J. NIST: The Interpretation of NMR Spectra. New York: Benjamin
Inc. 1962.
[12] BRAME, E. G.: Nuclear Magnetic Resonance, in SNELL, F. D., u. C. L. HILTON: Encyclopedia of Industrial Chemical Analysis. New York: Interscience Publ. 1966.
[13] BRAND, J. C. D., u. G. EGLINTON: in Applications of Spectroscopy to Organic Chemistry. London: Oldbourne Press 1964.
[14] DYER, J. R.: in Applications of Absorption Spectroscopy of Organic Compounds.
Englewood Cliffs, N. J.: Prentice Hall 1965.
[15] a) MATHIESON, D. W. (Hrsg.): Interpretation of Organic Spectra. New York: Acad.
Press 1965. — b) MATHIESON, D. W. (Hrsg.): Nuclear Magnetic Resonance for Organic
Chemists. New York: Acad. Press 1967.
[16] MOONEY, E. F. (Hrsg.): Annual Review of NMR Spectroscopy, Vol. I. New York: Acad.
Press 1968.
[17] PESCE, B. (Hrsg.): Nuclear Magnetic Resonance in Chemistry. New York: Acad. Press
1965.
[18] STAAB, H. A.: Einführung in die theoretische organische Chemie, 2. Aufl. Weinheim:
Verlag Chemie 1966.
[19] STOTHERS, J. B.: in K. W. BENTLEY (Hrsg.): Elucidation of Structures by Physical
and Chemical Methods, Vol. IX., Part 1. New York: Interscience Publ. 1963.
[20] KIENITZ, H., u. W. BENZ: Z. analyt. Chem. 235 (1968) 59.
[21] OELERT, H. H.: Z. analyt. Chem. 231 (1967) 105.

Schwingungsarten eines Wasserstoffatoms (Valenz- und Deformationsschwingungen) auftreten. WILLIAMS[1] und CHAMBERLAIN[2-4] haben mit als erste ausführlich gezeigt, daß aus NMR-Spektren folgende Schlüsse zu ziehen sind: Zahl der Naphthenringe und Methylgruppen im mittleren Molekül gesättigter Erdölfraktionen; Zahl der Methylgruppen an aromatischen Ringen; mittlere Länge und Verzweigungsgrad von Seitenketten; Verteilung des Wasserstoffs auf kondensierte und nichtkondensierte Aromaten; Identifizierung einzelner Ringsysteme.

Eine Vorbedingung für derartige Analysen ist die Festlegung von Bereichen in den Spektren, in denen möglichst nur die Signale einer Gruppe auftreten. An Hand der Zuordnungstafeln ist die Lösung dieser Aufgabe bis zu einem gewissen Grade möglich. Abb. 127a zeigt

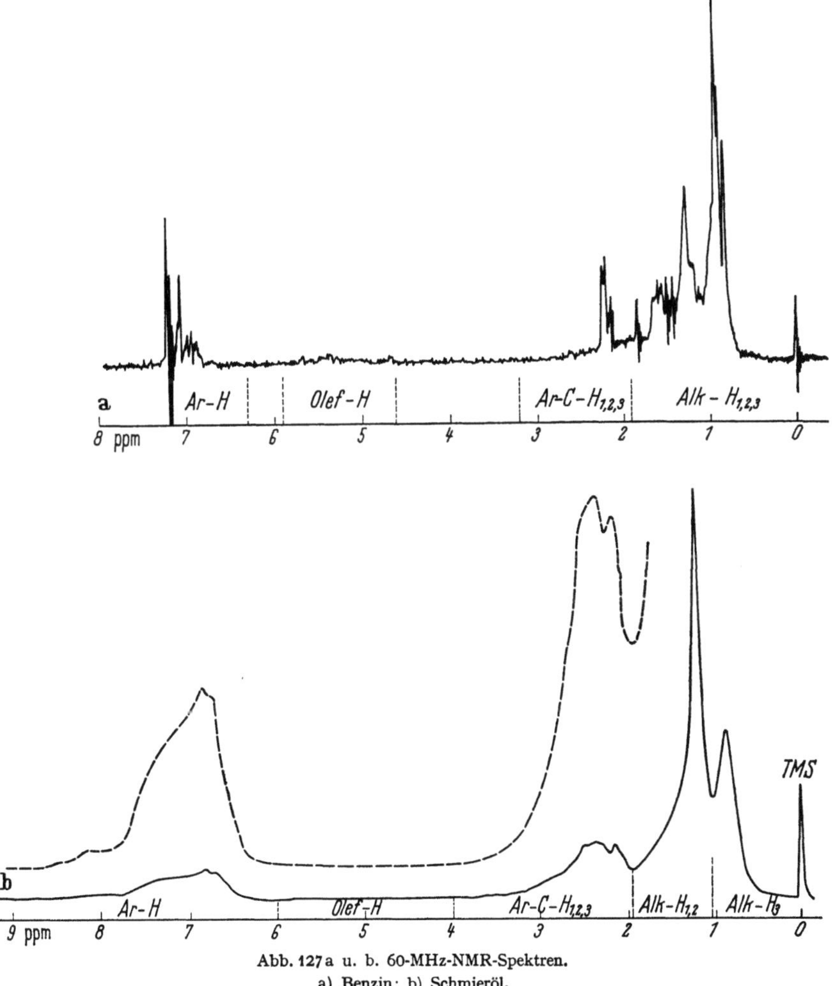

Abb. 127a u. b. 60-MHz-NMR-Spektren.
a) Benzin; b) Schmieröl.

[1] WILLIAMS, R. B.: ASTM Special Technical Publication No. 224 (1958) 168.

[2] CHAMBERLAIN, N. F.: Nuclear Magnetic Resonance and Electron Paramagnetic Resonance, in KOLTHOFF, I. M., P. J. ELVING (Hsrg.) Treatise on Analytical Chemistry, Part I., Vol. 4. New York: Interscience Publ. 1963.

[3] CHAMBERLAIN, N. F., N. P. NEUREITER, R. K. SAUNDERS u. R. WILLIAMS: Proceedings Fifth World Petroleum Congress, New York 1959, Sect. V, 93.

[4] WILLIAMS, R. B., u. N. F. CHAMBERLAIN: Proceedings Sixth World Petroleum Congress, Frankfurt/Main 1963, Section V, 217. — b) CHAMBERLAIN, N. F.: Proceedings Seventh World Petroleum Congress, Mexico City 1967, Sect. IX, 13. Amsterdam: Elsevier Publ. Comp. 1967.

eine Einteilung, die Louis[1] in einer Arbeit über die Protonenresonanz-Analyse von Motorbenzinen gewählt hat. Sie unterscheidet sich nicht wesentlich von Unterteilungen, die OELERT für die Gruppenanalyse von Steinkohlenteeren[2] und LUTHER-OELERT[3] für eine kombinierte IR-NMR-Gruppenanalyse von Motorenölen vornahmen (Abb. 127b). Qualitativ sind in dem wiedergegebenen Spektrum eines Normalbenzins (Abb. 127a) noch folgende Einzelstoffe zu identifizieren: Cyclohexan (δ: 1,42), Cyclopentan (δ: 1,51), m-, p-, o-Xylol (δ: 6,88; 6,92 bzw. 6,97), Toluol und Äthylbenzol (δ: 7,05 bzw. 7,08), schließlich noch als Zusatz Aceton (δ: 1,88), das ähnlich wie andere Additive (Glykole, Äthanol, Isopropanol) durch seine ungestörte Resonanzlinie relativ leicht nachgewiesen werden kann. Selbstverständlich liegen die Verhältnisse bei höheren Kohlenwasserstofffraktionen nicht so günstig (Abb. 127b). Leider besteht auch bei der Kernresonanzspektrometrie keine Möglichkeit eines direkten Nachweises von Naphthenen, die zwischen $\delta = 1,6$ bis 1,9 zu beobachtende „Schleppe" des Signals von CH_2- und CH-Gruppen dürfte z. T. auf die Anwesenheit von Cycloparaffinen zurückzuführen sein; eine Aufgliederung des Linienzuges ist aber ohne Willkür nicht möglich. Mit etwas mehr Aussicht auf Erfolg könnte man eine Auftrennung des Resonanzbereiches an Aromaten gebundener Protonen versuchen, wie sich vor allem aus der mit großer Verstärkung registrierten (gestrichelten) Kurve ergibt.

Da die Flächen der Signale im Normalfall den Kernzahlen in den Proben proportional sind und daher ohne besondere Eichung eine quantitative Auswertung der Spektren für relative und absolute Bestimmungen der Protonenzahlen möglich ist, wird in sehr vielen Fällen der qualitativen Analyse unmittelbar die quantitative angeschlossen. Dieses Verfahren wird durch die Aufnahme der Integralkurve mit den meistens in die Spektrometer eingebauten Integratoren erleichtert.

b) Quantitative Analyse

Einige Angaben, die im Zusammenhang mit der quantitativen Analyse interessieren, wurden bereits im Abschn. VI. 3. b. α gemacht. Danach liegt die Nachweisgrenze von Protonen heute bei etwa 10^{17}/ml. Im Normalfall setzt man 0,2 bis 0,4 ml Substanz oder die gleiche Menge Lösungsmittel mit 10 bis 50 mg Substanz ein. Bei Verwendung von Mikroprobenröhrchen kann man mit Substanzmengen von etwa 1 mg auskommen. Bei einigen Ansprüchen an Genauigkeit sollte man Konzentrationen von 0,1 normal nicht wesentlich unterschreiten. Zur Feststellung der Fehlergrenzen wurde des öfteren Äthylbenzol verwendet, dessen stärkste Linie, tatsächlich den vorstehenden Angaben entsprechend, in einer 1%igen Lösung noch quantitativ vermessen werden kann. Die Angaben über Fehlergrenzen[4] schwanken je nach Versuchsbedingungen, Substanzen und Konzentrationen zwischen $\pm 0,1$ und 4% (relat.).

α) **Benzinfraktionen.** Umfassendes Material über die quantitative Analyse von Benzinfraktionen enthält die schon zitierte Arbeit von Louis[1]. Er bestimmte die in dem vorangegangenen Abschnitt genannten Substanzen und Gruppen auch quantitativ und leitete aus seinen Messungen an je 19 Normal- und Superbenzinen charakteristische Bereiche der Wasserstoffverteilung auf verschiedene Gruppen in den Benzinkomponenten ab. Dabei zeigte sich deutlich, daß in den Spektren von Superbenzinen die Protonensignale von Aromaten (Ar-H, Ar-CH_3, Ar-$CH_{1,\,2}$) und in Normalbenzinen die Signale von Paraffinen (Alk-CH_3, Alk-$CH_{1,\,2}$)[5] stärker hervortraten. Bei Bezug der Intensitätswerte auf die Signalstärke einer in bekannter Menge zugesetzten Standardsubstanz kann man nicht nur relative sondern auch absolute Wasserstoffgehalte bestimmen, solange die Proportionalität zwischen Signalfläche und Protonenzahl gilt. Es muß daher eine Relation zwischen den Wasserstoffwerten der Elementaranalyse und der Kernresonanz bestehen. Dies wurde von Louis gefunden. Interessant ist auch sein Vergleich zwischen Er-

---

[1] LOUIS, R.: Erdöl u. Kohle 19 (1966) 281.
[2] Siehe Fußnote 21, S. 838.
[3] LUTHER, H., u. H. H. OELERT: Erdöl u. Kohle (in Vorbereitung).
[4] WILLIAMS, R. B.: Ann. New York Acad. Sci. 70 (1958) 890.
[5] VAN MEURS, H.: Rec. Trav. Chim. 86 (1967) 111.

gebnissen der FIA-[1] und der NMR-Analyse. Das Verhältnis Gesamtaromaten (% nach FIA) zu aromatisch gebundenen H-Atomen (Gew.-% nach NMR) lag für Normalbenzine bei $9{,}2 \pm 0{,}5$ und für Superbenzine bei $10{,}5 \pm 0{,}5$; für Olefine ergaben sich schwankende Verhältniszahlen. Diese Unsicherheit ist sicher im wesentlichen der FIA-Methode anzulasten, wenn auch berücksichtigt werden muß, daß die Olefingehalte in der Nähe der Nachweisgrenze der NMR-Methode lagen. Auch die Vergleiche mit der IR-Spektrometrie und der Gaschromatographie geben Hinweise für weitere planmäßige Untersuchungen über die Anwendungsbereiche der einzelnen Methoden und über ihre Kombinationsmöglichkeiten.

β) Dieselöl- und Schmierölfraktionen. Grundsätzlich ändert sich die Art der Auswertung bei quantitativen Analysen der Protonenverteilung in Erdölfraktionen höheren Molekulargewichts nicht. Es wurde bereits darauf hingewiesen, daß die Resonanzlinien stärker als in den Spektren von Benzinen miteinander verschmelzen, so daß sich breitere Linienkomplexe ergeben, die nur noch Gruppenanalysen und keine Identifizierung von Einzelsubstanzen gestatten. Auch hier sind die Arbeiten von WILLIAMS und CHAMBERLAIN[2] als richtungsweisend zu erwähnen. Bei aromatischen Fraktionen teilten sie den Resonanzbereich aromatisch gebundener H-Atome durch folgende Zuordnungen stark auf: 9.10.-Stellung in Anthracenen, Benzanthracenen usw. bei $\delta = 8{,}5$ bis 9; angulare Stellung in Phenanthrenen bei $\delta = 7{,}5$ bis 8,9; andere Bindungsarten an kondensierten Aromaten bei $\delta = 7{,}05$ bis 7,9; unkondensierte Aromaten bei $\delta = 6{,}5$ bis 7,05; Alkylbrücken von Fluorenen, Dihydroanthracenen, Acenaphthenen bei $\delta = 3{,}2$ bis 3,8. Die Zuordnungen der übrigen gesättigten Gruppen entsprechen den üblichen Unterscheidungen in unmittelbar an ungesättigten Systemen stehende ($\delta = 2{,}6$ bis 3,2 für $CH_{1,2}$; $\delta = 1{,}8$ bis 2,6 für CH_3) und β-, γ-... ständige Alkylgruppen ($\delta = 1{,}0$ bis 1,8 für $CH_{1,2}$ und $\delta = 0{,}6$ bis 1,0 für CH_3). Zur Ergänzung wird bei höheren Fraktionen die Gruppenanalyse nach VAN KREVELEN[3] herangezogen. Auch POWELL[4] führte in einem Überblick über die Entwicklung physikalischer Methoden zur Erdölanalyse aus, daß dieses Verfahren besonders bei der Gruppenanalyse von Extrakten hohen Molekulargewichtes nützlich sei.

LUTHER und OELERT[5] kombinierten bei Gruppenanalysen von Motorenölfraktionen die n-d-M-Methode, die IR- und die NMR-Spektrometrie. Die von ihnen gewählten Grenzen charakteristischer Resonanzbereiche sind in Abb. 127 b eingezeichnet. Sie fanden zwischen den Ergebnissen der IR-[6] und der NMR-Gruppenanalyse keine vollkommen befriedigende Übereinstimmung für Aromaten und Paraffine. Die grundsätzliche Schwierigkeit bei den heute bevorzugt angewendeten Gruppenanalysen ist die, daß diese Verfahren nicht ohne vereinfachende Annahmen auskommen, sich bei Paraffinen und Naphthenen nicht auf direkte Anschlußwerte an chemische Analysenergebnisse stützen können und daher oft aufeinander bezogen werden. Gerade die Beschaffung weiterer, systematisch erarbeiteter Resultate kernmagnetischer Messungen dürfte hier weiterführen.

Interessant ist vor allem wegen ihrer spezifischen Fragestellung nach Protonen-Resonanzen von N-H-Gruppen, eine Arbeit von SNYDER u. a.[7] über die NMR-Analyse stickstoffhaltiger Verbindungen in Fraktionen von 390 bis 450 °C. Die Autoren geben für N-Methylgruppen im Indol ein δ von 3,37 und für $N-CH_2$-Gruppen ein δ von 3,75 an. Auch hier dürfte sich noch ein weites Aufgabenfeld für weitere Untersuchungen abzeichnen.

γ) Bitumina und Teere. Daß Messungen der kernmagnetischen Resonanz infolge der relativ einfachen Spektren bei hochmolekularen Erdölinhaltsstoffen besonders für eine Charakterisierung der Kohlenwasserstoffgruppen Vorteile

---

[1] DIN 51791. [2] Siehe Fußnote 3, S. 839.
[3] KREVELEN, D. W. VAN, u. J. SCHUYER: Coal Science. Amsterdam: Elsevier 1957.
[4] POWELL, H.: Seventh World Petroleum Congress, Mexico City 1967, Sect. 9. 55. Amsterdam: Elsevier 1967.
[5] Siehe Fußnote 3, S. 840.
[6] BRANDES, G.: Brennstoff-Chem. 37 (1956) 263.
[7] SNYDER, L. R., B. E. BUELL u. H. E. HOWARD: Analyt. Chem. 40 (1968) 1303.

gegenüber anderen spektroskopischen Verfahren haben, kann man aus der verhältnismäßig großen Zahl von Veröffentlichungen über die NMR-Gruppenanalyse von Erdöl- und Kohlebitumina sowie von Schwel- und Hochtemperaturteeren schließen[1]. Besonders bei der Analyse sauerstoffhaltiger Verbindungen in diesen Produkten wird die IR-Spektrometrie ergänzend herangezogen. Die zwischen 1600 und 1800 cm^{-1} auftretenden Banden der C=O-Bindung lassen sich zur Bestimmung von Carbonyl- und Carboxylgruppen gut auswerten; auch für Hydroxylgruppen können Intensitätsinkremente von OH-Banden $>$3000 cm^{-1} angegeben werden. Aufbauend auf den Arbeiten von WILLIAMS[2, 3] sowie von BROWN, LADNER und Mitarbeitern[4] haben RAMSEY u. a.[5] bei der NMR-Analyse von Bitumina folgende Flächenbereiche der aufgenommenen Spektren quantitativ ausgewertet: Weiter als durch zwei C-Atome bzw. ein C-Atom von Aromaten getrennte CH$_3$-Gruppen (H$_\gamma$ und H$_\beta$) bei $\delta = 0{,}5$ bis 1,05 bzw. 1,05 bis 2,0; an Aromaten gebundene CH$_3$-Gruppen (H$_\alpha$) bei $\delta = 2{,}0$ bis 4,0; aromatische Protonen (H$_A$) bei $\delta = 6{,}4$ bis 8,3. Sie zeigten dabei, daß die Ergebnisse ihrer Gruppenanalysen in guter Übereinstimmung mit Werten stünden, die mit Hilfe der n-d-M- und der van-Krevelen-Methode gewonnen waren.

HEREDY und Mitautoren[6] arbeiteten zur Erforschung der Zusammensetzung von Kohlen verschiedenen Inkohlungsgrades eine Methode für die NMR-Analyse von Phenol-Bortrifluorid-Depolymerisationsprodukten aus. Sie nahmen die NMR-Spektren der Substanzen in Deuterochloroform und in Dimethylsulfoxid auf und unterteilten die Resonanzbereiche verhältnismäßig stark nach einer Zuordnung, die aus den Spektren von Modellsubstanzen abgeleitet war. Trotz ihres sehr sorgfältigen Vorgehens bei der Auswertung gehen die erhaltenen Ergebnisse kaum über das hinaus, was auch andere Autoren festgestellt hatten. Vorläufig hat die NMR-Analyse bei derartigen Gruppenbestimmungen offensichtlich eine Grenze ihrer Aussagefähigkeit erreicht, die vielleicht bei Anwendung von Supraleitungsmagneten für Resonanzfrequenzen über 200 MHz mit wesentlich höherer Auflösung überschritten werden kann. Eine kritische Übersicht über neuere Ergebnisse spektroskopischer Methoden zur Aufklärung der chemischen Struktur von Steinkohlen haben neuerdings OELERT und HEMMER[7] gegeben. In ihr ist die Literatur über die Anwendung der NMR-Analyse auf Bitumina und Teere zusammengetragen.

RETCOFSKY und FRIEDEL[8] haben sich relativ viel mit der NMR-Analyse von Kohleprodukten beschäftigt. Sie sind inzwischen dazu übergegangen, nicht nur die Protonen, sondern auch die ^{13}C-Spektren komplex zusammengesetzter Erdöl- und Kohlederivate zur Feststellung der C-Verteilung zu messen. Sie arbeiteten bei einem Magnetfeld von 14,1 kG mit einer Meßfrequenz von 15,085 MHz und mit Doppelresonanz. Mit derartigen Messungen kann man unmittelbare Informationen über die Verteilung aromatisch und nichtaromatisch gebundener C-Atome erhalten, die ihre Resonanzbereiche, bezogen auf die Linie des Schwefelkohlenstoffs, bei etwa 60 bzw. 70 ppm haben. Die Ergebnisse wurden z. T. mit massenspektrometrisch erhaltenen Werten verglichen. Auch Rohöle wurden auf ihren Aromatengehalt untersucht. Da die Signale bei der bereits früher (Abschn. VI. 1. c. d) mitgeteilten natürlichen Häufigkeit des ^{13}C von 1,1 % schwach sind, wurde diskutiert, welche Möglichkeiten es zur Verstärkung der Signale gäbe. Die ebenfalls schon erwähnte Aufsummierung nacheinander aufgenommener

---

[1] OELERT, H. H.: Brennstoff-Chem. 48 (1947) 331, 362; Z. analyt. Chem. 231 (1967) 81.

[2] Siehe Fußnote 1, S. 839.   [3] Siehe Fußnote 4, S. 838.

[4] a) BROWN, J. K., u. W. R. LADNER, Fuel, 39 (1960) 87; BROWN, J. K., W. R. LADNER u. N. SHEPPARD: Fuel 39 (1960) 79. — b) LADNER, W. R., u. A. E. STACEY: Fuel 44 (1965) 71.

[5] a) RAMSEY, J. W., F. R. McDONALD u. J. C. PETERSEN: Ind. Engng. Chem. Prod. Res. Dev. 6 (1967) 231. — b) HELM, R. v., u. J. C. PETERSEN: Analyt. Chem. 40 (1968) 1100.

[6] HEREDY, L. A., A. E. KOSTYO u. M. B. NEUWORTH, in Coal Science, Advances in Chemistry Series 55, Amer. Chem. Soc., Washington 1966, S. 493.

[7] OELERT, H. H., u. E. A. HEMMER: Erdöl u. Kohle (in Vorbereitung).

[8] FRIEDEL, R. A., u. H. L. RETCOFSKY: Chem. and Ind. 1966, S. 455. — b) RETCOFSKY, H. L., u. R. A. FRIEDEL: in Coal Science, Advances in Chemical Series 55, Amer. Chem. Soc., Washington 1966.

Spektren mit einem Rechner (computer of average transients „CAT") ist sehr aufwendig und erfordert außerdem eine sehr große Reproduzierbarkeit bei der Spektrenregistrierung. Es konnte gezeigt werden, daß durch Spin-Spin-Entkopplung mit der Verschärfung auch eine Verstärkung der Signale Hand in Hand ging, so daß vorerst auf diesem einfacheren Wege gearbeitet werden kann.

δ) Hochpolymere. Auf den für die Spektrometrie interessanten Bereich der NMR-Messungen an Hochpolymeren zur Bestimmung ihrer Struktur, speziell ihres Kristallinitätsgrades, kann hier nur kurz hingewiesen werden[1, 2]. Wie dargelegt wurde (Abschn. VI. 1. b), ist die Linienbreite der Kernresonanzsignale bei festen Körpern eine Funktion der Beweglichkeit der betrachteten Kerne im Molekülverband. Daher beobachtet man z. B. im Spektrum des Polyäthylens eine schmale Linie der Resonanz beweglicher Kerne („amorpher Anteil") und daran anschließend eine breite Linie relativ unbeweglicher Kerne („kristalliner Anteil"). Aus der Temperaturabhängigkeit der Intensitäten und Breiten dieser Linien kann man Rückschlüsse auf Umwandlungen in den Polymeren ziehen.

ε) Andere Stoffgruppen. Auf die Gesichtspunkte, die bei der Analyse von Kohlenwasserstoffderivaten mit funktionellen Gruppen in Hinblick auf intramolekulare Wechselwirkungen zu berücksichtigen sind, kann hier nicht mehr eingegangen werden. Die Zuordnungstafeln (Abb. 125) geben eine Reihe von Hinweisen.

ζ) Reaktionskinetische Messungen[3]. Da die NMR-Spektrometrie viel als Meßmethode bei der Verfolgung langsamer und schneller chemischer Reaktionen verwendet wird, soll an dieser Stelle noch ein Hinweis auf einschlägige Literatur gegeben werden. Vor kurzem haben HERTZ und ACKERMANN[4] ausführlich über strukturelle und kinetische Untersuchungen an flüssigen Gemischen mit den Methoden der Kernresonanz und der IR-Spektroskopie berichtet. Auf ihre Arbeit kann für eine weitere Information auf diesem Gebiete zurückgegriffen werden.

6. Grundbegriffe der Elektronen-Resonanz

Die Elektronenspin-Resonanz (ESR) oder Electron Paramagnetic Resonance (EPR) ist ihren physikalischen Grundlagen nach mit der magnetischen Kernresonanz verknüpft und besonders für die Untersuchung von Umsetzungen, bei denen Radikale eine Rolle spielen, auch in der Erdölchemie, vor allem in der Petrolchemie, ein wichtiges Hilfsmittel geworden.

Da freie oder ungepaarte Elektronen einen Eigendrehimpuls (Spin), der nicht durch paarweise Absättigung kompensiert ist und ihnen Kreiseleigenschaften verleiht, sowie ein mit ihm verknüpftes magnetisches Moment besitzen, können sie der ausrichtenden Wirkung eines Magnetfeldes nicht folgen, sondern weichen diesem Zwang seitwärts aus, so daß sie mit der Lamorfrequenz (s. Abschn. VI. 1) kegelförmig um die Feldrichtung präzessieren. Sie können dabei infolge ihres Spins 1/2 zwei energetisch getrennte Orientierungen einnehmen, zwischen denen magnetische Dipolübergänge möglich sind. Die Energiedifferenz zwischen den beiden Zuständen beträgt:

$$\Delta E = h\nu = g\,\mu_B\,H. \tag{105}$$

[1] THURN, H.: Kernresonanz-Messungen, in Ergebnisse der exakten Naturwissenschaften, Bd. 31. Berlin/Göttingen/Heidelberg: Springer 1959, S. 220ff.

[2] MÜLLER-WARMUTH, W.: in Die Physik der Hochpolymeren (Hrsg. H. A. STUART), I. Bd.: Die Struktur des freien Moleküls. Berlin/Heidelberg/New York: Springer 1967, S. 177ff.

[3] Siehe Fußnote 15, S. 832.

[4] HERTZ, H. G., u. TH. ACKERMANN: Strukturelle und kinetische Untersuchungen an flüssigen Gemischen mit den Methoden der Kernresonanz und der IR-Spektroskopie, Forschungsberichte des Landes Nordrhein-Westfalen. Köln: Westdeutscher Verlag 1967.

Dabei ist H die magnetische Feldstärke am Ort des Elektrons; μ_B das Bohrsche Magneton; g der spektroskopische Aufspaltungsfaktor, der in den meisten Substanzen in der Größenordnung des Landè-Faktors des freien Elektrons ($g_e = 2{,}00229$) liegt.

Bringt man eine Probe, die freie Radikale enthält, in ein konstantes Magnetfeld und setzt man sie dort einem magnetischen Wechselfeld aus, das senkrecht zur Richtung des konstanten Feldes verläuft, so absorbieren sie dann Strahlung, wenn deren Frequenz ν, die Lamorfrequenz, der durch Gl. (105) festgelegten Resonanzbedingung genügt. Das äußere Wechselfeld führt zu einer teilweisen Synchronisierung der mit statistisch streuender Phase präzessierenden Elektronenmagnete. Dadurch heben sich im Resonanzfall die mikroskopischen Magnetfelder in der Ebene senkrecht zum magnetischen Gleichfeld nicht mehr gegenseitig auf, sondern wirken auf das magnetische Wechselfeld, das die Synchronisierung bewirkt, zurück, indem sie Phase und Amplitude dieses Feldes ändern. Diese Rückwirkung wird in einem auf die Frequenz des magnetischen Wechselfeldes abgestimmten Resonator, bei den im GHz-Bereich liegenden Frequenzen meist mit einem Hohlraumresonator, beobachtet.

In den meisten handelsüblichen Spektrometern ist die Meßfrequenz ν konstant, die Magnetfeldstärke wird stetig geändert. Dabei können in Abhängigkeit von ihr die in der untersuchten Substanz vorkommenden Elektronenspinresonanzen bei den jeweiligen Resonanzfeldstärken

$$H = \frac{h \cdot \nu}{g \cdot \mu_B} \tag{106}$$

aufgenommen werden.

Aus technischen Gründen ergeben sich in den üblichen ESR-Spektrometern nicht die Absorptionskurven selbst, sondern ihre ersten Ableitungen nach dem Magnetfeld. Aus ihnen können durch graphische oder elektronische Integration die Absorptionskurven bestimmt werden. Die durch nochmalige Integration gewonnenen Flächen unter den Absorptionsbanden sind den Radikalkonzentrationen proportional. Durch Vergleiche mit Meßergebnissen an Proben mit bekannter Radikalkonzentration kann man unbekannte Konzentrationen ermitteln. Dabei wird allerdings ein absoluter Fehler von $\pm 50\%$ selten unterschritten. Die untere Nachweisgrenze liegt bei empfindlichen ESR-Spektrometern theoretisch in der Größenordnung von 10^{11} Spins im Meßvolumen. Praktisch liegt die gerade noch nachweisbare Radikalkonzentration bei etwa $5 \cdot 10^{-7}$ Mol/l.

Daß man für verschiedene Radikale unterschiedliche Resonanzfrequenzen findet, liegt wie bei der magnetischen Kernresonanz an einer Überlagerung des äußeren Feldes durch schwache innere Magnetfelder der Radikale. Die Absorptionslinien der meisten freien Radikale zeigen außerdem eine Hyperfeinaufspaltung. Sie ist die Folge einer Wechselwirkung des magnetischen Moments eines ungepaarten Elektrons mit Atomkernen im Radikal, die magnetische Kernmomente besitzen, wie z. B. Protonen oder Stickstoffkerne.

Vorwiegend für die beiden als X- bzw. Q-Band bezeichneten Frequenzintervalle von 9 bis 10 bzw. 32 bis 36 GHz sind in der Mikrowellentechnik Geräte entwickelt worden; aus diesem Grunde wird in der ESR-Spektrometrie bei äußeren Feldern von etwa 3400 bzw. 12000 Gauss gearbeitet, die nach Gl. (106) im Resonanzfall den genannten Frequenzen entsprechen. ESR-Spektrometer werden meistens auch von Gerätefirmen geliefert, die Kernresonanz-Spektrometer herstellen. Für nähere Informationen kann daher auf Abschn. VI.3.a zurückverwiesen werden.

Auch in der Literatur werden magnetische Kernresonanz und Elektronenspin-resonanz z. T. gemeinsam behandelt[1, 2]. In diesen Artikeln sind bereits viele einschlägige Veröffentlichungen zitiert, die für ein vertiefendes Studium nützlich sein können. Darüber hinaus findet man ausführliche Literaturangaben in den seit 1966 in Analytical Chemistry erscheinenden Übersichtsreferaten über die paramagnetische Elektronenresonanz[3], so daß hier zusätzlich nur noch auf wenige später erschienene Beiträge zu diesem Thema von GERSON[4], FISCHER[5] und von FORRESTER u. a.[6] aufmerksam gemacht werden soll.

VII. Massenspektrometrie

Die Massenspektrometrie ist ein Meß- und Analysenverfahren, bei dem meistens durch Beschuß mit Elektronen im Vakuum aus Atomen, Molekeln oder Molekelbruchstücken (Radikalen) Ionen gebildet, nach Masse und Ladung getrennt und mit einem Registriersystem nach Masse und Häufigkeit (Ionenstrom) qualitativ bzw. quantitativ erfaßt werden. Sie schien nach der Einführung der Gaschromatographie etwa Mitte der fünfziger Jahre an Bedeutung für die physikalisch-chemische Analytik zu verlieren, wird aber jetzt wieder in steigendem Maße zur Lösung physikalischer, physikalisch-chemischer und analytischer Probleme eingesetzt[7]. Anwendungsbereiche sind u. a. die Feststellung relativer Atomgewichte und die Messung von Isotopenhäufigkeiten bei der Untersuchung von Kernumwandlungen, bei Tracerverfahren und bei Altersbestimmungen sowie auf dem Gebiete der Isotopengeologie und -kosmologie; die Verfolgung von Reaktionsabläufen, auch durch Erfassung auftretender Radikale; die Ermittlung thermodynamischer Daten von Phasengleichgewichten und chemischen Gleichgewichten; die Bestimmung von Bindungs-, Dissoziations-, Ionisierungsenergien oder von Bildungsenthalpien bei Molekeln, Radikalen und Ionen; die Messung von Molekulargewichten zur Aufstellung von Summenformeln; die Aufklärung von Molekülstrukturen durch spezifischen Abbau der Moleküle unter Elektronenbeschuß; die Erkennung von Heteroatomen auf Grund der natürlichen Isotopenverteilung; die qualitative und quantitative Analyse von Gasen, Flüssigkeiten und Festkörpern, die ohne thermische Zersetzung einen Dampfdruck zwischen 10^{-4} und 10^{-6} Torr erreichen können; die Identifizierung von Stoffen in Kombination mit Trennverfahren oder mit anderen Analysenmethoden.

Die Bedeutung der Massenspektrometrie für die Erdölanalytik spiegelt sich in den Standardmethoden der American Society for Testing and Materials (ASTM)[8] wider, die folgende Vorschriften enthalten:

D 1137-53: Analyse von Erdgasen und Gasen ähnlichen Typs; D 1302-61 T: Analyse von karburiertem Wassergas; D 1658-63: C-Zahl-Verteilung von Alkylaromaten in Benzinen; D 2424-67: Kohlenwasserstofftypen in Propylen-Polymeren; D 2425-67: Kohlenwasserstofftypen in Mitteldestillaten (200—330 °C); D 2498-66 T: Isomerenverteilung in geradkettigen

---

[1] Siehe Fußnote 1, S. 823.   [2] Siehe Fußnote 12, S. 838.

[3] EARGLE, D. H.: Analyt. Chem. 38 (1966), 371 R; 40 (1968), 303 R.

[4] GERSON, F.: Hochauflösende ESR-Spektroskopie, dargestellt an Hand aromatischer Radikalionen. Weinheim: Verlag Chemie 1968.

[5] FISCHER, H.: Freie Radikale während der Polymerisation, nachgewiesen und identifiziert durch Elektronenspinresonanz, in Fortschritte der Hochpolymeren-Forschung, Bd. 5, S. 463. Berlin/Heidelberg/New York: Springer 1968.

[6] FORRESTER, A. R., I. M. MAY u. R. H. THOMPSON: Organic Chemistry of Stable Free Radicals, New York: Acad. Press 1968.

[7] Natl. Academy of Sciences — Natl. Research Council: Chemistry — opportunities and needs, Washington, 1956, 1966.

[8] Book of ASTM Standards, Part 17—19, Philadelphia 1966/67; Manual ou Hydrocarbon Analysis, Philadelphia 1968.

Alkylaromaten $(C_{15}—C_{24})$; D 2567-66 T: Molgewichtsverteilung in Monoalkylbenzolen; D 2601-67 T: Propylen-Tetramere; D 2650-67 T: Niedermolekulare Kohlenwasserstoffe, Mercaptane u. a.; E 137-65: Beurteilung der Einsatzmöglichkeiten der Massenspektrometrie; Vorschlag zur Bestimmung der C-Zahl in Wachsen; Vorschläge zur Bestimmung von Kohlenwasserstoffgruppen in olefinarmen und olefinreichen Benzinen.

In seinem Vergleich verschiedener physikalisch-chemischer Analysenverfahren in Laboratorien der Erdölindustrie hat POWELL[1] ebenfalls auf den Wert der Massenspektrometrie hingewiesen, der nach einem Artikel von HOOD[2] neuerdings auch in dem von KIENITZ herausgegebenen Sammelwerk „Massenspektrometrie"[3] durch ein besonderes Kapitel über die Analyse von Kohlenwasserstoffgemischen gekennzeichnet wurde.

1. Grundlagen

Die Arbeitsweise der Massenspektrometer beruht darauf, daß in einer Ionenquelle aus Molekeln, Radikalen oder Atomen gebildete Ionen verschiedener „Massezahlen" m/e (Masse zu Ladung) sowohl durch ein elektrisches als auch durch ein magnetisches Feld aus ihrer Flugrichtung abgelenkt werden, wenn sie eine zu den Feldlinien senkrechte Geschwindigkeitskomponente besitzen. Fliegen die Ionen unter einem rechten Winkel gegen die Feldrichtung, so erfolgt ihre Ablenkung im elektrischen Feld bei einer Geschwindigkeit v proportional $e/m\,v^2$ in Feldrichtung, im magnetischen Feld proportional $e/m\,v$ quer zu ihr. Aus den Ablenkungen können also die Geschwindigkeiten der Ionen, die Massezahlen m/e und bei bekannter Ladung, die meistens gleich eins ist, ihre Massen bestimmt werden.

a) Ionenbildung in Elektronenstoß-Ionenquellen

Elektronenstoß-Ionenquellen sind in der Massenspektrometrie am weitesten verbreitet. Infolgedessen wird hier im wesentlichen nur auf sie eingegangen. Daneben wird später kurz die Feldionisation behandelt werden, während für andere Ionisierungsarten in Therm-, Vakuumentladungs-, Laser- oder Photonenstoß-Ionenquellen auf die einschlägige Literatur[3] verwiesen werden muß.

Durch eine Düse aus dem Einlaßteil (Abb. 128) in die Ionenquelle gas- bzw. dampfförmig eingeleitete oder auch innerhalb der Ionenquelle verdampfte, schwerflüchtige Substanzen werden mit Elektronen, die von einem Glühdraht G emittiert werden, beschossen. Die Energie der Elektronen wird bevorzugt auf 70 eV eingestellt, weil sich die relative Häufigkeit der gebildeten Ionen in der Nähe dieses Wertes nur noch wenig verändert, wie Abb. 129 am Beispiel der Ionisierung des Butans und seiner Spaltstücke zeigt. Eine Erniedrigung der Elektronenenergie unter 20 eV führt zwar zu einer merklichen Abnahme der Ionenhäufigkeit, aber auch zu einer relativen Zunahme der „Molekülionen" (Parent ions) mit der Masse 58 gegenüber den anderen Ionen. Infolgedessen arbeitet man dann mit niedrigen Elektronenenergien, wenn in einem Mehrstoffgemisch vor allem erst die Ausgangsmoleküle oder große Bruchstücke von ihnen, z. B. die Ringsysteme in Alkylaromaten, identifiziert werden sollen. Wenn die bei einem Zusammenstoß der Elektronen mit den Molekeln der Probe übertragene Energie gerade zur Abspaltung eines Elektrons ausreicht (Ionisationspotential), bildet sich ein positiv geladenes Molekülion. Wird dieses Ionisationspotential überschritten, so können durch Spaltung der Molekeln positiv geladene Ionen kleinerer Massen, Radikale oder neutrale Molekeln auftreten. Der Gesamtprozeß kann für eine zweiatomige Molekel AB schematisch vereinfacht folgendermaßen dargestellt werden:

$$AB + e^{\ominus} \rightarrow (AB)^{\oplus} + 2\,e^{\ominus},$$
$$AB + e^{\ominus} \rightarrow A^{\oplus} + B + 2\,e^{\ominus},$$
$$AB + e^{\ominus} \rightarrow A + B^{\oplus} + 2\,e^{\ominus}.$$

Die Bildung von negativen und mehrfach positiv geladenen Ionen wurde hierbei nicht berücksichtigt, weil die Bildungswahrscheinlichkeit positiver Ionen bis zehnmal höher ist als

[1] POWELL, H.: Proceedings Seventh World Petroleum Congress, Mexico City 1967, IX, 55, Barking-Essex: Elsevier.

[2] HOOD, A. in F. W. McLAFFERTY (Hrsg.): Mass Spectrometry of Organic Ions. New York: Academic Press 1963.

[3] KIENITZ, H. (Hrsg.): Massenspektrometrie. Weinheim: Verlag Chemie 1968.

die negativer, wenn man nicht bewußt durch Anlagerung thermischer Elektronen negative Ionen erzeugt, und weil mehrfach positiv geladene Ionen nur in kleinen Konzentrationen auftreten.

Zur einwandfreien Trennung der Ionen müssen Zusammenstöße zwischen ihnen und Neutralmolekeln durch möglichst große freie Weglängen der Teilchen, d. h. durch Aufrechterhaltung eines guten Vakuums (in der Ionenquelle $\sim 10^{-4}$ Torr und im Trennteil $\sim 10^{-6}$ Torr) unter ständigem Abpumpen ungeladener Molekeln und Radikale verhindert werden.

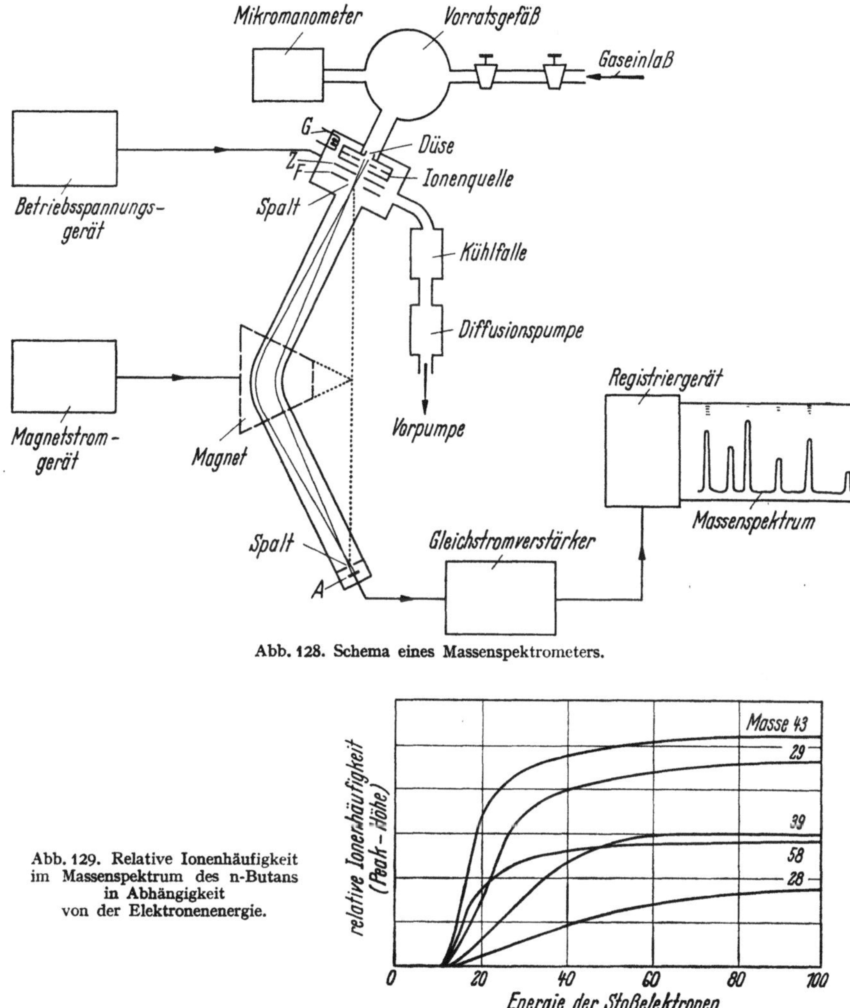

Abb. 128. Schema eines Massenspektrometers.

Abb. 129. Relative Ionenhäufigkeit im Massenspektrum des n-Butans in Abhängigkeit von der Elektronenenergie.

b) Ionentrennung

Die Trennsysteme können in die beiden Hauptgruppen „statische" und „dynamische" eingeteilt werden. Als statisch werden Anordnungen bezeichnet, deren Trennfelder (Magnetfeld, eventuell in Verbindung mit einem elektrischen Feld) bei ihrer relativ langsamen zeitlichen Änderung während der Aufnahme des Massenspektrums gegenüber der Flugzeit der Ionen (Größenordnung von 10^{-5} sec) als zeitlich konstant anzusehen sind. Bei dynamischen Trennsystemen ist dagegen die Zeitabhängigkeit eines oder mehrerer Systemparameter (elektrische oder magnetische Feldstärke, Ionenbewegung) für die Analyse maßgebend.

α) **Statische Trennsysteme.** α_1) *Richtungsfokussierung im magnetischen Sektorfeld.* Bei den für analytische Arbeiten meistens verwendeten Spektrometern mit magnetischer Richtungsfokussierung werden die positiven Ionen von den zwischen der Ionenquelle und dem Eintrittsspalt in das Trennsystem liegenden Ziehelektroden Z, die gegenüber dem auf positivem Potential, z. B. von $+3000$ V, liegenden Ionisierungsraum eine etwas negativere Spannung von ~ 20 V, haben, gegen die Fokussierungselektroden F gezogen. Von ihnen werden sie auf den an Erdpotential liegenden Eintrittsspalt gelenkt.

Die Energie E von Ionen mit einfacher Ladung e ist nach der Beschleunigung durch das elektrische Feld mit der Spannung V:

$$E = eV = 1/2\, m\, v^2. \tag{107}$$

Daraus ergibt sich für die Ionengeschwindigkeit v:

$$v = (2e\,V/m)^{1/2}; \tag{108}$$

v nimmt also mit steigender Masse ab.

Wenn die Ionen mit den gegebenen Geschwindigkeiten in das senkrecht zu ihrer Flugrichtung stehende Magnetfeld mit der magnetischen Feldstärke H eintreten, werden ihre Bahnen, entsprechend dem in Abschn. VII. 1 Gesagten, kreisförmig aufgefächert. Die auf sie wirkende magnetische (Zentripetal-)Kraft (Lorentz-Kraft) ist:

$$K_p = evH. \tag{109}$$

Sie wird auf den Ionenkreisbahnen mit den Radien r_m durch eine Zentrifugalkraft kompensiert:

$$K_f = K_p = evH = \frac{mv^2}{r_m}. \tag{110}$$

Mit Gl. (108) ergibt sich für den Radius:

$$r_m = \frac{mv}{eH} = \frac{m}{eH}(2e\,V/m)^{1/2} = \frac{1}{H}(2Vm/e)^{1/2} \tag{111}$$

oder mit H in Gauß, V in Volt, m in Atomgewichts- und e in elektromagnetischen Einheiten bei n Elementarladungen:

$$r_m = \frac{143{,}6}{H}\,\frac{(Vm)^{1/2}}{n}\,\text{cm}. \tag{110a}$$

r_m ist also um so größer, je größer m und V und je kleiner n und H sind.

Mit denselben Größen folgt aus Gl. (108) für die Ionengeschwindigkeit:

$$v = 1{,}39 \cdot 10^6\,(n\,V/m)^{1/2}\,\text{cm/sec}. \tag{108a}$$

In Massenspektrometern — auf Massenspektrographen mit photographischer Registrierung der Massenspektren wird hier nicht eingegangen — wird der Radius r der Ionenbahn durch den Radius des Trennrohrs bestimmt. Bei vorgegebenen H, V und e kann nach Gl. (111) jeweils nur eine Ionenart durch den Austrittsspalt des Ionensystems auf den Auffänger A (Kollektor) abgelenkt werden. Alle anderen Ionen fliegen gegen die Wände des Trennrohrs oder auf die Spaltbacken, werden entladen und als ungeladene Teilchen abgepumpt. Durch stetige Änderung des Magnetfeldes bei konstanter Beschleunigungsspannung oder auch unter umgekehrten Bedingungen werden die Radien der Ionenbahnen verändert, so daß Ionen einander folgender Massen nacheinander auf den Auffänger fallen. Der auftretende Ionenstrom ist der Ionenhäufigkeit proportional. Er wird nach ausreichender Verstärkung mit Galvanometer- oder Kompensationsschreibern in Abhängigkeit von der magnetischen Feldstärke oder von der Beschleunigungsspannung in „Massenspektrogrammen" registriert.

Zur Erzielung einer hohen Auflösung

$$R = \frac{m}{\Delta m}, \tag{112}$$

d. h. zur guten Unterscheidbarkeit zweier um einen kleinen Betrag Δm voneinander getrennter Massen m, muß man mit einem gut ausgeblendeten Ionenstrahl arbeiten, der allerdings nicht ohne weiteres eine hohe Intensität besitzt. Bei allen leistungsfähigen Geräten benutzt man daher zur Richtungsfokussierung eine Ionenoptik, durch die der zulässige Divergenzwinkel des Ionenstrahls vergrößert wird. Ein derartiges divergierendes Bündel kann bei dem Spezialfall eines symmetrischen Strahlenganges mit gleicher Gegenstands- und Bildweite auf den Austrittsspalt fokussiert werden, wenn Eintritts- und Austrittsspalt mit dem Scheitel des Magnetfeldes auf einer Geraden liegen. Die Linsen- und Prismenwirkungen magnetischer Sektorfelder, die sich analog zu optischen Zylinderlinsen und Prismen behandeln lassen[1], haben dazu geführt, daß man die Massentrennung in derartigen Feldern unter die spektrometrischen Verfahren einreihte, obwohl sie zu diesen keine unmittelbare Beziehung haben.

---

[1] Siehe Fußnote 3, S. 846.

Die Magnetfelder haben in handelsüblichen Massenspektrometern bei Feldstärken von 6000 bis 10000 Gauß Sektorwinkel von 60, 90 oder 180° mit symmetrischer Spaltanordnung. Bei gleicher Magnetfeldstärke, d. h. nach Gl. (110) bei gleichen Krümmungsradien der Ionenbahnen, ist die freie Bahnlänge zwischen Eintritts- und Austrittsspalt um so größer, je kleiner der Sektorwinkel des Magneten ist. Die Justierung von 60°-Spektrometern ist daher etwas schwieriger als die von 180°-Geräten, die allerdings ihrerseits den Nachteil haben, daß Ionenquelle und Auffänger im störenden Streufeld an der Magnetfeldgrenze liegen.

α_2) *Energie- (Geschwindigkeits-) Fokussierung im elektrischen Sektorfeld.* Das Auflösungsvermögen [Gl. (112)] der mit Magnetfeldern arbeitenden „richtungsfokussierenden" Massenspektrometer ist auch durch die relative Energiebreite $\Delta V/V$ der aus der Ionenquelle austretenden Ionen begrenzt (s. Abschn. VII. 1. b. α_4). Man kann es durch eine Energiefokussierung, in der Literatur auch als Geschwindigkeitsfokussierung bezeichnet, im elektrischen Sektorfeld verbessern. Wie bereits zu Beginn des Abschn. VII. 1 ausgeführt wurde, können Ionen nicht nur in magnetischen sondern auch in elektrischen Feldern aus ihrer Flugrichtung abgelenkt werden. Da die von elektrischen Feldern auf Ionen ausgeübte Kraft immer in Richtung der Feldlinien wirkt, können Ionen nur dann in Kreisbahnen gebracht werden, wenn die Kraftlinien des elektrischen Feldes auf ein Zentrum gerichtet sind. Derartige radialsymmetrische Felder können z. B. mit Kondensatoren erzeugt werden, deren Platten Segmente zweier konzentrischer Rohre sind.

Auf dem mittleren Radius r_e eines derartigen Kondensators herrsche die Feldstärke E_0. Ein Ion, das mit einer kinetischen Energie $e V_0 = (m v^2/2)$ in den Kondensator eintritt, fliegt nur dann in einem Kreisbogen mit dem Radius r_e, wenn die senkrecht zu seiner Bahn wirkende elektrische Kraft $e E_0$ der entgegengesetzt gerichteten Zentrifugalkraft $(m v^2)/r_e$ das Gleichgewicht hält. Nach r_e aufgelöst, ergibt sich:

$$r_e = \frac{m v^2}{e E_0} = \frac{2 V_0}{E_0}. \tag{113}$$

Von dieser Gleichung ausgehend läßt sich zeigen[1], daß durch elektrische Sektorfelder in Zylinderkondensatoren, deren Äquipotentialflächen beim Radius r_e das Potential Null haben, Ionen verschiedener kinetischer Energie ihrer Höhe entsprechend auf verschiedene kreisähnliche Bahnen abgelenkt (Energiedispersion) und hinter den Kondensatoren durch Linsenwirkung auf die divergenten Ionenbündel an verschiedenen Stellen fokussiert werden. Für Ionenbündel, die im Bereich der Nullpotentialfläche kreisähnliche Bahnen durchlaufen, ergibt sich durch Differentiation der Gl. (113) folgender Zusammenhang zwischen relativer Radienänderung und Energiebreite:

$$\frac{\Delta r_e}{r_e} = \frac{\Delta V}{V}. \tag{114}$$

Ein Ionenbündel von Ionen gleicher Energie, aber verschiedener Masse, wird von einem elektrischen Feld nicht aufgespalten, da für $\Delta V = 0$ auch $\Delta r_e = 0$ gilt.

α_3) *Doppelfokussierung.* Wie bereits erwähnt wurde und im folgenden Abschnitt noch näher behandelt werden wird, verschlechtert sich das Auflösungsvermögen eines Trennsystems mit magnetischem Sektorfeld u. a. bei Zunahme der relativen Energiebreite der zu trennenden Ionen. Um auch dann bei hoher Intensität der Ionenstrahlen ein gutes Auflösungsvermögen zu erreichen, wenn kein monoenergetisches Ionenbündel vorliegt, wird ein elektrisches Sektorfeld so mit einem magnetischen kombiniert (Abb. 130), daß zur Wahrung der Intensität die Linsenwirkung der beiden Felder auf divergente Ionenbündel erhalten bleibt (Richtungsfokussierung) und daß zur Verbesserung der Auflösung die Energiedispersion des magnetischen Feldes durch die des elektrischen Feldes gerade kompensiert wird (Energiefokussierung). Diese Verbindung von Richtungs- und Energiefokussierung bezeichnet man als Doppelfokussierung.

---

[1] Siehe Fußnote 3, S. 846.

α_4) *Auflösungsvermögen statischer Trennsysteme.* Die Trennleistung eines Massenspektrometers wurde durch Gl. (112) definiert als Auflösungsvermögen $R = m/\Delta m_{\min}$. Dabei ist m die Massezahl und $\Delta m_{\min}$ der kleinste Massenunterschied, bei dem zwei nebeneinander liegende Masselinien gleicher Intensität noch als getrennt anzusehen sind. Welche Maßstäbe bei der hier sehr allgemein ge-

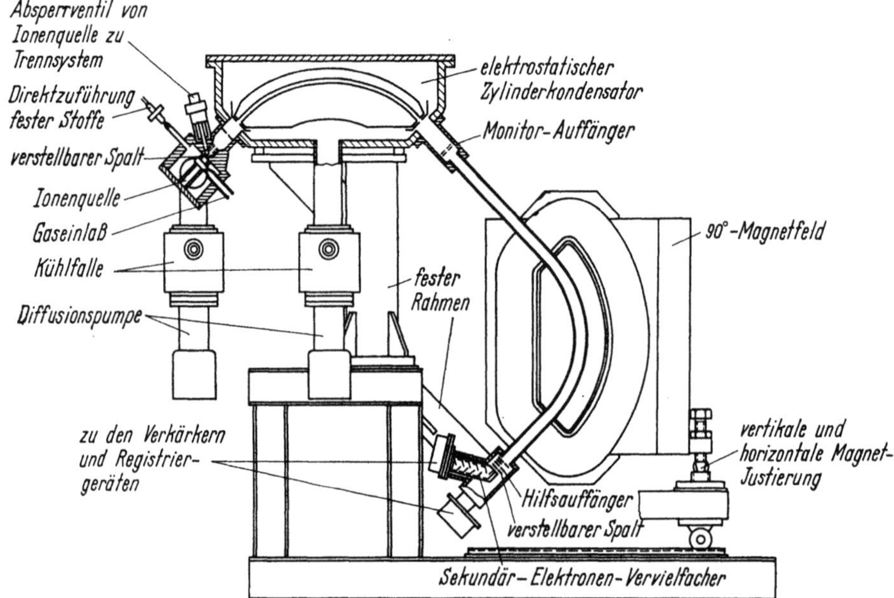

Abb. 130. Aufbauschema des doppelfokussierenden Massenspektrometers MS 9 von AEI.

haltenen Festlegung „noch als getrennt anzusehen" angelegt werden können, um zu einer allgemein gültigen Aussage über das Auflösungsvermögen zu kommen, wird im folgenden noch behandelt werden. Wenn man von dem Einfluß der geometrischen Daten des verwendeten magnetischen Sektorfeldes und seinen Bildfehlern absieht, so ist das theoretische Auflösungsvermögen bei senkrechtem Durchgang des Ionenstrahls durch das Feld und symmetrischer Abbildung durch folgende Beziehung festgelegt:

$$R_{th} = \frac{1}{\dfrac{\Delta V}{V} + \dfrac{b_E + b_A}{r_m}} \tag{115}$$

Das Auflösungsvermögen ist also in einem bestimmten Instrument mit festgelegtem Ionenbahnradius von den Spaltweiten b_E und b_A und von der relativen Energiebreite $\Delta V/V$ der Ionen abhängig.

Das praktisch erreichte Auflösungsvermögen R_p kann nur aus den aufgenommenen Massenspektrogrammen selbst bestimmt werden, die u. a. durch die Energieverteilung und Stromdichte der Ionen, die Ausleuchtung des Eintrittsspaltes, die vom erreichten Vakuum abhängige Kleinwinkelstreuung der Ionen an Restgasmolekeln, durch Abbildungsfehler und die Konstanz der elektronischen Versorgungsgeräte beeinflußt werden. R_p wird nach verschiedenen, konventionell festgelegten Bestimmungsarten ermittelt.

a) Festlegung des Überlagerungsanteils. Durch ungenügende Auflösung können sich die Signale von Ionen zweier Massenzahlen m und $m + \Delta m_x$ überlagern. Man kann sie dann noch als getrennt ansehen, wenn der Anteil der wechselseitigen Überlagerung gleich starker Signale einen vorgegebenen Prozentsatz ($x\%$) der maximalen Linienhöhe nicht überschreitet. Aus dem

Abstand Δm_x eines Linienpaares, das den festgelegten Überlagerungsanteil x gerade erreicht, kann

$$R_{px} = \frac{m}{\Delta m_x} \tag{116a}$$

bestimmt werden.

b) **Definition des Minimum/(Tal-) Maximum-Verhältnisses.** Nach dieser Definition sieht man zwei Ionenbündel der Massen m und $m + \Delta m$ dann als getrennt an, wenn die Höhe des Minimums zwischen zwei Signalen gleicher Intensität $y\%$ der maximalen Linienhöhen nicht überschreitet. Für die Bestimmung von R_{py} nach der Bestimmungsgleichung

$$R_{py} = \frac{m}{\Delta m_y} \tag{116b}$$

muß also Δm_y von zwei intensitätsgleichen Peaks gemessen werden, bei denen das zwischen ihnen liegende Minimum $y\%$ (z. B. 1%) ihrer Höhe entspricht. Im Prinzip ähnelt diese Bestimmungsmethode dem Minimumlotverfahren zur Messung des Auflösungsvermögens in der Gaschromatographie (s. Abschn. V. 1. e. γ).

Weder nach a) noch nach b) läßt sich R_p ohne weiteres aus einem beliebigen Massenspektrogramm ableiten, weil keineswegs Linienpaare auftreten müssen, die zur Auswertung herangezogen werden können. Infolgedessen wird heute bevorzugt die folgende Definition gebraucht.

c) **Ermittlung der prozentualen Linienbreite.** Zur Bestimmung dieser Größe mißt man bei $z\%$ (z. B. 5 oder 10%) der Signalhöhe die Breite Δm_z einer Linie bei der Massenzahl m und berechnet R_{pz} nach

$$R_{pz} = \frac{m}{\Delta m_z}. \tag{116c}$$

Bei gleicher Intensität der Signale bestehen folgende Beziehungen zwischen R_{pz}, R_{py} und R_{pz}:

$$R_{pz} = R_{py} \quad \text{für} \quad 2z = y, \tag{116d}$$

$$2R_{pz} = R_{px} \quad \text{für} \quad z = x. \tag{116e}$$

d) **Förderliches Auflösungsvermögen.** Für Vergleiche von Massenspektrometern wird manchmal auch der Begriff des förderlichen Auflösungsvermögens R_{pf} benutzt. Bei seiner Festlegung wird die Linienhöhe in Abhängigkeit von der Spaltbreite berücksichtigt. R_{pf} ist dabei der Wert von R_{pz}, den eine Linie ergibt, wenn bei Verkleinerung des Spaltes unter höchster Verstärkung der Signale bei festgelegtem Rauschpegel die registrierte Linienhöhe infolge einer zu kleinen Spaltbreite abzunehmen beginnt.

Das Auflösungsvermögen R_{pz} handelsüblicher, einfach fokussierender Massenspektrometer liegt heute je nach Güte- und Preisklasse zwischen einigen Hundert und mehreren Tausend. Doppelfokussierende Geräte erreichen Werte >30000 und Massenspektrographen besitzen ein Auflösungsvermögen von etwa 100000. Sie werden infolgedessen zur Messung der Massewerte bestimmter Ionen mit einer Genauigkeit von 10^{-5} Masseneinheiten, entsprechend Massedefekten in der Größenordnung von 10^{-3} Einheiten, eingesetzt. Massenspektrometer haben demgegenüber den Vorteil, daß mit ihnen die Intensitäten der einzelnen Ionenstrahlen genauer bestimmt werden können. Sie sind daher für analytische Arbeiten besser geeignet.

β) **Dynamische Trennsysteme.** Während in statischen Trennsystemen das magnetische Feld nach Gl. (111) eine Richtungsdispersion der auf verschiedene Geschwindigkeiten beschleunigten Ionen unterschiedlicher Masse bewirkt, zu der noch die Energiedispersion eines elektrischen Feldes treten kann, wird in dynamischen Trennsystemen die geschwindigkeitsabhängige Flugzeit der Ionen von der Quelle bis zum Detektor mit Hilfe der Zeitdispersion eines Hochfrequenzfeldes, z. T. ohne Magnetfeld, zur Massentrennung ausgenutzt.

Auf diesem Prinzip baut eine große Reihe von Massenspektrometern auf, in denen die Ionen geradeaus-linear, linear-periodisch oder zirkular-periodisch transportiert werden[1].

Von den mit und ohne Magnetfeld sowie mit und ohne fokussierende Eigenschaften nach dem Prinzip der Energiebilanz (z. B. Omegatron[2], Hochfrequenz-Spektrometer[3], der Bahnstabilitätseinstellung (z. B. Quadrupol-Massenfilter[4]) und der Flugzeitmessung arbeitenden

---

[1] E. W. BLAUTH: Dynamische Massenspektrometer. Braunschweig: Vieweg 1965.
[2] a) SOMMER, H. H., A. THOMAS u. J. A. HIPPLE: Physic. Rev. 82 (1951) 697. — b) General Electric Comp., Schenectady, N. Y.
[3] BENNETT, W. H.: J. Appl. Physics 21 (1950) 143.
[4] PAUL, W., H. P. REINHARD u. U. v. ZAHN: Z. Physik 152 (1958) 143.

Geräten soll hier nur das Prinzip des von WILEY und McLAREN[1] entwickelten, von Bendix[2] gebauten Flugzeit-Spektrometers (Time of Flight: TOF) behandelt werden, weil es bei mittlerer Auflösung und Genauigkeit eine außerordentlich hohe Meßgeschwindigkeit hat und daher vor allem für kinetische Messungen bei rasch ablaufenden Reaktionen verwendet wird.

β_1) *Flugzeitspektrometer.* Bei diesem Spektrometertyp ohne Magnetfeld mit geradeaus-linearer Ionenbewegung werden Ionen unterschiedlicher Massen, die gleichzeitig mit gleicher Energie oder gleichem Impuls von der Ionenquelle in einen feldfreien Raum abfliegen, auf Grund ihrer verschiedenen Flugzeit bis zum Detektor getrennt. Aus Gl. (108) ergibt sich die Flugzeit t für die Laufstrecke s:

$$t = s/(2V)^{1/2}\,(m/e)^{1/2} = K\,(m/e)^{1/2}. \tag{117}$$

Die Proportionalitätskonstante K hängt demnach von der Länge des feldfreien Raumes, von den Bedingungen bei der Ionenerzeugung und -bestimmung sowie von den gewählten Dimensionen der einzelnen Größen ab. Ihr Wert liegt für das Laufzeitspektrometer nahe 1, wenn t in Mikrosekunden, s in cm, V in Volt, m in Atomgewichtseinheiten und e in Elementarladungen gemessen werden. Die Laufzeitdifferenz Δt zweier Ionen mit den Massen m_1 und m_2 ist nach Gl. (117):

$$\Delta t = K\,([m_1/e]^{1/2} - [m_2/e]^{1/2}). \tag{118}$$

2. Experimentelle Technik

a) Probeneinführungs-Systeme

Durch Probeneinführungs-Systeme werden die Analysensubstanzen der Ionenquelle in Mengen zugeführt, die einerseits ausreichen, den zum Nachweis notwendigen Ionenstrom zu erzeugen, die andererseits aber das Vakuum in der Ionenquelle nicht so weit verschlechtern, daß die Zahl eine Trennung störender Stöße zwischen Ionen und Neutralteilchen zunimmt. Man unterscheidet Systeme mit indirekter und mit direkter Einführung. Zu Systemen mit indirekter Einführung sind auch die meisten Anschlußeinrichtungen an Substanzströme aus Gaschromatographen oder aus Reaktoren zu rechnen.

α) **Indirekte Probeneinführung.** Die für normale Analysen verwendeten Systeme arbeiten mit feinen Düsen von etwa 0,01 mm Durchmesser in dünnen Membranen als Druckdrosseln zur Reduzierung des Druckes gas- oder dampfförmiger Proben von etwa 10^{-2} Torr im Vorratsbehälter bei normaler oder erhöhter Temperatur auf 10^{-5} Torr in der Ionenquelle. Bei richtiger Auslegung der Leitungen von der Düse bis zum Ionisierungsraum herrscht eine molekulare Gasströmung, bei der infolge der großen mittleren freien Weglänge nur Stöße der Molekeln mit den Leitungswänden aber nicht zwischen den Molekeln selbst stattfinden. Die pro Zeiteinheit in die Ionenquelle strömende Gasmenge ist

$$\frac{dQ_m}{dt} = l\,d^2 \left(\frac{T}{M}\right)^{1/2} (p_1 - p_2); \tag{119}$$

d Lochdurchmesser der Drossel;
l eine im wesentlichen das Verhältnis von Lochdurchmesser und Membrandicke kennzeichnende Größe;
T absolute Temperatur;
M Molekulargewicht;
p_1, p_2 Druck vor und hinter der Drossel.

Da die Beziehung (119) auch für die Strömung von der Ionenquelle zu der angeschlossenen Hochvakuumpumpe gilt, sind im stationären Fall die ein- und ausströmenden Gasmengen in der Ionenquelle gleich; dadurch stellt sich bei molekularer Strömung in ihr, unabhängig von der Gasart, ein dem Druck in dem Vorratsbehälter proportionaler Druck ein. Die Abhängigkeit der in die Ionenquelle übergehenden Gasmengen vom Molekulargewicht führt aber bei Gasgemischen dazu, daß sich bei molekularer Strömung der Komponenten mit der Zeit die schwereren im Vorratsbehälter anreichern. Diese Auftrennung kann für die Dauer einer Analyse dadurch klein gehalten werden, daß man den Vorratsbehälter und damit die Probemenge relativ zu ihrem Verbrauch groß hält.

---

[1] WILEY, W. C., u. J. H. McLAREN: Rev. Sci. Instr. 26 (1955) 1150.
[2] Bendix Corp., Cincinnati.

Mit Kapillaren als Druckdrosseln läßt sich eine Entmischung dadurch vermeiden, daß man bei vorgegebenen Kapillarabmessungen unter Drucken arbeitet, bei denen die mittlere freie Weglänge der Molekeln in der Kapillare kleiner als ihr Durchmesser ist, so daß sich eine viskose Strömung einstellt, für die das Poiseuillesche Gesetz gilt:

$$Q_v = K_v \frac{d^4}{\eta \cdot l} (p_1^2 - p_-^2). \tag{120}$$

d und l sind Durchmesser und Länge der Kapillare, K_v ist eine Konstante und η ist die dynamische Viskosität des strömenden Gases.

Hinter der Kapillare strömt das Gas molekular in die Ionenquelle und weiter in die Vakuumpumpe, so daß sich wieder ein stationärer Zustand bei einem Druck einstellt, der von der Viskosität [Gl.120] und von dem Molekulargewicht [Gl. 119] abhängt. Die Zusammensetzung einer Analysensubstanz mit mehreren Komponenten ist demnach im Vorratsbehälter und in der Ionenquelle verschieden. Wegen der viskosen Strömung in der Kapillare, die unabhängig vom Molekulargewicht ist, bleibt der Unterschied zeitlich konstant. Aus den vorausgegangenen Feststellungen folgt, daß man für quantitative Analysen eines Mehrkomponentensystems mit der Methode der molekularen Strömung arbeiten muß. Um diese durch die Druckdrossel aufrecht zu erhalten, darf der Druck im Vorratsbehälter bei den üblichen Drosseldurchmessern den Wert von 1 bis 3 Torr nicht überschreiten. Zur Einleitung von Gasen oder Dämpfen benutzt man Schleusen, durch die eine bestimmte Probenmenge ein- oder mehrmals in größere Gefäße expandiert oder durch die sie in ein großes Volumen verdampft wird. Die Vorratsbehälter sind maximal auf 350 °C aufheizbar. Im Bereich dieser Temperatur wird die Abdichtung schwierig, außerdem laufen in verstärktem Maße Pyrolysereaktionen ab. Um den Einfluß von Wandstößen klein zu halten, sollen die Oberflächen der Gefäße möglichst klein sein und aus nicht katalytisch wirkenden Materialien, z. B. Glas oder emaillierten Flächen bestehen.

α_1) *Probeneinführung bei Kopplung mit Gaschromatographen.* Die Kopplung eines Gaschromatographen zur Trennung der Komponenten eines Vielstoffgemisches mit einem Massenspektrometer zu ihrer Identifizierung wirft eine Reihe technischer Probleme auf, zu denen vor allem die Probenahme und Probenüberführung, die Wahl des Massenbereiches, die Analysengeschwindigkeit und die Art des Detektors gehören (s. a. Abschn. V. 2. d. ε). In dem bereits mehrfach zitierten Werk von KIENITZ und Mitautoren[1] wird der Einsatz des Massenspektrometers als substanzspezifischer Detektor für die Gaschromatographie mit einer ausführlichen Zusammenstellung bekannt gewordener Lösungen behandelt. Auch ein Artikel von KRANZ[2] gibt einen guten Überblick über technische Einzelheiten und Anwendungsmöglichkeiten der Methode auf dem Gebiet der Geochemie.

Wenn man von der Möglichkeit absieht, Gaschromatographie-Fraktionen getrennt abzufangen und anschließend im Massenspektrometer zu analysieren, so ergeben sich für kontinuierliche Analysen der aus dem Gaschromatographen austretenden Gasströme prinzipiell drei Kopplungsarten:

a) Trennsäule → Massenspektrometer, das gleichzeitig Detektor des Gaschromatographen (GC) ist,

b) Trennsäule → Strömungsteiler zum Massenspektrometer einerseits und zum GC-Detektor andererseits,

c) Trennsäule → GC-Detektor → Massenspektrometer.

Bei der Methode a) kann man Proben aus gepackten Säulen mit relativ hohen Strömungsgeschwindigkeiten unter Druckreduzierung indirekt oder Proben aus Kapillarsäulen mit relativ kleinen Strömungsgeschwindigkeiten direkt in die Ionenquelle einführen; das Problem der gleichzeitigen Registrierung eines Chromatogramms und eines Massenspektrogramms wird durch die Art der Ionenquelle, z. B. Doppelionenquelle[3], und der Registrierung mit SEV gelöst.

Bei der Methode b) kann der relativ große Gasstrom am Ausgang einer gepackten Säule etwa im Verhältnis 1 : 1 geteilt werden[4]. Der eine Teilstrom wird dann zur Bestimmung und Registrierung der Konzentration der Komponenten in einen Flammen-Ionisations-Detektor (s. Abschn. V. 2. d. β) und der andere zur Mengen- und Druckreduktion über spezielle Drosselkapillaren oder Drosseldüsen (Vakuumlecks)[1] indirekt z. T. in die Ionenquelle eines Massenspektrometers und z. T. an die Luft geleitet. Die Anzeige des Massenspektrometers ist dabei proportional dem Partialdruck eines Stoffes im Trägergas am Ende der Zuleitung. Schwierigkeiten machen bei dieser verhältnismäßig einfachen Anordnung die zeitliche Abstimmung des Einlasses in den FID und in die Ionenquelle sowie Temperaturschwankungen. Das Eindringen

---

[1] Siehe Fußnote 3, S. 846.

[2] KRANZ, R.: Meßtechnik (Z. Instrumentenkde.) 76 (1968) 121.

[3] BRUNNÉE, C., L. JENCKEL u. K. KRONENBERGER: Z. analyt. Chem. 197 (1963) 42.

[4] BRUNNÉE, C., L. JENCKEL u. K. KRONENBERGER: Z. analyt. Chem. 189 (1962) 50.

von Fremdluft in die Ionenquelle durch die Überströmöffnungen der Druckdrosseln kann durch die Trägergasströmung oder durch zusätzliche Trägergasspülung verhindert werden. Zur Vermeidung einer Kondensation oder Adsorption höhermolekularer Fraktionen müssen diese Systeme heizbar sein. Durch die Ansaugung des Gases in das Spektrometer stellt sich ein gewisser Unterdruck bis in die Trennsäule ein. Dieser wirkt sich oft günstig auf die Trennleistung (s. Abschn. V. 1. e. α) aus, weil die Totvolumina zwischen Säule und Detektor verringert werden; es ist aber zu prüfen, ob sich dabei nicht die Retentionswerte (s. Abschn. V. 1. b) von Analysensubstanzen gegenüber den unter normalen Bedingungen gemessenen Werten geändert haben.

Um die Analyse nicht durch große Mengen Trägergas, meistens Helium, seltener Wasserstoff, zu belasten, werden zur Anreicherung der zu analysierenden Substanzen („Abreicherung des Trägergases") Molekülseperatoren verwendet, die nach dem Prinzip der Molekularstrahltrennung[1,2] oder der Diffusion durch poröse Wände[3] und durch Elastomer-Membranen[4] arbeiten.

In den zwischen 50 und 300 °C zu betreibenden Molekularstrahltrennern durchläuft der Gasstrom vor der Eingangsdüse in die Ionenquelle zwei in Reihe hintereinander liegende Trenndüsen, an deren Ausgängen in Strahlrichtung zunehmender Unterdruck ($<10^{-1}$ Torr und $\sim10^{-4}$ Torr) liegt. Die gegenüber den Heliumatomen schwereren Moleküle der Fraktionen aus dem Gaschromatographen halten hinter den Trenndüsen wesentlich besser ihre Flugrichtung ein als die Heliumatome, so daß sie in die jeweils folgende Düse eintreten, während die Heliumatome in der Strecke zwischen den Trenndüsen aus der Leitbahn abgelenkt und durch die angeschlossenen Vakuumpumpen abgesaugt werden. Die schwereren Moleküle bis zu Massen von 400 werden bei ausreichender Eingangsgasmenge mit einem Anreicherungsfaktor von etwa 100 in die Ionenquelle überführt.

In Separatoren, die nach dem Diffusionsprinzip arbeiten, wird der Gasstrom hinter der Trennsäule zur Druckreduktion und zur Probenanreicherung bis etwa 0,1 mm an den Eingang des Separators, der einen Durchmesser von 0,3 bis 0,5 mm hat, herangeführt durch den etwa 50% des Gasstroms eingesaugt werden. Aus einer angeschlossenen, heizbaren, röhrenförmigen Glasfritte wird das leichter durch die Porenwand transportable Trägergas nach außen abgepumpt, während die schwereren Moleküle der Probe die Fritte und eine 10 mm lange Glaskapillare von 0,2 bis 0,3 mm Durchmesser zur Ionenquelle mit einem Anreicherungsfaktor von 30 bis 50 durchlaufen. Neuerdings[5] wurde die Glasfritte auch durch Kunststoff-(Teflon-) Kapillaren ersetzt, um die mechanische Festigkeit des Separators zu erhöhen. Mit dem Llewelynseparator[4] wird bei zweistufiger Permeation der Substanzen durch Elastomer-Membranen (Silicongummi) ein Anreicherungsfaktor von 10^5 erreicht.

Für die Kopplungsart c) ist ein empfindlicher Detektor mit sehr kleinem Volumen erorderlich, der die durchtretenden Stoffe ohne chemische Umsetzung synchronisiert mit dem Massenspektrometer analysieren muß.

β) **Direkte Probeneinführung.** Bei dieser Art der Probenzuführung werden vor allem Substanzen mit relativ niedrigen Dampfdrucken eventuell über Schleusen in Probespeicher gebracht, die ohne Druckdrosseln unmittelbar mit der Ionenquelle verbunden sind, oder direkt in die Ionenquellen eingeführt. Durch Kühlung oder Heizung der Probebehälter muß der Dampfdruck auf dem der Ionenquelle ($\sim10^{-5}$ Torr) gehalten werden. Für die Analyse von Substanzgemischen ist diese Methode nicht sehr günstig, weil die einzelnen Komponenten infolge der Abhängigkeit der Verdampfungsgeschwindigkeit vom Sättigungsdruck und vom Molekulargewicht fraktioniert verdampft werden und dadurch keine zeitliche Konstanz des Substanzstromes gegeben ist. Für die Konstitutionsermittlung einzelner Stoffe wird das Verfahren dagegen infolge des geringen Substanzbedarfes (einige hundertstel Milligramm) oft angewendet. Durch Benutzung von SEV kann die Nachweisempfindlichkeit noch gesteigert und damit die Einsatzmenge vermindert werden. Je kürzer die Aufnahmezeiten durch Verwendung von Lichtpunktschreibern oder von photographischen Platten zur Registrierung der Spektren sind, desto weiter ist die notwendige Substanzmenge zu verringern. Dabei darf nicht übersehen werden, daß die mögliche Aufnahmegeschwindigkeit von der Verdampfungsgeschwindigkeit der eingesetzten Substanzen abhängt.

In der Literatur[6] sind verschiedene Vorrichtungen für die direkte Probeneinführung beschrieben worden. Es sind u. a. an die Ionenquelle angesetzte, heizbare Probenbehälter, Verdampfungsöfen in dem Ionisierungsraum mit speziellen Zuführungseinrichtungen oder

[1] BECKER, E. W., K. BEYRICH, H. BURGHOFF u. F. ZIGAN: Z. Naturforsch. 12a (1957) 609.
[2] RYHAGE, R.: Analytic. Chem. 36 (1964) 759; mit WIKSTROM, S., R. G. WALLER: Analytic. Chem. 37 (1965) 435.
[3] WATSON, J. TH., u. K. BIEMANN: Analytic. Chem. 36 (1964) 1135; 37 (1965) 844.
[4] STRUBE, H.: Meßtechnik 3 (1968) 63.
[5] LIPSKY, S. R., C. G. HORVATH u. W. J. McMURRAY: Analyt. Chem. 38 (1966) 1585.
[6] Siehe Fußnote 3, S. 846.

Schleusensystemen. Im Vordergrund der Überlegungen für die einzelnen Konstruktionsvorschläge steht die Anpassung der Verdampfungstemperatur an die Temperatur der Ionenquelle zur Einstellung des günstigsten Dampfdruckes und damit zur Vermeidung einer Kondensation von Substanz an den Wandungen des Ionisierungsraumes, die zum Auftreten von Resten in ihr enthaltener Stoffe bei späteren Analysen führen kann („memory effect"), und zur Verhinderung einer Verschmutzung der Ionenquelle, die sich ungünstig auf die Ionenstabilität und den Wirkungsgrad der Ionenquelle auswirkt.

b) Ionenquellen

Die Ionisation der Substanzen in der Ionenquelle erfolgt im wesentlichen auf folgenden Wegen (Abschn. VII. 1 a):

a) Stoßionisation neutraler Atome oder Molekeln mit Elektronen, Ionen oder Protonen zur Bildung positiver oder negativer Ionen.

b) Thermische Oberflächenionisation an einer Metalloberfläche adsorbierter Molekeln durch Erhitzung der Metalle, bei der diese mit großer Wahrscheinlichkeit als positive und negative Ionen desorbiert werden.

c) Feldionisation von Molekeln in starken inhomogenen elektrischen Feldern zu positiven Ionen durch Tunneleffekt.

Zur Ionisation von Gasen und Dämpfen setzt man bevorzugt Ionenquellen ein, die weitgehend nur nach einem der genannten Verfahren arbeiten. Bei den besonders für die Festkörperanalyse wichtigen Entladungs-Ionenquellen überlagern sich dagegen mehrere Ionisierungsarten.

Die gebildeten Ionen werden in der Beschleunigungsstrecke aus dem Ionisierungsraum herausgezogen und möglichst energiegleich in den Trennteil geleitet. Die Zahl der erzeugten Ionen ist der Zahl der in die Ionenquelle eintretenden Atome oder Molekeln weitgehend proportional, wenn auf gute Temperaturkonstanz geachtet wird, so daß bei quantitativen Analysen ein konstanter Zustrom der Proben eingehalten werden muß. Während der Beschleunigung kann es leicht zu Ungleichverteilungen (Diskriminierungseffekten) der Zusammensetzung des Ionenbündels und der kinetischen Energie kommen.

Über die Vorgänge in den üblichen Elektrodenstoß-Ionenquellen wurde bereits in Abschn. VII. 1. a berichtet, so daß hier nur einige Tatsachen zusätzlich zu nennen sein werden. Außerdem wird auf die Elektronenanlagerungs-Ionisierung eingegangen werden, die bei der Analyse von Vielkomponentensystemen infolge des geringen Anteils von Spaltungsreaktionen bei der Ionisierung an Bedeutung gewinnt. Therm- und Entladungs-Ionenquellen werden nicht behandelt, weil sie bei der Kohlenwasserstoff-Analyse keine wesentliche Rolle spielen. Dagegen wird kurz über Feldionenquellen berichtet werden, weil in ihnen in nennenswertem Ausmaß Molekülionen gebildet werden, so daß sich das Bild der Massenspektren von Mehrkomponentengemischen vereinfacht.

α) **Elektronenstoß-Ionenquellen.** α_1) *Bildung positiver Ionen.* Ionenquellen, in denen durch Elektronenstoß positive Ionen entstehen, werden bevorzugt zur Untersuchung gasförmiger oder leicht verdampfbarer organischer Verbindungen verwendet, weil sie in vielem den an eine Ionenquelle zu stellenden Forderungen entsprechen. Die Energieverteilung der gebildeten Ionen ist eng; die Ionenströme in einer Größenordnung bis zu 10^{-8} A können mit verhältnismäßig einfachen Mitteln während der Meßdauer auf einige Promille konstant gehalten werden; die Ionisierungswahrscheinlichkeit durch Elektronenstoß unterscheidet sich bei den meisten Substanzen nicht um Größenordnungen; die Ionisierungsenergie ist verhältnismäßig leicht zu ändern.

Als Kathoden zur Emission der Elektronen werden Bänder oder Drähte aus Wolfram oder Rhenium verwendet, die bei 1500 bis 2000 °K Elektronenströme bis zu 10 mA/mm² liefern. Wenn niedrigere Emissionstemperaturen gewünscht werden, wird thoriertes Iridium benutzt. Die gebildeten Elektronen werden durch eine positive Spannung zwischen Kathode und Ionisierungsraum beschleunigt und durch eine Bündelungselektrode (Wehnelt-Zylinder) sowie durch ein Magnetfeld von 100 bis 300 Gauß gebündelt, damit durch einen hohen Nutzungsgrad der Elektronen die Kathodentemperatur zu ihrer Schonung niedrig gehalten werden kann und die Zusammenstöße der Elektronen mit den Molekeln der Probe in einer engbegrenzten Zone des elektrischen Feldes (Äquipotentialfläche) zur Erzeugung von Ionen möglichst einheitlicher Energie stattfindet. Mit einem Elektronenauffänger wird der Elektronenstrom gemessen und stabilisiert.

An den Ionisierungsraum mit den Eintrittsöffnungen für die Elektronen bzw. die Substanzen und der Austrittsöffnung für die gebildeten Ionen schließt sich das System der schlitzblendenförmigen Ionen-Zieh- und -Fokussierungselektroden an. Diese Öffnungen sollten im Hinblick auf eine möglichst hohe Ionenausbeute, bezogen auf die in der Ionenquelle verbrauchte Substanzmenge, klein sein („gasdichte" Ionenquelle), weil sich dann in der Quelle ein relativ hoher Gasdruck einstellt, der zu einer guten Ionenausbeute führt. Wenn man aber bei thermisch empfindlichen Substanzen häufige Stöße der zu ionisierenden Molekeln mit den meistens zur Verhinderung einer Kondensation bis zu 250 °C heißen Wänden vermeiden muß, wird der Ionisierungsraum unter Verringerung der Ionenausbeute weniger gasdicht gemacht. Eine unerwünschte, zu stärkerer Bildung von Bruchstückionen führende thermische Anregung der Molekeln durch Wandstöße in der Ionenquelle läßt sich auch dadurch verhindern, daß zwischen Einlaß und Ionisierungszone eine gekühlte Blende eingebaut wird, von der aus die Molekeln den Ionisierungsraum als begrenzter Molekularstrahl durchqueren. In diesem Strahl kann der Gasdruck um einige Größenordnungen höher sein als im übrigen Raum, ohne daß es zu einer erheblichen Zahl von Wandstößen kommt. Auf jeden Fall muß die Temperatur in Elektronenstoß-Ionenquellen konstant gehalten werden, weil die Massenspektren merklich von der Temperatur abhängen. Die Rolle der Ionen-Zieh- und -Fokussierelektroden wurde bereits in Abschn. VII. 1. a besprochen.

Bei der Behandlung von Verbindungen zwischen Gaschromatographen und Massenspektrometern (Abschn. VII. 2. a. α_1) wurde bereits die Möglichkeit angedeutet, durch Doppelionenquellen das Massenspektrometer unmittelbar als Detektor zur Aufzeichnung eines Gaschromatogramms zu benützen, während es gleichzeitig als selektiver Analysator wirkt [Kopplungsart a)]. In einer derartigen Ionenquelle[1] wird die Probe in zwei Ionisationsräumen gleichzeitig durch Elektronenstoß ionisiert. Dabei wird in dem einen Raum normal mit einer Elektronenenergie von 70 eV, in der anderen mit einer Elektronenenergie von 20 eV gearbeitet. Bei 20 eV werden nur die im Trägergas (Helium) mitgeführten Substanzen ionisiert, weil die Ionisierungsenergie des Heliums bei 24,5 eV liegt. Die jeweils bei Durchbruch einer Substanz auftretenden, zur Konzentration der Komponenten proportionalen Ionenströme werden unzerlegt von einem Detektor (SEV) gemessen und als Gaschromatogramm registriert, so daß es gleichzeitig mit dem Massenspektrogramm des über den anderen Ionisationsraum und ein Massenspektrometer laufenden Substanzstromes aufgenommen wird.

α_2) *Bildung negativer Ionen.* KAJDAS und TÜMMLER[2] haben neuerdings wieder gezeigt, daß die planmäßige Anlagerung von Elektronen zur Bildung negativer Ionen (Elektronen-Anlagerungs-(EA-)Massenspektrometrie) bei der Analyse von Kohlenwasserstoffgemischen vorteilhaft sein kann, weil die gebildeten negativen Molekülionen nur schwach angeregt sind, infolgedessen nicht weiter zerfallen und ein gegenüber den üblichen Spektren positiver Ionen linienarmes und übersichtliches Massenspektrum liefern.

Die nach

$$AB + e^{\ominus} \rightarrow (AB)^{\ominus}$$

durch Beschuß mit thermischen Elektronen (0,1 bis 1 eV) unter Resonanzeinfang eines Elektrons gebildeten negativen Molekülionen stabilisieren sich in den meisten Fällen durch Abspaltung eines H-Atoms, so daß der Peak einer Substanz im EA-Massenspektrum eine Masseneinheit unter ihrem Molekulargewicht auftritt. Eine Ausnahme bilden Kohlenwasserstoffe. Bei allen gesättigten Kohlenwasserstoffen werden die negativen Ionen durch Anlagerung eines in der Ionenquelle aus Feuchtigkeitsspuren entstandenen Hydroxyl-Anions gebildet, so daß die Peaks 17 Masseneinheiten über den Massen der Ausgangssubstanzen liegen. Bei einfach ungesättigten und bei aromatischen Kohlenwasserstoffen sind Übergänge zwischen den beiden Ionisierungsmechanismen, H-Atom-Abspaltung und $OH^{\ominus}$-Anlagerung zu beobachten.

Zur Erzeugung der thermischen Elektronen benutzt man im allgemeinen Gasentladungs-Ionenquellen[3]. In ihnen herrscht ein relativ hoher Druck bis zu 10^{-2} Torr, dei dem Ion-Molekül-Reaktionen[4] begünstigt sind, die zur Bildung von Verbindungen höheren Molekulargewichts führen können.

β) **Feld-Ionenquellen.** Ähnlich wie bei der EA-Massenspektrometrie werden bei der sogenannten Feldionen-Massenspektrometrie[5] Molekülionen gebildet, die schwächer angeregt sind als die bei der üblichen Arbeitsweise mit Elektronenstoßionenquellen entstehenden. Dadurch ist auch bei dieser Methode der Anteil der Ionen von Spaltstücken geringer und das anfallende Spektrum übersichtlicher als bei Stoßionisierung.

---

[1] Siehe Fußnote 3, S. 853.

[2] KAJDAS, C., u. R. TÜMMLER: Erdöl u. Kohle 21 (1968) 213.

[3] ARDENNE, M. v., u. K. STEINFELDER: Kernenergie 3 (1960) 717.

[4] AUSLOOS, P. J. (Hrsg.): Ion-Molecule Reactions in the Gas Phase, Advances in Chemistry Series 58, Washington: Amer. Chem. Soc. 1966.

[5] a) BEKEY, H. D.: Z. Instr.kde. 71 (1963) 51; Z. analyt. Chem. 197 (1963) 80. — b) BEKEY, H. D., H. KNÖPPEL, G. METZINGER, P. SCHULZE, H. HEISING u. H. HEY, in R. M. ELLIOTT (Hrsg.): Advances in Mass Spectrometry Vol. 2, S. 1 ff; W. L. MEAD (Hrsg.) Vol. 3, S. 35 ff. und in B. E. KENDRICK (Hrsg.), Vol. 4, S. 817 ff., London: Inst. of Petroleum 1963, 1966 und 1968.

In der Ionisierungszone einer Feldionenquelle befindet sich eine sehr feine Wolfram- oder Platinspitze bzw. ein Draht oder eine Schneide aus diesen Materialien von einigen hundert Ångström Durchmesser. Zwischen einer derartigen Elektrode und einer Gegenelektrode in 0,2 bis 2 cm Entfernung wird eine Spannung von 10 bis 20 KV angelegt. Durch eine hier nicht in ihren Einzelheiten zu erklärende Wechselwirkung eines in der Nähe der Ionisierungselektrode befindlichen Atoms mit dem an ihr herrschenden starken inhomogenen Feld von etwa 10^8 V/cm wird der Potentialwall des Atoms deformiert und das Grundniveau seiner Valenzelektronen angehoben. Wenn sie die Höhe des Ferminiveaus des Metallgitters der Elektrode erreicht, ist durch Tunneleffekt[1] ohne zusätzlichen Energieaufwand der Übergang eines Valenzelektrons vom Atom auf das Metall und damit eine Ionisierung möglich. Diese in einem kleinen Bereich um die Ionisierungselektrode entstehenden Ionen werden von dem Feld auf annähernd gleiche kinetische Energie beschleunigt und verlassen die Ionisationszone schnell. Der bei einem Druck von etwa 10^{-3} Torr in einem Feld von 10^8 V/cm unter einem Raumwinkel von etwa 120° emittierte gesamte Ionenstrom liegt bei 10^{-8} A; davon wird infolge der großen Bündelöffnung nur ungefähr Einhundertstel durch den Eintrittsspalt für die Massentrennung erfaßt (Ionentransmission 1%), so daß Feld-Ionenquellen dieser Art maximal nutzbare Ionenströme von 10^{-9} bis 10^{-11} A liefern. Spitzenelektroden geben durch zeitliche Veränderungen der Spitzen inkonstante Ionenströme. Drähte oder Schneiden von einigen µm Stärke sind in der Höhe und in der Konstanz der nutzbaren Ionenströme günstiger. Bei Molekeln, die in dem inhomogenen Feld an der Ionisierungselektrode nicht polarisiert werden, wird pro Zeiteinheit eine ihrem Partialdruck proportionale Zahl ionisiert, so daß quantitative Analysen ihrer Gemische möglich sind. Wegen des starken Anteils von Molekülionen, die eine Deutung und Auswertung der Spektren erleichtern, und aus dem letztgenannten Grund widmet man der Entwicklung dieser Methode gerade für Kohlenwasserstoffanalysen große Aufmerksamkeit[2].

γ) **Spezielle Ionenquellen.** Unter den speziellen Ionenquellen für Festkörperuntersuchungen, wie Elektronen- und Ionenbeschußionenquellen, soll hier nur auf Laserionenquellen hingewiesen werden, weil sie u. a. auch bei der massenspektrometrischen Analyse von festen Kohlenwasserstoffen und Kohlen als Ionenquellen verwendet werden, mit denen man sehr kleine Bezirke einer Substanz (20 bis 100 µm Durchmesser, bis zu 1 mm Eindringtiefe) in sehr kurzen Zeiten erfassen kann[3-5]. Sie werden wegen der Kürze der erzeugten Ionenstöße von etwa 5 µsec. in Verbindung mit Flugzeitspektrometern (Abschn. VII. 1. b. β_1) eingesetzt. Einzelheiten dieser noch in Entwicklung befindlichen Technik sind der Originalliteratur zu entnehmen.

c) Trennsysteme

Zu der Behandlung der Grundlagen statischer und dynamischer Trennsysteme in Abschn. VII. 2. a sind nur noch wenige Ergänzungen zu geben.

Von den beiden Möglichkeiten, das Massenspektrum durch stetige Änderung des Magnetfeldes bei konstanter Beschleunigungsspannung oder durch stetige Änderung der Beschleunigungsspannung bei konstantem Magnetfeld aufzunehmen, bevorzugt man im Normalfall die erste. Bei der zweiten Arbeitsweise nimmt der Anteil der auf den Detektor gelangenden Teilchen mit steigender Masse ab, weil die Erniedrigung der Beschleunigungsspannung bei der Messung von Ionen höherer Massenzahlen zu einer schlechteren Fokussierung der Ionenbündel auf den Eintrittsspalt führt. Eine derartige Massendiskriminierung tritt bei der erstgenannten Betriebsart nicht auf. Wenn nur Teile des Massenspektrums sehr schnell auf einem Oszillographenschirm aufgenommen werden sollen, benutzt man allerdings auch das zweite Verfahren, indem man die Beschleunigungsspannung mit einer periodischen sägezahnförmigen Spannung moduliert.

Die Massenzuordnung in einem Spektrum kann automatisch mit Hilfe eines Massenmarkierers erfolgen. Aus Gl. (111) ergibt sich für eine Massenzahl die Beziehung:

$$m/e = (r_m \cdot H)^2/2\,V. \tag{111a}$$

Bei Steuerung des Massendurchlaufes durch Änderung des magnetischen Feldes H sind in einem Massenspektrometer der Kreisbahnradius r_m und die Beschleunigungsspannung V konstant. Infolgedessen kann man durch Messung des jeweiligen magnetischen Feldes die Massenzahlen ermitteln. Man benutzt dazu einen gut thermostatierten Hallgenerator, der eine der Magnetfeldstärke proportionale Spannung liefert und eine Schreibfeder zur Massen-

[1] MOORE, J. W.: Physical Chemistry, 4. Aufl. London: Longmans 1965, S. 457 ff.

[2] Siehe Fußnote 1, S. 846.

[3] HONIG, R. E., u. J. R. WOOLSTON: Appl. Phys. Letters 2 (1963), H. 8, S. 138.

[4] SHARKEY, A. G., J. L. SCHULTZ u. R. A. FRIEDEL, in R. F. GOULD (Hrsg.): Coal Science, Advances in Chemistry Series 55, Washington: Amer. Chem. Soc. 1966, S. 643 ff.

[5] KNOX, B. E., u. F. J. VASTOLA: Chem. Engng. News 44 (24. Okt. 1966) 48.

markierung in bestimmten Abständen von m/e (5 oder 10) auf dem Schreibstreifen steuert. Wenn umgekehrt das Massenspektrum bei konstantem Magnetfeld durch Änderung der Beschleunigungsspannung durchlaufen wird, ist die jeweils elektrische Feldstärke ein Maß für die Massenzahl. Weitere Möglichkeiten zur Massenbestimmung sind in der Literatur[1] ausführlich behandelt.

d) Detektoren

Die wesentlichsten Detektoren für die Ionenströme von weniger als 10^{-8} A sind:

a) Faraday-Auffänger, mit denen die zur Neutralisierung der aufgefangenen Ionenladung notwendigen Ströme gemessen werden. Da die Ionenströme für eine direkte Messung zu schwach sind, wird der Spannungsabfall an einem Hochohmwiderstand gegen Erde nach Verstärkung durch gegengekoppelte oder durch Schwingkondensator-Gleichstromverstärker als Maß für die Zahl der auftreffenden Ionen über den Massenzahlen registriert.

b) Elektronenvervielfacher als rauscharme Vorverstärker zur Erhöhung der Nachweisempfindlichkeit und der Meßgeschwindigkeit. Ihre Wirkungsweise wurde schon früher (s. Abschn. II. 5. c. β in Teil I geschildert.

c) Photoplatten für die Strukturaufklärung organischer Substanzen mit hochauflösenden Massenspektrographen, zur quantitativen Festkörperanalyse, aber nicht zur quantitativen Analyse organischer Mischsysteme, bei denen die Fehler der beiden vorstehend genannten elektrometrischen Verfahren kleiner sind als die der photometrischen Methode.

d) Kombinierte Systeme wie den Ionen-Elektronen-Bildwandler, in dem durch Ionen an einem Auffänger (Wolframprallplatte) Elektronen ausgelöst werden. Diese können dann entweder direkt mit einem SEV oder über einen Szintillator mit einem Photoelektronen-Vervielfacher nachgewiesen werden.

e) Registrierverfahren

Die elektrometrisch erfaßten Spektren können bei zunehmenden Registriergeschwindigkeiten mit Kompensationsschreibern, mehrspurigen Lichtpunkt-Linienschreibern auf UV-empfindlichem Papier, Kathodenstrahl-Oszillographen oder mit Magnetband-Geräten aufgezeichnet werden. In Verbindung mit der Massenmarkierung ist auch eine digitale Erfassung möglich.

Die sehr unterschiedliche Stärke der einzelnen Ionenströme erfordert oft eine Registrierung in mehreren Empfindlichkeitsstufen, die durch eine automatische Umschaltung des Empfindlichkeitsbereiches von Schreibern und eine entsprechende Kennzeichnung im Spektrum möglich ist. Derartige Aufzeichnungen können unübersichtlich werden, so daß man dann besser das Spektrum mit verschieden hohen Empfindlichkeiten mehrfach nacheinander aufnimmt. Die Registrierung von Spektren durch gleichzeitige photographische Aufzeichnung des Ausschlages von Spiegelgalvanometern verschiedener Empfindlichkeit ist in diesen Fällen wegen der Möglichkeit einer mehrfachen und schnellen Registrierung zeitsparend.

Eine Behandlung der bis heute bekanntgewordenen Einrichtungen zur automatischen Datenerfassung, durch die vom Massenspektrometer gelieferte Analogsignale in Analog/Digitalwandlern digitalisiert und anschließend in einer digitalen Datenverarbeitungsanlage zu schnell deutbaren Strichspektren oder zu qualitativen oder quantitativen Analysenergebnissen weiter verarbeitet werden, wäre zwar als Grundlage des Verständnisses einer immer weiter fortschreitenden Entwicklung sehr wichtig, übersteigt aber den Rahmen dieser Darstellung. Infolgedessen muß auch hier auf die einschlägige Literatur[1-4] verwiesen werden.

f) Spektrometer

Sowohl in dem schon mehrfach zitierten, von KIENITZ herausgegebenen Werk[1] als auch in einem Beitrag von BAZINET und MERRITT[5] in der Encyclopedia of Industrial Chemical Analysis findet man sehr ausführliche Listen der z. Z. handelsüblichen Massenspektrometer des statischen und des dynamischen Typs, so daß hier zusätzlich zu den bisherigen Ausführungen über experimentelle Einzelheiten nur noch auf das sehr umfassend ausgerüstete Massenspektro-

[1] Siehe Fußnote 3, S. 846.

[2] Varian MAT, Bremen, Erfassungs- und Verarbeitungssystem massenspektrometrischer Daten („Datakomp.").

[3] HITES, R. A., u. K. BIEMANN: Analyt. Chem. 39 (1967) 965; 40 (1968) 1217.

[4] ABRAHAMSON, S.: Science Tools, LKB Instrum. J. 14 (3) 1967/29.

[5] BAZINET, M. L., u. C. MERRITT JR. in F. D. SNELL u. C. L. HILTON (Hrsg.): Encyclopedia of Industrial Chemical Analysis, Vol. 2. New York: Interscience 1966.

meter CH 5 der Firma Varian MAT[1] als Beispiel des statischen Typs und auf das Laufzeit-spektrometer der Firma Bendix als Beispiel des dynamischen Typs eingegangen und im übrigen auf die Literatur verwiesen werden soll.

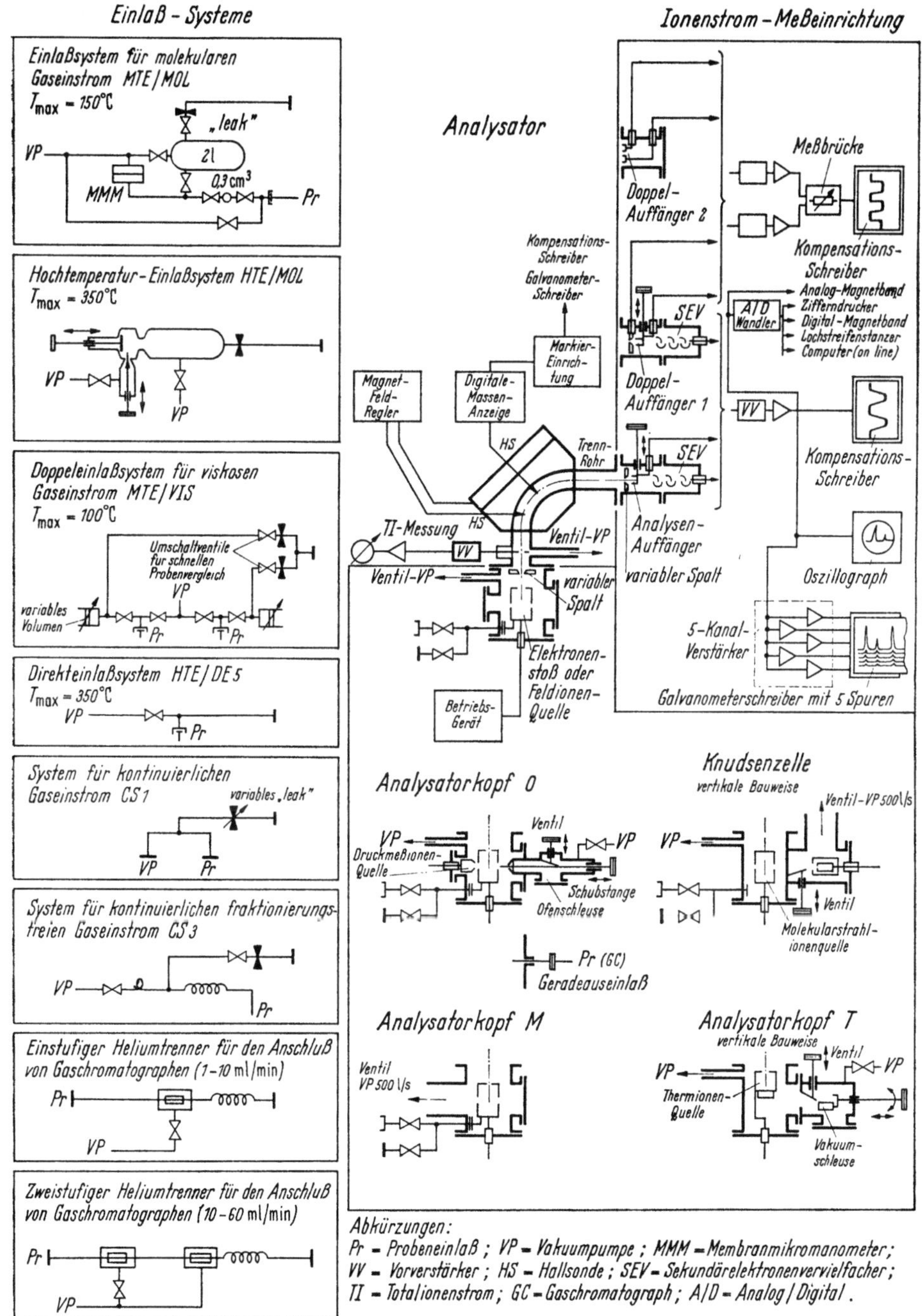

Abb. 131. Massenspektrometer CH 5.

[1] Varian, Meß- und Analysen-Technik, Bremen (früher Atlaswerke).

α) **Massenspektrometer CH 5 von Varian MAT** (Abb. 131). Es handelt sich bei diesem Modell um ein 90°-Sektorfeld-Massenspektrometer mit symmetrischem Aufbau des Trennrohrs, das mit Diffusionspumpen und Kühlfallen auf einem Druck von 10^{-8} Torr gehalten wird und zur Herabsetzung des Restgasuntergrundes bis zu einigen hundert Grad ausheizbar ist. Eintritts- und Austrittsspalt können während des Betriebes stufenweise oder kontinuierlich eingestellt werden.

Für die Probenzuführung in die Ionenquelle stehen mehrere Systeme mit und ohne Druckdrossel zur Verfügung. Die Einlaßteile sind für molekularen oder für viskosen Gaszustrom dimensioniert. Der Totaldruck im Probenvorratsbehälter wird mit Membranmikromanometern gemessen. Regelbare Heizeinrichtungen vom Einlaßteil bis zur Ionenquelle ermöglichen nicht nur die Einführung von Gasen sondern auch von Flüssigkeiten und festen Substanzen unter konstanten Betriebsbedingungen. Zum Anschluß von Gaschromatographen an das Gerät (s. Abschn. V. 2. d. ε) werden Heliumseparatoren angeboten, mit denen das Trägergas vor der massenspektrometrischen Analyse von den Analysensubstanzen abgetrennt werden kann[1]. Schwerflüchtige Stoffe können aus Verdampfungsöfen in Elektronenstoßionenquellen oder zur unmittelbaren Verdampfung in Therm-Ionenquellen durch besondere Schleusensysteme eingebracht werden. Schließlich können für thermodynamische Messungen an schwerflüchtigen (anorganischen) Stoffen Knudsenzellen benutzt werden, aus deren Öffnung die Moleküle in Form von Molekularstrahlen in die Ionenquelle eintreten.

Zur Ionenerzeugung werden folgende Ionenquellen angeboten: Elektronenstoßionenquelle in Normalausführung, in Verbindung mit einer Knudsenquelle oder als Druckmeßionenquelle für die Kopplung mit Gaschromatographen; Therm-Ionenquelle und Feldemissionsionenquelle. Diese Ionenquellen liefern Ionen mit einer Energiestreuung von 1 eV. Sie können leicht gegeneinander ausgetauscht werden, ohne daß das Trennrohr belüftet zu werden braucht. Jede Ionenquelle hat ihre eigenen Kontroll- und Betriebsgeräte mit Ausgangsspannungen und -strömen hoher Stabilität (1 : 10^4 bis 1 : 10^5).

Für den Massendurchlauf wird das Magnetfeld verändert. Neben einer digitalen Massenanzeige ist auch eine Massenmarkierung möglich. Durch einen automatischen Massenvorwähler können aus einem Massenspektrum bestimmte Linien zur alleinigen Registrierung ausgewählt werden.

Zum Nachweis der im Magnetfeld getrennten Ionenbündel werden Einzel- und in Spezialfällen auch Mehrfachauffänger mit Elektrometerverstärkern verwendet; als noch empfindlichere Detektoren zur Messung von Ionenströmen zwischen 10^{-8} bis 10^{-18} A werden Sekundärelektronen-Vervielfacher (SEV) als Vorverstärker mit nachgeschalteten Gleichstromverstärkern benutzt. Mit Impulszählgeräten lassen sich auch einzelne Ionen registrieren.

Durch eine Zusatzeinrichtung kann auch der gesamte aus der Ionenquelle kommende Ionenstrom gemessen werden. Diese Möglichkeit ist u. a. dann von Nutzen, wenn sich bei direkter Probeneinführung der Vorratsdruck nicht messen läßt.

Für eine langsame Registrierung der Spektren (etwa 200 sec pro Massenoktave) genügen normale 10-mV-Kompensationsschreiber; für höhere Registriergeschwindigkeiten (10 sec pro Massenoktave) werden Sekundärelektronen-Vervielfacher und Lichtpunktlinienschreiber und für besonders hohe Geschwindigkeiten ($<$ 1 sec pro Massenoktave) Kathodenstrahloszillographen oder Magnetbandgeräte eingesetzt.

Der erfaßbare Massenbereich geht von 1 bis 1200 μ (Atommasseneinheiten) bei voller Ionenenergie von 3000 eV, von 1 bis 1800 μ bei 2000 eV und von 2 bis 3600 μ bei 1000 eV. Das Auflösungsvermögen R_{pz}-(10%) liegt über 7500. Das Produkt aus R_{pz}-(10%) und Ionendurchlässigkeit ist bis zur Auflösung 2000 konstant. Eine Probenmenge von nur 0,001 Nanogramm pro Sekunde, entsprechend etwa 10^{-3} μg zur Gesamtanalyse, reicht bei einem R_{pz}-(10%) von 1000 zur Aufnahme eines gut auswertbaren Spektrums aus. Die Nachweisgrenze liegt bei 10^{-6} μg. Der kleinste nachweisbare Partialdruck von Argon beträgt etwa 10^{-13} Torr, die Partialdruckempfindlichkeit für dieses Gas 5 · 10^{-4} A/Torr mit einem Faraday-Auffänger und über 500 A/Torr mit einem SEV. Die Massendurchlaufzeit pro Massendekade ist eine Sekunde und mehr.

β) **Bendix-Flugzeit-Spektrometer** (Abb. 132). Um die durch Gl. (118) ausgedrückte Möglichkeit einer Ionentrennung praktisch ausnutzen zu können, müssen die Ionen das Beschleunigungsfeld stoßweise (pulsierend) verlassen. In dem ausgeführten Gerät emittiert ein Wolframdraht die zur Ionisierung der eingelassenen Molekeln einer Probe notwendigen Elektronen. Bei der üblichen Pulsationsmethode beginnt eine Trennperiode damit, daß ein kurzer positiver Stromstoß von 0,25 μsec an das Steuergitter gelegt wird, der für diese Zeit einen Elektronenstrom durch den Ionisierungsbereich auslöst. Die zweite Phase beginnt damit, daß die Steuerelektrode negativ umgepolt und damit der Elektronenfluß unterbrochen wird. An das Ionenrichtgitter (ion focus grid), das solange ohne Spannung war, wird dann etwa 1 μsec lang eine

---

[1] Siehe Fußnote 2, S. 853.

Beschleunigungsspannung von -270 V gelegt, so daß die Ionen nach einer Richtungsfokussierung in die Beschleunigungsstrecke eintreten. In ihr werden sie durch das Ionenenergiegitter (ion energy grid) mit dem Potential von -2800 V auf gleiche kinetische Energie gebracht und innerhalb weiterer $1{,}25\ \mu\text{sec}$ in den feldfreien Raum getrieben. Dort fliegen die Ionen zum Detektor am Ende der etwa 1 m langen Laufstrecke. Dieser Prozeß wiederholt sich mit einer

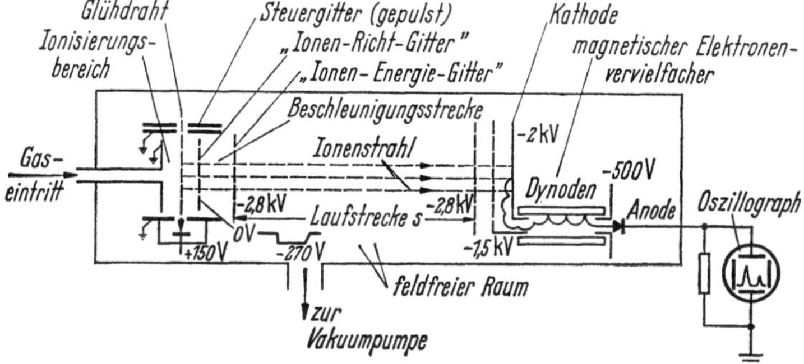

Abb. 132. Schema des Bendix-Flugzeit-Spektrometers.

Frequenz von 10 KHz, so daß pro Sekunde 10 000 Ionisierungsvorgänge ablaufen. Die Ionen werden mit einem von Bendix entwickelten magnetischen Streifen-SekundärelektronenVervielfacher nachgewiesen, der eine kleine Zeitkonstante hat. Nach einer Verstärkung mit einem Verstärker hoher Bandbreite werden die Massenspektren auf dem Leuchtschirm eines Oszillographen aufgezeichnet. Bei einem erfaßbaren Bereich von 1 bis 5000 Atommassen-Einheiten in einem Durchgang beträgt das experimentell erreichbare Auflösungsvermögen $R_{p_z} \sim (10\%)$ (Abschn. VII. 1. b. α_4) je nach Arbeitsbedingungen 200 bis 400. Damit entspricht dieser Gerätetyp normalen Massenspektrometern mittlerer Auflösung. Er besitzt eine höhere Ionendurchlässigkeit und damit ein größeres Nachweisvermögen als diese bei sehr hoher Folge der Massenspektren.

g) Literaturübersicht

In Ergänzung der bisher angegebenen Literatur seien hier für ein vertiefendes Studium der allgemeinen und apparativen Grundlagen einige Spezialzeitschriften[1-3], Übersichts- und Handbuchartikel[5-8], Literatursammlungen[9-12], Sammelwerke[13, 14], Monographien[15-27] und

[1] Journal of Mass Spectrometry and Ion Physics, Amsterdam, Elsevier.

[2] Mass Spectrometry Bulletin, Mass Spectrometry Data Centre, Atomic Weapons Research Establishment (AWRE) Aldermaston, Berkshire, England.

[3] Organic Mass Spectrometry. London: Heyden & Son.

[4] a) DIBELER, H. V., J. A. HIPPLE u. R. M. REESE: Analyt. Chem. 24 (1952) 27; 26 (1954) 58; 28 (1956) 610; 30 (1958) 604; 32 (1960) 211 R. — b) REESE, R. M., u. F. N. HARLEE: Analyt. Chem. 34 (1962) 243 R; 36 (1964) 278 R. — c) McLAFFERTY, F. W., u. J. PINZELIK: Analyt. Chem. 38 (1966) 350 R. — d) KISER, R. W., u. R. E. SULLIVAN: Analyt. Chem. 40 (1968) 273 R.

[5] JENCKEL, L., u. E. DÖRNENBURG: Massenspektrometrische Methoden, in HOUBEN-WEYL: Methoden der organischen Chemie. Stuttgart: Thieme 1955, Bd. 3/1, S. 693 ff.

[6] CLARK, L. C. (Hrsg.): The Encyclopedia of Spectroscopy, S. 582 ff. New York: Reinhold 1960.

[7] a) KIENITZ, H.: Massenspektrometrie, in Ullmanns Enzyklopädie der technischen Chemie, Bd. 2/1, S. 403 ff. München: Urban & Schwarzenberg 1961. — b) KIENITZ, H., u. W. BALL: Massenspektrometrie, in J. HENGSTENBERG, B. STURM u. O. WINKLER: Messen und Regeln in der Chemischen Technik, 2. Aufl., S. 718 ff. Berlin/Göttingen/Heidelberg: Springer 1964.

[8] WIBERLEY, S. E., u. D. A. AIKENS: J. Chem. Educ. 41 (1964) A 75, A 153.

[9] Associated Electrical Industries, Bibliography on Mass Spectrometry 1938 thru 1957; London: Pergamon Press 1961.

[10] CAPELLEN, F., H. J. SVEC u. C. R. SAGE: Bibliography of Mass Spectroscopy Literature, Compiled by Computer Method (IS-1335). Springfield, Va. 1966.

[11] McLAFFERTY, F. W., u. J. PINZELIK: Index and Bibliography of Mass Spectrometry, 1964—1965. New York: Interscience 1967.

[12] REDMAN, J. D.: A Literature Review of Mass Spectrometric-Termochemical Technique (ORNL-TM-989, Suppl. 1.). Springfield Va. 1966.

[13] a) WALDRON, J. D. (Hrsg.): Advances in Mass Spectrometry, Vol. 1., Conference London 1958. London: Pergamon Press 1959. — b) ELLIOT, R. M. (Hrsg.): Advances in Mass Spectro-

Arbeitsrichtlinien[1] genannt, in denen vornehmlich die bisher angeschnittenen Fragen behandelt werden. Da in vielen Fällen neben den Grundlagen und der Meßtechnik auch Anwendungen dargestellt werden, ist allerdings eine strenge Zuordnung nicht möglich.

3. Auswerttechnik

Qualitative Analysen der Zusammensetzung oder des chemischen Aufbaus einer Probe können aus der Zahl und der Verteilung der Peaks auf verschiedene Massenzahlen sowie aus ihren relativen Höhen gemacht werden; quantitative Werte ergeben sich durch Ausmessung und rechnerische Auswertung der Peakhöhen. Die Meßwerte hängen von den gewählten Untersuchungsbedingungen ab, z. B. von der Elektronenenergie oder von der Temperatur bei der Ionisierung. Die Massenspektren müssen daher unter möglichst gleichartigen Bedingungen aufgenommen werden, um sie mit eigenen oder fremden Ergebnissen vergleichen zu können. Mit verschiedenen Gerätetypen erhaltene Spektren sind einander meistens qualitativ mehr oder minder ähnlich, so daß man sich in vielen Fällen bei der qualitativen Auswertung auf Vergleiche mit Spektrensammlungen und -veröffentlichungen[2-8] stützen kann, die zur Er-

[1] a) ASTM Designation: E 137—65, Evaluation of Mass Spectrometers for Use in Chemical Analysis, Book of ASTM Standards, Part 30, Philadelphia 1967. — b) ASTM Designation: E 304—66 T: Mass Spectrometrie Analysis of solids, ebda. 1967.

[2] Catalog of Selected Mass Spectral Data, American Petroleum Institute Research Project 44, Thermodynamics Research Center, Texas A & M University, College Station, Texas; enthält vorwiegend für die Erdölanalyse wichtige Substanzen.

[3] Index of Mass Spectral Data, ASTM Special Technical Publication No. 356, Philadelphia, American Society for Testing and Materials 1963 (nach Molgewicht und den fünf intensivsten Peaks ausgewertete Massenspektren des API des ASTM Comittee E-14, des Manufactoring Chemists Association Project, der Literatur).

[4] Spektrenverzeichnis, Groupement pour l'avancement des methodes Spectrographiques, Paris.

[5] a) CORNU, A., u. R. MASSOT: Compilation of Mass Spectral Data. London: Heyden & Son 1966. — b) CORNU, A., u. R. MASSOT: First Supplement to Compilation of Mass Spectral Data, ebda. 1967.

[6] KENDALL, R. F., u. B. H. ECCLESTON: Mass and Infrared Spectra of Selected Unsaturated Hydrocarbons and Oxygenates. Washington: Bur. of Mines 1966.

[7] McLAFFERTY, F. W.: Mass Spectral Correlations, Advances in Chemistry Series 40. Washington: Amer. Chem. Soc. 1963.

[8] Dow Chemical Company Book. Framingham, Mass. 1965.

metry, Vol. 2., Conference Oxford 1961. Oxford: Pergamon Press 1963. — c) MEAD, W. L. (Hrsg.): Advances in Mass Spectrometry, Vol. 3., Conference Paris 1964. London: Inst. of Petroleum 1966. — d) KENDRICK, E. (Hrsg.): Advances in Mass Spectrometry, Vol. 4., Conference Berlin 1967. London: Inst. of Petroleum 1968.

[14] McDOWELL, C. A. (Hrsg.): Mass Spectrometry. New York: McGraw-Hill 1963.

[15] BARNARD, G. P.: Modern Mass Spectrometry. London: Inst. of Physics 1953.

[16] BEYNON, J. H.: Mass Spectrometry and its Applications to Organic Chemistry. Amsterdam: Elsevier 1960, Neudruck 1967.

[17] BIEMANN, K.: Mass Spectrometry. New York: McGraw-Hill 1962.

[18] BRUNNÉE, C., u. H. VOSHAGE: Massenspektrometrie. München: Thiemig 1964.

[19] DUCKWORTH, H. E.: Mass Spectrometry. Cambridge: University Press 1958.

[20] EWALD, H., u. H. HINTENBERGER: Methoden und Anwendungen der Massenspektrometrie. Weinheim: Verlag Chemie 1953.

[21] HILL, N. G.: Introduction to Mass Spectrometry. London: Heyden & Son 1966.

[22] JAYARAM, R.: Mass Spectrometry, Theory and Applications. New York: Plenum Press 1966.

[23] KISER, R. W.: Introduction to Mass Spectrometry and its Applications. Englewood Cliffs, N. J.: Prentice Hall 1965.

[24] PESCOK, R. L. u. L. D. SHIELDS: Modern Methods of Chemical Analysis New York: Wiley 1968.

[25] REED, R. I.: Modern Aspects of Mass Spectrometry, New York: Plenum Press 1968.

[26] SHUMULOVSKII, N. N., u. R. I. STAKHOVSKII: Mass Spectral Methods (russ.). Moskau: Energiya 1966.

[27] WAGNER, G.: Die Feldionen-Massenspektrometrie und ihre Anwendung zur Analyse von Gemischen aus Kohlenwasserstoffen. Dissertation T. H. Aachen 1963.

leichterung der Auswertung unter Angabe der Massenzahlen und einiger der stärksten Peaks in Registern zusammengefaßt oder in Lochkarten für Hand- oder Maschinensortierung bzw. in Magnet-Kern- oder Trommelspeichern übertragen werden können.

a) Qualitative Analyse

Qualitative Analysen können nicht nur durch Vergleich der ganzen Spektren, sondern auch durch Feststellung des Auftretens bestimmter Peaks oder Peakkombinationen ausgeführt werden. In Analogie zu den Schlüsselbanden der Absorptionsspektrometrie kennt man in der Massenspektrometrie Schlüsselbruchstücke monofunktioneller Verbindungen, die u. a. auch bei der Gruppenanalyse von Kohlenwasserstoffen herangezogen werden[1-6].

Eine wesentliche Hilfe bei der qualitativen Analyse sind die Molekül-(Parent-)Peaks und die in ihrer Nähe liegenden Linien. Aus ihnen können die Molekulargewichte und mehr oder minder sicher auch die Summenformeln abgeleitet werden, wenn man ein Gerät mit ausreichendem Auflösungsvermögen zur Verfügung hat und wenn es gelingt, bei Elementen mit isotopen Nukliden die Peaks der Ionen mit Isotopen entsprechend der natürlichen Isotopenhäufigkeit festzustellen. Bei C-, H-, O- und N-haltigen Verbindungen müssen infolge des geringen Anteils der entsprechenden isotopen Nuklide die Verhältnisse der Molekülpeakhöhen von Ionen mit verschiedenen Isotopen zur Bestimmung der Summenformeln sehr genau bestimmt werden, während bei günstigeren Verhältnissen, z. B. bei Chlor- oder Bromverbindungen, schon Intensitätsabschätzungen dafür ausreichen. Für die denkbaren C-, H-, O- und N-haltigen Verbindungen und ihre Bruchstücke haben verschiedene Autoren diese Verhältnisse der Höhen der Isotopenpeaks zur Höhe des entsprechenden Molekülpeaks (I_{M+i}/I_M) für Ionen bis zu Massenzahlen 500 und darüber tabelliert[7-12]. Mit ihrer Hilfe können die möglichen Summenformeln bei bekannten Molekulargewichten eingeengt werden. Dieses Verfahren darf nicht überbewertet werden, weil z. T. die Meßgenauigkeit unzureichend ist und die Isotopenhäufigkeiten eine gewisse natürliche Schwankungsbreite haben. Auch hier können außer früher genannten Veröffentlichungen einige Handbücher[13-22], Sammelwerke[23] und Monographien[24-32] für ein weiteres Studium der Möglichkeiten zur qualitativen Analyse und der Konstitutionsermittlung organischer Verbindungen herangezogen werden.

[1] CLERC, R. J., A. HOOD u. M. J. O'NEAL: Analyt. Chem. 27 (1955) 868.

[2] LUMPKIN, H. E.: Analyt. Chem. 28 (1956) 1946.

[3] LEVY, E. J., R. R. DOYLE, R. A. BROWN u. F. W. MELPOLDER: Analyt. Chem. 33 (1961) 698.

[4] FITZGERALD, E. E., V. A. CIRILLO u. F. J. GALBRAITH: Analyt. Chem. 34 (1962) 1276.

[5] SNYDER, L. R., H. E. HOWARD u. W. C. FERGUSON: Analyt. Chem. 35 (1963) 1676.

[6] JOLY, D.: Proceedings Sixth World Petroleum Congress, Frankfurt/Main 1963, Sect. V, 173, Hamburg 1963.

[7] BEYNON, J. H., u. A. E. WILLIAMS: Mass and Abundance Tables for Use in Mass Spectrometry. Amsterdam: Elsevier 1963.

[8] CORNU, A., u. R. MASSOT: Compilation of Exact Masses of Organic Ions for Use in High Resolution Mass Spectrometry. London: Heyden & Son 1964.

[9] HENNEBERG, D., u. K. CASPER: Z. analyt. Chem. 227 (1967) 241; Bruttoformeln aus Massenbestimmungen. Bremen: Varian MAT 1967.

[10] LEDERBERG, J.: Computation of Molecular Formulas for Mass Spectrometry. San Franzisco: Holden-Day 1964.

[11] LEDERBERG, J.: Tables and Algorithm for Calculating Functional Groups of Organic Molecules in High Resolution Mass Spectrometry, NASA Sci. Techn. Aerosp. Rep. N 64-21426 (1964).

[12] KENDRICH, A.: A Mass Scale Based on $CH_2 = 14,000$ for High Resolution Mass Spectrometry of Organic Compounds: Analyt. Chem. 35 (1963) 2146.

[13] BONDAROVICH, H. A., u. S. K. FREEMAN: Mass Spectrometry, in S. K. FREEMAN (Hrsg.): Interpretive Spectroscopy. New York: Reinhold 1965.

[14] BONNETT, R., u. J. G. DAVIS (Hrsg.): Some Newer Physical Methods in Structural Chemistry: Mass Spectrometry, Optical Rotatory Dispersion, and Circular Dichroism. London: United Trade Press 1967.

[15] EWING, G. W., u. A. MASCHKA: Physikalische Analysen- und Untersuchungsmethoden der Chemie, 3. Aufl. Wien-Heidelberg: Bohmann 1964.

[16] FLETT, M. ST. C.: Physical Aids to the Organic Chemist. Amsterdam: Elsevier 1962.

[17] McLAFFERTY, F. W.: Mass Spectrometry, in F. C. NACHOD und W. D. PHILLIPS (Hrsg.): Determination of Organic Structures by Physical Methods. New York: Academic Press 1962.

[18] MATHIESON, D. W. (Hrsg.): Interpretation of Organic Spectra. London: Academic Press 1965.

[19] MELPOLDER, F. W., u. R. A. BROWN: Mass Spectrometry, in I. M. KOLTHOFF und P. J. ELVING (Hrsg.): Treatise on Analytical Chemistry, Part 1, Vol. 4. New York: Wiley 1963.

b) Quantitative Analyse

Quantitative massenspektrometrische Analysen eines Mehrstoffgemisches sind um so leichter möglich, je mehr sich die Massenspektren der Komponenten in ihrer Massenzahlverteilung und in den Peakhöhen unterscheiden. In den meisten Fällen überlagern sich die Peaks von n verschiedener Komponenten, die als Reinsubstanzen bei den Massezahlen m die Peakhöhen h_{mn} haben, so daß man die molaren Konzentrationen der Komponenten in der Gasphase $x_n = p_n/P$ (Partialdruck zu Einlaßdruck) aus den Peakhöhen H_m im Spektrum der Probe analog zu der Berechnung der Konzentration einzelner Stoffe in Gemischen aus den Bandenextinktionen in Absorptionsspektren (s. Abschn. II. 1. a. β_1 in Teil I, Gl. 6) bestimmen kann:

$$H_1 = h_{11} \cdot x_1 + h_{12} \cdot x_2 + \cdots + h_{1n} \cdot x_n$$
$$H_2 = h_{21} \cdot x_1 + h_{22} \cdot x_2 + \cdots + h_{2n} \cdot x_n$$
$$\vdots$$
$$H_m = h_{m1} \cdot x_1 + h_{m2} \cdot x_2 + \cdots + h_{mn} \cdot x_n \tag{121}$$

Für die Auswertung dieses Gleichungssystems wurde schon früher Literatur angegeben (Molekülspektroskopie, Abschn. II. 1. a. β_1). KIENITZ[1] hat ausführlich Rechenverfahren beschrieben, bei denen je nach Komponentenzahl mit Handrechenmaschinen, Lochkarten, Analog- oder Digitalrechnern gearbeitet werden kann.

4. Anwendungen

a) Qualitative Analyse

Für qualitative Analysen ist die Kenntnis von Schlüssel-Bruchstückionen ein wesentliches Hilfsmittel. Da die Analyse von Kohlenwasserstoffgemischen eines der ersten und am intensivsten bearbeiteten Anwendungsgebiete der massenspektrometrischen Analyse war, wurden schon frühzeitig Regeln über den Einfluß der Molekülstruktur von Kohlenwasserstoffen auf die Ionenhäufigkeit aus dem vorliegenden Untersuchungsmaterial abgeleitet[2,3].

---

[1] Siehe Fußnote 3, S. 846.
[2] Siehe Fußnote 32, S. 864.
[3] LUTHER, H., u. L. JENCKEL: Erdöl u. Kohle 5 (1952) 17.

---

[20] MEYERSON, S., u. J. D. McCOLLUM: Mass Spectra of Organic Molecules, in C. N. REILLEY (Hrsg.): Advances in Analytical Chemistry und Instrumentation, Vol. 2. New York: Interscience 1963.

[21] SIMON, W., u. TH. CLERC: Strukturaufklärung organischer Verbindungen mit spektroskopischen Methoden. Frankfurt/M.: Akad. Verlagsges. 1967.

[22] STEWART, D. W.: Mass Spectrometry, in A. WEISSBERGER (Hrsg.): Physical Methods of Organic Chemistry, Vol. 1., Part IV, 3. Aufl. New York: Interscience 1960.

[23] BLEARS, J. (Hrsg.): Applied Mass Spectrometry. London: Inst. of Petroleum 1954.

[24] BEYNON, J. H., R. A. SAUNDERS u. A. E. WILLIAMS: The Mass Spectra of Organic Molecules. Amsterdam: Elsevier 1968.

[25] BUDZIKIEWICZ, H., C. DJERASSI u. D. H. WILLIAMS: Interpretation of Mass Spectra of Organic Compounds. San Franzisco: Holden-Day 1964.

[26] BUDZIKIEWICZ, H., C. DJERASSI u. D. H. WILLIAMS: Mass Spectrometry of Organic Compounds. San Franzisco: Holden-Day 1967.

[27] McLAFFERTY, F. W. (Hrsg.): Mass Spectrometry of Organic Ions. New York: Academic Press 1963.

[28] McLAFFERTY, F. W.: Interpretation of Mass Spectra: An Introduction. New York: W. A. Benjamin 1966.

[29] POLYAKOWA, A. A., u. R. A. CHMELNIZKIJ: Einführung in die Massenspektrometrie organischer Verbindungen (russ.: Wedenijew massspektrometriju organitscheskich socdinemij). Moskau: Chimija 1966.

[30] POLYAKOWA, A. A., R. A. CHMELNIZKIJ u. A. A. PETROW: Massenspektren der Kohlenwasserstoffe (russ.: Mass-spektra uglewodorodow). Uspechi Khim. (Fortschr. d. Chemie) 35 (1966) 1671.

[31] REED, R. I.: Applications of Mass Spectrometry to Organic Chemistry. London-New York: Academic Press 1966.

[32] SPITELLER, G.: Massenspektrometrische Strukturanalyse organischer Verbindungen. Weinheim: Verlag Chemie 1966; s. a. H. KIENITZ, Fußnote 3, S. 846.

Da die massenspektrometrische Analyse von Erdölprodukten im Bereich der Gas-, Benzin[1]- und Petroleumfraktionen im wesentlichen von der gaschromatographischen Analyse abgelöst wurde, ist heute ihr Hauptanwendungsgebiet die Gruppenanalyse höherer Erdölfraktionen. Bei der Auswertung des Spektrenmaterials fand man, daß die Ionen einzelner Strukturtypen bevorzugt bei Massenzahlen auftreten, bei denen Ionen anderer Stoffklassen überhaupt nicht oder kaum vorhanden sind. So sind Paraffine durch eine Linienfolge bei den Massenzahlen 43, 57, 71, 85, 99, 113 ... $(C_nH_{2n+1})^+$ gekennzeichnet, während die Linienfolge unkondensierter Naphthene bei 41, 55, 69, 83, 97, 111, 125, 139 ... $(C_nH_{2n-1})^+$ und die von Alkylbenzolen bei 77, 78, 79, 91, 92, 93, 105, 106, 107, 119, 120, 121 ... liegt. Je nach Lage des Fraktionsschnittes werden die Massenzahlen zu Gruppen mit niedrigeren oder höheren Grenzwerten zusammengefaßt. In der Literatur[1-6] findet man weitere Angaben über verzweigte Alkane, unkondensierte Alkylcyclopentane, kondensierte (2-, 3-, 4-, 5-, 6-Ring-) Naphthene, Alkylnaphthaline, Acenaphthene, Acenaphthylene, kondensierte Polyaromaten und Heteroverbindungen mit Schwefel, Sauerstoff und Stickstoff. Dabei ist die Stickstoffregel zu beachten, nach der eine organische Verbindung mit ungeradzahligem Molekulargewicht stickstoffhaltig ist und eine ungerade Zahl von Stickstoffatomen enthält, während sauerstoff- und schwefelhaltige Substanzen geradzahlige Molekulargewichte haben. Da die Autoren z. T. verschiedene Angaben über auszuwertende Peaks machen, wird hier unter Hinweis auf die Originalliteratur auf eine vollständige Wiedergabe des Zahlenmaterials verzichtet, um dem einzelnen Sachbearbeiter die Entscheidungsfreiheit für das eigene Vorgehen zu lassen. Der Bau von Geräten hoher Auflösung mit großer Empfindlichkeit und Analysengeschwindigkeit, die Anwendung neuer Ionisierungsverfahren bei kleinen Elektronenenergien (besonders für ungesättigte Kohlenwasserstoffe[7-9]), mit Feld-Ionenquellen, durch Elektronenanlagerung und mit systemfremden Stoßgasen[10] haben die Massenspektrometrie wieder zu einem wichtigen Analysenverfahren der Erdölindustrie gemacht.

b) Quantitative Analyse

Bei der quantitativen Analyse wird von der Erfahrungstatsache Gebrauch gemacht, daß die Summe der Peakintensitäten einer der im vorigen Abschnitt genannten Linienfolgen bei gleichem Gesamtdruck für alle Verbindungen eines Typs annähernd gleich ist. In Gemischen hängt sie linear vom Partialdruck der betreffenden Stoffklasse ab. Die Konzentrationen der Strukturtypen können mit Hilfe von Gleichungssystemen berechnet werden, die der Gl. (121) entsprechen, in die statt der Intensität einer Einzellinie die Summe der Intensitäten einer gewählten charakteristischen Linienfolge eingesetzt wird. Die Koeffizienten h_{mn} des Gleichungssystems werden durch Auswertung der Massenspektren einer repräsentativen, möglichst großen Auswahl von Reinstoffen jeden Typs aus dem Fraktionsbereich der Probe und durch eine Mittelwertbildung der einzelnen Massenzahl-Intensitäten in der jeweiligen Linienfolge bestimmt.

Da FRANKE vor kurzem in der von KIENITZ herausgegebenen Monographie[11] eine umfassende Übersicht über die Analyse von Kohlenwasserstoffgemischen mit Hilfe der Massenspektrometrie gegeben hat und sich außerdem an anderen Stellen[12-15] zu demselben Thema ausführliche Literaturübersichten finden, sollen hier keine Einzelheiten behandelt werden.

VIII. Röntgen-Emissionsspektrometrie

Neben der Emissions- und der Atom-Absorptionsspektrometrie hat sich in letzter Zeit die Röntgenemissions- oder Röntgen-Fluoreszenzanalyse für die Be-

---

[1] BENZ, W.: Z. analyt. Chem. 221 (1966) 410.

[2] McCARTHY, E. D., I. HAN u. M. CALVIN: Analyt. Chem. 40 (1968) 1475.

[3] Siehe Fußnoten 1 bis 3, S. 863.   [4] Siehe Fußnote 4, S. 863.   [5] Siehe Fußnote 5, S. 863.

[6] Siehe Fußnote 6, S. 863.

[7] KEARNS, G. L., N. C. MARANOWSKI u. G. F. CRABLE: Analyt. Chem. 31 (1959) 1646.

[8] VARSEL, CH. J., F. A. MORRELL, F. E. RESNIK u. W. A. POWELL: Analyt. Chem. 32 (1960) 182.

[9] CORNU, A., A. COPET, J. ULRICH u. P. BEDAGUE: Proceedings Sixth World Petroleum Congress, Frankfurt/Main 1963, Sect. V., 191, Hamburg 1961.

[10] MUNSON, M. S. B., u. F. H. FIELD: J. Amer. Chem. Soc. 88 (1966) 2621.

[11] Siehe Fußnote 3, S. 846.   [12] Siehe Fußnote 1, S. 846.   [13] Siehe Fußnote 2, S. 846.

[14] MÜLLER, E.: Massenspektrometrie, in G. GEISELER, Ausgewählte physikalische Methoden der organischen Chemie, Bd. II. Berlin: Akademie-Verlag 1963.

[15] LUMPKIN, H. E.: Proceedings Seventh World Petroleum Congress, Mexico City 1967, Vol. 9., 23. Amsterdam: Elsevier 1967.

stimmung anorganischer Substanzen in Erdölen und Erdölprodukten durchgesetzt. Ursachen für diese Entwicklung sind der relativ breite Anwendungsbereich der Methode, die Möglichkeit, homogene Substanzen ohne Vorbereitung zu analysieren und die kurzen Analysenzeiten. Der apparative Aufwand ist allerdings nicht unerheblich. Das ASTM-Kommittee D-2 hat bereits ein Verfahren zur Bestimmung von Schwefel mit Hilfe der Röntgen-Emissionsspektrometrie zur Aufnahme in die ASTM-Vorschriften vorgeschlagen[1].

1. Grundlagen[2]

Grundlage des Verfahrens ist die Tatsache, daß Stoffe, die mit Elektronen oder mit (Primär-)Röntgenstrahlen ausreichender Energie bestrahlt werden, ihrerseits (Sekundär-) Röntgenstrahlen aussenden.

Die Primärstrahlen werden von verschiedenen Atomarten unterschiedlich absorbiert. Das Absorptionsgesetz entspricht dem Lambert-Beerschen Gesetz der Absorptionsspektroskopie (s. Abschn. II. a. β_1 in Teil I) in der Form:

$$N = N_0 e^{-(\mu_1/\varrho)\,d} = N_0 e^{-\mu_m d}; \qquad (122)$$

N_0 und N Energie (Impulsraten) der einfallenden bzw. der ausfallenden Strahlung;
μ_1 linearer (cm^{-1}),
μ_m Massen-Absorptionskoeffizient (cm^2/g);
ϱ Dichte (g/cm^3);
d Schichtdicke (cm).

Die Absorptionskoeffizienten[3] sind wellenlängenabhängig; ihr stetiger Verlauf über der Wellenlänge λ wird an den sogenannten Absorptionskanten unterbrochen. Die Wellenlängen, bei denen sie auftreten, sind für jedes Element charakteristisch und kennzeichnen die vorhandenen Elektronenniveaus. Man spricht daher u. a. von K-, L_I-, L_{II}- oder M-Kanten. Zwischen μ_m, der Ordnungszahl Z des absorbierenden Stoffes und λ besteht näherungsweise die Beziehung:

$$\mu_m \approx c Z^3 \lambda^3. \qquad (123)$$

c ändert sich je nachdem, ob λ kurzwelliger als die K-Kante ist oder zwischen K- und L- bzw. L- und M-Kante liegt. Bei der Absorption wird ein Elektron aus einem der Elektronenniveaus unter Aufnahme der gesamten Energie als Photoelektron entfernt. In die entstehende Leerstelle springt ein Elektron aus einem höheren Niveau und strahlt dabei die Energiedifferenz ΔE zwischen Ausgangs-(E_a) und Endniveau (E_e) als Röntgen-Energiequant mit der Energie $h\nu$ ab:

$$\Delta E = E_a - E_e = h\nu. \qquad (124)$$

In jedem Atom sind Elektronenübergänge zwischen verschiedenen Energieniveaus möglich, die in Niveauschemas dargestellt werden können. Sie machen sich durch entsprechende Linien im Röntgenspektrum bemerkbar und werden zu Serien zusammengefaßt. Zur K-Serie gehören z. B. alle auf Elektronensprünge in das K-Niveau zurückgehenden Linien, die durch Indices griechischer Buchstaben und arabischer Ziffern gekennzeichnet werden ($K_{\alpha 1}$, $K_{\alpha 2}$, $K_{\beta 1}$). Entsprechendes gilt für die L-, M-, N-Serien. Die Intensitäten der am kurzwelligsten liegenden K-Serie-Linien sind am höchsten und daher für analytische Arbeiten am geeignetsten.

---

[1] Book of ASTM-Standards, Part 17, Appendix II: D-2-1965, Proposed Method for Determination of Sulfur in Petroleum Products (X-Ray Spectrographic Method). Philadelphia: Amer. Soc. for Testing and Materials, S. 940.

[2] Müller, R. O.: Spektrochemische Analysen mit Röntgenfluoreszenz. München-Wien: Oldenbourg 1967.

[3] Stainer, H. M.: X-Ray Mass Absorption Coefficients. Washington: Bureau of Mines 1963.

Innerhalb einer Serie sind Linien, die Elektronenübergängen zwischen benachbarten Niveaus entsprechen, am intensivsten, weil die Übergänge am häufigsten sind.

Die Röntgenemissionsspektren der Elemente sind nicht sehr linienreich und gleichen sich in ihrem Aufbau weitgehend. Zwischen den Wellenlängen analoger Linien in den verschiedenen Serien und der Ordnungszahl Z des emittierenden Elements gilt die Beziehung:

$$1/\lambda = K(Z-1)^2. \qquad (125)$$

Die Wellenlänge der Emissionslinien ist im allgemeinen von dem Bindungszustand des emittierenden Atoms unabhängig, da die Übergänge zwischen den Niveaus innerer Elektronen nur bei leichten Elementen, bei denen Elektronen des M-Niveaus an der Bindung beteiligt sind, durch die Bindungsverhältnisse der Valenzelektronen beeinflußt werden.

Ein Photoelektron wird nur dann aus einem Elektronenniveau eines Atoms entfernt, wenn die absorbierte Energie der Primärstrahlung größer als die Energie der entsprechenden Absorptionskante ist. Unter anderem werden für die Anregung von K_a-Linien benötigt bei Schwefel $>2{,}5$, bei Eisen $>7{,}5$, bei Kupfer >9, bei Zink >10 und bei Barium $>37{,}5$ KeV. Die Fluoreszenzausbeuten in den einzelnen Niveaus der Elemente sind unterschiedlich. Zum Beispiel liegt sie für das K-Niveau des Eisens um 30, des Kupfers um 40 und des Molybdäns um 75 %.

Qualitativ wird die Zusammensetzung einer Probe durch die Wellenlängen und quantitativ durch die Intensität der emittierten Röntgenstrahlung gekennzeichnet. Die für die Analyse notwendige spektrale Zerlegung der Röntgenstrahlung kann durch Beugung erreicht werden. Die Gleichung für die Beugung einer unter dem Beugungswinkel ϑ einfallenden Strahlung der Wellenlänge λ an einem Gitter mit der Gitterkonstante d in der Ordnung n (s. a. Abschn. II. 4. b. d in Teil I):

$$n\lambda = d \sin\vartheta \qquad (126a)$$

gilt auch für Röntgenstrahlen. Da es aber unmöglich ist, für die kurzen Wellen der Röntgenstrahlung <10 nm (s. Abschn. II in Teil I, Tab. 1) ein Gitter herzustellen, das diesen Wellenlängen entsprechende Gitterkonstanten hätte, benutzt man als Dispersionsmittel für Röntgenstrahlen (Analysator) Einkristalle, deren Gitterebenen (Netzebenen) in der erforderlichen Größenordnung liegen. Diese Kristalle wirken als Reflexionsgitter, so daß infolge des zweifachen Durchganges der Strahlung durch den Raum zwischen benachbarten Ebenen mit dem Netzabstand d Gl. (126a) lauten muß:

$$n\lambda = 2d \sin\vartheta. \qquad (126b)$$

Bei Drehung des Analysators gegenüber der einfallenden, unzerlegten Röntgenstrahlung werden also die von den einzelnen Elementen emittierten Strahlungsanteile, der Winkelstellung des Analysators folgend, nacheinander auf den Strahlungsempfänger gelenkt, dort gemessen und in Abhängigkeit von 2ϑ registriert. Nach Gl. (126b) gilt für die bei $\vartheta = 90°$ an einem Kristall zu beugende Grenzwellenlänge

$$\lambda_g = 2d/n. \qquad (127)$$

Man muß also mehrere Analysatoren mit verschiedenen Netzebenenabständen verwenden, wenn man einen größeren Wellenlängenbereich überstreichen will. Zu nennen sind u. a. (mit ihrer Grenzwellenlänge in 1. Ordnung (Å) und ihrem Anwendungsbereich ab einem Element einer bestimmten Ordnungszahl $_{ii}$X) die anorganischen Substanzen: Topas $(2{,}71;\ _{23}$V), Lithiumfluorid $(4{,}03;\ _{19}$K), Quarz $(6{,}69;\ _{15}$P), Gips $(15{,}18;\ _{11}$Na) und die organischen Substanzen: Pentaerythrit „PE"

(8,74; $_{13}$Al), Äthylendiamin-d-tatrat „EDDT" (8,81; $_{13}$Al), Kaliumhydrophthalat (26,4; $_9$F). Weitere Analysatormaterialien sind in einem Übersichtsreferat von CAMPBELL und Mitautoren[1b] angegeben.

Eine ausführliche Behandlung der theoretischen Grundlagen findet man in den meisten Lehrbüchern der physikalischen Chemie und, darüber hinausgehend, in Monographien über die Röntgenspektroskopie und in speziellen Werken über die Röntgenstrahlungsemission und -absorption[2-11] sowie in der Literatur, die in Sammelwerken[12] und -referaten[1, 13] zusammengestellt ist. Für die Versuchstechnik

Tabelle 13. *In Mineralölen und*

Element	Strahlung	Wellenlänge Å	Röntgen-röhre[a]	Analysator	Innerer Standard[b]	Nachweis-grenzen ppm	Nachweis-empfindlich-keit $\left(\dfrac{\text{Impulse}}{\text{sec} \cdot \text{ppm}}\right)$
Blei	$L_{\alpha 1}$	1,175	Wolfram	LiF	Bi-$L_{\alpha 1}$	0,27—0,30	20,6
Zink	K_α	1,437	Wolfram	LiF	Cu—K_α	0,06—0,08	69,6
Nickel	K_α	1,660	Wolfram	LiF	Co-K_α	0,06—0,08	50,4
Vanadin	K_α	2,503	Wolfram	LiF	Mn-K_α	0,12—0,15	5,8
Barium	$L_{\alpha 1}$	2,775	Chrom	LiF	Mn-K_α V-K_α	0,21—0,23	2,8
Calcium	K_α	2,360	Chrom	LiF	Sn-$L_{\alpha 1}$	0,08—0,10	18,4
Chlor	K_α	4,279	Chrom	PE[c]	Sn-$L_{\alpha 1}$	0,66—0,80	0,7
Schwefel	K_α	5,373	Chrom	PE	Mo-$L_{\beta 1}$ Zr-$L_{\alpha 1}$	1,0 —1,3	0,3
Phosphor	K_α	6,155	Chrom	PE	Zr-$L_{\alpha 1}$	2,8 —3,5	0,1

[a] Belastung 50 KV, 20 mA.   [b] Wellenlänge siehe z. B. bei MÜLLER[14].   [c] Pentaerythrit.

[1] a) LIEBHAFSKY, H. A., E. H. WINSLOW u. H. G. PFEIFFER: Analyt. Chem. 28 (1956) 583; 30 (1958) 580; 32 (1960) 240 R; 34 (1962) 282 R. — b) CAMPBELL, W. J., J. D. BROWN u. J. W. THATCHER: Analyt. Chem. 36 (1964) 312 R; 38 (1966) 416 R; 40 (1968) 346 R.

[2] BRANDENBERGER, E., u. W. EPPRECHT: Röntgenographische Chemie, 2. Aufl. Basel-Stuttgart: Birkhäuser 1960.

[3] NESS, H.: Grundlagen und Anwendung der Röntgen-Feinstruktur-Analyse, 2. Aufl. München: Oldenbourg 1962.

[4] BIRKS, L. S.: X-Ray-Spectrochemical Analysis. New York: Interscience 1959.

[5] a) BLOKHIN, M. A.: X-Ray-Spectroscopy. Delhi: Hindustan Publ. Corp. 1962. — b) BLOKHIN, M. A.: Methods of X-Ray Spectroscopic Research. London: Pergamon 1965.

[6] BROWN, J. G.: X-Rays and their Applications. New York: Plenum Press 1966.

[7] ELION, H. A.: Instrument and Chemical Analysis Aspects of Electron Microanalysis and Macroanalysis. London: Pergamon Press 1966.

[8] JENKINS, R., u. J. L. DE VRIES: Practical X-Ray Spectrometry. New York: Springer 1967.

[9] KAEBLE, E. F. (Hrsg.): Handbook of X-Rays. New York: McGraw-Hill 1967.

[10] LIEBHAVSKY, H. A., H. G. PFEIFFER, E. H. WINSLOW u. P. D. ZEMANY: X-Ray Absorption and Emission in Analytical Chemistry. New York: Wiley 1960.

[11] PARRISH, W.: Spektrochemische Analyse mit Röntgenstrahlen. Philip's techn. Rdsch. 17 (1956), H. 1, S. 393.

[12] MUELLER, W. M., M. FAY, G. R. MALLETT u. J. B. NEWKIRK (Hrsg.): Advances in X-Ray Analysis. New York: Plenum Press, Vol. 5 (1962) — 10 (1967).

[13] STODDART, H. A., u. W. A. DOWDEN: U. K. Atom. Energy Auth., AERE BIB 136, Part I and II, 1966.

[14] Siehe Fußnote 2, S. 866.

wissenswerte Einzelheiten werden in einem der nächsten Abschnitte (3. Experimentelle Technik) besprochen werden.

2. Anwendungsbereiche in der Mineralölindustrie

Unter Angabe älterer Literatur, die z. T. auch in dem Buch von MÜLLER referiert ist, hat LOUIS[1] verschiedentlich über Anwendungsmöglichkeiten der Röntgenemissionsanalyse in der Mineralölindustrie berichtet und dabei auch Übersichten über ihre Hauptanwendungsbereiche auf diesem Gebiet gegeben. In

Kohlen analysierte Elemente.

| | Analysierte Elemente in | | | | | | | | |
| Rohölen | Kraftstoffen | | Schmierölen | | Industrie-ölen | Heizölen S | Schmier-fetten | Additives | Kohlen[d,4,5] |
	Otto-	Diesel-	Motoren-	Getriebe-					
	+		+	+			+	+	
			+	+				+	
								+	
+						+			+
			+	+		+	+	+	
			+	+			+	+	
+	+			+	+	+		+	
+	+	+	+	+	+	+		+	+
	+		+	+	+			+	

[d] Auch Germanium[10] analysiert.

Tab. 13 ist dieses Material unter Einschluß einiger technischer Angaben zusammengestellt. Nicht mit aufgeführt wurden nur in einzelnen Produkten vorkommende Elemente, z. B. Brom[2] oder Mangan[3] in Vergaserkraftstoffen, Kupfer in Elektroisolierölen, Nickel[6] in Betriebschargen für katalytische Crackprozesse, Platin[7] in Katalysatoren, Molybdän als Schmiermittelzusatz sowie Metalle wie Eisen (K_α: 1,938 Å) oder Kupfer (K_α: 1,542 Å) in ölschlammhaltigen Altölen, die nicht direkt in den inhomogenen Proben, sondern erst nach Veraschung[8] und Lösung der Asche in einer Boraxschmelze quantitativ analysiert werden können[9].

[1] a) LOUIS, R.: Erdöl und Kohle 17 (1964) 360. — b) Ders. ebda. 18 (1965) 187. — c) LOUIS, R.: Z. analyt. Chem. 201 (1964) 336. — d) Ders. ebda. 208 (1965) 34. — e) LOUIS, R.: Chem. Ing. Techn. 40 (1968) 538.

[2] KOKOTAILO, G. T., u. G. F. DAMON: Analyt. Chem. 25 (1953) 1185.

[3] JONES, R. A.: Analyt. Chem. 31 (1959) 1341.

[4] BLACK, R. H., u. W. J. FORSYTH: Norelco Report 6 (1959) 53 (Schwefel und Vanadin).

[5] BERMAN, M., u. S. ERGUN: Fuel 47 (1968) 285 (Schwefel).

[6] HALE, C. C., u. W. KING: Analyt. Chem. 31 (1959) 2010.

[7] a) GUNN, E. L.: Analyt. Chem. 28 (1955) 1433. — b) LINCOLN, A. J., u. E. N. DAVIS: Analyt. Chem. 31 (1959) 1317.

[8] DIN 51575.

[9] LOUIS, R.: Erdöl und Kohle 20 (1967) 286.

[10] CAMPBELL, W. J., H. F. CARL u. CH. E. WHITE: Analyt. Chem. 29 (1957) 1009.

3. Experimentelle Technik

Abb. 133 zeigt das Schema eines Röntgenfluoreszenz-Spektrometers mit Röntgenröhre als Primärstrahlenquelle, Probenhalter, Analysator der Sekundärstrahlung der Probe, Zählrohr als Empfänger und zwischengeschaltetem Kollimator

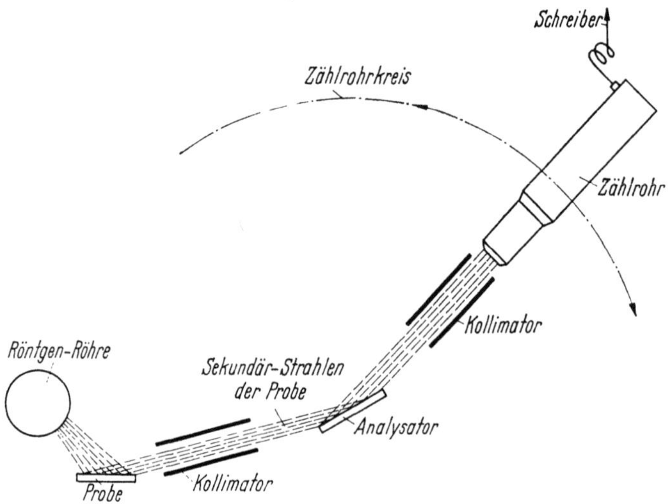

Abb. 133. Schema eines Röntgenfluoreszenz-Spektrometers.

zur Parallelisierung der Strahlung, in dem der Ablenkungswinkel ϑ der im Analysator spektral zerlegten und reflektierten Fluoreszenzstrahlung zur Bestimmung von λ nach Gl. (126a) mit einem Goniometer und gleichzeitig ihre Intensität mit einem Zählrohr gemessen werden.

a) Röntgenröhren

Eine Ablenkung und Bremsung der Kathodenstrahlelektronen einer Röntgenröhre an den Atomen des Antikathodenmaterials führt zu der Emission einer kontinuierlichen (polychromatischen) Strahlung, der sogenannten Bremsstrahlung, deren Energieverteilung über der Wellenlänge einen der Wärmestrahlung ähnlichen Verlauf hat (s. Abschn. II. 4. a. α in Teil I). Ihr überlagert sich die durch Wechselwirkung mit den Atomkernen entstehende (monochromatische) charakteristische „Eigenstrahlung" der Elemente. Proportional zu der Höhe der von einem Generator gelieferten, gleichgerichteten und gut stabilisierten, an die Röhre gelegten Hochspannung verschieben sich das Maximum der Energieverteilungskurve unter Intensitätsänderung des Bremsspektrums etwa mit dem Quadrat der Spannung und proportional zum Strom sowie seine kurzwellige Grenzwellenlänge λ_0 zu kürzeren oder längeren Wellen. Wie bereits ausgeführt wurde, kann von dieser Primärstrahlung nur der Teil, der kurzwelliger als die Absorptionskante des anzuregenden Probenmaterials ist, eine Sekundärstrahlung erzeugen. Diese ist um so intensiver [Gl. (122)], je höher die Primärenergie, d. h. je geringer der Wellenlängenunterschied zwischen Eigenstrahlung und/oder Bremsstrahlung der Röhre einerseits und der Absorptionskante der Probe andererseits bei Anpassung der Röhrenleistung an diese Bedingung ist. Da sich der Wellenlängenbereich der analytisch ausgewerteten Linien (s. Tab. 13) von 1,175 Å (Pb-$L_{\alpha 1}$) bis 6,155 Å (P-K_α) erstreckt, ist es verständlich, daß man zur Erreichung hoher Nachweisempfindlichkeiten (Zählrohrimpulse pro Sekunde und ppm) mit Röntgenröhren verschiedener

Anodenmaterialien arbeiten sollte. Es läßt sich zeigen[1,2], daß es für die spezielle Aufgabe der Analyse von Erdölinhaltsstoffen am günstigsten wäre, Blei und Zink mit Goldröhren, Kupfer, Nickel, Eisen, Mangan, Vanadin mit Wolframröhren und die übrigen in Tab. 13 aufgeführten Elemente mit Chromröhren zu analysieren. Da die Nachweisempfindlichkeit der beiden erstgenannten Elemente auch bei Verwendung einer Wolframröhre noch gut ist, wenn man für Bleibestimmungen die $L_{\alpha 1}$-Linie auswertet, kann man mit Rücksicht auf die technische Vereinfachung mit Wolfram- und Chromröhren auskommen. Dabei soll hier nicht diskutiert werden, wieviel der Anregungsenergie in den einzelnen Fällen der Eigen- bzw. der Bremsstrahlung entstammt. Die charakteristische Strahlung leichter Elemente mit Ordnungszahlen kleiner als 11 (Natrium) liegt im Langwelligen über 10 Å. Für sie stehen bisher noch keine Primärstrahlenquellen zur Verfügung, die im Routinebetrieb ausreichende Nachweisempfindlichkeiten ergeben.

b) Spektrometer

Handelsübliche Spektrometer sind nach folgenden Prinzipien gebaut:

a) Bei Verwendung eines ebenen Analysatorkristalls drehen sich Kristall und Zählrohr gleichzeitig mit Winkelgeschwindigkeiten im Verhältnis 1 zu 2 um eine gemeinsame Achse.

b) Bei gekrümmtem und geschliffenem Analysatorkristall bewegen sich Kristall und Zählrohr mit einem Verhältnis der Winkelgeschwindigkeiten von 1 zu 2 auf einem gemeinsamen Fokussierkreis mit festem Zentrum.

c) Der gekrümmte und geschliffene Analysatorkristall bewegt sich längs einer Geraden unter gleichzeitiger Drehung, während das Zählrohr längs einer Epizykloide wandert.

Hier soll nur der Aufbau von Spektrometern des Bauprinzips a) behandelt werden.

α) Kollimatoren. Die vor und hinter dem Analysator angebrachten Kollimatoren sollen aus der jeweiligen Strahlung parallele Bündel ausblenden. Sie bestehen meistens aus einer Schar paralleler Lamellen. Je länger und feiner sie sind, desto geringer ist die Divergenz der Strahlen und desto besser ist damit das spektrale Auflösungsvermögen (s. Abschn. II. 4. b. γ in Teil I), das unter Heranziehung der Gl. (126b) definiert ist:

$$A_0 = \frac{\lambda}{\Delta \lambda} = \frac{\tan \vartheta}{\Delta \vartheta} \tag{128}$$

Bei der Messung intensitätsschwacher Linien ist zu berücksichtigen, daß sich mit der Verbesserung der Kollimation die Strahlungsintensität vermindert. Da auch der Analysator Auflösung und Intensität beeinflußt, müssen Kollimator und Analysator zur Erreichung guter Auflösung bei ausreichender Intensität aufeinander abgestimmt werden. Bei der Analyse schwerer Elemente bis herab zum Vanadin ist auch bei kleinen Konzentrationen genug Intensität vorhanden, so daß man mit kleinem Lamellenabstand (160 μ, Länge 100 mm) arbeiten kann; bei den leichten Elementen mit geringen Intensitäten der Fluoreszenzlinien muß er auf 480 μ erhöht werden.

β) Analysatoren. Eine Auswertung der Gl. (126b) und (128) führt zu dem Schluß, daß kleine Netzebenenabstände d zu hoher Dispersion $d2\vartheta/d\lambda$ (s. Abschn. II. 4. b. γ in Teil I) und guter Auflösung führen. Jeder Kristall hat aber nach Gl. (127) bei einer Beugung in 1. Ordnung eine Grenzwellenlänge λ_g, unter der er

---

[1] Siehe Fußnote 2, S. 866.　　　[2] Siehe Fußnote 1, S. 869.

nicht mehr verwendet werden kann, so daß auch hier über einen größeren Wellenlängenbereich mit mehreren Kristallen gearbeitet werden muß, wenn man stets ausreichendes Auflösungsvermögen haben will. Aus technischen Gründen wird nur bis $\lambda_g' = 1{,}6$ d gearbeitet, obwohl gerade gegen λ_g die Dispersion der Materialien stark zunimmt.

Auch das Reflexionsvermögen der Kristalle für die Röntgenstrahlung ist verschieden stark, so daß man bei der Wahl des Kristalls je nach dem Analysenproblem zu entscheiden hat, ob ein besseres Reflexionsvermögen einer größeren Auflösung vorzuziehen ist oder nicht. Eine Reihe gebräuchlicher Analysenkristalle wurde bereits in Abschn. VIII. 1 genannt. Bei der Analyse der hier zur Diskussion stehenden Substanzen kann bis einschließlich Barium, eventuell noch Calcium, mit Lithiumfluorid (LiF) gearbeitet werden (Tab. 13), das bei $2d = 4{,}028$ Å in der 200-Ebene ein sehr hohes Reflexionsvermögen mit befriedigender Auflösung hat. Für die Analyse von Calcium und den leichteren Elementen wird Pentaerythrit verwendet, der bei $2d = 8{,}742$ Å an der 002-Ebene noch ein gutes Reflexionsvermögen mit einem Auflösungsvermögen hat, das für Barium und Calcium etwa noch ein Drittel des mit LiF erreichten beträgt. Für Blei, Zink, Nickel ergibt sich mit dem 160 µ-Kollimator und LiF als Analysator bei guter Intensität eine Auflösungsgrenze von $\Delta\lambda = 0{,}010$ bis $0{,}012$ Å. Eine eingehende Diskussion der Trennung von Analysen- und Störlinien mit verschiedenen Röntgenrohren, Analysatoren und Kollimatoren führte Louis[1] durch; Einzelheiten können seiner Arbeit entnommen werden.

γ) Strahlengang. In Luft werden die an sich schon schwachen, langwelligen Strahlen, die von leichten Elementen emittiert werden, stark absorbiert. Man muß daher den Raum hinter der Probe, den die Sekundärstrahlung bis zum Empfänger durchläuft, evakuieren oder mit Gasen, wie Wasserstoff oder Helium, spülen, die niedrige Massenabsorptionskoeffizienten haben. Eine Evakuierung des Probengefäßes ist besonders bei leichtsiedenden Flüssigkeiten, wie Benzinen, oder bei Ölen, die mit Wasser oder leichtflüchtigen Substanzen verunreinigt sind, überhaupt nicht oder nur schwierig möglich. Eine Spülung des Analysatorraumes mit Helium ist zeitraubend, weil die Verdrängung von Luftresten aus den engen Kollimatorspalten relativ lange dauert. Aus diesen Gründen war es eine günstige Lösung[2], Proben- und Analysatorraum durch eine Polyesterfolie (Mylar) voneinander zu trennen, das Probengefäß mit Helium zu spülen und den Analysatorraum bis zum Empfänger zu evakuieren. Obwohl durch die Zwischenschaltung der Folie bei langwelliger Strahlung Verluste hingenommen werden müssen, wiegt in den meisten Fällen der Zeitgewinn durch die Verkürzung der Vorbereitungszeiten für die Analysen diesen Nachteil auf. Selbstverständlich wird von Fall zu Fall zu entscheiden sein, welche Maßnahme, Spülung oder Evakuierung, sich für die Analyse am günstigsten auswirkt.

δ) Zählrohre. Heute werden bei der Röntgenfluoreszenzanalyse vorwiegend Proportional-, Durchfluß- oder Szintillationszähler, selten noch Geigerzähler, verwendet.

Mit Proportionalzählrohren können infolge ihrer kurzen Totzeiten große Impulsraten von 10^4 bis 10^5 Imp./sec gezählt werden. Da die Amplitude eines Impulses der Energie eines absorbierten Quants proportional ist, können durch eine Impulshöhenanalyse Impulse mit verschiedenen Quantenenergien bestimmt werden. Die spektrale Empfindlichkeit des Zählrohres ist wellenlängenabhängig. Es wird bevorzugt zwischen 1,5 und 2,3 Å (Cr-K_α bis Cu-K_α) eingesetzt.

---

[1] Siehe Fußnote 1, S. 869.
[2] JENKINS, R.: J. Inst. Petrol. 48 (1962) 246.

Durchflußzählrohre sind im Prinzip Proportionalzählrohre mit einem Fenster aus dünner Polyester- oder Polypropylenfolie, um eine weitgehende Verminderung der Strahlungsabsorption durch das Fenster zu erreichen. Um den Gasverlust durch dieses Fenster auszugleichen, werden die Rohre mit einem Zählgas, meistens mit Argon, gespült. Sie können bei der Analyse der leichten Elemente zwischen 1,5 und 12 Å (Na-K_α bis Cu-K_α) verwendet werden. In der Höhe der zählbaren Impulsraten und der Möglichkeit von Impulshöhenanalysen entsprechen sie den Proportionalzählrohren.

Für den Wellenlängenbereich von 0,3 bis 2,5 Å werden bevorzugt Szintillationszählrohre eingesetzt. Auch mit ihnen können Impulsraten von 10^4 bis 10^5 Imp./sec. mit einer spektralen Empfindlichkeit von nahezu 100% über den ganzen Wellenlängenbereich gezählt und Impulshöhenanalysen durchgeführt werden. LOUIS[1] stellte fest, daß sich bei Blei ($L_{\alpha 1}$) mit dem Szintillationszähler noch dreimal höhere Intensitäten ergeben als mit dem Durchflußzähler, daß aber bei Vanadium die Verhältnisse genau umgekehrt liegen. Derartige Aussagen gelten zwar streng nur für die gewählten Versuchsbedingungen, können aber als Richtlinie für Arbeiten unter anderen Voraussetzungen dienen.

ε) **Impulshöhen-Diskriminatoren.** Die Impulshöhendiskriminierung ist auf dem hier behandelten speziellen Anwendungsgebiet der Röntgenfluoreszenzanalyse vorwiegend in zwei Richtungen von Nutzen:

a) Zur Ausschaltung von Röntgenlinien (λ_2) höherer Ordnung (n), die nach der Beziehung $\lambda_1 = n\,\lambda_2$ innerhalb der Auflösungsgrenze der zu bestimmenden Strahlung (λ_1) liegen.

b) Zur Verringerung der allgemeinen Untergrundstrahlung besonders bei Elementen mit niedriger Ordnungszahl, die eine relativ kleine Emissionsintensität haben, so daß Rauschimpulse der elektronischen Anlagen und Streustrahlungsimpulse das Signal-Rausch-Verhältnis beeinträchtigen.

In den heute gebräuchlichen Zählrohren besteht nach dem bisher Gesagten eine Proportionalität zwischen der Rate der in ihnen ausgelösten elektrischen Impulse und der Intensität der Röntgenstrahlen sowie zwischen der Amplitude dieser Impulse und der Energie (E_{Ph}) der absorbierten Photonen, bzw. ihrer reziproken Wellenlänge, da mit c als Lichtgeschwindigkeit gilt:

$$E_{Ph} = h\nu = h\,c/\lambda. \tag{129}$$

Das heißt, langwellige Röntgenstrahlen haben niedrige, kurzwellige hohe mittlere Impulsamplituden, die in Volt angegeben werden. Selbst bei Einfall monochromatischer Strahlung haben nicht alle Ausgangsimpulse eines Zählrohres gleiche Amplitude; ihre Häufigkeitsverteilung entspricht vielmehr annähernd einer Gaußkurve (Normalverteilung). Aus diesem Grunde werden mittlere Werte angegeben.

Bei Impulshöhendiskriminatoren kann man das „Fenster" oder den „Kanal" in seiner Impulshöhe (Kanallage) und -breite beliebig verändern und dadurch aus der Gesamtheit aller Impulse die aussondern, deren Impulshöhe in dem gewählten Intervall liegt. Wenn man nur einen engbegrenzten Impulshöhenbereich in das Zählwerk eintreten läßt, d. h. mit einem schmalen Fenster, etwa von 1 V, arbeitet und schrittweise die Fensterhöhe ändert, erhält man die Verteilungskurven der Impulsamplituden, in die nur die Anteile der Strahlung einer Ordnung unter gleichzeitiger Zurückdrängung der Rausch- und Streustrahlungsimpulse eingehen, so daß die unter a) und b) genannten Ziele erreicht sind.

ζ) **Zubehör** *ζ₁) Substanzküvetten.* Alle mit der Aufnahme von Festkörpern mit glatten oder rauhen Oberflächen zusammenhängenden Fragen sollen hier nicht

---

[1] Siehe Fußnote 1, S. 869.

behandelt werden, weil die Analyse von festen Proben nur in seltenen Fällen Aufgabe des Mineralölanalytikers ist. Substanzküvetten für flüssige Proben bestehen z. B. aus einem Aluminiumrohr von einigen cm Durchmesser, das an seinem der Primärstrahlung ausgesetzten Ende (Unterseite) mit einer dünnen, schwach absorbierenden Polyesterfolie und am anderen Ende (Einfüllöffnung) zur Vermeidung von Verdampfungsverlusten leichtsiedender Substanzen mit einem Schraubverschluß oder einem Deckel abgeschlossen wird.

ζ_2) *Filter.* Strahlenfilter werden manchmal verwendet, um in einem polychromatischen Spektrum Störlinien zu unterdrücken. Mit Filtern ist es oft möglich, dicht beieinanderliegende Linien zu diskriminieren, die mit Impulshöhendiskriminatoren nicht zu isolieren sind. Mit Hilfe von Filtern kann man ferner aus einem polychromatischen Spektrum einen schmalen Wellenlängenbereich aussondern und seine Intensität ohne spektrale Zerlegung der Fluoreszenzstrahlung messen. Dazu verwendet man zwei Filter, von denen das eine den Wellenlängenbereich nach der kurzwelligen Seite und das andere den gewünschten Ausschnitt nach der langwelligen Seite begrenzt. Die Dicke bzw. die Massenbelegung der Filter ist so abzustimmen, daß beide Filter außerhalb des Meßbereiches gleich stark absorbieren. Die Strahlungsintensitäten werden nacheinander mit den beiden Filtern gemessen. Ihre Differenz entspricht der Strahlungsintensität in dem Meßbereich.

c) Apparaturen

Moderne Spektrometer sind mit einem Motor gekoppelt, der die Winkelstellung von Analysator und Zählrohr stetig verändert, so daß der ganze Wellenlängenbereich automatisch durchlaufen und dabei mit einem Schreiber zu jedem Ablenkungswinkel die auftretende Intensität registriert werden kann. Ein Spezialfall derartiger Instrumente sind die „Folgegeräte", in denen Kristall und Zählrohr programmgesteuert auf die vorgegebenen Analysenwellenlängen entsprechenden Ablenkungswinkel eingestellt werden, um die Intensitäten der interessierenden Fluoreszenzlinien nacheinander zu messen. Für jede Winkelstellung sind die Meß- und Zählbedingungen wählbar. Die Dauer der Gesamtmessung ergibt sich als Summe der Einzelmeßzeiten.

Um Zeit zu sparen, hat man auch „Simultangeräte" gebaut, in denen mehrere Meßkanäle mit eigenem Analysator und eigenem Kristall um die zentral angeordnete Probenküvette liegen. Die Kristalle sind so justiert, daß jeweils nur eine bestimmte Fluoreszenzlinie des polychromatischen Spektrums mit Hilfe eines Zählrohrs registriert wird. Auch hier sind die Zählbedingungen für jeden Kanal frei wählbar. Da alle Fluoreszenzlinien gleichzeitig gemessen werden, richtet sich die Meßdauer nach der für die Aufnahme der schwächsten Linie notwendigen Zeit. Die Zahl der einbaubaren Kanäle ist zur Vermeidung von Intensitätsverlusten auf etwa neun beschränkt.

Röntgenfluoreszenzgeräte werden von mehreren Firmen hergestellt. Unter anderem sind als Hersteller zu nennen: Applied Research Laboratories[1]; Compagnie Générale de Radiologie[2]; General Electric[3]; Hilger und Watts[4]; C. H. F. Müller[5]; N. V. Philips[6]; R. Seifert[7]; Siemens und Halske[8].

4. Auswerttechnik

a) Qualitative Analyse

Zu der Ausführung qualitativer Analysen sind keine über das bisher Gesagte hinausgehende Angaben zu machen. Die Wellenlängen der Fluoreszenzlinien

---

[1] Lausanne und Düsseldorf. [2] Nozay par Mont Chéry und Frankfurt.
[3] Milwaukee, Wisc. [4] London und Dortmund-Hörde. [5] Hamburg.
[6] Eindhoven und Hamburg. [7] Ahrensburg bei Hamburg. [8] Karlsruhe.

werden aus den Ablenkungswinkeln 2ϑ der abgebeugten Strahlung gegen die Primärrichtung und der Gitterkonstanze des gewählten Analysatorkristalls berechnet bzw. nach dem Meßwert aus Umrechnungstabellen abgelesen[1].

b) Quantitative Analyse

Bei quantitativen Analysen wird die Intensität der Eigenstrahlung einer Substanz mit Zählrohren und nachgeschalteter Zählelektronik als Zahl der Impulse während einer festgelegten Zeit (fixed-time-Methode) oder als Zeit für die Registrierung einer bestimmten Impulszahl (fixed-count-Technik) gemessen.

Die Intensitäten der Fluoreszenzstrahlen von Substanzen in Mischsystemen sind infolge von gegenseitigen Beeinflussungen (Matrixeffekten) der Komponenten und Lösungsmittel, z. B. bei verschiedenen C/H-Verhältnissen von Kohlenwasserstoffen, nicht streng proportional zu den Konzentrationen. Die Matrixeffekte werden durch die Absorption oder durch die Anregung (Interelementanregung) der Fluoreszenzstrahlung eines Elementes durch ein anderes Element verursacht. Die intensitätsmindernde Absorption einer Eigenstrahlung steigt mit der Größe des Massenabsorptionskoeffizienten eines Matrixelementes bei der gleichen Wellenlänge. Die Fluoreszenzanregung durch ein Begleitelement, dessen Fluoreszenzstrahlung kurzwelliger als die Absorptionskante der Meßkomponente liegt, führt zu einer Fluoreszenzverstärkung, die um so größer wird, je geringer die Differenz zwischen den beiden Wellenlängen ist.

$\boldsymbol{\alpha}$) **Konzentrationsbestimmung in Zweistoffgemischen.** Der Zusammenhang zwischen der Fluoreszenzintensität und der Konzentration läßt sich in einem Zweikomponentengemisch durch eine mit Mischungen bekannter Zusammensetzung aufgenommene Eichkurve darstellen oder durch eine „Regressionsfunktion" erfassen. Die Konzentrationen in Gemischen unbekannter Zusammensetzung können dann durch Ablesung der Werte aus der Eichkurve oder rechnerisch bestimmt werden.

Für die beiden Komponenten A und B ergibt sich nach MÜLLER[2] mit den Fluoreszenzintensitäten I_A und i_A von A in Reinsubstanz bzw. in der Mischung bei den Konzentrationen c_A und $c_B = 1 - c_A$ als Regressionsfunktion:

$$\frac{i_A}{I_A} = \frac{c_A}{c_A + (1 - c_A)\, r_{AB}} \tag{130}$$

mit dem Regressionskoeffizienten r_{AB} als Verhältnis des mittleren kombinierten Massenabsorptionskoeffizienten $\bar{\mu}_B$ der Begleitkomponente B zu dem der Komponente A bei einer Wellenlänge α:

$$r_{AB} = \bar{\mu}_B\,(\alpha)/\bar{\mu}_A\,(\alpha). \tag{131}$$

Die Größe $\bar{\mu}_i$ setzt sich zusammen aus dem mittleren Absorptionskoeffizienten für die unter dem Winkel φ in die Probe eindringende polychromatische Strahlung (λ) und für die unter dem Winkel ψ austretende monochromatische Strahlung (α):

$$\bar{\mu}\,(\alpha) = \frac{\mu\,(\lambda)}{\sin \varphi} + \frac{\mu\,(\alpha)}{\sin \psi} \tag{132}$$

Wenn i_i im wesentlichen durch denselben Wellenlängenbereich der Primärstrahlung erzeugt wird und damit die Schwergewichtswellenlänge dieselbe ist, dann ist r_{AB} über den ganzen Konzentrationsbereich konstant und kann durch Messung einer Eichprobe nach Gl. (130) bestimmt werden.

---

[1] POWERS, M. C.: X-Ray Fluorescent Spectrometer Conversion Tables for Topaz, LiF, NaCl, EDDT and ADP Crystals (mit späterer Ergänzung für Pentaerythrit). Mount Vernon: Philips Electronic Instruments 1960.
[2] Siehe Fußnote 2, S. 866.

β) Konzentrationsbestimmung in Vielstoffgemischen. Die Konzentrationen sich gegenseitig beeinflussender Komponenten eines Vielstoffgemisches können durch Lösung eines linearen Gleichungssystems aus einer der Komponentenzahl entsprechenden Zahl von Gleichungen bestimmt werden. Das gesuchte Gleichungssystem wird aus den für die einzelnen Elemente gültigen Regressionsgleichungen aufgebaut. Unbekannte Konzentrationen ergeben sich dann dadurch, daß man nach Konzentrationen sucht, für die das ganze System von Gleichungen gleichzeitig erfüllt ist. Nach den Ausführungen im vorigen Abschnitt ist es verständlich, daß mit den dort eingeführten Bezeichnungen für die Konzentration c_A einer bei der Wellenlänge α fluoreszierenden Komponente A bei Anwesenheit der Stoffe $B, C, D \ldots$ gilt:

$$c_A = \frac{i_A}{I_A - i_A}\left[c_B r_{BA}(\alpha) + c_C r_{CA}(\alpha) + c_D r_{DA}(\alpha) + \ldots\right] \qquad (133\,\text{a})$$

oder:

$$-c_A\left(\frac{I_A - i_A}{i_A}\right) + c_B r_{BA} + c_C r_{CA} + c_D r_{DA} = 0. \qquad (133\,\text{b})$$

Entsprechende Gleichungen gelten für C_B, C_C, $C_D \ldots$. Mit ihnen kann man das erwähnte System aus n Gleichungen für n Unbekannte (c_i) aufstellen, nachdem die Größen I_i und r_i im voraus experimentell bestimmt wurden. Hinweise für die Lösung derartiger Gleichungen, die MÜLLER[1] sehr ausführlich behandelt, wurden verschiedentlich in anderen Kapiteln (s. Molekülspektroskopie, Abschn. II. 1. a. β_1, und Massenspektrometrie, Abschn. VII. 3. b) gegeben.

Bei der Herleitung der Gl. (133) wurde angenommen, daß Interelementanregungen keine Rolle spielen. Diese Annahme ist jedoch nicht zutreffend. Wie dieser Einfluß formal durch Einführung eines sog. Absorptionsanregungskoeffizienten bei der rechnerischen Ermittlung der Konzentrationen berücksichtigt werden kann, ist bei MÜLLER[1] oder bei BIRKS[2] nachzulesen.

γ) Analyse mit innerem Standard. Man kann den Einfluß der Begleitsubstanzen auf die Analyse einer Komponente auch mit Hilfe einer Bezugssubstanz (Innerer Standard) weitgehend ausschalten. Dabei vergleicht man die Fluoreszenzintensität der Analysensubstanz A mit der eines der Probe in bekannter Konzentration zugesetzten Elementes, dessen Fluoreszenz durch die anderen Komponenten in ähnlicher Weise beeinflußt wird.

In dem mit Gl. (133 b) aufzustellenden Gleichungssystem werden alle nicht die Bestimmung von A betreffenden Gleichungen bis auf die das Bezugselement S berücksichtigende Gleichung weglassen. Das dann zu lösende Gleichungssystem lautet:

$$c_B r_{BA} + c_C r_{CA} + \cdots + c_N r_{NA} - c_A\left(\frac{I_A - i_A}{i_A}\right) = 0$$

$$c_A r_{AS} + c_B r_{BS} + c_C r_{CS} + \cdots + c_N r_{NS} - c_S\left(\frac{I_S - i_S}{i_S}\right) = 0. \qquad (133\,\text{c})$$

Dieses System aus zwei Gleichungen mit n Unbekannten kann nur gelöst werden, wenn für alle Koeffizientenpaare die Bedingung erfüllt ist:

$$\frac{r_{iA}}{r_{iS}} = \frac{r_{jA}}{r_{jS}} = \text{konst.} \qquad (134\,\text{a})$$

oder in Matrizenschreibweise:

$$(r_{BA} r_{CA} \cdots r_{NA}) = K (r_{BS} r_{CS} \cdots r_{NS}) \qquad (134\,\text{b})$$

---

[1] Siehe Fußnote 2, S. 866.
[2] Siehe Fußnote 4, S. 868.

Dies ist der Fall, wenn die beiden zu vergleichenden Fluoreszenzlinien auf derselben Seite der Absorptionskanten der verschiedenen Begleitkomponenten liegen. Bei Erfüllung der Voraussetzung von Gl. (134b) läßt sich aus Gl. (133c) ableiten:

$$c_A = c_S \frac{i_A}{i_S}\left(K\,\frac{I_S}{I_A}\right) \tag{135}$$

Die Konzentration c_A ist danach proportional zum Intensitätsverhältnis der beiden Fluoreszenzlinien; die durch Auftragung des gemessenen Intensitätsverhältnisses gegen die Konzentration erhaltene Eichkurve ist eine Gerade, deren Verlauf durch Messung von Eichproben festgelegt werden kann. Teilweise kann man auch brauchbare Ergebnisse mit Elementen als Innerem Standard erzielen, die der Bedingung (134) nicht ganz entsprechen. Bei sehr niedrigen Konzentrationen gehen die Regressionskoeffizienten ohnehin gegen eins, so daß mit Abnahme der Konzentration die Bedingung (134) bei der Wahl eines Inneren Standards leichter zu erfüllen ist. Bei richtiger Wahl sind folgende Fälle möglich:

a) Die Fluoreszenzlinien von A und S liegen in der Nähe der Absorptionskante einer Begleitsubstanz B auf ihrer kurzwelligen Seite. Dann werden beide Linien durch B z. T. absorbiert. Wechselnde Mengen von B führen zu Änderungen der Absolutwerte von i_A und i_S, ohne daß sich i_A/i_S wesentlich ändert.

b) Die Absorptionskanten von B und S liegen bei längeren Wellen als die Emissionslinie von B. Dann wird die Fluoreszenz von A und S durch die Emission von B zusätzlich angeregt. Auch in diesem Fall ändern sich also mit wechselnder Konzentration von B die Absolutintensitäten i_A und i_S etwa in gleichem relativem Maße, so daß i_A/i_S nicht merklich beeinflußt wird.

Vorteilhaft an der Methode des Inneren Standards ist außerdem, daß sich apparativ bedingte kurz- oder langzeitige Veränderungen der Nullinie auf i_A und i_S gleich stark auswirken und daher kompensieren.

Louis[1] hat die gegenseitige Beeinflussung der in Tab. 13 aufgeführten Elemente eingehend untersucht und dabei relativ starke Matrixeffekte festgestellt, die durch Verwendung der für die verschiedenen Analysensubstanzen in der Tabelle angegebenen, in Form ihrer Naphthenate in bestimmter Menge zugesetzten Bezugselemente ausgeschaltet werden konnte. Die dann für Gemische bekannter Zusammensetzung gefundenen Werte wichen um 1 bis 3% von den vorgegebenen ab; nur Calciumgehalte über 0,1% störten die Analysen stärker.

5. Anwendungen

a) Quantitative Analysen

In Abschn. VIII. 2 wurden bereits verschiedene Anwendungsbereiche der Röntgen-Fluoreszenzanalyse in der Mineralölindustrie genannt. Über die Analysenverfahren selbst sollen noch einige ergänzende Angaben gemacht werden. Sie beziehen sich auf quantitative Messungen, weil sich das Vorgehen bei qualitativen Analysen aus dem bisher Gesagten von selbst versteht, sofern überhaupt nur qualitative Aussagen gewünscht werden.

α) Benzinfraktionen. Das wesentlichste Anwendungsgebiet der Röntgenanalyse von Benzinfraktionen ist die Bleibestimmung. Unter anderem liegen Arbeitsvorschriften von Birks[1], Lamb[2], Preis[3], Gunn[4], Louis[5] und ihren Mit-

---

[1] Siehe Fußnote 1, S. 869.
[2] Birks, L. S., E. J. Brooks, H. Friedman u. R. M. Roe: Analyt. Chem. 22 (1950) 1258.
[3] Lamb, F. W., L. M. Niebylsky u. E. W. Kiefer: Analyt. Chem. 27 (1955) 129.
[4] Preis, H., u. A. Esenwein: Schweiz. Arch. 26 (1960) 317.
[5] Gunn, E. L.: Appl. Spectroscopy 19 (1965) 99.
[6] Siehe Fußnote 15, S. 869.

arbeitern vor. Die Berücksichtigung von Matrixeffekten ist an sich nicht nötig; trotzdem wird z. T. mit Innerem Standard gearbeitet. Zur unmittelbaren Aufnahme der Eichkurven und für Kontrollbestimmungen benutzte LOUIS stabile, anorganische Bleisalze, die gleichmäßig in thermoplastischen Kunststoffen verteilt waren, deren C/H-Verhältnis ungefähr dem der Benzine entsprach. GUNN bezog die Fluoreszenzintensität des Bleis auf die Fluoreszenzstrahlung eines in die Probe eingetauchten Platinstabes. Motor- und Aviation-Mix können durch Zählung der Brom- und Chlorimpulse unterschieden werden. Tetramethyl-(TML) und Tetraäthylblei (TEL) lassen sich in Benzinen nebeneinander bestimmen, indem man unter Ausnutzung des Dampfdruckunterschiedes der beiden Substanzen die Probe destillativ in zwei Fraktionen mit Siedebereichen unter und über 120 °C trennt und in ihnen das Blei des TML und TEL analysiert.

β) **Dieselölfraktionen.** Bei Dieselölfraktionen steht die Schwefelanalyse im Vordergrund des Interesses. Über Schwefelbestimmungen in Erdölprodukten mit Hilfe der Röntgenfluoreszenz haben u. a. DOUGHMAN[1], YAO[2], JONES[3], JENKINS[4], LOUIS[5] berichtet. Als Arbeitsvorschrift sollte der bereits erwähnte ASTM-Vorschlag[6] dienen.

Gemessen wird danach die mit der Strahlung einer Wolfram-, Platin- oder Chromröhre angeregte Schwefel-K_α-Linie bei 5,373 Å gegen den Untergrund bei 5,190 Å mit einem Detektor für langwellige Strahlung und einem Impulshöhendiskriminator. Als bester Strahlungsanalysator wird ein Natriumchloridkristall empfohlen; die Verwendung von Pentaerythrit und anderen Kristallen ist zugelassen. Das Spektrometer soll evakuiert sein oder mit Helium gespült werden. Wenn durch Variationen des C/H-Verhältnisses oder durch zu hohe Konzentrationen der Begleitsubstanzen Matrixeffekte ausgelöst werden, soll die Probe verdünnt werden; für die Begleitsubstanzen sind zulässige Grenzwerte angegeben: Phosphor 0,3; Zink 0,6; Barium 0,8; Calcium 1,0 und Chlor 3,0%. Eichsubstanz ist Di-n-butylsulfid in Weißöl für die Konzentrationsbereiche 0,005 bis 0,075; 0,1 bis 0,5 und 1,0 bis 5,0% Schwefel.

γ) **Schmierölfraktionen und Schmierölzusätze.** Tab. 13 enthält die wesentlichsten Angaben über die Meßbedingungen für die Analyse gelöster Metallverbindungen in Schmierölen oder in Schmierölzusätzen, die zur Analyse in geeigneten Mineralölfraktionen, meistens Weißölen, gelöst werden. Als Eichsubstanzen nennt LOUIS[5] für die Metalle reine, chemisch analysierte Naphthenate, für Chlor Chlorparaffine, für Schwefel geschwefeltes Spermöl, für Phosphor Tributylphosphat. Die Wahl der angegebenen Bezugselemente wurde von ihm ausführlich begründet[7]. Die Konzentration des Inneren Standards sollte je nach der Intensität seiner herangezogenen Emissionslinie so gewählt werden, daß in Eichkurvenmitte das Verhältnis i_A/i_S etwa 1 ist.

Auf der Veraschungs-, Boraxtabletten-Analysenverfahren anorganischer Bestandteile in gebrauchten Schmierölen wurde bereits hingewiesen[8]. Dabei werden maximal 100 mg einer nach DIN 51575 erhaltenen Ölasche oder einer anderen festen Probe in einem Platintiegel von etwa 30 cm³ Inhalt in 14 g wasserfreiem Borax 15 Minuten lang unter vorsichtigem Umschwenken geschmolzen. Die Schmelze wird dann in eine auf 350 bis 360 °C geheizte, ringförmige Aluminium-

---

[1] DOUGHMAN, W. R., A. P. SULLIVAN u. R. C. HIRT: Analyt. Chem. 30 (1958) 1925.
[2] YAO, T. C., u. F. W. PORSCHE: Analyt. Chem. 31 (1959) 2010.
[3] JONES, R. A.: Analyt. Chem. 33 (1961) 71.
[4] JENKINS, R.: Erdöl-Z. 79 (1963) 59.
[5] Siehe Fußnote 1 c, S. 869.   [6] Siehe Fußnote 1, S. 866.
[7] Siehe Fußnote 1 d, S. 869.   [8] Siehe Fußnote 9, S. 869.

form von 3 cm innerem Durchmesser und 1 cm Höhe gegossen. Kurz vor der völligen Erstarrung wird die Form abgezogen und die Tablette langsam abgekühlt. Die erkaltete Tablette wird eventuell auf den Kreisflächen etwas glattgeschliffen und dann in den Probenhalter der Röntgenfluoreszenzapparatur eingesetzt. Weitere Einzelheiten der Arbeitsweise sind der Originalveröffentlichung zu entnehmen. Die Methode kann auch für die Analyse von Zündkerzenablagerungen, Rückständen in Zylindern, an Kolben, Kolbenringen und Ventilen benutzt werden.

δ) **Heiz- und Industrieöle.** Über die Analyse von Nickel und Vanadin in Heizölen und anderen Erdölfraktionen, z. B. Einsatzprodukten für die katalytische Spaltung, gibt es eine größere Reihe von Veröffentlichungen[1-6]. Tab. 13 enthält einige Angaben über mögliche Arbeitsbedingungen bei der Analyse dieser Substanzen.

Außer in gebrauchten Motorenölen können Kupfer[5, 7] und Eisen[2, 3, 5] u. a. in Isolierölen der Elektroindustrie und Eisen in Walzölen auftreten. Für diese Elemente wurden schon (Abschn. VIII. 2) die K_α-Analysenlinien bei 1,542 bzw. bei 1,938 Å genannt. Als Innerer Standard wurde für beide Elemente Kobalt mit der K_α-Linie 1,791 vorgeschlagen.

ε) **Rohöle.** Abschließend sei noch eine Arbeit über die Röntgenfluoreszenzanalyse von Spurenelementen in Rohölen erwähnt[8], die zeigt, daß sich im Grunde genommen die bei der Analyse von Erdölprodukten auftretenden Probleme stets weitgehend gleichen.

---

[1] Davis, E. N., u. B. C. Hoeck: Analyt. Chem. 27 (1955) 1880.
[2] Dwiggins, C. W., u. H. N. Dunning: Analyt. Chem. 31 (1959) 1040; 32 (1960) 1137.
[3] Kang, C. C., E. W. Keel u. E. Soloman: Analyt. Chem. 32 (1960) 221.
[4] Hale, C. C., u. H. W. King: Analyt. Chem. 33 (1961) 74.
[5] Rowe, W. A., u. K. P. Yates: Analyt. Chem. 35 (1963) 368.
[6] Gunn, E. L.: Analyt. Chem. 36 (1964) 2086.
[7] Siehe Fußnote 15, S. 869.
[8] Dwiggings, C. W.: Quantitative Determination of Trace Metals in Crude Oils by X-Ray Spectrography. Washington: Bureau of Mines, Report 6039, 1962.

Anhang

Von K. KRAMER, Fleestedt bei Hamburg

Inhaltsübersicht

1. Atomgewichte

Ag	Silber	107,870	Mo	Molybdän	95,94
Al	Aluminium	26,9815	N	Stickstoff	14,0067
Ar	Argon	39,948	Na	Natrium	22,9898
As	Arsen	74,2916	Nb	Niob	92,906
Au	Gold	196,967	Nd	Neodym	144,24
B	Bor	10,811	Ne	Neon	20,183
Ba	Barium	137,34	Ni	Nickel	58,71
Be	Beryllium	9,0122	O	Sauerstoff	15,9994
Bi	Wismut	208,980	Os	Osmium	190,2
Br	Brom	79,909	P	Phosphor	30,9738
C	Kohlenstoff	12,01115	Pb	Blei	207,19
Ca	Calcium	40,08	Pd	Palladium	106,4
Cd	Cadmium	112,40	Pr	Praseodym	140,907
Ce	Cer	140,12	Pt	Platin	195,09
Cl	Chlor	35,453	Ra	Radium	226,04
Co	Kobalt	58,9332	Rb	Rubidium	85,47
Cr	Chrom	51,996	Re	Rhenium	186,2
Cs	Caesium	132,905	Rh	Rhodium	102,905
Cu	Kupfer	63,54	Ru	Ruthenium	101,07
Dy	Dysprosium	162,50	S	Schwefel	32,064
Er	Erbium	167,26	Sb	Antimon	121,75
Eu	Europium	151,96	Sc	Scandium	44,956
F	Fluor	18,9984	Se	Selen	78,96
Fe	Eisen	55,847	Si	Silicium	28,086
Ga	Gallium	69,72	Sm	Samarium	150,35
Gd	Gadolinium	157,25	Sn	Zinn	118,69
Ge	Germanium	72,59	Sr	Strontium	87,62
H	Wasserstoff	1,00797	Ta	Tantal	180,948
He	Helium	4,0026	Tb	Terbium	158,924
Hf	Hafnium	178,49	Te	Tellur	127,60
Hg	Quecksilber	200,59	Th	Thorium	232,038
Ho	Holmium	164,930	Ti	Titan	47,90
In	Indium	114,82	Tl	Thallium	204,37
Ir	Iridium	192,2	Tm	Thulium	168,934
J	Jod	126,9044	U	Uran	238,03
K	Kalium	39,102	V	Vanadium	50,942
Kr	Krypton	83,80	W	Wolfram	183,85
La	Lanthan	138,91	Xe	Xenon	131,30
Li	Lithium	6,939	Y	Yttrium	88,905
Lu	Lutetium	174,97	Yb	Ytterbium	173,04
Mg	Magnesium	24,312	Zn	Zink	65,37
Mn	Mangan	54,9381	Zr	Zirkonium	91,22

2. Stöchiometrische Faktoren

Gesucht	Gefunden	Faktor	Gesucht	Gefunden	Faktor
Al	Al_2O_3	0,5293	Mg	MgO	0,6031
Ba	$BaCO_3$	0,6959		$Mg_2P_2O_7$	0,2185
	$BaCrO_4$	0,5421		$NH_4MgPO_4 \cdot 6 H_2O$	0,09907
	$BaSO_4$	0,5884	MgO	Mg	1,658
Br	AgBr	0,4256		$Mg_2P_2O_7$	0,3622
C	CO_2	0,2729		$NH_4MgPO_4 \cdot 6 H_2O$	0,1642
CO_2	$CaCO_3$	0,4397	N	NH_4Cl	0,2619
	CaO	0,7848	NH_3	NH_4	0,9441
Ca	$CaCO_3$	0,4004		NH_4Cl	0,3184
	CaO	0,7147	Na	Cl	0,6485
	$CaSO_4$	0,2923		NaCl	0,3934
CaO	$CaCO_3$	0,5603	NaCl	AgCl	0,4078
	$CaSO_4$	0,4089		Cl	1,648
Cl	Ag	0,3287	P	$Mg_2P_2O_7$	0,2783
	AgCl	0,2474		$P_2O_5 \cdot 24\,MoO_3$	0,01722
Cu	CuCNS	0,5224	P_2O_5	$Mg_2P_2O_7$	0,6378
	CuO	0,7988		$(NH_4)_3PO_4$	
	CuS	0,6646		$\cdot 12\,MoO_3$	0,03755[a]
F	CaF_2	0,4867	Pb	$PbCrO_4$	0,6401
	SiF_4	0,7301		PbS	0,8660
Fe	Fe_2O_3	0,6994		$PbSO_4$	0,6832
H	H_2O	0,1119	PbO	$PbCrO_4$	0,6906
HBr	AgBr	0,4309		PbS	0,9329
HCl	AgCl	0,2544		$PbSO_4$	0,7360
HF	CaF_2	0,5125	S	$BaSO_4$	0,1374
HJ	AgJ	0,5448	SO_4	$BaSO_4$	0,4116
H_2S	$BaSO_4$	0,1460	Si	SiO_2	0,4674
H_2SO_3	$BaSO_4$	0,3517	Sn	SnO_2	0,7876
H_2SO_4	$BaSO_4$	0,4202	SnO_2	Sn	1,270
J	AgJ	0,5405	V	Ag_3VO_4	0,1162
K	$KClO_4$	0,2822		V_2O_5	0,5602
K_2O	KCl	0,6317	Zn	ZnO	0,8034
	$KClO_4$	0,3399		ZnS	0,6709
Li	LiCl	0,1637		$ZnSO_4$	0,4049
	Li_3PO_4	0,1798	ZnO	ZnS	0,8351
	Li_2SO_4	0,1262		$ZnSO_4$	0,5041

[a] Nach FINKENER: Z. anorg. Chem. 21 (1882) 566.

3. Molekulargewicht und Neutralisationszahl (mg KOH/g) gesättigter Monocarbonsäuren

Anzahl der C-Atome	Molekulargewicht	Nz	Anzahl der C-Atome	Molekulargewicht	Nz
1	46,0	1219	14	228,2	246
2	60,1	935	15	242,2	232
3	74,1	758	16	256,3	219
4	88,1	637	17	270,3	208
5	102,1	549	18	284,3	197
6	116,1	483	19	298,3	188
7	130,1	431	20	312,3	179
8	144,1	389	21	326,3	172
9	158,1	355	22	340,4	165
10	172,2	326	23	354,4	158
11	186,2	301	24	368,4	152
12	200,2	280	25	382,4	147
13	214,2	262			

4. Dichte und Konzentration von Säuren und Laugen bei 15 °C

a) Gewichtsprozente

d_{15} g/cm³	Gewichtsprozente				
	H_2SO_4	HCl	HNO_3	KOH	NaOH
1,000	0,09	0,16	0,10	0,08	0,10
1,010	1,57	2,14	1,90	1,2	1,0
1,020	3,03	4,13	3,70	2,3	1,8
1,030	4,49	6,15	5,50	3,3	2,7
1,040	5,96	8,16	7,26	4,4	3,7
1,050	7,37	10,17	8,99	5,5	4,5
1,060	8,77	12,19	10,68	6,6	5,4
1,070	10,19	14,17	12,33	7,6	6,3
1,080	11,60	16,15	13,95	8,7	7,2
1,090	12,99	18,11	15,53	9,8	8,1
1,100	14,35	20,01	17,11	10,9	9,0
1,110	15,71	21,92	18,67	12,0	9,9
1,120	17,01	23,82	20,23	13,0	10,8
1,130	18,31	25,75	21,77	14,0	11,8
1,140	19,61	27,66	23,31	15,0	12,7
1,150	20,91	29,57	24,84	16,1	13,6
1,160	22,19	31,52	26,36	17,1	14,4
1,170	23,47	33,46	27,88	18,1	15,3
1,180	24,76	35,39	29,38	19,2	16,2
1,190	26,04	37,23	30,88	20,2	17,1
1,200	27,32	39,11	32,36	21,2	18,0
1,210	28,58		33,82	22,2	18,9
1,220	29,84		35,28	23,2	19,8
1,230	31,11		36,78	24,1	20,8
1,240	32,28		38,29	25,1	21,7
1,250	33,43		39,82	26,1	22,6
1,260	34,57		41,34	27,1	23,5
1,270	35,71		42,87	28,0	24,4
1,280	36,87		44,41	29,0	25,3
1,290	38,03		45,95	30,0	26,2
1,300	39,19		47,49	30,9	27,1
1,310	40,35		49,07	31,9	28,0
1,320	41,50		50,71	32,8	29,0
1,330	42,66		52,37	33,7	29,9
1,340	43,74		54,07	34,7	30,9
1,350	44,82		55,79	35,6	31,8
1,360	45,88		57,57	36,5	32,8
1,370	46,94		59,39	37,4	33,7
1,380	48,00		61,27	38,3	34,7
1,390	49,06		63,23	39,2	35,6
1,400	50,11		65,30	40,1	36,6
1,410	51,15		67,50	41,0	37,6
1,420	52,15		69,80	41,9	38,6
1,430	53,11		72,17	42,8	39,6
1,440	54,07		74,68	43,6	40,6
1,450	55,03		77,28	44,5	41,6
1,460	55,97		79,98	45,4	42,7
1,470	56,90		82,90	46,2	43,7
1,480	57,83		86,05	47,1	44,8
1,490	58,75		89,60	48,0	45,8
1,500	59,70		94,09	48,8	46,9
1,510	60,65		98,10	49,6	47,9
1,520	61,59		99,67		49,0
1,530	62,53				50,0
1,540	63,43				
1,550	64,26				

(Fortsetzung.)

d_{13} g/cm³	Gewichtsprozente				
	H_2SO_4	HCl	HNO_3	KOH	NaOH
1,560	65,20				
1,570	66,09				
1,580	66,95				
1,590	67,83				

b) Konzentrationsangaben in Gramm je Liter

d_{15} g/cm³	Gramm je Liter				
	H_2SO_4	HCl	HNO_3	KOH	NaOH
1,000	1	1,6	1	0,8	1,0
1,010	16	22	19	12	10
1,020	31	42	38	23	18
1,030	46	63	57	34	28
1,040	62	85	75	46	38
1,050	77	107	94	58	47
1,060	93	129	113	70	57
1,070	109	152	132	81	67
1,080	125	174	151	94	78
1,090	142	197	169	107	88
1,100	158	220	188	120	99
1,110	175	243	207	133	110
1,120	191	267	227	146	121
1,130	207	291	246	158	133
1,140	223	315	266	171	145
1,150	239	340	286	185	156
1,160	257	366	306	198	167
1,170	275	391	326	212	179
1,180	292	418	347	227	191
1,190	310	443	367	240	204
1,200	328	469	388	254	216
1,210	346		409	269	229
1,220	364		430	283	242
1,230	382		452	296	256
1,240	400		475	311	269
1,250	418		498	326	282
1,260	435		521	342	296
1,270	454		544	356	310
1,280	472		568	371	324
1,290	490		593	387	338
1,300	510		617	402	352
1,310	529		643	417	367
1,320	548		669	433	383
1,330	567		697	449	398
1,340	586		725	465	414
1,350	605		753	481	430
1,360	624		783	496	446
1,370	643		814	513	461
1,380	662		846	529	476
1,390	682		879	545	495
1,400	702		914	561	513
1,410	721		952	578	530
1,420	740		991	595	548
1,430	759		1032	612	566
1,440	779		1075	628	585
1,450	798		1121	646	603

(Fortsetzung.)

d_{15} g/cm³	Gramm je Liter				
	H_2SO_4	HCl	HNO_3	KOH	NaOH
1,460	817		1168	663	623
1,470	837		1219	679	642
1,480	856		1274	697	664
1,490	876		1335	716	683
1,500	896		1411	733	704
1,510	916		1481	749	724
1,520	936		1515		745
1,530	957				765
1,540	977				
1,550	996				
1,560	1017				
1,570	1038				
1,580	1058				
1,590	1078				

c) Hochkonzentrierte Schwefelsäure

d_{15} g/cm³	Gew.-% H_2SO_4	Gramm H_2SO_4 im Liter	d_{15} g/cm³	Gew.-% H_2SO_4	Gramm H_2SO_4 im Liter
1,600	68,70	1099	1,790	85,70	1534
1,610	69,56	1120	1,800	86,92	1564
1,620	70,42	1141	1,810	88,30	1598
1,630	71,27	1162	1,815	89,16	1618
1,640	72,12	1182	1,820	90,05	1639
1,650	72,96	1204	1,822	90,40	1647
1,660	73,81	1225	1,824	90,80	1656
1,670	74,66	1246	1,826	91,25	1666
1,680	75,50	1268	1,828	91,70	1676
1,690	76,38	1289	1,830	92,10	1685
1,700	77,17	1312	1,832	92,70	1698
1,710	78,04	1334	1,834	93,25	1710
1,720	78,92	1357	1,836	93,80	1722
1,730	79,80	1381	1,838	94,60	1739
1,740	80,68	1404	1,840	95,60	1759
1,750	81,56	1427	1,841	96,38	1774
1,760	82,44	1451	1,841	98,20	1808
1,770	83,51	1478	1,840	98,72	1816
1,780	84,50	1504	1,839	99,12	1823

d) Wäßrige Ammoniaklösung bei 15 °C

d_{15} g/cm³	Prozent NH_3	1 Liter enthält NH_3	d_{15} g/cm³	Prozent NH_3	1 Liter enthält NH_3
1,000	0,00	0,0	0,974	6,30	61,3
0,998	0,45	4,5	0,970	7,37	70,8
0,996	0,91	9,1	0,968	7,82	75,6
0,994	1,37	13,6	0,966	8,33	80,4
0,992	1,84	18,2	0,964	8,84	85,1
0,990	2,31	22,8	0,962	9,37	90,1
0,986	3,30	32,5	0,960	9,91	95,1
0,982	4,30	42,2	0,958	10,47	100,2
0,980	4,80	47,0	0,954	11,60	110,6

(Fortsetzung.)

d_{15} g/cm³	Prozent NH₃	1 Liter enthält NH₃	d_{15} g/cm³	Prozent NH₃	1 Liter enthält NH₃
0,952	12,17	115,8	0,914	23,68	216,2
0,950	12,74	120,9	0,910	24,99	227,2
0,948	13,31	126,1	0,908	25,65	232,7
0,946	13,88	131,2	0,906	26,31	238,2
0,944	14,46	136,4	0,904	26,98	243,7
0,942	15,04	141,4	0,902	27,65	249,2
0,940	15,63	146,8	0,900	28,33	254,7
0,938	16,22	152,0	0,898	29,01	260,3
0,936	16,82	157,3	0,894	30,37	271,3
0,934	17,42	162,6	0,892	31,05	276,7
0,932	18,03	167,9	0,890	31,75	282,3
0,930	18,64	173,2	0,888	32,50	288,3
0,926	19,87	183,8	0,886	33,25	294,3
0,922	21,12	194,6	0,884	34,10	301,2
0,920	21,75	199,9	0,882	34,95	308,0

5. Mischungsregel

Zur Berechnung der Mengenverhältnisse, bei denen zwei Lösungen desselben Stoffes von gegebener Konzentration (Fall a) oder eine Lösung mit reinem Lösungsmittel (Fall b) gemischt werden sollen, um eine Lösung der gewünschten Konzentration zu erhalten, kann man folgendes einfache Schema benutzen.

Gegeben seien a) Lösungen von 96% und von 75% Gehalt; gewünscht wird eine Lösung von 80% Gehalt; b) eine Lösung von 96% Gehalt und reines Lösungsmittel (0% Gehalt); gewünscht wird eine Lösung von 40% Gehalt.

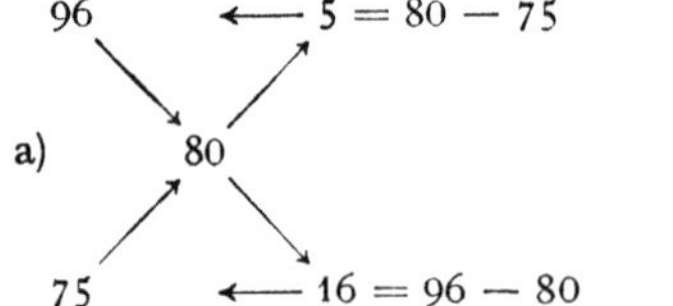

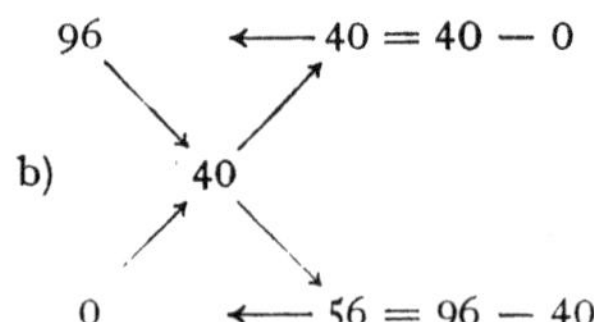

Es sind zu vermischen:

a) 5 Teile 96%iger Lösung mit 16 Teilen 75%iger Lösung;
b) 40 Teile 96%ige Lösung mit 56 Teilen Lösungsmittel.

„Teile" bedeuten hierbei *Gewichtsteile* (Massenteile), wenn der Gehalt der Lösungen in *Gewichtsprozenten* (Massenprozenten), dagegen *Raumteile*, wenn er in *Volumprozenten* angegeben ist.

Die gleiche Mischungsregel läßt sich sinngemäß auch auf die Herstellung von Lösungen bestimmter Dichte anwenden. Tritt bei Mischung des zu lösenden Körpers und des Lösungsmittels Volumkontraktion oder -expansion ein, gilt die Regel nicht mehr.

6. Numeration

	USA	England	Frankreich	Deutschland
1 000 000	Million	Million	Million	Million
1 000 000 000	Billion	Milliarde	Milliarde oder Billion	Milliarde
1 000 000 000 000	Trillion	Billion	Trillion	Billion

7. Umrechnung von Maßeinheiten

a) Vorsätze zur Bezeichnung von dezimalen Vielfachen und Teilen der Einheiten

Vorsatzzeichen	Vorsatz	Vorsatzzeichen	Vorsatz
da	Deka $= 10^1$	d	Dezi $= 10^{-1}$
h	Hekto $= 10^2$	c	Zenti $= 10^{-2}$
k	Kilo $= 10^3$	m	Milli $= 10^{-3}$
M	Mega $= 10^6$	μ	Mikro $= 10^{-6}$
G	Giga $= 10^9$	n	Nano $= 10^{-9}$
T	Tera $= 10^{12}$	p	Piko $= 10^{-12}$
		f	Femto $= 10^{-15}$
		a	Atto $= 10^{-18}$

b) Längenmaße

1 inch (in) $= 0{,}0254$ m $= 2{,}54$ cm
1 foot (ft) $= 12$ in $= 0{,}305$ m
1 yard (yd) $= 3$ ft $= 36$ in $= 0{,}914$ m
1 Meter (m) $= 1{,}094$ yd $= 3{,}281$ ft $= 39{,}37$ in $= 0{,}001$ km
1 Kilometer (km) $= 1000$ m $= 0{,}621$ miles
1 mile (Statute) $= 1760$ yd $= 1{,}609$ km
1 Seemeile $= 1{,}852$ km

c) Flächenmaße

1 Quadratzentimeter (cm^2) $= 0{,}155$ sq.in.
1 square inch (sq.in.) $= 6{,}452$ cm^2
1 square foot (sq.ft.) $= 929{,}03$ cm^2
1 square yard (sq.yd.) $= 9$ sq.ft. $= 0{,}836$ m^2
1 Quadratmeter (m^2) $= 1{,}196$ sq.yd. $= 10{,}76$ sq.ft.
1 acre (A) $= 0{,}405$ ha $= 4840$ sq.yd.
1 Hektar (ha) $= 0{,}01$ km^2 $= 2{,}471$ A
1 Quadratkilometer (km^2) $= 0{,}386$ sq.miles $= 100$ ha
1 square mile (sq.mile) $= 2{,}590$ km^2

d) Gewichte

1 ounze (oz) $= 28{,}35$ g
1 pound (lb) $= 0{,}454$ kg $= 0{,}009$ cwt
1 kg $= 2{,}205$ lbs
1 hundredweight (cwt) $= 112$ lbs $= 50{,}8$ kg
1 metrische Tonne (t) $= 0{,}9842$ long tons $= 1{,}1023$ short tons $= 2204{,}6$ lbs
1 long ton (tn.l.) $= 1{,}016$ t $= 1{,}12$ tn.sh.
1 short ton (tn.sh.) $= 0{,}8929$ tn.l. $= 0{,}907$ t $= 2000$ lbs.

e) Raummaße

1 cubic inch (cu.in.) $= 16{,}39$ cm^3
1 pint brit. (pt) $= 0{,}568$ l
1 quart brit. (qt) $= 2$ pt $= 1{,}136$ l
1 Liter (l) $= 1000$ cm^3 $= 0{,}01$ hl $= 0{,}001$ m^3 $= 61{,}03$ cu.in. $= 1{,}76$ pt $= 0{,}264$ U.S. gal
    $= 0{,}219$ Imp.gal $= 0{,}035$ cu.ft.
1 U.S. gallon (gal) $= 231$ cu.in. $= 3{,}785$ l $= 0{,}8327$ Imp.gal $= 0{,}00378$ m^3
1 Imp. gallon (gal) $= 277{,}42$ cu.in. $= 4{,}546$ l
1 cubic foot (cu.ft.) $= 28{,}316$ l $= 7{,}481$ U.S.gal $= 6{,}229$ Imp.gal $= 0{,}0283$ m^3

1 U.S. bushel (bu) = 35,24 l
1 Brit. bushel (bu) = 36,37 l
1 U.S. barrel[1], petrol (bbl) = 9702 cu.in. = 158,98 l = 42,0 U.S.gal = 34,97 Imp.gal =
 = 5,615 cu.ft. = 0,1635 m³
 (Bei Umrechnung in Tonnen (t) muß die umgerechnete m³-Zahl mit dem spezifischen
 Gewicht multipliziert werden.)
1 Hektoliter (hl) = 100 l
1 Kubikmeter (m³) = 1000 l = 35,316 cu.ft. = 264,18 U.S.gal = 220 Imp.gal = 6,1162 U.S.bbl
1 gross ton oder register ton (BRT) = 100 cu.ft. = 2,83 m³ umschlossener Laderaum

f) Geschwindigkeiten

1 Stundenkilometer (km/h) = 27,7 cm/sec
1 foot/minute (ft/min) = 0,508 cm/sec
1 foot/second (ft/sec) = 30,48 cm/sec
1 mile/hour = 44,7 cm/sec = 1,609 km/h
1 Seemeile/h = 1 Knoten = 1,852 km/h

g) Dichte

Gramm pro Kubikzentimeter (g/cm³) = 0,036 lb/cu.in. = 62,43 lb/cu.ft.
1 lb/cu.ft. = 0,016 g/cm³
1 U.S.lb/gal = 0,12 g/cm³
1 lb/Imp.gal = 0,1 g/cm³
1 lb/cu.in. = 27,68 g/cm³

h) Drücke[2]

1 atm (phys.) = 760 mm Quecksilbersäule = 760 Torr = 1033,2 g/cm² = 14,696 lb/sq.in.
1 at (techn.) = 735,6 Torr = 1,0 kp/cm²
1 lb/sq.in. = 0,0703 at
1 N/m² (Newton/m²) = 1,0197 · 10⁻⁵ at = 0,987 · 10⁻⁵ atm = 1,4505 · 10⁻⁴ lb/sq.in.

i) Leistung

1 Horse Power (H.P.) = 550 ft. lbs./sec. = 0,746 kW = 1,014 PS
1 Pferdestärke (PS) = 542 ft.lbs./sec = 0,986 HP = 0,736 kW
1 Kilowatt (kW) = 1000 Watt = 1,340 HP = 1,359 PS = 737 ft.lbs./sec

k) Energie, Wärmemenge

1 Kilowattstunde (kWh) = 3413 Btu = 1,341 HP hours = 860,0 kcal
1 Kilokalorie (kcal) = 3,969 Btu = 1,559 · 10⁻³ HP hours = 1,163 · 10⁻³ kWh
1 British Thermal Unit (Btu) = 0,252 kcal = 3,93 · 10⁻² HP hours = 2,93 · 10⁻² kWh
1 Foot Pound (ft.lb.) = 0,138 Meterkilogramm (mkg)
1 Kilojoule = 2,389 kcal = 9,482 Btu = 3,724 HP hours = 2,778 kWh

---

[1] 1 barrel/Tag (b/d) = 42 US gallons = etwa 50 metric tons/Jahr; metric tons/Jahr
div. durch 50 = barrel/Tag.
[2] Vgl. DIN 1314. Es ist insbesondere der Unterschied zwischen der physikalischen Atmosphäre (atm) und der technischen Atmosphäre (at) zu beachten! Das Kurzzeichen at ist auch
an Stelle von ata (Atmosphäre absolut) und atü (Atmosphäre Überdruck) gebräuchlich, aber
nicht genormt. Im ersten Fall ist die Druckangabe auf absolutes Vakuum, im zweiten Fall
auf einen Außendruck von 1 ata — genaugenommen auf den jeweils herrschenden Luftdruck —
bezogen, so daß z. B. 5 atü = 6 ata gesetzt wird.

1) Umrechnungen von Celsius- in Fahrenheit-Grade und umgekehrt[1]

°C ←	°F/°C →	°F	°C ←	°F/°C →	°F	°C ←	°F/°C →	°F
—73,3	—100	—148,0	—1,7	29	84,2	27,2	81	177,8
—67,8	—90	—130,0	—1,1	30	86,0	27,8	82	179,6
—62,2	—80	—112,0	—0,6	31	87,8	28,3	83	181,4
—56,7	—70	—94,0	0,0	32	89,6	28,9	84	183,2
—51,1	—60	—76,0	0,6	33	91,4	29,4	85	185,0
—45,6	—50	—58,0	1,1	34	93,2	30,0	86	186,8
—42,8	—45	—49,0	1,7	35	95,0	30,6	87	188,6
—40,0	—40	—40,0	2,3	36	96,8	31,1	88	190,4
—37,2	—35	—31,0	2,8	37	98,6	31,7	89	192,2
—34,5	—30	—22,0	3,4	38	100,4	32,2	90	194,0
—31,7	—25	—13,0	3,9	39	102,2	32,8	91	195,8
—28,9	—20	—4,0	4,5	40	104,0	33,3	92	197,6
—26,1	—15	5,0	5,0	41	105,8	33,9	93	199,4
—23,3	—10	14,0	5,6	42	107,6	34,4	94	201,2
—22,7	—9	15,8	6,1	43	109,4	35,0	95	203,0
—22,2	—8	17,6	6,7	44	111,2	35,6	96	204,8
—21,6	—7	19,4	7,2	45	113,0	36,1	97	206,6
—21,1	—6	21,2	7,8	46	114,8	36,7	98	208,4
—20,5	—5	23,0	8,3	47	116,6	37,2	99	210,2
—20,0	—4	24,8	8,9	48	118,4	37,8	100	212,0
—19,4	—3	26,6	9,5	49	120,2	38,3	101	213,8
—18,9	—2	28,4	10,0	50	122,0	38,9	102	215,6
—18,3	—1	30,2	10,6	51	123,8	39,4	103	217,4
—17,8	0	32,0	11,1	52	125,6	40,0	104	219,2
—17,2	1	33,8	11,7	53	127,4	40,6	105	221,0
—16,7	2	35,6	12,2	54	129,2	41,4	106	222,8
—16,1	3	37,4	12,8	55	131,0	41,7	107	224,6
—15,6	4	39,2	13,3	56	132,8	42,2	108	226,4
—15,0	5	41,0	13,9	57	134,6	42,8	109	228,2
—14,4	6	42,8	14,4	58	136,4	43,3	110	230,0
—13,9	7	44,6	15,0	59	138,2	43,9	111	231,8
—13,3	8	46,4	15,6	60	140,0	44,4	112	233,6
—12,8	9	48,2	16,1	61	141,8	45,0	113	235,4
—12,2	10	50,0	16,7	62	143,6	45,6	114	237,2
—11,7	11	51,8	17,2	63	145,4	46,1	115	239,0
—11,1	12	53,6	17,8	64	147,2	46,7	116	240,8
—10,6	13	55,4	18,3	65	149,0	47,2	117	242,6
—10,0	14	57,2	18,9	66	150,8	47,8	118	244,4
—9,5	15	59,0	19,4	67	152,6	48,3	119	246,2
—8,9	16	60,8	20,0	68	154,4	48,9	120	248,0
—8,3	17	62,6	20,6	69	156,2	49,4	121	249,8
—7,8	18	64,4	21,1	70	158,0	50,0	122	251,6
—7,2	19	66,2	21,6	71	159,8	50,6	123	253,4
—6,7	20	68,0	22,2	72	161,6	51,1	124	255,2
—6,1	21	69,8	22,7	73	163,4	51,7	125	257,0
—5,6	22	71,6	23,3	74	165,2	52,2	126	258,8
—5,0	23	73,4	23,9	75	167,0	52,8	127	260,6
—5,4	24	75,2	24,4	76	168,8	53,3	128	262,4
—3,9	25	77,0	25,0	77	170,6	53,9	129	264,2
—3,4	26	78,8	25,6	78	172,4	54,4	130	266,0
—2,8	27	80,6	26,1	79	174,2	55,0	131	267,8
—2,3	28	82,4	26,7	80	176,0	55,5	132	269,6

[1] Bei Umrechnungen von °F in °C gehe man von der mittleren Kolonne in Pfeilrichtung →F nach links zu °C, bei Umrechnung von °C in °F von der mittleren Kolonne in Pfeilrichtung C→ nach rechts zu °F.

1 °F entspricht 0,556 °C;   1 °C entspricht 1,8 °F.

$$°F = \frac{9\,°C}{5} + 32; \quad °C = \frac{5\,(°F - 32)}{9}.$$

(Fortsetzung.)

°C ←	°F / °C →	°F	°C ←	°F / °C →	°F	°C ←	°F / °C →	°F
56,1	133	271,4	185,0	365	689,0	443,3	830	1526,0
56,6	134	273,2	187,8	370	698,0	448,8	840	1544,0
57,2	135	275,0	190,6	375	707,0	454,4	850	1562,0
57,7	136	276,8	193,4	380	716,0	460,0	860	1580,0
58,3	137	278,6	196,1	385	725,0	465,5	870	1598,0
58,8	138	280,4	198,9	390	734,0	471,1	880	1616,0
59,4	139	282,2	201,7	395	743,0	476,6	890	1634,0
60,0	140	284,0	204,4	400	752,0	482,2	900	1652,0
60,5	141	285,8	207,2	405	761,0	487,7	910	1670,0
61,1	142	287,6	210,0	410	770,0	493,3	920	1688,0
61,6	143	289,4	212,8	415	779,0	498,8	930	1706,0
62,2	144	291,2	215,6	420	788,0	505,4	940	1724,0
62,7	145	293,0	218,4	425	797,0	510,0	950	1742,0
63,3	146	294,8	221,1	430	806,0	515,5	960	1760,0
63,8	147	296,6	223,9	435	815,0	521,1	970	1778,0
64,4	148	298,4	226,7	440	824,0	526,6	980	1796,0
65,0	149	300,2	229,4	445	833,0	532,2	990	1814,0
65,5	150	302,0	232,2	450	842,0	537,8	1000	1832,0
68,3	155	311,0	235,0	455	851,0	543	1010	1850
71,0	160	320,0	237,8	460	860,0	549	1020	1868
73,8	165	329,0	240,6	465	869,0	554	1030	1886
76,6	170	338,0	243,4	470	878,0	560	1040	1904
79,3	175	347,0	246,1	475	887,0	566	1050	1922
82,1	180	356,0	248,9	480	896,0	571	1060	1940
85,0	185	365,0	251,7	485	905,0	577	1070	1958
87,8	190	374,0	254,4	490	914,0	582	1080	1976
90,5	195	383,0	257,2	495	923,0	588	1090	1994
93,3	200	392,0	260,0	500	932,0	593	1100	2012
96,1	205	401,0	265,5	510	950,0	599	1110	2030
98,9	210	410,0	271,1	520	968,0	604	1120	2048
101,6	215	419,0	276,6	530	986,0	610	1130	2066
104,4	220	428,0	282,2	540	1004,0	616	1140	2084
107,2	225	437,0	287,7	550	1022,0	621	1150	2102
110,0	230	446,0	293,3	560	1040,0	627	1160	2120
112,7	235	455,0	298,8	570	1058,0	632	1170	2138
115,5	240	464,0	304,4	580	1076,0	638	1180	2156
118,2	245	473,0	310,0	590	1094,0	643	1190	2174
121,0	250	482,0	315,5	600	1112,0	649	1200	2192
123,8	255	491,0	321,1	610	1130,0	654	1210	2210
126,6	260	500,0	326,6	620	1148,0	660	1220	2228
129,4	265	509,0	332,2	630	1166,0	666	1230	2246
132,2	270	518,0	337,7	640	1184,0	671	1240	2264
135,0	275	527,0	343,3	650	1202,0	677	1250	2282
137,7	280	536,0	348,8	660	1220,0	682	1260	2300
140,5	285	545,0	354,4	670	1238,0	688	1270	2318
143,3	290	554,0	360,0	680	1256,0	693	1280	2336
146,1	295	563,0	365,5	690	1274,0	699	1290	2354
148,9	300	572,0	371,1	700	1292,0	704	1300	2372
151,7	305	581,0	376,6	710	1310,0	710	1310	2390
154,5	310	590,0	382,2	720	1328,0	716	1320	2408
157,2	315	599,0	387,7	730	1346,0	721	1330	2426
160,0	320	608,0	393,3	740	1364,0	727	1340	2444
162,8	325	617,0	398,8	750	1382,0	732	1350	2462
165,6	330	626,0	404,4	760	1400,0	738	1360	2480
168,4	335	635,0	410,0	770	1418,0	743	1370	2498
171,1	340	644,0	415,5	780	1436,0	749	1380	2516
173,9	345	653,0	421,1	790	1454,0	754	1390	2534
176,7	350	662,0	426,6	800	1472,0	760	1400	2552
179,5	355	671,0	432,2	810	1490,0	766	1410	2570
182,2	360	680,0	437,7	820	1508,0	771	1420	2588

(Fortsetzung.)

°C ←	°F/°C →	°F	°C ←	°F/°C →	°F	°C ←	°F/°C →	°F
777	1430	2606	1071	1960	3560	1366	2490	4514
782	1440	2624	1077	1970	3578	1371	2500	4532
788	1450	2642	1082	1980	3596	1377	2510	4550
793	1460	2660	1088	1990	3614	1382	2520	4568
799	1470	2678	1093	2000	3632	1388	2530	4586
804	1480	2696	1099	2010	3650	1393	2540	4604
810	1490	2714	1104	2020	3668	1399	2550	4622
816	1500	2732	1110	2030	3686	1404	2560	4640
821	1510	2750	1116	2040	3704	1410	2570	4658
827	1520	2768	1121	2050	3722	1416	2580	4676
832	1530	2786	1127	2060	3740	1421	2590	4694
838	1540	2804	1132	2070	3758	1427	2600	4712
843	1550	2822	1138	2080	3776	1432	2610	4730
849	1560	2840	1143	2090	3794	1438	2620	4748
854	1570	2858	1149	2100	3812	1443	2630	4766
860	1580	2876	1154	2110	3830	1449	2640	4784
866	1590	2894	1160	2120	3848	1454	2650	4802
871	1600	2912	1166	2130	3866	1460	2660	4820
877	1610	2930	1171	2140	3884	1466	2670	4838
882	1620	2948	1177	2150	3902	1471	2680	4856
888	1630	2966	1182	2160	3920	1477	2690	4874
893	1640	2984	1188	2170	3938	1482	2700	4892
899	1650	3002	1193	2180	3956	1488	2710	4910
904	1660	3020	1199	2190	3974	1493	2720	4928
910	1670	3038	1204	2200	3992	1499	2730	4946
916	1680	3056	1210	2210	4010	1504	2740	4964
921	1690	3074	1216	2220	4028	1510	2750	4972
927	1700	3092	1221	2230	4046	1516	2760	5000
932	1710	3110	1227	2240	4064	1521	2770	5018
938	1720	3128	1232	2250	4082	1527	2780	5036
943	1730	3146	1238	2260	4100	1532	2790	5054
949	1740	3164	1243	2270	4118	1538	2800	5072
954	1750	3182	1249	2280	4136	1543	2810	5090
960	1760	3200	1254	2290	4154	1549	2820	5108
966	1770	3218	1260	2300	4172	1554	2830	5126
971	1780	3236	1266	2310	4190	1560	2840	5144
977	1790	3254	1271	2320	4208	1566	2850	5162
982	1800	3272	1277	2330	4226	1571	2860	5180
988	1810	3290	1282	2340	4244	1577	2870	5198
993	1820	3308	1288	2350	4262	1582	2880	5216
999	1830	3326	1293	2360	4280	1588	2890	5234
1004	1840	3340	1299	2370	4298	1593	2900	5252
1010	1850	3362	1304	2380	4316	1599	2910	5270
1016	1860	3380	1310	2390	4334	1604	2920	5288
1021	1870	3398	1316	2400	4352	1610	2930	5306
1027	1880	3416	1321	2410	4370	1616	2940	5324
1032	1890	3434	1327	2420	4388	1621	2950	5342
1038	1900	3452	1332	2430	4406	1627	2960	5360
1043	1910	3470	1338	2440	4424	1632	2970	5378
1049	1920	3488	1343	2450	4442	1638	2980	5396
1054	1930	3506	1349	2460	4460	1643	2990	5414
1060	1940	3524	1354	2470	4478	1649	3000	5432
1066	1950	3542	1360	2480	4496			

m) Umrechnung von Pfund pro Quadratzoll (lb/sq.in.) in metrische, technische Atmosphären
(1 at = 1,0 kp/cm²)

lb/sq.in.	at	lb/sq.in.	at	lb/sq.in.	at	lb/sq.in.	at
1	0,070301	26	1,827817	51	3,585333	76	5,342849
2	0,140601	27	1,898117	52	3,556634	77	5,413149
3	0,210902	28	1,968418	53	3,725934	78	5,483450
4	0,281203	29	2,038719	54	3,796235	79	5,553751
5	0,351503	30	2,109019	55	3,866535	80	5,624051
6	0,421804	31	2,179320	56	3,936836	81	5,694352
7	0,492104	32	2,249620	57	4,007137	82	5,764652
8	0,562405	33	2,319921	58	4,077436	83	5,834953
9	0,632706	34	2,390222	59	4,147738	84	5,905254
10	0,703006	35	2,460522	60	4,218038	85	5,975554
11	0,773307	36	2,530823	61	4,288339	86	6,045855
12	0,843607	37	2,601124	62	4,358639	87	6,116155
13	0,913908	38	2,671424	63	4,428940	88	6,186456
14	0,984209	39	2,741725	64	4,499241	89	6,256757
15	1,054509	40	2,812026	65	4,569541	90	6,327058
16	1,124810	41	2,882327	66	4,639842	91	6,397359
17	1,195110	42	2,952627	67	4,710142	92	6,467659
18	1,265411	43	3,022928	68	4,780443	93	6,537960
19	1,335712	44	3,093229	69	4,850744	94	6,608261
20	1,406013	45	3,163529	70	4,921045	95	6,678561
21	1,476314	46	3,233830	71	4,991346	96	6,748862
22	1,546614	47	3,304130	72	5,061646	97	6,819162
23	1,616915	48	3,374431	73	5,131947	98	6,889463
24	1,687216	49	3,444732	74	5,202248	99	6,959764
25	1,757516	50	3,515032	75	5,272548	100	7,030064

n) Umrechnung von metrischen, technischen Atmosphären in Pfund pro Quadratzoll

at	lb/sq.in.	at	lb/sq.in.	at	lb/sq.in.	at	lb/sq.in.
1	14,223	26	369,803	51	725,383	76	1080,963
2	28,446	27	384,026	52	739,606	77	1095,186
3	42,670	28	398,240	53	753,830	78	1109,400
4	56,893	29	412,473	54	768,053	79	1123,633
5	71,116	30	426,696	55	782,276	80	1137,756
6	85,339	31	440,919	56	796,499	81	1151,979
7	99,562	32	455,142	57	810,722	82	1166,202
8	113,776	33	469,366	58	824,936	83	1180,426
9	128,009	34	483,589	59	839,169	84	1194,649
10	142,232	35	497,812	60	853,392	85	1208,872
11	156,455	36	512,035	61	867,615	86	1223,095
12	170,678	37	526,258	62	881,838	87	1237,318
13	184,902	38	540,472	63	896,062	88	1251,532
14	199,125	39	554,705	64	910,285	89	1265,765
15	213,348	40	568,928	65	924,508	90	1280,088
16	227,571	41	583,151	66	938,731	91	1294,311
17	241,794	42	597,374	67	952,954	92	1308,534
18	256,008	43	611,598	68	967,168	93	1322,758
19	270,241	44	625,811	69	981,401	94	1336,981
20	284,464	45	640,044	70	995,624	95	1351,204
21	298,687	46	654,267	71	1009,847	96	1365,427
22	312,910	47	668,490	72	1024,070	97	1379,650
23	327,134	48	682,704	73	1038,294	98	1394,864
24	341,357	49	696,937	74	1052,517	99	1408,097
25	355,580	50	711,160	75	1066,740	100	1422,320

o) Umrechnung von metrischen Tonnen in long tons und umgekehrt[1]

Um metrische Tonnen Mineralöl, die man durch Multiplikation von Vakuum (m^3) mit der Dichte (g/cm^3) errechnet hat, in long tons in Luft umzurechnen, benutzt man den Faktor der zweiten Reihe, der der Dichte der ersten Reihe entspricht. Zur Umwandlung von long tons in Luft in metrische Tonnen im Vakuum benutzt man die Faktoren der dritten Reihe.

I Dichte in g/cm^3 bei 60 °F oder 15° C	II Metrische Tonnen in long tons	III Long tons in metrische Tonnen
0,600—0,628	0,98244	1,01788
0,629—0,666	0,98254	1,01778
0,667—0,710	0,98264	1,01768
0,711—0,759	0,98273	1,01757
0,760—0,815	0,98283	1,01747
0,816—0,880	0,98293	1,01737
0,881—0,956	0,98303	1,01727
0,957—1,000	0,98313	1,01717

p) Umrechnung von spezifischem Gewicht[2] in API-Grade und Baumé-Grade

$$\text{Spezifisches Gewicht} \frac{60\,°F}{60\,°F} = \frac{141,5}{131,5 + \text{API-Grade}},$$

$$\text{API-Grade} = \frac{141,5}{\text{spez. Gew.} \dfrac{60\,°F}{60\,°F}} - 131,5,$$

$$\text{Baumé-Grade} = \frac{140}{\text{spez. Gew.} \dfrac{60\,°F}{60\,°F}} - 130.$$

Die API-Skala wird nur in der Mineralölindustrie angewandt, während die Baumé-Skala für andere Flüssigkeiten Verwendung findet. Zur Umrechnung von API-Graden in Baumé-Grade benutzt man folgende Formel:

$$\text{API-Grade} = 1,010714 \text{ Baumé-Grade} - 0,10714.$$

8. Spezifisches Gewicht[2], U. S. Barrels je metrische Tonne und umgekehrt entsprechend API-Graden

Grad API	Spez. Gew. $\frac{60\,°F}{60\,°F}$	U.S. Barrels pro Tonne	Tonne pro U.S. Barrel	Grad API	Spez. Gew. $\frac{60\,°F}{60\,°F}$	U.S. Barrels pro Tonne	Tonne pro U.S. Barrel
10,0	1,000	6,2898	0,15898	12,0	0,9861	6,3786	0,15677
2	9986	2986	15873	2	9847	3875	15655
4	9972	3075	15851	4	9833	3964	15634
6	9958	3163	15829	6	9820	4053	15613
8	9944	3251	15807	8	9806	4142	15592
11,0	0,9930	6,3340	0,15785	13,0	0,9792	6,4231	0,15571
2	9916	3430	15763	2	9779	4320	15549
4	9902	3519	15741	4	9765	4409	15527
6	9888	3608	15719	6	9752	4498	15505
8	9874	3697	15698	8	9738	4587	15483

[1] Nach H. Hyams: Oil Measurement Tables, in Sampling and Measurement of Petroleum Cargoes, London, Anglo-Saxon Petrol. Co. Ltd., 1949.

[2] Im Sinne der U.S.amerikanischen Benennung von ,,specific gravity", also Dichteverhältnis nach deutschen Normen.

(Fortsetzung.)

Grad API	Spez. Gew. 60 °F / 60 °F	U.S. Barrels pro Tonne	Tonne pro U.S. Barrel	Grad API	Spez. Gew. 60 °F / 60° F	U.S. Barrels pro Tonne	Tonne pro U.S. Barrel
14,0	0,9725	6,4676	0,15461	24,0	0,9100	6,9121	0,14467
2	9712	4765	15440	2	9088	9210	14449
4	9698	4854	15419	4	9076	9299	14431
6	9685	4943	15398	6	9065	9388	14412
8	9672	5032	15377	8	9053	9477	14394
15,0	0,9659	6,5121	0,15356	25,0	0,9042	6,9566	0,14376
2	9646	5210	15335	2	9030	9655	14358
4	9632	5299	15314	4	9018	9744	14340
6	9619	5388	15293	6	9007	9833	14321
8	9606	5477	15272	8	8996	9922	14302
16,0	0,9593	6,5566	0,15251	26,0	0,8984	7,0011	0,14283
2	9580	5654	15231	2	8973	0100	14265
4	9567	5743	15211	4	8961	0189	14247
6	9554	5831	15191	6	8950	0278	14229
8	9542	5920	15170	8	8939	0367	14211
17,0	0,9529	6,6008	0,15150	27,0	0,8927	7,0456	0,14193
2	9516	6097	15130	2	8916	0546	14175
4	9503	6186	15109	4	8905	0635	14157
6	9490	6275	15089	6	8894	0724	14139
8	9478	6364	15068	8	8883	0813	14121
18,0	0,9465	6,6454	0,15048	28,0	0,8871	7,0902	0,14103
2	9452	6543	15028	2	8860	0991	14086
4	9440	6632	15008	4	8849	1080	14069
6	9427	6720	14988	6	8838	1169	14052
8	9415	6809	14969	8	8827	1258	14034
19,0	0,9402	6,6898	0,14949	29,0	0,8816	7,1347	0,14017
2	9390	6986	14929	2	8805	1436	14000
4	9377	7075	14909	4	8794	1525	13982
6	9365	7163	14889	6	8783	1614	13964
8	9352	7252	14869	8	8772	1702	13947
20,0	0,9340	6,7341	0,14849	30,0	0,8762	7,1789	0,13929
2	9328	7430	14830	2	8751	1877	13912
4	9315	7519	14811	4	8740	1966	13895
6	9303	7607	14792	6	8729	2055	13878
8	9291	7696	14772	8	8718	2143	13861
21,0	0,9279	6,7785	0,14753	31,0	0,8708	7,2231	0,13844
2	9267	7874	14734	2	8697	2320	13827
4	9254	7963	14715	4	8686	2408	13810
6	9242	8052	14695	6	8676	2497	13793
8	9230	8141	14675	8	8665	2586	13776
22,0	0,9218	6,8230	0,14656	32,0	0,8654	7,2675	0,13759
2	9206	8319	14637	2	8644	2763	13642
4	9194	8408	14618	4	8633	2852	13726
6	9182	8496	14599	6	8623	2940	13710
8	9170	8585	14580	8	8612	3029	13694
23,0	0,9159	6,8673	0,14561	33,0	0,8602	7,3117	0,13678
2	9147	8762	14542	2	8591	3206	13661
4	9135	8851	14523	4	8581	3294	13644
6	9123	8941	14504	6	8571	3383	13627
8	9111	9031	14485	8	8560	3474	13610

(Fortsetzung.)

Grad API	Spez. Gew. 60 °F / 60° F	U.S. Barrels pro Tonne	Tonne pro U.S. Barrel	Grad API	Spez. Gew. 60 °F / 60 °F	U.S. Barrels pro Tonne	Tonne pro U.S. Barrel
34,0	0,8550	7,3565	0,13593	44,0	0,8063	7,8008	0,12819
2	8540	3654	13577	2	8053	8097	12804
4	8529	3743	13561	4	8044	8186	12790
6	8519	3832	13545	6	8035	8275	12776
8	8509	3921	13529	8	8026	8364	12761
35,0	0,8498	7,4010	0,13512	45,0	0,8017	7,8453	0,12747
2	8488	4099	13496	2	8008	8542	12732
4	8478	4187	13480	4	7999	8631	12717
6	8468	4276	13463	6	7990	8720	12702
8	8458	4364	13447	8	7981	8809	12688
36,0	0,8448	7,4453	0,13431	46,0	0,7972	7,8898	0,12674
2	8438	4542	13415	2	7963	8987	12659
4	8428	4631	13399	4	7954	9076	12645
6	8418	4720	13383	6	7945	9165	12631
8	8408	4808	13367	8	7936	9254	12617
37,0	0,8398	7,4897	0,13351	47,0	0,7927	7,9343	0,12603
2	8388	4985	13335	2	7918	9432	12589
4	8378	5074	13319	4	7909	9521	12575
6	8368	5163	13303	6	7901	9610	12561
8	8358	5254	13287	8	7892	9699	12547
38,0	0,8348	7,5345	0,13272	48,0	0,7883	7,9789	0,12533
2	8338	5434	13256	2	7874	9878	12519
4	8328	5523	13240	4	7865	9967	12505
6	8319	5612	13224	6	7857	8,0056	12491
8	8309	5701	13208	8	7848	0145	12477
39,0	0,8299	7,5790	0,13193	49,0	0,7839	8,0234	0,12463
2	8289	5877	13178	2	7831	0323	12449
4	8280	5966	13163	4	7822	0412	12435
6	8270	6054	13148	6	7813	0501	12421
8	8260	6143	13133	8	7805	0590	12407
40,0	0,8251	7,6231	0,13118	50,0	0,7796	8,0679	0,12394
2	8241	6320	13103	2	7788	0768	12380
4	8232	6409	13088	4	7779	0857	12367
6	8222	6498	13073	6	7770	0946	12353
8	8212	6587	13057	8	7762	1035	12340
41,0	0,8203	7,6676	0,13042	51,0	0,7753	8,1124	0,12326
2	8193	6764	13026	2	7745	1213	12313
4	8184	6853	13011	4	7736	1302	12299
6	8174	6942	12996	6	7728	1391	12286
8	8165	7030	12981	8	7720	1480	12272
42,0	0,8156	7,7119	0,12966	52,0	0,7711	8,1569	0,12259
2	8146	7208	12951	2	7703	1658	12245
4	8137	7297	12936	4	7694	1747	12232
6	8128	7386	12921	6	7686	1836	12218
8	8118	7475	12906	8	7678	1925	12205
43,0	0,8109	7,7564	0,12891	53,0	0,7669	8,2014	0,12192
2	8100	7653	12876	2	7661	2103	12179
4	8090	7742	12861	4	7653	2192	12166
6	8081	7831	12847	6	7645	2281	12153
8	8072	7920	12833	8	7636	2370	12140

(Fortsetzung.)

Grad API	Spez. Gew. 60 °F / 60 °F	U.S. Barrels pro Tonne	Tonne pro U.S. Barrel	Grad API	Spez. Gew. 60 °F / 60 °F	U.S. Barrels pro Tonne	Tonne pro U.S. Barrel
54,0	0,7628	8,2456	0,12127	60,0	0,7389	8,5118	0,11748
2	7620	2545	12114	2	7381	5207	11736
4	7612	2634	12101	4	7374	5296	11724
6	7603	2723	12088	6	7366	5385	11712
8	7595	2812	12075	8	7358	5474	11700
55,0	0,7587	8,2901	0,12062	61,0	0,7351	8,5563	0,11688
2	7579	2990	12049	2	7343	5652	11676
4	7571	3079	12037	4	7335	5741	11664
6	7563	3168	12024	6	7328	5830	11652
8	7555	3257	12012	8	7320	5919	11640
56,0	0,7547	8,3345	0,11999	62,0	0,7313	8,6008	0,11628
2	7539	3434	11986	2	7305	6097	11616
4	7531	3523	11973	4	7298	6186	11604
6	7523	3612	11960	6	7290	6275	11592
8	7515	3701	11947	8	7283	6364	11580
57,0	0,7507	8,3790	0,11935	63,0	0,7275	8,6453	0,11568
2	7499	3879	11922	2	7268	6542	11556
4	7491	3968	11910	4	7260	6631	11544
6	7483	4057	11897	6	7253	6720	11532
8	7475	4146	11883	8	7245	6809	11520
58,0	0,7467	8,4235	0,11871	64,0	0,7238	8,6899	0,11508
2	7459	4323	11859	2	7230	6988	11496
4	7451	4412	11847	4	7223	7077	11484
6	7443	4500	11832	6	7216	7166	11472
8	7436	4588	11820	8	7208	7255	11460
59,0	0,7428	8,4676	0,11808	65,0	0,7201	8,7347	0,11449
2	7420	4764	11796	2	7194	7436	11436
4	7412	4852	11784	4	7186	7525	11424
6	7405	4940	11772	6	7179	7614	11412
8	7397	5029	11760	8	7172	7703	11400

Normenverzeichnisse*

Von C. ZERBE, Hamburg[1]

I. DIN-Normen und Normentwürfe

1. Nummernverzeichnis

DIN	Seite
281	576
1305	*5*
1306	*5, 6*
1340	802
1342	*6*
1343	5
1871	787, 802
1952	19
1995	*53, 533, 539, 577, 470ff., 480ff., 487, 490, 505ff., 514*
1996	569, *516*
4031	576
4038	*516*
4062	576
4109	569
4117	576
4188	*516*
5490	8
7052	*26*
12111	116
12680	117
12685/1	117
12785/2	*72*
12785/3	*76*
12785/4	*53*
12785/9	*65*
12790	11
12791	11
12795	12
12796	12
12797	12
16513	409
18354	569
50281	*4*
50282	*4*
50900	*299, 300*
51351	*331*
51352	138
51354	*261, 262*
51355	*263, 264*
51356	*375, 81, 83*

DIN	Seite
51357	*264, 300*
51358	*264, 299, 300*
51359	*298, 300*
51361	*179*
51372	51
51376	78
51400	118
51402	468
51404	672, 749
51405	*817*
51409	119, 123, 367
51415	727, 742
51421	645, 739
51500/1	*45, 287, 322, 383*
51501	*46, 48, 51, 99, 390*
51502	*46, 48, 267, 288, 339*
51503	*8, 47, 322, 323, 328, 329, 330, 331*
51504	*46, 48, 51, 322*
51505	*46*
51506	690, 691, *47, 99*
51507	*8, 358, 362*
51508	*47, 172, 276, 382*
51509	*47, 48, 254, 257, 287*
51510	*47, 274, 275, 279, 340*
51511	*172, 180*
51512	*257*
51513	*46*
51515	*47, 48, 288, 292, 294, 340, 362*
51517	*46, 48*
51530	*160*
51550	30, 705, 740, *47, 49, 52, 264, 277*
51551	137, 138, 456, 457, 686, 704, 705, *191, 213, 246, 275, 277, 483, 503*
51552	128, *322, 332, 337, 503*
51553	145, *103, 359*
51554	*48, 50, 100, 268, 293, 362*

DIN	Seite
51556	67, 68, 477, 486, 487, 490, 492, 494, 541, *460, 462, 598*
51557	136, *93, 240, 275, 277, 462*
51558	129, 704, 741, *47, 49, 52, 101, 192, 195, 237, 264, 267, 275, 277, 293, 322, 359, 365, 490, 598*
51559	131, *49, 101, 192, 195, 196, 267, 293, 322, 363, 490*
51560	31, 52, 53, 457, *49, 267, 275, 293, 503*
51561	48, 686, 704, 740, *49, 264, 267, 275, 293, 322, 359*
51562	46, 48, 437, 457, 686, 704, 740, *49, 189, 201, 213, 217, 237, 240, 246, 264, 267, 275, 293, 322, 359*
51563	34, 40, *195, 213, 246, 264, 267*
51565	*111*
51566	492, *87*
51567	*83*
51568	66, *322, 329, 336*
51569	*8*
51570	68, 477
51571	481, *83, 460*
51572	494
51573	483
51574	392
51575	134, 362, 456, 457, 468, 686, 695, 704, 705, *47, 49, 52, 90, 92, 192, 246, 251, 267, 275, 293, 322, 359*
51576	360, 468, *91*
51577	123, 217, *91*

* Die steil gedruckten Seitenzahlen beziehen sich auf Teil I des Handbuches, die *kursiv* gedruckten auf Teil II.

[1] Siehe auch Erdöl u. Kohle 17 (1964) 639, 1060; 19 (1966) 79.

DIN	Seite	DIN	Seite	DIN	Seite
51 578	476, 491, 681, 687, 704, *64, 192, 195, 201, 213, 214, 217, 218, 237, 264, 343*	51 701	497, 498	51 782	65, 66, 719, 725, 726, 739, *543*
		51 708	457		
		51 718	497	51 783	435, 450
51 579	480, *246, 585*	51 719	498, *491, 514, 517*	51 786	456, 457, 466, 467, 696
51 580	492, *251*	51 720	497, *482, 483, 517*		
51 581	*79*	51 722	113	51 787	139, 615, 692, *104*
51 582	125, 471, 696, 704, 705, *47, 50, 52, 90, 267, 275, 277, 293, 413, 431, 437, 459, 471, 491*	51 750	391, 392, 677, *459, 460*	51 788	677, 821
				51 789	456, 463, 696
		51 751	372, 374, 375, 397, 404, 410, 456, 686, 692, 705, 724, 737, *514*	51 790	363, 695
				51 791	146, 397, 403, 404, 444, 617, 729, 748, *463, 543*
51 583	65, 456, 457, 698, *190, 267, 275, 277, 293, 460, 504*	51 752	375	51 792	144, 403, 613
		51 754	373, 409, 653, 719, 725, 738	51 793	126, 461, 704
51 584	78, *47, 49, 52, 190, 211, 267, 275, 277, 293, 322, 359, 431, 598*	51 755	72, 74, 397, 409, 439, 456, 677, 686, 704, 705, 739, *523, 528, 541*	51 794	81, 444, 677, *78, 235*
				51 795	765
				51 797	367, 695, *770*
				51 798	*542*
51 585	267, 293, 295, 297	51 756	436, 639, 657, 677, 814, 820	51 799	677, 728, 744
51 587	697, *100, 103, 177, 268, 295*			51 800	*407, 431*
		51 757	10, 11, 404, 409, 457, 498, 628, 631, 677, 686, 704, 705, 718, 722, 731, 732, 740, *195, 201, 216, 275, 277, 470, 523, 541, 542*	51 801	68, 397, 536, *219, 221, 223, 429, 431, 598*
51 588	697, *93, 192*				
51 589	70, *293*				
51 590	*331*			51 802	*423*
51 591	69			51 803	*406, 431*
51 592	457, *50, 52, 93, 267, 275*			51 804/1	*219, 221, 223, 431*
				51 804	*401, 402, 422, 423, 426, 430*
51 593	*322, 324, 326, 327, 328, 329, 333, 334*	51 758	75, 456, 457, 704, *195, 360, 503*	51 805	*422*
51 594	392	51 759	403, 443, 677, 704, 725, 741, *195, 213, 217, 268, 503, 541, 544*	51 806	*148, 425, 431*
51 595	*47, 49, 52, 101*			51 807	*430, 431*
51 597	64, 434, 681, 698, 704, *47, 52, 177, 191, 195, 196, 201, 202, 213, 216, 217, 235, 237, 240, 246*			51 808	*428*
		51 760	410	51 809	129, *412, 431*
		51 761	397, *474, 541, 542*	51 811	*431*
		51 762	*541, 543*	51 812	97, 129, *412, 431*
		51 763	*541*	51 813	*419, 420*
51 600	620, 621, 677			51 818	*340, 423*
51 601	680, 686, 687, 690, 691, 701	51 764	117, 662, *541, 545*	51 823	*288, 340, 431*
		51 765	116, 662, 678, 741, 764, *541, 546*	51 825	*431, 432*
51 602	436			51 831	*407*
51 603	455, 457, 461, *502*	51 766	117, 744, *541, 547*	51 848	48
51 610	120, 761	51 768	117, 123, 367, 456, 457, 497, 544, 686, 704, 705, 719, 725, 741, *213, 473, 498, 548*	51 849	393, 394, 395, *48*
51 612	768, 781			51 850	795, 802
51 613	121, 763, 781, *545*			51 851	793
51 614	781			51 853	392
51 615	763, 781			51 854	801
51 616	14	51 769	668, 677, 718, 721	51 855/1	121
51 617	367, 443, 762, 781	51 770	436, 686, 704	51 873	121
51 618	11	51 771	120, *541, 548*	52 121	*512*
51 619	781, 782, *816*	51 772	65, 66, 698	52 123	576
51 621	11, 757, 781, 783, 822	51 773	686, 696, 704, 842	52 128	576
		51 774	141, 142, 608, *474*	52 129	576
51 622	11, 757, 781*ff.*	51 775	139, 404, 692, 718, 722, 740	52 136	*512*
51 630	403			52 137	*478, 497*
51 631	125, 403, 404	51 776	404, 652, 657, 677, 719, 728, 765, *544*	52 139	*497, 512*
51 632	403, 404, 686			52 140	*512*
51 633	125, *359, 537*	51 777	127, 663, 686, 696, *322, 332, 338, 492*	53 012	46
51 634	403			53 015	60, *49, 267*
51 635	404, 545, *359*	51 778	129, 404, 410, 665	53 016	51
51 636	434, 686	51 779	698, 705	53 169	73, *527*
51 640	767, 781, 782	51 780	677, 688, *544*	53 170	409, *524, 527, 528*

DIN	Seite	DIN	Seite	DIN	Seite
53180	*694*	53401	409	53491	409, *523, 524*
53181	*694*	53402	409	53505	*116*
53182	*694*	53403	487	53521	*116, 268*
53211	55, *514*	53481	*374*	55946	523, 524, *465*
53213	74, 404, 409, *514*	53482	*374*	55935	*680*
53249	*704, 705, 706*	53483	*374*	69100	116

2. Verzeichnis nach Sachgebieten (Stand Januar 1968)[1]

(Die Titel der in dem Verzeichnis nicht aufgeführten Normen sind dem Text zu entnehmen.)

1. Technische Grundnormen (Auswahl)
2. Brenn- und Heizgase
3. Flüssiggas
4. Flüssige Brennstoffe (Kraftstoffe und Heizöle)
5. Spezialbenzine, Lösungsmittel
6. Leuchtöle (Petroleum)
7. Isolieröle
8. Schmierstoffe
9. Paraffin
10. Bitumen
11. Teer
12. Kautschuk

DIN	Ausg.	Titel

1. Technische Grundnormen (Auswahl)

DIN	Ausg.	Titel
1305	7. 38	Masse, Gewicht, Begriffe.
1306	8. 58	Dichte Begriffe.
1333	5. 58	Runden von Zahlen, Regeln, Kennzeichnung.
1342	4. 57	Viskosität bei Newtonschen Flüssigkeiten.
1343	5. 64	Normzustand, Normvolumen.
1795	8. 53	Pyknometer.
4188	2. 57	Drahtgewebe für Prüfsiebe.
5490	7. 62	Verwendung der Wörter bezogen, spezifisch, normiert und reduziert.
7052	5. 60	Grundbegriffe für Zerlegung flüssiger Gemische.
12111	1. 62	Einteilung von Gläsern in hydrokline Klassen.
12680	7. 41	Meßzylinder eichfähig.
12790	4. 41	Spindeln, Erläuterungen.
12791	4. 41	Aräometer.
12796	7. 43	Pyknometer mit Inhaltsbezeichnung.
51848	6. 66	Bl. 1 Prüfung von Mineralölen, Prüffehler und ihre Anwendung (internationale Vereinbarung), Allgemeines, Begriffe und ihre Anwendung auf Lieferbedingungen.
51849	3. 60	Prüfung von Mineralölen, Prüffehler und Toleranz.
53012	2. 59	Viskosimetrie, Kapillarviskosimetrie Newtonscher Flüssigkeiten, Fehlerquellen und Korrekturen.
53491	6. 55	Brechungszahl und Dispersien.
69100	2. 49	Schleifwerkzeuge, Bezeichnung.

2. Brenn- und Heizgase

DIN	Ausg.	Titel
1340	8. 67	Brennbare technische Gase (Brenngase), Arten.
1871	8. 67	Technische Gase, Dichte, Wichte und Dichteverhältnis, bezogen auf den Normzustand.
1952	8. 65	Durchflußmessungen mit Düsen und Blenden.
51402	11. 51	Rußzahl in Abgasen von Heizgasen.
51850	10. 62	Gasförmige Brennstoffe, Heizwerte der Komponenten bei 25 °C und 760 Torr.
51851	1. 64	Prüfung von gasförmigen Brennstoffen und sonstigen technischen Gasen, Berechnung des reduzierten Gasvolumens.
51853	2. 60	Prüfung von gasförmigen Brennstoffen, Schutz- und Verbrennungsgasen, Probenahme.

---

[1] Norm-Entwürfe sind durch *kursive* DIN-Nummern gekennzeichnet (veröff. in Erdöl u. Kohle).

DIN	Ausg.	Titel
51854	2. 60	Prüfung gasförmiger Brennstoffe, Bestimmung des Ammoniakgehaltes.
51855	12. 62	Bl. 1 Prüfung von gasförmigen Brennstoffen und sonstigen technischen Gasen, Bestimmung des Gehaltes an Schwefelverbindungen, Anwendungsbereich, Zweck, Begriffe.
	12. 62	Bl. 3 —, —, Gehalt an Schwefelwasserstoff, Bleiacetatpapier-Verfahren.
	12. 62	Bl. 4 —, —, —, Cadmiumacetatverfahren.
51855	10. 67	Bl. 6 —, Merkaptanschwefel und Kohlenoxysulfidschwefel, Potentiometrisches Verfahren.
51856	1. 64	Bl. 1 —, Bestimmung des Gehaltes an Sauerstoff, Anwendungsbereich, Zweck.
	1. 64	Bl. 2 —, —, Mangan(II)-chloridverfahren.
	8. 67	Bl. 3 Manometrisches Verfahren.
51870	11. 67	Bl. 1 Bestimmung von Dichte und Dichteverhältnis, Anwendungsbereich, Zweck, Begriffe und Bestimmung der Dichte.
	11. 67	Bl. 2 Bestimmung des Dichteverhältnisses nach dem Wägeverfahren.
51871	12. 67	—, Bestimmung des Wasserdampf-Taupunktes, Verfahren mit gekühltem Spiegel.

3. *Flüssiggas*

3.1. Anforderungen

51621	1. 66	Flüssiggas, Anforderungen an die Qualität.
51622	1. 66	—, Propan, Propylen, Butan und Butylen, Anforderungen an die Qualität.

3.2. Prüfverfahren

51610	10. 61	Prüfung von Flüssiggas, Probenahme.
51611	3. 56	—, Bestimmung der Zusammensetzung (Siedeanalyse).
51612	2. 66	—, Berechnung des Heizwertes.
51613	4. 66	—, Bestimmung des Elementarschwefels.
51614	1. 66	—, Bestimmung des Öl- und Harzgehaltes, Prüfung auf Ammoniak, Wasser und Lauge.
51615	3. 56	—, Bestimmung des Kohlenoxysulfidgehaltes und Prüfung auf Schwefelwasserstoff
51616	3. 56	—, Bestimmung des Dampfdruckes (Überdruck).
51617	3. 56	—, Bestimmung des Gesamtschwefels.
51618	2. 66	—, Berechnung der Dichte bei 15 °C, 20 °C und 50 °C.
51619	11. 64	—, Bestimmung von Flüssiggas durch Gaschromatographie.
51640	2. 66	—, Berechnung des Dampfdruckes bei 70 °C.

4. *Flüssige Brennstoffe (Kraftstoffe und Heizöle)*

4.1. Anforderungen

51600	2. 66	Flüssige Kraftstoffe, Ottokraftstoffe, Mindestanforderung.
51601	10. 67	—, Dieselkraftstoff, Mindestanforderungen.
51602	12. 55	—, Traktorenkraftstoff, Mindestanforderungen.
51603	2. 66	Flüssige Brennstoffe, Heizöle (ausgenommen Heizöle für die internationale Seeschiffahrt), Mindestanforderungen.

4.2. Prüfverfahren

51376	4. 68	Bestimmung des Flammpunktes nach CLEVELAND.
51400	8. 63	Prüfung von Kohlenwasserstoffen, Bestimmung des Schwefelgehaltes, Verbrennung nach SCHÖNIGER, Thorin-Titration.
51402	8. 65	Bestimmung der Rußzahl in Abgasen von Heizölen und Brenngasen.
51404	9. 66	Prüfung flüssiger Brennstoffe, Bestimmung des Kupfergehaltes von Kraftstoffen.
51409	1. 68	Gesamtschwefel nach WICKBOLD.
51415	8. 67	Verhalten von Flugkraftstoffen gegenüber Wasser.
51421	6. 68	Bestimmung des Gefrierpunktes.

DIN	Ausg.	Titel
51750	9. 68	Prüfung flüssiger Brennstoffe und Schmierstoffe, Probenahme.
51751	2. 64	Prüfung flüssiger Mineralölkohlenwasserstoffe, Bestimmung des Siedeverlaufes.
51754	4. 61	Prüfung flüssiger Brennstoffe, Bestimmung des Dampfdruckes nach REID.
51755	9. 66	Prüfung von Mineralölen und anderen brennbaren Flüssigkeiten, Bestimmung des Flammpunktes im geschlossenen Tiegel nach ABEL-PENSKY.
51756	2. 64	Prüfung flüssiger Brennstoffe, Bestimmung der Klopffestigkeit, Octanzahl von 100 und darunter, Motor- und Researchmethode.
51757	1. 67	Prüfung von Schmierölen, flüssigen Brennstoffen und verwandten Flüssigkeiten, Bestimmung der Dichte.
51758	11. 63	Prüfung von Mineralölen und anderen brennbaren Flüssigkeiten, Bestimmung des Flammpunktes im geschlossenen Tiegel nach PENSKY-MARTENS.
51759	1. 63	Prüfung von flüssigen Kohlenwasserstoffen, Prüfung der Korrosionswirkung auf Kupfer (Kupferstreifentest).
51767	2. 63	Prüfung flüssiger Brennstoffe, Bestimmung des Gehaltes an Monomethylanilin.
51768	3. 68	Prüfung von Mineralöl-Kohlenwasserstoffen, Bestimmung des Schwefelgehaltes nach GROTE-KREKELER.
51769	12. 54	Prüfung flüssiger Kraftstoffe, Bleitetraäthylgehalt.
	2. 68	Bl. 1 Bestimmung des Bleigehaltes in Ottokraftstoffen. Allgemeines, Aufschlußverfahren, Prüffehler.
	2. 64	Bl. 2 Gravimetrisches Sulfat-Verfahren.
	2. 64	Bl. 3 Gravimetrisches Chromat-Verfahren.
	3. 64	Bl. 4 Polarographisches Verfahren.
	3. 64	Bl. 5 Komplexometrisches Schnellverfahren.
51770	1. 57	—, Bestimmung der Filtrierbarkeit von Dieselkraftstoffen nach HAGEMANN und HAMMERICH.
51771	12. 58	Prüfung von Mineralöl-Kohlenwasserstoffen, Bestimmung des Gesamtschwefelgehaltes mit der Schwefellampe nach SANDLAR.
51772	6. 59	Prüfung flüssiger Brennstoffe, Bestimmung des Beginns der Paraffinausscheidung in Dieselkraftstoffen.
51773	9. 68	—, Bestimmung der Zündwilligkeit (Cetanzahl) von Dieselkraftstoffen.
51774	2. 66	—, Bestimmung der Bromzahl.
51775	10. 58	Prüfung von Mineralöl-Kohlenwasserstoffen, Bestimmung des Anilinpunktes und des Mischanilinpunktes von hellen Mineralöl-Kohlenwasserstoffen.
51776	2. 63	Prüfung flüssiger Brennstoffe, Bestimmung des Abdampfrückstandes nach dem Aufblaseverfahren.
51777	10. 66	Prüfung von Mineralöl-Kohlenwasserstoffen und Lösungsmitteln. Bestimmung des Wassergehaltes nach KARL FISCHER, direktes Verfahren.
	10. 66	Bl. 2 —, indirektes Verfahren.
51780	7. 63	—, Bestimmung der Oxydationsbeständigkeit (Induktionsdauer).
51782	6. 58	—, Bestimmung des Kristallisationspunktes von Otto- und Düsenkraftstoffen sowie Motorenbenzol (Kältebeständigkeit).
51784	6. 59	—, Bestimmung des Schmierölgehaltes in Zweitaktermischungen.
51786	10. 58	—, Bestimmung des Gehaltes an nicht absetzbarem Wasser in Heizölen durch Destillation nach dem Xylolverfahren.
51787	1. 60	Prüfung von Mineralöl-Kohlenwasserstoffen, Bestimmung des Anilinpunktes und Mischanilinpunktes von dunklen Mineralöl-Kohlenwasserstoffen.
51788	2. 64	Prüfung flüssiger Brennstoffe, Bestimmung der Klopffestigkeit, Octanzahl über 100, Research-Methode.
51789	4. 62	—, Bestimmung des Gehaltes an Sedimenten in Heizöl.
51790	12. 61	—, Bestimmung von Vanadium.
51791	3. 64	—, Bestimmung des Gehaltes an Kohlenwasserstoff-Gruppen nach dem Fluoreszenz-Indikator-Adsorptions-Verfahren (FIA-Verfahren).
51792	5. 58	—, Bestimmung der Sulfonierungszahl.
51793	4. 68	—, Bestimmung des Gehaltes an Wasser und Sedimenten in Heiz- und Rohölen, Zentrifugenverfahren.
51794	7. 61	Prüfung von Mineralöl-Kohlenwasserstoffen, Bestimmung der Zündtemperatur.

DIN	Ausg.	Titel
51795	11.59	Vornorm Prüfung flüssiger Brennstoffe, Bestimmung des Abdampfrückstandes von wirkstoffhaltigen Ottokraftstoffen.
51797	1.63	—, Bestimmung von Natrium durch Flammenphotometrie.
51799	7.63	Prüfung von flüssigen Brennstoffen, Bestimmung der Oxydationsbeständigkeit (Potentieller Rückstand).
51900	4.66	Prüfung fester und flüssiger Brennstoffe, Bestimmung des Brennwertes und des Heizwertes. Isothermer Wassermantel.

5. Spezialbenzine, Lösungsmittel

5.1. Anforderungen

DIN	Ausg.	Titel
16513	6.58	Druckfarben für das graphische Gewerbe, Reintoluol als Lösemittel für Tiefdruckfarben.
51630	4.56	Spezialbenzine, Petroläther, Mindestanforderungen.
51631	1.59	—, Siedegrenzenbenzine, Mindestanforderungen.
51632	4.56	—, Testbenzine, Mindestanforderungen.
51633	11.59	Vornorm Technische Benzole, Mindestanforderungen.
51634	1.59	Spezialbenzine, Wetterlampenbenzin, Mindestanforderungen.
51635	2.56	—, FAM-Normalbenzin, Anforderungen.

5.2. Prüfverfahren

DIN	Ausg.	Titel
51405	9.68	Bestimmung von Lösungsmitteln durch Gaschromatographie.
51760	6.59	Prüfung flüssiger Brennstoffe, Prüfung auf aktiven Schwefel in Spezialbenzinen und Lösungsmitteln.
51761	5.58	Prüfung technischer Benzole, Bestimmung des Siedeverlaufs nach KRAEMER-SPILKER.
51762	11.52	Prüfung flüssiger Brennstoffe, Bestimmung der Schwefelsäure-Reaktion.
51763	1.58	—, Bestimmung des Bromverbrauchs technischer Benzole.
51764	2.55	—, Bestimmung des mit Quecksilber reagierenden aktiven Schwefels.
51765	1.57	—, Doctor-Test.
51766	12.54	—, Prüfung auf Schwefelwasserstoff.
51778	2.59	Prüfung von Mineralöl-Kohlenwasserstoffen, Bestimmung des Säurewertes und des Verseifungswertes von Spezialbenzinen.
51798	9.61	Prüfung flüssiger Brennstoffe, Bestimmung des Kristallisationspunktes von Reinbenzol.
53169	2.67	Prüfung von Anstrichstoffen, Allgemeine Prüfungen von Lösungsmitteln.
53170	1.54	Prüfung von Anstrichstoffen, Bestimmung der Verdunstungszahl von Lösungsmitteln und Verschnittmitteln.
53172	2.67	Bestimmung des Abdampfrückstandes.
53213	2.58	Prüfung von Anstrichstoffen und ähnlichen lösungsmittelhaltigen Erzeugnissen, Bestimmung des Flammpunktes im geschlossenen Tiegel.

6. Leuchtöle (Petroleum)

6.1. Anforderungen

DIN	Ausg.	Titel
51636	7.68	Flüssige Brennstoffe, Leucht-, Brenn- und Lösungspetroleum, Mindestanforderungen.

6.2. Prüfverfahren

DIN	Ausg.	Titel
51783	10.56	Prüfung flüssiger Brennstoffe, Bestimmung der Brenneigenschaften von Leuchtpetroleum.

7. Isolieröle

7.1. Anforderungen

DIN	Ausg.	Titel
51507	10.66	Anforderungen an Isolieröle. Mindestanforderung an Neuöle im Anlieferungszustand.

DIN	Ausg.	Titel

7.2. Prüfverfahren

DIN	Ausg.	Titel
51353	1.65	Prüfung von Isolierölen, Prüfung auf korrosiven Schwefel, Silberstreifenprüfung.
51554	10.66	Bl. 1 Prüfung von Mineralölen. Alterungsprüfung nach BAADER; Zweck, Probenahme, Alterung.
	10.66	Bl. 2 Alterungsprüfung nach BAADER (Isolieröle).
	10.66	Bl. 3 Alterungsprüfung nach BAADER (Turbinenöle).
53481	1.67	Bl. 1 Prüfung von Isolierstoffen. Bestimmung der elektrischen Durchschlagsspannung und Durchschlagfestigkeit bei technischen Frequenzen, Vergleichsmessung.
	1.67	Bl. 2 —, Kennwertmessung.
53482	1.67	—, Bestimmung der elektrischen Widerstandswerte.
53483	10.55	Prüfung von Isolierstoffen, Bestimmung der relativen Dielektrizitätskonstante und des dielektrischen Verlustfaktors.
	10.55	Beibl. 1 —, —, Meßeinrichtungen
	10.55	Beibl. 2 —, —, Kreisförmige Plattenelektrode und Meßzellen.

8. Schmierstoffe

8.1. Allgemeines

DIN	Ausg.	Titel
50281	10.60	Reibung und Lagerung, Begriffe.
51500	1.59	Bl. 1 Schmierstoffe, Ermittlung des Bedarfs und Verbrauchs, Begriffe.
	1.59	Bl. 2 —, —, Rechnungsgang.
51502	10.67	—, Kennzeichnung der Schmierstoffbehälter, Schmiergeräte und Schmierstellen, Richtlinien.

8.2. Schmieröle

8.2.1. Anforderungen

DIN	Ausg.	Titel
21258	8.67	Tränk- und Schmiermittel für Förderseile.
51368	11.68	Gehalt an mit Säure abscheidbaren Anteilen aus Kühlmittelölen.
51376	4.68	Bestimmung des Flammpunktes nach CLEVELAND.
51501	2.59	Schmierstoffe, Normalschmieröle N, Mindestanforderungen.
51503	2.66	—, Kältemaschinenöle, Mindestanforderungen.
51504	6.54	—, Schmieröle D, Mindestanforderungen.
51505	9.68	—, Schmieröle A, Mindestanforderungen.
51506	9.67	—, Schmieröle für Luftverdichter.
51508	2.59	—, Schmieröle für Großgasmaschinen.
51509	3.58	—, Normalschmieröle für Getriebeschmierung, Richtlinien für die Verwendung.
51510	11.59	—, Zylinderöle für Dampfmaschinen, Mindestanforderungen.
51511	1.59	—, SAE-Viskositätsklassen für Motorenschmieröle.
51512	7.58	—, SAE-Viskositätsklassen für Kraftfahrzeuggetriebeöle.
51513	11.68	Schmieröle B, Mindestanforderungen.
51515	8.62	—, Dampfturbinenöle, Mindestanforderungen.
51517	9.67	—, Schmieröle C, Mindestanforderungen.

8.2.2. Prüfverfahren

DIN	Ausg.	Titel
51351	3.67	Prüfung von Schmierstoffen, Bestimmung des Flockpunktes von Kältemaschinenölen.
51352	9.67	Prüfung von Schmierstoffen, Bestimmung des Alterungsverhaltens von Schmierölen, 200 °C–Verfahren.
51354	5.64	Prüfung von Schmierölen. Mechanische Prüfung von Getriebeölen in einer Zahnrad–Verspannungs–Prüfmaschine nach dem FZG–Verfahren.
51355	7.64	Prüfung von Schmierstoffen, Prüfung von Getriebeölen auf korrosionsverhindernde Eigenschaften gegenüber Stahl in Gegenwart von Wasser.
51356	4.67	Prüfung von Schmierölen und flüssigen Brennstoffen. Bestimmung des Siedeverlaufs unter vermindertem Druck nach GROSSE-OETRINGHAUS.
51357	2.65	Prüfung von Schmierstoffen, Prüfung von Motoren-Korrosionsschutzölen auf Säureneutralisation, Bromwasserstoffsäure-Tauchprüfung.

DIN	Ausg.	Titel
51358	2. 65	Prüfung von Schmierstoffen, Prüfung von Motoren-Korrosionsschutzölen auf korrosionsverhindernde Eigenschaften, Meerwasser-Tauchprüfung.
51359	12. 64	Bl. 1 Prüfung von Schmierstoffen, Prüfung auf korrosionsverhindernde Eigenschaften in der Feuchtigkeitskammer (Schwitzwassergerät mit Luftzufuhr), Korrosionsschutzöle und Schmieröle.
51361	9. 65	Prüfung von Schmierstoffen, Prüfung von Motorenschmierölen im MWM-Prüfdieselmotor, Verfahren zur Prüfung der Kolbensauberkeit.
51530	7. 68	Bestimmung der Schweißlast von flüssigen Schmierstoffen mit Shell-Vierkugelapparat.
51550	10. 68	Viskosimetrie, Bestimmung der Viskosität, Allgemeines.
51551	2. 61	Prüfung von flüssigen Brennstoffen und Schmierstoffen, Bestimmung des Koksrückstandes nach CONRADSON (Verkokungsneigung).
51552	2. 53	Prüfung von Schmierstoffen, Bestimmung des Feuchtigkeitsgehaltes in Kältemaschinenölen (Phosphorpentoxidmethode).
51557	1. 59	Prüfung flüssiger Brennstoffe und Schmierstoffe, Bestimmung des Gehaltes an Hartasphalt.
51558	6. 55	Prüfung von Schmierstoffen, Bestimmung der Neutralisationszahl.
51559	6. 55	—, Bestimmung der Verseifungszahl.
51560	8. 68	Prüfung von Mineralölen, flüssigen Brennstoffen und verwandten Flüssigkeiten, Bestimmung der Viskosität mit dem Engler-Gerät.
51561	7. 67	—, Messung der Viskosität mit dem Vogel-Ossag-Viskosimeter.
51562	3. 67	Viskosimetrie, Messung der Viskosität mit dem Ubbelohde-Viskosimeter.
51563	10. 68	Schmieröle, flüssige Brennstoffe und verwandte Flüssigkeiten, Bestimmung des Viskosität-Temperatur-Verhaltens.
51565	10. 63	Prüfung von Schmierstoffen, Bestimmung des Ottokraftstoffgehaltes in gebrauchten Motorenschmierölen.
51567	4. 67	Prüfung von Mineralölen. Bestimmung der Zusammensetzung von Erdölen, Fraktionierte Destillation nach GROSSE-OETRINGHAUS.
51568	10. 59	Prüfung von Schmierölen, Fließvermögen von Schmierölen im U-Rohr (U-Rohr-Methode).
51569	3. 67	Prüfung von Mineralölen, flüssigen Brennstoffen und verwandten Flüssigkeiten, Messung der Viskosität mit dem Vogel-Ossag-Viskosimeter bei Temperaturbereich — 55 °C bis ungefähr + 10 °C.
51574	1. 63	Prüfung von Schmierstoffen, Probenahme von Schmierölen aus Verbrennungskraftmaschinen.
51575	10. 67	Prüfung von Schmierölen, Bestimmung der Asche von Mineralölen.
51576	2. 68	Prüfung von Mineralölen, Bestimmung des Salzgehaltes.
51577	9. 60	Prüfung von Mineralöl-Kohlenwasserstoffen und ähnlichen Produkten, Bestimmung des Gesamtchlorgehaltes.
51578	10. 60	Prüfung von Mineralöl-Kohlenwasserstoffen und ähnlichen Erzeugnissen, Bestimmung der Farbe (ASTM-Farbzahl).
51581	1. 58	Prüfung von Schmierstoffen, Bestimmung des Verdampfungsverlustes von Schmierölen (nach NOACK).
51582	11. 58	Prüfung von Mineralöl und Mineralölprodukten, Bestimmung des Wassergehaltes durch Destillation (sog. Xylolmethode).
51583	10. 62	Prüfung flüssiger Brennstoffe und Schmierstoffe, Bestimmung des Trübungspunktes und des Stockpunktes.
51584	1. 59	Prüfung von Schmierstoffen, Bestimmung des Flammpunktes im offenen Tiegel nach MARCUSSON.
51585	10. 62	—, Prüfung der Korrosionsschutzeigenschaften von wirkstoffhaltigen Dampfturbinenölen.
51587	7. 62	—, Bestimmung des Alterungsverhaltens von wirkstoffhaltigen Dampfturbinenölen.
51588	10. 62	Prüfung von Schmierölen, Bestimmung der benzinunlöslichen und der benzolunlöslichen Anteile in gebrauchten Motorenschmierölen.
51589	11. 63	—, Bestimmung des Wasserabscheidevermögens nach Dampfbehandlung.
51590	1. 58	Prüfung von Schmierstoffen, Bestimmung des Frigen-12-Unlöslichen (Paraffin) in Kältemaschinenölen (Frigen-12-Methode).
51592	10. 68	Prüfung von Schmierstoffen, Bestimmung des Gehaltes an festen Fremdstoffen.
51593	7. 62	—, Prüfung auf Kältemittelbeständigkeit von Kältemaschinenölen (Philipp-Test).

DIN	Ausg.	Titel
51595	2. 68	Prüfung von flüssigen Brennstoffen und Schmierstoffen. Bestimmung des Gehalts an Asphaltenen, Fällung mit n-Heptan.
51597	6. 65	Prüfung von flüssigen Brennstoffen und Schmierstoffen, Bestimmung des Cloudpoints und des Pourpoints.
53015	2. 59	Viskosimetrie, Messung der Viskosität mit dem Kugelfall-Viskosimeter nach HÖPPLER.
53016	5. 59	—, Messung der Viskosität mit dem Freifluß-Viskosimeter.

8.3. Schmierfette

8.3.1. Anforderungen

DIN	Ausg.	Titel
21258	11. 67	Förderseile, Tränkungsmittel und Flüssigkeiten.
51818	10. 67	Schmierstoffe, Konsistenzeinteilung von Schmierfetten.
51823	10. 59	Schmierfette, Gleitlagerfett (Staufferfett), Mindestanforderungen.
51825	4. 65	—, Wälzlagerfette, Mindestanforderungen.

8.3.2. Prüfverfahren

DIN	Ausg.	Titel
51594	2. 56	Prüfung von salbenartigen, breiartigen und fettartigen Stoffen, Probenahme.
51800	9. 68	Prüfung von Schmierstoffen, Bestimmung des Chlorid-Gehaltes in Schmierfetten, Potentiometrische Titration.
51801	7. 65	—, Bestimmung von Fließpunkt und Tropfpunkt Bl. 1 (nach ASTM) u. 2 (nach UBBELOHDE).
51802	1. 65	Prüfung von Schmierstoffen, Prüfung von Schmierfetten auf korrosionsverhindernde Eigenschaften gegenüber Wälzlagern in Gegenwart von Wasser.
51803	1. 59	—, Bestimmung der Asche von Schmierfetten.
51804	7. 65	Bl. 1 Prüfung von Schmierstoffen. Bestimmung der Konuspenetration von Schmierfetten mit Hohlkonus und Vollkonus.
	2. 66	Bl. 2 Bestimmung der Konuspenetration von Schmierfetten mit Viertelkonus.
	4. 59	—, Bestimmung der Penetration von Schmierfetten.
51805	2. 68	Fließdruck von Schmierfetten.
51806	1. 68	—, Mechanisch-dynamische Prüfung von Wälzlagerfetten.
51807	2. 59	Prüfung von Schmierfetten, Verhalten gegenüber Wasser.
51808	9. 67	Prüfung von Schmierstoffen, Bestimmung der Oxydationsbeständigkeit von Schmierfetten, Sauerstoffverfahren.
51809	9. 60	—, Bestimmung der Neutralisationszahl von Schmierfetten, Farbindikatortitration.
51811	9. 68	Prüfung von Schmierstoffen, Prüfung der Korrosiosnwirkung von Schmierfetten auf Kupfer, Kupferstreifenprüfung.
51812	9. 60	—, —, Potentiometrische Titration.
51813	10. 68	Prüfung von Schmierstoffen, Bestimmung des Gehaltes an festen Fremdstoffen von Schmierfetten.
51831	5. 68	Gehalt von Schmierfetten an Graphit und MoS_2.

9. Paraffin

9.1. Anforderungen

9.2. Prüfverfahren

DIN	Ausg.	Titel
51556	7. 63	Prüfung von Paraffin, Bestimmung des Erstarrungspunktes am rotierenden Thermometer.
51570	8. 59	—, Bestimmung des Erstarrungspunktes.
51571	12. 65	Bl. 1 Bestimmung des Ölgehaltes; 25-g-Verfahren.
	2. 68	Bl. 2 —, Bestimmung des Ölgehaltes (ASTM-Verfahren).
	8. 59	—, Bestimmung des Ölgehaltes.
51572	12. 65	—, Bestimmung des Weichparaffingehaltes.
51573	6. 55	—, Prüfung auf neutrale Reaktion und auf Ionen des Chlors und der Schwefelsäure.
51579	5. 65	—, Bestimmung der Nadelpenetration.
51580	7. 65	—, Bestimmung der Konuspenetration.

DIN	Ausg.	Titel

10. *Bitumen*

DIN	Ausg.	Titel
281	8. 42	Parkettklebemasse.
1995	2. 60	Bituminöse Bindemittel für den Straßenbau.
4031	11. 59	Bituminöse Abdichtungen.
4062	10. 62	Dichtstoffe für Abwässerkanäle.
4117	11. 60	Abdichtung von Bauwerken.
18337	2. 61	Abdichtung gegen nicht drückendes Wasser.
52123	11. 60	Dachpappen-Prüfverfahren.
52128	4. 57	Bitumenpappen beiderseitig.
52129	9. 50	Nackte Bitumenpappe.
53211	6. 62	Auslaufzeit aus dem Auslaufbecher.
55946	9. 57	Bituminöse Stoffe, Begriffe.

11. *Teer*

DIN	Ausg.	Titel
1996	4. 44	Bitumen und Teer enthaltende Bindemittel für den Straßenbau.
4038	9. 58	Vergußmassen für Rohre.
23081	4. 65	Richtlinien für Brikettfabrikation.
52121	7. 37	Teertränkmassen.
52136	9. 30	Teerdachanstriche.
52137	9. 30	Teerdachanstrich, Prüfung.
52139	9. 30	Klebemassen, Prüfung.
52140	9. 60	Teer-Sonderdachpappe.

12. *Kautschuk*

DIN	Ausg.	Titel
53400	10. 56	Prüfung von Weichmachern.
53401	11. 51	Weichmacher, Verseifungszahl.
53402	11. 51	Weichmacher, Säurezahl.
53403	11. 51	Lichtdurchlässigkeitszahl nach Jodskala.
53505	5. 60	Prüfung der Shorehärte.
53521	2. 59	Verhalten gegen Flüssigkeiten.

II. ASTM-Standards[1]

Standards and Tentatives Relating to Motor Fuels. Solvents, Fuel Oils, Lubri cating Oils, Cutting Oils, Measurement and Sampling, Liquefied Petroleum Gases, Pure Light Hydrocarbons, Engine Test Methods, Lubricating Grease, Petroleum Wax.

1. Nummernverzeichnis

ASTM D	Seite	ASTM D	Seite	ASTM D	Seite
4	538		724, 732, 737, *237*, *251*	93	75, 76, 702, 739, *49*, *195*, *251*
5	397, 534				
8	524	87	68, 477	94	132, *192*, *195*, *251*, *267*
13	*703*, *706*	88	54, 437, 543, 557, *246*		
56	74, 405, 677, 739, *64*	91	*192*, *197*, *213*, *216*, *217*, *235*, *237*, *246*, *264*	95	125, *416*
61	*366*			96	126
70	534			97	64, 698, 702, *177*, *190*, *195*, *201*, *202*, *213*, *217*, *235*, *237*, *240*, *246*, *264*, *267*, *297*, *355*, *491*
71	17, 534	92	78, 544, 559, *195*, *196*, *201*, *202*, *211*, *213*, *216*, *217*, *235*, *237*, *240*, *246*, *251*, *355*		
86	372, 373, 374, 378, 397, 405, 454, 642, 677, 702, 717, 719,				

<hr>

[1] Zu beziehen durch den Beuth-Vertrieb GmbH, 1 Berlin 30, Burggrafenstr. 4-7.

ASTM D	Seite	ASTM D	Seite	ASTM D	Seite
113	538	611	139, 718, 722, 740	1026	*120*
127	*251*	613	837	1070	794
128	132, 135, *406ff.*, *413*, *414*, *416*	614	716, 717, 718	1078	409
		664	130, 371, 547, *192*, *196*, *201*, *202*, *216*, *237*, *246*	1091	123, *113*
129	120, 443, 702, *192*			1092	52, *221*, *223*, *227*, *403*, *419*
130	403, 443, 702, 717, 719, 725, 732, *192*, *195*, *196*, *213*, *216*, *217*, *237*, *238*, *246*, *264*, *268*, *302*	665	*267*, *295*, *300*	1093	717, 724
		721	397 481, *593*	1094	717, 726, 727, 733, 742
		735	*116*		
		808	123, *91*, *114*, *213*	1096	*742*
136	543	811	*116*, *117*, *119*, *213*, *407*	1137	*845*
156	403, 405, 440, 628, 721	835	*539*	1158	142
		836	*539*	1159	142
158	*238*	838	*539*	1160	376, *83*
187	450	839	*539*	1188	572
189	137, 138, *191*, *213*, *246*	840	*539*	1200	55
		841	*539*	1212	*375*
203	127	843	*539*	1215	*304*
216	403, 645, 677	845	*539*	1216	503, *219*
217	397, *219*, *221*, *223*, *401*, *422*, *426*	846	*539*	1217	12, 677
		848	*543*	1219	121, 662, 732, 741, 742
235	381, 405	850	*542*		
240	718, 722, 723, 740	855	503, 504	1238	52
244	563, 565	873	677, 717, 719, 728, 733, 744	1250	677, 740
251	48			1261	*221*, *424*
270	391, 392, 677	874	454, *192*, *247*, *251*	1262	*406*
285	372, 373	875	142, 144, 613	1263	*426*, *427*
286	81, 444, 677, *78*, *235*	877	*355*, *371*	1264	*219*, *221*, *223*, *430*
287	677, 718, 719, 722, 731, 732, 740, *237*	891	15	1265	392, 762, 784
		892	*201*, *207*, *213*, *247*	1266	111, 120, 397, 443, 662, 717, 719, 723, 725, 732, 741, 783, 784
288	*389*	893	*213*, *291*, *355*, *386*, *387*		
322	*111*, *193*				
323	373, 403, 653, 677, 717, 719, 725, 732, 738	908	639, 820	1267	397, 783, 784
		909	716, 717, 718	1269	668, 677
357	639, 677, 716, 718, 820	910	714, 715, 716, 723, 724, 727, 730	1275	*355*
				1287	*240*, *241*
361	*539*	924	*355*, *373*	1298	11, 677, 692, 718, 722, 731, 740, *201*, *240*, *355*
362	*539*	931	*547*		
364	*539*	936	146, 612, 719, 728, 730		
378	*115*			1302	*845*
381	439, 652, 677, 719, 728, 744	937	397, 492, *251*	1310	79
		938	67, 397, 492	1313	*367*
396	457	939	397	1314	*103*, *367*
439	621, 677	941	13, 14, 677	1315	128
445	50, 397, 437, 454, 557, 702, 732, 740, *195*, *201*, *213*, *217*, *237*, *240*, *246*, *267*	942	*219*, *221*, *223*, *424*, *428*	1317	123, *114*
		943	466, *103*, 295	1318	*770*
		946	578	1319	146, 444, 728, 733, 748
473	462, *413*	971	23, 29, 621, *355*	1320	484
482	134, 538, 702, *246*, *251*, *267*	972	*80*, *197*, *201*, *203*, *216*, *217*, *221*, *223*, *224*, *246*, *429*	1321	480, *585*
				1322	733, 747, 748
483	144	974	129, 681, 732, 741, *192*, *195*, *201*, *213*, *235*, *237*, *355*	1323	121, 662, 679, 732, 741, 742
484	405, 408, 732, 741				
524	137, 138, *100*, *191*, *246*	975	692, 693, 701	1328	549
				1367	*282*
525	657, 677	989	116	1370	549
526	668, 677, 717, 718	1012	139, 408	1401	*70*, *289*, *296*, *297*
565	*317*	1017	409, *742*	1402	*428*
566	536, *219*, *223*, *429*	1018	111	1404	*420*
567	39, *195*, *213*, *237*, *246*, *267*	1019	144, 613	1405	633, 717, 722, 723, 732, 740

ASTM D	Seite
1465	484
1477	719, 725, 726, 739
1478	221, 227, 422
1479	346
1480	12, 418
1481	13
1492	144
1500	397, 454, 466, 476, 491, 64, 192, 195, 197, 201, 213, 214, 217, 218, 237, 238, 355, 593
1533	127, 355
1541	143
1548	364
1549	118
1551	118, 443, 662, 213
1552	120, 113
1553	282
1559	572, 574
1655	714, 731, 740, 748
1656	821
1657	12, 766, 783, 784
1658	845
1659	699
1660	745
1661	695, 697
1662	117
1664	558
1665	53
1717	816
1740	733, 746, 747
1741	149
1742	427
1743	221, 228, 424
1744	127, 663
1747	104

ASTM D	Seite
1748	243, 298, 299, 300
1796	126, 702
1804	742
1832	483
1833	476
1835	782, 784
1837	783
1838	783, 784
1839	699
1840	733, 748
1945	816
1947	151, 261, 296
1948	716, 718, 821
1949	669
2002	146
2003	146
2004	483
2005	483
2006	145, 511
2007	147, 511
2008	742
2042	538
2075	143
2078	143
2140	154
2154	782
2155	81, 78, 201
2156	447
2157	447
2158	783, 784
2159	140, 150, 615, 74
2160	269
2161	31
2162	52
2163	784, 816
2172	571
2226	817

ASTM D	Seite
2265	429
2266	421
2267	144, 817
2268	815, 817
2269	317, 742
2270	39, 40
2271	269
2272	295
2273	197, 198, 201
2274	697, 700
2382	722, 723, 740
2386	718, 725, 726, 739
2420	784
2424	845
2425	845
2426	817
2427	816
2498	536, 845
2515	49, 50, 51
2533	655
2550	743
2567	845
2602	174

ASTM E	Seite
1	373, 377, 378
12	8
123	125
134	75
147	113
191	111

2. Titelverzeichnis

(Contents in Numeric Sequence[1])

This list in numeric sequence includes only those standards and tentatives appearing in Parts 17 and 18. Each listing is followed by the respective part number. For a complete list in numeric sequence of all standards and tentatives issued by the Society, see the current edition of the combined Index of ASTM Standards which is published separately.

*D 56-64   Test for Flash Point by Tag Closed Tester
*D 86-66   Test for Distillation of Petroleum Products
*D 87-57   Test for Melting Point (Plateau) of Petroleum Wax
*D 88-56   Test for Saybolt Viscosity
*D 91-61   Test for Precipitation Number of Lubricating Oils
*D 92-57   Test for Flash and Fire Points by Cleveland Open Cup
*D 93-66   Test for Flash Point by Pensky-Martens Closed Tester
*D 94-66   Test for Saponification Number by Color-Indicator Titration

[1] Die in der Zusammenstellung nicht enthaltenen Titel von ASTM-Standards sind den Textseiten zu entnehmen.

* Approved as *American Standard* by the American Standards Association.

D. 95-62	Test for Water in Petroleum Products and Other Bituminous Materials
*D 96-63	Tests for Water and Sediment in Crude Oils
*D 97-66	Test for Cloud and Pour Points
*D 127-63	Test for Drop Melting Point of Petroleum Wax, Including Petrolatum
*D 128-64	Analysis of Lubricating Grease
*D 129-64	Test for Sulfur in Petroleum Products by the Bomb Method
*D 130-65	Test for Copper Corrosion by Petroleum Products, Copper Strip Test
*D 156-64	Test for Saybolt Color of Petroleum Products (Saybolt Chromometer Method)
*D 187-49	Test for Burning Quality of Kerosine
*D 189-65	Test for Conradson Carbon Residue of Petroleum Products
*D 216-54	Test for Distillation of Natural Gasoline
*D 217-65	Test for Cone Penetration of Lubricating Grease
*D 219-36	Test for Burning Quality of Long-Time Burning Oil for Railway Use
*D 240-64	Test for Heat of Combustion of Liquid Hydrocarbon Fuels by Bomb Calorimeter. (Replaced by D 2155)
D 270-65	Sampling Petroleum and Petroleum Products
*D 285-62	Test for Distillation of Crude Petroleum
*D 286-58 T	Test for Autogenous Ignition Temperatures of Petroleum Products (Tentative)
*D 287-64	Test for API Gravity of Petroleum Products, Hydrometer Method
*D 288-61	Def. of Terms Relating to Petroleum
*D 322-63	Test for Dilution of Gasoline-Engine Crankcase Oils
*D 323-58	Test for Vapor Pressure of Petroleum Products (Reid Method)
*D 341-43	Standard Viscosity-Temperature Charts for Liquid Petroleum Products
*D 357-66	Test for Knock Characteristics of Motor Fuels of 100 Octane Number and Below by the Motor Method
*D 381-64	Test for Existent Gum in Fuels by Jet Evaporation (Tentative)
D 396-66	Spec. for Fuel Oils
D 439-60	Spec. for Gasoline
*D 445-66 T	Test for Kinematic Viscosity (Tentative)
D 446	*Discontinued-Replaced by Method D 2161*
*D 447-63	Test for Distillation of Plant Spray Oils
*D 473-65	Test for Sediment in Fuel Oil by Extraction
*D 482-63	Test for Ash from Petroleum Oils
*D 483-63	Test for Unsulfonated Residue of Petroleum Plant Spray Oils
*D 484-52	Spec. for Stoddard Solvent
*D 524-64	Test for Ramsbottom Carbon Residue of Petroleum Products
*D 525-55	Test for Oxidation Stability of Gasoline (Induction Period Method)
*D 526-66	Test for Lead Antiknock Compounds in Gasoline (Gravimetric Method)
*D 565-45	Test for Carbonizable Substances in White Mineral Oil (Liquid Petrolatum)
*D 566-64	Test for Dropping Point of Lubricating Grease
*D 567-53	Calculating Viscosity Index
*D 611-64	Test for Aniline Point and Mixed Aniline Point of Petroleum Products and Hydrocarbon Solvents
*D 612-45	Test for Carbonizable Substances in Paraffin Wax
D 613-65	Test for Ignition Quality of Diesel Fuels by the Cetane Method
D 614-66	Test for Knock Characteristics of Aviation Fuels by the Aviation Method
*D 664-58	Test for Neutralization Number by Potentiometric Titration
*D 665-60	Test for Rust-Preventing Characteristics of Steam-Turbine Oil in the Presence of Water
D 666	*Discontinued-Replaced by Method D 2161*
*D 721-65 T	Test for Oil Content of Petroleum Waxes (Tentative)
D 808-63	Test for Chlorine in New and Used Petroleum Products (Bomb Method)
D 810	*Discontinued*
*D 811-48	Chemical Analysis for Metals in New and Used Lubricating Oils
*D 855-56	Analysis of Oil-Soluble Sodium Petroleum Sulfonates
*D 873-65	Test for Oxidation Stability of Aviation Fuels (Potential Residue Method)
*D 874-63	Test for Sulfated Ash from Lubricating Oils and Additives
*D 875-64	Calculation of Olefins and Aromatics in Petroleum Distillates from Bromine Number and Acid Absorption
*D 892-63	Test for Foaming Characteristics of Lubricating Oils
D 893-60 T	Test for Insolubles in Used Lubricating Oils (Tentative)

---

* Approved as *American Standard* by the American Standards Association.

*D 908-66	Test for Knock Characteristics of Motor Fuels of 100 Octane Number and Below by the Research Method
*D 909-65	Test for Knock Characteristics of Aviation Fuels by the Supercharge Method
D 910-66	Spec. for Aviation Gasolines
*D 936-55	Test for Aromatic Hydrocarbons in Olefin-Free Gasolines by Silica Gel Adsorption
D 937-58	Test for Penetration of Petrolatum
*D 938-60	Test for Congealing Point of Petroleum Waxes, Including Petrolatum
D 939	*Discontinued*
*D 941-55	Test for Density and Specific Gravity of Liquids by Lipkin Bicapillary Pycnometer
*D 942-50	Oxidation Stability of Lubricating Greases by the Oxygen Bomb Method
*D 943-54	Test for Oxidation Characteristics of Inhibited Steam-Turbine Oils
*D 971-50	Test for Interfacial Tension of Oil Against Water by the Ring Method
*D 972-56	Test for Evaporation Loss of Lubricating Greases and Oils
*D 973-59	Test for Butadiene Content of Polymerization Grade Butadiene and Butadiene Concentrate
D 974-64	Test for Neutralization Number by Color-Indicator Titration
D 975-65 T	Classification of Diesel Fuel Oils (Tentative)
D 1012-66	Test for Aniline Point and Mixed Aniline Point of Hydrocarbon Solvents
*D 1015-55	Test for Freezing Points of High-Purity Hydrocarbons
*D 1016-55	Test for Purity of Hydrocarbons from Freezing Points
*D 1017-51	Test for Benzene and Toluene by Ultraviolet Spectrophotometry
D 1018-54	Test for Hydrogen in Petroleum Fractions (Tentative)
*D 1019-62	Test for Olefinic Plus Aromatic Hydrocarbons in Petroleum Distillates
*D 1020-61	Test for Alpha Acetylenes in Butadiene, Butadiene Concentrates, and Butane-Butene Mixtures, Silver Nitrate Method
*D 1021-64	Test for Oxygen in Light Hydrocarbon Vapors
D 1022-64	Test for Peroxide Content of Light Hydrocarbons
*D 1023-52	Test for Separation of Residue from Butadiene
*D 1024-59	Test for Butadiene Dimer and Styrene in Butadiene Concentrates
*D 1025-52	Test for Nonvolatile Residue of Polymerization Grade Butadiene
*D 1026-51	Test for Sodium in Lubricating Oils and Additives (Gravimetric Method)
D 1085-65	Gaging Petroleum and Petroleum Products
D 1086-64	Measuring the Temperature of Petroleum and Petroleum Products
D 1087-60	Rec. Practice for Volume Calculations and Corrections in the Measurement of Petroleum and Petroleum Products
*D 1088-53	Test for Boiling Point Range of Polymerization-Grade Butadiene
*D 1089-59	Test for Carbonyl Content of Butadiene
D 1091-64	Tests for Phosphorus in Lubricating Oils and Additives
*D 1092-62	Test for Apparent Viscosity of Lubricating Greases
*D 1093-65	Test for Acidity of Distillation Residue
*D 1094-57	Test for Water Tolerance of Aviation Fuels
D 1137-53	Analysis of Natural Gases and Related Types of Gaseous Mixtures by the Mass Spectrometer
*D 1157-59	Test for Total Inhibitor (TBC) Content of Light Hydrocarbons
D 1158	Test for Bromine Number of Petroleum Distillates by Color-Indicator Titration Replaced by D 1195.
*D 1159-66	Test for Bromine Number of Petroleum Distillates by Electrometric Titration
*D 1160-61	Test for Distillation at Reduced Pressure of Petroleum Products
*D 1168-61	Testing Hydrocarbon Waxes Used for Electrical Insulation
D 1173-53	Analysis of Natural Gas and Related Types of Gaseous Mixtures by the Mass Spectrometer
D 1215-54	Def. and Spec. for Farm Tractor Fuels
*D 1216-56	Analysis of Calcium and Barium Petroleum Sulfonates
*D 1217-54	Test for Density and Specific Gravity of Liquids by Bingham Pycnometer
*D 1218-61	Measurement of Refractive Index and Refractive Dispersion of Hydrocarbon Liquids
*D 1219-61	Test for Mercaptan Sulfur in Aviation Turbine Fuels (Color-Indicator Method)
D 1220-65	Calibrating Upright Tanks
*D 1250-56	ASTM-IP Petroleum Measurement Tables

* Approved as *American Standard* by the American Standards Association.

*D 1261-55	Test for Effect of Grease on Copper
*D 1262-55	Test for Lead in New and Used Greases
*D 1263-61	Test for Leakage Tendencies of Automotive Wheel Bearing Greases
*D 1264-63	Test for Water Washout Characteristics of Lubricating Greases
*D 1265-55	Sampling Liquefied Petroleum (LP) Gases
*D 1266-64 T	Test for Sulfur in Petroleum Products and Liquefied Petroleum (LP) Gases (Lamp Method) (Tentative)
*D 1267-55	Test for Vapor Pressure of Liquefied Petroleum (LP) Grases
*D 1268-55	Test for Unsaturated Light Hydrocarbons (Silver-Mercuric Nitrate Method)
*D 1269-61	Test for Lead Antiknock Compounds in Gasoline (Polarographic Method)
*D 1298-55	Test for Specific Gravity of Petroleum Liquids, Hydrometer Method
D 1302-61 T	Carbureted Water Gas by the Mass Spectrometer
D 1310-63	Test for Flash Point of Volatile Flammable Materials by Tag Open-Cup Apparatus
D 1317-64	Test for Chlorine in New and Used Lubricants (Sodium Alcoholate Method)
D 1318-64	Test for Sodium in Residual Fuel Oil (Flame Photometric Method)
D 1319-66 T	Test for Hydrocarbon Types in Liquid Petroleum Products by Fluorescent Indicator Adsorption (Tentative)
D 1320-60 T	Test for Tensile Strength of Paraffin Wax (Tentative)
D 1321-65	Test for Needle Penetration of Petroleum Waxes
D 1322-64	Test for Smoke Point of Aviation Turbine Fuels
*D 1323-62	Tests for Mercaptan Sulfur in Aviation Turbine Fuels (Amperometric and Potentiometric Methods)
D 1367-64	Test for Lubricating Qualities of Graphites
D 1368-64	Test for Alkyl Lead Compounds in Trace Concentrations in Primary Reference Fuels (Tentative)
D 1401-64	Test for Emulsion Characteristics of Steam-Turbine Oils
*D 1402-58	Test for Effect of Copper on Oxidation Rate of Grease
*D 1403-62	Test for Cone Penetration of Lubricating Grease Using One-Quarter Scale Cone Equipment (One-Quarter Scale of Method D 217 Cone and Worker)
D 1404-64	Test for Estimation of Deleterious Particles in Lubricating Grease
D 1405-64	Test for Estimation of Net Heat of Combustion of Liquid Petroleum Products (Tentative)
D 1406-65	Liquid Calibration of Tanks
D 1407-65	Calibrating Barge Tanks
D 1408-65	Calibrating Spherical and Spheroidal Tanks
D 1410-65	Calibrating Stationary Horizontal Tanks
D 1465-65	Test for Blocking Point of Paraffin Wax
D 1477-65 T	Test for Freezing Point of Aviation Fuels (Tentative)
D 1478-63	Test for Low-Temperature Torque of Ball Bearing Greases
D 1479-64	Test for Emulsion Stability of Soluble Cutting Oils
*D 1480-62	Test for Density and Specific Gravity of Viscous Materials by Bingham Pycnometer
*D 1481-62	Test for Density and Specific Gravity of Viscous Materials by Lipkin Bicapillary Pycnometer
*D 1500-64	Test for ASTM Color of Petroleum Products (ASTM Color Scale)
*D 1548-63 T	Test for Vanadium in Navy Special Fuel Oil
*D 1549-64	Test for Zinc in Lubricating Oils and Additives (Polarographic Method)
D 1550-64	ASTM Butadiene Measurement Tables
D 1551-65 T	Test for Sulfur in Petroleum Oils (Quartz-Tube Method) (Tentative)
D 1552-64	Test for Sulfur in Petroleum Products (High-Temperature Method) (Ten-
D 1553-64	Analysis of Graphites Used as Lubricants (Tentative)
D 1555-63 T	Calculation of Volume and Weight of Industrial Aromatic Hydrocarbons (Tentative)
D 1655-65 T	Spec. for Aviation Turbine Fuels (Tentative)
*D 1656-66	Test for Knock Characteristics of Motor Fuels Above 100 Octane Number by the Research Method
D 1657-64	Test for Specific Gravity of Light Hydrocarbons by Pressure Hydrometer
*D 1658-63 T	Test for Carbon Number Distribution of Aromatic Compounds in Naphthas by Mass Spectrometry
D 1659-65	Test for Maximum Fluidity Temperature of Residual Fuel Oil
D 1660-64	Test for Thermal Stability of Aviation Turbine Fuels
D 1661-64	Test for Thermal Stability of U. S. Navy Special Fuel Oil

* Approved as *American Standard* by the American Standards Association.

D 1662-66	Test for Active Sulfur in Cutting Fluids (Tentative)
D 1717-65	Analysis of Commercial Butane-Butylene Mixtures by Gas Chromatography
D 1740-60 T	Test for Luminometer Numbers of Aviation Turbine Fuels (Tentative)
D 1741-64	Test for Functional Life of Ball Bearing Greases
D 1742-64	Test for Oil Separation from Lubricating Grease During Storage
D 1743-64	Test for Rust Preventive Properties of Lubricating Greases
D 1744-64	Test for Water in Liquid Petroleum Products by Karl Fischer Reagent
*D 1745-63	Calculation of Absolute Viscosity
*D 1747-62	Test for Refractive Index of Viscous Materials
D 1748-62 T	Test for Rust Protection by Metal Preservatives in the Humidity Cabinet (Tentative)
D 1750-62	ASTM Tables for Positive Displacement Meter Prover Tanks
*D 1796-62	Test for Water and Sediment in Fuel Oils by Centrifuge
D 1831-64	Test for Roll Stability of Lubricating Grease
D 1832-65	Test for Peroxide Number of Petroleum Wax
D 1833-64	Test for Odor of Petroleum Wax
D 1834-65	Test for 20-Deg Specular Gloss of Waxed Paper
D 1835-61 T	Spec. for Liquefied Petroleum (LP) Gases (Tentative)
D 1836-64	Spec. for Commercial Hexanes
D 1837-64	Test for Volatility of Liquefied Petroleum (LP) Gases
D 1838-64	Test for Copper Strip Corrosion by Liquefied Petroleum (LP) Gases
D 1839-65	Test for Amyl Nitrate in Diesel Fuels
D 1840-64	Test for Naphthalene Hydrocarbons in Aviation Turbine Fuels by Ultra-violet Spectrophotometry
D 1945-64	Analysis of Natural Gas by Gas Chromatography
D 1947-64	Test for Load-Carrying Capacity of Steam Turbine Oils
D 1948-66	Test for Knock Characteristics of Motor Fuels Above 100 Octane Number by the Motor Method
D 1949-64	Test for Separation of Tetraethyllead and Tetramethyllead in Gasoline
D 2001-64	Test for Depentanization of Gasoline and Naphthas
D 2002-64	Isolation of Representative Saturates Fraction from Low-Olefinic Petroleum Naphthas
D 2003-64	Test for Isolation of Representative Saturates Fraction from High Olefinic Petroleum Naphthas
D 2004-65	Test for Modulus of Rupture of Petroleum Wax
D 2005-65	Test for Sealing Strength of Petroleum Wax (Tentative)
D 2006-65 T	Test for Characteristic Groups in Rubber Extender and Processing Oils by the Precipitation Method (Tentative)
D 2007-65 T	Tests for Characteristic Groups in Rubber Extender and Processing Oils by the Clay-Gel Adsorption Chromatographic Method (Tentative)
D 2008-65	Test for Ultraviolet Absorbance and Absorptivity of Petroleum Products
D 2154-63 T	Spec. for Special Duty Propane (Tentative)
D 2155-63	Test for Autoignition Temperature of Liquid Petroleum Products
D 2156-65	Test for Smoke Density in the Flue Gases from Distillate Fuels
D 2157-65	Test for Effect of Air Supply on Smoke Density in Burning Distillate Fuel
D 2158-65	Test for Residues in Liquefied Petroleum (LP) Gases (End Point Index Method)
D 2159-64	Test for Naphthenes in Saturates Fraction by Refractivity Intercept
D 2160-66	Test for Thermal Stability of Hydraulic Fluids
*D 2161-66	Conversion of Kinematic Viscosity to Saybolt Universal Viscosity or to Saybolt Furol Viscosity
D 2162-64	Test for Basic Calibration of Master Viscometers and Viscosity Oil Standards
D 2163-66	Test for Analysis of Liquefied Petroleum (LP) Gases by Gas Chromatography
*D 2226-65 T	Rec. Practice for Description of Types of Petroleum Extender Oils (Tentative)
D 2265-65 T	Test for Dropping Point of Lubricating Grease of Wide Temperature Range (Tentative)
D 2266-64 T	Test for Wear Preventive Characteristics of Lubricating Grease (Four-Ball Method) (Tentative)
D 2267-64 T	Test for Aromatics in Light Naphthas, Reformates, and Gasolines by Gas Chromatography (Tentative)
D 2268-64 T	Test for Analysis of High-Purity n-Heptane and Isooctane by Capillary Gas Chromatography (Tentative)

---

* Approved as *American Standard* by the American Standards Association.

D 2269-64 T	Test for Evaluation of White Mineral Oils by Ultraviolet Absorption (Tentative)
D 2270-64	Calculating Viscosity Index from Kinematic Viscosity
*D 2271-66	Rec. Practice for Preliminary Examination of Hydraulic Fluids (Wear Test)
D 2272-64 T	Test for Continuity of Steam-Turbine Oil Oxidation Stability by Rotating Bomb (Tentative)
D 2273-64 T	Test for Trace Sediment in Lubricating Oils (Tentative)
D 2274-66 T	Test for Stability of Distillate Fuel Oil (Accelerated Method) (Tentative)
D 2276-65 T	Test for Particulate Contaminant in Aviation Turbine Fuels (Tentative)
D 2306-67	Xylene Isomer Analysis by Gas Chromatography
D 2360-68	Nonaromatic Hydrocarbons in Monocyclic Aromatic Hydrocarbons by Gas Chromatography
*D 2382-65	Test for Heat of Combustion of Hydrocarbon Fuels by Bomb Calorimeter (High-Precision Method)
D 2384-65 T	Tests for Traces of Volatile Chlorides in Butane-Butene Mixtures (Lamp or Oxy-hydrogen Combustion-Amperometric or Spectrophotometric Finish) (Tentative)
*D 2385-66	Test for Hydrogen Sulfide and Mercaptan Sulfur in Natural Gas Cadmium Sulfate-Iodometric Titration Method
D 2386-65 T	Test for Freezing Point of Aviation Fuels (Tentative)
D 2387-65 T	Test for Insoluble Contamination of Hydraulic Fluids by Gravimetric Analysis (Tentative)
D 2388-65 T	Field Sampling of Aerospace Fluids in Containers (Tentative)
D 2389-65 T	Test for Minimum Pressure for Vapor Phase Ignition of Monopropellants (Tentative)
D 2390-65 T	Microscopic Sizing and Counting Particles from Aerospace Fluids on Membrane Filters (Tentative)
D 2391-65 T	Processing Aerospace Liquid Samples for Particulate Contamination Analysis Using Membrane Filters (Tentative)
D 2392-65 T	Test for Color of Dyed Aviation Gasolines (Tentative)
D 2407-65 T	Sampling Airborne Particulate Contamination in Clean Rooms for Handling Aerospace Fluids (Tentative)
*D 2420-66	Test for Hydrogen Sulfide in Liquefied Petroleum (LP) Gases (Lead Acetate Method)
*D 2421-66	Test for Interconversion of the Analysis of C_5 and Lighter Hydrocarbons to Gas-Volume, Liquid-Volume, or Weight Basis
D 2422-65 T	Rec. Practice for Viscosity System for Industrial Fluid Lubricants (Tentative)
D 2423-65 T	Test for Weight of Surface Wax on Waxed Paper (Tentative)
D 2424-65 T	Test for Hydrocarbon Types in Propylene Polymer by Mass Spectrometry (Tentative)
D 2425-65 T	Test for Hydrocarbon Types in Middle Distillates by Mass Spectrometry (Tentative)
D 2426-65 T	Test for Butadiene Dimer and Styrene in Butadiene Concentrates by Gas Chromatography (Tentative)
D 2427-65 T	Determination of C_2 through C_5 Hydrocarbons in Gasolines by Gas Chromatography (Tentative)
D 2428-66 T	Simulative Recirculating System Testing of Aerospace Hydraulic Fluids (Tentative)
D 2429-65 T	Sampling Aerospace Fluids from Components (Tentative)
D 2430-65 T	Tests for Identification of Metallic and Fibrous Contaminants in Aerospace Fluids (Tentative)
D 2498-66 T	Test for Isomer Distribution of Straight-Chain Detergent Alkylate by Mass Spectrometry (Tentative)
D 2499-66 T	Method of Test for Pore Size Characteristics of Membrane Filters for Use with Aerospace Fluids (Tentative)
D 2500-66	Test for Cloud Point of Petroleum Oils
D 2501-66 T	Calculation of Viscosity-Gravity Constant (VGC) of Petroleum Oils (Tentative)
D 2502-67	Estimation of Molecular Weight of Petroleum Oils from Viscosity Measurements (Tentative)
D 2503-67	Test for Molecular Weight of Hydrocarbons by Thermo-Electric Measurement of Vapor Pressure (Tentative)

* Approved as *American Standard* by the American Standards Association.

D 2504-66 T	Test for Noncondensable Gases in C_3 and Lighter Hydrocarbons by Gas Chromatography (Tentative)
D 2505-66 T	Test for Ethylene, Other Hydrocarbons, and Carbon Dioxide in High-Purity Ethylene (Tentative)
D 2506-66 T	Def. of Terms and Symbols Relating to Solid Rocket Propulsion (Tentative)
D 2507-66 T	Def. of Terms Relating to Rheological Properties of Gelled Rocket Propellants (Tentative)
D 2508-66 T	Rec. Practice for Solid Rocket Propellant Specific Impulse Measurements (Tentative)
D 2509-66 T	Test for Measurement of Extreme Pressure Properties of Lubricating Grease (Tentative)
D 2510-66 T	Test for Adhesion of Dry Solid Film Lubricants (Tentative)
D 2511-66 T	Test for Thermal Shock Sensitivity of Dry Solid Film Lubricants (Tentative)
D 2512-66 T	Test for Compatibility of Materials with Liquid Oxygen (Impact Sensitivity Threshold Technique) (Tentative)
D 2515-66 T	Spec. for Kinematic Glass Viscometers (Tentative)
D 2532-66	Test for Viscosity and Viscosity Change After Standing at $-65\,°F$ $(-53,9\,°C)$ of Aircraft Turbine Lubricants
D 2533-66 T	Test for Vapor-Liquid Ratio of Gasoline (Tentative)
D 2534-66 T	Test for Coefficient of Kinetic Friction for Wax Coatings (Tentative)
D 2535-66 T	Sampling for Particulates from Aerospace Components with Convolutes (Tentative)
D 2536-66 T	Sampling Particulates from Reservoir Type Pressure-Sensing Instruments by Fluid Flushing (Tentative)
D 2537-66 T	Sampling Particulates from Storage Vessels for Aerospace Fluids by Vacuum Entrainment Technique (General Method) (Tentative)
D 2539-66 T	Test for Shock Sensitivity of Liquid Monopropellants by the Card Gap Test (Tentative)
D 2540-66 T	Test for Drop Weight Sensitivity of Liquid Monopropellants (Tentative)
D 2541-66 T	Test for Critical Diameter and Detonation Velocity of Liquid Monopropellants (Tentative)
D 2542-66 T	Liquid Sampling of Noncryogenic Aerospace Propellants (Tentative)
D 2543-66 T	Sampling Cryogenic Aerospace Fluids (Tentative)
D 2544-66 T	Pressurant Gas Sampling for Gaseous Analysis (Tentative)
D 2545-66 T	Sampling for Particulates from Aerospace Components or Systems (Gas Blow-Down Method) (Tentative)
D 2546-66 T	Test for Identification of Solder and Solder Contaminants in Aerospace Fluids (Tentative)
D 2547-66 T	Test for Lead in Gasoline, Volumetric Chromate Method (Tentative)
D 2548-66 T	Test for Analysis of Oil-Soluble Petroleum Sulfonates by Liquid Chromatography (Tentative)
D 2549-66 T	Test for Separation of Representative Aromatics and Nonaromatics Fractions of High Boiling Oils by Elution Chromatography (Tentative)
D 2550-66 T	Test for Water Separation Characteristics of Aviation Turbine Fuels (Tentative)
D 2551-66 T	Test for Vapor Pressure of Petroleum Products (Micromethod) (Tentative)
D 2567-66 T	Test for Molecular Distribution Analysis for Monoalkylbenzenes by Mass Spectrometry (Tentative)
D 2600-67 T	Aromatic Traces in Light Saturated Hydrocarbons by Gas Chromatography

*E 1-66	Spec. for ASTM Thermometers Tentative Revision of Specifications E 1
*E 100-66	Spec. for ASTM Hydrometers
E 169-63 (1967)	General Techniques of Ultraviolet Quantitative Analysis
E 204-67	Identification of Materials by Absorption Spectroscopy, Using the Wyandotte ASTM (Kuentzel) Punched Card Index Rec. Practices

---

* Approved as *American Standard* by the American Standards Association.

III. Federal Test Method Std. No. 791 a

Lubricants, Liquid Fuels and Related Products; Methods of Testing (July 1965)

Alphabetical Index of Test Methods

Method No.		Substitute Method No. Fed. Std.	ASTM
5105.5	Acid and Base Number (Color Indicator Titration)		D 974-64
5106.4	Acid and Base Number (Potentiometric Titration)		D 664-58
3180	Active Sulfur in Cutting Fluids		D 1662-59 T
3810	Adhesion of Dry Solid Film Lubricants		
3601.7	Aniline Point and Mixed Aniline Point		D 611-63 T
3602.1	Aniline Point Change (Hydrocarbon Oil)		
306.4	Apparent Viscosity of Lubricating Greases		D 1092-62 T
3702.2	Aromatic Hydrocarbons in Mixtures with Naphthenes and Paraffins (Silica Gel Absorption)		D 936-55
5421.4	Ash Content		D 482-63
1152.1	Autogenous Ignition Temperature	(cancelled)	
3452	Bearing Compatibility and Stability of Turbine Oils		
1050	Bromine Number of Petrol Dist. by Electrometric Titr.		D 1159-61
2103.5	Burning Quality of Long-Time Burning Oil for Railway Use	(cancelled)	
2106.5	Burning Quality of Kerosene		D 187-49
5001.10	Carbon Residue (CONRADSON)		D 189-64
5002.7	Carbon Residue (RAMSBOTTOM)		D 524-64
5011.1	Carbonizable Substances in Paraffin Wax		D 612-45
5012	Carbonizable Substances in White Mineral Oil (Liquid Petrolatum)		D 565-45
3456	Channeling Characteristics		
5316	Chemical Activity Toward Copper of Universal Gear Lubricants		D 130-56
5651.4	Chlorine in Lubricating Oils (Bomb)		D 808-63
201.8	Cloud and Pour Point		D 97-57
202	Cloud Intensity at Low Temperature		
3462	Coking Tendency of Oil		
103.5	Color of Gasoline		
102.7	Color of Lubricating Oil and Petroleum		D 1500-64
104	Color of Motor Gasoline (Military)	103	
101.7	Color of Refined Petroleum Oil (Saybolt Chromometer)		D 156-64
3430	Compatibility Characteristics of Universal Gear Lubricants		
3403	Compatibility of Turbine Lubricating Oils		
3006.1	Contamination		
9101.3	Conversion of Kinematic Viscosity to Saybolt Furol Viscosity	(cancelled)	
5325.2	Copper Corrosion by Petroleum Products		D 130-56
5324	Copper Stain Test for High Sulfur Oils		
5303	Corrosion (Copper Strip, 212 °F)	5325.2	
5312.1	Corrosion (Fog Cabinet)		
3814	Corrosion Resistance of Dry Solid Film Lubricants		
5305	Corrosion Test at 450 °F		
5302	Corrosion Sulfur Compounds and Free Sulfur		
5328.2	Corrosion Sulfur in Electrical Insulating Oils		D 1275-64
5308.5	Corrosiveness and Oxidation Stability of Light Oils (Metal Strip)		
5309.3	Corrosiveness of Greases (Copper Strip, 212 °F)		
5304.3	Corrosiveness of Greases or Semisolid Products (Room Temperature)		
5314.1	Corrosiveness of Greases (Oxygen Bomb Copper Strip)		D 1261-55
5306.3	Corrosiveness of Soluble Cutting Oils		

---

[1] Zu beziehen durch General Services Administration, Business Service Center, Washington 25, DC; ferner Deutscher Normenausschuß, 1 Berlin 30, Burggrafenstr. 4–7 Neufassung als No. 971 b in Vorbereitung.

Method No.		Substitute Method No.	
		Fed. Std.	ASTM
5322	Corrosivity Test		
5413	Cycling Performance Test of Greases		
344.1	Demerit System for Rating Deposits and Wear in Internal Combustion Engines		
402.2	Density of Hydrocarbon Liquids (Pycnometer)		D 941-55
5003	Deposit-Forming Tendencies of Aircraft Turbine Lubricants		
3020	Determination of Copper and Iron (ASTM D 943)		
5327.3	Determination of Anti-Icing Additives in Hydrocarbon Fuels		
3710	Determination of Molybdenum Disulfide Purity		
5340	Determination of Fuel System Icing Inhibitor		
3009.1	Determination of Solid Particle Contamination in Hydraulic Fluids		
5702	Dielectric Strength of Insulating Oil of Petroleum Origin		D 877-49
204	Diluted Pour Point		
3005.3	Dirt Content of Grease		
1015	Dist. of Natural Gasoline		D 216-54
1001.12	Distillation of Petroleum Products		D 86-62
1421.2	Dropping Point of Lubricating Grease		D 566-64
332	Effect of Engine Lubricating Oils on Ring-Sticking, Wear, and the Accumulation of Deposits		
341.2	Effect of Engine Lubricating Oils on Ring-Sticking, Wear, and the Accumulation of Deposits Under High Speed Supercharged Conditions		
340.2	Effect of Engine Lubricating Oils on Ring-Sticking, Wear, and the Accumulating of Deposits Under Medium Speed Supercharged Conditions with High Sulfur Content Fuel		
352	Effect of Evaporation on Flammability		
5800	Effect of Oil Vapor on Indicating Desiccant		
5505	Elemental Lead in Hydrocarbon Fuels—Rapid Method		
3201.5	Emulsion		
3205.1	Emulsion (Soluble Cutting Oils)		
3807	Endurance (Wear) Life of Dry Solid Film Lubricants		
2501.1	Estimation of Net Heat of Combustion of Liquid Petroleum Products		D 1405-61 T
353	Evaporation		
351.2	Evaporation Loss of Lubricating Greases and Oils		D 972-56
350	Evaporation Loss of Lubricating Greases and Oils (High Temperature)		
1151.1	Explosive Vapors in Boiler Fuel Oil		
5315	Ferrous-Metal Protective Characteristics of Universal Gear Lubricants in the Presence of Water		
1103.6	Flash and Fire Point (Cleveland Open Cup)		D 92-57
1102.10	Flash Point (Pensky-Martens Closed Tester)		D 93-62
1101.7	Flash Point (Tag Closed Tester)		D 56-64
1301.1	Flock Point (Kerosine)		
1303	Flock Point (Refrigerant Compressor Oil)		
7001	Fluid Resistance of Dry Solid Film Lubricants		
3211.3	Foaming Characteristics of Crankcase Oils		D 892-63
3212.1	Foaming Tendency of Aircraft Turbine Lubricants		D 892-63
5313	Free and Corrosive Sulfur	(cancelled)[1]	
1411.4	Freezing Point of Aviation Fuels		D 1477-57 T
8003.2	Gaging		D 1085-57 T
6509	Gear Fatigue Characteristics of Aircraft Gas Turbine Lubricants at 400 °F		
335.1	Gear Wear		

[1] Substitute Method No. 5325.2

Method No.		Substitute Method No.	
		Fed. Std.	ASTM
401.6	Gravity (Hydrometer)		D 287-64
5412.5	Grease (General)		D 128-64
3302.8	Gum Existant in Fuel (Jet Evaporation)		D 381-64
2502.6	Heat of Combustion of Liquid Hydrocarbon Fuels		D 240-64
3460	High and Low Temperature Stability		
3410	High Temp. Deposit and Oil Degradation of Av. Turb. Oils		
6052	High-Temperature—High Pressure Spray Ignition		
5329	Humidity Cabinet Protection		
5319	Humidity Corrosion Test of Grease	4012	
5108	Hydrobromic Acid Neutralization		
3703.4	Hydrocarbon Types in Liquid Petroleum Products (FIA)		D 1319-61 T
3457	Hydrolytic Stability		
6051.6	Ignition Quality of Diesel Fuel (Cetane)		D 613-62 T
5703	Inorganic Chlorides and Sulfates in Insulating Oils		D 878-49
9601	Inspection Requirements		
3251.7	Interaction of Water and Aircraft Fuels		
6011.6	Knock Characteristics of Aviation Fuels (Lean Mixture)		D 614-64
6012.6	Knock Characteristics of Aviation Fuels (Super-charged)		D 909-64
6006.2	Knock Characteristics of Motor Fuels Above 100 Octane Number (Motor)		D 1948-64
6005.4	Knock Characteristics of Motor Fuels Above 100 Octane Number (Research)		D 1656-64
6002.8	Knock Characteristics of Motor Fuels (Research)		D 908-64
6001.12	Knock Characteristics of Motor Gasoline (Motor)		D 357-64
5501.4	Lead Antiknock Compounds in Gasoline (Gravimetric)		D 526-61
5502.1	Lead Antiknock Compounds in Gasoline (Polarographic)		D 1269-61
5321.1	Lead Corrosion Test		
3454.2	Leakage Tendencies of Wheel Bearing Greases		D 1263-61
6511	Load-Carrying Ability of Lubricating Oils at 400 °F		
6508	Load-Carrying Ability of Lubricating Oils (Ryder Gear Machine)		
6507	Load-Carrying and Extreme-Pressure Characteristics of Gear Lubricants in Axles Under Conditions of High Speed and Shock Loading		
3812	Load-Carrying Capacity, Dry Solid Film Lubricants		
6503	Load-Carrying Capacity (Mean Hertz Load)		
6512.1	Load Carrying Capacity of Steam Turbine Oils		D 1947-64
6505	Load Carring Cap. of Gear Lubz. by the Timken Machine		
6501.1	Load-Carrying Capacity (SAE)		
6504	Load-Carrying Characteristics of Universal Gear Lubricants in Axles Under Conditions of High Speed	6507	
6506	Load-Carrying, Wear, and Extreme-Pressure Characteristics of Gear Lubricants in Axles Under High-Speed Low-Torque Operation, Followed by Low-Speed High-Torque Operation		
5317	Load-Carrying, Wear, Stability, and Corrosion Characteristics of Gear Lubricants in Axles Under High Torque and Low Speed		
347.2	Low Temperature Dispersency and Detergency Characteristics of Crankcase Lubricating Oils (CLR Engine)		
349	Low Temperature Rusting and Deposits		
3459	Low Temperature Stability		
3458	Low Temperature Stability Test for Oil		
348	Low Temperature Deposition Characteristics of Crankcase Oils		
334.2	Low Temperature Torque		D 1478-63
2108	Luminometer Numbers of Aviation Turbine Fuels		D 1740-60 T
6053	Manifold Ignition Test		

Method No.		Substitute Method No.	
		Fed. Std.	ASTM
1402.4	Melting Point of Paraffin Wax		D 87-57
1401.4	Melting Point of Petrolatum and Microcrystalline Wax		D 127-63
5204.3	Mercaptan Sulfur in Aviation Fuels (Color-Indicator Titration)		D 1219-61
5206	Mercaptan Sulfur in Aviation Turbine Fuels (Amperometric and Potentiometric Methods)		D 1323-62
5303.3	Mercaptan Sulfur in Petroleum Distillates (Doctor Test)		D 484-52 Sec. 4 (c)
5601.1	Metals in Lubricating Oils		D 811-48
5326	Moisture Corrosion Characteristics of Gear Lubricants		
5318	Moisture Corrosion Characteristics of Universal Gear Lubricants		
3720	Molybdenum Disulfide Content of Lubricating Grease		
3722	MoS$_2$ Content of Nonsoap Thickened Lubr. Greases		
3704	Naphthalene Hydrocarbons in Jet Fuel (Ultraviolet Technique)		D 1840-64
5101.5	Neutrality (Qualitative)		
5103.1	Neutralization Number	5105	
5104	Neutralization Number of Used or Compounded Oils	5105	
3121.3	Normal Pentane and Benzene Insolubles in Used Lubricating Oils		D 893-60 T
5431.4	Oil Content (Paraffin Wax)		D 721-56 T
322.3	Oil Separation from Lubricating Grease (Air Pressure Technique)		D 1742-60 T
321.2	Oil Separation from Lubricating Grease (Static Technique)		
3701.3	Olefins and Aromatics (In Petroleum Distillates)		D 875-64
1040	Olef. plus Arom. Hydrocarb. in Petrol. Dist.		D 1919-62
6516	Oscillation Test		
3407 T	Oxid. and Therm Stab. of Aircraft Lubr. Oils		
3402	Oxidation Characteristics of Crankcase Lubricating Oils	3405	
3405	Oxidation Characteristics of Crankcase Lubricating Oils (CLR Engine)		
3354.6	Oxidation Stability of Aviation Fuels (Potential Gum)		D 873-62
3355.3	Oxidation Stability of Aviation Fuels (Potential Gum) (Air Force, Navy Bomb)		D 873-62
3352.5	Oxidation Stability of Gasoline (Induction Period)		D 525-55
3453.1	Oxidation Stability of Lubricating Greases (Oxygen Bomb)		D 942-50
3008.4	Particulate Matter in Hydrocarbons		D 2276-64 (Part 17)
311.6	Penetration of Lubricating Greases		D 217-60 T
313.2	Penetration of Lubricating Greases after Mechanical Working		
312.3	Penetration of Petrolatum		D 937-58
342.2	Performance Characteristics of Diesel Engine Lubricating Oils in Combating High Corrosive Wear and Deposit Formation		
343	Performance Characteristics of Diesel Engine Lubricating Oils Under Low Ambient Temperature Operating Conditions		
345	Performance Characteristics of Diesel Engine Lubricating Oils Under Normal Operating Conditions in a 4-Cycle Engine		
339.3	Performance Characteristics of Diesel Engine Lubricating Oils Under Severe Operating Conditions		
333	Performance Characteristics of Lubricating Grease in Antifriction Bearings at Elevated Temperatures		
331.1	Performance Characteristics of Lubricating Greases in Antifriction Bearings at Elevated Temperatures		
9001.4	Petroleum Measurement Tables (ASTM IP)		D 1250-56

Method No.		Substitute Method No.	
		Fed. Std.	ASTM
5661.5	Phosphorus in Lubricating Oils		D 1091-64
203	Pour Stability Characteristics		
3101.5	Precipitation Number of Lubricating Oils		D 91-61
338	Procedure for Evaluating the Ability of Diesel Engine Lubricating Oil to Combat High Corrosive Wear and Deposit Formation in Large-Scale Propulsion Engines	(cancelled)	
4001.1	Protection, Salt Spray (Fog)		
5323.2	Protection Test		
1110	Quenching Speed		
5415	Resistance of Grease to Aqueous Solutions		
5414.2	Resistance of Grease to Fuel		
346	Ring Sticking, Wear and Deposition Under High Temperature Medium Super-charge Conditions		
5311	Rust Inhibiting Properties of Non-Aqueous Liquids (Static Water-Drop Test)		
4011.4	Rust Preventing Characteristics of Steam-Turbine Oil in the Presence of Water		D 665-60
4012.1	Rust Preventive Properties of Lubricating Grease		D 1743-60
5310.1	Rust Protection by Metal Preservatives (Humidity Cabinet)		D 1748-62 T
8001.5	Sampling (General)		D 270-61
8002	Sampling (Greases)		D 270-61
5401.8	Saponification Number (Color-Indicator Titration)		D 94-62
5303.2	Saponification Number by Potentiometric Titration	(cancelled)	
3002.4	Sediment in Fuel Oil (Extraction)		D 473-64
3455	Separation Characteristics of Universal Gear Lubricants		
3471.1	Shear Stability of Hydraulic Oils		
5350	Silting Index of Hydrocarb. Fuels		
5705	Sludge Formation in Mineral Transformer Oil		D 1314-54 T
5705	Sludge Formation in Mineral Transformer Oil (B)		D 1313-54
2107.4	Smoke Point		D 1322-64
3463	Stability in Hot Water (Water Immersion)		
3451.2	Stability of Lubricating Oils (Work Factor)		
3206.4	Steam Emulsion (Uninhibited Oils)		
6514.1	Steel-On-Steel Wear		
3440	Storage Solubility Characteristics of Universal Gear Lubricants		
3467	Storage Stab. of Lubr. Oils		
3465	Storage Stability Test		
361.2	Stroking Properties of Hydraulic Brake Fluids		
5422.3	Sulfated Residue (New Lubricating Oils)		
5202.12	Sulfur (Bomb)		D 129-64
5201.9	Sulfur (Lamp)		D 1266-64
5210	Sulfur (Lamp) Volum. Finish		
3603.4	Swelling on Synthetic Rubbers		
3604	Swelling of Synthetic Rubber (Aircraft Turbine Lubricants)		
8004.4	Temperature Measurement		D 1086-64 T
2504	Thermal Oxidation Stability of Gear Lubricants		
3461.1	Thermal Stability of Boiler Fuel Oil		
3805	Thermal Stability of Dry Solid Film Lubricants		
3464.6	Thermal Stability of Gas Turbine Fuels		D 1660-64
2503.1	Thermal Stability of Grease		
2508	Thermal Stability of Lubricating and Hydraulic Fluids		
2506.1	Thermal Stability of U. S. Navy Special Fuel Oil		D 1661-64
9501.7	Thermometers (ASTM)		E1-64
3004.5	Trace Sediment in Lubricating Oils		D 2273-64 T
5441.1	Unsulfonated Residue of Petroleum Plant Spray Oils		D 483-63
5445.1	Vanadium in Navy Special Fuel Oil		D 1548-63
1201.6	Vapor Pressure (Reid)		D 323-58

Method No.		Substitute Method No.	
		Fed. Std.	ASTM
1010	Vapor-Liquid Ratio of Gasoline		
1011	wie 1010, Alternate Method		
307	Viscosity and Viscosity Stability at −65 °F		
9111.2	Viscosity Index (Calculation)		D 567-53
305.5	Viscosity (Kinematic)		D 445-64
304.8	Viscosity (SAYBOLT)		D 88-56
9121.1	Viscosity Temperature Charts for Liquid Petroleum Products		D 341-43
5330	Visual Colorimetric Determination of Fuel System Icing Inhibitor in Hydrocarbon Fuels		
3480	Volatility		
8005.2	Volume Calculations and Corrections		D 1087-60
3000	Water and Sediment in Fuel Oil (Centrifuge)		D 1796-60 T
3003.9	Water and Sediment (Centrifuge)		D 96-63
3001.8	Water by Distillation		D 95-62
3253.1	Water by Electrometric Titration with Karl Fischer Reagent		D 1744-64
3250	Water by Karl Fischer Reagent		
3000	wie oben in Fuel Oil		
3007	Water Displacement and Water Stability		
3255.1	Water Separation Characteristics of Aviation Turbine Fuels		
3256.1	Water Separation Characteristics of Aviation Turbine Fuels (Modified)		
3252.3	Water Resistance of Lubricating Greases		D 1264-63
2001.3	Wick-Feed Characteristics of Oil (Wick-Feed Oiler)		

IV. IP-Standards of Petroleum and its Products[1]

1. Nummernverzeichnis

IP	Seite	IP	Seite	IP	Seite
1	130, 546, *192, 195, 196, 217, 237, 251*	33	74, 677	60	105
2	139, 718, 722, 740	34	75, 76, 739, *195, 196*	61	120, 367, 443, *192*
4	134, *195, 246, 251*	35	79	63	118, 443
5	135	36	78, 544, *195, 201, 213, 217, 237, 240, 246, 251*	69	653, 677, 719, 725
10	450, 451			70	54, 459
11	450	37	130, *408*	71	740, *195, 201, 213, 217, 237, 246*
12	718, 722, 723, 740	40	677	72	556
13	137, 138, *213, 246*	42	718, 720	73	39, *195, 213, 246*
14	137, 138, *100, 191, 246*	44	720	74	125, *416*
15	64, 698, *195, 201, 213, 217, 237, 240, 246*	45	542, *79, 80*	75	*93*
16	719, 725, 726, 739	47	538	76	67, 477, 492
17	440, 628, 718, 720, *64*	48	*99, 100, 195, 198*	80	537
18	440	49	535	82	565
19	*70*	50	*221, 223, 422*	84	141, 143
23	*111*	51	677	86	102
24	372	53	462, *413*	90	25, 621
27	558	54	67	91	563
30	662, 741	55	68	93	511
32	538	56	*99, 103, 295*	96	668, 677, 721
		57	447, 734, 747, 748	98	650
		58	536	100	130
		59	12, 14, 17, 18	103	121
				104	121, 741

[1] 26. Aufl., published by the Institute of Petroleum, London 1967, zu beziehen durch den Beuth-Vertrieb 1 Berlin 30, Burggrafenstr. 4—7.

IP	Seite	IP	Seite	IP	Seite
107	120, 662, 719, 723	138	719, 728, 744	170	74, 739
	725, 741	139	129, 741, *195*, *196*,	173	*179*
109	565		*201*, *213*, *237*	175	*179*, *180*
110	*118*	142	*221*, *223*, *428*	176	*179*
111	*119*	143	136, 93, *213*, *217*	177	547, *201*, *237*, *246*
112	*221*, *223*, *302*	145	144, 613	179	*251*
114	*99, 103, 293, 295, 297*	148	123, *112*, *113*	182	130
116	718	149	123, *112*	183	*201*, *217*, *221*, *246*
117	*117*	150	720	184	354, *816*
118	123, *114*, *117*	154	443, 662, 719, 725,	185	476
119	718, 720		741, *195*, *204*, *217*,	186	*221*, *227*, *422*
120	*119*, *213*		*302*, *544*	187	123
121	*427*	155	117	189	677
122	135, *92*, *387*, *424*	156	146, 719, 728, 729,	190	534
123	372, 642, 677, 719,		748	191	677
	724, 737	157	*295*	192	677
124	*179*	158	481	193	633
128	144	160	11, 677, 722, 731,	196	491
130	142		740, *201*, *240*	197	745
131	439, 652, 677, 719,	162	571	199	*406*
	728, 744	163	134, *92*, *247*	213	546
132	68, *221*, *223*, *429*	166	*203*, *210*, *261*	214	617, *817*
134	*221*, *223*	167	*422*	215	*430*
136	132, *192*, *195*, *196*,	168	*425*	219	*72*
	251	169	*816*	220	*300*

2. Titelverzeichnis

(*Numerical List of IP Methods*)

1/64	Acidity of Petroleum Products-Neutralization Value
2/61	Aniline Point
3	*supersedet by IP 128*
4/65	Ash from Petroleum Products
5/42	Ash from Grease
6	*supersedet by IP 143*
7	*supersedet by IP 143*
9	*supersedet by IP 129, 130*
10/65 T	Burning Test-24-Hour
11/63 T	Burning Test-7-Day
12/63 T	Calorific Value of Liquid Fuel
13/66	Conradson Carbon Residue of Petroleum Products
14/64	Ramsbottom Carbon Residue of Petroleum Product'
15/65	Cloud and Pour Points
16/66 T	Cold Test-Aviation Fuel, etc.
17/52	Colour by the Lovibond Tintometer
18	*obsolete*
19/61	Demulsification Number-Lubricating Oil
20/58	Electric Strength-Transformer Oil
21/53	Diesel Index
22	*obsolete*
23/64	Dilution of Gasoline-engine Crankcase Oils
24/55	Distillation of Crude Petroleum—Preliminary Distillation
25	*obsolete*
26	*supersedet by IP 123*
27/61	Distillation of Cutback Bitumen and Road Oil
28	*supersedet by IP 123*
29	*supersedet by IP 191*
30/56	Doctor Test
31/66	Drop Point of Grease
32/55	Ductility of Bitumen

33/59	Flash Point by the Abel Apparatus—Petroleum (Consolidation) Act 1928 Method
34/67	Flash Point (Closed) by means of the Pensky-Martens Apparatus
35/63	Flash Point (Open) and Fire Point by means of the Pensky-Martens Apparatus
36/67	Flash Point (Open) and Fire Point by means of the Cleveland Apparatus
37/66	Acidity and Alkalinity of Greases
38	*obsolete*
39	*obsolete*
40/64	Oxidation Stability of Gasoline (Induction Period Method)
41/60	Ignition Quality of Diesel Fuels
42/60	Knock Rating—Aviation Method
43	*supersedet by IP 150*
44/60	Knock Rating—Motor Method[1]
45/58	Loss on Heating—Bitumen and Flux Oil
46	*obsolete*
47/65	Bitumen Solubility in Carbon Disulphide
48/67	Oxidation Test for Lubricating Oil
49/67	Penetration of Bitumen
50/64	Penetration of Grease
51/62	Sampling Petroleum and Products—Liquids, Semi-solids and Solids
52	*supersedet by IP 136*
53/66	Sediment by Extraction—Crude and Fuel Oils
54	*obsolete*
55/67	Melting Point—Petroleum Waxes
56/64	Oxidation Test for Transformer Oil
57/55	Smoke Point
58/65	Softening Point of Bitumen—Ring and Ball
59/64	Specific Gravity and Density
60/53	Specific Refractivity
61/65	Sulphur in Petroleum Products by the Bomb Method
62	*supersedet by IP 107*
63/55	Sulphur Content—Quartz Tube Method
64	*supersedet by IP 154*
65	*obsolete*
66	*supersedet by IP 61*
67	*obsolete*
68	*supersedet by IP 96, 116*
69/63	Vapour Pressure—Reid Method
70/62	Viscosity—Redwood
71/67	Kinematic and Dynamic Viscosity of Transparent and Opaque Liquid
72/58	Viscosity—Cutback Bitumen and Road Oil
73/53	Viscosity Index
74/64	Water Content—Dean and Stark Method
75/64	Water and Sediment—Centrifuge Method
76/64	Congealing Point of Petroleum Waxes, including Petrolatum
77/67 T	Salt Content—Crude Petroleum and Products
78/51 T	Distillation of Crude Residue
79	*obsolete*
80/53	Breaking Point of Bitumen—Fraass Method
81	*obsolete*
82/53 T	Bitumen Emulsion—Long-period Storage Stability
83	*supersedet by IP 118*
84/53	Iodine Value—Iodine Monochloride Method
85	*obsolete*
86/66 T	Mean Molecular Weight
87	*obsolete*
88	*obsolete*
89/55 T	Residual Odour of Lacquer Solvents
90	*obsolete*
91/59	Bitumen Emulsion—Residue on Sieving
92	*obsolete*
93	*obsolete*
94	*obsolete*
95/44	Alkalinity of Solvents

96/67	Lead Antiknock Compounds in Gasoline. Gravimetric Method
97	*obsolete*
98/44 T	Water Tolerance of Motor Fuel
99	*supersedet by IP 131*
100/53 T	*supersedet by IP 213*
101/58	Electric Strength—Bitumen
102/58	Fluxing Value of Flux Oil
103/55 T	Hydrogen Sulphide Content—Cadmium Sulphate Method
104/53 T	Mercaptan Sulphur Content—Silver Nitrate Method
105/64	Recovery of Bituminous Binder—Carbon Disulphide Extraction Method
106	*supersedet by IP 162*
107/65 T	Sulphur in Petroleum Products and Liquefied (LP) Gases (Lamp Method)
108	*obsolete*
109/59 T	Bitumen Emulsion—Coagulation at Low Temperature
110/60 T	Barium in Lubricating Oil
111/49 T	Calcium in Lubricating Oil
112/56	Corrosive Substances in Grease—Copper Strip Test
113/53	Flash Point (Closed) of Cutback Bitumen
114/56 T	Oxidation Test for Turbine Oil
115	*supersedet by IP 148, 149*
116/64	Tetraethyl Lead in Gasoline—Chlorate Oxidation Method
117/66 T	Zinc in Lubricating Oil
118/65	Chlorine in New and Used Lubricants (Sodium Alcoholate Method)
119/60	Knock Rating—Supercharge Method
120/48	Lead, Copper, and Iron in Lubricating Oils
121/63	Oil Separation on Storage of Grease
122/62	Spectrographic Analysis—Inorganic Constituents of Ashes
123/67	Distillation of Petroleum Products
124/64	Engine Cleanliness and Wear—Caterpillar 1-A Compression-Ignition Test Engine
125/67 T	Aqueous Cutting Fluid—Corrosion of Cast Iron
126/60	Knock Rating—Research Method
127/51	Distillation of Hydrocarbon Gases—Low-temperature Fractionation
128/63	Olefins and Aromatics—Calculation
129/64	Bromine Number—Colour Indicator Method
130/67	Bromine Number—Electrometric Titration Method
131/65	Residue on Evaporation of Fuels by Jet Evaporation
132/65	Dropping Point of Lubricating Grease
133/64	Drop Melting Point of Petroleum Wax, including Petrolatum
134/56	Foreign Particles in Greases
135/64	Rust-preventing Characteristics of Steam-turbine Oils in the Presence of Water
136/65	Saponifiable and Unsaponifiable Matter—Oils, Fats, and Waxes
137/55	Soluble Cutting Oil—Oil Content of Dispersions
138/66	Oxidation Stability of Aviation Fuels
139/65	Neutralization Number by Colour-indicator Titration
140	*supersedet by IP 162*
141	*obsolete*
142/65	Oxidation Stability of Lubricating Greases by the Oxygen Bomb Method
143/57	Asphaltenes—Precipitation with Normal Heptane
144/57	Analysis of Oil-soluble Sodium Petroleum Sulphonates
145/68	Olefin plus Aromatic Content
146/66	Foaming Characteristics of Crankcase Oils
147	*obsolete*
148/58	Phosphorus in Lubricating Oil, Additives, and Concentrates
149/58	Phosphorus in Lubricating Oil—Quinoline Phosphomolybdate Method
150/60	Knock Rating—Extended Motor Method
151	*obsolete*
152	*obsolete*
153/57 T	Rust Preventing Characteristics—Temporary Corrosion Preventives
154/64	Copper Corrosion by Petroleum Products. Copper Strip Test
155/58 T	Sulphur (Reactive to Copper) in Cutting Oils
156/67 T	Hydrocarbon Types in Liquid Petroleum Products—Fluorescent Indicator Adsorption Method
157/64	Oxidation Characteristics of Inhibited Steam-turbine Oils

Petroleum Measurement Manual

V. Österreichische Normen[1]

---

[1] Herausgegeben vom österreichischen Normenausschuß, Wien 1, Baumarktstr. 13

Sachverzeichnis

Die steil gedruckten Seitenzahlen beziehen sich auf Teil I des Handbuches, die *kursiv* gedruckten auf Teil II.